Anatomie

6., aktualisierte Auflage

MyA&P – Die Companion Website zur englischsprachigen Ausgabe

Die englischsprachige Companion Website zu Human Anatomy, Sixth Edition, beinhaltet Kapitelleitfäden, unterschiedlichste Lernaktivitäten wie Tests, brandneue Animationen, interaktive Lernkarten, eine Wiederholung zu Knochen, Muskeln und Histologie, weiterführende Links und ein Glossar. Diese umfassende Website enthält zudem die Online-Version des neuen Practice Anatomy Lab (PAL) 2.0 und das Get Ready for A&P Media Update. Für Dozenten steht ein passwortgeschützter Bereich mit Zusatzmaterialien zur Verfügung.

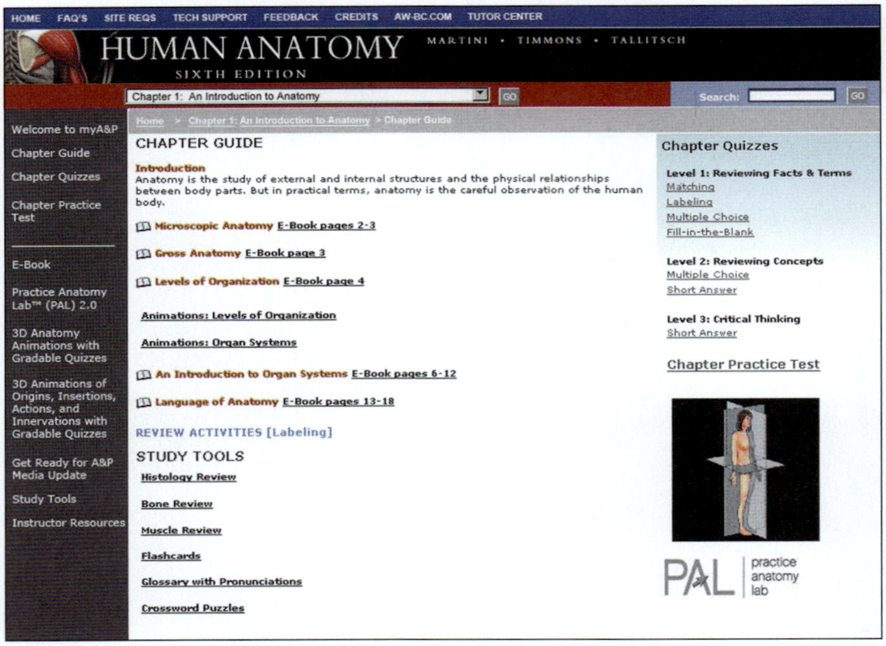

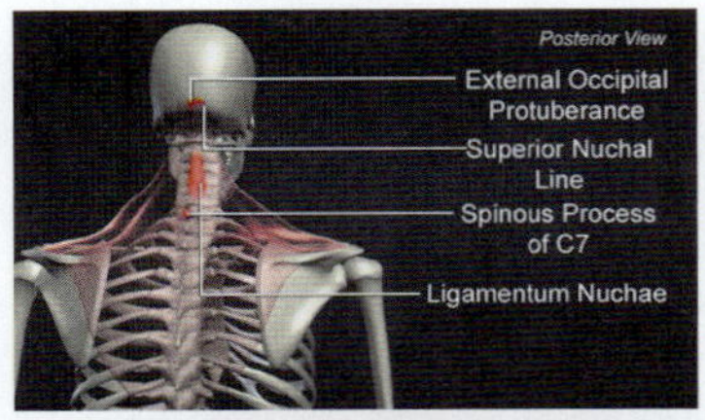

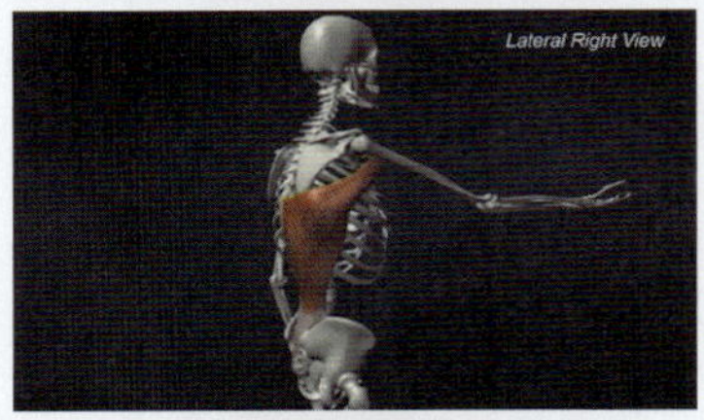

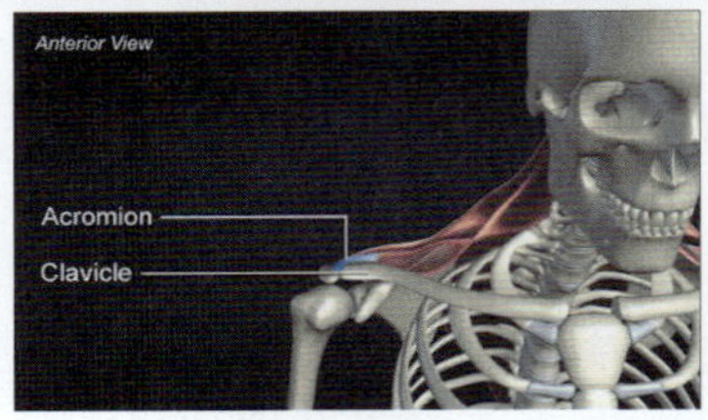

Features der MyA&P-Companion Website im Überblick:

- Chapter Guides zeigen alle kapitelspezifischen Lernaktivitäten pro Lerneinheit in einer Übersicht.
- Chapter Quizzes enthalten zahlreiche Übungen, u.a. Beschriftungsaufgaben.
- Chapter Practice Tests bewertet das grundsätzliche Verständnis des Kapitelinhalts.
- E-Book von Human Anatomy, Sixth Edition in einer Online-Version.
- Practice Anatomy Lab (PAL) 2.0 gibt jederzeit und überall Zugang zu einem virtuellen Anatomie-Übungstool mit in realen Laborsituation eingesetzten Proben.
- 3D Anatomy Animations with Gradable Quizzes illustrieren und testen das Wissen zu Muskel- und Gelenkbewegungen.
- 3D Animations of Origins, Insertions, Actions, and Innervations with Gradable Quizzes illustrieren und testen diese Bereiche.
- Get Ready for A&P Media Update enthält diagnostische Tests zur Vor- und Nachbereitung der wichtigen Grundlagen und gibt Zugang zur Get Ready for A&P Website, die das grundlegende Wissen in Mathematik, Chemie, Zellbiologie und Terminologie wiederholt.
- Study Tools enthalten eine Wiederholung zu Knochen, Muskeln und Histologie, Lernkarten, ein Glossar sowie klinische Fallstudien.
- Instructor Resources sind passwortgeschützte Zusatzmaterialien, die für Dozenten zur Verfügung stehen.

PAL 2.0 - Das ultimative Anatomie-Übungstool

Practice Anatomy Lab (PAL) 2.0 ist ein umfassendes Anatomie-Übungstool, das anhand von in realen Laborsituationen eingesetzten Proben hunderte Abbildungen sowie interaktive Tools wie z.B. Animationen oder Multiple-Choice-Fragen präsentiert.

Die englische Companion Website zum Buch

▶ Companion Website

MyA&P – die Companion Website zur englischsprachigen Ausgabe
MyA&P enthält kostenlose Zusatzmaterialien zur englischsprachigen Originalausgabe Human Anatomy, 6th Edition, Ihres Lehrbuchs.

▶ Registrierung

Zur Registrierung benötigen Sie neben einem Internetzugang eine gültige E-Mail-Adresse und den Zugangscode weiter unten.

1. Rufen Sie die Companion Website unter **http://www.myaandp.com** auf
2. Klicken Sie auf das Buchcover der englischsprachigen Originalausgabe Human Anatomy, 6th Edition.
3. Klicken Sie auf Register und folgen Sie den Anweisungen.
4. Entfernen Sie mit einer Münze die Silberfolie Ihres untenstehenden Zugangscodes. **Benutzen Sie keine Messer, Scheren oder anderen scharfen Gegenstände, um den Zugangscode nicht zu zerstören.**
5. Tippen Sie den Zugangscode in das dafür vorgesehene Feld ein.
6. Folgen Sie den weiteren Anweisungen, um die Registrierung abzuschließen.
   Während der Registrierung können Sie Ihren eigenen Benutzernamen und ein Kennwort festlegen. Eine Registrierungsbestätigung wird Ihnen nach vollendeter Registrierung per E-Mail zugeschickt.

▶ Ihr Access Code

Sollte der Zugangscode nicht mehr von einer Silberfolie verdeckt sein, wurde er wahrscheinlich bereits verwendet und hat somit seine Gültigkeit verloren. In diesem Fall wenden Sie sich bitte per E-Mail an media@pearson.de.

▶ Login

Nachdem Sie sich erfolgreich registriert haben, können Sie sich jederzeit auf der Companion Website einloggen.

1. Rufen Sie die Companion Website unter **http://www.myaandp.com** auf und klicken Sie auf Login.
2. Wählen Sie das Buchcover der englischsprachigen Originalausgabe Human Anatomy, 6th Edition, aus.
3. Geben Sie Ihren Benutzernamen und Ihr Kennwort ein. Sollten Sie Ihr Kennwort oder den Benutzernamen vergessen haben, sehen Sie in der Registrierungsbestätigung nach, die Sie per E-Mail erhalten haben.
4. Klicken Sie auf **Anmelden**.

▶ Technischer Support

Bei technischen Problemen wenden Sie sich bitte per E-Mail an **media@pearson.de**.

▶ Systemvoraussetzungen

Windows
Windows XP, Vista, Windows 7; Bildschirmauflösung 1024 x 768; Internet Explorer 6, 7 oder 8, Firefox 2 oder aktueller; Plug-Ins: aktuellste Versionen von FlashPlayer, Shockwave Player, QuickTime und Adobe Reader

Macintosh
Mac OS 10.3, 10.4; Bildschirmauflösung 1024 x 768; Safari 2, 3 oder 4, Firefox 2 oder 3; Plug-Ins: aktuellste Versionen von FlashPlayer, Shockwave Player, QuickTime und Adobe Reader

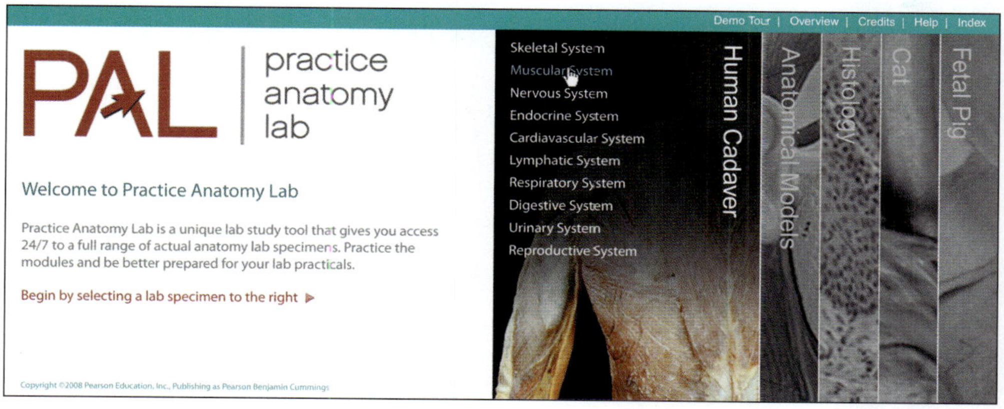

CWS – Die Companion Website zur deutschsprachigen Ausgabe

Auf der Companion Website unter www.pearson-studium.de/4053 stehen zusätzlich zu den umfassenden englischsprachigen Inhalten hilfreiche Kurzzusammenfassungen über die wichtigsten Inhalte sowie die Antworten zu den Fragen aus der deutschen Ausgabe zur Verfügung.

CWS-Material

Kapitel 1

Einführung

Anatomie ist das Studium innerer und äußerer Strukturen und der physischen Beziehungen zwischen den Teilen des Körpers. Spezifische Funktionen werden immer von spezifischen Strukturen erfüllt.

Mikroanatomie

Die Grenzen der **Mikroanatomie** werden von den verwendeten Geräten gesetzt. Die **Zytologie** beschäftigt sich mit der inneren Struktur der einzelnen Zellen, den kleinsten lebenden Einheiten des menschlichen Körpers. In der **Histologie** werden Gewebe untersucht. Als Gewebe bezeichnet man Gruppen von Zellen, die zur Ausübung einer bestimmten Funktion zusammenarbeiten. Bestimmte zusammengefügte Gewebe bilden die Organe Das sind anatomische Einheiten zur Ebene des gesamten Organismus (siehe Abbildung 1.3 und Abbildung 1.4).

Einführung in die Organsysteme

- Alle lebenden Organismen haben bestimmte lebenswichtige Eigenschaften und Vorgänge gemeinsam: Sie **reagieren** auf Veränderungen der Umwelt, sie zeigen eine **Adaptation** an ihre Umgebung, sie **wachsen** und **differenzieren sich** und **pflanzen sich fort**, erzeugen **Bewegung**, absorbieren Nährstoffe aus der Umgebung und verwerten sie im **Stoffwechsel** (**Metabolismus**). Organismen absorbieren und verbrauchen bei der **Atmung** (**Respiration**) Sauerstoff; sie entsorgen Stoffwechselendprodukte im Rahmen der **Exkretion**. Durch die **Verdauung** werden komplexe Nährstoffe für die Aufnahme in den Körper zerlegt. Das **kardiovaskuläre System** ist das interne Transportsystem zwischen den verschiedenen Bereichen des Körpers.

Antworten zu Aufgaben und Zusammenfassungen

Kapitel 1

Aufgaben

S. 4

1. Ein Histologe erforscht Struktur und Eigenschaften von Gewebe.
2. Ein Makroanatom erforscht Organsysteme und ihre Beziehung zum Körper als Ganzem.
3. Die regionale Anatomie befasst sich mit allen oberflächlichen und inneren Aspekten einer spezifischen Körperregion, wie etwa dem Kopf, dem Hals oder dem Rumpf. In der systemischen Anatomie wird die Struktur eines wichtigen Organsystems betrachtet, z. B. des Skelettsystems oder des Muskelsystems.

Zusammenfassung

Wiederholung von Fakten und Begriffen

1. f	6. d	11. b
2. e	7. c	12. c
3. g	8. a	13. d
4. h	9. c	14. b
5. b	10. d	15. b

Wiederholung von Lernzielen

1. a
2. Alle lebenden Organismen haben dieselben Grundfunktionen: Reagibilität, Wachstum und Differenzierung, Reproduktion, Bewegung, Stoffwechsel und Ausscheidung.

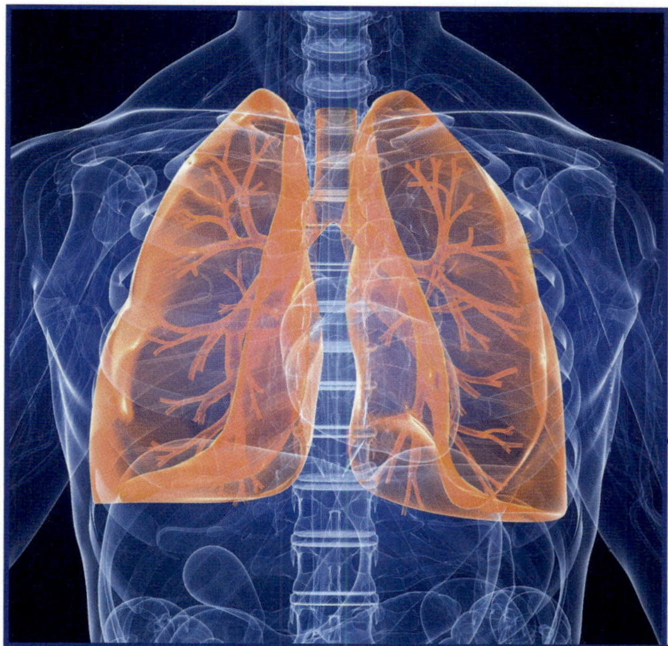

Frederic H. Martini
Michael J. Timmons
Robert B. Tallitsch

Anatomie

PEARSON

Higher Education
München • Harlow • Amsterdam • Madrid • Boston
San Francisco • Don Mills • Mexico City • Sydney
a part of Pearson plc worldwide

Bibliografische Information der Deutschen Nationalbibliothek
Die Deutsche Nationalbibliothek verzeichnet diese Publikation in der Deutschen Nationalbibliografie; detaillierte bibliografische Daten sind im Internet über http://dnb.dnb.de abrufbar.

10 9 8 7 6 5 4 3 2 1

14 13 12

ISBN 978-3-86894-053-4

Übersetzung: Dr. Ulrike Falkenstein-Recht (Team Ade)
Fachlektorat: Prof. Dr. Thomas Pufe, Institut f. Anatomie und Zellbiologie Universitätsklinikum RWTH Aachen
Lektorat: Tim Schönemann, München
Alice Kachnij, akachnij@pearson.de
Korrektorat: Dr. Doris Kliem, Urbach
Einbandgestaltung: Thomas Arlt, tarlt@adesso21.net
Titelbild: © fotolia
Herstellung: Claudia Bäurle, cbaeurle@pearson.de
Satz & Layout: Doreen Wilhelm, PTP-Berlin Protago-TEX-Production GmbH, Germany (www.ptp-berlin.eu)
Druck und Weiterverarbeitung: Print Consult GmbH

Printed in Slovakia

Inhaltsübersicht

Inhaltsverzeichnis

Kapitel 8 Das Skelettsystem – Gelenke 229

Kapitel 9 Das Muskelsystem – Skelettmuskelgewebe und Aufbau der Muskulatur 261

Kapitel 16 Das Nervensystem – Bahnen und übergeordnete Funktionen 471

Kapitel 17 Das Nervensystem – Das autonome Nervensystem 495

Kapitel 18 Das Nervensystem – Allgemeine und spezielle Sinne 517

Kapitel 21 Das Herz-Kreislauf-System – Das Herz 603

Kapitel 22 Das Herz-Kreislauf-System – Blutgefäße und Kreislauf 629

Kapitel 23 Das Lymphsystem 667

Kapitel 24 Das respiratorische System 691

Kapitel 25 Das Verdauungssystem 719

Kapitel 26 Das Harnsystem 759

Kapitel 27 Das Fortpflanzungssystem 781

Kapitel 28 Embryologie und Entwicklung des Menschen 815

Vorwort für Studierende

Herzlich willkommen in der Anatomie!

Das vorliegende Buch ist die Übersetzung der sechsten Auflage von Human Anatomy von Martini, Timmons und Tallitsch. Die deutsche Übersetzung wurde vollkommen überarbeitet und auf den neuesten Stand gebracht. Obwohl eine Anpassung an den deutschen Markt stattgefunden hat, kann und soll das Buch seinen amerikanischen Ursprung nicht verleugnen. Im Gegensatz zu deutschen Autoren haben amerikanische Kollegen schon frühzeitig mit einer engen Vernetzung von vorklinischen und klinischen Inhalten begonnen. Diese enge Vernetzung wird letztendlich von der neuen Approbationsordnung (AO) gefordert. An vielen Standorten Deutschlands ist die konsequente Umsetzung der neuen Approbationsordnung in Form der Einführung eines Modellstudiengangs umgesetzt worden. Dieses Lehrbuch ist für Studierende dieser Standorte, an denen der Modellstudiengang bereits eingeführt wurde, besonders aufschlussreich. Studierende von Standorten, an denen noch der Regelstudiengang gelehrt wird, werden durch die für sie neuartige Form der Wissensvermittlung motiviert. Dieses Lehrbuch richtet sich nicht nur an Studierende der Human- und Zahnmedizin, sondern auch an die der Biologie und an alle an den Lebenswissenschaften Interessierte.

Die Vorteile des Buches:

Sie lernen tiefgründig, anwendungsorientiert und mit Bezug zu anderen Disziplinen,

- weil jedes Kapitel zahlreiche praxisnahe klinische Bezüge enthält,
- weil detaillierte Fallbeispiele verdeutlichen, wie das Erlernte angewendet werden kann,
- weil mikroskopische Aufnahmen Bezüge zum Histologiekurs herstellen,
- weil makroskopische Aufnahmen Bezüge zum Präparierkurs herstellen und
- weil viele Fotos den intakten Körper zeigen, um oberflächenanatomische Kenntnisse zu vermitteln.

Sie bestehen mühelos die Anatomieprüfungen,

- weil, das Lehrbuch alle relevanten Inhalte des Gegenstandskatalogs berücksichtigt,
- weil Sie Ihr Wissen mit Wiederholungsfragen selbst testen können und
- weil ca. 2000 hochwertige Abbildungen alles exakt nachvollziehbar machen.

Sie sparen Zeit beim Lernen für die Prüfungen,

- weil Zusammenfassungen am Ende jedes Kapitels die wesentlichen Fakten herausheben,
- weil die zum Buch gehörige Online-Plattform Lernskripte als editierbare Dateien anbietet, mit denen Sie individuelle Lernunterlagen erstellen können.

So arbeiten Sie mit diesem Buch

Der Aufbau der einzelnen Kapitel dieses Buches ist so optimiert, dass Sie beim Lernen schnelle Erfolge erzielen können. Jedes Kapitel folgt dem gleichen Aufbau.

Nach dem Inhaltsverzeichnis erläutert der Hauptteil die jeweiligen Lerninhalte. Im Hauptteil finden Sie immer wieder **Aufgaben**, mit denen Sie überprüfen können, ob Sie die Inhalte gut verstanden haben. Die Antworten dazu finden Sie am Ende des Buches. Ebenfalls im Hauptteil zeigen Ihnen die **Fallstudien** Anwendungsmöglichkeiten des hier vermittelten Wissens.

Auf den Hauptteil des Buches folgt dann in der Rubrik **Definitionen** zunächst eine Übersicht über die wichtigsten in diesem Kapitel neu eingeführten Begriffe. In der darauf folgenden **Zusammenfassung** sind die wichtigsten Lerninhalte übersichtlich zusammengefasst.

Weitere Inhalte, die Sie beim Lernen unterstützen, sind online verfügbar:

- Alle Definitionen und Zusammenfassungen stehen als editierbare Word-Datei zur Verfügung, damit Sie Ihre eigenen Lernskripte erstellen können.
- Außerdem finden Sie sämtliche Abbildungen des Buches ohne Beschriftung. Durch eigenes Beschriften der Abbildungen können Sie überprüfen, ob Sie alle Bestandteile des menschlichen Körpers korrekt benennen können.

Hinweis für Lehrende

Die online verfügbaren Inhalte dürfen Sie uneingeschränkt für Vorlesungen und zur Gestaltung von Skripten verwenden!

Die Mitwirkenden

Autorenteam

Frederic (Ric) Martini
Autor
Dr. Martini hat an der Cornell University in Vergleichender und Funktioneller Anatomie über die Pathophysiologie des Stresses promoviert. Er hat Artikel in Zeitungen und Fachzeitschriften, Buchkapitel und Fachberichte veröffentlicht. Er ist Koautor von sechs weiteren Lehrbüchern der Anatomie und Physiologie und der Anatomie. Zurzeit ist er Gastdozent an der University of Hawaii und arbeitet außerdem am Shoals Marine Laboratory, einem Gemeinschaftsprojekt der Cornell University und der University of New Hampshire. In der Zeit von 2004 bis 2007 war er der designierte Präsident, der Präsident und der Altpräsident der Human Anatomy and Physiology Society. Er ist auch Mitglied der American Physiological Society, der American Association of Anatomists, der Society for Integrative and Comparative Biology, der Australia/New Zealand Association of Clinical Anatomists und der International Society of Vertebrate Morphologists.

Michael J. Timmons
Autor
Michael J. Timmons hat an der Loyola University in Chicago studiert. Mehr als 30 Jahre lang hat er sich engagiert der Lehre für Pflegekräfte und Studenten der Vorklinik am Moraine Valley Community College gewidmet. Im Universitätsjahr 2005/2006 wurde er wegen seiner herausragenden Verdienste um Lehre, Führung und Anleitung der Studenten zum Professor des Jahres am Moraine Valley College gewählt und vom National Institute for Staff and Organisational Development ausgezeichnet. Er ist ein Preisträger des Excellence in Teaching Award des Illinois Community College Board of Trustees. Professor Timmons hat mehrere Handbücher für die praktische Physiologie und anatomische Präparationsanleitungen verfasst. Zu seinen Interessensgebieten gehören die biomedizinische Fotografie, die Erstellung von Illustrationsprogrammen und die Entwicklung technologischer Unterrichtssysteme. Er war Vorsitzender der Midwest Regional Human Anatomy and Physiology Conference und hält nationale und regionale Vorträge auf den Conferences on Information Technology for Colleges and Universities der League for Innovation und auf Kongressen der Human Anatomy and Physiology Society.

Robert B. Tallitsch
Autor
Dr. Tallitsch promovierte in Physiologie mit Anatomie als Nebenfach an der University of Wisconsin – Madosin im reifen Alter von 24 Jahren. Seitdem ist er Mitglied der Biologischen Fakultät des Augustana College in Rock Island, Illinois. Er lehrt Anatomie des Menschen, Neuroanatomie, Histologie und Kinesiologie. Er gehört auch zur Asienwissenschaftlichen Fakultät am Augustana College und hält eine Vorlesung in Traditioneller Chinesischer Medizin. In sieben der letzten neun Jahre wurde er jeweils von den Studenten des Abschlussjahrgangs zu einem der „inoffiziellen Professoren des Jahres“ gewählt. Dr. Tallitsch ist Mitglied der American Physiological Society, der American Association of Anatomists, dem AsiaNetwork und der Human Anatomy and Physiology Society. Zusätzlich zu seinem Lehrauftrag am Augustana College hatte Dr. Tallitsch Gastprofessuren an der fremdsprachlichen Fakultät der Beijing University of Chinese Medicine and Pharmacology (Peking, VRC) und der fremdsprachlichen Fakultät der Central China Normal University (Wuhan, VRC) inne.

William C. Ober
Koordinator und Illustrator
Dr. William C. Ober studierte an der Washington and Lee University und der University of Virginia. Noch während des Medizinstudiums studierte er nebenbei Kunst und Medizin an der John Hopkins University. Nach seinem Abschluss absolvierte er eine Facharztausbildung in Allgemeinmedizin und wurde später Mitglied der Fakultät der University of Virginia in der Abteilung für Allgemeinmedizin. Zurzeit hat er eine Gastprofessur für Biologie an der Washington und Lee University inne und ist festes Mitglied der Fakultät des Shoals Marine Laboratory, wo er jeden Sommer eine Vorlesung über Biologische Illustrationen hält. Seine Lehrbücher bei Medical & Scientific Illustration haben zahlreiche Auszeichnungen für Illustration und Design erhalten.

Claire W. Garrison
Illustratorin
Claire W. Garrison, R.N., B.A., arbeitete als Krankenschwester in der Kinder- und Frauenklinik, bis sie sich ganz der Medizinischen Illustration verschrieb. Sie studierte Angewandte Kunst am Mary Baldwin College. Nach einer fünfjährigen Lehre ist sie seit 1986 Dr. Obers Partnerin bei Medical & Scientific Illustration. Sie ist festes Mitglied der Fakultät des Shoals Marine Laboratory und hält gemeinsam mit Dr. Ober die Vorlesung über Biologische Illustration.

Kathleen Welch
Klinische Beraterin
Dr. Welch studierte an der University of Washington und absolvierte ihre Facharztausbildung in Allgemeinmedizin an der University of North Carolina in Chapel Hill. Zwei Jahre lang leitete sie die Abteilung für Maternal and Child Health am LBJ Tropical Medical Center in Amerikanisch-Samoa und arbeitete anschließend in der Abteilung für Allgemeinmedizin an der Kaiser Permanente Clinic in Lahaina, Hawaii. Seit 1987 ist sie niedergelassene Ärztin. Dr. Welch ist Fellow of the American Academy of Family Practice und Mitglied der Hawaii Medical Association sowie der Human Anatomy and Physiology Society. Mit Dr. Martini zusammen hat sie ein Lehrbuch der Anatomie und Physiologie geschrieben sowie das *A&P Applications Manual*, das als Anhang der achten Auflage von *Fundamentals of Anatomy & Physiology* erhältlich ist.

Ralph T. Hutchings
Biomedizinischer Fotograf
Mr. Hutchings hat 20 Jahre lang mit The Royal College of Surgeons of England zusammengearbeitet. Als ausgebildeter Ingenieur konzentriert er sich seit Jahren auf die fotografische Darstellung der Struktur des menschlichen Körpers. Das Ergebnis ist eine Reihe von Farbatlanten, wie der *Color Atlas of Human Anatomy*, der *Color Atlas of Surface Anatomy* und *The Human Skeleton* (Hrsg. Mosby-Yearbook Publishing). Für seine anatomischen Darstellungen des menschlichen Körpers hat die International Photographers Association Mr. Hutchings zum besten Fotografen des Menschen im 20. Jahrhundert gewählt. Er lebt im Norden Londons, wo er seine Zeit zwischen den fotografischen Aufträgen und seinen Hobbys, alten Autos und Flugzeugen, aufteilt.

Bearbeiter der deutschen Ausgabe

Thomas Pufe studierte Biologie an der Christian-Albrechts-Universität zu Kiel und schloss dieses Studium mit einem Diplom in Zoologie im Jahre 1999 ab. Danach promovierte er 2001 mit einer Arbeit über Wachstumsfaktoren und Erkrankungen des Bewegungsapparats am Anatomischen Institut der Kieler Universität. Im Jahr 2004 habilitierte er sich mit den Wirkprinzipien von Angiogenesefaktoren im Bewegungsapparat in den Fächern Anatomie und Zellbiologie. In seinen Forschungsarbeiten befasste er sich mit verschiedenen Erkrankungen des Bewegungsapparats, wie der Osteoarthrose oder der rheumatoiden Arthritis. Dabei lag der Schwerpunkt auf der Beteiligung von Wachstumsfaktoren an der Ätiologie und Pathogenese dieser Erkrankungen. In seiner Kieler Zeit unterrichtete er im klassischen Regelstudiengang der Humanmedizin.

Seit 2007 ist er Direktor des Instituts für Anatomie und Zellbiologie an der RWTH Aachen. Aachen war der erste Standort, an dem der Modellstudiengang den Regelstudiengang komplett abgelöst hat. Die enge Vernetzung von Klinik und Vorklinik, wie sie in der neuen AO gefordert wird, kann mit dem System des Modellstudiengangs besonders gut umgesetzt werden.

Neben vielen anderen Aufgaben in der universitären Selbstverwaltung ist er außerdem im Vorstand der Medizinischen Gesellschaft Aachen (MGA) und Systemblockleiter des Bewegungsapparats im Modellstudiengang Humanmedizin Aachen.

Unter anderem erhielt er 2004 den Copp-Preis und 2007 den Greti-Delfauro Preis der deutschen Akademie der osteologischen und rheumatologischen Wissenschaften.

Danksagungen

Wir möchten den zahlreichen Anwendern, Kritikern, Teilnehmern an Umfragen und Fokusgruppen danken, deren Ratschläge, Kommentare und kollektives Wissen geholfen haben, diesem Buch seine endgültige Form zu geben. Ihre Begeisterung für das Thema, ihr Interesse an Details und Methodik der Darstellung und ihre Erfahrung mit Studenten mit sehr unterschiedlichen Vorkenntnissen haben die Überarbeitung interessant und lehrreich werden lassen.

Überarbeitung

Frank Baker, Golden West College
Gillian Bice, Michigan State University
William Brothers, San Diego Mesa College
Jett Chinn, College of Marin
Cynthia Herbrandson, Kellogg Community College
Kelly Johnson, University of Kansas
Philip Osborne, San Diego City College
Heather Roberts, Sierra College
Dean J. Scherer, Oklahoma State University
Judith L. Schotland, Boston University
Elena Stark, Santa Monica College
Edward Williams, Minnesota State University
Sally Wilson, Marshalltown Community College
David Woodman, University of Nebraska
Scott D. Zimmerman, Missouri State University
John M. Zook, Ohio University
Joan Ellen Zuckerman, Long Beach City College

Technische Überarbeitung

Wendy Lackey, Michigan State University
Alan D. Magid, Duke University School of Medicine
Larry A. Reichard, Metropolitan Community College
Mark Seifert, Indiana University-Purdue University Indianapolis
Lance Wilson, Triton College
Michele Zimmerman, Indiana University Southeast

Das kreative Talent, das unsere Künstler William Ober, M.D., und Claire Garrison, R.N., in dieses Projekt eingebracht haben, ist inspirierend und unbeschreiblich wertvoll. Bill und Claire haben eng und unermüdlich mit uns zusammengearbeitet; sie gaben dem Buch ein einheitliches Aussehen und achteten auf Klarheit und die Ästhetik jeder einzelnen Illustration. Ihr hervorragendes künstlerisches Werk wird noch erheblich durch die unvergleichlichen Knochen- und Präparatfotografien von Ralph T. Hutchings aufgewertet; er gehörte früher dem Royal College of Surgeons of England an und ist Mitautor des Bestsellers McMinn´s Color Atlas of Human Anatomy. Zusätzlich stellte uns Dr. Pietro Motta, Professor für Anatomie an der Universität La Sapienza in Rom, mehrere hervorragende rasterelektronenmikroskopische Aufnahmen für den Gebrauch in unserem Buch zur Verfügung.

Besonderer Dank gilt Delia Hamizada, P.A., und Elizabeth Wilson, R.N., für ihre Mitarbeit an der Strukturierung und Überarbeitung des Manuskripts von Mike Timmons.

Wir stehen tief in der Schuld der Mitarbeiter bei Benjamin Cummings, deren Bemühungen bei der Entstehung dieses Werkes von entscheidender Bedeutung waren. Besonders dankbar sind wir den Herausgebern bei Benjamin Cummings, allen voran der Leitung Leslie Berriman, für ihren Einsatz für den Erfolg des Projekts und der Projektleiterin Katy German für ihre Arbeit am Buch und seinen Komponenten, sowie Robin Pille, Mitherausgeberin, und Kelly Reed, Editionsassistentin, für ihre Arbeit an den Anhängen. Unser Dank geht auch an Sarah Young-Dualan und Aimee Pavy, Mediengestalter, und Suzanne Rassmussen, Assistentin, für ihre Arbeit an den verschiedenen Medien, die „Die Anatomie des Menschen" unterstützen. Wir danken ebenfalls Caroline Ayres, Produktionsleiterin, für ihre sichere Hand bei der Bewältigung dieses komplexen Werkes und Norine Strang, Angie Hamilton, Mark Wyngarden und Laura Davis für ihren Beitrag zur Produktion des Buches. Wir wissen die phänomenalen Beiträge zu Kunst und Design von Mark Ong, Design-Manager, und Blake Kim, Grafiker, sehr zu schätzen. Wir danken Linda Davis, der Präsidentin, Frank Ruggirello, dem Redaktionsleiter und Lauren Fogel, der Leiterin der Medien-Entwicklung, für ihren anhaltenden Enthusiasmus und ihre Unterstützung für dieses Projekt. Auch sind wir für den Beitrag von Gordon Lee, dem Vertriebsleiter, sehr dankbar, der den Finger am Puls des Marktes hat, und den bemerkenswerten und unermüdlichen Verkäufern bei Pearson Science.

Wir sind auch sehr dankbar dafür, dass die Bemühungen aller zuvor erwähnten Personen diesem Buch die folgenden Preise eingebracht haben: The Association of Medical Illustrators Award, The Text and Academic Authors Award, The New York International Book Fair Reward und die 35th Annual Bookbuilders West Book Show.

Schließlich möchten wir auch unseren Familien für ihre Liebe und Unterstützung während der Überarbeitung danken. Ohne die Hilfe unserer Ehefrauen – Kitty, Judy und Mary – und der Geduld unserer Kinder – P. K., Molly, Kelly, Patrick, Katie, Ryan, Molly und Steven – hätten wir dieses Projekt nicht bewältigen können.

Frederic H. Martini, Haiku, HI
Michael J. Timmons, Orland Park, IL
Robert B. Tallitsch, Rock Island, IL

Lernziele

1. Den Sinn anatomischer Kenntnisse begreifen und den Zusammenhang zwischen Struktur und Funktion erklären.
2. Die Grenzen der Mikroanatomie definieren und die Begriffe Zytologie und Histologie erklären.
3. Die verschiedenen Herangehensweisen an die Makroanatomie beschreiben.
4. Die verschiedenen Teilgebiete der Anatomie definieren.
5. Die wichtigsten Organisationsebenen lebender Organismen erklären.
6. Die grundlegenden Vitalfunktionen eines Organismus beschreiben.
7. Die Organsysteme des menschlichen Körpers kennen und ihre wichtigsten Funktionen beschreiben.
8. Die anatomische Terminologie zur Beschreibung von Körpersektionen, Körperregionen, relativen Positionen und der anatomischen Position verwenden.
9. Die wichtigsten Körperhöhlen identifizieren und ihre Hauptfunktionen kennen.

Einführung in die Anatomie

1

ÜBERBLICK

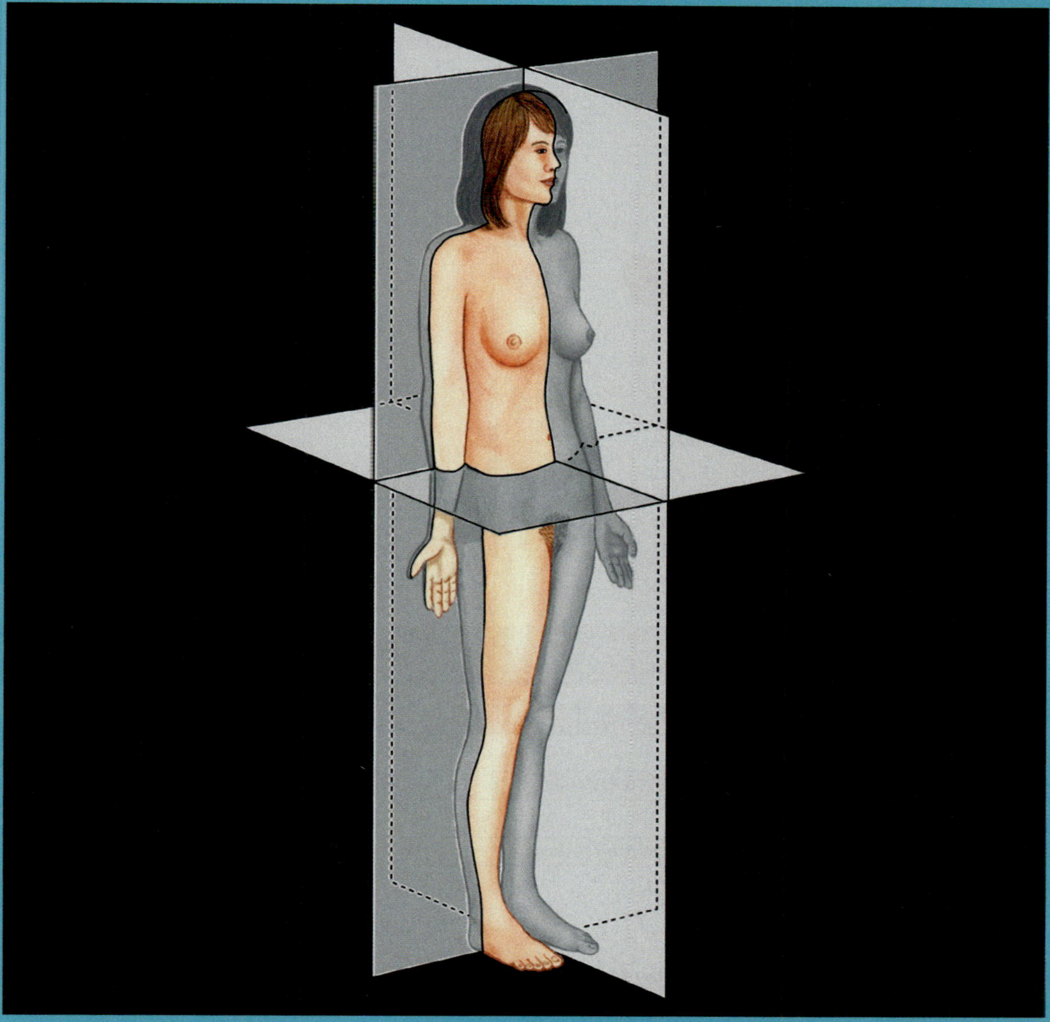

Wir alle betreiben tagtäglich Anatomie, wenn auch nicht im Hörsaal. Durch unsere Erinnerung an bestimmte anatomische Merkmale erkennen wir Freunde und Familienmitglieder wieder und schließen aus subtilen Veränderungen von Bewegungen und der Körperhaltung auf Gefühle und Gedanken anderer. Genau genommen ist Anatomie die Untersuchung innerer und äußerer Strukturen und der physischen Beziehungen der Körperteile zueinander. Anatomie besteht also aus der genauen Beobachtung des menschlichen Körpers. Anatomische Merkmale geben Hinweise auf die mögliche Funktion der Körperteile. Die Funktion der anatomischen Merkmale wird in der Physiologie untersucht. Physiologische Abläufe können nur anhand der zugrunde liegenden Anatomie erklärt werden. **Spezifische Funktionen werden immer von spezifischen Strukturen erfüllt.** Beispielsweise sind Filtration, Erwärmung und Befeuchtung der Atemluft Funktionen der Nasenhöhle. Die Form der Knochenvorsprünge, die in die Nasenhaupthöhle hineinragen, verursacht eine Verwirbelung der einströmenden Luft gegen die feuchte Schleimhaut. Dieser Kontakt erwärmt und befeuchtet die Luft; eventuell vorhandene Schmutzpartikel bleiben an der feuchten Wand kleben. So wird die Luft temperiert und gefiltert, bevor sie die Lungen erreicht.

Es gibt immer einen Zusammenhang zwischen Struktur und Funktion, auch wenn er nicht immer gleich offensichtlich wird. Die Oberflächenanatomie des Herzes ist beispielsweise bereits im 15. Jahrhundert genau beschrieben worden, doch erst 200 Jahre später erkannte man die Funktion des Herzes als Pumpe. Umgekehrt waren viele wichtige Zellfunktionen bereits Jahrzehnte bekannt, bevor das Elektronenmikroskop die anatomischen Grundlagen dazu enthüllte.

In diesem Buch werden die anatomischen Strukturen und Funktionen besprochen, die menschliches Leben ermöglichen. Sie sollen eine dreidimensionale Vorstellung anatomischer Verhältnisse entwickeln, auf fortgeschrittene Kurse in Anatomie, Physiologie und verwandten Fächern vorbereitet werden und fundierte Entscheidungen bezüglich Ihrer eigenen Gesundheit treffen können.

1.1 Mikroanatomie

Die **Mikroanatomie** beschäftigt sich mit den Strukturen, die ohne Vergrößerung nicht sichtbar sind. Die Grenzen der Mikroanatomie werden von den verwendeten Geräten gesetzt (**Abbildung 1.1**). Eine einfache Lupe zeigt Details, die dem menschlichen Auge gerade entgehen, während ein Elektronenmikroskop strukturelle Feinheiten erkennen lässt, die mehr als eine Million Mal kleiner sind. Im weiteren Verlauf werden wir Details auf allen Ebenen besprechen, von der Makroskopie bis zur Mikroskopie. (Wer mit den Maßen und Gewichtseinheiten über dieses weite Spektrum hinweg nicht vertraut ist, findet im Anhang Referenztabellen.)

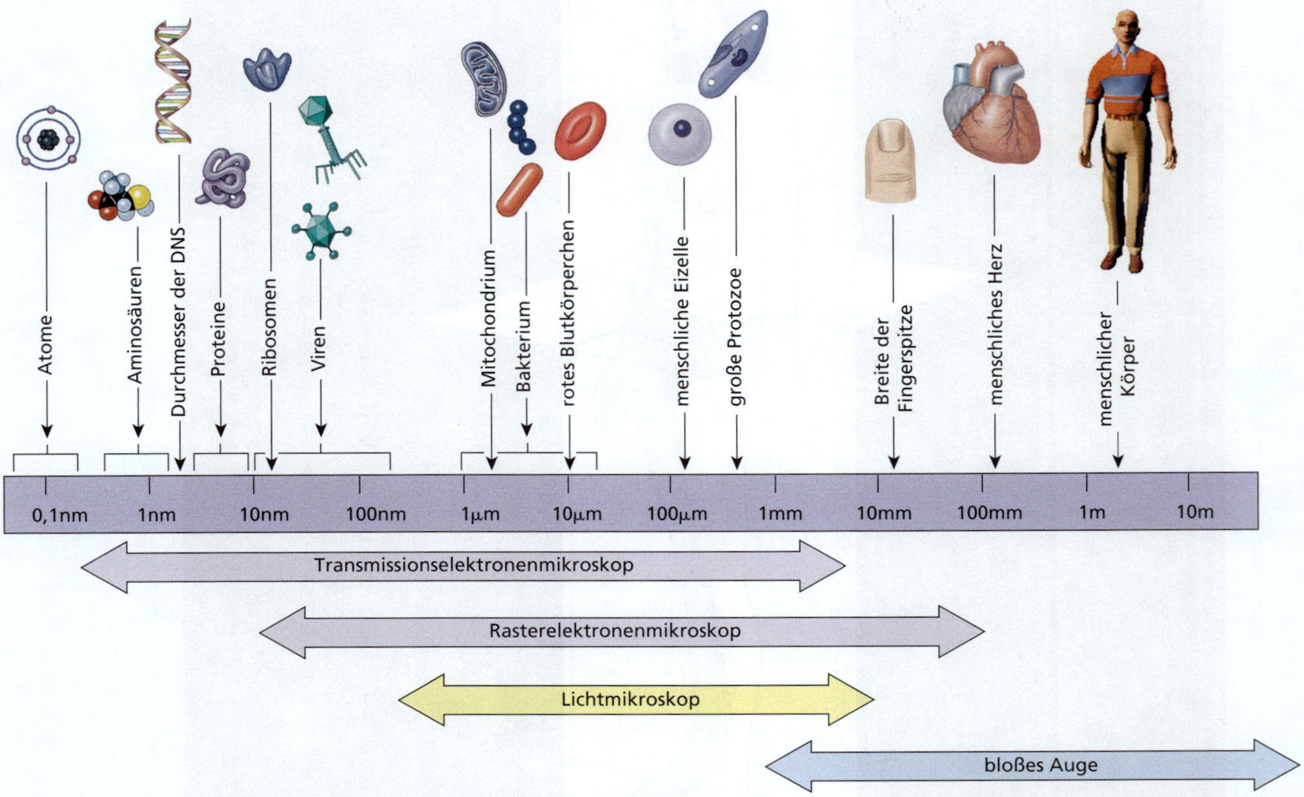

Abbildung 1.1: Anatomie in verschiedenen Größenordnungen. Die Menge der sichtbaren Details hängt von der Untersuchungsmethode und der Vergrößerung ab.

Die Mikroanatomie wird in Teilgebiete gegliedert, die jeweils Merkmale innerhalb eines bestimmten Größenspektrums betrachten:

Die **Zytologie** analysiert die inneren Strukturen der Zelle, der kleinsten Einheit des Lebens. Lebende Zellen sind aus komplexen chemischen Verbindungen in unterschiedlichen Kombinationen zusammengesetzt; unser Leben hängt von den chemischen Reaktionen ab, die im Inneren der Billionen von Zellen ablaufen, aus denen unser Körper besteht.

Die **Histologie** hat einen etwas breiteren Blickwinkel; hier werden Gewebe untersucht, Gruppen spezialisierter Zellen und Zellprodukte, die zur Wahrnehmung bestimmter Funktionen zusammenarbeiten. Die Zellen des menschlichen Körpers können vier grundlegenden Gewebearten zugeordnet werden; diese Gewebe werden in Kapitel 3 besprochen.

Verschiedene Gewebe zusammen bilden die **Organe**, wie Herz, Nieren, Leber und Gehirn. Organe sind anatomische Einheiten mit verschiedenen Funktionen. Viele Gewebe und die meisten Organe können gut ohne Mikroskop untersucht werden; an diesem Punkt überschreiten wir die Grenze von der Mikro- zur Makroanatomie.

Makroanatomie 1.2

Makroanatomie, oder **makroskopische Anatomie**, beschäftigt sich mit den relativ großen Strukturen und Merkmalen, die mit dem bloßen Auge zu erkennen sind. Es gibt verschiedene Arten, an die Makroanatomie heranzugehen:

- **Oberflächenanatomie** beschäftigt sich mit der Untersuchung der anatomischen Oberflächenmerkmale.
- **Regionale Anatomie** befasst sich mit allen oberflächlichen und inneren Merkmalen einer bestimmten Körperregion, wie etwa dem Kopf, dem Hals oder dem Rumpf.
- In der **funktionellen Anatomie** werden die Strukturen der großen Organsysteme, wie etwa des Skelett- oder des Muskelsystems, betrachtet. Organsysteme sind Gruppen von Organen, die für koordinierte Effekte zusammenarbeiten. So bilden beispielsweise Herz, Blut und Blutgefäße zusammen das Herz-Kreislauf-System, das Sauerstoff und Nährstoffe im Körper verteilt. Es gibt elf Organsysteme im menschlichen Körper; sie werden später in diesem Kapitel vorgestellt.

Andere Bereiche der Anatomie 1.3

In diesem Text begegnen Sie noch weiteren Teilgebieten der Anatomie.

- Die **Entwicklungsbiologie** untersucht die Vorgänge zwischen dem Zeitpunkt der Befruchtung und dem des ausgewachsenen Zustands. Da anatomische Strukturen sehr unterschiedlicher Größe (von der einzelnen Zelle bis hin zum erwachsenen Menschen) betrachtet werden, umfasst die Entwicklungsbiologie sowohl mikro- als auch makroskopische Aspekte. Die Entwicklungsbiologie ist in der Medizin sehr wichtig, da viele strukturelle Anomalien das Ergebnis von Fehlern in dieser Entwicklung sein können. Die **Embryologie** ist das Studium der frühen Entwicklungsphase. In der Medizin umfasst sie die Entwicklung von der Eizelle bis zum Embryo (8. Entwicklungswoche) und die Fetalentwicklung (9. Entwicklungswoche bis 38. Woche).
- Die **vergleichende Anatomie** beschäftigt sich mit dem anatomischen Aufbau verschiedener Tierarten. Ähnlichkeiten können auf verwandtschaftliche Beziehungen hindeuten. Menschen, Eidechsen und Haie werden alle als Wirbeltiere bezeichnet, da sie eine Reihe anatomischer Merkmale gemeinsam haben, die bei anderen Tiergruppen nicht vorkommen. Alle Wirbeltiere (Verte-

AUS DER PRAXIS

Krankheit, Pathologie und Diagnose

Der offizielle Name für das Studium der Krankheiten ist die **Pathologie**. Typischerweise können unterschiedliche Erkrankungen die gleichen Zeichen und Symptome hervorrufen. Beispielsweise kann ein Mensch mit blassen Lippen, der über Schwäche und Kurzatmigkeit klagt, 1. Atemprobleme haben, bei denen der normale Transport von Sauerstoff in das Blut gestört ist (wie bei einem Emphysem, das sind Überblähungen der kleinsten luftgefüllten Strukturen der Lunge), 2. Probleme mit dem Herz-Kreislauf-System haben, bei denen die normale Blutzirkulation in die Peripherie beeinträchtigt ist (Herzinsuffizienz), oder 3. unfähig sein, eine adäquate Menge Sauerstoff mit dem Blut zu transportieren, wie nach einem größeren Blutverlust oder bei Störungen der Blutbildung. In diesen Fällen muss der Arzt genau nachfragen und Informationen sammeln, um die Ursache des Problems zu ergründen. In vielen Fällen reichen die Vorgeschichte des Patienten und eine körperliche Untersuchung zur Diagnosestellung aus, doch oftmals sind noch zusätzlich Blutuntersuchungen und radiologische Verfahren erforderlich.

Die **Diagnose** ist die Entscheidung über die Ursache einer Erkrankung. Die Diagnosestellung erfolgt oft im Ausschlussverfahren, bei dem mehrere Möglichkeiten erwogen und die wahrscheinlichste angenommen wird. Dies bringt uns zu der Kernaussage: Alle diagnostischen Maßnahmen erfordern die Kenntnis der normalen Struktur und Funktion des menschlichen Körpers.

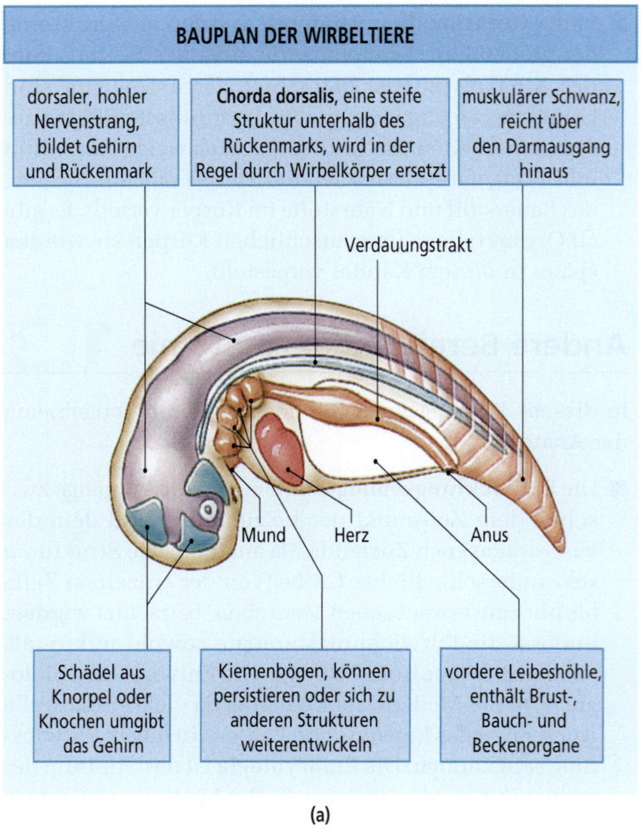

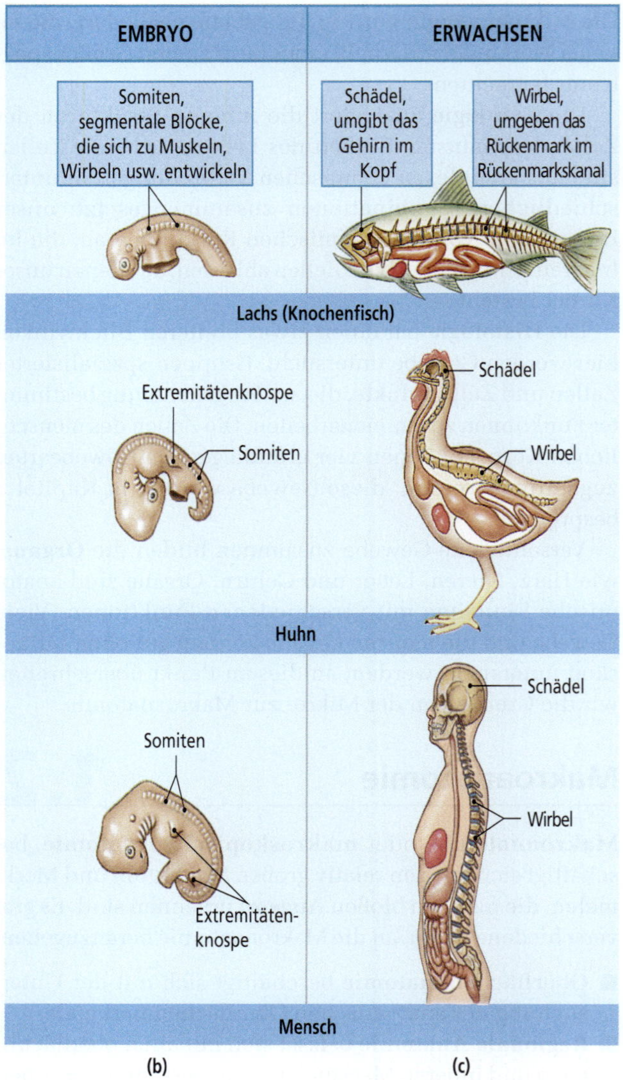

Abbildung 1.2: Vergleichende Anatomie. Der Mensch gehört zu den Wirbeltieren, einer Gruppe, die außerdem so unterschiedlich aussehende Tiere wie Fische, Katzen und Hühner enthält. Wirbeltiere vereint ein grundlegendes anatomisches Bauprinzip (a), das sie von allen anderen Tieren unterscheidet. Die Gemeinsamkeiten werden besonders deutlich, wenn Embryos in vergleichbaren Embryonalstadien (b) nebeneinander gestellt werden. Die Unterschiede verschwimmen, wenn man die erwachsenen Wirbeltiere miteinander vergleicht (c).

braten) haben eine Wirbelsäule, die aus den einzelnen Wirbeln (lat.: vertebrae) zusammengesetzt ist. In der vergleichenden Anatomie werden makro- und mikroanatomische sowie entwicklungsbiologische Techniken eingesetzt. Miteinander verwandte Tiere durchlaufen typischerweise sehr ähnliche Entwicklungsstadien (**Abbildung 1.2**).

Für die medizinische Diagnostik sind weitere makroanatomische Teilgebiete von Bedeutung:

- Die **klinische Anatomie** konzentriert sich auf anatomische Merkmale, die im Verlauf einer Erkrankung erkennbare pathologische Veränderungen zeigen.
- Die **chirurgische Anatomie** beschäftigt sich mit anatomischen Orientierungspunkten, die für operative Eingriffe von Bedeutung sind.
- Die **radiologische Anatomie** untersucht Strukturen, wie sie auf Röntgenbildern, Ultraschallaufnahmen oder bei anderen bildgebenden Verfahren am unversehrten Körper zu erkennen sind.
- Die **Querschnittsanatomie** ist ein neues Teilgebiet der Makroanatomie, das mit den neuen radiologischen Techniken CT (Computertomografie) und MRT (Magnetresonanztomografie) entstanden ist.

AUFGABEN

1. Auf welcher Organisationsebene untersucht der Histologe Strukturen?
2. Auf welcher (-en) Organisationsebene (-n) bewegt sich der Makroanatom?
3. Wie unterscheidet sich die regionale von der funktionellen Anatomie?

Organisationsebenen 1.4

Unser Studium des menschlichen Körpers beginnt mit einem Überblick über die zelluläre Anatomie und setzt sich dann mit der mikro- und makroskopischen Betrachtung der einzelnen Organsysteme fort. Wenn wir Strukturen vom mikro- bis in den makroskopischen Bereich hinein betrachten, bewegen wir uns auf verschiedenen, miteinander verbundenen Organisationsebenen.

Wir beginnen auf der **chemischen** oder **molekularen Organisationsebene**. Der menschliche Körper besteht aus mehr als einem Dutzend verschiedener Elemente, doch nur vier von ihnen (Wasserstoff, Sauerstoff, Kohlenstoff und Stickstoff) machen 99 % der Gesamtzahl der Atome aus (**Abbildung 1.3**a). Auf der chemischen Ebene reagieren die Atome miteinander und bilden dreidimensionale Moleküle mit bestimmten Eigenschaften. Die wichtigsten Moleküle des menschlichen Körpers sehen Sie in **Abbildung 1.3**b.

Abbildung 1.4 zeigt ein Beispiel für die Beziehungen zwischen der chemischen Ebene und höheren Organisationsebenen. Die **zelluläre Organisationsebene** besteht aus den Zellen, den kleinsten lebenden Einheiten des menschlichen Körpers. Zellen enthalten im Inneren Strukturen, die man Organellen nennt. Zellen und ihre Organellen bestehen aus komplexen chemischen Verbindungen. Die Zellstruktur und die Funktionsweisen der wichtigsten Organellen werden in Kapitel 2 vorgestellt. In **Abbildung 1.4** sieht man, wie durch chemische Reaktionen innerhalb einer Herzmuskelzelle komplexe Proteine entstehen.

Herzmuskelzellen sind zu einem charakteristischen Muskelgewebe miteinander verbunden, ein Beispiel für die **Organisationsebene der Gewebe**. Die Schichten von Muskelgewebe bilden die muskuläre Wand des Herzes, eines dreidimensionalen Hohlorgans. Wir befinden uns jetzt auf der **Organebene**.

Eine normale Herzfunktion erfordert eng miteinander verzahnte Abläufe auf chemischer, zellulärer, Gewebe- und Organebene. Koordinierte Kontraktionen benachbarter Herzmuskelzellen im Herzmuskel führen zu einem Herzschlag. Die innere Anatomie des Organs ermöglicht dabei die Pumpfunktion. Bei jeder Kontraktion befördert das Herz Blut in das Gefäßsystem, ein Netzwerk von Blutgefäßen. Zusammen bilden Herz, Blut und das Gefäßsystem ein Organsystem, das Herz-Kreislauf-System.

AUS DER PRAXIS — Die Diagnose einer Erkrankung

Homöostase ist die Aufrechterhaltung einer relativ konstanten inneren Umgebung, die für das Überleben von Körperzellen und Geweben geeignet ist. Die Unmöglichkeit, die Homöostase aufrechtzuerhalten, führt zu **Krankheit**. Eine Erkrankung mag anfangs nur ein bestimmtes Gewebe, ein Organ oder Organsystem betreffen, wird jedoch letztendlich zu Veränderungen der Funktion oder Struktur von Zellen im gesamten Körper führen. Einige Erkrankungen können von der körpereigenen Abwehr überwunden werden. Andere erfordern Interventionen und Unterstützung. Wenn es beispielsweise zu einem Trauma mit starker Blutung oder Organverletzung gekommen ist, kann ein chirurgischer Eingriff erforderlich sein, um die Homöostase wiederherzustellen und tödliche Komplikationen zu vermeiden.

Jede Organisationsebene ist gänzlich von den anderen Ebenen abhängig. Störungen auf der zellulären, der Gewebe- oder der Organebene können das gesamte System beeinträchtigen. So kann eine chemische Veränderung in den Herzmuskelzellen abnorme Kontraktionen oder gar ein Aussetzen des Herzschlags verursachen. Eine physische Schädigung des Muskelgewebes, wie nach einer Brustverletzung, führt zu ineffektiver Herzfunktion, auch wenn die meisten Herzmuskelzellen intakt und unverletzt sind. Eine angeborene Fehlbildung der Struktur des Herzes kann ebenfalls eine gestörte Funktion zur Folge haben, auch wenn die Herzmuskelzellen und das Muskelgewebe völlig normal ausgebildet sind.

Schließlich muss noch festgehalten werden, dass etwas, das das System schädigt, letztendlich auch alle einzelnen Komponenten schädigt. Nach einem massiven Blutverlust, etwa durch eine Verletzung eines großen Blutgefäßes, kann das Herz nicht mehr effektiv Blut pumpen. Wenn das Herz nicht mehr pumpt und das Blut nicht mehr fließt, können Sauerstoff und Nährstoffe nicht mehr verteilt werden. In kürzester Zeit zersetzt sich das Gewebe, da die Herzmuskelzellen am Sauerstoff- und Nährstoffmangel zugrunde gehen.

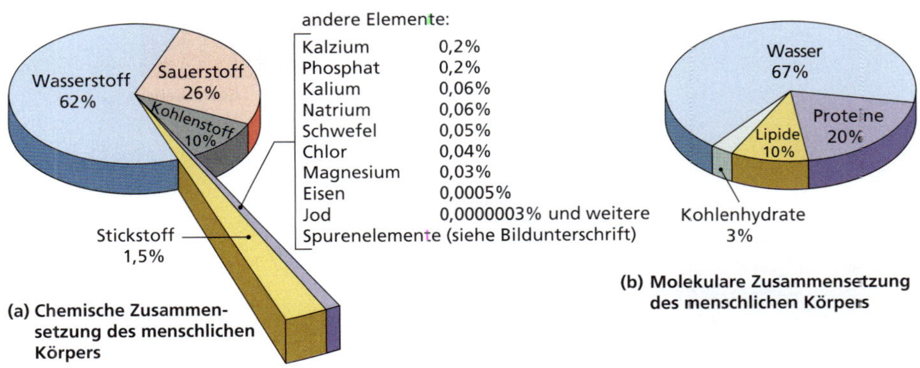

Abbildung 1.3: Zusammensetzung des Körpers auf der chemischen und molekularen Organisationsebene. Die prozentuale Zusammensetzung der Elemente und der wichtigsten Moleküle. (a) Chemische Elemente. (b) Molekulare Zusammensetzung des Körpers. Spurenelemente kommen im menschlichen Körper in Massenanteilen von weniger als 50mg/kg vor. (Bsp. Jod)

Wenn das Herz nicht mehr effektiv pumpt, ist natürlich nicht nur das Herz-Kreislauf-System betroffen; alle Zellen, Gewebe und Organe des Körpers nehmen Schaden. Diese Beobachtung führt uns auf die nächsthöhere Organisationsebene, die des **Organismus**, in diesem Fall des Menschen. Auf dieser Ebene werden die Interaktionen zwischen Organsystemen betrachtet. Alle sind lebenswichtig; jedes System muss reibungslos und in Harmonie mit allen anderen funktionieren, um ein Überleben zu ermöglichen. Wenn diese Systeme normal funktionieren, ist das innere Milieu auf allen Ebenen relativ stabil. Diesen lebenswichtigen Zustand nennt man **Homöostase** (griech.: homoios = gleich, gleichartig; stasis = Stehen, Stillstand).

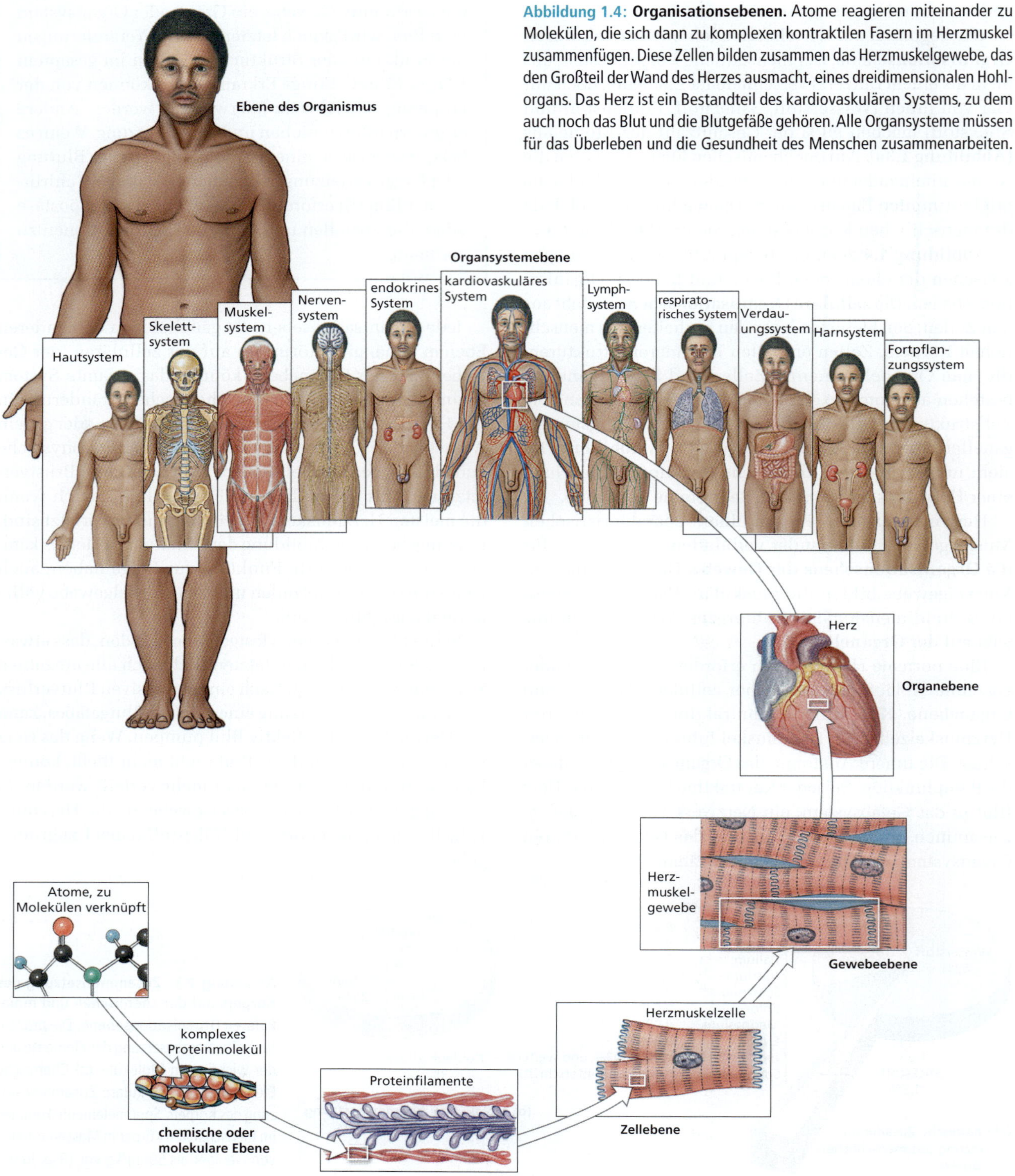

Abbildung 1.4: Organisationsebenen. Atome reagieren miteinander zu Molekülen, die sich dann zu komplexen kontraktilen Fasern im Herzmuskel zusammenfügen. Diese Zellen bilden zusammen das Herzmuskelgewebe, das den Großteil der Wand des Herzes ausmacht, eines dreidimensionalen Hohlorgans. Das Herz ist ein Bestandteil des kardiovaskulären Systems, zu dem auch noch das Blut und die Blutgefäße gehören. Alle Organsysteme müssen für das Überleben und die Gesundheit des Menschen zusammenarbeiten.

Einführung in die Organsysteme 1.5

Abbildung 1.5 gibt einen Überblick über die elf Organsysteme des Körpers. **Abbildung 1.6** zeigt die wichtigsten Organe jedes Systems.

Alle lebenden Organismen haben bestimmte lebenswichtige Eigenschaften und Vorgänge gemeinsam:

- **Reaktionsfähigkeit:** Organismen reagieren auf Veränderungen ihrer unmittelbaren Umgebung; diese Eigenschaft wird auch **Reizbarkeit** genannt. Menschen ziehen die Hand von der heißen Herdplatte, Hunde verbellen einen herannahenden Fremden, Fische schrecken vor lauten Geräuschen zurück und Amöben umfließen potenzielle Beute. Organismen machen auch längerfristige Veränderungen bei der Anpassung an ihre Umgebung durch: Manchen Tieren wächst beim herannahenden Winter ein dichteres Fell; andere ziehen in wärmere Länder. Die Fähigkeit zu solchen Anpassungen wird Adaptation genannt.
- **Wachstum und Differenzierung:** Im Laufe des Lebens wachsen Organismen; die Größenzunahme geschieht durch Zunahme der Anzahl und der Größe der einzelnen Zellen. In vielzelligen Organismen spezialisieren sich die einzelnen Zellen, um bestimmte Funktionen zu erfüllen. Diese Spezialisierung nennt man Differenzierung. Wachstum und Differenzierung in Zellen und Organismen führen oft zu Veränderungen von Form und Funktion. Anatomische Proportionen und physiologische Fähigkeiten eines Erwachsenen unterscheiden sich beispielsweise recht deutlich von denen eines Kleinkinds.
- **Reproduktion:** Organismen pflanzen sich fort; sie erschaffen nachfolgende Generationen ihrer eigenen Art, ob Einzeller oder Vielzeller.
- **Bewegung:** Organismen sind in der Lage, Bewegung zu produzieren, die entweder innerlich (Transport von Nahrung, Blut oder anderen Stoffen innerhalb des Körpers) oder äußerlich (Bewegung durch die Umgebung) stattfinden kann.
- **Stoffwechsel und Ausscheidung:** Organismen vollführen komplexe chemische Reaktionen zur Produktion von Energie für Reaktionsfähigkeit, Wachstum, Fortpflanzung und Bewegung. Sie müssen auch komplexe chemische Verbindungen synthetisieren, wie etwa Proteine. Mit dem Ausdruck Stoffwechsel **(Metabolismus)** sind alle chemischen Vorgänge im Körper gemeint: Katabolismus ist der Abbau komplexer Moleküle zu einfachen Verbindungen, Anabolismus die Synthese komplexer Moleküle aus einfachen. Normale Stoffwechselvorgänge erfordern die **Absorption** von Stoffen aus der Umwelt. Um effizient Energie erzeugen zu können, brauchen die meisten Zellen verschiedene Nährstoffe sowie Sauerstoff. Der Begriff **Respiration** umfasst Absorption, Transport und Verbrauch von Sauerstoff durch die Zellen. Stoffwechselvorgänge produzieren oftmals unnötige oder potenziell schädliche Abfallprodukte, die durch **Exkretion** aus dem Körper entfernt werden müssen.

Bei sehr kleinen Organismen verlaufen Absorption, Respiration und Exkretion durch direkten Transport von Stoffen über die Außenflächen. Lebewesen jedoch, die größer sind als ein paar Millimeter, absorbieren Nährstoffe selten direkt aus der Umgebung. Wir Menschen können unser Steak, den Apfel oder das Eis auch nicht direkt absorbieren; wir müssen die chemische Struktur des Essens zuerst verändern. Dieser Vorgang, **Verdauung** genannt, läuft in spezialisierten Bereichen ab, in denen komplexe Nährstoffe in einfache Komponenten zerlegt werden, die leicht absorbiert werden können. Respiration und Exkretion sind

ORGANSYSTEM		HAUPTFUNKTIONEN
	Hautsystem	Schutz vor Gefahren durch die Umwelt, Temperaturkontrolle
	Skelettsystem	Stütze, Schutz weicher Gewebe, Mineralienspeicher, Blutbildung
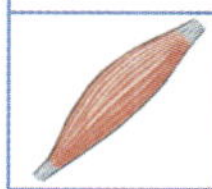	Muskelsystem	Bewegung, Stütze, Wärmeproduktion
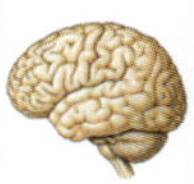	Nervensystem	steuert Sofortreaktionen auf Außenreize, meist durch Koordination der Aktivitäten anderer Organsysteme
	Endokrines System	steuert langfristige Veränderungen der Aktivitäten anderer Organsysteme
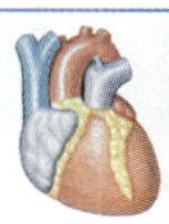	Kardiovaskuläres System	interner Transport von Zellen und gelösten Substanzen, einschließlich Nährstoffen, Abfällen und Gasen
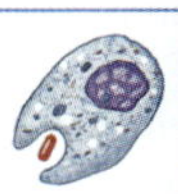	Lymphsystem	Verteidigung gegen Infektionen und Erkrankungen
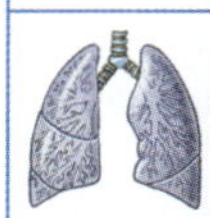	Respiratorisches System	leitet Luft an den Ort des Gasaustauschs zwischen Luft und zirkulierendem Blut
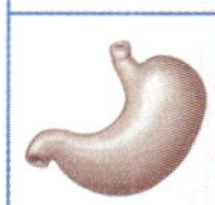	Verdauungssystem	verarbeitet Nahrung und absorbiert organische Nährstoffe, Mineralien, Vitamine und Wasser
	Harnsystem	Elimination von überschüssigem Wasser und Abfallprodukten, kontrolliert den pH-Wert
	Fortpflanzungssystem	Produktion von Geschlechtszellen und Hormonen

Abbildung 1.5: **Einführung in die Organsysteme.** Überblick über die elf Organsysteme und ihre wichtigsten Funktionen.

Abbildung 1.6: Die Organsysteme des Körpers.

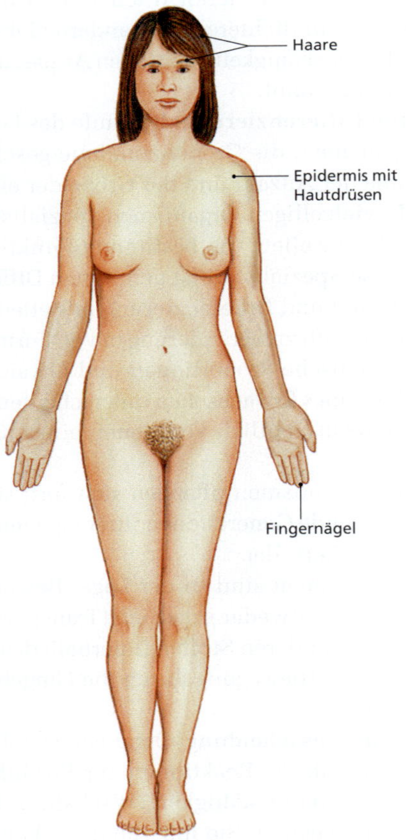

(a) Das Integument

Schützt vor Gefahren der Umgebung; hilft, die Körpertemperatur aufrechtzuerhalten

Organe/ Komponenten	Hauptfunktionen
Haut Epidermis Dermis	 Bedeckt die Oberfläche, schützt tiefer liegende Gewebe Ernährt die Epidermis, gibt Halt, enthält Drüsen
Haarfollikel Haare Talgdrüsen	bildet Haar; Sinnesreiz durch Innervierung Gewisser Schutz für den Kopf Talgsekretion an den Haarschäften und der Kopfhaut
Schweißdrüsen	Produzieren Schweiß für Verdunstungskühle
Nägel	Schützen und festigen Finger- und Zehennägel
Rezeptoren	Empfangen Reize durch Berührung, Druck, Temperatur und Schmerz
Subkutis	Speichert Fett, verbindet die Haut mit den tieferen Strukturen

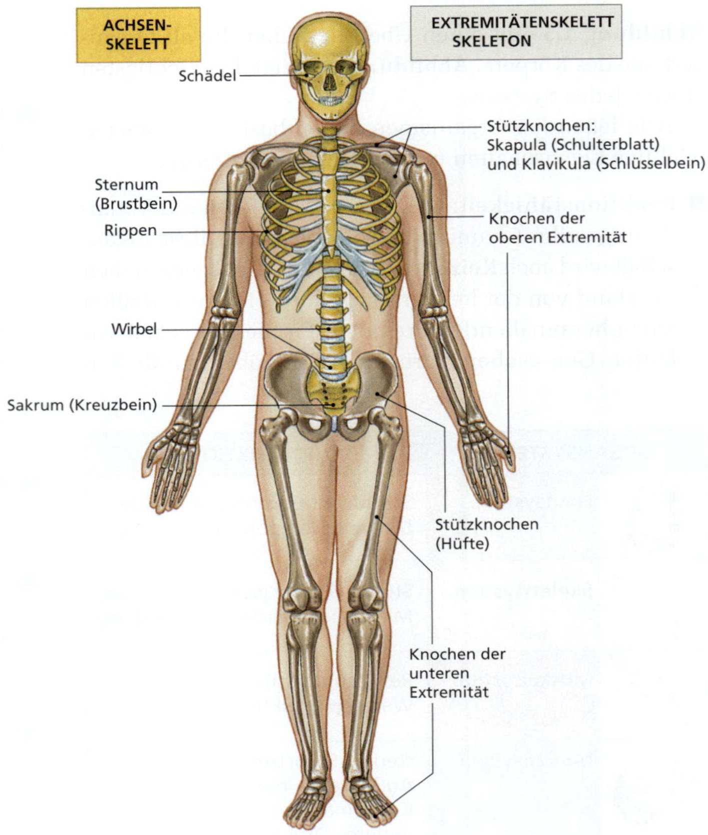

(b) Das Skelettsystem

Sorgt für Halt, schützt Gewebe, speichert Mineralien; Blutbildung

Organe/ Komponenten	Hauptfunktionen
Knochen, Knorpel und Gelenke	Stütze, Schutz weicher Gewebe; Knochen speichern Mineralien
Achsenskelett (Schädel, Wirbel, Steißbein, Kreuzbein, Brustbein, Knorpel und Bänder)	Schützt Gehirn, Rückenmark, Sinnesorgane und weiche Gewebe der Brusthöhle, trägt das Körpergewicht oberhalb der Beine
Extremitätenskelett (Extremitäten mit stützenden Knochen und Bändern)	Stützt und positioniert die Extremitäten, stützt und bewegt das Achsenskelett
Knochenmark	Primärer Sitz der Blutbildung (rotes Mark), Energiespeicher in Fettzellen (gelbes Mark)

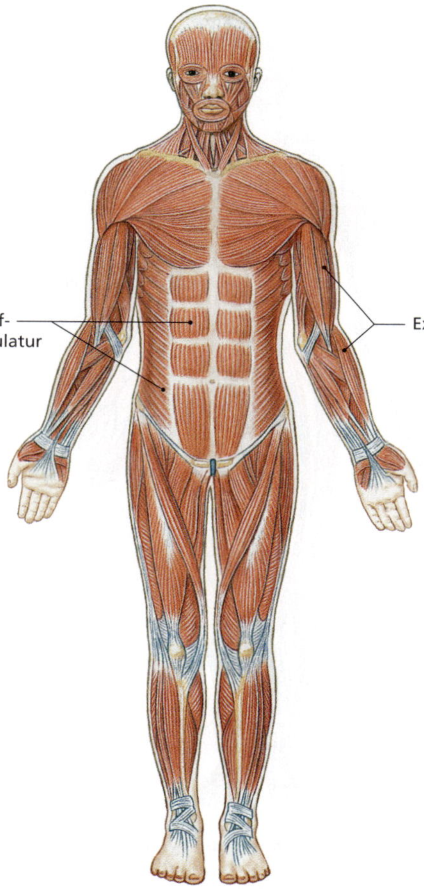

(c) Das Muskelsystem
Ermöglicht Bewegung, stützt, produziert Wärme

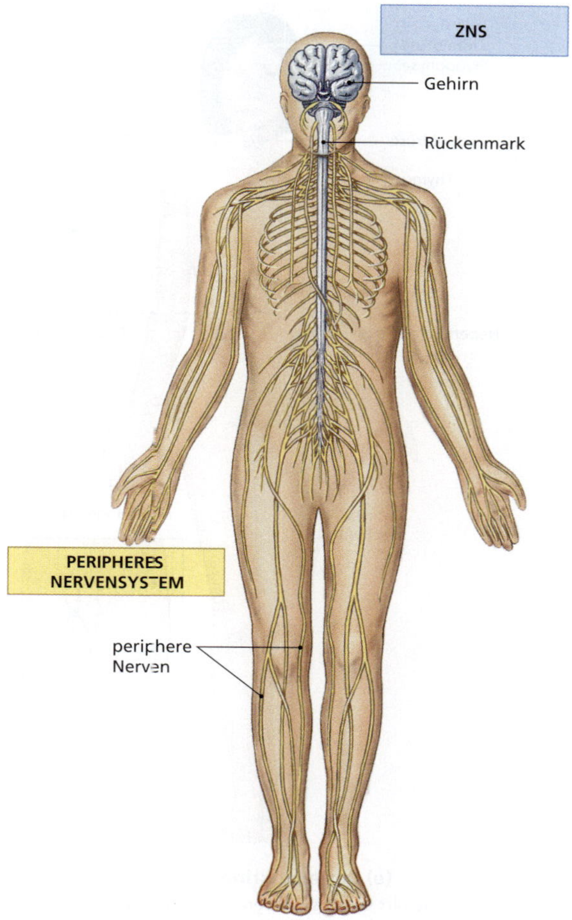

(d) Das Nervensystem
Steuert Sofortreaktionen auf Außenreize, meist durch Koordination der Aktivitäten anderer Organsysteme

Organe/ Komponenten	Hauptfunktionen
SKELETTMUSKULATUR	Ermöglicht Bewegung des Skelettsystems, kontrolliert die Eingänge zum Verdauungs- und zum respirativen System und die Ausgänge des Verdauungs- und des Harnsystems, produziert Wärme, stützt das Skelett, schützt weiches Gewebe
Rumpfmuskulatur	Stützt und positioniert das Achsenskelett
Extremitätenmuskulatur	Stützt, bewegt und formt die Extremitäten
SEHNEN, APONEUROSEN	Bändigen die Kraft der Kontraktionen, um die Durchführung spezifischer Bewegungen zu ermöglichen

Organe/ Komponenten	Hauptfunktionen
ZNS (ZENTRALNERVENSYSTEM)	Kontrollzentrum für das Nervensystem, verarbeitet Eindrücke, übernimmt kurzzeitig die Kontrolle über die Aktivitäten anderer Systeme
Gehirn	Vollführt komplexe integrative Leistungen, kontrolliert sowohl willkürliche als auch unwillkürliche (autonome) Aktivitäten
Rückenmark	Leitet Informationen zum und vom Gehirn, vollführt einfache integrative Leistungen, steuert viele einfache unwillkürliche Aktivitäten
Sinnesorgane	Vermitteln Sinneseindrücke, wie Sehen, Hören, Schmecken, Tasten und Gleichgewicht
PNS (PERIPHERES NERVENSYSTEM)	Verbindet das ZNS mit anderen Systemen und den Sinnesorganen

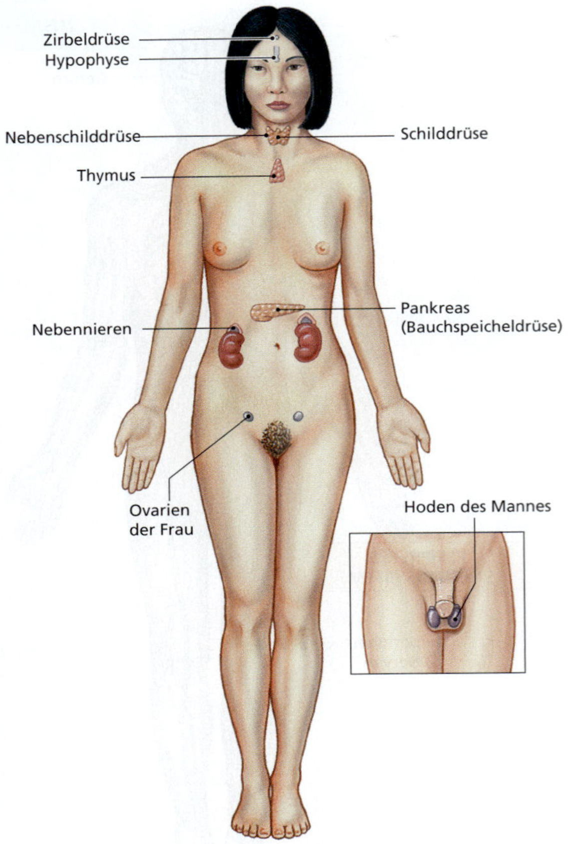

(e) Das endokrine System
Steuert langfristige Veränderungen der Aktivitäten anderer Organsysteme

Organe/ Komponenten	Hauptfunktionen
Zirbeldrüse (Epiphyse)	Kann den Ablauf der Fortpflanzung steuern, steuert den Tag-Nacht-Rhythmus
Hypophyse	Steuert andere endokrine Organe, reguliert das Wachstum und den Wasserhaushalt
Schilddrüse	Steuert den Stoffwechsel im Gewebe, reguliert den Kalziumspiegel (mit der Nebenschilddrüse)
Nebenschilddrüse	Reguliert den Kalziumspiegel (mit der Schilddrüse)
Thymus	Steuert die Reifung der Lymphozyten
Nebennieren	Kontrollieren Wasserhaushalt, Stoffwechselaktivitäten im Gewebe sowie Herz-Kreislauf- und Atmungsaktivitäten
Nieren	Kontrollieren die Erythropoese, heben den Blutdruck
Pankreas	Reguliert den Blutzuckerspiegel
Gonaden	
Hoden	Unterstützen die Ausprägung männlicher Geschlechtsmerkmale und die Fortpflanzung (siehe Abbildung 1.6k)
Ovarien	Unterstützen die Ausprägung weiblicher Geschlechtsmerkmale und die Fortpflanzung (siehe Abbildung 1.6l)

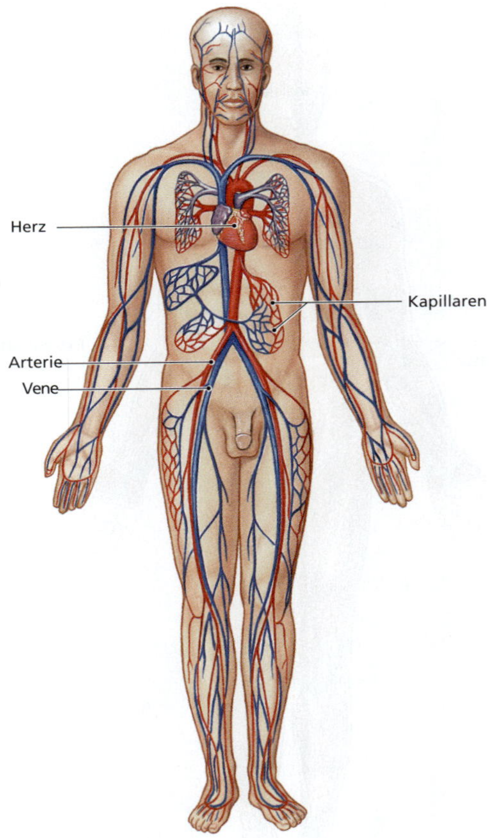

(f) Das Herz-Kreislauf-System
Transportiert Zellen und gelöste Substanzen, wie Nährstoffe, Abfälle und Gase

Organe/ Komponenten	Hauptfunktionen
Herz	Pumpt Blut, hält den Blutdruck aufrecht
Blutgefässe	Verteilen das Blut im Körper
Arterien	befördern Blut vom Herz weg
Kapillaren	Ermöglichen die Diffusion zwischen dem Blut und der interstitiellen Flüssigkeit
Venen	befördern Blut zum Herz hin
Blut	Transportiert Sauerstoff, Kohlendioxid und Blutzellen, verteilt Nährstoffe und Hormone, entfernt Abfallprodukte, unterstützt die Temperaturregulation und die Immunabwehr

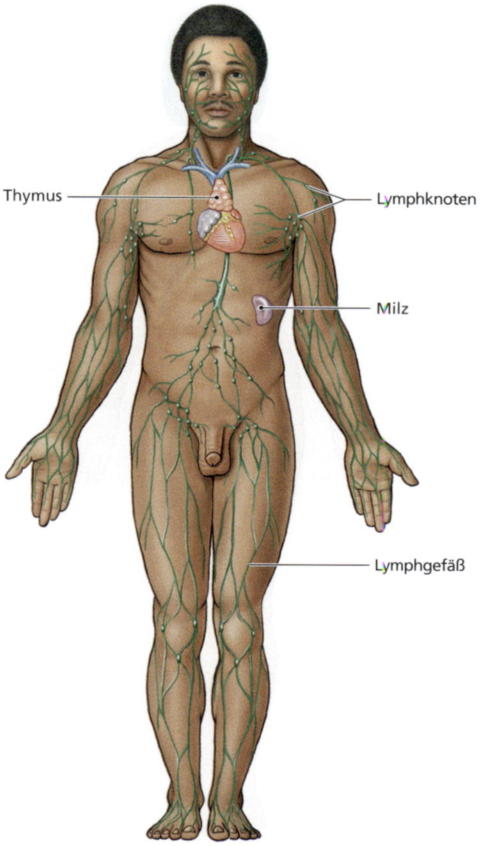

(g) Das Lymphsystem

Verteidigung gegen Infektionen und Erkrankungen, führt Flüssigkeit aus dem Gewebe wieder in das Blutgefäßsystem zurück

Organe/ Komponenten	Hauptfunktionen
LYMPHGEFÄSSE	Transportieren die Lymphe (Wasser, Proteine und Fette) und Lymphozyten von der Peripherie in die Venen des Herz-Kreislauf-Systems
LYMPHKNOTEN	Überwachen die Zusammensetzung der Lymphe, hüllen Pathogene ein, stimulieren Immunreaktionen
MILZ	Überwacht das zirkulierende Blut, hüllt Pathogene ein, führt Erythrozyten der Wiederverwertung zu, stimuliert Immunreaktionen
THYMUS	Kontrolliert Entwicklung, Reife und Nachschub einer Sorte Lymphozyten (T-Zellen)

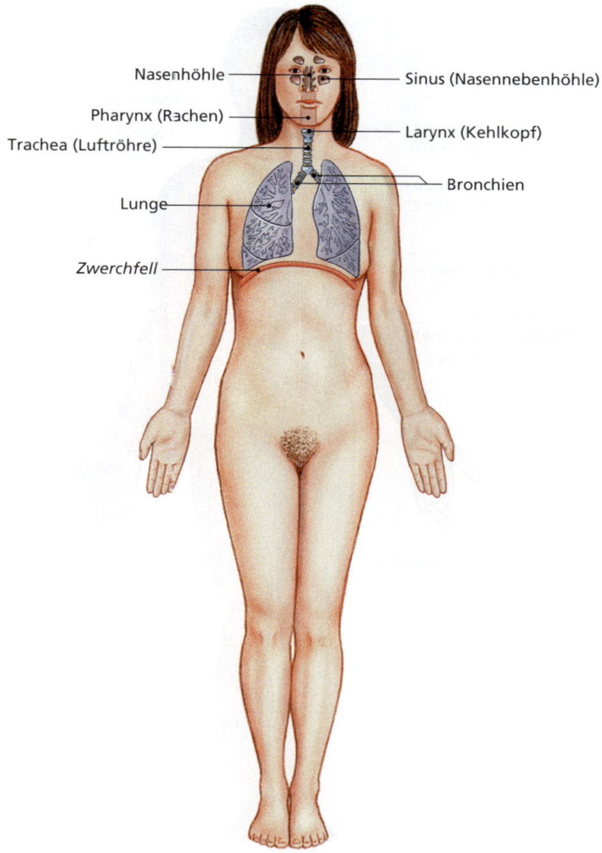

(h) Das respiratorische System

Leitet die Luft zum Ort des Gasaustauschs zwischen Blut und Atemluft

Organe/ Komponenten	Hauptfunktionen
NASENHÖHLEN, NEBENHÖHLEN	Filtern, wärmen und befeuchten die Luft, erkennen Gerüche
PHARYNX (RACHEN)	Leitet die Luft in den Larynx; dieser Raum ist auch Bestandteil des Verdauungssystems (siehe Abbildung 1.6i).
LARYNX (KEHLKOPF)	Schützt die Öffnung der Trachea und enthält die Stimmbänder
TRACHEA	Filtert die Luft, fängt Fremdkörper im Schleim ab; die Knorpelspangen halten die Atemwege offen.
BRONCHIEN	Funktionen wie die Trachea, durch Änderung des Volumens
LUNGEN	Verantwortlich für den Luftstrom während der Bewegungen von Brustkorb und Zwerchfell, einschließlich der Luftwege und der Alveolen
Alveolen	Ort des Gasaustauschs zwischen Luft und Blut

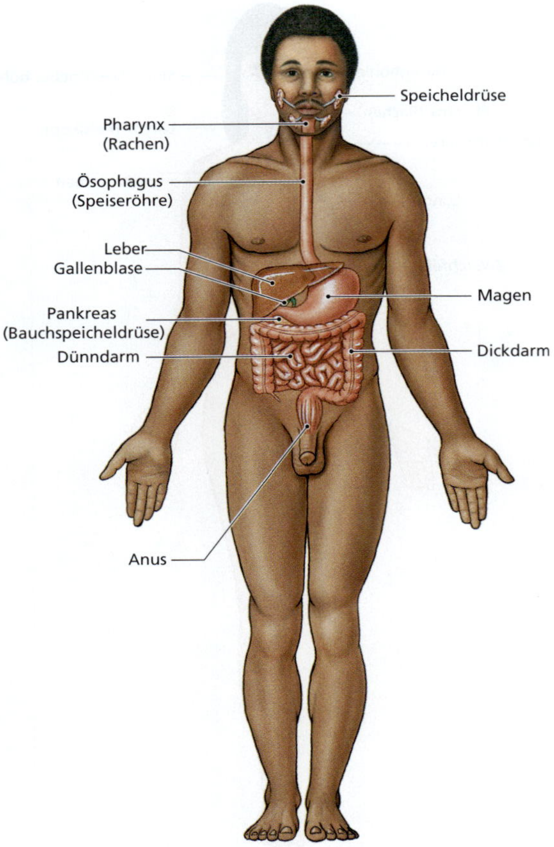

(i) Das Verdauungssystem
Verarbeitet die Nahrung und absorbiert Nährstoffe

Organe/ Komponenten	Hauptfunktionen
MUND	Aufnahme der Nahrung, Zerkleinerung und Weiterleitung von Nahrung und Flüssigkeiten in den Rachen in Zusammenarbeit mit assoziierten Strukturen (Zähne, Zunge)
SPEICHELDRÜSEN	Puffern und befeuchten, produzieren die ersten Verdauungsenzyme
PHARYNX (RACHEN)	Leitet feste Nahrung und Flüssigkeiten in den Ösophagus; dieser Raum ist auch Bestandteil des respiratorischen Systems (siehe Abbildung 1.6h).
ÖSOPHAGUS	Leitet die Nahrung in den Magen
MAGEN	Sezerniert Säuren und Enzyme
DÜNNDARM	Sezerniert Verdauungsenzyme, Puffer und Hormone; absorbiert Nährstoffe
LEBER	Sezerniert Galle, reguliert die Zusammensetzung der Nährstoffe im Blut
GALLENBLASE	Lagert und konzentriert Gallenflüssigkeit für die Freisetzung in den Dünndarm
PANKREAS	Sezerniert Verdauungsenzyme und Puffer, enthält endokrine Zellen (siehe Abbildung 1.6c)
DICKDARM	Entzieht dem Stuhl Wasser, lagert Abfallprodukte

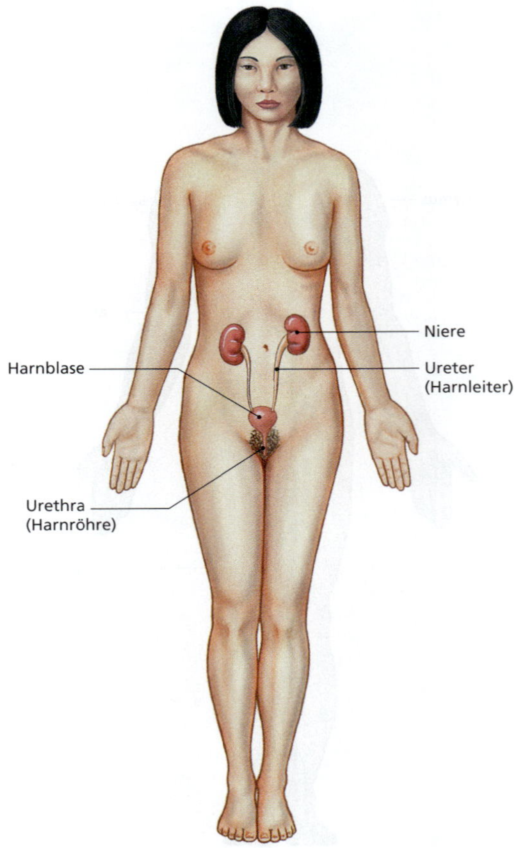

(j) Das Harnsystem
Eliminiert überschüssiges Wasser, Salze und Abfallprodukte

Organe/ Komponenten	Hauptfunktionen
NIEREN	Bilden und konzentrieren den Urin, regulieren den pH-Wert und die Ionenkonzentration des Blutes, haben endokrine Funktionen (siehe Abbildung 1.6e)
URETER (HARNLEITER)	Leiten den Urin von den Nieren zur Harnblase
HARNBLASE	Speichert den Urin zur späteren Entsorgung
URETHRA (HARNRÖHRE)	Leitet den Urin nach außen ab

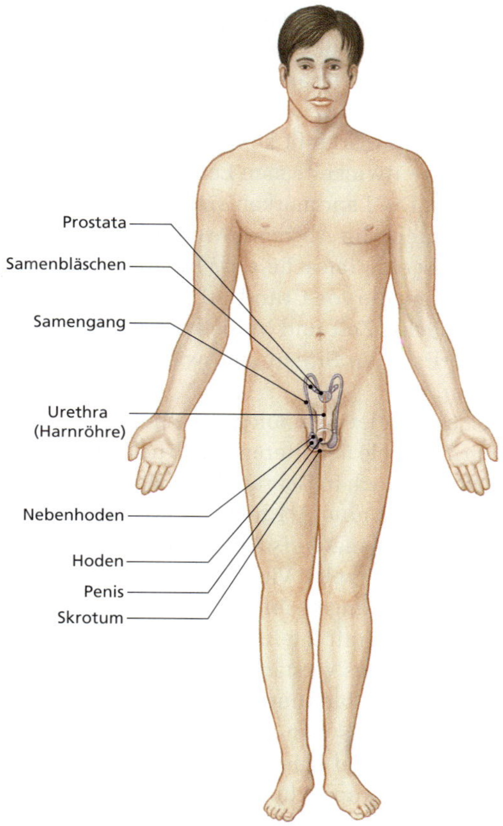

(k) Das männliche Fortpflanzungssystem
Produziert Spermien und Hormone

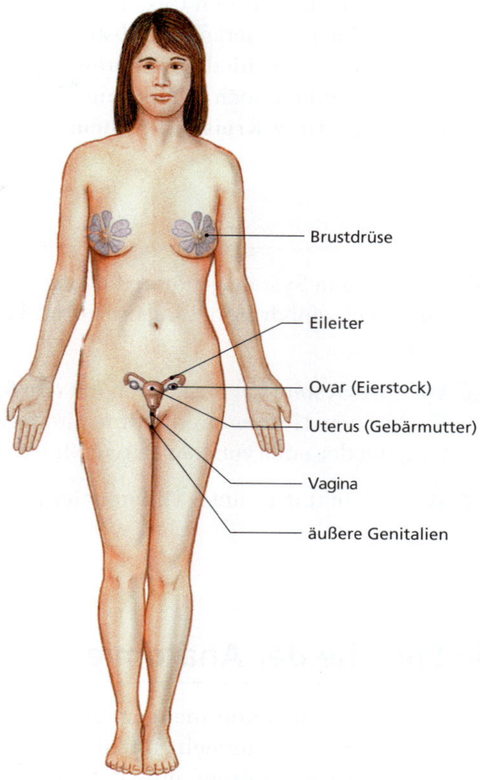

(l) Das weibliche Fortpflanzungssystem
Produziert Eizellen und Hormone, ermöglicht die Embryonalentwicklung von der Befruchtung bis zur Geburt

Organe/ Komponenten	Hauptfunktionen
Hoden	Produzieren Spermien und Hormone (siehe Abbildung 1.6e)
Nebenorgane	
Nebenhoden	Ort der Spermienreifung
Ductus deferens (Samenleiter)	Leitet Spermien von den Nebenhoden, mündet in den Ausführungsgang der Samenbläschen
Samenbläschen	Sezernieren die Flüssigkeit, die einen Großteil des Spermas ausmacht
Prostata	Sezerniert Flüssigkeit und Enzyme
Urethra	Leitet das Sperma nach außen
Äussere Genitalien	
Penis	Enthält den Schwellkörper, leitet Sperma in die Vagina der Frau, wirkt als erogene Zone, leitet Urin
Skrotum	Umgibt die Hoden und reguliert ihre Temperatur

Organe/ Komponenten	Hauptfunktionen
Ovarien	Produzieren Eizellen und Hormone (siehe Abbildung 1.6e)
Eileiter	Befördern das Ei oder den Embryo zur Gebärmutter; normalerweise Ort der Befruchtung
Uterus	Ort der Embryonalentwicklung und der Verbindung von mütterlichem und kindlichem Blutkreislauf
Vagina	Ort der Spermienablage, Geburtskanal, Abflussweg bei der Menstruation
Äussere Genitalien	
Klitoris	Enthält den Schwellkörper, ermöglicht angenehme Gefühle beim Geschlechtsverkehr
Schamlippen	Enthalten Drüsen, die den Eingang der Vagina befeuchten
Brustdrüsen	Produzieren Milch für den Säugling

in größeren Lebewesen ebenfalls komplizierter; wir haben spezialisierte Organe für den Gasaustausch (die Lungen) und die Exkretion (die Nieren). Da Absorption, Respiration und Exkretion in verschiedenen Bereichen des Körpers stattfinden, ist zudem noch ein internes Transportsystem erforderlich, das **Herz-Kreislauf-System**.

AUFGABEN

1. Zu welchem System gehören die folgenden Strukturen: Schweißdrüsen, Fingernägel und Haarfollikel?
2. Welches System hat Strukturen mit den folgenden Funktionen: Hormonproduktion, Eireifung, Beherbergung der embryonalen Entwicklung?
3. Was versteht man unter Differenzierung?

Die Sprache der Anatomie 1.6

Wenn Sie einen neuen Kontinent entdeckten, wie würden Sie die Informationen sammeln, um Ihre Entdeckungen zu dokumentieren? Sie würden eine detaillierte Landkarte erstellen. Auf ihr könnte man 1. prominente Landmarken, wie Berge, Täler oder Vulkane, 2. den Abstand zwischen ihnen und 3. die Richtung erkennen, in der Sie von einer zur anderen gereist sind. Die Abstände könnten Sie in Kilometern angeben, die Richtungen nach dem Kompass (Nord, Süd, Nordost, Südwest usw.). Mit einer solchen Karte könnte auch jeder andere einen beliebigen Ort auf diesem Kontinent ohne Umwege erreichen.

Abbildung 1.7: **Die Bedeutung einer präzisen Ausdrucksweise.** Wären Sie gerne dieser Patient? (© The New Yorker Collection 1990, Ed Fisher, cartoonbank.com; alle Rechte vorbehalten)

Die frühen Anatomen sahen sich vergleichbaren Kommunikationsproblemen gegenüber. Die Aussage, dass ein Knoten „hinten" sei, erlaubt keine besonders präzise Lokalisation. Also entwickelte man Landkarten des menschlichen Körpers. Die Landmarken sind prominente anatomische Strukturen, die Abstände werden in Zentimetern angegeben. Es ist eine Tatsache, dass Anatomen eine eigene Sprache sprechen, die von Grund auf gelernt werden muss. Dies wird zunächst Zeit und Mühe kosten, ist aber unbedingt erforderlich, um Situationen wie in **Abbildung 1.7** zu vermeiden.

Mit fortschreitender Technologie erscheinen neue anatomische Begriffe. Viele der älteren Ausdrücke und Bezeichnungen bleiben jedoch in Gebrauch. So stellt die Terminologie dieses Faches eine Art historische Dokumentation dar. Ein Großteil der anatomischen Begriffe hat lateinische und griechische Wurzeln. Viele der 2000 Jahre alten lateinischen Bezeichnungen sind heute noch gebräuchlich.

Eine Vertrautheit mit lateinischen Wurzeln und Wortmustern erleichtert das Verständnis anatomischer Begriffe; die Hinweise zu den Ableitungen sollen Ihnen dabei behilflich sein. Um im Deutschen die Mehrzahl auszudrücken, hängen wir in der Regel eine bestimmte Endigung an, wie beispielsweise -n (Puppe/Puppen) oder -er (Kind/Kinder). Im Lateinischen verändern sich die Endigungen; -us wird zu -i, -um zu -a und -a zu -ae. Zusätzliche Informationen zu fremdsprachlichen Ausdrücken, Präfixen, Anhängen und Verbindungen finden Sie im Anhang.

Latein und Griechisch sind nicht die einzigen Sprachen, die im Laufe der Jahrhunderte Eingang in die anatomische Terminologie gefunden haben. Viele anatomische Strukturen und klinische Zustände wurden ursprünglich nach ihren Entdeckern oder im Falle von Krankheiten nach ihrem prominentesten Opfer benannt. Das Hauptproblem hierbei ist die Schwierigkeit, sich den Zusammenhang zwischen einer Struktur oder einer Krankheit und dem Namen zu merken. In den letzten 100 Jahren wurden die meisten dieser Gedächtnisnamen oder **Eponyme** durch präzisere Ausdrücke ersetzt. Wer sich für die historischen Details interessiert, findet im Anhang „Gebräuchliche Eponyme" Auskunft über auch heute noch gelegentlich verwendete Namen.

Oberflächenanatomie 1.7

Die Kenntnis wichtiger anatomischer Landmarken und Richtungsbezeichnungen erleichtert das Verständnis der nachfolgenden Kapitel, da mit Ausnahme der Haut keines der Organsysteme weitgehend vollständig von außen sichtbar ist. Sie müssen sich gedanklich Ihre eigene Landkarte erstellen und die Informationen den anatomischen Zeichnungen entnehmen.

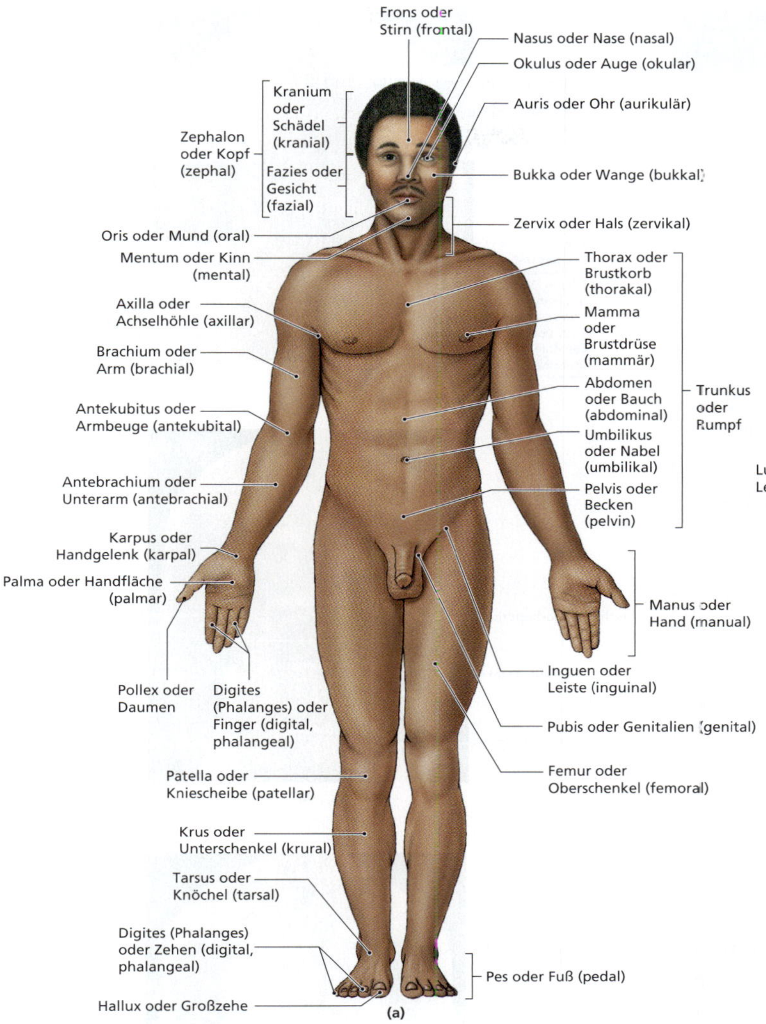

Abbildung 1.8: **Anatomische Orientierungspunkte.** Die anatomischen Begriffe sind fett, die gebräuchlichen Namen normal gedruckt und die Adjektive in Klammern gesetzt. (a) Anatomische Position von vorn. (b) Anatomische Position von hinten.

1.7.1 Anatomische Landmarken

In **Abbildung 1.8** sind die wichtigsten anatomischen Orientierungspunkte dargestellt. Machen Sie sich sowohl mit den Adjektiven als auch mit den anatomischen Begriffen vertraut. Wenn Sie die Begriffe und ihren Ursprung verstehen, können Sie daraus sowohl auf die Lokalisation als auch auf den Namen schließen. **Brachium** bedeutet z. B. Arm; in späteren Kapiteln werden der *M. (Musculus) brachialis* und die Äste der *A. (Arteria) brachialis* besprochen.

Standardisierte anatomische Illustrationen zeigen den Menschen in der anatomischen Position. Hierbei steht die Person mit geschlossenen Beinen, mit den Füßen flach auf dem Boden. Die Hände hängen an den Seiten herab, die Handflächen weisen nach vorn. Die Person in **Abbildung 1.8** ist in der anatomischen Position von vorn (siehe Abbildung 1.8a) und von hinten (siehe Abbildung 1.8b) zu sehen. Diese Position ist der Standard für die anatomische Terminologie, von den Grundlagen bis hin zur Klinik. Daher beziehen sich sämtliche Angaben in diesem Buch, wenn nicht anders angegeben, auf den Körper in anatomischer Position. Im Liegen kann eine Person die anatomische Position **Rücken-** oder **Bauchlage** einnehmen.

1.7.2 Anatomische Regionen

Die Hauptregionen des Körpers sind aus Tabelle 1.1 zu ersehen. Diese und weitere Regionen und anatomische Landmarken sehen Sie in **Abbildung 1.9**. Anatomen und Kliniker verwenden oft spezielle regionale Begriffe für bestimmte Bereiche in Bauch oder Becken. Hierfür sind zwei verschiedene Methoden in Gebrauch:

Anatomische Namen	Anatomische Region	Bereiche
Zephalon	zephal	Kopf
Zervix	zervikal	Hals
Thorax	thorakal	Brust
Brachium	brachial	Arm
Antebrachium	antebrachial	Unterarm
Karpus	karpal	Handgelenk
Manus	manual	Hand
Abdomen	abdominal	Bauch
Pelvis	pelvin	Becken
Pubis	pubisch	Genitalbereich
Inguen	inguinal	Leiste
Lumbus	lumbal	unterer Rücken
Glutaeus	gluteal	Gesäß
Femur	femoral	Oberschenkel
Patella	patellar	Kniescheibe
Krus	krural	Unterschenkel
Sura	sural	Wade
Tarsus	tarsal	Knöchel
Pes	pedal	Fuß
Planta	plantar	Fußsohle

Tabelle 1.1: Regionen des menschlichen Körpers.

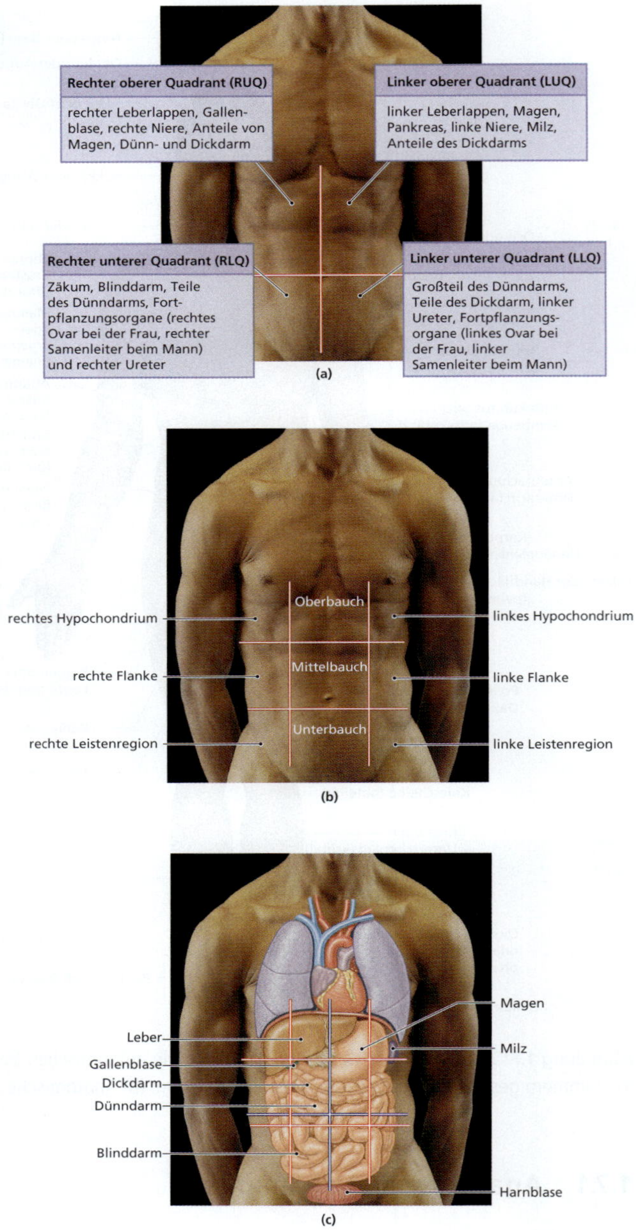

Abbildung 1.9: Abdominopelvine Quadranten und Regionen. Die Oberfläche von Bauch und Becken ist in zwei Bereiche unterteilt, um anatomische Orientierungspunkte besser erkennen und die Lage der darin befindlichen Organe präziser beschreiben zu können. (a) Abdominopelvine Quadranten teilen den Bereich in vier Teile. Diese Bezeichnungen sind im klinischen Alltag gebräuchlich. (b) Präzisere anatomische Beschreibungen ermöglicht die Einteilung in Regionen. (c) Quadranten und Regionen sind nützlich, da man die Lagebeziehungen zwischen oberflächlichen anatomischen Landmarken und den darunterliegenden Organen kennt.

- **Verwendung von abdominopelvinen Quadranten:** Die Oberfläche von Bauch und Becken wird durch zwei gedachte Linien (eine horizontal, eine vertikal), die sich am Nabel kreuzen, in vier Segmente unterteilt. Mit dieser einfachen Methode (siehe Abbildung 1.9a) kann man den Ort von Schmerzen, Beschwerden oder Verletzungen gut beschreiben. Die Lokalisation von Beschwerden hilft dem Arzt bei der Diagnosestellung. So sind etwa Schmerzen im rechten unteren Quadranten (RUQ) ein Symptom der Appendizitis; Beschwerden im rechten oberen Quadranten (ROQ) weisen eher auf Erkrankungen von Gallenblase und Leber hin.
- **Verwendung von abdominopelvinen Regionen:** Regionale Bezeichnungen werden zur genaueren Beschreibung von Lokalisation und Orientierung innerer Organe verwendet. Es gibt neun abdominopelvine Regionen (siehe Abbildung 1.9b). **Abbildung 1.9**c zeigt das Verhältnis zwischen Quadranten, Regionen und inneren Organen.

1.7.3 Anatomische Richtungen

Abbildung 1.10 und Tabelle 1.2 zeigen die wichtigsten Richtungsbegriffe und Beispiele für ihren Gebrauch. Es gibt viele verschiedene; einige sind austauschbar. Denken Sie beim Erlernen dieser Begriffe daran, dass stets auf die anatomische Position Bezug genommen wird. Beispielsweise bezeichnet **anterior** die Vorderseite des Körpers; beim Menschen ist das gleichbedeutend mit **ventral**, also der Bauchseite. Sie werden in den Vorlesungen weitere Ausdrücke hören, doch die Begriffe in Tabelle 1.2 sind diejenigen, die in den folgenden Kapiteln am häufigsten

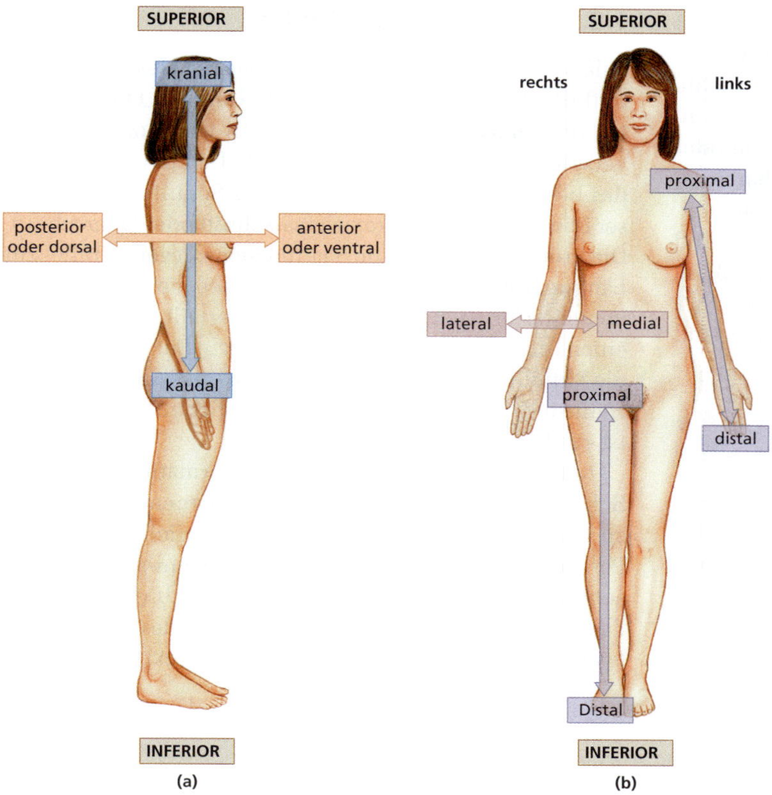

Abbildung 1.10: Richtungsbegriffe. Wichtige Richtungsbegriffe in diesem Buch sind mit Pfeilen gekennzeichnet; Definitionen und Beschreibungen finden Sie in Tabelle 1.2. (a) Von der Seite. (b) Von vorn.

Begriff	Region/Bezugspunkt	Beispiel
anterior	Die Vorderseite; vor	Der Nabel ist an der **anterioren** Oberfläche des Rumpfes.
ventral	Die Bauchseite (beim Menschen gleichbedeutend mit anterior)	Der Nabel ist auf der **ventralen** Oberfläche.
posterior	Der Rücken, hinten	Die Skapula (das Schulterblatt) liegt **posterior** des Brustkorbs.
dorsal	Der Rücken (beim Menschen gleichbedeutend mit posterior)	Die Skapula (das Schulterblatt) liegt auf der **dorsalen** Körperseite.
kranial	Zum Kopf hin	Das **kraniale** Ende des Beckens liegt superior des Oberschenkels.
zephal	Wie kranial	
superior	Über, oberhalb von (beim Menschen: zum Kopf hin)	Das kraniale Ende des Beckens liegt **superior** des Oberschenkels.
kaudal	Zum Schwanz hin (beim Menschen: zum Steißbein hin)	Die Hüften liegen **kaudal** der Taille.
inferior	Unter, unterhalb von, zu den Füßen hin	Die Knie liegen **inferior** der Hüften.
medial	In Richtung der Mittellinie (der Längsachse des Körpers)	Die **medialen** Flächen der Oberschenkel können sich berühren.
lateral	Von der Mittellinie weg (der Längsachse des Körpers)	Der Oberschenkel bildet mit der **lateralen** Oberfläche des Beckens ein Gelenk.
proximal	In Richtung eines festen Bezugspunkts	Der Oberschenkel liegt **proximal** des Fußes.
distal	Von einem festen Bezugspunkt weg	Die Finger liegen **distal** des Handgelenks.
oberflächlich	An, in der Nähe von oder relativ nahe an der Körperoberfläche	Die Haut liegt **oberflächlich**.
tief	In Richtung Körperinneres, weg von der Oberfläche	Der Oberschenkelknochen liegt **tief** in der umgebenden Muskulatur.

Tabelle 1.2: Regionale und Richtungsbegriffe (siehe auch Abbildung 1.10).

verwendet werden. Bei anatomischen Beschreibungen ist es hilfreich, immer daran zu denken, dass sich die Begriffe **links** und **rechts** immer auf die linke und rechte Seite des Patienten, nicht die des Betrachters beziehen. Außerdem werden Begriffe wie **dorsal** und **posterior** oder **ventral** und **anterior**, auch wenn sie austauschbar sind, in anatomischen Beschreibungen stets paarweise benutzt. So ist in einer Beschreibung entweder von posterior und anterior oder von dorsal und ventral die Rede. Schließlich bedenken Sie noch, dass einige der Begriffe in Tabelle 1.2 in der Veterinärmedizin entweder ungebräuchlich sind oder dort andere Bedeutungen haben.

Querschnittsanatomie 1.8

Manchmal ist ein Querschnitt die beste Art, die Beziehungen der Bestandteile eines dreidimensionalen Objekts zueinander darzustellen. Ein Verständnis der Querschnittsanatomie hat seit der Entwicklung elektronischer bildgebender Verfahren, die uns ohne chirurgischen Eingriff einen Einblick in den menschlichen Körper ermöglichen, noch an Bedeutung zugenommen.

1.8.1 Ebenen und Schnitte

Jedes Schnittbild durch ein dreidimensionales Objekt kann mithilfe der in Tabelle 1.3 und **Abbildung 1.11** dargestellten drei **Schnittebenen** beschrieben werden. Die Transversalebene liegt im rechten Winkel zu der Längsachse des betrachteten Körperteils. Einen Schnitt entlang dieser Ebene nennt man Transversalschnitt oder Querschnitt. Die Frontalebene und die Sagittalebene liegen parallel zur Längsachse des Körpers. Die Sagittalebene erstreckt sich von anterior nach posterior und unterteilt den Körper in einen linken und einen rechten Bereich. Ein Schnitt durch die Mittellinie, der den Körper in eine linke und eine rechte Hälfte teilt, ist ein Medianschnitt, ein Schnitt parallel dazu ist ein Paramedianschnitt.

Manchmal ist es hilfreich, die Informationen aus den Schnitten mehrerer verschiedener Ebenen miteinander zu vergleichen. Jede Schnittebene ermöglicht eine andere Perspektive auf eine Körperstruktur; wenn sie mit Beobachtungen der Oberflächenanatomie kombiniert werden, kann man sich ein einigermaßen umfassendes Bild machen (siehe Fallstudie Das Visible Human Projekt).

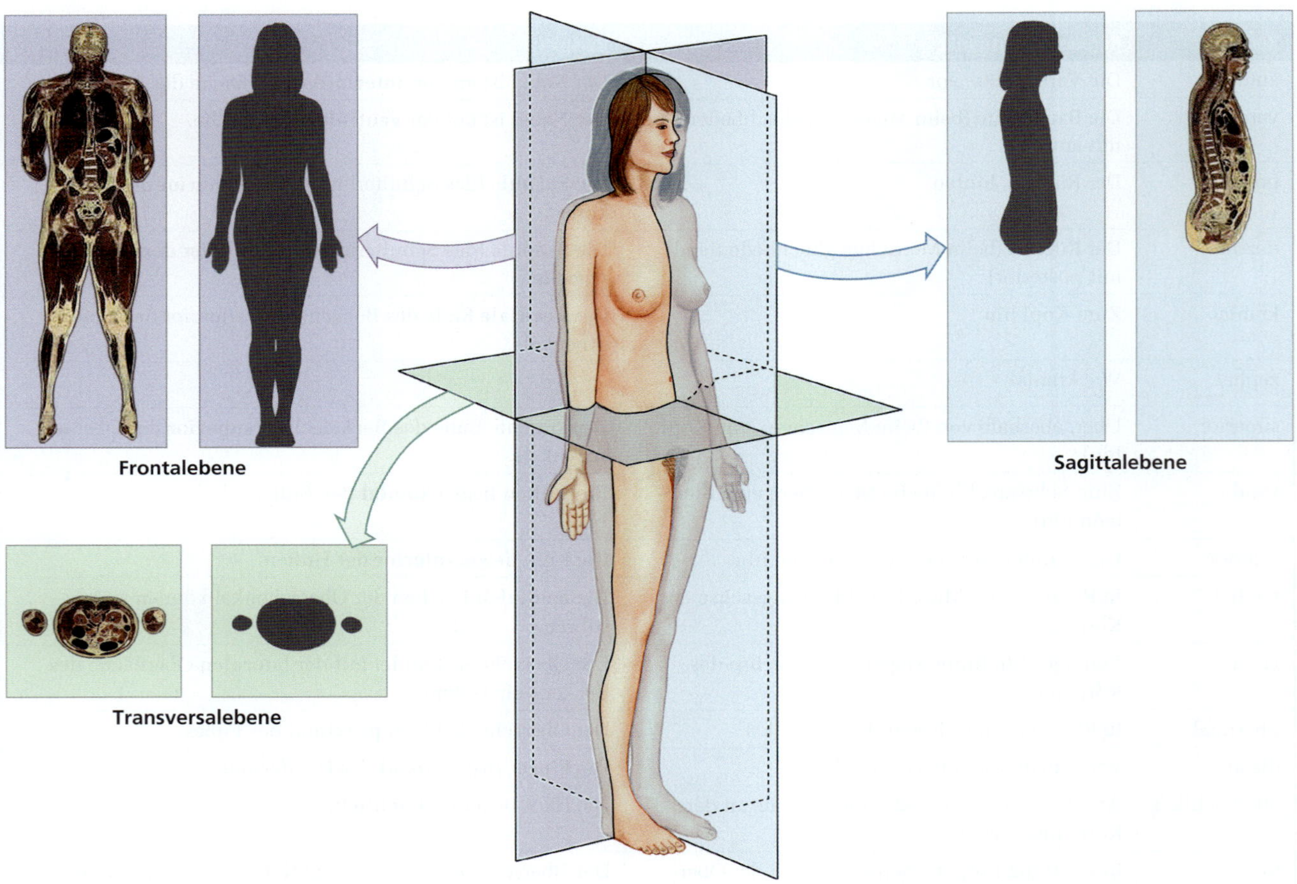

Abbildung 1.11: Schnittebenen. Hier sind die drei Hauptschnittebenen dargestellt. Die Fotos sind dem Datensatz des „Visible Human" entnommen. Die Begriffe werden in Tabelle 1.3 definiert und beschrieben.

Richtung der Ebene	Adjektiv	Richtungsbegriff	Beschreibung
senkrecht zur Längsachse	transversal oder horizontal oder quer	transversal oder horizontal oder quer	Ein transversaler oder horizontaler oder Querschnitt des Körpers teilt ihn in einen oberen und einen unteren Anteil; diese Schnitte werden oft durch Kopf und Rumpf gelegt.
parallel zur Längsachse	sagittal median paramedian frontal	sagittal frontal	Der Sagittalschnitt teilt den Körper in rechts und links. Der Medianschnitt ist ein Sagittalschnitt, der den Körper in äußerlich zwei gleiche Hälften teilt. Ein parasagittaler Schnitt geht nicht durch die Mittellinie; er teilt den Körper in ungleiche rechte und linke Teile. Der Frontalschnitt teilt den Körper in einen anterioren und einen posterioren Teil.

Tabelle 1.3: **Begriffe zur Beschreibung der Schnittebenen (siehe Abbildung 1.11).**

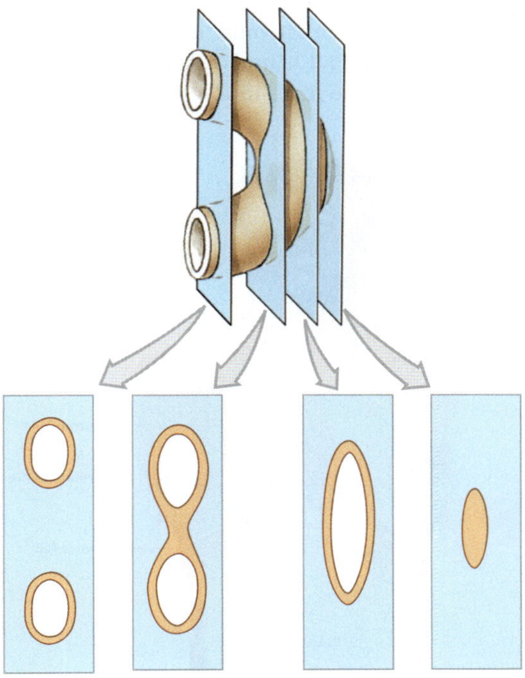

Abbildung 1.12: **Visualisierung von Schnittebenen.** Dies ist eine Schnittserie eines gebogenen Rohres, wie etwa von einer Maccaroni-Nudel. Beachten Sie die Veränderungen beim Erreichen einer Kurve; diese Effekte müssen bei der Betrachtung von mikroskopischen Schnitten bedacht werden. Sie beeinflussen auch die Darstellung innerer Organe auf CT- oder MRT-Schnittbildern. Obwohl er ein einfaches Rohr ist, kann der Dünndarm aussehen wie zwei Rohre, eine Hantel, ein Oval oder ein fester Körper, abhängig von der Schnittebene.

Sie könnten sich eine noch genauere und vollständigere Vorstellung machen, indem Sie eine Ebene wählen und eine Serie von engen parallelen Schnitten anfertigen. Schnittserien erlauben die Analyse relativ komplexer Strukturen. **Abbildung 1.12** zeigt die Schnittserie eines einfachen, gebogenen Rohres, wie etwa einer Maccaroni-Nudel. Man könnte auf diese Art den Verlauf kleiner Blutgefäße darstellen oder den Weg einer Darmschlinge nachvollziehen. Schnittserien sind eine wichtige Methode zur Untersuchung histologischer Strukturen und zur Analyse der Bilder aufwendiger bildgebender Verfahren (siehe Fallstudie Das Visible Human Projekt).

AUS DER PRAXIS

Das Visible Human Projekt

Das Ziel des Visible Human Projekts, das von der U.S. National Library of Medicine finanziert wird, ist es, ein akkurates digitales Abbild des menschlichen Körpers zu erstellen, das betrachtet und manipuliert werden kann, wie es mit einem echten Körper nicht möglich wäre. Der aktuelle Datensatz besteht aus aufwendig aufbereiteten Schnitten in 1 mm Dicke für den Mann und 0,33 mm für die Frau (Dr. Victor Spitzer und Kollegen am University of Colorado Health Sciences Center). Die Datenmenge ist trotz der relativ „groben" Auflösung enorm – 14 GB beim Mann und 40 GB bei der Frau. Die Bilder finden Sie im Internet unter http://www.nlm.nih.gov/research/visible/visible_human.html. Diese Daten wurden für die Erstellung einer Reihe von Abbildungen verwendet, wie etwa **Abbildung 1.11**; außerdem wurden digitale Lernprogramme, wie z. B. Digital Cadaver, daraus erstellt.

AUFGABEN

1. Welche Art Schnitt würde die Augen voneinander trennen?
2. Sie fallen und brechen sich das Antebrachium. Welcher Körperteil ist betroffen?
3. Wie lauten die anatomischen Bezeichnungen für die folgenden Bereiche: Leiste, Gesäß, Hand?

1.8.2 Körperhöhlen

Im Schnittbild erkennt man, dass der menschliche Körper kein durchgehend solides Objekt ist; auch sind viele Organe in inneren Räumen, den **Körperhöhlen**, aufgehängt. Diese Höhlen schützen empfindliche Organe vor Verletzungen und federn die Stöße beim Gehen, Springen und Laufen ab. Die vordere Leibeshöhle, oder Zölom (griech.: coiloma = Höhle, Vertiefung) enthält die Organe des Atmungs-, des Herz-Kreislauf-, des Verdauungs-, des Harn- und des Fortpflanzungssystems. Da sie sich teilweise oder ganz in der vorderen Leibeshöhle befinden, können sich Größe und Form dieser Organe ganz erheblich verändern, ohne umliegendes Gewebe zu schädigen oder die Aktivität benachbarter Organe zu beeinträchtigen.

Im Laufe der Entwicklung wachsen die inneren Organe und verändern ihre relative Position. Diese Veränderungen führen zu einer Unterteilung der Leibeshöhle. Eine Schemazeichnung der verschiedenen Bereiche sehen Sie in **Abbildung 1.13** und **Abbildung 1.14**. Das **Zwerchfell**, eine kuppelförmige Muskelplatte, trennt die Leibeshöhle in die obere Brusthöhle (von der Brustwand umgeben) und die untere Bauchhöhle (von der Bauchwand und dem Becken umgeben).

Viele Organe innerhalb dieser Höhlen verändern bei der Ausübung ihrer Funktionen Form und Größe. Der Magen vergrößert sich z.B. bei jeder Mahlzeit; das Herz kontrahiert und entspannt sich bei jedem Schlag. Diese Organe wölben sich in feuchte innere Kammern vor, die die Vergrößerung und eine gewisse Bewegung zulassen, aber Reibung verhindern. Es gibt drei solcher Kammern in der Brusthöhle und eine in der Bauchhöhle. Die inneren Organe, die sich in diese Höhlen vorwölben, nennt man **Viszera** oder Eingeweide.

Brusthöhle

Die Lungen, das Herz, die dazugehörigen Organe des respiratorischen, des kardiovaskulären und des Lymphsystems sowie der Thymus und der inferiore Anteil der Speiseröhre befinden sich in der **Brusthöhle**. Sie ist durch die Muskeln und Knochen der Brustwand und das Zwerchfell begrenzt (siehe Abbildung 1.13a und c). Die Brusthöhle ist darüber hinaus noch in die linke und rechte Pleurahöhle

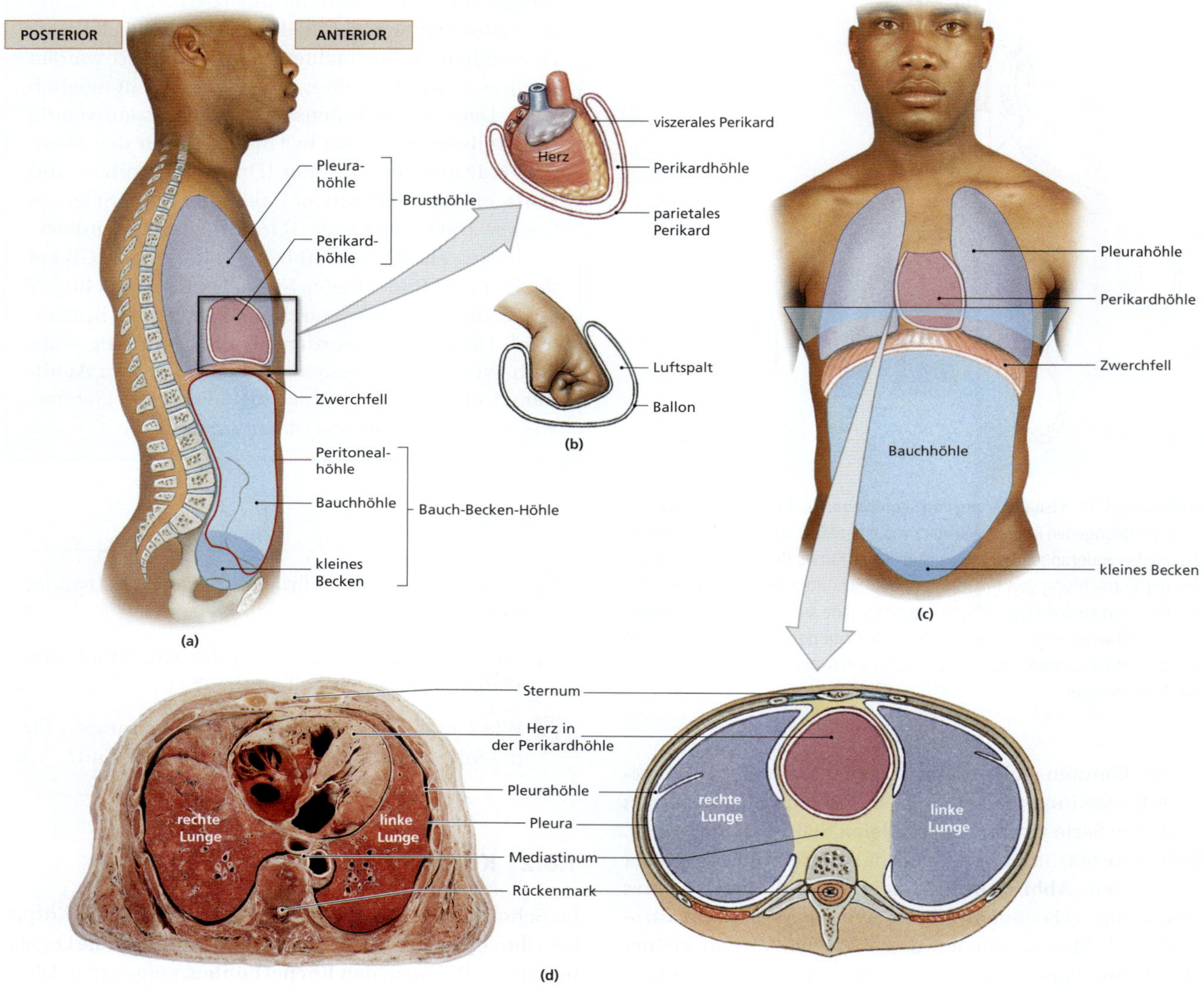

Abbildung 1.13: Körperhöhlen. (a) Seitenansicht der Körperhöhlen. Das Zwerchfell trennt die vordere Leibeshöhle in eine obere (thorakale) Brust- und eine untere Bauchhöhle. (b) Das Herz ragt in die Perikardhöhle hinein wie eine Faust in einen Ballon. (c) Vorderansicht der ventralen Leibeshöhle und ihrer Unterteilungen. (d) Schnittbild der Brusthöhle. Wenn nicht anders aufgeführt, zeigen alle Schnittbilder den Blick von unten (vgl. Fallstudie Querschnittsanatomie und klinische Technologie).

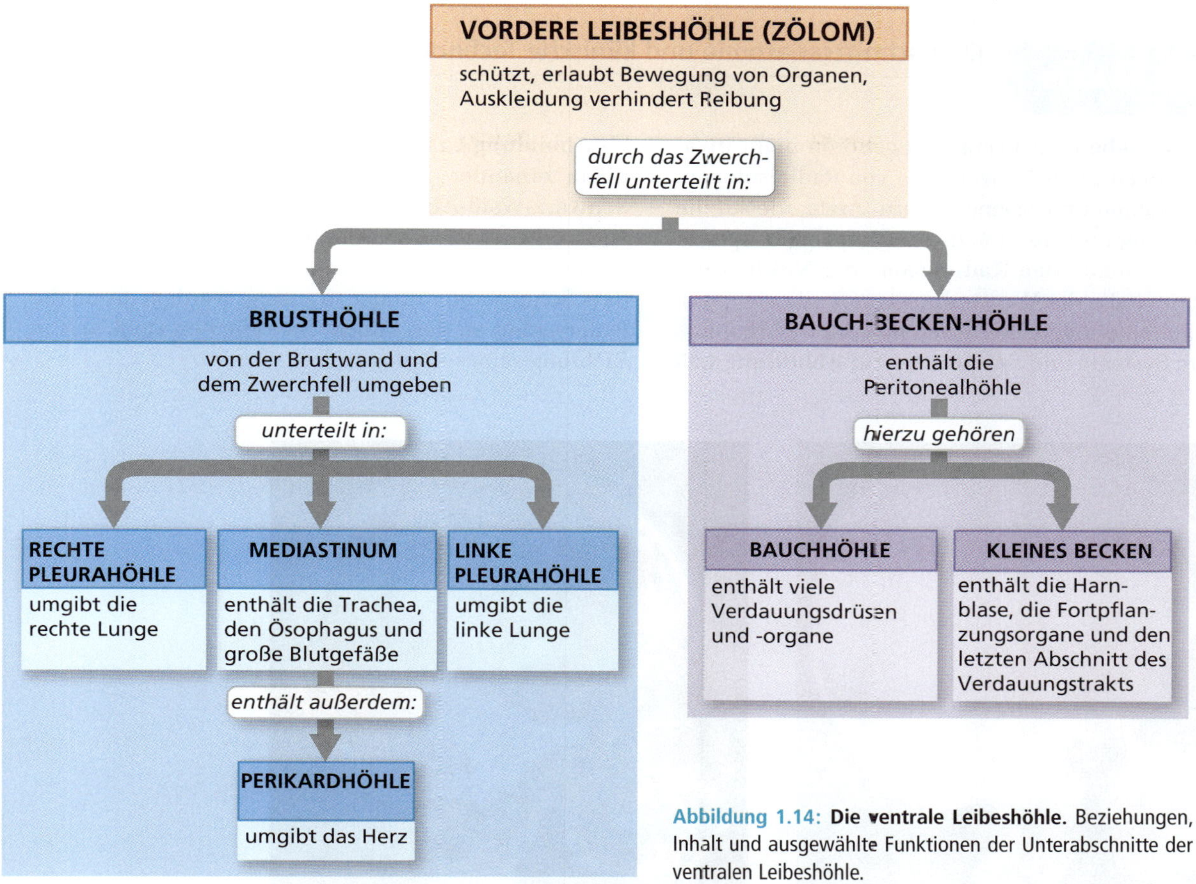

Abbildung 1.14: Die ventrale Leibeshöhle. Beziehungen, Inhalt und ausgewählte Funktionen der Unterabschnitte der ventralen Leibeshöhle.

unterteilt; das Mediastinum liegt dazwischen (siehe Abbildung 1.13a,c und d).

Jede **Pleurahöhle** enthält eine Lunge. Die Höhle ist mit einer glänzenden, glatten Schleimhaut ausgekleidet, die die Reibung bei der Atembewegung der Lungen vermindert. Die Schleimhaut in der Pleurahöhle nennt man Pleura. Die viszerale Pleura bedeckt jeweils die Außenflächen der Lungen, die parietale Pleura gegenüber das Mediastinum und die Innenwand des Brustkorbs.

Das Mediastinum besteht aus Bindegewebe, das den Ösophagus, die Trachea, den Thymus und die großen herznahen Blutgefäße umgibt, stützt und stabilisiert. Es enthält außerdem die **Perikardhöhle**, eine kleine Kammer um das Herz herum (siehe Abbildung 1.13d). Die Lagebeziehung von Herz und Perikardhöhle gleicht einer Faust, die in einen Ballon drückt (siehe Abbildung 1.13b). Das Handgelenk entspricht dabei der Basis (dem fixierten Anteil) des Herzes, der Ballon der serösen Haut, die die Perikardhöhle auskleidet. Diese seröse Haut nennt man Perikard (griech.: peri- = um… herum, bei, cardia = Herz). Die Schicht auf dem Herz ist das viszerale Perikard, die gegenüberliegende das parietale Perikard. Bei jedem Schlag verändert das Herz Form und Größe. Die Perikardhöhle gestattet diese Bewegung, und die Gleitfähigkeit der serösen Haut verhindert Reibung zwischen dem Herz und benachbarten Strukturen des Mediastinums.

Bauch- und Beckenhöhle

In den **Abbildung 1.13** und **Abbildung 1.14** kann man sehen, dass sich die Bauch- und Beckenhöhle in eine obere Bauchhöhle und das Becken unten unterteilen lässt. Die Bauch- und Beckenhöhle enthält die **Peritonealhöhle**, eine innere Kammer, die mit einer serösen Haut, dem Peritoneum, ausgekleidet ist. Das parietale Peritoneum überzieht die Körperwand. Ein schmaler flüssigkeitsgefüllter Raum trennt es vom viszeralen Peritoneum, das die eingefassten Organe überzieht. Einige Organe, wie der Magen, der Dünndarm und Teile des Dickdarms, hängen in der Bauchhöhle an gedoppelten Schichten von Peritoneum, die je nach Organ z. B. Mesenterium (im Falle des Dünndarms) genannt werden (allgemein.: Gekröse, umgangssprachlich: Meso). Das Gekröse sorgt für Halt und Stabilität und erlaubt gleichzeitig eine gewisse Beweglichkeit. Außerdem beinhaltet das Gekröse die Leitungsbahnen zur Versorgung der jeweiligen Struktur.

- **Bauchhöhle:** Die Bauchhöhle reicht von der Unterfläche des Zwerchfells bis an eine gedachte Ebene, die von der Unterfläche des untersten Lendenwirbels bis an die vordere und obere Kante des Beckengürtels reicht. Die Bauchhöhle enthält die Leber, den Magen, die Milz, die Nieren, das Pankreas, den Dünndarm und den Großteil des Dickdarms. Die Lage viele dieser Organe können Sie

AUS DER PRAXIS

Querschnittsanatomie und klinische Technologie

Zu den **bildgebenden Verfahren** gehören nicht invasive Techniken unter Verwendung von Radioisotopen, Röntgenstrahlen und Magnetfeldern. Ärzte, die auf die Durchführung und Analyse dieser Aufnahmen spezialisiert sind, nennt man **Radiologen** oder **Nuklearmediziner** (im Falle der Verwendung von Radioisotopen). Die Verfahren ermöglichen einen detaillierten Einblick in innere Systeme und Strukturen. Auf **Abbildung 1.15** bis **Abbildung 1.17** sind die Bilder verschiedener Techniken einander gegenübergestellt. Meist entstehen Schwarz-Weiß-Aufnahmen, doch am Computer kann Farbe ergänzt werden, um subtile Grauabstufungen und Kontrastunterschiede zu verdeutlichen. Beachten Sie, dass Schnittbilder immer so gezeigt werden, als ob der Untersucher an den Füßen des Patienten steht und in Richtung seines Kopfes schaut.

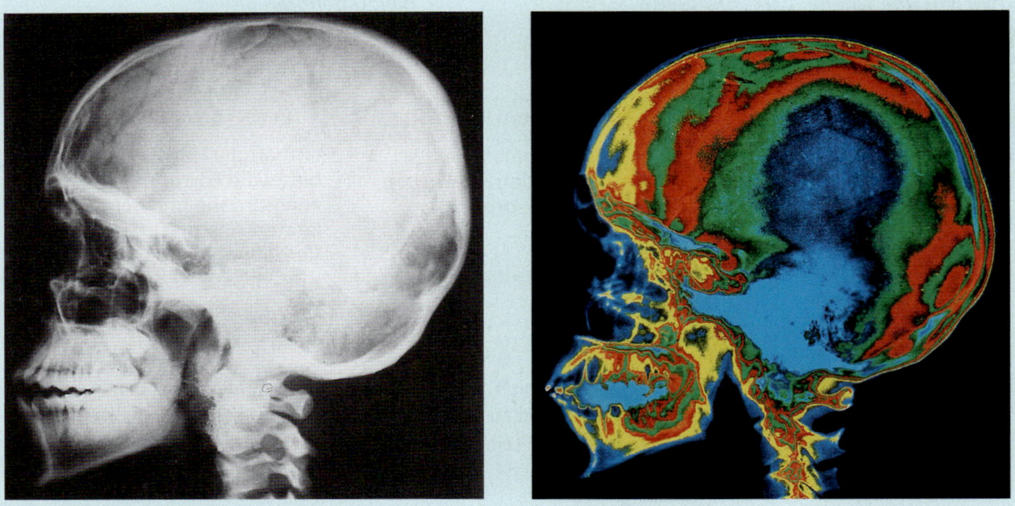

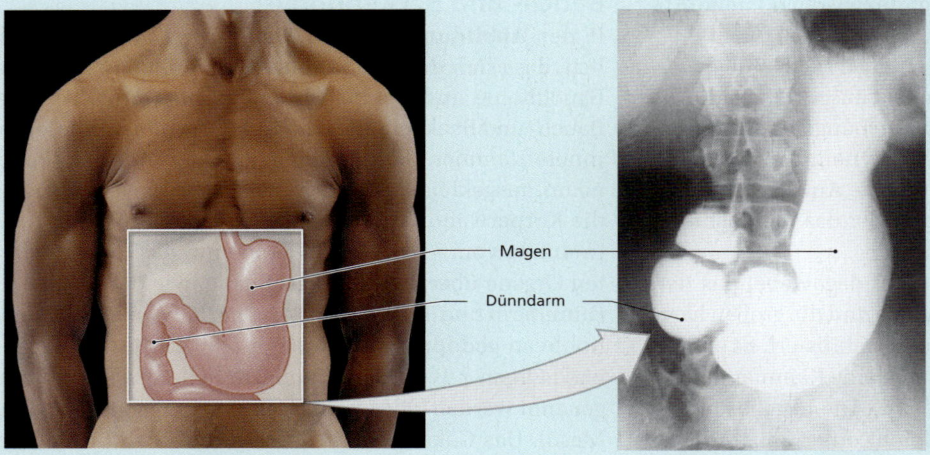

Abbildung 1.15: **Röntgenbilder. (a)** Röntgenbild des Schädels von links; kolorierte Aufnahme. Röntgenstrahlen sind hochenergetisch und durchdringen lebendes Gewebe. Bei der am häufigsten angewandten Technik werden die Strahlen durch den Körper auf eine Fotoplatte geleitet. Nicht alle Strahlen erreichen die Platte; einige werden auf dem Weg durch den Körper absorbiert oder abgelenkt. Widerstandskraft gegen Röntgenstrahlen nennt man **Strahlendichte**. Im menschlichen Körper ist sie am geringsten bei Luft; dann folgen in dieser Reihenfolge Fettgewebe, Lebergewebe, Blut, Muskulatur und Knochengewebe. Auf dem Bild erscheinen die strahlendichten Gewebe wie Knochen weiß, weniger strahlendichte Gewebe in verschiedenen Grauabstufungen bis schwarz. (Die Aufnahme rechts wurde eingescannt und nachträglich digital gefärbt.) Ein klassisches Röntgenbild ist die zweidimensionale Darstellung eines dreidimensionalen Körpers; man kann meist nur schlecht erkennen, ob ein bestimmtes Merkmal links (zum Betrachter hin) oder rechts (vom Betrachter weg) liegt. **(b) Röntgenkontrastaufnahme des oberen Gastrointestinaltrakts.** Das **Kontrastmittel** ist sehr strahlendicht; die Konturen der Magen- und Darmwand sind als weiße Struktur gut zu erkennen.

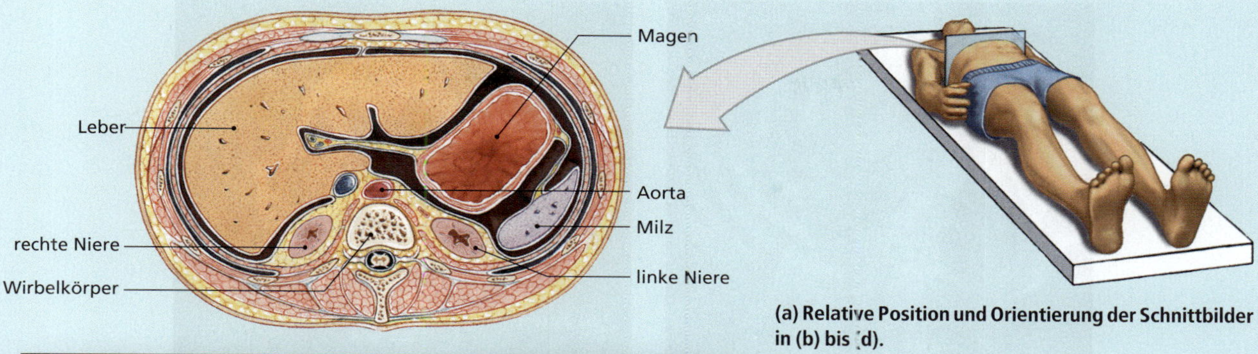

(a) Relative Position und Orientierung der Schnittbilder in (b) bis (d).

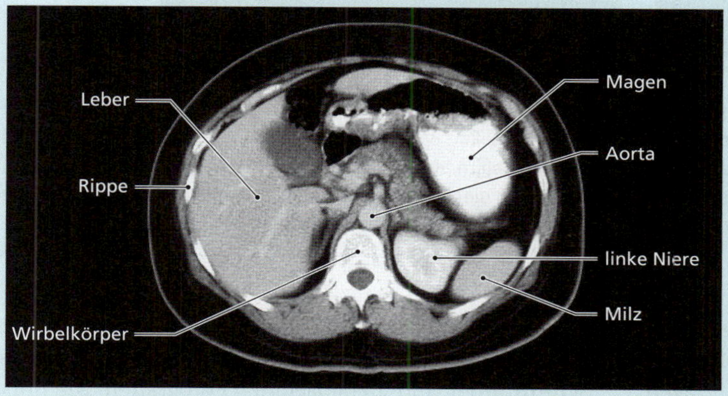

(b) CT des Abdomens. Mit digitaler Hilfe werden Schnittbilder rekonstruiert. Ein einzelner Röntgenstrahler rotiert um den Körper; die Strahlen werden von einem Computersensor aufgefangen. Nach wenigen Sekunden ist eine Umrundung beendet; die Kamera bewegt sich ein Stück weiter und wiederholt den Vorgang. Durch Vergleich der Daten der Aufnahmen aus einer Runde erstellt der Computer die dreidimensionale Rekonstruktion der Körperstrukturen. In der Regel werden schwarz-weiße Schnittbildserien ausgedruckt; sie können jedoch auch koloriert werden. Ein CT zeigt die Lageverhältnisse und die Struktur der Weichteile besser als ein Röntgenbild.

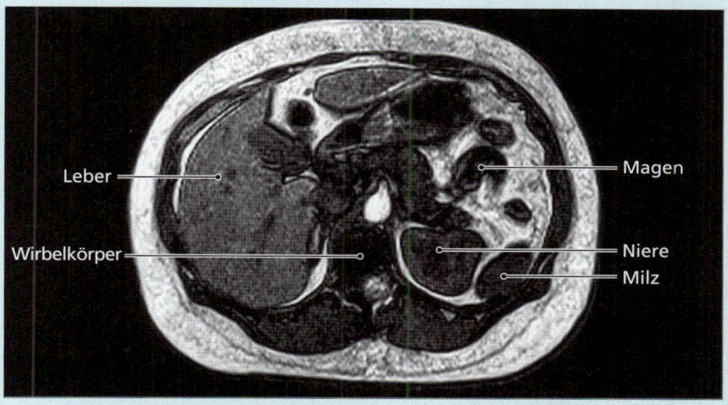

(c) MRT derselben Region. Das MRT umgibt den Körper oder einen Teil davon mit einem Magnetfeld, das etwa 300-mal so stark ist wie die Erdanziehungskraft. Dadurch richten sich die Protonen in den einzelnen Atomkernen in Richtung des Feldes wie Kompassnadeln aus. Wenn ein Proton von Schallwellen mit einer bestimmten Wellenlänge getroffen wird, absorbiert es die Energie. Nach Beendigung des Impulses wird die Energie wieder freigesetzt; das MRT erkennt diese Energiequellen. Die Elemente unterscheiden sich bezüglich der Wellenlänge, durch die ihre Protonen angeregt werden. Beachten Sie die Unterschiede bei den Details zwischen dieser Aufnahme, dem CT in (b) und den Röntgenbildern in **Abbildung 1.15**.

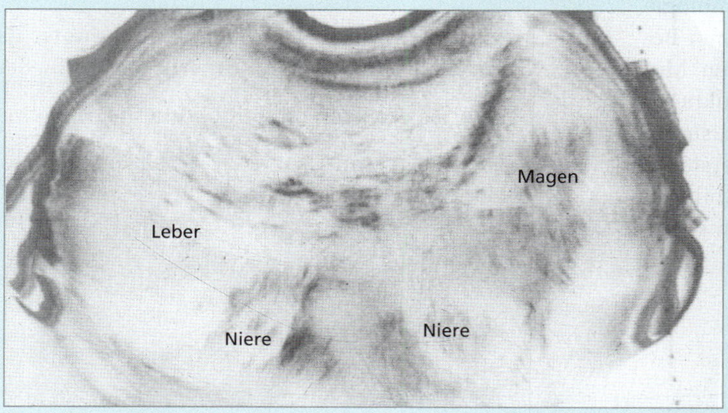

(d) Sonogramm des Abdomens. Bei der **Sonografie (Ultraschall)** sendet ein Schallkopf auf der Haut kurze hochfrequente Schallwellen aus und registriert dann das Echo. Die Schallwellen werden von den inneren Organen reflektiert; aus diesem Echomuster wird dann das Sonogramm rekonstruiert. Die Bilder sind nicht so scharf wie die der anderen Verfahren, aber es sind keinerlei Nebenwirkungen bekannt. Sogar ungeborene Kinder können auf diese Art ohne die Gefahr von Folgeschäden überwacht werden. Spezielle Schallköpfe und die digitale Verarbeitung erlauben auch die Untersuchung des schlagenden Herzes, ohne die Risiken einer Kontrastmittelgabe.

Abbildung 1.16: **Bildgebende Verfahren.**

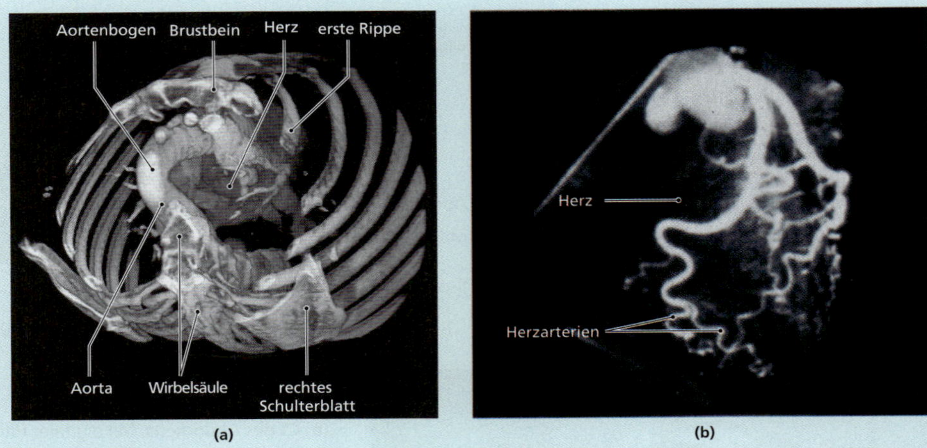

Abbildung 1.17: **Spezielle bildgebende Verfahren. (a)** Ein **Spiral-CT** des Brustraums. Solche Bilder entstehen durch eine spezielle Verarbeitung der CT-Daten; sie ermöglichen eine rasche dreidimensionale Darstellung innerer Strukturen. Ihre Bedeutung in der Klinik nimmt zu. **(b) DSA (digitale Subtraktionsangiografie) wird zur Beobachtung des Blutflusses durch Organe wie Gehirn, Herz, Lungen und Nieren eingesetzt.** Jeweils vor und nach einer Kontrastmittelgabe werden Röntgenbilder angefertigt; digital werden dann die auf beiden Bildern gleichsam vorhandenen Strukturen gelöscht („subtrahiert"). Das Ergebnis ist eine kontrastreiche Darstellung des Kontrastmittelverteilungsmusters.

Abbildung 1.9c entnehmen). Die Organe ragen ganz oder zum Teil in die Peritonealhöhle hinein, so wie Herz und Lungen in die Perikard- bzw. Pleurahöhlen hineinragen.

- **Beckenhöhle:** Der Bereich der ventralen Leibeshöhle unterhalb der Bauchhöhle ist die Beckenhöhle. Sie ist weitgehend von den Beckenknochen umgeben und enthält die letzten Abschnitte des Dickdarms, die Harnblase und verschiedene Fortpflanzungsorgane. Bei Frauen sind dies die Ovarien, die Eileiter und der Uterus, beim Mann die Prostata und die Samenbläschen. Der untere Anteil der Peritonealhöhle ragt in die Beckenhöhle hinein. Die Oberfläche der Harnblase sowie bei Frauen Eileiter, Ovarien und die obere Fläche des Uterus sind von Peritoneum bedeckt.

In diesem Kapitel erhielten Sie einen Überblick über Lokalisation und Funktion der Hauptbestandteile jedes Organsystems; außerdem wurde die anatomische Terminologie vorgestellt, die Sie benötigen, um die detaillierteren Beschreibungen in den weiteren Kapiteln zu verstehen. Moderne Methoden der Darstellung anatomischer Strukturen des lebenden Menschen sind in der folgenden Fallstudie und in **Abbildung 1.17** aufgeführt. Zum tieferen Verständnis der Anatomie sind die Betrachtung von Schnittbildern und Zeichnungen nach Schnitten und Präparaten sowie die direkte Beobachtung erforderlich. Dieser Text vermittelt die Grundlagen und zeigt künstlerische Interpretationen, Schnittbilder und „lebensechte" Fotografien. Sie müssen diese Ansichten jedoch selbst miteinander verknüpfen und die Fähigkeit entwickeln, anatomische Strukturen zu erkennen und zu interpretieren. Vergessen Sie dabei nicht, dass jede Struktur, der Sie begegnen, eine spezifische Funktion hat. Das Ziel des Studiums der Anatomie ist nicht die Identifikation und Katalogisierung struktureller Details, sondern ein Verständnis dafür, wie diese Strukturen miteinander interagieren, um die vielen unterschiedlichen Funktionen des Körpers auszuüben.

AUFGABEN

1. Wozu dient das Gekröse?
2. Wenn ein Chirurg einen Schnitt direkt unter das Zwerchfell setzt, welche Körperhöhle eröffnet er?
3. Setzen Sie die passenden Richtungsbegriffe ein:

   a. Die Zehen sind ______________ vom Tarsus.
   b. Die Hüften sind ______________ vom Kopf.

DEFINITIONEN

Abdominopelviner Quadrant: einer von vier Teilbereichen der Bauchoberfläche

Abdominopelvine Region: In der feineren Aufteilung der Bauchregionen ist die abdominopelvine Region einer von neun Teilbereichen der Bauchoberfläche.

CT (Computertomografie): bildgebendes Verfahren zur dreidimensionalen Darstellung des Körpers

Diagnose: Entscheidung über die Natur einer Erkrankung

Krankheit: Unfähigkeit des Körpers, die Homöostase aufrecht zu erhalten

MRT (Magnetresonanztomografie): Bildgebendes Verfahren, das mithilfe eines Magnetfelds und Radiowellen strukturelle Feinheiten darstellt

Pathologie: die Lehre von den Krankheiten

Radiologe: Arzt, der auf die Durchführung und Analyse bildgebender Verfahren spezialisiert ist

Nuklearmediziner: Arzt, der auf die Verwendung von Radionukleotiden spezialisiert ist, die auch für die Bildgebung verwendet werden

Ultraschall (Sonografie): Diagnostisches Verfahren, bei dem die Reflexion hochfrequenter Schallwellen an inneren Strukturen in Bilder umgewandelt wird

Röntgenstrahlen: Hochenergetische Strahlen, die lebendes Gewebe durchdringen können

Zusammenfassung

Die Antworten auf die Fragen der Aufgaben und der Zusammenfassung finden Sie im Antwortteil.

Wiederholung von Fakten und Begriffen

Verbinden Sie die Begriffe der linken Spalte jeweils mit denen der rechten Spalte, die am besten passen; setzen Sie die Buchstaben in die Spalte vor die Zahlen.

	Spalte A			Spalte B
	1.	Supiniert	a.	Handinnenfläche nach unten
	2.	Zytologie	b.	Mit dem Gesicht nach unten
	3.	Homöostase	c.	Thorakal und abdominopelvin
	4.	Lumbal	d.	Alle chemischen Reaktionen im Körper
	5.	Proniert	e.	Untersuchung von Zellen
	6.	Stoffwechsel (Metabolismus)	f.	Handinnenfläche nach oben
	7.	Vordere Leibeshöhle	g.	Konstantes inneres Milieu
	8.	Histologie	h.	Unterer Rücken

9 Eine Ebene, die senkrecht zur Längsachse des Körpers durch die Zielregion geht, nennt man
a. sagittal.
b. transversal.
c. frontal.

10 Körperhöhlen
a. sind innere Hohlräume, die viele lebenswichtige Organe enthalten.
b. beinhalten eine Bauchhöhle und ihre Teilbereiche.
c. gestatten Veränderungen von Form und Größe der viszeralen Organe.
d. Die Antworten a–c sind richtig.

11 Die Hauptfunktion des ______________ S/-systems ist der interne Transport von Nährstoffen, Abfallprodukten und Gasen.
a. Verdauungs-
b. kardiovaskulären
c. respiratorischen
d. Harn-

12 Welche Gruppe von Strukturen enthält nur Bestandteile des Mediastinums?
a. Lungen, Ösophagus, Herz
b. Herz, Trachea, Lungen
c. Ösophagus, Trachea, Thymus
d. Pharynx, Thymus, große Blutgefäße

13 Ein sagittaler Schnitt führt zu einer Teilung des Körpers in
a. einen anterioren und einen posterioren Bereich.
b. einen superioren und einen inferioren Bereich.
c. einen dorsalen und einen ventralen Bereich.
d. einen rechten und einen linken Bereich.

14 Der Hauptsitz der Blutbildung befindet sich im
a. kardiovaskulären System.
b. Skelettsystem.
c. Integument.
d. Lymphsystem.

15 Welche der folgenden Regionen entspricht dem Arm?
a. zervikal
b. brachial
c. femoral
d. pedal

Wiederholung von Lernzielen

1 Wählen Sie die Richtungsbegriffe, die den Ausdrücken **ventral**, **posterior**, **superior** und **inferior** in dieser Reihenfolge entsprechen:

a. anterior, dorsal, zephal, kaudal
b. dorsal, anterior, kaudal, zephal
c. kaudal, zephal, anterior, posterior
d. zephal, kaudal, posterior, anterior

2 Welche Eigenschaften und Vorgänge sind allen lebenden Organismen zu eigen?

3 Beschreiben Sie mit korrekter anatomischer Terminologie das Verhältnis der Hand zum Arm.

4 Das System, das für die Krisenbewältigung durch rasche, kurzfristige und sehr spezifische Reaktionen verantwortlich ist, ist das

a. Lymphsystem.
b. Nervensystem.
c. kardiovaskuläre System.
d. endokrine System.

5 Welche Schnittebene ließe das Gesicht ungeteilt?

a. Sagittalschnitt
b. Frontalschnitt
c. Medianschnitt
d. Keine der genannten

6 Wozu brauchen größere Organismen ein Herz-Kreislauf-System?

Anwendung der Lerninhalte

1 Belegen Sie anhand einer Störung der Zellteilung im Knochenmark die These, dass alle Organsystem voneinander anhängig sind.

2 Ein Kind mit einer angeborenen Lippen-Kiefer-Gaumen-Spalte muss oft operiert werden, um die Nasenhöhle zu korrigieren und den oberen Gaumen zu rekonstruieren. Welche Organsysteme sind durch die Gaumenspalte betroffen? Untersuchungen an anderen Säugetieren, die ebenfalls Gaumenspalten haben können, helfen uns, den Ursprung dieser Fehlbildung besser zu verstehen und die Behandlung zu verbessern. Welche anatomischen Teilgebiete sind bei der Diagnose und der Behandlung der Gaumenspalte beteiligt?

Eine Kurzzusammenfassung der wichtigsten Inhalte, sowie die Antworten zu den Fragen und weitere Arbeitsmaterialien finden sie auf unserer Companion Website unter: **www.pearson-studium.de/login**

Lernziele

1. Die Grundkonzepte der Zellbiologie kennen.
2. Die Einblicke vergleichen, die Licht-, Transmissions- und Rasterelektronenmikroskope bei der Untersuchung von Zellen und Gewebestrukturen ermöglichen.
3. Struktur und Bedeutung des Sarkolemms erklären.
4. Die Struktur einer Membran in Beziehung zu ihrer Funktion setzen.
5. Beschreiben, wie Substanzen das Plasmalemm durchqueren.
6. Die intra- mit der extrazellulären Flüssigkeit vergleichen.
7. Struktur und Funktion der verschiedenen Organellen beschreiben, die von keiner Membran umschlossen sind.
8. Struktur und Funktion der verschiedenen membranumschlossenen Organellen vergleichen.
9. Die Rolle des Zellkerns als Kontrollzentrum der Zelle kennen.
10. Erklären, wie Zellen miteinander verbunden sind, um einem Gewebe Stabilität zu verleihen.
11. Den Lebenszyklus einer Zelle und den Vorgang der Zellteilung (Mitose) beschreiben.

Die Zelle

2

ÜBERBLICK

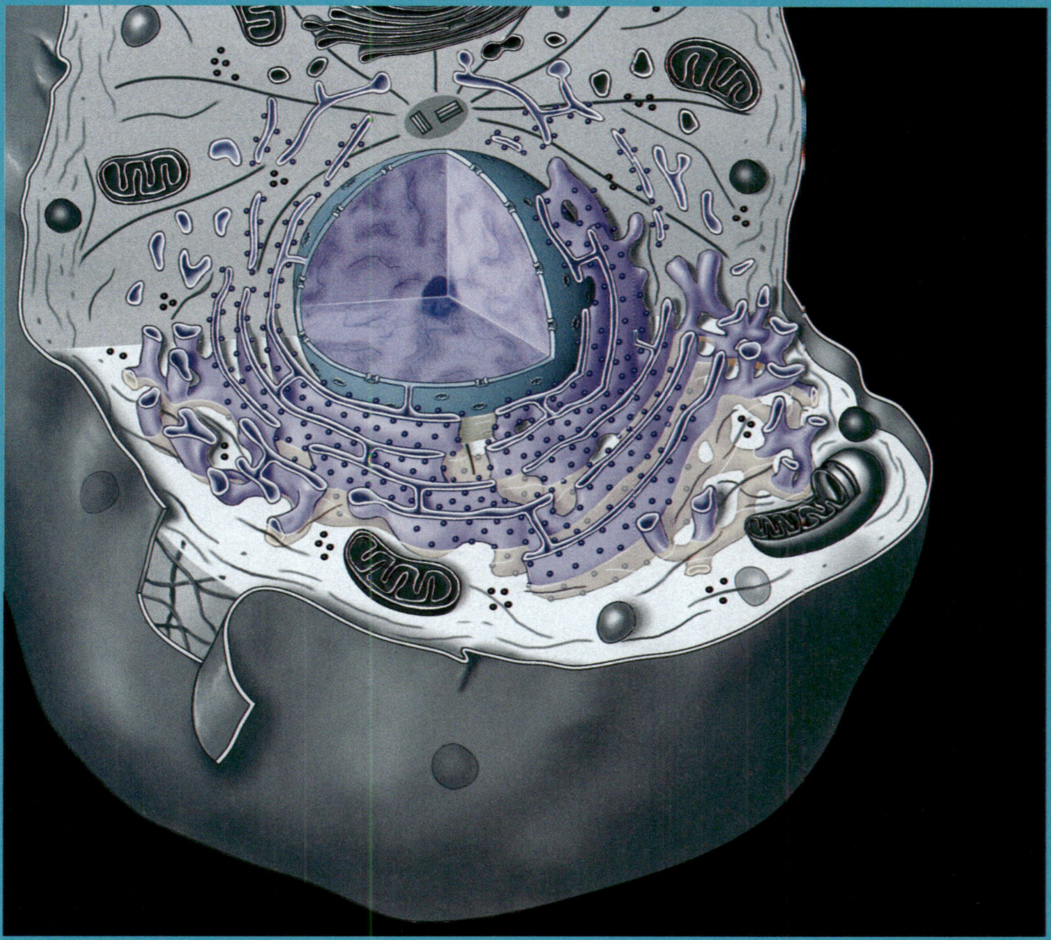

Beim Gang durch einen Baumarkt sehen Sie viele einzelne Baumaterialien: Ziegelsteine, Bodenfliesen, Trockenbauwände und verschiedene Holzbalken. Jedes für sich ist nichts Besonderes und wenig nützlich. Wenn Sie jedoch von allem genug haben, können Sie eine Funktionseinheit erbauen, in diesem Fall ein Haus. Der menschliche Körper besteht ebenfalls aus einer Vielzahl einzelner Komponenten, den **Zellen**. So wie die Wand eines Hauses aus Ziegelsteinen und Balken besteht, so setzt sich ein Gewebe aus einzelnen Zellen zusammen, z. B. die muskuläre Herzwand.

Zellen wurden zuerst um 1665 von dem englischen Wissenschaftler Robert Hooke beschrieben. Er untersuchte getrockneten Kork mit einem frühen Lichtmikroskop und entdeckte Tausende winziger leerer Kammern, die er Zellen nannte. Andere Forscher fanden diese Zellen später auch in lebenden Pflanzen und stellten fest, dass diese Räume mit einer gelartigen Masse gefüllt sind. Forschungen der nächsten 175 Jahre führten zur **Zelltheorie**, dem Konzept, nach dem Zellen die fundamentalen Einheiten aller Lebewesen sind. Seit ihrer ersten Vorstellung in den 30er Jahren des 19. Jahrhunderts wurde die Zelltheorie um folgende Basiskonzepte erweitert:

1. Zellen sind die strukturellen „Bausteine" aller Pflanzen und Tiere.
2. Zellen entstehen durch Teilung bereits vorhandener Zellen.
3. Die Zelle ist die kleinste strukturelle Einheit, die alle Vitalfunktionen erfüllt.

Der menschliche Körper besteht aus Trillionen von Zellen. Alle unsere Aktivitäten, vom Laufen bis zum Nachdenken, sind das Ergebnis vereinigter und koordinierter Reaktionen von Millionen oder gar Milliarden von Zellen. Die einzelne Zelle ist sich ihrer Rolle im Gesamtgeschehen jedoch nicht bewusst – sie reagiert einfach auf die Veränderungen in ihrer unmittelbaren Umgebung. Da Zellen alle Körperstrukturen bilden und alle Funktionen ausüben, muss unsere Betrachtung des menschlichen Körpers mit den Grundlagen der Zellbiologie beginnen.

Es gibt zweierlei Zellen im menschlichen Körper: Geschlechtszellen und somatische Zellen. Die **Geschlechtszellen** (**Gameten** oder **Keimzellen**) sind beim Mann die Spermien, bei der Frau die Eizellen. **Somatische Zellen** (griech.: soma = der Leib, Körper) sind alle anderen Zellen des Körpers. Dieses Kapitel beschreibt die somatischen Zellen; die Geschlechtszellen werden in Kapitel 27 (Das Fortpflanzungssystem) besprochen.

2.1 Die Untersuchung von Zellen

Die **Zytologie** ist die Erforschung von Struktur und Funktion der Zellen. In den letzten 40 Jahren haben wir viel über Zellphysiologie und die Mechanismen der Homöostase gelernt. Die am weitesten verbreiteten Untersuchungsmethoden für die Untersuchung von Zell- und Gewebestrukturen sind hierbei die **Licht-** und die **Elektronenmikroskopie**.

2.2 Lichtmikroskopie

Historisch gesehen wurden die meisten Erkenntnisse mithilfe der Lichtmikroskopie erlangt. Das ist eine Methode, bei der Lichtstrahlen durch das Untersuchungsobjekt geleitet werden. Eine Aufnahme durch ein Lichtmikroskop nennt man Mikrofoto (**Abbildung 2.1**a). Ein Lichtmikroskop kann Zellstrukturen etwa 1000-fach vergrößern und Details bis zu einer Größe von 0,25 µm zeigen (die Einheit µm steht für Mikrometer; 1 µm = 0,001 mm). Mit einem

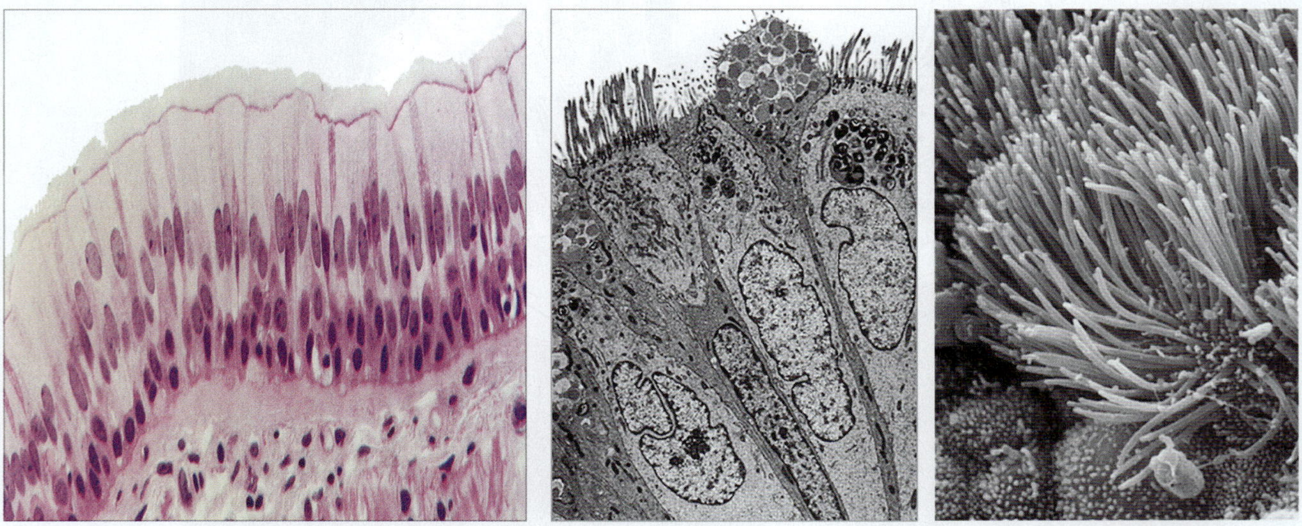

(a) (b) (c)

Abbildung 2.1: Verschiedene Techniken, verschiedene Perspektiven. Zellen (a) im Lichtmikroskop (Atemwege), (b) im Transmissionselektronenmikroskop (Verdauungstrakt) und (c) im Rasterelektronenmikroskop (Atemwege).

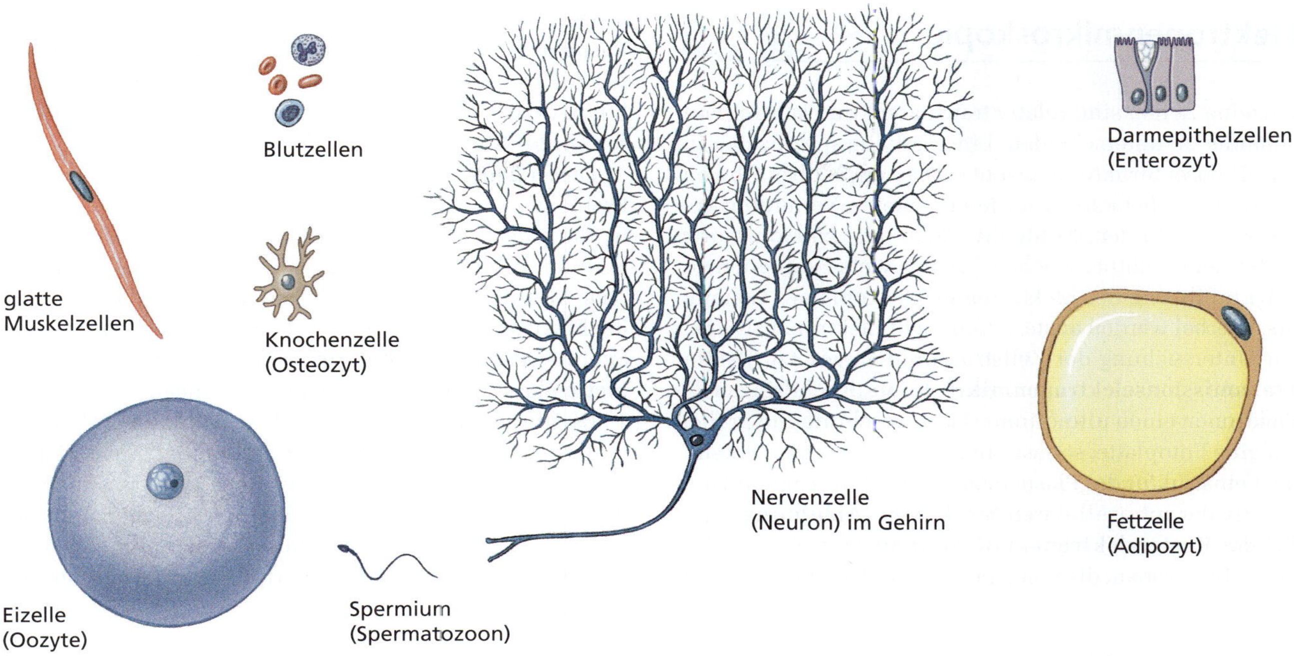

Abbildung 2.2: Die Vielfalt der Körperzellen. Körperzellen haben viele verschiedene Formen und eine Vielzahl von Funktionen. Diese Beispiele geben einen Eindruck von der Vielfalt der Formen und Größen. Die Zellen sind alle in etwa 500-facher Vergrößerung dargestellt.

Lichtmikroskop kann man Zelltypen identifizieren und große intrazelluläre Strukturen (z. B. den Zellkern) erkennen. Wie in **Abbildung 2.2** zu erkennen ist, haben Zellen sehr unterschiedliche Größen und Formen. Das Größenverhältnis der Zellen zueinander in **Abbildung 2.2** ist korrekt; sie sind jedoch alle etwa 500-fach vergrößert. Leider kann man nicht einfach eine Zelle nehmen, sie auf einen Objektträger legen und fotografieren. Die einzelnen Zellen sind so klein, dass man mit sehr vielen von ihnen auf einmal arbeiten muss. Die meisten Gewebe sind dreidimensional. Zur Untersuchung werden kleine Gewebeproben entnommen. Die entnommenen Zellen werden zunächst einem Gift ausgesetzt, das Stoffwechselvorgänge bremst, die Zellstruktur jedoch nicht verändert.

Doch auch dann können Sie die Gewebeprobe nicht ohne Weiteres im Lichtmikroskop betrachten, denn ein Gewebewürfel von nur 2 mm Kantenlänge enthält immer noch mehrere Millionen Zellen. Sie müssen die Probe in dünne Scheibchen schneiden. Lebende Zellen sind relativ dick; der Inhalt ist nicht lichtdurchlässig. Licht kann sie nur durchdringen, wenn die Scheibe dünner ist als eine einzelne Zelle. Die Herstellung eines so feinen Scheibchens ist eine technische Herausforderung. Gewebe ist meist nicht sehr fest; der Versuch, ein frisches Stück zu zerschneiden, führt meist zu seiner Zerstörung. Daher müssen Sie die Probe in eine stabilisierende Substanz, wie Wachs, Kunststoff oder Epoxidharz, einbetten. Anschließend können Sie den Block mit dem Mikrotom zerschneiden, das mit einer Metall-, Glas- oder Diamantklinge ausgestattet ist. Für die Betrachtung mit dem Lichtmikroskop ist ein Schnitt von etwa 5 µm Dicke geeignet. Die Scheibchen werden auf Objektträger gelegt. Wenn Sie das Präparat in Wachs eingebettet haben, können Sie dieses nun mit einem Lösungsmittel, wie Xylol, entfernen. Aber noch sind Sie nicht fertig: In so dünnen Scheiben sind die Zellstrukturen fast durchsichtig; Sie können Sie mit dem normalen Lichtmikroskop nicht voneinander unterscheiden. Sie müssen die Zellstrukturen also zunächst mit Färbungen sichtbar machen. Nicht alle Zellarten lassen sich, wenn überhaupt, in gleichem Maße färben. In einem Wangenabstrich z. B. nimmt nur eine Sorte von Bakterien eine bestimmte Färbung an; in einer Spermaprobe färbt eine Lösung nur die Geißeln (Flagellen) der Spermien. Wenn Sie zu viele Färbungen auf einmal anwenden, laufen diese ineinander und Sie müssen von vorn beginnen. Nach der gelungenen Färbung können Sie dann endlich das Ergebnis Ihrer Bemühungen betrachten.

Ein einzelner Schnitt zeigt nur einen Teil einer Zelle bzw. eines Gewebes. Um die Gesamtstruktur zu rekonstruieren, müssen Sie eine ganze Reihe hintereinanderliegender Schnitte durchsehen. Nach der Untersuchung von Dutzenden oder Hunderten von Schnitten können Sie die Struktur der Zellen und die Organisation des Gewebes erfassen. Aber können Sie das wirklich? Was Sie sehen, sind Zellen, die 1. eines unnatürlichen Todes gestorben sind, 2. dehydriert, 3. mit Wachs oder Plastik getränkt, 4. in dünne Scheibchen geschnitten, 5. rehydriert, dehydriert sowie mit verschiedenen Chemikalien gefärbt worden sind und schließlich 6. mit allen Einschränkungen durch Ihre Ausrüstung betrachtet werden. Ein guter Zytologe oder Histologe ist sehr vorsichtig, zurückhaltend und selbstkritisch und begreift die Erstellung von Präparaten sowohl als Kunst als auch als Wissenschaft.

Elektronenmikroskopie 2.3

Einzelne Zellen sind relativ transparent und schwer voneinander zu unterscheiden. Eine Färbung spezifischer intrazellulärer Strukturen macht sie besser sichtbar. Obwohl spezielle Färbetechniken die allgemeine Verteilung von Proteinen, Lipiden, Kohlenhydraten oder Nukleinsäuren in der Zelle sichtbar machen, blieben viele Feinheiten vor der Einführung der Elektronenmikroskopie ein Geheimnis. Hierbei werden anstelle von Licht Elektronenstrahlen zur Untersuchung der Zellstrukturen eingesetzt. Bei der **Transmissionselektronenmikroskopie** durchdringen die Elektronen einen ultradünnen Gewebeschnitt und prallen auf eine Fotoplatte, sodass ein Bild entsteht. Man erkennt die Feinstruktur des Plasmalemms (der Zellmembran) und Details der intrazellulären Strukturen (**Abbildung 2.1**b). Bei der **Rasterelektronenmikroskopie** entsteht das Bild durch Elektronen, die von einer mit Gold oder Kohlenstoff bedampften Oberfläche abprallen. Die Vergrößerung bei der Rasterelektronenmikroskopie ist zwar nicht so hoch wie bei der Transmissionselektronenmikroskopie, man erhält hierbei aber dreidimensionale Ansichten der Zellstrukturen (**Abbildung 2.1**c).

Dieser Detailreichtum stellt den Untersucher vor neue Probleme. Für die Lichtmikroskopie würden Sie eine Zelle wie einen Laib Brot in zehn Scheiben schneiden und könnten die gesamte Reihe mit dem Mikroskop in ein paar Minuten durchsehen. Wenn Sie dieselbe Zelle für die Elektronenmikroskopie aufbereiten, erhalten Sie 1000 Schnitte; die Begutachtung eines einzelnen Schnittes kann hier mehrere Stunden in Anspruch nehmen!

Es gibt viele weitere Methoden, Zellen und Gewebestrukturen zu untersuchen; Sie finden Beispiele hierfür auf den nächsten Seiten und weiter hinten im Buch. In diesem Kapitel wird die Struktur einer typischen Zelle beschrieben sowie auf einige der Interaktionen von Zellen mit ihrer Umgebung und auf die Fortpflanzung eingegangen.

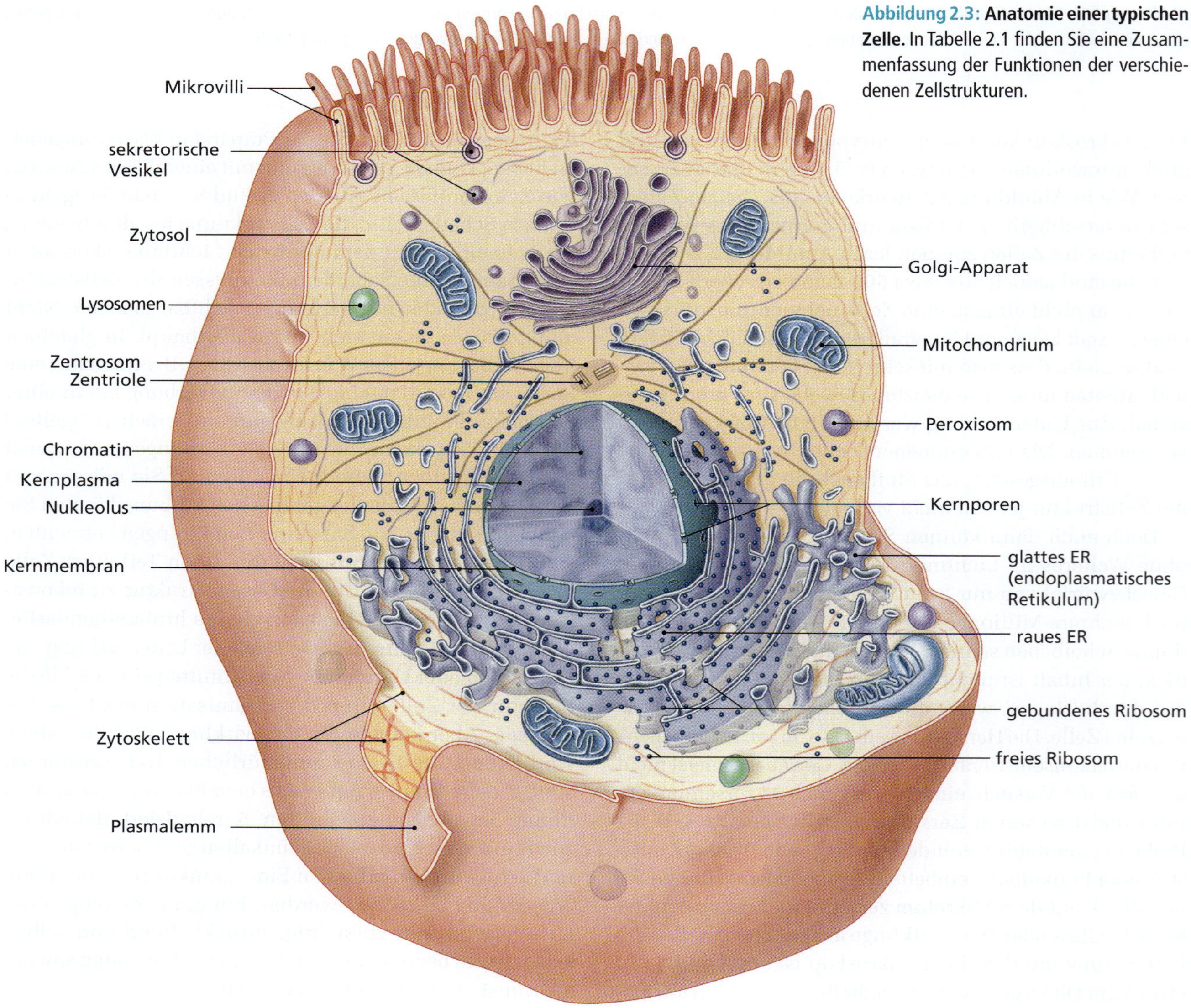

Abbildung 2.3: Anatomie einer typischen Zelle. In Tabelle 2.1 finden Sie eine Zusammenfassung der Funktionen der verschiedenen Zellstrukturen.

Erscheinungsbild	Struktur	Zusammensetzung	Funktion(-en)
Plasmalemm und Zytosol			
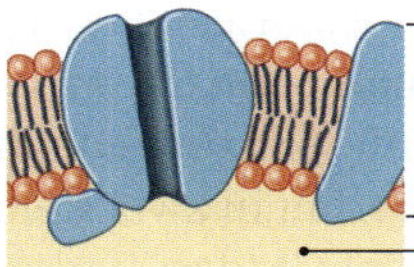	Plasmalemm	Lipiddoppelschicht, enthält Phospholipide, Steroide, Proteine und Kohlenhydrate	Isolation, Schutz, Sensibilität, Stütze, Kontrolle der Ein- und Ausfuhr von Substanzen
	Zytosol	Flüssige Komponente des Zytoplasmas, kann Einschlüsse unlöslicher Substanzen enthalten	Verteilt Material durch Diffusion, speichert Glykogen, Pigmente und andere Substanzen
Organellen, die von keiner Membran umschlossen werden			
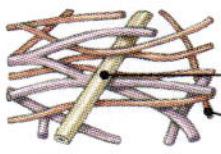	**Zytoskelett** Mikrotubules Mikrofilament	feine Filamente oder schlanke Röhrchen, gebildet durch Proteine	Stärke und Stütze, Bewegung zellulärer Strukturen und Materialien
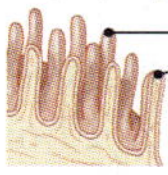	**Mikrovilli**	Membranfortsätze; enthalten Mikrofilamente	Vergrößern die Zelloberfläche zur Verbesserung der Absorption extrazellulären Materials
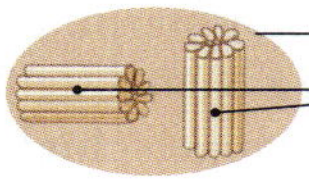	**Zentrosom** Zentriolen	Zytoplasma, das zwei Zentriolen enthält, die rechtwinkelig zueinander stehen; jede Zentriole besteht aus neun Dreiergruppen von Mikrotubuli.	Entscheidend für die Bewegung der Chromosomen bei der Zellteilung; Organisation der Mikrotubuli im Zytoskelett
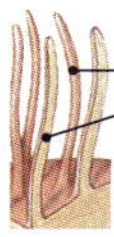	**Zilien**	Membranfortsätze mit Mikrotubuli in der 9 + 2-Anordnung	Bewegung von Material über die Zelloberfläche hinweg
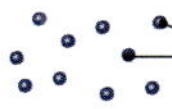	**Ribosomen**	RNS (Ribonukleinsäure) und Protein; gebundene Ribosomen sind am rauen ER (siehe unten) befestigt; die freien Ribosomen sind im Zytoplasma verteilt.	Proteinsynthese
Membranumschlossene Organellen			
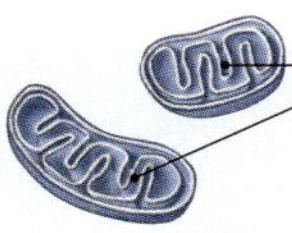	**Mitochondrien**	Doppelmembran; die innere Membran liegt in Falten (Christae), enthält Stoffwechselenzyme.	Bildet 95 % des benötigten ATP (Adenosintriphosphat; Energiespeicher und -träger im lebenden Organismus)
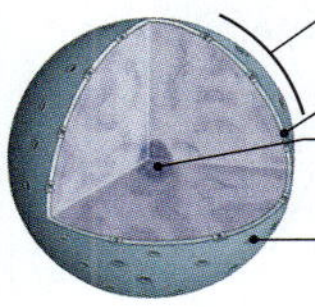	**Zellkern (Nukleus)** Kernmembran Kernpore	Das Nukleoplasma enthält die Nukleoli, Enzyme, Nukleoproteine und Chromatin; von einer Doppelmembran (Kernmembran) umgeben, enthält Kernporen.	Kontrolle von Stoffwechsel, Lagerung und Verarbeitung genetischer Informationen, Kontrolle der Proteinsynthese
	Kernkörperchen (Nukleolus) als Teil des Zellkerns	Dichte Region im Nukleoplasma, enthält DNA (Desoxyribonukleinsäure) und RNA	Ort der Synthese der rRNA (ribosomalen RNA) und der Zusammensetzung der Unterabschnitte der Ribosomen
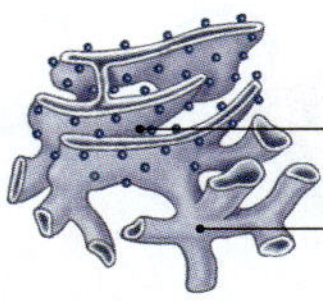	**ER (endoplasmatisches Retikulum)**	Netzwerk membranöser Kanäle, durchzieht das gesamte Zytoplasma	Synthese, Lagerung und Transport von Sekreten
	Raues ER	Mit gebundenen Ribosomen	Modifikation und Verpackung neu synthetisierter Proteine
	Glattes ER	Ohne gebundene Ribosomen	Synthese von Lipiden, Steroiden und Kohlenhydraten, Lagerung von Kalziumionen
	**Golgi-Apparat**	Stapel abgeflachter Membranscheiben, enthält Kammern (Zisternen)	Lagerung, Veränderung und Verpackung von Sekreten und lysosomalen Enzymen
	**Lysosom**	Vesikel mit Verdauungsenzymen	Intrazelluläre Beseitigung von beschädigten Organellen oder von Pathogenen
	**Peroxisom**	Vesikel mit Abbauenzymen	Abbau von Fetten und anderen organischen Molekülen, Neutralisierung toxischer Nebenprodukte

Tabelle 2.1: Anatomie einer repräsentativen Zelle.

Anatomie der Zelle 2.4

Die Bezeichnung „typische“ Zelle ist ähnlich zu verstehen wie der „normale“ Mensch: Wegen der enormen Vielfalt ist jede Beschreibung nur ganz allgemein gedacht. Unsere typische Modellzelle hat Merkmale mit den meisten Körperzellen gemeinsam, gleicht jedoch keiner ganz genau. **Abbildung 2.3** zeigt eine solche Zelle; in Tabelle 2.1 (vorherige Seite) sind die wichtigsten Strukturen und deren Funktionen zusammengefasst.

Abbildung 2.4 skizziert den Aufbau dieses Kapitels. Unsere Musterzelle schwimmt in einer wässrigen Lösung, der **Extrazellulärflüssigkeit**. Das **Plasmalemm** trennt den Inhalt der Zelle, das **Zytoplasma**, von dieser Extrazellulärflüssigkeit. Das Zytoplasma kann wiederum in zwei Komponenten aufgeteilt werden; die Flüssigkeit (das Zytosol) und die Organellen („kleine Organe“).

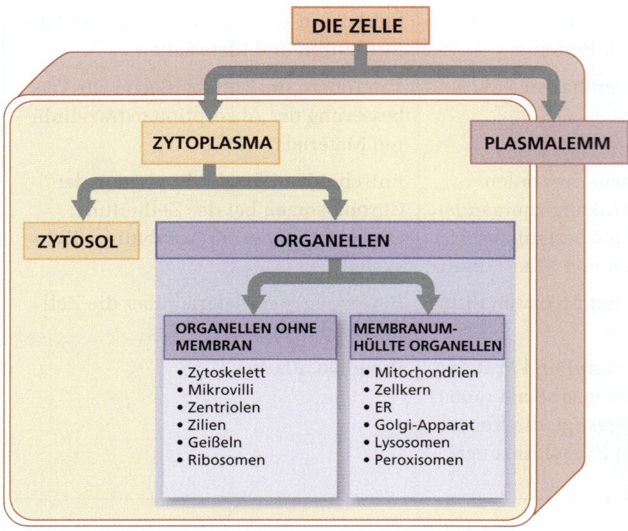

Abbildung 2.4: Entscheidungsbaum für die Untersuchung einer Zelle. Das Zytoplasma besteht aus dem Zytosol und den Organellen. Die Organellen sind unterteilt in die membranumschlossenen Organellen und solche, die von keiner Membran umhüllt sind.

Das Plasmalemm 2.5

Die äußere Begrenzung der Zelle nennt man **Plasmalemm**, auch **Zellmembran** oder **Plasmamembran**. Es ist sehr dünn und empfindlich, nur etwa 6 – 10 nm (1 nm = 0,001 µm) dick. Trotzdem hat es einen komplexen Aufbau aus Phospholipiden, Proteinen, Glykoproteinen und Cholesterin. Die Struktur des Plasmalemms ist in **Abbildung 2.5** dargestellt.

Das Plasmalemm ist eine **Phospholipiddoppelschicht**, da seine Phopholipide in zwei getrennten Schichten angeordnet sind, die Köpfe jeweils außen und die Schwän-

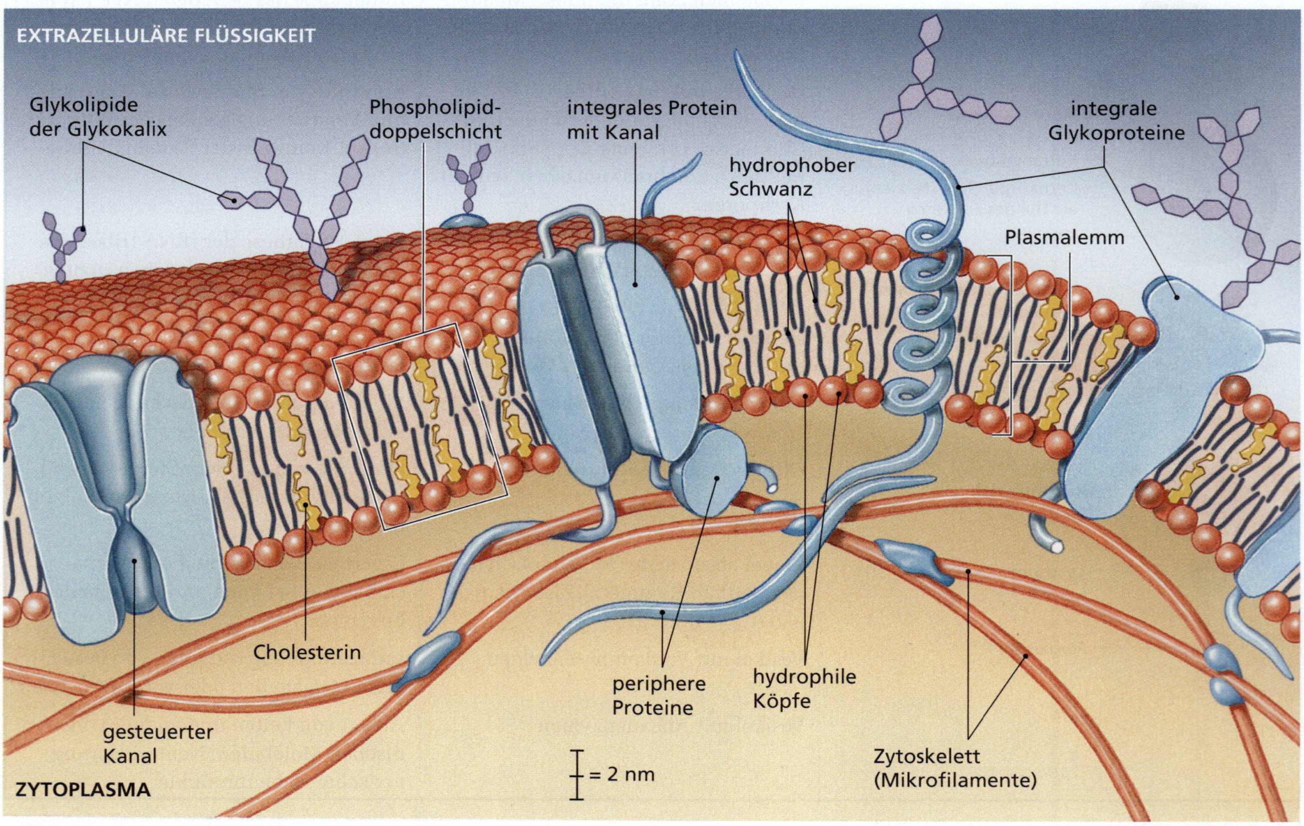

Abbildung 2.5: **Das Plasmalemm.**

ze innen. Gelöste Ionen und wasserlösliche Substanzen können den Lipidanteil der Phospholipidmembran nicht durchqueren, da die lipophilen Schwänze hydrophob sind. Durch diese Eigenschaft isoliert die Membran das Zytoplasma sehr effektiv von der umgebenden Flüssigkeit. Diese Abgrenzung ist sehr wichtig, da sich die Zusammensetzung des Zytoplasmas deutlich von der der Extrazellulärflüssigkeit unterscheidet und dieser Unterschied aufrechterhalten werden muss.

Es gibt zwei verschiedene Sorten von Membranproteinen: **Periphere Proteine** sind entweder an der äußeren oder der inneren Oberfläche der Membran befestigt, **integrale Proteine** sind in die Membran integriert. Die meisten integralen Proteine reichen ganz durch die Membran hindurch und weiter; man bezeichnet sie als transmembrane Proteine. Einige der integralen Proteine bilden Kanäle, die Wassermoleküle, Ionen und kleine wasserlösliche Stoffe in die Zelle hinein- und aus ihr herauslassen. Die Kommunikation zwischen dem Inneren und dem Äußeren der Zelle verläuft zum Großteil über diese Kanäle. Einige dieser Kanäle bezeichnet man als gesteuert, da sie sich zur Regulation des Ein- und Ausstroms von Stoffen öffnen und schließen können. Andere integrale Proteine dienen als Katalysatoren, als Rezeptoren oder zur Zell-Zell-Erkennung.

Die Außenfläche des Plasmalemms unterscheidet sich in seiner Protein- und Lipidzusammensetzung von der Innenfläche. Die Kohlenhydratkomponenten (Glyko-, griech.: glycos = süß) der Glykolipide und Glykoproteine , die von der Außenfläche des Plasmalemms abstehen, bilden einen gelartigen Überzug, den man als **Glykokalix** (lat.: calix = der Becher, Kelch) bezeichnet. Einige dieser Moleküle wirken als Rezeptoren. Binden sie sich an ein bestimmtes Molekül in der extrazellulären Flüssigkeit, können sie eine Veränderung der intrazellulären Aktivität auslösen. Es können z. B. zytoplasmatische Enzyme an der Innenfläche des Plasmalemms gebunden sein; die Aktivität dieser Enzyme kann durch Veränderungen an der Außenfläche der Membran beeinflusst werden.

Zu den Hauptfunktionen des Plasmalemms gehören:

- **Physische Abgrenzung:** Die Lipiddoppelschicht des Plasmalemms bildet eine physikalische Barriere, die das Innere der Zelle von der umgebenden extrazellulären Flüssigkeit trennt.
- **Regulierung des Austauschs mit der Umgebung:** Das Plasmalemm kontrolliert den Einstrom von Ionen und Nährstoffen und den Ausstrom von Abbauprodukten und Sekreten.
- **Sensibilität:** Das Plasmalemm ist als erstes von Veränderungen der Extrazellulärflüssigkeit betroffen. Es enthält eine Reihe verschiedener Rezeptoren, mit denen die Zelle bestimmte Moleküle in der Umgebung erkennen und auf sie reagieren kann und mit denen sie Kontakt mit anderen Zellen aufnehmen kann. Eine Veränderung des Plasmalemms kann die Aktivität der gesamten Zelle beeinflussen.
- **Struktureller Halt:** Spezielle Verbindungen zwischen Zellmembranen oder zwischen Membranen und anderen extrazellulären Strukturen geben einem Gewebe eine stabile Struktur

Die Membranstruktur ist flüssig. Cholesterin hilft, sie zu stabilisieren und gleichzeitig die Fließeigenschaften zu erhalten. Integrale Proteine können sich innerhalb der Membran bewegen wie Eiswürfel in der Bowleschale. Außerdem kann sich die Zusammensetzung des Plasmalemms im Laufe der Zeit verändern, indem Membranbestandteile entfernt oder ergänzt werden.

2.5.1 Membranpermeabilität – passiver Vorgang

Die **Permeabilität** einer Membran ist die Eigenschaft, die seine Effektivität als Barriere bestimmt. Je größer die Permeabilität, desto leichter können Substanzen die Membran durchdringen. Wenn nichts eine Membran durchdringen kann, bezeichnet man sie als impermeabel. Wenn jede Substanz ohne Schwierigkeiten hindurchdringen kann, nennt man die Membran frei permeabel. Das Plasmalemm befindet sich in seiner Permeabilität irgendwo dazwischen; es wird als selektiv permeabel bezeichnet. Eine semipermeable Membran lässt einige Substanzen durch, andere wiederum nicht. Unterscheidungskriterien können die Größe, die elektrische Ladung, die Molekülform, die Löslichkeit oder jede Kombination aus diesen Faktoren sein.

Die Permeabilität des Plasmalemms ist unterschiedlich. Sie hängt von der Verteilung und den Eigenschaften der Membranlipide und -proteine ab. Die Passage von Stoffen durch eine Membran kann aktiv oder passiv verlaufen. Aktive Vorgänge, die später in diesem Kapitel besprochen werden, erfordern die Versorgung der Zelle mit einer Energiequelle, meist ATP (Adenosintriphosphat). Bei passiven Vorgängen bewegen sich Ionen oder Moleküle durch die Membran, ohne dass die Zelle dazu Energie aufwenden müsste. Zu den passiven Transportmöglichkeiten gehören die Diffusion, die Osmose und die erleichterte Diffusion.

Diffusion

Ionen und gelöste Moleküle sind in steter Bewegung, prallen voneinander ab und stoßen an die Wassermoleküle. Das Ergebnis dieser ständigen Kollisionen ist ein Vorgang, den man als Diffusion bezeichnet. Diffusion ist definiert als die Bewegung von Teilchen aus einem Bereich höherer Konzentration in einen Bereich, in dem ihre Konzentration relativ geringer ist. Die Differenz in der Konzentration ergibt ein **Konzentrationsgefälle**; die Diffusion endet erst, wenn dieses Gefälle (der **Konzentrationsgradient**) gleich null ist. Da die Diffusion immer von dem Bereich der höheren Konzentration zu dem niedrigerer Konzentration verläuft, sagt man auch: „dem Konzentrationsgefälle nach“. Liegt der Konzentrationsgradient bei null, ist ein Gleichgewicht erreicht. Obwohl weiter Molekularbewegungen stattfinden, gibt es keine Gesamtbewegung in eine Richtung.

Die Diffusion ist für Körperflüssigkeiten wichtig, da sie lokale Konzentrationsgefälle ausgleicht. Eine aktive Zelle produziert Kohlendioxid und absorbiert Sauerstoff. Dies hat eine relativ hohe Konzentration von Kohlendioxid in der Extrazellulärflüssigkeit bei relativ niedriger Sauerstoffkonzentration zur Folge. Die Diffusion führt zu einer Bewegung des Kohlendioxids durch das Gewebe und in das Blut. Gleichzeitig diffundiert Sauerstoff aus dem Blut in das Gewebe.

In der extrazellulären Flüssigkeit können Wasser und wasserlösliche Substanzen frei diffundieren. Das Plasmalemm stellt jedoch eine Barriere dar, die die Diffusion selektiv einschränkt. Einige Substanzen können leicht passieren, andere hingegen gar nicht. Ein Ion oder ein Molekül hat zwei Möglichkeiten, eine Membran zu passieren: durch einen Membrankanal oder durch die Lipidschicht der Membran. Die Größe des Ions oder des Moleküls sowie eine eventuelle elektrische Ladung bestimmen seine Durchgängigkeit durch einen Membrankanal. Um die Lipidschicht der Membran durchqueren zu können, muss ein Molekül fettlöslich sein. Diese Mechanismen sind in **Abbildung 2.6** zusammengefasst.

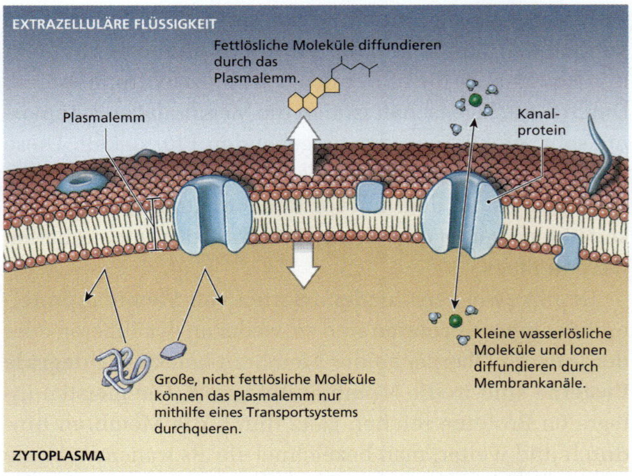

Abbildung 2.6: Diffusion durch die Zellmembran. Kleine Ionen und wasserlösliche Moleküle diffundieren durch die Membrankanäle, fettlösliche Moleküle durch die Phospholipiddoppelschicht. Große Moleküle, die nicht fettlöslich sind, können nicht durch das Plasmalemm diffundieren.

Osmose

Das Plasmalemm ist gut wasserdurchlässig. Die Diffusion von Wasser dem Konzentrationsgefälle nach ist so bedeutend, dass sie einen eigenen Namen hat: **Osmose** (griech.: osmos = der Schub). Wassermoleküle diffundieren so lange durch das Plasmalemm, wie ein Konzentrationsgefälle für Wasser besteht. Der Einfachheit halber verwenden wir den Begriff Osmose für die Bewegung von Wasser und beschränken den Gebrauch des Ausdrucks Diffusion auf wasserlösliche Substanzen.

Erleichterte Diffusion

Viele essenzielle Nährstoffe, wie Glukose und Aminosäuren, sind nicht fettlöslich und zu groß für die Membrankanäle. Diese Substanzen gelangen passiv mithilfe spezieller **Trägerproteine** durch die Membran; der Vorgang wird als erleichterte Diffusion bezeichnet. Das Molekül dockt zunächst außen an den Rezeptoranteil eines integralen Proteins an. Es wird dann in das Innere des Plasmalemms transportiert und im Zytoplasma freigesetzt. Weder bei der erleichterten noch bei der einfachen Diffusion wird ATP aufgewendet; in beiden Fällen folgen die Moleküle dem Konzentrationsgefälle.

2.5.2 Membranpermeabilität – aktiver Vorgang

Alle **aktiven Membranprozesse** erfordern Energie. Durch den Einsatz dieser Energie, meist in Form von ATP, kann die Zelle Substanzen gegen das Konzentrationsgefälle transportieren. Wir besprechen zwei aktive Prozesse: den aktiven Transport und die Endozytose.

Aktiver Transport

Wenn die in ATP gebundene Energie zum Transport von Ionen oder Molekülen durch eine Membran eingesetzt wird, bezeichnet man diesen Vorgang als aktiven Transport. Der Ablauf ist komplex; zusätzlich zu den Trägerproteinen müssen spezielle Enzyme vorhanden sein. Obwohl er Energie verbraucht, bietet er einen entscheidenden Vorteil: Er ist unabhängig vom Konzentrationsgradienten. Die Zelle kann so bestimmte Stoffe unabhängig von ihrer intra- oder extrazellulären Konzentration hinein- oder hinausbefördern.

Alle lebenden Zellen sind zu einem aktiven Transport von Natrium- (Na^+), Kalium- (K^+); Kalzium- (Ca^{2+}) und Magnesiumionen (Mg^{2+}) in der Lage. Spezialisierte Zellen können auch weitere Ionen, wie Jodid (J^-) oder Eisen (Fe^{2+}), transportieren. Viele dieser Transporteinheiten, auch **Ionenpumpen** genannt, bewegen ein bestimmtes Kation oder Anion in eine definierte Richtung, also entweder in die Zelle hinein oder aus der Zelle heraus. Wenn ein Ion in eine Richtung transportiert wird, während sich ein anderes gleichzeitig in die Gegenrichtung bewegt, nennt man den Träger Austauschpumpe. Der Energieverbrauch dieser Pumpen ist beeindruckend; eine ruhende Zelle verbraucht bis zu 40 % ihres produzierten ATP für die Austauschpumpen.

Endozytose

Die Verpackung extrazellulären Materials in ein Bläschen an der Zelloberfläche für den Transport in die Zelle hinein nennt man Endozytose. Dieser Vorgang, bei dem relativ große Mengen extrazellulären Materials bewegt werden, wird auch **Massentransport** genannt. Es gibt drei Arten von Endozytose: Pinozytose, Phagozytose und rezeptorge-

Abbildung 2.7: Pinozytose und Phagozytose. (a) Pinozytose im Elektronenmikroskop. (b) Material, das durch Phagozytose in die Zelle hineingelangt, ist in einem Phagosom eingeschlossen und wird anschließend den lysosomalen Enzymen ausgesetzt. Nach Resorption der Nährstoffe aus dem Vesikel wird der Rest durch Exozytose ausgeschieden.

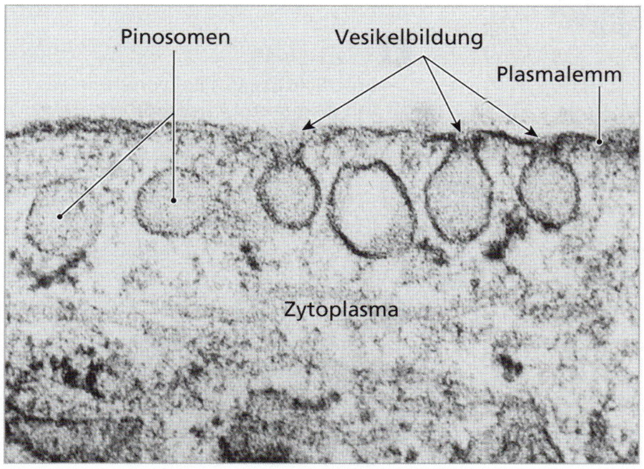

(a)

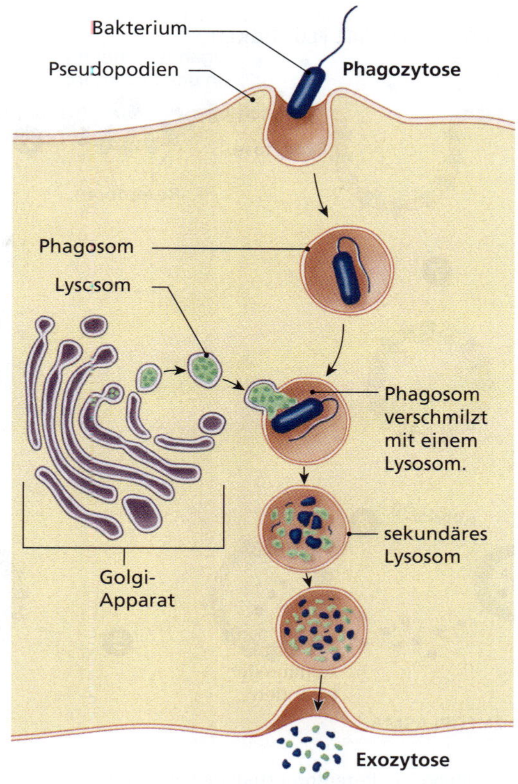

(b)

steuerte Endozytose. Alle drei erfordern Energie aus ATP und sind daher aktive Prozesse. Man nimmt an, dass der Mechanismus bei allen dreien gleich ist; er ist jedoch noch unbekannt.

Bei allen Formen der Endozytose entstehen kleine membrangebundene Bläschen, die man **Endosomen** nennt. Sobald sich ein Vesikel durch Endozytose gebildet hat, gelangt der Inhalt nur in das Zytosol, wenn er die Wand des Vesikels durchqueren kann. Dies geschieht durch aktiven Transport, einfache oder erleichterte Diffusion oder die Zerstörung der Vesikelmembran.

PINOZYTOSE Die Bildung von Pinosomen (mit extrazellulärer Flüssigkeit gefüllte Vesikel) ist das Ergebnis eines Vorgangs, den man Pinozytose oder „Zelltrinken" nennt. Hierbei bildet sich eine tiefe Einziehung im Plasmalemm, die sich dann als Bläschen nach innen abschnürt (**Abbildung 2.7**a). Nährstoffe, wie Fette, Zucker und Aminosäuren, gelangen dann durch Diffusion oder aktiven Transport aus dem Inneren des Vesikels in das Zytoplasma. Die Membran des Pinosoms integriert sich anschließend wieder in die Zellwand.

Fast alle Zellen führen die Pinozytose auf diese Art durch. In einigen spezialisierten Zellen bilden sich die Pinosomen auf der einen Seite der Zelle und bewegen sich durch das Zytoplasma auf die andere Seite. Dort fusionieren sie mit dem Plasmalemm und entledigen sich ihres Inhalts durch Exozytose, ein Vorgang, der später im Buch ausführlicher beschrieben wird. Diese Methode des Massentransports findet sich bei den Zellen, die die Wände der Kapillaren bilden, den feinsten aller Blutgefäße. Diese Zellen transportieren mittels Pinozytose Flüssigkeit und gelöste Substanzen aus dem Blut in das umgebende Gewebe.

PHAGOZYTOSE Feste Substanzen werden im Rahmen der Phagozytose („Zellfressen") in die Zellen aufgenommen und in Vesikel eingeschlossen. Bei diesem Vorgang können Vesikel entstehen, die fast so groß sind wie die Zelle selbst (**Abbildung 2.7**b). Zytoplasmatische Fortsätze, **Pseudopodien** (griech.: pseudein = täuschen, belügen, betrügen; podos = der Fuß) genannt, umgeben das Objekt; ihre Membranen verschmelzen und bilden ein Vesikel, das man **Phagosom** nennt. Das Phagosom kann nun noch mit einem Lysosom fusionieren; sein Inhalt wird dann von den lysosomalen Enzymen verdaut.

Die meisten Zellen führen Pinozytose durch; zur Phagozytose sind jedoch nur einige spezialisierte Zellen des Immunsystems in der Lage. Die phagozytotischen Aktivitäten dieser Zellen werden in den Kapiteln über das Blut (siehe Kapitel 20) und das Lymphsystem (siehe Kapitel 23) besprochen.

REZEPTORGESTEUERTE ENDOZYTOSE Sie ähnelt der Pinozytose, ist jedoch weitaus selektiver. Bei der Pinozytose bilden sich die mit extrazellulärer Flüssigkeit gefüllten Pinosomen, bei der rezeptorgesteuerten Endozytose (**Abbildung 2.8**) entstehen beschichtete Vesikel, die ein spezifisches Zielmolekül in großer Menge enthalten. Diese Moleküle, Liganden

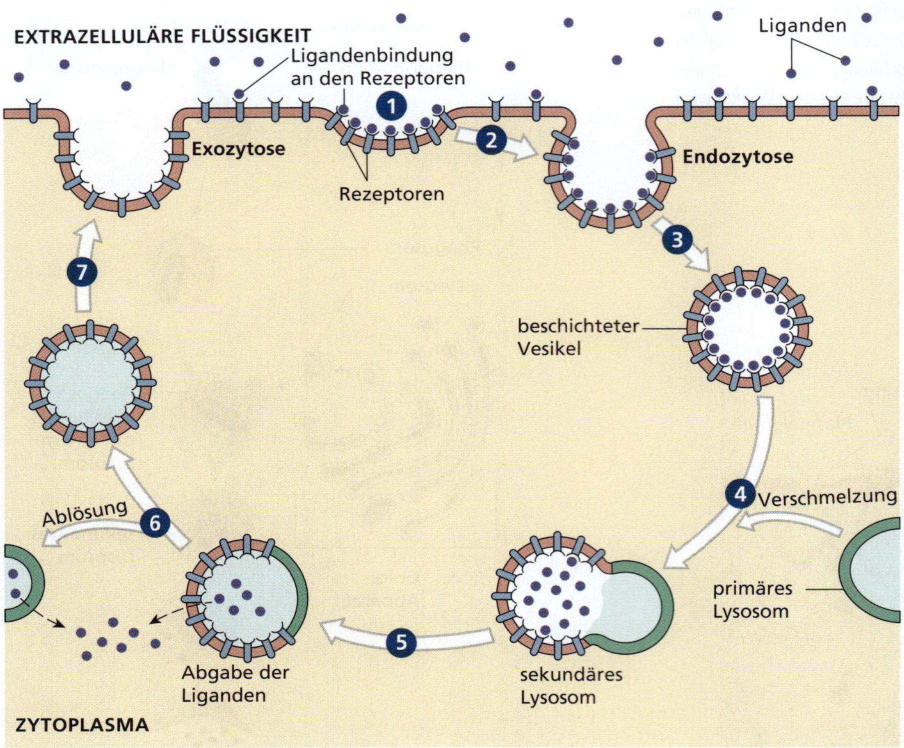

Rezeptor vermittelte Endozytose

1. Zielmoleküle (Liganden) binden an die Rezeptoren.
2. Mit Liganden überzogene Bereiche bilden tiefe Einschnürungen im Plasmalemm.
3. Vesikel schnüren sich ab und bilden Endosomen, die man beschichtete Vesikel nennt.
4. Beschichtete Vesikel verschmelzen mit primären Lysosomen zu sekundären Lysosomen.
5. Liganden werden gelöst und in das Zytoplasma aufgenommen.
6. Lysosomale und endosomale Membranen trennen sich.
7. Das Endosom verschmilzt mit dem Plasmalemm; die Rezeptoren sind wieder frei für neue Liganden.

Abbildung 2.8: **Rezeptorgesteuerte Endozytose.**

Mechanismus	Vorgang	Faktoren, die die Transportrate bestimmen	Beteiligte Substanzen
Passiv			
Diffusion	Molekulare Bewegung gelöster Substanzen; die Richtung wird durch die relative Konzentration bestimmt.	Höhe des Gradienten, Molekülgröße, Ladung, Fettlöslichkeit, Temperatur	Kleine anorganische Ionen, fettlösliche Substanzen (alle Zellen)
Osmose	Bewegung von Wassermolekülen in Richtung höherer Konzentration von gelösten Substanzen; eine Membran ist erforderlich.	Konzentrationsgradient, Gegendruck	Nur Wasser (alle Zellen)
Erleichterte Diffusion	Trägermoleküle befördern Material dem Konzentrationsgefälle nach; eine Membran ist erforderlich.	Wie oben und Verfügbarkeit von Trägerproteinen	Glukose und Aminosäuren (alle Zellen)
Aktiv			
Aktiver Transport	Trägermoleküle arbeiten gegen das Konzentrationsgefälle.	Verfügbarkeit von Trägern, Substrat und ATP	Na^+, K^+, Ca^{2+}, Mg^{2+} (alle Zellen), wahrscheinlich auch andere gelöste Substanzen in besonderen Fällen
Endozytose	Bildung von Membranvesikeln (Endosomen) mit Flüssigkeiten oder festem Material am Plasmalemm	Reiz und Mechanismus sind unbekannt; ATP ist erforderlich.	Flüssigkeiten, Nährstoffe (alle Zellen); Trümmer und Pathogene (spezialisierte Zellen)
Exozytose	Verschmelzung von Membranvesikeln (Endosomen) mit Flüssigkeiten oder festem Material mit dem Plasmalemm	Reiz und Mechanismus sind nur teilweise bekannt; ATP und Kalziumionen sind erforderlich.	Flüssigkeiten und Abfallstoffe (alle Zellen)

Tabelle 2.2: **Zusammenfassung der Mechanismen, die am Durchgang von Stoffen durch eine Membran beteiligt sind.**

genannt, sind an Rezeptoren an der Membranoberfläche gebunden. Viele wichtige Substanzen, einschließlich Cholesterin und Eisenionen (Fe^{2+}), werden an spezielle Transportproteine gebunden im Körper transportiert. Diese Proteine passen wegen ihrer Größe nicht durch die Membrankanäle. Sie gelangen durch rezeptorgesteuerte Endozytose in das Zellinnere. Die Vesikel kehren anschließend wieder an die Zelloberfläche zurück und verschmelzen mit dem Plasmalemm. Dabei wird ihr Inhalt in den Extrazellulärraum abgegeben, ein weiteres Beispiel für Exozytose. In Tabelle 2.2 finden Sie eine Zusammenfassung und einen Vergleich der Mechanismen für den Stofftransport durch das Plasmalemm.

2.5.3 Fortsätze des Plasmalemms: die Mikrovilli

Kleine fingerförmige Fortsätze des Plasmalemms nennt man Mikrovilli. Man findet sie an Zellen, die aktiv Material aus der extrazellulären Flüssigkeit aufnehmen, wie etwa im Dünndarm oder in den Nieren (**Abbildung 2.9**a und b). Mikrovilli sind wichtig, da sie die Oberfläche zur extrazellulären Flüssigkeit hin für eine verbesserte Absorption vergrößern. Ein Netzwerk von Mikrofilamenten versteift jeden Mikrovillus und verankert ihn im Terminalgeflecht, einer dichten Stützzone innerhalb des darunterliegenden Zytoskeletts. Interaktionen zwischen diesen Mikrofilamenten und dem Zytoskelett ermöglichen wellenartige oder abknickende Bewegungen. Diese Bewegungen verbessern die Zirkulation von Flüssigkeit um die Mikrovilli und ermöglichen den direkten Kontakt der gelösten Nährstoffe mit den Rezeptoren an der Zelloberfläche.

AUFGABEN

1. Mit welchem Ausdruck beschreibt man die Permeabilität des Plasmalemms?
2. Beschreiben Sie die Abläufe von Osmose und Diffusion. Worin unterscheiden sie sich?
3. Welches sind die drei Hauptformen der Endozytose? Worin unterscheiden sie sich?
4. Die Zellen, die den Dünndarm auskleiden, haben zahlreiche fingerförmige Fortsätze auf der freien Oberfläche. Worum handelt es sich dabei und was ist ihre Funktion?

2.6 Das Zytoplasma

Die allgemeine Bezeichnung für den gesamten Inhalt einer Zelle ist Zytoplasma. Es enthält viel mehr Protein als der Extrazellulärraum, etwa 15–30 % des Gesamtgewichts. Das Zytoplasma wird wie folgt unterteilt:

- **Zytosol** (intrazelluläre Flüssigkeit): Es enthält gelöste Nährstoffe, Ionen, lösliche und unlösliche Proteine sowie Abfallprodukte.
- **Organellen:** Dies sind intrazelluläre Strukturen mit spezifischen Funktionen.

2.6.1 Das Zytosol

Das Zytosol unterscheidet sich signifikant von der extrazellulären Flüssigkeit. Drei wichtige Unterschiede sind:

- **Membranpotenzial:** Das Zytosol enthält hohe Konzentrationen von Kaliumionen, die extrazelluläre Flüssigkeit hingegen hohe Konzentrationen von Natriumionen. Die Anzahl positiv und negativ geladener Teilchen ist an der Membran nicht gleichmäßig verteilt; außen befinden sich insgesamt deutlich mehr positiv geladene Ionen, innen mehr negativ geladene. Durch diese Ungleichheit der Membranseiten baut sich ein Membranpotenzial auf, wie eine winzige Batterie. Die Bedeutung dieses Membranpotenzials wird in Kapitel 3 erklärt.
- **Proteingehalt:** Das Zytosol enthält relativ hohe Konzentrationen gelöster und suspendierter Proteine. Viele dieser Proteine sind Enzyme, die Stoffwechselvorgänge steuern; andere sind mit den verschiedenen Organellen assoziiert. Durch diese Proteine erhält das Zytosol eine Konsistenz, die zwischen der von flüssigem Honig und Wackelpudding liegt.
- **Fett-, Aminosäuren- und Kohlenhydratgehalt:** Das Zytosol enthält relativ wenig Kohlenhydrate, aber große Vorräte an Aminosäuren und Fetten. Die Kohlenhydrate werden zur Energiegewinnung abgebaut; die Aminosäuren dienen der Herstellung von Proteinen. Die Fettspeicher der Zelle werden hauptsächlich zur Energiegewinnung verwendet, wenn keine Kohlenhydrate zur Verfügung stehen.

Das Zytosol enthält reichlich unlösliches Material, sog. **Einschlüsse** oder **Inklusionskörper**. Meistens handelt es sich dabei um Nährstoffspeicher: Glykogenkörnchen in der Leber oder der Skelettmuskulatur oder Fetttröpfchen in Fettzellen.

2.6.2 Organellen

Organellen finden sich in allen Körperzellen (siehe Abbildung 2.3), Anzahl und Zusammensetzung variieren aber je nach Zelltyp deutlich. Jede Organelle erfüllt lebenswichtige Funktionen, die für die normale Zellstruktur, die Instandhaltung oder den Stoffwechsel erforderlich sind. Man kann die Organellen der Zelle in zwei große Kategorien unterteilen (siehe Tabelle 2.1): 1. Organellen ohne Membran, die immer in Kontakt mit dem Zytosol sind, und 2. membranumschlossene Organellen, die von einer Membran umgeben sind, die sie vom Zytosol isoliert, genau wie das Plasmalemm das Zytosol von der extrazellulären Flüssigkeit trennt.

Organellen, die von keiner Membran umschlossen sind 2.7

Zu diesen gehören die Komponenten des Zytoskeletts, die Zentriolen, die Zilien, die Geißeln und die Ribosomen.

2.7.1 Das Zytoskelett

Das interne Proteingerüst, das dem Zytoplasma Festigkeit und Flexibilität verleiht, ist das Zytoskelett. Es hat vier Hauptbestandteile: Mikrofilamente, Intermediärfilamente, dicke Filamente und Mikrotubuli. Keine dieser Strukturen sind mit dem Lichtmikroskop zu erkennen.

Mikrofilamente

Schmale Stränge, die hauptsächlich aus dem Protein **Aktin** bestehen, werden Mikrofilamente genannt. In den meisten Zellen sind die Mikrofilamente im Zytosol locker verteilt; unter der Zellmembran bilden sie ein dichtes Geflecht. **Abbildung 2.9**a und b zeigt die oberflächlichen Schichten von Mikrofilamenten in einer Darmzelle.

Mikrofilamente haben zwei Hauptfunktionen:

1. Sie befestigen die integralen Proteine der Zellmembran am Zytoskelett. Dadurch wird die Position der Proteine stabilisiert, der Zelle zusätzliche mechanische Festigkeit verliehen und das Plasmalemm fest mit dem darunterliegenden Zytoplasma verbunden.
2. Aktinfilamente können mit Mikrofilamenten oder größeren Strukturen, die aus dem Protein **Myosin** bestehen, interagieren. Dadurch kann eine aktive Bewegung in einem Teilbereich der Zelle durchgeführt oder eine Formveränderung der gesamten Zelle erreicht werden.

Intermediärfilamente

Intermediärfilamente sind hauptsächlich durch ihre Größe definiert; ihre Zusammensetzung variiert von Zelle zu Zelle. Sie verleihen Festigkeit, stabilisieren die Position der Organellen und transportieren Material innerhalb des Zytoplasmas. Spezialisierte Intermediärfilamente, die **Neurofilamente**, stützen die Axone der Nervenzellen, die bis zu 1 m lang sein können.

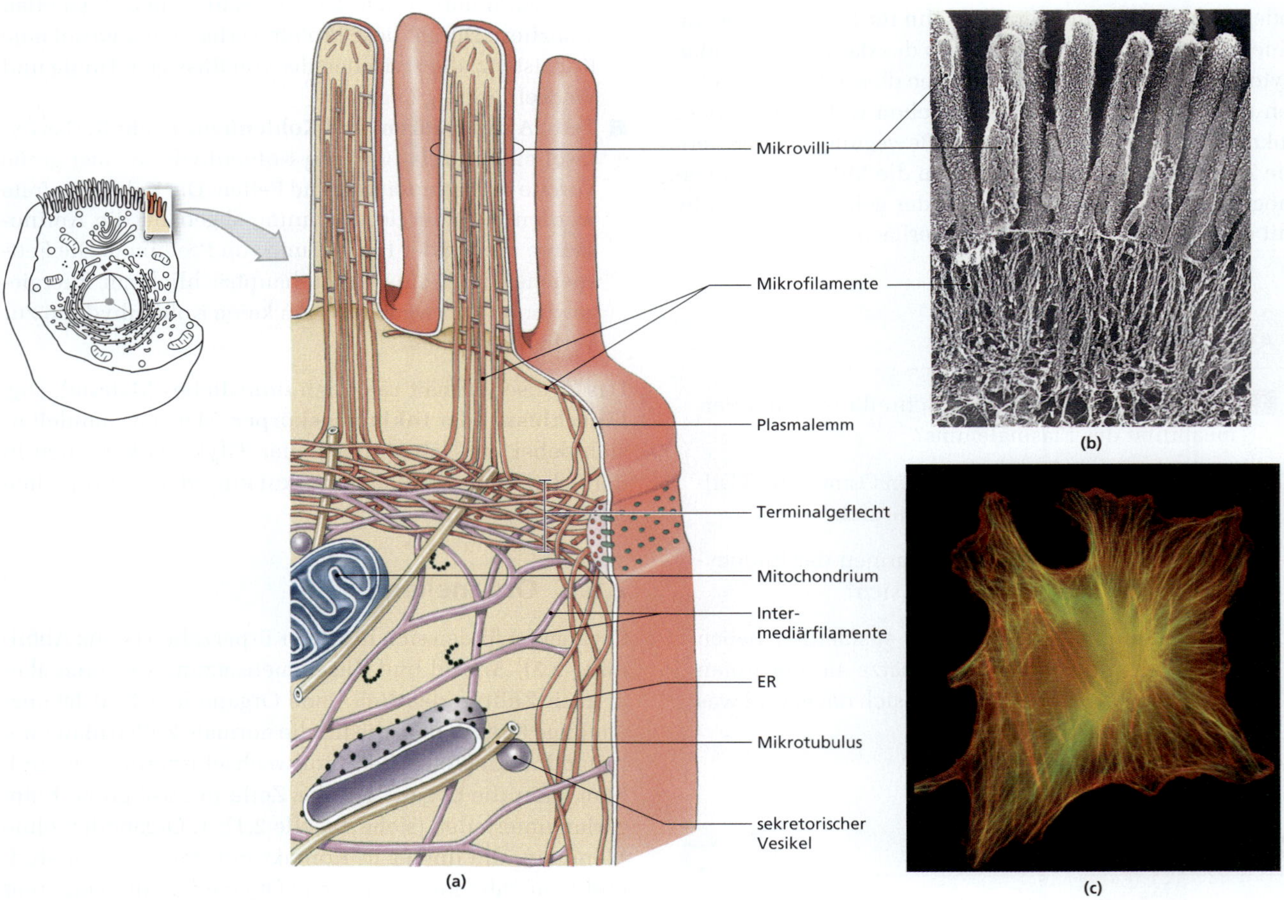

Abbildung 2.9: Das Zytoskelett. (a) Das Zytoskelett verleiht der Zelle und ihren Organellen Stärke und strukturellen Halt. Die Wechselwirkungen der einzelnen Elemente des Zytoskeletts untereinander sind für die Bewegung von Organellen und bei der Formveränderung der Zelle von Bedeutung. (b) Rasterelektronenmikroskopische Aufnahme der Mikrofilamente und Mikrovilli einer Darmzelle. (c) Mikrotubuli in einer lebenden Zelle mit fluoreszierender Spezialfärbung im Lichtmikroskop (3200-fach).

Dicke Filamente

Relativ große, dicke Filamente aus Myosinkomplexen, die in Abbildung 2.9 nicht dargestellt sind, nennt man dicke Filamente. Sie sind in den Muskelzellen reichlich vorhanden, wo sie in Zusammenarbeit mit den Aktinfilamenten kraftvolle Kontraktionen erzeugen.

Mikrotubuli

Alle Zellen enthalten hohle Röhrchen, die Mikrotubuli heißen und aus dem Protein **Tubulin** bestehen. Die **Abbildung 2.9**a und c sowie Abbildung 2.10 zeigen Mikrotubuli im Zytoplasma einer repräsentativen Zelle. Ein Mikrotubulus entsteht aus zusammengesetzten Tubulinmolekülen, besteht eine Weile und zerfällt dann wieder in die einzelnen Tubulinmoleküle. Dieser Vorgang findet im **Zentrosom** statt, einem Bereich in der Nähe des Zellkerns. Von hier aus ziehen die Mikrotubuli nach außen in die Peripherie der Zelle.

Mikrotubuli haben eine Vielzahl von Funktionen:

- Sie sind Hauptbestandteil des Zytoskeletts; sie verleihen der Zelle Festigkeit und Steife und fixieren die wichtigsten Organellen.
- Der Auf- und/oder der Abbau der Mikrotubuli ermöglicht eine Formveränderung der Zelle und möglicherweise auch eine Unterstützung der Zellbewegung.
- Mikrotubuli können sich mit Organellen und anderem intrazellulärem Material verbinden und es innerhalb der Zelle bewegen.
- Während der Zellteilung bilden die Mikrotubuli den **Spindelapparat**, der die gedoppelten Chromosomen an gegenüberliegende Enden der sich teilenden Zelle zieht. Dieser Vorgang wird später genauer beschrieben.
- Mikrotubuli sind struktureller Bestandteil einiger Organellen, wie der Zentriolen, der Zilien und der Geißeln. Obwohl diese Organellen mit der Zellmembran in Verbindung stehen, rechnet man sie nicht zu den Organellen mit Membran, da sie nicht von einer eigenen Membranhülle umschlossen sind.

Zum Zytoskelett als Ganzem gehören Mikrofilamente, Intermediärfilamente und Mikrotubuli, die als Gerüst das gesamte Zytoplasma durchziehen. Strukturelle Feinheiten sind noch wenig erforscht, da dieses Netzwerk sehr empfindlich und in heilem Zustand schwer zu untersuchen ist.

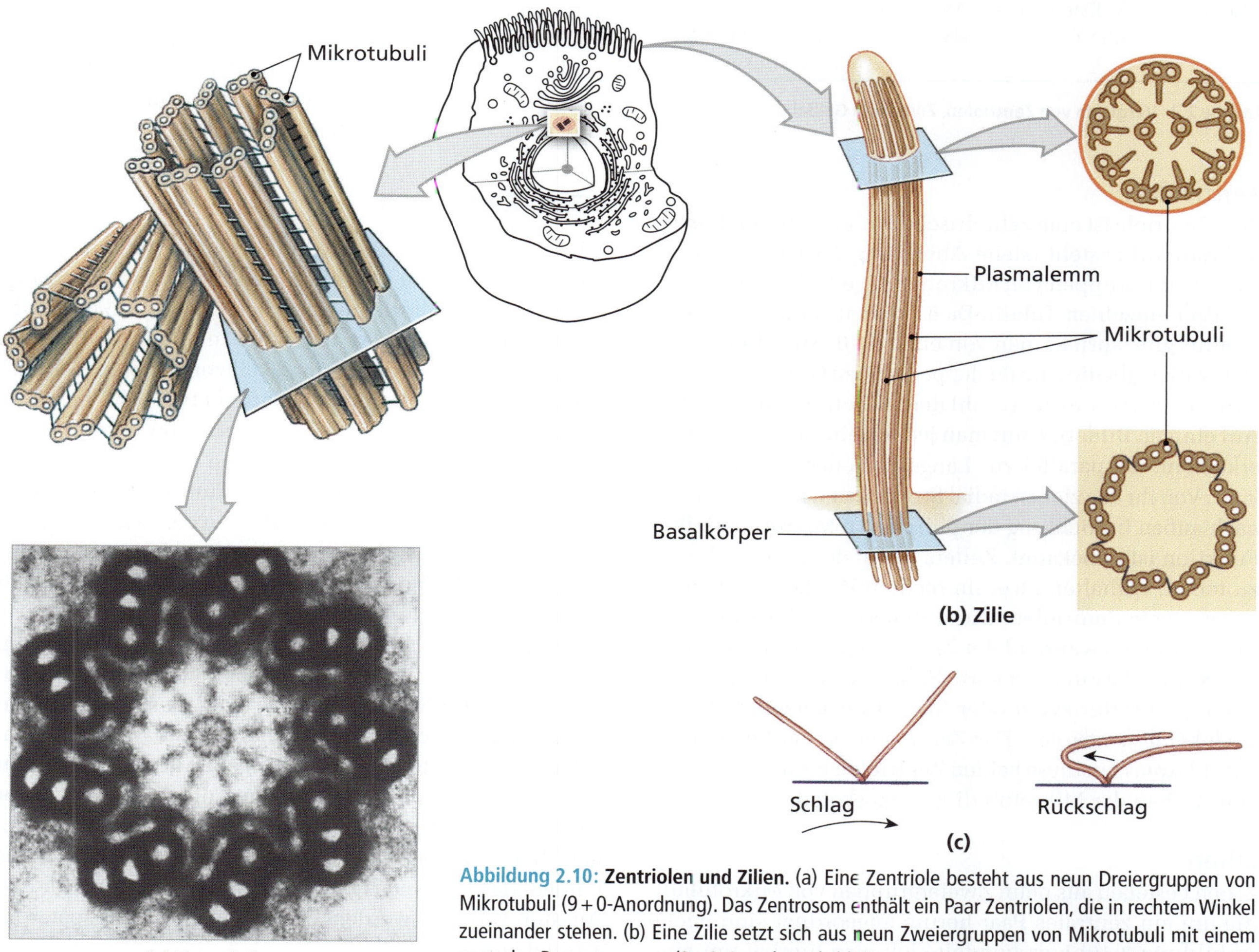

Abbildung 2.10: Zentriolen und Zilien. (a) Eine Zentriole besteht aus neun Dreiergruppen von Mikrotubuli (9 + 0-Anordnung). Das Zentrosom enthält ein Paar Zentriolen, die in rechtem Winkel zueinander stehen. (b) Eine Zilie setzt sich aus neun Zweiergruppen von Mikrotubuli mit einem zentralen Paar zusammen (9 + 2-Anordnung). (c) Eine einzelne Zilie schwingt vorwärts und wieder zurück. Während der kraftvollen Vorwärtsbewegung ist sie relativ steif, beim Zurückschwingen jedoch biegt sie sich und bewegt sich parallel zur Zelloberfläche.

2.7.2 Zentriolen, Zilien und Geißeln

Das Zytoskelett enthält zahlreiche Mikrotubuli, die individuell funktionieren. Zentriolen, Zilien und Geißeln werden jeweils aus Gruppen von Mikrotubuli gebildet. Eine Zusammenfassung finden Sie in Tabelle 2.3.

Struktur	Anordnung der Mikrotubuli	Lokalisation	Funktion
Zentriole	Neun Dreiergruppen von Mikrotubuli bilden einen kurzen Zylinder.	Im Zentromer in der Nähe des Zellkerns	Organisiert die Mikrotubuli im Spindelapparat zur Bewegung der Chromosomen während der Zellteilung
Zilie	Neun Paare langer Mikrotubuli bilden einen langen Zylinder um ein zentrales Paar.	An der Zelloberfläche	Bewegen flüssiges oder festes Material über die Zelloberfläche hinweg
Geißel	Aufbau wie eine Zilie	An der Zelloberfläche	Bewegen Spermien durch Flüssigkeit

Tabelle 2.3: **Vergleich von Zentriolen, Zilien und Geißeln.**

Zentriolen

Eine Zentriole ist eine zylindrische Struktur, die aus kurzen Mikrotubuli besteht (siehe Abbildung 2.10a). Es sind jeweils neun Gruppen von Mikrotubuli; jede Gruppe besteht aus drei einzelnen Tubuli. Da es keinen zentralen Mikrotubulus gibt, spricht man von einer **9 + 0-Anordnung**. Die erste Ziffer gibt die Anzahl der peripheren Gruppen von Tubuli an, die zweite die Anzahl der Mikrotubuli im Inneren. Auf einigen Bildern kann man jedoch eine axiale Struktur erkennen, die parallel zur Längsachse der Zentriole verläuft. Von ihr aus ziehen radial Strukturen wie Radspeichen nach außen in Richtung der peripheren Mikrotubuli. Ihre Funktion ist unbekannt. Zellen, die in der Lage sind, sich zu teilen, enthalten zwei im rechten Winkel zueinander angeordnete Zentriolen. Diese steuern die Bewegung der Chromosomen während der Zellteilung, die später in diesem Kapitel besprochen wird. Zellen, die sich nicht teilen, wie reife Erythrozyten oder Skelettmuskelzellen, haben auch keine Zentriolen. Das Zentrosom ist der Bereich des Zytoplasmas um diese beiden Zentriolen herum. Es steuert den Aufbau der Mikrotubuli im Zytoskelett.

Zilien

Zilien bestehen aus neun Zweiergruppen von Mikrotubuli, die um ein zentrales Paar herum angeordnet sind (siehe Abbildung 2.10b); es handelt sich also hierbei um eine **9 + 2-Anordnung**. Die Zilien sind an einem kompakten Basalkörper verankert, der direkt unterhalb der Zelloberfläche liegt. Sie sind wie Zentriolen aufgebaut. Der exponierte Anteil der Zilien ist vollständig mit Zellmembran überzogen. Zilien „schlagen" rhythmisch (siehe Abbildung 2.10c); gemeinsam bewegen sie so Flüssigkeiten und Sekret über die Zelloberfläche hinweg. Die Zilien, die die Atemwege und Nebenhöhlen auskleiden, schlagen synchron und bewegen dadurch klebrigen Schleim und Staubpartikel in Richtung Kehlkopf, weg von den empfindlichen Alveolarmembranen der Lungenbläschen. Wenn die Zilien geschädigt werden oder gelähmt sind, wie etwa durch Zigarettenrauch oder Stoffwechselstörungen, geht der reinigende Effekt verloren; die reizenden Substanzen können nicht mehr entfernt werden. Daraus kann sich eine chronische Bronchitis entwickeln.

Geißeln

Geißeln oder Flagellen (lat.: flagellum = die Geißel) sehen aus wie Zilien, sind jedoch viel länger. Ein Flagellum bewegt eine Zelle durch die sie umgebende Flüssigkeit und nicht die Flüssigkeit an der feststehenden Zelle vorbei, wie es die Zilien tun. Das Spermium ist die einzige menschliche Zelle mit einer Geißel, mit der sie sich durch den weiblichen Fortpflanzungstrakt bewegt. Sind die Flagellen gelähmt oder missgebildet, ist die Person unfruchtbar, da unbewegliche Spermien die weibliche Eizelle zur Befruchtung nicht erreichen können.

2.7.2 Ribosomen

Ribosomen sind kleine, dichte Strukturen, die im Lichtmikroskop nicht zu sehen sind. Im Elektronenmikroskop erkennt man sie als dichte Körnchen von etwa 25 nm Größe (**Abbildung 2.11**a). Man findet sie in allen Zellen, doch ihre Anzahl variiert in Abhängigkeit von Typ und Aktivität einer Zelle. Ein Ribosom besteht zu etwa 60 % aus RNS und zu 40 % aus Protein. Es gibt etwa 80 verschiedene ribosomale Proteine. Die Ribosomen sind intrazelluläre Proteinfabriken, wofür sie die Baupläne der DNS im Zellkern verwenden. Ribosomen bestehen aus zwei Untereinheiten, die sich jeweils für die Proteinsynthese ineinander verhaken (**Abbildung 2.11**b). Anschließend lösen sie sich wieder voneinander.

Es gibt zwei verschiedene Hauptarten von Ribosomen: freie, zytoplasmatische und membrangebundene Ribosomen (siehe Abbildung 2.11a). **Freie Ribosomen** sind im Zytoplasma verteilt; die Proteine, die sie synthetisieren, gelangen ins Zytosol. **Membrangebundene Ribosomen** sind am ER (endoplasmatischen Retikulum) befestigt, einer membranösen Organelle. Die von den membrangebundenen Ribosomen synthetisierten Proteine gelangen in das Lumen, das Innere des ER, wo sie modifiziert und für den Ausstoß verpackt werden. Dieser Vorgang wird später im Kapitel genauer erklärt.

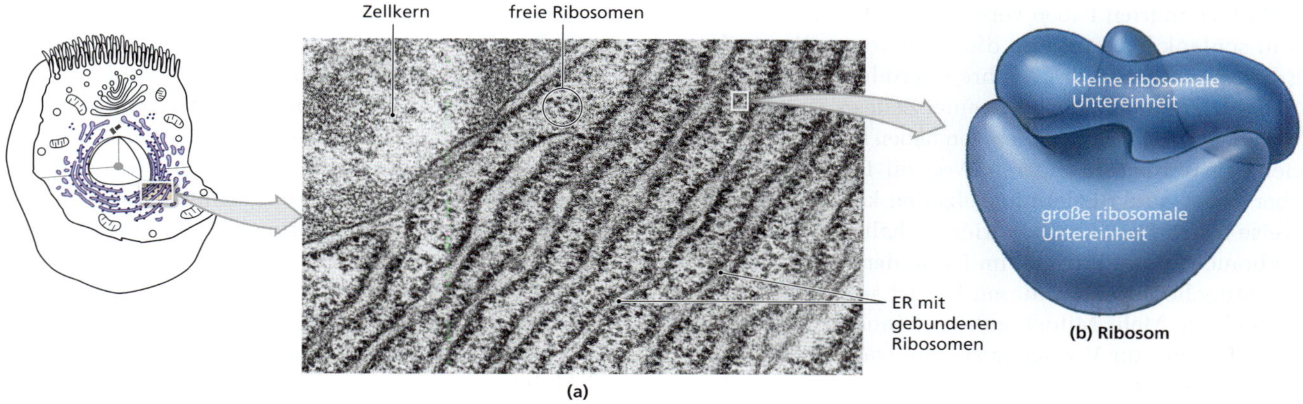

Abbildung 2.11: Ribosomen. Diese kleinen, dichten Strukturen sind an der Proteinsynthese beteiligt. (a) Im Zytoplasma dieser Zelle sind sowohl freie als auch gebundene Ribosomen zu sehen (Transmissionselektronenmikroskop, 73.600-fach). (b) Einzelnes Ribosom, aus einer kleinen und einer großen Untereinheit bestehend.

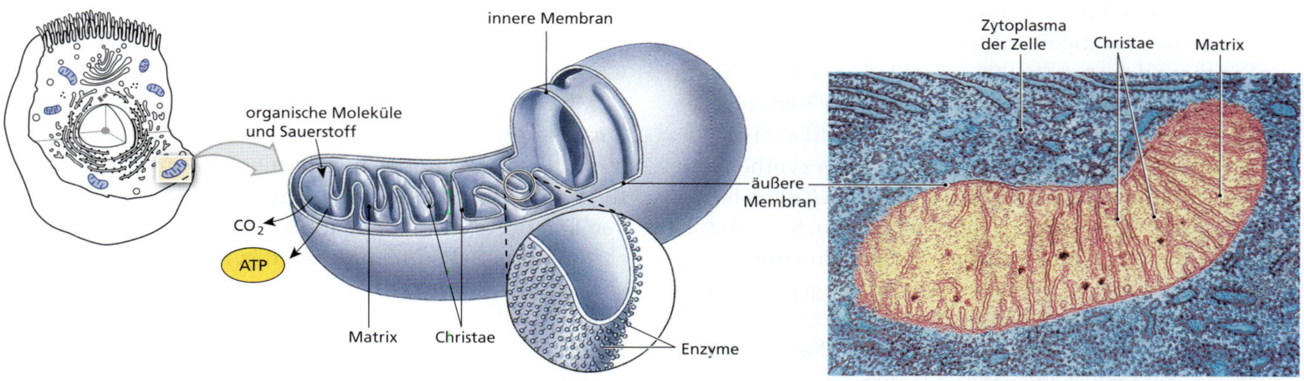

Abbildung 2.12: Mitochondrien. Dreidimensionaler Aufbau eines Mitochondriums und eine gefärbte transmissionselektronenmikroskopische Aufnahme mit einem typischen Mitochondrium im Anschnitt (61.776-fach).

AUFGABEN

1. Welchen Effekt hätte das Fehlen der Geißel auf ein Spermium?
2. Definieren Sie die beiden Hauptbestandteile des Zytosols und die jeweiligen Funktionen.

2.8 Membranumschlossene Organellen

Jede dieser Organellen ist vollständig von mindestens einer Phospholipiddoppelschicht umhüllt, die in ihrem Aufbau dem Plasmalemm gleicht. Die Membran grenzt den Inhalt der Organelle von dem umgebenden Zytosol ab. Diese Isolierung ermöglicht die Produktion und Lagerung von Sekreten, Enzymen oder Ionen, die der Zelle ansonsten schaden könnten. In Tabelle 2.1 sind die sechs Arten von Organellen, die membranumschlossen sind, aufgeführt: die Mitochondrien, der Zellkern, das ER, der Golgi-Apparat, die Lysosomen und die Peroxisomen.

2.8.1 Mitochondrien

Mitochondrien (Singular: Mitochondrium; griech.: mitos = der Faden, chondros = kleines Körnchen) sind Organellen mit einer ungewöhnlichen Doppelmembran (**Abbildung 2.12**). Die eine, äußere Membran umhüllt die gesamte Organelle, die zweite, innere Membran ist in zahlreiche Falten gelegt, **Christae** genannt. Christae vergrößern die der **Matrix**, dem flüssigen Inhalt, zugewandte Oberfläche. Die Matrix enthält Stoffwechselenzyme für Reaktionen zur Energiegewinnung für die Zellfunktionen. Die Enzyme, die an den Christae befestigt sind, produzieren den Großteil des ATP, das die Mitochondrien gewinnen. Mitochondrien produzieren etwa 95 % der Energie, die erforderlich ist, um eine Zelle am Leben zu erhalten. ATP entsteht durch den stufenweisen Abbau organischer Moleküle, wobei außerdem Sauerstoff (O_2) verbraucht und Kohlendioxid (CO_2) als Abbauprodukt gebildet wird. Als unerwünschte Nebenprodukte entstehen reaktive Sauerstoffspezies, die von einem zelleigenen System entgiftet werden müssen. Ist das System der Entgiftung der reaktiven Sauerstoffspezies gestört, kann es zu Protein- oder DNS-Schädigungen kommen.

Mitochondrien haben verschiedene Formen, von lang und schlank bis kurz und dick. Sie kontrollieren ihren Erhalt, ihr Wachstum und ihre Reproduktion selbst. Die Anzahl der Mitochondrien in einer Zelle variiert abhängig vom Energiebedarf. Erythrozyten haben keine Mitochondrien – sie werden auf anderem Wege mit Energie versorgt –, aber Leber- und Skelettmuskelzellen können typischerweise bis zu 300 Mitochondrien enthalten. Muskelzellen verbrauchen viel Energie; im Laufe der Zeit passen sich die Mitochondrien an diesen Bedarf an, indem sie sich vermehren. Mehr Mitochondrien können schneller und mehr Energie zur Verfügung stellen, was die Muskelleistung verbessert.

2.8.2 Der Zellkern

Der Zellkern (Nukleus) ist das Kontrollzentrum für die zellulären Aktivitäten. In einem einzigen Zellkern sind sämtliche notwendigen Informationen gespeichert, die zur Synthese der etwa 30.000 verschiedenen Proteine im menschlichen Körper erforderlich sind. Der Kern legt die strukturellen und funktionalen Charakteristika einer Zelle fest, indem er bestimmt, welche Proteine synthetisiert werden und in welcher Menge. Die meisten Zellen haben einen Zellkern, aber es gibt auch Ausnahmen. Skelettmuskelzellen nennt man beispielsweise **mehrkernig**, da sie mehrere Kerne haben; reife Erythrozyten hingegen werden als **kernlos** bezeichnet, da sie gar keinen besitzen. Eine Zelle ohne Zellkern ist wie ein Auto ohne Fahrer, wenngleich ein Auto jahrelang geparkt stehen kann, eine Zelle ohne Zellkern aber innerhalb von zwei bis drei Monaten zugrunde geht.

In **Abbildung 2.13** erkennen Sie die Feinstruktur eines typischen Zellkerns. Er ist von der **Kernmembran** umgeben, die ihn vom Zytosol trennt. Bei der Kernmembran handelt es sich um eine Doppelmembran; zwischen den beiden Blättern befindet sich der schmale perinukleäre Raum (griech.: peri- = um … herum). Die Kernmembran ist an mehreren Stellen mit dem rauen ER verbunden (Endomembransystem; siehe Abbildung 2.3).

Der Kern steuert Abläufe im Zytosol und muss umgekehrt auch von dort Informationen über Bedingungen und Aktivitäten erhalten. Die chemische Kommunikation zwischen Kern und Zytosol erfolgt durch die Kernporen (Nukleoporen), Proteinkomplexe, die die Bewegung von Makromolekülen in den Kern hinein und aus ihm hinaus steuern. Diese Poren, die etwa 10 % der Kernoberfläche ausmachen, lassen Wasser, Ionen und kleine Moleküle passieren, regulieren jedoch den Durchtritt größerer Proteine, wie der RNA und der DNA.

Mit **Nukleoplasma** (Karyoplasma) ist der flüssige Inhalt des Zellkerns gemeint. Es enthält Ionen, Enzyme, RNA- und DNA-Nukleotide (Bausteine der RNA und DNA) sowie geringe Mengen an RNA und DNA. Die DNA-Stränge bilden komplexe Strukturen, die als Chromosomen (griech.: chroma = Farbe) bezeichnet werden Außerdem enthält es ein feines Filamentgerüst, die Kernmatrix, die als Stütze fungiert und wohl an der Regulierung genetischer Aktivität beteiligt ist. Jedes Chromosom besteht aus DNS-Strängen, die mit speziellen Proteinen, den Histonen, zusammenge-

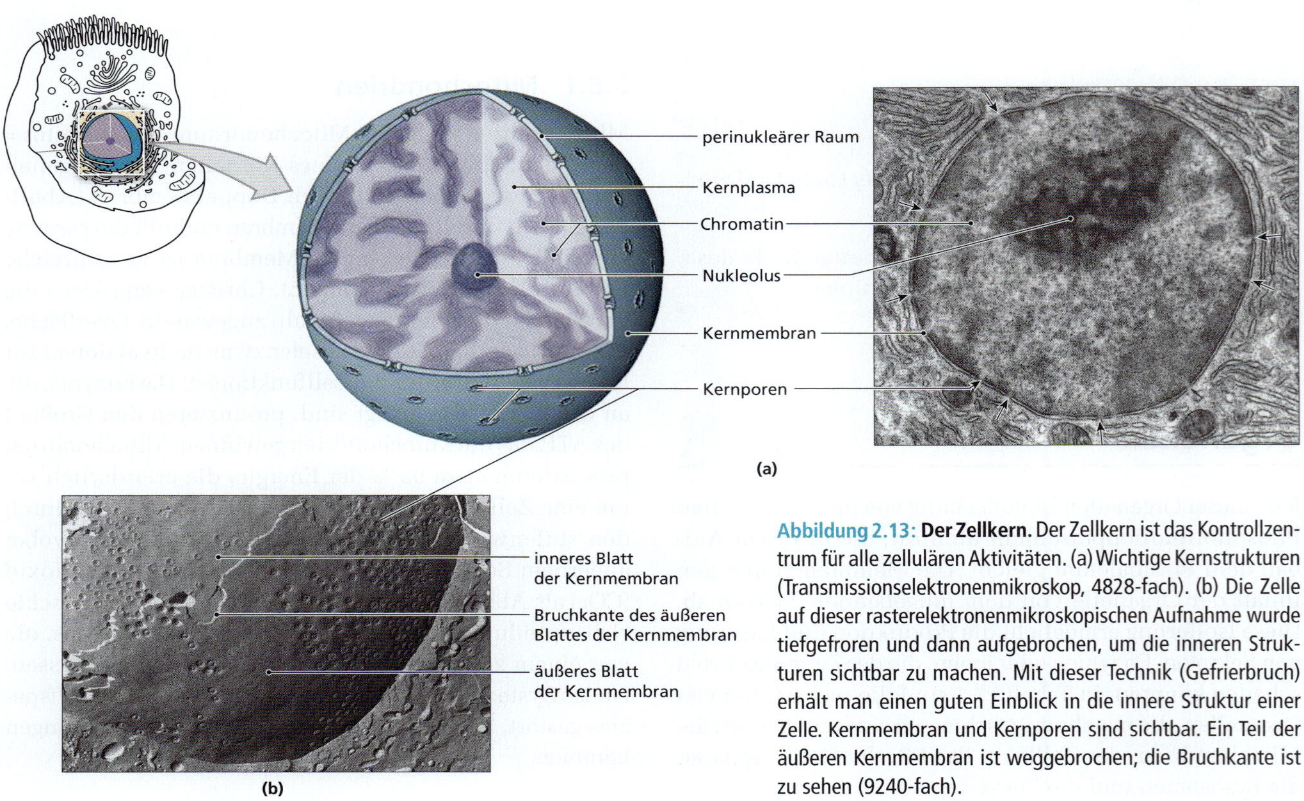

Abbildung 2.13: Der Zellkern. Der Zellkern ist das Kontrollzentrum für alle zellulären Aktivitäten. (a) Wichtige Kernstrukturen (Transmissionselektronenmikroskop, 4828-fach). (b) Die Zelle auf dieser rasterelektronenmikroskopischen Aufnahme wurde tiefgefroren und dann aufgebrochen, um die inneren Strukturen sichtbar zu machen. Mit dieser Technik (Gefrierbruch) erhält man einen guten Einblick in die innere Struktur einer Zelle. Kernmembran und Kernporen sind sichtbar. Ein Teil der äußeren Kernmembran ist weggebrochen; die Bruchkante ist zu sehen (9240-fach).

fügt sind. Jeder einzelne Ihrer Zellkerne enthält 23 Chromosomenpaare; eines von jedem Paar haben Sie von ihrer Mutter, das andere von Ihrem Vater. Die Struktur eines typischen Chromosoms ist in **Abbildung 2.14** skizziert.

Die DNA-Stränge wickeln sich in bestimmten Abständen um die Histone; die hierbei entstehenden Komplexe werden **Nukleosomen** genannt. Die Kette von Nukleosomen wickelt sich wiederum als Ganzes um andere Histone. Die Höhe der Windungen bestimmt, ob das Chromosom lang und dünn oder eher kurz und dick ist. In einer Zelle, die sich teilt, sind die Chromosomen sehr straff gewickelt, sodass sie als separate Strukturen im Licht- oder Elektronenmikroskop zu sehen sind. In Zellen, die sich nicht teilen, sind sie nur locker gewickelt; sie bilden ein loses Knäuel feiner Filamente, die man das **Chromatin** nennt. An einem Chromosom können nur manche Areale fest gewickelt sein; da sich nur diese Bereiche gut anfärben lassen, wirkt der Zellkern körnig und klumpig.

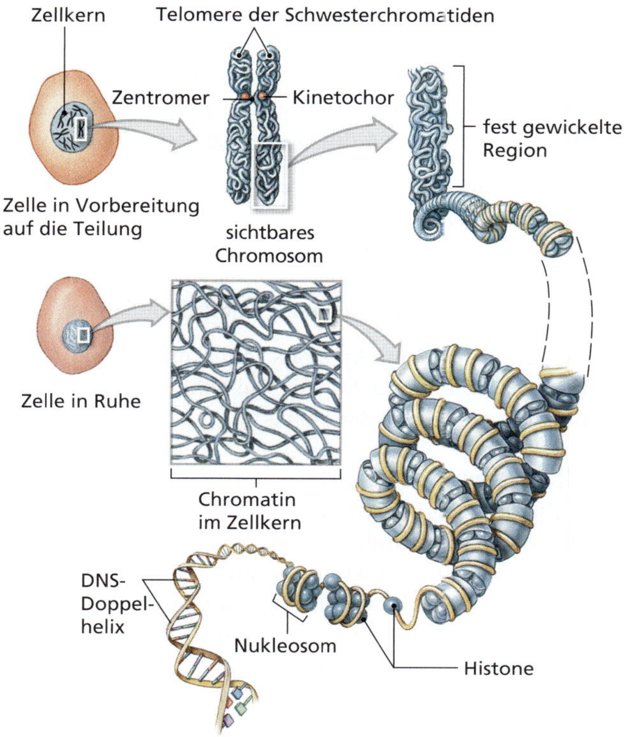

Abbildung 2.14: Chromosomenstruktur. Um Histone gewickelte DNA-Stränge bilden die Nukleosomen; Nukleosomen wickeln sich ebenfalls auf, entweder sehr fest oder eher locker. In Zellen, die sich nicht teilen, ist die DNA nur sehr locker gewickelt; sie bildet ein loses Knäuel, Chromatin genannt. Bei der Vorbereitung auf eine Teilung wickelt es sich fester; die DNA wird nun in Gestalt der Chromosomen sichtbar.

Die Chromosomen kontrollieren die RNA-Synthese auch direkt. Die meisten Zellkerne enthalten ein bis vier gut färbende Areale, die **Nukleoli** (Singular: Nukleolus). Nukleoli sind Kernorganellen, die die Komponenten der Ribosomen synthetisieren. Ein Nukleolus enthält sowohl Histone und Enzyme als auch RNA. Er bildet sich um eine chromosomale Region herum, die die genetischen Anweisungen für die Produktion ribosomaler Proteine und der rRNA (ribosomalen RNA) enthält. Besonders auffällig sind die Nukleoli in Zellen, die Proteine in großen Mengen produzieren, wie Leber- und Muskelzellen, da diese Zellen zahlreiche Ribosomen benötigen.

2.8.3 Das endoplasmatische Retikulum

Das endoplasmatische Retikulum oder ER ist ein Netzwerk intrazellulärer Membranen, die hohle Rohre, flache Platten und runde Kammern bilden (**Abbildung 2.15**). Die Kammern nennt man **Zisternen** (lat.: cisterna = das Wasserreservoir).

Das ER hat vier Hauptfunktionen:

1. **Synthese:** Die Membran des ER enthält Enzyme, die Kohlenhydrate, Steroide und Fette produzieren; wo Ribosomen angeheftet sind, werden Proteine synthetisiert. Die produzierten Substanzen werden in den Zisternen gelagert.

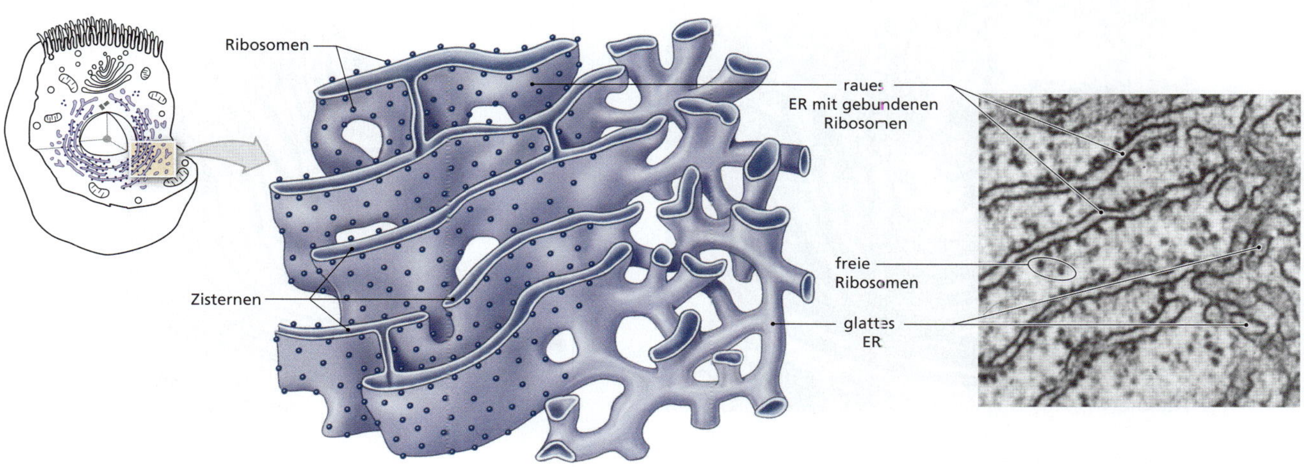

Abbildung 2.15: Das ER (endoplasmatisches Retikulum). Diese Organelle ist ein Netzwerk intrazellulärer Membranen. Auf der dreidimensionalen Skizze erkennt man die Lageverhältnisse von rauem und glattem ER zueinander.

2 **Lagerung:** Das ER kann synthetisierte Moleküle oder aus dem Zytosol absorbierte Substanzen lagern, ohne dass sie andere Zellaktivitäten beeinträchtigen.

3 **Transport:** Stoffe können im Inneren des ER innerhalb der Zelle transportiert werden.

4 **Entgiftung:** Zellgifte können vom ER absorbiert und von membranständigen Enzymen neutralisiert werden.

Das ER arbeitet also als Werkstatt, Lagerraum und Versand. Viele neu synthetisierte Proteine werden hier modifiziert und für den Transport an ihren nächsten Bestimmungsort, den Golgi-Apparat, verpackt. Es gibt zwei unterschiedliche Arten von ER, das raue ER und das glatte ER.

Auf der Außenfläche des **rauen ER** sind Ribosomen befestigt. Ribosomen synthetisieren Proteine; sie verwenden hierfür die Anleitungen eines RNS-Strangs. Während die Polypeptidketten wachsen, gelangen sie in die Zisternen des ER, wo sie weiter modifiziert werden können. Die meisten Proteine und Glykoproteine, die das raue ER produziert, werden in kleine Membransäckchen verpackt, die sich von den Kanten oder der Oberfläche des ER abschnüren. Diese Transportvesikel bringen die Proteine zum Golgi-Apparat.

Am **glatten ER** sind keine Ribosomen befestigt. Es hat eine Vielzahl von Funktionen, die mit der Synthese von Fetten, Kohlenhydraten und Steroiden zu tun haben sowie mit der Speicherung von Kalziumionen und der Entfernung und Deaktivierung von Toxinen.

Die Menge an ER und das Verhältnis von rauem zu glattem ER ist variabel; sie hängen vom Zelltyp und der jeweiligen Aktivität der Zelle ab. Die Zellen der Bauchspeicheldrüse etwa, die Verdauungsenzyme produzieren, haben reichlich raues ER, aber relativ wenig glattes ER. In Zellen, die Steroide in den Fortpflanzungsorganen produzieren, ist die Situation umgekehrt.

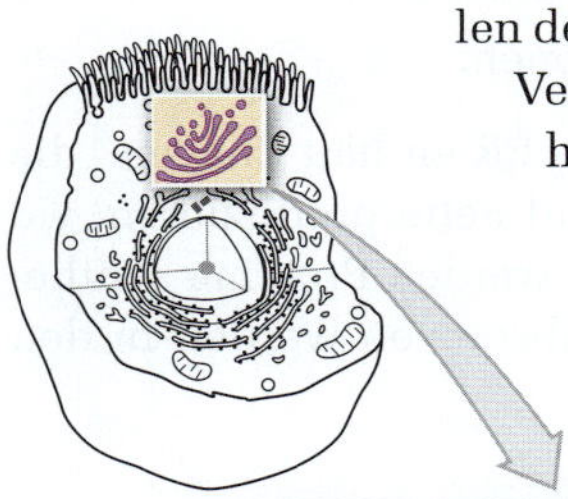

2.8.4 Der Golgi-Apparat

Der Golgi-Apparat besteht aus abgeflachten Membranscheiben, die man **Zisternen** nennt. Ein typischer Golgi-Apparat, wie in **Abbildung 2.16** dargestellt, besteht aus fünf bis sechs Zisternen. Zellen, die aktiv sezernieren, haben mehr und größere Zisternen als ruhende Zellen. Sehr aktiv sezernierende Zellen besitzen mehrere Zisternensysteme, die jeweils wie ein Stapel Teller aussehen. Die meisten dieser Stapel liegen nahe am Zellkern.

Die Hauptfunktionen des Golgi-Apparats sind:

- Synthese und Verpackung von Sekreten, wie Muzinen oder Enzymen
- Verpackung spezieller Enzyme für den Gebrauch im Zytosol
- Erneuerung oder Veränderung der Zellmembran

Die Zisternen des Golgi-Apparats kommunizieren mit dem ER und der Zelloberfläche. Hierbei geht es um Bildung, Bewegung und Fusion der Vesikel.

Vesikeltransport, -transfer und -sekretion

Die Rolle des Golgi-Apparats bei der Verpackung von Sekreten ist in **Abbildung 2.17**a dargestellt. Die Synthese von Proteinen und Glykoproteinen findet am rauen ER statt; anschließend bewegen die **Transportvesikel** (Verpackung) die Substanzen zum Golgi-Apparat. Die Vesikel landen meist an einer konvexen Zisterne, die man cis-Golgi-Netzwerk oder cis-Seite nennt. Die Transportvesikel verschmelzen dann mit der Membran des Golgi-Apparats und entleeren dabei ihren Inhalt in die Zisternen, wo Enzyme die neu ankommenden Proteine und Glykoproteine modifizieren.

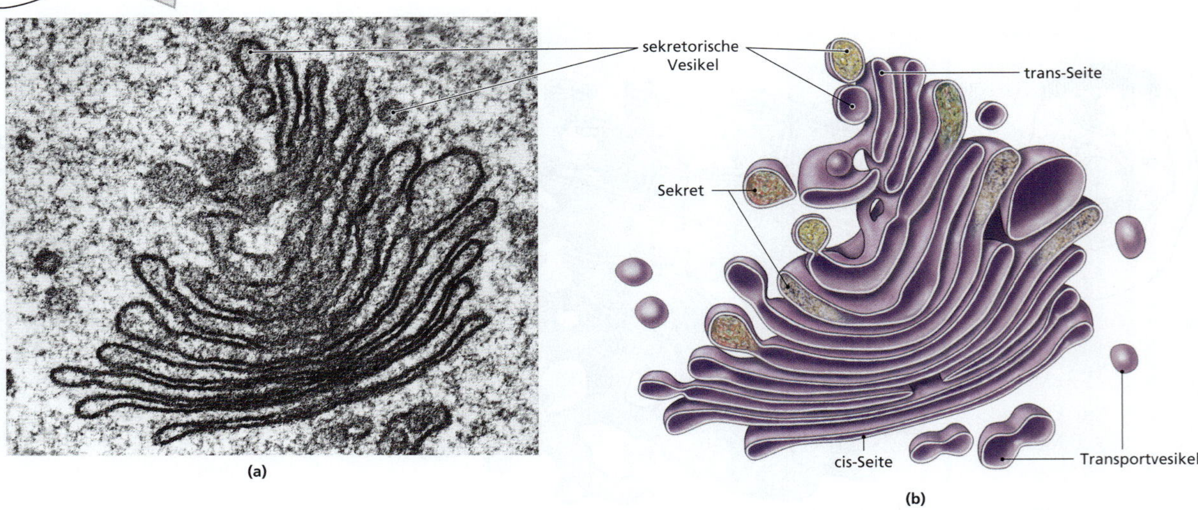

Abbildung 2.16: Der Golgi-Apparat. (a) Schnittbild des Golgi-Apparats einer aktiv sezernierenden Zelle (Transmissionselektronenmikroskopie, 83.250-fach). (b) Dreidimensionale Darstellung des Golgi-Apparats mit einer Schnittfläche wie in Abbildung 2.16a.

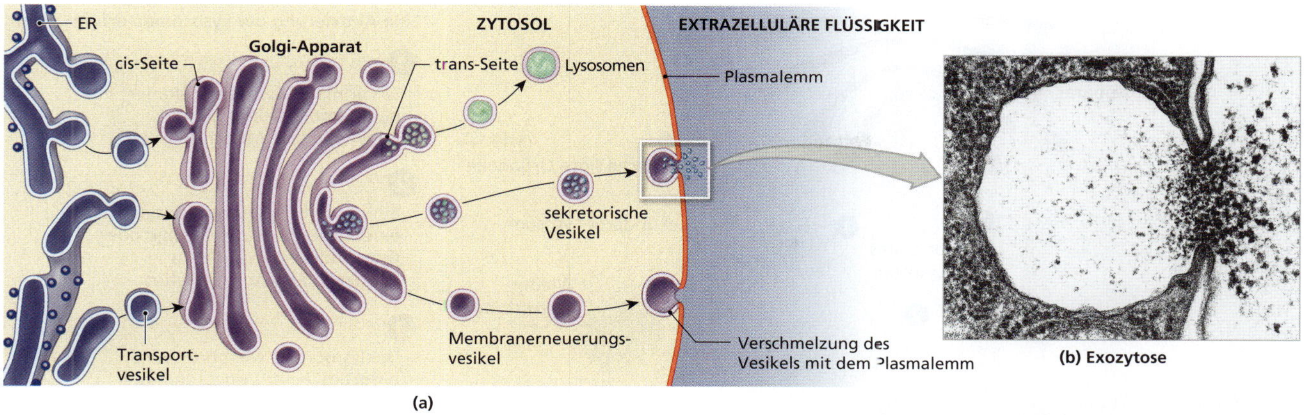

Abbildung 2.17: **Funktion des Golgi-Apparats.** (a) Diese Skizze zeigt die funktionelle Verbindung zwischen dem ER und dem Golgi-Apparat. Die Struktur des Golgi-Apparats wurde vereinfacht, um die Vorgänge an der Membran zu verdeutlichen. Transportvesikel tragen das Sekret vom ER an den Golgi-Apparat; Transfervesikel bewegen Membran und Material zwischen den Zisternen. Auf der trans-Seite schnüren sich dreierlei verschiedene Vesikel ab: Sekretorische Vesikel transportieren das Sekret vom Golgi-Apparat an die Zelloberfläche, wo der Inhalt durch Exozytose an die extrazelluläre Flüssigkeit abgegeben wird. Andere Vesikel fügen dem Plasmalemm Fläche und integrale Proteine hinzu. Lysosomen, die im Zytoplasma verbleiben, sind mit Verdauungsenzymen gefüllt. (b) Exozytose an der Zelloberfläche.

Zwischen den Zisternen wird Material in kleinen **Transfervesikeln** bewegt. Letztendlich erreicht das Material das trans-Golgi-Netzwerk. Auf der trans-Seite bilden sich Vesikel, die sich vom Golgi-Apparat abschnüren. Wenn sie Sekret enthalten, das aus der Zelle heraustransportiert werden soll, nennt man sie **sekretorische Vesikel**. Durch Verschmelzung der Vesikelmembran mit dem Plasmalemm kommt es zur Sekretion; der Vorgang wird auch Exozytose genannt (**Abbildung 2.17**b).

Membranerneuerung

Da der Golgi-Apparat kontinuierlich neue Membranabschnitte zum Plasmalemm hinzufügt, hat er die Fähigkeit, im Laufe der Zeit die Eigenschaften der Zellmembran zu verändern. Diese Veränderungen können einen wesentlichen Einfluss auf Sensibilität und Funktion einer Zelle haben. In einer aktiv sezernierenden Zelle kommt es alle 40 min zu einer vollständigen Erneuerung der Golgi-Membran. Die Membranabschnitte, die der Golgi-Apparat abgibt, verschmelzen mit der Zellmembran; zum Ausgleich schnüren sich Vesikel an der Außenfläche der Membran ab. Dies führt dazu, dass eine Fläche, die etwa der der gesamten Zellmembran entspricht, innerhalb einer Stunde vollständig ersetzt werden kann.

2.8.5 Lysosomen

Viele der Vesikel, die sich vom Golgi-Apparat abschnüren, verlassen das Zytosol nicht. Die wichtigsten dieser Vesikel sind die Lysosomen (griech.: lysein = lösen, auflösen; soma = der Körper). Hierbei handelt es sich um Strukturen, die Verdauungsenzyme enthalten. Das raue ER ist die Quelle der lysosomalen Enzyme; der Golgi-Apparat der Ort der Verpackung. **Primäre Lysosomen** enthalten inaktive Enzyme. Sie werden erst bei der Verschmelzung mit der Membran beschädigter Organellen, wie Mitochondrien oder Stücken von ER, aktiviert. Diese Fusion führt zu einem **sekundären Lysosom**, das aktive Enzyme enthält. Diese Enzyme bauen nun den Inhalt ab. Nährstoffe gelangen wieder in das Zytosol, Abbauprodukte verlassen die Zelle durch Exozytose. Das Zusammenspiel der einzelnen Organellen ist in **Abbildung 2.18** dargestellt.

Lysosomen sind auch an der **Immunabwehr** beteiligt. Durch Endozytose können Zellen sowohl Bakterien als auch Flüssigkeiten und Zelltrümmer aus der Umgebung aufnehmen und in den Vesikeln isolieren. Lysosomen können mit diesen Vesikeln verschmelzen, den Inhalt mit den jetzt aktivierten Enzymen abbauen und brauchbare Komponenten, wie Zucker oder Aminosäuren, in die Zelle abgeben. So schützt sich die Zelle nicht nur gegen pathogene Organismen, sondern erhält auch wertvolle Nährstoffe.

Lysosomen leisten zudem wertvolle Dienste durch Reinigung und Wiederverwertung innerhalb der Zelle. In inaktiven Muskelzellen bauen die Lysosomen langsam die kontraktilen Proteine ab; wird der Muskel benutzt, stoppt der Abbau. Dieser Regulationsmechanismus funktioniert nicht bei beschädigten oder abgestorbenen Zellen. In diesem Fall lösen sich die Lysosomen auf; die aktiven Enzyme gelangen in das Zytosol. Dort zerstören sie rasch die Proteine und Organellen der Zellen (**Autolyse** (griech.: autos = selbst). Da die Zerstörung der lysosomalen Membranen zum Zelluntergang führt, nennt man die Lysosomen auch zelluläre „Suizidpakete“. Eine Kontrolle lysosomaler Aktivität ist therapeutisch nicht möglich; auch wissen wir nicht, warum die eingeschlossenen Enzyme die lysosomale Membran nur verdauen, wenn die Zelle beschädigt ist. Störungen der lysosomalen Aktivität führen zu etwa dreißig verschiedenen ernsten Erkrankungen, die Kinder betreffen können. Bei diesen lysosomalen Speichererkrankungen führt ein Mangel an bestimmten lysosomalen Enzymen zu einer Ansammlung von Abfallstoffen und Trümmern in den Zellen, die die Lysosomen normalerweise entfer-

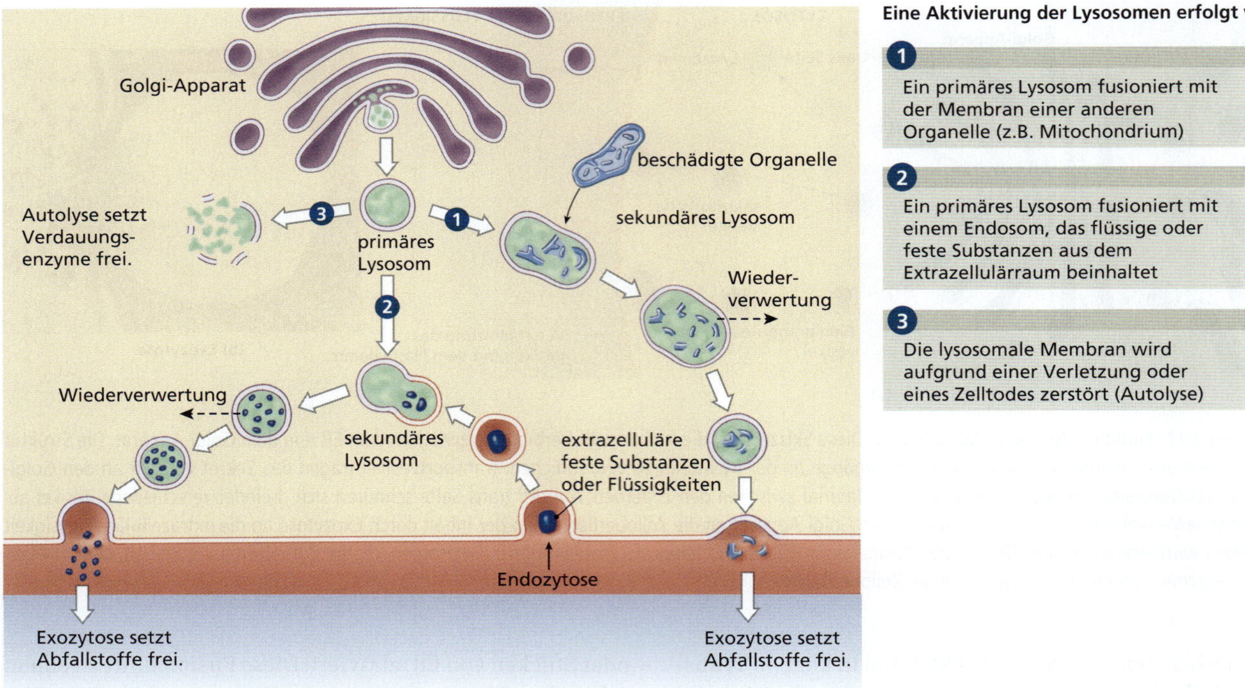

Abbildung 2.18: Lysosomale Funktionen. Primäre Lysosomen entstehen am Golgi-Apparat; sie enthalten inaktive Enzyme. Unter drei Bedingungen kann es zu einer Aktivierung kommen: (1) Das primäre Lysosom verschmilzt mit der Membran einer anderen Organelle, wie etwa einem Mitochondrium, (2) das primäre Lysosom verschmilzt mit einem Endosom, das Flüssigkeiten oder feste Substanzen vom Äußeren der Zelle enthält, oder (3) bei der Autolyse, wenn sich die lysosomale Membran nach Verletzung oder Tod der Zelle auflöst.

nen und wiederverwerten. Die Betroffenen sterben, wenn lebenswichtige Zellen, wie etwa die Herzmuskelzellen, nicht mehr funktionieren.

2.8.6 Peroxisomen

Peroxisomen sind kleiner als Lysosomen und enthalten andere Enzyme. Die Enzyme der Peroxisomen werden von freien Ribosomen im Zytoplasma gebildet und in die Membran bereits bestehender Peroxisomen eingefügt. Neue Peroxisomen sind daher das Ergebnis der Wiederverwertung alter Peroxisomen, die keine aktiven Enzyme mehr enthalten.

Peroxisomen absorbieren Fettsäuren und andere organische Moleküle und bauen sie ab. Die enzymatische Aktivität innerhalb eines Peroxisoms kann zur Bildung von reaktiven Sauerstoffspezies, wie Wasserstoffperoxid, als Nebenprodukt führen; andere Enzyme bauen es dann zu Wasser ab. Am häufigsten finden sich Peroxisomen in den Leberzellen, die Toxine aus dem Verdauungstrakt entfernen und neutralisieren.

2.8.7 Membranfluss

Mit Ausnahme der Mitochondrien sind alle membranumschlossenen Organellen entweder direkt miteinander verbunden oder kommunizieren durch die Bewegung von Vesikeln (Endomembransystem) miteinander. Das raue und das glatte ER sind miteinander und mit der Kernmembran verbunden. Transportvesikel vermitteln zwischen dem ER und dem Golgi-Apparat, sekretorische Vesikel zwischen dem Golgi-Apparat und dem Plasmalemm. Diese ständige Bewegung und den ständigen Austausch nennt man Membranfluss.

Der Membranfluss ist ein weiteres Beispiel für die dynamische Natur von Zellen. Sie können durch diese Mechanismen die Merkmale ihrer Membran – Lipide, Rezeptoren, Kanäle, Anker und Enzyme – während ihres Wachstums, der Reifung und bei der Reaktion auf Außenreize verändern.

AUFGABEN

1. Die mikroskopische Untersuchung einer Zelle zeigt, dass sie viele Mitochondrien enthält. Was sagt diese Beobachtung über den Energieverbrauch dieser Zelle aus?
2. Zellen in den Ovarien und Hoden enthalten große Mengen an glattem ER. Warum?
3. Was geschieht, wenn sich in einer geschädigten Zelle die Lysosomen auflösen?

Zellverbindungen 2.9

Viele Zellen sind permanent oder temporär mit anderen Zellen oder extrazellulärem Material verbunden (**Abbildung 2.19**). Interzelluläre Verbindungen können große Membranflächen miteinbeziehen oder auf spezialisierte Ansatzstellen beschränkt sein. Größere Flächen gegenüberliegender Zellmembranen können durch transmembrane Proteine, die **Zelladhäsionsmoleküle**, verbunden sein, die sich aneinander und an anderes extrazelluläres Material binden. Zelladhäsionsmoleküle sind z. B. auf der basalen Seite eines Epithels an der Befestigung auf der darunterliegenden Basalmembran beteiligt. Die Membranen benachbarter Zellen können auch mit einer **Kittsubstanz** zusammengehalten werden, einer dünnen glykoproteidhaltigen Schicht. Glykoproteide enthalten Polysaccharidderivate, die man Glykosaminoglykane nennt; besonders bedeutend ist das Hyaluronan (früher: Hyaluronsäure).

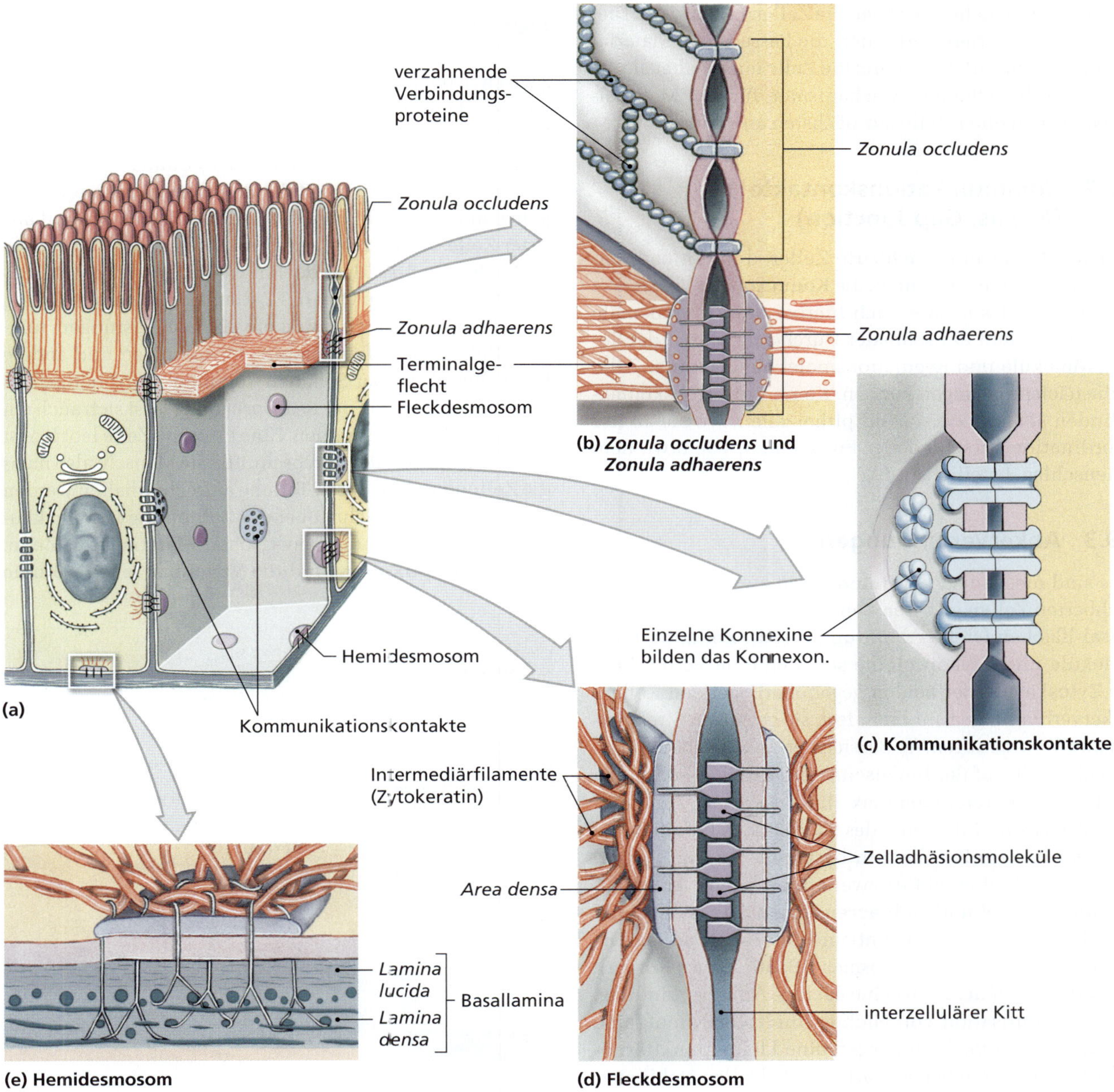

Abbildung 2.19: Zellverbindungen. (a) Schematische Darstellung einer Epithelzelle mit den drei Hauptarten der Zellverbindung. (b) Eine Zonula occludens entsteht durch die Fusion der äußeren Schichten zweier benachbarter Zellmembranen. Sie verhindert die Diffusion von Flüssigkeiten zwischen die Zellen. (c) Kommunikationskontakte erlauben die freie Diffusion von Ionen und kleinen Molekülen zwischen zwei Zellen. (d) Ankerverbindungen verbinden zwei Zellen miteinander. Ein Fleckdesmosom hat ein strukturiertes Netzwerk aus Intermediärfilamenten. Ein Adhäsionsgürtel ist eine Ankerverbindung, die die Zelle ganz umfasst. Dieser Komplex ist mit den Mikrofilamenten des Terminalgeflechts verbunden. (e) Hemidesmosomen verbinden eine Epithelzelle mit extrazellulären Strukturen, wie etwa den Proteinfasern der Basallamina.

Es gibt drei Sorten von Zellverbindungen: die *Zonula occludens*, die Kommunikationskontakte und die Ankerverbindungen.

2.9.1 Zonula occludens (Tight Junction)

Die Lipidanteile zweier Zellmembranen sind durch ineinandergreifende Membranproteine fest miteinander verbunden (siehe Abbildung 2.19b). Die äußeren Anteile der Zellmembranen liegen an einer *Zonula occludens* so nah aneinander, dass der interzelluläre Raum komplett abgedichtet ist und nichts zwischen die Zellen treten kann. Diese Diffusionsbarriere verhindert die Passage von Material von einer Seite auf die andere; die Zelle muss daher aktive (energieverbrauchende) Mechanismen für den Materialtransport von einer Zelle zur nächsten anwenden.

2.9.2 Kommunikationskontakte (Nexus, Gap Junction)

Hier werden zwei benachbarte Zellen durch Membranproteine zusammengehalten, die **Konnexone** heißen (siehe Abbildung 2.19c). Da es sich hierbei um Proteinkanäle handelt, entsteht ein schmaler Durchgang, durch den Ionen, Moleküle und Regulationsmoleküle von einer Zelle in die nächste gelangen können. Kommunikationskontakte finden sich oft zwischen Epithelzellen, wo sie an der Koordination verschiedener Funktionen, wie etwa dem Zilienschlag, beteiligt sind.

2.9.3 Ankerverbindungen

Dies sind mechanische Verbindungen zwischen zwei benachbarten Zellen an ihren Seiten- (Lateral-) oder Grund- (Basal-)flächen (siehe Abbildung 2.19d). Zelladhäsionsmoleküle und Glykoproteine schaffen eine Verbindung der Zytoskelette der beiden gegenüberliegenden Zellen. Ankerverbindungen sind sehr fest; sie vertragen Streckungen und Verdrehungen. Im Bereich der Ankerverbindungen hat jede Zelle auf der Innenseite des Plasmalemms einen geschichteten Proteinkomplex, die Area densa. An dieser Area densa sind Filamente des Zytoskeletts befestigt, die aus dem Protein Zytokeratin bestehen. An den Seitenflächen von Zellen gibt es zwei verschiedene Ankerverbindungen: die **Zonula adhaerens** (auch Adhäsionsgürtel oder Gürteldesmosom genannt) und die **Macula adhaerens** (Punktdesmosom; griech.: desmos = Band; soma = Körper). Eine *Zonula adhaerens* ist eine flächige Ankerverbindung, die der Stabilisation von Nichtepithelzellen dient; eine *Macula adhaerens* ist hingegen eine kleine punktförmige Verbindung, die benachbarte Epithelzellen stabilisiert (siehe Abbildung 2.19d). Diese Verbindungen gibt es am häufigsten in den obersten Hautschichten, wo die Adhäsionsgürtel so fest sind, dass abgestorbene Hautzellen eher in dicken Schichten als einzeln abschilfern. Wo Epithel auf dem Bindegewebe der Basallamina aufliegt, gibt es zwei weitere Ankerverbindungen: **Fokale Adhäsionen** sind für die Verbindung intrazellulärer Mikrofilamente mit den Proteinfasern der Basallamina verantwortlich. Man findet sie in Epithelien, die einem raschen Wandel unterliegen, wie etwa bei der Wanderung von Epithelzellen während der Wundheilung. **Hemidesmosomen** gibt es zwischen Zellen, die in erhöhtem Maße Abschilferung und Scherkräften ausgesetzt sind und daher eine besonders belastbare Verbindung mit der Basallamina benötigen. Hemidesmosomen finden sich in der Hornhaut des Auges, der Haut und den Schleimhäuten von Vagina, Mundhöhle und Ösophagus.

2.10 Der Lebenszyklus der Zelle

Zwischen der Befruchtung und der körperlichen Reife steigert der Mensch seine Komplexität von einer einzelnen Zelle bis auf etwa 75 Billionen Zellen. Diese beeindruckende Vervielfältigung kommt durch die **Zellteilung** zustande. Die Teilung einer einzelnen Zelle ergibt zwei Tochterzellen, jede von ihnen halb so groß wie das Original. So sind aus einer Zelle bereits zwei neue entstanden.

Auch nach Abschluss der Entwicklung bleibt die Zellteilung lebenswichtig. Obwohl Zellen sehr anpassungsfähig sind, können sie doch durch physische Belastungen, toxische Substanzen, Temperaturschwankungen und andere Umwelteinflüsse zu Schaden kommen. In Abhängigkeit vom Zelltyp und von der Beanspruchung lässt sich auch ein zelluläres Altern feststellen. Eine typische Zelle lebt längst nicht so lange wie der durchschnittliche Mensch; also muss die Zellpopulation durch Teilung aufrechterhalten werden

Der wichtigste Schritt bei der Zellteilung ist die akkurate Verdoppelung des genetischen Materials der Zelle, die **DNA-Duplikation**, und die Verteilung je einer Kopie

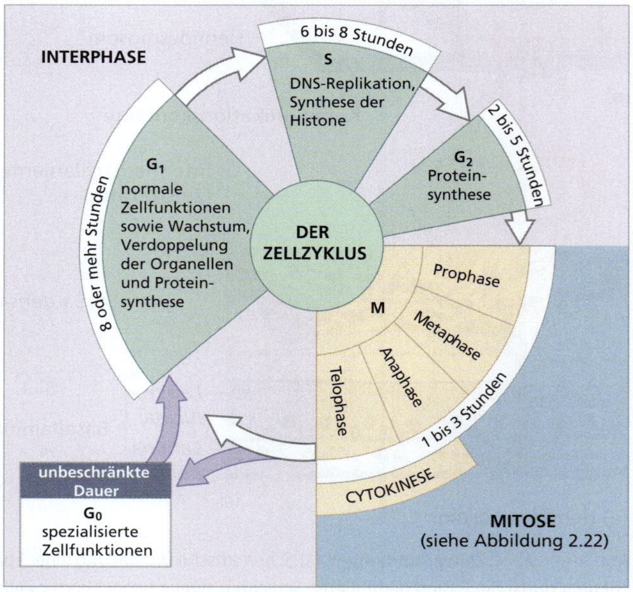

Abbildung 2.20: Der Lebenszyklus der Zelle. Der Zyklus der Zelle wird in die Interphase (G_1-, S-, G_2- und G_0- Phase) und in die M-Phase, in der die Mitose und die Zytokinese stattfinden, unterteilt. Das Ergebnis sind zwei identische Tochterzellen.

in jede der beiden neuen Tochterzellen. Der Prozess der Verteilung heißt **Mitose**. Mitose findet bei der Teilung somatischer (griech.: soma = Körper) Zellen statt. Zu den somatischen Zellen gehören alle Zellen des Körpers außer die des Fortpflanzungssystems, aus denen die Spermien und Eizellen hervorgehen. Spermien und Eizellen nennt man Gameten (Geschlechtszellen); es sind spezialisierte Zellen, die nur halb so viele Chromosomen enthalten wie die somatischen Zellen. Die Bildung von Gameten erfordert einen gesonderten Vorgang, die **Meiose**, die in Kapitel 28 beschrieben wird. Einen Überblick über den Lebenszyklus einer typischen somatischen Zelle finden Sie in **Abbildung 2.20**.

2.10.1 Interphase

Die meisten Zellen verbringen nur einen kleinen Teil ihrer Zeit aktiv mit Teilung. Somatische Zellen befinden sich einen Großteil ihres aktiven Lebens in der **G_0-Phase** der Interphase. In dieser Zeit übt die Zelle alle ihre normalen Funktionen aus. Während der Vorbereitung auf eine Teilung unterteilt man die Interphase in die G_1-, die S- und die G_2-Phase (siehe Abbildung 2.20). Einige reife Zellen, wie Skelettmuskelzellen und die meisten Nervenzellen, verbleiben dauerhaft in G_0 und führen nie eine Mitose durch. Im Gegensatz dazu kommen die Stammzellen, die sich oft und mit nur kurzen Interphasen teilen, nie in eine G_0-Phase

In der **G_1-Phase** produziert die Zelle zunächst genügend Mitochondrien, Zentriolen, Elemente des Zytoskeletts, ER, Ribosomen, Golgi-Membranen und Zytosol, um zwei funktionstüchtige Zellen damit auszustatten. Zellen, die sich mit Höchstgeschwindigkeit teilen, verbleiben nur acht bis zwölf Stunden in G_1. Diese Zellen verwenden ihre gesamte Energie für die Teilung; alle anderen Vorgänge ruhen. Wenn die G_1-Phase Tage, Stunden oder Wochen andauert, laufen die übrigen Zellfunktionen nebenher weiter.

Sind die Vorbereitungen abgeschlossen, tritt die Zelle in die **S-Phase** ein. In den nächsten sechs bis acht Stunden verdoppelt die Zelle ihren Chromosomensatz; hierbei werden sowohl DNA-Stränge als auch die dazugehörigen Histone synthetisiert.

2.10.2 DNS-Replikation

Im Verlaufe der Lebenszeit einer Zelle bleiben die DNA-Stränge im Zellkern intakt. Eine DNA-Synthese oder -Replikation findet nur in Zellen statt, die sich auf eine Mitose oder Meiose vorbereiten. Das Ziel ist die Erstellung einer exakten Kopie der genetischen Informationen im Zellkern, damit jede der Tochterzellen mit einem Satz ausgestattet werden kann. Hierzu sind verschiedene Enzyme erforderlich.

Jedes DNA-Molekül besteht aus einem Nukleotiddoppelstrang, der von den Wasserstoffbrücken zwischen den komplementären Stickstoffbasen zusammengehalten wird. In **Abbildung 2.21** ist der Ablauf der Replikation dargestellt. Die eher schwache Bindung zwischen den Stickstoffbasen wird unterbrochen, die Stränge trennen sich. Dabei heften sich die Moleküle des Enzyms **DNA-Polymerase** an die frei werdenden Stickstoffbasen. Das Enzym veranlasst eine Verbindung zwischen den Stickstoffbasen am DNA-Strang und den komplementären DNA-Nukleotiden im Zytoplasma.

Viele DNA-Polymerasemoleküle arbeiten gleichzeitig an verschiedenen Abschnitten eines Stranges. Das Ergebnis sind kurze komplementäre Nukleotidketten, die anschließend durch Enzyme, die **Ligasen**, miteinander verbunden werden. Das Endergebnis ist ein Paar identischer DNA-Moleküle.

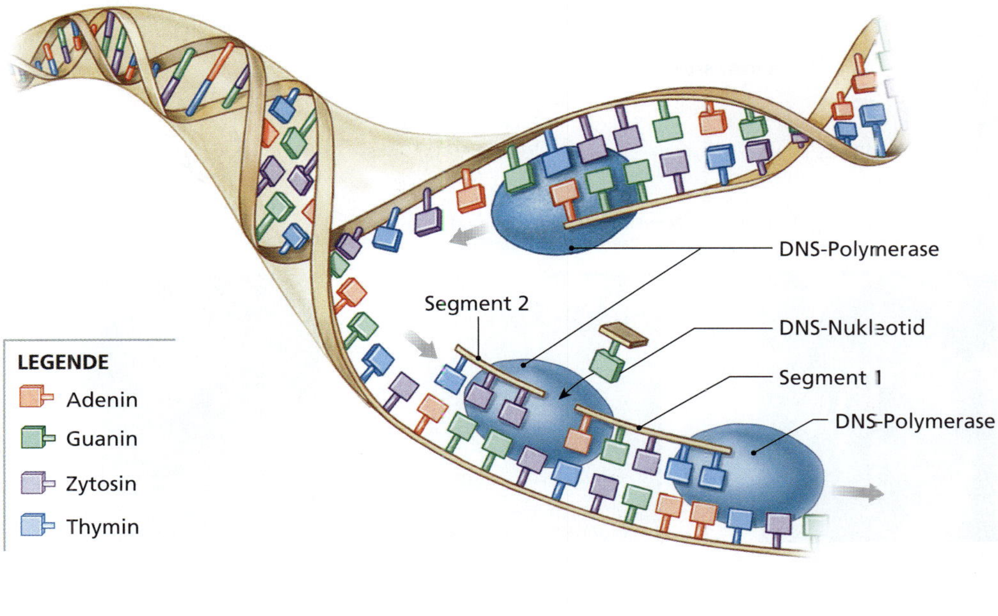

Abbildung 2.21: DNA-Replikation. Bei der DNA-Replikation wickeln sich die ursprünglich gedoppelten Stränge auf; die DNA-Polymerase heftet jeweils komplementäre DNA-Nukleotide an beide Stränge. So entstehen zwei identische Kopien aus dem Originalstrang.

AUS DER PRAXIS

Zellteilung und Krebs

In normalem Gewebe gleicht die Zellteilungsrate den Verlust oder die Zerstörung von Zellen aus. Wenn dieses Gleichgewicht ins Wanken gerät, vergrößert sich das Gewebe. Ein **Tumor**, oder eine **Neoplasie**, ist eine Knoten oder eine Schwellung, die durch anomales Wachstum bzw. Teilung entsteht.

Bei einem gutartigen **benignen Tumor** bleiben die Zellen innerhalb der Bindegewebehülle ihres Organs. Solche Tumoren sind selten lebensbedrohlich. Wenn sie durch Lage oder Größe die Funktion angrenzender Gewebe stören, können sie chirurgisch entfernt werden.

Zellen in einem bösartigen **malignen Tumor** hingegen reagieren nicht mehr auf normale Kontrollmechanismen. Die Zellen teilen sich schnell, breiten sich im umgebenden Gewebe aus und können auch auf benachbarte Gewebe und Organe übergreifen. Diese Ausbreitung nennt man **Metastasierung**. Sie ist gefährlich und schwer zu behandeln. An einem neuen Ort angelangt, bilden die metastasierenden Zellen bald Tochtergeschwulste.

Der Begriff **Krebs** beschreibt alle Erkrankungen mit bösartigen (malignen) Zellen. Diese verlieren langsam ihre Ähnlichkeit mit der ursprünglichen Zelle. Sie verändern Form und Größe, werden entweder ungewöhnlich groß oder anomal klein. Die Funktion der Organe nimmt mit wachsender Anzahl an Krebszellen ab. Die Krebszellen führen ihre ursprünglichen Funktionen entweder gar nicht mehr oder falsch aus. Sie konkurrieren außerdem mit den normalen Zellen um Platz und Nährstoffe. Sie haben keinen besonders effizienten Energieverbrauch; sie wachsen und vermehren sich auf Kosten des normalen Gewebes. Diese hohe Aktivität ist für die abgemagerte Erscheinung vieler Patienten im Endstadium einer Krebserkrankung verantwortlich.

Nach Abschluss der DNA-Replikation kommt für die Zelle eine kurze **G_2-Phase** (zwei bis fünf Stunden), in der noch die letzten Proteine synthetisiert werden. Dann tritt sie in die **M-Phase** ein – die Mitose beginnt (**Abbildung 2.22**; siehe auch Abbildung 2.20).

2.10.3 Mitose

Die Mitose ist in vier Stadien eingeteilt, die jedoch nahtlos ineinander übergehen. Die Stadien sind in Abbildung 2.22 genauer dargestellt.

Schritt 1: Prophase Die Prophase (lat.: pro = vor) beginnt, wenn die Chromosomen so dicht gewickelt sind, dass sie als getrennte Strukturen sichtbar werden. Nach der DNA-Replikation in der S-Phase gibt es jedes Chromosom zweimal; man nennt sie nun **Chromatiden**. Sie sind an einem Punkt, dem Zentromer, miteinander verbunden. Die Zentriolen haben sich in der G_1-Phase verdoppelt; die beiden Zentriolenpaare bewegen sich in der Prophase nun auseinander. Zwischen ihnen spannen sich die **Spindelfasern** auf; kleinere Mikrotubuli weisen in das umgebende Zytoplasma (Polstrahlung). Die Prophase endet mit dem

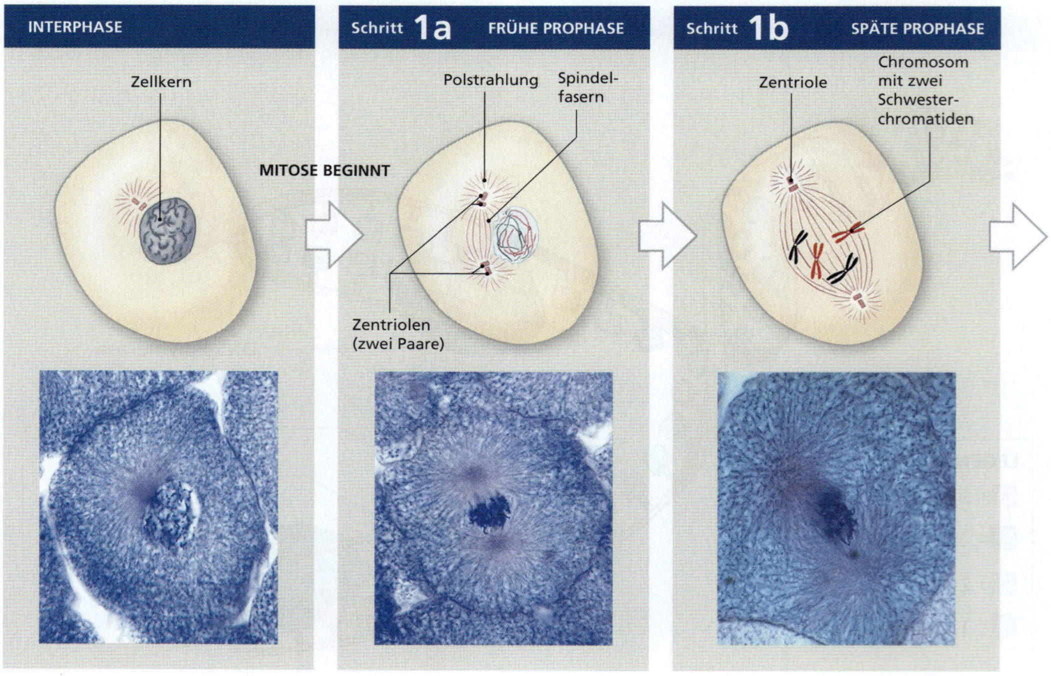

Abbildung 2.22: Interphase und Mitose. Das Erscheinungsbild der Zelle in der Interphase und in den verschiedenen Phasen der Mitose (Lichtmikroskop, 775-fach).

Verschwinden der Kernmembran. Die Spindelfasern bilden sich nun zwischen den Chromosomen aus und das Kinetochor heftet sich an eine Spindelfaser, die man chromosomale Mikrotubuli nennt.

Schritt 2: Metaphase In der Metaphase (griech.: meta = nach; siehe Abbildung 2.22) ziehen die Spindelfasern nun durch die Chromosomen hindurch; das Kinetochor jeder Chromatide ist mit einer Spindelfaser verbunden, die man chromosomaler Mikrotubulus nennt. Die Chromosomen, die aus den Chromatidenpaaren bestehen, bewegen sich in eine schmale mittige Zone, die **Metaphaseplatte**. Ein Mikrotubulus des Spindelapparats ist mit jedem Zentromer verbunden.

Schritt 3: Anaphase Wie auf Kommando trennen sich in der Anaphase (griech.: ana = auf… hinauf, auseinander, voneinander; siehe Abbildung 2.22) nun die Chromatidenpaare; die **Tochterchromosomen** beginnen, sich auf entgegengesetzte Seiten der Zelle zuzubewegen. Die Anaphase endet, wenn die Tochterchromosomen die Zentriolen an den gegenüberliegenden Enden der Zelle erreicht haben.

Schritt 4: Telophase Die Telophase (griech.: telo = das Ende, Ziel; siehe Abbildung 2.22) ist in vielerlei Hinsicht wie eine umgekehrte Prophase, da sich die Zelle jetzt auf die Rückkehr in die Interphase vorbereitet. Die Kernmembranen entstehen; die Kerne vergrößern sich, während sich die Chromosomen langsam wieder aufwickeln. Sobald sie nicht mehr zu erkennen sind, tauchen die Nukleoli wieder auf; die Kerne sehen wieder wie in der Interphase aus.

Die Telophase ist eigentlich das Ende der eigentlichen Mitose, doch die Tochterzellen müssen ihre physische Trennung noch vollziehen. Der Abtrennungsprozess, die **Zytokinese** (lat.: cytus = die Zelle; griech.: kinesis = die Bewegung), beginnt meist in der späten Anaphase. Während sich die Tochterchromosomen dem Ende des Spindelapparats nähern, zieht sich das Zytoplasma im Bereich der Metaphaseplatte zusammen; es bildet sich ein Schnürring. Dieser Vorgang setzt sich im Laufe der Telophase fort; die Vollendung der Zytokinese (siehe Abbildung 2.22) markiert das Ende der Zellteilung und den Beginn einer neuen Interphase.

Die Häufigkeit der Zellteilung kann durch die Zahl der Zellen in der Mitose zu einem beliebigen Zeitpunkt abgeschätzt werden. Man benutzt hierzu den Begriff **Mitoserate**. Allgemein gilt, dass die Mitoserate einer Zelle umso niedriger ist, je höher ihre Lebenserwartung ist. Relativ langlebige Zellen, wie Skelettmuskelzellen (Satellitenzellen) oder Nervenzellen, teilen sich entweder nie oder nur unter besonderen Umständen. Andere Zellen, wie etwa das Epithel des Verdauungstrakts, leben nur Stunden bis Tage, da sie ständig Chemikalien, Pathogenen und Abrieb ausgesetzt sind. Besondere Zellen namens Stammzellen erhalten diese Zellpopulation durch beständige Zellteilung.

AUFGABEN

1. Was versteht man unter Zellteilung?
2. Vor einer Zellteilung ist eine Mitose erforderlich. Worum handelt es sich dabei?
3. Zählen Sie die Phasen von Interphase und Mitose in der richtigen Reihenfolge auf und beschreiben Sie die Ereignisse in jeder Phase.

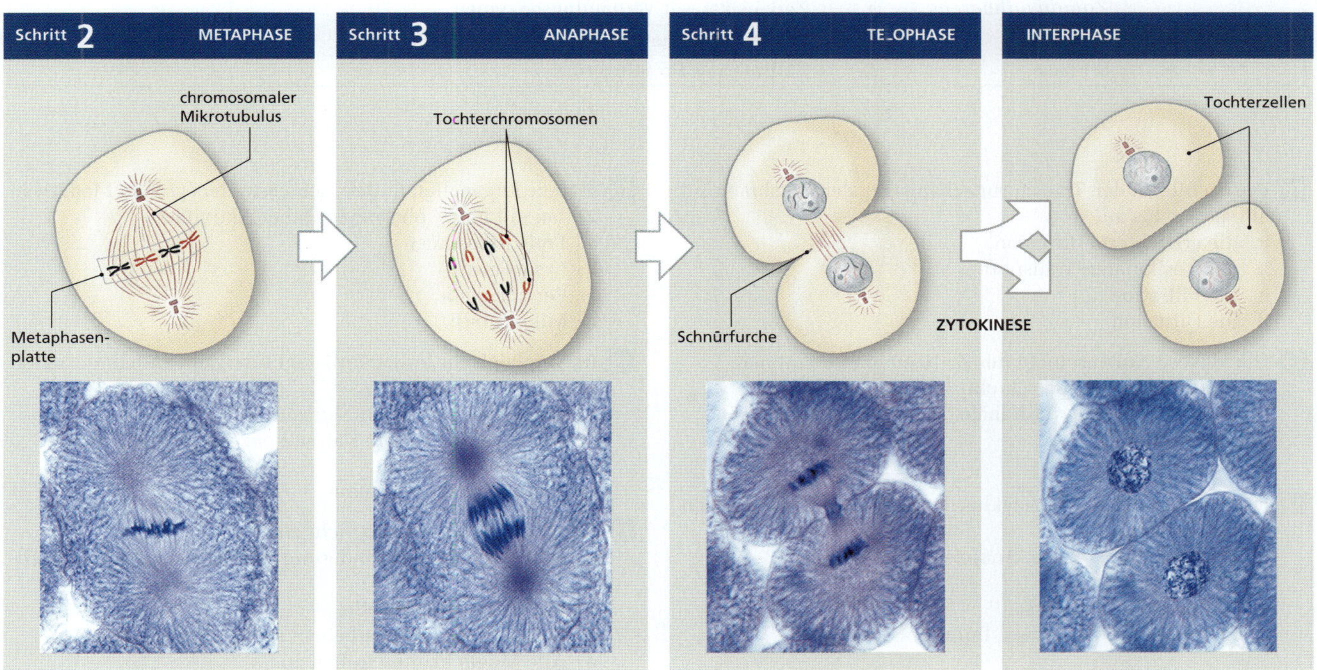

DEFINITIONEN

Benigner Tumor: ein gutartiger Tumor oder Knoten, bei dem die Zellen innerhalb der Organkapsel bleiben; selten lebensbedrohlich

Krebs: Erkrankung, die durch das Auftreten maligner (bösartiger) Zellen gekennzeichnet ist

Karzinogen: Umweltfaktor, der die Verwandlung einer normalen Zelle in eine Krebszelle auslöst

Maligner Tumor: ein bösartiger Tumor oder Knoten, bei dem die Zellen nicht mehr normalen Kontrollmechanismen folgen, sondern sich schnell teilen

Metastasierung: Ausbreitung bösartiger Zellen in umgebende und entfernte Gewebe und Organe

Mutagen: Faktor, der DNA-Stränge beschädigen und manchmal zu einem Bruch der Chromosomen führen kann; stimuliert die Entwicklung von Krebszellen

Onkogen: krebsverursachendes Gen, das durch somatische Mutation eines normalen Genes (Protoonkogen) entsteht, das an Wachstum, Differenzierung oder Zellteilung beteiligt ist

Tumor (Neoplasie): Schwellung, die durch anomales Zellwachstum und Teilung verursacht wird

Tumorsuppressorgene: Gene, die Mitose und Wachstum normaler Zellen unterdrücken

Zusammenfassung

Die Antworten auf die Fragen der Aufgaben und der Zusammenfassung finden Sie im Antwortteil.

Wiederholung von Fakten und Begriffen

Verbinden Sie die Begriffe der linken Spalte jeweils mit denen der rechten Spalte, die am besten passen; setzen Sie die Buchstaben in die Spalte vor die Zahlen.

Spalte 1			Spalte 2	
	1.	Ribosomen	a.	DNA-Replikation
	2.	Lysosomen	b.	Abgeflachte Membranscheiben, Verpackung
	3.	Integrale Proteine	c.	Durch verzahnte Proteine miteinander verbundene benachbarte Zellmembranen
	4.	Golgi-Apparat	d.	Verpackung von Material für den Transport in die Zelle hinein
	5.	Endozytose	e.	RNA und Protein, Proteinsynthese
	6.	Zytoskelett	f.	Kontrollzentrum, Lagerung von genetischem Material
	7.	*Zonula adhaerens*	g.	Zellvesikel mit Verdauungsenzymen
	8.	Zellkern	h.	In das Plasmalemm integriert
	9.	S-Phase	i.	Zellinternes Proteingerüst

10 Die nachfolgenden Transportmechanismen der Membran sind alle passiv bis auf
a. die erleichterte Diffusion.
b. den vesikulären Transport.
c. die Filtration.
d. die Diffusion.

11 Die visköse Außenschicht der Zellmembran nennt man
a. Phospholipiddoppelschicht.
b. Netzwerk gesteuerter Kanäle.
c. Glykokalix.
d. Plasmalemm.

12 Die Interphase im Lebenszyklus der Zelle ist in die folgenden Phasen unterteilt:
a. Prophase, Metaphase, Anaphase und Telophase
b. G0, G1, S und G2
c. Mitose und Zytokinese
d. Replikation, Ruhephase, Teilung

13 Welche Organellen finden sich besonders großen Mengen in Zellen mit hoher phagozytotischer Aktivität?
a. Freie Ribosomen
b. Lysosomen
c. Peroxisomen
d. Mikrotubuli

14 Im Vergleich zur intrazellulären Flüssigkeit enthält die extrazelluläre Flüssigkeit
a. die gleiche Menge an Natriumionen.
b. durchgehend höhere Kaliumkonzentrationen.
c. viel mehr Enzyme.
d. weniger gelöste Proteine.

15 Der Membranfluss ermöglicht eine
a. kontinuierliche Veränderung der Eigenschaften der Zellmembran.
b. Vergrößerung der Zelle.
c. Reaktion der Zelle auf einen spezifischen Außenreiz.
d. Alle Möglichkeiten treffen zu.

16 Wenn eine Zelle keine Mitochondrien besitzt, kann sie deshalb
a. keine Proteine synthetisieren.
b. keine ausreichenden Mengen von ATP produzieren.
c. Proteine, die die gebundenen Ribosomen erstellt haben, nicht verpacken.
d. sich nicht fortpflanzen.

17 Einige integrierte Membranproteine bilden gesteuerte Kanäle, die sich öffnen und schließen, um
a. den Ein- und Austritt von Material zu regulieren.
b. Wasser herein- oder herauszulassen.
c. große Proteinmoleküle in die Zelle zu transportieren.
d. mit benachbarten Zellen zu kommunizieren.

18 Die drei Hauptfunktionen des ER sind
a. Hydrolyse, Diffusion, Osmose.
b. Entgiftung, Verpackung, Modifikation.
c. Synthese, Speicherung, Transport.
d. Pinozytose, Phagozytose, Speicherung.

19 Die Aufgabe einer selektiv permeablen Zellmembran ist es,
a. nur wasserlöslichen Substanzen freien Durchgang zu gewähren.
b. den Durchgang sämtlicher Stoffe zu bestimmten Zeiten ganz zu verhindern.
c. einigen Substanzen freien Durchgang zu gewähren, anderen jedoch nicht.
d. den Stofftransport nur mit aktiven Prozessen zuzulassen.

20 Eingedrungene Pathogene in der extrazellulären Flüssigkeit stimulieren die Immunzellen zu
a. Pinozytose.
b. Phagozytose.
c. rezeptorgesteuerter Pinozytose.
d. Massentransport.

Wiederholung von Lernzielen

1 Welchen Vorteil hat eine Zelle, deren Zellkern von einer Membran umschlossen ist?

2 Zählen Sie die drei Hauptkonzepte der modernen Zelltheorie auf.

3 Durch welche vier Vorgänge gelangen Stoffe in die Zelle hinein und heraus?

4 Welche drei Faktoren bestimmen, ob eine Substanz durch eine Membran hindurchdiffundieren kann?

5 Was sind Organellen? Nennen Sie die beiden Hauptkategorien und worin sie sich unterscheiden.

6 Wie ist die Beziehung zwischen der Mitoserate und der Häufigkeit der Zellteilung?

7 Zählen Sie die Phasen der Mitose in der Reihenfolge auf und beschreiben Sie jeweils kurz die Vorgänge.

8 Welches sind die vier Hauptfunktionen der Zellmembran?

9 Beschreiben Sie die beiden Hauptfunktionen der Mikrofilamente.

Anwendung der Lerninhalte

1 Warum schwillt die Haut Ihrer Hände an und wird faltig, wenn Sie sie länger in Süßwasser halten?

2 Wenn sich die Haut nach einem Sonnenbrand schält, lösen sich oft größere Hautfetzen auf einmal. Warum löst sich die Haut auf diese Weise?

3 Welchen Vorteil bietet einigen Organellen die Umhüllung mit einer Membran, die dem Plasmalemm ähnelt?

4 Ein Experiment zeigt, dass der Transport eines bestimmten Moleküls die folgenden Merkmale aufweist: 1. Das Molekül bewegt sich gegen das Konzentrationsgefälle und 2. die Zelle muss für den Transport Energie aufwenden. Welche Art Transportmechanismus wird hier verwendet?

Eine Kurzzusammenfassung der wichtigsten Inhalte, sowie die Antworten zu den Fragen und weitere Arbeitsmaterialien finden sie auf unserer Companion Website unter: **www.pearson-studium.de/login**

Lernziele

1. Die strukturellen und funktionellen Beziehungen zwischen Zellen und Geweben beschreiben und eine Einteilung der Gewebe des Menschen in vier Hauptkategorien vornehmen.
2. Das Verhältnis zwischen Struktur und Funktion bei den einzelnen Epitheltypen kennen.
3. Die Begriffe Drüse und Drüsenepithel erklären können.
4. Die Mechanismen und Typen der Drüsensekretion beschreiben und die Strukturen der Drüsen miteinander vergleichen können.
5. Die strukturellen und funktionellen Merkmale des Bindegewebes kennen.
6. Die Unterschiede zwischen dem Bindegewebe eines Embryos und eines Erwachsenen kennen.
7. Den Mechanismus, wie sich Epithelien und Bindegewebe zu Oberflächenstrukturen verbinden, und die Funktionen der verschiedenen Oberflächenstrukturen erklären können.
8. Erklären können, wie Bindegewebe das Grundgerüst des Körpers bildet.
9. Die drei Typen von Muskelgewebe bezüglich Struktur, Funktion und Lokalisation kennen.
10. Die grundlegende Struktur und Funktion von Nervengewebe erklären können.
11. Die Unterschiede zwischen Neuronen und Gliazellen und ihre jeweiligen Funktionen kennen.
12. Den Einfluss von Ernährung und Alterungsprozessen auf Gewebe kennen.

Gewebe und frühe Embryologie

3

ÜBERBLICK

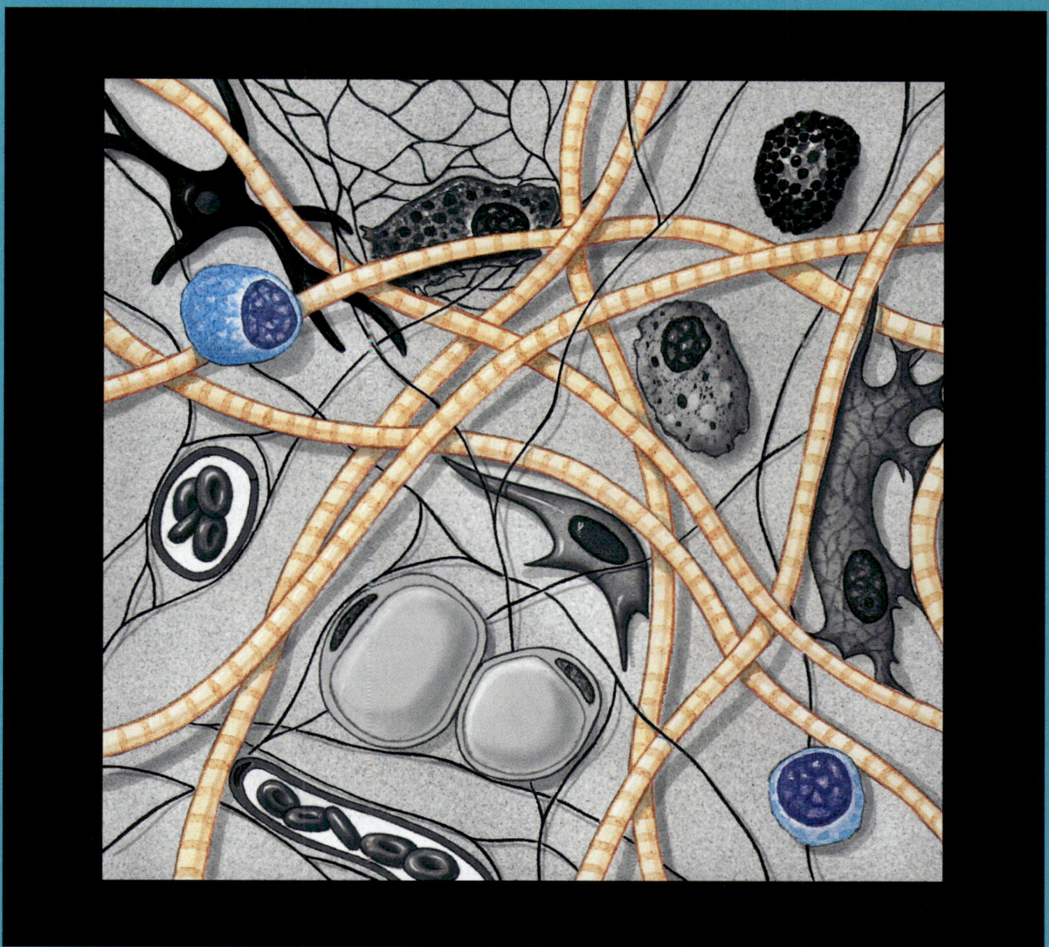

Eine große Firma ähnelt in vielerlei Hinsicht einem lebenden Organismus; sie benötigt allerdings Angestellte und nicht Zellen, um zu überleben. Es können Tausende von Mitarbeitern in einem großen Betrieb tätig sein, und sie erfüllen verschiedene Aufgaben, denn kein einzelner Angestellter ist für alles qualifiziert. Daher gibt es in der Regel Abteilungen, die sich um Bereiche wie Werbung, Produktion und Wartungen kümmern. Die Funktionen des menschlichen Körpers sind weitaus vielfältiger als die Aufgaben in einer Firma; keine einzelne Zelle ist so ausgestattet, dass sie alle Aufgaben des Stoffwechsels erfüllen könnte. Stattdessen entwickelt jede Zelle im Laufe ihrer Differenzierung bestimmte charakteristische Merkmale, die ihr die Durchführung einiger weniger Funktionen ermöglichen. Diese Strukturen und Funktionen können sich deutlich von denen der Nachbarzellen unterscheiden; dennoch arbeiten die Zellen eines Bereichs zusammen. Eine detaillierte Untersuchung des Körpers zeigt auf zellulärer Ebene gewisse Grundmuster. Obwohl der menschliche Körper Billionen von Zellen enthält, gibt es nur etwa 200 verschiedene Zelltypen. Diese Zelltypen sind zu **Geweben** zusammengefasst, die als Sammlungen spezialisierter Zellen und Zellprodukten jeweils einige wenige Funktionen ausüben. Die Betrachtung der Feinstruktur von Zellen, Geweben und Organen in Bezug auf ihre Funktion ist Aufgabe der **Histologie**. Es gibt vier **Hauptgewebetypen**: Epithel-, Binde-, Muskel- und Nervengewebe. Die Grundfunktionen dieser Gewebetypen sind in **Abbildung 3.1** zu sehen.

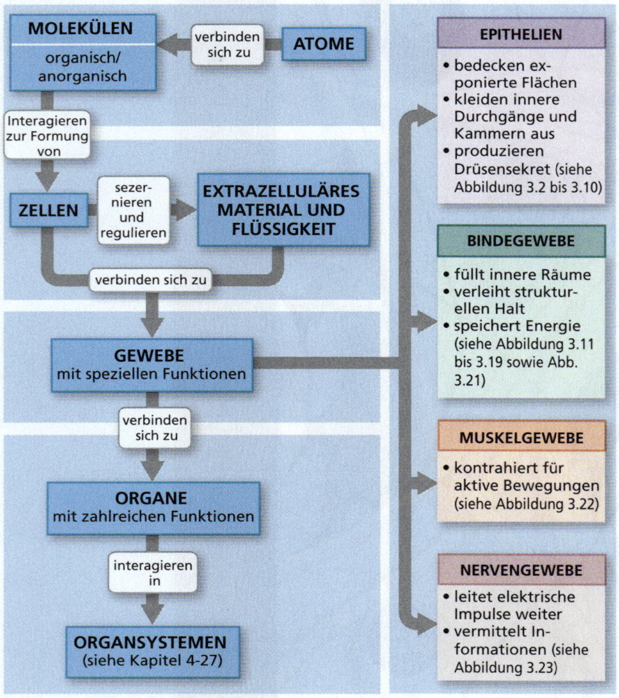

Abbildung 3.1: **Die Gewebe im Körper.** Überblick über die Organisationsebenen des Körpers und Einführung in einige der Funktionen der vier Gewebetypen.

In diesem Kapitel werden die Charakteristika der einzelnen Gewebetypen besprochen, mit besonderem Augenmerk auf die Beziehung der Organisation auf Zellebene zur Funktion des Gewebes. Wie in Kapitel 2 ausgeführt, werden in der **Histologie** Gruppen spezialisierter Zellen und Zellprodukte untersucht, die zur Ausübung bestimmter Funktionen zusammenarbeiten. In diesem Kapitel werden die grundlegenden histologischen Konzepte vorgestellt, die zum Verständnis der Funktion von Geweben innerhalb der Organe und Organsysteme, die später behandelt werden, erforderlich sind.

Es ist wichtig, sich zu Beginn noch einmal klar zu machen, dass Gewebeproben vor der mikroskopischen Betrachtung umfangreichen Manipulationen ausgesetzt werden (siehe Kapitel 2). Die Mikrofotografien in diesem Buch zeigen Gewebestücke, die aus dem Körper entfernt, in Fixierlösungen haltbar gemacht und in schnittfeste Medien eingebettet wurden. Die Schnittebene wird von der Lage der eingebetteten Probe zum Schneidemesser bestimmt. Durch Veränderung dieser Schnittebene erhält man wertvolle Informationen über den dreidimensionalen Aufbau einer Struktur (siehe Abbildung 1.11). Das Erscheinungsbild eines mikroskopischen Präparats variiert aber deutlich in Abhängigkeit von der Schnittebene, wie aus Abbildung 1.12 ersichtlich. Auch innerhalb ein und derselben Schnittebene stellt sich der Aufbau einer Zelle oder eines Gewebes mit jedem Schnitt unterschiedlich dar. Behalten Sie diese Einschränkungen bei der Betrachtung der Abbildungen in diesem Buch im Hinterkopf.

Epithel 3.1

Zum Epithel gehören die **Epithelzellen** und die **Drüsen**; Drüsen sind sezernierende Strukturen, die sich aus dem Epithel ableiten. Ein Epithel (Plural: Epithelien) ist eine Zellschicht, die eine Außenfläche bedeckt oder innere Hohlräume und Durchgänge auskleidet. Die gesamte Oberfläche des Körpers ist mit Epithel überzogen. Ein gutes Beispiel ist die Haut, doch Epithelien überziehen auch den Verdauungstrakt, das respiratorische System sowie das Fortpflanzungs- und das Harnsystem mit seinen Verbindungsgängen zur Außenwelt. Epithelien kleiden auch Körperhöhlen und Durchgänge aus, wie die Brusthöhle, die flüssigkeitsgefüllten Räume in Gehirn, Auge und Innenohr und die Innenwände der Blutgefäße und Herzhöhlen. Im Bereich der Blutgefäße und der Herzhöhlen spricht man jedoch vom Endothel.

Zu den wichtigen Eigenschaften der Epithelien gehören:

- **Zellstruktur:** Epithelien bestehen fast ganz aus Zellen, die fest über Zellverbindungen zusammenhängen. In einem Epithel gibt es, wenn überhaupt, nur einen minimalen Interzellulärraum. In den meisten anderen Geweben sind die einzelnen Zellen durch Extrazellulärflüssigkeit oder Bindegewebe voneinander getrennt.
- **Polarität:** Ein Epithel hat immer eine exponierte apikale Fläche, die nach außen oder in einen inneren Raum hi-

nein weist. Außerdem hat es eine basale Fläche, mit der es innen an den benachbarten Strukturen befestigt ist. Struktur und Funktion der Zellmembran unterscheiden sich an den verschiedenen Flächen. Auch sind Organellen und andere Bestandteile des Zytoplasmas nicht gleichmäßig in der Zelle verteilt. Ebenfalls von Relevanz ist, ob das Epithel nur aus einer einzigen Zellschicht oder aus mehreren Lagen besteht. Die Ungleichheit der Verteilung nennt man Polarität.

- **Befestigung:** Die basale Fläche eines typischen Epithels ist mit einer dünnen Basallamina verbunden. Die Basallamina ist eine komplexe Struktur, die von dem Epithel selbst und dem darunterliegenden Bindegewebe gebildet wird.
- **Avaskularität:** Epithel enthält keine Blutgefäße. Da es also avaskulär (griech.: a- = verneinende Vorsilbe; lat.: vasculum = das kleine Gefäß) ist, nimmt es die erforderlichen Nährstoffe durch Diffusion oder Absorption über die basale oder apikale Fläche auf.
- **Geschichteter Aufbau:** Epithel besteht immer aus einer oder mehreren übereinanderliegenden Zellschichten.
- **Regeneration:** Beschädigte oder verloren gegangene Epithelzellen werden kontinuierlich durch Zellteilung der Stammzellen im Epithel ersetzt.

3.1.1 Funktionen des Epithels

Epithelien haben die folgenden grundlegenden Funktionen:

- **Mechanischer Schutz:** Epithelien schützen äußere und innere Oberflächen vor Abschilferung, Austrocknung und Zerstörung durch chemische oder organische Stoffe.
- **Kontrolle der Permeabilität:** Alle Substanzen, die in den Körper hineingelangen oder ihn verlassen sollen, müssen dazu Epithelien durchqueren. Manche Epithelien sind relativ undurchlässig, andere lassen sogar große Proteinmoleküle durch. Einige Epithelien sind für die selektive Absorption und Sekretion ausgestattet. Die Epithelbarriere kann als Reaktion auf Außenreize reguliert und modifiziert werden; beispielsweise beeinflussen Hormone den Transport von Ionen und Nährstoffen durch Epithelien. Sogar mechanische Belastungen können die Struktur und die Eigenschaften von Epithelien verändern – denken Sie an die Hornhaut, die sich bei grober Arbeit nach einer Weile an Ihren Händen bildet.
- **Empfang von Sinnesreizen:** Die meisten Epithelien sind dicht mit sensorischen Nervenendigungen bestückt. Spezialisierte Epithelzellen nehmen Veränderungen der Umwelt wahr und leiten diese Informationen an das Nervensystem weiter. Berührungsrezeptoren in den tieferen Hautschichten stimulieren beispielsweise die umliegenden Nervenendigungen. Ein **Neuroepithel** ist ein spezialisiertes Sinnesepithel. Es findet sich in speziellen Sinnesorganen, die Geruch, Geschmack, Sicht, Gleichgewicht und Gehör vermitteln.
- **Produktion spezieller Sekrete:** Epithelzellen, die Sekrete produzieren, nennt man Drüsenzellen. Einzelne Drüsenzellen sind oft zwischen den anderen Epithelzellen verteilt. In einem **Drüsenepithel** produzieren alle oder zumindest die meisten Epithelzellen Sekrete.

3.1.2 Spezialisierte Epithelzellen

Epithelzellen haben einige spezielle Fähigkeiten, die sie von den anderen Körperzellen unterscheiden. Viele Epithelzellen sind spezialisiert auf 1. die Produktion von Sekreten, 2. die Bewegung von Flüssigkeiten über die Oberfläche hinweg oder 3. die Bewegung von Flüssigkeit durch das Epithel selbst hindurch. Diese spezialisierten Epithelzellen weisen in der Regel eine eindeutige Polarisierung entlang der Achse auf, die von der **apikalen Fläche**, an der die Zelle der inneren (Beispiel Darm) oder äußeren Umgebung (Beispiel Haut) ausgesetzt ist, bis hin zur **basolateralen Fläche** reicht, wo das Epithel mit der Basallamina und den benachbarten Zellen verbunden ist. Diese Polarität bewirkt, dass 1. die intrazellulären Organellen ungleichmäßig verteilt sind und sich 2. die apikale und die basale Zellmembran bezüglich ihrer Proteinverteilung und Funktion voneinander unterscheiden. Die genaue Verteilung der Organellen variiert in Abhängigkeit von der Funktion der jeweiligen Zelle.

Die meisten Epithelzellen haben auf ihrer Außenfläche **Mikrovilli**; es können einige wenige sein, oder die Zelle kann wie ein Teppich ganz damit überzogen sein. Mikrovilli sind an den Epithelien besonders reichlich vorhanden, die mit Absorption und Sekretion zu tun haben, wie etwa in Teilen des Verdauungstrakts und des Harnsystems. Die Epithelzellen hier sind Transportspezialisten; eine Zelle mit Mikrovilli hat eine bis zu 20-fach vergrößerte Oberfläche im Vergleich zu der Zelle ohne Mikrovilli. Diese Vergrößerung ermöglicht der Zelle eine viel bessere Absorption und Sekretion über das Plasmalemm. Mikrovilli sind in **Abbildung 3.2** dargestellt.

Stereozilien sind sehr lange Mikrovilli (bis zu 250 µm), die sich nicht bewegen können. Sie finden sich in Teilen des männlichen Fortpflanzungstrakts und an den Rezeptorzellen des Innenohrs.

Abbildung 3.2b zeigt die apikale Fläche eines **Flimmerepithels**. Eine typische Flimmerepithelzelle besitzt etwa 250 Zilien, die koordiniert und aktiv flimmern. Aufgrund ihrer aktiven Bewegungsmöglichkeit werden diese Zellfortsätze auch als Kinozilien bezeichnet. Diese synchrone Aktivität, wie die einer Rolltreppe, bewegt Stoffe über die Oberfläche des Epithels hinweg. Das Flimmerepithel, das die Atemwege auskleidet, bewegt Schleim aus den Lungen in Richtung Rachen. Im Schleim sind Staubpartikel und Pathogene gebunden, die so von den empfindlichen Oberflächen tiefer in den Lungen wegtransportiert werden.

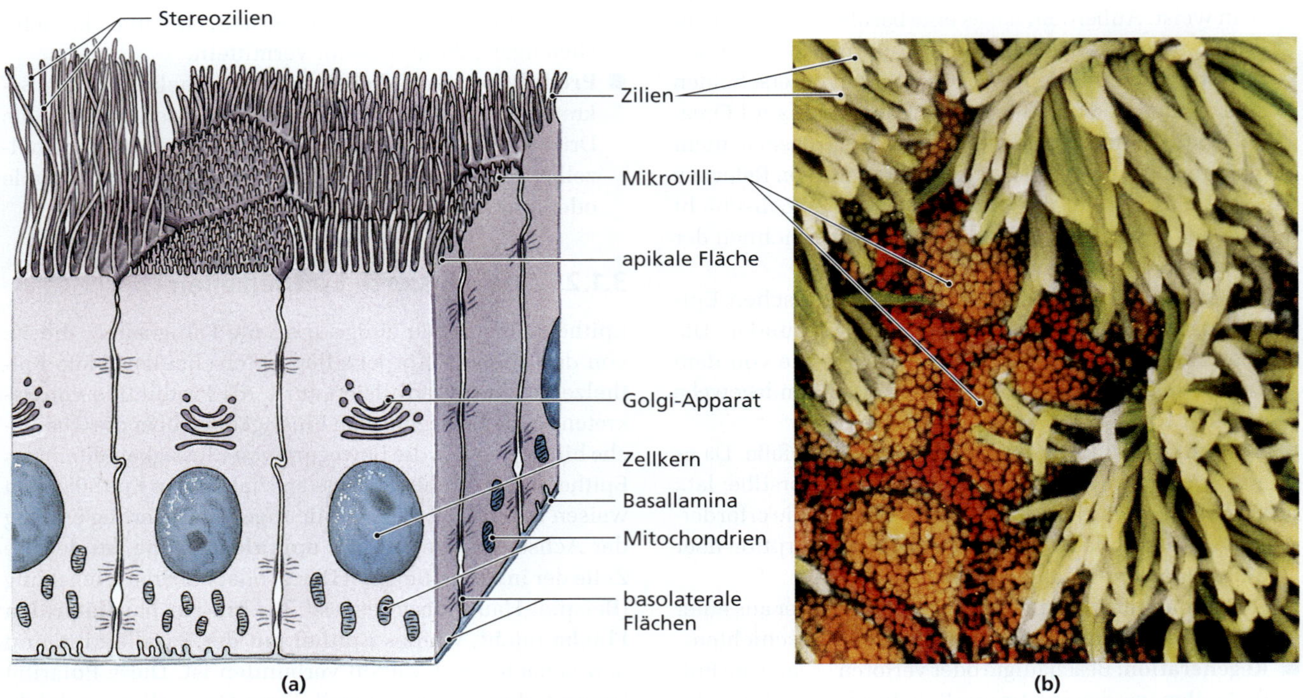

Abbildung 3.2: Polarität von Epithelzellen. (a) Viele Epithelien weisen einen unterschiedlichen inneren Aufbau von der apikalen Oberfläche bis an die Basallamina herunter auf. Auf der apikalen Fläche finden sich sehr oft Mikrovilli, weniger häufig auch Zilien oder sehr selten Stereozilien. Beachten Sie bitte, dass die einzelne Zelle typischerweise nur eine Sorte Fortsatz hat; Stereozilien und Mikrovilli sind hier nur nebeneinander abgebildet, um die Größenverhältnisse zu zeigen. Zonulae occludentes verhindern das Eindringen von Pathogenen oder die Diffusion gelöster Substanzen zwischen die Zellen. Auffaltungen der Zellmembran an der Unterseite vergrößern die Fläche der Zelle, die Kontakt mit der Basallamina hat. Typischerweise konzentrieren sich die Mitochondrien in der basolateralen Region, wahrscheinlich, um Energie für die Transportvorgänge der Zelle zur Verfügung zu stellen. (b) Eine rasterelektronenmikroskopische Aufnahme zeigt das Epithel, das den größten Teil der Atemwege auskleidet. Die Flächen mit den kleinen Stoppeln sind die Mikrovilli, die sich auf den Außenflächen der schleimbildenden Zellen befinden; sie sind zwischen den Flimmerepithelzellen verstreut (15.846-fach).

3.1.3 Erhalt der Unversehrtheit des Epithels

Drei Faktoren sind am Erhalt der Integrität des Epithels beteiligt: Zellverbindungen, die Befestigung an der Basallamina und die Pflege und Erneuerung von Epithel.

Zellverbindungen

Epithelzellen sind gewöhnlich durch eine Vielzahl von Zellverbindungen miteinander verbunden, wie aus Abbildung 2.19 ersichtlich. Oft sind benachbarte Zellmembranen intensiv miteinander verzahnt; durch die Faltenbildung haften die Zellen besser aneinander und die Fläche der Verbindung wird vergrößert. Beachten Sie das Ausmaß der Verzahnung der Zellmembranen in **Abbildung 3.3**a und c. Die großflächigen Verbindungen halten die Zellen fest aneinander und verhindern dort den Kontakt zu Chemikalien oder Pathogenen, die nur an die freien Flächen gelangen können. Das Zusammenspiel von Zellverbindungen, Zelladhäsionsmolekülen, Kittsubstanz und Verzahnung verleiht einem Epithel enorme Beanspruchbarkeit und Stabilität (**Abbildung 3.3**b).

Befestigung an der Basallamina

Epithelzellen sind nicht nur aneinander, sondern auch am Körper befestigt. Die typische Epithelzelle ist mit ihrer basalen Fläche mit der **Basallamina** (lat.: lamina = Platte, Blatt) verbunden. Der obere Anteil dieser Basallamina ist die *Lamina lucida* (lat.: lucidus = hell, leuchtend, durchscheinend); hier dominieren Glykoproteine und eine Netzwerk feiner Mikrofilamente. Die *Lamina lucida* stellt eine Barriere dar, die den Durchtritt von Proteinen und anderen großen Molekülen aus dem Bindegewebe in das Epithel hinein verhindert. An den meisten Epithelien hat die Basallamina noch eine zweite, tiefere Schicht, die *Lamina densa*, die vom Bindegewebe sezerniert wird. Sie enthält Bündel grober Proteinfasern, die der Basallamina ihre Stabilität verleihen. Sie wird von Verbindungen zwischen Proteinfasern der *Lamina lucida* und der *Lamina densa* zusammengehalten.

Pflege und Erneuerung von Epithel

Ein Epithel muss sich ständig selbst reparieren und erneuern. Die Zellteilungsrate variiert in Abhängigkeit von der Verlustrate an Epithelzellen an der Oberfläche. Epithelzellen sind beständig zersetzenden Enzymen, toxischen Chemikalien, pathogenen Bakterien und mechanischer Abschilferung ausgesetzt. Unter erschwerten Bedingungen, wie etwa im Dünndarm, überlebt eine Epithelzelle manchmal nur ein bis zwei Tage, bis sie zerstört ist. Die einzige Möglichkeit des Epithels, seine Integrität über die Zeit zu

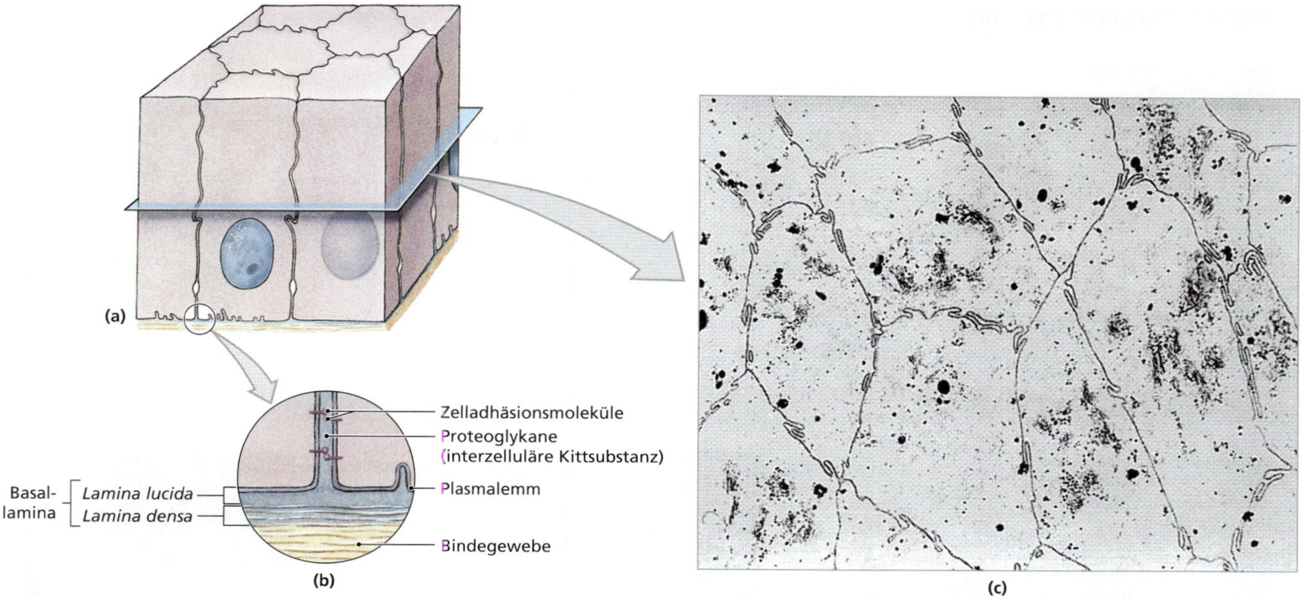

Abbildung 3.3: **Epithelien und Basallaminae.** Die Unversehrtheit des Epithels hängt von den Verbindungen zwischen benachbarten Epithelzellen und ihrer Befestigung an der darunterliegenden Basallamina ab. (a) Epithelzellen liegen meist dicht an dicht mit interzellulären Verbindungen (siehe Abbildung 2.19). (b) Mit ihren basalen Flächen sind die Epithelzellen an einer Basallamina befestigt, die die Grenze zwischen den Epithelzellen und dem darunterliegenden Bindegewebe markiert. (c) Die Zellmembranen benachbarter Epithelzellen sind oft miteinander verzahnt. Das Transmissionselektronenmikroskop zeigt das Ausmaß dieser Verzahnung zwischen Zylinderepithelzellen in 2600-facher Vergrößerung.

AUFGABEN

1. Nennen Sie die vier Hauptgewebetypen.
2. Zählen Sie vier Eigenschaften von Epithel auf.
3. Benennen Sie zwei Spezialisierungen von Epithelzellen.

erhalten, ist die beständige Teilung seiner Stammzellen. Diese Stammzellen, auch **Basalzellen** genannt, befinden sich meist nahe der Basallamina.

3.1.4 Klassifikation von Epithelien

Epithelien werden nach der Anzahl ihrer Schichten und der Form der Zellen an der Außenfläche klassifiziert. Es gibt zwei Schichtungen – einschichtig und mehrschichtig – und drei Zellformen – Plattenepithel, kubisches Epithel und Zylinderepithel.

Wird die Basallamina nur von einer einzigen Zellschicht bedeckt, spricht man von einem **einschichtigen Epithel**. Einschichtige Epithelien sind relativ dünn, und da alle Zellen gleich polarisiert sind, stehen ihre Zellkerne ungefähr in einer Reihe im gleichen Abstand von der Basallamina. Da sie so dünn sind, sind einschichtige Epithelien auch relativ empfindlich. Sie bieten keinen besonderen mechanischen Schutz; sie finden sich auch nur an geschützten Stellen im Körperinneren. Sie kleiden innere Räume und Durchgänge, wie die Bauchhöhle, die Brusthöhle, die Herzhöhle und die Herzkammern und alle Blutgefäße, aus. Einschichtige Epithelien sind auch typischerweise dort zu finden, wo Sekretion, Absorption und Filtration stattfinden, wie etwa im Dünndarm und in den Alveolen der Lungen. Hier ist die dünne einfache Schicht von Vorteil, da sie die Abstände verkürzt und damit auch die Zeit für den Durchtritt von beispielsweise Gasen durch das Epithel.

Mehrschichtige Epithelien weisen zwei oder mehr Lagen von Epithelzellen über der Basallamina auf. Mehrschichtige Epithelien finden sich meist dort, wo die Oberfläche verstärkt mechanischen oder chemischen Belastungen ausgesetzt ist, wie etwa im Bereich der Haut oder der Mundhöhle. Die vielen Schichten machen ein mehrschichtiges Epithel dicker und stabiler als ein einschichtiges.

Ein Epithel muss sich jedoch **regenerieren**, also seine Zellen im Laufe der Zeit ersetzen können. Das ist unabhängig davon, ob es sich um ein ein- oder um ein mehrschichtiges Epithel handelt. Die Stamm- oder Basalzellen befinden sich immer auf oder in der Nähe der Basallamina. Das bedeutet, dass die Stammzellen in einem einschichtigen Epithel Teil der Oberfläche sind; in einem mehrschichtigen Epithel sind sie von weiter außen liegenden Zellen bedeckt.

Mithilfe von Kombinationen aus den verschiedenen Schichtungen (einschichtig und mehrschichtig) und den drei möglichen Zellformen (plattenförmig, kubisch oder zylindrisch) kann man fast jedes Epithel des Körpers beschreiben.

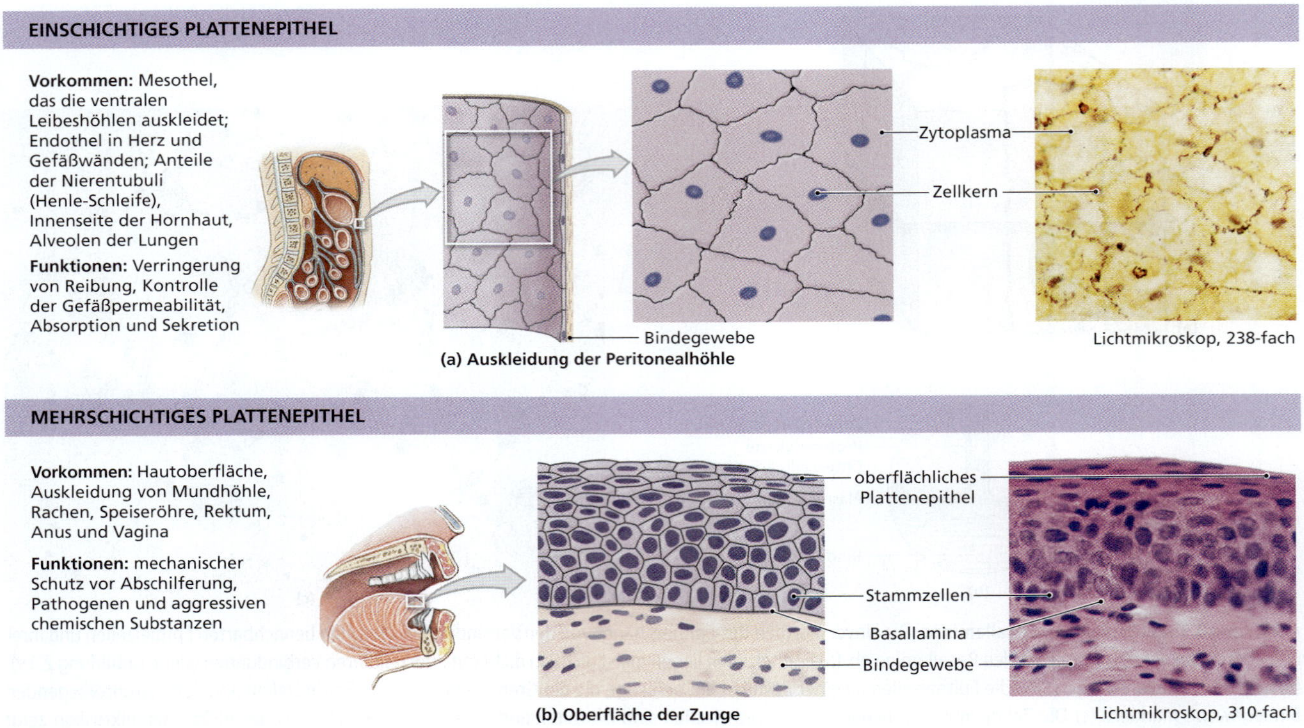

Abbildung 3.4: **Histologie des Plattenepithels.** (a) Einschichtiges Plattenepithel. Aufsicht auf einschichtiges Plattenepithel, das die Bauchhöhle auskleidet. Die Zeichnung zeigt das Epithel von oben und im Schnitt. (b) Mehrschichtiges Plattenepithel. Schnittbilder des mehrschichtigen Plattenepithels der Zunge.

Plattenepithel

In einem Plattenepithel sind die Zellen dünn, flach und unregelmäßig geformt – wie Puzzlestücke (**Abbildung 3.4**a). Im Schnittbild sieht man, dass der Zellkern den Großteil der Zelle ausmacht; auch er ist, wie die Gesamtzelle, abgeflacht. Von oben betrachtet sehen die Zellen aus wie Spiegeleier nebeneinander.

Einschichtiges Plattenepithel Das einschichtige Plattenepithel ist das empfindlichste Epithel des Körpers. Man findet es in geschützten Bereichen, wo Material absorbiert wird oder wo eine glatte, flüssigkeitsfilmbedeckte Oberfläche Reibung reduzieren soll. Beispiele hierfür sind das Epithel der **Alveolen** (Lungenbläschen, zuständig für den Gasaustausch) in den Lungen, die seröse Haut, die die Bauchhöhle auskleidet, und die Innenflächen des Herz-Kreislauf-Systems.

Einschichtigen Plattenepithelien, die Hohlräume auskleiden, die nicht in Verbindung mit der Außenwelt stehen, hat man besondere Namen gegeben. Die Auskleidung der Bauchhöhlen, der Brusthöhle und des Herzbeutels nennt man **Mesothel** (griech.: mesos = mitten, die Mitte) oder Tunica serosa oder kurz Serosa. Pleura, Perikard und Peritoneum enthalten jeweils eine oberflächliche Schicht einschichtigen Plattenepithels. Das einschichtige Plattenepithel in Herz und Gefäßen nennt man **Endothel**.

Mehrschichtiges Plattenepithel Diese Epithelien (**Abbildung 3.4**b) finden sich in den Bereichen höchster mechanischer Belastung. Beachten Sie, wie die Zellen in Schichten übereinander liegen, wie in einer Sperrholzplatte. Dieser Epitheltyp verleiht der Haut sowie den Schleimhäuten von Mund, Rachen, Speiseröhre, Rektum, Vagina und Anus den nötigen Schutz vor physikalischer und chemischer Verletzung. An besonders exponierten Körperstellen, an denen mechanische Belastung und Dehydrierung drohen, sind die apikalen Schichten der Epithelzellen mit Filamenten des Proteins **Keratin** beladen. So werden die obersten Schichten stabil und wasserfest; man sagt das Epithel ist **verhornt**. Ein **nicht verhorntes** mehrschichtiges Plattenepithel ist auch vor Abschilferung geschützt, aber es trocknet aus und geht zugrunde, wenn es nicht feucht gehalten wird. Man findet diesen Typ in der Mundhöhle, im Rachen, in der Speiseröhre, im Rektum, im Anus und in der Vagina.

Kubisches Epithel

Die Zellen des kubischen Epithels sehen im Querschnitt aus wie kleine sechseckige Kästchen. In einem typischen Schnittbild erscheinen sie quadratisch. Die Zellkerne befinden sich jeweils in der Mitte der Zellen. Der Abstand zwischen zwei benachbarten Zellkernen entspricht in etwa der Höhe des Epithels.

Einschichtiges kubisches Epithel Dieses Epithel bietet nur wenig mechanischen Schutz; man findet es dort, wo Sekretion und Absorption stattfinden. Solche Epithelien kleiden Teile der Nierentubuli aus, wie in **Abbildung 3.5**a. Im Pankreas und in anderen Speicheldrüsen sezernieren einschich-

EINSCHICHTIGES KUBISCHES EPITHEL

Vorkommen: Drüsen; Ausführungsgänge; Teile der Nierentubuli, Schilddrüse

Funktionen: eingeschränkter mechanischer Schutz; Sekretion; Absorption

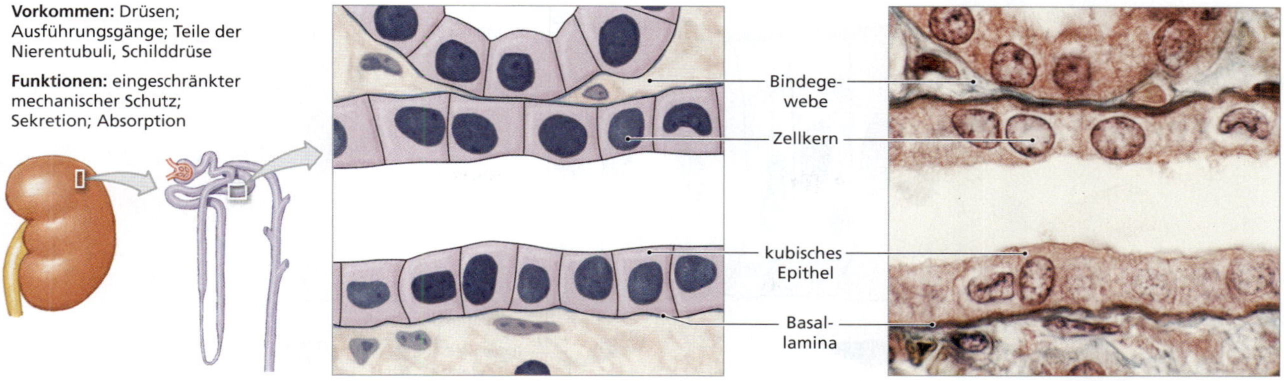

(a) Nierentubuli

Lichtmikroskop, 1426-fach

MEHRSCHICHTIGES KUBISCHES EPITHEL

Vorkommen: einige Ausführungsgänge (selten)

Funktionen: Schutz, Sekretion, Absorption

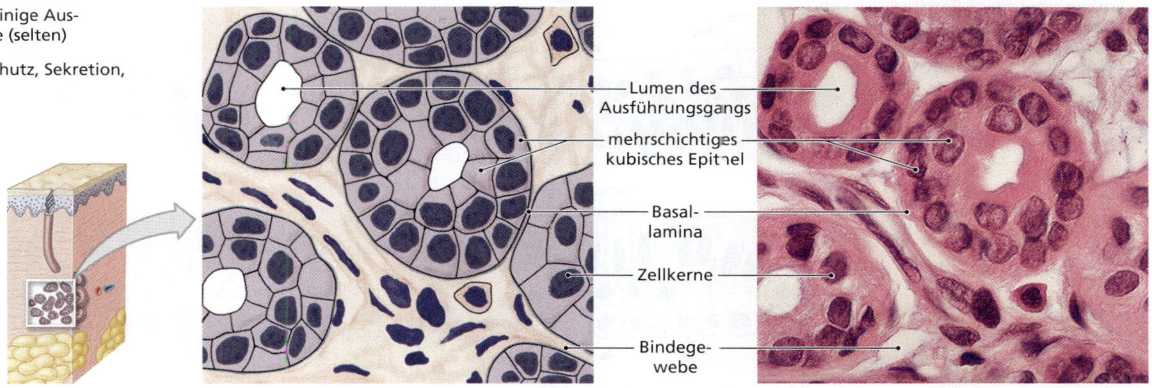

(b) Ausführungsgang einer Schweißdrüse

Lichtmikroskop, 1413-fach

Abbildung 3.5: **Histologie des kubischen Epithels.** (a) Einfaches kubisches Epithel. Schnitt durch einfaches kubisches Epithel, das die Nierentubuli auskleidet. Die Zeichnung betont die strukturellen Einzelheiten, die kubisches Epithel ausmachen. (b) Mehrschichtiges kubisches Epithel. Schnittbild des mehrschichtigen kubischen Epithels, das den Ausführungsgang einer Schweißdrüse in der Haut auskleidet.

tige kubische Epithelien Enzyme und Puffer und kleiden die Ausführungsgänge der Drüsen aus. Die Schilddrüse enthält Kammern, die **Schilddrüsenfollikel**, die mit einschichtigem kubischem Epithel ausgekleidet sind. In den Follikeln werden Schilddrüsenhormone, wie Thyroxin, gespeichert, bevor sie in die Blutbahn abgegeben werden.

MEHRSCHICHTIGES KUBISCHES EPITHEL Diese Epithelform ist relativ selten; man findet sie oft an den Ausführungsgängen der Schweißdrüsen (**Abbildung 3.5**b) und in den größeren Gängen einiger anderer exokriner Drüsen, wie z. B. der Brustdrüsen.

Zylinderepithel

Zylinderepithelzellen sind ebenso wie die Zellen des kubischen Epithels im Querschnitt sechseckig, doch sind sie im Gegensatz zu ihnen viel höher als breit. Die Zellkerne drängen sich in einem schmalen Bereich nahe der Basallamina; die Höhe des Gesamtepithels ist mehrmals so groß wie der Abstand zwischen zwei Zellkernen (**Abbildung 3.6**a).

EINSCHICHTIGES ZYLINDEREPITHEL Ein einschichtiges Zylinderepithel bietet einen gewissen mechanischen Schutz; es findet sich auch dort, wo Sekretion und Absorption stattfinden. Es kleidet den Magen, den Darm, die Eileiter und viele Ausführungsgänge exkretorischer Drüsen aus.

MEHRSCHICHTIGES ZYLINDEREPITHEL Dieses Epithel ist relativ selten; es kommt im Fornix conjunctivae (Umschlagfalte zwischen der Bindehaut des Augenlids und der Bindehaut, die dem Augapfel anliegt), in Teilen der männlichen Harnröhre und in den großen Ausführungsgängen der Speicheldrüsen vor. Das Epithel kann zwei- (**Abbildung 3.6**b) oder mehrschichtig sein; in diesen Fällen hat nur die oberste Schicht die typische Zylinderform.

Mehrreihiges und Übergangsepithel

In den Atemwegen und Hohlorganen des Harnsystems gibt es zwei spezialisierte Epitheltypen:

MEHRREIHIGES EPITHEL Teile der Atemwege sind mit einem speziellen Zylinderepithel ausgekleidet, dem **mehrrei-**

EINSCHICHTIGES ZYLINDEREPITHEL

Vorkommen: Auskleidung von Magen, Darm, Gallenblase, Eileitern und Nierentubuli

Funktionen: Schutz, Sekretion, Absorption

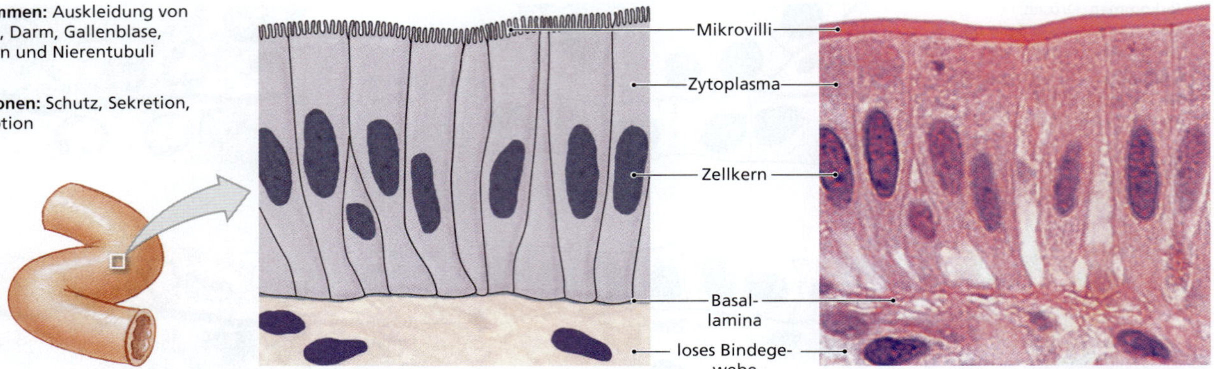

(a) Innenwand des Darmes

Lichtmikroskop, 350-fach

MEHRSCHICHTIGES ZYLINDEREPITHEL

Vorkommen: einige Bereiche des Rachens, Kehlkopf, Anus, Brustdrüse, Ausführungsgänge der Speicheldrüsen, Urethra

Funktion: Schutz

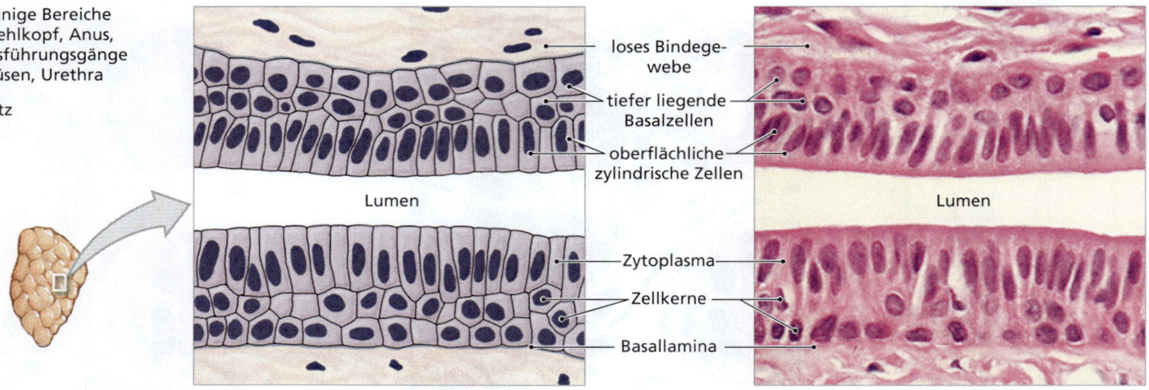

(b) Ausführungsgang Speicheldrüse

Lichtmikroskop, 175-fach

Abbildung 3.6: **Histologie des Zylinderepithels.** (a) Einschichtiges Zylinderepithel. Die lichtmikroskopische Aufnahme zeigt die Charakteristika des einschichtigen Zylinderepithels. Beachten Sie das Verhältnis zwischen Höhe und Breite der einzelnen Zellen, die relative Größe, Form und Lage der Zellkerne und die Entfernung zwischen benachbarten Zellkernen. Vergleichen Sie diese Beobachtungen mit den Charakteristika des einschichtigen kubischen Epithels (siehe Abbildung 3.5a). (b) Mehrschichtiges Plattenepithel. Man findet es manchmal an langen Ausführungsgängen, wie an der Speicheldrüse. Beachten Sie die Gesamthöhe des Epithels sowie die Lage und Orientierung der Zellkerne.

higen Zylinderepithel, das verschiedene Zelltypen enthält. Da sich ihre Zellkerne unterschiedlich weit von der Oberfläche befinden, wirkt das Epithel geschichtet oder mehrschichtig. Es sitzen jedoch alle Zellen auf der Basallamina auf; daher handelt es sich eigentlich um ein einschichtiges Epithel. Man nennt es jedoch mehrreihig. Die exponierten Zellen sind mit Kinozilien besetzt, sodass man oft von einem **mehrreihigen Flimmerepithel** spricht (**Abbildung 3.7**a). Dieser Epitheltyp kleidet den Großteil der Nasenhöhle, die Trachea (Luftröhre) und die mittelgroßen Bronchien aus.

ÜBERGANGSEPITHEL Diese Epithelform, das **Urothel** (**Abbildung 3.7**b), befindet sich im Nierenbecken, den Harnleitern, der Harnblase und im oberen Teil der Urethra. Es handelt sich um ein mehrschichtiges Epithel mit der besonderen Eigenschaft der Dehnbarkeit. In gedehntem Zustand sieht das Übergangsepithel wie ein mehrschichtiges, nicht verhorntes Epithel mit zwei bis drei Schichten aus. In der leeren Harnblase (siehe Abbildung 3.7b) scheint es viel mehr Schichten zu haben; die äußere Schicht besteht je nach Füllungszustand typischerweise aus abgerundeten kubischen Zellen oder im Falle der Füllung aus platten Deckzellen (Umbrella Cells). Der Aufbau des Übergangsepithels ermöglicht eine erhebliche Dehnung des Epithels, ohne dass die einzelnen Zellen Schaden nehmen.

3.1.5 Drüsenepithelien

Viele Epithelien enthalten sezernierende Drüsenzellen. **Exokrine Drüsen** geben ihr Sekret auf eine Epithelaußenfläche ab. Sie werden nach ihrem Sekret, der Struktur der Drüse und der Art der Exkretion in Kategorien eingeteilt. Exokrine Drüsen, die entweder aus einer einzelnen oder

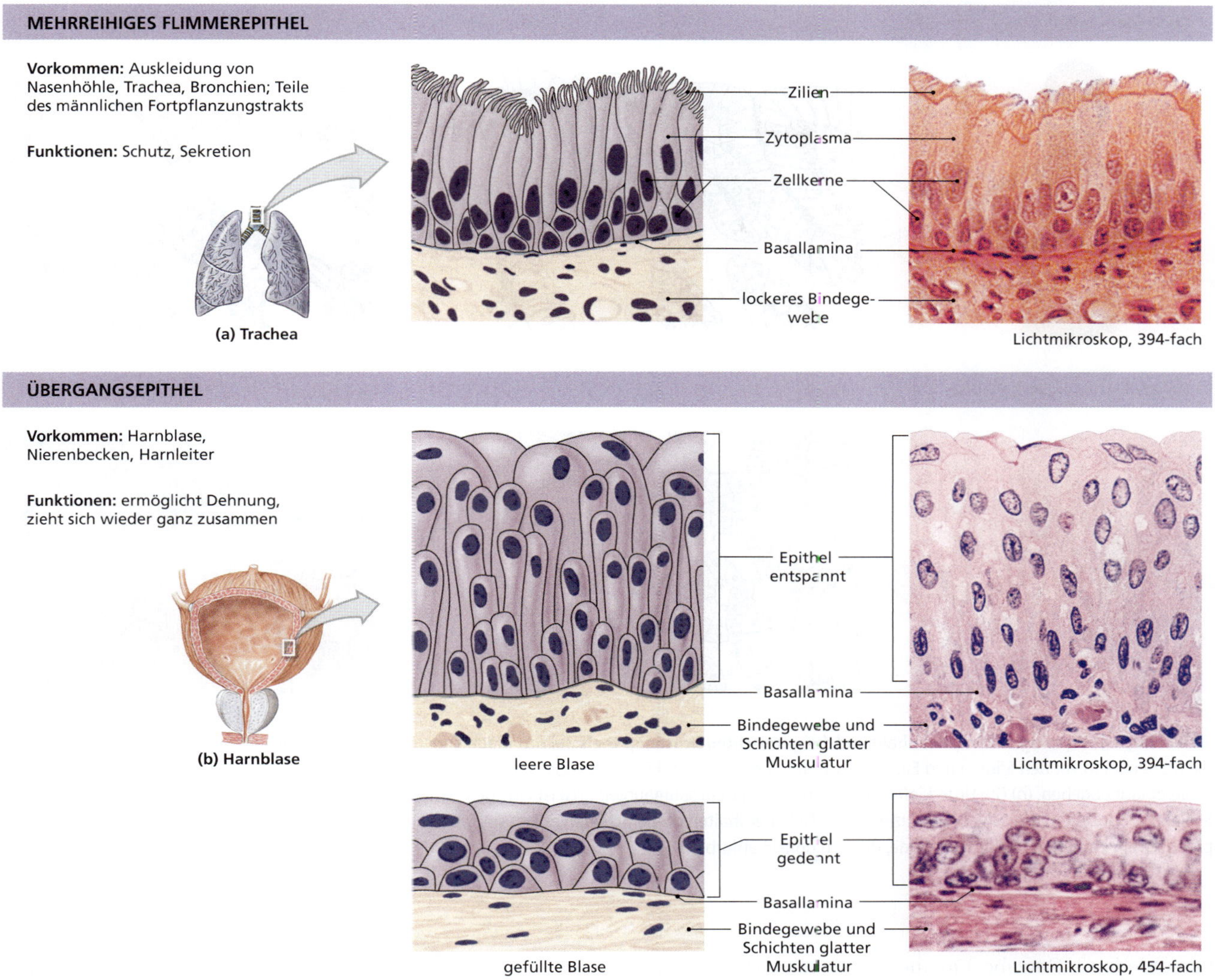

Abbildung 3.7: Histologie des mehrreihigen Flimmerepithels und des Übergangsepithels. (a) Mehrreihiges zylindrisches Flimmerepithel der Atemwege. Beachten Sie die ungleichmäßige Anordnung der Zellkerne. (b) Übergangsepithel. Schnittbild durch das Übergangsepithel der Harnblase. In der leeren Blase sind die Zellen entspannt; bei gefüllter Blase erkennt man jedoch den Effekt der Dehnung auf die Anordnung der Zellen.

mehreren Zellen bestehen, sezernieren Schleim, Enzyme, Wasser und Abfallprodukte. Das Sekret wird an der apikalen Fläche der einzelnen Drüsenzellen abgegeben.

Endokrine Drüsen haben keinen Ausführungsgang; sie geben ihr Sekret direkt in den interstitiellen Flüssigkeitsraum, die Lymphe oder die Blutbahn ab.

Art der Sekretion

Exokrine Sekrete (griech.: exo = außen) werden auf eine Epithelaußenfläche abgegeben oder in das Lumen eines **Ausführungsgangs**, der die Drüse mit der Haut- oder der Epitheloberfläche verbindet. Diese Gänge können das Sekret unverändert ableiten oder durch Reabsorption, Sekretion oder Gegentransport verändern. Beispiele hierfür sind die Enzyme, die in den Verdauungstrakt abgegeben werden, der Schweiß auf der Haut und die Muttermilch aus den Brustdrüsen.

Exokrine Drüsen können nach der Art ihres Sekrets folgendermaßen eingeteilt werden:

- **Seröse Drüsen:** Sie sezernieren wässrige Lösungen, die meist Enzyme enthalten, wie etwa die Amylase im Speichel.
- **Muköse Drüsen:** Diese sezernieren Muzin, ein Glykoprotein, das durch die Absorption von Wasser Schleim bildet, wie etwa den Speichel.
- **Gemischte Drüsen:** Diese Drüsen enthalten verschiedene Drüsenzellen und können daher unterschiedliche Sekrete produzieren, seröse und muköse.

Endokrine Sekrete (griech.: endon = innen, innerhalb) werden von den Drüsenzellen durch Exozytose in die Extrazellulärflüssigkeit abgegeben. Diese Sekrete werden **Hormone** genannt; sie diffundieren zur Verteilung im Körper in das Blut. Dort regulieren oder koordinieren sie die Aktivitäten

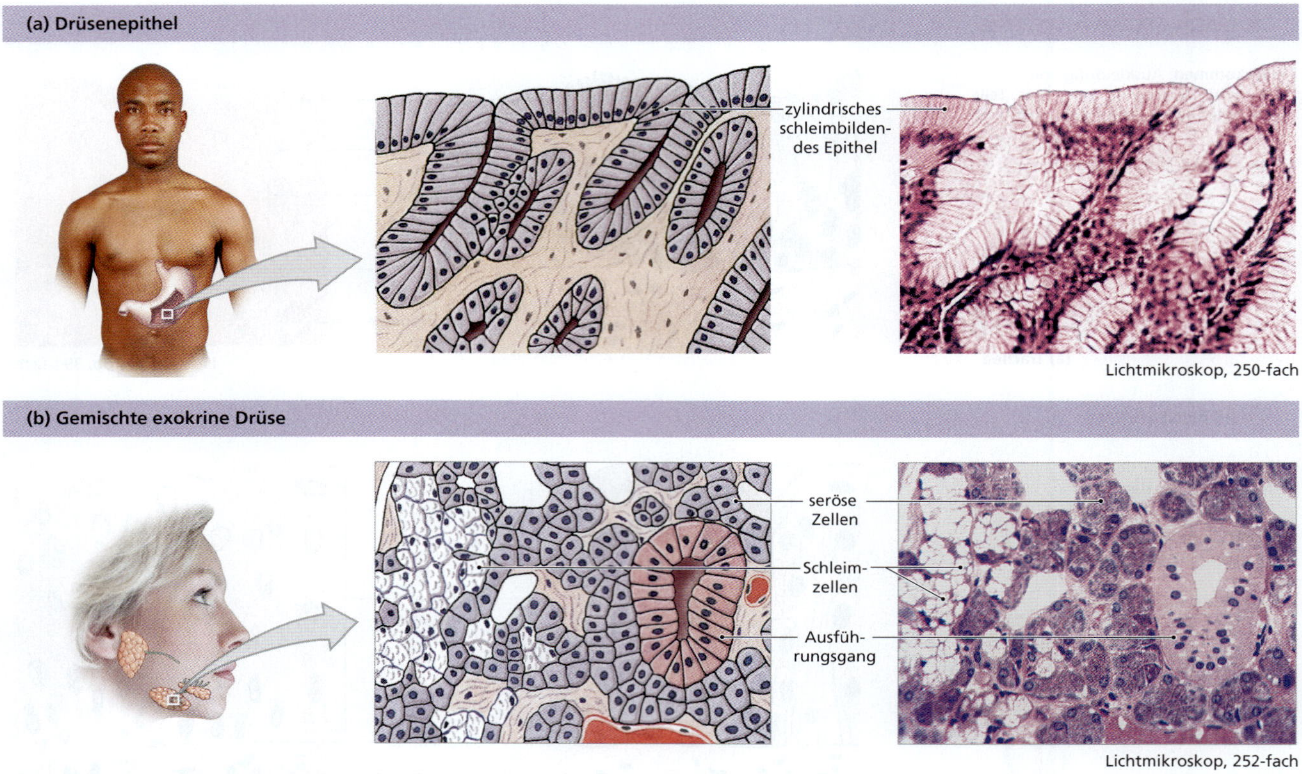

Abbildung 3.8: Histologie der Schleimhaut und des gemischten Drüsenepithels. (a) Das Mageninnere ist mit einer Schleimhaut ausgekleidet, deren Sekret die Magenwand vor den Säuren und Enzymen schützt. Die Säuren und Enzyme selbst werden von Drüsen produziert, die ihr Sekret auf die Oberfläche der Schleimhaut abgeben. (b) Die Unterkieferspeicheldrüse(Glandula submandibularis) ist eine gemischte Drüse mit Zellen, die sowohl seröses Sekret als auch Schleim produzieren. Die schleimproduzierenden Zellen enthalten große Schleimvesikel; sie sehen hell und schaumig aus. Die Zellen, die seröses Sekret produzieren, enthalten reichlich Proteine, die sich dunkel anfärben.

verschiedener Gewebe, Organe und Organsysteme. Endokrine Zellen, Gewebe, Organe und Hormone werden in Kapitel 19 ausführlicher beschrieben.

Aufbau der Drüsen

In Epithelien mit vereinzelten Drüsenzellen bezeichnet man diese als einzellige Drüsen. Mehrzellige Drüsen sind Drüsenepithelien oder Ansammlungen von Drüsenzellen, die endokrine oder exokrine Sekrete produzieren.

Einzellige exokrine Drüsen Diese Drüsen produzieren Schleim. Es gibt zwei Arten von einzelligen Drüsen, die Becher- und die Schleimzellen. Sie sind jeweils zwischen den Epithelzellen verteilt. Schleimzellen findet man beispielsweise im mehrreihigen Flimmerepithel der Trachea; das Zylinderepithel des Darmes enthält hingegen reichlich Becherzellen.

Mehrzellige exokrine Drüsen Die einfachste Form der mehrzelligen exokrinen Drüse ist das **sekretorische Epithel**, in dem die Drüsenzellen in der Überzahl sind und ihr Sekret in einen inneren Raum abgeben (**Abbildung 3.8**a). Die schleimsezernierenden Zellen, die den Magen auskleiden, sind hierfür ein Beispiel. Sie sondern kontinuierlich Schleim ab, um den Magen vor den in ihm enthaltenen Säuren und Enzymen zu schützen.

Die meisten anderen mehrzelligen Drüsen befinden sich in Taschen unter der Epitheloberfläche. In **Abbildung 3.8**b sieht man ein Beispiel, eine Speicheldrüse, die Schleim und Verdauungsenzyme produziert. Diese mehrzelligen Drüsen haben zwei Komponenten: das sezernierende Endstück und den Ausführungsgang, der das Sekret an die Oberfläche leitet.

Zur Beschreibung des Aufbaus mehrzelliger Drüsen betrachtet man zum einen die Form des Endstücks und zum anderen das Verzweigungsmuster des Ausführungsgangs:

Drüsen mit schlauchförmig angelegten sekretorischen Zellen nennt man **tubulös**, die mit bläschenförmigen Endstücken **alveolär** (lat.: alveolus = die kleine Mulde, Wanne) oder **azinös** (lat.: acinus = die Weinbeere). Zusammengesetzte Drüsen nennt man entsprechend tubuloalveolär oder tubuloazinös.

Ein Ausführungsgang ist entweder **einfach** oder **verzweigt**. Einzelne Drüsen können also eigene Ausführungsgänge haben, oder es teilen sich mehrere Drüsen einen Gang.

In **Abbildung 3.9** ist die Klassifikation der Drüsen nach diesen Kriterien dargestellt. Spezifische Beispiele für die

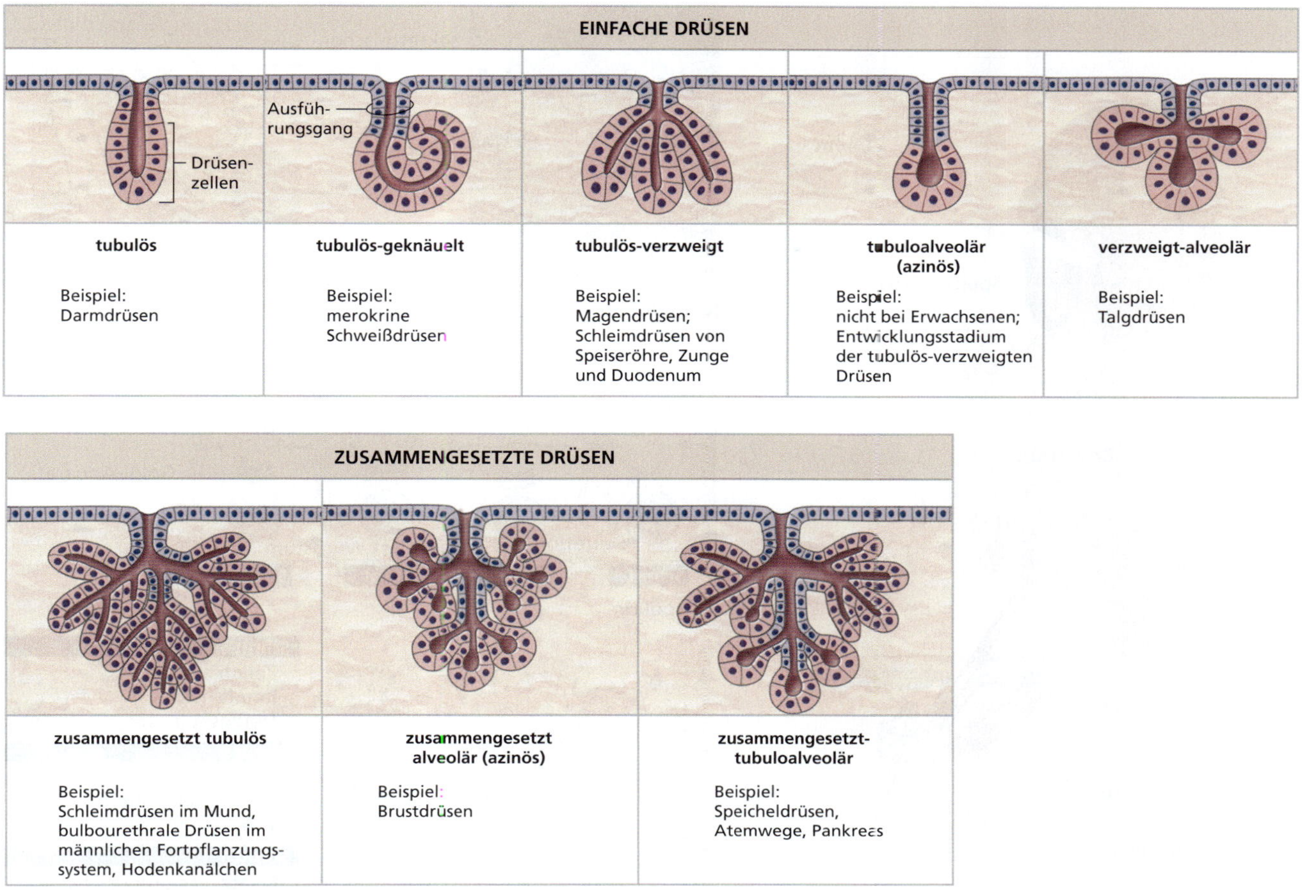

Abbildung 3.9: **Klassifikation der einfachen und zusammengesetzten exokrinen Drüsen.**

einzelnen Drüsenarten werden in späteren Kapiteln besprochen.

Art der Sekretion

Drüsenepithel hat drei verschiedene Möglichkeiten, sein Sekret abzugeben:

- **Merokrine Sekretion:** Bei der merokrinen Sekretion (griech.: meros = das Teil; krinein = scheiden, ausscheiden) wird das Sekret durch Exozytose abgegeben (**Abbildung 3.10**a). Die Methode ist am weitesten verbreitet; beispielsweise geben Becherzellen ihren Schleim durch merokrine Sekretion ab.
- **Apokrine Sekretion:** Bei der apokrinen Sekretion (griech.: apo = von… weg) werden sowohl das Sekret als auch Teile des Zytoplasmas abgegeben (**Abbildung 3.10**b). Der apikale Anteil der Zelle wird mit sekretorischen Vesikeln gefüllt, bevor er sich ablöst. Die Milchproduktion in den Brustdrüsen verläuft kombiniert merokrin und apokrin.
- **Holokrine Sekretion:** Merokrine und apokrine Sekretionen verschonen den Zellkern und den Golgi-Apparat einer Zelle, sodass sie sich wieder regenerieren und weiter sezernieren kann. Die holokrine Sekretion (griech.: holos = ganz) hingegen zerstört die Zelle. Dabei wird die gesamte Zelle mit sekretorischen Vesikeln vollgepackt und platzt anschließend auf (**Abbildung 3.10**c). Das Sekret wird freigesetzt, die Zelle stirbt ab. Weitere Sekretion erfordert den Ersatz der Zelle durch Zellteilung von Stammzellen. Talgdrüsen an den Haarfollikeln produzieren ihren wachsartigen Überzug der Haare holokrin.

AUFGABEN

1. Sie betrachten ein mikroskopisches Präparat und sehen ein einschichtiges Plattenepithel. Könnte es sich bei der Probe um ein Stück Haut handeln?
2. Warum ist bei Drüsen mit holokriner Sekretion eine beständige Regeneration des Epithels erforderlich?
3. Die Drüsen, die in der Mamma den Fettanteil der Milch produzieren, sezernieren es apokrin. Was geht bei dieser Form der Sekretion vor?
4. Welche Funktionen hat ein einschichtiges Zylinderepithel?

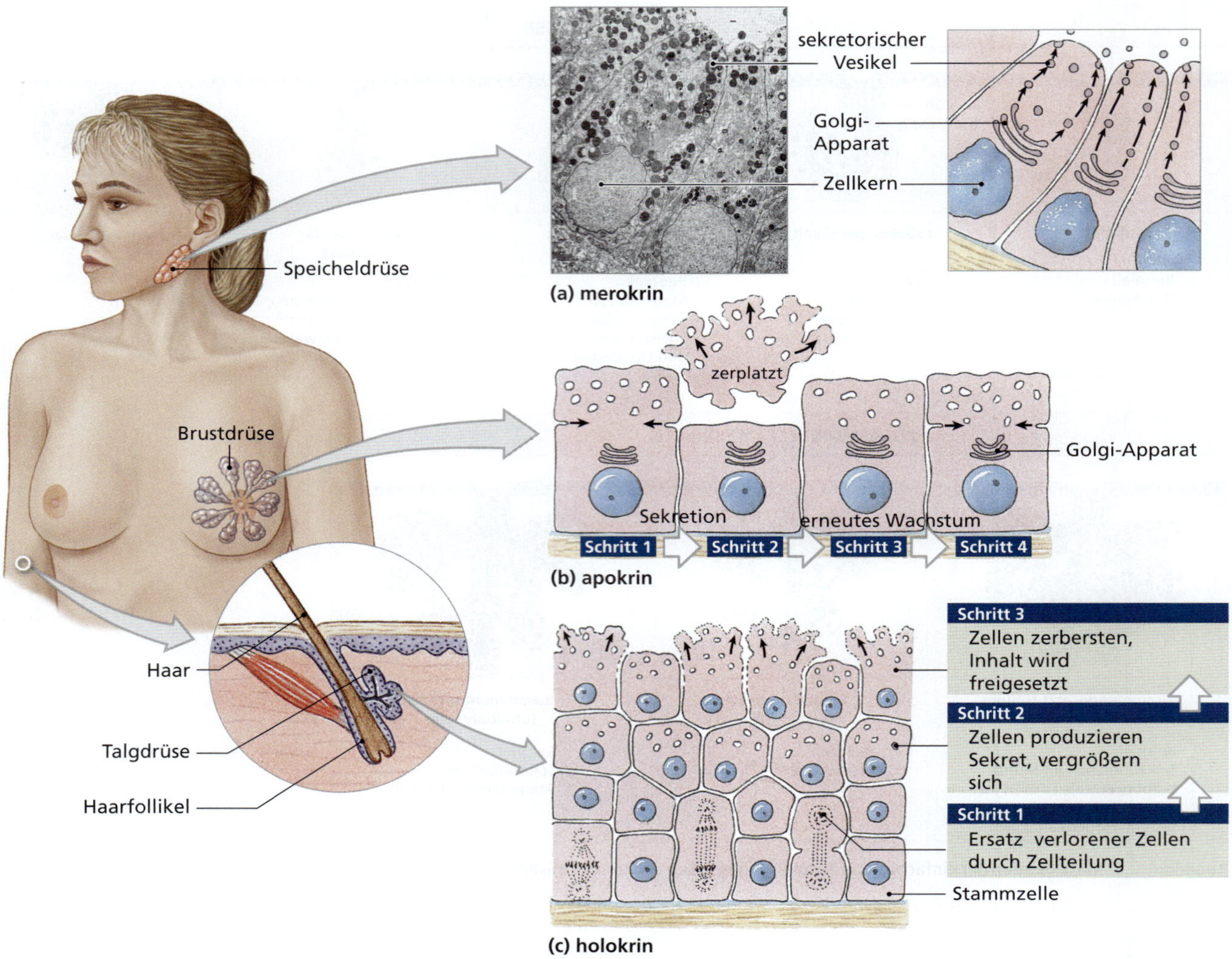

Abbildung 3.10: Sekretionsmechanismen der Drüsen. Schematische Darstellung der Sekretionsmechanismen. (a) Bei der merokrinen Sekretion werden sekretgefüllte Vesikel durch Exozytose an der Zelloberfläche abgegeben. (b) Bei der apokrinen Sekretion geht Zytoplasma mit verloren. Einschlüsse, Vesikel und andere Bestandteile des Zytoplasmas lösen sich von der apikalen Fläche der Zelle. Anschließend tritt die Zelle in eine Wachstums- und Reparaturphase ein, bevor sie erneut sezernieren kann. (c) Bei der holokrinen Sekretion platzen die oberflächlichen Drüsenzellen auf. Weitere Sekretion erfordert den Ersatz der Zelle durch Zellteilung von Stammzellen.

Bindegewebe 3.2

Bindegewebe findet sich im gesamten Körper, jedoch nie an der exponierten Oberfläche. Zum Bindegewebe gehören Knochen, Knorpel, eigentliches Bindegewebe, Fettgewebe, und Blut, Gewebe, die bezüglich ihrer Form und Funktion sehr unterschiedlich sind. Trotzdem haben sie alle drei Grundkomponenten gemeinsam: 1. spezialisierte Zellen, 2. zumindest zeitweise extrazelluläre Fasern und 3. eine Flüssigkeit, die man **Grundsubstanz** nennt. Die Bindegewebefasern und die Grundsubstanz bilden zusammen die **Matrix**, die die Zellen umgibt. Epithel besteht fast ausschließlich aus Zellen; Bindegewebe setzt sich jedoch im Wesentlichen aus extrazellulärer Matrix zusammen. Das Blut hebt sich aufgrund seiner Eigenschaften am weitesten von den anderen Bindegewebetypen ab.

Bindegewebe hat viele verschiedene Funktionen, die weit über das bloße Verbinden von Körperteilen hinausgehen. Zu ihnen gehören:

- Erstellung eines stabilen Körpergrundgerüsts
- Transport von Flüssigkeiten und gelösten Substanzen innerhalb des Körpers
- Schutz empfindlicher Organe
- Stütze, Umgebung und Verbindung anderer Gewebearten
- Speicherung von Energiereserven, besonders in Form von Fetten
- Verteidigung des Körpers gegen das Eindringen von Mikroorganismen

Obwohl die meisten Bindegewebe mehrere Funktionen haben, kann keines sämtliche Aufgaben übernehmen.

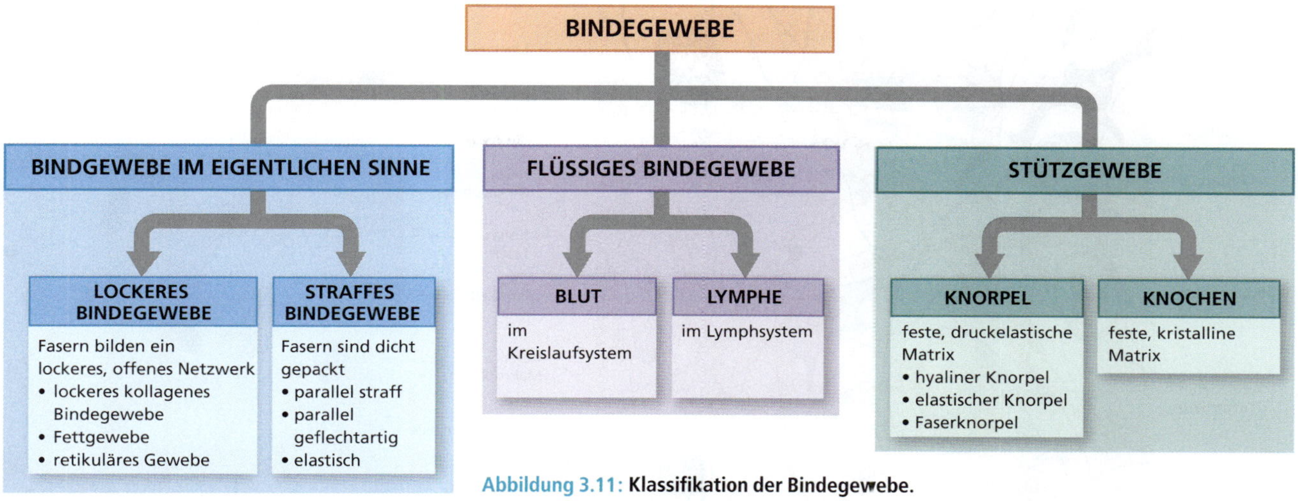

Abbildung 3.11: **Klassifikation der Bindegewebe.**

3.2.1 Einteilung der Bindegewebe

Es gibt drei Kategorien von Bindegewebe: eigentliches Bindegewebe, flüssiges Bindegewebe und Stützgewebe. Sie finden Sie in **Abbildung 3.11** dargestellt.

- **Bindegewebe im eigentlichen Sinne:** Dies bezeichnet Gewebe mit vielen unterschiedlichen Zelltypen und Bindegewebefasern in einer gallertigen Grundsubstanz. Sie unterscheiden sich untereinander bezüglich der Anzahl der enthaltenen Zelltypen sowie der Eigenschaften und der Mengenverhältnisse von Bindegewebefasern und Grundsubstanz. Fettgewebe, Bänder und Sehnen sind sehr unterschiedlich, gehören aber alle zum Bindegewebe im eigentlichen Sinne.
- **Flüssiges Bindegewebe:** In flüssigem Bindegewebe befindet sich eine bestimmte Zellpopulation in einer wässrigen Matrix, die gelöste Proteine enthält. Es gibt zwei Arten flüssigen Bindegewebes: Blut und Lymphe.
- **Stützgewebe:** Dies weist eine weniger vielfältige Zellpopulation als das eigentliche Bindegewebe und eine Matrix auf, die dichter mit Bindegewebefasern durchsetzt ist. Es gibt zwei Arten von Stützgewebe: Knorpel und Knochen. Die Knorpelmatrix ist ein in Fasern gefangenes Gel, dessen Eigenschaften in Abhängigkeit von der dominierenden Faserart variieren. Die Matrix des Knochens bezeichnet man als **mineralisiert**, da sie Ablagerungen von Mineralien enthält, vornehmlich Kalziumsalze. Diese Mineralien verleihen dem Knochen Stärke und Härte.

3.2.2 Bindegewebe im eigentlichen Sinne

Das Bindegewebe im eigentlichen Sinne enthält Bindegewebefasern, eine visköse (gelartige) Grundsubstanz und zwei Arten von Zellen. **Fixe Zellen** sind ortsansässig und vorwiegend mit Wartung, Reparatur und Energiespeicherung beschäftigt. Bewegliche **freie Zellen** haben dagegen mit der Immunabwehr und Reparaturarbeiten an beschädigtem Gewebe zu tun. Die Anzahl der Zellen hängt sehr von den lokalen Gegebenheiten ab. Beachten Sie bei der folgenden Beschreibung der Zellen und Fasern des eigentlichen Bindegewebes **Abbildung 3.12** und Tabelle 3.1.

Bindegewebezellen

Ortsständige Zellen Zu den ortsständigen Zellen gehören Mesenchymzellen, Fibroblasten, Fibrozyten, ortsständige Makrophagen, Fettzellen und, an einigen Orten, Melanozyten.

- **Mesenchymzellen** sind Stammzellen, die in vielen Bindegeweben vorkommen. Diese Zellen reagieren auf lokale Verletzungen und Infektionen, indem sie sich zu Tochterzellen teilen, die sich zu Fibroblasten, Makrophagen oder anderen Bindegewebezellen differenzieren.
- **Fibroblasten** sind eine der beiden häufigsten Zellarten im Bindegewebe und die einzige Sorte, die ständig vorhanden ist. Die schmalen oder sternförmigen Zellen sind die Hauptbindegewebezellen. Sie produzieren und sezernieren Proteine, die sich zu langen Fasern verbinden. Außerdem sezernieren sie **Hyaluronan**, das der Grundsubstanz seine gallertige Konsistenz verleiht.
- **Fibrozyten** entstehen aus Fibroblasten; sie sind die zweithäufigste ortsständige Zellart im Bindegewebe. Sie erhalten die Bindegewebefasern. Da ihre Syntheseaktivität nicht sehr ausgeprägt ist, lässt sich das Zytoplasma nicht gut anfärben. Auf einfach gefärbten Schnitten sieht man nur den Zellkern.
- **Ortsständige Makrophagen** (griech.: phagein = essen, fressen) sind große, amöboide Zellen, die zwischen den Fasern verteilt liegen. Sie umschließen nach Aktivierung beschädigte Zellen oder Pathogene, die in das Gewebe eindringen. Obwohl sie nicht sehr häufig sind, spielen sie doch eine wichtige Rolle bei der Mobilisation der Immunabwehr des Körpers. Wenn sie stimuliert werden, setzen sie Substanzen frei, die das Immunsystem

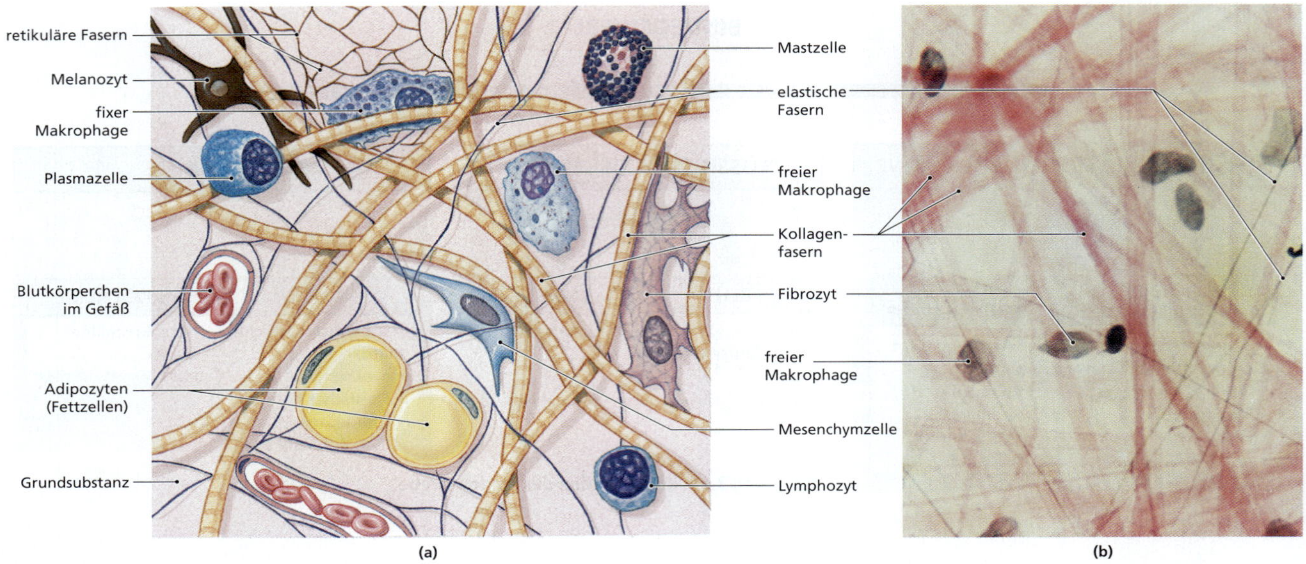

Abbildung 3.12: Histologie der Zellen und Fasern von Bindegewebe im eigentlichen Sinne. (a) Schematische Darstellung der Zellen und Fasern in lockerem kollagenem Bindegewebe, der häufigsten Art von Bindegewebe im eigentlichen Sinne. (b) Histologie von lockerem kollagenem Bindegewebe unter dem Mesothel des Peritoneums (Lichtmikroskop, 502-fach).

Zelltypen	Funktionen
Ortsständige Zellen	
Fibroblasten	Produzieren Bindegewebefasern
Fibrozyten	Erhalten Bindegewebefasern und Matrix
Ortsständige Makrophagen	Phagozytieren Pathogene und beschädigte Zellen
Fettzellen	Speichern Lipidvorräte
Mesenchymzellen	Bindegewebestammzellen, die sich in andere Zellen differenzieren können
Melanozyten	Synthetisieren Melanin
Freie Zellen	
Freie Makrophagen	Mobile/wandernde phagozytierende Zellen (entwickeln sich aus den Monozyten des Blutes)
Mastzellen	Stimulieren lokale Entzündungsreize
Lymphozyten	Teil der Immunantwort
Neutrophile und Eosinophile	Kleine phagozytierende Blutzellen, die bei Infektionen und Verletzungen aktiv werden

Tabelle 3.1: Vergleich einiger Funktionen ortsständiger und freier Zellen.

aktivieren und große Mengen beweglicher Abwehrzellen anlocken.

- **Adipozyten** bezeichnet man auch als Fettzellen. Ein typischer Adipozyt ist eine große fixe Zelle, die einen einzigen riesigen Fetttropfen enthält. Der Kern und die anderen Organellen sind ganz an eine Seite gedrückt, sodass die Zelle im Querschnitt einem Siegelring ähnelt. Die Anzahl der Fettzellen variiert zwischen Bindegewebetypen, Körperregionen und einzelnen Individuen.
- **Melanozyten** synthetisieren und speichern ein braunes Pigment namens **Melanin**, das dem Gewebe eine dunkle Farbe gibt. Melanozyten kommen häufig im Epithel der Haut vor, wo sie den Farbton im Wesentlichen bestimmen. Sie finden sich auch im darunterliegenden Bindegewebe, der Dermis, obwohl ihre Verteilung aufgrund regionaler, individueller und ethnischer Faktoren unterschiedlich ist. Melanozyten kommen auch reichlich im Bindegewebe des Auges vor.

Freie Bindegewebezellen Freie Makrophagen, Mastzellen, Lymphozyten, Plasmazellen, Neutrophile und Eosinophile sind freie Zellen.

- **Freie Makrophagen** sind relativ große phagozytotische Zellen, die sich schnell durch das Bindegewebe des Körpers bewegen. Wenn sie im Blut zirkulieren, nennt man sie **Monozyten**. Praktisch stellen die ortsständigen Makrophagen die vorderste Front der Abwehr dar, die durch die Ankunft freier Makrophagen und anderer spezialisierter Zellen verstärkt wird.
- **Mastzellen** sind kleine bewegliche Bindegewebezellen, die sich oft in der Nähe von Blutgefäßen finden. Das Zytoplasma der Mastzellen ist mit Vesikeln gefüllt, die **Histamin** und **Heparin** enthalten. Diese Substanzen, die bei einer Verletzung oder einer Infektion freigesetzt werden, stimulieren einen lokalen Entzündungsreiz.

- **Lymphozyten** wandern, wie die freien Makrophagen, durch den Körper. Ihre Anzahl steigt an verletztem Gewebe deutlich an; einige von ihnen können sich in **Plasmazellen** verwandeln. Plasmazellen produzieren Antikörper, Proteine, die für die Immunabwehr von Bedeutung sind.
- **Neutrophile Granulozyten** sind phagozytotische Blutzellen, die kleiner sind als die Monozyten. Sie wandern in geringer Anzahl durch das Bindegewebe. Im Falle von Verletzungen oder Infektionen locken Substanzen, die von Mastzellen und Monozyten freigesetzt werden, Neutrophile und Eosinophile jedoch in großen Mengen an. Eosinophile Granulozyten sind auf die Abtötung von Wurmparasitenlarven spezialisiert.

Bindegewebefasern

Im Bindegewebe findet man drei Arten von Fasern: kollagene, retikuläre und elastische Fasern. Alle drei Arten werden von den Fibroblasten produziert, indem sich die von ihnen synthetisierten Proteinketten in der Matrix zu Fasern verbinden. Fibrozyten sind für den Erhalt der Fasern verantwortlich.

- **Kollagenfasern** sind lang, gerade und unverzweigt (siehe Abbildung 3.12). Es sind die häufigsten und stärksten Fasern im Bindegewebe. Jede Kollagenfaser besteht aus drei faserigen Proteinfibrillen, die wie die Stränge eines Seiles umeinander gewunden sind. Wie ein Seil ist auch Kollagen sehr flexibel, doch in Längsrichtung sehr fest. Zug in Längsrichtung nennt man Spannung, die Widerstandsfähigkeit dagegen Zugfestigkeit. **Sehnen** (siehe Abbildung 3.15a) bestehen fast ganz aus Kollagenfasern; sie verbinden die Skelettmuskulatur mit Knochen. Typische **Bänder** (Ligamente) sehen genauso aus; sie verbinden jedoch Knochen miteinander. Durch die parallele Anordnung kollagener Fasern in Sehnen und Bändern können diese enormen Kräften widerstehen; unkontrollierte Muskelkontraktionen oder Knochenbewegungen führen eher zu einem Knochenbruch als zu einem Sehnenriss.
- **Retikuläre Fasern** (lat.: reticulum = das kleine Netz) enthalten auch Kollagenfibrillen. Sie sind jedoch netzartig miteinander verbunden. Retikulinfasern sind dünner als Kollagenfasern; sie bilden ein verzweigtes, verwobenes Netzwerk, das stabil, aber trotzdem flexibel ist. Diese Fasern kommen besonders häufig in Organen wie der Leber und der Milz vor, wo sie ein dreidimensionales Grundgerüst, das Stroma, bilden. Es stützt das **Parenchym**, also die Funktionszellen, dieser Organe (siehe Abbildung 3.12a und 3.14c). Da die Fasern ein Netzwerk bilden und nicht in nur einer Richtung angeordnet sind, können sie Kräften von verschiedenen Seiten widerstehen. Sie können daher die relative Position der Zellen, Blutgefäße und Nerven des Organs stabilisieren, trotz Bewegungen und der Schwerkraft.
- **Elastische Fasern** enthalten das Protein **Elastin**. Elastische Fasern sind verzweigt und wellig; nach einer Dehnung von bis zu 150 % ihrer Größe im entspannten Zustand ziehen sie sich wieder auf ihre ursprüngliche Länge zurück. **Elastische Bänder** enthalten mehr elastische als kollagene Fasern. Sie sind relativ selten, doch man findet sie da, wo Elastizität gefragt ist, z. B. als Bänder *(Ligg. flava)* zwischen zwei benachbarten Wirbeln (siehe Abbildung 3.15b).

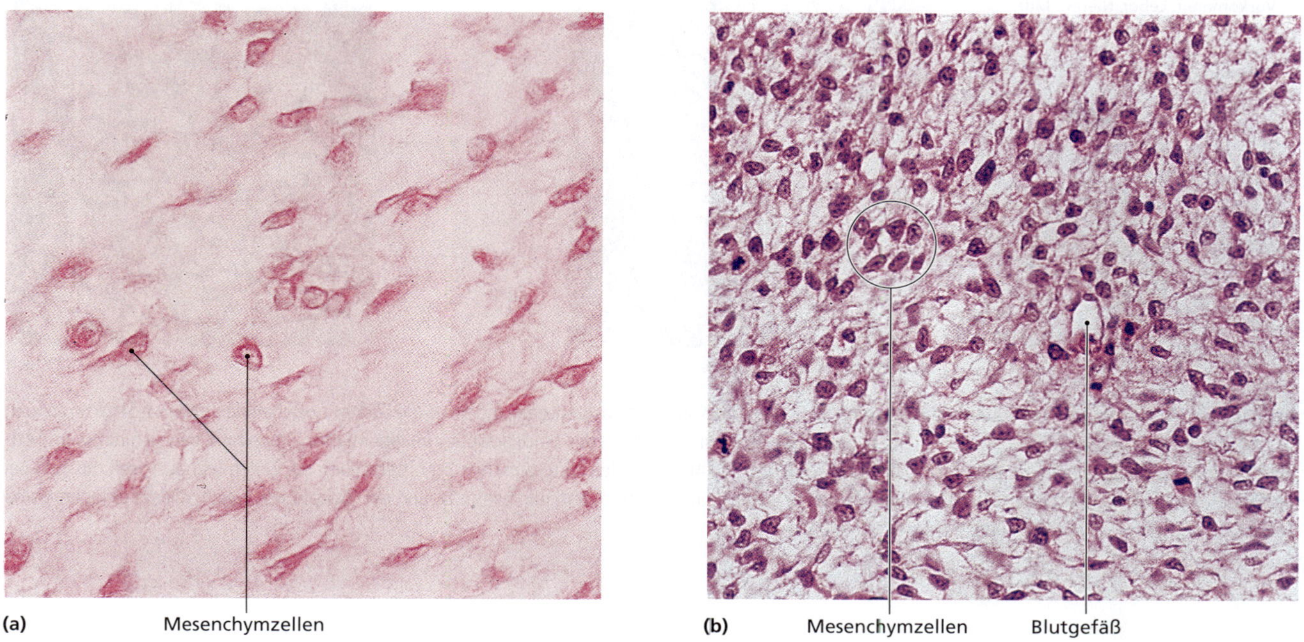

Abbildung 3.13: **Histologie embryonalen Bindegewebes.** Aus diesem Bindegewebe entstehen alle anderen Arten von Bindegewebe. (a) Mesenchym. Es erscheint als erstes Bindegewebe im Embryo (Lichtmikroskop, 1036-fach). (b) Gallertiges Bindegewebe (Wharton-Sulze). Das Präparat wurde der Nabelschnur eines Neugeborenen entnommen (Lichtmikroskop, 650-fach).

LOCKERES KOLLAGENES BINDEGEWEBE

Vorkommen: in und unterhalb der Dermis der Haut, unter den Epithelien von Darm, Atem- und Harnwegen, zwischen Muskeln, um Blutgefäße, Nerven und Gelenke herum

Funktionen: polstert Organe; stützt bei gleichzeitiger unabhängiger Beweglichkeit; phagozytierende Zellen wehren Pathogene ab

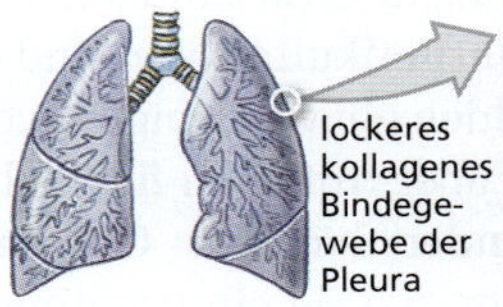

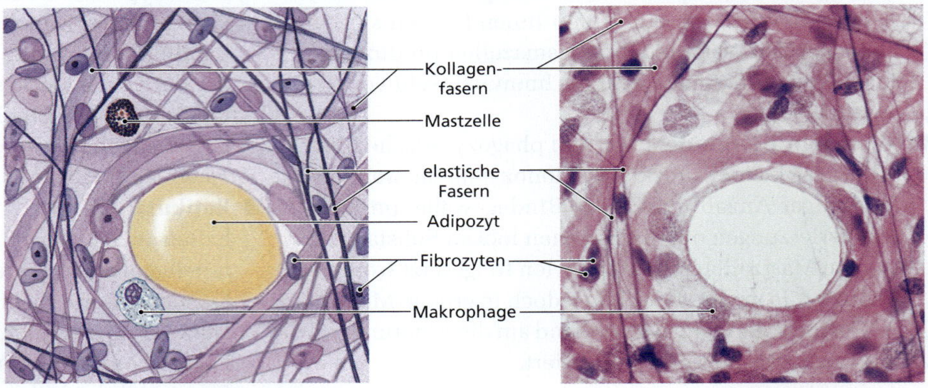

(a) lockeres kollagenes Bindegewebe

Lichtmikroskop, 380-fach

FETTGEWEBE

Vorkommen: tief unter der Haut, besonders an Seiten, Gesäß, Brüsten; Polsterung um die Augäpfel und die Nieren

Funktionen: polstert und dämpft Stöße, isoliert (reduziert Wärmeverlust), speichert Energie

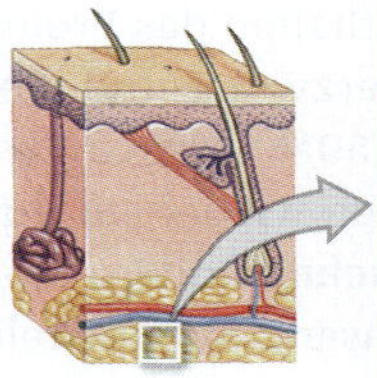

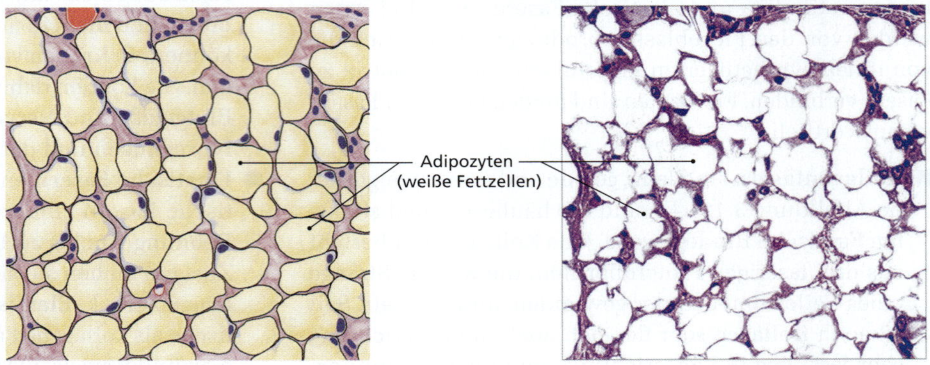

(b) Fettgewebe

Lichtmikroskop, 133-fach

RETIKULÄRES BINDEGEWEBE

Vorkommen: Leber, Nieren, Milz, Lymphknoten und Knochenmark

Funktion: Stützgerüst

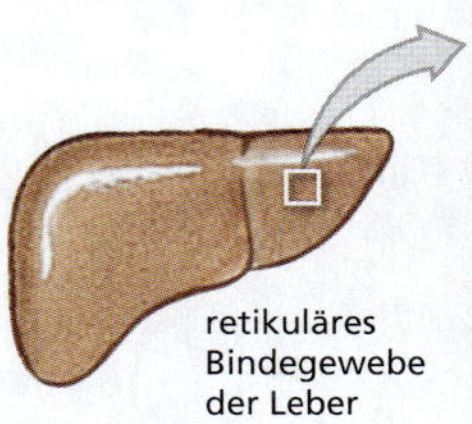

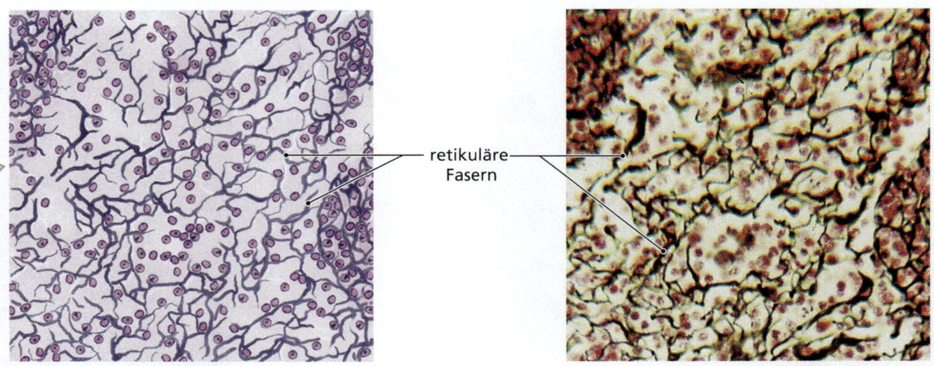

(c) Retikuläres Bindegewebe

Lichtmikroskop, 375-fach

Abbildung 3.14: **Histologie des lockeren Bindegewebes.** Es dient im Körper als Packmaterial, indem es die Lücken zwischen den anderen Strukturen füllt. (a) Lockeres kollagenes Bindegewebe. Beachten Sie die offene Struktur. Alle Zellen des Bindegewebes im eigentlichen Sinne befinden sich darin. (b) Fettgewebe ist loses Bindegewebe, in dem die Adipozyten vorherrschen. Auf normalen histologischen Schnitten sehen die Zellen leer aus, weil das Fett bei der Präparation herausgelöst wurde. (c) Retikuläres Gewebe besteht aus lockeren Retikulinfasern. Wegen der Vielzahl der Zellen, die sie umgeben, sind sie im histologischen Schnitt oft nur sehr schwer zu erkennen.

Grundsubstanz

Die zellulären und faserigen Anteile des Bindegewebes sind von der Grundsubstanz (siehe Abbildung 3.12a) umgeben. In normalem Bindegewebe ist die Grundsubstanz durchsichtig, farblos und hat etwa die Konsistenz von flüssigem Honig. Außer Hyaluronan enthält die Grundsubstanz noch weitere Glykosaminoglykane und Proteoglykane, deren Interaktionen die Konsistenz bestimmen.

Bindegewebe wird in lockeres und straffes Bindegewebe unterteilt, je nach relativem Anteil von Zellen, Fasern und Grundsubstanz.

Embryonales Bindegewebe

Das erste Bindegewebe, das im sich entwickelnden Embryo entsteht, ist das **Mesenchym**. Es besteht aus sternförmigen Zellen, die von einer Matrix umgeben sind, die sehr feine Proteinfilamente enthält. Aus diesem Bindegewebe (**Abbildung 3.13**a) entwickeln sich alle anderen Bindegewebe, einschließlich der flüssigen Bindegewebe, der Knorpel und der Knochen. **Gallertiges Bindegewebe**, die Wharton-Sulze (**Abbildung 3.13**b), ist ein loses Bindegewebe, das sich an vielen Stellen im Embryo findet, einschließlich der Nabelschnur.

Keines dieser Bindegewebe ist beim Erwachsenen noch zu finden. Es gibt jedoch in vielen Bindegewebetypen vereinzelte mesenchymale (Stamm-)Zellen, die bei der Reparatur von geschädigten oder verletzten Zellen mithelfen.

Lockeres Bindegewebe

Lockeres Bindegewebe ist sozusagen das Packmaterial des Körpers. Es füllt Lücken zwischen Organen, polstert sie und stützt Epithelien. Es umgibt und stützt auch Blutgefäße und Nerven, speichert Fett und dient als Diffusionsstrecke. Es gibt drei Arten von lockerem Bindegewebe: kollagenes Bindegewebe, Fettgewebe und retikuläres Bindegewebe.

Lockeres kollagenes Bindegewebe Das am wenigsten spezialisierte Bindegewebe des menschlichen Körpers ist das lockere kollagene Bindegewebe. Dieses Gewebe, wie in **Abbildung 3.14**a gezeigt, enthält all die Zellen und Fasern, die das eigentliche Bindegewebe auch enthält. Es bildet ein lockeres Netzwerk; zum Großteil besteht es aus Grundsubstanz. Diese zähflüssige Flüssigkeit dämpft Stöße ab; da die Fasern nur lose verbunden sind, kann lockeres kollagenes Gewebe verdreht werden, ohne Schaden zu nehmen. Die elastischen Fasern machen es einigermaßen belastbar; nach Ende des Druckes nimmt das Gewebe seine ursprüngliche Form wieder an.

Lockeres kollagenes Bindegewebe bildet eine Schicht, die die Haut von den tieferen Strukturen trennt. Zusätzlich zu einer Polsterung ermöglichen die elastischen Fasern auch eine beträchtliche unabhängige Beweglichkeit. Kneift man etwa in die Haut des Unterarms, ist der Muskel darunter davon nicht betroffen. Umgekehrt üben die Kontraktionen der Muskultur auch keinen Zug auf die Haut aus – wölbt sich der Muskel, dehnt sich das lockere kollagene Bindegewebe darüber einfach mit. Da dieses Gewebe besonders reichlich mit Blutgefäßen versorgt ist, werden Medikamente, die in die Unterhaut injiziert werden, besonders schnell in den Blutkreislauf aufgenommen.

Zusätzlich zur Anlieferung von Sauerstoff und Nährstoffen und dem Abtransport von Kohlendioxid und Abfallstoffen tragen die Kapillaren (die kleinsten Blutgefäße) im lockeren kollagenen Bindegewebe freie Zellen in das Gewebe und wieder hinaus. Epithelien liegen gewöhnlich auf einer Schicht lockeren kollagenen Bindegewebes; Fibrozyten sind für die Aufrechterhaltung der *Lamina densa* der Basallamina verantwortlich. Die Epithelzellen sind von der Diffusion durch diese Basallamina abhängig; die Kapillaren des darunterliegenden Bindegewebes versorgen es mit Sauerstoff und Nährstoffen.

Fettgewebe Fast alle Arten von lockerem Bindegewebe enthalten Adipozyten. An verschiedenen Stellen können sie in so reichlichen Mengen vorkommen, dass das Gewebe sein normales bindegewebiges Aussehen verliert; man nennt es dann Fettgewebe. In lockerem kollagenem Bindegewebe machen Grundsubstanz und Fasern den Großteil des Volumens aus; im Fettgewebe hingegen sind es die Fettzellen, die wie Trauben dicht gepackt sind (**Abbildung 3.14**b).

Es gibt zweierlei Fettgewebe, weißes und braunes Fett. **Weißes Fett**, das bei Erwachsenen vorherrscht, ist blassgelb. Adipozyten (weiße Fettzellen genannt) sind relativ inert. Sie enthalten einen einzigen großen Fetttropfen und werden daher als univakuolär (lat.: unus = einer; vacuus = leer, Vakuole = leerer Raum) bezeichnet. Das Fetttröpfchen beansprucht fast den gesamten Raum im Zytoplasma. Der Zellkern und die übrigen Organellen werden dabei ganz an den Rand gedrängt, sodass die Zelle im histologischen Schnittbild wie ein Siegelring aussieht. Weißes Fettgewebe polstert, dämpft Stöße ab, isoliert durch Verringerung des Wärmeverlusts durch die Haut und füllt Lücken um die Organe. Es sammelt sich unter der Haut am Bauch, den Seiten, dem Gesäß und den Brüsten. Es füllt auch die knöchernen Augenhöhlen hinter den Augäpfeln, umgibt die Nieren und dominiert große Bereiche des losen Bindegewebes in der Perikard- und der Bauchhöhle.

Säuglinge und Kinder haben mehr **braunes Fett** als Erwachsene. Das Fett wird in den braunen Fettzellen in zahlreichen Vakuolen im Zytoplasma gespeichert; man nennt sie daher multivakuoläre Fettzellen. Dieses Gewebe ist sehr gut durchblutet; die einzelnen Zellen enthalten reichlich Mitochondrien, die dem Gewebe die namensgebende dunkelbraune Farbe verleihen. Braunes Fett ist biochemisch sehr aktiv; es ist für die Temperaturregulierung Neugeborener und kleiner Kinder von Bedeutung. Bei der Geburt funktionieren die normalen Mechanismen der Temperaturregulierung noch nicht vollständig. Braunes Fett, das sich zwischen den Schulterblättern, am Hals und wohl noch an anderen Orten im Oberkörper der Neugeborenen befindet, kann die Körpertemperatur ohne Muskelzittern schnell anheben. Es ist mit sympathischen autonomen Nervenfasern versorgt. Werden diese stimuliert, beschleunigt sich die Lipolyse im braunen Fett: Die Energie, die beim

AUS DER PRAXIS

Fettabsaugung

Eine bekannte Methode der Bekämpfung von Übergewicht ist die Fettabsaugung (Liposuktion). Es handelt sich dabei um einen operativen Eingriff zur Entfernung unerwünschter Fettpolster. Fettgewebe ist flexibel, aber nicht so elastisch wie lockeres kollagenes Bindegewebe; es reißt relativ leicht. Bei der Fettabsaugung wird ein Tubus durch einen kleinen Hautschnitt in das Fettgewebe vorgeschoben. Ein Sauger wird angeschlossen. Gewebestücke mit Fettzellen, anderen Zellen, Fasern und Grundsubstanz können so abgesaugt werden. Die Fettabsaugung ist die häufigste Schönheitsoperation; in Deutschland werden jährlich etwa 250.000 Eingriffe durchgeführt.

Die Medien berichten häufig davon; die Methode wird oft als leicht, sicher und effektiv angepriesen. In Wirklichkeit ist sie das jedoch längst nicht immer; sie kann auch gefährlich sein und nur mäßig erfolgreich. Die Dichte des Fettgewebes variiert in Abhängigkeit von der Lokalisation und zwischen Individuen stark; es lässt sich nicht immer leicht durch einen Tubus heraussaugen. Blutgefäße werden überdehnt und reißen, es kann zu starken Einblutungen in das Gewebe kommen. Zur Schmerzbetäubung ist eine Narkose erforderlich, die riskant sein kann: Herzinfarkte, Lungenembolien und Elektrolytentgleisungen können lebensbedrohlich sein. Die Mortalität der Fettabsaugung liegt bei 1 zu 5000. Letztendlich kann sich das Fettgewebe aber auch regenerieren; die Adipozyten wachsen wieder nach. Um das Operationsergebnis nicht zu gefährden, muss ein Lebensstil mit einer vernünftigen Diät und viel körperlicher Bewegung geführt werden. Im Laufe der Zeit kann ein solcher Lebensstil jedoch allein denselben Gewichtsverlust bewirken, ganz ohne die Kosten und Risiken einer operativen Fettabsaugung.

Abbau der Fettsäuren freigesetzt wird, strahlt als Wärme in das umliegende Gewebe ab. Dadurch wird das Blut, das durch das braune Fettgewebe fließt, erwärmt und verteilt die Wärme im restlichen Körper. Auf diese Art kann der Säugling die metabolische Wärmegewinnung sehr schnell verdoppeln. Mit fortschreitendem Alter und zunehmender Größe stabilisiert sich die Körpertemperatur; die Bedeutung des braunen Fettes nimmt ab. Erwachsene haben, wenn überhaupt, kaum noch braunes Fettgewebe.

Retikuläres Bindegewebe Bindegewebe, das aus retikulären Fasern, Makrophagen, Fibroblasten und Fibrozyten besteht, wird als retikuläres Bindegewebe bezeichnet (**Abbildung 3.14**c). Die Fasern des retikulären Gewebes bilden das Stroma der Leber, der Milz, der Lymphknoten und des Knochenmarks. Die ortsständigen Makrophagen, Fibroblasten und Fibrozyten sind im retikulären Bindegewebe selten zu erkennen, da sie gegen die Parenchymzellen dieser Organe deutlich in der Minderzahl sind.

Straffes kollagenes Bindegewebe

Fasern machen den Großteil des Volumens von straffem Bindegewebe aus. Man nennt es oft auch straffes **kollagenfaseriges Bindegewebe**, da Kollagenfasern dominieren. Im Körper gibt es zwei Arten straffen Bindegewebes: parallelfaseriges und geflechtartiges straffes Bindegewebe.

Straffes parallelfaseriges Bindegewebe Hier sind die Kollagenfasern dicht gepackt und parallel zu den auftretenden Zugkräften angeordnet. Die vier wichtigsten Beispiele für diesen Gewebetyp sind Sehnen, Aponeurosen, elastisches Bindegewebe und Bänder.

- **Sehnen** (**Abbildung 3.15**a) sind Stränge aus dichtem parallelfaserigem Bindegewebe, die Skelettmuskeln an Knochen und Knorpel befestigen. Die Kollagenfasern laufen parallel zur Längsachse der Sehne und übertragen den Zug des kontrahierenden Muskels auf den Knochen oder den Knorpel. Zwischen den Fasern finden sich große Mengen von Tenozyten (Zelle einer Sehne).
- **Aponeurosen** sind flächige Sehnen. Sie lassen sich beispielsweise an den schrägen Bauchmuskeln nachweisen.
- **Elastisches Bindegewebe** enthält reichlich elastische Fasern. Da es mehr elastische als kollagene Fasern gibt, ist das gesamte Gewebe federnd und elastisch. Durch seine Fähigkeit, sich zu dehnen und wieder zusammenzuziehen, toleriert es wiederholte Dehnungen und Kontraktionen. Elastisches Bindegewebe befindet sich oft unter Übergangsepithel (siehe Abbildung 3.7b); man findet es auch in den Wänden von Blutgefäßen und um die Atemwege herum.
- **Bänder** ähneln den Sehnen, doch sie verbinden meist Knochen untereinander. Sie enthalten neben den kollagenen Fasern auch signifikante Mengen an elastischen Fasern und tolerieren daher eine gewisse Dehnung. Die elastischen Bänder haben einen noch höheren Anteil an elastischen Fasern; sie erinnern an dicke Gummibänder. Man findet elastische Bänder ausschließlich an der Wirbelsäule *(Ligg. flava)*, wo sie eine wichtige Rolle bei der Stabilisierung der einzelnen Wirbel spielen (**Abbildung 3.15**b).

Geflechtartiges straffes Bindegewebe Die Fasern im geflechtartigen straffen Bindegewebe bilden ein unregelmäßiges verwobenes Netzwerk (**Abbildung 3.15**c). Dieses Gewebe verleiht Stabilität und Stütze dort, wo Belastungen von verschiedenen Seiten auftreten. Eine Schicht geflechtartigen straffen Bindegewebes, die **Dermis**, verleiht der Haut ihre Stabilität. Ein Stück gehärtetes Leder (die Dermis

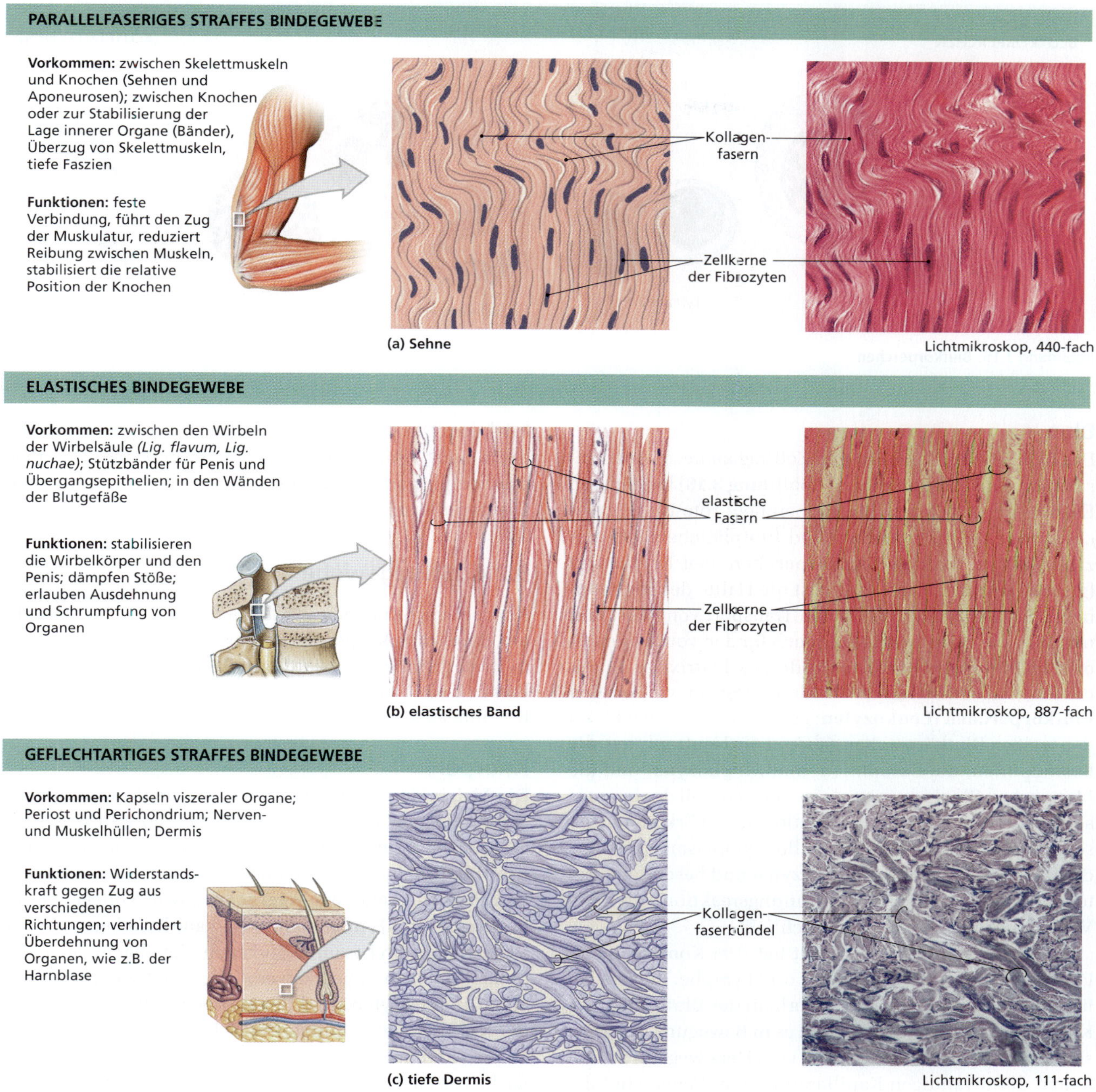

Abbildung 3.15: Histologie des straffen Bindegewebes. (a) Parallelfaseriges straffes Bindegewebe in einer Sehne besteht aus dicht gepackten, parallel angeordneten Kollagenfaserbündeln. Die Zellkerne der Fibrozyten liegen abgeflacht zwischen den Fasern. Die meisten Bänder sind aufgebaut wie Sehnen. (b) Parallelfaseriges straffes Bindegewebe in einem elastischen Band. Elastische Bänder verbinden die Wirbelkörper miteinander. Die elastischen Faserbündel sind dicker als die Kollagenfaserbündel in Sehnen oder Bändern. (c) Straffes geflechtartiges Bindegewebe. Der tiefere Abschnitt der Dermis der Haut besteht aus einer dicken Schicht verwobener Kollagenfasern, die in verschiedenen Richtungen angeordnet sind.

des Tieres) veranschaulicht gut die Geflechtstruktur dieses Gewebes. Von den Gelenken abgesehen bildet geflechtartiges straffes Bindegewebe eine Hülle um den Knorpel (das *Stratum fibrosum* des Perichondrium) und den Knochen (das Periost). Es bildet auch die dichten faserigen **Kapseln**, die innere Organe, wie Leber, Nieren und Milz, sowie die Gelenkhöhlen umgeben.

3.2.3 Flüssiges Bindegewebe

Blut und **Lymphe** sind Bindegewebe mit einer charakteristischen Zellpopulation in einer flüssigen Matrix. Die wässrige Matrix von Blut und Lymphe enthält außer den Zellen viele verschiedene gelöste Proteine, die unter normalen Umständen keine unlöslichen Fasern miteinander bilden.

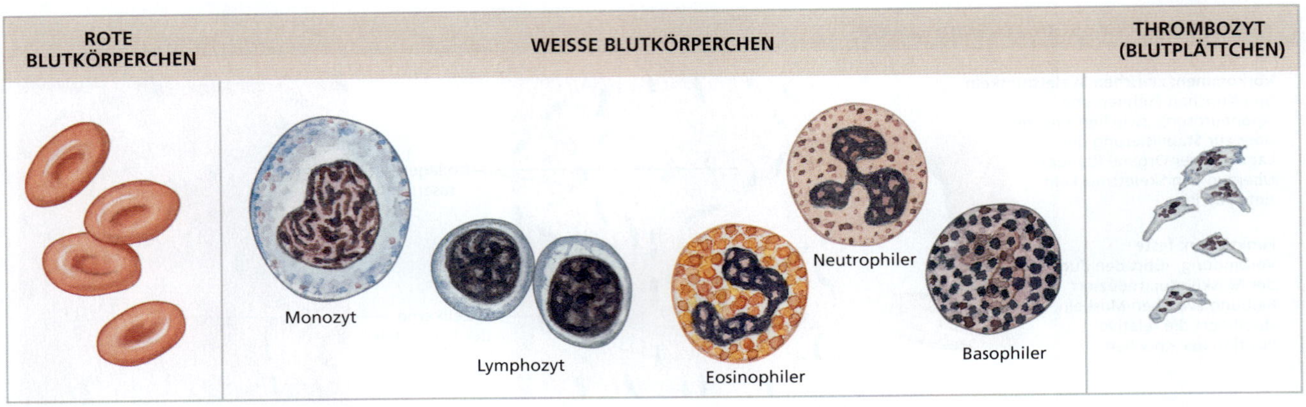

Abbildung 3.16: **Blutkörperchen.**

Blut

Das Blut enthält Blutzellen und Zellfragmente, die man zusammen als Blutkörperchen (**Abbildung 3.16**) bezeichnet. Es gibt drei Arten von Blutkörperchen: rote Blutkörperchen, weiße Blutkörperchen und Blutplättchen. Ein einziger Zelltyp, das **rote Blutkörperchen** oder **Erythrozyt** (griech.: erythros = rot) stellt fast die Hälfte des Blutvolumens. Erythrozyten sind für den Transport von Sauerstoff und in etwas geringerem Maße auch für den von Kohlendioxid im Blut verantwortlich. Die flüssige Matrix des Blutes, das Plasma, enthält außerdem kleine Mengen von **weißen Blutkörperchen** (**Leukozyten**; griech.: leukos = weiß). Zu den weißen Blutkörperchen gehören die Neutrophilen, die Eosinophilen, die Basophilen, die Lymphozyten und die Monozyten. Sie sind ein wichtiger Bestandteil der Immunabwehr, die den Körper vor Infektionen und Erkrankungen schützt. Winzige membranumhüllte Zytoplasmapäckchen, die **Blutplättchen**, enthalten Enzyme und besondere Proteine. Sie werden bei der Gerinnungsreaktion aktiv, die Verletzungen der Gefäßwände schließt.

Die extrazelluläre Flüssigkeit hat drei Komponenten: Plasma, interstitielle Flüssigkeit und Lymphe. **Plasma** befindet sich in der Regel nur innerhalb der Blutgefäße; die Kontraktionen des Herzes halten es in Bewegung. Arterien sind die Blutgefäße, die das Blut vom Herz weg hin zu den feinen dünnwandigen Kapillaren führen. Venen sind die Blutgefäße, die das Blut von den Kapillaren wieder zum Herz zurückführen und damit den Blutkreislauf schließen. Im Gewebe werden Wasser und kleine lösliche Moleküle durch Filtration aus den Kapillaren in die **interstitielle Flüssigkeit**, die die Körperzellen umspült, geleitet. Der Hauptunterschied zwischen Plasma und interstitieller Flüssigkeit ist, dass das Plasma eine große Menge gelöster Proteine enthält.

Lymphe

Lymphe entsteht als interstitielle Flüssigkeit und tritt dann in die **Lymphbahnen** ein: schmale Gänge, die sie in den Blutkreislauf zurückführen. Unterwegs überwachen die Zellen der Immunabwehr die Zusammensetzung der Lymphe und reagieren auf Zeichen einer Verletzung oder Infektion. Die Anzahl der Zellen in der Lymphe schwankt, doch meist sind es bis zu 99 % Lymphozyten. Den Rest machen phagozytotische Makrophagen, Neutrophile und Eosinophile aus.

3.2.4 Stützgewebe

Knorpel und Knochen werden als Stützgewebe bezeichnet, da sie dem Körper ein stabiles Grundgerüst verleihen. In dieser Bindegewebeart enthält die Matrix zahlreiche Fasern und in manchen Fällen Ablagerungen unlöslicher Kalziumsalze.

Knorpel

Die Matrix des Knorpelgewebes ist eine druckelastische Struktur (kehrt nach Druckbeanspruchung in den Ausgangszustand zurück), die Glykosaminoglykane, wie **Chondroitinsulfat** (griech.: chondros = das Korn, der Knorpel), und Proteoglykane, wie **Aggrecan**, sowie Kollagenfasern (Kollagen Typ II) enthält. Proteoglykane bestehen aus einer Vielzahl von Glykosaminoglykanen, die über ein gemeinsames Protein miteinander verbunden sind. Knorpelzellen, oder Chondrozyten, sind die einzigen Zellen, die man in der Knorpelmatrix findet. Die Zellen leben scheinbar in kleinen Kammern, die als **Lakunen** (Vertiefung in der Oberfläche von Organen, Muskel- oder Gefäßlücke; lat.: lacuna = die Vertiefung, die Höhle, die Bucht) bezeichnet werden. Die mechanischen Eigenschaften des Knorpels sind von der Konsistenz der Matrix abhängig. Kollagenfasern verleihen Zugfestigkeit und halten Glykosaminoglykane und Proteoglykane im Knorpel. Gemeinsam sorgen Kollagenfasern, Glykosaminoglykane und Proteoglykane für eine wasserkissenartige Struktur des Knorpels.

Knorpel ist avaskulär, da die Chondrozyten Substanzen produzieren, die das Einwachsen von Blutgefäßen hemmen. Ein- und Ausfuhr von Nährstoffen und Abfallprodukten muss gänzlich durch Diffusion durch die Matrix vonstattengehen. Knorpel ist gewöhnlich durch das faserige **Perichondrium** vom umliegenden Gewebe getrennt (**Abbildung 3.17**a). Das Perichondrium hat zwei getrennte Schichten: die äußere faserige Schicht aus geflechtartigem

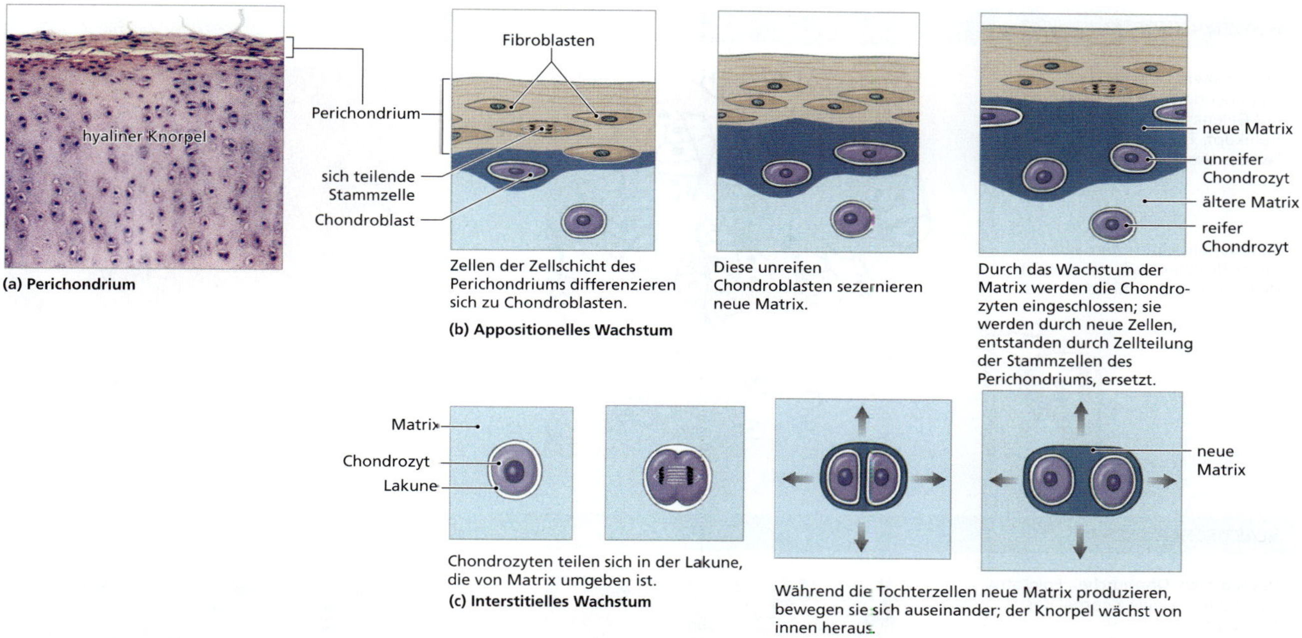

Abbildung 3.17: **Entstehung und Wachstum von Knorpel.** (a) Diese lichtmikroskopische Aufnahme zeigt den Aufbau eines kleinen Stückes hyalinen Knorpels mit dem umgebenden Perichondrium (beispielsweise Rippenknorpel). (b) Appositionelles Wachstum. Der Knorpel wächst von seiner Außenfläche aus durch Differenzierung der Fibroblasten zu Chondrozyten in der Zellschicht des Perichondrium. (c) Interstitielles Wachstum. Der Knorpel wächst von innen heraus, indem sich die Chondrozyten teilen, wachsen und neue Matrix produzieren.

AUS DER PRAXIS

Knorpel und Knieverletzungen

Das Knie ist ein extrem komplexes Gelenk, das sowohl hyalinen als auch Faserknorpel enthält. Der hyaline Knorpel überzieht die Knochenoberflächen, während Keile von Faserknorpel, die Menisken (Singular: Meniskus), im Inneren des Gelenks als zusätzliche transportable Gelenkflächen dienen. Bei Sportverletzungen kommt es oft zu Einrissen der Menisken oder der Haltebänder; der Verlust von Stütze und Abpolsterung belastet den hyalinen Knorpel im Gelenk noch mehr und die Schädigung des Gelenks nimmt zu. Gelenkknorpel ist nicht nur avaskulär; ihm fehlt auch ein Perichondrium. Daher heilt er noch langsamer als anderer Knorpel. Operationen führen oft nur zu einer temporären und unvollständigen Besserung. Aus diesem Grund gibt es z. B. im Handballsport zunehmend Training zur Steigerung der Propriozeption (Tiefenwahrnehmung). Entsprechend geschulte und trainierte Handballspieler haben nachweislich ein geringeres Risiko, Meniskus- und Kniebandverletzungen zu erleiden.

Neuere Entwicklungen haben es Forschern ermöglicht, Faserknorpel im Labor zu züchten. Chondrozyten aus dem Knie verletzter Patienten werden in einem künstlichen Kollagengerüst kultiviert. So entsteht Faserknorpelmasse, die in die verletzten Gelenke implantiert wird. Im Laufe der Zeit verändert sie ihre Form und wächst, wodurch die normale Gelenkfunktion wiederhergestellt ist. Diese sehr arbeitsaufwendige Behandlungsmethode wird bei schweren Gelenkverletzungen angewandt, besonders bei Sportlern. Die Wiederherstellung des hyalinen Gelenkknorpels ist derzeit nur unzureichend möglich

straffem Bindegewebe und die innere Zellschicht. Die faserige Schicht dient als mechanische Stütze und Schutz und verbindet den Knorpel mit anderen Strukturen. Die Zellschicht ist für Wachstum und Versorgung des Knorpels verantwortlich.

KNORPELWACHSTUM Knorpel wächst auf zweierlei Weisen (**Abbildung 3.17**b und c): Beim **appositionellen Wachstum** teilen sich die Stammzellen der inneren Schicht des Perichondriums wiederholt. Die am weitesten innen gelegenen Zellen differenzieren sich zu Chondroblasten, die mit der Produktion von Knorpelmatrix beginnen. Sobald sie vollständig von Matrix umgeben sind, differenzieren sie sich zu Chondrozyten weiter. Bei dieser Art zu wachsen vergrößert sich der Knorpel langsam durch Ergänzung von der Außenseite her. Außerdem können sich die Chondrozyten in der Matrix ebenfalls teilen; ihre Tochterzellen produzieren zusätzliche Matrix. Dieser Vorgang vergrößert den Knorpel von innen her, als ob ein Ballon aufgeblasen wird; man nennt ihn **interstitielles Wachstum**. In erwachsenem

HYALINER KNORPEL

Vorkommen: zwischen den Rippenenden und dem Sternum, auf Gelenkflächen der Knochen; Kehlkopf, Trachea und Bronchien; Teil des Nasenseptums

Funktionen: gibt festen, aber etwas flexiblen Halt, vermindert Reibung zwischen Knochenflächen

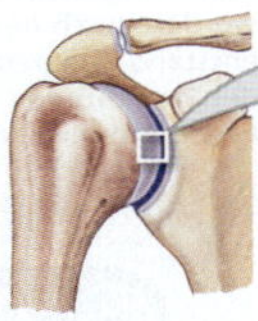

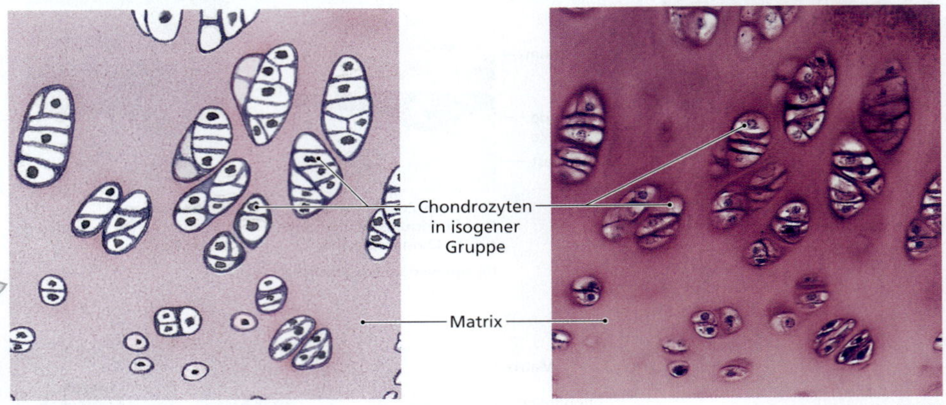

(a) Hyaliner Knorpel

LM × 500

ELASTISCHER KNORPEL

Vorkommen: Ohrmuschel, Epiglottis, Gehörgang, kleine Knorpel des Kehlkopfs

Funktionen: Stütze; toleriert jedoch Zug, ohne zu reißen, kehrt in die ursprüngliche Form zurück

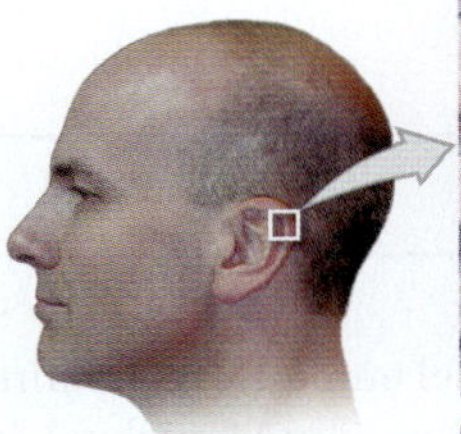

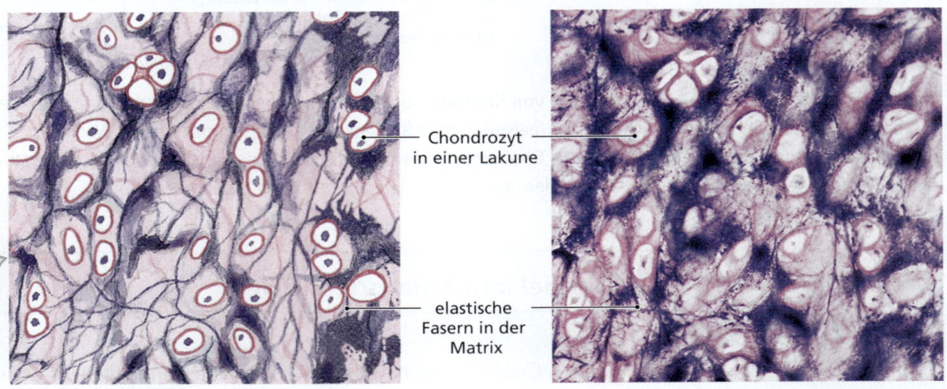

(b) Elastischer Knorpel

LM × 358

FASERKNORPEL

Vorkommen: Menisken im Knie, Symphyse, Bandscheiben

Funktionen: widersteht Druck, verhindert Kontakt zwischen Knochen, limitiert Beweglichkeit

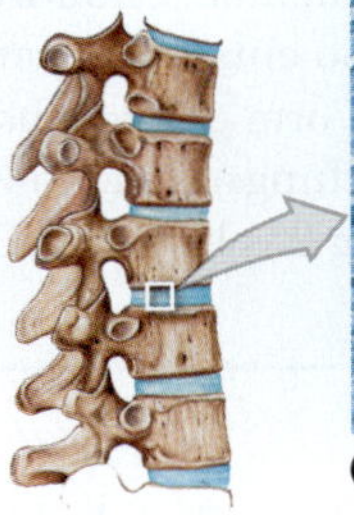

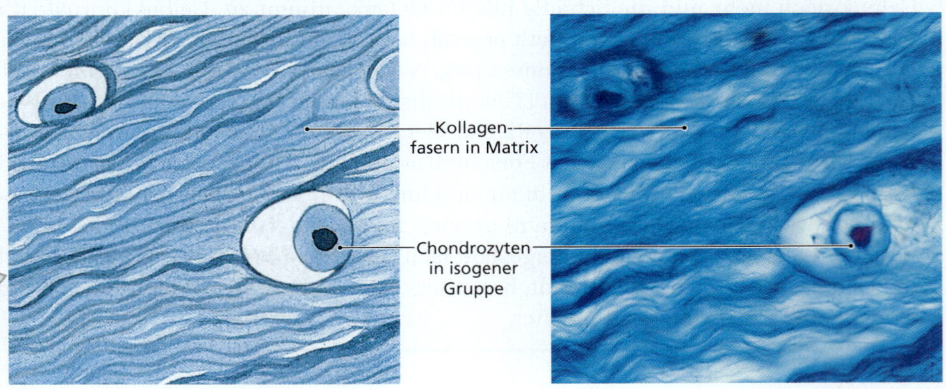

(c) Faserknorpel

LM × 1000

Abbildung 3.18: Histologie der drei Knorpeltypen. Knorpel ist ein Stützgewebe mit einer festen druckelastischen Matrix. (a) Hyaliner Knorpel. Aufgrund des geringen Durchmessers sind die Kollagenfasern in der konventionellen Färbung nicht darstellbar. (b) Elastischer Knorpel. Zwischen den Chondrozyten sind die dicht gepackten elastischen Fasern zu erkennen. (c) Faserknorpel. Die Kollagenfasern sind aufgrund ihres Durchmessers gut darstellbar.

Knorpel kommt es weder zu appositionellem noch zu interstitiellem Wachstum; nach einer schweren Verletzung kann Knorpel sich nicht regenerieren.

Knorpeltypen Es gibt drei Hauptknorpeltypen: hyaliner Knorpel, elastischer Knorpel und Faserknorpel.

- **Hyaliner Knorpel** (griech.: hyalos = durchsichtiger, glasartiger Stein; Glas) ist der häufigste Knorpeltyp. Die Matrix des hyalinen Knorpels enthält dicht gepackte Kollagenfasern vom Typ II. Obwohl er fest und dabei etwas flexibel ist, ist dies der anfälligste Knorpeltyp. Da sich die Kollagenfasern der Matrix nicht gut anfärben lassen, sind sie im Lichtmikroskop nicht immer sichtbar (**Abbildung 3.18**a). Die Knorpelzellen liegen in sog. isogenen Gruppen zusammen. Die Matrix zwischen und um die Zellen einer isogenen Gruppe wird territoriale Matrix genannt. Die Matrix zwischen zwei isogenen Gruppen wird als interterritoriale Matrix bezeichnet. Beispiele für diesen Knorpeltyp beim Erwachsenen sind 1. die Verbindung zwischen den Rippen und dem Sternum, 2. die Knorpelspangen der großen Atemwege und 3. der **Gelenkknorpel**, der gegenüberliegende Knochenflächen innerhalb der Gelenke, wie Knie oder Ellenbogen, überzieht.
- **Elastischer Knorpel** enthält elastische Fasern, die ihn extrem belastbar und flexibel machen. Unter anderem bildet elastischer Knorpel die Ohrmuschel (**Aurikula** oder **Pinna**; siehe Abbildung 3.18b), die Epiglottis, den äußeren **Gehörgang** und die kleinen Knorpel (Cartilago cuneiformis) des Kehlkopfs. Obwohl das Knorpelgewebe an der Nasenspitze sehr flexibel ist, ist man sich nicht darüber einig, ob es sich dabei um „echten" elastischen Knorpel handelt, da er weniger elastische Fasern enthält als etwa der an der Ohrmuschel oder der Epiglottis.
- **Faserknorpel** hat wenig Grundsubstanz, nicht unbedingt ein Perichondrium, und die Matrix ist mit reichlich kräftigen Kollagenfasern versehen (siehe Abbildung 3.18c). Faserknorpelplatten befinden sich in hochbelasteten Bereichen, wie etwa zwischen den Wirbeln, in der Symphyse, in den Menisken und im Ansatz- und Gleitareal von Sehnen (Gleitsehnen). Sie fangen Druck ab, dämpfen Stöße und reduzieren Reibungsverluste. Die Kollagenfasern sind entlang der Richtung der Belastung am jeweiligen Ort ausgerichtet. Knorpel heilt langsam und schlecht; verletzte Menisken können die normale Beweglichkeit stören und ihre Funktion nur noch eingeschränkt übernehmen.

Knochen

Da der histologische Aufbau von Knochen oder ossärem Gewebe (lat.: os = das Gebein, der Knochen) in Kapitel 5 im Detail besprochen wird, beschränkt sich dieser Abschnitt auf die Beschreibung signifikanter Unterschiede zwischen Knorpel und Knochen. Die Gemeinsamkeiten und Unterschiede sind in Tabelle 3.2 zusammengefasst. Etwa ein Drittel der Knochenmatrix besteht aus Kollagenfasern. Ergänzt werden diese durch eine Mischung verschiedener Kalziumsalze, hauptsächlich Kalziumphosphat und geringeren Mengen an Kalziumkarbonat. Diese Kombination verleiht dem Knochen sehr bemerkenswerte Eigenschaften. Für sich allein sind Kalziumsalze fest, aber eher brüchig. Kollagenfasern sind schwächer, aber relativ flexibel. Im Knochen sind die Mineralsalze um das Kollagengerüst herum angeordnet. Das Ergebnis ist eine stabile, leicht flexible Struktur, die ausgesprochen bruchfest ist. Die Struktur des Knochens kann mit der von Stahlbeton verglichen werden.

Der allgemeine Aufbau der Knochenstruktur ist in **Abbildung 3.19** dargestellt. Lakunen innerhalb der Matrix ent-

Merkmal	Knorpel	Knochen
Zellen	Chondrozyten in Lakunen	Osteozyten in Lakunen
Matrix	Glykosaminoglykane, wie Chondroitinsulfat, Proteoglykane	Unlösliche Kalziumphosphat- und -karbonatkristalle als Hydroxylapatit
Fasern	Kollagenfasern (Typ I und II), elastische Fasern und retikuläre Fasern in unterschiedlicher Zusammensetzung	Vornehmlich Kollagenfasern (Typ I)
Durchblutung	Keine (hyaliner, elastischer Knorpel); schwach (Faserknorpel)	Sehr gut
Überzug	Perichondrium (Ausnahme: Gelenkknorpel), zweischichtig	Periost, zweischichtig
Stabilität	Eingeschränkt: lässt sich drücken, biegen, reißt nur schwer	Hoch: Widersteht Biegekräften bis zum Bruchpunkt
Wachstum	Interstitiell und appositionell	appositionell und enchondral (innerhalb des Knorpels)
Regenerationsfähigkeit	Eingeschränkt	Sehr ausgeprägt
Sauerstoffverbrauch	Gering	Hoch
Nährstoffversorgung	Per Diffusion durch die Matrix	Per Diffusion durch das Zytoplasma und Flüssigkeit in den Kanalikuli

Tabelle 3.2: **Knorpel und Knochen im Vergleich.**

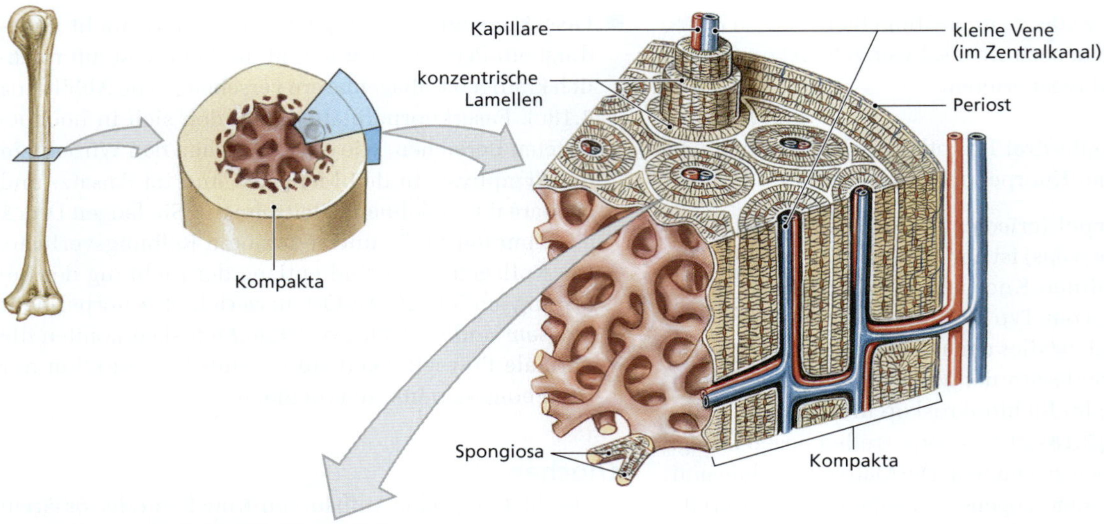

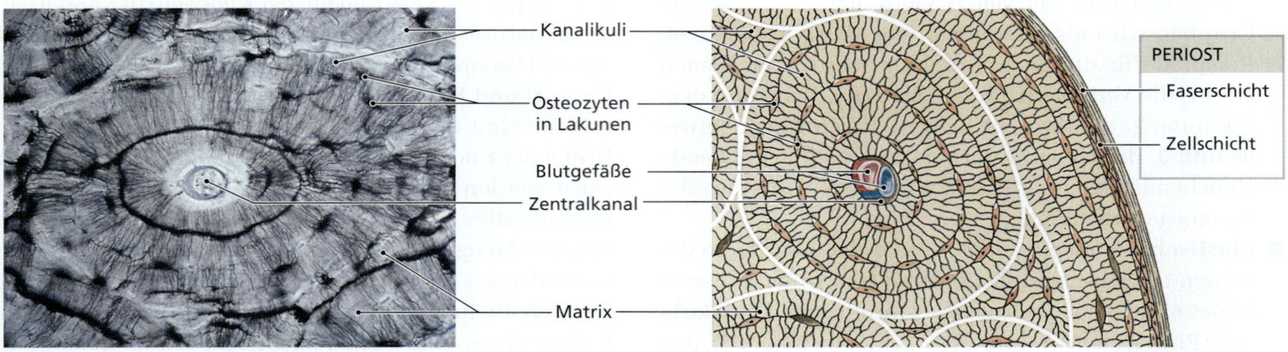

Abbildung 3.19: Anatomie und histologischer Aufbau von Knochen. Knochen ist ein Stützgewebe mit fester Matrix. Die Osteozyten liegen eingemauert zwischen den einzelnen Lamellen. Die Verbindungen zwischen den einzelnen Osteozyten sind gut zu erkennen. Zentral in der Baueinheit des Knochens liegen Blutgefäße. Für die lichtmikroskopische Aufnahme wurde ein Knochenscheibchen so dünn geschnitten, dass es durchsichtig ist. Die Lakunen haben sich während dieser Präparation mit Knochenstaub gefüllt, weshalb sie dunkel erscheinen.

halten die Knochenzellen **(Osteozyten)**. Die Lakunen sind oft konzentrisch um die Blutgefäße herum angeordnet, die die Knochenmatrix durchziehen. Obwohl eine Diffusion durch Kalziumsalze hindurch nicht möglich ist, stehen die Osteozyten über die Blutgefäße und durch dünne Zellausläufer miteinander in Verbindung. Die Ausläufer ziehen durch lange schmale Kanäle in der Matrix. Diese **Kanalikuli** („kleine Kanäle") bilden ein verzweigtes Netzwerk. Zwischen der Osteozytenoberfläche und der knöchernen Begrenzung der Lakunen bzw. der Kanalikuli befindet sich ein schmaler Flüssigkeitsfilm, der dem Austausch von Nährstoffen, Mineralien und Gasen zwischen Blutgefäßen und den Osteozyten dient. Es gibt zwei Arten von Knochensubstanz: die *Substantia compacta*, die Blutgefäße in der Matrix enthält, sowie die *Substantia spongiosa*, bei der dies nicht der Fall ist.

Fast alle Außenflächen der Knochen sind mit dem **Periost** umhüllt, das eine äußere faserige und eine innere zelluläre Schicht hat. Das Periost ist nur an den Gelenken unterbrochen. Es unterstützt die Verbindung der Knochen mit dem umliegenden Gewebe und mit Sehnen und Bändern. Die Zellschicht dient dem Knochenwachstum, der Ernährung und der Reparatur nach Verletzungen. Anders als Knorpel unterliegt der Knochen einem ständigen umfangreichen Umbau; auch nach schweren Schädigungen kann er sich wieder ganz regenerieren. Knochen reagieren auch auf die Belastung, die sie erfahren; körperliches Training macht sie dicker und stärker, Inaktivität hingegen dünner und brüchiger.

AUFGABEN

1. Zählen Sie die drei gemeinsamen Hauptkomponenten aller Bindegewebe auf.
2. Was ist der Hauptunterschied zwischen Bindegewebe im eigentlichen Sinne und Stützgewebe?
3. Welches sind die beiden Zellarten in Bindegewebe? Welche Zellen gehören zu diesen Klassen?
4. Ein Mangel an Vitamin C in der Nahrung beeinträchtigt die Fähigkeit der Fibroblasten, Kollagen zu produzieren. Welchen Einfluss hat dies auf das Bindegewebe?

Oberflächenstrukturen 3.3

Epithelien und Bindegewebe bilden gemeinsam die äußeren Begrenzungen des Körpers nach außen und nach innen. Jede Oberflächenstruktur besteht aus einer Epithelplatte oder epithelartigen Platte mit einer darunterliegenden Bindegewebeschicht. Oberflächenstrukturen bedecken und beschützen andere Strukturen und Organe des Körpers. Es gibt vier Arten von Oberflächenstrukturen: die Schleimhaut, seröse Häute, die Haut und die Synovialmembran.

3.3.1 Schleimhaut

Schleimhäute kleiden Durchgänge des Körpers aus, die mit der Außenwelt in Verbindung stehen, wie im Verdauungs- und Fortpflanzungstrakt und an den Harn- und Atemwegen (**Abbildung 3.20a**). Schleimhäute (oder Tunicae mucosae oder Mukosa) bilden eine Barriere gegen Pathogene. Die Epitheloberfläche wird stets feucht gehalten, entweder durch Schleim oder andere Drüsensekrete oder durch vorbeifließende Flüssigkeiten, wie Urin oder Samenflüssigkeit. Das lockere kollagene Bindegewebe der Schleimhaut heißt

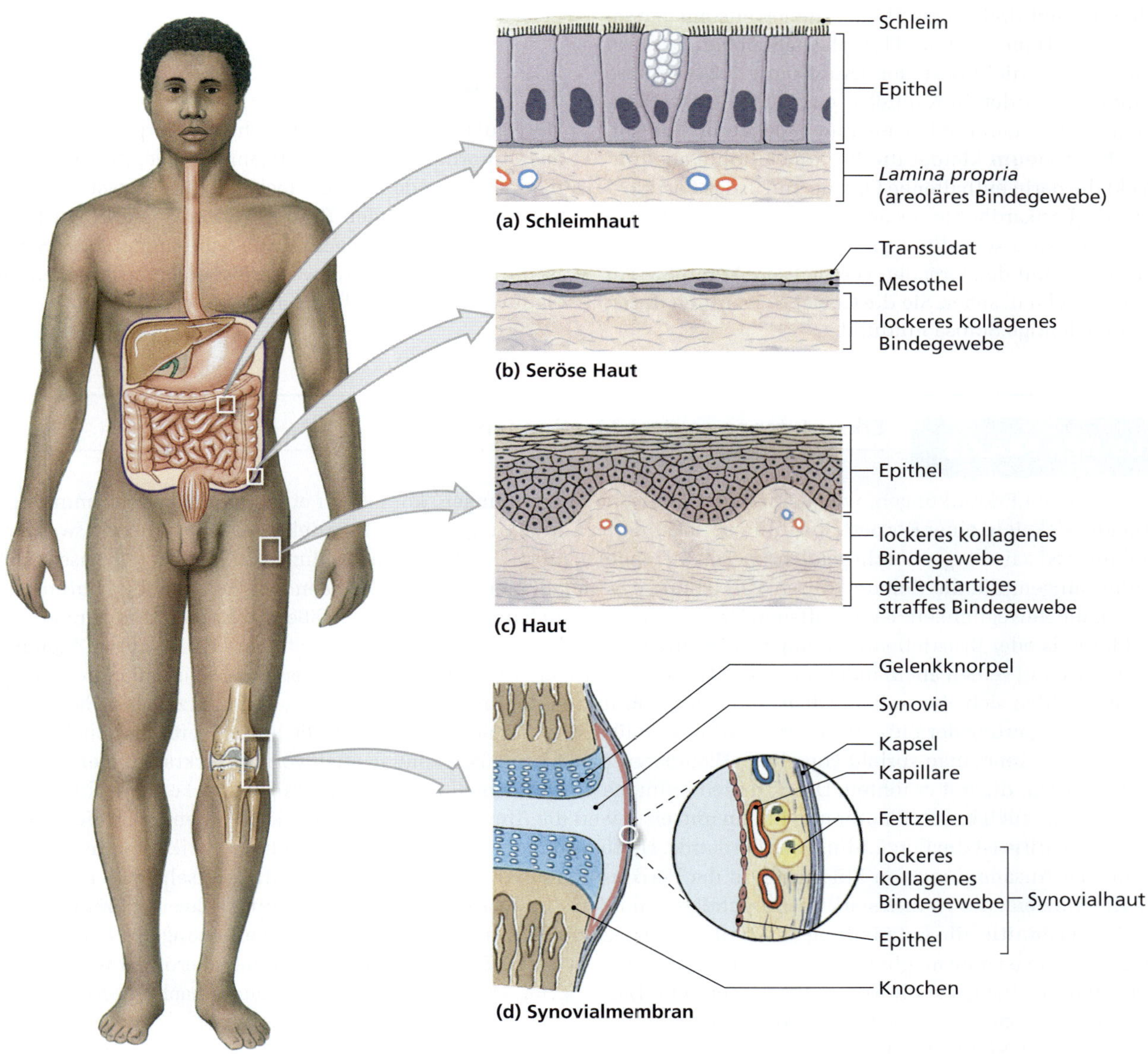

Abbildung 3.20: Oberflächenstrukturen. Oberflächenstrukturen bestehen aus Epithel und Bindegewebe; sie schützen und bedecken andere Gewebe und Strukturen. (a) Schleimhäute sind mit dem Sekret der schleimbildenden Drüsen bedeckt. Sie kleiden weite Teile des Verdauungstrakts und der Atemwege sowie Teile des Fortpflanzungstrakts und der Harnwege aus. (b) Seröse Häute kleiden Pleura-, Perikard- und Peritonealhöhle aus. (c) Die Haut überzieht die Außenfläche des Körpers. (d) Die Synovialmembran kleidet Gelenke innen aus und produziert die Gelenkflüssigkeit.

Lamina propria. Die *Lamina propria* bildet eine Brücke, die das Epithel mit den darunterliegenden Strukturen verbindet. Es stützt auch die Blutgefäße und Nerven, die das Epithel versorgen. Der Aufbau spezieller Schleimhäute wird in späteren Kapiteln besprochen.

Viele Schleimhäute sind mit einem einschichtigen Epithel überzogen, das absorbieren und resorbieren kann. Ein Beispiel hierfür ist das einschichtige Zylinderepithel des Verdauungstrakts. Es können jedoch auch andere Epithelarten vorkommen, wie etwa das mehrschichtige Plattenepithel der Mundhöhle oder das Übergangsepithel in weiten Teilen der Harnwege.

3.3.2 Seröse Häute

Seröse Häute begrenzen die Höhlen der ventralen Leibeshöhlen. Es gibt drei seröse Häute, die jeweils aus einem Mesothel und einer blut- und lymphgefäßreichen lockeren Bindegewebeschicht bestehen (**Abbildung 3.20**b). Diese Membranen wurden in Kapitel 1 vorgestellt: 1. Die **Pleura** kleidet die Pleurahöhlen aus und bedeckt die Lungen, 2. das **Peritoneum** kleidet die Peritonealhöhle aus und bedeckt die darin enthaltenen Organe und 3. das **Perikard** kleidet die Perikardhöhle aus und bedeckt das Herz. Seröse Membranen sind sehr dünn und fest mit der Innenwand des Körpers und den Organen verwachsen. Wenn Sie ein Organ betrachten, sehen Sie die Gewebe eigentlich durch die durchsichtige Serosa hindurch.

Die parietalen und viszeralen Anteile einer serösen Membran sind ständig in Kontakt miteinander. Ihre Hauptfunktion ist die Minimierung von Reibung. Da das Mesothel sehr dünn ist, sind seröse Membranen auch relativ gut durchlässig. Flüssigkeit aus dem Gewebe diffundiert auf die Oberfläche und hält sie feucht und gleitfähig.

Die Flüssigkeit, die sich auf der Oberfläche einer serösen Membran bildet, nennt man **Transsudat**. Spezifische Transsudate sind die Pleura-, die Peritoneal- und die Perikardflüssigkeit, je nach Ursprungsort. Die Gesamtmenge bei einem normalen gesunden Menschen ist sehr gering; es gibt gerade genug, um Reibung zwischen den Wänden der Körperhöhlen und den Organen zu verhindern. Nach einer Verletzung jedoch oder bei bestimmten Erkrankungen kann die Menge des Transsudats dramatisch ansteigen, was die gesundheitlichen Probleme noch verstärkt oder neue schafft.

3.3.3 Die Haut

Die Haut bedeckt die Außenfläche des Körpers. Sie besteht aus verhorntem mehrschichtigem Plattenepithel und einer darunterliegenden Schicht lockeren Bindegewebes, die mit einer Schicht straffen Bindegewebes verstärkt wird (**Abbildung 3.20**c). Im Gegensatz zu Schleimhaut oder Serosa ist die Haut dick, relativ wasserfest und meist trocken. Die Haut wird ausführlich in Kapitel 4 besprochen.

AUS DER PRAXIS

Erkrankungen seröser Membranen

Verschiedene Erkrankungen, wie akute und chronische Entzündungen, können zu einer anomalen Ansammlung von Flüssigkeit in einer Körperhöhle führen. Bei anderen Erkrankungen ist die Flüssigkeitsmenge reduziert, was zu Reibung zwischen gegenüberliegenden serösen Membranen führt. Dies fördert die Bildung von Adhäsionen, faserigen Verbindungen, die die Reibung durch Verklebung der Membranen miteinander beenden. Adhäsionen behindern jedoch die Beweglichkeit der betroffenen Organe ganz erheblich und können Blutgefäße und Nerven komprimieren.

Pleuritis oder Brustfellentzündung ist die Entzündung der Pleurahöhlen. Anfangs trocknen die serösen Membranen aus und reiben aneinander; man hört typischerweise ein Pleurareiben. Zwischen den Membranen der Pleurahöhle bilden sich eher selten Adhäsionen aus; eher führen das fortgesetzte Reiben und die Entzündung langsam zu einer Steigerung der Flüssigkeitsproduktion weit über das normale Maß hinaus. Die Flüssigkeit sammelt sich in den Pleurahöhlen; man spricht von einem Pleuraerguss. Pleuraergüsse können auch von Herzerkrankungen verursacht werden, die mit erhöhtem Druck in den pulmonalen Gefäßen einhergehen. Flüssigkeit sickert sowohl in die Alveolen als auch in den Pleuraraum hinein und erschwert die Atmung. Dieser Zustand kann lebensgefährlich sein.

Perikarditis ist die Entzündung des Perikards. Hierbei kommt es typischerweise zu einem Perikarderguss, einer anomalen Ansammlung von Flüssigkeit in der Perikardhöhle. Wenn sie plötzlich auftritt oder sehr groß ist, kann sie die Effizienz des Herzes stark beeinträchtigen und den Blutfluss durch die großen Blutgefäße einschränken.

Die **Peritonitis**, die Entzündung des Peritoneums, kann nach einer Entzündung oder Verletzung des Bauchfells auftreten. Sie ist eine mögliche Komplikation chirurgischer Eingriffe, bei denen das Peritoneum eröffnet wird, oder von Erkrankungen, die die Wand von Magen oder Darm perforieren. Adhäsionen sind häufig nach Peritonitiden; es kann dabei zu Darmverschlüssen kommen.

Leber- und Nierenerkrankungen sowie Herzversagen können eine Ansammlung von Flüssigkeit in der Peritonealhöhle verursachen. Diese Ansammlung führt zu einer typischen Vorwölbung des Bauches, **Aszites** genannt. Der Druck auf die inneren Organe durch die überschüssige Flüssigkeit kann zu Symptomen wie Sodbrennen, Verdauungsstörungen, Kurzatmigkeit und Rückenschmerzen führen.

3.3.4 Synovialmembran

Die Synovialmembran kleidet Gelenke von innen tapetenartig aus (**Abbildung 3.20**d). Knochen treffen in **Gelenken** aufeinander. Gelenke, die einen Gelenkspalt (Diarthrose = echtes Gelenk) besitzen, sind von einer Gelenkkapsel umgeben, die außen aus straffem kollagenfaserigem Bindegewebe (*Stratum fibrosum*) besteht und innen mit einer Intima (*Stratum synoviale*) ausgekleidet ist. Im Gegensatz zum Epithel entwickelt sich die Synovialmembran aus Bindegewebe und unterscheidet sich in drei Aspekten von Epithelien: 1. Es gibt keine Basallamina oder retikuläre Schicht, 2. die Zellschicht ist lückenhaft und 3. die „Epithelzellen" stammen von den Makrophagen (Typ-A-Zellen) und Fibroblasten (Typ-B-Zellen) des angrenzenden Bindegewebes ab. Einige dieser Zellen sind phagozytotisch aktiv, andere sekretorisch. Die Phagozyten entfernen Zelltrümmer oder Pathogene, die die Gelenkfunktion stören könnten. Die sekretorischen Zellen (Typ B) regulieren die Zusammensetzung der Synovia innerhalb des Gelenks. Die **Synovia** befeuchtet den Gelenkknorpel und versorgt ihn mit Sauerstoff und Nährstoffen.

3.4 Das Bindegewebegerüst des Körpers

Bindegewebe bildet das innere Gerüst des Körpers. Bindegewebeschichten verbinden die Organe in den Körperhöhlen mit dem Rest des Körpers. Diese Schichten verleihen Stärke und Stabilität, erhalten die relative Position der Organe und schaffen Verbindungswege für die Versorgung mit Blutgefäßen, Lymphgängen und Nerven.

Faszie (Plural: Faszien) ist der Grundbegriff für eine bindegewebige Platte oder Schicht, die mit bloßem Auge zu erkennen ist. Diese Schichten und Umhüllungen haben drei Hauptbestandteile: die oberflächliche Faszie, die tiefe Faszie und die subseröse Faszie. Die funktionelle Anatomie dieser Schichten ist in **Abbildung 3.21** dargestellt:

- Die **oberflächliche Faszie** unter der **Subkutis** (lat.: sub = unter; cutis = die Haut) wird auch Fascia superficialis genannt. Diese Schicht aus geflechtartigem Bindegewebe trennt die Haut von den darunterliegenden Strukturen und Organen. Die darüberliegende Subkutis isoliert und polstert. Die Fascia superficialis erlaubt der Haut und den darunterliegenden Strukturen eine unabhängige Beweglichkeit.
- Die **tiefe Faszie** besteht aus dichtem parallelfaserigem Bindegewebe. Sie ist wie Sperrholz gebaut: Alle Fasern einer Schicht laufen in dieselbe Richtung, doch diese Richtung ist in jeder Schicht anders. Dieser Wechsel verleiht dem Gewebe Widerstandskraft gegen Kräfte aus vielen unterschiedlichen Richtungen. Die festen **Kapseln**, die die meisten Organe, einschließlich derjenigen im Brust- und Bauchraum, umgeben, sind mit den tiefen Faszien verbunden. Das *Stratum fibrosum* der Synovialmembran um die Gelenke, das Periost um die Knochen und die bindegewebigen Muskelfaszien sind ebenfalls mit tiefen Faszien verbunden. Die tiefen Faszien am Hals und in den Extremitäten verlaufen als **intermuskuläre Faszien** zwischen den einzelnen Muskelgruppen; damit sind die einzelnen Muskeln in Kompartimente und Gruppen unterteilt, die sich in Funktion und Ursprung voneinander unterscheiden. Die einzelnen Komponenten dieses dichten Bindegewebes sind

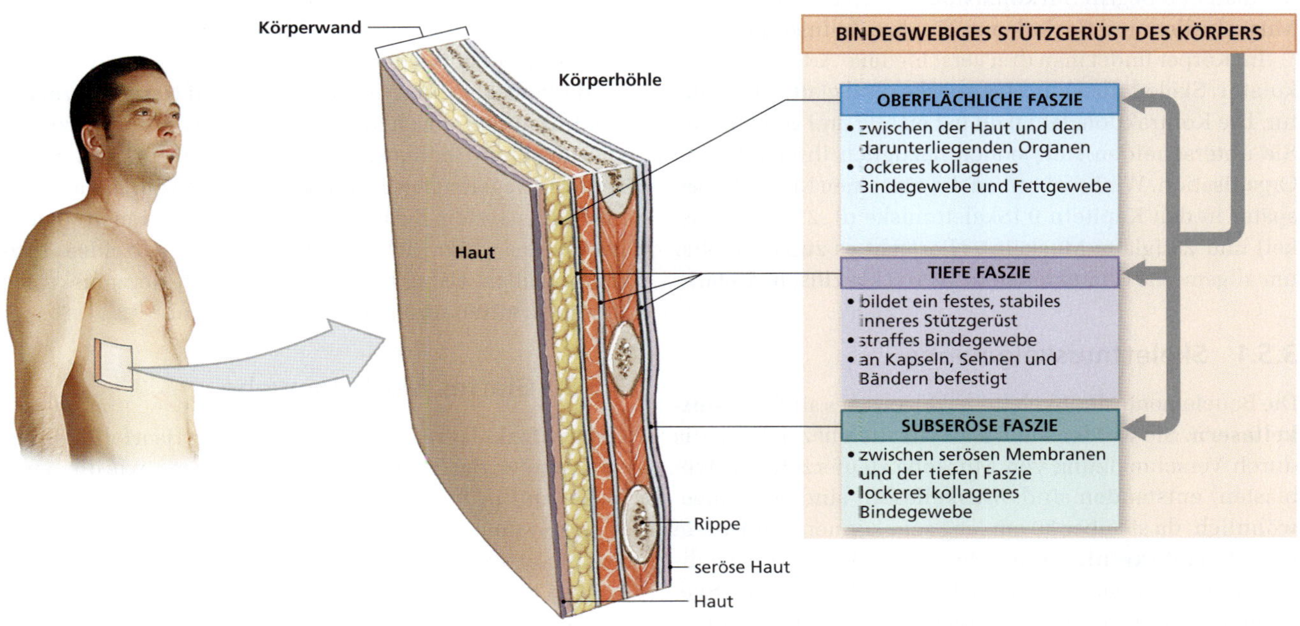

Abbildung 3.21: Die Faszien. Die anatomische Beziehung der verschiedenen Bindegewebe zueinander im Körper.

miteinander verwoben; so geht z. B. die tiefe Faszie um einen Muskel in die Sehne über; Fasern der Sehne verbinden sich mit denen des Periosts. Dieses Arrangement ergibt ein starkes fibröses Netzwerk für den Körper und verbindet strukturelle Elemente miteinander.

- Die **subseröse Faszie** ist eine Schicht lockeren Bindegewebes, die zwischen der tiefen Faszie und der serösen Haut, die die Körperhöhlen auskleidet, liegt. Da diese Schicht die seröse Membran von der tiefen Faszie trennt, übt die Bewegung von Muskeln und muskulösen Organen keinen übermäßigen Zug auf die empfindliche Membran aus.

AUFGABEN

1. Welche Oberflächenstruktur kleidet die Atemwege und den Verdauungstrakt aus? Warum ist diese Oberflächenstruktur für diese Bereiche geeignet?
2. Nennen Sie einen anderen Namen für die oberflächliche Faszie. Was ist ihre Aufgabe?
3. Sie sollen das Perikard aufsuchen. Um welchen Epitheltyp handelt es sich und wo finden Sie ihn?
4. Welches sind die Funktionen der Haut?

3.5 Muskelgewebe

Muskelgewebe ist auf Kontraktionen spezialisiert (**Abbildung 3.22**). Organellen und Eigenschaften der Muskelzellen unterscheiden sich deutlich von denen anderer Zellen. Sie sind zu kraftvollen Kontraktionen in der Lage. Da sie sich von „typischen“ Zellen sehr unterscheiden, verwendet man den Begriff **Sarkoplasma** für das Zytoplasma der Muskelzellen und **Sarkolemm** für ihre Zellmembran.

Im Körper findet man drei verschiedene Arten von Muskulatur: Skelettmuskeln, Herzmuskel und glatte Muskulatur. Die Kontraktionsfähigkeit haben alle drei gemeinsam. Sie unterscheiden sich jedoch bezüglich ihrer internen Organisation. Wir beschreiben die einzelnen Muskeltypen später in den Kapiteln 9 (Skelettmuskeln), 21 (Herzmuskel) und 25 (glatte Muskeln). Hier geht es zunächst eher um allgemeine Charakteristika als um spezifische Details.

3.5.1 Skelettmuskelgewebe

Die Bauelemente des Skelettmuskelgewebes sind die **Muskelfasern**. Sie werden auch als Synzytien bezeichnet, die durch Verschmelzung von Muskelvorläuferzellen (Myoblasten) entstanden sind. Muskelfasern sind sehr ungewöhnlich, da sie über 30 cm lang sein können. Außerdem sind sie **mehrkernig**; Hunderte von Zellkernen liegen direkt unter dem Sarkolemm (siehe Abbildung 3.22a). Skelettmuskelfasern können sich nicht teilen, doch es können neue Muskelfasern durch Zellteilung der **Myosatellitenzellen** (auch Satellitenzellen genannt) entstehen. Es sind Mesenchymzellen, die im erwachsenen Skelettmuskel persistieren. Aus diesem Grunde kann sich verletzte Skelettmuskulatur wenigstens teilweise wieder regenerieren.

Skelettmuskelfasern enthalten die Myofilamente Aktin und Myosin, die innerhalb organisierter Funktionseinheiten parallel verlaufen. Daher sehen Skelettmuskelzellen im Lichtmikroskop quergestreift aus (siehe Abbildung 3.22a). Normalerweise kontrahieren sich Skelettmuskelzellen nur nach Stimulation durch einen Nerv; das Nervensystem kontrolliert ihre Aktivitäten willentlich. Daher wird der Skelettmuskel als **quergestreifter Willkürmuskel** bezeichnet.

Das Skelettmuskelgewebe wird durch ein System aus Bindegewebestrukturen zusammengehalten und versorgt. Die Kollagen- und elastischen Fasern um die einzelnen Zellen und Zellgruppen gehen in die Fasern der Sehnen oder Aponeurosen über, die die Zugkraft übermitteln, meist an einen Knochen. Kontrahiert der Muskel, wird Zug auf den Knochen ausgeübt, und er bewegt sich.

3.5.2 Herzmuskelgewebe

Herzmuskelgewebe gibt es nur am Herz. Die typische **Herzmuskelzelle** ist kleiner als eine Skelettmuskelfaser und hat nur einen zentral stehenden Zellkern. Die auffälligen Querstreifen (siehe Abbildung 3.22b) ähneln denen der Skelettmuskulatur. Herzmuskelzellen sind sehr eng miteinander verbunden, besonders über spezielle Regionen, wie die sog. **Glanzstreifen**. Daher besteht der Herzmuskel aus einem verzweigten Netzwerk miteinander verbundener Muskelzellen. Die Ankerverbindungen kanalisieren die Kontraktionskräfte, die Kommunikationskontakte (Gap Junctions) an den Glanzstreifen koordinieren die Aktivitäten der einzelnen Zellen. Herzmuskelzellen sind ebenso wenig wie die Skelettmuskelzellen in der Lage, sich zu teilen, und da dieses Gewebe keine Myosatellitenzellen aufweist, kann es Schäden durch Krankheiten oder Verletzungen nicht wieder reparieren.

Herzmuskelzellen reagieren nicht auf Nervenreize, um Kontraktionen durchzuführen. Stattdessen produzieren spezialisierte Herzmuskelzellen, das Erregungsbildungszentrum, regelmäßige Kontraktionen. Obwohl das autonome Nervensystem die Frequenz der Kontraktionen steuert, hat es keine willkürliche Kontrolle über die einzelnen Herzmuskelzellen. Daher bezeichnet man den Herzmuskel als **quergestreiften unwillkürlichen Muskel**.

3.5.3 Glattes Muskelgewebe

Glatte Muskulatur befindet sich an den Haarfollikeln, in den Wänden der Blutgefäße, um Hohlorgane, wie die Harnblase, und in Schichten um Durchgänge im respiratorischen System und in den Wänden der Verdauung- und Fortpflanzungssysteme. Eine glatte Muskelzelle ist klein, läuft an den Enden spitz zu und hat einen einzigen ovalen Zellkern in der Mitte (siehe Abbildung 3.22c). Sie kann sich teilen; glatte Muskulatur kann sich nach einer Verletzung wieder regenerieren. Die Aktin- und Myosinfilamente einer glatten Muskelzelle sind anders angeordnet als in Skelett- und Herzmuskelzellen, sodass kein Streifenmuster entsteht; dieses ist das einzige nicht gestreifte Muskelgewebe. Glatte Muskelzellen kontrahieren normalerweise selbst, angeregt durch die **Schrittmacherzellen**. Kontraktionen glatter Muskulatur können durch Nervenreize ausgelöst werden, doch unterliegen diese Reaktionen gewöhnlich nicht der Willkürmotorik. Daher nennt man sie auch **glatte autonome Muskulatur**.

SKELETTMUSKELGEWEBE

Zellen sind lang, zylindrisch, quergestreift und mehrkernig.

Vorkommen: im Skelettmuskel, zusammen mit Binde- und Nervengewebe

Funktionen: bewegen das Skelett, stabilisieren es, kontrollieren Ein- und Ausgänge des Verdauungstrakts, der Atemwege und des Harntrakts, erzeugen Wärme, schützen innere Organe

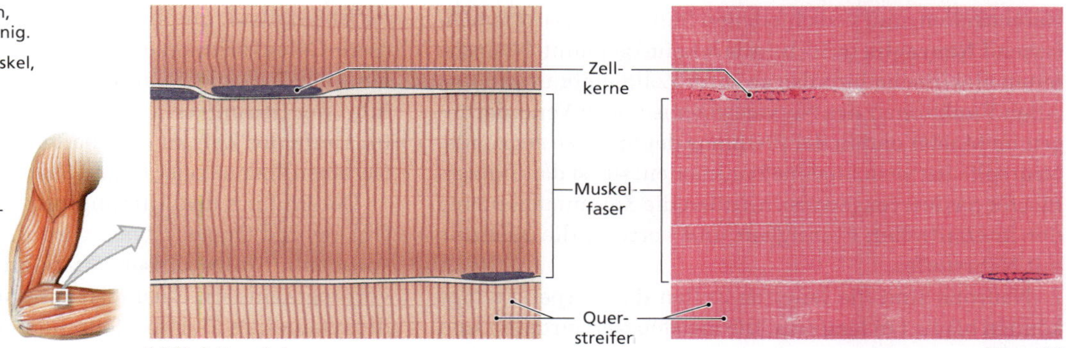

(a) Skelettmuskel LM × 180

HERZMUSKELGEWEBE

Zellen sind kurz, verzweigt, quergestreift, meist einkernig; sind über die Glanzstreifen miteinander verbunden.

Vorkommen: Herz

Funktionen: pumpen Blut, halten den Blutdruck aufrecht

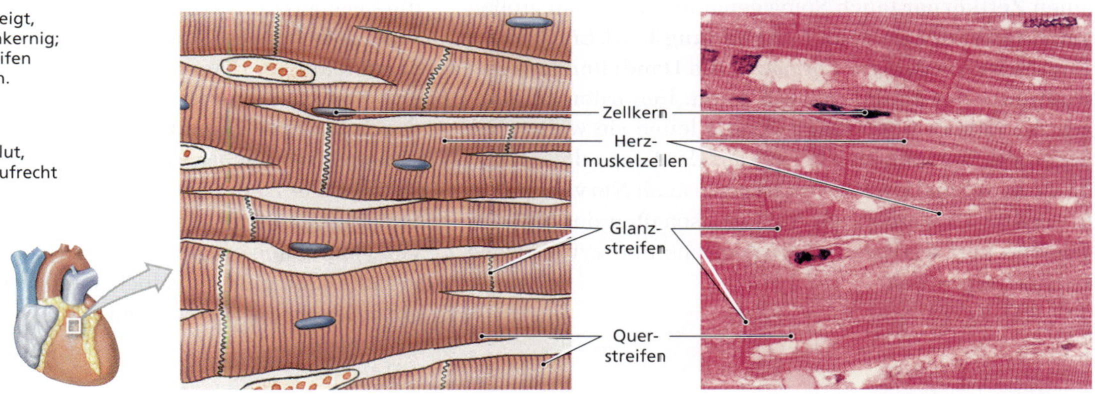

(b) Herzmuskel LM × 450

GLATTES MUSKELGEWEBE

Zellen sind kurz, spindelförmig, nicht gestreift mit einem einzelne nzentralen Kern.

Vorkommen: in den Wänden der Blutgefäße und den Organen, des Verdauungstrakts, der Atemwege, des Harn- und des Fortpflanzungstrakts

Funktionen: transportiert Nahrung, Urin und die Sekrete des Fortpflanzungstrakts, hält die Atemwege offen; reguliert den Durchmesser der Blutgefäße

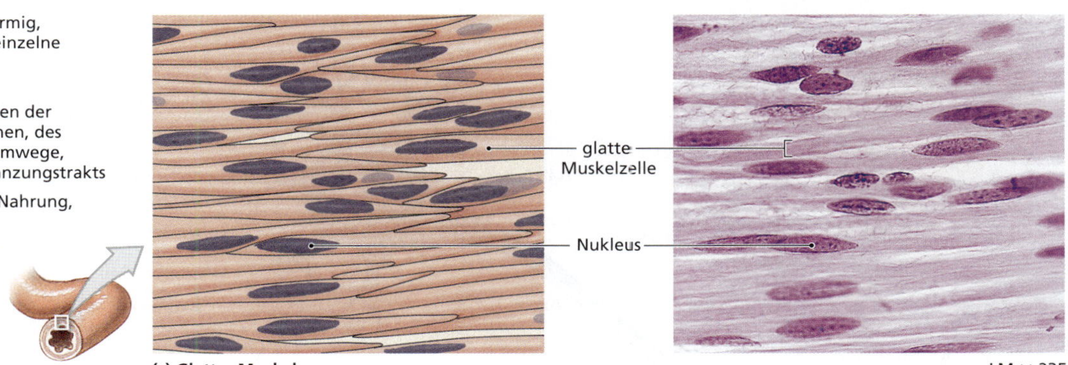

(c) Glatter Muskel LM × 235

Abbildung 3.22: **Histologie des Muskelgewebes.** (a) Skelettmuskelfasern. Beachten Sie die Größe der Fasern, das auffällige Streifenmuster, die zahlreichen peripheren Zellkerne und den unverzweigten Verlauf der Fasern. (b) Herzmuskelzellen unterscheiden sich in drei wichtigen Aspekten von der Skelettmuskulatur: Größe (sie sind viel kleiner), Anordnung (sie sind verzweigt) und Anzahl und Lage der Zellkerne (sie haben nur einen zentralen Kern). Beide enthalten Aktin- und Myosinfilamente, die so angeordnet sind, dass sie das typische Streifenmuster bilden. (c) Glatte Muskelzellen sind klein und spindelförmig mit einem zentralen Kern. Sie verzweigen sich nicht und sind auch nicht gestreift.

Nervengewebe 3.6

Nervengewebe, auch Neuralgewebe genannt, ist auf die Weiterleitung elektrischer Impulse zwischen den Körperregionen spezialisiert. Etwa 96 % des Nervengewebes des Körpers konzentrieren sich auf Gehirn und Rückenmark, die Kontrollzentren des Nervensystems. Nervengewebe besteht aus zwei verschiedenen Zelltypen: den **Neuronen** (griech.: neuron = die Sehne, die Faser, der Nerv) oder Nervenzellen, und verschiedenen Stützzellen, zusammenfassend **Neuroglia** (griech.: glia = Leim) genannt. Neurone leiten elektrische Impulse an ihrer Zellmembran entlang. Allen Funktionen des Nervensystems liegen Veränderungen im Muster und in der Frequenz der Impulse zugrunde. Neuroglia hat verschiedene Funktionen; sie ist das Stützgerüst für das Nervengewebe, reguliert die Zusammensetzung der interstitiellen Flüssigkeit und versorgt die Neurone mit Nährstoffen.

Neurone sind die längsten Zellen des Körpers; einige können bis zu 1 m lang sein. Die meisten Nervenzellen sind unter normalen Umständen nicht imstande, sich zu teilen; Nervengewebe kann sich nach einer Verletzung nur in sehr geringem Maße regenerieren. Eine typische Nervenzelle hat einen **Zellkörper** (auch Soma genannt), das einen großen auffälligen Zellkern enthält (**Abbildung 3.23**). Er hat meist zahlreiche verzweigte Fortsätze, die **Dendriten** (griech.: dendron = der Baum) und ein **Axon**. Dendriten empfangen die eingehenden Reize, Axone leiten sie weiter. Die Länge der Nervenzellen beruht auf der Länge der Axone; da sie so schmal sind, nennt man sie auch **Nervenfasern**. In Kapitel 13 werden wir die Eigenschaften des Nervengewebes und zusätzliche histologische und zytologische Details besprechen.

Gewebe, Ernährung und der Alterungsprozess 3.7

Gewebe verändern sich im Alter. Ganz allgemein sind Wartung und Reparaturen dann weniger effizient, und eine Kombination aus hormonellen Veränderungen und Veränderungen des Lebensstils beeinträchtigen Struktur und chemische Zusammensetzung vieler Gewebe. Epithel wird dünner, das Bindegewebe fragiler. Man bekommt schneller Blutergüsse, die Knochen werden brüchig; oft kommt es zu Gelenkschmerzen und Knochenbrüchen. Da Herzmuskelzellen und Neurone nicht ersetzt werden können, führt der Gesamtverlust aus vielen kleinen Schädigungen im Laufe der Zeit zu ernsthaften Erkrankungen, wie der Herzinsuffizienz oder dem Abbau geistiger Fähigkeiten.

Der Einfluss des Alterungsprozesses auf die einzelnen Organe und Organsysteme wird in späteren Kapiteln besprochen. Einige dieser Veränderungen sind genetisch vorprogrammiert. Beispielsweise produzieren die Chondrozyten eines älteren Menschen ein etwas anderes Proteoglykan als die eines jüngeren Menschen. Dieser Unterschied ist wahrscheinlich für die Veränderungen von Dicke und Belastbarkeit verantwortlich. In anderen Fällen ist die Degeneration von Gewebe zeitweise verlangsamt oder sogar aufgehoben. Die altersabhängige Reduktion der Knochendichte bei Frauen, die **Osteoporose**, wird oft durch eine Kombination von Inaktivität, geringer Kalziumzufuhr durch die Ernährung und erniedrigte Östrogenkonzentrationen (weibliches Sexualhormon) im Blut verursacht. Körperliche Aktivität, Kalziumgabe und manchmal Hormonersatztherapie können eine normale Knochenstruktur viele Jahre lang erhalten; Risiken und Vorteile einer Hormontherapie müssen jedoch sorgfältig individuell gegeneinander abgewogen werden.

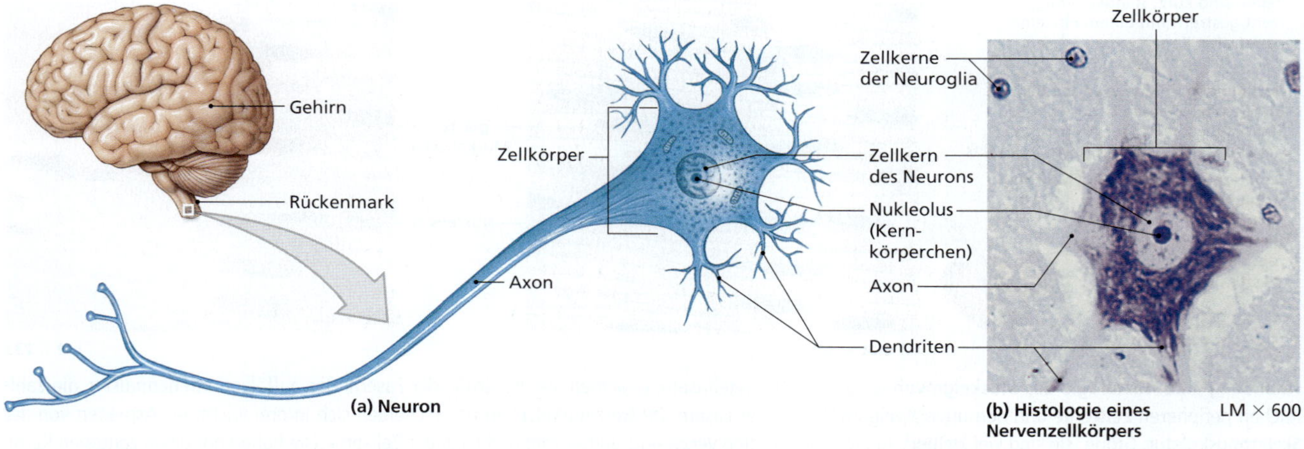

Abbildung 3.23: Histologie des Nervengewebes. Schematische (a) und histologische Darstellung (b) eines repräsentativen Neurons. Neurone sind auf die Weiterleitung elektrischer Impulse durch den Körper über relativ lange Entfernungen hinweg spezialisiert.

Die Entstehung von Gewebe

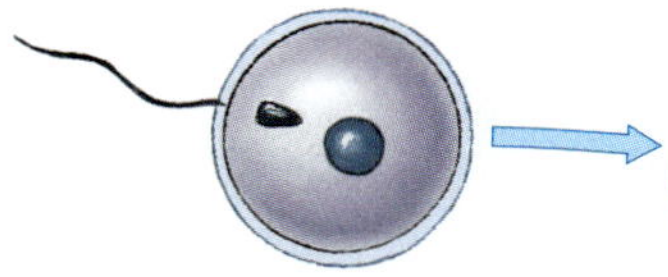

Die Befruchtung führt zu einer einzigen Zelle (oder **Zygote**), die die normale Anzahl von Chromosomen enthält (46).

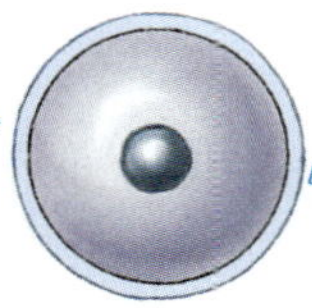

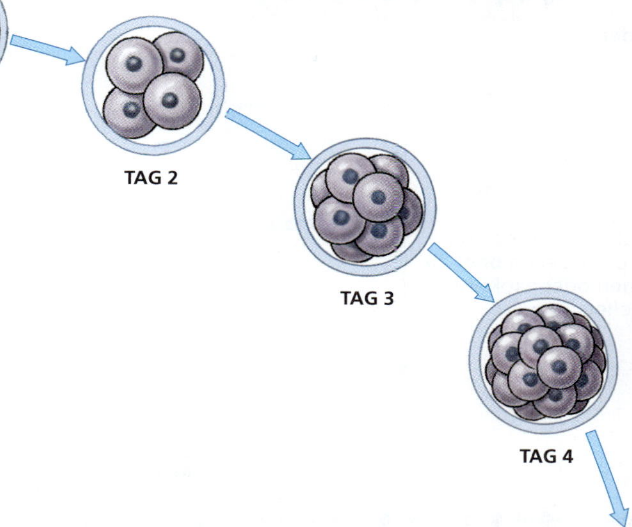

Bei der **Zellteilung** entsteht innerhalb einer Woche eine hohle Zellkugel, die **Blastozyste**.

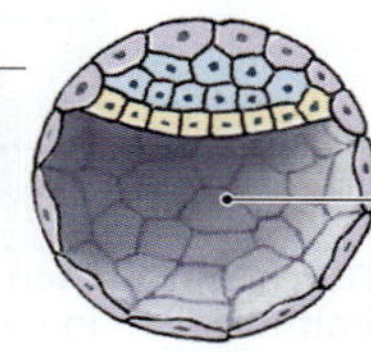

Im Querschnitt enthält die Blastozyste zwei Zellgruppen mit sehr unterschiedlichem Schicksal: Die äußere Schicht, der **Trophoblast** (griech.: troph = die Nahrung; blastos = der Spross, Trieb) wird die Plazenta bilden, die den Embryo ernährt. Der **Embryoblast** bildet den eigentlichen Embryo.

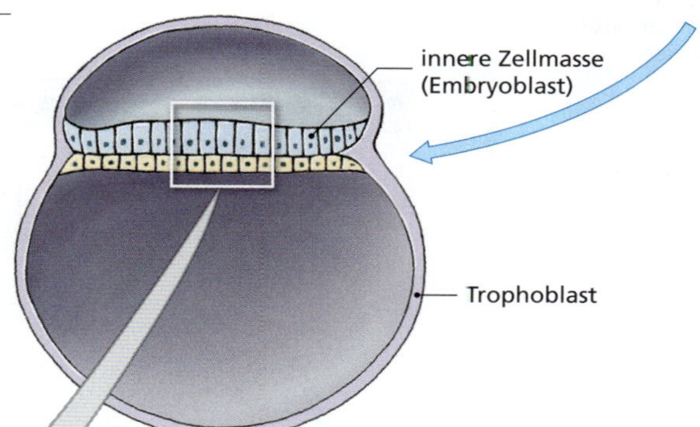

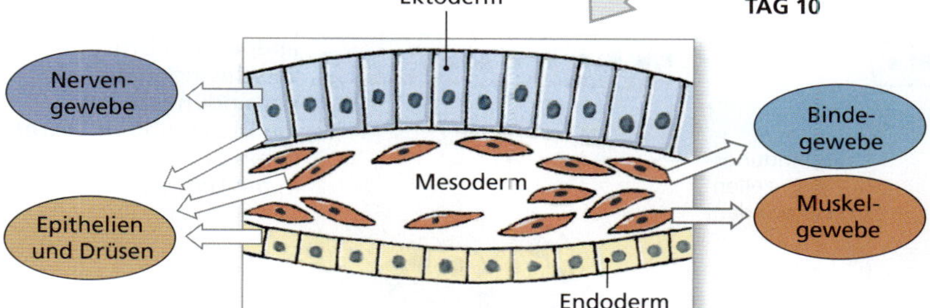

Während der zweiten Woche der Entwicklung tauchen unterschiedliche Zellpopulationen in der inneren Zellmasse auf. Sie verteilen sich auf drei primäre Keimblätter: das **Ektoderm**, das **Mesoderm** und das **Endoderm**. Die Hauptgewebetypen entstehen durch weitere Differenzierung der Keimblätter.

Alle drei Keimblätter sind an der Bildung der Organe und Organsysteme beteiligt. Der genaue Ablauf wird in den Abschnitten zur Embryologie in den jeweiligen Kapiteln der einzelnen Organsysteme genauer beschrieben.

Die Entwicklung von Epithelien

Alle Epithelien sind zunächst einschichtig; sie können später mehrschichtig werden.

Diese Zellen differenzieren sich zu Epithelzellen oder zu endokrinen oder exokrinen Drüsenzellen.

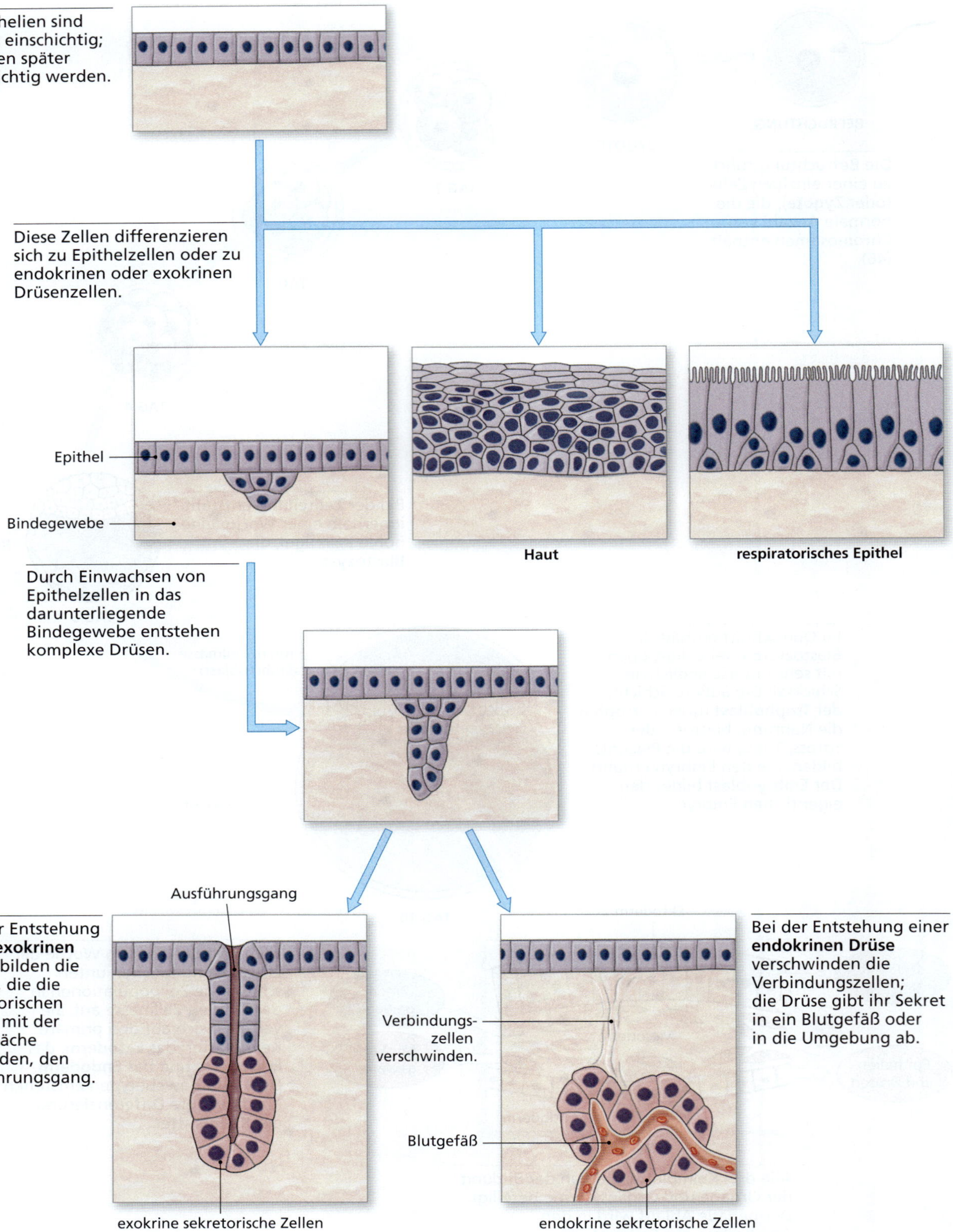

Durch Einwachsen von Epithelzellen in das darunterliegende Bindegewebe entstehen komplexe Drüsen.

Bei der Entstehung einer **exokrinen Drüse** bilden die Zellen, die die sekretorischen Zellen mit der Oberfläche verbinden, den Ausführungsgang.

Bei der Entstehung einer **endokrinen Drüse** verschwinden die Verbindungszellen; die Drüse gibt ihr Sekret in ein Blutgefäß oder in die Umgebung ab.

Der Ursprung des Bindegewebes

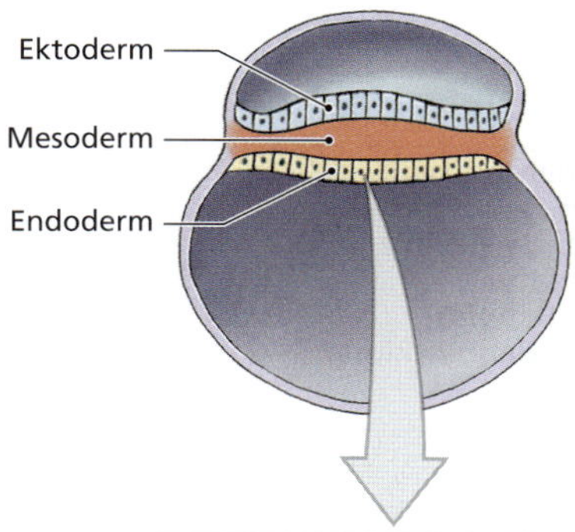

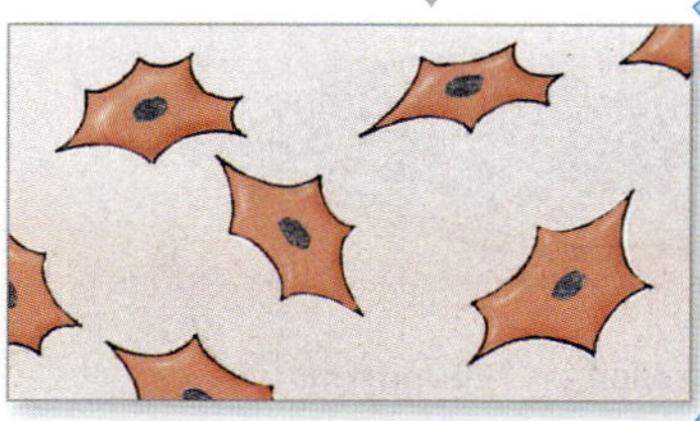

Mesenchym ist das erste Bindegewebe, das im sich entwickelnden Embryo entsteht. Es enthält sternförmige Zellen in Grundsubstanz mit feinen Proteinfilamenten. Aus Mesenchym entwickeln sich alle anderen Bindegewebetypen; die vereinzelten Mesenchymzellen, die sich noch im Bindegewebe des Erwachsenen finden, sind an der Reparatur von Schäden beteiligt.

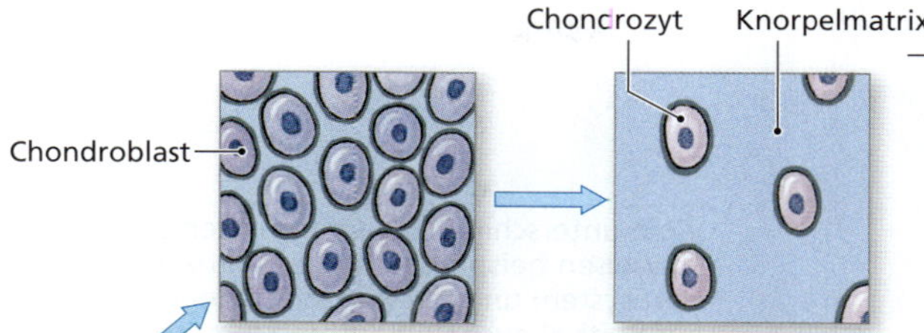

Knorpel entsteht durch Differenzierung der Mesenchymzellen zu **Chondroblasten**, die die Knorpelmatrix produzieren. Sie werden später zu Chondrozyten.

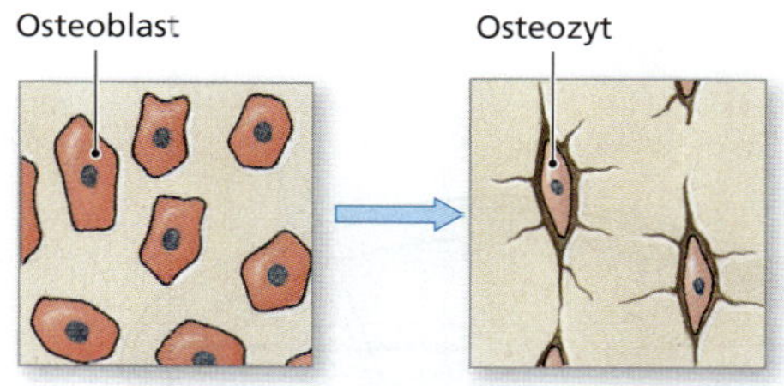

Knochen entsteht durch Differenzierung der Mesenchymzellen zu **Osteoblasten**, die die Knochenmatrix produzieren. Sie werden später zu Osteozyten in den Lakunen.

Stützgewebe

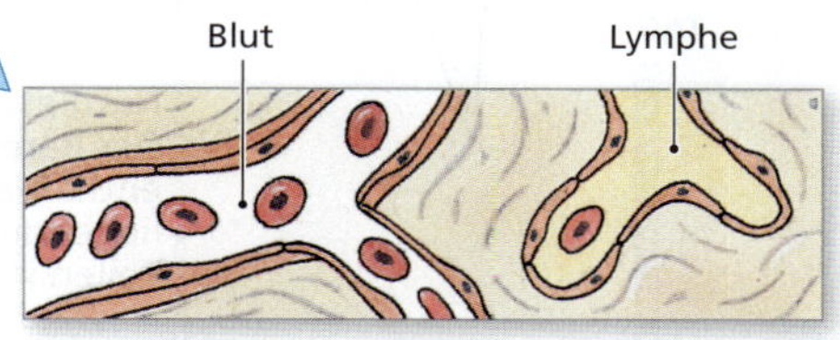

Flüssiges Bindegewebe entsteht, wenn Mesenchymzellen Gefäßwände bilden; die darin enthaltenen Zellen differenzieren sich zu roten und weißen Blutkörperchen.

Flüssiges Bindegewebe

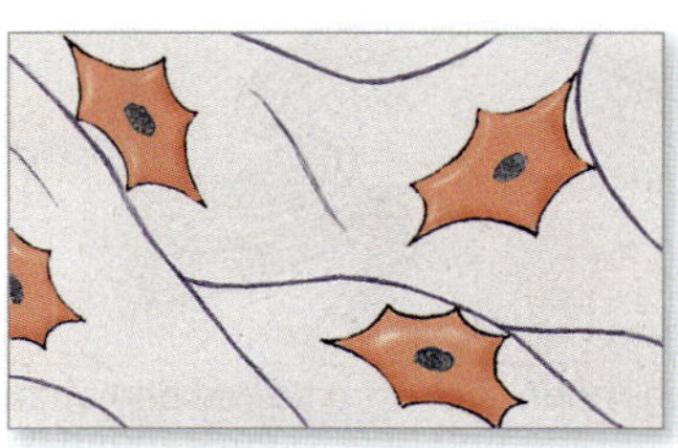

Embryonales Bindegewebe entsteht durch Zunahme der Faserdichte. Es kann sich zu allen Bindegeweben im eigentlichen Sinne weiterdifferenzieren.

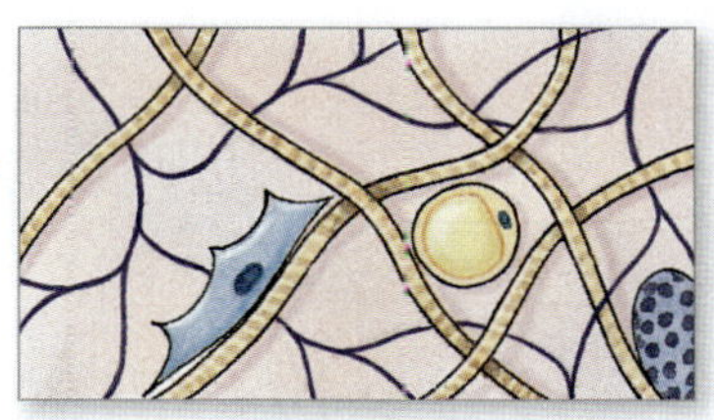

loses Bindegewebe

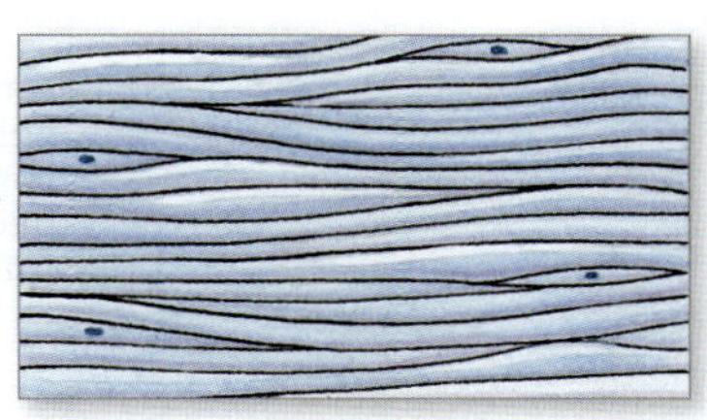

straffes Bindegewebe

Die Entwicklung der Organsysteme

Eine Zusammenfassung der Entwicklung des Muskel- und Nervensystems finden Sie in Kapitel 28 (Embryologie und die Entwicklung des Menschen).

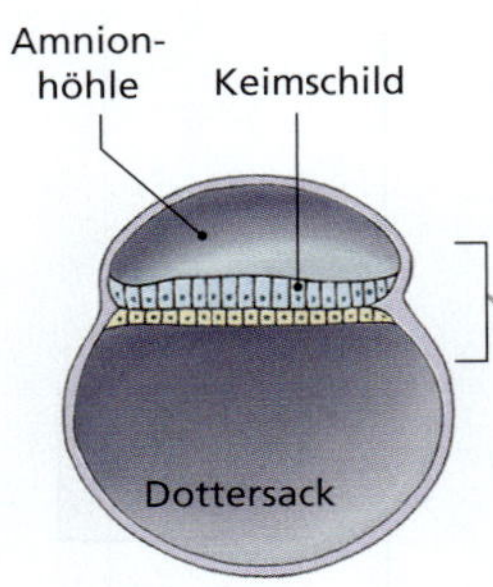

Viele unterschiedliche Organsysteme haben einen ähnlichen Aufbau. So weisen beispielsweise das Verdauungssystem, die Atemwege, das Harnsystem und der Fortpflanzungstrakt jeweils Durchgänge auf, die mit Epithel ausgekleidet und mit Schichten glatter Muskulatur umgeben sind. Diese Ähnlichkeiten sind das Ergebnis der Entwicklungsprozesse in den ersten beiden Monaten der Embryonalentwicklung.

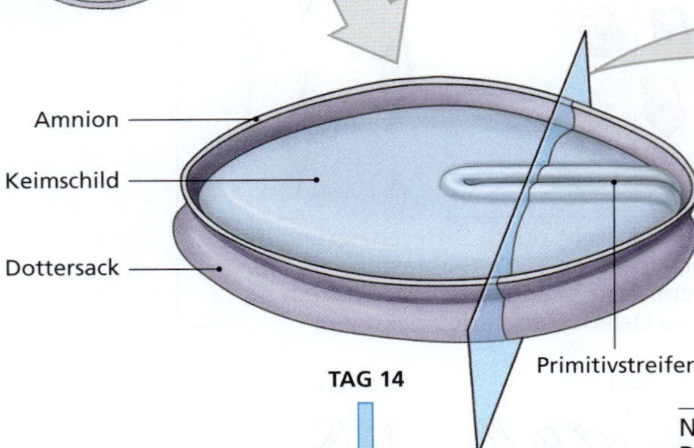

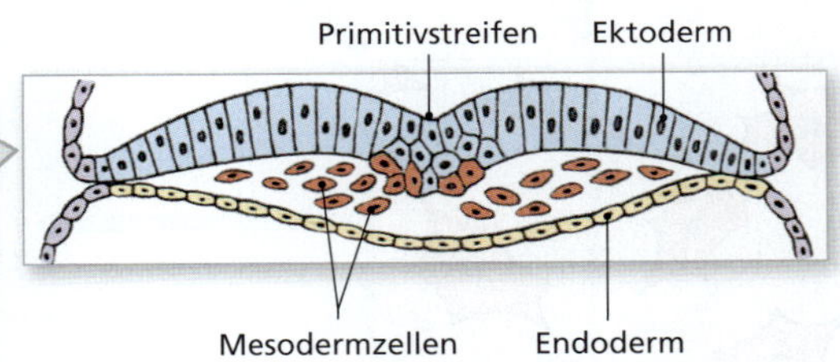

Nach etwa zwei Wochen ist die innere Zellmasse einen Millimeter lang. Der Bereich der Embyonalentwicklung wird **Keimschild** genannt. Es enthält zwei Epithelschichten: ein oberes Ektoderm und ein darunterliegendes Endoderm. Am **Primitivstreifen** wandern oberflächliche Zellen in den Zwischenraum, wodurch das Mesoderm entsteht.

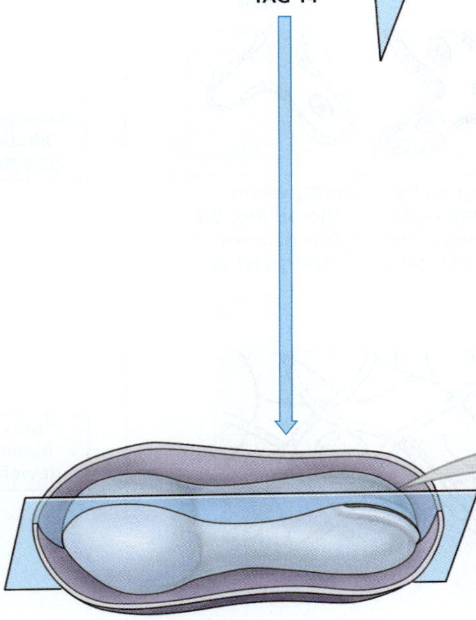

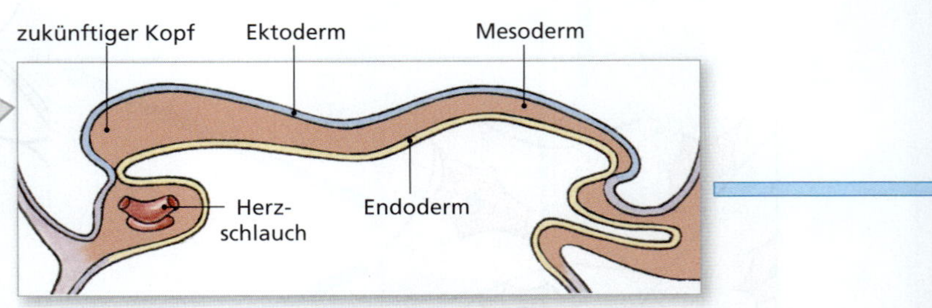

Am 18. Tag hat der Embryo begonnen, sich vom Keimschild abzuheben. Das Herz und viele Blutgefäße sind bereits entstanden, weit vor den anderen Organsystemen. Wenn nicht anders vermerkt, beginnen die einzelnen Beschreibungen der Organentwicklung in späteren Kapiteln an diesem Punkt.

Die Entwicklung der Organsysteme (Fortsetzung)

DERIVATE DER KEIMBLÄTTER	
Ektoderm bildet:	• Haut und Hautanhangsgebilde, wie Haarfollikel, Nägel und Drüsen mit Ausführungsgängen an die Hautoberfläche (Schweiß, Milch und Talg) • Auskleidung von Mund, Speicheldrüsen, Nasenhöhle und Anus • Nervensystem, einschließlich Gehirn und Rückenmark • Teile des endokrinen Systems (Hirnanhangsdrüse und Teile der Nebennieren) • Teile des Schädels, der Gaumenbögen und Zähne
Mesoderm bildet:	• Dermis der Haut • Auskleidung der Körperhöhlen (Peritoneum, Perikard und Pleura) • Muskel-, Skelett-, Herz-Kreislauf- und Lymphsystem • Nieren und Teile der ableitenden Harnwege • Gonaden und den Großteil des Fortpflanzungstrakts • Bindegewebe zur Stütze aller Organsysteme • Teile des endokrinen Systems (Teile der Nebennieren und hormonproduzierender Bereiche des Fortpflanzungstrakts)
Endoderm bildet:	• Großteil des Verdauungssystems: Epithel (außer Mund und Anus), exokrine Drüsen (außer Speicheldrüsen), Leber und Pankreas • Großteil der Atemwege: Epithel (außer Nasenhöhle) und Schleimdrüsen • Teile des Harn- und des Fortpflanzungssystems (Ausführungsgänge und die Stammzellen, die die Gameten bilden) • Teile des endokrinen Systems (Thymus, Schilddrüse, Nebenschilddrüse und Pankreas)

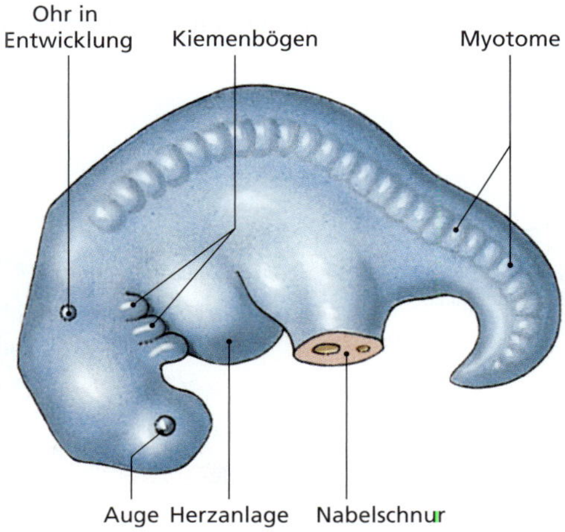

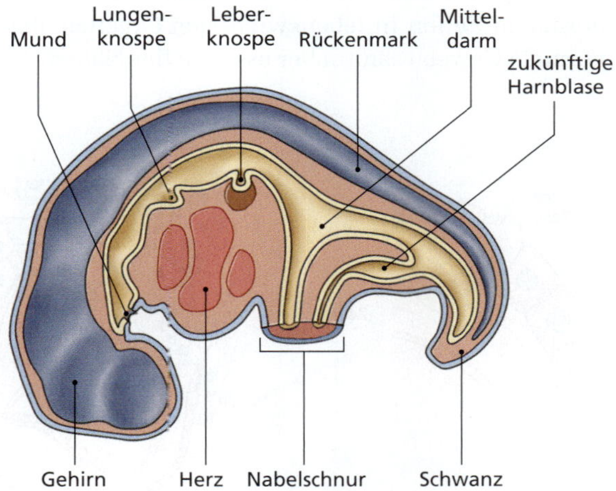

TAG 28

Nach einem Monat können Sie die Anlagen aller großen Organsysteme erkennen. Die Beiträge der jeweiligen Keimblätter entnehmen Sie obenstehender Tabelle; Details finden Sie im Abschnitt Embryologie der jeweiligen Kapitel.

AUS DER PRAXIS

Tumorbildung und Wachstum

Ärzte, die sich auf die Erkennung und Behandlung von Krebsleiden spezialisieren, nennt man **Onkologen** (griech.: oncos = groß an Umfang, geschwollen). Pathologen und Onkologen klassifizieren Tumoren nach dem Erscheinungsbild der Zellen und dem Ursprungsort. Über 100 Arten sind bislang beschrieben, doch nach der typischen Lokalisation des Primärtumors werden sie in breite Kategorien eingeteilt. In Tabelle 3.3 sind Angaben zu benignen und malignen Tumoren zusammengefasst, die sich aus den Geweben entwickeln, die in diesem Kapitel beschrieben werden.

Krebs entsteht in mehreren Schritten, wie in **Abbildung 3.24** dargestellt. Anfangs beschränken sich die Krebszellen nur auf einen Ort, den **Primärtumor**. Alle Zellen in einem Tumor sind in der Regel Tochterzellen einer einzigen malignen Zelle. Anfangs führt das Tumorwachstum nur zu einer Verzerrung des Gewebes; der Grundaufbau des Gewebes ist jedoch noch intakt. Die Metastasierung beginnt, wenn Tumorzellen „ausbrechen" und das umliegende Gewebe infiltrieren. Wenn hierbei die nahegelegenen Blutgefäße penetriert werden, beginnen die Krebszellen, im ganzen Körper zu zirkulieren. Unerforschten Signalen folgend verlassen die Krebszellen irgendwann das Kreislaufsystem und bilden **Metastasen** (Sekundärtumoren) an anderen Orten. Diese Tumoren sind extrem stoffwechselaktiv; ihre Anwesenheit stimuliert das Einwachsen von Blutgefäßen in den Bereich. Die gesteigerte Durchblutung bringt dem Tumor zusätzlich Nährstoffe und beschleunigt Tumorwachstum und Metastasierung. Der Tod tritt ein, wenn lebenswichtige Organe komprimiert werden, nicht funktionale Tumorzellen die normalen Zellen in lebenswichtigen Organen abgetötet oder ersetzt haben oder die gefräßigen Tumorzellen das normale Gewebe sämtlicher essenzieller Nährstoffe beraubt haben.

Gewebe	Beschreibung
Epithelien	
Karzinom	Jeder Krebs epithelialen Ursprungs
Adenokarzinom	Krebs des Drüsenepithels
Angiosarkom	Krebs der Endothelzellen
Mesotheliom	Krebs der Mesothelzellen
Bindegewebe	
Fibrom	Gutartiger Tumor von Fibroblasten
Lipom	Gutartiger Tumor des Fettgewebes
Liposarkom	Krebs des Fettgewebes
Leukämie, Lymphom	Krebs der blutbildenden Gewebe
Chondrom	Gutartiger Tumor im Knorpel
Chondrosarkom	Krebs des Knorpels
Osteom	Gutartiger Tumor im Knochen
Osteosarkom	Krebs des Knochens
Muskelgewebe	
Myom	Gutartiger Tumor in der Muskulatur
Myosarkom	Krebs des Muskels
Kardiales Sarkom	Krebs des Herzmuskels
Leiomyom	Gutartiger Tumor in der glatten Muskulatur
Leiomyosarkom	Krebs der glatten Muskulatur
Nervengewebe	
Gliom, Neurinom	Krebs der Gliazellen

Tabelle 3.3: Gutartige und bösartige Tumoren in den verschiedenen Gewebetypen.

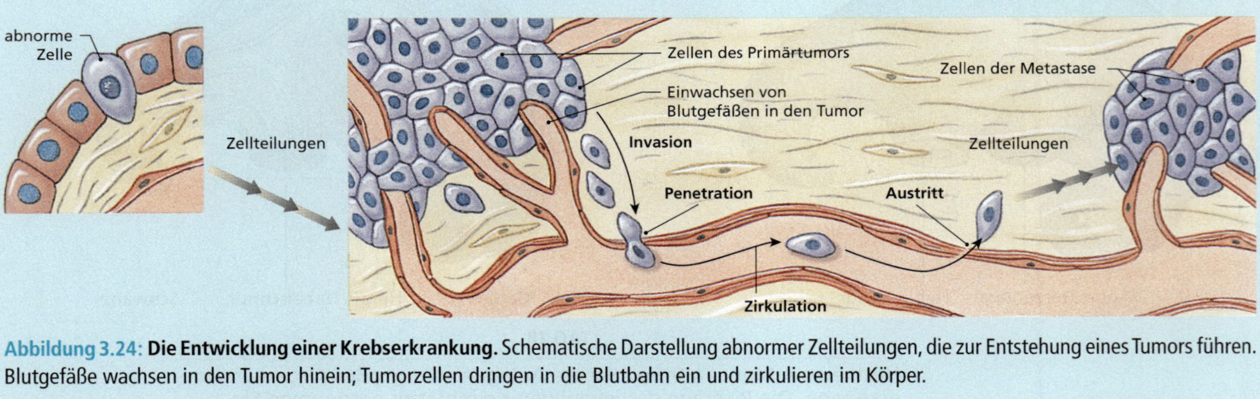

Abbildung 3.24: **Die Entwicklung einer Krebserkrankung.** Schematische Darstellung abnormer Zellteilungen, die zur Entstehung eines Tumors führen. Blutgefäße wachsen in den Tumor hinein; Tumorzellen dringen in die Blutbahn ein und zirkulieren im Körper.

In diesem Kapitel haben wir die vier Hauptgewebetypen des menschlichen Körpers vorgestellt. Gemeinsam bilden diese Gewebe alle Organe und Organsysteme, die in den nachfolgenden Kapiteln besprochen werden.

AUFGABEN

1. Welcher Muskeltyp hat kleine, spitz zulaufende Zellen mit einem einzelnen Zellkern und kein sichtbares Streifenmuster?
2. Warum wird die Skelettmuskulatur auch als quergestreifte Willkürmuskulatur bezeichnet?
3. Welches Gewebe ist auf die Weiterleitung elektrischer Impulse von einem Organ zum nächsten spezialisiert?

DEFINITIONEN

Adhäsion: restriktive bindegewebige Verbindungen nach operativen Eingriffen, Infektionen oder anderen Erkrankungen seröser Membranen

Anaplasie: irreversible Veränderung von Größe und Form einer Zelle

Aszites: Ansammlung von Flüssigkeit in der Peritonealhöhle, die zu einer charakteristischen Schwellung des Bauches führt

Chemotherapie: Behandlung mit Medikamenten, die entweder Tumorzellen abtöten oder mitotische Teilungen verhindern

Dysplasie: eine Veränderung von Größe, Form und Organisation von Gewebezellen

Erguss: Ansammlung von Flüssigkeit in Körperhöhlen

Fettabsaugung: chirurgischer Eingriff zur Entfernung unerwünschten Fettgewebes, das durch dicke Kanülen abgesaugt wird

Immunotherapie: Behandlung mit Medikamenten, die dem Immunsystem helfen, Tumorzellen zu erkennen und anzugreifen

Metaplasie: strukturelle Veränderung, die den Charakter eines Gewebes verändert

Metastase (Sekundärtumor): Absiedlung von Krebszellen durch Streuung von Krebszellen des Primärtumors

Onkologen: Ärzte, die sich auf die Erkennung und Behandlung von Krebsleiden spezialisiert haben

Pathologen: Ärzte, die sich auf die Diagnose von Erkrankungen spezialisiert haben, vornehmlich durch die Untersuchung von Körperflüssigkeiten und Gewebeproben

Perikarditis: Entzündung des Perikards

Peritonitis: Bauchfellentzündung

Pleuritis: Brustfellentzündung

Primärtumor: Entstehungsort eines Tumors

Remission: Zustand, in dem der Tumor nicht weiterwächst oder schrumpft; Ziel der Krebsbehandlung

Zusammenfassung

Die Antworten auf die Fragen der Aufgaben und der Zusammenfassung finden Sie im Antwortteil.

Wiederholung von Fakten und Begriffen

Verbinden Sie die Begriffe der linken Spalte jeweils mit denen der rechten Spalte, die am besten passen; setzen Sie die Buchstaben in die Spalte vor die Zahlen.

	Spalte A			Spalte B
	1.	Skelettmuskel	a.	Alle Epithelien
	2.	Mastzelle	b.	Eine einzelne Zellschicht
	3.	Avaskulär	c.	Harnblase
	4.	Übergangsepithel	d.	Zelle wird zerstört
	5.	Becherzelle	e.	Bestandteil von Bindegewebe
	6.	Kollagen	f.	Einzellige exokrine Drüse
	7.	Knorpel	g.	Sehne
	8.	Einschichtiges Epithel	h.	Freie Zelle
	9.	Grundsubstanz	i.	Lakune
	10.	Holokrine Sekretion	j.	quergestreift

11 Epithelzellen
a. bedecken nicht jede freie Körperoberfläche.
b. kleiden nicht den Verdauungstrakt, die Atemwege, den Fortpflanzungs- und den Harntrakt aus.
c. überziehen nicht die Außenfläche der Blutgefäße und des Herzes.
d. kleiden nicht innere Körperhöhlen und Durchgänge aus.

12 Mit welchem der folgenden Begriffe bezeichnet man das straffe Bindegewebe, das die Kapsel vieler Organe bildet?
a. oberflächliche Faszie
b. Hypodermis
c. tiefe Faszie
d. subseröse Faszie

13 Die Reduktion von Reibung zwischen den parietalen und den viszeralen Oberflächen einer Körperhöhle ist Aufgabe der
a. Haut.
b. Hypodermis.
c. serösen Häute.
d. Synovialhaut.

14 Welche Merkmale sind nicht charakteristisch für Epithelzellen?
a. Sie können aus einer oder mehreren Zellschichten bestehen.
b. Eine Oberfläche weist immer nach außen oder in einen inneren Raum oder Durchgang.
c. Sie sind avaskulär.
d. Sie bestehen aus wenigen Zellen, aber reichlich extrazellulärer Substanz.

15 Funktionen von Bindegewebe sind die folgenden, bis auf
a. Erstellung eines strukturellen Gerüsts für den Körper.
b. Transport von Flüssigkeiten und gelösten Substanzen.
c. Speicherung von Energiereserven.
d. Empfang von Sinnesreizen.

16 Welche der folgenden Aussagen trifft nicht auf die glatte Muskulatur zu?
a. Sie besteht aus kleinen, spitz zulaufenden Zellen.
b. Sie hat Zellen mit zahlreichen unregelmäßig geformten Zellkernen.
c. Sie kann Zellen nach einer Verletzung wieder ersetzen und sich regenerieren.
d. Sie kontrahiert mit und ohne neuralen Reiz.

17 Zu den altersbedingten Veränderungen von Gewebe gehören
a. verminderte Reparaturleistung.
b. weniger effiziente Gewebewartung.
c. dünnere Epithelien.
d. Alle oben genannten Antworten sind richtig.

18 Welche Sorte Stützgewebe findet sich in der Ohrmuschel und an der Nasenspitze?
a. Knochen
b. Faserknorpel
c. elastischer Knorpel
d. hyaliner Knorpel

19 Ein Epithel ist mit dem darunterliegenden Bindegewebe verbunden durch
a. eine Basallamina.
b. Kanalikuli.
c. Flimmerhärchen.
d. Proteoglykane.

20 Welche der folgenden Zellen sind freie Zellen in Bindegewebe im eigentlichen Sinne?
a. ortsständige Makrophagen
b. Mesenchymzellen und Fettzellen
c. Fibroblasten und Melanozyten
d. Eosinophile, Neutrophile und Mastzellen

Wiederholung von Lernzielen

1 Inwiefern unterscheidet sich die Rolle eines Gewebes im Körper von der einer einzelnen Zelle?

2 Eine Glykoproteinschicht und ein Netzwerk feiner Proteinfilamente, die gemeinsam bestimmte Funktionen ausüben, dienen als Barriere, die die Bewegung von Proteinen und anderen großen Molekülen vom Bindegewebe zum Epithel hin hemmt. Diese Aussagen beschreiben Struktur und Funktion
a. der Verbindungskanäle zwischen Zellen.
b. der retikulären Fasern.

c. der Basallamina.
d. des lockeren kollagenen Bindegewebes.

3 Bindegewebezellen, die sich als Reaktion auf Verletzung oder Infektion teilen und Tochterzellen bilden, die sich zu anderen Zellarten weiter differenzieren, nennt man
a. Mastzellen.
b. Fibroblasten.
c. Plasmozyten.
d. Mesenchymzellen.

4 Wie funktioniert eine Sehne?

5 Was ist der Unterschied zwischen exokriner und endokriner Sekretion?

6 Worin liegt die Bedeutung der Zilien auf dem Flimmerepithel der Atemwege?

7 Warum kommt es nicht zu Verzerrung oder Schädigung der Muskulatur, wenn man in die Haut darüber kneift?

8 Worin unterscheidet sich eine Sehne von einer Aponeurose?

9 Was sind Basalzellen und was ist ihre Funktion?

Anwendung von Lerninhalten

1 Die Analyse eines Drüsensekrets ergibt, dass es DNS, RNS und Membranbestandteile sowie Phospholipide enthält. Welche Art von Sekretion hat stattgefunden und woran erkennen Sie das?

2 Ein Student untersucht eine Gewebeprobe, die aus zahlreichen parallelen, dicht gepackten Proteinfasern besteht. Man erkennt weder Zellkerne oder Querstreifen noch andere Zellstrukturen. Der Student hält es für Skelettmuskelgewebe. Warum irrt er sich und worum handelt es sich bei der Probe?

3 Rauchen zerstört die Flimmerhärchen, die sich auf vielen Zellen der Atemwege befinden. Inwiefern trägt dies zur Entstehung des sog. Raucherhustens bei?

4 Warum ist eine Ischämie (Durchblutungsstörung) des Herzmuskels so viel bedrohlicher als eine Ischämie eines Skelettmuskels?

Eine Kurzzusammenfassung der wichtigsten Inhalte, sowie die Antworten zu den Fragen und weitere Arbeitsmaterialien finden sie auf unserer Companion Website unter: **www.pearson-studium.de/login**

Lernziele

1. Struktur und Funktionen der Haut beschreiben können.
2. Die Unterschiede der Struktur und Funktion der Haut im Vergleich zum darunterliegenden Bindegewebe kennen.
3. Die vier primären Zelltypen der Epidermis beschreiben können.
4. Die Faktoren erklären können, die zu den individuellen und ethnisch bedingten Unterschieden der Haut führen, wie etwa der Hautfarbe.
5. Den Effekt ultravioletter Strahlung auf die Haut und die Rolle, die die Melanozyten dabei spielen, erläutern können.
6. Den Aufbau der Dermis beschreiben können.
7. Die Bestandteile der Haut erläutern können, einschließlich der Blut- und Nervenversorgung.
8. Den Aufbau der Subkutis (Hypodermis) und ihre Bedeutung erklären können.
9. Die Anatomie und die Funktionen der Hautanhangsgebilde beschreiben können: Haare, Drüsen und Nägel.
10. Die Entstehung von Haar beschreiben können und wissen, welche Faktoren die Haarstruktur und die Farbe bestimmen.
11. Schweißdrüsen mit Talgdrüsen vergleichen können.
12. Die Regulation der Körpertemperatur über die Schweißdrüsen erklären können.
13. Die Reaktion der Haut auf eine Verletzung und ihre Regeneration beschreiben können.
14. Die Effekte des Alterungsprozesses auf die Haut zusammenfassen können.

Das Integument

4

ÜBERBLICK

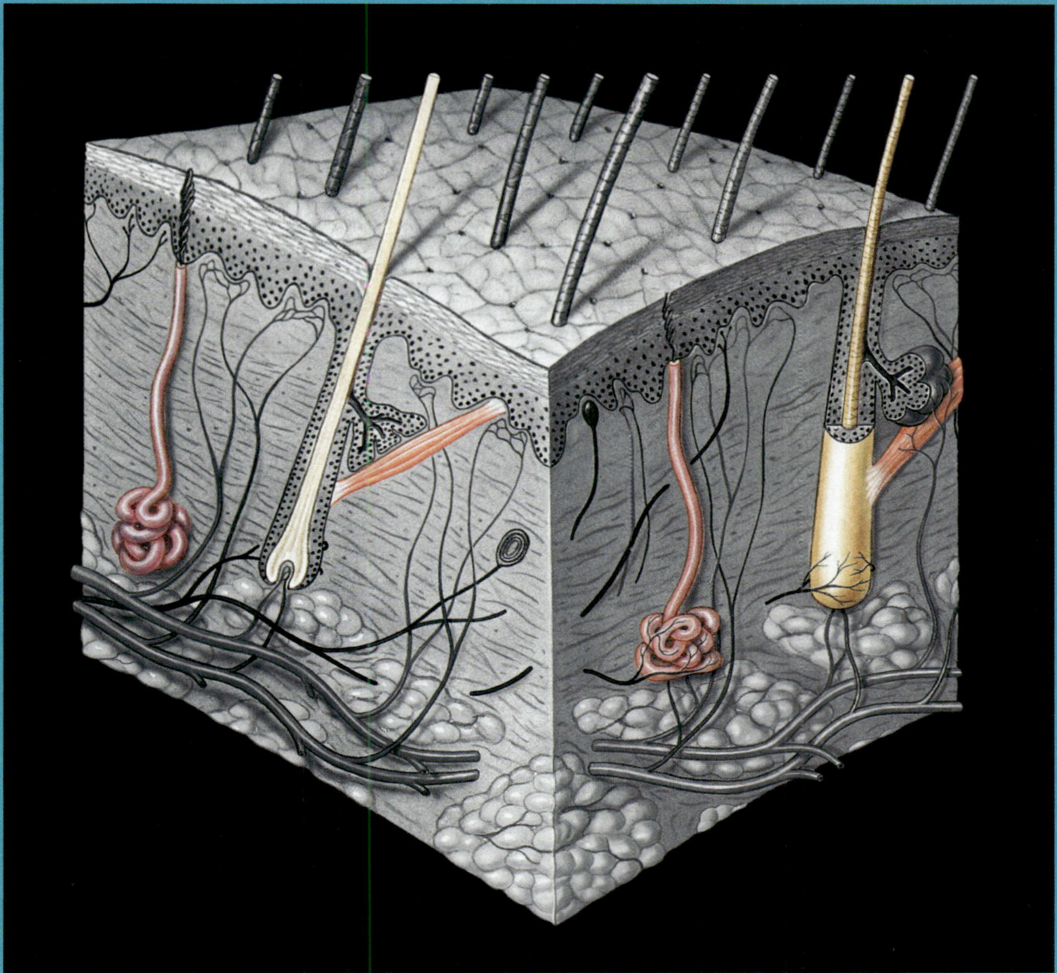

Das Integument besteht aus der **Haut** und ihren **Anhangsgebilden**: den Haaren, den Nägeln sowie den Schweiß-, Duft-, Talg- und Brustdrüsen. Die Haut ist das Organsystem, das am genauesten beobachtet wird; dennoch wird es weitgehend unterschätzt. Es ist das einzige System, das wir täglich fast ganz sehen. Da andere es ebenfalls zu sehen bekommen, verbringen wir viel Zeit damit, das Erscheinungsbild der Haut und ihrer Anhangsgebilde zu verbessern. Wir waschen uns das Gesicht, bürsten und schneiden die Haare, duschen und tragen Make-up auf – alles, um Aussehen und Eigenschaften des Integuments zu verändern.

Die meisten Menschen schätzen anhand des Hautbilds den allgemeinen Gesundheitszustand und das Alter einer neuen Bekanntschaft ab – gesunde Haut hat einen ebenmäßigen Schimmer, junge Haut wenig Fältchen. Die Haut gibt auch Hinweise auf Ihr Gefühlsleben, etwa, wenn Sie peinlich berührt erröten oder vor Wut dunkelrot anlaufen. Wenn irgendetwas mit der Haut nicht stimmt, ist dies sofort offen sichtbar. Auch eine relativ harmlose Erkrankung oder ein Pickel fallen sofort auf, wohingegen ernsthaftere Erkrankungen anderer Systeme leichter zu ignorieren sind. (Das wird auch der Grund sein, weshalb im Fernsehen so viel Werbung für die Behandlung der Akne, einer vorübergehenden, aber gut sichtbaren Hauterscheinung, gezeigt wird, aber nur wenig für die Therapie des hohen Blutdrucks, einer potenziell lebensgefährlichen Erkrankung, die man jedoch leichter ignorieren kann.) Die Haut ist auch ein Spiegelbild der Gesundheit anderer Systeme; der Arzt erkennt an der Haut Symptome von Erkrankungen. Bei Lebererkrankungen verändert sich beispielsweise ihre Farbe.

Die Haut hat jedoch mehr als nur kosmetische Funktion. Sie schützt Sie vor der Umgebung, teilt Ihnen über ihre Rezeptoren einiges über die Außenwelt mit und hilft Ihnen, Ihre Körpertemperatur zu regulieren. Es werden Ihnen im Laufe dieses Kapitels über die funktionelle Anatomie des Integuments noch weitere wichtige Aufgaben der Haut begegnen.

4.1 Struktur und Funktion des Integuments

Das Integument bedeckt die gesamte Außenfläche des Körpers, einschließlich der Vorderflächen der Augen und der Trommelfelle am Ende der äußeren Gehörgänge. An den Nasenlöchern, den Lippen, dem Anus, dem Ende der Harnröhre und der Vagina schlägt das Integument nach innen um und geht über in die Schleimhäute, die die Atemwege, den Verdauungstrakt, den Harn- und den Fortpflanzungstrakt auskleiden. Der Übergang ist nahtlos; die Abwehrfunktion des Epithels bleibt intakt und ungestört.

Im Integument finden sich alle vier Gewebetypen (siehe Kapitel 3): Ein Epithel bedeckt die Oberfläche, das Bindegewebe darunter verleiht Stärke, Widerstandskraft und Verschieblichkeit. Blutgefäße innerhalb des Bindegewebes ernähren die Zellen der Epidermis. Die glatte Muskulatur reguliert den Durchmesser der Blutgefäße und die Ausrichtung der Haare, die über die Körperoberfläche hinausragen. Das Nervengewebe steuert diese Muskulatur und überwacht die Sinnesrezeptoren, die auf Berührung, Druck, Temperatur und Schmerzreize reagieren.

Das Integument hat zahlreiche Funktionen, wie etwa mechanischen Schutz, Regulation der Körpertemperatur, Exkretion (Sekretion), Ernährung (Synthese), Sinneswahrnehmung und Immunabwehr. **Abbildung 4.1** zeigt den strukturellen Aufbau des Integuments. Es hat zwei Hauptkomponenten: die Haut und die Hautanhangsgebilde.

1 **Haut:** Die Haut besteht wiederum aus zwei Komponenten, dem oberflächlichen Epithel, der **Epidermis** (griech.: epi = darauf, auf, darüber; derma = die Haut),

AUS DER PRAXIS

Untersuchung der Haut

Um eine Diagnose zu stellen, kombiniert der Dermatologe die körperliche Untersuchung mit Fragen wie: „Womit ist Ihre Haut in letzter Zeit in Berührung gekommen?“ oder „Wie fühlt sie sich an?“. Der Zustand der Haut wird sorgfältig untersucht. **Hautläsionen** werden vermerkt; das sind Veränderungen der Hautstruktur aufgrund von Verletzungen oder Erkrankungen. Man nennt Läsionen auch **Hautzeichen**, da sie messbare und sichtbare Abweichungen von der Norm darstellen.

Die **Verteilung** von Läsionen an der Haut gibt ebenfalls wichtige Hinweise auf den Ursprung des Problems. Bei der Gürtelrose *(Herpes zoster)* erscheinen die Bläschen dort, wo die Haut von einem bestimmten peripheren Nerv versorgt wird. Ein ringförmiges, leicht erhabenes schuppiges Exanthem (Hautausschlag) ist typisch für Hautpilzinfektionen, die am Rumpf, am Kopf oder an den Nägeln auftreten können. Hautzeichen selbst sind ebenso wichtig wie Symptome an den Anhangsgebilden:

Nägel weisen bei bestimmten Erkrankungen charakteristische Formveränderungen auf; so sind etwa die Uhrglasnägel Zeichen des Lungenemphysems oder der Herzinsuffizienz. Hierbei verbreitern sich die Fingerspitzen; die Nägel nehmen die charakteristisch gebogene Form an.
Der Zustand der **Haare** kann auch einen Hinweis auf den Gesundheitszustand geben; so führt beispielsweise die Proteinmangelkrankheit Kwaschiorkor zu depigmentiertem und struppigem Haar.

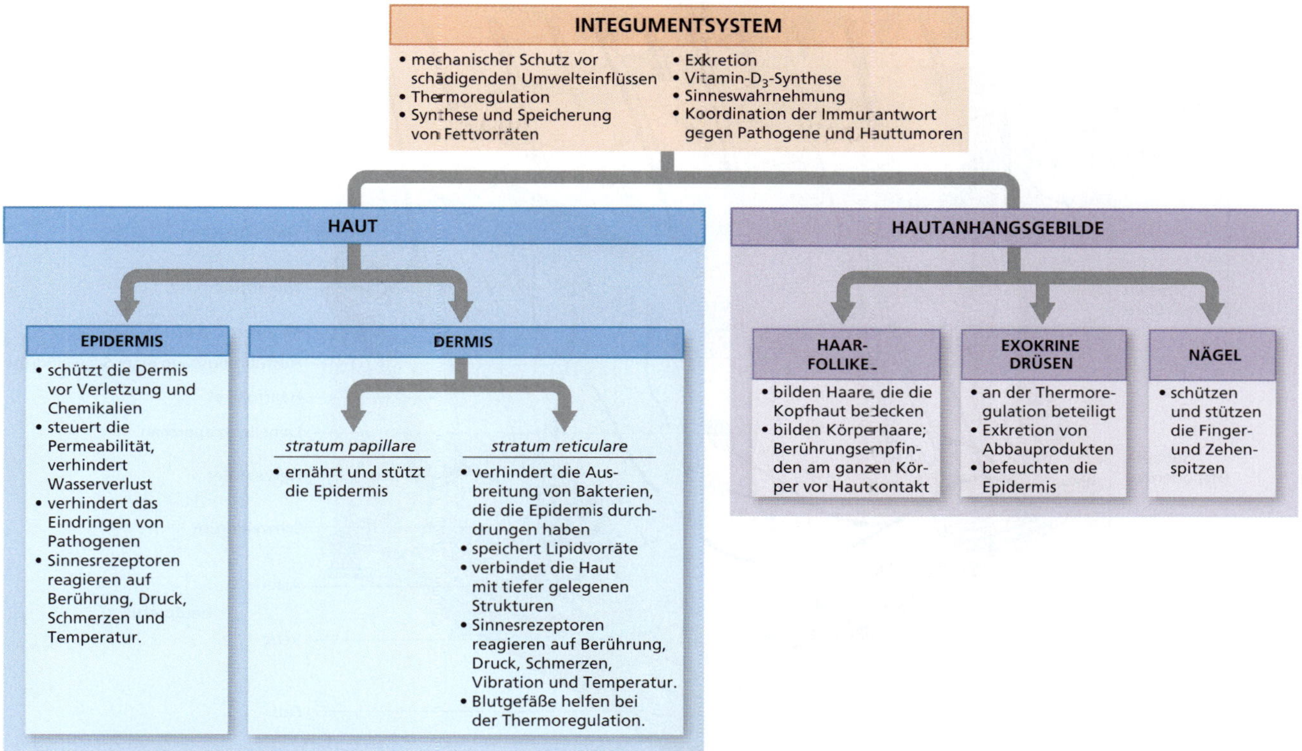

Abbildung 4.1: Funktionelle Organisation des Integumentsystems. Schematische Darstellung der Beziehungen der verschiedenen Anteile des Integuments zueinander.

und dem darunterliegenden Bindegewebe, der **Dermis** oder dem Korium (Lederhaut).

2 **Hautanhangsgebilde:** Zu den Hautanhangsgebilden gehören die Haare, die Nägel und eine Reihe mehrzelliger exokriner Drüsen. Diese Strukturen befinden sich in der Dermis und reichen durch die Epidermis bis an die Oberfläche.

Unter der Dermis liegt das subkutane Fettgewebe der Subkutis oder Hypodermis, das nach innen von der oberflächlichen Faszie begrenzt wird *(Fascia superficialis)*. Obwohl sie eigentlich kein Bestandteil des Integuments ist, besprechen wir die Subkutis wegen ihrer engen Verbindung zur Dermis in diesem Kapitel mit.

Die Epidermis 4.2

Die Epidermis der Haut besteht aus mehrschichtigem Plattenepithel, wie in **Abbildung 4.2** zu sehen. Es gibt vier Zelltypen in der Epidermis: Keratinozyten, Melanozyten, Merkel-Zellen und Langerhans-Zellen. Die häufigste Art, die **Keratinozyten**, bildet mehrere verschiedene Schichten. Im Lichtmikroskop sind die genauen Grenzen zwischen diesen Schichten oft schwer zu erkennen. In Leistenhaut (dicker Haut), wie an Handflächen und Fußsohlen, finden sich fünf Schichten. Die Felderhaut (dünne Haut), die den Rest des Körpers bedeckt, weist nur vier Schichten auf. Melanozyten sind pigmentproduzierende Zellen in der Epidermis. Merkel-Zellen spielen eine Rolle bei der Sinneswahrnehmung, während die Langerhans-Zellen Phagozyten sind. Diese Zelltypen liegen zwischen den Keratinozyten eingebettet in der Epidermis.

4.2.1 Die Schichten der Epidermis

Beachten Sie **Abbildung 4.3** und Tabelle 4.1 bei der nachfolgenden Beschreibung der Schichten in dicker Haut. Von der Basallamina aus nach außen gehend, finden wir zuerst das *Stratum basale*, darüber das *Stratum spinosum*, dann das *Stratum granulosum*, das *Stratum lucidum* und schließlich außen das *Stratum corneum*.

Stratum basale

Die innerste Schicht der Epidermis ist das *Stratum basale* oder *Stratum germinativum*. Diese Schicht ist fest mit der Basallamina verbunden, die die Epidermis von dem losen Bindegewebe der Dermis trennt. Im *Stratum basale* dominieren große Stammzellen, die **Basalzellen**. Durch Teilung dieser Stammzellen werden die oberflächlichen Keratinozyten ersetzt, die verloren gehen oder abschilfern. Die braune Farbe der Haut beruht auf der Syntheseleistung der **Melanozyten**, Pigmentzellen, die in Kapitel 3 vorgestellt wurden. Melanozyten liegen zwischen den Basalzellen im *Stratum basale* verteilt. Sie haben zahlreiche zytoplasmatische Fortsätze, die das Melanin, ein schwarzes, braungelbes oder braunes Pigment, in die Keratinozyten in dieser und in weiter oben liegenden Schichten injizieren. Das

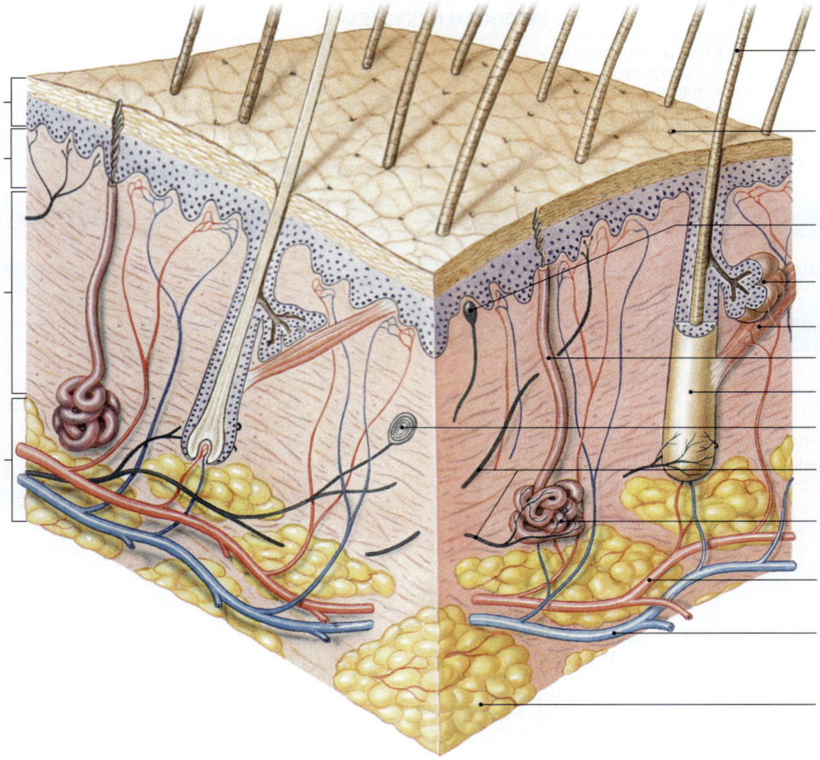

Abbildung 4.2: Komponenten des Integuments. Beziehungen der Hauptkomponenten des Integuments zueinander(mit Ausnahme der Nägel; siehe Abbildung 4.15). Die Epidermis ist ein mehrschichtiges verhorntes Plattenepithel, das über der Dermis liegt, eine Bindegewebezone, die Drüsen, Haarfollikel und Sinnesrezeptoren enthält. Unterhalb der Dermis befindet sich die Subkutis, in der sich Fett und Blutgefäße zur Versorgung der Dermis befinden.

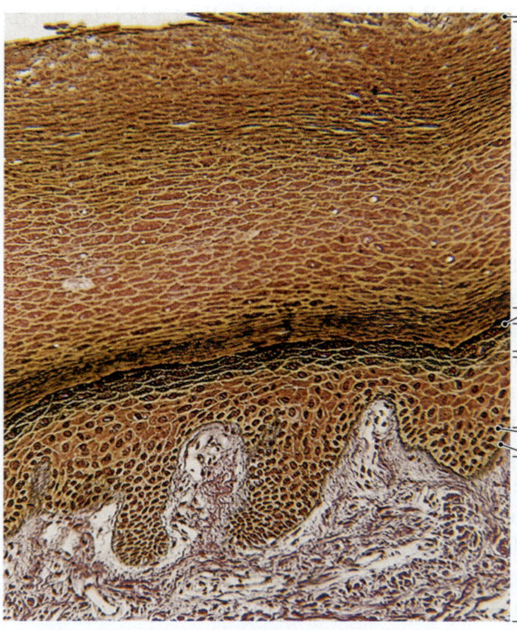

Abbildung 4.3: Histologie der Epidermis menschlicher Haut. Die einzelnen Schichten sind gut zu erkennen.

Schicht	Merkmale
Stratum basale	Innerste, tiefste Schicht Ist mit der Basallamina verbunden Enthält epidermale Stammzellen, Melanozyten und Merkel-Zellen; hier findet die Zellteilung statt.
Stratum spinosum	Keratinozyten sind durch Desmosomen verbunden, die an den Tonofibrillen des Zytoskeletts befestigt sind. Oft sind Langerhans-Zellen und Melanozyten vorhanden.
Stratum granulosum	Keratinozyten produzieren Keratohyalin und Keratin. Keratinfasern entstehen, während die Zellen dünner und flacher werden. Die Dicke der Zellmembranen nimmt langsam zu, die Organellen lösen sich auf, die Zellen sterben ab. Barriere für eindringende hydrophile Substanzen
Stratum lucidum	Durchsichtig scheinende Schicht, nur in dicker Haut
Stratum corneum	Zahlreiche Schichten abgeflachter, toter, vernetzter Keratinozyten. Ist typischerweise relativ trocken Ist wasserabweisend, aber nicht wasserdicht Erlaubt langsamen Durchtritt von Wasser (Perspiratio insensibilis)

Tabelle 1.1: **Schichten der Epidermis.**

Verhältnis von Melanozyten zu Basalzellen liegt zwischen 1:4 und 1:20, abhängig von der untersuchten Körperregion. Am häufigsten sind sie an den Wangen und der Stirn, an den Brustwarzen und im Genitalbereich. Individuelle und ethnisch bedingte Unterschiede der Hautfarbe beruhen nicht auf unterschiedlich vielen Melanozyten, sondern auf ihrer unterschiedlichen Aktivität. Sogar Albinos haben eine normale Anzahl von Melanozyten. (Albinismus ist eine Erbkrankheit, bei der die Melanozyten kein Melanin produzieren können; sie betrifft etwa eine von 10.000 Personen.)

Haarlose Haut enthält spezialisierte Epithelzellen, die man **Merkel-Zellen** nennt. Sie befinden sich im unteren Bereich des *Stratum basale*. Sie sind druckempfindlich; werden sie komprimiert, setzen sie Substanzen frei, die die sensorischen Nervenendigungen reizen. So erhält der Körper Informationen über die Art des Gegenstands, der die Haut berührt. Es gibt noch viele andere Arten von Berührungsrezeptoren, doch sie befinden sich in der Dermis und werden später besprochen. Eine Beschreibung sämtlicher Rezeptoren der Haut finden Sie in Kapitel 18.

Stratum spinosum

Jedes Mal, wenn sich eine Basalzelle teilt, schiebt sich eine ihrer Tochterzellen in die nächsthöhere Schicht, das *Stratum spinosum*, wo sie sich weiter differenziert. Das *Stratum spinosum* ist mehrere Zellschichten stark. Jeder **Keratinozyt** im *Stratum spinosum* enthält Bündel von Proteinfilamenten, die von einer Seite der Zelle zur anderen reichen. Diese Bündel, die Tonofibrillen, beginnen und enden an den Desmosomen *(Macula adhaerens)*, die die Keratinozyten miteinander verbinden. Sie fungieren daher als Verbindungsstreben, die die Zellverbindungen verstärken. Alle Keratinozyten im *Stratum spinosum* sind durch dieses Netzwerk miteinander verwobener Desmosomen und Tonofibrillen aneinander befestigt. Die üblichen Präparationstechniken bei der Erstellung histologischer Schnittbilder führen zu einer Schrumpfung des Zytoplasmas, doch die Tonofibrillen und Desmosomen bleiben intakt. Die Zellen sehen so aus wie winzige Nadelkissen, weshalb die frühen Histologen den Begriff Stachelzellschicht in ihren Beschreibungen verwendeten.

Melanozyten kommen in dieser Schicht häufig vor, ebenso die **Langerhans-Zellen**, obwohl diese in histologischen Standardpräparaten nicht als solche zu erkennen sind. Sie machen etwa 3–8 % der Zellen der Epidermis aus und kommen am häufigsten im oberen Anteil des *Stratum spinosum* vor. Diese Zellen spielen eine wichtige Rolle bei der Initiierung einer Immunantwort zum einen gegen Pathogene, die die oberflächlichen Schichten der Epidermis durchdrungen haben, und zum anderen gegen maligne epidermale Zellen.

Stratum granulosum

Die nächste Zellschicht über dem *Stratum spinosum* ist das *Stratum granulosum* („körnige Schicht"). Es besteht aus Keratinozyten, die aus dem *Stratum spinosum* hervorgegangen sind. Bis die Zellen diese Schicht erreicht haben, haben sie begonnen, große Mengen der Proteine **Keratohyalin** und **Keratin** (griech.: xeras = das Horn) zu bilden. Keratohyalin sammelt sich in elektronenmikroskopisch dichten Körnchen, den Keratohyalingranula. Sie bilden eine intrazelluläre Matrix, die die Keratinfilamente umgibt. Während sich in ihrem Inneren große Keratinfilamente bilden, werden die Keratinozyten langsam immer flacher und breiter. Die Zellmembran wird dicker und weniger permeabel. Der Zellkern und die anderen Organellen lösen sich dann auf; die Zellen sterben ab. Die nachfolgende Dehydrierung ergibt eine fest verwobene Keratinfaserschicht; die Fasern sind von Keratohyalin umgeben und liegen zwischen zwei Phospholipidmembranen.

Die Syntheserate von Keratohyalin und Keratin durch die Keratinozyten wird oft von Umweltfaktoren beeinflusst. Erhöhte Reibung der Haut stimuliert die Keratohyalin- und Keratinsynthese durch die Keratinozyten im *Stratum granulosum*. Dies führt zu einer lokalisierten Verdickung der Haut und zur Bildung von Hornhaut (auch Klavus genannt), wie auf den Handflächen von Gewichthebern oder den Fingerknöcheln von Boxern oder Karatekämpfern.

Beim Menschen ist Keratin die Hauptkomponente von Haaren und Nägeln. Es ist jedoch ein ausgesprochen vielseitiges Material; bei anderen Wirbeltieren bildet es die Krallen von Hunden und Katzen, die Hörner von Rindvieh und Nashörnern, die Federn der Vögel, die Schuppen der Schlangen, die Barten der Wale und eine Reihe anderer interessanter epidermaler Strukturen.

Stratum lucidum

In der Leistenhaut (dicken Haut) der Handflächen und Fußsohlen bedeckt das durchscheinende *Stratum lucidum* („klare Schicht") das *Stratum granulosum*. Die Zellen dieser Schicht sind flach, dicht gepackt und mit Keratin gefüllt, doch sie lassen sich mit den üblichen histologischen Mitteln nur schlecht anfärben.

Stratum corneum

Das *Stratum corneum* (lat.: cornu = das Horn) befindet sich auf der Oberfläche sowohl der Leisten- (dicken) als auch der Felderhaut (dünnen Haut). Es besteht aus 15–30 Lagen von abgeflachten, toten und miteinander verzahnten Zellen. Da die Verbindungen, die im *Stratum spinosum* entstanden sind, intakt bleiben, lösen sich die Zellen eher in großen Gruppen oder Schuppen als einzeln.

Ein Epithel, das viel Keratin enthält und bei dem der Zellkern im *Stratum corneum* schließlich verschwindet, wird als **verhornt** bezeichnet. Das *Stratum corneum* ist normalerweise recht trocken, womit es für eine Besiedlung für viele Mikroorganismen ungeeignet ist. Zum Erhalt dieser Barriere wird die Hautoberfläche mit den Sekreten der Hautdrüsen (Talg- und Schweißdrüsen, siehe unten) überzogen. Eine Verhornung findet überall an der Haut statt, nur nicht an der Vorderfläche der Augen.

Obwohl das *Stratum corneum* wasserabweisend ist, ist es nicht wasserfest. Flüssigkeit aus dem interstitiellen Raum dringt langsam nach außen und verdunstet in der Umgebungsluft. Dieser Vorgang, die *Perspiratio insensibilis*, führt zu einem Wasserverlust von etwa 500 ml pro Tag.

Eine Zelle braucht ca. 15–30 Tage, um vom *Stratum basale* in das *Stratum corneum* zu gelangen. Die abgestorbenen Zellen verbleiben gewöhnlich etwa zwei weitere Wochen im äußeren *Stratum corneum*, bevor sie abschilfern und abgewaschen werden. So sind die tieferen Hautschichten – und alle Gewebe darunter – ständig von einer Schutzschicht aus toten, haltbaren und an sich entbehrlichen Zellen bedeckt.

Den Wert dieser Schutzfunktion der Haut erkennt und versteht man am ehesten, wenn größere Hautflächen verloren gehen, wie etwa nach einer schweren Brandverletzung. Nach einer zweitgradigen (Haut bildet Blasen) oder drittgradigen Verbrennung (Nekrose; Dermis und Subkutis betroffen) muss sich der Arzt um die Gefahr der Absorption toxischer Substanzen, um den Flüssigkeitsverlust und um Infektionen an der Brandwunde kümmern. All dies

AUS DER PRAXIS

Störungen der Keratinproduktion

Nicht alle Hautzeichen sind das Ergebnis von Entzündungen, Verletzungen oder Allergien; einige sind einfach die normale Reaktion auf Umwelteinflüsse. Eine verbreitete Reaktion ist etwa eine überschießende Keratinbildung, die **Hyperkeratose**. Die Folgen – Hornhaut und Hühneraugen – sind leicht zu erkennen. Hornhaut ist eine lokale Verdickung auf sowieso schon dicker Haut, wie etwa den Handflächen, den Fußsohlen oder den Fersen, als Reaktion auf chronische Reibung. Hühneraugen sind stärker lokalisierte Areale exzessiver Hornbildung an dünner Haut oder zwischen den Zehen.

Bei der Psoriasis sind die Stammzellen im *Stratum basale* ungewöhnlich aktiv, was zu Hyperkeratosen an der behaarten Kopfhaut, den Ellenbogen, den Handflächen, den Fußsohlen, der Vorderseite der Knie, den Leisten oder den Nägeln führt. Normalerweise teilt sich eine Stammzelle einmal etwa alle 20 Tage, doch bei der Psoriasis kann sie sich alle 1,5 Tage teilen. Die Verhornung ist abnorm und typischerweise zum Zeitpunkt der Abschilferung der äußeren Schichten noch nicht vollendet. Die betroffenen Bereiche sind rot und mit zahlreichen kleinen, silbrig glänzenden Schuppen bedeckt, die sich ständig ablösen. Eine Psoriasis tritt bei 20–30 % der Personen auf, die genetisch dazu prädisponiert sind. Etwa 2–3 % der Bevölkerung Mitteleuropa haben eine mehr oder weniger stark ausgeprägte Psoriasis, häufig durch Stress und Angst verstärkt. Die meisten Fälle sind schmerzfrei und kontrollierbar, jedoch nicht heilbar.

Die **Xerose**, die trockene Haut, ist eine häufige Erscheinung bei älteren Menschen oder bei Personen, die in trockenem Klima leben. Das Plasmalemm der Zellen in den äußeren Hautschichten verfällt langsam; das *Stratum corneum* ist eher eine Ansammlung von Schuppen als eine glatte Schicht. Diese schuppige Oberfläche ist viel besser permeabel als eine intakte Keratinschicht; die *Perspiratio insensibilis* nimmt zu. Bei Patienten mit schwerer Xerose kann sie um den Faktor 75 verstärkt sein.

Druck auf die Haut, ein weiterer Stressfaktor, kann zu **Dekubitalulzera** (Liegegeschwüren) führen (lat.: decubitare = darniederliegen; ulcus = das Geschwür). Ein Ulkus ist ein lokaler Epithelverlust. Dekubitalulzera entstehen dort, wo die Blutgefäße der Haut gegen tiefere Strukturen, wie Gelenke oder Knochen, gedrückt werden, sodass die Einschränkung der Durchblutung das Gewebe schädigt.

AUFGABEN

1. Exzessive Abschilferung der obersten Hautschichten an der Kopfhaut nennt man Kopfschuppen. Wie heißt diese Hautschicht?
2. Sie heben ein Stück rohes Holz auf und haben anschließend einen Splitter in der dritten Hautschicht ihrer Handfläche. Um welche Schicht handelt es sich?
3. Welches sind die beiden Hauptbestandteile des Integuments und welches sind die jeweiligen Komponenten?
4. Was ist Verhornung? Welches sind die Stadien dieses Prozesses?

geschieht, weil die Schutzfunktion der Haut verloren gegangen ist.

4.2.2 Dicke und dünne Haut

Bei Beschreibungen der Haut beziehen sich die Bezeichnungen dick für die Leistenhaut und dünn für die Felderhaut auf die Höhe der Epidermis und nicht auf die des Integuments insgesamt. Der Großteil des Körpers ist mit **Felderhaut** überzogen. Hier finden sich nur vier Schichten, da das *Stratum lucidum* typischerweise fehlt. Die Epidermis ist gerade einmal 0,08 mm dick; das *Stratum corneum* hat nur wenige Zellschichten (**Abbildung 4.4**a und b). Die **Leistenhaut** der Hand- oder Fußflächen kann 30 oder mehr Schichten verhornter Zellen aufweisen. Daher weist die Epidermis hier alle fünf Schichten auf und kann bis zu sechs Mal so dick sein wie die sonstige Epidermis (**Abbildung 4.4**c).

AUS DER PRAXIS **Transdermale Medikamentengabe**

Medikamente in öliger oder anders fettlöslicher Lösung können die Epidermis durchdringen. Dies ist ein langsamer Prozess, besonders durch die vielen Zellmembranen des *Stratum corneum*. Hydrophile Medikamente können die Barriere der Epidermis nicht durchdringen. Wenn die darunterliegenden Schichten erst erreicht sind, wird das Medikament in die Blutbahn hinein absorbiert. Eine sinnvolle Technik ist hierfür die Platzierung eines wirkstoffhaltigen Pflasters auf dünne Haut. Um die langsame Geschwindigkeit der Diffusion auszugleichen, muss das Pflaster sehr hohe Dosen des Medikaments enthalten. Diese Technik, TTS (transdermales therapeutisches System) genannt, hat den Vorteil, dass ein einziges Pflaster viele Tage lang wirkt, was die tägliche Einnahme von Tabletten erspart. Skopolaminpflaster, die auf das Nervensystem wirken, bekämpfen Reiseübelkeit. Nitroglyzerinpflaster verbessern die Durchblutung des Herzmuskels und beugen so Herzinfarkten vor. Östrogenpflaster können den Abbau von Knochensubstanz bei Frauen nach den Wechseljahren hemmen. Nikotinpflaster helfen, den Drang zu rauchen zu kontrollieren, und machen es leichter, mit dem Rauchen aufzuhören.

Hautleisten

Das *Stratum basale* der Epidermis weist Furchen auf, die bis in die Dermis reichen und so die Kontaktfläche zwischen den beiden Regionen vergrößern. Fortsätze der Dermis, die **Hautpapillen** (lat.: papilla = die Warze), erheben sich zwischen den Leisten der Epidermis, wie in Abbildung 4.4a und c dargestellt. Die Konturen der Haut folgen diesem Leistenmuster; es kann sich um einfache

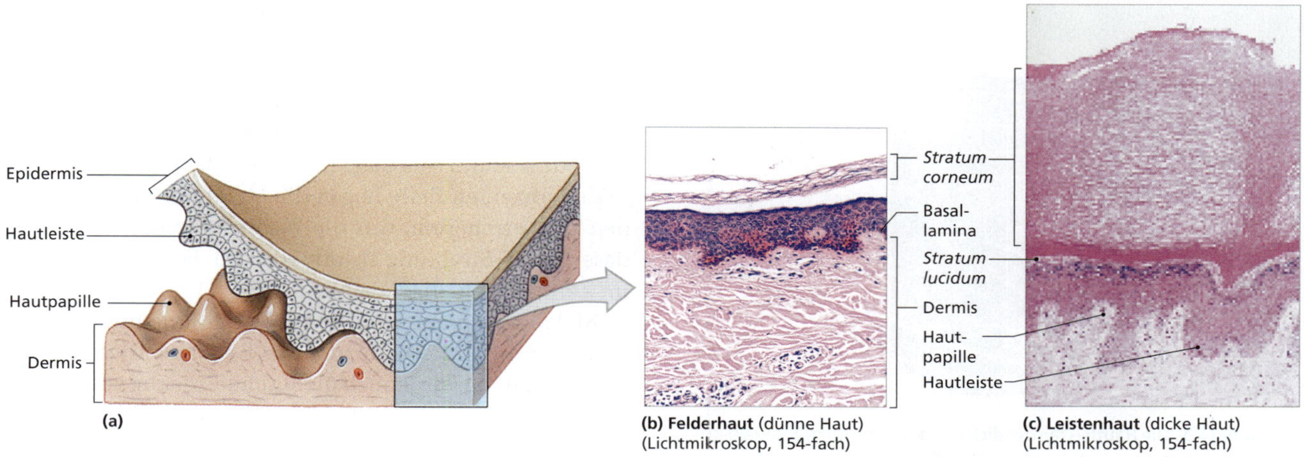

Abbildung 4.4: Dünne und dicke Haut. Die Epidermis ist ein unterschiedlich dickes mehrschichtiges Plattenepithel. (a) Grundaufbau der Epidermis. Die Dicke der Epidermis, besonders des Stratum corneum, schwankt deutlich in Abhängigkeit vom Ort der Biopsie. (b) Der Großteil der Hautoberfläche ist mit Felderhaut bedeckt. (Während des Schneidens hat sich das Stratum corneum vom Rest der Epidermis abgehoben.) (c) Handflächen und Fußsohlen sind mit Leistenhaut bedeckt.

konische Zapfen oder um komplexe Schleifen handeln, wie man sie an der dicken Haut der Handflächen und Fußsohlen sieht. Diese Leisten vergrößern die Hautoberfläche und erhöhen die Reibung für bessere Griffigkeit. Die Muster dieser Leisten sind genetisch determiniert: Sie sind bei jedem Menschen einzigartig und verändern sich im Laufe des Lebens nicht. Die Leistenabdrücke an den Fingerkuppen (**Abbildung 4.5**) können daher zur Identifizierung von Personen verwendet werden, was seit über einem Jahrhundert bei kriminalpolizeilichen Ermittlungen genutzt wird.

Die Hautfarbe

Die Hautfarbe wird durch die Kombination der folgenden Faktoren bestimmt: 1. die Durchblutung der Haut, 2. die Dicke des *Stratum corneum* und 3. die Menge der Pigmente Karotin und Melanin.

Durchblutung der Haut Das Blut enthält die roten Blutkörperchen, die das Protein Hämoglobin mit sich tragen. An Sauerstoff gebunden, hat es eine hellrote Farbe, die bei hellhäutigen Menschen durch die Blutgefäße der Dermis hindurchscheint. Wenn diese Blutgefäße weitgestellt sind, wie etwa bei einer Entzündung, verstärkt sich die Rötung. Wenn die Durchblutung kurzzeitig abnimmt, wird die Haut relativ blass; ein hellhäutiger Mensch wird „weiß" vor Schreck, wenn sich die Blutversorgung der Haut abrupt reduziert. Ist die Durchblutung längerfristig eingeschränkt, verliert das Blut in den oberflächlichen Gefäßen an Sauerstoff; das Hämoglobin färbt sich dunkler rot. Von außen gesehen, nimmt die Haut dadurch einen bläulichen Farbton an; man nennt dies **Zyanose** (griech.: zyaneos = dunkel-, schwarzblau). Unabhängig von der Hautfarbe ist eine Zyanose am besten in Bereichen mit dünner Haut zu sehen, wie an den Lippen oder unter den Nägeln. Sie kann eine Reaktion auf extreme Kälte sein oder die Folge von Erkrankungen des Kreislauf- oder Atmungssystems, wie einem Herzversagen oder schwerem Asthma.

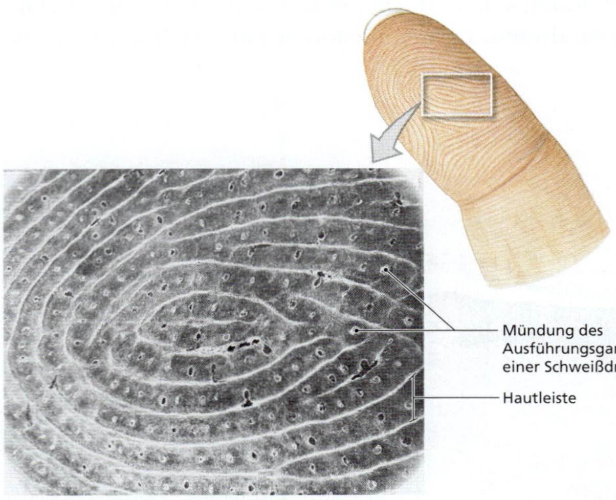

Abbildung 4.5: Die Hautleisten der dicken Haut. Fingerabdrücke zeigen das Muster der Hautleisten in dicker Haut. Diese rasterelektronenmikroskopische Aufnahme zeigt die Hautleisten der Fingerbeere. Die Grübchen sind die Poren der Ausführungsgänge der Schweißdrüsen (25-fach) (© R. G. Kessel und R. H. Kardon, „Tissues and Organs: A Text-Atlas of Scanning Electron Microscopy", W. H. Freemann & Co, 1979, Alle Rechte vorbehalten).

Pigmentgehalt der Epidermis **Karotin** ist ein orange-gelbes Pigment, das in verschiedenen orangefarbenen Gemüsesorten, wie Karotten, Mais oder Kürbis, vorkommt. Es kann in Vitamin A umgewandelt werden, das für den Erhalt von Epithelien und die Synthese von Sehpigmenten durch die Fotorezeptoren der Augen benötigt wird. Karotin sammelt sich normalerweise in den Keratinozyten; besonders sichtbar wird es in den dehydrierten Schichten des *Stratum corneum* und im subkutanen Fettgewebe. **Melanin** wird in den Melanozyten synthetisiert und auch dort gelagert (**Abbildung 4.6**). Das schwarze, braun-gelbe oder braune Melanin bildet sich in intrazellulären Vesikeln, den Melanosomen. Diese Vesikel, die im Ganzen an die Keratinozyten weitergegeben werden, färben diese vorübergehend, bis sie von den Lysosomen zerstört werden. Die Zellen der weiter oberflächlich gelegenen Schichten werden mit abnehmender Melanosomenzahl immer heller. Bei hellhäutigen Menschen findet der Transfer der Melanosomen im *Stratum basale* und im *Stratum spinosum* statt; die weiter außen liegenden Zellen verlieren ihre Pigmentierung. Bei dunkelhäutigen Menschen sind die Melanosomen größer, und der Transfer findet auch im *Stratum granulosum* statt; die Pigmentierung ist daher stärker und hält länger an. Die Syntheserate von Melanin und Karotin ist genetisch festgelegt. Variationen der Genexpression bestimmen die individuelle Hautfarbe.

Melaninpigmente helfen, die Haut vor Schäden durch die **UV- (ultraviolette) Strahlung** der Sonne zu schützen. Eine geringe Menge an UV-Strahlung ist jedoch wichtig, da durch sie cholesterinartige Vorläufer in der Haut in das sog. Vitamin D, ein Hormon, umgewandelt werden[1]. Vitamin D ist für eine normale Absorption von Kalzium und Phosphat im Dünndarm notwendig; unzureichende Versorgung mit Vitamin D führt zu einer Störung von Versorgung und Wachstum der Knochen. Zuviel UV-Strahlung kann jedoch die Chromosomen schädigen und zu leichten bis mittelgradigen Verbrennungen führen. Melanin in der Epidermis schützt als Ganzes die darunterliegende Dermis. In der einzelnen Zelle liegen die Melanosomen meist um den Zellkern herum, was die Wahrscheinlichkeit erhöht, dass die UV-Strahlung absorbiert wird, bevor sie die DNS im Zellkern schädigen kann.

Melanozyten reagieren auf UV-Strahlung mit einer Erhöhung der Syntheserate und des Transfers. Dies führt zu einer Bräunung, die jedoch nicht schnell genug auftritt, um den Sonnenbrand am ersten Strandtag zu verhindern; die Bräunung dauert etwa zehn Tage. Jeder kann einen Son-

1 Genaugenommen handelt es sich um Vitamin D_3, das **Cholekalziferol**, das nach weiteren Umwandlungen in der Leber und den Nieren als das aktive Hormon **Kalzitriol** in die Blutbahn gelangt (siehe Kapitel 5).

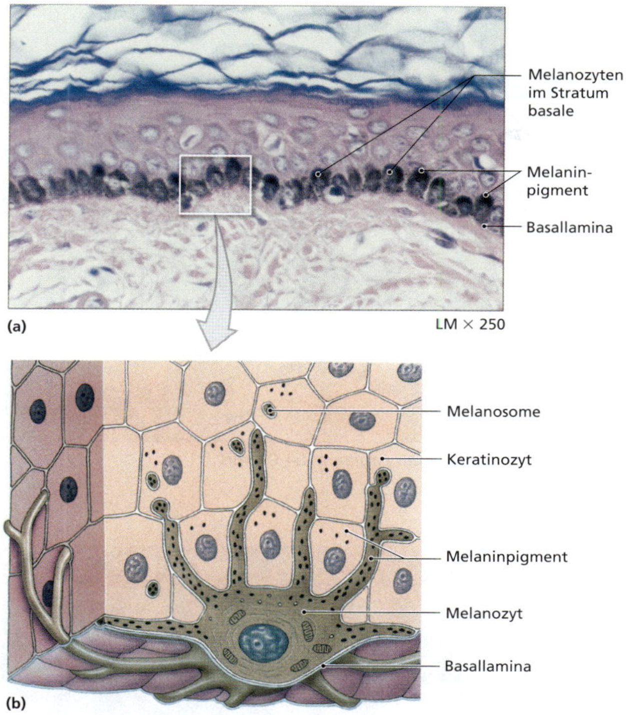

Abbildung 4.6: Melanozyten. Die Histologie und die dazugehörige Zeichnung demonstrieren die Lokalisation und Orientierung der Melanozyten im Stratum basale eines dunkelhäutigen Menschen.

nenbrand erleiden, doch sind dunkelhäutige Menschen anfangs besser gegen die Effekte der UV-Strahlung geschützt. Wiederholte UV-Bestrahlung in einer Stärke, die Bräunung bewirkt, kann langfristig zu Schäden der Dermis und der Epidermis führen. In der Dermis haben Schäden an den Fibrozyten eine abnorme Bindegewebestruktur und frühzeitige Faltenbildung zur Folge. In der Epidermis können Chromosomenschäden in den Keimzellen und den Melanozyten zu Hautkrebs führen (siehe Fallstudie „Hautkrebs").

AUFGABEN

1. Erläutern Sie den Hauptunterschied zwischen Leisten (dicker) und Felder (dünner) Haut.
2. Einige Kriminelle schmirgeln ihre Fingerkuppen ab, um keine verwertbaren Fingerabdrücke zu hinterlassen. Führt dies zu einer dauerhaften Entfernung der Fingerabdrücke? Warum oder warum nicht?
3. Benennen Sie die Ursprünge der Farbe der Epidermis.
4. Beschreiben Sie die Lageverhältnisse zwischen den Hautleisten und den Hautpapillen.

AUS DER PRAXIS

Hauttumoren

Fast jeder hat gutartige Hautveränderungen, wie z. B. Sommersprossen oder Muttermale. Hautkarzinome sind jedoch die häufigsten bösartigen Tumoren; sie werden meist durch längere Sonnenlichtexposition verursacht.

Das **Basalzellkarzinom** ist ein bösartiger Tumor der Basalzellschicht der Haut. Es ist der häufigste bösartige Hauttumor; zwei Drittel der Basalzellkarzinome treten an Körperstellen auf, die chronisch der UV-Strahlung ausgesetzt sind. Sie metastasieren in der Regel nicht. Neuere Forschungen belegen einen Zusammenhang mit einem Gen.

Plattenepithelkarzinome sind weniger häufig, treten aber fast ausschließlich an Hautarealen auf, die der Sonne ausgesetzt sind. Tumoren mit einer Größe unter 2 cm metastasieren nur selten. Üblicherweise wird der Tumor operativ entfernt; mindestens 95 % der Patienten überleben die nächsten fünf Jahre. (Dieser statistische Wert, die Fünf-Jahres-Überlebensrate, ist für die Angabe der langfristigen Prognose gebräuchlich.)

Im Vergleich zu diesen verbreiteten und eingeschränkt lebensbedrohlichen Tumoren sind **maligne Melanome** extrem gefährlich. Die entarteten Melanozyten vermehren sich schnell und metastasieren rasch lymphogen. Die Überlebensrate ist stark variabel und hängt davon ab, wann die Diagnose gestellt wurde. Ist der Befall nur lokal, liegt die Fünf-Jahres-Überlebensrate bei über 90 %; bei einer Metastasierung fällt sie jedoch auf 14 %.

Hellhäutige Menschen, die in den Tropen leben, sind bezüglich aller Hauttumoren besonders gefährdet, da ihre Melanozyten sie nicht ausreichend vor der UV-Strahlung schützen. Eine Schädigung durch die Sonne kann durch Vermeidung der Mittagssonne, das Tragen von Kleidung und Hut und die Verwendung einer Sonnencreme mit sehr hohem Lichtschutzfaktor (Sunblocker) (nicht Sonnenöl oder Selbstbräuner). Diese Maßnahmen verzögern auch das Auftreten anderer Sonnenfolgen, wie Hauterschlaffung und Fältchen.

Vor einem längeren Aufenthalt in der Sonne sollte man immer Sonnencreme mit UVA- und UVB-Schutz und einem LSF (Lichtschutzfaktor) von mindestens 15 wählen; blonde, rothaarige und sehr hellhäutige Menschen sind mit LSF 20 bis 30 besser bedient. (Das Risiko sollte man auch vor dem Besuch einer Sonnenbank bedenken.) Wegen der Zerstörung der Ozonschicht durch unsere Industrieabgase ist der Gebrauch von Sonnencreme noch wichtiger geworden: Ozon kann UV-Strahlen absorbieren, bevor diese die Erdoberfläche erreichen, und unterstützt auf diese Weise die Melanozyten dabei, Hautkrebs zu verhindern. Aus Australien, das durch das Ozonloch in der Nähe des Südpols besonders betroffen ist, wird bereits eine steigende Inzidenz von bösartigen Hauttumoren gemeldet.

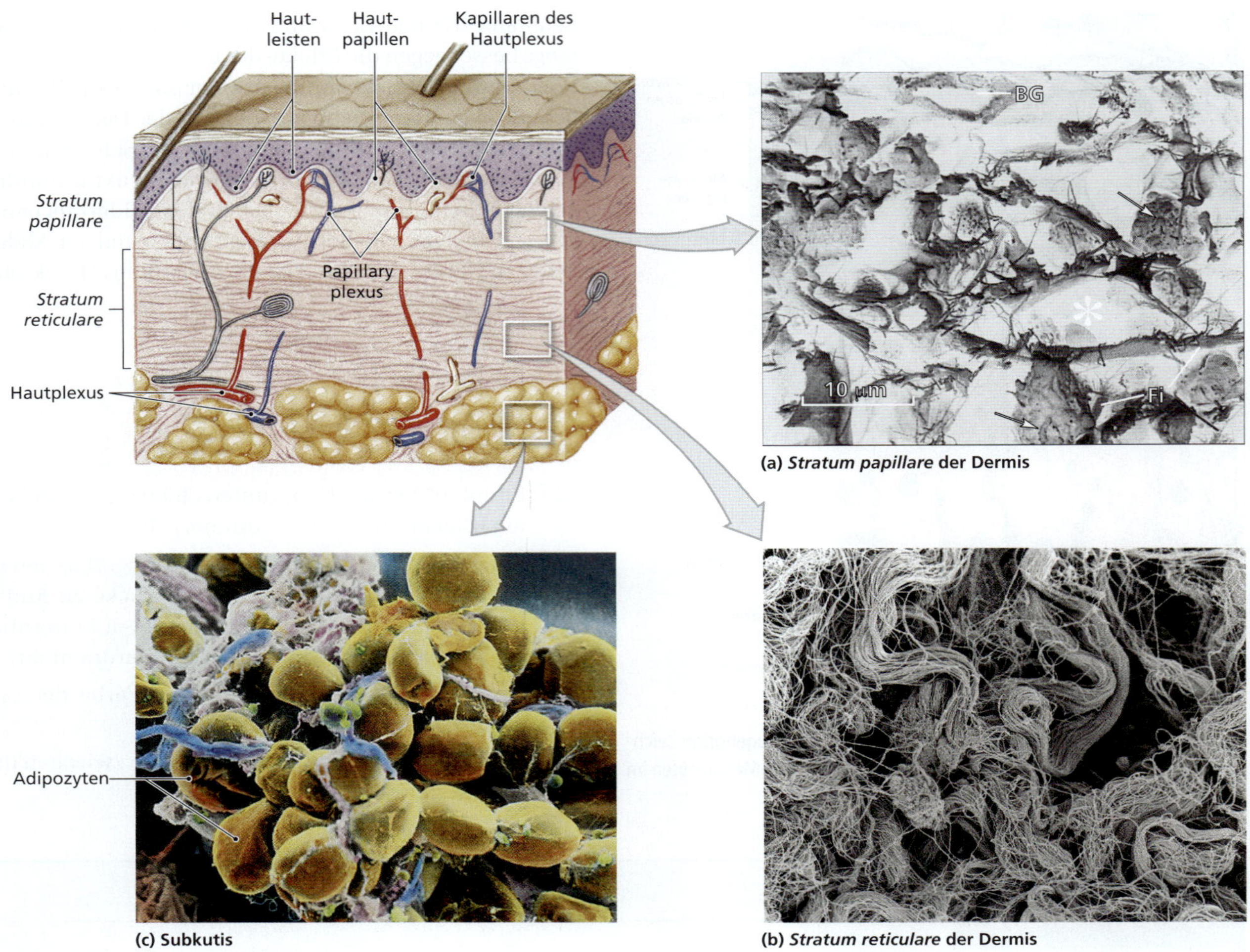

Abbildung 4.7: Die Struktur der Dermis und der Subkutis. Die Dermis ist eine bindegewebige Schicht unterhalb der Epidermis; die Subkutis (Hypodermis) besteht im Wesentlichen aus Fettgewebe. (a) Das Stratum papillare der Dermis besteht aus losem Bindegewebe, das zahlreiche Blutgefäße (BG), Fasern (Fs) und Makrophagen (Pfeile) enthält. Leere Räume, wie der mit einem Stern markierte, sind in vivo mit flüssiger Grundsubstanz gefüllt (Rasterelektronenmikroskop, 649-fach). (b) Das Stratum reticulare enthält straffes geflechtartiges Bindegewebe (Rasterelektronenmikroskop, 268-fach) (© R. G. Kessel und R. H. Kardon, „Tissues and Organs: A Text-Atlas of Scanning Electron Microscopy", W. H. Freemann & Co, 1979, Alle Rechte vorbehalten).

Die Dermis 4.3

Die Dermis liegt unterhalb der Epidermis (siehe Abbildung 4.2). Sie hat zwei Hauptkomponenten: das oberflächlichere *Stratum papillare* und das tiefer liegende *Stratum reticulare*.

4.3.1 Aufbau der Dermis

Das oberflächliche **Stratum papillare** besteht aus losem Bindegewebe (**Abbildung 4.7**a). Es enthält die Kapillaren, die die Epidermis versorgen, sowie die Axone der sensiblen Nervenzellen, die die Rezeptoren des *Stratum papillare* und der Epidermis kontrollieren. Der Name *Stratum papillare* leitet sich von den Hautpapillen ab, die zwischen den epidermalen Hautleisten aufragen (siehe Abbildung 4.4).

Das tiefer liegende **Stratum reticulare** besteht aus Fasern in einem verwobenen Netzwerk aus geflechtartigem dichtem Bindegewebe, das Blutgefäße, Haarfollikel, Nerven sowie Schweiß- und Talgdrüsen umgibt (**Abbildung 4.7**b). Der Name dieser Schicht leitet sich von der verwobenen Anordnung der Kollagenfaserbündel in dieser Region her. Einige der Kollagenfasern aus dem *Stratum reticulare* reichen bis in das *Stratum papillare* hinein, was die beiden Schichten verbindet. Die genaue Grenze zwischen ihnen ist daher nicht genau auszumachen. Kollagenfasern des *Stratum reticulare* erstrecken sich auch in die tiefere Subkutis (**Abbildung 4.7**c).

Falten, Striae distensae und Spaltlinien

Die verwobenen Kollagenfasern des *Stratum reticulare* verleihen der Haut eine enorme Zugfestigkeit; die zahlreichen elastischen Fasern ermöglichen es der Haut, sich während normaler Bewegungen immer wieder zu dehnen und wieder zusammenzuziehen. Das Alter, Hormone und der schädliche Einfluss der UV-Strahlung reduzieren die Dicke und die Flexibilität der Dermis, was zu **Falten** und

Hauterschlaffung führt. Die extreme Zerrung der Dermis am Bauch während einer Schwangerschaft oder bei starker Gewichtszunahme überfordert oft die Elastizität der Haut. Elastische und Kollagenfasern reißen, und die Haut kann sich nach der Geburt oder einer erfolgreichen Diät nicht wieder ganz auf ihre ursprüngliche Größe zusammenziehen. Die Haut wirft Falten und Fältchen; es entstehen die **Striae distensae** (sog. Schwangerschaftsstreifen).

Tretinoin ist ein Vitamin-A-Derivat, das als Creme oder Gel auf die Haut aufgetragen werden kann. Das Medikament wurde ursprünglich zur Behandlung der Akne entwickelt, doch es verbessert auch die Durchblutung der Dermis und stimuliert die Regeneration der Haut. Dies verringert die Entstehung von Fältchen; die bestehenden verkleinern sich. Das Ausmaß der Verbesserung ist individuell unterschiedlich. Da Vitamin-A-Derivate teratogen sind, ist die Schwangerschaft eine Kontraindikation für ihre Anwendung.

An jedem gegebenen Ort der Haut ist der Großteil der elastischen und der Kollagenfasern in parallel liegenden Bündeln angeordnet. Die Ausrichtung dieser Bündel richtet sich nach der Hauptzugrichtung auf die Haut bei normaler Bewegung; die Bündel liegen so, wie sie den einwirkenden Kräften am besten widerstehen können. Das Muster der Faserbündel ergibt die sog. **Spaltlinien** (**Abbildung 4.8**). Sie sind klinisch relevant, da sich Schnitte parallel zur Spaltlinie leichter schließen, während senkrecht dazu verlaufende Schnitte durch den Zug der elastischen Fasern eher aufklaffen. Chirurgen setzen ihre Schnitte entsprechend, da sie am besten und mit der unauffälligsten Narbe heilen, wenn sie in Richtung der Spaltlinien verlaufen.

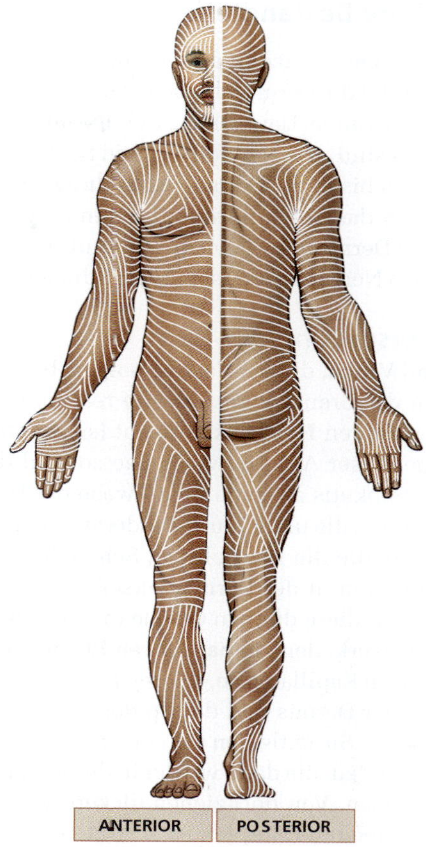

Abbildung 4.8: Spaltlinien der Haut. Die Spaltlinien der Haut folgen den Spannungslinien der Haut. Sie spiegeln die Anordnung der Kollagenfasern in der Haut wider und dienen als Orientierung für die Schnittführung bei chirurgischen Eingriffen.

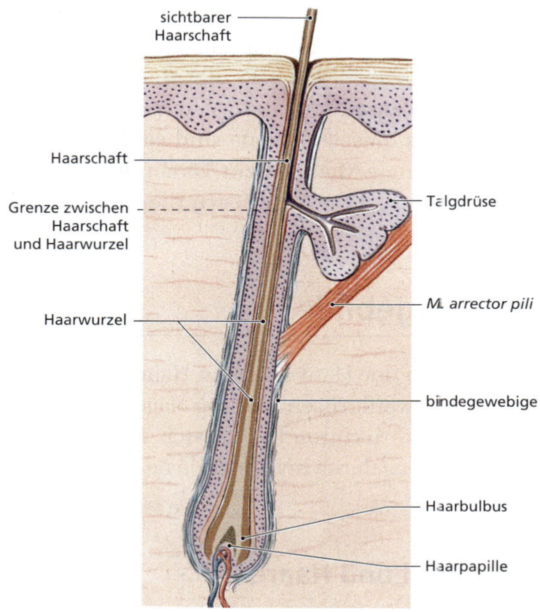

(a) Schematische Darstellung eines Haarfollikels

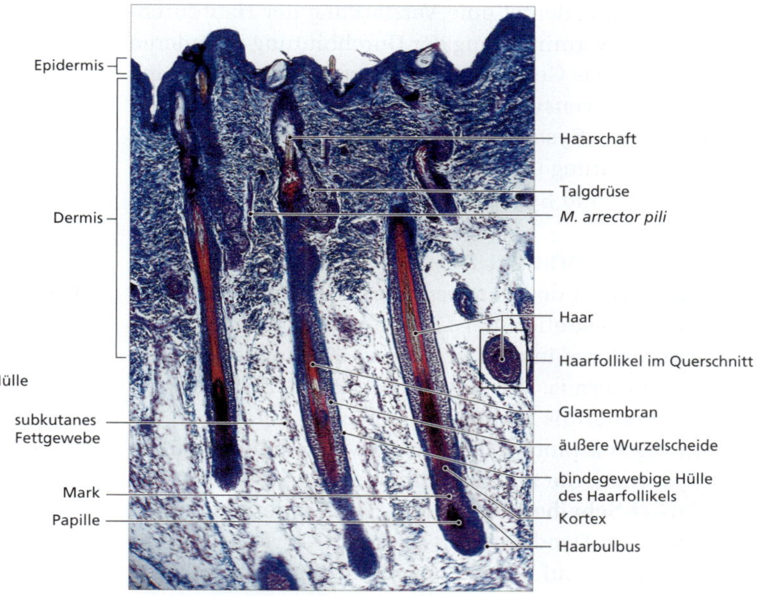

(b) Kopfhaut im Querschnitt

Abbildung 4.9: Hautanhangsgebilde. (a) Schematische Darstellung eines einzelnen Haarfollikels. (b) Histologie der Kopfhaut. Beachten Sie die Vielzahl der Haarfollikel und wie weit sie sich in die Dermis erstrecken (Lichtmikroskop, 66-fach).

4.3.2 Weitere Bestandteile der Haut

Zusätzlich zu den extrazellulären elastischen und Kollagenfasern enthält die Dermis alle Zellen des Bindegewebes im eigentlichen Sinne. Hautanhangsgebilde, die epidermalen Ursprungs sind, wie Haarfollikel und Schweißdrüsen, erstrecken sich bis in die Dermis (**Abbildung 4.9**). Außerdem enthalten das *Stratum reticulare* und das *Stratum papillare* der Dermis ein Geflecht von Blut- und Lymphgefäßen sowie Nervenfasern (siehe Abbildung 4.2).

Die Blutversorgung der Haut

Arterien und Venen, die die Haut versorgen, bilden in der Subkutis an der Grenze zum *Stratum reticulare* ein Geflecht, das man den **Hautplexus** nennt (siehe Abbildung 4.2). Zweige dieser Arterien versorgen sowohl das Fettgewebe der Subkutis als auch die Gewebe der Haut. Von dünnen Arterien, die in Richtung Epidermis ziehen, zweigen Gefäße ab, die die Haarfollikel, Schweißdrüsen und andere Strukturen in der Dermis versorgen. Im *Stratum papillare* gehen diese dünnen Gefäße in ein weiteres verzweigtes Netzwerk, den **subpapillären Plexus**, über. Von ihm aus zweigen Kapillaren ab, die den Konturen der Grenze zwischen der Dermis und der Epidermis folgen (siehe Abbildung 4.7a). Sie entleeren sich in ein Netzwerk feiner Venen, der Venolen, die dann wieder in den subpapillären Plexus übergehen. Von dort ziehen dickere Venen in ein Netzwerk im tieferen Hautplexus.

Aus zwei Gründen muss die Durchblutung der Haut genau überwacht werden: Zum einen spielt dies eine wichtige Rolle bei der **Thermoregulation**, der Kontrolle der Körpertemperatur. Wenn sie steigt, ermöglicht eine verstärkte Hautdurchblutung die Abgabe überschüssiger Wärme. Umgekehrt reduziert bei niedriger Körpertemperatur eine Verminderung der Hautdurchblutung den Wärmeverlust. Zum anderen bedeutet eine Verstärkung der Hautdurchblutung eine Verminderung der Durchblutung in anderen Organen, da das Gesamtvolumen des Blutes stets gleich bleibt. Das Nervensystem, das Herz-Kreislauf-System und das endokrine System arbeiten bei der Regulierung der Hautdurchblutung und der gleichzeitigen Versorgung anderer Organe und Systeme zusammen.

Die Nervenversorgung der Haut

Nervenfasern in der Haut regulieren die Durchblutung, steuern die Sekretion der Drüsen und überwachen die Sinnesrezeptoren in der Dermis und den tieferen Schichten der Epidermis. Wir haben die Merkel-Zellen in der tieferen Epidermis bereits erwähnt; es handelt sich um Berührungsrezeptoren, die von Nervenendigungen überwacht werden, die man zusammen mit der Merkel-Zelle als **Merkel-Scheiben** bezeichnet. Die Epidermis enthält außerdem die Dendriten sensorischer Nervenzellen, die wahrscheinlich auf Schmerzreize und Temperatur reagieren. Auch die Dermis enthält solche Rezeptoren sowie zusätzlich noch andere, stärker spezialisierte. Beispiele hierfür, die in Kapitel 18 detaillierter besprochen werden, sind Rezeptoren für leichte Berührung (Meissner-Tastkörperchen in den Papillen der Dermis der Leistenhaut sowie der Haarwurzelplexus, der jeden Haarfollikel umgibt), für Dehnung (Ruffini-Körperchen im *Stratum reticulare*) und für kräftigen Druck und Vibration (Vater-Pacini-Lamellenkörperchen in der Subkutis).

Die Subkutis 4.4

Die Bindegewebefasern des *Stratum reticulare* sind eng mit denen der Subkutis (auch Hypodermis oder oberflächliche Faszie genannt) verwoben; die Grenze zwischen ihnen ist anhand des zunehmenden Fettgewebes gut zu erkennen (siehe Abbildung 4.2). Obwohl die Subkutis nicht immer zum Integument gerechnet wird, hat sie eine große Bedeutung bei der Stabilisierung der relativen Position der Haut über den darunterliegenden Strukturen, wie den Skelettmuskeln oder anderen Organen. Gleichzeitig ermöglicht sie eine unabhängige Beweglichkeit.

Die Subkutis besteht aus losem Bindegewebe mit zahlreichen Fettzellen (siehe Abbildung 4.7c). Säuglinge und Kleinkinder haben meist reichlich sog. Babyspeck, der Wärmeverlust verhindert. Subkutanes Fettgewebe ist auch ein bedeutender Wärmespeicher und ein Stoßdämpfer für die vielen kleinen Stürze unserer frühen Kindheit.

Während der weiteren Entwicklung verändert sich die Verteilung des subkutanen Fettgewebes: Bei Männern sammelt es sich am Nacken, an den Oberarmen, am unteren Rücken und am Gesäß. Bei Frauen sind die Brüste, das Gesäß, die Hüften und die Oberschenkel die primären Regionen der Fettspeicherung. Bei Erwachsenen beiderlei Geschlechts enthält die Subkutis der Hand- und Fußrücken nur wenige Adipozyten, wohingegen sich am Bauch belastend große Mengen an Fett ansammeln und zu einem vorgewölbten „Kugelbauch“ führen können.

Die Subkutis ist recht elastisch. Es gibt eine überschaubare Anzahl von epifaszialen Leitungsbahnen, die in der Subkutis liegen. Aus diesem Grunde sind **subkutane Injektionen** eine geeignete Methode zur Verabreichung von Medikamenten; man verwendet hierzu die kurzen und dünnen Subkutannadeln.

Hautanhangsgebilde 4.5

Die Anhangsgebilde der Haut sind die Haarfollikel, die Talgdrüsen, die Schweißdrüsen und die Nägel (siehe Abbildung 4.2). Diese Strukturen bilden sich während der Embryonalentwicklung durch Invagination oder Einfaltung der Epidermis.

4.5.1 Haarfollikel und Haare

Haare wachsen fast überall aus der Hautoberfläche, mit Ausnahme der Seiten und Sohlen der Füße, der Handflächen, der Seiten der Finger und Zehen, der Lippen und

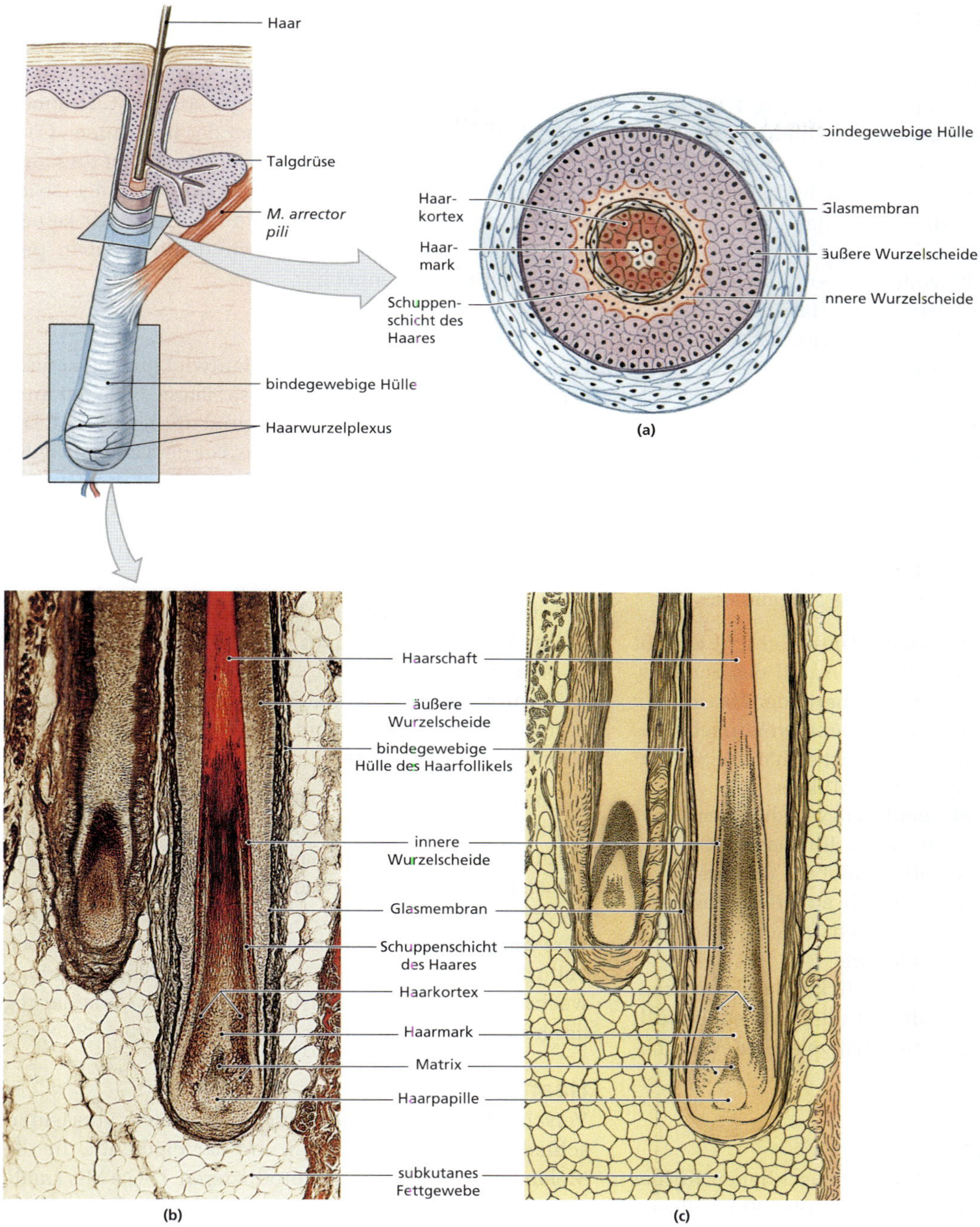

Abbildung 4.10: Haarfollikel. Haare entstehen in den Haarfollikeln, die komplexe Organe sind. (a) Längs- und Querschnitt durch ein Haarfollikel. Histologischer (b) und schematischer Längsschnitt (c) (Lichtmikroskop, 60-fach).

Anteilen der äußeren Genitalien[2]. Auf dem menschlichen Körper sprießen etwa fünf Millionen Haare, 98 % davon nicht auf dem Kopf. Haare sind unbelebte Strukturen, die von Organen gebildet werden, die man **Haarfollikel** nennt.

Entstehung der Haare

Die Haarfollikel reichen bis tief in die Dermis, oft bis in die darunterliegende Subkutis. Das Epithel an der Basis des Follikels umhüllt eine kleine **Haarpapille**, einen bindegewebigen Zapfen, der Kapillaren und Nerven enthält. Der **Haarbulbus** besteht aus Epithelzellen, die die Papille umgeben.

Die Produktion von Haaren erfordert einen spezialisierten Verhornungsvorgang. Die Haarmatrix ist die Zellschicht, die für die Haarproduktion verantwortlich ist. Wenn sich die oberflächlichen Basalzellen teilen, bilden sie Tochterzellen, die als Teil des entstehenden Haares in Richtung Oberfläche geschoben werden. Die meisten Haare haben eine innere Medulla (den Markkanal) und einen

2 Beim Mann die *Glans penis* und das Präputium, bei Frauen die Klitoris, die kleinen Labien und die Innenseiten der großen Labien.

äußeren Kortex (die Rinde). Die Medulla enthält relativ nachgiebiges und flexibles **weiches Keratin**. Die Matrixzellen, die sich weiter außen am entstehenden Haar befinden, bilden den relativ harten Kortex (**Abbildung 4.10**; siehe auch Abbildung 4.9b). Der Kortex enthält **hartes Keratin**, das dem Haar seine Festigkeit verleiht. Außen wird das Haar von der Kutikula (Schuppenschicht) bedeckt, einer einfachen Schicht toter, verhornter Zellen, die schuppenartig übereinanderliegen.

Die Haarwurzel reicht vom Haarbulbus bis zu dem Punkt, an dem der innere Aufbau des Haares abgeschlossen ist. Sie befestigt das Haar am Haarfollikel. Der Haarschaft ist der vollständig verhornte Teil des Haares. Er ist im Follikel verankert, beschreibt aber auch den äußerlich sichtbaren Teil des Haares. Größe, Form und Farbe der Haare sind ausgesprochen variabel.

Follikelstruktur

Die Zellen der Follikelwand liegen in konzentrisch angeordneten Schichten (siehe Abbildung 4.10a). Beginnend an der Schuppenschicht sind dies die Folgenden:

- **Innere (Haar-)Wurzelscheide:** Diese Schicht umgibt die Haarwurzel und den unteren Anteil des Schaftes. Sie wird von Zellen in der Peripherie der Haarmatrix produziert. Da sich die Zellen der inneren Wurzelscheide relativ schnell auflösen, erstreckt sich diese Schicht nicht über die ganze Länge des Follikels.
- **Äußere (Haar-)Wurzelscheide:** Diese Schicht erstreckt sich von der Hautoberfläche bis an die Haarmatrix. Über weite Strecken weist sie alle Schichten der oberflächlichen Epidermis auf. Dort, wo die äußere Haarwurzelscheide in die Haarmatrix übergeht, sehen jedoch alle Zellen aus wie im *Stratum basale*.
- **Glasmembran:** Dies ist eine verdickte Basalmembran, die von einer Schicht straffen Bindegewebes umhüllt ist, die auch als bindegewebige Wurzelscheide bezeichnet wird.

Funktionen des Haares

Die fünf Millionen Haare auf dem menschlichen Körper haben wichtige Funktionen. Die etwa 100.000 Kopfhaare schützen vor UV-Strahlung, dämpfen Stöße auf den Kopf und dienen der Wärmedämmung des Schädels. Die Haare an den Eingängen der Nasenlöcher und der Gehörgänge helfen, das Eindringen von Fremdkörpern und Insekten zu verhindern; die Wimpern haben eine vergleichbare Funktion an den Augen. Ein **Wurzelplexus** aus sensorischen Nervenfasern umgibt die Basis jedes einzelnen Haarfollikels (siehe Abbildung 4.10a). Daher kann die Bewegung jedes einzelnen Haarschafts bewusst wahrgenommen werden. Diese Sensibilität stellt eine Art Frühwarnsystem dar, das vor Verletzungen schützt; Sie können beispielsweise nach einer Mücke schlagen, bevor sie die Haut ganz erreicht hat.

Ein dünnes, glattes Muskelbändchen, der **M. arrector pili** (Plural: *Mm. arrectores pilorum*), erstreckt sich vom *Stratum papillare* der Dermis bis an die bindegewebige Hülle des Haarfollikels (siehe Abbildung 4.9 und 4.10a). Bei einer Stimulation zieht der *M. arrector pili* am Follikel und richtet das Haar auf. Zu dieser Kontraktion kann es bei emotionaler Erregung, wie Angst oder Wut, kommen oder als Reaktion auf Kälte, was zu der bekannten „Gänsehaut“ führt. Bei felltragenden Säugetieren hat dies eine Verdickung des wärmeisolierenden Felles zur Folge, so als zögen sie einen warmen Pullover an. Obwohl wir keinen besonderen isolierenden Effekt mehr dadurch haben, persistiert der Reflex dennoch.

Haartypen

Haare entstehen in der Embryonalentwicklung etwa nach drei Monaten zum ersten Mal. Diese Haare, die man **Lanugohaare** nennt, sind extrem dünn und unpigmentiert. Die meisten Lanugohaare fallen bereits vor der Geburt wieder aus. Die drei Haupthaartypen im Integument des Erwachsenen sind Vellus-, Intermediär- und Terminalhaar.

- **Vellushaar** ist der feine Flaum, den man auf dem Großteil der Körperoberfläche findet.
- **Intermediärhaare** sind Haare, die im Laufe der Zeit ihre Verteilung verändern, wie etwa an den Armen und Beinen.
- **Terminalhaar** ist dick, stärker pigmentiert und manchmal lockig. Beispiele sind das Kopfhaar sowie Augenbrauen und Wimpern.

Die Beschreibung der Haarstruktur weiter oben in diesem Kapitel basierte auf Untersuchungen von Terminalhaar. Vellus- und Intermediärhaar sehen ähnlich aus, weisen jedoch keine erkennbare Medulla auf. Haarfollikel können die Struktur der Haare, die sie produzieren, unter dem Einfluss von Hormonen verändern. Ein Follikel, der heute noch Vellushaar produziert, kann morgen schon Intermediärhaar wachsen lassen; dieser Umstand erklärt die Veränderung der Körperbehaarung in der Pubertät.

Haarfarbe

Verschiedene Haarfarben sind der Ausdruck von Unterschieden in der Haarstruktur und der Pigmente, die die Melanozyten an der Papille produzieren. Diese Merkmale sind genetisch vorbestimmt, doch steht der Zustand des Haares unter dem Einfluss der Hormone und der Umweltfaktoren. Ob Ihr Haar schwarz oder braun ist, hängt von

AUFGABEN

1. Was passiert, wenn die Dermis übermäßig gedehnt wird, wie etwa im Laufe einer Schwangerschaft oder bei Adipositas?
2. Was geschieht bei Kontraktion der *Mm. arrectores pilorum*?
3. Beschreiben Sie die Hauptmerkmale eines Haars.

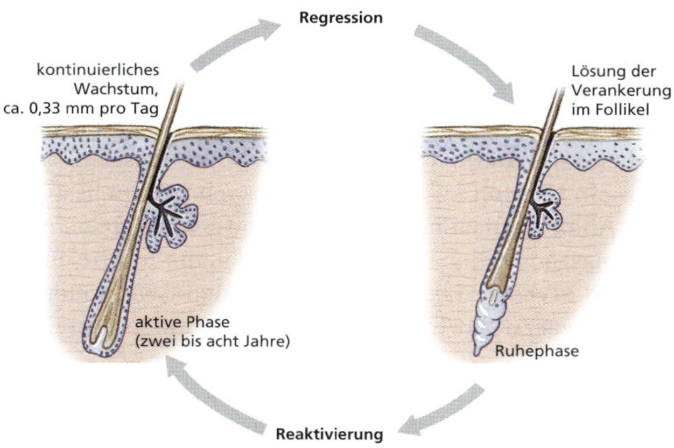

Abbildung 4.11: Wachstumszyklus des Haares. Jeder Haarfollikel durchläuft Wachstumszyklen mit Phasen des Wachstums und Phasen der Ruhe.

der Dichte des Melanins im Kortex ab. Rotes Haar beruht auf einer biochemisch anderen Melaninform. Das Haar ergraut, da die Pigmentproduktion im Alter abnimmt. Bei weißem Haar finden sich außer fehlender Pigmentierung auch Luftbläschen in der Medulla der Haarschäfte. Da das Haar selbst tot und inert ist, verändert sich die Farbe nur langsam; es ist nicht möglich, „über Nacht" weiß zu werden, wie manche Horrorgeschichten implizieren.

Wachstum und Ersatz von Haaren

Ein Kopfhaar wächst zwei bis fünf Jahre, etwa 0,33 mm pro Tag. Unterschiede in der Wachstumsgeschwindigkeit und in der Dauer des Haarzyklus (**Abbildung 4.11**) sind für die unterschiedlichen Längen bei ungeschnittenem Haar verantwortlich.

Während des Haarwachstums ist die Wurzel des Haares fest mit der Matrix des Follikels verbunden. Am Ende der Wachstumsperiode stellt der Follikel seine Aktivität ein; man bezeichnet das Haar nun als **Kolbenhaar**. Der Follikel schrumpft; im Laufe der Zeit reißen die Verbindungen zwischen der Haarmatrix und der Wurzel des Kolbenhaars ein. Wenn dann der nächste Wachstumszyklus beginnt, produziert der Follikel ein neues Haar, und das alte Kolbenhaar wird in Richtung Oberfläche herausgeschoben.

Ein gesunder Erwachsener verliert auf diese Weise etwa 50 Kopfhaare pro Tag, doch diese Anzahl wird von vielen Faktoren beeinflusst. Ein länger andauernder Verlust von mehr als 100 Haaren am Tag ist meist ein Hinweis auf eine Störung. Kurzfristig vermehrter Haarausfall kann eine Medikamentennebenwirkung sein oder die Folge von Ernährung, Bestrahlung, hohem Fieber, Stress und hormonellen Veränderungen im Rahmen einer Schwangerschaft. Zur Diagnosestellung kann die Untersuchung ausgefallener Haare hilfreich sein; so lassen sich im Falle von Blei- oder

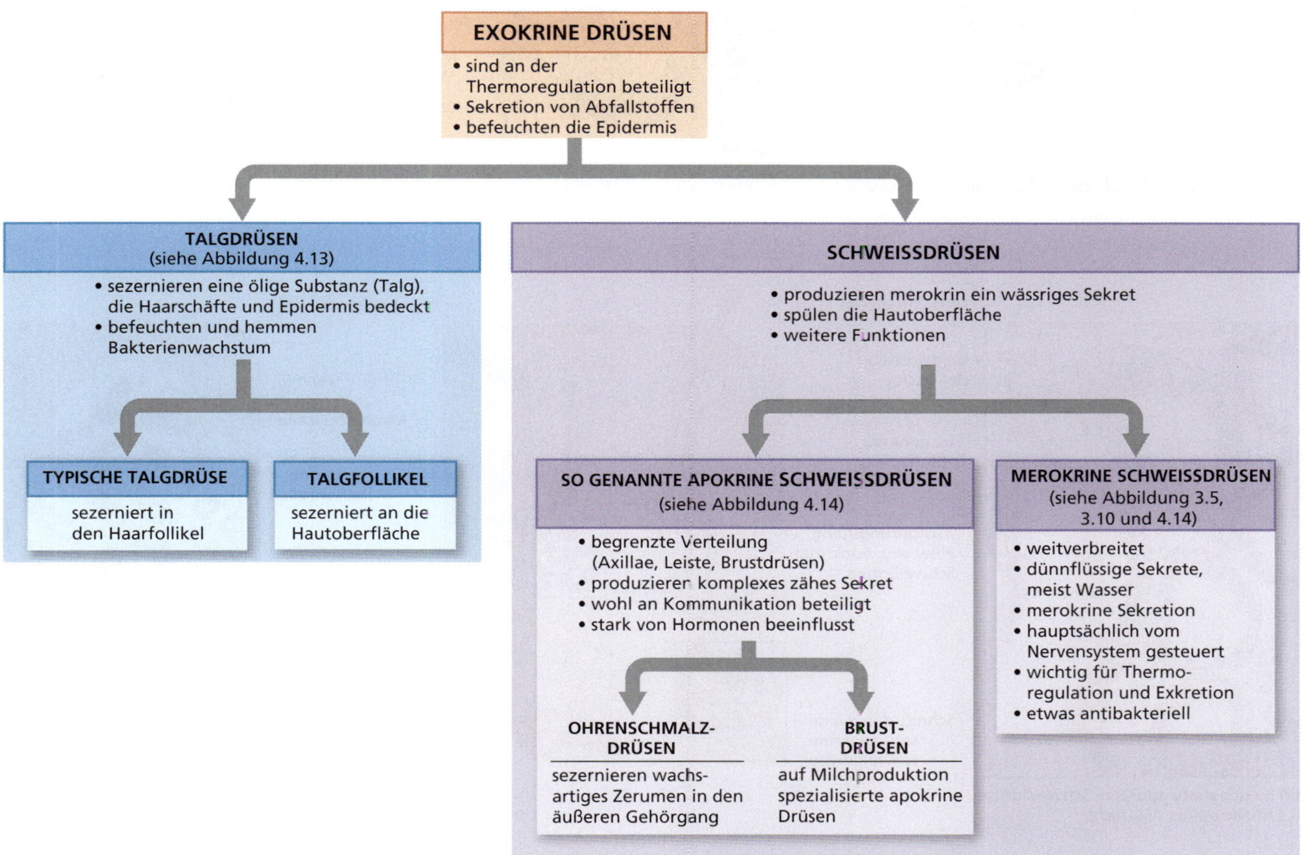

Abbildung 4.12: Klassifikation der exokrinen Drüsen der Haut. Vergleich der Talg- und Schweißdrüsen und einige Charakteristika und Funktionen ihrer Sekrete.

anderen Schwermetallvergiftungen große Mengen davon in den Haaren nachweisen. Bei Männern können Veränderungen der Geschlechtshormonspiegel die Kopfhaut in Mitleidenschaft ziehen; statt Terminalhaar wird Vellushaar produziert **(männlicher Haarausfall)**.

4.5.2 Hautdrüsen

Die Haut enthält drei Typen exokriner Drüsen: Talgdrüsen, Schweißdrüsen und sog. apokrine Schweiß- oder Duftdrüsen. Talgdrüsen produzieren eine ölige Flüssigkeit, die die Haarschäfte und die Epidermis bedeckt. Schweißdrüsen sezernieren eine wässrige Lösung und haben noch einige andere Funktionen. In **Abbildung 4.12** finden Sie eine Zusammenfassung der funktionellen Klassifikation der verschiedenen exokrinen Hautdrüsen.

Talgdrüsen

Talgdrüsen sondern eine wachsartige ölige Substanz in die Haarfollikel hinein ab (**Abbildung 4.13**). Die Drüsenzellen bilden während ihrer Reifung große Mengen an Lipiden, die holokrin sezerniert werden. Die Ausführungsgänge sind kurz; ein Haarfollikel kann mit mehreren Drüsen bestückt sein. Abhängig davon, ob sie sich einen gemeinsamen Ausführungsgang teilen oder nicht, kann man die Drüsen als **einfach alveolär** (jede hat ihren eigenen Gang) oder als **einfach verzweigt** (mehrere münden in einen Gang) bezeichnen.

Die von der Drüse abgegebenen Lipide sammeln sich im Lumen der Drüse. Die Kontraktion des *M. arrector pili*, der das Haar aufrichtet, quetscht die Drüse aus und befördert damit das ölige Sekret in den Follikel und auf die Hautoberfläche. Dieses Sekret, der **Talg**, verleiht Feuchtigkeit

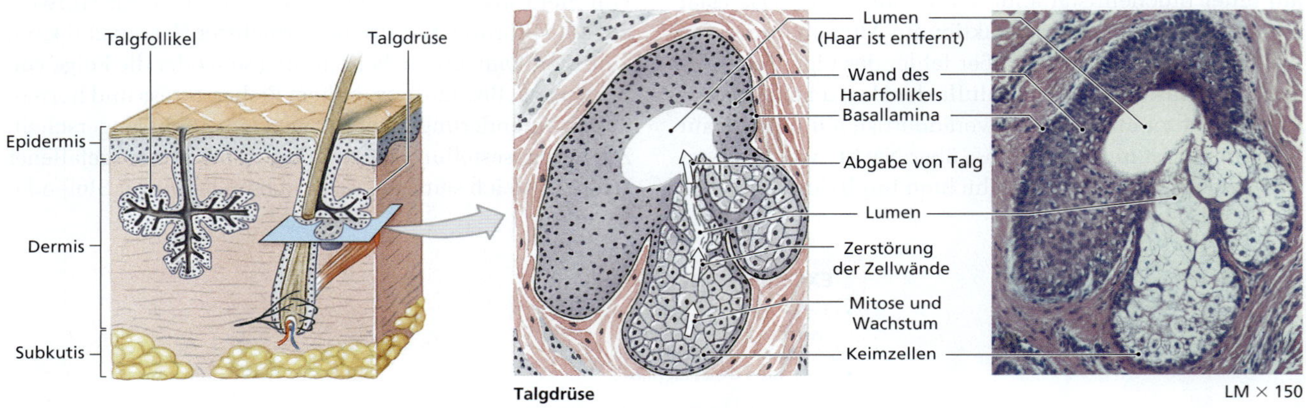

Abbildung 4.13: Talgdrüsen und -follikel. Die Struktur der Talgdrüsen und -follikel der Haut.

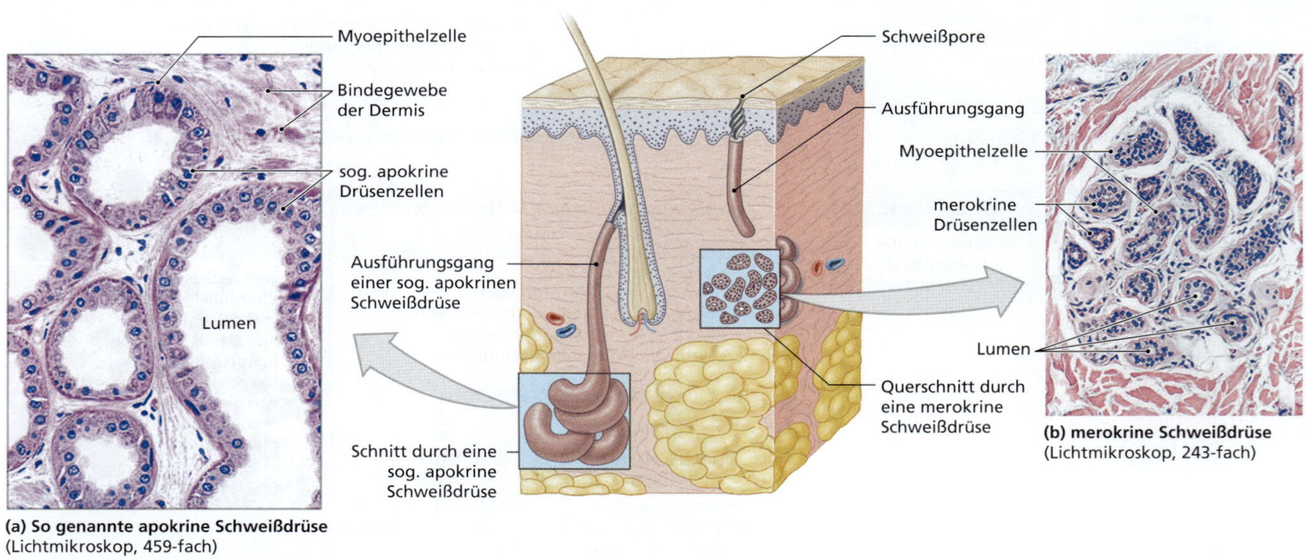

Abbildung 4.14: Schweißdrüsen. (a) So genannte apokrine Schweißdrüsen finden sich in den Axillen (Achselhöhlen), in der Leiste und an den Brustwarzen. Sie produzieren eine dickflüssige, potenziell riechende Substanz. (b) Merokrine Schweißdrüsen produzieren ein wässriges Sekret, das gemeinhin als Perspiratio sensibilis oder Schweiß bezeichnet wird.

und hemmt das Wachstum von Bakterien. Keratin ist ein widerstandsfähiges Protein, doch verhornte Zellen werden an der Umgebung trocken und brüchig. Talg schützt das Keratin des Haarschafts, hält es feucht und pflegt die umgebende Haut. Shampoo entfernt diese natürliche Talgschicht; von zu häufigem Waschen wird das Haar störrisch und brüchig.

Talgdrüsenfollikel sind große Talgdrüsen, die direkt mit der Epidermis in Verbindung stehen. Diese Follikel, die nie Haare produzieren, finden sich im Integument des Gesichts, des Rückens, der Brust, der Brustwarzen und der männlichen Geschlechtsorgane. Obwohl Talg bakterizid (bakterienabtötend) ist, können unter bestimmten Umständen dennoch Bakterien in die Talgdrüsen oder -follikel eindringen. Dies führt zu einer lokalen Entzündung, der **Follikulitis**. Verstopft sich dabei der Ausführungsgang der Drüse, entsteht ein **Furunkel**. Üblicherweise werden diese aufgestochen, um eine Drainage und damit die Abheilung zu bewirken.

Schweißdrüsen

Die Haut enthält zwei verschiedene Arten von Schweißdrüsen: sog. apokrine Schweißdrüsen und merokrine Schweißdrüsen (**Abbildung 4.14**; siehe auch Abbildung 4.12). Beide Drüsenarten enthalten **Myoepithelzellen** (griech.: mys = der Muskel), spezialisierte Epithelzellen, die sich zwischen den Drüsenzellen selbst und der darunterliegenden Basalmembran befinden. Kontraktionen dieser Zellen quetschen die Drüsen aus und entleeren das angesammelte Sekret. Die sekretorische Aktivität der Drüsenzellen und die Kontraktionen der Myoepithelzellen werden sowohl vom autonomen Nervensystem als auch von zirkulierenden Hormonen gesteuert.

So genannte apokrine Schweissdrüsen Große Schweißdrüsen, die ihr Sekret in die Haarfollikel der Axilla (Achselhöhlen), um die Brustwarzen und in den Leisten abgeben, nennt man apokrine Schweißdrüsen. Sie wurden ursprünglich als **apokrin** bezeichnet, weil man glaubte, dies sei der Sekretionsmechanismus. Obwohl man heute weiß, dass das Sekret merokrin abgegeben wird, ist der Name geblieben. Apokrine Drüsen sind geknäuelte tubuläre Drüsen, die ein zähes, trübes und potenziell riechendes Sekret produzieren. Sie nehmen ihre Tätigkeit in der Pubertät auf; Bakterien reagieren auf den Schweiß und führen zu einem wahrnehmbaren Geruch. Das Sekret der apokrinen Drüsen kann auch **Pheromone** enthalten, Substanzen, die auf unbewusster Ebene Informationen an andere übermitteln. Die apokrinen Sekrete erwachsener Frauen können den Zeitpunkt der Menstruation anderer Frauen beeinflussen. Die Bedeutung dieser Pheromone und die Rolle ihrer Sekretion beim Mann sind noch unbekannt.

Merokrine Schweissdrüsen Die Sorte Schweißdrüse, die weitaus zahlreicher und weiter verbreitet ist als die apokrine, ist die merokrine Schweißdrüse, früher ekkrine Schweißdrüse genannt (siehe Abbildung 4.12 und 4.14b). Das Integument des Erwachsenen enthält etwa drei Millionen von ihnen. Sie sind kleiner als die apokrinen Schweißdrüsen und reichen auch nicht so weit in die Dermis hinein. Die höchste Dichte findet sich an den Handflächen und den Fußsohlen; man schätzt, dass es auf der Handfläche etwa 500 Drüsen pro Quadratzentimeter gibt. Merokrine Schweißdrüsen sind geknäuelte tubuläre Drüsen, die ihr Sekret direkt auf die Hautoberfläche abgeben.

Ihr klares Sekret wird **Schweiß** oder *Perspiratio sensibilis* genannt. Es besteht zu 99 % aus Wasser, enthält aber auch Elektrolyte (meist Natriumchhlorid), Metabolite und Abfallstoffe. Das Natriumchlorid verleiht dem Schweiß den salzigen Geschmack. Zu den Funktionen merokriner Schweißdrüsen gehören:

- **Thermoregulation:** Schweiß kühlt die Körperoberfläche und senkt die Körpertemperatur. Diese Abkühlung ist die Hauptfunktion der Schweißbildung; das Ausmaß ihrer Aktivität wird durch Nerven und Hormone reguliert. Wenn alle merokrinen Schweißdrüsen maximal aktiv sind, kommen mehr als 4 l pro Stunde zusammen, was zu bedrohlichen Flüssigkeits- und Elektrolytverlusten führen kann. Aus diesem Grunde müssen Ausdauersportler regelmäßig Trinkpausen einlegen.
- **Exkretion:** Auf dem Wege der merokrinen Schweißsekretion können Wasser, Elektrolyte sowie eine Reihe verschreibungspflichtiger und frei verkäuflicher Medikamente ausgeschieden werden.

AUS DER PRAXIS

Akne und seborrhoische Dermatitis (seborrhoisches Ekzem)

Talgdrüsen und Talgfollikel reagieren sehr empfindlich auf Schwankungen der Blutspiegel von Geschlechtshormonen; ihre sekretorische Aktivität steigert sich in der Pubertät. Aus diesem Grunde neigen Menschen mit besonders großen Talgfollikeln zu Akne in der Jugend. Bei der **Akne** verstopfen die Ausführungsgänge der Talgdrüsen; das Sekret staut sich und bereitet einen günstigen Nährboden für das Wachstum von Bakterien.

Bei der **seborrhoischen Dermatitis** handelt es sich um eine Entzündung von besonders aktiven Talgdrüsen. Die Haut wird dort rot und oft schuppig. Am häufigsten sind die Talgdrüsen der Kopfhaut betroffen. Bei Säuglingen bezeichnet man leichte Fälle als Kopfgneis. Erwachsene kennen sie als Kopfschuppen. Angst, Stress und Lebensmittelallergien können die Entzündung verschlimmern, ebenso begleitende Pilzinfektionen.

AUFGABEN

1. Vergleichen Sie die Sekrete apokriner und merokriner Schweißdrüsen miteinander. Welche von ihnen ist für Deo-Hersteller von Interesse?
2. Was ist perspiratio sensibilis?
3. Worin unterscheidet sich die Kontrolle der merokrinen Schweißsekretion von der der apokrinen Schweiß- und Talgsekretion?

- **Schutz:** Die Sekretion der merokrinen Schweißdrüsen verleiht Schutz vor Umweltgefahren durch Verdünnung schädlicher Substanzen und Hemmung von Bakterienwachstum.

Kontrolle der Drüsensekretion

Talgdrüsen und apokrine Schweißdrüsen können durch das autonome Nervensystem an- und ausgeschaltet werden, doch eine regionale Kontrolle ist nicht möglich. Das bedeutet, dass die Aktivierung einer Talgdrüse die Aktivierung aller anderen mit sich bringt. Merokrine Drüsen sind präziser steuerbar; die Sekretmenge und der Ort der Ausschüttung können unabhängig voneinander variiert werden. Wenn Sie beispielsweise nervös auf Ihre Anatomieprüfung warten, bekommen Sie vielleicht feuchte Hände.

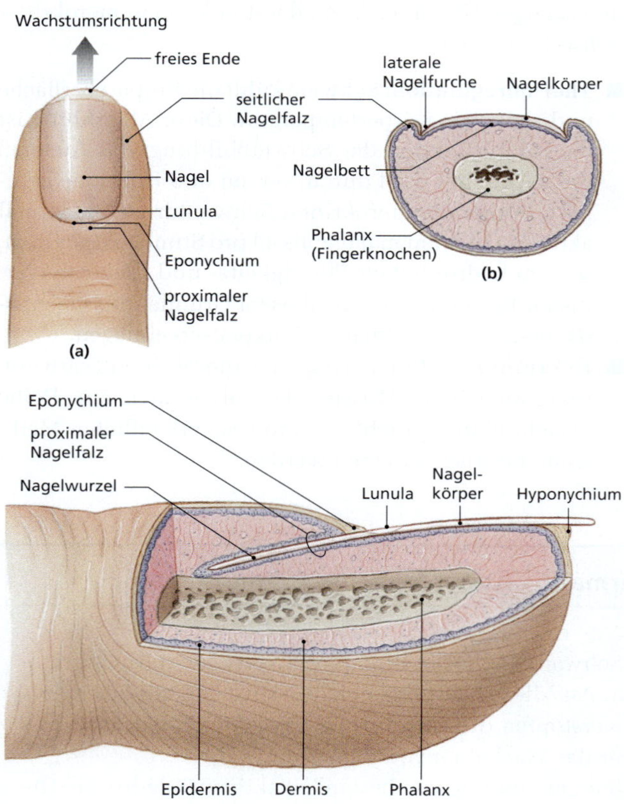

Abbildung 4.15: Struktur des Nagels. Diese Zeichnungen illustrieren die wichtigen Merkmale eines typischen Fingernagels, (a) von vorn, (b) im Querschnitt und (c) im Längsschnitt gesehen.

Andere Drüsen des Integuments

Talgdrüsen und merokrine Schweißdrüsen findet man fast überall auf der Körperoberfläche. Apokrine Schweißdrüsen kommen nur in bestimmten Arealen vor. Die Haut enthält darüber hinaus jedoch auch noch einige weitere spezialisierte Drüsen, die es nur an bestimmten Körperstellen gibt. Sie werden Ihnen in späteren Kapiteln begegnen; nur zwei wichtige Beispiele seien hier aufgeführt:

Die **Brustdrüsen** sind histologisch mit den apokrinen Schweißdrüsen verwandt. Ihre Entwicklung und Sekretion wird durch komplexe Interaktionen zwischen Geschlechtshormonen und Hormonen der Hirnanhangsdrüse gesteuert. Struktur und Funktion der Brustdrüse werden in Kapitel 27 besprochen.

Die **Ohrenschmalzdrüsen** *(Glandulae ceruminosae)* sind modifizierte Schweißdrüsen in den äußeren Gehörgängen. Sie unterscheiden sich von den merokrinen Schweißdrüsen darin, dass sie ein größeres Lumen haben und ihre Zellen Pigmentgranula und Fetttröpfchen enthalten, die man in anderen Schweißdrüsen nicht findet. Ihr Sekret vermischt sich mit dem der benachbarten Talgdrüsen zum antimikrobiell wirksamen **Zerumen** oder „Ohrenschmalz". Zusammen mit den feinen Härchen im äußeren Gehörgang fängt es wahrscheinlich Fremdkörper und Insekten ab und verhindert, dass sie das Trommelfell erreichen.

4.5.3 Nägel

Nägel bilden sich an den rückseitigen Flächen der Finger- und Zehenspitzen. Sie schützen die exponierten Spitzen der Finger und Zehen und reduzieren die Verformung bei erhöhter mechanischer Belastung, wie etwa beim Greifen von Gegenständen oder beim Laufen. Die Struktur eines Nagels sehen Sie in **Abbildung 4.15**. Der **Nagelkörper** liegt auf dem **Nagelbett**, doch der Entstehungsort des Nagels ist die **Nagelwurzel**, eine Epithelfalte, die von außen nicht sichtbar ist. Der tiefste Anteil der Nagelwurzel liegt sehr nahe am Periost des Knochens im Fingerendglied.

Der Nagelkörper liegt etwas unterhalb der Ebene des umgebenden Epithels; er wird von den Nagelwällen und dem Nagelfalz begrenzt. Ein Teil des *Stratum corneum* des Nagelfalzes zieht sich nahe der Nagelwurzel über den Nagel; man nennt ihn **Eponychium** (griech.: epi = darauf, auf, darüber; onyx = der Nagel) oder Nagelhaut. Durchscheinende Blutgefäße geben dem Nagel seine typische blassrosa Farbe. Nahe der Wurzel sind die Blutgefäße jedoch verdeckt; man sieht einen blassen Streifen, die **Lunula** (lat.: luna = der Mond). Das freie Ende des Nagelkörpers erstreckt sich über das **Hyponychium**; dabei handelt es sich um verdicktes *Stratum corneum*.

Veränderungen von Form, Struktur oder Erscheinungsbild der Nägel sind klinisch relevant. Sie können auf Stoffwechselerkrankungen hinweisen, die den ganzen Körper betreffen. So können etwa bei Patienten mit chronischen

AUS DER PRAXIS

Die Wundheilungsreaktion der Haut

Die Haut kann sich sehr effektiv wieder regenerieren, sogar nach ausgedehnten Verletzungen, da sowohl im Epithel als auch im Bindegewebe Stammzellen persistieren. Teilungen der Basalzellen ersetzen verloren gegangene Zellen der Epidermis; Teilungen der Mesenchymzellen ersetzen verloren gegangene Zellen der Dermis. Der Vorgang braucht jedoch seine Zeit; bei größeren Verletzungen erschweren Infektionen und der Flüssigkeitsverlust die Situation. Die relative Geschwindigkeit und die Effektivität der Heilung hängen von der Art der Wunde ab. Ein glatter, gerader Schnitt (**Inzision**) heilt im Verhältnis viel schneller als eine tiefe **Abschürfung**, bei der eine viel größere Fläche ersetzt werden muss.

Die Wundheilung erfolgt in vier Schritten:

SCHRITT 1 Reicht die Verletzung bis in die Dermis, blutet die Wunde in der Regel.

SCHRITT 2 Das Blutgerinnsel oder die Kruste, die sich an der Oberfläche bildet, schließt die Hautoberfläche vorübergehend und reduziert so das Eindringen von Mikroorganismen in die Wunde. Die Kruste besteht zum größten Teil aus einem unlöslichen **Fibrinkomplex**, der sich im Rahmen der Gerinnung aus den Blutproteinen bildet. Die Farbe der Kruste kommt von den darin eingeschlossenen roten Blutkörperchen. Zellen des *Stratum basale* teilen sich nun in rascher Folge und beginnen, an die Wundränder zu wandern, um die verlorenen Zellen der Epidermis zu ersetzen. In der Zwischenzeit phagozytieren Makrophagen an den Wundrändern Zelltrümmer und Pathogene.

Wenn die Wunde sehr großflächig ist oder dünne Haut betrifft, muss die Reparatur der Dermis zuerst erfolgen, bevor die Oberfläche mit Epithel überzogen werden kann. Fibroblasten und Mesenchymzellen produzieren mobile Zellen, die tief in die Wunde einwandern. Die Endothelzellen der verletzten Blutgefäße beginnen, sich ebenfalls zu teilen; Kapillaren folgen den Fibroblasten, um die Durchblutung zu verbessern. Diese Kombination aus Blutgerinnsel, Fibroblasten und kapillarem Netzwerk nennt man **Granulationsgewebe**.

SCHRITT 3 Im Laufe der Zeit lösen sich tiefere Anteile der Kruste auf; die Anzahl der Kapillaren nimmt wieder ab.

SCHRITT 4 Durch die Aktivität der Fibroblasten entstehen Kollagenfasern und die typische Grundsubstanz. Diese Reparaturvorgänge stellen jedoch den ursprünglichen Zustand der Haut nicht wieder her; die Dermis enthält abnorm viele Kollagenfasern und relativ wenige

SCHRITT 1

Sofort nach der Verletzung kommt es zu einer Einblutung in den betroffenen Bereich; die Mastzellen der Umgebung induzieren eine Entzündungsreaktion.

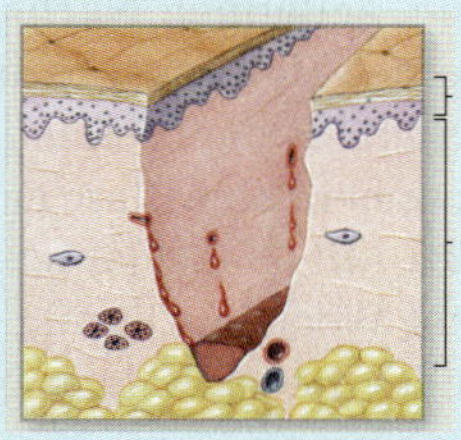

SCHRITT 2

Nach einigen Stunden hat sich eine Kruste gebildet; Zellen aus dem *Stratum basale* wandern an die Wundränder. Phagozyten entfernen Zelltrümmer; dank der gesteigerten Durchblutung kommen noch mehr dieser Zellen vor Ort an. Durch die Kruste wird der Bereich partiell abgeriegelt.

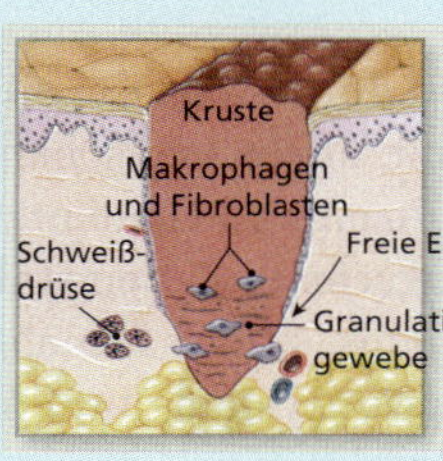

SCHRITT 3

Eine Woche nach der Verletzung ist die Kruste von epidermalen Zellen unterwandert, die über das Fibrinnetzwerk, das die Fibroblasten erstellt hatten, eingewandert sind. Die phagozytotische Aktivität ist reduziert; das Fibringerinnsel beginnt sich aufzulösen.

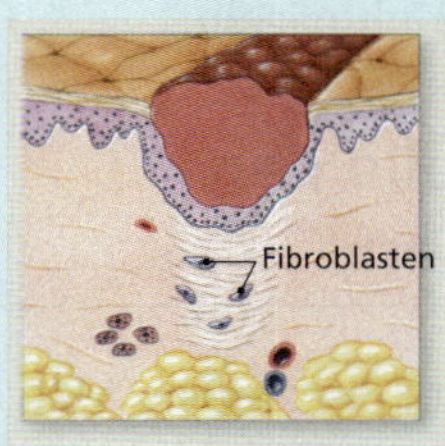

SCHRITT 4

Nach einigen Wochen hat sich die Kruste abgelöst; die Epidermis ist wieder intakt. Eine leichte Vertiefung markiert die Verletzungsstelle, doch die Fibroblasten produzieren weiter Narbengewebe, das die Epidermis im Laufe der Zeit wieder anhebt.

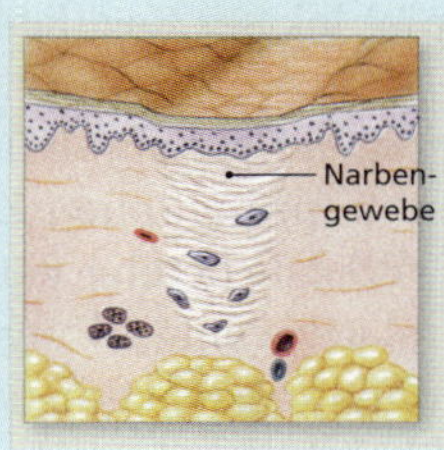

Blutgefäße. Schwer beschädigte Haarfollikel, Talg- oder Schweißdrüsen, Muskelzellen und Nerven werden nur selten regeneriert; auch sie werden durch Fasergewebe ersetzt. Die Bildung dieses eher starren, faserigen, zellfreien **Narbengewebes** kann praktisch als Grenze des Heilungsprozesses angesehen werden.

Wir wissen nicht, wodurch das Ausmaß der Narbenbildung reguliert wird; der Vorgang ist sehr variabel. Chirurgische Eingriffe an Feten hinterlassen beispielsweise keine Narben, vielleicht, weil an verletztem fetalem Gewebe nicht dieselben Wachstumsfaktoren ausgeschüttet werden wie bei Erwachsenen. Bei einigen Erwachsenen, häufiger bei denen mit dunkler Hautfarbe, geht die Narbenbildung über das zum Wundschluss erforderliche Maß hinaus. Das Ergebnis ist verdicktes Narbengewebe, das von der Wunde aus in die umgebende Dermis wächst. Diese Narbenwülste, **Keloid** genannt, sind mit glattem, glänzendem Epithel überzogen. Keloide entstehen am häufigsten am oberen Rücken, an den Schultern, der vorderen Brust und den Ohrläppchen. Sie sind harmlos; einige Naturvölker fördern absichtlich die Entstehung von Keloid als Körperschmuck.

Die Markierungen der Haut mit kulturell bedeutungsvollen Markierungen verschiedener Art sind weltweit verbreitet. Tätowierungen, Piercing, Keloide und andere Narbenmuster und sogar modernes Permanent Make-up dienen der „Verschönerung" der Erscheinung der Haut. In verschiedenen afrikanischen Kulturen werden Skarifizierungen durchgeführt, die zu Mustern aus erhabenen Narben auf der Haut führen. In Polynesien sind Tätowierungen schon lange ein Status- und Schönheitssymbol. Ein dunkles Pigment wird mithilfe einer Nadel, eines Haizahns oder eines Knochensplitters tief in die Dermis eingebracht. Da das Pigment inert ist, bleiben die Markierungen, wenn es nicht zu einer Entzündung (einer potenziell gefährlichen Komplikation) kommt, ein Leben lang durch die darüber liegende Epidermis deutlich sichtbar. In der letzten Zeit wurden auch in der westlichen Welt Tätowierungen als moderner Körperschmuck populär. Die bunten Pigmente, die dabei verwendet werden, sind jedoch weniger haltbar; ältere Tätowierungen verblassen oder werden unscharf. Über die Nebenwirkungen der Farbstoffe liegen nur unzureichende Erkenntnisse vor.

Heutzutage können Tätowierungen teilweise oder ganz wieder entfernt werden. Die Entfernung ist langwierig; bei einem großen Tattoo sind oft zehn oder mehr Sitzungen erforderlich. Mit intensiven Laserstrahlen werden die Farbmoleküle in der Dermis behandelt. Es kommt jedoch auch zu Verbrennungen der umgebenden Dermis. Die einzelnen Verbrennungen sind geringfügig, doch die Schädigung akkumuliert und führt zu Vernarbungen. Auch hier ist anzumerken, dass über die Effekte der Zerfallsprodukte kaum Erkenntnisse existieren.

Atemwegserkrankungen, Schilddrüsenproblemen oder Aids (erworbenes Immundefektsyndrom) die Nägel gelb werden. Sie können bei der Psoriasis Tüpfel und Verformungen aufweisen; bei einigen Bluterkrankungen kommt es zur Bildung von Hohlnägeln.

Lokale Kontrolle der Hautfunktionen 4.6

Das Integument zeigt ein hohes Maß an funktioneller Selbstständigkeit. Es reagiert direkt und automatisch auf lokale Umstände, ohne Beteiligung von Nerven oder des endokrinen Systems. Wenn die Haut beispielsweise erhöhter mechanischer Belastung ausgesetzt ist, teilen sich die Stammzellen im *Stratum basale* schneller; die Dicke der Haut nimmt zu. So bilden sich **Schwielen** auf Ihren Händen, wenn Sie körperlich hart arbeiten. Ein noch eindrucksvolleres Beispiel lokaler Regulation ist die Wundheilung.

Nach einer schweren Verletzung stellen die Reparaturvorgänge jedoch den ursprünglichen Zustand der Haut nicht wieder her; der verletzte Bereich enthält abnorm viele Kollagenfasern und relativ wenige Blutgefäße (siehe auch Fallstudie „Die Wundheilungsreaktion der Haut"). Schwer beschädigte Haarfollikel, Talg- oder Schweißdrüsen, Muskelzellen und Nerven werden nur selten regeneriert; auch sie werden durch Fasergewebe ersetzt. Die Bildung dieses eher starren, faserigen, zellarmen **Narbengewebes** kann praktisch als Grenze des Heilungsprozesses angesehen werden. Haut regeneriert sich am schnellsten bei jungen, gesunden Menschen; so heilt eine Blase nach vier bis sechs Wochen vollständig ab. Mit 65 – 76 Jahren dauert derselbe Vorgang sechs bis acht Wochen. Dies ist jedoch nur eins von vielen Beispielen für die Veränderungen, die der Alterungsprozess am Integument mit sich bringt (siehe unten).

Das Altern und das Integumentsystem 4.7

Der Alterungsprozess betrifft alle Komponenten des Integuments; die Veränderungen sind in **Abbildung 4.16** zusammengefasst.

- **Die Epidermis wird dünner**, da die Aktivität des *Stratum basale* abnimmt; ältere Menschen sind damit anfälliger für Verletzungen und Hautentzündungen.
- **Die Anzahl der Langerhans-Zellen sinkt** auf etwa 50 % des Niveaus mit 21 Jahren. Diese Abnahme reduziert die Sensibilität des Immunsystems und fördert ebenfalls Hautschäden und Infektionen.

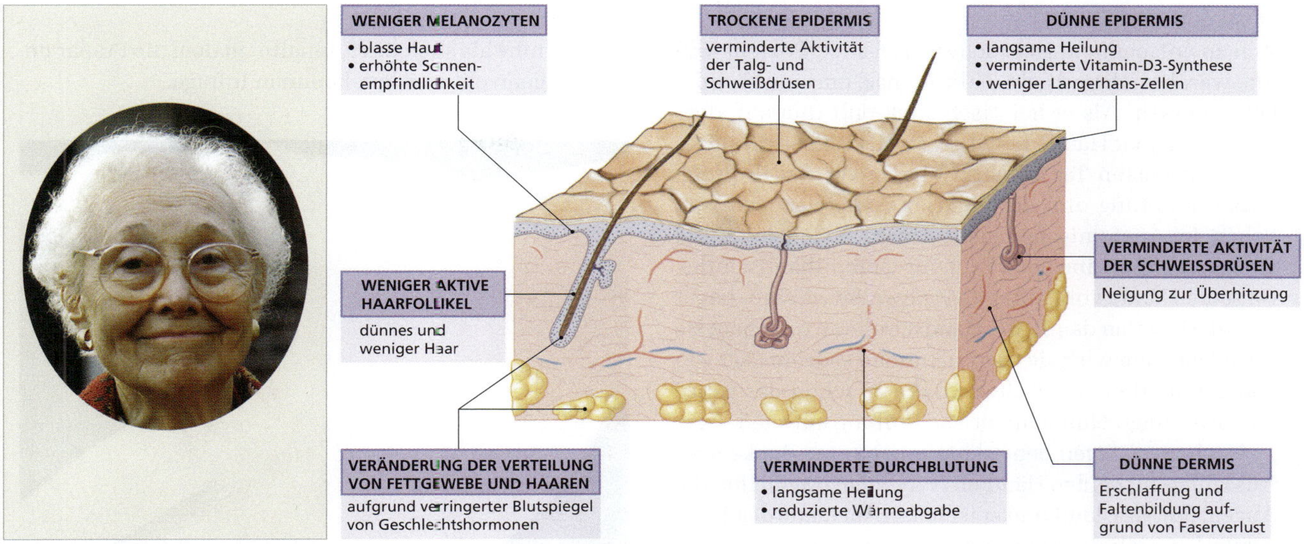

Abbildung 4.16: **Die Haut im Alterungsprozess.** Typische Veränderungen der Haut im Alter; einige Ursachen und Effekte.

- **Die Vitamin-D-Produktion fällt** um etwa 75 %. Dies kann zu Muskelschwäche und verminderter Knochendichte führen.
- **Die Aktivität der Melanozyten verringert sich**; hellhäutige Menschen werden sehr blass. Mit weniger Melanin in der Haut sind ältere Menschen sonnenempfindlicher und erleiden schneller einen Sonnenbrand.
- **Die Drüsenaktivität lässt nach.** Die Haut wird trocken und oft schuppig, da weniger Talg produziert wird; die merokrinen Schweißdrüsen sind ebenfalls weniger aktiv. Wegen der dadurch eingeschränkten Perspiration können ältere Menschen nicht so schnell Hitze abgeben wie jüngere. Daher sind Senioren eher in Gefahr, bei hohen Temperaturen zu überhitzen.
- **Die Durchblutung der Dermis ist verringert**, während gleichzeitig die Schweißmenge abnimmt. Diese Kombination erschwert die Wärmeabgabe; eine Überanstrengung oder Überhitzung (wie etwa in einer Sauna oder einer heißen Wanne) kann zu gefährlich hohen Körpertemperaturen führen.
- **Die Haarfollikel stellen die Funktion ein** oder produzieren feineres, dünneres Haar. Wegen der verminderten Aktivität der Melanozyten ist es grau oder weiß.
- **Die Dermis wird dünner**, das elastische Netzwerk wird kleiner. Das Integument verliert an Stärke und Widerstandskraft; es kommt zu Hauterschlaffung und Faltenbildung. Dies ist besonders deutlich an den Körperpartien, die viel der Sonne ausgesetzt sind.
- **Die sekundären Geschlechtsmerkmale bezüglich der Verteilung von Fett und Haarwuchs verwischen** als Folge der sinkenden Blutspiegel von Geschlechtshormonen. Menschen beiderlei Geschlechts und aller Rassen sehen sich mit 90 bis 100 Jahren recht ähnlich.
- **Die Wundheilung verläuft relativ langsam**; rezidivierende Infekte können die Folge sein.

EXKURS

Das Integument

Aufregung im Präpariersaal

Martin studiert im zweiten Jahr Humanmedizin. In diesem Semester hat er Anatomie belegt; Vorlesungen und der Präparierkurs im Anatomischen Institut nehmen viel Zeit in Anspruch. Um sich auf die Zwischenprüfung in Anatomie vorzubereiten, arbeitet er lange im Präpariersaal. Die zusätzliche Zeit, die er für diesen Kurs aufbringen muss, und der Druck durch die anstehende Prüfung machen Martin beim Präparieren zunehmend nervös. Während er eines Abends noch spät im Saal steht, hört er Gerüchte darüber, wie schwer die Prüfung sei. Martin ist jetzt sehr aufgeregt; obwohl er sich alle Mühe gibt, sich zu entspannen, ist er schweißgebadet. Er zieht sich um, wäscht sich und geht in die Mensa, um eine Kleinigkeit zu essen. Als er bei Tisch sitzt, fällt ihm auf, dass die Haut seiner Hände leicht gerötet ist und etwas juckt.

Am nächsten Tag bemerkt Martin vor der Prüfung, dass die Rötung und der Juckreiz etwas nachgelassen haben. Im Anatomischen Institut zieht er sich den Kittel über und öffnet eine neue Packung Gummihandschuhe. Da seine Hände vor Aufregung schweißnass sind, hat er Schwierigkeiten damit, die Handschuhe anzuziehen; sie zerreißen. John wirft sie weg und nimmt sich ein Paar von den gepuderten Handschuhen, die er schon das ganze Semester trägt. Nun kann er zur Prüfung antreten.

Nach zwei Tagen bemerkt er einen roten, juckenden Ausschlag auf beiden Händen. Außerdem tränen ihm die Augen; die Nase läuft und er ist heiser. Im Laufe des Tages verstärken sich die Symptome; Martin geht zum Arzt.

Die Erstuntersuchung

Der Arzt notiert sich Folgendes:

- Martin hat ein Erythem und eine leichte Schwellung an beiden Händen.
- Martins Augen tränen und die Nase läuft, beides Anzeichen einer Erkältung.
- Seine Stimme ist rau und heiser.
- Seine Körpertemperatur beträgt 37 °C.

Der Arzt teilt Martin mit, dass er am Anfang eines grippalen Infekts stehe. Er empfiehlt ein frei verkäufliches Antihistaminikum gegen die Erkältungsbeschwerden und eine Kortisonsalbe für den Ausschlag an den Händen.

In der nächsten Woche arbeitet Martin weiter im Präpariersaal. Keines der beiden Medikamente scheint zu wirken; der Ausschlag und der Juckreiz an den Händen verschlimmern sich. Eine Woche später ist Martin gar nicht mehr in der Lage, die Handschuhe zu tragen, denn seine Symptome verschlimmern sich innerhalb weniger Minuten nach dem Anziehen deutlich. Er konsultiert den Arzt ein zweites Mal.

Die zweite Untersuchung

Der Arzt notiert sich Folgendes:

- Martins Hände sind rot und geschwollen (**Abbildung 4.17**).
- Er kann sämtliche Gelenke frei und ohne Schmerzen oder andere Missempfindungen bewegen.
- Auf den Handflächen und den Handrücken finden sich Papeln und Bläschen.
- Die Haut seiner Hände erscheint dicker; es ist zu Pigmentverschiebungen gekommen.
- Martin hat immer noch tränende Augen, Schnupfen und eine heisere Stimme.

Der Arzt befürchtet, dass Martin entweder eine Reizung durch das Talkumpuder erlitten oder eine Allergie gegen etwas im Präpariersaal entwickelt hat; sowohl die Latexhandschuhe als auch das Formalin, in dem die Präparate haltbar gemacht werden, kommen infrage.

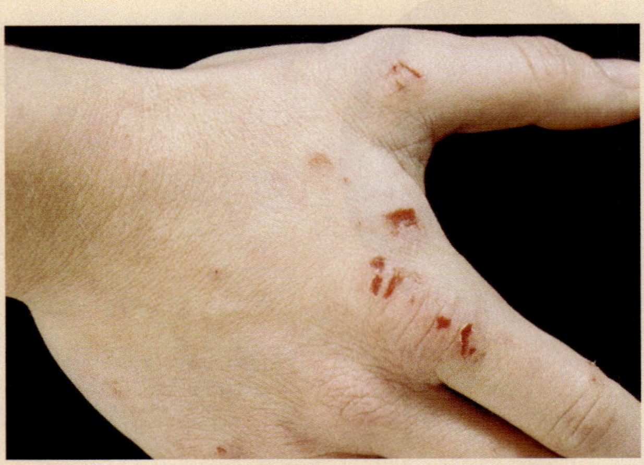

Abbildung 4.17: Martins Handrücken

Der Arzt

- verschreibt ein Antihistaminikum und eine stärkere Kortisoncreme, um Martins Symptome zu verbessern.
- empfiehlt, den direkten Kontakt der Hände mit Latex und Formalin zu vermeiden.
- verschreibt einen Autoinjektor mit Adrenalin und rät Martin, diesen immer bei sich zu tragen, für den Fall, dass Martin im Präpariersaal einen anaphylaktischen Schock erleidet.
- bittet ihn, ihm innerhalb der nächsten 48 Stunden einen seiner Handschuhe und eine Liste der Substanzen zu bringen, mit denen im Anatomischen Institut die Leichen haltbar gemacht werden.
- bittet ihn, sich nach 72 Stunden erneut vorzustellen, falls sich die Symptome nicht gebessert haben.

Überlegungen

Jedes System des Körpers weist irgendwann einmal irgendwelche Symptome auf, sodass der Arzt die verschiedenen Hinweise sammelt und mit ihrer Hilfe idealerweise die richtige Diagnose stellt. Sowohl das Entdecken der Symptome des Patienten als auch die Analyse und Interpretation dieser Symptome durch den Arzt sind Teile der Detektivarbeit.

Um die Bedeutung der Fakten in diesem Fall zu begreifen, ist es vonnöten, das anatomische Wissen aus diesem Kapitel noch einmal durchzugehen. Die folgenden Fragen helfen Ihnen bei der Wiederholung. Denken Sie über jede Frage nach und blättern Sie im Zweifelsfalle zurück.

1. Welches sind die anatomischen Merkmale der Haut an der Handfläche und am Handrücken?
2. Welche anatomischen Strukturen sind für die Schutzfunktion der Haut verantwortlich? Welches sind die

histologischen Merkmale dieser Zellen und Gewebe, die die Schutzfunktion ausüben?

3 Welche anatomischen Strukturen sind für die Schweißproduktion verantwortlich?

4 Die Haut an Martins Händen scheint verdickt zu sein und weist Pigmentveränderungen auf. Welcher anatomische Vorgang ist für diese Veränderungen verantwortlich?

Analyse und Interpretation

Die folgenden Angaben beantworten die Fragen im Abschnitt „Überlegungen". Zur Wiederholung lesen Sie auf den angegebenen Seiten nach.

1 Die Haut der Handflächen und Fußsohlen ist dicke Haut, die mehr als 30 übereinanderliegende Schichten verhornter Zellen aufweist (siehe Seite 39).

2 Für die Schutzfunktion sind die Epidermis und hier das *Statum corneum* verantwortlich (siehe Seite 5–11).

3 Schweiß wird von den Schweißdrüsen produziert. Diese werden vom autonomen Nervensystem gesteuert, das wohl wegen Martins Aufregung vor der Anatomieprüfung aktiver als sonst war (siehe Seite 14).

4 Obwohl die Reibung der Gummihandschuhe an Martins Hand nur leicht war, steigert die wiederholte Reizung die Synthese von Keratohyalin und Keratin im *Stratum granulosum* der Haut (siehe Seite 8–9). Als Ergebnis der Verdickung der Epidermis wird die betroffene Haut heller (siehe Seite 13).

Diagnose

Martin leidet an einer zunehmend häufiger auftretenden Allergie, die besonders medizinisches Personal, Studenten und jeden, der mit Latex in Berührung kommt, betrifft: Er hat eine Latexallergie. Im fortgeschrittenen Stadium, das Martin wegen seiner fortgesetzten Verwendung von Latexhandschuhen seit Semesterbeginn schon erreicht hat, treten eine laufende Nase, tränende Augen und Heiserkeit auf, da die Schleimhäute von Nase, Augen und Rachenraum mitbetroffen sind. Diese Schleimhäute bilden eine Barriere gegen das Eindringen von Pathogenen, und Martins Latexallergie beeinträchtigt Struktur und Funktion dieser Membranen.

Allergien auf Naturlatex werden bei Erwachsenen und Kindern immer häufiger. Außerdem stellen sie medizinisches Personal zunehmend vor ernsthafte Probleme.

Latex ist das milchige Harz der Gummibäume. Es besteht primär aus gutartigen organischen Substanzen, die für den Großteil der Stärke und Elastizität verantwortlich sind. Latex enthält auch eine Vielzahl von Zuckern, Lipiden, Nukleinsäuren und Proteinen.

Nach der Herstellung werden die Latexhandschuhe in der Fabrik getrocknet und gespült, um möglichst Verunreinigungen und Proteine von der Oberfläche der Handschuhe zu entfernen. Latexhandschuhe werden oft mit Maisstärke oder Talkum gepudert. Der Puder kann die restlichen Latexproteine, die nach der Produktion doch noch am Handschuh haften, absorbieren. Diese Proteine können allergieauslösend wirken.

Latex wird heutzutage zu einer Vielzahl von Produkten verarbeitet. Außerdem wurde es in den letzten 20 Jahren in vielen medizinischen Gerätschaften verwendet. In den späten 80er Jahren des 20. Jahrhunderts stieg der Bedarf an Latexhandschuhen im Gesundheitswesen sprunghaft an, nachdem Latexhandschuhe zum Schutz vor durch Blut übertragene Krankheiten, wie das HIV (humanes Immundefizienzvirus), empfohlen wurden. Milliarden von Gummihandschuhen werden jedes Jahr nach Deutschland importiert. Dieser weitverbreitete Einsatz hat aber zur Folge, dass Latexallergien im medizinischen Bereich ein wachsendes Problem darstellen, nicht nur in Deutschland, sondern weltweit.

Begriffe Exkurs:

Anaphylaktische Reaktion: induzierte systemische oder generalisierte Überempfindlichkeit

Autoinjektor: mit Adrenalin fertig bestücktes Injektionssystem, mit dem sich der Patient ohne medizinische Hilfe im Notfall schnell selbst behandeln kann

Erythem: Rötung durch Erweiterung der Kapillaren

Papel: umschriebene, feste erhabene Läsion der Haut, bis zu 1 cm groß

Bläschen: umschriebene, flüssigkeitsgefüllte Läsion der Haut, kleiner als 1 cm

DEFINITIONEN

Akne: Entzündung der Talgdrüsen durch Sekretstau

Basaliom: Bösartiger Tumor des *Stratum basale*. Häufigster Hautkrebs; etwa zwei Drittel der Fälle treten an chronisch lichtexponierten Stellen auf. Metastasiert sehr selten.

Kapillares Hämangiom:: Muttermal durch eine Vergrößerung der Kapillaren im *Stratum papillare* der Dermis. Vergrößert sich meist nach der Geburt, bildet sich jedoch im weiteren Verlauf ganz zurück.

Kavernöses Hämangiom (*Naevus flammeus*, Feuermal): Muttermal durch Vergrößerung dickerer Gefäße in der Dermis. Bleibt lebenslang.

Kontaktdermatitis: Dermatitis durch meist stark reizende Substanzen, die zu einem juckenden Ausschlag führt, der sich durch Kratzen ausbreiten kann; ausgelöst z. B. durch Nickel.

Kontraktion: Zusammenziehen der Wundränder im Laufe des Heilungsprozesses

Dekubitalulkus („Wundliegen", „Liegegeschwür"): Ulzerationen in schlecht durchbluteten Regionen, wie den Auflageflächen bettlägeriger Menschen (z. B. Sakralbereich)

Dermatitis: Hautentzündung, die im Wesentlichen das *Stratum papillare* der Dermis betrifft

Windeldermatitis: Lokalisierte Dermatitis, die durch die Kombination aus Feuchtigkeit, Reizung der Haut durch Stuhlgang und Urin und Besiedlung mit Mikroorganismen unter der Windel entsteht

Ekzem: Dermatitis, die durch Temperaturschwankungen, Pilzinfekte, reizende Substanzen, Schmierfette, Seifen oder Stress hervorgerufen wird und mit ererbten oder Umweltfaktoren assoziiert ist

Erysipel: großflächige bakterielle Infektion der Dermis

Granulationsgewebe: Kombination aus Fibrin, Fibroblasten und Kapillaren, die bei der Wundheilung nach einer Entzündung entsteht

Subkutannadel: Nadel zur subkutanen Injektion von Medikamenten

Keloid: Wulstiges überschießendes Narbengewebe mit glatter, glänzender Oberfläche. Es entsteht häufiger am oberen Rumpf, den Schultern und den Ohrläppchen bei dunkelhäutigen Menschen.

Papel: umschriebene, feste erhabene Läsion der Haut, bis zu 10 mm groß

Psoriasis: Schmerzlose Erkrankung, bei der sich die Stammzellen des *Stratum basale* an der behaarten Kopfhaut, den Ellenbogen, den Handflächen, den Fußsohlen, der Leiste, den Vorderseiten der Knie und den Nägeln übermäßig schnell teilen, aber unzureichend differenzieren; die betroffenen Areale sind trocken und schuppig.

Kruste: Fibringerinnsel, das sich auf der Oberfläche einer Wunde bildet

Seborrhoische Dermatitis: Entzündung der Haut im Bereich von besonders aktiven Talgdrüsen

Sepsis: Bedrohliche, auf den gesamten Körper ausgedehnte (systemische) bakterielle Infektion; sie ist die Haupttodesursache bei Brandverletzten.

Hauttransplantation: Verpflanzung eines Hautstücks (partielle Dicke [Spalthaut] oder gesamte Dicke [Vollhaut]) zur Abdeckung großflächiger Verletzungen, wie z. B. drittgradiger Brandwunden

Plattenepithelkarzinom: Seltenerer Hautkrebs, der fast nur auf sonnenexponierter Haut auftritt. Metastasiert nur in weit fortgeschrittenem Stadium. Im Bereich der Mundhöhle häufigstes Malignom.

Urtikaria oder Quaddeln: ausdehnte Dermatitis als allergische Reaktion auf Lebensmittel, Medikamente, Insektenstiche, Infektionen, Stress oder andere Reize

Vesikel: kleines Bläschen; kleine, erhabene flüssigkeitsgefüllte Hautläsion

Xerose: „trockene Haut"; häufige Beschwerde bei älteren Menschen und fast allen, die in trockenem Klima leben

Zusammenfassung

Die Antworten auf die Fragen der Aufgaben und der Zusammenfassung finden Sie im Antwortteil.

Wiederholung von Fakten und Begriffen

Verbinden Sie die Begriffe der linken Spalte jeweils mit denen der rechten Spalte, die am besten passen; setzen Sie die Buchstaben in die Spalte vor die Zahlen.

	Spalte 1		Spalte 2	
	1.	Hypodermis	a.	Faserig, zellfrei
	2.	Dermis	b.	holokrin; öliges Sekret
	3.	Stammzelle	c.	Pigmentzellen
	4.	verhornt	d.	*Stratum basale*
	5.	Melanozyten	e.	oberflächliche Faszie
	6.	Epidermis	f.	*Stratum papillare*
	7.	Talgdrüse	g.	*Stratum corneum*
	8.	Schweißdrüse	h.	mehrschichtiges Plattenepithel
	9.	Narbengewebe	i.	merokrin; wässriges Sekret

10 Anatomisch beziehen sich die Bezeichnungen „Leistenhaut" und „Felderhaut" auf Höhenunterschiede
a. Des Stratum papillare
b. Der Dermis
c. Der Hypodermis
d. Der Epidermis

11 Zu den Folgen der Alterung an der Haut gehören:
a. Rückgang der Aktivität der Talgdrüsen
b. Gesteigerte Vitamin D-Produktion
c. Verdickung der Epidermis
d. Gesteigerte Durchblutung der Dermis

12 Die Hautfarbe beruht auf
a. Der Durchblutung der Dermis
b. Der Zusammensetzung der Pigmente
c. Der Konzentration der Pigmente
d. Alle Faktoren sind richtig

13 Perspiratio sensibilis
a. Kühlt die Hautoberfläche zur Reduktion der Körpertemperatur
b. Dient als Exkretionsweg für Wasser und Elektrolyte
c. Verdünnt schädliche Chemikalien und hemmt das Wachstum von Bakterien auf der Haut
d. Alle Funktionen sind richtig

14 Die Hautschicht, die sowohl geflechtartig verwobene Kollagenfasern als auch Elastin enthält und für die Reißfestigkeit der Haut verantwortlich ist, nennt man
a. Stratum papillare
b. Stratum reticulare
c. Epidermis
d. Hypodermis

15 Die Schicht der Epidermis, die Zellen enthält, die sich teilen, ist das
a. Stratum corneum
b. Stratum basale
c. Stratum granulosum
d. Stratum lucidum

16 Wasserverlust durch den Austritt von interstitieller Flüssigkeit durch die Haut nennt man
a. Perspiratio sensibilis
b. Perspiratio insensibilis
c. Latentes Schwitzen
d. Aktives Schwitzen

17 Die nachstehenden Effekte sind Folgen des Alterungsprozesses, außer:
a. Der Ausdünnung der Epidermis
b. Einer Zunahme der Langerhanszellen
c. Einer Abnahme der Aktivität der Melanozyten
d. Einer Abnahme der Aktivität der Drüsen

18 Die Nachstehenden sind Funktionen des Integuments, außer:
a. Schutz des darunterliegenden Gewebes
b. Exkretion
c. Vitamin C-Synthese
d. Thermoregulation

19 Karotin ist
a. Ein orange-gelbes Pigment, das sich in den Zellen der Epidermis ansammelt
b. Ein anderer Name für Melanin
c. In den Zellen des Stratum granulosum gelagert, um die Epidermis zu schützen
d. Das Pigment, das dem Hämoglobin seine charakteristische Farbe verleiht

20 Welche Aussage beschreibt eine Haarwurzel am besten?
a. Sie reicht vom Haarbulbus bis an den Punkt, an dem der innere Aufbau des Haars abgeschlossen ist
b. Es ist der nicht-lebende Teil des Haars
c. Sie umfasst den gesamten Teil des Haars, der unter der Haut liegt
d. Sie umfasst den gesamten Haarfollikel

Wiederholung von Lernzielen

1 Hautleisten
a. Befinden sich nur auf der Oberfläche der Epidermis
b. Verursachen Linienmuster auf der Hautoberfläche
c. Bilden Muster, die von der Umgebung bestimmt werden
d. Sind mit der Macula adhaerens des Stratum spinosum verbunden

2 Warum müssen sich hellhäutige Menschen mehr vor der Sonne schützen als Dunkelhäutige?

3 Wie und warum bildet sich Hornhaut?

4 Bei einer Schwangerschaft kann es zu Striae distensae kommen. Wie kommen sie zustande?

5 Wie beeinflusst das Protein Keratin Erscheinungsbild und Funktion der Haut?

6 Welche Merkmale prädestinieren die Subcutis für die Injektion von Medikamenten?

7 Warum reduzieren Waschen und der Gebrauch eines Deodorants den Geruch der apokrinen Schweißdrüsen?

8 Was geschieht bei einer Zyanose und an welchen Körperregionen ist sie am deutlichsten sichtbar?

9 Warum können sich ältere Menschen schlechter an extreme Temperaturen anpassen?

10 Die Haut kann sich auch nach größeren Verletzungen gut wieder regenerieren, weil:
a. Die Epidermis gut mit kleinen Blutgefäßen versorgt ist
b. Die Fibroblasten der Dermis neue epidermale Keimzellen produzieren
c. Die Kontraktion in der Wunde benachbarte Schichten zusammenbringt
d. Sowohl im Epithel als auch im Bindegewebe der Haut auch nach Verletzungen Stammzellen persistieren

Anwendung von Lerninhalten

1 Bei einem Sonnenstich hat das Opfer ein rotes Gesicht, die Haut ist warm und trocken, die Körpertemperatur steigt stark an. Erklären Sie diese Beobachtungen anhand Ihrer Kenntnisse der Rolle der Haut bei der Thermoregulation.

2 Ihnen steht eine Operation bevor. Warum sind bei Ihrem Chirurgen sehr gute Kenntnisse des Verlaufs der Spaltlinien der Haut so wichtig?

3 Viele Medikamente können transdermal appliziert werden, indem man substanzhaltige Pflaster verwendet. Sie können überall hin geklebt werden, nur nicht auf die Handflächen oder die Fußsohlen. Warum?

Eine Kurzzusammenfassung der wichtigsten Inhalte, sowie die Antworten zu den Fragen und weitere Arbeitsmaterialien finden sie auf unserer Companion Website unter: **www.pearson-studium.de/login**

Lernziele

1. Die Funktionen des Skelettsystems beschreiben können.
2. Die Zelltypen, die man in reifem Knochen findet, beschreiben und ihre Funktionen miteinander vergleichen können.
3. Die Unterschiede der Struktur und Funktion von kompaktem und spongiösem Knochen kennen.
4. Periost und Endost lokalisieren können und die Unterschiede ihrer Struktur und Funktion kennen.
5. Die Schritte von Knochenentwicklung und Wachstum, die für die Unterschiede der Knochenstruktur verantwortlich sind, beschreiben können.
6. Den Effekt von Ernährung und Hormonen auf das Wachstum erläutern können.
7. Die Umgestaltung des Skeletts, einschließlich der Effekte von Ernährung, Hormonen, körperlicher Bewegung und Alterung auf die Knochenentwicklung und das Skelettsystem, erklären können.
8. Die verschiedenen Bruchtypen und den Ablauf der Frakturheilung erklären können.
9. Die Knochen entsprechend ihrer Form klassifizieren und Beispiele für verschiedene Typen nennen können.

Das Skelettsystem

Knochengewebe und Skelettstruktur

5

ÜBERBLICK

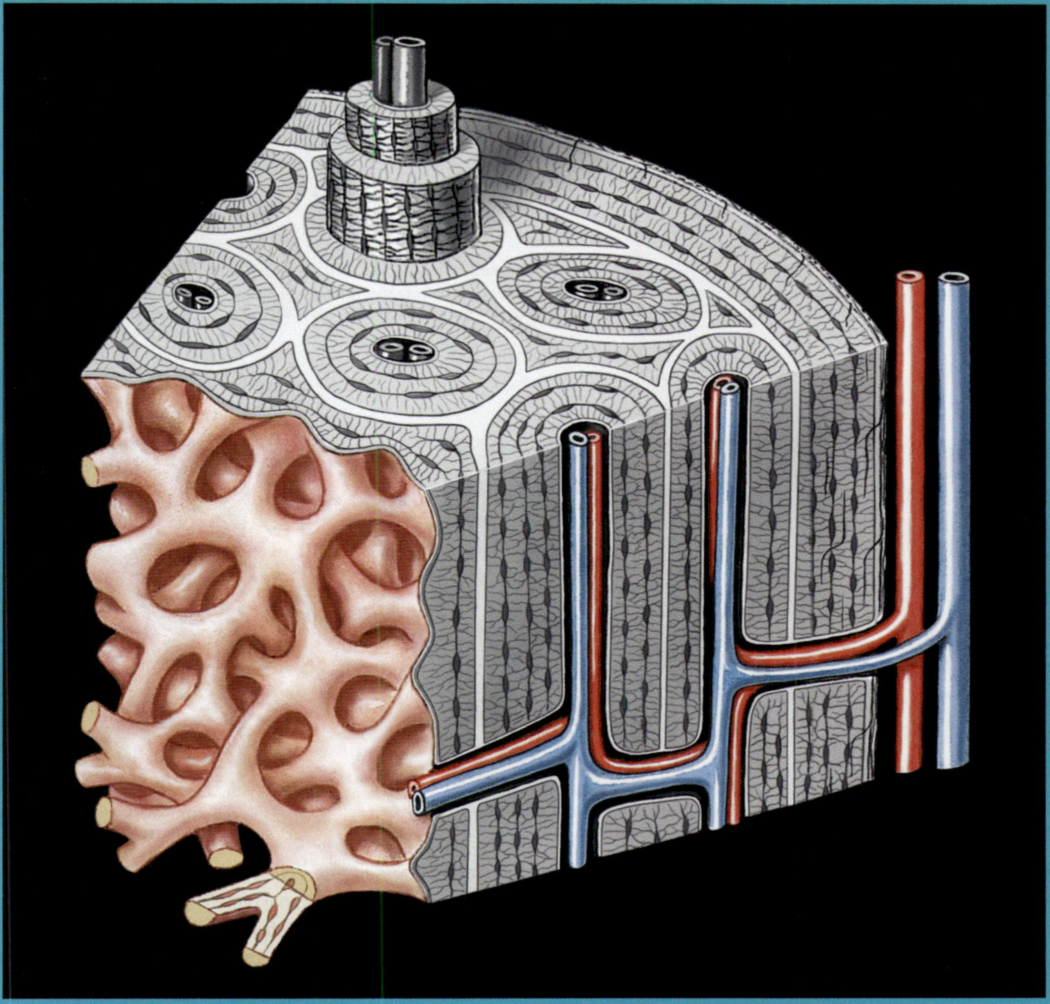

Zum Skelettsystem gehören die verschiedenen Knochen des Skeletts sowie Bänder und anderes Bindegewebe, das Knochen stabilisiert oder verbindet. Knochen sind weitaus mehr als nur Ständer, an denen die Muskeln hängen – sie tragen unser Körpergewicht und sorgen zusammen mit den Muskeln für kontrollierte, präzise Bewegungen. Ohne Knochen, an denen sie befestigt sind, würden Muskeln bei einer Kontraktion einfach nur kürzer und dicker werden. Unsere Muskeln müssen gegen das Skelett ziehen können, damit wir sitzen, stehen, gehen oder laufen können. Das Skelett hat viele weitere lebenswichtige Aufgaben; einige davon werden Ihnen vielleicht nicht vertraut sein, sodass wir mit einer Zusammenfassung der Hauptfunktionen beginnen.

- **Stütze:** Das Skelettsystem stützt den gesamten Körper. Einzelne Knochen und Knochengruppen bieten Ansätze für die Befestigung von Weichteilen und Organen.
- **Speicherung von Mineralien:** Die Kalziumsalze der Knochen sind ein wertvoller Vorrat, mit dem die normale Konzentration der Kalzium- und Phosphationen in den Körperflüssigkeiten aufrechterhalten werden kann. Kalzium ist das häufigste Mineral im menschlichen Körper. Ein typischer Körper enthält 1–2 kg Kalzium; 98 % davon sind in den Knochen des Skelettsystems eingelagert.
- **Produktion von Blutzellen:** Rote und weiße Blutkörperchen sowie die Blutplättchen werden im roten Knochenmark produziert, das sich im Inneren vieler Knochen befindet. Die Rolle des Knochenmarks bei der Bildung der Blutzellen wird in späteren Kapiteln besprochen, die sich mit dem Herz-Kreislauf-System und dem Lymphsystem befassen (siehe Kapitel 20 und 23).
- **Schutz:** Empfindliche Gewebe und Organe sind oft von knöchernen Strukturen umgeben. Die Rippen schützen Herz und Lungen, der Schädel umfasst das Gehirn, die Wirbel umgeben das Rückenmark und das Becken umschließt die empfindlichen Verdauung- und Fortpflanzungsorgane.
- **Hebelwirkung:** Viele Knochen des Skelettsystems dienen als Hebel. Sie können die Stärke und die Richtung der Kräfte beeinflussen, die die Muskulatur ausübt. Die daraus resultierenden Bewegungen reichen von der feinen Bewegung einer Fingerspitze bis hin zu kraftvollen Veränderungen der Körperposition.

In diesem Kapitel werden die Struktur, die Entwicklung und das Wachstum von Knochen beschrieben. Die beiden darauffolgenden Kapitel teilen das Thema Knochen in zwei Abschnitte: das **Achsenskelett** (bestehend aus den Schädelknochen, der Wirbelsäule, dem Sternum und den Rippen) und das **Extremitätenskelett** (Knochen der Ext-

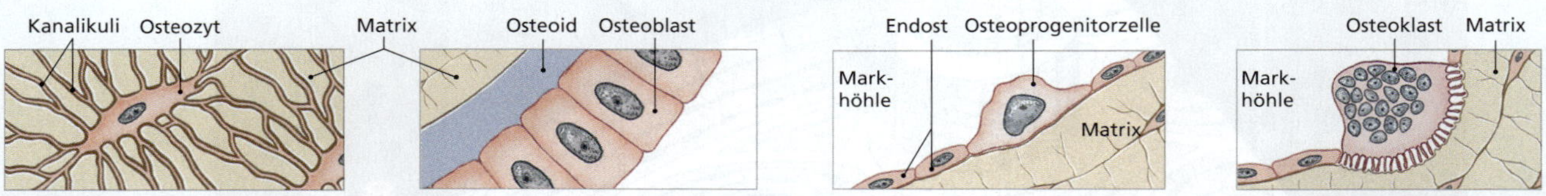

Osteozyt: reife Knochenzelle, die die Knochenmatrix erhält

Osteoblast: Knochenzelle, die die organische Komponente der Matrix sezerniert

Osteoprogenitorzelle: Stammzelle, aus der durch Teilungen Osteoblasten entstehen

Osteoklast: mehrkernige Zelle, die Säuren und Enzyme zur Auflösung der Knochenmatrix produziert

(a) Zellen des Knochens

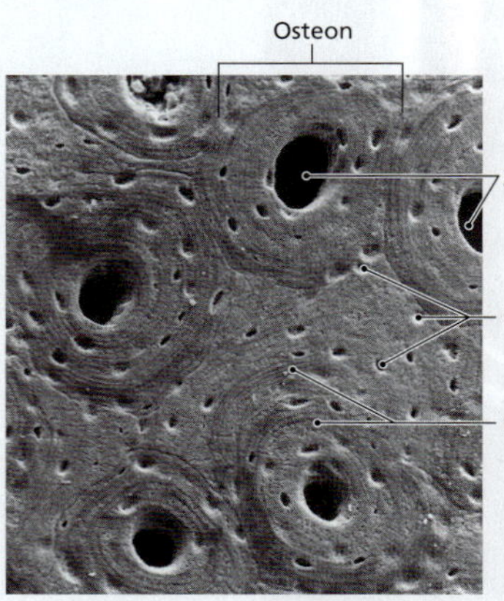

(b) Rasterelektronenmikroskopische Aufnahme von Osteonen (182-fach)

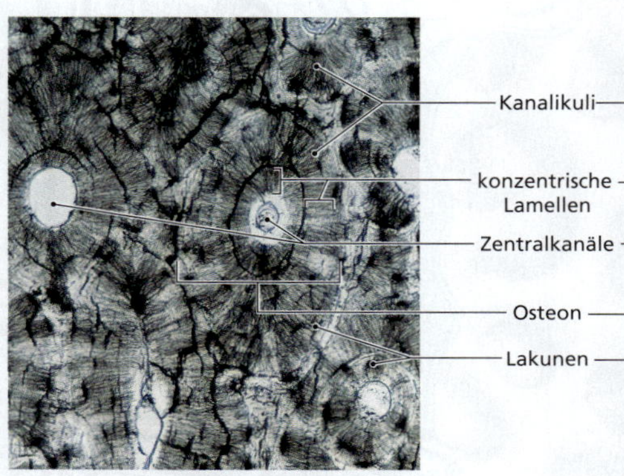

(c) Lichtmikroskopische Aufnahme von Osteonen (220-fach)

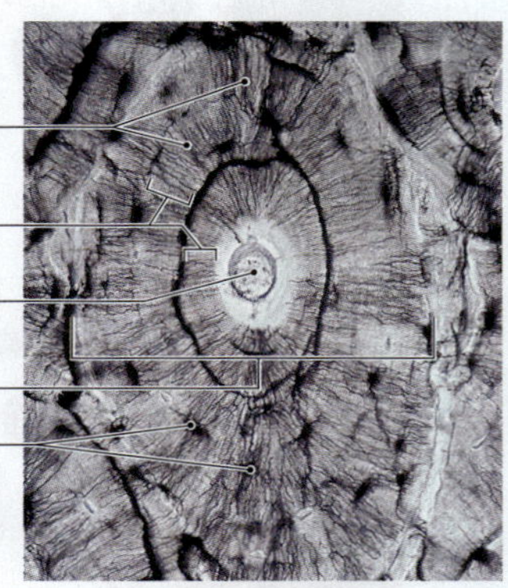

(d) Lichtmikroskopische Aufnahme eines Osteons (343-fach)

Abbildung 5.1: Histologische Struktur eines typischen Knochens. Knochengewebe enthält spezialisierte Zellen und eine dichte extrazelluläre Matrix mit Kalziumsalzen. (a) Knochenzellen. (b) Rasterelektronenmikroskopische Aufnahme einiger Osteone in kompaktem Knochen. (c) Dünner Schnitt durch Kompakta. Hierbei erscheinen die intakte Matrix und die Zentralkanäle weiß; die Lakunen und Kanalikuli sind schwarz. (d) Ein einzelnes Osteon in starker Vergrößerung (© R. G. Kessel und R. H. Kardon, „Tissues and Organs: A Text-Atlas of Scanning Electron Microscopy", W. H. Freemann & Co, 1979, Alle Rechte vorbehalten).

remitäten und die Knochenteile, die sie am Becken und an den Schultern mit dem Rumpf verbinden). Das letzte Kapitel dieser Gruppe untersucht die **Gelenke**, Strukturen, an denen Knochen aufeinandertreffen und sich gegeneinander bewegen können.

Die Knochen des Skeletts sind sehr komplexe, dynamische Organe, die aus Knochengewebe, anderem Bindegewebe und Nervengewebe bestehen. Wir beschäftigen uns jetzt mit dem inneren Aufbau eines typischen Knochens.

Knochenstruktur 5.1

Knochen, oder **Knochengewebe**, gehört zum Stützgewebe. (Es empfiehlt sich, an dieser Stelle noch einmal die Abschnitte zum Thema straffes Bindegewebe, Knorpel und Knochen zu wiederholen [siehe Kapitel 3].) Wie andere Bindegewebe auch enthält das Knochengewebe spezialisierte Zellen und eine extrazelluläre Matrix, die aus Proteinfasern und einer Grundsubstanz besteht. Die Knochenmatrix ist hart und fest aufgrund der Kalziumsalze, die um die Proteinfasern herum abgelagert sind.

Knochengewebe ist vom umliegenden Gewebe durch das faserige **Periost** getrennt. Wenn Knochengewebe anderes Gewebe umgibt, ist die Knocheninnenfläche mit dem zellhaltigen Endost ausgekleidet.

5.1.1 Der histologische Aufbau des reifen Knochens

Der grundsätzliche Aufbau von Knochengewebe wird in Kapitel 3 beschrieben. Wir betrachten nun den Aufbau der Matrix und die Knochenzellen etwas genauer.

Knochenmatrix

Kalziumphosphat ($Ca_3[PO_4]_2$) macht fast zwei Drittel der Knochenmasse aus. Das Kalziumphosphat reagiert mit Kalziumhydroxid ($Ca[OH]_2$) zu Hydroxylapatitkristallen ($Ca_5[PO_4]_3[OH]$). Bei ihrer Entstehung inkorporieren diese Kristalle noch andere Kalziumsalze, wie Kalziumkarbonat und Ionen, wie Natrium, Magnesium und Fluorid. Diese anorganischen Komponenten machen den Knochen widerstandsfähig gegen Kompression. Etwa ein Drittel der Knochenmasse besteht aus Kollagenfasern, die für die Zugfestigkeit des Knochens verantwortlich sind. Osteozyten und andere Zellarten machen nur etwa 2 % der Masse eines typischen Knochens aus.

Kalziumphosphatkristalle sind sehr fest, aber relativ unflexibel. Sie können gut Druck widerstehen, doch bei Biegung, Verdrehung und plötzlicher Gewalteinwirkung zersplittern die Kristalle relativ leicht. Kollagenfasern sind fest und flexibel. Sie tolerieren Dehnung, Biegung und Verdrehung gut, aber unter Druck weichen sie einfach aus. Im Knochen stellen die Kollagenfasern ein Gerüst dar, an dem sich die Kristalle als kleine Plättchen bilden können, die sich seitlich an den Fasern anlagern. Das Ergebnis ist eine Protein-Kristalle-Kombination, deren Eigenschaften zwischen denen von Kollagen und reinen Kristallen liegen.

Die Zellen des reifen Knochens

Knochen enthält eine typische Zellpopulation: die Osteoprogenitorzellen, die Osteoblasten, die Osteozyten und die Osteoklasten (**Abbildung 5.1**a).

Osteozyten Osteozyten sind die reifen Knochenzellen. Sie erhalten und überwachen den Protein- und Mineralsalzgehalt der umgebenden Matrix. Wie Sie später noch erfahren, werden die Mineralien der Matrix ständig wiederverwendet. Jeder Osteozyt steuert sowohl die Abgabe von Kalzium in das Blut als auch die Ablagerung von Kalziumsalzen in der umliegenden Matrix. Osteozyten liegen in kleinen Kammern, den **Lakunen**, die sich zwischen den Schichten verkalkter Matrix befinden. Diese Matrixschichten nennt man **Lamellen** („dünne Platte"; **Abbildung 5.1**b bis d). Kleine Kanäle, die Kanalikuli, durchziehen die Matrix zwischen den Lakunen und an die freie Oberfläche sowie die benachbarten Blutgefäße. Die Kanalikuli enthalten feine zytoplasmatische Fortsätze und Grundsubstanz; sie verbinden die Osyteozyten benachbarter Lakunen miteinander. Die Fortsätze sind mit Kommunikationskontakten ausgestattet, die die Weiterleitung von Nähr- und Abfallstoffen zwischen Osteozyten ermöglichen. Oberhalb des Osteozytenfortsatzes und oberhalb des Osteozyten befindet sich ein schmaler Flüssigkeitssaum, der vermutlich für die Ernährung und die mechanische Stimulation eine Rolle spielt.

Osteoblasten Die würfelförmigen Zellen auf der Innen- oder Außenseite von Knochen nennt man Osteoblasten (griech.: blastos = der Spross, Trieb; Vorläufer). Die Bezeichnung Blast ist bei den Zellen des Bewegungsapparats (Fibroblasten, Chondroblasten, Osteoblasten) nicht ganz zutreffend, da es sich um differenzierte Zellen handelt, die Matrix bilden. Diese Zellen sezernieren die organischen Bestandteile der Knochenmatrix. Dieses Material, das sog. **Osteoid**, wird später über einen nicht vollständig bekannten Mechanismus mineralisiert. Osteoblasten sind für die Entstehung neuen Knochens verantwortlich, einen Vorgang namens **Osteogenese** (lat.: generare = hervorbringen, erzeugen). Obwohl der genaue Auslöser nicht bekannt ist, glaubt man, dass Osteoblasten auf bestimmte mechanische und hormonelle Stimuli mit Osteogenese reagieren. Sobald ein Osteoblast von Matrix ganz umgeben ist, differenziert er sich zu einem Osteozyten.

Osteoprogenitorzellen Knochensubstanz enthält auch eine kleine Anzahl von Osteoprogenitorzellen (lat.: progignere = hervorbringen, erzeugen). Sie differenzieren sich aus Mesenchym und befinden sich in der innersten Schicht des Periosts und des Endosts als Auskleidung der Markhöhlen. Osteoprogenitorzellen können sich teilen; ihre Tochterzellen differenzieren sich zu Osteoblasten weiter. Die Fähigkeit, zusätzliche Osteoblasten zu produzieren, erweist sich als besonders nützlich bei Rissen und Brüchen des

Knochens. Den Reparaturvorgang nach einem Knochenbruch werden wir später noch kennenlernen.

Osteoklasten Osteoklasten sind große mehrkernige Zellen. Sie entwickeln sich aus denselben Stammzellen wie die Monozyten und Neutrophilen. Durch Exozytose von Lysosomen sezernieren sie Säuren. Diese lösen die Knochenmatrix auf und setzen Aminosäuren und das eingelagerte Kalzium sowie das Phosphat frei. Dieser Erosionsprozess, **Osteolyse** genannt, erhöht die Konzentration von Kalzium und Phosphat in den Körperflüssigkeiten. Osteoklasten bauen ständig Matrix ab und setzen Mineralstoffe frei; die Osteoblasten produzieren ständig neue Matrix, die die Mineralien schnell wieder bindet. Das Gleichgewicht zwischen den Aktivitäten der Osteoklasten und der Osteoblasten ist sehr wichtig: Wenn die Osteoklasten Kalziumsalze schneller abbauen, als die Osteoblasten sie einlagern, wird der Knochen dünner und schwächer. Wenn umgekehrt die Aktivität der Osteoblasten dominiert, wird der Knochen stärker und dicker.

5.1.2 Kompakter und spongiöser Knochen

Es gibt zwei Arten von Knochensubstanz: kompakten (Kompakta) und spongiösen Knochen (Spongiosa). **Kompakter Knochen** ist relativ dicht und fest, wohingegen

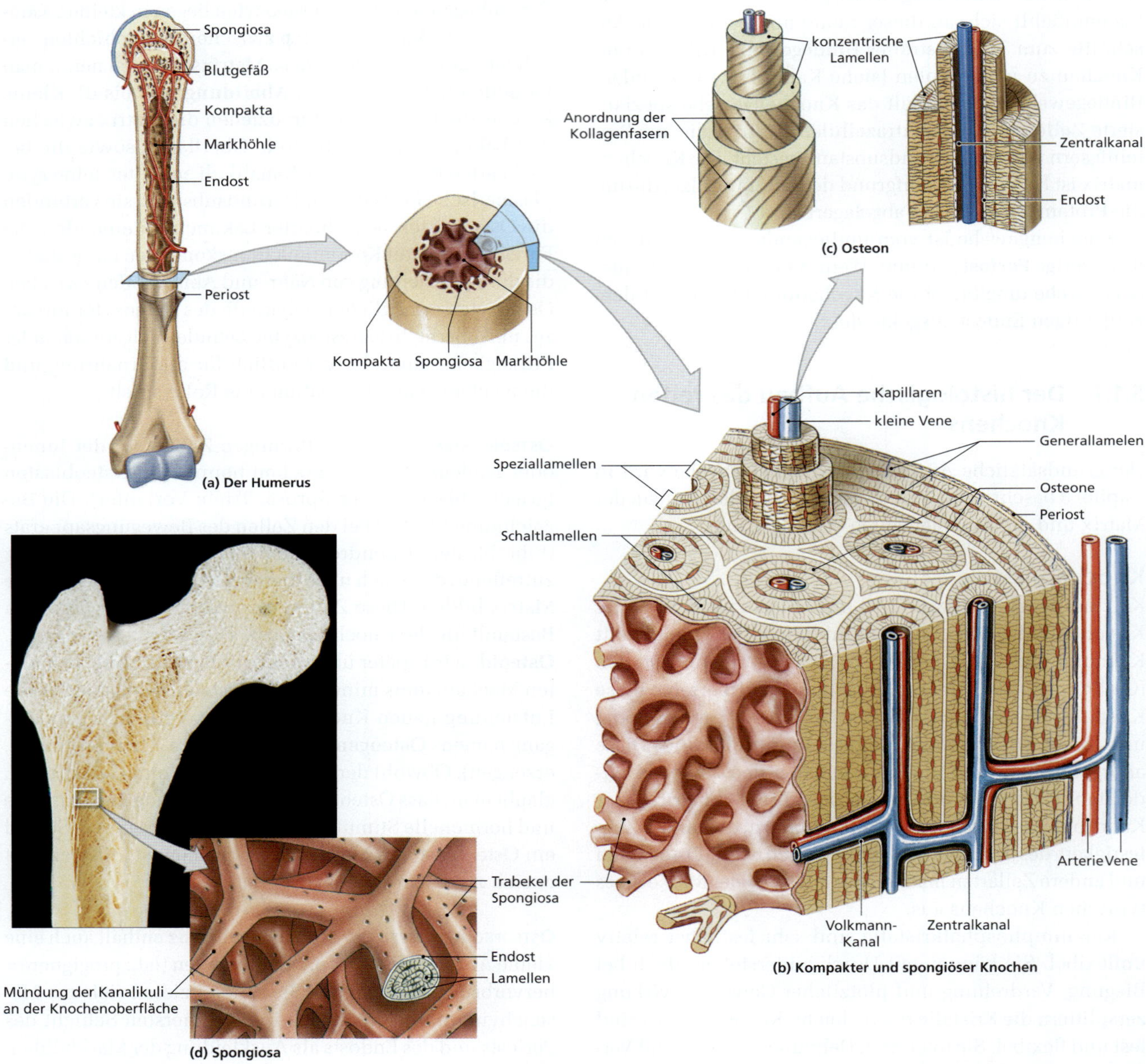

Abbildung 5.2: Der innere Aufbau eines typischen Knochens. Strukturelle Beziehung zwischen spongiösem und kompaktem Knochen in repräsentativen Knochen. (a) Makroanatomie des Humerus. (b) Schematische Darstellung des histologischen Aufbaus eines typischen Knochens. (c) Die Anordnung der Kollagenfasern innerhalb der konzentrischen Lamellen. (d) Lage und Struktur von spongiösem Knochen. Das Foto zeigt einen Längsschnitt des mazerierten (Weichgewebe entfernt) proximalen Femur.

spongiöser Knochen ein offenes Netzwerk aus Streben und Platten bildet. Sowohl der kompakte als auch der spongiöse Knochen sind in typischen Knochen vorhanden, wie etwa im Humerus, dem Oberarmknochen, oder dem Femur, dem Oberschenkelknochen. Kompakter Knochen bildet die Wände, eine innen liegende Schicht spongiösen Knochens umgibt die **Markhöhle** (**Abbildung 5.2**a). Die Markhöhle enthält das **Knochenmark**, ein loses Bindegewebe, das entweder überwiegend aus Fettzellen besteht (gelbes Knochenmark) oder vorwiegend aus einer Mischung aus reifen und unreifen roten und weißen Blutzellen und den Stammzellen, die sie produzieren (rotes Knochenmark).

Strukturelle Unterschiede zwischen kompaktem und spongiösem Knochen

Die Zusammensetzung der Matrix ist bei kompaktem Knochen genauso wie bei spongiösem Knochen, doch sie unterscheiden sich in der dreidimensionalen Anordnung der Osteozyten, Kanalikuli und Lamellen.

Kompakter Knochen Die kleinste Funktionseinheit des reifen kompakten Knochens ist das zylindrische **Osteon** (siehe Abbildung 5.1b bis d). Innerhalb eines Osteons sind die Osteozyten in konzentrischen Lagen um den Zentralkanal herum angeordnet, der die sie versorgenden Blutgefäße enthält. Diese Zentralkanäle verlaufen meist parallel zur Knochenoberfläche (siehe Abbildung 5.2a). Andere Durchgänge, die **Volkmann-Kanäle** *(Canalis nutriens)*, verlaufen in etwa rechtem Winkel zur Oberfläche (**Abbildung 5.2**b). Blutgefäße in den Volkmann-Kanälen bringen Blut zu den tiefer gelegenen Osteonen und versorgen das Knochenmark. Die Lamellen der einzelnen Osteone sind zylindrisch angeordnet und verlaufen parallel zur Längsachse des Knochens. Man nennt sie Speziallamellen. Zusammen liegen sie in mehreren Ringschichten um den Zentralkanal herum; im Querschnitt erinnert das Muster an eine Zielscheibe (**Abbildung 5.2**c; siehe auch Abbildung 5.2b). Die Kollagenfasern winden sich spiralförmig um jede Lamelle; durch abwechselnde Verlaufsrichtung der Spiralen stärken sie das Osteon als Ganzes. Kanalikuli verbinden die Lakunen eines Osteons miteinander und bilden ein verzweigtes Netzwerk, das bis an den Zentralkanal reicht. Schaltlamellen füllen die freien Räume zwischen den Osteonen im kompakten Knochen. Es handelt sich dabei um Reste von Osteonen, die von Osteoklasten bei einer Reparatur oder einem Knochenumbau stehen gelassen worden sind. Ein dritter Lamellentyp, die umlaufende Generallamelle, findet sich an der äußeren Oberfläche des Knochens und kann sich an der Innenseite der Kompakta befinden. Bei den Extremitätenknochen, wie dem Humerus oder dem Femur, bilden sie die äußere Wand des Schaftes (siehe Abbildung 5.2b).

Spongiöser Knochen Der Hauptunterschied zwischen der Kompakta und der Spongiosa ist die Anordnung des spongiösen Knochens in parallelen Streben oder dicken, verzweigten Trabekeln (lat.: trabecula = kleiner Balken) oder *Spikulae*. Zwischen den Trabekeln befinden sich zahlreiche offene Zwischenräume. Im spongiösen Knochen gibt es grundsätzlich auch einen lamellären Aufbau.

In Bezug auf die Zellen und die Struktur und Zusammensetzung der Lamellen unterscheidet sich spongiöser Knochen nicht von kompaktem Knochen. Ersterer bildet ein offenes Netzwerk (**Abbildung 5.2**d) und ist daher viel leichter als kompakter Knochen. Die verzweigten Trabekel verleihen dem spongiösen Knochen jedoch eine beachtliche Stabilität trotz des relativ geringen Gewichts. Spongiöser Knochen reduziert also das Gewicht des Skeletts und macht es den Muskeln leichter, die Knochen zu bewegen. Spongiösen Knochen findet man daher überall dort, wo die Belastungen aus verschiedenen Richtungen kommen können.

Funktionelle Unterschiede zwischen kompaktem und spongiösem Knochen

Eine Schicht kompakten Knochens bildet die Oberfläche der Knochen; die Dicke dieser Schicht unterscheidet sich von Region zu Region und von Knochen zu Knochen. Diese oberflächliche Schicht ist wiederum mit **Periost** überzogen, einer Bindegewebeschicht, die mit der tiefen Faszie verbunden ist. Die Periosthülle bedeckt sämtliche Knochen. Im Bereich der Gelenke setzt sie sich in das *Stratum fibrosum* der Gelenkkapsel fort. In sog. unechten Gelenken (Synarthrosen) sind die Knochen durch kollagenfaseriges Bindegewebe, durch Knorpel oder durch Knochen miteinander verbunden. In echten flüssigkeitsgefüllten **(synovialen)** Gelenken (Diarthrosen) bedeckt meist hyaliner **Gelenkknorpel** die gegenüberliegenden Knochenflächen (Ausnahme: Kiefergelenk).

Kompakter Knochen ist dort am dicksten, wo Belastungen nur aus bestimmten Richtungen kommen. **Abbildung 5.3** zeigt den Aufbau des Femur, des Oberschenkelknochens. Der kompakte Knochen des Kortikalis umgibt die innen liegende Markhöhle. Der Knochen hat zwei Enden, die **Epiphysen** (griech.: epiphysis = der Zuwuchs, Ansatz); dazwischen liegt die röhrenförmige **Diaphyse,** oder der **Schaft**. Abbildung 5.3 zeigt die Verteilung von kompaktem und spongiösem Knochen im Femur. Der Schaft von kompakten Knochen leitet gewöhnlicherweise auftretende Kräfte von einer Epiphyse zur nächsten. Wenn Sie beispielsweise aufrecht stehen, überträgt der Femurschaft ihr Körpergewicht von der Hüfte auf das Knie. Die Osteone im Schaft sind parallel zur Längsachse angeordnet und daher sehr widerstandsfähig gegen Belastungen in dieser Richtung. Stellen Sie sich ein Osteon wie einen Trinkhalm mit sehr dicken Wänden vor. Wenn Sie versuchen, ihn längs zusammenzudrücken, scheint er recht stabil zu sein. Wenn Sie aber die Enden festhalten und von der Seite dagegen drücken, knickt er leicht ein. Ebenso wenig verbiegt sich ein Röhrenknochen bei Druck in Längsrichtung; doch bei Stoßrichtung von der Seite kommt es leichter zu einem Bruch oder einer Fraktur des Schaftes.

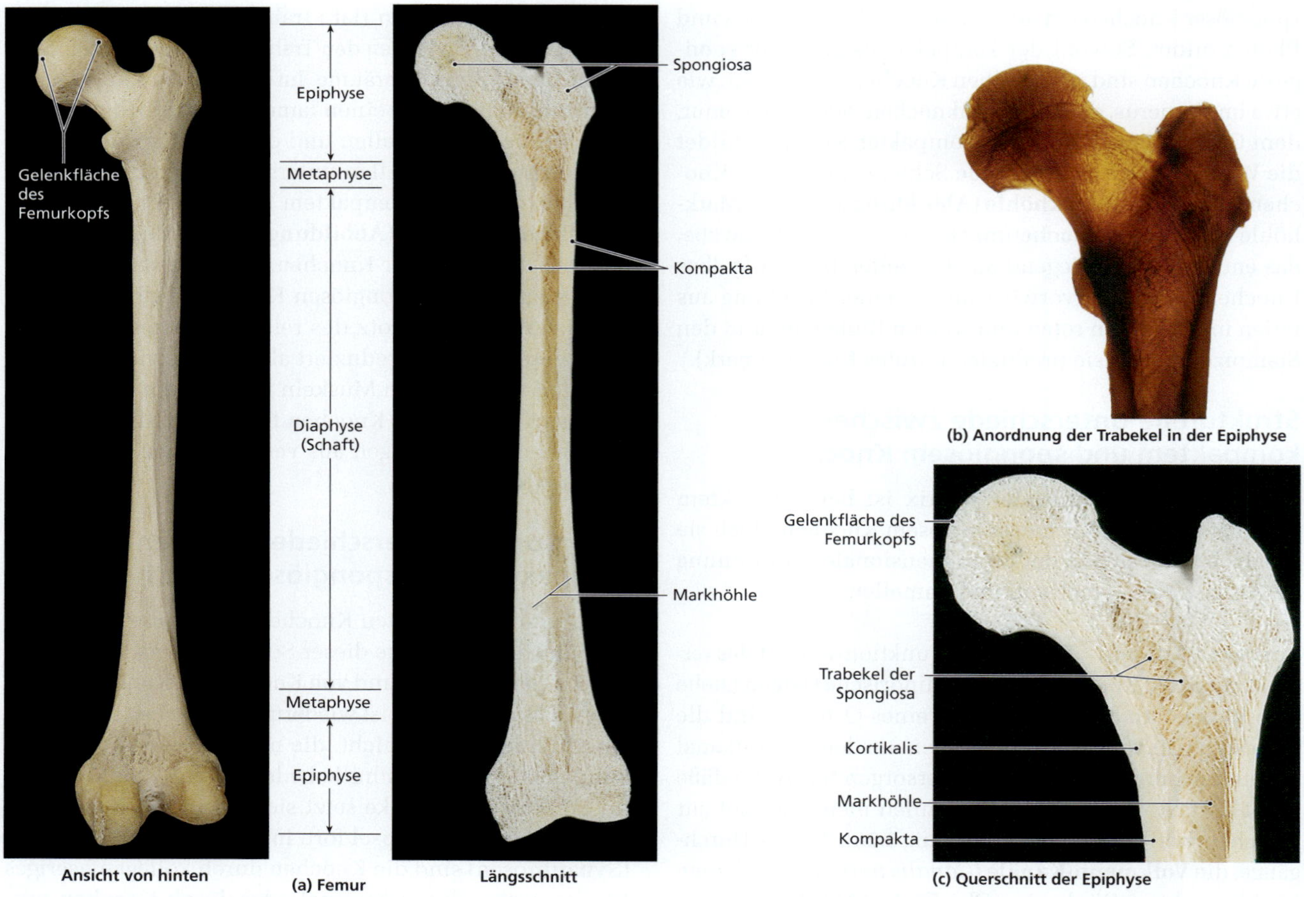

Abbildung 5.3: Anatomie eines repräsentativen Knochens. (a) Das Femur (Oberschenkelknochen) von außen und im Längsschnitt. Das Femur hat eine Diaphyse (Schaft)mit Wänden aus kompaktem Knochen; die Epiphysen (Endstücke) sind mit Spongiosa gefüllt. An beiden Enden des Schaftes trennt jeweils eine Metaphyse die Epiphysen vom Schaft. Das Körpergewicht wird an der Hüfte auf das Femur übertragen. Da das Hüftgelenk nicht über der Längsachse des Schaftes liegt, kommt es dabei zu einer Kompression des medialen Schaftbereichs und zu einer Streckung des lateralen Anteils. (b) Ein ganzes Femur nach Mazeration zeigt die Anordnung der Trabekel in der Epiphyse. (d) Foto der Epiphyse im Längsschnitt.

Spongiöser Knochen ist nicht so massiv wie kompakter Knochen, doch er kann Kräften, die aus unterschiedlichen Richtungen einwirken, viel besser widerstehen. Die Epiphysen des Femur sind mit Spongiosa gefüllt; die Anordnung der Trabekel in der proximalen Epiphyse können Sie in Abbildung 5.3b und c sehen. Die Trabekel sind zwar entlang der Belastungslinien angeordnet, jedoch mit zahlreichen seitlichen Verstrebungen. An der proximalen Epiphyse übertragen die Trabekel so die Last von der Hüfte über die Metaphyse auf den Femurschaft; an der distalen Epiphyse leiten sie sie über das Knie auf den Unterschenkel. Zusätzlich zur Reduktion des Knochengewichts und zu der Fähigkeit, Belastungen von verschiedenen Seiten zu widerstehen, dient das offene Trabekelwerk auch als Stütze und Schutz für die Zellen des Knochenmarks. Gelbes Knochenmark, das sich oft in der Markhöhle des Schaftes findet, ist ein wichtiger Energiespeicher. Größere Ansammlungen von rotem Knochenmark, wie in der Spongiosa der Femurepiphysen, sind wichtige Orte der Blutbildung.

5.1.3 Das Periost und das Endost

Periost

Die Außenfläche der Knochen ist gewöhnlich von einem Periost (**Abbildung 5.4**a) bedeckt. Das Periost ummantelt 1. den Knochen und schützt ihn vor äußeren Einflüssen, beherbergt 2. Blutgefäße und Nerven (Ernährung und Innervation), ist 3. aktiv an Wachstum und Reparatur von Knochen beteiligt und verbindet 4. den Knochen mit dem Bindegewebe der tiefen Faszie. Sesambeine haben kein Periost. Im Bereich der Ansätze der Sehnen und Bänder geht das Periost in das Peritendineum über.

Das Periost besteht aus einer äußeren faserigen Schicht aus straffem faserigem Bindegewebe und einer inneren Zellschicht mit Osteoprogenitorzellen. Wenn der Knochen gerade weder wächst noch repariert wird, sind nur wenige Osteoprogenitorzellen in der Zellschicht zu sehen.

In der Nähe von Gelenken geht das Periost in das bindegewebige Netzwerk über, das das Gelenk umgibt und es

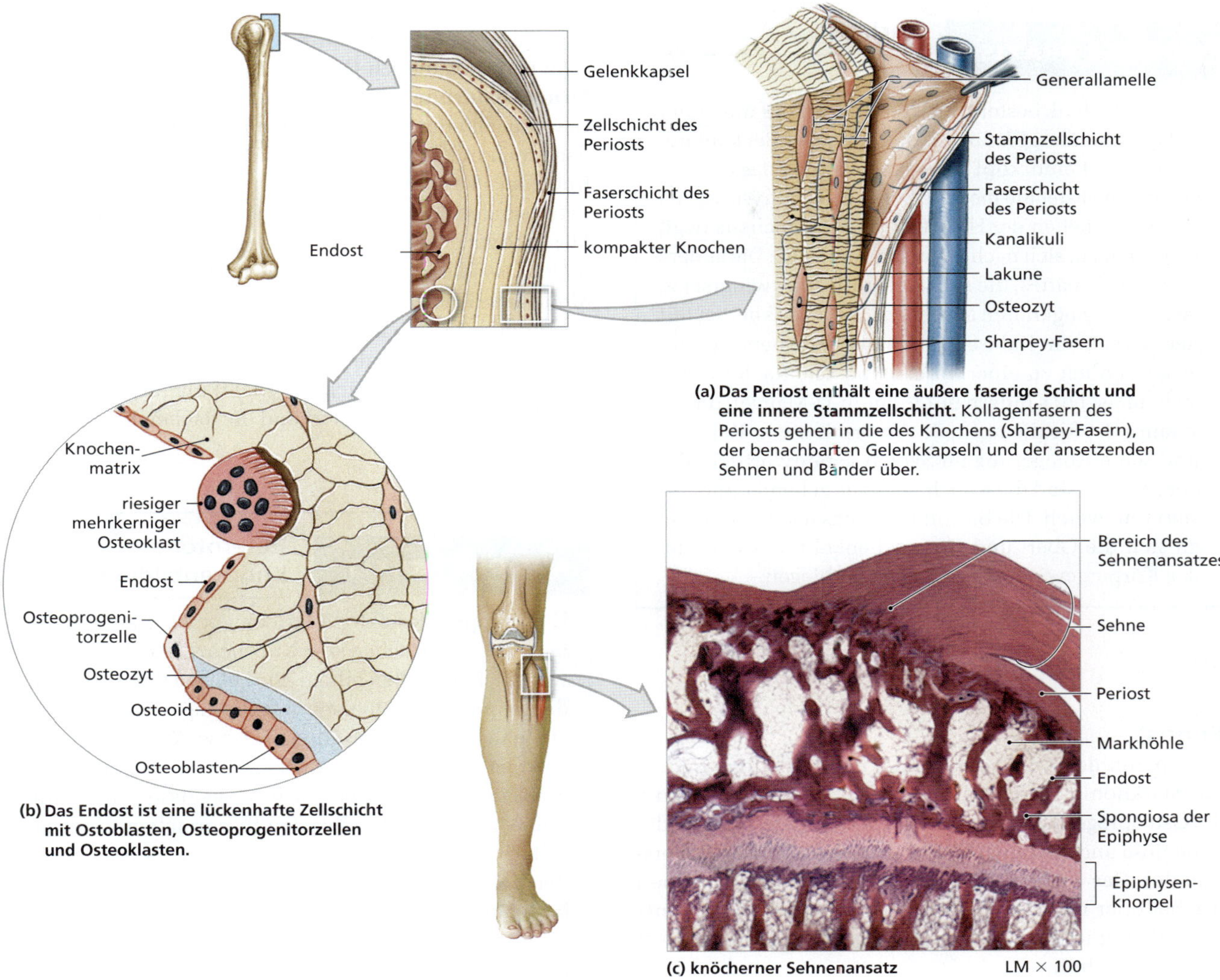

Abbildung 5.4: Anatomie und Histologie von Periost und Endost. (a) Schematische Darstellung der Lokalisation von Periost und Endost und ihrer Verbindung mit anderen Knochenstrukturen; das histologische Bild zeigt sowohl Periost als auch Endost. (b) Periost. (c) Endost. (d) Knöcherner Sehnenansatz.

stabilisiert. Bei flüssigkeitsgefüllten (synovialen) Gelenken (echte Gelenke = Diarthrosen) geht das Periost in die **Gelenkkapsel** über. Die Fasern des Periosts sind außerdem mit den Fasern der Sehnen verwoben, die am Knochen ansetzen (**Abbildung 5.4**c). Im Laufe des Knochenwachstums werden diese Sehnenfasern durch die Osteoblasten der periostalen Zellschicht in die oberflächlichen Lamellen miteinzementiert. Die Kollagenfasern der Sehnen und der oberflächlichen Schicht des Periosts, die in den Knochen miteingebaut werden, nennt man **Sharpey-Fasern** oder *Fibra perforans* (siehe Abbildung 5.4a). Durch diese Einzementierung werden die Sehnenfasern zu einem Teil des Knochens; es entsteht eine so feste Bindung, wie sie anders nicht möglich wäre. Ein extrem starker Zug an einer Sehne oder einem Band führt auch eher zu einem Knochenbruch als zu einem Reißen der Kollagenfasern der Sehne an der Oberfläche des Knochens.

AUFGABEN

1. Welchen Einfluss auf die Stabilität des Knochens hätte eine Steigerung des Kollagenfaseranteils im Verhältnis zu den Kalksalzen (Hydroxylapatit)?
2. Eine Knochenprobe weist konzentrische Lamellen um einen Knochenkanal herum auf. Stammt die Probe aus dem Kortex oder aus der Markhöhle des Knochens?
3. Wenn die Aktivität der Osteoklasten die der Osteoblasten übersteigt, welchen Einfluss hat dies auf die Knochenmasse?
4. Wenn die Osteoprogenitorzellen gezielt durch ein Gift zerstört würden, welcher spätere normale Vorgang wäre damit beeinträchtigt?

AUS DER PRAXIS

Rachitis

Das Hüftgelenk besteht aus dem Femurkopf und einer entsprechenden Pfanne an der Seite des Beckenknochens. Der Femurkopf weist nach medial; das Körpergewicht belastet die mediale Seite der Diaphyse. Da die Belastung neben der Hauptachse des Knochens liegt, neigt er dazu, sich nach lateral zu verbiegen. Die andere Seite des Schaftes, die sich dieser Biegung widersetzt, ist starken Zugkräften ausgesetzt. Bei Krankheiten mit herabgesetztem Kalksalzgehalt des Knochens kommt es tatsächlich zu einer Verbiegung. Die Rachitis entsteht meist bei Kindern mit Vitamin-D-Mangel; dieses Vitamin ist für die normale Absorption von Kalzium und seine Ablagerung im Skelett verantwortlich. Bei der Rachitis sind die Knochen unzureichend mineralisiert und weich. Die Betroffenen entwickeln O-Beine, da sich die Ober- und Unterschenkel unter der Last des Körpergewichts nach außen verbiegen.

Endost

Im Inneren des Knochens kleidet das zellhaltige Endost die Markhöhle aus (**Abbildung 5.4**b). Diese Schicht, die die Osteoprogenitorzellen enthält, bedeckt die Trabekel der Spongiosa und die Innenflächen der Zentralkanäle (Havers-Kanäle). Das Endost ist dann aktiv, wenn der Knochen wächst oder repariert oder umgebaut wird. Es ist meist einschichtig und unvollständig; die Knochenmatrix liegt gelegentlich frei.

5.2 Entwicklung und Wachstum von Knochen

Das Wachstum des Skeletts bestimmt Größe und Proportionierung unseres Körpers. Die Entwicklung des Knochenskeletts beginnt etwa sechs Wochen nach der Befruchtung, wenn der Embryo etwa 12 mm lang ist. (Vor diesem Zeitpunkt bestehen alle vorhandenen Komponenten des Skelettsystems aus Mesenchym oder Knorpel.) Während der nachfolgenden Entwicklung kommt es zu einer gewaltigen Zunahme der Größe. Das Knochenwachstum setzt sich durch die Pubertät hindurch fort; einige Anteile wachsen noch bis zum 25. Lebensjahr weiter. Der gesamte Vorgang wird im Körper engmaschig überwacht; ein Versagen dieser Kontrollmechanismen beeinträchtigt sämtliche Körpersysteme. In diesem Abschnitt besprechen wir den genauen Ablauf der **Osteogenese** (Knochenbildung) und des Knochenwachstums. Im Abschnitt danach werden der Erhalt und der Ersatz der Mineralreserven im Skelett des Erwachsenen behandelt.

Während der Embryonalentwicklung werden Mesenchym und Knorpel durch Knochen ersetzt. Diesen Vorgang nennt man auch **Ossifikation** (Verknöcherung). Mit **Mineralisierung** ist die Ablagerung von Kalksalzen im Gewebe gemeint. Jedes Gewebe kann mineralisiert werden, doch nur die Ossifikation führt zur Entstehung eines Knochens. Es gibt zwei Hauptformen der Ossifikation: Bei der desmalen Ossifikation entwickelt sich der Knochen aus Mesenchym oder faserigem Bindegewebe. Bei der enchondralen Ossifikation ersetzt Knochen ein vorher bestehendes Modell aus Knorpel. Die Röhrenknochen der Extremitäten und andere Knochen, wie etwa die Wirbelkörper, entstehen durch enchondrale Ossifikation. Durch desmale Ossifikation entwickeln sich die Klavikula (Schlüsselbein), die Mandibula (Unterkiefer) und die flachen Knochen von Gesicht und Schädel.

AUS DER PRAXIS

Heterotope Knochenbildung

Heterotope oder ektope (griech.: ectos = außerhalb, nach außen) Knochen sind Knochen, die sich an ungewöhnlichen Stellen bilden. Sie belegen eindrucksvoll die Anpassungsfähigkeit von Bindegewebe. Mesenchymale Stammzellen können sich zu Knochen, Knorpel oder sogar Fett- und Muskelgewebe differenzieren. Physikalische oder chemische Ereignisse können die Entstehung von Osteoblasten in normalem Bindegewebe stimulieren. So bilden sich etwa Sesambeine in den Sehnen dort, wo besondere Reibung und Druck bestehen. Auch in größeren Blutergüssen nach einer Verletzung kann Knochensubstanz entstehen, oder in chronisch überlasteten Bereichen der Dermis (vergleiche das oben genannte Beispiel der Cowboys, die kleine Knochenplatten an den Innenseiten der Oberschenkel ausbildeten). Weitere Stimuli können körperfremde chemische Substanzen oder Erkrankungen sein, die den Kalziumstoffwechsel und die Exkretion beeinträchtigen.

Fast jede Art von Bindegewebe kann betroffen sein. Ossifikationen in Sehnen oder um Gelenke herum können bei Bewegung Schmerzen verursachen. Knochensubstanz kann sich auch in den Nieren, zwischen den Skelettmuskeln, im Perikard, in den Wänden der Arterien und um die Augen herum bilden.

Bei der **Myositis ossificans** lagert sich Knochensubstanz um die Skelettmuskeln an. Leichte Fälle können von einer Muskelverletzung ausgelöst werden. Schwerere Fälle, die genetisch bedingt sind, sind ein dramatisches Beispiel für heterotope Knochenbildung. Wenn es nicht zu einer Rückbildung kommt, werden nach und nach sämtliche Muskeln von Rücken, Nacken und oberen Extremitäten durch Knochensubstanz ersetzt.

5.2.1 Desmale Ossifikation

Die desmale Ossifikation beginnt, wenn sich die Mesenchymzellen im embryonalen oder faserigen Bindegewebe zu Osteoblasten differenzieren. Diese Form der Ossifikation findet normalerweise in den tieferen Schichten der Dermis statt; die daraus resultierenden Knochen nennt man **dermale Knochen** oder Membranknochen. Beispiele für dermale Knochen sind die flachen Schädelknochen *(Os frontale und Os parietale)*, die Mandibula (Unterkiefer) und die Klavikula (Schlüsselbein). Sesambeine bilden sich innerhalb der Sehnen; ein Beispiel hierfür ist die Patella (Kniescheibe). Verknöcherungen von Membranen können auch in anderem Bindegewebe auftreten, wenn es chronischen mechanischen Belastungen ausgesetzt ist. Im 19. Jahrhundert kam es manchmal bei Cowboys durch die Reibung und den Druck des Sattels zur Ausbildung von kleinen Knochenplatten an den Innenseiten der Oberschenkel. Bei einigen Krankheiten, die den Kalziumstoffwechsel und die Exkretion beeinträchtigen, bildet sich dermaler Knochen an vielen Stellen in der Dermis und der tiefen Faszie. Knochen an atypischen Stellen nennt man heterotope Knochen (griech.: heteros = anders; topos = der Ort, die Stelle).

Die intramembranöse Ossifikation beginnt etwa in der achten Woche der Embryonalentwicklung. Die einzelnen Schritte sind in **Abbildung 5.5** dargestellt und lassen sich wie folgt zusammenfassen:

Schritt 1 Im Mesenchym entstehen zahlreiche Blutgefäße; die Mesenchymzellen vergrößern sich und differenzieren sich zu Osteoblasten. Diese sammeln sich in kleinen Grüppchen und beginnen mit der Produktion der organischen Komponenten der Matrix. Die so entstehende Mischung aus Kollagenfasern und Osteoid wird durch die Kristallisation von Kalziumsalzen mineralisiert. Der Ort, an dem die Ossifikation beginnt, nennt man **Ossifikationskern**. Im weiteren Verlauf werden einige Osteoblasten von Knochensubstanz eingeschlossen; sie differenzieren sich zu Osteozyten. Obwohl die Osteozyten durch die sezernierte Matrix getrennt wurden, bleiben sie durch dünne zytoplasmatische Fortsätze und durch den Flüssigkeitssaum miteinander verbunden.

Schritt 2 Der Knochen wächst vom Ossifikationskern nach außen in Form kleiner Streben, der **Spikulae**. Obwohl Osteoblasten im wachsenden Knochen eingeschlossen werden, produzieren die Mesenchymzellen durch Zellteilung immer weiter neue Osteoblasten. Knochenwachstum ist ein aktiver Vorgang; Osteoblasten benötigen Sauerstoff und eine zuverlässige Nährstoffversorgung. Mit der Verzweigung der Blutgefäße und ihrer Einsprossung zwischen die

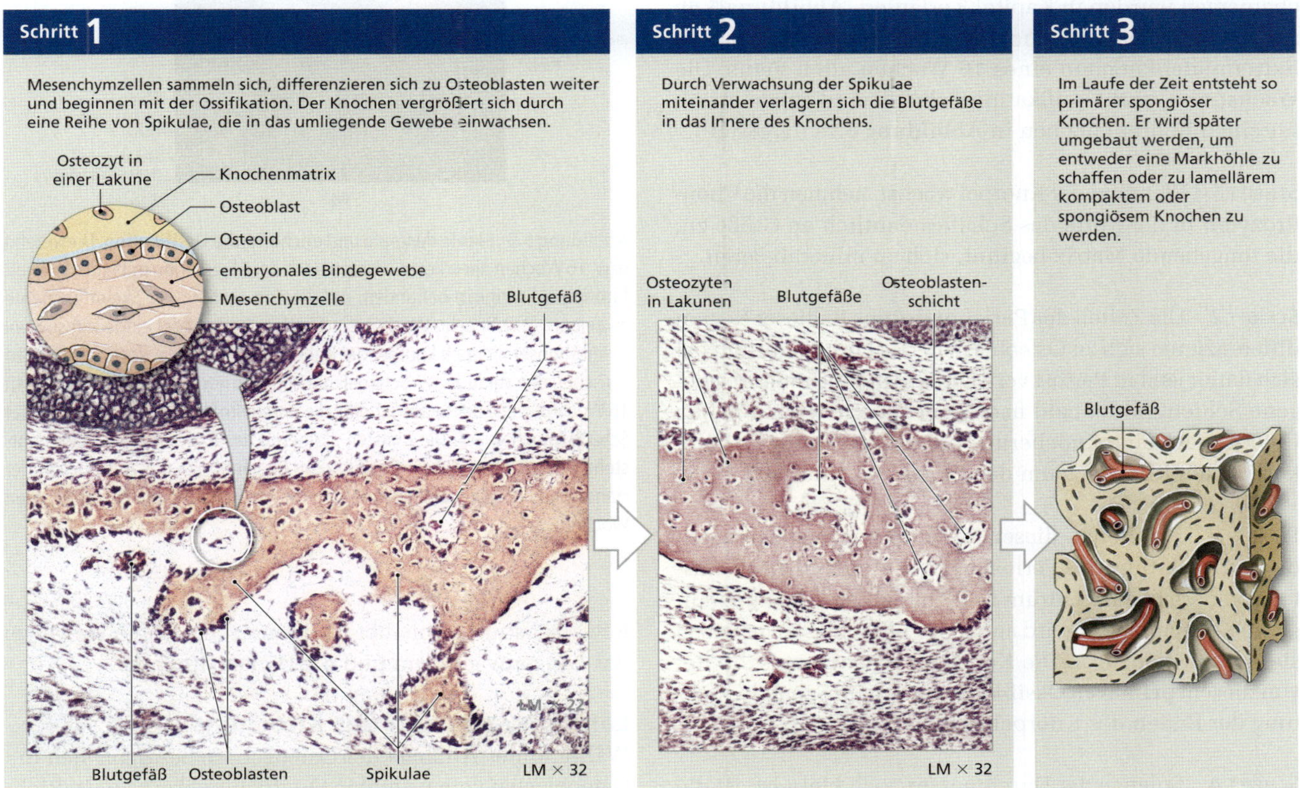

Abbildung 5.5: Histologie der desmalen Ossifikation. Schrittweise Entstehung von Knochen direkt durch Umwandlung von mesenchymalen Zellen in osteoidproduzierende Osteoblasten. Die primäre Spongiosa wird durch weitere Anlagerung schließlich zu Kompakta. Der primäre Geflechtknochen wird anschließend zu Lamellenknochen umgebaut.

Spikulae nimmt auch die Geschwindigkeit des Knochenwachstums zu.

SCHRITT 3 Im Laufe der Zeit bilden sich zahlreiche Ossifikationskerne; der neue Knochen nimmt die Gestalt eines Schwammes an. Es folgt die Ablagerung von Knochensubstanz durch Osteoblasten, die in der Nähe der Blutgefäße liegen. Der anfangs gebildete Geflechtknochen wird durch die Osteoklasten abgebaut. Neue Umbaueinheiten mit Osteoblasten führen zur Entstehung von reifer Kompakta (Lamellenknochen).

Abbildung 5.6a zeigt die Entwicklung der Schädelknochen durch desmale Ossifikation bei einem zehn Wochen alten Fetus.

5.2.2 Enchondrale Ossifikation

Enchondrale Ossifikation (griech.: en = in, innerhalb; chondros = das Korn, der Knorpel) beginnt mit der Bildung eines Modells aus hyalinem Knorpel. Die Entwicklung der Extremitätenknochen ist hierfür ein gutes Beispiel. Wenn der Embryo sechs Wochen alt ist, haben sich die proximalen Knochen der Extremitäten, also der Humerus am Arm und das Femur am Bein, bereits gebildet, doch sie bestehen noch ganz aus Knorpel. Diese Modelle wachsen durch Vergrößerung der Knorpelmatrix (interstitielles Wachstum) und die Anlagerung von neuem Knorpel an der Außenfläche (appositionelles Wachstum). Diese Wachstumsmechanismen wurden in Kapitel 3 erläutert. **Abbildung 5.6**b zeigt das Ausmaß der enchondralen Ossifikation in den Extremitätenknochen eines 16 Wochen alten Fetus. Die Wachstums- und Ossifikationsschritte sind schematisch für einen Röhrenknochen in **Abbildung 5.7**a dargestellt.

SCHRITT 1 Während der Knorpel wächst, nehmen die Chondrozyten in der Mitte des Schaftes deutlich an Größe zu; die umgebende Matrix beginnt, sich zu mineralisieren.

SCHRITT 2 Die Zellen des Perichondriums in dieser Region differenzieren sich zu Osteoblasten. Das Perichondrium hat sich damit jetzt in Periost verwandelt, und die innere osteogene Schicht bildet bald nach dem Prinzip der desmalen Osteogenese eine knöcherne Hülse, eine dünne Schicht kompakten Knochens um den Schaft des Knorpels.

SCHRITT 3 Parallel zu diesen Veränderungen steigert sich die Durchblutung des Periosts; Kapillaren und Osteoblasten wandern in das Zentrum des Knorpels ein. Die mineralisierte Knorpelmatrix wird aufgelöst; Osteoblasten ersetzen sie durch Spongiosa. Die Knochenentwicklung schreitet von diesem **primären Ossifikationskern** im Schaft in Richtung der Enden des Knorpelmodells fort.

SCHRITT 4 Solange der Durchmesser noch klein ist, ist die gesamte Diaphyse mit Spongiosa ausgefüllt, doch im Laufe der weiteren Dickenzunahme erodieren Osteoklasten den mittleren Bereich und schaffen so die Markhöhle. Das weitere Wachstum beinhaltet zwei unterschiedliche Vorgänge: das Längenwachstum und die Dickenzunahme.

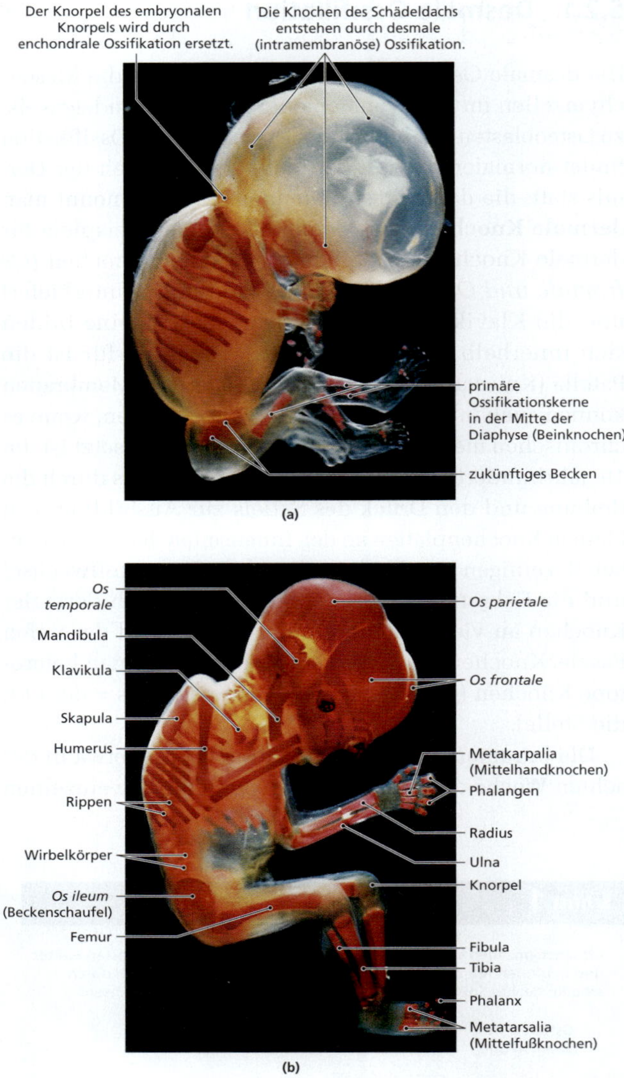

Abbildung 5.6: Fetale desmale und enchondrale Ossifikation. Diese zehn bzw. 16 Wochen alten Feten wurden nach der Mazeration mit einer Spezialfärbung (Alizarinrot) behandelt, um die Entwicklung der Skelettelemente zu zeigen. (a) Mit zehn Wochen sind im fetalen Schädel eindeutig sowohl membranöser als auch knorpeliger Knochen zu erkennen, doch die Grenzen zwischen den zukünftigen Schädelknochen sind noch nicht definiert. (b) Mit 16 Wochen weist der fetale Schädel die unregelmäßigen Begrenzungen der Schädelknochen auf. Die meisten Elemente des Extremitätenskeletts entstehen durch enchondrale Ossifikation. Beachten Sie das Auftauchen der Hand- und Fußgelenkknochen in der 16. Woche im Vergleich zur zehnten Woche.

Längenwachstum des Knochens

Während der Anfänge der Osteogenese bewegen sich die Osteoblasten vom primären Ossifikationskern aus in Richtung der Epiphysen. Es gelingt ihnen jedoch anfangs nicht, das gesamte Modell zu ossifizieren, da der Knorpel der Epiphysen ebenfalls weiter wächst. Der Ort, an dem der

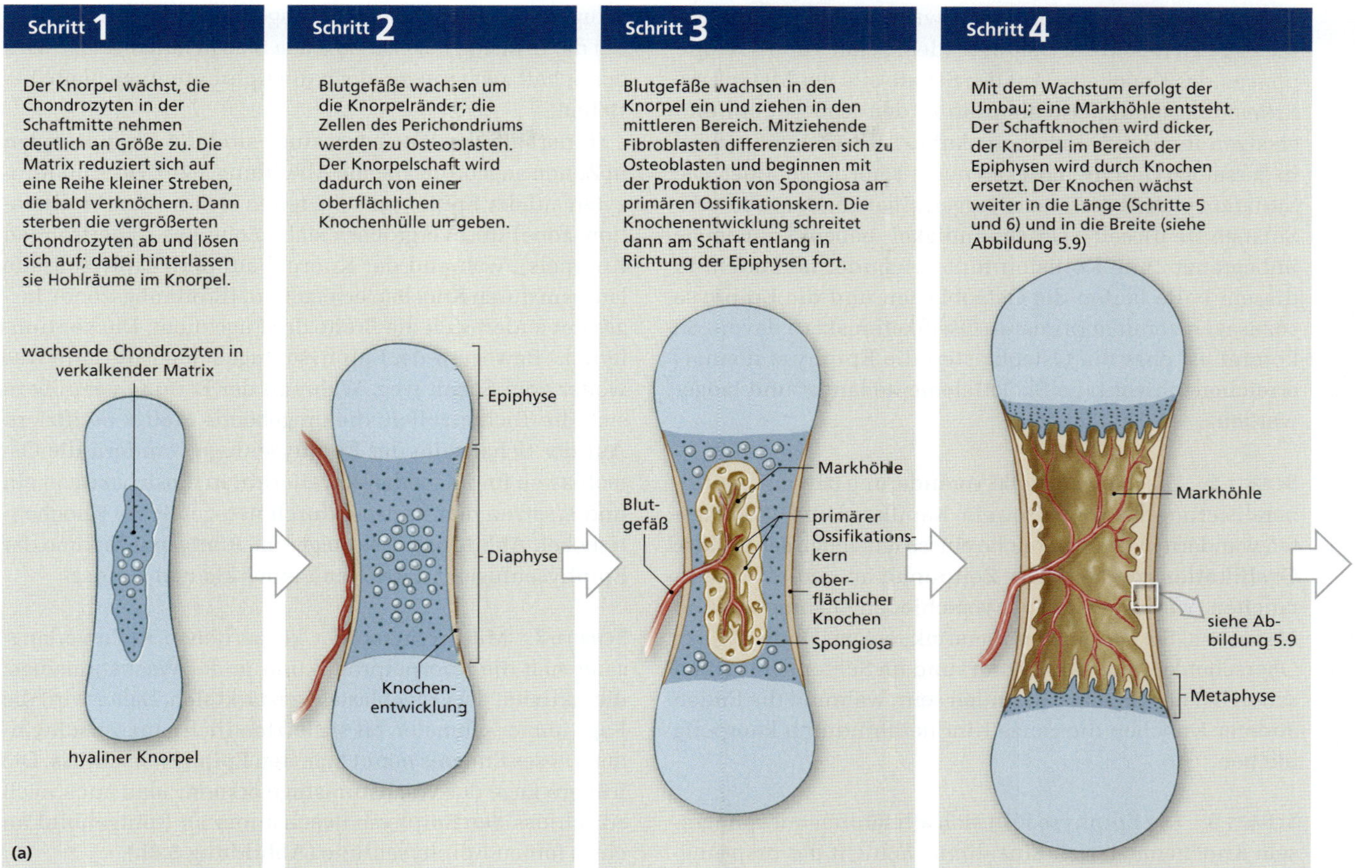

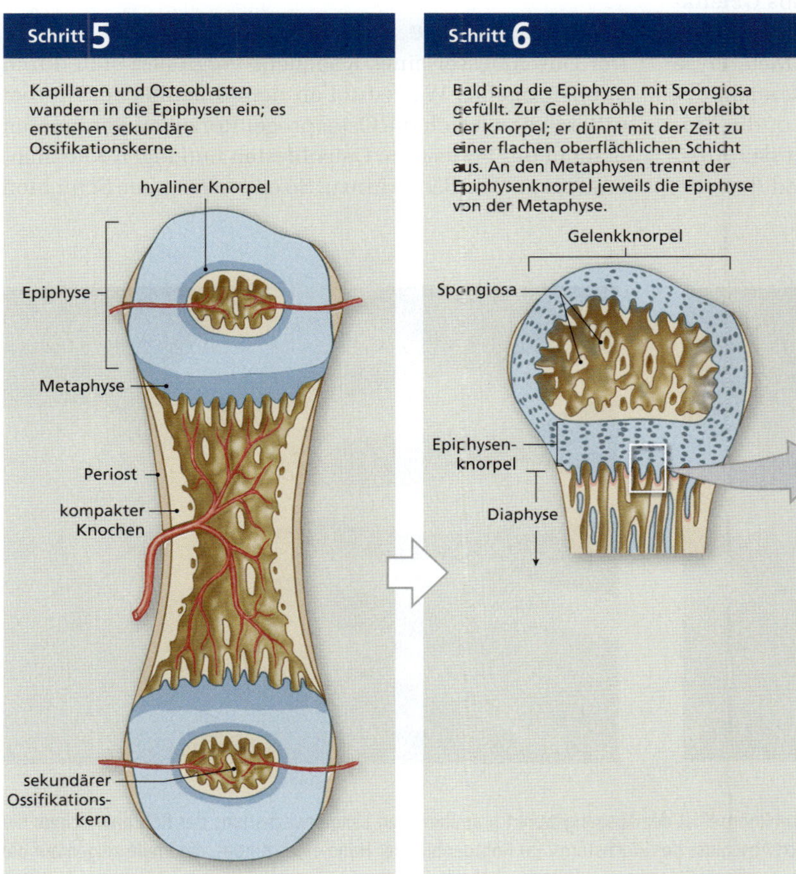

Abbildung 5.7: Schema der Knochenentstehung und der Histologie der Wachstumsfuge (enchondrale Ossifikation). (a) Entstehung eines Röhrenknochens aus einem hyalinen Knorpelmodell.

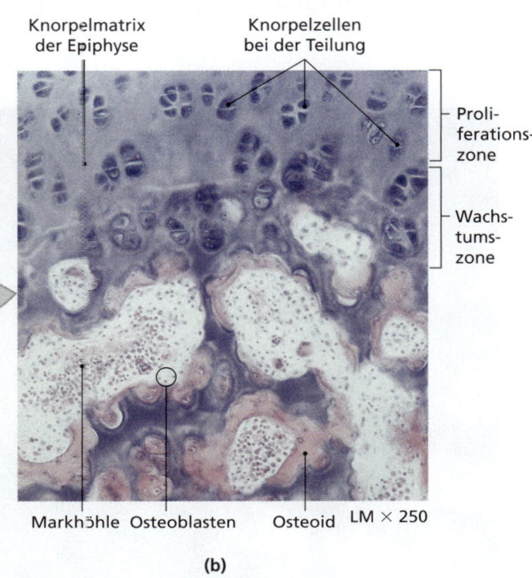

Abbildung 5.7: Schema der Knochenentstehung und der Histologie der Wachstumsfuge (enchondrale Ossifikation) (Fortsetzung). (b) Histologie der Wachstumsfuge mit den vordringenden Osteoblasten (Eröffnungszone).

Knorpel durch Knochen ersetzt wird, ist die Metaphyse, die Fuge zwischen der Diaphyse (dem Schaft) und den Epiphysen des Knochens. Auf der Schaftseite der Metaphyse dringen beständig Osteoblasten in den Knorpel ein und ersetzen ihn durch Knochen. Auf der anderen Seite wird in derselben Geschwindigkeit neuer Knorpel gebildet. Die Situation gleicht der zweier Jogger, einer vor dem anderen. Solange sie dieselbe Geschwindigkeit haben, können sie unbegrenzt ohne Kollision hintereinander herlaufen. In diesem Falle laufen die Osteoblasten und die Epiphyse sozusagen vor dem primären Ossifikationskern davon. So kommt es, dass die Osteoblasten die Epiphyse niemals erreichen, obwohl die Skelettelemente länger und länger werden.

Schritt 5 Die nächste große Veränderung tritt mit der Mineralisierung der Epiphysen ein. Kapillaren und Osteoblasten wandern in diese Bereiche ein; so entstehen **sekundäre Ossifikationszentren**. Der Zeitpunkt, an dem diese auftauchen, variiert zwischen verschiedenen Knochen und Menschen. Sie können im Oberarmknochen (Humerus), im Oberschenkelknochen (Femur) und im Schienbein (Tibia) schon bei der Geburt vorhanden sein, während die Enden anderer Knochen die ganze Kindheit hindurch knorpelig bleiben.

Schritt 6 Die Epiphyse füllt sich allmählich mit spongiösem Knochenmaterial. Eine dünne Schicht des ursprünglichen Knorpels verbleibt in der Gelenkhöhle als **Gelenkknorpel**. Diese Struktur stellt den Kontakt zwischen zwei Knochen im Inneren des Gelenks dar. An der Metaphyse trennt nun ein relativ schmaler knorpeliger Bereich, der Wachstums- oder Epiphysenfuge genannt wird, die Epiphyse von der Diaphyse. **Abbildung 5.7**b zeigt das Areal zwischen dem Knorpel der Wachstumsfuge und den vordringenden Osteoblasten. Solange das Knorpelwachstum mit der Invasion der Osteoblasten Schritt halten kann, wird der Schaft zwar länger, doch die Epiphysenfuge bleibt bestehen.

Innerhalb der Wachstumsfuge sind die Chondrozyten in Zonen angeordnet (siehe Abbildung 5.7b). Die Chondrozyten auf der Epiphysenseite teilen sich weiter (Proliferationszone) und vergrößern sich (Zone des hypertrophen Knorpels), während der Knorpel auf der Diaphysenseite langsam durch Knochen ersetzt wird (Eröffnungszone). Insgesamt ändert sich die Breite der Fuge nicht. Die kontinuierliche Bewegung der Epiphysenfuge schiebt die Epiphyse weiter vom Schaft weg. Während der Reifung vergrößern sich die Tochterzellen; die umgebende Matrix ossifiziert. Auf der Schaftseite der Epiphysenfuge wandern die Osteoblasten und Kapillaren weiterhin in diese Lakunen ein und ersetzen den Knorpel durch neu gebildete Knochentrabekel. **Abbildung 5.8**a zeigt eine Röntgenaufnahme der Epiphysenfugen an der Hand eines kleinen Kindes.

Schritt 7 Mit Erreichen der körperlichen Reife verlangsamt sich die Knorpelproduktion in der Wachstumsfuge; die Aktivität der Osteoblasten verstärkt sich. Daher wird die Fuge immer schmaler, bis sie letztendlich ganz verschwindet. Dieses Ereignis nennt man den **Epiphysenschluss**. Die frühere Lage der Wachstumsfuge erkennt man auch nach Abschluss des Epiphysenwachstums im Röntgenbild an einer feinen Epiphysenlinie (**Abbildung 5.8**b).

Dickenzunahme

Der Durchmesser eines Knochens vergrößert sich durch appositionelles Wachstum an der Außenfläche. Hierbei differenzieren sich die Osteoprogenitorzellen der inneren Schicht des Periosts zu Osteoblasten und fügen Knochenmatrix zur Oberfläche hinzu. So entstehen neue Schichten

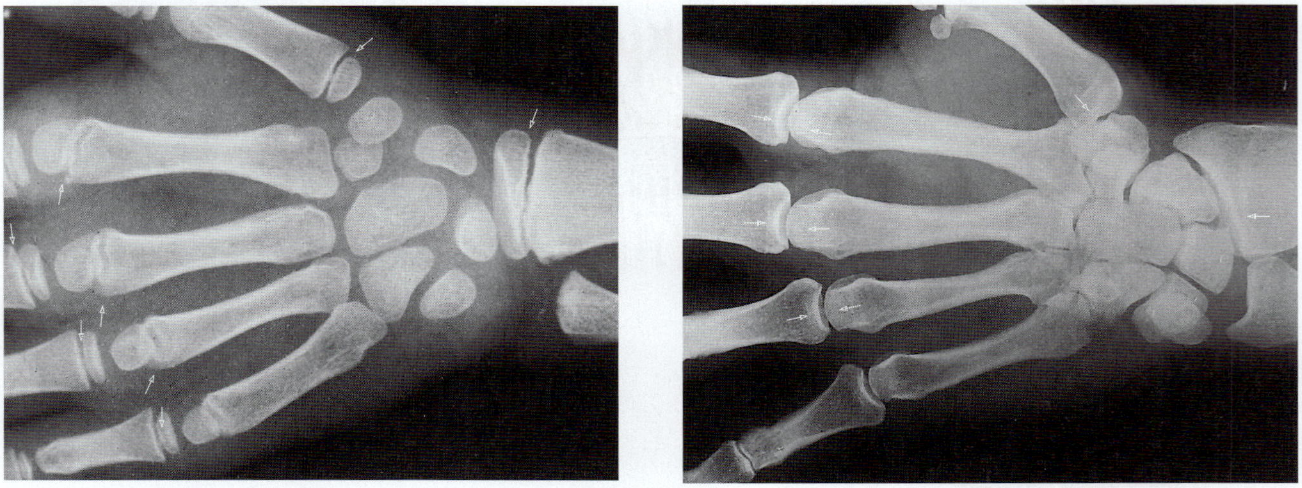

(a) (b)

Abbildung 5.8: Epiphysenknorpel und -linien. Der Epiphysenknorpel ist der Ausgangspunkt präpubertären Längenwachstums der Röhrenknochen; die Linien markieren die ehemalige Lage der Epiphysenfuge nach Abschluss des Wachstums. (a) Röntgenbild der Hand eines Kindes; die Pfeile zeigen auf die Wachstumsfugen. (b) Röntgenbild der Hand eines Erwachsenen; die Pfeile zeigen auf die Epiphysenlinien.

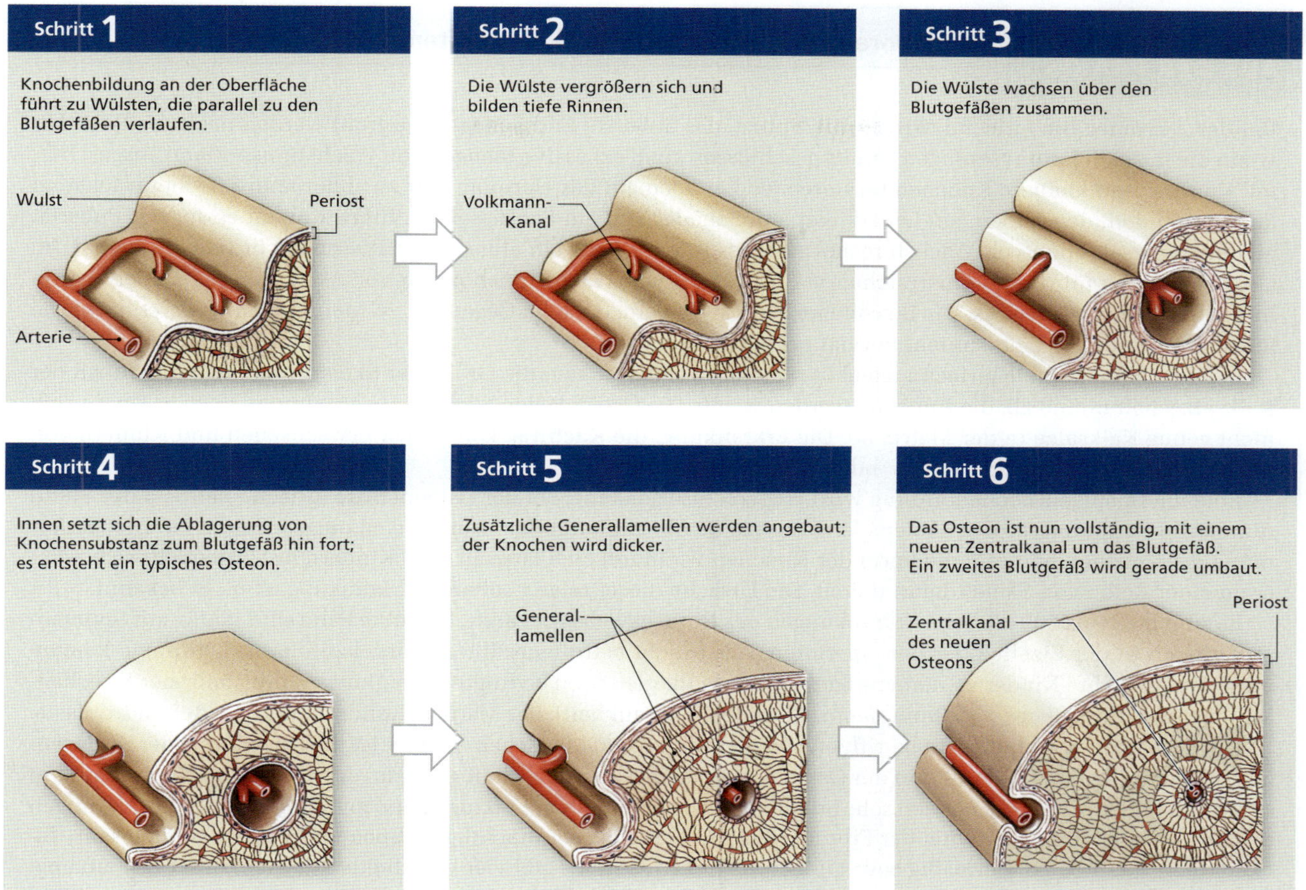

(a) Abfolge appositionellen Knochenwachstums

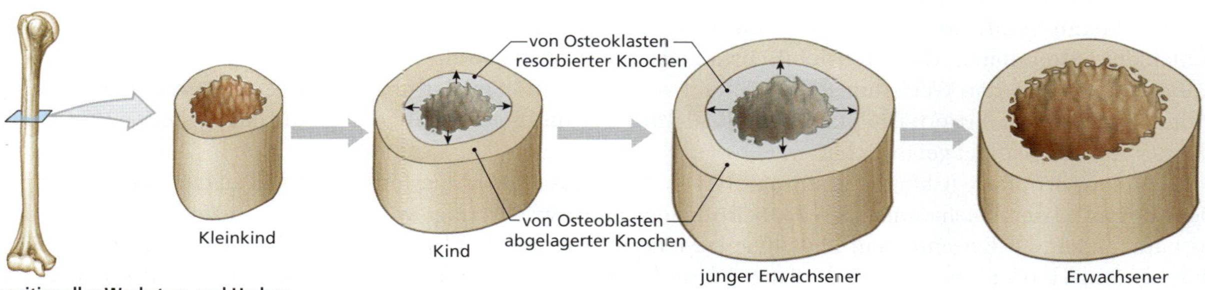

(b) Appositionelles Wachstum und Umbau

Abbildung 5.9: **Appositionelles Knochenwachstum.** (a) Dreidimensionale schematische Darstellung der Mechanismen, die zu einer Dickenzunahme von Knochen führen. (b) Der Durchmesser des Knochens vergrößert sich durch appositionelles Knochenwachstum an der Außenfläche. Gleichzeitig bauen die Osteoklasten innen Knochensubstanz wieder ab und vergrößern so die Markhöhle.

von Geflechtknochen an der Außenfläche der Knochen. Im Laufe der Zeit werden die inneren Lamellen wieder abgebaut und durch die für kompakten Knochen typischen Osteone ersetzt (Lamellenknochen).

Dabei können jedoch Blutgefäße und Kollagenfasern des Periosts von Knochenmatrix eingeschlossen werden. In diesem Falle nimmt das appositionelle Wachstum einen etwas komplexeren Verlauf (**Abbildung 5.9**a).

Schritt 1 Dort, wo Blutgefäße an der Knochenoberfläche entlanglaufen, wird die neugebildete Knochensubstanz parallel zu den Blutgefäßen abgelagert.

Schritt 2 Während sich diese Längswülste vergrößern, wachsen sie aufeinander zu; die Blutgefäße liegen nun in tiefen Rinnen.

Schritt 3 Die beiden Wülste treffen irgendwann aufeinander und fusionieren, sodass ein Knochentunnel entsteht, der das früher an der Oberfläche verlaufende Gefäß enthält.

Schritte 4–6 Der Tunnel ist von Zellen ausgekleidet, die bis Schritt 3 Teile des Periosts waren. Osteoprogenitorzellen in dieser Schicht differenzieren sich jetzt zu Osteoblasten. Diese sezernieren an den Wänden des Tunnels neue

AUS DER PRAXIS

Angeborene Erkrankungen des Skelettsystems

Bei der **Akromegalie** (griech.: akros = die Spitze, das äußerste Ende; megalo- = groß) werden nach der Pubertät, wenn die meisten Epiphysenfugen bereits geschlossen sind, exzessive Mengen von Wachstumshormon ausgeschüttet. Knorpel und kleinere Knochen reagieren jedoch noch auf das Hormon, was zu abnormem Knochenwachstum an den Händen, den Füßen, am Unterkiefer, am Schädel und am Schlüsselbein führt. Kommt es vor der Pubertät zu der Hypersekretion von Wachstumshormon, resultiert daraus ein allgemeiner Riesenwuchs **(Gigantismus)**. Im Gegensatz dazu führt eine unzureichende Produktion von Wachstumshormon vor Abschluss der Pubertät zum **hypophysären Kleinwuchs.** Die Betroffenen sind sehr klein, doch im Gegensatz zu Menschen mit Achondroplasie (Chondrodystrophie; siehe unten) normal proportioniert.

Bei der **Osteomalazie** (griech.: malakos = weich) verändert sich die Größe der Skelettelemente nicht, doch der Kalksalzgehalt nimmt ab; die Knochen werden weich. Die Osteoblasten arbeiten am Maximum, doch es lagern sich nicht genug Kalksalze in der Matrix ab. Die Erkrankung, die **Rachitis**, kommt bei Erwachsenen und Kindern vor, deren Ernährung zu wenig Kalzium oder Vitamin D_3 enthält.

Eine übermäßige Knochenbildung wird Hyperostose genannt. Bei der Osteopetrose (griech.: petros = der Stein) nimmt die Gesamtmasse des Skeletts langsam zu, da die Aktivität der Osteoklasten eingeschränkt ist. Die Umformung der Knochen hört auf; die Form der Knochen verändert sich langsam. Bei Kindern mit Osteopetrose kommt es zu einer Reihe von Skelettdeformitäten. Die Ursache dieser relativ seltenen Erkrankung ist nicht bekannt.

Es sind mehr als 200 erbliche Erkrankungen des Bindegewebes bekannt. Einzelne Fälle sind häufig auf Spontanmutationen in der Eizelle oder den Spermien selbst nicht betroffener Eltern zurückzuführen. Betroffene können die Störung an ihre Kinder weitervererben. Beispiele für genetisch bedingte Erkrankungen mit abnormer Knochenbildung sind die *Osteogenesis imperfecta* (Glasknochenkrankheit), das Marfan-Sysndrom und die Achondroplasie.

Die **Osteogenesis imperfecta** betrifft etwa einen von 20.000 Menschen; hierbei ist die Anordnung der Kollagenfasern beeinträchtigt. Die Funktion der Osteoblasten ist in Mitleidenschaft gezogen, das Wachstum abnorm, und in schweren Fällen sind die Knochen sehr brüchig, was zu zahlreichen Frakturen und zunehmenden Deformierungen der Knochen führt. Die Aktivität der Fibroblasten ist ebenfalls beeinträchtigt; Sehnen und Bänder können sehr „locker" sein, was sich in übermäßig beweglichen Gelenken zeigt. Es gibt vier verschiedene Typen dieser Erkrankung; die Ausprägung der Symptome variiert stark. Die Gesamtzahl der Knochenbrüche kann zwischen nur wenigen und mehreren hundert liegen; in den schlimmsten Fällen sterben die Kinder schon kurz nach ihrer Geburt.

Das **Marfan-Syndrom** steht ebenfalls mit fehlerhaftem Bindegewebe in Zusammenhang. Die sehr langen und schlanken Extremitäten, das offensichtlichste körperliche Merkmal dieser Erkrankung, kommen von exzessiver Knorpelbildung an den Wachstumsfugen. Verantwortlich ist die Störung eines Genes auf Chromosom 15, das das Protein Fibrillin produziert. Die Effekte am Sklelettsystem sind sehr auffällig, doch die dazugehörige Wandschwäche der Arterien ist viel gefährlicher.

Die **Achondroplasie** (Chondrodystrophie) ist ebenfalls das Ergebnis gestörter Aktivität an den Wachstumsfugen. Der Knorpel an den Wachstumsfugen der betroffenen Kinder wächst ungewöhnlich langsam; als Erwachsene haben sie kurze, stämmige Extremitäten. Obwohl außerdem noch andere Fehlbildungen des Skeletts dazukommen, ist der Rumpf normal groß; die sexuelle und geistige Entwicklung ist unbeeinträchtigt. Im Erwachsenenalter spricht man von achondroplastischem Minderwuchs. Die Ursache liegt in der Störung eines Genes auf Chromosom vier, das für einen Wachstumsfaktorrezeptor (FGFR-3) verantwortlich ist. Die meisten Fälle (80 %) beruhen auf Spontanmutationen.

Knochensubstanz; es entstehen konzentrische Lamellen, aus denen sich im Laufe der Zeit ein neues Osteon um das zentrale Blutgefäß herum entwickelt.

Während an der Außenfläche neuer Knochen angebaut wird, lösen die Osteoklasten an der Innenfläche Knochenmatrix auf. So vergrößert sich die Markhöhle, während der Durchmesser des Knochens zunimmt (**Abbildung 5.9**b).

5.2.3 Entstehung der Blut- und Lymphgefäße

Knochengewebe ist sehr gut durchblutet; die Knochen des Skelettsystems sind reichlich mit Blutgefäßen versorgt. In einem typischen Knochen, wie etwa dem Humerus, gibt es vier Gruppen von Blutgefäßen (**Abbildung 5.10**):

- **A. und V. (Vena) nutricia:** Diese Gefäße entstehen bei der Einsprossung von Blutgefäßen in das Knorpelmodell zu Beginn der Ossifikation. Es gibt in der Regel nur eine *A. nutricia* und eine *V. nutricia*, die durch das *Foramen nutricium* in den Knochen gelangen. Einige Knochen, wie das Femur, haben jedoch zwei oder mehr. Diese Gefäße ziehen durch den Schaft in die Markhöhle. Dort teilt sich die *A. nutricia* in einen aufsteigenden und einen absteigenden Ast, die jeweils in Richtung der Epiphysen ziehen. Die Gefäße treten durch perforierende

Kanäle wieder in die Kompakta ein und ziehen durch die Zentralkanäle (Havers-Kanäle), um die Osteone zu versorgen (siehe Abbildung 5.2b).

- **Metaphyseale Gefäße:** Diese Gefäße versorgen die innere (diaphysäre) Fläche der Epiphysenfugen, wo Knorpel durch Knochen ersetzt wird.
- **Epiphyseale Gefäße:** Die Epiphysen langer Röhrenknochen weisen oft zahlreiche kleine Foramina (Öffnungen) auf. Die Gefäße, die durch sie hindurchziehen, versorgen das Knochengewebe und die Markhöhlen der Epiphysen.
- **Periostale Blutgefäße:** Blutgefäße aus dem Periost werden in die wachsende Knochenoberfläche integriert, wie oben beschrieben und in Abbildung 5.9 dargestellt. Sie versorgen die oberflächlichen Osteone des Schaftes. Im Verlauf der enchondralen Knochenbildung sprossen Gefäßzweige in die Epiphysen, wo sie die sekundären Ossifikationskerne versorgen. Im Periost gibt es auch ein dichtes Netzwerk von Lymphgefäßen; viele von ihnen ziehen durch die zahlreichen Kanäle in den Knochen an die einzelnen Osteone.

Nach dem Epiphysenschluss verbinden sich alle drei Gefäßsysteme eng miteinander, wie in Abbildung 5.10 zu sehen.

5.2.1 Innervation des Knochens

Knochen sind mit sensorischen Nerven versorgt; Verletzungen des Skelettsystems können ausgesprochen schmerzhaft sein. Sensorische Nervenendigungen sind hauptsächlich im Bereich des Periosts zu finden.

Faktoren, die das Knochenwachstum beeinflussen 5.3

Ein normales Knochenwachstum erfordert eine Kombination aus Ernährung und hormonellen Faktoren:

- Ohne ständige Zufuhr von ausreichend Kalzium und Phosphat sowie von anderen Ionen, wie Magnesium, Zitrat, Karbonat und Natrium, gibt es kein normales Knochenwachstum.
- Die Vitamine A und C sind für normales Knochenwachstum und Umbauvorgänge essenziell. Sie müssen in der Ernährung vorhanden sein.
- Aus der Gruppe der Steroide spielt **Vitamin D** eine wichtige Rolle im Kalziumstoffwechsel, da es die Absorption und den Transport von Kalzium- und Phosphationen in das Blut stimuliert. Die aktive Form des Vitamin D, das Kalzitriol, wird in den Nieren synthetisiert; für diesen Vorgang ist eine verwandte Substanz, das Cholekalziferol, erforderlich. Es kann aus der Nahrung aufgenommen oder durch UV-Bestrahlung in der Haut synthetisiert werden.

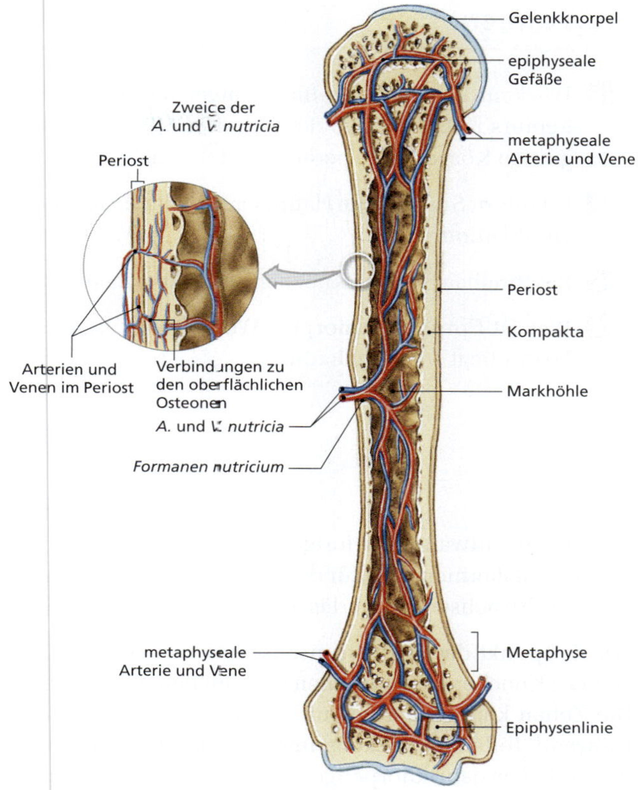

Abbildung 5.10: **Blutversorgung des Knochens.** Anordnung und Verbindungen der Blutgefäße im Humerus.

Hormone steuern die Abläufe des Wachstums, indem sie die Aktivität der Osteoblasten und Osteoklasten regulieren:

- Die Nebenschilddrüse produziert das **Parathormon**, das die Aktivität der Osteoklasten stimuliert, die Absorption von Kalzium aus dem Dünndarm steigert und die Kalziumausscheidung über den Urin vermindert. Die Wirkung von Parathormon erfordert das Vorhandensein von Kalzitriol, einem Hormon, das in den Nieren gebildet wird.
- Die parafollikulären Zellen (auch C-Zellen genannt) in der Schilddrüse von Kindern und schwangeren Frauen sezernieren das Hormon **Kalzitonin**, das die Osteoklasten hemmt und die Kalziumausscheidung im Urin steigert. Die Bedeutung von Kalzitonin beim nicht schwangeren gesunden Erwachsenen ist nicht bekannt.
- Das Wachstumshormon aus der Hirnanhangsdrüse und **Thyroxin** aus der Schilddrüse stimulieren beide das Knochenwachstum. Gut ausbalanciert sorgen diese Hormone bis in die Pubertät hinein für normale Aktivität an der Wachstumsfuge.
- In der Pubertät beschleunigt sich das Knochenwachstum deutlich. Die **Geschlechtshormone** (Östrogen und Testosteron) stimulieren die Osteoblasten, sodass diese schneller Knochen bilden, als der Epiphysenknorpel wachsen kann. So wird die Epiphysenfuge im Laufe der Zeit immer schmaler und verknöchert oder „schließt

AUFGABEN

1. Wie kann man anhand einer Röntgenaufnahme des Femurs feststellen, ob der Betreffende seine endgültige Körpergröße bereits erreicht hat?
2. Erläutern Sie kurz die Hauptschritte der desmalen Ossifikation.
3. Beschreiben Sie, wie Knochen an Dicke zunehmen.
4. Was ist Epiphysenknorpel? Wo befindet er sich? Worin liegt seine Bedeutung?

sich“ irgendwann. Die fortgesetzte Produktion von Geschlechtshormonen ist für den Erhalt der Knochenmasse beim Erwachsenen unerlässlich.

Der Zeitpunkt des Epiphysenschlusses variiert von Knochen zu Knochen und zwischen verschiedenen Menschen. Die Zehen können bereits mit elf Jahren ossifiziert sein, während Teile des Beckens und der Handgelenke noch im 25. Lebensjahr knorpelige Anteile aufweisen können. Für die Unterschiede in Körpergröße und Proportion zwischen Männern und Frauen sind die unterschiedlichen Geschlechtshormone verantwortlich.

5.4 Erhalt, Umstrukturierung und Reparatur von Knochengewebe

Wenn die Osteoblasten mehr Knochenmatrix bilden, als die Osteoklasten abbauen, wächst ein Knochen. Umbau und Reparatur eines Knochens kann zu einer Veränderung der Form oder der inneren Struktur führen oder zu einer Veränderung des Kalksalzgehalts des Skeletts. Beim Erwachsenen sind die Osteozyten ständig damit beschäftigt, die sie umgebenden Kalziumsalze zu entfernen und wieder zu ersetzen. Doch auch die Osteoblasten und die Osteoklasten bleiben lebenslang aktiv, nicht nur in der Wachstumsphase. Bei jungen Erwachsenen halten sich die Aktivität der Osteoblasten und die der Osteoklasten die Waage; Knochensubstanz wird genauso schnell abgebaut, wie sie neu entsteht. Wenn durch die Aktivität der Osteoblasten ein neues Osteon entsteht, wird ein anderes durch die Osteoklasten abgebaut. Der Umsatz ist recht hoch; innerhalb eines Jahres wird etwa ein Zehntel der gesamten Knochenmasse abgebaut und dann neu aufgebaut oder ersetzt. Es ist in der Regel nicht der ganze Knochen betroffen. Es gibt regionale und sogar lokale Unterschiede im Umsatz. So wird etwa die Spongiosa im Femurkopf zwei bis drei Mal im Jahr umgesetzt, während der Femurschaft im Wesentlichen unverändert bleibt. Dieser hohe Umsatz bleibt bis ins Alter bestehen, doch bei älteren Menschen nimmt die Aktivität der Osteoblasten schneller ab als die der Osteoklasten. So übertrifft der Knochenabbau den Aufbau; das Skelett wird zunehmend schwächer.

5.4.1 Umstrukturierung des Knochens

Obwohl Knochen hart und fest ist, kann er als Reaktion auf Umweltbedingungen seine Form verändern. Hierbei wird neuer Knochen angebaut und gleichzeitig vorher gebildeter Knochen entfernt, wie beispielsweise bei einer Zahnkorrektur durch den Kieferorthopäden: Während sich die Zähne, geleitete z. B. durch eine Zahnspange, bewegen, verändert sich die Form der Zahnfächer (Alveolen) durch Resorption bestehender Knochensubstanz und Ablagerung neuen Knochens, passend zur neuen Position der Zähne. Auch führt eine Zunahme von Muskelmasse (wie etwa nach Krafttraining) zu einem Knochenumbau, um dem erhöhten Zug an den Ansatzstellen der Muskeln und Sehnen standzuhalten.

Knochen passen sich an Belastungen an, indem sie den Umsatz und die Wiederverwertung der Mineralien modifizieren. Als Kontrollmechanismus für die innere Organisation und Struktur des Knochens wird direkt die mechanische Beanspruchung diskutiert.

Da Knochen so anpassungsfähig sind, reflektieren ihre Form und die Oberflächenmerkmale die Belastungen, denen sie ausgesetzt sind. Erhebungen und Wülste auf der Oberfläche eines Knochens zeigen die Sehnenansatzstellen an. Nimmt der Muskel an Stärke zu, vergrößern sich auch die dazugehörigen Erhebungen und Wülste, um den erhöhten Belastungen standzuhalten. Stark belastete Knochen werden dicker und stärker, wohingegen Knochen, die nicht den normalen Belastungen ausgesetzt werden, dünn und brüchig werden. Regelmäßige körperliche Bewegung ist daher als Stimulus zum Erhalt der normalen Knochenstruktur sehr wichtig, besonders bei Kindern im Wachstum, bei Frauen nach der Menopause und bei älteren Männern. Schon nach relativ kurzen Phasen der Inaktivität kommt es zu Atrophie im Skelettsystem. Wenn man etwa eine Gehstütze verwendet, während man einen Gips trägt, entlastet man das verletzte Bein. Nach einigen Wochen hat der Knochen bis zu einem Drittel seine Masse verloren. Bei Wiederaufnahme einer normalen Belastung baut er sich jedoch genauso schnell wieder auf.

5.4.2 Verletzung und Reparatur

Trotz seiner mineralischen Stärke können Knochen brechen, wenn sie extremen Lasten, plötzlichen Stößen oder Belastungen aus ungewöhnlichen Richtungen ausgesetzt werden. Es kommt zu einer **Fraktur**. Auch nach schweren Verletzungen gelingt in der Regel die Heilung, vorausgesetzt, die Blutversorgung und ein Großteil von Endost und Periost bleiben erhalten. Die einzelnen Schritte der Frakturheilung sind in **Abbildung 5.11** dargestellt. Letztendlich ist die verheilte Bruchstelle etwas dicker und wahrscheinlich

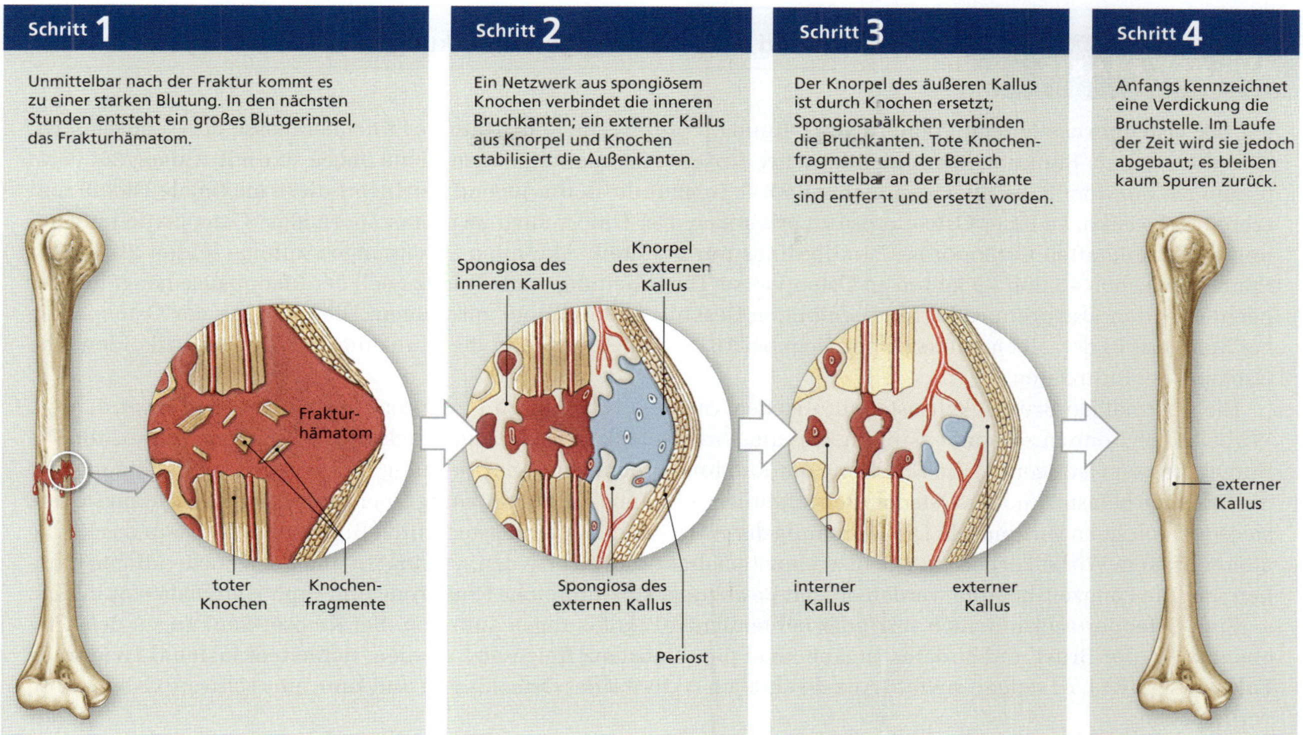

Abbildung 5.11: Frakturheilung. Schrittweiser Ablauf der Reparatur einer Fraktur.

stabiler als der ursprüngliche Knochen; bei erneuter vergleichbarer Belastung entsteht eine zweite Fraktur meist an einer anderen Stelle. Als Besonderheit des Knochengewebes entsteht nach Abschluss der Frakturheilung kein Narbengewebe, sondern Ausgangsgewebe.

5.4.3 Das Altern und das Skelettsystem

Im Rahmen des normalen Alterungsprozesses werden die Knochen des Skelettsystems dünner und im Verhältnis schwächer. Eine unzureichende Ossifikation nennt man **Osteopenie** (griech.: penia = die Armut, der Mangel); jeder wird mit zunehmendem Alter etwas osteopenisch. Zu dieser Reduktion der Knochenmasse kommt es zwischen dem 30. und dem 40. Lebensjahr. In dieser Zeit beginnt die Aktivität der Osteoblasten langsam abzunehmen, die der Osteoklasten jedoch nicht. Von Beginn dieser Reduktion an verlieren Frauen alle zehn Jahre etwa 8 % ihrer Skelettmasse; bei Männern liegt der Verlust bei ca. 3 % pro Dekade. Nicht alle Teile des Skelettsystems sind gleichermaßen betroffen: Epiphysen, Wirbelkörper und die Kieferknochen verlieren überdurchschnittlich viel, was in empfindlichen Extremitäten, einer Reduktion der Körpergröße und dem Verlust von Zähnen resultiert. Ein bedeutender Anteil der älteren Frauen und ein geringerer Anteil älterer Männer leiden an **Osteoporose**. Hierbei ist die Knochenmasse vermindert, und es kommt zu mikrostrukturellen Veränderungen, die die normale Funktion des Knochens beeinträchtigen und die Gefahr von Knochenbrüchen erhöhen (**Abbildung 5.12**).

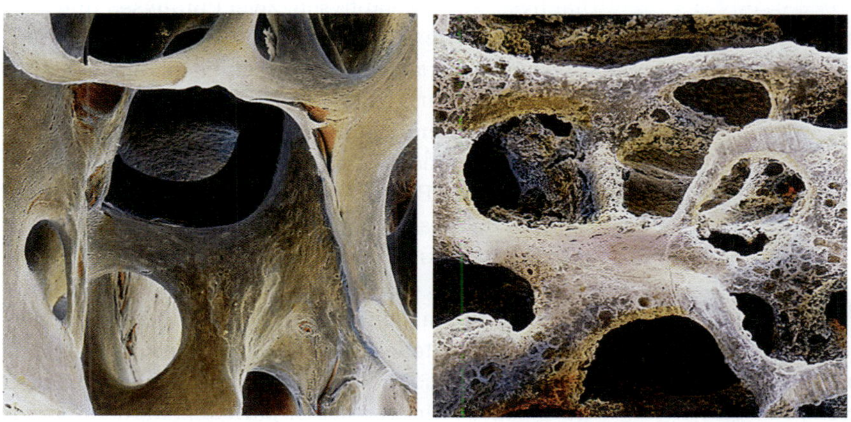

(a) Normale Spongiosa **(b) Spongiosa bei Osteoporose**

Abbildung 5.12: Die Folgen der Osteoporose. (a) Normale Spongiosa eines jungen Erwachsenen (Rasterelektronenmikroskop, 25-fach). (b) Spongiosa bei Osteoporose (Rasterelektronenmikroskop, 21-fach).

AUS DER PRAXIS

Osteoporose und altersabhängige Erkrankungen des Skelettsystems

Bei der **Osteoporose** (griech.: poros = die Öffnung, Pore) ist die Reduktion der Knochenmasse derart ausgeprägt, dass die normale Funktion beeinträchtigt wird. Unsere maximale Knochendichte haben wir mit Anfang 20; dann nimmt sie mit dem Alter ab. Unzureichende Kalziumzufuhr in der Jugend verringert diese maximale Dichte und erhöht das Risiko, an einer Osteoporose zu erkranken. Der Unterschied zwischen „normaler“ Osteopenie im Alter und der krankhaften Osteoporose ist allerdings nur graduell. Aktuellen Schätzungen zufolge leiden 29 % aller Frauen zwischen 45 und 79 Jahren an Osteoporose. Die Erhöhung der Inzidenz nach der Menopause hängt mit der nachlassenden Östrogenproduktion (weibliche Geschlechtshormone) zusammen. Die Inzidenz der Osteoporose bei Männern in derselben Altersgruppe liegt bei 18 %. Außerdem kann die Einnahme von Glukokortikoiden eine Osteoporose induzieren.

Die übermäßige Brüchigkeit osteoporotischer Knochen führt oft zu Frakturen; die Heilung ist beeinträchtigt. Wirbelkörper können zusammensintern, was die Wirbelgelenke belastet und Druck auf die Spinalnerven ausübt. Die Einnahme von Östrogenen, die Erhöhung der Kalziumaufnahme mit der Nahrung und körperliche Betätigung, die die Knochen belastet und die Osteoblasten stimuliert, scheinen die Entwicklung einer Osteoporose zu verlangsamen, sie jedoch nicht zu verhindern. Die Hemmung der Aktivität der Osteoklasten durch Biphosphonate kann das Risiko älterer Frauen, Wirbelkörper- und Oberschenkelhalsfrakturen zu erleiden, verringern und die Knochendichte erhöhen. Für die Langzeittherapie werden derzeit Bewegung, kalziumreiche Ernährung und Biphosphonate empfohlen.

Eine Osteoporose kann auch sekundär bei malignen Erkrankungen auftreten. Bei Krebserkrankungen des Knochenmarks, der Brust und anderer Organe kann eine Substanz freigesetzt werden, der **osteoklastenaktivierende Faktor (RANKL)**. Er steigert sowohl Anzahl als auch Aktivität der Osteoklasten und kann eine schwere Osteoporose verursachen.

Infektionskrankheiten, die das Skelettsystem betreffen, sind in fortgeschrittenem Alter häufiger, was zum Teil mit einer höheren Inzidenz von Frakturen in Verbindung mit verlangsamter Heilung und geschwächter Immunabwehr zu tun hat. Die **Osteomyelitis** (griech.: myelos = das Mark) ist eine schmerzhafte und destruktive bakterielle Infektion des Knochens. Diese Erkrankung ist bei Menschen über 50 Jahren am häufigsten und kann zu gefährlichen systemischen Infektionen führen. Genetische und Umweltfaktoren, einschließlich der eines viralen Infekts, scheinen für den **Morbus Paget** *(Osteitis deformans)* verantwortlich zu sein. Er betrifft bis zu 10 % der über 70-Jährigen. Die Aktivität der Osteoklasten steigt lokal an, was zu lokalisierter akuter Osteoporose führt; die Osteoblasten produzieren abnorme Matrixproteine. Dies hat eine fortschreitende Deformierung des Skeletts zur Folge. Biphosphonate können das Fortschreiten der Erkrankung, wie bei der Osteoporose, verlangsamen, indem sie die Aktivität der Osteoklasten hemmen.

AUFGABEN

1. Würden Sie Unterschiede am Knochen eines Sportlers vor und nach intensivem Krafttraining zur Erhöhung der Muskelmasse erkennen können? Warum oder warum nicht?
2. Welche Vitamine und Hormone steuern das Knochenwachstum?
3. Welchen Hauptunterschied erwarten Sie beim Vergleich des Knochenwachstums zwischen dem Knochen eines 15-Jährigen und dem eines 30-Jährigen?

5.5 Anatomie der Skelettelemente

Das menschliche Skelett enthält 206 Hauptknochen. Anhand ihrer Form teilen wir sie in sechs große Kategorien ein.

5.5.1 Klassifikation der Knochen

Für die Beschreibung der anatomischen Klassifikation verweisen wir auf **Abbildung 5.13**a.

- **Lange Knochen** (auch Röhrenknochen) sind relativ lang und schmal (siehe Abbildung 5.13a). Sie haben eine Diaphyse, zwei Metaphysen, zwei Epiphysen und eine Markhöhle, wie in Abbildung 5.3 dargestellt. Röhrenknochen finden sich in den Extremitäten; Beispiele sind Humerus, Radius, Ulna, Femur, Tibia und Fibula.
- **Flache Knochen** haben dünne, ungefähr parallel verlaufende Oberflächen aus kompaktem Knochen. Die Struktur eines Plattenknochens ähnelt in etwa einem Sandwich; diese Knochen sind stabil, aber relativ leicht. Plattenknochen bilden das Schädeldach (**Abbildung 5.13**b), das Sternum (Brustbein), die Rippen und die Skapula (Schulterblatt). Sie schützen darunterliegende Weichteile und bieten große Ansatzflächen für Skelettmuskeln. Zur Beschreibung der flachen Knochen des Schädels, wie etwa des *Os parietale*, werden spezielle Ausdrücke verwendet: Ihre relativ dicken Schichten

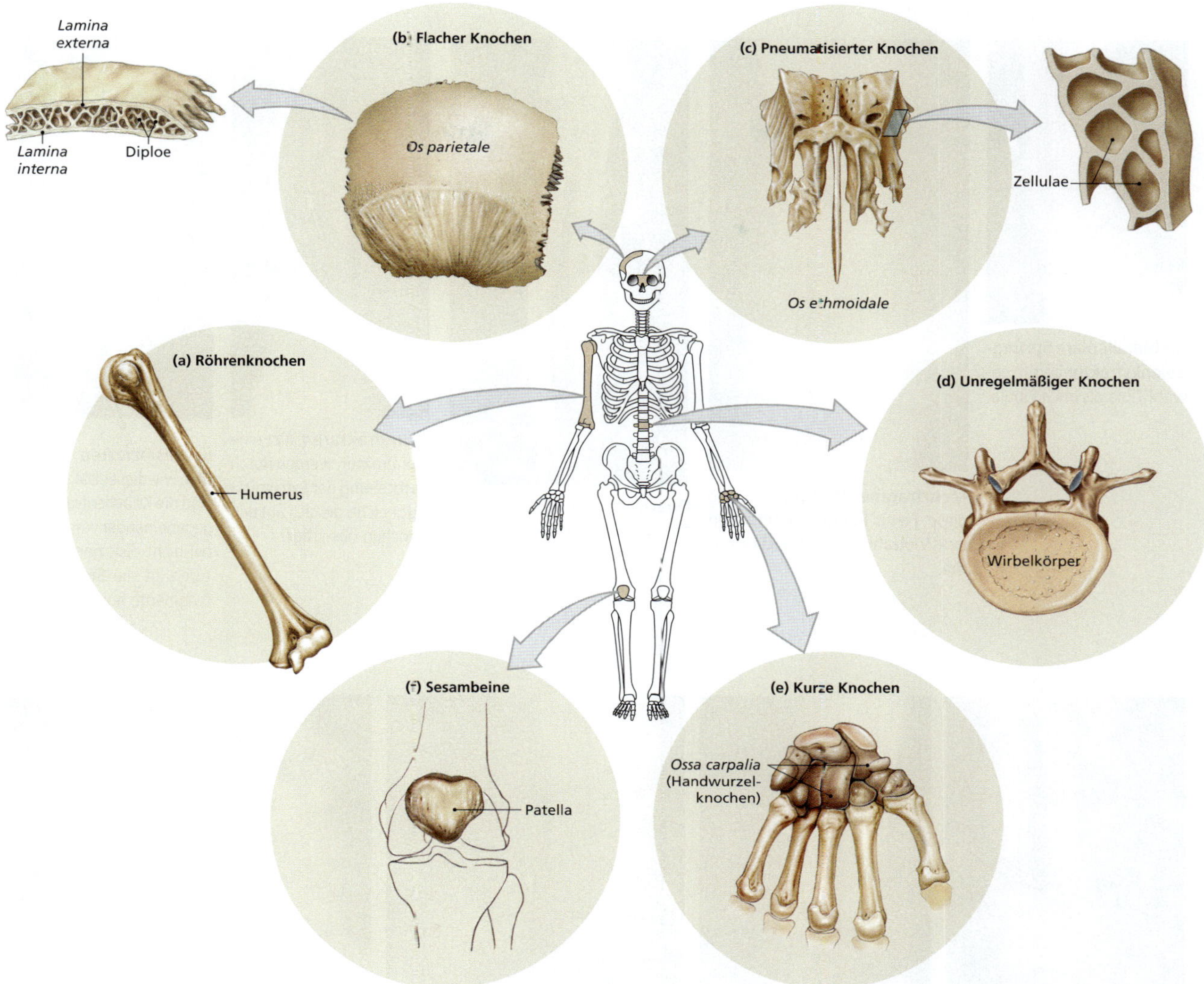

Abbildung 5.13: Knochenformen. Die Klassifikation der Knochen wird anhand ihrer Form durchgeführt. (a) Lange Knochen. (b) Flache Knochen. (c) Pneumatisierte Knochen. (d) Unregelmäßige Knochen. (e) Kurze Knochen. (f) Sesambein.

AUS DER PRAXIS

Klassifikation von Frakturen

Frakturen werden anhand ihrer äußeren Erscheinung, des Ortes der Fraktur und der Art des Risses oder Bruches klassifiziert. Nachfolgend sind die wichtigsten Frakturtypen aufgeführt, jeweils mit einem repräsentativen Röntgenbild. Manche Frakturen fallen in mehrere Kategorien. Eine Colles-Fraktur ist beispielsweise eine Querfraktur, kann aber auch eine Mehrfragmentfraktur sein, die entweder offen oder geschlossen ist. Geschlossene oder einfache Frakturen betreffen nur das Körperinnere; die Haut ist unverletzt. Bei offenen oder komplizierten Frakturen ist die Haut mitverletzt; diese Frakturen sind wegen der Gefahr der Infektion oder der unkontrollierten Blutung gefährlicher.

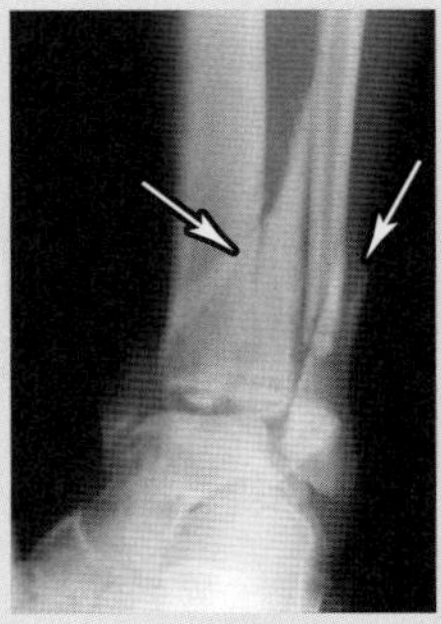

Die **bimalleoläre Sprunggelenksfraktur** betrifft sowohl Tibia als auch Fibula.

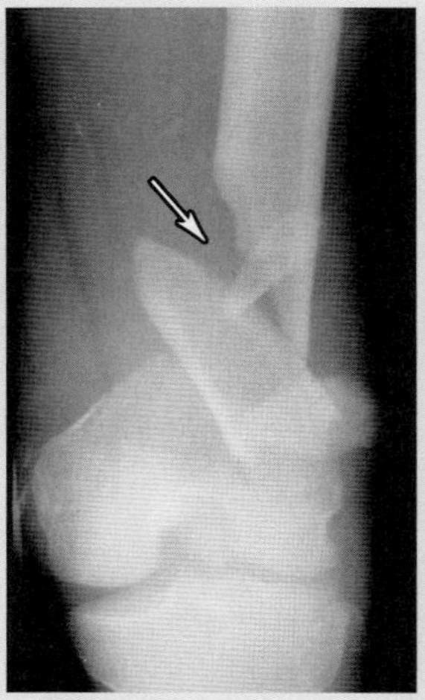

Mehrfragmentfrakturen, wie diese Femurfraktur, hinterlassen eine Vielzahl kleiner Knochenstücke.

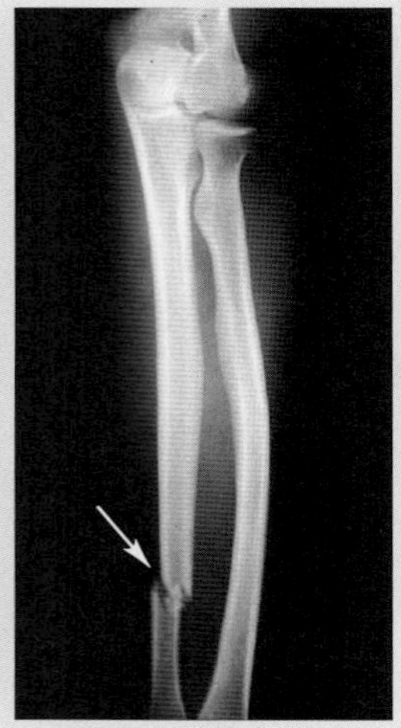

Querfrakturen, wie diese Ulnafraktur, verlaufen quer zur Längsachse des Knochens.

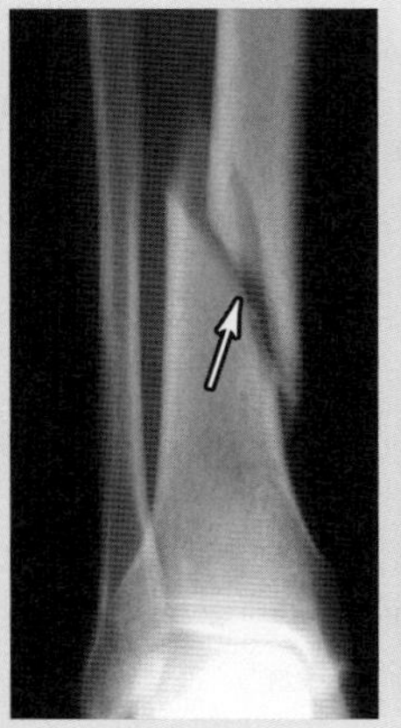

Spiralfrakturen, hier eine Tibiafraktur, werden durch Verdrehung der Extremität verursacht, die sich auf den Knochen überträgt.

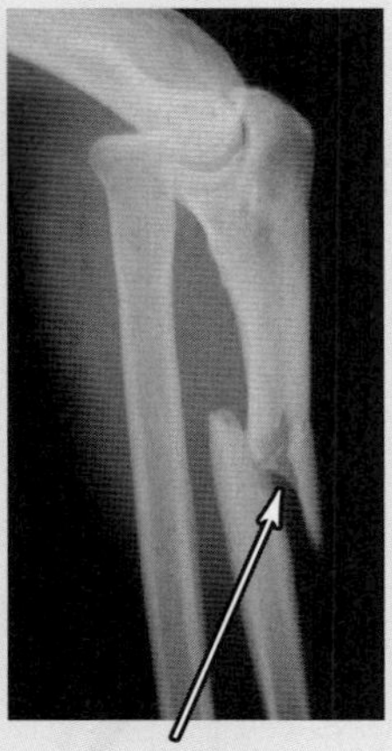

Bei **dislozierten Frakturen**, wie dieser Ulnafraktur, sind die Knochenfragmente gegeneinander verschoben; bei nicht dislozierten Frakturen ist die Stellung der Fragmente normal.

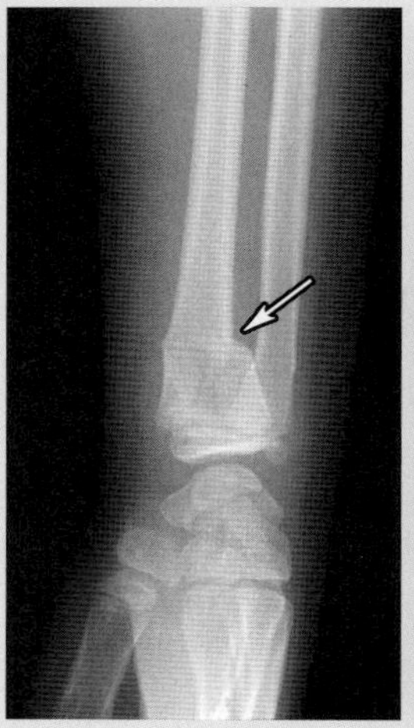

Eine **distale Radiusfraktur**, auch Colles-Fraktur genannt, entsteht typischerweise bei dem Versuch, einen Sturz mit der Hand abzufangen (häufigste Fraktur überhaupt).

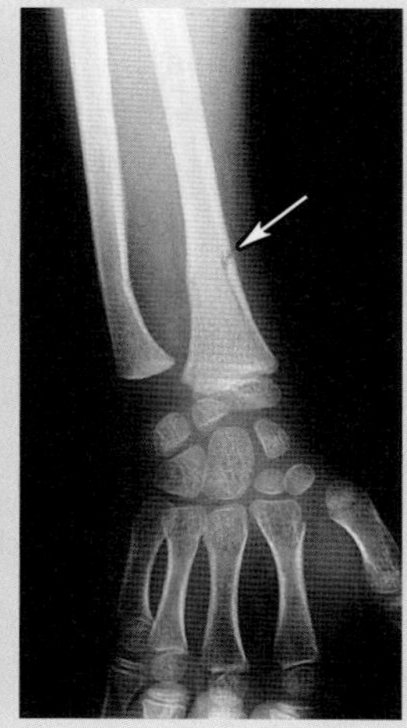

Bei einer **Grünholzfraktur** (hier eine Radiusfraktur) ist nur eine Seite des Schaftes gebrochen; die andere ist lediglich geknickt. Diese Fraktur tritt typischerweise bei Kindern auf, deren Röhrenknochen noch nicht vollständig ossifiziert sind. Grünholzfrakturen können schmerzarm sein, da das Periost mit seinen Schmerzfasern unverletzt bleiben kann, und werden daher leicht verkannt.

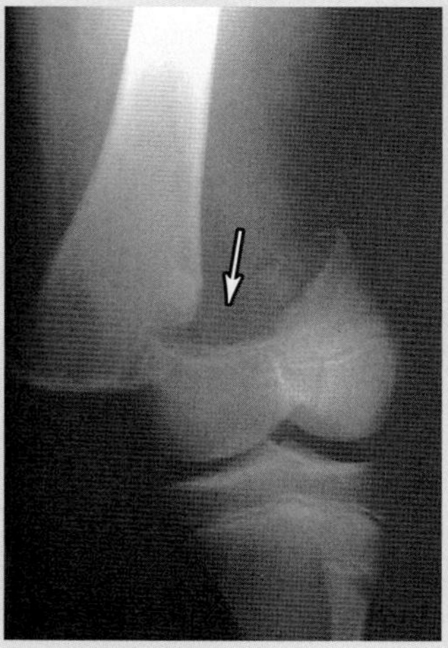

Epiphysenfrakturen, wie diese Femurfraktur, treten gern dort auf, wo die Knochenmatrix gerade mineralisiert wird und die Chondrozyten absterben. Glatte Querfrakturen in diesem Bereich heilen meist gut. Frakturen zwischen der Epiphyse und der Epiphysenfuge können zu einem dauerhaften Wachstumsstopp führen, wenn sie nicht sorgfältig behandelt werden.

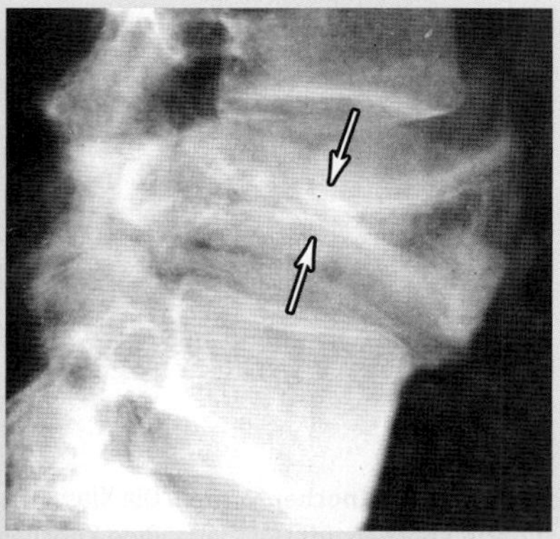

Kompressionsfrakturen der Wirbelkörper treten bei extremen Belastungen auf, wenn Sie etwa bei einem Sturz auf dem Gesäß landen. Sie sind bei osteoporotisch veränderten Knochen häufiger.

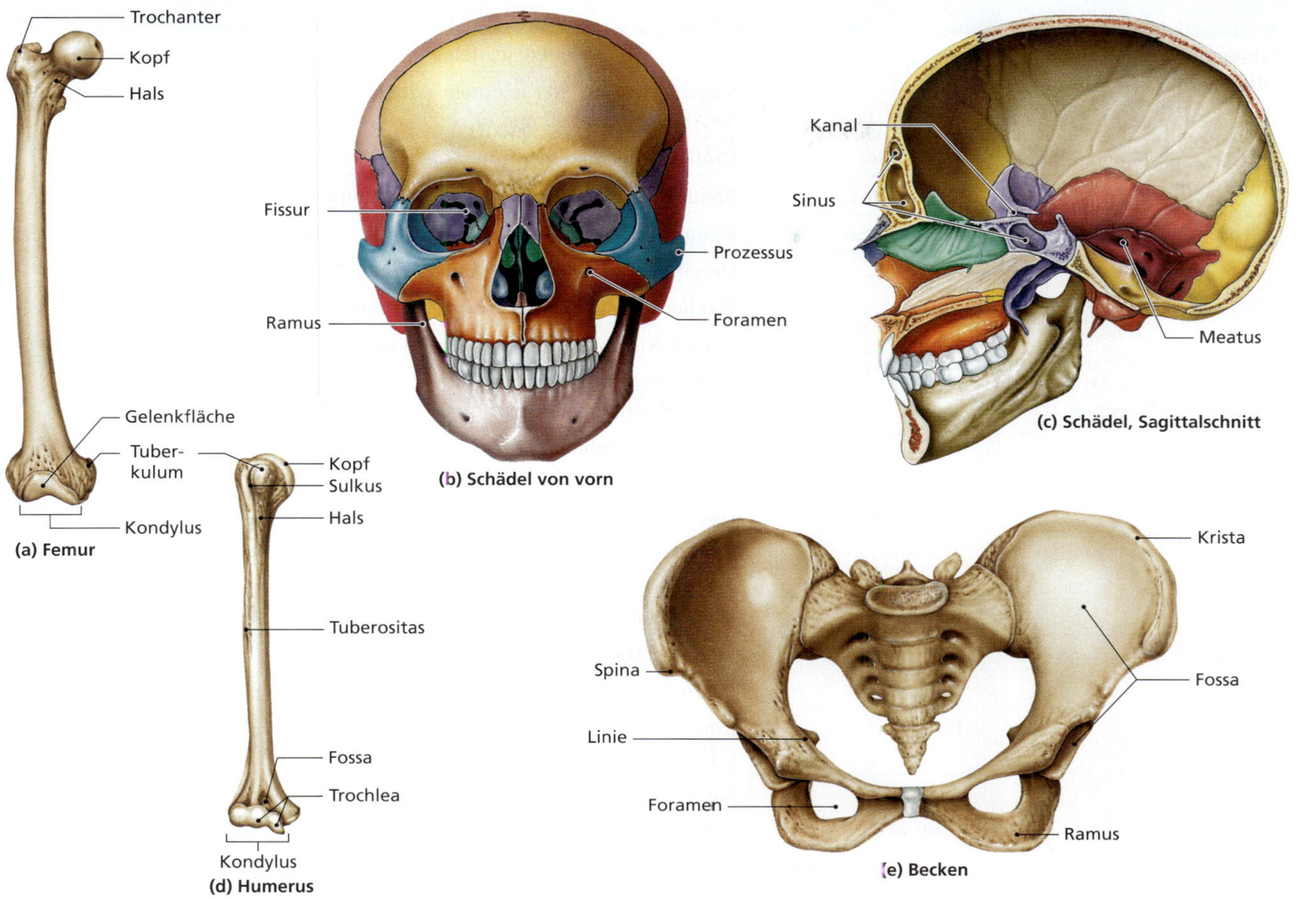

Abbildung 5.14: Beispiele für Oberflächenmerkmale von Knochen. Oberflächenmerkmale sind eindeutige und charakteristische Orientierungspunkte für die Identifikation von Knochen und die dazugehörigen Strukturen.

> **AUFGABEN**
>
> **1** Warum benötigt man in der Klinik Kenntnisse der wichtigsten Oberflächenmerkmale der Knochen?
>
> **2** Was ist der Hauptunterschied zwischen Sesambeinen und unregelmäßigen Knochen?
>
> **3** Wo würden Sie am Skelett nach Knochen mit Suturen suchen?

aus kompaktem Knochen nennt man *Lamina interna* und *externa*, die spongiöse Schicht dazwischen wird als **Diploe** bezeichnet. *Ossa suturalia* sind kleine, unregelmäßig geformte Knochen, die zwischen den flachen Knochen des Schädels in den Nähten (Suturen) liegen. Sie entwickeln sich aus gesonderten Ossifikationskernen und werden den flachen Knochen zugeordnet.

- **Pneumatisierte Knochen** sind hohl oder enthalten zahlreiche Hohlräume, wie das *Os ethmoidale* (**Abbildung 5.13**c).
- **Unregelmäßige Knochen** sind komplex geformt und haben kurze, flache, gedellte oder wulstige Oberflächen (**Abbildung 5.13**d). Ihr innerer Aufbau ist ähnlich vielfältig. Die Wirbelkörper und einige der Schädelknochen sind hierfür Beispiele.
- **Kurze Knochen** sind kastenförmig (**Abbildung 5.13**e). Ihre Außenseite besteht aus kompaktem Knochen, aber innen findet sich Spongiosa. Beispiele sind die *Ossa carpalia* (Handgelenksknochen) und *Ossa tarsalia* (Fußwurzelknochen).
- **Sesambeine** sind meist klein, rund und flach (**Abbildung 5.13**f). Sie entwickeln sich im Inneren von Sehnen und finden sich meist in der Nähe der Gelenke am Knie, den Händen und den Füßen. Die wenigsten Menschen haben Sesambeine an allen theoretisch möglichen Orten, doch jeder hat Kniescheiben (Patellae).

5.5.2 Oberflächenmerkmale

Jeder Knochen im Körper hat eine typische Form und charakteristische äußere und innere Merkmale. Erhebungen oder Fortsätze bilden sich dort, wo Sehnen und Bänder ansetzen, und an Gelenkflächen. Vertiefungen, Furchen

Allgemeine Beschreibung	Anatomischer Begriff	Definition und Beispiel
Erhebungen und Fortsätze (allgemein)	Prozessus	Erhebung oder Höcker jeglicher Art (siehe Abbildung 5.14b)
	Ramus	Knochenfortsatz, der in einem Winkel zum Rest des Knochens steht (siehe Abbildung 5.14b und e)
Fortsätze, an denen Sehnen oder Bänder ansetzen	Trochanter	Großer, rauer Knochenfortsatz (siehe Abbildung 5.14a)
	Tuberositas	Rauer Knochenfortsatz (siehe Abbildung 5.14a)
	Tuberkulum	Kleiner, abgerundeter Knochenfortsatz (siehe Abbildung 5.14a und d)
	Krista	Hervorstehender Knochenkamm (siehe Abbildung 5.14e)
	Linea	Flacher Knochenkamm (siehe Abbildung 5.14e)
	Spina	Spitzer Knochenfortsatz (siehe Abbildung 5.14e)
Fortsätze für die Artikulation mit anderen Knochen	Kopf	Gelenkfortsatz der Epiphysen, oft vom Schaft durch einen schmaleren Hals getrennt (siehe Abbildung 5.14a und d)
	Hals	Schmalere Verbindung zwischen Epiphyse und Diaphyse (siehe Abbildung 5.14a und d)
	Kondylus	Glatter, abgerundeter Gelenkfortsatz (siehe Abbildung 5.14a und d)
	Trochlea	Glatter, abgerundeter Gelenkfortsatz in Rollenform (siehe Abbildung 5.14d)
	Facette	Kleine, flache Gelenkfläche (siehe Abbildung 5.14a)
Vertiefungen	Fossa	Flache Vertiefung (siehe Abbildung 5.14a und d)
	Sulkus	Schmale Furche (siehe Abbildung 5.14d)
Öffnungen	Foramen	Runder Durchgang für Blutgefäße und/oder Nerven (siehe Abbildung 5.14b und e)
	Fissur	Langgezogene Spalte (siehe Abbildung 5.14b)
	Meatus oder Kanal	Durchgang durch Knochensubstanz (siehe Abbildung 5.14c)
	Sinus oder Antrum	Hohlraum innerhalb eines Knochens, meist mit Luft gefüllt (siehe Abbildung 5.14c)

Tabelle 5.1: **Terminologie der Knochenmerkmale.**

und Tunnel zeigen, wo Blutgefäße und Nerven am Knochen entlang laufen oder in ihn eindringen. Die genaue Betrachtung dieser Oberflächenmerkmale kann eine Vielzahl anatomischer Informationen offenbaren. Gerichtsmediziner können oft das Alter, die Körpergröße, das Geschlecht und das allgemeine Erscheinungsbild eines Menschen nur anhand einiger Knochenreste bestimmen. (Dieses Thema wird in Kapitel 6 ausführlicher betrachtet.) Die Terminologie der Oberflächenmerkmale der Knochen ist in Tabelle 5.1 und **Abbildung 5.14** dargestellt.

Wir werden uns im Folgenden auf die prominenten Merkmale konzentrieren, anhand derer Sie die Knochen erkennen können. Sie sind auch bei der Lagebestimmung der Weichteile anderer Systeme nützlich. Zur Beschreibung der verschiedenen Erhebungen und Vertiefungen kommen spezifische anatomische Begriffe zur Anwendung.

5.5.3 Zusammenspiel mit anderen Systemen

Obwohl Knochen inert wirken, sollten Sie jetzt verstanden haben, dass es sich um recht dynamische Strukturen handelt. Das gesamte Skelettsystem ist eng mit anderen Systemen verbunden. Knochen sind an der Muskulatur befestigt, reichlich mit dem Herz-Kreislauf- und dem lymphatische System verbunden und weitgehend unter Kontrolle des endokrinen Systems. Das Verdauungssystem und die Ausscheidungsorgane spielen eine wichtige Rolle beim Knochenwachstum; sie stellen dazu Kalzium und Phosphate zur Verfügung. Im Gegenzug stellt das Skelettsystem eine große Reserve an Kalzium, Phosphat und anderen Ionen dar, die entsprechende Mängel in der Ernährung ausgleichen kann.

DEFINITIONEN

Achondroplasie (Chondrodystrophie): Krankheitsbild aufgrund abnormer Regulation in den Wachstumsfugen. Der epiphysäre Knorpel wächst ungewöhnlich langsam. Die Betroffenen haben kurze, stämmige Extremitäten. Knochen mit desmaler Osteogenese sind bei ihnen normal groß; die sexuelle und die geistige Entwicklung bleiben unbeeinträchtigt.

Akromegalie: Krankheitsbild aufgrund exzessiver Ausschüttung von Wachstumshormon nach der Pubertät und dem Epiphysenschluss. Es kommt zu Deformierungen des Skelettsystems; besonders sind die Knorpel und die kleinen Knochen am Gesicht sowie an den Händen und Füßen betroffen.

Externer Kallus: Schicht verfestigten Bindegewebes, das die Bruchstelle eines Knochens außen umgibt und stabilisiert. Er kann bindegewebig, knorpelig oder knöchern sein.

Fraktur: Riss oder Bruch eines Knochens

Frakturhämatom: großes Blutgerinnsel, das verletzte Blutgefäße verschließt und ein Fibrinnetzwerk im beschädigten Bereich errichtet

Gigantismus: übermäßige Körpergröße aufgrund einer Überproduktion von Wachstumshormon vor der Pubertät

Hyperostose: übermäßige Bildung von Knochengewebe

Interner Kallus: Knochen-, Knorpel- oder Bindegewebestrukturen, die auf der Markseite der Fraktur liegen

Marfan-Syndrom: Genetisch bedingte fehlerhafte Produktion eines Glykoproteins im Bindegewebe. Typischerweise sind die Betroffenen sehr groß und haben lange, schlanke Extremitäten.

Osteoklastenaktivierender Faktor (RANKL): Substanz, die unter anderem von malignen Tumoren des Knochenmarks, der Brust und anderen Geweben abgegeben wird; sie verursacht schwere Osteoporose.

Osteogenesis imperfecta (Glasknochenkrankheit): Genetisch bedingte Erkrankung mit fehlerhafter Anordnung der Kollagenfasern. Die Funktion der Osteoblasten und das Längenwachstum sind beeinträchtigt; die Knochen sind sehr brüchig, was zu fortschreitenden Deformierungen des Skeletts und häufigen Frakturen führt.

Osteomalazie: Erweichung der Knochen aufgrund verminderter Kalksalzeinlagerung

Osteomyelitis: schmerzhafte, meist bakterielle Infektion des Knochens

Osteopenie: Verminderung von Knochenmasse und -dichte (meist altersbedingt)

Osteopetrose: Krankheitsbild, bei dem die Aktivität der Osteoklasten vermindert ist; die Knochenmasse ist erhöht, und es kommt zu Skelettdeformierungen.

Osteoporose: Diese Krankheit ist durch die Reduktion der Knochendichte charakterisiert. Typischerweise nimmt insbesondere die Zahl der Längstrabekel in der Spongiosa ab. Besonders betroffen sind Femurhals und Wirbelkörper. Die resultierende Verminderung der Knochenmasse ist ausgeprägt genug, um die normale Funktion zu beeinträchtigen.

Morbus Paget (*Osteitis deformans*): Erkrankung mit fortschreitender Deformierung des Skeletts

Hypophysärer Minderwuchs: Form des Minderwuchses, der durch unzureichende Zufuhr von Wachstumshormon verursacht wird

Rachitis: Erkrankung, die zu einer Verringerung des Kalksalzgehalts im Knochen führt, oft mit den charakteristischen „O-Beinen". Typischerweise führt ein Mangel von Vitamin D zur Rachitis.

Zusammenfassung

Die Antworten auf die Fragen der Aufgaben und der Zusammenfassung finden Sie im Antwortteil.

Wiederholung von Fakten und Begriffen

1 Welche Zellen sind in der Lage, sich zu teilen und damit neue Osteoblasten zu bilden?
a. Osteozyten
b. Osteoprogenitorzellen
c. Osteoblasten
d. Osteoklasten

2 Spongiosa besteht
a. aus Osteonen.
b. aus Streben und Platten.
c. aus konzentrischen Lamellen.
d. nur aus Spikulae.

3 Die grundlegende Funktionseinheit des reifen kompakten Knochens ist
a. das Osteon.
b. der Kanalikulus.
c. die Lamelle.
d. der Zentralkanal.

4 Die enchondrale Ossifikation beginnt mit der Bildung
a. eines Modells aus Faserknorpel.
b. eines Modells aus hyalinem Knorpel.
c. eines Modells aus Membranen.
d. eines mineralisierten Modells.

5 Bei Zunahme der Produktion von Geschlechtshormonen
a. verlangsamt sich die Knochenproduktion.
b. beschleunigt sich die Knochenproduktion deutlich.
c. steigert sich die Knochenproduktion langsam.
d. bleibt die Knochenproduktion unbeeinträchtigt.

6 Eine Linie an der Epiphyse bedeutet,
a. dass das Wachstum der Epiphyse beendet ist.
b. dass das Wachstum der Epiphyse gerade begonnen hat.

c. dass das Wachstum des Knochendurchmessers gerade begonnen hat.
d. dass an dieser Stelle ein Knochenbruch vorliegt.

7 Die im Alter grundsätzlich auftretende unzureichende Ossifikation nennt man
a. Osteopenie.
b. Osteomyelitis.
c. Osteitis.
d. Osteoporose.

8 Die Dickenzunahme eines Knochens geschieht durch
a. appositionelles Wachstum an der Außenfläche.
b. interstitielles Wachstum in der Matrix.
c. lamelläres Wachstum.
d. Havers-Wachstum.

9 Das Sternum ist ein
a. flacher Knochen.
b. langer Knochen.
c. unregelmäßiger Knochen.
d. Sesambein.

10 Einen kleinen rauen Knochenvorsprung nennt man
a. Ramus.
b. Tuberositas.
c. Trochanter.
d. Spina.

Wiederholung von Lernzielen

1 Welchen Einfluss hätte es auf die mechanischen Eigenschaften eines Knochens, wenn man die Menge der organischen Bestandteile im Verhältnis zu der der anorganischen Bestandteile verringern würde?
a. Der Knochen wäre weniger flexibel.
b. Der Knochen wäre stärker.
c. Der Knochen wäre brüchiger.
d. Der Knochen wäre flexibler.

2 Ein vorzeitiger Epiphysenschluss könnte verursacht werden durch
a. erhöhte Ausschüttung von Geschlechtshormonen.
b. hohe Vitamin-D-Spiegel.
c. zu wenig Parathormon.
d. zu viel Wachstumshormon.

3 Welche Faktoren bestimmen die Art der Ossifikation in einem Knochen?

4 Welche Vorgänge zeigen das Ende des Längenwachstums an einem Röhrenknochen an?

5 Welches sind die Vorteile von spongiösem Knochen gegenüber kompaktem Knochen an den Epiphysen von Röhrenknochen?

6 Wie vergrößert ein Knochen seinen Durchmesser?

7 Warum kommt es im Bereich einer verheilten Fraktur bei erneuter vergleichbarer Belastung eher nicht zu einer erneuten Fraktur?

8 Inwiefern beeinträchtigt eine schlechte Ernährung („Junk Food") die Knochenheilung nach einer Fraktur?

9 Wodurch unterscheidet sich ein Sesambein von einem Knochen mit Suturen?

10 Stellen Sie Ossifikation und Mineralisierung einander gegenüber.

Anwendung der Lerninhalte

1 Ein kleines Kind fällt vom Fahrrad und bricht sich den Arm. Der Bruch steht anatomisch korrekt und heilt gut. Nach Entfernung des Gipses zeigt sich zunächst eine knöcherne Auftreibung im Bereich der Fraktur. Sie verschwindet nach einigen Monaten; der Arm wirkt wieder ganz normal. Was ist während des Heilungsprozesses geschehen?

2 Die meisten kleinen Kinder, die sich den Arm oder das Bein brechen, erleiden dabei Grünholzfrakturen. Dieser Frakturtyp ist bei Erwachsenen sehr selten. Erläutern Sie die Gründe für diesen Unterschied.

3 Im Alter brechen Knochen leichter, oft bei ganz alltäglichen Bewegungen, wie einer Drehung oder schnellem Aufstehen von einem Stuhl. Warum treten diese Frakturen bei älteren Menschen so häufig auf? Die Aktivität welcher Knochenzellen ist hierbei von Bedeutung? Was kann man tun, um die Situation zu verbessern?

Eine Kurzzusammenfassung der wichtigsten Inhalte, sowie die Antworten zu den Fragen und weitere Arbeitsmaterialien finden sie auf unserer Companion Website unter:
www.pearson-studium.de/login

Lernziele

1. Die Knochen des Achsenskeletts und ihre Funktionen benennen können.
2. Die Knochen des Schädels benennen und die Bedeutung der verschiedenen Oberflächenmerkmale erläutern können.
3. Die wichtigsten Schädelnähte finden und beschreiben können
4. Den Aufbau der Nase und die Funktion der einzelnen Elemente beschreiben können.
5. Die weiteren Knochen, die zum Schädel gehören, und ihre Funktionen beschreiben können.
6. Die strukturellen Unterschiede zwischen den Schädeln von Säuglingen, Kindern und Erwachsenen erläutern können.
7. Den allgemeinen Aufbau der Wirbelsäule beschreiben können.
8. Die verschiedenen Krümmungen der Wirbelsäule benennen und ihren Sinn erklären können.
9. Die einzelnen Anteile eines repräsentativen Wirbels erläutern können.
10. Die verschiedenen Abschnitte der Wirbelsäule benennen und die strukturellen und funktionellen Unterschiede zwischen den Wirbeln erläutern können.
11. Die Merkmale einer typischen Rippe beschreiben können und den Unterschied zwischen einer echten und einer falschen Rippe verstehen.
12. Die Bedeutung der Gelenke der Brustwirbel, der Rippen und des Sternums erklären können.

Das Skelettsystem

Das Achsenskelett

6

ÜBERBLICK

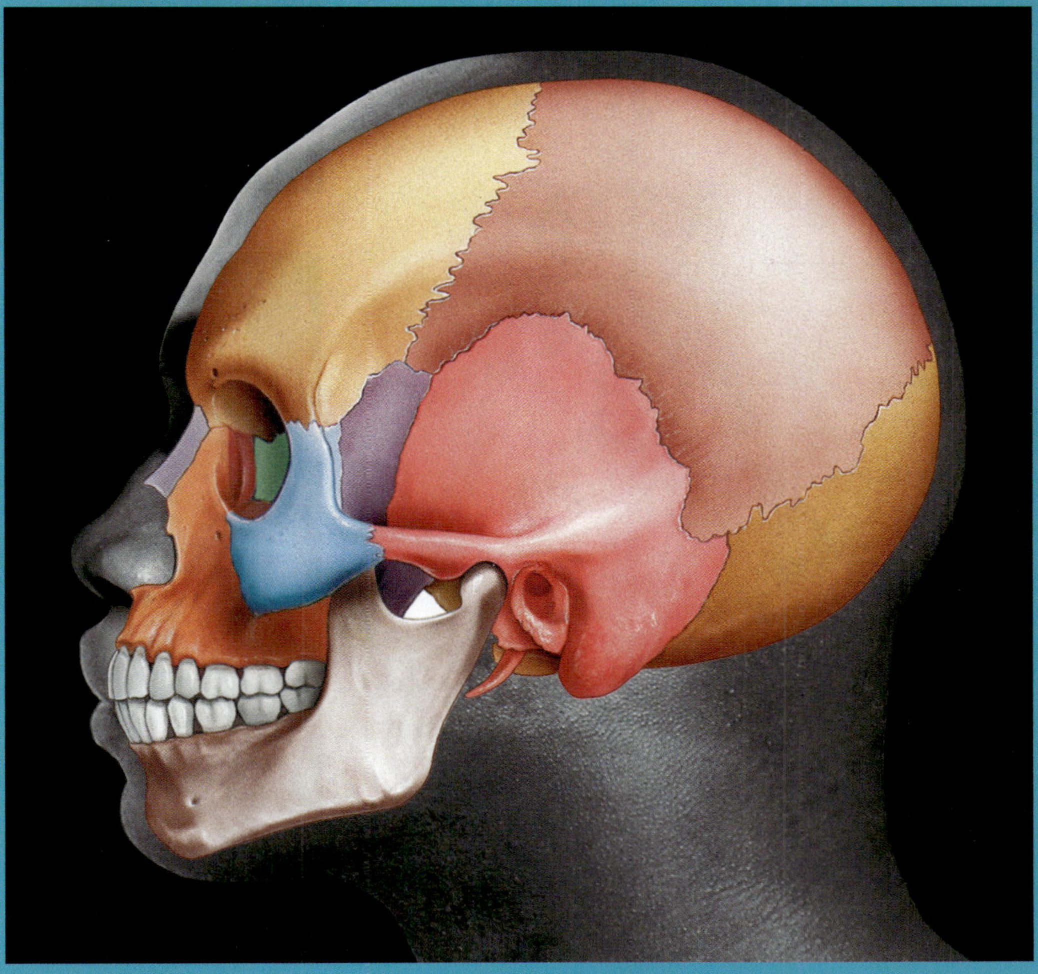

Die grundlegenden Merkmale des menschlichen Skeletts haben sich im Laufe der Evolution entwickelt, doch da sich keine zwei Menschen bezüglich Alter, Ernährung, Bewegung und Hormonspiegeln genau gleichen, sind die Knochen jedes Menschen einzigartig. Wie in Kapitel 5 besprochen, werden die Knochen ständig umgebaut und umgeformt. Im Laufe Ihres Lebens verändert sich Ihr Skelett; das betrifft die Veränderungen der Proportionen in der Pubertät und die langsam zunehmende Osteopenie im Alter. In diesem Kapitel werden weitere Beispiele für die Dynamik des menschlichen Skeletts vorgestellt, wie etwa die Veränderungen der Form der Wirbelsäule beim Übergang vom Krabbeln zum Laufen.

Das Skelettsystem teilt man in das Achsen- und das Extremitätenskelett ein; das Achsenskelett ist in **Abbildung 6.1** in gelb und blau dargestellt. Das Skelettsystem besteht aus 206 Knochen und den dazugehörigen Knorpelstrukturen. Zum **Achsenskelett** gehören die Knochen des Schädels, des Thorax und der Wirbelsäule. Diese Elemente bilden die Längsachse des Körpers. Es sind 80 Knochen, etwa 40 % der Gesamtanzahl. Im Einzelnen sind dies:

- der **Schädel** (22 Knochen)
- zum Schädel zugehörige Knochen (sechs Gehörknöchelchen und ein *Os hyoideum*)
- die **Wirbelsäule** (24 Wirbel, ein *Os sacrum* [Kreuzbein] und ein *Os coccygeum* [Steißbein])
- der **Brustkorb** (24 Rippen und ein Sternum [Brustbein])

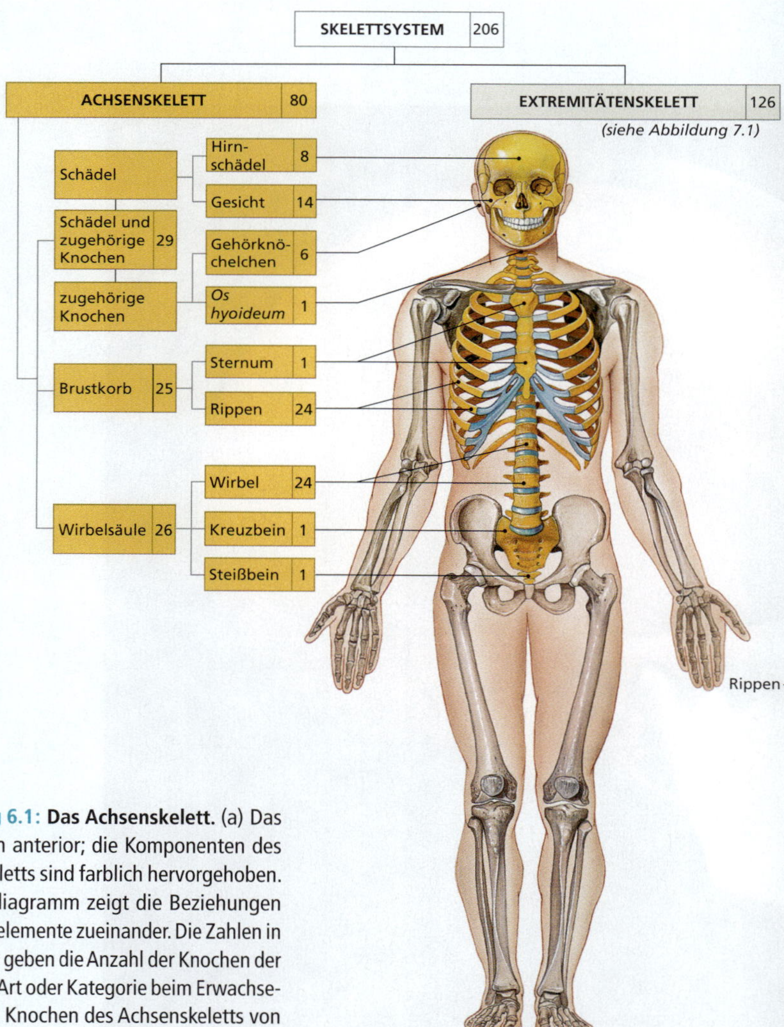

(a) Skelettsystem, Achsenskelett farblich hervorgehoben

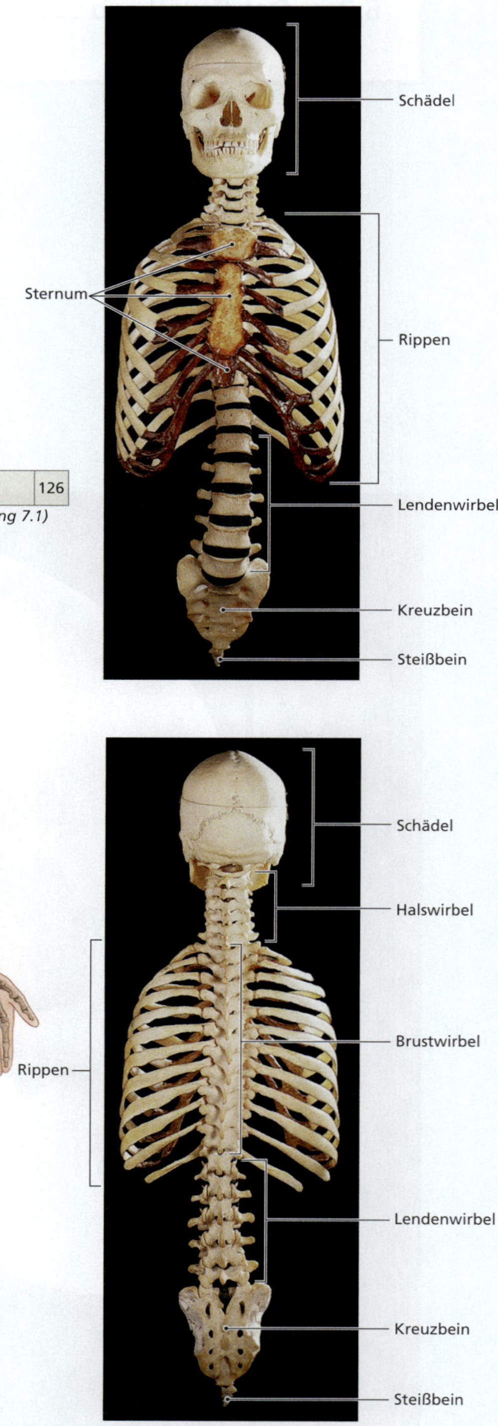

(b) Achsenskelett

Abbildung 6.1: Das Achsenskelett. (a) Das Skelett von anterior; die Komponenten des Achsenskeletts sind farblich hervorgehoben. Das Flussdiagramm zeigt die Beziehungen der Skelettelemente zueinander. Die Zahlen in den Kästen geben die Anzahl der Knochen der jeweiligen Art oder Kategorie beim Erwachsenen an. (b) Knochen des Achsenskeletts von anterior (oben) und posterior (unten).

Das Achsenskelett dient als Gerüst, das die Organe der ventralen Leibeshöhlen stützt und schützt. In ihm sind besondere Sinnesorgane für Geschmack, Geruch, Gleichgewicht und das Sehen untergebracht. Außerdem bietet es große Ansatzflächen für die Muskeln, die 1. die Positionen von Kopf, Hals und Rumpf steuern, 2. die Atmung durchführen und 3. das Achsenskelett stabilisieren und bewegen. Die Gelenke des Achsenskeletts haben zwar nur ein geringes Bewegungsausmaß, doch sie sind sehr stabil und oft fest mit Bändern verstärkt. Schließlich enthalten einige der Knochen des Achsenskeletts, wie Teile der Wirbel, des Sternums und der Rippen, rotes Knochenmark für die Blutbildung, wie auch die Röhrenknochen des Extremitätenskeletts.

In diesem Kapitel wird der strukturelle Aufbau des Achsenskeletts vorgestellt; wir beginnen mit dem Schädel. Bevor Sie weiterlesen, sollten Sie noch einmal die Richtungs- und anatomischen Bezeichnungen in den Tabellen 1.1 und 1.2 und die Fachbegriffe in Tabelle 5.1 wiederholen.

Die restlichen 126 Knochen gehören zum **Extremitätenskelett**. Hierzu zählen die Knochen der Extremitäten sowie die Knochen des Schultergürtels und des Beckengürtels, mit dem die Extremitäten am Rumpf befestigt sind. Das Extremitätenskelett wird in Kapitel 7 besprochen.

Der Schädel und die dazugehörigen Knochen 6.1

Der Schädel besteht aus 22 Knochen; acht bilden das Neurokranium (Hirnschädel), 14 das Viszerokranium (Gesichtsschädel) (**Abbildung 6.2** bis **Abbildung 6.5**).

Das **Neurokranium** umgibt und schützt das Gehirn. Es besteht aus dem *Os occipitale*, den *Ossa parietalia*, dem *Os frontale*, den *Ossa temporalia*, dem *Os sphenoidale* und dem *Os ethmoidale*. Diese Knochen umgeben die Schädelhöhle, einen flüssigkeitsgefüllten Raum, der das Gehirn abpolstert und stützt. An der Innenseite des Hirnschädels sind Blutgefäße, Nerven und Membranen befestigt, die die Position des Gehirns stabilisieren. Die Außenfläche bietet große Ansatzflächen für die Muskeln, die die Augen, den Kiefer und den ganzen Kopf bewegen. Ein spezielles Gelenk zwischen dem *Os occipitale* und dem ersten Halswirbel stabilisiert die Position von Kopf und Halswirbelsäule und ermöglicht gleichzeitig ein beachtliches Bewegungsausmaß des Kopfes.

Die **Gesichtsknochen** stützen und schützen die Eingänge zum Verdauungstrakt und zu den Atemwegen. Die oberflächlichen Gesichtsknochen – *Os maxillare*,

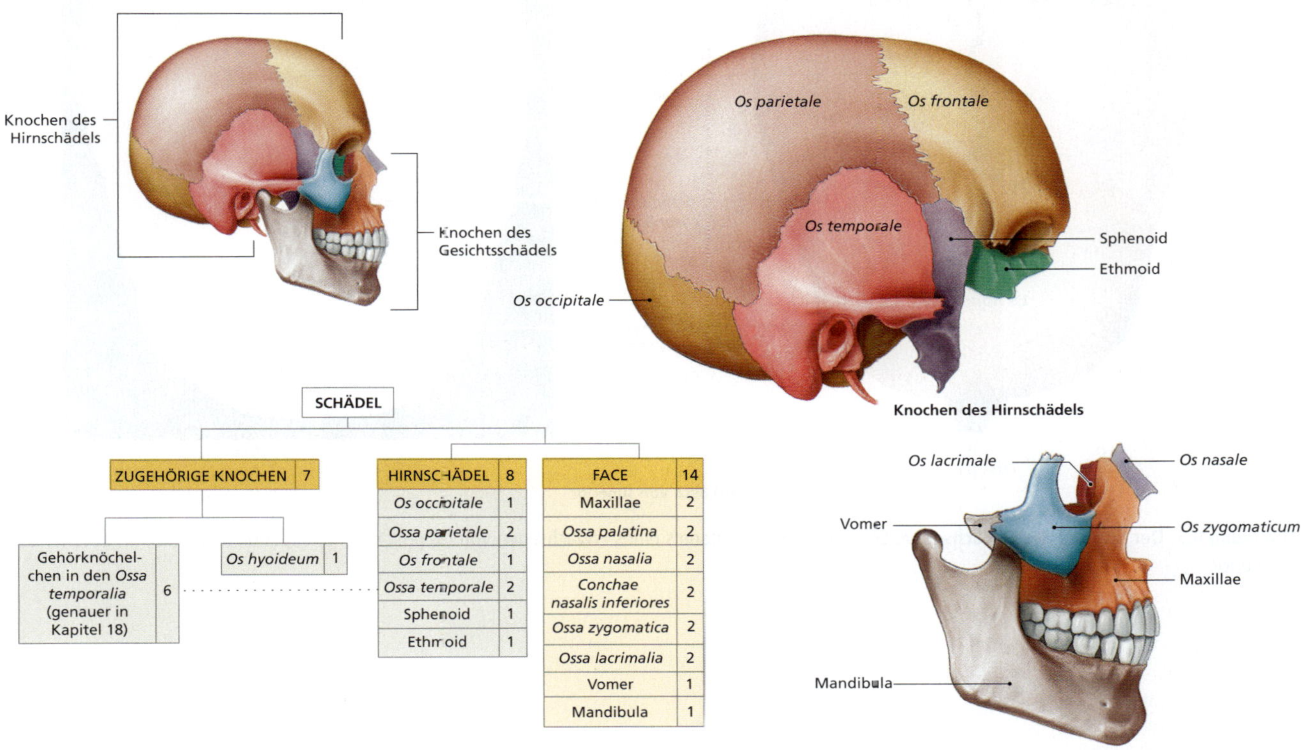

Abbildung 6.2: Neurokranium und Viszerokranium des Schädels. Der Schädel wird unterteilt in das Neurokranium und das Viszerokranium. Die Ossa palatina und die Conchae nasales inferiores sind aus diesem Blickwinkel nicht zu sehen. Die sieben dem Schädel zugeordneten Knochen sind nicht abgebildet. Die Zahlen in den Kästen geben die Anzahl der Knochen der jeweiligen Art oder Kategorie beim Erwachsenen an.

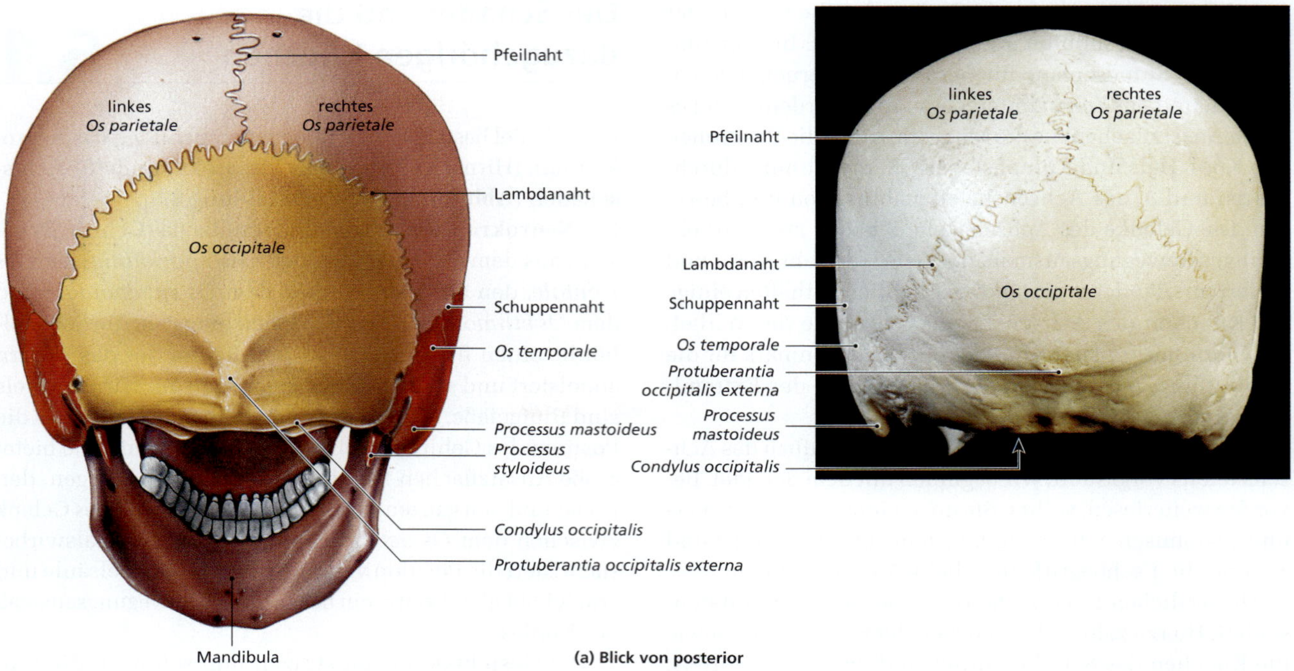

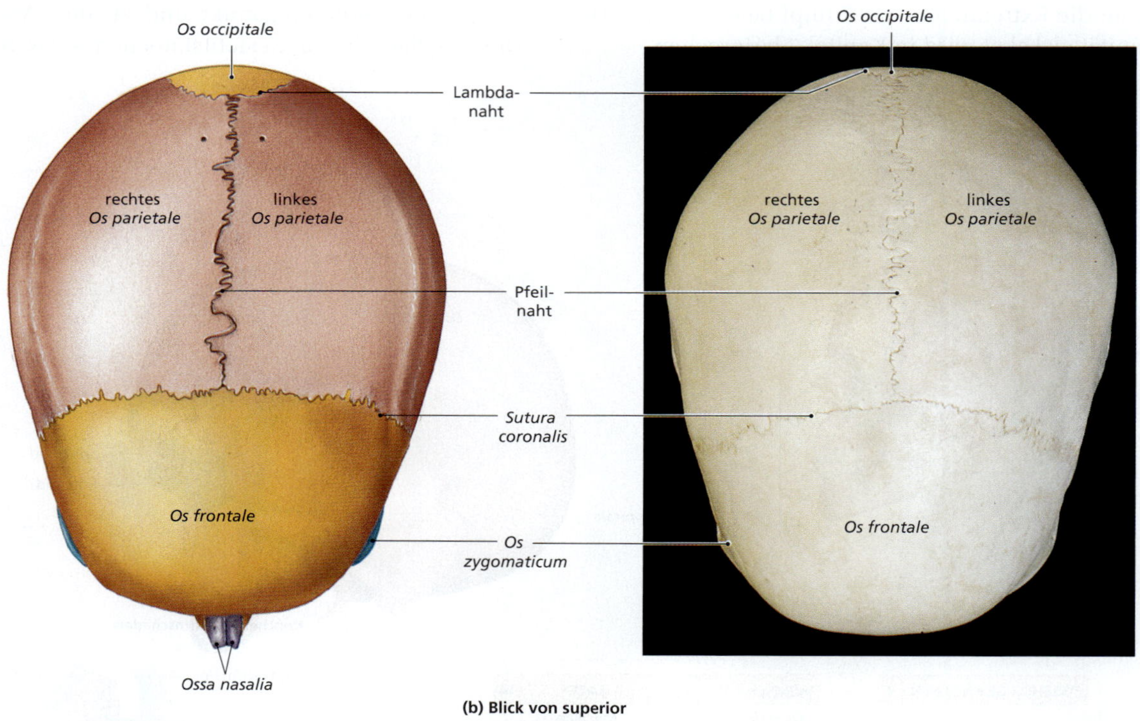

Abbildung 6.3: Der Schädel des Erwachsenen. Die Knochen des Schädels eines Erwachsenen von (a) posterior, (b) superior, (c) lateral, (d) anterior und (e) inferior.

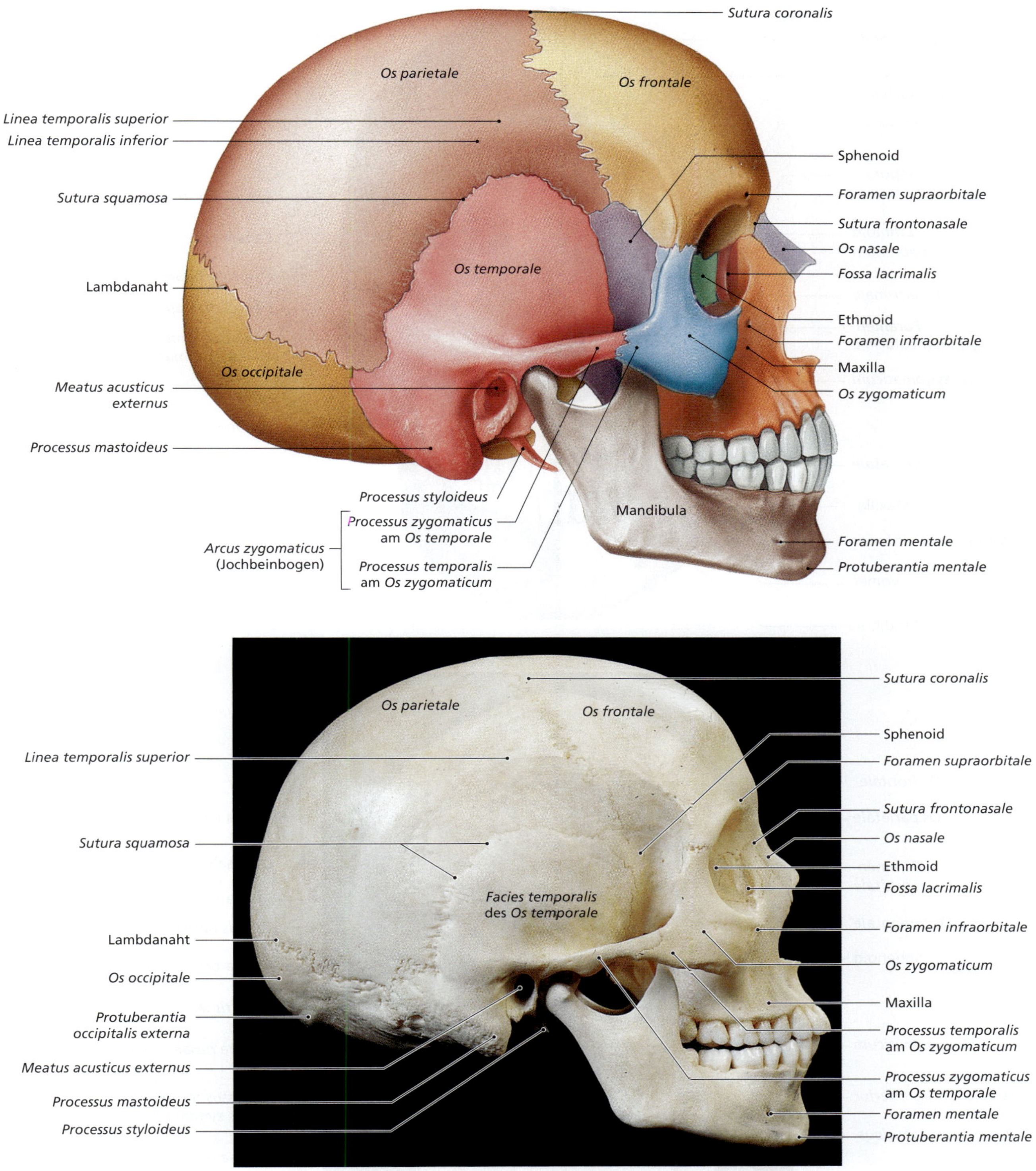

(c) Blick von lateral

Abbildung 6.3: (Fortsetzung) Der Schädel des Erwachsenen. Die Knochen des Schädels eines Erwachsenen von (a) posterior, (b) superior, (c) lateral, (d) anterior und (e) inferior.

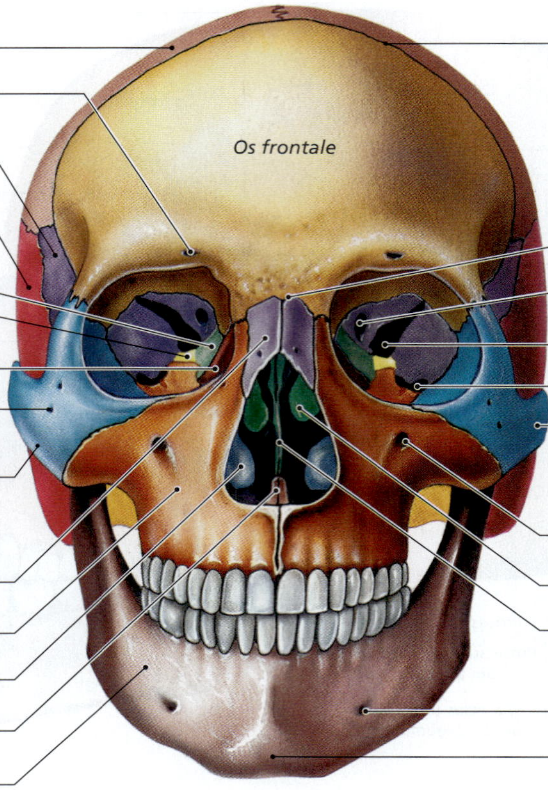

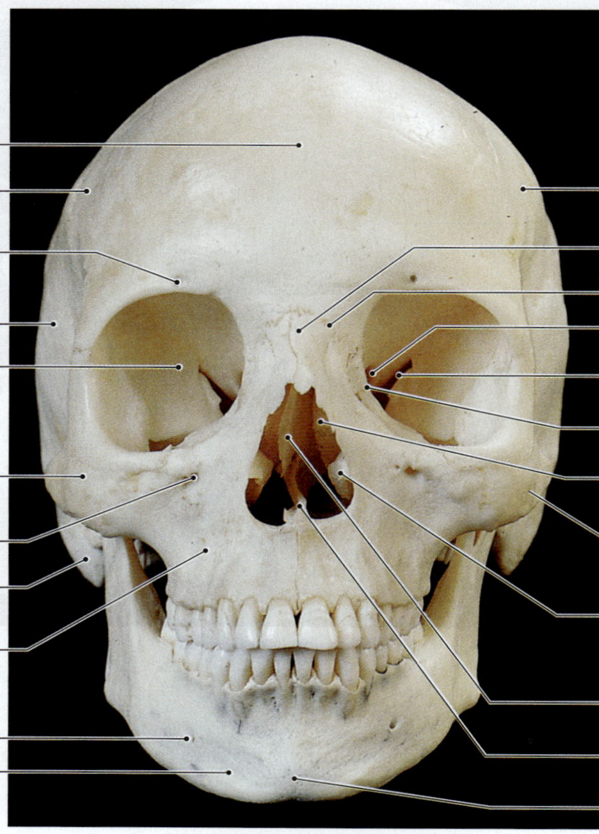

(d) Blick von anterior

Abbildung 6.3: (Fortsetzung) Der Schädel des Erwachsenen. Die Knochen des Schädels eines Erwachsenen von (a) posterior, (b) superior, (c) lateral, (d) anterior und (e) inferior.

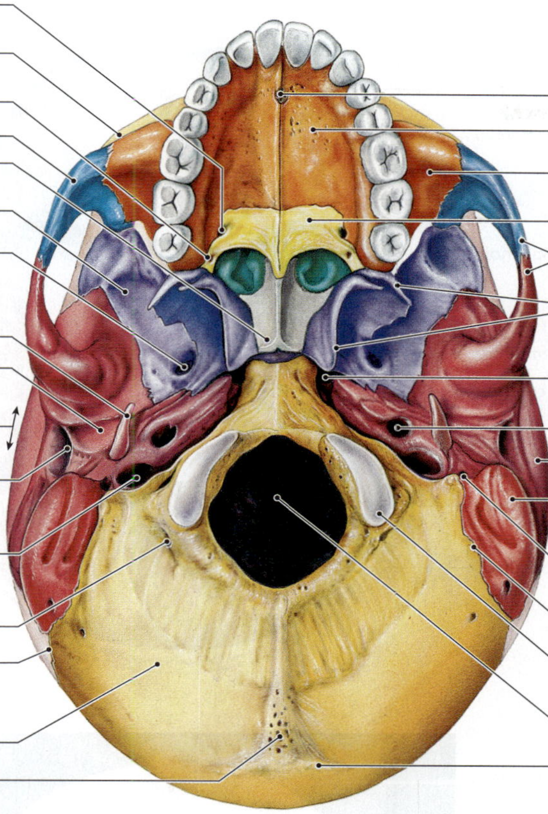

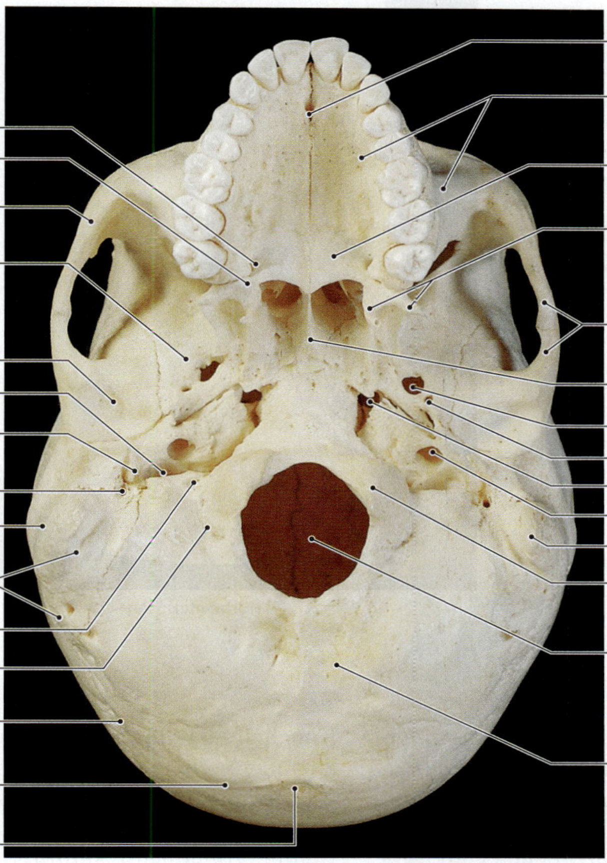

(e)) Blick von inferior ohne Mandibula

Abbildung 6.3: **(Fortsetzung) Der Schädel des Erwachsenen.** Die Knochen des Schädels eines Erwachsenen von (a) posterior, (b) superior, (c) lateral, (d) anterior und (e) inferior.

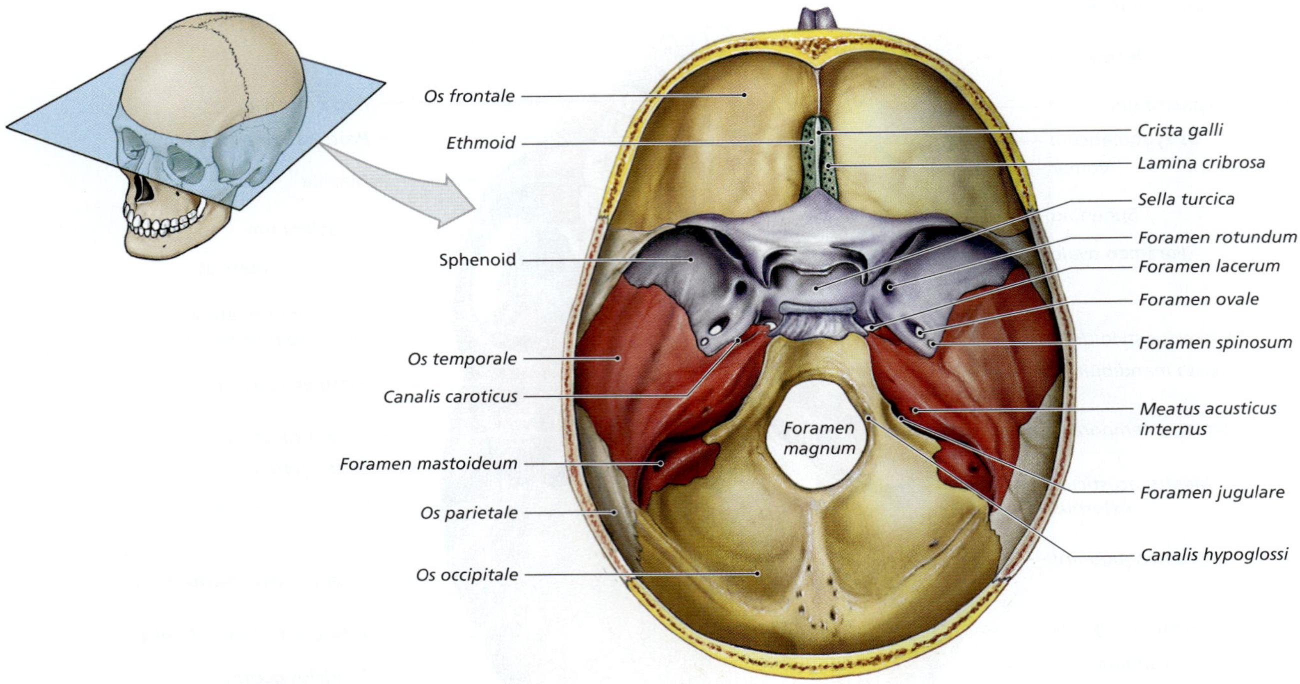

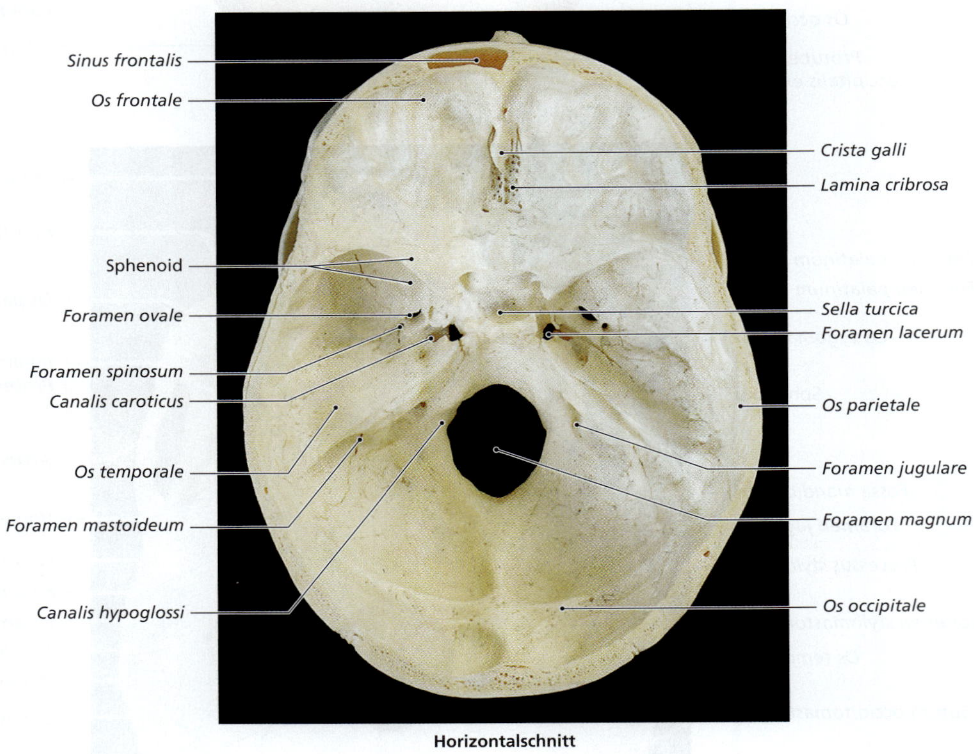

Abbildung 6.4: Schnittbilder des Schädels, Teil I. Horizontalschnitt: Der Blick von superior zeigt die wesentlichen Merkmale der Schädelbasis.

Os palatinum, *Os nasale*, *Os zygomaticum*, *Os lacrimale*, der Vomer und die Mandibula (siehe Abbildung 6.2), dienen als Ansatzflächen für die mimische und für die Kaumuskulatur.

Die Grenzen zwischen den Schädelknochen sind feste Gelenke, die man **Nähte** nennt. An diesen Nähten sind die Knochen fest durch straffes faseriges Bindegewebe miteinander verbunden. Jede Schädelnaht hat einen eigenen Namen, aber fürs Erste genügt es, wenn Sie die fünf Wichtigsten kennen: *Sutura lambdoidea* (Lambdanaht), *Sutura sagittalis* (Pfeilnaht), *Sutura coronalis* (Kranznaht), *Sutura squamosa* (Schuppennaht) und *Sutura frontonasalis*.

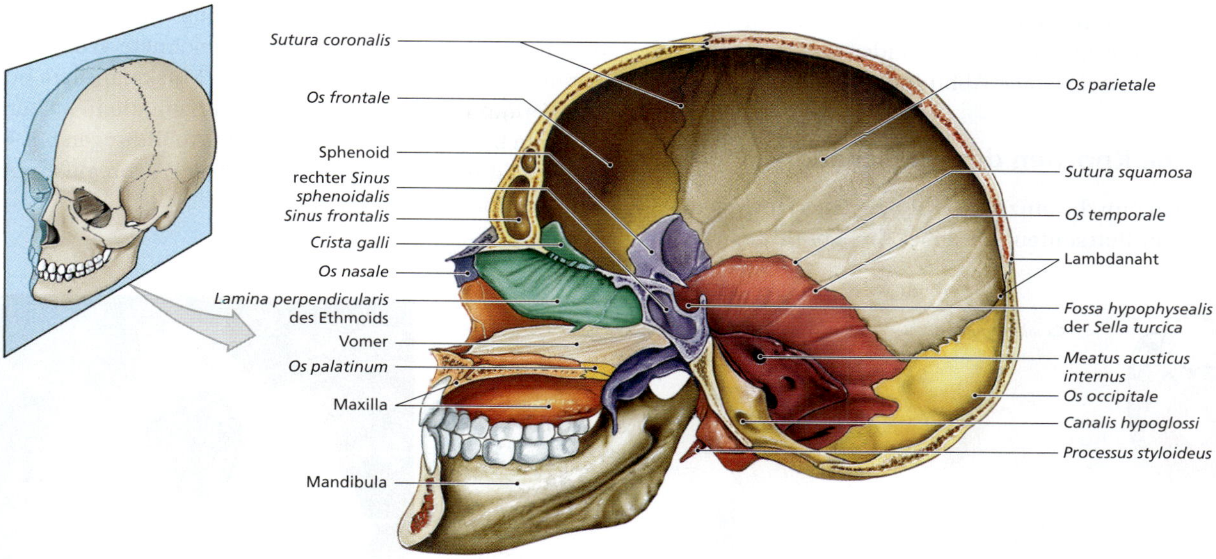

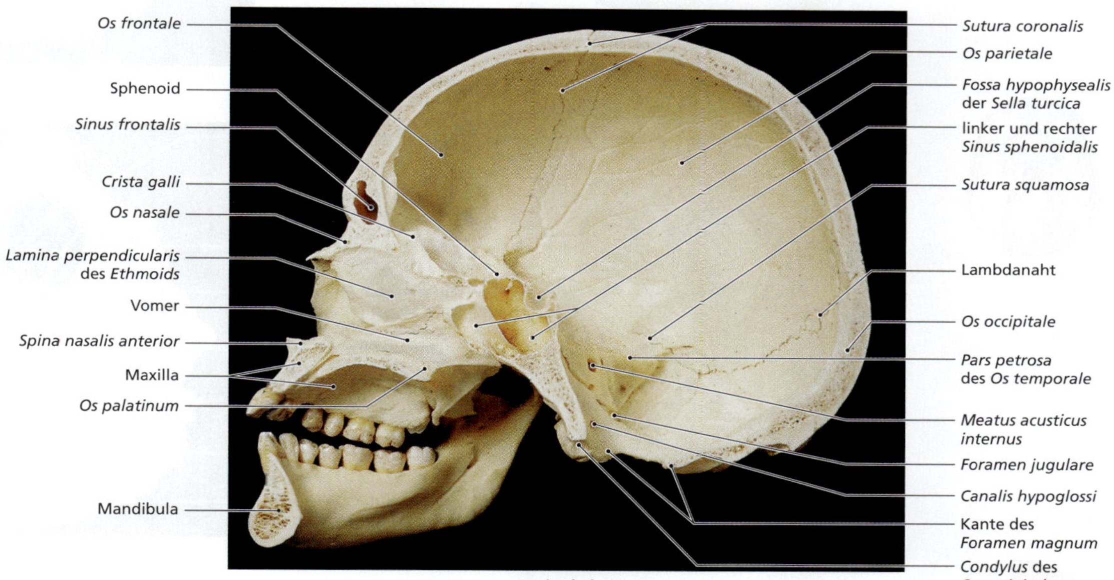

Abbildung 6.5: Schnittbilder des Schädels, Teil II. Sagittalschnitt: Blick von medial auf die rechte Hälfte des Schädels. Die rechte Nasenhöhle ist nicht zu sehen, da das knöcherne Nasenseptum belassen wurde.

- **Sutura lambdoidea:** Die **Lambdanaht** verläuft bogenförmig am Hinterkopf zwischen dem *Os occipitale* und den *Ossa parietalia* (siehe Abbildung 6.3a). In dieser Naht können ein oder mehrere *Ossa suturalia* vorhanden sein; sie können klein wie ein Getreidekorn oder bis zu 2,5 cm groß sein.
- **Sutura sagittalis:** Die **Pfeilnaht** beginnt an der Mitte der Lambdanaht und zieht nach vorn bis an die *Sutura coronalis* (siehe Abbildung 6.3b).
- **Sutura coronalis:** Das vordere Ende der Pfeilnaht wird von der **Kranznaht** markiert. Diese verläuft quer über den Kopf und trennt das vorn liegende *Os frontale* von den weiter hinten liegenden *Ossa parietalia* (siehe Abbildung 6.3b). Die *Ossa occipitale*, *parietale* und *frontale* bilden gemeinsam die sog. Schädelkalotte, auch Kalvaria oder Schädeldach genannt.
- **Sutura squamosa:** Die **Schuppennaht** auf beiden Seiten des Schädels kennzeichnet die Grenzen zwischen den *Ossa temporalia* und *parietale* der jeweiligen Seite. In Abbildung 6.3a sehen Sie, wo sie auf die Lambdanaht trifft. Den Verlauf der *Sutura squamosa* auf der rechten Seite des Schädels können Sie Abbildung 6.3c entnehmen.

- **Sutura frontonasalis:** Die *Sutura frontonasalis* verläuft zwischen den Oberkanten der beiden *Ossa nasalia* und dem *Os frontale* (siehe Abbildung 6.3c und d).

6.1.1 Die Knochen des Hirnschädels

Wir werden nun die einzelnen Knochen des Hirnschädels besprechen. Betrachten Sie dabei die Abbildungen, um sich eine dreidimensionale Vorstellung von den verschiedenen Knochen zu machen. Eingezeichnete Wülste und Foramina markieren hier entweder Muskelansätze oder den Verlauf von Blutgefäßen und Nerven, die in späteren Kapiteln besprochen werden. In den Abbildungen 6.3, 6.4 und 6.5 ist der Schädel des Erwachsenen von außen und in Schnittbildern dargestellt.

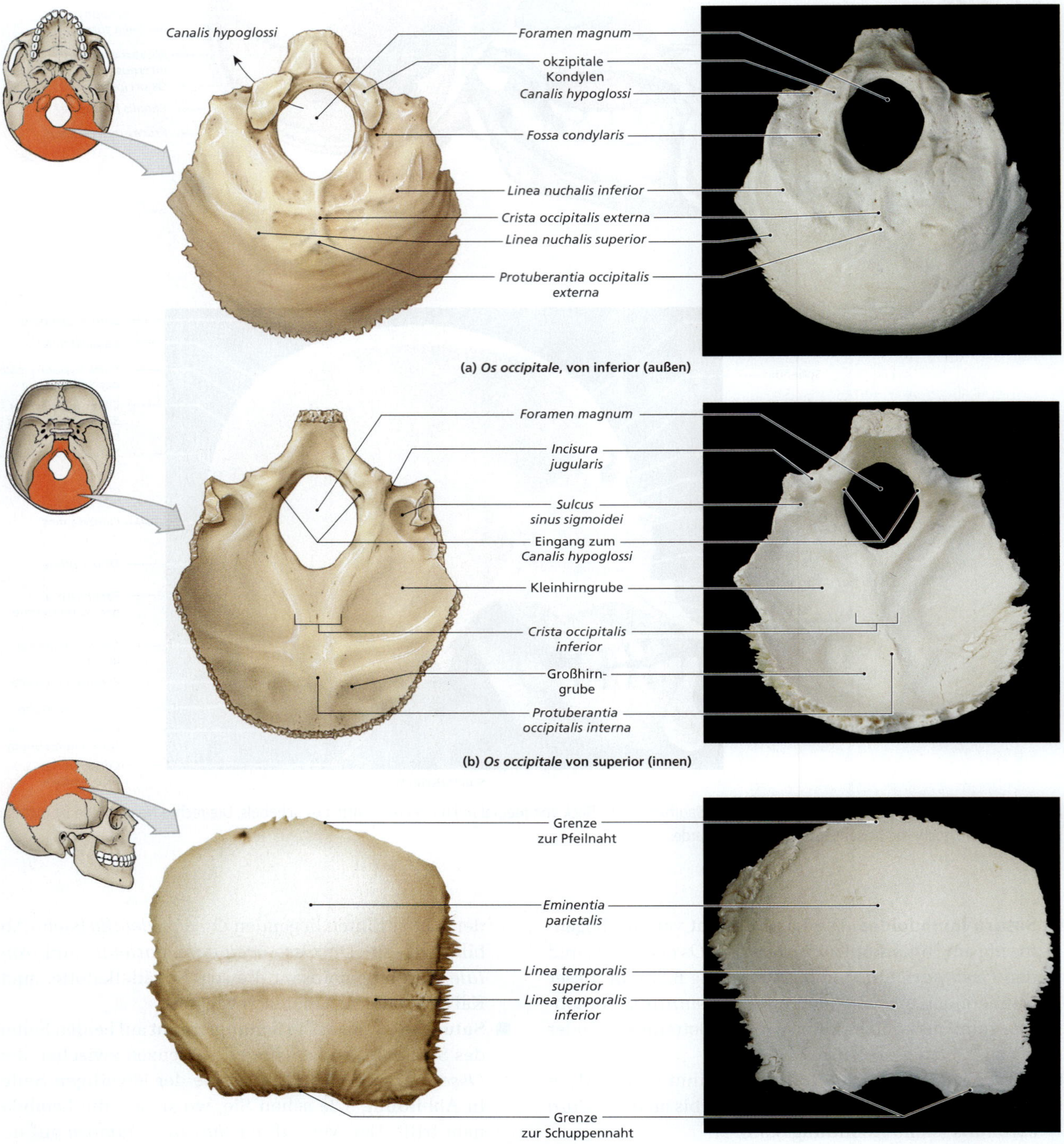

(a) *Os occipitale*, von inferior (außen)

(b) *Os occipitale* von superior (innen)

(c) *Os parietale*, Außenfläche

Abbildung 6.6: Ossa occipitale und parietale. Das Os occipitale (a) von inferior (außen) und (b) von superior (innen). (c) Rechtes Os parietale von lateral; Ansicht von medial siehe Abbildung 6.5.

Os occipitale

Das *Os occipitale* ist Teil der Hinter-, Seiten- und Unterfläche des Schädels (siehe Abbildung 6.3a–c und e). Die Unterfläche des *Os occipitale* hat eine große runde Öffnung, das **Foramen magnum** (siehe Abbildung 6.3e), über das die Schädelhöhle mit dem Rückenmarkskanal in der Wirbelsäule verbunden ist. Über die **okzipitalen Kondylen** bildet der Schädel ein Gelenk mit dem ersten Halswirbel. Die hintere äußere Fläche des *Os occipitale* (**Abbildung 6.6**a) weist eine Reihe prominenter Wülste auf. Die *Crista occipitalis externa* zieht vom *Foramen magnum* nach hinten und endet in einer kleinen mittigen Erhebung, der **Protuberatia occipitalis externa**. Zwei horizontale Wülste kreuzen die *Crista occipitalis*, die **Linea nuchalis superior** und **inferior**. Diese Linien sind die Ansätze der Muskeln und Bänder, die das Gelenk zwischen dem ersten Halswirbel

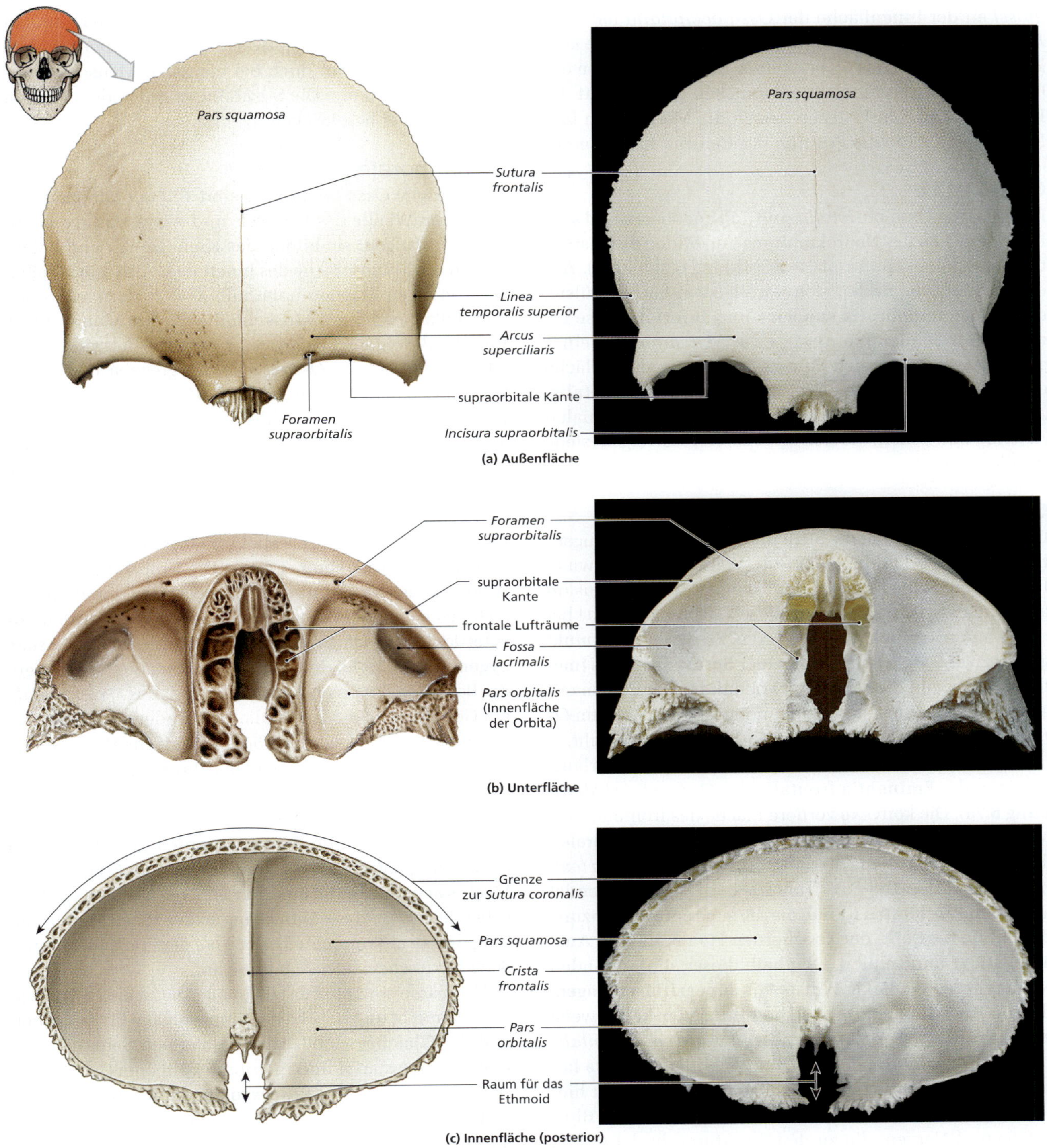

Abbildung 6.7: Os frontale. Os frontale (a) von anterior, (b) von inferior, und (c) von posterior (innen).

und dem Schädel an den okzipitalen Kondylen stabilisieren und das Gewicht des Kopfes über der Halswirbelsäule balancieren. Das *Os occipitale* bildet einen Teil der Wand des großen **Foramen jugulare** (siehe Abbildung 6.3e). Die *V. jugularis interna* zieht durch dieses Foramen. Die **Canales (n. [nervi]) hypoglossi** beginnen an der seitlichen Basis direkt oberhalb der okzipitalen Kondylen (siehe Abbildung 6.6a). Durch diese Kanäle ziehen die *Nn. (Nervi) hypoglossi*, die die Zungenmuskulatur innervieren.

Im Inneren des Schädels beginnen die *Canales hypoglossi* an der Innenfläche der *Ossa occipitalia* nahe am *Foramen magnum* (**Abbildung 6.6**b). Beachten Sie die konkave innere Form des *Os occipitale*, die den Konturen des Gehirns folgt. Die Furchen entsprechen dem Verlauf der Blutgefäße; an den Wülsten setzen die Membranen (die Meningen) an, die die Position des Gehirns stabilisieren.

Os parietale

Die paarigen *Ossa parietalia* sind Teil der oberen und seitlichen Flächen des Neurokraniums und bilden den Hauptteil der Schädelkalotte (siehe Abbildung 6.3b und c). Auf der Außenfläche finden sich jeweils zwei flache Wülste, die **Lineae temporalis superior** und **inferior**. Diese Linien kennzeichnen die Ansätze des *M. temporalis*, eines großen Muskels, der den Mund schließt. Die glatte Fläche oberhalb dieser Wülste nennt man **Eminentia parietalis**. Auf der Innenfläche sieht man die Abdrücke der kranialen Arterien und Venen, die sich im Inneren verzweigen (siehe Abbildung 6.5).

Os frontale

Das *Os frontale* bildet die Stirn und die Dächer der Augenhöhlen (siehe Abbildung 6.3b–d). Während der Entwicklung entstehen die Knochen des Schädels durch die Fusion getrennter Ossifikationskerne; diese Verschmelzung ist bei der Geburt noch nicht abgeschlossen. Zu diesem Zeitpunkt gibt es zwei *Ossa frontalia* mit einer **Sutura frontalis (metopica).** Obwohl die Naht nach Vollendung der Fusion mit etwa acht Jahren meist verschwunden ist, sieht man am *Os frontale* des Erwachsenen oft noch Spuren dieser Naht.

Die Frontalnaht, oder was von ihr übrig ist, verläuft mittig in der **Eminentia frontalis** des *Os frontale* (**Abbildung 6.7**a). Die konvexe vordere Fläche des frontalen Anteils nennt man *Squama frontalis* oder Stirn. Die lateralen Flächen enthalten den anterioren Ausläufer der *Linea temporalis superior.* Die *Pars frontalis* des *Os frontale* endet an der **supraorbitalen Kante**, die die superiore Begrenzung der Orbita darstellt, der knöchernen Höhle, die die Augäpfel stützt und schützt. Oberhalb dieser supraorbitalen Kanten liegen verdickte Wülste, die **superziliären Bögen**, die die Augenbrauen tragen. Die Mitte jeder Kante weist ein Loch auf, das *Foramen* oder die *Incisura supraorbitale.*

Die **Pars orbitalis** des *Os frontale* bildet das etwa horizontal verlaufende Orbitadach. Die Innenfläche ist hier relativ glatt, enthält aber kleine Öffnungen für die Blutgefäße und Nerven, die zu den Strukturen in der Orbita hinziehen oder wieder hinaus. Dies wird oft die orbitale Fläche des *Os frontale* genannt. Die flache **Fossa glandulae lacrimalis** markiert die Lage der *Tränendrüsen*, die die Oberfläche des Auges befeuchten (**Abbildung 6.7**b).

Die Innenfläche des *Os frontale* folgt grob den Konturen des vorderen Anteils des Gehirns (**Abbildung 6.7**c). An der Innenfläche des frontalen Anteils findet sich die prominente **Crista frontalis** für den Ansatz der Hirnhäute, die unter anderem den Kontakt zwischen dem empfindlichen Hirngewebe und den Schädelknochen verhindern.

Die **Stirnhöhlen** (siehe Abbildung 6.5 und 6.7b) sind sehr variabel im Aussehen und im Bezug auf den Zeitpunkt ihres Auftretens. Normalerweise entstehen sie nach dem sechsten Lebensjahr, doch bei manchen Menschen entwickeln sie sich nie. Die Stirnhöhlen und andere Höhlen werden später beschrieben.

Os temporale

Die paarigen *Ossa temporalia* sind Teil der lateralen und inferioren Wände des Schädels und des *Arcus zygomaticus* der Wangen; sie bilden das Kiefergelenk und beherbergen die Sinnesorgane des Innenohrs. Außerdem bieten die konvexen Flächen unterhalb des *Os parietale* große Ansatzflächen für die Muskeln, die für den Mundschluss und die Bewegung des Kopfes verantwortlich sind (siehe Abbildung 6.3c). Die *Ossa temporalia* grenzen an die *Ossa zygomatica*, *parietalia* und *occipitalia* sowie an das Sphenoid und die Mandibula. Jedes *Os temporale* hat eine *Pars squamosa*, eine *Pars tympanica* und eine *Pars petrosa*.

Die **Pars squamosa** des *Os temporale* ist der laterale Bereich, der an die Schuppennaht grenzt (**Abbildung 6.8**a und d). Die konvexe Außenfläche ist die Squama; die konkave innere Fläche, die parallel zur Oberfläche des Gehirns verläuft, ist die zerebrale Fläche. Die Unterkante der *Pars squamosa* ist der prominente **Processus zygomaticus**. Er zieht nach lateral und nach vorn an den **Processus temporalis** des *Os zygomaticus*. Zusammen bilden sie den **Arcus zygomaticus** (Jochbein oder Wangenknochen). Unterhalb der Basis des *Processus zygomaticus* hat das *Os temporale* ein Gelenk mit der Mandibula. Hier finden sich eine Vertiefung namens *Fossa mandibularis* und eine Vorwölbung, das *Tuberculum articulare* (**Abbildung 6.8**c; siehe auch Abbildung 6.8a).

Unmittelbar posterior und lateral der *Fossa mandibularis* befindet sich die **Pars tympanica** des *Os frontale* (**Abbildung 6.8**b). Diese Region umgibt den Eingang zum **Meatus acusticus externus**, dem äußeren Gehörgang. Beim Lebenden endet dieser Durchgang an der zarten **Membrana tympani**, dem **Trommelfell**, doch bei der Präparation eines Schädelknochens löst sich diese auf.

Der massivste Anteil des *Os temporale* ist die *Pars petrosa.* Sie umgibt und schützt die Sinnesorgane für das Hören und das Gleichgewicht. Auf der lateralen Seite befindet sich gleich posterior und inferior des äußeren Gehörgangs eine Vorwölbung, der **Processus mastoideus** (siehe Abbildung 6.8a–c). Dieser Prozessus dient als Ansatzfläche für Muskeln, die den Kopf drehen und strecken. Zahlreiche miteinander verbundene Luftkammern, die *Cellulae*

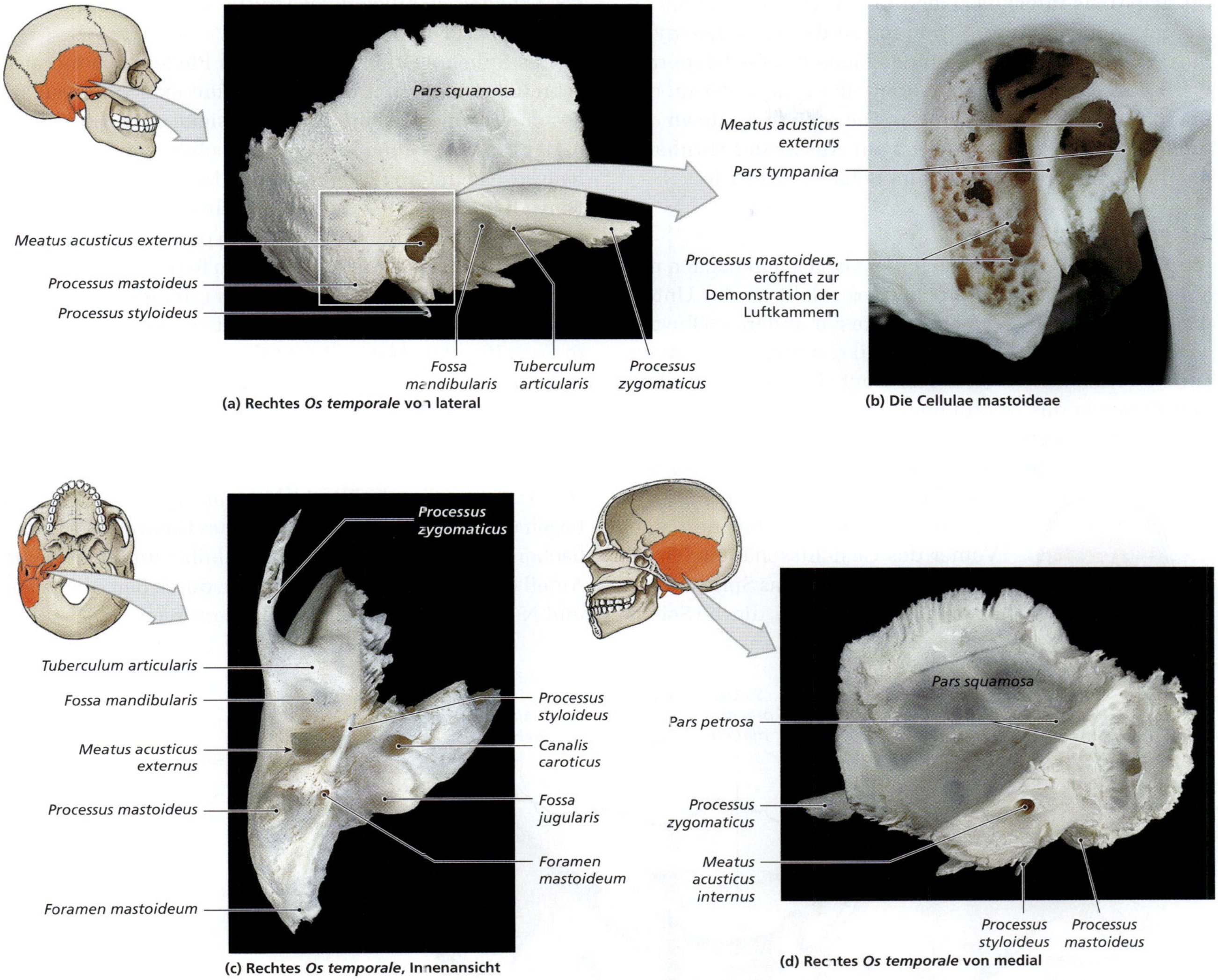

Abbildung 6.8: Os temporale. Die wichtigsten anatomischen Merkmale an einem rechten Os temporale (a) von lateral, (b) Mastoid zur Darstellung der Cellulae mastoideae eröffnet, (c) von inferior, (d) von medial.

mastoideae, sind darin enthalten (siehe Abbildung 6.8b). Atemwegsinfekte können sich hierhin ausbreiten und zu einer Mastoiditis führen.

Auf der Innenfläche der *Pars petrosa* sind noch weitere Merkmale zu erkennen (siehe Abbildung 6.8c). Neben der Basis des *Processus mastoideus* liegt das **Foramen mastoideum**, durch das Blutgefäße zur Versorgung der Hirnhäute ziehen. Ligamente, die das *Os hyoideum* halten, setzen am scharfkantigen **Processus styloideus** (griech.: stylos = die Säule) an, wie auch die Muskeln der Zunge, des Pharynx und des Larynx. Das **Foramen styloideum** liegt posterior der Basis des *Processus styloideus*; hier zieht der *N. facialis* durch, der die Muskulatur des Gesichts versorgt. Medial wird die **Fossa jugularis** durch die *Ossa temporalis* und *parietalis* begrenzt (siehe Abbildung 6.3e). Anterior und leicht medial der *Fossa jugularis* sehen Sie den Eingang zum *Canalis caroticus*. Die *A. carotis interna*, eine der Hauptarterien zur Hirnversorgung, zieht auf diesem Wege in den Schädel. Anterior und medial des *Canalis caroticus* erstreckt sich zwischen den *Ossa occipitalis* und *temporalis* das **Foramen lacerum** (lat.: lacer = zerfetzt, zerrissen), ein gezackter Schlitz, der hyalinen Knorpel enthält und durch den Arterien zur Versorgung der Innenwand des Schädels ziehen.

Lateral und anterior des *Foramen caroticum* stoßen das *Os temporale* und das Sphenoid aneinander. An dieser Gelenkfläche beginnt ein kleiner Kanal, der im Inneren des *Os temporale* endet (siehe Abbildung 6.8c). Dies ist der *Canalis musculotubarius*, der den Gehörgang, einen luftgefüllten Raum umgibt. Die Ohrtrompete, auch Eustachi-Röhre oder *Tuba pharyngotympanica* genannt, beginnt im Pharynx und mündet in der **Paukenhöhle** im *Os temporale*. Diese Paukenhöhle, das Mittelohr, enthält die **Gehörknöchelchen**. Diese winzigen Knochen übertragen Schallwellen vom Trommelfell auf die Rezeptoren im Innenohr, wodurch das Hören ermöglicht wird.

Die mediale Fläche des *Os temporale* wird von der *Pars petrosa* dominiert (siehe Abbildung 6.8d). Durch den **Mea-**

tus acusticus internus ziehen Blutgefäße und Nerven an das Innenohr und der *N. facialis* an das *Foramen stylomastoideum*. Die gesamte Innenfläche des *Os temporale* weist Furchen auf, die den Verlauf der Blutgefäße auf der Innenseite des Schädels zeigen. Die scharfe Kante an der Innenseite der *Pars petrosa* ist ein Ansatz der Hirnhaut, die die Position des Gehirns im Schädel stabilisiert.

Os sphenoidale

Das **Sphenoid** oder *Os sphenoidale* hat Gelenkflächen mit allen anderen Schädelknochen; es reicht an der Unterfläche des Schädels von einer Seite zur anderen. Obwohl es relativ groß ist, liegt der Großteil des Sphenoids hinter anderen Knochen versteckt. Es dient als Brücke zwischen den Knochen des Neurokraniums und denen des Viszerokraniums. Es grenzt an die *Ossa frontalis*, *occipitalis*, *parietalia*, *ethmoidalis* und *temporalia* sowie das *Os palatinum*, das *Os zygomaticum*, die Maxillae und den Vomer des Gesichtsschädels (siehe Abbildung 6.3c–e). Das Sphenoid ist auch eine Art Spange, die die Seiten des Schädels stabilisiert. Den mittleren Anteil nennt man **Korpus**.

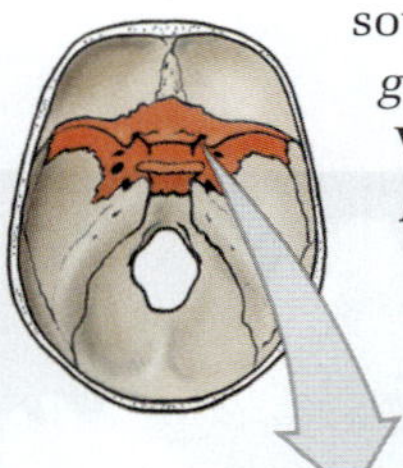

Das Sphenoid sieht aus wie eine Fledermaus mit ausgebreiteten Flügeln. Diese Flügel kann man von oben am besten erkennen (**Abbildung 6.9**a; siehe auch Abbildung 6.4). Eine tiefe Grube in der Mitte beinhaltet die Hirnanhangsdrüse unterhalb des Gehirns. Die Grube nennt man **Fossa hypophysialis**; der sie umgebende Knochen heißt wegen seiner Ähnlichkeit mit einem osmanischen Pferdesattel **Sella turcica**, Türkensattel. Ein Reiter mit Blick nach vorn könnte sich an den *Processus clinoidei* auf beiden Seiten festhalten. Bei ihnen handelt es sich um posteriore Fortsätze der *Alae minores* (lat.: ala = der Flügel) des Sphenoids. Nach vorn wird die *Sella turcica* durch das **Tuberculum sellae** begrenzt; das **Dorsum sellae** bildet die seitliche Begrenzung. Lateral des *Dorsum sellae* ragen auf beiden Seiten die **Processus clinoidei posteriores** heraus. Die *Alae minores* sind dreieckig; die superioren Flächen liegen unterhalb der Frontallappen des Gehirns. Die Unterflächen bilden einen Teil der Orbitahöhle und den oberen Anteil der **Fissura orbitalis superior**, durch den Blutgefäße und Nerven ziehen, die das Auge versorgen.

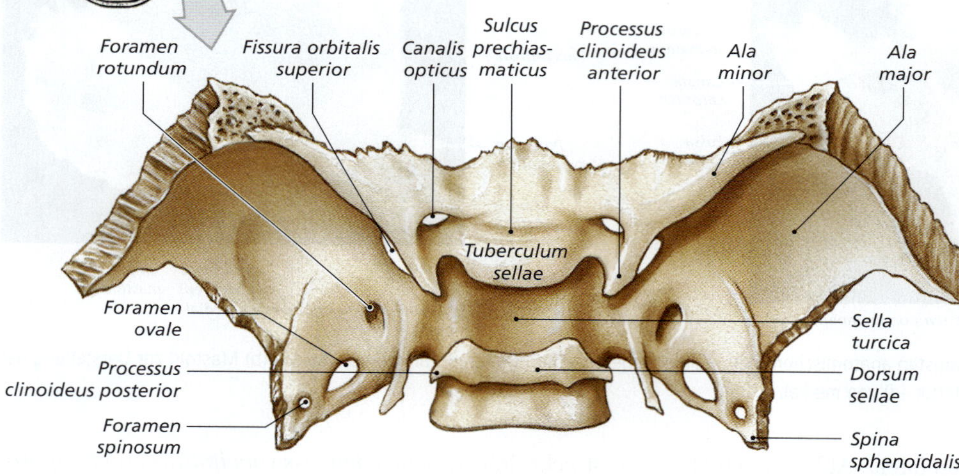

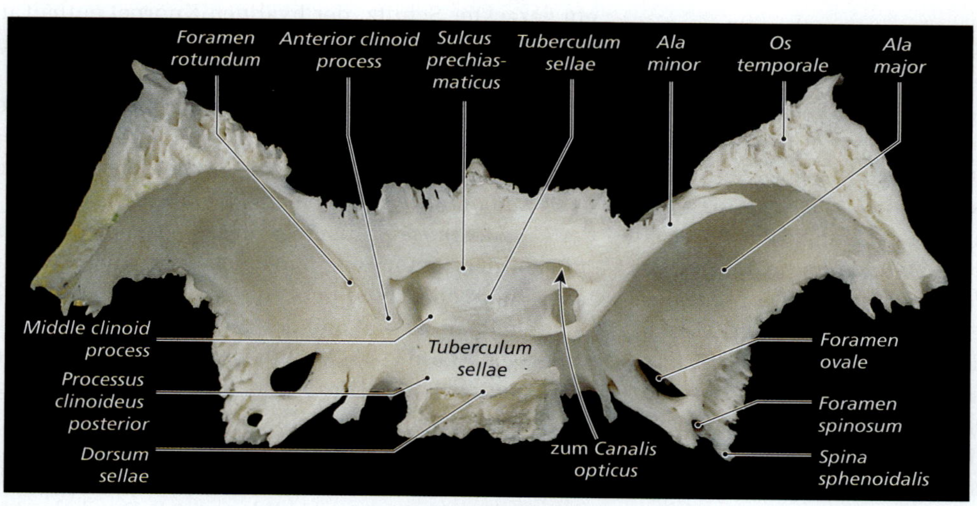

(a) Superiore Fläche

Abbildung 6.9: Os sphenoidale. Wichtige anatomische Merkmale des Os sphenoidale (a) auf der superioren Fläche und (b) auf der anterioren Fläche.

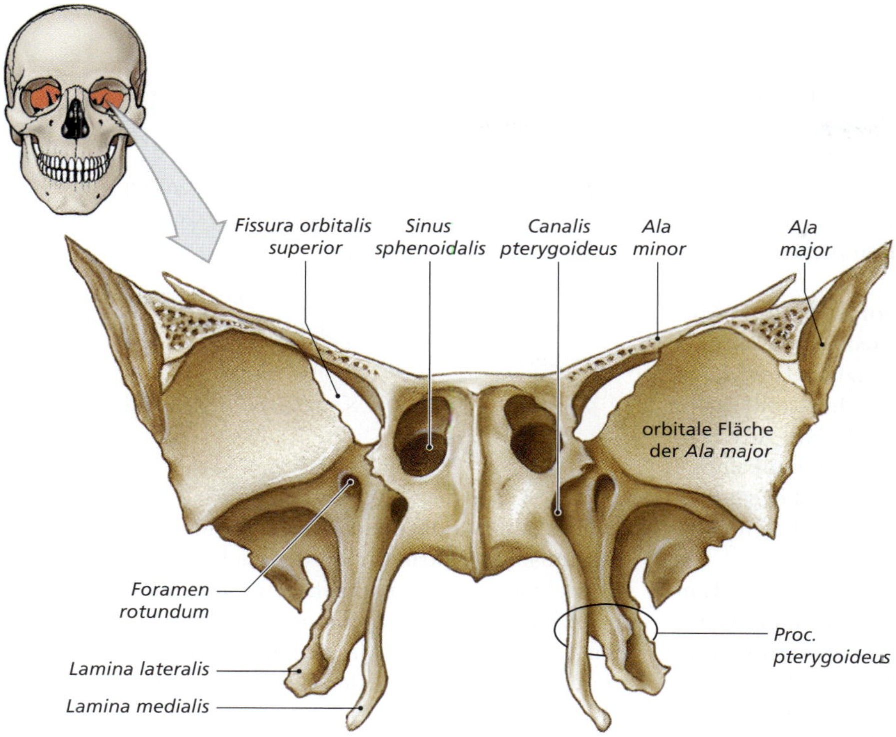

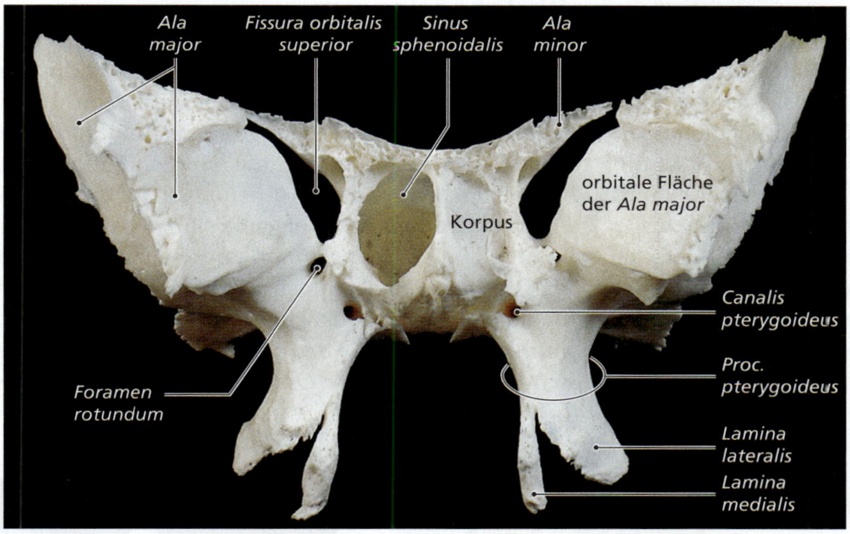

(b) Vorderfläche

Abbildung 6.9: Os sphenoidale. (Fortsetzung) Wichtige anatomische Merkmale des Os sphenoidale (a) auf der superioren Fläche und (b) auf der anterioren Fläche.

Die vor und oberhalb des Sattels quer verlaufende Furche ist der **Sulcus prechiasmaticus**. An den Enden befindet sich jeweils ein **Canalis opticus**. Die *Nn. optici*, die die visuellen Informationen vom Auge ins Gehirn leiten, verlaufen hier hindurch. Auf beiden Seiten der *Sella turcica* befinden sich in der **Ala major** das **Foramen rotundum**, das **Foramen ovale** und das **Foramen spinosum**. Diese Durchgänge beinhalten die Blutgefäße und Hirnnerven, die die Strukturen der Orbitae, des Gesichts und der Kiefer versorgen. Posterior und lateral dieser Foramina enden die großen *Alae majores* mit der scharfkantigen **Spina sphenoidalis.** Die *Fissurae orbitalis superiores* und beide *Foramina rotunda* können auch in der Frontalansicht (**Abbildung 6.9**b) wahrgenommen werden. Die *Processus pterygoidei* (griech : pterygos [Genitiv] = des Flügels) des Sphenoids sind flächige Fortsätze, die an der Grenze zwischen der *Ala major* und der *Ala minor* beginnen. Jeder Fortsatz hat zwei Seiten, die als wichtige Ansatzpunkte für die Muskeln dienen, die den Unterkiefer und den weichen Gaumen bewegen. An der Basis erstreckt sich jeweils der **Canalis pterygoideus**; durch ihn verlaufen eine kleine Arterie und ein Nerv für den weichen Gaumen und angrenzende Strukturen.

Os ethmoidale

Das **Ethmoid** oder *Os ethmoidale* (Siebbein) ist ein unregelmäßig geformter Knochen, der einen Teil der Orbitawand bildet (siehe Abbildung 6.3d) sowie die anteromediale Schädelbasis (siehe Abbildung 6.4), das Dach der Nasenhöhle und einen Teil des Nasenseptums (siehe Abbildung 6.5). Das Ethmoid hat drei Teile: die *Lamina cribrosa,* das Labyrinth und die *Lamina perpendicularis* (**Abbildung 6.10**).

Die superiore Fläche des Ethmoids (siehe Abbildung 6.10a) enthält die **Lamina cribrosa**, einen Bereich, der von den *Foramina cribrosa* durchsetzt ist. Hier ziehen die Zweige der *Nn. olfactorii* durch, die den Geruchssinn vermitteln. Ein prominenter Wulst, die **Crista galli** (lat.: crista = der Kamm, gallus = der Hahn; „Hahnenkamm"), trennt die *Lamina cribrosa* in zwei Hälften. Hier setzt die *Falx cerebri* an, ein Teil der Hirnhaut, die die Position des Gehirns stabilisiert.

Das ethmoidale **Labyrinth**, das vor allem aus der **Concha nasalis superior** (Koncha: muschelförmiges Gebilde) und **medialis** besteht, kann man am besten von der anterioren und der posterioren Fläche des Ethmoids aus erkennen (siehe Abbildung 6.10b und c). Das ethmoidale Labyrinth besteht aus miteinander verbundenen *Cellulae ethmoidales.* Sie gehen in die Luftkammern des inferioren Anteils des *Os frontale* über. Sie öffnen sich auch von beiden Seiten in die Nasenhöhle. Ein steter, durch Kinozilien gerichteter Schleimfluss sorgt für saubere Oberflächen. Die *Conchae nasales* sind dünne Knochenplatten, die auf beiden Seiten der *Lamina perpendicularis* in die Nasenhöhlen hineinragen. Sie unterbrechen den Luftstrom und verursachen Verwirbelungen und Strudel. Hierdurch wird die Bewegung der Luft zwar verlangsamt, doch in dieser Zeit kann die Luft erwärmt, befeuchtet und von Staub gereinigt werden, bevor sie die empfindlicheren Regionen der Atemwege erreicht.

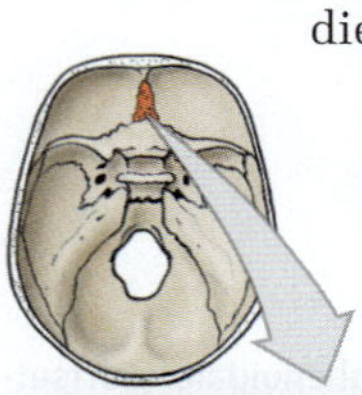

AUFGABEN

1. Die *Vv. jugularis internae* sind wichtige Blutgefäße für den Kopf. Durch welche Öffnung ziehen sie?
2. Welcher Knochen enthält eine Vertiefung, die man *Sella turcica* nennt? Welche Struktur befindet sich in dieser Vertiefung?
3. Welcher der fünf Sinne wäre beeinträchtigt, wenn die *Lamina cribrosa* des *Os ethmoidale* nicht ausgebildet wäre?
4. Benennen Sie die Knochen des Neurokraniums.

Die **Lamina perpendicularis** ist ein Teil des Nasenseptums, einer Struktur, zu der auch der Vomer und ein Stück hyalinen Knorpels gehören. Die Geruchsrezeptoren befinden sich in der Schleimhaut, die die Innenflächen der *Lamina cribrosa*, die medialen Flächen der *Conchae nasales superiores* und den superioren Anteil der *Lamina perpendicularis* bedeckt.

Die Schädelgruben

Die Konturen des Neurokraniums folgen genau denen des Gehirns. Von anterior nach posterior verläuft die Schädelbasis nicht waagerecht, sondern sie fällt in zwei Stufen ab (**Abbildung 6.11**a). Von oben gesehen (**Abbildung 6.11**b) ist die Schädelbasis in jeder Stufe muldenförmig nach unten gewölbt; man nennt die Vertiefungen die Schädelgruben. An der **vorderen Schädelgrube** sind das *Os frontale*, das Ethmoid und die *Alae minores* des Sphenoids beteiligt. In ihr liegen die Frontallappen der Hemisphären. Die **mittlere Schädelgrube** erstreckt sich von der „Stufe" an den *Alae minores* bis an die *Pars petrosa* des *Os temporale.* Sie wird von Anteilen der *Ossa sphenoidale, temporale* und

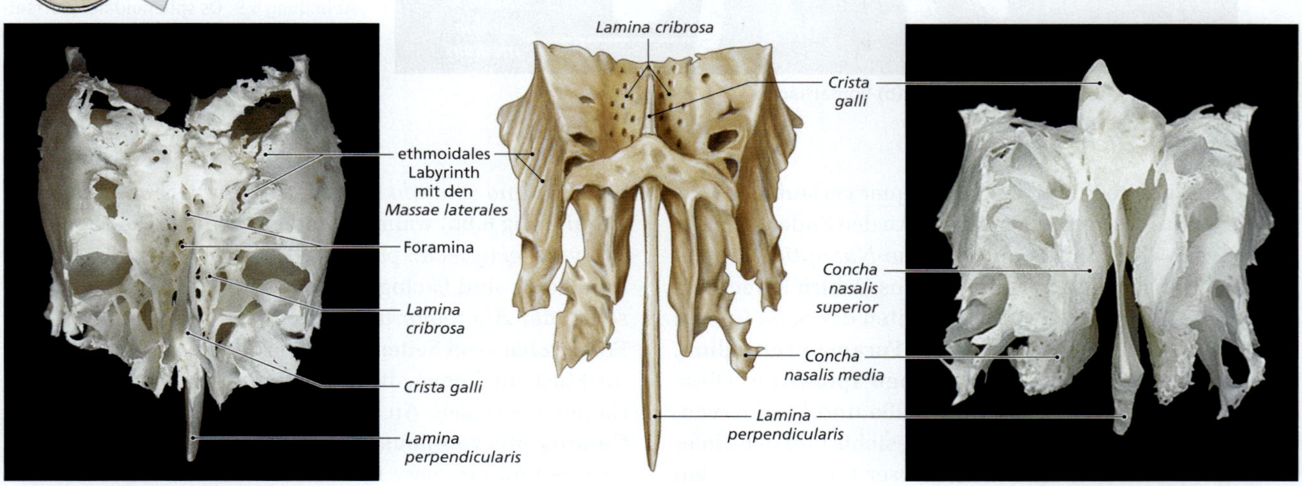

Abbildung 6.10: Os ethmoidale. Wichtige anatomische Merkmale des Os ethmoidale (a) von superior, (b) von anterior und (c) von posterior.

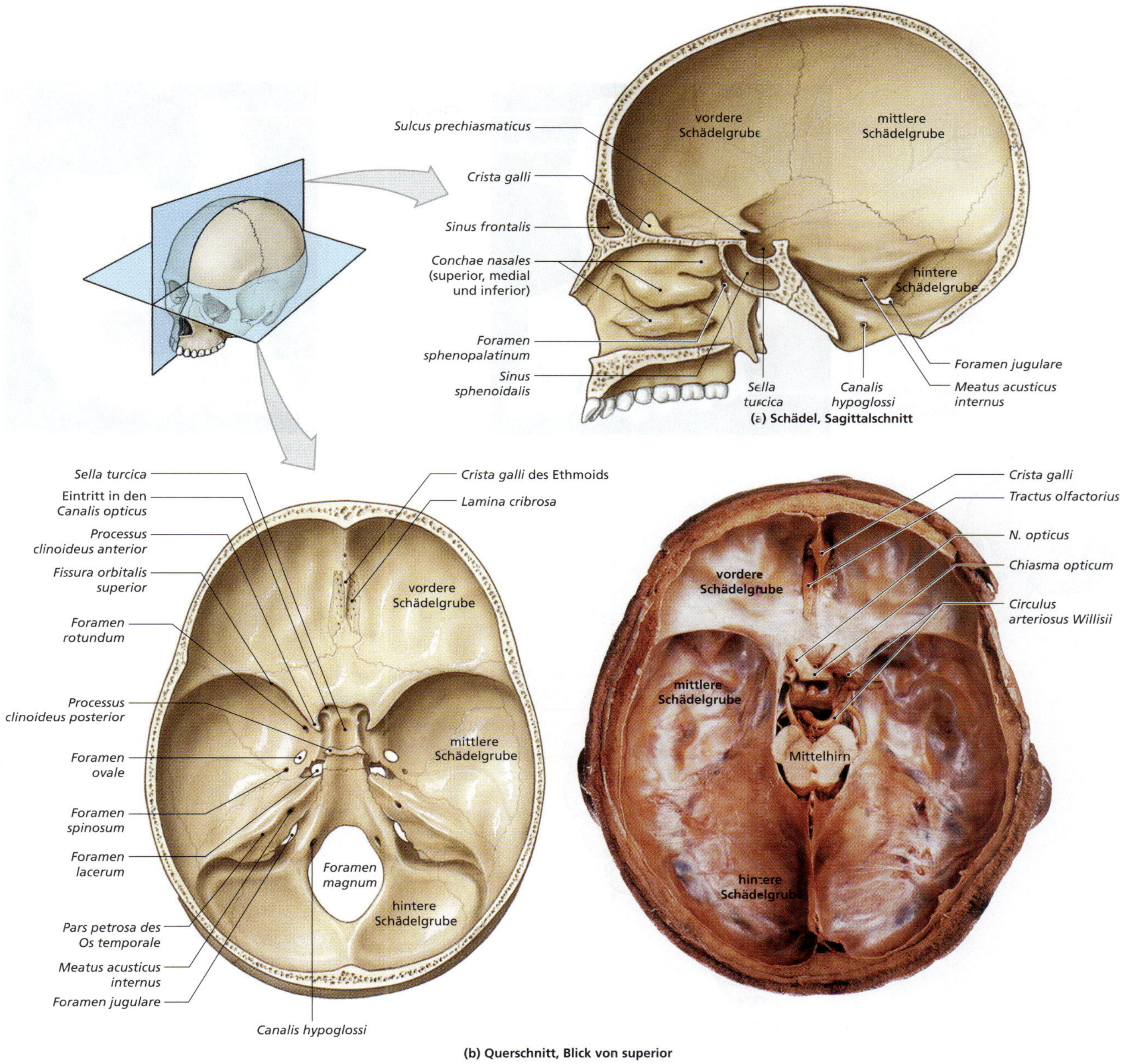

Abbildung 6.11: Die Schädelgruben. Schädelgruben sind abgerundete Vertiefungen in der Schädelbasis. (a) Querschnitt durch den Schädel zur Darstellung der relativen Position der Schädelgruben. (b) Querschnitte von superior. Der superiore Anteil des Gehirns wurde entfernt; Anteile des Hirnstamms und der dazugehörigen Nerven und Blutgefäße wurden jedoch belassen (Situs cavi cranii).

ethmoidale gebildet und enthält die Temporallappen der Hemisphären, das Dienzephalon und den anterioren Anteil des Hirnstamms (Mesenzephalon). Die am meisten inferior gelegene **hintere Schädelgrube** reicht von der *Pars petrosa* des *Os temporale* bis an die posteriore Fläche des Schädels. Sie wird im Wesentlichen vom *Os occipitale* gebildet; die *Ossa temporale* und *parietale* sind ebenfalls beteiligt. In ihr befinden sich die Okzipitallappen der Hemisphären, das Zerebellum und der posteriore Anteil des Hirnstamms *(Pons und Medulla oblongata)*.

6.1.2 Der Gesichtsschädel

Die Knochen des Gesichts sind die paarigen Maxillae, die *Ossa palatina*, die *Ossa nasales*, die inferioren *Conchae nasales*, die *Ossa zygomatica* und die *Ossa lacrimalia* sowie der Vomer und die Mandibula.

Maxilla

Die rechten und die linken Maxillae (Singular: Maxilla) oder *Ossa maxillares* sind die größten Gesichtsknochen;

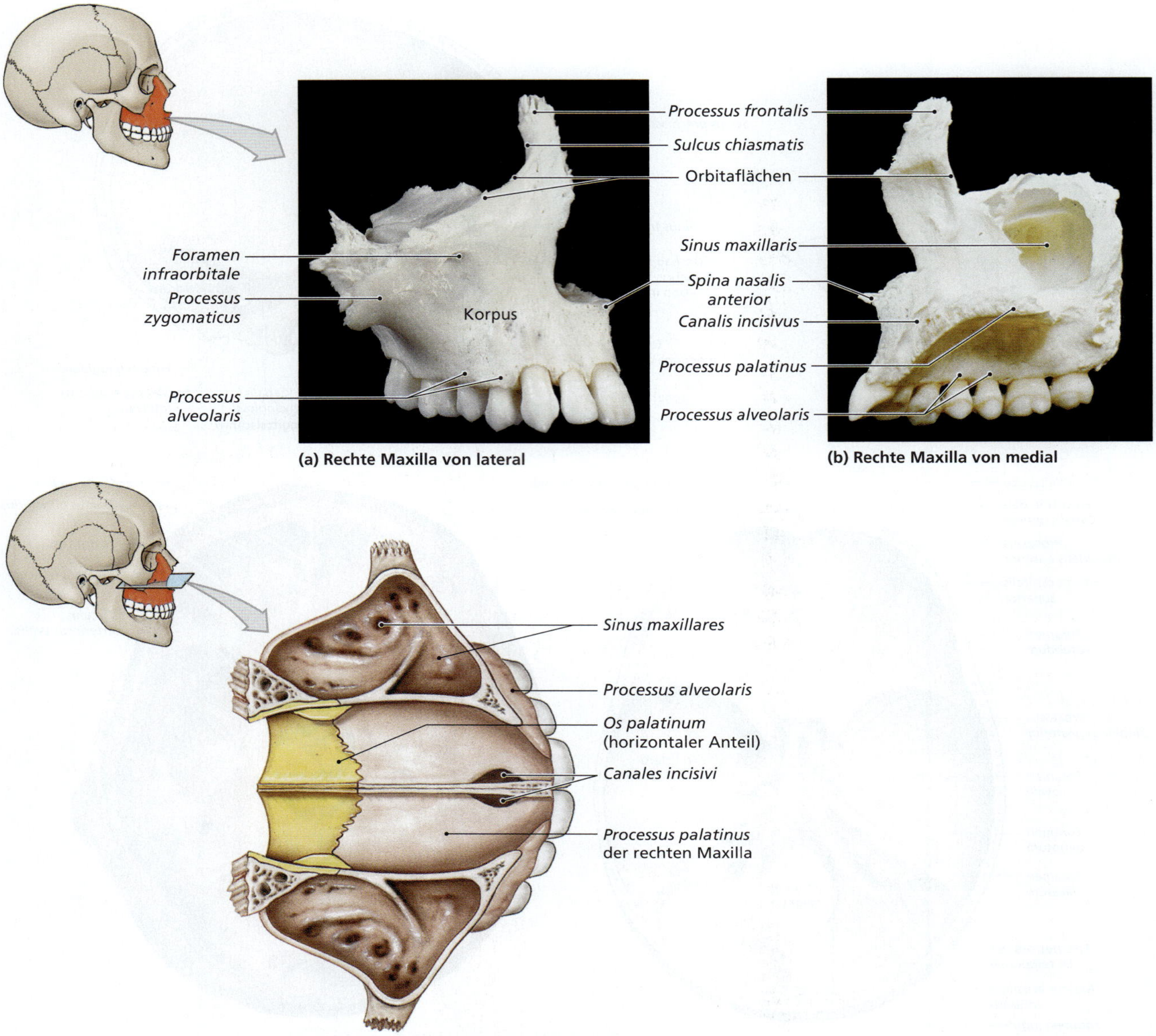

(a) Rechte Maxilla von lateral

(b) Rechte Maxilla von medial

(c) Maxilla und *Ossa palatina* im Querschnitt

Abbildung 6.12: Die Maxillae. Rechte Maxilla mit den wichtigsten anatomischen Merkmalen (a) von anterior und lateral und (b) von medial. (c) Blick von superior auf einen Querschnitt durch beide Maxillae; Darstellung der Lage der Sinus maxillares und der Struktur des harten Gaumens.

zusammen bilden sie den Oberkiefer. Die Maxillae grenzen an alle anderen Gesichtsknochen mit Ausnahme der Mandibula (siehe Abbildung 6.3d). Die **orbitale Fläche** (siehe Abbildung 6.1a) schützt das Auge und die anderen Strukturen in der Orbita. Der **Processus frontalis** jeder Maxilla hat Verbindung mit dem jeweiligen *Os frontale* des Neurokraniums und einem *Os nasale*. Die Begrenzung zum Mund hin stellen die **Alveolarfortsätze** dar, die die obere Zahnreihe enthalten. Eine längliche **Fissura orbitalis inferior** innerhalb der Orbitae liegt jeweils zwischen den Maxillae und dem Sphenoid (siehe Abbildung 6.3d). Das **Foramen infraorbitale** an der Unterkante der Orbita ist die Durchtrittsstelle für einen wichtigen Sinnesnerv des Gesichts. In der Orbita verläuft er in der **infraorbitalen Furche** (siehe Abbildung 6.15) durch die inferiore *Fissura orbitalis* und das *Foramen rotundum* an den Hirnstamm. Die großen **Sinus maxillares** sind im Median- und im Horizontalschnitt zu erkennen (**Abbildung 6.12**b und d). Es sind die größten Nasennebenhöhlen (auch: Nebenhöhlen oder Sinus) im Schädelbereich. Sie reduzieren das Gewicht der Maxillae im Bereich bis zu den Zähnen und produzieren Schleim, der die Innenflächen der Nasennebenhöhlen reinigt. Auf dem Schnittbild sind ebenfalls die Ausdehnungen des **Processus palatinus** zu sehen, der den Großteil des harten Gaumens im Mund bildet. An der **Fossa incisiva** an der inferioren Mittellinie des *Processus palatinus* sieht man die Öffnungen des *Canalis incisivus*; er enthält kleine Arterien und Nerven.

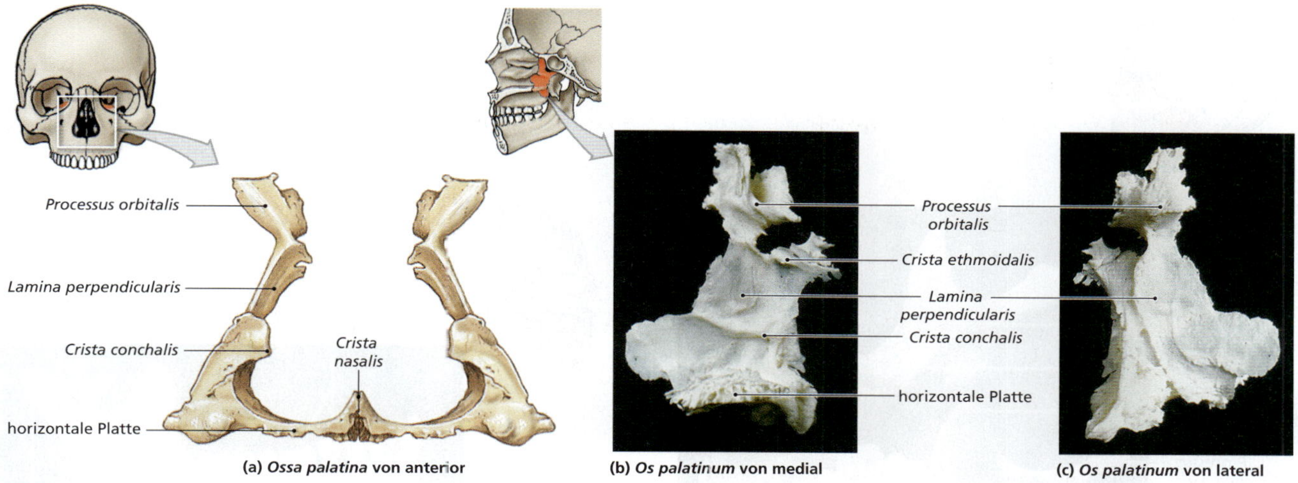

Abbildung 6.13: Ossa palatina. Ossa palatina mit den wichtigsten anatomischen Merkmalen (a) von anterior mit Blick auf beide Ossa palatina, (b) von medial und (c) von lateral mit Blick auf das rechte Os palatinum.

Os palatinum

Die *Ossa palatina* sind klein und L-förmig (**Abbildung 6.13**). Die horizontalen Flächen artikulieren mit den Maxillae und bilden so den posterioren Anteil des harten Gaumens (**Abbildung 6.12**c). An den inferioren Flächen befindet sich jeweils zwischen den *Ossa palatina* und den Maxillae die große *Facies palatina major* (siehe Abbildung 6.3e). Außerdem sind meist noch ein oder mehrere *Foramina palatina* an der Unterseite vorhanden. Die *Crista nasalis*, ein Wulst an der Verbindungsstelle der beiden *Ossa palatina*, kennzeichnet die Verbindung zum Vomer. Der vertikale Abschnitt des „L" wird durch die *Lamina perpendicularis* des *Os palatinum* gebildet. Dieser Abschnitt des *Os palatinum* ist mit der Maxilla, dem Sphenoid, dem Ethmoid und der inferioren *Concha nasalis* verbunden. Die mediale Fläche der *Lamina perpendicularis* hat zwei Wülste: 1. die *Crista conchalis*, an der die inferioren *Conchae nasales* ansetzen, und 2. die *Crista ethmoidalis*, an der die mediale *Concha nasalis* ansetzt. Der *Processus orbitalis*, der von der *Lamina perpendicularis* ausgeht, bildet einen kleinen Teil des posterioren Orbitabodens (siehe Abbildung 6.15).

Os nasale

Die paarigen *Ossa nasalia* (Nasenbeine) artikulieren mit dem *Os frontale* in der Mittellinie des Gesichts an der frontonasalen Naht (siehe Abbildung 6.3c und d). An den inferioren Kanten der *Ossa nasalia* sind Knorpel befestigt, die den beweglichen Anteil der Nase stützen und in die **Nasenflügel** übergehen. Die lateralen Kanten der *Ossa nasalia* sind jeweils mit einem *Processus frontalis* der Maxillae verbunden (siehe Abbildung 6.3c und 6.15).

Concha nasalis inferior

Die *Conchae nasales inferior* sind paarige rollenförmige Knochen, die wie die superioren und medialen Konchae des Ethmoids aussehen. Jeweils eine befindet sich auf jeder Seite des Nasenseptums an der lateralen Wand der Nasenhöhle (siehe Abbildung 6.3d und 6.16). Sie haben dieselben Aufgaben wie die Konchen des Ethmoids, sind aber entwicklungsgeschichtlich eigenständige Knochen.

Os zygomaticum

Wie bereits erwähnt, ist der *Processus temporalis* des *Os zygomaticum* mit dem *Processus zygomaticus* des *Os temporale* verbunden; gemeinsam bilden sie den *Arcus zygomaticus* (das Jochbein; siehe Abbildung 6.3c und d). Ein **Foramen zygomaticofaciale** an der anterioren Fläche enthält einen Sinnesnerv von der Wange. Das *Os zygomaticum* bildet außerdem die Seitenkante der Orbita (siehe Abbildung 6.15) und einen Teil der inferioren Orbitawand.

Os lacrimale

Die paarigen *Ossa lacrimalia* (lat.: lacrima = die Träne) sind die kleinsten Knochen des Schädels. Das *Os lacrimale* liegt im medialen Anteil der Orbita; es grenzt an das *Os frontale*, die Maxilla und das Ethmoid (siehe Abbildung 6.3c und d sowie 6.15). Eine flache Vertiefung, der **Sulcus lacrimalis**, führt an einen schmalen Durchgang, den **Canalis nasolacrimalis**, der vom *Os lacrimale* und der Maxilla gebildet wird. Hier verläuft der Tränenkanal zur Nasenhöhle.

Vomer

Der Vomer (Pflugscharbein) bildet den inferioren Anteil des Nasenseptums (siehe Abbildung 6.5). Er befindet sich am Boden der Nasenhöhle und grenzt in der Mittellinie an beide Maxillae und die *Ossa palatina*. Der vertikal stehende Anteil des Vomers ist sehr dünn. Seine gebogene superiore Kante grenzt an das Sphenoid und die *Lamina perpendicularis* des Ethmoids; sie bilden das knöcherne **Nasenseptum** (lat.: septum = die Verzäunung, das Gehege, die Scheidewand), das die beiden Nasenhöhlen voneinan-

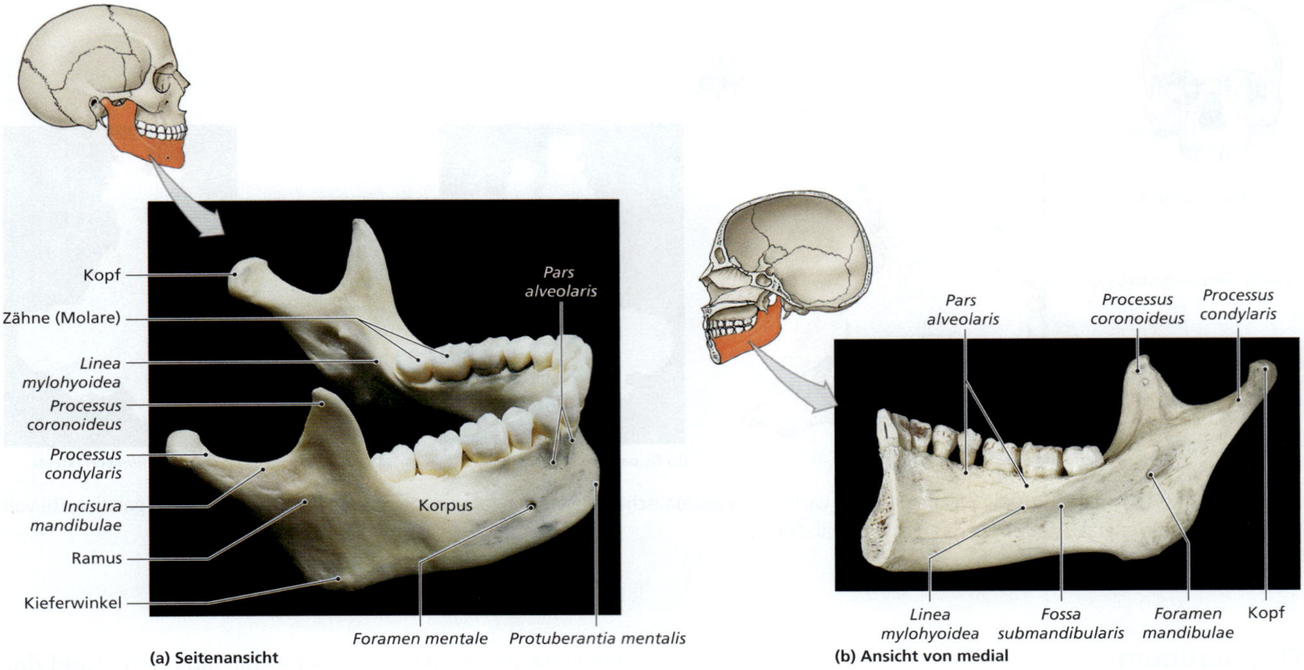

Abbildung 6.14: Die Mandibula. Die Mandibula mit den wichtigsten anatomischen Merkmalen (a) von superior und anterior und (b) an der medialen Fläche der rechten Hälfte der Mandibula.

der trennt (siehe Abbildung 6.3d und e). Nach anterior trägt der Vomer eine knorpelige Fortsetzung des Nasenseptums, der in den bindegewebigen Anteil der Nase übergeht und die Nasenlöcher voneinander trennt.

Mandibula

Die Mandibula bildet den gesamten Unterkiefer (**Abbildung 6.14**; siehe auch Abbildung 6.3c und d). Dieser Knochen wird in den horizontalen Korpus und die beiden aufsteigenden **Rr. (Rami) mandibulae** (lat.: ramus = der Ast) aufgeteilt. Die Zähne sitzen im Korpus der Mandibula. Die Rami treffen an den **Kieferwinkeln** auf den Korpus. Der **Processus condylaris** endet an der glatten Gelenkfläche am *Caput mandibulae*. Dieser bildet mit der *Fossa mandibularis* des *Os temporale* das **Kiefergelenk**. Es ist recht beweglich, wie Sie beim Kauen und Sprechen merken. Der Nachteil ist jedoch, dass der Unterkiefer durch gewaltsame Bewegungen nach anterior oder lateral relativ leicht ausgerenkt werden kann.

Am **Processus coronoideus** setzt der *M. temporalis* an der Mandibula an. Dies ist einer der stärksten Muskeln für den Mundschluss. Beidseits des Kinnes befindet sich jeweils ein **Foramen mentale** (lat.: mentum = das Kinn) im Korpus. Die Sinnesnerven, die Empfindungen von den Lippen und dem Kinn zum Gehirn leiten, ziehen durch diese Foramina. Die Vertiefung zwischen dem *Processus coronoideus* und dem *Processus condylaris* nennt man *Incisura mandibulae*.

Die *Pars alveolaris* der Mandibula ist ein verdickter Bereich, der die Alveolen und die Zahnwurzeln enthält (siehe Abbildung 6.14b). Die **Linea mylohyoidea** befindet sich medial auf dem Korpus der Mandibula; an ihr entspringt der *M. mylohyoideus*, der den Mundboden und die Zunge hält. Die Unterkieferspeicheldrüse liegt in der **Fovea submandibularis**, einer Vertiefung unterhalb der *Linea mylohyoidea*. In der Nähe des superioren posterioren Endes der Linie markiert das **Foramen mandibulae** den Eingang in den *Canalis mandibularis*. Dies ist der Durchgang für die Blutgefäße und Nerven, die die untere Zahnreihe versorgen. Der Nerv, der hier durchzieht, trägt Sinnesreize von den Zähnen und dem Zahnfleisch zum Gehirn; üblicherweise setzen Zahnärzte vor einer Behandlung an den unteren Zähnen hier eine Betäubung.

6.1.3 Die Orbita und die Nase

Einige der Knochen des Gesichtsschädels bilden mit Knochen des Hirnschädels die Orbita um die Augen und die Nase auf den Nasenhöhlen.

Die Orbita

Die Orbitae sind knöcherne Höhlen, die die Augen umschließen und schützen. Außer dem Auge enthält die Orbita noch eine Tränendrüse, Fettgewebe, Muskeln für die Bewegung der Augen, Blutgefäße und Nerven. Sieben Knochen sind an der Orbitahöhle beteiligt (**Abbildung 6.15**): Das *Os frontale* bildet das Dach, die Maxilla den Großteil des Bodens. Von medial nach lateral gehend finden sich Anteile der Maxilla, des *Os lacrimale* und des lateralen Anteils des Ethmoids, das hier an das Sphenoid und einen kleinen Fortsatz des *Os palatinum* grenzt. Das Sphenoid macht den größten Teil der Hinterwand der Orbita aus.

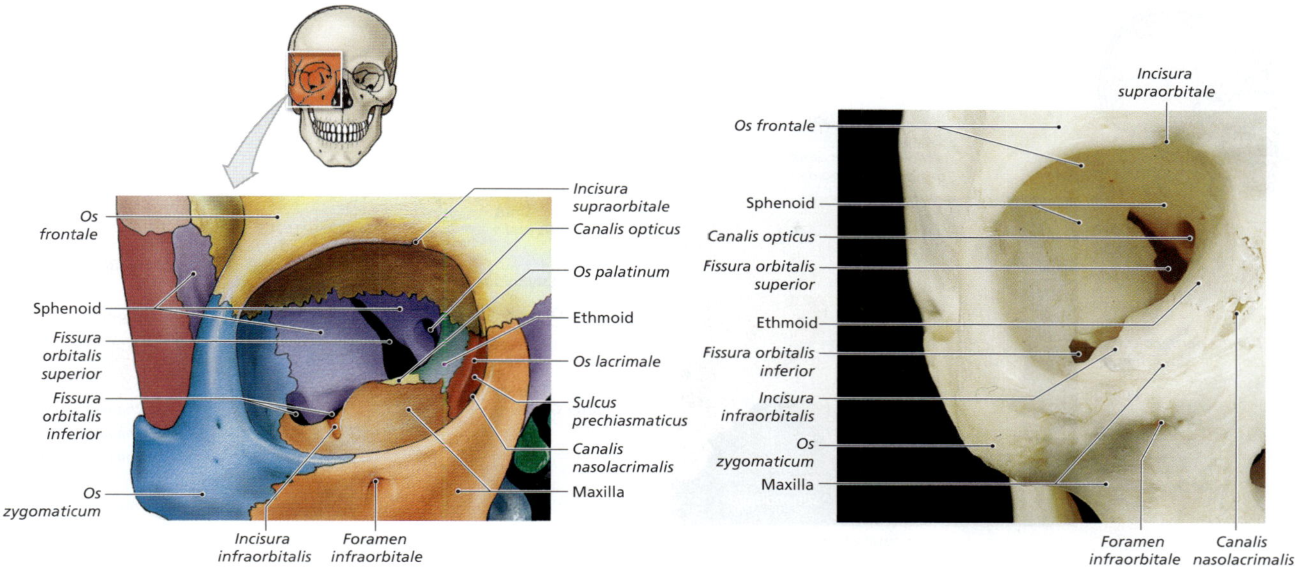

Abbildung 6.15: Die Orbita. Der Aufbau der rechten Orbita, die von sieben Knochen gebildet wird und das Auge umschließt und schützt.

AUS DER PRAXIS

Erkrankungen der Nasennebenhöhlen

Die Schleimhäute der Nasennebenhöhlen reagieren auf Umweltreize mit Beschleunigung der Schleimproduktion. Der Schleim spült die reizenden Substanzen von den Wänden der Nasenhöhlen. Eine Vielzahl von Reizen kann diese Reaktion hervorrufen, wie etwa plötzliche Veränderungen von Temperatur und Luftfeuchtigkeit, reizende Dämpfe und bakterielle oder virale Infekte. Leichte Reizungen können durch den Spüleffekt beseitigt werden. Virale oder bakterielle Infekte können jedoch zu Entzündungen der Schleimhaut der Nasenhöhle führen. Durch die Schwellung verschmälern sich die Abflüsse. Der Schleimabfluss verlangsamt sich, die Verstopfung nimmt zu und der betroffene Patient beginnt, an Kopfschmerzen und einem Druckgefühl im Gesicht zu leiden. Diese Erkrankung nennt man **Sinusitis**. Die *Sinus maxillaris* sind oft beteiligt, da die Schwerkraft den Schleimabfluss hier nicht unbedingt fördert.

Kurzfristige Erkrankungen der Nebenhöhlen können bei Allergien auftreten oder wenn die Schleimhaut reizenden Substanzen oder Mikroorganismen ausgesetzt ist. Eine chronische Sinusitis (ab acht Wochen) kann die Folge einer **schiefen Nasenscheidewand** sein. In diesem Fall hat das *Septum nasi* eine Biegung, meist am Übergang vom knöchernen zum knorpeligen Anteil. Die Nasenscheidewand blockiert so die Abflüsse der Nebenhöhlen mit chronisch wiederkehrenden Infekten und Entzündungen. Eine schiefe Nasenscheidewand kann angeboren sein oder die Folge einer Verletzung. Die Situation kann operativ behoben oder zumindest verbessert werden. Es sei an dieser Stelle allerdings angemerkt, dass 80 % der Menschen eine schiefe Nasenscheidewand haben.

Mehrere große Foramina und Fissuren befinden sich hier im Sphenoid oder zwischen Sphenoid und Maxilla. Nach lateral grenzen diese beiden Knochen an das *Os zygomaticum*, das die laterale Wand und die laterale Kante der Orbita bildet.

Die Nase

Zur Nase (**Abbildung 6.16**) gehören die Knochen und Knorpel, die die Nasenhöhlen und die Nasennebenhöhlen umfassen, die luftgefüllten Räume, die mit den Nasenhaupthöhlen verbunden sind. Die superiore Begrenzung bilden das *Os frontale*, das Sphenoid und das Ethmoid. Die *Lamina perpendicularis* des Ethmoids und der Vomer bilden den knöchernen Anteil des Nasenseptums (siehe Abbildung 6.5 und 6.16a). Die lateralen Wände werden hauptsächlich von der Maxilla, dem *Os lacrimale*, dem Ethmoid und der unteren Nasenmuschel gebildet (siehe Abbildung 6.16b–d). Die Nasenbrücke wird von der Maxilla und dem Nasenseptum gestützt.

Das *Os frontale*, das Sphenoid, das Ethmoid und die Maxilla enthalten die **Nasennebenhöhlen**, luftgefüllte Kammern, die als Fortsetzung der Nasenhöhle anzusehen

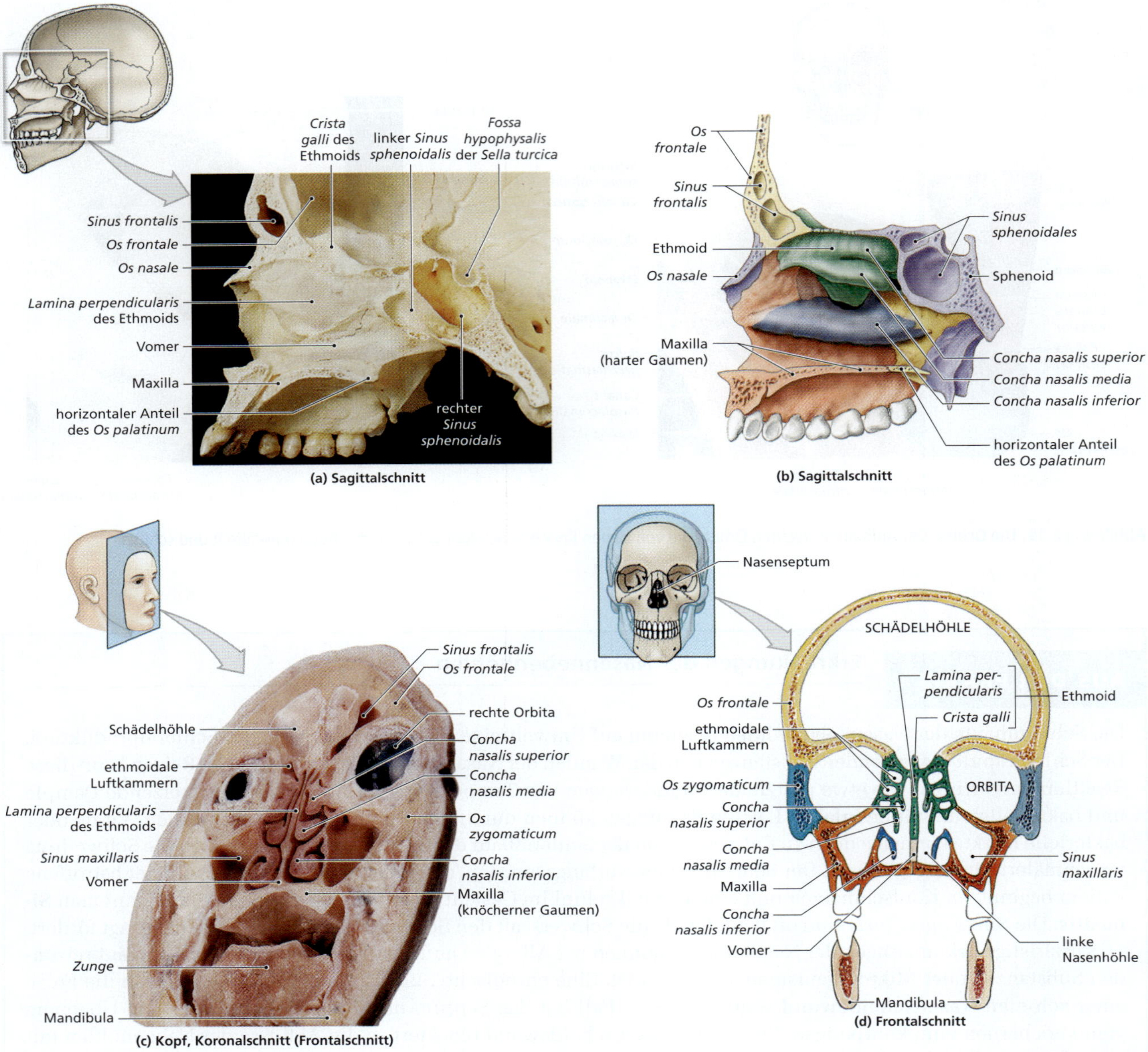

Abbildung 6.16: Die Nase. Schnittbilder zur Darstellung der Knochen, die die Nase bilden. (a) Sagittalschnitt mit Nasenseptum. (b) Schemazeichnung ohne Nasenseptum zur Darstellung der rechten Wand der Nasenhöhle. (c) Koronarschnitt zur Darstellung der Lage der Nasennebenhöhlen. (d) Schematischer Frontalschnitt zur Darstellung der Nasennebenhöhlen.

sind und in diese übergehen. Abbildung 6.16 zeigt die Lage der frontalen und sphenoidalen Sinus. Die Siebbeinzellen und die *Sinus maxillares* sehen Sie in Abbildung 6.16c und d. Die Sinus verringern das Gewicht der Knochen und bilden selbstreinigenden Schleim. Der Schleim wird in die Nasenhöhlen abgegeben, wo das Flimmerepithel ihn nach hinten in Richtung Rachenraum befördert; letztendlich wird er heruntergeschluckt. Strömt die Einatemluft über diesen Schleimteppich, wird sie befeuchtet und vorgewärmt. Fremdkörperpartikel, wie Staub und Mikroorganismen, bleiben an dem klebrigen Schleim haften und werden mit heruntergeschluckt. Dieser Mechanismus hilft, die zarten Austauschflächen im empfindlichen Lungengewebe zu schützen.

		Wichtige durchziehende Strukturen	
Knochen	**Foramen/Fissur**	**Nervengewebe**	**Blutgefäße und andere Strukturen**
Os occipitale	*Foramen magnum*	*Medulla oblongata* (unterster Abschnitt des Gehirns) und der *N. accessorius* (XI) für verschiedene Rückenmuskeln, Pharynx und Larynx[1]	*A. vertebrales* für das Gehirn und die Hirnhäute
	Canalis hypoglossi	*N. hypoglossus* (XII) für die Zungenmotorik	
Mit *Os temporale*	*Foramen jugulare*	*N. glossopharyngeus* (IX), *N. vagus* (X), *N. accessorius* (XI); Hirnnerv IX für den Geschmackssinn, Hirnnerv X für die Organfunktion; Hirnnerv XI innerviert wichtige Rücken- und Halsmuskeln	*V. jugularis interna*, wichtig für den Rücktransport von Blut vom Gehirn zum Herz
Os frontale	*Foramen* (oder *Incisura*) *supraorbitalis*	*N. supraorbitalis*, sensorischer Ast des *N. ophthalmicus* für Augenbrauen, Lider und Stirnhöhle	*A. supraorbitalis* für denselben Bereich
Os temporale	*Foramen mastoideum*		Blutgefäße für die Hirnhäute
	Foramen styloideum	*N. facialis* (VII) für die mimische Muskulatur	
	Canalis caroticus		*A. carotis interna*, Hauptarterie für das Gehirn
	Meatus acusticus externus		Luft leitet den Schall an das Trommelfell.
	Meatus acusticus internus	*N. vestibulocochlearis* (VIII) für das Gehör und das Gleichgewicht; *N. facialis* (VII) tritt hier ein und zum *Foramen stylomastoideum* wieder aus.	*A. acustica interna* für das Innenohr
Sphenoid	*Canalis opticus*	*N. opticus* (II) für das Sehen	*A. ophthalmica* für die Orbita
	Fissura orbitalis superior	*N. oculomotorius* (III), *N. trochlearis* (IV), *R. ophthalmicus* des *N. trigeminus* (V), *N. abducens* (VI); der *N. opthalmicus* für Sinneswahrnehmungen der Augen und der Orbita, die anderen für Augenbewegungen	*V. ophthalmica*, leitet Blut aus der Orbita ab.
	Foramen rotundum	*R. maxillaris* des *N. trigeminus* (V) für Sinneswahrnehmungen vom Gesicht	
	Foramen ovale	*R. mandibularis* des *N. trigeminus* (V) für Bewegungen des Unterkiefers und für Sinneswahrnehmungen aus diesem Bereich	
Mit den *Ossa temporalis* und *occipitalis*	*Foramen spinosum*		Blutgefäß für die harte Hirnhaut und den Knochen (*A. meningea media*)
	Foramen lacerum		*A. carotis interna* verlässt den *Canalis caroticus* an der superioren Kante des *Foramen lacerum*.

1 Wir verwenden die klassische Definition von „Hirnnerv" nach der anatomischen Struktur bei Austritt aus dem Gehirn.

Mit der Maxilla	*Fissura orbitalis inferior*	*R. maxillaris* des *N. trigeminus* (V); siehe *Foramen rotundum* des *Os sphenoidale*	
Ethmoid	*Foramina cribrosa*	*N. olfactorius* (I) für den Geruchssinn	
Maxilla	*Foramen infraorbitalis*	*N. infraorbitalis*, *R. maxillaris* des *N. trigeminus* (V) von der *Fissura infraorbitalis* zum Gesicht	*A. infraorbitalis* zum selben Bereich
	Canales incisivi	*N. nasopalatinus*	Kleine Arterien auf der Oberfläche des *Os palatinum*
Os zygomaticum	*Foramen zygomaticofacialis*	*N. zygomaticofacialis*, sensorischer Ast des *N. maxillaris* für die Wange	
Os lacrimale	*Fovea lacrimalis, Canalis nasolacrimalis* (mit der Maxilla)		Tränengang zur Ableitung in die Nasenhöhle
Mandibula	*Foramen mentalis*	*N. mentalis*, sensorischer Ast des *N. mandibularis*, für Sinneswahrnehmungen von Kinn und Unterlippe	*Aa. mentales* an Kinn und Unterlippe
	Foramen mandibulae	*N. alveolaris inferior*, sensorischer Ast des *N. mandibularis*, für Sinneswahrnehmungen von Zahnfleisch und Zähnen	*A. alveolares inferiores* für dieselbe Region

Tabelle 6.1: **Fissuren und Foramina des Schädels.**

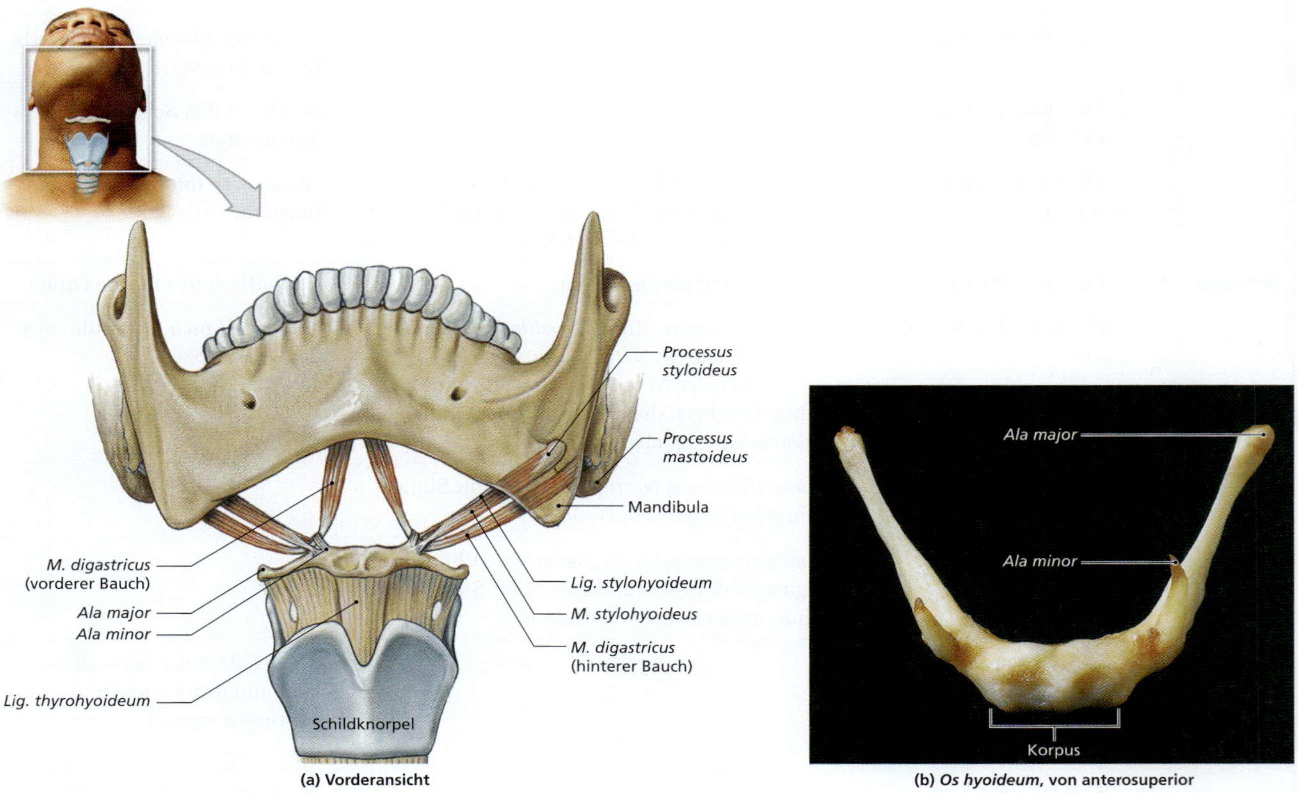

Abbildung 6.17: **Os hyoideum.** (a) Das Verhältnis von Os hyoideum zu Schädel, Larynx und einigen Skelettmuskeln. (b) Das isolierte Os hyoideum; jeweils von anterior.

Os hyoideum

Das *Os hyoideum* hängt inferior am Schädel an den **Ligg. stylohyoidea**, jedoch ohne direkten Kontakt zu anderen Knochen (**Abbildung 6.17**). Der Korpus des *Os hyoideum* dient als Ansatzstelle für verschiedene Muskeln, die Zunge und Kehlkopf bewegen. Da das *Os hyoideum* nur über Muskeln und Bänder mit anderen Skelettelementen verbunden ist, ist der gesamte Komplex recht beweglich. Die größeren Fortsätze am *Os hyoideum*, die **Cornua majora**, halten den Kehlkopf und dienen als Ansatzpunkt für die Muskeln, die die Zunge bewegen. Die **Cornua minora** sind mit den *Ligg. stylohyoidea* verbunden, an denen das *Os hyoideum* und der Kehlkopf wie eine Schaukel an einem Baum am Schädel hängen.

Viele oberflächliche Vorwölbungen und Wülste am Achsenskelett haben mit den Muskeln zu tun, die in Kapitel 10 beschrieben werden. Es macht Sinn, die Namen jetzt zu lernen, um den Stoff nachher besser einordnen zu können. In Tabelle 6.1 und Tabelle 6.2 sind die Informationen zu den bisher vorgestellten Foramina und Fissuren zusammengefasst. Verwenden Sie Tabelle 6.1 zum Nachschlagen der Foramina und Fissuren des Schädels und Tabelle 6.2 für die Oberflächenmerkmale und Foramina. Sie werden Ihnen beim Durcharbeiten der Kapitel über das Nerven- und das Herz-Kreislauf-System besonders hilfreich sein.

AUS DER PRAXIS

Störungen des Schädelwachstums

Das Wachstum des Schädels geht gewöhnlich mit dem Hirnwachstum einher. Der vorzeitige Verschluss der frontalen oder der anderen Schädelnähte führt zu ungewöhnlichen Schädelformen; man nennt dies **Kraniostenose** (griech.: stenos = eng). Da das Gehirn weiter wächst, weicht es in andere Areale aus. Wenn sich die Sagittalnaht vorzeitig schließt, ist der Kopf lang und schmal. Schließt sich die *Sutura coronalis* zu früh, resultiert dies in einem eher breiten Schädel. Wenn sich alle Nähte zu früh schließen, führt dies zu einer Beeinträchtigung des Hirnwachstums; um Schäden zu vermeiden, muss operiert werden. Wenn andererseits das Hirnwachstum aufgrund genetischer oder anderer Entwicklungsstörungen frühzeitig sistiert, wächst auch der Schädel nicht weiter. Dieses Krankheitsbild, das mit einem abnorm kleinen Kopf einhergeht, nennt man **Mikrozephalie**.

AUFGABEN

1. Benennen Sie die Knochen des Gesichtsschädels und ihre Funktionen.
2. Welches sind die Aufgaben der Nasennebenhöhlen?
3. Welche Knochen bilden die Orbita?

6.1.4 Die Schädel von Säuglingen, Kindern und Erwachsenen

Die Entwicklung des Schädels geht von vielen Ossifikationskernen aus, doch im Laufe der Entwicklung ergibt sich durch Fusionen daraus eine geringere Anzahl von zusammengesetzten Knochen. Das Sphenoid hat anfangs z. B. 14 Ossifikationszentren. Zum Zeitpunkt der Geburt sind diese Fusionen noch nicht abgeschlossen; es gibt zwei *Ossa frontalia*, vier *Ossa occipitalia* und eine Reihe kleiner sphenoidaler und temporaler Elemente.

Der Schädel entwickelt sich um das wachsende Gehirn herum. In der Phase vor der Geburt wächst das Gehirn stark. Obwohl die Schädelknochen ebenfalls wachsen, können sie nicht Schritt halten; zum Zeitpunkt der Geburt sind die Knochen des Hirnschädels mit faserigen bindegewebigen Platten verbunden (Syndesmosen). Diese Verbindungen sind recht flexibel und können ohne Schaden verzerrt werden. Eine solche Verzerrung geschieht ganz normalerweise unter der Geburt und erleichtert dem Kind den Weg durch den Geburtskanal. Die größten faserigen Zonen zwischen den Schädelknochen nennt man **Fontanellen** (**Abbildung 6.18**) (frz.: fontanelle = die kleine Quelle). Im Bereich der Fontanellen kann man am kindlichen Kopf ein rhythmisches Heben und Senken der Haut beobachten. Diese Bewegung hat den Erstbeschreiber offenbar an die Wasseroberfläche einer Quelle erinnert. Die Bewegung rührt vom Puls des *Ciculus arteriosus Willisii* her.

- Die **große Fontanelle** liegt vorn an der Kreuzung der Stirnnaht, der Pfeilnaht und der Kranznaht.
- Die **kleine Fontanelle** befindet sich hinten zwischen der Lambdanaht und der Pfeilnaht.
- Die **sphenoidalen Fontanellen** sind an den Grenzen zwischen der Lambdanaht und der Kranznaht lokalisiert.
- Die **mastoidalen Fontanellen** befinden sich an den Grenzen zwischen den Schuppennähten und der Lambdanaht.

Die Schädel von Kindern und Erwachsenen unterscheiden sich bezüglich der Form und Struktur ihrer knöchernen Elemente; daraus resultieren die unterschiedlichen Größen und Proportionen. Das Wachstum des Schädels ist vor dem fünften Lebensjahr am stärksten; zu dieser Zeit beendet das Gehirn sein Wachstum, und die Schädelnähte schließen sich. Daher ist im Vergleich zum Schädel als Ganzes das Neurokranium des Kindes relativ größer als das des Erwachsenen.

Region	Knochen	Artikuliert mit	Strukturen	Funktionen	Foramina	Funktionen
NEUROKRANIUM (8)	**Os occipitale** (1) (siehe Abbildung 6.6)	*Os parietale*, *Os temporale*, Sphenoid	**Außen**: okzipitale Kondylen	Artikulieren mit dem ersten Halswirbel	*Foramen jugulare* (mit *Os temporale*)	Leitet Blut von den kleinen Venen der Schädelhöhle ab
			Crista occipitalis, Protuberantia occipitalis externa, Linea nuchalis superior und *inferior*	Ansatz für Muskeln und Bänder, die den Kopf bewegen und das atlantookzipitale Gelenk stützen	*Canalis hypoglossi*	Durchtritt des *N. hypoglossus* für die Zungenmuskulatur
			Innen: *Crista occipitalis interna*	Ansatz für die Hirnhäute, die die Lage des Gehirns stablisieren		
	Ossa parietalia (2) (siehe Abbildung 6.6)	*Os occipitale*, *Os frontale*, *Ossa temporalia*, Sphenoid	**Außen**: *Linea temporalis superior* und *inferior*	Ansatz der wichtigsten Muskeln zum Mundschluss		
			Eminentia parietalis	Ansatz der Kopfhaut am Schädel		
	Os frontale (1) (siehe Abbildung 6.7)	*Os parietale*, *Os nasale*, *Os zygomaticum*, Sphenoid, Ethmoid, Maxillae	Frontalnaht	Verschmelzungslinie	*Foramina supraorbitalis*	Durchtritt des sensorischen Astes des *N. opthalmicus* und der *A. supraorbitalis* für Augenbraue und Lider
			Pars squamosa	Ansatz der Muskeln der Kopfschwarte		
			Margo supraorbitalis	Beschützt das Auge		
			Fossa lacrimalis	Gruben für die Tränendrüsen		
			Stirnhöhlen	Reduzieren das Gewicht des Schädels, produzieren Schleim		
			Crista frontalis	Ansatz der Hirnhäute zur inneren Stabilisation		
	Ossa temporalia (2) (siehe Abbildung 6.8)	*Os occipitale*, *Os parietale*, *Os frontale*, *Os zygomaticum*, Sphenoid und Mandibula; umschließen die Gehörknöchelchen und halten das *Os hyoideum* über die *Ligg. stylohyoidea*	**Außen**: *Pars squamosa*: Squama	Ansatz der Kiefermuskulatur	**Außen:** *Canalis caroticus*	Durchtritt der *A. carotis* für das Gehirn

			Fossa mandibularis und *Tuberculum articulare*	Bildet mit der Mandibula das Kiefergelenk	*Foramen styloideum*	Austritt für den Nerv für die Gesichtsmuskulatur
			Processus zygomaticus	Artikuliert mit dem *Os zygomaticum*	*Foramen jugulare* (mit dem *Os occipitale*)	Leitet Blut aus den kleineren Venen der Schädelhöhle ab
			Pars petrosa: *Processus mastoideus*	Ansatz der Muskeln, die den Kopf strecken und drehen	*Meatus acusticus externus*	Eintritt und Durchgang zum Tympanon (Paukenhöhle)
			Processus styloideus	Ansatz des *Lig. stylohyoideum* und der Muskeln zum *Os hyoideum*	*Foramen mastoideum*	Durchtritt der Blutgefäße für die Hirnhäute
			Innen: *Cellulae mastoideae*	Reduzieren das Gewicht des *Processus mastoideus*	**Außen**: *Foramen lacerum* zwischen den *Ossa temporalis* und *occipitalis*	Knorpel und kleine Arterien für die Innenfläche des Schädels
			Pars petrosa	Schützt Mittelohr und Innenohr	**Innen**: *Tuba auditiva*	Verbindet den Luftraum des Mittelohrs mit dem Rachenraum
					Meatus acusticus internus	Durchtritt der Blutgefäße und Nerven für das Innenohr und das *Foramen styloideum*
	Sphenoid (1) (siehe Abbildung 6.9)	*Os occipitale*, *Os frontale*, *Os temporale*, *Os zygomaticum*, *Os palatinum*, Maxillae, Ethmoid und Vomer	**Innen**: *Sella turcica*	Schützt die Hirnanhangsdrüse	*Canalis opticus*	Durchtritt des *N. opticus*
			Processus clinoideus anterior und *posterior*, *Cisterna chiasmatica*	Schützen die Hirnanhangsdrüse und den *N. opticus*	*Canalis opticus*	Durchtritt des *N. opticus*
			Außen: *Processus pterygoideus* und Spinae	Ansatz der Kiefermuskulatur	*Foramen rotundum*	Durchtritt der Sinnesnerven vom Gesicht
					Foramen ovale	Durchtritt der Nerven für das Kiefergelenk
					Foramen spinosum	Durchtritt der Blutgefäße für die Hirnhäute

	Ethmoid (1) (siehe Abbildung 6.10)	*Os frontale*, *Os nasale*, *Os palatinum*, *Os lacrimale*, Sphenoid, Maxillae und Vomer	*Crista galli*	Ansatz der Hirnhäute, die das Gehirn stabilisieren	*Foramina cribrosa*	Durchtritt der *Nn. olfactorii*
			Ethmoidales Labyrinth	Reduziert das Gewicht des Knochens, produziert Schleim		
			Conchae nasales superior und *medialis*	Produzieren Luftverwirbelungen		
			Lamina perpendicularis	Trennt die Nasenhöhlen (mit Vomer und Nasenknorpel)		
VISZEROKRANIUM (14)	**Maxillae** (2) (siehe Abbildung 6.12)	*Os frontale*, *Os zygomaticum*, *Os palatinum*, *Os lacrimale*, Sphenoid, Ethmoid und *Concha nasalis inferior*	Orbitakante	Schützt das Auge	*Fissura orbitalis inferior* und *Foramen infraorbitalis*	Austritt der Nerven, die am *Foramen rotundum* in den Schädel eintreten
			Processus palatinus	Bildet den Großteil des knöchernen Gaumens	*Foramina palatina major* und *minor*	Durchtritt der Sinnesnerven vom Gesicht
			Sinus maxillaris	Reduziert das Gewicht des Knochens, produziert Schleim	*Canalis nasolacrimalis* (mit *Os lacrimale*)	Leitet Tränen vom Tränensack in die Nasenhöhle ab
			Processus alveolaris	Umgibt die Zahnwurzeln		
	Ossa palatina (2) (siehe Abbildung 6.13)	Sphenoid, Maxillae und Vomer		Teil des knöchernen Gaumens und der Orbita		
	Ossa nasalia (2) (siehe Abbildung 6.3c und d sowie 6.15)	*Os frontale*, Ethmoid, Maxillae		Stützen den Nasenrücken		
	Vomer (1) (siehe Abbildung 6.3d und e sowie 6.5 und 6.16)	Ethmoid, Maxillae, *Os palatinum*		Bildet den inferioren und posterioren Anteil des Nasenseptums		
	Conchae nasales inferior (2) (siehe Abbildung 6.3 und 6.16)	Maxillae, *Os palatinum*		Produzieren Luftverwirbelungen		

	Ossa zygomatica (2) (siehe Abbildung 6.3c und d sowie 6.15)	*Os frontale*, *Os temporale*, Sphenoid, Maxillae	*Processus temporalis*	Bilden mit dem *Processus zygomaticus* des *Os temporale* den *Arcus zygomaticus*; Muskelansatzfläche		
	Ossa lacrimalia (2) (siehe Abbildung 6.3c und d sowie 6.15)	Ethmoid, *Os frontale*, Maxillae, *Concha nasalis inferior*			*Fovea nasolacrimalis*	Enthalten den Tränensack
	Mandibula (1) (siehe Abbildung 6.14)	*Os temporale*	Ramus		*Foramen mandibulare*	Durchtritt der Sinnesnerven von Zähnen und Zahnfleisch
			Processus condylaris	Artikuliert mit dem *Os temporale*	*Foramen mentale*	Durchtritt der Sinnesnerven von Kinn und Lippen
			Processus coronoideus	Ansatz des *M. temporalis* von der Oberfläche des *Os parietale*	*Foramen mandibulare*	Durchtritt von Sinnesnerven von Zähnen und Zahnfleisch
			Pars alveolaris	Schützt die Zahnhöhlen		
			Linea mylohyoidea	Ansatz der Muskulatur des Mundbodens		
			Fossa submandibularis	Beschützt die *Glandula submandibularis*		
DEM SCHÄDEL ZUGEORDNETE KNOCHEN (7)	**Os hyoideum** (1) (siehe Abbildung 6.17)	Hängt an Bändern am *Processus styloideus* des *Os temporale*, mit Bändern am Pharynx befestigt	*Cornua majora*	Ansatz der Zungenmuskulatur und der Bänder am Kehlkopf		
			Cornua minora	Ansatz der *Ligg. stylohyoidea*		
	Gehörknöchelchen (3 je Seite = 6)	Jeweils drei in einer *Pars petrosa* eines *Os temporale*		Übertragen Schallwellen vom Trommelfell auf die flüssigkeitsgefüllten Räume des Innenohrs		

Tabelle 6.2: **Schädeloberfläche (Die Ziffern in Klammern kennzeichnen die Anzahl der einzelnen Knochen beim Erwachsenen).**

Abbildung 6.18: Schädel eines Säuglings. Die flachen Knochen des Säuglingsschädels sind durch die Fontanellen voneinander getrennt, die eine Vergrößerung des Schädels und seine Deformierung unter der Geburt erlauben. Im Alter von etwa vier Jahren schließen sie sich mit Abschluss des Schädelwachstums. (a) Von lateral. (b) Von superior. (c) Von anterior. (d) Von posterior.

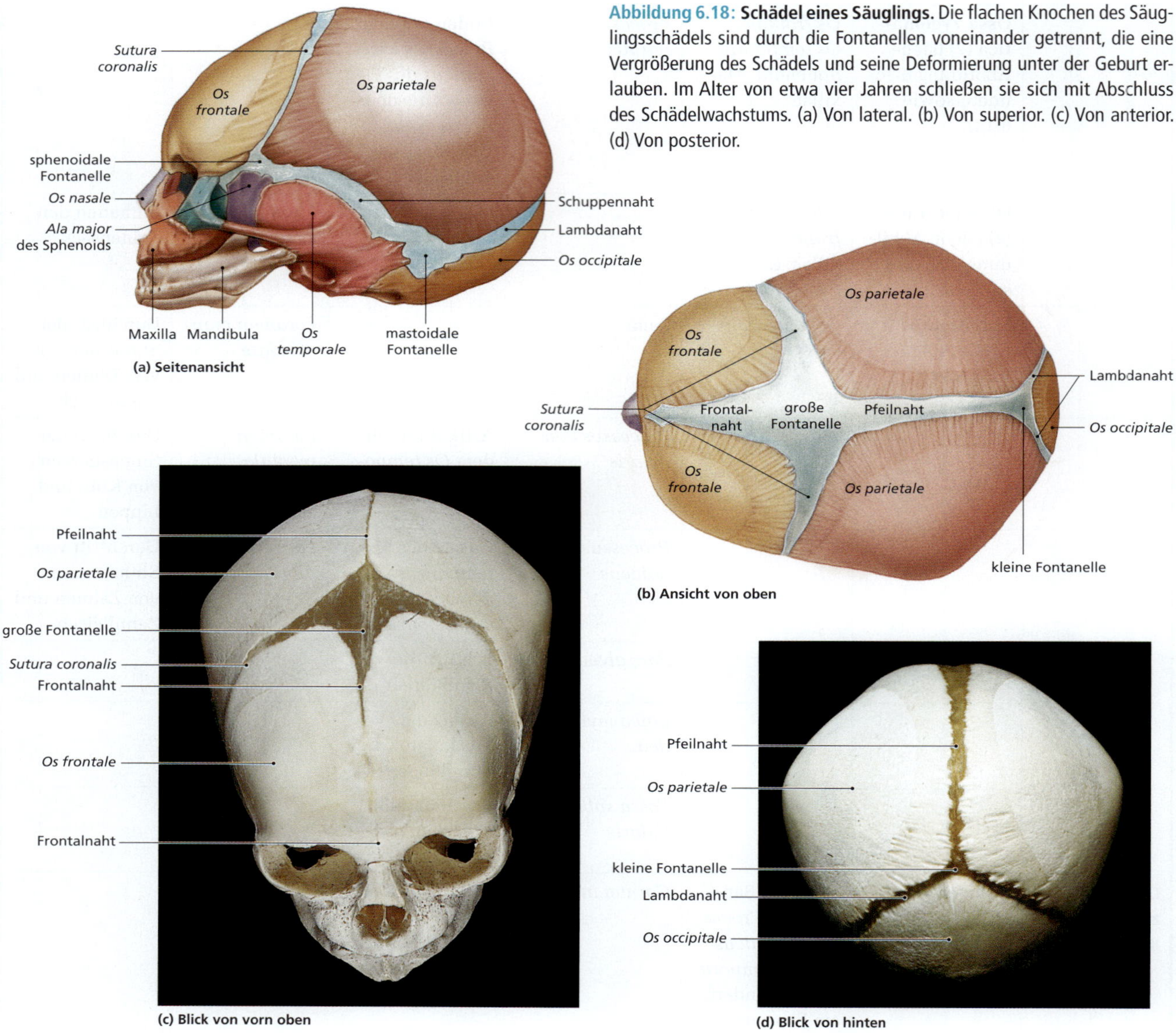

Die Wirbelsäule 6.2

Den übrigen Anteil des Achsenskeletts machen die Wirbelsäule und der Brustkorb aus. Die **Wirbelsäule** des Erwachsenen besteht aus 26 Knochen, 24 Wirbeln, dem *Os sacrum* (Kreuzbein) und dem *Os coccygeum* (Steißbein). Die Wirbel bilden eine Stützsäule; sie tragen das Gewicht von Kopf, Hals und Rumpf und übertragen letztendlich diese Last auf die untere Extremität. Sie umhüllen auch das Rückenmark, bieten Durchgänge für die Spinalnerven, die am Rückenmark beginnen oder enden, und helfen bei der Aufrichtung des Körpers im Sitzen oder Stehen.

Die Wirbelsäule ist in **Regionen** aufgeteilt. Vom Schädel angefangen, sind dies die zervikalen, thorakalen, lumbalen, sakralen und kokzygealen Regionen (**Abbildung 6.19**). Jede Region der Wirbelsäule hat eine andere Funktion; daher weisen auch die Wirbel der einzelnen Regionen anatomische Besonderheiten auf, die ihnen ihre speziellen Aufgaben ermöglichen. Dazu kommt noch, dass die Wirbel an den Übergängen zwischen den Regionen anatomische Charakteristika beider Regionen zeigen.

Sieben **zervikale Wirbel** bilden den Hals; sie reichen nach inferior bis an den Rumpf. Der erste Halswirbel bildet mit den okzipitalen Kondylen des Schädels ein Gelenk. Der siebte Halswirbel artikuliert mit dem ersten thorakalen Wirbel. Der mittlere Rücken wird von zwölf **Brustwirbeln** gebildet; jeder von ihnen bildet Gelenke mit einem oder mehreren Rippenpaaren. Der zwölfte Brustwirbel artikuliert mit dem ersten lumbalen Wirbel. Fünf **Lendenwirbel** bilden den unteren Rücken; der fünfte artikuliert mit dem *Os sacrum*, das wiederum mit dem *Os coccygeum* ein Gelenk formt. Die zervikale, thorakale und lumbale Region bestehen jeweils aus einzelnen Wirbeln. Das *Os sacrum* beginnt seine Entwicklung als fünf einzelne Wirbel, das *Os coccygeum* besteht ursprünglich aus drei bis fünf kleinen

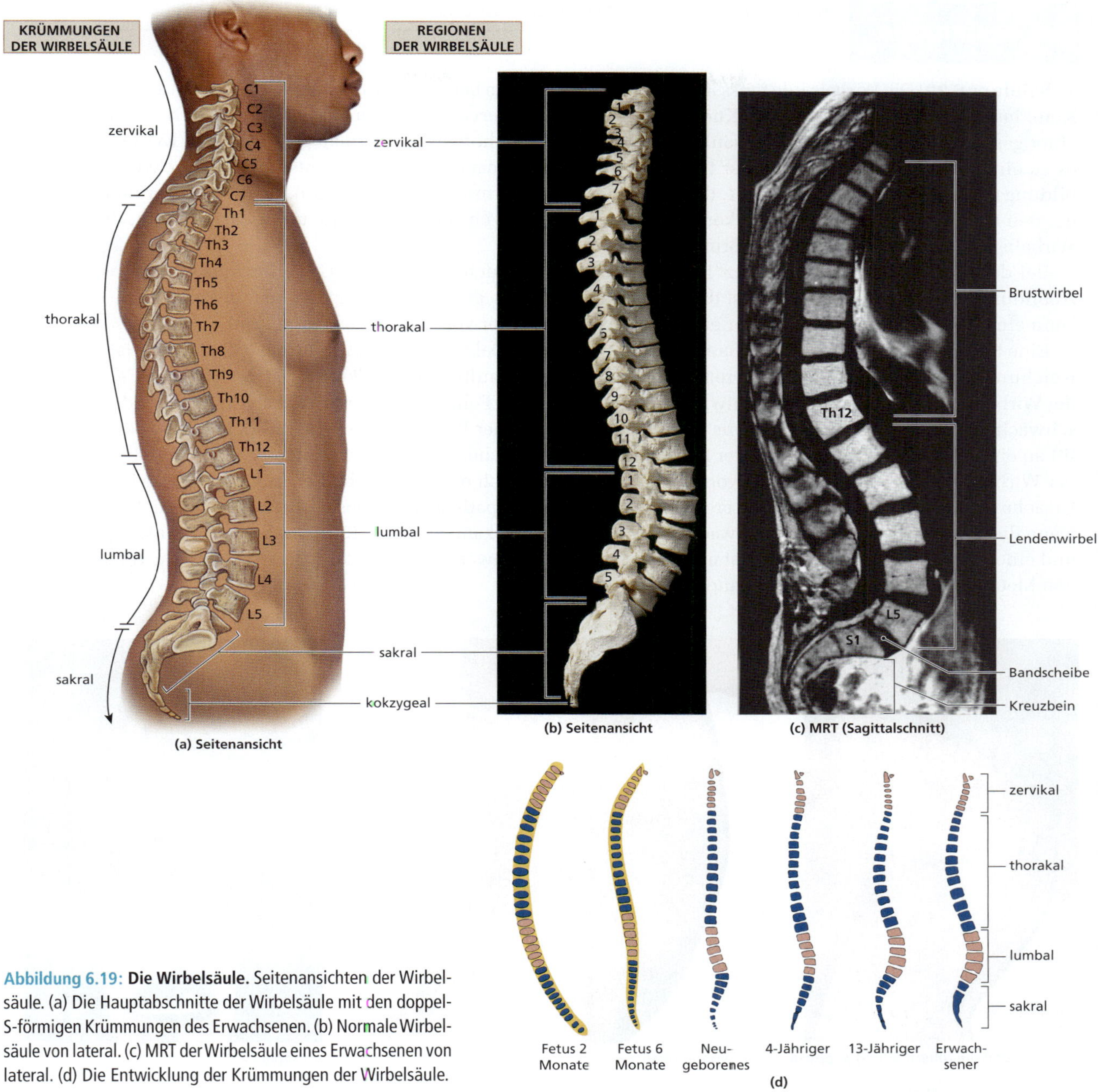

Abbildung 6.19: Die Wirbelsäule. Seitenansichten der Wirbelsäule. (a) Die Hauptabschnitte der Wirbelsäule mit den doppel-S-förmigen Krümmungen des Erwachsenen. (b) Normale Wirbelsäule von lateral. (c) MRT der Wirbelsäule eines Erwachsenen von lateral. (d) Die Entwicklung der Krümmungen der Wirbelsäule.

Wirbeln. Die Wirbel des Kreuzbeins sind gewöhnlich bis zum 25. Lebensjahr vollständig miteinander verwachsen. Die distalen kokzygealen Wirbel beenden ihre Ossifikation erst in der Pubertät; die Fusion erfolgt später zu einem variablen Zeitpunkt. Die Gesamtlänge der Wirbelsäule eines Erwachsenen beträgt durchschnittlich ca. 71 cm.

6.2.1 Die Krümmungen der Wirbelsäule

Die Wirbelsäule ist keine kerzengerade, starre Struktur. Die Seitenansicht der Wirbelsäule eines Erwachsenen zeigt vier Krümmungen (siehe Abbildung 6.19a–c): 1. die zervikale Krümmung (zervikale Lordose), 2. die thorakale Krümmung (thorakale Kyphose), 3. die lumbale Krümmung (lumbale Lordose) und 4. die sakrale Krümmung (sakrale Kyphose). Die Reihenfolge der Erscheinung der Krümmungen der Wirbelsäule vom Fetus über das Neugeborene und das Kind bis hin zum Erwachsenen sehen Sie in Abbildung 6.19d. Die thorakalen und sakralen Krümmungen nennt man **primäre Krümmungen**, da sie bereits in der späten Fetalentwicklung auftreten. Man bezeichnet sie auch als Akkomodationkrümmungen, weil sie die Organe von Thorax und Bauch beinhalten. Die Wirbelsäule des Neugeborenen hat, da nur die primären Krümmungen vorhanden sind,

AUS DER PRAXIS

Kyphose, Hyperlordose und Skoliose

(**Abbildung 6.20**) Die Wirbelsäule muss Rumpf und Kopf mit allen beteiligten Knochen und Gelenken ausbalancieren. Krankheiten oder Ereignisse, die die Knochen, Muskeln oder Nerven schädigen, können zu verzerrten Formen und einer gestörten Funktion der Wirbelsäule führen. Bei einer pathologisch übermäßig **verstärkten Kyphose** kommt es zu einer abnormen Verstärkung der thorakalen Krümmung nach posterior; es entsteht ein „Buckel" (siehe Abbildung 6.20a). Dieser Zustand kann 1. durch eine Osteoporose mit Kompressionsfrakturen hervorgerufen werden, die den anterioren Anteil der Wirbelkörper betreffen, 2. durch chronische Kontrakturen der Muskeln, die an den Wirbeln ansetzen, oder 3. durch abnorm gewachsene Wirbel.

Bei der **Hyperlordose** („Hohlkreuz") stehen sowohl der Bauch als auch das Gesäß abnorm weit hervor (siehe Abbildung 6.20b). Der Grund dafür ist die nach anterior übersteigerte Krümmung der Lendenwirbelsäule. Ursache kann eine Fettsucht des Bauches oder eine Muskelschwäche der vorderen Bauchwand sein.

Eine **Skoliose** ist eine abnorme laterale Krümmung der Wirbelsäule (siehe Abbildung 6.20c). Diese laterale Abweichung kann bei einem oder mehreren beweglichen Wirbeln auftreten. Die Skoliose ist die häufigste Fehlstellung der Wirbelsäule. Ursachen können Entwicklungsstörungen, wie Fehlbildungen der Wirbelkörper, sein oder Muskelschwächen, die eine Seite des Rückens betreffen, wie nach einer Polioinfektion. Der „Glöckner von Notre Dame" litt an einer schweren Skoliose; vor der Entwicklung antibiotischer Therapien war oft eine Knochentuberkulose in der Wirbelsäule die Ursache. In vier von fünf Fällen ist es jedoch nicht möglich, die strukturelle oder funktionelle Ursache der abnormen Krümmung zu ergründen. Diese sog. idiopathische Skoliose betrifft oft jugendliche Mädchen, wenn diese gerade besonders schnell wachsen. Die Behandlung kann aus einer Kombination aus Krankengymnastik und einem Korsett bestehen, mit meist nur mäßigem Erfolg. Schwere Fälle werden operativ durch die Implantation von Metallstangen oder Drähten behandelt.

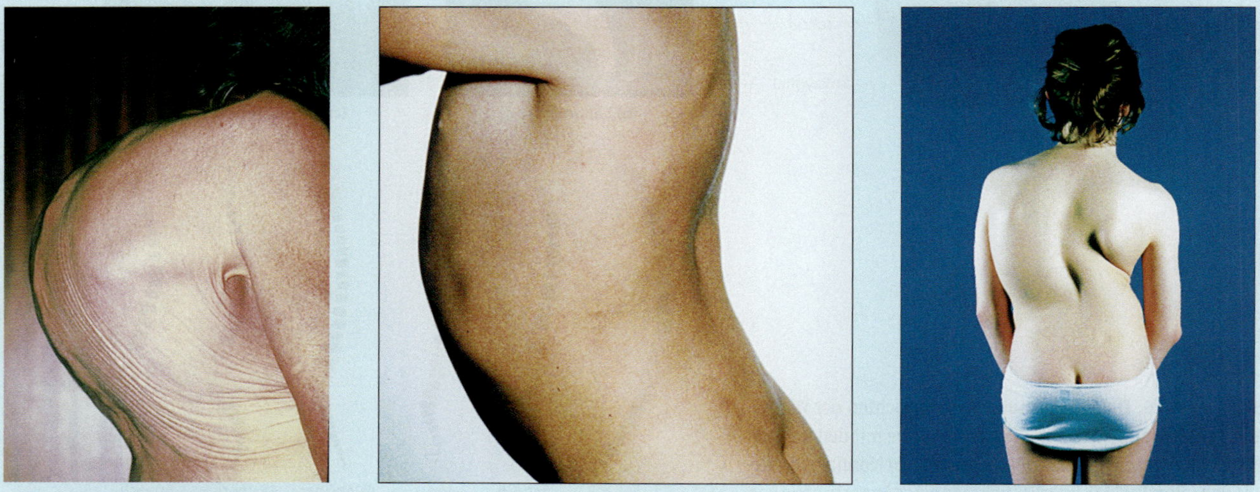

(a) Pathologische (übermäßige) Kyphose (b) Hyperlordose (c) Skoliose

Abbildung 6.20: Pathologische Krümmungen der Wirbelsäule.

die Form eines „C", während sie beim Erwachsenen an ein umgekehrtes „S" erinnert. Die lumbalen und zervikalen Kurven, die **sekundären Krümmungen**, erscheinen erst einige Monate nach der Geburt. Man nennt sie auch Kompensationskrümmungen, da sie dem Kleinkind helfen, beim Stehenlernen das Gewicht des Rumpfes über die Beine zu verlagern. Sie verdeutlichen sich, wenn das Kind Gehen und Laufen lernt. Alle vier Kurven sind im Alter von zehn Jahren vollständig ausgeprägt.

Im Stand muss das Körpergewicht über die Wirbelsäule auf die Hüften und letztendlich auf die Beine übertragen werden. Der Großteil des Körpergewichts liegt allerdings vor der Wirbelsäule. Die verschiedenen Krümmungen bringen das Gewicht auf die Körperachse und über den Schwerpunkt. Was tut man automatisch, wenn man einen schweren Gegenstand hebt? Um nicht vornüber zu kippen, verstärkt man die lumbale Krümmung, um das Gewicht und damit den Hauptschwerpunkt näher an die Körperachse zu bringen. Diese Position kann zu Beschwerden an der unteren Wirbelsäule führen. Aus demselben Grunde leiden Frauen in den letzten drei Monaten einer Schwangerschaft oftmals unter chronischen Schmerzen in der Lendenwirbel-

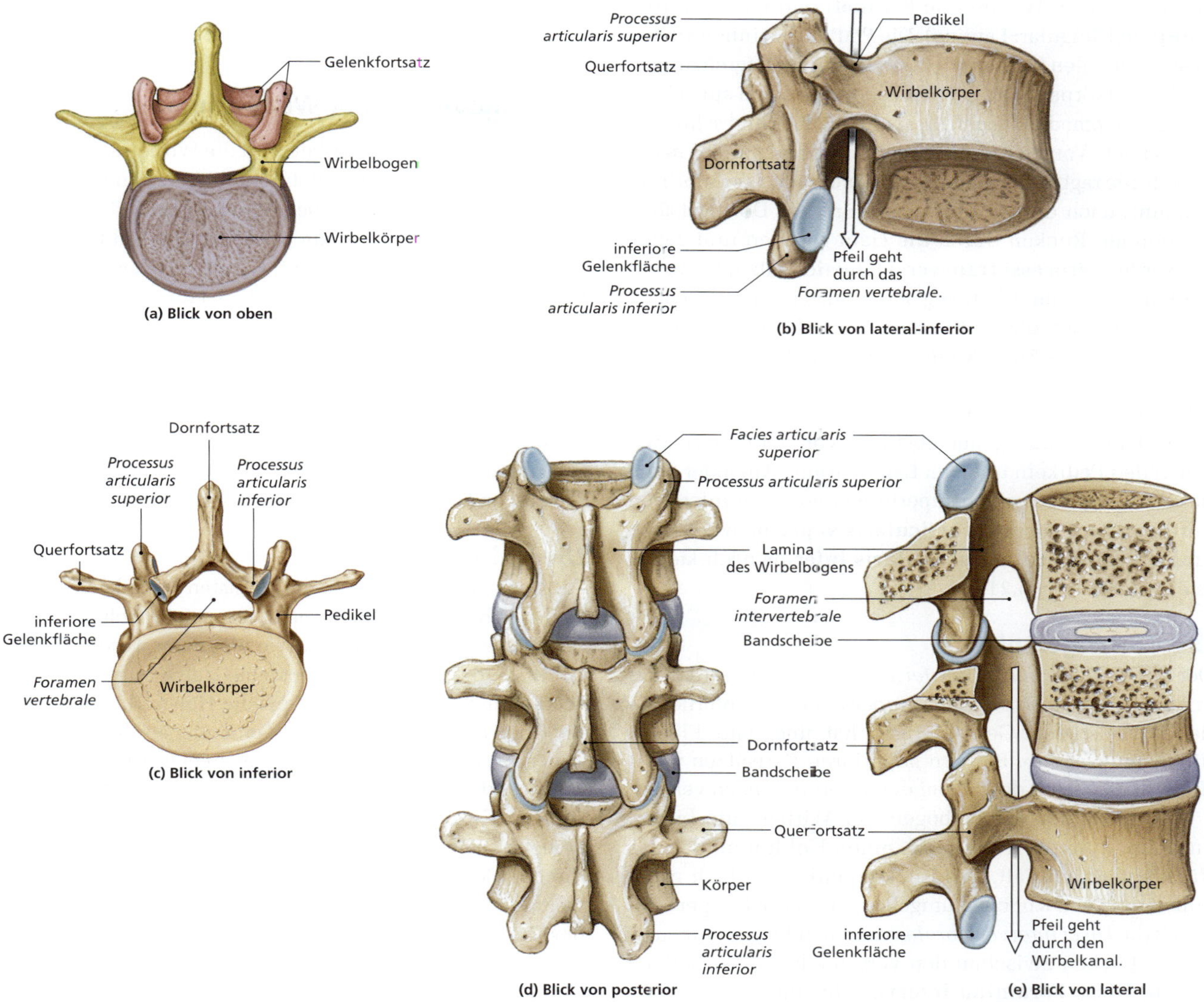

Abbildung 6.21: Anatomie der Wirbel. Die Anatomie eines typischen Wirbels und die Anordnung der Gelenkverbindungen zwischen den Wirbeln. (a) Wirbel von superior. (b) Wirbel von lateral und schräg unten. (c) Wirbel von inferior. (d) Drei Wirbel von posterior. (e) Drei Wirbel von lateral mit Querschnitt.

säule, da sich die lumbale Krümmung zum Ausgleich für das zunehmende Gewicht des Ungeborenen verändert hat. Sicherlich haben Sie schon einmal Bilder von Menschen in Afrika oder Südamerika gesehen, die schwere Lasten auf dem Kopf tragen. Das erhöht zwar die Last auf die Wirbelsäule, doch da das Gewicht genau in der Körperachse liegt, sind die spinalen Krümmungen nicht betroffen, und die Belastung ist minimiert.

6.2.2 Anatomie der Wirbel

Alle Wirbel haben eine gemeinsame Grundstruktur (**Abbildung 6.21**). Nach anterior hat jeder Wirbel einen relativ dicken zylindrischen bis ovalen **Wirbelkörper**, von dem aus nach posterior der **Wirbelbogen** abzweigt. Verschiedene Fortsätze für Muskelansätze oder Gelenke mit den Rippen gehen vom Wirbelbogen aus. An den inferioren und superioren Flächen der Wirbelbögen ragen die Gelenkfortsätze heraus. Hier artikulieren die benachbarten Wirbel miteinander (siehe Abbildung 6.21d und e).

Der Wirbelkörper

Der Wirbelkörper ist der Teil des Wirbels, der Gewicht an der Achse der Wirbelsäule entlang leitet (siehe Abbildung 6.21e). Jeder Wirbel artikuliert mit den benachbarten Wirbeln; die Wirbelkörper sind durch Ligamente miteinander verbunden und durch Platten aus Faserknorpel, die Bandscheiben *(Discus intervertebralis)*, voneinander getrennt. Da die Bandscheiben in der Regel keinen Gelenkspalt aufweisen, handelt es sich hierbei um Synchondrosen.

Der Wirbelbogen

Der Wirbelbogen (siehe Abbildung 6.21) bildet die laterale und posteriore Begrenzung des **Foramen vertebralis**, das in vivo einen Abschnitt des Rückenmarks umgibt. Der Wirbelbogen hat einen Boden (die posteriore Wand des

Wirbelkörpers), Wände (die **Pedikel**) und ein Dach (die **Laminae**)(Singular: Lamina). Die Pedikel beginnen an den posterolateralen (posterioren und lateralen) Begrenzungen des Wirbelkörpers. Die Laminae erstrecken sich auf beiden Seiten dorsomedial (nach dorsal und medial) und schließen so das Dach. Vom Verschmelzungspunkt der Laminae in der Mittellinie ragt der **Processus spinosus**, auch Dornfortsatz genannt, nach dorsal (und posterior). Die Dornfortsätze können am Rücken durch die Haut gesehen und getastet werden. **Processi transversi** (Querfortsätze) ragen auf beiden Seiten vom Übergang der Pedikel zur Lamina nach lateral oder dorsolateral heraus. Diese Fortsätze dienen den Muskeln als Ansätze oder sie artikulieren mit Rippen.

Die Gelenkfortsätze

Die Gelenkfortsätze gehen ebenfalls von der Grenze zwischen den Pedikeln und den Laminae aus. Auf jeder Seite des Wirbels gibt es einen superioren und einen inferioren Fortsatz. Der **Processus articularis superior** weist nach kranial, der **Processus articularis inferior** nach kaudal (siehe Abbildung 6.21).

Die Wirbelgelenke

Der *Processus articularis inferior* eines Wirbels artikuliert mit dem *Processus articularis superior* des darunterliegenden Wirbels. Jeder Gelenkfortsatz hat eine glatte Fläche, die **Gelenkfacette**. Bei den superioren Fortsätzen weist diese Fläche nach dorsal, bei den inferioren nach ventral.

Die einzelnen Wirbelbögen der Wirbelsäule bilden zusammen den **Wirbelkanal**, einen Hohlraum, der das Rückenmark enthält. Das Rückenmark ist jedoch nicht vollständig von Knochen umgeben; die Wirbelkörper sind durch die *Disci intervertebrales* voneinander getrennt, und es gibt Lücken zwischen den verschiedenen Wirbelfortsätzen. Diese **Foramina intervertebralia** (siehe Abbildung 6.21) sind die Durchgänge für die Nerven, die vom Rückenmark ausgehen oder zu ihm hinziehen.

6.2.3 Regionen der Wirbelsäule

Zur Beschreibung der Wirbel wird die Wirbelsäulenregion mit Buchstaben gekennzeichnet; eine Nummer verweist auf einen bestimmten Wirbel. Man beginnt mit dem Halswirbel, der am nächsten am Schädel liegt. Mit C3 ist also der dritte Halswirbel gemeint; C1 ist der Halswirbel, der mit der Schädelbasis artikuliert. L4 ist demnach der vierte Lendenwirbel; L1 artikuliert mit dem letzten Brustwirbel (siehe Abbildung 6.19a). Diese Abkürzungen werden im weiteren Text verwendet. Obwohl jeder Wirbel charakteristische Merkmale und Gelenke hat, konzentrieren Sie sich auf die allgemeinen Kennzeichen jeder Region und darauf, wie die regionalen Unterschiede die Hauptfunktionen der jeweiligen Gruppe von Wirbeln bestimmen.

Die Halswirbel

Die sieben Halswirbel sind die kleinsten Wirbel der Wirbelsäule (**Abbildung 6.22**). Sie befinden sich zwischen dem *Os occipitale* und dem Thorax. Wie Sie sehen werden, haben der erste, der zweite und der siebte Halswirbel besondere Merkmale und gelten als atypische Halswirbel, während der dritte bis sechste Halswirbel einander ähnlich sind und daher als typische Halswirbel bezeichnet werden. Beachten Sie, dass der Wirbelkörper im Vergleich zur Größe des dreieckigen *Foramen vertebralis* relativ klein ist. Auf dieser Höhe enthält das Rückenmark noch die meisten Nerven, die das Gehirn mit dem Rest des Körpers verbinden. Im weiteren Verlauf des Wirbelkanals nimmt der Durchmesser des Rückenmarks ab, ebenso auch die Größe der Wirbelbögen. Andererseits tragen die Halswirbel auch nur das Gewicht des Kopfes, sodass die Wirbelkörper relativ klein

Region (Anzahl der Wirbel)	Wirbelkörper	*Foramen vertebralis*	Dornfortsatz	Querfortsatz	Funktionen
Halswirbel (7) (siehe Abbildung 6.22)	Klein, oval, gebogene Flächen	Groß	Lang, gespalten, Spitze weist nach inferior	Hat *Foramina transversria*	Stützen den Schädel, stabilisieren die relativen Positionen von Gehirn und Rückenmark, erlauben kontrollierte Bewegung des Kopfes
Brustwirbel (12) (siehe Abbildung 6.24)	Mittelgroß, herzförmig, flache Flächen, Facetten für die Artikulation mit den Rippen	Mittel	Lang, schmal, nicht gespalten, Spitze weist nach inferior	Alle bis auf zwei (Th11 und Th12) haben Facetten für die Artikulation mit den Rippen.	Tragen das Gewicht von Kopf, Hals, Armen und den Thoraxorganen; artikulieren mit den Rippen und ermöglichen so Volumenänderungen des Brustkorbs
Lendenwirbel (5) (siehe Abbildung 6.25)	Sehr groß, oval, flache Flächen	Klein	Abgerundet; die breite Spitze weist nach posterior	Kurz, keine Gelenkflächen oder *Foramina transversa*	Tragen das Gewicht von Kopf, Hals, Armen und den Organen in Thorax und Bauchhöhlen

Tabelle 6.3: Regionale Unterschiede in Struktur und Funktion der Wirbel (Die Ziffern in Klammern kennzeichnen die Anzahl der einzelnen Knochen beim Erwachsenen).

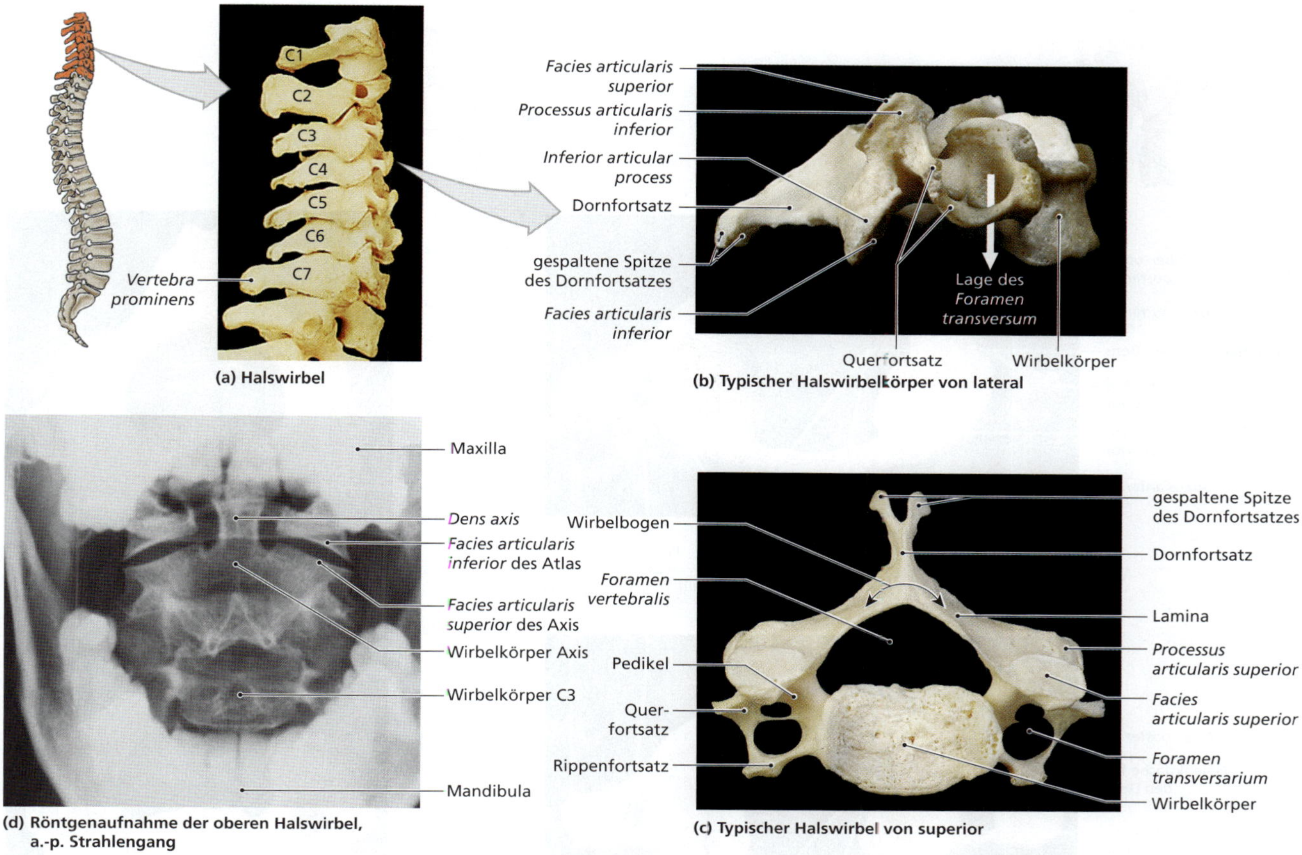

Abbildung 6.22: Halswirbel. Dies sind die kleinsten und obersten Wirbel. (a) Halswirbel von lateral. (b) Typischer Halswirbel (C3 – C6) von lateral. (c) Derselbe Wirbel von superior. Beachten Sie die Charakteristika in Tabelle 6.3. (d) Röntgenaufnahme der oberen Halswirbel im a.-p. (anterior-posterioren) Strahlengang. Der Mund ist geöffnet; die untere Zahnreihe ist sichtbar.

und leicht sein können. Je weiter man an der Wirbelsäule nach unten kommt, desto höher ist die Belastung; die Größe der Wirbelkörper nimmt daher langsam zu.

Bei einem **typischen Halswirbel** (C3 – C6) ist die Oberfläche des Wirbelkörpers von der einen zur anderen Seite konkav gewölbt und fällt schräg ab, wobei die anteriore Kante inferior der posterioren Kante steht. Der Dornfortsatz ist relativ plump; er ist meist kürzer als der Durchmesser des *Foramen intervertebralis*. Außer bei C7 hat er an der Spitze eine tiefe Einziehung. Einen solchen Dornfortsatz nennt man *bifidus* (lat.: bifidus = zweigespalten). Lateral sind die Querfortsätze zum **Processus costalis** (Rippenfortsatz) verschmolzen, der am ventrolateralen Anteil des Wirbelkörpers entspringt. Der Zusatz *costalis* bezieht sich auf die Rippe; die Fortsätze sind die verschmolzenen Überbleibsel von Halsrippen. Die Rippen- und die Querfortsätze umgeben die großen runden *Foramina transversaria*. Diese Durchgänge beschützen die *Aa.* und *Vv. vertebrales*, wichtige Blutgefäße, die das Gehirn versorgen.

Diese Beschreibung passt auf alle Halswirbel bis auf die ersten beiden. Die Gelenke der Halswirbel C3 – C7 erlauben eine größere Beweglichkeit als die anderer Regionen. Die ersten beiden Halswirbel sind einzigartig, und der siebte ist modifiziert. Die Merkmale der Halswirbelsäule sind in Tabelle 6.3 zusammengefasst.

Der Atlas (C1) Mit der superioren Gelenkfläche am superioren Gelenkfortsatz artikuliert der Atlas mit dem okzipitalen Kondylus am Schädel; so hält er den Kopf hoch. Der Atlas ist nach einer Gestalt aus der griechischen Mythologie benannt, die das ganze Himmelsgewölbe trug. Das Gelenk zwischen dem okzipitalen Kondylus und dem Atlas erlaubt das Nicken des Kopfes, nicht aber Drehbewegungen. Der Atlas kann anhand der folgenden Merkmale von den anderen Wirbeln unterschieden werden: Er hat 1. keinen Wirbelkörper, 2. zwei halbkreisförmige **Wirbelbögen**, einen posterior und einen anterior, wobei jeder Bogen anteriore und posteriore **Tuberkel** besitzt, er hat 3. ovale **superiore Gelenkflächen** und runde **inferiore Gelenkflächen** und weist 4. das größte *Foramen vertebralis* von allen Wirbeln auf. Aufgrund dieser Modifikationen hat das Rückenmark mehr Platz, sodass es das hohe Bewegungsausmaß der Wirbelsäule in dieser Region ohne Schaden toleriert.

Der Atlas artikuliert mit dem zweiten Halswirbel, dem Axis. Dieses Gelenk gestattet eine Rotationsbewegung (Kopfschütteln).

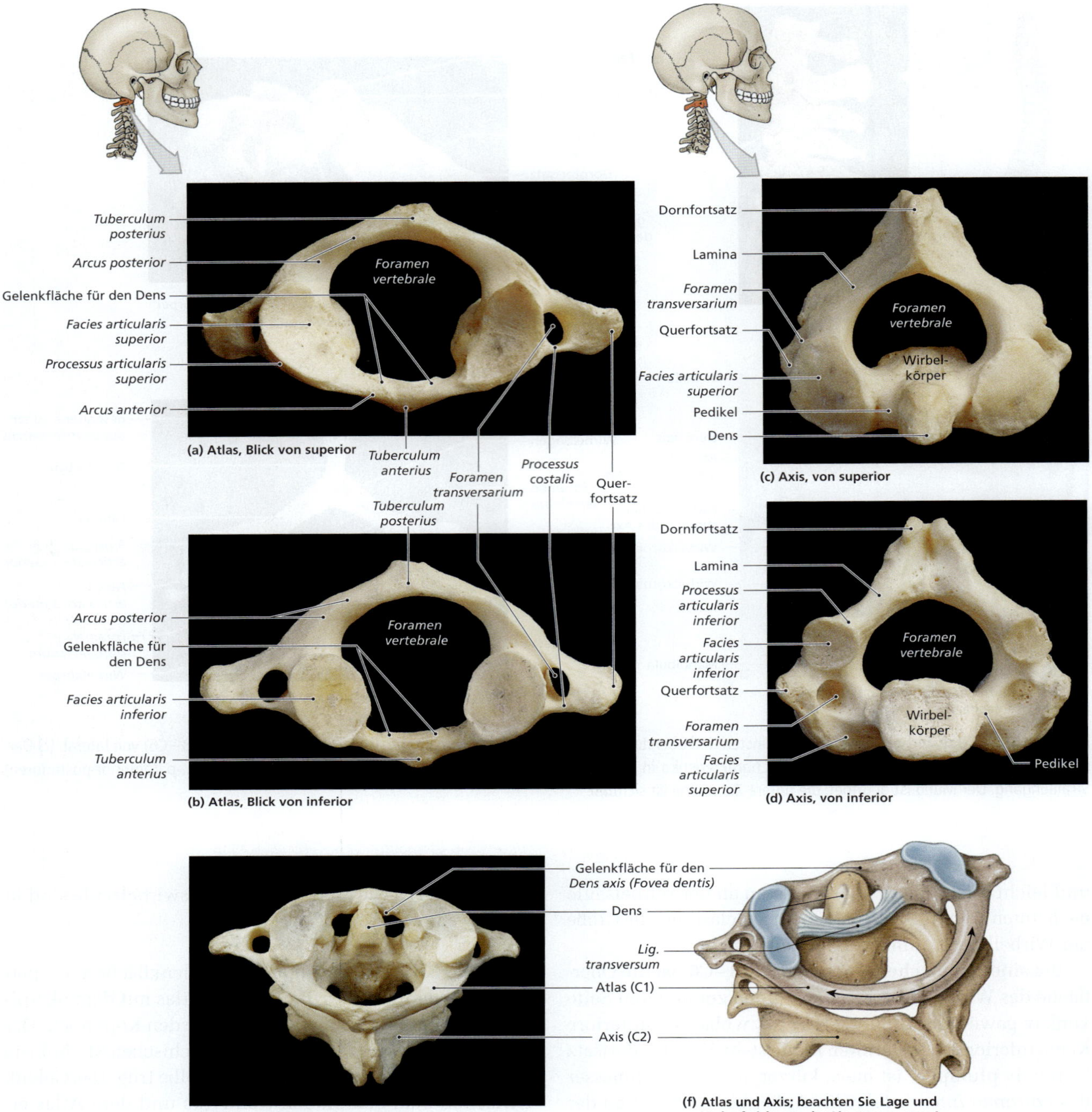

(a) Atlas, Blick von superior
(b) Atlas, Blick von inferior
(c) Axis, von superior
(d) Axis, von inferior
(e) Atlas und Axis, superior-posterior
(f) Atlas und Axis; beachten Sie Lage und Verlaufsrichtung des Lig. transversum!

Abbildung 6.23: Atlas und Axis. Besondere Merkmale von C1 (Atlas) und C2 (Axis). (a) Atlas von superior und (b) von inferior. (c) Axis von superior und (d) von inferior. (e) Atlas und Axis von superior und posterior. (f) Atlas (C1) und Axis (C2) mit dem Lig. transversum, das den Dens axis in Position an der Gelenkfacette des Atlas hält.

Der Axis (C2) Während der Entwicklung verschmilzt der Wirbelkörper des ersten Wirbels mit dem des zweiten Wirbels, dem Axis. So entsteht der **Dens axis** (lat.: dens = der Zahn) oder *Processus odontoideus* (griech.: odons = der Zahn) des Axis. Daher gibt es zwischen Atlas und Axis auch keine Bandscheibe. Ein *Lig. transversum* verbindet den *Dens axis* mit der Innenfläche des Atlas und bildet so eine Art Achse bei der Rotation von Atlas und Schädel über dem Rest der Wirbelsäule. So kann der Kopf zur Seite gedreht werden, wie beim Kopfschütteln (**Abbildung 6.23**e und f). Muskeln, die für die Bewegungen von Kopf und Hals von Bedeutung sind, setzen am besonders kräftig ausgeprägten Dornfortsatz des Axis an.

Bei Kindern ist die Verschmelzung von Dens und Axis noch nicht abgeschlossen; ein heftiger Stoß oder auch nur heftiges Schütteln können zu einem Densabriss und schwe-

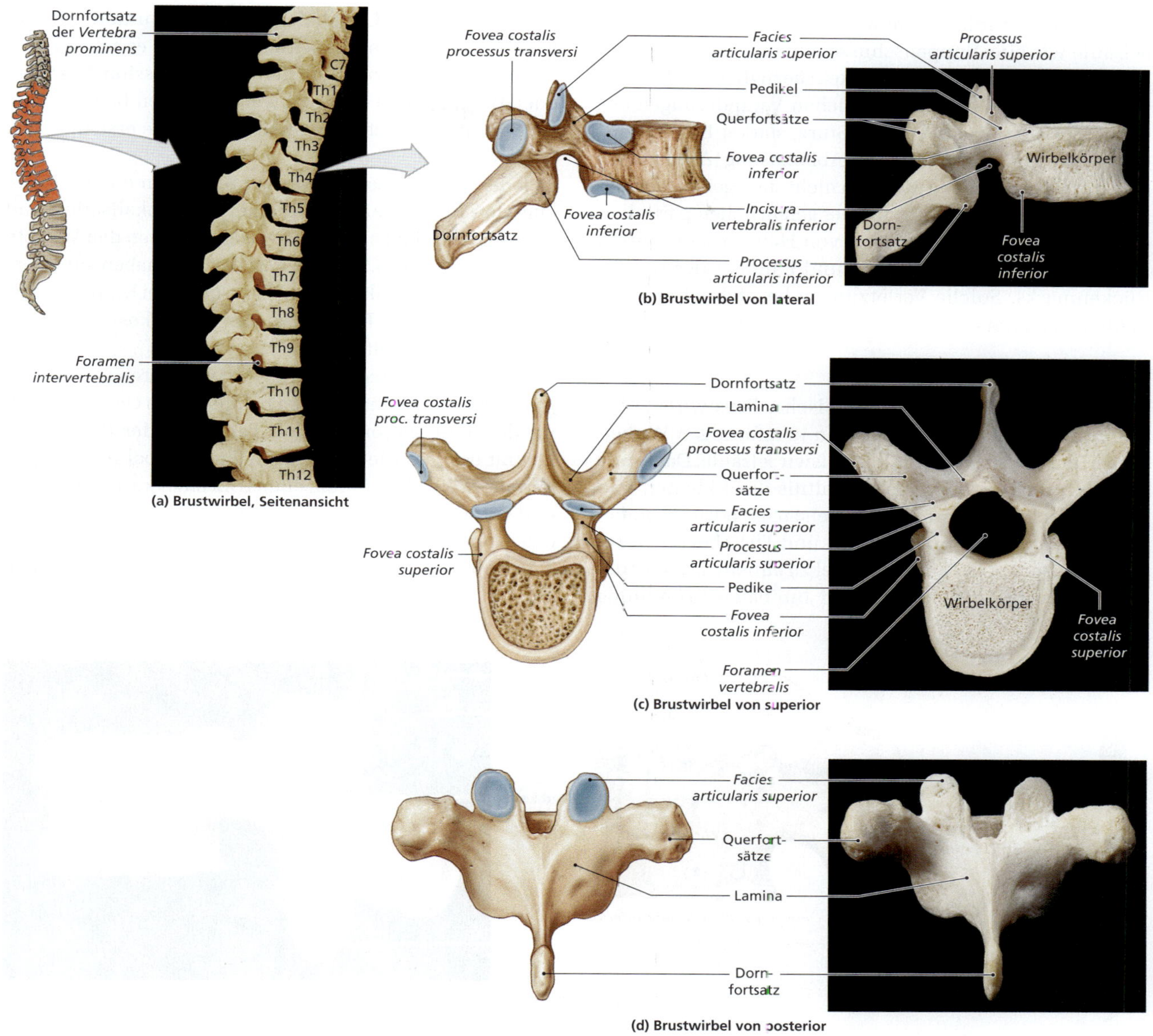

Abbildung 6.24: Die Brustwirbel. Jeder Brustwirbelkörper artikuliert mit einer Rippe. Beachten Sie die Charakteristika in Tabelle 6.3. (a) Thorakale Region der Wirbelsäule von lateral. Vertebra prominens (C7) ähnelt Th1, hat aber keine Gelenkfläche für eine Rippe. (b) Repräsentativer Brustwirbel von lateral, (c) von superior und (d) von posterior.

ren Verletzungen des Rückenmarks führen. Bei Erwachsenen ist ein Schlag auf die Schädelbasis ebenso gefährlich, da eine Luxation des Atlas-Axis-Gelenks den Dens mit tödlichen Folgen in den Hirnstamm drücken kann.

Vertebra prominens (C7) Der Übergang von einer Region der Wirbelsäule zur nächsten ist nicht abrupt; der unterste Wirbel einer Region ähnelt meist dem obersten der nächsten Region. *Vertebra prominens* (C7) hat einen langen, schlanken Dornfortsatz mit einem kräftigen Tuberkulum an der Spitze, das man am unteren Hals durch die Haut tasten kann. Dieser Wirbel, in Abbildung 6.22a und Abbildung 6.24a dargestellt, ist der Übergang zwischen der zervikalen Krümmung (Halslordose), die sich nach anterior wölbt, und der thorakalen Krümmung, die sich nach posterior wölbt (Brustkyphose). Die Querfortsätze sind groß; sie dienen als zusätzliche Muskelansatzfläche. *Foramina transversaria* sind entweder sehr klein oder gar nicht vorhanden. Ein großes elastisches Band, das **Lig. nuchae** (lat.: nucha = der Nacken), beginnt an der *Vertebra prominens* und zieht nach kranial an seine Ansatzfläche an der *Crista occipitalis externa*. Unterwegs ist es mit den Dornfortsätzen der übrigen Halswirbel verbunden. Wenn der Kopf aufrecht gehalten wird, sorgt dieses Ligament wie die Sehne eines Bogens dafür, dass die zervikale Krümmung ohne muskuläre Beteiligung aufrechterhalten werden kann. Ist der Kopf vornüber gebeugt, hilft die Elastizität des Bandes bei der Aufrichtung.

Der Kopf ist relativ massiv; er sitzt auf der Halswirbelsäule wie eine Suppenschüssel auf einer Fingerspitze. Daher können schon kleine Muskeln bezüglich der Balance viel ausrichten. Doch bei plötzlichen Veränderungen der Körperposition, wie bei einem Sturz, starker Beschleunigung (Start eines Düsenjets) oder Abbremsung (Autounfall), sind die balancierenden Muskeln nicht stark genug, um den Kopf zu halten. Dies kann zu einer gefährlichen partiellen oder vollständigen Dislokation von Halswirbeln führen, mit Verletzungen der Muskeln und Bänder oder gar des Rückenmarks. Solche Verletzungen bezeichnet man als **Schleudertrauma**.

Die Brustwirbel

Es gibt zwölf Brustwirbel. Ein typischer Brustwirbel (**Abbildung 6.24**) hat einen typischen herzförmigen Wirbelkörper, der größer ist als die der Halswirbelsäule. Das runde *Foramen vertebralis* ist im Verhältnis dazu kleiner, und der lange schlanke Dornfortsatz weist nach posterokaudal. Die Dornfortsätze von Th10, Th11 und Th12 beginnen zunehmend, denen der Lendenwirbel zu ähneln, je näher der Übergang von der thorakalen zur lumbalen Krümmung rückt. Wegen des Gewichts, das auf den unteren Brustwirbeln und den Lendenwirbeln lastet, ist es schwer, den Übergangsbereich zu stabilisieren. Kompressionsfrakturen oder Wirbelgleiten nach schweren Stürzen betreffen am häufigsten den letzten Brustwirbel und die ersten beiden Lendenwirbel.

Jeder Brustwirbel artikuliert mit Rippen an der dorsolateralen Fläche seines Wirbelkörpers. Lokalisation und Aufbau der Gelenke variieren etwas zwischen den Wirbeln (siehe Abbildung 6.24b und c). Th1–Th8 haben superiore und inferiore Gelenkfacetten, da sie mit zwei Rippenpaaren artikulieren. Th9–Th 12 haben nur je eine kostale Gelenkfläche auf jeder Seite.

Die Querfortsätze von Th1–Th10 sind relativ dick; an ihren anterolateralen Flächen befinden sich Gelenkflächen für die Artikulation mit den Tuberkeln der Rippen. So kommt es, dass die ersten zehn Brustwirbel ihre Rippen jeweils zweimal berühren, einmal an einer kostalen Facette und einmal am Querfortsatz. Diese duale Artikulation mit den Rippen schränkt die Beweglichkeit der Brustwirbel ein. Tabelle 6.3 fasst die Merkmale der Brustwirbel zusammen.

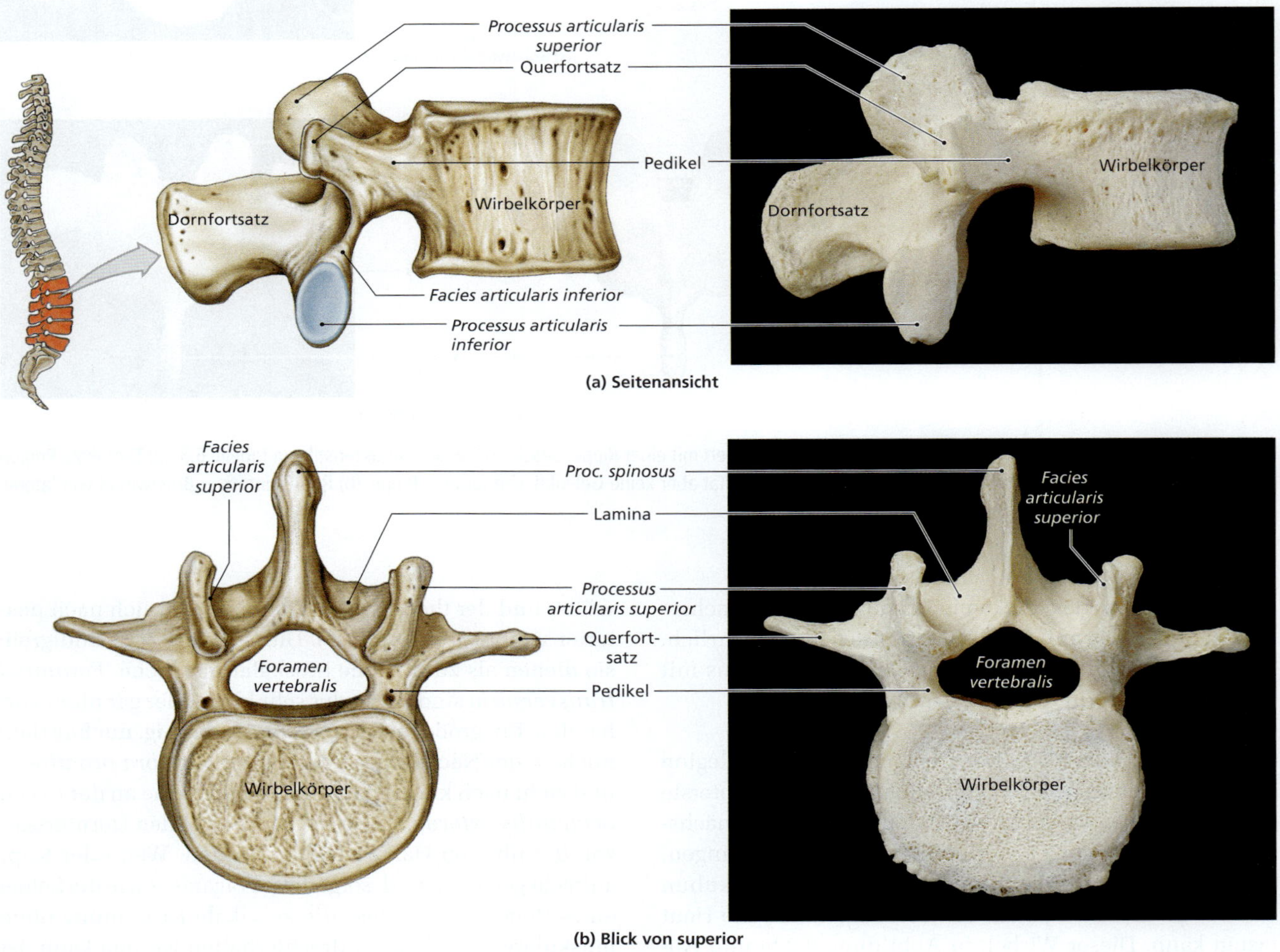

Abbildung 6.25: Die Lendenwirbel. Die Lendenwirbel sind die größten Wirbel; sie tragen das größte Gewicht. (a) Repräsentativer Lendenwirbel von lateral und (b) von superior.

AUS DER PRAXIS

Spina bifida

In der dritten Woche der Embryonalentwicklung bilden sich die Wirbelbögen um das entstehende Rückenmark herum aus. Bei einer *Spina bifida*, dem häufigsten Neuralrohrdefekt, entwickelt sich ein Teil des Rückenmarks abnorm so, dass sich die dazugehörigen Wirbelbögen nicht ausbilden. Wenn die Wirbelbögen unvollständig sind, wölben sich die Rückenmarkshäute (die Meningen) nach außen vor. Dies ist die häufigste Fehlentwicklung des Nervensystems; sie kommt bei bis zu vier von 1000 Geburten vor. (In der Zusammenfassung „Embryologie" in Kapitel 28 finden Sie Illustrationen zu diesem Thema.) Sowohl genetische Faktoren als auch die Ernährung der Mutter, besonders in Bezug auf die Zufuhr von Folsäure vor und während der ersten Phase der Schwangerschaft, werden mit Neuralrohrdefekten in Verbindung gebracht. Frauen mit Kinderwunsch wird die Einnahme von täglich 400 µg Folsäure empfohlen. Zusätzlich wird in den USA seit 1998 Lebensmitteln, die Weizen, Reis oder Mais enthalten, Folsäure zugesetzt. Wahrscheinlich ist dies die Ursache eines Rückgangs der Inzidenz von Neuralrohrdefekten um 19 % zwischen 1998 und 2001.

Der betroffene Bereich und das Ausmaß der Fehlbildung variieren stark. Am häufigsten sind die untere Brustwirbelsäule, die Lendenwirbelsäule und das Kreuzbein betroffen, typischerweise an drei bis sechs Wirbeln. Distal der betroffenen Wirbel treten Lähmungen unterschiedlichen Schweregrads auf. Leichte Fälle in Lendenwirbelsäule und Kreuzbein werden oft nicht entdeckt, da die Nervenfunktion nicht wesentlich beeinträchtigt ist und die Tatsache, dass Dornfortsätze fehlen, durch den „Babyspeck" zunächst kaschiert wird. Bei Diagnosestellung kann der Defekt dann operativ geschlossen werden. Schwere Fälle, die die gesamte Wirbelsäule und den Schädel betreffen, weisen auf schwerwiegende Entwicklungsstörungen des Rückenmarks und des Gehirns hin. Der Fetus stirbt meist vor der Geburt; wenn ein Kind mit solchen Fehlbildungen geboren wird, lebt es selten länger als einige Stunden oder Tage.

Die Lendenwirbel

Die Lendenwirbel sind die größten Wirbel. Der Wirbelkörper eines typischen Lendenwirbels (**Abbildung 6.25**) ist dicker als der der Brustwirbel; die superioren und inferioren Deckplatten sind eher oval als herzförmig. Weder am Wirbelkörper noch an den Querfortsätzen gibt es Gelenkflächen; das *Foramen vertebrale* ist dreieckig. Die Querfortsätze sind schlank und weisen nach dorsolateral; der kurze kräftige Dornfortsatz zeigt nach dorsal.

Die Lendenwirbel tragen das meiste Gewicht. Verletzungen der Wirbelkörper oder der Bandscheiben durch Kompressionsverletzungen treten am häufigsten in dieser Region auf. Die häufigste Verletzung ist ein Riss oder eine Ruptur des Bindegewebes der Bandscheibe; es kommt zu einem Bandscheibenvorfall. Die massiven Dornfortsätze bieten viel Ansatzfläche für die Muskeln des unteren Rückens, die die lumbale Krümmung erhalten oder anpassen. In Tabelle 6.3 sind die Charakteristika der Lendenwirbel zusammengefasst.

Os sacrum

Das **Sakrum** oder **Kreuzbein** (**Abbildung 6.26**) besteht aus fünf miteinander verschmolzenen Wirbeln. Sie beginnen damit kurz nach der Pubertät; im Alter von 25 – 30 Jahren ist die Verschmelzung meist vollendet. Danach markieren vorgewölbte Querlinien die früheren Grenzen der einzelnen Wirbel. Diese zusammengesetzte Struktur beschützt Organe des Fortpflanzungs-, Verdauungs- und Harnsystems und verbindet über paarige Gelenke das Achsenskelett mit dem Beckengürtel des Extremitätenskeletts. Die breite Oberfläche des Sakrums bietet viel Raum für Muskelansätze, besonders der Muskeln für die Bewegung der Oberschenkel.

Das Sakrum ist nach dorsal konvex gekrümmt (siehe Abbildung 6.26a) (Sakralkyphose). Der schmale kaudale Anteil ist der **Apex**, die breite superiore Fläche die **Basis**. Das **Promontorium**, eine deutliche Vorwölbung am anterioren Ende der Basis, ist bei der Untersuchung von Frauen während einer Entbindung ein wichtiger Orientierungspunkt. Die *Processus articulares superiores* bilden synoviale Gelenke mit dem letzten Lendenwirbel. Der Sakralkanal beginnt zwischen diesen Prozessus und zieht durch das gesamte *Os sacrum* hindurch. Nerven und die Rückenmarkshäute, die den Rückenmarkskanal auskleiden, setzen sich in den Sakralkanal hinein fort.

Die Dornfortsätze der fünf verschmolzenen Sakralwirbel bilden eine Reihe von Erhebungen auf einer **Crista sacralis mediana**. Die Laminae des fünften Wirbels treffen sich nicht in der Mittellinie; sie bilden die **Cornua sacralis**. Diese Wülste sind die Begrenzung des **Hiatus sacralis**, das Ende des *Canalis sacralis*. In vivo ist die Öffnung mit Bindegewebe bedeckt. Beidseits der *Crista mediana* befinden sich die *Foramina sacralia*. Die *Foramina intervertebralia*, die von den verschmolzenen sakralen Wirbeln umschlossen sind, öffnen sich in diese Durchgänge hinein. Ein breiter sakraler Flügel, die Ala, erstreckt sich jeweils lateral von der **Crista sacralis lateralis**. Die medianen und lateralen *Cristae sacrales* bieten Ansatzflächen für die Muskeln des unteren Rückens und der Hüften.

Von der Seite gesehen (siehe Abbildung 6.26b) ist die sakrale Krümmung offensichtlicher. Die Krümmung ist bei Männern stärker ausgeprägt als bei Frauen (siehe Tabelle 7.1). Lateral artikuliert die **Facies auricularis** des *Os sacrum* mit dem Beckengürtel am **Ileosakralgelenk**. Dorsal der Gelenkfläche befindet sich eine raue Fläche,

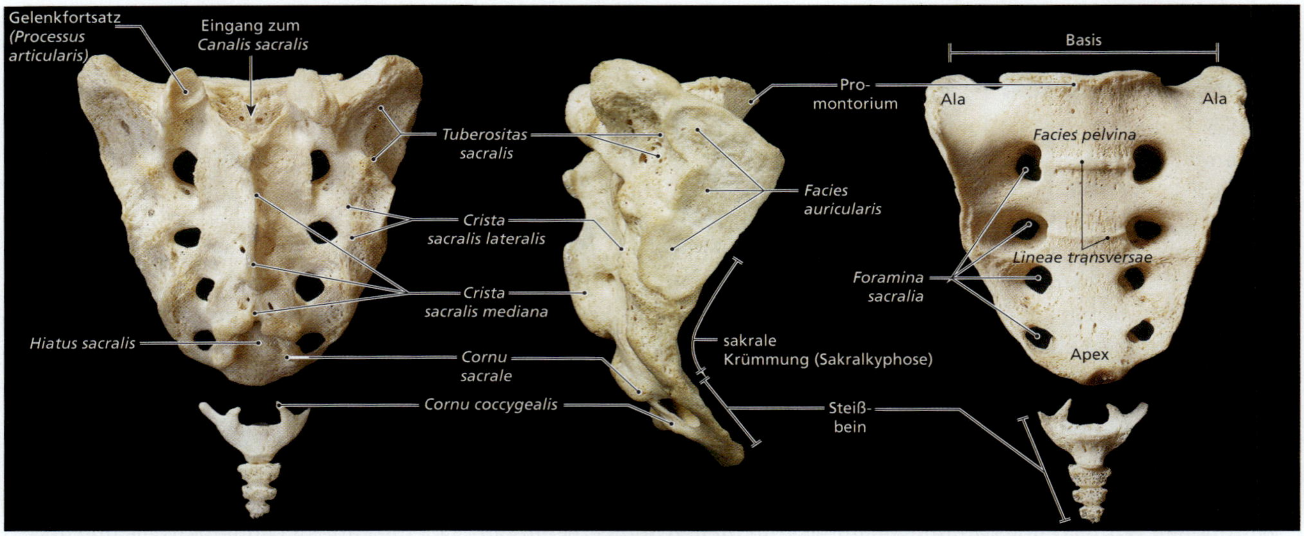

Abbildung 6.26: Os sacrum und Os coccygeum. Beim Erwachsenen bestehen das Os sacrum uns das Os coccygeum aus verschmolzenen Wirbeln. (a) Von posterior, (b) von rechts lateral und (c) von anterior.

die **Tuberositas sacralis**, an der Bänder zur Stabilisierung dieses Gelenks ansetzen. Die anteriore Fläche oder *Facies pelvina* des *Os sacrum* ist konkav (siehe Abbildung 6.26c). Am Apex weist ein abgeflachtes Areal auf das Gelenk mit dem Steißbein hin. Die Keilform des reifen Sakrums ist eine gute Voraussetzung für die Übertragung des Körpergewichts vom Achsenskelett auf den Beckengürtel.

Os coccygeum

Das kleine *Os coccygeum* **(Steißbein)** besteht aus drei bis fünf (meist vier) Wirbeln, die meist um das 25. Lebensjahr damit beginnen, miteinander zu verschmelzen (siehe Abbildung 6.26). Am Steißbein setzen eine Reihe Bänder und ein Muskel an, die in den äußeren Analsphinkter einstrahlen. Die ersten beiden Wirbel haben Querfortsätze und offene Wirbelbögen. Die prominenten Laminae des ersten Wirbels nennt man **Cornua coccygea**; sie biegen sich und erreichen die *Cornua sacrales*. Die kokzygealen Wirbel vollenden ihre Verschmelzung erst im späten Erwachsenenalter. Bei Männern zeigt das *Os coccygeum* nach anterior, bei Frauen nach inferior. Im hohen Alter kann das Steißbein mit dem Kreuzbein verschmelzen.

Der Brustkorb 6.3

Das Skelett des Brustraums, auch **Thorax** genannt, besteht aus den Brustwirbeln, den Rippen und dem Sternum (**Abbildung 6.27**a und c). Die Rippen (Kostae) und das Brustbein (Sternum) bilden den **Brustkorb** und stützen die darin enthaltenen Thoraxorgane. Der Brustkorb ist am superioren Ende schmal und am inferioren Ende weit und in a.-p. Richtung etwas abgeflacht. Er hat zwei Funktionen:

- Er beschützt Herz, Lungen, Thymus und andere Strukturen in der Brusthöhle.
- Er bietet Ansatzflächen für 1. die Atemhilfsmuskulatur, 2. die Stützmuskeln der Wirbelsäule und 3. die Muskeln für die Bewegungen des Schultergürtels und der oberen Extremitäten.

6.3.1 Die Rippen

Rippen **(Kostae)** sind lange, gebogene, abgeflachte Knochen, die 1. an oder zwischen den Brustwirbeln beginnen und 2. an der vorderen Brustwand enden. Es gibt zwölf Rippenpaare (siehe Abbildung 6.27). Die ersten sieben Paare nennt man **echte Rippen** oder *Costae verae* oder vertebrosternale Rippen. Echte Rippen sind an der anterioren Körperwand über besondere Knorpel, die **Rippenknorpel**, mit dem Sternum verbunden. Von der ersten Rippe an nehmen die vertebrosternalen Rippen graduell an Länge und Weite ihres Bogens zu. Die Rippen acht bis zwölf bezeichnet man als **falsche Rippen** oder *Costae spuriae* oder vertebrochondrale Rippen, da sie nicht direkt mit dem Sternum verbunden sind. Die Rippenknorpel der achten bis zehnten Rippe verschmelzen erst, bevor sie am Sternum ansetzen (siehe Abbildung 6.27a). Die beiden letzten Rippen nennt man **freie Rippen** oder *Costae fluctuantes*, da sie überhaupt keine Verbindung mit dem Brustbein haben.

Abbildung 6.27b zeigt die superiore Fläche des vertebralen Endes einer repräsentativen Rippe. Der Kopf *(Caput costae)* jeder Rippe artikuliert mit dem Körper eines Brustwirbels oder zwischen zwei Körpern. Nach einem kurzen Hals *(Collum costae)* ragt das Tuberkulum nach dorsal heraus. Der inferiore Anteil dieses Tuberkels hat eine Gelenkfläche, die mit dem Querfortsatz des Brustwirbels artikuliert. Wenn die Rippe zwischen zwei Wirbeln entspringt, hat diese Gelenkfläche zwei Facetten, eine superior, die andere inferior, und dazwischen die *Crista capitis costae* (siehe Abbildung 6.27b). Die Rippen eins bis zehn

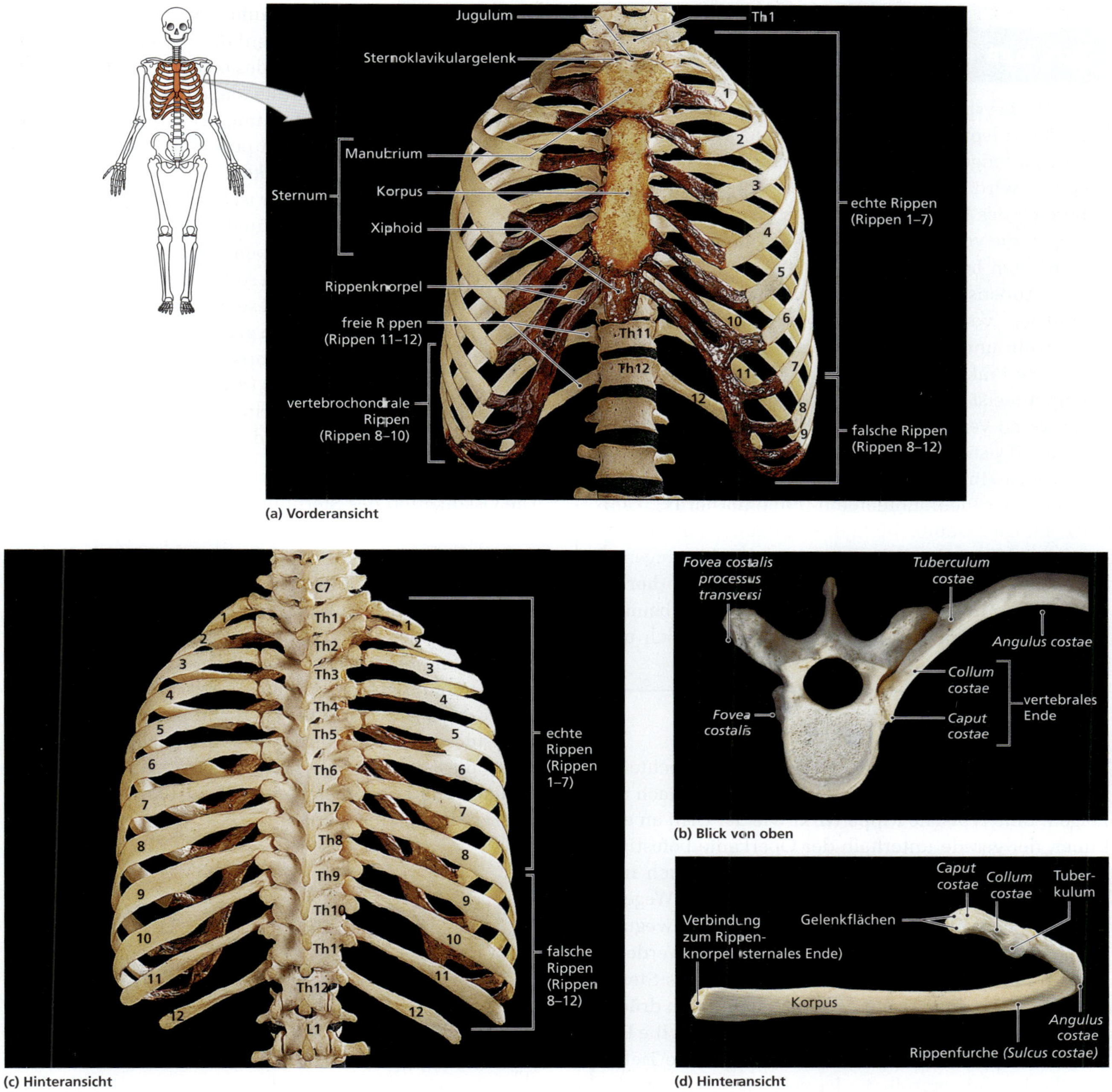

Abbildung 6.27: Der Thorax. (a) Brustkorb und Sternum von anterior. (b) Gelenkige Verbindung zwischen einem Brustwirbel und dem vertebralen Ende einer rechten Rippe. (c) Brustkorb von posterior. (d) Isolierte linke zehnte Rippe von posteromedial mit den wichtigsten Oberflächenmerkmalen.

gehen eine gelenkige Verbindung mit den *Foveae costalis superior et inferior* der Wirbelkörper Th1–Th10 ein, deren Querfortsätze außerdem mit der *Facies articularis tuberculi costae* der entsprechenden Rippe artikulieren. Die Rippen elf und zwölf artikulieren nur mit den *Foveae costales* der Wirbelkörper von Th11 und Th12. Diese Rippen haben keine Gelenkflächen an den Tuberkuli und artikulieren auch nicht mit Querfortsätzen. Die Unterschiede bezüglich der Anordnung und der Artikulation mit der Wirbelsäule sehen Sie, indem Sie Abb. 6.24 und 6.27c und d miteinander vergleichen.

Der *Angulus costae* der Rippe ist die Stelle, ab der der röhrenförmige Körper bzw. der Schaft beginnt, im Bogen zum Sternum zu ziehen. Die innere Fläche der Rippen ist konkav geformt; eine tiefer *Sulcus costae* (Rippenfurche) an der inferioren Kante markiert den Verlauf von Nerven und Blutgefäßen. Die Außenfläche ist konvex und bietet Ansatzflächen für Muskeln des Schultergürtels und des Rumpfes. Die Interkostalmuskeln, die die Rippen bewegen, sind an den superioren und inferioren Flächen befestigt.

Durch die komplexe Muskulatur, die gedoppelten Ursprünge an den Wirbeln und die flexiblen Ansätze am

AUS DER PRAXIS

Rippenfrakturen

Der Hockeyspieler wird an die Bande geschleudert, der Basketballspieler stürzt beim Versuch, einen weiten Ball zu fangen, in die erste Sitzreihe, der Fußballspieler wird gefoult. Plötzliche Aufpralltraumata im Bereich des Brustkorbs kommen oft vor; die Rippen fangen die volle Wucht des Stoßes ab.

Rippen bestehen aus Spongiosa mit einer dünnen Außenschicht aus kompaktem Knochen. Sie sind fest von Bindegewebe umschlossen und mit Muskeln untereinander verbunden. Daher sind dislozierte Frakturen eher selten; Rippenverletzungen heilen meist schnell und unkompliziert. Bei extrem schweren Verletzungen kann eine gebrochene Rippe in den Brustkorb hineingedrückt werden und Verletzungen an inneren Organen verursachen. Dringt Luft in eine der Pleurahöhlen ein (**Pneumothorax**), kann die Lunge zusammenfallen. Verletzungen an Blutgefäßen oder gar dem Herz können zu Einblutungen in die Brusthöhle führen; dies nennt man **Hämothorax**. Ein Hämothorax kann die Lungenfunktion ebenfalls beeinträchtigen; die Flüssigkeit sammelt sich und drückt auf die Lungen.

Sternum sind die Rippen recht beweglich. Beachten Sie, wie sich die Rippen von der Wirbelsäule weg nach unten neigen. Eine typische Rippe wirkt wie der Griff an einem Eimer, der gerade unterhalb der Oberkante befestigt ist. Drückt man ihn nach unten, zieht er sich nach innen; zieht man ihn hoch, wölbt er sich nach außen. Wegen der Rundung der Rippen verändern dieselben Bewegungen außerdem noch die Position des Sternums. Werden die Rippen nach unten gedrückt, bewegt sich das Sternum nach posterior (innen); ein Anheben der Rippen drückt es nach anterior (außen). Auf diese Art beeinflusst die Bewegung der Rippen sowohl die Breite als auch die Tiefe des Brustkorbs und vergrößert oder verkleinert entsprechend das Volumen.

6.3.2 Das Sternum

Das Sternum des Erwachsenen ist ein flacher Knochen in der Mitte der anterioren Brustwand (siehe Abbildung 6.27a). Es hat drei Komponenten:

- Das breite dreieckige **Manubrium** artikuliert mit den Klavikulae (Schlüsselbeinen) des Extremitätenskeletts und den Rippenknorpeln des ersten Rippenpaars. Das Manubrium ist der breiteste und am weitesten superior gelegene Anteil des Sternums. Das **Jugulum** ist eine flache Vertiefung in der superioren Fläche zwischen den Sternoklavikulargelenken.
- Der zungenförmige **Körper** ist an der inferioren Fläche des Manubriums befestigt und zieht in der Mittellinie nach kaudal. Einzelne Rippenknorpel der Rippen zwei bis sieben setzen an diesem Anteil des Sternums an. Die Rippenpaare acht bis zehn setzen ebenfalls am Körper an, aber indirekt über einen gemeinsamen Knorpel, den sie mit dem siebten Rippenpaar teilen.
- Der **Processus xiphoideus** (das Xiphoid), der kleinste Teil des Sternums, ist inferior am Körper befestigt. Das muskuläre Zwerchfell und der *M. rectus abdominis* setzen hier an.

Die Ossifikation des Sternums beginnt an sechs bis zehn verschiedenen Kernen; die Verschmelzung der verschiedenen Elemente ist nicht vor dem 25. Lebensjahr vollendet. Vorher besteht das Sternum aus vier getrennten Knochen. Am Sternum des Erwachsenen sind die ehemaligen Begrenzungen der Knochen anhand querverlaufender Knochenlinien noch zu erkennen. Das Xiphoid verknöchert und verschmilzt gewöhnlich zuletzt. Seine Verbindung zum Körper des Sternums kann abreißen; das freie Knochenstück kann zu gefährlichen Leberverletzungen führen. Damit dies nicht passiert, muss bei Herzdruckmassagen im Rahmen von Wiederbelebungen auf die korrekte Position der Hände geachtet werden.

AUFGABEN

1. Jan hat einen Haarriss an der Basis des *Dens axis* erlitten. Welcher Knochen ist gebrochen und wo würden Sie ihn suchen?
2. Unsachgemäß durchgeführte Herzdruckmassage kann zur Fraktur welchen Knochens führen?
3. Welches sind die fünf Regionen der Wirbelsäule? Anhand welcher Merkmale werden sie den Gruppen zugeordnet?
4. Benennen Sie die Krümmungen der Wirbelsäule in der Reihenfolge von superior nach inferior.

AUS DER PRAXIS

Thoraxchirurgische Eingriffe

Operationen am Herz, an den Lungen oder an anderen Thoraxorganen erfordern oft die **Eröffnung des Brustkorbs**. Wegen ihrer Beweglichkeit und ihrer knorpeligen Verbindung mit dem Sternum können die Rippen kurzzeitig aus dem Weg geschoben werden. Hierzu kommen spezielle Rippenspreizer zum Einsatz, die ähnlich wie ein Wagenheber funktionieren. Ist ein größerer Zugang erforderlich, werden die Rippenknorpel durchtrennt und das gesamte Sternum aus dem Weg geklappt. Anschließend bildet sich an den Schnittstellen Narbengewebe; die Rippen heilen gut.

Nach einem thoraxchirurgischen Eingriff werden Drainagen in die Pleurahöhle gelegt, damit Flüssigkeit ablaufen kann. Um eine Drainage zu legen oder die Pleura zu punktieren, muss die Thoraxwand durchstochen werden. Für diesen Vorgang, die **Pleurapunktion**, geht man über der superioren Rippenkante ein, um eine Verletzung der inferior in der Rippenfurche verlaufenden Blutgefäße und Nerven zu vermeiden.

DEFINITIONEN

Thoraxdrainage: Drainage im Brustraum für den Abfluss von Blut und Pleuraflüssigkeit nach thoraxchirurgischen Eingriffen

Kraniostenose: vorzeitiger Schluss einer oder mehrerer Schädelnähte, der zu ungewöhnlichen Schädelformen führen kann

Schiefe Nasenscheidewand: Verkrümmung der Nasenscheidewand, die den Abfluss aus den Nebenhöhlen beeinträchtigt oder ganz blockiert

Hämothorax: Blutung in die Pleurahöhle

Kyphose: Thoraxkrümmung, die im Falle einer pathologischen abnormen Steigerung zu einem „Buckel“ führen kann

Hyperlordose: abnorm übersteigerte Krümmung der Lendenwirbelsäule, die zu einem „Hohlkreuz“ führt

Mikrozephalie: abnorm kleiner Kopf aufgrund genetischer oder entwicklungsbedingter Störungen

Pneumothorax: das Eindringen von Luft in den Pleuraspalt

Skoliose: abnorme laterale Krümmung der Wirbelsäule

Sinusitis: Entzündung und Verstopfung der Nasennebenhöhlen

Spina bifida: Fehlbildung, bei der sich die Wirbelbögen nicht schließen, oft mit Entwicklungsstörungen von Gehirn und Rückenmark verbunden

Pleurapunktion: Punktion des Thoraxraums entlang der Oberkante einer Rippe

Schleudertrauma: Distorsion der Halswirbelsäule durch abrupte Veränderungen der Körperposition

Zusammenfassung

Die Antworten auf die Fragen der Aufgaben und der Zusammenfassung finden Sie im Antwortteil.

Wiederholung von Fakten und Begriffen

Verbinden Sie die Begriffe der linken Spalte jeweils mit denen der rechten Spalte, die am besten passen; setzen Sie die Buchstaben in die Spalte vor die Zahlen.

	Spalte A			Spalte B
	1.	Naht	a.	Mandibulum
	2.	*Foramen magnum*	b.	Grenze zwischen Schädelknochen
	3.	*Processus mastoideus*	c.	Maxillae
	4.	*Canalis opticus*	d.	Halswirbel
	5.	*Crista galli*	e.	*Os occipitale*
	6.	*Processus condylaris*	f.	Sternum
	7.	*Foramen transversum*	g.	Brustwirbel
	8.	Kostale Gelenkflächen	h.	*Os temporale*
	9.	Manubrium	i.	Ethmoid
	10.	Oberkiefer	j.	Sphenoid

11 Welche Aussage trifft auf das Ethmoid zu?
a. Es enthält die *Crista galli*.
b. Es enthält die *Lamina cribrosa*.
c. Es dient als anteriore Ansatzfläche für die *Falx cerebri*.
d. Alle Aussagen treffen zu.

12 Welche Aussage trifft auf die *Sella turcica* zu?
a. Es stützt und schützt die Hirnanhangsdrüse.
b. Es liegt direkt lateral des *Foramen spinosum*.
c. Es entwickelt sich, wie auch das Mastoid und die *Cellulae mastoideae*, erst nach der Geburt.
d. Der *N. opticus* zieht hindurch.

13 Der Unterkiefer artikuliert mit dem *Os temporale*
a. an der *Fossa mandibularis*.
b. am *Processus mastoideus*.
c. am *Processus clinoideus superior*.
d. an der *Lamina cribrosa*.

14 Das *Os hyoideum*
a. dient als Ursprung für Muskeln, die die Zunge bewegen.
b. ist Teil der Mandibula.
c. liegt inferior des Larynx.
d. artikuliert mit den Maxillae.

15 Die Wirbelstruktur, die einen Pedikel und eine Lamina hat und von der der Dornfortsatz ausgeht, ist
a. der Wirbelkörper.
b. der Querfortsatz.
c. der *Processus articularis inferior*.
d. der Wirbelbogen.

16 Die Aufgabe der Fontanellen ist es,
a. die Kompression des Schädels unter der Geburt zu ermöglichen.
b. Ossifikationskern für die Gesichtsknochen zu sein.
c. die endgültige Knochenplatte des Schädels zu sein.
d. das Gewicht der Schädelknochen zu reduzieren.

17 Das Sakrum
a. schützt die Organe des Fortpflanzungs-, Verdauungs- und Harnsystems.
b. trägt die höchste Last der Wirbelsäule.
c. artikuliert mit dem Schultergürtel.
d. besteht aus Wirbeln, die mit Beginn der Pubertät vollständig miteinander verschmolzen sind.

18 Die Seitenwände des *Foramen vertebralis* werden gebildet von
a. dem Wirbelkörper.
b. dem Dornfortsatz.
c. den Pedikeln.
d. den Laminae.

19 Der Abschnitt des Sternums, der mit den Klavikulae artikuliert, ist
a. das Manubrium.
b. der Korpus.
c. der *Processus xiphoideus*.
d. der Angulus.

20 Die tiefe Furche an der inferioren Kante der Innenfläche der Rippen
a. dient als Ansatzpunkt für die Interkostalmuskulatur.
b. wird Rippenfurche genannt.
c. markiert den Verlauf der Nerven und Blutgefäße.
d. Die Antworten b und c sind richtig.

Wiederholung von Lernzielen

1 Die primären Krümmungen der Wirbelsäule
a. werden auch Kompensationskrümmungen genannt.
b. schließen die lumbale Krümmung mit ein.
c. entwickeln sich einige Monate nach der Geburt.
d. beinhalten die Organe von Brust und Becken.

2 Wenn Sie vom Atlas aus nach inferior gehen, fällt auf, dass der freie Raum für das Rückenmark in C1 am größten ist. Welchen Sinn hat dieser vergrößerte Raum?

3 Welches Verhältnis besteht zwischen der Hirnanhangsdrüse und dem Sphenoid?

4 Die sekundären Krümmungen der Wirbelsäule entwickeln sich einige Monate nach der Geburt. Durch ihre Entstehung wird das Gewicht des Rumpfes über die Beine verlagert. Wobei hilft diese Verlagerung?

5 Beschreiben Sie die Beziehung zwischen dem *Lig. nuchae* und dem Achsenskelett in Bezug auf die aufrechte Haltung des Kopfes.

6 Benennen Sie die Faktoren, die zu einer verstärkten Schleimproduktion der Schleimhäute der Nasennebenhöhlen führen können.

7 Warum finden sich die größten Wirbelkörper in der Lendenregion?

8 Welchen Zusammenhang gibt es zwischen dem *Os temporale* und dem Ohr?

9 Was ist der Sinn der vielen kleinen Öffnungen in der *Lamina cribrosa* des *Os ethmoidale*?

Anwendung der Lerninhalte

1 Melanie ist im letzten Monat ihrer Schwangerschaft und hat tief sitzende Rückenschmerzen. Da sie das zusätzliche Gewicht ja vorn trägt, wundert sie sich darüber, dass die Schmerzen hinten zu spüren sind. Was würden Sie ihr erklären?

2 Für Nick endet eine Prügelei mit einer gebrochenen Nase. Nachdem sie längst wieder verheilt ist, beginnt er, zunehmend an Stirnkopfschmerzen und Druckgefühl im Oberkiefer zu leiden. Was könnte die Ursache für Nicks Beschwerden sein?

3 Zu den typischen Erkältungsbeschwerden gehören Schmerzen in den Zähnen des Oberkiefers, obwohl die Zähne gesund sind, und eine Schweregefühl der Stirn. Welche anatomische Reaktion auf den Infekt führt zu diesen unangenehmen Symptomen?

4 Ein Fotomodell gilt als sehr fotogen; die Frau erhält oft Komplimente für ihre hohen Wangenknochen und die großen Augen. Haben diese Merkmale eine anatomische Ursache oder können sie anderweitig erklärt werden?

Eine Kurzzusammenfassung der wichtigsten Inhalte, sowie die Antworten zu den Fragen und weitere Arbeitsmaterialien finden sie auf unserer Companion Website unter: **www.pearson-studium.de/login**

Lernziele

1. Die Knochen von Schultergürtel und Arm und ihre Oberflächenmerkmale benennen können.
2. Die Knochen von Beckengürtel und Bein und ihre Oberflächenmerkmale benennen können.
3. Die strukturellen und funktionellen Unterschiede zwischen dem Becken einer Frau und dem eines Mannes erläutern können.
4. Erklären können, warum die Untersuchung des Skeletts wichtige Hinweise zu einer Person geben kann.
5. Die Unterschiede des Skelettsystems bei Männern und Frauen nennen können.
6. Die Auswirkungen des Alterungsprozesses auf das Skelett beschreiben können.

Das Skelettsystem

Das Extremitätenskelett

ÜBERBLICK

7

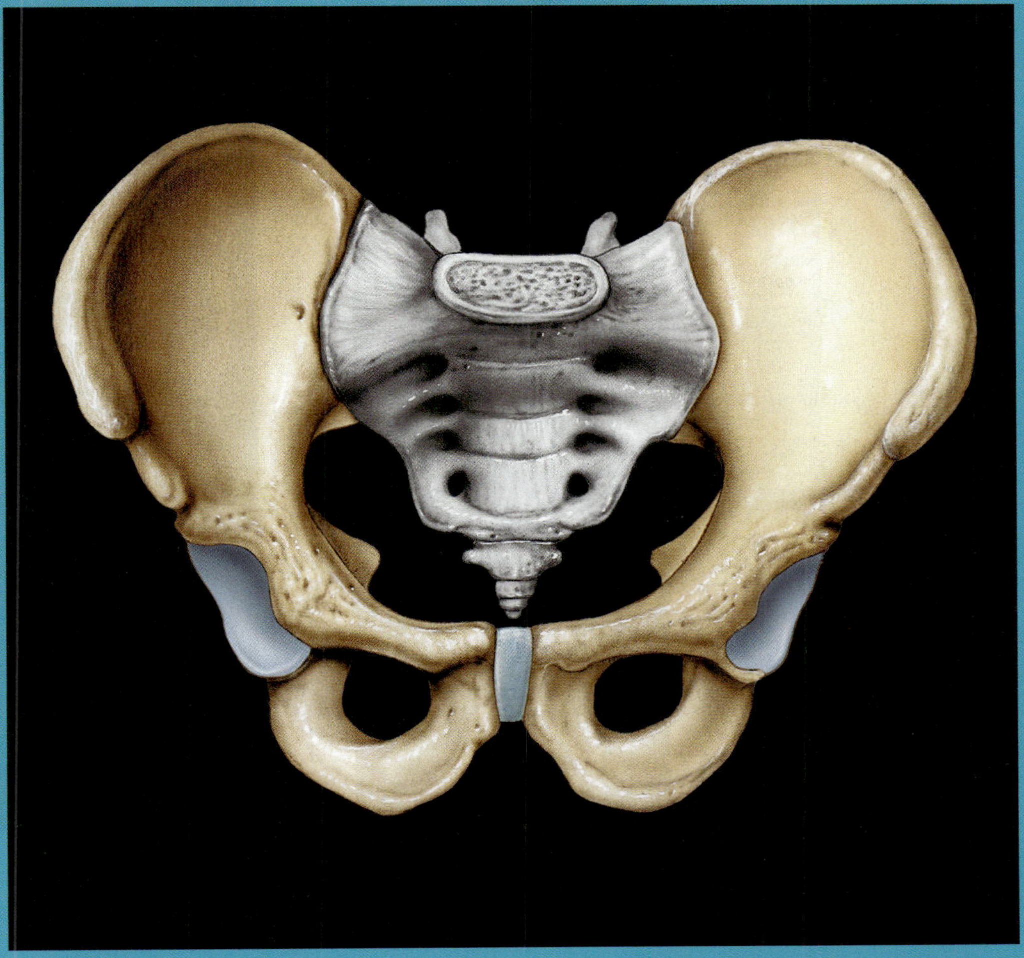

Wenn Sie eine Liste der Dinge erstellen, die Sie heute getan haben, fällt Ihnen auf, dass das Extremitätenskelett eine sehr wichtige Rolle in Ihrem Leben spielt. Stehen, gehen, schreiben, essen, sich anziehen, Hände schütteln, die Seiten eines Buches umblättern – die Liste ließe sich fast beliebig fortführen. Ihr Achsenskelett stützt und beschützt die inneren Organe und ist an lebenswichtigen Funktionen, wie etwa der Atmung, beteiligt. Doch erst mit dem Extremitätenskelett erlangen Sie Kontrolle über die Umgebung, können Ihre Position verändern und sich fortbewegen.

In diesem Kapitel werden nun die Knochen des Extremitätenskeletts beschrieben. Zum **Extremitätenskelett** gehören die Knochen der oberen und unteren Extremität und die Verbindungselemente, die Gürtel (Abbildung 7.1). Wie auch schon in Kapitel 6 wird auf die Oberflächenmerkmale mit besonderer funktioneller Bedeutung und die Interaktionen innerhalb des Skelettsystems und mit anderen Systemen eingegangen. So sind etwa viele der anatomischen Merkmale, die in diesem Kapitel beschrieben werden, Ansatzpunkte für Skelettmuskeln oder Durchgänge für Blutgefäße und Nerven, die die Knochen und andere Organe versorgen.

Es gibt direkte anatomische Verbindungen zwischen dem Skelett und dem Muskelsystem. Wie in Kapitel 5 beschrieben, geht das Bindegewebe der tiefen Faszie, das die Skelettmuskeln umgibt, in die dazugehörige Sehne über, die sich wiederum in das Periost hinein fortsetzt und am Ansatz Teil der Knochenmatrix wird. Muskeln und Knochen sind auch auf physiologischer Ebene miteinander verbunden, denn eine Muskelkontraktion kann nur stattfinden, wenn sich die Konzentration von Kalzium im Extrazellulärraum innerhalb eines bestimmten engen Bereichs befindet. Das Skelett enthält den Großteil der Kalziumvorräte des Körpers, die für den Kalziumstoffwechsel von entscheidender Bedeutung sind.

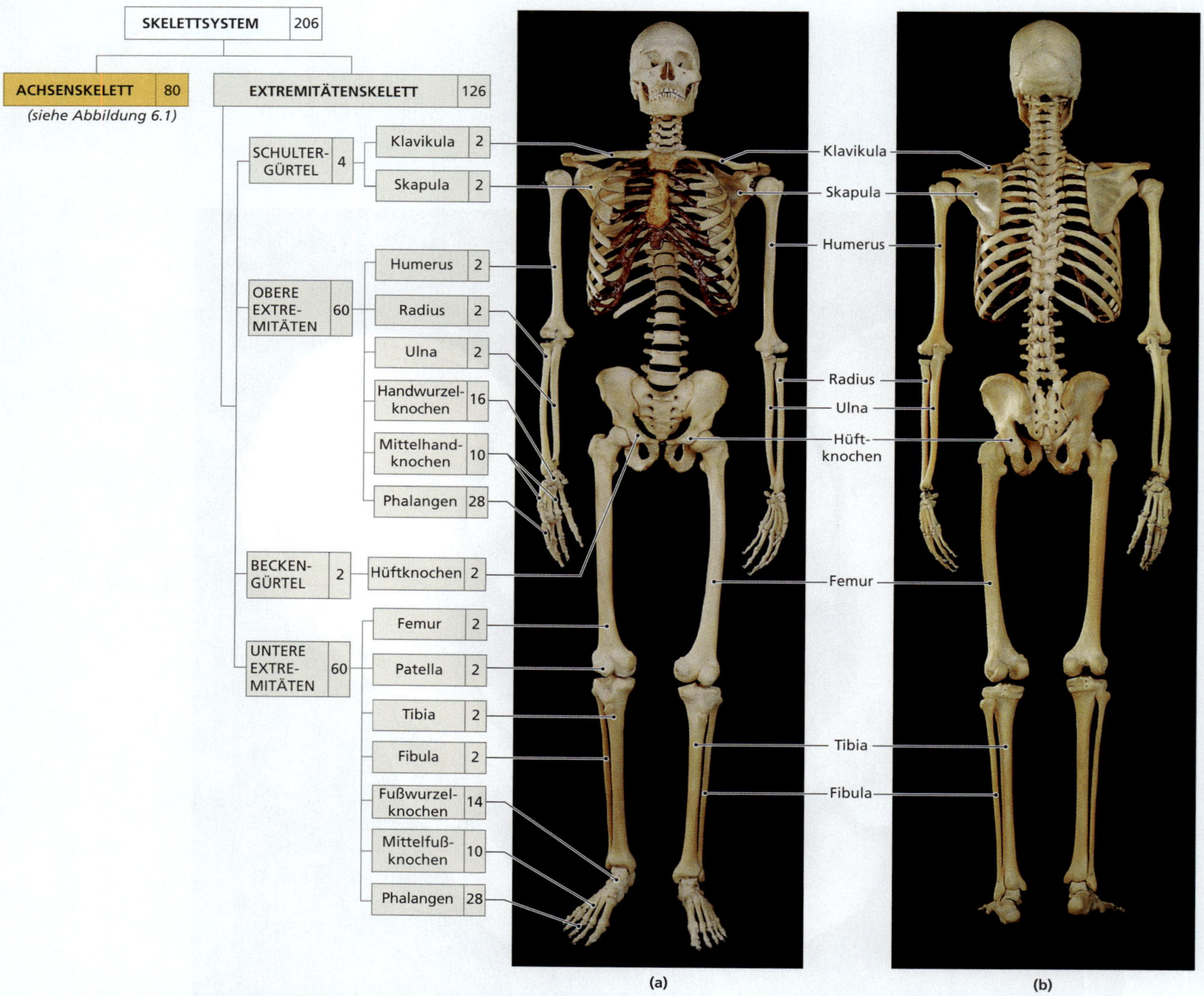

Abbildung 7.1: Das Extremitätenskelett. Flussdiagramm für die Beziehungen der Komponenten des Extremitätenskeletts zueinander: Schulter- und Beckengürtel und die oberen und unteren Extremitäten. (a) Skelett von anterior; die Bestandteile des Extremitätenskeletts sind hervorgehoben. Die Zahlen in den Kästen geben die Anzahl der Knochen der jeweiligen Art oder Kategorie beim Erwachsenen an. (b) Skelett von posterior.

Der Schultergürtel und die obere Extremität 7.1

Die Arme sind jeweils über den Schultergürtel mit dem Rumpf verbunden. Der **Schultergürtel** besteht aus der S-förmigen Klavikula (Schlüsselbein) und der breiten, flachen Skapula (Schulterblatt), wie in Abbildung 7.2 zu sehen. Die Klavikula artikuliert mit dem *Manubrium sterni*, und dies ist die einzige direkte Verbindung zwischen dem Schultergürtel und dem Achsenskelett. Die Skapula wird von Skelettmuskeln gehalten und fixiert; sie hat keine direkten knöchernen oder ligamentären Verbindungen mit dem Brustkorb. Jede **obere Extremität** besteht aus dem Oberarm (Brachium), dem Unterarm (Antebrachium), dem Handgelenk und der Hand. Zum Skelett gehören der Humerus im Oberarm, Ulna und Radius im Unterarm, die Handwurzelknochen im Handgelenk und die Mittelhandknochen und Fingerknochen der Hand.

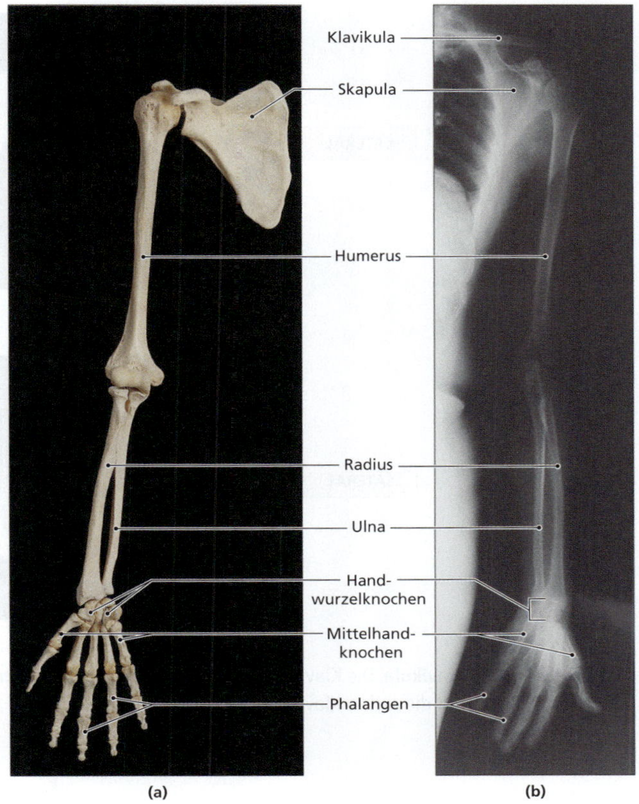

Abbildung 7.2: Der Schultergürtel und die obere Extremität. Die Arme artikulieren jeweils über den Schultergürtel mit dem Achsenskelett am Rumpf. (a) Rechte obere Extremität von anterior. (b) Röntgenbild des rechten Schultergürtels und der oberen Extremität von posterior.

7.1.1 Der Schultergürtel

Die Bewegungen von Klavikula und Skapula positionieren das Schultergelenk und ermöglichen so die Bewegungen des Armes. Wenn das Schultergelenk richtig steht, können die Muskeln des Schultergürtels bei den Armbewegungen mithelfen. Die Oberflächen von Klavikula und Skapula haben daher eine sehr große Bedeutung als Muskelansatzflächen. Wo große Muskeln ansetzen, hinterlassen sie Spuren; man erkennt knöcherne Wülste und Erhebungen. Andere Kennzeichen, wie Furchen oder Foramina, markieren den Verlauf von Blutgefäßen und Nerven, die die Muskeln und Knochen kontrollieren und ernähren.

Die Klavikula

Die Klavikula (Abbildung 7.3) verbindet den Schultergürtel und das Achsenskelett. Sie schient die Schulter und überträgt einen Teil des Gewichts der oberen Extremität auf das Achsenskelett. Sie entspringt an der kraniolateralen Fläche des *Manubrium sterni*, lateral des Jugulums (Abbildung 7.4; siehe auch Abbildung 6.27a). Vom grob pyramidenförmigen **sternalen Ende** zieht sie S-förmig gebogen nach lateral und dorsal, wo sie mit dem Akromion der Skapula artikuliert. Das **akromiale Ende** ist breiter und flacher als das sternale Ende.

Die glatte superiore Oberfläche der Klavikula liegt direkt unter der Haut; die raue inferiore Fläche des akromialen Endes weist deutliche Linien und Tuberkel auf, da hier Muskeln und Bänder ansetzen. Das *Tuberculum conoideum* liegt an der Unterfläche des akromialen Endes, die *Tuberositas costalis* am sternalen Ende. Dies sind die Ansatzpunkte für die Ligamente der Schulter.

Sie können die Interaktionen zwischen Skapula und Klavikula bei sich selbst nachvollziehen: Legen Sie einen Finger vom **Jugulum** ausgehend an die Klavikula. Wenn Sie nun die Schulter bewegen, spüren Sie, wie sich die Klavikula mitbewegt. Da sie so dicht unter der Haut liegt, können Sie sie nun nach lateral bis an die Skapula verfolgen. Die Beweglichkeit der Schulter wird durch die Position der Klavikula am **Sternoklavikulargelenk** limitiert, wie aus Abbildung 7.4. ersichtlich. Der Aufbau des Gelenks wird in Kapitel 8 beschrieben. Frakturen im mittleren Bereich der Klavikula kommen häufig vor, denn bei einem Sturz auf die Handfläche bei ausgestrecktem Arm entstehen hohe Kompressionskräfte, die auf die Klavikula und das Sternoklavikulargelenk übertragen werden. Glücklicherweise heilen diese Frakturen in der Regel schnell ohne Gips.

Die Skapula

Der **Korpus** der Skapula (Abbildung 7.5) ist ein grobes Dreieck mit zahlreichen Oberflächenmerkmalen, die die Ansätze der Muskeln, Sehnen und Bänder kennzeichnen (siehe Abbildung 7.5a und d). Die drei Kanten des Dreiecks sind die *Margo superior*, die *Margo medialis* (oder *vertebralis*) und die *Margo lateralis* (oder *axillaris*) (lat.: axilla = die Achselhöhle). Die Muskeln, die die Skapula fixieren, setzen an diesen Kanten an. Die Ecken des Dreiecks nennt man *Angulus superior*, *Angulus medialis* und *Angulus inferior*. Am *Angulus lateralis*, dem **Kopf**

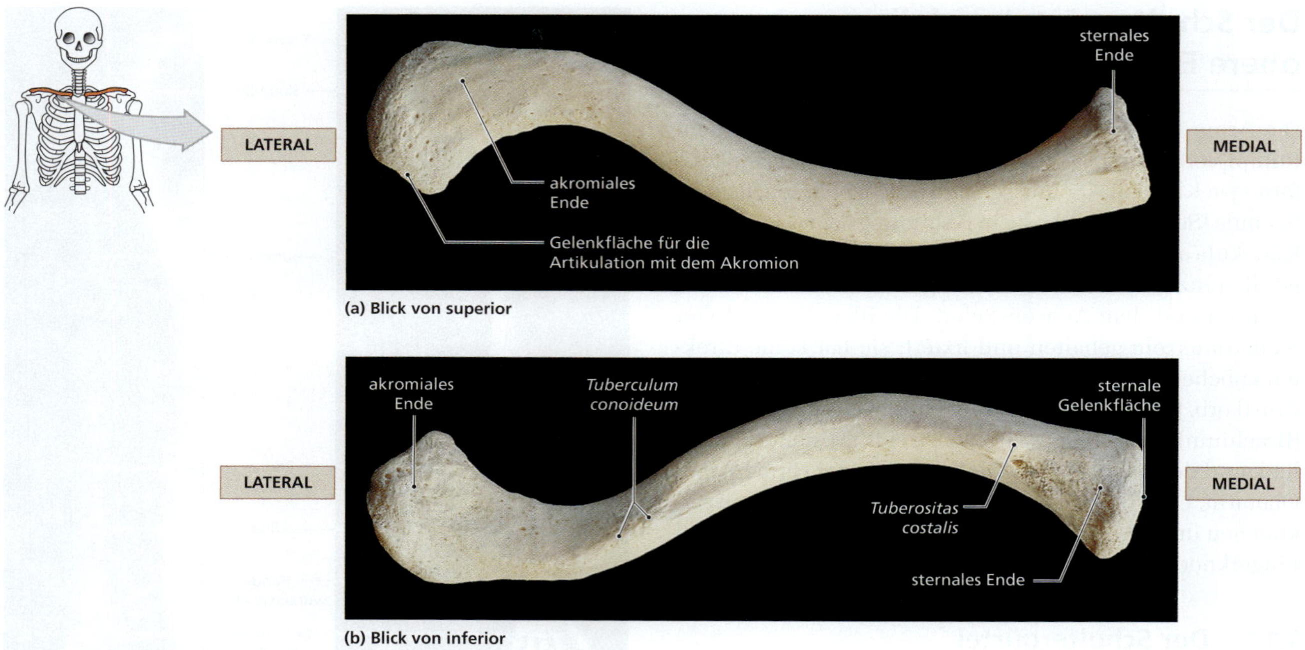

Abbildung 7.3: Die Klavikula. Die Klavikula ist die einzige direkte Verbindung zwischen dem Schultergürtel und dem Achsenskelett. (a) Blick von superior und (b) von inferior auf die rechte Klavikula.

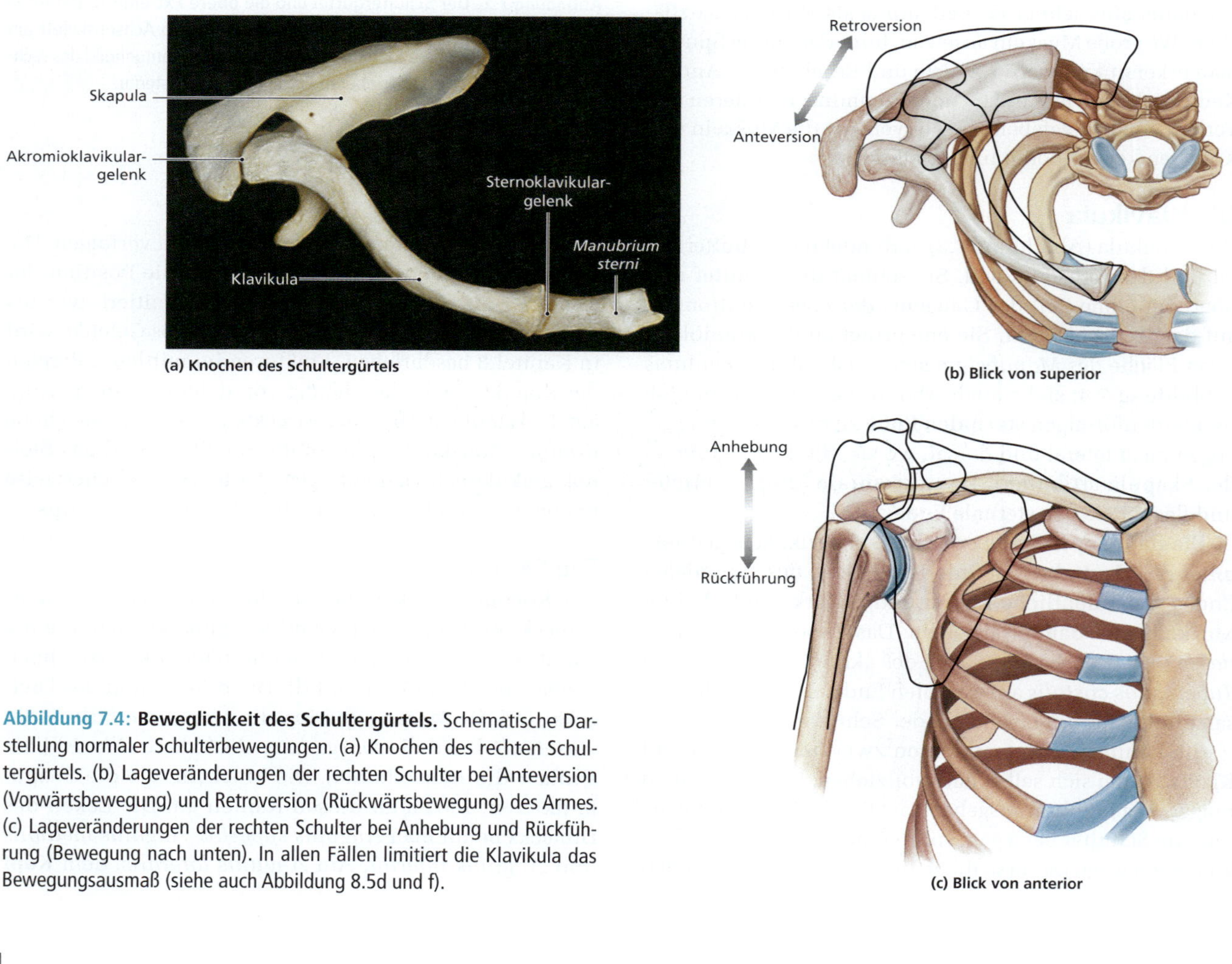

Abbildung 7.4: Beweglichkeit des Schultergürtels. Schematische Darstellung normaler Schulterbewegungen. (a) Knochen des rechten Schultergürtels. (b) Lageveränderungen der rechten Schulter bei Anteversion (Vorwärtsbewegung) und Retroversion (Rückwärtsbewegung) des Armes. (c) Lageveränderungen der rechten Schulter bei Anhebung und Rückführung (Bewegung nach unten). In allen Fällen limitiert die Klavikula das Bewegungsausmaß (siehe auch Abbildung 8.5d und f).

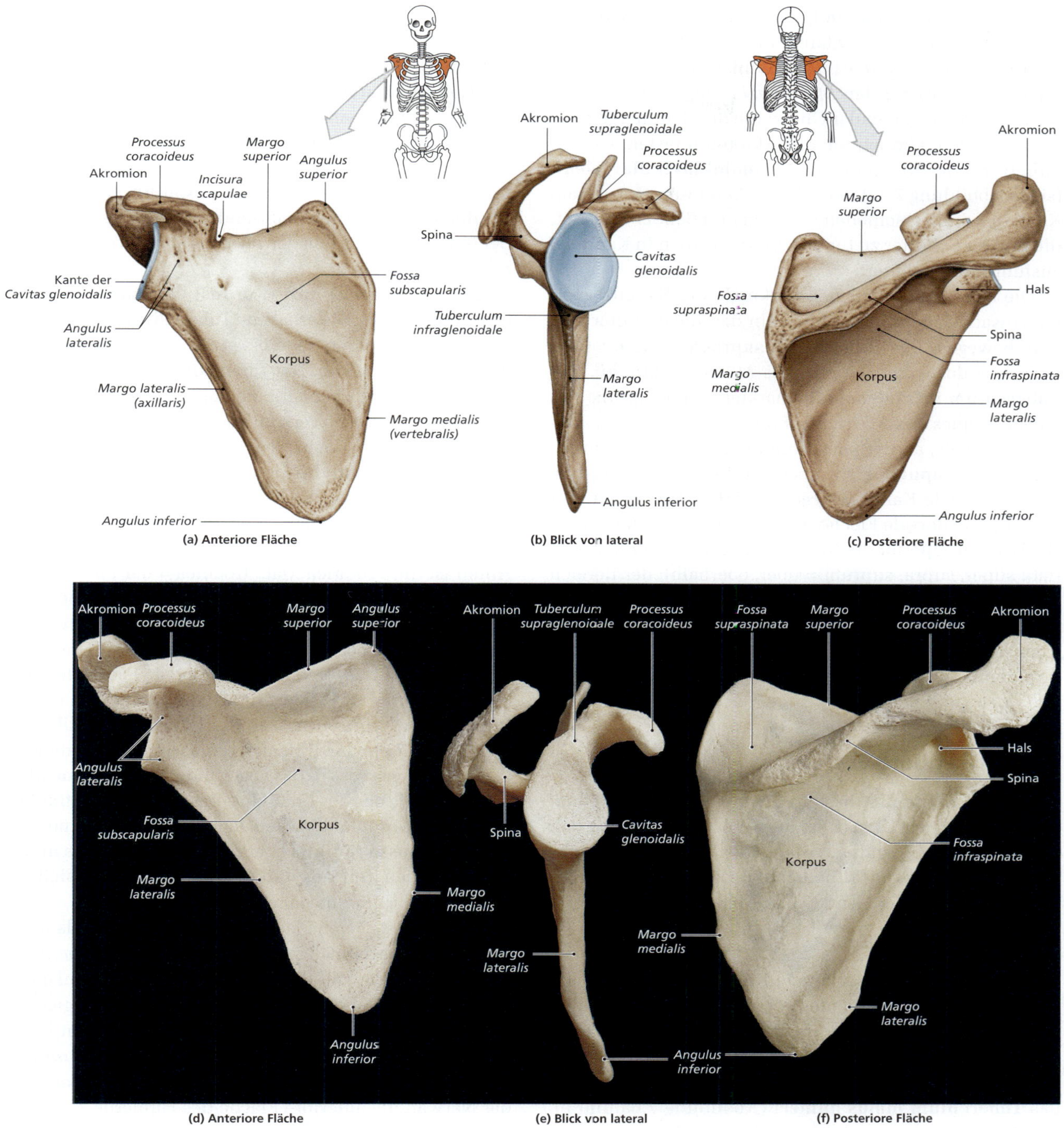

Abbildung 7.5: Die Skapula. Die Skapula ist Teil des Schultergürtels; sie artikuliert mit der oberen Extremität. (a, d) Blick von anterior, (b, e) von lateral und (c, f) von posterior auf die rechte Skapula.

der Skapula, befindet sich ein breiter Fortsatz, der die becherförmige **Cavitas** oder **Fossa glenoidalis** stützt. An der *Cavitas glenoidalis* artikuliert die Skapula mit dem proximalen Humerus, dem Oberarmknochen. Dies ist das **glenohumerale Gelenk**, auch Schultergelenk oder *Articulatio humeri* genannt. Der *Angulus lateralis* wird vom Korpus der Skapula durch den gerundeten **Hals** getrennt. Den Großteil der Vorderfläche der Skapula macht die relativ glatte, konkave **Fossa subscapularis** aus.

Zwei große Fortsätze der Skapula ragen oberhalb des Humeruskopfs über die Oberkante der *Margo superior* heraus. Der kleinere, nach anterior weisende Fortsatz ist der **Processus coracoideus**, das **Korakoid**, der **Rabenschnabelfortsatz** (lat.: coracoideus = rabenschnabelartig). Er ragt nach anterior und etwas nach lateral und dient als Ansatz für den kurzen Bauch des *M. biceps brachii*, eines kräftigen Muskels, an der anterioren Fläche des Oberarms. Die **Incisura scapulae** ist eine Vertiefung medial der Basis des

Korakoids. Das **Akromion** (griech.: acromios = Schulterknochen), der größere hintere Fortsatz, ragt vom lateralen Ende der *Spina scapulae* im 90°-Winkel nach anterior und dient als Ansatz für den *M. trapezius* am Rücken. Wenn Sie mit dem Finger an der Oberkante des Schultergelenks entlangfahren, können Sie das Akromion tasten. Es artikuliert mit der Klavikula im **Akromioklavikulargelenk** (siehe Abbildung 7.4a). Sowohl am Akromion als auch am Korakoid sind verschiedene Sehnen und Bänder befestigt, die mit der Schulter zu tun haben; sie werden in Kapitel 8 ausführlicher erläutert.

Die meisten Oberflächenmerkmale der Skapula stellen Ansatzflächen für die Muskeln dar, die Schulter und Arm bewegen. Das **Tuberculum supraglenoidale** ist der Ursprung des langen Kopfes des *M. biceps brachii*. Das **Tuberculum infraglenoidale** markiert den Ursprung des langen Kopfes des *M. trizeps brachii*, eines ebenso kräftigen Muskels, an der posterioren Fläche des Unterarms. Die **Spina scapulae** zieht über den Korpus der Skapula an die mediale Kante *(Margo medialis)*. Die Spina teilt die konvexe dorsale Fläche des Korpus in zwei Regionen: Der Bereich superior der Spina ist die **Fossa supraspinata** (lat.: super, supra, suprum = über, oberhalb); der Bereich inferior der Spina ist die **Fossa infraspinata** (lat.: infra = unterhalb, darunter). Die Flächen der *Spina scapulae* trennen den *M. supraspinatus* vom *M. infraspinatus*; der prominente posteriore Wulst dient als Ansatz für den *M. deltoideus* und den *M. trapezius*.

7.1.2 Die obere Extremität

Jede obere Extremität besteht aus dem Humerus (Oberarmknochen), der Ulna (Elle), dem Radius (Speiche), den Karpalknochen (Handwurzelknochen) des Handgelenks und den Metakarpalia (Mittelhandknochen) und Phalangen (Fingerknochen) der Hand (siehe Abbildung 7.2).

Der Humerus

Der Humerus ist der proximale Knochen der oberen Extremität. Der superiore, mediale Anteil der proximalen Epiphyse ist glatt und rund. Dies ist der **Humeruskopf**, der mit der Skapula im Schultergelenk artikuliert. Die laterale Kante der Epiphyse trägt einen großen Fortsatz, das **Tuberculum majus humeri** (Abbildung 7.6a und b). Das *Tuberculum majus* bildet die laterale Begrenzung der Schulter; Sie können es finden, indem Sie einige Zentimeter anterior und inferior des Akromions nach einem Knochenvorsprung tasten. Das *Tuberculum majus* hat drei glatte, flache Vertiefungen, an denen jeweils einer von drei Muskeln ansetzt, die an der Skapula entspringen: Der *M. supraspinatus* setzt an der obersten, der *M. infraspinatus* an der mittleren und der *M. teres minor* an der untersten Vertiefung an. Das **Tuberculum minus** sitzt an der anterioren und medialen Fläche der Epiphyse. Hier setzt ein weiterer Muskel von der Skapula an, der *M. subscapularis*. Das *Tuberculum majus* und das *Tuberculum minus* sind durch den **Sulcus intertubercularis** voneinander getrennt. Eine Sehne des *M. biceps brachii* verläuft hier von seinem Ursprung am *Tuberculum supraglenoidale* aus hindurch. Das **Collum anatomicum**, eine Verengung unterhalb des Humeruskopfs, markiert die distale Grenze der Gelenkkapsel des Schultergelenks. Es befindet sich zwischen den Tuberkeln und der glatten Gelenkfläche des Humeruskopfs. Distal der Tuberkel liegt das schmale **Collum chirurgicum**, das der Metaphyse des wachsenden Knochens entspricht. Der Name leitet sich von der Tatsache ab, dass es hier häufig zu Frakturen kommt.

Der proximale **Schaft** (Korpus) des Humerus ist im Querschnitt rund. Die erhabene **Tuberositas deltoidea** verläuft an der lateralen Seite bis etwas weiter als die Hälfte der Schaftlänge herab. Die *Tuberositas deltoidea* ist nach dem *M. deltoideus* benannt, der an ihr ansetzt. Neben der *Tuberositas deltoidea* verläuft der *Sulcus intertubercularis* an der anterioren Fläche des Schaftes.

Der **Gelenkkondylus** dominiert das distale, inferiore Ende des Humerus (Abbildung 7.6c; siehe auch Abbildung 7.6a). Ein niedriger Wulst zieht über den Kondylus und teilt ihn in zwei Regionen: Der walzenförmige mediale Anteil ist die **Trochlea**, (lat.: trochlea = der Flaschenzug, die Winde, die Rolle), die mit der Ulna, dem medialen Unterarmkochen, artikuliert. Die Trochlea reicht von der Basis der **Fossa coronoidea** (lat.: corona = der Kranz, die Krone) an der anterioren Fläche bis an die **Fossa olecranii** an der posterioren Fläche (siehe Abbildung 7.6a und c). In diese Vertiefungen passen die Fortsätze der Ulna bei vollständiger Flexion (Ellenbogen gebeugt) oder Extension (Ellenbogen gestreckt). Das abgerundete **Kapitulum** bildet die laterale Fläche des Kondylus. Das Kapitulum artikuliert mit dem Kopf des Radius, dem lateralen Unterarmknochen. Die flache **Fossa radialis** oberhalb des Kapitulums nimmt einen kleinen Teil des Radiuskopfs auf, wenn sich der Radius dem Humerus nähert.

Auf der posterioren Fläche (Abbildung 7.6d) verläuft der **Sulcus n. radialis** an der posterioren Kante der *Tuberositas deltoidea* entlang. Diese Furche markiert den Verlauf des *N. radialis*, eines dicken Nervs, der Sinnesempfindungen vom Handrücken übermittelt und die großen Muskeln innerviert, die den Ellenbogen strecken. Der *Sulcus n. radialis* endet am inferioren Ende der *Tuberositas deltoidea*, wo der Nerv an die anteriore Fläche des Humerus zieht. Am distalen Ende des Humerus verbreitert sich der Schaft nach beiden Seiten zu einem flachen Dreieck. Epikondylen sind Fortsätze, die proximal eines Gelenks entstehen und die Ansatzfläche für Muskulatur vergrößern. Der **Epicondylus lateralis** und der **Epicondylus medialis** ragen jeweils seitlich am Ellenbogengelenk am Humerus heraus. Der *N. ulnaris* zieht über die posteriore Fläche des *Epicondylus medialis*. Wenn man sich an dieser Stelle stößt, ist der Nerv mitbetroffen; es kommt zu einer vorübergehenden Taubheit und Paralyse der Muskeln an der anterioren Fläche des Unterarms. Wegen dieses seltsamen Gefühls nennt man die Stelle auch „Musikantenknochen" oder „Narrenbein".

Die Ulna

Die Ulna und der Radius verlaufen parallel zueinander; sie stützen den Unterarm (siehe Abbildung 7.2). In der anatomischen Position liegt die Ulna medial des Radius (Abbildung 7.7a). Das **Olekranon** der Ulna bildet die Spitze des Ellenbogens (Abbildung 7.7b). Es ist der superiore und posteriore Anteil der proximalen Epiphyse. Mit seiner Vorderfläche, der **Incisura trochlearis**, verhakt er sich mit der Trochlea des Humerus (Abbildung 7.7c–e). Das Olekranon bildet die obere Lippe der *Incisura trochlearis*, der *Processus coronoideus* die inferiore Lippe. Bei vollständiger Streckung (Extension) des Ellenbogens ragt das Olekranon in die *Fossa olecranii* an der posterioren Fläche des Humerus hinein. Bei vollständiger Beugung (Flexion) ragt der *Processus coronoideus* in die *Fossa coronoidea* an der anterioren Fläche des Humerus. Lateral des *Processus coronoideus* dient die **Incisura radialis ulnae** (siehe Abbildung 7.7d und e) dem Radiuskopf im **proximalen radioulnaren Gelenk** als Gelenkfläche.

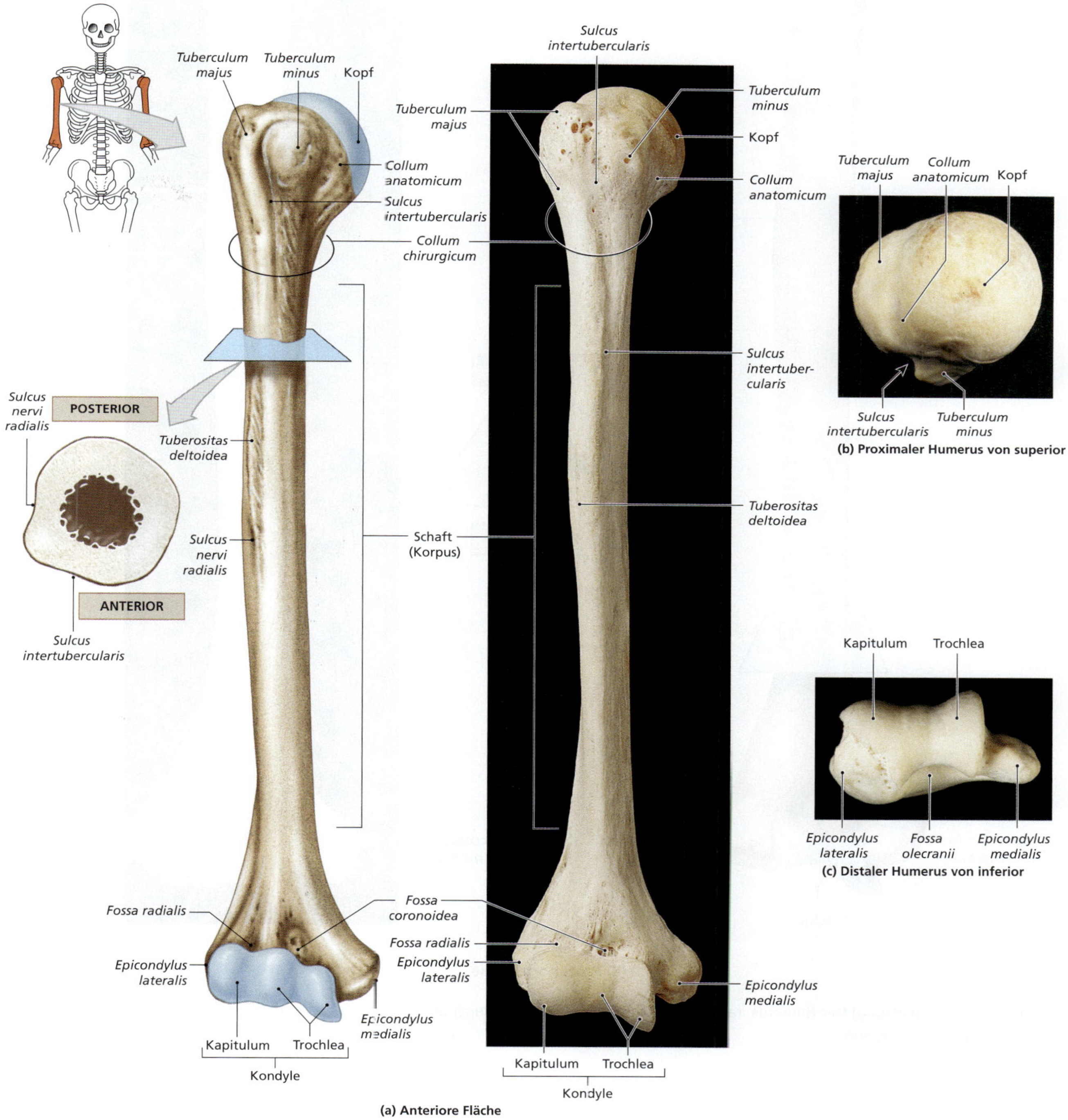

Abbildung 7.6: Der Humerus. (a) Blick von anterior. (b) Blick von superior auf den Humeruskopf. (c) Blick von inferior auf den distalen Humerus. (d) Blick von posterior.

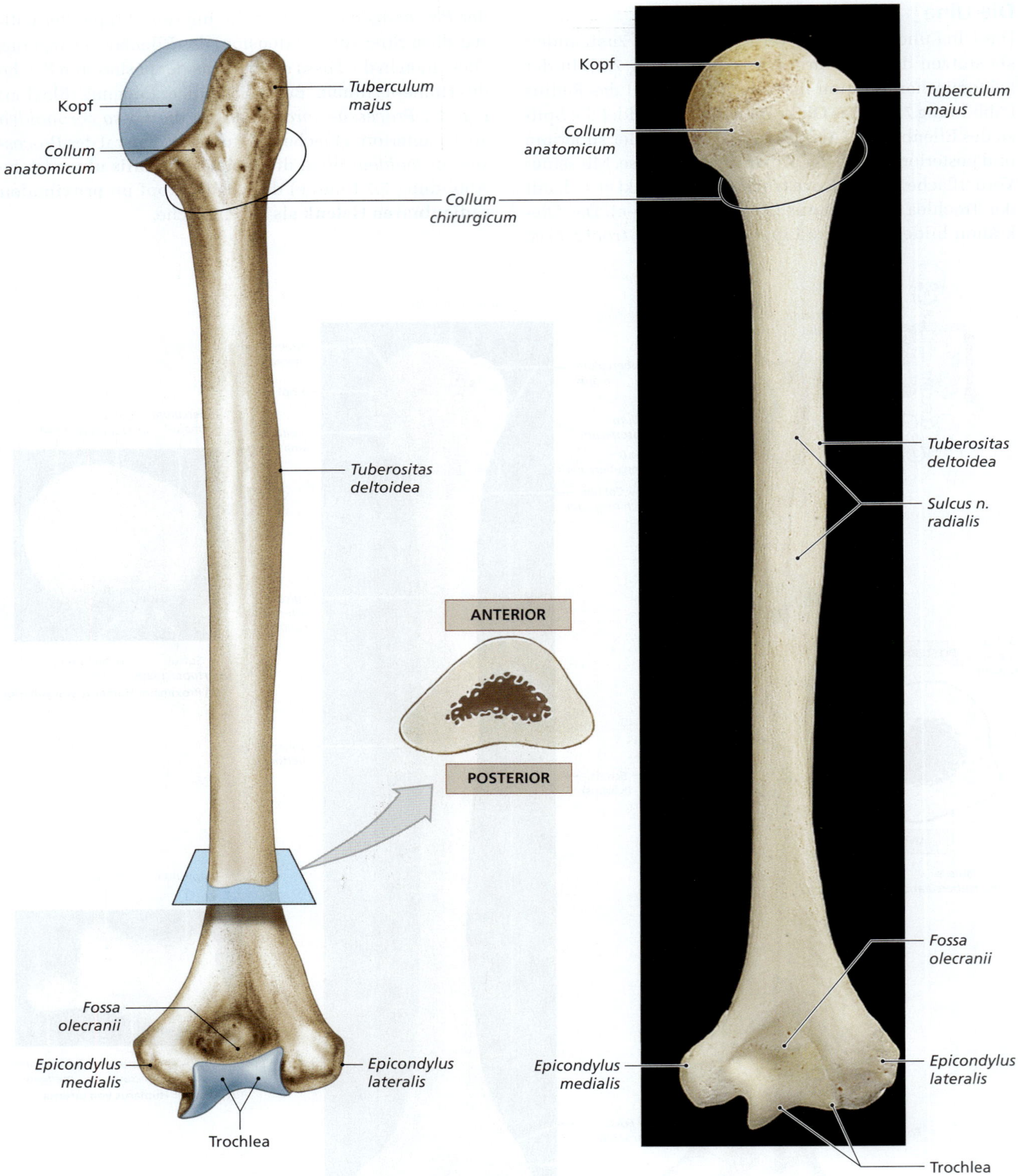

(d) Posteriore Fläche

Abbildung 7.6: **(Fortsetzung) Der Humerus.** (a) Blick von anterior. (b) Blick von superior auf den Humeruskopf. (c) Blick von inferior auf den distalen Humerus. (d) Blick von posterior.

Der Schaft der Ulna ist im Querschnitt grob dreieckig; dabei ist die glatte mediale Fläche die Basis des Dreiecks und die laterale Kante die Spitze. Eine fibröse Haut, die **Membrana interossei antebrachii**, verbindet die laterale Kante der Ulna mit der medialen Kante des Radius und dient als zusätzliche Ansatzfläche für Muskeln (siehe Abbildung 7.7a und d). Nach distal verjüngt sich der Schaft der Ulna; er endet mit dem scheibenförmigen **Caput ulnae**, an dessen posteriorer Kante sich ein kurzer **Processus styloideus ulnae** befindet. An ihm ist ein dreieckiger Gelenkknorpel befestigt, der das *Caput ulnae* von den Handwurzelknochen trennt (Abbildung 7.7f).

Das Ellenbogengelenk ist ein stabiles, zweiteiliges Scharniergelenk (siehe Abbildung 7.7b und c). Ein Großteil dieser Stabilität beruht auf der Verzahnung der *Trochlea humeri* mit der *Incisura trochlearis* der Ulna; dies ist das **Humeroulnargelenk**. Der andere Abschnitt des Ellenbogengelenks ist das **Humeroradialgelenk**; hier artikuliert das *Capitulum humeri* mit der flachen superioren Fläche des *Caput radii*. Das Ellenbogengelenk wird in Kapitel 8 genauer beschrieben.

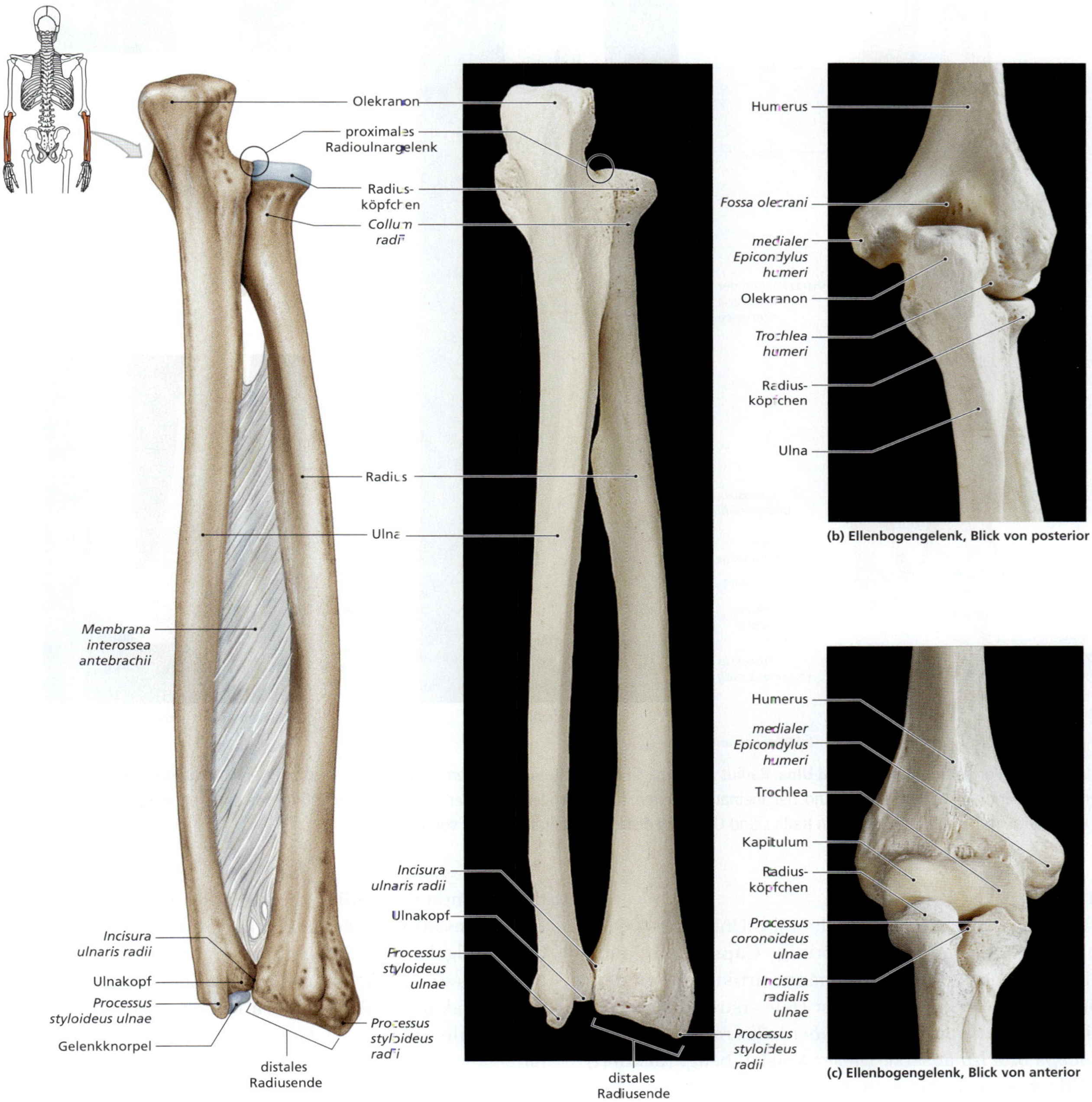

(a) Blick von posterior

(b) Ellenbogengelenk, Blick von posterior

(c) Ellenbogengelenk, Blick von anterior

Abbildung 7.7: Radius und Ulna. Radius und Ulna sind die Unterarmknochen. (a) Rechter Radius und rechte Ulna von posterior. (b) Ellenbogen von posterior; man sieht, wie die Knochen ineinandergreifen. (c) Ellenbogen von anterior. (d) Radius und Ulna von anterior. (e) Proximales Ende der Ulna von lateral. (f) Distaler Abschnitt von Radius und Ulna und distales Radioulnargelenk von anterior.

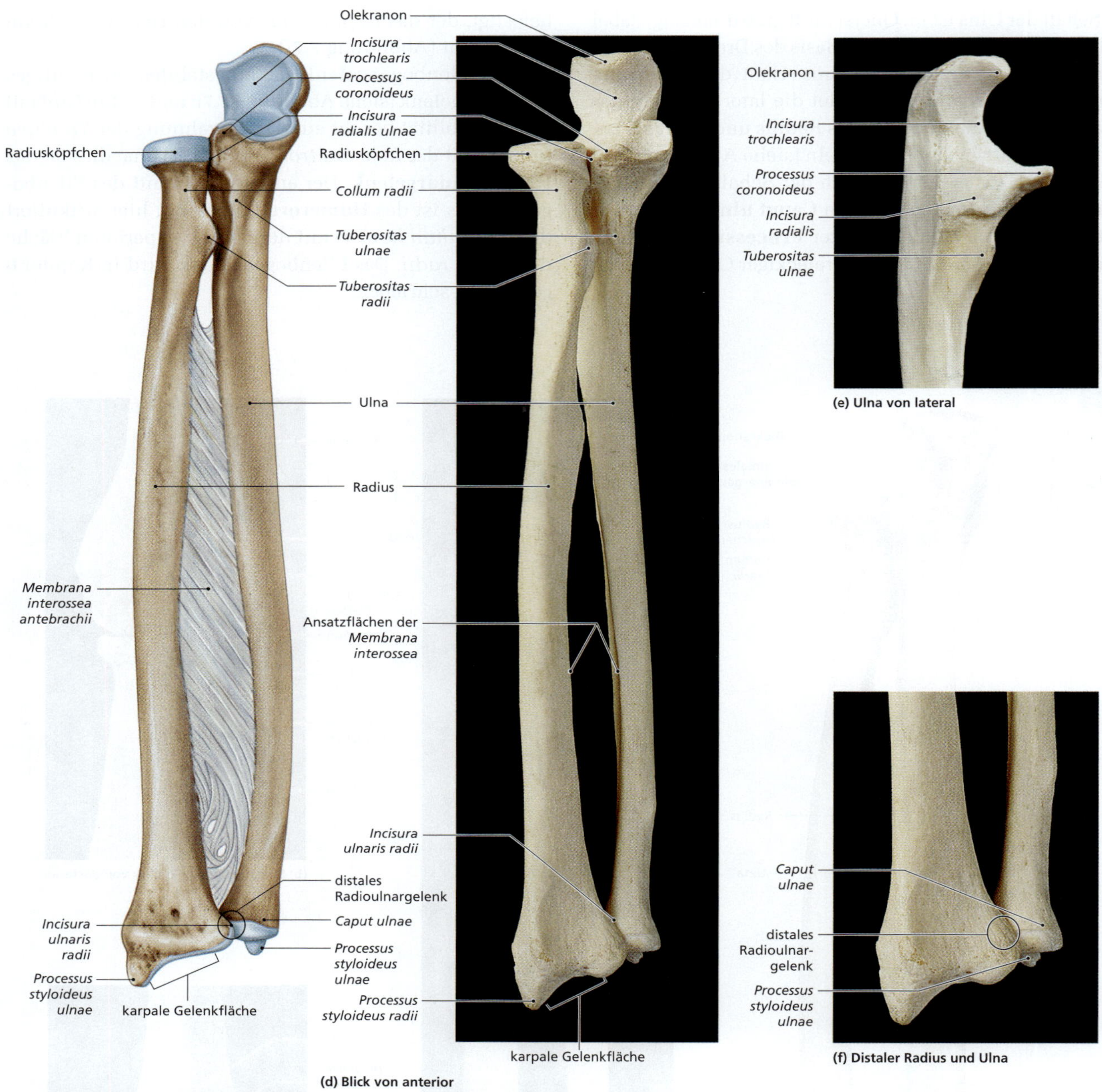

Abbildung 7.7: (Fortsetzung) Radius und Ulna. Radius und Ulna sind die Unterarmknochen. (a) Rechter Radius und rechte Ulna von posterior. (b) Ellenbogen von posterior; man sieht, wie die Knochen ineinandergreifen. (c) Ellenbogen von anterior. (d) Radius und Ulna von anterior. (e) Proximales Ende der Ulna von lateral. (f) Distaler Abschnitt von Radius und Ulna und distales Radioulnargelenk von anterior.

Der Radius

Der Radius ist der laterale Knochen des Unterarms (siehe Abbildung 7.7). Das scheibenförmige **Caput radii**, auch Radiuskopf oder *Caput radii* genannt, artikuliert mit dem *Capitulum humeri*. Ein schmaler Hals erstreckt sich vom Radiuskopf an die prominente *Tuberositas radii*, an der der *M. biceps brachii* ansetzt. Dieser Muskel beugt (flektiert) den Ellenbogen, wobei sich der Unterarm auf den Oberarm zubewegt. Der Radiusschaft ist leicht gebogen; das distale Ende ist deutlich größer als der distale Abschnitt der Ulna. Da sowohl der Gelenkknorpel als auch ein *Discus articularis* die Ulna vom Handgelenk trennen, ist nur das distale Ende des Radius direkt am Handgelenk beteiligt. Der **Processus styloideus radii** auf der lateralen Seite hilft, das Handgelenk zu stabilisieren.

Die mediale Fläche des distalen Endes artikuliert mit dem Ulnakopf an der **Incisura ulnaris radii**: Sie bilden das distale radioulnare Gelenk. Das proximale radioulnare Gelenk erlaubt eine mediale oder laterale Rotation des Radiuskopfs. Hierbei rollt die *Incisura ulnaris* um die gerundete Fläche des Ulnakopfs. Eine mediale Rotation an den Radioulnargelenken dreht das Handgelenk und die Hand nach medial. Diese Drehbewegung nennt man

Pronation. Die Gegenbewegung, mit lateraler Rotation an den Radioulnargelenken, bezeichnet man als Supination.

Die Handwurzelknochen

Das Handgelenk (Karpus) besteht aus den acht Handwurzelknochen. Sie stehen in zwei Reihen; es gibt vier proximale und vier distale Handwurzelknochen. Die **proximalen Knochen** sind das *Os scaphoideum*, das *Os lunatum*, das *Os triquetrum* und das *Os pisiforme*. Die **distalen Handwurzelknochen** sind das *Os trapezium*, das *Os trapzoideum*, das *Os capitatum* und das *Os hamatum* (Abbildung 7.8). Die Handwurzelknochen sind gelenkig miteinander verbunden, was begrenzte Gleit- und Drehbewegungen ermöglicht. Bänder halten die Knochen zusammen und stabilisieren das Handgelenk.

Die proximalen Handwurzelknochen

- Das **Skaphoid** (Kahnbein) liegt am lateralen Ende der Handwurzel neben dem *Processus styloideus radii*.
- Das hakenförmige **Os lunatum** liegt medial des Skaphoids und artikuliert ebenfalls mit dem Radius.
- Das **Os triquetrum** liegt medial des *Os lunatum*. Es hat die Form einer kleinen Pyramide. Es artikuliert mit dem Diskus, der den Ulnakopf vom Handgelenk trennt.
- Das kleine runde **Os pisiforme** (Erbsenbein) liegt anterior des *Os triquetrum* und reicht von allen Handwurzelknochen am weitesten nach lateral.

Die distalen Handwurzelknochen

- Das **Os trapezium** ist der laterale Knochen der distalen Reihe. Er bildet mit dem Skaphoid ein proximales Gelenk.
- Das keilförmige **Os trapezoideum** liegt medial des *Os trapezium*; es ist der kleinste distale Handwurzelknochen. Wie auch das *Os trapezium* artikuliert er proximal mit dem Skaphoid.
- Das **Os capitatum** ist der größte Handwurzelknochen. Es sitzt zwischen dem *Os trapzoideum* und dem *Os hamatum*.
- Das **Os hamatum** (lat.: hamus = der Haken) ist der am weitesten medial liegende distale Handwurzelknochen.

Eine klassische Merkregel für die Handwurzelknochen lautet, proximal-lateral beginnend: „Ein Kahn *(Os scaphoideum)* fuhr im Mondenschein *(Os lunatum)* dreieckig *(Os triquetrum)* um das Erbsenbein *(Os pisiforme)*; Vieleck groß *(Os trapezium)*, Vieleck klein *(Os trapezoideum)*, der Kopf *(Os capitatum)* muss stets am Haken *(Os hamatum)* sein."

Die Metakarpalia und die Phalangen

Metakarpalia Fünf Metakarpalia (Mittelhandknochen) artikulieren mit den distalen Handwurzelknochen; sie stützen die Handfläche (siehe Abbildung 7.8b und c). Sie werden, mit dem lateralen *Os metacarpale* beginnend, mit den römischen Ziffern I–V bezeichnet. Jeder Mittelhandknochen sieht aus wie ein kleiner Röhrenknochen, mit einer breiten, konkaven proximalen **Basis**, einem schlanken **Korpus** und einem distalen **Kopf**.

Phalangen Distal artikulieren die Mittelhandknochen mit den Fingerknochen, oder Phalangen (Singular: Phalanx). An jeder Hand hat man 14 Fingerknochen. Der Daumen (**Pollex**) hat zwei (proximale und distale Phalanx), die Langfinger haben je drei Phalangen (proximal, medial und distal).

AUS DER PRAXIS

Skaphoidfrakturen

Die Skaphoidfraktur ist die häufigste Handwurzelfraktur; sie geschieht meist bei Stürzen auf die ausgestreckte Hand. Die Frakturlinie verläuft in der Regel senkrecht zur Längsachse des Knochens. Da die Durchblutung des proximalen Anteils des Skaphoids im Alter abnimmt, heilen diese Brüche oft schlecht; es kann zu einer Knochennekrose des proximalen Anteils oder zu einer Pseudarthrose (Bildung eines Falschgelenks) kommen.

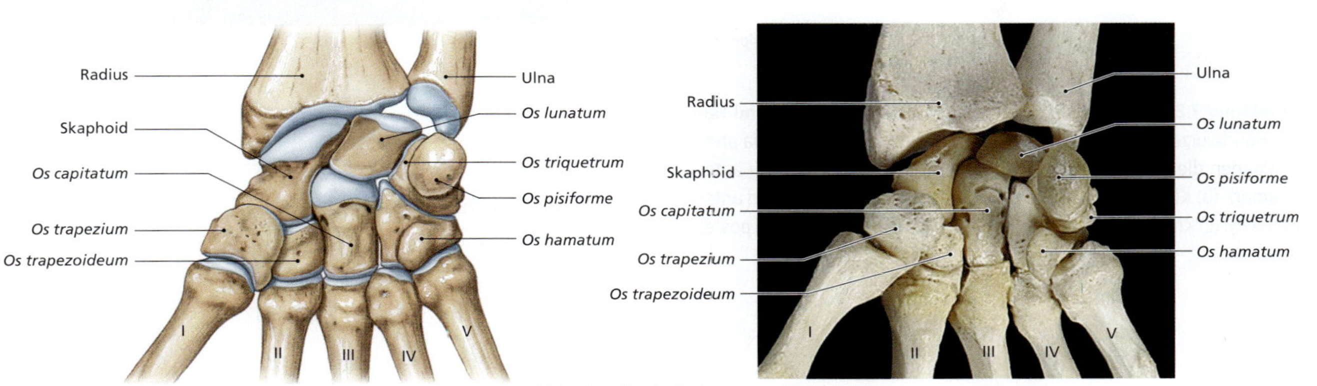

(a) Rechtes Handgelenk von anterior (palmar)

Abbildung 7.8: Die Knochen von Handgelenk und Hand. Die Handwurzelknochen bilden das Handgelenk, die Metakarpalia und die Phalangen die Hand. (a) Knochen des rechten Handgelenks von anterior (palmar). (b) Knochen des rechten Handgelenks und der Hand von anterior (palmar). (c) Knochen des rechten Handgelenks und der Hand von posterior (hinten).

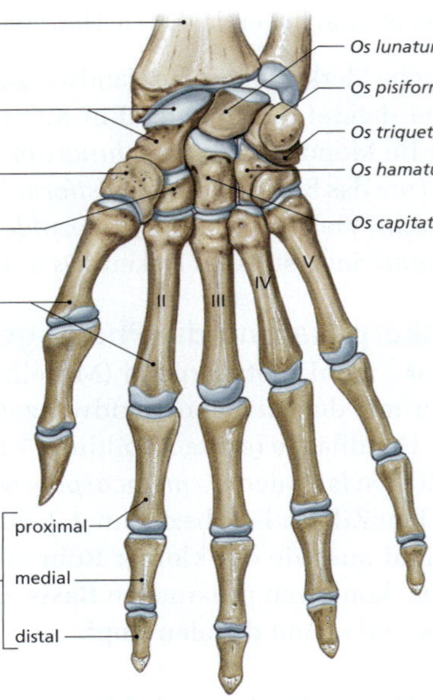

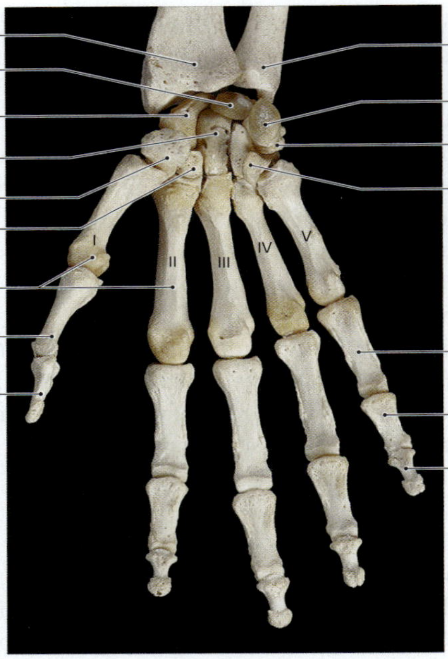

(b) Rechtes Handgelenk und Hand von anterior (palmar)

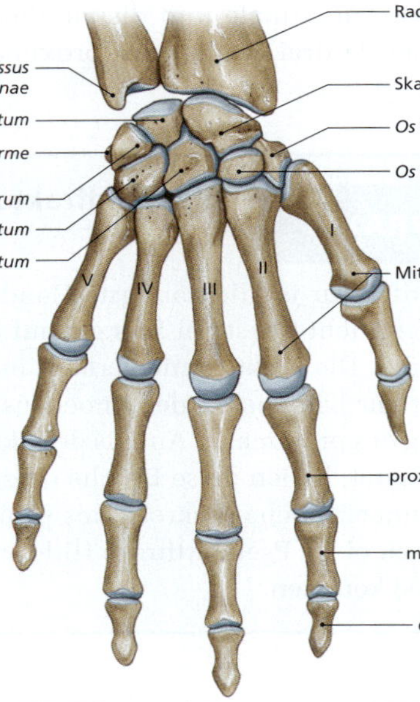

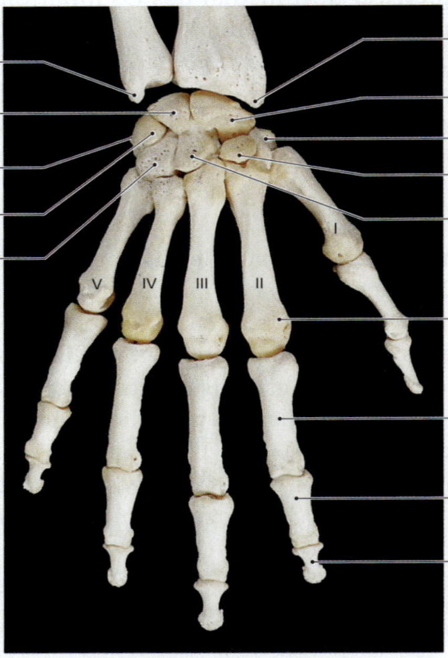

(c) Rechtes Handgelenk und Hand von posterior (dorsal)

Abbildung 7.8: (Fortsetzung) Die Knochen von Handgelenk und Hand. Die Handwurzelknochen bilden das Handgelenk, die Metakarpalia und die Phalangen die Hand. (a) Knochen des rechten Handgelenks von anterior (palmar). (b) Knochen des rechten Handgelenks und der Hand von anterior (palmar). (c) Knochen des rechten Handgelenks und der Hand von posterior (hinten).

AUFGABEN

1. Warum beeinträchtigt eine Klavikulafraktur die Beweglichkeit der Skapula?
2. Welcher Unterarmknochen liegt in der anatomischen Position weiter lateral?
3. Welche Funktion hat das Olekranon?
4. Welcher Knochen stellt die einzige direkte Verbindung zwischen dem Schultergürtel und dem Achsenskelett dar?

Der Beckengürtel und die untere Extremität 7.2

Die Knochen des **Beckengürtels** stützen und beschützen die Organe des Unterbauchs, einschließlich der Fortpflanzungsorgane und eines wachsenden Fetus bei Frauen. Die Knochen des Beckengürtels sind massiver als die des Schultergürtels, weil sie durch das höhere Gewicht und die Bewegung stärkeren Belastungen ausgesetzt sind. Die Knochen der unteren Extremität sind aus denselben Gründen ebenfalls größer als die der oberen Extremität. Der Beckengürtel besteht aus den beiden Hüftknochen *(Os coxae)*. Das Becken ist aus verschiedenen Komponenten zusammengesetzt, den Hüftknochen des Extremitätenskeletts und dem Kreuzbein sowie dem Steißbein des Achsenskeletts. Zum Skelett einer **unteren Extremität** gehören das Femur (Oberschenkelknochen), die Patella (Kniescheibe), die Tibia (Schienbein) und die Fibula (Wadenbein) des Unterschenkels, die Tarsalia (Sprunggelenksknochen) und die Metatarsalia (Mittelfußknochen) sowie die Phalangen (Zehenknochen) des Fußes (Abbildung 7.9).

7.2.1 Der Beckengürtel

Die Hüftknochen des Erwachsenen entstehen durch die Verschmelzung dreier einzelner Knochen: des *Os ilium*, des *Os ischii* und des *Os pubis* (Abbildung 7.10). Bei der Geburt sind diese drei Knochen noch durch hyalinen Knorpel voneinander getrennt. Wachstum und Verschmelzung sind gewöhnlich mit dem 25. Lebensjahr vollendet. Die Verbindung zwischen den Hüftknochen und der *Facies auricularis* des *Os sacrum* liegt an den posterioren medialen Flächen des *Os ilium*; sie bilden das **Iliosakralgelenk**. Die anterioren und medialen Anteile der Hüftknochen sind über die Symphyse *(Symphysis pubica)* mit einem Faserknorpel miteinander verbunden. Das Azetabulum (lat.: acetabulum = das Essignäpfchen) befindet sich an der lateralen Fläche des Hüftknochens. Mit dieser gewölbten Gelenkfläche bildet der Femurkopf das **Hüftgelenk**.

Das Azetabulum liegt anterior und inferior der Mitte des Hüftknochens (siehe Abbildung 7.10a). Den Raum, der von den Wänden des Azetabulums umschlossen wird, nennt man **Fossa acetabuli**; sie hat einen Durchmesser von etwa 5 cm. Sie weist eine glatte C-förmige Fläche auf, die **Facies lunata**, die mit dem Femurkopf artikuliert. Der Rand des Azetabulums weist an der superioren und den lateralen Kanten Knochenwülste auf, anterior und inferior jedoch nicht. Diese Lücke bezeichnet man als *Incisura acetabuli*.

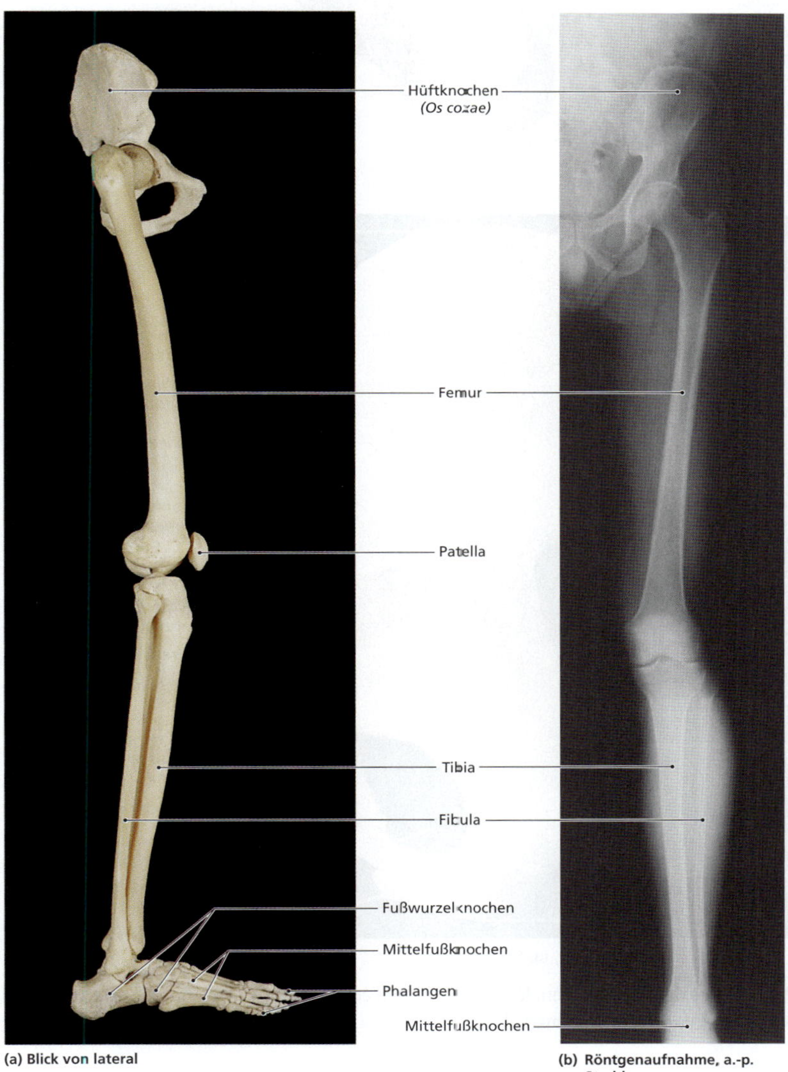

Abbildung 7.9: Der Beckengürtel und die untere Extremität. Die Beine artikulieren jeweils über den Beckengürtel mit dem Achsenskelett am Rumpf. (a) Rechte untere Extremität von lateral. (b) Röntgenaufnahme: rechter Beckengürtel und untere Extremität im a.-p. (anterior-posterioren) Strahlengang.

Die Hüftknochen

Die *Ossa ischii, ilium* und *pubis* treffen sich in der *Fossa acetabuli*, als sei diese eine Torte, die in drei Teile geschnitten wurde. Zum größten der Knochen, dem **Ilium** (Plural: Ilia), gehört das superiore Tortenstück, das etwa zwei Fünftel der Fläche des Azetabulums ausmacht. Superior des Azetabulums bietet die breite, gebogene laterale Fläche des Iliums große Ansatzflächen für Muskeln, Sehnen und Bänder (siehe Abbildung 7.10a). Die **Lineae gluteae anterior**, **posterior** und **inferior** markieren die Ansätze der *Mm. glutaei*, die das Femur bewegen. Oberhalb der *Linea arcuata* (siehe Abbildung 7.10)

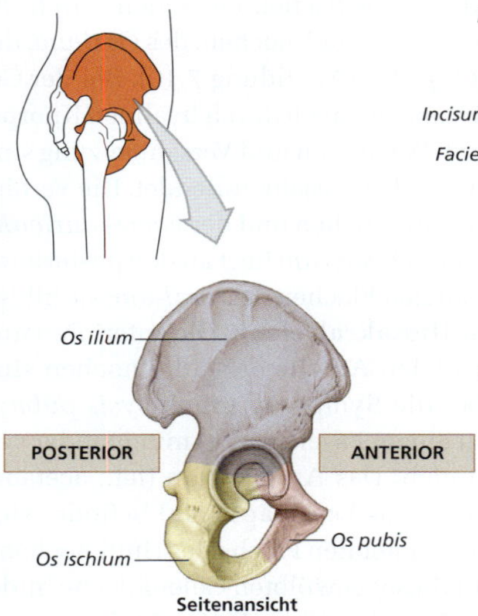

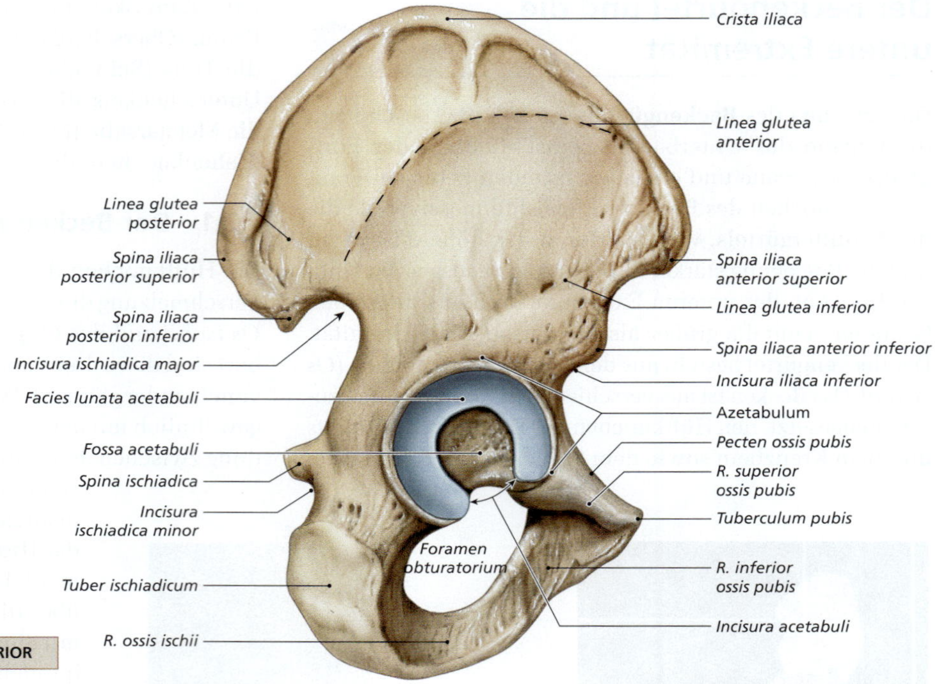

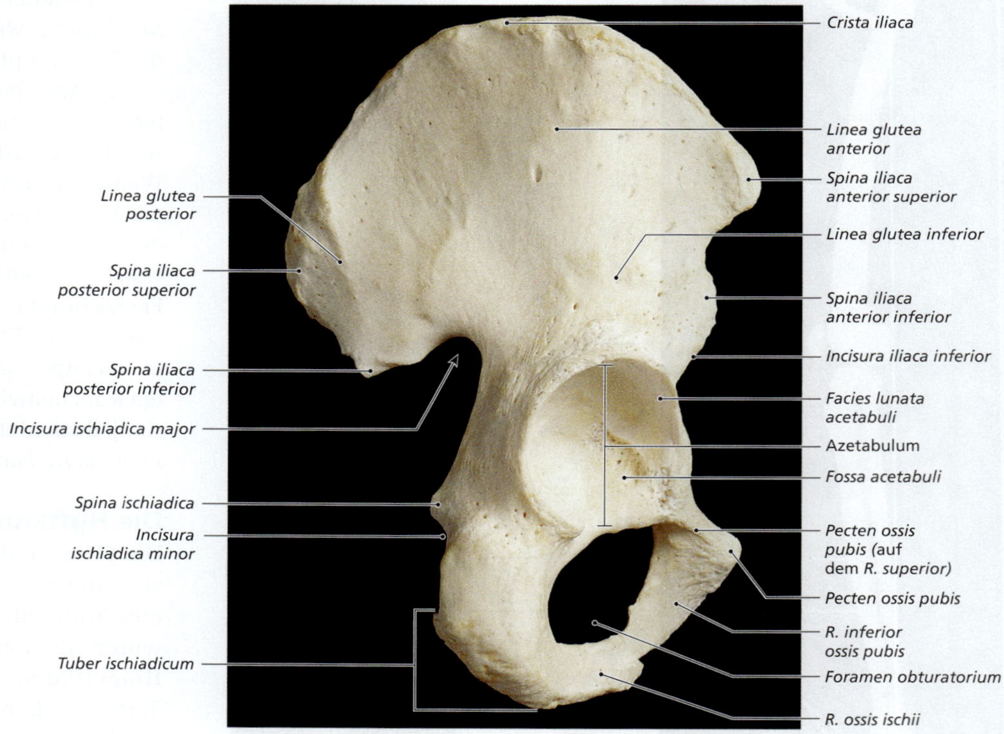

(a) Seitenansicht

Abbildung 7.10: Der Beckengürtel. Der Beckengürtel besteht aus den beiden Hüftknochen. Jeder Hüftknochen entsteht durch synostotische Verschmelzung eines Os ilium, eines Os ischium und eines Os pubis. (a) Blick von lateral. (b) Blick von medial.

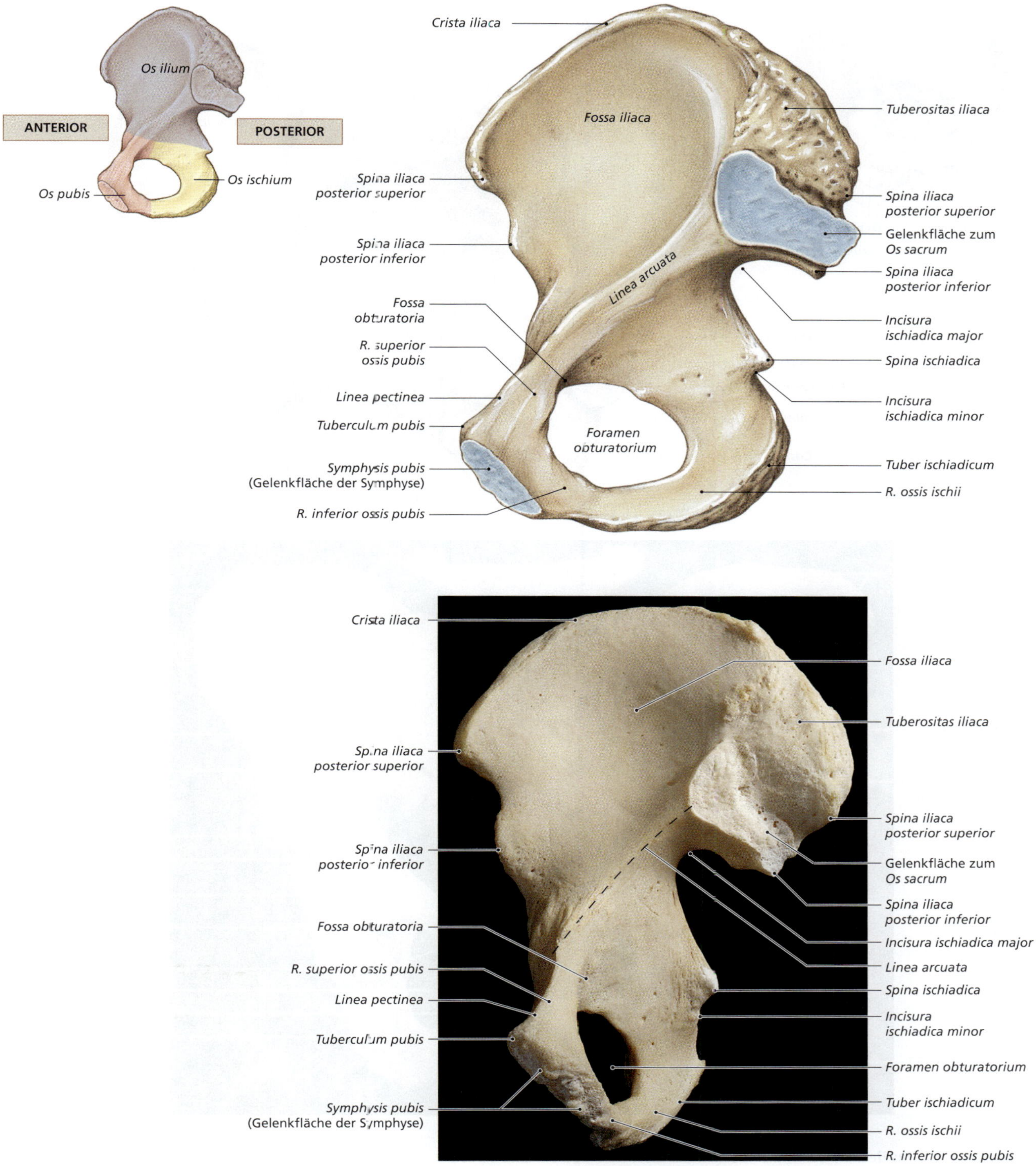

(b) Ansicht von medial

Abbildung 7.10: (Fortsetzung) Der Beckengürtel. Der Beckengürtel besteht aus den beiden Hüftknochen. Jeder Hüftknochen entsteht durch synostotische Verschmelzung eines Os ilium, eines Os ischium und eines Os pubis. (a) Blick von lateral. (b) Blick von medial.

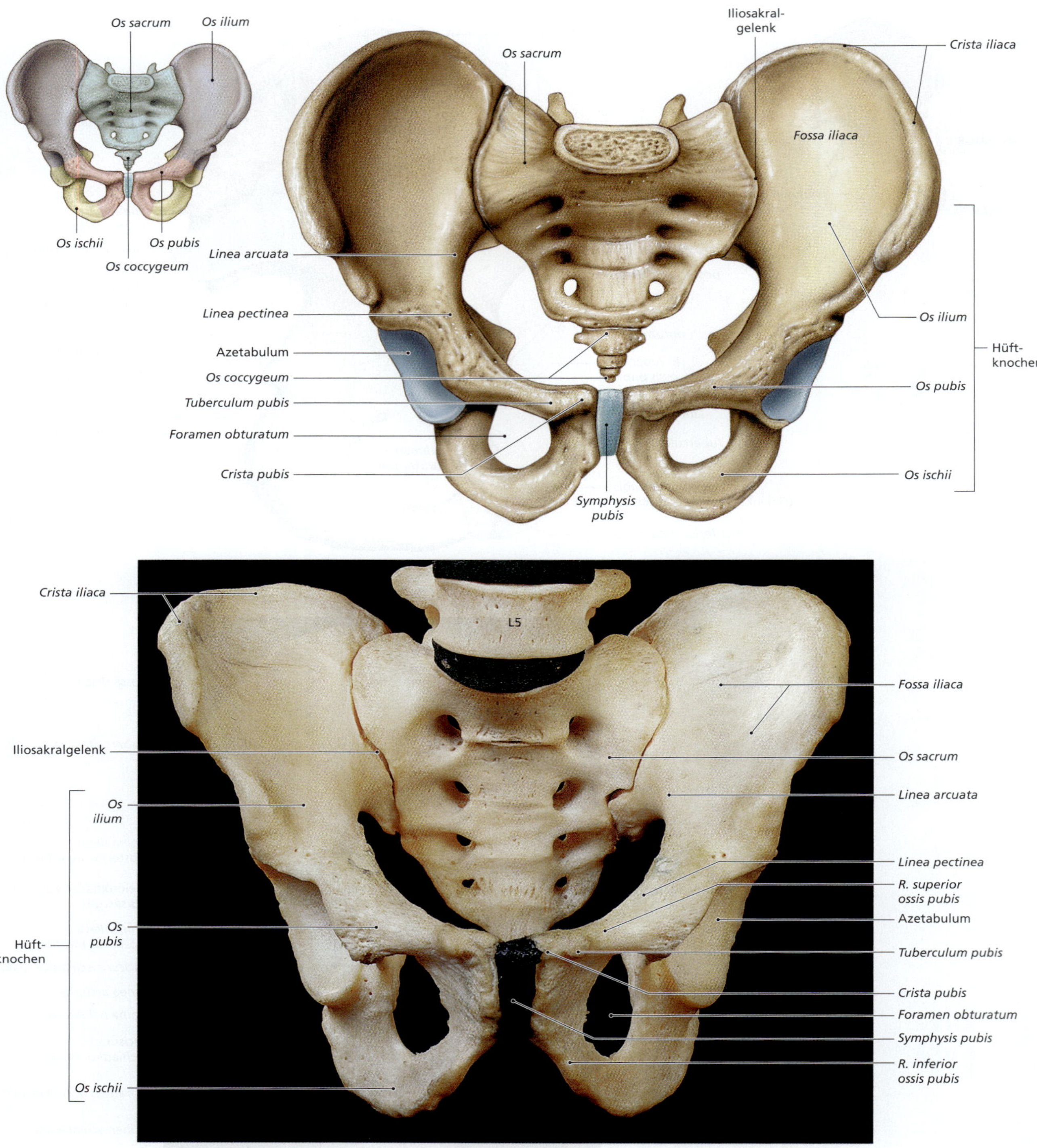

(a) Blick von vorn

Abbildung 7.11: Das Becken. Ein Becken besteht aus zwei Hüftknochen, dem Os sacrum und dem Os coccygis. (a) Becken eines erwachsenen Mannes von anterior. (b) Blick von posterior.

erstreckt sich das *Os ilium*. Zu seiner Vorderkante gehört die **Spina iliaca anterior inferior**, die nach einer Inzisur nach anterior in die **Spina iliaca anterior superior** übergeht. Nach posterior ziehend, trägt die Oberkante die **Crista iliaca**, einen Wulst, an dem Muskeln und Bänder ansetzen. Diese *Crista iliaca* endet an der **Spina iliaca posterior superior**. Unterhalb der Spina zieht die posteriore Kante des Iliums weiter an die abgerundete **Spina iliaca posterior inferior**, die superior der **Incisura ischiadica major** liegt, durch die der *N. ischiadicus* in die untere Extremität zieht.

Nahe an der superioren und posterioren Kante des Azetabulums ist das Ilium mit dem **Ischium** verschmolzen, zu dem die posterioren zwei Fünftel der Fläche des Azetabulums gehören. Das *Os ischii* ist der dickste aller Hüft-

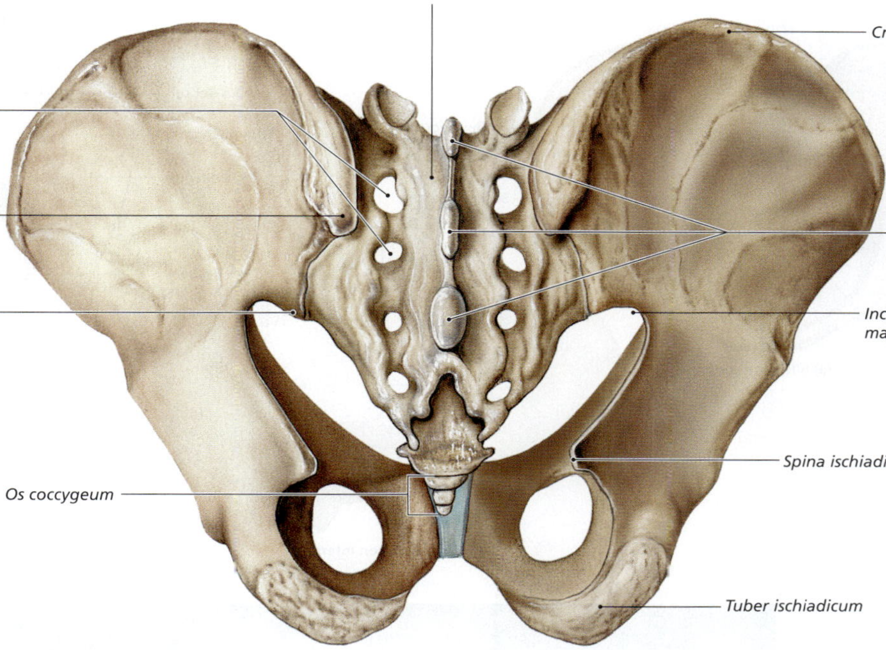

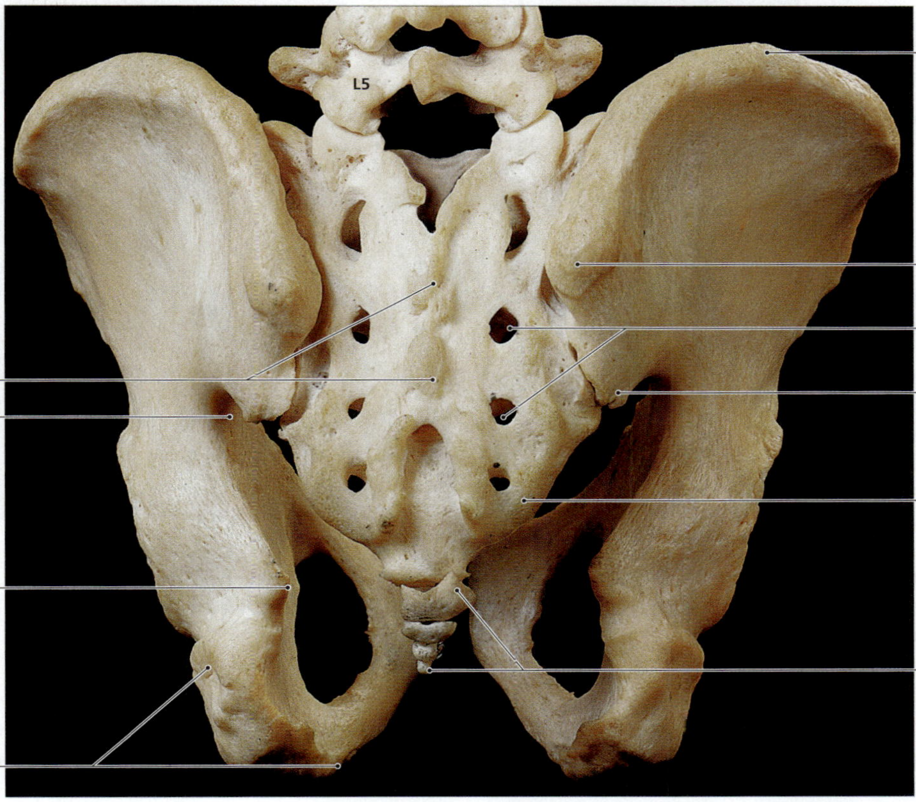

(b) Blick von posterior

Abbildung 7.11: (Fortsetzung) Das Becken. Ein Becken besteht aus zwei Hüftknochen, dem Os sacrum und dem Os coccygis. (a) Becken eines erwachsenen Mannes von anterior. (b) Blick von posterior.

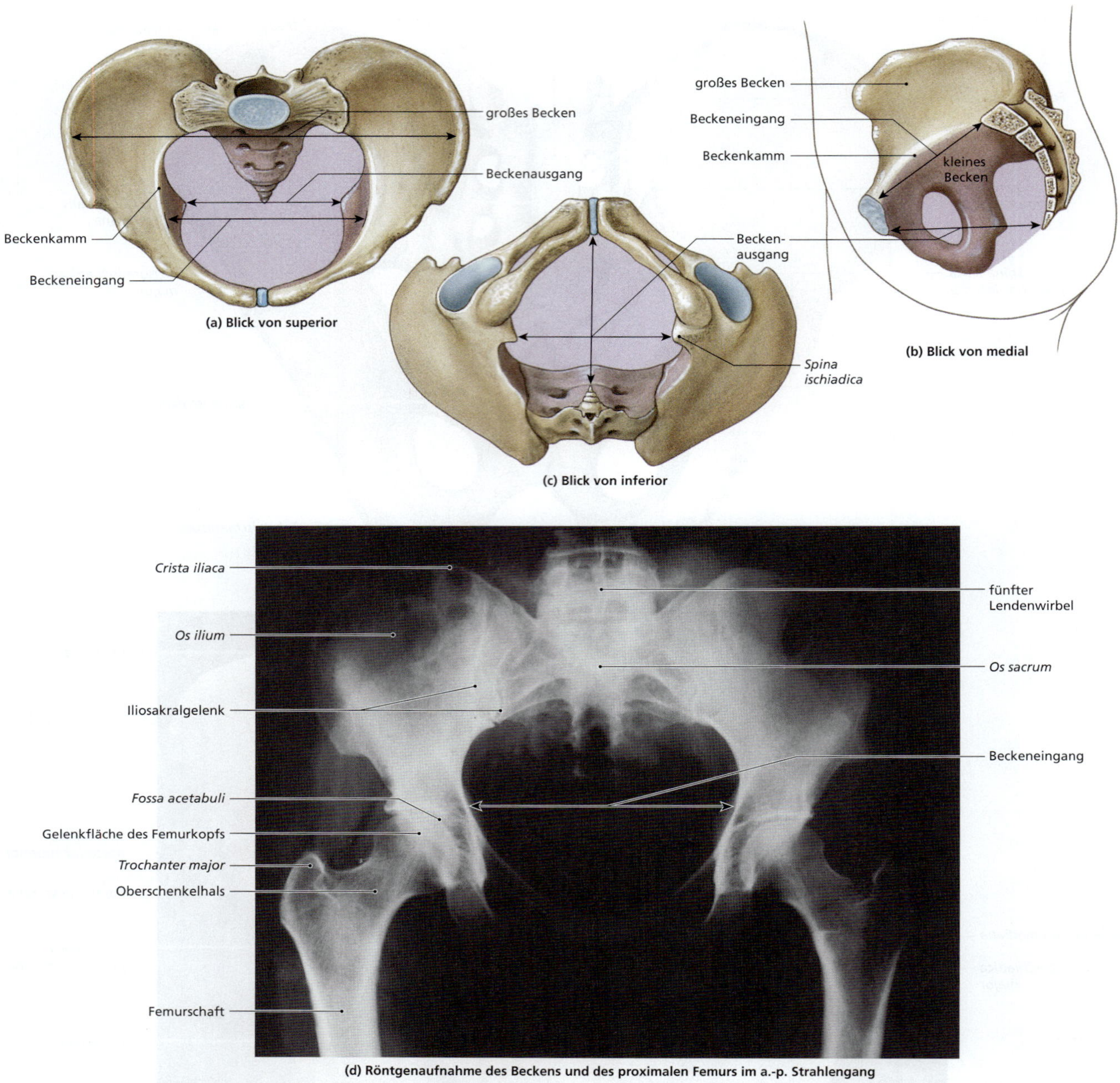

Abbildung 7.12: Unterteilung des Beckens. Das Becken ist in das kleine und das große Becken unterteilt. (a) Blick von superior auf den Beckenring und den Beckeneingang eines Mannes. (b) Blick von lateral auf die Grenzen des kleinen und des großen Beckens. (c) Blick von inferior auf den Beckenausgang. (d) Röntgenaufnahme von Becken und Femora im a.-p. Strahlengang.

knochen. Posterior des Azetabulums ragt die prominente **Spina ischiadica** nach superior an die **Incisura ischiadica minor**. Der Rest des Ischiums besteht aus einem kräftigen Prozessus, der nach medial und inferior weist. Ein angerauter Fortsatz, der **Tuber ischiadicum**, bildet seine posterolaterale Begrenzung. Im Sitzen ruht die Last des Körpergewichts auf ihnen. Der schmale **R. ossis ischii** zieht weiter nach anterior und verschmilzt mit dem *R. inferior* des *Os pubis*.

An diesem Verschmelzungspunkt trifft der *R. ossis ischii* auf den **R. inferior ossis pubis**. Anterior beginnt dieser *R. inferior* am **Tuberculum pubicum**, wo er auf den **R. superior ossis pubis** trifft. Mit **Pecten ossis pubis** bezeichnet man einen rauen Wulst an der anterosuperioren Fläche des *R. superior*, der vom *Tuberculum pubicum* aus nach lateral zieht. Die beiden Rami des *Os pubis* und des *Os ischii* umgeben das **Foramen obturatum**. In vivo ist dieses Foramen mit einer Schicht kollagenen Bindegewebes verschlossen, die als eine feste Ansatzfläche für die Hüftmuskeln dient. Der *R. superior* entspringt an der anterioren Kante des Azetabulums. Im Inneren des Azetabulums verschmilzt das *Os pubis* mit den *Ossa ilium* und *ischii*.

In Abbildung 7.10b und Abbildung 7.11a sehen Sie noch weitere Oberflächenmerkmale der medialen und anterioren Flächen des rechten Hüftknochens:

- Die konkave mediale Fläche der **Fossa iliaca** stützt die Bauchorgane und dient als zusätzliche Muskelansatzfläche. Die *Fossa iliaca* wird nach inferior durch die *Linea arcuata* begrenzt.
- Die anteriore mediale Fläche des *Os pubis* ist rau; dies ist die Verbindungsstelle zum *Os pubis* der Gegenseite. An diesem Gelenk, der **Symphysis pubis**, sind beide *Ossa pubis* über mittig gelegenen Faserknorpel miteinander verbunden (Synchondrose).
- Die **Linea pectinea** beginnt in der Nähe der Symphyse, zieht schräg über das *Os pubis* und vereint sich mit der *Linea arcuata*, die weiter in Richtung **Facies auricularis** des *Os ilium* zieht. Die beiden *Faciei auriculares* bilden miteinander das Iliosakralgelenk. Es wird durch Bänder stabilisiert, die an der *Tuberositas iliaca* entspringen.
- Auf der medialen Fläche des *R. superior ossis pubis* liegt der **Sulcus obturatorius**. Dort verlaufen in vivo *A.* und *V. obturatoria* und der *N. obturatorius* hindurch.

Das Becken

Abbildung 7.11 zeigt das Becken von anterior und von posterior. Es besteht aus vier Knochen: den beiden *Ossa coxae*, dem Kreuzbein und dem Steißbein. Das Becken bildet einen Ring, wobei die Hüftknochen die anterioren und lateralen Anteile und die *Ossa sacrum* und *coccygis* den posterioren Anteil bilden. Ein dichtes Netzwerk aus Bändern verbindet die lateralen Kanten des *Os sacrum* mit der *Crista iliaca*, dem *Tuber ischiadicum*, der *Spina ischiadica* und der *Linea iliopectinealis*. Andere Bänder verbinden die Ilia mit der posterioren Fläche der Lendenwirbel. Diese Verbindungen erhöhen die Stabilität des Beckens.

Das Becken kann in das **Pelvis major** (großes Becken) und das **Pelvis minor** (kleines Becken) unterteilt werden. Die Grenze ist in Abbildung 7.12 zu erkennen. Das große Becken besteht aus den weiten, schaufelartigen Abschnitten der *Ossa ilia* superior der *Linea iliopectinea*. Im großen Becken befinden sich die unteren Bauchorgane. Inferior der *Linea iliopectinea* liegt das kleine Becken, das die Grenze des Beckens darstellt. Hierzu gehören die inferioren Abschnitte der beiden *Ossa ilia*, die *Ossa pubis*, die *Ossa ischii*, das Sakrum und das *Os coccygeum*. Von medial gesehen (siehe Abbildung 7.12b) ist die obere Grenze des kleinen Beckens eine Linie, die von der Basis des Sakrums auf beiden Seiten an der *Linea iliopectinea* entlang an die superiore Kante der *Symphysis pubis* reicht. Die knöcherne Kante des kleinen Beckens wird **Beckenrand** genannt und der Raum, den sie umfasst, **Beckeneingang**.

Der **Beckenausgang** wird von den inferioren Kanten der Beckenknochen umgeben (siehe Abbildung 7.12 a–c), besonders denen des *Os coccygeum*, der *Tuberositas ischii* und den inferioren Kanten der *Symphysis pubis*. Die Muskeln des Beckens bilden den Beckenboden und tragen die Organe. Diese Muskeln werden in Kapitel 10 beschrieben.

Abbildung 7.12d zeigt das Becken von anterior. Die Form des **weiblichen Beckens** unterscheidet sich etwas von der des **männlichen Beckens** (Abbildung 7.13). Zum Teil beruht dies auf der unterschiedlichen Körpergröße und Muskelmasse. Da Frauen in der Regel weniger muskulös sind als Männer, ist das Becken einer erwachsenen Frau meist glatter und leichter und hat weniger deutlich ausgeprägte Ansatzstellen von Muskeln und Bändern. Die übrigen Unterschiede haben mit der Gebärfähigkeit der Frau zu tun; das weibliche Becken kennzeichnen

- ein größerer Beckenausgang, zum Teil wegen der weiter auseinander stehenden *Spinae ischiadicae*,
- flachere Krümmungen von *Os sacrum* und *Os coccygeum*, die sich beim Mann in das kleine Becken hinein krümmen,
- ein weiterer, runderer Beckeneingang,
- ein im Verhältnis breiteres und flacheres Becken,

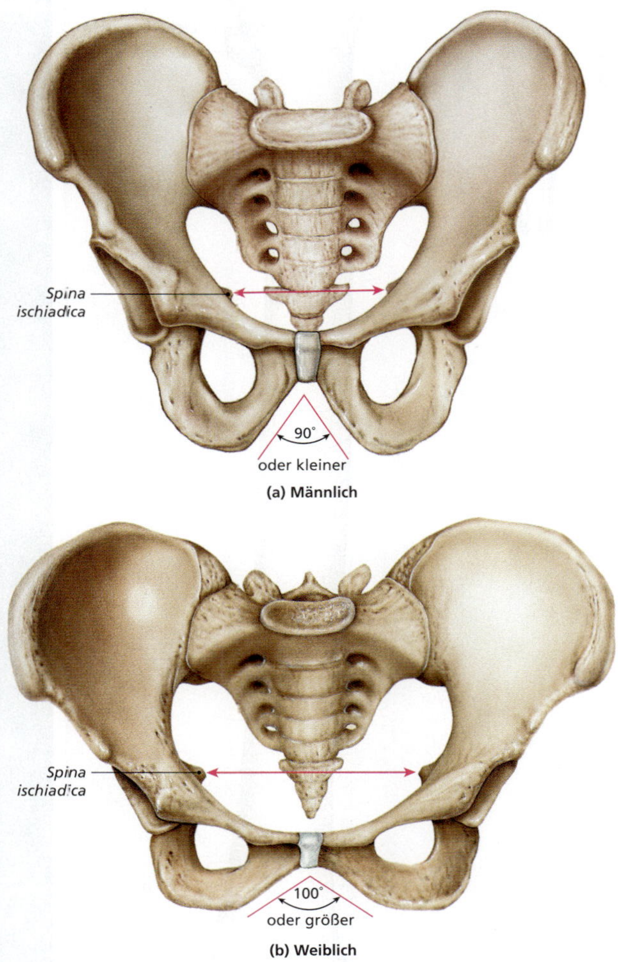

Abbildung 7.13: Anatomische Unterschiede zwischen dem weiblichen und dem männlichen Becken. Die schwarzen Pfeile kennzeichnen den Symphysenwinkel. Beachten Sie, dass der Winkel beim Mann (a) deutlich spitzer ist als bei der Frau (b). Die roten Pfeile zeigen die Weite des Beckenausgangs an (siehe Abbildung 7.12). Das weibliche Becken hat einen wesentlich weiteren Beckenausgang.

- Ilia, die weiter nach lateral weisen, aber nicht so weit nach superior in Richtung *Os sacrum*, sowie
- ein größerer Symphysenwinkel; er liegt zwischen den inferioren Kanten der *Ossa pubis* bei über 100 °. Bei der Frau spricht man vom Arkus, beim Mann vom Angulus.

Diese Unterschiede dienen zum einen dem Halt des wachsenden Fetus und des Uterus und zum anderen der Erleichterung des Durchgangs durch den Beckenausgang bei der Geburt. Außerdem bewirkt ein in der Schwangerschaft produziertes Hormon eine gewisse Symphysenlockerung. So wird eine relative Beweglichkeit zwischen den Hüftknochen möglich, die zu einer Weitung von Beckenein- und -ausgang und damit zu einer Erleichterung der Geburt führt.

7.2.2 Die untere Extremität

Das Skelett der unteren Extremität besteht aus dem Femur, der Patella (Kniescheibe), Tibia und Fibula, den Tarsalia der Sprunggelenke und den Mittelfußknochen sowie den Zehenknochen des Fußes (siehe Abbildung 7.9). Die funktio-

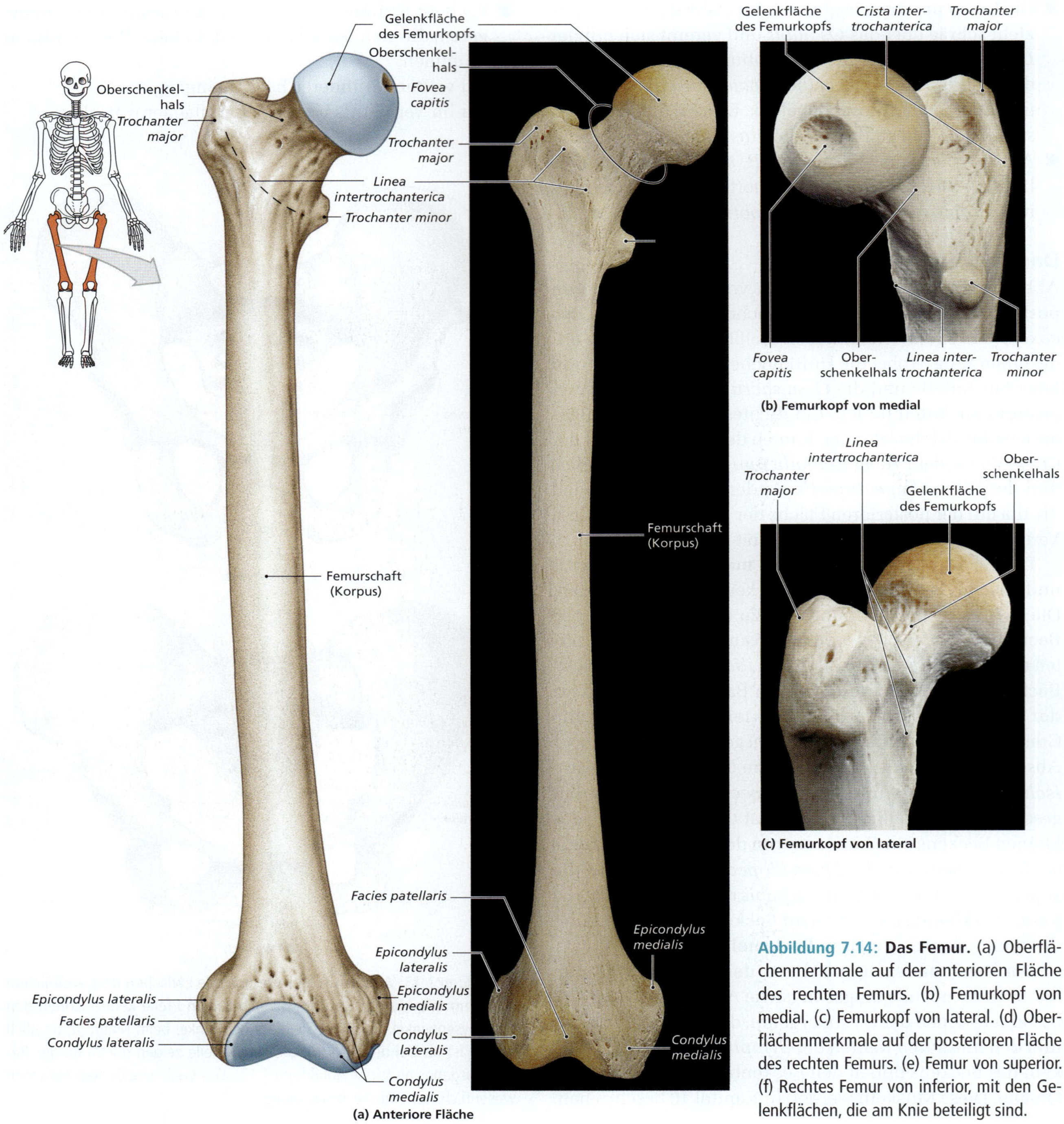

Abbildung 7.14: Das Femur. (a) Oberflächenmerkmale auf der anterioren Fläche des rechten Femurs. (b) Femurkopf von medial. (c) Femurkopf von lateral. (d) Oberflächenmerkmale auf der posterioren Fläche des rechten Femurs. (e) Femur von superior. (f) Rechtes Femur von inferior, mit den Gelenkflächen, die am Knie beteiligt sind.

nelle Anatomie der unteren Extremität unterscheidet sich deutlich von der der oberen Extremität, im Wesentlichen deshalb, weil die untere Extremität das Körpergewicht auf den Boden übertragen muss.

Das Femur

Das Femur (Abbildung 7.14) ist der längste und schwerste Knochen des Körpers. Distal artikuliert er am Kniegelenk mit der Tibia des Unterschenkels. Proximal artikuliert der abgerundete **Femurkopf** am Azetabulum mit dem Becken (siehe Abbildung 7.9 und 7.12a). Ein Halteband, das *Lig. capitis femoris*, entspringt an einer Vertiefung, der **Fovea**, am Femurkopf (siehe Abbildung 7.14b). Distal des Kopfes setzt der Hals in einem Winkel von etwa 125 ° am **Schaft** an. Der Schaft ist stark und fest, doch über die Gesamtlänge gebogen (siehe Abbildung 7.14a, d und e). Diese Krümmung erleichtert das Tragen des Gewichts und die Balance. Ist das Skelett geschwächt, verstärkt sie sich je-

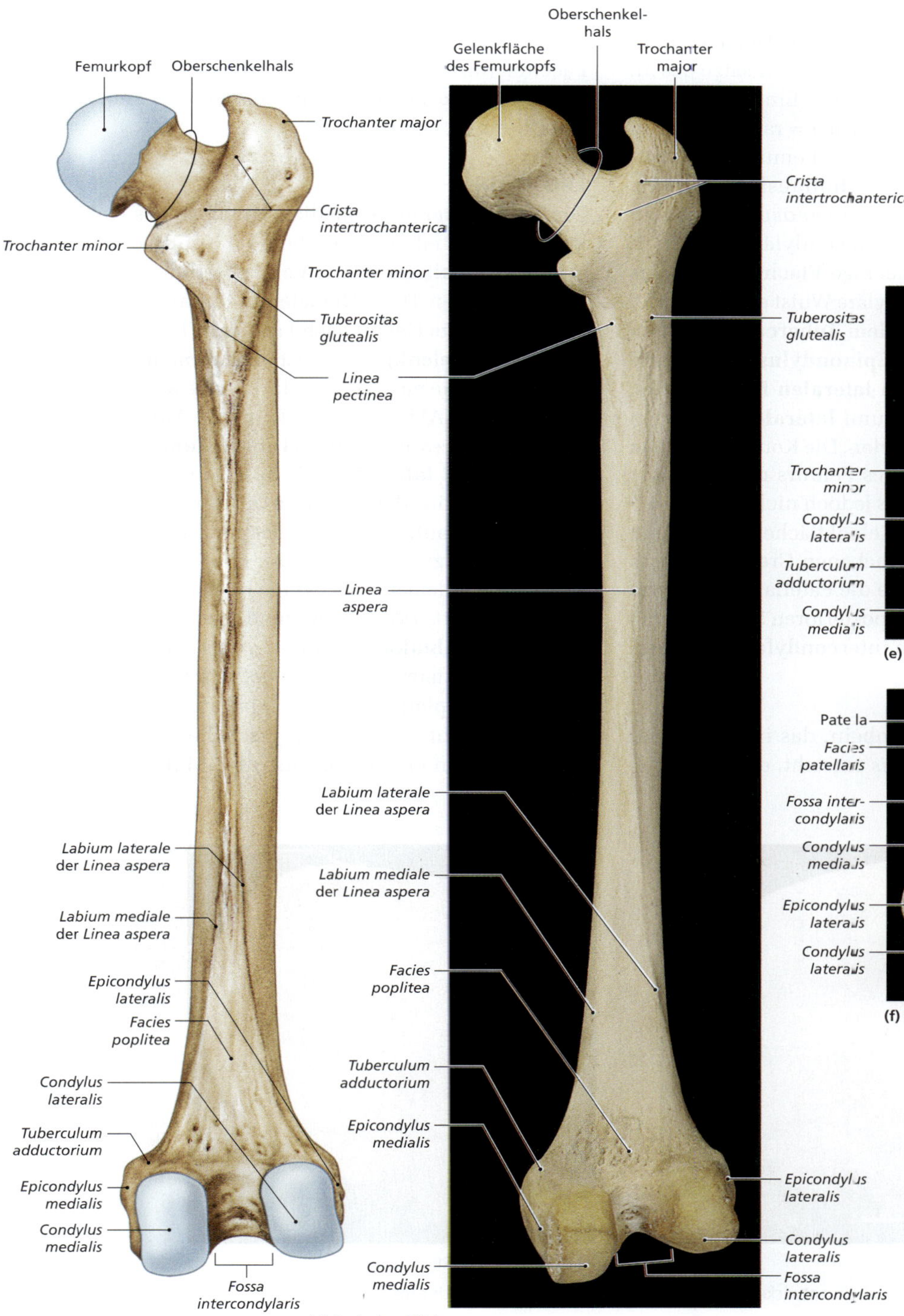

(d) Posteriore Fläche

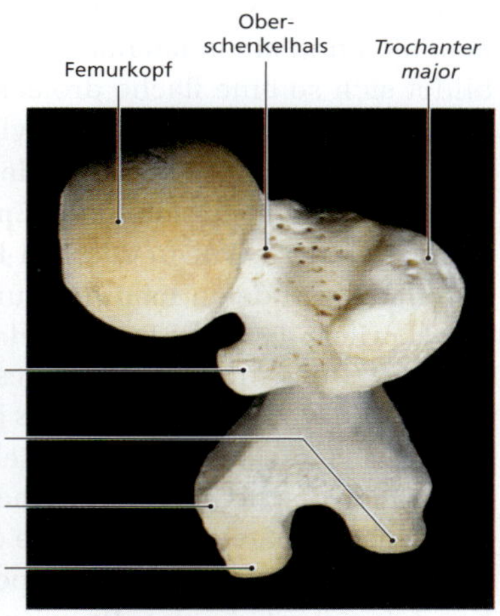

(e) Femur von superior

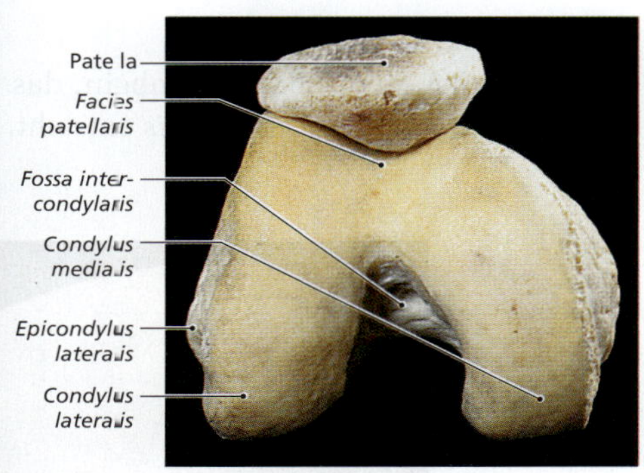

(f) Femur von inferior

Abbildung 7.14: (Fortsetzung) Das Femur. (a) Oberflächenmerkmale auf der anterioren Fläche des rechten Femurs. (b) Femurkopf von medial. (c) Femurkopf von lateral. (d) Oberflächenmerkmale auf der posterioren Fläche des rechten Femurs. (e) Femur von superior. (f) Rechtes Femur von inferior, mit den Gelenkflächen, die am Knie beteiligt sind.

doch deutlich; starke O-Beine sind charakteristisch bei der Rachitis, einer Stoffwechselerkrankung, die in Kapitel 5 besprochen wurde.

Der **Trochanter major** ragt vom Übergang des Schaftes in den Hals nach lateral heraus. Der **Trochanter minor** entspringt an der posteromedialen Fläche des Femurs. Beide Trochanteren haben sich da entwickelt, wo große Sehnen am Femur ansetzen. Auf der anterioren Fläche des Femurs markiert die **Linea intertrochanterica** das distale Ende der Gelenkkapsel (siehe Abbildung 7.14a und c). Diese Linie zieht unter den Trochanteren als **Crista intertrochanterica** nach posterior um das Femur herum. Inferior dieser *Crista intertrochanterica* markieren die **Linea pectinea** (medial) und die **Tuberositas glutealis** (lateral) die Ansätze des *M. pectineus* bzw. des *M. gluteus maximus*. Eine prominente Erhebung, die **Linea aspera**, (lat.: asper = rau) verläuft in der Mitte der posterioren Fläche des Femurschafts entlang. An ihr setzen weitere starke Hüftmuskeln an *(Mm. adductores)*. Distal teilt sich die *Linea aspera* in einen medialen und einen lateralen suprakondylären Wulst; es bildet sich so eine flache dreieckige Fläche, die **Facies poplitea**. Der mediale suprakondyläre Wulst endet an einer erhabenen rauen Vorwölbung, dem **Tuberculum adductorium**, oberhalb des **medialen Epikondylus**. Der laterale suprakondyläre Wulst endet am **lateralen Epikondylus**. Die glatt gerundeten **medialen** und **lateralen Kondylen** liegen primär distal der Epikondylen. Die Kondylen ziehen weiter um das inferiore Ende des Femurs nach anterior herum, die *Fossa intercondylaris* jedoch nicht. Daher vereinigen sich die beiden glatten Gelenkflächen; es entsteht eine Gelenkfläche mit lateral erhabenen Grenzen. Dieses ist die **Facies patellaris**, über die die Patella gleitet (siehe Abbildung 7.14a und f). Auf der posterioren Seite sind die Kondylen durch die tiefe **Fossa intercondylaris** getrennt.

Die Patella

Die Patella ist ein großes Sesambein, das innerhalb der Sehne des *M. quadriceps femoris* entsteht, einer Muskelgruppe, die hauptsächlich das Knie streckt (Extension). Dieser Knochen verstärkt die Quadrizepssehne, schützt die anteriore Fläche des Kniegelenks und steigert die Kraft der Kontraktionen des *M. quadriceps* (Verlängerung des Hebelarms). Die Vorderfläche der dreieckigen Patella ist rau und konvex gebogen (Abbildung 7.15a). Sie hat eine breite, superior liegende Basis und einen angedeutet spitzen inferioren Apex. Die raue Oberfläche und die breite Basis weisen auf den Ansatz der Quadrizepssehne (an den anterioren und superioren Flächen) und auf das *Lig. patellae* (an anterioren und inferioren Flächen) hin. Das *Lig. patellae* zieht vom Apex der Patella an die Tibia. Die posteriore Patellafläche (Abbildung 7.15b) hat zwei konkave Facetten (medial und lateral) für die Artikulation mit dem medialen bzw. dem lateralen Kondylus des Femurs (siehe Abbildung 7.14a und f).

Die Tibia

Die Tibia ist der große mediale Knochen des Unterschenkels. Die mediale und die laterale Kondyle des Femurs artikulieren mit der **medialen** und der **lateralen Kondyle** der proximalen Tibia. Die laterale Kondyle ist prominenter; sie hat eine Gelenkfläche mit der Fibula (**proximales Tibiofibulargelenk**). Ein Wulst, die **Eminentia intercondylaris**, trennt die mediale und die laterale Kondyle der Tibia voneinander (Abbildung 7.16b und d). Auf der Eminentia befinden sich zwei Tuberkel (**Tuberculum intercondylare medialis** und **lateralis**). Die anteriore Fläche der Tibia weist in der Nähe der Kondylen die prominente raue **Tuberositas tibiae** auf, die leicht unter der Haut ertastet werden kann. Hier setzt das kräftige *Lig. patellae* an.

An der Vorderseite gibt es eine Kante, die sich, unterhalb der *Tuberositas tibiae* beginnend, nach distal zieht. Man kann diese **Tibiakante** *(Margo anterior)* durch die Haut tasten. An der lateralen Kante *(Margo interosseus)* setzt die Kollagenfaserplatte an, die sich bis an die mediale Kante der Fibula zieht. Distal verjüngt sich die Tibia. Die mediale Kante endet in einem Fortsatz, dem **Malleolus medialis**

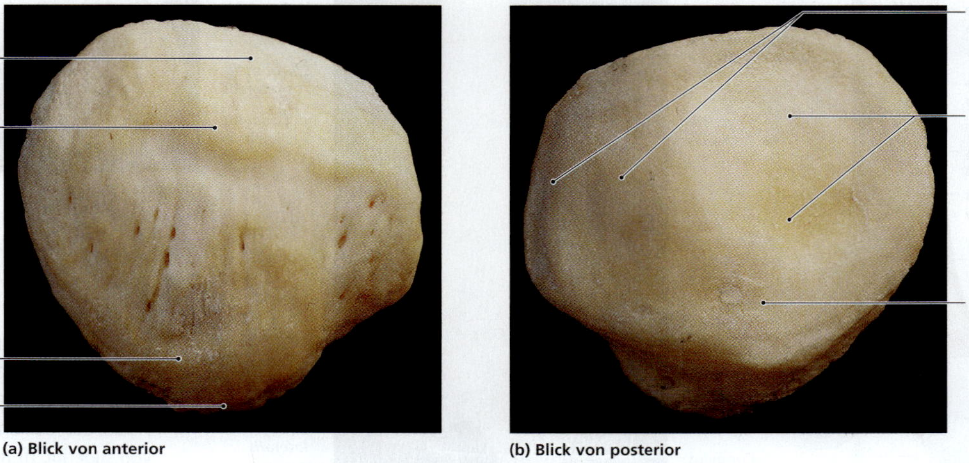

Abbildung 7.15: Die Patella. Dieses Sesambein entwickelt sich innerhalb der Sehne des M. quadriceps femoris. (a) Anteriore Fläche der rechten Patella. (b) Posteriore Fläche.

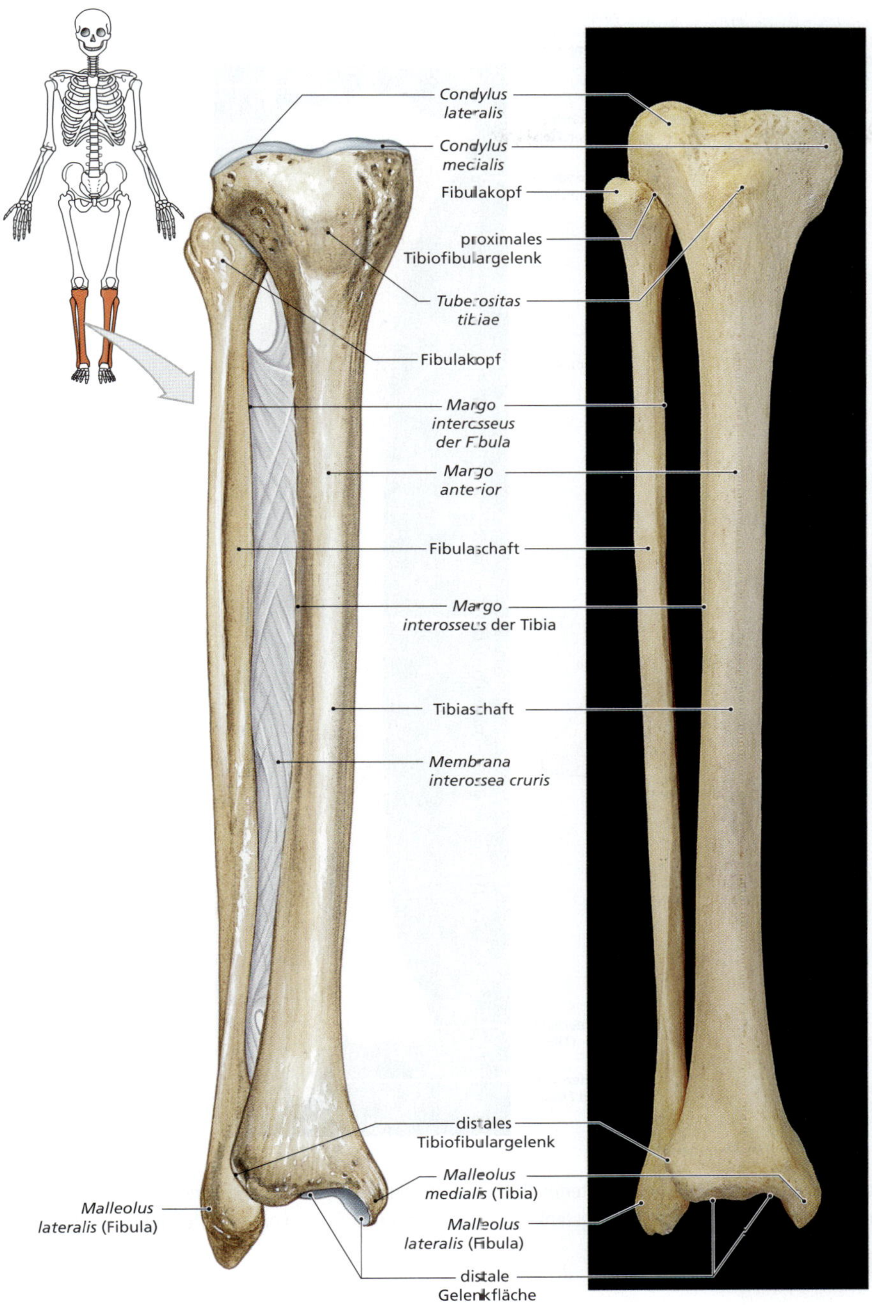

(a) Blicke von anterior

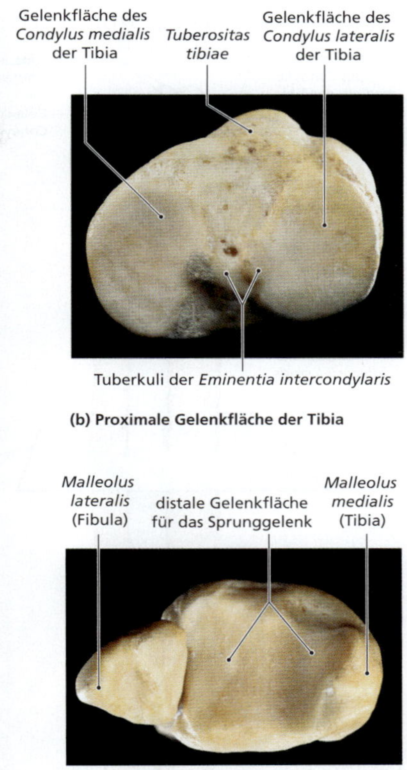

(b) Proximale Gelenkfläche der Tibia

(c) Distale Gelenkfläche von Tibia und Fibula

Abbildung 7.16: Tibia und Fibula. (a) Rechte Tibia und Fibula von anterior. (b) Proximales Ende der Tibia von superior. (c) Distale Flächen von Tibia und Fibula von inferior; zu sehen sind die Gelenkflächen mit dem Sprunggelenk. (d) Rechte Tibia und Fibula von posterior. (e) Querschnitt auf der in Abbildung 7.16d angedeuteten Höhe.

(lat.: malleolus = das Hämmerchen). Die inferiore Fläche der Tibia (Abbildung 7.16c) bildet ein Scharniergelenk mit dem Talus, dem proximalen Knochen des oberen Sprunggelenks. Hier überträgt die Tibia das Körpergewicht, das ihr vom Femur am Knie übertragen wurde, über das Fußgelenk (Talokruralgelenk) auf den Fuß. Der *Malleolus medialis* stützt dieses Gelenk von medial; er verhindert ein Abgleiten der Tibia nach lateral. Auf der posterioren Fläche der Tibia sieht man die **Linea poplitea** (siehe Abbildung 7.16d). An ihr setzen verschiedene Muskeln des Unterschenkels an, wie der *M. popliteus* und der *M. soleus*.

Die Fibula

Die schlanke Fibula verläuft lateral parallel zur Tibia (siehe Abbildung 7.16). Der Fibulakopf artikuliert an der lateralen Tibiakante mit der inferioren und posterioren Fläche der lateralen Tibiakondyle. Die mediale Kante des schmalen Schaftes ist über die *Membrana interossea cruralis* mit der Tibia verbunden. Diese Membran erstreckt sich von der *Margo interosseus* der Fibula an die der Tibia. Ein Querschnitt durch die Schäfte von Tibia und Fibula (Abbildung 7.16e) zeigt die Lage der *Margines interossei* und der bindegewebigen *Membrana interossea* dazwischen.

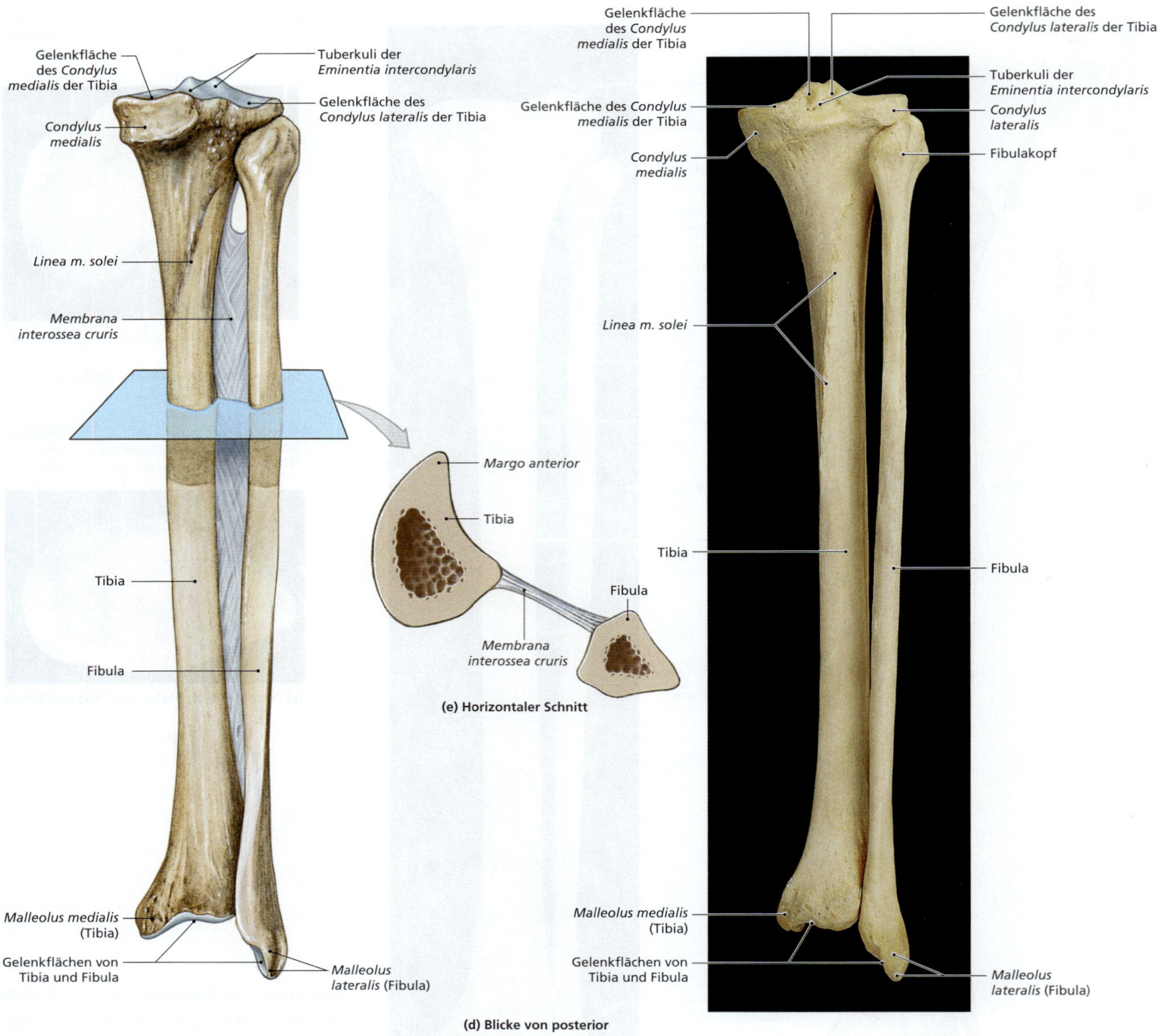

Abbildung 7.16: (Fortsetzung) Tibia und Fibula. (a) Rechte Tibia und Fibula von anterior. (b) Proximales Ende der Tibia von superior. (c) Distale Flächen von Tibia und Fibula von inferior; zu sehen sind die Gelenkflächen mit dem Sprunggelenk. (d) Rechte Tibia und Fibula von posterior. (e) Querschnitt auf der in Abbildung 7.16d angedeuteten Höhe.

Die Membran stabilisiert die Position der beiden Knochen und dient als zusätzliche Muskelansatzfläche.

Die Fibula ist nicht am Kniegelenk beteiligt und überträgt auch kein Körpergewicht auf Sprunggelenk und Fuß. Dennoch ist sie eine wichtige Muskelansatzfläche, und ihr distales Ende stabilisiert das obere Sprunggelenk von lateral. Dieser Fortsatz, der **Malleolus lateralis**, verhindert ein Abgleiten der Tibia nach medial über die Oberfläche des Talus hinweg.

Die Fußwurzelknochen

Das Sprunggelenk, der Tarsus, besteht aus sieben Fußwurzelknochen: dem Talus, dem Kalkaneus, dem *Os cuboideum*, dem *Os naviculare* und drei *Ossa cuneiformia* (Abbildung 7.17 und Abbildung 7.18).

- Der **Talus** ist der zweitgrößte Knochen des Fußes. Er überträgt das Körpergewicht von der Tibia nach anterior in Richtung der Zehen. Das wichtigste Gelenk der distalen Tibia ist das mit dem Talus; hieran ist die glatte Fläche der **Trochlea tali** beteiligt. Diese Trochlea hat laterale und mediale Fortsätze, die mit dem *Malleolus lateralis* der Fibula und dem *Malleolus medialis* der Tibia artikulieren. Die lateralen Flächen des Talus sind dort angeraut, wo Bänder ihn mit Tibia und Fibula verbinden, um so das Sprunggelenk weiter zu stabilisieren.
- Der **Kalkaneus**, das Fersenbein, ist der größte Fußwurzelknochen und leicht zu tasten. Wenn Sie gerade stehen, wird der Großteil Ihres Gewichts über die Tibia, den Talus und den Kalkaneus auf den Boden übertragen. Die Hinterfläche des Kalkaneus ist ein rauer, knaufför-

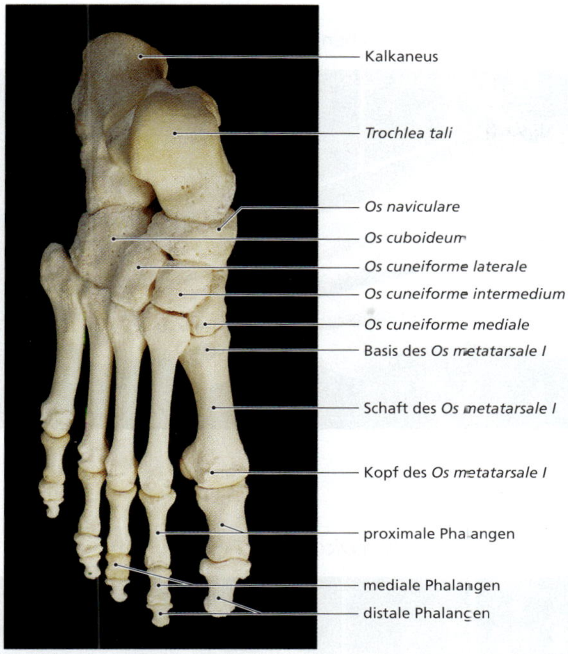

(a) Blick von superior (dorsal)

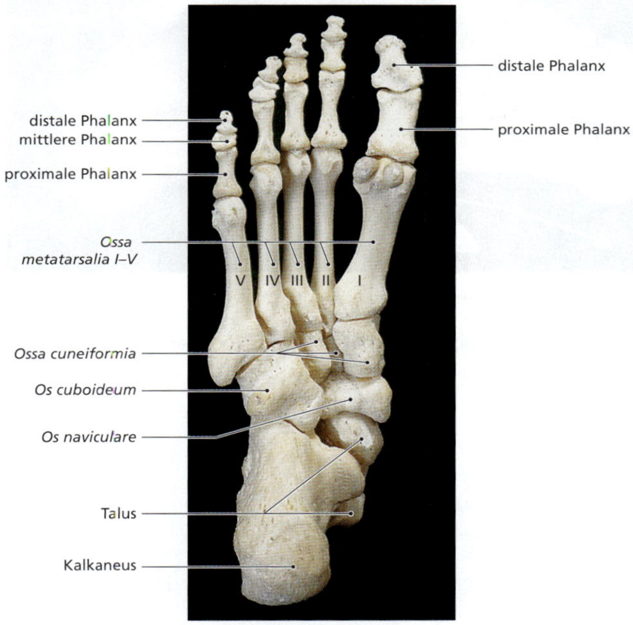

(b) Blick von inferior (plantar)

Abbildung 7.17: Knochen von Sprunggelenk und Fuß, Teil I. (a) Knochen des rechten Fußes von superior. Beachten Sie die Anordnung der Fußwurzelknochen, die das Körpergewicht sowohl auf die Ferse als auch auf die Fußsohle übertragen. (b) Blick von inferior (plantar).

miger Fortsatz, das *Tuber calcanei*. Hier setzt die *Tendo calcaneus*, die Achillessehne, an, die mit den starken Wadenmuskeln verbunden ist. Diese Muskeln heben die Ferse und die Fußsohle vom Boden ab, wenn Sie auf Zehenspitzen stehen. Die superioren und anterioren Flächen des Kalkaneus weisen glatte Gelenkflächen für die Artikulation mit anderen Fußwurzelknochen auf.

- Das **Os cuboideum** artikuliert mit der anterioren lateralen Fläche des Kalkaneus.
- Das **Os naviculare**, das sich an der medialen Seite des Sprunggelenks befindet, artikuliert mit der anterioren Fläche des Talus. Mit der distalen Fläche artikuliert es mit den drei *Ossa cuneiformia.*
- Die **Ossa cuneiformia** sind drei keilförmige Knochen, die nebeneinander vor dem *Os naviculare* liegen; sie sind mit Gelenken untereinander verbunden. Sie werden nach ihrer Lage benannt: **Os cuneiforme mediale**, **intermedium** und **laterale**. Nach proximal artikulieren sie mit der anterioren Fläche des *Os naviculare*. Das *Os cuneiforme laterale* artikuliert außerdem mit der medialen Fläche des *Os cuboideum*. Die distalen Flächen des *Os cuboideum* und der *Ossa cuneiformia* artikulieren mit den Metatarsalia (Mittelfußknochen).

Die Metatarsalia und die Phalangen

Die **Metatarsalia**, die **Mittelfußknochen**, sind fünf lange Knochen, die den Mittelfuß ausmachen (siehe Abbildung 7.17 und 7.18). Sie werden, von medial nach lateral quer über den Fuß gehend, mit den römischen Ziffern I–V bezeichnet. Proximal artikulieren die ersten drei Metatarsalia mit den *Ossa cuneiformia*, die beiden letzten mit dem *Os cuboideum*. Distal artikuliert jeder Mittelfußknochen mit einem der proximalen Zehenknochen. Die Metatarsalia helfen, das Körpergewicht beim Stehen, Gehen und Laufen zu tragen.

Die 14 **Phalangen**, die Zehenknochen, sind genauso wie die Fingerknochen aufgebaut: Der große Zeh, der **Hallux**, hat zwei Phalangen (proximale und distale Phalanx), die anderen vier Zehen haben jede drei Phalangen (proximal, medial und distal).

Die Fußwölbungen

Die Fußwölbungen sind so konstruiert, dass sie zwei widersprüchliche Aufgaben erfüllen können. Zunächst muss der Fuß das Körpergewicht aufnehmen und sich gleichzeitig beim Gehen und Laufen an wechselnde Bodenflächen anpassen. Hierzu muss der Fuß flexibel sein, um den Aufprall zu dämpfen; dennoch muss er sich auf die Konturen des Bodens einstellen können. Zweitens dient der Fuß als stabile Plattform, die im Stehen das gesamte Körpergewicht trägt. Hierzu muss der Fuß wiederum sehr rigide sein, um als eine Art Hebelarm das Gewicht auf dem Fuß zu verteilen.

Die Verteilung des Gewichts verläuft über die **Längswölbungen** des Fußes (siehe Abbildung 7.18b). Das Gewölbe wird von Sehnen und Bändern aufrechterhalten, die den Kalkaneus an den distalen Anteilen der Metatarsalia befestigen. Im normalen Stand trägt der laterale Anteil des Fußes das meiste Gewicht. Dieser kalkaneare Anteil der Wölbungen ist weniger stark gebogen als der mediale, talare Anteil. Der talare Abschnitt ist auch elastischer als der kalkaneare Anteil. So kommt es, dass der mediale Anteil der Fußsohle hoch steht und die Muskeln, Nerven und Blutgefäße, die die Fußsohle versorgen, nicht zwischen den Metatarsalia und dem Boden gequetscht werden.

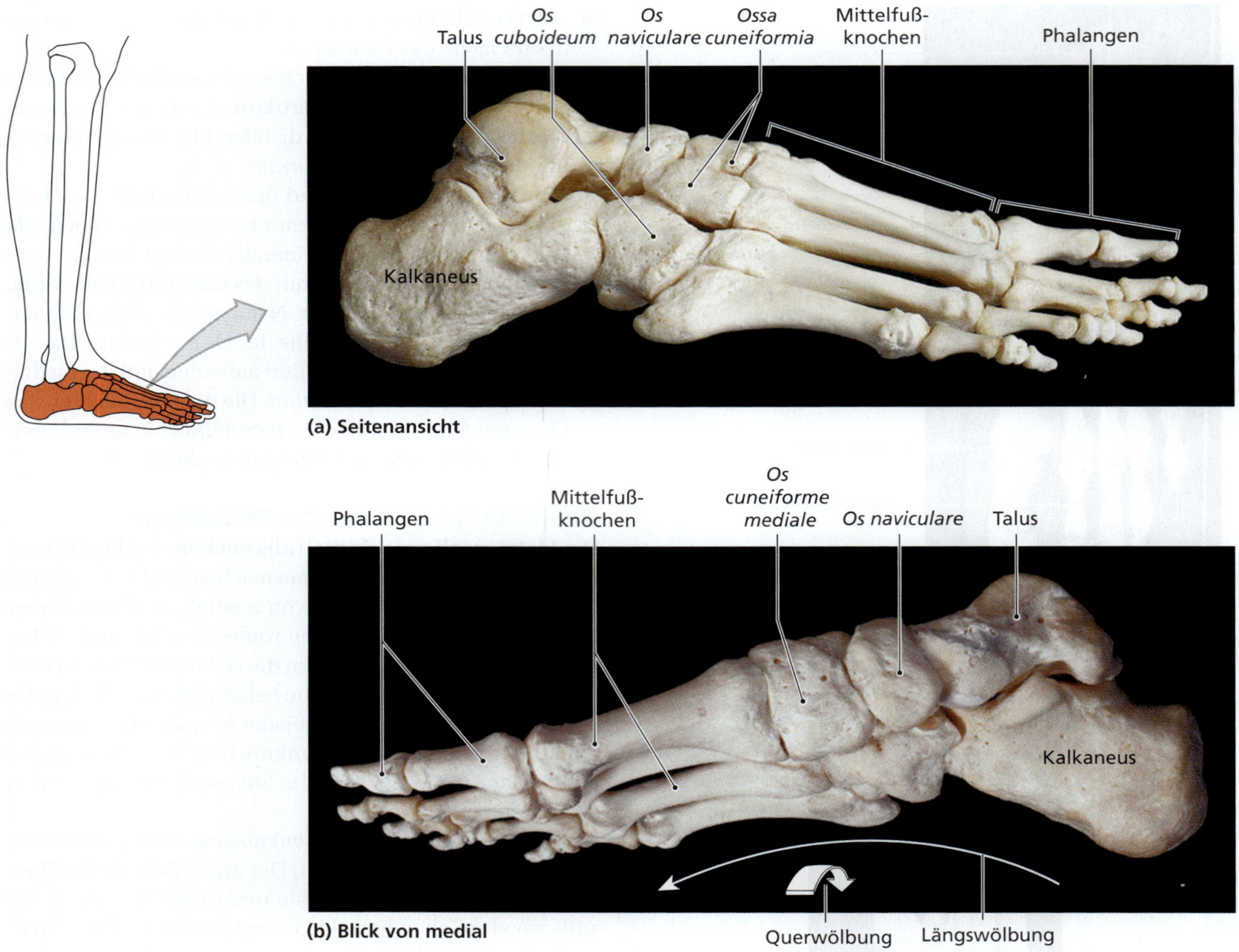

Abbildung 7.18: **Knochen von Sprunggelenk und Fuß, Teil II.** (a) Seitenansicht. (b) Blick von medial; man erkennt die relative Lage der Fußwurzelknochen und der Quer- und Längsgewölbe.

Diese Elastizität hilft auch, plötzliche Änderungen des Gewichts abzufedern. Die Belastungen beim Laufen oder Balletttanzen werden durch die Elastizität dieses Anteils der Längswölbungen abgefangen. Da sich die Höhe der Wölbung von lateral nach medial ändert, gibt es auch eine **Querwölbung**. Bei Menschen mit „Plattfüßen" gehen die normalen Fußwölbungen verloren („durchgetreten") oder haben sich nie entwickelt. Diese Menschen können nicht gut längere Strecken zu Fuß zurücklegen.

Im Stehen ist Ihr Gewicht gleichmäßig auf den Kalkaneus und die distalen Enden der Metatarsalia verteilt. Die Menge des übertragenen Gewichts hängt von der Position des Fußes und der Verlagerung des Körpergewichts ab. Bei der Dorsalflektion des Fußes (Fersenstand) ruht das gesamte Körpergewicht auf dem Kalkaneus. Bei der Plantarflektion (Zehenstand) übertragen Talus und Kalkaneus über die weiter anterior liegenden Fußwurzelknochen das Gewicht auf die Metatarsalia und die Phalangen.

AUFGABEN

1. Aus welchen drei Knochen ist der Hüftknochen zusammengesetzt?
2. Die Fibula ist nicht am Kniegelenk beteiligt und wird auch nicht gebeugt. Dennoch fällt bei einer Fraktur das Gehen schwer. Warum?
3. Bei einem Sprung die Treppen herunter landet der zehnjährige Mark auf der rechten Ferse und holt sich eine Fraktur. Welcher Knochen ist am wahrscheinlichsten betroffen?
4. Nennen Sie mindestens drei Unterschiede zwischen dem weiblichen und dem männlichen Becken.
5. Worauf ruht das Körpergewicht bei dorsalflektiertem Fuß, worauf bei Plantarflektion?

AUS DER PRAXIS

Beschwerden an Sprunggelenk und Fuß

Die Fußwölbungen sind gewöhnlicherweise zum Zeitpunkt der Geburt bereits vorhanden; in manchen Fällen kommt es jedoch zu Fehlentwicklungen. Beim **kongenitalen Pes equinovarus** (dem **angeborenen Klumpfuß**) führt eine abnorme Entwicklung der Muskulatur zu einer Verziehung der wachsenden Knochen und Gelenke. Es können ein Fuß oder beide Füße betroffen sein; die Ausprägung kann leicht, mäßig oder schwer sein. In den meisten Fällen sind die Tibia, das Sprunggelenk und der Fuß betroffen; die Längswölbungen sind übermäßig stark ausgebildet, die Füße sind nach medial verdreht und gekippt. Wenn beide Füße betroffen sind, weisen die Fußsohlen zueinander. Diese Fehlbildung, die bei etwa zwei von 1000 Geburten auftritt, betrifft Jungen etwa doppelt so häufig wie Mädchen. Die sofortige Behandlung mit Gipsen oder anderen Orthesen in der frühen Kindheit hilft, die Situation zu verbessern; weniger als die Hälfte der Kinder muss operiert werden.

Ein Mensch mit **Plattfüßen** verliert die Längswölbungen der Füße (durch eine Ruptur der Sehne des *M. tibialis posterior*) oder hat nie eines entwickelt. Zum „Durchtreten" kommt es, wenn sich die Sehnen und Bänder überdehnen und ihre Elastizität verlieren. Bis zu 40 % aller Erwachsenen haben wahrscheinlich Plattfüße, doch eine Behandlung ist nur erforderlich, wenn Schmerzen auftreten. Menschen mit Störungen der Fußwölbungen neigen eher zu Verletzungen des Mittelfußes. Besonders gefährdet sind Übergewichtige und Personen, die beruflich viel gehen und stehen müssen. Kinder haben beweglichere Gelenke und elastischere Bänder, sodass ihre Füße immer flexibel und flach sind. Die Füße sehen aber nur im Stand flach aus; wenn sie auf die Zehenspitzen gehen oder sich hinsetzen, wird die Wölbung sichtbar. In den meisten Fällen wächst sich ein kindlicher „Plattfuß" aus.

Krallenzehen entstehen durch Fehlfunktionen der Muskulatur. Bei den Betroffenen ist die Längswölbung übermäßig ausgeprägt, da die Plantarflexoren stärker sind als die Dorsalflexoren. Zu den Ursachen zählen muskuläre Degeneration und Nervenlähmungen. Die Situation verschlechtert sich gewöhnlich im Laufe der Zeit.

Auch normale Sprunggelenke und Füße sind im Alltag verschiedenen Belastungen ausgesetzt. Bei einer **Bänderdehnung** wird ein Band so stark gedehnt, dass die ersten Kollagenfasern reißen. Die häufigste Ursache einer Bandverletzung am Knöchel ist ein Supinationstrauma des Fußes, bei dem die lateralen Bänder gedehnt werden. Die Schwellung wird gekühlt; mit Schonung und einem Stützverband ist die Verletzung meist innerhalb von drei Wochen ausgeheilt. Bei schwereren Verletzungen kann das Band ganz durchreißen oder knöchern ausreißen, wenn die Verbindung zwischen Band und *Malleolus lateralis* stärker ist. Im Allgemeinen heilt ein Knochenbruch schneller und besser als ein ganz zerrissenes Band. Frakturen sind hier oft disloziert.

Mit **Tänzerfraktur** bezeichnet man eine distale Fraktur des fünften *Os metatarsale*. Sie tritt meist dann auf, wenn das Körpergewicht von der Längswölbung getragen wird. Eine plötzliche Gewichtsverlagerung vom medialen Anteil der Wölbung auf den weniger elastischen lateralen Anteil führt zu dieser distalen gelenknahen Fraktur.

7.3 Individuelle Variationen des Skelettsystems

Die genaue Untersuchung eines menschlichen Skeletts kann wichtige Informationen über die betreffende Person enthüllen. So gibt es beispielsweise charakteristische ethnische Unterschiede an Teilen des Skeletts, besonders dem Schädel, und die Ausprägung der verschiedenen Wülste und der Knochenmasse insgesamt lässt Rückschlüsse auf die Muskelmasse zu. Einzelheiten, wie der Zahnstatus oder verheilte Frakturen, geben Hinweise auf die medizinische Vorgeschichte eines Menschen. Zwei wichtige Details, das Alter und das Geschlecht, kann man anhand der Maße in Tabelle 7.1 und Tabelle 7.2 bestimmen oder zumindest gut schätzen. In Tabelle 7.1 sind die charakteristischen Unterschiede zwischen den Skeletten von Männern und Frauen aufgelistet, aber nicht jedes Skelett weist jedes Merkmal genauso auf. Viele der Unterschiede, einschließlich der Oberflächenmerkmale des Schädels, der Größe des Hirnschädels und der allgemeinen Merkmale, beziehen sich auf die durchschnittliche Körpergröße, Muskelmasse und Muskelstärke. Die allgemeinen Veränderungen im Verlauf des Alterungsprozesses sind in Tabelle 7.2 zusammengefasst. Beachten Sie, dass die Veränderungen im dritten Lebensmonat beginnen und das ganze Leben hindurch andauern. So beginnt etwa die Verschmelzung der Epiphysenknorpel mit etwa drei Jahren, während degenerative Veränderungen des normalen Skelettsystems nicht vor dem 30.–45. Lebensjahr zu erwarten sind.

Embryologie

Für eine Zusammenfassung der Entwicklung des Extremitätenskeletts verweisen wir auf Kapitel 28.

Region/Merkmal	Männlich	Weiblich
Schädel		
Allgemeines Erscheinungsbild	Schwerer; rauere Oberfläche	Leichter; glattere Oberfläche
Stirn	Mehr fliehend	Steiler stehend
Nebenhöhlen	Größer	Kleiner
Hirnschädel	Durchschnittlich etwa 10 % größer	Durchschnittlich etwa 10 % kleiner
Mandibula	Größer, robuster	Leichter, kleiner
Zähne	Größer	Kleiner
Becken		
Allgemeines Erscheinungsbild	Schmal, robust, schwerer; raue Oberfläche	Breit, leicht; glatte Oberfläche
Beckeneingang	Herzförmig	Oval bis rund
Fossa iliaca	Tiefer	Flacher
Ilium	Flacher stehend, reicht weiter nach superior	Steiler stehend, reicht weniger weit nach superior in Richtung Iliosakralgelenk
Symphysenwinkel	Kleiner als 90°	100° oder mehr
Azetabulum	Nach lateral weisend	Nach lateral und leicht nach anterior weisend
Foramen obturatorium	Oval	Dreieckig
Spina ischiadica	Weist nach medial	Weist nach posterior
Os sacrum	Langes, schmales Dreieck mit betonter Krümmung	Breites, kurzes Dreieck mit wenig ausgeprägter Krümmung
Os coccygeum	Weist nach anterior	Weist nach inferior
Andere Skelettelemente		
Knochengewicht	Schwerer	Leichter
Oberflächenmerkmale	Deutlicher ausgeprägt	Weniger deutlich ausgeprägt

Tabelle 7.1: **Geschlechtsbedingte Unterschiede am Skelett bei Erwachsenen.**

Region/Strukturen	Ereignis(-se)	Alter in Jahren
Skelett im Allgemeinen		
Knochenmatrix	Reduktion des Mineralsalzgehalts	Beginn mit 30–45, unterschiedliches Ausmaß bei Frauen und Männern zwischen 45 und 65; Angleichung nach dem 65. Lebensjahr
Oberflächenmarkierungen	Reduktion von Größe und Rauigkeit	Kontinuierliche Reduktion mit zunehmendem Alter und abnehmender Muskelkraft und -masse
Schädel		
Fontanellen	Schließung	Mit zwei Jahren abgeschlossen
Frontalnaht	Verschmelzung	Zwei bis acht Jahre
Os occipitale	Verschmelzung der Ossifikationskerne	ein bis sechs Jahre
Processus styloideus	Verschmelzung mit dem *Os temporale*	12–16 Jahre
Os hyoideum	Vollständige Ossifikation und Verschmelzung	25–30 Jahre oder später
Zähne	Verlust der Milchzähne, Erscheinung der bleibenden Zähne, Durchbruch der bleibenden Molaren	Genaue Beschreibung in Kapitel 25
Mandibula	Verlust von Zähnen, Reduktion von Knochenmasse, Veränderung des Kieferwinkels	Beschleunigung nach dem 60. Lebensjahr
Wirbel		
Krümmung	Auftauchen der wichtigsten Krümmungen	drei Monate bis zehn Jahre (siehe Abbildung 6.19)
Bandscheiben	Höhenminderung; reduzierter prozentualer Anteil an der Gesamtkörpergröße	Beschleunigung nach dem 60. Lebensjahr
Lange Knochen		
Epiphysenknorpel	Verschmelzung	Zeitpunkt je nach Knochen sehr unterschiedlich; Gesamtanalyse erlaubt eine grobe Altersbestimmung (drei bis sieben, 15–22 usw.).
Schulter- und Beckengürtel		
Epiphysenknorpel	Veschmelzung	Zeiträume etwas enger als bei den langen Knochen, z. B. 14–16, 16–18, 22–25 Jahre

Tabelle 7.2: **Altersabhängige Veränderungen des Skelettsystems.**

DEFINITIONEN

Kongenitaler Pes equinovarus (angeborener Klumpfuß): Angeborene Fehlbildung eines oder beider Füße; entsteht sekundär bei Störungen der neuromuskulären Entwicklung.

Tänzerfraktur: Fraktur des Metatarsale V, meist nahe am distalen Gelenk

Plattfüße: Verlust oder Abwesenheit der Längswölbung des Fußes

Bänderdehnung: Verletzung, bei der ein Band so stark gedehnt wird, dass die ersten Kollagenfasern reißen. Wenn das Band nicht vollständig gerissen ist, sind Funktion und Struktur des Gelenks nicht gestört.

Zusammenfassung

Die Antworten auf die Fragen der Aufgaben und der Zusammenfassung finden Sie im Antwortteil.

Wiederholung von Fakten und Begriffen

Verbinden Sie die Begriffe der linken Spalte jeweils mit denen der rechten Spalte, die am besten passen; setzen Sie die Buchstaben in die Spalte vor die Zahlen.

	Spalte A			Spalte B
	1.	Schulter	a.	Tibia
	2.	Hüfte	b.	Schultergürtel
	3.	Skapula	c.	Radius
	4.	Trochlea	d.	Phalangen
	5.	*Fossa ulnaris*	e.	Beckengürtel
	6.	Ein Hüftknochen	f.	Femur
	7.	*Trochanter major*	g.	*Fossa infraspinatus*
	8.	*Malleolus medialis*	h.	Kalkaneus
	9.	Fersenbein	i.	Ilium
	10.	Zehen	j.	Humerus

11 Strukturelle Besonderheiten des Schultergürtels, die ein relativ großes Bewegungsausmaß erlauben, sind
a. schwere Knochen.
b. relativ instabile Gelenke.
c. ein eingeschränktes Bewegungsausmaß am Schultergelenk.
d. Gelenke, die mit Sehnen und Bändern am Brustkorb befestigt sind.

12 Der breite, relativ flache Anteil der Klavikula, der mit der Skapula artikuliert, ist
a. das sternale Ende.
b. das *Tuberculum conoideum*.
c. das akromiale Ende.
d. die *Tuberositas costalis*.

13 Welcher Knochen artikuliert mit dem Hüftknochen am Azetabulum?
a. das *Os sacrum*
b. der Humerus
c. das Femur
d. die Tibia

14 Der Knochenvorsprung, der lateral am Knöchel getastet werden kann, ist
a. der *Malleolus lateralis*.
b. die laterale Kondyle.
c. die *Tuberositas tibiae*.
d. die laterale Epikondyle.

15 Strukturelle Besonderheiten des Beckengürtels, die das Tragen des Körpergewichts erlauben, sind
a. schwere Knochen.
b. stabile Gelenke.
c. ein eingeschränktes Bewegungsausmaß.
d. alle diese Besonderheiten an einigen der Gelenke.

16 Welches Merkmal ist für das männliche Becken charakteristisch?
a. Das *Foramen obturatorium* ist dreieckig.
b. Das *Os coccygeum* weist in Richtung Beckenausgang.
c. Das *Os sacrum* ist kurz und breit.
d. Die *Spina ischiadica* weist nach posterior.

17 Welcher der im Folgenden genannten Knochen gehört nicht zu den Handwurzelknochen?
a. Skaphoid
b. *Os hamatum*
c. *Os cuboideum*
d. *Os triquetrum*

18 Welcher Bestandteil des Radius hilft, das Handgelenk zu stabilisieren?
a. das Olekranon
b. der *Processus coronoideus*
c. der *Processus styloideus*
d. die *Tuberositas radialis*

19 Das Olekranon befindet sich
a. am Humerus.
b. am Radius.
c. an der Ulna.
d. am Femur.

20 Der kleine anteriore Fortsatz der Skapula, der über die superiore Kante des Schultergelenks herausragt, ist
a. die *Spina scapulae*.
b. das Akromion.
c. der *Processus coracoideus*.
d. der *Processus supraspinatus*.

Wiederholung von Lernzielen

1 Unterschiede zwischen einem männlichen und einem weiblichen Becken sind
a. die glattere Oberfläche und die leichteren Knochen des weiblichen Beckens.
b. die geringere Krümmung der *Ossa sacrum* und *coccygeum*.
c. ein runderer Beckenausgang.
d. Alle genannten Merkmale sind richtig.

2 Woran kann eine Person durch die Untersuchung ihres Skeletts identifiziert werden?
a. durch einen Vergleich mit einem Zahnstatus zu Lebzeiten
b. anhand der relativen Knochendichte
c. anhand der Stärke der Bandansätze an den Knochen
d. anhand der relativen Länge der Knochenelemente an Händen und Füßen

3 Welche Merkmale eines Skelettteils weisen darauf hin, dass es sich um einen Mann handelt?
a. ausgeprägte Orbitawülste an den *Ossa frontalia*
b. eine eher steile Stirn
c. eine relativ flache *Fossa iliaca*
d. ein kleiner Hirnschädel

4 Welche Informationen sind bei der Altersbestimmung am Skelett hilfreich?

5 Welche Bedeutung hat die korrekte Ausprägung des Längsgewölbes am Fuß?

6 Warum sind Klavikulafrakturen so häufig?

7 Warum ist die Tibia an der Übertragung des Körpergewichts auf Sprunggelenk und Fuß beteiligt, die Fibula jedoch nicht?

8 Welche Funktion hat das Olekranon der Ulna?

9 Wie wird das Körpergewicht auf die *Ossa metatarsalia* übertragen?

Anwendung der Lerninhalte

1 Warum erleidet ein Mensch mit Osteoporose eher eine Hüftals eine Schulterfraktur?

2 Archäologen finden das Becken eines primitiven Hominiden und können das Geschlecht, das ungefähre Alter und einige weitere körperliche Merkmale benennen. Wie ist dies nur anhand des Beckens möglich?

3 Woran erkennt ein Gerichtsmediziner, dass die Skelettteile, die im Wald gefunden wurden, zu einem Mann oder zu einer Frau gehörten?

4 Einen Fuß mit abgeflachter Längswölbung nennt man Plattfuß. Welche strukturellen Probleme führen zu dieser Störung?

Eine Kurzzusammenfassung der wichtigsten Inhalte, sowie die Antworten zu den Fragen und weitere Arbeitsmaterialien finden sie auf unserer Companion Website unter: **www.pearson-studium.de/login**

Lernziele

1. Die verschiedenen Gelenkarten voneinander unterscheiden, anhand einer anatomischen Zeichnung die Funktion des Gelenks erkennen und die Hilfsstrukturen beschreiben können.
2. Die dynamischen Bewegungen des Skeletts beschreiben können.
3. Die sechs verschiedenen Gelenktypen nach ihrem Bewegungsausmaß beschreiben können.
4. Das Zusammenspiel der Gelenke mit der Mandibula und dem *Os temporale*, den benachbarten Wirbeln und der Klavikula sowie dem Sternum erläutern können.
5. Die Struktur und Funktion der Gelenke der oberen Extremität kennen: Schulter, Ellenbogen, Handgelenk und Hand.
6. Die Struktur und Funktion der Gelenke der unteren Extremität kennen: Hüftgelenk, Kniegelenk, Sprunggelenk und Fuß.

Das Skelettsystem

Gelenke

8

ÜBERBLICK

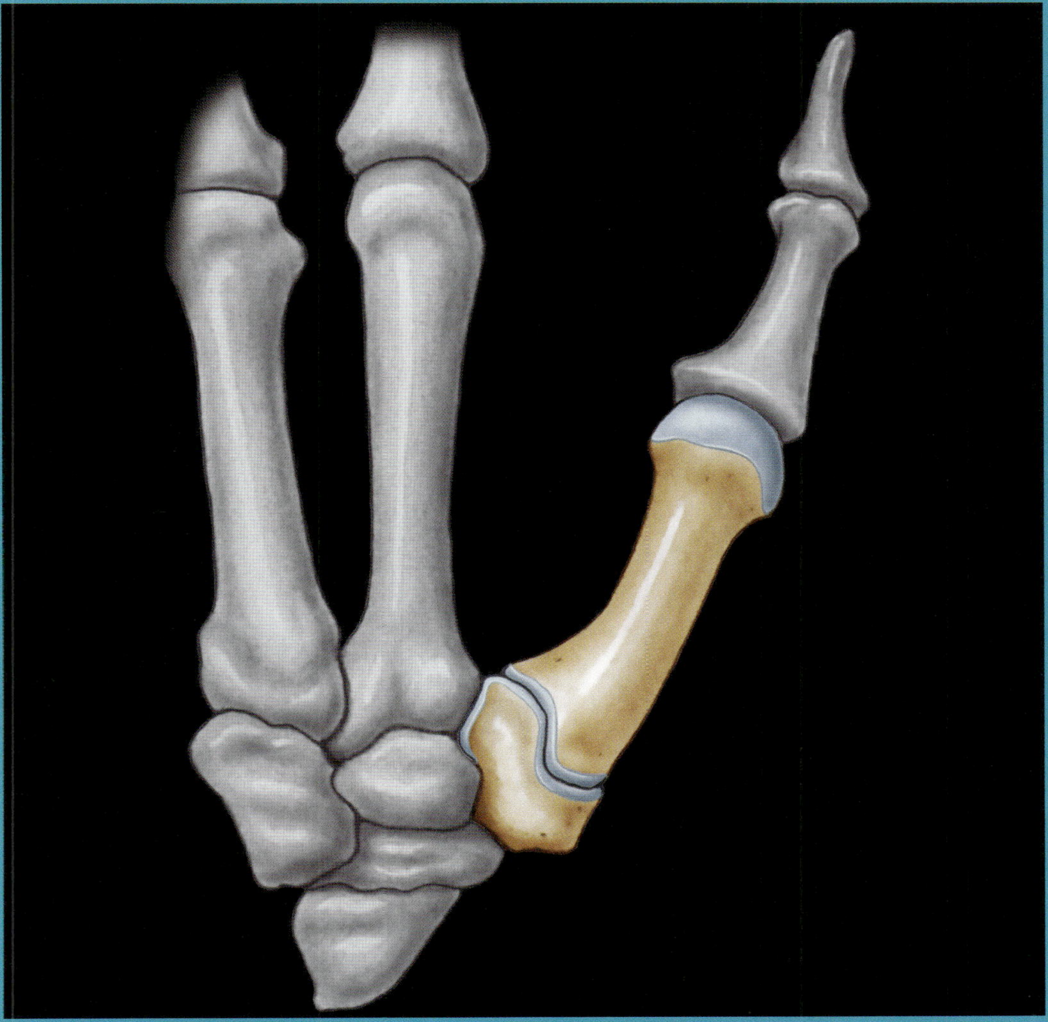

Wir benötigen unsere Knochen als Stützgerüst, aber ohne Beweglichkeit wären wir kaum mehr als Statuen. Die Bewegungen des Körpers müssen sich nach den Möglichkeiten des Skeletts richten; so kann man etwa den Schaft von Humerus oder Femur nicht einfach biegen. Die Bewegung beschränkt sich auf die **Gelenke**. Gelenke gibt es überall dort, wo zwei Knochen aufeinandertreffen, entweder unmittelbar oder mittelbar über faseriges Bindegewebe, Knorpel, Knochen oder Flüssigkeit. Jedes Gelenk hat ein bestimmtes Bewegungsausmaß; eine Reihe von Gelenkflächen, Knorpeln, Bändern, Sehnen und Muskeln arbeitet zusammen, um es im normalen Bereich zu halten. In diesem Kapitel besprechen wir, auf welche Art Knochen miteinander verbunden sein müssen, um bestimmte Freiheitsgrade zu ermöglichen. Funktion und Bewegungsausmaß eines Gelenks sind von seinem anatomischen Aufbau abhängig. Einige Gelenke greifen fest ineinander und sind daher vollkommen unbeweglich, andere Gelenke sind etwas oder sehr beweglich. Unbewegliche oder geringfügig bewegliche Gelenke sind am Achsenskelett häufig; die frei beweglichen Gelenke finden sich häufiger am Extremitätenskelett.

Klassifikation der Gelenke 8.1

Anhand der Tatsache, ob ein Gelenk über einen flüssigkeitsgefüllten Gelenkspalt verfügt oder nicht, teilt man Gelenke in echte Gelenke (**Diarthrosen**; griech.: diarthrosis = Vergliederung, Gliederbildung) und unechte Gelenke (**Synarthrosen**; griech.: syn- = zusammen mit; arthros = das Gelenk) ein (Tabelle 8.1). Eine Sonderform der echten Gelenke stellt die **Amphiarthrose** (griech.: amphi- = auf beiden Seiten) dar. In der Amphiarthrose sind aufgrund einer außergewöhnlich starken Bänderverstärkung nur minimale Bewegungen möglich. Synarthrosen können faserig, knorpelig oder knöchern sein; diarthrotische Gelenke werden nach ihren Freiheitsgraden unterteilt.

8.1.1 Synarthrosen (unechte Gelenke)

Man unterscheidet drei verschiedene Formen:

- Handelt es sich bei den synarthrotischen Gelenkpartnern um Knochen so spricht man von einer **Synostose**. Bei einer Synostose liegen die Knochenflächen sehr eng aneinander oder sind sogar ineinander verhakt. Eine Naht (lat.: suere, sutum = nähen, zusammennähen) ist im ausgewachsenen Zustand ein Synostose. Manchmal verschmelzen zwei getrennte Knochen vollständig miteinander; die Grenze zwischen ihnen verschwindet dann ganz. Dabei entsteht eine Synostose, ein vollkommen starres, unbewegliches Gelenk.
- Im kindlichen Schädel sind die Schädelknochen noch häufig über Bindegewebe miteinander befestigt. Man spricht in diesem Fall von **Syndesmosen** (griech.: desmos = das Band). Der Aufbau der Synarthrose ermöglicht die Übertragung von Kräften von einem Knochen auf den anderen mit nur minimaler Bewegung, was die Gefahr einer Verletzung reduziert. Eine **Gomphosis** ist eine spezialisierte Form der faserigen Syndesmose, über die die einzelnen Zähne in ihre Zahnhöhle fixiert werden. Diese faserige Verbindung ist das *Lig. periodontale* (griech.: odons = der Zahn) oder auch das Desmodont.

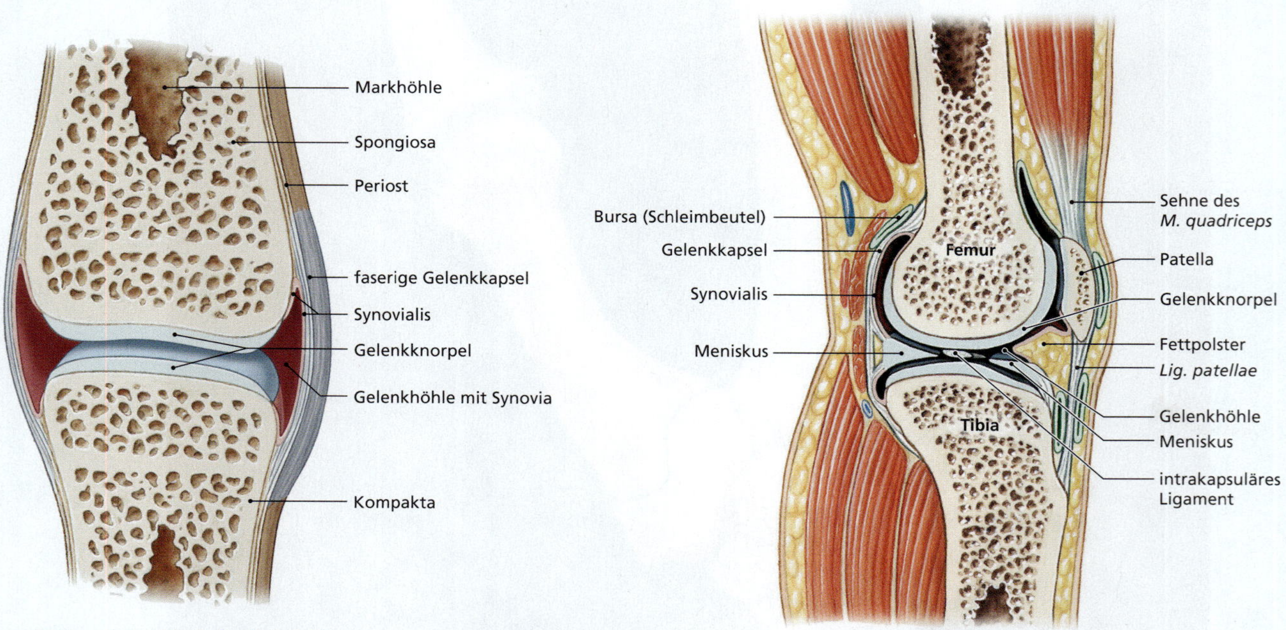

(a) Synoviales Gelenk, Sagittalschnitt **(b) Kniegelenk, Sagittalschnitt**

Abbildung 8.1: Struktur eines synovialen Gelenks. Synoviale Gelenke sind Diarthrosen mit hohem Bewegungsausmaß. (a) Schematische Darstellung eines einfachen Gelenks. (b) Vereinfachter Längsschnitt durch das Kniegelenk.

- Die dritte Form der Synarthrose ist die **Synchondrose**. Die Bandscheibe *(Discus intervertebralis)* ist ein Beispiel für eine Synchondrose.

8.1.2 Amphiarthrosen (geringfügig bewegliche Gelenke)

Eine Amphiarthrose gestattet eine sehr begrenzte Beweglichkeit. Da die Amphiarthrose über einen Gelenkspalt verfügt, wird sie zu den echten Gelenken (Diarthrosen) gezählt. Das Iliosakralgelenk *(Articulatio iliosacralis)* ist ein Beispiel für eine Amphiarthrose.

8.1.3 Diarthrosen (frei bewegliche Gelenke)

Diarthrosen (echte oder **synoviale Gelenke**) sind auf Bewegung spezialisiert und haben ein großes Bewegungsausmaß. Unter normalen Umständen berühren sich die Knochen in einem synovialen Gelenk nicht, da sie mit **Gelenkknorpel** überzogen sind. Dieser Knorpel federt Stöße ab und hilft, die Reibung zu vermindern. Gelenkknorpel besteht meist aus hyalinem Knorpel (Ausnahme: der Gelenkknorpel des Kiefergelenks, der aus Faserknorpel besteht). Im Unterschied zum hyalinen Knorpel im Bereich des Sternums hat der Gelenkknorpel jedoch kein Perichondrium, und die Matrix enthält mehr Flüssigkeit. Synoviale Gelenke finden sich typischerweise an den Enden von Röhrenknochen, wie etwa an den Armen und Beinen.

In **Abbildung 8.1** sehen Sie die Struktur eines typischen synovialen Gelenks. Alle synovialen Gelenke haben die folgenden Merkmale gemeinsam: 1. eine **Gelenkkapsel**, 2. **Gelenkknorpel**, 3. eine **Gelenkhöhle**, mit Synovia gefüllt, 4. eine Gelenkinnenhaut, die **Synovialis**, 5. Hilfsstrukturen und 6. **Sinnesnerven** und **Blutgefäße**, die das Gelenk außen und innen versorgen.

Synovia

Ein synoviales Gelenk ist von einer **Gelenkkapsel** umgeben, die aus einer dicken Schicht straffen Bindegewebes besteht. Die Synovialis kleidet die Gelenkhöhle aus, jedoch nur bis an den Rand des Gelenkknorpels. Sie produziert die **Synovia**, die Gelenkflüssigkeit, die die Gelenkhöhle füllt. Diese Gelenkflüssigkeit erfüllt drei Funktionen:

1. **Schmierung:** Die dünne Schicht Synovia, die die Innenfläche der Gelenkkapsel und die freien Flächen der Gelenkknorpel bedeckt, dient der Schmierung und verringert die Reibung. Dies wird durch die Hyaluronsäure und das Lubrizin in der Gelenkflüssigkeit erreicht, die die Reibung zwischen zwei Gelenkknorpelflächen auf eine Fünftel der Reibung zwischen zwei Eiswürfeln reduzieren.
2. **Ernährung der Chondrozyten:** Die Gesamtmenge von Synovia in einem Gelenk liegt normalerweise unter 3 ml, auch in großen Gelenken wie dem Knie. Diese relativ kleine Flüssigkeitsmenge muss zirkulieren, um die Chondrozyten im Gelenkknorpel mit Nährstoffen zu versorgen und umgekehrt Abfallstoffe der Chondrozyten zu entsorgen. Die Zirkulation der Synovia wird von Bewegungen des Gelenks verursacht, die außerdem zu einer abwechselnden Kompression und Ausdehnung der Gelenkknorpel führen. Bei der Kompression wird die Synovia aus dem Knorpel herausgepresst, bei der Ausdehnung wieder hineingezogen. Durch diesen Ein- und Ausstrom von Synovia werden die Chondrozyten ernährt.
3. **Stoßdämpfung:** Die Synovia dient als Stoßdämpfer in Gelenken, die Druck ausgesetzt sind. Hüften, Knie und Sprunggelenke werden etwa beim Gehen komprimiert, beim Laufen oder Rennen sogar sehr stark. Bei einem plötzlichen Anstieg des Druckes absorbiert die Synovia diesen Druck und verteilt ihn gleichmäßig auf die Gelenkflächen.

Hilfsstrukturen

Synoviale Gelenke können eine Reihe verschiedener Hilfsstrukturen enthalten, wie Knorpel- oder Fettpolster, Bänder, Sehnen oder Schleimbeutel (siehe Abbildung 8.1).

Knorpel und Fettpolster In komplexen Gelenken, wie dem Knie (siehe Abbildung 8.1b), können Hilfsstrukturen zwi-

Struktur	Typ	Funktionelle Kategorie	Beispiel
Knöcherne Verschmelzung	Synostose	Synarthrose	Frontalnaht (verschmolzen) *Os frontale*
Fasergelenk	Naht	Synarthrose	Lambdanaht Schädel
	Gomphosis	Synarthrose	
	Syndesmose		
Knorpelgelenk	Synchondrose	Synarthrose	Symphyse Symphyse (*Os pubis*)
	Symphyse		
Synoviales Gelenk	Mit einem Freiheitsgrad (einachsig)	Alle Diarthrosen	Synoviales Gelenk
	Mit zwei Freiheitsgraden (zweiachsig)		
	Mit drei Freiheitsgraden (dreiachsig)		

Tabelle 8.1: **Strukturelle Klassifikation der Gelenke.**

schen den Gelenkflächen liegen und deren Form verändern. Hierzu gehören:

- **Menisken** (Singular: Meniskus; griech.: meniscos = mondförmiger Körper) oder Gelenkscheiben *(Discus articularis)* sind Faserknorpelplatten, die ein Gelenk unterteilen, den Fluss der Synovia steuern, die Form der Gelenkflächen verändern oder die Beweglichkeit des Gelenks begrenzen können.
- **Fettpolster** finden sich oft an der Peripherie eines Gelenks, locker mit einer Schicht Synovialis bedeckt. Sie schützen die Gelenkknorpel und dienen dem gesamten Gelenk als Polstermasse. Fettpolster füllen Lücken, die bei Bewegungen entstehen, wenn die Gelenkhöhle dabei ihre Form verändert.

Bänder (Ligamente) Die Gelenkkapsel, die das gesamte Gelenk äußerlich umgibt, geht in den äußeren Teil des Periosts der artikulierenden Knochen über. Akzessorische Bänder stützen, kräftigen und festigen synoviale Gelenke. Intrinsische Bänder oder Kapselligamente sind lokale Verdickungen der Gelenkkapsel. Extrinsische Ligamente haben keine Verbindung zur Gelenkkapsel. Diese Bänder befinden sich entweder innerhalb oder außerhalb der Gelenkkapsel; man bezeichnet sie entsprechend als **intrakapsulär** und **extrakapsulär** (siehe Abbildung 8.1b).

Sehnen Sehnen (siehe Abbildung 8.1b) gehören nicht typischerweise zu einem Gelenk dazu, doch sie ziehen meist über oder um Gelenke herum. Der normale Muskeltonus hält diese Bänder straff; sie schränken so die Beweglichkeit der Gelenke ein. Bei einigen Gelenken sind sie fester Bestandteil der Gelenkkapsel und verleihen ihr dadurch erhebliche Stabilität.

Schleimbeutel Kleine, flüssigkeitsgefüllte Hohlräume im Bindegewebe bezeichnet man als Schleimbeutel oder **Bursae** (siehe Abbildung 8.1b). Sie sind mit Synovia gefüllt und mit Synovialis ausgekleidet. Sie können mit der Gelenkhöhle in Verbindung stehen oder ganz von ihr getrennt sein. Schleimbeutel entstehen da, wo Sehnen und Bänder gegen andere Gewebe reiben. Ihre Aufgabe ist es, diese Reibung zu reduzieren und Stöße abzudämpfen. Schleimbeutel finden sich an den meisten synovialen Gelenken, wie z. B. der Schulter. **Synoviale Sehnenscheiden** sind schlauchförmige Schleimbeutel, die die Sehnen dort umgeben, wo sie über Knochenflächen ziehen. Man findet sie auch unter der Haut, wenn darunter Knochen liegt, oder in jedem anderem Bindegewebe, das Reibung oder Druck ausgesetzt ist. Schleimbeutel, die sich an abnormen Stellen oder aufgrund abnormer Belastungen entwickeln, bezeichnet man als reaktive Schleimbeutel.

Stärke gegen Beweglichkeit

Ein Gelenk kann nicht gleichzeitig hochgradig beweglich und sehr stabil sein. Je größer das Bewegungsausmaß eines Gelenks ist, desto instabiler ist es. Das stärkste aller Gelenke, die Synarthrose, erlaubt meist kaum eine Bewegung, wohingegen die beweglichen Diarthrosen durch Bewegungen über das normale Ausmaß hinaus beschädigt werden können. Die Beweglichkeit eines Gelenks wird zur Reduktion der Verletzungsgefahr durch verschiedene Faktoren begrenzt:

- das Vorhandensein akzessorischer Ligamente und der Kollagenfasern der Gelenkkapsel
- die Form der Gelenkflächen, die Bewegungen in bestimmte Richtungen verhindert
- das Vorhandensein anderer Knochen, Knochenvorsprüng e, Skelettmuskeln oder Fettpolster um das Gelenk herum
- die Spannung der Sehnen, die an den artikulierenden Knochen ansetzen (wenn ein Skelettmuskel durch Kontraktion Zug auf eine Sehne ausübt, kann dies eine Bewegung in eine bestimmte Richtung fördern oder hemmen)

AUFGABEN

1. Unterscheiden Sie zwischen einer Synarthrose und einer Diarthrose.
2. Was ist der Hauptvorteil eines synovialen Gelenks?
3. Nennen Sie zwei Funktionen der Synovia.
4. Was sind Schleimbeutel? Wozu dienen sie?

Form und Funktion von Gelenken 8.2

Um die menschliche Bewegung zu verstehen, müssen Sie sich den Zusammenhang zwischen Form und Funktion eines jeden Gelenks klar machen. Um sie zu beschreiben, benötigen Sie ein bestimmtes Bezugssystem mit einer eindeutigen und präzisen Ausdrucksweise. Synoviale Gelenke können anhand ihrer anatomischen und funktionellen Eigenschaften klassifiziert werden. Zur Demonstration der Basis dieser Klassifikation beschreiben wir nun anhand eines vereinfachten Modells die Bewegungen, die ein typisches synoviales Gelenk durchführen kann.

8.2.1 Beschreibung dynamischer Bewegung

Nehmen Sie sich einen Stift zur Hand und halten Sie ihn, wie in **Abbildung 8.2**a gezeigt, aufrecht auf die Tischplatte. Der Stift sei der Knochen, der Tisch die Gelenkfläche. Mit ein wenig Vorstellungskraft und viel Ziehen, Schieben und Drehen werden Sie feststellen, dass es nur drei Arten gibt, das Modell zu bewegen. Indem wir diese drei Bewegungsarten nun einzeln betrachten, erstellen wir ein Bezugssystem, mit dem alle komplexen Bewegungen beschrieben werden können.

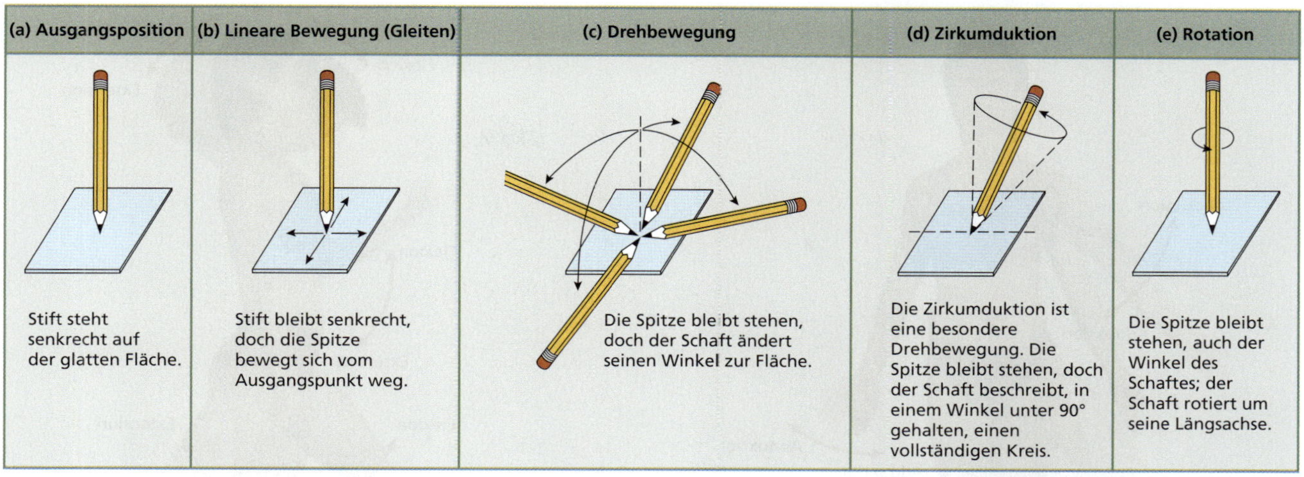

Abbildung 8.2: **Einfaches Modell der Gelenkbewegung.** Es werden drei Arten dynamischer Bewegung beschrieben: (a) Ausgangsposition. (b) Möglichkeit Nr. 1: Gleitbewegung, ein Beispiel für lineare Bewegung. (c) Möglichkeit Nr. 2: Drehbewegung. (d) Möglichkeit Nr. 2: Zirkumduktion, eine spezielle Form der Drehbewegung. (e) Möglichkeit Nr. 3: Rotation.

Möglichkeit Nr. 1: Bewegung der Spitze

Wenn Sie den Stift aufrecht halten, aber die Spitze nicht fixieren, können Sie ihn über die Platte schieben. Diese Bewegung nennt man Gleiten (**Abbildung 8.2**b); sie ist ein Beispiel für **lineare Bewegung**. Sie können die Spitze nach vorn und nach hinten, zu den Seiten oder diagonal verschieben. In welche Richtung Sie den Stift auch immer verschieben, Sie können diese Bewegung anhand zweier Referenzlinien wie in einem Koordinatensystem beschreiben. Eine Linie steht für vorwärts/rückwärts, die andere für links/rechts. Eine einfache Bewegung an einer Achse entlang könnte dann mit „1 cm vorwärts" oder „2 cm nach links" beschrieben werden. Eine diagonale Bewegung beschreiben Sie mithilfe beider Achsen, z. B. „1 cm zurück und 2,5 cm nach rechts".

Möglichkeit Nr. 2: Veränderung des Schaftwinkels

Wenn Sie die Stiftspitze fixieren, können Sie immer noch das freie hintere Ende vorwärts und rückwärts und zu den Seiten hin bewegen. Diese Bewegungen, die den Winkel zwischen Schaft und Gelenkfläche verändern, nennt man **Drehbewegungen** (**Abbildung 8.2**c). Alle Drehbewegungen können mithilfe derselben beiden Achsen (vorwärts/rückwärts und links/rechts) sowie der Änderung des Winkels (in Grad) beschrieben werden. In einem Fall gibt es jedoch einen besonderen Ausdruck zur Beschreibung einer komplexen Drehbewegung: Fassen Sie den Stift am freien Ende und kippen ihn aus der Senkrechten. Fixieren Sie nun die Spitze fest auf dem Tisch und vollführen Sie mit dem freien Ende eine Kreisbewegung (**Abbildung 8.2**d). Diese Bewegung ist sehr schwer zu beschreiben. In der Anatomie wird das Problem durch die Einführung des Begriffs **Zirkumduktion** für diese Art Drehbewegung umgangen.

Möglichkeit Nr. 3: Rotation des Schaftes

Wenn Sie die Spitze fixieren und den Schaft senkrecht halten, können Sie den Schaft dennoch um seine Längsachse drehen. Diese Bewegung wird als **Rotation** bezeichnet. Verschiedene Gelenke erlauben eine partielle Rotation, doch kein Gelenk lässt sich ganz rotieren. Dies würde die Blutgefäße, Nerven und Sehnen, die das Gelenk kreuzen, unentwirrbar miteinander verwickeln.

Ein Gelenk, das nur Bewegungen an einer Achse entlang erlaubt, hat einen **Freiheitsgrad** (einachsig). In unserem Modell trifft dies auf Gelenke zu, die sich etwa nur vorwärts oder rückwärts bewegen oder ausschließlich Rotation erlauben. Wenn eine Bewegung an zwei Achsen entlang möglich ist, hat das Gelenk zwei Freiheitsgrade (zweiachsig). Wenn sich der Stift nur nach vorn und zurück sowie nach links und rechts kippen ließe, aber nicht in eine kombinierte Richtung, hätte er zwei Freiheitsgrade. Gelenke mit drei Freiheitsgraden (dreiachsig) erlauben die Kombination aus Drehbewegungen und Rotation.

8.2.3 Bewegungsarten

Wenn nicht anders angegeben, werden alle Bewegungen in Bezug auf die anatomische Position beschrieben. Für die Beschreibung von Bewegungen in synovialen Gelenken verwenden die Anatomen Begriffe mit speziellen Bedeutungen. Wir werden sie anhand der Definitionen der Basisbewegungen aus dem vorigen Abschnitt erläutern.

Lineare Bewegung (Gleiten)

Beim Gleiten schieben sich zwei gegenüberliegende Flächen aneinander vorbei (siehe Abbildung 8.2b). Die Gelenke der Hand- und Fußwurzelknochen gleiten, ebenso die Klavikulae am Sternum. Die Bewegung kann theoretisch

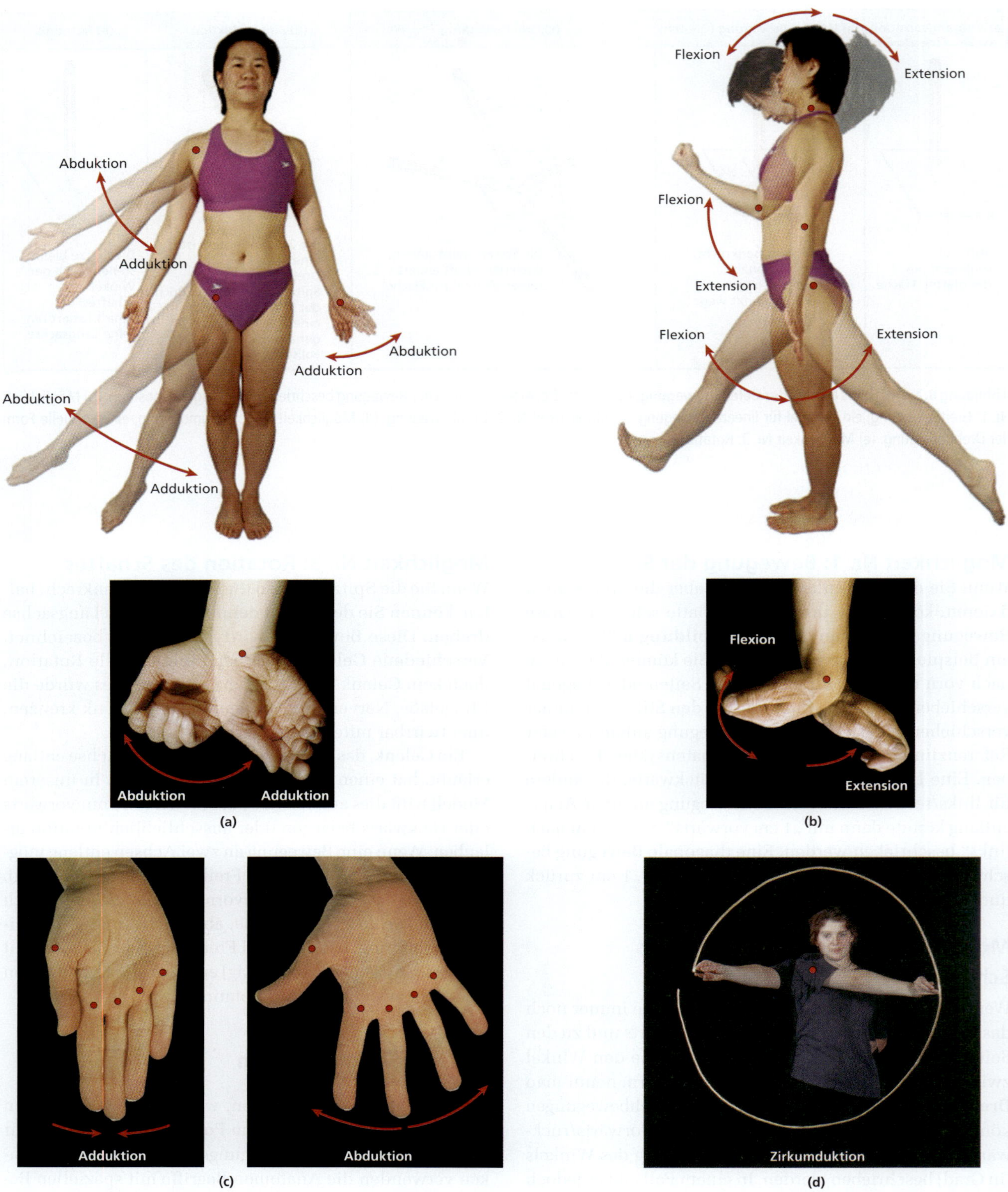

Abbildung 8.3: Drehbewegungen. Beispiele für Bewegungen, bei denen sich der Winkel zwischen dem Schaft und der Gelenkfläche verändert. Die roten Punkte markieren die an der dargestellten Bewegung beteiligten Gelenke. (a) Abduktion/Adduktion. (b) Flexion/Extension. (c) Adduktion/Abduktion. (d) Zirkumduktion.

in fast jede Richtung gehen, aber meist wird sie durch den Kapsel-Band-Apparat begrenzt.

Drehbewegung

Zu den Beispielen für Drehbewegungen gehören die Abduktion, die Adduktion, die Flexion und die Extension. Die Beschreibung der einzelnen Bewegungen bezieht sich auf eine Person in anatomischer Position (**Abbildung 8.3**).

- **Abduktion** (lat.: ab- = weg-, ab-, ent-) ist die Bewegung von der Längsachse der Körpers weg in der Frontalebene. Den Arm z. B. seitlich vom Körper bis zu einem Winkel von 90° hochzuheben, ist eine Abduktion der oberen Extremität, die umgekehrte Bewegung eine **Adduktion** (lat.: ad- = zu-, hinzu-, an-). Abduktionen weiter als 90° werden als Elevation bezeichnet. Die Abduktion des Handgelenks bewegt den Handballen vom Körper weg; eine Adduktion bringt ihn näher an den Körper heran. Das Spreizen der Finger stellt eine Abduktionsbewegung dar, da sich die Phalangen von dem mittleren Finger oder Zeh wegbewegen. Werden sie wieder zusammengebracht, handelt es sich um eine Adduktionsbewegung. Die Begriffe Abduktion und Adduktion werden immer für Bewegungen des Extremitätenskeletts verwendet (siehe Abbildung 8.3a und c).
- **Flexion** ist definiert als eine Bewegung in der a.-p. Ebene, die den Winkel zwischen den artikulierenden Elementen verkleinert. Die **Extension** verläuft in derselben Ebene, vergrößert jedoch den Winkel zwischen den artikulierenden Elementen (siehe Abbildung 8.3b). Wenn Sie das Kinn auf die Brust legen, flektieren (beugen) Sie die Gelenke der Halswirbelsäule. Wenn Sie sich vornüberbeugen, um im Stand an die Zehen zu fassen, beugen Sie die Gelenke der gesamten Wirbelsäule. Die Extension ist eine Bewegung in derselben Ebene, jedoch in die andere Richtung. Durch die Extension wird die Extremität wieder in die ursprüngliche Position zurückgeführt oder darüber hinaus. Mit **Hyperextension** bezeichnet man jede Bewegung, bei der ein Gelenk über sein normales Bewegungsausmaß hinaus überstreckt wird und Schaden nimmt. Eine solche Überstreckung wird in der Regel durch Bänder, Knochenvorsprünge oder die umgebenden Weichteile verhindert. Eine Flexion der Schulter und der Hüfte schwingt die Extremität nach vorn, die Extension hingegen nach posterior. Eine Flexion des Handgelenks bewegt die Handfläche nach vorn; die Extension bewegt sie zurück.
- Ein Sonderfall der Drehbewegung, die **Zirkumduktion** (siehe Abbildung 8.3d), wurde ebenfalls am Modell erklärt. Ein vertrautes Beispiel für die Zirkumduktion des Armes ist die Bewegung, die Sie machen würden, um einen großes Kreis an eine Wandtafel zu zeichnen.

Rotation

Zu der Rotation des Kopfes gehören die **Rotation nach rechts** und die **Rotation nach links**, wie beim Kopfschütteln. Bei der Analyse der Bewegungen der Extremitäten spricht man von **Innenrotation** oder **medialer Rotation**, wenn sich die anteriore Fläche der Extremität nach innen in Richtung der ventralen Fläche des Rumpfes bewegt. Dreht sie sich nach außen, haben Sie eine **Außenrotation** oder **laterale Rotation** durchgeführt. Diese Drehbewegungen sind in **Abbildung 8.4** dargestellt.

Die Gelenke zwischen dem Radius und der Ulna erlauben die Rotation des distalen Radius über die anteriore Fläche der Ulna hinweg. So wendet sich die Handfläche von anterior nach posterior, eine Bewegung, die man **Pronation** nennt. Die Gegenbewegung, bei der die Handfläche nach oben weist, nennt man **Supination**.

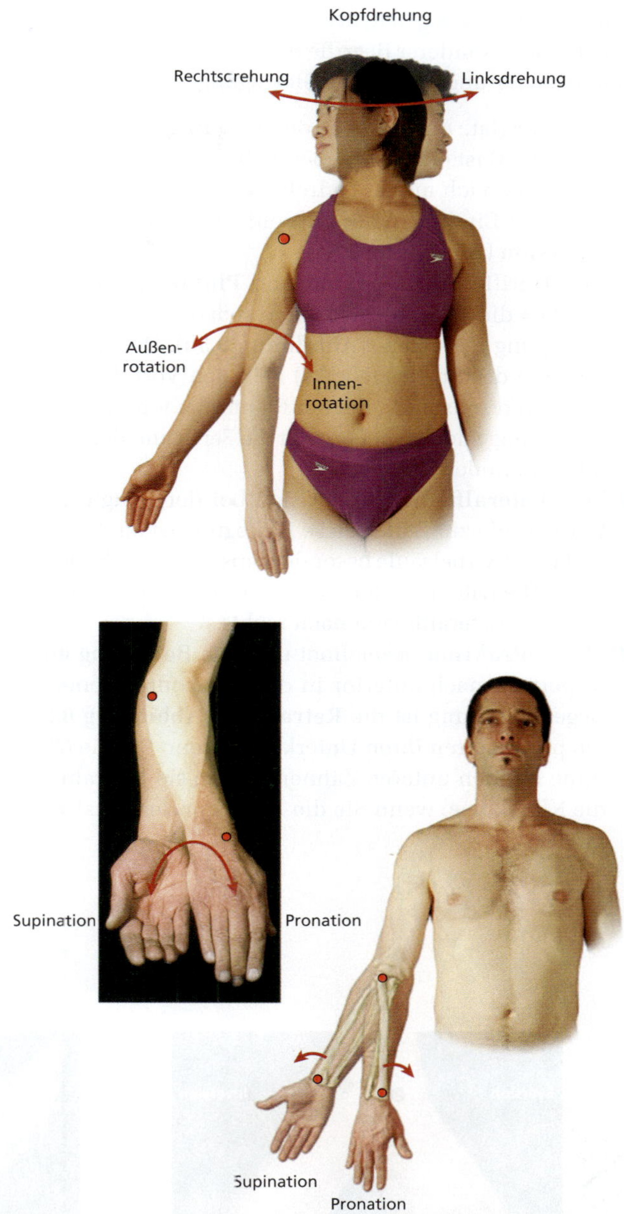

Abbildung 8.4: Drehbewegungen. Beispiele für Bewegungen, bei denen der Knochenschaft rotiert.

Spezielle Bewegungen

Eine Reihe besonderer Begriffe bezieht sich auf bestimmte Gelenke oder ungewöhnliche Bewegungen:

- **Eversion** (lat.: evertere = etwas aus seiner Lage wenden; verdrehen) ist eine schraubende Bewegung, bei der die Fußsohle nach außen gedreht wird. Die Gegenbewegung, das Eindrehen der Fußsohle, bezeichnet man als **Inversion** (**Abbildung 8.5**a).
- Die Begriffe **Dorsalflexion** und **Plantarflexion** (lat.: planta = die Fußsohle) beziehen sich ebenfalls auf eine Bewegung des Fußes (**Abbildung 8.5**b). Dorsalflexion (Flexion des Sprunggelenks) hebt den Vorfuß und die Zehen (Fersenstand). Bei der Plantarflexion (Extension des Sprunggelenks) heben sich die Ferse und der Mittelfuß vom Boden (Zehenstand).
- Eine **Lateralflexion** findet sich bei der Beugung der Wirbelsäule zur Seite. Diese Bewegung ist an der Hals- und Brustwirbelsäule besonders ausgeprägt (**Abbildung 8.5**c). Die Lateralflexion nach links ist die Gegenbewegung zur Lateralflexion nach rechts.
- Mit **Protraktion** bezeichnet man die Bewegung eines Köperteils nach anterior in der Horizontalebene; die Gegenbewegung ist die **Retraktion** (**Abbildung 8.5**d). Sie protrahieren Ihren Unterkiefer, wenn Sie die Oberlippe mit den unteren Zähnen fassen; sie protrahieren die Klavikulae, wenn Sie die Arme vor der Brust kreuzen.
- Die **Opposition** ist eine spezielle Bewegung des Daumens, mit deren Hilfe er mit seiner Palmarfläche die der Hand und der übrigen Finger berühren kann. Die Flexion des fünften Mittelhandknochens unterstützt diese Bewegung. Die Gegenbewegung ist die **Reposition** (**Abbildung 8.5**e).
- Von **Elevation** und **Depression** spricht man, wenn sich eine Struktur nach superior über 90° und inferior bewegt. Wenn Sie den Mund öffnen, ist dies eine Depression des Unterkiefers; schließt er sich wieder, spricht man von Elevation (**Abbildung 8.5**f). Eine weitere vertraute Elevationsbewegung ist das Heben der Schulter oberhalb der Horizontale.

8.2.3 Strukturelle Klassifikation synovialer Gelenke

Synoviale Gelenke sind frei bewegliche Diarthrosen. Da sie ein großes Bewegungsausmaß haben, werden sie nach ihrem Typ und den Freiheitsgraden klassifiziert. Die Struktur eines Gelenks definiert sein Bewegungsausmaß.

- **Plane Gelenke**, auch ebene Gelenke, *Articulatio plana*, genannt, haben flache oder leicht gebogene Gelenkflächen (**Abbildung 8.6**a). Die relativ flachen Gelenkflächen gleiten übereinander, doch das Bewegungsausmaß ist eher gering. Ligamente verhindern normalerweise eine Rotation oder schränken sie ein. Plane Gelenke finden sich an den Enden der Klavikula, zwischen den Hand-

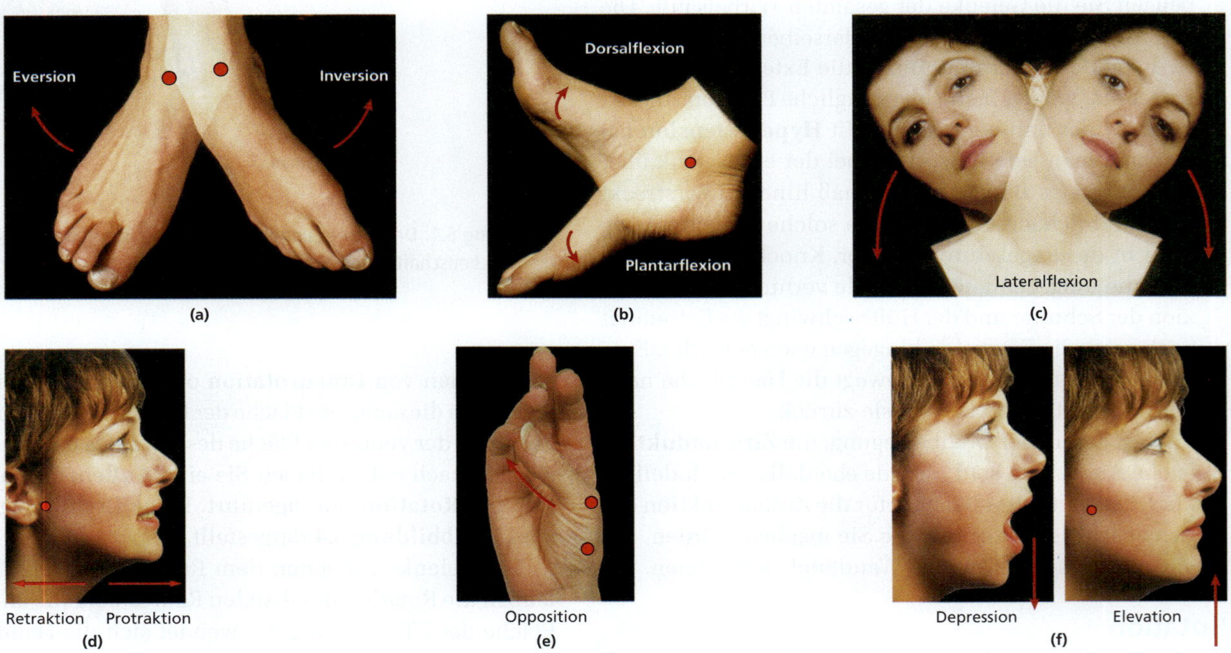

Abbildung 8.5: Spezielle Bewegungen. Beispiele für besondere Begriffe, mit denen Bewegungen an bestimmten Gelenken oder in einzigartige Richtungen beschrieben werden. (a) Eversion/Inversion. (b) Dosalflexion/Plantarflexion. (c) Lateralflexion. (d) Retraktion/Protraktion. (e) Opposition. (f) Depression/Elevation.

und Fußwurzelknochen und den Gelenkflächen der Wirbel. Plane Gelenke können entweder nicht axial oder multiaxial sein; in diesem Falle sind Gleitbewegungen in alle Richtungen möglich.

- **Scharniergelenke** (Ginglymus) erlauben Drehbewegungen in einer einzigen Ebene, wie beim Öffnen und Schließen einer Tür (**Abbildung 8.6**b). Scharniergelenke sind ein Beispiel für einachsige Gelenke mit einem Freiheitsgrad. Sie finden sich am Ellenbogen und am Knie. Am Knie gilt dies allerdings nur in Streckstellung. Im gebeugten Zustand ist eine Rotation möglich.
- **Zapfengelenke** (*Articulatio trochoidea*) sind ebenfalls einachsig, doch sie erlauben nur eine Rotation (**Abbildung 8.6**c). Das Zapfengelenk zwischen Atlas und Axis ermöglicht es Ihnen, den Kopf zu beiden Seiten zu drehen.
- Bei einem **Ellipsoidgelenk**, auch Eigelenk oder *Articulatio ellipsoidea* genannt, ruht eine ovale Gelenkfläche

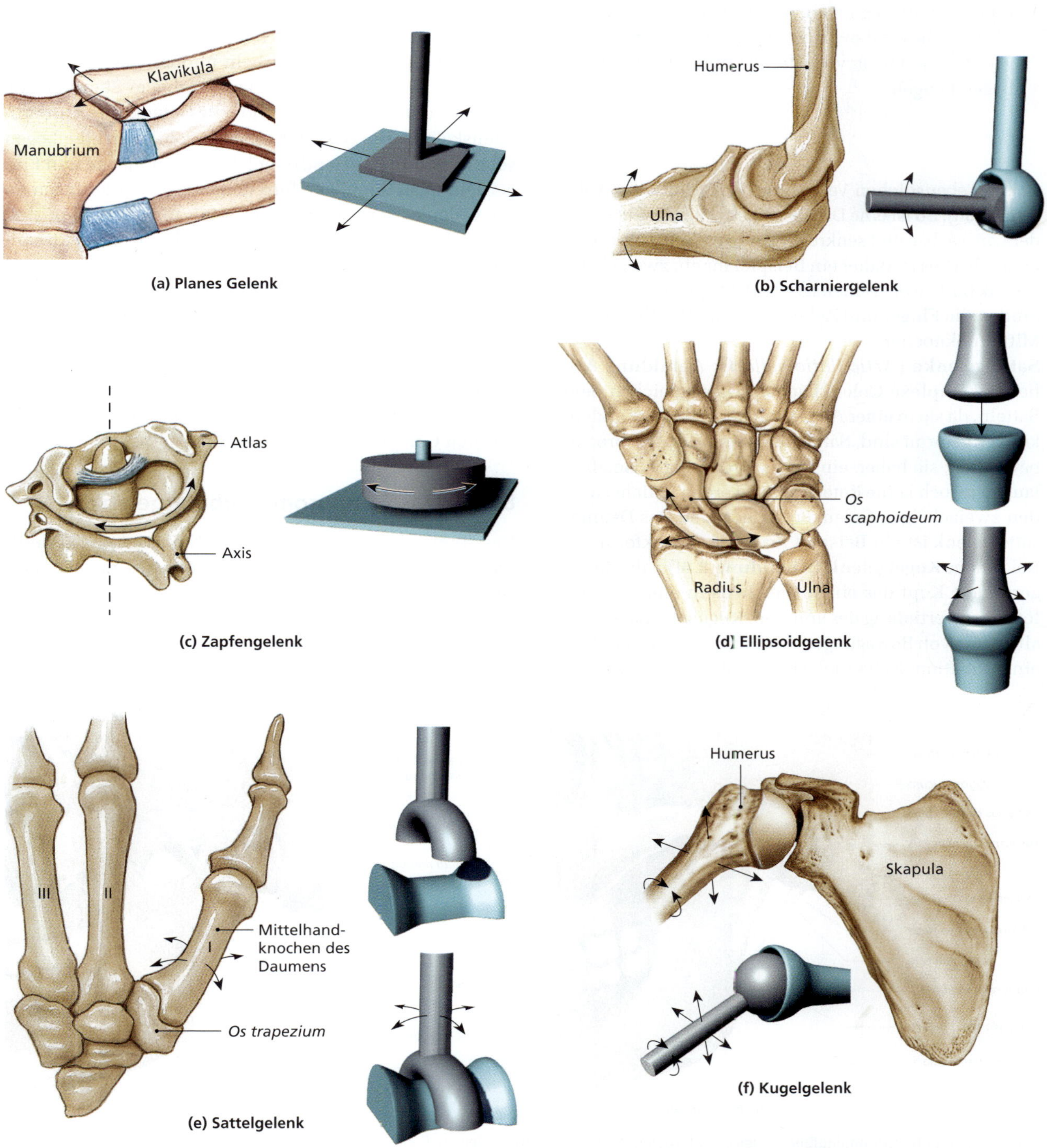

Abbildung 8.6: Strukturelle Klassifikation synovialer Gelenke. Die Klassifikation basiert auf dem Bewegungsausmaß der Gelenke.

AUFGABEN

1. Bei einem Neugeborenen sind die Schädelknochen durch faseriges Bindegewebe miteinander verbunden. Um welchen Gelenktyp handelt es sich hierbei? Diese Knochen wachsen später, verhaken sich ineinander und bilden unbewegliche Gelenke. Wie nennt man diese Gelenke?

2. Nennen Sie die richtigen Fachausdrücke für die folgenden Bewegungen: (a) den Humerus von der Mittellinie wegbewegen, (b) die Hände mit den Handflächen nach vorn drehen und (c) den Ellenbogen beugen.

in einer ebensolchen Vertiefung der Gegenseite (**Abbildung 8.6**d). So ist eine Drehbewegung in zwei Ebenen, in der Längsachse und senkrecht zur Längsachse des Ovals, möglich. Dies ist daher ein Beispiel für ein zweiachsiges Gelenk (mit zwei Freiheitsgraden). Ellipsoidgelenke verbinden die Finger und Zehen mit den Mittelhand- bzw. Mittelfußknochen.

- **Sattelgelenke** (*Articulatio sellaris*; **Abbildung 8.6**e) haben komplexe Gelenkflächen. Diese gleichen beide Sätteln, da sie in einer Achse konkav und in der anderen konvex geformt sind. Sattelgelenke sind ausgesprochen beweglich; sie haben ein hohes Bewegungsausmaß, erlauben jedoch keine Rotation. Sie werden üblicherweise den zweiachsigen Gelenken zugeordnet. Das Daumensattelgelenk ist ein Beispiel für diese Gelenkform.
- Bei einem **Kugelgelenk** (**Abbildung 8.6**f) ruht der abgerundete Kopf des einen Knochens in einer schalenförmigen Vertiefung des anderen. Kugelgelenke können alle Arten von Bewegungen durchführen, einschließlich einer Rotation. Es handelt sich um dreiachsige Gelenke mit drei Freiheitsgraden; Beispiele sind die Hüfte und die Schulter. Wird der Kopf des Kugelgelenks zu mehr als 50 % von der Pfanne umschlossen, so spricht man von einem Nussgelenk.

Repräsentative Gelenke 8.3

In diesem Abschnitt geht es um einige Gelenke, anhand derer sich beispielhaft funktionale Grundprinzipien erklären lassen. Zunächst besprechen wir einige Gelenke des Achsenskeletts: Das Temporomandibulargelenk zwischen der Mandibula und dem *Os temporale*, die Wirbelgelenke zwischen benachbarten Wirbeln und das Sternoklavikulargelenk zwischen der Klavikula und dem Sternum. Als nächstes untersuchen wir synoviale Gelenke des Extremitätenskeletts. Die Schulter ist sehr mobil, der Ellenbogen sehr stark und das Handgelenk kann Handfläche und Finger fein ausrichten. Die funktionellen Anforderungen an die Gelenke der unteren Extremität unterscheiden sich deutlich von denen an die Gelenke der oberen Extremität. Hüfte, Knie und Sprunggelenk müssen die Last des Körpergewichts auf den Boden übertragen; während Bewegungen, wie Laufen, Springen oder Drehen, wirken erheblich höhere Kräfte als die des Körpergewichts auf sie ein. In diesem Abschnitt werden nur einige repräsentative Gelenke vorgestellt; in den Tabellen 8.2, 8.3 und 8.4 (siehe unten) finden Sie darüber hinaus Informationen zu den meisten Gelenken des Körpers.

8.3.1 Das Temporomandibulargelenk

Das Temporomandibulargelenk (Kiefergelenk) (**Abbildung 8.7**) ist ein kleines, aber komplexes multiaxiales Gelenk zwischen der *Fossa mandibularis* des *Os temporale* und dem *Processus condylaris* der Mandibula. Die artikulierenden Knochen sind durch einen dicken Diskus aus Faserknorpel voneinander getrennt. Diese horizontal

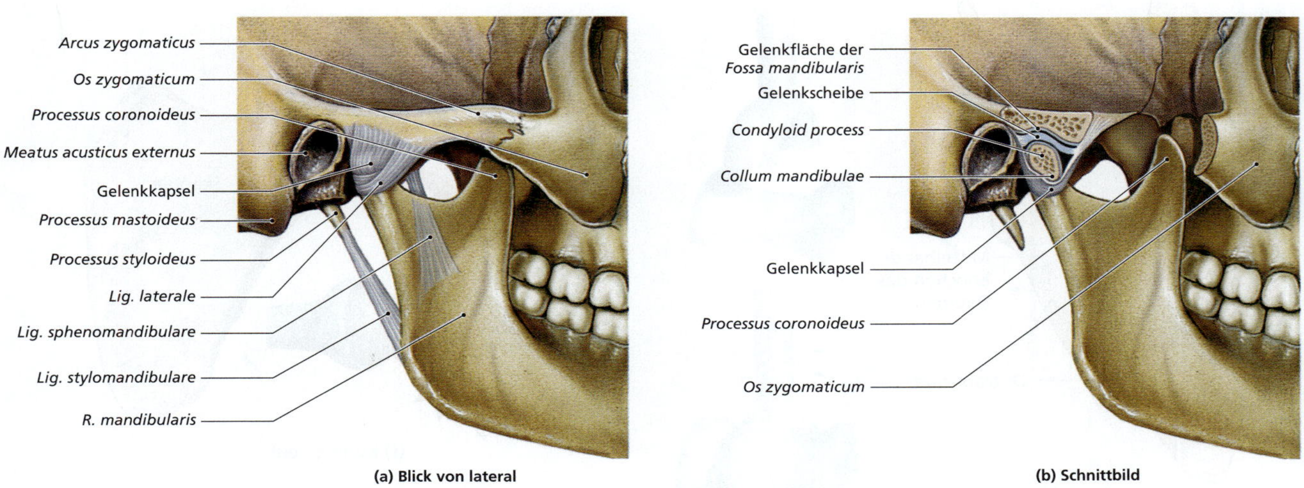

Abbildung 8.7: Das Temporomandibulargelenk (Kiefergelenk). Dieses Scharniergelenk befindet sich zwischen dem Processus condylaris der Mandibula und der Fossa mandibularis des Os temporale. (a) Rechtes Kiefergelenk von lateral. (b) Schnittbild desselben Gelenks.

liegende Knorpelplatte trennt das Gelenk in zwei separate Höhlen. Somit handelt es sich eigentlich um zwei Gelenke, eines zwischen dem *Os temporale* und dem Diskus und das andere zwischen dem Diskus und der Mandibula.

Die Kapsel um diesen Gelenkkomplex herum ist nicht genau abzugrenzen. Der Abschnitt der Gelenkkapsel oberhalb des Kondylenhalses ist relativ locker, während die Kapsel unterhalb des Gelenkknorpels (Der Gelenkknorpel im Bereich des Kiefergelenks besteht ausnahmsweise aus Faserknorpel.) recht straff ist. Diese Struktur ermöglicht ein hohes Bewegungsausmaß. Andererseits kann es bei diesem Gelenk, das nicht besonders stabil ist, bei gewaltsamer lateraler oder anteriorer Bewegung des Unterkiefers eher leicht zu einer teilweisen oder totalen Luxation kommen. Der laterale Abschnitt der Gelenkkapsel, der relativ dick ist, wird **Lig. laterale** genannt. Außerdem gibt es zwei extrakapsuläre Bänder:

- **Lig. stylomandibulare**, das vom *Processus styloideus* an den posterioren inferioren Rand des Unterkieferasts *(R. mandibularis)* zieht
- **Lig. sphenomandibulare**, das von der *Spina sphenoidale* an die mediale Fläche des *R. mandibulare* zieht

Das Kiefergelenk ist primär ein Scharniergelenk, aber wegen der lockeren Kapsel und der relativ flachen Gelenkflächen ist auch eine gewisse Gleit- und Rotationsbewegung möglich. Diese sekundären Bewegungen sind bei der Positionierung von Essen auf den Kauflächen der Zähne von Bedeutung.

8.3.2 Intervertebralgelenke

Die Gelenke zwischen den superioren und inferioren Gelenkfortsätzen benachbarter Wirbel sind plane Gelenke, die die kleinen Bewegungen erlauben, die bei Flexion, Extension, Lateralflexion und Rotation der Wirbelsäule anfallen. Benachbarte Wirbelkörper gleiten kaum aneinander. In **Abbildung 8.8** sehen Sie die Struktur der Intervertebralgelenke. Vom Axis bis an das Sakrum sind die Wirbel durch synchondrotische Faserknorpelplatten, die **Bandscheiben** (*Disci intervetebrales*, Zwischenwirbelscheiben), voneinander getrennt und abgepolstert. Im Sakrum und im *Os coccygeum* gibt es dort, wo die Wirbel miteinander verschmolzen sind, keine Bandscheiben, auch nicht zwischen den ersten beiden Halswirbeln. Das Gelenk zwischen C1 und C2 wurde in Kapitel 6 beschrieben.

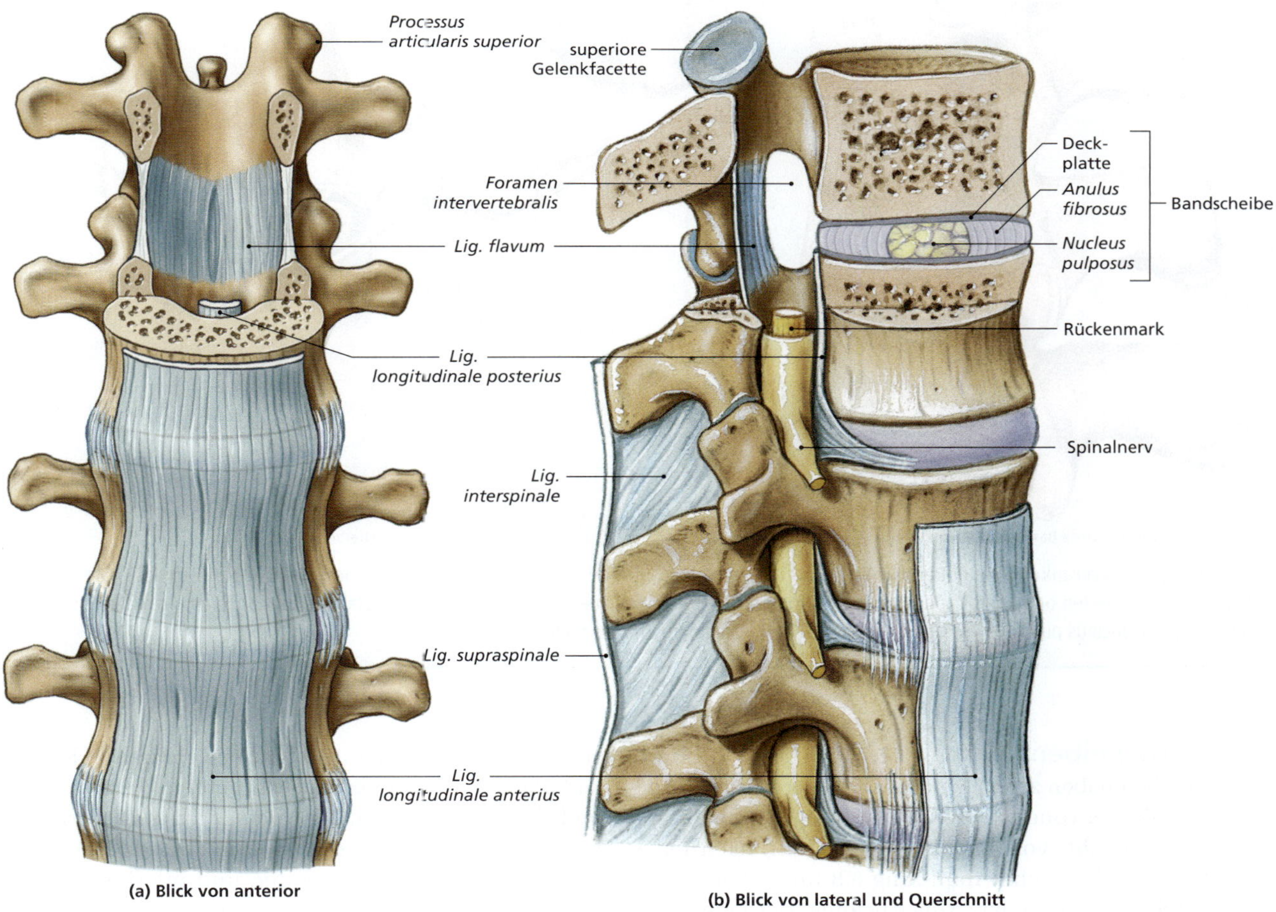

Abbildung 8.8: Intervertebralgelenke. Benachbarte Wirbel artikulieren mit ihren superioren und inferioren Gelenkfortsätzen; ihre Körper sind durch die Bandscheiben voneinander getrennt. (a) Blick von anterior. (b) Blick von lateral mit teilweisem Schnittbild.

AUS DER PRAXIS

Erkrankungen der Bandscheiben

Eine Bandscheibe, die über das normale Maß hinaus komprimiert wird, erleidet vorübergehenden oder bleibenden Schaden. Im Rahmen von degenerativen Veränderungen der Bandscheibe kann der komprimierte *Nucleus pulposus* den *Anulus fibrosus* deformieren und ihn zum Teil in den Spinalkanal drücken. Diese Erkrankungen nennt man **Bandscheibenvorwölbung** (**Abbildung .8.9**a) oder Protrusio. Am häufigsten sind Bandscheibenprobleme zwischen den Wirbeln C5 und C6, L4 und L5 sowie L5 und S1.

Unter schwerster Kompression kann der *Anulus fibrosus* rupturieren und der *Nucleus pulposus* in den Spinalkanal prolabieren. Diesen Zustand nennt man **Bandscheibenvorfall** (**Abbildung .8.9**d). Hierbei werden die Spinalnervenwurzeln komprimiert, was zunächst Parästhesien (anomale Körperempfindungen), später Schmerzen und final Lähmungen verursacht; die dislozierte Bandscheibe kann auch die Spinalnerven komprimieren, die durch die *Foramina intervertebralia* ziehen. Mit **Ischialgie** wird die schmerzhafte Kompression der Wurzel des *N. ischiadicus* bezeichnet; **Lumbago** ist der akute initiale tiefe Rückenschmerz.

Die meisten Bandscheibenerkrankungen können mit einer Kombination aus Schonung, Korsetts, Analgetika (Schmerzmitteln) und Physiotherapie erfolgreich behandelt werden. Bei nur etwa 10 % der lumbalen Bandscheibenvorfälle ist ein operativer Eingriff zur Besserung der Symptome erforderlich. Hierbei werden die Bandscheibe entfernt und die Wirbelkörper aneinander fixiert, um ein Gleiten zu verhindern. Um die störende Bandscheibe zu erreichen, entfernt der Chirurg oft den dazugehörigen Wirbelbogen mit der Lamina. Aus diesem Grunde wird der Eingriff als **Laminektomie** bezeichnet.

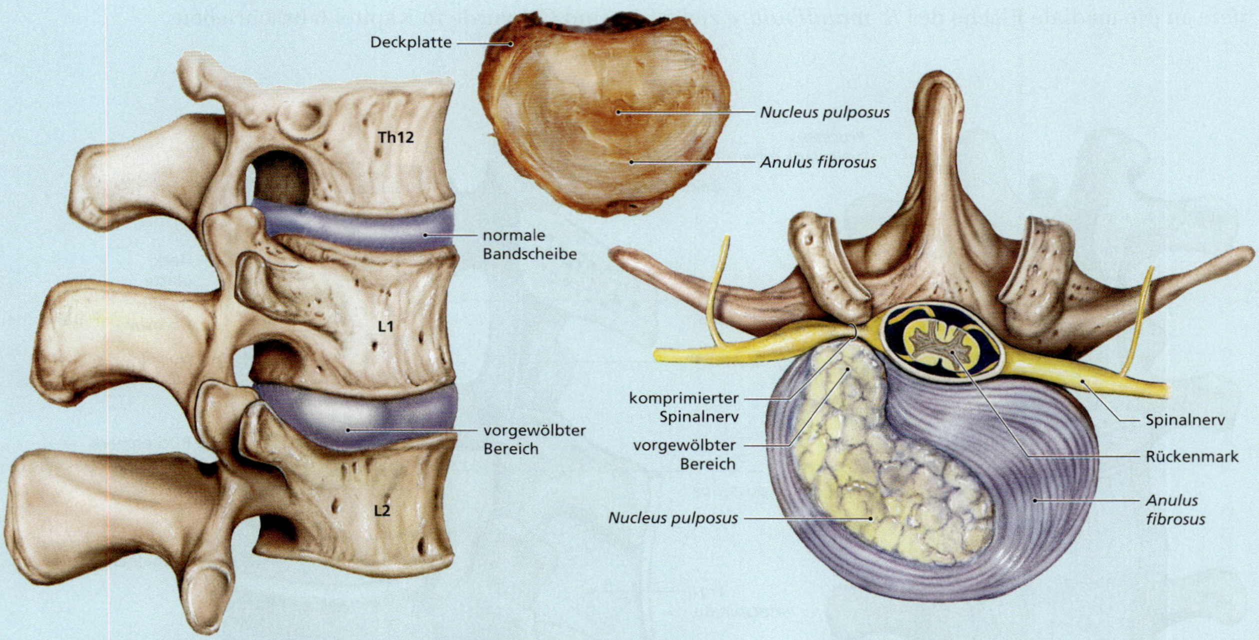

Abbildung .8.9: Erkrankungen der Bandscheiben. (a) Lendenwirbelsäule von lateral mit normalen und vorgewölbten Bandscheiben. Die superiore Fläche einer isolierten normalen Bandscheibe im Vergleich mit (b), einem Querschnitt durch eine vorgefallene Bandscheibe; man erkennt die Verlagerung des Nucleus pulposus und die Wirkung auf das Rückenmark und die Spinalnerven.

Die Bandscheiben

Bandscheiben haben zwei Funktionen: Sie trennen 1. die einzelnen Wirbel voneinander und übertragen 2. die Last des Körpergewichts von einem Wirbel auf den nächsten. Jede Bandscheibe (siehe Abbildung 8.8 und Abbildung 8.9a) besteht aus zwei Teilen: Außen befindet sich eine feste Schicht aus Faserknorpel, der **Anulus fibrosus**. Er umgibt den innenliegenden **Nucleus pulposus**. Hierbei handelt es sich um einen weichen, elastischen gelatinösen Kern, der zu 75 % aus Wasser besteht, mit vereinzelten retikulären und elastischen Fasern. Der *Nucleus pulposus* verleiht der Bandscheibe ihre Elastizität, wodurch sie als Stoßdämpfer fungieren kann. Die superioren und inferioren Flächen der Bandscheiben sind fast vollständig von den dünnen Deckplatten der Wirbelkörper bedeckt. Die Deckplatten bestehen aus hyalinem und aus Faserknorpel. Sie sind mit dem *Anulus fibrosus* der Bandscheibe und leicht mit den benachbarten Wirbeln verbunden. Diese Verbindungen reichen aus, um die Position der Bandscheiben zu stabilisieren. Eine zusätzliche Verstärkung erfolgt über den Bandapparat der Wirbelsäule, der im nächsten Abschnitt besprochen wird.

Bewegungen der Wirbelsäule führen zu einer Kompression des *Nucleus pulposus* und verschieben ihn in die entgegengesetzte Richtung. Dadurch ist den Wirbeln eine sanfte Gleitbewegung möglich, ohne dass sich die Wirbel verschieben. Die Zwischenwirbelscheiben tragen nicht unerheblich zur Körpergröße eines Menschen bei; sie machen rund ein Viertel der Länge der Wirbelsäule oberhalb des *Os sacrum* aus. Mit fortschreitendem Alter nimmt der Wassergehalt des *Nucleus pulposus* innerhalb der einzelnen Bandscheiben ab. Die abpolsternde Wirkung lässt langsam nach; es steigt die Gefahr von Wirbelsäulenverletzungen. Der Flüssigkeitsverlust in den Bandscheiben führt auch zu einer Höhenminderung der Wirbelsäule, was die typische Reduktion der Körpergröße im Alter verursacht.

Der Bandapparat der Wirbelsäule

Zahlreiche Bänder sind an den Wirbelkörpern und Fortsätzen aller Wirbel befestigt, um sie miteinander zu verbinden und die Wirbelsäule zu stabilisieren (siehe Abbildung 8.8). Zu den Bändern, die jeweils benachbarte Wirbel miteinander verbinden, gehören das *Lig. longitudinale anterius*, das *Lig. longitudinale posterius*, das *Lig. flavum*, das *Lig. interspinale* und das *Lig. supraspinale*.

- Das **Lig. longitudinale anterius** verbindet die Vorderflächen der Wirbelköper miteinander.
- Das **Lig. longitudinale posterius** verläuft parallel zum *Lig. longitudinale anterius*, zieht jedoch über die posterioren Flächen der Wirbelkörper.
- Das **Lig. flavum** (Plural: *Ligg. flava*) verbindet die Laminae benachbarter Wirbel.
- Das **Lig. interspinale** verbindet benachbarte Dornfortsätze.
- Das **Lig. supraspinale** verbindet die Spitzen der Dornfortsätze von C7 bis zum *Os sacrum* miteinander. Das in Kapitel 6 bereits besprochene *Lig. nuchae* ist ein *Lig. supraspinale*, das von C7 bis an die Schädelbasis reicht.

Bewegungen der Wirbelsäule

Die folgenden Bewegungen der Wirbelsäule sind möglich: 1. **anteriore Flexion** (Beugung nach vorn), 2. **Extension** (Rückwärtsbeugung), 3. **Lateralflexion** (Beugung zur Seite) und 4. **Rotation** (Drehung).

Informationen zu Gelenken und Bewegungen des Achsenskeletts finden Sie in Tabelle 8.2 zusammengefasst.

8.3.3 Das Sternoklavikulargelenk

Das Sternoklavikulargelenk ist ein synoviales Gelenk zwischen dem medialen Ende der Klavikula und dem *Manubrium sterni*. Es verbindet die Klavikula mit dem Achsenskelett und gilt als eine der funktionellen Komponenten des Schultergelenks.

Wie beim Kiefergelenk teilt ein Diskus das Sternoklavikulargelenk in zwei Gelenkhöhlen (**Abbildung 8.10**). Die Gelenkkapsel ist dicht und straff; sie bietet Festigkeit, erlaubt aber nur eine geringe Beweglichkeit. Die Kapsel wird durch zwei akzessorische Ligamente verstärkt, das **Lig. sternoc-**

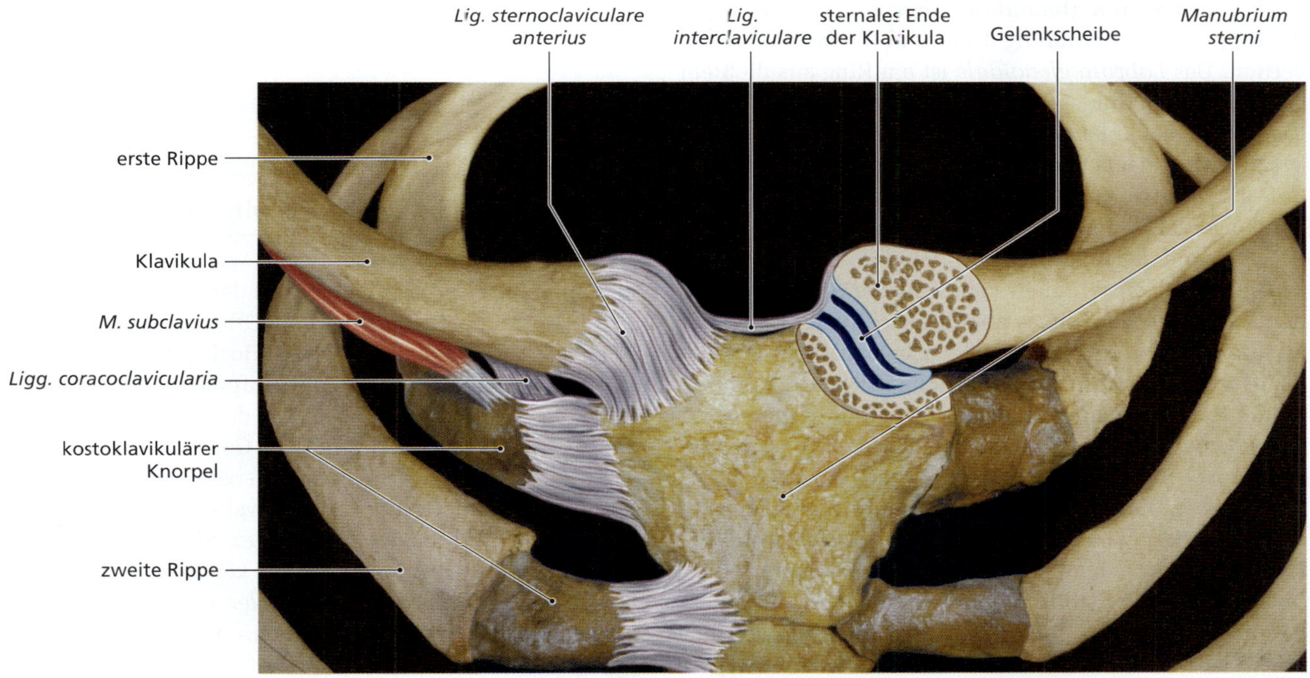

Abbildung 8.10: Das Sternoklavikulargelenk. Thorax von anterior mit den Knochen und Bändern des Sternoklavikulargelenks. Es handelt sich um ein stabiles, massiv verstärktes planes Gelenk.

laviculare anterius und das **Lig. sternoclaviculare posterius**. Es gibt außerdem zwei extrakapsuläre Ligamente:

- Das **Lig. interclaviculare** verbindet die Klavikulae und verstärkt die superioren Anteile benachbarter Gelenkkapseln. Dieses Band, das außerdem fest mit der superioren Kante des Manubriums verbunden ist, verhindert bei heruntergezogener Schulter eine Dislokation.
- Das breite **Lig. costoclaviculare** reicht von der *Tuberositas costalis* der Klavikula nahe an der inferioren Begrenzung der Gelenkkapsel an die superioren und medialen Kanten der ersten Rippe und des ersten Rippenknorpels. Dieses Band verhindert eine Dislokation bei hochgezogener Schulter.

Das Sternoklavikulargelenk ist primär ein planes Gelenk, doch die Fasern der Kapsel erlauben eine leichte Rotation und Zirkumduktion der Klavikula.

8.1.1 Das Schultergelenk

Das Schultergelenk *(Articulatio glenohumerale* oder *Articulatio humeri)* ist ein lockeres Kugelgelenk, das von allen Gelenken des Körpers die größte Beweglichkeit vorweisen kann. Die Form der artikulierenden Strukturen und die damit verbundene Beweglichkeit ermöglichen es uns, die Hände für eine Vielzahl von Funktionen zu positionieren. Da das Schultergelenk allerdings auch das am häufigsten luxierte Gelenk ist, ist es ein ausgezeichnetes Beispiel für das Prinzip, dass Stärke und Stabilität für eine bessere Beweglichkeit geopfert werden müssen.

Dieses Gelenk ist ein Kugelgelenk; es artikuliert der Humeruskopf mit der Schultergelenkpfanne *(Cavitas glenoidalis)* der Skapula (**Abbildung 8.11**). In vivo ist die Pfanne noch vom **Labrum glenoidale** umgeben (lat.: labrum = die Lippe; siehe Abbildung 8.11c und d), das die Pfanne vertieft. Das *Labrum glenoidale* ist ein Ring aus dichtem geflechtartigem Bindegewebe, das mit Faserknorpel an der Kante der Gelenkpfanne verbunden ist. Zusätzlich zu einer Vergrößerung der Gelenkpfanne dient das *Labrum glenoidale* als Ansatzfläche für die glenohumeralen Bänder und den langen Kopf des *M. biceps brachii*, eines Beugers der Schulter und des Ellenbogens.

Die Gelenkkapsel reicht vom Hals der Skapula bis an den Humerus. Diese etwas überdimensionierte Kapsel ist an ihrer inferioren Seite am schwächsten. Wenn sich die obere Extremität in der anatomischen Position befindet, ist die Kapsel im superioren Bereich straff gespannt, im anterioren und inferioren Bereich locker. Die Konstruktion der Kapsel trägt zu dem großen Bewegungsausmaß der Schulter bei. Die Knochen des Schultergürtels bieten nach superior eine gewisse Stabilität, da das Akromion und der *Processus coracoideus* nach lateral über den Humeruskopf hinausragen. Die Stabilität dieses Gelenks beruht jedoch hauptsächlich auf 1. der muskulären Sicherung der umgebenden Skelettmuskeln (Rotatorenmanschette) und ihrer Sehnen und 2. zu einem geringeren Teil auf der Sicherung durch Ligamente.

Ligamente

Die wichtigsten Ligamente, die das Schultergelenk stabilisieren, sind in Abbildung 8.11a–c dargestellt und werden im Folgenden beschrieben:

- Die Kapsel des Schultergelenks ist relativ dünn, doch weist sie anterior eine Verdickung im Bereich der **Ligg. glenohumeralia** auf. Da die Fasern der Kapsel meist locker sind, sind diese Bänder nur an der Stabilisierung des Gelenks beteiligt, wenn der Humerus die Grenzen normaler Beweglichkeit erreicht oder überschreitet.
- Das große **Lig. coracohumerale** entspringt an der Basis des *Processus coracoideus* und setzt am Humeruskopf an. Es verstärkt den oberen Anteil der Gelenkkapsel und hilft, das Gewicht der oberen Extremität zu tragen.
- Das **Lig. coracoacromiale** überspannt die Lücke zwischen dem *Processus coracoideus* und dem Akromion knapp oberhalb der Kapsel. Dieses Band stabilisiert die superiore Partie der Gelenkkapsel, ist allerdings auch für das sog. Impingement (schmerzhaftes Verdrängen oder Einklemmen von Gewebe) verantwortlich.
- Das kräftige **Lig. acromioclaviculare** verbindet das Akromion mit der Klavikula und begrenzt so die Schulterbewegung am akromialen Ende. Die *Schultereckgelenksprengung* ist eine relativ häufige Verletzung; es handelt sich um eine partielle oder teilweise Luxation des Akromioklavikulargelenks. Sie kommt durch einen Schlag von oben auf das Schultergelenk zustande; das Akromion wird gewaltsam nach unten bewegt, während die Klavikula durch die starke Muskulatur zurückgehalten wird.
- Die **Ligg. coracoclavicularia** verbinden die Klavikula mit dem *Processus coracoideus* und begrenzen so die relative Beweglichkeit zwischen der Klavikula und der Skapula.

AUS DER PRAXIS — **Schulterverletzungen**

Wenn ein sportlicher Angriff mit dem Kopf voran geführt wird, wie etwa bei einem Block im American Football oder einem Check beim Hockey, befindet sich die Schulter meist mit in der Aufprallzone. Die Klavikula ist die einzige feste Stütze des Schultergürtels, aber sie kann keiner allzu großen Gewalt standhalten. Da der inferiore Anteil der Schultergelenkkapsel nicht sehr stabil ist, kommt es bei Gewalteinwirkung oder gewaltsamer Muskelbewegung an dieser Stelle am häufigsten zu Luxationen. Hierbei können die inferiore Kapselwand und das *Labrum glenoidale* einreißen. Nach der Abheilung verbleiben oft eine Schwäche und eine latente Instabilität des Gelenks, die die Gefahr einer erneuten Luxation erhöhen.

- Das **Lig. humerale transversum** erstreckt sich zwischen den *Tubercula majus* und *minus* und hält die Sehne des langen Kopfes des *M. biceps brachii* unten im *Sulcus intertubercularis humeri*.

Skelettmuskeln und Sehnen

Die Muskeln, die den Humerus bewegen, haben einen größeren Anteil an der Stabilisation des Schultergelenks als alle Bänder und Kapselfasern zusammen. Muskeln, die am Rumpf, dem Schultergürtel und dem Humerus ansetzen, bedecken die anteriore, die superiore und die posteriore Fläche der Gelenkkapsel. Die Sehnen, die über das Gelenk hinwegziehen, verstärken die anterioren und posterioren Anteile der Kapsel. Die Sehnen bestimmter Extremitätenmuskeln stützen die Schulter und schränken ihre Beweglichkeit ein. Diese Muskeln, die man zusammen als **Rotatorenmanschette** bezeichnet, sind besonders anfällig für Sportverletzungen.

Schleimbeutel (Bursae)

Wie an anderen Gelenken auch, dienen die Schleimbeutel an der Schulter dazu, Reibung dort zu vermindern, wo

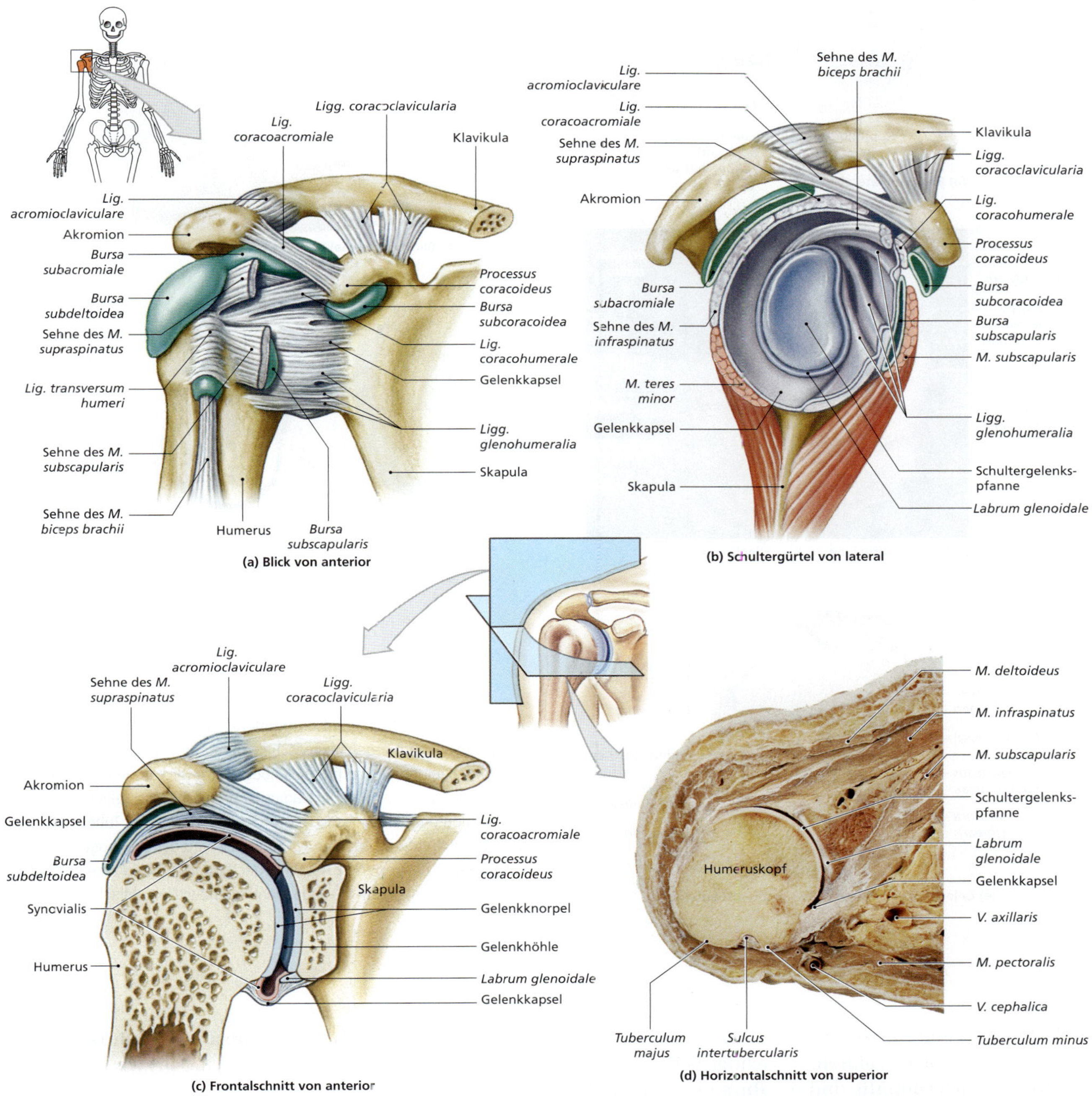

Abbildung 8.11: Das Schultergelenk. Ein Kugelgelenk zwischen Humerus und Skapula. (a) Rechtes Schultergelenk von anterior. (b) Rechtes Schultergelenk von lateral ohne Humerus. (c) Frontalschnitt durch das rechte Schultergelenk von anterior. (d) Horizontalschnitt durch die rechte Schulter von superior.

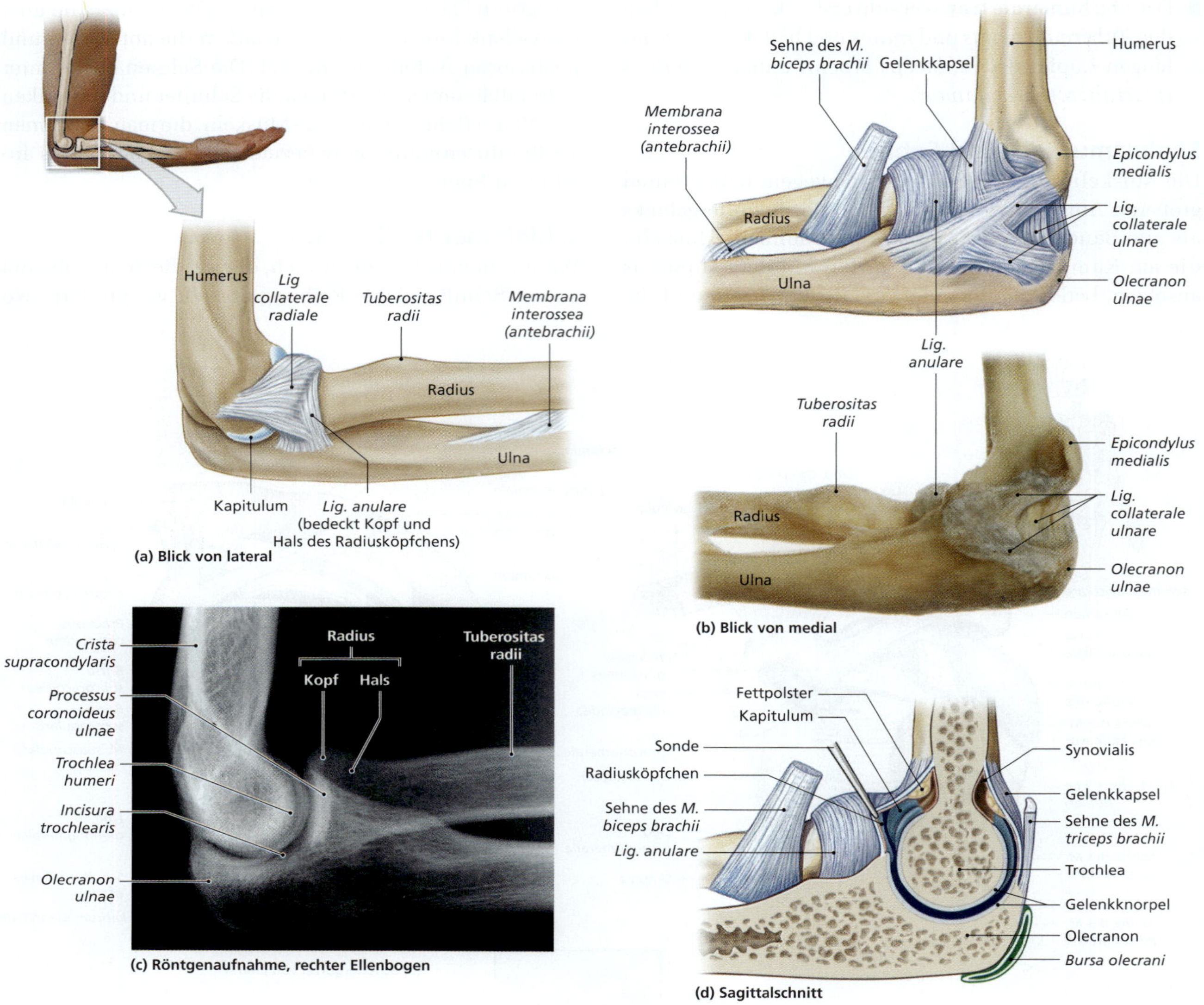

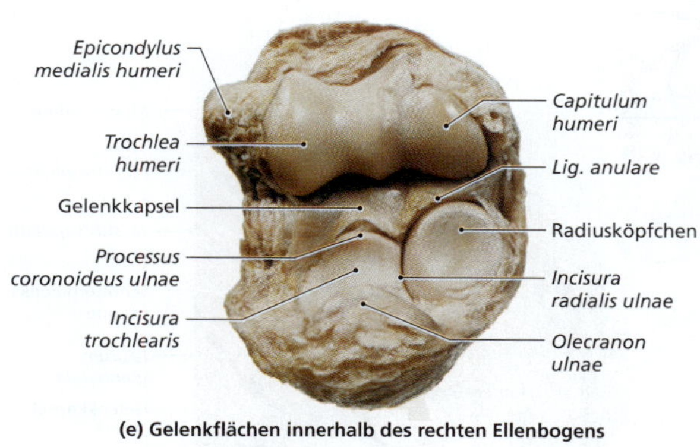

Abbildung 8.12: Das Ellenbogengelenk. Das Ellenbogengelenk ist ein komplexes Scharniergelenk zwischen Humerus und Radius sowie Ulna. Alle Bilder zeigen den rechten Ellenbogen. (a) Blick von lateral. (b) Schemazeichnung von medial. Der Radius ist proniert dargestellt; beachten Sie die Position der Sehne des M. biceps brachii, der an der Tuberositas radii ansetzt. (c) Röntgenaufnahme. (d) Sagittalschnitt des Ellenbogens. (e) Blick von posterior. Der posteriore Abschnitt der Kapsel wurde durchtrennt und das Gelenk aufgeklappt, um die gegenüberliegenden Gelenkflächen zu zeigen.

große Muskeln und Sehnen über das Gelenk ziehen. An der Schulter gibt es relativ zahlreiche wichtige Schleimbeutel. Die **Bursa subacromialis** und die **Bursa subcoracoidea** (siehe Abbildung 8.11a und b) verhindern direkten Kontakt zwischen dem Akromion, dem *Processus coracoideus* und der Kapsel. Die **Bursa subdeltoidea** und die **Bursa subscapularis** (siehe Abbildung 8.11a–c) liegen zwischen großen Muskeln und der Kapselwand. Bei einer Entzündung einer oder mehrerer dieser Schleimbeutel, einer **Bursitis**, kommt es zu schmerzhafter Bewegungseinschränkung.

8.3.5 Das Ellenbogengelenk

Beim Ellenbogengelenk handelt es sich um ein komplexes Gelenk, das aus den Gelenken zum einen zwischen dem Humerus und der Ulna und zum anderen zwischen dem Humerus und dem Radius besteht. Diese Gelenke erlauben eine Flexion und Extension des Ellenbogens. In Verbindung mit den Radioulnargelenken, die später besprochen werden, kann man durch diese Bewegungen die Hand für eine Vielzahl verschiedener Bewegungen positionieren, wie Essen, Frisieren oder einfach nur einer Lageveränderung der Hand im Vergleich zum Rumpf.

Das größte und stärkste Gelenk am Ellenbogen ist das **Humeroulnargelenk**, bei dem die *Trochlea humeri* in der *Fossa trochlearis* der Ulna zu liegen kommt. Am kleineren **Humeroradialgelenk**, das weiter lateral liegt, artikuliert das *Capitulum humeri* mit dem Radiuskopf (**Abbildung 8.12**).

Das Ellenbogengelenk ist extrem stabil, da 1. sich die Knochenflächen von Humerus und Ulna ineinander verhaken und so eine laterale Bewegung und eine Rotation verhindern, 2. die Gelenkkapsel sehr dick ist und 3. durch kräftige Ligamente verstärkt wird. Die mediale Fläche des Gelenks wird durch das **Lig. collaterale ulnare** stabilisiert, das vom medialen *Epicondylus humeri* nach anterior an den *Processus coronoideus ulnae* und nach posterior an das Olekranon zieht (siehe Abbildung 8.12a und b). Das **Lig. collaterale radiale** stabilisiert die laterale Fläche des Gelenks. Es erstreckt sich zwischen dem lateralen Epikondylus des Humerus und dem **Lig. anulare**, das den proximalen Kopf des Radius mit der Ulna verbindet (siehe Abbildung 8.12e).

Trotz der Stärke der Kapsel und Bänder kann das Ellenbogengelenk durch Gewalteinwirkung oder Fehlbelastungen verletzt werden. Wenn Sie beispielsweise mit leicht gebeugtem Ellenbogen auf die Hand fallen, kann die Kontraktion der Muskeln, die den Ellenbogen strecken, zu einer Fraktur der Ulna in der *Incisura trochlearis* führen. Auch ein weniger schweres Trauma kann Luxationen oder andere Verletzungen des Ellenbogens hervorrufen, besonders, wenn die Epiphysenfugen noch nicht geschlossen sind. Wenn Eltern in Eile ihr Kleinkind an der Hand hinter sich herziehen, kann dieser Zug am Arm nach oben in Verbindung mit einer Rotation zu einer teilweisen Luxation des Ellenbogens führen. Diese Verletzung, die Chassaignac-Luxation *(Pronatio dolorosa)*, wird im englischen Sprachraum auch als sog. Nursemaid‘s Elbow bezeichnet.

8.3.6 Die radioulnaren Gelenke

Das proximale und das distale radioulnare Gelenk ermöglichen die Pronation und die Supination des Unterarms. Am proximalen radioulnaren Gelenk artikuliert der Radiuskopf mit der *Incisura radialis* der Ulna. Der Radiuskopf wird durch das **Lig. anulare** fixiert (**Abbildung 8.13**a). Das proximale radioulnare Gelenk ist ein Zapfengelenk. Zu den Gelenkflächen gehören die *Incisura ulnaris radii*, die *Incisura radialis ulnae* und ein Stück hyaliner Knorpel,

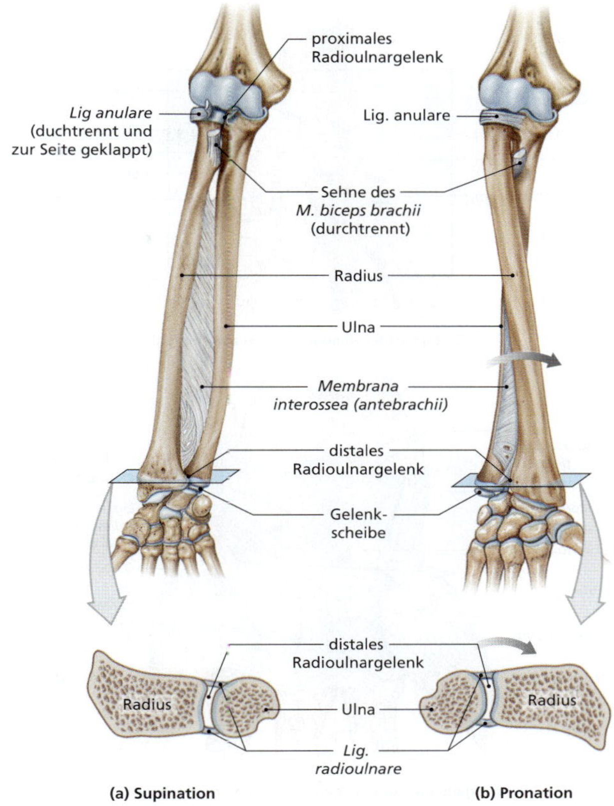

Abbildung 8.13: **Die Radioulnargelenke.**

der Diskus. Sie alle werden von einer Reihe radioulnarer Bänder und der *Membrana interossea* des Unterarms zusammengehalten (**Abbildung 8.13**b).

Pronation und Supination an den radioulnaren Gelenken obliegen den Muskeln, die am Radius ansetzen. Der größte ist der *M. biceps brachii*, der die Vorderfläche des Oberarms bedeckt. Seine Sehne setzt an der *Tuberositas radii* an; die Kontraktion dieses Muskels bewirkt sowohl eine Flexion des Ellenbogens als auch eine Supination des Unterarms in Beugestellung. Die weiteren Muskeln für die Bewegung am Ellenbogen und an den radioulnaren Gelenken werden in Kapitel 11 vorgestellt.

8.3.7 Das Handgelenk

Das Handgelenk (**Abbildung 8.14**), der Karpus, besteht aus dem **Radiokarpalgelenk** und den **Interkarpalgelenken**. Am Radiokarpalgelenk sind die distale Gelenkfläche des Radius sowie drei proximale Handwurzelknochen beteiligt: das *Os scaphoideum*, das *Os lunatum* und das *Os triquetrum*. Das Radiokarpalgelenk ist ein Ellipsoidgelenk, das Flexion/Extension, Adduktion/Abduktion und Rotation erlaubt. Die Interkarpalgelenke sind plane Gelenke, die gleitende und leicht drehende Bewegungen ermöglichen.

Die Knochenflächen der Handwurzel, die nicht an Gelenken beteiligt sind, haben aufgrund von Bandansätzen

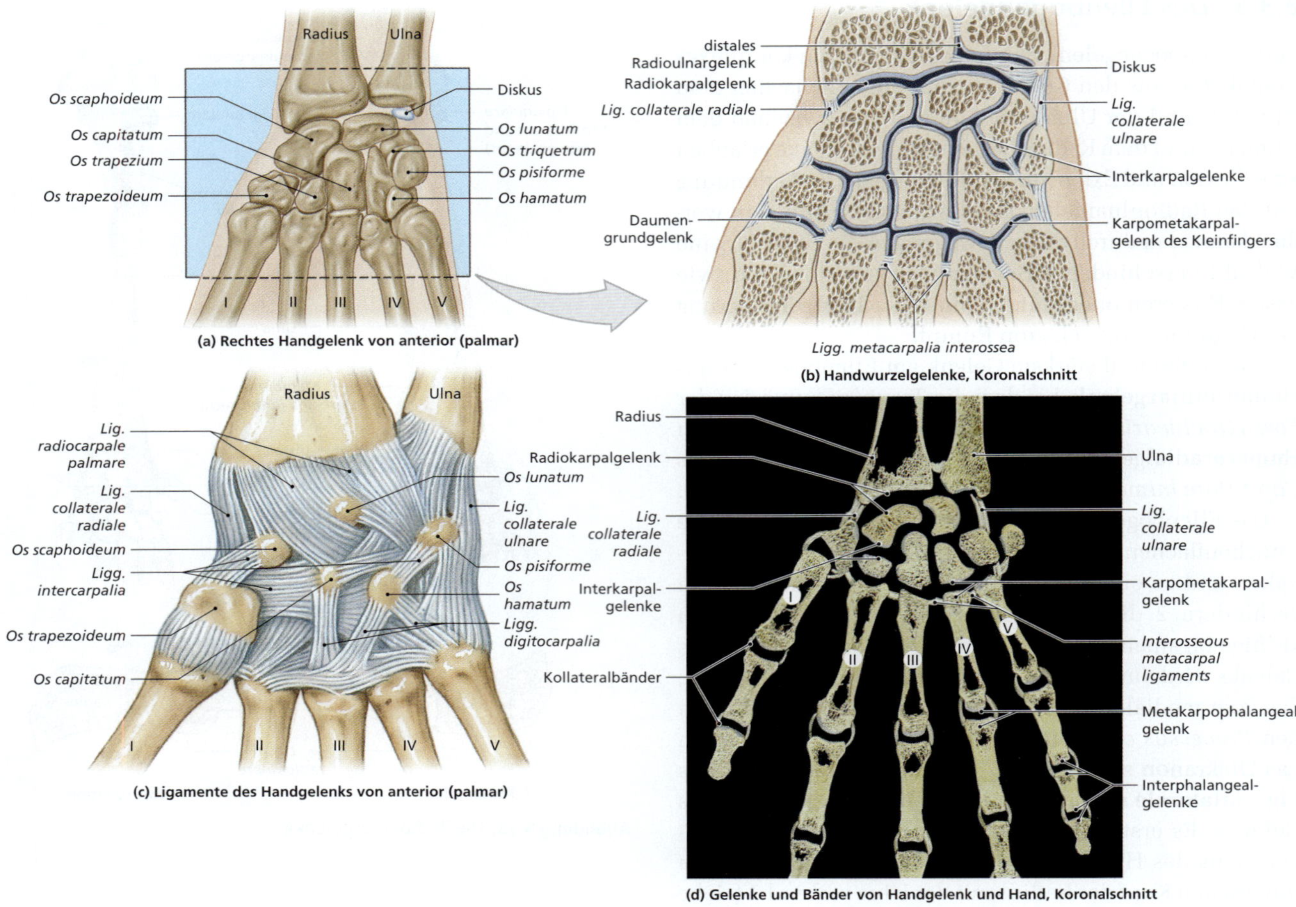

Abbildung 8.14: Die Gelenke von Handgelenk und Hand. (a) Rechtes Handgelenk von anterior mit Darstellung der Komponenten des Handgelenks. (b) Schnittbild durch das Handgelenk mit Darstellung der radiokarpalen, interkarpalen und karpometakarpalen Gelenke. (c) Stabilisierende Bänder der anterioren (palmaren) Fläche der Hand. (d) Schnittbild der Knochen, die Handgelenk und Hand bilden.

und vorbeiziehenden Sehnen eine raue Struktur. Eine straffe bindegewebige Kapsel, die durch breite Bänder verstärkt ist, umgibt das Handgelenk und hält die einzelnen Handwurzelknochen an ihrem Platz (siehe Abbildung 8.14b und c). Die wichtigsten Bänder sind die folgenden:

- Das **Lig. radiocarpale palmare** verbindet den distalen Radius mit den anterioren Flächen der *Ossa scaphoideum, lunatum* und *triquetrum*.
- Das **Lig. radiocarpale dorsale** ist von anterior nicht sichtbar; es verbindet den distalen Radius mit den posterioren Flächen der *Ossa scaphoideum, lunatum* und *triquetrum*.
- Das **Lig. collaterale carpi ulnare** zieht vom *Processus styloideus ulnae* an die mediale Fläche des *Os triquetrum*.
- Das **Lig. collaterale carpi radiale** erstreckt sich zwischen dem *Processus styloideus radii* und der lateralen Fläche des *Os scaphoideum*.

Zusätzlich zu diesen großen Bändern verbindet eine Reihe **interkarpaler Bänder** die einzelnen Handwurzelknochen miteinander; **digitokarpale Bänder** verbinden die distalen Handwurzelknochen mit den Mittelhandknochen (siehe Abbildung 8.14c). Sehnen, die über das Handgelenk hinwegziehen, erhöhen die Stabilität weiter. (Es gibt zahlreiche solcher Sehnen; sie sind in der dazugehörigen Abbildung nicht dargestellt. Sie werden mit den dazugehörigen Mus-

AUFGABEN

1 Wer erleidet eher eine Entzündung des subskapulären Schleimbeutels – ein Tennisspieler oder ein Jogger? Warum?

2 Hanna fällt mit leicht gebeugten Ellenbogen auf die Handflächen. Danach kann sie den linken Ellenbogen nicht bewegen. Wenn es hierbei zu einer Faktur gekommen ist, ist welcher Knochen am wahrscheinlichsten betroffen?

Knochenelement	Gelenk	Gelenktyp	Bewegung
Schädel			
Knochen des Hirn- und des Gesichtsschädels	Verschieden	Synarthrosen (Naht oder Synostose)	Keine
Maxillae/Zähne	Alveolargelenk	Synarthrosen (Gomphosis)	Keine
Mandibula/Zähne	Alveolargelenk	Siehe oben	Keine
Os temporale/Mandibula	Temporomandibulargelenk	Kombiniertes planes Gelenk/Scharniergelenk	Elevation/Depression, Gleiten nach lateral, begrenzte Protraktion/Retraktion
Wirbelsäule			
Os occipitale/Atlas	Atlantookzipitalgelenk	Ellipsoidgelenk	Flexion/Extension
Atlas/Axis	Atlantoaxialgelenk	Zapfengelenk	Rotation
Andere Wirbel	Intervertebralgelenk, zwischen den Wirbelkörpern Zwischen den Gelenkfortsätzen	Synchondrose Planes Gelenk	Geringfügige Bewegung Geringfügige Rotation und Flexion/Extension
Brustwirbel/Rippen	Vertebrokostalgelenk	Planes Gelenk	Elevation/Depression
Rippen/Rippenknorpel		Synchondrose	Keine
Rippenknorpel/Sternum	Sternokostalgelenke	Synchondrose (erste Rippe) Planes Gelenk (zweite bis siebte Rippe)	Keine Geringfügige Gleitbewegung
L5/*Os sacrum*	Zwischen dem Korpus von L5 und dem des *Os sacrum*	Synchondrose	Geringfügige Bewegung
	Zwischen den inferioren Gelenkfortsätzen von L5 und den Gelenkfortsätzen des *Os sacrum*	Planes Gelenk	Geringfügige Flexion/Extension
Os sacrum/*Os coxae*	Iliosakralgelenk	Amphiarthrose	Geringfügige Gleitbewegung
Os sacrum/*Os coccygeum*	Sakrokokzygealgelenk	Planes Gelenk (kann verschmelzen)	Geringfügige Bewegung
Os coccygeum		Synarthrose (Synostose)	Keine

Tabelle 8.2: **Die Gelenke des Achsenskeletts.**

Element	Gelenk	Gelenktyp	Bewegung
Sternum/Klavikula	Sternoklavikulargelenk	Planes Gelenk (doppeltes „planes Gelenk" mit zwei vom Diskus getrennten Gelenkhöhlen)	Protraktion/Retraktion, Elevation/Depression, geringfügige Rotation
Skapula/Klavikula	Akromioklavikulargelenk	Planes Gelenk	Geringfügige Gleitbewegung
Skapula/Humerus	Glenohumeralgelenk (Schultergelenk)	Kugelgelenk	Flexion/Extension, Adduktion/Abduktion, Elevation (mehr als 90°), Zirkumduktion, Rotation
Humerus/Ulna und Humerus/Radius	Ellenbogen (Humeroulnar- und Humeroradialgelenk)	Scharniergelenk	Flexion/Extension
Radius/Ulna	Proximales Radioulnargelenk	Radgelenk	Rotation
	Distales Radioulnargelenk	Radgelenk	Pronation/Supination
Radius/Handwurzelknochen	Radiokarpalgelenk	Ellipsoidgelenk	Flexion/Extension, Adduktion/Abduktion, Zirkumduktion
Handwurzelknochen	Interkarpalgelenke	Planes Gelenk	Geringfügige Gleitbewegung
Handwurzelknochen/*Os metacarpale I*	Daumensattelgelenk	Sattelgelenk	Flexion/Extension, Adduktion/Abduktion, Zirkumduktion, Opposition
Handwurzelknochen/*Ossa metacarpalia II–V*	Karpometakarpalgelenke	Planes Gelenk	geringfügige Flexion/Extension, Adduktion/Abduktion
Metakarpalia/Phalangen	Metakarpophalangealgelenke	Ellipsoidgelenk	Flexion/Extension, Adduktion/Abduktion, Zirkumduktion
Phalangen	Interphalangealgelenk	Scharniergelenk	Flexion/Extension

Tabelle 8.3: **Gelenke des Schultergürtels und der oberen Extremität.**

keln in Kapitel 11 besprochen.) Die Sehnen der Handgelenk- und Fingerbeuger ziehen über die anteriore Fläche der Bänder des Handgelenks. Die Sehnen der Handgelenk- und Fingerstrecker ziehen entsprechend über die posteriore Fläche. Sie werden durch ein Paar breiter, jeweils anterior und posterior quer verlaufender Bänder fixiert.

8.3.8 Die Gelenke der Hand

Die Handwurzelknochen artikulieren mit den Mittelhandknochen (siehe Abbildung 8.14a). Das *Os metacarpale I* hat am Handgelenk ein Sattelgelenk, die *Articulatio carpometacarpale* oder das **Daumensattelgelenk** (siehe Abbildung 8.14b und d). Alle anderen karpometakarpalen Gelenke sind plane Gelenke. **Interkarpalgelenke** werden von den Handwurzelknochen untereinander gebildet. Die Gelenke zwischen den Mittelhandknochen und den proximalen Phalangen (**Metakarpophalangealgelenke**) sind Ellipsoidgelenke, die Flexion/Extension und Adduktion/Abduktion erlauben. Die **Interphalangealgelenke** sind Scharniergelenke, die Flexion und Extension ermöglichen (siehe Abbildung 8.14d).

In Tabelle 8.2 und Tabelle 8.3 sind die Charakteristika der Gelenke des Achsenskeletts und der oberen Extremität zusammengefasst.

8.3.9 Das Hüftgelenk

In **Abbildung 8.15** wird die Struktur des Hüftgelenks vorgestellt. In diesem Kugelgelenk bedeckt eine Platte aus hyalinem Knorpel die Gelenkfläche des Azetabulums und zieht sich hufeisenförmig am Rand der **Fossa acetabuli** (siehe Abbildung 8.15a) entlang. Der mittlere Bereich des Azetabulums ist mit einem Fettpolster unter einer Schicht Synovialis ausgefüllt. Es dient als Stoßdämpfer; das Fettgewebe lässt sich, ohne Schaden zu nehmen, dehnen und zerren.

Die Gelenkkapsel

Die Gelenkkapsel der Hüfte ist extrem dick, stark und tief (siehe Abbildung 8.15b und c). Anders als die Kapsel des Schultergelenks trägt die Kapsel des Hüftgelenks wesentlich zu dessen Stabilität bei. Sie reicht von den lateralen

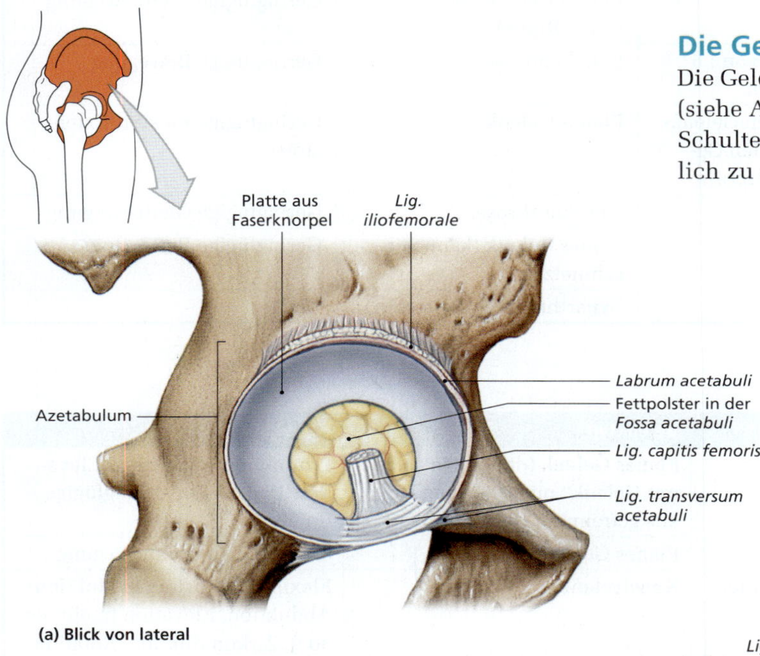

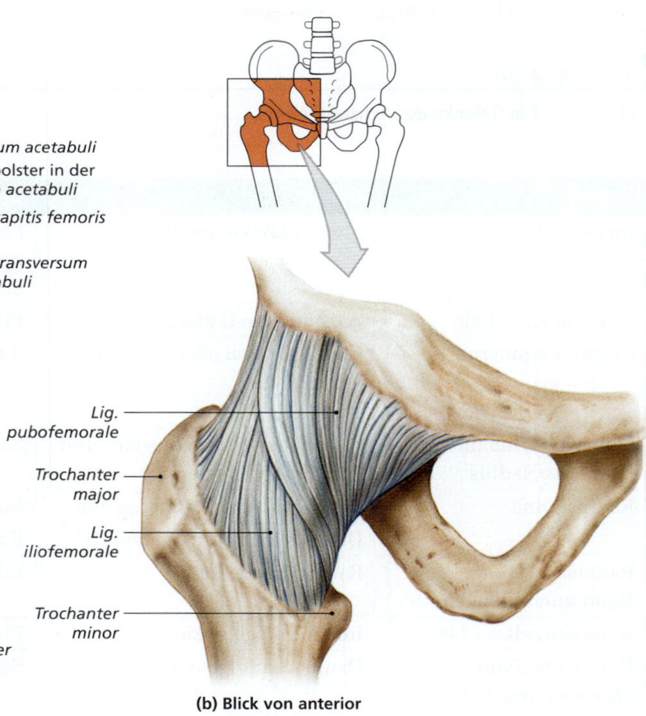

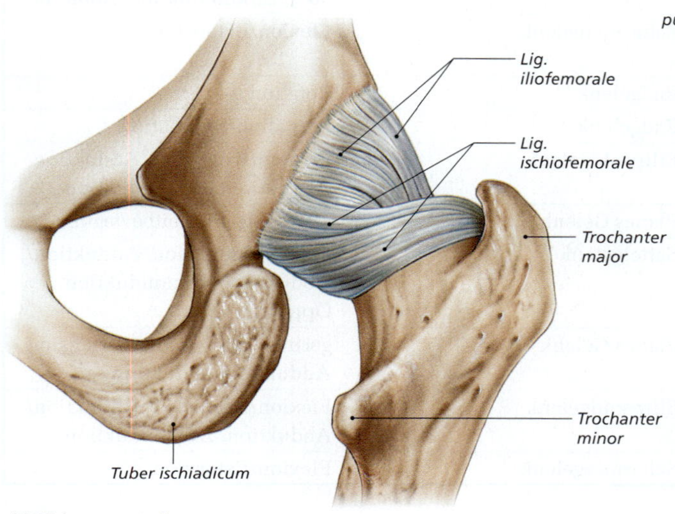

Abbildung 8.15: Das Hüftgelenk. Darstellung von Hüftgelenk und Stützbändern. (a) Rechte Hüfte von lateral ohne Femur. (b) Rechtes Hüftgelenk von anterior. Dieses Gelenk ist extrem fest und stabil, nicht zuletzt wegen der massiven Kapsel und dem Labrum acetabuli, das den Femurkopf umgreift (Nussgelenk). (c) Rechtes Hüftgelenk von posterior; Darstellung der zusätzlichen Stützbänder, die die Kapsel verstärken.

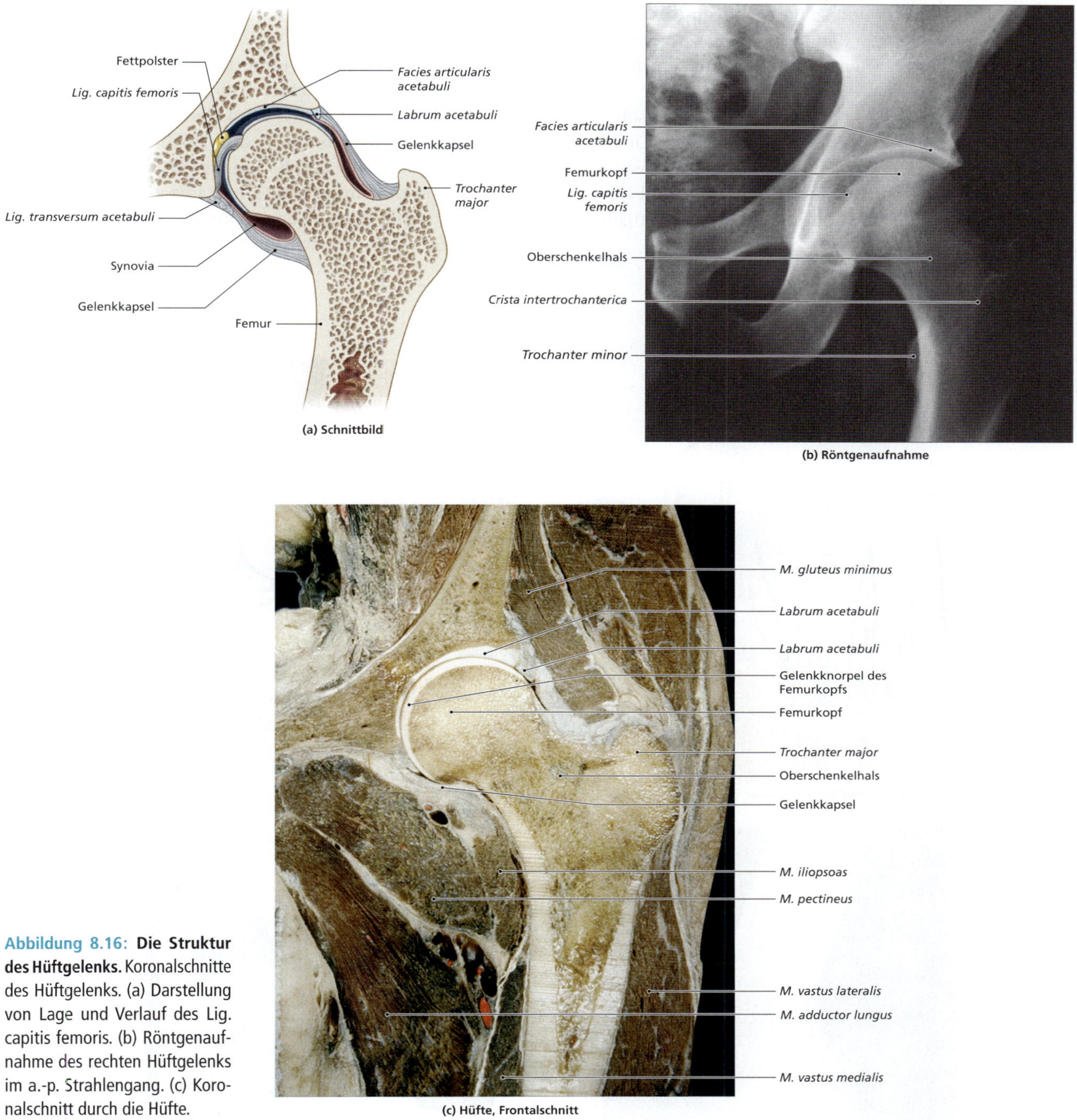

Abbildung 8.16: Die Struktur des Hüftgelenks. Koronalschnitte des Hüftgelenks. (a) Darstellung von Lage und Verlauf des Lig. capitis femoris. (b) Röntgenaufnahme des rechten Hüftgelenks im a.-p. Strahlengang. (c) Koronalschnitt durch die Hüfte.

und inferioren Flächen des Beckengürtels an die *Linea* und *Crista intertrochanterica* des Femurs und umfasst dabei Femurkopf und -hals. So wird der Kopf im Azetabulum gehalten. Das **Labrum acetabuli**, eine rundum laufende Kante aus Faserknorpel (siehe Abbildung 8.15a), vertieft das Azetabulum noch zusätzlich.

Stabilisation des Hüftgelenks

Die Hüftgelenkkapsel wird von vier breiten Bändern verstärkt. Drei von ihnen stellen regionale Verdickungen der Kapsel dar; es sind dies die **Ligg. iliofemorale**, **pubofemorale** und **ischiofemorale**. Das **Lig. transversum acetabuli** zieht über die *Incisura acetabuli* und schließt so den inferioren Abschnitt der *Fossa acetabuli*. Ein fünftes Ligament, das **Lig. capitis femoris**, entspringt aus dem *Lig. transversum acetabuli* und setzt in der Mitte des Femurkopfs an (**Abbildung 8.16**; siehe auch Abbildung 8.15a). Dieses Band steht nur bei Beugung und Außenrotation der Hüfte unter Spannung. Eine zusätzliche Stabilisation der Hüfte erfolgt durch die sie umgebende Muskulatur. Obwohl Flexion, Extension, Adduktion, Abduktion und Rotation möglich sind, ist die Flexion die wichtigste Bewegung der Hüfte. Alle diese Bewegungen werden durch das Zusammenspiel von Bändern, den Fasern der Kapsel, der Tiefe der knöchernen Pfanne und der umliegenden Muskulatur begrenzt.

Die fast vollständig knöcherne Pfanne, die sehr feste Gelenkkapsel, die kräftigen Stützbänder und die Dichte der Muskulatur verleihen dem Hüftgelenk eine ausgesprochen hohe Stabilität. Oberschenkelhalsfrakturen und intertrochantäre Frakturen sind weitaus häufiger als Hüftgelenksluxationen.

8.3.10 Das Kniegelenk

Das Kniegelenk trägt bei einer Reihe verschiedener Aktivitäten, wie Stehen, Gehen und Laufen, zusammen mit Hüfte und Sprunggelenk das Körpergewicht. Das Knie muss allerdings so aufgebaut sein, dass es dies bewältigt und gleichzeitig 1. das höchste Bewegungsausmaß aller Gelenke der unteren Extremität ermöglicht (bis zu 160 °), 2. ohne dicke stützende Muskultur, wie an der Hüfte, und 3. ohne kräftige Seitenbänder, wie am Sprunggelenk, auskommt.

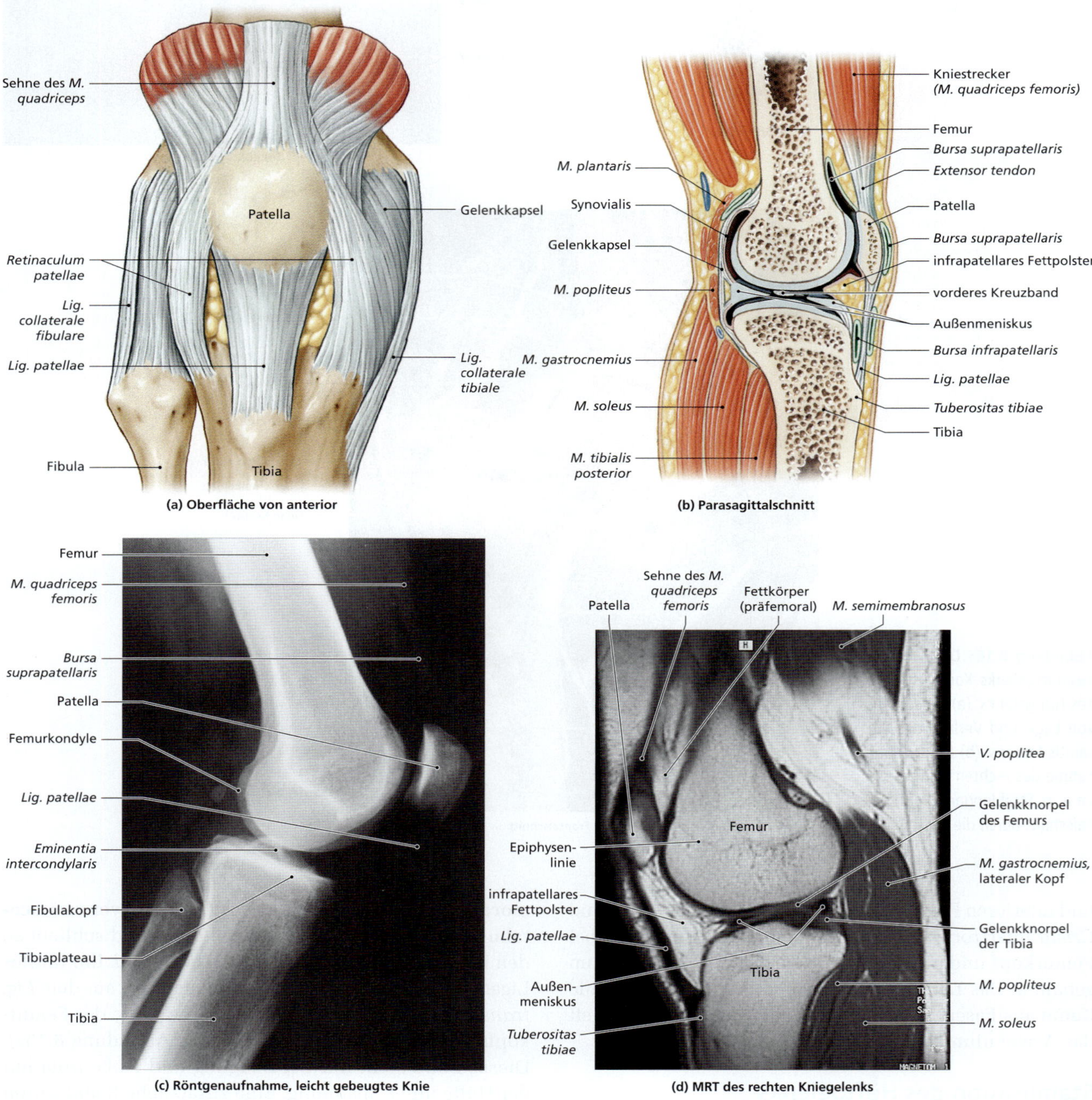

Abbildung 8.17: Das Kniegelenk, Teil I. (a) Gestrecktes rechtes Knie in oberflächlicher Präparation. (b) Schematische Darstellung eines Parasagittalschnitts durch das gestreckte rechte Knie. (c) Röntgenaufnahme eines leicht gebeugten rechten Kniegelenks im lateralen Strahlengang. (d) MRT des rechten Kniegelenks, parasagittaler Längsschnitt.

Obwohl das Knie funktionell ein Scharniergelenk ist, ist es weitaus komplexer aufgebaut als der Ellenbogen. Die gerundeten Femurkondylen rollen über die superiore Fläche der Tibia hinweg, sodass die Kontaktflächen beständig wechseln. Das Knie ist viel weniger stabil als andere Scharniergelenke; außer Flexion und Extension ist eine geringfügige Rotation möglich. Strukturell besteht das Knie aus zwei Gelenken innerhalb einer synovialen Kapsel: ein Gelenk zwischen der Tibia und dem Femur **(Tibiofemoralgelenk)** und eines zwischen der Patella und der *Facies patellaris* des Femurs **(Femoropatellargelenk)**.

Die Gelenkkapsel

Es gibt weder eine Kapsel für das gesamte Knie noch eine gemeinsame Gelenkhöhle (**Abbildung 8.17**). Zwei Menisken aus Faserknorpel und straffem kollagenfaserigem Bindegewebe, der **mediale** und der **laterale Meniskus**, liegen zwischen den femoralen und tibialen Gelenkflächen (**Abbildung 8.18**b und c). Die Menisken dienen 1. als Stoßdämpfer, passen sich 2. bei Bewegungen des Femurs an die Form der Gelenkflächen an, vergrößern 3. die Gelenkfläche des Tibiofemoralgelenks und sorgen 4. für einen gewissen seitlichen Halt. Prominente Fettpolster unterfüttern die

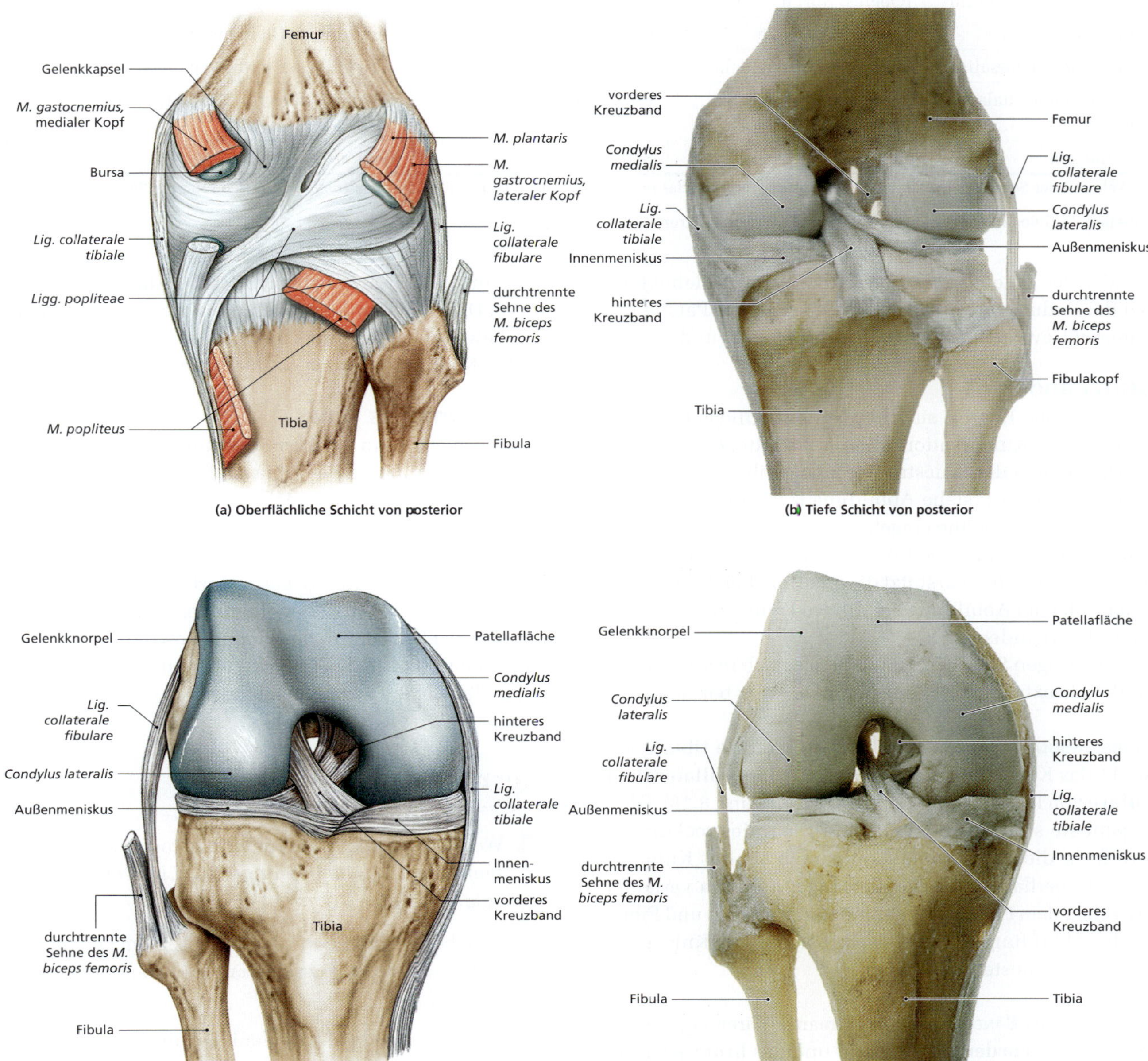

(a) Oberflächliche Schicht von posterior

(b) Tiefe Schicht von posterior

(c) Gebeugtes Knie von anterior

Abbildung 8.18: Das Kniegelenk, Teil II. (a) Präparation eines getreckten rechten Knies von posterior mit Darstellung der Bänder, die die Kapsel stützen. (b) Maximal gestrecktes rechtes Knie nach Entfernung der Gelenkkapsel. (c) Maximal gebeugtes rechtes Knie nach Entfernung von Gelenkkapsel, Patella und dazugehörigen Bändern von anterior.

Element	Gelenk	Gelenktyp	Bewegung
Os sacrum/Hüftknochen	Iliosakralgelenk	Amphiarthrose	Geringe Gleitbewegung
Hüftknochen	*Symphysis pubis*	Synchondrose	Keine*
Hüftknochen/Femur	Hüfte	Kugelgelenk (Nussgelenk)	Flexion/Extension, Adduktion/Abduktion, Zirkumduktion, Rotation
Femur/Tibia	Knie	Komplex, funktionell ein Scharniergelenk	Flexion/Extension, geringfügige Rotation
Tibia/Fibula	Proximales Tibiofibulargelenk	Planes Gelenk	Geringfügige Gleitbewegungen
	Distales Tibiofibulargelenk	Planes Gelenk um synarthrotische Syndesmose	Geringfügige Gleitbewegungen
Tibia und Fibula/Talus	(Oberes) Sprunggelenk	Scharniergelenk	Dorsalextension, Plantarflexion
Tarsalia	Intertarsalgelenke	Planes Gelenk	Geringfügige Gleitbewegungen
Tarsalia/Metatarsalia	Tarsometatarsalgelenke	Planes Gelenk	Geringfügige Gleitbewegungen
Metatarsalia/Phalangen	Metatarsophalangealgelenke	Ellipsoidgelenk	Flexion/Extension, Adduktion/Abduktion
Phalangen	Interphalangealgelenke	Scharniergelenk	Flexion/Extension

* Während der Schwangerschaft lockert sich die Symphyse; das Bewegungsausmaß ist für die Geburt von Bedeutung (siehe Kapitel 28).

Tabelle 8.4: Gelenke des Beckengürtels und der unteren Extremität.

Ränder des Gelenks und unterstützen die Schleimbeutel bei der Reduktion von Reibung zwischen der Patella und anderen Geweben (siehe Abbildung 8.17a, b und d).

Stützbänder

Sieben große Bänder stabilisieren das Kniegelenk; eine vollständige Knieluxation ist ein sehr seltenes Ereignis.

Die Sehnen der Kniestrecker ziehen über die anteriore Fläche des Knies (siehe Abbildung 8.17a und d). Die Patella ist in diese Sehne eingebettet; darunter zieht das **Lig. patellae** weiter an seinen Ansatz an der Vorderfläche der Tibia. Das *Lig. patellae* stützt die anteriore Fläche des Kniegelenks (siehe Abbildung 8.17b), wo keine durchgehende Kapsel vorhanden ist.

Die übrigen Stützbänder werden je nach ihrer Lage entweder als extrakapsulär oder intrakapsulär bezeichnet.

Extrakapsuläre Bänder Das **Lig. collaterale tibiale** verstärkt das Kniegelenk von medial, das **Lig. collaterale fibulare** von lateral (siehe Abbildung 8.17a und 8.18). Diese Ligamente sind nur bei vollständiger Kniestreckung gestrafft; in dieser Position stabilisieren sie das Knie. Die beiden oberflächlich liegenden **Ligg. poplitea** verlaufen zwischen dem Femur und den Köpfen von Tibia und Fibula (siehe Abbildung 8.18). Sie stabilisieren das Kniegelenk von hinten (posterior).

Intrakapsuläre Bänder Zu den intraartikulären Ligamenten gehören das **vordere Kreuzband** und das **hintere Kreuzband**, die den interkondylären Bereich der Tibia mit den Femurkondylen verbinden. Die Bezeichnungen „vorderes“ und „hinteres“ Kreuzband beziehen sich auf die Lage der Ursprünge an der Tibia; auf dem Weg zu ihren Ansätzen am Femur überkreuzen sie sich (siehe Abbildung 8.18b und c). Diese Bänder begrenzen die Vorwärts- und Rückwärtsbewegung des Femurs und halten die femoralen und tibialen Kondylen in einer Linie übereinander.

Arretierung des Knies

Das Kniegelenk kann in voller Streckung „arretieren“. Eine leichte Außenrotation der Tibia strafft das vordere Kreuzband und klemmt den Meniskus zwischen Tibia und Femur. Dieser Mechanismus ermöglicht es Ihnen, längere Zeit ohne Kontraktion (und damit ohne Ermüdung) der Kniestrecker zu stehen. Die Lockerung erfolgt durch Muskelkontraktionen, die entweder eine Innenrotation der Tibia oder eine Außenrotation des Femurs bewirken.

Informationen zu den Gelenken der unteren Extremität sind in Tabelle 8.4 zusammengefasst.

AUFGABEN

1. Wo finden Sie die folgenden Ligamente: *Lig. iliofemorale*, *Lig. pubofemorale* und *Lig. ischiofemorale*?
2. Welche Symptome würden Sie bei einem Patienten mit einem Meniskusschaden des Kniegelenks erwarten?
3. Inwiefern ist das Kniegelenk bei einer Verletzung des *Lig. patellae* beeinträchtigt?
4. Auf welche Art stabilisieren die *Ligg. collateralia tibiale* und *fibulare* das Kniegelenk?

AUS DER PRAXIS

Knieverletzungen

Sportler belasten ihre Knie sehr stark. Normalerweise bewegen sich der Innen- und der Außenmeniskus mit der Bewegung des Femurs. Die übermäßige Belastung eines teilweise gebeugten Knies kann dazu führen, dass der Meniskus zwischen Tibia und Femur eingeklemmt wird und der Faserknorpel einreißt. Beim häufigsten Verletzungsmechanismus wird der Unterschenkel gewaltsam nach medial bewegt; der **Innenmeniskus reißt ein**. Außer dass es recht schmerzhaft ist, kann der gerissene Meniskus auch die Beweglichkeit des Kniegelenks beeinträchtigen. Ein chronischer Verlauf kann zu einer Instabilität des Knies führen. Manchmal kann man die pathologische Bewegung des verletzen Meniskus bei der Streckung des Knies fühlen und hören. Zur Vermeidung solcher Unfälle sind bei den meisten Wettkampfsportarten Aktivitäten verboten, die die Knie von lateral belasten. Sportler, die nach einer solchen Verletzung weiter trainieren, können Schienen tragen, die eine laterale Bewegung des Knies begrenzen.

Bei anderen Knieverletzungen kann es zu einem Riss eines oder mehrerer Stützbänder oder einer Verletzung der Patella kommen. **Bänderrisse** sind chirurgisch schwer zu versorgen; sie heilen schlecht. Ein Riss des vorderen Kreuzbands ist eine häufige Sportverletzung, die Frauen zwei bis acht Mal häufiger betrifft als Männer. Die Ursache ist meist eine Verdrehung des gestreckten Knies unter Belastung. Eine konservative Behandlung mit Physiotherapie und Schienen ist möglich, erfordert jedoch eine Veränderung der Bewegungsgewohnheiten. Die operative Rekonstruktion mit einem Teil des *Lig. patellae* oder einem Transplantat kann die Wiederaufnahme sportlicher Aktivitäten ermöglichen.

Die **Patella** kann auf verschiedene Arten verletzt werden. Wenn das Bein fixiert ist und Sie dennoch versuchen, das Knie zu strecken, kann der Zug der Muskulatur ausreichen, die Patella quer zu zerbrechen. Gewalteinwirkung auf die Vorderseite des Knies kann ebenfalls zu einer Patellafraktur führen. Die Behandlung ist schwierig und zeitaufwendig. Die Bruchstücke müssen operativ entfernt und die Bänder und Sehnen adaptiert werden; anschließend wird das Knie ruhiggestellt. Totalprothesen des Knies werden nur selten bei jüngeren Menschen implantiert, doch die Zahl der Eingriffe bei älteren Menschen mit schwerer Arthrose nimmt zu.

Ärzte untersuchen Knieverletzungen oft mit einer **Arthroskopie**. Die Fiberglasoptik der Kamera ermöglicht die Betrachtung des Gelenks ohne großen operativen Eingriff. Eine Fiberglasoptik ist ein dünner Strang aus Glas oder Kunststoff, der Licht leiten kann. Er kann gebogen und daher im Gelenk herumbewegt werden, sodass der Arzt Verletzungen im Gelenk sehen und diagnostizieren kann. Eine arthroskopische chirurgische Behandlung ist gleichzeitig möglich; sie hat die Behandlung von Knie- und anderen Gelenkverletzungen erheblich vereinfacht. In **Abbildung 8.19** sieht man durch ein Arthroskop in das Innere eines verletzten Knies; man erkennt einen beschädigten Meniskus. Kleine Knorpelfetzen können entfernt und der Meniskus chirurgisch geglättet werden. Eine Meniskektomie, die vollständige Entfernung des Meniskus, sollte vermieden werden, da sie zur Arthrose des Gelenks führt. Die Züchtung von Gewebekulturen wird möglichweise in der Zukunft den Ersatz von Menisken oder gar Gelenkknorpel ermöglichen.

Die Arthroskopie ist eine nicht risikofreie invasive Methode. Die **MRT** ist hingegen eine sichere, nicht invasive und kosteneffektive Möglichkeit, die Weichteile um das Gelenk herum zu betrachten. Sie präzisiert die Diagnose von Knieverletzungen und reduziert den Bedarf an Arthroskopien. Sie kann außerdem den arthroskopierenden Chirurgen unterstützen.

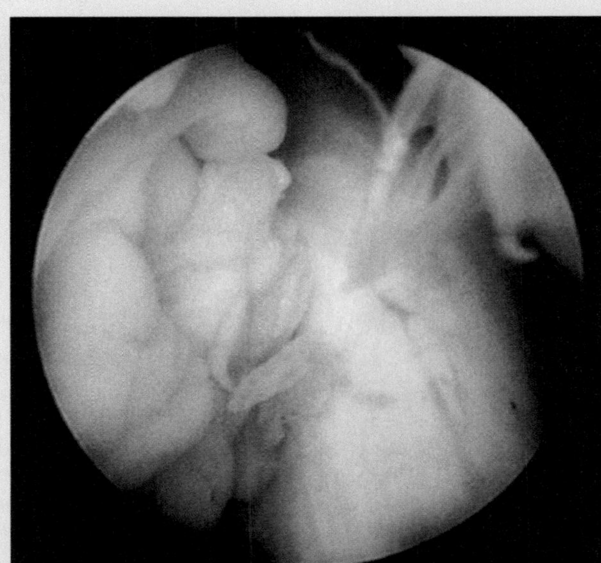

Abbildung 8.19: **Arthroskopischer Blick in das Innere eines verletzten Knies.** Darstellung eines beschädigten Meniskus.

8.3.11 Die Gelenke von Knöchel und Fuß

Das Sprunggelenk

Das obere Sprunggelenk *(Articulatio talocrurale)* ist ein Scharniergelenk zwischen der Tibia, der Fibula und dem Talus (**Abbildung 8.20** und **Abbildung 8.21**). Das Sprunggelenk erlaubt eine begrenzte Dorsalextension (Beugung) und eine Plantarflexion (Streckung).

Das Gelenk, das primär das Körpergewicht trägt, ist das **Tibiotalargelenk** zwischen der distalen Gelenkfläche der Tibia und der *Trochlea tali.* Eine normale Funktion des Tibiotalargelenks, einschließlich der Bewegung und der Lastübernahme, erfordert eine mediale und laterale Stabilität. Drei Gelenke erbringen diese Stabilität: 1. das proximale Tibiofibulargelenk, 2. das distale Tibiofibulargelenk und 3. das fibulotalare Gelenk.

- Das **proximale Tibiofibulargelenk** ist ein planes Gelenk zwischen der posterolateralen Fläche der Tibia und dem Fibulakopf.
- Das **distale Tibiofibulargelenk** ist eine faserige Syndesmose zwischen den distalen Facetten der Tibia und der Fibula.
- Das Gelenk zwischen dem *Malleolus lateralis* der Fibula und der lateralen Gelenkfläche des Talus nennt man **Fibulotalargelenk**.

Eine Serie von Ligamenten an der Tibia und der Fibula entlang hält diese beiden Knochen zusammen; durch sie wird auch die Beweglichkeit an den beiden tibiofibularen und dem fibulotalaren Gelenk beschränkt. Der Erhalt der normalen Beweglichkeit dieser Gelenke sorgt für die Stabilität des Sprunggelenks.

Die Gelenkkapsel des Sprunggelenks erstreckt sich zwischen den distalen Flächen der Tibia und dem *Malleolus medialis* der Tibia, dem *Malleolus lateralis* der Fibula und dem Talus. Die anterioren und posterioren Anteile der Kapsel sind dünn, aber die lateralen und medialen Abschnitte sind stark und durch kräftige Ligamente verstärkt (siehe Abbildung 8.21b–d). Die wichtigsten Ligamente sind das **Lig. collaterale mediale (deltoideum)** und die drei **lateralen Ligamente**. Die Malleoli, die von diesen Bändern gehalten werden und durch die tibiofibularen Ligamente verbunden sind („Malleolengabel"), verhindern, dass die Knochen des oberen Sprunggelenks seitlich verrutschen.

Die Gelenke des Fußes

Im Fuß gibt es vier Gruppen synovialer Gelenke (siehe Abbildung 8.20 und 8.21):

- **Intertarsalgelenke**) zwischen den Fußwurzelknochen: Es handelt sich um plane Gelenke, die begrenzte gleiten-

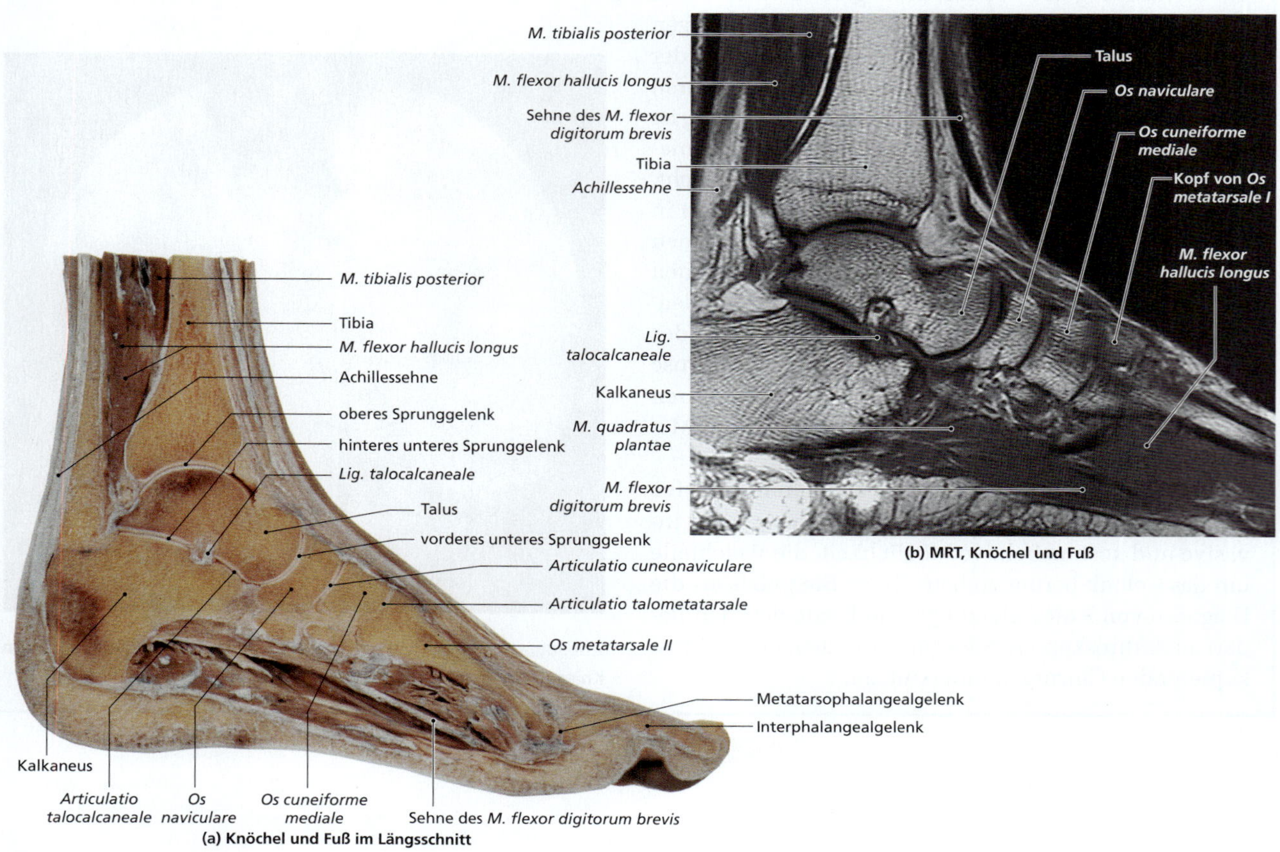

Abbildung 8.20: Die Gelenke von Knöchel und Fuß, Teil I. (a) Längsschnitt des linken Fußes mit Darstellung der wichtigsten Gelenke und Hilfsstrukturen. (b) Entsprechendes MRT des linken Sprunggelenks und des proximalen Anteils des Fußes.

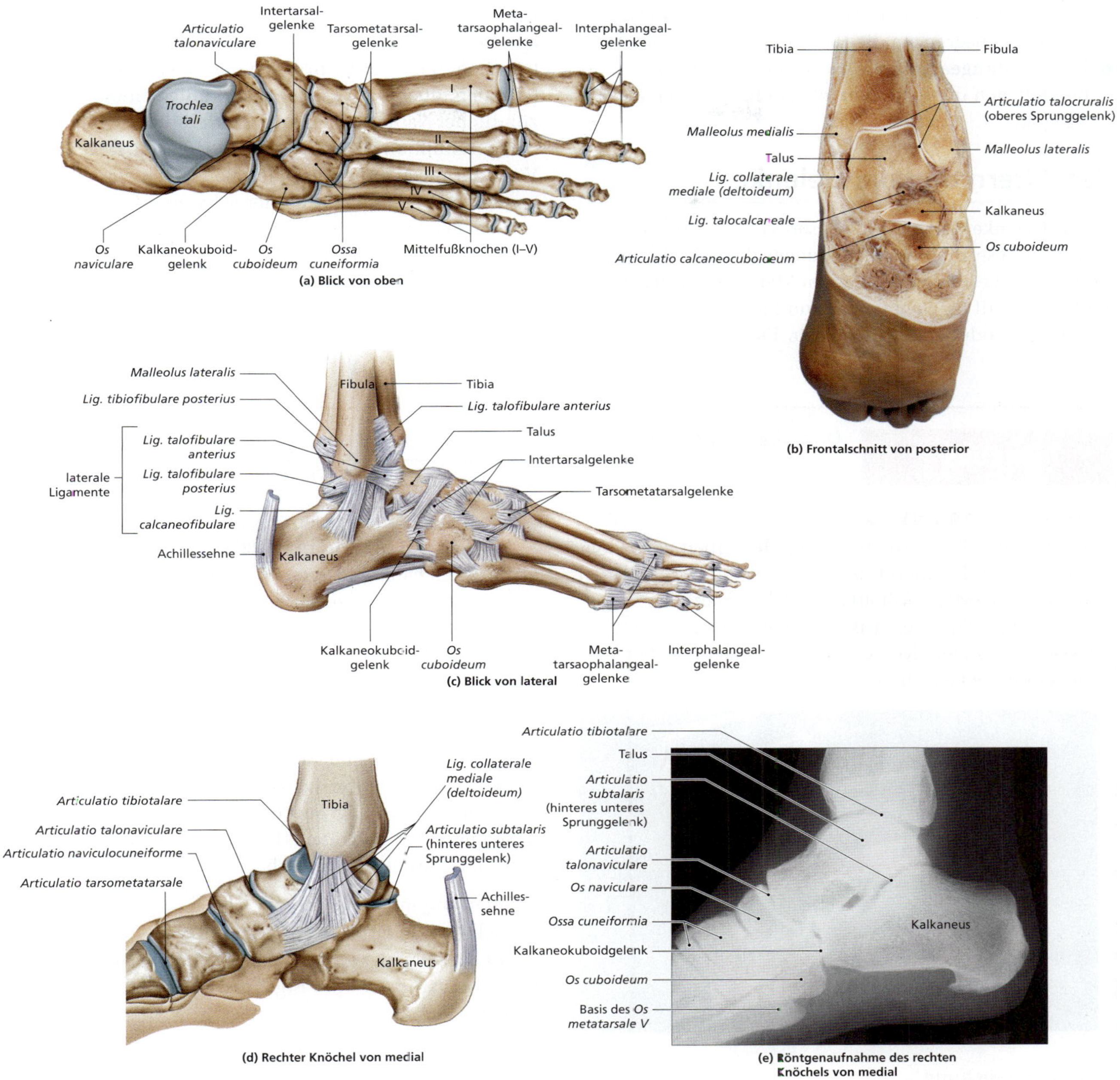

Abbildung 8.21: Die Gelenke von Knöchel und Fuß, Teil II. (a) Knochen und Gelenke des rechten Fußes von superior. (b) Frontalschnitt durch das rechte obere Sprunggelenk in Plantarflexion von posterior. Beachten Sie die Lage der Malleoli. (c) Rechter Fuß von lateral; Darstellung der Stützbänder des Sprunggelenks. (d) Rechtes oberes Sprunggelenk von medial; Darstellung der medialen Ligamente. (e) Röntgenaufnahme des rechten Knöchels im mediolateralen Strahlengang.

de und drehende Bewegungen erlauben. Sie entsprechen denen zwischen den Handwurzelknochen.

- **Tarsometatarsalgelenke** zwischen den Fußwurzelknochen und den Mittelfußknochen: Es handelt sich um plane Gelenke, die begrenzte gleitende und drehende Bewegungen erlauben. Die ersten drei Mittelfußknochen artikulieren mit den *Ossa cuneiforme mediale, intermedium* und *laterale*. Der vierte und der fünfte Mittelfußknochen artikulieren mit dem *Os cuboideum*.
- **Metatarsophalangealgelenke** zwischen den Mittelfußknochen und den Zehen: Dies sind Ellipsoidgelenke, die Flexion/Extension und Adduktion/Abduktion erlauben. Die Gelenke zwischen den Mittelfußknochen und den Zehen ähneln denen zwischen den Mittelhandknochen und den Fingern. Da das erste Metatarsophalangealgelenk ein Ellipsoidgelenk ist und kein Sattelgelenk, wie das erste Metakarpophalangealgelenk, fehlt dem großen Zeh die Beweglichkeit des Daumens. Oft bilden sich

zwei Sesambeine in der Sehne, die inferior das Gelenk kreuzt; sie begrenzen die Beweglichkeit noch weiter.

- **Interphalangealgelenke** zwischen den Phalangen: Es handelt sich um Scharniergelenke für Flexion und Extension.

Das Altern und die Gelenke 8.4

Unsere Gelenke sind im Laufe unseres Lebens großen Belastungen ausgesetzt; Beeinträchtigungen der Gelenkfunktion sind häufig, besonders bei älteren Menschen. **Rheuma** ist ein Überbegriff für Schmerzen und Steifigkeit im Skelettsystem und/oder der Muskulatur. Es gibt verschiedene Hauptformen von Rheuma. Mit **Arthritis** beschreibt man alle rheumatischen Erkrankungen, die synoviale Gelenke betreffen. Bei einer Arthritis ist der Gelenkknorpel immer betroffen, doch die Ursachen sind unterschiedlicher entzündlicher Natur. Es können bakterielle oder virale Infekte oder autoimmune Prozesse zugrunde liegen. Degenerative Veränderungen auf dem Boden von Gelenkverletzungen, metabolischen Störungen oder schweren Überlastungen werden als Arthrose bezeichnet.

Mit fortschreitendem Alter nimmt die Knochenmasse ab, und die Knochen werden brüchiger, sodass das Risiko eines Bruches steigt. Bei einer Osteoporose können die Knochen so brüchig werden, dass sie bei Belastungen be-

EXKURS Das Skelettsystem

Träumereien mit Folgen

Jan träumt auf dem Heimweg von der Arbeit von seiner Freundin und bemerkt nicht, dass vor ihm die Ampel auf Rot umspringt. Mit 40 km/h fährt er auf den Wagen vor sich auf. Nach dem Unfall bemerkt er zunächst keine Einschränkungen. Kurze Zeit später klagt Jan aber über ziehende Nackenschmerzen.

Erstuntersuchung

Eine erste orientierende Untersuchung ergibt Folgendes:

- Jan kommt langsam zu sich und reagiert auf Reize.

Die Sanitäter beschließen, ihn in das UKA nach Aachen zu verlegen.

Untersuchung im Krankenhaus

Die Ärzte in der Notaufnahme beginnen mit der Untersuchung und stellen das Folgende fest:

- Neben einer leichten Gehirnerschütterung befürchten die Ärzte eine Verletzung der Halswirbelsäule und ordnen Röntgenaufnahmen von Schädel und Hals an.
- Eine neurologische Untersuchung ergibt Normalbefunde, einschließlich der Muskeleigenreflexe und des Babinski-Reflexes.
- Die Röntgenaufnahmen zeigen eine Steilstellung der Wirbelsäule (**Abbildung 8.22**).
- Im Bereich der mittleren Halswirbelsäule zeigen sich leichte degenerative Veränderungen mit einigen Knochenspornen um die *Foramina intervertebralia* von C4 und C5.
- Es sind keine Frakturen der Halswirbelsäule nachweisbar.
- Nach Entfernung der Halskrause führen die Ärzte eine Palpation (Abtastung) und eine vorsichtige Streckung und Rotation des Kopfes durch. Dieser Teil der Untersuchung zeigt eine deutliche Verspannung und schmerzt den Patienten. Die Querfortsätze von C4 und C5 sind druckempfindlich.

Überlegungen

Sie sollten nun zunächst die Kapitel 5–8 wiederholen, damit Sie wissen, welche anatomischen Kenntnisse erforderlich sind, um die Ergebnisse von Jans Untersuchungen einordnen zu können.

1. Wie sieht die normale Krümmung der Halswirbelsäule aus?
2. Welche anatomischen Merkmale weisen die Halswirbel und besonders C4 und C5 auf?
3. Welche Weichteile befinden sich im Bereich der Halswirbelsäule und was sind ihre Funktionen?
4. Welches sind die anatomischen Charakteristika der Intervertebralgelenke?

Analyse und Interpretation

Die nachfolgenden Informationen beantworten die Fragen aus dem vorherigen Abschnitt.

1. Die Wirbelsäule hat vier physiologische Krümmungen. Die thorakale und die sakrale Krümmung nennt

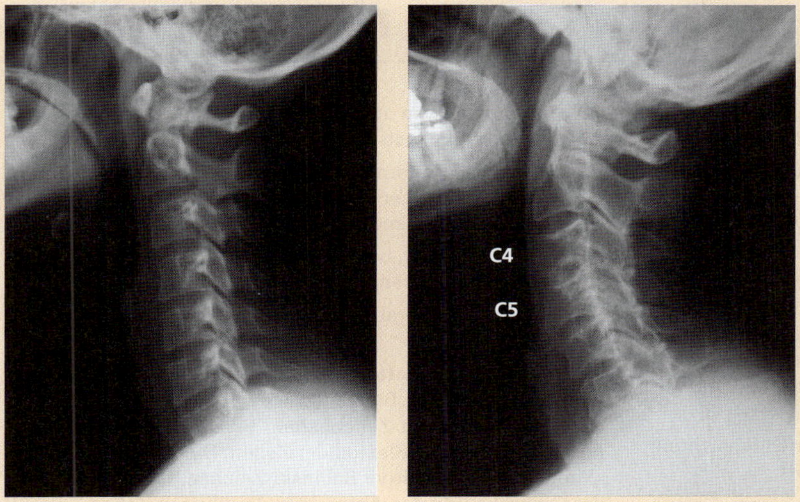

Abbildung 8.22: **Röntgenaufnahme der Halswirbel.** (links) Röntgenbild normaler Halswirbel. (rechts) Röntgenaufnahme der Halswirbel von Jan. Die normale Krümmung der zervikalen Halswirbelsäule ist nicht mehr vorhanden; Jans Wirbelsäule ist in diesem Bereich steil gestellt. Es sind Knochensporne im Bereich der Foramina intervertebralia zwischen C4 und C5 vorhanden.

man primäre Krümmungen, die zervikale und die lumbale Krümmung sekundäre Krümmungen.

2 Anhand der Form der Wirbelkörper, der *Foramina vertebralia*, der Dorn- und der Querfortsätze kann man die Halswirbel von den Wirbeln anderer Regionen unterscheiden. Außerdem unterscheiden sich die Merkmale „typischer" Halswirbel (C3–C6) von denen der Wirbel C1, C2 und C7.

3 Bei diesem Unfall kann es zu erheblichen Weichteilverletzungen der zervikalen Region gekommen sein.

4 Es können Verletzungen der Gelenke zwischen den superioren und inferioren Gelenkfortsätzen benachbarter Wirbel sowie der Bandscheiben entstanden sein.

Diagnose

Jan hat eine Distorsion der Halswirbelsäule durch die Hyperextension/Hyperflexion bei dem kombinierten frontalen und rückwärtigen Aufprall während des Unfalls erlitten, auch Schleudertrauma genannt. Hierbei hat sich Jan wohl einige Halsmuskeln gezerrt, was die Verspannungen erklärt. Außerdem kann er sich noch Verletzungen an einem oder mehreren Bändern der Halsregion zugezogen haben, wie etwa den *Ligg. longitudinale anterius* und *posterius*, dem *Lig. flavum* oder den interspinalen Ligamenten. Die plötzliche und extreme Flexion und Extension der Halswirbelsäule kann zu Rissen einer oder mehrerer Bandscheiben geführt haben. Die leichten degenerativen Veränderungen an C4 und C5 können mindestens zwei verschiedene Ursachen haben:

- Sie können das Resultat einer oder mehrerer älterer Verletzungen der Halswirbelsäule bei früheren Unfällen sein.
- Solche Veränderungen treten häufig nach jahrelangen Belastungen bei älteren Menschen auf, was aber bei Jan sehr unwahrscheinlich ist, da er erst 25 Jahre alt ist.

reits brechen, denen ein normaler Knochen ohne Weiteres hätte Stand halten können. Für ältere Menschen sind **Oberschenkelhalsfrakturen** am gefährlichsten. Sie treten am häufigsten nach dem 60. Lebensjahr auf und können von einer Hüftluxation oder einer Beckenfraktur begleitet sein (vergleiche Kapitel 5).

Der Heilungsverlauf ist langwierig; der Zug der starken Muskeln um die Hüfte herum verhindert oft eine achsengerechte Reposition. Frakturen am *Trochanter major* und *minor* heilen im Allgemeinen dann gut, wenn es gelingt, das Gelenk mit Platten, Nägeln, Schrauben oder Kombinationen dieser Methoden zu stabilisieren.

Obwohl proximale Oberschenkelfrakturen am häufigsten bei Menschen jenseits des 60. Lebensjahrs auftreten, hat in den letzten Jahren die Anzahl junger Profisportler unter den Betroffenen dramatisch zugenommen.

Knochen und Muskeln 8.5

Das Skelettsystem und das Muskelsystem sind strukturell und funktionell voneinander abhängig; ihre Interaktionen sind so eng, dass sie oft zusammen als **muskuloskelettales System** beschrieben werden.

Es gibt direkte physische Verbindungen, da das Bindegewebe, das die einzelnen Muskelfasern umgibt, in das Gewebe des Knochens übergeht, an denen diese ansetzen. Muskeln und Knochen sind auch auf physiologischer Ebene miteinander verbunden, da für Muskelkontraktionen der extrazelluläre Kalziumspiegel innerhalb recht enger Grenzen liegen muss und der Großteil der Kalziumvorräte des Körpers in den Knochen lagert. In den nächsten drei Kapiteln stellen wir Struktur und Funktion des Muskelsystems vor und erläutern, wie Muskelkontraktionen zu bestimmten Bewegungen führen.

DEFINITIONEN

Ankylose: abnorme Verschmelzung zweier artikulierender Knochen nach einer Verletzung oder Reibung im Gelenk.

Arthritis: Rheumatische Erkrankungen synovialer Gelenke. Bei einer Arthritis ist der Gelenkknorpel immer betroffen, doch die Ursachen sind unterschiedlich. Eine Arthritis ist immer **entzündlich**.

Arthrose: Degenerative Erkrankungen synovialer Gelenke. Bei einer Arthrose ist der Gelenkknorpel betroffen, doch die Ursachen sind unterschiedlich. Eine Arthrose ist immer **degenerativ**. Gelenkverschleiß tritt ein aufgrund 1. langjähriger Belastung der Gelenkflächen oder 2. genetischer Disposition.

Arthroskop: Instrument mit Fiberglasoptik zur Untersuchung eines Gelenks ohne größeren operativen Eingriff

Arthroskopie: chirurgische Manipulation an einem Gelenk mithilfe eines Arthroskops

Knochensporne: abnorme Verdickung an einem Knochen, meist posttraumatisch, meist schmerzhaft durch Bewegung des Knochens oder Druck auf die Verdickung

Gehirnerschütterung: Verletzung der Weichteile im Schädel nach einem Schlag oder heftigem Schütteln

Kontinuierliche passive Bewegung auf Motorschienen (Continuous passive Motion): Therapiekonzept, bei dem durch die passive Bewegung eines verletzten Gelenks die Zirkulation der Synovia stimuliert wird. Ziel ist die Vermeidung einer Degeneration des Gelenkknorpels.

Tiefer Sehnenreflex (Muskeleigenreflex): Muskelkontraktion nach Stimulation der Propriorezeptoren durch Streckung, beispielsweise durch einen kurzen Schlag auf die Sehne

Bandscheibenvorfall: Verbreitete Bezeichnung für die Verschiebung einer Zwischenwirbelscheibe. Hierbei wird Druck auf die Spinalnerven ausgeübt, der zu Schmerzen und Bewegungseinschränkungen führt.

Laminektomie: Entfernung der Laminae von Wirbelkörpern bei der operativen Versorgung von Bandscheibenerkrankungen und für den Zugang zum Rückenmarkskanal

Luxation: Verletzung, bei der artikulierende Flächen eines Gelenks gewaltsam getrennt werden

Meniskektomie: operative Entfernung eines verletzten Meniskus

Babinski-Reflex (Plantarreflex): Reaktion auf taktile Stimulation der Fußsohle, z. B. das Streichen über die Fußsohle von der Ferse bis zu den Zehenballen. Bei Neugeborenen erfolgt normalerweise eine Flexion der Zehen. Die pathologische Reaktion, das sog. positive Babinski-Zeichen, ist die Extension der Großzehe und das Abspreizen der übrigen Zehen.

Rheuma: allgemeine Bezeichnung für Schmerzen und Steifigkeit, das Skelettsystem, das Muskelsystem oder beide betreffend

Rheumatoide Arthritis: Entzündliche Gelenkerkrankung, an der etwa 2,5 % aller Erwachsenen leiden. Die Ursache ist nicht bekannt, obwohl Allergien, Bakterien, Viren und/oder genetische Faktoren beteiligt sein können; autoimmunologische Prozesse werden diskutiert.

Ischias: schmerzhafte Folge einer Wurzelkompression des *N. ischiadicus*

Schultereckgelenkssprengung: teilweise oder vollständige Luxation des Akromioklavikulargelenks

Subluxation: Unvollständige Luxation; die Verschiebung der artikulierenden Gelenkflächen verursacht Beschwerden, richtet jedoch nicht so viel Schaden an wie eine vollständige Luxation.

Zusammenfassung

Die Antworten auf die Fragen der Aufgaben und der Zusammenfassung finden Sie im Antwortteil.

Wiederholung von Fakten und Begriffen

Verbinden Sie die Begriffe der linken Spalte jeweils mit denen der rechten Spalte, die am besten passen; setzen Sie die Buchstaben in die Spalte vor die Zahlen.

	Spalte A		Spalte B	
	1.	Kaum Beweglichkeit	a.	Handgelenk
	2.	Synovial	b.	Dorsalflexion
	3.	Vergrößerter Winkel	c.	Flüssigkeitsgefüllte Hohlräume
	4.	Schleimbeutel	d.	Diarthrose
	5.	Handfläche weist nach anterior/oben	e.	Knie
	6.	Fersenstand	f.	Bandscheibe
	7.	Faserknorpel	g.	Supination
	8.	Handwurzel	h.	Extension
	9.	Menisken	i.	Synarthrose

10 Die Funktion eines Schleimbeutels ist
a. die Reibung zwischen einem Knochen und einer Sehne zu vermindern.
b. die Stoßdämpfung.
c. die Oberfläche eines Gelenks zu glätten.
d. Die Antworten a und b sind richtig.

11 Alle Aussage zum Bewegungsausmaß von Gelenken sind zutreffend, außer:
a. Hohe Stabilität vermindert die Beweglichkeit.
b. Die Form der Gelenkflächen steuert oder begrenzt es.
c. Akzessorische Ligamente und Kollagenfasern der Gelenkkapsel können es modifizieren.
d. Die Stärke eines Gelenks wird durch die Stärke der Muskeln bestimmt, die daran und an der Kapsel ansetzen.

12 Welche der folgenden Aufgaben gehört nicht zu den Funktionen der Synovia?
a. Stoßdämpfung
b. Steigerung des osmotischen Druckes im Gelenk
c. Befeuchtung des Gelenks
d. Bereitstellung von Nährstoffen

13 Ein Gelenk, dessen Gelenkflächen in alle Richtungen gleiten können, nennt man
a. einachsig.
b. zweiachsig.
c. multiaxial.
d. monaxial.

14 Welches der folgenden Bänder befindet sich nicht an der Hüfte?
a. *Lig. iliofemorale*
b. *Lig. pubofemorale*
c. *Lig. capitis femoris*
d. *Lig. flavum*

15 Wodurch wird die Rückseite des Knies verstärkt?
a. *Lig. collaterale tibiale*
b. *Ligg. poplitea*
c. hinteres Kreuzband
d. *Lig. patellae*

16 Das Schultergelenk wird hauptsächlich stabilisiert durch
a. Bänder und Muskeln, die die Schulter bewegen.
b. die Skapula.
c. ausschließlich die *Ligg. glenohumeralia*.
d. die Klavikula.

17 Eine Drehbewegung des Fußes, bei der die Fußsohle nach innen zeigt, nennt man
a. Dorsalflexion.
b. Eversion.
c. Inversion.
d. Protraktion.

18 Welches der folgenden Paare von Strukturen gehört zusammen zum Ellenbogengelenk?
a. *Epicondylus lateralis* und *Tuberositas radialis*
b. *Capitulum humeri* und Radiuskopf
c. *Lig. collaterale radiale* und *Epicondylus medialis*
d. Olekranon und *Fossa radialis*

19 Luxationen sind schmerzhaft wegen der Stimulation der Schmerzrezeptoren in allen Strukturen außer
a. im Inneren der Gelenkhöhle.
b. in der Kapsel.
c. in den Ligamenten um das Gelenk.
d. in den Sehnen um das Gelenk.

20 Die Bänder, die die anteriore und posteriore Bewegung des Femurs begrenzen und die Kondylen von Femur und Tibia übereinander ausrichten, sind die
a. Kreuzbänder.
b. *Ligg. collaterale fibulare*.
c. *Ligg. patellae*.
d. *Ligg. collaterale tibiale*.

Wiederholung von Lernzielen

1 Wenn ein Baseballspieler vor einem Wurf Schwung nimmt, nutzt er welche Eigenschaft seines Schultergelenks?
a. Rotation
b. Protraktion
c. Extension
d. Supination

2 Stellen Sie die Stärke und die Stabilität eines Gelenks und sein Bewegungsausmaß einander gegenüber.

3 Inwiefern ändert sich die Klassifikation eines Gelenks, wenn sich die Epiphyse am Ende eines Röhrenknochens schließt?

4 Wie gelingt es den Malleolen von Tibia und Fibula, das Tibiotalargelenk zu stabilisieren?

5 Worin unterscheidet sich Gelenkknorpel von anderem Knorpel im Körper?

6 Welche Faktoren sind für die Begrenzung der Beweglichkeit von Gelenken verantwortlich?

7 Welche Rolle spielen Kapselbänder in einem komplexen synovialen Gelenk? Beantworten Sie die Frage anhand des Humeroulnargelenks.

8 Welchen Mechanismus haben unbewegliche Gelenke, wie die Schädelnähte und die Gomphosis, die die Zähne im Knochen hält, gemeinsam?

9 Wie unterscheidet man bei einem Skelettelement eine Pronation von einer Zirkumduktion?

10 Wie erklären Sie Ihrem Großvater seinen Verlust an Körpergröße im Alter?

Anwendung der Lerninhalte

1 Jemand erleidet bei einem Verkehrsunfall eine Distorsion der Halswirbelsäule („Schleudertrauma"). Welche Strukturen sind betroffen und welches ist der Verletzungsmechanismus?

2 Eine Marathonläuferin tritt auf eine vorstehende Baumwurzel und knickt mit dem Fuß um. Nach der Untersuchung teilt man ihr mit, dass es sich um eine schwere Zerrung, aber keine Fraktur handelt. Die Heilung wird wahrscheinlich länger dauern als bei einem Knochenbruch. Welche Strukturen sind verletzt und warum wird es so lange dauern?

3 Fast alle Knieverletzungen beim Fußball treten bei gestrecktem belastetem, aber nicht bei gebeugtem Knie auf. Welche anatomischen Tatsachen erklären dies?

Eine Kurzzusammenfassung der wichtigsten Inhalte, sowie die Antworten zu den Fragen und weitere Arbeitsmaterialien finden sie auf unserer Companion Website unter: **www.pearson-studium.de/login**

Lernziele

1. Die Merkmale kennen, anhand derer man die verschiedenen Arten von Muskelgewebe voneinander unterscheidet.
2. Die Funktionen des Skelettmuskelgewebes erklären können.
3. Den Aufbau des Bindegewebes, die Blutversorgung und die Innervierung der Skelettmuskulatur erläutern können.
4. Das Arrangement von sarkoplasmatischem Retikulum (SR), T-Tubuli, Myofibrillen und Myofilamenten und den Aufbau eines Sarkomers innerhalb der Skelettmuskelfaser kennen.
5. Die Rolle des SR und der T-Tubuli bei der Kontraktion erläutern können.
6. Den Aufbau einer neuromuskulären Synapse kennen und den Ablauf der Ereignisse daran beschreiben können.
7. Den Vorgang der Muskelkontraktion beschreiben können.
8. Eine motorische Einheit und die Steuerung der Muskelfasern beschreiben können.
9. Wissen, wie die verschiedenen Fasertypen mit der Leistung eines Skelettmuskels in Verbindung stehen.
10. Die Anordnung der Faszikel in den verschiedenen Muskeltypen kennen und die daraus resultierenden funktionellen Unterschiede erklären können.
11. Anhand von Ursprung und Ansatz eines Muskels auf seine Wirkung schließen können.
12. Erklären können, wie Muskeln zur Durchführung oder Opposition einer Bewegung interagieren.
13. Anhand des Muskelnamens Verlauf, ungewöhnliche Merkmale, Lage, Erscheinungsbild und Funktion des Muskels erkennen können.
14. Das Verhältnis von Knochen und Muskeln und die verschiedenen Arten von Hebeln und Hypomochlien beschreiben können und wissen, wie sie die Effizienz der Muskelarbeit erhöhen.
15. Die Auswirkungen körperlichen Trainings und des Alters auf die Skelettmuskulatur beschreiben können.

Das Muskelsystem

Skelettmuskelgewebe und Aufbau der Muskulatur

9

ÜBERBLICK

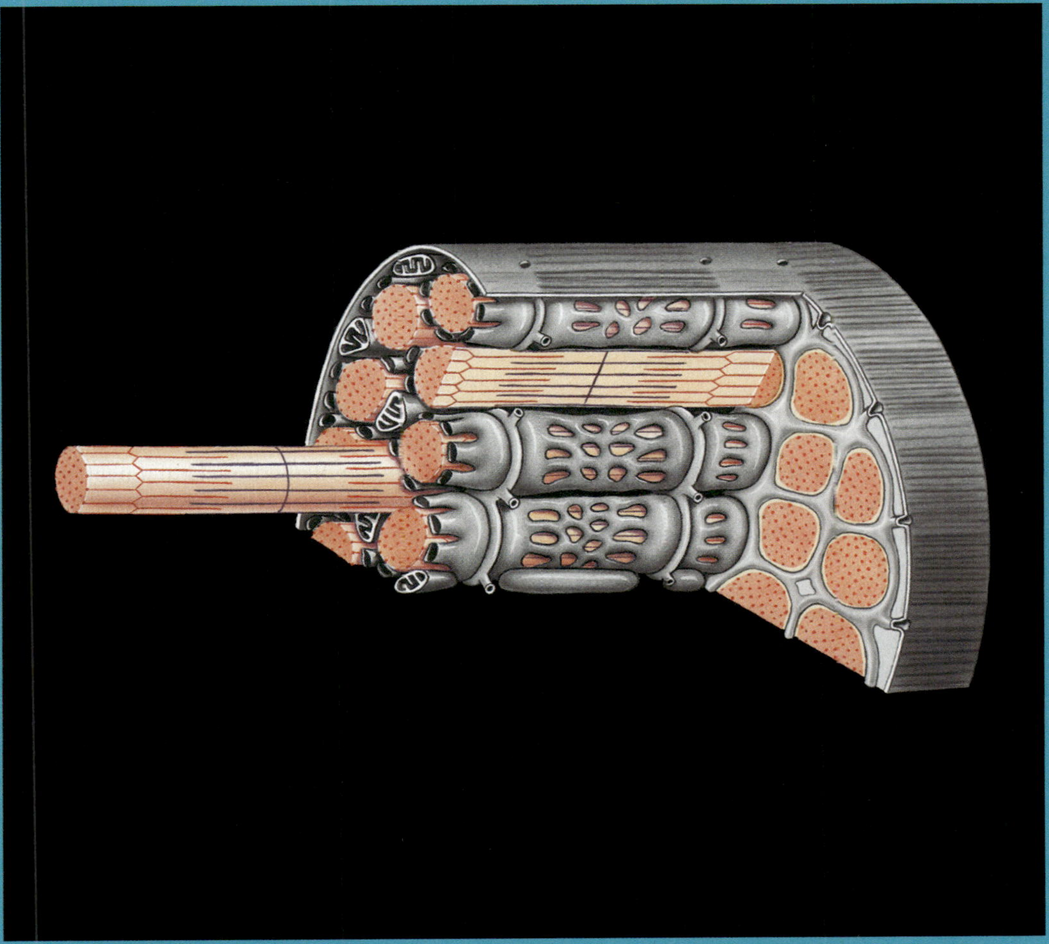

Es ist kaum möglich, sich ein Leben ohne Muskeln vorzustellen. Wir könnten weder sitzen noch stehen, gehen, sprechen oder greifen. Das Blut würde nicht zirkulieren, da kein Herzschlag es durch die Blutgefäße pumpt; die Lungen würden sich nicht füllen und entleeren und unsere Nahrung könnte nicht durch den Verdauungstrakt bewegt werden. Es gäbe eigentlich überhaupt gar keine Bewegung im Inneren unseres Körpers.

Nun ist es aber keineswegs so, dass Leben grundsätzlich das Vorhandensein von Muskulatur erfordert. Es gibt große Organismen, die sehr gut ohne auskommen; wir nennen sie Pflanzen. Aber unsere Art zu leben wäre so nicht möglich, da an vielen physiologischen Abläufen und an fast allen dynamischen Interaktionen mit unserer Umwelt Muskeln beteiligt sind. Muskelgewebe, einer der vier Hauptgewebetypen, besteht im Wesentlichen aus **Muskelfasern**, langgezogenen Synzytien (mehrkernige Zellverbände ohne Zellgrenzen), die sich an ihrer Längsachse entlang kontrahieren können. Zum Muskelgewebe gehört außerdem Bindegewebe, das diese Kontraktionen bändigt und in sinnvolle Arbeit umsetzt. Es gibt drei Arten von Muskelgewebe: Skelettmuskelgewebe[1], Herzmuskelgewebe und glattes Muskelgewebe.

Die Hauptaufgabe der **Skelettmuskulatur** ist es, den Körper durch Zug an den Knochen zu bewegen, damit wir gehen, tanzen oder ein Musikinstrument spielen können. Der **Herzmuskel** pumpt Blut durch die Arterien und Venen des Gefäßsystems, und die **glatte Muskulatur** bewegt Flüssigkeit und feste Substanzen durch den Verdauungstrakt und erfüllt zahlreiche weitere Aufgaben in anderen Systemen. Diese Muskelarten haben vier grundsätzliche Gemeinsamkeiten:

1. **Erregbarkeit:** Dies ist die Fähigkeit, auf Reize zu reagieren. Skelettmuskeln reagieren normalerweise auf Reizung durch das Nervensystem, einige glatte Muskeln auf zirkulierende Hormone.
2. **Kontraktilität:** Die Fähigkeit, sich aktiv zusammenzuziehen und Zug auszuüben oder Spannung aufzubauen, die vom Bindegewebe gebändigt wird.
3. **Dehnbarkeit:** Die Fähigkeit, sich aus verschiedenen Längen heraus zu kontrahieren. Glatte Muskulatur kann z. B. auf das Vielfache ihrer ursprünglichen Länge gedehnt werden und sich dann trotzdem noch kontrahieren.
4. **Elastizität:** Die Fähigkeit, nach einer Kontraktion wieder die ursprüngliche Länge anzunehmen.

Dieses Kapitel beschäftigt sich mit der Skelettmuskulatur. Herzmuskelgewebe wird in Kapitel 21 besprochen, in dem es um die Anatomie des Herzes geht, und die glatte Muskulatur beim Thema Verdauungssystem in Kapitel 25.

1 In der Terminologia Histologica: International Terms for Human Cytology and Histology, TH, 2008 wird diese Kategorie noch einmal unterteilt in „quergestreifte Skelettmuskulatur" und „nicht-kardiale viszerale quergestreifte Muskulatur".

Skelettmuskeln sind Organe, die alle vier Hauptgewebetypen (siehe Kapitel 3) enthalten, aber hauptsächlich aus Skelettmuskelgewebe bestehen. Das Muskelsystem des Menschen beinhaltet mehr als 700 Skelettmuskeln, einschließlich der gesamten willkürlich kontrollierten Muskulatur. Es wird das Thema der nächsten drei Kapitel sein. In diesem Kapitel werden zunächst Funktion, Makro- und Mikroanatomie, Aufbau der Skelettmuskeln und die Terminologie besprochen; in Kapitel 10 geht es um die Makroanatomie der axialen Muskeln, der Muskeln, die mit dem Achsenskelett verbunden sind, und Kapitel 11 hat die Extremitätenmuskulatur zum Thema.

9.1 Funktionen der Skelettmuskulatur

Skelettmuskeln sind kontraktile Organe, die direkt oder indirekt an den Knochen des Skeletts befestigt sind. Sie erfüllen die folgenden Funktionen.

- **Bewegung des Skeletts:** Muskelkontraktionen bewirken einen Zug an den Sehnen und bewegen so die Knochen. Die Wirkung reicht von einfachen Bewegungen, wie etwa der Streckung eines Armes, bis hin zu komplexen Bewegungsabläufen, wie Schwimmen, Skifahren oder Tastaturschreiben.
- **Haltung und Körperposition:** Kontraktionen bestimmter Muskeln sind für den Erhalt der Körperposition verantwortlich. Wenn Sie den Kopf beim Lesen halten oder beim Gehen das Körpergewicht über den Füßen balancieren, sind hierzu Kontraktionen der Muskeln erforderlich, die die Gelenke stabilisieren. Ohne beständige Muskelkontraktion könnten wir nicht aufrecht sitzen, ohne zusammenzufallen, oder stehen, ohne umzukippen.
- **Stütze von Weichteilen:** Die Bauchwand und der Beckenboden bestehen aus Skelettmuskelschichten. Sie halten das Gewicht der Organe und schützen die Gewebe im Inneren vor Verletzungen.
- **Steuerung der Aufnahme und Abgabe von Material:** Die Öffnungen des Verdauungs- und des Harntrakts sind von ringförmigen Skelettmuskeln umgeben. Sie ermöglichen eine willkürliche Kontrolle über das Schlucken, die Defäkation und das Wasserlassen.
- **Erhalt der Körpertemperatur:** Muskelkontraktionen verbrauchen Energie, und immer, wenn im Körper Energie verbraucht wird, wird ein Teil davon in Wärme umgesetzt. Die Wärmeabgabe durch die Muskelkontraktionen hält unsere Körpertemperatur im normalen Bereich.

Anatomie der Skelettmuskulatur 9.2

Bei der Benennung der strukturellen Merkmale der Muskeln und ihrer Komponenten verwendeten die Anatomen oft das griechische Wort sarkos (= Fleisch) und das lateinische -mys- (von myos) für Muskel, Ausdrücke, die Sie sich merken sollten. Wir besprechen zunächst die Makroanatomie des Skelettmuskels und dann die Mikrostrukturen, die die Kontraktion ermöglichen.

9.2.1 Makroanatomie

In **Abbildung 9.1** sind das Erscheinungsbild und der Aufbau eines typischen Skelettmuskels dargestellt. Wir beginnen unsere Untersuchung mit der Beschreibung des Bindegewebes, das die Skelettmuskulatur zusammenhält und mit anderen Strukturen verbindet.

Bindegewebe des Muskels

Schichten des Bindegewebes Jeder Skelettmuskel ist von drei Lagen Bindegewebe umhüllt: außen das Epimysium, in der Mitte das Perimysium und innen das Endomysium (siehe Abbildung 9.1).

- Das **Epimysium** ist eine Schicht aus straffem geflechtartigem Bindegewebe, die den gesamten Muskel umgibt. Das Epimysium, das den Muskel vom umliegenden Gewebe trennt, ist mit der tiefen Faszie verbunden.
- Die bindegewebigen Fasern des **Perimysiums** unterteilen den Muskel in eine Reihe von Unterabteilungen; jedes dieser Kompartimente enthält ein Muskelfaserbündel, Faszikel (lat.: fasciculus = das kleine Bündel) genannt. Außer Kollagen und elastischen Fasern enthält es zahlreiche Blutgefäße und Nerven, die sich zur Versorgung der einzelnen Faszikel verzweigen.
- Das **Endomysium** umgibt jede einzelne Muskelfaser, verbindet die Muskelfasern miteinander und enthält die Kapillaren, die die einzelnen Fasern versorgen. Es besteht aus einem feinen Netzwerk von Retikulinfasern. Zwischen Endomysium und Muskelfasern sind **Myosatellitenzellen** verteilt, die bei der Reparatur beschädigten Muskelgewebes aktiv werden.

Sehnen und Aponeurosen Die Bindegewebefasern von Endomysium und Perimysium sind miteinander verwoben, die des Perimysiums gehen in das Endomysium über. Am Ende eines Muskels laufen die kollagenen Fasern von Epimysium, Perimysium und Endomysium oft zusammen und bilden eine faserige Sehne, die den Muskel mit einem Knochen, der Haut oder einem anderen Muskel verbindet. Sehnen sehen oft aus wie dicke Stränge oder Kabel. Diejenigen, die dicke, abgeflachte Platten bilden,

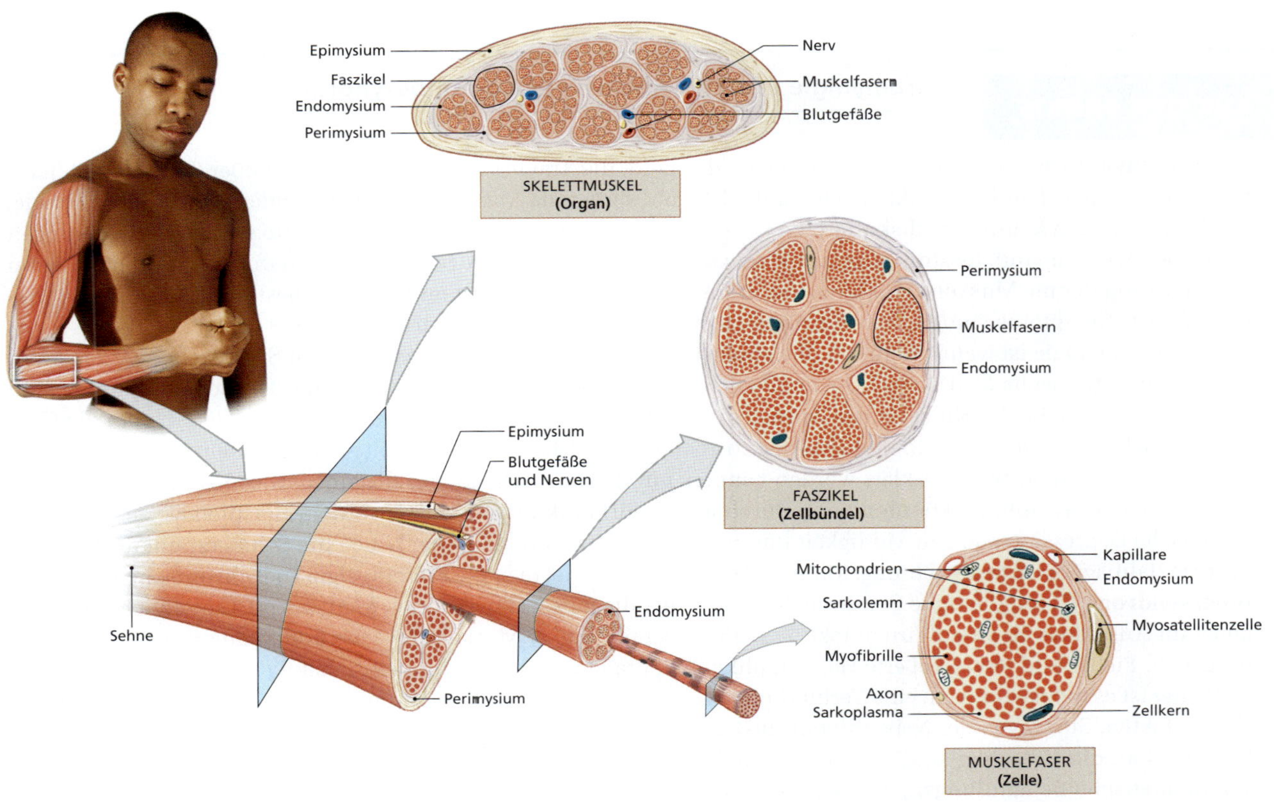

Abbildung 9.1: Aufbau eines Skelettmuskels. Ein Skelettmuskel besteht aus Muskelfaserbündeln (Faszikeln)in einer bindegewebigen Hülle, dem Epimysium. Jeder einzelne Faszikel ist von Perimysium umgeben, und im Inneren der Faszikel ist jede einzelne Muskelfaser mit Endomysium umhüllt. Die Muskelfasern enthalten zahlreiche Kerne, Mitochondrien und weitere Organellen (vergleiche auch Abbildung 9.3).

nennt man **Aponeurosen**. Der Aufbau von Sehnen und Aponeurosen wurde in Kapitel 3 besprochen.

Die Fasern der Sehnen sind mit dem Periost und der Matrix des Knochens verwoben. Dieses Geflecht ist extrem fest; jede Muskelkontraktion übt Zug auf den Knochen aus.

Nerven und Blutgefäße

Das Bindegewebe von Epimysium, Perimysium und Endomysium enthält die Nerven und Blutgefäße, die die Muskelfasern versorgen. Skelettmuskeln werden oft auch als Willkürmuskeln bezeichnet, denn ihre Kontraktionen unterliegen unserer bewussten Kontrolle. Diese Kontrolle ist Aufgabe des Nervensystems. Die Nerven, die aus Axonbündeln bestehen, treten durch das Epimysium in den Muskel ein, verzweigen sich innerhalb des Perimysiums und ziehen weiter in das Endomysium, wo sie die einzelnen Muskelfasern versorgen. An einer bestimmten Stelle, der **neuromuskulären Synapse**, kommt es über chemische Substanzen zu einem Kontakt zwischen dem Axonende des Neurons und der Skelettmuskelfaser. In **Abbildung 9.2** sind mehrere neuromuskuläre Synapsen dargestellt. Jede einzelne Muskelfaser ist mit einer solchen Synapse ausgestattet, meist etwa in der Mitte. Das Axonende des Neurons ist mit der motorischen Endplatte der Muskelfaser verbunden. Diese motorische Endplatte ist ein spezialisierter Abschnitt der Zellmembran der Muskelzelle. (Die Struktur der motorischen Endplatte und ihre Rolle bei der Kommunikation zwischen Nerven und Muskeln wird später besprochen.)

Muskelkontraktionen erfordern enorme Mengen an Energie; ein dicht verzweigtes Gefäßnetz liefert den Sauerstoff und die Nährstoffe, die für die Herstellung von ATP in aktiven Skelettmuskeln erforderlich sind. Die Blutgefäße treten oft mit den Nerven zusammen in den Muskel ein und folgen auch deren Verzweigungsmuster im Perimysium. Innerhalb des Endomysiums bilden die Arterien ein dichtes Netzwerk aus **Kapillaren** um jede einzelne Muskelfaser herum. Da diese Kapillaren eher geschlängelt als gerade verlaufen, tolerieren sie die Veränderungen in der Länge der Muskelfasern.

AUFGABEN

1. Welche drei Arten von Muskulatur gibt es und welchen Aufgaben haben sie jeweils?
2. Was ist Perimysium? Welche Strukturen befinden sich darin?
3. Beschreiben Sie den Unterschied zwischen einer Sehne und einer Aponeurose.
4. Was ist der Unterschied zwischen einer neuromuskulären Synapse und einer motorischen Endplatte?

AUS DER PRAXIS – Fibromyalgie und chronisches Erschöpfungssyndrom

Die **Fibromyalgie** (griech.: algos = der Schmerz, das Leid, die Trauer) wurde erst Mitte der 80er Jahre des 20. Jahrhunderts als eigenständige Krankheit anerkannt. Obwohl sie bereits Anfang des 19. Jahrhunderts beschrieben wurde, wird sie weiterhin kontrovers diskutiert, da keine eindeutigen anatomischen oder physiologischen Veränderungen dabei nachweisbar sind. Es sind jedoch mittlerweile typische Symptome bekannt; zu den diagnostischen Kriterien gehören ausgedehnte Muskelschmerzen und Druckschmerzen an mindestens elf von 18 bestimmten Schmerzpunkten. Weitere Symptome sind Schlafstörungen, Depressionen und ein Reizdarmsyndrom.

Die Fibromyalgie ist wahrscheinlich die häufigste Erkrankung des muskuloskelettalen Systems bei Frauen unter 40; etwa drei bis sechs Millionen US-Amerikaner könnten daran leiden. Die vier häufigsten Schmerzpunkte sind 1. die mediale Fläche des Knies, 2. der Bereich distal des *Epicondylus lateralis humeri*, 3. der Bereich um die *Crista occipitalis externa* am Schädel und 4. der kostochondrale Übergang der zweiten Rippe. Wenn Schmerzen und Steifigkeit nicht anderweitig erklärt werden können, gilt dies als zusätzliches diagnostisches Kriterium.

Die meisten Symptome könnten auch durch andere Erkrankungen erklärt werden. Beispielsweise kann eine chronische Depression auch zu Müdigkeit und Schlafstörungen führen. Daher haben die Schmerzpunkte eine hohe differenzialdiagnostische Bedeutung. Mit ihrer Hilfe unterscheidet man die Fibromyalgie vom **chronischen Erschöpfungssyndrom** (Chronic fatigue Syndrome). Anerkannte diagnostische Kriterien hierbei sind 1. plötzlicher Beginn, meist im Anschluss an einen Virusinfekt, 2. starke Erschöpfung, 3. Muskelschwäche und Schmerzen, 4. Schlafstörungen, 5. Fieber und 6. vergrößerte Halslymphknoten. Frauen sind etwa doppelt so häufig betroffen wie Männer.

Bisher ist es nicht gelungen, eine Verbindung zwischen Fibromyalgie und chronischem Erschöpfungssyndrom zu Virusinfekten, Störungen der Nebennierenfunktion oder anderen physiologischen oder psychologischen Traumata herzustellen; die Ursachen sind weiterhin unbekannt. In beiden Fällen beschränkt sich die Therapie zurzeit auf symptomatische Behandlungen, wie Schmerzmittel oder Antidepressiva für die Schlafstörungen und die Depression. Körperliches Training hilft, eine normale Beweglichkeit zu erhalten. Für die Betroffenen kann schon die Versicherung, dass die Erkrankung weder progressiv noch verkrüppelnd oder lebensbedrohlich verläuft, hilfreich sein.

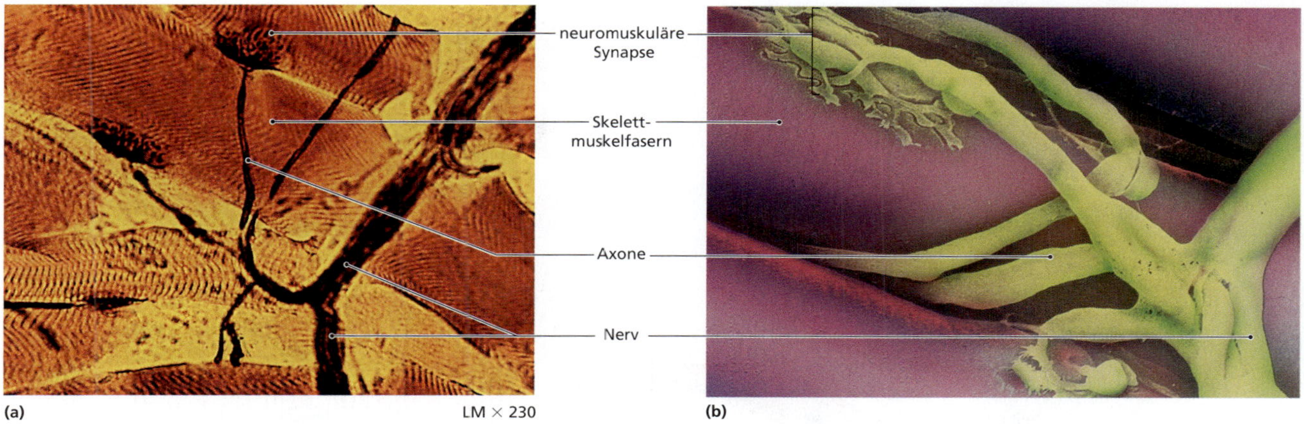

Abbildung 9.2: Innervation des Skelettmuskels. Jede Skelettmuskelfaser wird über die neuromuskuläre Synapse durch eine Nervenfaser stimuliert. (a) Mehrere neuromuskuläre Synapsen an den Fasern eines Faszikels. (b) Kolorierte rasterelektronenmikroskopische Aufnahme einer neuromuskulären Synapse.

9.2.2 Mikroanatomie der Skelettmuskelfasern

Die Zellmembran der Muskelzellfaser, das **Sarkolemm** (griech.: lemma = die Hülle) umgibt das Zytoplasma, hier auch Sarkoplasma genannt. Skelettmuskelfasern unterscheiden sich in vielerlei Hinsicht von der „typischen" Zelle, die in Kapitel 2 beschrieben wurde.

- Skelettmuskelfasern sind sehr groß. Eine Faser aus einem Beinmuskel kann einen Durchmesser von bis zu 100 µm haben und so lang wie der gesamte Muskel sein (ca. 30–40 cm).
- Skelettmuskelfasern sind aus Verschmelzung von Vorläuferzellen hervorgegangen (Synzytien). Während der Embryonalentwicklung verschmelzen Gruppen von Myoblasten und bilden so die einzelnen Skelettmuskelfasern (**Abbildung 9.3**a). Jeder Zellkern stammt von einem Myoblasten. In einer Skelettmuskelfaser liegen Hunderte von Nuklei dicht unter dem Sarkolemm (**Abbildung 9.3**b und c). Hierin unterscheidet sich die Skelettmuskelfaser von Herzmuskelfasern und der glatten Muskulatur. Einige Myoblasten verschmelzen bei der Entstehung der Faser nicht mit den übrigen, sondern bleiben im erwachsenen Muskelgewebe als *Myosatellitenzellen* (siehe Abbildung 9.1 und 9.3a). Bei einer Verletzung der Faser können sie sich weiter differenzieren und Reparatur und Regeneration unterstützen.
- Tiefe Einziehungen des Sarkolemms bilden ein Netzwerk von Röhrchen, das bis in das Sarkoplasma hineinreicht. Elektrische Impulse, die durch das Sarkolemm und diese transversalen Tubuli (T-Tubuli) weitergeleitet werden, stimulieren und koordinieren die Muskelkontraktionen.

Myofibrillen und Myofilamente

Das Sarkoplasma einer Skelettmuskelfaser enthält Hunderte bis Tausende von Myofibrillen. Eine **Myofibrille** ist eine zylindrische Struktur, die einen Durchmesser von etwa 1–2 µm hat und so lang ist wie die gesamte Muskelfaser (**Abbildung 9.3**d; siehe auch Abbildung 9.3c). Myofibrillen können sich verkürzen; es sind dies die Strukturen, die für die Kontraktion der Skelettmuskelfaser verantwortlich sind. Da sie an den Enden der Zelle jeweils mit dem Sarkolemm verbunden sind, verkürzt ihre Kontraktion die gesamte Zelle.

Jede Myofibrille ist von einer Hülle umgeben, die aus Membranen des **SR (sarkoplasmatischen Retikulums)** besteht, einem Membrankomplex, der dem glatten ER anderer Zellen entspricht (siehe Abbildung 9.3d). Dieses Membrangeflecht, das in enger Verbindung zu den T-Tubuli steht, spielt eine entscheidende Rolle bei der Steuerung der Kontraktionen der einzelnen Muskelfasern. Auf beiden Seiten der T-Tubuli erweitern sich die Tubuli des SR, verschmelzen und bilden ausgedehnte Räume, die man **Terminalzisternen** nennt. Zwei Terminalzisternen und ein T-Tubulus bilden zusammen eine **Triade**. Obwohl die Membranen einer Triade eng zusammenliegen und fest miteinander verbunden sind, gibt es keine direkte Verbindung zwischen ihnen.

Zwischen den Myofibrillen sind Mitochondrien und Glykogengranula verteilt. Durch Abbau des Glykogens und die Aktivität der Mitochondrien entsteht das ATP, das für die Muskelkontraktionen erforderlich ist. Eine typische Skelettmuskelfaser hat Hunderte von Mitochondrien, mehr als die meisten anderen Zellen des Körpers.

Myofibrillen bestehen aus Bündeln von **Myofilamenten**, Proteinfilamente, die hauptsächlich die Proteine Aktin und Myosin enthalten. Aktin findet sich in den dünnen Filamenten, Myosin in den dicken Filamenten. Die Aktin- und Myosinfilamente sind ineinander verschachtelt zu den sog. **Sarkomeren** angeordnet.

Aufbau der Sarkomere

Myosin- und Aktinfilamente sind innerhalb der Myofibrillen zu Sarkomeren zusammengefasst. Diese Anordnung verleiht der Fibrille ein gestreiftes Aussehen. Alle Myofibrillen liegen in der Längsachse der Zelle; ihre Sarkomere sind hochgeordnet zueinander ausgerichtet. Aus diesem

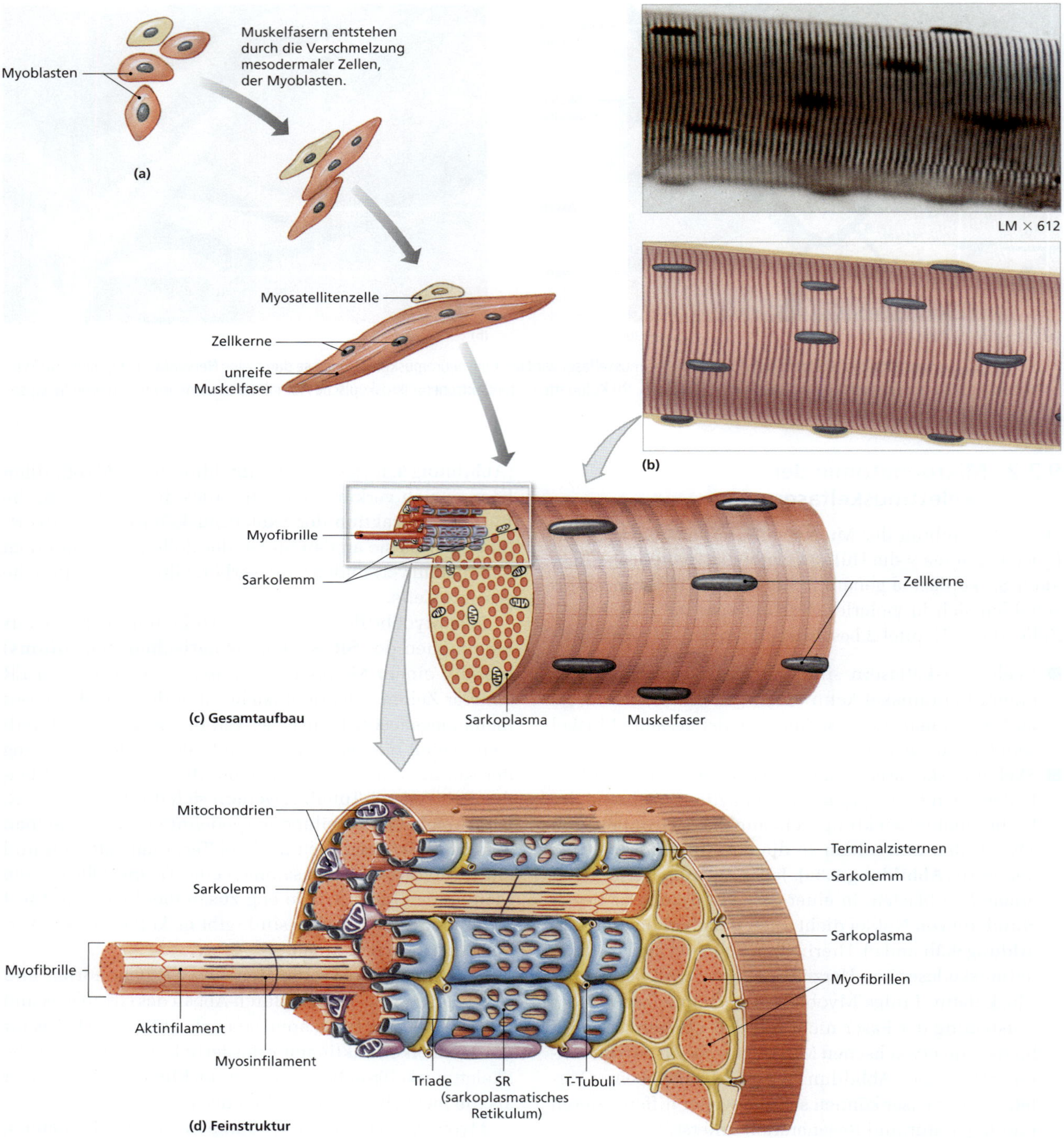

Abbildung 9.3: Aufbau und Struktur einer Skelettmuskelfaser. (a) Entwicklung einer Skelettmuskelfaser. (b) Äußeres Erscheinungsbild. (c) Aufbau der Muskelfaser von außen. (d) Innerer Aufbau. Beachten Sie die Lagebeziehungen von Myofibrillen, SR (sarkoplasmatischem Retikulum), Mitochondrien, Triaden sowie Aktin- und Myosinfilamenten.

Grund hat auch die gesamte Muskelfaser ein Streifenmuster, das den einzelnen Sarkomeren entspricht (siehe Abbildung 9.2 und 9.3).

In jeder Myofibrille liegen etwa 10.000 Sarkomere hintereinander. Ein Sarkomer ist die kleinste Funktionseinheit – Interaktionen zwischen den Aktin- und Myosinfilamenten eines Sarkomers sind für die Muskelkontraktion entscheidend. In **Abbildung 9.4** ist der Aufbau eines einzelnen Sarkomers schematisch dargestellt. Die Myosinfilamente liegen in der Mitte des Sarkomers; sie sind durch die Proteine der **M-Scheiben** miteinander verbunden. Die Aktinfilamente finden sich jeweils an den Enden des Sarkomers; sie sind an den Proteinen der Z-Scheiben befestigt und reichen in Richtung der M-Scheiben. Die

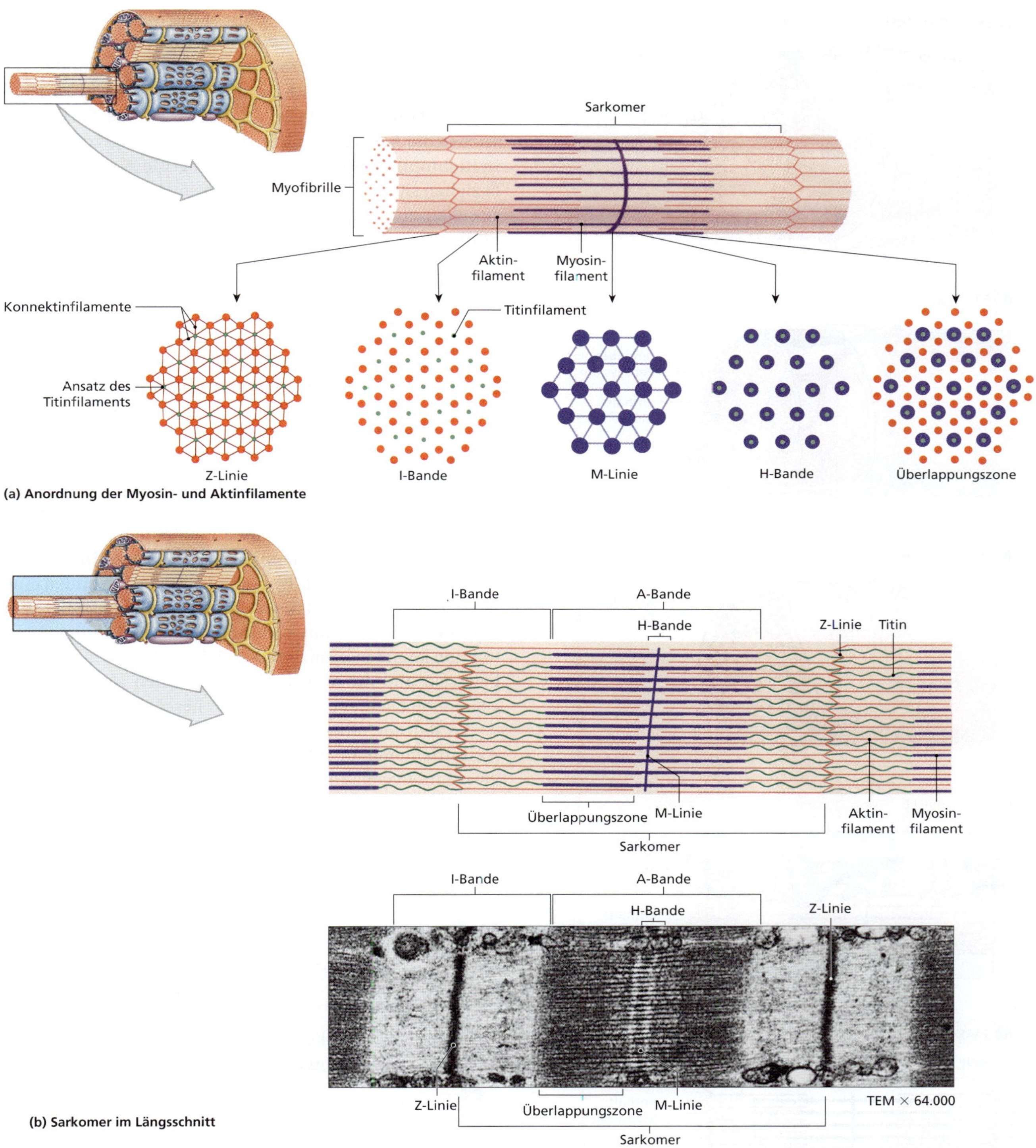

Abbildung 9.4: Aufbau eines Sarkomers. (a) Die Anordnung von Aktin- und Myosinfilamenten innerhalb eines Sarkomers und Schnittbilder der einzelnen Regionen. (b) Sarkomer einer Myofibrille aus dem M. gastrocnemius der Wade mit Schemazeichnung, die die verschiedenen Komponenten dieses Sarkomers zeigt.

Z-Linien markieren die Grenzen der einzelnen Sarkomere. In der **Überlappungszone** liegen die Aktinfilamente zwischen den Myosinfilamenten. In Abbildung 9.4a sind Querschnitte durch die verschiedenen Abschnitte eines Sarkomers dargestellt. Beachten Sie die relative Größe und die Anordnung der Aktin- und Myosinfilamente in der Überlappungszone. Jedes Aktinfilament sitzt in einem Dreieck aus drei Myosinfilamenten; jedes Myosinfilament ist von sechs Aktinfilamenten umgeben.

Die Unterschiede in Größe und Dichte zwischen den Aktin- und den Myosinfilamenten ist die Ursache für das Streifenmuster des Sarkomers. Die **A-Bande** ist der Bereich

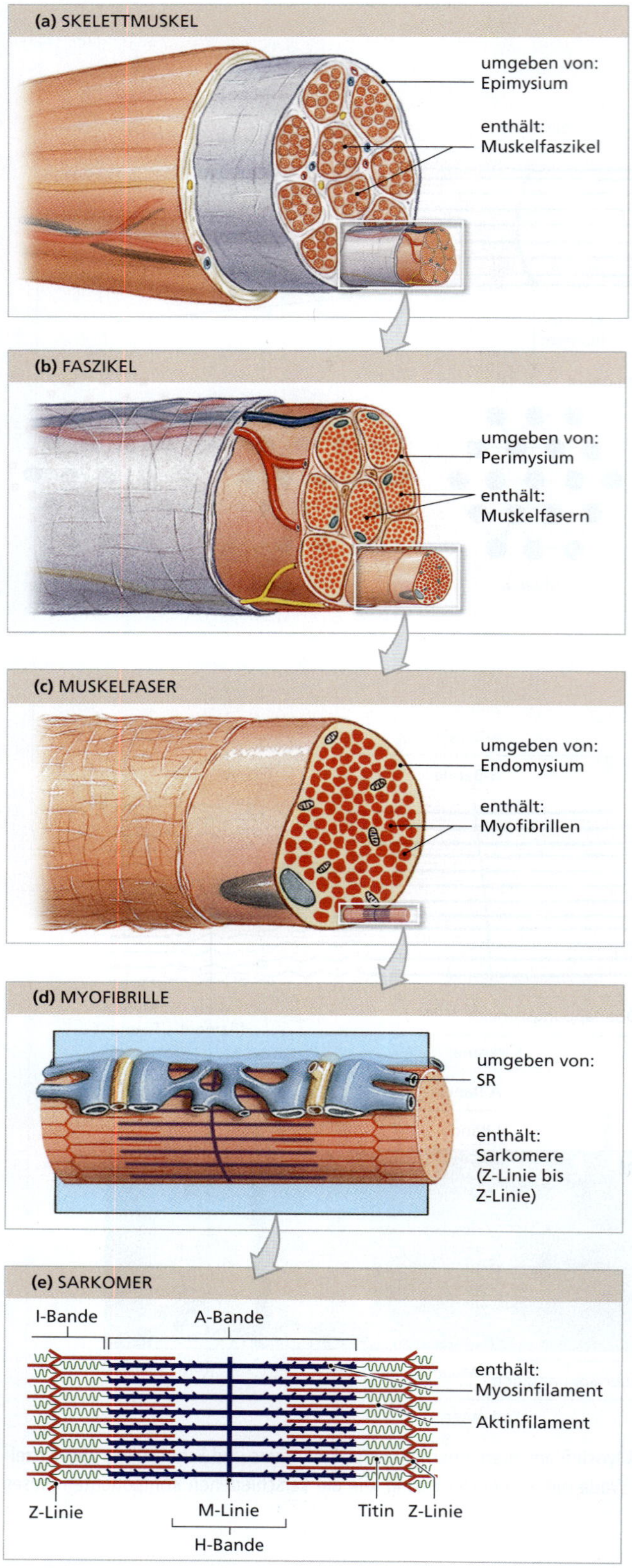

Abbildung 9.5: Funktionelle Organisationsebenen einer Skelettmuskelfaser.

der Myosinfilamente. Sie schließt die M-Scheibe, die **H-Bande** (nur Myosin) und die Überlappungszone (Myosin und Aktin) ein. Der Bereich zwischen der A-Bande und der Z-Linie ist Teil des **I-Bandes**, das nur Aktinfilamente enthält. Von den Z-Linien an den Enden der Sarkomere reichen die Aktinfilamente in die Überlappungszone hinein in Richtung der M-Scheiben. Die Begriffe A- und I-Bande beziehen sich auf die Eigenschaften anisotrop und isotrop; so sehen diese Bänder unter polarisiertem Licht aus. **Abbildung 9.5** fasst die bisher besprochenen Organisationsebenen zusammen.

Aktinfilamente Jedes Aktinfilament besteht aus einem verdrehten Strang von etwa 5–6 nm Durchmesser und 1 μm Länge (**Abbildung 9.6**a und b). Dieser Strang, **F-Aktin** genannt, ist aus 300–400 kugelförmigen G-Aktinmolekülen zusammengesetzt. Ein dünner Strang aus einem Protein namens Nebulin hält den F-Aktinstrang zusammen. Jedes G-Aktinmolekül hat aktive Bindungsstellen, mit denen es sich an ein Myosinfilament anheften kann, etwa so, wie sich ein Substratmolekül an den aktiven Rezeptor eines Enzyms bindet. Ein Aktinfilament enthält außerdem noch die zugehörigen Proteine **Tropomyosin** und **Troponin** (griech.: trepein = sich wenden). Tropomyosinmoleküle bilden eine lange Kette, die die Myosinbindungsstellen bedeckt und damit eine Interaktion verhindt. Damit es zu einer Kontraktion kommen kann, müssen sich die Troponinmoleküle bewegen und die Myosinbindungsstellen freigeben. Der genaue Mechanismus wird später beschrieben.

An den jeweiligen Enden eines Sarkomers sind die Aktinfilamente an den Z-Linien befestigt. Diese werden zwar Linien genannt, weil sie einer dunklen Linie auf der Myofibrille ähneln, doch im Schnittbild sehen sie mehr aus wie ein lockeres Geflecht aus Aktinproteinen. Aus diesem Grunde spricht man oft von einer **Z-Scheibe**.

AUFGABEN

1. Warum sieht Skelettmuskulatur unter dem Mikroskop gestreift aus?
2. Was sind Myofibrillen? Wo befinden sie sich?
3. Aus welchen Proteinen bestehen Myofilamente im Wesentlichen?
4. Welches ist die Funktionseinheit des Skelettmuskels?
5. Welche beiden Proteine regulieren die Interaktionen zwischen Aktin und Myosin?

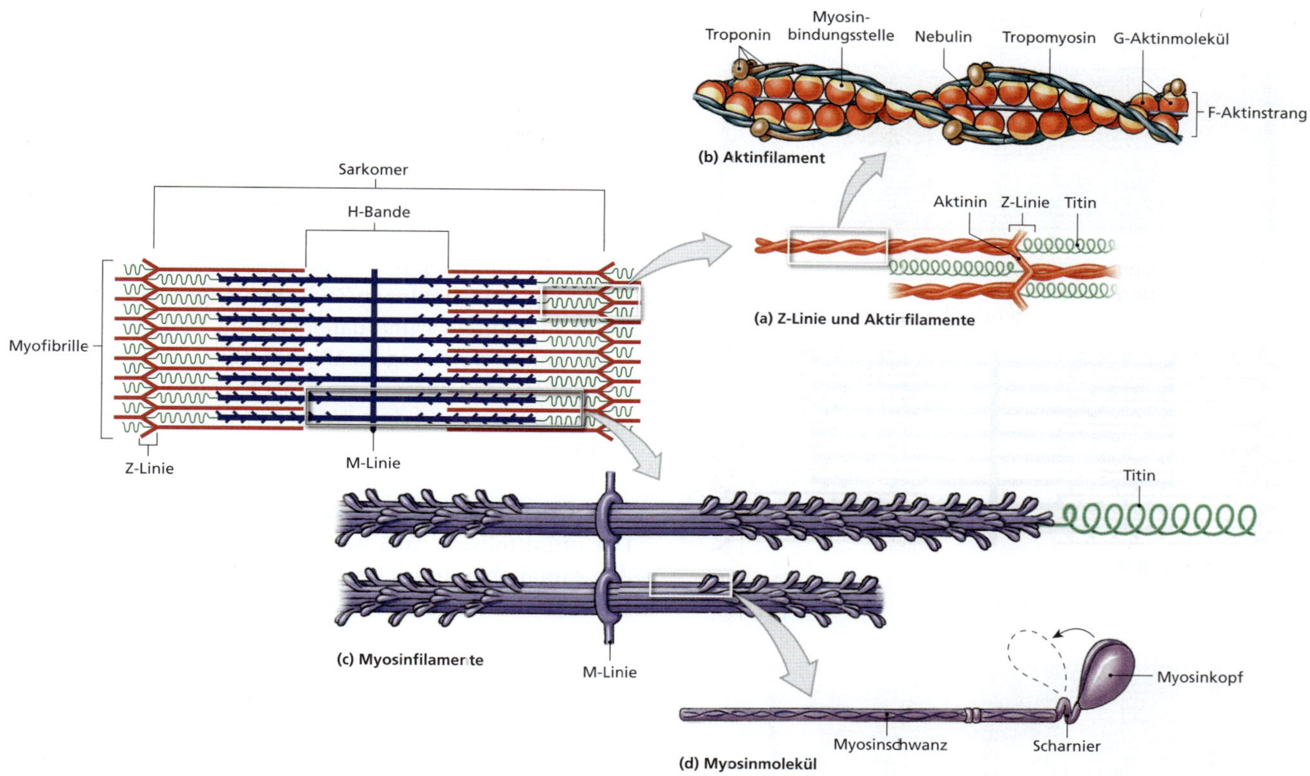

Abbildung 9.6: Aktin- und Myosinfilamente. Myofilamente sind Bündel aus Aktin- und Myosinfilamenten. (a) Die Verbindung der Aktinfilamente an der Z-Scheibe. (b) Feinstruktur eines Aktinfilaments mit Anordnung von G-Aktin, Troponin und Tropomyosin. (c) Struktur eines Myosinfilaments. (d) Feinstruktur eines einzelnen Myosinmoleküls mit Darstellung der Bewegung des Kopfes nach Aufbau einer Querverbindung.

MYOSINFILAMENTE Myosinfilamente sind 10–12 nm dick und 1,6 µm lang (**Abbildung 9.6**c). Sie setzen sich aus Bündeln von Myosinmolekülen zusammen. Jedes der etwa 500 Myosinmoleküle in einem Filament besteht aus einem doppelten Myosinstrang mit einem langen Schwanz und einem freien, abgerundeten Kopf (**Abbildung 9.6**d). Benachbarte Myosinfilamente sind in ihrer Mitte über die Proteine der M-Linie miteinander verbunden. Die Myosinmoleküle orientieren sich von der M-Linie weg; die Köpfe weisen nach außen in Richtung der Aktinfilamente. Die Myosinköpfe werden auch als **Querverbindungen** bezeichnet, da sie während einer Kontraktion Aktin- und Myosinfilamente miteinander verbinden.

In jedem Myosinfilament befindet sich ein Kern aus **Titin** (siehe Abbildung 9.4a und c). Von beiden Seiten der M-Linie zieht jeweils ein Titinstrang durch das Filament hindurch und weiter an einen Ansatzpunkt an der nächsten Z-Scheibe. Der Abschnitt des Titinstrangs, der innerhalb des I-Bandes frei liegt, ist sehr elastisch und zieht sich nach einer Dehnung wieder zusammen. In einem normalen ruhenden Sarkomer sind die Titinstränge vollständig entspannt; sie straffen sich nur, wenn das Sarkomer durch äußere Einflüsse gestreckt wird. In diesem Fall erhalten sie die normale Anordnung der Aktin- und Myosinfilamente und verkürzen nach Ende der Dehnung das Sarkomer wieder auf seine normale Ruhelänge.

Muskelkontraktion 9.3

Ein kontrahierender Muskel übt Zug oder **Spannung** aus und verkürzt sich. Die Kontraktion der Muskelfasern ist das Resultat von Interaktionen zwischen den Aktin- und den Myosinfilamenten in den einzelnen Sarkomeren. Den genauen Mechanismus nennt man **Gleitfilamenttheorie**. Auslöser für die Kontraktion ist die Anwesenheit von Kalziumionen (Ca^{2+}); für die Kontraktion selbst ist ATP erforderlich.

9.3.1 Die Gleitfilamenttheorie

Die direkte Beobachtung eines kontrahierenden Muskels zeigt, dass dabei 1. die H-Bande und die I-Bande schmaler werden, 2. die Überlappungszone breiter wird, 3. die Z-Scheiben sich aufeinander zu bewegen, aber 4. die Breite der A-Bande gleich bleibt (**Abbildung 9.7**). Diese Beobachtungen und die mechanischen Abläufe zwischen den Aktin- und den Myosinfilamenten werden durch die sog. Gleitfilamenttheorie erklärt.

Es kommt zu einem Filamentgleiten, wenn sich die Myosinköpfe an die Myosinbindungsstellen der Aktinfasern binden. Wenn es zu diesen Querverbindungen kommt, schwenkt der Myosinkopf in Richtung der M-Linie und zieht dabei das Aktinfilament in Richtung der Mitte des

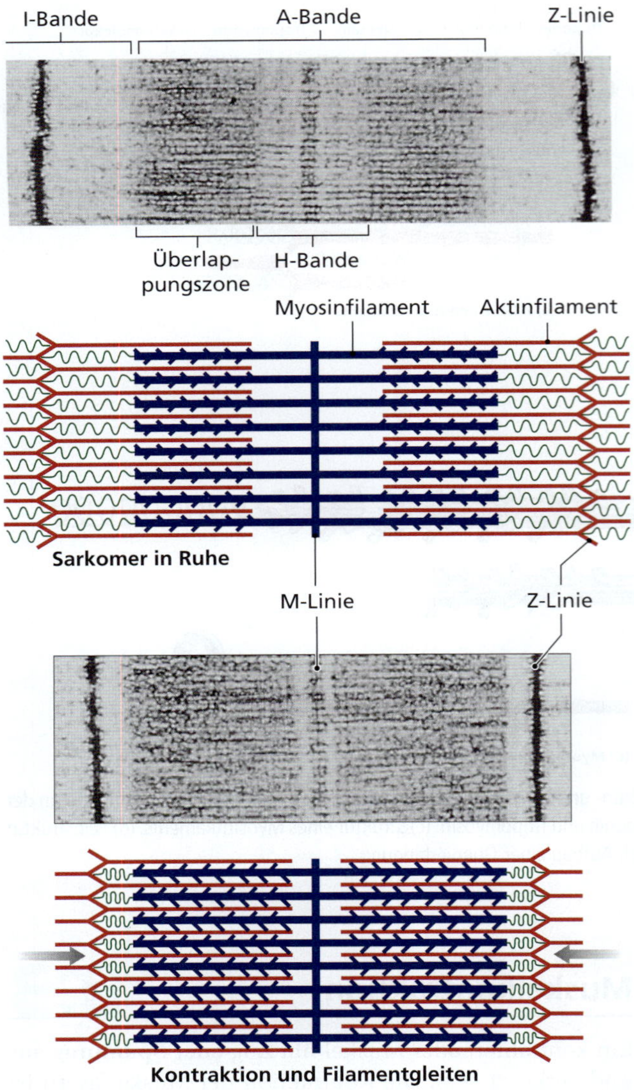

Abbildung 9.7: Veränderungen am Sarkomer während der Kontraktion einer Skelettmuskelfaser. Während einer Kontraktion verändert sich die Breite des A-Bandes nicht, aber die Z-Linien bewegen sich aufeinander zu, und die H- und die I-Bande verschmälern sich.

Sarkomers. Die Querverbindung löst sich dann und kehrt an seine ursprüngliche Position zurück, um erneut zu binden, zu schwenken, zu lösen und zurückzukehren. Wenn die Myosinfilamente an den Aktinfilamenten ziehen, bewegen sich die Z-Scheiben auf die M-Linie zu; das Sarkomer verkürzt sich.

Wenn viele Menschen gleichzeitig an einem Seil ziehen, ist der Zug, den sie dabei ausüben, proportional zu der Anzahl der beteiligten Personen. Bei einer Muskelfaser hängt die Zugkraft von der Anzahl der Querbrücken in den Sarkomeren der Muskelfibrillen ab. Diese Anzahl wird wiederum durch die Breite der Überlappungszone zwischen Aktin- und Myosinfilamenten beeinflusst. Nur die Myosinköpfe innerhalb der Überlappungszone können sich an Myosinbindungsstellen binden und Spannung aufbauen. Die Zugkraft einer Muskelfaser steht daher in direktem Zusammenhang mit der Struktur der einzelnen Sarkomere (**Abbildung 9.8**). Der Muskel kann seine maximale Spannung nur bei optimaler Ausgangslänge aufbauen (siehe Abbildung 9.8c). Der Normalbereich eines Sarkomers liegt zwischen 75 und 130 % dieser optimalen Länge. Bei normalen Bewegungen arbeiten unsere Muskelfasern von verschiedenen Zwischenlängen aus; die aufgebaute Spannung variiert daher ständig. Beim Gehen etwa, wenn Muskeln sich regelmäßig abwechselnd kontrahieren und entspannen, werden sie zunächst bis sehr nahe an die optimale Länge gedehnt, bevor sie wieder zur nächsten Kontraktion gereizt werden.

Der Beginn der Kontraktion

Der unmittelbare Auslöser einer Muskelkontraktion ist das Auftauchen freier Kalziumionen im Sarkolemm. Die intrazelluläre Kalziumkonzentration ist normalerweise sehr gering. In den meisten Zellen liegt dies daran, dass Kalziumionen, die in die Zellen eintreten, sofort an der Zellmembran wieder nach draußen in die extrazelluläre Flüssigkeit gepumpt werden. Obwohl Skelettmuskelfasern dies ebenfalls tun, pumpen sie das Kalzium aber auch in die Terminalzisternen des SR (**Abbildung 9.9**). Das Sarkoplasma einer ruhenden Skelettmuskelzelle enthält nur sehr wenig Kalzium, doch die Kalziumkonzentration innerhalb der Terminalzisternen kann bis zu 40.000 Mal so hoch sein.

Elektrische Entladungen am Sarkolemm verursachen eine Kontraktion, indem sie die Freisetzung von Kalziumionen aus den Terminalzisternen auslösen. Diese elektrische „Botschaft“, der Impuls, wird von den T-Tubuli weitergeleitet, die tief in das Sarkoplasma der Muskelfaser hineinreichen. Ein T-Tubulus beginnt am Sarkolemm und zieht senkrecht nach innen (siehe Abbildung 9.3d), wobei er sich an der Grenze zwischen dem A- und dem I-Band an jedes einzelne Sarkomer verzweigt.

Wenn ein elektrischer Impuls durch einen T-Tubulus geleitet wird, erhöht dies die Permeabilität der Terminalzisternen für Kalzium. Die Kalziumionen strömen daraufhin in die Überlappungszonen, wo sie sich an das Troponin binden. Dies führt zu einer Veränderung der Form des Troponinmoleküls, was wiederum die Position des Troponinstrangs verändert, sodass die Myosinbindungsstellen freigelegt werden. Es kommt zur Bildung einer Querbrücke; die Kontraktion beginnt.

Das Ende der Kontraktion

Die Dauer der Kontraktion richtet sich gewöhnlich nach der Dauer des elektrischen Impulses. Die Veränderung der Permeabilität für Kalzium an der Membran der Terminalzisternen ist nur vorübergehend; wenn die Kontraktion andauern soll, müssen neue elektrische Impulse durch die T-Tubuli geleitet werden. Endet die elektrische Stimulation, nimmt das SR die Kalziumionen wieder auf, der Troponin-Tropomyosin-Komplex bedeckt wieder die

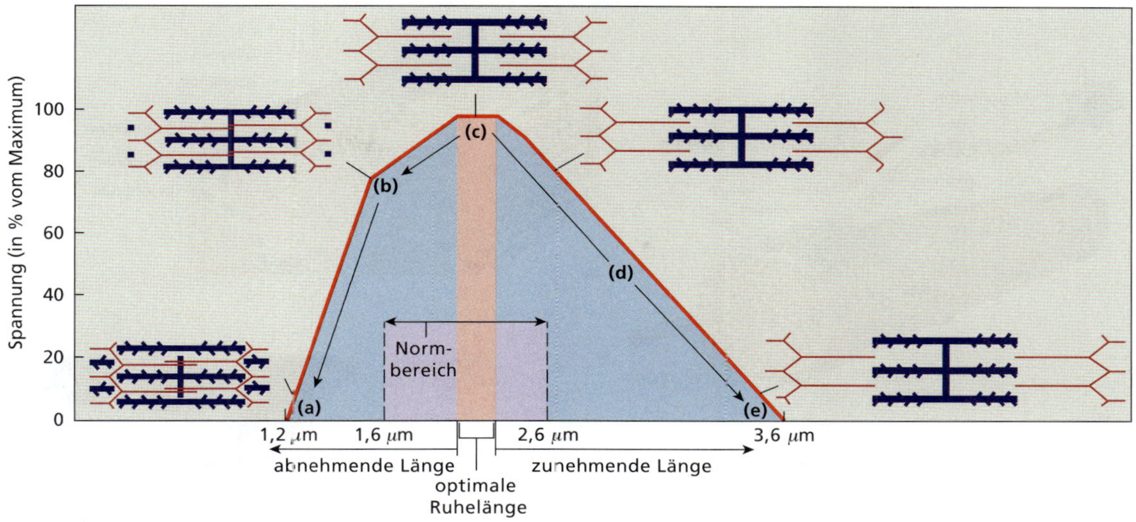

Abbildung 9.8: Einfluss der Länge des Sarkomers auf die Muskelkraft. Wenn das Sarkomer zu lang oder zu kurz ist, beeinträchtigt dies die Effizienz der Kontraktion. Ist das Sarkomer zu kurz, kann es nicht kontrahieren, weil entweder (a) die Myosinfilamente bereits bis an die Z-Linien heranreichen oder (b) die Aktinfilamente über die Mitte des Sarkomers hinausgehen. (c) Die maximale Spannung kann dann aufgebaut werden, wenn die Überlappungszone groß ist, aber die Aktinfilamente nicht über die Mitte des Sarkomers hinausreichen. Wenn das Sarkomer zu weit gestreckt ist, verkürzt sich die Überlappungszone (d) oder verschwindet ganz (e); entsprechend können nur wenige oder keine Querverbindungen aufgebaut werden.

Myosinbindungsstellen, und die Kontraktion ist beendet.

Bindung und Abbau von ATP sind die treibende Kraft für das Schwenken des Myosinkopfs sowie der Vorbereitung für die Bindung an das Aktin. Sobald eine Querbrücke entstanden ist, schwenkt der Myosinkopf um und zieht das Aktinfilament in die Mitte des Sarkomers. Damit sich der Myosinkopf anschließend löst und für den nächsten Zyklus wieder zurückschwenkt, muss ein weiteres ATP eingesetzt werden. Daher hören Muskelfasern auch bei fortgesetzter Stimulation irgendwann einmal auf zu arbeiten, wenn ihnen das ATP ausgeht (Eintritt der Muskel- [Toten-]starre). Jeder Myosinkopf kann bis zu fünf Mal pro Sekunde schwenken; an jedem Myosinfilament befinden sich Hunderte von Köpfen, Hunderte von Filamenten in einem Sarkomer, Tausende von Sarkomeren in einer Myofibrille und Hunderte bis Tausende Myofibrillen in einer einzigen Muskelfaser. Mit anderen Worten: Die Kontraktion einer Muskelfaser verbraucht enorme Mengen an ATP!

Obwohl die Muskelkontraktion ein aktiver Vorgang ist, verläuft die Rückkehr zur Ausgangsposition gänzlich passiv. Muskeln können nicht schieben, sie können nur ziehen. Faktoren, die den Muskel wieder auf seine normale Ausgangslänge zurückbringen, sind elastische Fasern (in Epi-, Peri- und Endomysium), der Zug anderer Muskeln (Antagonisten) und die Schwerkraft.

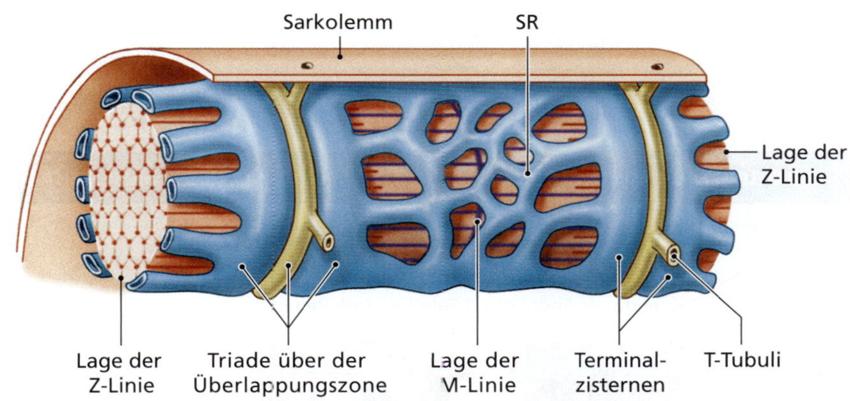

Abbildung 9.9: Die Anordnung von SR, T-Tubuli und den einzelnen Sarkomeren. Eine Triade entsteht, wo ein T-Tubulus zwischen zwei Terminalzisternen ein Sarkomer umgibt. Vergleichen Sie diese Darstellung mit Abbildung 9.3d; beachten Sie, dass die Triaden an den Überlappungszonen liegen.

9.3.2 Die neurale Steuerung der Muskelkontraktion

Der grundsätzliche Ablauf kann wie folgt zusammengefasst werden:

- Chemische Substanzen, die an der neuromuskulären Synapse des Motoneurons freigesetzt werden, verändern das Membranpotenzial des Sarkolemms. Diese Veränderung setzt sich über die gesamte Membran und in die T-Tubuli hinein fort.
- Das veränderte Membanpotenzial in den T-Tubuli löst die Freisetzung von Kalziumionen aus dem SR aus. Diese Freisetzung setzt, wie oben beschrieben, die Kontraktion in Gang.

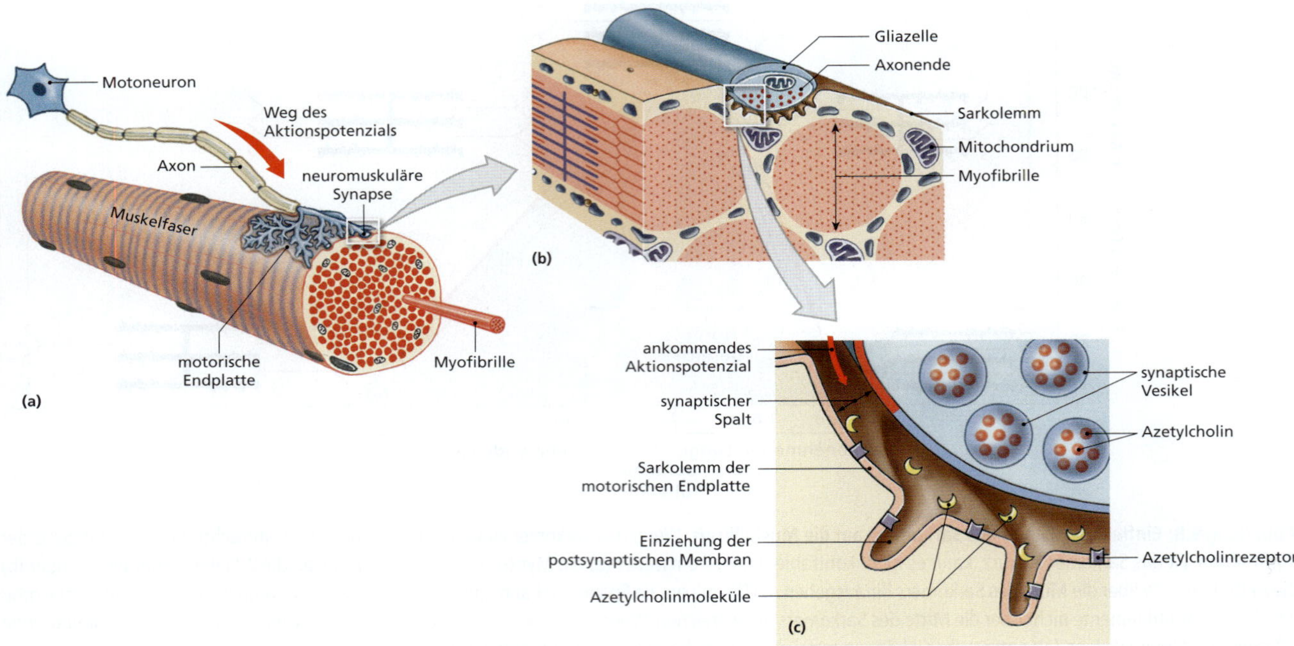

Abbildung 9.10: Die neuromuskuläre Synapse. (a) Schematische Darstellung einer neuromuskulären Synapse. (b) Ausschnitt einer neuromuskulären Synapse. (c) Feinstruktur von Axonende, synaptischem Spalt und motorischer Endplatte (vergleiche auch Abbildung 9.2).

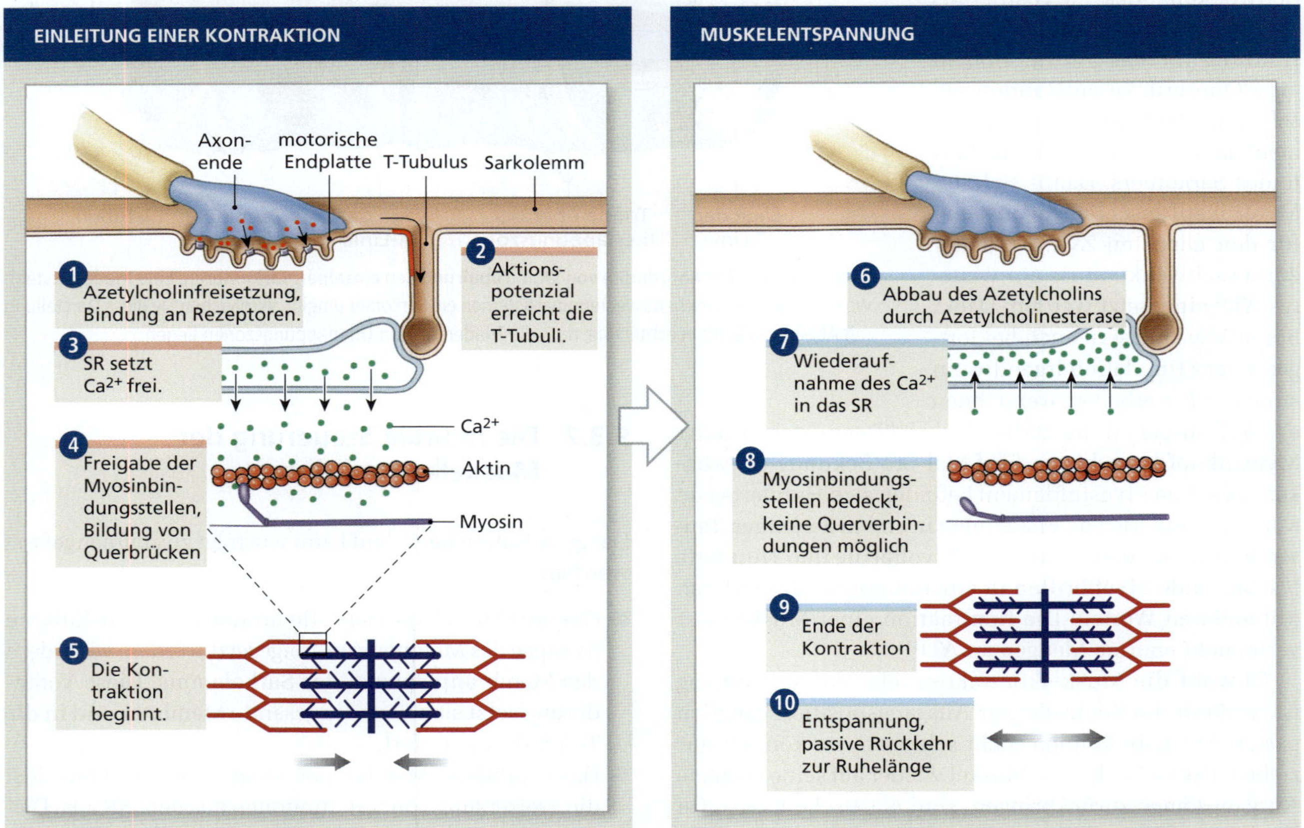

Abbildung 9.11: Abläufe bei der Muskelkontraktion. Eine Zusammenfassung der Abfolge der Ereignisse bei der Kontraktion eines Muskels.

AUFGABEN

1. Was passiert mit den A- und I-Bändern einer Myofibrille während einer Kontraktion?
2. Benennen Sie die Abfolge der Ereignisse während einer Kontraktion.
3. Wie interagieren Terminalzisternen und T-Tubuli zur Auslösung einer Kontraktion miteinander?
4. Was ist ein Neurotransmitter? Worin besteht seine Aufgabe?

Jede Skelettmuskelfaser wird von einem **Motoneuron** gesteuert, dessen Zellkörper sich innerhalb des ZNS befindet. Das Axon dieser Nervenzelle reicht in die Peripherie bis an die neuromuskuläre Synapse dieser einen Muskelfaser. Der allgemeine Aufbau einer neuromuskulären Synapse wurde in Abbildung 9.2 gezeigt. In **Abbildung 9.10** finden Sie weitere Details. Die erweiterte Spitze des Axons an der neuromuskulären Synapse nennt man Axonende. Das Zytoplasma in diesem Bereich enthält reichlich Mitochondrien und kleine sekretorische Vesikel (synaptische Vesikel), die mit Azetylcholinmolekülen gefüllt sind.

Azetylcholin ist ein sog. Neurotransmitter, eine chemische Substanz, die von einem Neuron zur Kommunikation mit einer anderen Zelle freigesetzt wird. Diese Kommunikation findet in Form einer Änderung des Membranpotenzials dieser Zelle statt. Ein schmaler Raum, der **synaptische Spalt**, trennt das Axonende von der motorischen Endplatte der Skelettmuskelfaser. Dieser Spalt enthält die **Azetylcholinesterase**, auch Cholinesterase genannt, die die Azetylcholinmoleküle abbaut.

Wenn ein elektrischer Impuls am Axonende anlangt, wird Azetylcholin in den synaptischen Spalt abgegeben. Dieses bindet sich dann an Rezeptoren an der motorischen Endplatte, wodurch es zu einer lokalen Veränderung des Membranpotenzials kommt. Diese Veränderung verursacht die Entstehung eines elektrischen Impulses, auch **Aktionspotenzial** genannt, der über das Sarkolemm hinweg und in die T-Tubuli hinein zieht. Die Aktionspotenziale werden solange weiter produziert, bis die Cholinesterase das gebundene Azetylcholin abgebaut hat.

9.3.4 Muskelkontraktion: Zusammenfassung

Der gesamte Ablauf von der neuronalen Aktivierung bis hin zur vollendeten Kontraktion ist in **Abbildung 9.11** dargestellt.

Zur Initiation einer Kontraktion gehören die folgenden wichtigen Schritte:

1. An der neuromuskulären Synapse wird Azetylcholin am Axonende freigesetzt und bindet sich an die Rezeptoren der neuromuskulären Endplatte.
2. Daraus resultiert eine Veränderung des Membranpotenzials an der Muskelfaser, die ein Aktionspotenzial auslöst, das über die gesamte Fläche der Zelle und in die T-Tubuli hinein zieht.
3. Das SR gibt daraufhin das gespeicherte Kalzium frei, was zu einer Erhöhung der Kalziumkonzentration im Sarkoplasma an den Sarkomeren führt.
4. Kalziumionen binden sich an das Troponin; der Troponin-Tropomyosin-Komplex ändert dadurch seine Ausrichtung und gibt die Myosinbindungsstellen der Aktinfilamente frei. Wenn sich die Myosinköpfe an diese Bindungsstellen heften, entstehen die Querbrücken.
5. Wiederholte Zyklen (Binden, Schwenken und Lösen), die durch die Hydrolyse von ATP angetrieben werden, führen zum Filamentgleiten; die Muskelfaser verkürzt sich.
6. Dieser Vorgang setzt sich für eine kurze Zeit fort, bis kein Aktionspotenzial mehr aufgebaut wird, da die Cholinesterase das Azetylcholin abgebaut hat.
7. Das SR nimmt die Kalziumionen wieder auf; die Kalziumkonzentration im Sarkoplasma sinkt wieder.
8. Wenn die Kalziumkonzentration im Sarkoplasma wieder auf die normale Höhe in Ruhe gesunken ist, bewegt sich der Troponin-Tropomyosin-Komplex zurück an seinen normalen Ruheplatz. Hierbei werden die Myosinbindungsstellen wieder zugedeckt und die Bildung von Querbrücken verhindert.
9. Ohne Querbrücken gleiten die Fasern nicht mehr weiter; die Kontraktion ist beendet.
10. Nun kommt es zu einer Entspannung des Muskels; die Muskelfasern kehren passiv auf ihre Ausgangslänge zurück.

AUS DER PRAXIS — Leichenstarre

Mit dem Tod stoppt der Kreislauf; den Skelettmuskeln wird dann weder Sauerstoff noch Nahrung zugeführt. Normalerweise nach wenigen Stunden geht den Skelettmuskeln das ATP aus, und das SR ist nicht mehr in der Lage, die Kalziumionen aus dem Sarkoplasma zu entfernen. Kalziumionen, die aus dem Extrazellulärraum in das Sarkoplasma diffundieren oder aus dem SR auslaufen, lösen eine anhaltende Kontraktion aus. Ohne ATP können sich die Querbrücken nicht von den Bindungsstellen lösen; der Muskel erstarrt. Da sämtliche Muskeln beteiligt sind, wird die Person „steif wie eine Brett“. Dieser Zustand, die Leichenstarre (*Rigor mortis*), hält an, bis durch Autolyse Lysosomen freigesetzt werden, die 15–25 Stunden später die Myofilamente auflösen.

Motorische Einheiten und Steuerung der Muskulatur 9.4

Alle Muskelfasern, die von einem einzelnen Motoneuron gesteuert werden, bilden zusammen eine **motorische Einheit**. Ein typischer Skelettmuskel enthält Tausende von Muskelfasern. Obwohl es Motoneurone gibt, die einzelne Muskelfasern innervieren, steuern die meisten von ihnen Hunderte von Fasern. Die Größe einer motorischen Einheit ist ein Maß für die Präzision, mit der wir die entsprechenden Muskeln bewegen können. In den Augenmuskeln, bei denen eine präzise Kontrolle sehr wichtig ist, enthält ein Motoneuron zwei bis drei Fasern. Unsere kraftvolleren Muskeln, wie etwa die der Beine, können wir viel weniger genau steuern; hier innerviert ein einzelnes Motoneuron bis zu 2000 Muskelfasern.

Wenn seine motorischen Einheiten stimuliert werden, kontrahiert ein Skelettmuskel. Die aufgebaute Spannung hängt von zwei Faktoren ab: 1. der Frequenz der Stimulation und 2. der Anzahl der beteiligten Motoneurone. Eine einzelne, kurze Muskelkontraktion nennt man **Muskelzucken**. Es ist die Reaktion auf einen einzelnen Impuls. Mit zunehmender Frequenz steigt die erreichte Spannung auf ihr Maximum und verbleibt auf einem Plateau. So laufen die meisten Muskelkontraktionen ab.

Muskelfasern kontrahieren entweder vollständig oder gar nicht. Dies nennt man das **Alles-oder-nichts-Prinzip**. Alle Fasern einer motorischen Einheit kontrahieren gleichzeitig; die Kraft, die der Muskel insgesamt aufbringt, hängt daher von der Gesamtzahl der aktivierten motorischen Einheiten ab. Das Nervensystem steuert die Stärke des Muskelzugs, indem es unterschiedlich viele motorische Einheiten stimuliert.

Wenn die Entscheidung für eine bestimmte Bewegung gefallen ist, werden spezifische Gruppen von Motoneuronen stimuliert. Diese Motoneurone reagieren jedoch nicht alle gleichzeitig, sondern die Anzahl der aktivierten motorischen Einheiten steigt kontinuierlich an. In **Abbildung 9.12** sehen Sie, wie die Muskelfasern einer motorischen Einheit mit denen anderer Einheiten vermischt sind. Wegen dieser Vermischung kommt es bei Zunahme der Aktivierung nicht zu einer Veränderung der Zugrichtung des Muskels, sondern die Gesamtkraft nimmt stetig zu. Diese gleichmäßige, aber stete Zunahme der Muskelspannung nennt man **Rekrutierung** oder **Summation**.

Die höchste Spannung wird erreicht, wenn alle motorischen Einheiten des Muskels mit maximaler Frequenz kontrahieren. Diese kraftvollen Kontraktionen können jedoch nicht sehr lange aufrecht erhalten werden, da den einzelnen Muskelfasern bald die Energiereserven ausgehen. Um bei langen Kontraktionen eine Ermüdung zu vermeiden, werden die motorischen Einheiten reihum aktiviert, sodass immer einige ruhen und sich regenerieren, während andere die Kontraktion aufrecht erhalten.

9.4.1 Muskeltonus

Auch in einem ruhenden Muskel sind immer einige motorische Einheiten aktiv. Ihre Kontraktionen sind nicht stark genug, um eine Bewegung zu verursachen, doch sie spannen den Muskel an. Diese Grundspannung im ruhenden Muskel nennt man Muskeltonus. Es werden wechselnde motorische Einheiten stimuliert, sodass der Zug auf die Sehne gleich bleibt, die einzelnen Fasern jedoch die Möglichkeit haben, sich zu regenerieren. Der Muskeltonus stabilisiert die Position der Knochen und Gelenke. In den Muskeln, die für die aufrechte Körperposition verantwortlich sind, werden so viele Motoneurone stabilisiert, dass ausreichend Spannung vorhanden ist. Spezialisierte Muskelfasern, die Muskelspindeln, werden von Sinnesnerven überwacht, die den Muskeltonus in der umgebenden Skelettmuskulatur regulieren. Reflexe, die durch die Aktivität dieser Sinnesnerven ausgelöst werden, spielen eine wichtige Rolle bei der Kontrolle der Köperhaltung; sie werden in Kapitel 14 besprochen.

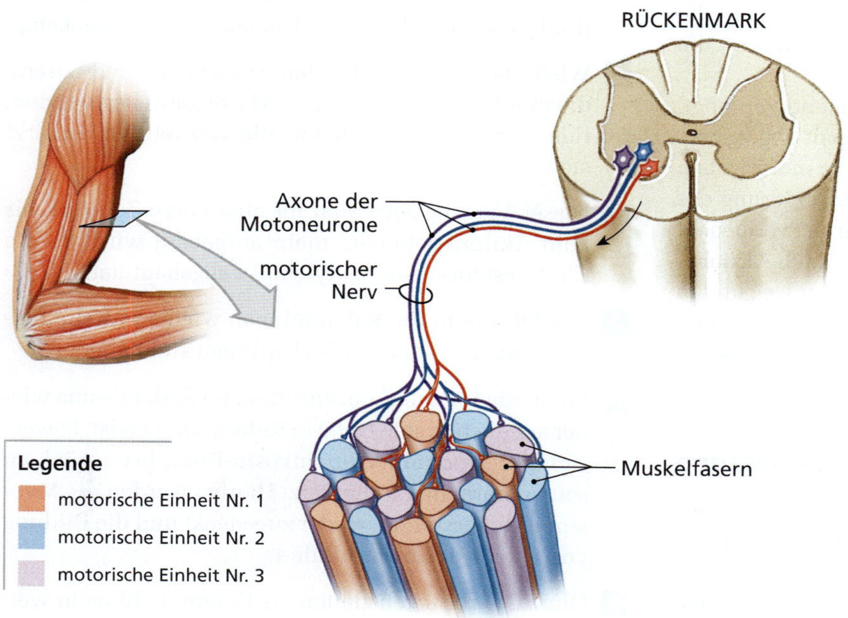

Abbildung 9.12: Die Anordnung von motorischen Einheiten in einem Skelettmuskel. Muskelfasern einer motorischen Einheit sind mit denen anderer Einheiten vermischt, sodass der Gesamtzug auf die Sehne konstant bleibt, auch wenn die einzelnen Muskelgruppen zwischen Kontraktion und Ruhephase wechseln. Die Anzahl von Muskelfasern in einer motorischen Einheit liegt zwischen einer und über 2000.

9.4.2 Muskelhypertrophie

Körperliche Bewegung steigert die Aktivität der Muskelspindeln und kann den Muskeltonus erhöhen. Als Folge wiederholter starker Stimulation enthalten die Muskelfasern mehr Mitochondrien, eine höhere Konzentration an glykolytischen Enzymen und größere Glykogenvorräte. Diese Muskelfasern haben mehr Myofibrillen, und jede Fibrille enthält mehr Aktin- und Myosinfilamente. Insgesamt führt dies zu einer Vergrößerung oder **Hypertrophie** des stimulierten Muskels. Die Muskelhypertrophie tritt bei Muskeln auf, die wiederholt zu submaximaler Spannung stimuliert werden; die intrazellulären Veränderungen führen zu einer erhöhten Spannung, wenn diese Fasern kontrahieren. Gewichtheber und Bodybuilder sind gute Beispiele für Menschen, bei denen Muskelhypertophie zu beobachten ist.

9.4.3 Muskelatrophie

Wenn ein Skelettmuskel nicht regelmäßig von einem Motoneuron stimuliert wird, verliert er an Muskeltonus und Masse. Der Muskel wird weich, die Fasern werden kleiner und schwächer. Diese Verminderung von Größe, Tonus und Kraft eines Muskels nennt man Atrophie. Bei Menschen mit Lähmungen nach Verletzungen am Rückenmark oder in anderen Bereichen des Nervensystems vermindern sich in den betroffenen Bereichen langsam Tonus und Größe der Muskeln. Auch eine vorübergehende Ruhigstellung kann zu einer Muskelatrophie führen; der Verlust von Tonus und Dicke eines Muskels nach Abnahme eines Gipses an Arm oder Bein ist gut zu erkennen. Eine Muskelatrophie ist anfangs reversibel, doch absterbende Muskelfasern werden nicht ersetzt; schlimmstenfalls sind die Funktionseinbußen dauerhaft. Aus diesem Grunde ist Krankengymnastik bei Menschen, die sich vorübergehend nicht bewegen können, so entscheidend wichtig.

9.5 Fasertypen im Skelettmuskel

Skelettmuskeln sind für verschiedene Aufgaben zuständig. Die Fasertypen, aus denen ein Muskel besteht, bestimmen zum Teil seine Aktivität. Es gibt im menschlichen Körper drei Haupttypen von Skelettmuskelfasern: schnelle Fasern, langsame Fasern und Intermediärfasern (Tabelle 9.1). Schnelle und langsame Fasern sind in **Abbildung 9.13** dargestellt. Die Unterschiede zwischen diesen Typen haben mit der unterschiedlichen Art zu tun, auf die sie an das für ihre Kontraktionen nötige ATP gelangen.

9.5.1 Schnelle Fasern

Schnelle Fasern, auch weiße Fasern genannt, sind dick; sie sind dicht mit Myofibrillen und großen Glykogenvorräten gefüllt und enthalten relativ wenige Mitochondrien. Die meisten Skelettmuskelfasern des Körpers werden als schnelle Fasern bezeichnet, da sie innerhalb von weniger als 0,01 s nach Stimulation kontrahieren können. Da die Spannung, die eine Muskelfaser aufbauen kann, direkt proportional zu der Anzahl ihrer Sarkomere ist, können schnelle Fasern kraftvolle Kontraktionen ausüben. Diese Kontraktionen verbrauchen jedoch enorme Mengen von ATP, mehr, als die Mitochondrien produzieren können. Da-

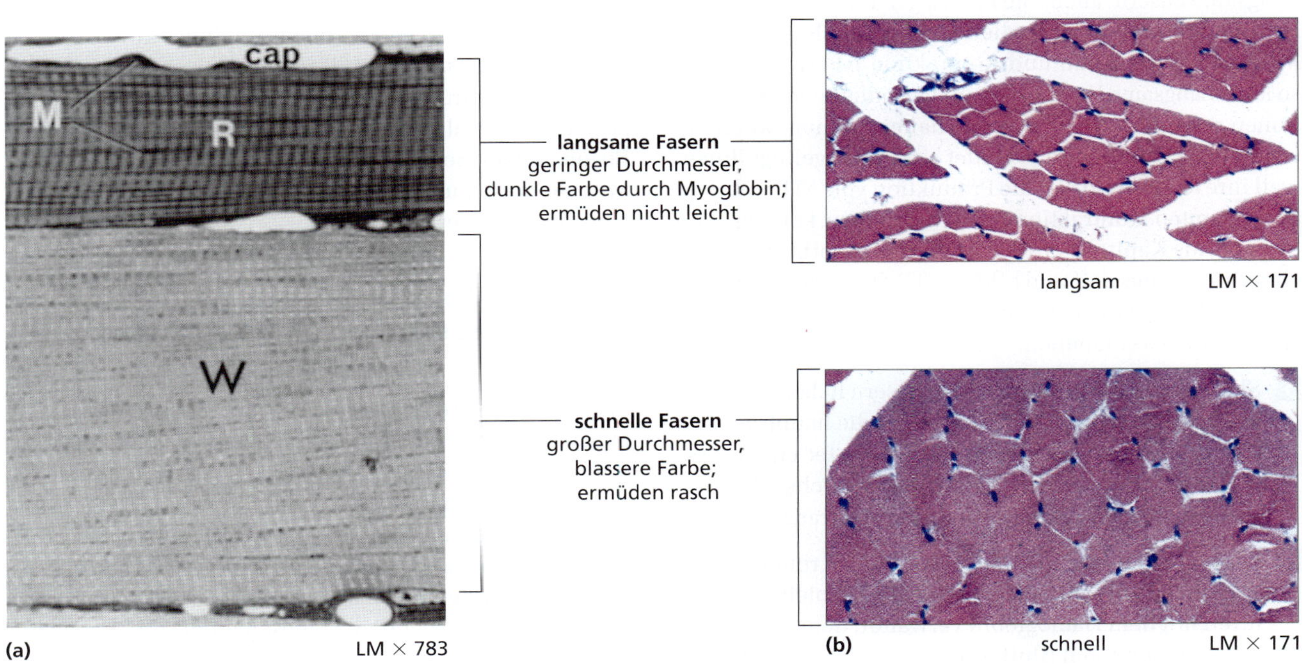

Abbildung 9.13: Fasertypen im Skelettmuskel. Schnelle Fasern sind für schnelle Kontraktionen geeignet, langsame Fasern für langsame, aber längere Kontraktionen. (a) Die relativ schmale langsame Muskelfaser (R) hat mehr Mitochondrien (M) und eine bessere Versorgung mit Kapillaren (cap) als die schnellen Muskelfasern (W). (b) Beachten Sie die Größenunterschiede zwischen den langsamen Fasern (oben) und den schnellen Fasern (unten).

Eigenschaft	Langsam	Intermediär	Schnell
Durchmesser im Querschnitt	Klein	Intermediär	Groß
Spannung	Niedrig	Intermediär	Hoch
Kontraktionsgeschwindigkeit	Langsam	Schnell	Schnell
Widerstand gegen Ermüdung	Hoch	Intermediär	Gering
Farbe	Rot	Rosa	Weiß
Myoglobingehalt	Hoch	Gering	Gering
Kapillarversorgung	Dicht	Intermediär	Spärlich
Mitochondrien	Viele	Intermediär	Wenige
Konzentration glykolytischer Enzyme im Sarkoplasma	Gering	Hoch	Hoch
Verwendete Substrate zur Gewinnung von ATP während der Kontraktion	Lipide, Kohlenhydrate, Aminosäuren (aerob)	Vornehmlich Kohlenhydrate (anaerob)	Kohlenhydrate (anaerob)
Alternative Bezeichnungen	Typ I, rote Fasern, SO („Slow Oxidizing"), ST („Slow Twitch")	Typ IIa, FOG ("Fast oxidative glycolytic")	Typ IIb, FG ("Fast glycolytic"), FT ("Fast Twitch")

Tabelle 9.1: Eigenschaften der Skelettmuskelfasertypen.

her wird die Energie hauptsächlich aus anaerober (griech.: aer = die Luft; bios = das Leben) Glykolyse gewonnen. In dieser Reaktionskette, die keinen Sauerstoff erfordert, wird das gespeicherte Glykogen in Laktat (Milchsäure) umgewandelt. Schnelle Fasern ermüden rasch, da zum einen die Glykogenvorräte begrenzt sind und sich zum anderen das Laktat in der Zelle ansammelt. Der niedrige pH-Wert der Säure beeinträchtigt den Ablauf der Kontraktion.

9.5.2 Langsame Fasern

Langsame Fasern, auch rote Fasern genannt, sind nur etwa halb so dick wie die schnellen Fasern; ihre Reaktionszeit zwischen Stimulation und Kontraktion ist etwa drei Mal so lang. Langsame Fasern sind auf langanhaltende Kontraktionen spezialisiert, die sie noch halten können, wenn die schnellen Fasern längst ermüdet sind. Dies gelingt ihnen, weil ihre Mitochondrien die Produktion von ATP während der gesamten Kontraktion aufrechterhalten können. Wie Sie sich aus Kapitel 2 erinnern können, absorbieren Mitochondrien Sauerstoff und bilden ATP. Diese Reaktionskette bezeichnet man als **aerob**. Der erforderliche Sauerstoff stammt aus zwei Quellen:

1. Skelettmuskeln mit langsamen Fasern haben ein **dichteres Kapillarnetz** als die Muskeln, die hauptsächlich schnelle Fasern enthalten. Dies bedeutet eine bessere Durchblutung; mehr rote Blutkörperchen können Sauerstoff zu den aktiven Muskelfasern transportieren.
2. Langsame Fasern sind rot, weil sie das rote Pigment **Myoglobin** enthalten. Dieses globuläre Protein ist strukturell mit dem Hämoglobin verwandt, dem Sauerstoffträger in den roten Blutkörperchen. Myoglobin bindet ebenfalls Sauerstoff. Daher enthalten ruhende langsame Muskelfasern große Sauerstoffvorräte, die sie bei einer Kontraktion mobilisieren können.

Langsame Muskelfasern enthalten auch relativ mehr Mitochondrien als die schnellen Fasern. Während die schnellen Fasern bei maximaler Aktivität auf ihre Glykogenvorräte zurückgreifen müssen, können die Mitochondrien der langsamen Fasern Kohlenhydrate, Fette oder sogar Proteine abbauen. Sie können daher über lange Zeit hinweg immer weiter kontrahieren. Die Beinmuskeln von Marathonläufern bestehen z. B. zum Großteil aus langsamen Muskelfasern.

9.5.3 Intermediärfasern

Intermediärfasern haben Eigenschaften, die zwischen denen der langsamen und denen der schnellen Fasern liegen. So kontrahieren sie schneller als die langsamen, aber langsamer als die schnellen Fasern. Auf histologischer Ebene ähneln sie den schnellen Fasern, haben aber mehr Mitochondrien und eine etwas bessere Durchblutung; sie ermüden weniger schnell.

9.5.4 Die Verteilung von schnellen, langsamen und Intermediärfasern

Der prozentuale Anteil von schnellen, langsamen und Intermediärfasern ist in jedem Skelettmuskel anders. Die meisten Muskeln enthalten eine Mischung aus den verschiedenen Fasertypen, doch innerhalb einer motorischen Einheit gibt es immer nur einen Fasertyp. In den Muskeln der Augen und der Hände, wo schnelle, aber kurze Kontraktionen nötig sind, gibt es keine langsamen Fasern. Viele Muskeln der Oberschenkel und des Rückens bestehen hingegen überwiegend aus langsamen Fasern, da sie zur Stütze der aufrechten Köperhaltung fast kontinuierlich kontrahieren müssen.

Der prozentuale Anteil von schnellen und langsamen Fasern in jedem Muskel ist genetisch determiniert; die

AUS DER PRAXIS

Muskelkater

Sie haben sicherlich schon einmal Muskelschmerzen am Tag nach einer körperlichen Belastung erlebt. Ursache und Bedeutung dieser Schmerzen werden sehr kontrovers diskutiert. Muskelkater hat einige interessante Eigenschaften:

- Er ist deutlich anders als die Schmerzen, die Sie direkt nach Ende der Belastung verspüren. Diese initialen, kurz anhaltenden Schmerzen haben wahrscheinlich mit den biochemischen Abläufen bei der Muskelermüdung zu tun.
- Muskelkater beginnt meist mehrere Stunden nach Ende der Belastung und kann drei bis vier Tage anhalten.
- Muskelkater ist am schlimmsten nach Bewegungen mit exzentrischen Kontraktionen. Bewegungen mit eher konzentrischen oder isometrischen Kontraktionen ziehen weniger starken Muskelkater nach sich.
- Die Kreatinphosphokinase- und Myoglobinspiegel im Blut sind erhöht, ein Hinweis auf eine Beschädigung des Sarkolemms. Die Art der Belastung (exzentrisch, konzentrisch oder isometrisch) hat keinen Einfluss auf die Höhe dieser Werte, noch besteht ein Zusammenhang zwischen ihrer Höhe und der Intensität der Schmerzen.

Drei verschiedene Mechanismen zur Erklärung des Muskelkaters werden diskutiert:

1. Kleine Risse im Muskelgewebe führen zu Verletzungen der Zellmembranen. Durch diese Risse im Sarkolemm treten Enzyme, Myoglobin und andere Substanzen aus und stimulieren die Schmerzrezeptoren in der Nähe.
2. Der Schmerz wird durch Muskelkrämpfe verursacht. In einigen Studien konnte gezeigt werden, dass ein Dehnen der Muskulatur nach der Belastung die Intensität der Beschwerden verringert.
3. Der Schmerz wird durch Risse im Bindegewebe und in den Sehnen der betroffenen Muskeln verursacht.

Für jede dieser Theorien gibt es gute Argumente, doch wahrscheinlich ist keine von ihnen allein richtig. Beispielsweise stützen die Laborwerte die These vom Muskelfaserriss, doch wenn dies die alleinige Ursache wäre, wären die Art der Aktivität und die Höhe der intrazellulären Enzyme im Blut mit der Intensität der Beschwerden korreliert; doch dies ist nicht der Fall.

AUFGABEN

1. Warum ermüdet ein Sprinter schon nach wenigen Sekunden, während ein Marathonläufer stundenlang laufen kann?
2. Welchen Muskelfasertyp würden Sie überwiegend in den großen Beinmuskeln eines Menschen erwarten, der erfolgreich Ausdauersportarten, wie Fahrradfahren oder Langstreckenlauf, betreibt?
3. Warum steuern einige Motoneurone nur einige wenige Muskelfasern, andere hingegen viele?
4. Was versteht man unter Rekrutierung?

individuellen Unterschiede sind erheblich. Diese Unterschiede haben einen Einfluss auf die Ausdauer. Ein Mensch mit mehr langsamen Fasern in einem bestimmten Muskel kann besser wiederholte Kontraktionen unter aeroben Bedingungen durchführen. Marathonläufer z. B., die einen hohen Anteil von langsamen Fasern in den Beinmuskeln haben, erbringen bessere Leistungen als diejenigen mit mehr schnellen Fasern. Für kurzfristige, aber intensive Belastungen, wie etwa bei einem Sprint oder beim Gewichtheben, sind hingegen Menschen mit einem höheren Prozentsatz schneller Fasern im Vorteil.

Die Merkmale der Muskelfasern ändern sich im Laufe des körperlichen Trainings. Wiederholte intensive Belastungen führen zur Vergrößerung der dicken Muskelfasern und zu Muskelhypertrophie. Ein Ausdauertraining hingegen, wie für einen Langstreckenlauf, erhöht den Anteil von Intermediärfasern im aktiven Muskel, da langsam schnelle Fasern in Intermediärfasern umgewandelt werden können.

Ausdauertraining allein führt nicht zu einer Muskelhypertrophie. Viele Sportler wählen daher eine Kombination aus aeroben Belastungen, wie etwa Schwimmen, und anaeroben Belastungen, wie Gewichtheben oder Sprinten. Dieses sog. **Intervalltraining** vergrößert die Muskulatur und verbessert gleichermaßen Kraft und Ausdauer.

9.6 Das Bauprinzip der Skelettmuskeln

Obwohl die meisten Skelettmuskelfasern etwa gleich stark kontrahieren und sich im gleichen Maße verkürzen, haben Variationen bezüglich des mikro- und makroskopischen Aufbaus einen erheblichen Einfluss auf die Kraft, das Bewegungsausmaß und die Geschwindigkeit, die bei einer Kontraktion erwirkt werden können.

Innerhalb eines Skelettmuskels sind die einzelnen Muskelfasern zu Bündeln zusammengefasst, den Faszikeln (siehe Abbildung 9.1). Die Muskelfasern innerhalb eines

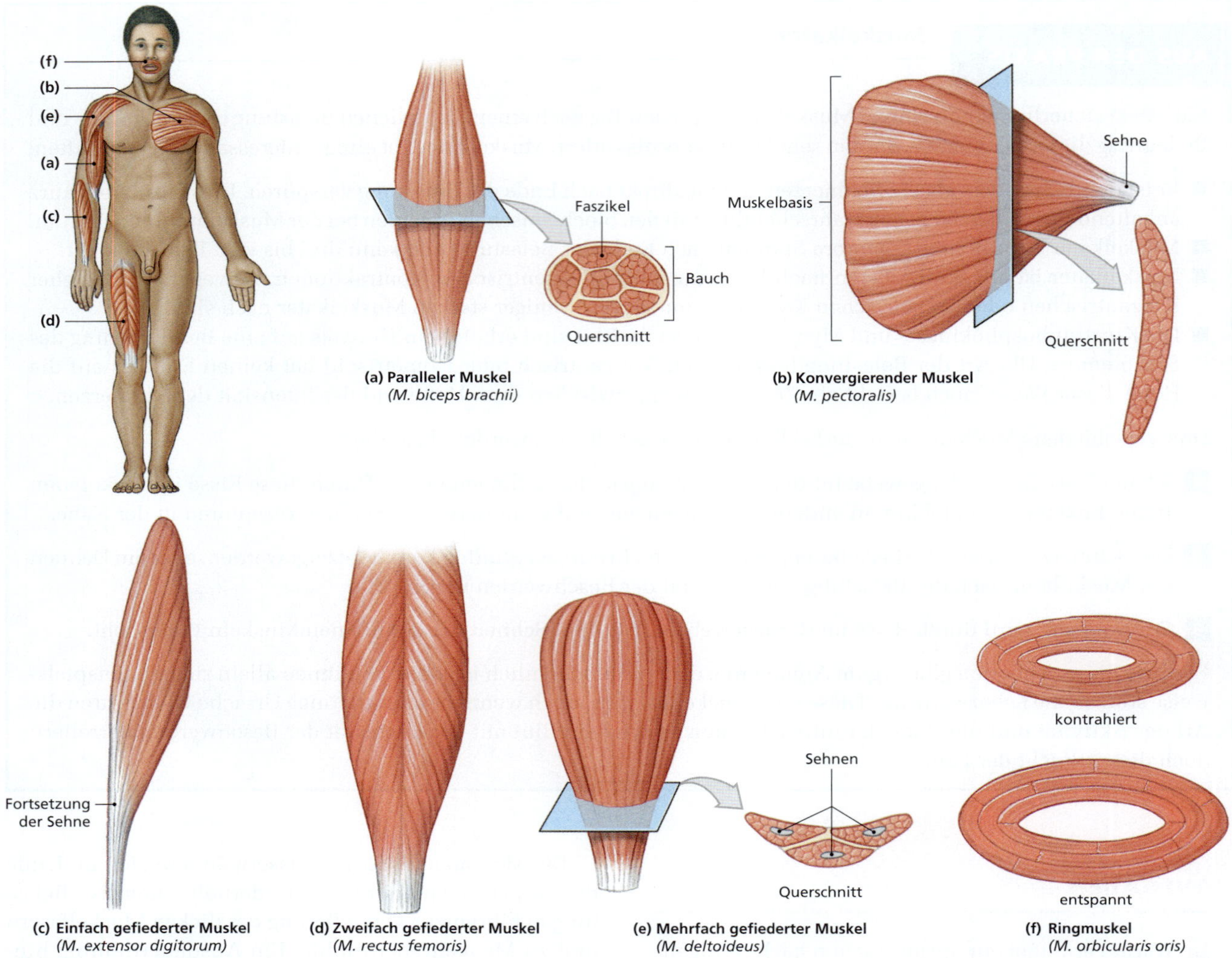

Abbildung 9.14: Organisation der Skelettmuskeln. Muskelfasern finden sich in vier verschiedenen Anordnungen: (a) parallel, (b) konvergierend, (c–e) gefiedert und (f) ringförmig.

Faszikels liegen parallel, doch die Anordnung der Faszikel im Muskel kann variieren, wie auch die Lagebeziehung der Faszikel zu der dazugehörigen Sehne. Vier verschiedene Anordnungen der Faszikel führen zu parallelen, konvergierenden, gefiederten und Ringmuskeln. In **Abbildung 9.14** ist die Organisation der Faszikel im Skelettmuskel dargestellt.

9.6.1 Parallele Muskeln

In einem parallelen Muskel liegen die Faszikel parallel zur Längsachse des Muskels. Die funktionellen Eigenschaften eines parallelen Muskels gleichen denen der einzelnen Muskelfaser. Betrachten Sie einmal den Skelettmuskel in Abbildung 9.14a. Er hat einen festen Sehnenansatz, der sich vom freien Ende bis an einen beweglichen Knochen erstreckt. Die meisten Muskeln des Köpers sind parallele Muskeln. Einige bilden flache Platten mit breiten Aponeurosen an den Enden, andere sehen eher spindelförmig aus, mit kordelartigen Sehnen an einem oder beiden Enden. Solche Muskeln haben in der Mitte einen **Bauch**. Wenn sich dieser Muskel kontrahiert, verkürzt er sich und der Bauch wird dicker. Ein Beispiel für einen solchen parallelen Muskel mit Bauch ist der *M. biceps brachii*. Die Vorwölbung des Bauches bei der Kontraktion kann man bei Beugung des Ellenbogens an der Vorderseite des Oberarms sehen. Ein Skelettmuskel kann sich bis zu einer Verkürzung um etwa 30 % effektiv kontrahieren. Da die Muskelfasern parallel zur Längsachse des Muskels liegen, verkürzt sich der Muskel bei einer gemeinsamen Kontraktion auch um etwa dieselbe Länge. Wenn ein Muskel also 10 cm lang ist, bewegt sich das Ende der Sehne bei einer Kontraktion um 3 cm. Die Spannung, die der Muskel dabei aufbauen kann, hängt von der Gesamtanzahl seiner Myofibrillen ab. Da diese gleichmäßig im Sarkoplasma verteilt sind, kann man diese Spannung anhand des Ruhedurchmessers des Muskels abschätzen. Ein paralleler Skelettmuskel mit einer Querschnittsfläche von 6,45 cm^2 kann eine Spannung von etwa 23 kg aufbauen.

9.6.2 Konvergierende Muskeln

In einem konvergierenden Muskel haben die Muskelfasern einen breiten Ursprung, aber alle Fasern laufen an einem gemeinsamen Ansatz zusammen. Sie ziehen an einer Sehne, einer Sehnenplatte oder einem schmalen Band aus Kollagenfasern, der **Raphe** (griech.: raph = die Naht). Die Muskelfasern breiten sich oft wie ein Fächer oder ein breites Dreieck aus; an der Spitze sitzt eine Sehne (siehe Abbildung 9.14b). Der große *M. pectoralis* etwa hat diese Form. Dieser Muskeltyp ist sehr vielseitig; durch Stimulation nur einzelner Fasergruppen kann die Zugrichtung geändert werden. Wenn sich jedoch alle Fasern auf einmal kontrahieren, ist der Zug, den sie auf die Sehne ausüben, nicht so groß wie der eines parallelen Muskels vergleichbarer Größe, da die Fasern an den äußeren Enden eher gegeneinander als miteinander ziehen.

9.6.3 Gefiederte Muskeln

In einem gefiederten Muskel laufen eine oder mehrere Sehnen durch den Muskel hindurch; die Faszikel sind schräg daran befestigt. Da sie in diesem schrägen Winkel ziehen, verkürzen sich gefiederte Muskeln bei der Kontraktion nicht so stark wie parallele Muskeln. Weil ein gefiederter Muskel jedoch mehr Faszikel enthält als ein paralleler Muskel derselben Größe, kann er eine höhere Spannung aufbauen.

Wenn sich alles Muskelfasern auf eine Seite der Sehne befinden, nennt man den Muskel **einfach gefiedert** *(M. unipennatus)* (siehe Abbildung 9.14c). Ein Beispiel für einen einfach gefiederten Muskel ist der lange Fingerstrecker *(M. extensor digitorum longus)*. Ein dicker Oberschenkelmuskel, der *M. rectus femoris*, ist ein **zweifach gefiederter** Muskel *(M. bipennatus)*; er streckt das Knie. Wenn sich die Sehne innerhalb des Muskels verzweigt, nennt man den Muskel **mehrfach gefiedert** *(M. multipennatus)*.

9.6.4 Ringmuskel

Bei einem Ringmuskel oder **Sphinkter** liegen die Fasern in konzentrischen Ringen um eine Öffnung oder Vertiefung herum (siehe Abbildung 9.14f). Bei einer Kontraktion des Muskels verkleinert sich die Öffnung. Ringmuskeln kontrollieren die Ein- und Ausgänge von Verdauungs- und Harntrakt; ein Beispiel ist der *M. orbicularis oris* um den Mund.

9.7 Muskelterminologie

Jeder Muskel beginnt an seinem **Ursprung**, endet an seinem **Ansatz** und bewirkt bei seiner Kontraktion eine bestimmte **Aktion**. Die Ausdrücke für die verschiedenen Aktionen, die spezifischen Körperregionen und strukturelle Charakteristika von Muskeln finden Sie in Tabelle 9.2.

9.7.1 Ursprünge und Ansätze

Typischerweise steht der Ursprung eines Muskels fest, während sich der Ansatz bewegt; oder der Ursprung liegt proximal des Ansatzes. So setzt etwa der *M. triceps brachii* am Olekranon an und entspringt weiter oben an der Schulter. Diese Bezeichnungen beziehen sich auf normale Bewegungen aus der anatomischen Position heraus. Das Vergnügliche an diesem Kapitel der Anatomie ist, dass Sie die Bewegungen zum Lernen selbst durchführen können. (Anatomiekurse ähneln bei der Besprechung des Muskelsystems oft schlecht organisierten Turnstunden.)

Wenn Ursprung und Ansatz eines Muskels nicht gut anhand von Bewegung oder Position zu bestimmen sind, werden andere Kriterien verwendet. Wenn sich ein Muskel zwischen einer breiten Aponeurose und einer schmalen Sehne erstreckt, bezeichnet man die Aponeurose als den Ursprung und die Insertionsstelle der Sehne als Ansatz. Gibt es auf der einen Seite viele Sehnen und auf der anderen nur eine, spricht man von multiplen Ursprüngen und einem Ansatz. Mit diesen einfachen Regeln kann man zwar nicht alle Muskeln beschreiben, aber letztendlich kommt es eher darauf an zu wissen, wo die beiden Enden befestigt sind und welche Bewegung aus der Kontraktion resultiert.

9.7.2 Aktionen

Fast alle Muskeln entspringen am Skelettsystem oder setzen daran an. Wenn ein Muskel ein Skelettelement bewegt, kann dies in Form einer Abduktion, Adduktion, Flexion, Extension, Zirkumduktion, Rotation, Pronation, Supination, Eversion, Inversion, Dorsalflexion, Plantarflexion, Lateralflexion, Opposition, Protraktion, Retraktion, Elevation oder Depression erfolgen. Bevor Sie weiterlesen, sollten Sie sich noch einmal mit den verschiedenen Bewegungsebenen und den Abbildungen 8.3 bis 8.5 beschäftigen.

Es gibt zwei Möglichkeiten, eine Bewegung zu beschreiben. Die erste bezieht sich auf die betroffene Knochenregion. So vollführt etwa der *M. biceps brachii* eine Flexion des Unterarms. Bei der zweiten Methode wird vom bewegten Gelenk ausgegangen. Man sagt dann, der *M. biceps brachii* vollführt eine Flexion am Ellenbogen (oder des Ellenbogens). Beide Möglichkeiten sind gültig; jede hat ihre Vorteile, doch wir werden in späteren Kapiteln hauptsächlich die zweite Methode verwenden.

Muskeln werden anhand ihrer **Hauptaktion** in drei Typen unterteilt:

- **Agonisten:** Ein Agonist ist ein Muskel, dessen Kontraktion für eine bestimmte Bewegung hauptsächlich verantwortlich ist. Der *M. biceps brachii* ist ein Beispiel für den Agonisten, der für die Beugung des Ellenbogens verantwortlich ist.
- **Synergisten:** Wenn ein Synergist (griech.: syn- = zusammen; ergon = die Arbeit) kontrahiert, unterstützt er den Agonisten bei dessen Bewegung. Synergisten üben viel-

Richtung im Verhältnis zu den Körperachsen	Spezifische Körperregionen	Strukturelle Besonderheiten	Aktionen
Anterior (vorn)	*Abdominis* (Bauch)	**Ursprung**	**Allgemein**
Externus (oberflächlich)	*Anconeus* (Ellenbogen)	*Biceps* (mit zwei Köpfen)	*Abductor*
Extrinsisch (außen)	*Auricularis* (Ohrmuschel)	*Triceps* (mit drei Köpfen)	*Adductor*
Inferioris (inferior)	*Brachialis* (Unterarm)	*Quadriceps* (mit vier Köpfen)	*Depressor*
Internus (tief, innen)	*Capitis* (Kopf)	**Form**	*Extensor*
Intrinsisch (innen)	*Carpi* (Handgelenk)	*Deltoideus* (dreieckig)	*Flexor*
Lateralis (lateral)	*Cervicis* (Hals)	*Orbicularis* (ringförmig)	*Levator*
Medialis/medius (in der Mitte)	*Cleido-/-clavius* (Klavikula)	*Pectineus* (kammförmig)	*Pronator*
Obliquus (schräg)	*Coccygeus* (Steißbein)	*Piriformis* (birnenförmig)	*Rotator*
Posterior (hinten)	*Costalis* (Rippen)	*Platys-* (flach)	*Supinator*
Profundus (tief)	*Cutaneus* (Haut)	*Pyramidalis* (pyramidenförmig)	*Tensor*
Rectus (gerade, parallel)	*Femoris* (Femur)	*Rhomboideus* (rautenförmig)	**Spezifisch**
Superficialis (oberflächlich)	*Genio-* (Kinn)	*Serratus* (gezackt)	*Buccinator* (Trompetermuskel)
Superioris (oben)	*Glosso-, glossalis* (Zunge)	*Splenius* (bandförmig)	*Risorius* (Lachmuskel)
Transversus (quer)	*Hallucis* (Großzehe)	*Teres* (lang und rund)	*Sartorius* (Schneidermuskel)
	Ilio- (Ilium)	*Trapezius* (trapezförmig)	
	Inguinalis (Leiste)	**Andere auffällige Merkmale**	
	Lumborum (Lendenwirbelsäule)	*Alba* (weiß)	
	Nasalis (Nase)	*Brevis* (kurz)	
	Nuchalis (Nacken)	*Gracilis* (schlank)	
	Oculo- (Auge)	*Lata* (breit)	
	Oris (Mund)	*Latissimus* (sehr breit, der Breiteste)	
	Palpebrae (Lid)	*Longus* (lang)	
	Pollicis (Daumen)	*Magnus* (groß)	
	Popliteus (Kniekehle)	*Major* (größer)	
	Psoas (Flanke)	*Maximus* (der Größte)	
	Radialis (Radius)	*Minimus* (der Kleinste)	
	Scapularis (Skapula)	*Minor* (kleiner)	
	Temporalis (Schläfe)	*-tendinosus* (sehnig)	
	Thoracis (Brustbereich)	*Vastus* (groß)	
	Tibialis (Tibia)		
	Ulnaris (Ulna)		
	Uro- (Harntrakt)		

Tabelle 9.2: **Muskelterminologie.**

leicht zusätzlichen Zug am Ansatz aus oder stabilisieren den Ursprung. Ihre Bedeutung bei der Unterstützung einer bestimmten Bewegung kann sich im Laufe der Kontraktion ändern. In vielen Fällen sind die Synergisten zu Beginn der Bewegung am nützlichsten, wenn der Agonist noch gestreckt ist und wenig Kraft aufbringen kann. So ziehen z. B. der *M. latissimus dorsi* und der *M. teres major* den Arm nach unten. Wenn der Arm zur Decke gestreckt wird, sind die Fasern des kräftigen *M. latissimus dorsi* maximal gedehnt und liegen parallel zum Humerus. Aus dieser Position heraus kann der Muskel keine allzu große Spannung aufbauen. Der *M. teres major* aber, der an der Skapula entspringt, kann aufgrund seiner Verlaufsrichtung viel effektiver kontrahieren; er unterstützt den *M. latissimus dorsi*, indem er die Abwärtsbewegung beginnt. Die Bedeutung dieses kleinen „Assistenten" schwindet, je weiter der Arm nach inferior bewegt wird. In diesem Beispiel ist der *M. latissimus dorsi* der Agonist und der *M. teres major* der Synergist. Synergisten können ihre Agonisten auch dadurch unterstützen, dass sie die Beweglichkeit eines Gelenks begrenzen und damit den Ursprung des Agonisten stabilisieren. Diese Muskeln nennt man **Fixatoren**. Der *M. serratus posterior* dient als Fixator für die der Inspiration dienenden Atemhilfsmuskeln.

- **Antagonisten:** Antagonisten sind Muskeln, deren Aktion der der Agonisten entgegengerichtet ist. Wenn der Agonist beugt, streckt der Antagonist. Wenn der Agonist zur Durchführung einer bestimmten Bewegung kontrahiert, wird der Antagonist dabei gestreckt, entspannt sich dabei aber gewöhnlich nicht vollständig. Stattdessen hält er eine Grundspannung, damit die Bewegung des Agonisten mit kontrollierter Geschwindigkeit und geschmeidig verläuft. Der *M. biceps brachii* wirkt als Agonist, wenn er kontrahiert und dabei den Ellenbogen beugt. Der *M. triceps brachii*, der auf der anderen Seite des Humerus liegt, stabilisiert dabei als Antagonist die Flexion und vollführt die gegenläufige Bewegung, die Extension des Ellenbogens.

9.7.3 Die Namen der Skelettmuskeln

Es ist nicht erforderlich, sämtliche Namen der fast 700 Skelettmuskeln des Körpers auswendig zu lernen, aber die wichtigsten werden Sie sich doch merken müssen. Glücklicherweise geben die Namen der Skelettmuskeln in den meisten Fällen klare Hinweise auf ihre Identität (siehe Tabelle 9.2). Skelettmuskeln werden anhand verschiedener Kriterien benannt, wie etwa der Körperregion, der Anordnung der Muskelfasern, spezifischer oder ungewöhnlicher Merkmale ihres Ursprungs und Ansatzes oder der Hauptfunktion. Der Name bezieht sich auf eine spezifische **Lokalisation** (*M. brachialis* am Oberarm), die **Form** des Muskels (*M. trapezius* oder *M. piriformis*) oder eine Kombination aus beidem *(M. biceps femoris)*.

In einigen Namen stecken Hinweise auf die **Orientierung** der Muskelfasern innerhalb des Muskels. *Rectus* bedeutet z. B. gerade; die Fasern eines *M. rectus* laufen parallel zueinander und zur Längsachse des Körpers. Da es mehrere gibt, enthält der Name noch eine zweite Angabe, die die Körperregion bezeichnet. Der *M. rectus abdominis* befindet sich am Abdomen, der *M. rectus femoris* am Oberschenkel. Andere Richtungsbezeichnungen sind *transversus* und *obliquus* für Muskeln, deren Fasern quer oder schräg zur Längsachse des Körpers verlaufen.

Andere Muskeln werden nach spezifischen oder ungewöhnlichen **strukturellen Merkmalen** benannt. Ein *M. biceps* hat zwei Sehnen am Ursprung (lat.: biceps = zweiköpfig), der *M. triceps* hat drei und der *M. quadriceps* vier. Manchmal gibt die Form einen wichtigen Hinweis auf den Namen eines Muskels. Die Namen *trapezius*, *deltoideus, rhomboideus* oder *orbicularis* bezeichnen Muskeln, die trapezförmig, dreieckig, rautenförmig bzw. ringförmig sind. Lange Muskeln nennt man *longus* oder *longissimus*, ein M. *teres* ist lang und rund. Kurze Muskeln heißen *brevis*, die großen *magnus*, *major* oder *maximus* und die kleinen *minor* oder *minimus*.

Muskeln, die an der Körperoberfläche zu sehen sind, bezeichnet man oft als *externus* oder *superficialis*; die tiefer im Inneren liegenden Muskeln als *internus* oder *profundus*. Oberflächliche Muskeln, die ein Organ positionieren oder stabilisieren, nennt man *extrinsisch*; diejenigen, die innerhalb eines Organs arbeiten, *intrinsisch*.

Viele Muskelnamen enthalten **Ursprung** und **Ansatz** des Muskels, wobei der Ursprung zuerst und der Ansatz danach genannt wird. Der *M. genioglossus* etwa entspringt demnach am Kinn (griech.: geneios = das Kinn) und setzt an der Zunge an (griech.: glossa = die Zunge)

Namen mit Bezeichnungen wie *flexor, extensor, retractor* usw. weisen auf die **Hauptfunktion** des entsprechenden Muskels hin. Da diese nicht immer sehr aussagekräftig sind, sind meist noch weitere Namen hinzugefügt, die das Erscheinungsbild oder die Lage des Muskels genauer beschreiben. Zum Beispiel ist der *M. extensor carpi radialis longus* ein langer Muskel an der radialen (lateralen) Seite des Unterarms. Seine Kontraktion führt hauptsächlich zu einer Extension des Handgelenks.

Einige Muskeln sind nach **speziellen Beschäftigungen** oder Gewohnheiten benannt. So ist beispielsweise der *M. sartorius* bei gekreuzten Beinen aktiv. Vor der Erfindung der Nähmaschine saß ein Schneider in dem nach ihm benannten Sitz auf dem Boden; der Name des Muskels leitet sich von dem lateinischen Ausdruck für Schneider (sartor) ab. Im Gesicht presst der *M. buccinator* die Wangenmuskeln zusammen, wie wenn man die Lippen schürzt und kraftvoll bläst: das lateinische buccinator bedeutet auf deutsch Trompetenspieler. Der *M. risorius* schließlich, ebenfalls im Gesicht, wurde nach dem Gesichtsausdruck benannt, den er angeblich hervorruft. Der lateinische Ausdruck risor heißt „das Lachen“, aber „die Grimasse“ käme der Sache eigentlich näher.

Mit Ausnahme des Platysma und des Zwerchfells enthalten alle Namen den Begriff *Musculus*. Er wird wie allgemein üblich mit „*M.*“ und im Plural mit „*Mm.*“ für *Musculi* abgekürzt.

9.8 Hebel und Seilzüge: Aufbau des Bewegungssystems

Skelettmuskeln arbeiten nicht isoliert. Art und Lage ihrer Verbindung mit dem Skelettsystem bestimmt Kraft, Geschwindigkeit und Ausmaß der erbrachten Bewegung. Diese Merkmale sind jeweils voneinander abhängig; die Beziehungen zueinander sagen viel über die allgemeine Organisation des Muskel- und Skelettsystems aus.

9.8.1 Hebelklassen

Kraft, Geschwindigkeit oder Richtung einer Bewegung, die die Kontraktion eines Muskels hervorruft, können durch Befestigung des Muskels an einem **Hebel** beeinflusst werden. Die Kraft wird hierbei durch den kontrahierenden Muskel erbracht. Ihr steht ein Widerstand gegenüber, eine Last oder das Gewicht. Ein Hebel ist eine feste Struktur – wie ein Brett, ein Hebeleisen oder ein Knochen –, die sich an einem festen Drehpunkt bewegt. Im Körper ist jeder Knochen ein Hebel und jedes Gelenk ein Drehpunkt. Die Kinderwippe auf dem Spielplatz ist ein vertrautes Beispiel für Hebelwirkung. Hebel können 1. die Richtung, 2. Entfernung und Geschwindigkeit der Bewegung und 3. die Stärke einer angewandten Kraft verändern.

Im menschlichen Körper gibt es drei Hebelklassen:

- **Hebel erster Klasse:** Die Kinderwippe ist ein Hebel erster Klasse, bei der der Drehpunkt zwischen der Kraft und der Last liegt, wie in **Abbildung 9.15**a dargestellt. Viele Hebel erster Klasse gibt es nicht im Körper; ein Beispiel an den Kopfstreckermuskeln sehen Sie in Abbildung 9.15a.
- **Hebel zweiter Klasse:** Bei einem Hebel zweiter Klasse befindet sich die Last zwischen der Kraft und dem Drehpunkt. Ein typisches Beispiel hierfür ist eine beladene Schubkarre. Das Gewicht der Ladung ist die Last, die

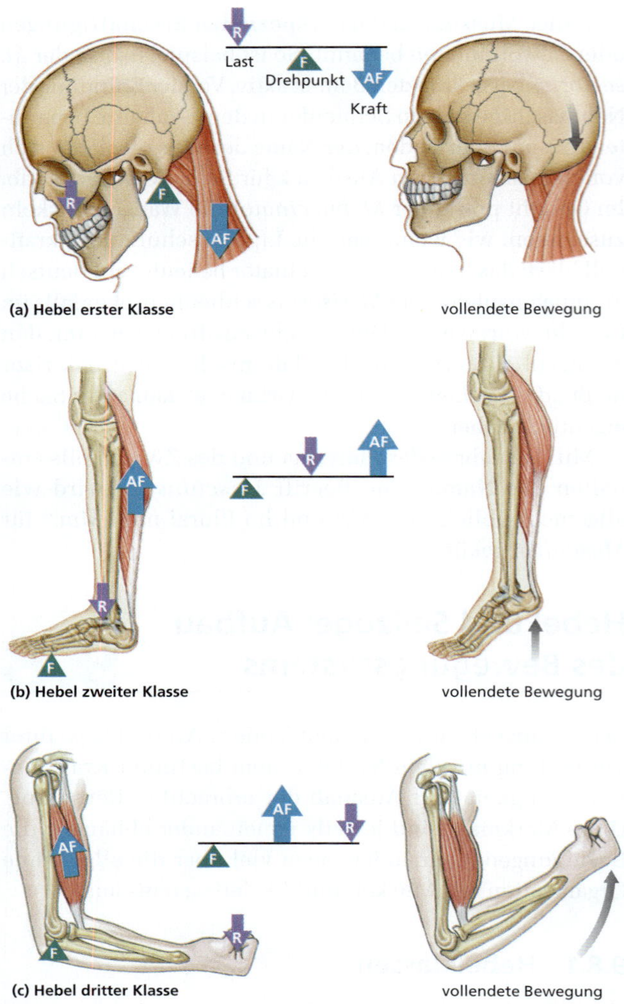

Abbildung 9.15: Hebelklassen. Hebel sind feste Strukturen, die sich an ihren Drehpunkten bewegen. (a) Bei einem Hebel erster Klasse befindet sich der Drehpunkt zwischen Kraft und Last. Dieser Hebel kann die Kraft, die auf die Last wirkt, verändern, ebenso Richtung und Geschwindigkeit einer Bewegung. (b) Bei einem Hebel zweiter Klasse liegt die Last zwischen Kraft und Drehpunkt. Diese Anordnung verstärkt die Kraft auf Kosten von Geschwindigkeit und Strecke; die Richtung der Bewegung bleibt unverändert. (c) Bei einem Hebel dritter Klasse setzt die Kraft zwischen Last und Drehpunkt an. Hierdurch werden Geschwindigkeit und Strecke vergrößert, doch die aufgebrachte Kraft muss dafür größer sein.

Kraft das Hochheben der Griffe. Da bei diesem Arrangement die Kraft immer weiter vom Drehpunkt entfernt ist als die Last, kann eine kleine Kraft eine große Last bewegen; es kommt also zu einer Kraftverstärkung. Wenn jedoch eine Kraft die Griffe bewegt, bewegt sich die Last langsamer und über eine kürzere Strecke. Im Körper gibt es einige Beispiele für Hebel zweiter Klasse; beispielsweise ziehen die Wadenmuskeln bei der Plantarflexion über einen solchen Hebel (**Abbildung 9.15**b).

- **Hebel dritter Klasse:** Bei einem Hebel dritter Klasse setzt die Kraft zwischen der Last und dem Drehpunkt an (**Abbildung 9.15**c). Hebel dritter Klasse sind die häufigsten Hebel im Körper. Der Effekt dieser Anordnung ist das Gegenteil des Effekts eines Hebels zweiter Klasse: Geschwindigkeit und zurückgelegte Entfernung steigen zuungunsten der Kraft. Im abgebildeten Beispiel (der *M. biceps brachii* beugt den Ellenbogen) befindet sich die Last sechs Mal weiter vom Drehpunkt entfernt als die Kraft. Der *M. biceps brachii* kann eine Kraft von 180 kg aufbringen, die sich dadurch auf 30 kg reduziert. Die zurückgelegte Entfernung jedoch und die Geschwindigkeit der Bewegung steigern sich um denselben Faktor: Die Last wird 45 cm weit bewegt, obwohl sich der Muskel nur um 7,5 cm verkürzt hat.

Obwohl nicht alle Muskeln an Hebelsystemen mitwirken, steigern Hebel die Geschwindigkeit und Beweglichkeit weit über das hinaus, was aus der Physiologie der Muskeln allein zu erwarten gewesen wäre. Skelettmuskelzellen sind einander sehr ähnlich; ihre Fähigkeit zu Kontraktion und Kraftentfaltung gleicht sich. Denken Sie sich einen Skelettmuskel, der in 500 ms kontrahiert, sich dabei um 1 cm verkürzt und gleichzeitig eine Last von 10 kg zieht. Ohne Hebel könnte er lediglich 10 kg 1 cm weit bewegen. Mit Hebel könnte er jedoch 20 kg um 0,5 cm bewegen oder 5 kg um 2 cm oder 1 kg um 10 cm. So ermöglicht also ein Hebelsystem maximale Beweglichkeit bei größter Effizienz.

9.8.2 Das anatomische Hypomochlion

Seilzüge werden oft eingesetzt, um die Richtung einer Kraft zu verändern, um eine Aufgabe leichter und effizienter erledigen zu können. Auf einem Segelboot zieht der Matrose ein Tau nach unten, damit das Segel nach oben steigt. Dies geht, weil sich an der Mastspitze eine Seilrolle befindet, die die Richtung der Kraft verändert. Ebenso bewegt sich eine Fahne an der Stange nach oben, wenn Sie das Seil nach unten ziehen, da es am oberen Ende der Fahnenstange durch eine Seilrolle läuft (**Abbildung 9.16**a). Im Körper funktionieren Sehnen wie Seile, die die Kräfte umleiten, die durch die Muskelkontraktionen entstehen. Der Verlauf eine Sehne kann durch Knochen oder Knochenvorsprünge verändert werden. Eine solche Knochenstruktur, die Kräfte umleitet, nennt man **Hypomochlion**. Die Sehne, die um ein Hypomochlion umgelenkt wird, wird als **Gleitsehne** bezeichnet.

Ein Beispiel für ein Hypomochlion ist der **Malleolus lateralis** der Fibula. Die Sehne des *M. fibularis longus* verläuft nicht in gerader Linie an ihren Ansatz, sondern zieht um die posteriore Kante des *Malleolus lateralis* herum. Diese Umleitung der Kontraktionskräfte ist für die normale Funktion des Muskels, die Plantarflexion, entscheidend (**Abbildung 9.16**b). Die Verlaufsrichtung der Sehne weicht von der Verlaufsrichtung des Muskels ab. Dieser Zusammenhang beschreibt in Kürze den Charakter einer Gleitsehne. Um den bei der Umlenkung entstehenden Druckkräften Stand halten zu können, ist das Gleitlager, das direkt Kontakt mit dem Hypomochlion hat, mit Faserknorpel ausgestattet.

Ein weiteres Beispiel ist die **Patella**. Der *M. quadriceps femoris* ist eine Gruppe aus vier Muskeln an der Vorder-

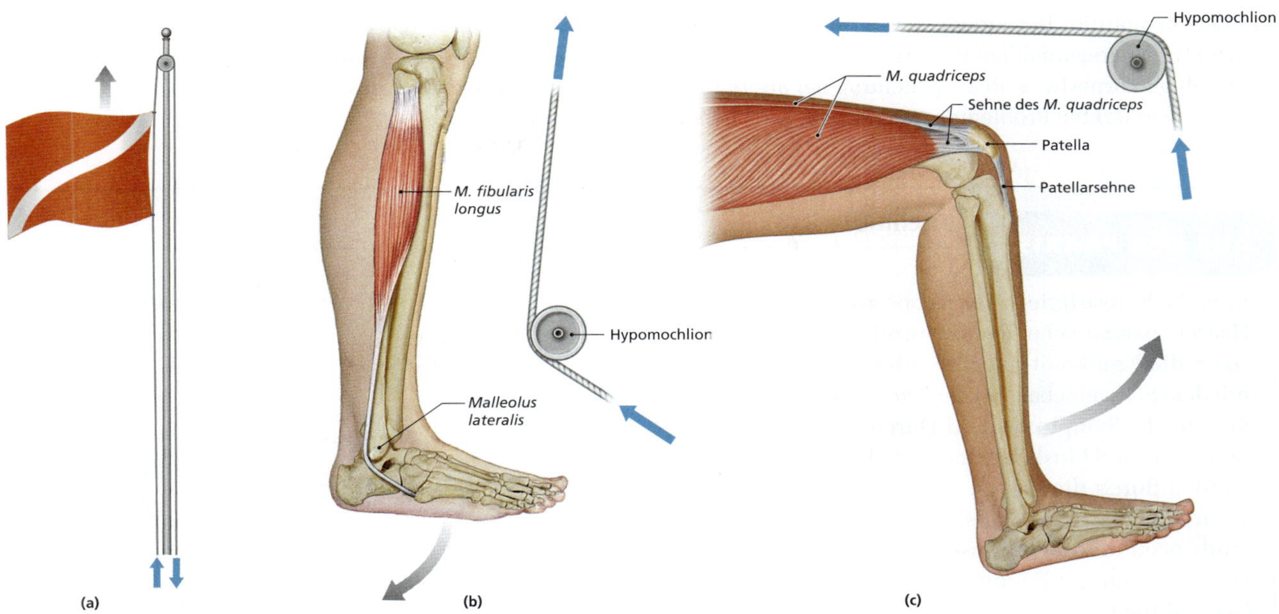

Abbildung 9.16: Anatomische Hypomochlia. (a) Eine knöcherne Struktur, die die Richtung einer Kraft umleitet, wie die Seilrolle an der Spitze der Fahnenstange, nennt man Hypomochlion. (b) Der Malleolus lateralis der Fibula dient bei der physiologischen Bewegung des M. fibularis longus, der Plantarflexion, als Hypomochlion. (c) Die Patella dient als Hypomochlion bei der Kniestreckung durch den M. quadriceps.

seite des Oberschenkels. Sie setzen über die Quadrizepssehne an der Patella an. Die Patella ist wiederum über die Patellarsehne mit der *Tuberositas tibiae* verbunden. Über diese beiden Punkte kann der Muskel seine Funktion, die Kniestreckung, durchführen. Wie in **Abbildung 9.16**c dargestellt, dient die Patella bei der Streckung des gebeugten Knies als Hypomochlion. Die Quadrizepssehne zieht die Patella durchgehend in eine Richtung, aber der Zug auf die Tibia durch die Patellarsehne ändert sich ständig im Verlauf der Bewegung.

Das Altern und das Muskelsystem 9.9

Mit fortschreitendem Alter kommt es zu einem allgemeinen Abbau von Größe und Kraft aller Muskeln. Die Auswirkungen des Alterns auf die Muskulatur lassen sich wie folgt zusammenfassen:

- **Der Durchmesser der Skelettmuskelfasern nimmt ab:** Diese Verringerung spiegelt eine Abnahme der Anzahl der Myofibrillen wider. Außerdem enthalten die Muskelfasern weniger ATP, Glykogenvorräte und Myoglobin. Insgesamt führt dies zu einer Reduktion von Kraft und Ausdauer und zu einer schnelleren Ermüdbarkeit. Da die Leistungsfähigkeit des Herz-Kreislauf-Systems ebenfalls mit dem Alter abnimmt, kann bei Belastung die Durchblutung der Muskulatur nicht mehr so schnell gesteigert werden wie in jungen Jahren.
- **Skelettmuskeln werden dünner und weniger elastisch:** Im Alter enthält die Muskulatur mehr faseriges Bindegewebe; man nennt dies **Fibrose**. Durch eine Fibrose verlieren die Muskeln an Elastizität; die Kollagenfasern behindern Beweglichkeit und Durchblutung.
- **Körperliche Bewegung wird weniger gut toleriert:** Dies ist zum Teil auf die Neigung zu rascher Ermüdung zurückzuführen und zum Teil auf die verminderte Fähigkeit, die Hitze, die bei Muskelkontraktionen entsteht, abzugeben.
- **Die Erholung von Muskelverletzungen ist beeinträchtigt:** Im Alter nimmt die Zahl der Myosatellitenzellen stetig ab; der Anteil an faserigem Bindegewebe steigt. Daher ist die Regenerationsfähigkeit nach Verletzungen eingeschränkt; oft bildet sich nur Narbengewebe.

Der Rückgang der Muskelleistung ist bei allen Menschen gleich, unabhängig von ihrem Lebensstil und ihren sportlichen Aktivitäten. Um also im Alter gut in Form zu sein, muss man in der Jugend sehr gut in Form sein. Regelmäßige körperliche Bewegung hilft, das Körpergewicht zu kontrollieren, stärkt die Knochen und verbessert zu jeder Zeit

AUFGABEN

1. Was sagt der Name *M. flexor digitorum longus* über diesen Muskel aus?
2. Beschreiben Sie den Unterschied zwischen dem Ursprung und dem Ansatz eines Muskels.
3. Welcher Muskeltyp ist ein Synergist?
4. Was ist der Unterschied zwischen den Beinamen *major* und *minor* bei einem Muskel?

die Lebensqualität. Besonders starke Belastung ist nicht so wichtig wie regelmäßige Belastung. Im Gegenteil kann übermäßige körperliche Beanspruchung bei älteren Menschen zu verstärkten Problemen mit Sehnen, Knochen und Gelenken führen. Obwohl sie einen eindeutigen positiven Effekt auf die Lebensqualität hat, gibt es keinen eindeutigen Beweis dafür, dass körperliche Aktivität lebensverlängernd wirkt.

AUS DER PRAXIS

Trichinose

Eine Trichinose (griech.: trichinos = aus Haaren [parasitischer Fadenwurm]; nosos = die Krankheit) ist eine Infektion mit dem Schweinebandwurm *Trichinella spiralis.* Symptome sind Durchfall, Schwäche und Muskelschmerzen. Diese werden durch die Larven der Würmer verursacht, die in die Skelettmuskulatur eindringen und kleine Taschen im Perimysium und im Endomysium bilden (**Abbildung 9.17**).

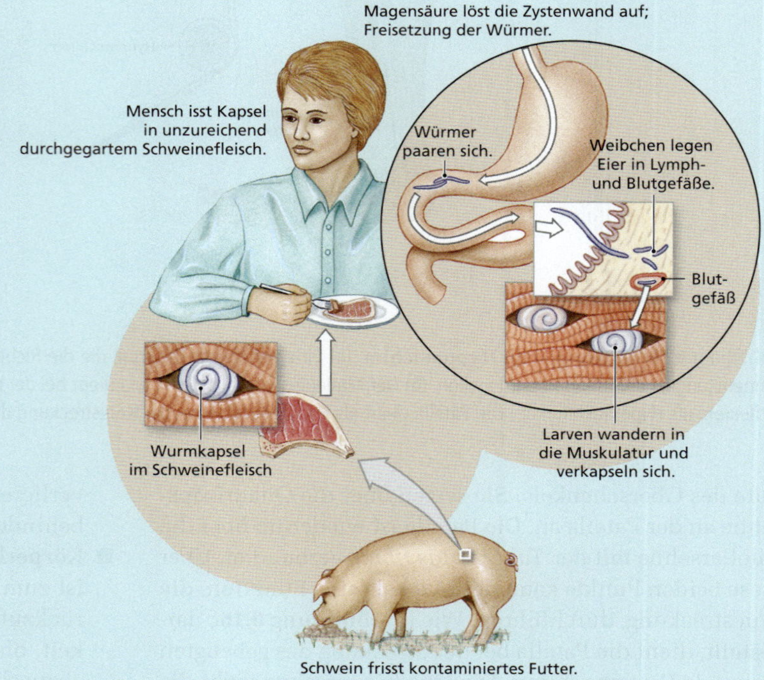

Abbildung 9.17: Der Lebenszyklus von Trichinella spiralis.

Trichinellalarven kommen oft in der Muskulatur von Schweinen, Pferden, Hunden und anderen Säugetieren vor. Beim Kochen sterben sie ab; am häufigsten werden Menschen durch den Genuss nicht durchgegarten Schweinefleischs infiziert. Die Larven reifen innerhalb des menschlichen Verdauungstrakts heran, wo sie sich paaren und Eier ablegen. Die neue Larvengeneration dringt in das Lymph- und Blutgefäßsystem ein und wandert durch das Gewebe in die gut durchblutete Muskulatur, wo sie ihre frühe Entwicklung abschließt. Die Larven bevorzugen Muskeln mit hoher Stoffwechselaktivität, finden sich also oft in der Zunge, an den Augen, dem Zwerchfell, dem Brustkorb und den Beinen.

Die Migration und die Absiedlung verursachen allgemeine Gliederschmerzen, Muskel- und Knochenschmerzen und eine Schwellung der betroffenen Gewebe. Etwa 1,5 Millionen US-Amerikaner sind mit Trichinellen infiziert; jedes Jahr kommen ca. 300.000 neue Fälle hinzu. Die Mortalität bei den schwerer Betroffenen, die behandelt werden müssen, liegt bei etwa 1 %.

DEFINITIONEN

Fibrose: Vorgang, bei dem Muskel- oder anderes Gewebe nach und nach durch faseriges Bindegewebe ersetzt wird; der Muskel verliert an Elastizität.

Muskeldystrophie: Angeborene Erkrankung mit generalisierter Muskelschwäche besonders an den oberen Extremitäten, Kopf und Brust; Ursache ist eine Reduktion der Azetylcholinrezeptoren an den motorischen Endplatten.

Myasthenia gravis: Erkrankung mit progressiver Muskelschwäche durch den Verlust von Azetylcholinrezeptoren an der motorischen Endplatte

Polio („Kinderlähmung"): progressive Paralyse durch Zerstörung der Motoneurone im ZNS durch das Poliovirus

Leichenstarre: Zustand nach dem Tod, bei dem alle Muskeln in kontrahiertem Zustand verharren; der Körper wird dadurch extrem steif; Auflösung der Leichenstarre durch Autolyse nach 24–48 Stunden.

Zusammenfassung

Wiederholung von Fakten und Begriffen

1 Jede der folgenden Veränderungen an Skelettmuskeln ist die Folge des Alterns, bis auf:
a. Muskelfasern werden dünner.
b. Muskeln werden weniger elastisch.
c. Muskelfasern erhöhen ihre Glykogenvorräte.
d. Die Anzahl der Myosatellitenzellen nimmt ab.

2 Die Myosinbindungsstellen am Aktin sind aktiv, wenn sich
a. Kalzium an Troponin bindet.
b. Troponin an Tropomyosin bindet.
c. Kalzium an Tropomyosin bindet.
d. Aktin an Troponin bindet.

3 Die Aufgabe einer neuromuskulären Synapse ist
a. die Produktion neuer Muskelfasern nach einer Verletzung.
b. die chemische Kommunikation zwischen einem Neuron und einer Muskelfaser zu erleichtern.
c. die motorischen Äste der Nerven von verschiedenen Muskelfasern zusammenzubringen.
d. den Sinnesnerven Rückmeldung über die Muskelaktivität zu geben.

4 Die direkte Energiequelle eines Muskels für die Kontraktion ist
a. von Fett, Kohlenhydraten und Cholesterin abgeleitet.
b. unabhängig von der Sauerstoffversorgung.
c. ATP.
d. unbegrenzt, solange der Muskel kontrahieren soll.

5 In einem gefiederten Muskel
a. haben die Fasern einen breiten Ursprung.
b. sind die Fasern konzentrisch angeordnet.
c. verlaufen die Fasern schräg zur Sehne.
d. verlaufen die Fasern parallel zur Sehne.

6 Interaktionen zwischen den Aktin- und Myosinfilamenten eines Sarkomers sind verantwortlich für
a. die Muskelermüdung.
b. die Überleitung neuronaler Impulse an die Muskelfaser.
c. die Muskelkontraktion.
d. das Streifenmuster des Skelettmuskels.

7 Die Theorie, die die Muskelkontraktion erklärt, heißt
a. Muskelkontraktionstheorie.
b. Theorie der quergestreiften Willkürmuskulatur.
c. Myosinkopfrotation.
d. Gleitfilamenttheorie.

8 Das Kollagenfaserbündel am Ende eines Skelettmuskels, das den Muskel mit dem Knochen verbindet, nennt man
a. Faszikel.
b. Sehne.
c. Band.
d. Epimysium.

9 Alle Muskelfasern, die von einem bestimmten Motoneuron gesteuert werden, nennt man
a. Faszikel.
b. Myofibrille.
c. motorische Einheit.
d. Keine der Antworten ist richtig.

Wiederholung von Lernzielen

1 Um die Muskelermüdung während einer Kontraktion zu verringern, werden die motorischen Einheiten
a. nur submaximal aktiviert.
b. schrittweise aktiviert.
c. rotierend aktiviert.
d. schnell aktiviert, um die Kontraktion vor Einsetzen der Ermüdung zu beenden.

2 Die Fähigkeit, sich von Verletzungen zu erholen, nimmt bei älteren Menschen ab, da
a. die Anzahl der Myosatellitenzellen im Alter abnimmt.
b. die Myosatellitenzellen kleiner werden.
c. der Anteil von faserigem Gewebe im Muskel steigt.
d. Die Antworten b und c sind richtig.

3 Wo ist das Verhältnis von Motoneuronen zu Muskelfasern am größten?
a. in den großen Armmuskeln
b. in den Haltungsmuskeln am Rücken
c. in den Augenmuskeln
d. in den Beinmuskeln

4 Wenn man friert, ist Bewegung zum Aufwärmen günstig. Welcher Mechanismus steckt hinter dieser Erwärmung?
a. Die schnellere Fortbewegung macht, dass man die kalte Luft weniger fühlt, da sie sich schneller um einen herum bewegt.
b. Durch Bewegung fließt das Blut schneller; die Reibung wärmt das Gewebe.
c. Muskelkontraktionen verbrauchen ATP; hierbei entsteht Hitze, die den Körper wärmt.
d. Durch die Bewegung von Aktin und Myosin bei der Kontraktion entsteht Hitze, die den Körper wärmt.

5 Was sagen die folgenden Beinamen über einen Muskel aus: *rectus, externus, flexor, trapezius*?

6 Fassen Sie die Abläufe an einer neuromuskulären Synapse zusammen.

7 Welche Rolle hat das Bindegewebe im Aufbau der Skelettmuskulatur?

8 Eine motorische Einheit eines Skelettmuskels enthält 1500 Muskelfasern. Ist dieser Muskel an feinen, präzisen Bewegungen oder eher an groben, kraftvollen Bewegungen beteiligt? Erklären Sie, warum.

9 Welche Rolle spielt die Überlappungszone beim Aufbau von Spannung in einem Skelettmuskel?

Anwendung der Lerninhalte

1 Philipp hat sich beim Fußballspielen das Bein gebrochen. Nach sechs Wochen wird der Gips endlich abgenommen. Als er von der Behandlungsliege aufsteht, verliert er das Gleichgewicht und fällt. Warum?

2 Einige Studenten der Anatomie beginnen mit Gewichtheben und Bodybuilding. Nach einigen Monaten bemerken sie körperliche Veränderungen, wie eine Zunahme der Muskelmasse und der Körperkraft. Welche anatomischen Mechanismen sind für diese Veränderungen verantwortlich?

3 In den letzten 10–20 Jahren ist man in einigen Ländern dazu übergegangen, bei Läufern Beinmuskelbiopsien zu entnehmen, um zu bestimmen, ob sie beim Sprint oder eher im Langstreckenlauf Erfolg haben könnten. Welche anatomische Tatsache ist die Grundlage dieser Vorgehensweise?

Eine Kurzzusammenfassung der wichtigsten Inhalte, sowie die Antworten zu den Fragen und weitere Arbeitsmaterialien finden sie auf unserer Companion Website unter: **www.pearson-studium.de/login**

Lernziele

1. Die wichtigsten axialen Muskeln des Körpers mit ihren Ursprüngen und Ansätzen kennen und ihre Innervation und Funktion beschreiben können.

Das Muskelsystem

Die axiale Muskulatur

ÜBERBLICK

10

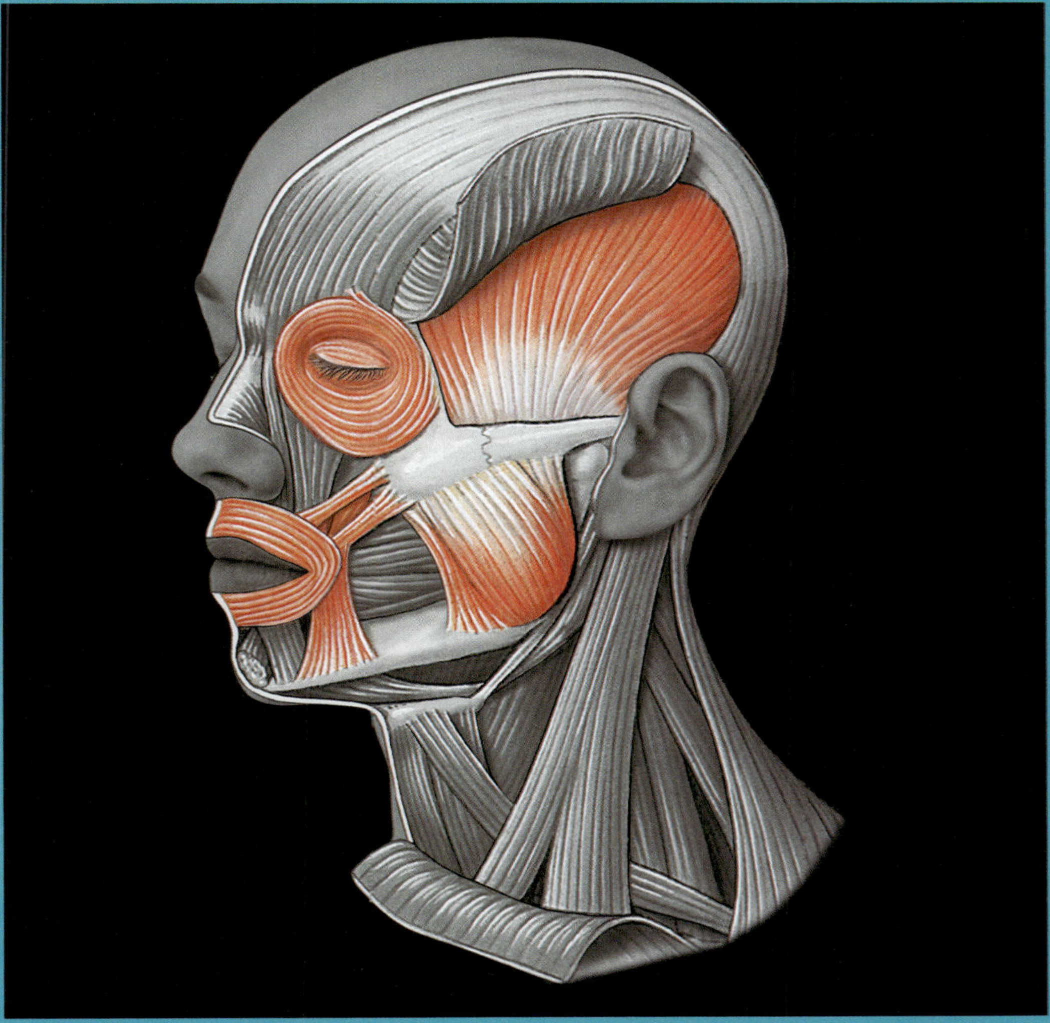

Die Einteilung des Skelettsystems in das Achsen- und das Extremitätenskelett ist ebenso nützlich für die Einteilung der Muskulatur. Die **axiale Muskulatur** entspringt am Achsenskelett. Sie positioniert Kopf und Wirbelsäule und stellt die Atemhilfsmuskulatur am Thorax. Bei der Bewegung und Stabilisierung von Schulter- und Beckengürtel und der Extremitäten spielt die axiale Muskulatur dagegen keine Rolle. Etwa 60 % der Muskeln des menschlichen Körpers gehören zur axialen Muskulatur. Die **Extremitätenmuskulatur** stabilisiert oder bewegt die Elemente des Extremitätenskeletts. In den **Abbildung 10.1** und **Abbildung 10.2** sind die wichtigsten Muskeln beider Systeme dargestellt. Das Wort *Musculus* wird durchgehend mit *M.* abgekürzt.

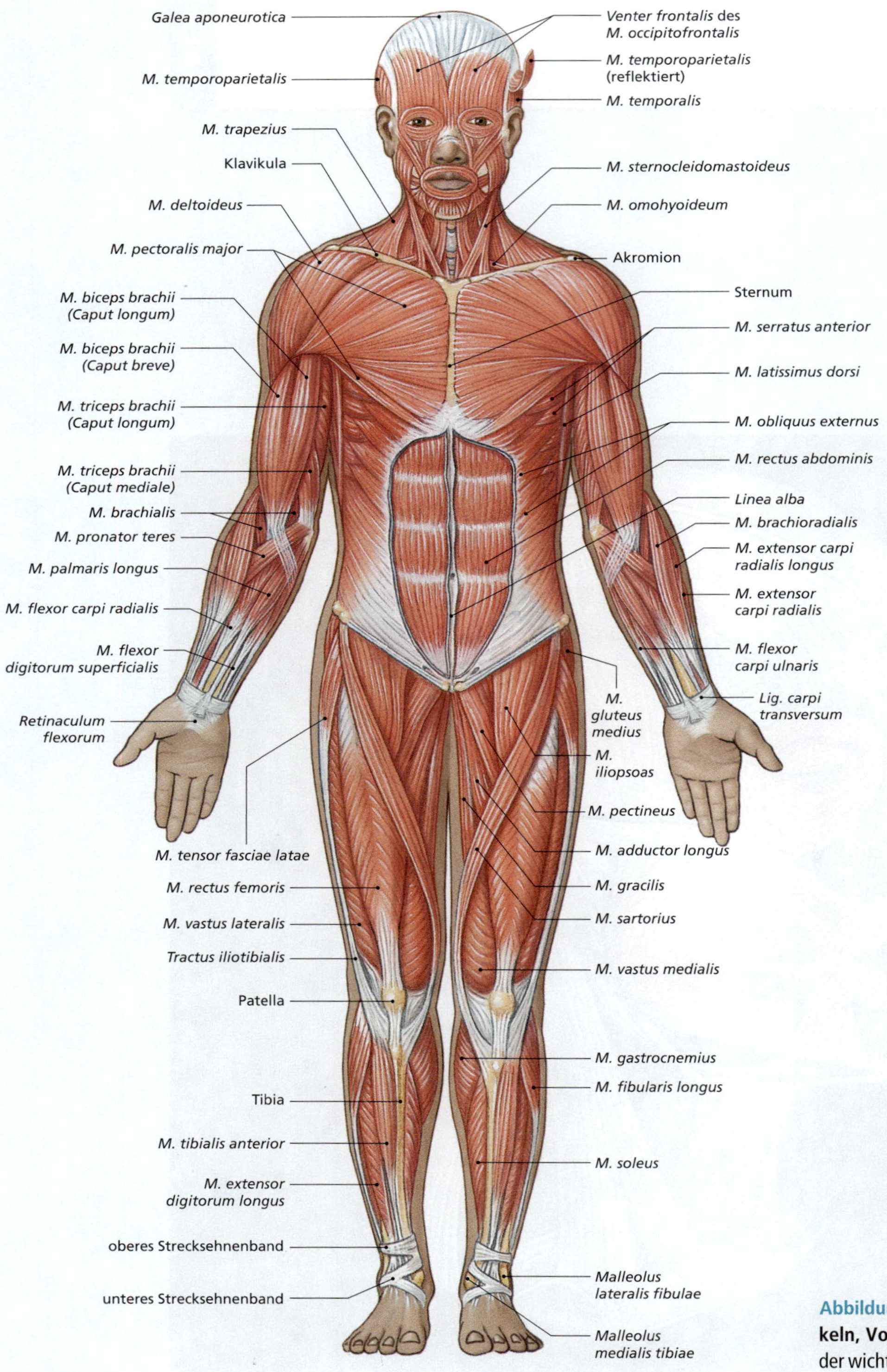

Abbildung 10.1: Oberflächliche Skelettmuskeln, Vorderansicht. Schematische Darstellung der wichtigsten axialen und Extremitätenmuskeln.

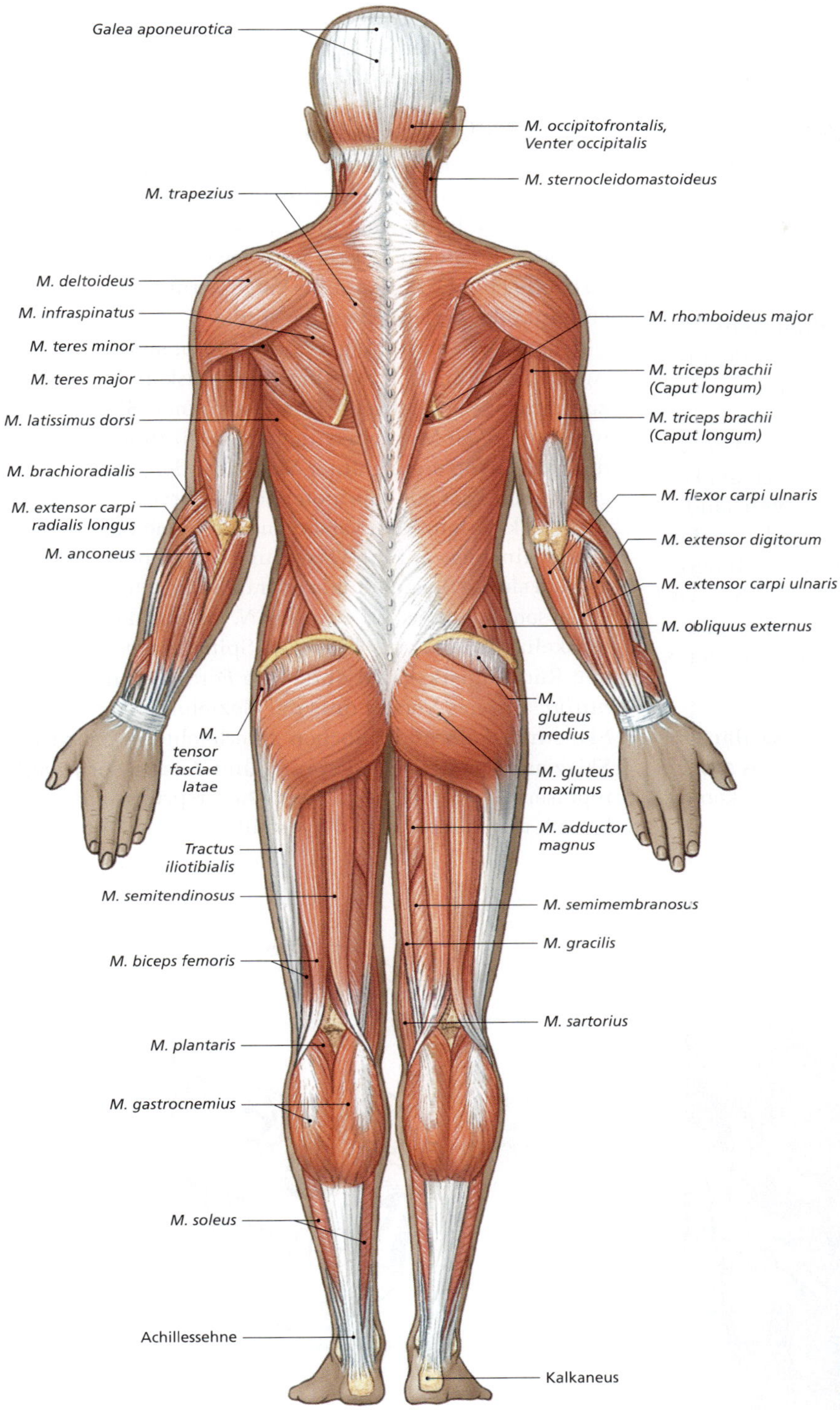

Abbildung 10.2: Oberflächliche Skelettmuskeln, Hinteransicht. Schematische Darstellung der wichtigsten axialen und Extremitätenmuskeln.

Die axiale Muskulatur 10.1

Die axiale Muskulatur bewegt Kopf und Wirbelsäule. Da für das Verständnis des Muskelsystems Kenntnisse des Skelettsystems vorausgesetzt werden, empfiehlt es sich, an dieser Stelle die Abbildungen der Kapitel 6 und 7 noch einmal zu betrachten. Entsprechende Hinweise auf einzelne Abbildungen finden Sie jeweils in den Bildunterschriften.

Die axialen Muskeln lassen sich anhand ihrer Lage und Funktion in vier logische Unterabschnitte gliedern. Die Gruppen haben jedoch nicht immer exakte anatomische Grenzen, da z. B. an einer Funktion wie der Streckung der Wirbelsäule Muskeln des gesamten Rückens beteiligt sind.

1 Zu der ersten Gruppe gehören die **Muskeln von Hals und Kopf**, die nicht mit der Wirbelsäule verbunden sind. Sie bewegen das Gesicht, die Zunge und den

Kehlkopf. Damit sind sie für die verbale und nonverbale Kommunikation verantwortlich – Lachen, Sprechen, Stirnrunzeln, Lächeln und Pfeifen – sowie für die Nahrungsaufnahme. Sie ermöglichen das Saugen, Kauen oder Schlucken sowie die Augenbewegungen, mit denen wir uns nach etwas Essbarem umsehen.

2 Zur zweiten Gruppe gehören die **Muskeln der Wirbelsäule**, einschließlich der zahlreichen Flexoren und Extensoren des Achsenskeletts.

3 Die dritte Gruppe, die **übrigen Rumpfmuskeln** *(Mm. recti* und *obliqui)*, bildet die muskuläre Wand der Brust sowie der Bauch-Becken-Höhle zwischen dem ersten Brustwirbel und dem Becken. Im Brustbereich sind die Muskeln durch die Rippen geteilt, aber am Abdomen bilden sie breite Muskelplatten. Es gibt auch am Hals *Mm. recti* und *obliqui*. Obwohl sie keine vollständige muskuläre Wand bilden, rechnet man sie dennoch zu dieser Gruppe dazu, da gemeinsame entwicklungsgeschichtliche Wurzeln bestehen. Das Zwerchfell wird ebenfalls zur dritten Gruppe gerechnet; hier gibt es entwicklungsgeschichtliche Verbindungen zur Thoraxmuskulatur.

4 Die Muskeln der vierten Gruppe, der **muskuläre Beckenboden**, erstrecken sich zwischen dem *Os sacrum* und dem Beckengürtel und schließen den Beckenausgang.

Die Abbildungen 10.1 und 10.2 geben einen Überblick über die wichtigsten axialen und Extremitätenmuskeln des menschlichen Körpers. Zu sehen sind die oberflächlichen Muskeln, die eher groß sind. Sie bedecken die kleineren, tiefer liegenden Muskeln, die man nur sehen kann, wenn die außen liegenden Muskeln entfernt oder **verlagert**, das heißt durchtrennt und zur Seite geklappt werden. In später folgenden Abbildungen, die die tiefe Muskulatur in bestimmten Regionen zeigen, wird jeweils mit angegeben, ob oberflächliche Muskeln zur Verbesserung der Übersicht entfernt oder verlagert worden sind.

Um die Wiederholung zu erleichtern, sind Ursprung, Ansatz und Funktion der einzelnen Muskeln in Tabellen zusammengefasst. Diesen Tabellen können Sie auch die Innervation der Muskeln entnehmen. Mit **Innervation** ist die Nervenversorgung einer Struktur oder eines Organs gemeint und der oder die motorischen Nerven, die die einzelnen Skelettmuskeln versorgen. Die Namen der Nerven geben Hinweise auf ihr Versorgungsgebiet oder den Ort, an dem sie die Schädelhöhle oder den Rückenmarkskanal verlassen. So innerviert etwa der *N. facialis* die Gesichtsmuskeln, und die verschiedenen Spinalnerven verlassen den Rückenmarkskanal durch die *Foramina intervertebralia*. Um das Verständnis der Beziehungen zwischen Skelettmuskeln und Knochen zu erleichtern, haben wir Skizzen eingefügt, die Ursprung und Ansatz der jeweils repräsentativen Muskeln zeigen. Die Ursprünge sind hierbei rot, die Ansätze blau dargestellt.

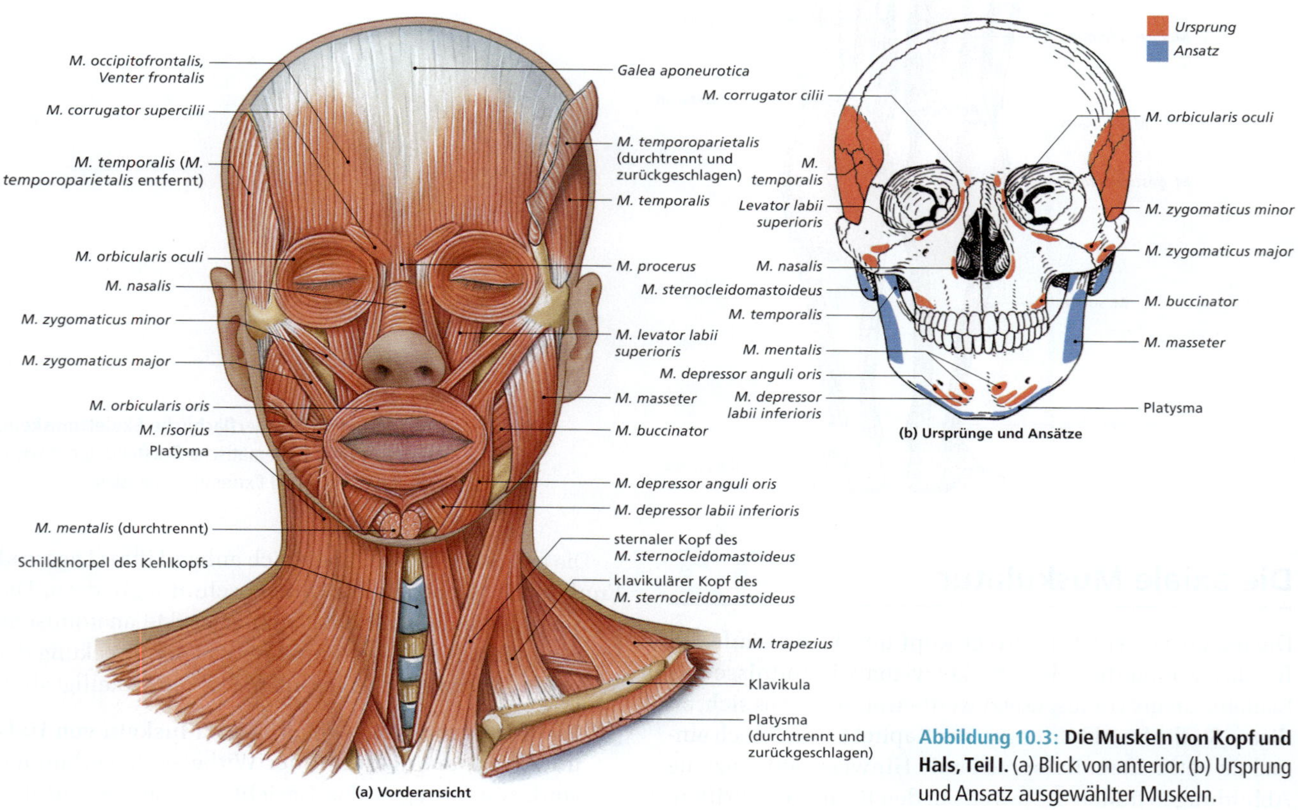

Abbildung 10.3: Die Muskeln von Kopf und Hals, Teil I. (a) Blick von anterior. (b) Ursprung und Ansatz ausgewählter Muskeln.

10.1.1 Die Muskeln von Kopf und Hals

Die Muskeln von Kopf und Hals können in verschiedene Gruppen eingeteilt werden; es sind die die mimische Muskulatur, die äußeren Augenmuskeln, die Kau-, die Zungen- und die Kehlkopfmuskulatur. Sie entspringen entweder am Schädel oder am *Os hyoideum*. Am Schädel entspringen noch andere Muskeln, die mit dem Sehen und dem Hören zu tun haben; sie werden in Kapitel 18 im Abschnitt zu Ohr und Gehörsinn besprochen. Die **vorderen Halsmuskeln** bewegen hauptsächlich Kehlkopf, *Os hyoideum* und Mundboden.

Die mimische Muskulatur

Die mimische Muskulatur entspringt auf dem Schädel. Betrachten Sie beim Weiterlesen die **Abbildung 10.3** und **Abbildung 10.4**. In Tabelle 10.1 finden Sie eine Zusammenfassung ihrer Merkmale. An ihren Ansätzen sind die Kollagenfasern des Epimysiums mit der oberflächlichen Faszie und der Dermis der Haut verwachsen; wenn sie kontrahieren, bewegt sich die Haut mit. Diese Muskeln werden vom siebten Hirnnerv, dem *N. facialis*, innerviert. Die meisten mimischen Muskeln haben mit dem Mund zu tun. Der **M. orbicularis oris** verkleinert die Mundöffnung;

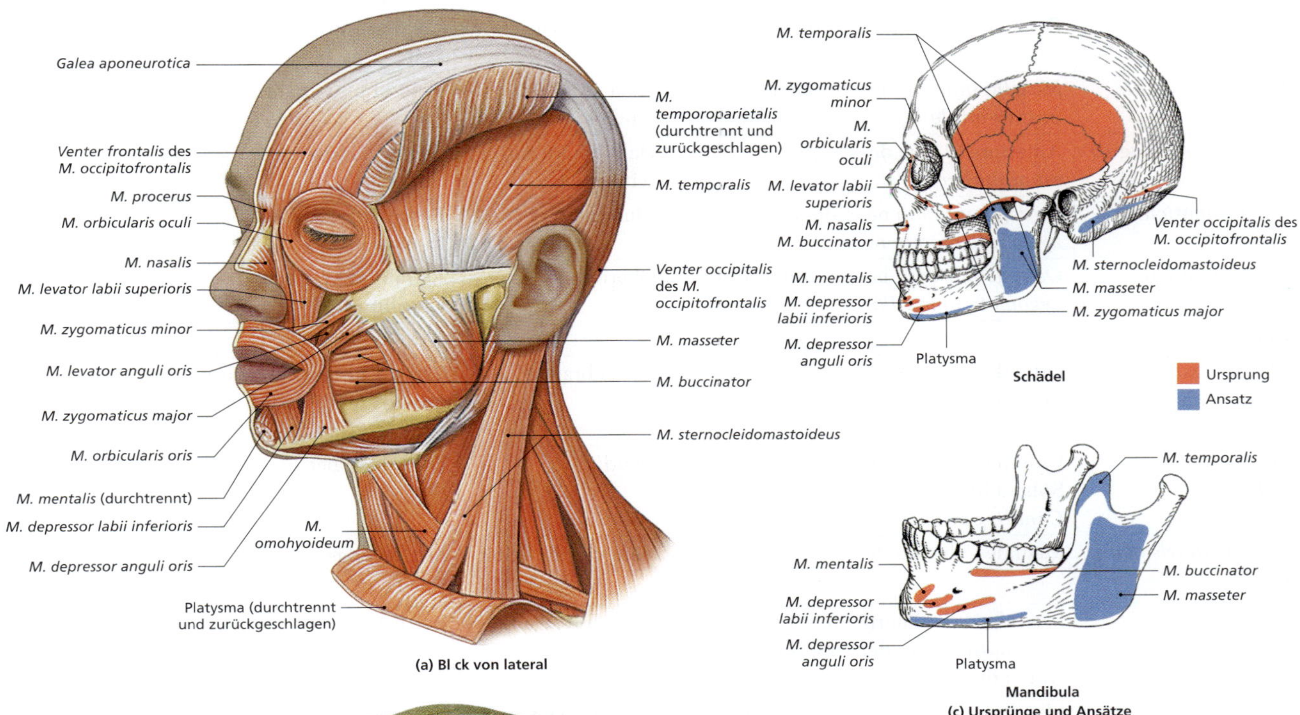

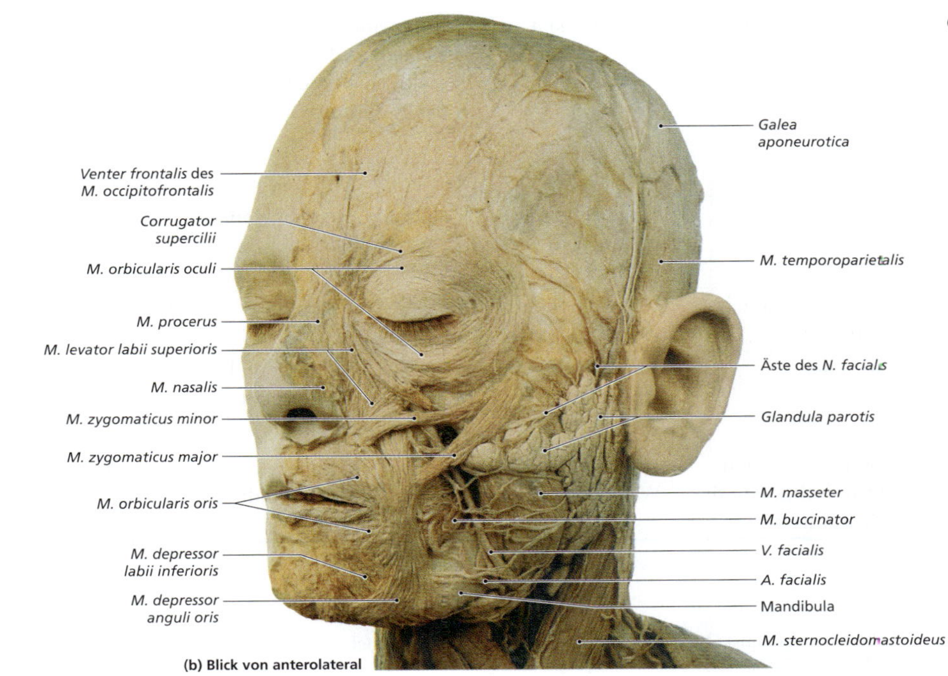

Abbildung 10.4: Die Muskeln von Kopf und Hals, Teil II. (a) Schematische Darstellung von lateral. (b) Entsprechendes anatomisches Präparat mit Darstellung der Muskeln von Hals und Kopf. (c) Ursprünge und Ansätze repräsentativer Muskeln an der lateralen Fläche des Schädels (oben) und der Mandibula (unten; siehe auch Abbildung 6.3).

Region/Muskel	Ursprung	Ansatz	Aktion	Innervation
Mund				
M. buccinator	*Processus alveolaris* der Maxilla und der Mandibula gegenüber den Molaren	Geht in die Fasern des *M. orbicularis oris* über	Komprimiert die Wangen	*N. facialis* (VII)
M. depressor labii inferioris	Mandibula zwischen der anterioren Mittellinie und dem *Foramen mentale*	Haut der Unterlippe	Senkt die Unterlippe	Siehe oben
M. levator labii superioris	Inferiorer Orbitarand oberhalb des *Foramen infraorbitale*	*M. orbicularis oris*	Hebt die Oberlippe	Siehe oben
M. mentalis	*Fossa incisiva* der Mandibula	Haut des Kinns	Hebt und schiebt Unterlippe nach vorn	Siehe oben
M. orbicularis oris	Maxilla und Mandibula	Lippen	Komprimiert und schürzt die Lippen	Siehe oben
M. risorius	Faszie um die *Glandula parotis*	Mundwinkel	Zieht Mundwinkel zur Seite	Siehe oben
M. levator anguli oris	*Maxilla inferior* des *Foramen infraorbitale*	Haut am Mundwinkel	Hebt Mundwinkel	Siehe oben
M. depressor anguli oris	Anteriore Fläche des *Corpus mandibulae*	Haut am Mundwinkel	Senkt Mundwinkel	Siehe oben
M. zygomaticus major	*Os zygomaticum* nahe der *Sutura zygomaticotemporalis*	Mundwinkel	Retrahiert und hebt Mundwinkel	Siehe oben
M. zygomaticus minor	*Os zygomaticum posterior* der *Sutura zygomaticomaxillaris*	Oberlippe	Retrahiert und hebt die Oberlippe	Siehe oben
Auge				
M. corrugator supercilii	Orbitakante des *Os frontale* nahe der *Sutura frontonasalis*	Augenbrauen	Zieht die Haut nach vorn unten, zieht Augenbrauen zusammen	Siehe oben
M. levator palpebrae superioris	Unterfläche der *Ala minor* des Sphenoids superior und anterior des *Canalis opticus*	Oberlid	Hebt das Oberlid	*N. oculomotorius* (III)[1]
M. orbicularis oculi	Mediale Orbitakante	Haut um die Lider	Schließt das Auge	*N. facialis* (VII)
Nase				
M. procerus	Laterale Nasenknorpel und die Aponeurose über dem inferioren Anteil des *Os nasale*	Aponeurose an Nasenrücken und Stirnhaut	Bewegt die Nase, verändert Lage und Form der Nasenmuscheln	Siehe oben
M. nasalis	Maxilla und Knorpel der Nasenflügel	Nasenrücken	Komprimiert den Nasenrücken, senkt die Nasenspitze, hebt die Seiten der Nasenmuscheln	Siehe oben
Kopfschwarte (Epikranium)[2]				
M. occipitofrontalis				Siehe oben
Venter frontalis	*Galea aponeurotica*	Haut der Augenbrauen und Nasenrücken	Hebt die Augenbrauen, runzelt die Stirn	Siehe oben
Venter occipitalis	*Linea nuchae superior* und Bereich des Mastoids *(Os temporale)*	*Galea aponeurotica*	Spannt die Kopfhaut	Siehe oben
M. temporoparietalis	Faszie um die Ohrmuschel	*Galea aponeurotica*	Spannt die Kopfhaut, bewegt die Ohrmuschel	Siehe oben
Hals				
Platysma	Faszie des oberen Thorax zwischen dem Knorpel der zweiten Rippe und dem Akromion der Skapula	Mandibula und Wangenhaut	Spannt die Haut am Hals, zieht die Mandibula nach unten	Siehe oben

Tabelle 10.1: Die mimische Muskulatur.

1 Dieser Muskel entspringt zusammen mit den äußeren Augenmuskeln; daher ist die Innervation ungewöhnlich (siehe Kapitel 15).
2 Einschließlich der *Galea aponeurotica* und der *Mm. temporoparietalis* und *occiptofrontalis*

andere Muskeln bewegen die Lippen oder die Mundwinkel. Der **M. buccinator** hat (außer seiner Bedeutung für Musiker) zwei Aufgaben bei der Nahrungsaufnahme: Beim Kauen arbeitet er mit der Kaumuskulatur zusammen, um die Nahrung von der Wangentasche wieder zwischen die Zähne zu bewegen. Bei Säuglingen ist er für die Saugbewegung an der Mutterbrust verantwortlich.

Kleinere Muskelgruppen bewegen die Augenbrauen und Lider, die Kopfhaut, die Nase und die Ohrmuschel. Das **Epikranium** (griech.: cranion = der Schädel), auch Kopfschwarte genannt, enthält den *M. temporoparietalis* und den *M. occipitofrontalis*, der zwei Bäuche hat, den *Venter frontalis* und den *Venter occipitalis*. Sie sind durch eine Kollagenplatte, die *Galea aponeurotica*, voneinander getrennt (siehe Abbildung 10.2 und 10.3). Das oberflächlich liegende **Platysma** (griech.: platys = platt, breit) bedeckt die anteriore Fläche des Halses; es reicht in der Regel von der Basis des Halses bis zum Periost der Mandibula und zur Faszie an den Mundwinkeln (siehe Abbildung 10.3 und 10.4).

Die äußeren Augenmuskeln

An der Orbita entspringen sechs äußere Augenmuskeln, die die Position der Augen steuern. Es sind dies der **M. rectus inferior**, der **M. rectus medialis**, der **M. rectus superior**, der **M. rectus lateralis**, der **M. obliquus inferior** und der **M. obliquus superior** (**Abbildung 10.5** und Tabelle 10.2). Die Rektusmuskeln bewegen die Bulbi in die Richtung, die der Name angibt. Außerdem bewegen die *Mm. recti superior* und *inferior* den Bulbus leicht nach medial, die *Mm. obliqui superior* und *inferior* leicht nach lateral. Um also das Auge gerade nach oben zu bewegen, kontrahiert man den *M. rectus superior* und den *M. obliquus inferior*. Für den Blick nach unten sind der *M. rectus inferior* und der *M. obliquus superior* erforderlich. Die äußeren Augenmuskeln werden vom dritten *(N. oculomotorius)*, dem vierten *(N. trochlearis)* und dem sechsten Hirnnerv *(N. abducens)* innerviert. Die inneren Augenmuskeln, bei denen es sich um glatte Muskeln im Inneren des Bulbus handelt, steuern die Pupillenweite und die Form der Linse. Diese Muskeln werden in Kapitel 18 besprochen.

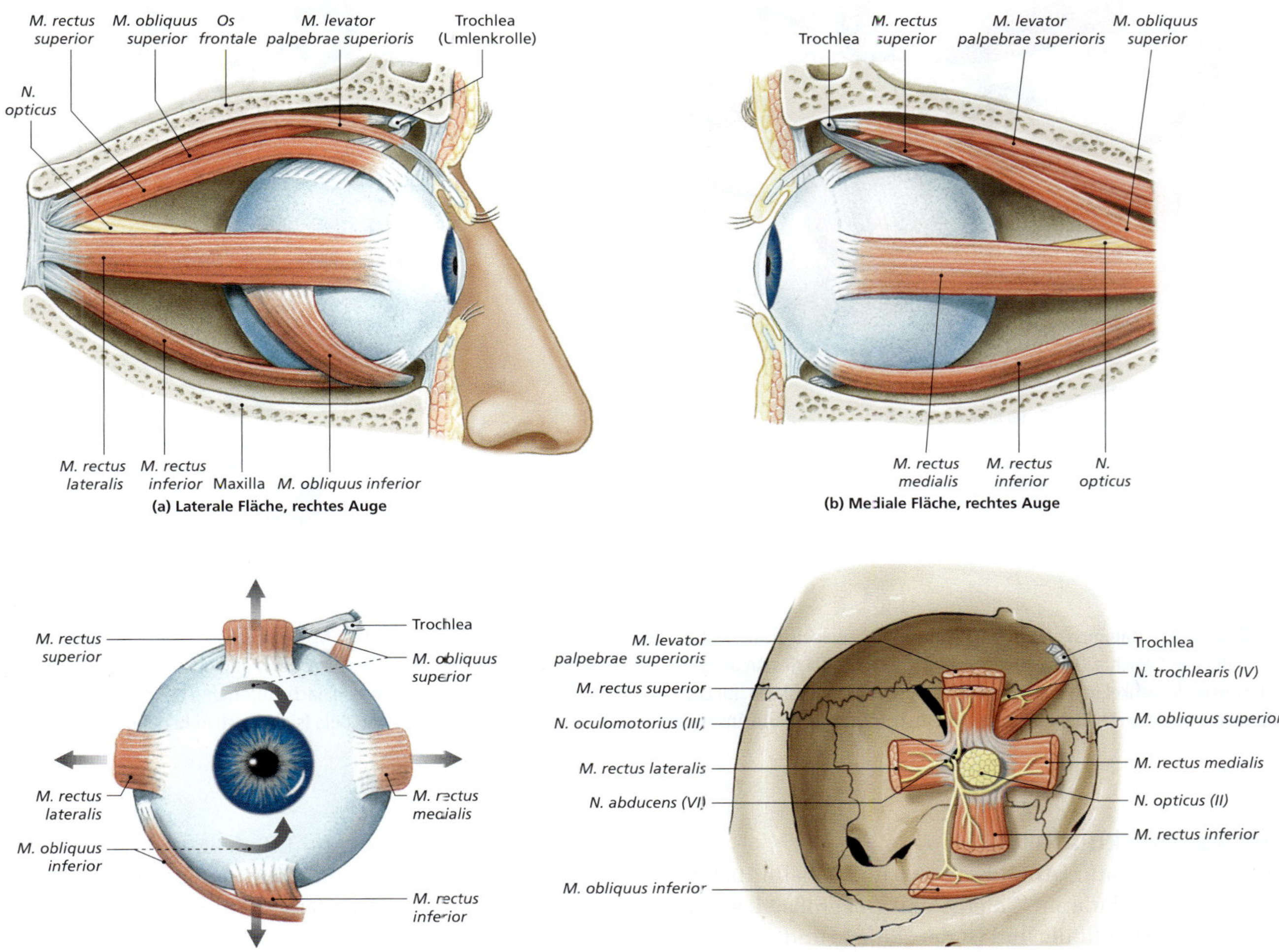

Abbildung 10.5: Die äußeren Augenmuskeln. (a) Muskeln auf der lateralen Fläche des rechten Auges. (b) Muskeln auf der medialen Fläche des rechten Auges. (c) Rechtes Auge von anterior mit Darstellung der Zugrichtung der Augenmuskeln und ihrer Wirkung auf den Bulbus. (d) Rechte Orbita von anterior mit Darstellung der Ursprünge der äußeren Augenmuskeln (siehe auch Abbildung 6.3).

Muskel	Ursprung	Ansatz	Aktion	Innervation
M. rectus inferior	Sphenoid um den *Canalis opticus*	Inferior-medial am Bulbus	Auge blickt nach unten.	*N. oculomotorius* (III)
M. rectus medialis	Siehe oben	Medial am Bulbus	Auge blickt nach medial.	Siehe oben
M. rectus superior	Siehe oben	Superior am Bulbus	Auge blickt hoch.	Siehe oben
M. rectus lateralis	Siehe oben	Lateral am Bulbus	Auge blickt nach lateral.	*N. abducens* (VI)
M. obliquus inferior	Maxilla am vorderen Anteil der Orbita	Inferior-lateral am Bulbus	Auge rollt, blickt hoch und nach lateral.	*N. oculomotorius* (III)
M. obliquus superior	Sphenoid um den *Canalis opticus*	Superior-lateral am Bulbus	Auge rollt, blickt nach unten und lateral.	*N. trochlearis* (IV)

Tabelle 10.2: **Die äußeren Augenmuskeln.**

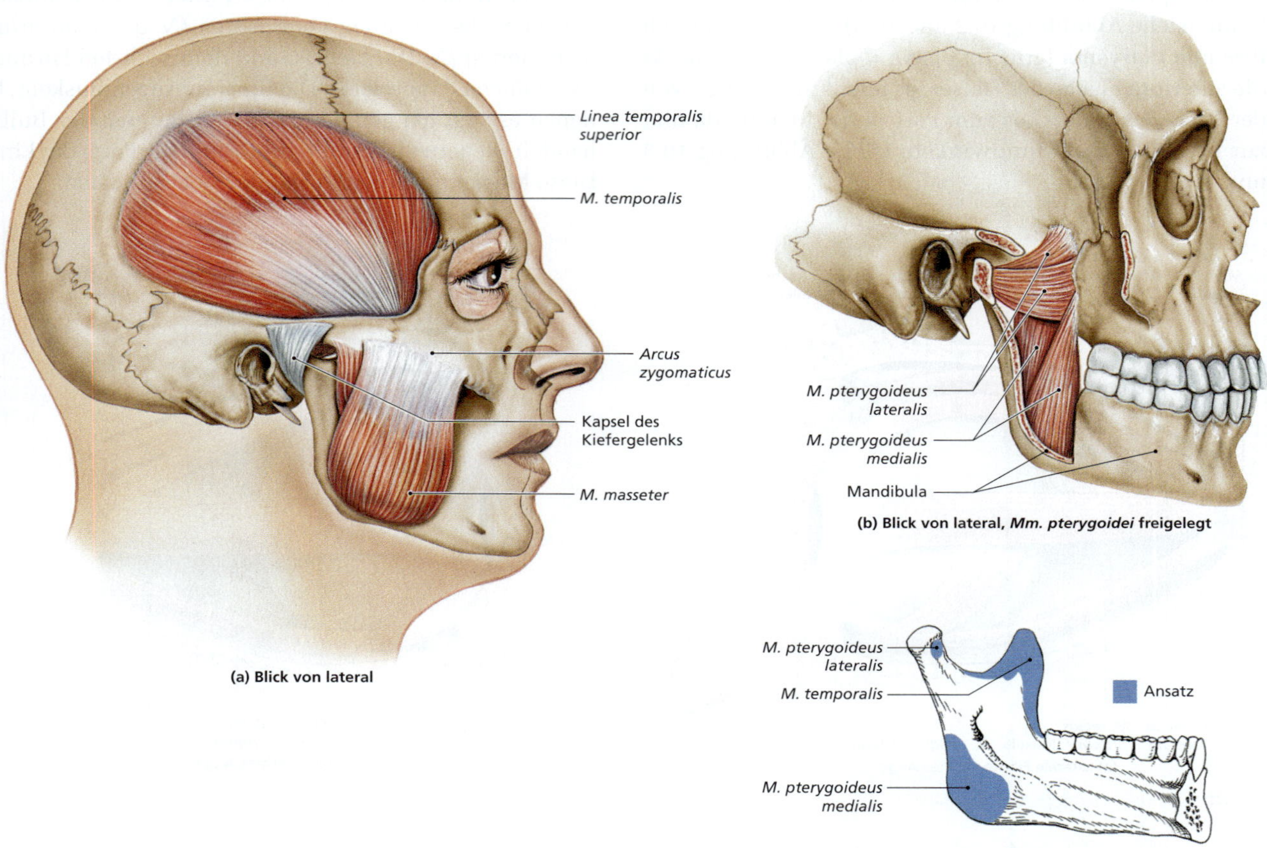

Abbildung 10.6: **Kaumuskulatur.** Die Kaumuskeln bewegen die Mandibula beim Kauen. (a) Der M. masseter und der M. temporalis sind prominente Muskeln des seitlichen Gesichts. Der M. temporalis verläuft medial des Arcus zygomaticus und setzt am Processus coronoideus der Mandibula an. Der M. masseter setzt am Kieferwinkel und der lateralen Fläche der Mandibula an. (b) Lage und Verlauf der Mm. pterygoidei werden nach Entfernung der darüberliegenden Muskeln und einem Teil der Mandibula sichtbar. (c) Ausgewählte Ansatzstellen an der medialen Fläche der Mandibula (siehe auch Abbildung 6.3 und 6.14).

Die Kaumuskulatur

Die Kaumuskulatur (**Abbildung 10.6** und Tabelle 10.3) bewegt die Mandibula am Kiefergelenk. Der große **M. masseter** hebt die Mandibula und ist der stärkste und wichtigste Kaumuskel. Der **M. temporalis** hebt die Mandibula ebenfalls, während der **M. pterygoideus medialis** und der **M. pterygoideus lateralis** die Mandibula heben, protrahieren und seitlich bewegen können (Lateralexkursion). Diese Bewegungen optimieren die Effizienz der Zähne beim Kauen oder Zermahlen von Nahrung unterschiedlicher Konsistenz. Die Kaumuskulatur wird durch den fünften Hirnnerv, den *N. trigeminus*, versorgt.

Die Zungenmuskulatur

Die Muskeln der Zunge enden auf -glossus (Zunge). Wenn Sie sich noch einmal die Strukturen vergegenwärtigen, die

Muskel	Ursprung	Ansatz	Aktion	Innervation
M. masseter	*Arcus zygomaticus*	Laterale Fläche des *R. mandibulae* und Kieferwinkel	Hebt die Mandibula, Kieferschluss	*Radix motoria n. trigemini* oder *R. mandibularis* des *N. trigeminus* (V3) *N. massetericus*
M. temporalis	*Linea temporalis* am Schädel	*Processus coronoideus* der Mandibula	Siehe oben	Siehe oben bzw. *Nn. temporales profundi*
Mm pterygoidei	Laterale *Lamina pterygoidea*	Mediale Fläche des *R. mandibulae*		
M. pterygoideus medialis	Laterale *Lamina pterygoidea* und nahe Anteile des *Os palatinum* und der Maxilla	Mediale Fläche des *R. mandibulae*	Hebt die Mandibula, Kieferschluss oder bewegt Mandibula von Seite zu Seite	Siehe oben bzw. *N. pterygoideus medialis*
M. pterygoideus lateralis	Laterale *Lamina pterygoidea* und *Ala major* des Sphenoids	Anterior am Hals des *Condylus mandibulae*	Öffnet den Kiefer, protrahiert die Mandibula oder bewegt sie von Seite zu Seite	Siehe oben bzw. *N. pterygoideus lateralis*
M. pterygoideus lateralis Pars superior	*Crista infratemporalis osiis sphenoidalis*	*Discus articularis*	Zieht den *Discus articularis* nach vorn; leitet damit die Kieferöffnung ein	Siehe oben
M. pterygoideus lateralis Pars inferior	*Lamina lateralis* des *Processus pterygoideus*	*Processus condylaris mandibulae*	Einseitig: verschiebt den Kiefer zur Gegenseite Beidseitig: zieht den Kiefer nach vorn	Siehe oben

Tabelle 10.3: **Die Kaumuskulatur.**

AUS DER PRAXIS

Was gibt´s Neues?

Vielleicht haben Sie schon einmal jemanden sagen hören: „In der Anatomie gibt es keine Neuigkeiten." Diese Aussage spiegelt die verbreitete Ansicht wider, dass jede einzelne anatomische Struktur des Körpers schon vor Jahrhunderten entdeckt wurde. Daher waren viele überrascht, als Anatomen der Universität von Maryland im Jahre 1996 die Existenz eines „neuen" Skelettmuskels dokumentierten. Dieser Muskel, der *M. sphenomandibularis* (**Abbildung 10.7**), unterstützt die Kaumuskulatur; er zieht von der lateralen Fläche des Sphenoids an die Mandibula. Die Forschungen begannen mit einer Computeranalyse der Visible Human Datei, einem digitalisierten fotografischen Atlas der Querschnittsanatomie. Sorgfältige Obduktionen untermauerten die Entdeckung. Obwohl über diesen Muskel noch kontrovers diskutiert wird (womöglich wurde er schon früher als Anteil des *M. temporalis* beschrieben), ist dies doch ein gutes Beispiel dafür, wie moderne Technologien neue Einblicke in den menschlichen Körper ermöglichen können.

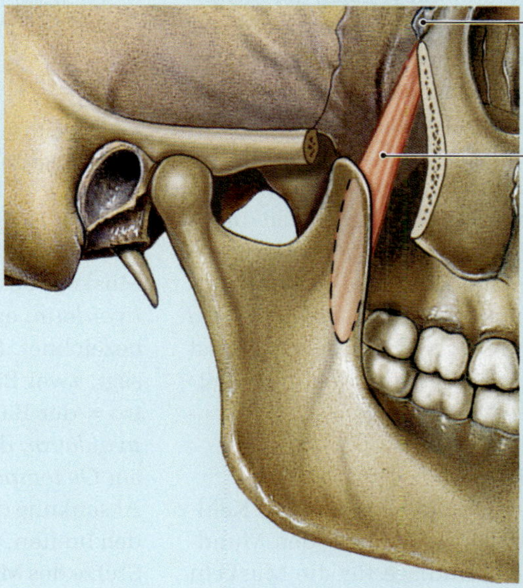

Abbildung 10.7: **M. sphenomandibularis.**

Muskel	Ursprung	Ansatz	Aktion	Innervation
M. genioglossus	Mediale Fläche der Mandibula am Kinn	Zungenkörper, *Os hyoideum*	Senkt und protrahiert die Zunge	*N. hypoglossus* (XII)
M. hyoglossus	*Corpus* und *Ala major* des *Os hyoideum*	Seite der Zunge	Senkt und retrahiert die Zunge	Siehe oben
M. palatoglossus	Anteriore Fläche des weichen Gaumens	Siehe oben	Hebt die Zunge, senkt den weichen Gaumen	Ast des pharyngealen Plexus (X)
M. styloglossus	*Processus styloideus* des *Os temporale*	An der Seite der Zunge bis an die Spitze und die Basis	Retrahiert die Zunge, hebt die Seiten	*N. hypoglossus* (XII)

Tabelle 10.4: **Die Zungenmuskulatur.**

hinter den Begriffen genio-, hyo-, palato- und stylo- stecken, sollten Sie mit dieser Gruppe keine Probleme haben. Der **M. genioglossus** entspringt am Kinn, der **M. hyoglossus** am *Os hyoideum*, der **M. palatoglossus** am Gaumen und der **M. styloglossus** am *Processus styloideus* (**Abbildung 10.8**). Diese Muskeln, die äußeren Zungenmuskeln, werden in verschiedenen Kombinationen für die feinen und komplexen Bewegungsabläufe beim Sprechen eingesetzt. Sie bewegen auch die Nahrung im Mund in Vorbereitung auf den Schluckakt. Die inneren Zungenmuskeln, die sich vollständig im Inneren der Zunge befinden, unterstützen diese Bewegungen. Die meisten dieser Muskeln werden vom zwölften Hirnnerv, dem *N. hypoglossus*, innerviert, dessen Name sowohl Lage als auch Zielorgan verrät (Tabelle 10.4).

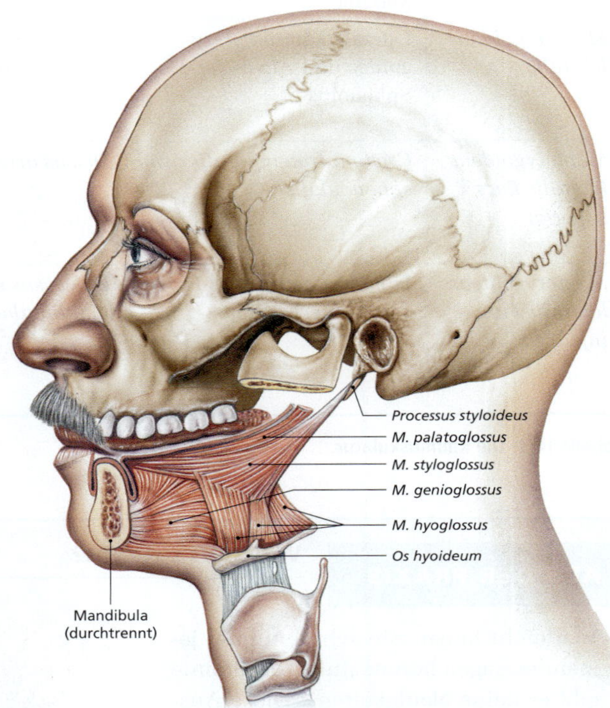

Abbildung 10.8: **Die Zungenmuskulatur.** Der linke Ast der Mandibula wurde entfernt, um die Muskeln der linken Zungenseite darzustellen.

Die Kehlkopfmuskulatur

Die paarig angeordneten Kehlkopfmuskeln sind für die Einleitung des Schluckakts notwendig. Die **Mm. constrictores pharyngis** transportieren den Bolus, den gekauten Bissen, in die Speiseröhre. Der **M. palatopharyngeus**, der **M. salpingopharyngeus** und der **M. stylopharyngeus** heben den Kehlkopf und werden zu der Gruppe der Kehlkopfheber zusammengefasst. Die **Mm. palatini**, der **M. tensor veli palatini** und der **M. levator veli palatini** heben den weichen Gaumen und umgebende Anteile der Rachenwand. Die Letztgenannten öffnen durch ihren Zug auch den Eingang zur Eustachi-Röhre. Aus diesem Grunde kann man durch wiederholtes Schlucken im Flugzeug oder beim Flaschentauchen einen Druckausgleich erreichen. Die Kehlkopfmuskulatur wird durch den neunten *(N. glossopharyngeus)* und den zehnten Hirnnerv *(N. vagus)* innerviert. Sie ist in **Abbildung 10.9** dargestellt; weitere Informationen entnehmen Sie Tabelle 10.5.

Die vordere Halsmuskulatur

Die vorderen Halsmuskeln steuern die Position des Kehlkopfs, ziehen die Mandibula herab, spannen den Mundboden und bilden eine feste Grundlage für die Muskeln von Zunge und Rachenraum (**Abbildung 10.10** und **Abbildung 10.11** sowie Tabelle 10.6). Die Muskeln, die den Kehlkopf positionieren, nennt man extrinsisch, während die Muskeln, die die Stimmbänder beeinflussen, als intrinsische Muskeln bezeichnet werden. (Die Stimmbänder werden in Kapitel 24 besprochen.) Außerdem werden die Muskeln des Halses nach ihrer Lage im Vergleich zum *Os hyoideum* entweder als suprahyoidal oder infrahyoidal bezeichnet. Der **M. digastricus** hat, wie der Name schon sagt, zwei Bäuche (griech.: di- = zweimal, doppelt; gastro = der Bauch). Ein Bauch zieht vom Kinn an das *Os hyoideum*, der andere vom Hyoid weiter an das Mastoid am *Os temporale*. Dieser Muskel öffnet den Mund durch Absenkung der Mandibula. Der anteriore Bauch überdeckt den breiten, flachen **M. mylohyoideus**, der die muskuläre Stütze des Mundbodens bildet. Die **Mm. geniohyoidei**, die weiter superior liegen, unterstützen ihn dabei. Der **M. stylohyoideus** bildet die muskuläre Verbindung zwischen dem *Os hyoideum* und dem *Processus styloideus* am Schädel. Der **M. sternocleidomastoideus** zieht von der Klavikula und dem Sternum an das Mastoid am Schädel. Er hat zwei Ursprünge, den sternalen und den klavikulären Kopf (siehe

Muskel	Ursprung	Ansatz	Aktion	Innervation
Rachenverenger			Verengen den Rachen zur Verschiebung des Bolus in den Ösophagus	Äste des pharyngealen Plexus (X)
M. constrictor pharyngis superior	*Processus pharyngeus* des Sphenoids, mediale Fläche der Mandibula und Seite der Zunge	*Raphe mediana* am *Os occipitale*		X. Hirnnerv
M. constrictor pharyngis medius	Alae des *Os hyoideum*	*Raphe mediana*		X. Hirnnerv
M. constrictor pharyngis inferior	Ring- und Schildknorpel des Kehlkopfs	*Raphe mediana*		X. Hirnnerv
Kehlkopfheber			Hebt den Kehlkopf	Äste des pharyngealen Plexus (IX und X)
M. palatopharyngeus	Weicher und harter Gaumen	Schildknorpel		X. Hirnnerv
M. salpingopharyngeus	Knorpel am inferioren Anteil der Eustachi-Röhre	Schildknorpel		X. Hirnnerv
M. stylopharyngeus	*Processus styloideus* des *Os temporale*	Schildknorpel		IX. Hirnnerv
Gaumenmuskeln			Heben den weichen Gaumen	
M. levator veli palatini	*Pars petrosa* des *Os temporale*, Gewebe um die Eustachi-Röhre	Weicher Gaumen		Äste des pharyngealen Plexus (IX, X, VII möglich)
M. tensor veli palatini	*Spina sphenoidalis*, *Processus pterygoideus* und Gewebe um die Eustachi-Röhre	Weicher Gaumen		V. Hirnnerv bzw. *N. m. tensoris veli palatini*

Tabelle 10.5: **Die Kehlkopfmuskulatur.**

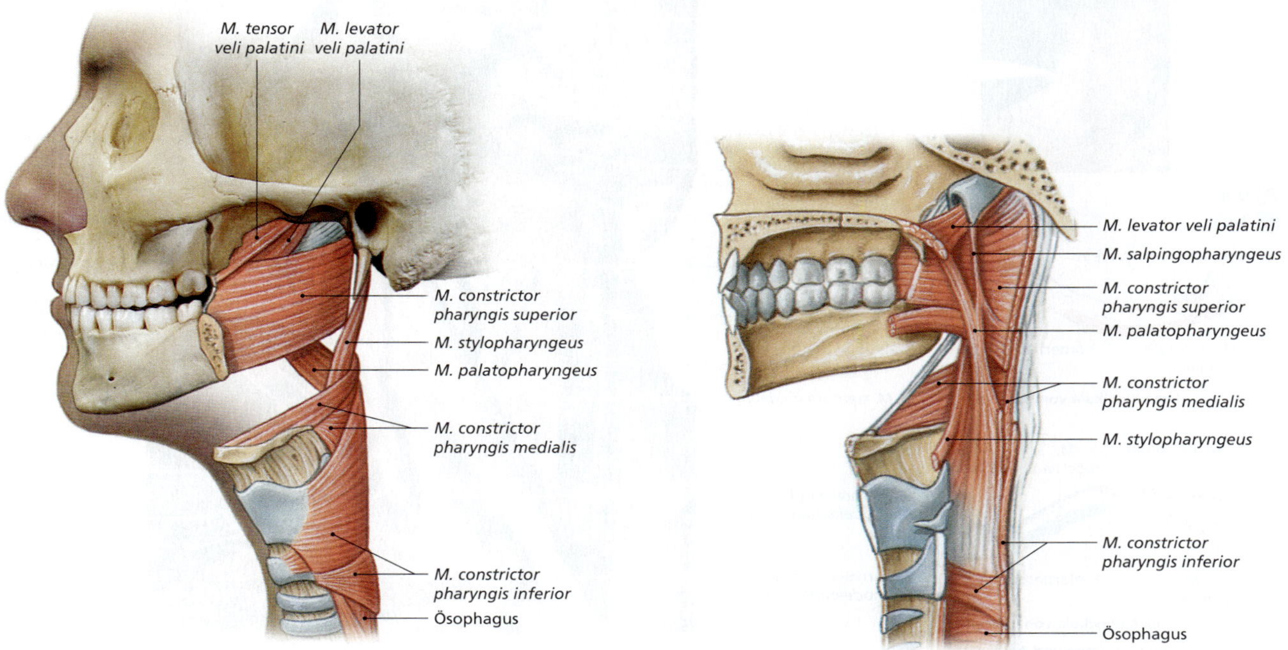

Abbildung 10.9: **Die Kehlkopfmuskulatur.** Die Kehlkopfmuskeln leiten den Schluckakt ein. (a) Blick von lateral. (b) Mediosagittaler Schnitt.

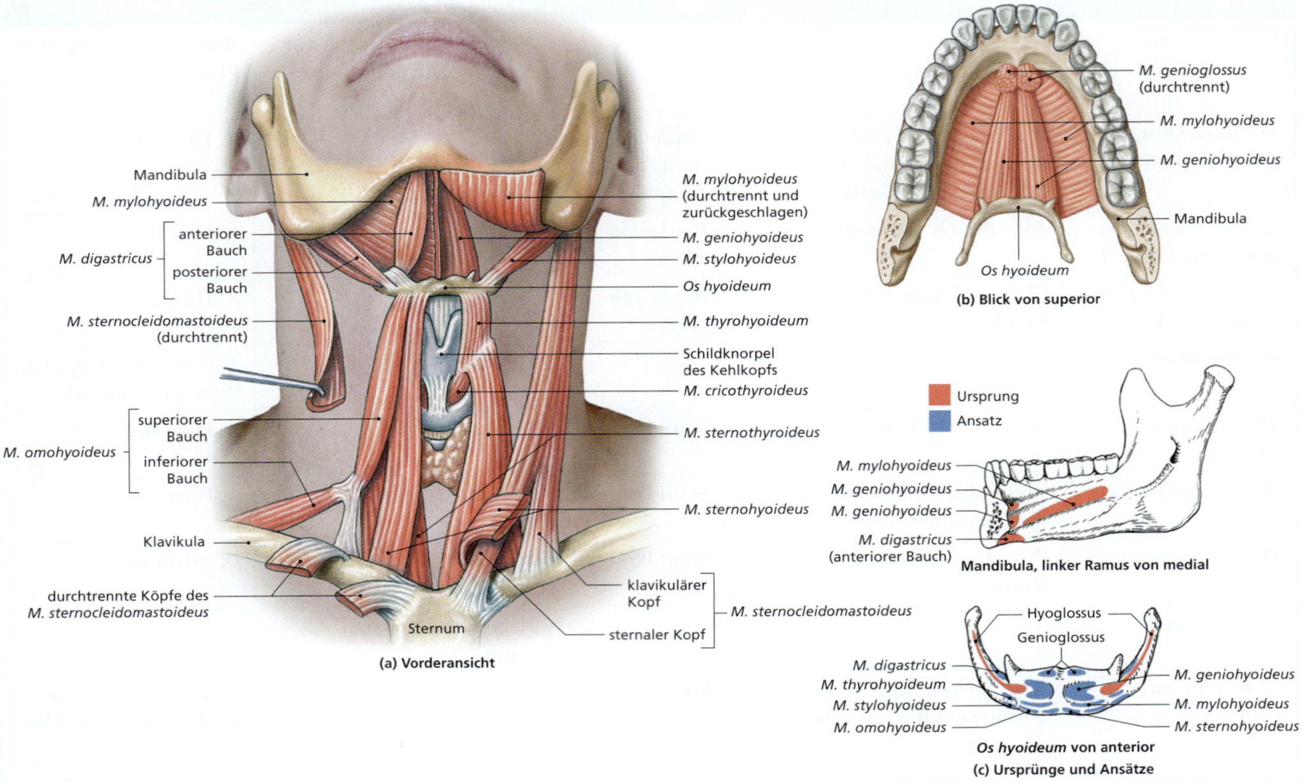

Abbildung 10.10: Die vordere Halsmuskulatur, Teil I. Die vorderen Halsmuskeln steuern die Position von Kehlkopf, Mandibula und Mundboden und bieten Ansatzfläche für die Muskeln von Zunge und Kehlkopf. (a) Vordere Halsmuskeln von anterior. (b) Muskeln des Mundbodens von superior. (c) Ursprünge und Ansätze an Mandibula und Os hyoideum (siehe auch Abbildung 6.3, 6.4 und 6.17).

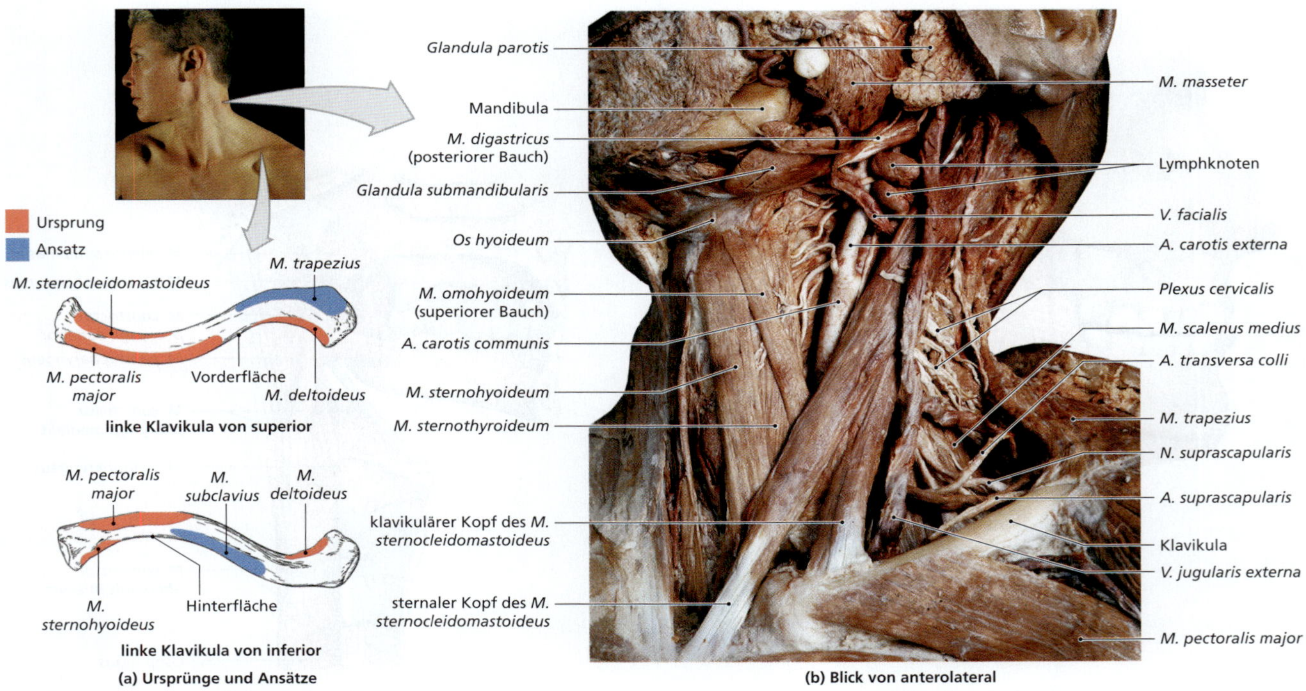

Abbildung 10.11: Die vordere Halsmuskulatur, Teil II. (a) Ursprünge und Ansätze an der Klavikula. (b) Halspräparat von anterolateral mit Darstellung der Halsmuskeln und weiterer Strukturen (siehe auch Abbildung 6.17 und 7.3).

Muskel	Ursprung	Ansatz	Aktion	Innervation
M. digastricus		*Os hyoideum*	Senkt die Mandibula, öffnet den Mund und/oder hebt den Kehlkopf	
Venter anterior (vorderer Bauch)	Zwischensehne ist mit dem *Cornu minus ossis hyoidei* verbunden.	*Fossa digastrica*	Öffnet den Kiefer	*N. trigeminus* (V), *R. mandibularis* bzw. *N. mylohyoideus*
Venter posterior (hinterer Bauch)	*Incisura mastoidea ossis temporalis*	Zwischensehne zum *Venter anterior*	Hebt das Zungenbein beim Schluckakt	*N. facialis* (VII)
M. geniohyoideus	Mediale Fläche der Mandibula am Kinn	*Os hyoideum*	Siehe oben und Retraktion des *Os hyoideum*	Zervikalnerv C1 über den *N. hypoglossus* (XII)
M. mylohyoideus	*Linea mylohyoidea* der Mandibula	Medianer Bindegewebsstrang (Raphe), der zum *Os hyoideum* zieht	Hebt den Mundboden und das *Os hyoideum* und/oder senkt die Mandibula	*N. trigeminus* (V), *R. mandibularis* bzw. *N. mylohyoideus*
M. omohyoideus[3]	Oberkante der Skapula nahe der *Incisura scapulae*	*Os hyoideum*	Senkt *Os hyoideum* und Kehlkopf	Zervikale Spinalnerven C2–C3
M. sternohyoideus	Klavikula und *Manubrium sterni*	*Os hyoideum*	Siehe oben	*Ansa cervicalis* (Nervenschlinge C1–C3)
M. sternothyroideus	Dorsale Fläche des *Manubrium sterni* und erster Rippenknorpel	Schildknorpel am Kehlkopf	Siehe oben	Siehe oben
M. stylohyoideus	*Processus styloideus* des *Os temporale*	*Os hyoideum*	Hebt den Kehlkopf	*N. facialis* (VII)
M. thyrohyoideus	Schildknorpel am Kehlkopf	*Os hyoideum*	Hebt den Kehlkopf, senkt das *Os hyoideum*	Zervikalnerven C1 und C2 über den *N. hypoglossus* (XII)
M. sternocleidomastoideus		Mastoid am Schädel und lateraler Anteil der *Linea nuchae superior*	Zusammen beugen sie den Hals, einzeln beugen sie den Hals zur Schulter und drehen das Gesicht in die Gegenrichtung.	*N. accessorius* (XI) und die zervikalen Spinalnerven des zervikalen Plexus
Klavikulärer Kopf	Sternales Ende der Klavikula			
Sternaler Kopf	*Manubrium sterni*			

Tabelle 10.6: Die vordere Halsmuskulatur.

AUFGABEN

1. Wo entspringt die mimische Muskulatur?
2. Was ist die Hauptfunktion der Kaumuskulatur?
3. Beschreiben Sie die wesentlichen Funktionen der äußeren Augenmuskeln.
4. Welche Bedeutung hat die Kehlkopfmuskulatur?

Tabelle 10.6). Der **M. omohyoideus** ist an der Skapula, der Klavikula, der ersten Rippe und am *Os hyoideum* befestigt. Die großflächigen Muskeln werden von mehr als einem Nerv versorgt; einzelne Anteile können sich unabhängig voneinander kontrahieren. Daher sind ihre Aktionen recht vielfältig. Die übrigen Mitglieder dieser Gruppe sind strangförmige Muskeln, die zwischen dem Sternum und dem Kehlkopf *(M. sternothyroideus)* oder dem *Os hyoideum* verlaufen *(M. sternohyoideus)* oder zwischen dem Kehlkopf und dem *Os hyoideum (M. thyrohyoideus)*.

10.1.2 Die Muskeln der Wirbelsäule

Die Muskeln der Wirbelsäule sind in drei getrennten Schichten angeordnet (oberflächlich, mittel und tief). Die Muskeln der ersten beiden Gruppen nennt man **eingewanderte Rückenmuskeln** oder Rumpfmuskulatur. Diese Muskeln, die von den ventralen Ästen der entsprechenden

3 Superiorer und inferiorer Bauch vereinen sich an einer zentralen Sehne, die an der Klavikula und der ersten Rippe ansetzt.

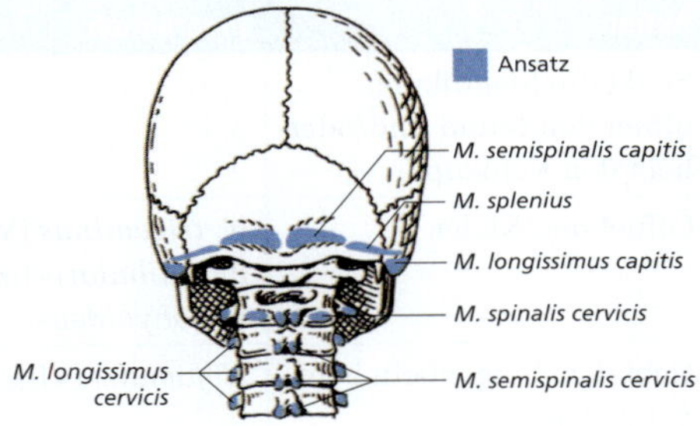

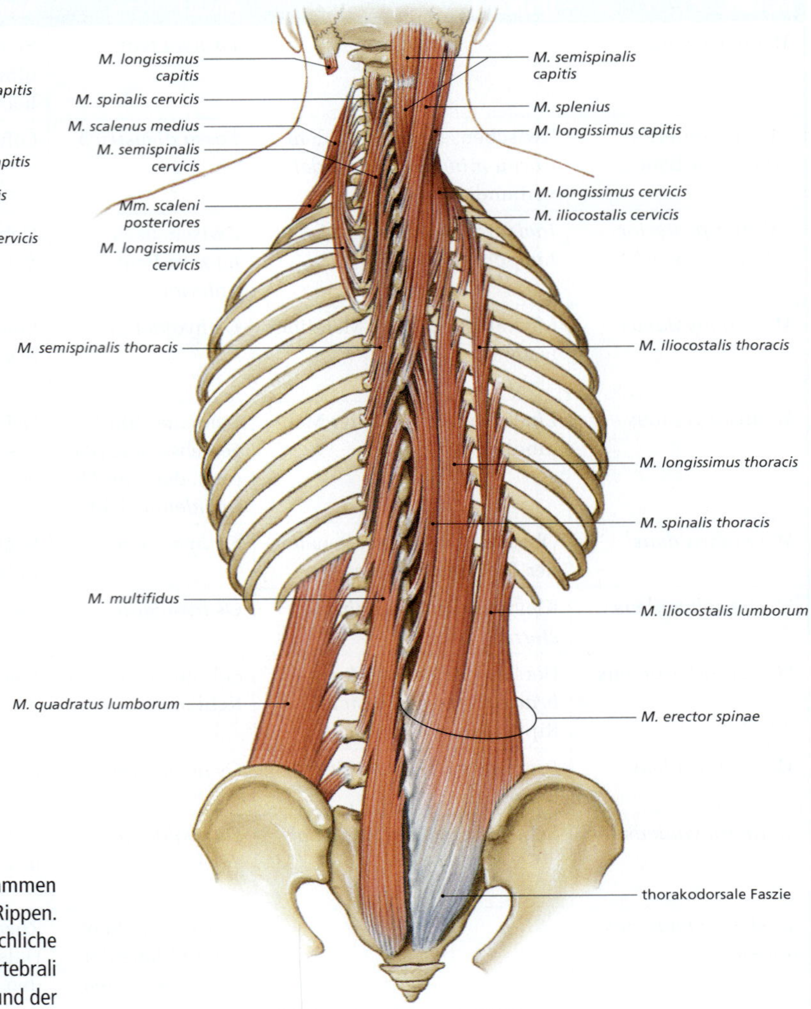

(a) *M. erector spinae* von posterior

Abbildung 10.12: Die Muskeln der Wirbelsäule. Zusammen stabilisieren diese Muskeln Wirbelsäule, Kopf, Hals und Rippen. Einige Ursprünge und Ansätze sind dargestellt. (a) Oberflächliche (rechts) und tiefe Rückenmuskeln (links). (b) Mm. intervertebrali von posterior. (c) Muskeln an der Vorderfläche der Hals- und der oberen Brustwirbel.

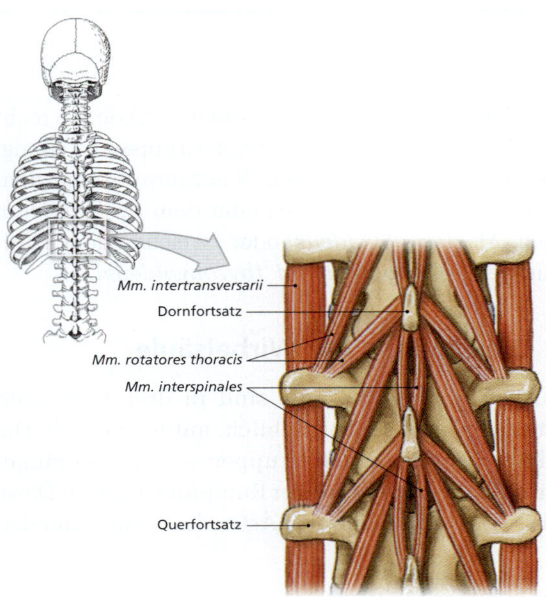

(b) Intervertebrale Muskulatur von posterior

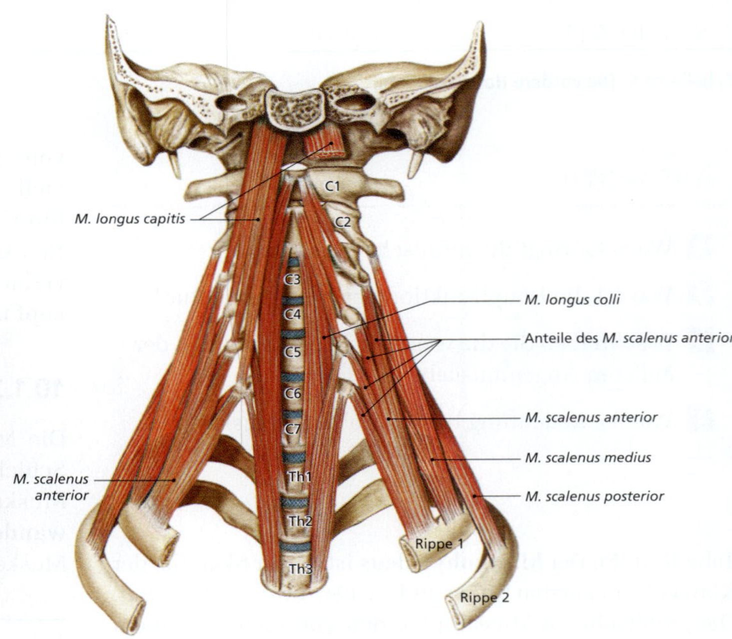

(c) Muskeln an der Vorderfläche der Hals- und der oberen Brustwirbel

Spinalnerven innerviert werden, reichen vom Achsenskelett an die obere Extremität oder den Brustkorb. Die Muskeln der oberflächlichen Schicht, den *M. trapezius*, den *M. latissimus dorsi*, den *M. levator scapulae* und die *Mm. rhomboidei*, besprechen wir in Kapitel 11, weil sie den Schultergürtel und die obere Extremität positionieren. Die mittlere Schicht der äußeren Rückenmuskeln besteht aus den *Mm. serrati posteriores*, die als Atemhilfsmuskeln die Rippen bewegen. Sie werden später in diesem Kapitel beschrieben.

Die am tiefsten liegenden Muskeln am Rücken sind die **autochthonen (ortsständigen** oder **echten) Rückenmuskeln (Abbildung 10.12** und Tabelle 10.7). Sie werden von den dorsalen Ästen der Spinalnerven innerviert, stützen die Wirbel und verbinden sie miteinander.

Die autochthone Rückenmuskulatur ist wiederum in eine oberflächliche, einer mittlere und eine tiefe Schicht eingeteilt. Diese drei Schichten befinden sich lateral der Wirbelsäule zwischen den Dornfortsätzen und den Querfortsätzen der Wirbelkörper. Obwohl diese Muskelmasse vom *Os sacrum* bis an den Schädel reicht, muss man bedenken, dass jede Muskelgruppe aus zahlreichen unterschiedlich langen Einzelmuskeln besteht.

Die oberflächliche Schicht der autochthonen Rückenmuskulatur

Die oberflächliche Schicht der autochthonen Rückenmuskulatur besteht aus den *Mm. splenii* (**Mm. splenii capitis** und **Mm. splenii cervicis**). Die *Mm. splenii capitis* entspringen am *Lig. nuchae* und den Dornfortsätzen der ersten vier Brustwirbel und setzen am Schädel an. Die *Mm. splenii cervicis* entspringen am *Lig. nuchae* und den Dornfortsätzen der oberen Halswirbelsäule und setzen ebenfalls am Schädel an. Diese beiden Muskelgruppen bewirken eine Extension und eine Lateralflexion des Halses.

Die mittlere Schicht der autochthonen Rückenmuskulatur

Die mittlere Schicht besteht aus Streckmuskeln und macht einen Großteil des **M. erector spinae** aus. Sie entspringen an der Wirbelsäule; die Ansätze erkennt man an den Namen der einzelnen Muskeln. Ein Muskel mit Beinamen *capitis* setzt z. B. am Schädel an; der Begriff *cervicis* weist auf einen Ansatz im Bereich der oberen Halswirbelsäule hin und *thoracis* auf einen Ansatz an der unteren Halswirbelsäule und der oberen Brustwirbelsäule. Der *M. erector spinae* ist in drei Gruppen unterteilt: **M. spinalis**, **M. longissimus** und **M. iliocostalis** (siehe Abbildung 10.12a). Diese Unterteilung bezieht sich auf den jeweiligen Abstand zur Wirbelsäule; die *Mm spinales* liegen hierbei am nächsten und die *Mm. iliocostales* am weitesten weg. In der tiefen Lumbalregion und am *Os sacrum* sind der *M. longissimus* und der *M. iliocostalis* schwer voneinander abzugrenzen. Wenn sie gemeinsam kontrahieren, strecken sie die Wirbelsäule. Wenn nur die Muskeln eine Seite kontrahieren, kommt es zu einer Lateralflexion.

Gruppe/Muskel	Ursprung	Ansatz	Aktion	Innervation
Oberflächliche Schicht				
M. splenius (*capitis* und *cervicis*)	Dornfortsätze und die Ligamente, die zwischen den unteren Hals- und den oberen Brustwirbeln verlaufen	*Processus mastoideus*, *Os occipitale*, obere Halswirbel	Beide Seiten gemeinsam Halsstreckung, alleine Rotation und Lateralflexion	Zervikale Spinalnerven
Mittlere Schicht				
(*M. erector spinae*)				
M. spinalis				
M. spinalis cervicis	Inferiorer Abschnitt des *Lig. nuchae*, Dornfortsatz C7	Dornfortsatz Axis	Streckung des Halses	Siehe oben
M. spinalis thoracis	Dornfortsätze der unteren Brust- und der oberen Lendenwirbel	Dornfortsätze der oberen Brustwirbel	Streckung der Wirbelsäule	Thorakale und lumbale Spinalnerven
M. longissimus				
M. longissimus capitis	Querfortsätze der unteren Hals- und oberen Brustwirbel	*Processus mastoideus*	Beide Seiten gemeinsam Halsstreckung, alleine Rotation und Lateralflexion	Zervikale und thorakale Spinalnerven
M. longissimus cervicis	Querfortsätze der oberen Brustwirbel	Querfortsätze der mittleren und oberen Halswirbelsäule	Siehe oben	Siehe oben

Tabelle 10.7: **Autochthone Rückenmuskeln und Beugemuskeln der Wirbelsäule.**

Gruppe/Muskel	Ursprung	Ansatz	Aktion	Innervation
M. longissimus thoracis	Breite Aponeurose und an den Dornfortsätzen der unteren Brust- und der oberen Lendenwirbel; geht in *M. iliocostalis* über	Querfortsätze der oberen Brust- und der Lendenwirbelsäule, inferiore Flächen der unteren zehn Rippen	Streckung der Brustwirbelsäule, allein jeweils Lateralflexion	Thorakale und lumbale Spinalnerven
M. iliocostalis				
M. iliocostalis cervicis	Oberkante der vertebrosternalen Rippen Nähe Angulus	Querfortsätze der mittleren und unteren Halswirbel	Streckung oder Lateralflexion des Halses, Rippenhebung	Zervikale und obere thorakale Spinalnerven
M. iliocostalis thoracis	Oberkante der sechsten bis zwölften Rippe medial des Angulus	Obere Rippen und Querfortsätze der unteren Halswirbel	Stabilisiert die Brustwirbelsäule bei der Streckung	Thorakale Spinalnerven
M. iliocostalis lumborum	*Crista iliaca*, *Crista sacralis* und Dornfortsätze der Lendenwirbelsäule	Unterkante der Rippen sechs bis zwölf Nähe Angulus	Streckung der Wirbelsäule, Senkung der Rippen	Untere thorakale und lumbale Spinalnerven
TIEFE SCHICHT				
M. semispinalis				
M. semispinalis capitis	Fortsätze der unteren Hals- und oberen Brustwirbel	*Os occipitale* zwischen den *Lineae nuchae*	Beide Seiten gemeinsam Halsstreckung, alleine Streckung und Lateralflexion, Kopfdrehung zur Gegenseite	Zervikale Spinalnerven
M. semispinalis cervicis	Querfortsätze Th1–Th5 oder Th6	Dornfortsätze C2–C5	Streckung der Wirbelsäule, Rotation zur Gegenseite	Siehe oben
M. semispinalis thoracis	Querfortsätze Th6–Th10	Dornfortsätze C5–Th4	Siehe oben	Thorakale Spinalnerven
M. multifidus	*Os sacrum* und Querfortsätze aller Wirbel	Dornfortsätze jeweils drei oder vier Wirbel darüber	Siehe oben	Zervikale, thorakale und lumbale Spinalnerven
M. rotatores (*cervicis, thoracis* und *lumborum*)	Querfortsätze der Wirbel der jeweiligen Region	Dornfortsatz des nächsten Wirbels darüber	Siehe oben	Siehe oben
Mm. interspinales	Alle Dornfortsätze	Dornfortsatz des darüberliegenden Wirbels	Streckung der Wirbelsäule	Siehe oben
Mm. intertransversarii	Alle Querfortsätze	Querfortsatz des darüberliegenden Wirbels	Lateralflexion der Wirbelsäule	Siehe oben
BEUGER DER WIRBELSÄULE				
M. longus capitis	Querfortsätze der Halswirbelsäule	Basis des *Os occipitale*	Beide Seiten gemeinsam Halsbeugung, alleine Rotation des Kopfes	Zervikale Spinalnerven
M. longus colli	Anteriore Flächen der Hals- und der oberen Brustwirbel	Querfortsätze der oberen Halswirbel	Flexion und/oder Rotation des Kopfes, verhindert Überstreckung	Siehe oben
M. quadratus lumborum	*Crista iliaca* und *Lig. iliolumbale*	Letzte Rippe und Querfortsätze der Lendenwirbelsäule	Gemeinsam Rippensenkung, allein jeweils Lateralflexion der Wirbelsäule; fixiert freie Rippen bei forcierter Ausatmung	Thorakale und lumbale Spinalnerven

Tabelle 10.7: **Autochthone Rückenmuskeln und Beugemuskeln der Wirbelsäule.**

Die tiefe Schicht der autochthonen Rückenmuskulatur

Noch weiter in der Tiefe verbinden die Muskeln der innersten Schicht die Wirbel miteinander und stabilisieren sie. Zu diesen Muskeln gehören die **Mm. semispinales** und der **M. multifidus**, die **Mm. rotatores**, die **Mm. interspinales** und die **Mm. intertransversarii** (siehe Abbildung 10.12a und b). Es handelt sich um relativ kurze Muskeln, die in unterschiedlicher Aktivierung eine leichte Streckung oder Rotation der Wirbelsäule bewirken können. Sie sind außerdem für die Feineinstellung der Position der einzelnen Wirbel wichtig und stabilisieren benachbarte Wirbel. Bei Verletzungen geht von diesen Muskeln ein Teufelskreis aus: Schmerzen → Muskelreizung → Verspannung → mehr Schmerzen. Dies kann zu Druck auf die Spinalnerven führen, mit Taubheitsgefühl und Bewegungseinschränkungen. Viele der empfohlenen Aufwärm- und Dehnübungen vor dem Sport dienen dazu, diese kleinen, aber sehr wichtigen Muskeln auf ihre Aufgabe vorzubereiten.

Gruppe/Muskel	Ursprung	Ansatz	Aktion	Innervation
MM. OBLIQUI				
Zervikalregion				
Mm. scaleni (*anterior, medius* und *posterior*)	Quer- und Rippenfortsätze von C2–C7	Oberkante der ersten beiden Rippen	Hebung der Rippen und/oder Halsbeugung, Rotation von Kopf und Hals zur Gegenseite	Zervikale Spinalnerven
Thorakalregion				
Mm. intercostales externi	Unterkante der Rippen	Oberkante der darunterliegenden Rippe	Rippenhebung	Interkostalnerven (Äste der thorakalen Spinalnerven
Mm. intercostales interni	Oberkanten der Rippen	Unterkante der darüberliegenden Rippe	Rippensenkung	Siehe oben
Mm transversus thoracis	Hinterfläche des Sternums	Rippenknorpel	Siehe oben	Siehe oben
M. serratus posterior				
M. serratus posterior superior	Dornfortzsätze C7–Th3 und *Lig. nuchae*	Oberkanten der zweiten bis fünften Rippe Nähe Angulus	Rippenhebung, Vergrößerung des Brustkorbs	Thorakale Spinalnerven Th1–Th4
M. serratus posterior inferior	Aponeurose von den Dornfortsätzen Th10–L3	Unterkante der achten bis zwölften Rippe	Fixator der Rippen und damit der Inspiration dienlich	Thorakale Spinalnerven Th9–Th12
Abdominalregion				
M. obliquus externus	Außenflächen und Unterkanten der fünften bis zwölften Rippe	Aponeurose reicht bis an die *Linea alba* und die *Crista iliaca.*	Kompression des Abdomens, Depression der Rippen; Flexion, Lateralflexion oder Rotation der Wirbelsäule zur Gegenseite	Interkostalnerven fünf bis zwölf, *N. iliohypogastricus* und *N. ilioinguinalis*
M. obliquus internus	Thorakolumbale Faszie und *Crista iliaca*	Unterkanten der neunten bis zwölften Rippe, Rippenknorpel acht bis zehn, *Linea alba* und *Os pubis*	Siehe oben, aber Rotation zur eigenen Seite	Siehe oben
M. transversus abdominis	Rippenknorpel sechs bis zwölf, *Crista iliaca* und thorakolumbale Faszie		Kompression des Abdomens	Siehe oben
MM. RECTI				
Zervikalregion	(*Mm. geniohyoideum, omohyoideum, sternohyoideum, sternothyroideum* und *stylohyoideum*: vergleiche Tabelle 10.6)			

Tabelle 10.8: **Sonstige Rumpfmuskulatur.**

Thorakalregion				
Zwerchfell	Xiphoid, siebte bis zwölfte Rippe mit Rippenknorpeln, Vorderflächen der Lendenwirbel	Zentrale Sehnenplatte	Ausdehnung des Brustraums bei Kontraktion; Kompression der Bauchhöhle	*N. phrenicus* (C3–C5)
Abdominalregion				
M. rectus abdominis	Oberkante des *Os pubis* Nähe Symphyse	Unterfläche der Rippenknorpel fünf bis sieben, Xiphoid	Rippensenkung, Flexion der Wirbelsäule, Kompression des Abdomens.	Interkostalnerven (Th7–Th12)

Tabelle 10.8: **(Fortsetzung) Sonstige Rumpfmuskulatur.**

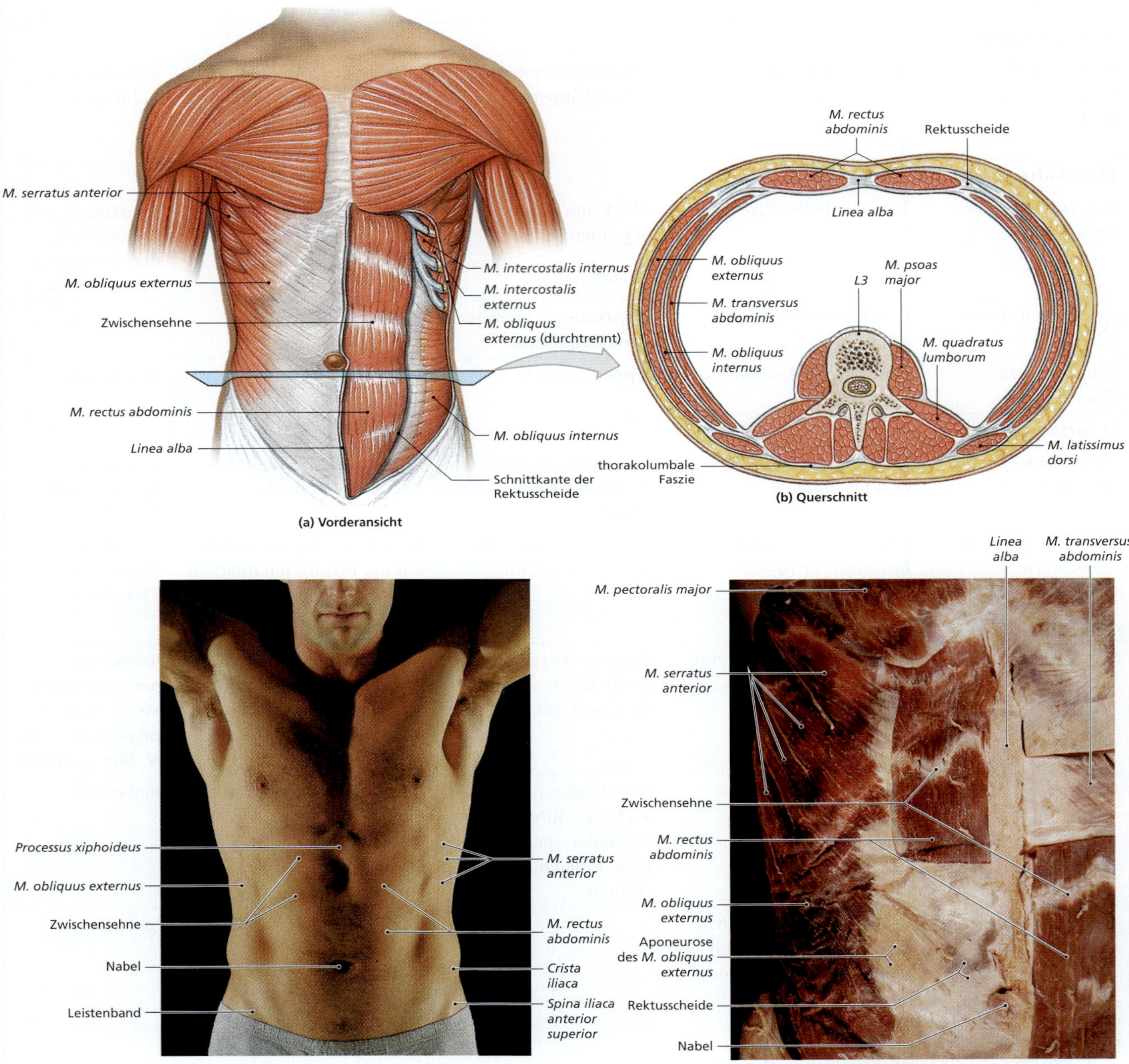

Abbildung 10.13: **Gerade und schräge Bauchmuskeln.** Die schrägen Muskeln komprimieren die darunterliegenden Strukturen zwischen der Wirbelsäule und der vorderen Mittellinie. (a) Rumpf von anterior; Darstellung der geraden und schrägen Bauchmuskulatur und des Querschnitts in Abbildung 10.13b. (b) Schematische Darstellung eines Querschnitts durch das Abdomen. (c) Oberflächenanatomie des Rumpfes von vorn. Der M. serratus anterior aus (a) und (c) ist ein Extremitätenmuskel (siehe Kapitel 11). (d) Präparat, Oberfläche von anterior (siehe auch Abbildung 6.19, 6.26 und 7.11).

Beugung der Wirbelsäule

Bei den Rückenmuskeln gibt es viele Strecker, aber nur wenige Beuger. Sie sind auch nicht nötig, da 1. viele der großen Rumpfmuskeln bei Kontraktion zu einer Flexion der Wirbelsäule führen und 2. die Schwerkraft ebenfalls die Wirbelsäule beugt, denn das Körpergewicht liegt zum Großteil vor der Wirbelsäule. Auf der anterioren Fläche der Wirbelsäule gibt es jedoch einige wenige Beugemuskeln. Am Hals beugen oder rotieren der **M. longus capitis** und der **M. longus colli** (siehe Abbildung 10.12c) den Hals, abhängig davon, ob die Muskeln beider oder nur einer Seite kontrahieren. Im Lendenbereich beugt der kräftige **M. quadratus lumborum** die Wirbelsäule und zieht die Rippen nach unten.

Sonstige Rumpfmuskulatur

Die schrägen und die geraden Rumpfmuskeln (**Abbildung 10.13**, **Abbildung 10.14** und Tabelle 10.8; siehe auch Abbildung 10.12) liegen zwischen der Wirbelsäule und der vorderen Mittellinie. Die schrägen Muskeln können

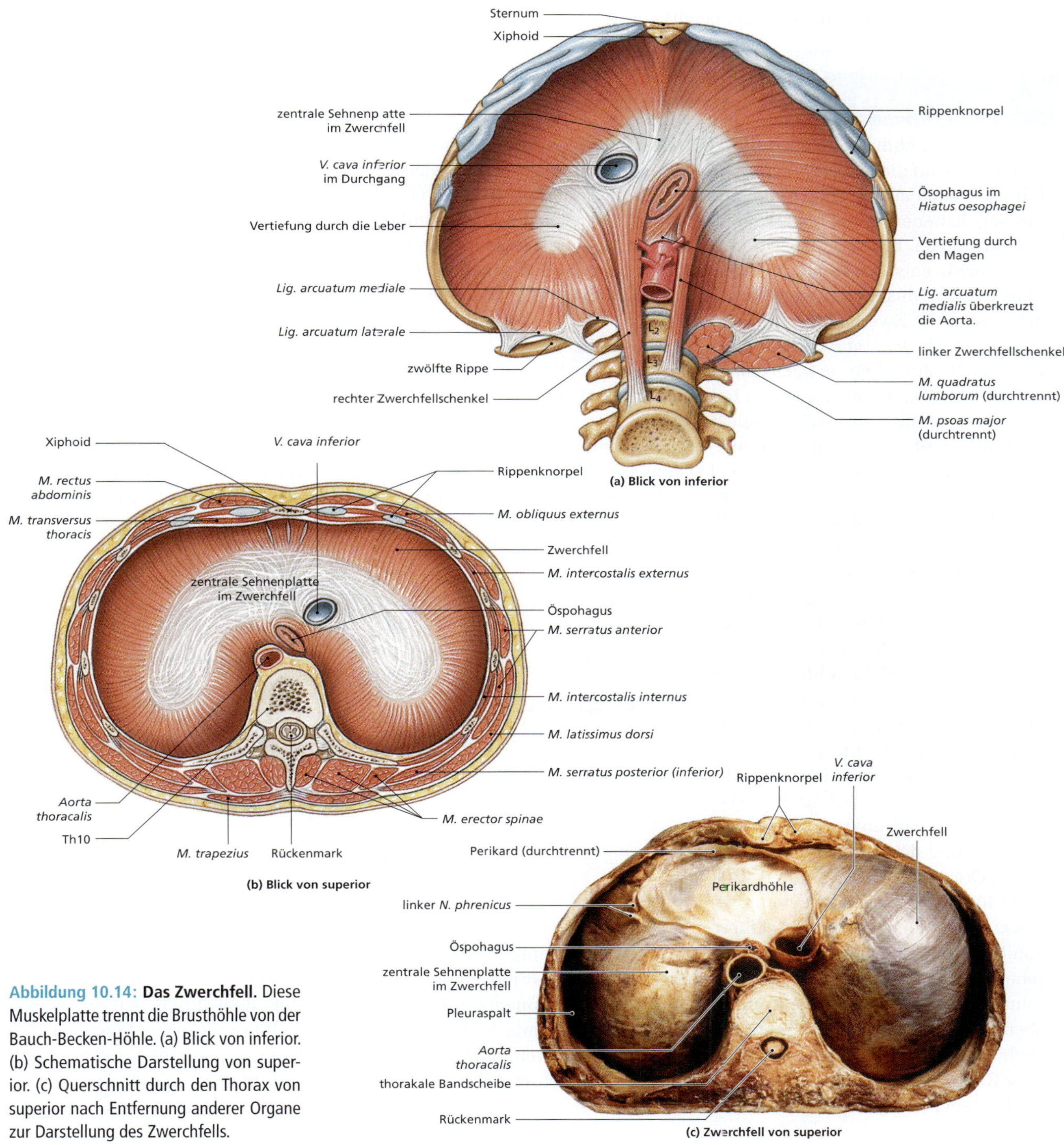

Abbildung 10.14: Das Zwerchfell. Diese Muskelplatte trennt die Brusthöhle von der Bauch-Becken-Höhle. (a) Blick von inferior. (b) Schematische Darstellung von superior. (c) Querschnitt durch den Thorax von superior nach Entfernung anderer Organe zur Darstellung des Zwerchfells.

entweder die darunterliegenden Strukturen komprimieren oder die Wirbelsäule rotieren, abhängig davon, ob beide Seiten oder nur eine kontrahiert. Die geraden Muskeln sind wichtige Beuger der Wirbelsäule; sie sind die Gegenspieler des *M. erector spinae*. Die schrägen und geraden Rumpfmuskeln und das Zwerchfell haben gemeinsame entwicklungsgeschichtliche Wurzeln. Die schrägen und geraden Rumpfmuskeln können in drei Gruppen unterteilt werden, in die zervikalen, die thorakalen und die abdominalen Muskeln.

Zu den schrägen Muskeln gehören die **Mm. scaleni** im Halsbereich sowie die **Mm. intercostales** und die **Mm. transversi** im Brustbereich. Am Hals bewirken die *Mm. scaleni anterior, medius* und *posterior* eine Anhebung der ersten beiden Rippen; sie tragen zur Flexion des Halses bei (siehe Abbildung 10.12a und c). Im Brustbereich liegen die schrägen Muskeln zwischen den Rippen; man nennt sie daher *Mm. intercostales*. Der **M. intercostalis internus** liegt weiter innen als der **M. intercostalis externus** (siehe Abbildung 10.13a); sie sind beide Atemhilfsmuskeln. Der kleine **M. thoracis internus** zieht quer über die Innenfläche des Brustkorbs; er ist von der Pleura, die die Brusthöhle auskleidet, bedeckt.

Am Abdomen setzt sich das Grundmuster weiter fort. Die gekreuzte Anordnung der Fasern in diesen Muskeln verstärkt die Bauchwand. Es sind dies die **Mm. obliqui**

AUS DER PRAXIS

Hernien

Wenn die Bauchmuskeln kraftvoll kontrahieren, kann der intraabdominale Druck dramatisch ansteigen. Dieser Druck wird auf die inneren Organe ausgeübt. Wenn man gleichzeitig ausatmet, lässt der Druck nach, da das Zwerchfell nach oben ausweichen kann. Während intensiver isometrischer Übungen oder wenn man eine schwere Last mit angehaltenem Atem hebt, kann der Druck in der Bauchhöhle bis auf das Zehnfache des Normalen, ca. 106 kg/cm², ansteigen. Ein so hoher Druck kann verschiedene Probleme verursachen, unter anderem Hernien (Brüche). Eine **Hernie** entsteht, wenn ein inneres Organ oder ein Teil desselben fälschlicherweise durch eine Öffnung in der umgebenden Muskulatur oder Wand dringt. Es gibt viele verschiedene Hernien; wir erwähnen hier nur die Leistenhernie und die Zwerchfellhernie.

Gegen Ende der Embryonalentwicklung wandern bei Jungen die Hoden durch die Bauchwand über die Leistenkanäle in das Skrotum. Beim erwachsenen Mann ziehen die Samenleiter und die dazugehörigen Blutgefäße (Samenstrang) auf diesem Weg in das Abdomen. Bei einer **Leistenhernie** (Leistenbruch) erweitert sich dieser Kanal, und aus der Bauchhöhle treten Organe, wie Teile des *Omentum majus*, des Dünndarms oder (seltener) der Harnblase, nach außen (**Abbildung 10.15**). Bei Einklemmung oder Verdrehung des Bruchinhalts muss zur Vermeidung schwerwiegender Komplikationen oft operiert werden. Leistenhernien entstehen nicht nur durch besonders hohen intraabdominalen Druck; auch Bauchverletzungen oder eine angeborene Schwäche (nicht verschlossener *Processus vaginalis*, über den die Hoden einst abgestiegen sind) oder Dehnbarkeit des Leistenkanals können die Ursache sein.

Die Speiseröhre und große Blutgefäße ziehen durch Öffnungen im Zwerchfell, der Muskelplatte zwischen Brust- und Bauchhöhle. Bei einer Zwerchfellhernie geraten Bauchorgane in den Brustraum. Gleiten sie dabei durch den *Hiatus oesophagei*, spricht man von einer **Hiatushernie** (lat.: hiatus = die Lücke, Öffnung). Die Schwere der Erkrankung hängt von der Lage und der Größe der verschobenen Organe ab. Hiatushernien sind recht häufig. Meist bleiben sie unbemerkt, können jedoch den Rückfluss von Magensäure in die Speiseröhre verstärken (gastroösophagealer Reflux, auch Sodbrennen genannt). Radiologen sehen Hiatushernien bei etwa 30 % der Patienten, die eine Röntgenkontrastaufnahme des Magen-Darm-Trakts durchführen lassen. Treten andere Komplikationen als Sodbrennen auf, liegt dies zumeist an dem Druck, den die nach oben gerutschten Bauchorgane auf die Strukturen und Organe des Brustraums ausüben. Wie eine Leistenhernie kann auch die Zwerchfellhernie aufgrund angeborener Faktoren entstehen oder durch Verletzungen mit Schwächung oder Riss der Zwerchfells. Wenn sich Bauchorgane während der Fetalentwicklung im Brustraum befinden, sind die Lungen bei der Geburt unzureichend ausgebildet.

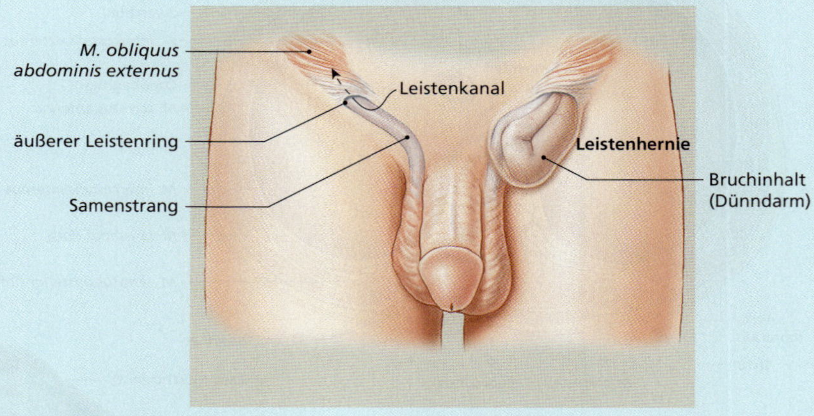

Abbildung 10.15: **Leistenhernie.**

externus und **internus** (auch schräge Bauchmuskeln genannt), der **M. transversus abdominis** und der **M. rectus abdominis** (siehe Abbildung 10.13a–d). Die Lageverhältnisse dieser Muskeln zueinander kann man sehr gut an einem Querschnitt erkennen (siehe Abbildung 10.13b). Der *M. rectus abdominis* beginnt am Xiphoid und endet in der Nähe der Symphyse. Eine mittig verlaufende Kollagennaht, die **Linea alba** (weiße Linie), trennt ihn längs in zwei Hälften. Quer verlaufende Zwischensehnen unterteilen ihn nochmals in vier einzelne Abschnitte (siehe Abbildung 10.13a und d). Die Oberflächenanatomie der schrägen und geraden Bauchmuskeln sehen Sie in Abbildung 10.13c.

Das Zwerchfell

Das Zwerchfell ist eine Muskelplatte, die die Bauch- von der Brusthöhle trennt (siehe Abbildung 10.14). Es ist der wichtigste Atemmuskel: Seine Kontraktion vergrößert den Brustraum für die Einatmung; die Entspannung verkleinert ihn wieder bei der Ausatmung (die Besprechung der Atemmuskulatur erfolgt in Kapitel 18).

10.1.3 Der muskuläre Beckenboden

Die Muskeln des muskulären Beckenbodens reichen vom *Os sacrum* und dem *Os coccygeum* an die *Ossa ischium* und *pubis*. Die Muskeln halten 1. die Beckenorgane, flektieren 2. die Gelenke an den *Ossa sacrum* und *coccygeum* und steuern 3. den Austritt von Stoffwechselendprodukten durch Urethra und Anus (**Abbildung 10.16** sowie Tabelle 10.9 und Tabelle 10.10).

Die Grenzen des Beckenbodens verlaufen an den unteren Kanten der Beckenknochen. Wenn Sie die beiden *Tubera ischiadica* mit eine Linie verbinden, teilen Sie ihn in zwei Dreiecke: eine anteriore **Regio urogenitalis** und eine posteriore **Regio analis** (siehe Abbildung 10.16b). Die oberflächliche Muskelschicht der *Regio urogenitalis* sind die Muskeln der äußeren Genitalien. Weiter innen befinden sich weitere Muskeln, die den Beckenboden verstärken und die Urethra umgeben. Sie werden zusammen als **Diaphragma urogenitale** bezeichnet, die Muskelplatte zwischen den *Ossa pubis*.

Gruppe/Muskel	Ursprung	Ansatz	Aktion	Innervation
REGIO UROGENITALIS				
Oberflächliche Schicht				
M. bulbospongiosus				
Beim Mann	*Centrum perinei* und *Raphe perinei*	*Corpus spongiosum*, *Membrana perinei*, *Corpus cavernosum*	Kompression der Penisbasis, Erektion, Miktion von Urin oder Ejakulation von Sperma	*N. pudendus*, *R. perinealis* (S2–S4)
Bei der Frau	*Centrum perinei*	*Bulbus vestibuli*, *Membrana perinei*, *Corpus clitoridis* und *Corpus cavernosum*	Kompression und Versteifung der Klitoris, Verengung der Vaginalöffnung	Siehe oben
M. ischiocavernosus	*R. ossis ischii* und *Tuber ischiadicum*	*Corpus cavernosum* von Klitoris oder Penis, bei Frauen auch am *R. ossis ischii*	Kompression und Versteifung von Klitoris oder Penis; Aufrechterhaltung der Erektion	Siehe oben
M. transversus perinei superficialis	*R. ossis ischii*	Zentrale Sehnenplatte des Perineums	Stabilisierung der zentralen Sehnenplatte	Siehe oben
Tiefe Schicht				
M. transversus perinei profundus	*R. ossis ischii*	*Raphe mediana* des *Diaphragma urogenitale*	Siehe oben	Siehe oben
M. sphincter urethrae				
Beim Mann	*R. ossis ischii* und *R. ossis pubis*	An die *Raphe mediana* der Peniswurzel; die inneren Fasern umgeben die Urethra	Verschluss der Urethra, Kompression von Prostata und *Glandula bulbourethralis*	Siehe oben
Bei der Frau	*R. ossis ischii* und *R. ossis pubis*	An die *Raphe mediana*; die inneren Fasern umgeben die Urethra	Verschluss der Urethra, Kompression von Vagina und *Glandula vestibularis major*	Siehe oben

Tabelle 10.9: **Muskeln der Regio urogenitalis.**

Gruppe/Muskel	Ursprung	Ansatz	Aktion	Innervation
REGIO ANALIS				
M. coccygeus	*Spina ischiadica*	Laterale inferiore Kanten der *Ossa sacrum* und *coccygeum*	Flexion der Gelenke des *Os coccygeum*, Halt und Anhebung des Beckenbodens	Untere *Nn. sacrales* (S4–S5)
M. levator ani				
M. iliococcygeus	*Spina ischiadica, Os pubis*	*Os coccygeum* und *Raphe mediana*	Spannung des Beckenbodens, Stütze der Beckenorgane, Flexion der Gelenke des *Os coccygeum*, Hebung und Retraktion des Anus	*N. pudendus* (S2–S4)
M. pubococcygeus	Innenkante des *Os pubis*	Siehe oben	Siehe oben	Siehe oben
M. sphincter analis externus	Vom *Os coccygeum* über eine Sehne	Umringt Analöffnung	Verschluss des Anus	*N. pudendus, R. rectalis* (S2–S4)

Tabelle 10.10: Muskeln der Regio analis.

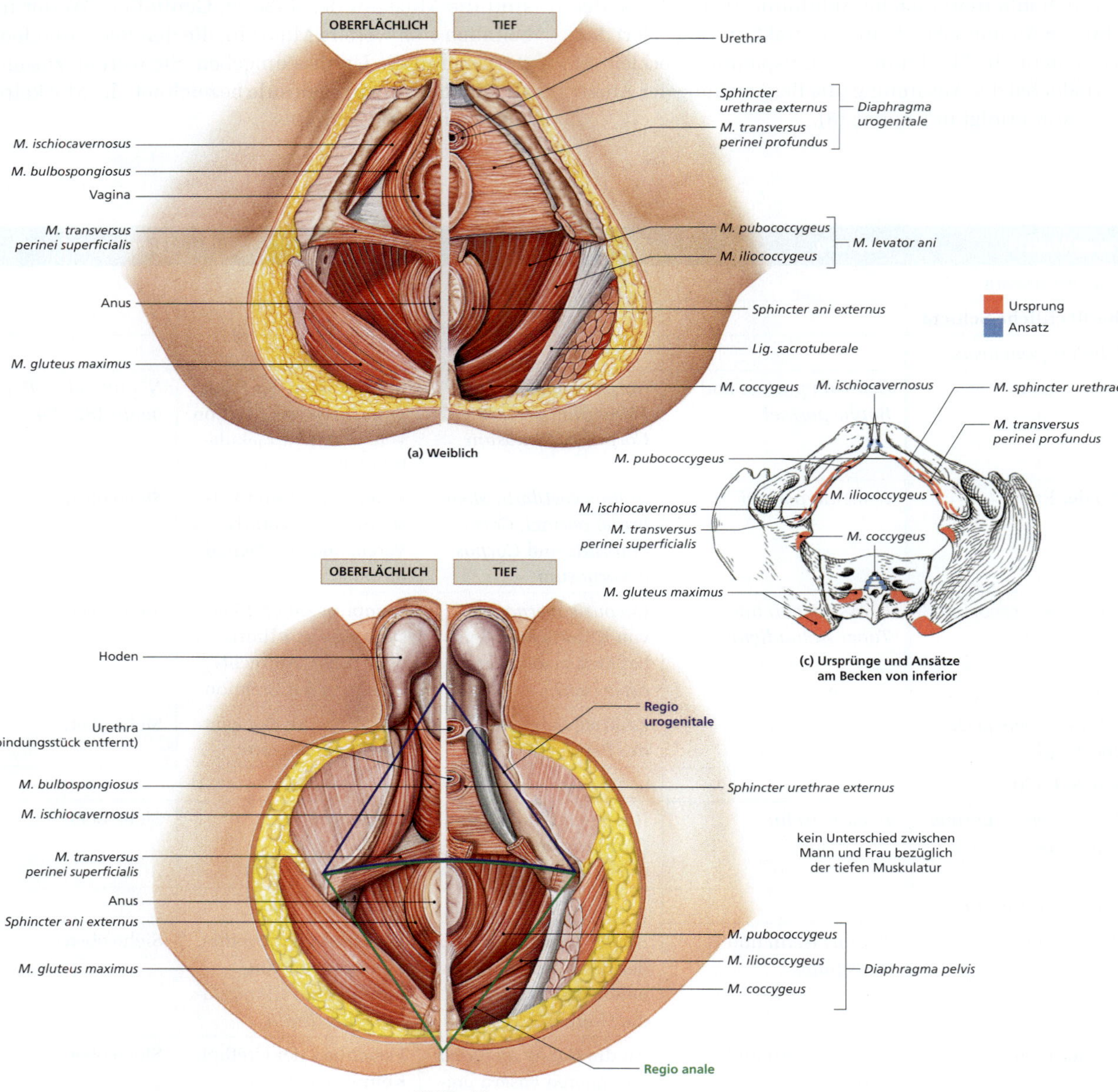

Abbildung 10.16: Der muskuläre Beckenboden. Die Muskeln des Beckenbodens, aufgeteilt in die Regio urogenitalis und die Regio analis, halten die Beckenorgane, beugen die Ossa sacrum und coccygeum und steuern den Durchtritt von Stoffwechselendprodukten an Urethra und Anus. (a) Blick von inferior, weiblich. (b) Blick von inferior, männlich. (c) Ausgewählte Ursprünge und Ansätze (siehe auch Abbildung 7.10 bis 7.12).

Eine noch stärker ausgeprägte Muskelschicht bildet die Grundlage des *Diaphragma pelvis* im posterioren Dreieck. Diese Schicht erstreckt sich oberhalb des *Diaphragma urogenitale* nach anterior bis an die Symphyse.

Die beiden Diaphragmen verschließen den Beckenboden nicht vollständig, da Urethra, Vagina und Anus hier nach außen hindurchtreten. Ringmuskeln umgeben die Öffnungen und erlauben eine willkürliche Kontrolle von Blasenentleerung und Defäkation. Außerdem treten auch Muskeln, Nerven und Blutgefäße auf dem Weg in die untere Extremität hindurch.

Zusammenfassung Embryologie

Eine Zusammenfassung der Entwicklungsgeschichte der axialen Muskulatur finden Sie in Kapitel 28.

AUFGABEN

1. Welchen wichtigen Vorgang würde eine Verletzung der Mm. intercostales externi beeinträchtigen?
2. Wie würde sich Ihre Körperhaltung verändern, wenn Sie einen Schlag auf den M. rectus abdominis erhielten?
3. Welche Funktion haben die Muskeln des *Diaphragma pelvis*?
4. Welche Funktion hat das Zwerchfell?

DEFINITIONEN

Zwerchfellhernie (Hiatushernie): Bruch, bei dem Bauchorgane durch eine Öffnung im Zwerchfell in den Brustraum gelangen

Hernie: Erkrankung, bei der sich ein Organ oder ein anderes Körperteil durch eine abnorme Öffnung in ein anderes Kompartiment verlagert

Leistenhernie: Bruch, bei dem sich der Leistenkanal weitet und sich Inhalt des Abdomens hinein verlagert

Zusammenfassung

Die Antworten auf die Fragen der Aufgaben und der Zusammenfassung finden Sie im Antwortteil.

Wiederholung von Fakten und Begriffen

Verbinden Sie die Begriffe der linken Spalte jeweils mit denen der rechten Spalte, die am besten passen; setzen Sie die Buchstaben in die Spalte vor die Zahlen.

	Spalte A		Spalte B	
	1.	*M. spinalis*	a.	Komprimiert die Wangen
	2.	*Diaphragma pelvis*	b.	Hebt den Kehlkopf
	3.	*M. buccinator*	c.	Spannt die Haut des Halses
	4.	Außerhalb des Auges gelegen	d.	Beckenboden
	5.	*Mm. intercostales*	e.	Hebt die Mandibula
	6.	*M. stylohyoideus*	f.	Bewegen die Rippen
	7.	*M. rectus inferior*	g.	Retrahieren die Zunge
	8.	*M. temporalis*	h.	Streckt den Hals
	9.	Platysma	i.	Augenmuskeln
	10.	*M. styloglossus*	j.	Senkt den Blick

11 Welche der folgenden Muskeln komprimieren nicht das Abdomen?
a. Zwerchfell
b. *Mm. intercostales interni*
c. *M. obliquus externus*
d. *M. rectus abdominis*

12 Der Muskel, der am *Os pubis* entspringt, heißt
a. *M. obliquus internus*.
b. *M. rectus abdominis*.
c. *M. transversus abdominis*.
d. *M. scalenus*.

13 Die *Crista iliaca* ist der Ursprung des
a. *M. quadratus lumborum*.
b. *M. iliocostalis cervicis*.
c. *M. longissimus cervicis*.
d. *M. splenius*.

14 Womit wird die Aktion des *M. digastricus* beschrieben?
a. Er hebt den Kehlkopf.
b. Er hebt den Kehlkopf und senkt die Mandibula.
c. Er senkt den Kehlkopf.
d. Er hebt die Mandibula.

15 Welcher der folgenden Muskeln setzt am Rippenknorpel an?
a. Zwerchfell
b. *M. intercostales externi*
c. *M. transversus thoracis*
d. *M. scalenus*

16 Einige der Zungenmuskeln werden innerviert vom
a. *N. hypoglossus* (XII).
b. *N. trochlearis* (IV).
c. *N. abducens* (VI).
d. Die Antworten b und c sind richtig.

17 Alle Aussagen über den muskulären Beckenboden sind richtig, außer:
a. Er erstreckt sich zwischen dem *Os sacrum* und dem Beckengürtel.
b. Er bildet das Perineum.
c. Er dient der Feineinstellung der Bewegungen des Oberschenkels.
d. Er umgibt die Öffnungen am Beckenausgang.

18 Die Achsenmuskulatur der Wirbelsäule kontrolliert die Position
a. von Kopf, Hals und Schultergürtel.
b. von Kopf, Hals und Wirbelsäule.
c. nur der Wirbelsäule.
d. von Wirbelsäule, Schulter- und Beckengürtel.

19 Die *Mm. scaleni* entspringen
a. an den Quer- und Rippenfortsätzen der Halswirbel.
b. an der Unterkante der darüberliegenden Rippe.
c. am Rippenknorpel.
d. an der thorakolumbalen Faszie und der *Crista iliaca*.

20 Welcher Hirnnerv ist am wahrscheinlichsten verletzt, wenn jemand das rechte Auge nicht nach lateral wenden kann?
a. *N. oculomotorius*
b. *N. trigeminus*
c. *N. facialis*
d. *N. abducens*

Wiederholung von Lernzielen

1 Bei einer Bauchoperation setzt der Chirurg einen Schnitt durch die Muskulatur direkt neben der *Linea alba*. Welchen Muskel hat er durchtrennt?
a. *M. digastricus*
b. *M. obliquus externus*
c. *M. rectus abdominis*
d. *M. scalenus*

2 Lukas hört ein lautes Geräusch und hebt die Augen in Richtung des Tones. Hierzu hat er am ehesten welchen Muskel benutzt?
a. *M. rectus superior*
b. *M. rectus inferior*
c. *M. obliquus superior*
d. *M. rectus lateralis*

3 Welcher der folgenden Muskeln spielt beim Schluckvorgang keine Rolle?
a. *M. constrictor superior*
b. *Mm. pterygoidei*
c. *M. palatopharyngeus*
d. *M. stylopharyngeus*

4 Welche der folgenden Eigenschaften haben die Kaumuskeln gemeinsam?
a. Sie werden vom *N. oculomotorius* innerviert.
b. Sie sind auch Teil der mimischen Muskulatur.
c. Sie bewegen die Mandibula am Kiefergelenk.
d. Sie ermöglichen das Lächeln.

5 Zu den Muskeln der Wirbelsäule gehören viele Strecker, aber nur wenige Beuger. Warum?

6 Welche Rolle spielen die Zungenmuskeln beim Schluckakt?

7 Was passiert bei einer Kontraktion des *M. obliquus internus*?

8 Welche Funktionen haben die vorderen Halsmuskeln?

9 Welche Funktion hat das Zwerchfell? Warum gehört es zur Achsenmuskulatur?

10 Welche Muskeln halten den Kopf über der Wirbelsäule?

Anwendung der Lerninhalte

1 Wie kontrollieren die Muskeln der *Regio analis* die Funktionen dieses Bereichs?

2 Melanie sieht Lena auf sich zukommen und kontrahiert sofort ihre *Mm. frontalis* und *procerus*. Freut sich Melanie, Lena zu sehen? Woran erkennen Sie das?

Eine Kurzzusammenfassung der wichtigsten Inhalte, sowie die Antworten zu den Fragen und weitere Arbeitsmaterialien finden sie auf unserer Companion Website unter:
www.pearson-studium.de/login

Lernziele

1. Die Funktion der Extremitätenmuskulatur beschreiben können.
2. Die wichtigsten Extremitätenmuskeln des Körpers, einschließlich Ursprung, Ansatz, Aktion und Funktion, finden können.
3. Die Hauptmuskelgruppen der oberen und der unteren Extremität miteinander vergleichen und die Unterschiede mit ihren unterschiedlichen Funktionen in Beziehung setzen können.
4. Die Muskellogen von Ober- und Unterarm sowie von Ober- und Unterschenkel beschreiben und vergleichen können.

Das Muskelsystem

Die Extremitätenmuskulatur

ÜBERBLICK 11

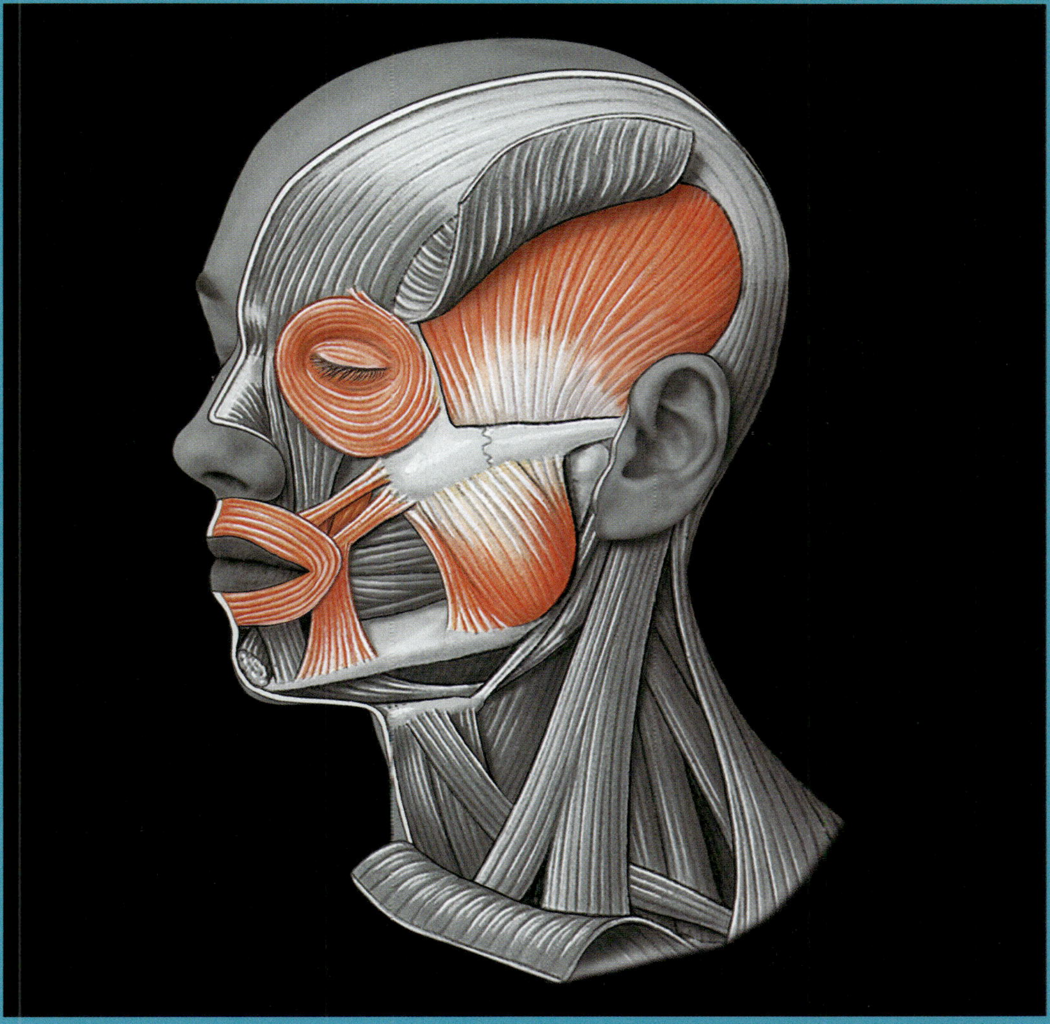

In diesem Kapitel widmen wir uns der Extremitätenmuskulatur. Diese Muskeln stabilisieren den Schulter- und Beckengürtel und bewegen die Extremitäten. Extremitätenmuskeln machen etwa 40 % der Muskeln des menschlichen Körpers aus.

Da für die Besprechung des Muskelsystems Kenntnisse des Skelettsystems vorausgesetzt werden, empfiehlt es sich, an dieser Stelle die Abbildungen der Kapitel 6 und 7 noch einmal zu betrachten. Entsprechende Hinweise auf einzelne Abbildungen finden Sie jeweils in den Bildunterschriften.

Es gibt zwei Hauptgruppen von Extremitätenmuskeln: 1. die Muskeln von Schultergürtel und Arm und 2. die Muskeln von Beckengürtel und Bein. Die beiden Gruppen unterscheiden sich in Bezug auf ihre Funktion und das dazu erforderliche Bewegungsausmaß erheblich. Die muskuläre Verbindung zwischen dem Schultergürtel und dem Achsenskelett erhöht die Beweglichkeit des Armes deutlich, da die einzelnen Elemente nicht knöchern miteinander verbunden sind. Sie dient auch als Stoßdämpfer. So kann man beispielsweise joggen und gleichzeitig feine Handbewegungen ausführen, da die Extremitätenmuskeln das Rucken und Stoßen abfedern und die Bewegung gleichmäßiger machen. Im Gegensatz dazu hat der Beckengürtel eine kräftige knöcherne Verbindung, die das Gewicht vom Achsenskelett auf das Extremitätenskelett überträgt. Hierbei ist Stabilität wichtiger als Beweglichkeit; eben die Faktoren, die die Stärke der Verbindung erhöhen, begrenzen auch deren Beweglichkeit.

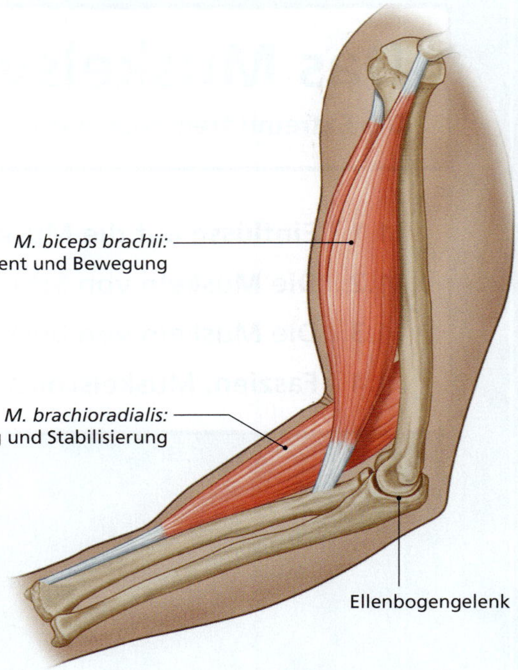

Abbildung 11.1: Schematische Darstellung der Ansätze der Mm. biceps brachii und brachioradialis. Die Hauptfunktion eines Muskels mit gelenknahem Ansatz ist die Bewegung an diesem Gelenk, wie hier am Beispiel des M. biceps brachii dargestellt. Muskeln mit deutlich gelenkferneren Ansatzpunkten, wie hier der M. brachioradialis, bewirken im Allgemeinen zusätzlich eine Stabilisierung dieses Gelenks.

Einflüsse auf die Muskelfunktion 11.1

In diesem Kapitel werden Sie die Ursprünge, Ansätze und Funktionen sowie die Innervation der Extremitätenmuskeln lernen. Um sich nicht in Details zu verlieren, sollten Sie stets den Zusammenhang zwischen anatomischen Merkmalen und der Funktion im Auge behalten. Das Ziel der Anatomie ist nicht stumpfes Auswendiglernen, sondern Verständnis. Gehen Sie von dem aus, was Sie bereits wissen, und testen Sie sich selbst: Wenn Sie Ursprung und Ansatz eines Muskels kennen, sollten Sie daraus auf die Funktion schließen können; wenn Sie Ursprung und Funktion kennen, finden Sie auch den wahrscheinlichen Ansatz. Die vielen Abbildungen in diesem Kapitel helfen Ihnen dabei, die Informationen einzuordnen und eine dreidimensionale Vorstellung zu entwickeln.

Die Bewegung, die ein Muskel an einem Gelenk produziert, hängt im Wesentlichen von der Struktur des Gelenks und der Lage des Ansatzes im Verhältnis zur Bewegungsachse am Gelenk ab. Das Bewegungsausmaß und die Anzahl der Freiheitsgrade ergeben sich aus der Struktur des Gelenks. Eine Kenntnis der Anatomie eines Gelenks hilft Ihnen dabei, die Funktionen eines bestimmten Muskels zu verstehen bzw. vorherzusagen. Da das Ellenbogengelenk beispielsweise ein Scharniergelenk ist, bewirkt keiner der damit verbundenen Muskeln eine Rotation.

Sobald Sie das mögliche Bewegungsausmaß kennen, hilft Ihnen die relative Lage eines Muskels im Verhältnis zum Gelenk, seine Funktion zu bestimmen. Muskeln bauen Spannung auf, indem sie sich verkürzen. Wenn Sie einen Faden zwischen Ursprung und Ansatz aufspannen, verläuft die aufgebrachte Spannung in dieser Richtung. Man nennt dies die **Aktionslinie** des Muskels. Wenn Sie diese bestimmt haben, können die folgenden allgemeinen Regeln angewandt werden:

- An **Gelenken, die beugen und strecken** können, sind die Muskeln, deren Aktionslinien die Vorderfläche des Gelenks kreuzen, Flexoren dieses Gelenks, während Muskeln, deren Aktionslinien die posterioren Flächen des Gelenks kreuzen, als Extensoren wirken.
- An **Gelenken, die adduzieren und abduzieren** können, sind die Muskeln, deren Aktionslinien die mediale Fläche des Gelenks kreuzen, Adduktoren dieses Gelenks, während Muskeln, deren Aktionslinien die lateralen Flächen des Gelenks kreuzen, als Abduktoren wirken.
- An **Gelenken, die rotieren** können, sind die Muskeln, deren Aktionslinien die mediale Fläche des Gelenks kreuzen, Innenrotatoren dieses Gelenks, während Muskeln, deren Aktionslinien die lateralen Flächen des Gelenks kreuzen, als Außenrotatoren wirken.

Die Bestimmung der Muskelansatzstellen im Verhältnis zur Gelenkachse ergibt weitere Informationen zu den Funktionen der Muskeln an diesem Gelenk. Die Hauptfunktion eines Muskels mit gelenknahem Ansatz ist die Bewegung dieses Gelenks; Muskeln, die gelenkferner ansetzen, tun dies ebenfalls, stabilisieren das Gelenk jedoch im Allgemeinen noch zusätzlich (**Abbildung 11.1**).

Die Muskeln von Schultergürtel und Arm 11.2

Die Muskeln an Schultergürtel und Arm können in vier Gruppen eingeteilt werden: 1. Muskeln, die den Schultergürtel stabilisieren, 2. Muskeln, die den Oberarm bewegen, 3. Muskeln, die Unterarm und Hand bewegen, und 4. Muskeln, die Hand und Finger bewegen. Beim Weiterlesen sollten Sie zur Orientierung zunächst **Abbildung 11.2** und dann Abbildung 11.5 (siehe unten) betrachten.

11.2.1 Muskeln, die den Schultergürtel stabilisieren

Muskeln, die den Schultergürtel stabilisieren, arbeiten mit denen, die den Oberarm bewegen, zusammen. Um das volle Bewegungsausmaß für den Oberarm auszuschöpfen, bedarf es der gleichzeitigen Aktivität des Schultergürtels. Der Schultergürtel wird von den Muskeln in Abbildung 11.2 bis 11.6 (siehe unten) und Tabelle 11.1 bewegt.

Der große **M. trapezius** bedeckt den Rücken und Teile des Nackens; er reicht bis an die Schädelbasis hoch. Die beiden Anteile dieses Muskels entspringen an der Mitte von Rücken und Hals und setzen an den Klavikulae und den *Spinae scapulae* an. Zusammen haben diese beiden

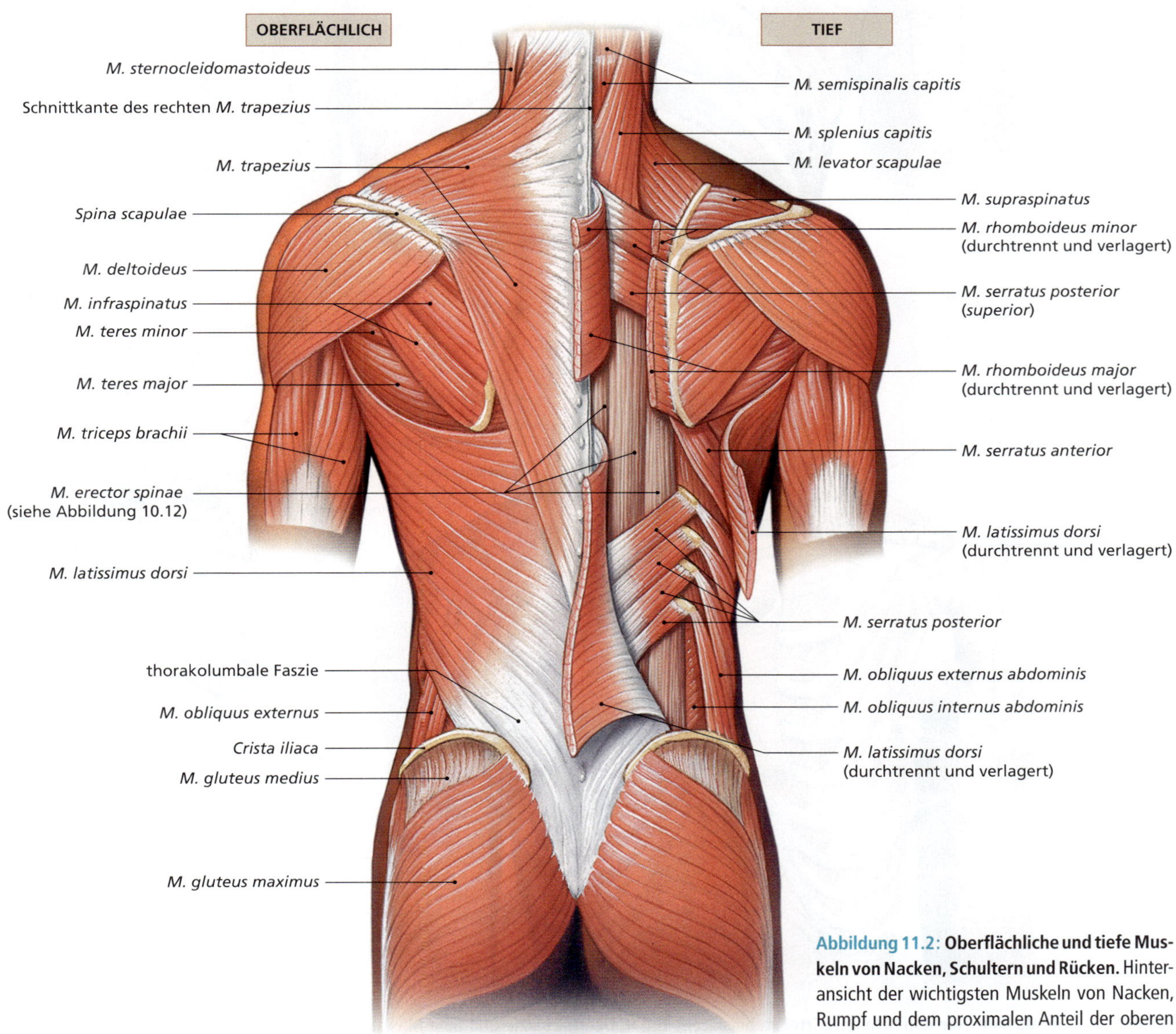

Abbildung 11.2: Oberflächliche und tiefe Muskeln von Nacken, Schultern und Rücken. Hinteransicht der wichtigsten Muskeln von Nacken, Rumpf und dem proximalen Anteil der oberen Extremitäten.

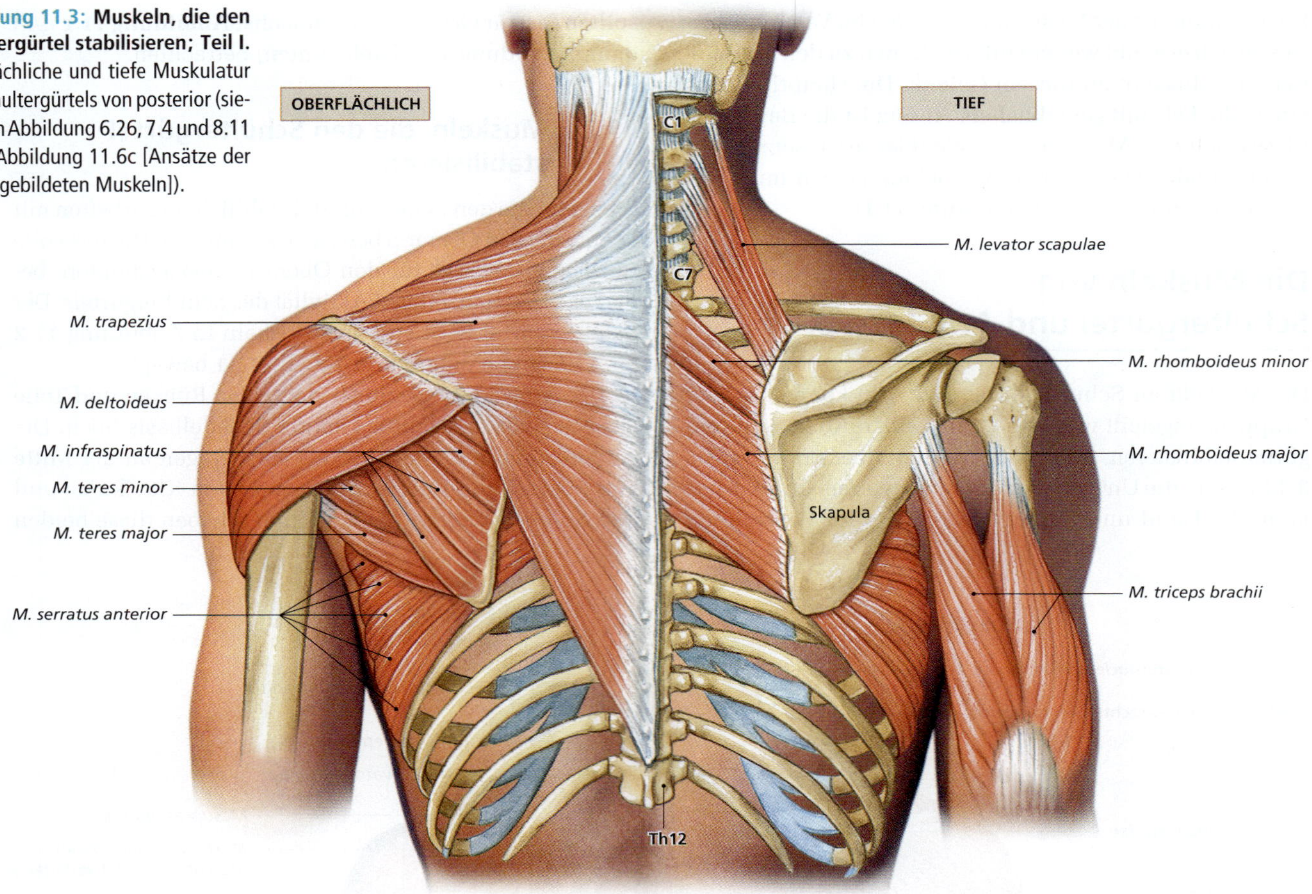

Abbildung 11.3: Muskeln, die den Schultergürtel stabilisieren; Teil I. Oberflächliche und tiefe Muskulatur des Schultergürtels von posterior (siehe auch Abbildung 6.26, 7.4 und 8.11 sowie Abbildung 11.6c [Ansätze der hier abgebildeten Muskeln]).

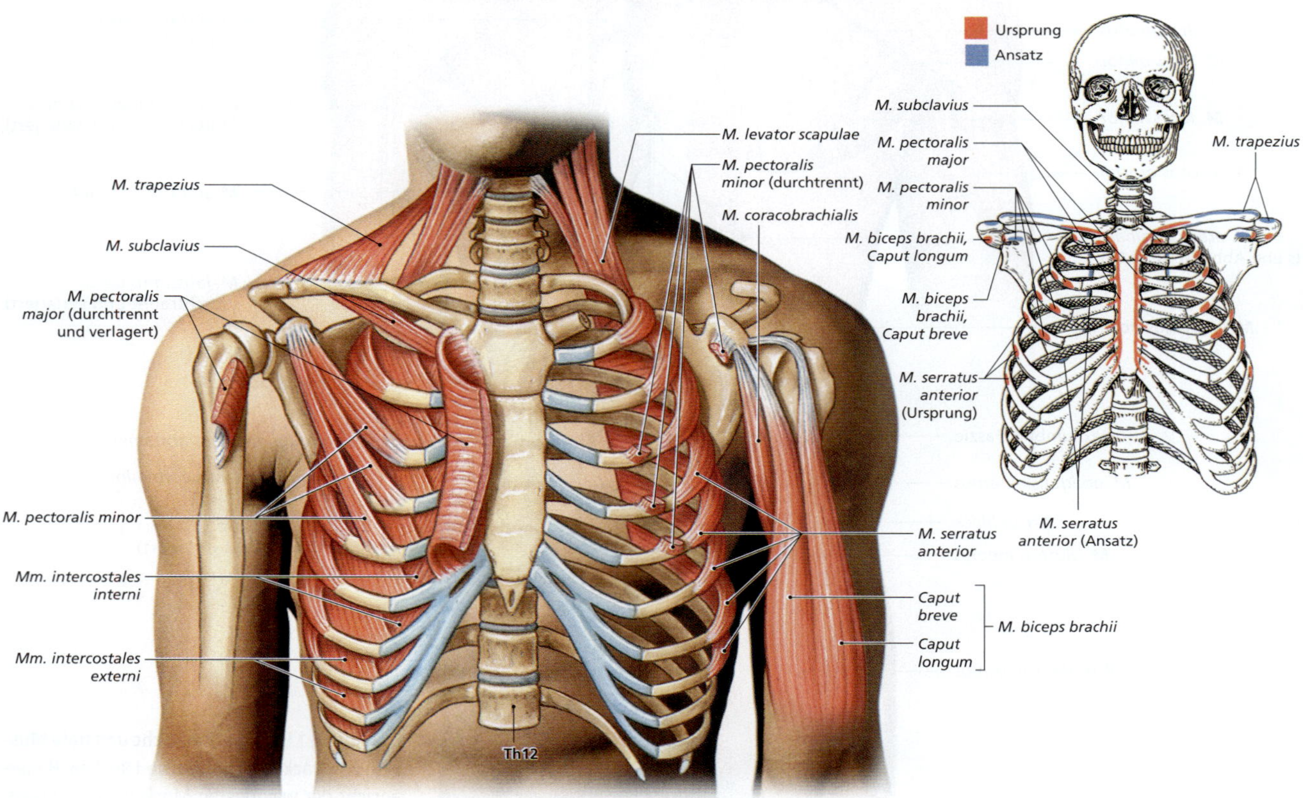

Abbildung 11.4: Muskeln, die den Schultergürtel stabilisieren; Teil II. Oberflächliche und tiefe Muskulatur des Schultergürtels von anterior. Einzelne Ursprünge und Ansätze sind genauer dargestellt.

dreieckigen Muskeln die Form einer breiten Raute (**Abbildung 11.3**; siehe auch Abbildung 11.2). Sie werden von verschiedenen Nerven versorgt (siehe Tabelle 11.1). Da einzelne Regionen des *M. trapezius* unabhängig kontrahieren können, ist er für sehr unterschiedliche Aktionen zuständig.

Nach Entfernung des *M. trapezius* werden der **M. rhomboideus** und der **M. levator scapulae** sichtbar (siehe Abbildung 11.2 und 11.3). Sie sind an den dorsalen Flächen der Hals- und Brustwirbel befestigt. Sie setzen an den vertebralen Kanten der Skapulae an, zwischen dem *Angulus superior* und dem *Angulus inferior*. Eine Kontraktion des *M. rhomboideus* führt zu einer Adduktion der Skapula; sie wird also zur Mitte des Rückens gezogen. Dabei rotiert die Skapula nach unten, wobei sich die Schultergelenksfläche nach inferior und der *Angulus inferior* der Skapula nach medial oben bewegt (siehe Abbildung 7.5). Die *Mm. levatores scapulae* heben die Skapulae wie beim Schulterzucken.

An der lateralen Thoraxwand entspringt der **M. serratus anterior** an den Vorder- und Oberkanten mehrerer Rippen (**Abbildung 11.4**; siehe auch Abbildung 11.3). Dieser fächerförmige Muskel setzt an der Vorderkante der vertebralen Fläche *(Margo medialis)* der Skapula an. Wenn der *M. serratus anterior* kontrahiert, abduziert (protahiert) er die Skapula und zieht die Schulter nach vorn.

An den vertebralen Flächen der Rippen entspringen zwei tiefe Brustmuskeln: Der **M. subclavius** (lat.: clavis = der Schlüssel) setzt an der Unterkante der Klavikula an (**Abbildung 11.5**; siehe auch Abbildung 11.4). Seine Kontraktion führt zu einer Depression und Protraktion des skapulären Endes der Klavikula. Da dieses Ende über Ligamente mit dem Schultergelenk und der Skapula verbunden ist, bewegen sich diese dabei mit. Der **M. pectoralis minor** setzt am Korakoid der Skapula an (siehe Abbildung 11.4 und 11.5). Seine Kontraktion ergänzt die des *M. subclavius*. In Tabelle 11.1 sind die Muskeln aufgeführt, die den Schultergürtel bewegen, sowie die sie versorgenden Nerven.

11.2.2 Muskeln, die den Oberarm bewegen

Die Muskeln, die den Oberarm bewegen, kann man sich am einfachsten merken, wenn man sie in funktionelle Gruppen zusammenfasst. Einige dieser Muskeln sieht man am besten von hinten (siehe Abbildung 11.2), andere besser

Muskel	Ursprung	Ansatz	Aktion	Innervation
M. levator scapulae	Querfortsätze der ersten vier Halswirbel	*Margo medialis* der Skapula nahe *Angulus superior*	Hebt die Skapula	Zervikale Spinalnerven C3–C4 und *N. dorsalis scapulae* (C5)
M. pectoralis minor	Vorderflächen und Oberkanten der dritten bis fünften Rippe und die Faszien der darüberliegenden *Mm. intercostales externi*	*Processus coracoideus*	Senkt und protrahiert die Schulter, rotiert die Skapula, sodass sich die Schultergelenkfläche nach inferior bewegt (Rotation nach unten); hebt die Rippen bei fixierter Skapula	*N. pectoralis medialis* (C8, Th1) und *N. pectoralis lateralis*
M. rhomboideus major	Dornfortsätze der oberen Brustwirbel	*Margo medialis* unterhalb der *Spina scapulae*	Adduziert und rotiert die Skapula abwärts; zieht das Schulterblatt nach mediokranial; hält das Schulterblatt am Rumpf	*N. dorsalis scapulae* (C5)
M. rhomboideus minor	Dornfortsätze von C6–C7 (Th1)	*Margo medialis* oberhalb der *Spina scapulae*	Siehe oben	Siehe oben
M. serratus anterior	Vorder- und Oberkanten der ersten bis achten oder ersten bis neunten Rippe	Anteriore Fläche der *Margo medialis* der Skapula; *Angulus superior* und *inferior*	Protrahiert die Schulter; rotiert die Skapula, sodass sich die Schultergelenkfläche nach superior bewegt (Rotation nach oben)	*N. thoracicus longus* (C5–C7)
M. subclavius	erste Rippe	Klavikula (Unterkante)	Senkt und protrahiert die Schulter	*N. subclavius* (C5–C6)
M. trapezius (Pars descendens; Pars transversa; Pars ascendens)	*Os occipitale, Lig. nuchae* und Dornfortsätze der Brustwirbel	Klavikula und Skapula (Akromion und *Spina scapulae*)	Abhängig vom jeweils stimulierten Anteil und der Aktivität anderer Muskeln kann er die Skapula und/oder die Klavikula heben, retrahieren, senken, nach oben rotieren; kann auch den Hals strecken.	*N. accessorius* (XII)

Tabelle 11.1: **Muskeln, die den Schultergürtel bewegen.**

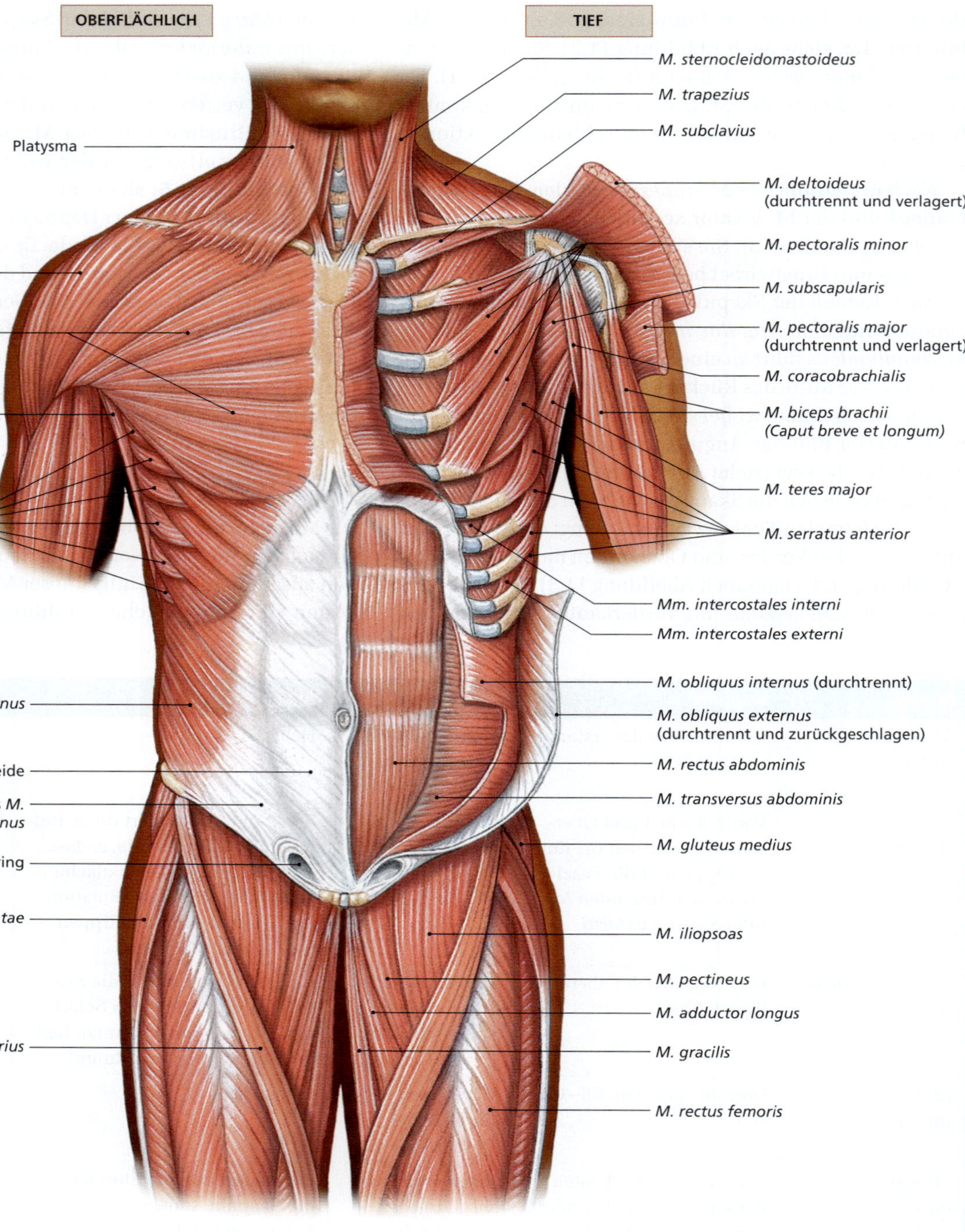

Abbildung 11.5: Oberflächliche und tiefe Muskulatur des Rumpfes und des proximalen Anteils der Extremitäten. Axiale und Extremitätenmuskulatur von Schulter- und Beckengürtel und dem proximalen Anteil der Extremitäten.

von vorn (siehe Abbildung 11.5). Informationen zu den hier erwähnten Muskeln finden Sie in Tabelle 11.2. Der **M. deltoideus** ist der wichtigste Abduktor des Oberarms, doch der **M. supraspinatus** unterstützt ihn möglicherweise am Anfang der Bewegung. Der **M. subscapularis** und der **M. teres major** rotieren den Oberarm nach innen, während der **M. infraspinatus** und der **M. teres minor** für die Außenrotation verantwortlich sind. Alle diese Muskeln entspringen an der Skapula. Der kleine **M. coracobrachialis** (**Abbildung 11.6**a) ist der einzige Muskel an der Skapula, der eine Flexion und Adduktion am Schultergelenk verursacht.

Der **M. pectoralis major** erstreckt sich zwischen dem vorderen Anteil des Thorax und der *Crista tuberculi majoris*. Der **M. latissimus dorsi** erstreckt sich zwischen den Brustwirbeln an der hinteren Mittellinie und dem Boden des *Sulcus intertubercularis humeri* (siehe Abbildung 11.3 bis 11.6). Der *M. pectoralis major* beugt das Schultergelenk,

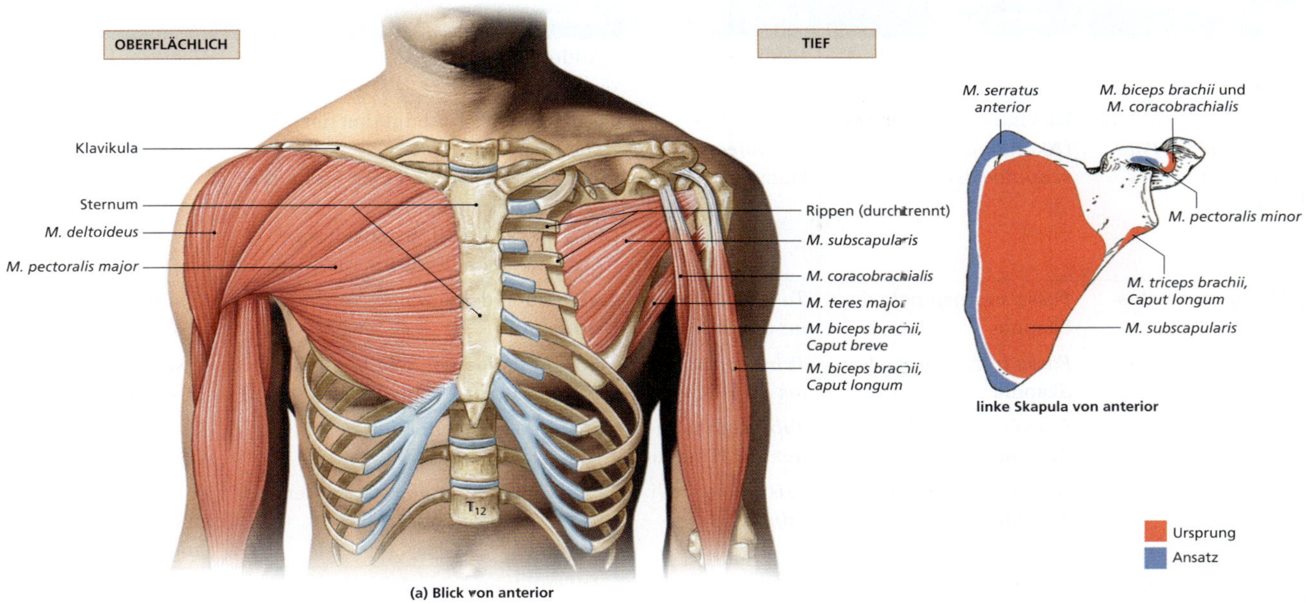

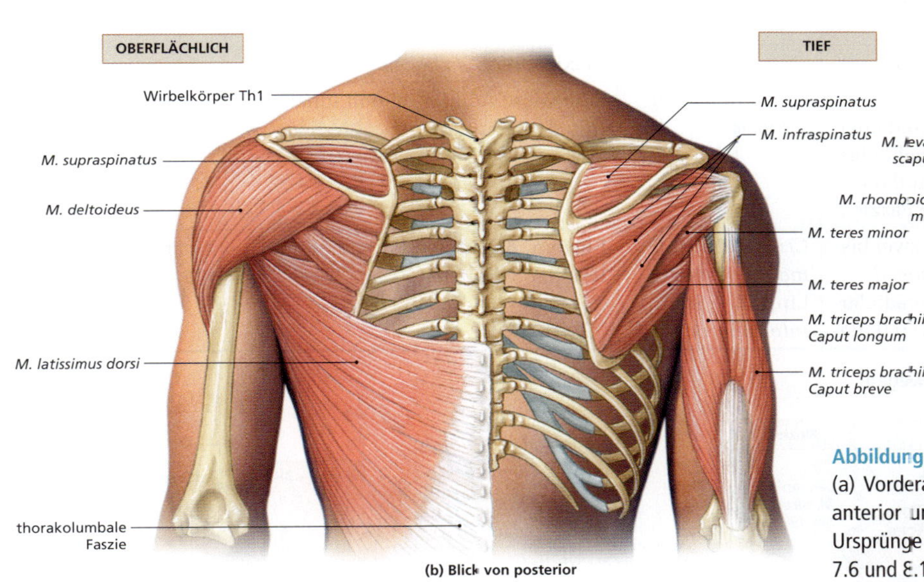

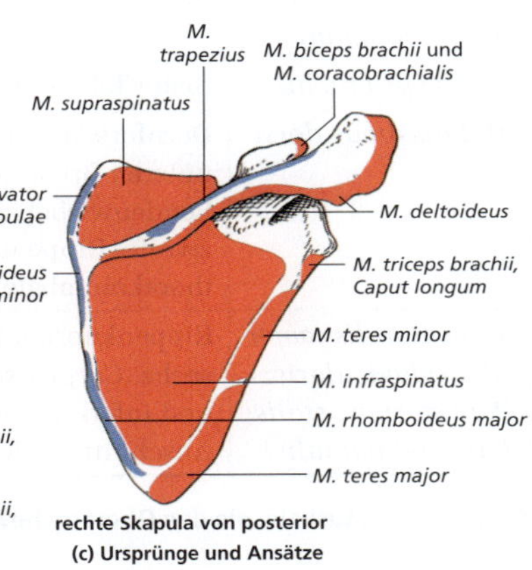

Abbildung 11.6: Muskeln, die den Oberarm bewegen. (a) Vorderansicht. (b) Hinteransicht. (c) Skapula von anterior und posterior mit Darstellung ausgewählter Ursprünge und Ansätze (siehe auch Abbildung 7.4 bis 7.6 und 8.11).

der *M. latissimus dorsi* streckt es. Diese beiden Muskeln können aber auch bei der Adduktion und Innenrotation des Humerus am Schultergelenk zusammenarbeiten.

Das Schultergelenk ist ein sehr bewegliches, aber relativ schwaches Gelenk (siehe Abbildung 7.5, 7.6 und 8.11). Die Sehnen der *Mm. supraspinatus*, *infraspinatus*, *subscapularis* und *teres minor* gehen in das Bindegewebe der Schultergelenkskapsel über und bilden zusammen die **Rotatorenmanschette**. Diese stützt und verstärkt die Gelenkkapsel über ein weites Bewegungsausmaß hinweg. Kraftvolle, wiederholte Armbewegungen, wie etwa beim Werfen im Baseball, können die Muskeln der Rotatorenmanschette überlasten und zu Sehnenverletzungen, Muskelzerrungen, einer Bursitis und anderen schmerzhaften Verletzungen führen.

AUFGABEN

1. Werfer beim Handball erleiden manchmal Verletzungen der Rotatorenmanschette. Welche Muskeln sind hierbei betroffen?
2. Benennen Sie den fächerförmigen Muskel, der an der Vorderkante der Skapula an der *Margo medialis* ansetzt und die Skapula protrahiert.
3. Welcher Muskel ist der wichtigste Abduktor des Schultergelenks?
4. Welche beiden Muskeln bewirken am Schultergelenk Extension, Adduktion und Innenrotation?

Muskel	Ursprung	Ansatz	Aktion	Innervation
M. coracobrachialis	*Processus coracoideus*	Mediale Kante des Humerusschafts	Adduktion und Flexion der Schulter	*N. musculocutaneus* (C5–C7)
M. deltoideus (Pars clavicularis; Pars acromialis; Pars scapularis)	Klavikula und Skapula (Akromion und *Spina scapulae* daneben)	*Tuberositas deltoidea* am Humerus	Ganzer Muskel: Abduktion der Schulter Anteriorer Anteil: Flexion und Innenrotation des Humerus Posteriorer Anteil: Extension und Außenrotation des Humerus	*N. axillaris* (C5–C6)
M. supraspinatus	*Fossa supraspinata* der Skapula	*Tuberculum majus* am Humerus	Abduktion der Schulter; Außenrotation	*N. suprascapularis* (C5)
M. infraspinatus	*Fossa infraspinata* der Skapula	*Tuberculum majus* am Humerus	Außenrotation der Schulter (wichtigster Muskel für die Außenrotation)	*N. suprascapularis* (C5–C6)
M. subscapularis	*Fossa subscapularis* der Skapula	*Tuberculum minus* am Humerus	Innenrotation der Schulter	*N. subscapularis* (C5–C6)
M. teres major	*Angulus inferior* der Skapula	*Crista tuberculi minoris*	Extension und Innenrotation der Schulter; Adduktion	*N. thoracodorsalis*; unterer *N. subscapularis* (C5–C6)
M. teres minor	*Margo lateralis* der Skapula	*Tuberculum majus humeri*	Außenrotation und Adduktion der Schulter	*N. axillaris* (C6)
M. triceps brachii (Caput longum)	Siehe Tabelle 11.3		Extension am Ellenbogen	
M. biceps brachii	Siehe Tabelle 11.3		Flexion am Ellenbogen	
M. latissimus dorsi	Dornfortsätze der unteren Brust- und aller Lendenwirbel, achte bis zwölfte Rippe und die thorakolumbale Faszie	*Crista tuberculi minoris*	Extension, Adduktion und Innenrotation der Schulter	*N. thoracodorsalis* (C6–C8)
M. pectoralis major (Pars clavicularis; Pars sternocostalis; Pars abdominalis)	Rippenknorpel zwei bis sechs, *Corpus sterni* und inferiorer, medialer Abschnitt der Klavikula	*Crista tuberculi majoris*, laterale Lippe des *Sulcus intertubercularis*	Flexion, Adduktion und Innenrotation der Schulter	*Nn. pectorales* (C5–Th1)

Tabelle 11.2: Muskeln, die den Oberarm bewegen.

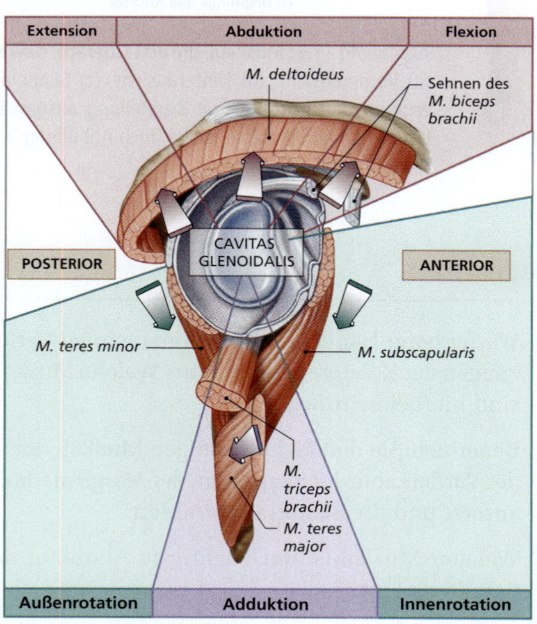

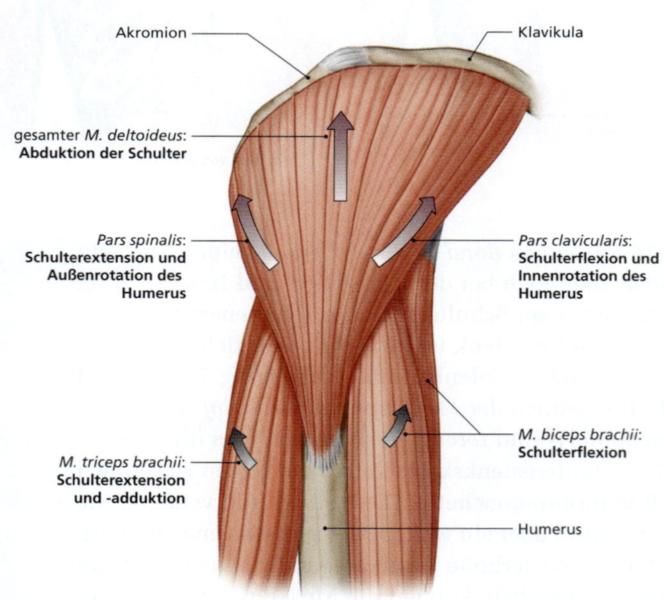

Abbildung 11.7: Aktionslinien der Muskeln, die den Oberarm bewegen. (a) Schulter von lateral mit Darstellung der Aktionslinien der Muskeln, die den Oberarm bewegen. (b) Aktionslinien der Mm. biceps brachii und triceps brachii sowie dreier Anteile des M. deltoideus.

AUS DER PRAXIS

Sportverletzungen

Sportverletzungen betreffen Amateure wie Profis. In einer Studie wurden American-Football-Spieler am College über fünf Jahre beobachtet. 73,5 % von ihnen erlitten in dieser Zeit leichte Verletzungen, 21,5 % mittelschwere und 11,6 % schwere Verletzungen. Sportarten mit Körperkontakt sind nicht die einzigen mit signifikant hoher Verletzungsrate: In einer Studie mit 1650 Langstreckenläufern, die mindestens 45 km in der Woche liefen, kam es zu 1819 Verletzungen in einem einzigen Jahr.

Muskeln und Knochen werden durch verstärkte Beanspruchung größer und stärker. Bei schlecht trainierten Menschen kommt es daher eher zu Überlastungen als bei Menschen in gutem Trainingszustand. Training minimiert auch den Einsatz antagonisierender Muskelgruppen und sorgt dafür, dass die Gelenke das ideale Bewegungsausmaß nicht überschreiten können. Richtiges Aufwärmen vor dem Sport regt den Kreislauf an, verbessert Muskelleistung und -kontrolle und beugt Verletzungen an Muskeln, Gelenken und Bändern vor. Dehnübungen nach dem Aufwärmen steigern die Durchblutung der Muskulatur und halten Bänder und Gelenkkapseln geschmeidig. Diese Vorbereitungen vergrößern das Bewegungsausmaß und können Sehnenzerrungen und Muskelfaserrissen bei plötzlichen Belastungen vorbeugen.

Die Ernährung spielt bei der Vorbeugung von Verletzungen ebenfalls eine Rolle, wie etwa beim Marathonlauf. Man misst im Allgemeinen Kohlenhydraten eine große Rolle bei. Ein Marathonläufer nimmt vor dem Lauf große Mengen an Kohlenhydraten zu sich. Aber im aeroben Bereich verbrennen die Muskeln auch reichlich Aminosäuren, sodass zu einer vernünftigen Ernährung sowohl Kohlenhydrate als auch Proteine gehören.

Eine Verbesserung von Sportstätten, Ausrüstung und Spielregeln trägt ebenfalls zur Verhinderung von Sportverletzungen bei. Laufschuhe, Knöchel- und Kniebandagen, Helme, Mundschutz und weitere Schoner sind Beispiele hierfür. Die strengen Strafen für persönliches Foul-Spiel bei Kontaktsportarten haben ebenfalls zu einer Abnahme von Hals- und Knieverletzungen beigetragen.

Die schweren Verletzungen, die bei aktiven Sportlern häufig sind, können auch Nichtsportler betreffen, allerdings oft in anderem Zusammenhang. Im Folgenden eine Auswahl typischer Sportverletzungen:

- **Knochenprellung**: Einblutung in das Periost des Knochens
- **Bursitis**: Entzündung der Schleimbeutel an den Gelenken
- **Muskelkrampf**: langanhaltende, ungewollte und schmerzhafte Muskelkontraktion
- **Zerrung**: Risse oder Einrisse von Sehnen und Bändern
- **Muskelfaserriss**: Riss innerhalb des Muskelgewebes
- **Übermüdungsbruch**: Risse oder Brüche an anhaltend oder wiederholt überlasteten Knochen
- **Sehnenscheidenentzündung**: Entzündung der bindegewebigen Hülle um die Sehnen

Letztendlich wären viele Sportverletzungen bei regelmäßig aktiven Sportlern durch gesunden Menschenverstand und die Akzeptanz der eigenen Grenzen zu verhindern. Man könnte sagen, dass einige Wettkämpfe, wie etwa der Ultramarathon, eine derart hohe Belastung für Herz-Kreislauf-, Muskel-, Atmungs- und Harnsystem darstellen, dass sie selbst für Athleten in bestem Trainingszustand nicht zu empfehlen sind.

Am Anfang dieses Kapitels wurde der Begriff der **Aktionslinie** eines Muskels vorgestellt und besprochen, wie man mit seiner Hilfe die Funktion eines Muskels bestimmen kann; drei allgemeine Regeln wurden vorgestellt. **Abbildung 11.7** zeigt die Lage der *Mm. biceps brachii*, *triceps brachii* und *deltoideus* im Verhältnis zum Schultergelenk; die Regeln werden ebenfalls dargestellt. Die Aktionslinie des *M. biceps brachii* verläuft vor der Achse des Schultergelenks, die des *M. triceps brachii* dahinter. Obwohl keiner von ihnen am Humerus ansetzt, beugen bzw. strecken sie dennoch die Schulter. Die Aktionslinie des klavikulären (anterioren) Anteils des *M. deltoideus* verläuft ebenfalls vor der Achse des Schultergelenks an seinen Ansatz am Humerus. Dieser Anteil des *M. deltoideus* bewirkt eine Flexion und Innenrotation an der Schulter. Die Aktionslinie des skapulären (posterioren) Anteils des *M. deltoideus* verläuft hinter der Achse des Schultergelenks. Dieser skapuläre Anteil des *M. deltoideus* bewirkt eine Extension und Außenrotation der Schulter. Eine Kontraktion des gesamten *M. deltoideus* führt zu einer Abduktion der Schulter, da die Aktionslinie des gesamten Muskels lateral der Achse liegt.

Muskel	Ursprung	Ansatz	Funktion	Innervation
An Ellenbogen/Schulter				
Beuger				
M. biceps brachii	*Caput breve* am *Processus coracoideus*; *Caput longum* am *Tuberculum supraglenoidale* (beide an der Skapula)	*Tuberositas radii* mit der *Aponeurosis m. bicipitis brachii* an der *Fascia antebrachii*	Flexion von Ellenbogen und Schulter; Supination	*N. musculocutaneus* (C5–C6)
M. brachialis	Anteriore distale Fläche des Humerus	*Tuberositas ulnae*	Flexion am Ellenbogen	*N. musculocutaneus* (C5–C6)
M. coracobrachialis	*Processus coracoideus*	Anteromedial am mittleren Humerusdrittel	Anteversion, Adduktion, Innenrotation, Haltefunktion	*N. musculocutaneus* (C5–C6)
M. brachioradialis	Kante oberhalb des *Epicondylus lateralis humeri*	Laterale Fläche des *Processus styloideus radii*	Siehe oben	*N. radialis* (C6–C8)
Strecker				
M. anconeus	Posteriore Fläche des lateralen Humerus	Laterale Kante von Olekranon und Ulnaschaft	Extension am Ellenbogen	*N. radialis* (C6–C8)
M. triceps brachii				
Caput laterale	Superiore laterale Humeruskante	Olekranon	Extension am Ellenbogen	*N. radialis* (C6–C8)
Caput longum	*Tuberculum infraglenoidale*	Siehe oben	Siehe oben sowie Extension und Adduktion der Schulter	Siehe oben
Caput mediale	Posteriore Fläche des Humerus distal und medial vom *Sulcus n. radialis*	Siehe oben	Extension am Ellenbogen	Siehe oben
Pronatoren/Supinatoren				
M. pronator quadratus	Anteriore und mediale Fläche der distalen Ulna	Anterolaterale Fläche des distalen Radius	Pronation von Unterarm und Hand durch Innenrotation des Radius an den Radioulnargelenken	*N. medianus* (C8–Th1) bzw. *N. interosseus antebrachii anterior*
M. pronator teres	*Epicondylus medialis humeri* und *Processus coronoideus ulnae*	Mitte der lateralen Fläche des Radius	Siehe oben und Flexion am Ellenbogen	*N. medianus* (C6–C7)
M. supinator	*Epicondylus lateralis humeri* und Kante an der *Fossa radialis ulnae*	Anterolaterale Fläche des Radius distal der *Tuberositas radii*	Supination von Unterarm und Hand durch Außenrotation des Radius an den Radioulnargelenken	*N. radialis R. profundus* (C6–C8)
Am Handgelenk				
Beuger				
M. flexor carpi radialis	*Epicondylus medialis humeri*	Basis der *Ossa metacarpalia II* und *III*	Flexion und Abduktion am Handgelenk	*N. medianus* (C6–C7)
M. flexor carpi ulnaris	*Epicondylus medialis humeri*, angrenzende mediale Fläche des Olekranons und anteromedialer Abschnitt der Ulna	*Os pisiforme*, *Os hamatum* und Basis des *Os metacarpale V*	Flexion und Adduktion am Handgelenk	*N. ulnaris* (C8–Th1)
M. palmaris longus	*Epicondylus medialis humeri*	Palmaraponeurose und *Retinaculum flexorum*	Flexion am Handgelenk	*N. medianus* (C6–C7)

Strecker				
M. extensor carpi radialis longus	*Crista supracondylaris lateralis*	Basis des *Os metacarpale II*	Extension und Abduktion am Handgelenk; Beugen im Ellenbogengelenk	*N. radialis* (C6–C7)
M. extensor carpi radialis brevis	*Epicondylus lateralis humeri*	Basis des *Os metacarpale III*	Siehe oben	*N. radialis R. profundus* (C6–C8)
M. extensor carpi ulnaris	*Epicondylus lateralis humeri*, angrenzende dorsale Fläche der Ulna	Basis des *Os metacarpale V*	Extension und Adduktion am Handgelenk	*N. radialis profundus* (C6–C8)

Tabelle 11.3: **Muskeln, die Unterarm und Hand bewegen.**

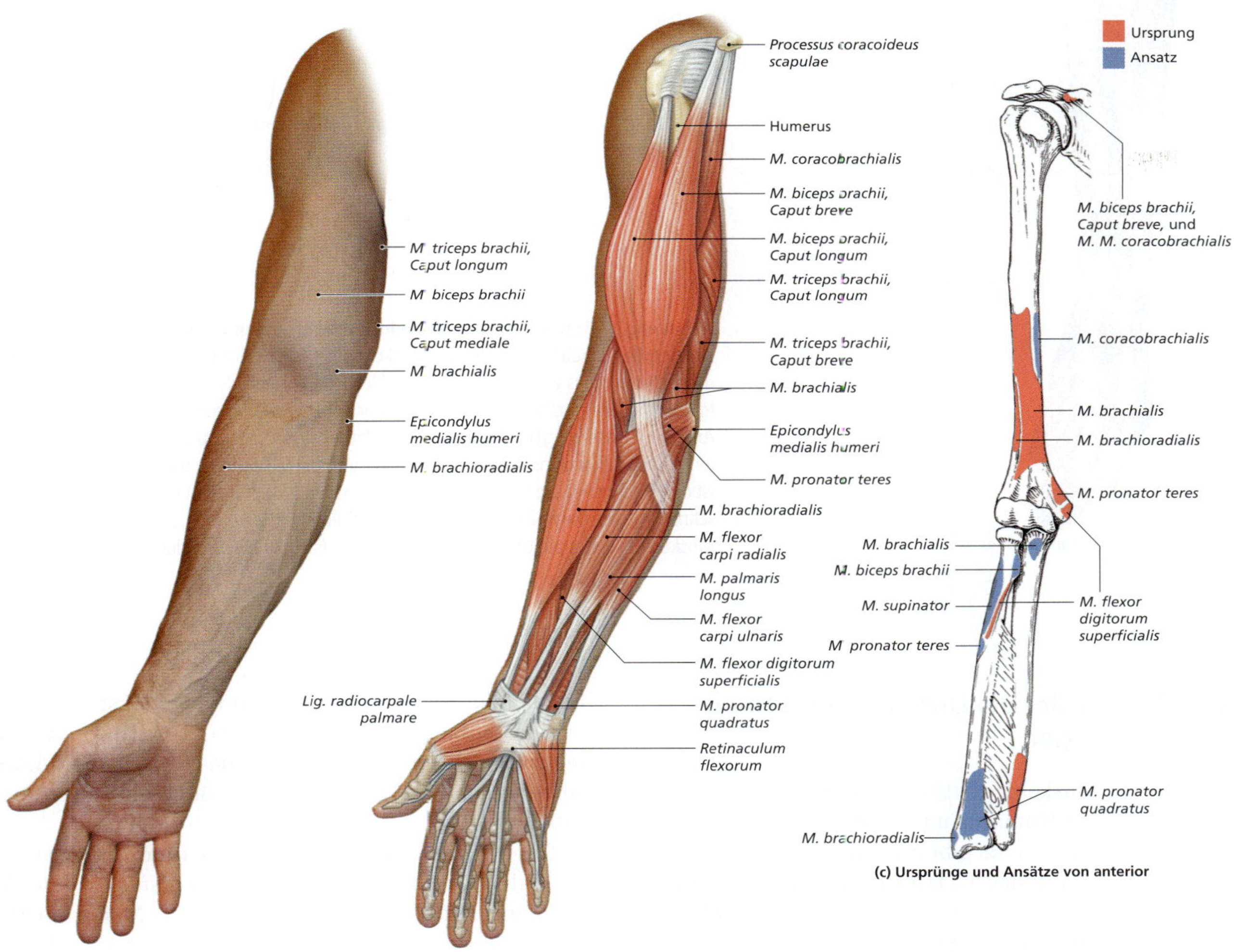

Abbildung 11.8: **Muskeln, die Unterarm und Hand bewegen; Teil I.** Darstellung der Lagebeziehungen der Muskeln des rechten Armes. (a) Oberflächenanatomie des rechten Armes von anterior. (b) Oberflächliche Muskeln des rechten Armes von anterior. (c) Knochen des rechten Armes von anterior mit Darstellung ausgewählter Ursprünge und Ansätze. (Fortsetzung) (d) Muskelpräparat des rechten Armes von anterior. Die Mm. palmaris longus und flexor carpi (radialis und ulnaris) sind zum Teil entfernt, das Retinaculum flexorum ist durchtrennt. (e) Die Lagebeziehungen der Armmuskulatur sieht man am besten im Querschnitt. Weitere Darstellungen finden Sie in Abbildung 11.22 und 11.23 (siehe unten). (f) Tiefe Muskulatur des supinierten rechten Unterarms (siehe auch Abbildung 7.6, 7.7 und 7.8).

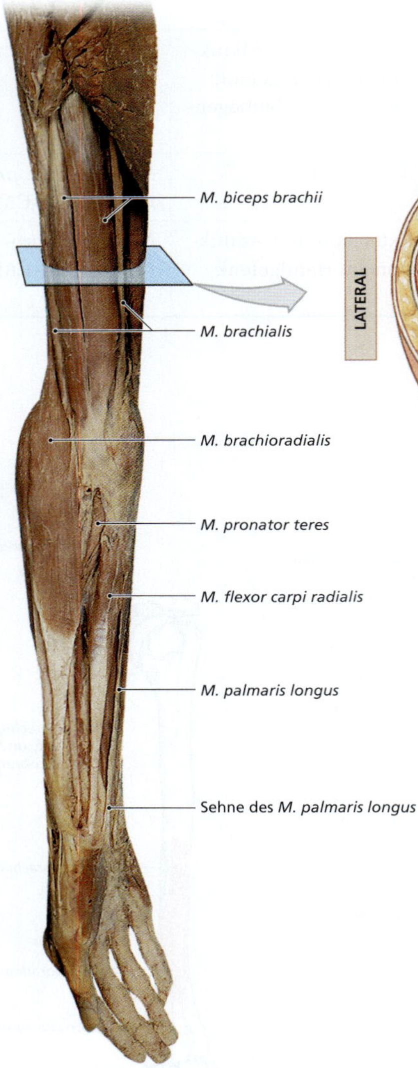

(d) Blick von anterior

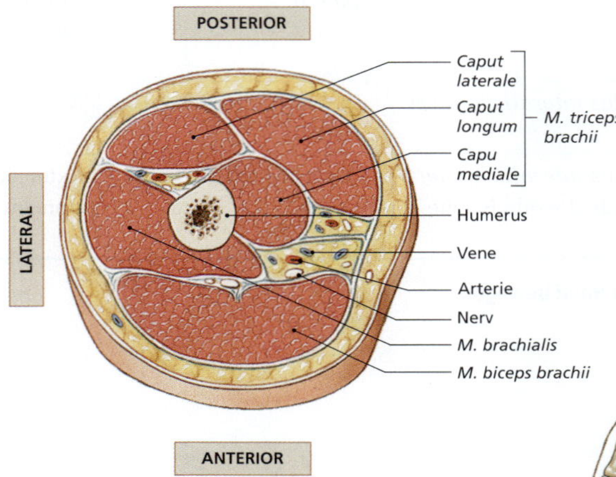

(e) Arm im Querschnitt

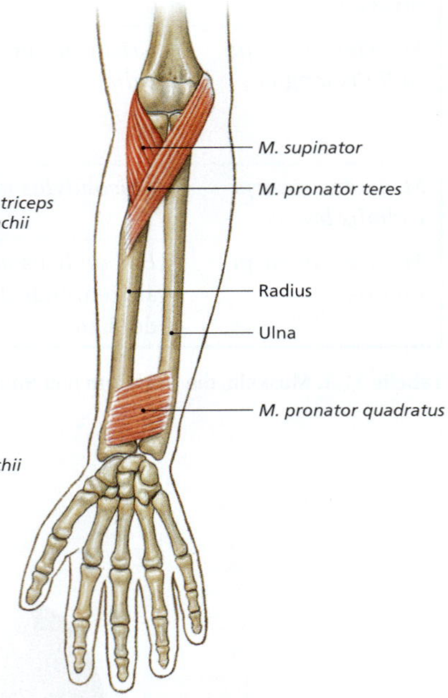

(f) Unterarm von anterior, tiefe Muskeln

Abbildung 11.8: (Fortsetzung) Muskeln, die Unterarm und Hand bewegen; Teil I. Darstellung der Lagebeziehungen der Muskeln des rechten Armes. (a) Oberflächenanatomie des rechten Armes von anterior. (b) Oberflächliche Muskeln des rechten Armes von anterior. (c) Knochen des rechten Armes von anterior mit Darstellung ausgewählter Ursprünge und Ansätze. (Fortsetzung) (d) Muskelpräparat des rechten Armes von anterior. Die Mm. palmaris longus und flexor carpi (radialis und ulnaris) sind zum Teil entfernt, das Retinaculum flexorum ist durchtrennt. (e) Die Lagebeziehungen der Armmuskulatur sieht man am besten im Querschnitt. Weitere Darstellungen finden Sie in Abbildung 11.22 und 11.23 (siehe unten). (f) Tiefe Muskulatur des supinierten rechten Unterarms (siehe auch Abbildung 7.6, 7.7 und 7.8).

11.2.3 Muskeln, die Unterarm und Hand bewegen

Die meisten Muskeln, die Unterarm und Hand bewegen, entspringen am Humerus und setzen am Unterarm und dem Handgelenk an. Es gibt zwei wichtige Ausnahmen: Das *Caput longum* des **M. triceps brachii** entspringt an der Skapula und setzt am Olekranon an; Das *Caput longum* des **M. biceps brachii** entspringt an der Skapula und setzt an der *Tuberositas radii* an (**Abbildung 11.8** und **Abbildung 11.9**; siehe auch Abbildung 11.5 und 11.6). Obwohl ihre Kontraktionen auch einen Effekt auf die Schulter haben, wirken sie hauptsächlich am Ellenbogen. Der *M. triceps* streckt den Ellenbogen, z. B. bei Liegestützen. Der *M. biceps brachii* flektiert den Ellenbogen und supiniert den Unterarm. Wegen der Lage seines Ansatzes ist dieser Muskel bei proniertem Unterarm nicht sehr effektiv. Daher ist man bei supiniertem Unterarm am stärksten; der Bizeps wölbt sich deutlich sichtbar am Oberarm vor. Weitere Informationen zu den Muskeln, die Unterarm und Hand bewegen, entnehmen Sie einschließlich der Innervation Tabelle 11.3.

Der **M. brachialis** und der **M. brachioradialis** beugen ebenfalls den Ellenbogen; ihre Antagonisten sind der **M. anconeus** und der **M. triceps brachii**. Der **M. flexor carpi ulnaris**, der **M. flexor carpi radialis** und der **M. palmaris longus** sind oberflächlich liegende Muskeln, die zusammen eine Beugung am Handgelenk bewirken (siehe Abbildung 11.8b–e und 11.9b–e). Da sie unterschiedliche Ursprünge und Ansätze haben, bewirkt der *M. flexor carpi radialis* eine Flexion und eine Abduktion, der *M. flexor carpi ulnaris* hingegen eine Flexion und Adduktion. Mit dem **M. extensor carpi radialis** und dem **M. extensor carpi ulnaris** verhält es sich ähnlich; Ersterer ruft eine Ex-

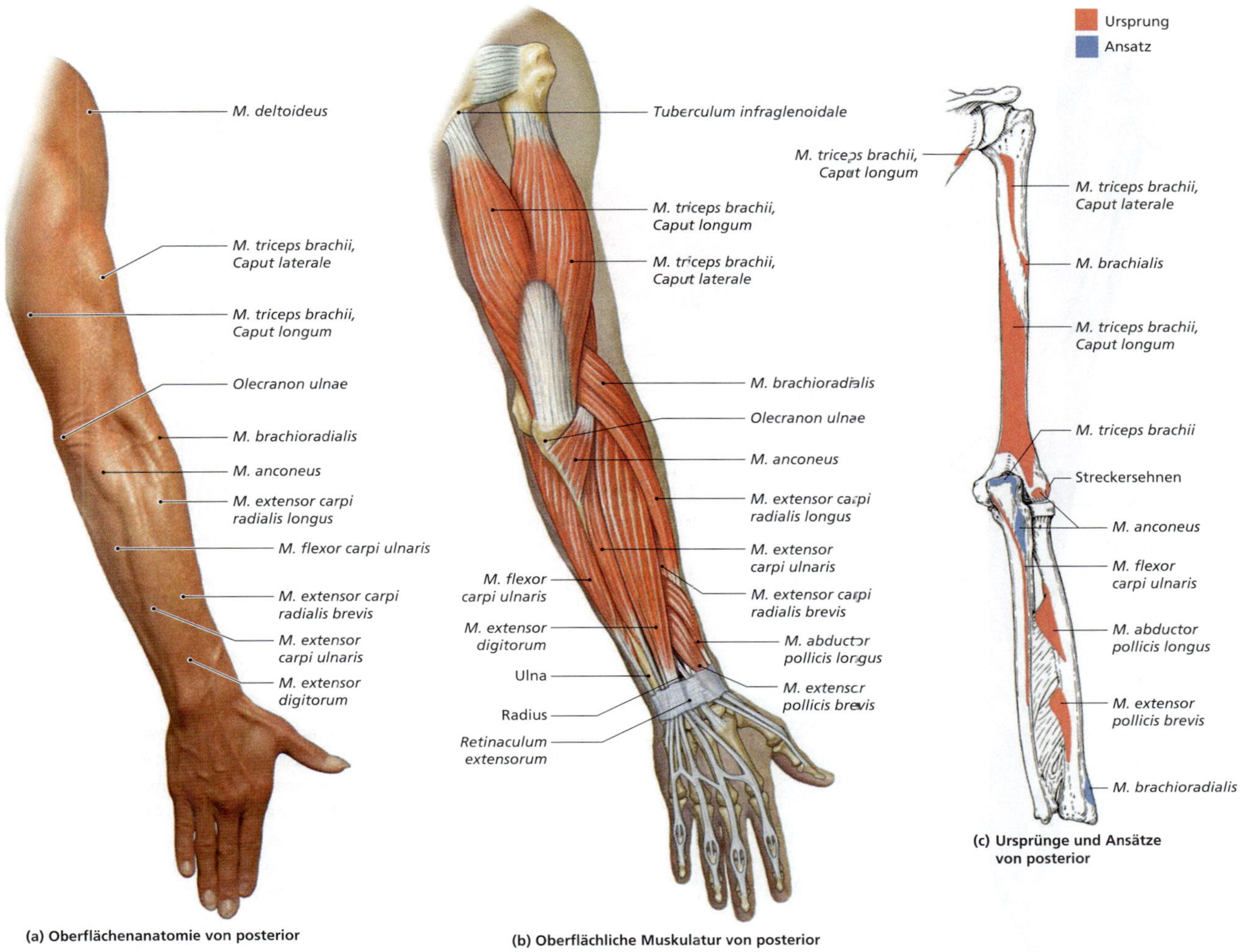

Abbildung 11.9: Muskeln, die Unterarm und Hand bewegen; Teil II. Darstellung der Lagebeziehungen der Muskeln des rechten Armes. (a) Oberflächenanatomie des rechten Armes von posterior. (b) Schematische Darstellung der oberflächlichen Muskeln. (c) Knochen des rechten Armes von posterior mit Darstellung ausgewählter Ursprünge und Ansätze. (d) Muskelpräparat des rechten Armes von posterior. (e) Die Lagebeziehungen der Armmuskultur sieht man am besten im Querschnitt. Die Mm. extensor und flexor digitorum profundi sehen Sie in Abb. 11.10; weitere Darstellungen finden Sie in Abbildung 11.22 und 11.23 (siehe unten). (f) Tiefe Muskulatur für Pronation und Supination (siehe auch Abbildung 7.7).

tension und Abduktion des Handgelenks hervor, Letzterer eine Extension und Adduktion.

Der **M. pronator teres** und der **M. supinator** sind Antagonisten, die beide an Humerus und Ulna entspringen. Sie setzen am Radius an und bewirken eine Rotation am Handgelenk, ohne dieses zu beugen oder zu strecken. Der **M. pronator quadratus** entspringt an der Ulna und unterstützt den *M. pronator teres* als Gegenspieler der *Mm. supinator* und *biceps brachii*. Die Muskeln, die eine Pronation oder Supination bewirken, sind in Abbildung 11.8f und 11.9f dargestellt. Beachten Sie die Lageveränderung bei Kontraktion der *Mm. pronator teres* und *pronator quadratus*. Während der Pronation rollt die Sehne des *M. biceps brachii* unter den Radius; ein Schleimbeutel verhindert Reibung.

Beachten Sie beim Durcharbeiten der Tabelle 11.3, dass Extensoren im Allgemeinen an den posterioren und lateralen Flächen des Unterarms liegen und die Flexoren anterior und medial. Viele der Muskeln, die Unterarm und Hand bewegen, sind von außen sichtbar (siehe Abbildung 11.8a und 11.9a).

11.2.4 Muskeln, die Hand und Finger bewegen

Extrinsische Handmuskulatur

Mehrere oberflächliche und tiefe Muskeln am Unterarm (Tabelle 11.4) bewirken eine Beugung oder Streckung an den Fingergelenken. Diese Muskeln, die für Kraft und Grobmotorik von Hand und Fingern verantwortlich sind, nennt man extrinsische Handmuskulatur. Nur die Sehnen dieser Muskeln reichen über das Handgelenk hinaus. Da

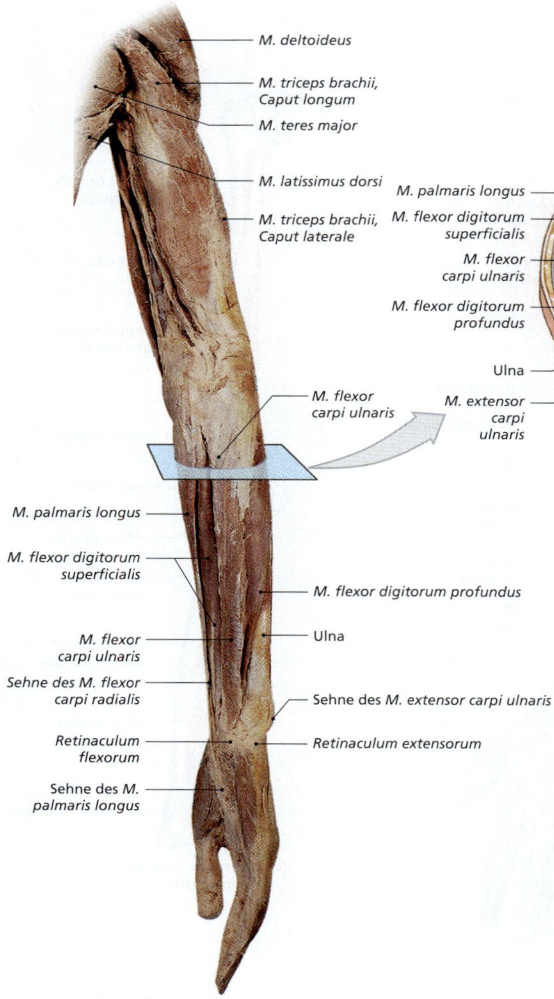

(d) Oberflächliche Muskulatur von posterior

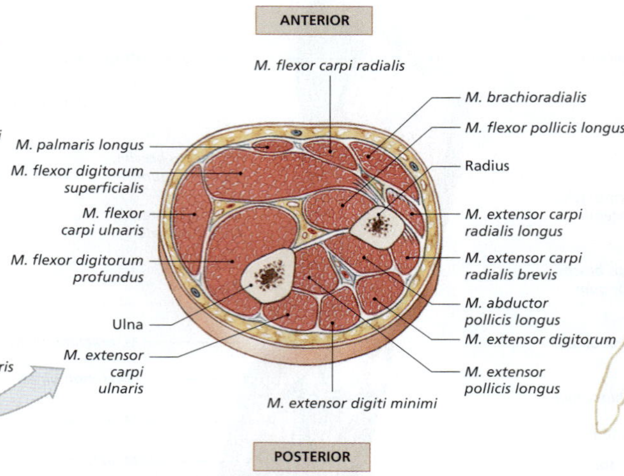

(e) Unterarm im Querschnitt

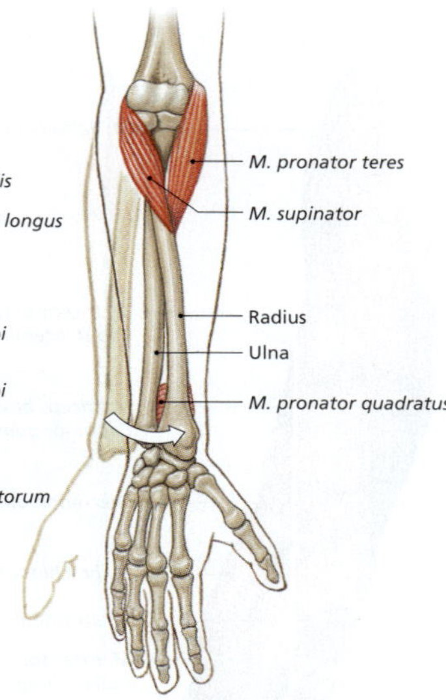

(f) Pronation

Abbildung 11.9: Muskeln, die Unterarm und Hand bewegen; Teil II. Darstellung der Lagebeziehungen der Muskeln des rechten Armes. (a) Oberflächenanatomie des rechten Armes von posterior. (b) Schematische Darstellung der oberflächlichen Muskeln. (c) Knochen des rechten Armes von posterior mit Darstellung ausgewählter Ursprünge und Ansätze. (d) Muskelpräparat des rechten Armes von posterior. (e) Die Lagebeziehungen der Armmuskultur sieht man am besten im Querschnitt. Die Mm. extensor und flexor digitorum profundi sehen Sie in Abb. 11.10; weitere Darstellungen finden Sie in Abbildung 11.22 und 11.23 (siehe unten). (f) Tiefe Muskulatur für Pronation und Supination (siehe auch Abbildung 7.7).

AUS DER PRAXIS

Karpaltunnelsyndrom

Beim Karpaltunnelsyndrom führt eine Entzündung der Beugersehnenscheiden am Handgelenk zu einer Reizung des *N. medianus*, eines gemischten (motorischen und sensorischen) Nervs, der die Handfläche und die palmare Fläche von Daumen, Zeige- und Mittelfinger versorgt. Symptome sind Schmerzen, besonders bei Beugung des Handgelenks, Kribbeln oder ein Taubheitsgefühl der Handfläche und eine Schwäche des *M. abductor pollicis brevis*. Diese Erkrankung ist relativ häufig und tritt besonders oft bei Personen auf, die ihre Beugesehnen wiederholt belasten, wie etwa beim Maschineschreiben oder Klavierspielen. Behandelt wird mit entzündungshemmenden Medikamenten und Ruhigstellung mit einer Schiene. Es gibt eine Reihe spezieller Computertastaturen, die die Belastung durch das Schreiben reduzieren sollen.

AUFGABEN

1. Welche beiden Bewegungen beeinträchtigt eine Verletzung des *M. flexor carpi ulnaris*?
2. Benennen Sie die Muskeln, die den Radius rotieren, ohne dabei den Ellenbogen zu beugen oder zu strecken.
3. Welche Strukturen durchqueren die Sehnen, die auf der dorsalen und ventralen Fläche des Handgelenks an ihre Ansätze ziehen?
4. Wie nennt man die Verdickung der Faszie an der dorsalen Fläche des Handgelenks, die ein breites bindegewebiges Band bildet?

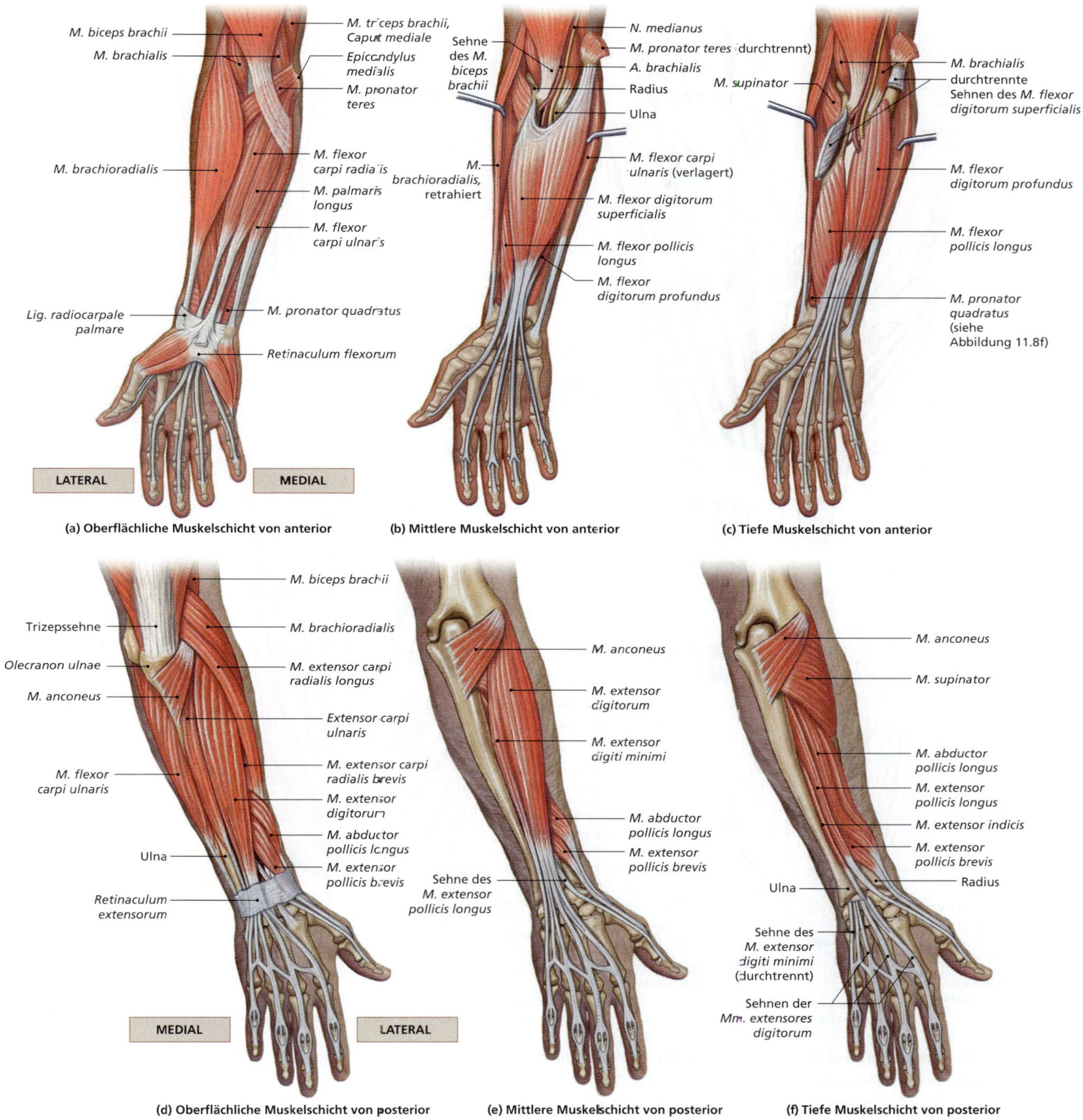

Abbildung 11.10: Extrinsische Muskeln, die Hand und Finger bewegen. (a) Oberflächliche Muskulatur des rechten Unterarms von anterior. (b) Mittlere Muskelschicht von anterior. Die Mm. flexor carpi radialis und palmaris longus sind entfernt. (c) Tiefe Muskelschicht von anterior. (d) Oberflächliche Muskulatur des rechten Unterarms von posterior. (e) Mittlere Muskelschicht von posterior. (f) Tiefe Muskelschicht von posterior (siehe auch Abbildung 7.7, 7.8 und 11.9).

die Muskeln relativ groß sind (**Abbildung 11.10**; siehe auch Abbildung 11.8 und 11.9), verbessert es die Beweglichkeit von Handgelenk und Hand, wenn sie sich nicht direkt dort befinden. Die Sehnen, die über die dorsalen und ventralen Flächen der Handgelenke hinweglaufen, ziehen durch **Sehnenscheiden**, langgezogene Schleimbeutel, die Reibung vermindern. Diese Muskeln und ihre Sehnen sehen Sie in Abbildung 11.8b und d sowie **Abbildung 11.11**d und g von anterior und in Abbildung 11.9b und d, 11.10d–f sowie **Abbildung 11.11**a und e von posterior. Auf der posterioren Fläche des Handgelenks verdickt sich die Faszie des Unterarms und bildet ein breites bindegewebiges Band, das **Retinaculum extensorum** (siehe Abbildung 11.11a). Es fixiert die Sehnen der Streckmuskeln. Auf der anterioren Fläche

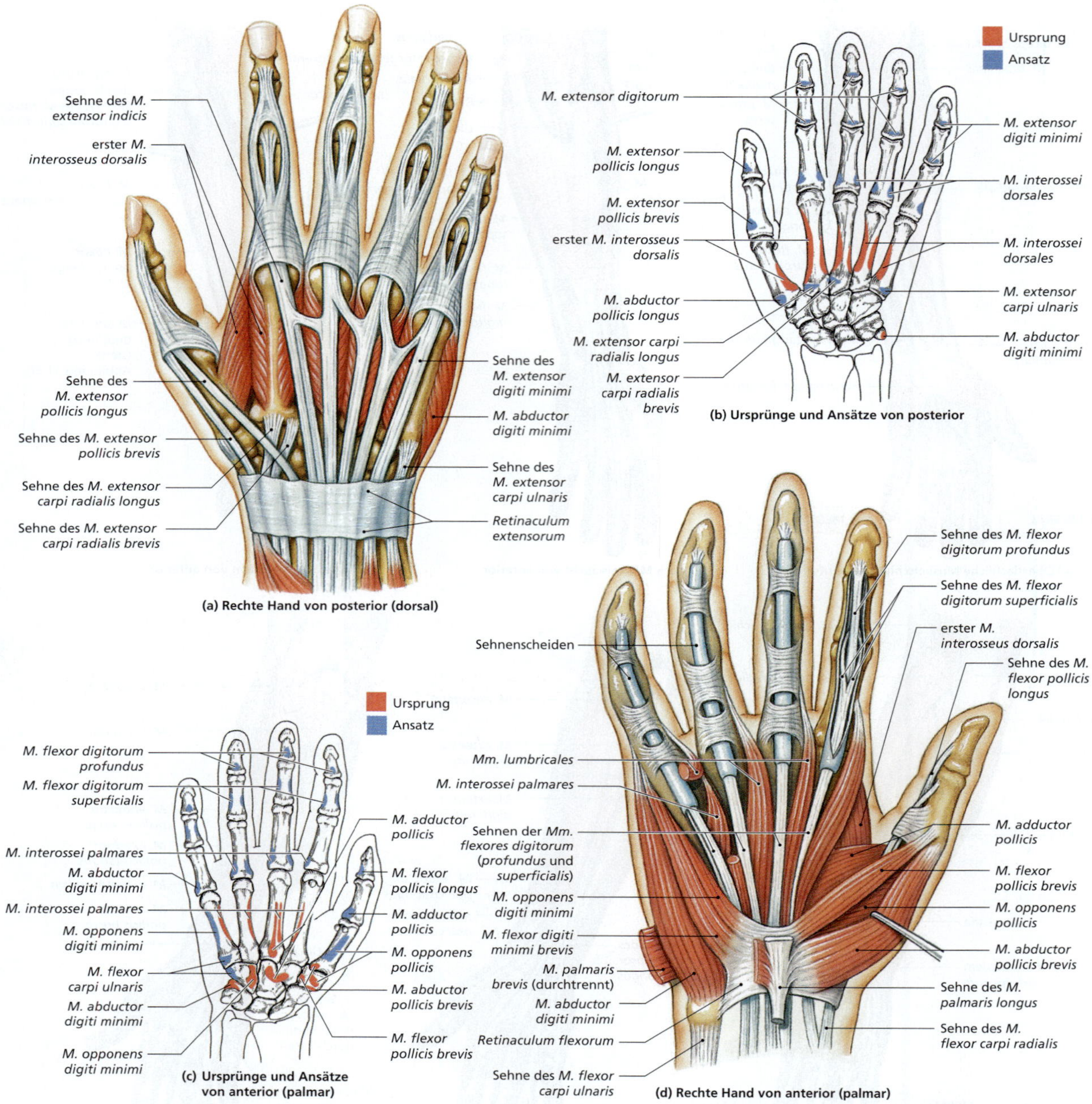

Abbildung 11.11: Intrinsische Muskeln, Sehnen und Bänder der Hand. Anatomie der rechten Hand mit Handgelenk. (a) Blick von posterior. (b) Die Knochen der rechten Hand mit Darstellung ausgewählter Ursprünge und Ansätze von posterior. (c) Die Knochen der rechten Hand mit Darstellung ausgewählter Ursprünge und Ansätze von anterior. (d) Blick von anterior. (e) Querschnitt durch die rechte Mittelhand. (f) Oberflächliches Präparat der Handfläche. (g) Tiefes Präparat der Handfläche.

befindet sich ein ebensolches breites Band, das **Retinaculum flexorum**, das die Sehnen der Beugemuskeln fixiert (**Abbildung 11.11**f; siehe auch Abbildung 11.11d). Eine Entzündung dieser Retinakula und der Sehnenscheiden kann die Beweglichkeit einschränken und den *N. medianus* reizen, einen sensorischen und motorischen Nerv, der die Hand innerviert. Diese Erkrankung, das **Karpaltunnelsyndrom**, geht mit chronischen Schmerzen und einer Greifschwäche einher.

Intrinsische Handmuskulatur

Für die Feinmotorik der Hand sind die kleinen intrinsischen Handmuskeln erforderlich, die an den Handwurzel- und Mittelhandknochen entspringen (siehe Abbildung 11.11). Sie bewirken 1. Flexion und Extension der Finger an den Metakarpophalangealgelenken, 2. Abduktion und Adduktion der Finger an den Metakarpophalangealgelenken und 3. Opposition und Reposition des Daumens. Keiner der Muskeln entspringt an den Phalangen; nur die

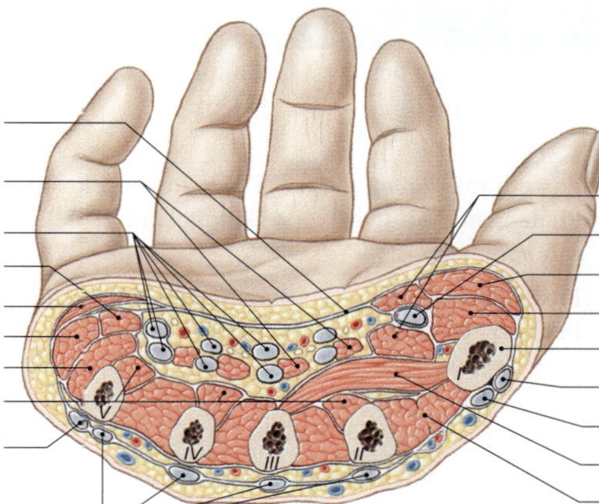

(e) Querschnitt durch die rechte Mittelhand

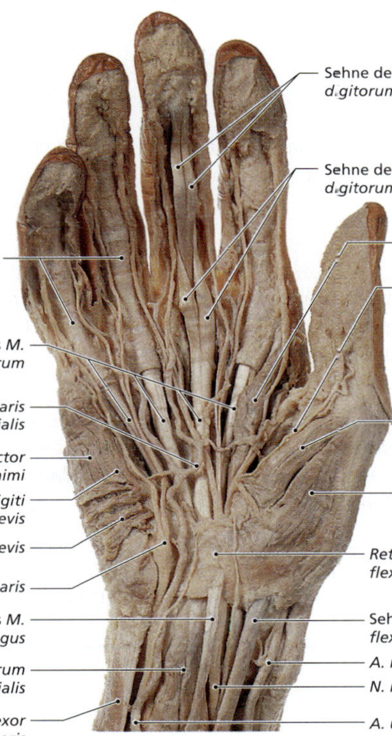

(f) Rechte Hand von anterior (palmar)

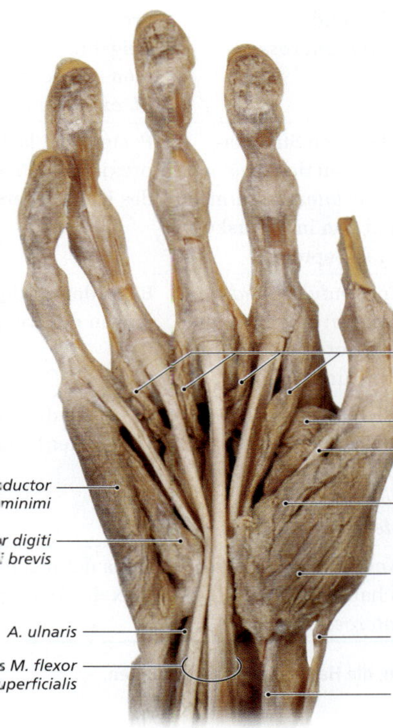

(g) Rechte Hand von anterior, tiefe Muskeln

Abbildung 11.11: (Fortsetzung) Intrinsische Muskeln, Sehnen und Bänder der Hand. Anatomie der rechten Hand mit Handgelenk. (a) Blick von posterior. (b) Die Knochen der rechten Hand mit Darstellung ausgewählter Ursprünge und Ansätze von posterior. (c) Die Knochen der rechten Hand mit Darstellung ausgewählter Ursprünge und Ansätze von anterior. (d) Blick von anterior. (e) Querschnitt durch die rechte Mittelhand. (f) Oberflächliches Präparat der Handfläche. (g) Tiefes Präparat der Handfläche.

Ansatzsehnen ziehen über die distalen Fingergelenke hinweg. Die intrinsischen Handmuskeln sind in Tabelle 11.5 genauer beschrieben.

Die vier **Mm. lumbricales** entspringen an der Handfläche auf den Sehnen des *M. flexor digitorum profundus*. Sie setzen an den Sehnen des *M. extensor digitorum* an und bewirken eine Flexion an den Metakarpophalangealgelenken sowie eine Extension an den Interphalangealgelenken der Finger.

Eine Abduktion der Finger wird durch Kontraktion der vier **Mm. interossei dorsales** erreicht. Der **M. abductor digiti minimi** abduziert den kleinen Finger, der **M. abductor pollicis brevis** den Daumen. Der **M. adductor pollicis** adduziert den Daumen, und die vier **Mm. interossei palmares** adduzieren die Finger an den Metakarpophalangealgelenken.

Die Opposition des Daumens ist eine Bewegung, bei der er, von der anatomischen Position ausgehend, am Dau-

Muskel	Ursprung	Ansatz	Aktion	Innervation
M. abductor pollicis longus	Proximale dorsale Flächen von Radius und Ulna	Laterale Kante des *Os metacarpale I*	Abduktion an Daumen und Handgelenk	*R. profundus* des *N. radialis* (C6–C7)
M. extensor digitorum	*Epicondylus lateralis humeri*	Posteriore Flächen der Phalangen II–V (Dorsalaponeurose)	Extension an Fingergelenken und Handgelenk (II–V)	*R. profundus* des *N. radialis* (C6–C8)
M. extensor pollicis brevis	Radiusschaft distal des Ursprungs des *M. abductor pollicis longus* und der *Membrana interossea*	Basis der proximalen Phalanx des Daumens	Extension am Daumen, Abduktion am Handgelenk	*R. profundus* des *N. radialis* (C6–C7)
M. extensor pollicis longus	Posteriore und laterale Flächen der Ulna und der *Membrana interossea*	Basis der distalen Phalanx des Daumens	Siehe oben	*R. profundus* des *N. radialis* (C6–C8)
M. extensor indicis	Posteriore Fläche der Ulna und der *Membrana interossea*	Posteriore Fläche der proximalen Phalanx der Zeigefingers (II), zusammen mit der Sehne des *M. extensor digitorum*	Extension und Adduktion an den Gelenken des Zeigefingers	Siehe oben
M. extensor digiti minimi	Über eine Streckersehne an den *Epicondylus lateralis humeri* und von intermuskulären Septen	Posteriore Fläche der proximalen Phalanx des Kleinfingers (V)	Extension an den Gelenken des kleinen Fingers und am Handgelenk	Siehe oben
M. flexor digitorum superficialis	*Epicondylus medialis humeri*; angrenzende anteriore Flächen von Ulna und Radius	Basis der mittleren Phalangen der Langfinger II–V	Flexion an den proximalen Interphalangealgelenken (PIP), den Metakarpophalangealgelenken und am Handgelenk	*N. medianus* (C7–Th1)
M. flexor digitorum profundus	Mediale und posteriore Flächen der Ulna, medial an *Processus coronoideus* und *Membrana interossea*	Basis der distalen Phalangen der Langfinger II–V	Flexion an den distalen Interphalangealgelenken (DIP) und etwas weniger an den proximalen Interphalangealgelenken (PIP) und am Handgelenk	*R. interosseus anterior* des *N. medianus*, *N. ulnaris* (C8–Th1)
M. flexor pollicis longus	Anterior am Radiusschaft, *Membrana interossea*	Basis der distalen Phalanx des Daumens	Flexion an den Daumengelenken	*N. medianus* (C8–Th1)

Tabelle 11.4: **Muskeln, die Hand und Finger bewegen.**

mengrundgelenk (Karpometakarpalgelenk) flektiert und innenrotiert wird. So kann man mit der Spitze des Daumens alle anderen Fingerspitzen berühren. Diese Bewegung verursacht der **M. opponens pollicis**. Die Reposition des Daumens bewirken zwei extrinsische Handmuskeln, der *M. extensor pollicis longus* und der *M. abductor pollicis longus* (siehe Tabelle 11.4).

11.3 Die Muskeln von Beckengürtel und Bein

Der Beckengürtel ist fest mit dem Achsenskelett verbunden; das Bewegungsausmaß ist relativ gering. Die wenigen Muskeln, die das Becken bewegen, wurden in Kapitel 10 im Rahmen der Besprechung des Achsenskeletts vorgestellt. Die Muskeln der Beine sind größer und stärker als die der Arme. Sie können in drei Gruppen unterteilt werden: 1. Muskeln, die den Oberschenkel bewegen, 2. Muskeln, die den Unterschenkel bewegen, und 3. Muskeln, die Fuß und Zehen bewegen.

11.3.1 Muskeln, die den Oberschenkel bewegen

Die Muskeln, die den Oberschenkel bewegen, entspringen am Becken; viele sind groß und kräftig. Man unterteilt sie in 1. die Glutaeusgruppe, 2. die Außenrotatoren, 3. die Adduktoren und 4. die Iliopsoasgruppe.

Muskel	Ursprung	Ansatz	Aktion	Innervation
M. adductor pollicis	*Ossa metacarpale* und *carpale*	Proximale Phalanx des Daumens	Adduktion am Daumen	*R. profundus* des *N. ulnaris* (C8–Th1)
M. opponens pollicis	*Os trapezium* und *Retinaculum flexorum*	*Os metacarpale I*	Daumenopposition	*N. medianus* (C6–C7)
M. palmaris brevis	Palmaraponeurose	Haut der medialen Handkante	Bewegt die Haut an der medialen Handkante zur Mitte der Handfläche hin	*R. superficialis* des *N. ulnaris* (C8)
M. abductor digiti minimi	*Os pisiforme*	Proximale Phalanx des kleinen Fingers	Abduktion am Kleinfinger, Flexion an seinem Metakarpophalangealgelenk	*R. profundus* des *N. ulnaris* (C8–Th1)
M. abductor pollicis brevis	*Lig. transversum carpale*, *Ossa scaphoideum* und *trapezium*	Radiale Seite der Basis der proximalen Phalanx des Daumens	Abduktion am Daumen	*N. medianus* (C6–C7)
M. flexor pollicis brevis[1]	*Retinaculum flexorum*, *Ossa trapezium* und *capitatum* sowie ulnare Seite des *Os metacarpale I*	Radiale und ulnare Seite der Basis der proximalen Phalanx des Daumens	Flexion und Adduktion am Daumen	Äste der *Nn. medianus* und *ulnaris*
M. flexor digiti minimi brevis	*Os hamatum*	Proximale Phalanx des Kleinfingers	Flexion am Metakarpophalangealgelenk V	*R. profundus* des *N. ulnaris* (C8–Th1)
M. opponens digiti minimi	Siehe oben	*Os metacarpale V*	Flexion am Metakarpophalangealgelenk, opponiert Kleinfinger zum Daumen	Siehe oben
Mm. lumbricales (4)	An den vier Sehnen des *M. flexor digitorum profundus*	Dorsalaponeurosen des II.–V. Fingers	Flexion an Metakarpophalangealgelenken, Extension an proximalen und distalen Interphalangealgelenken (PIP, DIP)	Nr. I und II: N. *medianus* Nr. III und IV: *R. profundus* des *N. ulnaris*
Mm. interossei dorsales (4)	Jeweils von den gegenüberliegenden Seiten zweier *Ossa metacarpalia* (I und II, II und III, III und IV, IV und V)	Dorsalaponeurosen des II.–IV. Fingers	Abduktion an den Metakarpophalangealgelenken II–IV, Flexion an den Metakarpophalangealgelenken, Extension an den Interphalangealgelenken	*R. profundus* des *N. ulnaris* (C8–Th1), *R. profundus* des *N. ulnaris* (C8–Th1)
Mm. interossei palmaris (4)	Seitenflächen der *Ossa metacarpalia II, IV* und *V*	Dorsalaponeurosen des II., IV. und V. Fingers	Adduktion an den Metakarpophalangealgelenken II–IV, Flexion an den Metakarpophalangealgelenken, Extension an den Interphalangealgelenken	Siehe oben

Tabelle 11.5: **Intrinsische Handmuskulatur.**

Glutaeusgruppe

Die **Mm. glutei** bedecken die Seitenfläche des *Os ilium* (**Abbildung 11.12**; siehe auch Abbildung 11.2 und 11.5). Der **M. gluteus maximus** ist der größte von ihnen; er liegt am weitesten an der Oberfläche. Er entspringt an der *Linea glutea posterior* und dem angrenzenden Abschnitt der *Crista iliaca*, an den *Ossa sacrum* und *coccygeum* sowie den dazugehörigen Bändern und der thorakolumbalen Faszie. Allein bewirkt dieser kräftige Muskel eine Extension und Außenrotation der Hüfte. Der *M. gluteus maximus* teilt sich den Ansatz mit dem **M. tensor fasciae latae**, der an der *Crista iliaca* und der lateralen Fläche der *Spina iliaca anterior superior* entspringt. Gemeinsam ziehen beide Muskeln am **Tractus iliotibialis**, einer Verstärkung der *Fascia lata*; er zieht an der lateralen Fläche des Oberschenkels entlang an die Tibia. Dieser Traktus schient das Kniegelenk von lateral, was beim Einbeinstand besonders wichtig ist.

Der **M. gluteus medius** und der **M. gluteus minimus** (siehe Abbildung 11.12) entspringen anterior des *M. gluteus maximus* und setzen am *Trochanter major femoris* an. Beide bewirken am Hüftgelenk eine Abduktion und Innenrotation. Die Grenze zwischen diesen beiden Muskeln ist die *Linea glutea anterior* auf der lateralen Fläche des *Os ilium*.

1 Der Anteil des *M. flexor pollicis brevis*, der am ersten Mittelhandknochen entspringt, wird manchmal auch erster *M. interosseus palmaris* genannt; er setzt an der ulnaren Seite der proximalen Phalanx an und wird vom *N. ulnaris* innerviert.

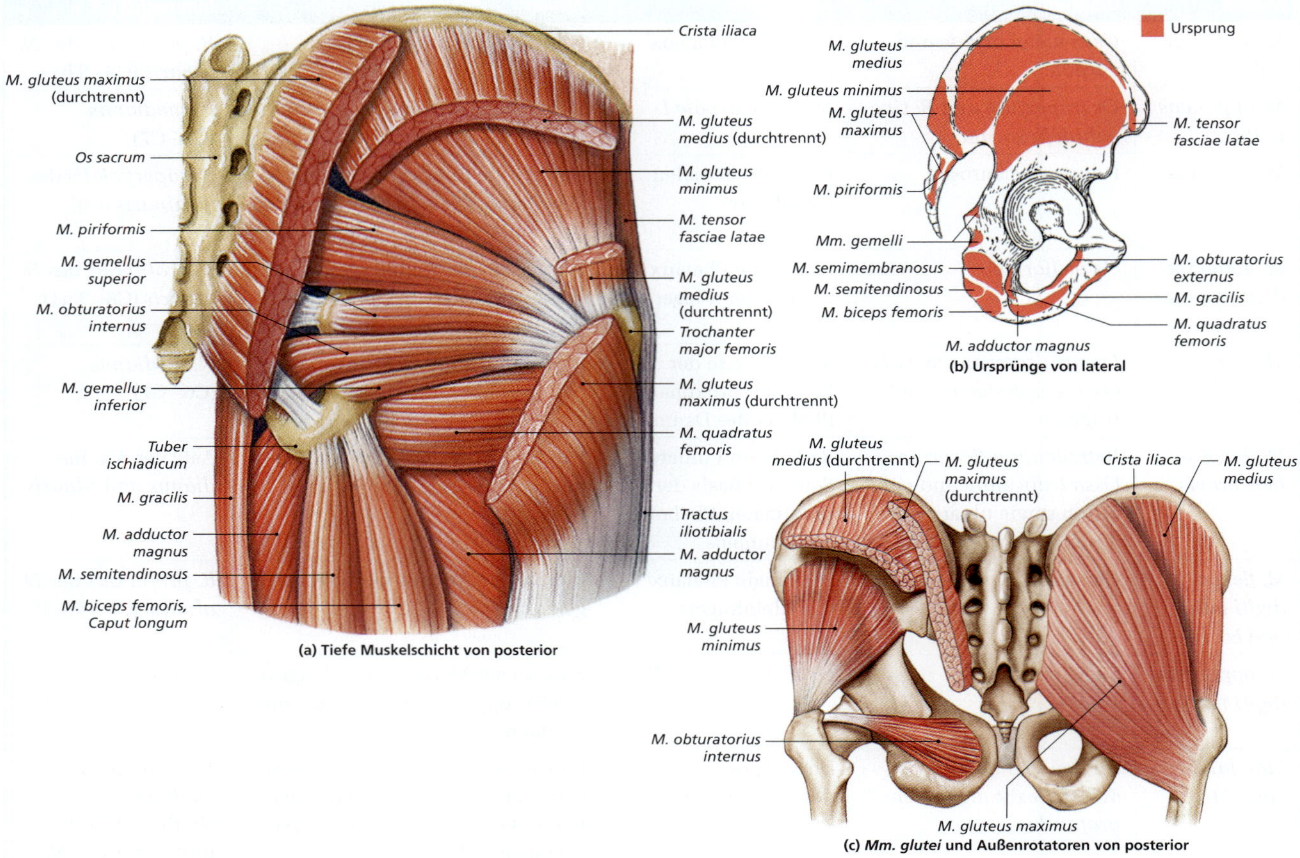

Abbildung 11.12: Muskeln, die den Oberschenkel bewegen; Teil I. Die Mm. glutei und die Außenrotatoren der rechten Hüfte. (a) Becken von posterior; Darstellung der tiefen Mm. glutei und der Außenrotatoren (oberflächliche Ansicht der Mm. glutei siehe Abbildung 11.2 und 11.16). (b) Rechtes Becken von lateral mit Darstellung der Ursprünge ausgewählter Muskeln. (c) Die Mm. glutei und die Außenrotatoren von posterior; der M. gluteus maximus und der M. gluteus medius wurden zur Darstellung der tieferen Muskeln entfernt (siehe auch Abbildung 7.10, 7.11 und 7.14).

Außenrotatoren

Die sechs Außenrotatoren (**Abbildung 11.13**; siehe auch Abbildung 11.12a und c) entspringen an oder befinden sich unterhalb des Azetabulums und setzen am Femur an. Alle bewirken eine Außenrotation der Hüfte; der **M. piriformis** bewirkt zusätzlich eine Hüftabduktion. Die wichtigsten Vertreter dieser Gruppe sind der *M. piriformis* und die **Mm. obturatorius externus** und **internus**.

Adduktoren

Die Adduktoren liegen unterhalb des Azetabulums. Zu ihnen gehören der **M. adductor magnus**, der **M. adductor brevis**, der **M. adductor longus**, der **M. pectineus** und der **M. gracilis** (siehe Abbildung 11.13). Alle entspringen am *Os pubis*, und vom *M. gracilis* abgesehen setzen alle an der *Linea aspera* an, einer Kante an der posterioren Fläches des Femurs. (Der Ansatz des *M. gracilis* ist an der Tibia.) Sie haben unterschiedliche Effekte. Alle Adduktoren mit Ausnahme des *M. adductor magnus* entspringen sowohl anterior als auch inferior des Hüftgelenks, sodass sie eine Hüftflexion und eine Adduktion bewirken. Sie rotieren die Hüfte auch nach innen. Der *M. adductor magnus* kann, abhängig davon, welcher seiner Anteile stimuliert wird, entweder Adduktion und Flexion oder Adduktion und Extension hervorrufen. Außerdem kann er entweder innen- oder außenrotieren. Wenn ein Sportler über eine **Leistenzerrung** klagt, handelt es sich um einen **Muskelfaserriss** in einem dieser Adduktoren.

Iliopsoasgruppe

Die mediale Fläche des Beckens wird von einem Muskelpaar dominiert: Der **M. psoas major** entspringt an den Seiten der unteren Brustwirbel und der Lendenwirbel; Ansatzpunkt ist der *Trochanter minor* am Femur. Bevor seine Sehne diesen erreicht, verschmilzt sie mit der Sehne des **M. iliacus**, der in der *Fossa iliaca* zu finden ist. Diese beiden kräftigen Hüftbeuger ziehen unter dem Leistenband über die *Lacuna musculorum* in die untere Extremität hinein und werden oft gemeinsam als **M. iliopsoas** bezeichnet.

Eine Möglichkeit, sich all die Informationen zu diesen vielen Muskeln zu merken, ist, sich ihre Anordnung um das Hüftgelenk klar zu machen. Muskeln, die am Becken

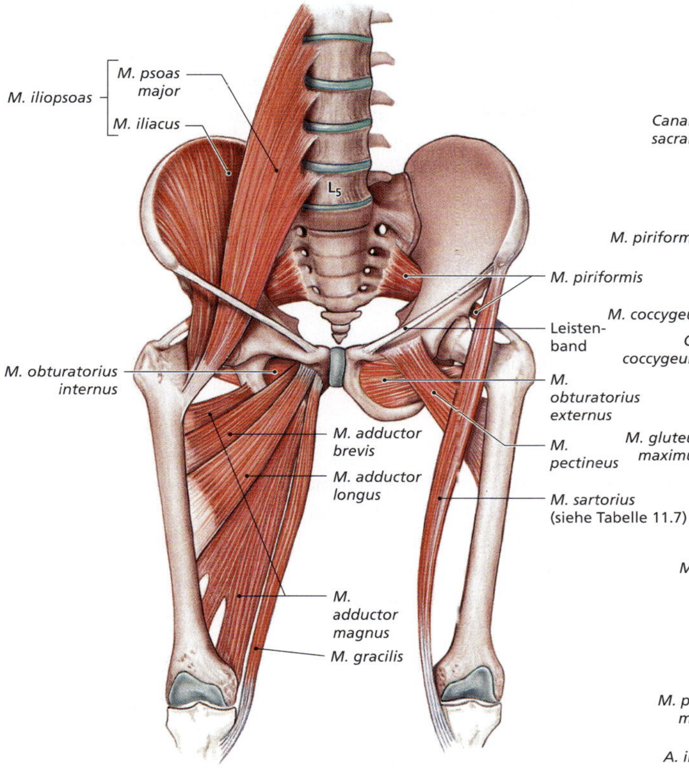

(a) Blick von anterior

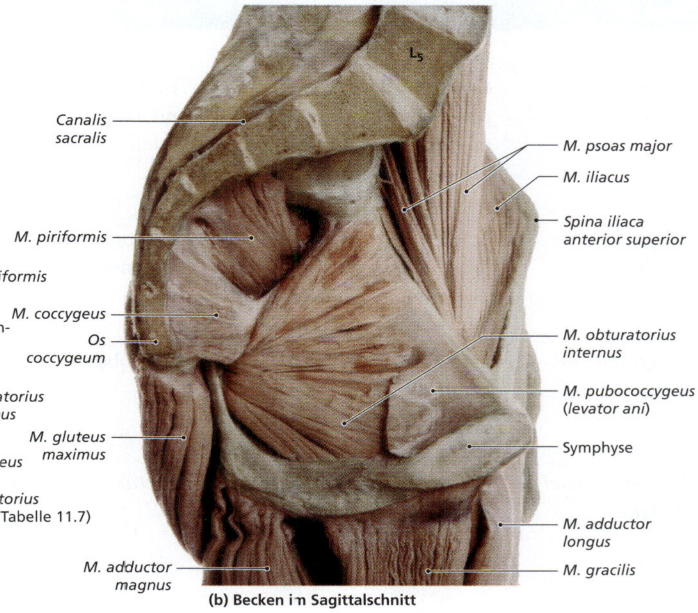

(b) Becken im Sagittalschnitt

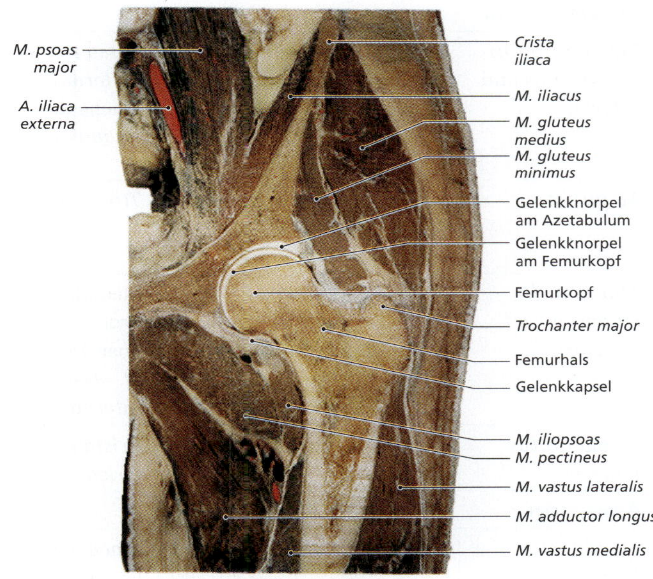

(c) Becken im Koronalschnitt

Abbildung 11.13: Muskeln, die den Oberschenkel bewegen; Teil II. M. iliopsoas und die Adduktoren der rechten Hüfte. (a) M. iliopsoas und die Adduktorengruppe von anterior. (b) Muskeln und verbundene Strukturen im Sagittalschnitt durch das Becken (siehe auch Abbildung 7.11, 7.12 und 7.14). (c) Hüftgelenk und umgebende Muskulatur im Frontalschnitt.

entspringen und am Femur ansetzen, verursachen typische Bewegungen, die von ihrer Lage im Verhältnis zum Azetabulum abhängig sind (Tabelle 11.6).

Aktionslinien

Wie bei unserer Analyse der Schultermuskeln kann man auch hier das Verhältnis der Aktionslinien zur Achse des Hüftgelenks benutzen, um die Aktionen der verschiedenen Muskeln und Muskelgruppen vorherzusagen. Bedenken Sie dabei, dass 1. der Oberschenkelhals nach inferior-lateral vom Azetabulum weg ragt, 2. das Femur im Verlauf nach inferior gedreht und gebogen ist (siehe Abbildung 8.13 und 8.14) und 3. viele der Muskeln, die an der Hüfte wirken, sehr groß sind und entsprechend breite Ansatzflächen haben. Daher haben sie oft mehr als eine Aktionslinie und auch verschiedene Wirkungen am Hüftgelenk (**Abbildung 11.14**a). Der *M. adductor magnus* etwa hat drei Aktionslinien (**Abbildung 11.14**b): Abhängig davon, welcher Anteil des Muskels stimuliert wird, kommen verschiedene Linien zum Tragen. Kontrahiert der gesamte Muskel, bewirkt er eine Kombination aus Flexion, Extension und Adduktion an der Hüfte.

Muskel	Ursprung	Ansatz	Aktion	Innervation
Glutaeusgruppe				
M. gluteus maximus	*Crista iliaca, Linea glutea posterior*, laterale Fläche des *Os ilium*; *Ossa sacrum* und *coccygeum* und die thorakolumbale Faszie	*Tractus iliotibialis* und *Tuberositas glutea*	Extension und Außenrotation der Hüfte; stabilisiert das gestreckte Knie; Hüftabduktion (nur die superioren Fasern)	*N. gluteus inferior* (L5–S2)
M. gluteus medius	*Crista iliaca anterior*, laterale Fläche des *Os ilium* zwischen den *Lineae gluteae posterior* und *anterior*	*Trochanter major* am Femur	Abduktion und Innenrotation der Hüfte	*N. gluteus superior* (L4–S2)
M. gluteus minimus	Laterale Fläche des *Os ilium* zwischen den *Lineae gluteae inferior* und *anterior*	Siehe oben	Siehe oben	Siehe oben
M. tensor fasciae latae	*Crista iliaca* und laterale Fläche der *Spina iliaca anterior superior*	*Tractus iliotibialis*	Abduktion und Innenrotation der Hüfte; Extension und Außenrotation am Knie; strafft die *Fascia lata*, die das Knie von lateral stützt	Siehe oben
Aussenrotatoren				
Mm. obturatorius externus und *internus*	Laterale und mediale Kanten des *Foramen obturatorium*	*Fossa trochanterica (externa)*; mediale Fläche des *Trochanter major (internus)*	Außenrotation und Abduktion der Hüfte; stabilisieren das Hüftgelenk	*N. obturatorius* (*externus*: L3–L4) und spezieller Nerv vom *Plexus sacralis* (*internus*: L5–S2)
M. piriformis	Anterolaterale Fläche des *Os sacrum*	*Trochanter major*	Siehe oben	Äste der Sakralnerven (S1–S2) bzw. *N. piriformis*
Mm. gemelli (superior und inferior)	*Spina ischiadica (M. gemellus superior); Tuber ischiadicum (M. gemellus inferior)*	Mediale Fläche des *Trochanter major* über die Sehne des *M. obturatorius internus*	Siehe oben	*Plexus sacralis*
M. quadratus femoris	Laterale Kante des *Tuber ischiadicum*	*Crista intertrochanterica*	Außenrotation der Hüfte	*N. m. quadrati femoris* oder *N. ischiadicus*
Adduktoren				
M. adductor brevis	*R. inferior ossis pubis*	*Linea aspera* am Femur	Adduktion und Flexion der Hüfte; Außenrotation	*N. obturatorius* (L3–L4)
M. adductor longus	*R. inferior ossis pubis*, anterior des *M. adductor brevis*	Siehe oben	Adduktion, Flexion und Innenrotation der Hüfte	Siehe oben
M. adductor magnus	*R. inferior ossis pubis* posterior des *M. adductor brevis* und *Tuber ischiadicum*	*Linea aspera* und *Tuberculum adductorium*	Gesamter Muskel: Adduktion Adduktion der Hüfte Anteriorer Teil: Flexion und Innenrotation Posteriorer Teil: Extension	*N. obturatorius* und *N. ischiadicus*
M. pectineus	*R. superior ossis pubis*	*Linea pectinea inferior* bis *Trochanter minor*	Flexion und Adduktion der Hüfte	*N. femoralis* (L2–L4) und *N. obturatorius* (Doppelinnervation)
M. gracilis	*R. inferior ossis pubis*	Mediale Fläche der inferioren Tibia bis *Condylus medialis (Pes anserinus)*	Flexion und Innenrotation am Knie; Adduktion und Innenrotation der Hüfte	*N. obturatorius* (L3–L4)

Iliopsoasgruppe				
M. iliacus	*Fossa iliaca*	Distales Femur bis *Trochanter minor*, Sehne mit der des *M. psoas major* verschmolzen	Flexion der Hüfte und/oder der Intervertebralgelenke der Lendenwirbelsäule	*Plexus lumbalis*; *N. femoralis* (L2–L3)
M. psoas major	Vorderflächen und Querfortsätze der Wirbel (Th12–L5)	*Trochanter minor* zusammen mit *M. iliacus*	Siehe oben	*Plexus lumbalis* (L2–L3); *N. femoralis*

Tabelle 11.6: **Muskeln, die den Oberschenkel bewegen.**

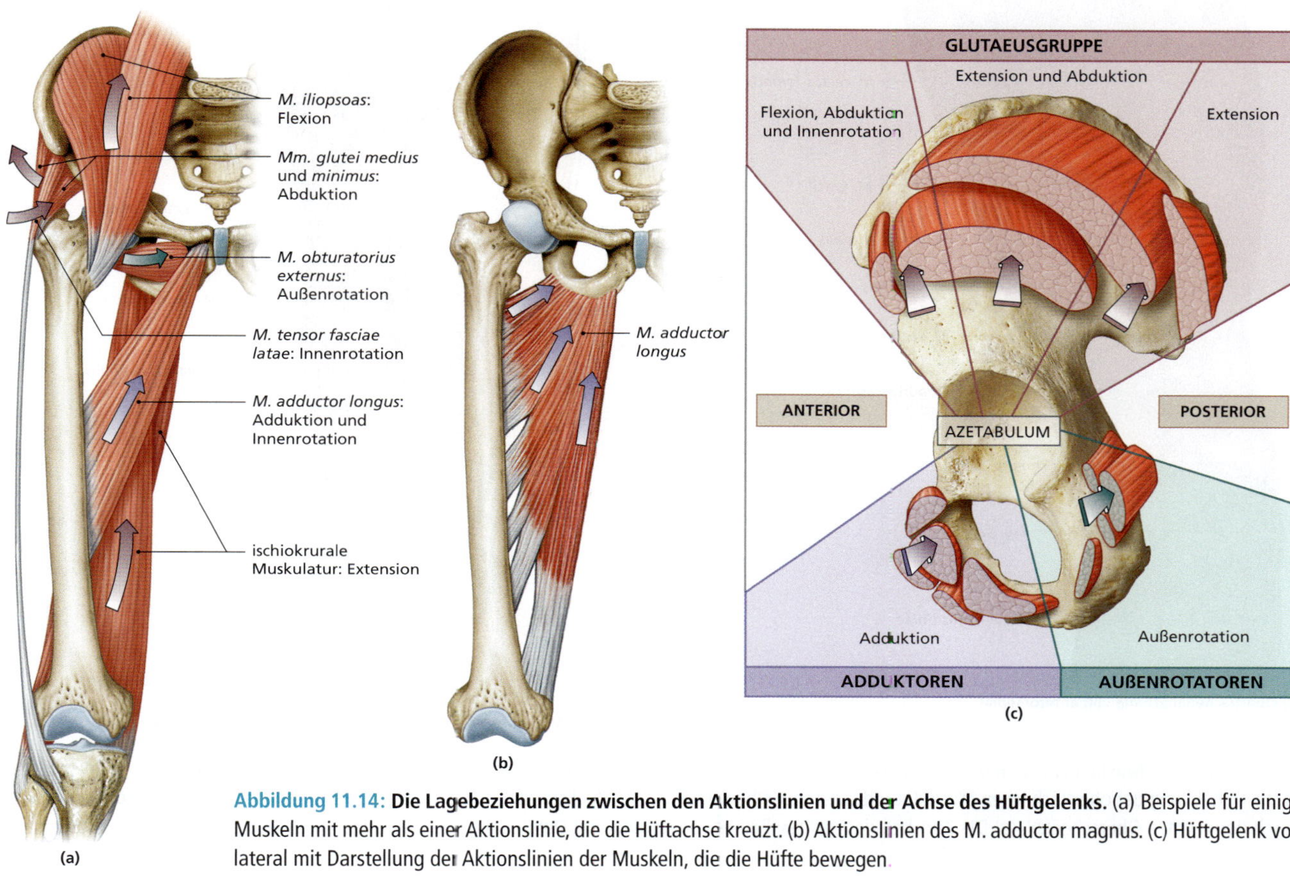

Abbildung 11.14: **Die Lagebeziehungen zwischen den Aktionslinien und der Achse des Hüftgelenks.** (a) Beispiele für einige Muskeln mit mehr als einer Aktionslinie, die die Hüftachse kreuzt. (b) Aktionslinien des M. adductor magnus. (c) Hüftgelenk von lateral mit Darstellung der Aktionslinien der Muskeln, die die Hüfte bewegen.

Das Hüftgelenk ist wie die Schulter ein multiaxiales echtes Gelenk, das Flexion/Extension, Adduktion/Abduktion und Innenrotation/Außenrotation erlaubt. Allgemein können die Muskelfunktionen wie folgt zusammengefasst werden (**Abbildung 11.14**c):

- Muskeln mit Aktionslinien, die hinter der Achse des Hüftgelenks vorbeiziehen, wie die posterior liegenden *Mm. biceps femoris, semimembranosus* und *semitendinosus*, sind **Hüftstrecker**.
- Muskeln mit Aktionslinien, die vor der Achse des Hüftgelenks vorbeiziehen, wie der anterior liegende *Mm. iliopsoas* und die anterioren Fasern des *M. gluteus medius*, sind **Hüftbeuger**.
- Muskeln mit Aktionslinien, die medial an der Achse des Hüftgelenks vorbeiziehen, wie der *M. adductor longus*, sind **Hüftadduktoren**.
- Muskeln mit Aktionslinien, die lateral an der Achse des Hüftgelenks vorbeiziehen, wie die *Mm. gluteus medius* und *minimus*, sind **Hüftabduktoren**.
- Muskeln, deren Aktionslinien medial an der Hüftachse vorbeiziehen, wie der *M. tensor fasciae latae* oder der *M. adductor longus* (**Abbildung 11.15**; siehe auch Abbildung 11.14), können eine **Innenrotation** an diesem Gelenk bewirken.
- Muskeln, deren Aktionslinien lateral an der Hüftachse vorbeiziehen, wie der *M. obturator externus*, können eine **Außenrotation** an diesem Gelenk bewirken.

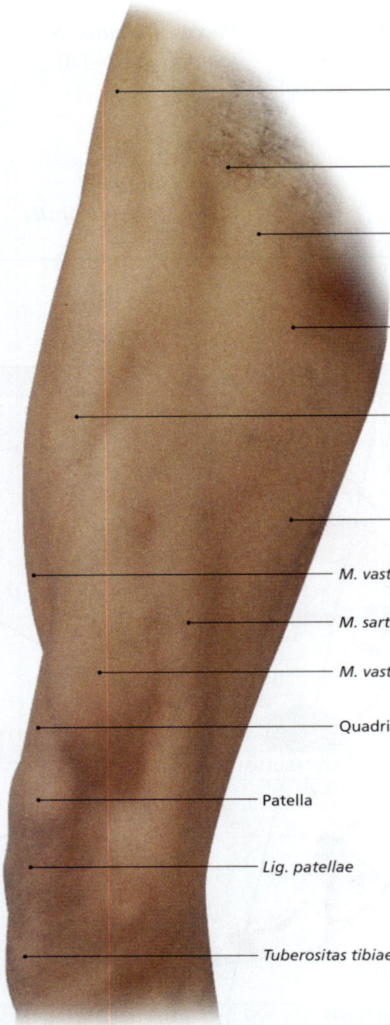

(a) Oberflächenanatomie von anteromedial

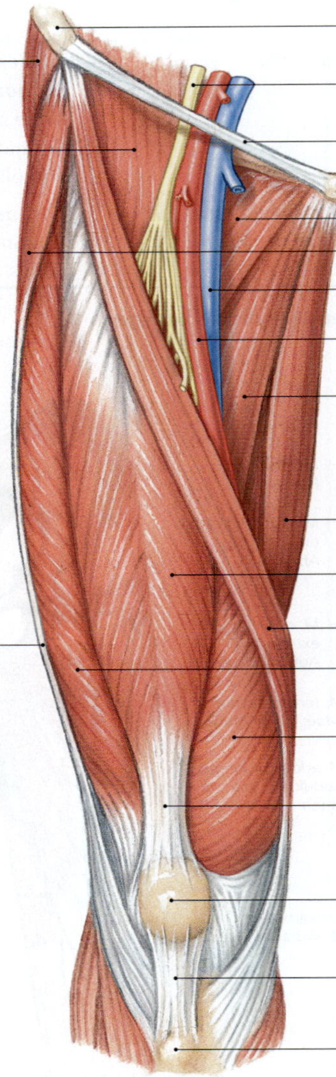

(b) *M. quadriceps* und Oberschenkelmuskulatur von anterior

Abbildung 11.15: Muskeln, die den Unterschenkel bewegen; Teil I. (a) Oberflächenanatomie des rechten Oberschenkels von anteromedial. (b) Schematische Darstellung der oberflächlichen Muskulatur des rechten Oberschenkels. (c) Muskelpräparat des rechten Oberschenkels von anterior. (d) Querschnitt durch den rechten Oberschenkel. (e) Die Knochen des rechten Beines von anterior mit Darstellung der Ursprünge und Ansätze ausgewählter Muskeln.

11.3.2 Muskeln, die den Unterschenkel bewegen

Die Muskeln, die den Unterschenkel bewegen, sind ausführlich in den Abbildungen 11.15 bis 11.17 (siehe unten) und in Tabelle 11.7 dargestellt. Wie bei unserer Analyse der Schulter- und Hüftmuskeln kann man auch hier das Verhältnis der **Aktionslinien** zur Achse des Kniegelenks benutzen, um die Aktionen der verschiedenen Muskeln und Muskelgruppen vorherzusagen. Die a.-p. Ausrichtung der Muskeln für den Unterschenkel ist jedoch umgekehrt. Dies hat mit der Rotation der Extremität während der Embryonalentwicklung zu tun (siehe Kapitel 28). Daraus folgt:

- Muskeln mit Aktionslinien, die vor der Achse des Kniegelenks vorbeiziehen, wie der *M. quadriceps femoris*, sind **Kniestrecker**.
- Muskeln mit Aktionslinien, die hinter der Achse des Kniegelenks vorbeiziehen, wie die posterior liegenden *Mm. biceps femoris*, *semimembranosus* und *semitendinosus*, sind **Kniebeuger**.

Die meisten Streckmuskeln entspringen am Femur und ziehen an der anterioren und lateralen Fläche des Oberschenkels entlang (**Abbildung 11.16**; siehe auch Abbildung 11.15). Beugemuskeln entspringen am Beckengürtel und ziehen an der posterioren und medialen Fläche

AUS DER PRAXIS

Intramuskuläre Injektionen

Medikamente werden oft durch Kanülen in das Gewebe injiziert, da die i.v. (intravenöse) Applikation technisch schwieriger sein kann. Bei der i.m. (intramuskulären) Injektion wird eine relativ große Menge gespritzt, die dann langsam in den Blutkreislauf übergeht. Das Medikament wird in einen großen Skelettmuskel injiziert. Die Aufnahme des Medikaments verläuft so gewöhnlich schneller und mit geringerer Gewebereizung, als wenn die Substanz intra- oder subkutan verabreicht wird. Abhängig von der Größe des Muskels können bis zu 5 ml Flüssigkeit auf einmal gespritzt werden; auch sind mehrfache Injektionen möglich. Injektionstechnik und -ort hängen von der Art des Medikaments und seiner Konzentration ab.

Bei i.m. Injektionen sind die häufigsten Komplikationen die versehentliche intravasale Injektion oder die Nervenpunktion. Der plötzliche Eintritt großer Mengen eines Medikaments in das Blutgefäßsystem kann fatale Folgen haben; Nervenschädigungen können Lähmungen oder Taubheitsgefühl verursachen. Daher muss der Ort der Injektion sorgfältig gewählt werden. Ideal sind dicke Muskeln mit wenigen Blutgefäßen und Nerven. Am häufigsten wählt man den *M. gluteus medius* oder den posterioren, lateralen oder superioren Anteil des *M. gluteus maximus*. Der *M. deltoideus*, etwas 2,5 cm distal des Akromions, ist eine weitere günstige Stelle. Technisch ist der *M. vastus lateralis* am Oberschenkel am unkompliziertesten, da man in diesem Muskel kaum auf Blutgefäße oder Nerven trifft. Die Injektion dort kann aber anschließend Schmerzen beim Gehen verursachen. Bei Kindern, die noch nicht laufen, ist dies der bevorzugte Injektionsort, da ihre *Mm. gluteus* und *deltoideus* noch relativ klein sind. Er wird auch bei älteren Menschen oder anderen mit einer Atrophie der Muskeln der Glutaeusgruppe und des *M. deltoideus* gewählt.

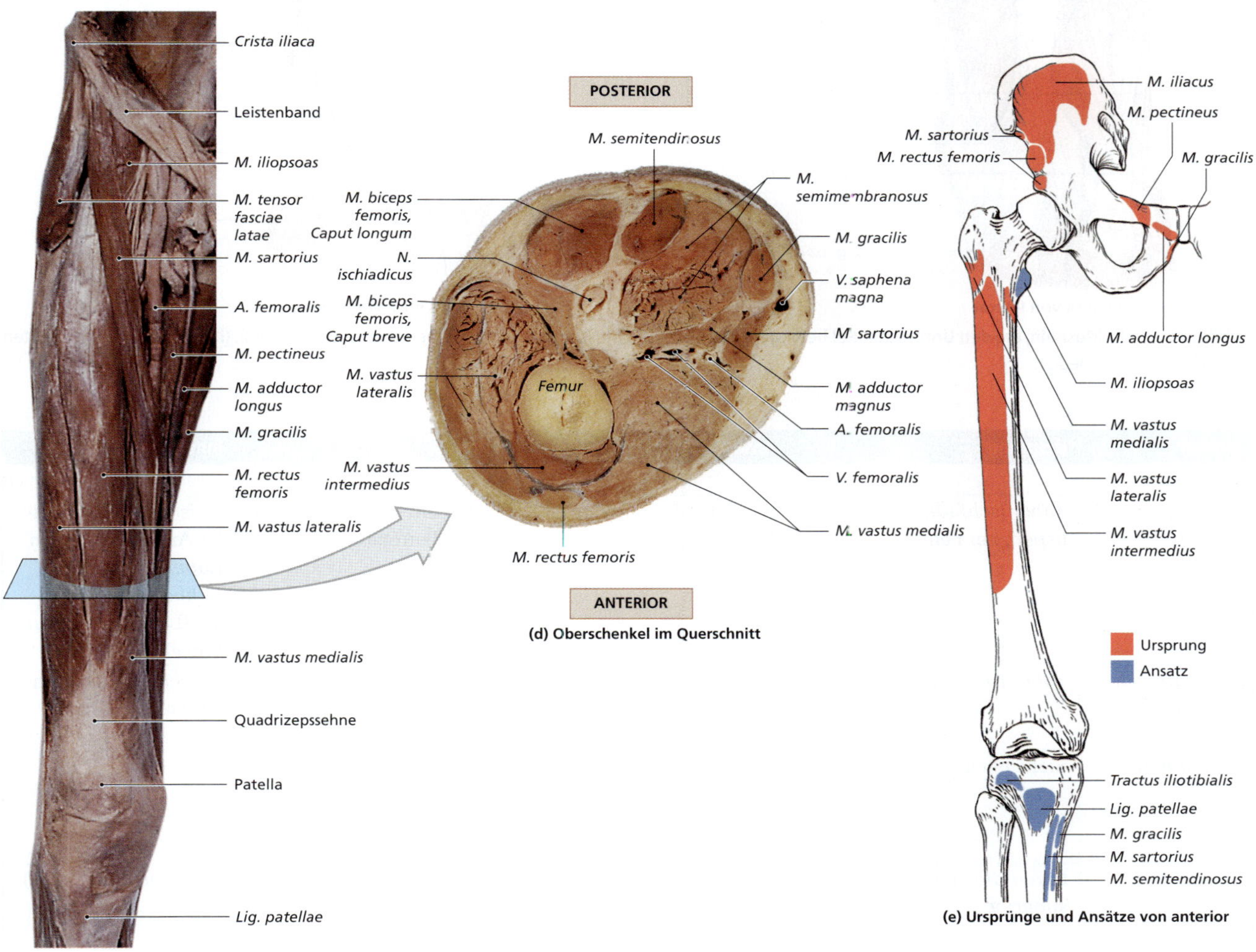

(c) Blick von anterior

(d) Oberschenkel im Querschnitt

(e) Ursprünge und Ansätze von anterior

Abbildung 11.15: **(Fortsetzung) Muskeln, die den Unterschenkel bewegen; Teil I.** (a) Oberflächenanatomie des rechten Oberschenkels von anteromedial. (b) Schematische Darstellung der oberflächlichen Muskulatur des rechten Oberschenkels. (c) Muskelpräparat des rechten Oberschenkels von anterior. (d) Querschnitt durch den rechten Oberschenkel. (e) Die Knochen des rechten Beines von anterior mit Darstellung der Ursprünge und Ansätze ausgewählter Muskeln.

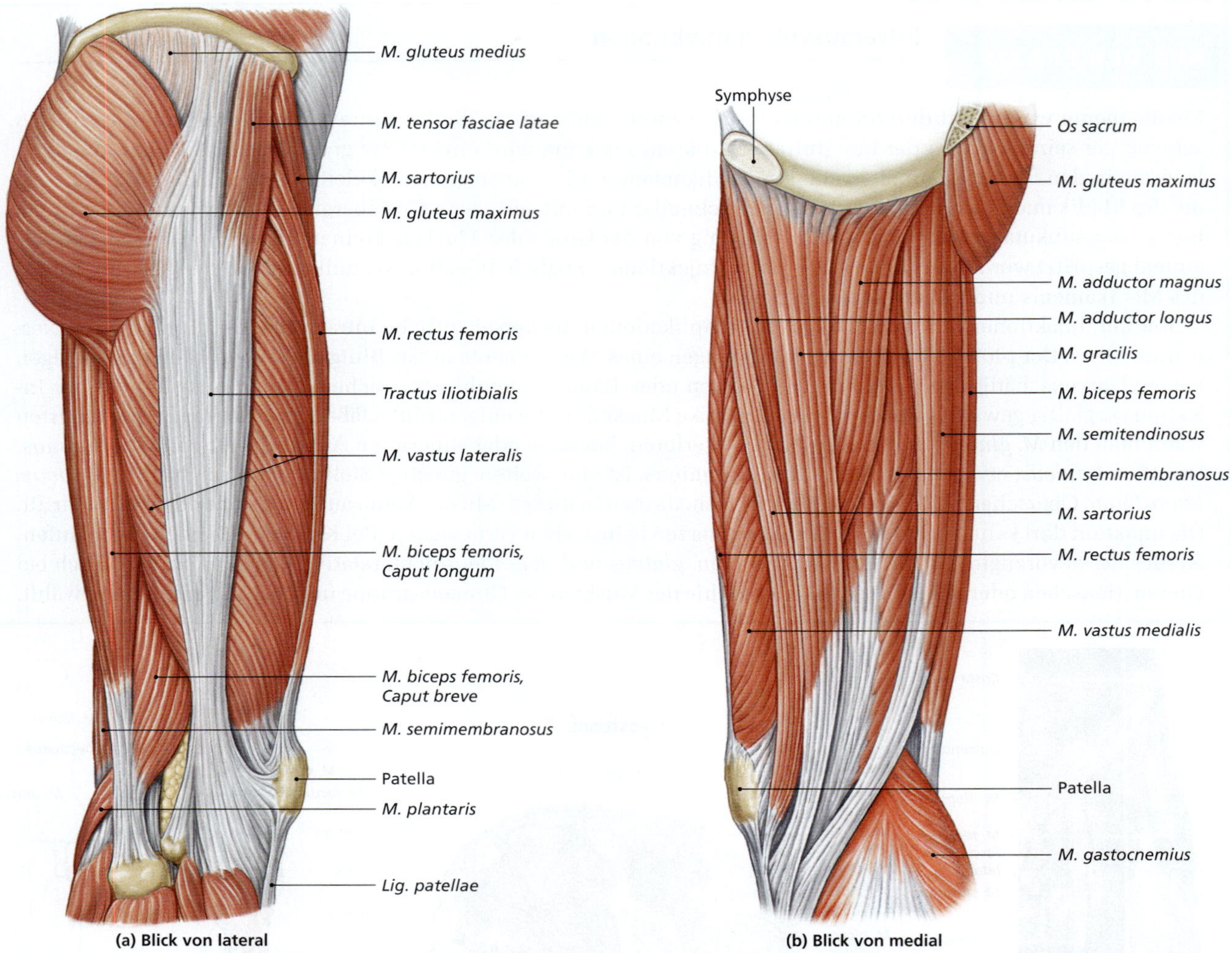

Abbildung 11.16: Muskeln, die den Unterschenkel bewegen; Teil II. (a) Die Muskeln des rechten Oberschenkels von lateral. (b) Die Muskeln des rechten Oberschenkels von medial.

Muskel	Ursprung	Ansatz	Aktion	Innervation
Kniebeuger				
M. biceps femoris	*Tuber ischiadicum, Linea aspera* am Femur	Fibulakopf, *Condylus lateralis tibiae*	Flexion am Knie, Extension und Außenrotation an der Hüfte	*N. ischiadicus*, tibialer Anteil (S1–S3 an *Caput longum*) und *R. fibularis communis* (L5–S2 an *Caput breve*)
M. semimembranosus	*Tuber ischiadicum*	Posteriore Fläche des *Condylus medialis tibiae*	Flexion am Knie, Extension und Innenrotation an der Hüfte	*N. ischiadicus* (tibialer Anteil L5–S2)
M. semitendinosus	Siehe oben	Proximale mediale Fläche der Tibia nahe am Ansatz des *M. gracilis (Pes anserinus)*	Siehe oben	Siehe oben
M. sartorius	*Spina iliaca anterior superior*	Mediale Fläche der Tibia nahe der *Tuberositas tibiae (Pes anserinus)*	Flexion am Knie, Abduktion, Flexion und Außenrotation an der Hüfte	*N. femoralis* (L2–L3)
M. popliteus	*Condylus lateralis* am Femur	Posteriore Fläche des proximalen Tibiaschafts	Innenrotation der Tibia (oder Außenrotation des Femurs) am Knie, Flexion am Knie	*N. tibialis* (L4–S1)

KNIESTRECKER				
M. rectus femoris	*Spina iliaca anterior inferior* und obere Kante des Azetabulums am *Os ilium*	*Tuberositas tibiae* über Quadrizepssehne, Patella und *Lig. patellae*	Extension am Knie, Flexion an der Hüfte	*N. femoralis* (L2–L4)
M. vastus intermedius	Anterolaterale Fläche des Femurs und *Linea aspera* (distale Hälfte)	Siehe oben	Extension am Knie	Siehe oben
M. vastus lateralis	Anterior und inferior von *Trochanter major* und *Linea aspera* (proximale Hälfte)	Siehe oben	Siehe oben	Siehe oben
M. vastus medialis	*Linea aspera* (gesamte Länge)	Siehe oben	Siehe oben	Siehe oben

Tabelle 11.7: Muskeln, die den Unterschenkel bewegen.

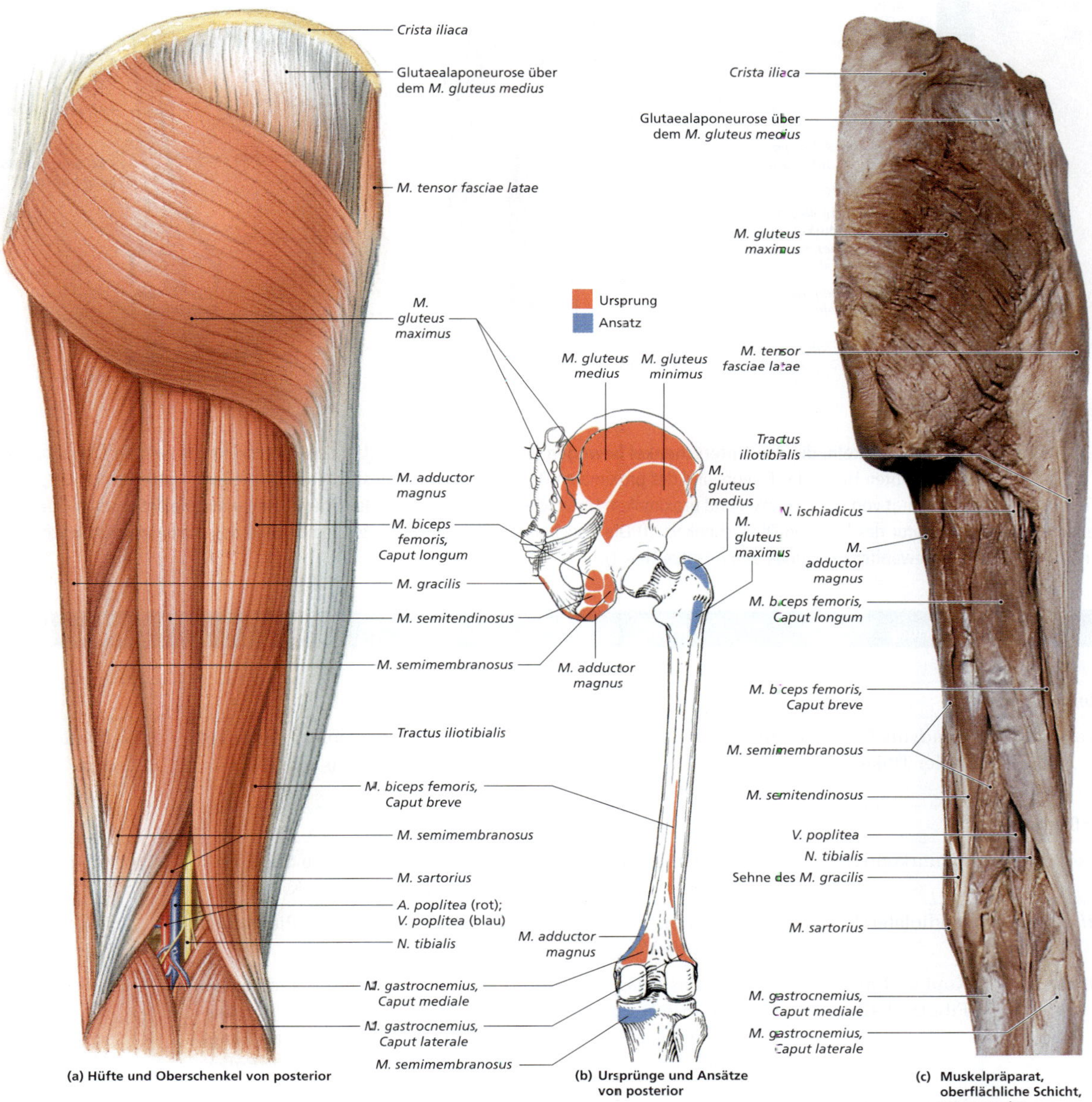

Abbildung 11.17: Muskeln, die den Unterschenkel bewegen; Teil III. (a) Die oberflächlichen Muskeln des rechten Oberschenkels von posterior. (b) Die Knochen der rechten Hüfte, des Femurs und des proximalen Unterschenkels von posterior mit Darstellung ausgewählter Ursprünge und Ansätze (Teil 1). (c) Muskelpräparat von Oberschenkel und proximalem Unterschenkel von posterior. (d) Oberflächenanatomie des rechten Oberschenkels von posterior. (e) Tiefe Muskulatur des hinteren Oberschenkels. (f) Die Knochen der rechten Hüfte, des Femurs und des proximalen Unterschenkels von posterior mit Darstellung ausgewählter Ursprünge und Ansätze (Teil 2).

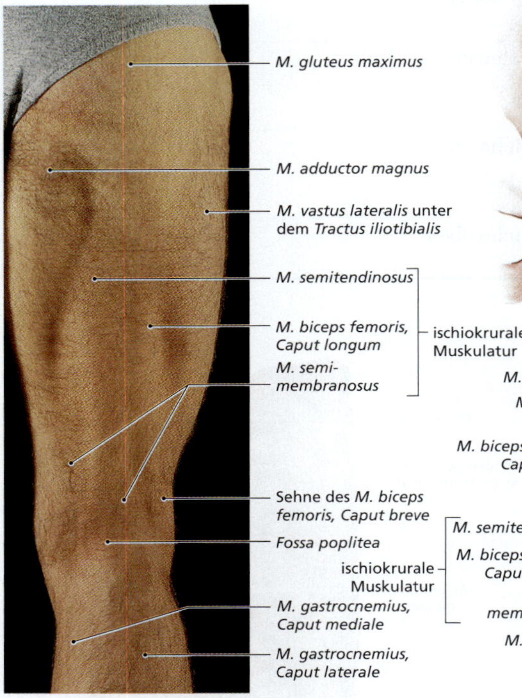

(d) Blick von posterior

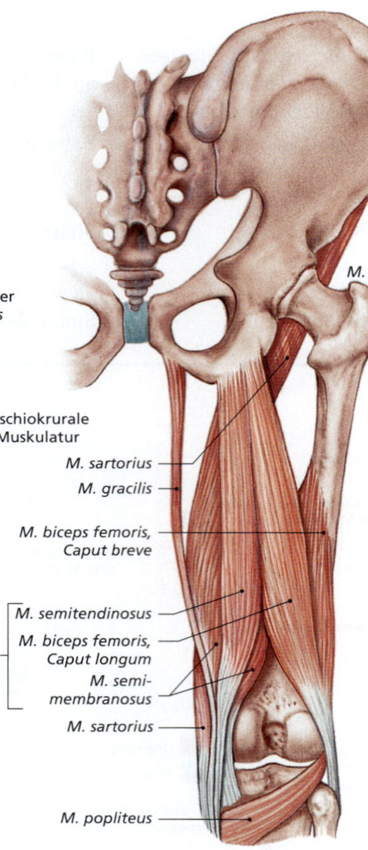

(e) Blick von posterior

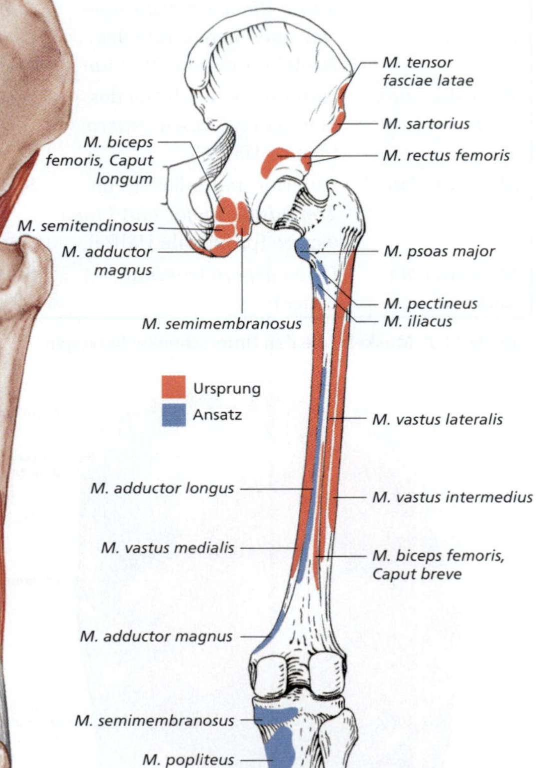

(f) Ursprünge und Ansätze von posterior

Abbildung 11.17: (Fortsetzung) Muskeln, die den Unterschenkel bewegen; Teil III. (a) Die oberflächlichen Muskeln des rechten Oberschenkels von posterior. (b) Die Knochen der rechten Hüfte, des Femurs und des proximalen Unterschenkels von posterior mit Darstellung ausgewählter Ursprünge und Ansätze (Teil 1). (c) Muskelpräparat von Oberschenkel und proximalem Unterschenkel von posterior. (d) Oberflächenanatomie des rechten Oberschenkels von posterior. (e) Tiefe Muskulatur des hinteren Oberschenkels. (f) Die Knochen der rechten Hüfte, des Femurs und des proximalen Unterschenkels von posterior mit Darstellung ausgewählter Ursprünge und Ansätze (Teil 2).

Muskel	Ursprung	Ansatz	Aktion	Innervation
AKTION AM SPRUNGGELENK				
Dorsalextension				
M. tibialis anterior	*Condylus lateralis*, proximaler Tibiaschaft	Basis des *Os metatarsale I*, *Os cuneiforme medius*	Dorsalextension am Sprunggelenk, Inversion am Fuß	*N. fibularis profundus* (L4–S1)
Plantarflexion				
M. gastocnemius	Femurkondylen	Kalkaneus über die Achillessehne	Plantarflexion am Sprunggelenk, Flexion am Knie	*N. tibialis* (S1–S2)
M. fibularis brevis	Mediolaterale Fibulakante	Basis des *Os metatarsale V*	Eversion am Fuß, Plantarflexion am Sprunggelenk	*N. fibularis superficialis* (L4–S1)
M. fibularis longus	Kopf und proximaler Fibulaschaft	Basis des *Os metatarsale I* und *Os cuneiforme medius*	Eversion am Fuß, Plantarflexion am Sprunggelenk, stützt das Sprunggelenk und das Längs- und Quergewölbe des Fußes	Siehe oben
M. plantaris	Laterale suprakondyläre Kante	Posteriorer Anteil des *Os calcaneus*	Plantarflexion am Sprunggelenk, Flexion am Knie	*N. tibialis* (L4–S1)
M. soleus	Kopf und proximaler Fibulaschaft, danebenliegender posteromedialer Tibiaschaft	Kalkaneus über die Achillessehne (mit *M. gastrocnemius*)	Plantarflexion am Sprunggelenk, Haltungsmuskel im Stehen	*N. ischiadicus*, *N. tibialis* (S1–S2)

M. tibialis posterior	*Membrana interossea* und danebenliegende Schäfte von Tibia und Fibula	*Os naviculare*, alle drei *Ossa cuneiformia*, *Ossa metatarsalia II, III* und *IV*	Inversion am Fuß, Plantarflexion am Sprunggelenk	Siehe oben
Aktion an den Zehen				
Zehenflexion				
M. flexor digitorum longus	Posteromediale Fläche der Tibia	Inferiore Fläche der distalen Phalangen II–V	Flexion der Zehengelenke II–V, Plantarflexion am Sprunggelenk	*N. tibialis* (L5, S1)
M. flexor hallucis longus	Posteriore Fläche der Fibula	Inferiore Fläche der distalen Phalanx I	Flexion der Zehengelenke I, Plantarflexion am Sprunggelenk	Siehe oben
Zehenextension				
M. extensor digitorum longus	*Condylus lateralis tibiae*, anteriore Fläche der Fibula	Superiore Fläche der distalen Phalangen II–V	Extension der Zehengelenke II–V, Dorsalflexion am Sprunggelenk	*N. fibularis profundus* (L5, S1)
M. extensor hallucis longus	Anteriore Fläche der Fibula	Superiore Fläche der distalen Phalanx I	Extension der Zehengelenke I, Dorsalflexion am Sprunggelenk	Siehe oben

Tabelle 11.8: Extrinsische Muskulatur von Fuß und Zehen.

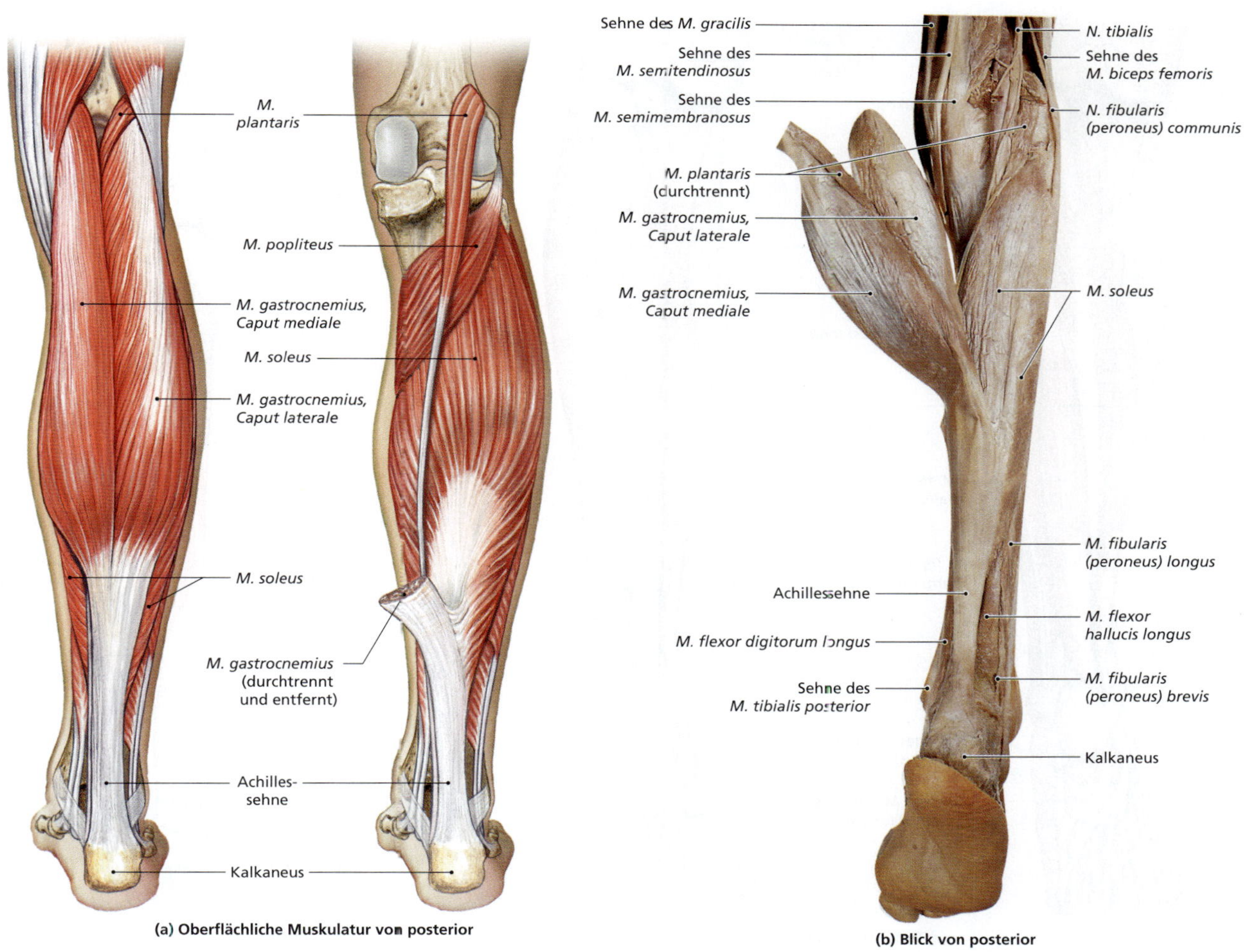

Abbildung 11.18: Extrinsische Fußmuskeln; Teil I. (a) Oberflächliche Muskulatur der posterioren Fläche der Unterschenkel; diese kräftigen Muskeln bewirken hauptsächlich eine Plantarflexion. (b) Muskelpräparat der oberflächlichen Muskulatur des Unterschenkels von posterior. (c) Tiefere Muskulatur des Unterschenkels von posterior. (d) Die Knochen des rechten Unterschenkels und des Fußes von posterior mit Darstellung ausgewählter Ursprünge und Ansätze (Querschnitte des Unterschenkels siehe Abbildung 11.24c und d [siehe unten]).

des Oberschenkels entlang (**Abbildung 11.17**). Zusammen nennt man die Kniestrecker (siehe Abbildung 11.15 und 11.16) *M. quadriceps femoris. Die Mm. vasti* (**M. vastus lateralis**, **M. vastus medialis** und **M. vastus intermedius**) entspringen am Femurschaft entlang; sie umschließen den **M. rectus femoris** wie das Brötchen den Hotdog. Alle vier Muskeln setzen über Quadrizepssehne, Patella und *Lig. patellae* an der *Tuberositas tibiae* an. Der *M. rectus femoris* entspringt an der *Spina iliaca anterior inferior*, sodass er zusätzlich zur Kniestreckung auch noch an der Hüftbeugung beteiligt ist.

Zu den Kniebeugern gehören der **M. biceps femoris**, der **M. semimembranosus**, der **M. semitendinosus** und der **M. sartorius** (siehe Abbildung 11.15a, 11.16a und b sowie 11.17). Diese Muskeln entspringen an den Beckenkanten und setzen an Tibia und Fibula an. Ihre Kontraktion führt zu einer Knieflexion. Da die *Mm. biceps femoris, semimembranosus* und *semitendinosus* (zusammen auch ischiokrurale Muskulatur genannt) posterior und inferior des Azetabulums entspringen, bewirken sie auch noch eine Hüftextension.

Der **M. sartorius** ist der einzige Kniestrecker, der oberhalb des Azetabulums entspringt; sein Ansatz liegt medial an der Tibia. Seine Kontraktion bewirkt Flexion, Abduktion und Außenrotation der Hüften, wie beim Schneidersitz. In Kapitel 8 wurde erwähnt, dass man das voll durchgestreckte Kniegelenk durch eine leichte Außenrotation der Tibia fixieren kann. Der kleine **M. popliteus** entspringt am Femur nahe des *Condylus medialis* und setzt am posterioren Tibiaschaft an (**Abbildung 11.18**). Zu Beginn der Knieflexion bewirkt er eine leichte Innenrotation der Tibia, um das Knie wieder freizugeben. Abbildung 11.17d zeigt die Oberflächenanatomie des Oberschenkels.

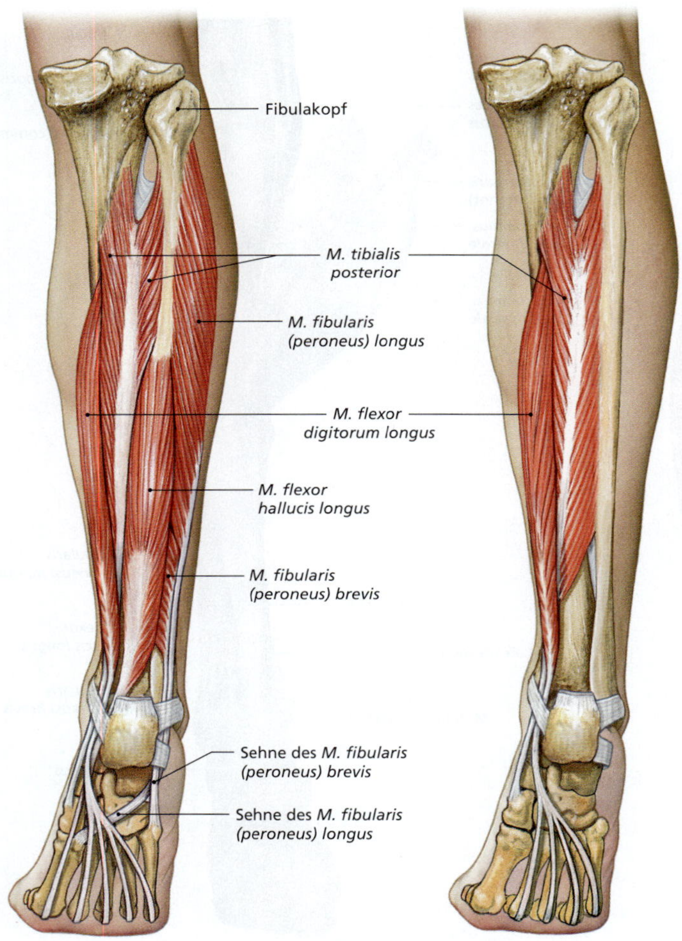

(c) Tiefe Muskulatur von posterior

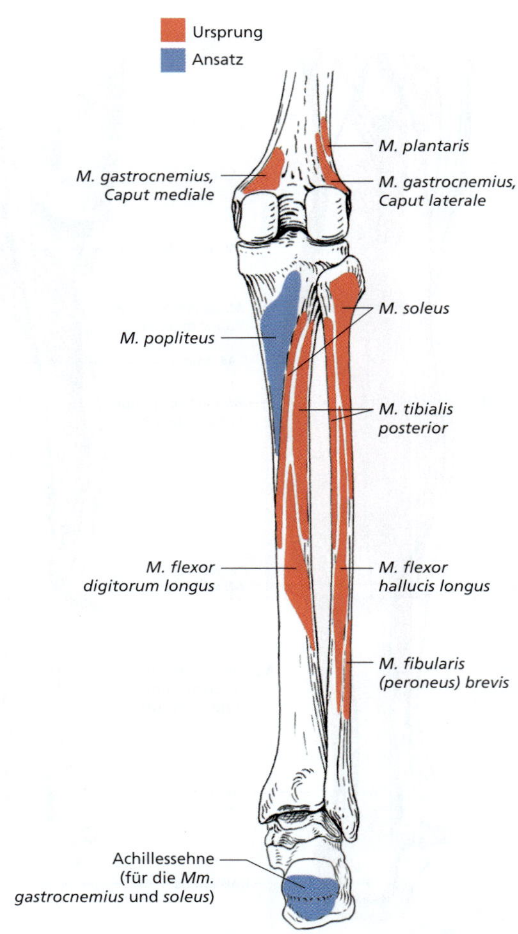

(d) Ursprünge und Ansätze von posterior

Abbildung 11.18: (Fortsetzung) Extrinsische Fußmuskeln; Teil I. (a) Oberflächliche Muskulatur der posterioren Fläche der Unterschenkel; diese kräftigen Muskeln bewirken hauptsächlich eine Plantarflexion. (b) Muskelpräparat der oberflächlichen Muskulatur des Unterschenkels von posterior. (c) Tiefere Muskulatur des Unterschenkels von posterior. (d) Die Knochen des rechten Unterschenkels und des Fußes von posterior mit Darstellung ausgewählter Ursprünge und Ansätze (Querschnitte des Unterschenkels siehe Abbildung 11.24c und d [siehe unten]).

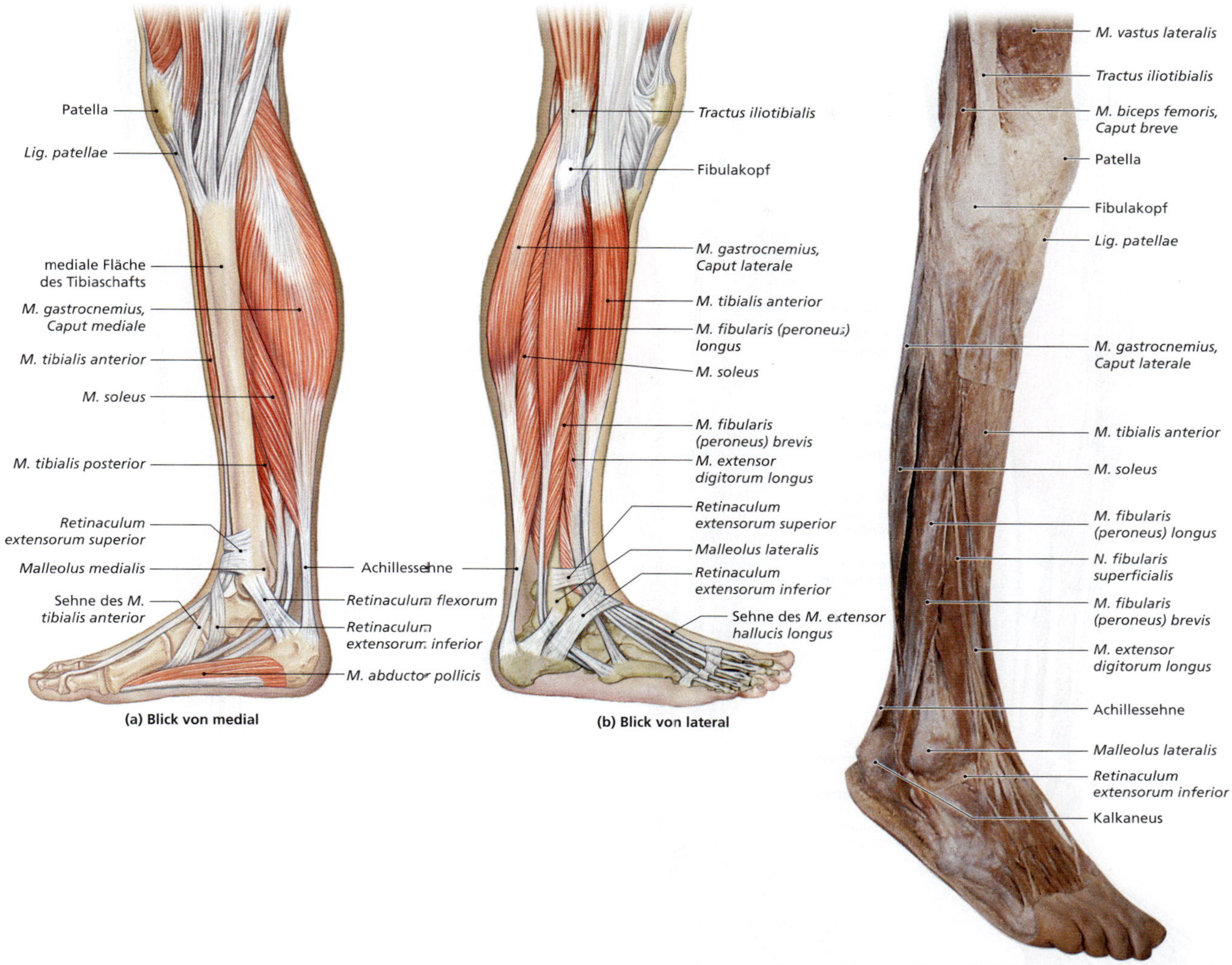

Abbildung 11.19: Extrinsische Fußmuskeln; Teil II. (a) Oberflächliche Fußmuskeln am rechten Bein von medial. (b) Oberflächliche Fußmuskeln am rechten Bein von lateral. (c) Muskelpräparat der oberflächlichen Muskeln am rechten Bein.

11.3.3 Muskeln, die Fuß und Zehen bewegen

Extrinsische Fußmuskulatur

Die extrinsischen Fußmuskeln zur Bewegung von Fuß und Zehen sind in Tabelle 11.8 dargestellt. Die meisten der Muskeln, die das Sprunggelenk bewegen, bewirken die Plantarflexion, die für das Gehen und Laufen so wichtig ist. Der große **M. gastrocnemius** der Wade ist ein wichtiger Plantarflexor, aber durch seine langsamen Fasern ist der darunterliegende **M. soleus** noch stärker. Diese Muskeln kann man am besten von posterior und lateral sehen (**Abbildung 11.19**b und c; siehe auch Abbildung 11.18). Der *M. gastrocnemius* entspringt mit zwei Sehnen von den medialen und lateralen Kondylen und den danebenliegenden Bereichen der Femuren. Gewöhnlich findet man innerhalb des *M. gastocnemius* ein Sesambein, die Fabella. Die *Mm. gastrocnemici* und *soleus* teilen sich eine Sehne, die **Achillessehne** *(Tendo calcaneus)*.

Die beiden **Mm. fibulares** sind zum Teil von den *Mm. gastrocnemius* und *soleus* bedeckt (siehe Abbildung 11.18b–d). Man bezeichnet sie auch als *Mm. peronei*. Sie bewirken eine Eversion am Fuß und eine Plantarflexion am Sprunggelenk. Eine Inversion am Fuß verursacht der **M. tibialis**; der große **M. tibialis anterior** ist Gegenspieler des *M. gastrocnemius* und bewirkt eine Dorsalextension am Sprunggelenk (**Abbildung 11.20**; siehe auch Abbildung 11.19).

Wichtige Muskeln für die Bewegung der Zehen entspringen an Tibia, Fibula oder beiden (siehe Abbildung 11.18 bis 11.20). Dort, wo die *Mm. tibialis anterior, extensor digitorum longus* und *extensor hallucis longus* das Sprunggelenk kreuzen, sind sie von langen Sehnenscheiden umhüllt.

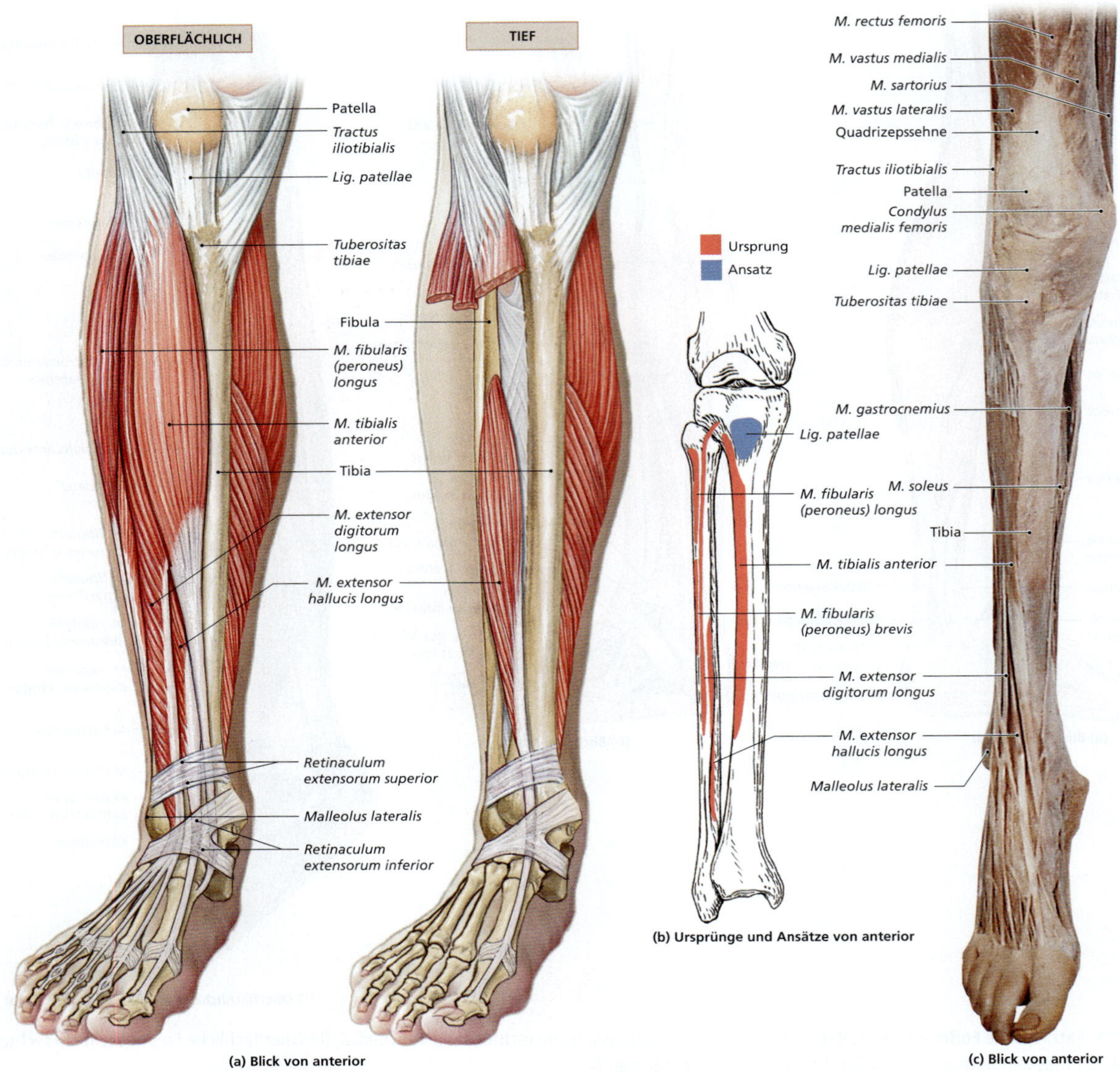

Abbildung 11.20: Extrinsische Fußmuskeln; Teil III. (a) Oberflächliche und tiefe Fußmuskeln am rechten Unterschenkel von anterior. (b) Die Knochen des rechten Unterschenkels von anterior mit Darstellung ausgewählter Ursprünge und Ansätze. (c) Muskelpräparat der oberflächlichen Muskeln des rechten Unterschenkels von anterior.

Diese werden vom **Retinaculum extensorum superior** und **inferior** gehalten (**Abbildung 11.21**a; siehe auch Abbildung 11.19 und 11.20a).

Intrinsische Fußmuskulatur

Die kleinen intrinsischen Muskeln, die die Zehen bewegen, entspringen an den Knochen der Fußwurzel und des Mittelfußes (Tabelle 11.9; siehe auch Abbildung 11.21). Einige der Beuger haben ihren Ursprung an der anterioren Fläche des Kalkaneus; ihr Muskeltonus trägt zur Aufrechterhaltung der Längswölbung am Fuß bei.

Wie an der Hand entspringen die kleinen *Mm. interossei* (Singular: *interosseus*) an den medialen und lateralen Flächen der *Ossa metatarsalia*. Die vier **Mm. interossei dorsales** abduzieren die Zehen an den Metatarsophalangealgelenken III und IV, während die **Mm. interossei plantares** die Zehen an den Metatarsophalangealgelenken III – V adduzieren.

Der große Zeh wird von drei intrinsischen Fußmuskeln bewegt: Der **M. flexor hallucis brevis** beugt, der **M. adductor hallucis** adduziert und der **M. abductor hallucis** abduziert ihn.

An der Flexion der Zehengelenke sind mehr intrinsische Fußmuskeln beteiligt als an der Extension. Der **M. flexor digitorum brevis**, die **Mm. quadratus plantae** und die vier **Mm. lumbricales** beugen die Zehen II – V. Der **M. flexor**

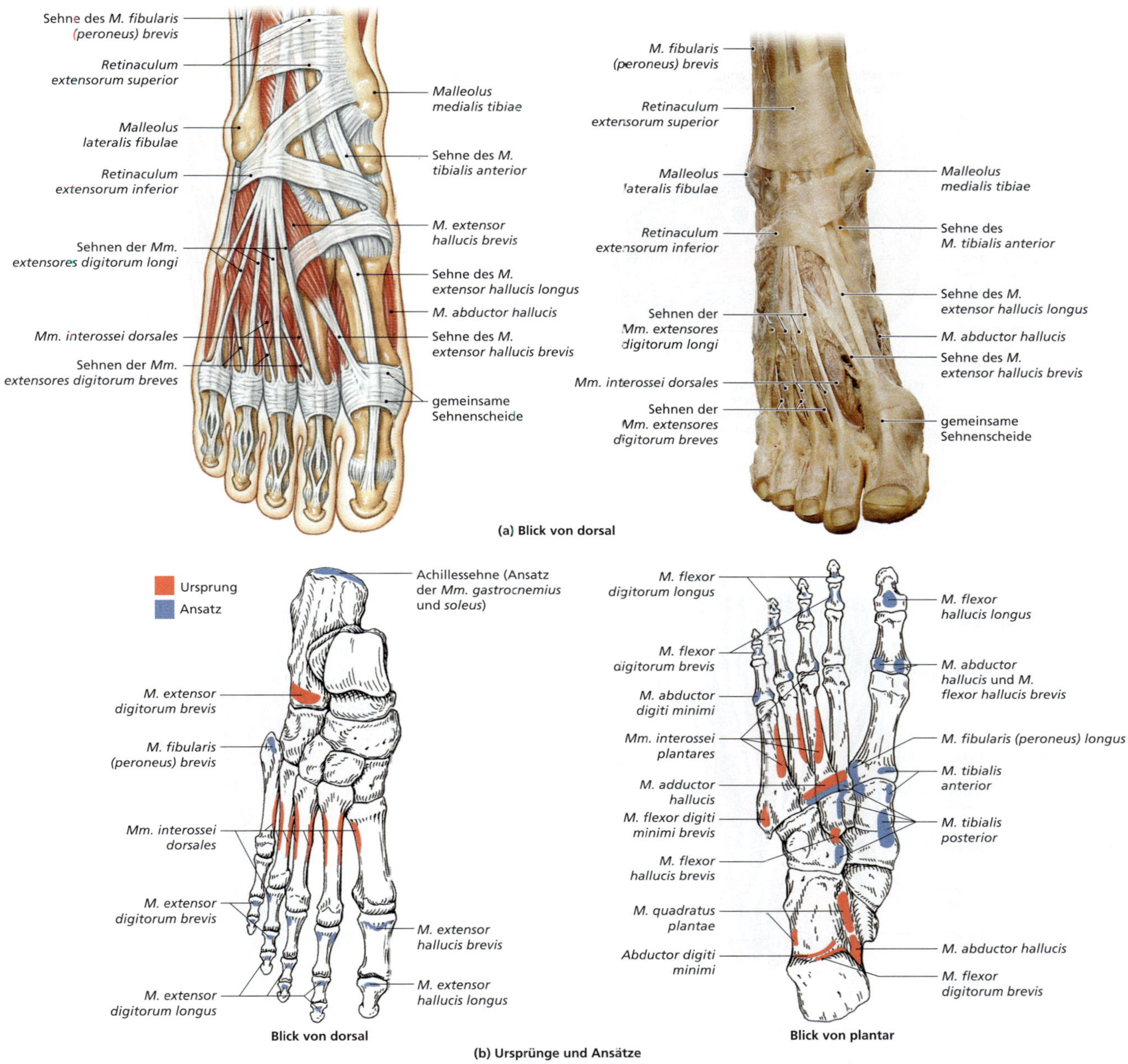

Abbildung 11.21: Intrinsische Fußmuskeln. (a) Rechter Fuß von dorsal. (b) Die Knochen des rechten Fußes von dorsal (superior) und plantar (inferior) mit Darstellung ausgewählter Ursprünge und Ansätze. (c) Querschnitt durch den rechten Mittelfuß. (d) Oberflächliche Schicht des rechten Fußes von plantar (inferior). (e) Tiefe Schicht des rechten Fußes von plantar (inferior). (f) Tiefste Schicht des rechten Fußes von plantar (inferior).

digiti minimi brevis ist für die Beugung der Kleinzehe verantwortlich. Eine Zehenstreckung bewirkt der **M. extensor digitorum brevis**; er unterstützt den *M. extensor hallucis longus* bei der Streckung des großen Zehs und ebenso den *M. extensor digitorum longus* (siehe Tabelle 11.8) bei der Streckung der Zehen II–IV. Er ist der einzige intrinsische Muskel am Fußrücken.

AUFGABEN

1. Welche Beinbewegung wäre bei einer Verletzung der *Mm. obturatorii* beeinträchtigt?
2. Zu welcher Muskelgruppe gehören die *Mm. pectineus* und *gracilis*?
3. Wie lautet der gemeinsame Name der Kniestrecker?

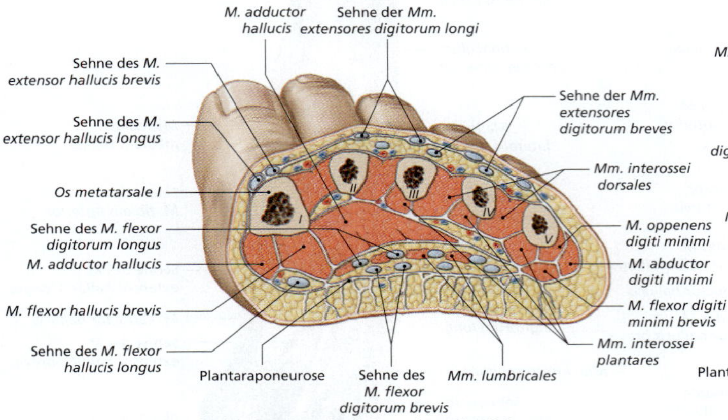

(c) Querschnitt durch den rechten Mittelfuß

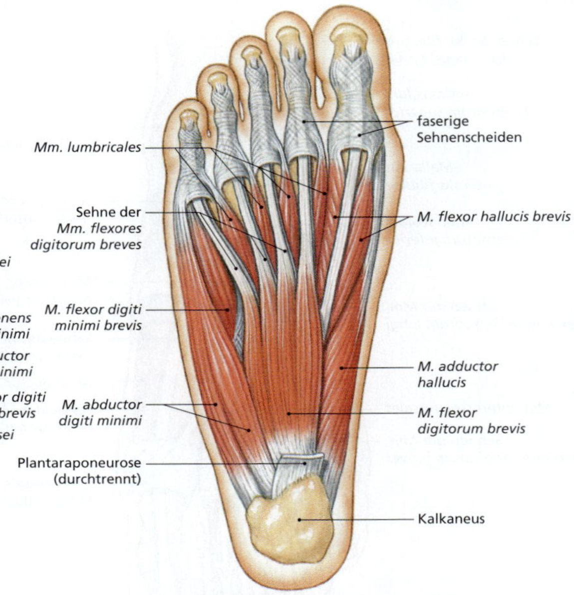

(d) Oberflächliche Muskelschicht von plantar

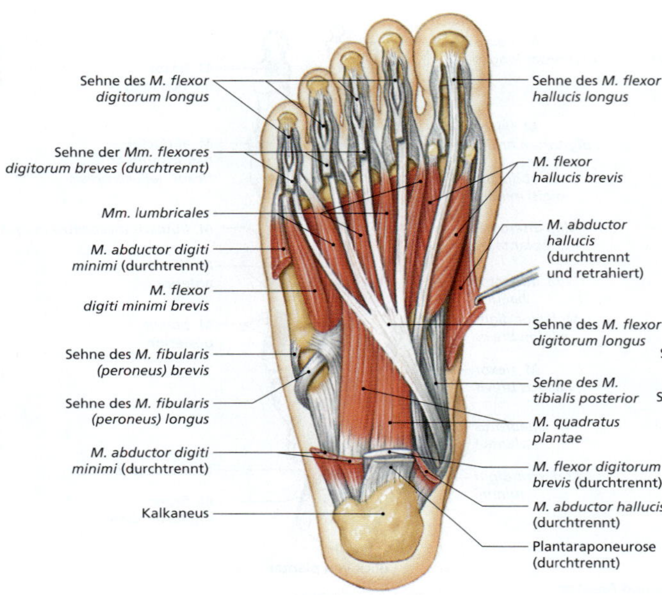

(e) Tiefe Muskelschicht von plantar

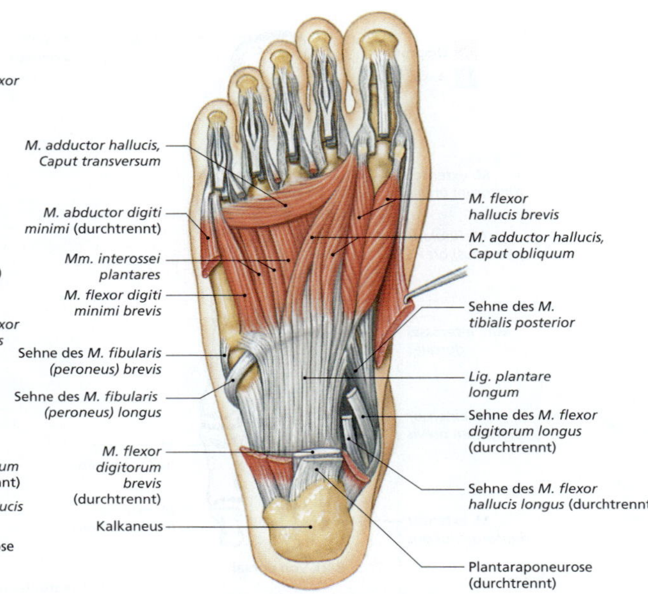

(f) Tiefste Muskelschicht von plantar

Abbildung 11.21: (Fortsetzung) Intrinsische Fußmuskeln. (a) Rechter Fuß von dorsal. (b) Die Knochen des rechten Fußes von dorsal (superior) und plantar (inferior) mit Darstellung ausgewählter Ursprünge und Ansätze. (c) Querschnitt durch den rechten Mittelfuß. (d) Oberflächliche Schicht des rechten Fußes von plantar (inferior). (e) Tiefe Schicht des rechten Fußes von plantar (inferior). (f) Tiefste Schicht des rechten Fußes von plantar (inferior).

Muskel	Ursprung	Ansatz	Aktion	Innervation
M. extensor digitorum brevis	Kalkaneus (superiore und laterale Flächen)	Dorsalfläche der Zehen I–IV	Extension an den Metatarsophalangealgelenken der Zehen I–IV	*N. fibularis profundus* (S1, S2)
M. abductor hallucis	Kalkaneus (Tuberositas an der inferioren Fläche)	Mediale Seite der proximalen Phalanx der Großzehe	Abduktion am Metatarsophalangealgelenk der Großzehe	*N. plantaris medialis* (S2, S3)
M. flexor digitorum brevis	Siehe oben	Seiten der mittleren Phalangen der Zehen II–V	Flexion der proximalen Interphalangealgelenke der Zehen II–V	Siehe oben
M. abductor digiti minimi	Siehe oben	Laterale Seite der proximalen Phalanx V	Abduktion und Flexion am Metatarsophalangealgelenk der Kleinzehe	*N. plantaris lateralis* (S2, S3)
M. quadratus plantae	Kalkaneus (mediale und inferiore Flächen)	Sehne des *M. flexor digitorum longus*	Flexion an den Zehengelenken II–V	Siehe oben
Mm. lumbricales (4)	Sehnen des *M. flexor digitorum longus*	Ansätze des *M. extensor digitorum longus*	Flexion an den Metatarsophalangealgelenken, Extension an den Interphalangealgelenken der Zehen II–V	*N. plantaris medialis* (I); *N. plantaris lateralis* (II–IV)
M. flexor hallucis brevis	*Ossa cuboideum* und *Cuneiforme laterale*	Proximale Phalanx der Großzehe	Flexion am Metatarsophalangealgelenk der Großzehe	*N. plantaris medialis* (L4–S5)
M. adductor hallucis	Basis der *Ossa metatarsalia II–IV* und plantare Ligamente	Siehe oben	Adduktion und Flexion am Metatarsophalangealgelenk der Großzehe	*N. plantaris lateralis* (S1–S2)
M. flexor digiti minimi brevis	Basis des *Os metatarsale V*	Laterale Seite der proximalen Seite der Phalanx V	Flexion am Metatarsophalangealgelenk der Großzehe	Siehe oben
Mm. interossei dorsales (4)	Seiten der *Ossa metatarsalia*	Mediale und laterale Seiten des zweiten Zehs, laterale Seiten der Zehen III und IV	Abduktion der Metatarsophalangealgelenke der Zehen III und IV, Flexion der Metatarsophalangealgelenke und Extension der Interphalangealgelenke der Zehen II–IV	Siehe oben
Mm. interossei plantares (4)	Basis und mediale Seiten der *Ossa metatarsalia*	Mediale Seiten der Zehen III–V	Adduktion der Metatarsophalangealgelenke der Zehen III–V, Flexion der Metatarsophalangealgelenke und Extension der Interphalangealgelenke	Siehe oben

Tabelle 11.9: **Intrinsische Fußmuskulatur.**

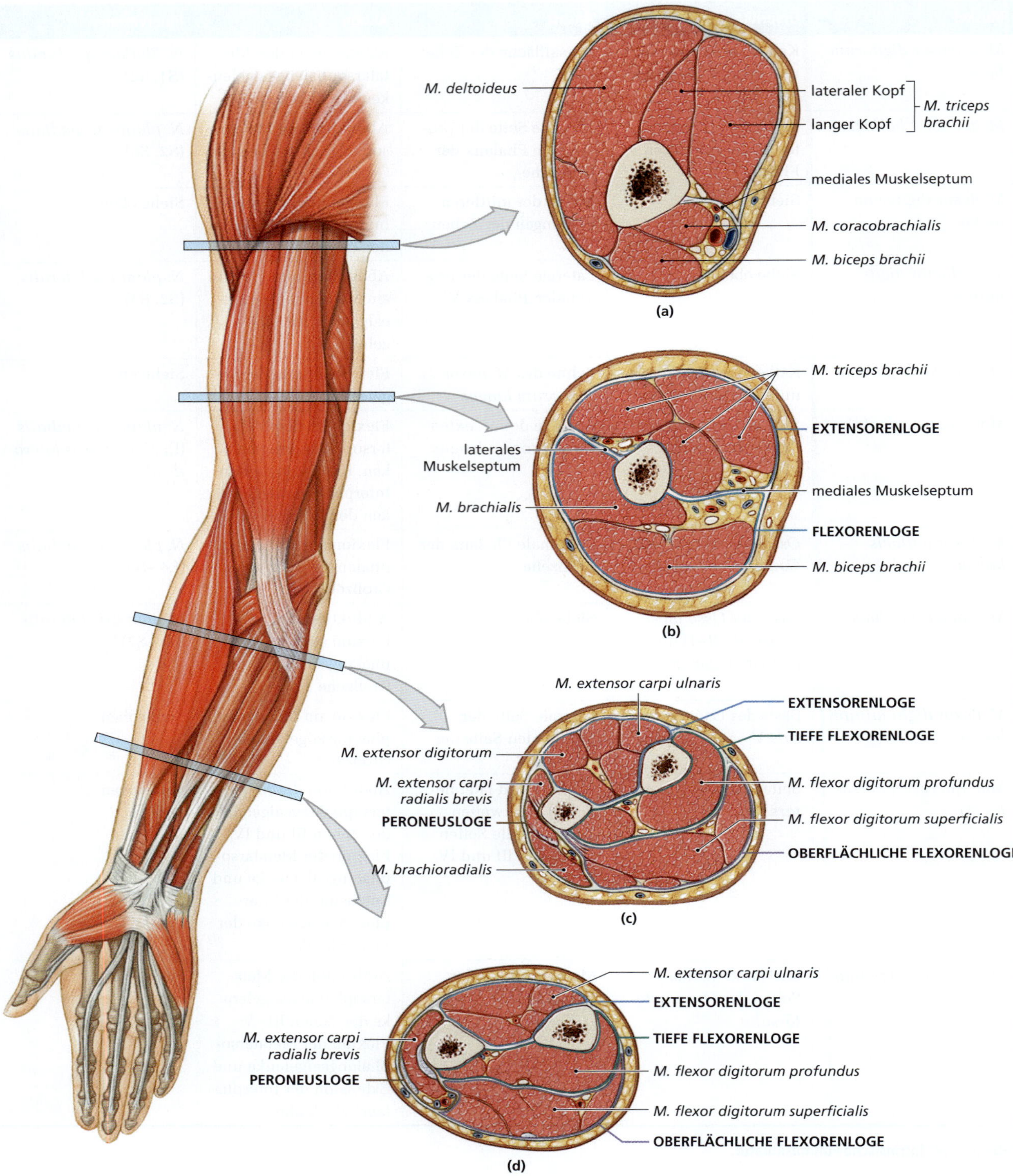

Abbildung 11.23: Die Muskellogen des Armes. (a), (b) Schematische Querschnitte durch den proximalen und distalen rechten Oberarm mit ausgewählten Muskeln. (c), (d) Schematische Querschnitte durch den proximalen und distalen rechten Unterarm mit ausgewählten Muskeln. (e) Humerus von anterior mit Darstellung der Lage der medialen und lateralen Muskelsepten.

AUS DER PRAXIS

Kompartmentsyndrom

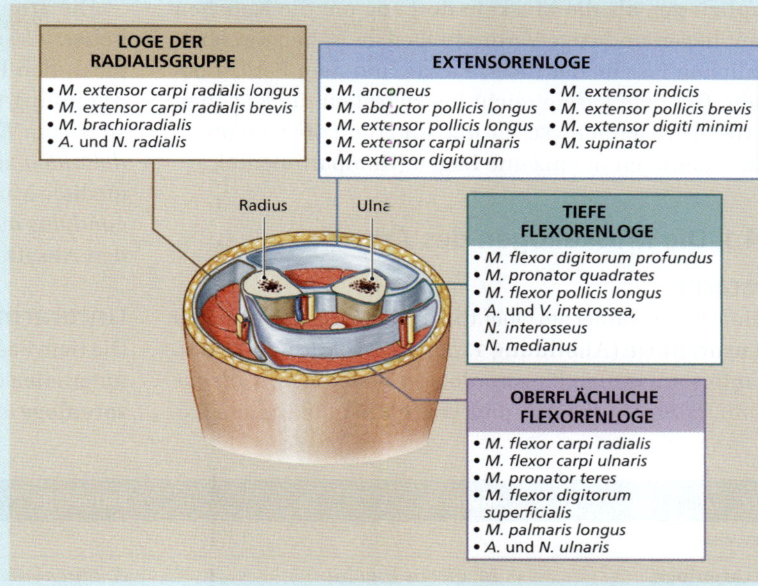

Abbildung 11.22: **Muskellogen des Unterarms.** Dreidimensionale Anordnung der Muskelsepten und Faszien innerhalb des Unterams.

Blutgefäße und Nerven für bestimmte Muskeln an einer Extremität ziehen durch die entsprechenden Muskellogen und verzweigen sich dort (siehe Abbildung 11.22 und 11.23). Bei Quetschungen, schweren Prellungen oder Faserrissen können die Blutgefäße in einer oder mehreren Logen verletzt werden. Gewebe, Flüssigkeit und Blut aus den verletzten Gefäßen führen zu einer Schwellung innerhalb der Loge. Da die bindegewebigen Hüllen jedoch sehr straff sind, kann die angesammelte Flüssigkeit nicht ausweichen; der Druck innerhalb der Loge steigt. Ab einem bestimmten Druck wird dadurch die Durchblutung und damit die Versorgung der Nerven und Muskeln innerhalb der betroffenen Loge beeinträchtigt. Letztendlich verursacht dieser Druck eine Ischämie (Blutleere), die man Kompartmentsyndrom nennt. Die sofortige Längsspaltung der Faszie oder die Einlage einer Drainage sind Notfallmaßnahmen zur Senkung dieses Druckes. Versäumt man dies, kann der Inhalt der Loge schweren Schaden nehmen. Nerven gehen nach zwei bis vier Stunden Ischämiezeit zugrunde, obgleich sie sich nach Wiederherstellung der Durchblutung zum Teil wieder erholen können. Nach mehr als sechs Stunden stirbt auch die Muskulatur ab; eine Regeneration ist nicht möglich. Sie wird durch Narbengewebe ersetzt; dies und die Schrumpfung des Bindegewebes resultieren in einer Kontraktur, einer dauerhaften Verkürzung des Muskels. Im Extremfall muss die Extremität amputiert werden.

Faszien, Muskelschichten und Muskellogen 11.4

In Kapitel 3 wurden die verschiedenen Faszien des Körpers vorgestellt und beschrieben, wie diese Schichten aus straffem Bindegewebe ein Stützgerüst für die Weichteile des Körpers bilden. Es gibt grundsätzlich drei Arten von Faszien: 1. die **oberflächliche Faszie**, eine Schicht areolären Bindegewebes unter der Haut, 2. die **tiefe Faszie**, eine Schicht aus straffem faserigem Bindegewebe, die mit Kapseln, Periost, Epimysium und anderen Hüllen innerer Organe verbunden ist, und 3. die **Subserosa**, eine Schicht areolären Bindegewebes, die Schleimhäute von benachbarten Strukturen trennt.

Die Bindegewebefasern der tiefen Faszie geben Halt und verbinden benachbarte Skelettmuskeln miteinander, erlauben jedoch unabhängige Bewegung. Im Allgemeinen gilt, je ähnlicher sich zwei Muskeln in Bezug auf Orientierung, Aktion und Bewegungsausmaß sind, desto inniger sind sie über die tiefe Faszie miteinander verbunden. Daher sind sie bei Präparationen oftmals schwer voneinander zu unterscheiden. Sind Orientierung und Aktionen zweier

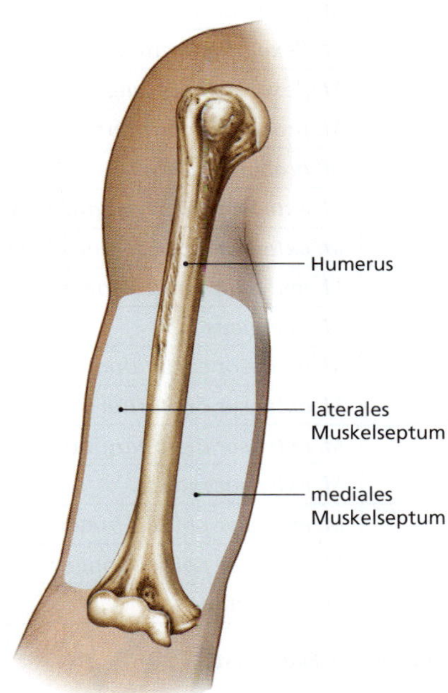

(e)

Abbildung 11.23: **(Fortsetzung) Die Muskellogen des Armes.**

Muskeln unterschiedlich, sind sie weniger fest verbunden und auch leichter zu trennen.

In den Extremitäten ist die Situation insofern etwas komplizierter, als die Muskeln dort eng um die Knochen herum liegen und enge Verbindungen zwischen der oberflächlichen Faszie, der tiefen Faszie und dem Periost bestehen. Die tiefe Faszie reicht bis zwischen die Knochen und die oberflächliche Faszie und unterteilt die Weichteile der Extremitäten in einzelne **Logen** (Kompartimente).

11.4.1 Die Muskellogen des Armes

Oberarm

Die tiefe Faszie bildet am Oberarm die **Flexorenloge** und die **Extensorenloge** (**Abbildung 11.22** und **Abbildung 11.23**). Die anterior liegende Flexorenloge enthält die *Mm. biceps brachii, coracobrachialis* und *brachialis*; die hintere Extensorenloge füllt der *M. triceps brachii*. Die wichtigsten Blut- und Lymphgefäße und die Nerven beider Logen laufen zwischen ihnen hindurch.

Die Trennung zwischen den beiden Logen wird deutlicher, wo sich die tiefe Faszie zu dicken Faserplatten verdickt, den **lateralen und medialen Muskelsepten** (siehe Abbildung 11.23a und b). Das laterale Muskelseptum zieht sich vom *Epicondylus lateralis* aus an die *Tuberositas deltoidea* an der Seitenfläche des Humerus entlang. Das mediale Muskelseptum ist etwas kürzer; es zieht vom *Epicondylus medialis* an der medialen Schaftseite entlang an den Ansatz des *M. coracobrachialis*.

Unterarm

Die tiefe Faszie und die *Membrana interossea antebrachii* unterteilen den Unterarm in eine **Flexorenloge**, eine **Extensorenloge** und die **Radialisgruppe** (siehe Abbildung 11.22

Loge	Muskeln	Blutgefäße[2,3]	Nerven[4]
OBERARM			
Flexorenloge	*M. biceps brachii*	*A. brachialis*	*N. medianus*
	M. brachialis	*A. collateralis ulnaris inferior*	*N. musculocutaneus*
	M. coracobrachialis	*A. collateralis ulnaris superior*	*N. ulnaris*
		Vv. brachiales	
Extensorenloge	*M. triceps brachii*	*A. brachialis profunda*	*N. radialis*
UNTERARM			
Flexorenloge			
oberflächlich	*M. flexor carpi radialis*	*A. radialis*	*N. medianus*
	M. flexor carpi ulnaris	*A. ulnaris*	*N. ulnaris*
	M. flexor digitorum superficialis		
	M. palmaris longus		
	M. pronator teres		
tief	*M. flexor digitorum profundus*	*A. interossea anterior*	*N. interosseus anterior*
	M. flexor pollicis longus	*A. recurrens ulnaris anterior*	*N. ulnaris*
	M. pronator quadratus	*A. recurrens ulnaris posterior*	*N. medianus*
Radialisgruppe	*M. brachioradialis*	*A. radialis*	*N. radialis*
	M. extensor carpi radialis brevis		
	M. extensor carpi radialis longus		
Extensorenloge	*M. abductor pollicis longus*	*A. interossea posterior*	*N. interosseus posterior*
	M. anconeus		
	M. extensor carpi ulnaris	*A. recurrens ulnaris posterior*	
	M. extensor digitorum		
	M. extensor digiti minimi		
	M. extensor indicis		
	M. extensor pollicis brevis		
	M. extensor pollicis longus		
	M. supinator		

Tabelle 11.10: **Die Logen der oberen Extremität.**

2 Hautgefäße sind nicht mit aufgeführt.
3 Nur große Blutgefäße mit Eigennamen sind aufgeführt.
4 Hautnerven sind nicht mit aufgeführt.

sowie 11.23c–e). Kleinere Faszien unterteilen diese Logen noch weiter und trennen Muskelgruppen mit unterschiedlicher Funktion. Der Inhalt der Muskellogen der oberen Extremität ist in Tabelle 11.10 dargestellt.

11.4.2 Die Muskellogen des Beines

Oberschenkel

Am Oberschenkel befinden sich **mediale und laterale Muskelsepten**, die vom Femur aus nach außen ziehen, sowie mehrere kleinere Faszienhüllen, die benachbarte Muskelgruppen voneinander trennen. Insgesamt gibt es am Oberschenkel die **Extensorenloge**, die **Flexorenloge** und die **Adduktorenloge** (**Abbildung 11.24**a und b). Die Extensorenloge enthält die *Mm. tensor fasciae latae, sartorius* und *quadriceps*. Die Flexorenloge enthält die *Mm. biceps femoris, semimembranosus* und *semitendinosus*, und zur Adduktorenlogen zählt man die *Mm. gracilis, pectineus, obturator externus, adductor longus, adductor brevis* und *adductor magnus* (Tabelle 11.11).

Loge	Muskeln	Blutgefäße	Nerven
Oberschenkel			
Extensorenloge	*M. iliopsoas*	*A. femoralis*	*N. femoralis*
	M. iliacus	*V. femoralis*	*N. saphenus*
	M. psoas major	*A. femoralis profunda*	
	M. psoas minor	*A. circumflexa femoris lateralis*	
	M. quadriceps femoris		
	M. rectus femoris		
	M. vastus intermedius		
	M. vastus lateralis		
	M. vastus medialis		
	M. sartorius		
Adduktorenloge	*M. pectineus*		
	M. adductor brevis	*A. obturatoria*	*N. obturatorius*
	M. adductor longus	*V. obturatoria*	
	M. adductor magnus	*A. femoralis profunda*	
	M. gracilis	*V. femoralis profunda*	
	M. obturator externus		
Flexorenloge	*M. biceps femoris*	*A. femoralis profunda*	*N. ischiadicus*
	M. semimembranosus	*V. femoralis profunda*	
	M. semitendinosus		
Unterschenkel			
Extensorenloge	*M. extensor digitorum longus*	*A. tibialis anterior*	*N. fibularis (peroneus) profundus*
	M. extensor hallucis longus	*V. tibialis anterior*	
	M. fibularis tertius		
	M. tibialis anterior		
Peroneusloge	*M. fibularis brevis*		*N. (peroneus) fibularis superficialis*
	M. fibularis longus		
Flexorenloge			
oberflächlich	*M. gastrocnemius*		
	M. plantaris		
	M. soleus		
tief	*M. flexor digitorum longus*	*A. tibialis posterior*	*N. tibialis*
	M. flexor hallucis longus	*A. fibularis*	
	M. popliteus	*V. fibularis*	
	M. tibialis posterior	*V. tibialis posterior*	

Tabelle 11.11: **Die Muskellogen des Beines.**

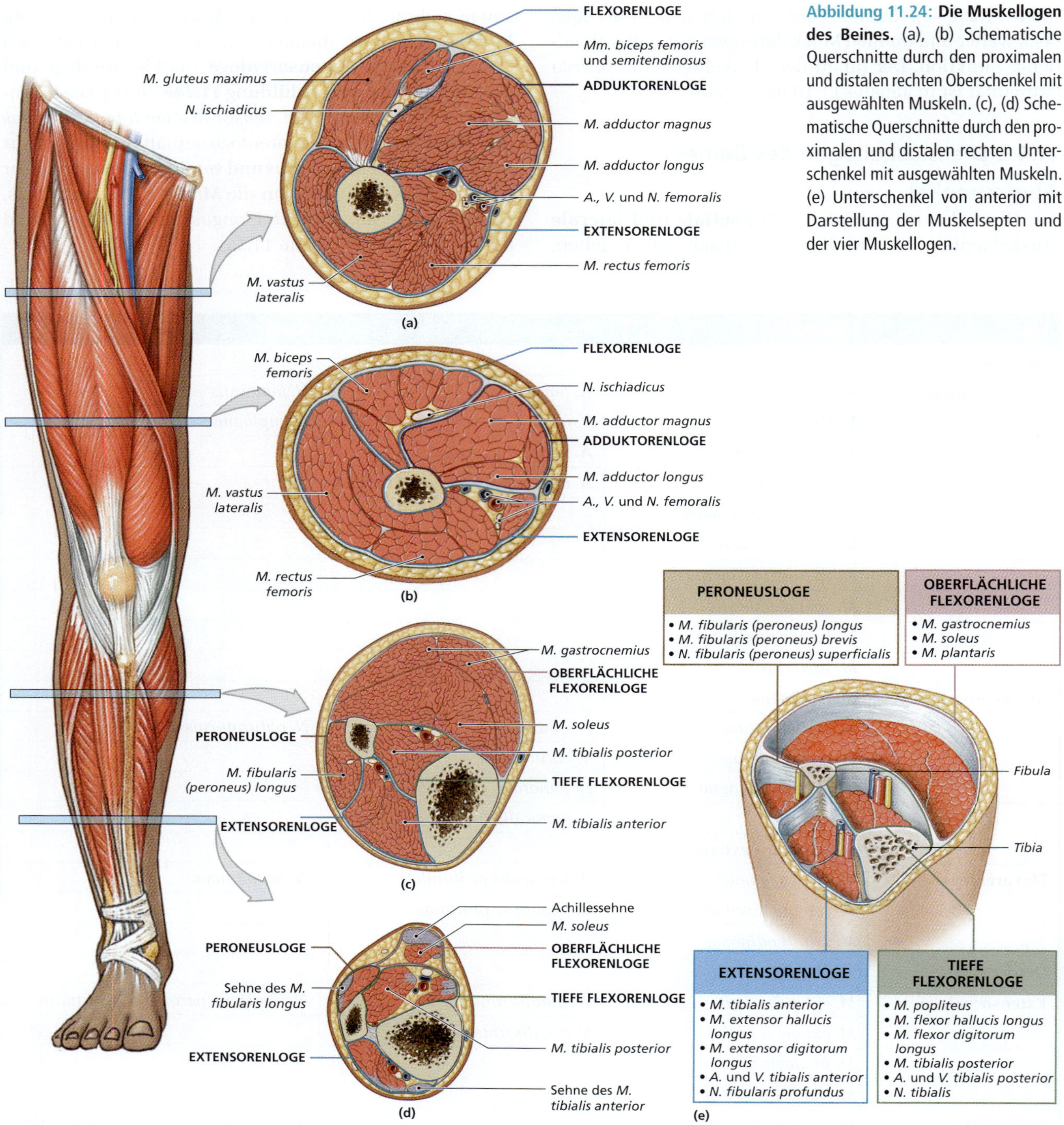

Abbildung 11.24: Die Muskellogen des Beines. (a), (b) Schematische Querschnitte durch den proximalen und distalen rechten Oberschenkel mit ausgewählten Muskeln. (c), (d) Schematische Querschnitte durch den proximalen und distalen rechten Unterschenkel mit ausgewählten Muskeln. (e) Unterschenkel von anterior mit Darstellung der Muskelsepten und der vier Muskellogen.

Unterschenkel

Tibia und Fibula, die *Membrana interossea* und die Muskelsepten bilden am Unterschenkel vier große Logen, die **Extensorenloge** (anterior), die **Peroneusloge** (lateral), die **oberflächliche Flexorenloge** und die **tiefe Flexorenloge** (posterior; **Abbildung 11.24**c und d). In der Extensorenloge befinden sich Muskeln, die das Sprunggelenk dorsalextendieren, die Zehen strecken und das Sprunggelenk evertieren und invertieren. Die Muskeln der Peroneusloge evertieren und plantarflektieren das Sprunggelenk. Die Muskeln der oberflächlichen Flexorenloge plantarflektieren das Sprunggelenk, während die der tiefen Flexorenloge zusätzlich ihre spezifischen Aktionen an den Zehen und den anderen Fußgelenken durchführen. Die Muskeln und andere Strukturen innerhalb dieser Logen sind in Tabelle 11.11 aufgeführt.

EXKURS

Das Muskelsystem

Großmutters Hüfte

Sie fahren wie jede Woche zu Ihrer 75-jährigen Großmutter, um ihr die Medikamente für die nächsten Tage zusammenzustellen. Als Sie die Wohnung betreten, finden Sie sie auf dem Rücken liegend auf dem Boden vor; sie hat starke Schmerzen. Sie ist verwirrt und erkennt Sie zunächst nicht. Sie kann Ihnen auch nicht erklären, wie es dazu kam, dass sie auf dem Boden liegt.

Sie versuchen, ihr aufzuhelfen, doch sie klagt sofort über starke Leistenschmerzen. Sie rufen den Notarzt. Bei der Erstuntersuchung und der Lagerung auf der Trage fällt auf, dass das rechte Bein außenrotiert und deutlich verkürzt ist. In der Notaufnahme erfolgt eine weitere Untersuchung durch den Assistenzarzt.

Aufnahmeuntersuchung und Laborwerte

Der Ambulanzarzt macht sich die folgenden Notizen:

- Das rechte Bein ist deutlich verkürzt.
- Das rechte Bein steht außenrotiert; eine aktive Bewegung des Beines ist nicht ohne erhebliche Schmerzen möglich.
- Die Leiste ist druckschmerzhaft, aber nicht geschwollen.
- Passive Bewegung der Hüfte verursacht starke Schmerzen, besonders Innen- und Außenrotation.
- Leukozyten: 20.000 mm^3.
- Hb (Hämoglobin): 9,8 g/dl.
- Trotz ihrer Verwirrung gibt Ihre Großmutter an, schon sehr lange auf dem Boden gelegen zu haben.

Der Arzt befürchtet, dass die lange Zeit zwischen dem Unfall und der Auffindung und dem Transport zu Komplikationen geführt hat. Er ist sich nicht sicher, wie er weiter vorgehen soll, und funkt daher die diensthabende Unfallchirurgin für ein Konsil an.

Die Kollegin ordnet zunächst die sofortige Gabe von Flüssigkeit i.v. an, um die Exsikkose (Austrocknung des Körpers) zu behandeln. Nach Ausgleich des Flüssigkeits- und Elektrolytmangels teilt Ihnen Ihre Großmutter mit, dass sie bereits vor zwei Tagen über einen Teppich gestolpert sei und nicht zum Telefon habe kriechen können. Die Unfallchirurgin bestätigt außerdem die Ergebnisse der körperlichen Untersuchung und ordnet eine Röntgenaufnahme der Hüfte in zwei Ebenen an.

Folgeuntersuchung

Die Unfallchirurgin macht sich die folgenden Notizen:

- Die Patientin ist in eher schlechtem Ernährungszustand.
- Nach anfänglicher geistiger Verwirrung klart sie unter der i.v. Gabe von Flüssigkeit und Elektrolyten deutlich auf.
- Das rechte Bein ist außenrotiert; die Patientin ist außerstande, die rechte Ferse von der Liege zu heben.
- Das rechte Bein ist verkürzt; dies wird durch Messung der Strecke zwischen der *Spina iliaca anterior superior* und dem distalen Ende des *Malleolus medialis* an der Tibia und durch Vergleich mit der Länge des passiv außenrotierten linken Beines bestätigt.
- Der *Trochanter major* scheint rechts höher zu stehen und prominenter zu sein.
- Die anteriore Fläche des Hüftgelenks ist druckschmerzhaft.

Überlegungen

Bei der Bearbeitung der vorliegenden Informationen wiederholen Sie noch einmal die Kapitel 5–11 und überlegen, welche anatomische Kenntnisse Ihnen helfen, den Fall Ihrer Großmutter und ihrer besonderen Probleme zu verstehen.

1. Welches sind die anatomischen Merkmale der Knochen der unteren Extremität?
2. Welche anatomischen Landmarken sind erwähnt? Wo finden Sie diese an Hüftknochen, Femur und Tibia?
3. Welches sind die anatomischen Merkmale des Hüftgelenks?
4. Das rechte Bein ist außenrotiert; die Patientin ist außerstande, die rechte Ferse von der Liege zu heben. Hat dies mit der axialen Muskulatur oder der Extremitätenmuskulatur zu tun? Welche Muskeln bewirken eine Außenrotation an der Hüfte? Welche Muskeln beugen die Hüfte?

Analyse und Interpretation

1. Die anatomischen Merkmale der Knochen der unteren Extremität finden Sie in Kapitel 7.
2. In diesem Fall werden die folgenden anatomischen Landmarken erwähnt (Sie finden sie ebenfalls in Kapitel 7.):
   - die Leiste
   - die *Spina iliaca anterior superior*
   - das distale Ende des *Malleolus medialis tibiae*
   - der *Trochanter major femoris*
3. Die anatomischen Merkmale des Hüftgelenks können Sie in Kapitel 8 nachschlagen.
4. Die Muskeln, die die Fehlstellung des Beines Ihrer Großmutter verursachen, gehören alle zur Extremitätenmuskulatur. Diejenigen, die für Außenrotation und Beugung an der Hüfte verantwortlich sind, finden Sie in Tabelle 11.6.

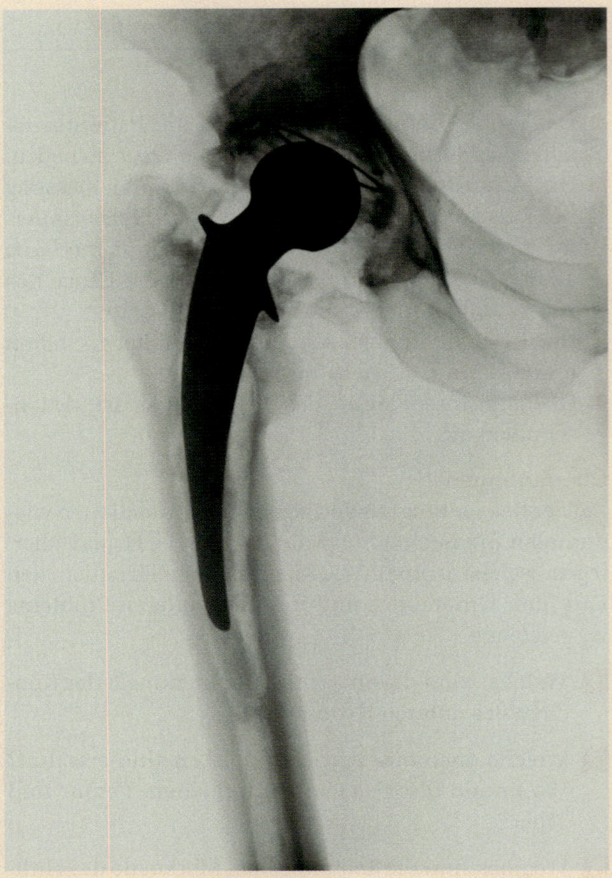

(a)

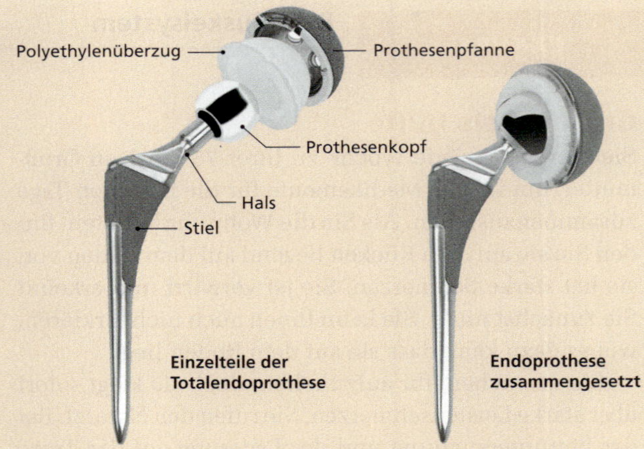

(b)

Abbildung 11.25: Röntgenaufnahme postoperativ. (a) Röntgenaufnahme einer zementierten Totalendoprothese der Hüfte. (b) Schematische Darstellung einer Totalendoprothese.

Diagnose

Ihre Großmutter ist 75 Jahre alt; ihr Skelett hat sich im Alter in vielerlei Hinsicht verändert. Sie hat eine dislozierte subkapitale Femurfraktur erlitten. Der Winkel zwischen Femurkopf und -hals ist abgeflacht; Kopf und Schaft sind außenrotiert. Beckenknochen und Femur weisen wahrscheinlich Zeichen der Osteoporose auf. Diese Erkrankung erhöht bei älteren Menschen die Wahrscheinlichkeit, eine Fraktur zu erleiden, und verlängert den Heilungsverlauf.

Die Fehlstellung des Beines Ihrer Großmutter wird durch die Kontraktion der Außenrotatoren verursacht *(M. piriformis, Mm. gemelli superior und inferior sowie Mm. obturatores externi)*. Das rechte Bein ist kürzer als das linke 1. wegen der Fraktur und 2. wegen einer Kontraktion der Hüftbeuger und -strecker (siehe Tabelle 11.6). Die Hüfte wird wahrscheinlich operiert werden müssen. Es gibt verschiedene Möglichkeiten, aber die Entfernung des Femurkopfs und die Implantation einer Endoprothese sind das gängigste Verfahren. Die Prothese ersetzt den Femurkopf und hat außerdem einen langen Schaft, der in die Markhöhle des Femurs eingefügt wird und zur festen Verankerung des Kopfes bis etwa an die Mitte des Femurs hinab reicht (**Abbildung 11.25**). Der Prothesenschaft enthält Öffnungen; kleine Spongiosastückchen werden dort als Transplantate eingelegt. Eine andere gebräuchliche Möglichkeit ist die Einzementierung des Schaftes; angesichts des fortgeschrittenen Alters und der eingeschränkten Beweglichkeit wäre dieses Vorgehen für Ihre Großmutter sinnvoll.

Begriffe Exkurs:

I.v. Gabe von Flüssigkeit und Elektrolyten: Die intravenöse Zufuhr einer isotonischen Kochsalzlösung beseitigt eine Dehydratation und hebt die Blutwerte von Natrium, Kalzium und Kalium wieder in den Normbereich.

DEFINITIONEN

Knochenprellung: Blutung unter dem Knochenperiost

Bursitis: Entzündung der Schleimbeutel an einem oder mehreren Gelenken

Karpaltunnelsyndrom: Entzündung innerhalb der Sehnenscheiden der Beugesehnen der Handfläche

Kompartmentsyndrom: Ischämie aufgrund einer Ansammlung von Blut und anderen Flüssigkeiten innerhalb einer Muskelloge

Dislozierte subkapitale Femurfraktur: Verletzung, bei der das Femur unterhalb des Kopfes bricht und gleichzeitig der frakturierte Knochen vom Gelenk weggezogen ist

Ischämie: Blutleere aufgrund einer Kompression regionaler Blutgefäße

Muskelkrämpfe: anhaltende, unfreiwillige und schmerzhafte Muskelkontraktionen

Rotatorenmanschette: Muskeln, die die Schulter umgeben; oft bei Sportverletzungen betroffen

Bänderriss: vollständiger oder teilweiser Riss von Bändern oder Sehnen

Muskelfaserriss: Riss einzelner oder mehrerer Muskelfasern

Übermüdungsbruch: Riss oder Bruch an einem Knochen, der wiederholten Überlastungen oder Verletzungen ausgesetzt ist

Tendinitis: Sehnenscheidenentzündung

Zusammenfassung

Die Antworten auf die Fragen der Aufgaben und der Zusammenfassung finden Sie im Antwortteil.

Wiederholung von Fakten und Begriffen

Verbinden Sie die Begriffe der linken Spalte jeweils mit denen der rechten Spalte, die am besten passen; setzen Sie die Buchstaben in die Spalte vor die Zahlen.

	Spalte A		Spalte B	
	1.	*Mm. rhomboidei*	a.	Abduziert die Zehen
	2.	*M. latissimus dorsi*	b.	Beugt die Hüfte und/oder die Lendenwirbelsäule
	3.	*M. infraspinatus*	c.	Adduziert (retrahiert) die Skapula
	4.	*M. brachialis*	d.	Bindegewebige Bänder
	5.	*M. supinator*	e.	Plantarflexion am Sprunggelenk
	6.	*Retinaculum flexorum*	f.	Ursprung: *Os ileum*
	7.	*Mm. glutei*	g.	Beugt den Ellenbogen
	8.	*M. iliacus*	h.	Dorsalflektion am Sprunggelenk und Inversion des Fußes
	9.	*M. gastrocnemius*	i.	Außenrotation des Humerus an der Schulter
	10.	*M. tibialis anterior*	j.	Supiniert den Unterarm
	11.	*Mm. interossei*	k.	Streckt, adduziert und innenrotiert den Humerus an der Schulter

12 Starke Kniestrecker sind:
a. ischiokruale Muskulatur
b. *M. quadriceps*
c. *M. iliopsoas*
d. *M. tensor fasciae latae*

13 Welcher der folgenden Muskeln gehört nicht zur Rotatorenmanschette?
a. *M. supraspinatus*
b. *M. subclavius*
c. *M. subscapularis*
d. *M. teres minor*

14 Welcher der folgenden Muskeln entspringt nicht am Humerus?
a. *M. anconeus*
b. *M. biceps brachii*
c. *M. brachialis*
d. *M. triceps brachii, Caput laterale*

15 Welcher der folgenden Muskeln beugt den Ellenbogen?
a. *M. biceps brachii*
b. *M. brachialis*
c. *M. bracioradialis*
d. Alle genannten Muskeln sind richtig.

16 Der Muskel, der die Daumenopposition bewirkt, ist der
a. *M. adductor pollicis.*
b. *M. extensor digitorum.*
c. *M. abductor pollicis.*
d. *M. opponens pollicis.*

Wiederholung von Lernzielen

1 Eine Verletzung des *M. pectoralis major* beeinträchtigt
a. die Extension des Ellenbogens.
b. die Abduktion des Humerus.
c. die Adduktion des Humerus.
d. die Elevation der Skapula.

2 Welcher der folgenden Muskeln bewirkt eine Abduktion an der Hüfte?
a. *M. pectineus*
b. *M. psoas*
c. *M. obturator internus*
d. *M. piriformis*

3 Der *M. tibialis anterior* dorsalextendiert den Fuß. Welcher der folgenden Muskeln ist hierzu der Antagonist?
a. *M. flexor digitorum longus*
b. *M. gastrocnemius*
c. *M. flexor hallucis longus*
d. Alle genannten Muskeln sind richtig.

4 Welche der folgenden Bewegungen wäre nach einer Prellung des *M. gluteus maximus* schmerzhaft?
a. Knieflexion
b. Hüftextension
c. Hüftabduktion
d. Alle genannten Bewegungen sind richtig.

5 Der *M. biceps brachii* bewegt drei Gelenke. Welche sind es und welches sind die Aktionen?

6 Welcher Muskel stützt das Knie von lateral und ist bei Balletttänzern, die die Hüfte besonders oft beugen und abduzieren, deutlich vergrößert?

7 Welche Muskeln sind betroffen, wenn ein Balletttänzer Dehnübungen macht, indem er die Ferse auf die Ballettstange legt?

8 Welche Aufgabe hat die intrinsische Handmuskulatur?

9 Inwiefern wirkt der *M. tensor fasciae latae* synergistisch mit dem *M. gluteus maximus*?

10 Welches sind die Hauptaufgaben der *Retinacula flexorum* und *extensorum* an Hand- und Sprunggelenk?

Anwendung der Lerninhalte

1 Beschreiben Sie, wie die Handmuskeln arbeiten, wenn Sie einen Stift beim Schreiben oder Malen halten.

2 Christoph erleidet beim Fußballspielen einen Muskelfaserriss im Bereich der ischiokruralen Muskulatur. Er hat seitdem Schwierigkeiten, die Hüfte zu beugen und den Oberschenkel nach innen zu rotieren. Welchen Muskel dieser Gruppe hat er am wahrscheinlichsten verletzt?

3 Beim Ausladen des Kofferraums holt sich Sandra eine Muskelzerrung und hat anschließend Schwierigkeiten, ihren Arm zu bewegen. Der Ambulanzarzt teilt ihr mit, dass sie sich den *M. pectoralis major* verletzt hate. Sandra erzählt Ihnen, dass sie eigentlich gedacht habe, der *M. pectoralis* sei ein Brustmuskel, und versteht nicht, was das mit ihrem Arm zu tun haben soll. Was erklären Sie ihr?

Eine Kurzzusammenfassung der wichtigsten Inhalte, sowie die Antworten zu den Fragen und weitere Arbeitsmaterialien finden sie auf unserer Companion Website unter: **www.pearson-studium.de/login**

Lernziele

1. Den Begriff der Oberflächenanatomie definieren können und seine Bedeutung für die klinische Arbeit kennen.
2. Anhand der beschrifteten Fotos durch Betrachtung und Palpation die Oberflächenmerkmale von Kopf und Hals beschreiben können.
3. Anhand der beschrifteten Fotos durch Betrachtung und Palpation die Oberflächenmerkmale des Thorax beschreiben können.
4. Anhand der beschrifteten Fotos durch Betrachtung und Palpation die Oberflächenmerkmale des Abdomens beschreiben können.
5. Anhand der beschrifteten Fotos durch Betrachtung und Palpation die Oberflächenmerkmale der oberen Extremität beschreiben können.
6. Anhand der beschrifteten Fotos durch Betrachtung und Palpation die Oberflächenmerkmale des Beckens und der unteren Extremität beschreiben können.
7. Die Bedeutung der Querschnittsanatomie für die Entwicklung einer dreidimensionalen Vorstellung anatomischer Verhältnisse kennen.
8. Anhand der beschrifteten Schnittbilder die relative Lage und die Anordnung der wichtigsten Strukturen von Kopf und Hals beschreiben können.
9. Anhand der beschrifteten Schnittbilder die relative Lage und die Anordnung der wichtigsten Strukturen des Brustraums beschreiben können.
10. Anhand der beschrifteten Schnittbilder die relative Lage und die Anordnung der wichtigsten Strukturen des Abdomens beschreiben können.
11. Anhand der beschrifteten Schnittbilder die relative Lage und die Anordnung der wichtigsten Strukturen des Beckens beschreiben können.

Oberflächenanatomie/ Querschnittsanatomie

ÜBERBLICK

12

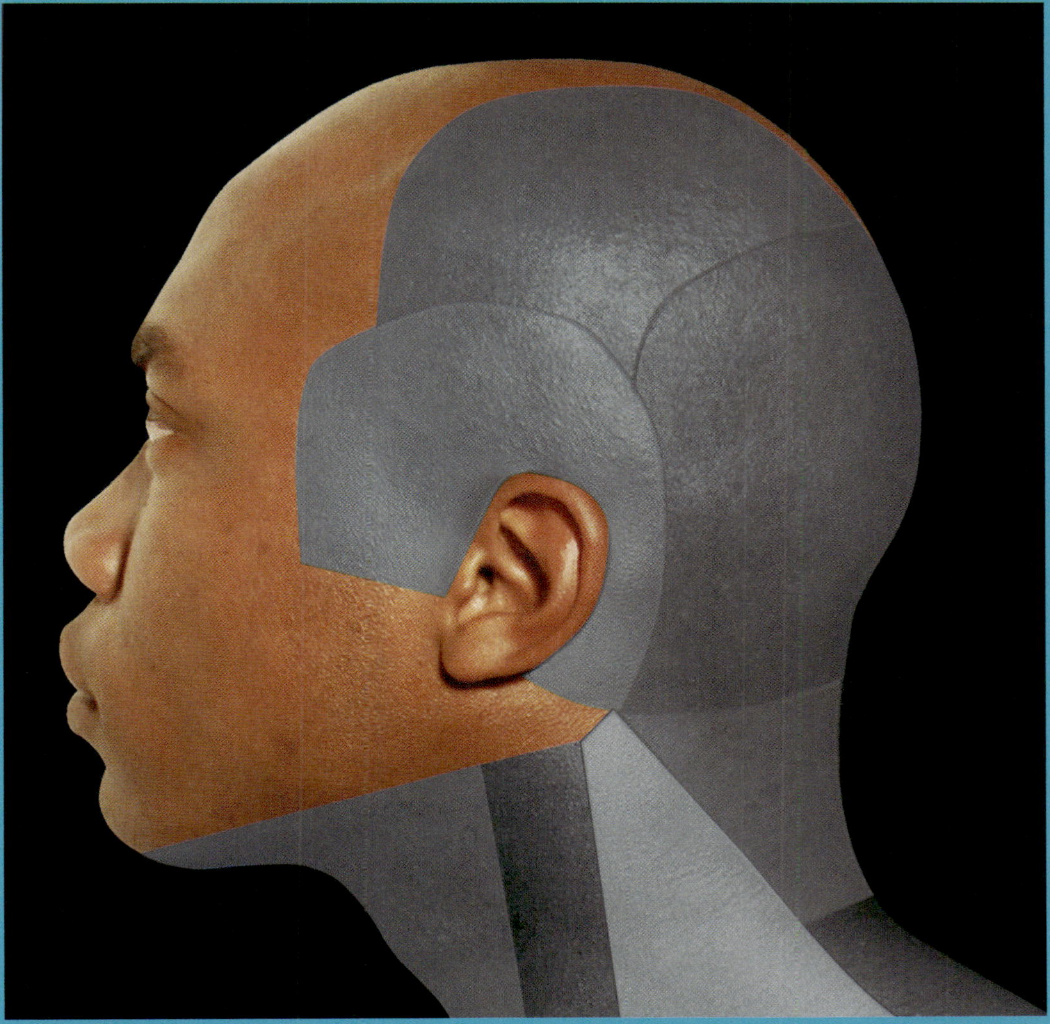

Der erste Abschnitt dieses Kapitels beschäftigt sich mit den anatomischen Strukturen, die von der Oberfläche aus identifiziert werden können. Die **Oberflächenanatomie** ist die Untersuchung anatomischer Merkmale an der Körperoberfläche. Die Fotos in diesem Anschnitt bilden den gesamten Körper ab; besonderer Wert wird auf die Darstellung von Knochenpunkten und Muskelkonturen gelegt. In Kapitel 1 haben Sie eine Einführung in die Oberflächenanatomie erhalten. Nun, da Sie mit den Grundlagen des Skelett- und des Muskelsystems vertraut sind, zeigt Ihnen eine genaue Betrachtung der Körperoberfläche die strukturellen und funktionellen Beziehungen zwischen diesen beiden Systemen. In vielen Abbildungen vorhergehender Kapitel sind Darstellungen der Körperoberfläche wiedergegeben; in diesem Kapitel finden Sie die entsprechenden Querverweise.

Es gibt viele praktische Anwendungen der Oberflächenanatomie. Für die körperliche Untersuchung eines Patienten ist die Kenntnis der Oberflächenstrukturen unerlässlich. Dies gilt ebenso für invasive wie für nicht invasive Untersuchungstechniken und Behandlungen.

Oberflächenanatomie in Regionen 12.1

Für die Oberflächenanatomie geht man am besten nach Regionen vor. Es handelt sich dabei um Kopf und Hals, Thorax, Abdomen, Arm und Bein. Die Informationen werden fotografisch dargestellt. Die Modelle haben alle eine gut ausgebildete Muskulatur und wenig Körperfett. Da anatomische Merkmale von einer subkutanen Fettschicht leicht verdeckt werden, wird es Ihnen bei sich selbst vielleicht nicht so leicht fallen, sie zu sehen. In der Praxis schätzt man zunächst die Lage und tastet dann zur Bestätigung nach den spezifischen Strukturen. Ebenso sollten Sie bei der Lektüre der nächsten Abschnitte jeweils anhand der beschrifteten Fotos verfahren.

Kopf und Hals (Abbildung 12.1 bis Abbildung 12.3)

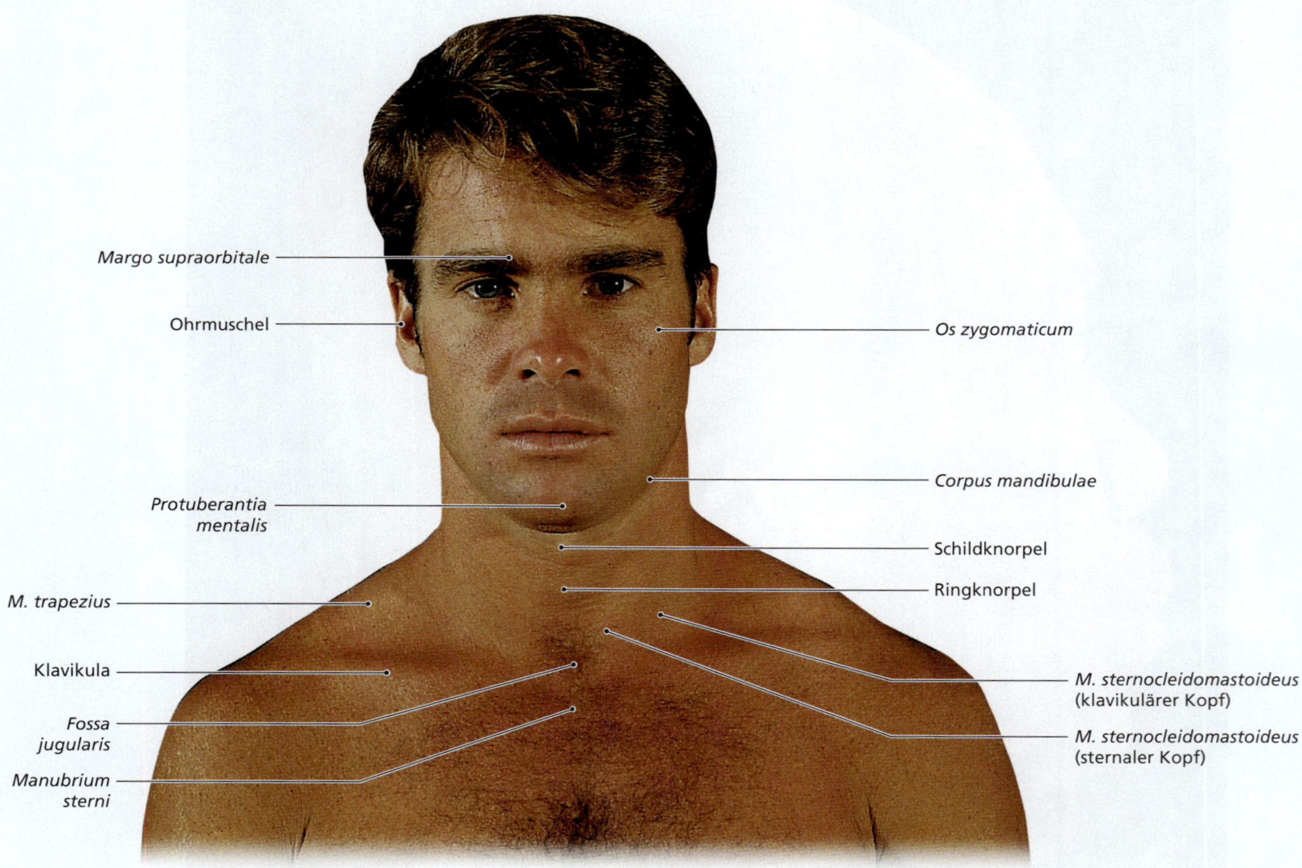

Abbildung 12.1: Kopf und Hals. Blick von anterior. Details zur Muskulatur dieser Region: siehe Abbildung 10.3 und 10.4.

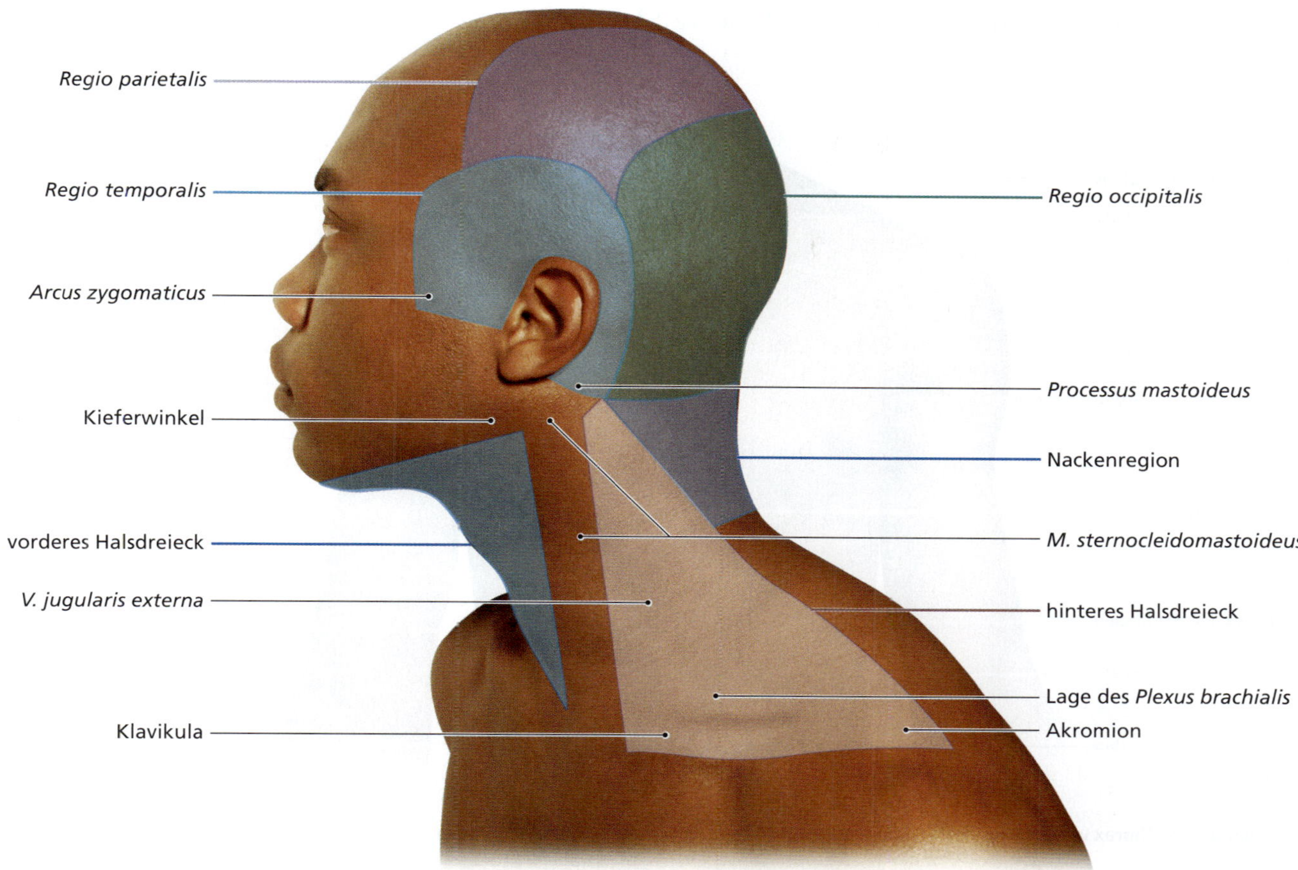

Abbildung 12.2: Hintere Halsdreiecke und die größeren Regionen von Kopf und Hals. Das vordere Halsdreieck reicht von der vorderen Mittellinie bis an die Vorderkante des M. sternocleidomastoideus. Das hintere Halsdreieck erstreckt sich zwischen der Hinterkante des M. sternocleidomastoideus und der anterioren Kante des M. trapezius.

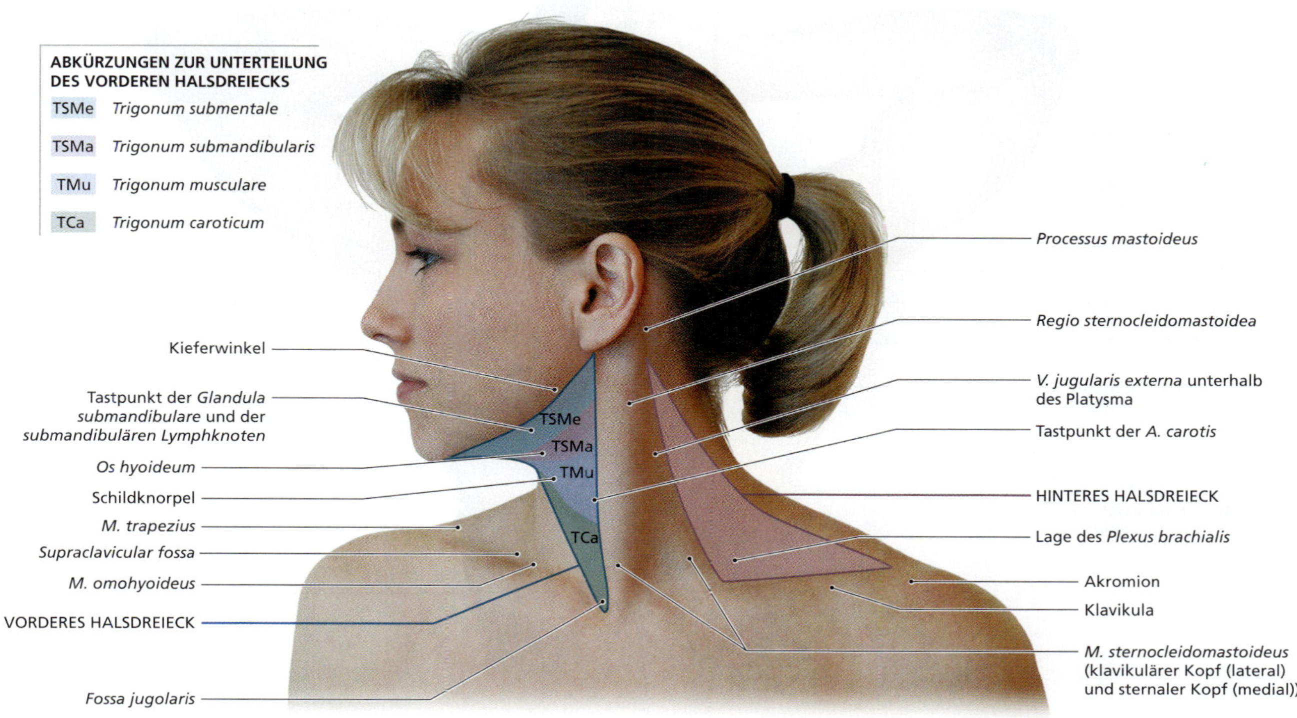

Abbildung 12.3: Unterteilung des vorderen Halsdreiecks.

Der Thorax (Abbildung 12.4 und Abbildung 12.5)

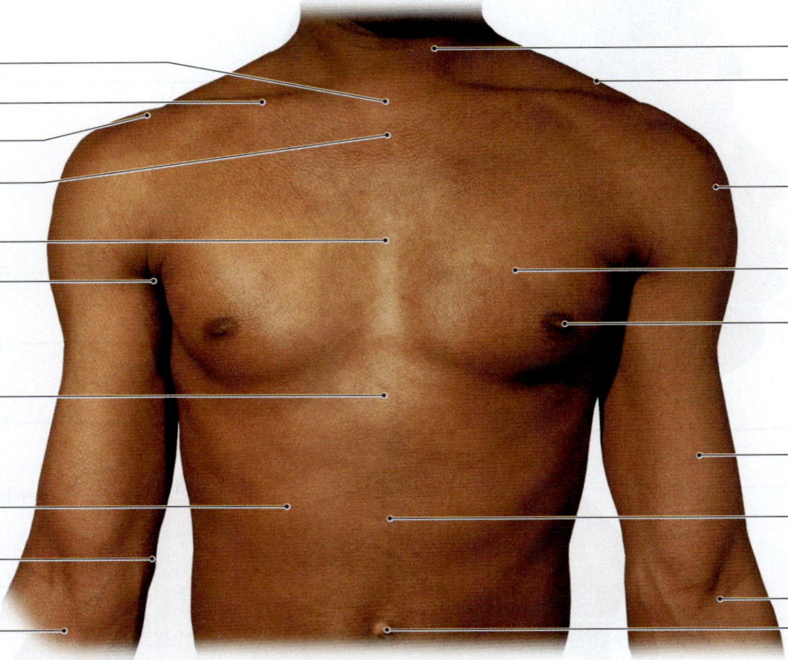

Abbildung 12.4: Thorax von anterior.

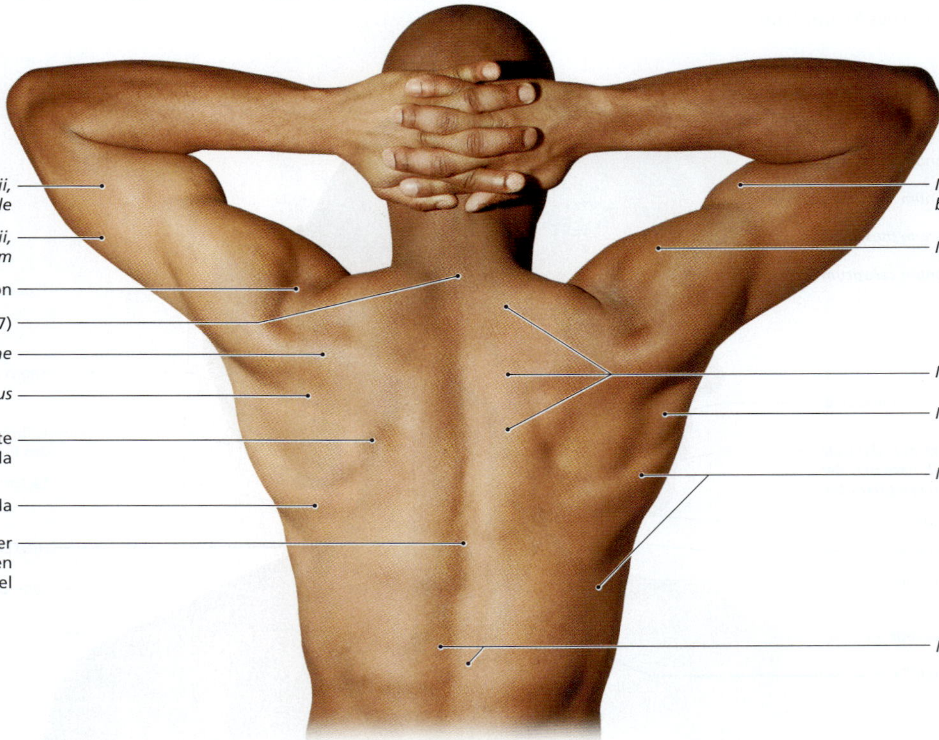

Abbildung 12.5: Rücken und Schulterregion.

Das Abdomen (Abbildung 12.6 und Abbildung 12.7)

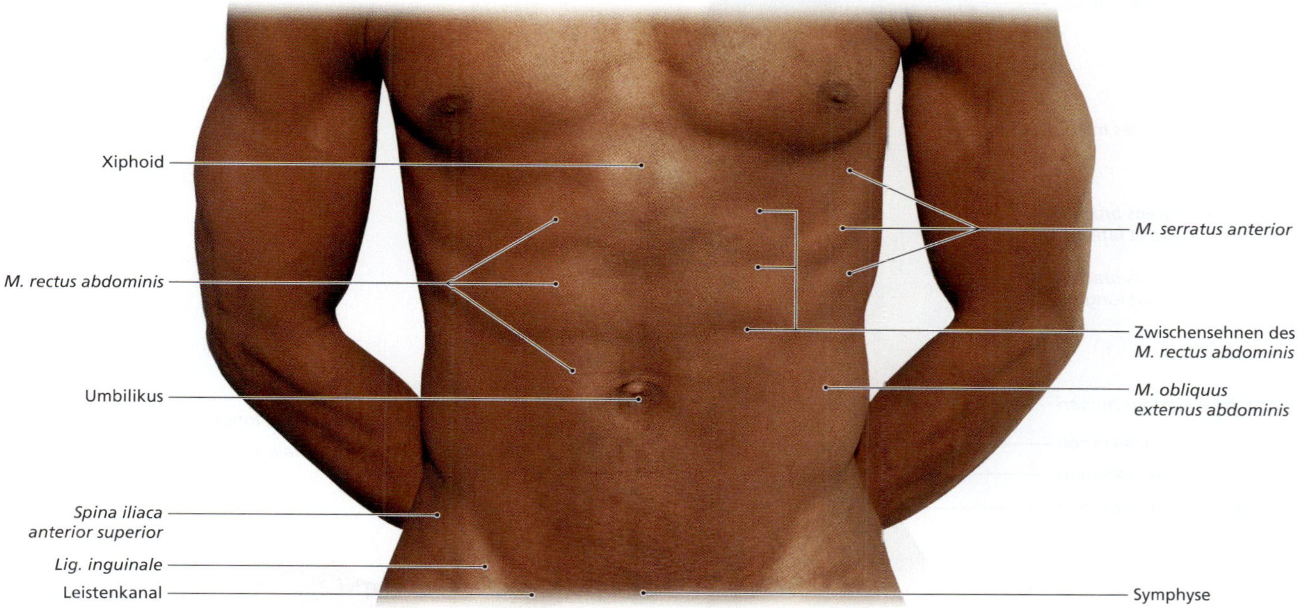

Abbildung 12.6: Die Bauchwand von anterior.

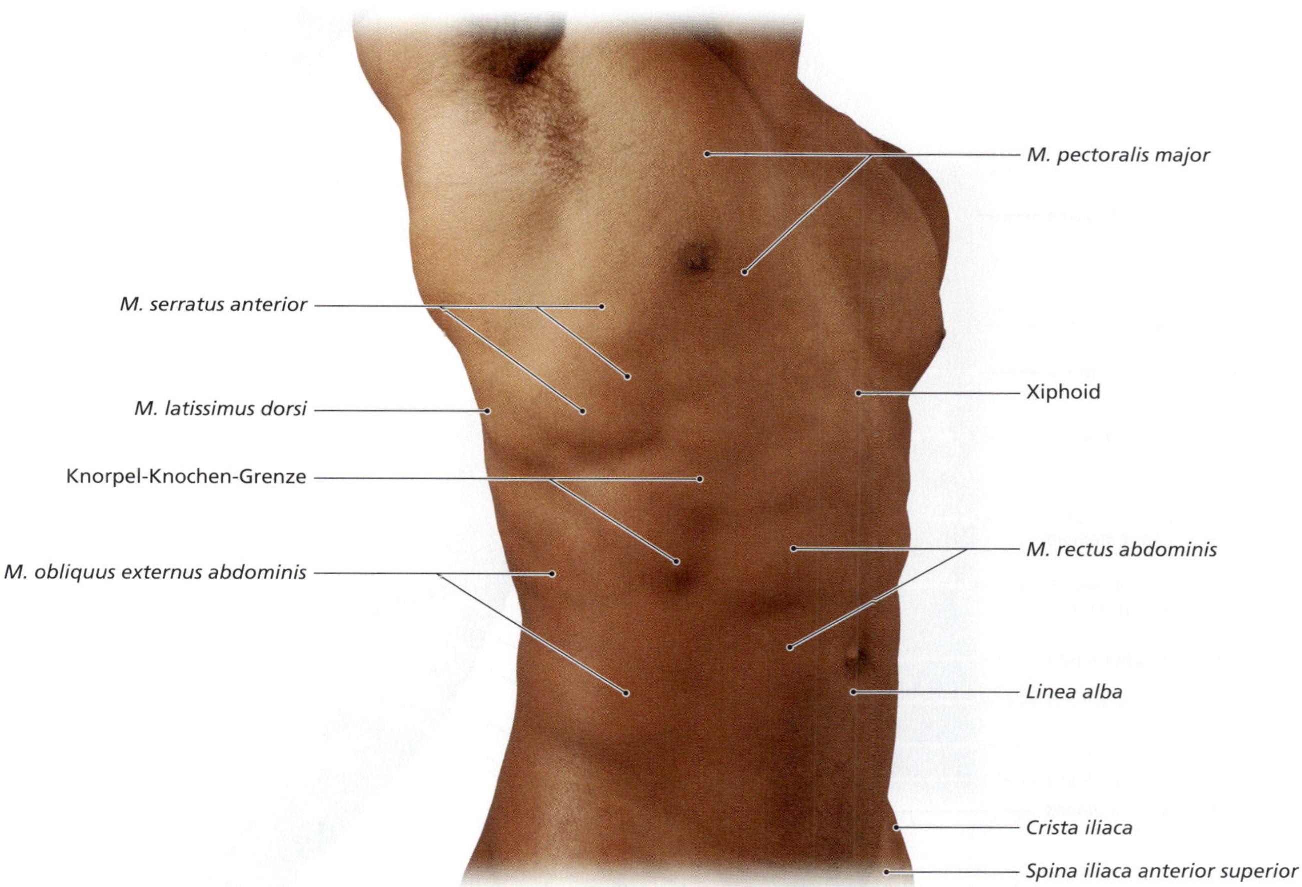

Abbildung 12.7: Die Bauchwand von anterolateral. Weitere Details der Bauchwand siehe Abbildung 10.13.

Der Arm (Abbildung 12.8 und Abbildung 12.9)

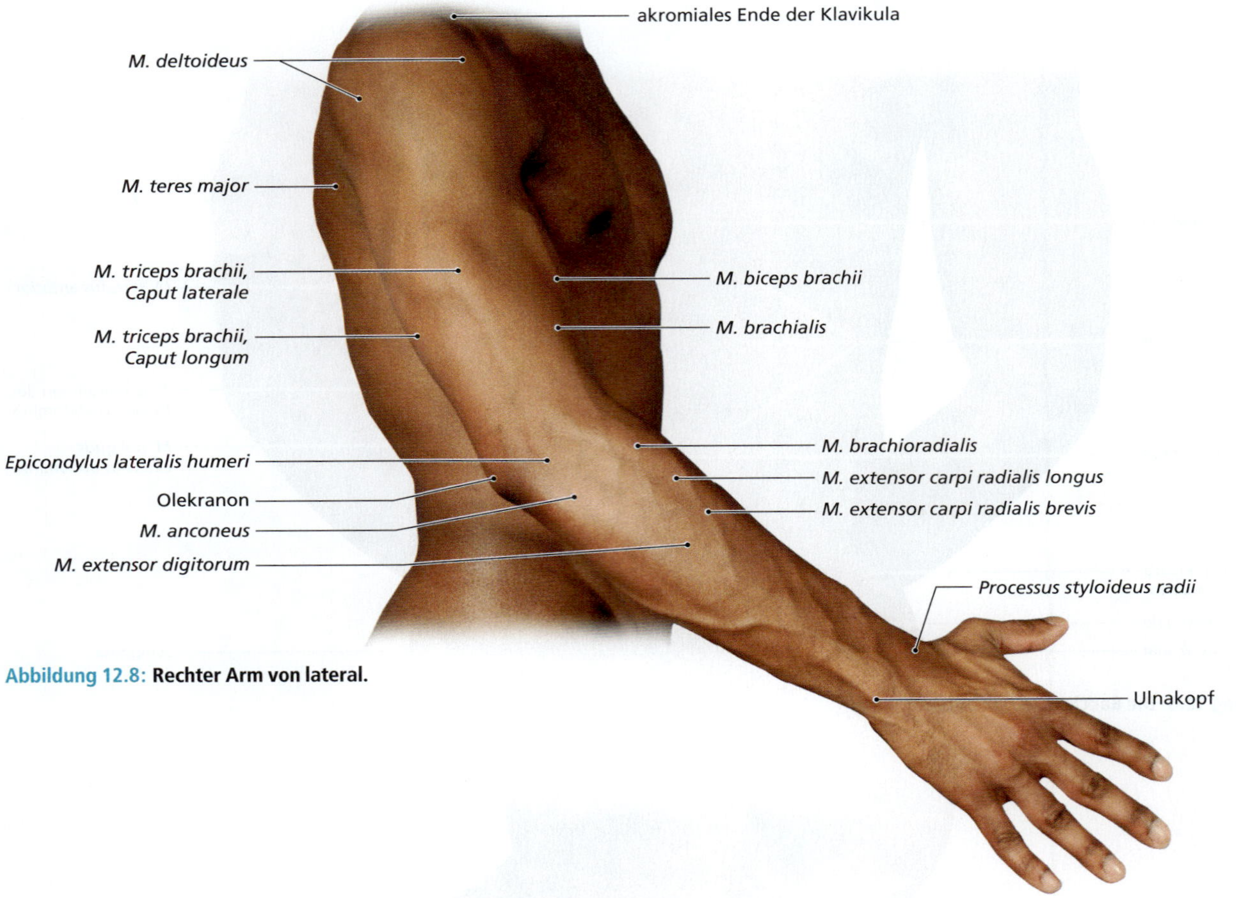

Abbildung 12.8: **Rechter Arm von lateral.**

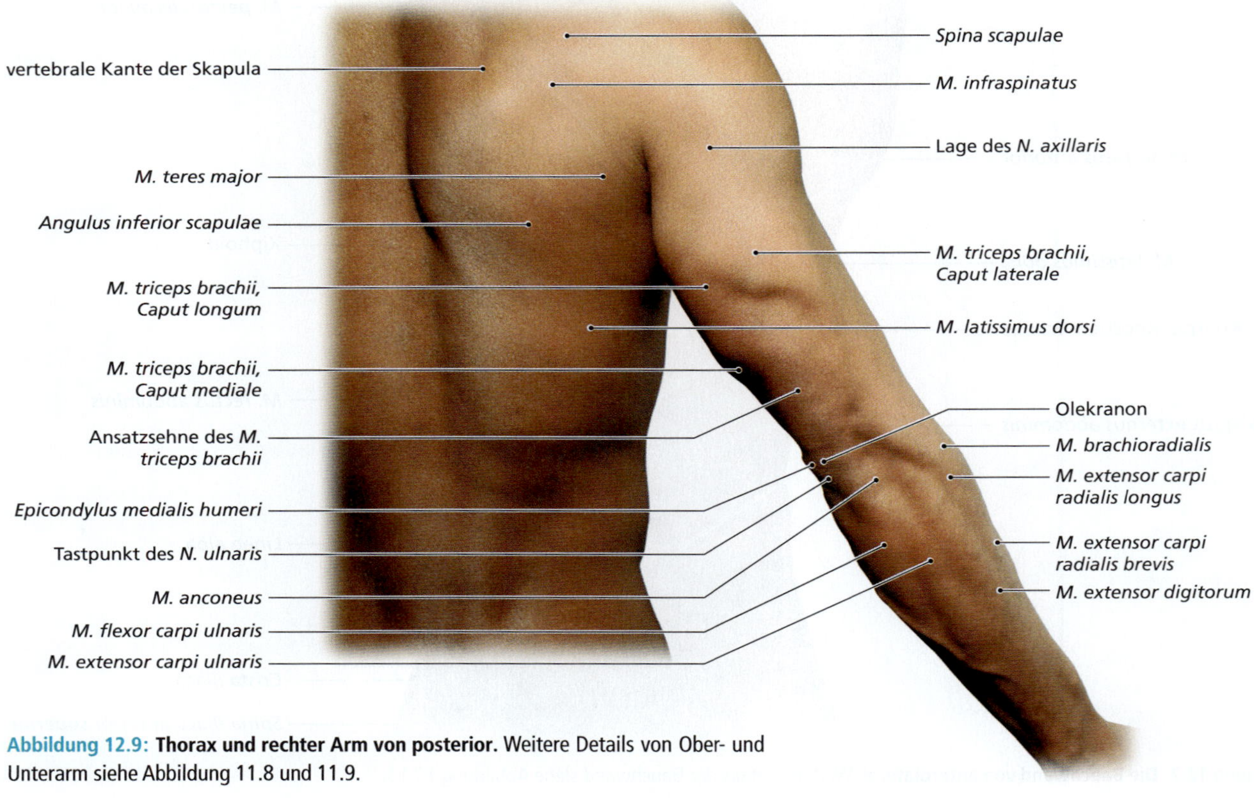

Abbildung 12.9: **Thorax und rechter Arm von posterior.** Weitere Details von Ober- und Unterarm siehe Abbildung 11.8 und 11.9.

Oberarm, Unterarm und Handgelenk (Abbildung 12.10)

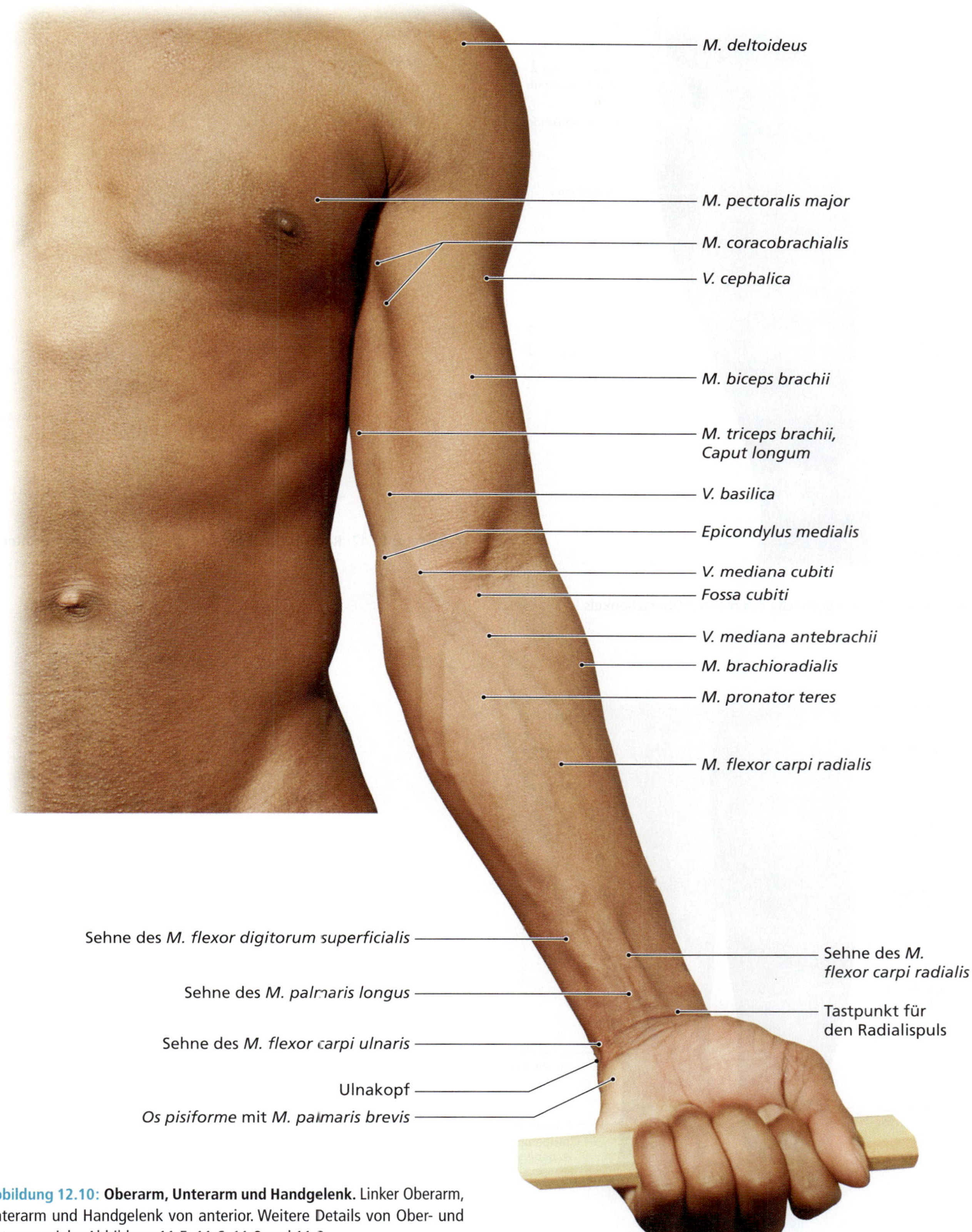

Abbildung 12.10: Oberarm, Unterarm und Handgelenk. Linker Oberarm, Unterarm und Handgelenk von anterior. Weitere Details von Ober- und Unterarm siehe Abbildung 11.5, 11.6, 11.8 und 11.9.

Becken und Bein (Abbildung 12.11 bis Abbildung 12.13)

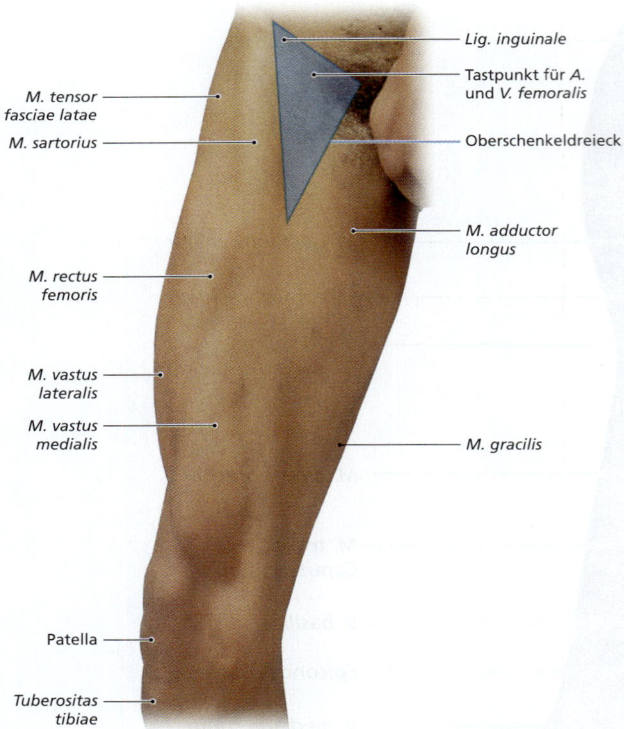

Abbildung 12.11: Vorderfläche des rechten Oberschenkels.

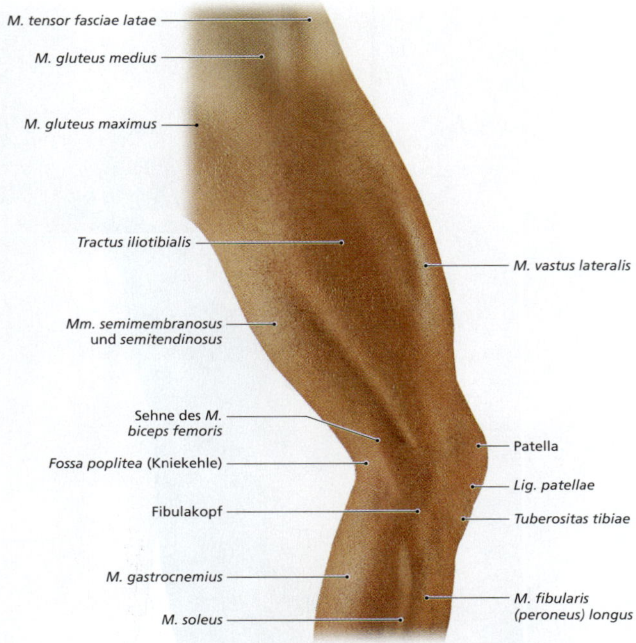

Abbildung 12.12: Rechter Oberschenkel und Glutealregion von lateral.

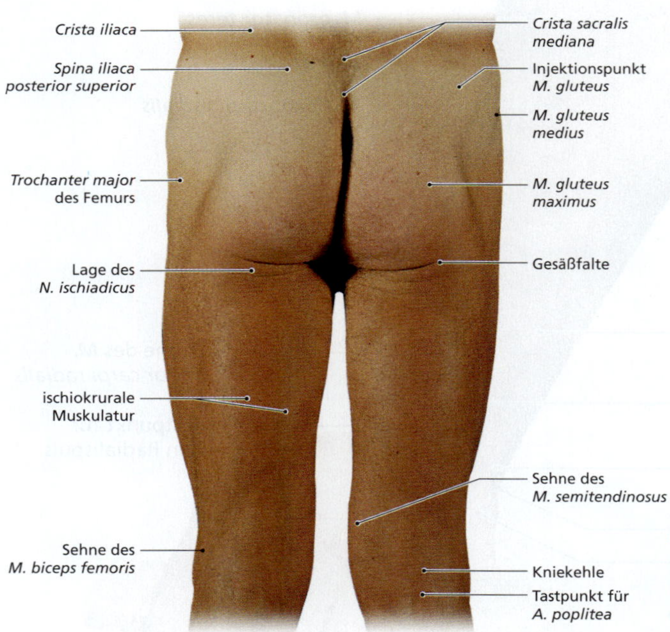

Abbildung 12.13: Rechter Oberschenkel und Glutealregion von posterior. Die Grenzen des Oberschenkeldreiecks sind das Lig. inguinale, die mediale Kante des M. sartorius und die laterale Kante des M. adductor longus. Weitere Details des Oberschenkels siehe Abbildung 11.12 bis 11.17.

Unterschenkel und Fuß (Abbildung 12.14 bis Abbildung 12.17)

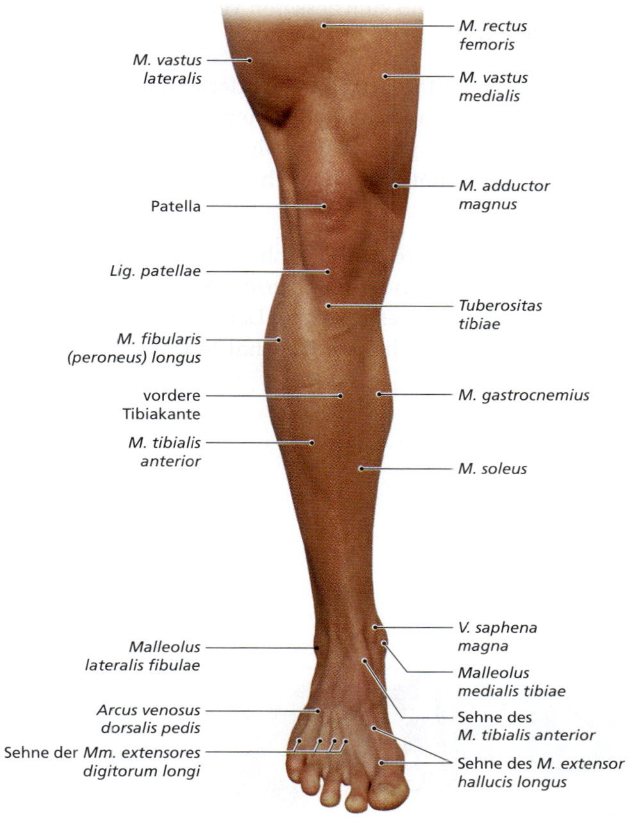

Abbildung 12.14: Rechtes Knie und Unterschenkel von anterior.

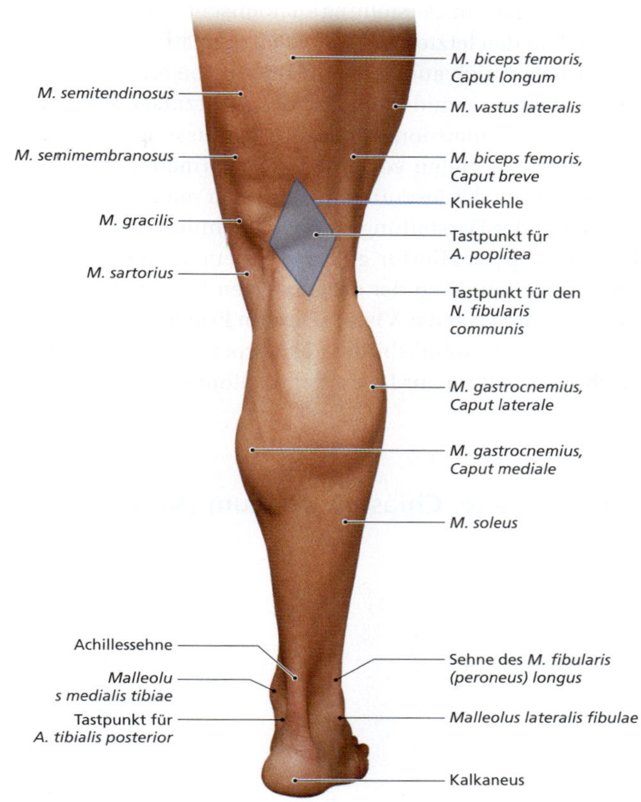

Abbildung 12.15: Rechtes Knie und Unterschenkel von posterior.

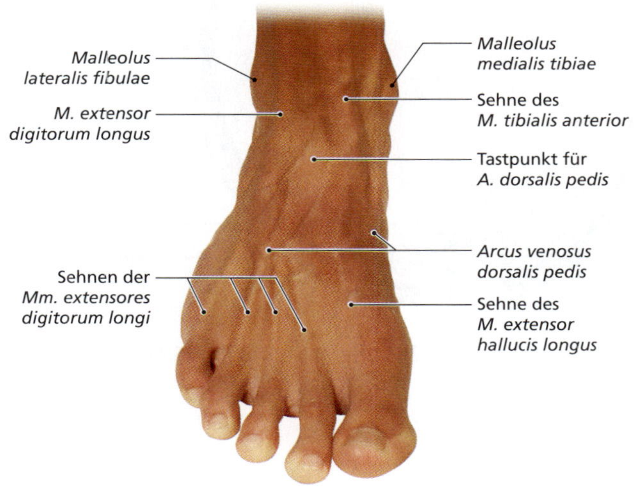

Abbildung 12.16: Rechtes Sprunggelenk und Fuß von anterior.

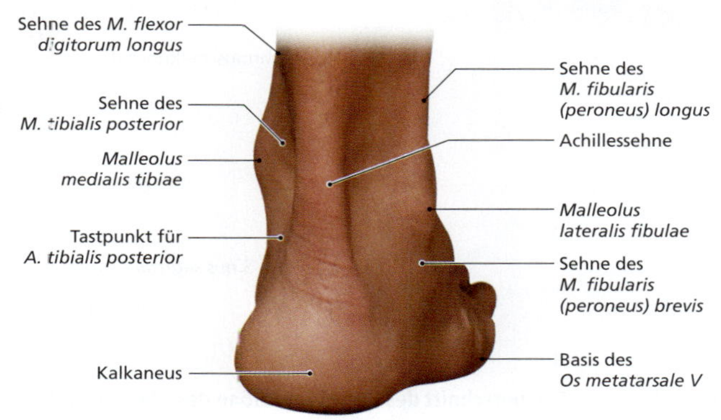

Abbildung 12.17: Rechtes Sprunggelenk und Fuß von posterior. Weitere Ansichten von Sprunggelenk und Fuß siehe Abbildung 7.15 bis 7.18 und Abb. 11.18 bis 11.21

Querschnittsanatomie 12.2

Die Methoden zur Darstellung anatomischer Strukturen haben sich in den letzten 10–20 Jahren dramatisch verändert. Daher haben sich auch die Anforderungen an den Anatomiestudenten verändert und erhöht. Heutzutage muss man sich die dreidimensionalen Lageverhältnisse anatomischer Strukturen in vielen verschiedenen Formaten vorstellen können. Eine der faszinierendsten, aber auch schwierigsten Arten der Darstellung sind Querschnitte des menschlichen Körpers. Hierfür gibt es verschiedene technische Möglichkeiten. Eine der ehrgeizigsten Unternehmungen diesbezüglich war das **Visible Human Project®**. Es umfasst über 1800 Querschnittbilder des Körpers und leistet einen wichtigen Beitrag zur Lehre der Anatomie.

In diesem Kapitel finden Sie mehrere Abbildungen aus dem Visible Human Project der National Library of Medicine. Bei ihrer Betrachtung sollten Sie zur Erleichterung der Interpretation und zum besseren Verständnis Folgendes beachten:

1. Die Querschnitte sind alle von inferior dargestellt, also so, als ob Sie an den Füßen der Person stehen und in Richtung Kopf schauen. Dies ist die Standarddarstellung für sämtliche Querschnittbilder im klinischen Bereich.
2. Derselbe Standard besagt auch, dass die anteriore Körperfläche oben und die posteriore Körperfläche unten auf dem Bild dargestellt wird. Daraus folgt, dass Strukturen auf der rechten Körperhälfte links im Bild erscheinen.

Schnittebene: Chiasma opticum (Abbildung 12.18)

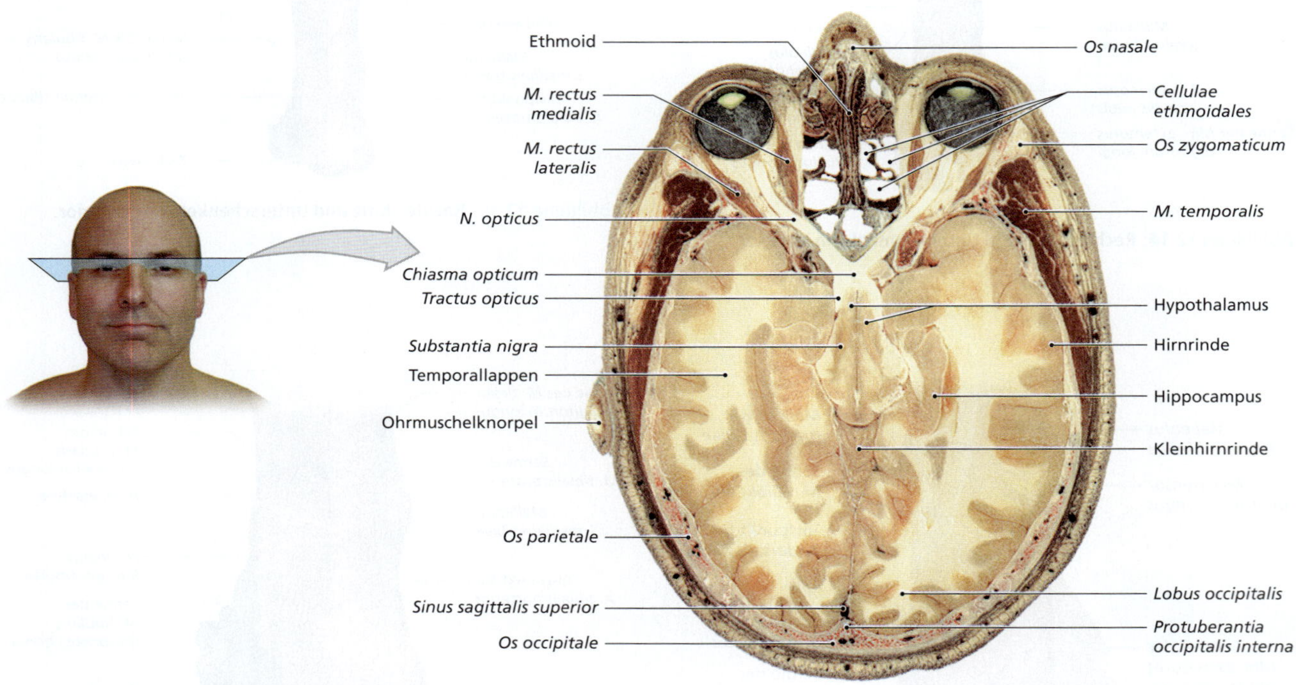

Abbildung 12.18: **Querschnitt des Kopfes auf Höhe des Chiasma opticum.** Weitere Darstellungen des ZNS siehe Abb. 15.13 und 15.21.

Schnittebene: C2 (Abbildung 12.19)

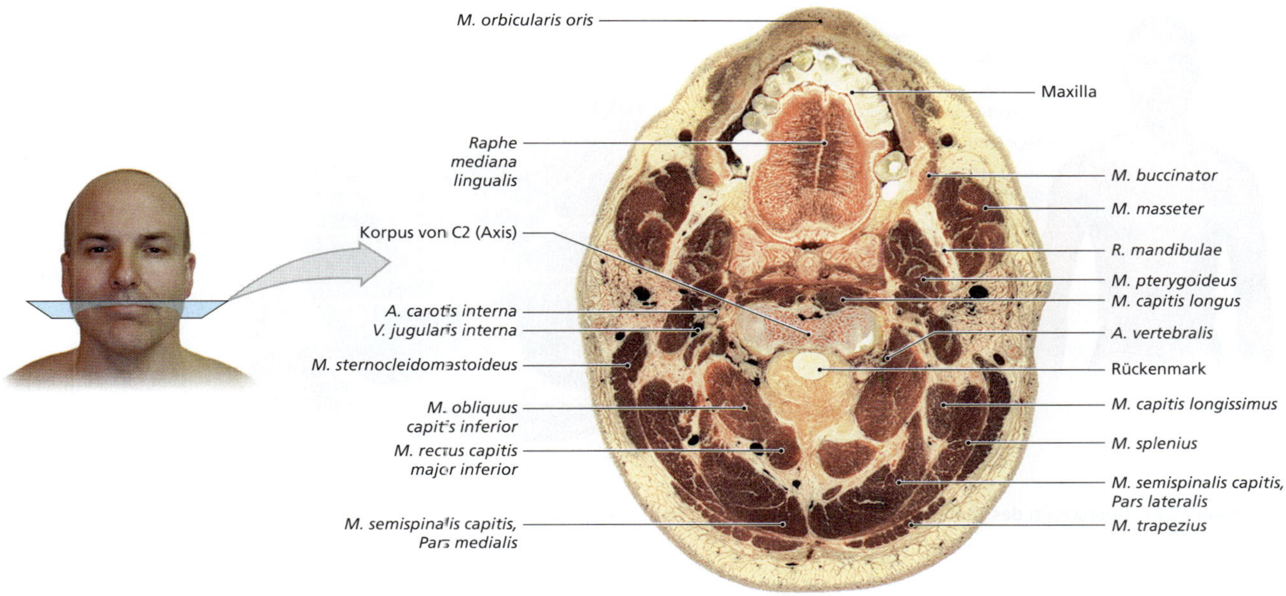

Abbildung 12.19: Querschnitt des Kopfes auf Höhe des Wirbels C2. Weitere Darstellung der Muskulatur der Wirbelsäule siehe Abbildung 10.12.

Schnittebene: Th2 (Abbildung 12.20)

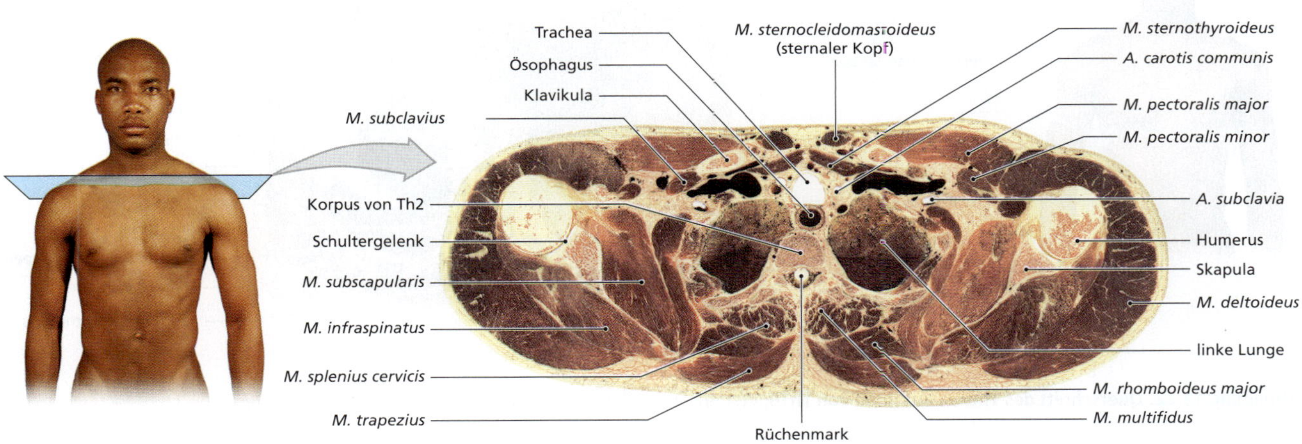

Abbildung 12.20: Querschnitt des Thorax auf der Höhe von Th2. Weitere Darstellung der Lage des Herzes innerhalb des Thorax siehe Abbildung 21.2.

Querschnitt des Thorax auf Höhe von Th8 (Abbildung 12.21)

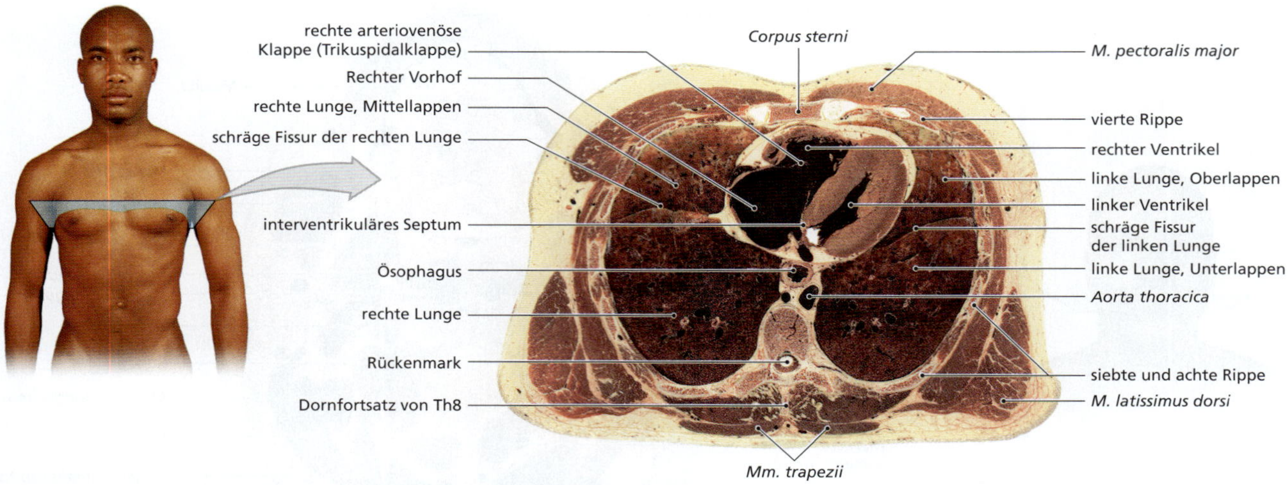

Abbildung 12.21: Querschnitt des Thorax auf Höhe von Th8. Weitere Darstellungen von Magen und Leber siehe Abbildung 25.10, 25.11 und 25.20.

Querschnitt des Thorax auf Höhe von Th10 (Abbildung 12.22)

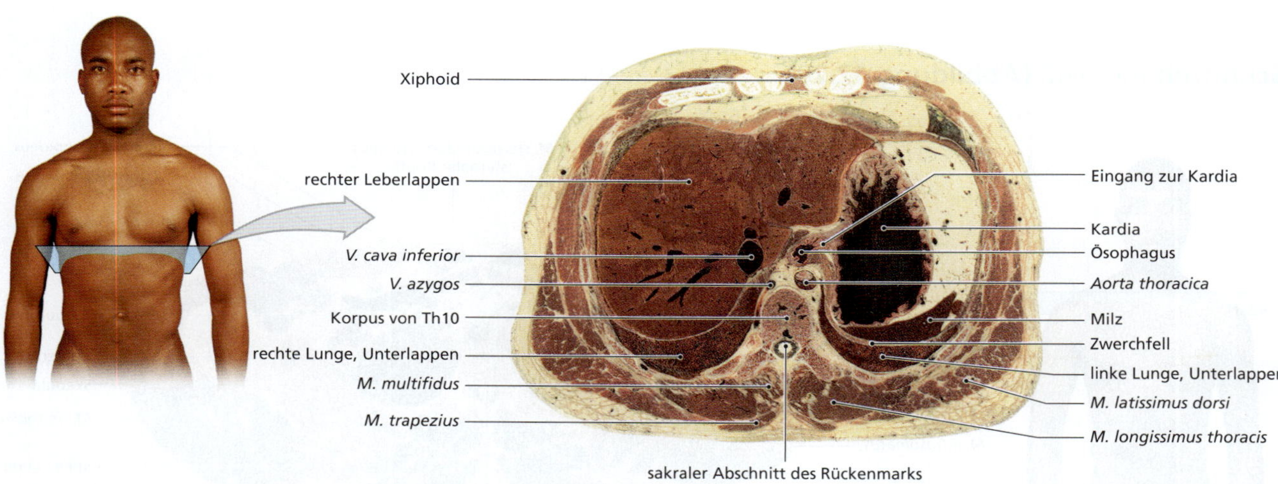

Abbildung 12.22: Querschnitt des Thorax auf Höhe von Th10. Weitere Darstellungen des Dickdarms siehe Abbildung 25.17.

Querschnitt des Thorax auf Höhe von Th12 (Abbildung 12.23)

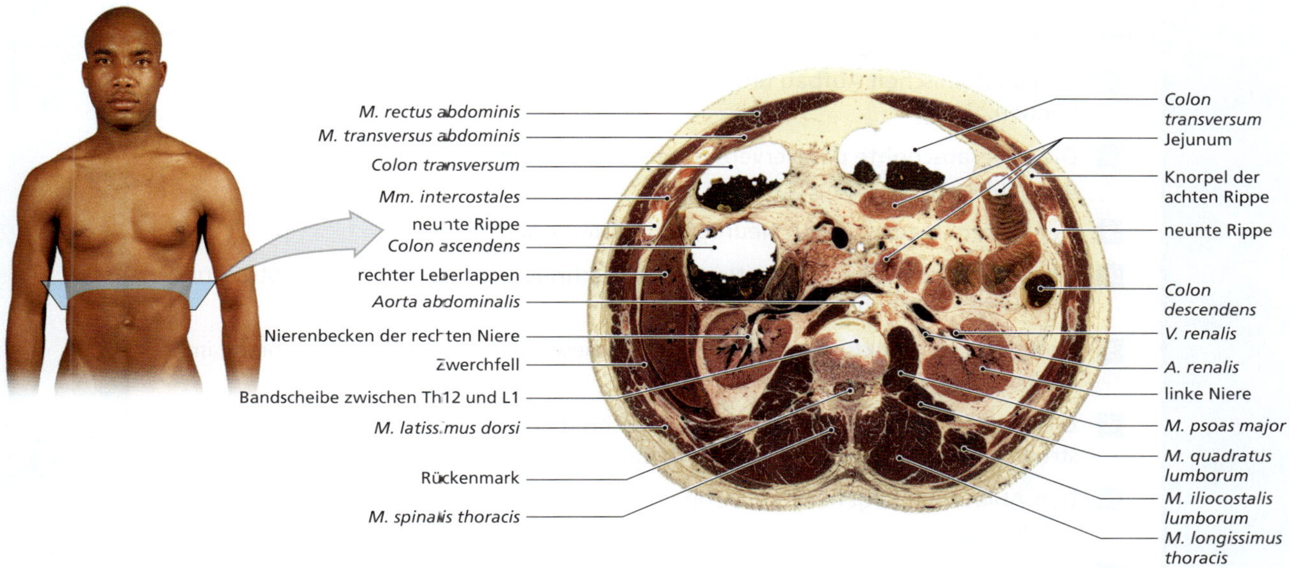

Abbildung 12.23: **Querschnitt des Thorax auf Höhe von Th12.** Weitere Darstellungen der Niere siehe Abbildung 26.1 und 26.3.

Querschnitt des Beckens auf Höhe von L5 (Abbildung 12.24)

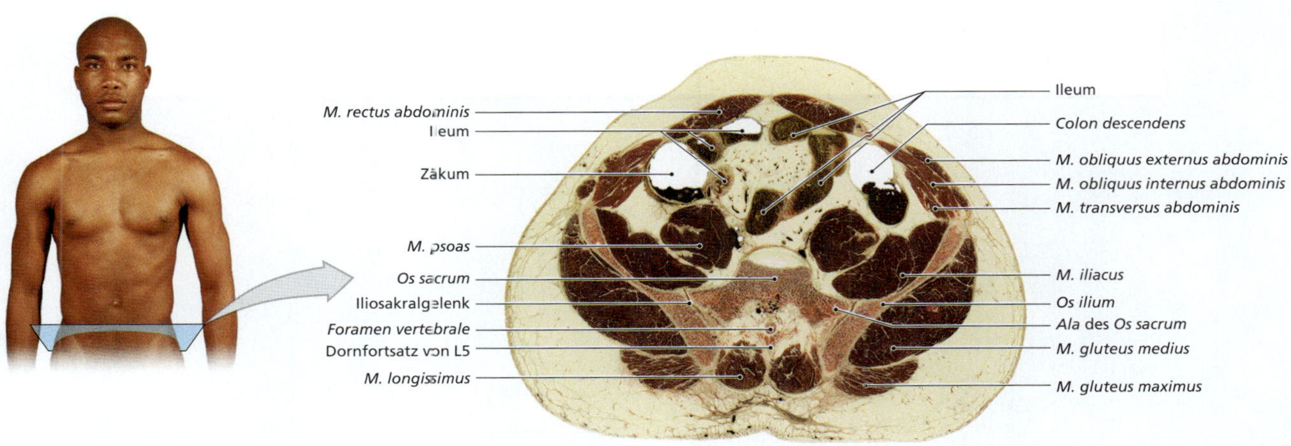

Abbildung 12.24: **Querschnitt des Beckens auf Höhe von L5.**

Lernziele

1. Den anatomischen Aufbau und die allgemeinen Funktionen des Nervensystems kennen.
2. Die Unterabschnitte des Nervensystems miteinander vergleichen und einander gegenüberstellen können.
3. Den Unterschied zwischen Neuroglia und Neuronen kennen.
4. Die verschiedenen Typen von Neuroglia beschreiben und Funktion und Struktur vergleichen können.
5. Funktion und Struktur der Myelinscheiden beschreiben und die Unterschiede im Aufbau von ZNS und PNS erklären können.
6. Die Struktur eines typischen Neurons beschreiben können und die Basis für die strukturelle und funktionale Klassifikation von Neuronen kennen.
7. Den Ablauf der Regeneration peripherer Neven nach einer Verletzung des Axons beschreiben können.
8. Die Bedeutung der Erregbarkeit von Muskel- und Nervenzellmembranen kennen.
9. Die Faktoren kennen, die die Nervenleitgeschwindigkeit beeinflussen.
10. Die Mikronanatomie einer Synapse und die Vorgänge bei der Erregungsweiterleitung beschreiben sowie die Wirkungen eines typischen Transmitters, Azetylcholin, erklären können.
11. Die verschiedenen Möglichkeiten der Zusammenarbeit einzelner Neurone oder Gruppen von Neuronen in neuronalen Pools kennen.
12. Den grundlegenden anatomischen Aufbau des Nervensystems beschreiben können.

Das Nervensystem

Nervengewebe

13

ÜBERBLICK

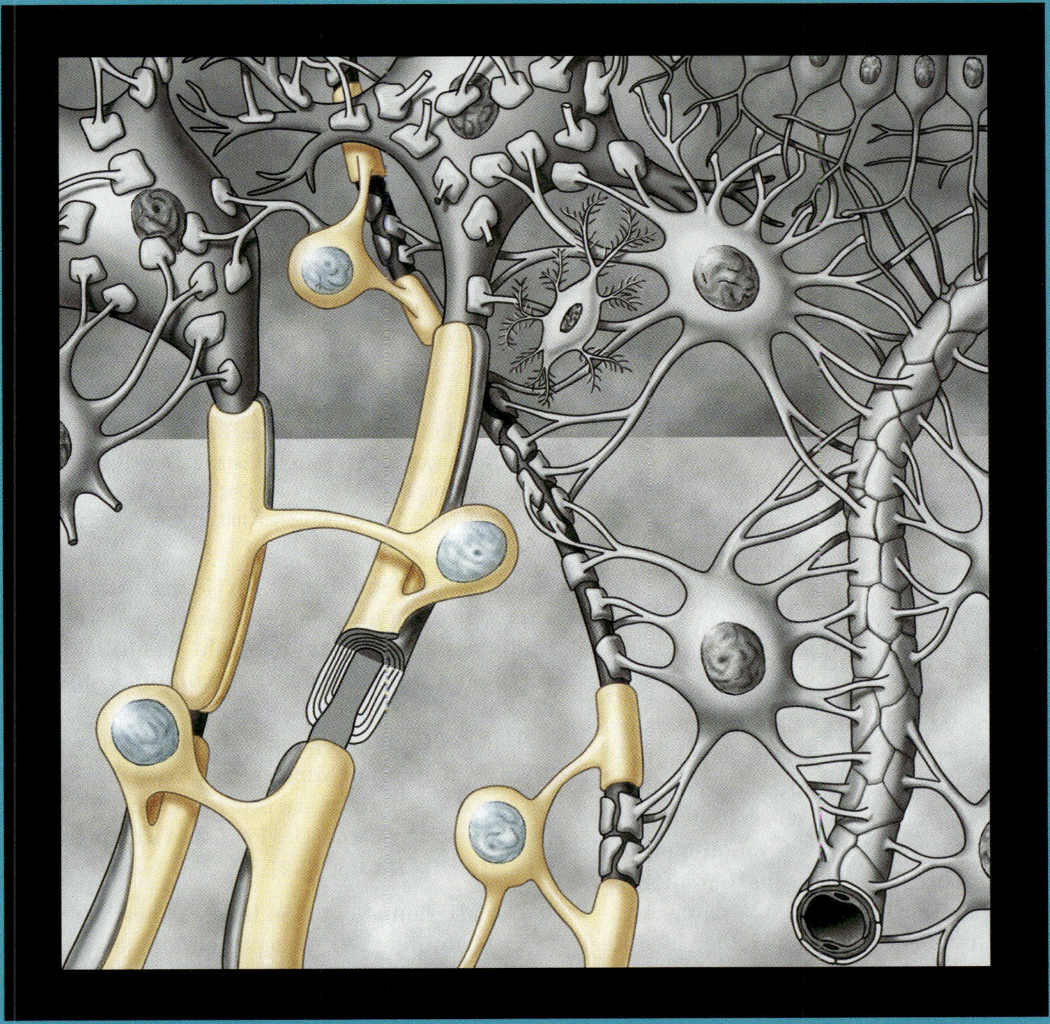

Im Verhältnis zum Gesamtgewicht des Körpers gehört das **Nervensystem** zu den kleinsten Systemen des Körpers, doch es ist mit Abstand das komplexeste. Obwohl es oft mit einem Computer verglichen wird, ist es weitaus komplizierter und vielseitiger als jedes elektronische Gerät. Der schnelle Informationsfluss und das hohe Tempo der Verarbeitung der Informationen funktionieren durchaus wie bei einem Computer mit elektrischer Aktivität. Teile des Gehirns können jedoch, anders als ein Computer, als Reaktion auf ankommende Signale ihre elektrischen Verbindungen als Teil eines Lernprozesses anpassen.

Zusammen mit dem **endokrinen System**, das in Kapitel 19 besprochen wird, steuert und modifiziert das **Nervensystem** die Aktivitäten der anderen Systeme. Beide Systeme haben wichtige strukturelle und funktionelle Gemeinsamkeiten: Die Kommunikation mit den Zielorganen verläuft über chemische Botenstoffe, und sie ergänzen sich oft. Das Nervensystem vermittelt meist relativ schnelle, aber nur kurze Reaktionen auf Reize, indem es kurzzeitig die Aktivitäten anderer Organsysteme modifiziert. Die Reaktion erfolgt fast sofort – innerhalb weniger Millisekunden –, doch der Effekt ist nach Ende der neuronalen Aktivität fast ebenso schnell auch wieder verschwunden. Im Gegensatz dazu kommen endokrine Reaktionen wesentlich langsamer in Gang, aber sie halten viel länger an – Stunden, Tage oder gar Jahre. Das endokrine System passt die metabolischen Aktivitäten anderer Systeme an das Nahrungsangebot und den Energieverbrauch an. Es koordiniert auch langfristige Vorgänge über Monate und Jahre, wie Wachstum und Entwicklung. In den Kapiteln 13–18 werden die verschiedenen Komponenten und Funktionen des Nervensystems genauer beschrieben. Dieses Kapitel beginnt mit einer Betrachtung der Struktur und Funktion von Nervengewebe und der grundlegenden Prinzipien neuronaler Aktivität. Die weiteren Kapitel beschreiben darauf aufbauend die funktionelle Organisation von ZNS, Rückenmark, übergeordneten Zentren und Sinnesorganen.

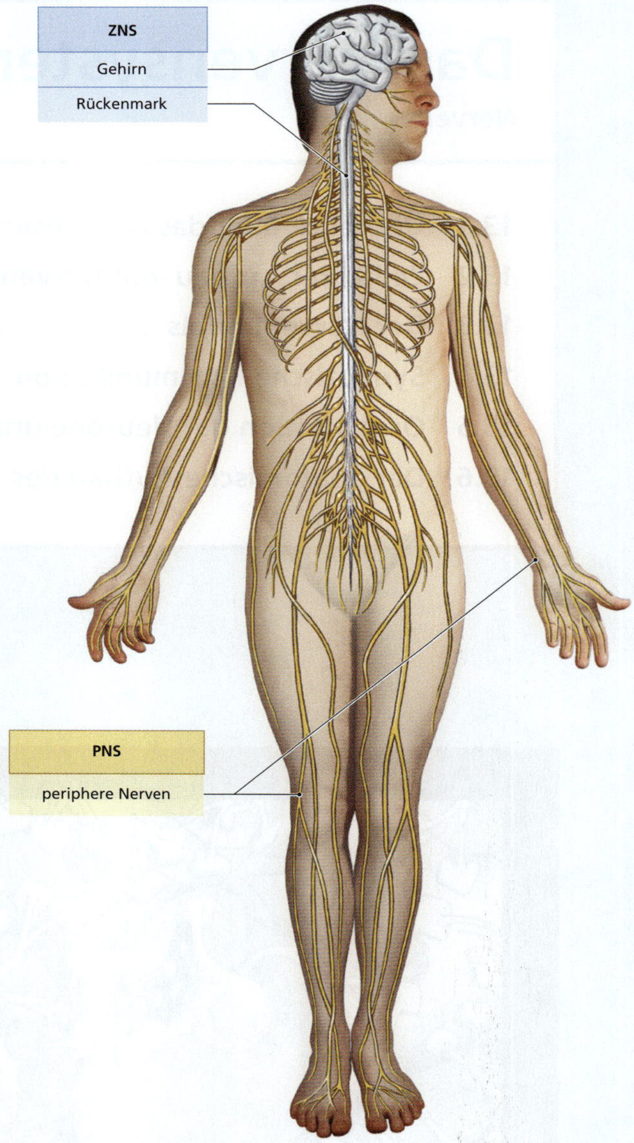

Abbildung 13.1: Das Nervensystem. Das Nervensystem umfasst das gesamte Nervengewebe des Körpers. Hierzu gehören das Gehirn, das Rückenmark, Sinnesorgane, wie Auge und Ohr, und die Nerven, die diese Organe miteinander und das Nervensystem mit anderen Systemen verbinden.

Überblick über das Nervensystem 13.1

Das Nervensystem umfasst das gesamte **Nervengewebe** des Körpers. In Tabelle 13.1 finden Sie einen Überblick über die wichtigsten Konzepte und Begriffe in diesem Kapitel. Das Nervensystem wird in zwei große anatomische Abschnitte unterteilt, das ZNS und das PNS (**Abbildung 13.1**). Das **ZNS** besteht aus dem Gehirn und dem Rückenmark. Das ZNS integriert, verarbeitet und koordiniert Sinneswahrnehmungen und die motorischen Reaktionen. Es ist außerdem der Sitz höherer Funktionen, wie der Intelligenz, des Gedächtnisses, des Lernens und der Emotionen. Zu Beginn der Entwicklung besteht das ZNS aus röhrenförmig angeordnetem Nervengewebe. Im weiteren Verlauf verringert sich die relative Größe der zentralen Höhle, aber die Wanddicke und der Durchmesser des Hohlraums variieren von Abschnitt zu Abschnitt. Im Rückenmark persistiert ein schmaler Zentralkanal; im Gehirn befinden sich in bestimmten Regionen die Ventrikel, erweiterte Hohlräume, in die der Zentralkanal übergeht. Ventrikel und Zentralkanal sind mit *Liquor cerebrospinalis* gefüllt, der auch das Gehirn umspült.

Das **PNS** umfasst alles Nervengewebe außerhalb des ZNS. Es übermittelt Sinnesreize an das ZNS und trägt umgekehrt die motorischen Antworten vom ZNS an periphere Gewebe und Systeme. Das PNS lässt sich in zwei Bereiche gliedern (**Abbildung 13.2**):

- Der **afferente Schenkel** leitet Sinnesreize an das ZNS. Er beginnt an den Rezeptoren, die jeweils bestimmte Merkmale der Umgebung überwachen. Ein Rezeptor kann ein Dendrit sein (ein sensorischer Fortsatz eines

Wichtige anatomische und funktionelle Bereiche	
ZNS	Gehirn und Rückenmark, die Kontrollzentren für die Verarbeitung und Integration von Sinnesreizen, die Planung und Koordination der Antwort und der kurzfristigen Kontrolle über andere Systeme
PNS	Nervengewebe außerhalb des ZNS, dessen Aufgabe die Verbindung des ZNS mit den Sinnesorganen und anderen Organen ist
Autonomes Nervensystem	Komponenten des ZNS und PNS, die viszerale Funktionen kontrollieren
Makroanatomie	
Nukleus	Zentrum im ZNS mit erkennbarer anatomischer Begrenzung
Zentrum	Eine Gruppe von Nervenzellkörpern mit gemeinsamer Funktion
Traktus	Axonbündel innerhalb des ZNS mit gemeinsamem Ursprung, Ziel und Funktion
Säule	Eine Gruppe von Trakten innerhalb einer spezifischen Region des Rückenmarks
Bahn	Zentren und Trakte, die das Gehirn mit anderen Organen und Systemen im Körper verbinden
Ganglien	Anatomisch gut abgrenzbare Ansammlung sensorischer oder motorischer Nervenzellkörper innerhalb des PNS
Nerv	Axonbündel im PNS
Histologie	
Graue Substanz	Nervengewebe vorwiegend aus Nervenzellkörpern
Weiße Substanz	Nervengewebe vorwiegend aus myelinisierten Axonen
Hirnrinde	Eine Schicht grauer Substanz auf der Oberfläche des Gehirns
Neuron	Die grundlegende Funktionseinheit des Nervensystems
Sensorisches Neuron	Neuron, dessen Axon Sinnesreize vom PNS zum ZNS transportiert
Motoneuron	Neuron, dessen Axon motorische Antworten vom ZNS zu den Effektororganen im PNS transportiert
Soma	Zellkörper eines Neurons
Dendriten	Fortsätze des Neurons, die auf spezifische Reize in der Umgebung der Zelle reagieren
Axon	Langer, schmaler zytoplasmatischer Fortsatz eines Neurons; Axone können Nervenimpulse (Aktionspotenziale) weiterleiten.
Myelin	Von Gliazellen gebildete Membranhülle, die die Axone umhüllt und die Geschwindigkeit der Reizweiterleitung erhöht. Axone mit dieser Hülle nennt man myelinisiert.
Neuroglia oder Gliazellen	Stützzellen, die mit den Neuronen interagieren und die extrazelluläre Umgebung beeinflussen; sie schützen vor Pathogenen und reparieren Nervengewebe.
Funktionelle Kategorien	
Rezeptor	Eine spezialisierte Zelle, ein Dendrit oder ein Organ, das auf spezifische Reize der Umgebung reagiert und dessen Stimulation zu einer Veränderung der Aktivität in einem sensorischen Neuron führt
Effektor	Ein Muskel, eine Drüse oder eine andere spezialisierte Zelle oder ein Organ, das auf neurale Stimulation durch Veränderung seiner Aktivität reagiert und einen bestimmten Effekt auslöst
Reflex	Schnelle, stereotype Reaktion auf einen spezifischen Reiz
Somatisch	Bezogen auf die Kontrolle von Skelettmuskulatur (**somatomotorisch**) oder auf Sinnesreize von Skelettmuskeln, Sehnen und Gelenken (**somatoviszeral**)
Viszeral	Bezogen auf die Kontrolle von Funktionen, wie Verdauung oder Kreislauf usw. (viszeromotorisch), oder auf Sinnesreize von viszeralen Organen
Willkürlich	Direkter, bewusster Kontrolle unterworfen
Unwillkürlich	Nicht direkter, bewusster Kontrolle unterworfen
Unbewusst	Bezogen auf Gehirnzentren, deren Aktivität man nicht bewusst wahrnimmt
Aktionspotenziale	Plötzliche, vorübergehende Veränderungen des Membranpotenzials, die an der Oberfläche eines Axons oder des Sarkolemms weitergeleitet werden

Tabelle 13.1: **Glossar: Einführung in das Nervensystem.**

AUS DER PRAXIS

Symptomatik neurologischer Erkrankungen

Wenn durch genetisch bedingte oder Umweltfaktoren, Infektionen oder Verletzungen die Regulationsmechanismen der Homöostase versagen, kommt es zu neurologischen Symptomen. Da das Nervensystem vielfältige und komplexe Aufgaben hat, sind auch die neurologischen Symptome entsprechend unterschiedlich. Es gibt jedoch einige wenige Symptome, die bei einer Vielzahl von Störungen auftreten:

Kopfschmerzen scheinen universell verbreitet zu sein; 70 % aller Menschen leiden mindestens einmal im Jahr darunter. Fast jeder hat sie irgendwann schon einmal erlebt. In der Regel erfordern Kopfschmerzen keinen Termin beim Neurologen. Es handelt sich meistens um einen Spannungskopfschmerz, mittelstark, drückend oder einengend und nicht genau lokalisierbar. Verursacht wird er wohl durch erhöhten Muskeltonus, wie etwa Verspannungen der Nackenmuskeln. Spannungskopfschmerzen werden durch unterschiedliche Faktoren ausgelöst, aber länger anhaltende Kontraktionen von Gesichts- und Nackenmuskeln sind eine häufige Ursache. Sie können tagelang anhalten oder über einen längeren Zeitraum hinweg täglich auftreten. Sie können eine Begleiterscheinung einer Depression oder von Angstzuständen sein. Beim Spannungskopfschmerz kommen keine zusätzlichen Symptome vor, wie etwa bei einer Migräne: pochende Schmerzen, oft einseitiger starker Schmerz, Lichtempfindlichkeit sowie Übelkeit und Erbrechen. Eine Migräne hat sowohl neurologische als auch kardiovaskuläre Ursachen. Lebensbedrohlich sind beide nicht. Andere Kopfschmerzformen entstehen sekundär bei den folgenden Erkrankungen:

- Erkrankungen des ZNS, wie Infektionen (Meningitis, Enzephalitis, Tollwut) oder Hirntumoren
- Verletzungen, wie ein Schlag auf den Kopf
- Herz-Kreislauf-Erkrankungen, wie etwa ein Schlaganfall
- Stoffwechselstörungen, wie etwa niedriger Blutzucker

Einer **Muskelschwäche** kann eine neurologische Erkrankung zugrunde liegen. Der Untersucher muss die Ursache feststellen, um eine effektive Behandlungsmethode wählen zu können. Myopathien (Muskelerkrankungen) müssen von neurologischen Erkrankungen, wie demyelinisierenden Neuropathien, Störungen an den neuromuskulären Synapsen oder Schäden an peripheren Nerven, unterschieden werden.

Taubheitsgefühl oder Kribbeln (**Parästhesien**) können nach Verletzungen 1. eines sensorischen Nervs (Hirn- oder Spinalnerv) oder 2. einer sensorischen Bahn im ZNS auftreten. Parästhesien können vorübergehend oder dauerhaft sein. Eine Drucklähmung kann z. B. nach einigen Minuten wieder vorbei sein, während eine Parästhesie distal einer schweren Rückenmarksverletzung wahrscheinlich anhält.

Neurons), eine spezialisierte Zelle, ein Zellhaufen oder ein komplexes Sinnesorgan, wie etwa das Auge. Unabhängig von seiner Struktur kann ein stimulierter Rezeptor Sinneswahrnehmungen an das ZNS übermitteln.

- Der **efferente Schenkel** übermittelt die motorischen Antworten an Muskeln und Drüsen. Er beginnt im Inneren des ZNS und endet am Effektor: einer Muskelzelle, einer Drüse oder einer anderen Zelle mit einer speziellen Aufgabe.

Beide Schenkel haben somatische und viszerale Komponenten: Der afferente Schenkel übermittelt Informationen von **somatischen Sinnesrezeptoren**, die Skelettmuskeln, Gelenke und die Haut überwachen, und von **viszeralen Sinnesrezeptoren**, die mit anderen inneren Geweben verbunden sind, wie der glatten Muskulatur, dem Herzmuskel und den Drüsen. Der afferente Schenkel überträgt auch Informationen von den speziellen Sinnesorganen, wie Auge und Ohr. Zum efferenten Schenkel gehören das **willkürliche Nervensystem** das die Kontraktionen der Skelettmuskulatur lenkt, und das **unwillkürliche (autonome oder vegetative) Nervensystem**, das die Aktivität glatter Muskeln, des Herzmuskels und der Drüsen steuert.

Die Aktivitäten des **willkürlichen Nervensystems** können ebenfalls entweder willkürlich oder unwillkürlich sein. Willentliche Kontraktionen unserer Skelettmuskulatur unterliegen unserer bewussten Kontrolle; so kontrollieren Sie beispielsweise die Armbewegung, mit der Sie ein Trinkglas an die Lippen heben. Unwillkürliche Kontraktionen unterliegen nicht unserer bewussten Kontrolle. Wenn Sie an eine heiße Herdplatte fassen, zieht sich Ihre Hand sofort wieder zurück, meist noch, bevor Sie den Schmerz spüren. Die Aktivitäten des autonomen Nervensystems sind uns gewöhnlich nicht bewusst und liegen außerhalb unserer Kontrolle.

Die Organe von ZNS und PNS sind komplex und mit zahleichen Blutgefäßen und bindegewebigen Schichten zum physischen Schutz und zur mechanischen Stütze versorgt. Dennoch werden all die unterschiedlichen und wichtigen Funktionen des Nervensystems von einzelnen Neuronen ausgeführt, die sorgfältig beschützt und funktionsfähig gehalten werden müssen. Unsere Besprechung

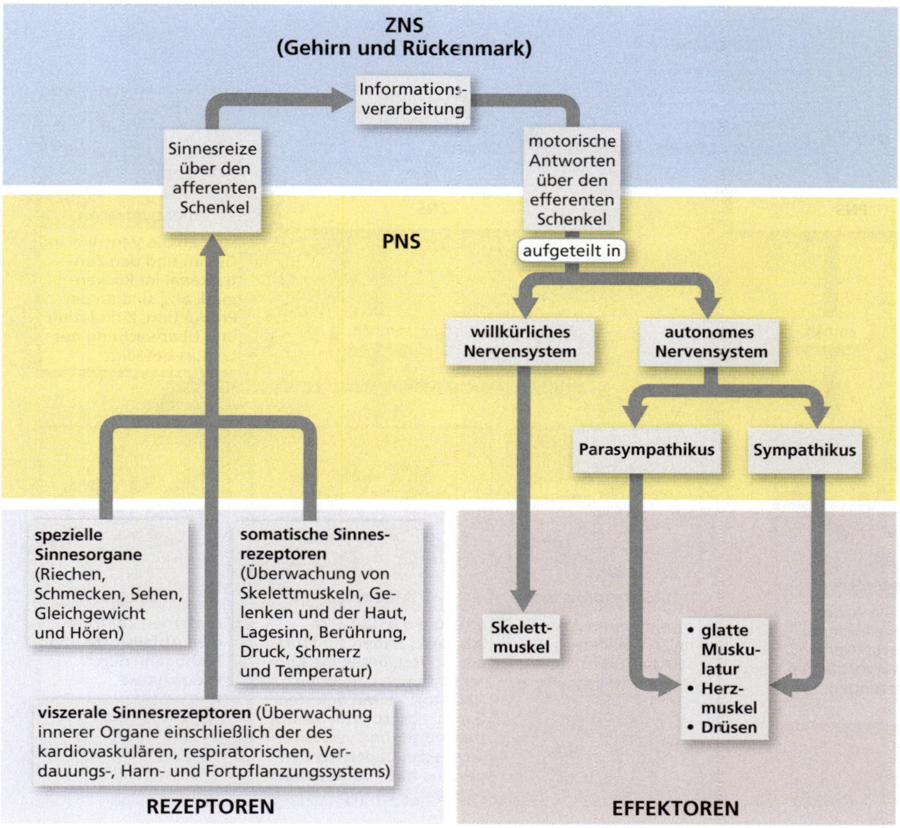

Abbildung 13.2: Funktioneller Überblick über das Nervensystem. Dieses Diagramm zeigt die Beziehung zwischen dem ZNS und dem PNS sowie die Funktionen und Komponenten der afferenten und efferenten Schenkel.

des Nervensystems beginnt auf der zellulären Ebene mit der Histologie des Nervengewebes.

Zellulärer Aufbau von Nervengewebe 13.2

Nervengewebe besteht aus zwei unterschiedlichen Zelltypen: Nervenzellen (Neurone) und Stützzellen (Neuroglia). **Neurone** sind für die Weiterleitung und die Verarbeitung von Informationen im Nervensystem verantwortlich. Der Aufbau eines Neurons wurde in Kapitel 3 besprochen. Ein repräsentatives Neuron (**Abbildung 13.3**) hat einen **Zellkörper** (Soma). Die Region um den Zellkern herum nennt man Perikaryon (griech.: karyon = die Nuss, der Fruchtkern). Der Zellkörper hat meist zahlreiche Verzweigungen, die Dendriten. Diese sind typischerweise stark verzweigt; an jedem Ende befinden sich feine Ausläufer, die dendritischen Dornfortsätze (Spines). Im ZNS verläuft die Informationsweiterleitung von einem Neuron zum nächsten im Wesentlichen über diese **dendritischen Dornfortsätze (Spines)**, die 80–90 % der Gesamtoberfläche der Neurone ausmachen.

Der Zellkörper ist mit dem langgezogenen **Axon** verbunden, das an einem oder mehreren **Synapsenendkolben** endet. An jeder dieser Endigungen findet Kommunikation mit einer benachbarten Zelle statt. Der Zellkörper enthält die Organellen, die Energie produzieren und organische Moleküle, wie etwa Enzyme, synthetisieren.

Stützzellen, oder **Neuroglia**, isolieren die Neurone, bilden ein Stützgerüst für das Nervengewebe, kontrollieren den Interzellulärraum und wirken als Phagozyten. Das Ner-

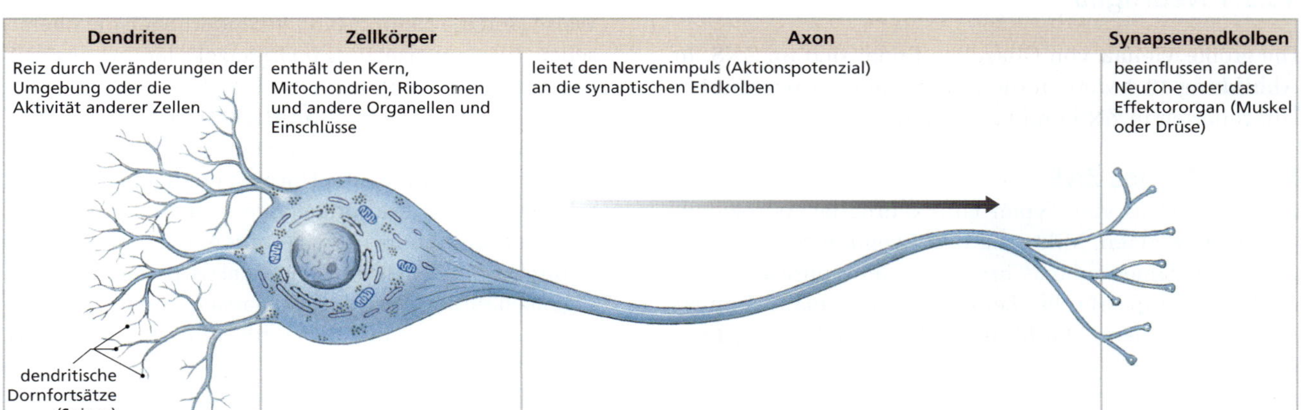

Abbildung 13.3: **Aufbau eines Neurons.** Hier werden die vier Teile des Neurons (Dendriten, Zellkörper, Axon und synaptische Endkolben), die jeweiligen Funktionen und die normale Richtung der Reizweiterleitung dargestellt.

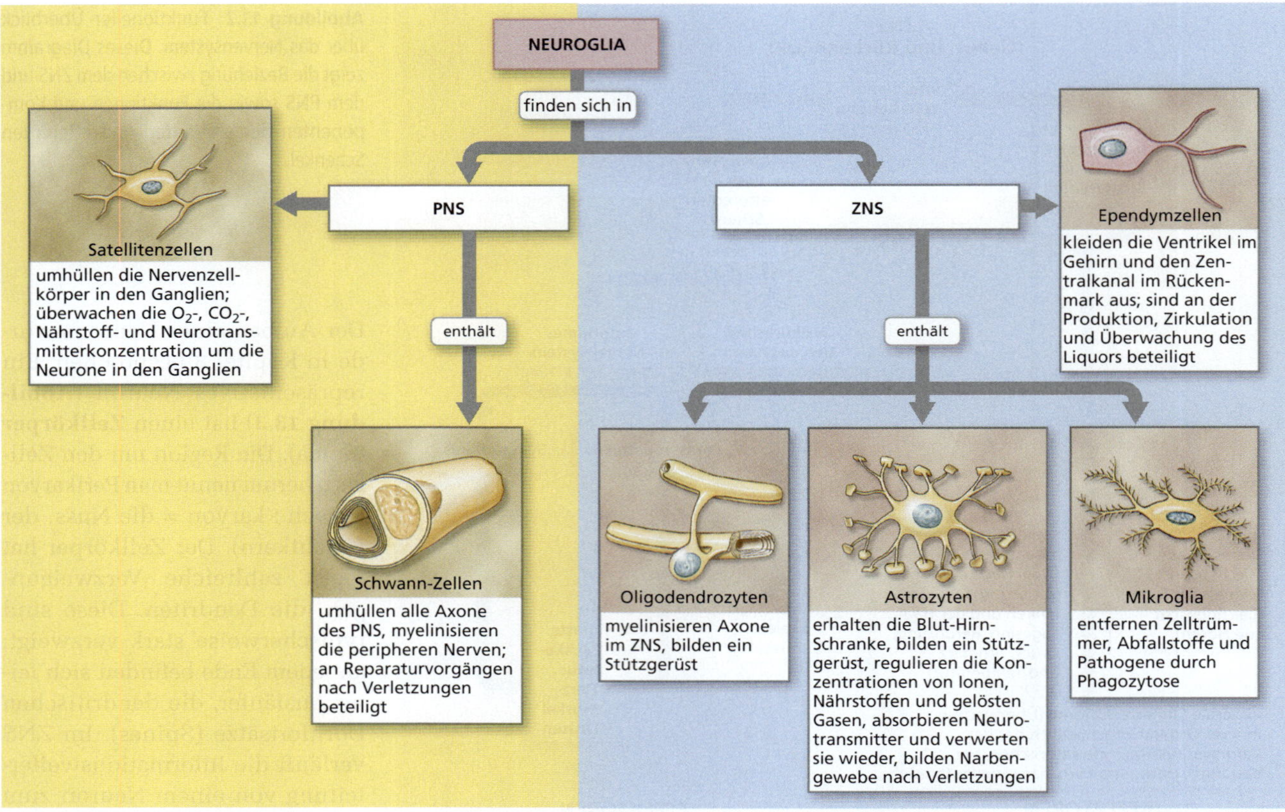

Abbildung 13.4: Die Klassifikation der Neuroglia. In diesem Flussdiagramm sind die Kategorien und Funktionen der verschiedenen Gliazellen zusammengefasst.

vengewebe des Körpers enthält etwa 100 Milliarden **Gliazellen**, das sind etwa fünf Mal so viele, wie es Neurone gibt. Gliazellen sind kleiner als Neurone, und sie behalten die Fähigkeit zur Teilung – eine Eigenschaft, die den meisten Neuronen verloren geht. Zusammen macht die Neuroglia etwa die Hälfte des Volumens des Nervensystems aus. Das Nervengewebe des ZNS unterscheidet sich signifikant von dem des PNS, im Wesentlichen aufgrund unterschiedlicher Arten von Gliazellen.

13.2.1 Neuroglia

Die größte Vielfalt von Gliazellen findet sich im ZNS. In **Abbildung 13.4** werden die Funktionen der wichtigsten Gliazellarten in ZNS und PNS miteinander verglichen.

Neuroglia des ZNS

Im ZNS gibt es vier Typen von Neuroglia: Astrozyten, Oligodendrozyten, Mikroglia und Ependymzellen. Diese Zelltypen können anhand ihrer Größe, ihres intrazellulären Aufbaus und spezifischer Zellfortsätze voneinander unterschieden werden (**Abbildung 13.5** und **Abbildung 13.6**; siehe auch Abbildung 13.4).

ASTROZYTEN Die größten und zahlreichsten Gliazellen sind die **Astrozyten** (griech.: astron = der Stern; siehe Abbildung 13.4 und 13.5). Sie haben zahleiche Funktionen, von denen viele noch nicht genau erforscht sind. Man kann sie wie folgt zusammenfassen:

- **Kontrolle der interstitiellen Umgebung:** Astrozyten haben zahlreiche zytoplasmatische Fortsätze. Sie vergrößern die Zelloberfläche erheblich, was den Austausch von Ionen und anderen Molekülen mit dem Extrazellulärraum im ZNS erleichtert. Durch diesen Austausch können die Astrozyten die chemische Zusammensetzung des Extrazellulärraums im ZNS bestimmen. Die Fortsätze sind außerdem mit den Neuronen verbunden und bedecken oft die gesamte Zelloberfläche. Auf diese Weise sind die Neurone von Veränderungen der chemischen Zusammensetzung im Extrazelluläraum des ZNS isoliert und geschützt.
- **Aufrechterhaltung der Blut-Hirn-Schranke:** Das Nervengewebe muss physisch und biochemisch vom Kreislauf getrennt sein, da die Hormone und andere chemische Substanzen, die normalerweise im Blut zirkulieren, die Nervenfunktion stören könnten. Das Endothel der Kapillaren im ZNS ist nur sehr selektiv permeabel; diese Eigenschaft begrenzt den Austausch von Substanzen zwischen dem Blut und dem Intrazellulärraum des ZNS. Dieses Endothel bildet die **Blut-Hirn-Schranke**, die das ZNS vom Blutkreislauf isoliert. Viele der zytoplasmatischen Fortsätze der Astrozyten, Füßchen genannt, bedecken die Oberflächen der Kapillaren im ZNS. Diese Umhüllung der Kapillaren wird nur dort unterbrochen,

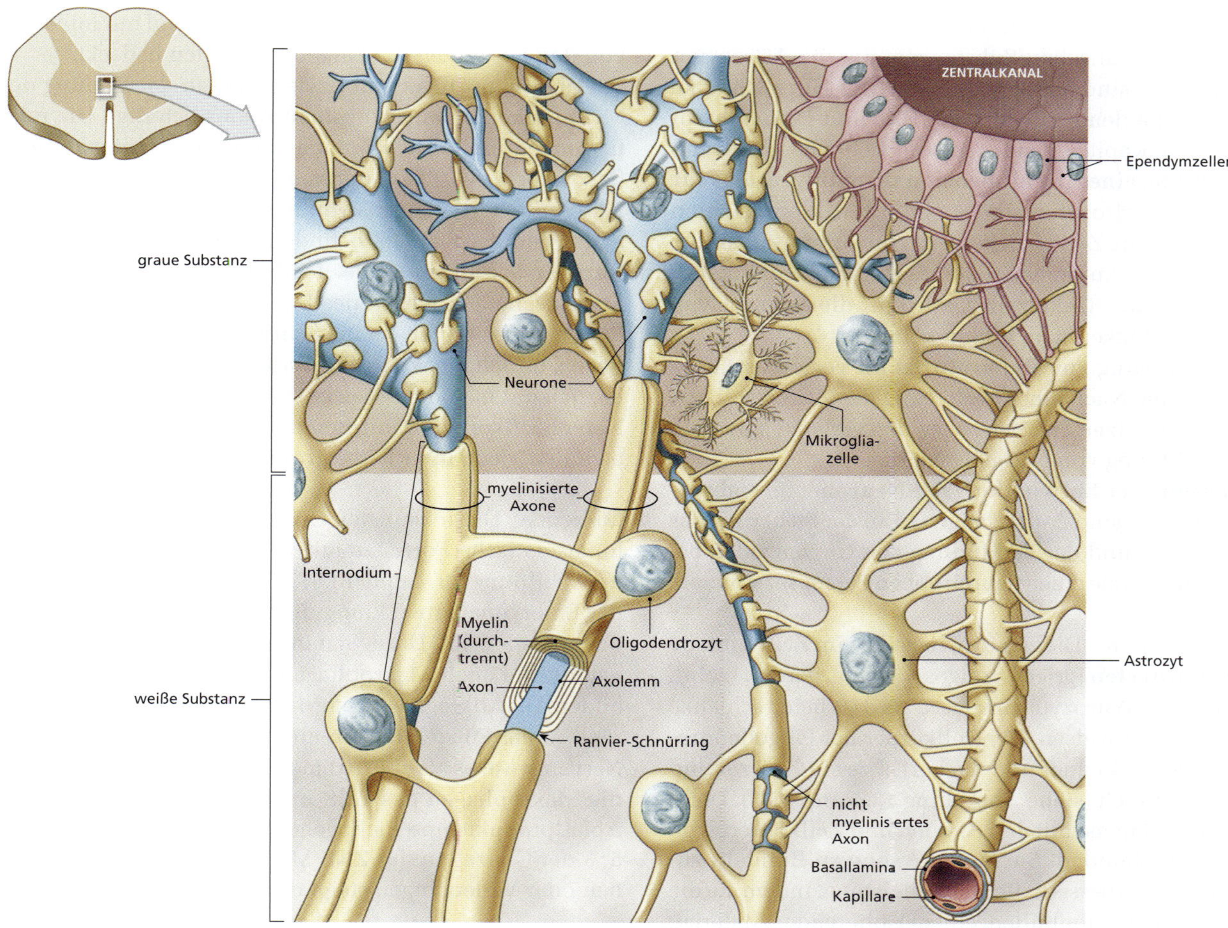

Abbildung 13.5: Histologie des Nervengewebes im ZNS. Eine schematische Darstellung des Nervengewebes im Rückenmark; gezeigt wird besonders die Beziehung der Neurone und Gliazellen zueinander.

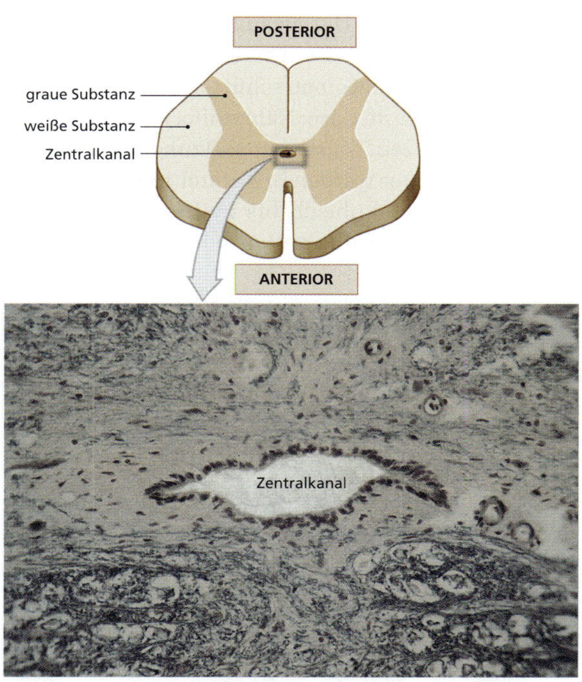

Abbildung 13.6: Das Ependym. Das Ependym ist eine Zellschicht, die die Ventrikel des Gehirns und den Zentralkanal im Rückenmark auskleidet. (a) Lichtmikroskopische Aufnahme der Ependymschicht um den Rückenmarkskanal (257-fach). (b) Rasterelektronenmikroskopische Aufnahme der Zilien auf den Ependymzellen um einen Ventrikel (Ci = Zilie; 1825-fach; © R.G. Kessel und R.H. Kardon „Gewebe und Organe: Lehrbuch und Atlas der Rasterelektronenmikrospkopie", W.H. Freeman & Co, 1979. Alle Rechte vorbehalten).

wo andere Gliazellen mit der Kapillarwand verbunden sind. Die chemischen Substanzen, die die Astrozyten sezernieren, sind für den Erhalt der Blut-Hirn-Schranke von entscheidender Bedeutung. (Die Blut-Hirn-Schranke wird in Kapitel 15 noch ausführlicher beschrieben.)

- **Errichtung eines dreidimensionalen Stützgerüsts für das ZNS:** Astrozyten sind dicht mit Mikrofilamenten gefüllt, die die Zelle in ihrer gesamten Breite ausfüllen. Diese Verstärkung macht sie mechanisch sehr stabil, sodass sie das strukturelle Gerüst für die Neurone von ZNS und Rückenmark bilden können.
- **Durchführung von Reparaturen an verletztem Nervengewebe:** Nach einer Verletzung des ZNS stabilisieren und schützen die Astrozyten den verletzten Bereich durch Bildung von Narbengewebe.
- **Steuerung der Entwicklung der Neurone:** Im embryonalen Gehirn sind Astrozyten wohl an der Steuerung des Wachstums und der Verbindung von Nervenzellen beteiligt, indem sie einen neurotrophen Faktor sezernieren.

Oligodendrozyten Die zweite Gliazellart im ZNS sind die **Oligodendrozyten** (griech.: oligos = wenig, gering, klein). Sie ähneln den Astrozyten insofern, als dass beide schlanke Zellfortsätze aufweisen. Der Zellkörper der Oligodendrozyten ist jedoch kleiner und die Fortsätze sind kürzer und weniger zahlreich (siehe Abbildung 13.4 und 13.5). Diese Fortsätze sind meist mit den Axonen und Zellkörpern von Neuronen verbunden. Sie fassen Axone zu Bündeln zusammen und verbessern die Nervenleistung, indem sie die Axone mit Myelin umhüllen, einem isolierenden Material. Die Funktion der Verbindung der Zellfortsätze mit den Zellkörpern ist nicht genau bekannt.

Viele Axone im ZNS sind vollständig von den Fortsätzen der Oligodendrozyten umhüllt. Am Ende jedes Fortsatzes weitet sich das Plasmalemm und bildet eine flache Platte, die sich um das Axon wickelt (siehe Abbildung 13.5). So entsteht eine mehrschichtige Hülle, die im Wesentlichen aus Phospholipiden besteht. Man nennt sie **Myelin**; das Axon ist **myelinisiert**. Myelin erhöht die Geschwindigkeit, mit der ein Aktionspotenzial (Nervenimpuls) am Axon entlang weitergeleitet wird. Nicht alle Axone im ZNS sind myelinisiert. Nicht myelinisierte Axone sind nur teilweise von den Fortsätzen der Oligodendrozyten bedeckt.

Zahlreiche Oligodendrozyten sind an der Bildung der Myelinscheide eines einzelnen Axons beteiligt. Die relativ langen umhüllten Bereiche nennt man **Internodium** (lat.: inter = zwischen, unter, inmitten). Zwischen diesen Abschnitten, die jeweils von benachbarten Oligodendrozyten gebildet werden, befinden sich kleine Lücken, die **Ranvier-Schnürringe**. Bei der Präparation erscheinen die Myelinscheiden wegen des Lipidgehalts weiß glänzend. Regionen, in denen hauptsächlich myelinisierte Axone liegen, bilden die **weiße Substanz** des ZNS. Im Gegensatz dazu nennt man die Bereiche, in denen sich vornehmlich Nervenzellkörper, Dendriten und unmyelinisierte Axone befinden, nach ihrer Farbe **graue Substanz**.

Mikroglia Diese kleinsten Gliazellen haben schlanke zytoplasmatische Fortsätze mit vielen feinen Ästchen (siehe Abbildung 13.4 und 13.5). Sie tauchen schon früh in der Embryonalentwicklung durch Teilung mesodermaler Stammzellen auf. Diese Stammzellen sind mit denen verwandt, die auch Makrophagen und Monozyten im Blut bilden. Die Mikroglia wandern in das ZNS vermutlich während seiner Entstehung ein und verbleiben innerhalb des Nervengewebes als eine Art mobile Schutztruppe. Sie sind die Makrophagen des ZNS und entsorgen Zelltrümmer, Abfallprodukte und Pathogene. Normalerweise sind etwa 5 % der Gliazellen des ZNS Mikroglia, doch bei Infektionen oder Verletzungen steigt dieser Prozentsatz stark an.

Ependymzellen Die Ventrikel des ZNS und der Zentralkanal im Rückenmark sind von einer Zellschicht ausgekleidet, die man das **Ependym** nennt (siehe Abbildung 13.4 und 13.5). Die Kammern und Durchgänge sind mit Liquor gefüllt. Diese Flüssigkeit, die Gehirn und Rückenmark auch von außen umspült, bildet einen schützenden Stoßdämpfer und transportiert gelöste Gase, Nährstoffe, Abfallprodukte und andere Substanzen. (Zusammensetzung, Bildung und Zirkulation von Liquor werden in Kapitel 15 besprochen.) **Ependymzellen** sind kubisch bis zylindrisch geformt. Anders als typische Epithelzellen haben sie schlanke,

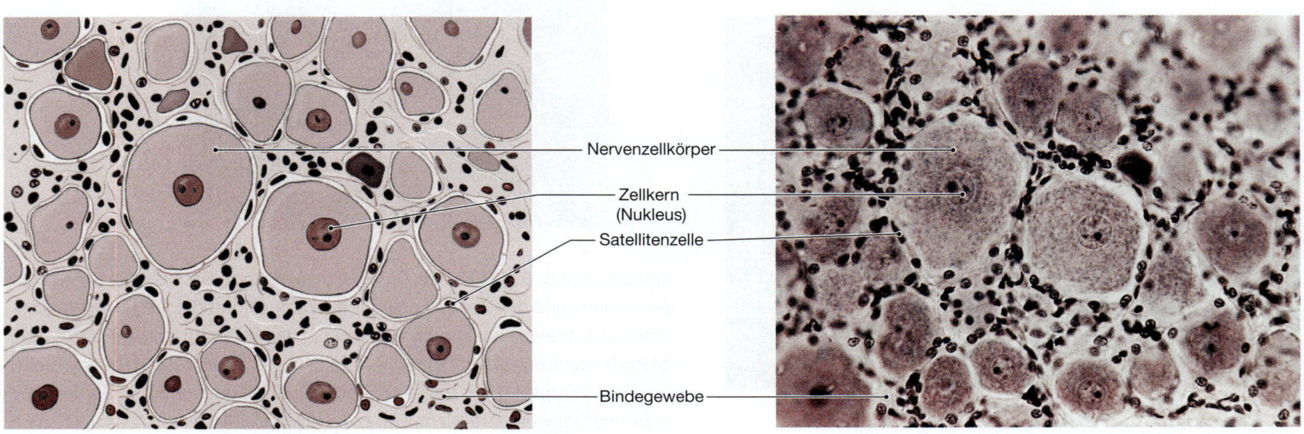

Abbildung 13.7: Satellitenzellen und periphere Neurone. Satellitenzellen umgeben die Nervenzellkörper in peripheren Ganglien (Lichtmikroskop, 20-fach).

ausgiebig verzweigte Fortsätze, die in direktem Kontakt zum umliegenden Nervengewebe stehen (siehe Abbildung 13.6a). Laborversuche weisen darauf hin, dass Ependymzellen als Rezeptoren wirken, die die Zusammensetzung des Liquors überwachen. Während der Entwicklung und der frühen Kindheit sind die freien Flächen der Ependymzellen mit Zilien bedeckt. Beim Erwachsenen persistieren die Zilien nur noch am Ependym der Ventrikel; anderswo finden sich nur noch vereinzelte Mikrovilli. Ependym mit Zilien unterstützt die Zirkulation des Liquors. Im Bereich der Ventrikel sind spezialisierte Ependymzellen an der Liquorsekretion beteiligt.

Neuroglia des PNS

Die Zellkörper der Neurone im PNS sind meist zu Gruppen, den **Ganglien** (Singular: Ganglion) zusammengefasst. Axone sind gebündelt und mit Bindegewebe umhüllt und bilden so die **peripheren Nerven** (auch nur einfach Nerven genannt). Alle Nervenzellkörper und Axone der Peripherie sind durch die Fortsätze von Gliazellen vollständig von ihrer Umgebung isoliert. Die beiden beteiligten Gliazelltypen sind die Satelliten- und die Schwann-Zellen.

SATELLITENZELLEN Nervenzellkörper in peripheren Ganglien sind von Satellitenzellen umgeben (**Abbildung 13.7**). Diese

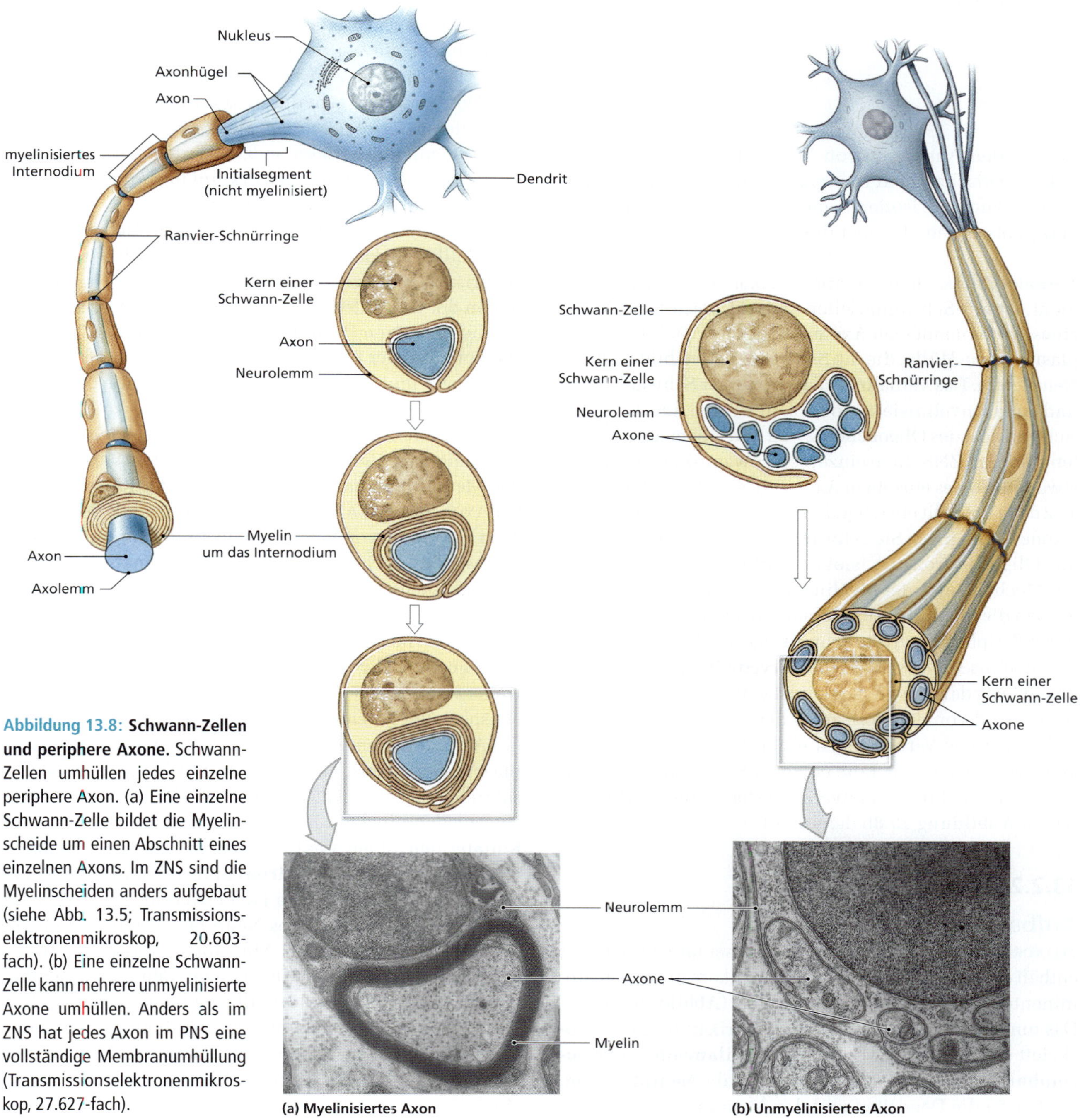

Abbildung 13.8: Schwann-Zellen und periphere Axone. Schwann-Zellen umhüllen jedes einzelne periphere Axon. (a) Eine einzelne Schwann-Zelle bildet die Myelinscheide um einen Abschnitt eines einzelnen Axons. Im ZNS sind die Myelinscheiden anders aufgebaut (siehe Abb. 13.5; Transmissionselektronenmikroskop, 20.603-fach). (b) Eine einzelne Schwann-Zelle kann mehrere unmyelinisierte Axone umhüllen. Anders als im ZNS hat jedes Axon im PNS eine vollständige Membranumhüllung (Transmissionselektronenmikroskop, 27.627-fach).

AUFGABEN

1. Benennen Sie die beiden anatomischen Unterabschnitte des Nervensystems.
2. Mit welchen beiden Ausdrücken bezeichnet man die Stützzellen im Nervengewebe?
3. Welche Zellarten erhalten die Blut-Hirn-Schranke?
4. Wie nennt man die membranöse Hülle, die die Oligodendrozyten um Axone herum bilden?
5. Benennen Sie die Zellen, die im PNS die Axone umhüllen.

steuern den Austausch von Nährstoffen und Abfallprodukten zwischen dem Nervenzellkörper und dem Extrazellulärraum. Sie isolieren auch das Neuron von anderen Reizen als denen, die über die Synapsen ankommen.

SCHWANN-ZELLEN Jedes periphere Axon, myelinisiert oder nicht, ist mit Schwann-Zellen bedeckt. Das Plasmalemm eines Axons nennt man **Axolemm**; die oberflächliche zytoplasmatische Hülle, die die Schwann-Zellen bilden, heißt Neurilemm. Das Verhältnis zwischen einer Schwann-Zelle und einem myelinisierten peripheren Axon unterscheidet sich von dem des Oligodendrozyten und einem myelinisierten Axon im ZNS: Eine einzelne Schwann-Zelle kann nur etwa 1 mm eines einzelnen Axons myelinisieren. Im Gegensatz dazu umhüllt ein Oligodendrozyt Abschnitte mehrerer Axone (vergleichen Sie Schwann-Zellen [**Abbildung 13.8**a] mit Oligodendrozyten [siehe Abbildung 13.5]). Obwohl der Mechanismus der Myelinisierung unterschiedlich ist, weisen die myelinisierten Axone sowohl im ZNS als auch in der Peripherie Ranvier-Schnürringe und Internodien auf. Die Myelinscheide steigert die Nervenleitgeschwindigkeit unabhängig davon, wie sie gebildet wurde. Unmyelinisierte Axone sind von den Fortsätzen der Schwann-Zellen umhüllt, aber das Verhältnis ist einfach, und es bildet sich keine Myelinscheide. Eine einzelne Schwann-Zelle kann die Axone mehrerer unmyelinisierter Axone umhüllen, wie in **Abbildung 13.8**b dargestellt.

13.2.2 Neurone

Aufbau

ZELLKÖRPER Der Zellkörper eines repräsentativen Neurons enthält einen relativ großen, runden Zellkern mit einem prominenten Kernkörperchen (Nukleolus) (**Abbildung 13.9**a). Das umgebende Zytoplasma ist das Perikaryon. Das Zytoskelett des Perikaryons enthält **Neurofilamente** und **Neurotubuli**. Bündel von Neurofilamenten, die **Neurofibrillen**, reichen in die Dendriten und das Axon hinein.

Im Perikaryon befinden sich die Organellen für die Bereitstellung von Energie und für die Biosynthese. Die zahlreichen Mitochondrien, die freien und gebundenen Ribosomen und die Membranen des rauen ER verleihen dem Perykaryon ein grobkörniges Aussehen. Mitochondrien bilden ATP, um den hohen Energiebedarf einer aktiven Nervenzelle zu decken. Die Ribosomen und das raue ER synthetisieren Peptide und Proteine. Es sind reichlich Gruppen von freien und gebundenen Ribosomen vorhanden; man nennt diese Zusammenballungen **chromatophile Substanz** oder **Nissl-Schollen**. Diese chromatophile Substanz verursacht die graue Farbe der Regionen, die viele Zellkörper enthalten – die makroskopisch erkennbare **graue Substanz** in Rückenmark und Gehirn.

Die meisten Neurone haben kein Zentrosom. In anderen Zellen bilden die Zentriolen des Zentrosoms die Spindelfasern, die die Chromosomen während der Zellteilung bewegen. Den Neuronen geht dieses Zentrosom meist während der Differenzierung verloren; sie können sich nicht mehr teilen. Wenn eines dieser spezialisierten Neurone später durch eine Verletzung oder Erkrankung zugrunde geht, kann es nicht mehr ersetzt werden.

Der Permeabilität des Neurolemms an Dendriten und dem Zellkörper kann durch chemische, mechanische oder elektrische Reize verändert werden. Eine der Hauptfunktionen der Gliazellen ist die Begrenzung von Anzahl und Art dieser externen Stimulationen des einzelnen Neurons. Die Fortsätze der Gliazellen bedecken die Oberfläche des Zellköpers und der Dendriten fast vollständig, außer an den synaptischen Endköpfchen oder dort, wo Dendriten als Rezeptoren zur Überwachung der Umgebung arbeiten. Ein geeigneter Reiz führt zu einer lokalen Veränderung des Membranpotenzials und löst ein **Aktionspotenzial** am Axon aus. Das **Membranpotenzial** hat mit der ungleichen Verteilung von Ionen beiderseits des Neurolemms zu tun; wir besprechen die Begriffe Membranpotenzial und Aktionspotenzial später in diesem Kapitel.

AXON Ein Axon (Nervenfaser) ist ein langer zytoplasmatischer Fortsatz, der dazu in der Lage ist, Aktionspotenziale weiterzuleiten. An einem multipolaren Neuron verbindet ein spezieller Bereich, der **Axonhügel**, das **Initialsegment** des Axons mit dem Zellkörper. Das **Axoplasma**, das Zytoplasma des Axons, enthält Neurofibrillen, Neurotubuli, zahlreiche kleine Vesikel, Lysosomen, Mitochondrien und verschiedene Enzyme. Ein Axon kann sich verzweigen und **Kollateralen** bilden. Der Hauptstamm und die Kollateralen verzweigen sich **(Telodendron)** und enden in einer Reihe feiner Synapsenendkolben (siehe Abbildung 13.9). Hier kommt es zum Kontakt des Neurons mit einem anderen Neuron oder dem Effektor. Mit axoplasmatischem Transport ist die Bewegung von Organellen, Nährstoffen, synthetisierten Molekülen und Abfallprodukten zwischen dem Zellkörper und den synaptischen Endigungen gemeint. Es ist ein komplexer Vorgang, der Energie verbraucht und eine Bewegung an den Neurofibrillen des Axons und seiner Verzweigungen entlang beinhaltet.

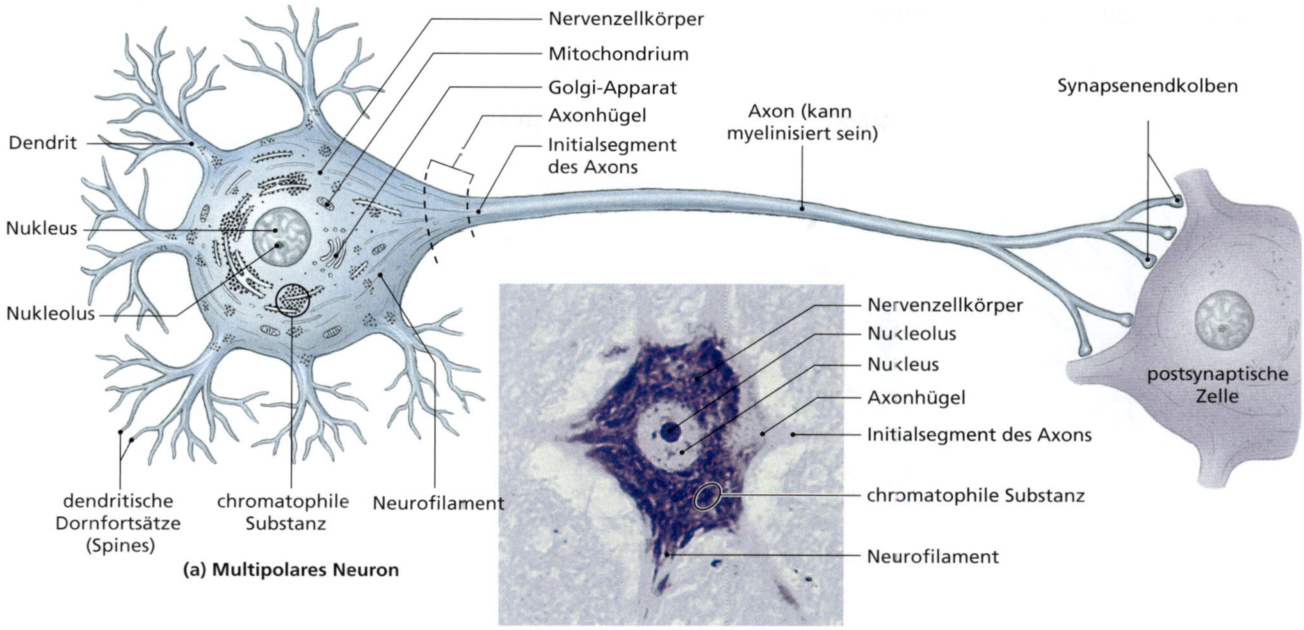

(a) Multipolares Neuron

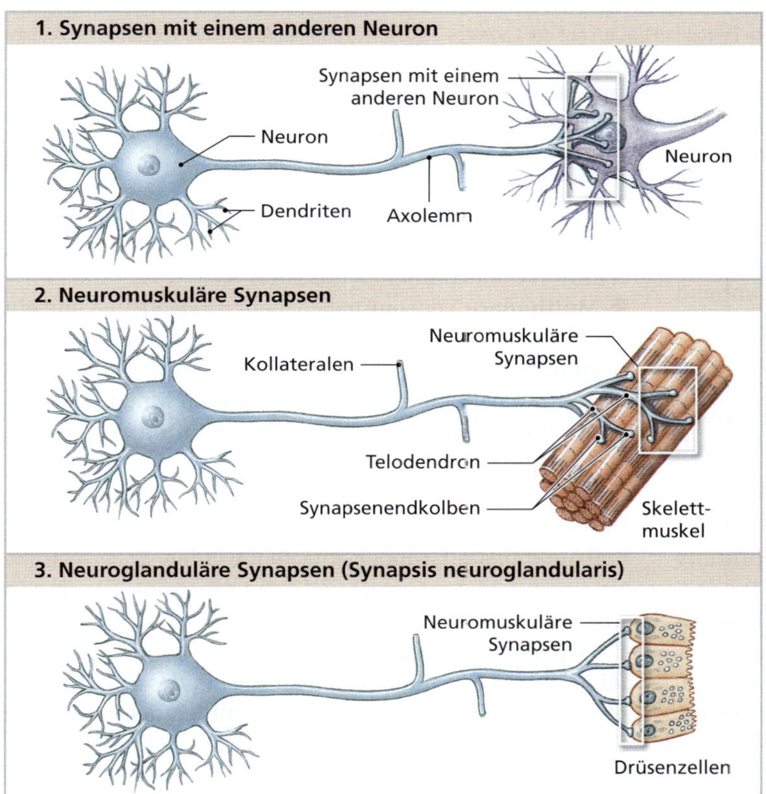

(b)

Abbildung 13.9: Anatomie eines repräsentativen Neurons. Ein Neuron hat einen Zellkörper (Soma), einige verzweigte Dendriten und ein einzelnes Axon. (a) Schematischer Aufbau eines Neurons (Lichtmikroskop, 1600-fach). (b) Ein Neuron innerviert entweder 1. andere Neurone, 2. Skelettmuskelfasern oder 3. Drüsenzellen. In jedem Kästchen sind beispielhafte Synapsen dargestellt. Ein einzelnes Neuron innerviert nicht alle drei Zellarten.

SYNAPSE Jeder synaptische Endkolben ist Teil einer Synapse, dem spezialisierten Ort der Kommunikation des Neurons mit einer anderen Zelle (**Abbildung 13.9**b). Die Struktur des synaptischen Endkolbens ist in Abhängigkeit von der postsynaptischen Zelle unterschiedlich. Ein relativ einfacher **synaptischer Endkolben** findet sich zwischen zwei Neuronen. Der Aufbau einer neuromuskulären Synapse, der Verbindung zwischen einem Neuron und einer Skelettmuskelfaser, ist wesentlich komplexer. Bei der synaptischen Kommunikation kommt es meist zu einer Ausschüttung spezifischer chemischer Substanzen, der Neurotransmitter. Ihre Freisetzung wird durch einen eingehenden elektrischen Impuls ausgelöst; weitere Details besprechen wir später.

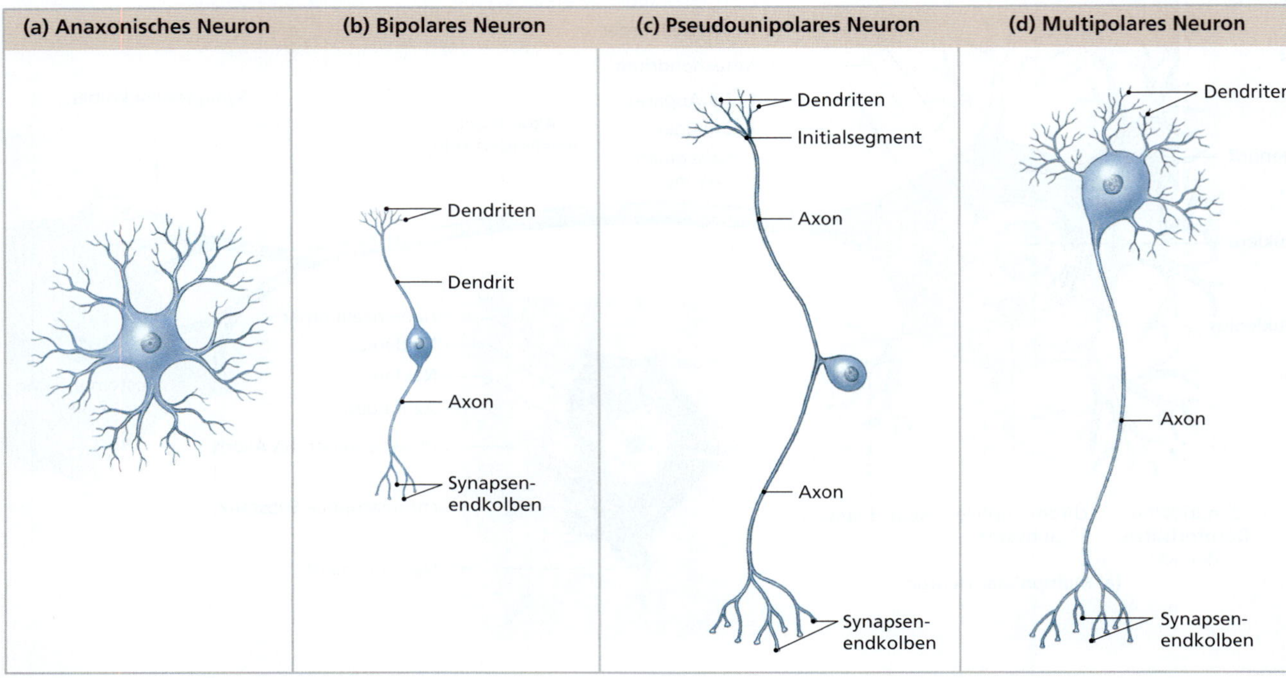

Abbildung 13.10: Strukturelle Klassifikation der Neurone. Diese Einteilung basiert auf der Lage des Zellkörpers und der Anzahl der Fortsätze. (a) Anaxonische Neurone haben mehr als zwei Fortsätze, doch Axone können nicht von Dendriten unterschieden werden. (b) Bipolare Neurone haben zwei Fortsätze, die durch den Zellkörper voneinander getrennt werden. (c) Pseudounipolare Neurone haben einen einzelnen, langgezogenen Fortsatz; der Zellkörper liegt seitlich. (d) Multipolare Neurone haben mehr als zwei Fortsätze; es gibt ein Axon und mehrere Dendriten.

Klassifikation

Die Milliarden von Neuronen des Nervensystems sind recht variabel in ihrem Erscheinungsbild. Sie können 1. anhand ihrer Struktur oder 2. anhand der Funktion klassifiziert werden.

Strukturelle Klassifikation der Neurone Die strukturelle Klassifikation basiert auf der Anzahl der Fortsätze am Zellkörper (**Abbildung 13.10**):

- **Anaxonische Neurone** sind klein; man kann kein Axon unter den Dendriten ausmachen (siehe Abbildung 13.10a). Anaxonische Neurone finden sich nur im ZNS und in spezialisierten Sinnesorganen; ihre Funktion ist noch weitgehend unerforscht.
- **Bipolare Neurone** haben eine Anzahl feiner Dendriten, die zu einem einzelnen großen Dendriten verschmelzen. Der Zellkörper liegt zwischen diesem großen Dendriten und dem Axon (siehe Abbildung 13.10b). Bipolare Neurone sind relativ selten, spielen jedoch bei der Weitergabe von Sinnesreizen beim Sehen, Hören und Riechen eine wichtige Rolle. Ihre Axone sind nicht myelinisiert.
- Bei den **pseudounipolaren Neuronen** gehen die Dendriten und Axone ineinander über; der Zellkörper liegt seitlich in der Mitte. Die Initialsegmente befinden sich bei diesen Neuronen an der Basis der dendritischen Verzweigungen (siehe Abbildung 13.10c); der Rest des Fortsatzes wird aufgrund seiner strukturellen und funktionellen Merkmale als Axon bezeichnet. Die sensorischen Neurone des PNS sind meist pseudounipolar; ihre Axone können myelinisiert sein.
- **Multipolare Neurone** haben mehrere Dendriten und ein einzelnes Axon, das auch verzweigt sein kann (siehe Abbildung 13.10d). Sie sind die häufigsten Neurone im ZNS; so handelt es sich etwa bei allen Motoneuronen, die die Skelettmuskulatur steuern, um myelinisierte multipolare Neurone.

Funktionelle Klassifikation der Neurone Neurone können in drei funktionelle Gruppen eingeteilt werden: 1. sensorische Neurone, 2. Motoneurone und 3. Interneurone. Sie sind in **Abbildung 13.11** schematisch dargestellt.

Fast alle **sensorischen Neurone** sind pseudounipolar; ihre Zellkörper befinden sich außerhalb des ZNS in peripheren sensorischen Ganglien. Sie bilden den afferenten Schenkel des PNS; ihre Aufgabe ist die Übermittlung von Sinnesreizen an das ZNS. Die Axone der sensorischen Neurone, **afferente Fasern** genannt, erstrecken sich zwischen einem sensorischen Rezeptor und dem Rückenmark oder dem Gehirn. Sensorische Neurone sammeln Informationen über die innere und äußere Umgebung; es gibt etwa 10 Millionen von ihnen. **Somatosensorische Neurone** übermitteln Informationen über die äußere Umwelt und unsere Position darin, **viszeromotorische Neurone** Informationen über die innere Umgebung und den Zustand der anderen Organsysteme.

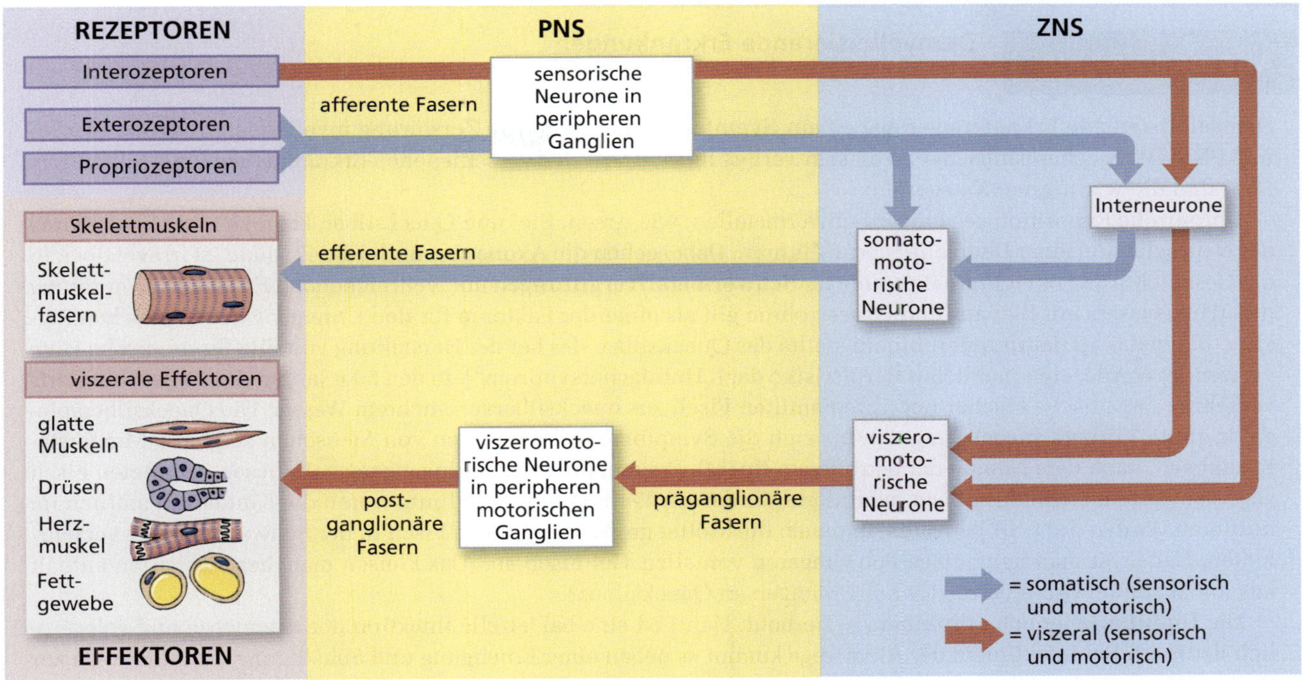

Abbildung 13.11: **Funktionelle Klassifikation der Neurone.** Neurone werden nach ihrer Funktion in drei Kategorien eingeteilt: 1. sensorische Neurone, die Reize im PNS aufnehmen und an das ZNS weiterleiten, 2. Motoneurone, die Anweisungen vom ZNS an die peripheren Effektororgane senden, und 3. Interneurone im ZNS, die die Informationen verarbeiten und die motorischen Antworten koordinieren.

Rezeptoren können entweder die Fortsätze spezialisierter sensorischer Neurone sein oder Zellen, die von sensorischen Neuronen überwacht werden. Sie können grob wie folgt kategorisiert werden:

- **Exterozeptoren** (lat.: externus = äußerlich) übermitteln Informationen von der Außenwelt über Berührung, Temperatur, Druck und die komplexeren **Sinne**, wie Sehen, Riechen und Hören.
- **Propriozeptoren** überwachen Position und Bewegung von Skelettmuskeln und Gelenken.
- **Interozeptoren** (lat.: internus = im Inneren gelegen, innerer) steuern das Verdauungs-, das Atmungs-, das Herz-Kreislauf-, das Harn- sowie das Fortpflanzungssystem, übermitteln Reize von tiefem Druck und Schmerz sowie dem Geschmack, einem weiteren Hauptsinn.

Informationen von den Extero- und den Propriozeptoren werden durch somatosensorische Neurone übermittelt, die von den Interozeptoren durch viszeromotorische Neurone. Die multipolaren Neurone, die den efferenten Schenkel des Nervensystems bilden, sind die **Motoneurone**. Sie stimulieren oder modifizieren die Aktivität eines peripheren Gewebes, eines Organs oder eines Organsystems. Im Körper befindet sich etwa eine halbe Million Motoneurone. Die Axone, die vom ZNS wegziehen, nennt man **efferente Fasern**. Die beiden efferenten Abschnitte des PNS – das somatische und das autonome Nervensystem – unterscheiden sich bezüglich der Art, mit der sie die peripheren Effektororgane innervieren.

- Zum **somatischen Nervensystem** gehören alle somatischen Motoneurone, die Skelettmuskeln innervieren. Ihre Zellkörper befinden sich im ZNS, ihre Axone reichen bis an die neuromuskulären Synapsen an den Muskelfasern. Die meisten Aktivitäten des somatischen Nervensystems unterliegen unserer bewussten Kontrolle.
- Zum **autonomen Nervensystem** gehören alle viszeromotorischen Neurone, die die übrigen peripheren Effektororgane innervieren. Es gibt zwei Arten von viszeromotorischen Neuronen; die einen haben ihre Zellkörper im ZNS, die anderen in peripheren Ganglien. Die Neurone im ZNS kontrollieren die in den peripheren Ganglien; diese kontrollieren wiederum die Effektororgane. Axone, die vom ZNS bis an ein Ganglion reichen, nennt man präganglionäre Fasern; die Axone, die die Zellen in den Ganglien mit den peripheren Effektororganen

AUFGABEN

1. Bei der Untersuchung von Nervengewebe zeigen sich pseudounipolare Neurone. Handelt es sich um sensorische Neurone oder eher um Motoneurone?
2. Welchen Typ von Gliazellen erwarten Sie in großen Mengen im Gehirn eines Menschen zu finden, der an einer Infektion des ZNS leidet?

AUS DER PRAXIS

Demyelinisierende Erkrankungen

Demyelinisierende Erkrankungen haben ein Symptom gemeinsam: Die Zerstörung myelinisierter Axone in ZNS und PNS. Der Mechanismus, der zu diesem Verlust führt, ist bei den verschiedenen Erkrankungen unterschiedlich. Dies sind die wichtigsten Kategorien:

Chronische Exposition gegenüber Schwermetallen, wie Arsen, Blei und Quecksilber, kann zu einer Schädigung der Neuroglia und einer Demyelinisierung führen. Dabei gehen die Axone zugrunde; der Zustand ist irreversibel. In der Geschichte gibt es mehrere Beispiele für **Schwermetallvergiftungen** mit weitreichenden Folgen. Die Vergiftung des Trinkwassers mit Blei aus den Wasserrohren gilt als einer der Faktoren für den Untergang des Römischen Reiches. Bis in das 19. Jahrhundert hinein stellte das Quecksilber, das bei der Herstellung von Filz für modische Hüte verwendet wurde, ein erhebliches Berufsrisiko dar („Hutmachersyndrom"). In den 50er Jahren des 20. Jahrhunderts verzehrten japanische Fischer und ihre Familien Fisch aus quecksilberverseuchtem Wasser. Die Quecksilberspiegel in ihren Körpers stiegen langsam, bis sich die Symptome bei Hunderten von Menschen zeigten („Minamata-Krankheit", nach dem Namen der betroffenen Bucht). Frauen, die in der Schwangerschaft diesen vergifteten Fisch gegessen hatten, brachten schwer behinderte Kinder zur Welt. Weniger schlimm waren die Kinder in Familien im mittleren Westen der USA betroffen, in denen die Mütter große Mengen von Fisch in der Schwangerschaft verzehrt hatten. Daher rät man heutzutage Schwangeren von allzu viel Fisch ab. (Das Fleisch mancher Fischarten enthält aus unbekannten Gründen relativ hohe Mengen an Quecksilber.)

Die **Diphtherie** (griech.: diphthera = Tierhaut, Haut) ist eine bakterielle Infektion der Atemwege und gelegentlich der Haut. Bei Infektionen der Atemwege kommt es neben einer Einengung und Schädigung der Atemwege zur Bildung eines starken Toxins, das unter anderem die Nieren und die Nebennieren beeinträchtigt. Im Nervensystem schädigt es die Schwann-Zellen und die Myelinscheiden im PNS. Diese Demyelinisierung führt zu sensorischen und motorischen Symptomen und letztendlich zu einer tödlichen Paralyse. Das Toxin verursacht auch Probleme am Herz, indem es die Neurone im Reizleitungssystem schädigt. Dies führt zu dauerhaften und potenziell bedrohlichen Herzrhythmusstörungen. Abhängig vom Ort des Befalls und der Subspezies des Bakteriums liegt die Mortalität in unbehandelten Fällen bei 35–90 %. Da es einen effektiven Impfstoff gibt, der oft mit dem Tetanusimpfstoff kombiniert wird, kommt die Diphtherie in Industrieländern nur sehr selten vor.

Die **multiple Sklerose (MS)** (griech.: skleros = trocken, spröde, hart) ist eine Erkrankung mit rezidivierenden Schüben von Demyelinisierung an Axonen des *N. opticus*, des Rückenmarks und im Gehirn. Häufige Symptome sind ein partieller Visusverlust, Probleme mit der Sprache, dem Gleichgewicht und allgemeiner motorischer Koordination, einschließlich der Kontrolle der Darm- und Blasenfunktion. Die Dauer der Phasen zwischen den Schüben und das Ausmaß der Erholung variieren stark. Das Durchschnittsalter beim ersten Schub ist 30–40 Jahre; Frauen sind 1,5 Mal so häufig betroffen wie Männer. Bei einigen Patienten verlangsamen Injektionen mit Kortison oder Interferon den Verlauf der Erkrankung. Die multiple Sklerose zählt zu den autoimmunen Erkrankungen.

verbinden, postganglionäre Fasern. Dieses Arrangement unterscheidet das autonome (viszeromotorische) System eindeutig vom somatomotorischen System. Wir haben kaum bewusste Kontrolle über die Aktivitäten des autonomen Nervensystems.

Interneurone können sich zwischen sensorischen und Motoneuronen befinden. Sie kommen ausschließlich in Gehirn und Rückenmark vor. Sie sind weitaus zahlreicher und vielfältiger als alle anderen Neurone zusammen. Sie sind für die Analyse der ankommenden Sinnesreize und die Koordination der motorischen Antwort verantwortlich. Je komplexer die Antwort auf einen Sinnesreiz ausfällt, desto mehr Interneurone sind beteiligt. Interneurone sind, je nach ihrer Wirkung auf die postsynaptische Membran anderer Neurone, entweder **exzitatorisch** (erregend) oder **inhibitorisch**.

13.2.3 Neurale Regeneration

Ein Neuron kann sich nach einer Verletzung nur sehr begrenzt regenerieren. Im Zellkörper verschwindet die chromatophile Substanz; der Kern liegt nicht mehr zentral. Wenn ein Neuron seine normale Funktion wiedererlangt, wird es im Laufe der Zeit auch seine alte Form wieder annehmen. Bei mangelhafter Versorgung mit Sauerstoff oder Nährstoffen, wie bei einem Schlaganfall, oder bei mechanischem Druck, wie bei Verletzungen an Rückenmark oder peripheren Nerven, kann sich das Neuron nur dann wieder erholen, wenn die Durchblutung innerhalb weniger Minuten bis Stunden wieder einsetzt oder der Druck ebenso schnell nachlässt. Wenn die Noxe anhält, kann das Neuron dauerhaft geschädigt werden oder ganz absterben.

Im PNS sind die Schwann-Zellen an der Reparatur beteiligt. In einem Vorgang, den man als **Waller-Degeneration**

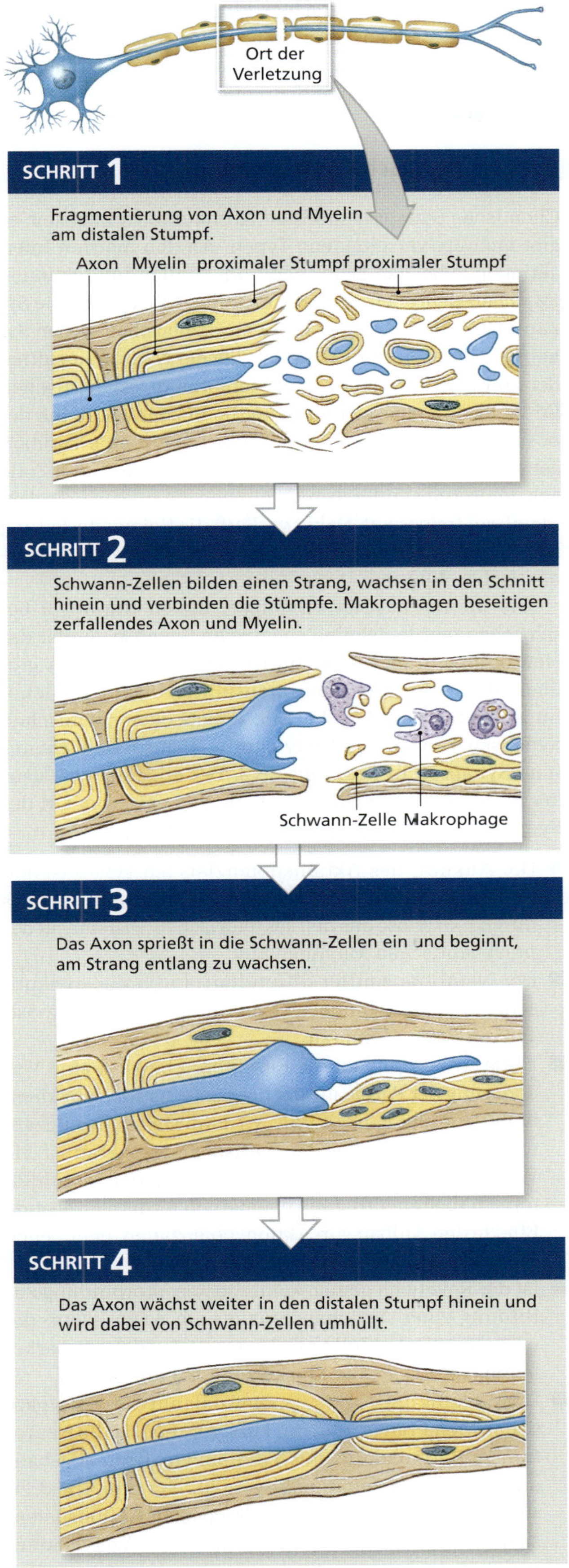

Abbildung 13.12: Neurale Regeneration nach einer Verletzung. Ablauf der Reparaturvorgänge nach Verletzung eines peripheren Nervs (Waller-Degeneration).

(**Abbildung 13.12**) bezeichnet, geht das Axon distal der Verletzung zugrunde. Makrophagen wandern ein und phagozytieren die Zelltrümmer. Die Schwann-Zellen in diesem Bereich teilen sich und bilden einen soliden Zellstrang, der dem Verlauf des ursprünglichen Axons folgt. Außerdem setzen die Schwann-Zellen eine Substanz frei, die das Nachwachsen des Axons stimuliert. Bei einer glatten Durchtrennung können neue Axone innerhalb von wenigen Stunden am proximalen Ende zu wachsen beginnen. Bei den allerdings viel häufigeren Quetsch- oder Rissverletzungen wird das proximale Ende des Axons ebenfalls zugrunde gehen und sich um 1 cm oder mehr zurückziehen. Das Wachstum eines neuen Axons verzögert sich um eine oder mehrere Wochen. Während der Erholung des Neurons wächst das Axon in den verletzten Bereich hinein, und die Schwann-Zellen wickeln sich wieder um das Axon herum.

Wenn das Axon an dem richtigen Schwann-Strang in die Peripherie wächst, kann es irgendwann seine alten synaptischen Verbindungen wiederherstellen. Wenn es jedoch aufhört zu wachsen oder in die falsche Richtung abweicht, kehrt die normale Funktion nicht wieder. Das wachsende Axon kommt am ehesten ans Ziel, wenn der proximale und der distale Stumpf in Kontakt bleiben. Wenn ein kompletter peripherer Nerv verletzt wird, können nur einige wenige Axone die Synapsen wieder neu aufbauen; die Funktion des Nervs wird dauerhaft beeinträchtigt bleiben.

Im Inneren des ZNS ist eine begrenzte Regeneration möglich, doch ist die Lage hier komplizierter, weil 1. meist mehrere Axone beteiligt sind, 2. die Astrozyten Narbengewebe bilden, das ein Wachstum eines Axons über eine verletzte Stelle hinweg unmöglich macht, und 3. die Astrozyten Substanzen sezernieren, die das Axonwachstum hemmen. Im nächsten Kapitel erfahren Sie mehr über Nervenregeneration und chirurgische Eingriffe.

AUFGABEN

1. Welchen Effekt hätte die Durchtrennung eines Axons auf die Reizweiterleitung?
2. Die Reizleitungsgeschwindigkeit zweier Axone beträgt 50 m/s bzw. 1 m/s. Welches der beiden Axone ist wahrscheinlich myelinisiert?
3. Definieren Sie den Begriff Erregbarkeit.
4. Mit welchem Ausdruck bezeichnet man eine Veränderung des Membranpotenzials?

Der Nervenimpuls 13.3

Mit **Erregbarkeit** bezeichnet man die Fähigkeit des Plasmalemms, elektrische Impulse weiterzuleiten. Das Plasmalemm der Skelettmuskelfaser, der Herzmuskelzelle, einiger Drüsenzellen und die Axone der meisten Nerven (einschließlich aller multi- und pseudounipolaren Neurone) sind Beispiele für erregbare Membranen. Ein elektrischer Impuls, ein **Aktionspotenzial**, entsteht, wenn das Plasmalemm bis an den Schwellenwert heran stimuliert wird. In diesem Moment verändert sich die Permeabilität der Membran für Natrium- und Kaliumionen. Der daraus resultierende Strom von Ionen führt zu einer plötzlichen Veränderung des Membranpotenzials; dies bezeichnet man als Aktionspotenzial. Die Veränderungen des Membranpotenzials sind nur vorübergehend und ursprünglich nur auf den stimulierten Punkt beschränkt. Die Veränderung in der Ionenverteilung führt jedoch unmittelbar zu einer Veränderung der Permeabilität des benachbarten Membranabschnitts. So wird das Aktionspotenzial an der Membranoberfläche entlang weitergeleitet. Bei einer Skelettmuskelfaser etwa beginnt die Erregung an der neuromuskulären Synapse und fegt über die gesamte Fläche des Sarkolemms hinweg. Im Nervensystem nennt man Aktionspotenziale, die sich an den Axonen entlang bewegen, **Nervenimpulse**.

Bevor es zu einem Nervenimpuls kommen kann, muss eine ausreichend hohe Stimulation auf die Membran ausgeübt werden. Ist ein Nervenimpuls einmal initiiert, hängt die Geschwindigkeit der Reizweiterleitung von den Eigenschaften des Axons ab:

- **Vorhandensein einer Myelinscheide:** Ein myelinisiertes Axon leitet Impulse fünf bis sieben Mal so schnell weiter wie ein unmyelinisiertes Axon.
- **Durchmesser des Axons:** Je dicker ein Axon ist, desto schneller erfolgt die Reizweiterleitung.

Die dicksten myelinisierten Axone mit einem Durchmesser von 4–20 µm können Impulse mit bis zu 140 m/s (über 500 km/h) weiterleiten. Im Gegensatz dazu arbeiten dünne unmyelinisierte Fasern (unter 2 µm Durchmesser) mit etwa 1 m/s (3,6 km/h).

Synaptische Kommunikation 13.4

Zu einer Synapse zwischen zwei Neuronen gehört ein Synapsenendkolben und 1. ein Dendrit **(axodendritisch)**, 2. ein Zellkörper **(axosomatisch)** oder 3. ein anderes Axon **(axoaxonisch)**. Synapsen ermöglichen auch die Kommunikation zwischen einem Neuron und einem anderen Zelltyp; solche Synapsen nennt man **Effektorsynapsen**. Die neuromuskuläre Synapse aus Kapitel 9 ist ein Beispiel für eine solche Effektorsynapse. Weitere Effektorsynapsen sind in Abbildung 13.9b dargestellt.

Am Synapsenendkolben löst ein Nervenimpuls Ereignisse aus, die die Information an ein anderes Neuron oder eine Effektorzelle weitergeben. Eine Synapse ist entweder **chemisch**, wobei ein Neurotransmitter zwischen den Zellen wirkt, oder **elektrisch**, wobei der Nexus (Gap Junction) den Ionenfluss zwischen den Zellen ermöglicht.

13.4.1 Chemische Synapsen

Chemische Synapsen sind mit Abstand die häufigsten; es gibt mehrere verschiedene Typen. An den meisten Interaktionen zwischen Neuronen und an allen Interaktionen zwischen Neuronen und Effektorzellen sind chemische Synapsen beteiligt. An einer interneuronalen chemischen Synapse (**Abbildung 13.13**) bindet sich der Neurotransmitter, der von der präsynaptischen Membran des synaptischen Endkolbens freigesetzt wird, an die Rezeptorproteine der postsynaptischen Membran und löst damit eine vorübergehende Veränderung des Membranpotenzials dieser Zelle aus. Neurotransmitter werden nur von der präsynaptischen Membran freigesetzt. Daher verläuft die Reizweiterleitung nur in eine Richtung: vom präsynaptischen zum postsynaptischen Neuron.

Die neuromuskuläre Synapse, die in Kapitel 9 beschrieben wurde, ist eine chemische Synapse, an der der Neurotransmitter **Azetylcholin** freigesetzt wird. Es gibt über 50 verschiedene Neurotransmitter, doch Azetylcholin ist am besten erforscht. Alle somatischen chemischen Synapsen verwenden Azetylcholin, ebenso viele chemische Synapsen in PNS und ZNS. Der allgemeine Ablauf der Ereignisse ist überall gleich, unabhängig vom Ort der Synapse oder der Art des Neurotransmitters:

- Die Ankunft des Aktionspotenzials am synaptischen Endkolben löst die Freisetzung des Neurotransmitters durch Exozytose aus den sekretorischen Vesikeln an der präsynaptischen Membran aus.
- Der Neurotransmitter diffundiert durch den synaptischen Spalt und bindet sich an Rezeptoren an der postsynaptischen Membran.
- Diese Anbindung an die Rezeptoren bewirkt eine Veränderung der Permeabilität der postsynaptischen Membran. In Abhängigkeit von Art und Menge der Rezeptorproteine an der postsynaptischen Membran ist die Wirkung entweder exzitatorisch (erregend) oder inhibitorisch (hemmend). Im Allgemeinen fördern erregende Effekte den Aufbau von Aktionspotenzialen, hemmende Effekte hingegen behindern ihn.
- Ist der Reiz hoch genug, kann die Rezeptorbindung zur Bildung eines Aktionspotenzials am Axon (wenn die postsynaptische Zelle ein Neuron ist) oder am Sarkolemm (wenn sie eine Muskelzelle ist) führen.
- Die Wirkung eines Aktionspotenzials auf die postsynaptische Membran ist nur von kurzer Dauer, da die Neurotransmittermoleküle entweder enzymatisch abgebaut oder wiederaufgenommen werden. Um den Effekt zu steigern oder zu verlängern, müssen mehr Aktionspotenziale an der Synapse ankommen und mehr Azetylcholinmoleküle in den synaptischen Spalt freigesetzt werden.

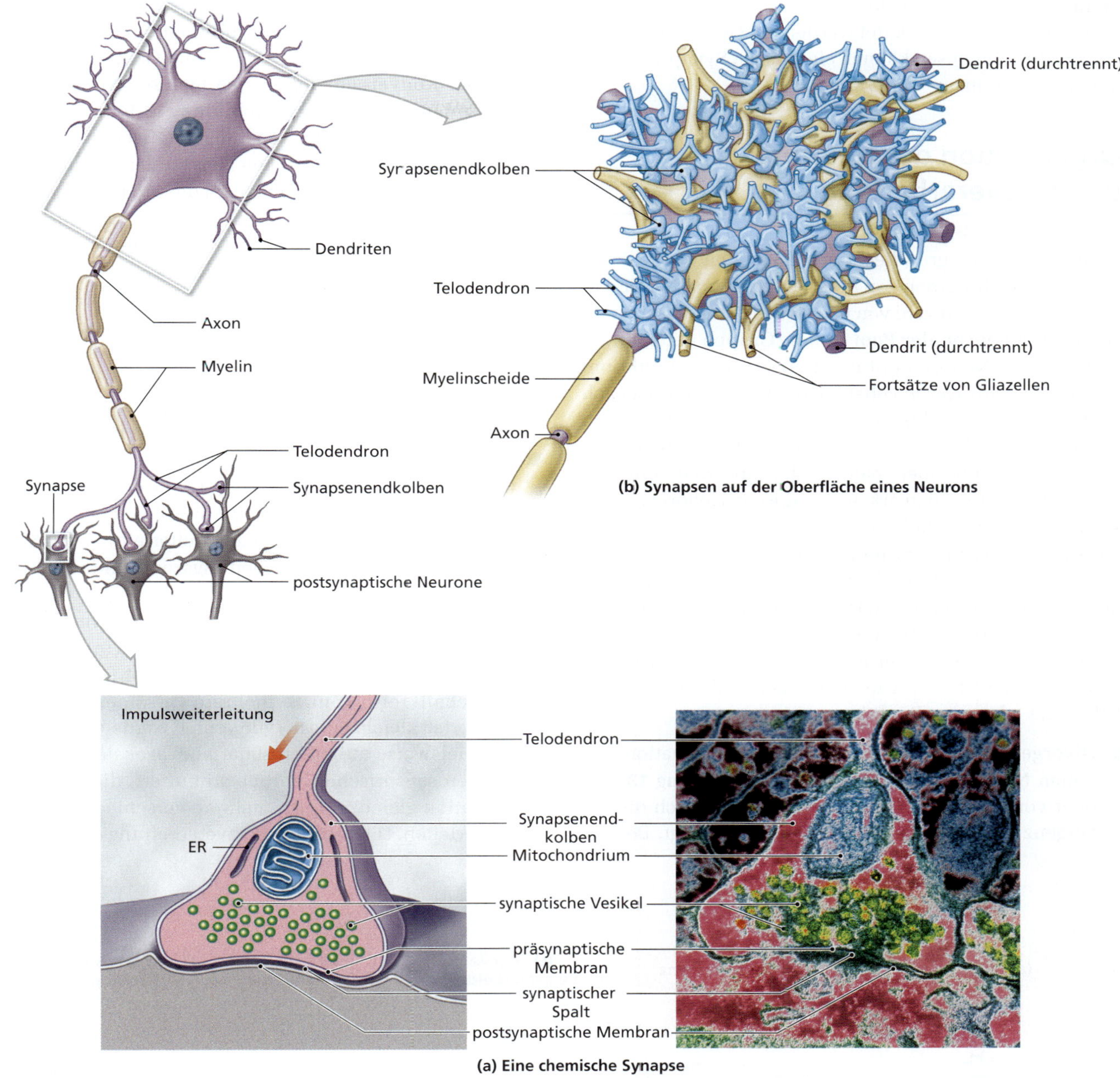

Abbildung 13.13: Struktur einer Synapse. Eine Synapse ist der Ort der Kommunikation zwischen zwei Zellen. (a) Schematische Darstellung einer interneuronalen chemischen Synapse; dazu eine kolorierte transmissionelektronenmikroskopische Aufnahme (186.480-fach). (b) Tausende von Synapsen können an einer einzigen Nervenzelle ansetzen. Zu jedem gegebenen Zeitpunkt sind viele von ihnen aktiv.

Weitere Neurotransmitter werden in späteren Kapiteln vorgestellt. Auf dem Zellkörper eines einzigen Neurons können sich Tausende von Synapsen befinden (siehe Abbildung 13.13b). Zu jedem gegebenen Zeitpunkt sind viele von ihnen aktiv; eine Vielzahl verschiedener Neurotransmitter wird freigesetzt. Einige wirken exzitatorisch, andere inhibitorisch. Die Aktivität des Empfängerneurons hängt von der Summe der erregenden und hemmenden Reize ab, die zu dieser Zeit auf den Axonhügel einwirken.

13.4.2 Elektrische Synapsen

Das Nervensystem wird von chemischen Synapsen dominiert. Elektrische Synapsen finden sich zwischen Neuronen in ZNS und PNS, doch sind sie relativ selten. Die prä- und die postsynaptische Membran liegen hierbei eng aneinander; Gap Junctions *(Maculae communicantes)* erlauben den Durchtritt von Ionen. Wegen dieser engen Verbindung wirken die beiden Zellen, als hätten sie eine gemeinsame

Zellmembran, sodass elektrische Impulse ohne Verzögerung über sie hinweggeleitet werden. Im Gegensatz zu den chemischen Synapsen können elektrische Synapsen Reize in beide Richtungen weiterleiten.

Organisation der Neurone und Reizverarbeitung 13.5

Neurone sind die grundlegenden Bausteine des Nervensystems. Die Milliarden von Interneuronen im ZNS sind in eine viel kleinere Anzahl von neuronalen Pools zusammengefasst. Ein **neuronaler Pool** ist eine Gruppe miteinander verbundener Neurone mit einer spezifischen Funktion. Neuronale Pools werden eher nach funktionellen als nach anatomischen Gesichtspunkten definiert. Ein Pool kann aus diffus in mehreren Hirnregionen verteilten Neuronen bestehen oder aus einer anatomisch abgrenzbaren Region in Gehirn oder Rückenmark, in der alle dazugehörigen Zellkörper zusammengefasst sind. Die Gesamtanzahl an Pools wird auf einige Hundert bis einige Tausend geschätzt. Jeder hat eine begrenzte Anzahl von Reizquellen und Zielorganen; er kann sowohl exzitatorisch als auch inhibitorisch wirkende Neurone enthalten.

Die grundlegende Vernetzung eines Pools wird als neuronaler Schaltkreis bezeichnet. Neuronale Schaltkreise haben die folgenden Funktionen:

- **Divergenz** ist die Weiterleitung einer Information von einem Neuron an mehrere andere (**Abbildung 13.14**a) oder von einem Pool an mehrere Pools. Durch die Divergenz wird ein einzelner Reiz vervielfältigt. Bei der Ankunft von Sinnesreizen im ZNS kommt es zu einer starken Divergenz, denn die Informationen werden an zahlreiche Pools in Rückenmark und Gehirn verteilt.
- Bei der **Konvergenz** teilen sich mehrere Neurone ein postsynaptisches Neuron (**Abbildung 13.14**b). Verschiedene Aktivitätsmuster am präsynaptischen Neuron können am postsynaptischen Neuron denselben Effekt haben. Die Konvergenz ermöglicht die variable Kontrolle der Motoneurone als Mechanismus für die willkürliche und die unwillkürliche Innervation. Zum Beispiel bewegen sich Ihr Zwerchfell und Ihre Rippen unter der Kontrolle von Atmungszentren, ohne dass Ihnen das bewusst ist. Doch dieselben Motoneurone können auch willkürlich kontrolliert werden, wenn Sie etwa tief Luft holen und den Atem anhalten. Hierbei sind zwei verschiedene neuronale Pools beteiligt, die beide über Synapsen an dieselben Motoneurone angeschlossen sind.
- Bei der **seriellen Reizverarbeitung** wird die Information schrittweise hintereinander von einem Neuron oder einem Pool zum nächsten weitergeleitet (**Abbildung 13.14**c). Sie kommt bei der Weiterleitung von Sinnesreizen von einem Verarbeitungszentrum im Gehirn zum nächsten vor.
- Zu **paralleler Reizverarbeitung** kommt es, wenn mehrere Neurone oder neuronale Pools dieselbe Information gleichzeitig verarbeiten (**Abbildung 13.14**d). Dank dieser Schaltkreise können mehrere verschiedene Reizantworten gleichzeitig hervorgerufen werden. Wenn Sie beispielsweise auf einen scharfen Gegenstand treten, werden sensorische Neurone stimuliert, die diese Information gleichzeitig an mehrere verschiedene Pools weiterleiten. Die parallele Reizverarbeitung ermöglicht

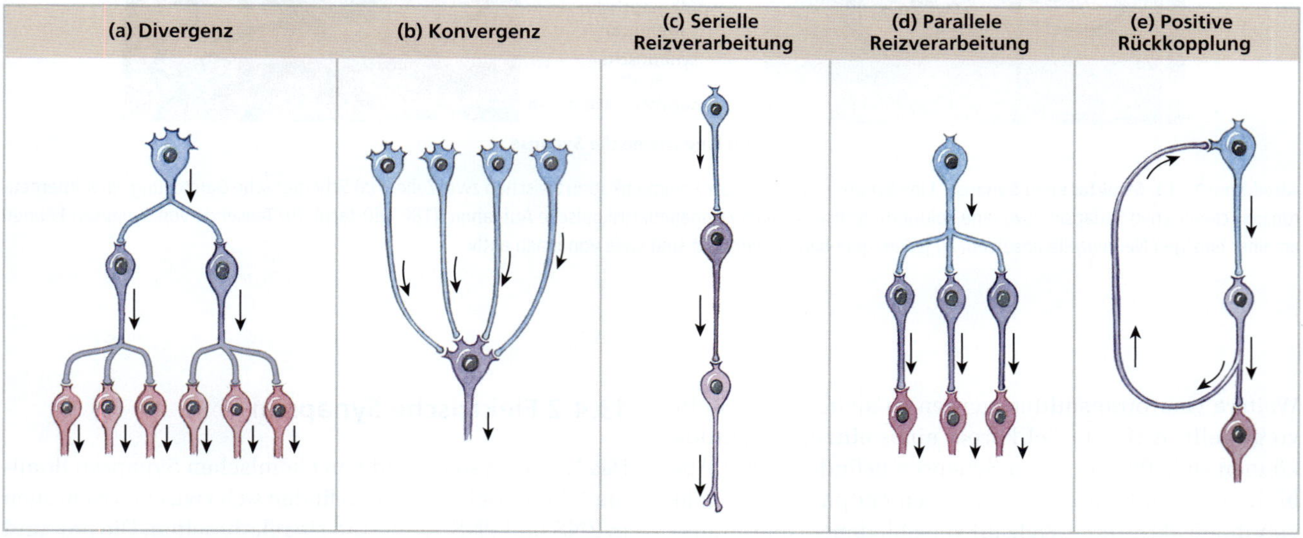

Abbildung 13.14: Der Aufbau neuronaler Schaltkreise. (a) Divergenz: Mechanismus zur Verbreitung eines Reizes an mehrere Neurone oder neuronale Pools im ZNS. (b) Konvergenz: Mechanismus zur Weiterleitung verschiedener Reize an ein Neuron. (c) Serielle Reizverarbeitung, bei der Neurone oder Pools hintereinandergeschaltet sind. (d) Parallele Reizverarbeitung, bei der einzelne Neurone oder neuronale Pools Information gleichzeitig verarbeiten. (e) Positive Rückkopplung, entweder exzitatorisch oder inhibitorisch.

Ihnen, den Fuß hochzuziehen, Ihr Gewicht zu verlagern, die Arme zu bewegen, den Schmerz wahrzunehmen und „Aua!“ zu rufen – alles gleichzeitig.

- Einige neuronale Schaltkreise nutzen die **positive Rückkopplung**. Hierbei verlaufen kollaterale Axone zurück an die Reizquelle und stimulieren die präsynaptischen Neurone erneut. Wenn diese Form der Rückkopplung einmal aktiviert ist, läuft sie weiter, bis die Ermüdung der Synapse oder die Zuschaltung inhibitorischer Impulse den Schaltkreis unterbrechen. Wie bei der Konvergenz und der Divergenz kann die positive Rückkopplung innerhalb eines einzelnen Pools ablaufen oder eine Reihe miteinander verbundener Pools betreffen. Ein Beispiel sehen Sie in **Abbildung 13.14**e; komplexere Rückkopplungsmechanismen finden sich beim Erhalt des Bewusstseins, der Muskelkoordination und der normalen Atmung. Wir werden diese und andere Verschaltungen in Rückenmark und Gehirn in späteren Kapiteln besprechen.

Der anatomische Aufbau des Nervensystems 13.6

Die Funktion des Nervensystems hängt von den Interaktionen der Neurone in den neuronalen Pools ab, wobei die komplexesten Verarbeitungsschritte in Rückenmark und Gehirn (ZNS) ablaufen. Die eingehenden Sinnesreize und die ausgesendeten motorischen Antworten werden über das PNS geleitet. Axone und Zellkörper sind nicht willkürlich in ZNS und PNS verteilt, sondern bilden Knoten und Bündel mit erkennbaren anatomischen Begrenzungen. Der anatomische Aufbau des Nervensystems ist in **Abbildung 13.15** dargestellt und in Tabelle 13.1 zusammengefasst.

Im PNS:

- Die Zellkörper der sensorischen Neurone und der viszeralen Motoneurone sind in **Ganglien** zusammengefasst.
- Axone sind zu Nerven gebündelt; **Spinalnerven** sind mit dem Rückenmark und **Hirnnerven** mit dem Gehirn verbunden.

Im ZNS:

- Eine Ansammlung neuronaler Zellkörper mit gemeinsamer Funktion nennt man **Zentrum**. Ein Zentrum mit erkennbarer anatomischer Begrenzung wird als **Nukleus** (Kern) bezeichnet. Teile des Gehirns sind mit einer dicken Schicht aus grauer Substanz bedeckt, der **Hirnrinde**. Der Ausdruck „übergeordnetes Zentrum“ bezieht sich auf die komplexeren Verarbeitungszentren, Kerne und Rindenabschnitte des Gehirns.
- Die weiße Substanz des Gehirns enthält Axonbündel mit jeweils gemeinsamen Ursprüngen, Zielen und Funktio-

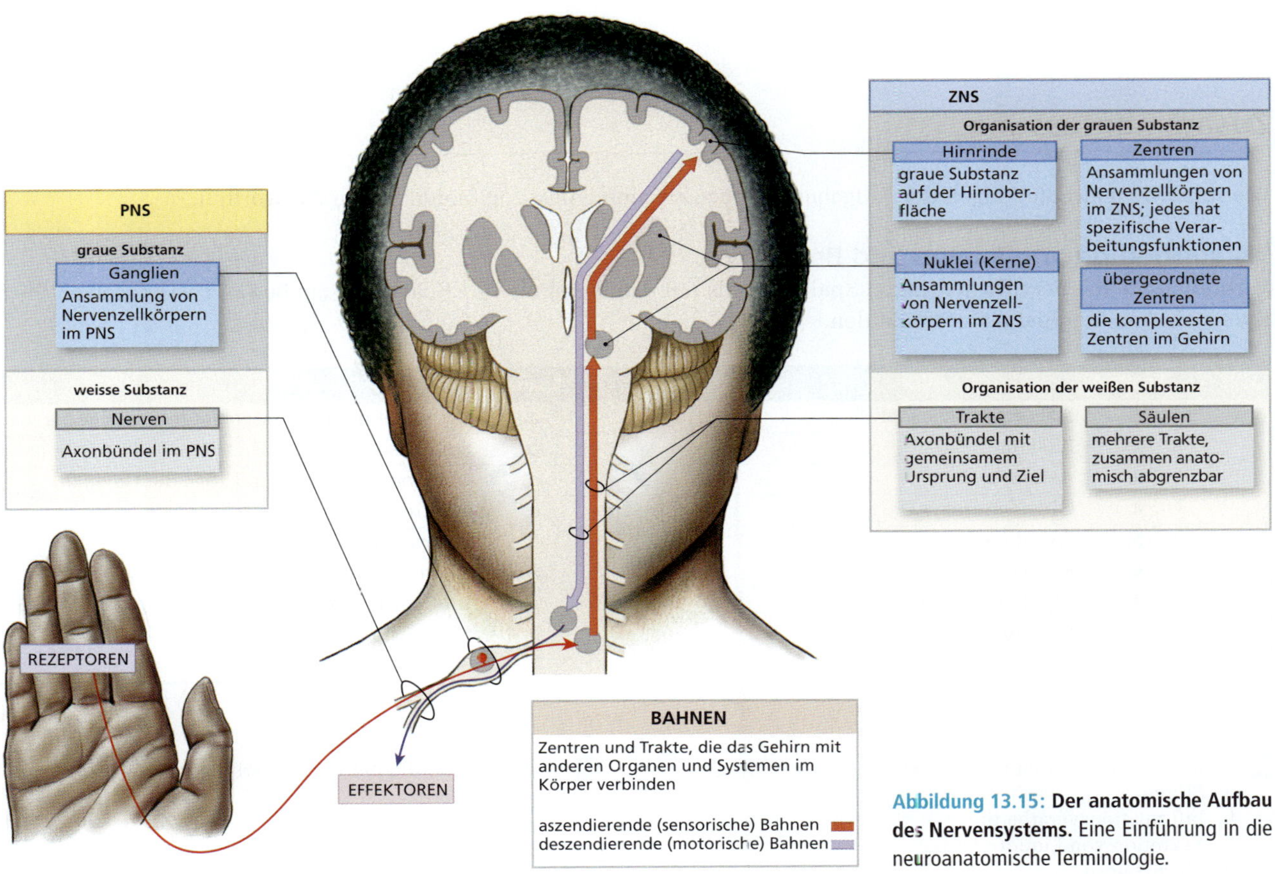

Abbildung 13.15: Der anatomische Aufbau des Nervensystems. Eine Einführung in die neuroanatomische Terminologie.

nen. Diese Bündel nennt man **Trakte**. Im Rückenmark bilden diese Trakte größere Gruppen, **Säulen** genannt.

- Die Zentren und Trakte, die das Gehirn mit dem Rest des Körpers verbinden, nennt man **Bahnen**. Sensorische oder **aufsteigende Bahnen** leiten Informationen von peripheren Rezeptoren an die Verarbeitungszentren im Gehirn; motorische oder **absteigende Bahnen** beginnen an den motorischen Kernen im ZNS und enden an ihren Effektororganen.

Zusammenfassung Embryologie

Eine Zusammenfassung der Entwicklung des Nervensystems finden Sie in Kapitel 28 (Embryologie und Entwicklung des Menschen).

AUFGABEN

1. Benennen Sie die beiden Arten von Synapsen.
2. Worin unterscheiden sich exzitatorische von inhibitorischen Synapsen?
3. Erläutern Sie den Unterschied zwischen einem divergent und einem konvergent agierenden neuronalen Pool.
4. Beschreiben Sie die folgenden Strukturen im ZNS: Zentrum, Trakt und Bahn.

DEFINITIONEN

Demyelinisierung: Progressive Zerstörung der Myelinscheiden in ZNS und PNS, mit Verlust von Gefühl und motorischer Kontrolle. Sie kommt bei Schwermetallvergiftungen, Diphtherie, multipler Sklerose und dem Guillain-Barré-Syndrom vor.

Tollwut: Akuter Virusinfekt des ZNS, meist durch den Biss eines infizierten Tieres übertragen. Das Virus wandert an den Axonen der Nerven, die die verletzte Stelle versorgen, entlang in das ZNS.

Zusammenfassung

Die Antworten auf die Fragen der Aufgaben und der Zusammenfassung finden Sie im Antwortteil.

Wiederholung von Fakten und Begriffen

Verbinden Sie die Begriffe der linken Spalte jeweils mit denen der rechten Spalte, die am besten passen; setzen Sie die Buchstaben in die Spalte vor die Zahlen.

	Spalte A		Spalte B	
	1.	Afferenter Schenkel	a.	Verbindet das Initialsegment mit dem Soma
	2.	Effektor	b.	Sensorischer Reiz
	3.	Astrozyt	c.	Überwacht Position und Lage der Gelenke
	4.	Oligodendrozyt	d.	Myelin
	5.	Axonhügel	e.	Neuron mit 2 Fortsätzen
	6.	Kollateralen	f.	Nervenzellkörper im PNS
	7.	Bipolare Neurone	g.	Blut-Hirn-Schranke
	8.	Propriozeptoren	h.	Seitenäste von Axonen
	9.	Ganglien	i.	Skelettmuskelzellen

10. Welche der Folgenden ist keine Funktion der Neuroglia?
    a. Stütze
    b. Informationsverarbeitung
    c. Sekretion von Liquor
    d. Phagozytose

11. Gliazellen um die Zellkörper peripherer Neurone sind
    a. Astrozyten.
    b. Ependymzellen.
    c. Mikroglia.
    d. Satellitenzellen.

12 Die wichtigste Funktion des Somas einer Nervenzelle ist,
a. mit anderen Neuronen zu kommunizieren.
b. die Gliazellen zu stützen.
c. elektrischen Ladung zu erzeugen.
d. Organellen zu beinhalten, die Energie erzeugen und organische Moleküle synthetisieren.

13 Axone enden mit feinen Verästelungen. Man nennt diese
a. Telodendron.
b. Synapse.
c. Kollaterale.
d. Hügel.

14 Welche der folgenden Aktivitäten oder Sinneseindrücke werden nicht von Interozeptoren überwacht?
a. Harnbildung
b. Verdauung
c. Sehen
d. Herz-Kreislauf-System

15 Neurone, deren Dendrit und Axon ineinander übergehen und deren Zellkörper seitlich liegt, nennt man
a. anaxonisch.
b. pseudounipolar.
c. bipolar.
d. multipolar.

16 Die Strukturen an den Enden des Telodendrons, die die Synapsen bilden, heißen
a. Axone.
b. Synapsenendkolben.
c. Kollateralen.
d. Axonhügel.

17 Neurotransmitter werden freigesetzt durch
a. eine postsynaptische Membran.
b. ein Effektororgan.
c. alle Bereiche der Nervenzelle.
d. nur die präsynaptische Membran.

18 In einem neuronalen Pool spricht man von paralleler Reizverarbeitung, wenn
a. mehrere Neurone am selben postsynaptischen Neuron ansetzen.
b. die Information schrittweise von einem Neuron zum nächsten weitergeleitet wird.
c. mehrere Neurone gleichzeitig die gleiche Information verarbeiten.
d. Neurone die positive Rückkopplung nutzen.

19 Eine Säule ist
a. eine Ansammlung von Nervenzellkörpern.
b. eine Gruppe von Trakten im Rückenmark.
c. ein Bündel weißer Substanz mit gleichem Ursprung und Ziel.
d. Keines der genannten.

Wiederholung von Lernzielen

1 Zu den Interaktionen zwischen Neuronen gehören
a. Divergenz.
b. parallele Reizverarbeitung.
c. positive Rückkopplung.
d. Alle genannten.

2 Die Funktion welcher Art von Nervenzellgewebe wird am ehesten beeinträchtigt sein, wenn die Blut-Hirn-Schranke nicht funktioniert?
a. Ependymzellen
b. Astrozyten
c. Oligodendrozyten
d. Mikroglia

3 Störungen von Wachstum und Verknüpfung von Neuronen im ZNS weisen hin auf Probleme der
a. afferenten Neurone.
b. Mikroglia.
c. Astrozyten.
d. efferenten Neurone.

4 Welchen Zweck haben Kollateralen im Nervensystem?

5 Worin unterscheidet sich die Aktivität eines Exterozeptors von der eines Interozeptors?

6 Was ist der Sinn der Blut-Hirn-Schranke?

7 Erläutern Sie die unterschiedlichen Funktionen von ZNS und PNS.

8 Erklären Sie den Unterschied zwischen dem willkürlichen und dem autonomen Nervensystem.

9 Inwiefern ist eine elektrische Synapse effizienter als eine chemische Synapse? Warum ist sie weniger flexibel?

10 Erläutern Sie den Unterschied zwischen serieller und paralleler Reizverarbeitung.

Anwendung der Lerninhalte

1 Bei der multiplen Sklerose kommt es zu einer progressiven, schubweisen Schädigung der Myelinscheiden peripherer Nerven. Dies führt zu gestörter motorischer Funktion in den betroffenen Gebieten. Warum beeinträchtigt die Zerstörung der Myelinschicht die Motorik?

2 Ein achtjähriges Mädchen erleidet eine Schnittverletzung am Ellenbogen, als es beim Rollschuhfahren in eine Fensterscheibe fällt. Der Muskel wird nur leicht verletzt, doch liegt ebenfalls eine partielle Nervenverletzung vor. Was wird wahrscheinlich an den verletzten Axonen dieses Nervs geschehen und wird das kleine Mädchen eine normale Funktion des Nervs und des von ihm innervierten Muskels wiedererlangen?

3 Bei Alexandra wird eine spinale Meningitis festgestellt. Der behandelnde Arzt teilt ihrem Vater mit, dass sie Antibiotika in hohen Dosen erhalten wird. Der Vater nimmt an, dass die hohe Dosis aufgrund der Schwere der Erkrankung gegeben werden muss. Hat er Recht? Wenn nein, warum sind so hohe Dosen zur Behandlung von Alexandras Erkrankung erforderlich?

Eine Kurzzusammenfassung der wichtigsten Inhalte, sowie die Antworten zu den Fragen und weitere Arbeitsmaterialien finden sie auf unserer Companion Website unter: **www.pearson-studium.de/login**

Lernziele

1. Struktur und Funktionen des Rückenmarks kennen.
2. Die Rückenmarkshäute finden, ihren Aufbau beschreiben und ihre Funktionen aufzählen können.
3. Struktur und Lage der grauen und der weißen Substanz und ihre jeweilige Rolle bei der Verarbeitung und Weiterleitung von sensorischen und motorischen Informationen kennen.
4. Die regionalen Gruppen von Spinalnerven kennen.
5. Die Bindegewebsschichten um einen Spinalnerv beschreiben können.
6. Die verschiedenen Äste eines typischen Spinalnervs beschreiben können.
7. Erklären können, was ein Dermatom ist und worin seine Bedeutung liegt.
8. Wissen, was ein Nervenplexus ist, und die vier wichtigsten Nervenplexus benennen können.
9. Die Spinalnerven, die an den vier wichtigsten Nervenplexus entspringen, mit Hauptästen und -funktionen benennen können.
10. Die an einem Reflex beteiligten Strukturen und Abläufe beschreiben, die Reflexe klassifizieren und ihre strukturellen Bestandteile benennen können.
11. Beispiele für motorische Reflexantworten geben können.

Das Nervensystem

Rückenmark und Spinalnerven

14

ÜBERBLICK

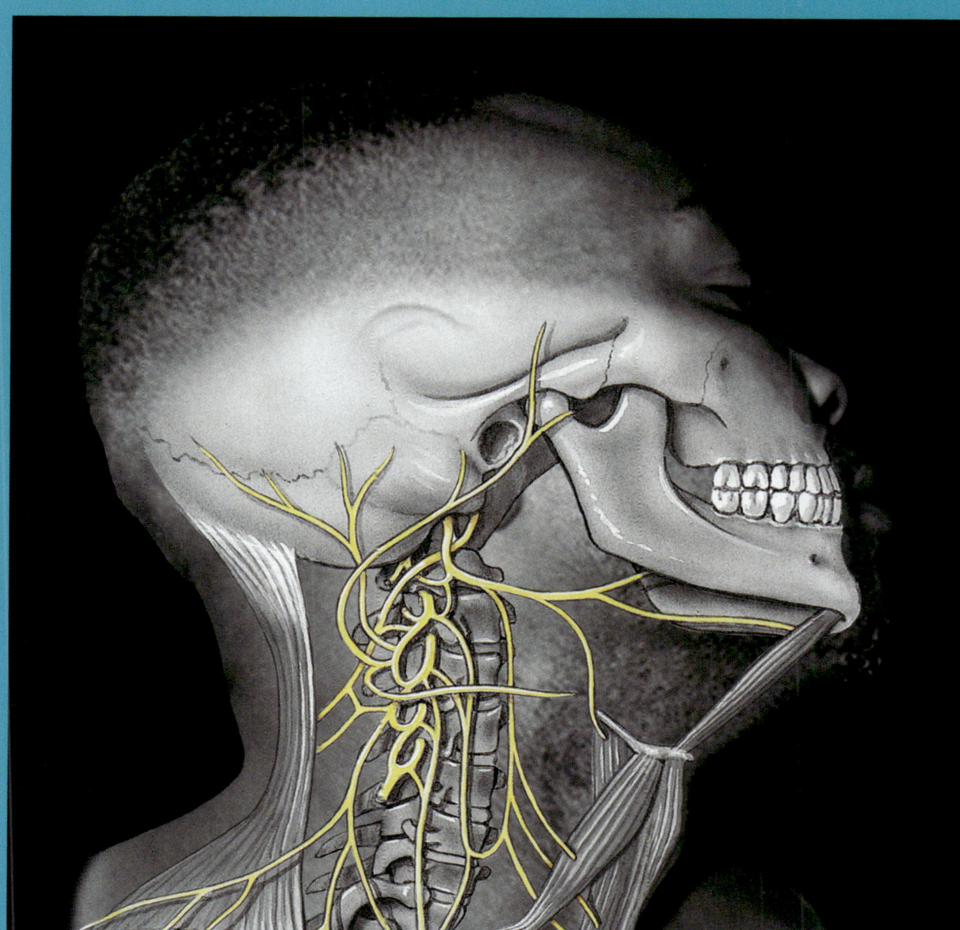

Das **ZNS** besteht aus dem **Rückenmark** und dem **Gehirn**. Obwohl sie anatomisch miteinander verbunden sind, arbeiten Gehirn und Rückenmark in erheblichem Maße unabhängig voneinander. Das Rückenmark ist weit mehr als nur eine Leitungsbahn für Informationen zum oder vom Gehirn. Obwohl die meisten Sinnesreize an das Gehirn weitergeleitet werden, kann das Rückenmark Informationen selbsttätig vernetzen und verarbeiten. In diesem Kapitel werden die Anatomie des Rückenmarks und die Informationsverarbeitung in diesem Abschnitt des ZNS besprochen.

Makroanatomie des Rückenmarks 14.1

Das Rückenmark eines Erwachsenen (**Abbildung 14.1**a) ist etwa 45 cm lang und reicht vom *Foramen magnum* am Schädel bis an die Unterkante des ersten Lendenwirbels (L1). Die dorsale Fläche des Rückenmarks weist eine flache, längs verlaufende Furche auf, den **Sulcus medianus posterior**. Die tiefe Einziehung an der Vorderseite nennt man **Fissura mediana anterior** (**Abbildung 14.1**d). Jede

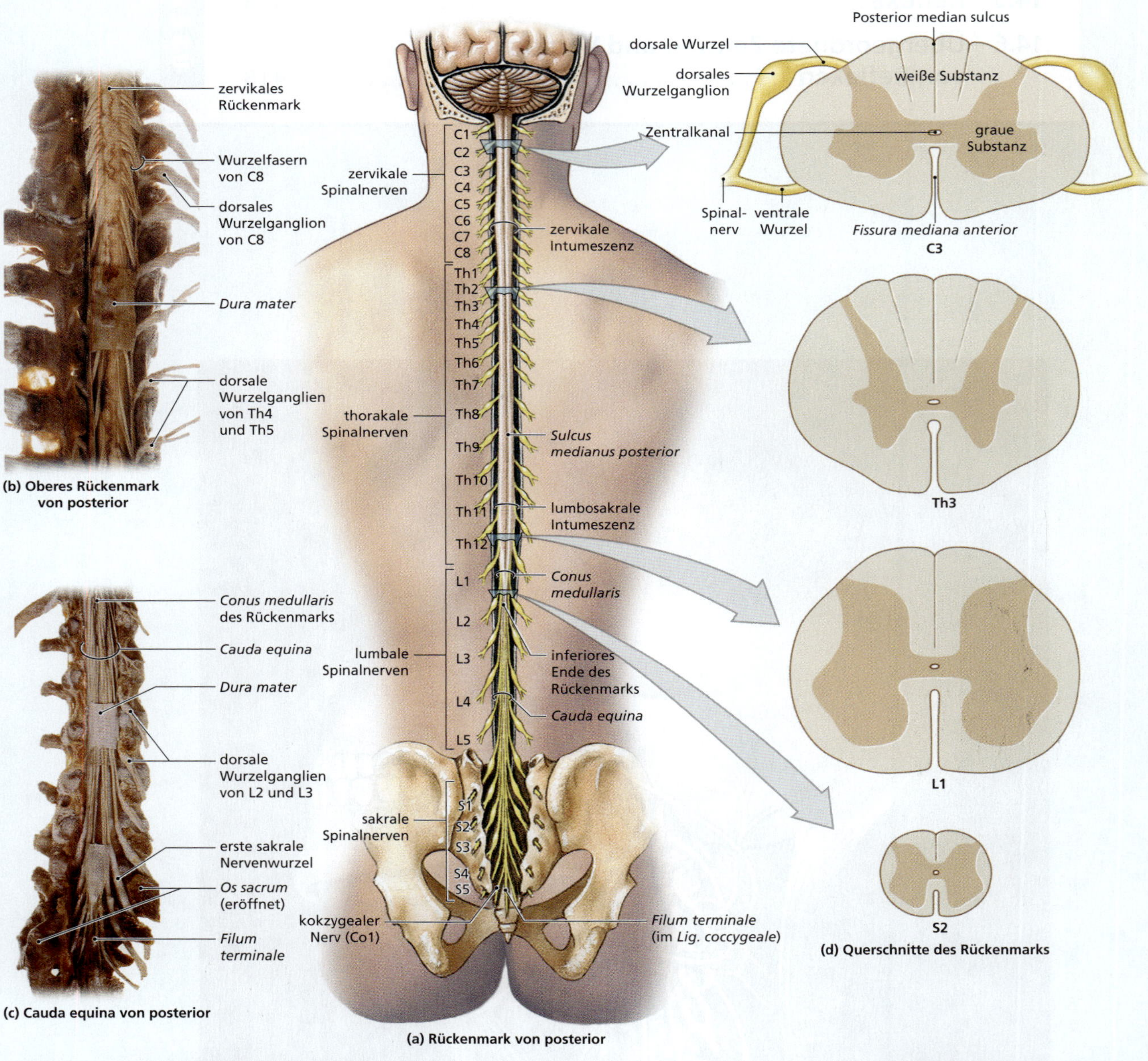

Abbildung 14.1: Makroanatomie des Rückenmarks. Das Rückenmark zieht von der Basis des Gehirns den Rückenmarkskanal herab. (a) Oberflächenanatomie und Ausrichtung des Rückenmarks beim Erwachsenen. Die Ziffern links bezeichnen die Spinalnerven und zeigen, wo die Nervenwurzeln den Rückenmarkskanal verlassen. Das Rückenmark reicht aber nur bis etwa auf Höhe von L1 oder L2. (b) Präparat des zervikalen Rückenmarks von posterior. (c) Präparat von Conus medullaris, Cauda equina, Filum terminale und den dazugehörigen Nervenwurzeln. (d) Querschnitte durch repräsentative Segmente des Rückenmarks, die die Anordnung von weißer und grauer Substanz zeigen.

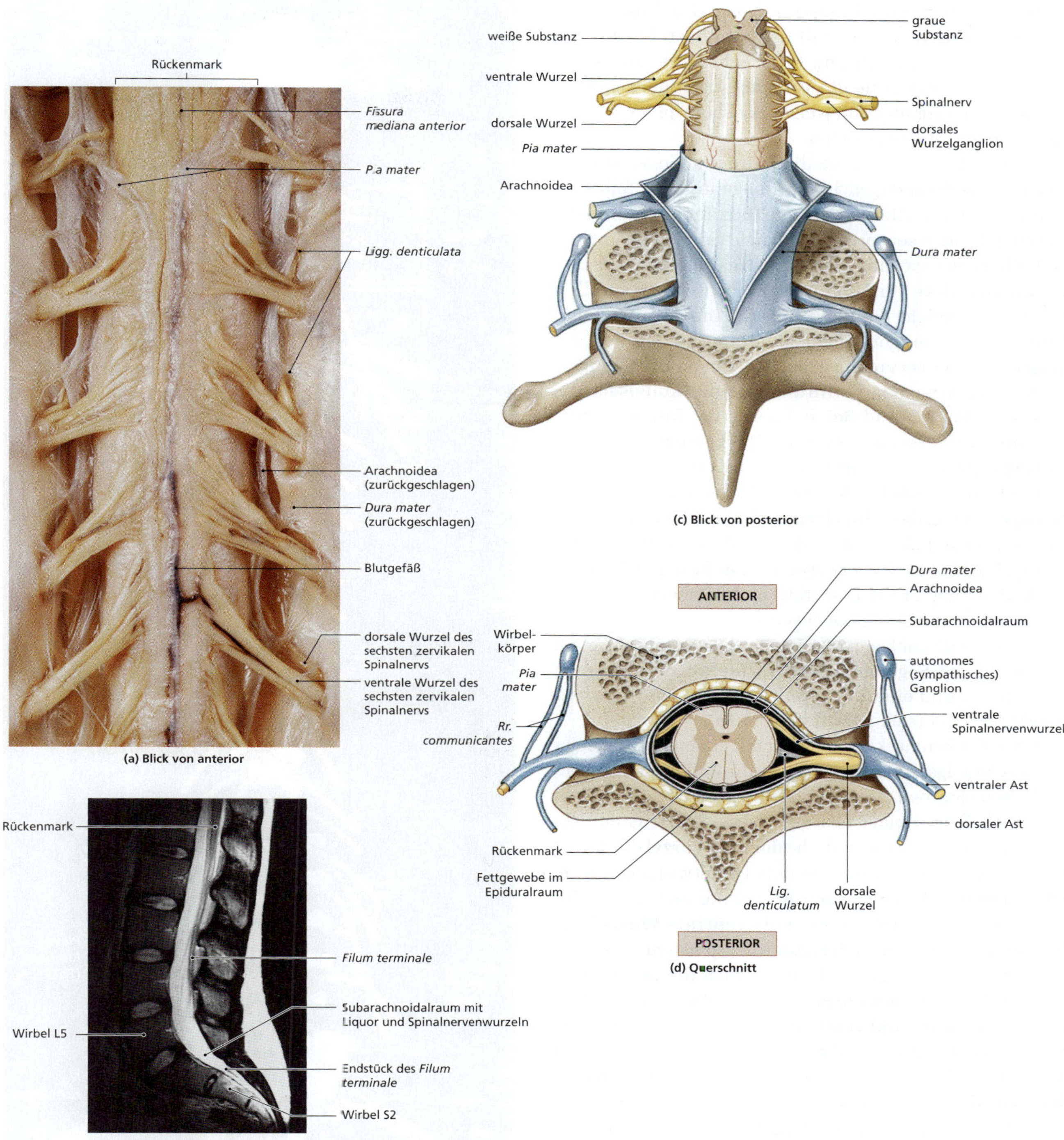

Abbildung 14.2: **Das Rückenmark und die Rückenmarkshäute.** (a) Rückenmark mit Meningen und Spinalnerven von anterior. Für diesen Blick wurden die Dura mater und die Arachnoidea längs gespalten und zur Seite verlagert. Beachten Sie die Blutgefäße im Subarachnoidalraum auf der Oberfläche der zarten Pia mater. (b) MRT der unteren Rückenmarksabschnitte mit Darstellung der Lageverhältnisse. (c) Rückenmark von posterior mit Darstellung der Meningen, Oberflächenmerkmalen und der Verteilung der weißen und grauen Substanz. (d) Querschnitt durch Rückenmark und Meningen mit Darstellung des peripheren Verlaufs der Spinalnerven.

Region des Rückenmarks (zervikal, thorakal, lumbal und sakral) enthält Trakte, die mit der jeweiligen Region verbunden sind. In Abbildung 14.1d sehen Sie eine Reihe von Schnittbildern, die die Veränderungen der relativen Verteilung von grauer und weißer Substanz im Verlauf des Rückenmarks demonstrieren.

In den Abschnitten, die die Extremitäten sensorisch und motorisch versorgen, ist die Menge an grauer Substanz deutlich erhöht. Hier gibt es reichlich Interneurone, die die eingehenden sensorischen Signale verarbeiten und die Aktivitäten der somatomotorischen Neurone koordinieren, die die komplexe Muskulatur der Extremitäten kontrollieren. Diese Bereiche des Rückenmarks sind vergrößert und bilden Ausweitungen (siehe Abbildung 14.1a). Von der **Intumescentia cervicalis** gehen Nerven an die Schultergürtel und Arme ab; die **Intumescentia lumbosacralis** innerviert Becken und Beine. Inferior der *Intumescentia lumbosacralis* verjüngt sich das Rückenmark und läuft mit dem spitzen *Conus medullaris* aus, etwa auf Höhe des ersten Lendenwirbels oder etwas darunter. Ein schmaler, faseriger Strang, das **Filum terminale**, reicht von der Spitze des *Conus medullaris* den Wirbelkanal weiter hinunter bis an den Rücken des *Os coccygeum* (**Abbildung 14.1**c; siehe auch Abbildung 14.1a). Dort stützt es das Rückenmark längs als Bestandteil des *Lig. coccygeum*.

Das gesamte Rückenmark kann in 31 Segmente aufgeteilt werden. Jedes Segment erhält zur Identifizierung einen Buchstaben und eine Ziffer. So ist C3 z.B. das dritte zervikale Segment (siehe Abbildung 14.1a).

Jedes Rückenmarkssegment ist mit einem Paar dorsaler Hinterwurzelganglien versorgt, die die Zellkörper der sensorischen Neurone enthalten. Sie liegen jeweils zwischen den Wirbelbögen benachbarter Wirbel. Beidseits des Rückenmarks enthält eine typische **dorsale Wurzel** die Axone der sensorischen Neurone aus dem Hinterwurzelganglion (**Abbildung 14.1**b; siehe auch Abbildung 14.1c). Anterior der dorsalen Wurzel verlässt eine **ventrale Wurzel** das Rückenmark. Sie enthält die Axone der somatomotorischen Neurone und, auf einigen Ebenen, auch die der viszeromotorischen Neurone, die periphere Effektoren kontrollieren. Die dorsalen und ventralen Wurzeln jedes Segments verlassen den Wirbelkanal zwischen jeweils benachbarten Wirbeln an den *Foramina intervertebralia*. Die dorsalen Wurzeln sind meist dicker als die ventralen Wurzeln.

Distal der dorsalen Wurzelganglien vereinigen sich die sensorischen und motorischen Fasern jeweils zu einem einzigen **Spinalnerv** (**Abbildung 14.2**c und **Abbildung 14.3**; siehe auch Abbildung 14.1d). Spinalnerven werden als gemischte Nerven bezeichnet, da sie sowohl afferente (sensorische) als auch efferente (motorische) Fasern führen. In Abbildung 14.3 sind die Spinalnerven bei ihrem Durchtritt durch die *Foramina intervertebralia* dargestellt.

Das Rückenmark wird bis etwa zum vierten Lebensjahr größer und länger. Bis zu diesem Zeitpunkt hält das Wachstum mit dem der Wirbelsäule Schritt: Die Segmente des Rückenmarks liegen auf der Höhe der jeweiligen Wirbel. Die ventralen und dorsalen Wurzeln sind kurz; sie verlassen den Wirbelkanal durch die danebenliegenden *Foramina intervertebralia*. Nach dem vierten Lebensjahr wächst die Wirbelsäule weiter, das Rückenmark jedoch nicht. Das Wachstum der Wirbelsäule bringt die dorsalen

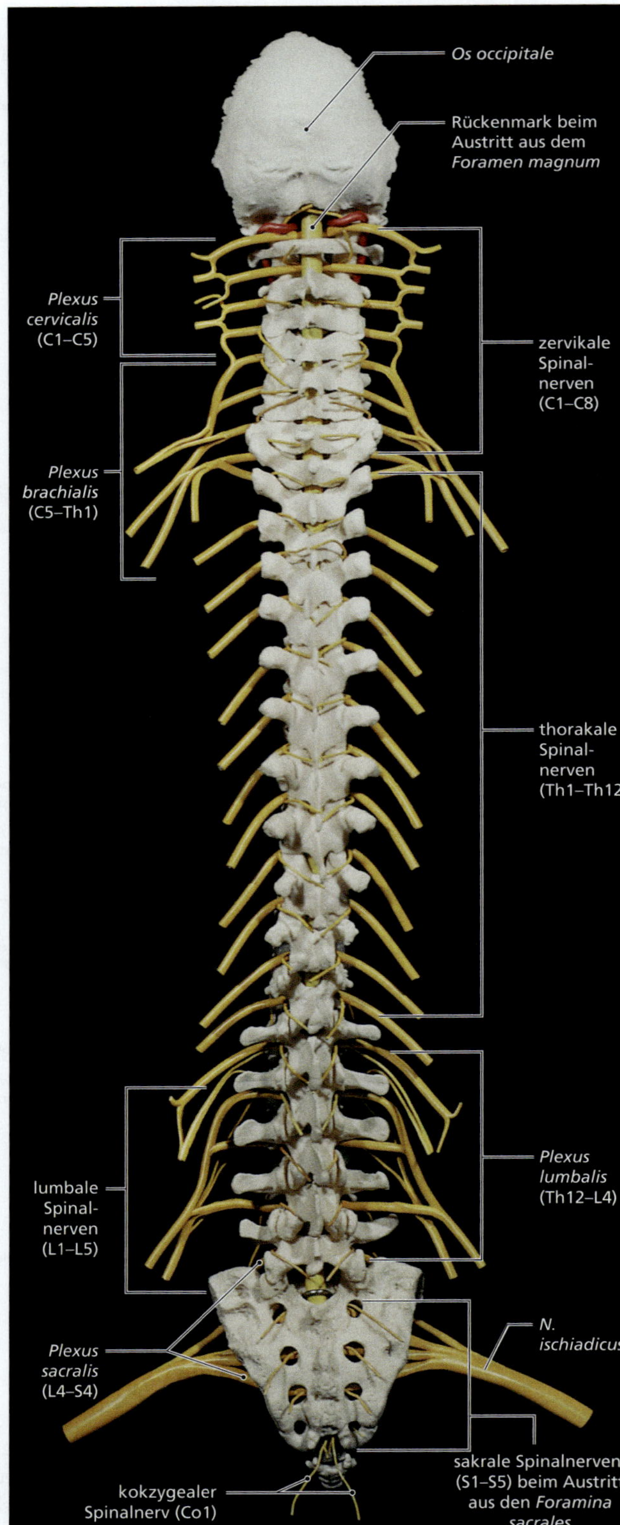

Abbildung 14.3: **Die Wirbelsäule und die Spinalnerven von dorsal.**

Wurzelganglien und die Spinalnerven immer weiter von ihrer ursprünglichen Position im Verhältnis zum Rückenmark weg. Daher kommt es zu einer langsamen Verlängerung der dorsalen und ventralen Wurzeln. Das Rückenmark des Erwachsenen reicht nur bis auf die Höhe des ersten oder zweiten Lendenwirbels herab; daher liegt das Rückenmarkssegment S1 neben dem Wirbelkörper L1 (siehe Abbildung 14.1a und c). Klinisch wird dieser Umstand für die relativ komplikationsarme Lumbalpunktion genutzt. Da sich zwischen dem Einstichort L3 und L4 nur Spinalnervenwurzeln befinden, kann dort kein Rückenmark mehr getroffen werden.

Makroskopisch erinnerten das *Filum terminale* und die langen dorsalen und ventralen Wurzeln, die vom *Conus medularis* hinab nach kaudal reichen, die frühen Anatomen an einen Pferdeschweif; so entstand für diesen Komplex die Bezeichnung **Cauda equina** (lat.: cauda = der Schwanz, der Schweif; equus = das Pferd; siehe Abbildung 14.1a und c).

14.2 Die Rückenmarkshäute

Die Wirbelsäule isoliert mit ihren Bändern, Sehnen und Muskeln das Rückenmark von der äußeren Umgebung. Das empfindliche Nervengewebe muss jedoch auch vor schädigendem Kontakt mit der knöchernen Wand des Wirbelkanals geschützt werden. Spezielle Häute, zusammen als **Rückenmarkshäute** bezeichnet, bieten Schutz, Stabilität und Stoßdämpfung (siehe Abbildung 14.1b und c). Sie bedecken das Rückenmark und die Spinalnervenwurzeln (**Abbildung 14.2**). Blutgefäße, die sich in diesen Schichten verzweigen, versorgen auch das Rückenmark mit Sauerstoff und Nährstoffen. Es gibt drei Schichten: die *Dura mater*, die Arachnoidea und die *Pia mater*. Am *Foramen magnum* des Schädels gehen sie in die Hirnhäute über. (Die Hirnhäute, die einen ähnlichen dreischichtigen Aufbau haben, werden in Kapitel 15 beschrieben.)

14.2.1 Die Dura mater

Die straffe faserige *Dura mater* (lat.: durus, -a, -um = hart; mater = die Mutter) bildet die äußere Schicht der Umhüllung von Rückenmark und Gehirn (siehe Abbildung 14.1b und c). Die *Dura mater* des Rückenmarks besteht aus einer Schicht straffen geflechtartigen Bindegewebes, die beidseits mit einfachem Plattenepithel überzogen ist. Die Außenseite ist nicht mit den knöchernen Wänden des Wirbelkanals verwachsen; der **Epiduralraum** dazwischen ist mit lockerem Bindegewebe, Blutgefäßen und Fettgewebe gefüllt (siehe Abbildung 14.2d).

Verbindungen der *Dura mater* mit der Kante des *Foramen magnum* am Schädel, dem zweiten und dritten Halswirbel, dem *Os sacrum* und dem *Lig. longitudinale posterior* dienen der Stabilisierung des Rückenmarks im Wirbelkanal. Kaudal verjüngt sich die *Dura mater* von einer Hülle zu einem dichten Band aus Kollagenfasern, das letztendlich mit dem *Filum terminale* verschmilzt und mit ihm das **Lig. coccygeum** bildet. Letzteres verläuft durch den Sakralkanal und ist mit dem Periost der *Ossa sacrum* und *coccygeum* verwoben. Die kranialen und sakralen Befestigungen bieten Stabilität über die Länge; quer erhält das Rückenmark Halt durch das Bindegewebe im Epiduralaum und die Ausläufer der *Dura mater*, die mit den Spinalnervenwurzeln durch die *Foramina intervertebralia* nach außen ziehen. Nach distal geht das Bindegewebe der *Dura mater* in die Bindgewebshüllen der Spinalnerven über (siehe Abbildung 14.2a, c und d).

14.2.2 Die Arachnoidea

In den meisten anatomischen und histologischen Präparaten ist ein schmaler subduraler Raum zwischen der *Dura mater* und den darunterliegenden, tieferen meningealen Schichten zu sehen. Es ist aber wahrscheinlich, dass dieser Raum in vivo gar nicht existiert und die Innenfläche der *Dura mater* an der Außenfläche der **Arachnoidea** (griech.: arachn = die Spinne) anliegt (siehe Abbildung 14.2a und c). Die Arachnoidea, die mittlere der Rückenmarkshäute, besteht aus einfachem Plattenepithel. Sie ist von der innersten Schicht, der *Pia mater*, durch den schmalen Subarachnoidalraum getrennt. Dieser Raum enthält **Liquor**, der sowohl als Stoßdämpfer als auch als Träger für gelöste Gase, Nährstoffe, chemische Botenstoffe und Abfallprodukte dient. Der Liquor strömt durch ein Netzwerk aus kollagenen und elastischen Fasern, die von modifizierten Fibroblasten produziert werden. Faserbündel, die **arachnoidalen Trabekel**, ziehen von der Innenfläche der Arachnoidea an die Außenfläche der *Pia mater*. Der Subarachnoidalraum und die Aufgaben des Liquors werden in Kapitel 15 besprochen. Der Subarachnoidalraum des Rückenmarks kann zwischen L3 und L4 zur Liquoranalyse oder zur Gabe von Anästhetika gut erreicht werden (**Abbildung 14.4**).

14.2.3 Die Pia mater

Der Subarachnoidalraum überbrückt die Lücke zwischen dem Epithel der Arachnoidea und der innersten Rückenmarkshaut, der **Pia mater**. (lat.: pia = fromm, zart). Die elastischen und die kollagenen Fasern der *Pia mater* sind mit denen der arachnoidalen Trabekel verwoben. Hier befinden sich die Blutgefäße, die das Rückenmark versorgen. Die *Pia mater* ist fest mit dem darunterliegenden Nervengewebe verbunden und folgt dessen Buckeln und Fissuren. Die Oberfläche des Rückenmarks besteht aus einer dünnen Schicht von Astrozyten, deren zytoplasmatische Ausläufer die Kollagenfasern der *Pia mater* fixieren. Über die gesamte Länge des Rückenmarks finden sich paarig angeordnete *Ligg. denticulatae*; es handelt sich dabei um Ausläufer der *Pia mater*, die diese abschnittsweise mit der Arachnoidea und der *Dura mater* verbinden (siehe Abbildung 14.2d). Sie entspringen, beginnend am *Foramen magnum*, seitlich am Rückenmark zwischen der ventralen und der dorsalen

AUS DER PRAXIS

Liquorpunktion, Myelografie, Spinalanästhesie, Kaudalanästhesie

Von vielen Organen entnimmt man im Rahmen diagnostischer Maßnahmen Biopsien. Wenn man etwa annimmt, dass eine Leber- oder eine Hautkrankheit vorliegt, werden kleine Gewebeproben entnommen, die auf Zeichen der Zellschädigung oder zur Identifikation von Mikroorganismen untersucht werden. Nervengewebe besteht jedoch im Gegensatz zu vielen anderen Geweben zum Großteil aus Zellen und nicht aus extrazellulärer Flüssigkeit oder Bindegewebe. Man nimmt nur sehr selten Biopsien aus Nervengewebe, denn beschädigte oder verlorene Nervenzellen können nicht ersetzt werden. Stattdessen wird eine kleine Menge Liquor entnommen und untersucht. Liquor steht in engem Kontakt zum Nervengewebe des ZNS; Pathogene, Zelltrümmer und Stoffwechselprodukte sind in ihm nachweisbar.

Die **Liquorpunktion** muss vorsichtig durchgeführt werden, um das Rückenmark nicht zu verletzen. Das Rückenmark des Erwachsenen reicht nur bis an den ersten oder zweiten Lendenwirbel herab. Zwischen L2 und dem Kreuzbein sind die Meningen noch vorhanden, aber sie enthalten nur noch die relativ widerstandsfähigen Anteile der *Cauda equina* und eine signifikante Menge an Liquor. Bei gebeugtem Rücken kann eine Kanüle zwischen den unteren Lendenwirbeln in den Subarachnoidalraum eingeführt werden, bei minimalem Risiko für die *Cauda equina*. Bei dieser Maßnahme, Lumbalpunktion genannt, werden 3–9 ml Liquor zwischen L3 und L4 aus dem Subarachnoidalraum entnommen (siehe Abbildung 14.4a). Liquorpunktionen werden bei Verdacht auf ZNS-Infektionen oder bei der Diagnostik schwerer Kopfschmerzen, Bandscheibenerkrankungen, mancher Arten von Schlaganfall und anderer Störungen des Bewusstseins durchgeführt.

Bei der **Myelografie** werden Röntgenkontrastmittel in den Liquor des Subarachnoidalraums injiziert. Da die Substanzen strahlendicht sind, erscheint der Liquor auf dem Röntgenbild milchig-weiß (siehe Abbildung 14.4b). Tumoren, Entzündungen oder Verklebungen, die den normalen Liquorfluss stören, können so sichtbar gemacht werden. Schmerzmittel und/oder Lokalanästhetika können in den Subarachnoidalraum hinein injiziert werden. Bei schweren Infektionen, Entzündungen oder Leukämie (Blutkrebs) können auch Antibiotika, Kortison oder Chemotherapeutika gegeben werden.

Mit Anästhetika kann man die Funktion der Spinalnerven an bestimmten Lokalisationen beeinflussen. Die Injektion eines Lokalanästhetikums an einen Spinalnerv führt zu einer temporären Blockade seiner sensorischen und motorischen Funktionen. Sie kann peripher durchgeführt werden, wenn etwa Hautverletzungen genäht werden, oder näher am Rückenmark, um eine großflächigere Betäubung zu erreichen. Ein **Epiduralblock** – die Injektion eines Anästhetikums in den Epiduralraum des Rückenmarks – hat folgende Vorteile: 1. Es sind nur die Spinalnerven in der unmittelbaren Nähe der Injektionsstelle betroffen und 2. die Betäubung ist hauptsächlich sensorisch. Lässt man einen Katheter liegen, kann die Betäubung durch Nachinjektion verlängert werden. Eine Epiduralanästhesie ist in den oberen zervikalen und den mittleren thorakalen Regionen technisch schwierig, weil der

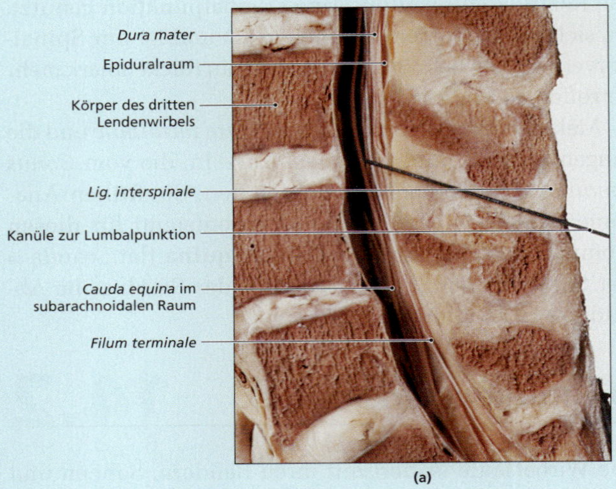

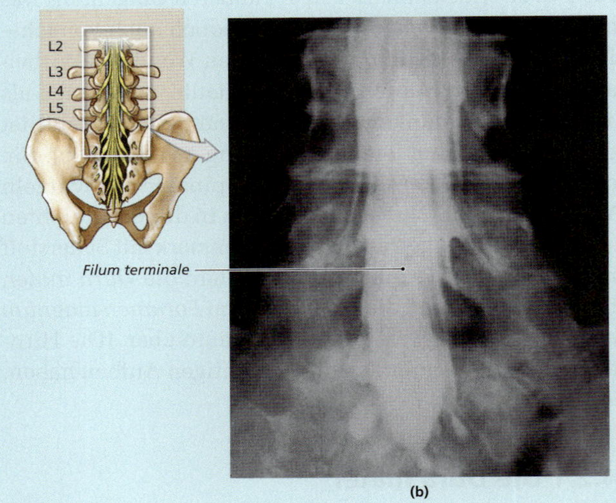

Abbildung 14.4: Lumbalpunktion und Myelografie. (a) Lage der Punktionskanüle im Subarachnoidalraum in der Nähe der Nerven der Cauda equina. Die Nadel wurde schräg in Richtung Umbilikus zwischen L3 und L4 eingeführt. Sobald die Nadel die Dura mater durchdrungen hat, kann eine Liquorprobe entnommen werden. (b) Ein Myelogramm – die Röntgenaufnahme des Rückenmarks nach Injektion eines Kontrastmittels in den Liquorraum – zeigt die Cauda equina im Bereich der unteren Lendenwirbelsäule.

Epiduralraum dort sehr schmal ist. Im lumbalen Bereich ist die Technik effektiver, da der Epiduralraum unterhalb des *Conus medullaris* etwas breiter ist.

Bei einer **Kaudalanästhesie** werden die Anästhetika in den Epiduralraum des *Os sacrum* injiziert. Dies führt zu einer Lähmung und Betäubung des unteren Bauches und des Perineums. Diese Technik kann in der Geburtshilfe angewendet werden, doch wird hier oft die lumbale Epiduralanästhesie vorgezogen.

Man kann auch ein Lokalanästhetikum als Einzeldosis in den Subarachnoidalraum des Rückenmarks injizieren **(„Spinalanästhesie")**. Diese Technik führt zu einem temporären Verlust von Gefühl und Beweglichkeit, der sich aber ausdehnt, wenn das Medikament mit dem zirkulierenden Liquor am Rückenmark entlang verbreitet wird. Eine versehentliche Überdosierung führt jedoch selten zu ernsthaften Problemen, da man die Ausbreitung durch richtige Lagerung des Patienten begrenzen kann. Selbst wenn alle thorakalen und abdominellen Segmente betroffen sein sollten, kann der Patient weiter atmen, da das Zwerchfell von den oberen zervikalen Spinalnerven innerviert wird.

AUFGABEN

1. Eine Beschädigung welcher Spinalwurzel führt zu einer Störung der motorischen Funktion?
2. Wo befindet sich der Liquor, der das Rückenmark umgibt?
3. Welches sind die beiden spinalen Erweiterungen?
4. Was befindet sich in einem dorsalen Wurzelganglion?

Wurzel. Zusammen verhindern sie eine Seitwärtsbewegung des Rückenmarks und ein Abrutschen nach inferior. Die Bindegewebsfasern der spinalen *Pia mater* setzen sich von der Spitze des *Conus medullaris* an als *Filum terminale* fort. Wie bereits erwähnt, gehen diese Fasern in das *Lig. coccygeum* über; diese Anordnung verhindert ein Abgleiten des Rückenmarks nach superior.

Innerhalb der *Foramina intevertebralia* sind die dorsalen und ventralen Wurzeln mit Rückenmarkshäuten umhüllt. Wie man in Abbildung 14.2c und d sehen kann, gehen die Meningen in das Bindegewebe über, das die Spinalnerven und ihre Äste umhüllt.

14.3 Querschnittsanatomie des Rückenmarks

Die *Fissura mediana anterior* und der *Sulcus medianus posterior* sind längs verlaufende Merkmale, die der Einteilung des Rückenmarks in eine linke und eine rechte Hälfte folgen (**Abbildung 14.5**). Es gibt eine zentrale, H-förmige graue Substanz, in der Nervenzellkörper und Gliazellen vorherrschen. Die graue Substanz umgibt den schmalen Zentralkanal, der sich im Querbalken des H befindet. Die Ausbuchtungen der grauen Substanz in Richtung der Peripherie des Rückenmarks nennt man Hörner (siehe Abbildung 14.5a und b). Die peripher liegende weiße Substanz enthält eine große Anzahl myelinisierter und nicht myelinisierter Axone, die in Trakten und Säulen zusammengefasst sind.

14.3.1 Organisation der grauen Substanz

Die Zellkörper der Neurone in der grauen Substanz sind in Gruppen (Kernen) zusammengefasst, die jeweils spezifische Funktionen haben. **Sensorische Kerne** empfangen sensorische Reize von peripheren Rezeptoren, wie etwa den Berührungsrezeptoren der Haut, und leiten sie weiter. **Motorische Kerne** schicken motorische Antworten an periphere Effektoren, wie Skelettmuskelzellen (siehe Abbildung 14.5b). Sensorische und motorische Kerne können sich recht lang das Rückenmark entlang ausdehnen. Ein frontal liegender Abschnitt an der Achse des Zentralkanals entlang trennt die sensorischen (dorsalen) von den motorischen (ventralen) Kernen. Das (dorsale) **Hinterhorn** enthält somatische und viszerale sensorische Kerne, wohingegen das (ventrale) **Vorderhorn** Neuronen enthält, die sich mit der Somatomotorik befassen. Die **Seitenhörner**, die sich in den Segmenten zwischen Th1 und L2 finden, enthalten viszeromotorische Neurone. Die *Commissura grisea* (lat.: commissura = die Zusammenfügung, Verbindung) enthält Axone, die von einer Seite des Rückenmarks auf die andere in die graue Substanz ziehen (siehe Abbildung 14.5b). Es gibt zwei graue Kommissuren, eine posterior und die andere anterior des Zentralkanals.

In Abbildung 14.5b sehen Sie das Verhältnis zwischen der Funktion eines bestimmten Kernes (sensorisch oder motorisch) und seiner relativen Position innerhalb der grauen Substanz des Rückenmarks. Sensorische Kerne sind so in der grauen Substanz angeordnet, dass die Fasern, die weiter unten (z. B. von einem Bein oder der Hüfte kommend) in das Rückenmark eintreten, weiter medial in der weißen Substanz liegen als die Fasern, die höher eintreten (von Rumpf oder Arm). Die Kerne innerhalb der grauen Hörner sind ebenfalls aufwendig organisiert. Motorische Kerne sind so angeordnet, dass die Kerne, die weiter proximal liegende Strukturen (wie Rumpf und Schultern) innervieren, innerhalb der grauen Substanz weiter medial liegen als die Kerne, die die Skelettmuskeln weiter distal liegender Strukturen (Unterarm und Hand) versorgen. In

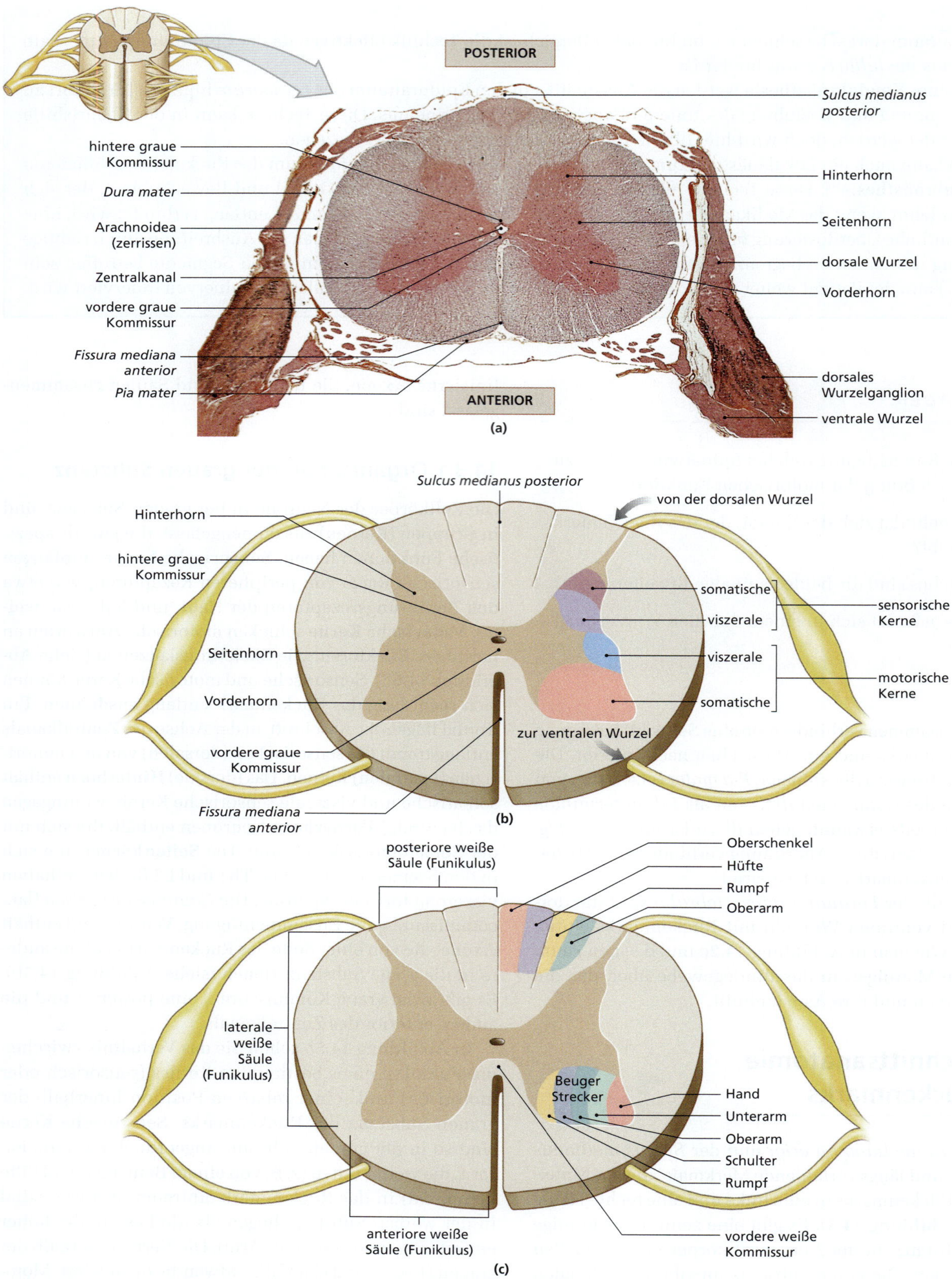

Abbildung 14.5: Segmentweise Organisation des Rückenmarks. (a) Histologie des Rückenmarks im Querschnitt. (b) Auf der linken Hälfte dieses Querschnitts sind wichtige anatomische Merkmale zu sehen, auf der rechten Hälfte die funktionelle Organisation der grauen Substanz in den Vorder-, Seiten- und Hinterhörnern. (c) Links sind die wichtigsten Säulen der weißen Substanz zu erkennen. Die rechte Hälfte des Querschnitts zeigt die anatomische Organisation der sensorischen Trakte der hinteren weißen Säule im Vergleich zu der Organisation der motorischen Kerne im grauen Vorderhorn. Beachten Sie, dass sowohl die sensorischen als auch die motorischen Anteile des Rückenmarks eine klare regionale Organisation aufweisen.

AUS DER PRAXIS

Rückenmarksverletzungen

Verletzungen des Rückenmarks führen zu Empfindungsstörungen und motorischen Beeinträchtigungen, die die betroffenen Kerne und Trakte widerspiegeln. Zunächst führt jede schwere Rückenmarksverletzung zum sog. **spinalen Schock**, einem Zustand mit Lähmungen und Ausfall der Sensibilität. Die Skelettmuskeln erschlaffen, weder somatische noch viszerale Reflexe funktionieren, das Gehirn empfängt keine Sinnesreize bezüglich Berührung, Schmerz oder Temperatur. Ort und Schwere der Verletzung bestimmen Ausmaß und Dauer dieses Zustands und die mögliche Erholung.

Gewaltsame Stöße, wie bei Schlägen oder Schussverletzungen, können eine **Commotio spinalis** (Rückenmarkserschütterung) ohne erkennbare Beschädigung des Rückenmarks auslösen. Es kommt zunächst zu einem spinalen Schock, doch die Symptome sind nur vorübergehend und können nach wenigen Stunden vollständig verschwunden sein. Schwerere Unfälle, wie Distorsionen oder Stürze, resultieren oft in physischen Verletzungen des Rückenmarks. Bei der **Contusio spinalis**, der Rückenmarksprellung, kommt es zu Einblutungen zwischen die Meningen und in das Rückenmark selbst; der Liquordruck steigt, und die weiße Substanz kann im Bereich der Verletzung zugrunde gehen. Trotz einer langsamen Erholung über Wochen hinweg können Restschäden verbleiben. Die Erholung von einer **Schnittverletzung des Rückenmarks** durch Wirbelfragmente oder andere Fremdkörper ist meist langwieriger und unvollständiger. Wenn das Rückenmark im Wirbelkanal gequetscht oder gezerrt wird, kommt es zu einer **Compressio spinalis**, der Rückenmarksquetschung. Bei einem **Querschnitt** ist das Rückenmark vollständig durchtrennt. Chirurgisch kann eine Rückenmarksverletzung heutzutage noch nicht behandelt werden, doch es gibt erste Teilerfolge mit experimentellen Techniken an Versuchstieren.

Bei Rückenmarksverletzungen liegt oft eine Kombination aus Kompression, Schnitt, Prellung und teilweiser Durchtrennung vor. Eine Druckentlastung und eine Stabilisierung des betroffenen Bereichs können weiteren Schäden vorbeugen und dem Rückenmark die bestmögliche Erholung ermöglichen. Eine schwere Verletzung an oder oberhalb des vierten oder fünften Halswirbels führt zu einem Ausfall der Sensibilität und zu einer Lähmung der Extremitäten (**Quadriplegie**). Liegt die Verletzung zwischen C3 und C5, umfasst die Lähmung sämtliche Atemmuskeln, sodass der Patient meist beatmet werden muss. Eine **Paraplegie**, die Lähmung der Beine, kann die Folge einer Verletzung der Brustwirbelsäule und des thorakalen Rückenmarks sein. Verletzungen an der unteren Lendenwirbelsäule können Anteile der *Cauda equina* komprimieren oder zerren und damit die Nervenfunktion in der Peripherie beeinträchtigen.

Abbildung 14.5b und c sieht man die Verteilung der somatomotorischen Kerne in den Vorderhörnern auf Höhe der zervikalen Intumeszenz. Die Größe der Vorderhörner variiert mit der Anzahl der Skelettmuskeln, die von dem jeweiligen Segment versorgt werden. Deshalb sind die Vorderhörner in den zervikalen und lumbalen Segmenten am größten, da von dort aus die Muskeln der Extremitäten versorgt werden.

14.3.2 Organisation der weißen Substanz

Die weiße Substanz kann in Regionen oder **Säulen** (Funikuli; Singular: Funikulus) unterteilt werden (siehe Abbildung 14.5c). Die **weißen Hinterstränge** liegen zwischen den grauen Hinterhörnern und dem *Sulcus medianus posterior*. Die **weißen Vorderstränge** befinden sich zwischen den grauen Vorderhörnern und der *Fissura mediana anterior*; sie sind durch die **vordere weiße Kommissur** miteinander verbunden. Bei der weißen Substanz beidseits zwischen den Vorder- und den Hintersträngen handelt es sich um die **weißen Seitenstränge**.

Jeder Strang enthält **Trakte**, auch Faszikuli genannt, deren Axone jeweils funktionelle und strukturelle Gemeinsamkeiten aufweisen. (Spezifische Trakte werden in Kapitel 16 besprochen.) Ein Trakt leitet entweder sensorische Reize oder motorische Antworten, und seine Axone sind sich bezüglich Durchmesser, Myelinisierung und Reizleitungsgeschwindigkeit relativ ähnlich. Alle Axone innerhalb eines Traktes leiten Reize in derselben Richtung wei-

AUFGABEN

1. Ein Patient mit Polio kann seine Beine nicht mehr bewegen. In welchem Bereich des Rückenmarks würden Sie die viral infizierten Motoneurone erwarten?
2. Wie ist die weiße Substanz innerhalb des Rückenmarks aufgebaut?
3. Mit welchem Ausdruck beschreibt man die Ausbuchtungen grauer Substanz in Richtung Peripherie des Rückenmarks?
4. Was ist der Unterschied zwischen aszendierenden und deszendierenden Trakten in der weißen Substanz?

ter. Kleine kommissurale Trakte übermitteln sensorische oder motorische Informationen zwischen den Segmenten des Rückenmarks; andere, größere Trakte verbinden das Rückenmark mit dem Gehirn. **Aszendierende (aufsteigende) Trakte** leiten Sinnesreize zum Gehirn, **deszendierende (absteigende) Trakte** motorische Antworten in das Rückenmark. Innerhalb jeder Säule verlaufen die Trakte mit unterschiedlichem Ziel des motorischen Reizes oder der Quelle des Sinnesreizes voneinander getrennt. Daher weisen die Trakte eine ähnliche regionale Organisation auf wie die Kerne der grauen Substanz (siehe Abbildung 14.5b und c). Die einzelnen großen Trakte des ZNS besprechen wir bei der Betrachtung der sensorischen und motorischen Bahnen in Kapitel 16.

Spinalnerven 14.4

Es gibt 31 Paar Spinalnerven: acht zervikale, zwölf thorakale, fünf lumbale, fünf sakrale und ein kokzygeales Paar. Jedes Paar kann anhand seines zugehörigen Wirbels identifiziert werden. Sie sind, wie in Abbildung 14.1 zu sehen, regional durchnummeriert.

In der Zervikalregion tritt der erste Spinalnerv, C1, zwischen der Schädelbasis und dem ersten Halswirbel aus. Daher werden die zervikalen Spinalnerven nach den nachfolgenden Wirbelkörpern benannt. Der Spinalnerv C2 liegt also oberhalb des Wirbelkörpers C2. Dieses Schema setzt sich bis an den untersten Halswirbel fort. Der Spinalnerv, der zwischen C7 und Th1 austritt, wird C8 genannt (siehe Abbildung 14.1b). Daher gibt es also sieben Halswirbel, aber acht zervikale Spinalnerven. Die Spinalnerven unterhalb des ersten Brustwirbels sind nun nach dem unmittelbar vorhergehenden Wirbel benannt. Th1 tritt demnach unterhalb des Wirbelkörpers von Th1 aus, Th2 folgt dem zweiten Brustwirbel und so fort.

Jeder periphere Nerv ist mit drei Lagen Bindegewebe bedeckt: außen das Epineurium, in der Mitte das Perineurium und innen das Endoneurium (**Abbildung 14.6**). Sie sind mit den Bindegewebsschichten um die Skelettmuskeln vergleichbar. Das **Epineurium** ist eine zähe Faserhülle, die die äußerste Schicht jedes peripheren Nervs bildet. Es besteht aus dichtem, geflechtartig angeordnetem Bindegewebe, das hauptsächlich aus Kollagenfasern und Fibrozyten zusammengesetzt ist. An den *Foramina intervertebralia* geht das Epineurium der Spinalnerven jeweils in die *Dura mater* des Rückenmarks über. Periphere Nerven müssen von den chemischen Substanzen im Interstitium und im Blut isoliert und geschützt werden. Die **Blut-Hirn-Schranke** aus den Bindegewebsfasern und den Fibrozyten des Epineuriums begrenzt die Diffusion.

Das **Perineurium** besteht aus Kollagenfasern, elastischen Fasern und Fibrozyten. Es unterteilt den Nerv in einzelne Abschnitte, die jeweils Axonbündel enthalten. Ein einzelnes solches Axonbündel nennt man **Faszikel**.

Das **Endoneurium** ist aus locker angeordneten, zarten kollagenen und elastischen Bindegewebsfasern und einigen verstreuten Fibrozyten, die die einzelnen Axone umhüllen, zusammengesetzt. Kapillaren aus dem Perineurium verzweigen sich im Endoneurium und versorgen die Axone und die Schwann-Zellen mit Sauerstoff und Nährstoffen.

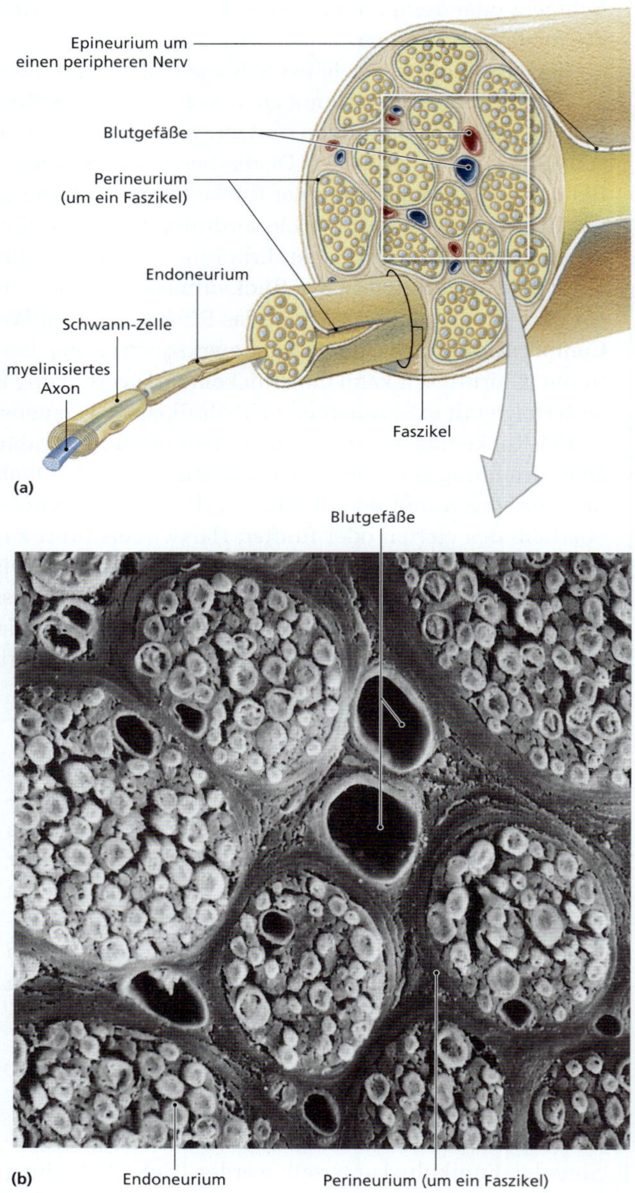

Abbildung 14.6: Anatomie eines peripheren Nervs. Ein peripherer Nerv besteht aus dem äußeren Epineurium, das unterschiedlich viele Faszikel (Nervenbündel) enthält. Die einzelnen Faszikel sind von Perineurium umgeben, und innerhalb jedes Faszikels sind die Axone, die von Schwann-Zellen umhüllt sind, von Endoneurium umgeben. (a) Ein typischer peripherer Nerv mit seinen bindegewebigen Hüllen. (b) Eine rasterelektronenmikroskopische Aufnahme zeigt die verschiedenen Schichtungen sehr genau (© R.G. Kessel und R.H. Kardon „Gewebe und Organe: Lehrbuch und Atlas der Rasterelektronenmikrospkopie", W.H. Freeman & Co, 1979. Alle Rechte vorbehalten.).

14.4.1 Periphere Verteilung der Spinalnerven

Ein Spinalnerv entsteht beim Durchtritt durch das *Foramen intervertebrale* durch die Fusion jeweils einer dorsalen und einer ventralen Nervenwurzel. Ausnahmen sind C1 und Co1 (siehe Abbildung 14.3), wo manche Menschen keine dorsalen Wurzeln haben (siehe Abbildung 14.2a, c und d). Distal verzweigt sich der Spinalnerv in mehrere Äste. Alle Spinalnerven bilden zwei Hauptäste, den *R. dorsalis* und den *R. ventralis*. Die Spinalnerven Th1–L2 bilden vier Äste: einen *R. albus* (weißer Ast), einen *R. griseus* (grauer Ast) (kollektiv als *Rr. communicantes grisei* bezeichnet) sowie einen dorsalen und einen ventralen Ast (**Abbildung 14.7**).

- **R. albus:** Die *Rr. communicantes* tragen motorische Fasern an und von einem benachbarten **autonomen Ganglion** aus dem sympathischen Anteil des autonomen Nervensystems. (Dieser Anteil wird in Kapitel 17 besprochen.) Da präganglionäre Axone myelinisiert sind, ist der Ast, der diese Fasern zum Ganglion trägt, von heller Farbe und wird auch als *R. albus* (weißer Ast) bezeichnet. Zwei Gruppen nicht myelinisierter Axone verlassen das Ganglion wieder.
- **R. griseus:** Die Fasern, die die Drüsen und glatten Muskeln der Körperwand und der Extremitäten innervieren, bilden einen zweiten Ast, den *R. griseus*, der wieder in den Spinalnerv übergeht. Er liegt typischerweise proximal des *R. albus*. Prä- und postganglionäre Fasern, die die inneren Organe innervieren, schließen sich dem Spinalnerv nicht wieder an. Sie bilden stattdessen eine Reihe getrennter autonomer Nerven, wie etwa die *Nn. splanchnici*, die an der Steuerung der Bauch- und Beckenorgane beteiligt sind.
- **R. dorsalis:** Dieser Ast eines Spinalnervs leitet Sinnesreize von einem bestimmten Segment der Haut und der Muskulatur von Hals und Rücken und motorische Reizantworten wieder an dieses Segment. Der innervierte Bereich verläuft horizontal bandförmig, an der Austrittsstelle des jeweiligen Spinalnervs beginnend.
- **R. ventralis:** Der relativ dicke *R. ventralis* versorgt die ventrolaterale Körperwand und die Extremitäten.

Die Verteilung der sensorischen und motorischen Fasern in den dorsalen und ventralen Ästen spiegelt die segmentbezogene Arbeitsteilung über die Länge des Rückenmarks wider (siehe Abbildung 14.7b). Jedes Paar Spinalnerven überwacht einen bestimmten Abschnitt der Körperoberfläche, den man **Dermatom** nennt (**Abbildung 14.8**). Dermatome sind von klinischer Bedeutung, da eine Störung an einem Spinalnerv oder einem dorsalen Wurzelganglion einen charakteristischen Sensibilitätsverlust in einem bestimmten Hautareal hervorruft.

14.4.2 Nervenplexus

Das Verteilungsmuster in Abbildung 14.7 bezieht sich auf die Spinalnerven Th1–L2. Nur in diesen Segmenten gibt es weiße und graue *Rr. communicantes*. Graue, ventrale und

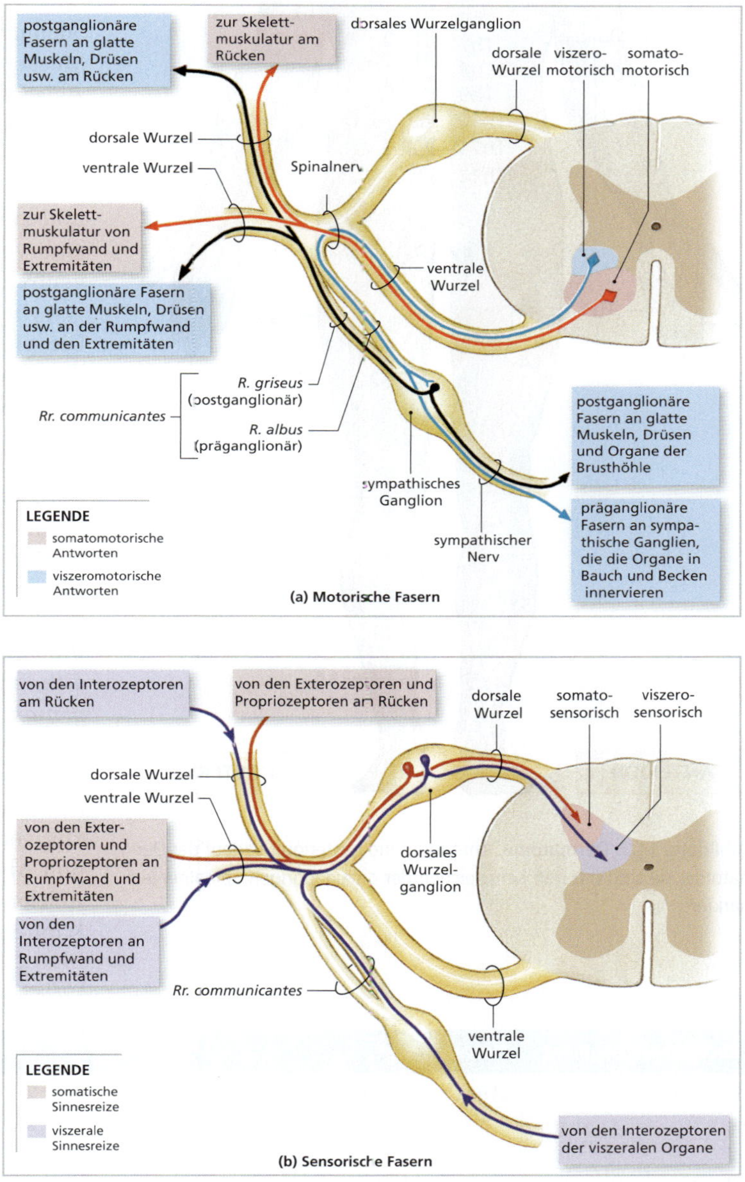

Abbildung 14.7: Peripherer Verlauf der Spinalnerven. Schematische Darstellung des Verlaufs der Haupttäste eines repräsentativen thorakalen Spinalnervs. (a) Die Verteilung der Motoneurone im Rückenmark und der motorischen Fasern in den Spinalnerven und ihren Ästen. Obwohl der R. griseus typischerweise proximal des R. albus liegt, erleichtert es die vereinfachte Darstellung, die Beziehung zwischen prä- und postganglionären Fasern zu verfolgen. (c) Ähnliche Darstellung, nur hier mit sensorischen Neuronen und Fasern.

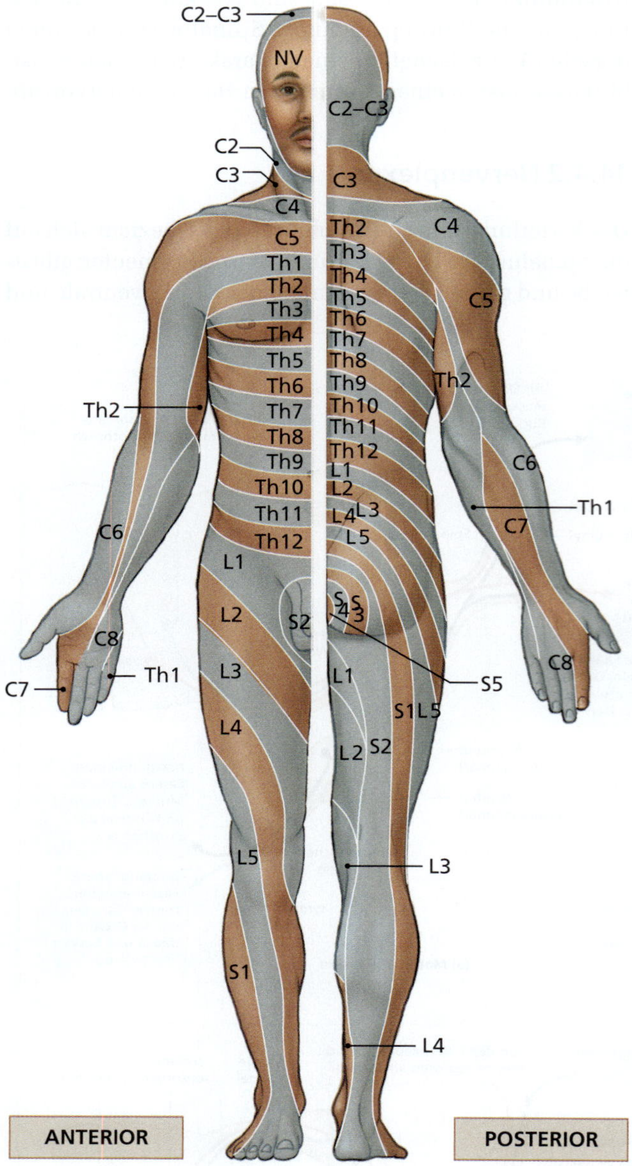

Abbildung 14.8: **Dermatome.** Anteriorer und posteriorer Verlauf der Dermatome; sie sind mit den Kennzeichen der dazugehörigen Spinalnerven markiert.

dorsale Äste gibt es hingegen an allen Spinalnerven. Die dorsalen Äste übermitteln eine grob segmentale sensorische Innervation, wie man an der Verteilung der Dermatome sehen kann. Die segmentale Zuordnung ist nicht ganz präzise, da die Grenzen unscharf sind; an einigen Stellen kommt es zu Überlappungen. In den Segmenten, die die Skelettmuskeln von Hals und Extremitäten kontrollieren, ziehen die ventralen Äste jedoch nicht direkt an ihre Zielorgane in der Peripherie. Stattdessen verbinden sie sich und bilden eine Reihe zusammengesetzter Nerventrunki. Einen solchen Komplex aus verwobenen Nervenfasern nennt man **Nervenplexus** (lat.: plectere = flechten; Singular und Plural: Plexus). Nervenplexus entstehen während der Embryonalentwicklung, wenn kleine Skelettmuskeln zu größeren Muskeln zusammenwachsen. Die anatomischen Grenzen zwischen den embryonalen Muskeln verschwinden zwar, das ursprüngliche Innervationsmuster bleibt jedoch erhalten. Daher enthalten die „Nerven", die diese zusammengesetzten Muskeln beim Erwachsenen versorgen, sensorische und motorische Fasern von den ventralen Ästen, die die embryonalen Muskeln innerviert hatten. Immer da, wo ventrale Äste zusammen- und als zusammengesetzte Nerven wieder auseinanderlaufen, bilden sich Nervenplexus. Die wichtigsten Nervenplexus sind der *Plexus cervicalis*, der *Plexus brachialis*, der *Plexus lumbalis* und der *Plexus sacralis* (siehe Abbildung 14.3 und 14.9).

Der Plexus cervicalis

Der *Plexus cervicalis* besteht aus den Haut- und Muskelästen der ventralen Äste der Spinalnerven C1–C4 und einigen Fasern aus C5 (Tabelle 14.1). Er liegt unter dem *M. sternocleidonastoideus* und anterior der *Mm. scalenus medius* und *levator scapulae*. Die Hautäste dieses Plexus innervieren Teile von Kopf, Hals und Brust. Die Muskeläste innervieren die *Mm. omohyoideus, sternohyoideus, geniohyoideus, thyrohyoideus* und *sternothyroideus* am Hals, die *Mm. sternocleidomastoideus, scalenus, levator scapulae* und *trapezius* an Hals und Schulter sowie das Zwerchfell. Der **N. phrenicus**, der Hauptast aus diesem Plexus, versorgt das komplette Zwerchfell. In **Abbildung 14.9** und **Abbildung 14.10** sind die Nerven dargestellt, die die Achsen- und Extremitätenmuskeln innervieren, die in den Kapiteln 10 und 11 vorgestellt wurden.

Rückenmarkssegment	Nerven	Versorgungsgebiet
C1–C4	*Ansa cervicalis* (superiore und inferiore Äste)	Fünf der extrinsischen Kehlkopfmuskeln (*Mm. sternothyroideus, sternohyoideus, omohyoideus, geniohyoideus* und *thyrohyoideus*) über den XII. Hirnnerv
C2–C3	*Nn. occipitalis minor, transversus colli, supraclaviculares* und *auricularis magnus*	Haut des oberen Brustbereichs und von Schulter, Hals und Ohr
C3–C5	*N. phrenicus*	Zwerchfell
C1–C5	*Nn. cervicales*	*Mm. levator scapulae, scaleni, sternocleidomastoideus* und *trapezius* (mit XI)

Tabelle 14.1: **Der Plexus cervicalis.**

Abbildung 14.9: **Periphere Nerven und Nervenplexus.**

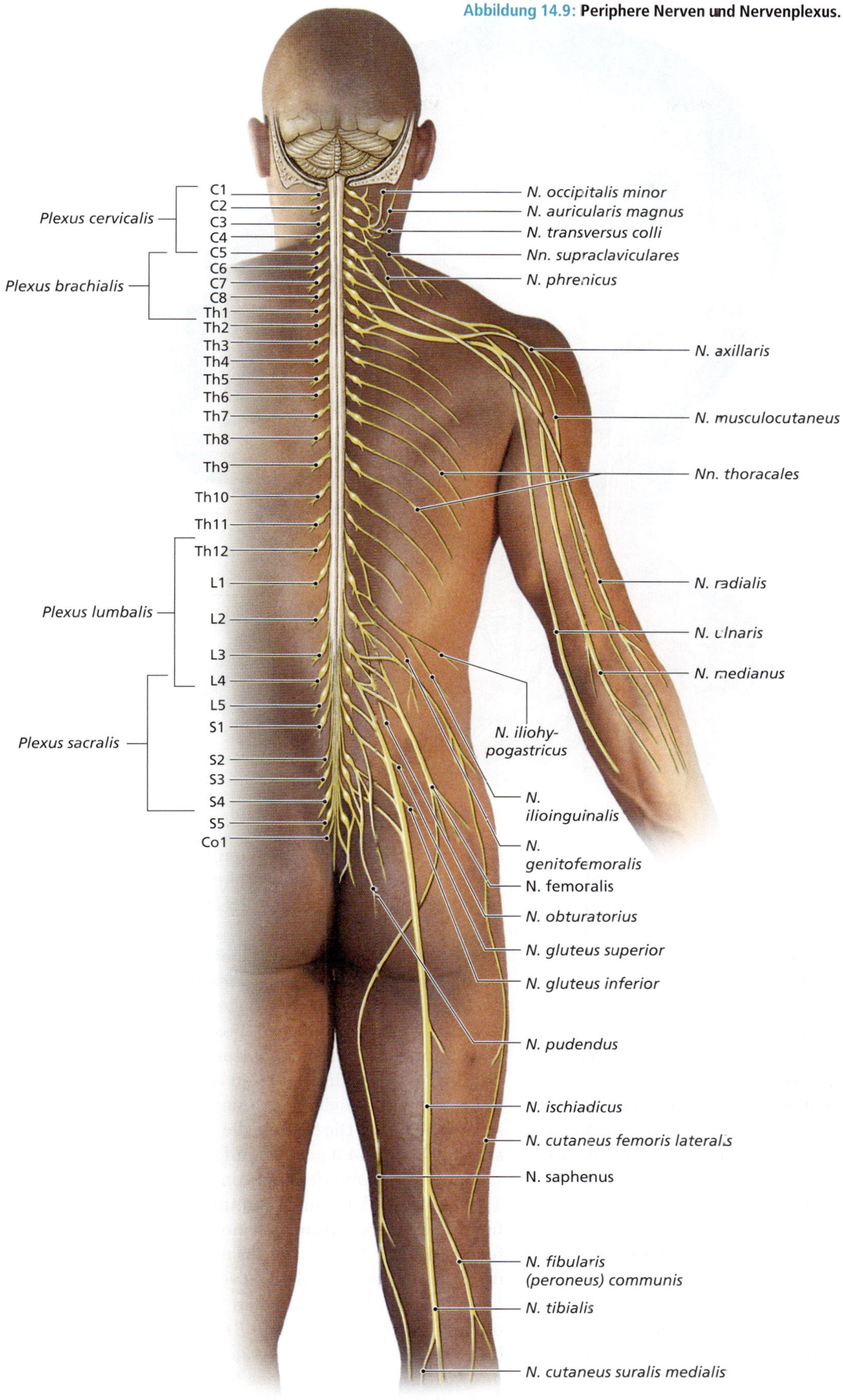

Abbildung 14.10: **Der Plexus cervicalis.**

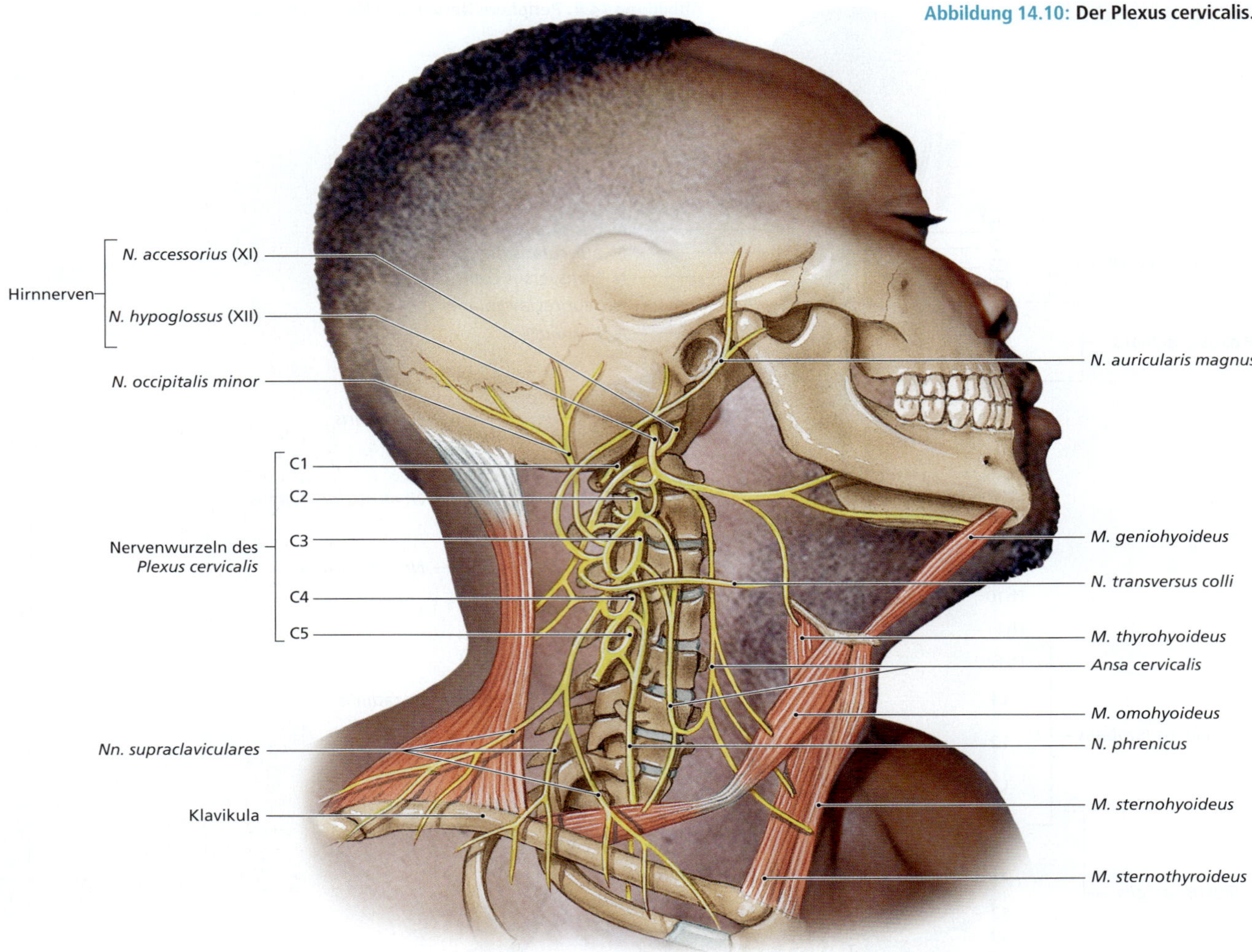

Der Plexus brachialis

Der *Plexus brachialis* ist größer und komplexer als der *Plexus cervicalis*. Er innerviert den Schultergürtel und den Arm. Er wird aus den ventralen Ästen der Spinalnerven C5–Th1 gebildet (**Abbildung 14.11**a und b, **Abbildung 14.12** sowie Tabelle 14.2; siehe auch Abbildung 14.9). Die ventralen Äste verbinden sich und bilden den **Truncus superior**, den **Truncus medius** und den **Truncus inferior**. Jeder dieser Trunki teilt sich dann in einen **anterioren** und einen **posterioren Anteil**. Alle drei posterioren Anteile schließen sich danach zum **posterioren Strang** zusammen; die anterioren Anteile des superioren und des mittleren Trunkus bilden zusammen den **lateralen Strang**. Der **mediale Strang** ist die Fortsetzung des anterioren Anteils des *Truncus inferior*. Die Nerven des *Plexus brachialis* entspringen aus einem oder mehreren Trunki, deren Namen sich von ihrer relativen Lage zur *A. axillaris*, einer großen Arterie, die den Arm versorgt, ableiten. Der laterale Strang bildet den **N. musculocutaneus** allein; außerdem bildet er mit dem medialen Strang zusammen den **N. medianus**. Der andere Hauptnerv des medialen Stranges ist der **N. ulnaris**. Aus dem posterioren Strang entspringen der **N. axillaris** und der **N. radialis**. In den Abbildungen 14.9 und 14.10 sind diese und die weiteren kleineren Nerven dargestellt, die die Achsen- und Extremitätenmuskeln innervieren, die in den Kapiteln 10 und 11 vorgestellt wurden.

Die Plexus lumbalis und sacralis

Der *Plexus lumbalis* und der *Plexus sacralis* werden von den lumbalen und sakralen Segmenten des Rückenmarks gespeist; die ventralen Äste dieser Plexus versorgen das Becken und die Beine (**Abbildung 14.13**; siehe auch Abbildung 14.9). Da die ventralen Äste beider Plexus in die Beine ziehen, bezeichnet man sie oft zusammen als **lumbosakralen Plexus**. Die Nerven, die die beiden Plexus bilden, sind in Tabelle 14.3 genauer aufgeführt.

Der *Plexus lumbalis* wird von den ventralen Ästen von Th12–L4 gebildet. Seine Hauptnerven sind der **N. genitofemoralis**, der **N. cutaneus femoralis lateralis** und der **N. femoralis**. Der *Plexus sacralis* enthält die ventralen Äste der Spinalnerven L4–S4. Die ventralen Äste von L4 und L5 bilden den **lumbosakralen Trunkus**, der zusammen mit den ventralen Ästen von S1–S4 den sakralen Plexus bildet (siehe Abbildung 14.13a und b). Die Hauptnerven des *Plexus sacralis* sind der **N. ischiadicus** und der **N. pudendus**. Der *N. ischiadicus* zieht posterior am Femur

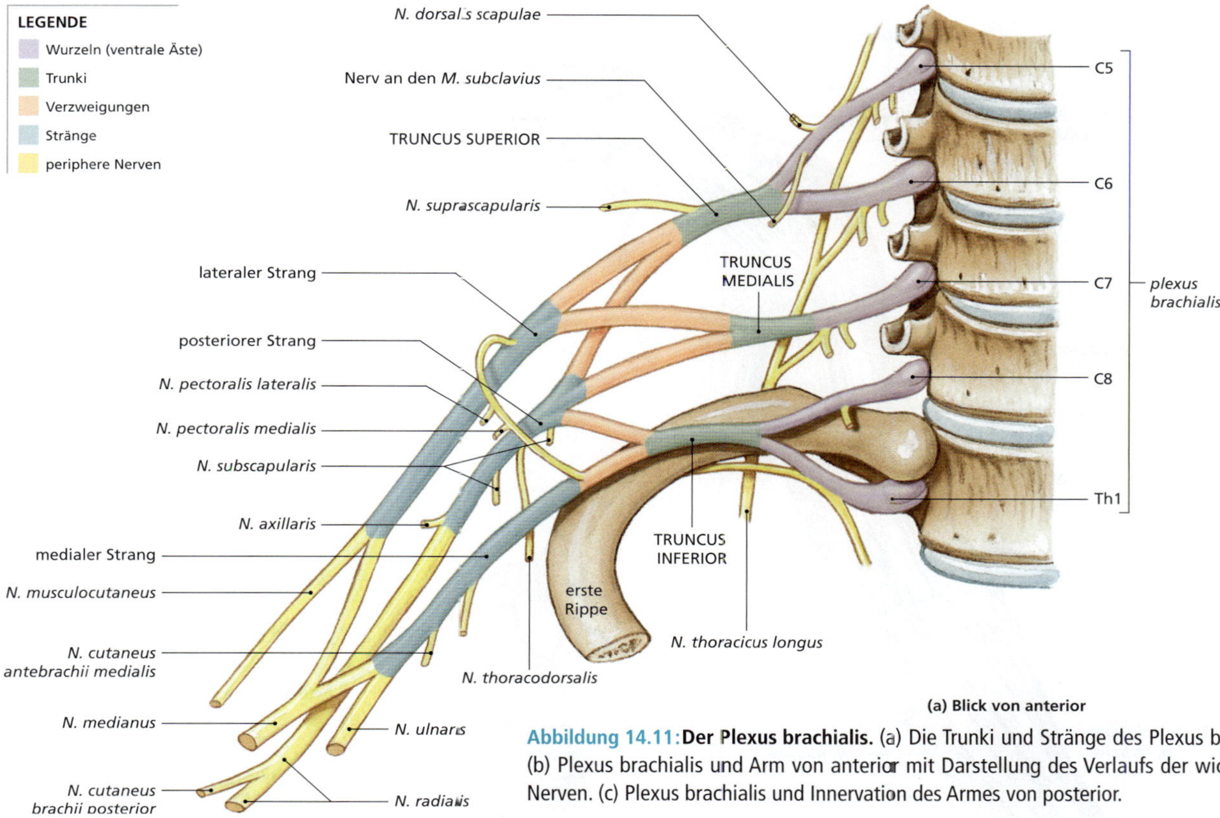

Abbildung 14.11: Der Plexus brachialis. (a) Die Trunki und Stränge des Plexus brachialis. (b) Plexus brachialis und Arm von anterior mit Darstellung des Verlaufs der wichtigsten Nerven. (c) Plexus brachialis und Innervation des Armes von posterior.

Rückenmarks-segment	Nerven	Versorgungsgebiete
C4–C6	Nerv an den *M. subclavius*	*M. subclavius*
C5	*N. dorsalis scapulae*	*Mm. rhomboidei* und *levator scapulae*
C5–C7	*N. thoracicus longus*	*M. serratus anterior*
C5, C6	*N. subscapularis*	*Mm. supraspinatus* und *infraspinatus*; Sinnesreize von der Schulter und der Skapula
C5–Th1	*Nn. pectorales* (*medialis* und *lateralis*)	*Mm. pectorales*
C5, C6	*Nn. subscapulares*	*Mm. subscapularis* und *teres major*
C6–C8	*N. thoracodorsalis*	*M. latissimus dorsi*
C5, C6	*N. axillaris*	*Mm. deltoideus* und *teres minor*; Sinnesreize von der Haut der Schulter
C8–Th1	*N. cutaneus antebrachii medialis*	Sinnesreize von der Haut an der anterioren medialen Seite des Armes
C5–Th1	*N. radialis*	Viele Extensoren des Armes (*Mm. triceps brachii anconeus, extensores carpi radialis* und *ulnaris, brachioradialis*); *Mm. supinator, extensores digitorum* und *abductor pollicis* über den *R. profundus*; Sinnesreize von der Haut an der posterolateralen Fläche der Extremität über den *N. cutaneus brachialis posterior* (Oberarm), den *N. cutaneus antebrachii posterior* (Unterarm) und den oberflächlichen Ast (radialer Anteil der Hand)
C5–C7	*N. musculocutaneus*	Beugemuskeln am Oberarm (*Mm. biceps brachii, brachialis* und *coracobrachialis*); Sinnesreize von der Haut an der lateralen Fläche des Unterarms über den *N. cutaneus antebrachii lateralis*
C6–Th1	*N. medianus*	Beugemuskeln am Unterarm (*M. flexor carpi radialis* und *palmaris longus*); *Mm. pronator quadratus* und *pronator teres*; radiale Hälfte des *M. flexor digitorum profundus, Mm. flexores digitorum* (über den *N. interosseus anterior*); Sinnesreize von der Haut an der anterolateralen Fläche der Hand
C8, Th1	*N. ulnaris*	*M. flexor carpi ulnaris*, ulnare Hälfte des *M. flexor digitorum profundus, M. adductor pollicis* und kleine Fingermuskeln über den *R. profundus*; Sinnesreize von der Haut an der medialen Fläche der Hand über den oberflächlichen Ast

Tabelle 14.2: Der Plexus brachialis.

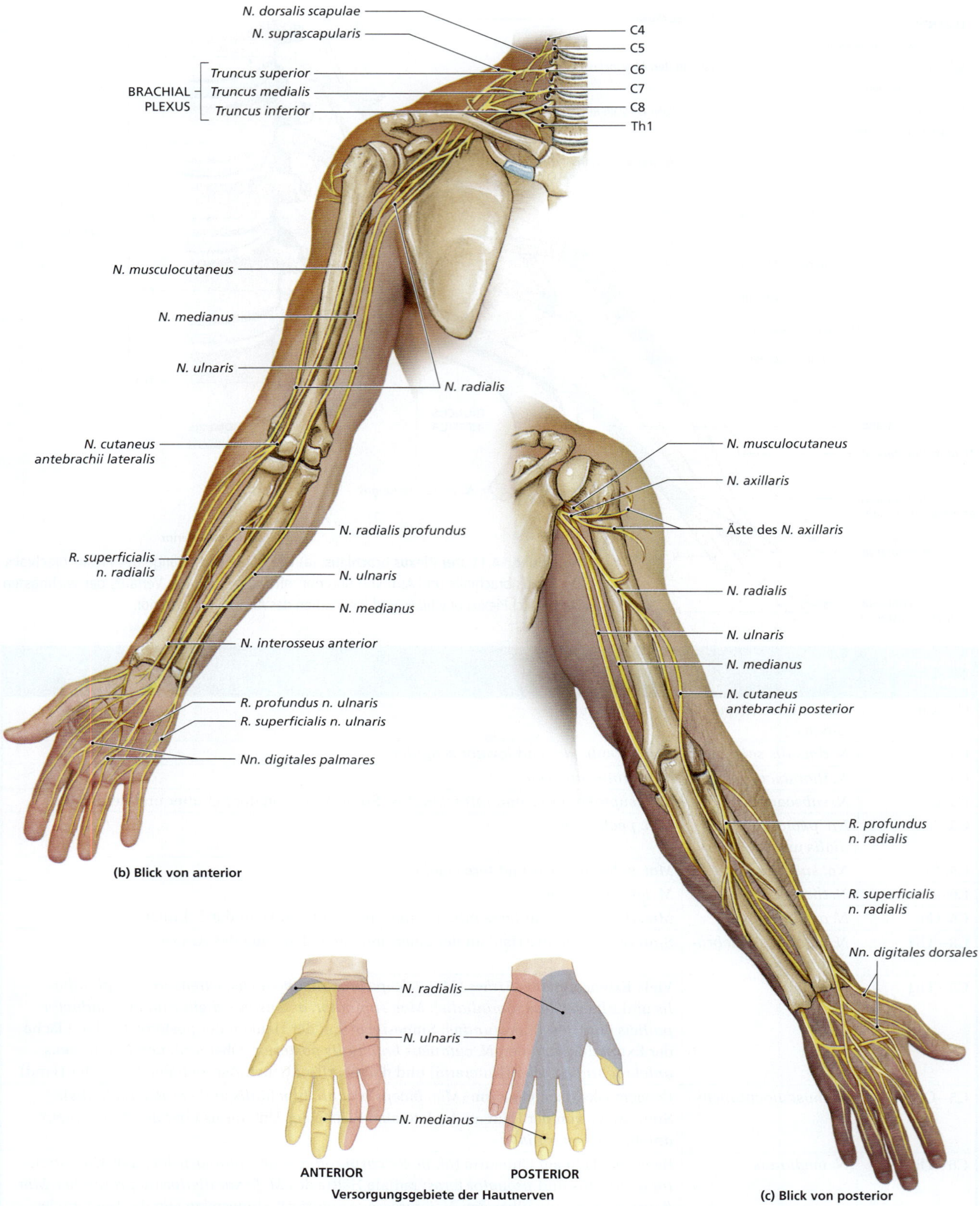

Abbildung 14.11: (Fortsetzung) Der Plexus brachialis. (a) Die Trunki und Stränge des Plexus brachialis. (b) Plexus brachialis und Arm von anterior mit Darstellung des Verlaufs der wichtigsten Nerven. (c) Plexus brachialis und Innervation des Armes von posterior.

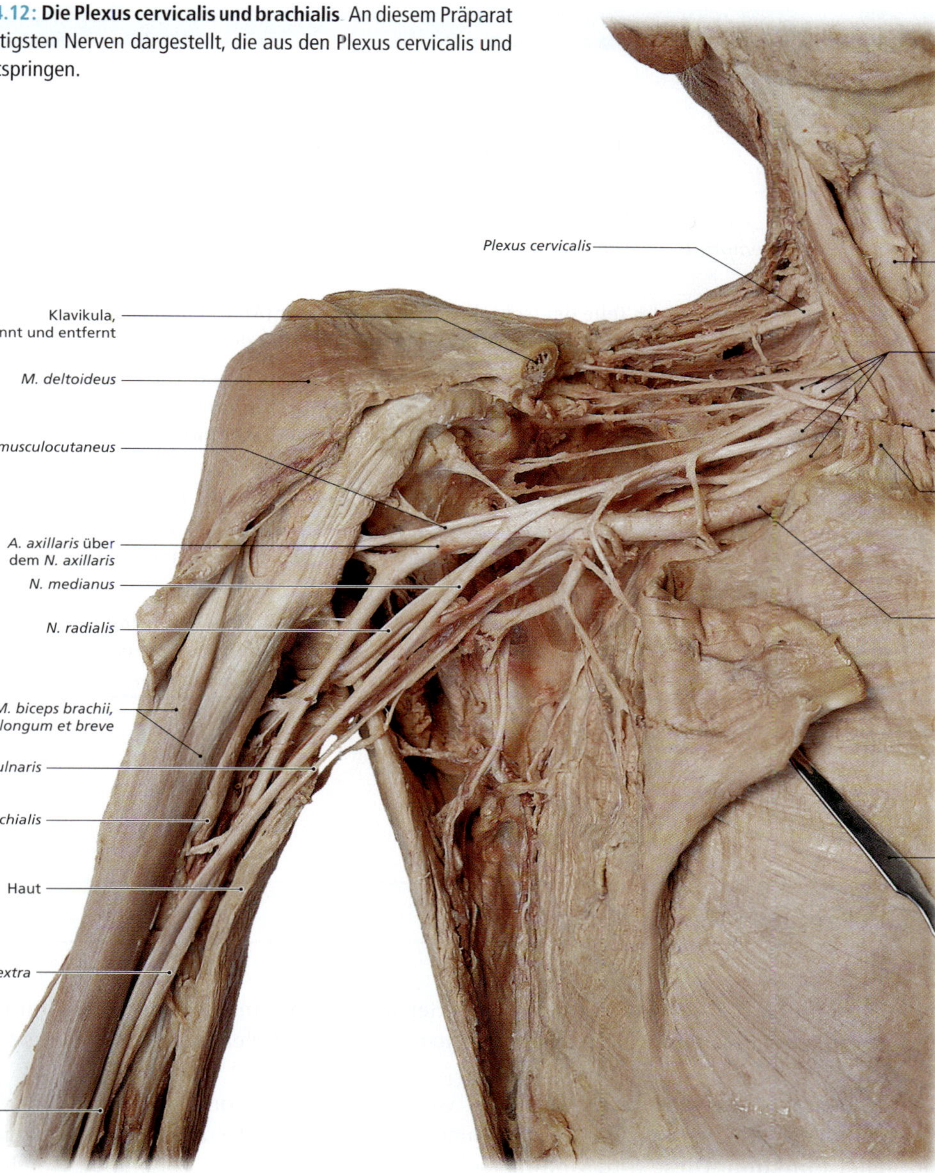

Abbildung 14.12: Die Plexus cervicalis und brachialis. An diesem Präparat sind die wichtigsten Nerven dargestellt, die aus den Plexus cervicalis und brachialis entspringen.

Rückenmarkssegement(-e)	Nerv(-en)	Versorgungsgebiet
PLEXUS LUMBALIS		
Th12–L1	*N. iliohypogastricus*	Bauchmuskeln (*Mm. obliquus externus* und *internus*), Haut an Unterbauch und Gesäß
L1	*N. ilioinguinalis*	Bauchmuskeln (mit dem *N. iliohypogastricus*); Haut am Oberschenkel medial-superior und an Teilen der äußeren Genitalien
L1, L2	*N. genitofemoralis*	Haut am Oberschenkel anteromedial und an Teilen der äußeren Genitalien
L2, L3	*N. cutaneus femoralis lateralis*	Haut am Oberschenkel anterior, lateral und posterior
L2–L4	*N. femoralis*	Anteriore Oberschenkelmuskeln (*Mm. sartorius* und *quadriceps*); Hüftadduktoren (*Mm. pectineus* und *iliopsoas*); Haut am Oberschenkel anteromedial und an Unterschenkel und Fuß medial
L2–L4	*N. obturatorius*	Hüftadduktoren (*Mm. adductores magnus, brevis* und *longus*); *M. gracilis*; Haut am Oberschenkel medial
L2–L4	*N. saphenus*	Haut am Oberschenkel medial

Tabelle 14.3: Die Plexus lumbalis und sacralis.

Rückenmarkssegement(-e)	Nerv(-en)	Versorgungsgebiet
PLEXUS SACRALIS		
L4–S2	*Nn. glutei:*	
	superior	Hüftabduktoren (*Mm. gluteus medius* und *minimus*), *M. tensor fasciae latae*
	inferior	Hüftstrecker (*M. gluteus maximus*)
S1–S3	*N. cutaneus femoralis posterior*	Haut am Perineum und den posterioren Flächen von Ober- und Unterschenkel
L4–S3	*N. ischiadicus:*	Teile der ischiokruralen Muskulatur (*Mm. semimembranosus* und *semitendinosus*); *M. adductor magnus* (mit dem *N. obturatorius*)
	N. tibialis	Kniebeuger und Sprunggelenkstrecker (Plantarflexoren; *Mm. popliteus, gastrocnemius, soleus, tibialis posterior* und *Caput longum* des *M. biceps femoris*); Zehenbeuger; Haut an der posterioren Fläche des Unterschenkels und an der Fußsohle
	N. fibularis (peroneus)	Kurzer Kopf des *M. biceps femoris*; *Mm. fibulares (peroneus) brevis* und *longus, tibialis anterior*; Zehenstrecker; Haut an der anterioren Fläche des Unterschenkels und am Fußrücken; Haut am Fuß lateral (über den *N. suralis*)
S2–S4	*N. pudendus*	Muskeln des Perineums, einschließlich des *Diaphragma urogenitale* und der analen und urethralen externen Sphinkteren, Haut der äußeren Genitalien und die *Mm. bulbospongiosus* und *ischiocavernosus*

Tabelle 14.3: **(Fortsetzung) Die Plexus lumbalis und sacralis.**

AUS DER PRAXIS

Periphere Neuropathien

Periphere Neuropathien sind durch den regionalen Verlust von Sensibilität und motorischer Funktion nach Verletzung eines Nervs gekennzeichnet. **Brachiale Neuropathien** entstehen durch Verletzungen des *Plexus brachialis* oder seiner Äste.

Drucklähmungen sind besonders interessant; eine vertraute, wenn auch leichte Form ist das „Einschlafen" von Gliedmaßen. Sie werden taub; anschließend begleitet ein unangenehmes, stechendes Kribbeln, eine **Parästhesie**, die Wiederkehr zu normaler Funktion. Diese Situation hat selten klinische Relevanz, zeigt aber, welche Effekte schwerere Paresen haben, die Tage bis Monate anhalten können. Bei der **Radialisparese** stört Druck auf den Arm von hinten die Funktion des *N. radialis*, sodass die Strecker von Handgelenk und Fingern gelähmt sind. Sie wird auch „Parkbanklähmung" genannt, da längeres Liegen mit dem Arm über der Lehne den entsprechenden Druck ausübt. Studenten dürfte die **Ulnarisparese** bekannt sein, die bei längerem Aufstützen des Ellenbogens auf den Schreibtisch auftreten kann. Es kommt zu Sensibilitätsausfällen am Ringfinger und dem kleinen Finger; die Finger können nicht abduziert werden. Das **Karpaltunnelsyndrom** ist eine Neuropathie durch Kompression des *N. medianus*, der mit den Sehnen der Beugemuskeln durch das *Retinaculum flexorum* am Handgelenk tritt. Durch wiederholte Flexion und Extension am Handgelenk kann es zu einer Reizung der Sehnenscheiden kommen; die daraus resultierende Schwellung komprimiert den *N. medianus*.

An **Unterschenkellähmungen** sind die Nerven des *Plexus lumbosacralis* beteiligt. Wenn jemand ein dickes Portemonnaie über längere Zeit beim Autofahren oder sonstigem unbewegtem Sitzen in der Gesäßtasche hat, kann es zu einer Kompression des *N. ischiadicus* kommen. Bei abnehmender Nervenfunktion bemerken die Betroffenen Schmerzen im lumbalen oder glutealen Bereich, ein Taubheitsgefühl an der Rückseite des Beines und eine Schwäche der Beinmuskeln. Sehr ähnliche Symptome treten bei einer Kompression der Nervenwurzeln auf, die den *N. ischiadicus* bilden, wenn sich eine Bandscheibe vorwölbt. Die Erkrankung wird auch **Ischialgie** genannt; abhängig von der Lokalisation der Kompression treten die Symptome ein- oder beidseitig auf. Schließlich kann das Sitzen mit übereinandergeschlagenen Beinen zu einer **Peroneuslähmung** führen. Hierbei geht ein Sensibilitätsverlust auf dem Fußrücken und der Seite des Unterschenkels mit einer Fußheberschwäche einher.

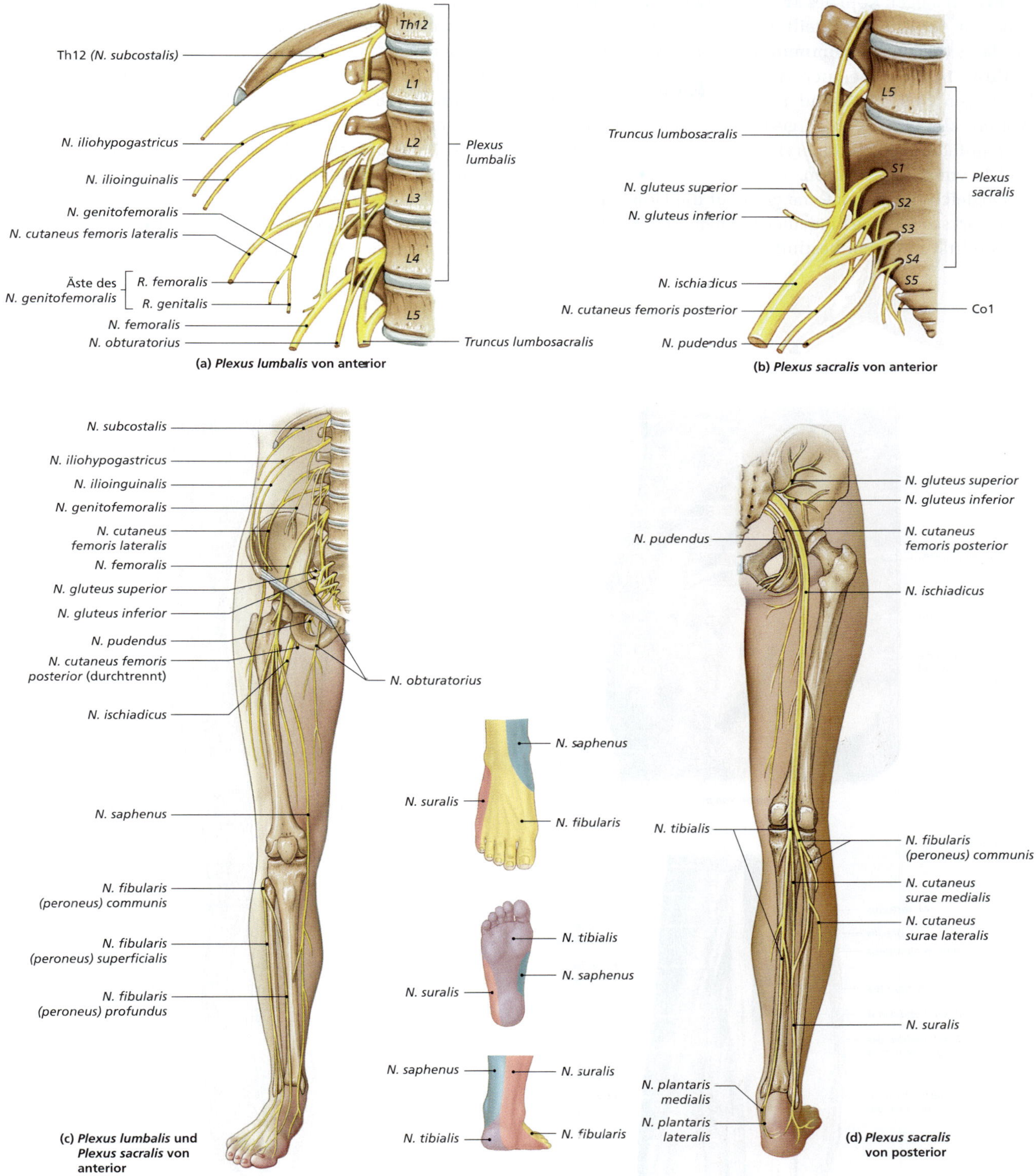

Abbildung 14.13: Die Plexus lumbalis und sacralis, Teil I.

unter dem langen Kopf des *M. biceps femoris* nach inferior. Kurz vor der Kniekehle teilt er sich in zwei Äste: den **N. fibularis (peroneus) communis** und den **N. tibialis** (**Abbildung 14.14**; siehe auch Abbildung 14.9). In den Abbildungen 14.9, 14.13 und 14.14 sind diese Nerven und weitere kleine Nerven dargestellt, die die Achsen- und Extremitätenmuskeln innervieren, die in den Kapiteln 10 und 11 vorgestellt wurden.

Obgleich die Dermatome grob auf die Höhe einer Rückenmarksverletzung hindeuten können, ist der Verlust von Sensibilität in einem bestimmten Hautareal kein besonders präziser Hinweis auf die genaue Lokalisation, da die Grenzen der Dermatome keine klar definierten Linien sind. Auf der Basis von Ursprung und Verlauf von peripheren Nerven, die aus den Nervenplexus entspringen, können bei motorischen Ausfällen jedoch wesentlich genauere Rückschlüsse gezogen werden. Bei der Untersuchung der Muskelkraft unterscheidet man zwischen der bewussten Kontrolle motorischer Bewegungen und der Auslösung automatischer, unfreiwilliger motorischer Reaktionen. Diese programmierten motorischen Reizantworten nennt man **Reflexe**; sie werden nachfolgend beschrieben.

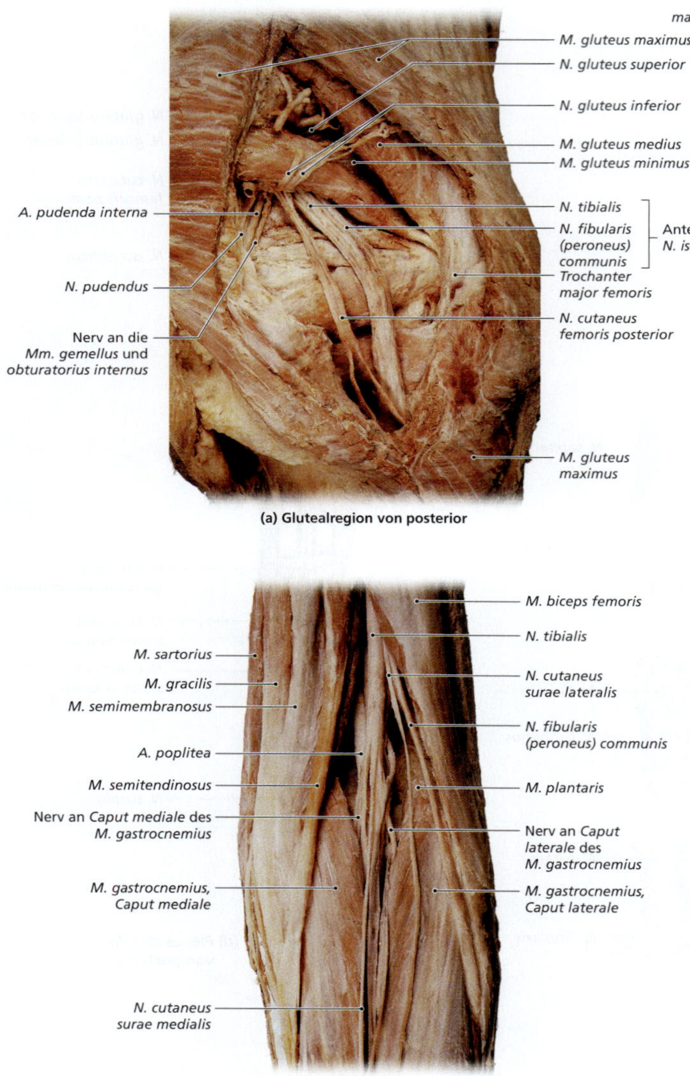

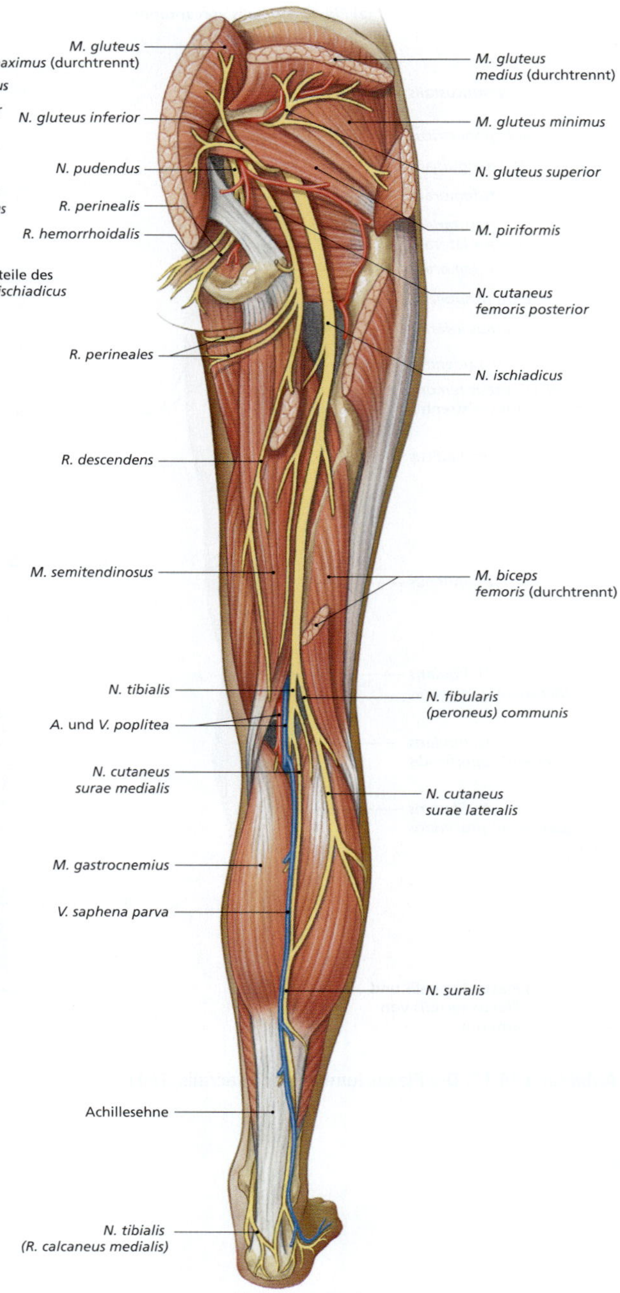

Abbildung 14.14: Die Plexus lumbalis und sacralis, Teil II. Lumbaler und sakraler Plexus und der Verlauf ihrer Hauptnerven, jeweils von posterior. (a) Präparat der rechten Glutealregion. (b) Präparat der Fossa poplitea. (c) Schematische Darstellung der rechten Hüfte und des rechten Beines von posterior mit Verlauf der peripheren Nerven.

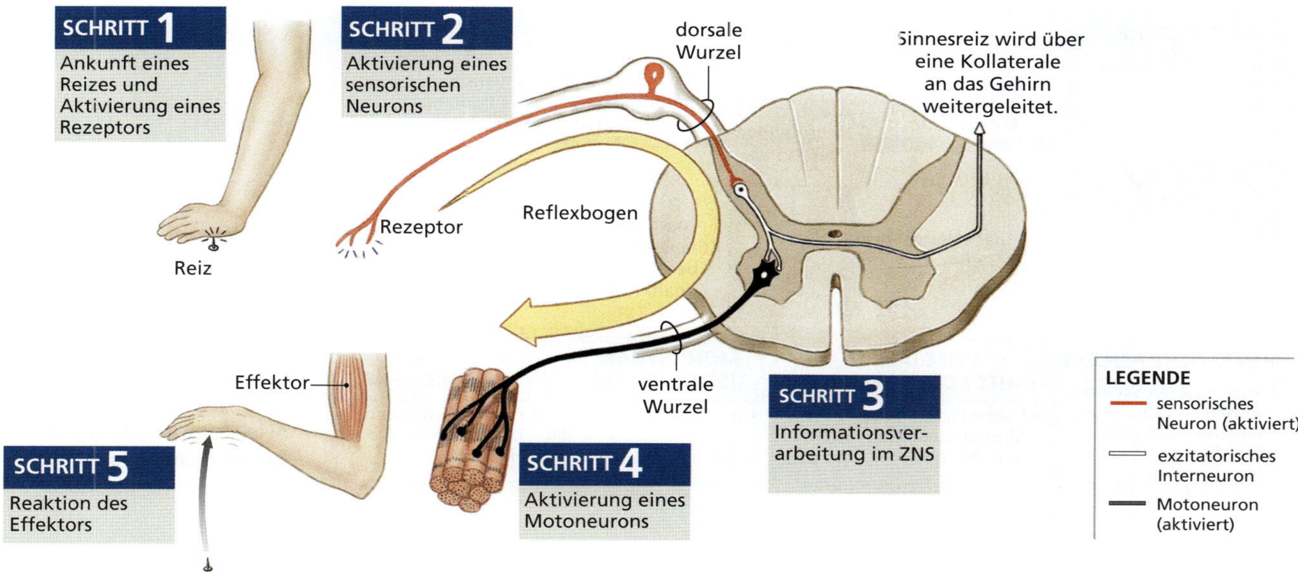

Abbildung 14.15: Reflexbogen. Darstellung der fünf Schritte im Ablauf eines neuralen Reflexes.

AUFGABEN

1. Die Verletzung welches Nervenplexus würde die Atmung beeinträchtigen?
2. Beschreiben Sie die drei bindegewebigen Schichten, die jeden peripheren Nerv umgeben, in der Reihenfolge von außen nach innen.
3. Welches ist der Unterschied zwischen einem *R. griseus* und einem *R. albus*?
4. Welcher Plexus könnte verletzt sein, wenn nach einem Unfall die motorische Aktivität des Armes beeinträchtigt ist?

Reflexe 14.5

Die Bedingungen inner- oder außerhalb des Körpers können sich sehr schnell und unerwartet ändern. Ein Reflex ist eine unmittelbare, unwillkürliche motorische Antwort auf einen bestimmten Reiz (siehe **Abbildung 14.15** bis **Abbildung 14.18**). Reflexe helfen, die Homöostase durch schnelle Anpassung der Funktion von Organen oder Organsystemen zu erhalten. Die Reaktion ist nicht sehr variabel – die Auslösung eines Reflexes führt immer zu derselben Reflexantwort. Den neuralen „Schaltkreis" eines einzelnen Reflexes nennt man **Reflexbogen**. Ein Reflexbogen beginnt an einem Rezeptor und endet an einem peripheren Effektor, wie etwa einem Muskel oder einer Drüse. Abbildung 14.15 illustriert die fünf Schritte des Reflexablaufs:

SCHRITT 1: ANKUNFT EINES REIZES UND AKTIVIERUNG EINES REZEPTORS Es gibt verschiedene Arten sensorischer Rezeptoren; sie wurden allgemein in Kapitel 13 vorgestellt. Jeder Rezeptor reagiert auf bestimmte Reize; einige, wie etwa die Schmerzrezeptoren, reagieren auf fast jeden Stimulus. Diese Rezeptoren, die Dendriten sensorischer Neurone, werden durch Druck, extreme Temperaturen, Beschädigung oder Exposition gegenüber schädlichen Substanzen gereizt. Andere Rezeptoren, wie die zum Sehen, Hören oder Schmecken, sind spezialisierte Zellen, die nur auf wenige bestimmte Reize ansprechen.

SCHRITT 2: WEITERGABE DER INFORMATION AN DAS ZNS Die Information wird als Aktionspotenzial die afferente Faser entlang geleitet. In diesem Fall leitet das Axon die Aktionspotenziale über eine der dorsalen Wurzeln in das Rückenmark (siehe Abbildung 14.17).

SCHRITT 3: INFORMATIONSVERARBEITUNG Die Informationsverarbeitung beginnt, wenn der an den Synapsenendkolben eines sensorischen Neurons freigesetzte Neurotransmitter die postsynaptische Membran eines Motoneurons oder eines Interneurons erreicht. Bei den einfachen Reflexen, wie bei dem, der in Abbildung 14.15 dargestellt ist, findet sie in dem Motoneuron statt, das die peripheren Effektoren steuert. An komplexeren Reflexen sind dem sensorischen und dem Motoneuron mehrere neuronale Pools zwischengeschaltet; die Reizverarbeitung verläuft sowohl seriell als auch parallel. Das Ziel ist hierbei die Auswahl einer geeigneten motorischen Reflexantwort durch die Aktivierung spezifischer Motoneurone.

SCHRITT 4: AKTIVIERUNG EINES MOTONEURONS Ein Motoneuron, das bis an den Schwellenwert heran stimuliert wird, leitet

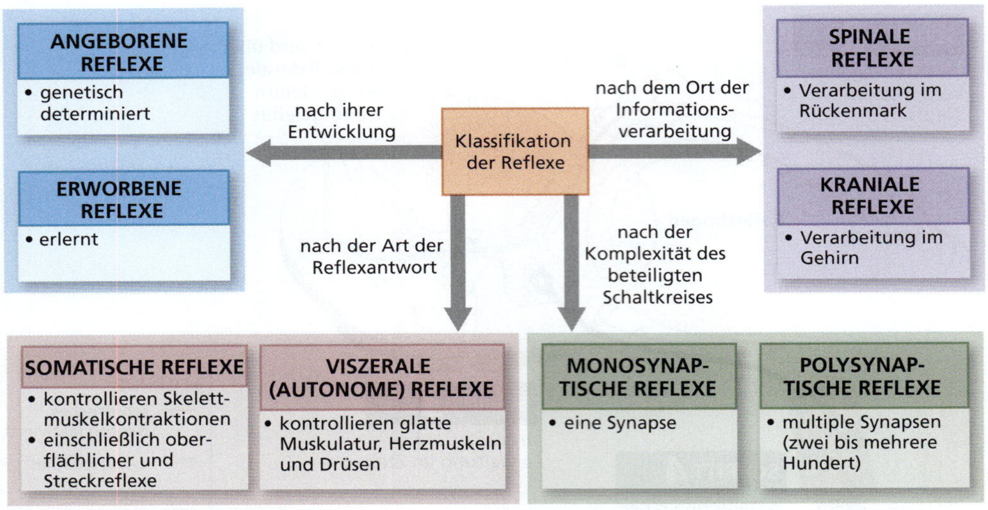

Abbildung 14.16: Die Klassifikation der Reflexe. Hierzu gibt es vier verschiedene Methoden.

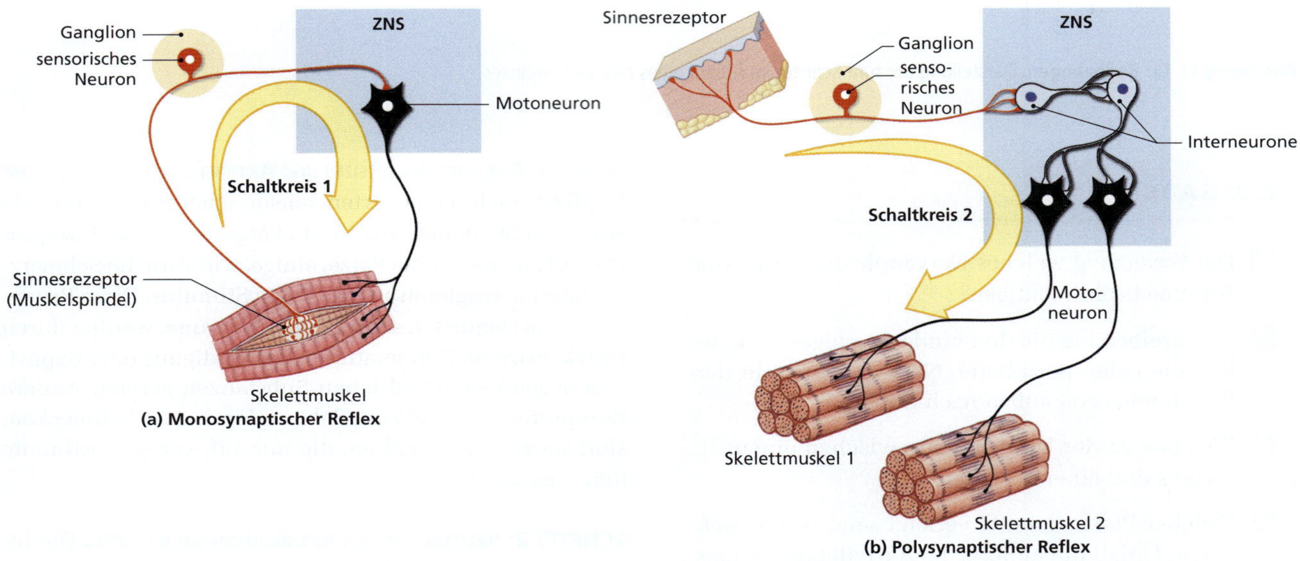

Abbildung 14.17: Neurale Organisation und einfache Reflexe. Mono- und polysynaptische Reflexe im Vergleich. (a) Monosynaptischer Reflexablauf mit einem peripherem sensorischen Neuron und einem zentralen Motoneuron. In diesem Beispiel führt die Stimulation des Rezeptors zu einer reflektorischen Skelettmuskelkontraktion. (b) An einem polysynaptischen Reflex sind ein sensorisches Neuron, Interneurone und Motoneurone beteiligt. In diesem Beispiel führt die Stimulation des Rezeptors zu koordinierten Kontraktionen zweier Skelettmuskeln.

die Aktionspotenziale an seinem Axon entlang in die Peripherie, in diesem Beispiel durch einen ventralen Spinalnervenast.

SCHRITT 5: REAKTION DES PERIPHEREN EFFEKTORS Die Aktivierung eines Motoneurons führt zu einer Reaktion des Effektors, einer Skelettmuskelzelle oder einer Drüse. Im Allgemeinen dient diese Antwort dazu, dem ursprünglichen Reiz entgegenzuwirken oder ihm auszuweichen. Reflexe spielen bei der Reaktion auf potenziell gefährliche Veränderungen der inneren und äußeren Umgebung eine wichtige Rolle.

14.5.1 Klassifikation der Reflexe

Reflexe können anhand verschiedener Kriterien klassifiziert werden:

- der Entwicklung (**angeboren** oder **erworben**)
- dem Ort der Informationsverarbeitung (**spinal** oder **kranial**)
- der Art der Reflexantwort (**somatisch** und **viszeral** oder **autonom**)
- der Komplexität des beteiligten Schaltkreises (**monosynaptische** oder **polysynaptische Reflexe**).

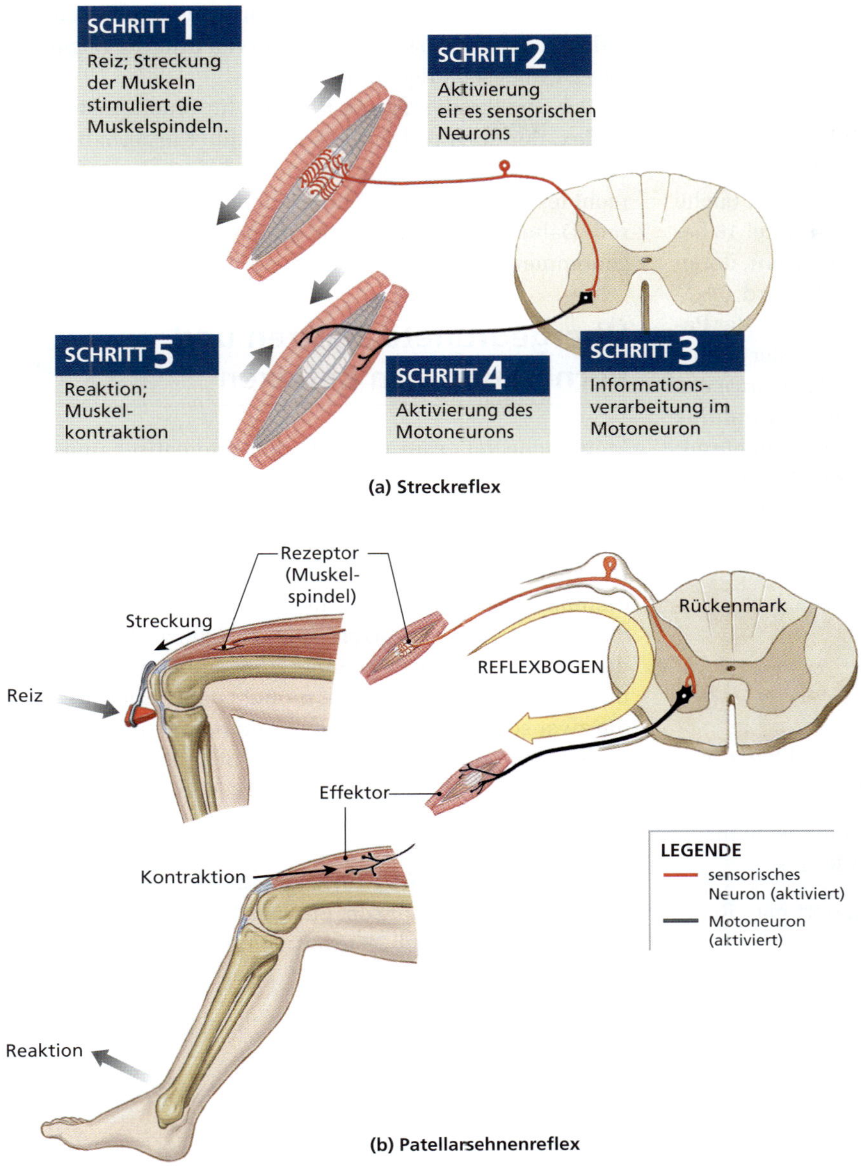

Abbildung 14.18: Streckreflexe. (a) Gemeinsamer Ablauf aller Streckreflexe. (b) Der Patellarsehnenreflex wird durch Muskelspindeln im M. quadriceps kontrolliert. Auslöser ist die Streckung der Spindeln durch einen kurzen Hammerschlag auf die Patellarsehne. Dies führt zu einem plötzlichen Aktivitätsanstieg der sensorischen Neurone, die mit den spinalen Motoneuronen verbunden sind. Die Reflexantwort ist die Aktivierung der motorischen Einheiten im M. quadriceps, die zu einem sofortigen Anstieg des Muskeltonus führt; der Unterschenkel schwingt nach oben.

Diese Kategorien (siehe Abbildung 14.16) schließen sich nicht gegenseitig aus; es handelt sich um verschiedene Arten, einen einzelnen Reflex zu beschreiben.

Bei einem einfachen Reflexbogen setzt das sensorische Neuron direkt an einem Motoneuron an; man nennt ihn daher **monosynaptisch** (siehe Abbildung 14.17a). Der Übergang über eine Synapse bedeutet immer eine Verzögerung, die in einem Bogen mit nur einer Synapse minimiert wird.

Bei **polysynaptischen** Reflexen ist die Zeitspanne zwischen Reiz und Antwort länger; die Dauer ist zur Anzahl der beteiligten Synapsen proportional. Polysynaptische Reflexe können sehr viel komplexere Reflexantworten auslösen, da die Interneurone verschiedene Muskelgruppen kontrollieren. Viele motorische Reflexantworten sind außerordentlich komplex; das Treten auf einen scharfen Gegenstand z. B. führt nicht nur zum unwillkürlichen Hochziehen des Fußes, sondern zu all den anderen Muskelbewegungen, die zur Verhinderung eines Sturzes erforderlich sind. Diese komplizierten Reaktionen sind das Ergebnis der Interaktionen zwischen zahlreichen neuronalen Pools.

14.5.2 Spinale Reflexe

Die Neuronen in der grauen Substanz des Rückenmarks sind an unterschiedlichen Reflexbögen beteiligt. Diese spinalen Reflexe sind unterschiedlich komplex, von einfachen monosynaptischen Reflexen, die nur ein Segment betreffen, bis hin zu polysynaptischen Reflexen, an deren Antworten die Motoneurone vieler verschiedener Segmente beteiligt sind, die koordiniert werden müssen.

Die bekanntesten spinalen Reflexe sind die **Streckreflexe**. Es handelt sich um einfache monosynaptische Reflexe zur automatischen Regulierung der Muskellänge (siehe Abbildung 14.18a). Der Stimulus streckt einen entspannten Muskel und aktiviert dadurch ein sensorisches Neuron, das die Kontraktion des Muskels auslöst. Der Streckreflex dient auch der automatischen Regulation des Muskeltonus; er wird aufgrund von Informationen von den Streckrezeptoren der **Muskelspindeln** erhöht oder gesenkt (siehe Abbildung 14.17a). Muskelspindeln, die in Kapitel 18 besprochen werden, sind spezialisierte Muskelfasern, deren Länge von sensorischen Neuronen überwacht wird.

Der bekannteste Streckreflex ist wahrscheinlich der **Patellarsehnenreflex**. Hierbei streckt ein kurzer, fester Schlag auf das *Lig. patellae* die Muskelspindeln im *M. quadriceps* (siehe Abbildung 14.18b). Nach einem so kurzen Stimulus kommt die Reflexantwort unmittelbar und ungehemmt; der Unterschenkel schnellt nach oben. Ärzte lösen diesen Reflex oft aus, um den Zustand der unteren Abschnitte des Rückenmarks zu beurteilen. Ein normaler Patellarsehnenreflex bedeutet, dass die Spinalnerven und die Segmente L1–L4 unbeschädigt sind.

Der Streckreflex ist ein Beispiel für einen **posturalen Reflex**, der dazu beiträgt, die aufrechte Körperhaltung zu erhalten. Die hieran beteiligten Muskeln haben oft einen recht festen Muskeltonus und sehr empfindliche Rezeptoren. Daher werden beständig kleinere Anpassungen vorgenommen, die einem nicht bewusst sind.

AUFGABEN

1. Was ist ein Reflex?
2. Zählen Sie die fünf Schritte des Reflexablaufs in einen Reflexbogen in der richtigen Reihenfolge auf.
3. Unterscheiden Sie zwischen einem monosynaptischen und einem polysynaptischen Reflex.
4. Nach welchen vier Kriterien klassifiziert man Reflexe?

Übergeordnete Zentren und Vernetzung von Reflexen 14.6

Motorische Reflexantworten laufen automatisch und ohne Beteiligung übergeordneter Zentren im Gehirn ab. Diese übergeordneten Zentren können jedoch einen erheblichen Einfluss auf die motorischen Antworten nehmen. Die Verarbeitungszentren im Gehirn können über deszendierende Trakte, die an Interneuronen oder Motoneuronen des Rückenmarks ansetzen, spinale Reflexe steigern oder dämpfen; es sind also mehrere Ebenen beteiligt. Auf der untersten Ebene stehen die monosynaptischen Reflexe, die zwar schnell, aber stereotyp und relativ unflexibel ablaufen. Auf der obersten Ebene stehen Zentren im Gehirn, die motorische Reflexmuster modifizieren oder aufbauen können.

Zusammenfassung Embryologie

Eine Zusammenfassung der Entwicklung des Rückenmarks finden Sie in Kapitel 28 (Embryologie und Entwicklung des Menschen).

DEFINITIONEN

Areflexie: das Fehlen normaler Reflexantworten auf einen Reiz

Babinski-Reflex (positives Babinski-Zeichen): Spinalreflex bei Kleinkindern; das Bestreichen der Fußsohle führt zur Spreizung der Zehen. Bei Erwachsenen ist er bei ZNS-Verletzungen positiv.

Kaudalanästhesie: Injektion von Anästhetika in den Epiduralaum des *Os sacrum* zur Lähmung von Muskeln und zur Hemmung der Sensibilität an Unterbauch und Perineum.

Epiduralblock: regionale Anästhesie durch Injektion von Anästhetika in den Epiduralraum in die Nähe der gewünschten Spinalnervenwurzeln

Funktionelle Elektrostimulation (FES): Stimulation spezifischer Muskeln und Muskelgruppen mit PC-gesteuerten Elektroden

Hyperreflexie: übersteigerte Reflexantworten; pathologisch oder nach Stimulation der spinalen und kranialen Kerne durch übergeordnete Zentren

Hyporeflexie: Zustand, bei dem spinale Reflexe nur schwach ausgelöst werden können

Lumbalpunktion: Einführung einer Kanüle zwischen zwei benachbarte Lendenwirbel (L3 und L4)

Meningitis: Entzündung der Hirnhäute

Multiple Sklerose (MS): Erkrankung des Nervensystems mit schubweiser und oft progressiver Demyelinisierung von Trakten in Gehirn und/oder Rückenmark. Häufige Symptome sind ein partieller Visusverlust und Störungen von Sprache, Gleichgewicht und allgemeiner motorischer Koordination.

Myelografie: diagnostische Maßnahme, bei der Kontrastmittel in den Liquorraum injiziert wird, um eine Röntgenaufnahme des Rückenmarks zu erstellen

Nerventransplantation: Implantation eines intakten Stückes eines peripheren Nervs zwischen die durchtrennten Enden eines verletzten Nervs zur Überbrückung und als Schiene für die Regeneration des Axons

Paraplegie: Lähmung und Sensibilitätsverlust an beiden Beinen

Patellarsehnenreflex: oft zur Beurteilung der betroffenen Segmente ausgelöst

Quadriplegie: Lähmung und Sensibilitätsverlust an sämtlichen Extremitäten

Spinaler Schock: Periode von Sensibilitätsverlust und Lähmung nach schwerer Rückenmarksverletzung

Liquorpunktion: Entnahme von Liquor aus dem Subarachnoidalraum über eine Kanüle zwischen zwei Lendenwirbeln

Zusammenfassung

Die Antworten auf die Fragen der Aufgaben und der Zusammenfassung finden Sie im Antwortteil.

Wiederholung von Fakten und Begriffen

Verbinden Sie die Begriffe der linken Spalte jeweils mit denen der rechten Spalte, die am besten passen; setzen Sie die Buchstaben in die Spalte vor die Zahlen.

	Spalte A		Spalte B
1.	Ventrale Wurzel	a.	Trakte und Säulen
2.	Epiduralraum	b.	Spezifische Region der Körperoberfläche
3.	Weiße Substanz	c.	*Plexus cervicalis*
4.	Faszikel	d.	Axone von Motoneuronen
5.	Dermatom	e.	*Plexus sacralis*
6.	*N. phrenicus*	f.	*Plexus lumbalis*
7.	*Plexus brachialis*	g.	Einzelnes Axonbündel
8.	*N. obturatorius*	h.	Unwillkürliche motorische Reizantwort
9.	Reflex	i.	Lockeres Bindegewebe, Fettgewebe
10.	*N. pudendus*	j.	Schultergürtel/Arm

11 Welche Struktur ist ein Strang aus faserigem Bindegewebe, der als Bestandteil des *Lig. coccygeale* das Rückenmark längs stützt?
a. *Conus medullaris*
b. *Filum terminale*
c. *Cauda equina*
d. dorsale Wurzel

12 Axone, die innerhalb der grauen Substanz von einer Seite des Rückenmarks auf die andere kreuzen, nennt man
a. graue Vorderhörner.
b. weiße Kommissuren.
c. graue Kommissuren.
d. graue Seitenhörner.

13 Die paarigen Strukturen, die die Zellkörper der sensorischen Neurone enthalten und jedem Segment des Rückenmarks zugeordnet sind, nennt man
a. dorsale Äste.
b. ventrale Äste.
c. dorsale Wurzelganglien.
d. ventrale Wurzelganglien.

14 Die tiefe Furche an der ventralen Fläche des Rückenmarks nennt man
a. *Sulcus medianus posterior.*
b. *Fissura mediana posterior.*
c. *Sulcus medianus anterior.*
d. *Fissura mediana anterior.*

15 Die sensorische und motorische Innervierung der Haut an den lateralen und ventralen Flächen des Körpers läuft über
a. die weißen *Rr. communicantes.*
b. die grauen *Rr. communicantes.*
c. den *R. dorsalis.*
d. den *R. ventralis.*

16 Der *Plexus brachialis*
a. innerviert Schultergürtel und Arm.
b. wird von den ventralen Ästen der Spinalnerven C5–Th1 gebildet.
c. ist der Ursprung der *Nn. musculocutaneus, radialis, medianus* und *ulnaris.*
d. Alle Angaben sind richtig.

17 Die mittlere Bindegewebsschicht um einen peripheren Nerv ist das
a. Epineurium.
b. Perineurium.
c. Endoneurium.
d. Endomysium.

18 Der vergrößerte Bereich des Rückenmarks, aus dem Nerven für Schultergürtel und Arme hervorgehen, ist
a. der *Conus medullaris.*
b. das *Filum terminale.*
c. die *Intumescentia lumbosacralis.*
d. die *Intumescentia cervicalis.*

19 Spinalnerven bezeichnet man als gemischte Nerven, weil sie
a. sensorische und motorische Fasern enthalten.
b. an den *Foramina intervertebalia* austreten.
c. mit den dorsalen Wurzelganglien verbunden sind.
d. mit den dorsalen und ventralen Wurzeln verbunden sind.

20 Die graue Substanz des Rückenmarks besteht
a. ausschließlich aus myelinisierten Axonen.
b. aus den Zellkörpern der Neurone und Gliazellen.
c. ausschließlich aus unmyelinisierten Axonen.
d. aus Schwann-Zellen und Satellitenzellen.

Wiederholung von Lernzielen

1 Von welchem Nerv wird der Schmerzreiz am ehesten weitergeleitet, wenn jemand eine Injektion in den *M. deltoideus* am Oberarm erhält?
a. *N. ulnaris*
b. *N. radialis*
c. *N. intercostobrachialis*
d. *N. cutaneus brachii lateralis superior*

2 Welche der folgenden Aktivitäten wäre bei einer Verletzung der lumbalen Rückenmarkssegmente L3 und L4 beeinträchtigt?
a. ein Plié (flache Kniebeuge) beim Ballett
b. der Lotussitz (Sitzen mit gekreuzten Beinen; der laterale Fußrand liegt auf dem medialen Oberschenkel)
c. das Reiten eines Pferdes
d. Alle Aktivitäten würden beeinträchtigt.

3 Ein Kribbeln und ein Taubheitsgefühl der Handfläche können verursacht sein durch
a. eine Kompression des *N. medianus* im Karpaltunnel.
b. eine Kompression des *N. ulnaris.*
c. eine Kompression der *A. radialis.*
d. eine Reizung der Strukturen, die den *Arcus arteriosus superficialis* bilden.

4 Welche Rolle spielen die Meningen beim Schutz des Rückenmarks?

5 Worin unterscheidet sich ein Reflex von einer willkürlichen Muskelbewegung?

6 Warum ist die Reaktionszeit bei einem monosynaptischen Reflex kürzer als bei einem polysynaptischen Reflex?

7 Warum gibt es acht zervikale Spinalnerven, aber nur sieben Halswirbel?

8 Was verhindert seitliche Bewegungen des Rückenmarks?

9 Warum ist es wichtig, dass eine Liquorpunktion zwischen L3 und L4 durchgeführt wird?

Anwendung der Lerninhalte

1 Der Schnitt, mit dem die Bauchhöhle eröffnet wird, geht auch durch die Muskelscheide des *M. rectus abdominis.* Dieser Muskel zieht sich immer nach lateral weg, niemals nach medial. Warum?

2 Astrid erleidet bei einem Autounfall eine Rückenmarksverletzung. Sie hat kein Gefühl in der rechten Hand. Ihr Arzt sagt ihr, dass dies an einer Schwellung liegt, die auf das Rückenmark drückt. Welcher Teil ihres Rückenmarks ist am ehesten verletzt?

3 Mareike stürzt die Treppe herab und erleidet eine Rückenmarksverletzung aufgrund einer Hyperreflexion während des Sturzes. Es kommt zu einem Ödem des Rückenmarks mit Kompression der Vorderhörner. Welche Symptome erwarten Sie?

Eine Kurzzusammenfassung der wichtigsten Inhalte, sowie die Antworten zu den Fragen und weitere Arbeitsmaterialien finden sie auf unserer Companion Website unter: **www.pearson-studium.de/login**

Lernziele

1. Die Hauptregionen des Gehirns kennen und ihre Funktionen erklären können.
2. Die Ventrikel des Gehirns auffinden und beschreiben können.
3. Die Strukturen, die das Gehirn schützen, auffinden und beschreiben können.
4. Die Strukturen, die die Blut-Hirn-Schranke ausmachen, kennen und ihre Funktionen beschreiben können.
5. Die funktionellen und strukturellen Charakteristika des Plexus choroideus und seine Rolle in Ursprung, Funktion und Zirkulation des Liquors kennen.
6. Die anatomischen Strukturen des Großhirns beschreiben und ihre Funktionen aufzählen können.
7. Die drei verschiedenen Arten weißer Substanz im Gehirn erkennen und ihre Funktionen beschreiben können.
8. Zwischen motorischem, sensorischem und Assoziationskortex unterscheiden können.
9. Die anatomischen Strukturen des limbischen Systems kennen und seine Funktionen beschreiben können.
10. Die anatomischen Strukturen von Thalamus und Hypothalamus kennen und seine Funktionen aufzählen können.
11. Die Hauptmerkmale des Mesenzephalons nennen können und seine Funktionen kennen.
12. Die Bestandteile des Kleinhirns benennen und deren Funktionen beschreiben können.
13. Den anatomischen Aufbau der Medulla oblongata beschreiben und ihre Funktionen benennen können.
14. Die zwölf Hirnnerven benennen und beschreiben können.

Das Nervensystem

Gehirn und Hirnnerven

15

ÜBERBLICK

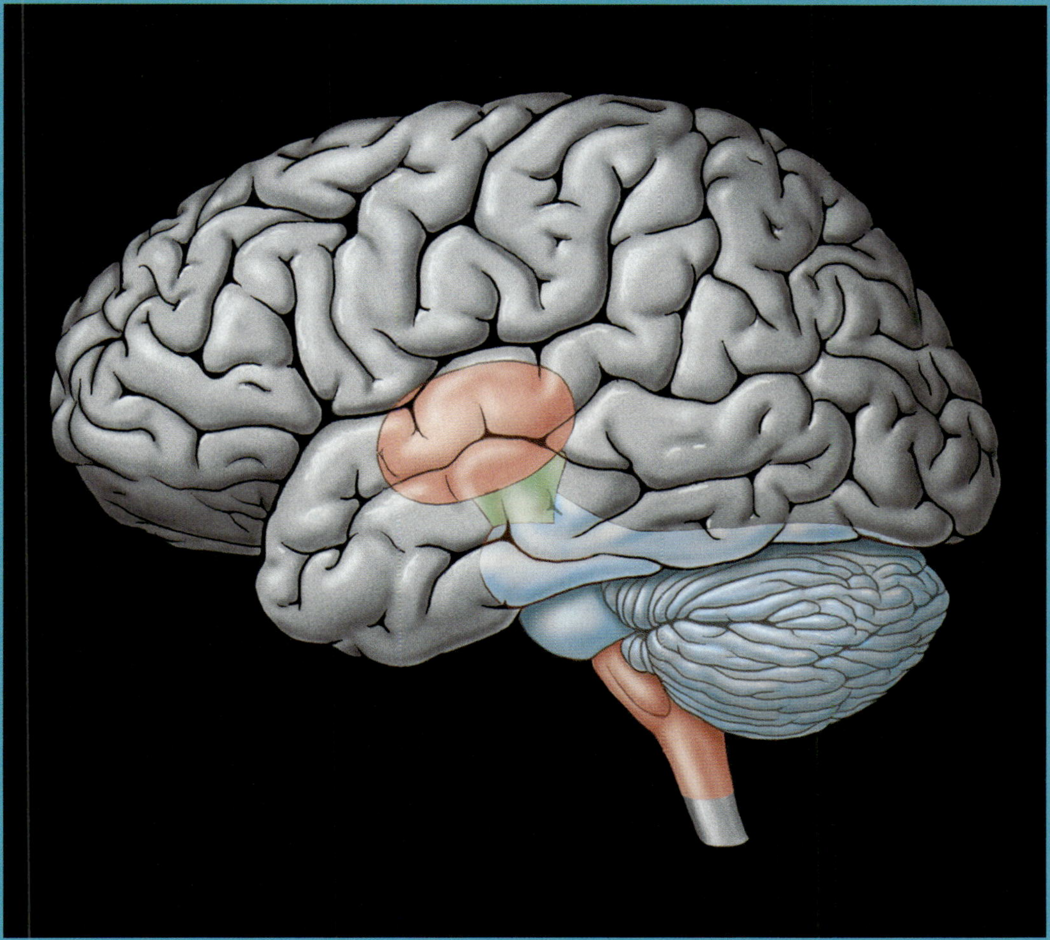

Das Gehirn ist wohl das faszinierendste Organ des Körpers. Es hat eine komplexe dreidimensionale Struktur und eine überwältigende Anzahl verschiedener Funktionen. Oft wird es als „lebender Computer" beschrieben und die Kerne und Neurone mit Silikonchips und Verschaltungen verglichen. Wie das Gehirn erhält auch der Computer eine große Menge von Daten, ordnet und verarbeitet sie und veranlasst die passenden Reaktionen. Weitere Vergleiche zwischen Ihrem Gehirn und einem Computer sind jedoch irreführend, da auch der komplexeste Großrechner längst nicht so vielseitig und anpassungsfähig ist wie ein einzelnes Neuron. Ein Neuron kann Informationen aus bis zu 20.000 Quellen gleichzeitig verarbeiten; das Nervensystem enthält mehrere 10 Milliarden von ihnen! Anstatt eine lange Liste der Funktionen des Gehirns zu erstellen, wäre es eigentlich angemessener, die Tatsache zu würdigen, dass dieses unglaublich komplexe Organ der Ursprung all unserer Träume, Leidenschaften, Pläne, Erinnerungen und Verhaltensweisen ist. Alles, was wir tun und was wir sind, ist das Ergebnis seiner Aktivität.

Das Gehirn ist weitaus komplexer als das Rückenmark; seine Reaktionen auf Reize sind deutlich vielseitiger. Diese Vielseitigkeit ist das Resultat seiner enormen Anzahl von Neuronen und neuronalen Pools und der Komplexität der Vernetzung. Das Gehirn enthält etwa 20 Milliarden Neurone; jedes von ihnen verarbeitet Informationen aus Tausenden von Synapsen gleichzeitig. Exzitatorische und inhibitorische Interaktionen zwischen den intensiv miteinander vernetzten Pools sorgen für die Anpassung der Reaktionen auf wechselnde Situationen. Doch diese Anpassungsfähigkeit hat ihren Preis: Eine Reaktion kann nicht unmittelbar, präzise und angepasst gleichzeitig erfolgen. Die Anpassungsfähigkeit bedarf multipler Verarbeitungsschritte; jede Synapse verzögert die Reizantwort. Eine der wichtigsten Aufgaben der spinalen Reflexe ist die unmittelbare Reaktion auf einen Reiz; die Feineinstellung und Ausarbeitung erfolgt später durch die vielseitigeren, aber langsamer reagierenden Verarbeitungszentren im Gehirn.

Es folgt nun eine detaillierte Beschreibung des Gehirns. In diesem Kapitel geht es um die Hauptstrukturen und die Hirnnerven.

15.1 Einführung in die Organisation des Gehirns

Das Gehirn des Erwachsenen (**Abbildung 15.1**) enthält fast 95 % des Nervengewebes im Körper. Es wiegt durchschnittlich 1,4 kg und hat ein Volumen von etwa 1350 cm³. Diese Werte variieren deutlich; auch ist das Gehirn eines Mannes aufgrund seiner Körpergröße um etwa 10 % größer. Das wenig beeindruckende äußere Erscheinungsbild des Gehirns gibt kaum Hinweise auf seine wahre Komplexität und Bedeutung. Das Gehirn eines Erwachsenen kann man leicht in zwei Händen halten. Frisch ist es außen grau, die inneren Anteile beige-rosa. Es hat etwa die Konsistenz von mittelfestem Tofu oder Aspik.

Während seiner frühen Entwicklungsphasen ähnelt das Gehirn dem Rückenmark – ein Hohlorgan mit einem liquorgefüllten Zentralkanal. Im weiteren Verlauf unterteilt sich

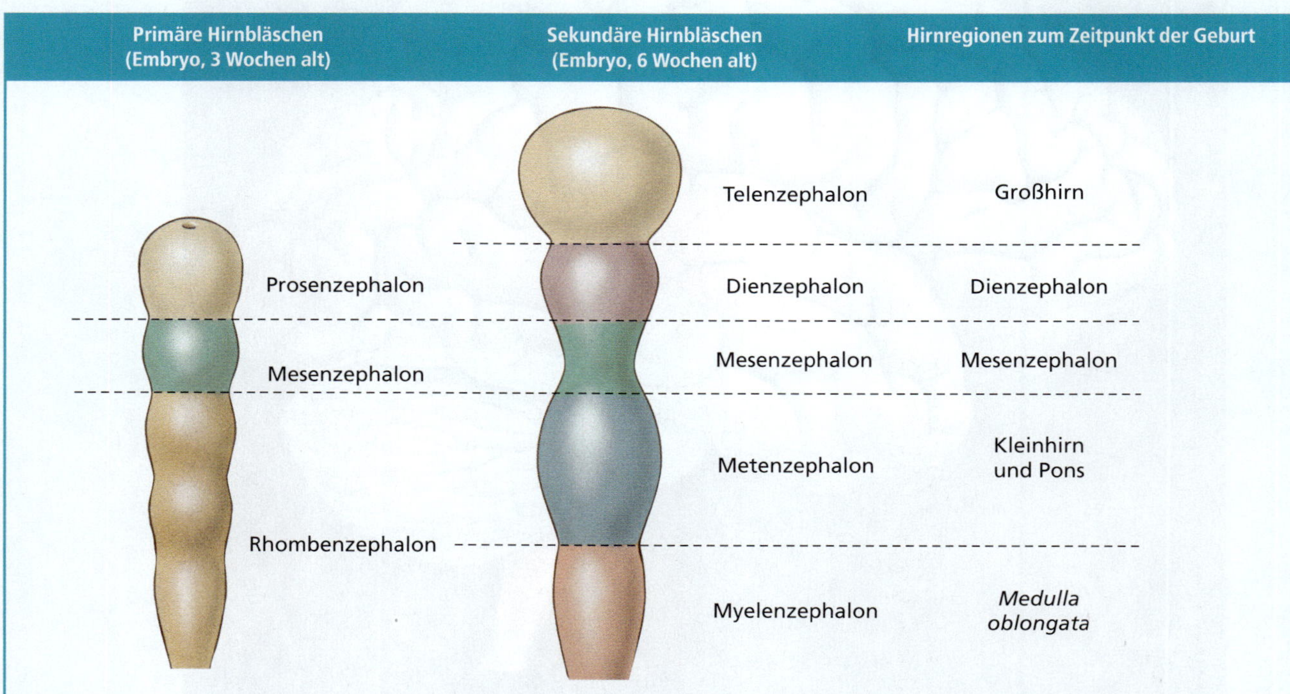

Tabelle 15.1: Entwicklung des menschlichen Gehirns.

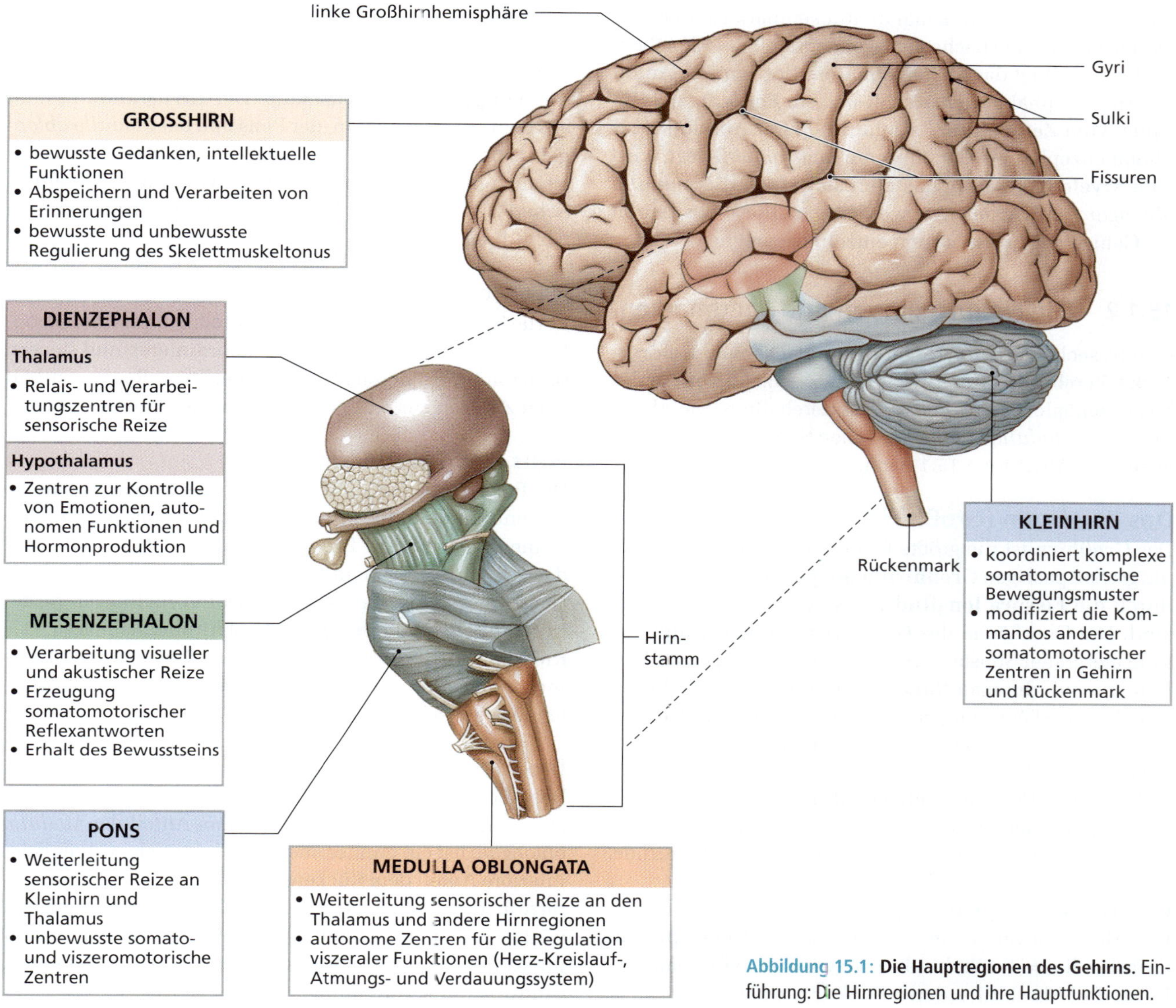

Abbildung 15.1: Die Hauptregionen des Gehirns. Einführung: Die Hirnregionen und ihre Hauptfunktionen.

dieser einfache Durchgang; in einigen Bereich weitet er sich zu den sog. **Ventrikeln**. Die Anatomie der Ventrikel wird später besprochen.

15.1.1 Embryologie des Gehirns

Die Entwicklung des Gehirns ist in Kapitel 28 ausführlich beschrieben, doch ein kurzer Überblick an dieser Stelle hilft Ihnen, Struktur und Aufbau des Gehirns besser zu verstehen. Die Entwicklung des ZNS beginnt mit dem Neuralrohr mit dem flüssigkeitsgefüllten Inneren, dem Neurozöl. In der vierten Woche vergrößern sich drei Abschnitte des zephalen Abschnitts des Neuralrohrs durch Ausdehnung des Neurozöls deutlich. Daraus entstehen die drei **primären Hirnbläschen**, die nach ihrer Lage benannt werden: **Prosenzephalon** (griech.: proso = nach vorn zu, vorwärts; enkephalos = das Gehirn) oder „Vorderhirn", das **Mesenzephalon** oder „Mittelhirn" und das **Rhombenzephalon**.

Die weitere Entwicklung dieser drei primären Hirnbläschen ist in Tabelle 15.1 zusammengefasst. Das Prosenzephalon und das Rhombenzephalon unterteilen sich weiter; es entstehen die sekundären Hirnbläschen. Das Prosenzephalon bildet das **Telenzephalon** und das Dienzephalon. Aus dem Telenzephalon entsteht das **Zerebrum** („Großhirn"), die paarigen Hemisphären, die die superioren und lateralen Anteile des erwachsenen Gehirns ausmachen. Das innen hohle Dienzephalon hat ein Dach **(Epithalamus)**, Seitenwände **(linker und rechter Thalamus)** und einen Boden **(Hypothalamus)**. Zu der Zeit, in der sich das posteriore Ende des Neuralrohrs schließt, haben sich lateral am Dienzephalon sekundäre Ausstülpungen, die **Augenbläschen**, entwickelt. Zusätzlich beginnt sich das Gehirn zu biegen; es entstehen die Falten, die die Ventrikel begrenzen. Das Mesenzephalon teilt sich nicht auf, doch seine Wände verdicken sich stark, bis das Neurozöl nur noch ein relativ schmaler Durchgang von ähnlichem

Kaliber wie der Zentralkanal im Rückenmark ist. Der dem Mesenzephalon am nächsten liegende Anteil des Rhombenzephalons bildet das **Metenzephalon**. Der ventrale Anteil des Metenzephalons entwickelt sich zur **Pons**, der dorsale Anteil zum **Zerebellum** („Kleinhirn"). Der Abschnitt des Rhombenzephalons, der näher am Rückenmark liegt, wird zum **Myelenzephalon**, aus dem sich dann die *Medulla oblongata* entwickelt. Wir werden jetzt diese Strukturen am Gehirn des Erwachsenen einzeln besprechen.

15.1.2 Die Hauptregionen und Landmarken

Es gibt sechs Hauptregionen des erwachsenen Gehirns: 1. das Zerebrum (Großhirn), 2. das Dienzephalon, 3. das Mesenzephalon, 4. die Pons, 5. das Zerebellum (Kleinhirn) und 6. die *Medulla oblongata*. Sehen Sie beim Weiterlesen jeweils in Abbildung 15.1 nach.

Das Zerebrum (Großhirn)

Das **Großhirn** ist die größte Region des Gehirns. Es ist in die großen paarigen **Großhirnhemisphären** unterteilt, die durch die **Fissura longitudinalis** voneinander getrennt sind. Die Oberfläche des Großhirns, die Hirnrinde, besteht aus grauer Substanz. Sie weist zahlreiche gewundene Furchen auf, die man **Sulki** nennt. Dazwischen erheben sich die **Gyri** (Windungen). Die Hirnrinde ist durch einige größere Sulki in Lappen unterteilt, die nach den darüberliegenden Schädelknochen benannt werden.

Bewusstes Denken, intellektuelle Funktionen, die Speicherung und der Abruf von Erinnerungen und komplexe motorische Abläufe haben ihren Ursprung in der Hirnrinde.

Das Dienzephalon

Der Abschnitt innen am Großhirn ist das **Dienzephalon** (griech.: dia- = durch, hindurch, zwischen, auseinander). Es hat drei Abschnitte; deren Funktionen können wie folgt zusammengefasst werden:

- Der **Epithalamus** enthält die hormonsezernierende (endokrine) Zirbeldrüse (Epiphyse).
- Der rechte und der linke **Thalamus** (Plural: Thalami) sind sensorische Reizweiterleitungs- und Verarbeitungszentren.
- Der Boden des Dienzephalons ist der **Hypothalamus** (griech.: hypo- = darunter, unten, unterhalb), ein viszerales Kontrollzentrum. Ein schmaler Zapfen verbindet den Hypothalamus mit der **Hirnanhangsdrüse** (oder Hypophyse; griech.: physein = erschaffen). Der Hypothalamus enthält Zentren, die an Emotionen, dem autonomen Nervensystem und der Produktion von Hormonen beteiligt sind. Der Hypothalamus ist die wichtigste Verbindungsstelle zwischen dem Nervensystem und dem endokrinen System.

Um sich die Lagebeziehungen dieser Strukturen im Dienzephalon besser vorstellen zu können, denken Sie an einen leeren Schuhkarton: Der Deckel ist der Epithalamus, die Seiten links und rechts sind die Thalami und der Boden der Hypothalamus. Der Raum im Inneren des Kartons ist der Ventrikel.

Die übrigen Regionen des Gehirns bezeichnet man zusammengefasst als Hirnstamm. Der **Hirnstamm** besteht aus dem Mesenzephalon, der Pons und der *Medulla oblongata*[1]. Er enthält wichtige Verarbeitungszentren und leitet auch Informationen zu und von Groß- und Kleinhirn. Sehen Sie bei unserer Beschreibung des Hirnstamms in Abbildung 15.1 nach.

Das Mesenzephalon

Kerne im Mesenzephalon, dem Mittelhirn, verarbeiten optische und akustische Reize und koordinieren und steuern somatomotorische Reflexantworten. Diese Region enthält auch Zentren zur Aufrechterhaltung des Bewusstseins.

Pons und Zerebellum

Die Pons liegt unmittelbar inferior des Mesenzephalons. Sie enthält somato- und viszeromotorische Kerne. Der Name Pons bedeutet Brücke; sie verbindet entsprechend das Kleinhirn mit dem Hirnstamm. Die relativ kleinen Hemisphären des Zerebellums (Kleinhirns) liegen posterior der Pons und inferior der Großhirnhemisphären. Das Kleinhirn passt die motorischen Aktivitäten auf der Basis sensorischer Informationen und erlernter Bewegungsmuster automatisch an.

Die Medulla oblongata

Das Rückenmark ist über die *Medulla oblongata* mit dem Hirnstamm verbunden. Der superiore Anteil der *Medulla oblongata* hat ein dünnes, membranöses Dach, während der inferiore Anteil dem Rückenmark ähnelt. Sie leitet Sinnesreize an den Thalamus und andere Zentren im Hirnstamm weiter. Außerdem enthält sie die wichtigsten Zentren für die Kontrolle autonomer Funktionen, wie Herzfrequenz, Blutdruck und Verdauung.

15.1.3 Die Organisation von weißer und grauer Substanz

Die allgemeine Verteilung von grauer Substanz im Hirnstamm ist mit der im Rückenmark vergleichbar; eine innere Region mit grauer Substanz ist von den Trakten der weißen Substanz umgeben. Die graue Substanz umgibt flüssigkeitsgefüllte Ventrikel und Durchgänge, die dem Zentralkanal im Rückenmark entsprechen. Die graue Substanz bildet **Kerne** – kugelförmige, ovale oder unregelmäßig geformte Ansammlungen von Nervenzellkörpern. Obwohl die Trakte der weißen Substanz die Kerne umgeben, ist ihre Anordnung nicht so vorhersehbar wie im Rückenmark. Die Trakte können auf ihrem Weg um oder durch die Kerne anfangen, enden oder sich verzweigen. Im Großhirn und im Kleinhirn ist die weiße Substanz von einer Schicht grauer Substanz umgeben, der **Hirnrinde**.

1 Im Gegensatz zum Hirnstamm wird dem Stammhirn auch das Zwischenhirn zugeordnet.

Mit dem Begriff „übergeordnete Zentren“ sind Kerne, Zentren und Rindenabschnitte in Großhirn, Kleinhirn, Dienzephalon und Mesenzephalon gemeint. Die Kommandos dieser Verarbeitungszentren modifizieren die Aktivitäten und Zentren im unteren Hirnstamm und im Rückenmark. Kerne und Rinde im Großhirn können Sinnesreize und motorische Antworten an periphere Effektoren entweder indirekt über das Rückenmark und die Spinalnerven empfangen und weiterleiten oder direkt über die Hirnnerven.

15.1.4 Die Ventrikel des Gehirns

Ventrikel sind liquorgefüllte Hohlräume im Inneren des Gehirns, die mit Ependymzellen ausgekleidet sind. Im Gehirn des Erwachsenen gibt es vier Ventrikel: jeweils einen in den Großhirnhemisphären, einen dritten im Dienzephalon und einen vierten, der zwischen Pons und Kleinhirn liegt und sich bis in den superioren Anteil der *Medulla oblongata* erstreckt. **Abbildung 15.2** zeigt Lage und Ausrichtung der Ventrikel.

Die Ventrikel in den Großhirnhemisphären sind komplex geformt. Die beiden **Seitenventrikel** werden von einer dünnen Trennwand, dem **Septum pellucidum**, voneinander getrennt. Der **Korpus** der beiden Ventrikel liegt jeweils innerhalb der Parietallappen; ein *Cornu frontale* reicht bis in den Frontallappen. Das *Cornu occipitale* erstreckt sich nach posterior und ein *Cornu temporale* beschreibt innerhalb des Temporallappens einen Bogen. Es gibt keine direkte Verbindung zwischen den beiden Seitenventrikeln, aber sie kommunizieren beide über das **Foramen interven-**

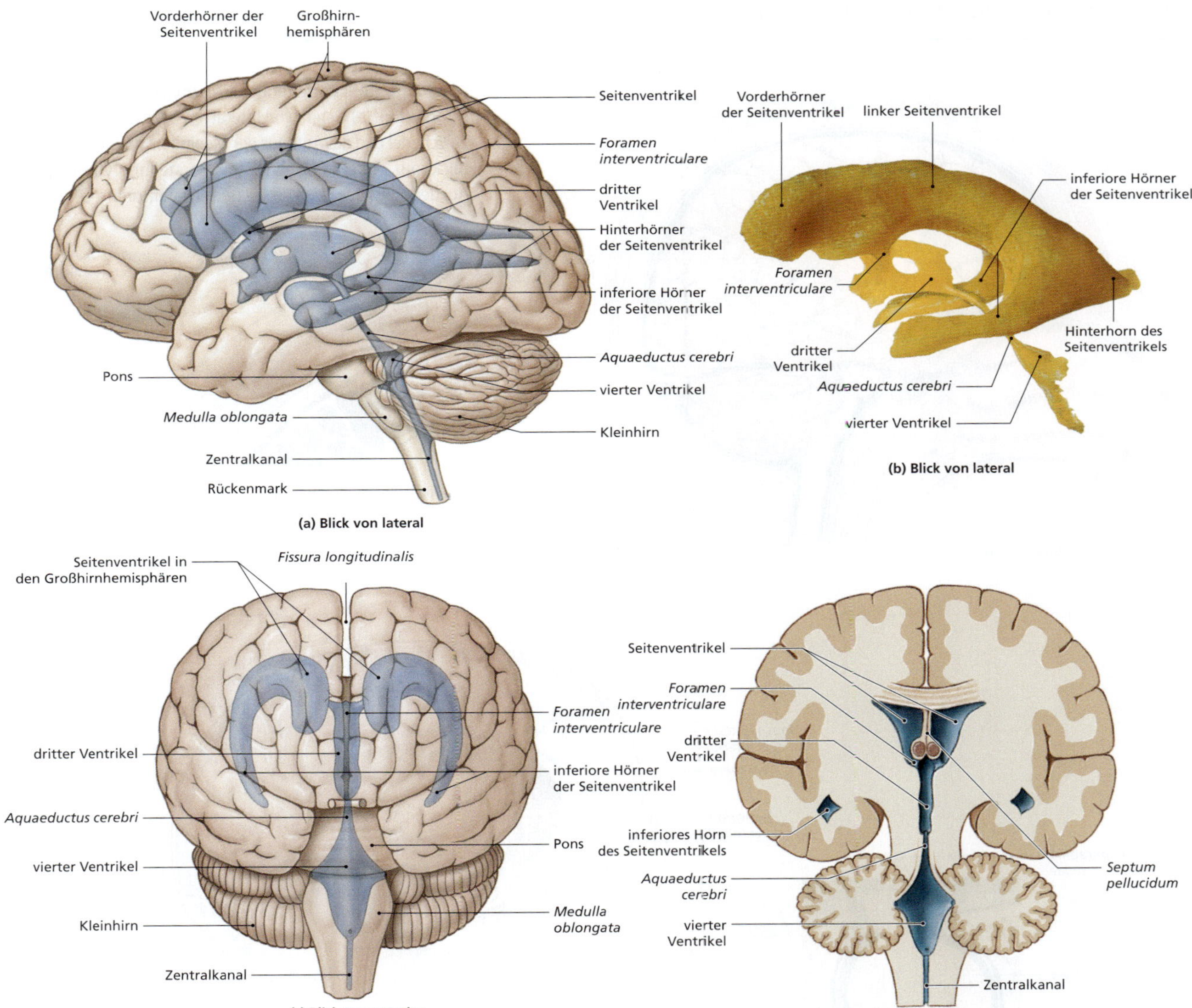

Abbildung 15.2: Die Ventrikel des Gehirns. Die Ventrikel enthalten den Liquor, der Nährstoffe, chemische Botenstoffe und Abfallstoffe transportiert. (a) Lage und Ausdehnung der Ventrikel in einem transparent dargestellten Gehirn von lateral. (b) Ausgusspräparat der Ventrikel von lateral. (c) Ventrikel in einem transparent dargestellten Gehirn von anterior. (d) Frontalschnitt mit schematischer Darstellung der Verbindungen zwischen den Ventrikeln.

AUS DER PRAXIS

Das Schädel-Hirn-Trauma

Das Schädel-Hirn-Trauma (SHT) kann die Folge eines groben Kopfkontakts mit einem harten Gegenstand oder eines heftigen Stoßes sein. Die Hälfte aller Todesfälle nach Unfällen ist weltweit auf Kopfverletzungen zurückzuführen. Allein in den USA kommt es jährlich zu etwa 1,5 Millionen Schädel-Hirn-Traumen; ca. 50.000 Betroffene sterben, weitere 80.000 tragen Langzeitfolgen davon.

Eine Gehirnerschütterung kann auch bei geringfügigen Kopfverletzungen auftreten. In leichten Fällen können eine vorübergehende Verwirrung, eine kurze Bewusstlosigkeit oder eine leichte Amnesie die Folge sein. Patienten mit einer Gehirnerschütterung werden meist genau untersucht; zum Ausschluss einer Fraktur oder einer intrakraniellen Blutung kann man eine Röntgenaufnahme oder ein CT anfertigen. Es kann eine kurze Gedächtnislücke verbleiben. In schwereren Fällen dauert die Bewusstlosigkeit länger an; es kommt zu neurologischen Ausfällen. Hierbei treten oft Kontusionen (Prellungen), Blutungen und Risse des Gehirns auf. Das Ausmaß der Erholung variiert mit den betroffenen Arealen. Eine schwere Schädigung der *Formatio reticularis* kann zu dauerhafter Bewusstlosigkeit führen; Verletzungen des unteren Hirnstamms sind in der Regel tödlich.

Das Tragen eines Helmes beim Fahrradfahren, Reiten, Skateboard- und Motorradfahren sowie beim Rugby-, Hockey- und Baseballspielen schützt das Gehirn. Dies gilt ebenso für das Tragen eines Sitzgurts im Auto. Nach einer Gehirnerschütterung ist eine längere Schonung empfehlenswert.

Abbildung 15.3: Beziehungen zwischen Gehirn, Schädel und Hirnhäuten. (a) Gehirn von lateral mit Darstellung seiner Lage im Schädel und des Aufbaus der Meningen. (b) Entsprechender Blick, nur ohne das Gehirn, mit Darstellung von Lage und Ausdehnung der Falx cerebri und des Tentorium cerebelli.

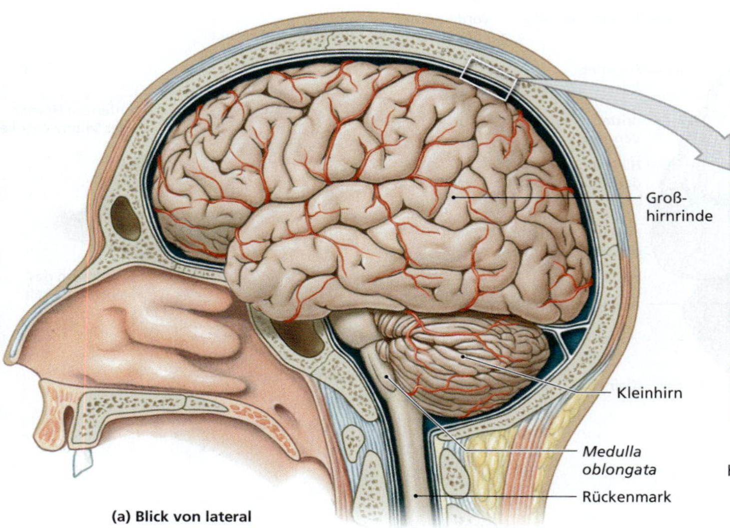

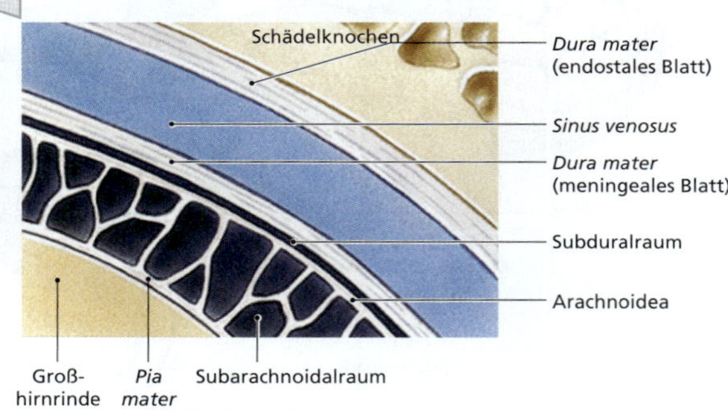

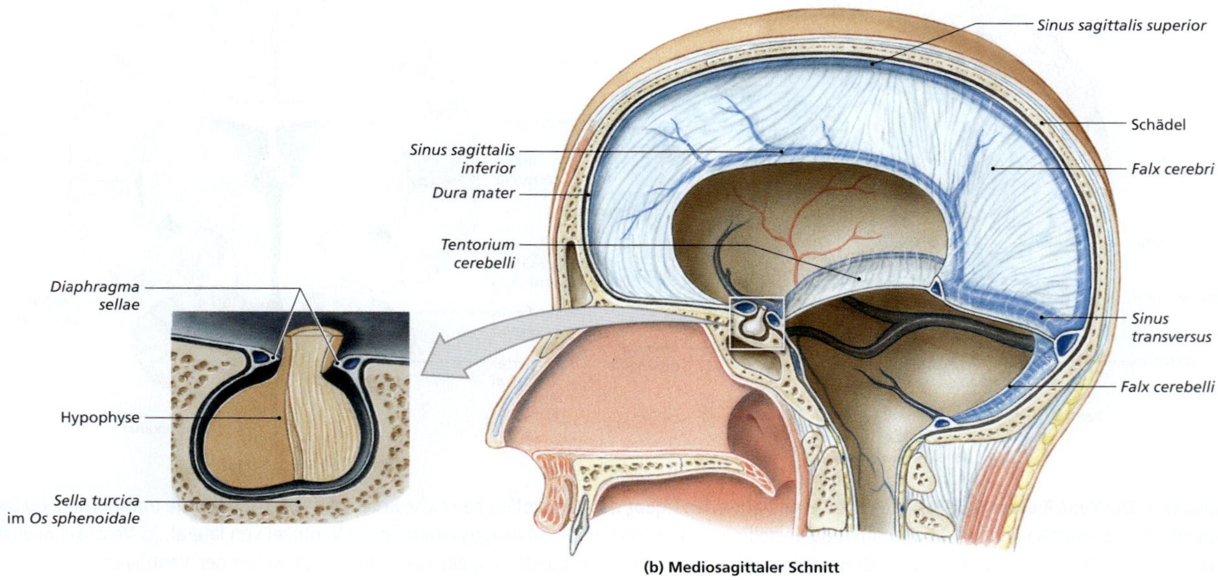

AUFGABEN

1. Zählen Sie die sechs Hauptregionen des erwachsenen Gehirns auf.
2. Welches sind die drei Hauptstrukturen des Hirnstamms?
3. Was sind die Ventrikel? Mit welcher Art von Epithelzellen sind sie ausgekleidet?
4. Benennen Sie die sekundären Hirnbläschen und die dazugehörigen Hirnregionen zum Zeitpunkt der Geburt.

triculare (Monroi) mit dem Ventrikel im Dienzephalon. Da es zwei Seitenventrikel gibt, bezeichnet man den Ventrikel im Dienzephalon als **dritten Ventrikel**.

Das Mesenzephalon hat einen engen Kanal, den **Aquaeductus cerebri** (Sylvii). Dieser Durchgang verbindet den dritten mit dem **vierten Ventrikel**, der zwischen Pons und Kleinhirn beginnt. Im inferioren Abschnitt der *Medulla oblongata* verjüngt sich der Ventrikel und geht in den Zentralkanal des Rückenmarks über. Der Liquor zirkuliert zwischen den Ventrikeln und dem Subarachnoidalraum des Zentralkanals durch Foramina im Dach des vierten Ventrikels. Entstehung und Zirkulation von Liquor sind leichter zu verstehen, wenn man zuvor den Aufbau der Hirnhäute kennenlernt sowie die Unterschiede zu den Rückenmarkshäuten, die in Kapitel 14 vorgestellt wurden.

15.2 Schutz und Stütze des Gehirns

Das menschliche Gehirn ist ein extrem empfindliches Organ, das vor Verletzungen geschützt werden muss, aber dennoch mit dem Rest des Körpers in Verbindung bleiben soll. Es hat einen hohen Bedarf an Sauerstoff und Nährstoffen und benötigt darum auch eine umfangreiche Blutversorgung. Gleichzeitig muss es jedoch vor den Blutbestandteilen geschützt werden, die seine komplexen Abläufe stören könnten. An Schutz, Stütze und Ernährung des Gehirns sind 1. die Schädelknochen (siehe Kapitel 6), 2. die Hirnhäute, 3. der Liquor und 4. die Blut-Hirn-Schranke beteiligt.

15.2.1 Die Hirnhäute

Das Gehirn liegt geschützt im Schädel; es gibt einen erkennbaren Zusammenhang zwischen seiner Form und der der Schädelhöhlen (**Abbildung 15.3**). Die massiven Schädelknochen gewähren mechanischen Schutz, doch sie stellen auch eine Bedrohung dar. Das Gehirn ist wie ein Autofahrer: Fährt er gegen einen Baum, bewahrt ihn das Auto vor Kontakt mit dem Baum, doch wird er schwere Verletzungen erleiden, wenn ihn nicht ein Sitzgurt oder ein Airbag vor Kontakt mit dem Wageninneren schützen.

In der Schädelhöhle dienen die **Hirnhäute** als Stoßdämpfer, die den Kontakt mit dem umgebenden Knochen verhindern (siehe Abbildung 15.3). Die Hirnhäute gehen in die Rückenmarkshäute über; sie haben dieselben drei Schichten: *Dura mater* (außen), Arachnoidea (mittig) und *Pia mater* (innen). Die Hirnhäute weisen jedoch einige besondere Spezialisierungen und Funktionen auf.

Die Dura mater

Die kraniale *Dura mater* hat zwei faserige Schichten. Das äußere, **endostale Blatt** ist mit dem Periost der Schädelknochen verwachsen (siehe Abbildung 15.3a). Das innere, **meningeale Blatt** ist in vielen Bereichen von der äußeren Schicht durch einen schmalen Spalt getrennt, der interstitielle Flüssigkeit und Blutgefäße enthält, einschließlich der großen Venen, die man auch **durale Sinus** nennt. Die Venen des Gehirns münden in diese Sinus, die das Blut wiederum in die *V. jugularis interna* am Hals ableiten.

An vier Stellen reichen meningeale Falten der *Dura mater* tief in das Innere der Schädelhöhle. Diese Septen unterteilen die Schädelhöhle und stützen das Gehirn, indem sie seine Beweglichkeit limitieren (**Abbildung 15.4**; siehe auch Abbildung 15.3b).

Die **Falx cerebri** (lat.: falx = die Sichel) ist eine *Dura-mater*-Duplikatur, die zwischen den Großhirnhemisphären in die *Fissura longitiudinalis* hineinragt. In der Tiefe ist sie anterior an der *Crista galli* befestigt und posterior an der *Crista occipitalis interna* und dem *Tentorium cerebelli*. Zwei große venöse Sinus, die *Sinus sagittalis superior* und *inferior*, ziehen durch die Falte.

Das **Tentorium cerebelli** (lat.: tentorium = das Zelt) stützt und schützt die beiden Okzipitallappen. Es trennt auch die Kleinhirnhemisphären von denen des Großhirns und zieht dabei quer im rechten Winkel zur *Falx cerebri* durch den Schädel. In seinem Inneren verläuft der *Sinus transversus*.

Die **Falx cerebelli** verläuft in der Mediosagittallinie unterhalb des *Tentorium cerebelli*; es trennt die Kleinhirnhemisphären voneinander. Seine fest fixierte posteriore Kante enthält den *Sinus occipitalis*.

Das **Diaphragma sellae** ist ein Ausläufer des Durablatts, das die *Sella turcica* des *Os sphenoidale* überzieht (siehe Abbildung 15.3b). Es fixiert die *Dura mater* am *Os sphenoidale* und umhüllt die Basis der Hirnanhangsdrüse.

Die Arachnoidea

Die kraniale Arachnoidea ist eine zarte Membran, die zwischen der *Dura mater* und der *Pia mater* liegt, die wiederum dem Nervengewebe des Gehirns aufliegt. In den meisten anatomischen Präparaten trennt ein schmaler **subduraler Raum** die beiden Blätter der *Dura mater* und die Arachnoidea. Es ist jedoch wahrscheinlich, dass ein solcher Raum in vivo nicht existiert. Die kraniale Arachnoidea hat eine glatte Oberfläche, die den Windungen und

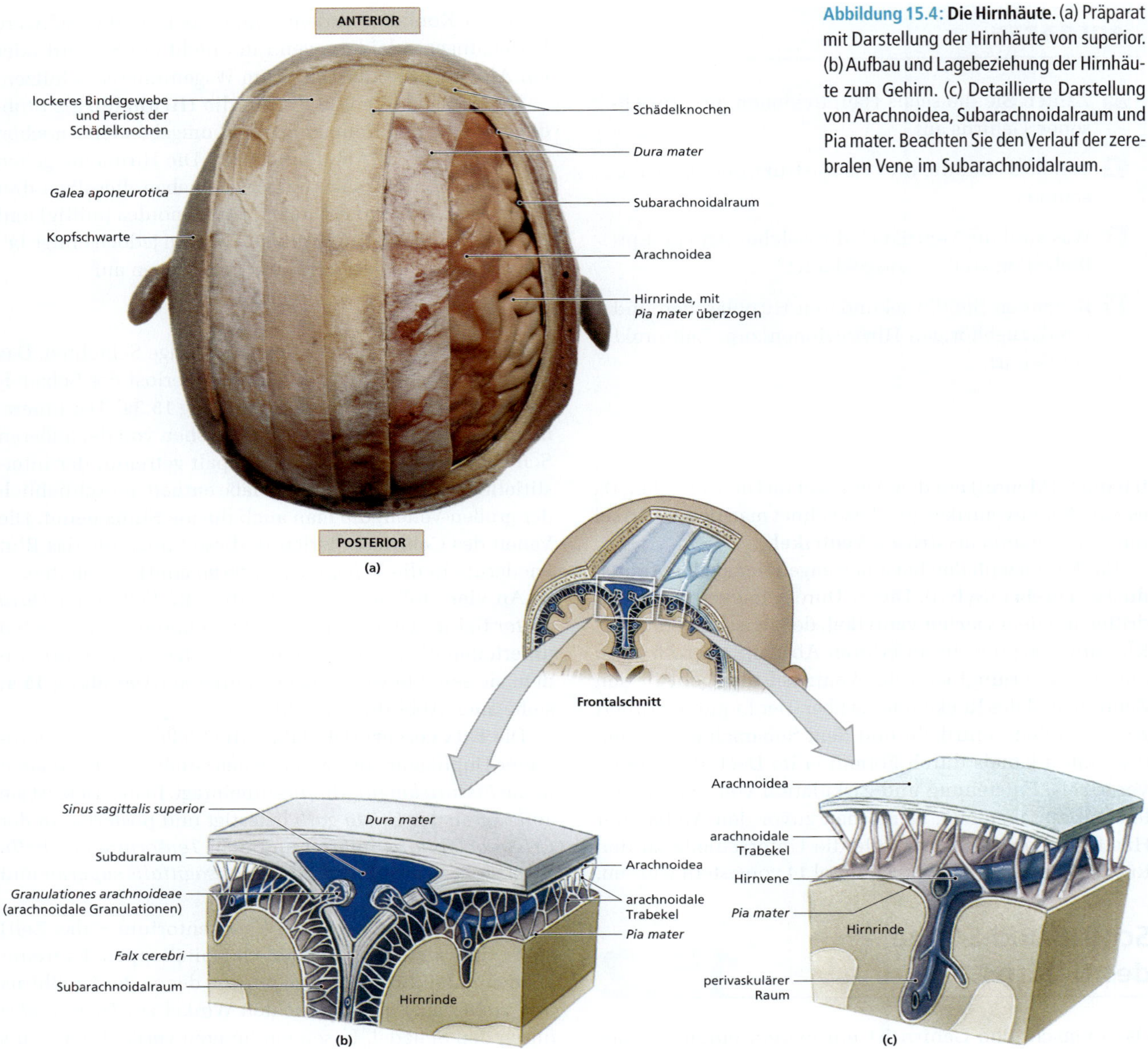

Abbildung 15.4: Die Hirnhäute. (a) Präparat mit Darstellung der Hirnhäute von superior. (b) Aufbau und Lagebeziehung der Hirnhäute zum Gehirn. (c) Detaillierte Darstellung von Arachnoidea, Subarachnoidalraum und Pia mater. Beachten Sie den Verlauf der zerebralen Vene im Subarachnoidalraum.

Sulki des Gehirns nicht folgt. Unterhalb der Arachnoidea befindet sich der **Subarachnoidalraum**; er enthält ein zartes Netzwerk aus kollagenen und elastischen Fasern, die die Arachnoidea mit der darunterliegenden *Pia mater* verbinden. Außen, an der Achse des *Sinus sagittalis superior* entlang, dringen fingerartige Fortsätze der kranialen Arachnoidea durch die *Dura mater* und ragen in den *Sinus sagittalis* hinein. An diesen Fortsätzen, den **Granulationes arachnoideae (arachnoidalen Granulationen)**, findet die Liquorresorption in den venösen Blutkreislauf statt (siehe Abbildung 15.4b und c). Die Arachnoidea liegt wie ein Dach über den kranialen Blutgefäßen, die *Pia mater* darunter wie ein Boden. Die zerebralen Arterien und Venen verlaufen gestützt von den arachnoidalen Trabekeln und sind von Liquor umgeben. Sie ziehen durch Kanäle, die mit *Pia mater* ausgekleidet sind, in die Tiefe des Gehirns.

Die Pia mater

Die kraniale *Pia mater* ist fest mit der Oberfläche des Gehirns verbunden; sie folgt den Windungen und kleidet die Sulki aus. Die Befestigung erfolgt über die Fortsätze der Astrozyten. Die kraniale *Pia mater* ist sehr gut durchblutet; auf ihr verlaufen die großen kranialen Blutgefäße, die sich verzweigen und in die Hirnrinde in die Tiefe ziehen (siehe Abbildung 15.4). Diese gute Blutversorgung ist lebenswichtig, da das Gehirn beständig Nährstoffe und Sauerstoff benötigt.

15.2.2 Die Blut-Hirn-Schranke

Das Nervengewebe des ZNS ist sehr gut durchblutet; dennoch ist es durch die **Blut-Hirn-Schranke** vom allgemeinen Kreislauf isoliert. Durch diese Barriere können konstant

AUS DER PRAXIS

Epidurale und subdurale Hämatome

Eine schwere Kopfverletzung kann zu Rissen der meningealen Blutgefäße und zu Einblutungen in den physiologischerweise im Kopfbereich nicht vorkommenden epiduralen oder subduralen Raum führen. Die häufigste Ursache einer **epiduralen Blutung** oder eines epiduralen Hämatoms ist eine arterielle Verletzung. Durch den arteriellen Blutdruck sammeln sich in kürzester Zeit große Mengen an Blut im Epiduralraum; die Konturen des Gehirns werden zur Seite gedrängt. Der Betroffene verliert das Bewusstsein innerhalb von Minuten bis Stunden nach der Verletzung; ohne Behandlung verstirbt er.

Ein epidurales Hämatom nach einer Venenverletzung führt nicht sofort zu so massiven Symptomen. Der Betroffene kann das Bewusstsein erst Stunden, Tage oder gar Wochen nach dem Unfall verlieren. Daher wird die Verletzung oft erst bemerkt, wenn das Nervengewebe bereits durch die Verzerrung, die Kompression und die Nachblutungen schwer geschädigt ist. Epiduralblutungen sind eher selten; sie kommen nur bei weniger als 1 % aller Kopfverletzungen vor. Das ist eher günstig, denn unbehandelt liegt die Mortalität bei 100 % und auch nach Entlastung des Hämatoms und Verschluss des Blutgefäßes immer noch bei über 50 %.

Der Ausdruck „**subdurales Hämatom**" ist etwas irreführend, da das Blut eigentlich in das innere Blatt der Dura eindringt und unter das Epithel fließt, das der Arachnoidea aufliegt. Subdurale Hämatome sind etwa doppelt so häufig wie epidurale Hämatome. Häufigste Ursache ist die Verletzung von Brückenvenen. Da der Blutdruck im venösen System etwas niedriger ist als bei arteriellen epiduralen Verletzungen, sind Ausmaß und Art der Symptome eher variabel. Die Blutung führt zu einer Ansammlung teilweise geronnenen Blutes, einem Hämatom. Ein akutes subdurales Hämatom wird innerhalb von Minuten nach der Verletzung symptomatisch; ein chronisches subdurales Hämatom macht sich erst Wochen, Monate oder gar Jahre nach der Kopfverletzung bemerkbar. Das Schütteltrauma (Shaken-Baby-Syndrom) wurzelt ebenfalls in einer subduralen Blutung.

gleiche Bedingungen aufrechterhalten werden, was für die Kontrolle und die richtige Funktion der Neurone im ZNS wichtig ist.

Die Barriere wird durch spezielle anatomische Merkmale und Transportwege der Endothelzellen errichtet, die die Kapillaren im ZNS auskleiden. Sie sind durch zahlreiche Tight Junctions *(Zonulae occludentes)* miteinander verbunden, um eine Diffusion von Substanzen zwischen ihnen hindurch zu verhindern. Das führt dazu, dass nur fettlösliche Verbindungen durch das Plasmalemm der Endothelzellen hindurch in das Interstitium des Gehirns und des Rückenmarks gelangen. Außerdem enthalten diese Endothelzellen nur sehr wenige pinozytotische Vesikel, was den Einstrom größerer Moleküle in das ZNS hemmt. Wasserlösliche Substanzen können nur über passive oder aktive Transportwege in das ZNS gelangen. Es gibt hierfür eine Vielzahl verschiedener, sehr spezifischer Transportproteine. So unterscheidet sich z. B. das Transportsystem für Glukose von dem für größere Aminosäuren. Diese sehr limitierte Permeabilität des Gefäßendothels im ZNS wird auch durch Substanzen bestimmt, die von den Astrozyten (siehe Kapitel 13) freigesetzt werden.

Der Stofftransport durch das Endothel der Blut-Hirn-Schranke ist selektiv und gerichtet. Neurone haben einen ständigen Bedarf an Glukose, der unabhängig von der relativen Konzentration in interstitieller Flüssigkeit oder Blut erfüllt werden muss. Auch bei niedrigem Blutzuckerspiegel transportieren die Endothelzellen weiter Glukose vom Blut in das Interstitium im ZNS. Im Gegensatz dazu muss die Konzentration der Aminosäure Glyzin, eines Neurotransmitters, im Nervengewebe immer viel niedriger sein als im zirkulierenden Blut. Endothelzellen absorbieren diese Substanz aktiv aus der interstitiellen Flüssigkeit und sezernieren sie in das Blut.

Die Blut-Hirn-Schranke umgibt das gesamte ZNS, mit drei bemerkenswerten Ausnahmen:

1. In bestimmten **Anteilen des Hypothalamus** haben die Kapillaren eine höhere Permeabilität. So sind die Kerne der anterioren und tuberalen Region den zirkulierenden Hormonen ausgesetzt und können ihrerseits hypothalamische Hormone in den Blutkreislauf abgeben.
2. Die Kapillaren in der endokrinen **Zirbeldrüse (Epiphyse)** im Dach des Dienzephalons sind ebenfalls sehr permeabel. Dies ermöglicht die Sekretion der Hormone in den Blutkreislauf.
3. In den membranösen Dächern des dritten und des vierten Ventrikels liegt ein dichtes Kapillarnetz auf der *Pia mater*, das in die Ventrikel hineinragt. Diese Kapilllaren sind ungewöhnlich gut permeabel. Dies ist jedoch kein freier Zugang für chemische Substanzen in das ZNS, da die Kapillaren dicht mit modifizierten Ependymzellen bedeckt sind, die durch *Zonulae occludentes* (Tight Junctions) fest untereinander verbunden sind. Dieser Komplex, der **Plexus choroideus**, ist der Ort der Liquorproduktion.

15.2.3 Der Liquor

Liquor umgibt und umspült die gesamte frei liegende Oberfläche des ZNS. Er hat mehrere wichtige Aufgaben:

- **Er verhindert den Kontakt** des empfindlichen Nervengewebes mit dem umgebenden Knochen.
- **Er stützt das Gehirn**: Im Grunde genommen hängt das Gehirn im Schädel und schwimmt in Liquor. An der Luft wiegt es etwa 1330 g, aber da es kaum dichter als Wasser ist, wiegt es in Liquor schwimmend nur etwa 50 g.
- **Er transportiert Nährstoffe, chemische Botenstoffe und Abfallstoffe**. Außer am *Plexus choroideus* ist das Ependym frei permeabel; der Liquor steht in ständigem Austausch mit der interstitiellen Flüssigkeit des ZNS. Daher haben Veränderungen der ZNS-Funktion Einfluss auf die Zusammensetzung des Liquors. Wie Kapitel 14 erwähnt, können deshalb mit einer Liquoruntersuchung Informationen über Verletzungen, Infektionen oder andere Erkrankungen gewonnen werden.

Die Liquorproduktion

Alle Ventrikel enthalten einen **Plexus choroideus** (griech.: chorion = die Haut, das Fell), eine Kombination aus spezialisierten Ependymzellen und sehr gut permeablen Kapillaren. Zwei ausgedehnte Falten des *Plexus choroideus* beginnen am Dach des dritten Ventrikels und ziehen durch die interventrikulären Foramina bis in die Seitenventrikel, wo sie die Böden bedecken (**Abbildung 15.5**a). Im unteren Hirnstamm ragt ein Bereich des *Plexus choroideus* vom Dach des vierten Ventrikels aus zwischen Kleinhirn und Pons.

Der *Plexus choroideus* ist für die Liquorproduktion verantwortlich. Die Kapillaren sind fenestriert und hochpermeabel, doch sie sind von großen spezialisierten Ependymzellen bedeckt, die den freien Austausch von Substanzen zwischen ihnen und dem Liquor in den Ventrikeln verhindern. Die Ependymzellen verwenden zur Sekretion von Liquor in die Ventrikel sowohl aktive als auch passive Transportsysteme. Die Überwachung des Liquors erfordert Transporte in beide Richtungen; der *Plexus choroideus* entfernt Abfallstoffe aus dem Liquor und sorgt ständig für die Feineinstellung der Liquorzusammensetzung. Letztere unterscheidet sich in vielen Aspekten von der des Blutplasmas (Blut ohne die zellulären Bestandteile). Im Blut finden sich gelöste Proteine in hohen Konzentrationen, im Liquor nicht. Auch gibt es Unterschiede bezüglich der Konzentrationen bestimmter Ionen, Aminosäuren, Lipide und Abfallstoffe (**Abbildung 15.5**b). Obwohl der Liquor aus Plasma gewonnen wird, ist er mehr als ein einfaches Blutfiltrat.

Die Liquorzirkulation

Der *Plexus choroideus* bildet etwa 500 ml Liquor pro Tag. Das Gesamtvolumen an Liquor im Körper liegt konstant bei etwa 150 ml. Das bedeutet, dass der gesamte Liquor etwa alle acht Stunden vollständig ersetzt wird. Trotz dieses schnellen Umsatzes wird die Zusammensetzung eng überwacht; der Abbau hält in der Regel mit der Neubildung Schritt.

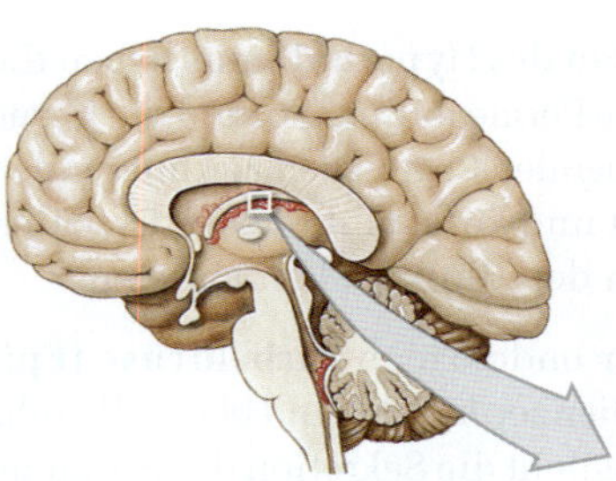

(a) *Plexus choroideus*

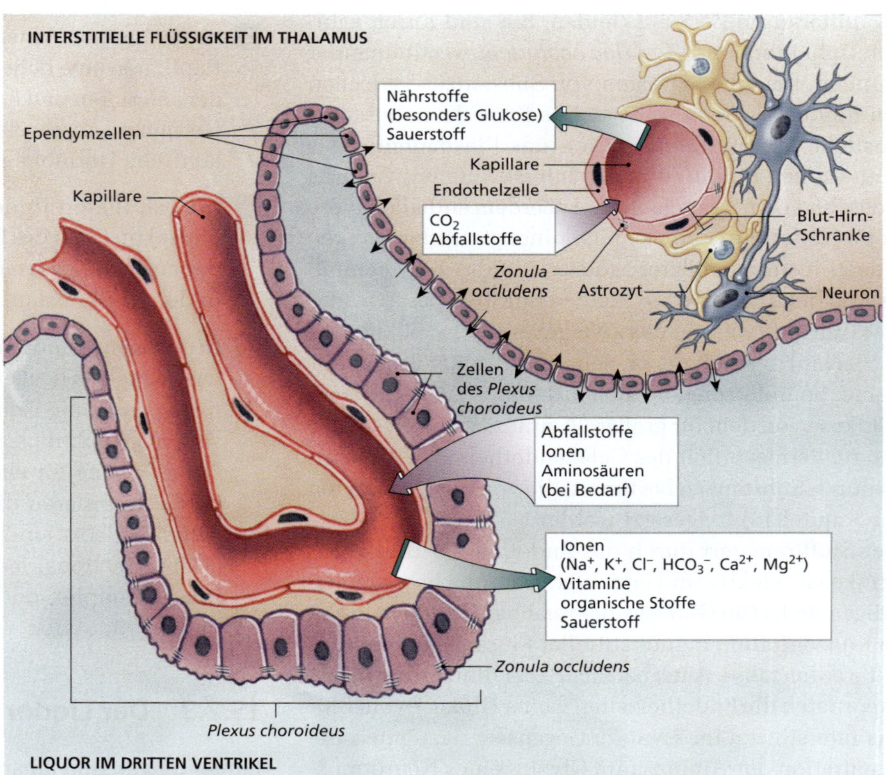

(b)

Abbildung 15.5: Der Plexus choroideus und die Blut-Hirn-Schranke. (a) Lage des Plexus choroideus in den vier Ventrikeln. (b) Aufbau und Funktion des Plexus choroideus. Die Ependymzellen stellen eine selektive Barriere dar, die aktiv Nährstoffe, Vitamine und Ionen in das ZNS transportiert. Bei Bedarf können diese Zellen auch aktiv Ionen und andere Stoffe aus dem Liquor wieder heraustransportieren, um dessen Zusammensetzung zu stabilisieren.

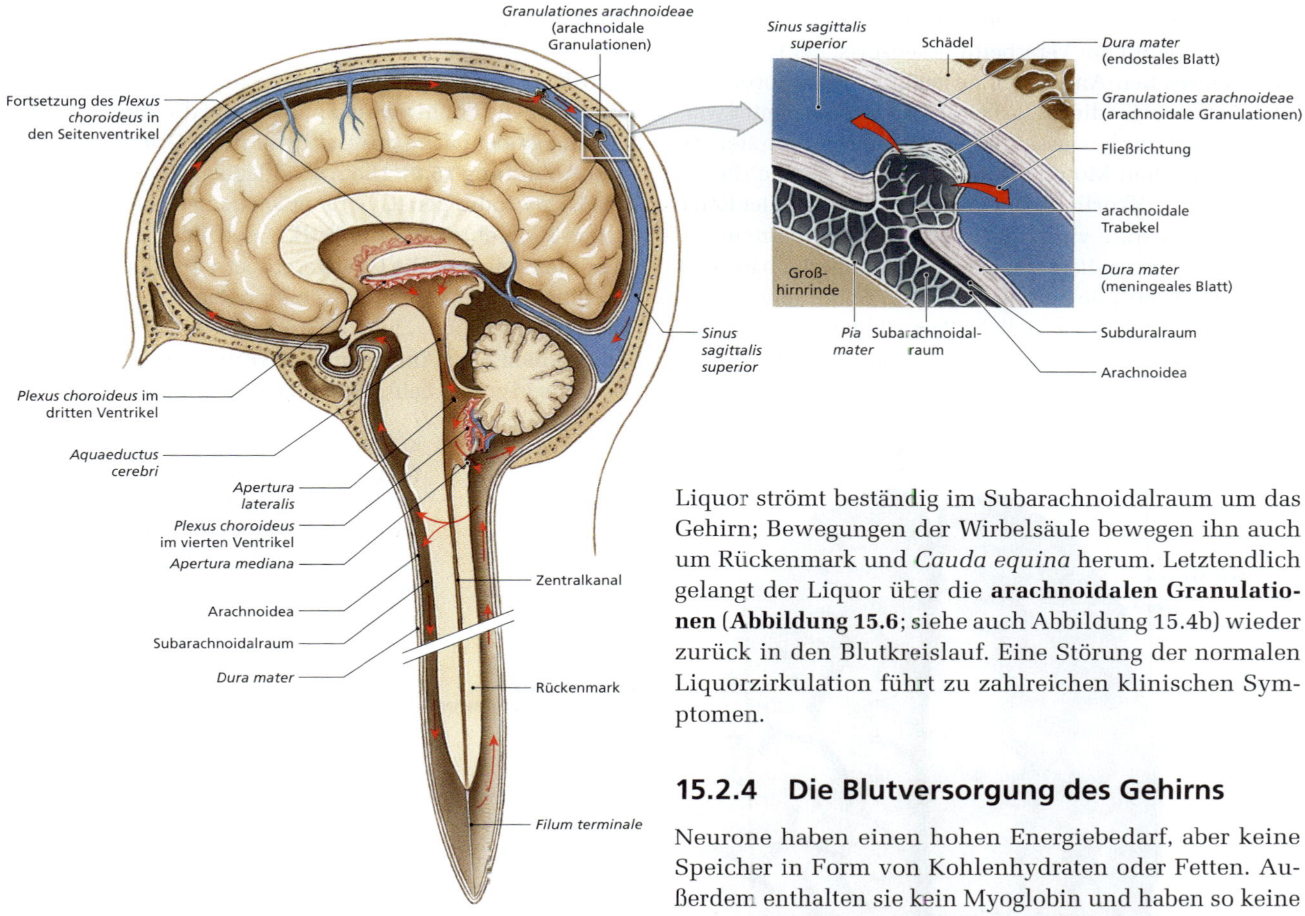

Abbildung 15.6: Die Liquorzirkulation. Sagittalschnitt mit Darstellung der Bildung und der Zirkulationswege des Liquors.

AUFGABEN

1. Benennen Sie die vier Falten des inneren Durablatts in der Schädelhöhle, die das Gehirn stützen und schützen.
2. Erläutern Sie Struktur und Funktion der *Pia mater.*
3. Welches ist die Funktion der Blut-Hirn-Schranke?
4. Welche Funktionen hat der Liquor? Wo wird er gebildet?

Liquor, der in den Seitenventrikeln gebildet wird, fließt durch die *Foramina interventricularia* in den dritten Ventrikel und von hier durch den *Aquaeductus mesenecephali.* Der Großteil des Liquors, der in den vierten Ventrikel gelangt, tritt von dort durch die paarigen **Aperturae laterales** *(Foramina Luschkae)* und die **Apertura mediana** *(Foramen Magendii)* in den Subarachnoidalraum ein. (Eine relativ kleine Menge Liquor zirkuliert zwischen dem vierten Ventrikel und dem Zentralkanal des Rückenmarks.) Der Liquor strömt beständig im Subarachnoidalraum um das Gehirn; Bewegungen der Wirbelsäule bewegen ihn auch um Rückenmark und *Cauda equina* herum. Letztendlich gelangt der Liquor über die **arachnoidalen Granulationen (Abbildung 15.6**; siehe auch Abbildung 15.4b) wieder zurück in den Blutkreislauf. Eine Störung der normalen Liquorzirkulation führt zu zahlreichen klinischen Symptomen.

15.2.4 Die Blutversorgung des Gehirns

Neurone haben einen hohen Energiebedarf, aber keine Speicher in Form von Kohlenhydraten oder Fetten. Außerdem enthalten sie kein Myoglobin und haben so keine Möglichkeit, Sauerstoffreserven anzulegen. Daher muss der Bedarf von außen durch eine gute Durchblutung gedeckt werden. Arterielles Blut erreicht das Gehirn über die *Aa. carotis internae* und die *Aa. vertebrales.* Das meiste venöse Blut verlässt das Gehirn über die *Vv. jugulares internae*, die die duralen Sinus drainieren. Diese Arterien und Venen werden in Kapitel 22 noch ausführlicher beschrieben. Eine Kopfverletzung mit Gefäßbeteiligung kann zu Einblutungen in die *Dura mater* führen, entweder an das durale Epithel oder zwischen *Dura mater* und Schädelknochen. Dies kann wegen der Kompression und Verzerrung des relativ weichen Hirngewebes zu schweren Störungen führen.

Bei **zerebrovaskulären Erkrankungen** ist die normale Hirndurchblutung beeinträchtigt. Der Verlauf des betroffenen Blutgefäßes bestimmt die Symptomatik, das Ausmaß des Nährstoff- und Sauerstoffmangels die Schwere des Krankheitsbilds. Ein **zerebrovaskulärer Insult (Schlaganfall)** tritt auf, wenn die Blutversorgung in einem Hirnareal unterbrochen wird. Die betroffenen Neurone beginnen innerhalb von Minuten abzusterben.

Das Großhirn 15.3

Das Großhirn ist der größte Abschnitt des Gehirns. Es besteht aus den paarigen **Großhirnhemisphären**, die dem Dienzephalon und dem Hirnstamm aufliegen. Bewusste Denkvorgänge und alle intellektuellen Funktionen finden in den Großhirnhemisphären statt. Ein großer Anteil des Großhirns ist mit der Verarbeitung sensorischer Reize und den motorischen Antworten beschäftigt. Somatosensorische Sinnesreize, die an das Großhirn weitergeleitet werden, werden uns bewusst; die zerebralen Neurone steuern die somatischen Motoneurone direkt (willkürlich) oder indirekt (unwillkürlich). Die Verarbeitung viszeraler Reize und die Kontrolle viszeraler (autonomer) Motoneurone werden in anderen Bereichen und meist außerhalb unserer bewussten Kontrolle durchgeführt. Die Abbildungen 15.1, 15.7 und 15.8 zeigen zusätzliche Perspektiven auf das Großhirn und seine Lagebeziehung zu den anderen Abschnitten des ZNS.

15.3.1 Die Großhirnhemisphären

Eine dicke Schicht grauer Substanz, die Hirnrinde, bedeckt die paarigen Großhirnhemisphären, die die superiore und laterale Außenfläche des Gehirns bilden (**Abbildung 15.7** und **Abbildung 15.8**). Die Außenfläche ist von vorstehenden Hirnwindungen (Gyri) geprägt; dazwischen sieht man flache Einziehungen, die **Sulki**, und tiefere Einziehungen, die **Fissuren**. Die **Gyri** vergrößern die Oberfläche der Großhirnhemisphären und schaffen Raum für zusätzliche kortikale Neurone. Die Hirnrinde übt die komplexesten Funktionen aus; Analysen und Vernetzungen erfordern Neurone in großer Zahl. Die Größe von Gehirn und Schädel-

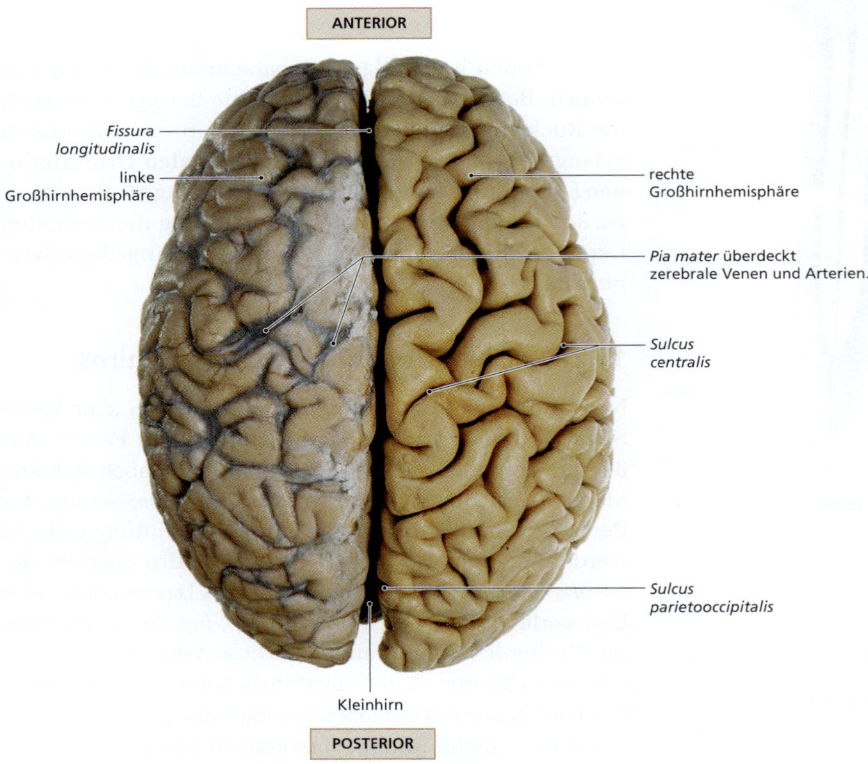

(a) Blick von superior

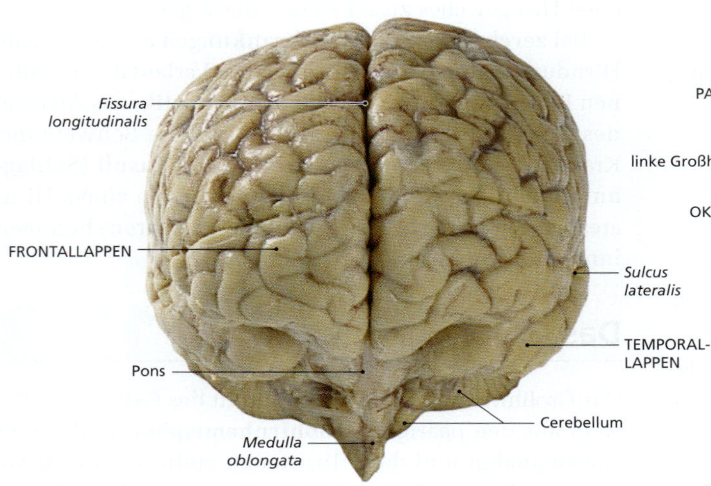

(b) Blick von anterior

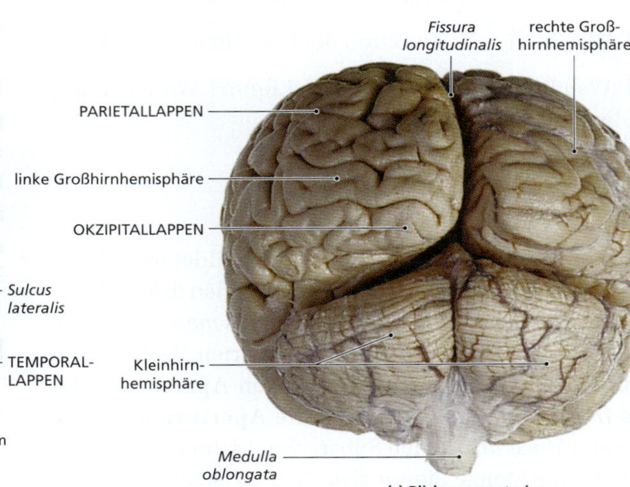

(c) Blick von posterior

Abbildung 15.7: Die Großhirnhemisphären, Teil I. Die Großhirnhemisphären sind der größte Abschnitt im Gehirn des Erwachsenen. (a) Blick von superior. (b) Blick von anterior. (c) Blick von posterior. Beachten Sie die relativ geringere Größe der Kleinhirnhemisphären.

Region (Lappen)	Funktionen
Frontallappen	
Primärer Motokortex	Willkürmotorik
Parietallappen	
Primärer sensorischer Kortex	Bewusste Wahrnehmung von Berührung, Druck, Vibration, Schmerz, Temperatur und Geschmack
Okzipitallappen	
Visueller Kortex	Bewusste Wahrnehmung visueller Reize
Temporallappen	
Akustischer und olfaktorischer Kortex	Bewusste Wahrnehmung akustischer und olfaktorischer Reize
Alle Lappen	
Assoziationszentren	Vernetzung und Verarbeitung eingehender sensorischer Reize, Verarbeitung und Einleitung der motorischen Antworten

Tabelle 15.2: **Die Hirnrinde.**

höhle hat im Laufe der Evolution deutlich zugenommen, doch die Hirnrinde hat sich proportional am stärksten vergrößert. Die Gesamtoberfläche der Großhirnhemisphären liegt etwa bei 2200 cm^2 (0,22 m^2); eine so große Fläche passt nur gefaltet in den Schädel, wie ein Papierknäuel.

Die Hirnlappen

Die beiden Großhirnhemisphären sind durch die tiefe **Fissura longitudinalis** voneinander getrennt (siehe Abbildung 15.7). Die Hemisphären sind darüber hinaus in einzelne **Lappen** unterteilt, die nach den darüberliegenden Schädelknochen benannt sind (siehe Abbildung 15.8a). Die Gyri und Sulki sehen bei jedem Menschen etwas anders aus, aber die Grenzen zwischen den Lappen sind zuverlässig vorhanden. Eine tiefe Furche, der **Sulcus centralis**, verläuft von der *Fissura longitudinalis* aus nach lateral. Der Bereich anterior davon ist der Frontallappen; der **Sulcus lateralis** markiert seine inferiore Grenze. Inferior des *Sulcus lateralis* liegt der **Temporallappen**. Klappt man ihn zur Seite (siehe Abbildung 15.8b), wird in der Tiefe die Insula sichtbar, ein normalerweise verdeckter Teil der Hirnrinde. Der **Parietallappen** reicht vom *Sulcus centralis* nach posterior bis an den *Sulcus parietooccipitalis* heran. Der Bereich posterior dieses Sulkus wird als **Okzipitallappen** bezeichnet.

Jeder Lappen enthält Funktionsbereiche, deren anatomische Grenzen nicht genau abgesteckt sind. Einige dieser Regionen verarbeiten Sinnesreize, andere sind für die motorischen Antworten zuständig. Drei Tatsachen über die Hirnlappen sollte man sich merken:

1. Jede Großhirnhemisphäre erhält ihre Sinnesreize von der gegenüberliegenden Körperhälfte und leitet auch ihre motorischen Antworten dorthin. Die linke Großhirnhemisphäre kontrolliert die rechte Körperhälfte und umgekehrt. Der funktionelle Sinn dieser Überkreuzung ist nicht bekannt.
2. Auch wenn sie anatomisch gleich aussehen, weisen die beiden Hemisphären funktionelle Unterschiede auf. Diese Unterschiede beziehen sich hauptsächlich auf die übergeordneten Funktionen, die in Kapitel 16 noch besprochen werden.
3. Die Zuordnung einer bestimmten Funktion zu einer bestimmten Hirnregion ist unpräzise. Da die Grenzen nicht scharf gezogen sind und es große Überlappungen gibt, kann jede Region mehrere verschiedene Funktionen ausüben. Einige Funktionen der Hirnrinde, wie etwa das Bewusstsein, können gar nicht zugeordnet werden.

Unser Verständnis der Hirnfunktion ist unvollständig; nicht von jeder anatomischen Struktur ist die Funktion bekannt. Untersuchungen von Stoffwechsel und Durchblutung zeigen jedoch, dass bei einem normalen Menschen sämtliche Hirnregionen in Gebrauch sind.

Motorische und sensorische Areale der Großhirnrinde

Bewusste Denkvorgänge und alle intellektuellen Funktionen finden in den Großhirnhemisphären statt. Ein großer Anteil des Großhirns ist jedoch mit der Verarbeitung sensorischer Reize und den motorischen Antworten beschäftigt. Die wichtigsten sensorischen und motorischen Regionen der Hirnrinde sind in Abbildung 15.8b dargestellt und in Tabelle 15.2 zusammengefasst. Der *Sulcus centralis* trennt die sensorischen von den motorischen Anteilen der Hirnrinde. Der **Gyrus praecentralis** im Frontallappen bildet die anteriore Begrenzung des *Sulcus centralis*. Die Oberfläche dieses Gyrus ist der **primäre Motokortex**. Die Neurone darin steuern die direkte Willkürmotorik durch Kontrolle der somatomotorischen Neurone in Hirnstamm und Rückenmark. Man nennt die Neurone des primären Motokortex **Pyramidenzellen** und die Bahn, über die sie arbeiten, **kortikospinale Bahn** oder **pyramidales System**. Es wird in Kapitel 16 genauer erläutert.

Der **Gyrus postcentralis** im Parietallappen bildet die posteriore Begrenzung des *Sulcus centralis*; seine Oberfläche enthält den primären sensorischen Kortex. Neurone in diesem Bereich empfangen Sinnesreize von Druck-, Berührungs-, Schmerz-, Geschmacks- und Temperaturrezeptoren. Wir sind uns dieser Reize bewusst, da sie an den primären sensorischen Kortex weitergeleitet werden. Gleichzeitig leiten Kollateralen die Informationen an die basalen Kerne und andere Zentren weiter. Daher kommt es, dass Sinnesreize sowohl bewusst als auch unbewusst verarbeitet und wahrgenommen werden.

Sinnesreize, wie Sehen, Hören und Riechen, landen an anderen Abschnitten der Hirnrinde. Der **visuelle Kortex** im Okzipitallappen erhält visuelle Informationen; der **akus-**

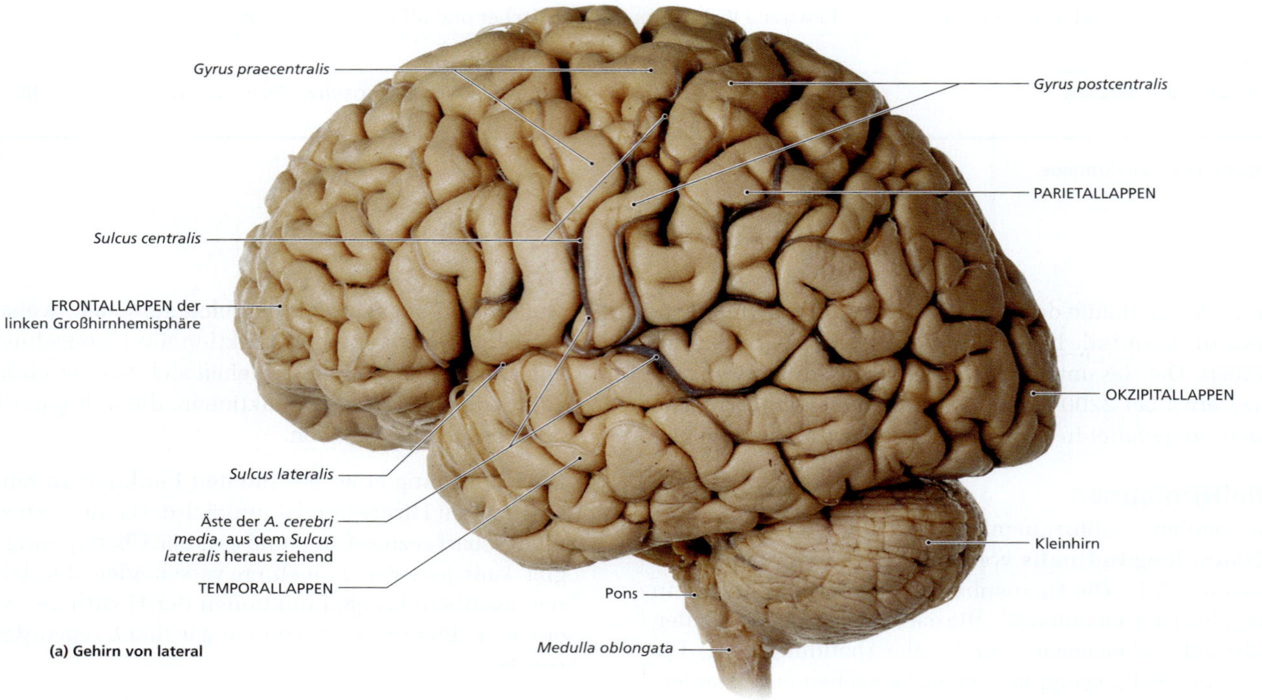

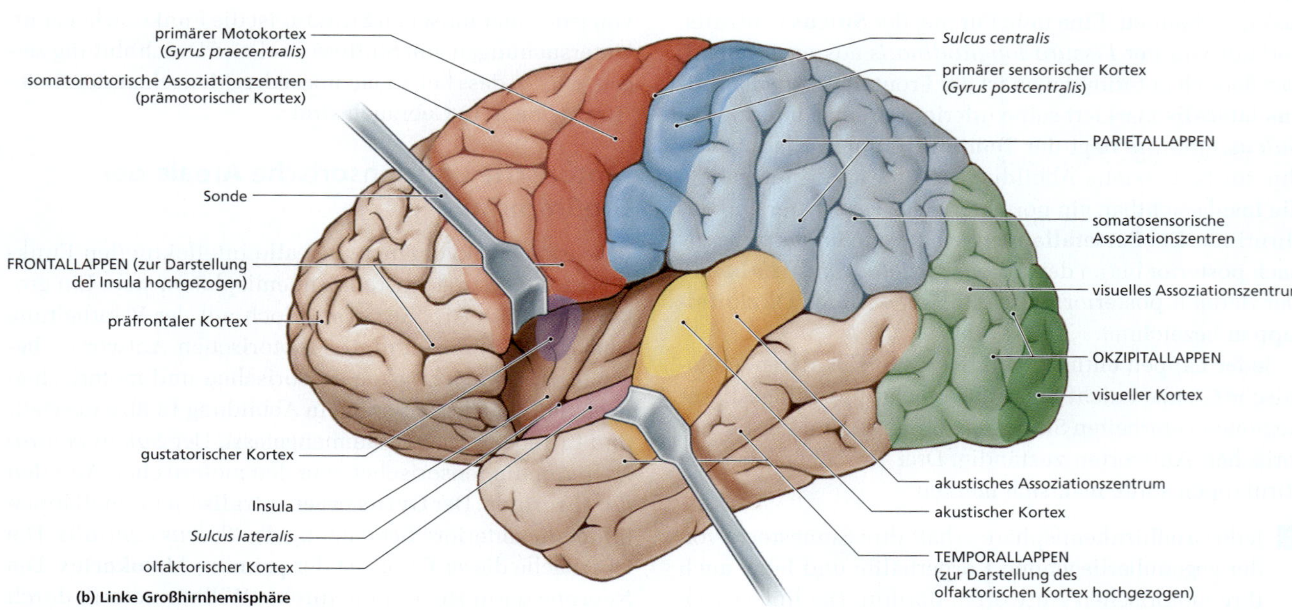

Abbildung 15.8: Die Großhirnhemisphären, Teil II. Lappen und funktionale Regionen. (a) Gehirn von der Seite nach Entfernung von Dura mater und Arachnoidea mit Darstellung der Oberflächenanatomie der linken Hemisphäre. (b) Die wichtigsten anatomischen Landmarken auf der Oberfläche der linken Großhirnhemisphäre. Der Sulcus lateralis wurde zur Darstellung der Insula gespreizt.

tische Kortex und der **olfaktorische Kortex** im Temporallappen sind für das Hören bzw. das Riechen zuständig. Der **gustatorische Kortex** liegt im anterioren Anteil der Insula und benachbarten Anteilen des Frontallappens. Diese Region empfängt Informationen von den Geschmacksrezeptoren von Zunge und Rachenraum. Die Abschnitte der Hirnrinde, die mit den speziellen Sinnesorganen verbunden sind, sehen Sie in Abbildung 15.8b.

Assoziationszentren

Jede der sensorischen und motorischen Regionen des Kortex ist mit einem Assoziationszentrum verbunden (siehe Abbildung 15.8b). Dieser Begriff wird für Hirnregionen verwendet, die mit der Vernetzung sensorischer und motorischer Informationen beschäftigt sind. Sie empfangen selbst keine sensorischen Reize und geben auch keine direkten motorischen Antworten. Stattdessen interpretieren sie die in anderen Arealen der Hirnrinde eingehenden Reize und planen, koordinieren und unterstützen die motorischen Antworten. Das somatosensorische Assoziationszentrum ermöglicht es Ihnen, Größe, Form und Textur eines Objekts zu begreifen; das somatomotorische Assoziationszentrum, auch **prämotorischer Kortex** genannt, koordiniert die motorischen Antworten mithilfe erlernter Bewegungsmuster.

Die funktionelle Trennung zwischen sensorischen und motorischen Assoziationszentren wird besonders deutlich

AUS DER PRAXIS

Hydrozephalus

Das Gehirn des Erwachsenen ist von den starren Knochen des Schädels umgeben. Die Schädelhöhle enthält zweierlei Flüssigkeiten – Blut und Liquor – und das relativ weiche Hirngewebe. Da das Gesamtvolumen unveränderlich ist, muss sich das Hirnvolumen verringern, wenn die Blut- oder Liquormenge ansteigt. Bei einer epi- oder subduralen Blutung vergrößert sich das Gesamtvolumen durch die Einblutung in der Schädelhöhle. Der steigende intrakranielle Druck führt zu einer Kompression des Gehirns und damit zu neurologischen Symptomen, wie Bewusstlosigkeit, und zum Tod.

Jede Veränderung der Liquorproduktionsrate wird gewöhnlich von den arachnoidalen Granulationen ausgeglichen. Eine Störung dieses Gleichgewichts führt durch die Veränderung des intrakraniellen Druckes zu klinischen Symptomen. Die Liquormenge steigt sowohl bei erhöhter Produktion als auch bei reduzierter Resorption. In beiden Fällen führt die vergrößerte Liquormenge zu einer Kompression und einer Verzerrung des Gehirns. Eine erhöhte Produktion kann bei Hirnverletzungen auftreten, doch meist sind Tumoren, Abszesse oder angeborene Störungen die Ursache. Alle Erkrankungen haben denselben Effekt: Sie stören die normale Zirkulation und verhindern die Resorption von Liquor. Da aber die Produktion unvermindert anhält, dehnen sich die Ventrikel aus, komprimieren das umliegende Nervengewebe und führen zu einer Verschlechterung der Hirnfunktion.

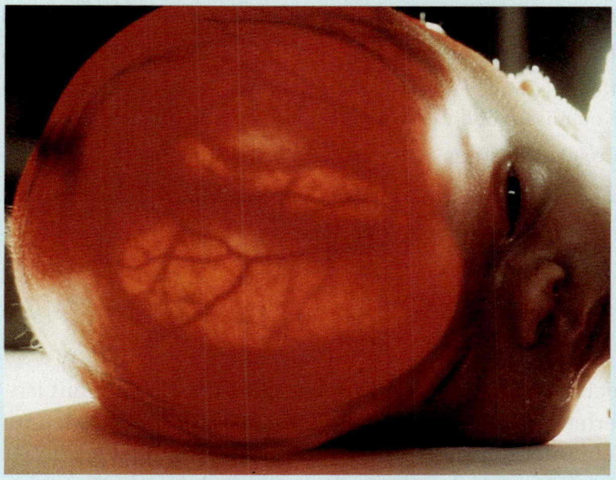

Abbildung 15.9: **Hydrozephalus.** Dieses Kind leidet an einem schweren Hydrozephalus, der durch eine gestörte Zirkulation und Resorption von Liquor verursacht wird. Der Liquorstau führt zu einer Verzerrung des Gehirns und zu einer Vergrößerung des Schädels.

Kinder reagieren besonders empfindlich auf Veränderungen des intrakraniellen Druckes, da sich die arachnoidalen Granulationen erst mit etwa drei Jahren ausbilden. (In der Zwischenzeit wird der Liquor über feine Blutgefäße in der Arachnoidea und dem darunterliegenden Ependym resorbiert.) Wenn der intrakranielle Druck übermäßig ansteigt, dehnen sich bei Kindern wie bei Erwachsenen die Ventrikel aus. Bei Kindern sind die Schädelnähte jedoch noch nicht geschlossen, sodass sich der Schädel vergrößert. Dies führt zu einem abnorm großen Hirnschädel, dem **Hydrozephalus** („Wasserkopf"). Die Ursache eines angeborenen Hydrozephalus (**Abbildung 15.9**) ist meist eine Liquorzirkulationsstörung, wie etwa eine Blockade des *Foramen Magendii* oder der Verbindungen zwischen dem kranialen und dem spinalen Subarachnoidalraum. Unbehandelt weisen die Kinder oft geistige Behinderungen auf. Zu einer erfolgreichen Behandlung gehört die Anlage eines **Shunts**, eines Schlauches, der entweder die blockierte Passage umgeht oder den überschüssigen Liquor ableitet. Der Shunt kann wieder entfernt werden, wenn 1. das weitere Wachstum die Blockade öffnet oder 2. der intrakranielle Druck durch die Entwicklung der arachnoidalen Granulationen im dritten Lebensjahr sinkt.

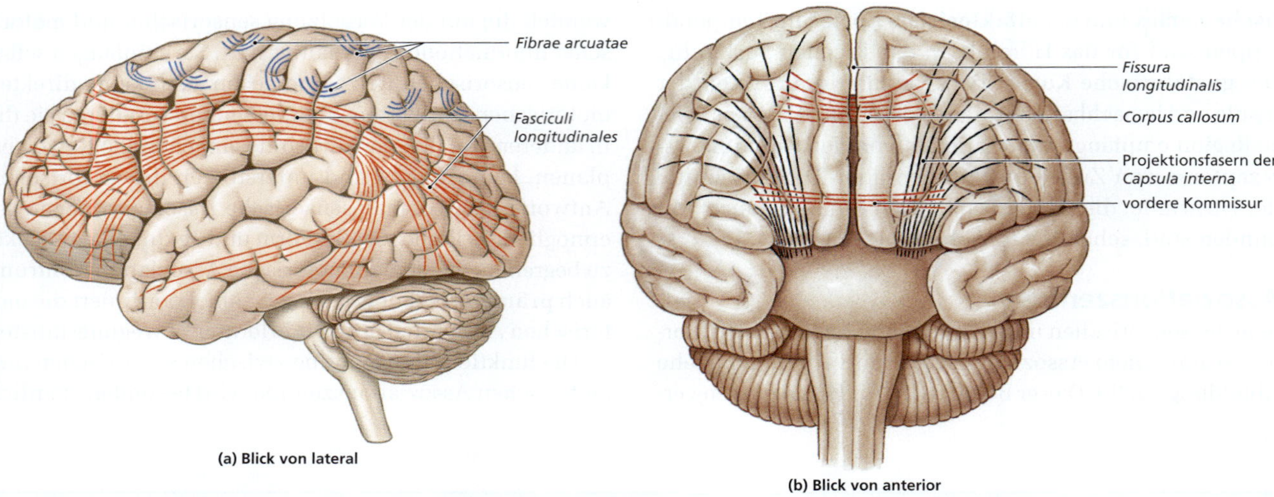

Abbildung 15.10: Die zentrale weiße Substanz. Dargestellt sind die wichtigsten Axonbündel und Trakte der zentralen weißen Substanz. (a) Blick von lateral mit Darstellung der Fibrae arcuatae und Fasciculi longitudinales. (b) Blick von anterior mit Darstellung der Kommissural- und Projektionsfasern.

Fasern (Trakte)	Funktionen
Assoziationsfasern	Verbinden Abschnitte der Hirnrinde innerhalb einer Hemisphäre
Fibrae arcuatae	Verbinden Gyri innerhalb eines Lappens
Fasciculi longitudinales	Verbinden den Frontallappen mit anderen Lappen
Kommissurale Fasern (vordere Kommissur und *Corpus callosum*)	Verbinden korrespondierende Lappen beider Hemisphären
Projektionsfasern	Verbinden die Hirnrinde mit dem Dienzephalon, dem Hirnstamm, dem Kleinhirn und dem Rückenmark

Tabelle 15.3: Die zentrale weiße Substanz.

nach lokalisierten Hirnverletzungen. Eine Person mit isolierter Schädigung des **visuellen Assoziationszentrums** sieht Buchstaben deutlich, kann sie jedoch nicht erkennen oder interpretieren. Diese Person würde die Zeilen eines gedruckten Textes durchgehen, ohne dass die Zeichen für sie einen Sinn ergeben. Jemand mit einer Schädigung am prämotorischen Kortex (Koordination der Augenbewegungen) kann wohl geschriebene Buchstaben und Worte verstehen, kann aber trotzdem nicht lesen, da er der Textzeile mit den Augen nicht folgen kann.

Integrative Zentren

Integrative Zentren erhalten und verarbeiten Informationen von vielen verschiedenen Assoziationszentren. Sie steuern extrem komplexe motorische Aktivitäten und führen komplizierte Analysen durch. Der **präfrontale Kortex** im Temporallappen (siehe Abbildung 15.8b) vernetzt Informationen von sensorischen Assoziationszentren und führt abstrakte intellektuelle Vorgänge durch, wie beispielsweise das Abschätzen der Konsequenzen möglicher Reaktionen. Diese Lappen und Rindenareale finden sich in beiden Großhirnhemisphären. Übergeordnete integrative Zentren mit komplexen Funktionen, wie der Sprache, dem Schreiben, dem Rechnen und dem räumlichen Vorstellungsvermögen, sind hingegen jeweils auf die rechte oder die linke Hemisphäre beschränkt. Diese Zentren und ihre Funktionen werden in Kapitel 16 besprochen.

15.3.2 Die zentrale weiße Substanz

Die zentrale weiße Substanz wird von der grauen Substanz der Hirnrinde bedeckt (**Abbildung 15.10**). Sie enthält gebündelte myelinisierte Fasern, die von einem Rindenareal zum anderen ziehen oder die Regionen der Hirnrinde mit anderen Regionen des Gehirns verbinden. Zu diesen Bündeln gehören 1. die **Assoziationsfasern**, die Regionen der Hirnrinde innerhalb einer Hemisphäre miteinander verbinden, 2. **kommissurale Fasern**, die die Hemisphären miteinander verbinden, und 3. **Projektionsfasern**, die das Großhirn mit anderen Hirnregionen und dem Rückenmark

Ganglien	Funktionen
Corpus amygdaloideum	Bestandteil des limbischen Systems
Klaustrum	Unbewusste Verarbeitung visueller Reize
Nucleus caudatus *Nucleus lentiformis* (Putamen und Pallidum)	Unbewusste Anpassung und Modifikation der Willkürmotorik

Tabelle 15.4: **Die Basalganglien.**

verbinden. Namen und Funktionen dieser Gruppen sind in Tabelle 15.3 zusammengefasst.

- **Assoziationsfasern** verbinden Abschnitte der Hirnrinde innerhalb einer Hemisphäre. Die kürzesten Assoziationsfasern nennt man *Fibrae arcuatae*, da sie rund gebogen von einem Gyrus zum nächsten ziehen. Die längeren Assoziationsfasern liegen in separaten Bündeln. Die *Fasciculi longitudinales* verbinden den Frontallappen mit den anderen Lappen der Hemisphäre.
- Ein dichtes Band **kommissuraler Fasern** (lat.: commissura = die Verbindung) ermöglicht die Kommunikation zwischen den beiden Hemisphären. Besonders hervorzuheben sind hier das *Corpus callosum* und die vordere Kommissur.
- **Projektionsfasern** verbinden die Hirnrinde mit dem Dienzephalon, dem Hirnstamm, dem Kleinhirn und dem Rückenmark. Alle aszendierenden und deszendierenden Fasern müssen auf ihrem Weg an die Großhirnrinde durch das Dienzephalon. Makroskopisch sehen afferente und efferente Fasern gleich aus; die Gesamtheit der Faserbündel nennt man *Capsula interna*.

15.3.3 Die Basalganglien

Die Basalganglien[2] sind paarig angelegte Ansammlungen grauer Substanz innerhalb der Großhirnhemisphären. Sie liegen beidseits unterhalb der Seitenventrikel (**Abbildung 15.11**) eingebettet in die weiße Substanz. Kommissurale und Projektionsfasern ziehen um sie herum und durch sie hindurch.

Der **Nucleus caudatus** hat einen dicken Kopf und einen schlanken, gebogenen Schwanz, der dem Bogen des Seitenventrikels folgt. An der Schwanzspitze liegt ein separater Kern, das **Corpus amygdaloideum** (griech.: amygdale = die Mandel). Zwischen der vorgewölbten Oberfläche der Insula und der lateralen Wand des Dienzephalons befinden sich drei weitere Kerne, das **Klaustrum**, das **Putamen** und das **Pallidum** (auch *Globus pallidus*, „bleiche Kugel").

Es gibt mehrere weitere Bezeichnungen für spezielle anatomische oder funktionelle Einteilungen der Basalganglien. So kann man etwa Putamen und Pallidum als Unterabschnitte des größeren **Nucleus lentiformis** (lat.: lentiformis = linsenförmig) sehen, da sie makroskopisch zusammen eine kompakte rundliche Form haben (siehe Abbildung 15.11b-d). Mit dem Begriff *Corpus striatum* meint man entweder die *Nuclei caudatus* und *lentiformis* zusammen oder *Nucleus caudatus* und Putamen. In Tabelle 15.4 sind diese Lagebeziehungen und die Funktionen der Stammganglien zusammengefasst.

Die Funktionen der Basalganglien

Die Basalganglien beteiligen sich an den folgenden Aufgaben: 1. unbewusste Kontrolle und Vernetzung des Skelettmuskeltonus, 2. Koordination erlernter Bewegungsmuster und 3. Verarbeitung, Vernetzung und Weiterleitung von Informationen von der Hirnrinde an den Thalamus. Unter normalen Umständen initiieren diese Kerne keine Bewegungen selbstständig. Doch wenn die Bewegung bereits läuft, sorgen sie für die Einhaltung bekannter Muster und für Rhythmus, besonders für die Bewegungen des Rumpfes und der proximalen Extremitätenmuskulatur. (Dieses System wird in Kapitel 16 genauer besprochen.) Einige Funktionen, die bestimmten Ganglien zugeordnet werden können, werden nachfolgend beschrieben:

- **Nucleus caudatus und Putamen:** Beim Gehen kontrollieren der *Nucleus caudatus* und das Putamen die zyklischen Arm- und Beinbewegungen zwischen dem Zeitpunkt der Entscheidung „Losgehen" und dem Kommando „Stehen bleiben".
- **Klaustrum und Corpus amygdaloideum:** Das Klaustrum scheint an der unbewussten Verarbeitung visueller Reize beteiligt zu sein. Es gibt Hinweise darauf, dass es die Aufmerksamkeit auf bekannte Muster oder relevante Informationen lenkt. Das *Corpus amygdaloideum* ist ein wichtiger Bestandteil des **limbischen Systems** und wird im nächsten Abschnitt besprochen. Die Funktionen der anderen Stammganglien sind noch weitgehend unbekannt.
- **Pallidum:** Das Pallidum kontrolliert und adaptiert den Muskeltonus, besonders den der Extremitätenmuskulatur, um den Körper für willkürliche Bewegungen vorzubereiten. Wenn Sie etwa einen Gegenstand aufheben möchten, positioniert das Pallidum die Schultern und stabilisiert den Oberarm, während Sie bewusst Unterarm, Handgelenk und Hand benutzen.

2 Sie werden auch als Stammganglien bezeichnet.

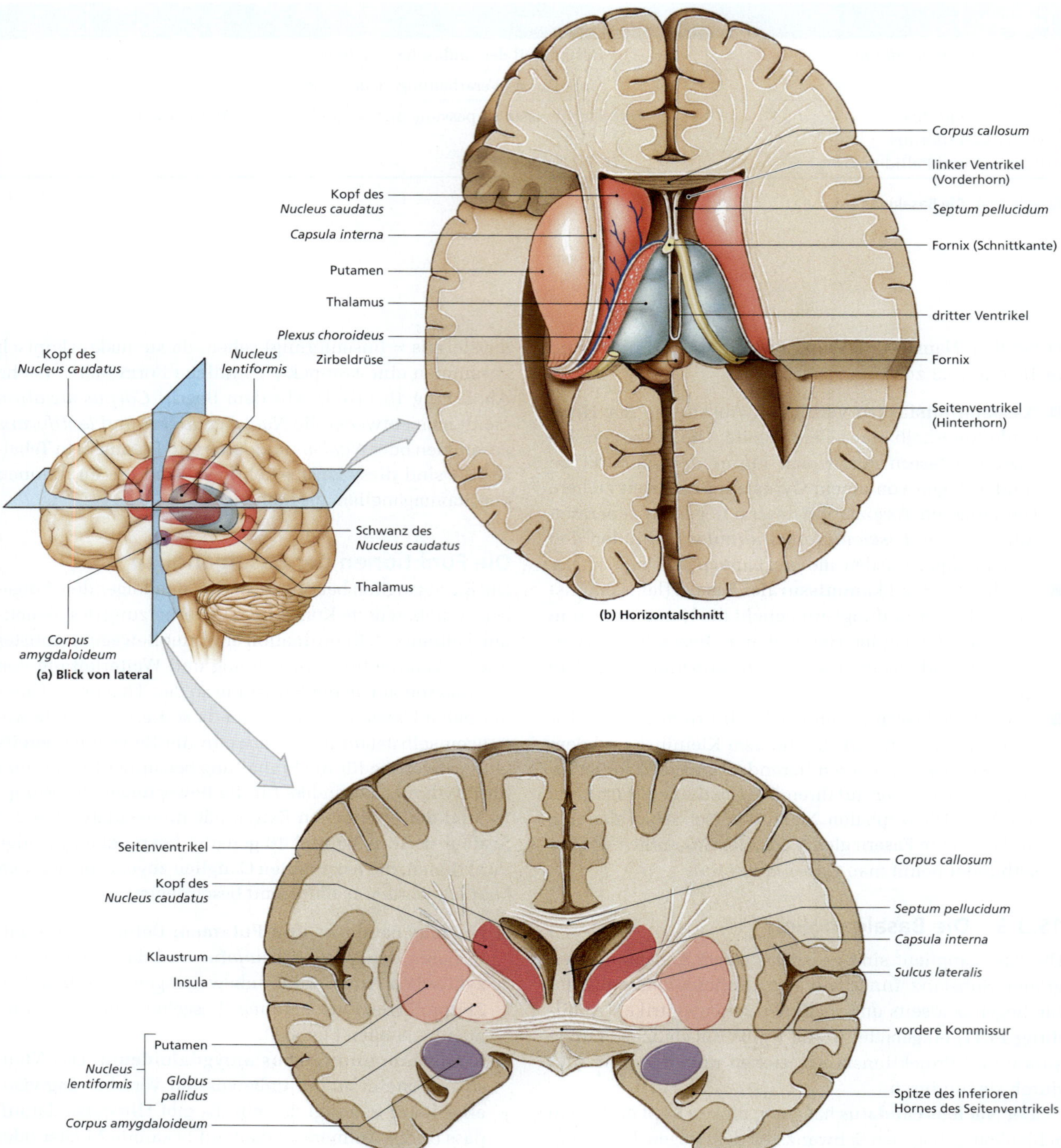

Abbildung 15.11: Die Basalganglien. (a) Relative Lage der Stammganglien von lateral. (b) Schematische Schnittbilder zur Darstellung zerebraler und thalamischer Strukturen. Vergleichen Sie die dreidimensionalen Darstellungen unter (a) mit dem Horizontalschnitt in (c) und den Frontalschnitten (d und e).

AUFGABEN

1. Die Großhirnhemisphären sind jeweils in Lappen unterteilt. Benennen Sie die Lappen und die allgemeinen Funktionen.
2. Was sind Gyri und Sulki?
3. Nennen und beschreiben Sie die drei Hauptgruppen von Axonen in der zentralen weißen Substanz.

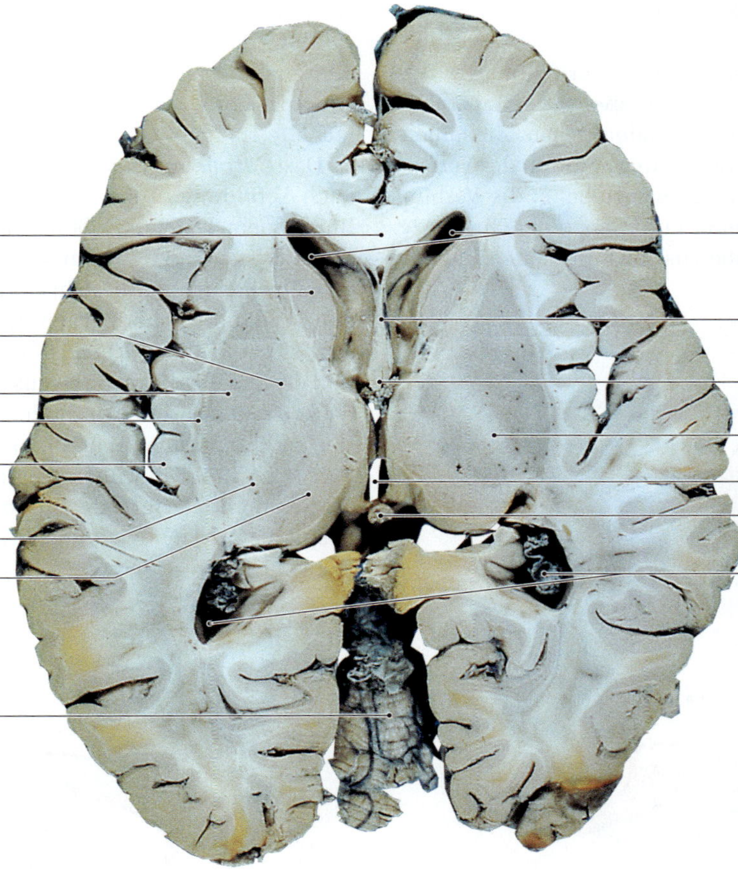

(c) Horizontalschnitt

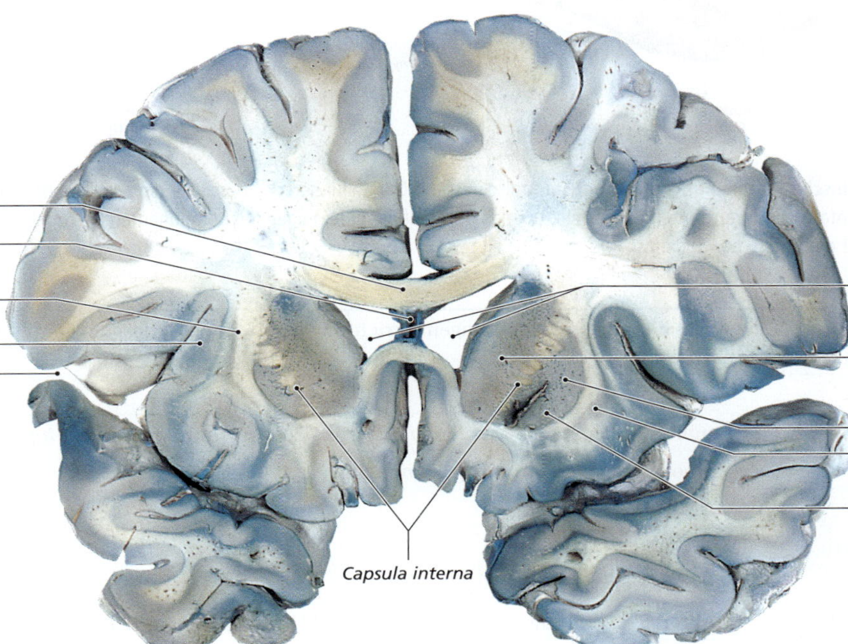

(e) Frontalschnitt

Abbildung 15.11: (Fortsetzung) Die Basalganglien. (a) Relative Lage der Stammganglien von lateral. (b) Schematische Schnittbilder zur Darstellung zerebraler und thalamischer Strukturen. Vergleichen Sie die dreidimensionalen Darstellungen unter (a) mit dem Horizontalschnitt in (c) und den Frontalschnitten (d und e).

15.3.4 Das limbische System

Das limbische System (lat.: limbus = der Saum, der Besatz) umfasst die Kerne und Trakte, die im Grenzbereich zwischen Großhirn und Dienzephalon liegen. Zu seinen Funktionen gehören 1. die Errichtung emotionaler Verfassungen und ähnlicher Verhaltensantriebe, 2. die Verbindung bewusster intellektueller Funktionen der Hirnrinde mit den autonomen und unbewussten Funktionen anderer Hirnregionen und 3. die Bahnung von Gedächtnis und Abruf der Inhalte. Das System ist eher eine funktionelle als eine anatomische Einheit; es beinhaltet Komponenten des Großhirns, des Dienzephalons und des Mesenzephalons (Tabelle 15.5).

Das *Corpus amygdaloideum* (**Abbildung 15.12**; siehe auch Abbildung 15.11a und d) scheint der Vernetzung von limbischem System, Großhirn und verschiedenen sensorischen Systemen zu dienen. Der **limbische Lappen** in der Großhirnhemisphäre besteht aus den Gyri und tiefer liegenden Strukturen nahe am Dienzephalon. Der **Gyrus cinguli** sitzt superior des *Corpus callosum*. Der **Gyrus dentatus** und der danebenliegende **Gyrus parahippocampalis** überdecken einen darunterliegenden Kern, den **Hippokampus** tief im Temporallappen (siehe Abbildung 15.11b sowie 15.12a und b). Die frühen Anatomen erinnerte dieser an ein Seepferdchen (griech.: hippocampus = Seepferdchen); er spielt eine wichtige Rolle für das Lernen und das Langzeitgedächtnis.

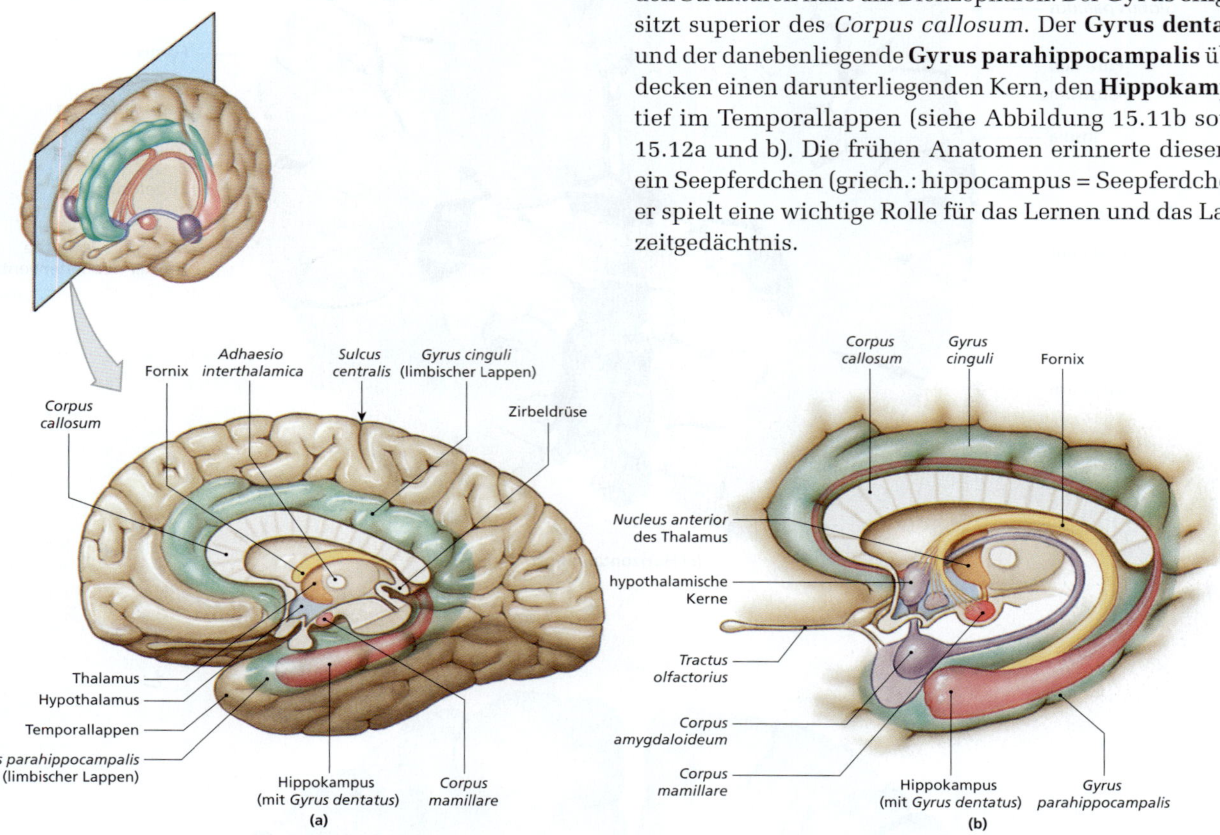

Abbildung 15.12: **Das limbische System.** (a) Großhirn im Sagittalschnitt mit Darstellungen der Bereiche, die zum limbischen System gehören. Die Gyri parahippocampalis und dentatus sind transparent dargestellt, um den Blick auf die tiefer liegenden Komponenten freizugeben. (b) Zusätzliche Details der dreidimensionalen Struktur des limbischen Systems.

FUNKTIONEN	Verarbeitung von Erinnerungen, Errichtung emotionaler Verfassungen und ähnlicher Verhaltensantriebe
ZEREBRALE KOMPONENTEN	
Rindenregionen	Limbischer Lappen (*Gyrus cinguli*, *Gyrus dentatus* und *Gyrus parahippocampalis*)
Kerne	Hippokampus, *Corpus amygdaloideum*
Trakte	Fornix
DIENZEPHALE KOMPONENTEN	
Thalamus	Ventrale Kerngruppe
Hypothalamus	Zentren für Emotionen, Appetit (Durst und Hunger) und ähnliche Verhaltensweisen
ANDERE KOMPONENTEN	
Formatio reticularis	Netzwerk verschiedener Kerne im Hirnstamm

Tabelle 15.5: **Das limbische System.**

Der **Fornix** (lat.: fornix = die Wölbung) (siehe Abbildung 15.15) ist ein Trakt aus weißer Substanz, der den Hippokampus mit dem Hypothalamus verbindet. Vom Hippokampus aus zieht er nach medial und superior, dann nach inferior an das *Corpus callosum* und anschließend im Bogen nach anterior an den Hypothalamus. Viele der Fasern enden an den **Mamillarkörpern** (lat.: mamilla = die Brustwarze), prominenten Kernen am Boden des Hypothalamus. Sie enthalten motorische Kerne, die reflektorische Bewegungen im Zusammenhang mit dem Essen kontrollieren, wie Kauen, Lecken und Schlucken.

Mehrere andere Kerne in der Wand (Thalamus) und im Boden (Hypothalamus) des Dienzephalons gehören ebenfalls zum limbischen System. Zusätzlich zu ihren anderen Funktionen leitet die **anteriore Kerngruppe** des Thalamus viszerale Sinnesreize vom Hypothalamus an den *Gyrus cinguli*. Durch experimentelle Stimulation des Hypothalamus wurden verschiedene wichtige Zentren entdeckt, die für Gefühle, wie Zorn, Angst, Schmerz, sexuelle Erregung und Freude, verantwortlich sind.

Die Stimulation des Hypothalamus kann auch zu erhöhter Wachsamkeit und einer allgemeinen Erregung führen. Diese Reaktion wird von einer verbreiteten Erregung der **Formatio reticularis**, einem verzweigten Netzwerk von Kernen im Hirnstamm, verursacht, deren dominante Kerne im Mesenzephalon liegen. Eine Stimulation der Bereiche neben Thalamus und Hypothalamus führt zu einer Suppression der retikulären Aktivität, was eine allgemeine Lethargie oder richtigen Schlaf zur Folge hat.

Das Dienzephalon 15.4

Das Dienzephalon verbindet die Großhirnhemisphären mit dem Hirnstamm. Es besteht aus dem Epithalamus, dem linken und rechten Thalamus und dem Hypothalamus. In den Abbildungen 15.1, 15.11b und c, 15.12 und 15.15 erkennen Sie die Lage des Dienzephalons im Verhältnis zu den anderen Hirnregionen.

15.4.1 Der Epithalamus

Der Epithalamus ist das Dach des dritten Ventrikels (siehe Abbildung 15.15a). Sein membranöser anteriorer Abschnitt enthält einen ausgedehnten Anteil des *Plexus choroideus*, der sich durch die *Foramina interventricularia* bis in die Seitenventrikel erstreckt. Im posterioren Anteil des Epithalamus befindet sich die **Zirbeldrüse (Epiphyse)**, die das Hormon Melatonin sezerniert. Melatonin hat mit der Regulierung des Tag-Nacht-Zyklus zu tun und hat möglicherweise sekundäre Effekte auf die Fortpflanzung. (Die Rolle des Melatonins wird in Kapitel 19 beschrieben.)

15.4.2 Der Thalamus

Der Großteil des Nervengewebes im Dienzephalon konzentriert sich auf den linken und den rechten Thalamus. Die beiden eiförmigen Strukturen bilden die Wände des Dienzephalons und umgeben den dritten Ventrikel (siehe Abbildung 15.11b und 15.15). Die Thalamuskerne sind für das Um- und Weiterleiten von Impulsen der sensorischen und motorischen Bahnen verantwortlich. Aszendierende Informationen aus dem Rückenmark (außer denen über die spinozerebellären Trakte) und von den Hirnnerven (außer dem *N. olfactorius*) werden in den thalamischen Kernen verarbeitet, bevor sie an das Großhirn oder den Hirnstamm weitergeleitet werden. Der Thalamus ist also das letzte Relais, bevor ein Sinnesreiz den sensorischen Kortex erreicht. Er dient als Filter; nur ein kleiner Teil der Reize wird weitergeleitet. Der Thalamus koordiniert die motorischen Aktivitäten auf bewusster und unbewusster Ebene.

Die beiden Thalami sind durch den dritten Ventrikel voneinander getrennt. In einem mediosagittalen Schnitt reicht der Thalamus von der vorderen Kommissur bis an die inferiore Basis der Zirbeldrüse (Epiphyse) (siehe Abbildung 15.15a). Eine mediale Ausbuchtung grauer Substanz, die **Adhaesio interthalamica**, (auch *Massa intermedia* genannt) reicht vom Thalamus aus in den Ventrikel hinein (siehe Abbildung 15.12a). Bei etwa 70 % aller Menschen

Struktur/Kern	Funktionen
Anteriore Gruppe	Teil des limbischen Systems
Mediale Gruppe	Vernetzt sensorische Reize mit anderen Informationen für die Weiterleitung an das Frontalhirn
Ventrale Gruppe	Leitet sensorische Reize an den primären sensorischen Kortex im Parietallappen weiter sowie Informationen vom Kleinhirn und den Stammganglien an die motorischen Zentren in der Hirnrinde
Dorsale Gruppe	
Pulvinar	Vernetzt Sinnesreize für die Weitergabe an die Assoziationszentren der Hirnrinde
Corpus geniculatum laterale	Leitet visuelle Reize an den visuellen Kortex im Okzipitallappen
Corpus geniculatum mediale	Leitet akustische Reize an den akustischen Kortex im Okzipitallappen
Laterale Gruppe	Bildet Rückkopplungsbahnen mit dem *Gyrus cinguli* (Emotionen) und dem Parietallappen (Vernetzung von Sinnesreizen)

Tabelle 15.6: **Der Thalamus.**

verschmelzen diese Massae in der Mittellinie, womit die Thalami miteinander verbunden sind.

Auf beiden Seiten wölbt sich der Thalamus vom dritten Ventrikel weg nach anterior in Richtung Kleinhirn (siehe Abbildung 15.11b und c, 15.12, 15.14 sowie 15.15b). Die laterale Grenze der Thalami stellen jeweils die Fasern der *Capsula interna* dar. Im Inneren der Thalami befindet sich jeweils eine rundliche Struktur, die aus den miteinander verbundenen Thalamuskernen besteht.

Die Funktion der Thalamuskerne

Die Thalamuskerne sind hauptsächlich mit der Weiterleitung sensorischer Informationen an die Basalganglien und die Hirnrinde beschäftigt. Die fünf Hauptgruppen dieser Kerne, die in **Abbildung 15.13** und in Tabelle 15.6 dargestellt sind, sind 1. die anteriore Gruppe, 2. die mediale Gruppe, 3. die ventrale Gruppe, 4. die dorsale Gruppe und 5. die laterale Gruppe.

- Die **anterioren Kerne** sind Teil des limbischen Systems; sie spielen eine Rolle bei Emotionen, dem Gedächtnis und beim Lernen. Sie leiten die Informationen von Hypothalamus und Hippokampus an den *Gyrus cinguli*.
- Die **medialen Kerne** sorgen für die bewusste Empfindung von Emotionen, indem sie die Stammganglien und die emotionsverarbeitenden Zentren im Hypothalamus mit dem präfrontalen Kortex im Großhirn verbinden. Sie verarbeiten auch sensorische Reize, die in anderen Regionen des Thalamus eingehen, für die Weiterleitung an die Frontallappen.
- Die **ventralen Kerne** leiten Informationen an die Stammganglien und die Hirnrinde und zurück. Zwei von ihnen (der *Nucleus ventralis anterior* und der *Nucleus ventralis lateralis*) leiten somatomotorische Kommandos von den Stammganglien und dem Kleinhirn an den primären Motokortex und den prämotorischen Kortex. Sie sind Teil eines Rückkopplungssystems, in dem eine Bewegung geplant und später angepasst wird. Die *Nuclei ventrales posteriores* leiten sensorische Berührungs-, Druck-, Schmerz-, Temperatur- und propriozeptive Reize vom Rückenmark und dem Kleinhirn an den primären sensorischen Kortex im Parietallappen.
- Zu den **posterioren Kernen** gehören das Pulvinar und die *Corpora geniculata*. Das **Pulvinar** leitet Sinnesreize an die Assoziationszentren der Hirnrinde weiter. Das **Corpus geniculatum laterale** (lat.: geniculum = kleines Knie) in den beiden Thalami erhält über den *Tractus opticus* visuelle Reize von den Augen. Efferente Fasern ziehen an den visuellen Kortex und herab an das Mesenzephalon. Das *Corpus geniculatum mediale* leitet akustische Reize von den spezialisierten Rezeptoren im Innenohr an den akustischen Kortex weiter.
- Die **lateralen Kerne** dienen als Relaisstationen in den Rückkopplungssystemen im *Gyrus cinguli* und im Parietallappen. Sie haben daher einen Einfluss auf das emotionale Befinden und die Verarbeitung sensorischer Reize.

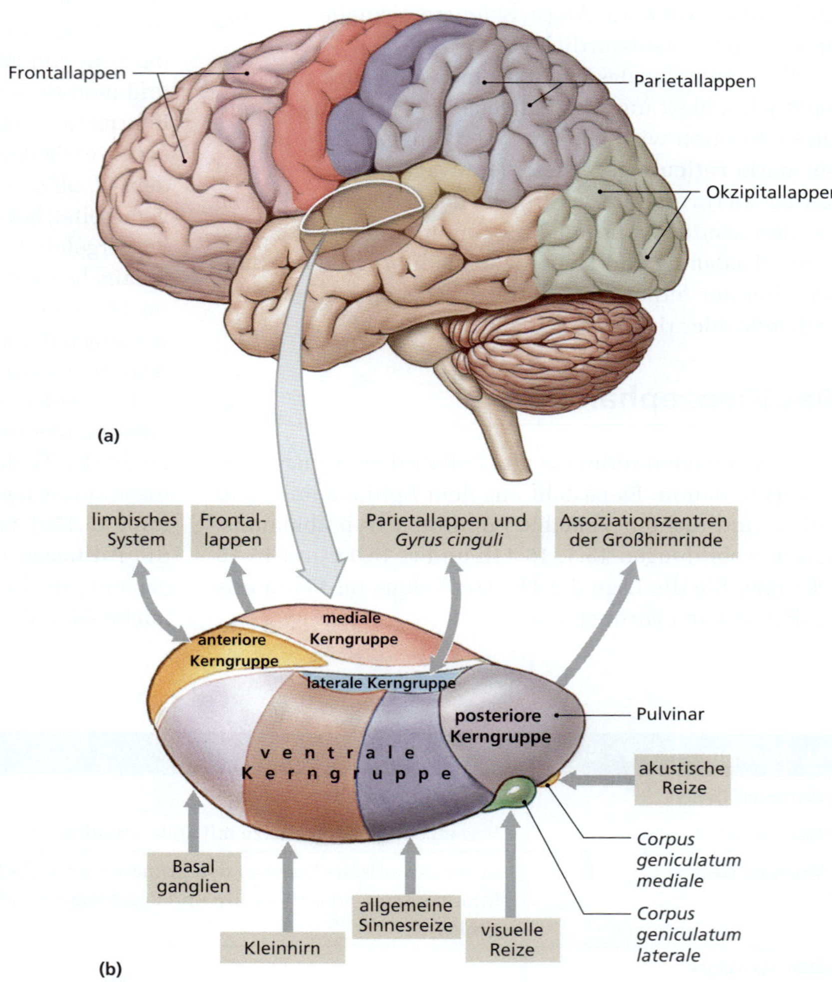

Abbildung 15.13: Der Thalamus. (a) Gehirn von lateral mit Darstellung der wichtigsten thalamischen Strukturen. Ebenfalls gezeigt sind funktionelle Bereiche der Hirnrinde; die Farben entsprechen jeweils denen der assoziierten Thalamuskerne. (b) Vergrößerung der Thalamuskerne links. Die Farben der Kerne und Gruppen entsprechen denen der assoziierten Rindenregion. In den Kästchen stehen entweder Beispiele für die jeweils eingehenden Reize, die an die Basalganglien oder die Hirnrinde weitergeleitet werden, oder Hinweise auf wichtige Rückkopplungsschleifen für die emotionale Verfassung, das Lernen oder das Gedächtnis.

15.4.3 Der Hypothalamus

Der Hypothalamus enthält Zentren zur Verarbeitung von Emotionen und viszeralen Prozessen, die sowohl das Großhirn als auch andere Hirnregionen betreffen. Er kontrolliert auch eine Reihe autonomer Funktionen und stellt das Bindeglied zwischen dem Nervensystem und dem endokrinen System dar. Der Hypothalamus, der den Boden des dritten Ventrikels bildet, reicht von dem Bereich superior des **Chiasma opticum**, an dem die *Tracti optici* von den Augen im Gehirn ankommen, bis an die posterioren Enden der Mamillarkörper (**Abbildung 15.14**). Posterior des *Chiasma opticum* erstreckt sich das **Infundibulum** (lat.: infundibulum = der Trichter) nach inferior und verbindet so den Hypothalamus mit der Hypophyse (Hirnanhangsdrüse). In vivo umhüllt das *Diaphragma sellae* das Infun-

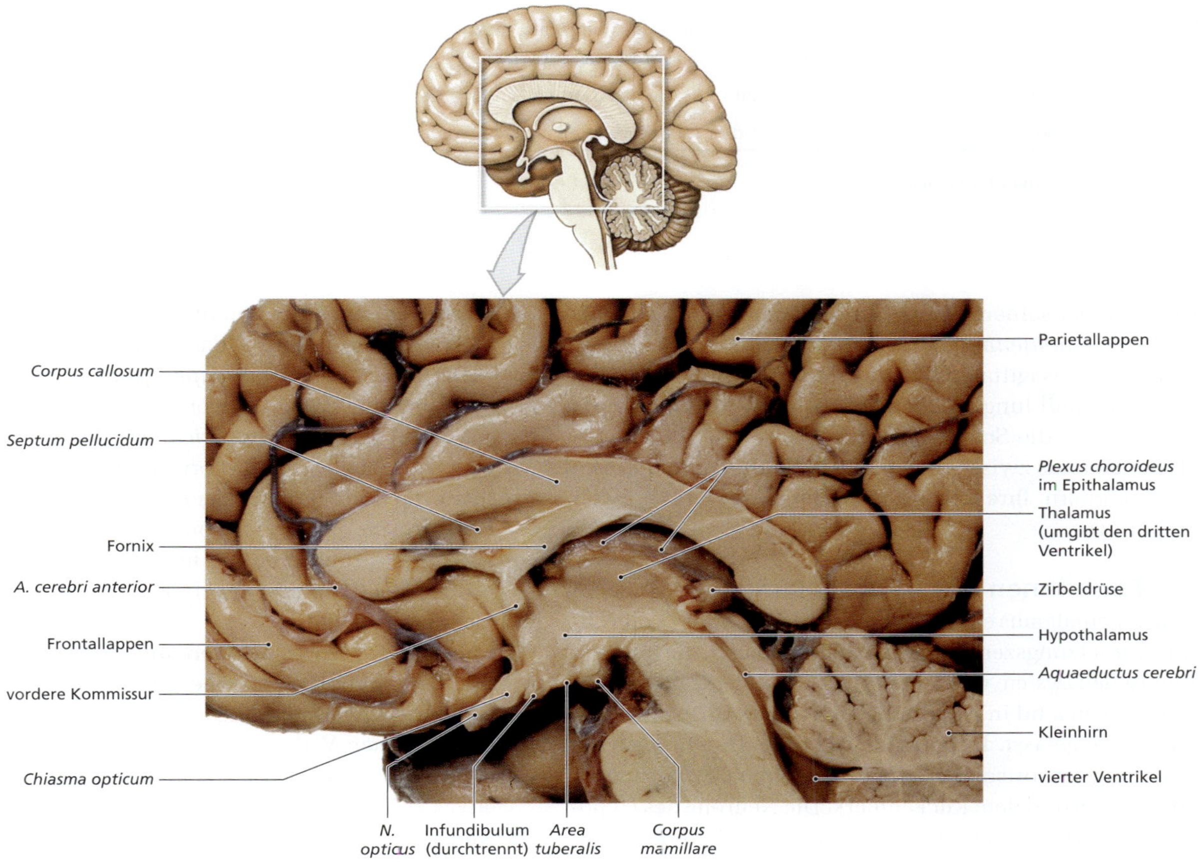

(a) Mediosagittaler Schnitt

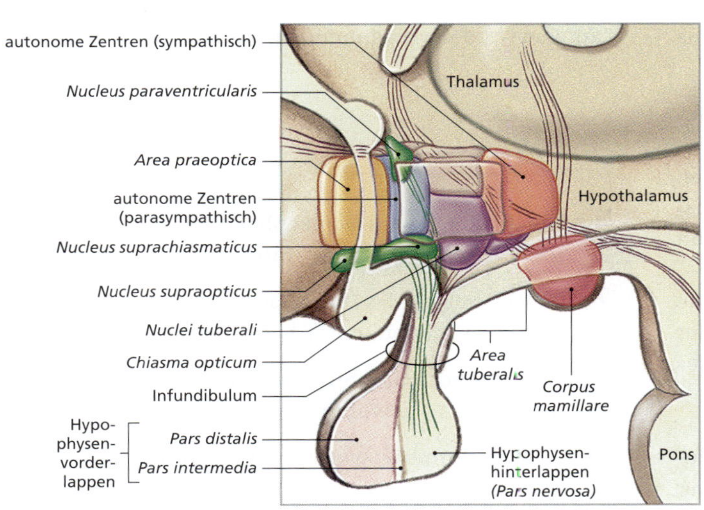

(b) Hypothalamus

Abbildung 15.14: Der Hypothalamus. (a) Mediosagittalschnitt durch das Gehirn mit Darstellung der wichtigsten Strukturen des Dienzephalons und der benachbarten Abschnitte des Hirnstamms. (b) Vergrößerte Darstellung des Hypothalamus mit den wichtigsten Zentren und Kernen. Deren Funktionen sind in Tabelle 15.7 zusammengefasst.

Region/Kern	Funktionen
Hypothalamus insgesamt	Kontrolliert autonome Funktionen, verursacht Gefühle (Durst, Hunger, sexuelle Erregung) und Verhaltensmuster, verursacht emotionale Grundstimmungen (mit dem limbischen System); ist mit dem endokrinen System vernetzt (siehe Kapitel 19)
Nucleus supraopticus	Sezerniert ADH, reduziert damit den Wasserverlust an den Nieren
Nucleus suprachiasmaticus	Reguliert den zirkadianen Rhythmus
Nucleus paraventricularis	Sezerniert Oxytozin, stimuliert dadurch die Kontraktion glatter Muskelzellen in Uterus und Brustdrüse
Area praeoptica	Reguliert über die autonomen Zentren in der *Medulla oblongata* die Körpertemperatur
Area tuberalis	Produziert Hormone, die hemmend und fördernd auf die endokrinen Zellen im Hypophysenvorderlappen (Adenohypophyse) einwirken
Autonome Zentren	Kontrollieren über die autonomen Zentren der *Medulla oblongata* Herzfrequenz und Blutdruck
Mamillarkörper	Kontrolliert den reflektorischen Schluckvorgang (Lecken, Schlucken usw.)

Tabelle 15.7: **Der Hypothalamus.**

dibulum bei seinem Eintritt in die *Fossa hypophysialis* im *Os sphenoideum*.

Im mediosagittalen Schnitt (**Abbildung 15.15**a; siehe auch Abbildung 15.14) sieht man die **Area tuberalis** (lat.: tuber = die Schwellung, der Höcker) als Boden des Hypothalamus zwischen dem Infundibulum und den Mamillarkörpern. Ihre Kerne kontrollieren die Funktion der Hypophyse.

Die Funktionen des Hypothalamus

Der Hypothalamus enthält eine Vielzahl wichtiger Kontroll- und Vernetzungszentren, zusätzlich zu denen, die mit dem limbischen System verbunden sind. Diese Zentren und ihre Funktionen sind in Abbildung 15.14b und in Tabelle 15.7 zusammengefasst. Hypothalamische Zentren empfangen beständig sensorische Informationen vom Großhirn, dem Hirnstamm und dem Rückenmark. Die Neurone des Hypothalamus registrieren und reagieren auf Veränderungen in der Zusammensetzung des Liquors und der interstitiellen Flüssigkeit; wegen der hohen Permeabilität der Kapillaren in dieser Region reagieren sie auch auf Reize aus dem zirkulierenden Blut. Zu den Funktionen des Hypothalamus gehören:

- **Unbewusste Kontrolle der Skelettmuskelkontraktionen:** Durch Stimulation der entsprechenden Zentren in anderen Hirnregionen steuern die hypothalamischen Kerne direkt die somatomotorischen Bewegungsmuster, die mit den Emotionen Wut, Freude, Schmerz und sexueller Erregung verbunden sind.
- **Kontrolle autonomer Funktionen:** Hypothalamische Zentren sind für die Anpassung und Koordination der Aktivitäten autonomer Zentren in anderen Regionen des Hirnstamms verantwortlich, wie Herzfrequenz, Blutdruck, Atmung und die Verdauungstätigkeit.
- **Koordination der Aktivitäten von Nerven- und endokrinem System:** Ein Großteil der Kontrolle verläuft über Hemmung oder Stimulation der Hypophyse.
- **Sekretion von Hormonen:** Der Hypothalamus sezerniert zwei Hormone: 1. das **antidiuretische Hormon (ADH)** aus dem *Nucleus supraopticus*, das die Wasserausscheidung an den Nieren hemmt, und 2. **Oxytozin** aus dem *Nucleus paraventricularis*, der die Kontraktion glatter Muskelfasern in Uterus und Prostata stimuliert, sowie die Kontraktionen der myoepithelialen Zellen der Brustdrüsen. Beide Hormone werden an den Axonen entlang das Infundibulum herab transportiert und am posterioren Abschnitt der Hypophyse in den Blutkreislauf abgegeben.
- **Steuerung von Emotionen und Verhaltensweisen:** Spezielle hypothalamische Zentren verursachen Gefühle, die zu Veränderungen von willkürlichen und unwillkürlichen Verhaltensmustern führen. So löst etwa die Stimulation des **Durstzentrums** das Verlangen aus, etwas zu trinken.
- **Koordination willkürlicher und autonomer Funktionen:** In einer stressigen Situation steigen Herz- und Atemfrequenz; der Körper wird auf einen Notfall (Angriff oder Flucht) vorbereitet. Diese autonomen Anpassungen werden vorgenommen, weil die Aktivitäten des

AUFGABEN

1. Welche Region des Dienzephalons wird durch Veränderungen der Körpertemperatur stimuliert?
2. Welche Region des Dienzephalons ist an der Koordination somatomotorischer Aktivitäten beteiligt?
3. Welche endokrine Struktur im Dienzephalon sezerniert das Melatonin?
4. Welche Hormone werden im Hypothalamus produziert und an der Hypophyse sezerniert?

Großhirns vom Hypothalamus überwacht werden. Das autonome Nervensystem ist ein Bestandteil des peripheren Nervensystems. Es hat zwei Anteile: 1. den **Sympathikus** und 2. den **Parasympathikus**. Der sympathische Anteil stimuliert den Stoffwechsel in den Geweben, erhöht die Aufmerksamkeit und bereitet den Körper auf einen Notfall vor. Der parasympathische Anteil hingegen fördert Bewegungsarmut und spart Energie. Diese Systeme und ihre Funktionen werden in Kapitel 17 besprochen.

- **Regulation der Körpertemperatur:** Die *Area praeoptica* des Hypothalamus kontrolliert die physiologischen Reaktionen auf Veränderungen der Körpertemperatur. Dabei koordiniert sie die Aktivitäten der anderen Zentren des ZNS und reguliert die Aktivitäten anderer physiologischer Systeme.

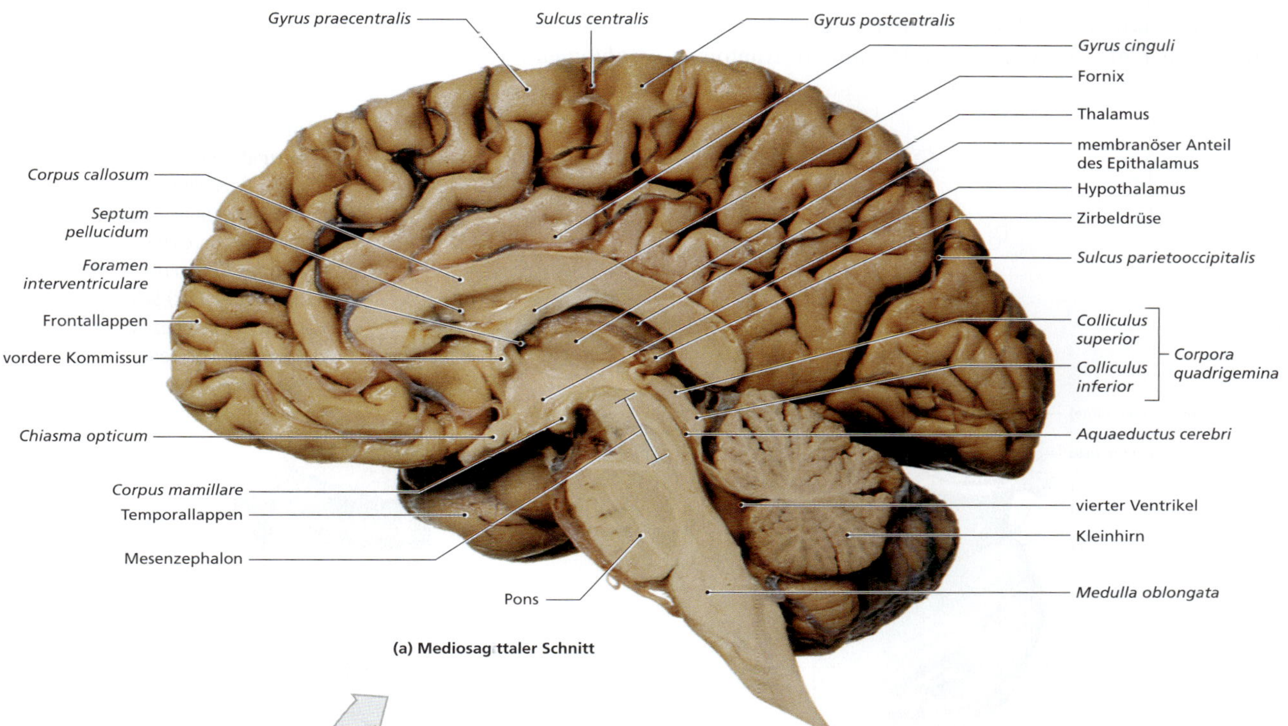

(a) Mediosagittaler Schnitt

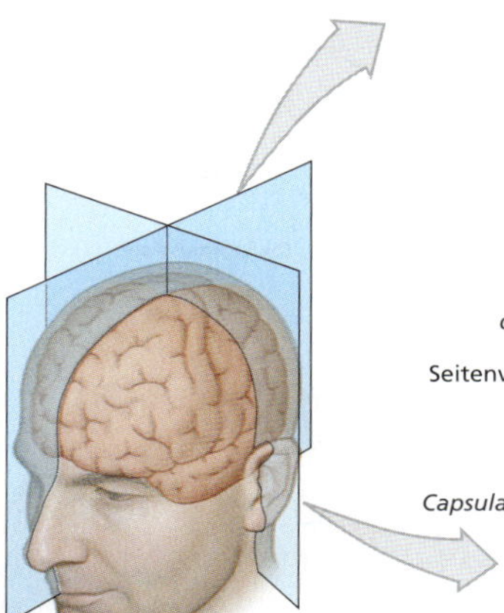

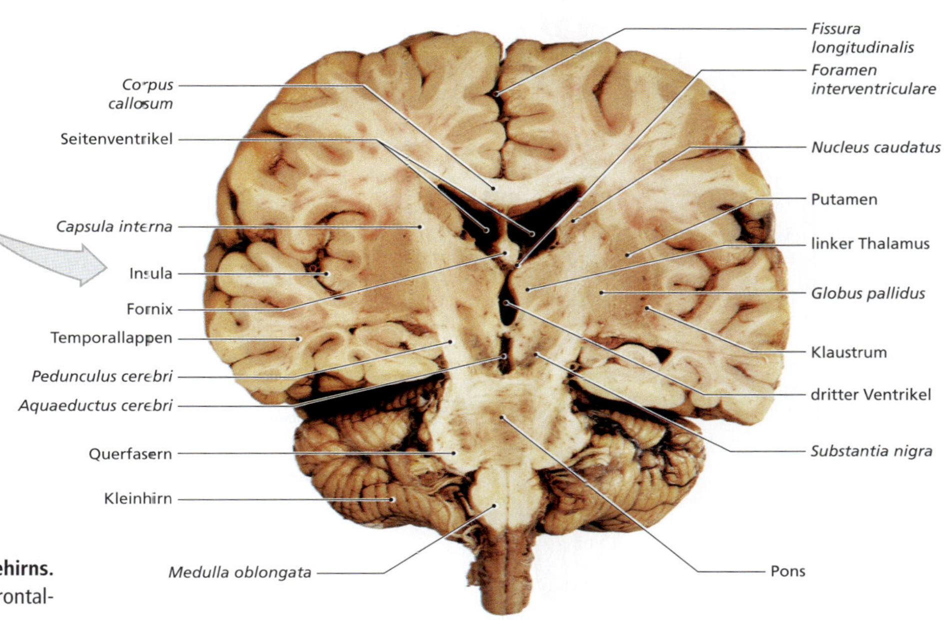

(b) Frontalschnitt

Abbildung 15.15: Schnittbilder des Gehirns. (a) agittalschnitt durch das Gehirn. (b) Frontalschnitt durch das Gehirn.

- **Kontrolle des zirkadianen Rhythmus:** Der *Nucleus suprachiasmaticus* koordiniert die täglichen Veränderungen der Aktivität, die an einen Tag-Nacht-Zyklus gebunden sind. Er erhält direkte Sinnesreize vom Auge und beeinflusst die Aktivitäten anderer hypothalamischer Kerne, der Zirbeldrüse (Epiphyse) und der *Formatio reticularis.*

Das Mesenzephalon 15.5

Das Mesenzephalon oder Mittelhirn enthält Kerne, die visuelle und akustische Reize verarbeiten und die motorischen Reflexantworten erzeugen. Die äußere Anatomie des Mesenzephalons sehen Sie in **Abbildung 15.16**; die wichtigsten Kerne sind in **Abbildung 15.17** und in Tabelle 15.8 dargestellt. Die Oberfläche des Mittelhirns posterior des *Aquaeductus mesencephali* wird das Dach oder **Tectum mesencephali** genannt. Diese Region enthält zwei Paare sensorischer Kerne, die man zusammen als die **Lamina quadrigemina** (Vierhügelplatte) bezeichnet. Sie sind Relaisstationen für visuelle und akustische Bahnen. Jeder **Colliculus superior** (lat.: colliculus = der kleine Hügel) empfängt visuelle Sinnesreize vom *Corpus geniculatum laterale* derselben Thalamusseite. Der **Colliculus inferior** erhält akustische Informationen von Kernen der *Medulla oblongata*; einige davon können an das *Corpus genicula-*

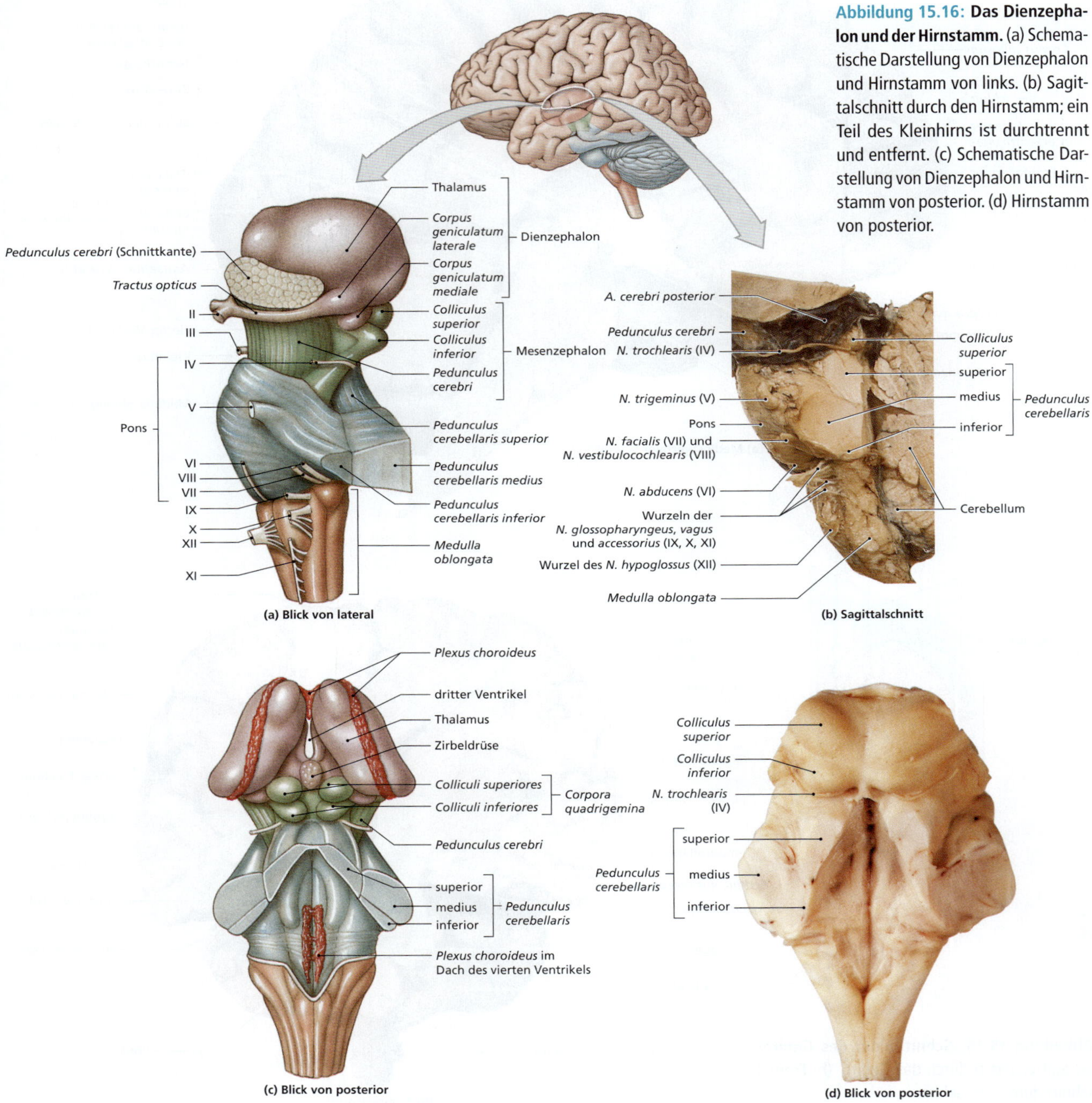

Abbildung 15.16: Das Dienzephalon und der Hirnstamm. (a) Schematische Darstellung von Dienzephalon und Hirnstamm von links. (b) Sagittalschnitt durch den Hirnstamm; ein Teil des Kleinhirns ist durchtrennt und entfernt. (c) Schematische Darstellung von Dienzephalon und Hirnstamm von posterior. (d) Hirnstamm von posterior.

AUS DER PRAXIS

Die Substantia nigra und der Morbus Parkinson

Die Basalganglien enthalten zwei separate Zellpopulationen: Die eine stimuliert Motoneurone durch die Freisetzung von Azetylcholin, die andere hemmt sie durch die Freisetzung des Neurotransmitters GABA (Gamma-Aminobuttersäure). Unter normalen Umständen sind die exzitatorischen Zellen inaktiv; die deszendierenden Trakte sind hauptsächlich für die Hemmung der Aktivität der Motoneurone verantwortlich. Die exzitatorischen Neurone sind deshalb ruhig, weil sie dauerhaft der Wirkung des Neurotransmitters **Dopamin** ausgesetzt sind. Diese Substanz wird in den Neuronen der *Substantia nigra* hergestellt und an den Axonen entlang an die Synapsen in den Stammganglien transportiert. Wenn der aszendierende Trakt oder die dopaminproduzierenden Zellen geschädigt sind, verliert sich die hemmende Wirkung, und die Aktivität der exzitatorischen Neurone nimmt zu. Diese verstärkte Aktivität produziert die Symptome des **Morbus Parkinson** (*Paralysis agitans*, Schüttellähmung).

Der Morbus Parkinson ist durch eine deutliche Zunahme des Muskeltonus charakterisiert. Willkürliche Bewegungen verlaufen verzögert und dann ruckartig, da eine Bewegung nicht zustande kommt, bevor es einer Muskelgruppe gelingt, ihren Antagonisten zu übertrumpfen. Die Betroffenen weisen bei Willkürbewegungen eine Spastik auf und haben einen durchgehenden Ruhetremor. Ein Tremor ist die beständige Auseinandersetzung zweier antagonistischer Muskelgruppen, die zu einem Zittern der Extremitäten führt. Parkinson-Kranke haben auch Probleme damit, willkürliche Bewegungen zu beginnen. Sogar die Bewegung der Gesichtsmuskeln erfordert eine immense Konzentration, sodass die Betroffenen oft einen starren Gesichtsausdruck haben (Rigor). Schließlich werden die Extremitäten nicht mehr automatisch auf Bewegungen vorbereitet und positioniert. Das bedeutet, dass jeder Aspekt einer Bewegung willkürlich durchgeführt werden muss (Akinese). Diese erhebliche zusätzliche Anstrengung ist ermüdend und sehr frustrierend. Im fortgeschrittenen Stadium können weitere ZNS-Symptome, wie eine Depression und Halluzinationen, dazukommen.

Die Versorgung der Stammganglien mit Dopamin reduziert die Beschwerden bei etwa zwei Dritteln der Patienten. Dopamin selbst kann die Blut-Hirn-Schranke nicht überqueren; daher gibt man meist L-Dopa oral, eine verwandte Substanz, die die zerebralen Kapillarwände durchdringen kann und im ZNS zu Dopamin umgewandelt wird. Bei chirurgischen Eingriffen zur Therapie des Morbus Parkinson werden meist größere Areale in den Basalganglien oder im Thalamus zerstört, um Tremor und Muskelstarre zu bessern. Die Transplantation von Gewebe, das Dopamin oder dopaminähnliche Substanzen produzieren kann, in die Stammganglien hinein ist ein weiterer therapeutischer Ansatz. Die Transplantation von fetalen Hirnzellen in die Stammganglien von Erwachsenen kann den Verlauf der Erkrankung bei zahlreichen Patienten verlangsamen oder sogar rückgängig machen, doch in vielen Fällen gibt es später Probleme mit unwillkürlichen Muskelkontraktionen. Eine weitere Möglichkeit der Therapie ist die sog. Tiefenhirnstimulation, bei der implantierte Elektroden via Dauerstimulation Tremor, Rigor und Akinese reduzieren.

Abschnitt	Region/Kern	Funktionen
Graue Substanz		
Tektum (Dach)	*Colliculi superiores*	Vernetzen visuelle Eindrücke mit anderen sensorischen Reizen, initiieren Reflexantworten auf optische Reize
	Colliculi inferiores	Leiten akustische Informationen an das *Corpus geniculatum mediale*, initiieren Reflexantworten auf akustische Reize
Wände und Boden	*Nucleus ruber*	Unbewusste Kontrolle von Muskelgrundtonus und Position der Extremitäten
	Substantia nigra	Regulation der Aktivität der Stammganglien
	Formatio reticularis	Automatische Verarbeitung eingehender Sinnesreize und ausgehender motorischer Antworten, kann motorische Reizantworten selbst generieren; hält das Bewusstsein mit aufrecht
	Andere Kerne/Zentren	Kerne zweier Hirnnerven (III, IV)
Weisse Substanz	*Pedunculi cerebri*	Verbinden den primären Motokortex mit Motoneuronen in Gehirn und Rückenmark, tragen aszendierende Sinnesreize zum Thalamus

Tabelle 15.8: **Das Mesenzephalon.**

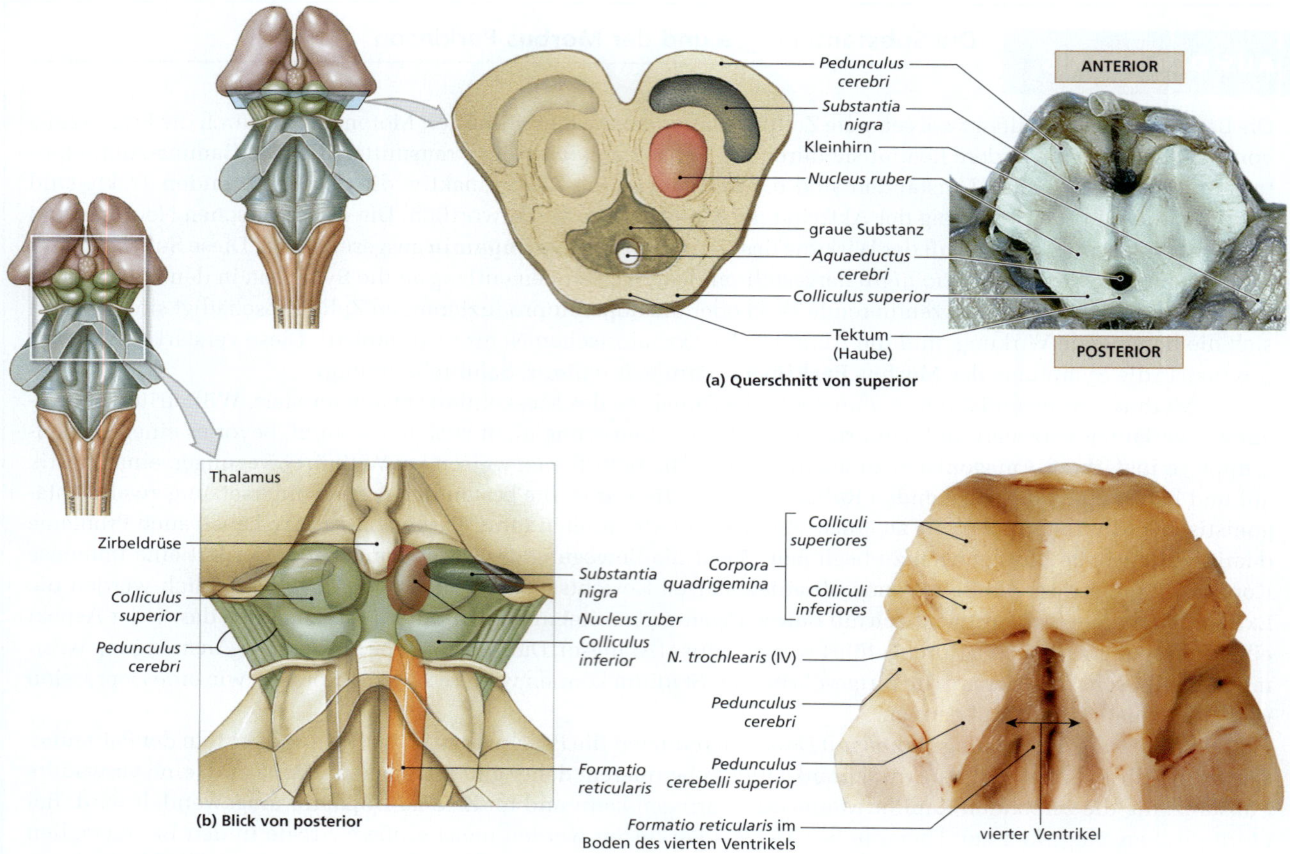

Abbildung 15.17: Das Mesenzephalon. (a) Schematische Darstellung und Querschnitt des Hirnstamms auf der eingezeichneten Ebene. (b) Schematische Darstellung von Dienzephalon und Hirnstamm von posterior. Um einige wichtige Kerne besser sichtbar zu machen, wurden sie in der Schemazeichnung transparent gestaltet.

tum mediale derselben Seite weitergeleitet werden. Das Mesenzephalon enthält auch die Hauptkerne der *Formatio reticularis*. Bestimmte Stimulationsmuster können hier eine Reihe verschiedener unwillkürlicher motorischer Antworten hervorrufen. Jede Seite des Mesenzephalons enthält ein Kernpaar, den **Nucleus ruber** und die **Substantia nigra**. Die Zellen des *Nucleus ruber* enthalten besonders viele Eiseneinschlüsse, die ihm seine hellrote Farbe verleihen. Er vernetzt Informationen aus Groß- und Kleinhirn miteinander und produziert die unwillkürlichen motorischen Reaktionen zur Aufrechterhaltung von Muskeltonus und Position der Extremitäten. Die *Substantia nigra* liegt lateral des *Nucleus ruber*. Die graue Substanz in dieser Region enthält dunkel pigmentierte Zellen, die sie schwarz erscheinen lassen. Die *Substantia nigra* spielt eine wichtige Rolle bei der Regulierung der motorischen Kommandos der Stammganglien.

Die Nervenfaserbündel an der ventrolateralen Fläche des Mesenzephalons (siehe Abbildung 15.16 und 15.17b) sind die **Pedunculi cerebri** (lat.: pedunculus = das Füßchen). Sie enthalten 1. aszendierende Fasern, die in den Thalamuskernen Synapsen bilden, und 2. deszendierende Fasern der kortikospinalen Bahnen, die die Kommandos für die Willkürmotorik vom primären Motokortex der Goßhirnhemisphären weiterleiten.

Die Pons 15.6

Die Pons erstreckt sich vom Mesenzephalon aus nach inferior an die *Medulla oblongata*. Sie bildet eine deutlich sichtbare Vorwölbung an der anterioren Seite des Hirnstamms. Die Kleinhirnhemisphären liegen posterior der Pons; die beiden Strukturen sind zum Teil durch den vierten Ventrikel voneinander getrennt. Die Pons ist auf jeder Seite über drei *Pedunculi cerebelli* mit dem Kleinhirn verbunden. Wichtige Merkmale und Regionen sehen Sie in **Abbildung 15.18** (siehe auch Abbildung 15.15 und 15.16); die Strukturen sind in Tabelle 15.9 genauer beschrieben. Die Pons enthält:

- **Sensorische und motorische Kerne für vier Hirnnerven** (V, VI, VII, VIII): Diese Hirnnerven innervieren die Kaumuskulatur, die vordere Fläche des Gesichts, einen der äußeren Augenmuskeln *(M. rectus lateralis)* sowie das Hör- und das Gleichgewichtsorgan.

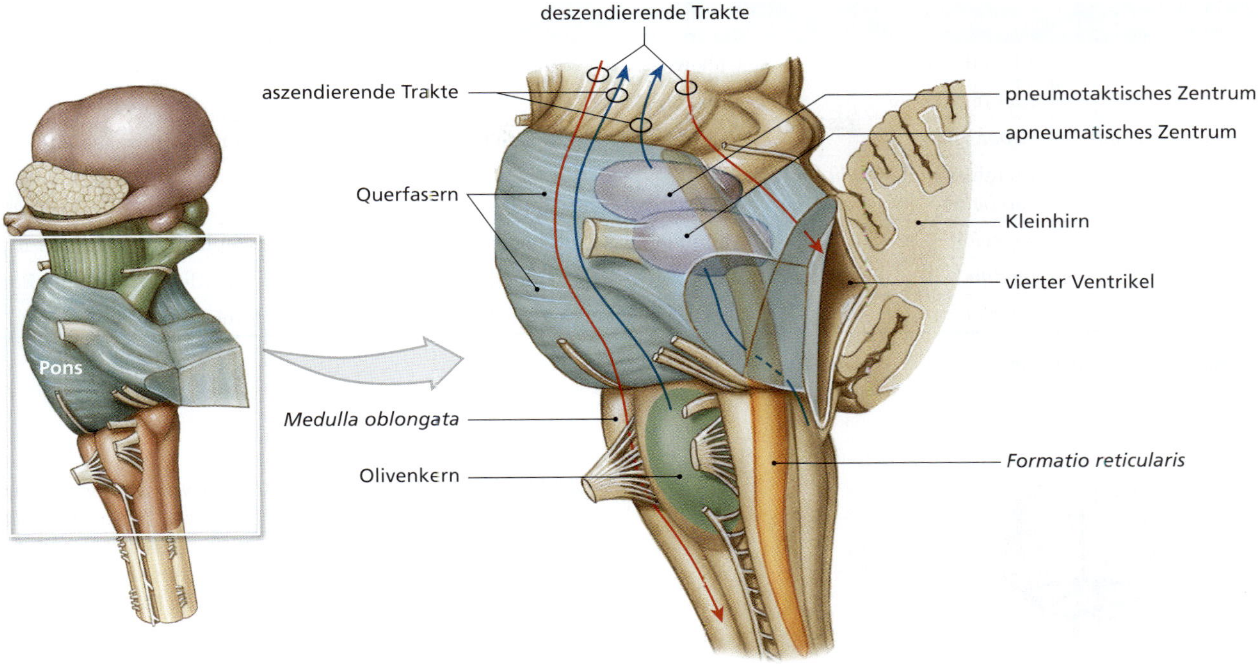

Abbildung 15.18: **Die Pons.**

Unterabschnitt	Region/Kern	Funktionen
Graue Substanz	Atemzentren	Modifizieren die Signale von den Atemzentren der *Medulla oblongata*
	Andere Kerne/Zentren	Kerne der vier Hirnnerven und des Kleinhirns
Weiße Substanz	Aszendierende und deszendierende Trakte	Verbinden andere Anteile des ZNS miteinander
	Fibrae transversae	Verbinden die Kleinhirnhemisphären miteinander und die Kerne der Pons mit den Kleinhirnhemisphären der Gegenseite

Tabelle 15.9: **Die Pons.**

- **Kerne zur unbewussten Kontrolle der Atmung:** Die *Formatio reticularis* enthält in dieser Region zwei seitlich liegende Atmungszentren, das apneumatische und das pneumotaktische Zentrum. Sie modifizieren die Aktivität des Atemzentrums in der *Medulla oblongata*.
- **Kerne zur Verarbeitung und Weiterleitung von Impulsen aus dem Kleinhirn über die mittleren Pedunculi cerebelli:** Die *Pedunculi cerebelli* sind mit den *Fibrae pontis transversae* an der Vorderfläche verbunden.
- **Aszendierende, deszendierende und quer verlaufende Fasern:** Die *Tractus longitudinales* verbinden die anderen Hirnregionen miteinander. Die *Pedunculi cerebelli anteriores* enthalten efferente Trakte, die an den Kleinhirnkernen entspringen. Über diese Fasern verläuft die Kommunikation der beiden Kleinhirnhemisphären miteinander. In den *Pedunculi cerebelli inferiores* verlaufen sowohl afferente als auch efferente Trakte, die das Kleinhirn mit der *Medulla oblongata* verbinden.

Das Kleinhirn 15.7

Das Kleinhirn ist in zwei Hemisphären aufgeteilt, die jeweils eine stark gewundene Oberfläche, die Kleinhirnrinde, aufweisen (**Abbildung 15.19**; siehe auch Abbildung 15.8). Die Falten der Rinde sind nicht so tief wie die des Großhirns. Jede Hemisphäre besteht aus zwei Lappen, dem **Lobus anterior** und dem **Lobus posterior**, die durch die **Fissura prima** voneinander getrennt sind. Ein schmales, mittig liegendes Rindenband, die **Vermis cerebelli** (Kleinhirnwurm), trennt die Hemisphären voneinander. Die schmalen **Lobi flocculonodulares** liegen anterior und inferior der Kleinhirnhemisphären. Die *Lobi anterior* und *posterior* helfen bei der Planung, Ausführung und Koordination der Bewegungen von Rumpf und Extremitäten. Der *Lobus flocculonodularis* ist für die Kontrolle des Gleichgewichts und der Augenbewegungen verantwortlich. Struk-

Unterabschnitt	Region/Kern	Funktionen
Graue Substanz	Kleinhirnrinde	Unbewusste Koordination und Kontrolle laufender Bewegungen des Körpers
	Kleinhirnkerne	Siehe oben
Weiße Substanz	*Arbor vitae*	Verbindet Kleinhirnrinde und Kleinhirnkerne mit den Kleinhirnstielen
	Kleinhirnstiele (*Pedunculi cerebelli*)	
	superior	Verbinden das Kleinhirn mit Mesenzephalon, Dienzephalon und Großhirn
	medius	Enthalten quer verlaufende Fasern und verbinden das Kleinhirn mit der Pons
	inferior	Verbinden Kleinhirn mit *Medulla oblongata* und Rückenmark

Tabelle 15.10: **Das Kleinhirn.**

Abbildung 15.19: **Das Kleinhirn.** (a) Kleinhirn von superior mit den wichtigsten anatomischen Landmarken und Regionen. (b) Sagittalschnitt des Kleinhirns mit Darstellung der Anordnung von weißer und grauer Substanz. Auf dem Foto sind Purkinje-Zellen abgebildet; diese großen Neurone befinden sich in der Kleinhirnrinde (Lichtmikroskop, 120-fach).

(a) Blick von posterior, superior Oberfläche

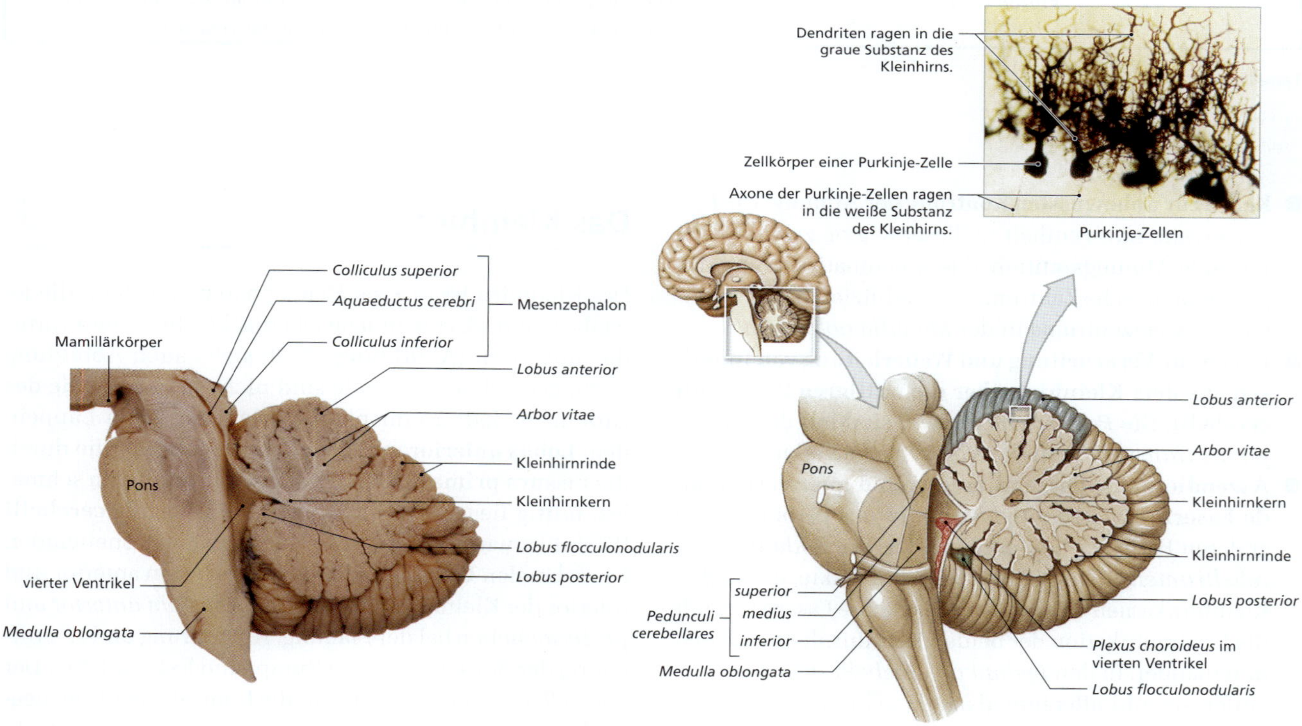

(b) Sagittalschnitt

AUS DER PRAXIS

Kleinhirnstörungen

Die Funktion des Kleinhirns kann dauerhaft durch eine Verletzung oder einen Schlaganfall oder temporär durch Drogen, wie Alkohol, beeinträchtigt werden. Diese Veränderungen können zu Störungen der motorischen Kontrolle führen; die Gleichgewichtsstörungen können so gravierend sein, dass der Betroffene weder aufrecht stehen noch sitzen kann. In weniger schlimmen Fällen treten eine Gangunsicherheit und gestörte Bewegungsmuster auf. Die Betroffenen sehen typischerweise beim Gehen auf ihre Füße; die Bewegungen erfordern sehr viel Konzentration und willkürliche Anstrengung. Das Greifen eines Gegenstands wird sehr mühsam, da Informationen nur über Sehen und Berührung während der Bewegung im Gehirn eingehen. Ohne die Fähigkeit des Kleinhirns, laufende Bewegungen anzupassen, ist der Betroffene außerstande, den Ablauf einer Bewegung vorher abzuschätzen. Typischerweise greift er über den gesuchten Gegenstand hinaus. Diese Unfähigkeit, den Ablauf einer Bewegung vorherzusehen und rechtzeitig zu beenden, nennt man **Dysmetrie** (griech.: dys- = un-, miss-; metron = messen, ausmessen). Beim Versuch auszugleichen überschießt die Bewegung erneut, diesmal in die andere Richtung, und so fort. Die Hand wackelt so lange hin und her, bis der Gegenstand doch ergriffen werden kann oder der Versuch aufgegeben wird. Diese Bewegung nennt man **Intentionstremor**.

Bei klinischen Untersuchungen auf eine Ataxie beobachten Ärzte den Patienten dabei, wie er an einer geraden Linie entlanggeht oder versucht, mit dem Zeigefinger die eigene Nase oder einen Finger des Untersuchers zu berühren. Da viele Drogen die Kleinhirnfunktion beeinträchtigen, führen Polizeibeamte diese Tests ebenfalls durch, wenn sie vermuten, dass ein Autofahrer unter dem Einfluss von Alkohol oder anderen Drogen steht.

turen und Funktionen des Kleinhirns sind in Tabelle 15.10 zusammengefasst.

Die Kleinhirnrinde enthält die riesigen, stark verzweigten **Purkinje-Zellen** (siehe Abbildung 15.19b). Sie haben große, birnenförmige Zellkörper und zahlreiche große Dendriten, die sich in der grauen Substanz der Rinde verzweigen. Die Axone ziehen von den Zellkörpern in die weiße Substanz an die Kleinhirnkerne. Die weiße Substanz im Inneren des Kleinhirns bildet astartige Verzweigungen, die im Schnittbild an einen Baum erinnern. Die Anatomen sprechen daher vom **Arbor vitae**, dem Lebensbaum. Das Kleinhirn erhält vom Rückenmark propriozeptive Reize zur Position des Körpers (Lagesinn) und überwacht alle propriozeptiven, visuellen, taktilen, akustischen und balancerelevanten Reize, die im Gehirn eingehen. Informationen zu den motorischen Antworten, die die Großhirnrinde aussendet, erreichen das Kleinhirn indirekt über die Kerne der Pons. Ein relativ kleiner Anteil der afferenten Fasern bildet Synapsen in den **Kleinhirnkernen**, bevor sie an die Kleinhirnrinde weitergeleitet werden. Die meisten Axone, die Sinnesreize in das Kleinhirn tragen, ziehen durch die inneren Lagen der Kleinhirnrinde hindurch bis nahe an die äußere Schicht. Dort erst bilden sie Synapsen an den Dendriten der Purkinje-Zellen. Trakte mit Axonen von den Purkinje-Zellen leiten die motorischen Antworten dann an die Kerne in Großhirn und Hirnstamm weiter.

Die Trakte, die das Kleinhirn mit dem Hirnstamm, dem Großhirn und dem Rückenmark verbinden, verlassen die Hemisphären beidseits als die *Pedunculi cerebelli superior*, *medius* und *inferior* (**Kleinhirnstiele**; siehe Abbildung 15.15a, 15.16 und 15.19b) Der **Pedunculus cerebelli superior** verbindet das Kleinhirn mit Kernen in Mesenzephalon, Dienzephalon und Großhirn. Der **Pedunculus cerebelli medius** ist mit einem breiten Faserband verbunden, das quer im rechten Winkel zur Längsachse des Hirnstamms an seiner Vorderfläche entlangzieht. Er verbindet auch die Kleinhirnhemisphären mit sensorischen und motorischen Kernen in der Pons. Die **Pedunculi cerebelli inferiores** schließlich ermöglichen die Kommunikation zwischen Kleinhirn und Kernen in der *Medulla oblongata* und tragen aszendierende und deszendierende Trakte vom Rückenmark.

Das Kleinhirn ist ein automatisches Verarbeitungszentrum mit zwei Hauptfunktionen:

- **Anpassung der posturalen Muskulatur:** Das Kleinhirn koordiniert die vielen schnellen, automatischen Anpassungen, die für Balance und Gleichgewicht erforderlich sind. Diese Veränderungen von Muskeltonus und Körperposition werden über Modifikationen der Aktivitäten des *Nucleus ruber* erreicht.
- **Programmierung und Feineinstellung willkürlicher und unwillkürlicher Bewegungen:** Im Kleinhirn sind erlernte Bewegungsmuster gespeichert. Diese Funktion wird indirekt über motorische Bahnen ausgeübt, die zwischen Hirnrinde, Stammganglien und den motorischen Zentren des Hirnstamms verlaufen.

Die Medulla oblongata 15.8

Das Rückenmark geht am Hirnstamm in die **Medulla oblongata** über, die dem embryonalen Myelenzephalon entspricht. Das äußere Erscheinungsbild sehen Sie in Abbildung 15.9a und 15.16. Die wichtigsten Zentren und Kerne sind schematisch in **Abbildung 15.20** dargestellt und in Tabelle 15.11 zusammengefasst.

Abbildung 15.15a zeigt die *Medulla oblongata* im Mediosagittalschnitt. Der kaudale Anteil ähnelt dem Rücken-

Abbildung 15.20: Die Medulla oblongata.

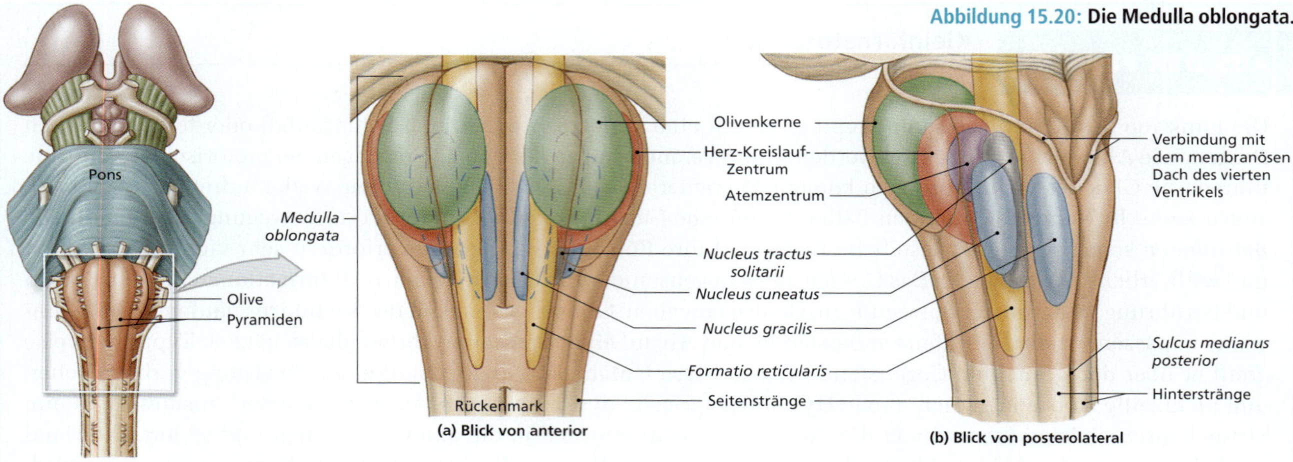

Unterabschnitt	Region/Kern	Funktionen
Graue Substanz	*Nucleus gracilis*	Leiten somatosensorische Informationen an die ventralen posterioren Kerne im Thalamus weiter
	Nucleus caudatus	
	Olivenkerne	Leiten Informationen vom Rückenmark, dem *Nucleus ruber*, anderen Zentren im Mittelhirn und der Hirnrinde an den Kleinhirnwurm
	Reflexzentren	
	Kardiale Zentren	Regulieren die Herzfrequenz und die Kraft der Herzmuskelkontraktionen
	Vasomotorische Zentren	Regulieren die Verteilung der Durchblutung
	Atemzentren	Geben den Grundrhythmus für die Atmung vor
	Weitere Kerne und Zentren	Sensorische und motorische Kerne von fünf Hirnnerven Leiten aszendierende sensorische Reize vom Rückenmark an höhere Zentren weiter
Weiße Substanz	Aszendierende und deszendierende Trakte	Verbinden das Gehirn mit dem Rückenmark

Tabelle 15.11: Die Medulla oblongata.

mark; er ist ebenfalls rundlich und hat einen schmalen Zentralkanal. Näher zur Pons hin weitet sich dieser Zentralkanal und geht in den vierten Ventrikel über.

Die *Medulla oblongata* verbindet Gehirn und Rückenmark; viele ihrer Funktionen haben direkt mit dieser Verbindung zu tun. Die gesamte Kommunikation zwischen Gehirn und Rückenmark verläuft über Trakte, die durch die *Medulla oblongata* auf- oder absteigen.

Kerne in der *Medulla oblongata* sind entweder 1. Relaisstationen in sensorischen und motorischen Bahnen, 2. sensorische oder motorische Kerne der Hirnnerven, die mit der *Medulla oblongata* verbunden sind, oder 3. Kerne für die autonome Kontrolle viszeraler Aktivitäten.

- **Relaisstationen:** Aszendierende Trakte können an sensorischen oder motorischen Kernen Synapsen bilden, die damit Relaisstationen und Verarbeitungszentren darstellen. So leiten etwa der **Nucleus gracilis** und der **Nucleus cuneatus** somatosensorische Informatio-

AUFGABEN

1. In welcher Hirnregion findet man einen Wurm (Vermis) und einen Baum (*Arbor vitae*)?
2. Obwohl die *Medulla oblongata* zu den kleinsten Hirnregionen gehört, kann eine Verletzung hier zum Tode führen, während eine vergleichbare Verletzung im Großhirn unbemerkt bleiben kann. Warum?
3. Welches sind die Funktionen der Kerne im *Tectum mesencephali*?
4. Wenn die *Substantia nigra* ihre dunkle Farbe verliert, haben die Neurone hier aufgehört, Dopamin zu bilden. Welches sind die Symptome dieser Erkrankung?

Hirnnerv	Sensorisches Ganglion	Ramus	Primäre Funktion	Foramen	Innervation
N. olfactorius (I)			Spezialisiert sensorisch	*Lamina cribrosa*	Riechepithel
N. opticus (II)			Spezialisiert sensorisch	*Canalis opticus*	Retina im Auge
N. oculomotorius (III)			Motorisch	*Fissura orbitalis superior*	*Mm. recti inferior, medialis* und *superior, Mm. obliquus inferior* und *levator palpebrae*; intrinsische Augenmuskeln
N. trochlearis (IV)			Motorisch	*Fissura orbitalis superior*	*M. obliquus superior*
N. trigeminus (V)	*Ganglion trigeminale* (*semilunare*)		Gemischt		Kieferregion
		ophthalmicus	Sensorisch	*Fissura orbitalis superior*	Orbitale Strukturen, Nasenhöhlen, Haut an Stirn, Oberlid, Augenbrauen und Nase (partiell)
		maxillaris	Sensorisch	*Foramen rotundum*	Unterlid; Oberlippe, Zahnfleisch und Zähne; Wangen, Nase (partiell), Gaumen und Kehlkopf (partiell)
		mandibularis	Gemischt	*Foramen ovale*	Sensorisch von Zahnfleisch, Zähnen und Lippe unten; Gaumen (partiell) und Zunge (partiell); motorisch an die Kaumuskulatur
N. abducens (VI)			Motorisch	*Fissura orbitalis superior*	*M. rectus lateralis*
N. facialis (VII)	*Corpus geniculatum*		Gemischt	*Meatus acusticus internus* an den *Canalis facialis*, Austritt am *Foramen stylomastoideum*	Sensorisch von den Geschmacksrezeptoren der vorderen zwei Drittel der Zunge; motorisch an die mimische Muskulatur, die Tränendrüsen, die submandibulären und die sublingualen Tränendrüsen
N. vestibulocochlearis (*acusticus*) (VIII)		*cochlearis*	Spezialisiert sensorisch	*Meatus acusticus internus*	Kochlea (Hörschnecke)
		vestibularis	Spezialisiert sensorisch	Siehe oben	Gleichgewichtsorgan
N. glossopharyngeus (IX)	*Ganglion superius* (*jugulare*) und *inferius* (*petrosum*)		Gemischt	*Foramen jugulare*	Sensorisch vom hinteren Drittel der Zunge; Rachen und Gaumen (partiell); *Glomus caroticum* (überwacht Blutdruck, pH-Wert und Atemgase im Blut); motorisch an die Kehlkopfmuskeln und die *Glandula parotis*
N. vagus (X)	*Ganglion superius* (*jugulare*) und *inferius* (*nodosum*)		Gemischt	*Foramen jugulare*	Sensorisch vom Kehlkopf ; Ohrmuschel und *Meatus acusticus externus*; Zwerchfell; viszerale Organe in Brust- und Bauch-Becken-Höhle; motorisch an die Gaumen- und Rachenmuskulatur, viszerale Organe in Brust- und Bauch-Becken-Höhle
N. accessorius (XI)		*internus*	Motorisch	*Foramen jugulare*	Skelettmuskeln an Gaumen, Rachen u nd Kehlkopf (mit Ästen des *N. vagus*)
		externus	Motorisch	*Foramen jugulare*	*Mm. sternocleidomastoideus* und *trapezius*
N. hypoglossus (XII)			Motorisch	*Canalis hypoglossis*	Zungenmuskulatur

Tabelle 15.12: **Die Hirnnerven.**

nen an den Thalamus weiter. Die **Olivenkerne** leiten Informationen vom Rückenmark, der Hirnrinde, dem Dienzephalon und dem Hirnstamm weiter an die Kleinhirnrinde. Die Hauptmasse dieser Olivenkerne bildet die **Oliven**, die Vorwölbungen an der ventrolateralen Fläche der *Medulla oblongata* (siehe Abbildung 15.18).

- **Hirnnervenkerne:** Die *Medulla oblongata* enthält die sensorischen und motorischen Kerne von fünf Hirnnerven (VIII, IX, X, XI und XII). Sie innervieren die Muskulatur von Rachen, Hals und Rücken sowie die viszeralen Organe der Bauch-Becken- und der Brusthöhle.
- **Autonome Kerne:** Die *Formatio reticularis* enthält in der *Medulla oblongata* Kerne und Zentren, die lebenswichtige autonome Funktionen steuern. Diese Reflexzentren erhalten Informationen von den Hirnnerven, der Hirnrinde, dem Dienzephalon und dem Hirnstamm, und

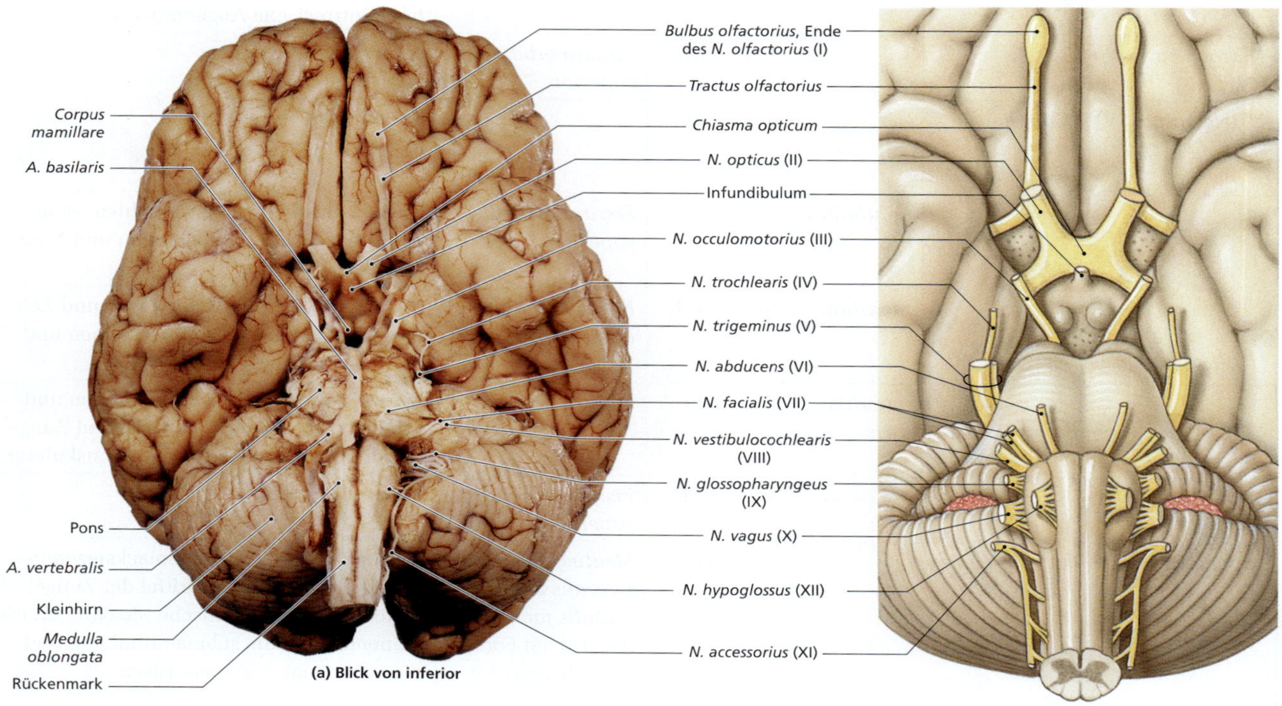

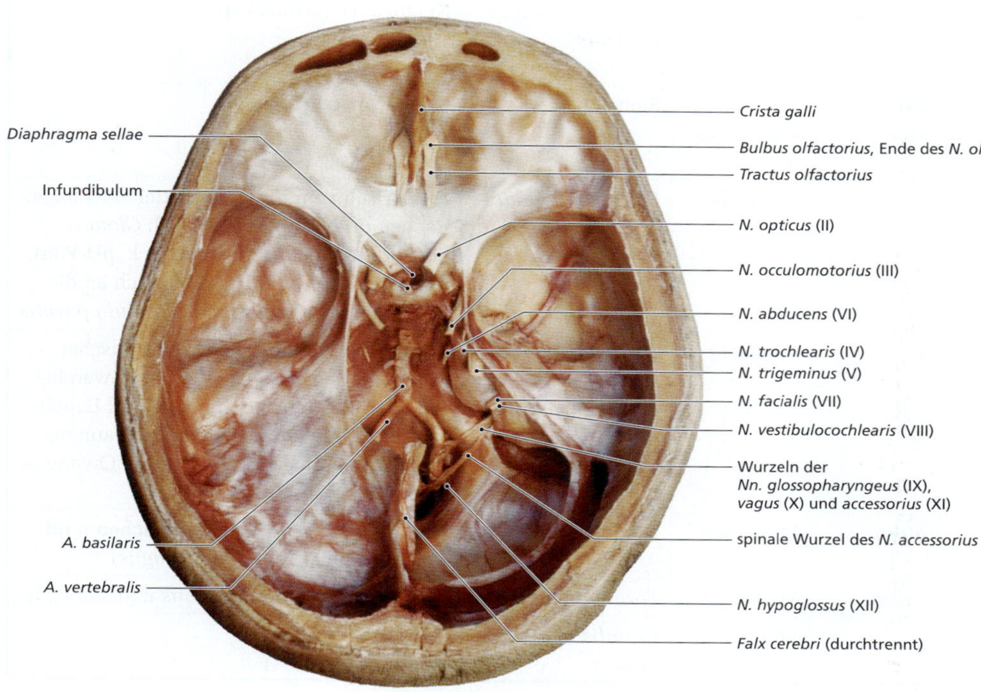

Abbildung 15.21: Ursprünge der Hirnnerven. (a) Präparat der Unterfläche des Gehirns. Die Wurzeln der Hirnnerven sind gut zu erkennen. (b) Schematische Darstellung zum Vergleich mit (a). (c) Schädelhöhlen von superior nach Entfernung des Gehirns und der rechten Hälfte des Tentorium cerebelli. Abschnitte einiger Hirnnerven sind sichtbar (Situs cavi cranii).

sie kontrollieren und modifizieren die Aktivitäten eines oder mehrerer peripherer Systeme. Zu diesen gehören:

- Die **kardiovaskulären Zentren**, die die Herzfrequenz, die Kraft der Herzmuskelkontraktionen und den Blutfluss in die Peripherie steuern. Funktionell können diese Zentren in kardiale (lat.: cor = das Herz) und vasomotorische (lat.: vas = das Gefäß) Zentren unterteilt werden, doch sind ihre anatomischen Grenzen schwer zu bestimmen.
- Die **Atemzentren**, die den Grundrhythmus für die Atmung vorgeben, erhalten Informationen von den apneumatischen und pneumotaktischen Zentren der Pons.

Die Hirnnerven 15.9

Hirnnerven sind Bestandteile des PNS, die aber eher mit dem Gehirn als mit dem Rückenmark verbunden sind. Auf der ventrolateralen Fläche des Gehirns (**Abbildung 15.21**) befinden sich zwölf Hirnnervenpaare, die jeweils nach ihrem Erscheinungsbild oder ihrer Funktion benannt sind. Tabelle 15.12 ist eine Zusammenfassung von Verlauf und Funktionen der Hirnnerven.

Die Nummerierung der Hirnnerven erfolgt nach ihrer Lage an der Längsachse des Gehirns, am Großhirn beginnend; man verwendet üblicherweise römische Ziffern.

Die Hirnnerven entspringen am Gehirn in der Nähe ihrer sensorischen oder motorischen Kerne. Die sensorischen Neurone dienen hierbei als Relaisstationen, deren postsynaptische Neurone die Informationen entweder an andere Kerne oder an Verarbeitungszentren in der Klein- und Großhirnrinde weiterleiten. Ebenso erhalten die motorischen Kerne konvergierende Reize von übergeordneten Zentren oder anderen Kernen des Hirnstamms.

Im nächsten Abschnitt werden die Hirnnerven als primär sensorisch, spezialisiert sensorisch, motorisch oder gemischt (sensorisch und motorisch) klassifiziert. Diese Einteilung ist recht nützlich, basiert aber auf der Hauptfunktion. Hirnnerven können jedoch wichtige Nebenfunktionen haben; zwei nennenswerte Beispiele sind:

- Wie woanders im PNS auch wird ein Nerv mit mehreren Zehntausend motorischen Fasern auch sensorische Fasern von den Propriozeptoren dieser Muskeln führen. Man nimmt an, dass dies der Fall ist; es wird aber für die Klassifikation nicht berücksichtigt.
- Trotz ihrer anderen Funktionen führen einige Hirnnerven (III, VII, IX, X) autonome Fasern zu peripheren Ganglien, so wie Spinalnerven solche Fasern zu den Ganglien am Rückenmark führen. Die Anwesenheit dieser wenigen Fasern ist bekannt und wird in Kapitel 17 besprochen, für die Klassifikation des jeweiligen Hirnnervs jedoch außer Acht gelassen.

15.9.1 N. olfactorius (I)

Hauptfunktion: spezialisiert sensorisch (Geruch)
Ursprung: Rezeptoren des Riechepithels
Durchtritt: *Lamina cribrosa* des *Os ethmoidale*
Zielorgan: *Bulbi olfactorii*

Das erste Hirnnervenpaar (**Abbildung 15.22**) trägt spezielle Sinnesreize für den Geruchssinn. Die olfaktorischen Rezeptoren sind spezialisierte Neurone in dem Epithel, das das Dach der Nasenhöhlen, die oberen *Conchae nasales* des *Os ethmoidale* und die superioren Anteile des Nasenseptums bedeckt. Die Axone dieser Neurone sammeln sich zu 20 oder mehr Bündeln, die durch die *Lamina cribrosa* des *Os ethmoidale* ziehen. Diese Bündel bilden zusammen den *N. olfactorius* (I). Sie gehen fast sofort in die **Bulbi olfactorii** über, die links und rechts der *Crista galli* liegen, und bilden dort Synapsen. Die Axone der postsynaptischen Neurone ziehen dann durch die schlanken *Tractus olfactorii* weiter in das Großhirn (siehe Abbildung 15.21 und 15.22).

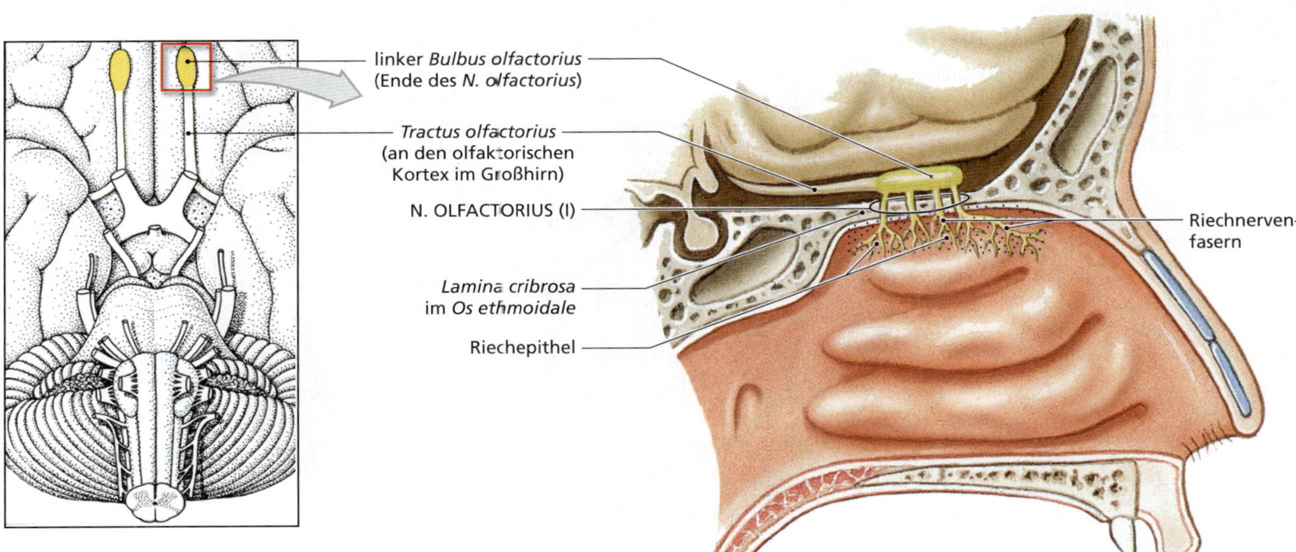

Abbildung 15.22: **N. olfactorius.**

Da die *Tractus olfactorii* wie typische periphere Nerven aussehen, hielten die Anatomen vor 100 Jahren sie fälschlicherweise für die ersten Hirnnerven. Später konnte zwar nachgewiesen werden, dass *Tractus* und *Bulbi olfactorii* Teile des Gehirns sind, doch zu diesem Zeitpunkt war das Nummerierungssystem bereits fest etabliert. So bezeichnet man allgemein die Gesamtheit der verzweigten Riechnervenfaserbündelchen als *N. olfactorius* (I).

Die Riechnerven sind die einzigen Hirnnerven, die direkt mit dem Gehirn verbunden sind. Alle übrigen enden oder beginnen in Kernen im Dienzephalon oder im Hirnstamm; aszendierende Sinnesreize werden im Thalamus umgeschaltet und dann in das Großhirn weitergeleitet.

15.9.2 N. opticus (II)

Hauptfunktion: spezialisiert sensorisch (Sehen)
Ursprung: Retina des Auges
Durchtritt: *Canalis opticus* im *Os sphenoidale*
Zielorgan: Dienzephalon über das *Chiasma opticum*

Die *Nn. optici* (II) tragen Sinnesreize von speziellen sensorischen Ganglien der Augen. Diese Nerven, in **Abbildung 15.23** schematisch dargestellt, enthalten etwa eine Million sensorische Nervenfasern. Sie ziehen jeweils durch den *Canalis opticus* des *Os sphenoidale*, bevor sie an der ventralen anterioren Kante des Dienzephalons, am **Chiasma opticum** (griech.: chiasma = Zeichen oder Gestalt des griechischen Buchstabens X), zusammenlaufen. Hier kreuzen die medialen Fasern der Sehnerven jeweils nach kontralateral, also auf die Gegenseite des Gehirns, während die lateralen Anteile auf der ipsilateralen Seite verbleiben. Die neu gebündelten Axone ziehen nun als **Tractus optici** an die *Corpora geniculata laterales* in den Thalamus (siehe Abbildung 15.21 und 15.23). Dort bilden sie Synapsen; anschließend gelangen die Informationen über Projektionsfasern an den *Lobus occipitalis* im Großhirn. Diese Anordnung führt dazu, dass jede Großhirnhemisphäre visuelle Reize von der lateralen Hälfte der gleichen und von der medialen Hälfte der Retina der Gegenseite erhält. Eine relativ kleine Anzahl von Axonen in den *Tractus optici* zieht an den *Corpora geniculata laterales* vorbei und bildet erst in den *Colliculi superiores* des Mittelhirns Synpasen. Diese Bahn wird in Kapitel 18 besprochen.

15.9.3 N. oculomotorius (III)

Hauptfunktion: motorisch (Augenbewegungen)
Ursprung: Mesenzephalon
Durchtritt: *Fissura orbitalis superior* im *Os sphenoidale*
Zielorgane:

- **somatomotorisch:** *Mm. recti inferior, medialis* und *superior, Mm. obliquus inferior* und *levator palpebrae*
- **viszeromotorisch:** intrinsische Augenmuskeln

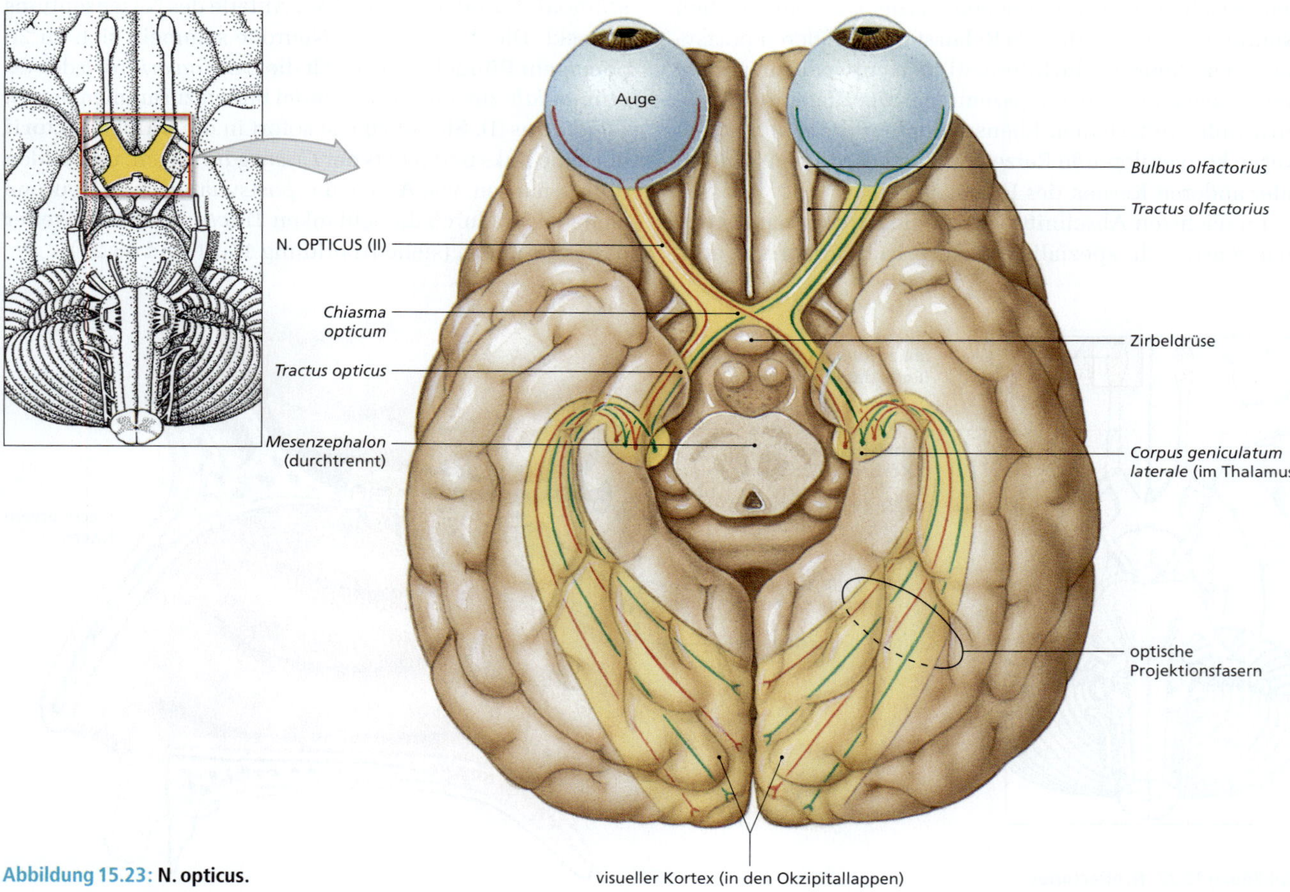

Abbildung 15.23: **N. opticus.**

Das Mesenzephalon enthält die motorischen Kerne, die die dritten und vierten Hirnnerven kontrollieren. Der *N. oculomotorius* (III) entspringt an der ventralen Fläche des Mesenzephalons (siehe Abbildung 15.21) und zieht durch die *Fissura orbitalis superior* in die Orbita. Er innerviert vier der sechs äußeren Augenmuskeln (**Abbildung 15.24**) und den *M. levator palpebrae superioris*, der das Oberlid hebt.

Außerdem führt der *N. oculomotorius* präganglionäre autonome Fasern an die Neurone des **Ganglion ciliare**. Diese Neurone kontrollieren die inneren Augenmuskeln, die den Pupillendurchmesser zur Anpassung an die Lichtverhältnisse verändern und zur Scharfstellung der Bilder auf der Retina die Form der Linse beeinflussen.

15.9.4 N. trochlearis (IV)

Hauptfunktion: motorisch (Augenbewegungen)
Ursprung: Mesenzephalon
Durchtritt: *Fissura orbitalis superior* im *Os sphenoidale*
Zielorgan: *M. obliquus superior*

Der *N. trochlearis* (IV), der kleinste der Hirnnerven, innerviert den *M. obliquus superior* (siehe Abbildung 15.24). Der motorische Kern liegt im ventrolateralen Anteil des Mesenzephalons, doch die Fasern entspringen am Tektum und ziehen durch die *Fissura orbitalis superior* in die Orbita (siehe Abbildung 15.21). Der Name *N. trochlearis* erinnert daran, dass der innervierte Muskel auf seinem Weg an seinen Ansatz auf der superioren Fläche des Auges durch eine Umlenkrolle (Trochlea) zieht.

15.9.5 N. trigeminus (V)

Hauptfunktion: gemischt (sensorisch und motorisch):
- **sensorisch:** *Rr. opthalmicus* und *maxillaris*
- **gemischt:** *R. mandibularis*

Ursprung:
- **R. ophthalmicus (sensorisch):** Strukturen der Orbita, Nasenhöhle, Stirnhaut, Oberlid, Augenbraue und Teil der Nase
- **R. maxillaris (sensorisch):** Unterlid, Oberlippe, Zahnfleisch und Zähne; Wangen, Nase, Gaumen und Teil des Rachens
- **R. mandibularis (gemischt):**
  - **sensorisch:** von Zahnfleisch, Zähnen und Lippe am Unterkiefer; Gaumen und Zunge (partiell)
  - **motorisch:** von den motorischen Kernen der Pons (siehe Abbildung 15.21)

Durchtritt:
- **R. opthalmicus:** durch die *Fissura orbitalis superior*
- **R. maxillaris:** durch das *Foramen rotundum*
- **R. mandibularis:** durch das *Foramen ovale*

Zielorgan: alle Äste an die sensorischen Kerne der Pons; *R. mandibularis* zusätzlich an die Kaumuskulatur

Die Pons enthält die Kerne von den Hirnnerven V, VI und VII und ist an der Kontrolle eines vierten Hirnnervs mitbeteiligt (VIII). Der *N. trigeminus* (**Abbildung 15.25**) ist der größte der Hirnnerven. Er trägt Sinnesreize von Kopf und Gesicht und motorische Kommandos für die Kaumuskulatur. Sensorische (dorsale) und motorische (ventrale) Wurzeln entspringen lateral an der Pons. Der sensorische

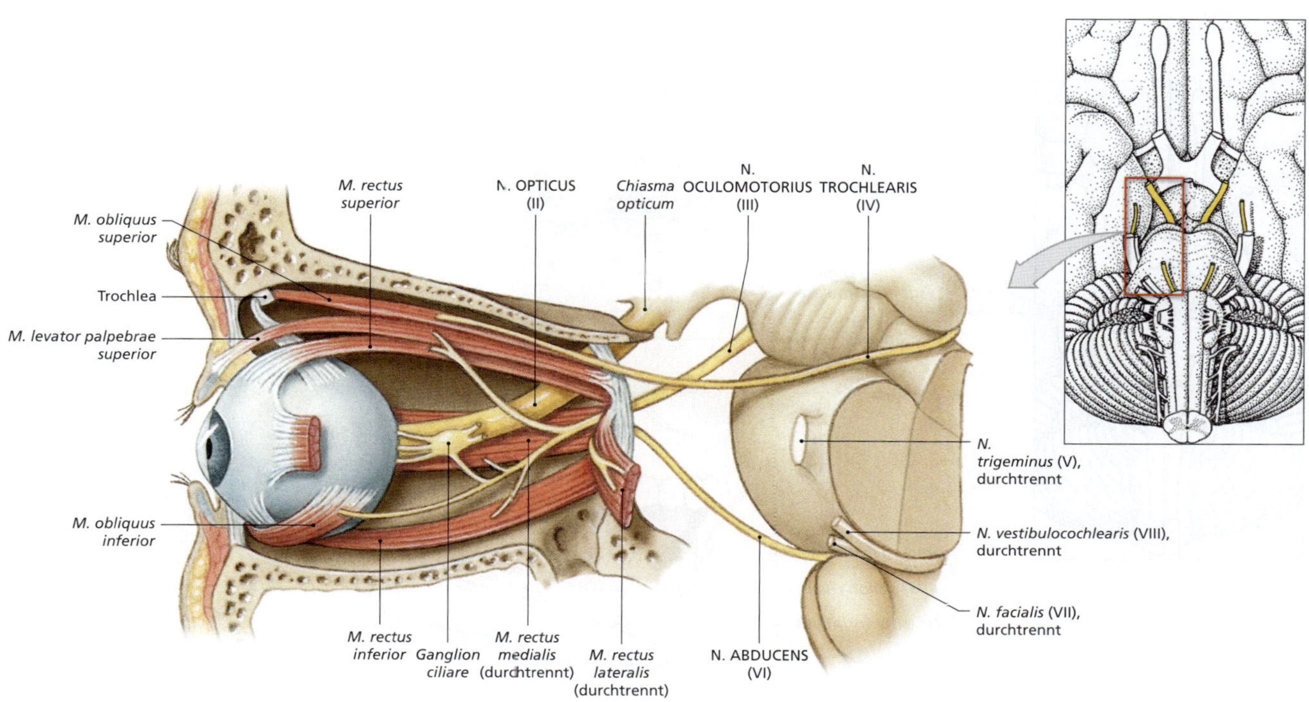

Abbildung 15.24: Hirnnerven, die die äußeren Augenmuskeln versorgen.

Ast ist dicker; das riesige **Ganglion trigeminale** (auch *Ganglion semilunare* oder *Ganglion Gasseri* genannt) enthält die Zellkörper der sensorischen Neurone. Wie mit dem Namen angedeutet, hat der Trigeminus drei Hauptäste; die relativ kleine motorische Wurzel ist lediglich ein Teil eines der Äste.

- **Erster Ast:** Der *R. ophthalmicus* ist rein sensorisch. Er innerviert orbitale Strukturen, die Nasenhöhlen sowie die Haut an Stirn, Oberlid, Augenbrauen und Nase. Er verlässt den Schädel durch die *Fissura orbitalis superior* und verzweigt sich innerhalb der Orbita weiter.
- **Zweiter Ast:** Der *R. maxillaris* ist ebenfalls rein sensorisch. Er versorgt Unterlid, Oberlippe, Wangen und Nase, außerdem tiefer gelegene Strukturen, wie Zahnfleisch und Zähne des Oberkiefers, den Gaumen und Teile des Rachens. Er verlässt den Schädel durch das *Foramen rotundum* und zieht durch die *Fissura orbitalis inferior* am Boden der Orbitahöhle in die Orbita ein. Ein Hauptast des *R. maxillaris*, der *N. infraorbitalis*, zieht durch das *Foramen infraorbitale* und innerviert die umliegenden Anteile des Gesichts.
- **Dritter Ast:** Der *R. mandibularis* ist der größte Trigeminusast; er führt alle seine motorischen Fasern. Er verlässt den Schädel durch das *Foramen ovale*. Die motorischen Anteile des *R. maxillaris* innervieren die Kaumuskulatur. Die sensorischen Fasern tragen propriozeptive Reize von diesen Muskeln und kontrollieren außerdem 1. die Haut an den Schläfen, 2. die lateralen Flächen, das Zahnfleisch und die Zähne der Mandibula, 3. die Speicheldrüsen und 4. den anterioren Anteil der Zunge.

AUS DER PRAXIS

Trigeminusneuralgie

Einer von etwa 25.000 Menschen ist von einer Trigeminusneuralgie betroffen. Die Betroffenen klagen über schwerste lähmende Gesichtsschmerzen, die von Berührungen an Lippen, Zunge oder Zahnfleisch ausgelöst werden. Der Schmerz schießt mit schockierender Intensität ein und lässt abrupt wieder nach („Tic douloureux"). Meist ist nur eine Gesichtshälfte betroffen. Der Name leitet sich von der Tatsache ab, dass der mandibuläre und der maxilläre Trigeminusast das schmerzende Areal innervieren. Häufig sind Erwachsene über 40 betroffen; die Ursache ist nicht bekannt. Eine Zeit lang helfen Schmerzmittel, doch kann auch ein operativer Eingriff erforderlich werden. Das Ziel ist die Zerstörung der sensorischen Bahnen, die den Schmerzreiz tragen. Dies kann durch die einfache Durchtrennung erfolgen; den Vorgang nennt man auch Rhizotomie (griech.: rhiza = die Wurzel). Man kann auch chemische Substanzen, wie Alkohol oder Phenol, am *Foramen rotundum* oder am *Foramen ovale* in den Nerv injizieren. Die sensorischen Fasern können auch bei ihrem Austritt aus dem *Ganglion trigeminale* mit einer Elektrode kauterisiert (Kauterisation = operative Gewebszerstörung zur Blutstillung oder Entfernung kranken Gewebes mittels eines Glühbrenners, eines elektrischen Messers oder durch Brenn- bzw. Ätzmittel) werden.

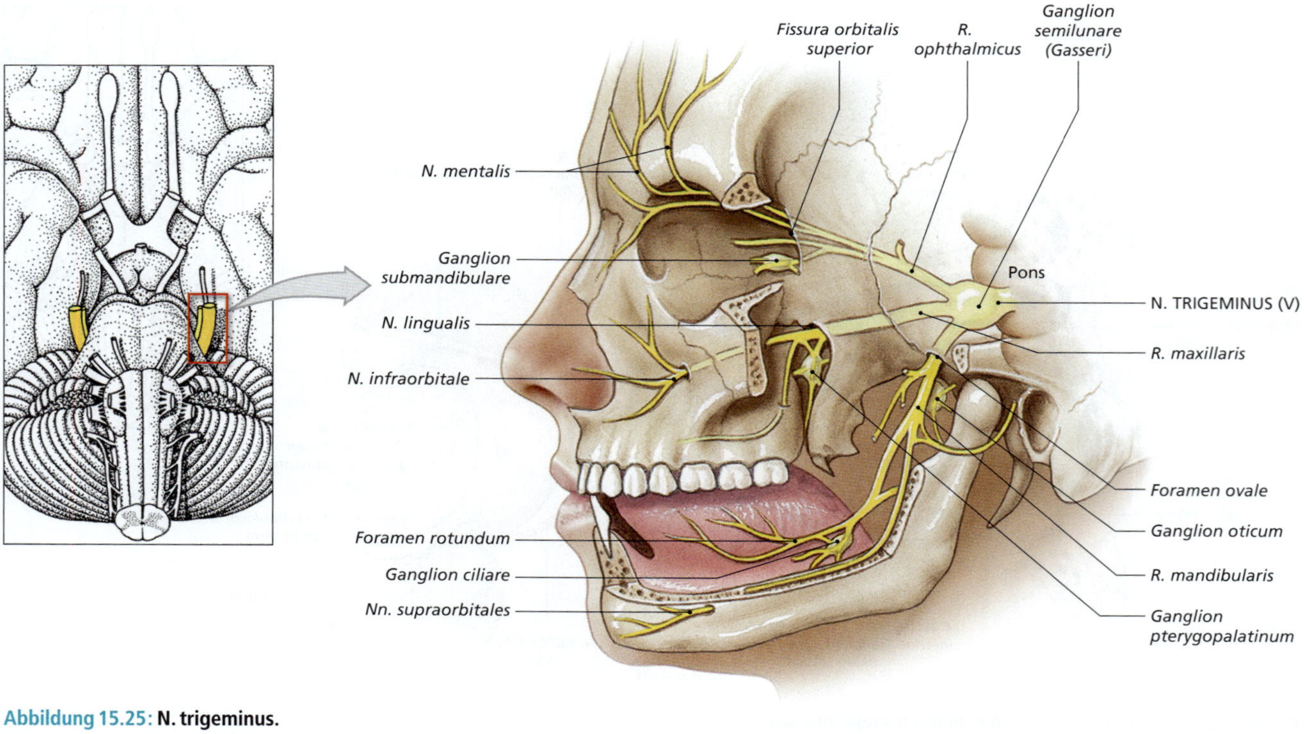

Abbildung 15.25: **N. trigeminus.**

Die Äste des *N. trigeminus* sind mit den *Ganglia ciliare, pterygopalatinum, submandibulare* und *oticum* verbunden. Bei ihnen handelt es sich um autonome Ganglien, deren Neurone Strukturen im Gesicht innervieren. Der *N. trigeminus* enthält keine viszeromotorischen Fasern. Alle seine Fasern ziehen durch diese Ganglien hindurch, ohne Synapsen zu bilden. Es können jedoch Äste anderer Hirnnerven, wie etwa des *N. facialis*, an den *N. trigeminus* gebunden sein. Diese Äste können die Ganglien innervieren; ihre postganglionären autonomen Fasern ziehen dann mit dem Trigeminusnerv an die peripheren Strukturen. Das *Ganglion ciliare* wurde bereits beschrieben; die anderen Ganglien werden gleich bei der Besprechung des *N. facialis* (VII) erwähnt.

15.9.6 N. abducens (VI)

Hauptfunktion: motorisch (Augenbewegungen)
Ursprung: Pons
Durchtritt: *Fissura orbitalis superior* im *Os sphenoidale*
Zielorgan: *M. rectus lateralis*

Der *N. abducens* innerviert den *M. rectus lateralis*, den sechsten äußeren Augenmuskel, der den Augapfel zur Seite bewegt. Der Nerv entspringt an der Unterfläche des Gehirns an der Grenze zwischen Pons und *Medulla oblongata* (**Kleinhirnbrückenwinkel**; siehe Abbildung 15.21). Er zieht gemeinsam mit den *Nn. oculomotorius* und *trochlearis* (siehe Abbildung 15.24) durch die *Fissura orbitalis superior* in die Orbita.

15.9.7 N. facialis (VII)

Hauptfunktion: gemischt (sensorisch und motorisch)
Ursprung:

- **sensorisch:** von den Geschmacksrezeptoren der vorderen zwei Drittel der Zunge
- **motorisch:** von den motorischen Kernen der Pons

Durchtritt: *Meatus acusticus internus* im *Os temporale* durch den *Canalis facialis* bis an das *Foramen stylomastoideum*
Zielorgane:

- **sensorisch:** an die sensorischen Kerne der Pons
- **somatomotorisch:** mimische Muskulatur
- **viszeromotorisch:** Tränendrüsen und Schleimdrüsen der Nase über das *Ganglion ptyerygopalatinum*; submandibuläre und sublinguale Speicheldrüsen über das *Ganglion submandibulare*

Der *N. facialis* ist ein gemischter Nerv. Die Zellkörper der sensorischen Neurone liegen im **Corpus geniculatum**, die motorischen Kerne in der Pons (siehe Abbildung 15.21). Die sensorischen und die motorischen Wurzeln verbinden sich und laufen gemeinsam als dicker Nerv durch den *Meatus acusticus internus* im *Os temporale* (**Abbildung 15.26**). Der Nerv zieht dann weiter durch den *Canalis facialis* und erreicht das Gesicht am *Foramen stylomastoideum*. Die sensorischen Neurone überwachen die Propriozeptoren der Gesichtsmuskeln, die Rezeptoren für tiefen Druck am Gesicht und für Geschmacksreize von den vorderen zwei

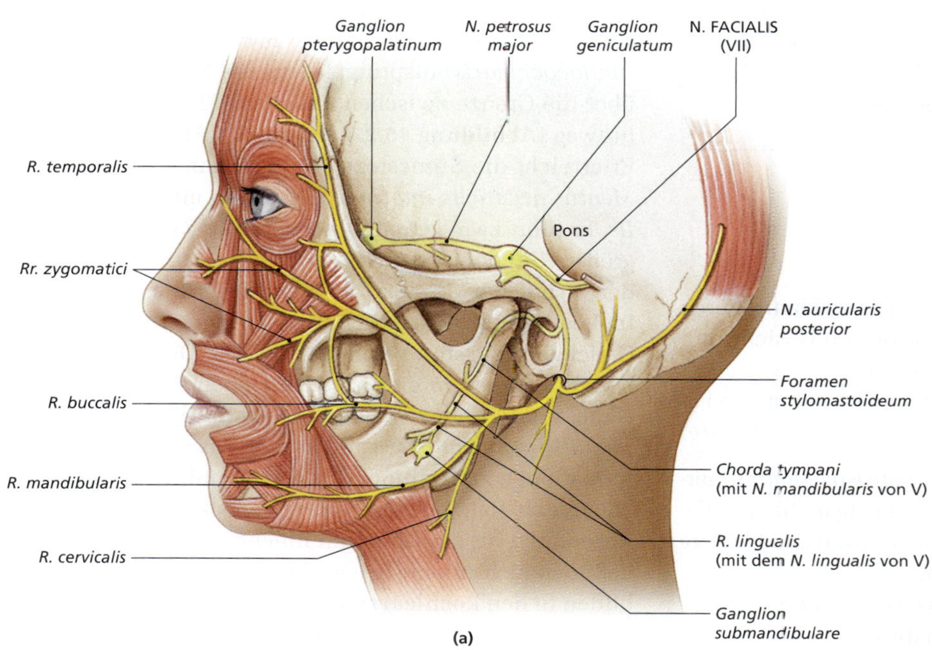

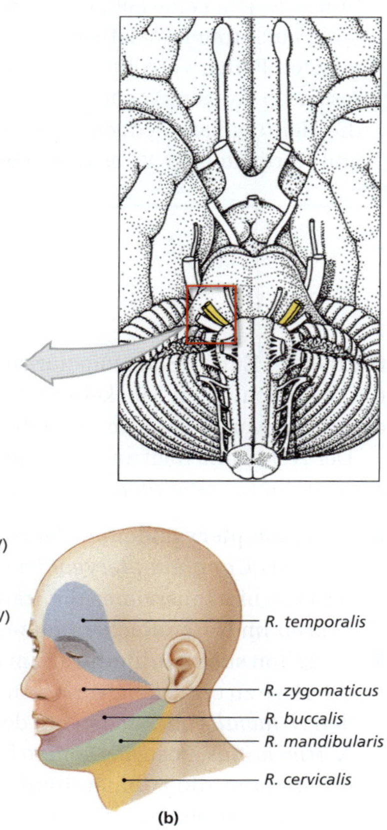

Abbildung 15.26: N. facialis. (a) Ursprung und Äste des N. facialis. (b) Oberflächlicher Verlauf der fünf wichtigsten Äste des N. facialis.

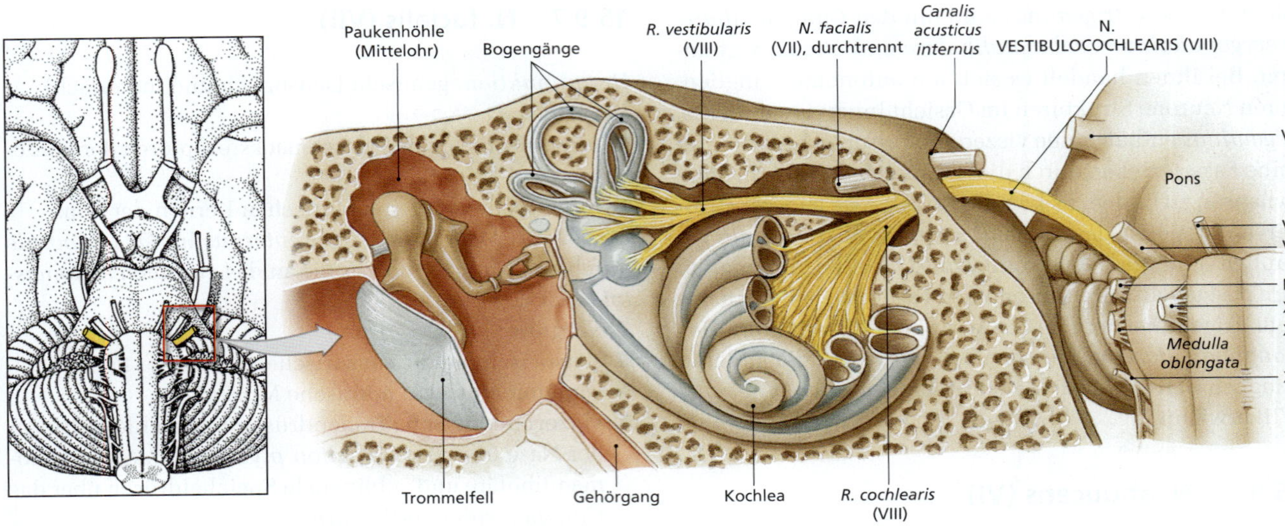

Abbildung 15.27: **N. vestibulocochlearis.**

> **AUS DER PRAXIS** **Idiopathische Fazialisparese**
>
> Die idiopathische Fazialisparese oder Bell-Parese tritt bei einer Reizung des *N. facialis* auf, die wahrscheinlich viralen Ursprungs ist. Die Beteiligung des *N. facialis* erkennt man an den Symptomen, wie Lähmung der Gesichtsmuskulatur der betroffenen Seite und Verlust des Geschmacksinns an den vorderen zwei Dritteln der Zunge. Es gibt keine nennenswerten sensorischen Ausfälle; auch treten meist keine Schmerzen auf. In den meisten Fällen vergeht die idiopathische Fazialisparese nach einigen Wochen oder Monaten „von selbst"; die Heilung kann jedoch durch die frühzeitige Gabe von Kortison oder Virostatika beschleunigt werden.

Dritteln der Zunge. Somatomotorische Fasern kontrollieren die oberflächlichen Muskeln von Kopf und Gesicht und die tiefere Muskulatur um das Ohr herum.

Der *N. facialis* trägt auch präganglionäre autonome Fasern an die *Ganglia pterygoideum* und *submandibulare*:

- **Ganglion pterygoideum:** Der *N. petrosus major* innerviert das *Ganglion pterygoideum*. Postganglionäre Fasern von hier innervieren die Tränendrüsen und kleinere Drüsen im Nasen-Rachen-Raum.
- **Ganglion submandibulare:** Um das *Ganglion submandibulare* zu erreichen, verlassen die autonomen Fasern den *N. facialis* und ziehen mit dem *R. mandibularis* des *N. trigeminus*. Postganglionäre Fasern dieses Ganglions innervieren die submandibulären und sublingualen Speicheldrüsen (lat.: lingua = die Zunge).

15.9.8 N. vestibulocochlearis (VIII)

Hauptfunktion: spezialisiert sensorisch: Gleichgewichtssinn (vestibulärer Ast), Gehör (kochleärer Ast)
Ursprung: Rezeptoren im Innenohr (vestibulär und kochleär)
Durchtritt: *Meatus acusticus internus* im *Os temporale*
Zielorgan: vestibuläre und kochleäre Kerne in Pons und *Medulla oblongata*

Der *N. vestibulocochlearis* wird auch *N. acusticus* oder **Hörnerv** genannt. Wir verwenden die Bezeichnung vestibulokochleär, da aus ihr die beiden Hauptäste ersichtlich sind: der *R. vestibularis* und der *R. cochlearis*. Der *N. vestibulocochlearis* entspringt lateral des *N. facialis*; er zieht über die Grenze zwischen Pons und *Medulla oblongata* hinweg (**Abbildung 15.27**; siehe auch Abbildung 15.21). Er erreicht die Sinnesrezeptoren im Innenohr über den *Meatus acusticus internus*, zusammen mit dem *N. facialis*. Er führt zwei getrennte sensorische Faserbündel: Das größere Bündel ist der **N. vestibularis** (lat.: vestibulum = der Vorhof, der Vorplatz). Er entspringt an den Rezeptoren im **Vestibulum**, dem Abschnitt des Innenohrs, das für den Gleichgewichtssinn verantwortlich ist. Die sensorischen Neurone liegen in einem sensorischen Ganglion in der Nähe; ihre Axone ziehen an die **vestibulären Kerne** der *Medulla oblongata*. Diese afferenten Fasern vermitteln Informationen zu Position, Bewegung und Balance. Der **N. cochlearis** (lat.: cochlea = die Schnecke) überwacht die Rezeptoren für das Gehör im Innenohr. Die Nervenzellen befinden sich in einem peripheren Ganglion, die Axone bilden in den **kochleären Kernen** der *Medulla oblongata* Synapsen. Die Axone, die die vestibulären und kochleären Kerne verlassen, leiten die Informationen an andere Zentren weiter oder initiieren motorische Reflexantworten. Gleichgewichts- und Hörsinn sind in Kapitel 18 ausführlicher beschrieben.

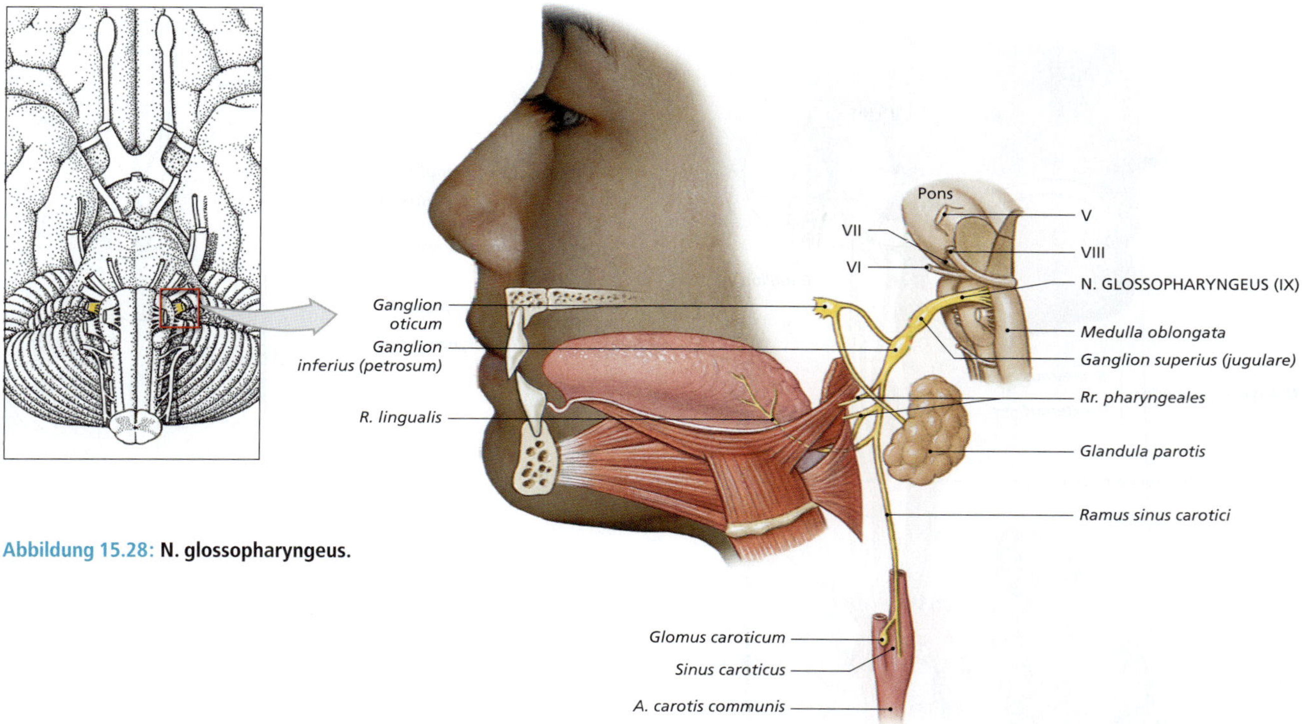

Abbildung 15.28: **N. glossopharyngeus.**

15.9.9 N. glossopharyngeus (IX)

Hauptfunktion: gemischt (sensorisch und motorisch)
Ursprung:

- **sensorisch:** vom hinteren Drittel der Zunge, einem Teil von Rachen und Gaumen und den *Aa. carotis* am Hals
- **motorisch:** von motorischen Kernen der *Medulla oblongata*

Durchtritt: Foramen jugulare zwischen den *Ossa occipitalis* und *temporalis*
Zielorgan: sensorische Fasern an die sensorischen Kerne in der *Medulla oblongata*

- **somatomotorisch:** Schluckmuskulatur im Rachen
- **viszeromotorisch:** *Glandula parotis* nach Synapsen im *Ganglion oticum*

Zusätzlich zum vestibulären Kern von Hirnnerv VIII enthält die *Medulla oblongata* auch die sensorischen und motorischen Kerne der Hirnnerven IX, X, XI und XII. Der *N. glossopharyngeus* innerviert Zunge und Rachenraum. Er verlässt den Schädel durch das *Foramen jugulare*, zusammen mit den Hirnnerven X und XI (**Abbildung 15.28**; siehe auch Abbildung 15.21).

Der *N. glossopharyngeus* ist ein gemischter Nerv, aber die sensorischen Fasern sind in der Überzahl. Die sensorischen Neurone liegen im **Ganglion superius** *(jugulare)* und im **Ganglion inferius** *(petrosum)*[3]. Die afferenten Fasern tragen allgemeine Sinnesreize von der Oberfläche von Rachenraum und weichem Gaumen zu einem Kern in der *Medulla oblongata*. Der *N. glossopharangeus* übermittelt außerdem Geschmacksreize vom hinteren Drittel der Zunge und kontrolliert spezielle Rezeptoren in großen Blutgefäßen, die Blutdruck und Blutgase überwachen.

Die somatomotorischen Fasern versorgen die Schluckmuskulatur. Viszeromotorische Fasern bilden Synapsen im *Ganglion oticum*; die postsynaptischen Fasern innervieren die *Glandula parotis*.

15.9.10 N. vagus (X)

Hauptfunktion: gemischt (sensorisch und motorisch)
Ursprung:

- **viszerosensorisch:** von Rachenraum (partiell), Ohrmuschel und *Meatus acusticus externus*; Zwerchfell; viszerale Organe in Brust- und Bauch-Becken-Höhle
- **viszeromotorisch:** von den motorischen Kernen der *Medulla oblongata*

Durchtritt: Foramen jugulare zwischen den *Ossa occipitalis* und *temporalis*
Zielorgan: sensorische Fasern zu sensorischen Kernen und autonomen Zentren der *Medulla oblongata*

- **somatomotorisch:** zur Gaumen- und Rachenmuskulatur
- **viszeromotorisch:** zu den Atmungs-, Verdauungs- und Herz-Kreislauf-Organen in der Brust- und der Bauch-Becken-Höhle

Der *N. vagus* entspringt direkt inferior des *N. glossopharyngeus* (siehe Abbildung 15.21). Viele kleine Wurzeln

3 Die Nomenklatur der Ganglien der Hirnnerven IX und X ist uneinheitlich. Der neunte Hirnnerv hat ein *Ganglion superius*, das auch *Ganglion jugulare* genannt wird, und ein *Ganglion inferius*, das auch *Ganglion petrosus* genannt wird. Der zehnte Hirnnerv hat ebenfalls zwei Hauptganglien, die als *Ganglion superius* oder *Ganglion jugulare* und *Ganglion inferius* oder *Ganglion nodosum* bezeichnet werden. Die Terminologia Anatomica empfiehlt den Gebrauch der Bezeichnungen *superius* und *inferius*.

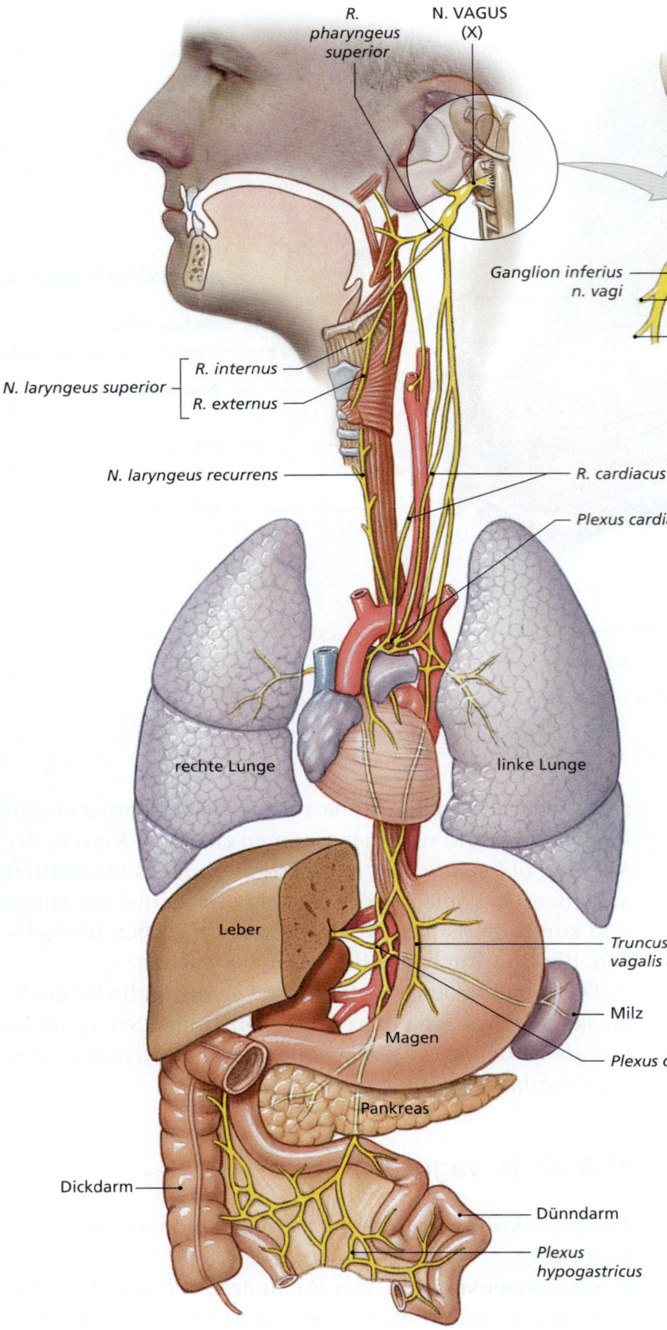

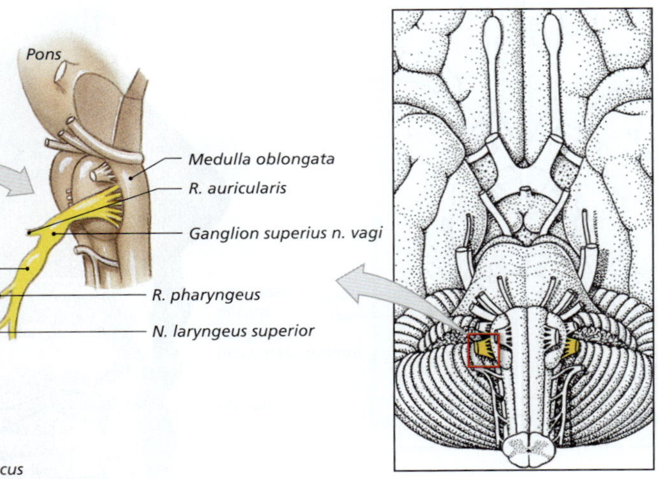

Abbildung 15.29: **N. vagus.**

vereinen sich in ihm; Untersuchungen weisen darauf hin, dass dieser Nerv das Ergebnis einer entwicklungsgeschichtlich bedingten Fusion mehrerer kleiner Hirnnerven darstellt. Wie der Name (lat.: vagus = umherschweifend, unstet) bereits impliziert, hat er einen ausgedehnten und verzweigten Verlauf. **Abbildung 15.29** ist lediglich eine vereinfachte Darstellung.

Sensorische Neurone finden sich im **Ganglion superius** *(Ganglion jugulare)* und im **Ganglion inferius** *(Ganglion nodosum)*. Der *N. vagus* übermittelt somatosensorische Reize vom *Meatus acusticus externus*, einem Teil des Ohres, dem Zwerchfell und speziellen Geschmacksrezeptoren im Rachenraum. Der Großteil der vagalen Afferenzen leitet viszerosensorische Reize vom Ösophagus, den Atemwegen und den Bauchorganen bis hin zum Enddarm. Diese Reize sind für die autonome Kontrolle der Organfunktion unerlässlich, doch da diese Reize selten die Großhirnrinde erreichen, sind wir uns ihrer kaum bewusst.

Die motorischen Komponenten des *N. vagus* sind ähnlich vielfältig. Er führt präganglionäre autonome Fasern, die das Herz und die glatte Muskulatur sowie die Drüsen beeinflussen, die in den überwachten Bereichen liegen, einschließlich Atemwegen, Magen, Darm und Gallenblase. Der *N. vagus* leitet außerdem noch motorische Fasern zu den Muskeln von Gaumen und Rachenraum, doch gehören diese eigentlich zum *N. accessorius*, der als nächstes beschrieben wird.

15.9.11 N. accessorius (XI)

Hauptfunktion: motorisch
Ursprung: motorische Kerne in Rückenmark und *Medulla oblongata*
Durchtritt: *Foramen jugulare* zwischen den *Ossa occipitalis* und *temporalis*
Zielorgane:

- **R. internus:** innerviert die Willkürmuskulatur von Gaumen, Rachenraum und Kehlkopf
- **R. externus:** innerviert die *Mm. sternocleidomastoideus* und *trapezius*

Der *N. accessorius* unterscheidet sich von anderen Hirnnerven insofern, als einige seiner motorischen Fasern in

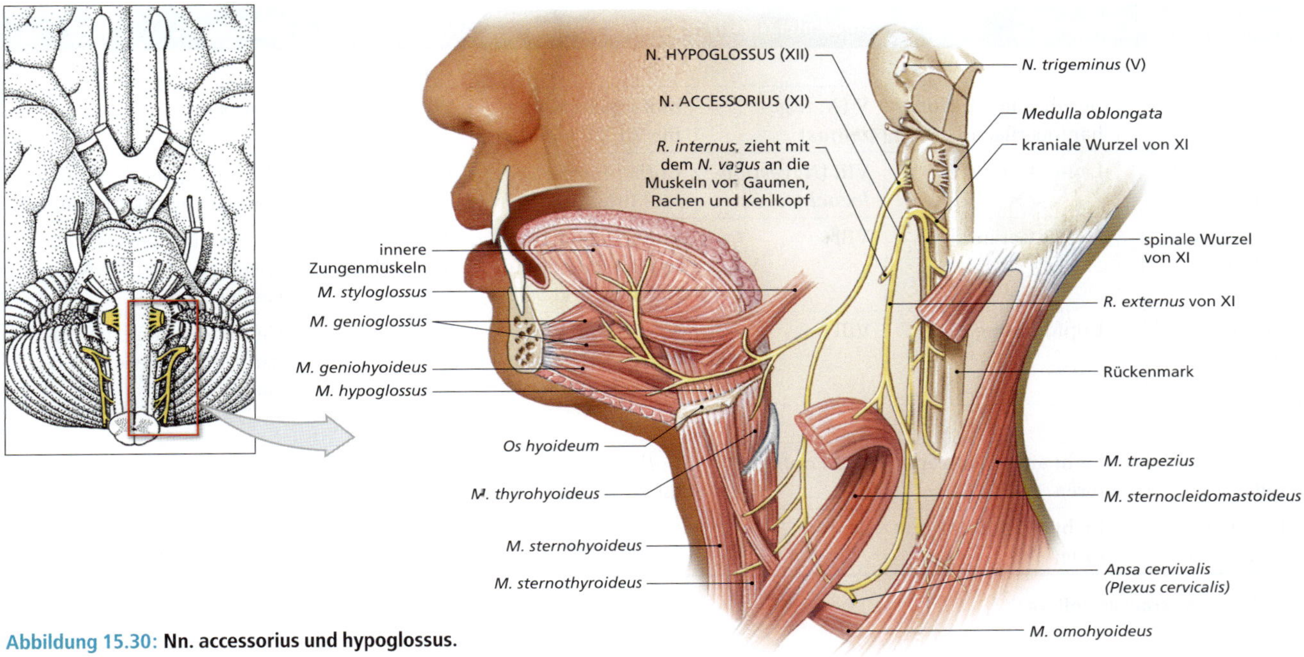

Abbildung 15.30: Nn. accessorius und hypoglossus.

den lateralen Anteilen der (grauen) Vorderhörner der ersten fünf Rückenmarkssegmente entspringen (**Abbildung 15.30**; siehe auch Abbildung 15.21). Diese Fasern bilden zusammen die **spinale Wurzel**, die durch das *Foramen magnum* in den Schädel hinein und mit den motorischen Fasern der **kranialen Wurzel**, die an einem Kern der *Medulla oblongata* entspringen, durch das *Foramen jugulare* wieder hinauszieht. Der *N. accessorius* hat zwei Äste:

- Der **R. internus** vereint sich mit dem *N. vagus* und innerviert die willkürliche Schluckmuskulatur am weichen Gaumen und im Rachenraum sowie die intrinsischen Muskeln, die die Stimmbänder bewegen.
- Der **R. externus** versorgt den *M. sternocleidomastoideus* und den *M. trapezius* an Nacken und Rücken. Die motorischen Fasern entspringen an den Vorderhörnern der Segmente C1–C3.

AUFGABEN

1. Lukas hat Schwierigkeiten damit, seine Zunge zu bewegen. Sein Arzt erklärt ihm, dass die Ursache Druck ist, der auf einem Hirnnerv lastet. Um welchen Hirnnerv handelt es sich?
2. Welche Symptome erwarten Sie bei einer Schädigung des *N. abducens* (VI)?
3. Ein Schlag auf den Kopf führt bei Laura zu Gleichgewichtsstörungen. Welcher Hirnnerv und welcher Ast sind wahrscheinlich betroffen?
4. Lars hat den Geschmackssinn an der Zungenspitze verloren. Welcher Hirnnerv ist hieran beteiligt?

AUS DER PRAXIS

Kraniale Reflexe

Kraniale Reflexe sind Reflexbögen, an denen die sensorischen und motorischen Fasern von Hirnnerven beteiligt sind. In späteren Kapiteln werden einige von ihnen genauer beschrieben; hier erfolgen nur ein grober Überblick und eine Einführung.

In Tabelle 15.13 sind einige repräsentative Beispiele für kraniale Reflexe und ihre Effekte aufgeführt. Sie sind klinisch von Bedeutung, da sie eine schnelle und einfache Möglichkeit bieten, den Zustand von Hirnnerven und bestimmten Kernen und Trakten im Gehirn zu beurteilen.

Kraniale somatische Reflexe sind nur selten komplexer als die spinalen somatischen Reflexe. In der Tabelle sind vier somatische Reflexe aufgeführt: der **Kornealreflex**, der **tympanische Reflex**, der **akustische Reflex** und der **vestibulokochleäre Reflex**. Anhand dieser Reflexe kann man eine mögliche Schädigung der Hirnnerven oder der Verarbeitungszentren erkennen. Der Hirnstamm enthält zahlreiche Reflexzentren, die viszeromotorische Aktivitäten kontrollieren. Viele von ihnen liegen in der *Medulla oblongata*; sie können sehr komplexe Reizantworten vermitteln. Diese viszeralen Reflexe sind für die Funktion von Atmung, Verdauung und Herz-Kreislauf-System unabdingbar.

Reflex	Reiz	Afferenter Nerv	Zentrale Synapse	Efferenter Nerv	Reizantwort
Somatische Reflexe					
Kornealreflex	Berührung der Hornhautoberfläche	V (*N. trigeminus*)	Motorische Kerne für VII (*N. facialis*)	VII	Zwinkern
Tympanischer Reflex	Lautes Geräusch	VIII (*N. vestibulocochlearis*)	*Colliculi inferiores* im Mittelhirn	VII	Hemmung der Beweglichkeit der Gehörknöchelchen
Akustischer Reflex	Lautes Geräusch	VIII	Motorische Kerne in Hirnstamm und Rückenmark	III, IV, VI, VII, X, zervikale Nerven	Augen- und/oder Kopfbewegungen bei plötzlichen Geräuschen
Vestibulokochleärer Reflex	Kopfdrehung	VIII	Motorische Kerne für die äußeren Augenmuskeln	III, IV, VI	Gegenbewegung der Augen zur Stabilisierung des Gesichtsfelds
Viszerale Reflexe					
Direkter Lichtreflex	Licht auf Fotorezeptoren	II (*N. opticus*)	*Colliculi superiores* im Mittelhirn	III (*N. oculomotorius*)	Konstriktion derselben Pupille
Konsensuelle Lichtreaktion	Licht auf Fotorezeptoren	II	*Colliculi superiores*	III	Konstriktion der kontralateralen Pupille

Tabelle 15.13: **Kraniale Reflexe**

15.9.12 N. hypoglossus (XII)

Hauptfunktion: motorisch (Zungenbewegungen)
Ursprung: motorische Kerne der *Medulla oblongata*
Durchtritt: *Canalis hypoglossi* im *Os occipitalis*
Zielorgan: Zungenmuskulatur

Der *N. hypoglossus* verlässt den Schädel durch den *Canalis hypoglossi* im *Os occipitalis*. Er zieht im Bogen zunächst nach inferior, dann nach anterior und schließlich wieder nach superior zur Zungenmuskulatur (siehe Abbildung 15.21 und 15.30). Dieser Nerv ermöglicht willkürliche Bewegungen der Zunge.

15.9.13 Zusammenfassung: Hirnnervenäste und ihre Funktionen

Die Wenigsten können sich die vielen Namen, Nummern und Funktionen der Hirnnerven ohne Weiteres merken. Ein bekannter Merkspruch lautet: **O**nkel **O**tto **o**rgelt **t**ag**t**äglich, **a**ber **f**reitags **v**erspeist er **g**ern **v**iele **a**lte **H**amburger. Eine Zusammenfassung der Verläufe und Funktionen der einzelnen Hirnnerven finden Sie in Tabelle 15.12.

Zusammenfassung Embryologie

Eine Zusammenfassung der Entwicklung des Nervensystems finden Sie in Kapitel 28 (Embryologie und Entwicklung des Menschen).

DEFINITIONEN

Ataxie: Gleichgewichtsstörung, bei der die Betroffenen in schweren Fällen nicht frei stehen können, verursacht durch Schädigung des Kleinhirns

Idiopathische Fazialisparese: Entzündung des *N. facialis* mit Lähmung der Gesichtsmuskeln auf der betroffenen Seite und Verlust des Geschmackssinns der vorderen zwei Drittel der Zunge

Schädel-Hirn-Trauma: Kopfverletzung nach gewaltsamem Kontakt des Kopfes mit einem anderen Gegenstand. Es kann hierbei zu einer Gehirnerschütterung mit kurzem Bewusstseinsverlust und einer Amnesie variabler Länge kommen.

Dysmetrie: Unfähigkeit, eine Bewegung an einem bestimmten Punkt präzise zu beenden. Dies bewirkt oft einen Intentionstremor und ist meist ein Symptom zerebellärer Dysfunktion.

Epidurale Blutung: Verletzung mit Einblutung in den Epiduralraum

Hydrozephalus: Auch „Wasserkopf" genannt; der Schädel weitet sich, verursacht durch den Druck des überschüssigen Liquors.

Morbus Parkinson (Schüttellähmung): Erkrankung mit deutlich erhöhtem Muskeltonus bei Verlust der inhibitorischen Neurone in den Basalganglien

Spastik: verzögerte und ruckartige Willkürmotorik und erhöhter Muskeltonus

Subdurales Hämatom: Ansammlung von Blut zwischen der *Dura mater* und der Arachnoidea durch Abriss der Brückenvenen (kein Blut im Liquor)

Trigeminusneuralgie (Tic douloureux): Erkrankung der mandibulären und maxillären Trigeminusäste mit schwersten einschießenden Schmerzen, die durch Berührung von Lippen, Zunge oder Gaumen ausgelöst werden können

Tremor: beständiges Zittern der Extremitäten aufgrund des unausgewogenen Ruhetonus antagonistischer Muskelgruppen

Zusammenfassung

Die Antworten auf die Fragen der Aufgaben und der Zusammenfassung finden Sie im Antwortteil.

Wiederholung von Fakten und Begriffen

Verbinden Sie die Begriffe der linken Spalte jeweils mit denen der rechten Spalte, die am besten passen; setzen Sie die Buchstaben in die Spalte vor die Zahlen.

	Spalte A			Spalte B
	1.	Mesenzephalon	a.	Visueller Kortex
	2.	Myelenzephalon	b.	Erlernte Bewegungsmuster
	3.	*Tentorium cerebelli*	c.	Mittelhirn
	4.	*N. abducens*	d.	Motorisch, Zungenbewegungen
	5.	Dienzephalon	e.	Dritter Ventrikel
	6.	Okzipitallappen	f.	Motorisch, Augenbewegungen
	7.	*N. hypoglossus*	g.	Weiterleitung sensorischer Reize
	8.	Stammganglien	h.	*Medulla oblongata*
	9.	Thalamus	i.	Purkinje-Zellen
	10.	Kleinhirn	j.	Getrennt Kleinhirn/Großhirn

11 Im Gegensatz zu denen im Gehirn gilt für spinale Reflexe:
a. Sie sind fein eingestellt.
b. Sie sind unmittelbar.
c. Sie erfordern viele Verarbeitungsschritte.
d. Sie sind stereotyp.

12 Die Hauptverbindung zwischen dem Nervensystem und dem endokrinen System ist
a. der Hypothalamus.
b. die Pons.
c. das Mesenzephalon.
d. die *Medulla oblongata*.

13 Kraniale Blutgefäße verlaufen direkt innerhalb der
a. *Dura mater.*
b. *Pia mater.*
c. arachnoidalen Granulationen.
d. Arachnoidea.

14 Der einzige Hirnnerv mit direkter Verbindung mit dem Großhirn ist der
a. *N. opticus.*
b. *N. oculomotorius.*
c. *N. trochlearis.*
d. *N. olfactorius.*

15 Die anterioren Kerne des Thalamus
a. sind Teil des limbischen Systems.
b. sind mit der Hypophyse verbunden.
c. bilden das Hormon Melatonin.
d. erhalten Sinnesreize vom *N. opticus*.

16 Der Rindenabschnitt inferior des *Sulcus lateralis* ist der
a. Parietallappen.
b. Temporallappen.
c. Frontallappen.
d. Okzipitallappen.

17 In den Großhirnhemisphären liegen unter den Seitenventrikeln
a. die vorderen Kommissuren.
b. die motorischen Assoziationszentren.
c. die Hörrinde.
d. die Basalganglien.

18 Bei den Nervenfaserbündeln an der ventrolateralen Fläche des Mesenzephalons handelt es sich um
a. Tegmenta.
b. *Corpora quadrigemina.*
c. *Pedunculi cerebri.*
d. *Colliculi superiores.*

19 Efferente Trakte vom Hypothalamus
a. kontrollieren unwillkürliche motorische Aktivitäten.
b. kontrollieren autonome Funktionen.
c. koordinieren die Aktivitäten des endokrinen Systems und des Nervensystems.
d. Alle genannten Funktionen sind richtig.

20 Zur dienzephalen Komponente des limbischen Systems gehören
a. der limbische Lappen und der Hippokampus.
b. die Fornix.
c. das *Corpus amygdaloideum* und der *Gyrus parahippocampalis.*
d. Thalamus und Hypothalamus.

Wiederholung von Lernzielen

1 Welche der folgenden Hirnnerven könnte eine Verdickung der *V. jugularis* an ihrem Austritt aus dem Schädel komprimieren?
a. I, IV, V
b. IX, X, XI
c. II, IV, VI
d. VIII, IX, XII

2 Eine Dysmetrie lässt auf eine Schädigung welchen Hirnareals schließen?
a. Kleinhirn
b. Frontallappen des Großhirns
c. Pons
d. *Medulla oblongata*

3 Bei einer Verletzung oder Erkrankung welcher Hirnregion wären Steuerung und Regulierung der Atemfrequenz beeinträchtigt?
a. pneumotaktisches Zentrum der Pons

b. Zentrum für den Atemrhythmus der Medulla oblongata
c. Olivenkern der Medulla oblongata
d. Pedunculi cerebri des Mesenzephalons

4 Welcher Lappen und welcher spezifische Bereich des Gehirns könnten geschädigt sein, wenn jemand keine Formen mehr aus Papier ausschneiden kann?

5 Reize von Propriorezeptoren müssen vor der Ankunft an ihrem Ziel im Gehirn durch bestimmte Kerne geleitet werden. Welche Kerne sind dies und welches ist das Ziel der Reize im Gehirn?

6 Welche Kerne sind am ehesten an den koordinierten Kopfbewegungen nach einem lauten Geräusch beteiligt?

7 Welche Hirnnerven sind an den Augenbewegungen beteiligt?

8 Welche Hirnregion könnte geschädigt sein, wenn jemand seine Emotionen nicht unter Kontrolle hat und sich nur schlecht an vergangene Ereignisse erinnern kann?

9 Welche Hirnregion stellt die Verbindung zwischen den Kleinhirnhemisphären einerseits und Mesenzephalon, Dienzephalon, Großhirn und Rückenmark andererseits dar?

10 Warum ist die Blut-Hirn-Schranke im Hypothalamus weniger dicht?

Anwendung der Lerninhalte

1 Der Kopf eines Kindes beginnt sich kurz nach der Geburt deutlich zu vergrößern. Was geht dabei vor sich, warum geschieht es und gibt es eine klinische Erklärung und eine Lösung des Problems?

2 Eines Morgens erwacht Anna mit einer Lähmung der Gesichtsmuskeln auf der linken Seite und einem Verlust des Geschmackssinns an den vorderen zwei Dritteln der Zunge derselben Seite. Was ist die Ursache ihrer Symptome und womit kann man Anna in dieser Situation helfen?

3 Was könnte die Ursache sein, wenn jemand mehrere Tage nach einer Kopfverletzung das Bewusstsein verliert? Wie ernst ist die Lage?

Eine Kurzzusammenfassung der wichtigsten Inhalte, sowie die Antworten zu den Fragen und weitere Arbeitsmaterialien finden sie auf unserer Companion Website unter: **www.pearson-studium.de/login**

Lernziele

1. Die Funktionen von Neuronen erster, zweiter und dritter Ordnung beschreiben können.
2. Die wichtigsten sensorischen Bahnen erkennen und beschreiben können.
3. Die kortikospinalen, medialen und lateralen Bahnen erkennen und beschreiben können.
4. Die anatomischen Strukturen beschreiben können, durch die wir erkennen, von welcher Körperregion ein Sinnesreiz kommt.
5. Die Zentren im Gehirn kennen, die für die motorischen Kommandos zusammenarbeiten.
6. Die integrativen Areale der Hirnrinde und ihre Funktionen kennen.
7. Die signifikanten funktionellen Unterschiede zwischen der linken und der rechten Hemisphäre erläutern können.
8. Die Regionen und Strukturen im Gehirn kennen, die an der Speicherung und dem Abruf von Erinnerungen beteiligt sind.
9. Die Struktur des retikulären Aktivierungssystems beschreiben und erklären können, wie es das Bewusstsein aufrechterhält.
10. Die Effekte des Alterns auf das Nervensystem erläutern können.

Das Nervensystem

Bahnen und übergeordnete Funktionen

ÜBERBLICK 16

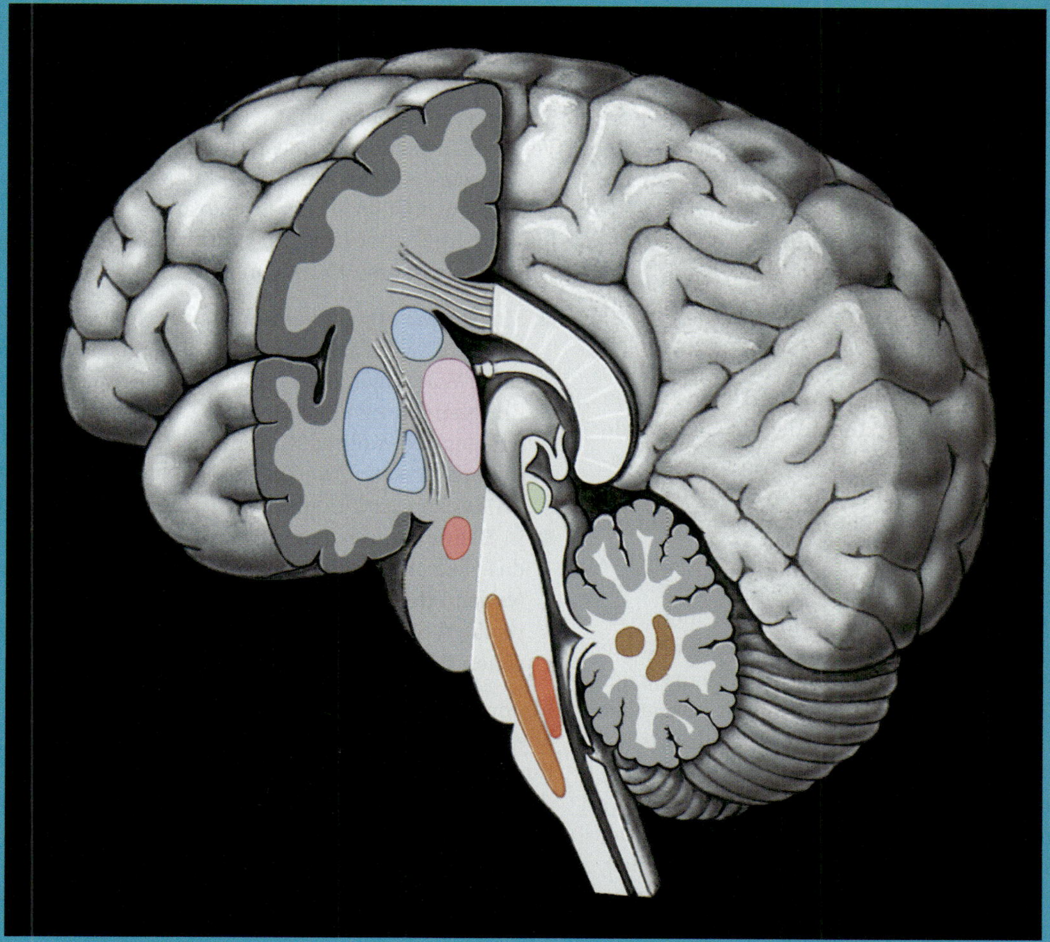

Man sagt, dass eine große Städte niemals schläft – in Chicago oder Los Angeles sind auch morgens um 3.00 Uhr die Geschäfte offen, Waren werden geliefert, Menschen sind auf den Straßen unterwegs, es herrscht dichter Verkehr. Das ZNS ist aber noch viel komplexer als jede Stadt und weitaus aktiver. Zwischen dem Gehirn, dem Rückenmark und den peripheren Nerven besteht ein steter Informationsfluss; zu jedem beliebigen Zeitpunkt liefern Millionen sensorischer Neurone Informationen an die Verarbeitungszentren im Gehirn, und Millionen motorischer Neurone kontrollieren und modifizieren die Aktivitäten der peripheren Effektoren. Diese Vorgänge laufen rund um die Uhr ab, ob wir schlafen oder wach sind. Auch im Schlaf arbeiten viele der Zentren im Hirnstamm unser Leben lang durchgehend an der Durchführung der lebenswichtigen unbewussten autonomen Funktionen.

Die höheren Zentren sind durch zahlreiche subtile Interaktionen, Rückkopplungsschleifen und Regulationsmechanismen mit den verschiedenen Abschnitten des Hirnstamms verbunden. Nur wenige sind bis ins Detail erforscht. In diesem Kapitel behandeln wir den anatomischen Aufbau, der es den neuralen Strukturen erlaubt, sowohl die sensorischen und motorischen Aktivitäten als auch die übergeordneten Funktionen, wie Lernen und Gedächtnis, durchzuführen.

16.1 Sensorische und motorische Bahnen

Die Kommunikation zwischen ZNS, PNS und den peripheren Organen und Systemen verläuft über Bahnen, die sensorische und motorische Reize zwischen der Peripherie und den höher gelegenen Zentren übermitteln. Jede aszendierende (sensorische) und jede deszendierende (motorische) Bahn besteht aus einer Kette von Trakten und den dazugehörigen Kernen. Die Verarbeitung findet meist an mehreren Punkten der Bahn statt, wo immer Synapsen Informationen von einem Neuron an ein anderes weitergeben. Die Zahl der Synapsen in den verschiedenen Bahnen variiert. Eine sensorische Bahn, die in der Großhirnrinde endet, enthält drei Neurone, eine Bahn, die an das Kleinhirn reicht, nur zwei. Wir werden uns auf die wichtigsten sensorischen und motorischen Bahnen im Rückenmark konzentrieren. Im Allgemeinen sind diese Bahnen 1. paarig (beidseitig und symmetrisch im Rückenmark) und 2. entsprechend der versorgten Körperregion angeordnet. Alle Trakte verlaufen in Gehirn und Rückenmark; der Name weist oft auf Ursprung und Zielbereich hin. Beginnt der Name beispielsweise mit *spino-*, entspringt er immer im Rückenmark und endet im Gehirn, trägt also sensorische Reize. Der zweite Teil des Namens gibt den Hauptkern oder die Hirnregion am Ende der Bahn an. Der *Tractus spinocerebellaris* beginnt also im Rückenmark und endet im Kleinhirn. Endet der Name eines Traktes auf *-spinalis*, muss er im Gehirn beginnen und im Rückenmark enden; er übermittelt also motorische Kommandos. Auch hier weist der erste Teil des Namens auf den Ursprung des Traktes hin. Der *Tractus vestibulospinalis* beginnt demnach im *Nucleus vestibularis* und endet im Rückenmark.

16.1.1 Sensorische Bahnen

Sensorische Rezeptoren überwachen sowohl die Bedingungen im Inneren des Körpers als auch die der Umgebung. Bei einer Stimulation wird die Information an das ZNS weitergegeben. Diese Information, **Reiz** genannt, kommt in der afferenten Faser in Form von Aktionspotenzialen an. Die Komplexität der Reaktion auf einen bestimmten Reiz hängt zum Teil davon ab, wo die Verarbeitung stattfindet und wo die motorische Reaktion initiiert wird. Die Reizverarbeitung im Rückenmark führt beispielsweise zu sehr schnellen, stereotypen motorischen Reflexantworten, wie bei einem Streckreflex. Die Verarbeitung sensorischer Reize im Hirnstamm kann jedoch komplexere motorische Reaktionen hervorrufen, wie etwa koordinierte Bewegungen von Augen, Kopf, Hals oder Rumpf. Die Verarbeitung sensorischer Reize findet zum allergrößten Teil in Rückenmark, Thalamus oder Hirnstamm statt; nur etwa 1 % der Afferenzen erreicht die Hirnrinde und damit unser Bewusstsein. Die Informationen, die den sensorischen Kortex erreichen, sind jedoch so strukturiert, dass wir Quelle und Art des Reizes sehr genau bestimmen können. In Kapitel 17 werden die Weiterleitung viszerosensorischer Informationen und die Reflexantworten auf viszerale Reize besprochen. Kapitel 18 behandelt die Ursprünge der Reize und die Bahnen, die an der Weiterleitung spezieller Sinnesreize, wie Riechen oder Sehen, an die bewussten und unbewussten Verarbeitungszentren im Gehirn beteiligt sind.

Wir werden drei sensorische Bahnen beschreiben, die somatosensorische Informationen an den sensorischen Kortex der Groß- oder Kleinhirnhemisphären transportieren. Hierzu gehört eine Kette von Neuronen:

- Ein **Neuron erster Ordnung** ist das Neuron, das den Reiz in das ZNS bringt; sein Zellkörper liegt in einem dorsalen Wurzelganglion oder einem Hirnnervenganglion.
- Ein **Neuron zweiter Ordnung** ist ein Interneuron, an das das Axon eines Neurons erster Ordnung mit einer Synapse ansetzt. Die Zellkörper befinden sich entweder im Rückenmark oder im Hirnstamm.
- In Bahnen, die bis an die Großhirnrinde reichen, setzt das Neuron zweiter Ordnung im Thalamus noch an ein **Neuron dritter Ordnung** an. Dessen Axon trägt sensorische Reize vom Thalamus zu der passenden sensorischen Region der Hirnrinde.

In den meisten Fällen zieht das Axon des Neurons erster oder zweiter Ordnung bei seiner Aszension (Aufstieg) im Rückenmark oder im Hirnstamm auf die Gegenseite. Wegen dieser Kreuzung (Dekussatio) gelangen Sinnesreize von der linken Körperhälfte an die rechte Seite des Gehirns und umgekehrt. Die funktionelle und entwicklungsgeschichtliche Bedeutung dieser Kreuzung ist nicht bekannt. In zwei der sensorischen Bahnen (Hinterstrangbahn und spino-

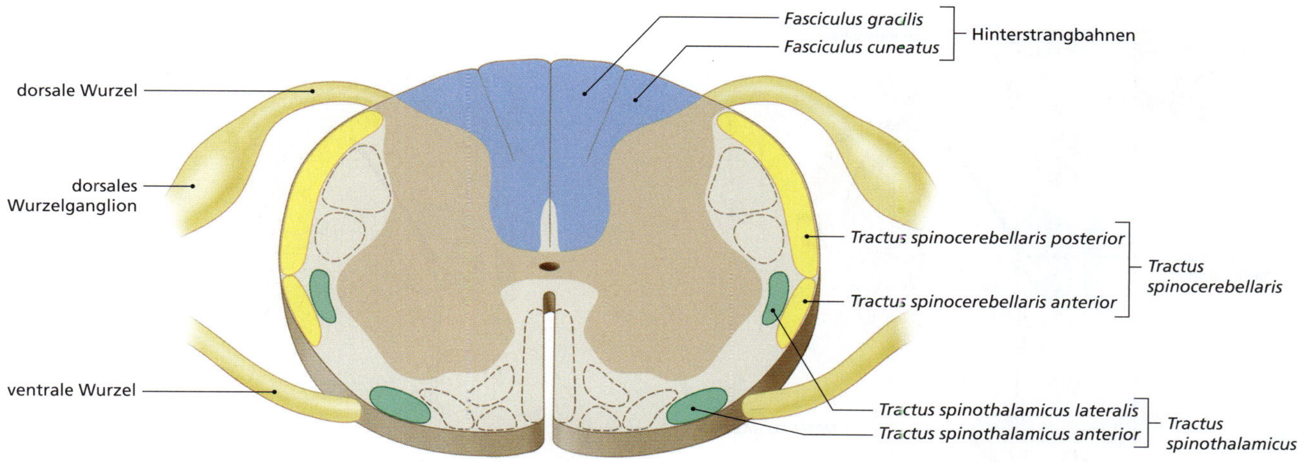

Abbildung 16.1: Aszendierende (sensorische) Bahnen und Trakte im Rückenmark. Rückenmarksquerschnitt mit Darstellung der wichtigsten aszendierenden (sensorischen) Trakte. Für weitere Informationen siehe Tabelle 16.1. Die deszendierenden Trakte sind gestrichelt dargestellt (siehe Abbildung 16.4).

thalamische Bahn) ziehen die Axone der Neurone dritter Ordnung aufwärts und bilden in der *Capsula interna* Synapsen mit den Neuronen des primär-sensorischen Kortex der Großhirnhemisphären. Da auf Höhe der Neurone erster und zweiter Ordnung eine Kreuzung stattgefunden hat, erhält die rechte Großhirnhemisphäre die sensorischen Informationen von der linken Körperhälfte und umgekehrt.

In Tabelle 16.1 sind die drei wichtigsten somatosensorischen Bahnen aufgezählt und beschrieben: 1. die **Hinterstrangbahn**, 2. der **Tractus spinothalamicus (Vorderseitenstrangbahn)** und 3. der **Tractus spinocerebellaris (Kleinhirnbahn)**. In **Abbildung 16.1** sehen Sie ihre relative Lage im Rückenmark. In der Abbildung mit den spinalen Trakten (**Abbildung 16.2**) wird zur besseren Übersicht nur gezeigt, wie Reize von einer Körperhälfte an die Hirnrinde geleitet werden; bedenken Sie aber, dass diese Bahnen auf **beiden** Seiten vorhanden sind.

Die Hinterstrangbahn

Die Hinterstrangbahn oder mediale Schleifenbahn (*Lemniscus medialis*; siehe Abbildung 16.2a) trägt stark lokalisierte Reize zum Lagesinn (propriozeptiv), der feinen Tastwahrnehmung sowie zu Druck und Vibration von Haut und Muskulatur. Sie leitet auch Informationen zur Art des Reizes, zur genauen Lokalisation und zu Beginn und Ende der Stimulation, also zum „was“, „wo“ und „wann“ eines Reizes.

Die Axone der Neurone erster Ordnung erreichen das ZNS über die dorsalen Wurzeln der Spinalnerven und die spinalen Wurzeln der Hirnnerven. Die Axone von den dorsalen Wurzeln der Spinalnerven aszendieren im **Fasciculus gracilis** oder im **Fasciculus cuneatus** und bilden Synapsen im *Nucleus gracilis* bzw. im *Nucleus cuneatus* der *Medulla oblongata*. Die Neurone zweiter Ordnung leiten diese Informationen über einen Trakt namens **Lemniscus medialis** (griech.: lemniskos = das Band, die Schlinge) an den Thalamus der Gegenseite weiter. Die Axone der Neurone zweiter Ordnung kreuzen beim Verlassen der Kerne auf dem Weg in den *Lemniscus medialis*. Auf dem Weg zum Thalamus schließen sich dem *Lemniscus medialis* noch weitere Fasern aus den Hirnnerven V, VII, IX und X an, die die gleichen Reize (feine Tastwahrnehmung, Druck und Vibration) übermitteln.

Aszendierende sensorische Reize halten sich auf ihrem Weg von einem Zentrum zum nächsten in ihren Bahnen an eine **strikte regionale Anordnung**. Sensorische Reize, die unterhalb von Th6 in das Rückenmark eintreten, ziehen im *Fasciculus gracilis* in die *Medulla oblongata*, während Sinnesreize, die oberhalb von Th6 eintreten, im *Fasciculus cuneatus* in die *Medulla oblongata* gelangen. Sensorische Reize in den Hinterstrangbahnen werden vom ventralen posterolateralen Kern des Thalamus vernetzt, der die Daten nach ihrem Ursprungsort sortiert und sie an die entsprechenden spezifischen Regionen des primär-sensorischen Kortex weiterleitet. Die Axone, die Informationen vom Thalamus an den sensorischen Kortex leiten, bezeichnet man kollektiv als **Projektionsfasern**. Sinnesreize von den Zehen landen an einem Ende des sensorischen Kortex, Reize vom Kopf am anderen Ende.

Man „weiß“ um **Art und Lokalisation eines Reizes**, weil dieser an eine spezifische Region des primär-sensorischen Kortex geleitet wurde. Wenn er an eine andere Region geleitet wird, hat man den Eindruck, dass der Reiz woanders herkommt. Die Schmerzen bei einem Herzinfarkt spürt man oft im linken Arm; dies ist ein Beispiel für übertragenen Schmerz (siehe Kapitel 18). Unsere Wahrnehmung eines Reizes als beispielsweise Druck und nicht als Temperatur oder Schmerz hängt von seiner Verschaltung im Thalamus ab. Bei einer Schädigung der Hirnrinde oder einer Durchtrennung der Projektionsfasern kann man beispielsweise eine leichte Berührung noch wahrnehmen, weil die Thalamuskerne intakt sind. Man kann jedoch den Ort der Berührung nicht mehr erkennen, da die Fähigkeit zur Lokalisation im primär-sensorischen Kortex liegt.

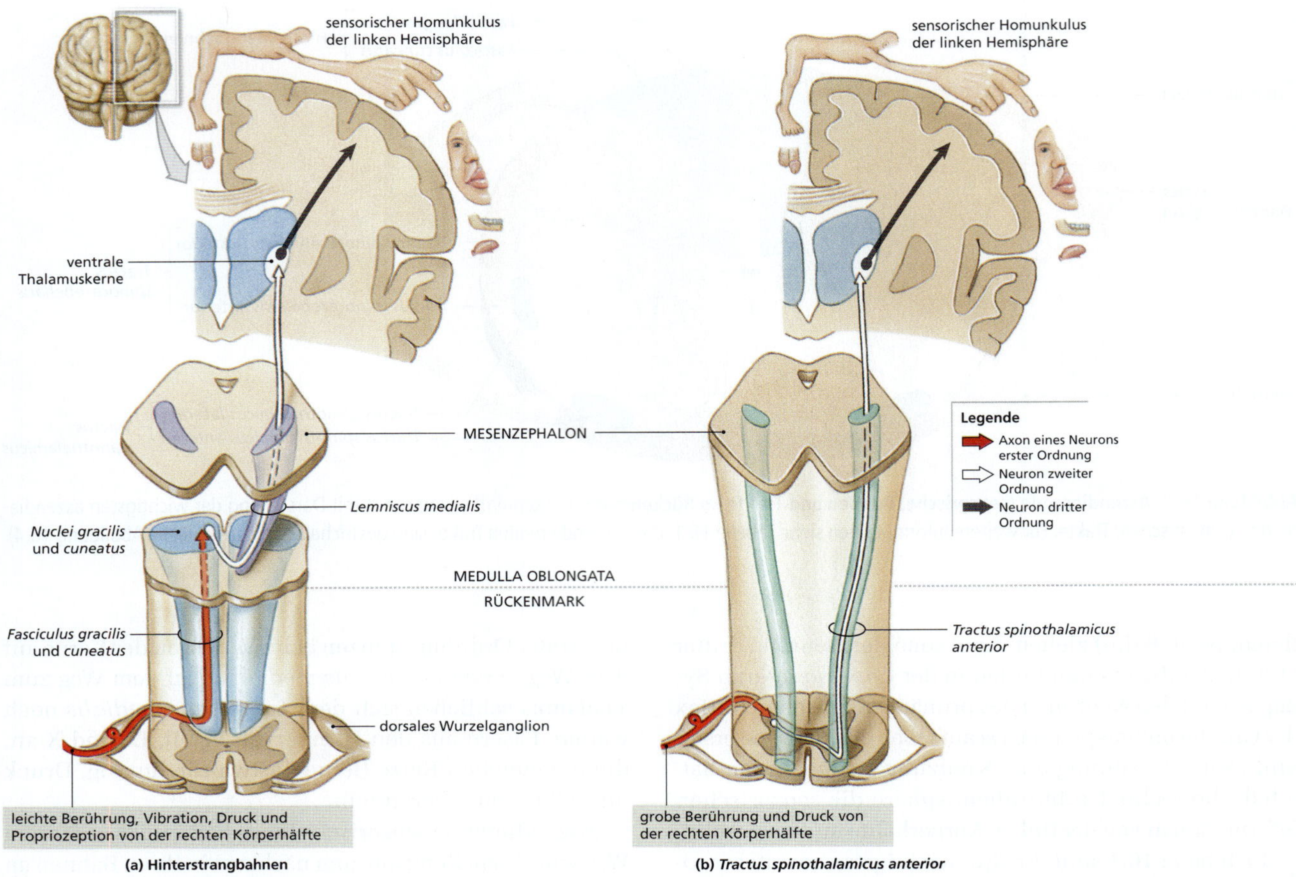

Abbildung 16.2: **Die Hinterstrangbahnen, die spinothalamischen und die spinozerebellären Bahnen.** Schematischer Vergleich von Neuronen erster, zweiter und dritter Ordnung in den aszendierenden Bahnen. Aus Gründen der Übersichtlichkeit sind hier nur die Bahnen mit den Reizen von der rechten Körperhälfte dargestellt. (a) Die Hinterstrangbahn liefert Informationen zu leichter Berührung, Vibration und Lagesinn (propriozeptive Reize) an den primär-sensorischen Kortex der Gegenseite. Sie kreuzt in der Medulla nach einer Synapse im Nucleus gracilis oder cuneatus. (b) Der Tractus spinothalamicus anterior liefert Informationen zu grober Berührung und Druck an den primär-sensorischen Kortex der Gegenseite. Er kreuzt im Rückenmark auf Höhe seines Eintritts. (c) Der Tractus spinothalamicus lateralis liefert Informationen zu Schmerz und Temperatur an den primär-sensorischen Kortex der Gegenseite. Er kreuzt im Rückenmark auf Höhe seines Eintritts. (d) Der Tractus spinocerebellaris trägt propriozeptive Reize an das Kleinhirn. (Abgebildet ist jeweils nur ein Trakt pro Seite, obwohl beide Seiten beide Trakte haben.)

Stimuliert man einen Ort am primär-sensorischen Kortex, gibt die Person an, einen Reiz an einer bestimmten Körperstelle zu spüren. Durch solche Versuche ist es gelungen, eine funktionelle Karte des primär-sensorischen Kortex zu erstellen (siehe Abbildung 16.2a). Man nennt sie den **sensorischen Homunkulus** (lat.: homunculus = das Männchen). Die Proportionen des Homunkulus unterscheiden sich offensichtlich deutlich von denen des Menschen. Das Gesicht ist sehr groß und verzerrt mit riesiger Zunge und Lippen, während der Rücken relativ winzig ist. Diese verzerrten Proportionen beruhen darauf, dass die Größe einer Region des primär-sensorischen Kortex nicht zur absoluten Größe einer Körperregion, sondern zur **Anzahl der sensorischen Rezeptoren** in diesem Bereich proportional ist. Es werden mit anderen Worten viel mehr kortikale Neurone zur Verarbeitung der Sinnesreize der Zunge mit ihren Zehntausenden von Berührungs- und Geschmacksrezeptoren als zur Analyse der Sinnesreize auf dem Rücken benötigt, wo es nur wenige, weit auseinanderliegende Rezeptoren gibt.

Der Tractus spinothalamicus

Der *Tractus spinothalamicus* (Vorderseitenstrangbahnen; siehe Abbildung 16.2b und c) trägt Schmerz und Temperaturreize sowie Informationen zu „grober“ Berührung und Druck. Spinothalamische Neurone erster Ordnung ziehen in das Rückenmark und bilden Synapsen in den Hinterhörnern. Die Axone der Neurone zweiter Ordnung kreuzen im Rückenmark auf die Gegenseite und aszendieren anschließend in den **Tractus spinothalamici anterior und lateralis**. Diese Trakte laufen in den ventralen posterolateralen Kernen des Thalamus zusammen. Die Projektionsfasern der Neurone dritter Ordnung leiten die Informationen dann an den primär-sensorischen Kortex weiter. In Tabelle 16.1 sind Ursprung und Ziel dieser Trakte und die dazugehörigen Sinneswahrnehmungen zusammengefasst. In Abbildung 16.2 ist für eine bessere Übersicht nur der Verlauf der Bahnen für die Weiterleitung von Informationen zu grober Berührung, Druck, Schmerz und Temperatur auf der rechten Körperhälfte dargestellt. Natürlich gibt es auf

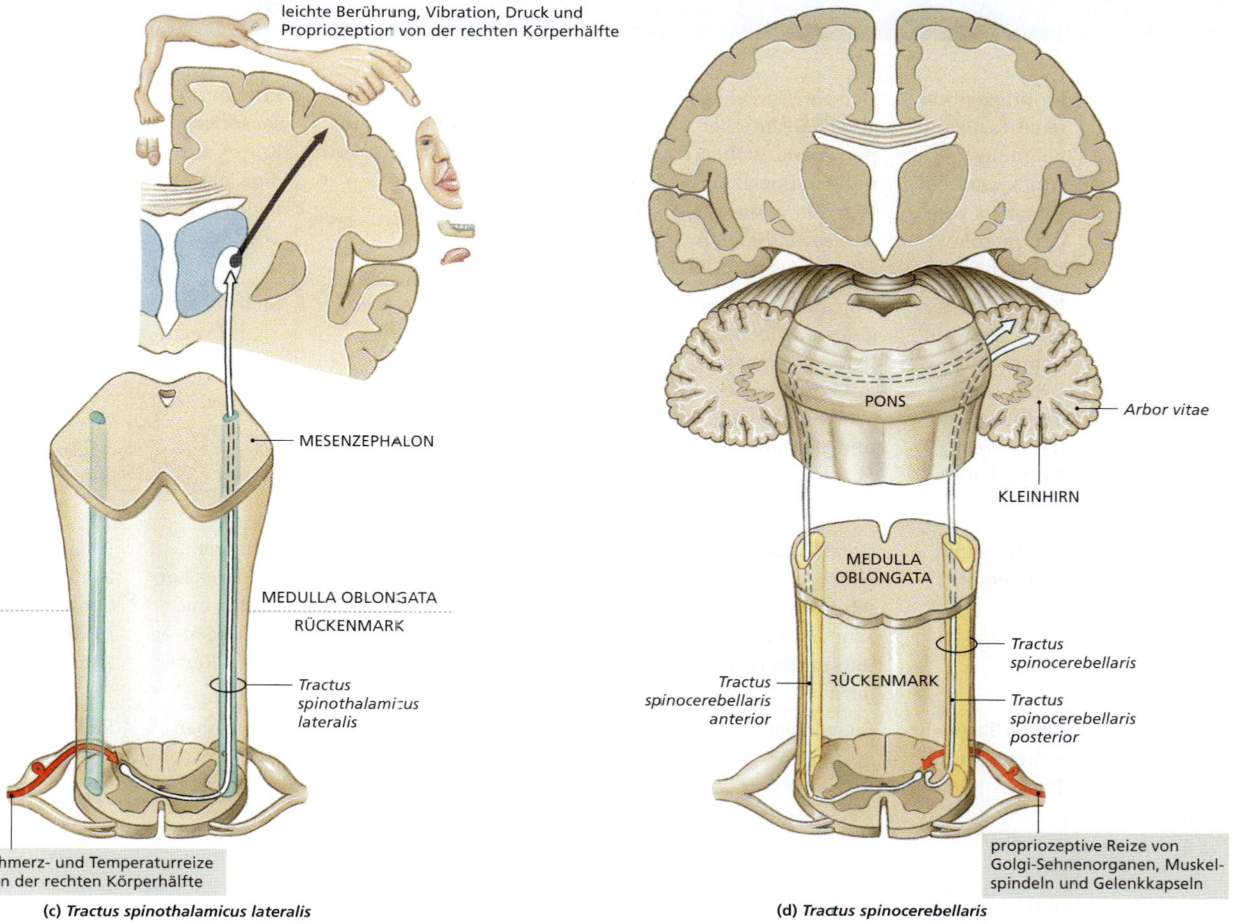

Abbildung 16.2: Die Hinterstrangbahnen, die spinothalamischen und die spinozerebellären Bahnen. Schematischer Vergleich von Neuronen erster, zweiter und dritter Ordnung in den aszendierenden Bahnen. Aus Gründen der Übersichtlichkeit sind hier nur die Bahnen mit den Reizen von der rechten Körperhälfte dargestellt. (a) Die Hinterstrangbahn liefert Informationen zu leichter Berührung, Vibration und Lagesinn (propriozeptive Reize) an den primär-sensorischen Kortex der Gegenseite. Sie kreuzt in der Medulla nach einer Synapse im Nucleus gracilis oder cuneatus. (b) Der Tractus spinothalamicus anterior liefert Informationen zu grober Berührung und Druck an den primär-sensorischen Kortex der Gegenseite. Er kreuzt im Rückenmark auf Höhe seines Eintritts. (c) Der Tractus spinothalamicus lateralis liefert Informationen zu Schmerz und Temperatur an den primär-sensorischen Kortex der Gegenseite. Er kreuzt im Rückenmark auf Höhe seines Eintritts. (d) Der Tractus spinocerebellaris trägt propriozeptive Reize an das Kleinhirn. (Abgebildet ist jeweils nur ein Trakt pro Seite, obwohl beide Seiten beide Trakte haben.)

beiden Seiten des Rückenmarks *Tractus spinothalamici anterior* und *lateralis*.

Der Tractus spinocerebellaris

Der *Tractus spinocerebellaris* trägt propriozeptive Informationen zur Position von Muskeln, Sehnen und Gelenken an das Kleinhirn, das für Koordination und Feinabstimmung von Körperbewegungen verantwortlich ist. Die Axone der Neurone erster Ordnung bilden in den Hinterhörnern des Rückenmarks Synapsen auf den Neuronen zweiter Ordnung. Deren Axone steigen in den **Tractus spinocerebellares anterior und posterior** auf (siehe Abbildung 16.2d).

- **Axone, die im Rückenmark kreuzen**, münden in den *Tractus spinocerebellaris anterior* und ziehen über die *Pedunculi cerebellares superiores* hoch an die Kleinhirnrinde. Im Inneren des Kleinhirns kreuzen sie ein zweites Mal in die ipsilaterale Hemisphäre[1].
- Der *Tractus spinocerebellaris posterior* trägt **Axone, die nicht im Rückenmark kreuzen**. Diese Axone ziehen über die *Pedunculi cerebellares inferiores* an die Kleinhirnrinde.

Da die Neurone der spinozerebellären Bahn keine Synapsen im Thalamus bilden, werden hier propriozeptive Reize auf unbewusster Ebene verarbeitet, im Gegensatz zu den Reizen, die über die Hinterstrangbahn zur Großhirnrinde geleitet werden.

1 Der *Tractus spinocerebellaris anterior* enthält außerdem noch einige ungekreuzte Axone.

Bahn/Trakt	Reiz	Erste Ordnung	Zweite Ordnung	Dritte Ordnung	Ziel	Kreuzung
Hinterstrangbahn						
Fasciculus gracilis	Propriozeption, feine Tastwahrnehmung, Druck und Vibration von der unteren Körperhälfte	Dorsale Wurzelganglien am Unterkörper; Axone ziehen mit den dorsalen Wurzeln in das ZNS und aszendieren im *Fasciculus gracilis*	*Nucleus gracilis* der *Medulla oblongata*; Axone kreuzen vor Eintritt in den *Lemniscus medialis*	Ventraler posterolateraler Thalamuskern	Primärer sensorischer Kortex auf der Gegenseite des Reizes	Axone der Neurone zweiter Ordnung vor Eintritt in den *Lemniscus medialis*
Fasciculus cuneatus	Propriozeption, feine Tastwahrnehmung, Druck und Vibration von der oberen Körperhälfte	Dorsale Wurzelganglien am Oberkörper; Axone ziehen mit den dorsalen Wurzeln in das ZNS und aszendieren im *Fasciculus cuneatus*	*Nucleus cuneatus* der *Medulla oblongata*; Axone kreuzen vor Eintritt in den *Lemniscus medialis*	Siehe oben	Siehe oben	Siehe oben
Tractus spinothalamicus						
Tractus spinothalamicus lateralis	Schmerz und Temperatur	Dorsale Wurzelganglien; Axone ziehen mit den dorsalen Wurzeln in das ZNS und in das Hinterhorn	Hinterhorn; Axone ziehen in den *Tractus spinothalamicus lateralis*	Siehe oben	Primärer sensorischer Kortex auf der Gegenseite des Reizes	Axone der Neurone zweiter Ordnung, auf Höhe des Eintritts
Tractus spinothalamicus anterior	Grobe Tastwahrnehmung und Druck	Siehe oben	Hinterhorn; Axone ziehen in den *Tractus spinothalamicus anterior* der Gegenseite	Siehe oben	Siehe oben	Siehe oben
Tractus spinocerebellaris						
Tractus spinocerebellaris posterior	Propriozeption	Dorsale Wurzelganglien; Axone ziehen mit den dorsalen Wurzeln in das ZNS	Hinterhorn; Axone ziehen in den *Tractus spinocerebellaris posterior* derselben Seite	Nicht vorhanden	Kleinhirnrinde auf der Seite des Reizes	Keine
Tractus spinocerebellaris anterior	Propriozeption	Siehe oben	Im selben spinalen Segment; Axone ziehen in den *Tractus spinocerebellaris anterior* derselben oder der Gegenseite	Nicht vorhanden	Kleinhirnrinde, hauptsächlich auf der Seite des Reizes	Axone der meisten Neurone zweiter Ordnung kreuzen vor Eintritt in den Trakt und noch einmal im Kleinhirn

Tabelle 16.1: **Wichtige aszendierende (sensorische oder aufsteigende) Bahnen und ihre Reize.**

In Tabelle 16.1 sind Ursprung und Ziel dieser Trakte und die dazugehörigen Sinneswahrnehmungen zusammengefasst.

16.1.2 Motorische Bahnen

Das ZNS gibt als Reaktion auf die Informationen, die die Sinnesorgane liefern, motorische Befehle aus. Diese werden vom somatischen und vom autonomen (vegetativen) Nervensystem weitergeleitet. Das somatische Nervensystem überträgt somatomotorische Befehle, die Muskelkontraktionen steuern. Das autonome (oder vegetative) Nervensystem innerviert viszerale Effektoren, wie glatte Muskeln, den Herzmuskel und Drüsen.

Die Motoneurone des somatischen und des autonomen Nervensystems sind unterschiedlich organisiert. An einer somatomotorischen Bahn (**Abbildung 16.3**a) sind immer mindestens zwei Neurone beteiligt: ein **oberes Motoneuron**, dessen Zellkörper in einem Verarbeitungszentrum im ZNS liegt, und ein **unteres Motoneuron** in einem

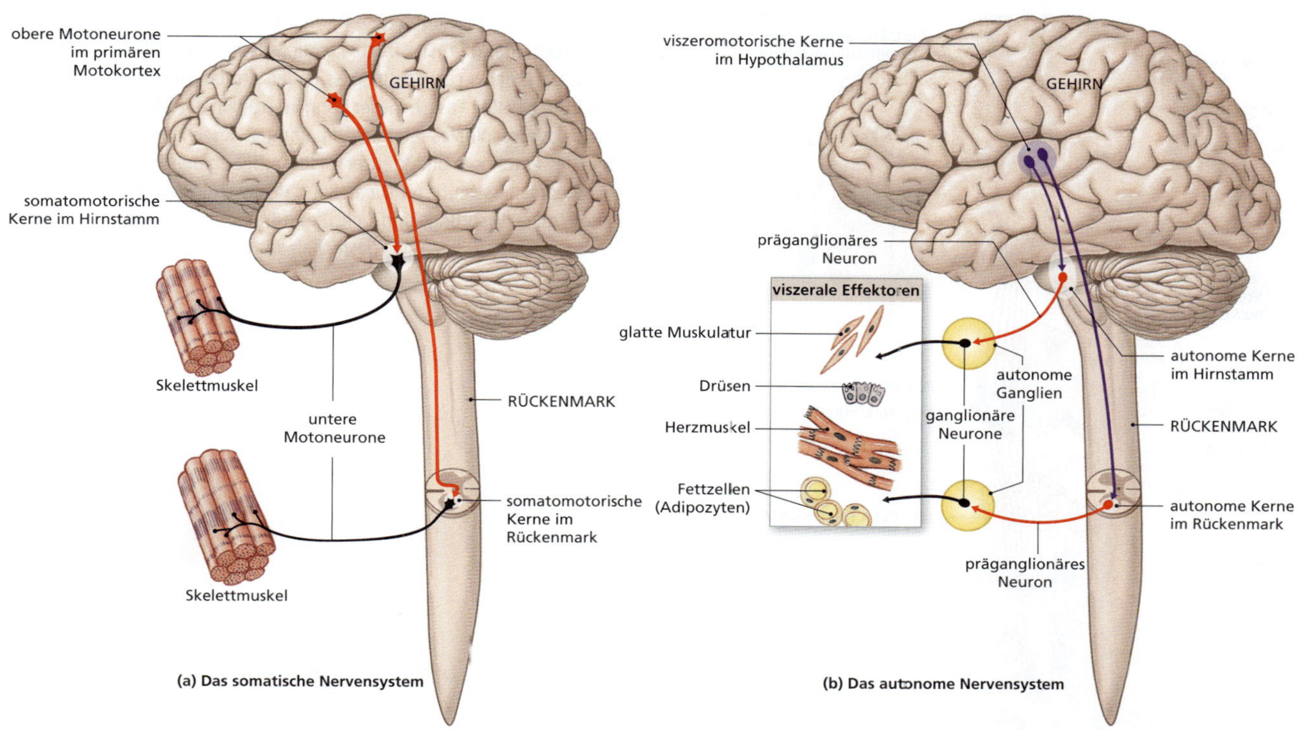

Abbildung 16.3: Motorische Bahnen in ZNS und PNS. Organisation des somatischen und des autonomen Nervensystems. (a) Im somatischen Nervensystem kontrolliert ein oberes Motoneuron im ZNS ein unteres Motoneuron in Hirnstamm oder Rückenmark. Das Axon des unteren Motoneurons ist direkt mit einer Muskelfaser verbunden; seine Stimulation führt immer zu einer Exzitation der Skelettmuskelfaser. (b) Im autonomen Nervensystem kontrolliert das Axon eines präganglionären Neurons im ZNS ganglionäre Neurone in der Peripherie. Die Stimulation der ganglionären Neurone führt entweder zu einer Exzitation oder zu einer Hemmung des innervierten Effektors.

motorischen Kern im Hirnstamm oder im Rückenmark. Eine Aktivität des oberen Motoneurons kann das untere Motoneuron entweder erregen oder hemmen, doch nur das untere Motoneuron hat ein Axon, das an einen Skelettmuskel zieht. Zerstörung oder Schädigung eines unteren Motoneurons führt zu einer schlaffen Parese (leichte Lähmung, Schwäche) der versorgten Muskulatur. Die Schädigung eines oberen Motoneurons kann Muskelstarre, eine schlaffe Parese oder unkoordinierte Kontraktionen hervorrufen.

An einer Bahn im autonomen Nervensystem sind ebenfalls mindestens zwei Neurone beteiligt; einer von ihnen liegt immer in der Peripherie (**Abbildung 16.3**b). Das **präganglionäre Neuron** liegt im ZNS, das **ganglionäre Neuron** in einem peripheren Ganglion. Das präganglionäre Neuron wird durch höhere Zentren im Thalamus und anderswo im Gehirn erregt oder gehemmt. Die motorischen Bahnen des autonomen Nervensystems werden in Kapitel 17 beschrieben.

Die bewussten und unbewussten motorischen Befehle erreichen die Skelettmuskeln über drei vernetzte Bahnen: 1. den **Tractus corticospinalis**, 2. die **laterale Bahn** und 3. die **mediale Bahn**. In **Abbildung 16.4** kann man die Anordnung der motorischen Trakte im Rückenmark erkennen. Die Aktivitäten in diesen motorischen Bahnen werden von Basalganglien und Kleinhirn überwacht und angepasst. Ihre Kommandos stimulieren oder hemmen die Aktivitäten 1. der motorischen Kerne oder 2. des primären Motokortex.

Tractus corticospinalis

Der *Tractus corticospinalis*, der auch Pyramidenbahn genannt wird (siehe Abbildung 16.4a), ist für die willkürliche Kontrolle der Skelettmuskulatur verantwortlich. Die Bahn beginnt an den **Pyramidenzellen** im primären Motokortex. Die Axone dieser oberen Motoneurone ziehen in den Hirnstamm und das Rückenmark herab und bilden dort Synapsen an den unteren Motoneuronen, die die Skelettmuskulatur versorgen. Im Allgemeinen verläuft der *Tractus spinocerebellaris* direkt: Die oberen Motoneurone setzen direkt an den unteren an. Er verläuft aber auch zum Teil indirekt, da er Zentren der lateralen und medialen kortikospinalen Bahn innerviert.

Der *Tractus corticospinalis* enthält drei paarige deszendierende Trakte: 1. den **Tractus corticobulbaris**, 2. den **Tractus corticospinalis lateralis** und 3. den **Tractus corticospinalis anterior**. Diese Trakte ziehen in die weiße Substanz der *Capsula interna*, von dort abwärts in den Hirnstamm und treten auf beiden Seiten als *Pedunculi cerebri* wieder aus.

Tractus corticobulbaris

Axone im *Tractus corticobulbaris* (lat.: bulbus = die Zwiebel; bulbär = auf den Hirnstamm bezogen) (Tabelle 16.2; siehe auch Abbildung 16.4a) bilden Synapsen auf den unteren Motoneuronen der motorischen Kerne der Hirnnerven III, IV, V, VI, VII, IX, XI und XII. Sie ermöglichen die bewusste Kontrolle der Skelettmuskeln, der

Abbildung 16.4: Die kortikospinale Bahn und deszendierende motorische Trakte im Rückenmark. (a) Der Tractus corticospinalis entspringt am primären Motokortex. Die Tractus corticolbulbares enden an den Hirnnervenkernen der Gegenseite. Die meisten Fasern dieser Bahn kreuzen in der Medulla und ziehen in die Tractus corticospinales laterales; die übrigen deszendieren in den Tractus corticospinales anteriores und kreuzen erst im Zielsegment des Rückenmarks. (b) Rückenmarksquerschnitt mit Darstellung der wichtigsten deszendierenden motorischen Trakte. Ursprünge und Ziele dieser Trakte sind in Tabelle 16.2 aufgeführt. Die sensorischen Bahnen sind gestrichelt dargestellt (siehe Abbildung 16.1).

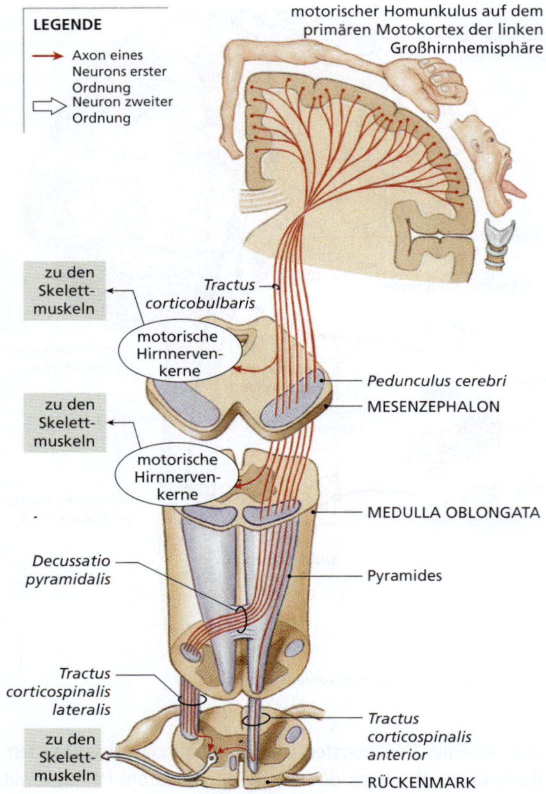

(a) Kortikospinale Bahnen

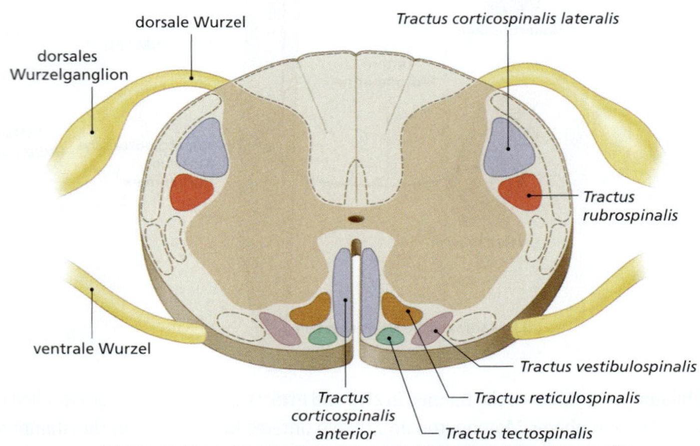

(b) Deszendierende motorische Bahnen im Rückenmark im Querschnitt

Augen, der Kiefer, des Gesichts und von Teilen des Halses und des Rachenraums. Sie innervieren auch motorische Zentren der medialen und lateralen Bahnen.

Tractus corticospinalis Die Axone des *Tractus corticospinalis* bilden Synapsen auf den unteren Motoneuronen der Vorderhörner im Rückenmark. Auf ihrem Weg nach unten sind sie an der ventralen Fläche der *Medulla oblongata* als dicke paarige Stränge zu sehen, die Pyramides. In diesem Bereich kreuzen etwa 85 % der Axone in den deszendierenden **Tractus corticospinalis lateralis** der Gegenseite. Die *Tractus corticospinales laterales* bilden Synapsen mit den unteren Motoneuronen der Vorderhörner in allen Segmenten des Rückenmarks. Die restlichen 15 % ziehen ungekreuzt als *Tractus corticospinalis anterior* das Rückenmark entlang. Am Zielsegment angekommen, kreuzt ein Axon im *Tractus corticospinalis anterior* in der vorderen weißen Kommissur auf die Gegenseite. Das obere Motoneuron setzt dann an den unteren Motoneuronen in den Vorderhörnern der zervikalen und oberen thorakalen Segmente des Rückenmarks an. In Tabelle 16.2 sind Informationen zu diesen Trakten und ihren Funktionen zusammengefasst.

Der motorische Homunkulus Die Aktivität von Pyramidenzellen in einem bestimmten Abschnitt des primären Motokortex führt zur Kontraktion bestimmter peripherer Muskeln. Wie beim primär-sensorischen Kortex korrespondiert auch jeder Abschnitt des primären Motokortex mit einer spezifischen Körperregion. Diese Rindenbereiche sind schematisch als motorischer Homunkulus dargestellt. In Abbildung 16.4 sehen Sie den motorischen Homunkulus der linken Großhirnhemisphäre und die dazugehörigen kortilospinalen Bahnen zu den Skelettmuskeln der rechten Körperhälfte. Die Proportionen des Homunkulus unterscheiden sich offensichtlich deutlich von denen des eigentlichen Körpers (siehe Abbildung 16.4a), da die Größe der motorischen Region, die zu einem bestimmten Rindenareal gehört, zur Anzahl der motorischen Einheiten in dieser Region und nicht zu ihrer absoluten Größe proportional ist. So sind etwa die Areale für Hände, Gesicht und Zunge, die alle sehr vielfältige und komplexe Bewegungen durchführen können, sehr groß, während die Areale für den Rumpf relativ klein sind. Diese Proportionen ähneln denen des sensorischen Homunkulus (siehe Abbildung 16.2a). Der sensorische und der motorische Homunkulus unterscheiden sich jedoch in einigen Aspekten; so enthalten etwa einige sehr sensible Regionen, wie etwa die Fußsohle, nur wenige motorische Einheiten, während einige Gebiete mit zahlreichen motorischen Einheiten, wie etwa die Augenmuskeln, nicht besonders sensibel sind.

Die mediale und die laterale Bahn

Mehrere Zentren in Großhirn, Dienzephalon und Hirnstamm geben nach unbewusster Verarbeitung somatomotorische Befehle. Diese Zentren und die dazugehörigen Trakte hat man lange als extrapyramidal-motorisches System bezeichnet, da man annahm, dass sie unabhängig von und parallel zum Pyramidensystem *(Tractus corticospinalis)*

AUS DER PRAXIS

Zerebralparese

Mit dem Begriff Zerebralparese bezeichnet man eine Reihe verschiedener Störungen der Willkürmotorik, die in der frühen Kindheit auftreten und lebenslang bestehen bleiben. Ursachen können eine Schädigung des ZNS durch eine verfrühte oder ungewöhnlich schwere Geburt, mütterlicher Drogenkonsum (einschließlich Alkohol) oder ein genetischer Defekt sein, der die richtige Ausbildung der motorischen Bahnen verhindert. Komplikationen unter der Geburt können zu einer Beeinträchtigung der Plazentadurchblutung oder der Sauerstoffversorgung führen. Besteht ein signifikanter Sauerstoffmangel, kann es in nur 5–10 min zu einer dauerhaften Störung der Funktion des ZNS kommen. Hirnrinde, Kleinhirn, Basalganglien, Hippokampus und Thalamus sind besonders empfindlich; die Betroffenen haben Probleme mit Motorik, Haltung und Gleichgewicht, Gedächtnis, Sprache und Lernfähigkeit.

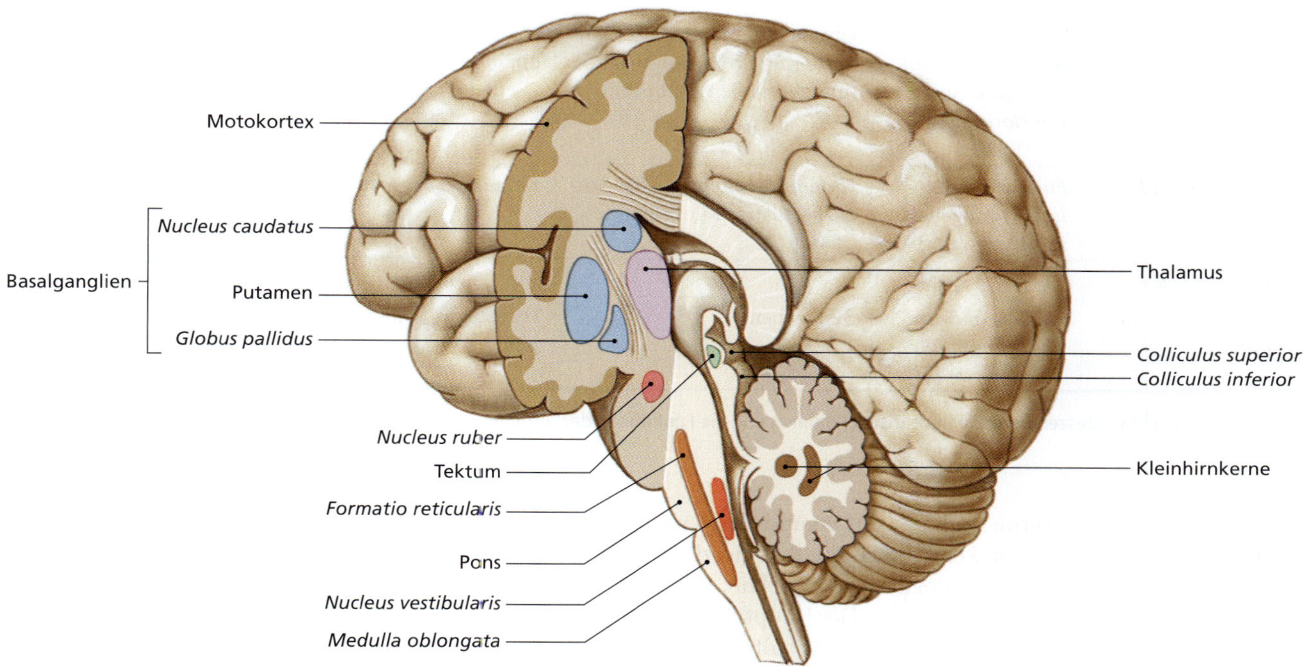

Abbildung 16.5: Kerne der medialen und lateralen Bahnen. Schnittbild mit Darstellung der wichtigsten Kerne, deren motorische Kommandos von den medialen und lateralen Bahnen weitergeleitet werden (siehe auch Abbildung 15.11 und Tabelle 15.4).

arbeiten. Diese Einteilung ist jedoch ungenau und irreführend, da die gesamte motorische Kontrolle auf allen Ebenen durch Rückkopplungsschleifen und Zwischenverbindungen dicht vernetzt ist. Man fasst diese Kerne und Trakte besser nach ihrer Hauptfunktion zusammen: Die Trakte der **medialen Bahnen** kontrollieren die groben Bewegungen von Rumpf und proximalen Extremitäten, die der **lateralen Bahnen** die distalen Extremitätenmuskeln, die feinere Bewegungen ausführen.

Die medialen und lateralen Bahnen können Kontraktionen von Skelettmuskeln veranlassen oder modifizieren, indem sie die unteren Motoneurone stimulieren, fördern oder hemmen. Es ist wichtig zu wissen, dass die Axone der oberen Motoneurone in den medialen und lateralen Bahnen an denselben unteren Motoneuronen ansetzen wie auch der *Tractus corticospinalis*. Dies bedeutet, dass die verschiedenen motorischen Bahnen nicht nur im Gehirn durch Verbindungen zwischen dem primären Motokortex und den motorischen Zentren des Hirnstamms miteinander verbunden sind, sondern auch schon durch erregende und hemmende Interaktionen auf der Ebene der unteren Motoneurone.

Die medialen Bahnen Die Kontrolle des Muskeltonus und der groben Bewegungen von Nacken, Rumpf und proximalem Anteil der Extremitäten wird hauptsächlich über die medialen Bahnen vermittelt. Die oberen Motoneurone befinden sich in den *Nuclei vestibulares*, den *Colliculi inferiores* und *superiores* und der *Formatio reticularis* (**Abbildung 16.5**).

- Die **Nuclei vestibulares** erhalten Informationen über den *N. vestibulocochlearis* (VIII) von Rezeptoren im Innenohr, die Position und Bewegungen des Kopfes

Bahn/Trakt	Lage des unteren Motoneurons	Endpunkt	Kreuzung	Aktion
Tractus corticospinalis				
Tractus corticobulbares	Primärer Motokortex (Großhirnrinde)	Untere Motoneurone der Hirnnervenkerne im Hirnstamm	Hirnstamm	Willkürmotorik der Skelettmuskulatur
Tractus corticospinales laterales	Siehe oben	Untere Motoneurone der Vorderhörner im Rückenmark	Pyramidenzellen der *Medulla oblongata*	Siehe oben
Tractus corticospinales anteriores	Siehe oben	Siehe oben	Auf Höhe des unteren Motoneurons	Siehe oben
Mediale Bahn				
Tractus vestibulospinales	*Nucleus vestibularis* (Kleinhirnbrückenwinkel)	Siehe oben	Keine (ungekreuzt)	Unbewusste Regulation von Gleichgewicht und Muskeltonus
Tractus tectospinales	Tektum (Mesenzephalon; *Colliculi superiores* und *inferiores*)	Untere Motoneurone der Vorderhörner im Rückenmark (nur zervikale Abschnitte)	Hirnstamm (Mesenzephalon)	Unbewusste Regulation der Position von Augen, Kopf, Hals und Armen in Reaktion auf visuelle und akustische Reize
Tractus reticulospinales	*Formatio reticularis* (Kerngeflecht im Hirnstamm)	Untere Motoneurone der Vorderhörner im Rückenmark	Keine (ungekreuzt)	Unbewusste Regulation von Reflexen
Laterale Bahn				
Tractus rubrospinales	*Nuclei rubri* im Mesenzephalon	Siehe oben	Hirnstamm (Mesenzephalon)	Unbewusste Regulation von Muskeltonus und Bewegungen der Arme

Tabelle 16.2: **Wichtige deszendierende (motorische) Bahnen und die Funktionen der dazugehörigen Kerne im ZNS.**

überwachen. Diese Kerne reagieren auf Veränderungen der Kopfhaltung und schicken motorische Befehle, die Muskeltonus, Streckung und Position von Nacken, Augen, Kopf und Extremitäten anpassen. Das Hauptziel ist es, Körperposition und Gleichgewicht zu halten. Die deszendierenden Fasern im Rückenmark bilden den **Tractus vestibulospinalis** (siehe Abbildung 16.4b).

- Die **Colliculi superiores und inferiores** befinden sich im Tektum, der Haube des Mesenzephalons. Sie empfangen visuelle (superior) und akustische Signale (inferior); sie sind an der Koordination und der Aussendung der Reflexantworten auf diese Reize beteiligt. Die *Colliculi superiores* erhalten akustische Reize, die von den *Colliculi inferiores* weitergeleitet werden, ebenso wie kollaterale somatosensorische Reize. Die Axone der oberen Motoneurone in den *Colliculi superiores* ziehen in den **Tractus tectospinales** abwärts. Sie kreuzen sofort auf die Gegenseite, bevor sie an die unteren Motoneurone in Hirnstamm und Rückenmark herabziehen. Die Axone in den *Tractus tectospinales* leiten die Reflexantworten auf helles Licht, plötzliche Bewegungen und laute Geräusche weiter.
- Die **Formatio reticularis** ist ein locker organisiertes neuronales Netzwerk, das sich durch den Hirnstamm zieht. Sie erhält Informationen von fast allen aszendierenden und deszendierenden Bahnen. Sie ist auch eng mit dem Großhirn, dem Kleinhirn und den Kernen des Hirnstamms verbunden. Die Axone der oberen Motoneurone in der *Formatio reticularis* ziehen in den *Tractus reticulospinales* ungekreuzt abwärts. Die Effekte einer Reizung der *Formatio reticularis* hängen von der stimulierten Region ab. So kann etwa die Reizung der oberen Motoneurone in einem Abschnitt der *Formatio reticularis* zu Augenbewegungen führen, die in einem anderen Abschnitt aktiviert die Atemmuskulatur.

Die lateralen Bahnen Diese übermitteln hauptsächlich Informationen zu Muskeltonus und Bewegungen der distalen Abschnitte der Extremitäten. Ihre Befehle fördern typischerweise die Muskelflexoren und hemmen die Extensoren. Die oberen Motoneurone der lateralen Bahn liegen im *Nucleus ruber* des Mesenzephalons. Ihre Axone kreuzen direkt dort auf die Gegenseite und deszendieren dann in den **Tractus rubrospinales** (lat.: ruber = rot) in das Rückenmark. Beim Menschen sind die *Tractus rubrospinales* klein und reichen nur bis in das Rückenmark. Hier ermöglichen sie die Kontrolle über die Skelettmuskeln der distalen Abschnitte der Arme. Im Normalfall spielen sie im Vergleich zu den *Tractus corticospinales laterales* keine allzu große Rolle. Im Falle einer Schädigung dieser Traktus erlangen sie jedoch eine große Bedeutung für die motorische Kontrolle und den Muskeltonus der Arme.

AUS DER PRAXIS

Amyotrophe Lateralsklerose

Demyelinisierende Erkrankungen befallen sowohl sensorische als auch motorische Neurone, was zu Gefühlsstörungen und Bewegungsstörungen führt. Die amyotrophe Lateralsklerose ist eine fortschreitende Erkrankung, die typischerweise ausschließlich die Motoneurone befällt, die sensorischen jedoch verschont. Daher klagen die Betroffenen über Bewegungsstörungen, nicht jedoch über Gefühlsstörungen oder Einbußen der intellektuellen Funktion. Motoneurone im gesamten ZNS gehen zugrunde, hauptsächlich jedoch die für die Kontrolle der Skelettmuskulatur.

Die Symptome der amyotrophen Lateralsklerose treten gewöhnlich erst nach dem 40. Lebensjahr mit einer Inzidenz von drei bis fünf auf 10.000 Menschen weltweit auf. Männer sind etwas häufiger betroffen als Frauen. Die Symptomatik variiert abhängig von den erkrankten Motoneuronen. Wenn die Motoneurone in den Gehirnhemisphären als Erstes erkranken, kommt es zu Problemen bei der Willkürmotorik und zu gesteigerten Streckreflexen. Beginnt die Erkrankung in anderen Hirnregionen oder dem Rückenmark, bemerken die Betroffenen eine Muskelschwäche zunächst in einer Extremität, dann in weiteren Extremitäten und letztendlich im Rumpf.

Bei der Degeneration der Motoneurone, die die Skelettmuskulatur innervieren, kommt es zu einem Verlust des Muskeltonus; im Laufe der Zeit atrophieren diese Muskeln. Die Erkrankung schreitet rasch voran; die mittlere Überlebenszeit beträgt nur etwa drei bis fünf Jahre. Da die geistigen Funktionen unbeeinträchtigt bleiben, ist sich der Betroffene bis zum Ende seiner Situation bewusst, was als besonders schlimm empfunden wird. Bekannte Patienten sind der Maler Jörg Immendorf, der Baseballspieler Lou Gehrig und der Physiker Stephen Hawking.

Die Ursache der amyotrophen Lateralsklerose ist nicht bekannt. In nur 5 – 10 % aller Fälle scheint eine genetische Störung verantwortlich zu sein. Bei 5 % dieser genetisch bedingten Fälle liegt eine Mutation eines Genes vor, das für die Bildung eines Enzyms verantwortlich ist, das die Zelle vor schädlichen Stoffwechselprodukten schützt. Auf Zellebene scheinen die postsynaptischen Membranen der Motoneurone betroffen zu sein. Eine Behandlung mit Riluzol, das die Ausschüttung des Neurotransmitters Glutamat hemmt, kann die Atemlähmung herauszögern und die Lebenserwartung verlängern.

In Tabelle 16.2 sind die wichtigsten motorischen Trakte zusammengefasst, die wir in diesem Abschnitt besprochen haben.

Die Basalganglien und das Kleinhirn

Basalganglien sind Ansammlungen grauer Substanz im Großhirn, lateral des Thalamus gelegen (siehe Abbildung 16.5). Basalganglien und Kleinhirn sind für die Koordination und die Rückkopplungsschleifen verantwortlich, die bewusste und unbewusste Muskelkontraktionen steuern.

Die Basalganglien Die Grundmuster für die Bewegungen der willkürlichen Skelettmuskulatur vermitteln die Basalganglien. Sie kontrollieren z. B. die Grundhaltung von Rumpf und Extremitäten oder sie steuern die rhythmischen zyklischen Bewegungsabläufe beim Gehen oder Laufen. Sie üben keine direkte Kontrolle über die unteren Motoneurone aus, sondern modifizieren stattdessen die Aktivitäten der oberen Motoneurone in den verschiedenen motorischen Bahnen. Sie erhalten Informationen aus allen Bereichen der Großhirnrinde und aus der *Substantia nigra*.

Die Basalganglien benutzen vier Hauptbahnen, um Bewegungsabläufe aufzubauen oder anzupassen:

- Eine Gruppe von Axonen setzt an Neuronen im Thalamus an, die ihre Axone dann an den prämotorischen Kortex senden, das Assoziationszentrum, das die Aktivitäten des primär-motorischen Kortex steuert. Durch diese Anordnung entsteht eine Rückkopplungsschleife, die die Empfänglichkeit der Pyramidenzellen verändern und die Befehle der *Tractus corticospinales* beeinflussen kann.
- Eine weitere Gruppe setzt an anderen thalamischen Axonen an, die dann in die ausgedehnten Assoziationszentren der Hirnrinde ziehen. Durch diese Anordnung entsteht eine Rückkopplungsschleife, über die verschiedene Assoziationszentren der Hirnrinde auf die motorischen Aktivitäten Einfluss nehmen können.
- Eine dritte Gruppe von Axonen bildet Synapsen in der *Formatio reticularis*; sie verändert die erregenden oder hemmenden Signale der *Tractus reticulospinales*.
- Die vierte Gruppe von Axonen setzt an den *Colliculi superiores* im Mesenzephalon und verschiedenen Regionen der Hirnrinde an, die die Augenbewegungen kontrollieren. Dieser Regelkreis beeinflusst die schnellen Augenbewegungen.

Es gibt grundsätzlich zweierlei Neurone: Eine Sorte stimuliert andere Neurone durch die Freisetzung von Azetylcholin, die andere hemmt andere Neurone durch die Freisetzung von GABA. Unter normalen Umständen bleiben die exzitatorischen Interneurone inaktiv; die Trakte, die die Basalganglien verlassen, haben einen hemmenden Effekt auf die oberen Motoneurone. Beim **Morbus Parkinson** ist die Aktivität der exzitatorischen Neurone erhöht, was zu Schwierigkeiten bei der Kontrolle der Willkürmotorik führt.

Bei einer Schädigung des primären Motokortex verliert der Betroffene die Kontrolle über feine Bewegungen der Skelettmuskeln. Einige Bewegungen können noch über die

Basalganglien ausgeführt werden. Die medialen und lateralen Bahnen funktionieren ordnungsgemäß, aber über den *Tractus corticospinalis* kann die Feinmotorik nicht mehr gesteuert werden. Die Basalganglien erhalten weiterhin Informationen zu geplanten Bewegungen vom präfrontalen Kortex und können sie durch Einstellung von Rumpf und Extremitäten vorbereiten. Da der *Tractus corticospinalis* aber nicht funktioniert, sind präzise Bewegungen von Unterarmen, Handgelenken und Händen nicht möglich. Die Betroffenen können zwar stehen, das Gleichgewicht halten und sogar gehen, aber ihre Bewegungen wirken zögerlich, unbeholfen und wackelig.

Das Kleinhirn Die Überwachung propriozeptiver Reize (Haltung), visueller Reize von den Augen und vestibulärer Reize (Gleichgewicht) vom Innenohr während der laufenden Bewegung ist eine der Funktionen des Kleinhirns. Axone, die propriozeptive Reize führen, gelangen über die *Tractus spinocerebellares* an die Kleinhirnrinde. Visuelle Reize werden von den *Colliculi superiores* und Informationen zum Gleichgewicht von den vestibulären Kernen herangeführt. Die Befehle des Kleinhirns beeinflussen die Aktivität der oberen Motoneurone in den kortikospinalen, medialen und lateralen Bahnen.

Bei motorischen Kommandos senden alle motorischen Bahnen Informationen an das Kleinhirn. Im Verlauf der Bewegung überwacht das Kleinhirn propriozeptive und vestibuläre Reize und vergleicht die eingehenden Informationen mit denen, die während vorhergehender Bewegungen erlebt wurden. Daraufhin passt es die Aktivität der beteiligten oberen Motoneurone an. Im Allgemeinen beginnt jede Bewegung mit der Aktivierung von weitaus mehr Motoneuronen als eigentlich erforderlich oder wünschenswert. Das Kleinhirn führt die notwendige Hemmung durch und reduziert die Anzahl der motorischen Kommandos auf ein effizientes Maß. Im Laufe der Bewegung verändern sich Ausmaß und Muster der Hemmung, um den gewünschten Effekt zu erzielen.

Das Kleinhirn erlernt die Bewegungsmuster durch Ausprobieren und vielfache Wiederholungen. Viele der Grundmuster werden schon früh im Leben erlernt; Beispiele hierfür sind die vielen feinen Gleichgewichtsreaktionen, die beim Stehen und Gehen erforderlich sind. Die Fähigkeit zur Feineinstellung komplexer Bewegungsmuster wächst mit der Übung, bis die Bewegungen flüssig und automatisch gelingen. Denken Sie an die lockeren, geschmeidigen Bewegungen von Akrobaten, Golfspielern und Sushi-Köchen. Diese Leute bewegen sich, ohne über die einzelnen Details der Bewegungsabläufe nachzudenken. Diese Fähigkeit ist wichtig, denn wenn man sich auf die bewusste Kontrolle konzentriert, gehen der Rhythmus und das Bewegungsmuster meist verloren – der primäre Motokortex beginnt, die Befehle von Basalganglien und Kleinhirn zu übertönen.

16.1.3 Die Ebenen somatomotorischer Kontrolle

Aszendierende Reize werden in mehreren Schritten von einem Kern oder Zentrum zum nächsten geleitet. Sinnesreize gehen etwa vom Rückenmark an einen Kern in der *Medulla oblongata* und von da an einen Thalamuskern, bevor sie den primär-sensorischen Kortex erreichen. Bei jedem dieser Schritte findet eine Informationsverarbeitung statt. So kann die bewusste Wahrnehmung blockiert, verringert oder verstärkt werden.

Diese Schritte sind sehr wichtig, aber sie kosten Zeit. Jede Synapse bedeutet eine weitere Verzögerung; von der Peripherie bis an den primär-sensorischen Kortex braucht ein Reiz mehrere Millisekunden. Bis zur Aussendung einer willkürmotorischen Antwort vom primären Motokortex vergeht weitere Zeit.

Diese Verzögerung ist nicht weiter schlimm, da die Relaisstationen in Rückenmark und Hirnstamm vorläufige motorische Kommandos geben. Während das Bewusstsein den Reiz noch verarbeitet, ist schon eine unmittelbare neuronale Reflexantwort erfolgt; die Feineinstellung

AUS DER PRAXIS **Anenzephalie**

Obwohl es merkwürdig scheint, nehmen Ärzte Neugeborene meist in einen abgedunkelten Raum mit und leuchten mit einer Lampe durch den Schädel. Sie untersuchen so auf Anenzephalie, eine seltene Fehlbildung, bei der sich das Gehirn oberhalb der *Medulla oblongata* oder dem unteren Dienzephalon nicht ausbildet. Wenn sich auch kein Schädel ausgebildet hat, ist die Diagnose einfach; gibt es eine Schädelhöhle, so ist sie leer und durchscheinend.

Falls die Diagnose nicht sofort gestellt wird, nehmen die Eltern das Kind unter Umständen mit nach Hause, ohne sich des Problems bewusst zu sein. Alle normalen Verhaltensweisen eines Neugeborenen sind vorhanden: Es nuckelt, streckt sich, gähnt, weint, strampelt, steckt die Finger in den Mund und verfolgt Bewegungen mit den Augen. Das Kind verstirbt jedoch in den nächsten Tagen bis Monaten.

Diese tragische Situation verdeutlicht die Rolle des Hirnstamms bei der Kontrolle komplexer unwillkürlicher Bewegungsmuster. Diese Muster werden im Laufe einer normalen Entwicklung bei der Entstehung der Kontroll- und Analysezentren in der Hirnrinde in die unterschiedlichen Verhaltensweisen integriert. Hierbei bilden die kortikalen Neurone ständig neue Verbindungen, die einen Langzeiteffekt auf die funktionellen Fähigkeiten eines Menschen haben.

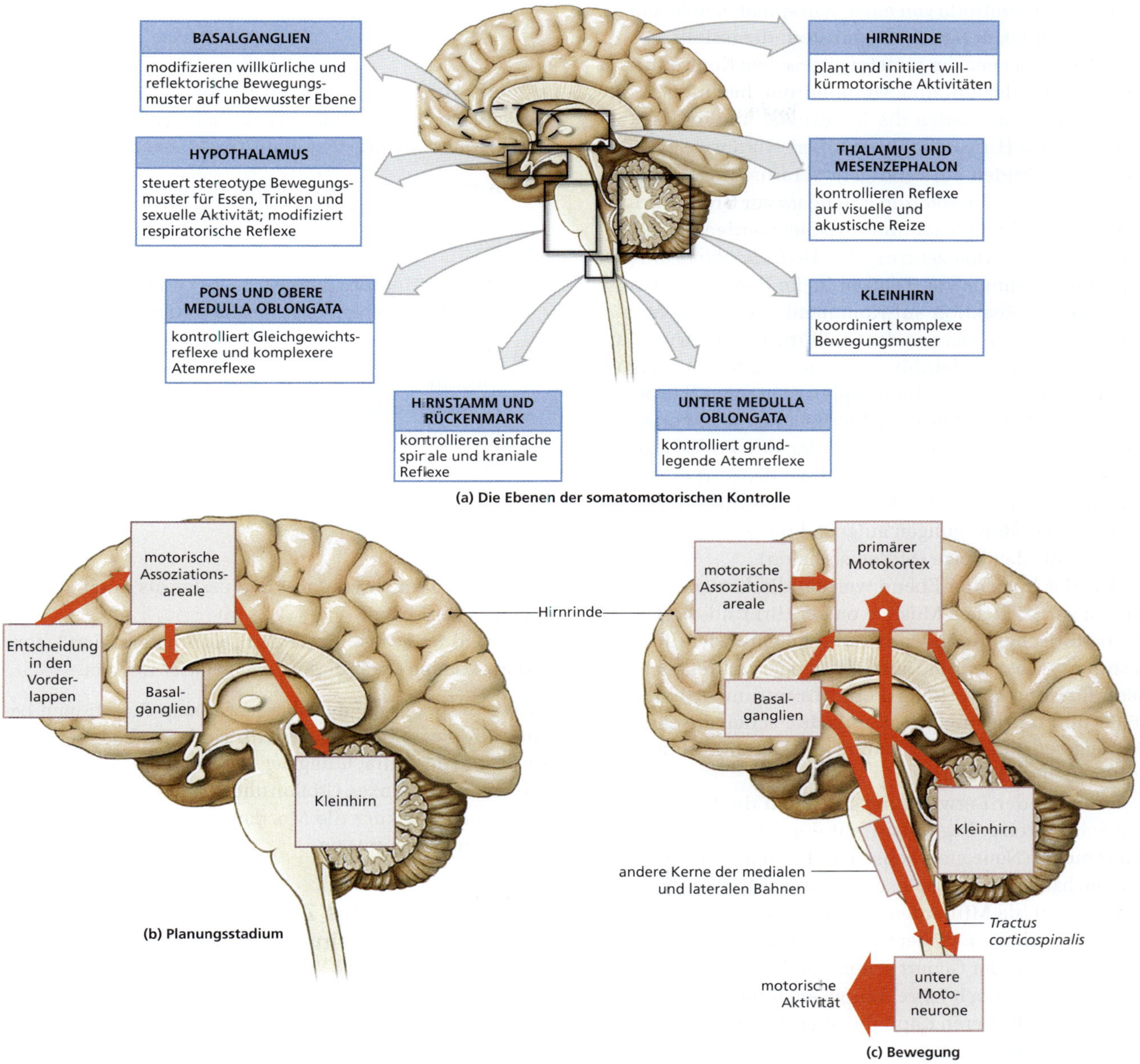

Abbildung 16.6: Somatomotorische Kontrolle. (a) Die somatomotorische Kontrolle findet auf mehreren Ebenen statt, von den einfachen spinalen und kranialen Reflexen bis hin zu komplexen willkürlichen Bewegungsmustern. (b) Planungsstadium: Nach dem Entschluss zu einer bestimmten Bewegung wird diese Information vom Frontallappen an die motorischen Assoziationsareale weitergeleitet. Diese geben sie wiederum an das Kleinhirn und die Basalganglien weiter. (c) Bewegung: Mit Beginn der Bewegung senden die motorischen Assoziationsareale Anweisungen an den primären Motokortex, die durch die Rückkopplungsschleifen von den Basalganglien und dem Kleinhirn modifiziert werden. Impulse an den lateralen und medialen Bahnen entlang steuern die unwillkürlichen Anpassungen von Position und Muskeltonus.

kommt später. Wenn Sie etwa an eine heiße Herdplatte fassen, könnten Sie sich in den wenigen Millisekunden, bis Sie sich der Gefahr bewusst werden, bereits schwer verbrannt haben. Doch das passiert nicht, da Ihre Reaktion (Zurückziehen der Hand) über einen Reflex vermittelt wird, der schon direkt im Rückenmark koordiniert wird. Die willkürmotorischen Reaktionen, wie das Schütteln der Hand, der Schritt zurück und der Schmerzensruf, erfolgen etwas später. In diesem Fall wurde die initiale reflektorische Reaktion der Neurone des Rückenmarks durch die willkürmotorische Reaktion der Hirnrinde ergänzt. Der spinale Reflex führte zu einer schnellen, automatischen und vorprogrammierten Reaktion zum Erhalt der Homöostase. Die kortikale Reaktion war komplexer, aber Planung und Durchführung erforderten mehr Zeit.

Die Kerne im Hirnstamm sind auch an einer Reihe komplexer Reflexe beteiligt. Einige dieser Kerne erhalten sensorische Informationen und produzieren die angemessene motorische Reaktion. Hierbei kann es sich um direkte Einflussnahme auf die Motoneurone oder um eine Regulierung von Reflexzentren in anderen Hirnregionen handeln. In **Abbildung 16.6** sind die verschiedenen Ebenen der somatomotorischen Kontrolle von einfachen spinalen Reflexen bis hin zu komplexen Bewegungsmustern dargestellt.

Auf allen Ebenen der somatomotorischen Kontrolle wird die Aktivität der unteren Motoneurone beeinflusst. Die einfachste Ebene stellen die Reflexe dar, die im Rückenmark oder im Hirnstamm koordiniert werden. Auf höheren Ebenen finden aufwendigere Verarbeitungen statt; je weiter man von der *Medulla oblongata* zur Großhirnrinde kommt, desto komplexer und variabler werden die Reflexantworten. Das Atemzentrum der *Medulla oblongata* gibt den Atemrhythmus vor. Zentren in der Pons passen diese Frequenz als Reaktion auf Kommandos vom Hypothalamus (unbewusst) oder von der Großhirnrinde (bewusst) an.

Basalganglien, Kleinhirn, Mesenzephalon und Hypothalamus kontrollieren die komplexesten unwillkürlichen Bewegungsabläufe. Beispiele hierfür sind die motorischen Bewegungsmuster beim Essen oder der Fortpflanzung (Hypothalamus), beim Gehen und bei der Körperhaltung (Basalganglien), bei erlernten Bewegungsmustern (Kleinhirn) und bei Bewegungen aufgrund plötzlicher visueller oder akustischer Reize (Mesenzephalon).

Auf der höchsten Ebene werden die komplexen, variablen willkürlichen Muster von der Hirnrinde bestimmt. Die motorischen Kommandos werden entweder direkt an bestimmte Motoneurone übermittelt oder indirekt über die Beeinflussung eines Reflexkontrollzentrums. Abbildung 16.6b und c zeigen eine vereinfachte schematische Darstellung der Abläufe bei Planung und Durchführung einer willkürlichen Bewegung.

Im Laufe der Entwicklung entstehen die Kontrollebenen schrittweise, beginnend mit den spinalen Reflexen. Während die Neurone wachsen und sich miteinander verbinden, bauen sich komplexere Reflexe auf. Dieser Vorgang braucht Zeit, da Milliarden von Neuronen Trillionen von Synapsen errichten. Weder Groß- noch Kleinhirnrinde sind zum Zeitpunkt der Geburt schon voll funktionsfähig; ihre Reifung dauert noch Jahre. Einige anatomische Faktoren, die bereits in früheren Kapiteln vorgestellt wurden, tragen zu diesem Reifungsprozess bei:

- Die Zahl der kortikalen Neurone nimmt mindestens bis zum ersten Geburtstag zu.
- Größe und Komplexität des Gehirns nehmen mindestens bis zum vierten Geburtstag noch zu.
- Die Myelinisierung der Axone im ZNS dauert bis zum Ende des zweiten Lebensjahrs, die der peripheren Nerven bis in die Pubertät.

Übergeordnete Funktionen 16.2

Übergeordnete Funktionen haben die folgenden Merkmale:

- Sie werden von der Hirnrinde durchgeführt.
- Sie beruhen auf komplexen Verbindungen und Kommunikationswegen zwischen Arealen der Hirnrinde und zwischen der Hirnrinde und anderen Hirnregionen.
- Sie verlaufen sowohl auf bewusster als auch auf unbewusster Ebene.
- Sie sind nicht fest im Gehirn „einprogrammiert", sondern können verändert und angepasst werden.

AUFGABEN

1. Als Folge von Druck am Rückenmark kann Lena an den Beinen weder Druck noch Berührung wahrnehmen. Welcher spinale Trakt ist komprimiert?
2. Aus welchen anatomischen Gründen kontrolliert die linke Gehirnhälfte die Motorik der rechten Körperhälfte?
3. Welcher Teil des Körpers ist bei einer Verletzung des superioren Anteils des Motokortex betroffen?
4. Durch welchen motorischen Trakt werden die folgenden Kommandos übermittelt: (a) reflexhafte Kopfdrehung bei grellem Licht, (b) automatische Bewegung der Extremitäten zur Wahrung der Balance?

Unsere Besprechung der übergeordneten Funktionen beginnt mit der Einteilung der Hirnrinde in die beteiligten Areale und der Betrachtung der Unterschiede zwischen der rechten und der linken Großhirnhemisphäre. Anschließend besprechen wir kurz die Mechanismen von Gedächtnis, Lernen und Bewusstsein.

16.2.1 Integrative Zentren der Großhirnrinde

Die sensorischen, motorischen und Assoziationszentren der Großhirnhemisphären wurden in Kapitel 15 vorgestellt. **Abbildung 16.7**a gibt einen Überblick über die wichtigsten Rindenareale der linken Großhirnhemisphäre. Radiologische Untersuchungen, elektrophysiologische Kartierungen und klinische Beobachtungen zeigen, dass bestimmte Rindenareale komplexe sensorische Reize verarbeiten und motorische Reaktionen veranlassen. Zu diesen Zentren (**Abbildung 16.7**b) gehören das allgemeine Assoziationsareal, das Sprachzentrum und der präfrontale Kortex.

Das allgemeine Assoziationsareal

Das allgemeine Assoziationsareal erhält Informationen von allen sensorischen Assoziationsfeldern. Dieses analytische Zentrum befindet sich nur in einer Hemisphäre, meist links. Eine Schädigung hier beeinträchtigt die Fähigkeit, Gelesenes oder Gehörtes zu interpretieren, auch wenn die Worte einzeln verstanden werden. So begreift ein Betroffener etwa die Bedeutung der Worte „hier" und „sitzen", kann aber mit der Aufforderung „hier sitzen" nichts anfangen.

AUS DER PRAXIS

Schädigungen der integrativen Zentren

Die **Aphasie** (griech.: a- = verneinende Vorsilbe; phasis = das Sprechen, die Sprache) ist die Unfähigkeit zu sprechen und zu lesen. Eine extreme oder Globalaphasie beruht auf einer schweren Schädigung des allgemeinen Assoziationsareals oder der dazugehörigen sensorischen Bahnen. Die Betroffenen sind außerstande zu sprechen, zu lesen oder das gesprochene Wort zu verstehen und zu interpretieren. Wenn ein Ödem oder eine Blutung die Ursache ist, kann es zu einer Erholung kommen, doch oft dauert es Monate oder gar Jahre.

Bei einer **Dyslexie** (griech.: lexis = das Sprechen, das Wort) besteht eine Störung des Lesesinnverständnisses. Etwa 15 % aller Kinder leiden an einer mehr oder minder schweren Form der Legasthenie. Sie haben Probleme beim Lesen und Schreiben, auch wenn ihre sonstige intellektuelle Leistungsfähigkeit normal oder besser ist. Ihre Schrift ist ungleichmäßig und unstrukturiert; mehr Buchstaben stehen spiegelverkehrt oder in der falschen Reihenfolge als bei nicht betroffenen Kindern. Neuere Forschungen zeigen, dass zumindest bei einigen Formen eine Störung der Verarbeitung visueller Reize in den Okzipital- und Temporallappen vorliegt.

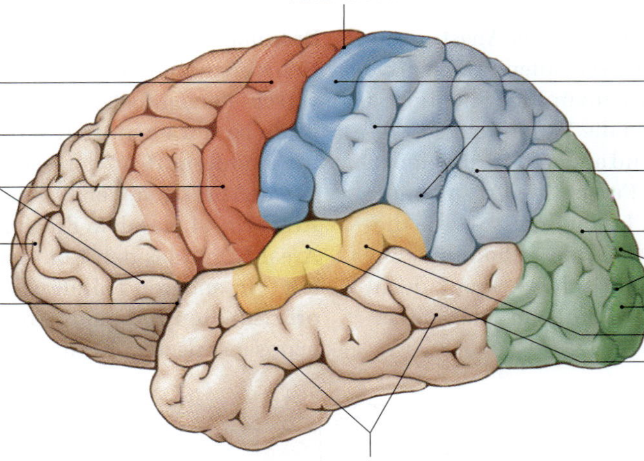

(a) Motorische und sensorische Areale der Großhirnrinde

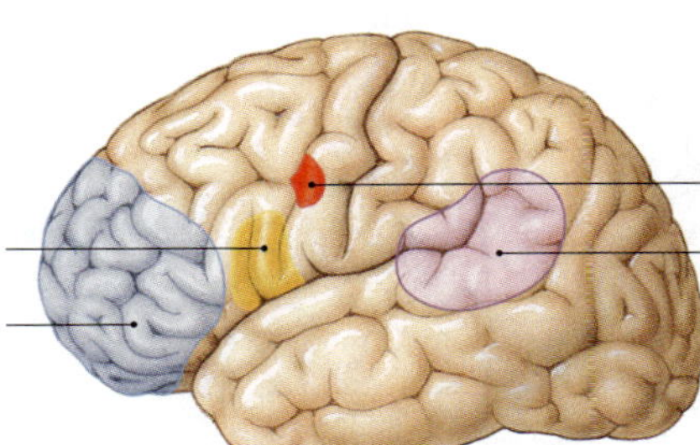

(b) Übergeordnete integrative Rindenregionen

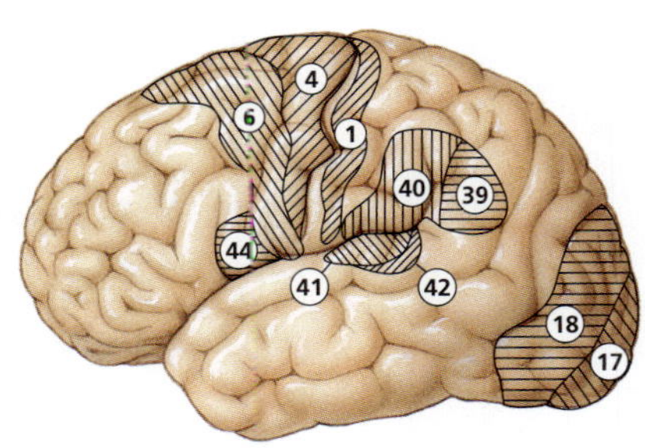

(c) Ausgewählte Brodmann-Areale der Hirnrinde

Abbildung 16.7: Funktionelle Regionen der Hirnrinde. (a) Motorische, sensorische und spezielle sensorische Regionen der Hirnrinde finden sich an beiden Hemisphären. (b) Die linke Hemisphäre enthält meist das allgemeine Assoziationsareal und das Sprachzentrum. Andere Spezialisierungen der Hemisphären sehen Sie in Abbildung 16.8. (c) Dieses sind einige der Brodmann-Areale der Hirnrinde; jede weist eine charakteristische Zellstruktur auf. Vergleichen Sie diese Areale mit den funktionellen Regionen aus (a) und (b).

Das Sprachzentrum

Efferenzen vom allgemeinen Assoziationsareal ziehen an das motorische Sprachzentrum (Broca-Zentrum). Es liegt am Rand des prämotorischen Kortex auf derselben Seite wie das allgemeine Assoziationsareal. Es ist ein motorisches Zentrum, das die Atmung und die Stimmbildung reguliert, die zur Produktion normaler Sprache erforderlich ist. Die entsprechende Region der Gegenseite ist nicht etwa inaktiv; ihre Funktion ist nur weniger klar definiert. Eine Schädigung des Sprachzentrums zeigt sich auf unterschiedliche Weise; manche Betroffenen haben Sprechstörungen, obwohl sie genau wissen, was sie sagen wollen, andere reden ständig, verwenden aber völlig falsche Wörter.

Der präfrontale Kortex

Der präfrontale Kortex (präfrontales Assoziationszentrum) im Frontallappen ist das komplexeste aller Hirnareale. Er ist eng mit anderen Rindenarealen und anderen Hirnregionen, wie dem limbischen System, verbunden. Hier finden komplizierte Lernvorgänge und Überlegungen statt. Wegen seiner Verbindungen mit dem limbischen System ist er auch für den emotionalen Kontext und die Motivation verantwortlich. Er führt zudem abstrakte intellektuelle Leistungen durch, wie etwa eine Vorhersage der Konsequenzen von Ereignissen oder Aktionen. Schädigungen des präfrontalen Kortex führen zu Schwierigkeiten bei der chronologischen Einordnung von Ereignissen; Fragen wie „Wann ist das passiert?“ oder „Was geschah zuerst?“ sind dann sehr schwer zu beantworten.

Gefühle wie Frustration, Anspannung oder Angst entstehen im präfrontalen Kortex, während er laufende Ereignisse interpretiert und Vorhersagen über zukünftige Situationen oder Konsequenzen trifft. Werden die Verbindungen zwischen dem präfrontalen Kortex und anderen Hirnregionen unterbrochen, unterbleiben auch Frustration, Anspannung und Ängste. In der Mitte des 20. Jahrhunderts wurde dieser drastische Eingriff, die **präfrontale Lobotomie**, zur „Heilung“ verschiedener psychiatrischer Erkrankungen durchgeführt, besonders bei gewalttätigem oder antisozialem Verhalten.

Nach einer Lobotomie fühlte sich der Patient tatsächlich nicht mehr von seinen vorherigen Problemen belastet, ob psychiatrisch (Halluzinationen) oder physisch (starke Schmerzen). Allerdings kümmerte er sich oft auch ebenso wenig mehr um Anstand, Takt und seine körperliche Hygiene. Jetzt, da es Medikamente gibt, die auf spezifische Hirnregionen und Bahnen wirken, werden zur Verhaltensänderung keine Lobotomien mehr durchgeführt.

Brodmann-Areale und kortikale Funktionen

Anfang des 20. Jahrhunderts wurden verschiedene Versuche unternommen, die regionalen Unterschiede im histologischen Aufbau der Hirnrinde zu beschreiben und zu klassifizieren. Man hoffte, die Anordnung der Zellen mit spezifischen sensorischen, motorischen und integrativen Funktionen korrelieren zu können. Bis 1919 gab es bereits über 200 verschiedene Klassifikationen; die meisten hat man aber wieder verlassen. Die Hirnrindenkarte von Brodmann aus dem Jahre 1909 hat sich jedoch für die Neuroanatomie als nützlich erwiesen. Brodmann hat 47 verschiedene Muster zellulärer Organisation in der Hirnrinde beschrieben. Einige dieser Brodmann-Areale sind in Abbildung 16.7c dargestellt. Einige korrelieren mit bekannten funktionellen Regionen, wie etwas das Brodmann-Areal Nr. 44, das dem Broca-Zentrum entspricht, oder das Areal Nr. 4, das den Konturen des primären Motokortex folgt. In anderen Fällen ist der Zusammenhang weniger präzise; die Brodmann-Areale 1–3 beschreiben den somatosensorischen Kortex.

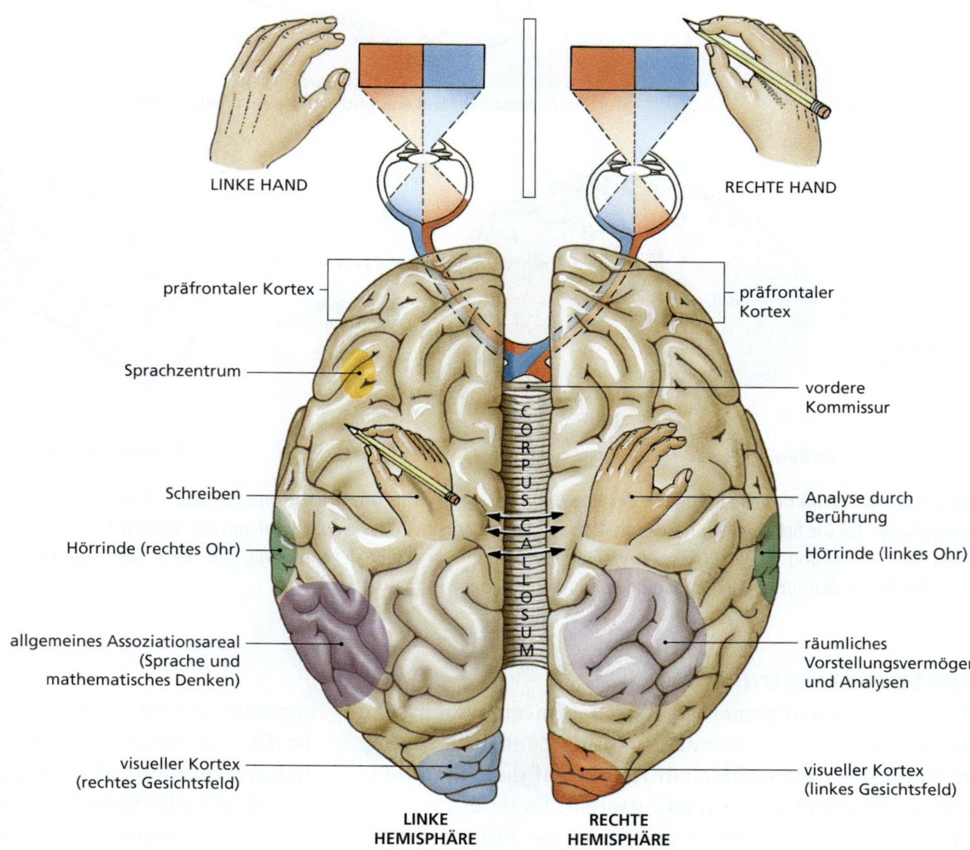

Abbildung 16.8: Die Spezialisierung der Hemisphären. Funktionelle Unterschiede zwischen den beiden Großhirnhemisphären. Beachten Sie, dass die Reize von den speziellen Sinnesorganen an die Hirnhälfte der Gegenseite weitergeleitet werden. In Kapitel 18 erfahren Sie mehr über diese Bahnen.

16.2.2 Die Spezialisierung der Hemisphären

Die Regionen in Abbildung 16.7a gibt es in beiden Hemisphären, doch die übergeordneten Funktionen sind nicht so gleichmäßig verteilt. In **Abbildung 16.8** erkennt man die wichtigsten funktionellen Unterschiede zwischen den Hemisphären. Übergeordnete Zentren in den Großhirnhemisphären haben unterschiedliche, aber komplementäre Funktionen. Einige motorische Funktionen und Fähigkeiten reflektieren vornehmlich die Aktivität einer der beiden Hemisphären. So liegen beispielsweise das Sprachzentrum und das allgemeine Assoziationsareal in derselben Hemisphäre, die man die **dominante Hemisphäre** nennt. Sie bestimmt in der Regel auch die Händigkeit; bei den meisten Rechtshändern ist die linke Großhirnhemisphäre dominant.

Im Gegensatz dazu liegen das räumliche Vorstellungsvermögen, die Gesichtserkennung, die emotionale Färbung von Sprache und das Musikverständnis auf der anderen, der **untergeordneten Hemisphäre**. Die rechte Großhirnhemisphäre analysiert sensorische Informationen und setzt den Körper in Bezug zu ihnen. Die Verarbeitungszentren auf dieser Seite erkennen vertraute Gegenstände durch Berührung, Geruch, Geschmack oder den Tastsinn.

Interessanterweise gibt es wahrscheinlich einen Zusammenhang zwischen der Händigkeit und sensorischen und räumlichen Fähigkeiten. Ein ungewöhnlich hoher Prozentsatz von Musikern und Künstlern ist linkshändig; die komplexen motorischen Aktivitäten werden vom primären Motokortex und den Assoziationsarealen der rechten (untergeordneten) Hemisphäre aus gesteuert.

Spezialisierung der Hemisphären bedeutet nicht, dass die Hemisphären unabhängig voneinander arbeiten, sondern nur, dass sich Zentren gebildet haben, die Informationen für das gesamte System sammeln. Die Kommunikation zwischen beiden Seiten verläuft über die Kommissuralfasern, besonders das *Corpus callosum*. Das *Corpus callosum* enthält allein schon mehr als 200 Millionen Axone, die etwa vier Milliarden Impulse pro Sekunde übermitteln!

16.2.3 Das Gedächtnis

Die Erinnerung ist eine übergeordnete Funktion, die intensive Verbindungen zwischen der Hirnrinde und den anderen Hirnregionen erfordert. Die Erinnerung ist der Zugang zu Informationen, die durch Erfahrungen gesammelt wurden; man nennt diese Informationen auch **Engramme** oder **Gedächtnisspuren**. Einige Erinnerungen kann man bewusst abrufen und verbal äußern, wie wenn Sie sich an eine Telefonnummer erinnern und sie nennen. Andere Erinnerungen werden unbewusst abgerufen: Wenn Sie hungrig sind, läuft Ihnen beim Duft von Essen das Wasser im Mund zusammen. Das **Kurzzeitgedächtnis** hält für Sekunden bis Stunden, das **Langzeitgedächtnis** über Jahre. Hierbei sind jeweils unterschiedliche anatomische Strukturen beteiligt. Den Wechsel einer Erinnerung vom Kurzzeit- in das Langzeitgedächtnis nennt man **Konsolidierung**.

AUS DER PRAXIS **Diskonnektionssyndrom**

Die Verbindungen über das *Corpus callosum* ermöglichen die Vernetzung sensorischer Reize und motorischer Kommandos. Dennoch unterscheiden sich die beiden Hemisphären deutlich in Bezug auf die Art ihrer Verarbeitung. Anderweitig nicht therapierbare Krampfanfälle können manchmal durch die Durchtrennung des *Corpus callosum* „geheilt" werden. Der Eingriff führt zu einem Diskonnektionssyndrom. Hierbei funktionieren die beiden Hemisphären unabhängig voneinander, ohne Kenntnis der sensorischen Reize oder der motorischen Aktivitäten der anderen Seite. Dies führt zu einer Reihe von Veränderungen der Fähigkeiten. So können etwa Gegenstände, die mit der linken Hand berührt werden, zwar erkannt, aber nicht verbal benannt werden, da der Sinnesreiz in der rechten Hemisphäre landet, das Sprachzentrum jedoch links liegt. Berührt der Betroffene den Gegenstand nun mit der rechten Hand, kann er ihn benennen, weiß aber nicht zu sagen, ob es derselbe Gegenstand ist, den er vorher in der linken Hand hatte. Diese Schwierigkeiten treten bei allen eingehenden Reizen auf.

Zwei Jahre nach dem Eingriff sind die meisten Auffälligkeiten nicht mehr vorhanden; die Untersuchungsergebnisse sind normal. Menschen, die ohne *Corpus callosum* geboren sind, haben auch keine offensichtlichen sensorischen oder motorischen Defizite. Das ZNS passt sich der Situation an; wahrscheinlich wird vermehrt Information über die vordere Kommissur übertragen.

AUFGABEN

1. Nach einer Kopfverletzung bei einem Autounfall hat David Probleme damit, Gehörtes und Gelesenes zu begreifen. Auf eine Schädigung welcher Hirnregion weist dies hin?
2. Jonathan hat Sprechstörungen; er redet unaufhörlich, benutzt jedoch falsche Wörter. Welches Zentrum oder Areal seines Gehirns ist wahrscheinlich betroffen?
3. Was versteht man unter Konsolidierung von Gedächtnisinhalten?
4. Paula hat Probleme mit abstrakten intellektuellen Funktionen, wie etwa der Vorhersage der Konsequenzen ihrer Handlungen. Welcher Teil ihres Gehirns ist beeinträchtigt?

AUS DER PRAXIS

Morbus Alzheimer

Der Morbus Alzheimer (**Alzheimer-Demenz**) ist eine chronisch-progressiv verlaufende Erkrankung mit zunehmendem Gedächtnisverlust und Beeinträchtigung übergeordneter Hirnfunktionen, wie des abstrakten Denkens, des Urteilsvermögens und der Persönlichkeit. Er ist die häufigste Ursache der senilen Demenz. Die Symptome können zwischen dem 50. und dem 60. Lebensjahr auftreten, obwohl gelegentlich auch jüngere Menschen betroffen sind. Der Morbus Alzheimer hat weitreichende Auswirkungen – ca. vier Millionen US-Amerikaner leiden daran. In der Altersgruppe von 65–70 sind es etwa 3 %; diese Zahl verdoppelt sich etwa alle fünf Jahre. 50 % aller Personen über 85 haben eine der Formen der Erkrankung. 230.000 Betroffene leben in Pflegeheimen; jährlich sterben etwa 53.000 an der Erkrankung.

Bei den meisten Fällen von Morbus Alzheimer sind große Mengen neurofibrillärer Geflechte und Plaques in den Basalganglienkernen, dem Hippokampus und dem *Gyrus parahippocampalis* nachweisbar. Diese Hirnregionen haben unmittelbar mit der Verarbeitung von Gedächtnisinhalten zu tun. Es ist noch nicht klar, ob diese Ablagerungen die Ursache der Erkrankung sind oder die sekundären Zeichen metabolischer Veränderungen durch Umwelteinflüsse, Vererbung oder Infektionen.

Beim Down-Syndrom und einigen erblichen Formen der Alzheimer-Demenz erhöhen Mutationen an Genen auf den Chromosomen 21 oder 14 das Risiko, frühzeitig zu erkranken. Andere genetische Faktoren spielen ebenfalls eine wichtige Rolle. Die spät auftretende Form des Morbus Alzheimer kann mit einem Gen auf Chromosom 19 in Verbindung gebracht werden, das die Bildung von Proteinen für den Cholesterintransport steuert.

Zur Diagnosestellung werden andere Erkrankungen, die einer Demenz ähneln können, ausgeschlossen, eine ausführliche Anamnese erstellt, eine körperliche Untersuchung durchgeführt und die geistige Leistungsfähigkeit getestet. Die Symptome sind anfangs diffus: Stimmungsschwankungen, Reizbarkeit, Depression und ein Mangel an Energie. Sie werden oft ignoriert, übersehen oder abgetan. Ältere Verwandte werden als exzentrisch oder reizbar empfunden und oft genug ausgelacht.

Schreitet die Erkrankung voran, wird es jedoch immer schwerer, sie zu übersehen oder damit zurecht zu kommen. Eine Person mit Alzheimer-Demenz tut sich mit Entscheidungen, auch kleinen, schwer. Es werden unter Umständen gefährliche Fehler gemacht, durch Fehleinschätzungen oder Vergesslichkeit. Sie schaltet etwa den Gasherd an, stellt einen Topf darauf und geht nach nebenan. Zwei Stunden später verursacht der geschmolzene Topf einen Zimmerbrand.

Mit zunehmendem Gedächtnisverlust vergrößern sich auch die Probleme. Die Betroffenen erkennen ihre Verwandten nicht mehr, vergessen ihre eigene Adresse oder wissen nicht mehr, wie man telefoniert. Es beginnt meist mit der Schwierigkeit, Inhalte im Langzeitgedächtnis abzuspeichern; später ist zunehmend auch das Kurzzeitgedächtnis betroffen. Schließlich gehen auch grundlegende Inhalte des Langzeitgedächtnisses verloren, wie etwa der Klang des eigenen Namens. Der Gedächtnisverlust betrifft sowohl intellektuelle als auch motorische Fähigkeiten; so haben Personen mit einer fortgeschrittenen Alzheimer-Demenz Probleme mit den einfachsten motorischen Abläufen. Obwohl sie selbst in diesem Stadium von ihren Einschränkungen relativ unbelastet wirken, stellt die Situation eine schwere emotionale Belastung für die engere Familie dar.

Bei den Betroffenen nimmt die Anzahl der kortikalen Neurone deutlich ab, besonders in den Frontal- und Temporallappen. Dieser Verlust steht in Zusammenhang mit einer Verminderung der Azetylcholinproduktion im *Nucleus basalis* im Großhirn. Axone aus dieser Region ziehen überall in die Hirnrinde; lässt die Azetylcholinproduktion nach, reduziert sich auch die Hirnfunktion.

Die Alzheimer-Demenz ist nicht heilbar, doch einige Medikamente und Nahrungsmittelergänzungen können das Fortscheiten verlangsamen und die Notwendigkeit stationärer Betreuung hinausschieben. Die Antioxidanzien Vitamin E und *Gingko-biloba*-Extrakt sowie Folsäure und die Vitamine B_6 und B_{12} sind in einigen Fällen hilfreich und können die Erkrankung verschieben oder verhindern. Medikamente, die den Glutamatspiegel (ein Neurotransmitter) im ZNS erhöhen, können die Situation ebenfalls verbessern. Die empfohlene Medikamentenkombination richtet sich nach den Nebenwirkungen. Eine Impfung hat bei Versuchsmäusen eine Verringerung der Plaques und Geflechte sowie eine Verbesserung der Leistungsfähigkeit (Labyrinth) gezeigt. Erste Versuche an Menschen wurden jedoch wegen einiger Fälle von Immunenzephalitis abgebrochen. An einem modifizierten Impfstoff wird gearbeitet.

Zwei Bestandteile des limbischen Systems, das *Corpus amygdaloideum* und der Hippokampus, sind dafür von besonderer Bedeutung. Eine Schädigung eines dieser Areale beeinträchtigt die normale Konsolidierung von Gedächtnisinhalten. Eine Funktionsstörung des Hippokampus führt zu einem unmittelbaren Verlust des Kurzzeitgedächtnisses, während die Erinnerungen im Langzeitgedächtnis abrufbar bleiben. Bahnen vom *Corpus amygdaloideum* an den Hypothalamus können Erinnerungen an bestimmte Emotionen koppeln. Ein zerebraler Kern nahe am Dienzephalon, der *Nucleus basalis*, spielt eine noch unbekannte Rolle bei Speicherung und Abruf von Erinnerungen. Er ist über Bahnen mit dem Hippokampus, dem *Corpus amygdaloideum* und allen Arealen der Hirnrinde verbunden. Bei einer Schädigung kommt es zu einer Veränderung der Stimmung, des Gedächtnisses und der intellektuellen Funktion. (Vergleiche die Besprechung des Morbus Alzheimer später in diesem Kapitel.)

AUS DER PRAXIS

Bewusstseinsebenen

Normale Menschen wechseln täglich zwischen dem wachen Bewusstsein und dem Schlaf. In Tabelle 16.3 ist das gesamte Spektrum der Bewusstseinslagen zusammengefasst, vom **Delir** bis hin zum **Koma**. Man muss beachten, dass diese Zustände äußeres Zeichen der Aktivität im ZNS sind. Eine gestörte ZNS-Funktion kann die Bewusstseinsebene beeinträchtigen; daher überwachen Ärzte die Bewusstseinslage ihrer Patienten sehr sorgfältig.

Das Langzeitgedächtnis befindet sich in der Hirnrinde. Bewusste sensorische und motorische Erinnerungen werden an die entsprechenden Assoziationsareale weitergeleitet. So werden visuelle Erinnerungen im visuellen Assoziationsareal gespeichert, Erinnerungen an willkürmotorische Abläufe im prämotorischen Kortex. In bestimmten Abschnitten des Okzipital- und Temporallappens liegen die Erinnerungen an Gesichter, an den Klang von Stimmen und an die Aussprache von Wörtern.

Eine **Amnesie** ist der Verlust von Gedächtnisinhalten durch eine Erkrankung oder eine Verletzung. Die Art des Verlusts hängt von der betroffenen Hirnregion ab. Eine Schädigung der sensorischen Assoziationsareale beeinträchtigt die Erinnerung an die Sinnesreize, die im benachbarten sensorischen Kortex eintreffen. Sind Thalamus und limbisches System betroffen, hier besonders der Hippokampus, hat man Schwierigkeiten mit der Speicherung und der Konsolidierung von Gedächtnisinhalten. Eine Amnesie kann plötzlich oder schleichend auftreten; eine Erholung kann vollständig, partiell oder gar nicht möglich sein, abhängig von der Ursache.

Bei einer retrograden Amnesie (lat.: retro- = zurück, rückwärts) verliert der Betroffene die Erinnerung an vergangene Ereignisse. Eine leichte retrograde Amnesie tritt oft nach Kopfverletzungen auf; viele Opfer von Verkehrsunfällen oder Stürzen haben keine Erinnerung mehr an die letzten Momente vor dem Ereignis. Eine anterograde Amnesie (lat.: ante = vor) beeinträchtigt die Abspeicherung neuer Gedächtnisinhalte, doch frühere Erinnerungen bleiben intakt und zugänglich. Es scheint sich um die Schwierigkeit zu handeln, Informationen im Langzeitgedächtnis abzuspeichern. Eine gewisse anterograde Amnesie gehört häufig zu den Symptomen der senilen Demenz, die später besprochen wird.

Ebene oder Zustand	Beschreibung
Bewusster Zustand	
Delirium	Desorientiertheit, Unruhe, Verwirrung, Halluzinationen, Agitiertheit, Wechsel in andere Bewusstseinslagen; entsteht rasch
Demenz	Zunehmendes Nachlassen von räumlichem Vorstellungsvermögen, Gedächtnis, Verhalten und Sprache
Verwirrung	Eingeschränkte Klarheit, leichte Ablenkbarkeit, leicht durch Sinnesreize zu erschrecken, Wechsel zwischen Schläfrigkeit und Erregung; entspricht einem leichten Delir
Normales Bewusstsein	Klares Bewusstsein von sich selbst und der Umgebung, volle Orientierung, normale Reaktionen
Somnolenz	Extreme Schläfrigkeit, aber normale Reaktion auf Stimuli
Wachkoma	Wach, aber ohne Reaktionen; kein Hinweis auf Rindenfunktion
Unbewusster Zustand	
Schlaf	Durch normale Reize (leichte Berührung, Geräusche usw.) erweckbar
Sopor	Nur durch extreme oder wiederholte Reize erweckbar
Koma	Nicht erweckbar, reagiert nicht auf Reize (Man unterscheidet je nach der Auslösbarkeit von Reflexen unterschiedliche Stadien der Komatiefe.)

Tabelle 16.3: **Bewusstseinszustände.**

AUS DER PRAXIS

Zerebrovaskuläre Erkrankungen

Zerebrovaskuläre Erkrankungen sind Erkrankungen des Herz-Kreislauf-Systems, bei denen die normale Durchblutung des Gehirns beeinträchtigt ist. Das Versorgungsgebiet des jeweiligen Gefäßes bestimmt die Symptomatik, das Ausmaß des Sauerstoff- und Nährstoffmangels den Schweregrad.

Ein Schlaganfall oder **zerebrovaskulärer Insult** (**Apoplex**) tritt auf, wenn die Blutversorgung einer Gehirnregion durch eine Gefäßverstopfung oder eine Blutung unterbrochen wird. Die betroffenen Neurone beginnen innerhalb von Minuten abzusterben.

Die Symptome des Schlaganfalls geben Hinweise auf das blockierte Blutgefäß und die betroffene Hirnregion. Die *A. carotis interna* beispielsweise zieht durch den *Canalis carotis* in den Schädel. Einer ihrer Hauptäste, die *A. cerebri media*, ist besonders häufig Ort des Geschehens. Die oberflächlichen Äste versorgen den Temporallappen und große Teile der Frontal- und Parietallappen; tiefe Äste versorgen den Thalamus und die Basalganglien. Wenn bei einem Schlaganfall die linke *A. cerebri media* blockiert wird, kommt es zu einer Aphasie sowie zu Sensibilitätsstörungen und einer Hemiparese rechts. Ist die rechte *A. cerebri media* betroffen, zeigen sich Sensibilitätsstörungen und eine Hemiparese links; außerdem haben die Patienten Probleme mit dem Zeichnen und dem räumlichen Vorstellungsvermögen. Schlaganfälle mit Blockierung der Gefäße, die den Hirnstamm versorgen, haben ebenfalls typische Symptome; im unteren Hirnstamm sind sie meist tödlich. (Weitere Informationen zu Ursachen, Diagnosestellung und Behandlung eines Schlaganfalls finden Sie in Kapitel 22.)

AUFGABEN

1. Was geschähe mit einer schlafenden Person, deren retikuläres Aktivierungssystem plötzlich stimuliert wird?
2. Welche wichtigen anatomischen Strukturen werden durch das Altern beeinträchtigt?

16.2.4 Das Bewusstsein: das retikuläre Aktivierungssystem

Eine bewusstseinsklare Person ist wach und aufmerksam, eine bewusstlose Person nicht. Das ist offensichtlich, doch gibt es dazwischen viele Abstufungen von Wachheit und Bewusstlosigkeit (Tabelle 16.3). Der Wachheitsgrad eines Menschen hängt von komplexen Interaktionen zwischen dem Hirnstamm und der Hirnrinde ab. Eine der wichtigsten Komponenten im Hirnstamm ist hierbei das **retikuläre Aktivierungssystem** , ein unscharf abgegrenztes Netzwerk innerhalb der *Formatio reticularis*. Es reicht vom Mesenzephalon bis an die *Medulla oblongata* (**Abbildung 16.9**). Seine Kommandos wirken auf die gesamte Hirnrinde. Wenn das retikuläre Aktivierungssystem inaktiv ist, ist es auch die Hirnrinde; umgekehrt führt eine Stimulation des retikulären Aktivierungssystems zu einer großflächigen Aktivierung der Hirnrinde. Hauptaufgabe dieser Aktivierung ist es, den Menschen wach und aufmerksam zu halten; schwächt sich die Aktivität der Rinde ab, wird er zunehmend lethargisch und verliert schließlich das Bewusstsein.

Der mesenzephale Anteil des retikulären Aktivierungssystems scheint das Kontrollzentrum zu sein; eine Stimulation dieser Region führt zu den deutlichsten und am längsten anhaltenden Effekten auf die Hirnrinde. Eine Stimulation anderer Anteile des retikulären Aktivierungssystems wirkt nur indirekt durch Beeinflussung des mesenzephalen Anteils. Je intensiver die Stimulation, desto wacher und aufmerksamer ist eine Person für eingehende Sinnesreize. Angeschlossene Thalamuskerne spielen eine Rolle bei der Lenkung der Aufmerksamkeit auf bestimmte Abläufe.

16.3 Das Altern und das Nervensystem

Der Alterungsprozess betrifft alle Systeme des Körpers; das Nervensystem bildet hier keine Ausnahme. Die anatomischen Veränderungen beginnen kurz nach der Reife um das 30. Lebensjahr herum und akkumulieren mit der Zeit. Obwohl etwa 85 % aller älteren Menschen (über 65) ein ganz normales Leben führen, gibt es augenscheinliche Veränderungen der geistigen Leistungsfähigkeit und der ZNS-Funktion.

Typische altersabhängige Veränderungen des Nervensystems sind:

- **Eine Verringerung von Größe und Gewicht:** Hierbei nimmt hauptsächlich das Volumen der Hirnrinde ab. Das Gehirn eines älteren Menschen hat schmalere Gyri und breitere Sulki als das eines jüngeren; auch sind der Subarachnoidalraum und die Ventrikel vergrößert.
- **Eine Verringerung der Anzahl der Neurone:** Die Verkleinerung des Gehirns ist von einem Verlust an Neuronen mitverursacht, doch ist dieser Rückgang nicht bei allen Menschen und in allen Zentren gleich stark ausgeprägt.

- **Eine Verringerung der Hirndurchblutung:** Im Alter sammeln sich Fettablagerungen in den Gefäßwänden und verringern die Durchflussrate. (Dieser Vorgang, die **Arteriosklerose**, kann Arterien im gesamten Körper betreffen; siehe Kapitel 22.) Eine verringerte Durchblutung löst keine zerebrale Krise aus, erhöht aber das Risiko, einen Schlaganfall zu erleiden.
- **Veränderungen der synaptischen Verbindungen:** Die Anzahl der Dendriten und Verbindungen scheint abzunehmen. Mit der Zahl der Synapsen reduziert sich auch die Produktion von Neurotransmittern.
- **Intra- und extrazelluläre Veränderungen an den Neuronen:** Viele Neurone im ZNS akkumulieren mit der Zeit abnorme intrazelluläre Ablagerungen. Plaques sind extrazelluläre Ansammlungen ungewöhnlicher Proteinfibrillen, des Amyloids, die von abnormen Dendriten und Axonen umgeben sind. Neurofibrilläre Geflechte (Alzheimer-Fibrillen) bilden dichte Matten im Soma. Die Bedeutung dieser intra- und extrazellulären Normabweichungen ist noch nicht ausreichend erforscht. Sie kommen in jedem alternden Gehirn vor; in großen Mengen scheinen sie mit klinischen Auffälligkeiten einherzugehen.

Diese anatomischen Veränderungen stehen mit einer Reihe funktioneller Vorgänge in Zusammenhang. Ganz allgemein sind im Alter die neuronalen Verarbeitungsprozesse weniger effizient. Die Konsolidierung von Gedächtnisinhalten fällt schwerer und die Sinnesorgane (besonders Hören, Gleichgewicht, Sehen, Geruchs- und Tastsinn) arbeiten weniger präzise. Licht muss heller, Töne müssen lauter und Gerüche müssen intensiver sein, bevor sie wahrgenommen werden. Reaktionszeiten sind verlängert und Reflexe – sogar einige monosynaptische Reflexe – werden schwächer oder bleiben ganz aus. Die Willkürmotorik ist weniger präzise; Bewegungsabläufe brauchen länger als noch vor 20 Jahren. Die meisten älteren Menschen kommen trotz dieser Einschränkungen gut in der Gesellschaft zurecht. Aber aus unbekannten Gründen werden auch viele durch progressive ZNS-Veränderungen zu Pflegefällen. Die mit Abstand häufigste solche Erkrankung ist der Morbus Alzheimer.

DEFINITIONEN

Morbus Alzheimer: progressiv verlaufende Erkrankung, die mit dem Verlust höherer zerebraler Funktionen einhergeht

Amnesie: temporärer oder permanenter Verlust des Gedächtnisses durch eine Erkrankung oder eine Verletzung

Anenzephalie: seltene Entwicklungsstörung, bei der sich das Gehirn oberhalb des Mesenzephalons oder des unteren Dienzephalons nicht ausbildet

Aphasie: Erkrankung mit Sprech- und Lesestörung

Zerebralparese: Oberbegriff für verschiedene Störungen der Willkürmotorik, die in der frühen Kindheit entstehen und lebenslang verbleiben

Zerebrovaskulärer Insult: Erkrankung, bei der die Blutversorgung eines Teiles des Gehirns unterbrochen ist

Zerebrovaskuläre Erkrankungen: Erkrankungen der Blutgefäße, die die arterielle Versorgung des Gehirns beeinträchtigen

Delirium: Bewusstseinslage mit Verwirrung und raschem Wechsel der Bewusstseinsebenen

Demenz: chronische Bewusstseinslage mit Defiziten bei Gedächtnis, räumlichem Vorstellungsvermögen, der Sprache und der Persönlichkeit

Diskonnektionssyndrom: Syndrom nach Durchtrennung des *Corpus callosum* und Trennung der beiden Großhirnhemisphären. Die Hirnhälften funktionieren weiter, jedoch unabhängig voneinander; die rechte Hand weiß sprichwörtlich nicht, was die linke tut.

Dyslexie: Erkrankung mit Beeinträchtigung des Lesesinnverständnisses und des Wortgebrauchs

Morbus Tay-Sachs: Angeborene Störung des Gangliosidstoffwechsels. Die betroffenen Kinder wirken bei der Geburt normal, doch die Erkrankung führt über zunehmende Muskelschwäche, Erblindung und Krämpfe meist vor dem vierten Lebensjahr zum Tode.

Zusammenfassung

Die Antworten auf die Fragen der Aufgaben und der Zusammenfassung finden Sie im Antwortteil.

Wiederholung von Fakten und Begriffen

Verbinden Sie die Begriffe der linken Spalte jeweils mit denen der rechten Spalte, die am besten passen; setzen Sie die Buchstaben in die Spalte vor die Zahlen.

	Spalte A			Spalte B
	1.	Kreuzung	a.	Neuron zweiter Ordnung
	2.	Sensorisch	b.	Schmerz, Temperatur, grobe Berührung, Druck
	3.	Interneuron	c.	Willkürmuskulatur
	4.	Hinterstrang	d.	Assoziationszentrum der Sprache
	5.	Spinothalamikus	e.	Afferent
	6.	Spinozerebellär	f.	Propriozeptive Reize
	7.	Kortikospinales System	g.	Motorik der Sprache
	8.	*Tractus tectospinales*	h.	Gekreuzt
	9.	Mediale Bahn	i.	Durch ein Geräusch verursachte Änderung der Position
	10.	Wernicke-Zentrum	j.	Unbewusste motorische Kommandos
	11.	Broca-Areal	k.	*Fasciculi gracilis* und *cuneatus*

12 Axone aszendieren im Hinterstrang an
a. die *Nuclei gracilis* und *cuneatus*.
b. den ventralen Thalamuskern.
c. den Kleinhirnhinterlappen.
d. den medialen Thalamuskern.

13 Welche der Aussagen zum *Tractus spinothalamicus* trifft zu?
a. Seine Neurone bilden Synapsen in den Vorderhörnern des Rückenmarks.
b. Er leitet Sinnesreize zu Berührung, Druck und Temperatur vom Gehirn in die Peripherie.
c. Er übermittelt Sinnesreize an das Gehirn und kreuzt im Thalamus.
d. Keine der Aussagen trifft zu.

14 Bei welchem der folgenden handelt es sich um einen spinalen Trakt innerhalb der medialen oder lateralen Bahnen?
a. *Tractus vestibulospinalis*
b. *Tractus tectospinalis*
c. *Tractus reticulospinalis*
d. Alle Angaben sind richtig.

15 Axone der *Tractus corticospinales* bilden Synapsen an
a. den motorischen Kernen der Hirnnerven.
b. den Motoneuronen in den Vorderhörnern des Rückenmarks.
c. den Motoneuronen in den Hinterhörnern des Rückenmarks.
d. den Motoneuronen in den rückenmarksnahen Ganglien.

16 Welche Begriffspaare sind korrekt?
a. Lobotomie – Lese- und Hörsinnverständnis
b. Broca-Areal – Sprachzentrum
c. präfrontaler Kortex – Insula
d. allgemeines Assoziationsareal – intensive Verbindungen mit dem limbischen System

17 Das Kleinhirn passt willkürliche und unwillkürliche motorische Aktivitäten als Reaktion auf die folgenden Reize an, außer auf
a. propriozeptive Reize.
b. visuelle Reize.
c. Informationen von der Hirnrinde.
d. Informationen von den „Vitalzentren".

18 Klares Bewusstsein erfordert die korrekte Funktion
a. der Präfrontallappen.
b. des allgemeinen Assoziationsareals.
c. des retikulären Aktivierungssystems.
d. des limbischen Systems.

19 Welche der folgenden Strukturen ist für die Konsolidierung von Gedächtnisinhalten erforderlich?
a. Brodmann-Areal Nr. 4
b. Stammganglien
c. Hippokampus
d. *Lobus praefrontalis*

20 Die folgenden Aussagen treffen auf die Alzheimer-Demenz zu, außer:
a. Sie ist die häufigste Ursache der senilen Demenz.
b. Sie tritt häufiger bei Schlaganfallpatienten auf.
c. Sie ist mit der Bildung von Plaques und neurofibrillären Geflechten in den Hirnregionen verbunden, die mit dem Gedächtnis zu tun haben.
d. Sie ist durch einen zunehmenden Gedächtnisverlust gekennzeichnet.

Wiederholung von Lernzielen

1 Die Fehlfunktion welcher neurologischen Komponenten führt bei einer alkoholisierten Person zu dem schwankenden Gangbild?
a. Kleinhirnkerne
b. *Tractus rubrospinales*
c. Parietallappen
d. *Tractus tectospinales*

2 In welcher Hirnregion erwarten Sie ein Problem bei einer Person zu finden, die an einer Dyslexie leidet?
a. Großhirnkerne
b. *Tractus tectospinales*
c. Broca-Areal
d. Okzipitallappen

3 Welche Symptome erwarten Sie bei einer Schädigung des *Nucleus gracilis* an der rechten Seite der *Medulla oblongata*?
a. eine Unfähigkeit, eine feine Berührung am linken Bein zu spüren

b. eine Unfähigkeit, eine feine Berührung am rechten Bein zu spüren
c. eine Unfähigkeit, feinmotorische Bewegungen mit der linken Schulter durchzuführen
d. eine Unfähigkeit, feinmotorische Bewegungen mit der rechten Schulter durchzuführen

4 Im Gehirn von mathematisch hochbegabten Linkshändern
a. liegt die analytische Region häufiger als bei Rechtshändern in der rechten Hemisphäre.
b. liegt die analytische Region in etwa 90 % der Fälle in der linken Hemisphäre.
c. liegt die analytische Region immer in der rechten Hemisphäre.
d. ist das *Corpus callosum* ungewöhnlich groß.

5 Beschreiben Sie die Funktion von Neuronen erster Ordnung im ZNS.

6 Warum unterscheiden sich die Proportionen des sensorischen Homunkulus von denen des Körpers?

7 Was ist die Hauptrolle der zentralen Kerne bei der Funktion der lateralen und medialen Bahnen?

8 Wie beeinflusst das Kleinhirn die allgemeinen Körperbewegungen?

9 Was ist das Sprachzentrum und welches sind seine Funktionen?

10 Vergleichen Sie Aktionen nach motorischen Kommandos in den *Tractus vestibulospinales* mit denen der *Tractus reticulospinales*.

Anwendung von Lerninhalten

1 Sandra zieht sich bei einem Fahrradunfall eine Rückenverletzung zu. Der untersuchende Arzt stellt fest, dass sie von der linken Hüfte an das Bein herab keine Schmerzreize mehr wahrnimmt. Ansonsten hat sie keine Gefühlsstörungen; auch die Motorik ist unbeeinträchtigt. Der Arzt geht davon aus, dass das Rückenmark teilweise komprimiert ist und ihre Symptome daher kommen. Auf welcher Höhe vermuten Sie das Problem?

2 Ein Patient wird mit einer Aphasie und einer sensorischen und motorischen Parese der rechten Körperhälfte in die Klinik eingewiesen. Was ist ihm am wahrscheinlichsten geschehen und welche anatomischen Strukturen sind beteiligt?

Eine Kurzzusammenfassung der wichtigsten Inhalte, sowie die Antworten zu den Fragen und weitere Arbeitsmaterialien finden sie auf unserer Companion Website unter:
www.pearson-studium.de/login

Lernziele

1. Die wichtigsten Strukturen des autonomen Nervensystems benennen können, ebenso die beiden funktionellen Anteile des autonomen Nervensystems.
2. Die Anatomie des Sympathikus und seine Beziehung zum Rückenmark und zu den Spinalnerven kennen.
3. Die Mechanismen der Ausschüttung von Neurotransmittern im sympathischen Nervensystem erläutern können.
4. Die Anatomie des Parasympathikus beschreiben können, ebenso seine Beziehung zum Gehirn, zu den Hirnnerven und zum sakralen Rückenmark.
5. Die Beziehungen zwischen dem Sympathikus und dem Parasympathikus kennen und die Auswirkungen der dualen Innervation beschreiben können.
6. Die Kontroll- und Integrationsebenen des autonomen Nervensystems kennen.

Das Nervensystem

Das autonome Nervensystem

17

ÜBERBLICK

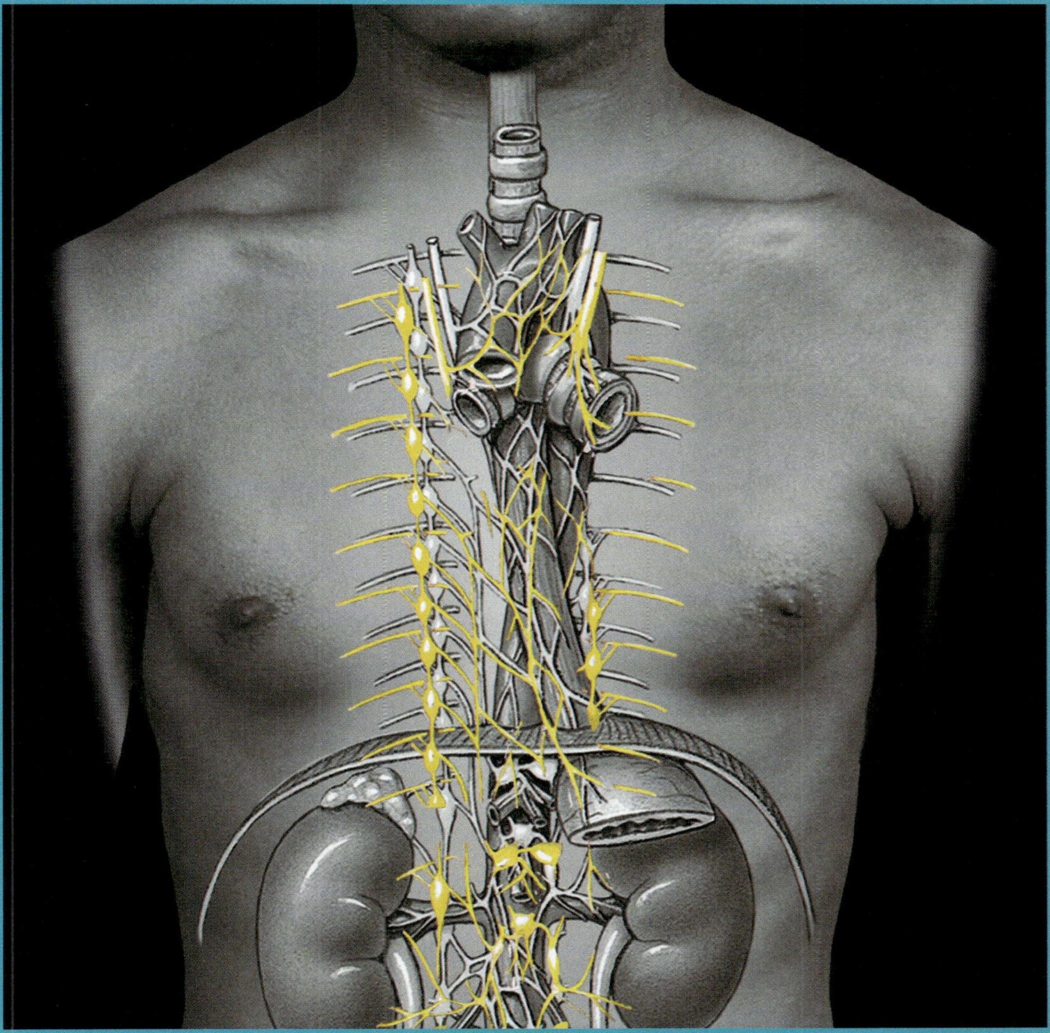

Unsere bewussten Gedanken, Pläne und Aktionen stellen nur einen Bruchteil der Aktivitäten des Nervensystems dar. Gäbe es kein Bewusstsein, würden unsere lebenswichtigen physiologischen Funktionen dennoch fast unverändert weiterlaufen – der Nachtschlaf ist ja schließlich kein lebensbedrohliches Ereignis. Längere und tiefere Stadien der Bewusstlosigkeit sind auch nicht notwendigerweise bedrohlicher, vorausgesetzt, dass für die Ernährung gesorgt ist. Es gibt Menschen, die nach schweren Hirnverletzungen jahrzehntelang im Koma gelegen haben. Ein Überleben unter diesen Umständen ist möglich, weil das autonome Nervensystem die routinemäßigen Anpassungen der physiologischen Abläufe im Unterbewusstsein vornimmt. Es reguliert die Körpertemperatur und koordiniert die Funktionen der kardiovaskulären, respiratorischen, digestiven, exkretorischen und reproduktiven Systeme. Dabei überwacht es die Konzentrationen von Wasser, Elektrolyten, Nährstoffen und gelösten Gasen in den Körperflüssigkeiten.

In diesem Kapitel werden die anatomische Struktur und die Anteile des autonomen Nervensystems besprochen. Jeder Anteil hat seinen eigenen charakteristischen anatomischen und funktionellen Aufbau. Wir beginnen mit einer Beschreibung des Sympathikus und des Parasympathikus; dann folgt eine kurze Erklärung, wie diese Anteile den ständig wechselnden physiologischen Bedürfnissen der verschiedenen Organsysteme gerecht werden.

Das somatische und das autonome Nervensystem – ein Vergleich 17.1

Es ist hilfreich, den Aufbau des autonomen Nervensystems, das viszerale Effektoren innerviert, mit dem des somatischen Nervensystems zu vergleichen, das in Kapitel 16 besprochen wurde. Die Axone der unteren Motoneurone reichen vom ZNS direkt an die Skelettmuskelfasern und kontrollieren diese. Das autonome Nervensystem hat, wie auch das somatische Nervensystem, afferente und efferente Neurone. Wie im somatischen Nervensystem werden auch im autonomen Nervensystem die afferenten sensorischen Reize im ZNS verarbeitet; anschließend gehen efferente Impulse an die Effektororgane. Die afferenten Signale des autonomen Nervensystems entstehen jedoch an viszeralen Rezeptoren, und die efferenten Kommandos betreffen viszerale Organe.

Zusätzlich zu den unterschiedlich lokalisierten Rezeptoren und Effektoren unterscheidet sich das autonome Nervensystem auch bezüglich der Anordnung der Neurone, die das ZNS mit den Effektoren verbinden, vom somatischen Nervensystem (siehe Abbildung 16.3). Im autonomen Nervensystem innerviert das Axon eines Neurons erster Ordnung im ZNS ein zweites Neuron, das sich in einem peripheren Ganglion befindet. Dieses zweite Neuron steuert den peripheren Effektor. Viszeromotorische Neurone im ZNS, **präganglionäre Neurone** genannt, senden ihre Axone, die **präganglionären Fasern**, an **ganglionäre Neurone**, um dort Synapsen zu bilden. Die Zellkörper der ganglionären Neurone liegen außerhalb des ZNS in den autonomen Ganglien. Die Axone, die aus den autonomen Ganglien herausziehen, sind relativ klein und nicht myelinisiert. Man nennt sie postganglionäre Fasern, da sie die Impulse vom Ganglion wegtragen. (Aus demselben Grunde werden ihre Neurone ebenfalls gelegentlich **postganglionär** genannt, obwohl sich die Zellkörper in den Ganglien befinden.) Postganglionäre Fasern innervieren periphere Gewebe und Organe, wie die glatte und die Herzmuskulatur, das Fettgewebe und die Drüsen.

Anteile des autonomen Nervensystems 17.2

Das autonome Nervensystem hat zwei Hauptanteile: den **Sympathikus** und den **Parasympathikus**. Meist haben die beiden gegenläufige Effekte; wenn der Sympathikus eine Erregung herbeiführt, dämpft der Parasympathikus. Dies ist jedoch nicht immer der Fall, denn 1. arbeiten die beiden Anteile auch unabhängig voneinander, wobei einige Strukturen nur von einem Anteil innerviert werden, und 2. arbeiten sie auch zuzeiten zusammen, wobei jeder ein Stadium eines komplexen Ablaufs steuert. Im Allgemeinen dominiert der Parasympathikus in Phasen der Ruhe; der Sympathikus übernimmt bei Anstrengungen, Stress oder Notfällen die Regie.

Zum autonomen Nervensystem gehört auch noch ein dritter Anteil, von dem die meisten Menschen noch nie etwas gehört haben: das **enterische Nervensystem**. Es handelt sich um ein ausgedehntes Netzwerk von Neuronen und Nerven in den Wänden des Verdauungssystems. Obwohl die Aktivitäten des enterischen Nervensystems unter dem Einfluss von Sympathikus und Parasympathikus stehen, werden viele komplexe viszerale Reflexe lokal initiiert und koordiniert, ohne weitere Anleitungen durch

AUFGABEN

1. Beschreiben Sie den Unterschied bzw. die Unterschiede zwischen präganglionären und ganglionären Neuronen.
2. Nennen Sie die beiden Anteile des autonomen Nervensystems. Welche Bezeichnungen werden noch verwendet?
3. Welcher Neurotransmitter wird von den meisten postganglionären sympathischen Fasern freigesetzt?
4. Welche Organe werden von den postganglionären Fasern des autonomen Nervensystems innerviert?

das ZNS. Insgesamt hat das enterische Nervensystem etwa 100 Millionen Neurone – mindestens so viele wie das Rückenmark – und alle Neurotransmitter, die es im Gehirn auch gibt. In diesem Kapitel konzentrieren wir uns auf die sympathischen und parasympathischen Anteile des autonomen Nervensystems, die die viszeralen Funktionen im gesamten Körper vernetzen und koordinieren. Das enterische Nervensystem wird bei der Besprechung der viszeralen Reflexe später in diesem Kapitel und noch einmal bei der Steuerung des Verdauungssystems in Kapitel 25 erwähnt.

Der sympathische (thorakolumbale) Anteil Präganglionäre Fasern sowohl von den thorakalen als auch von den oberen lumbalen Segmenten des Rückenmarks bilden Synapsen in den Ganglien nahe am Rückenmark. Diese Axone und Ganglien sind Teil des sympathischen Nervensystems oder auch thorakolumbalen Anteils des autonomen Nervensystems (**Abbildung 17.1**). Er ist für die Fluchtreaktionen des Körpers verantwortlich ("Fight or flight"), da die Erhöhung seiner Aktivität zu einer Steigerung des Stoffwechsels in den Geweben, einer gesteigerten Aufmerksamkeit und der Vorbereitung des Körpers auf einen Notfall führt.

Der parasympathische (kraniosakrale) Anteil Präganglionäre Fasern, die entweder im Hirnstamm (Hirnnerven III, IV, IX und X) oder im sakralen Rückenmark entspringen, gehören zum parasympathischen Nervensystem oder auch

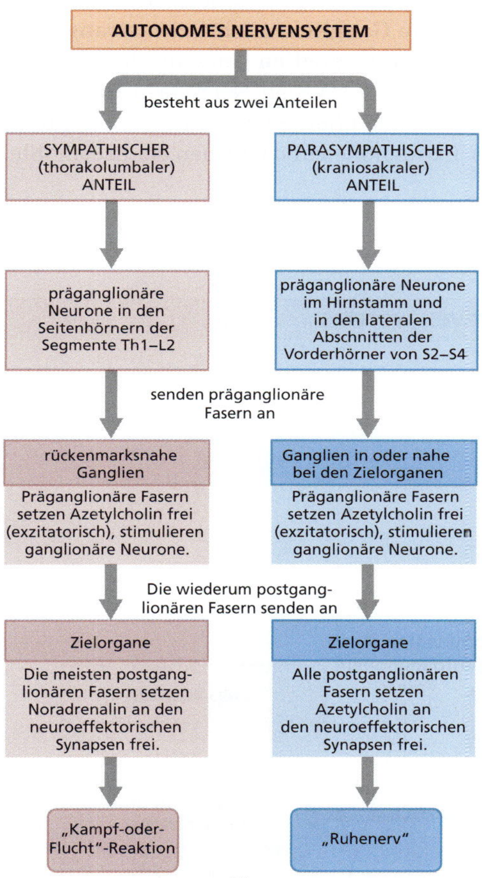

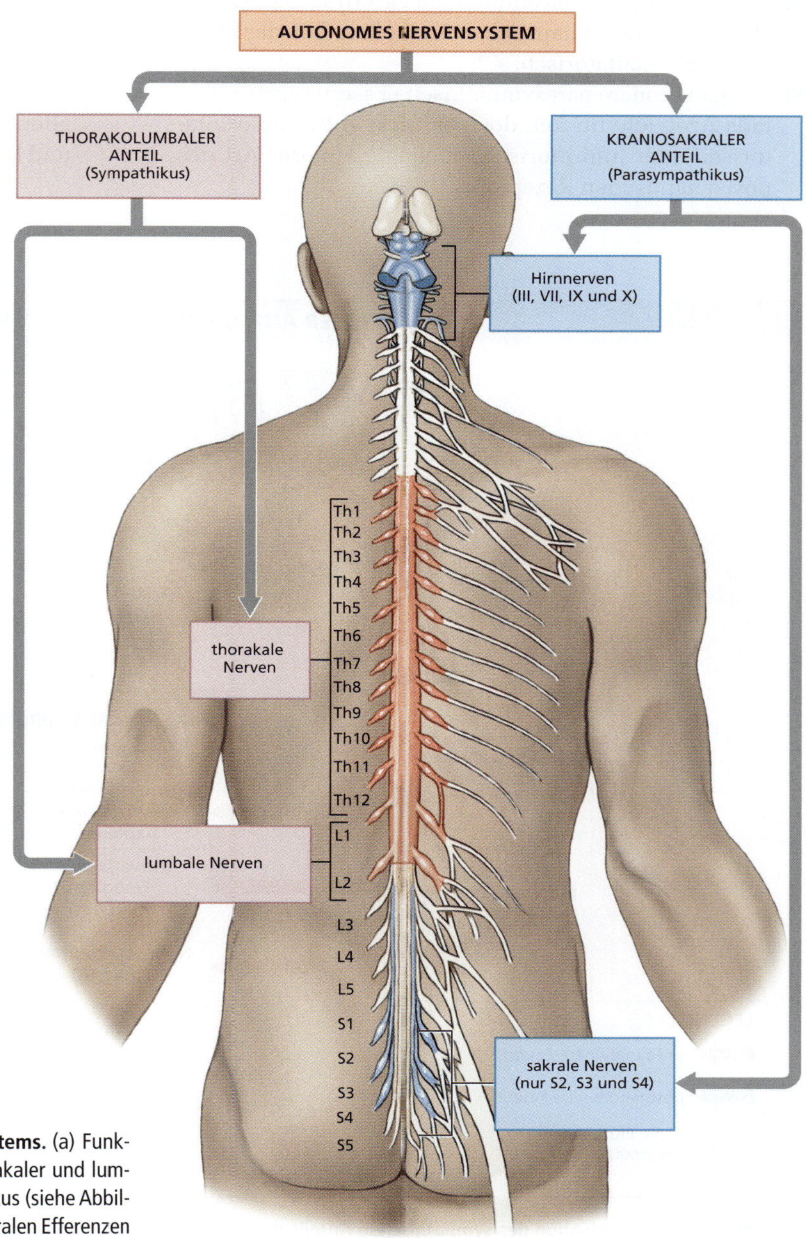

Abbildung 17.1: Die Anteile des autonomen Nervensystems. (a) Funktionelle Komponenten. (b) Anatomische Anteile. Auf thorakaler und lumbaler Höhe bilden die viszeralen Efferenzen den Sympathikus (siehe Abbildung 17.4). Auf kranialer und sakraler Höhe bilden die viszeralen Efferenzen vom ZNS den Parasympathikus (siehe Abbildung 17.8).

kraniosakralen Anteil des autonomen Nervensystems. Die präganglionären Fasern bilden Synapsen an den terminalen Ganglien in der Nähe der Zielorgane oder an den intramuralen Ganglien (lat.: murus = die Mauer) im Inneren der Zielorgane. Dieser Anteil ist der „Ruhenerv"; er spart Energie und fördert Aktivitäten der Ruhe, wie die Verdauung.

INNERVATION Sympathikus und Parasympathikus beeinflussen ihre Zielorgane durch die kontrollierte Freisetzung von Neurotransmittern an den postganglionären Fasern. Die Aktivität der Zielorgane wird dadurch entweder gesteigert oder gehemmt, je nach Reaktion der Rezeptoren am Plasmalemm auf die Neurotransmitter. Die folgenden drei Aussagen beschreiben die Neurotransmitter des autonomen Nervensystems und ihre Effekte:

- Alle präganglionären autonomen Fasern setzen **Azetylcholin** an ihren synaptischen Endkolben frei; der Effekt ist immer exzitatorisch.
- Postganglionäre parasympathische Fasern setzen ebenfalls Azetylcholin frei, doch es wirkt entweder exzitatorisch oder inhibitorisch, abhängig von der Art des postsynaptischen Rezeptors.
- Die meisten postganglionären Synapsen setzen den Neurotransmitter **Noradrenalin** frei, der meist exzitatorisch wirkt.

Der Sympathikus 17.3

Der Sympathikus (**Abbildung 17.2**) besteht aus den folgenden Komponenten:

- **Präganglionäre Neurone** zwischen den Segmenten Th1 und L2 des Rückenmarks: Die Zellkörper dieser Neurone befinden sich in den Seitenhörnern zwischen Th1 und L2; ihre Axone ziehen in die ventralen Wurzeln des jeweiligen Segments.
- **Ganglionäre Neurone in Ganglien nahe der Wirbelsäule:** Im Sympathikus gibt es zweierlei Ganglien:
  - **Paravertebrale Ganglien**, auch **Grenzstrangganglien** oder **laterale Ganglien** genannt, die beidseits lateral der Wirbelsäule liegen. Neurone in diesen Ganglien kontrollieren Effektoren an Körperwand, Kopf und Hals, Extremitäten und Organen der Brusthöhle.

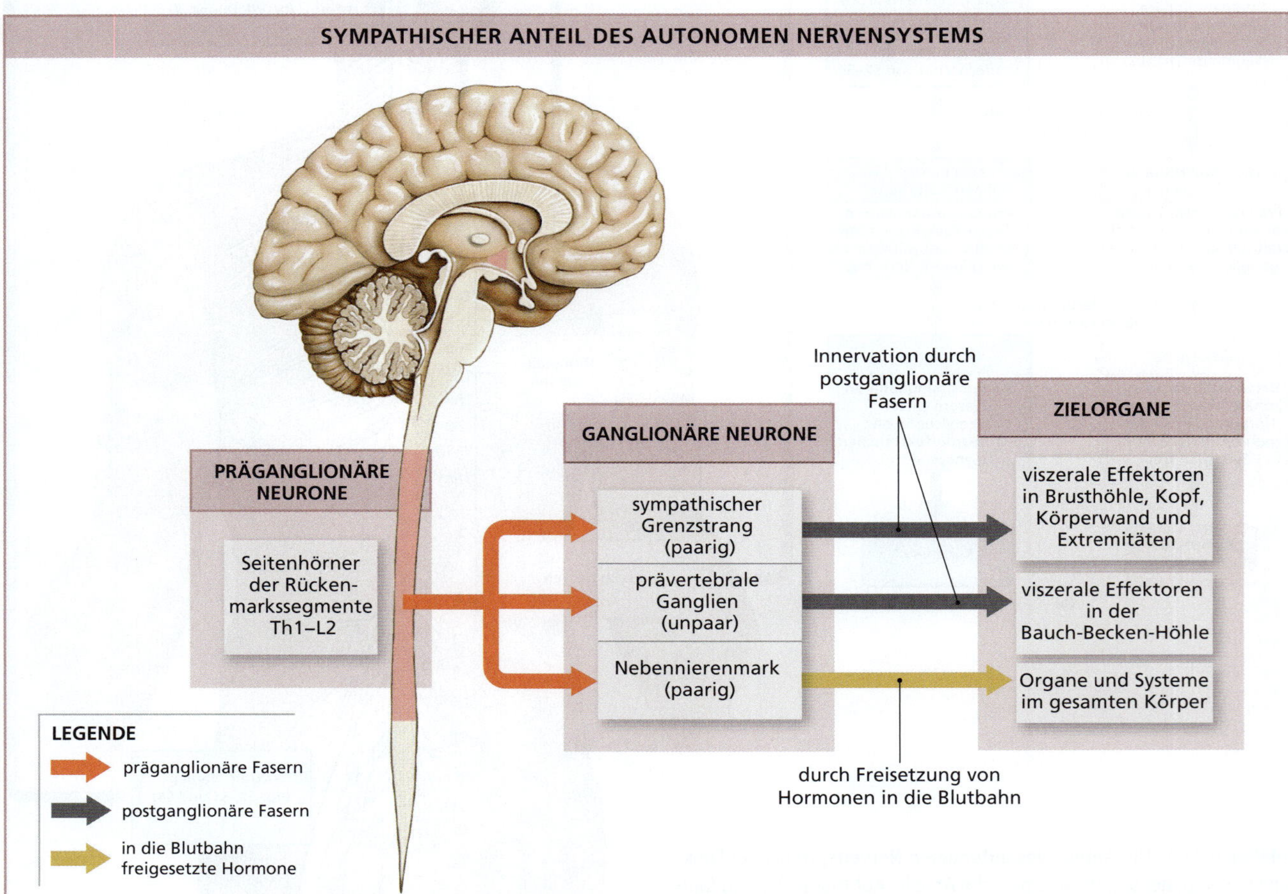

Abbildung 17.2: Organisation des sympathischen Anteils des autonomen Nervensystems. Schematische Darstellung mit besonderer Betonung der Beziehung zwischen präganglionären und ganglionären Neuronen sowie zwischen ganglionären Neuronen und den Zielorganen.

– **Prävertebrale Ganglien**, die anterior der Wirbelsäule liegen. Neurone in diesen Ganglien kontrollieren Effektoren in der Bauch-Becken-Höhle.

- **Spezialisierte Neurone im Inneren der Nebenniere:** Das Nebennierenmark ist ein modifiziertes sympathisches Ganglion. Die Neurone hier haben sehr kurze Axone und setzen bei einer Stimulation Neurotransmitter als Hormone in die Blutbahn frei.

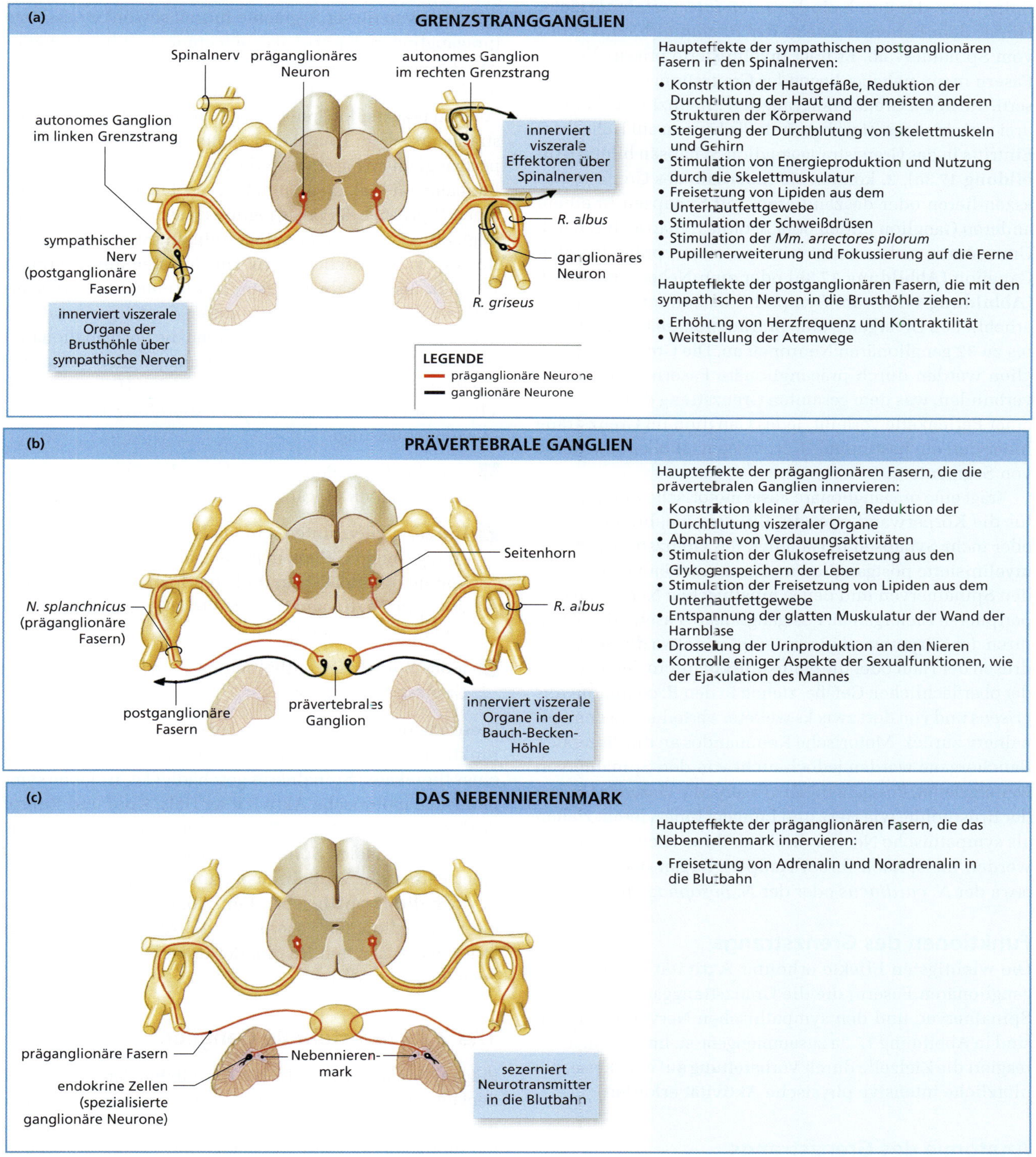

Abbildung 17.3: Sympathische Bahnen und ihre Hauptfunktionen. Präganglionäre Fasern verlassen das Rückenmark in den ventralen Wurzeln der Spinalnerven. Sie bilden Synapsen an den ganglionären Neuronen (a) in den Grenzstrangganglien, (b) in den prävertebralen Ganglien oder (c) im Nebennierenmark. Die Querschnitte sind von inferior dargestellt, der Standardansicht für bildgebende Verfahren und neurologische Querschnitte.

17.3.1 Die Grenzstrangganglien

Die ventralen Wurzeln der Rückenmarkssegmente Th1–L2 enthalten präganglionäre sympathische Fasern. Die Innervation in diesen Regionen ist in Abbildung 17.1a dargestellt. Die ventralen Wurzeln vereinen sich mit ihrer jeweiligen dorsalen Wurzel; die afferente sensorische Faser führt zum Spinalnerv, der durch ein *Foramen intervertebrale* zieht. Hinter dem Foramen zweigt der *R. communicans albus* vom Spinalnerv ab. Er trägt myelinisierte präganglionäre Fasern in ein nahebei liegendes Grenzstrangganglion. Fasern, die in ein Grenzstrangganglion hineinziehen, können drei verschiedene Ziele haben: 1. Sie können auf Höhe ihres Eintritts in das Grenzstrangganglion Synapsen bilden (**Abbildung 17.3**a), 2. können sie innerhalb des Grenzstrangs aszendieren oder deszendieren und Synapsen in einem anderen Ganglion bilden oder 3. ohne Synapse durch den Grenzstrang ziehen und weiter zu einem prävertebralen Ganglion (**Abbildung 17.3**b) oder zum Nebennierenmark (**Abbildung 17.3**c). Im Sympathikus kommt es zu einer erheblichen Divergenz; eine präganglionäre Faser setzt an bis zu 32 ganglionären Neuronen an. Die Grenzstrangganglien werden durch präganglionäre Fasern miteinander verbunden, was dem gesamten Grenzstrang das Aussehen einer Perlenkette verleiht. Jedes Ganglion im Grenzstrang innerviert ein bestimmtes Körpersegment oder eine Reihe von Segmenten.

Trägt eine präganglionäre Faser motorische Kommandos für die Körperwand oder die Brustorgane, bildet es eine oder mehr Synapsen in Ganglien des Grenzstrangs. Nicht myelinisierte postganglionäre Fasern ziehen von dort mit den Spinalnerven und den sympathischen Nerven zu den peripheren Zielorganen. Postganglionäre Fasern, die Strukturen der Körperwand innervieren, wie etwa die Schweißdrüsen der Haut oder die glatte Muskulatur in den Wänden der oberflächlichen Gefäße, ziehen in den *R. communicans griseus* und von dort zwecks weiterer Verteilung in den Spinalnerv zurück. Motorische Kommandos an die viszeralen Bauchorgane werden jedoch nicht von den Spinalnerven weitergeleitet. Postganglionäre Fasern, die viszerale Organe der Brusthöhle, wie Herz und Lungen, innervieren, ziehen als sympathische Nerven direkt zu ihren Zielorganen. Sie werden meist nach ihrem Hauptzielorgan benannt, wie etwa der *N. cardiacus* oder der *N. oesophagealis*.

Funktionen des Grenzstrangs

Die wichtigsten Effekte erhöhter Aktivität an den postganglionären Fasern, die die Grenzstrangganglien in den Spinalnerven und den sympathischen Nerven verlassen, sind in Abbildung 17.3a zusammengefasst. Im Allgemeinen reagiert die Zielzelle durch Vorbereitung auf eine Krise, die plötzliche intensive physische Aktivität erfordert.

Anatomie des Grenzstrangs

Jeder Grenzstrang hat drei zervikale, elf bis zwölf thorakale, zwei bis fünf lumbale und vier bis fünf sakrale sympathische Ganglien sowie ein kokzygeales Ganglion. Die Zahlen schwanken, da benachbarte Ganglien gelegentlich verschmelzen. Die beiden kokzygealen Ganglien beispielsweise verschmelzen oft zu einem median gelegenen *Ganglion impar*; die unteren zervikalen Ganglien verschmelzen manchmal mit den oberen thorakalen Ganglien zum *Ganglion stellatum*. Präganglionäre sympathische Neurone gibt es nur in den Rückenmarkssegmenten Th1–L2; die Spinalnerven dieser Segmente führen sowohl weiße Äste (präganglionäre Fasern) als auch graue Äste (postganglionäre Fasern). Die Neurone in den zervikalen, den unteren lumbalen und den sakralen Grenzstrangganglien werden von den präganglionären Fasern innerviert, die vom Grenzstrang ausgehen. Umgekehrt ziehen von diesen Ganglien postganglionäre Fasern über die *Rr. grisei* an die zervikalen, lumbalen und sakralen Spinalnerven. Jeder Spinalnerv hat einen *R. griseus*, der postganglionäre sympathische Fasern trägt. Etwa 8 % der Axone eines Spinalnervs sind postganglionäre sympathische Fasern. Die dorsalen und ventralen Wurzeln der Spinalnerven sorgen für eine intensive sympathische Innervation der Strukturen der Körperwand und der Extremitäten. Am Kopf versorgen die postganglionären Fasern, die die zervikalen Grenzstrangganglien verlassen, die Regionen und Strukturen, die von den Hirnnerven III, VII, IX und X innerviert werden (**Abbildung 17.4**). Zusammenfassung:

1. Nur die thorakalen, oberen lumbalen Grenzstrangganglien erhalten präganglionäre Fasern von den *Rr. albi*.
2. Die zervikalen, unteren lumbalen und sakralen Grenzstrangganglien erhalten ihre präganglionäre Innervation von den thorakalen und oberen lumbalen Segmenten über präganglionäre Fasern, die im Grenzstrang aszendieren und deszendieren.
3. Jeder Spinalnerv enthält einen *R. griseus* von einem Grenzstrangganglion.

Diese anatomische Anordnung hat eine Reihe interessanter funktioneller Konsequenzen: Wenn die ventrale Wurzel eines thorakalen Spinalnervs geschädigt ist, ist keine sympathische motorische Aktivität an Hals, Kopf und Rumpf der betroffenen Seite möglich. Ist jedoch die ventrale Wurzel eines zervikalen Spinalnervs geschädigt, kommt es zu einer Parese der Willkürmuskulatur der betroffenen Seite, doch die sympathischen Funktionen sind erhalten, da die präganglionären Fasern, die die zervikalen Ganglien innervieren, aus den *Rr. albi* der unverletzten thorakalen Segmente stammen.

17.3.2 Prävertebrale Ganglien

Präganglionäre Fasern, die die Aktivitäten der Bauch- und Beckenorgane regulieren, entspringen aus den präganglionären Neuronen in den unteren thorakalen und den oberen lumbalen Rückenmarkssegmenten. Die Fasern ziehen durch den Grenzstrang, ohne Synapsen zu bilden, und vereinen sich zu den **Nn. splanchnici major, minor und lumbales** an der dorsalen Wand der Bauchhöhle. Die *Nn.*

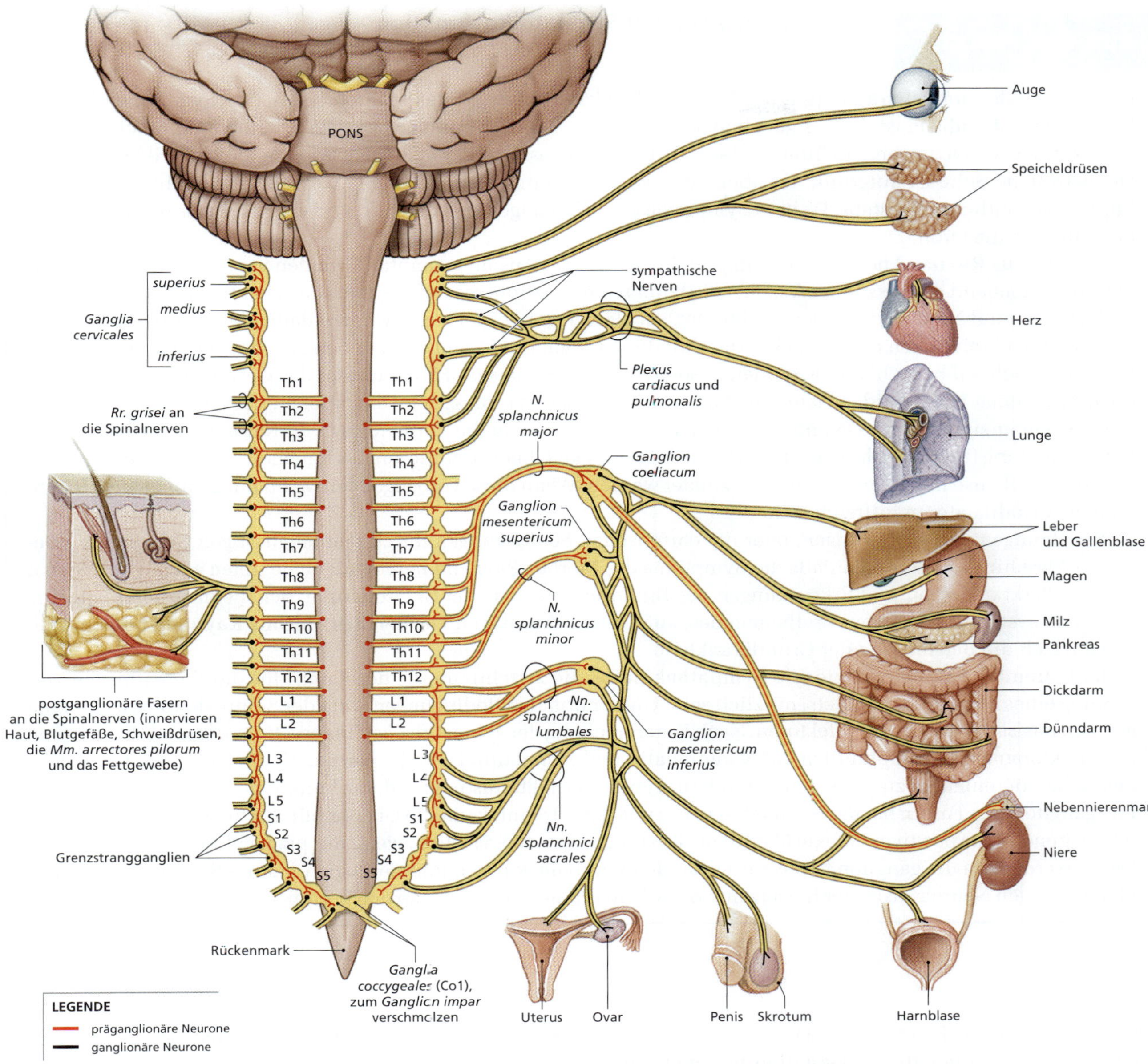

Abbildung 17.4: Die anatomische Verteilung der sympathischen postganglionären Fasern. Auf der linken Seite der Zeichnung ist die Verteilung der sympathischen postganglionären Fasern durch die Rr. grisei und die Spinalnerven dargestellt. Rechts sehen Sie den Verlauf der prä- und postganglionären Fasern auf ihrem Weg zu ihren viszeralen Zielorganen. In vivo sind natürlich beide Innervationsmuster auf beiden Seiten zu finden.

splanchnici beider Seiten ziehen in die paravertebralen Ganglien (siehe Abbildung 17.3b und 17.4). Paravertebrale Ganglien, die sehr unterschiedlich aussehen können, liegen anterior und lateral der *Aorta descendens*; sie sind meist unpaar.

Funktionen der paravertebralen Ganglien

Postganglionäre Fasern, die in den paravertebralen Ganglien entspringen, ziehen durch die gesamte Bauch-Becken-Höhle und innervieren viszerale Gewebe und Organe. Eine Zusammenfassung der Effekte einer gesteigerten sympathischen Aktivität in diesen postganglionären Fasern finden Sie in Abbildung 17.3b. Im Allgemeinen kommt es 1. zu einer Drosselung der Durchblutung, einer Reduktion des Energieverbrauchs und einer Verringerung der Aktivität der Organe, die für das kurzfristige Überleben nicht so bedeutend sind, wie etwa der Verdauung, und 2. zu einer Freisetzung der gespeicherten Energievorräte.

Anatomie der paravertebralen Ganglien

Die *Nn. splanchnici major, minor, lumbales* und *sacrales* innervieren die drei paravertebralen Ganglien. Präganglionäre Fasern von den sieben unteren thorakalen Segmenten enden am **Ganglion coeliacum** und am **Ganglion mesentericum superius**. Diese sind Teil des autonomen *Plexus solaris*, eines ausgedehnten Netzwerks von Nerven-

AUS DER PRAXIS

Hypersensitivität und Sympathikusfunktion

Die Störung der normalen Funktion des Sympathikus kann zu zwei interessanten klinischen Syndromen führen: Beim **Horner-Syndrom** ist die postganglionäre sympathische Innervation einer Gesichtshälfte unterbrochen. Ursachen können Verletzungen, ein Tumor oder chronisch-progressive Erkrankungen, wie die multiple Sklerose, sein. Die betroffene Seite ist aufgrund des abnehmenden Gefäßtonus gerötet, die Schweißbildung bleibt aus und die Pupille ist deutlich enggestellt. Weitere Symptome sind ein hängendes Augenlid und ein scheinbares Zurückfallen des Auges in die Orbita.

Der **Morbus Raynaud** betrifft am häufigsten junge Frauen. Aus unbekannten Gründen veranlasst der Sympathikus vorübergehend eine exzessive Vasokonstriktion kleiner peripherer Gefäße, meist als Reaktion auf Kälte. Hände, Füße, Ohren und Nase sind minderdurchblutet; sie blassen zunächst ab und werden dann blau. Schließlich laufen sie nach Wiedereinsetzen der normalen Durchblutung rot an. Die Symptome können sich bei Fortschreiten der Erkrankung auch auf benachbarte Regionen ausdehnen. In den meisten Fällen nimmt das Gewebe keinen Schaden, doch in seltenen Fällen leiden Haut und Nägel; es kann sogar zu trockenen Ulzerationen oder dem Absterben von Gewebe kommen (trockene Gangrän). Verhaltensänderungen, wie die Vermeidung von Kälte und das Tragen von Schutzkleidung (Handschuhe u. a.), reduzieren die Häufigkeit. Ebenso sollte auf das Rauchen und auf Medikamente, die eine Vasokonstriktion hervorrufen, verzichtet werden. Wenn diese vorbeugenden Maßnahmen nicht ausreichen, können Vasodilatatoren hilfreich sein.

Verletzungen, wie Erfrierungen, oder die chronischen Schädigungen durch den langfristigen Gebrauch vibrierender Maschinen können ebenfalls die Symptome des Morbus Raynaud hervorrufen. Sie treten auch bei Personen mit Gefäßerkrankungen und Erkrankungen des Bindegewebes, wie der Sklerodermie, der rheumatoiden Arthritis oder dem systemischen Lupus erythematodes, auf. Diese **sekundären Formen des Morbus Raynaud** bessern sich meist durch die Behandlung der Grundkrankheit.

Im Extremfall kann eine regionale **Sympathektomie**, die Durchtrennung der Fasern für die sympathische Versorgung eines bestimmten Gebiets, nützlich sein. Unter normalen Bedingungen sorgt der Sympathikotonus für eine gewisse Basisstimulation der Effektoren. Nach Unterbrechung der sympathischen Innervation reagieren die peripheren Effektoren extrem empfindlich auf Noradrenalin und Adrenalin. Diese Hypersensitivität kann bei Stimulation des Nebennierenmarks zu extremen Veränderungen des Gefäßtonus und anderer Funktionen führen. Werden die postganglionären Fasern bei der Sympathektomie mit durchtrennt, kann die Überempfindlichkeit auf Noradrenalin und Adrenalin die positiven Effekte übertönen. Die Prognose verbessert sich, wenn nur präganglionäre Fasern durchtrennt werden, da die ganglionären Neurone an den neuromuskulären und neuroglandulären Synapsen weiterhin kleine Mengen Neurotransmitter freisetzen. So wird eine Hypersensitivität an den peripheren Effektoren verhindert.

fasern. Präganglionäre Fasern von den lumbalen Segmenten bilden *Nn. splanchnici*, die im **Ganglion mesentericum inferius** enden. Diese Ganglien sind in Abbildung 17.4 schematisch und in Abbildung 17.9 (siehe unten) detaillierter dargestellt. Die *Nn. splanchnici sacrales* enden im *Plexus hypogastricus*, einem autonomen Netzwerk, das die Beckenorgane und die äußeren Genitalien versorgt.

- **Ganglion coeliacum:** Postganglionäre Fasern vom *Ganglion coeliacum* innervieren Magen, Duodenum, Leber, Gallenblase, Pankreas und Milz. Das Erscheinungsbild des *Ganglion coeliacum* ist variabel; meist besteht es aus zwei miteinander verbundenen Ansammlungen grauer Substanz an der Basis des *Truncus coeliacus*. Es kann auch wie eine einzige Ansammlung aus kleinen, miteinander verflochtenen Ansammlungen aussehen.
- **Ganglion mesentericum superius:** Das *Ganglion mesentericum superius* liegt am Abgang der *A. mesenterica superior*. Seine postganglionären Fasern innervieren den Dünndarm und die proximalen Anteile des Dickdarms.
- **Ganglion mesentericum inferius:** Das *Ganglion mesentericum inferius* liegt am Abgang der *A. mesenterica inferior*. Seine postganglionären Fasern innervieren den distalen Anteil des Dickdarms, die Nieren, die Harnblase und die Geschlechtsorgane.

17.3.3 Das Nebennierenmark

Einige präganglionäre Fasern aus den Segmenten Th5–Th8 ziehen ohne Synapsenbildung durch den Grenzstrang und das *Ganglion coeliacum* und weiter zum **Nebennierenmark** (**Abbildung 17.5**; siehe auch Abbildung 17.3c und 17.4). Dort bilden sie Synapsen an modifizierten Neuronen mit endokriner Funktion. Diese Neurone haben sehr kurze Axone. Werden sie stimuliert, geben sie die Neurotransmitter **Adrenalin** und **Noradrenalin** in ein dichtes Geflecht aus Kapillaren ab (siehe Abbildung 17.5). Die Neurotransmitter wirken dann als Hormone und üben ihre Funktionen an anderen Körperregionen aus. 75–80 %

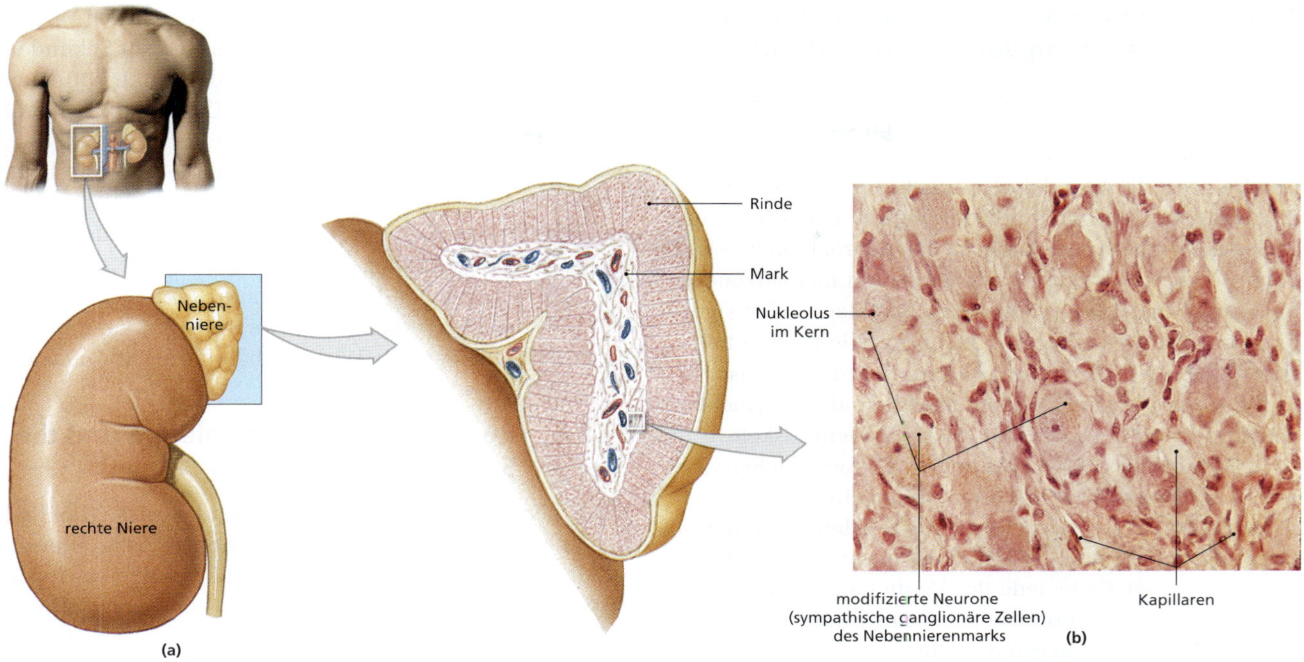

Abbildung 17.5: Das Nebennierenmark. (a) Lagebeziehung einer Nebenniere zur Niere. (b) Histologie des Nebennierenmarks, eines modifizierten sympathischen Ganglions (Lichtmikroskop, 426-fach).

der Neurotransmitter sind Adrenalin, das im angloamerikanischen Raum auch **Epinephrin** genannt wird; der Rest ist Noradrenalin **(Norepinephrin)**.

Das zirkulierende Blut verteilt diese Hormone im gesamten Körper, was Veränderungen im Stoffwechsel vieler verschiedener Zellen zur Folge hat. Im Allgemeinen entsprechen ihre Effekte denen der Wirkung der sympathischen postganglionären Fasern. Es gibt aber zwei bedeutende Unterschiede:

- Zellen, die nicht von sympathischen postganglionären Fasern innerviert werden, reagieren auf das zirkulierende Adrenalin und Noradrenalin, sofern sie die Rezeptoren besitzen.
- Die Wirkung hält viel länger an als die der direkten sympathischen Stimulation, da die freigesetzten Hormone noch lange aus dem zirkulierenden Blut herausdiffundieren.

17.3.4 Die Effekte sympathischer Stimulation

Der Sympathikus kann die Aktivität von Geweben und Organen zum einen durch die Freisetzung von Noradrenalin an den peripheren Synapsen verändern und zum anderen durch die Verteilung von Adrenalin und Noradrenalin im Körper über den Blutkreislauf beeinflussen. Die motorischen Fasern mit spezifischen Effektoren, wie etwa den glatten Muskeln der Gefäßwände, können über Reflexe aktiviert werden, an denen andere periphere Effektoren nicht beteiligt sind. In Krisensituationen jedoch reagiert das gesamte System. Dieser Vorgang, die **sympathische Aktivierung**, beeinflusst periphere Gewebe und die Aktivität des ZNS. Sie wird von den sympathischen Zentren im Hypothalamus kontrolliert.

Bei einer sympathischen Aktivierung erlebt man Folgendes:

- eine gesteigerte Aufmerksamkeit, durch die Stimulation der *Formatio reticularis* vermittelt; vermittelt das Gefühl von Nervosität
- ein Gefühl von Stärke und eine Euphorie, oft mit der Missachtung von Gefahr und einer zeitweiligen Schmerzunempfindlichkeit verbunden
- eine gesteigerte Aktivität der kardiovaskulären Zentren und der Atemzentren in Pons und *Medulla oblongata*, mit einer Erhöhung der Herzfrequenz, der Kontraktilität, des Blutdrucks und von Atemfrequenz und -tiefe
- eine allgemeine Erhöhung des Muskeltonus durch die Stimulierung des extrapyramidal-motorischen Systems, sodass man auch angespannt **aussieht** und sogar zu zittern beginnen kann
- eine Mobilisation von Energiereserven durch beschleunigten Glykogenabbau in der Muskulatur und den Leberzellen und durch Abbau von Lipiden im Fettgewebe

Zusammen mit den bereits erwähnten peripheren Veränderungen vervollständigt dies die Vorbereitung des Körpers auf stressige und potenziell gefährliche Situationen. Als Nächstes besprechen wir die zellulären Grundlagen für die Effekte der sympathischen Aktivierung an den peripheren Organen.

17.3.5 Sympathische Aktivierung und die Freisetzung von Neurotransmittern

Bei einer Aktivierung setzen sympathische präganglionäre Fasern an ihren Synapsen mit den ganglionären Neuronen Azetylcholin frei. Diese Synapsen nennt man **cholinerg**. Das freigesetzte Azetylcholin führt immer zu einer Stimulation der ganglionären Neurone, die wiederum eine Freisetzung von Noradrenalin an den neuroeffektorischen Synapsen bewirkt. Diese Synapsen nennt man **adrenerg**. Im Sympathikus gibt es außerdem eine kleine, aber signifikante Anzahl ganglionärer Neurone, die Azetylcholin anstelle von Noradrenalin an ihren neuroeffektorischen Synapsen freisetzen. Beispiele hierfür sind die Synapsen der Körperwand, in der Haut und in Skelettmuskeln.

In **Abbildung 17.6** ist eine neuroeffektorische Synapse im Detail dargestellt. Anstatt mit einem einzigen synaptischen Endknopf zu enden, bildet das Teledendron ein weit verzweigtes Netzwerk. Die Verästelungen sehen aus wie Perlen auf einer Kette; jede der Verdickungen **(Varikositäten)** enthält Mitochondrien und mit Neurotransmitter gefüllte Vesikel. Sie liegen auf oder nahe an der Oberfläche vieler Effektorzellen. Ein einzelnes Axon kann bis zu 20.000 Varikositäten aufweisen, die jeweils Dutzende von umliegenden Zellen beeinflussen. Die Rezeptorproteine liegen verteilt auf dem Plasmalemm; es gibt keine spezialisierten postsynaptischen Membranen.

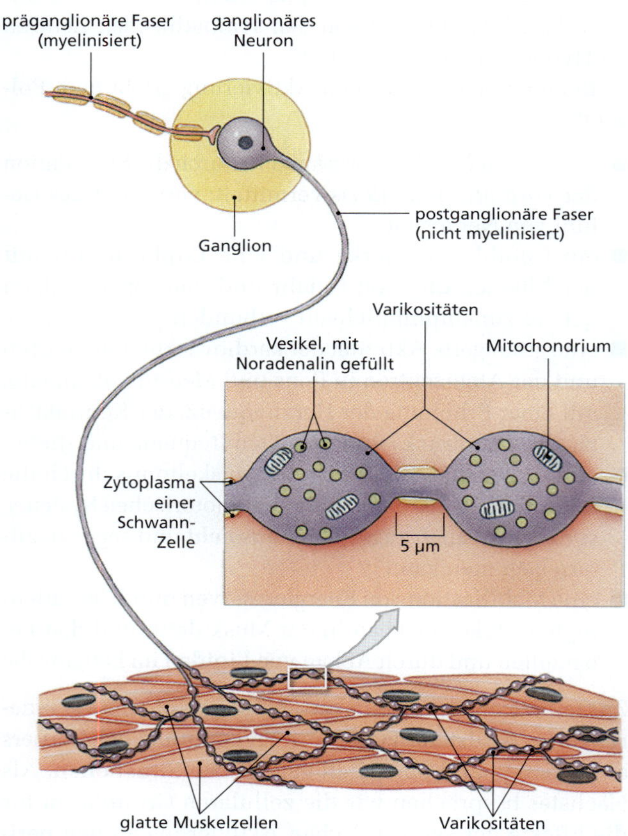

Abbildung 17.6: Sympathische postganglionäre Nervenendigungen. Schematische Darstellung sympathischer neuroeffektorischer Synapsen.

Die Wirkung eines Neurotransmitters, der an den Varikositäten freigesetzt wird, hält höchstens ein paar Sekunden an, bevor er reabsorbiert, abgebaut oder durch Diffusion in das Gefäßsystem entfernt wird. Im Gegensatz dazu hält die Wirkung von Adrenalin und Noradrenalin aus dem Nebennierenmark deutlich länger an, da 1. die zum Abbau benötigten Enzyme im Blut nicht vorhanden sind und 2. die meisten Gewebe auch nur relativ geringe Konzentrationen dieser Enzyme enthalten. Die Stimulation der Nebenniere hat daher weitreichende und lang anhaltende Wirkungen. Die Gewebekonzentration von Noradrenalin kann bis zu 30 s erhöht bleiben; die Wirkung hält oft für Minuten an.

17.3.6 Rezeptoren am Plasmalemm und die Sympathikusfunktion

Die Effekte des Sympathikus beruhen hauptsächlich auf den Interaktionen mit den adrenalin- und noradrenalinsensiblen Rezeptoren am Plasmalemm. (An einigen wenigen sympathischen, neuroeffektorischen Synapsen wird Azetylcholin freigesetzt; diese werden später besprochen.) Von diesen Rezeptoren gibt es zwei Klassen: Alpharezeptoren und Betarezeptoren. Jede dieser Klassen hat zwei oder drei Subtypen. Die Vielfalt der Rezeptoren und ihre Mischung machen die Variabilität der Reaktionen der Zielorgane auf sympathische Stimulation aus. Im Allgemeinen stimuliert Adrenalin beide Rezeptorklassen, während Noradrenalin hauptsächlich die Alpharezeptoren stimuliert.

Alpha- und Betarezeptoren

Die Stimulation von Alpharezeptoren an der Oberfläche glatter Muskelzellen führt zu einer peripheren Vasokonstriktion und einem Verschluss der Sphinkteren des Verdauungstrakts. Betarezeptoren finden sich in vielen Organen, so etwa in der Skelettmuskulatur, in der glatten Muskulatur um die Atemwege, am Herz und in der Leber. Die Stimulation dieser Betarezeptoren bewirkt eine Veränderung der metabolischen Aktivität der Zielzellen. Der genaue Effekt hängt von den beteiligten Enzymen ab. Die häufigste Reaktion ist eine Aktivitätssteigerung. Am Herz und an den Skelettmuskeln verursacht die Stimulation der Betarezeptoren keine Kontraktionen, doch der Energieverbrauch der Skelettmuskeln steigt und das Herz schlägt schneller und kräftiger. An anderen Zielorganen haben Adrenalin und Noradrenalin einen hemmenden Effekt. Die Erweiterung der Blutgefäße, die die Skelettmuskeln versorgen, und die Weitstellung der Atemwege – zwei wichtige Effekte der sympathischen Aktivierung – beruhen auf einer Entspannung glatter Muskelzellen. Diese folgt der Stimulation der Betarezeptoren an ihrem Plasmalemm.

Sympathische Stimulation und Azetylcholin

Obwohl der weitaus größte Teil der sympathischen postganglionären Fasern Noradrenalin freisetzt und damit **adrenerg** ist, sind einige wenige postganglionäre Fasern cholinerg. Die Aktivierung dieser Fasern führt zu einer vermehrten Schweißsekretion und einer Weitstellung der

Blutgefäße in den Skelettmuskeln. Die viszeralen Effektoren der Körperwand und die Skelettmuskulatur werden ausschließlich vom Sympathikus innerviert. Daher bietet die Verteilung der sympathischen postganglionären, cholinergen Fasern die Möglichkeit, die Schweißsekretion und die Durchblutung von Skelettmuskeln selektiv zu regulieren. Noradrenalin an den adrenergen Synapsen reduziert dabei die Durchblutung anderer Gewebe der Körperwand.

17.3.7 Der Sympathikus – eine Zusammenfassung

- Zum sympathischen Anteil des autonomen Nervensystems gehören zwei Ganglienketten beidseits der Wirbelsäule, die wie Perlenketten aussehen (die Grenzstränge), sowie drei paravertebrale Ganglien anterior der Wirbelsäule und das Mark der beiden Nebennieren.
- Die präganglionären Fasern sind kurz, da die Ganglien so nahe am Rückenmark liegen. Die postganglionären Fasern sind dagegen erheblich länger; sie legen große Strecken bis zu ihren Zielorganen zurück. (Im Nebennierenmark enden die sehr kurzen Axone der modifizierten ganglionären Neurone an den Kapillaren, die ihre Sekrete in den Blutkreislauf befördern.)
- Der Sympathikus weist eine erhebliche Divergenz auf; eine einzelne präganglionäre Faser kann bis zu 32 ganglionäre Neurone in verschiedenen Ganglien innervieren. So kann ein einzelnes sympathisches Motoneuron im ZNS eine Reihe peripherer Effektoren kontrollieren und eine komplexe und koordinierte Reizantwort geben.
- Alle präganglionären Neurone setzen an ihren Synapsen mit den ganglionären Neuronen Azetylcholin frei. Die meisten postganglionären Fasern setzen Noradrenalin frei, einige wenige Azetylcholin.
- Die Reaktion des Effektors hängt von der Funktion des aktivierten Rezeptors am Plasmalemm ab, wenn sich Adrenalin oder Noradrenalin an die Alpha- oder Betarezeptoren binden.

Die Charakteristika des sympathischen Anteils des autonomen Nervensystems sind in Tabelle 17.1 zusammengefasst.

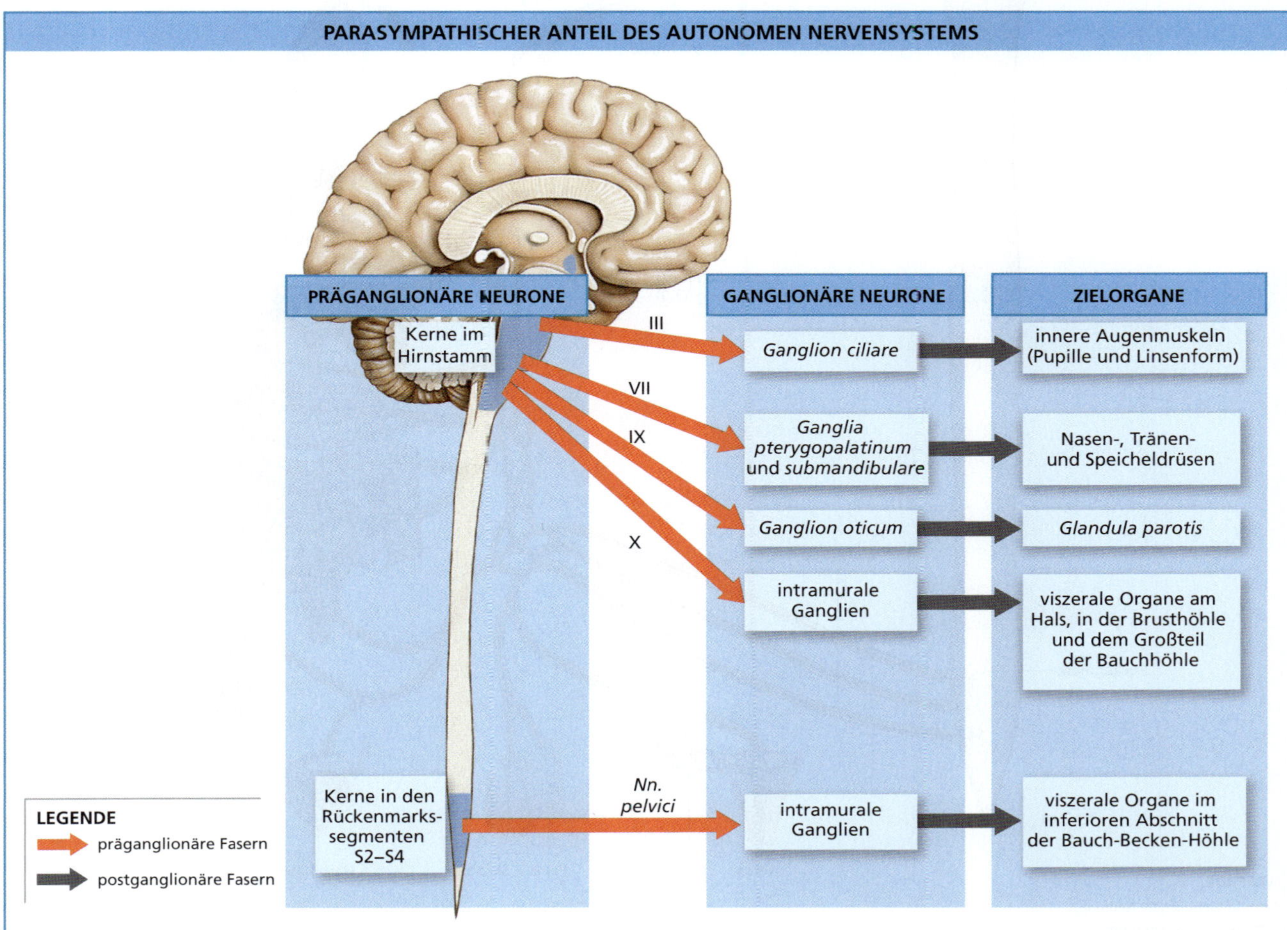

Abbildung 17.7: Organisation des parasympathischen Anteils des autonomen Nervensystems. Schematische Darstellung der Beziehung zwischen präganglionären und ganglionären Neuronen sowie zwischen ganglionären Neuronen und den Zielorganen.

AUFGABEN

1. Wo entspringen die Nervenfasern, die in den Kollateralganglien Synapsen bilden?
2. Personen mit hohem Blutdruck kann man Medikamente geben, die die Betarezeptoren blockieren. Wie wirken diese Medikamente?
3. Welche beiden Arten sympathischer Ganglien gibt es und wo liegen sie?

Der Parasympathikus 17.4

Zum parasympathischen Anteil des autonomen Nervensystems gehören (**Abbildung 17.7**):

- **Präganglionäre Neurone im Hirnstamm und in den sakralen Rückenmarkssegmenten:** Im Gehirn enthalten das Mesenzephalon, die Pons und die *Medulla oblongata* autonome Kerne, die mit den Hirnnerven III, VII, IX und X verbunden sind. Im Rückenmark liegen die autonomen Kerne in den Segmenten S2–S4.

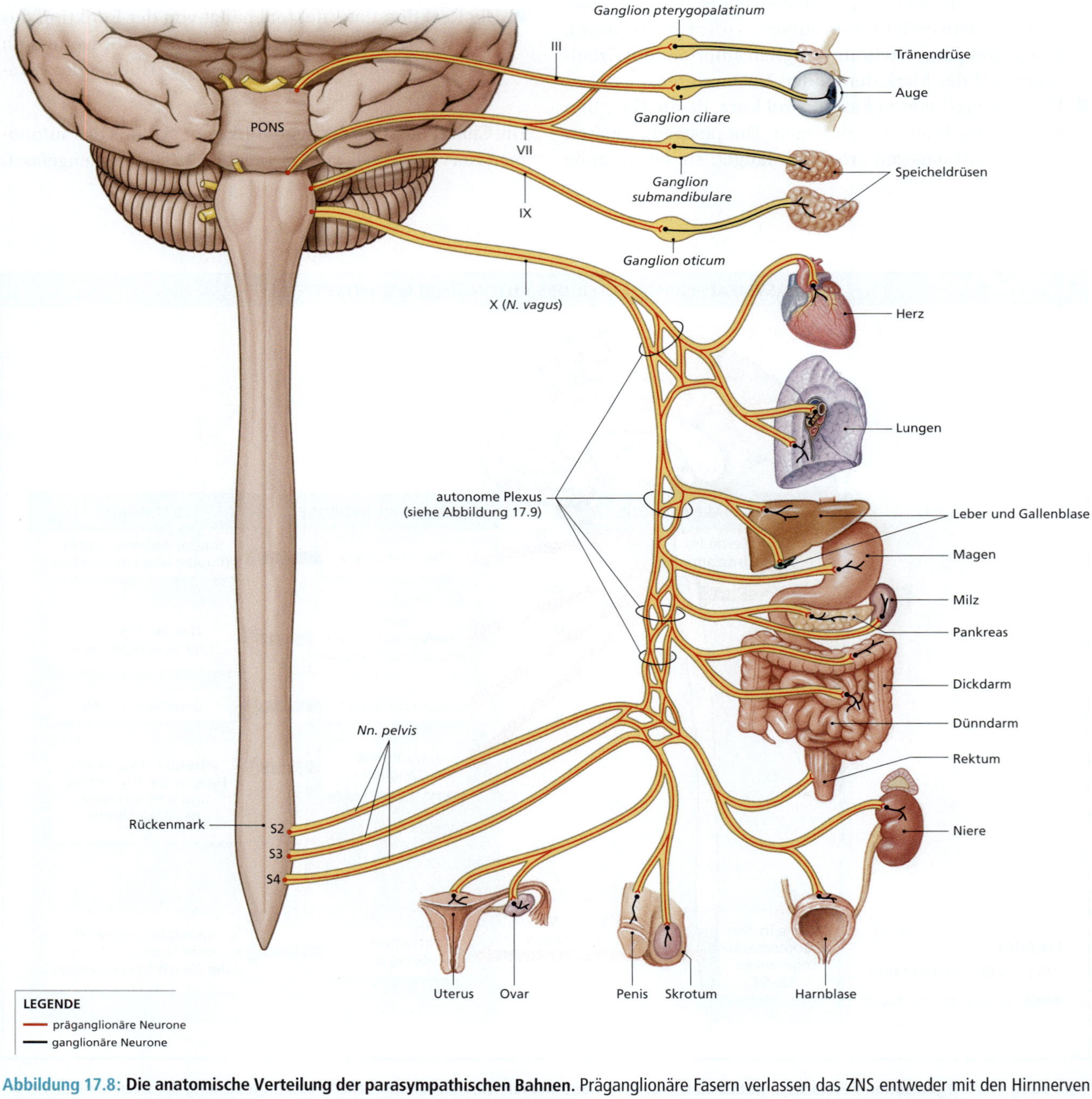

Abbildung 17.8: Die anatomische Verteilung der parasympathischen Bahnen. Präganglionäre Fasern verlassen das ZNS entweder mit den Hirnnerven oder mit den Nn. pelvici. Das Innervierungsmuster ist auf beiden Seiten des Körpers gleich, auch wenn hier nur das der linken Seite dargestellt ist.

- **Ganglionäre Neurone in peripheren Ganglien, die sehr nah an oder sogar in den Zielorganen liegen:** Wie bereits erwähnt, befinden sich die ganglionären Neurone des Parasympathikus in terminalen Ganglien (in der Nähe der Zielorgane) oder in intramuralen Ganglien (im Gewebe des Zielorgane). Die präganglionären Fasern des Parasympathikus sind nicht so weit verzweigt wie die des Sympathikus. Eine typische präganglionäre Faser setzt an sechs bis acht ganglionären Neuronen an, die sich auch alle im selben Ganglion befinden; ihre postganglionären Fasern beeinflussen alle dasselbe Zielorgan. Daher sind die Effekte des Parasympathikus spezifischer und lokalisierter als die des Sympathikus.

Aufbau und Anatomie des Parasympathikus

Parasympathische präganglionäre Fasern verlassen das Gehirn mit den Hirnnerven III *(N. oculomotorius)*, VII *(N. facialis)*, IX *(N. glossopharygneus)* und X *(N. vagus)* (**Abbildung 17.8**). Die Fasern in den Nerven III, VII und IX steuern viszerale Strukturen am Kopf. Die präganglionären Fasern bilden Synapsen im **Ganglion ciliare**, im **Ganglion pterygopalatinum**, im **Ganglion submandibulare** und im **Ganglion oticum**. Von dort ziehen kurze postganglionäre Fasern an ihre Ziele. Der *N. vagus* sorgt für die präganglionäre parasympathische Innervation der Strukturen im Brust- und im Bauch-Becken-Raum bis hin an die distalen Dickdarmabschnitte. Er trägt allein etwa 75 % der gesamten parasympathischen Innervation.

Sakrale parasympathische Fasern ziehen nicht mit in die ventralen Äste der Spinalnerven. Stattdessen bilden sie eigene **Nn. pelvici**, die die intramuralen Ganglien der Nieren, der Harnblase, der terminalen Abschnitte des Dickdarms und der Geschlechtsorgane innervieren.

Allgemeine Funktionen des Parasympathikus

Dies ist eine unvollständige Liste der wichtigsten Effekte des parasympathischen Anteils des autonomen Nervensystems:

- Pupillenkonstriktion zur Begrenzung des einfallenden Lichtes; hilft bei der Fokussierung auf nahe liegende Gegenstände
- Sekretion von Verdauungssäften, wie von den Speicheldrüsen, den Magendrüsen, den Duodenal- und anderen Darmdrüsen, dem Pankreas und der Leber
- Sekretion von Hormonen, die die Absorption von Nährstoffen durch periphere Zellen fördern
- Steigerung der Aktivität glatter Muskelzellen im Verdauungstrakt
- Stimulation und Koordination der Defäkation (Stuhlentleerung)
- Konstriktion der Harnblase bei der Miktion (Blasenentleerung)
- Konstriktion der Atemwege
- Reduktion von Herzfrequenz und Kontraktilität
- sexuelle Erregung und Stimulation der Gonaden bei beiden Geschlechtern

Diese Funktionen zielen auf Entspannung, Verdauung und Energieaufnahme. Die Aktivitäten des Parasympathikus führen zu erhöhten Nährstoffkonzentrationen im Blut. Die Zellen des Körpers reagieren auf das verbesserte Angebot mit gesteigerter Aufnahme für Wachstum oder andere anabole Aktivitäten.

17.4.1 Parasympathische Aktivierung und die Freisetzung von Neurotransmittern

Alle prä- und postganglionären Fasern des Parasympathikus setzen an ihren neuralen und neuroeffektorischen Synapsen Azetylcholin frei. Die neuroeffektorischen Synapsen sind klein mit einem schmalen synaptischen Spalt. Die Effekte der Stimulation halten nur sehr kurz an, da der Großteil des freigesetzten Azetylcholins bereits im synaptischen Spalt durch die Cholinesterase wieder abgebaut wird. Azetylcholin, das in das umliegende Gewebe diffundiert, wird dort von dem Enzym Gewebecholinesterase inaktiviert. Daher sind die Effekte des Parasympathikus relativ eng lokalisiert und halten längstens einige Sekunden an.

Rezeptoren am Plasmalemm und sympathische Funktion

Obwohl neurale und neuroeffektorische Synapsen des Parasympathikus denselben Neurotransmitter, Azetylcholin, benutzen, gibt es an der postsynaptischen Membran zweierlei Azetylcholinrezeptoren:

1. **Nikotinerge Rezeptoren** befinden sich auf der Oberfläche aller ganglionären Neurone sowohl von Sympathikus und Parasympathikus als auch an den neuromuskulären Synapsen des somatischen Nervensystems. Azetylcholin verursacht hier immer eine Exzitation der ganglionären Neurone oder der Muskelfasern durch Öffnung der Ionenkanäle.
2. **Muskarinerge Rezeptoren** finden sich an allen cholinergen neuroeffektorischen Synapsen im Parasympathikus und außerdem an den wenigen cholinergen neuroeffektorischen Synapsen im Sympathikus. Eine Stimulation der muskarinergen Rezeptoren führt zu länger anhaltenden Effekten als die der nikotinergen Rezeptoren. Die Reizantwort, die aus einer Aktivierung oder Inaktivierung von Enzymen besteht, kann entweder exzitatorisch oder inhibitorisch sein.

Die Bezeichnungen **nikotinerg** und **muskarinerg** beziehen sich auf die chemischen Substanzen, die diese Rezeptoren stimulieren. An die nikotinergen Rezeptoren bindet sich das Nikotin, eine hochwirksame Substanz im Tabakrauch. Muskarinerge Rezeptoren werden von Muskarin stimuliert, dem Toxin eines Giftpilzes.

AUFGABEN

1. Benennen Sie die Neurotransmitter, die von den prä- und postganglionären Fasern des Parasympathikus freigesetzt werden.
2. Welche beiden unterschiedlichen Azetylcholinrezeptoren findet man auf den postsynaptischen Membranen im Parasympathikus?
3. Was ist ein intramurales Ganglion?
4. Warum hat eine sympathische Stimulation so weitreichende Effekte?

17.4.2 Der Parasympathikus – eine Zusammenfassung

- Zum Parasympathikus gehören die viszeromotorischen Kerne der Hirnnerven III, VII, IX und X im Hirnstamm. In den sakralen Rückenmarkssegmenten S2–S4 liegen die autonomen Kerne in den Vorderhörnern.
- Die ganglionären Neurone liegen in intramuralen Ganglien oder in Ganglien ganz in der Nähe der Zielorgane.
- Der Parasympathikus innerviert Strukturen am Kopf sowie die Organe der Brust- und Bauch-Becken-Höhle.
- Alle parasympathischen Neurone sind cholinerg. Eine Freisetzung von Azetylcholin durch die präganglionären Neurone stimuliert die nikotinergen Rezeptoren an den ganglionären Neuronen; der Effekt ist immer exzitatorisch. Die Freisetzung von Azetylcholin an den neuroeffektorischen Synapsen stimuliert die muskarinergen Rezeptoren an den ganglionären Neuronen. Der Effekt hier ist entweder exzitatorisch oder inhibitorisch, abhängig von der Art der Enzyme, die bei der Rezeptorbindung aktiviert werden.
- Der Effekt einer parasympathischen Stimulation ist meist kurz und auf bestimmte Organe und Orte beschränkt.

Die Charakteristika des parasympathischen Anteils des autonomen Nervensystems sind in Tabelle 17.1 zusammengefasst.

17.5 Beziehungen zwischen Sympathikus und Parasympathikus

Der Sympathikus hat eine weitreichende Wirkung auf viszerale Organe und Gewebe im gesamten Organismus. Der Parasympathikus modifiziert die Aktivitäten der Strukturen, die von bestimmten Hirn- und Beckennerven innerviert werden. Hierzu gehören die viszeralen Organe in der Brust- und der Bauch-Becken-Höhle. Obwohl einige dieser Organe nur von einem der beiden Anteile des autonomen Nervensystems innerviert werden, sind die meisten lebenswichtigen Organe dual innerviert, d.h., sie erhalten Impulse von Sympathikus und Parasympathikus. Wo eine solche **duale Innervation** existiert, haben die beiden Anteile oft gegenläufige oder antagonistische Effekte. Am deutlichsten kommt sie im Verdauungstrakt, im Herz und in den Lungen zum Tragen. Der Sympathikus hemmt z. B. die Darmbeweglichkeit, während eine Stimulation des Parasympathikus sie fördert.

Merkmal	Sympathikus	Parasympathikus
Lage der viszeralen Motoneurone im ZNS	Seitenhörner der Segmente Th1–L2	Hirnstamm und Segmente S2–S4
Lage der Ganglien im PNS	Grenzstrang, paravertebrale Ganglien *(Ganglion coeliacum, mesentericum superior und inferior)* anterior und lateral der *Aorta descendens*	Intramural oder terminal
Präganglionäre Fasern:		
Länge	Relativ kurz, myelinisiert	Relativ lang, myelinisiert
Neurotransmitter	Azetylcholin	Azetylcholin
Postganglionäre Fasern:		
Länge	Relativ lang, nicht myelinisiert	Relativ kurz, nicht myelinisiert
Neurotransmitter	Meist Noradrenalin	Immer Azetylcholin
Neuroeffektorische Synapsen	Varikositäten und vergrößerte terminale Endknöpfchen, die den Transmitter nahe bei der Zielzelle freisetzen	Neuroeffektorische Synapsen, die den Neurotransmitter an einer speziellen Rezeptorfläche freisetzen
Divergenz von ZNS zu Ganglienzellen	Ca. 1:32	Ca. 1:6
Allgemeine Funktionen	Regt den Stoffwechsel an, steigert die Wachsamkeit, bereitet auf einen Notfall vor (Flucht oder Kampf)	Fördert Entspannung, Nahrungsaufnahme und -speicherung („Ruhenerv“)

Tabelle 17.1: **Vergleich von Sympathikus und Parasympathikus.**

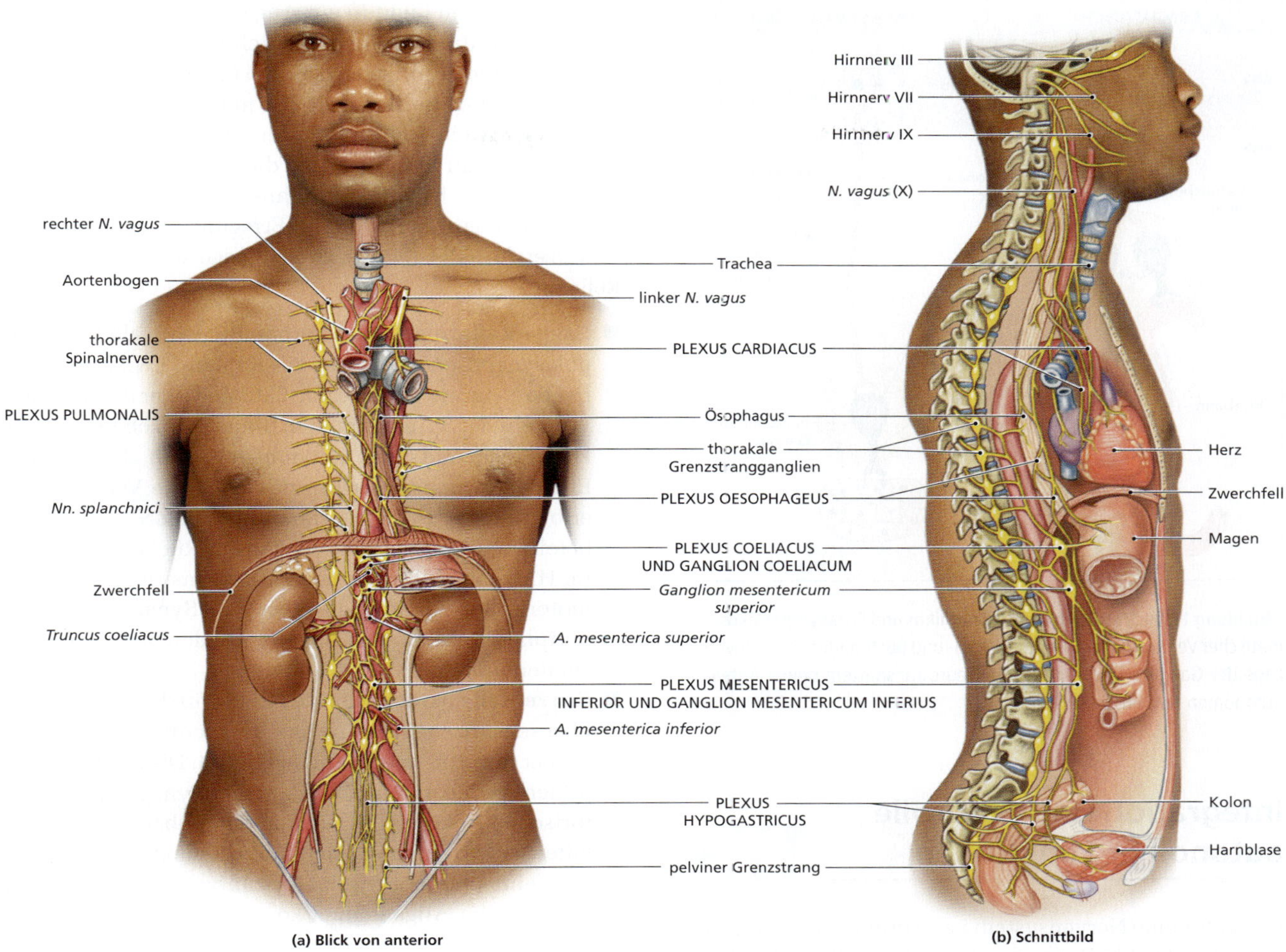

Abbildung 17.9: Die peripheren autonomen Plexus. (a) Schematische Darstellung der Plexus des autonomen Nervensystems im Thorax (Plexus cardiacus, oesophageus und pulmonalis) und im Bauch-Becken-Raum (Plexus coeliacus, mesentericus inferior und hypogastricus). (b)Schnittbild der autonomen Plexus.

17.5.1 Anatomie der dualen Innervation

Im Kopfbereich begleiten die parasympathischen postganglionären Fasern von den *Ganglia ciliare*, *pterygopalatinum*, *submandibulare* und *oticum* die Hirnnerven an ihre peripheren Ziele. Die sympathische Innervation erreicht dieselben Ziele auf dem direkten Weg von den oberen zervikalen Ganglien des Grenzstrangs aus.

In der Brust- und der Bauch-Becken-Höhle sind die postganglionären sympathischen Fasern mit den präganglionären parasympathischen Fasern zu einer Reihe von Plexus verflochten (**Abbildung 17.9**). Es sind dies der *Plexus cardiacus*, der *Plexus pulmonalis*, der *Plexus oesophageus*, der *Plexus coeliacus*, der *Plexus mesentericus inferior* und der *Plexus hypogastricus*. Die Nerven aus diesen Plexus ziehen mit den Blut- und Lymphgefäßen, die die Organe versorgen, mit.

Autonome Fasern, die in die Brusthöhle ziehen, kreuzen am **Plexus cardiacus** und am **Plexus pulmonalis**. Die Plexus enthalten sowohl sympathische und parasympathische Fasern für Herz bzw. Lungen als auch die parasympathischen Ganglien, deren Impulse diese Organe beeinflussen.

Der **Plexus oesophageus** enthält die deszendierenden Äste des *N. vagus* und die *Nn. splanchnici*, die beiderseits aus dem Grenzstrang austreten. Präganglionäre parasympathische Fasern des *N. vagus* ziehen mit dem Ösophagus in die Bauch-Becken-Höhle und von dort in den **Plexus coeliacus**, der auch *Plexus solaris* genannt wird. Der *Plexus coeliacus* und ein kleinerer, angeschlossener Plexus, der **Plexus mesentericus inferior**, innervieren viszerale Organe bis an den proximalen Dickdarm heran. Der **Plexus hypogastricus** enthält die parasympathischen *Nn. pelvici*, sympathische postganglionäre Fasern aus dem *Ganglion mesentericum inferior* und die sakralen *Nn. splanchnici* aus dem Grenzstrang. Er innerviert die Verdauungs-, Harn- und Fortpflanzungsorgane im Becken.

17.5.2 Vergleich von Sympathikus und Parasympathikus

In **Abbildung 17.10** und in Tabelle 17.1 werden die wichtigsten Merkmale von Sympathikus und Parasympathikus miteinander verglichen.

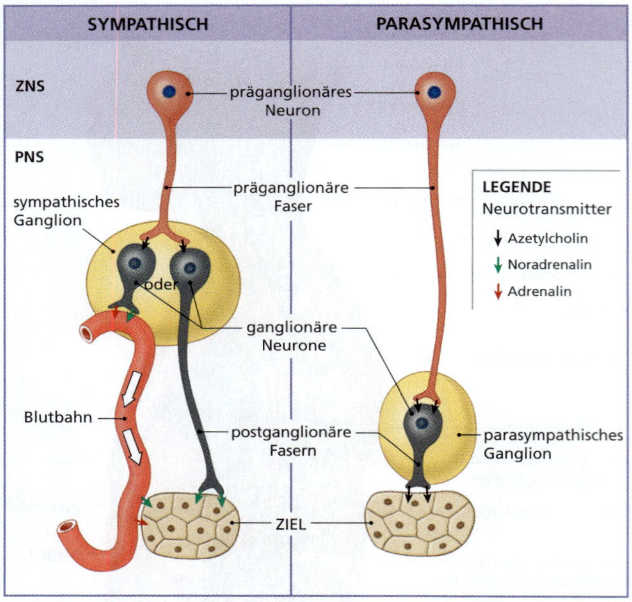

Abbildung 17.10: Vergleich von Sympathikus und Parasympathikus. Schematischer Vergleich von Faserlänge (prä- und postganglionär), allgemeiner Lage der Ganglien und wichtigsten Neurotransmittern beider Anteile des autonomen Nervensystems.

Integration und Kontrolle autonomer Funktionen 17.6

Das autonome Nervensystem ist, wie auch das somatische Nervensystem, in Form einer Reihe interagierender Ebenen aufgebaut. Auf der untersten Ebene finden Sie die viszeralen Motoneurone, die an den kranialen und spinalen viszeralen Reflexen beteiligt sind. Die Zellkörper dieser Motoneurone befinden sich im Rückenmark und im unteren Hirnstamm.

17.6.1 Viszerale Reflexe

Viszerale Reflexe (**Abbildung 17.11**) sind die einfachsten Funktionseinheiten im autonomen Nervensystem. Sie sind für die automatischen motorischen Reizantworten verantwortlich, die von den höheren Zentren, besonders im Hypothalamus, modifiziert, gefördert oder gehemmt werden können. Alle viszeralen Reflexe sind polysynaptisch. Ein viszeraler Reflexbogen besteht aus einem Rezeptor, einem sensorischen Nerv, einem Verarbeitungszentrum (Interneuron oder Motoneuron) und zwei viszeromotorischen Neuronen (prä- und postganglionär).

Sensorische Nerven übermitteln die Reize über Spinalnerven, Hirnnerven und die autonomen Nerven, die die peripheren Effektoren innervieren, an das ZNS. Leuchtet man z. B. mit einem hellen Licht in ein Auge, löst dies einen viszeralen Reflex, die konsensuelle Lichtreaktion, aus, durch den sich beide Pupillen engstellen. In völliger Dunkelheit stellen sich die Pupillen weit. Die motorischen Kerne, die die Pupillenweite steuern, werden auch von den hypothalamischen Zentren beeinflusst, die mit dem emotionalen Zustand zu tun haben. Wenn Ihnen etwa übel ist, stehen die Pupillen eng; bei sexueller Erregung weiten sie sich.

Viszerale Reflexe sind entweder lange Reflexe oder kurze Reflexe:

- **Lange Reflexe** sind das autonome Äquivalent zu den polysynaptischen Reflexen aus Kapitel 13. Viszerosensorische Neurone liefern Informationen über die dorsalen Wurzeln der Spinalnerven in die sensorischen Äste der Hirnnerven und in die autonomen Nerven, die viszerale Effektoren innervieren, an das ZNS. Die Verarbeitung erfolgt mithilfe von Interneuronen im ZNS; die daran beteiligten Motoneurone liegen im Rückenmark oder im Hirnstamm. Das autonome Nervensystem leitet die motorischen Kommandos über eine Synapse in einem peripheren autonomen Ganglion zu den passenden viszeralen Effektoren.
- **Kurze Reflexe** umgehen das ZNS gänzlich; sie laufen über sensorische Neurone und Interneurone, deren Zellkörper in autonomen Ganglien liegen. Die Interneurone bilden an den autonomen Ganglien Synapsen; die motorischen Kommandos werden dann über postganglionären Fasern weitergeleitet. Kurze Reflexe kontrollieren sehr einfache motorische Reizantworten mit lokalen Effekten. Im Allgemeinen kontrollieren kurze Reflexe eher einen Teil eines Organs, während lange Reflexe die Aktivitäten des gesamten Zielorgans beeinflussen können.

An den meisten Organen sind die langen Reflexe für die Regulierung der Aktivität wichtiger, beim Verdauungstrakt und den dazugehörigen Drüsen ist dies jedoch nicht der

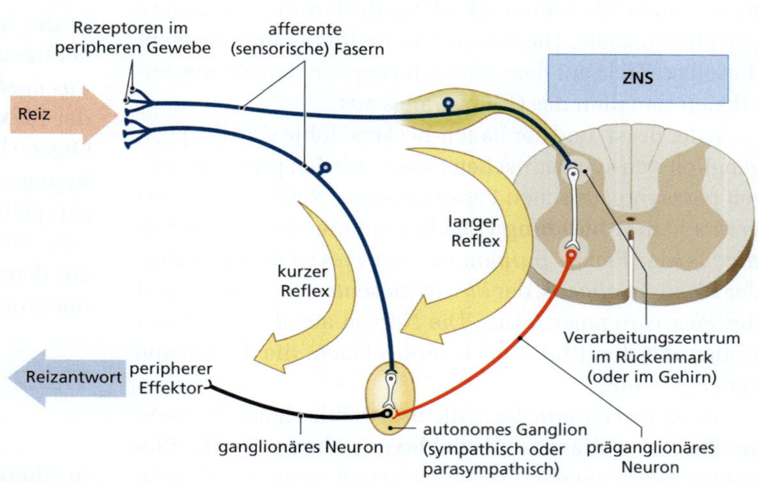

Abbildung 17.11: Viszerale Reflexe. Viszerale Reflexe haben dieselben Grundbausteine wie somatische Reflexe, sind jedoch immer alle polysynaptisch.

Fall. Die Ganglien in den Wänden des Verdauungstrakts enthalten die Zellkörper der viszerosensorischen Neurone, der Interneurone und der viszeromotorischen Neurone. Obwohl die parasympathische Innervierung der viszeromotorischen Neurone verschiedene Verdauungsaktivitäten stimulieren und koordinieren kann, ist das Verdauungssystem sehr wohl imstande, seine eigenen Funktionen unabhängig vom ZNS selbst zu kontrollieren. Aus diesem Grunde nennt man es **enterisches Nervensystem**; wir werden seine Funktionen in Kapitel 25 besprechen.

Bei der Besprechung anderer Körpersysteme werden wir noch zahlreichen anderen Beispielen für autonome Reflexe begegnen, wie bei der Atmung, beim Herz-Kreislauf-System und bei anderen viszeralen Aktivitäten. In Tabelle 1.2 sind Informationen zu wichtigen viszeralen Reflexen zusammengestellt.

Beachten Sie, dass der Parasympathikus an Reflexen beteiligt ist, die einzelne Organe und Systeme beeinflussen, seinem relativ eingeschränkten und spezifischen Innervationsmuster entsprechend. Im Gegensatz dazu gibt es weniger sympathische Reflexe. Der Sympathikus wird eher als Ganzes aktiviert, zum einen wegen seiner starken Divergenz und zum anderen, da die Freisetzung von Hormonen aus dem Nebennierenmark ebenfalls weit verbreitete periphere Effekte hervorruft.

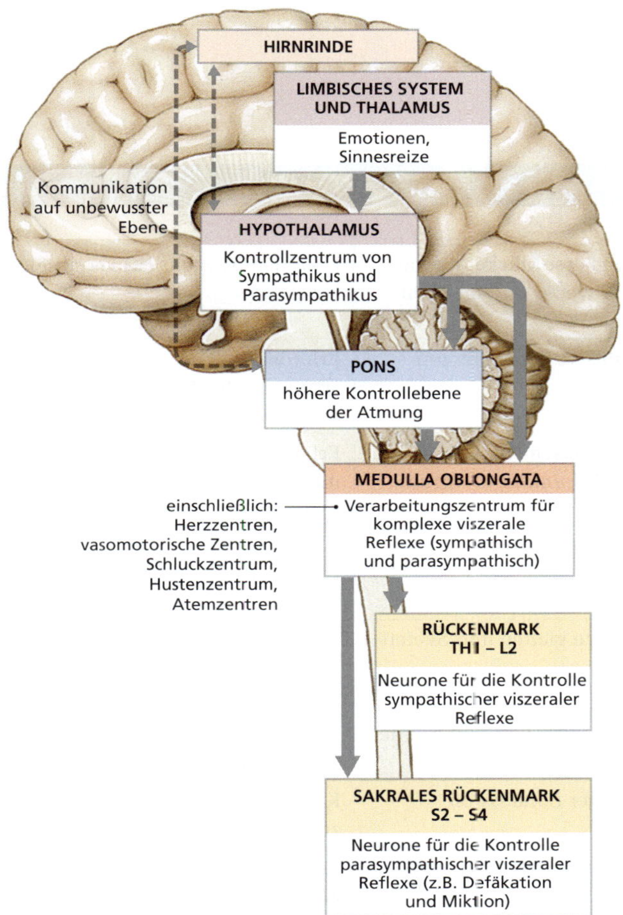

Abbildung 17.12: **Die Ebenen autonomer Kontrolle.**

17.6.2 Die höheren Ebenen autonomer Kontrolle

Das Ausmaß der Aktivität von Sympathikus und Parasympathikus wird von speziellen Zentren im Hirnstamm kontrolliert, die für die jeweiligen viszeralen Funktionen verantwortlich sind. In **Abbildung 17.12** sind die autonomen Kontrollebenen dargestellt. Wie auch im somatischen Nervensystem sorgen einfache Reflexe im Rückenmark für relativ schnelle automatische Reizantworten. Komplexere sympathische und parasympathische Reflexe werden in der *Medulla oblongata* koordiniert. Außer Zentren für das Herz-Kreislauf-System enthält diese auch noch Zentren

AUFGABEN

1 Was versteht man unter dualer Innervation?

2 Was sind viszerale Reflexe?

3 Nennen Sie drei Plexus der Bauch-Becken-Höhle.

AUS DER PRAXIS

Diabetische Neuropathie und das autonome Nervensystem

Beim **Diabetes mellitus** sind die Blutzuckerspiegel erhöht, doch sind die meisten Zellen nicht in der Lage, den Zucker zu absorbieren und die Glukose als Energiequelle zu nutzen. Hieraus ergibt sich eine Reihe physiologischer Probleme, die wir in Kapitel 19 genauer besprechen werden. Personen mit einem chronischen, unbehandelten oder schlecht eingestellten Diabetes entwickeln oft Schäden an den peripheren Nerven. Diese Komplikation, die **diabetische Neuropathie**, hat weitreichende Konsequenzen. Einzelheiten werden ebenfalls in Kapitel 19 besprochen, hier nur die Anmerkung, dass sie auch das autonome Nervensystem auf verschiedene Weise betrifft. Am auffälligsten ist die Beeinträchtigung der normalen viszeralen Reflexe (siehe Tabelle 17.2). Zu den Symptomen gehören eine verzögerte Magenentleerung, eine eingeschränkte sympathische Kontrolle des Herz-Kreislauf-Systems, was zu einer verringerten Herzfrequenz und niedrigem Blutdruck im Stehen führt, Probleme mit der Miktion und Impotenz.

und Kerne für die Atmung, die Sekretion von Verdauungssäften, die Peristaltik und die Funktion des Harnsystems. Diese medullären Zentren werden ihrerseits wiederum vom Hypothalamus überwacht. Im Allgemeinen befassen sich Zentren im posterioren und lateralen Hypothalamus mit der Koordination und Regulation sympathischer Aktivität; Anteile des anterioren und medialen Hypothalamus kontrollieren den Parasympathikus.

Der Begriff **autonom** wurde ursprünglich im Hinblick auf die viszeralen Organe gewählt, weil man glaubte, dass die Kontrollzentren unabhängig von anderen Aktivitäten des ZNS funktionieren. Weitere Forschungen haben diese Sichtweise jedoch radikal verändert. Wir wissen jetzt, dass der Hypothalamus mit allen anderen Hirnregionen interagiert und dass Aktivitäten im limbischen System (Erinnerungen, Emotionen), im Thalamus (Sinnesreize) oder in der Hirnrinde (bewusstes Denken) dramatische Auswirkungen auf autonome Funktionen haben. Verbindungen zwischen dem limbischen System und dem Hypothalamus erlauben eine direkte Koppelung der emotionalen Stimmung und der Aktivität des Hypothalamus. Wenn Sie beispielsweise wütend sind, steigen Herzfrequenz und Blutdruck.

Reflex	Reiz	Reaktion	Bemerkung
Parasympathische Reflexe			
Gastrale und intestinale Reflexe (siehe Kapitel 25)	Druck und Kontakt mit Nahrung	Kontraktionen glatter Muskulatur bewegen Nahrung weiter und mischen sie mit Sekreten.	Über den *N. vagus* (X) vermittelt
Defäkation (siehe Kapitel 25)	Dehnung des Rektums	Entspannung des *M. sphinkter ani internus*	Erfordert willkürliche Entspannung des *M. sphinkter ani externus*
Miktion (siehe Kapitel 26)	Dehnung der Harnblase	Kontraktion der Blasenwand, Entspannung des *M. spinkter urethrae internus*	Erfordert willkürliche Entspannung des *M. sphinkter urethrae externus*
Direkte und konsensuelle Lichtreaktion (siehe Kapitel 18)	Helles Licht in die Augen/in ein Auge	Konstriktion beider Pupillen	
Schluckreflex (siehe Kapitel 25)	Beförderung von Nahrung und Flüssigkeiten in den oberen Rachen	Kontraktionen von glatten und Skelettmuskeln	Koordination durch das Schluckzentrum der *Medulla oblongata*
Würgereflex (siehe Kapitel 25)	Reizung der Innenwand des Verdauungstrakts	Umkehr der normalen Bewegungen der glatten Muskulatur zum Erbrechen	Koordination durch das Würgezentrum der *Medulla oblongata*
Hustenreflex (siehe Kapitel 24)	Reizung der Atemwege	Plötzlicher heftiger Luftausstoß	Koordination durch das Hustenzentrum der *Medulla oblongata*
Barorezeptorreflex (siehe Kapitel 21)	Plötzlicher Anstieg des Blutdrucks in der *A. carotis*	Verringerung von Herzfrequenz und Kontraktilität	Koordination durch das Herzzentrum der *Medulla oblongata*
Sexuelle Erregung (siehe Kapitel 27)	Erotische Reize (visuell und taktil)	Vermehrung von Drüsensekretion und Empfindsamkeit	
Sympathische Reflexe			
Hochdruckbaroreflex (siehe Kapitel 21)	Plötzlicher Abfall des Blutdrucks in der *A. carotis*	Steigerung von Herzfrequenz und Kontraktilität	Koordination durch das Herzzentrum der *Medulla oblongata*
Vasomotorische Reflexe (siehe Kapitel 22)	Blutdruckschwankungen in großen Gefäßen	Veränderung des Durchmessers peripherer Gefäße	Koordination durch das vasomotorische Zentrum der *Medulla oblongata*
Pupillenreflex (siehe Kapitel 18)	Wenig Licht erreicht die Lichtrezeptoren.	Pupillenerweiterung	
Emission und Ejakulation (beim Mann) (siehe Kapitel 27)	Erotische Reize (taktil)	Kontraktion von Hoden und Prostata und der Skelettmuskeln für die Ejakulation	Die Ejakulation erfordert die Kontaktion der *Mm. bulbospongiosi.*

Tabelle 17.2: Repräsentative viszerale Reflexe.

DEFINITIONEN

Diabetische Neuropathie: degenerative neurologische Erkrankung, die bei Menschen mit *Diabetes mellitus* auftreten kann

Horner-Syndrom: Erkrankung mit einseitigem Verlust der sympathischen Innervation

Morbus Raynaud: Erkrankung, bei der es aus unbekannten Gründen bei Kälte zu einer übermäßigen peripheren sympathischen Vasokonstriktion kommt

Zusammenfassung

Die Antworten auf die Fragen der Aufgaben und der Zusammenfassung finden Sie im Antwortteil.

Wiederholung von Fakten und Begriffen

Verbinden Sie die Begriffe der linken Spalte jeweils mit denen der rechten Spalte, die am besten passen; setzen Sie die Buchstaben in die Spalte vor die Zahlen.

	Spalte A			Spalte B
	1.	Präganglionär	a.	Alle präganglionären Fasern
	2.	Thorakolumbal	b.	Präganglionäre Fasern an die prävertebralen Ganglien
	3.	Parasympathisch	c.	Erstes Neuron
	4.	Prävertebral	d.	Prävertebrale Ganglien
	5.	Paravertebral	e.	Nebennierenmark
	6.	Azetylcholin	f.	Sympathische Aktivierung
	7.	Noradenalin	g.	Sympathikus
	8.	Sympathisch	h.	Terminale Ganglien
	9.	Splanchnikus	i.	Grenzstrang
	10.	Krise	j.	Lange postganglionäre Faser

11 Viszeromotorische Neurone im ZNS
- a. sind ganglionäre Neurone.
- b. liegen in den dorsalen Wurzelganglien.
- c. haben nicht myelinisierte Axone, außer in der unteren thorakalen Region.
- d. senden Axone zu Synapsen an peripher liegenden ganglionären Neuronen.

12 Die *Nn. splanchnici*
- a. werden von postganglionären parasympathischen Fasern gebildet.
- b. schließen die präganglionären Fasern ein, die an die prävertebralen Ganglien ziehen.
- c. kontrollieren die sympathischen Funktionen von Strukturen am Kopf.
- d. verbinden die einzelnen Grenzstrangganglien miteinander.

13 Welche der folgenden Ganglien gehören zum sympathischen Anteil des autonomen Nervensystems?
- a. *Ganglion oticum*
- b. *Ganglion sphenopalatinum*
- c. paravertebrale Ganglien
- d. alle genannten

14 Präganglionäre Fasern des Sympathikus entspringen
- a. an der Großhirnrinde.
- b. in der *Medulla oblongata.*
- c. im Hirnstamm und im sakralen Rückenmark.
- d. im thorakolumbalen Rückenmark.

15 Der Neurotransmitter an allen neuralen und neuroeffektorischen Synapsen im Parasympathikus ist
- a. Adrenalin.
- b. cyclo-AMP.
- c. Noradrenalin.
- d. Azetylcholin.

16 Die großen Zellen im Nebennierenmark, die den Neuronen in sympathischen Ganglien ähneln,
- a. liegen in der Nebennierenrinde.
- b. geben Azetylcholin in die Kapillaren ab.
- c. geben Adrenalin und Noradrenalin in die Kapillaren ab.
- d. haben keine endokrinen Funktionen.

17 Sympathische präganglionäre Fasern sind
- a. kurz und nicht myelinisiert.
- b. kurz und myelinisiert .
- c. lang und myelinisiert.
- d. lang und nicht myelinisiert.

18 Welchen Transmitter setzen alle präganglionären autonomen Fasern an ihren Synapsen frei und wie ist der Effekt immer?
- a. Noradrenalin; inhibitorisch
- b. Noradrenalin; exzitatorisch

c. Azetylcholin; exzitatorisch
d. Azetylcholin; inhibitorisch

19 Postganglionäre Fasern von autonomen Neuronen sind meist
a. myelinisiert.
b. nicht myelinisiert.
c. länger als die präganglionären Fasern.
d. im Rückenmark gelegen.

20 Der *R. communicans albus*
a. trägt postganglionäre Fasern an die Effektororgane.
b. entspringt von den dorsalen Spinalnervenwurzeln.
c. hat nur unverzweigte Fasern.
d. trägt die präganglionären Fasern an ein nahegelegenes Grenzstrangganglion.

Wiederholung von Lernzielen

1 Der Transport welcher Art von Information wäre bei einer Durchtrennung der ventralen Wurzel von L2 unterbrochen?
a. willkürmotorische Kommandos
b. autonome motorische Kommandos
c. Sinneswahrnehmungen
d. Die Antworten a und b sind korrekt.

2 Eine Schädigung der ventralen Wurzeln der ersten fünf thorakalen Spinalnerven auf der rechten Köperhälfte würde zu folgender Störung führen:
a. Dilatation der rechten Pupille
b. Dilatation der linken Pupille
c. Kontraktion des rechten *M. biceps brachii*
d. Kontraktion des linken *M. biceps brachii*

3 Welcher anatomische Mechanismus führt zum Erröten?
a. Steigerung der Hautdurchblutung durch den Parasympathikus
b. Entspannung der Gefäßwände durch den Sympathikus mit Steigerung der Hautdurchblutung
c. Reduktion des Muskeltonus der Haut durch den Parasympathikus, dadurch Ansammlung von Blut an der Oberfläche
d. Steigerung der Sauerstoffaufnahme durch den Sympathikus, wodurch das Blut heller rot wird

4 Welche Strukturen könnten geschädigt sein, wenn ein viszerales Signal vom Dünndarm das Rückenmark nicht erreicht?
a. präganglionäre Neurone
b. *Rr. communicantes albi*
c. *Rr. communicantes grisei*
d. Keine Aussage ist zutreffend.

5 Die Effekte von Adrenalin und Noradrenalin, die vom Nebennierenmark freigesetzt werden, halten deutlich länger an als die, die durch Freisetzung an den neuroeffektorischen Synapsen bewirkt werden. Warum?

6 Warum sind die Effekte einer parasympathischen Stimulation spezifischer und eher lokal begrenzt als die einer sympathischen Stimulation?

7 Wie reguliert der Sympathikus die Funktion der Schweißdrüsen?

8 Wodurch unterscheiden sich Grenzstrangganglien von prävertebralen bzw. intramuralen Ganglien?

9 Vergleichen Sie die allgemeinen Effekte des parasympathischen und des sympathischen Anteils des autonomen Nervensystems miteinander.

10 Beschreiben Sie den allgemeinen Aufbau einer Bahn für ein viszeromotorisches Kommando.

Anwendung von Lerninhalten

1 In einigen schweren Fällen müssen bei Menschen mit Magengeschwüren die Äste des *N. vagus*, die den Magen versorgen, durchtrennt werden. Wie löst dieser Eingriff das Problem?

2 Welche Veränderungen der Funktion des autonomen Nervensystems führen zu einem Horner-Syndom?

3 Anja wird am Hals von einer Wespe gestochen. Da sie gegen Wespengift allergisch ist, beginnt ihr die Kehle zuzuschwellen, und die Atemwege verengen sich. Welche Substanz würde ihre Symptome eher bessern: Azetylcholin oder Adrenalin? Warum?

Eine Kurzzusammenfassung der wichtigsten Inhalte, sowie die Antworten zu den Fragen und weitere Arbeitsmaterialien finden sie auf unserer Companion Website unter: **www.pearson-studium.de/login**

Lernziele

1. Den Begriff Sinnesreiz definieren und den Ursprung von Sinnesreizen erläutern können.
2. Zwischen allgemeinen und speziellen Sinnen unterscheiden können.
3. Erklären können, warum Rezeptoren auf spezifische Reize reagieren und welchen Einfluss die Struktur eines Rezeptors auf seine Sensibilität hat.
4. Den Unterschied zwischen phasischen und tonischen Rezeptoren kennen.
5. Die Rezeptoren für die allgemeinen Sinne nennen und kurz ihre Funktion erläutern können.
6. Rezeptoren anhand ihres Reizes, ihrer Lokalisation und ihrer histologischen Struktur klassifizieren können.
7. Die Rezeptoren und die neuralen Bahnen erkennen und beschreiben können, die den Geruchssinn vermitteln.
8. Die Rezeptoren und die neuralen Bahnen erkennen und beschreiben können, die den Geschmackssinn vermitteln.
9. Die Strukturen des Ohres und ihre Rolle bei der Weiterleitung von Gleichgewichtsreizen erkennen und beschreiben sowie erläutern können, mithilfe welcher Mechanismen wir die Balance halten.
10. Die Strukturen des Ohres erkennen und beschreiben können, die den Schall aufnehmen, verstärken und weiterleiten, ebenso die Strukturen der Hörbahn.
11. Die Bahnen kennen, über die Informationen zu Gehör und Gleichgewicht in das Gehirn gelangen.
12. Die einzelnen Schichten des Auges erkennen und beschreiben und die Funktionen der Strukturen in den jeweiligen Schichten erläutern können.
13. Erklären können, wie das Auge Licht fokussiert.
14. Die Strukturen der Sehbahn kennen.

Das Nervensystem

Allgemeine und spezielle Sinne

18

ÜBERBLICK

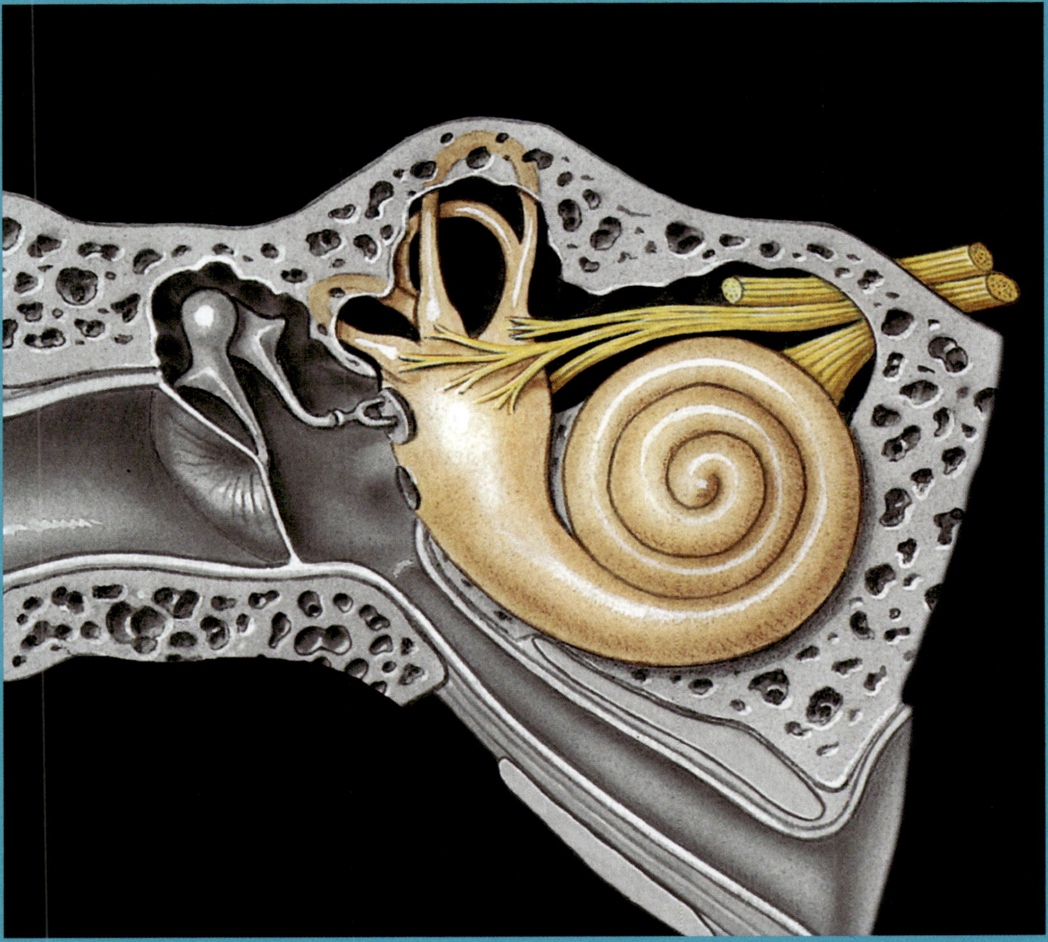

Jede Zellwand dient ihrer Zelle als Rezeptor, da sie auf Veränderungen in der Umgebung reagiert. Zellmembranen sind bestimmten elektrischen, chemischen und mechanischen Reizen gegenüber unterschiedlich empfindlich. Beispielsweise hat ein Hormon, das ein Neuron zu reizen vermag, vermutlich keinerlei Wirkung auf einen Osteozyten, da die Zellwände von Neuronen und Osteozyten mit unterschiedlichen Rezeptoren bestückt sind. Ein **Sinnesrezeptor** ist eine spezialisierte Zelle oder ein Vorgang in einer Zelle, der die innere oder äußere Umgebung des Körpers überwacht. Die Stimulation eines Rezeptors führt direkt oder indirekt zu einer Veränderung der Entstehung von Aktionspotenzialen in einem sensorischen Neuron.

Sensorische Informationen, die in das ZNS gelangen, nennt man **Sinnesreize**; die **Perzeption** ist die bewusste Wahrnehmung eines Sinnesreizes. Der Begriff **allgemeine Sinne** bezieht sich auf Sinnesreize bezüglich Temperatur, Schmerz, Berührung, Druck, Vibration und Propriozeption (Lagesinn). Die Rezeptoren der allgemeinen Sinne liegen im ganzen Körper verteilt. Sie erreichen den primär-sensorischen Kortex (auch somatosensorischer Kortex genannt) auf den bereits beschriebenen Bahnen.

Spezielle Sinne sind Riechen, Schmecken, Gleichgewichtssinn, Hören und Sehen. Diese Sinnesreize werden von spezialisierten Rezeptorzellen vermittelt, die eine komplexere Struktur aufweisen als die der allgemeinen Sinne. Sie befinden sich in komplexen **Sinnesorganen**, wie etwa dem Auge oder dem Ohr. Die Sinnesreize werden an verschiedene Zentren im Gehirn weitergeleitet.

Sinnesrezeptoren sind das Verbindungsglied zwischen dem Nervensystem und der inneren und äußeren Umgebung. Das Nervensystem braucht akkurate sensorische Daten, um die relativ schnellen Reaktionen auf spezifische Reize kontrollieren und koordinieren zu können. Dieses Kapitel beginnt mit einer Zusammenstellung der Funktionsweise von Rezeptoren und der grundsätzlichen Abläufe der Verarbeitung von Sinnesreizen. Diese Kenntnisse werden dann jeweils bei der Besprechung der allgemeinen und speziellen Sinne angewendet.

Rezeptoren 18.1

Jeder Rezeptor hat seine charakteristische Sensibilität. Ein Druckrezeptor reagiert empfindlich auf Druck, aber kaum auf chemische Reize. Dies nennt man **Rezeptorspezifität**. Sie beruht entweder auf der Struktur des Rezeptors selbst oder auf der Anwesenheit akzessorischer Zellen oder Strukturen, die ihn von anderen Reizen abschirmen. Die einfachsten Rezeptoren sind die Dendriten sensorischer Neurone, die freien Nervenendigungen. Sie können auf unterschiedliche Weise stimuliert werden: Freie Nervenendigungen, die auf Schmerz ansprechen, reagieren beispielsweise auch auf chemische Substanzen, Druck, Temperaturschwankungen oder direkte Schädigung. Im Gegensatz dazu sind die Rezeptorzellen des Auges von akzessorischen Zellen umgeben, die normalerweise verhindern, dass sie von etwas anderem als Licht stimuliert werden. Das Areal, das von einem einzelnen Rezeptor überwacht wird, nennt man **Rezeptorfeld** (**Abbildung 18.1**). Immer wenn ein passender Reiz in diesem Feld ankommt, wird die Information an das ZNS weitergeleitet. Je größer das Rezeptorfeld ist, desto weniger genau können wir den Reiz lokalisieren. Ein Hautrezeptor hat z. B. ein Rezeptorfeld mit einem Durchmesser von etwa 7 cm. Daher können wir eine leichte Berührung in diesem Feld nur ungefähr beschreiben. Auf der Zunge, wo die Rezeptorfelder weniger als 1 mm groß sind, können wir einen Reiz hingegen sehr genau lokalisieren.

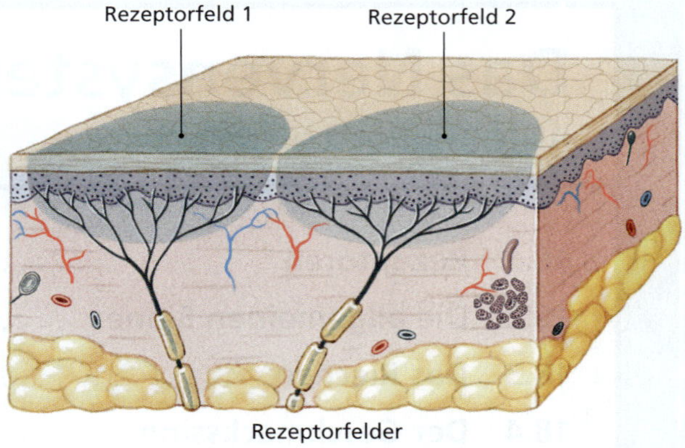

Abbildung 18.1: Rezeptoren und Rezeptorfelder. Jeder Rezeptor überwacht einen spezifischen Bereich, das Rezeptorfeld.

Reize haben sehr unterschiedliche Formen – es kann physischer Druck sein, eine chemische Lösung, ein Ton oder ein Lichtstrahl. Der Sinnesreiz wird jedoch immer in Form von Aktionspotenzialen weitergeleitet, ganz unabhängig von der Natur des Reizes. Die eingehende Information wird vom Gehirn auf bewusster und unbewusster Ebene verarbeitet und interpretiert.

18.1.1 Interpretation sensorischer Informationen

Wenn sensorische Informationen im Gehirn ankommen, werden sie dem Reizort und der Reizart entsprechend gebahnt. Über die sensorischen Bahnen, die in Kapitel 16 besprochen wurden, leiten die Axone Informationen von A (dem Rezeptor) nach B (zu einem Neuron an einem bestimmten Ort der Hirnrinde). Die Verbindung zwischen dem Rezeptor und dem kortikalen Neuron erfolgt modalitätsspezifisch über sog. **„Labeled Lines“**. Jedes dieser spezifischen Axone trägt Informationen zu einem bestimmten Reiz (Berührung, Druck, Sehen usw.) von den Rezeptoren zu einem bestimmten Körperteil. Die Identität der aktiven „Labeled Line“ weist auf Ort und Art des Reizes hin. Alle anderen Charakteristika eines Reizes werden über das Muster der Aktionspotenziale in den afferenten Fasern übermittelt. Diese **sensorische Kodierung** gibt Hinweise auf Stärke, Dauer, Variation und Bewegung des Reizes.

Einige sensorische Neurone, die **tonischen Rezeptoren**, sind immer aktiv. Beispiele hierfür sind die Fotorezeptoren des Auges und verschiedene Rezeptoren, die die Körperposition überwachen. Andere Rezeptoren sind gewöhnlich inaktiv, werden aber bei Änderungen der Umstände, die sie überwachen, für kurze Zeit aktiv. Man nennt sie **phasische Rezeptoren**; sie liefern Informationen zu Intensität und Veränderungen eines Reizes. Viele Berührungs- und Druckrezeptoren der Haut sind Beispiele für phasische Rezeptoren. Rezeptoren, die die tonische mit der phasischen Kodierung kombinieren, übermitteln sehr komplexe Sinnesreize; zu ihnen gehören die Rezeptoren, die Position und Bewegung der Gelenke überwachen.

18.1.2 Zentrale Verarbeitung und Adaptation

Die **Adaptation** ist die Reduktion der Empfindlichkeit gegenüber einem konstant weiterbestehenden Reiz. Von einer **peripheren (sensorischen) Adaptation** spricht man, wenn die Rezeptoren oder sensorischen Neurone ihre Aktivität verändern. Anfangs reagiert der Rezeptor stark; dann aber lässt die Aktivität entlang der afferenten Fasern nach, zum Teil aufgrund synaptischer Ermüdung. Diese Reaktion ist typisch für die phasischen Rezeptoren, die man deshalb auch **schnell adaptierende Rezeptoren** nennt. Tonische Rezeptoren neigen nicht sehr zu peripherer Adaptation; man nennt sie deshalb auch **langsam adaptierende Rezeptoren**.

Auch an den sensorischen Bahnen innerhalb des ZNS kommt es zu einer Adaptation. Nur wenige Sekunden nach der Wahrnehmung eines neuen Geruchs etwa verschwindet die bewusste Wahrnehmung desselben fast vollständig, obwohl die sensorischen Neurone durchaus noch aktiv sind. Diesen Vorgang bezeichnet man als **zentrale Adaptation**. An diesem Vorgang ist meist die Hemmung eines Kernes in der sensorischen Bahn beteiligt. Auf der unbewussten Ebene beschränkt die zentrale Adaptation die Menge der Details, die die Hirnrinde erreicht. Die allermeisten Sinnesreize werden in Zentren im Rückenmark und im Hirnstamm verarbeitet, wo sie potenziell unwillkürliche Reflexantworten auslösen. Nur etwa 1 % der Reize, die die afferenten Fasern aufnehmen, erreicht die Hirnrinde und damit unser Bewusstsein.

AUFGABEN

1. Welche verschiedenen Reize können freie Nervenendigungen stimulieren?
2. Vergleichen Sie tonische mit phasischen Rezeptoren.
3. Was ist ein Sinnesreiz?
4. Welche Sinnesreize fasst man mit dem Sammelbegriff „allgemeine Sinne“ zusammen?

18.1.3 Grenzen der Wahrnehmung

Unsere Sinneswahrnehmungen geben uns einen detaillierten Eindruck unseres Körpers und der Umgebung. Dieser Eindruck ist jedoch aus mehreren Gründen unvollständig:

- Menschen sind nicht mit Rezeptoren für jeden möglichen Reiz ausgestattet.
- Unsere Rezeptoren haben einen charakteristischen Empfindlichkeitsbereich.
- Ein Reiz muss vom ZNS interpretiert werden. Unsere Wahrnehmung eines bestimmten Reizes ist also eine Interpretation und nicht immer real.

Nachdem wir jetzt die Grundkonzepte der Rezeptorfunktion und der Verarbeitung von Sinnesreizen besprochen haben, wenden wir uns nun der Beschreibung und Besprechung der Rezeptoren für die allgemeinen Sinne zu.

18.2 Die allgemeinen Sinne

Die Rezeptoren für die allgemeinen Sinne sind im gesamten Körper verteilt und von relativ einfacher Struktur. Mit einem einfachen Schema kann man sie als Exterozeptoren, Propriozeptoren und Interozeptoren klassifizieren. **Exterozeptoren** vermitteln Informationen über die äußere Umgebung, **Propriozeptoren** überwachen die Körperposition und **Interozeptoren** die Bedingungen im Körperinneren. Ein etwas detaillierteres Klassifikationssystem teilt die Rezeptoren für die allgemeinen Sinne in vier Typen ein, abhängig von dem Reiz, der sie stimuliert:

1. **Nozizeptoren** (lat.: nocere = schaden) reagieren auf eine Reihe verschiedener Reize, die auf eine Gewebeschädigung hinweisen. Ihre Aktivierung führt zu der Wahrnehmung von Schmerzen.
2. **Thermorezeptoren** reagieren auf Temperaturschwankungen.
3. **Mechanorezeptoren** werden durch physische Verformung, Kontakt oder Druck auf ihr Plasmalemm stimuliert.
4. **Chemorezeptoren** überwachen die chemische Zusammensetzung der Körperflüssigkeiten und reagieren auf die Anwesenheit bestimmter Moleküle.

Jede Rezeptorklasse weist typische strukturelle und funktionelle Charakteristika auf. Einige der Berührungs- und Mechanorezeptoren tragen Eigennamen. Heutige Anatomen schlagen unterschiedliche Alternativen zu diesen Bezeichnungen vor; eine standardisierte oder einheitliche Nomenklatur ist jedoch noch nicht entwickelt worden. Es gibt auch keine Bezeichnungen, die sich in der Fachliteratur durchgesetzt haben. Um Verwirrung zu vermeiden, werden wir die Eigennamen in diesem Kapitel weiterhin immer dann verwenden, wenn es keine allgemein akzeptierte oder gebräuchliche Alternative gibt.

18.2.1 Nozizeptoren

Nozizeptoren (Schmerzrezeptoren) finden sich besonders häufig in den oberflächlichen Hautschichten (**Abbildung 18.2**a), in den Gelenkkapseln, im Periost und um die Wände der Blutgefäße. In den tieferen Geweben und in den meisten viszeralen Organen gibt es dagegen nur wenige. Schmerzrezeptoren sind freie Nervenendigungen mit großen Rezeptorfeldern. Daher ist es oft schwierig, einen Schmerzreiz genau zu lokalisieren.

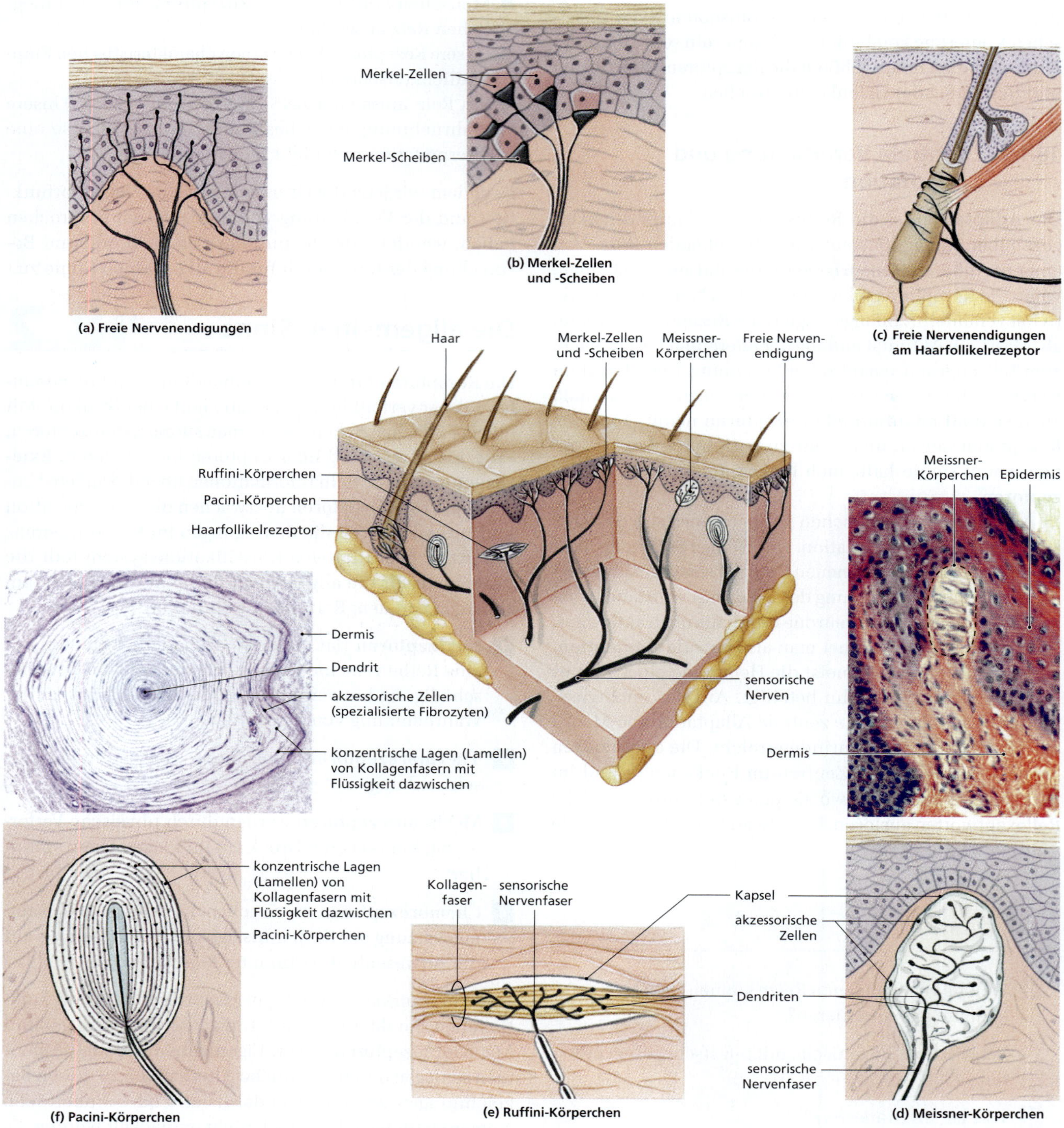

Abbildung 18.2: Berührungsrezeptoren der Haut. Lage und histologischer Aufbau von sechs wichtigen Berührungsrezeptoren. (a) Freie Nervenendigungen. (b) Merkel-Zellen und Merkel-Scheiben. (c) Freie Nervenendigungen am Haarfollikelplexus. (d) Meissner-Tastkörperchen. (e) Ruffini-Körperchen. (f) Pacini-Körperchen (Lichtmikroskop, 125-fach).

Es gibt drei Arten von Nozizeptoren:

- Rezeptoren, die auf extreme Temperaturen reagieren
- Rezeptoren, die auf mechanische Schädigung reagieren
- Rezeptoren, die auf chemische Substanzen reagieren, wie etwa auf die, die aus verletzten Zellen austreten

Sehr starke chemische, Temperatur- oder Druckreize stimulieren jedoch alle drei Rezeptortypen.

Ein Gefühl **scharfen (schnellen) Schmerzes** entsteht bei tiefen Schnitten oder ähnlichen Verletzungen. Diese Sinnesreize erreichen das ZNS sehr schnell; oft lösen sie somatische Reflexe aus. Sie werden auch an den primär-sensorischen Kortex weitergeleitet, werden uns also bewusst. Schmerzreize enden erst, wenn der Schaden verheilt ist. Die zentrale Adaptation führt jedoch zu einer verminderten Schmerzwahrnehmung, auch wenn die Schmerzrezeptoren weiter stimuliert werden.

Brennender oder **dumpfer (langsamer) Schmerz** kommt von denselben Verletzungen wie der scharfe Schmerz, setzt aber später ein und hält länger an. Eine Schnittverletzung an der Hand führt zunächst zu schnellem, scharfem Schmerz und etwas später zu dumpfem (langsamem) Schmerz. Der langsame Schmerz bewirkt eine allgemeine Aktivierung der *Formatio reticularis* und des Thalamus. Man ist sich des Schmerzes bewusst, kann ihn aber nur grob lokalisieren. Betroffene versuchen oft, nach der Quelle des Schmerzes zu tasten.

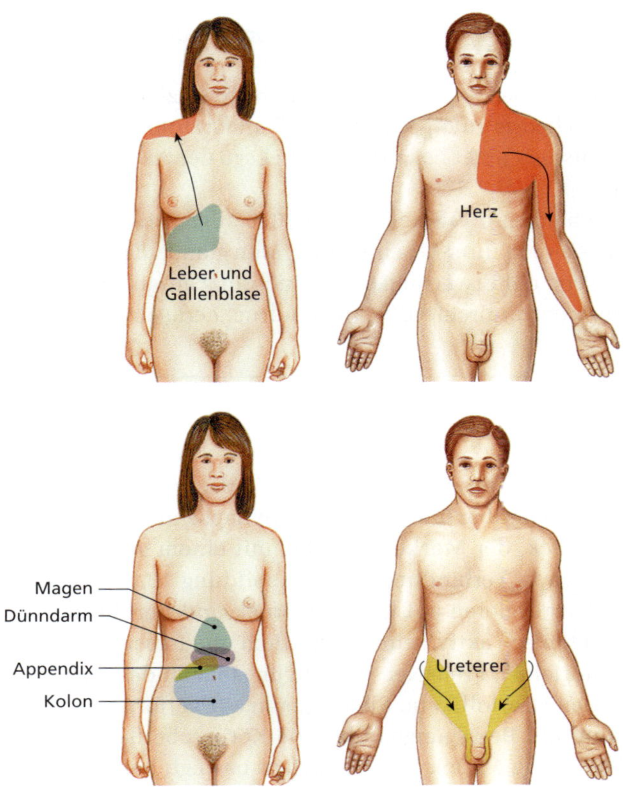

Abbildung 18.3: **Übertragener Schmerz.** Schmerz von viszeralen Organen empfindet man oft an den weiter oberflächlich gelegenen Regionen, die von denselben Spinalnerven versorgt werden.

Schmerzreize von viszeralen Organen werden von sensorischen Nerven übermittelt, die das Rückenmark über die dorsalen Wurzeln der Spinalnerven erreichen. Oft empfindet man den Schmerz an den weiter oberflächlich gelegenen Regionen, die von denselben Spinalnerven versorgt werden. Der genaue Mechanismus dieses sog. **übertragenen Schmerzes**" ist noch nicht genau bekannt; einige klinische Beispiele finden Sie aber in **Abbildung 18.3**. Herzschmerzen spürt man beispielsweise oft im oberen Brustraum und im linken Arm.

18.2.2 Thermorezeptoren

Thermorezeptoren befinden sich in der Dermis der Haut, in Skelettmuskeln, in der Leber und im Hypothalamus. Kälterezeptoren kommen etwa drei bis vier Mal so häufig vor wie Hitzerezeptoren. Die Rezeptoren sind freie Nervenendigungen; strukturelle Unterschiede zwischen Kälte- und Hitzerezeptoren sind nicht bekannt.

Temperaturreize werden über dieselben Bahnen weitergeleitet wie Schmerzreize. Sie werden an die *Formatio reticularis*, den Thalamus und (etwas weniger) an die Hirnrinde geleitet. Temperaturrezeptoren sind phasische Rezeptoren. Sie sind bei einem Wechsel der Temperatur sehr aktiv, adaptieren jedoch schnell bei stabilen Verhältnissen. Wenn Sie an einem heißen Sommertag einen gekühlten Seminarraum oder an einem kühlen Herbstabend einen geheizten Hörsaal betreten, kommt Ihnen die Temperatur zunächst unangenehm vor; mit Einsetzen der Adaptation fühlen Sie sich jedoch wieder wohl.

18.2.3 Mechanorezeptoren

Mechanorezeptoren reagieren auf Reize wie Streckung, Kompression, Verdrehung oder Verformung ihres Plasmalemms. Es gibt drei verschiedene Typen von Mechanorezeptoren:

- **Taktile Rezeptoren** übermitteln Berührung, Druck und Vibration.
- **Barorezeptoren** (griech.: baros = die Schwere, das Gewicht) spüren Druckveränderungen an Gefäßwänden und in Abschnitten des Verdauungs-, Fortpflanzungs- und Harntrakts auf.
- **Propriozeptoren** überwachen Lage und Bewegung von Gelenken und Muskeln; es sind die komplexesten der allgemeinen Sinnesrezeptoren.

Taktile Rezeptoren

Taktile Rezeptoren reichen in ihrer Komplexität von der einfachen freien Nervenendigung bis hin zum spezialisierten sensorischen Komplex mit akzessorischen Zellen und Hilfsstrukturen. Rezeptoren für **leichte Berührung und Druck** übermitteln detaillierte Informationen über die Quelle eines bestimmten Reizes, einschließlich seiner genauen Lokalisation, seiner Form, seiner Größe, seiner Konsistenz und seiner Bewegung. Diese Rezeptoren sind

AUS DER PRAXIS

Akuter und chronischer Schmerz

Eine Zerstörung von Gewebe oder die Reizung sensorischer Nerven verursacht Schmerzen. Der Schmerz entsteht entweder da, wo er wahrgenommen wird, wird von einer anderen Stelle übertragen oder entsteht durch falsche Signale unterwegs in der sensorischen Bahn. Die Behandlung dieser Schmerzen ist jeweils unterschiedlich; zunächst ist daher eine korrekte Diagnose unerlässlich.

Ein **akuter Schmerz** entsteht bei Schädigung von Gewebe; die Ursache ist offensichtlich, und die Schmerzen lassen mit lokaler Behandlung der Verletzung auch meist wieder nach. Die effektivste Therapie ist die Beendigung der Schädigung und der Stimulation und die Unterdrückung der Schmerzsignale am Ort der Verletzung. Die Verletzung von Gewebe hat die Zerstörung von Zellmembranen zur Folge. Durch die verletzten Zellmembranen gelangt eine Fettsäure, die Arachidonsäure, aus der Zelle heraus und reizt die Nozizeptoren. Die topische Applikation oder die Injektion von Anästhetika inaktiviert die Nozizeptoren in unmittelbarer Nähe der Verletzung und unterdrückt damit den Schmerz. Man kann auch Schmerzmittel verabreichen.

Chronische Schmerzen sind nicht so einfach zu klassifizieren und zu behandeln. Hierzu gehören 1. Schmerzen, die nach einer Verletzung persistieren, obwohl die Wunde schon verheilt ist, 2. Schmerzen bei chronischen Erkrankungen und 3. Schmerzen ohne erkennbare Ursache. Oft sind komplexe psychologische und physiologische Mechanismen beteiligt. Chronischer Schmerz kann mit Antidepressiva und Antiepileptika behandelt werden. Oft helfen eine psychologische Beratung und vermehrte körperliche Aktivität dem Patienten, sich wieder nach außen und nicht nach innen zu orientieren. Diese Orientierung nach außen verringert die Schmerzintensität und die erforderliche Menge an Schmerzmedikamenten.

In einigen Fällen können akute und chronische Schmerzen durch Inhibition der zentralen Schmerzbahn unterdrückt werden. Morphinartige Schmerzmittel lindern den Schmerz, indem sie die Wirkungen der Endorphine simulieren. So wird zwar nicht der Schmerz, aber die zentrale Schmerzwahrnehmung beeinflusst. Patienten, die Morphine einnehmen, nehmen den Schmerz durchaus noch wahr, fühlen sich jedoch nicht mehr durch ihn belastet. Schwerste Schmerzen können chirurgisch angegangen werden. Man kann 1. die sensorische Innervation eines Areals elektrisch zerstören, 2. die dorsalen Wurzeln, die die Schmerzreize weiterleiten, durchtrennen (Rhizotomie), 3. die aszendierenden Bahnen im Rückenmark gezielt beschädigen (Traktotomie) oder 4. Zentren im Thalamus oder im limbischen System stimulieren oder zerstören. Diese Maßnahmen werden erst ergriffen, wenn alle anderen Therapiemöglichkeiten ausgereizt sind.

In der Schmerztherapie wirkt die chinesische Akupunktur durch das Setzen feiner Nadeln an spezielle Punkte; anschließend werden diese Nadeln erwärmt oder gedreht. Einer Theorie zufolge erfolgt die Schmerzlinderung über eine Endorphinausschüttung, wobei jedoch der genaue Mechanismus nicht bekannt ist. Die Lage der Akupunkturpunkte entspricht nicht dem Verlauf großer peripherer Nerven.

Viele andere Aspekte der Schmerzentstehung und -therapie bleiben mysteriös. Bis zu 30 % aller Patienten, die wirkstofffreie Tabletten erhalten, verspüren eine signifikante Besserung ihrer Beschwerden. Man glaubt, dass dieser Placeboeffekt auf der Ausschüttung von Endorphin beruht, die von der Erwartung einer Linderung ausgelöst wird. Obwohl die Substanz keinen eigenen direkten Effekt hat, kann der indirekte Effekt beeindruckend sein und die Bewertung von Schmerzmedikamenten erschweren.

extrem empfindlich und haben relativ schmale Rezeptorfelder. Die Rezeptoren für **grobe Berührung und Druck** ermöglichen nur eine ungefähre Lokalisierung des Reizes und liefern kaum weitere Informationen.

In **Abbildung 18.2** sehen Sie sechs verschiedene Berührungsrezeptoren der Haut. Man kann sie in zwei Gruppen einteilen: kapsellose Rezeptoren (freie Nervenendigungen, Merkel-Scheiben, Haarfollikelrezeptoren) und eingekapselte Rezeptoren (Meissner-, Ruffini-, Pacini-Körperchen).

KAPSELLOSE REZEPTOREN **Freie Nervenendigungen** sind besonders häufig im *Stratum papillare* der Dermis (siehe Abbildung 18.2a). In den sensiblen Bereichen ziehen die Dendriten durch die Epidermis und verbinden sich mit den **Merkel-Zellen** im *Stratum germinativum*. Jede Merkel-Zelle steht über eine vesikuläre Synapse mit erweitertem Endstück, der **Merkel-Scheibe**, mit einem sensorischen Neuron in Verbindung (siehe Abbildung 18.2b). Merkel-Zellen reagieren auf leichten Druck und Berührung. Sie sind tonisch aktiv, sehr empfindlich und haben kleine Rezeptorfelder. Freie Nervenendigungen befinden sich auch an den Haarfollikeln. Sie reagieren auf Verformungen der Haut und Bewegungen über die Körperoberfläche (siehe Abbildung 18.2c). Wird das Haar bewegt, bewegen sich auch die sensorischen Dendriten und produzieren Aktionspotenziale in der afferenten Faser. Diese Rezeptoren adaptieren sehr schnell; am besten können sie die erste Berührung und nachfolgende Bewegungen erkennen. So

Gefühl	Rezeptor	Reiz
Leichte Berührung	Freie Nervenendigung	Leichte Berührung der Haut
	Merkel-Scheibe	Siehe oben
	Haarfollikelrezeptor	Erste Berührung des Haarschafts
Druck und Vibration	Meissner-Körperchen	Erster Kontakt und niederfrequente Vibrationen
	Pacini-Körperchen	Erster Kontakt und hochfrequente Vibrationen
Fester Druck	Ruffini-Körperchen	Streckung und Verzerrung der Dermis

Tabelle 18.1: **Druck- und Berührungsrezeptoren.**

spüren die meisten Menschen ihre Kleidung nur, wenn sie sich bewegen oder sich bewusst auf Berührungsreize über die Haut konzentrieren.

Eingekapselte Rezeptoren Die großen ovalen **Meissner-Körperchen** (Meissner-Tastkörper) finden sich dort, wo die Empfindlichkeit auf Berührung besonders hoch ist (siehe Abbildung 18.2d). Sie sind besonders zahlreich an den Augenlidern, den Lippen, den Fingerspitzen, den Brustwarzen und den äußeren Genitalien. Die Dendriten sind eng gewickelt und verflochten und von modifizierten Schwann-Zellen umgeben. Der gesamte Komplex wird dann noch von einer Faserkapsel umschlossen, die ihn im umliegenden Gewebe fixiert. Meissner-Körperchen reagieren auf leichte Berührung, Bewegung und Vibration; sie adaptieren innerhalb von 1 s.

Die **Ruffini-Körperchen** in der Dermis sprechen ebenfalls auf Druck und Bewegung der Haut an, sind jedoch tonisch aktiv und adaptieren nur wenig, wenn überhaupt. Die Kapsel umgibt einen Kern aus Kollagenfasern, die in die Kollagenfasern der umliegenden Dermis übergehen. Sie sind in der Kapsel von einem Geflecht aus Dendriten umgeben (siehe Abbildung 18.2e). Jegliche Dehnung oder Verformung der Haut führt auch zu einem Zug oder einer Verdrehung der Fasern in der Kapsel, was wiederum eine Bewegung der mit ihnen verbunden Dendriten und damit eine Änderung der Aktivität in der myelinisierten afferenten Faser zur Folge hat.

Pacini-Körperchen sind wesentlich größere Rezeptoren (siehe Abbildung 18.2f). Der Dendrit liegt inmitten einer dicken Hülle konzentrisch angeordneter Zellschichten, die ihn von fast allen anderen Reizen außer direktem Druck abschirmt. Diese Lamellenkörperchen sprechen auf festen Druck, besonders gut aber auf pulsierende oder vibrierende Stimuli an. Obwohl beide Arten von Körperchen (Ruffini- und Pacini-Körperchen) auf Druck reagieren, adaptieren die Pacini-Körperchen schnell, die Ruffini-Körperchen jedoch eher langsam. Die Pacini-Körperchen liegen in der Dermis verteilt, besonders an den Fingern, den Brüsten und den äußeren Genitalien. Man findet sie auch in der tiefen und der oberflächlichen Faszie, im Periost und in Gelenkkapseln, im Mesenterium, im Pankreas und in den Wänden von Urethra und Harnblase.

In Tabelle 18.1 sind die Funktionen und Charakteristika dieser sechs Berührungsrezeptoren zusammengefasst. Die Weiterleitung der taktilen Reize innerhalb des ZNS erfolgt über die posterioren Säulen und die spinothalamischen Bahnen. Die Empfindlichkeit auf Berührungsreize kann durch periphere Infektionen, Erkrankungen und die Schädigung der sensorischen Afferenzen oder zentralen Bahnen verändert werden; sie wird mithilfe wichtiger klinischer Untersuchungen beurteilt.

AUFGABEN

1 Was nehmen Sie bei Stimulation der Nozizeptoren Ihrer Hand wahr?

2 Was würde geschehen, wenn die propriozeptiven Reize der Beine das Gehirn nicht erreichen könnten?

3 Welche drei Typen von Mechanorezeptoren gibt es?

Barorezeptoren

Barorezeptoren sind Dehnungsrezeptoren, die auf Druckänderung ansprechen. Sie bestehen aus freien Nervenendigungen, die sich in den elastischen Fasern der Wände von Hohlorganen, Blutgefäßen oder im Atmungs-, Verdauungs- oder Harntrakt verzweigen. Bei Druckänderungen dehnen sich die elastischen Wände dieser Durchgänge oder Hohlorgane oder ziehen sich zusammen. Diese Formveränderungen übertragen sich auf die Dendriten, die daraufhin die Frequenz ihrer Aktionspotenziale verändern. Barorezeptoren reagieren unmittelbar auf Druckänderungen.

Barorezeptoren in den Wänden großer Blutgefäße überwachen den Blutdruck, wie etwa an der *A. carotis (Sinus caroticus)* oder der Aorta *(Sinus aorticus)*. Die Informationen dieser Rezeptoren sind für die Regulierung der Herzfunktion und der Durchblutung lebenswichtiger Organe von entscheidender Bedeutung. Barorezeptoren in den Lungen messen die Ausdehnung der Lungen und leiten diese Information an die Atemzentren weiter, die die Atemfrequenz steuern. Barorezeptoren im Harn- und Verdauungstrakt lösen eine Reihe viszeraler Reflexe aus, wie etwa die Miktion. In **Abbildung 18.4** sehen Sie Beispiele für die Lokalisation und Funktion von Barorezeptoren.

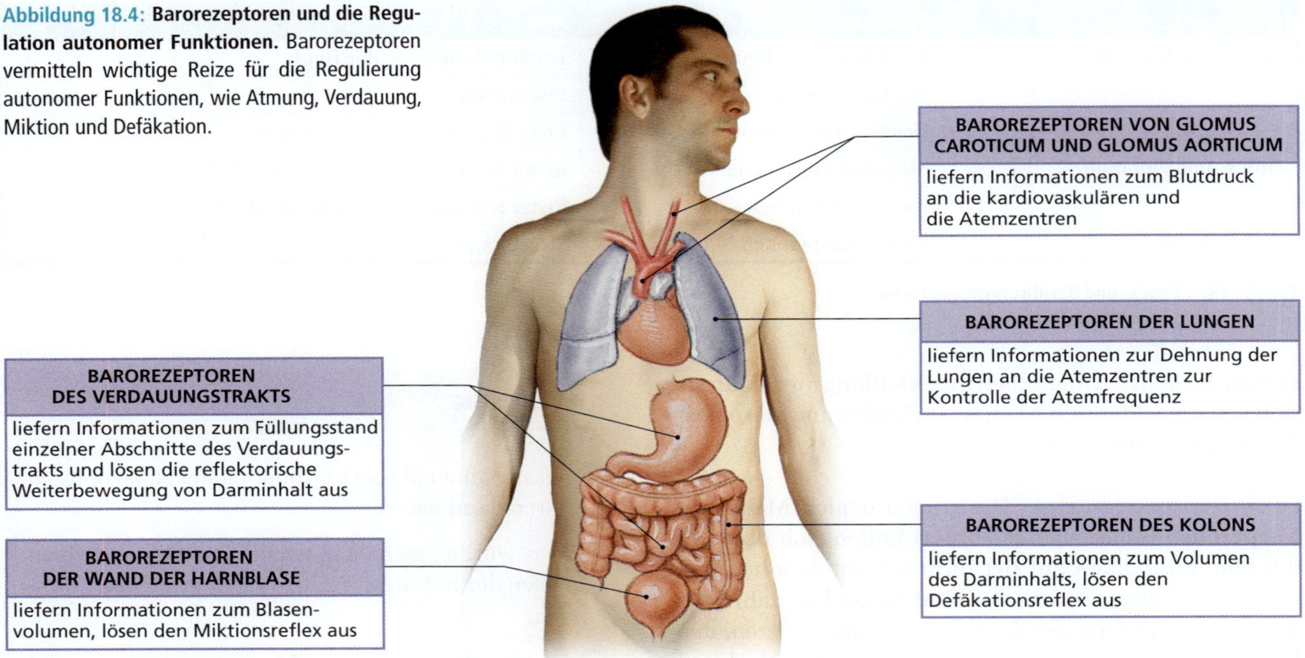

Abbildung 18.4: Barorezeptoren und die Regulation autonomer Funktionen. Barorezeptoren vermitteln wichtige Reize für die Regulierung autonomer Funktionen, wie Atmung, Verdauung, Miktion und Defäkation.

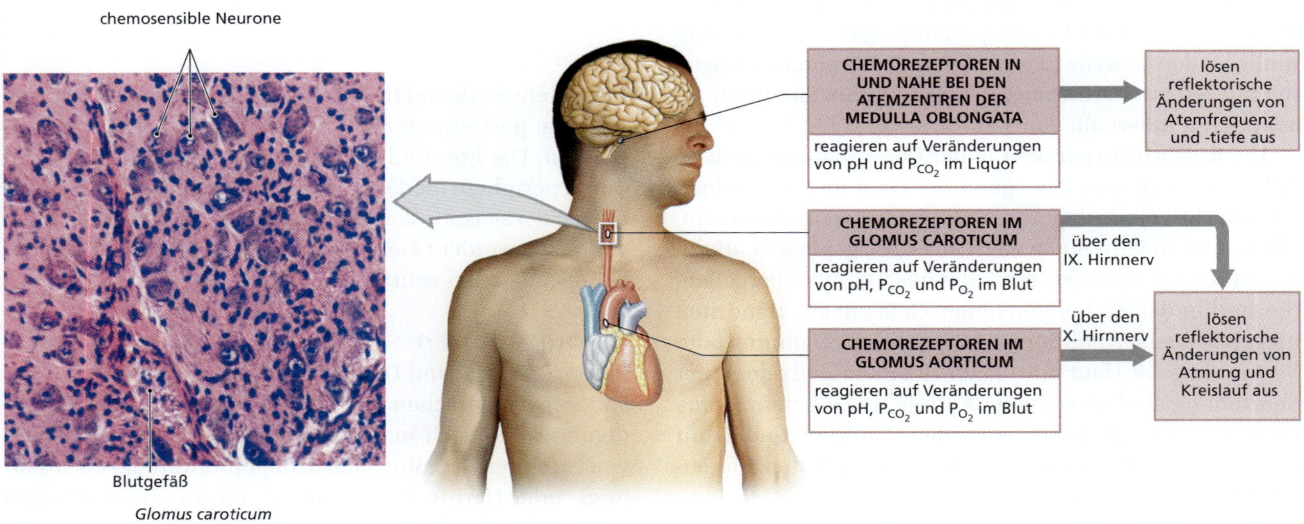

Abbildung 18.5: Chemorezeptoren. Chemorezeptoren finden sich sowohl im ZNS als auch an den ventrolateralen Flächen der Medulla oblongata, im Glomus caroticum und im Glomus aorticum. Die Rezeptoren sind an der Regulierung von Atmung und Herz-Kreislauf-System beteiligt. Das Mikrofoto zeigt das histologische Erscheinungsbild der Neurone der Chemorezeptoren im Glomus caroticum (Lichtmikroskop, 1500-fach).

Propriozeptoren

Propriozeptoren überwachen die Gelenkposition, die Spannung von Sehnen und Bändern und die Stärke der Muskelspannung. Im Allgemeinen adaptieren sie nicht an konstante Reize. Muskelspindeln sind Propriozeptoren, die die Länge der Skelettmuskeln kontrollieren. Die **Golgi-Sehnenorgane** überwachen die Spannung in den Sehnen während einer Muskelkontraktion. Gelenkkapseln sind dicht mit freien Nervenendigungen versorgt, die Spannung, Druck und Bewegung an Gelenken registrieren. Ihr Lagesinn ist das Ergebnis der Vernetzung dieser Informationen mit denen aus dem Innenohr.

18.2.4 Chemorezeptoren

Chemorezeptoren sind spezialisierte Neurone, die geringfügige Konzentrationsänderungen spezifischer Substanzen wahrnehmen können. Im Allgemeinen reagieren sie nur auf wasser- und fettlösliche Stoffe, die in der umgebenden Flüssigkeit gelöst sind.

Die Lage der wichtigsten Chemorezeptoren können Sie **Abbildung 18.5** entnehmen. Neurone in den Atemzentren des Gehirns überwachen die Konzentration von Wasserstoffionen (pH-Wert) und Kohlendioxid (P_{CO_2}). Chemosensitive Neurone befinden sich auch im **Glomus caroticum** in der Nähe der Abzweigungen der *Aa. carotis internae* beidseits und im **Glomus aorticum** zwischen den Hauptästen des Aortenbogens. Diese Rezeptoren überwachen die Konzentrationen von Kohlendioxid (P_{CO_2}) und Sauerstoff (P_{O_2}) im arteriellen Blut. Ihre afferenten Fasern ziehen mit dem IX. *(N. glossopharyngeus)* und dem X. Hirnnerv *(N. vagus)* an die Atemzentren. Diese Rezeptoren spielen eine wichtige Rolle bei der reflektorischen Kontrolle von Atmung und Herz-Kreislauf-Funktion.

Das Riechen 18.3

Das Riechen oder, genauer, die **Olfaktion**, die Geruchswahrnehmung, wird von den paarigen Riechorganen (**Abbildung 18.6**) vermittelt. Sie befinden sich in den Nasenhöhlen beidseits des Nasenseptums und haben die folgenden Komponenten:

- ein spezialisiertes Neuroepithel, das **Riechepithel**, das die bipolaren **Geruchsrezeptoren**, die **Stützzellen** und die **Basalzellen** (Stammzellen) enthält
- eine darunterliegende Schicht aus lockerem Bindegewebe, die *Lamina propria*, in der sich 1. die Bowman-Drüsen, die ein dickes pigmentiertes Sekret bilden, 2. Blutgefäße und 3. Nerven befinden

Das Riechepithel bedeckt die Unterfläche der *Lamina cribrosa*, den superioren Anteil des Nasenseptums und die *Conchae nasales superiores*. Wenn Luft durch die Nase eingeatmet wird, verursachen die *Conchae nasales* eine Verwirbelung dieser Luft, die die darin enthaltenen Partikel in Kontakt mit dem Riechepithel bringt. Bei normaler, ruhiger Atmung gelangen etwa 2 % der Einatemluft an das Riechepithel. Wiederholtes Schnüffeln verstärkt den Luftstrom über das Riechepithel und intensiviert die Stimulation der Geruchsrezeptoren. Wenn die Partikel das Riechepithel erreicht haben, müssen die wasser- und fettlöslichen Substanzen erst in das Sekret hineindiffundieren, bevor sie die Rezeptoren stimulieren können.

18.3.1 Geruchsrezeptoren

Geruchsrezeptoren sind stark modifizierte Neurone. Der apikale, dendritische Anteil jeder Rezeptorzelle bildet eine Verdickung, die über die Epitheloberfläche hinaus- und in die Nasenhöhle hineinragt (siehe Abbildung 18.6b). Auf jeder dieser Verdickungen sitzen bis zu 20 Zilien, die in die umgebende Schleimschicht reichen und so den darin gelösten Geruchsstoffen eine erheblich vergrößerte Oberfläche bieten. Auf einer Fläche von nur etwa 5 cm² drängen sich zehn bis 20 Millionen Geruchsrezeptorzellen. Die Stimulation findet durch Bindung an spezifische Membranrezeptoren auf der Oberfläche der Zilien statt. Bei dieser Anbindung eines Duftstoffs depolarisiert die Membran, was im Axon der Rezeptorzelle ein Aktionspotenzial auslösen kann.

18.3.2 Die Riechbahnen

Das Geruchssystem ist sehr empfindlich. Nur vier Moleküle einer duftenden Substanz reichen aus, um einen Rezeptor zu aktivieren. Die Aktivierung einer afferenten Faser führt jedoch nicht automatisch zu einer bewussten Wahrnehmung des Geruchs. Entlang der Riechbahn kommt es zu einer erheblichen Konvergenz, und Inhibitionen an Synapsen unterwegs können verhindern, dass der Sinnesreiz bis zur Hirnrinde gelangt.

Axone aus dem Riechepithel gruppieren sich zu 20 oder mehr Bündeln, die durch die *Lamina cribrosa* des *Os ethmoidale* ziehen und im *Bulbus olfactorius* Synapsen

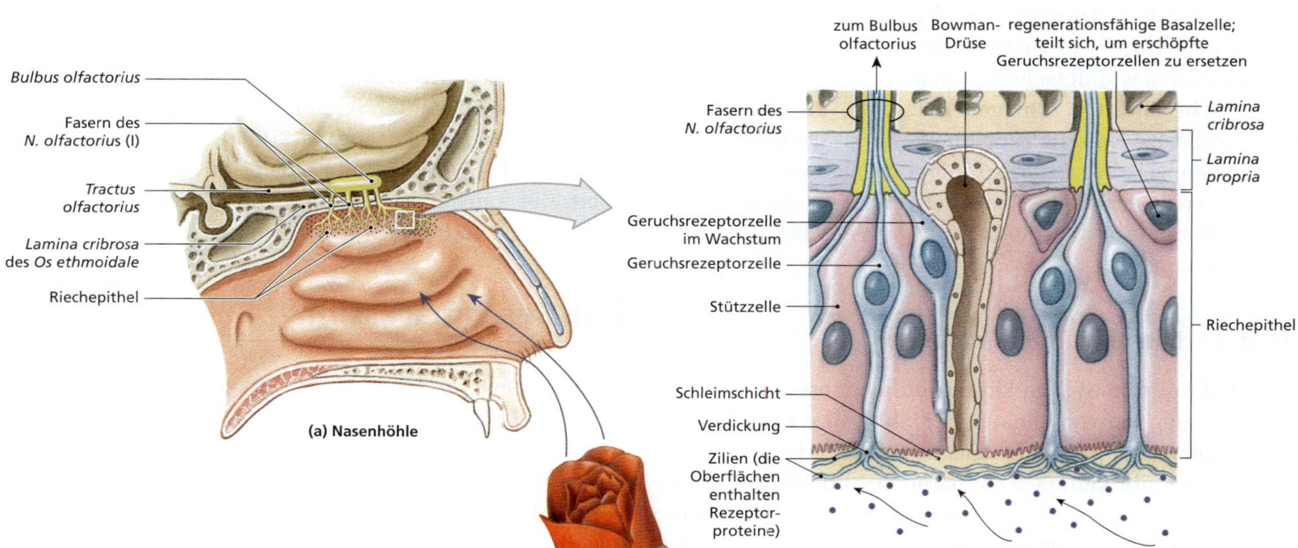

Abbildung 18.6: Die Riechorgane. (a) Die Geruchsrezeptoren an der linken Seite des Nasenseptums sind gepunktet dargestellt. (b) Detaillierte Darstellung des Riechepithels.

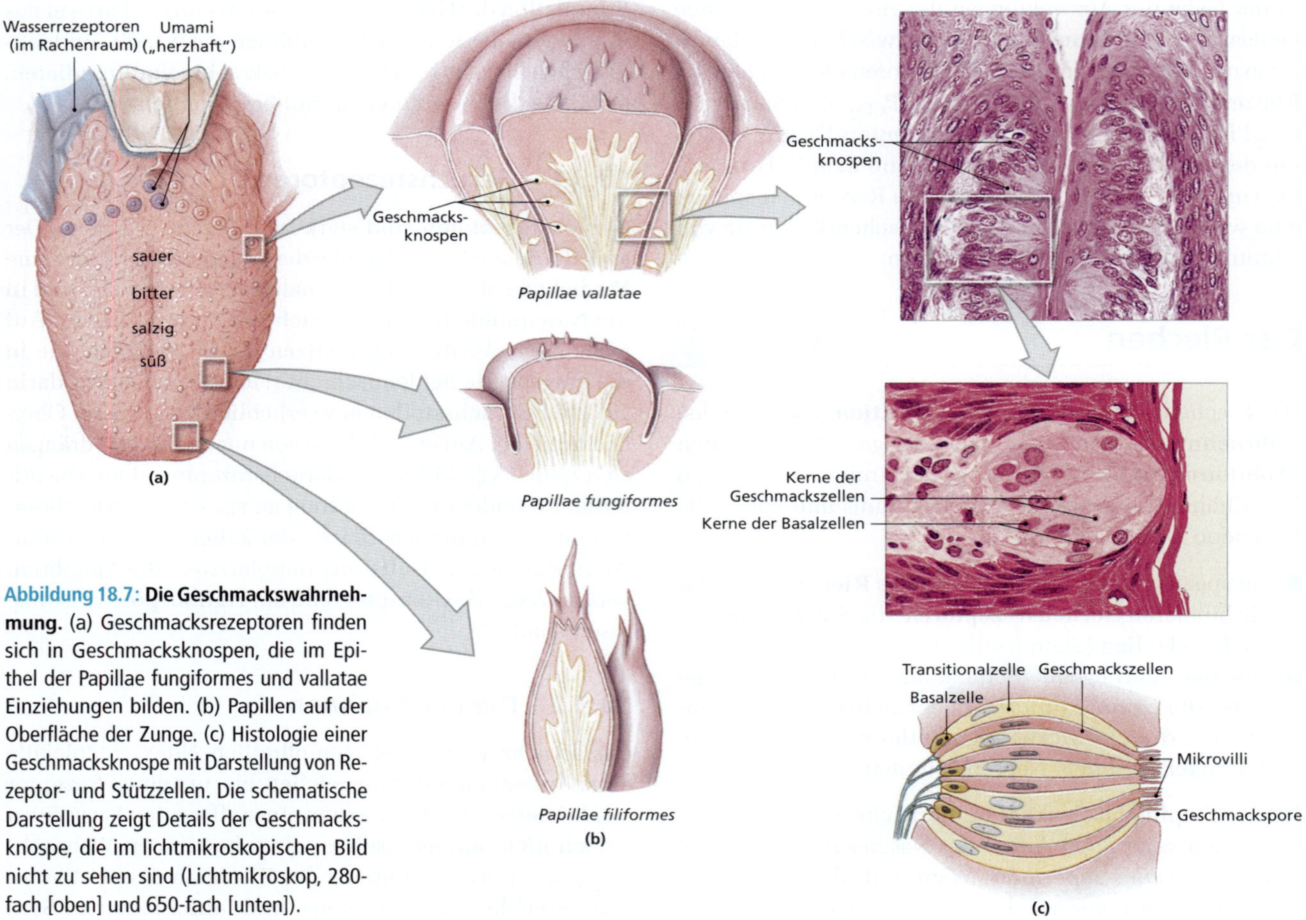

Abbildung 18.7: Die Geschmackswahrnehmung. (a) Geschmacksrezeptoren finden sich in Geschmacksknospen, die im Epithel der Papillae fungiformes und vallatae Einziehungen bilden. (b) Papillen auf der Oberfläche der Zunge. (c) Histologie einer Geschmacksknospe mit Darstellung von Rezeptor- und Stützzellen. Die schematische Darstellung zeigt Details der Geschmacksknospe, die im lichtmikroskopischen Bild nicht zu sehen sind (Lichtmikroskop, 280-fach [oben] und 650-fach [unten]).

auf den dortigen Neuronen bilden (siehe Abbildung 18.6). Diese Ansammlung von Nervenfasern bezeichnet man zusammen als *N. olfactorius* (Hirnnerv I). Die Axone der Neurone zweiter Ordnung im *Bulbus olfactorius* ziehen im *Tractus olfactorius* an die Riechrinde, den Hypothalamus und in Teile des limbischen Systems.

Gerüche sind die einzigen Reize, die die Hirnrinde ohne vorherige Umschaltung im Thalamus erreichen. Die intensiven Verbindungen zum Hypothalamus und zum limbischen System erklären die tiefgreifenden emotionalen Reaktionen, die bestimmte Gerüche, wie etwa ein Parfum, auslösen können.

18.3.3 Die Geruchserkennung

Das olfaktorische System kann subtile Unterschiede zwischen Tausenden von chemischen Substanzen erkennen. Es existieren allein mindestens 50 verschiedene Grundgerüche. Es gibt keine erkennbaren strukturellen Unterschiede zwischen den Geruchsrezeptorzellen, aber das Riechepithel als Ganzes enthält Populationen von Riechzellen mit deutlich unterschiedlicher Sensibilität. Das ZNS interpretiert den Geruch anhand eines bestimmten Aktivitätsmusters der Rezeptoren.

Die Riechzellen sind das beste Beispiel für eine Nervenregeneration beim Erwachsenen. (Sie kommt auch im Hippokampus vor, doch die genauen Mechanismen sind nicht bekannt.) Trotz ständiger Erneuerung der Rezeptoren nimmt ihre Anzahl im Alter ab; die verbleibenden Rezeptoren reagieren weniger empfindlich. Ältere Menschen haben daher Schwierigkeiten, leichte Gerüche wahrzunehmen. Diese Abnahme der Rezeptoren erklärt, warum Oma immer zu viel Parfum aufträgt und Opa es mit dem After-Shave übertreibt – sie müssen mehr davon nehmen, um den Geruch selbst überhaupt wahrzunehmen.

Der Geschmackssinn 18.4

Der Geschmackssinn gibt uns Auskunft über die Lebensmittel und Flüssigkeiten, die wir zu uns nehmen. Die Geschmacksrezeptoren liegen auf der dorsalen Fläche der Zunge (**Abbildung 18.7**a) und den benachbarten Anteilen von Rachen und Kehlkopf verteilt. Beim Erwachsenen haben die Rezeptoren in Rachen und Kehlkopf an Bedeutung verloren; die wichtigsten Geschmacksrezeptoren sind die Geschmacksknospen auf der Zunge.

Die Geschmacksknospen liegen neben epithelialen Vorwölbungen, die man **Papillen** nennt. Auf der menschlichen Zunge gibt es vier Arten von Papillen: **Papillae filiformes** (lat.: filum = der Faden), **Papillae fungiformes** (lat.: fungus = der Pilz), **Papillae vallatae** (lat.: vallatum = durch einen Wall geschützt) und **Papillae foliatae** (lat.: foliatus = blattartig). Sie sind regional unterschiedlich verteilt (siehe Abbildung 18.7a).

18.4.1 Geschmacksrezeptoren

Die Geschmacksrezeptoren sind in den einzelnen **Geschmacksknospen** zusammengefasst (**Abbildung 18.7**b und c). Jede Knospe enthält etwa 40 schmale Rezeptoren, die **Geschmackszellen**, von denen es mindestens jeweils drei verschiedene Typen gibt, und die **Basalzellen**, bei denen es sich wahrscheinlich um Stammzellen handelt. Eine typische Geschmackszelle lebt nur etwa zehn bis zwölf Tage. Die Geschmackszellen liegen vertieft im umgebenden Epithel zum Schutz vor der noch unzerkauten Nahrung. Jede von ihnen trägt schmale Mikrovilli, die durch eine kleine Öffnung, die **Geschmackspore**, in die umgebende Flüssigkeit ragen.

Die kleinen *Papillae fungiformes* enthalten jeweils etwa fünf Geschmacksknospen, die großen *Papillae vallatae*, die in V-förmiger Anordnung am posterioren Ende der Zunge liegen, bis zu 100. Ein Erwachsener hat durchschnittlich etwa 10.000 Geschmacksknospen.

Der Mechanismus der Sinneswahrnehmung scheint dem des Geruchssinns zu entsprechen. Gelöste Substanzen, die mit den Mikrovilli in Kontakt kommen, stellen einen Reiz dar, der eine Veränderung des Membranpotenzials der Geschmackszelle auslöst. Diese Stimulation produziert ein Aktionspotenzial in der afferenten Faser.

18.4.2 Geschmacksbahnen

Die Geschmacksknospen werden von den Hirnnerven VII *(N. facialis)*, IX *(N. glossopharyngeus)* und X *(N. vagus)* überwacht (**Abbildung 18.8**). Die sensorischen Afferenzen bilden im *Nucleus solitarius* der *Medulla oblongata* Synapsen; die Axone der postsynaptischen Neurone ziehen in den *Lemniscus medialis*. Nach einer weiteren Synapse im Thalamus wird die Information an die entsprechende Region der Geschmacksrinde weitergeleitet.

Die bewusste Wahrnehmung eines Geschmacks erfordert die Korrelation der Informationen von den Geschmacksknospen mit anderen sensorischen Reizen. Der *N. trigeminus* (V) übermittelt weitere Informationen über die Konsistenz des Essens und Reize wie „pfefferig“ oder „sehr scharf“ (letztlich Schmerzwahrnehmung oder Nozizeption). Außerdem spielt die Stimulation der Geruchsrezeptoren eine sehr wichtige Rolle. Wir sind 1000 Mal so sensibel für „Geschmacksreize“, wenn der Geruchssinn gut funktioniert. Wenn Sie erkältet sind, erreichen die in der Luft gelösten Moleküle das Riechepithel nicht; das Essen schmeckt fade und reizlos. Es kommt auch dann zu dieser Verminderung der Geschmackswahrnehmung, wenn die Geschmacksknospen normal funktionieren.

18.4.3 Die Geschmackserkennung

Den meisten Menschen sind die vier **primären Geschmacksrichtungen** bekannt: süß, salzig, sauer und bitter. Obwohl man sich einig ist, dass es sich um vier separate Wahrnehmungen handelt, sind sie nicht einmal ansatzweise ausreichend, um die volle Bandbreite der möglichen Geschmackswahrnehmungen zu beschreiben. Weitere Begriffe, wie fettig, mehlig, metallisch, stechend oder adstringierend (zusammenziehend), werden verwendet. Außerdem hat man in anderen Kulturen auch eine andere

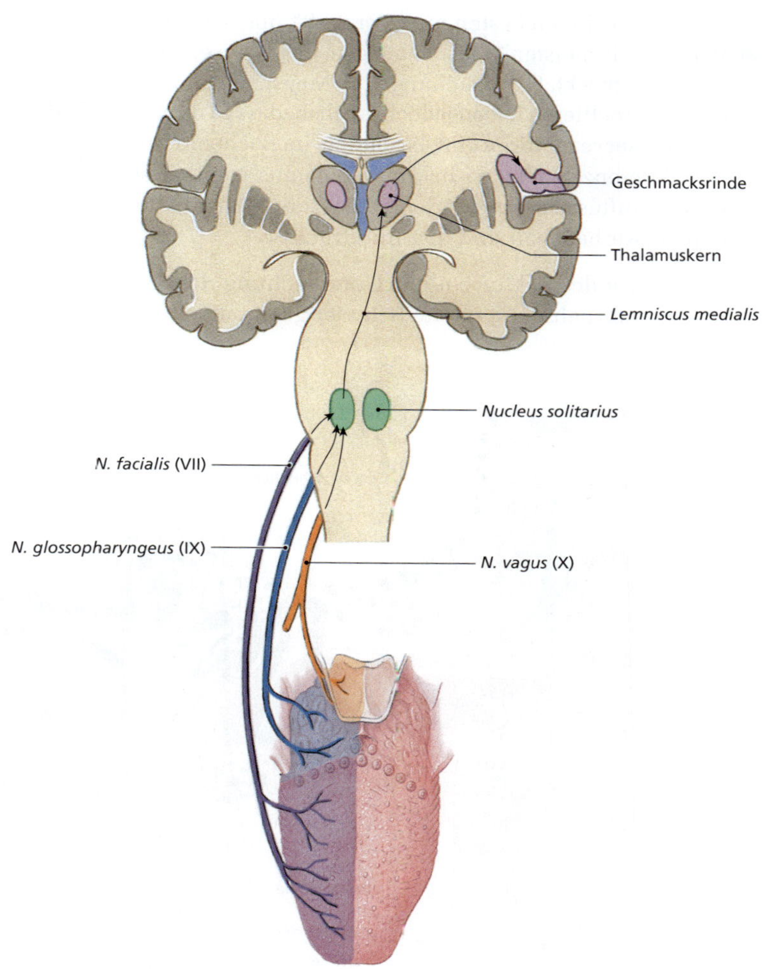

Abbildung 18.8: **Geschmacksbahnen.** Drei Hirnnerven (VII, IX und X) leiten Geschmacksreize zu der Geschmacksrinde im Großhirn.

AUFGABEN

1. Welches sind die primären Geschmacksrichtungen?
2. Warum schmeckt das Essen fade, wenn man eine Erkältung hat?
3. Wo befinden sich die Geschmacksrezeptoren?
4. Nennen Sie die vier verschiedenen Papillentypen auf der Zunge.

Definition von „primär". In der letzten Zeit wurden zwei weitere menschliche Geschmackssinne beschrieben:

- **Umami:** Dies ist ein angenehmer Geschmack, der für Rinder- und Hühnerbrühe typisch ist. Er wird von Rezeptoren vermittelt, die auf Aminosäuren, besonders Glutaminsäure (Glutamat), kleine Peptide und Nukleotide reagieren. Die Verteilung der Rezeptoren ist nicht genau bekannt, doch sie kommen in den Geschmacksknospen der *Papillae vallatae* vor. Man kann den Geschmack wohl am besten mit „herzhaft" übersetzen.
- **Wasser:** Die meisten Menschen sagen, dass Wasser nach nichts schmeckt. Untersuchungen an Menschen und anderen Wirbeltieren haben jedoch ergeben, dass es durchaus **Wasserrezeptoren** gibt, besonders im Rachenraum. Ihre Afferenzen werden im Hypothalamus verarbeitet und beeinflussen verschiedene Steuerungssysteme für den Wasserhaushalt und den Blutdruck.

Ein limitierender Faktor bei der Untersuchung der Geschmackswahrnehmung ist die Schwierigkeit, einen Geschmack wissenschaftlich zu definieren. Geschmackszellen, die die jeweiligen primären Geschmacksrichtungen vermitteln, wurden gefunden; Merkmale am Plasmalemm und die Permeabilität unterscheiden sich. Wie jedoch eine so kleine Anzahl verschiedener Rezeptoren derart vielfältige Geschmackswahrnehmungen produzieren kann, ist noch nicht bekannt.

Die Reizschwelle liegt bei jedem der Rezeptortypen unterschiedlich hoch; die Reaktion auf einen unangenehmen Geschmack erfolgt schneller als auf einen angenehmen. So reagieren wir etwa 1000 Mal so empfindlich auf Säure wie auf süße oder salzige Substanzen und noch einmal 100 Mal so empfindlich auf Bitteres wie auf Säure. Diese Empfindlichkeit bietet einen Überlebensvorteil, denn Säuren können die Schleimhaut in Mund und Rachen schädigen, und viele potente biologische Toxine schmecken ausgesprochen bitter.

Unser Geschmackssinn ändert sich im Verlauf des Lebens. Wir beginnen unser Leben mit etwa 10.000 Geschmacksknospen, doch ab dem 50. Lebensjahr beginnt diese Anzahl deutlich abzunehmen. Dieser Verlust ist umso bedeutender, da ältere Menschen auch weniger geruchsempfindlich werden. Viele empfinden ihr Essen dann als fade und unappetitlich, während einem Kind dasselbe Essen zu scharf vorkommt.

18.5 Der Gleichgewichtssinn und das Gehör

Das Ohr hat drei anatomische Regionen: das Außenohr, das Mittelohr und das Innenohr (**Abbildung 18.9**). Das **Außenohr** ist der von außen sichtbare Teil; er fängt Schallwellen ein und leitet sie an das **Trommelfell**. Das **Mittelohr** ist

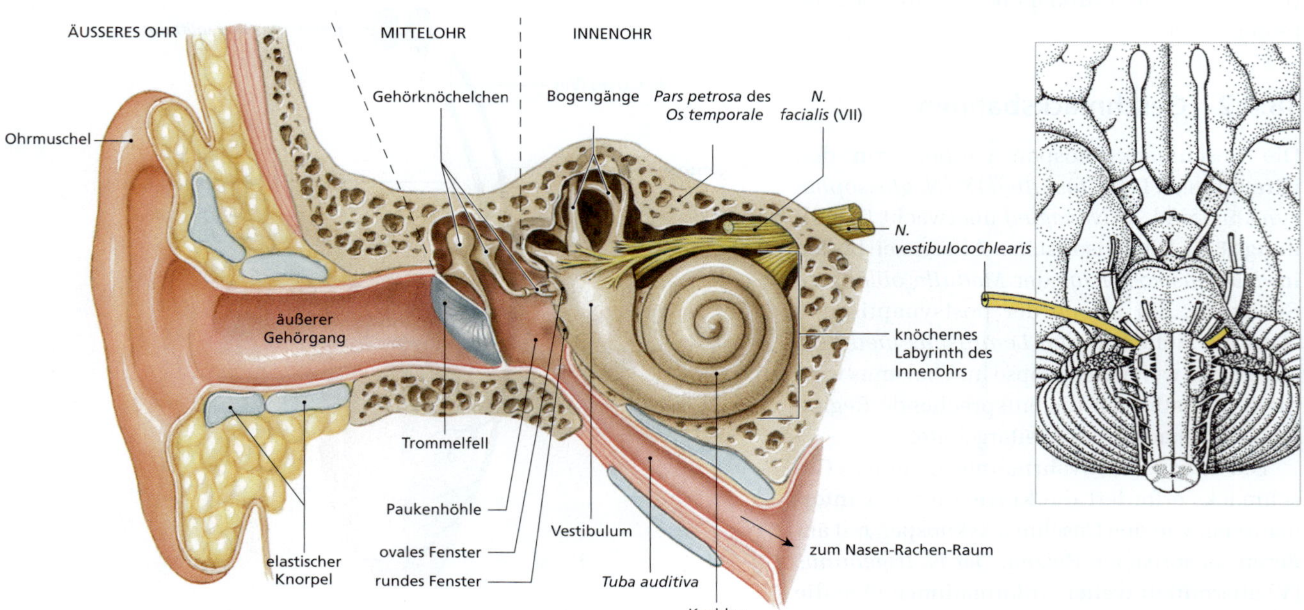

Abbildung 18.9: Die Anatomie des Ohres. Allgemeiner Überblick über Außen-, Mittel- und Innenohr.

eine Kammer in der *Pars petrosa* des *Os temporale*. Die darin liegenden Strukturen verstärken den Schall und leiten ihn an den entsprechenden Abschnitt des Innenohrs. Das **Innenohr** enthält die Sinnesorgane für Gehör und Gleichgewicht.

18.5.1 Das Außenohr

Zum äußeren Ohr gehört die bewegliche **Ohrmuschel** (Pinna), die innerlich durch elastischen Knorpel gestützt wird. Sie umgibt den **äußeren Gehörgang**, schützt ihn und unterstützt das Richtungshören durch Hemmung oder Förderung der Schallleitung an das **Trommelfell**, auch **Membrana tympani** genannt (**Abbildung 18.10**a und b; siehe auch Abbildung 18.9), die das äußere Ohr vom Mittelohr trennt. Das Trommelfell ist sehr empfindlich. Die Ohrmuschel und der äußere Gehörgang bieten einen gewissen Schutz vor Verletzungen. Zusätzlich sezernieren die **Zeruminaldrüsen** im äußeren Gehörgang eine wachsartige Substanz; viele kleine, nach außen weisende Härchen helfen, Fremdkörper oder Insekten fernzuhalten. Das Sekret der Zeruminaldrüsen, das **Zerumen**, verringert auch die Infektionsgefahr durch Wachstumshemmung von Mikroorganismen im äußeren Gehörgang.

18.5.2 Das Mittelohr

Das Mittelohr ist ein luftgefüllter Raum, die **Paukenhöhle** (Tympanon), in dem sich die **Gehörknöchelchen** befinden (**Abbildung 18.10**; siehe auch Abbildung 18.9). Die Pau-

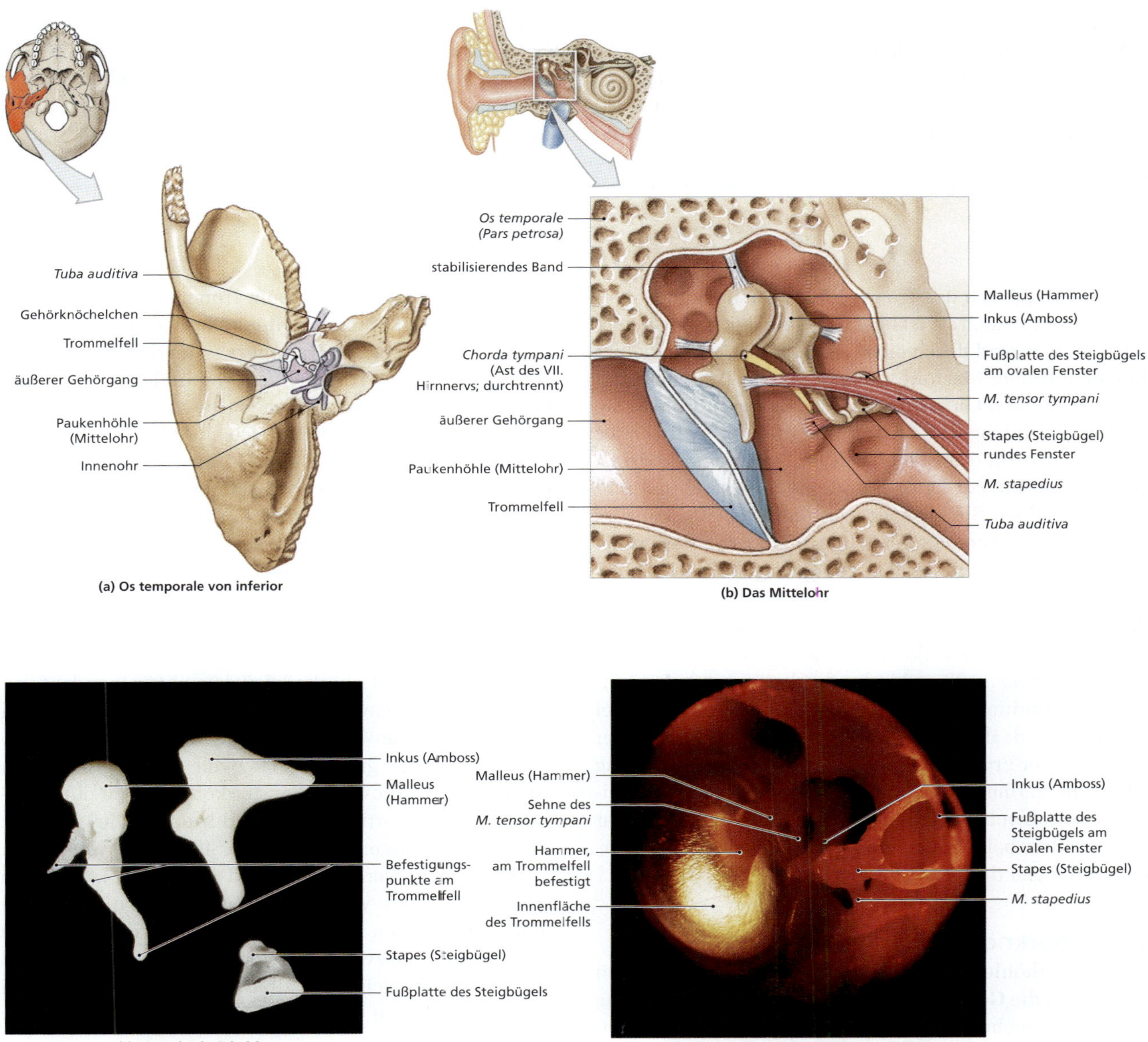

Abbildung 18.10: Das Mittelohr. (a) Os temporale von inferior, transparent zur Darstellung der Lage von Mittel- und Innenohr. (b) Strukturen in der Paukenhöhle. (c) Isolierte Gehörknöchelchen. (d) Trommelfell und Gehörknöchelchen; endoskopischer Blick durch die Tuba auditiva in die Paukenhöhle.

AUS DER PRAXIS

Otitis media und Mastoiditis

Die **akute Otitis media** ist eine meist bakterielle Entzündung des Mittelohrs. Sie kommt häufig bei Babys und Kindern vor, bei Erwachsenen nur gelegentlich. Das Mittelohr, meist luftgefüllt und keimfrei, entzündet sich durch Keime, die während eines Infekts der oberen Luftwege durch die *Tuba auditiva* eindringen. Handelt es sich um Viren, heilt die Mittelohrentzündung in einigen Tagen meist von allein aus. Stehen Schmerzmittel, abschwellend wirkende und schleimlösende Medikamente zur Verfügung, ist dieses Zuwarten gerechtfertigt. Sind jedoch Bakterien die Ursache, kann sich die Situation verschlimmern; das Sekret trübt sich durch die Bakterien und abgestorbene neutrophile Granulozyten. Die schwere *Otitis media* muss sofort antibiotisch behandelt werden. Sammelt sich der Eiter in der Paukenhöhle, wölbt sich das Trommelfell schmerzhaft nach außen. In unbehandelten Fällen kann es reißen; der Eiter läuft über den äußeren Gehörgang ab.

Die Infektion kann auch auf das Mastoid übergreifen. Die **chronische Mastoiditis** mit Perforation des Trommelfells und Vernarbung der Gehörknöchelchen ist eine verbreitete Ursache von Taubheit in medizinisch unterversorgten Gebieten. In entwickelten Ländern schreitet die Erkrankung selten so weit fort.

Bei einem **Paukenerguss** sammelt sich eine transparente, zähe klebrige Masse im Mittelohr. Er tritt nach einer akuten *Otitis media* oder bei chronischen Naseninfektionen und Allergien auf und führt zur Hörminderung. Bei Kleinkindern kann es dadurch zu einer verzögerten Sprachentwicklung kommen. Behandelt wird mit schleimlösenden Medikamenten, Antihistaminika und gelegentlich einer längeren Antibiotikagabe. Schlägt die Behandlung nicht an oder kommt es zu Rezidiven, kann man auch ein Paukenröhrchen in das Trommelfell einlegen, über das das Mittelohr drainiert wird. Im weiteren Wachstum weitet sich auch die *Tuba auditiva*, der Abfluss verbessert sich und beide Formen der *Otitis media* werden seltener.

kenhöhle ist durch das Trommelfell vom äußeren Gehörgang getrennt, doch sie ist über die *Tuba auditiva* mit dem Nasopharynx und durch eine Reihe kleiner und variabler Kanäle mit dem Mastoid verbunden. Die **Tuba auditiva** nennt man auch **Ohrtrompete** oder **Eustachi-Röhre**. Sie ist etwa 4 cm lang und zieht durch die *Pars petrosa* des *Os temporale* und durch den *Canalis musculotubarius*. Die Verbindung zur Paukenhöhle ist relativ schmal und von elastischem Bindegewebe gestützt. Die Öffnung zum Nasopharynx ist verhältnismäßig breit und trichterförmig. Die *Tuba auditiva* dient dem Druckausgleich. Der Druck muss auf beiden Seiten des Trommelfells gleich hoch sein, da es sonst zu einer schmerzhaften Verformung kommt. Leider können auch Mikroorganismen vom Nasopharynx durch die *Tuba auditiva* hindurchgelangen und eine Mittelohrentzündung hervorrufen. Sie tritt besonders oft bei Kindern auf, da ihre *Tuba auditiva* noch kürzer und breiter ist als die der Erwachsenen. Eine ausreichende Belüftung ist für die Vermeidung von Keimbesiedelungen entscheidend. Abschwellend wirkende Nasentropfen sind daher insbesondere bei Kindern zur Vermeidung von Mittelohrentzündungen dringend indiziert.

Die Gehörknöchelchen

Die Paukenhöhle enthält drei winzige Knochen, die man zusammen die **Gehörknöchelchen** nennt. Es sind dies die kleinsten Knochen des Körpers. Sie verbinden das Trommelfell mit dem Rezeptorkomplex im Innenohr (siehe Abbildung 18.9 und 18.10). Man nennt sie Hammer (Malleus), Amboss (Inkus) und Steigbügel (Stapes). Sie arbeiten als Hebel, die die Schallwellen vom Trommelfell auf eine flüssigkeitsgefüllte Kammer im Innenohr übertragen.

Die Seitenfläche des **Hammers** ist an drei Punkten mit der Innenseite des Trommelfells verbunden. Der mittlere Knochen, der **Amboss**, verbindet die mediale Fläche des Hammers mit dem Steigbügel. Die Fußplatte des **Steigbügels** füllt das ovale Fenster, eine Öffnung in der knöchernen Wand des Mittelohrs, fast vollständig aus. Zwischen der Fußplatte und der knöchernen Kante des ovalen Fensters befindet sich das *Lig. annulare*.

Die Vibrationen des Trommelfells setzen Schallwellen in mechanische Bewegungen um. Die Gehörknöchelchen leiten sie weiter; die Bewegung des Steigbügels bringt den flüssigen Inhalt des Innenohrs zum Vibrieren. Wegen der Verbindungen der Gehörknöchelchen untereinander führt eine Einwärts-auswärts-Bewegung des Trommelfells zu einer Schaukelbewegung am Steigbügel. Das Trommelfell ist 22 Mal so groß wie das ovale Fenster. Zwischen Trommelfell und ovalem Fenster kommt es zu einer entsprechend proportionalen Schalldruckverstärkung, die eine relativ kräftige Bewegung des Steigbügels verursacht.

Dank dieser Verstärkung sind wir in der Lage, auch relativ leise Töne wahrzunehmen. Sie kann jedoch bei sehr lauten Tönen problematisch sein. Daher gibt es in der Paukenhöhle zwei Muskeln, die das Trommelfell und die Gehörknöchelchen vor allzu heftigen Bewegungen bei hohen Lärmpegeln schützen:

- Der **M. tensor tympani** ist ein kurzes Muskelbändchen, das an der *Pars petrosa* des *Os temporale* im *Canalis musculotubarius* entspringt und am „Stiel" des Hammers ansetzt (siehe Abbildung 18.10b und d). Durch seine Kontraktion wird der Hammer nach medial gezogen; das Trommelfell spannt und versteift sich. Er wird von motorischen Fasern des *N. mandibularis* (*N. trigeminus* [V]) innerviert.

- Der **M. stapedius**, vom *N. vagus* (X) innerviert, entspringt an der posterioren Wand der Paukenhöhle und setzt am Steigbügel an (siehe Abbildung 18.10b und d). Seine Kontraktion führt zu einem Zug am Steigbügel, der die Beweglichkeit am ovalen Fenster einschränkt.

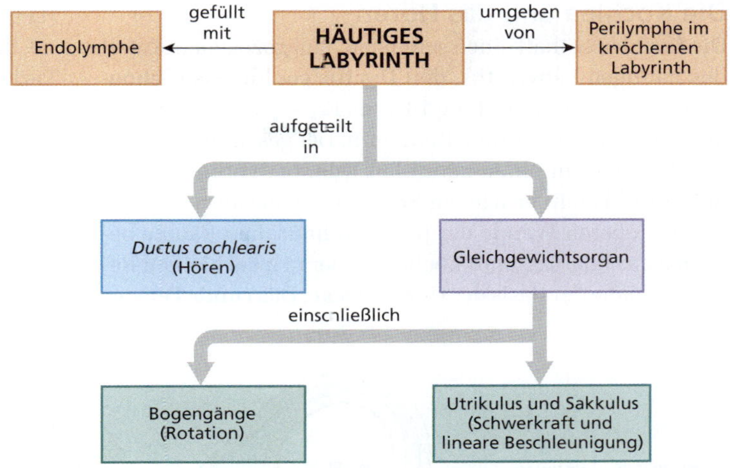

Abbildung 18.11: Strukturelle Beziehungen im Innenohr. Flussdiagramm zur Darstellung der Strukturen und Räume des Innenohrs, der jeweils darin enthaltenen Flüssigkeiten und wodurch sie stimuliert werden.

18.5.3 Das Innenohr

Gleichgewicht und Gehör werden von Rezeptoren im Innenohr vermittelt (**Abbildung 18.11**; siehe auch Abbildung 18.9). Diese befinden sich in einer Reihe flüssigkeitsgefüllter Kanäle und Kammern, dem **häutigen Labyrinth**. Das Labyrinth ist mit Endolymphe gefüllt. Die Rezeptoren des Innenohrs können nur funktionieren, wenn sie der speziellen Ionenzusammensetzung dieser Flüssigkeit ausgesetzt sind. (Endolymphe enthält relativ viel Kalium und relativ wenig Natrium; in extrazellulären Flüssigkeiten ist dies im Allgemeinen umgekehrt.)

Das **knöcherne Labyrinth** ist eine Hülle aus kompaktem Knochen, deren innere Kontur der Form des häutigen Labyrinths folgt und die es umgibt und beschützt (**Abbildung 18.12**). Die Außenwände sind mit dem *Os temporale* verschmolzen. Zwischen dem häutigen und dem knöchernen Labyrinth fließt **Perilymphe**, die in ihrer Zusammensetzung dem Liquor ähnelt.

Das knöcherne Labyrinth hat drei Abschnitte: das **Vestibulum** (Vorhof), die **Bogengänge** und die **Kochlea** (Hörschnecke; lat.: cochlea = die Schnecke), wie in den Abbildungen 18.9 und 18.12a dargestellt. Die Strukturen und Lufträume von äußerem Gehörgang und Mittelohr dienen der Aufnahme und Weiterleitung von Schall an die Kochlea.

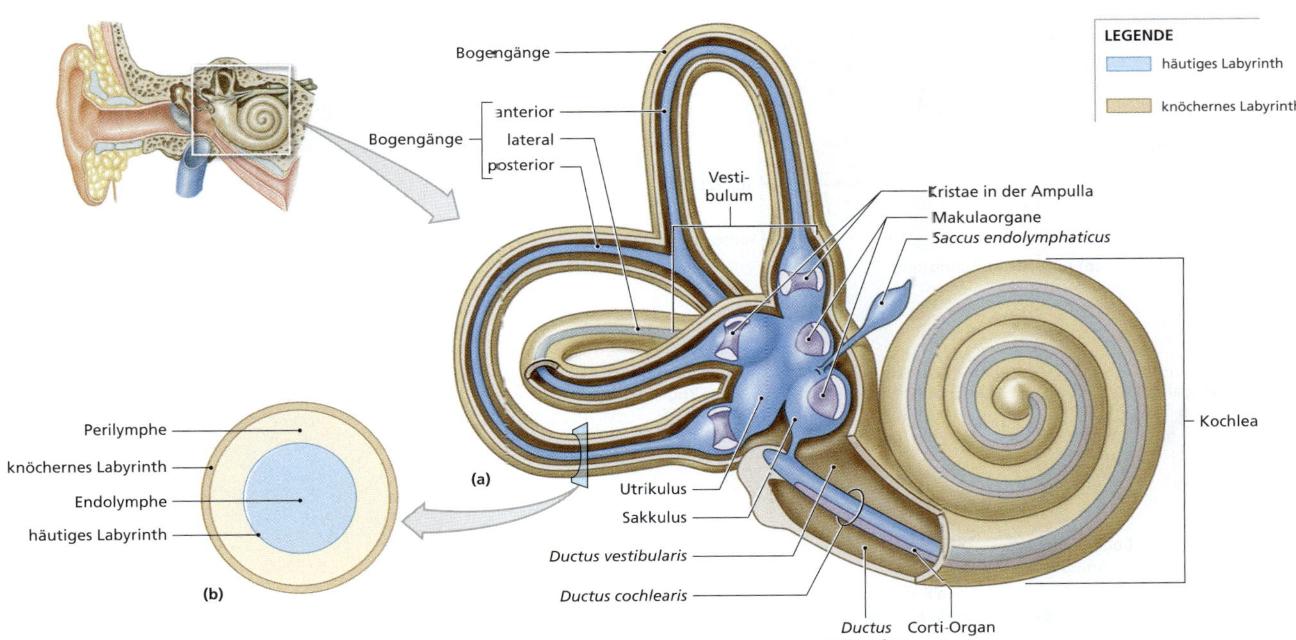

Abbildung 18.12: Bogengänge und häutiges Labyrinth. Lage des knöchernen Labyrinths in der Pars petrosa der Ossa temporalia. (a) Aufgeschnittene Bogengänge zur Darstellung des häutigen Labyrinths. (b) Querschnitt durch einen Bogengang zur Darstellung der Lagebeziehungen von knöchernem Labyrinth, Perilymphe, häutigem Labyrinth und Endolymphe.

Die Kochlea und das Hören

Die Kochlea enthält einen schmalen, langgezogenen Anteil des häutigen Labyrinths, den **Ductus cochlearis** (Schneckengang; siehe Abbildung 18.12a). Er liegt zwischen zwei mit Perilymphe gefüllten Kammern. Der gesamte Komplex windet sich um einen zentralen Knochenvorsprung. Im Schnittbild sieht er wie ein Schneckenhaus aus.

Die äußeren Wände der perilymphatischen Räume bestehen aus kompaktem Knochen, außer in zwei kleinen Bereichen nahe der Basis der Hörschnecke. Das **runde Fenster** *(Fenestra cochleae rotunda)* liegt weiter inferior. Eine dünne, flexible Membran überzieht die Öffnung und trennt die Perilymphe in einer der Kammern von der Luft im Mittelohr (siehe Abbildung 18.9). Das **ovale Fenster** ist die weiter superior liegende Öffnung (siehe Abbildung 18.10b–d); sie wird von der Fußplatte des Steigbügels fast vollständig verschlossen. Ein ringförmiges Band, das zwischen den Kanten des Fußes und denen des ovalen Fensters liegt, vollendet den Verschluss. Wenn ein Ton das Trommelfell in Schwingungen versetzt, werden die Bewegungen durch

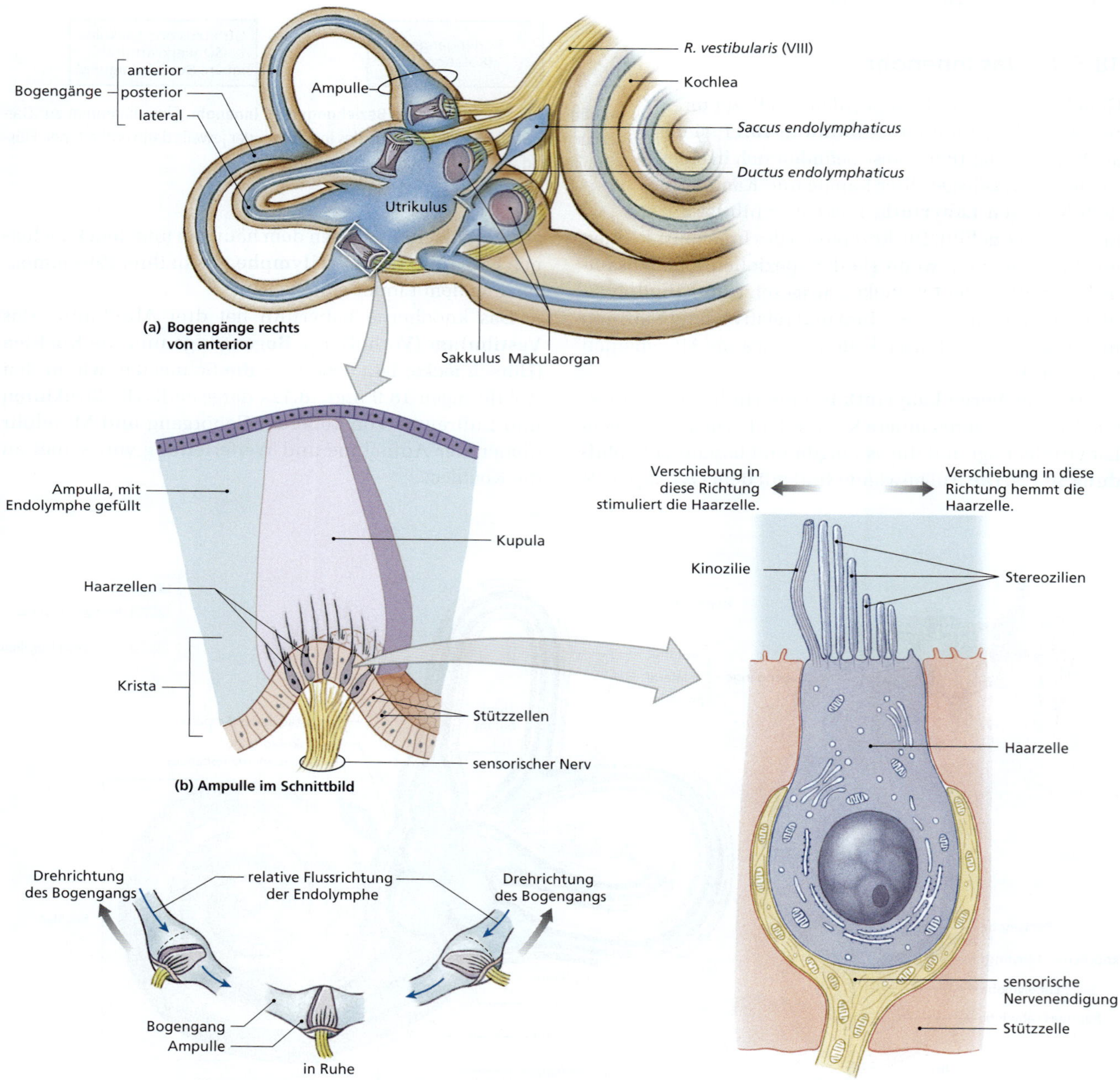

Abbildung 18.13: Die Funktion der Bogengänge, Teil I. (a) Makulaorgan und Bogengänge rechts von anterior. (b) Schnitt durch die Ampulle eines Bogengangs. (c) Die Strömung der Endolymphe durch das häutige Labyrinth bewegt die Kupula und stimuliert die Haarzellen. (d) Aufbau einer typischen Haarzelle mit Darstellung elektronenmikroskopisch sichtbarer Details. Die Bewegung der Stereozilien in Richtung der Kinozilie depolarisiert die Zelle und stimuliert das sensorische Neuron. Eine Bewegung in die Gegenrichtung führt zu einer Hemmung des sensorischen Neurons.

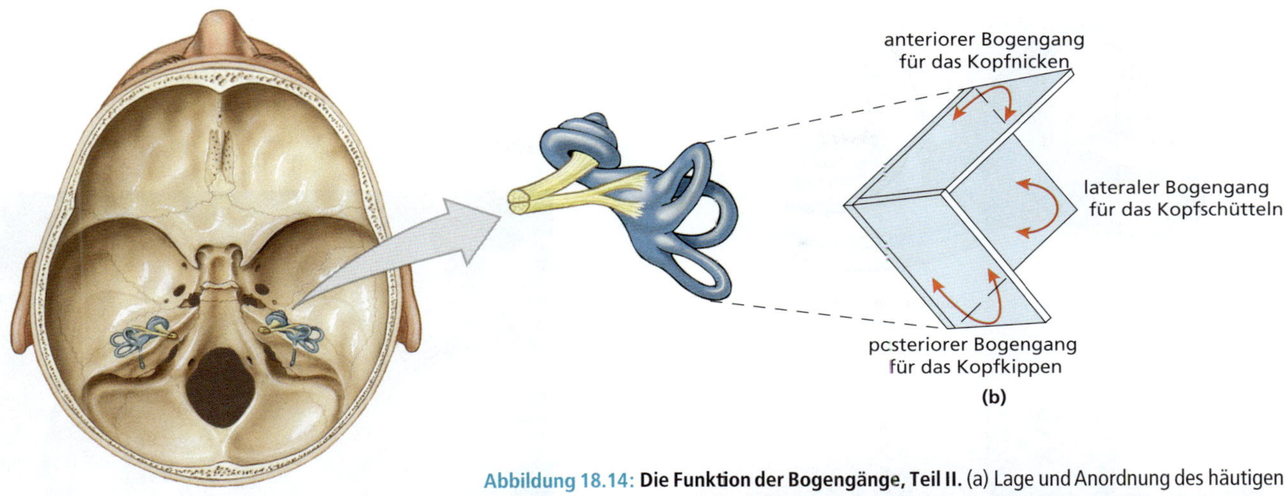

Abbildung 18.14: Die Funktion der Bogengänge, Teil II. (a) Lage und Anordnung des häutigen Labyrinths in der Pars petrosa des Os temporale. (b) Reizebenen der Bogengänge von superior.

den Steigbügel auf die Perilymphe des Innenohrs übertragen. Letztendlich führt dies zu einer Stimulation der Rezeptoren im *Ductus cochlearis*; wir „hören" den Ton.

Die Sinnesrezeptoren des Innenohrs nennt man **Haarzellen** (**Abbildung 18.13**d). Sie sind von Stützzellen umgeben und werden von sensorischen afferenten Fasern überwacht. Auf der freien Oberfläche tragen die Haarzellen jeweils 80–100 lange **Stereozilien**. Haarzellen sind hochspezialisierte Mechanorezeptoren, die sehr sensibel auf Bewegung ihrer Stereozilien reagieren. Ihre Fähigkeit, Sinnesreize zum Gleichgewicht im Vestibulum und zum Hören in der Kochlea zu vermitteln, hängt von der Anwesenheit akzessorischer Strukturen ab, die die Reizquellen beschränken. Die Bedeutung dieser akzessorischen Strukturen wird bei der Besprechung der Haarzellfunktion im nächsten Kapitel deutlich.

Der Vestibularapparat und das Gleichgewicht

Vestibulum und Bogengänge nennt man zusammen **Vestibularapparat**, da der flüssigkeitsgefüllte Vorhof in die Bogengänge übergeht. Im Inneren des Vorhofs befinden sich zwei membranöse Aussackungen, der **Utrikulus** und der **Sakkulus**. In ihnen liegen die Rezeptoren für Schwerkraft und lineare Beschleunigung. Die Rezeptoren der Bogengänge werden durch Kopfdrehungen stimuliert.

Die Bogengänge Der **anteriore**, der **posteriore** und der **laterale Bogengang** gehen in das Vestibulum über (**Abbildung 18.13**a; siehe auch Abbildung 18.12a). Jeder der Bogengänge umgibt einen **Bogengangsschlauch**, der an einer Stelle aufgetrieben ist. In dieser **Ampulla** befinden sich die Sinnesrezeptoren, die auf Drehbewegungen des Kopfes reagieren.

Die Haarzellen in der Wand der Ampulla bilden eine Vorwölbung, die Krista (siehe Abbildung 18.12a und 18.13). Zusätzlich zu den Stereozilien hat jede Haarzelle im Vestibulum noch eine **Kinozilie**, eine einzelne, lange Zilie (siehe Abbildung 18.13d). Haarzellen bewegen ihre Stereozilien und die Kinozilie nicht aktiv, doch wenn sie von außen bewegt werden, führt dies zu einer Veränderung der Freisetzungsrate von Neurotransmittern am Plasmalemm.

Stereozilien und die Kinozilie liegen in einer gallertigen Struktur, der **Kupula**. Deren Dichte entspricht in etwa der der umgebenden Endolymphe; die Kupula „schwebt" also über der Rezeptorfläche und füllt die Ampulla fast ganz aus. Dreht sich der Kopf in der Ebene des Bogengangs, bewegt die Endolymphe die Kupula und damit die Rezeptorfortsätze (**Abbildung 18.13**c). Der Strom der Endolymphe in die eine Richtung stimuliert die Haarzellen; in die Gegenrichtung hemmt er sie. Bewegt sich die Endolymphe nicht mehr, schwingt die Kupula dank ihrer elastischen Konsistenz wieder zurück in die Ausgangslage.

Auch die komplexesten Bewegungen können mithilfe der drei Rotationsebenen analysiert werden. Die Rezeptoren in den Bogengängen reagieren jeweils auf eine der drei Bewegungsrichtungen (**Abbildung 18.14**). Eine horizontale Rotation, wie beim Kopfschütteln, stimuliert die Haarzellen in den lateralen Bogengängen. Ein Kopfnicken reizt die vorderen und das Kippen des Kopfes zur Seite die hinteren Bogengänge.

Utrikulus und Sakkulus Ein schmaler Durchgang, der von dem engen *Ductus endolymphaticus* abzweigt, verbindet Utrikulus und Sakkulus (siehe Abbildung 18.13a). Der *Ductus endolymphaticus* endet blind im *Saccus endolymphaticus*, der durch die *Dura mater*, die das *Os temporale* überzieht, hindurch in den Subduralraum reicht. In bestimmten Abschnitten des *Ductus cochlearis* wird beständig Endolymphe gebildet; am *Saccus endolymphaticus* gelangt überschüssige Endolymphe wieder in die Blutbahn.

Die Haarzellen von Utrikulus und Sakkulus sind in den ovalen **Makulaorganen** (lat.: macula = der Fleck) gruppiert (**Abbildung 18.15**; siehe auch Abbildung 18.13a). Wie in den Ampullen ragen die Fortsätze der Haarzellen in eine gallertige Masse. Auf der Oberfläche befinden sich hier jedoch dicht gepackt Kalziumkarbonatkristalle (Statokonien,

Abbildung 18.15: **Die Makulaorgane im Vestibulum.** (a) Detaillierte Darstellung eines sensorischen Makulaorgans. (b) Rasterelektronenmikroskopische Darstellung der kristallinen Struktur eines Otolithen. (c) Schematische Darstellung der Verlagerung der Otolithen bei Bewegung des Kopfes.

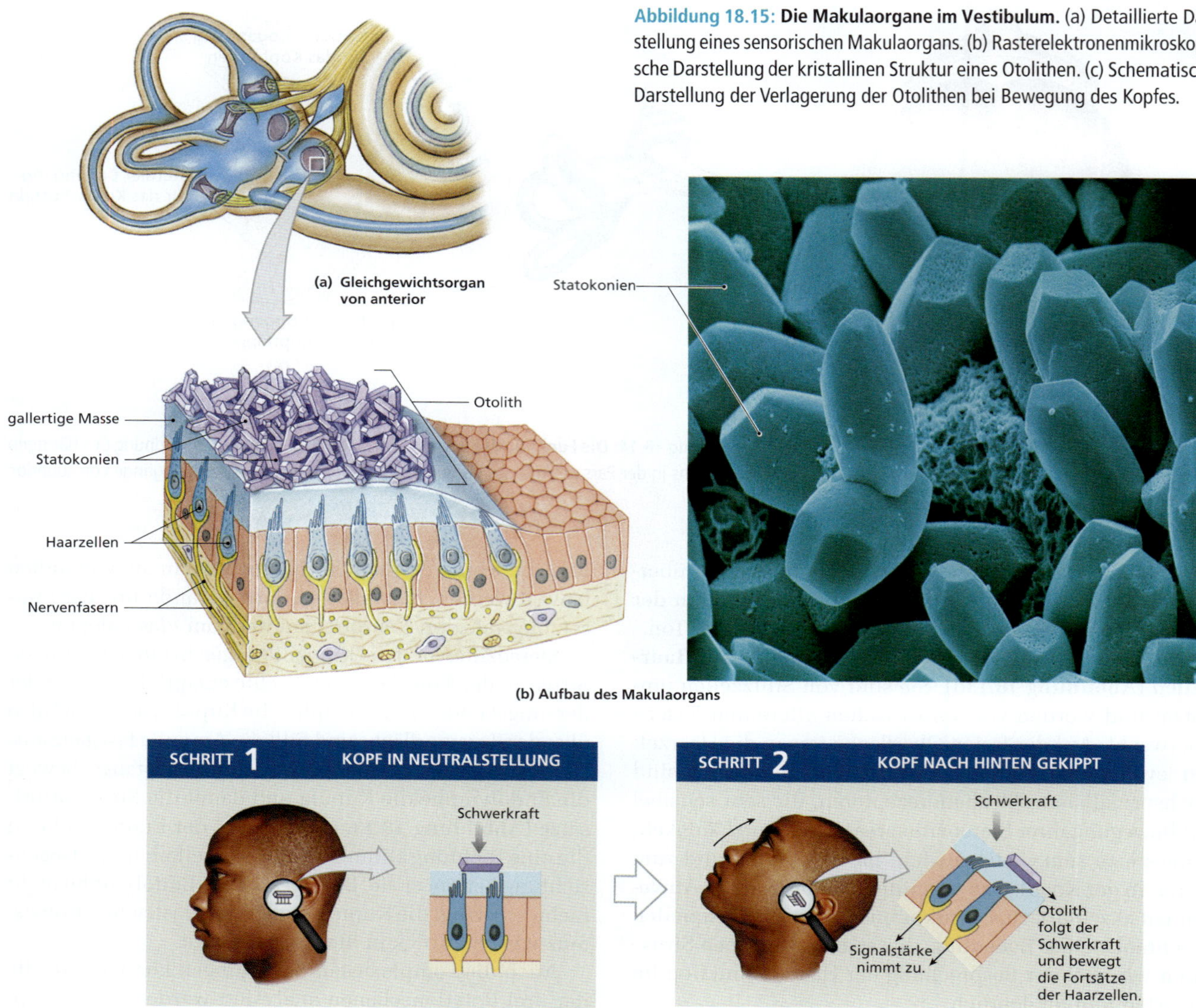

„Gehörsand“). Den Komplex aus gallertiger Matrix und Kalziumkarbonat nennt man **Otolith** (griech.: otos [Genitiv] = des Ohres; lithos = der Stein; siehe Abbildung 18.15b).

Steht der Kopf normal aufrecht, ruhen die Otolithen auf dem Makulaorgan. Ihr Gewicht drückt auf die Oberfläche; die Sinneshaare werden dabei eher nach unten als zu einer Seite gedrückt. Wird der Kopf gekippt, werden sie durch die Schwerkraft, die auf den Otolithen wirkt, zu einer Seite bewegt. Die Veränderung der Aktivität an den Rezeptoren meldet dem ZNS, dass der Kopf nicht mehr gerade steht (siehe Abbildung 18.15c).

Wenn sich der Aufzug plötzlich nach unten zu bewegen beginnt, merken wir das sofort, weil die Otolithen nicht mehr so schwer auf den Makulaorganen liegen. Sobald sie sich wieder gesenkt haben, nehmen wir die Bewegung des Aufzugs nicht mehr wahr, bis er zu bremsen beginnt. Dabei drücken die Otolithen stärker auf die Makulaorgane; wir „fühlen“ die Schwerkraft stärker. Ein ähnlicher Mechanismus liegt unserer Wahrnehmung von linearer Beschleunigung in einem plötzlich anfahrenden Auto zugrunde. Die Otolithen kommen nicht nach, bewegen die Sinneshaare und verändern die Aktivität der sensorischen Neurone.

AUFGABEN

1 Sie sind unvermittelt sehr lauten Geräuschen ausgesetzt. Was geschieht in der Paukenhöhle zum Schutz vor Schädigungen durch den Lärm?

2 Benennen Sie die Gehörknöchelchen und beschreiben Sie ihre Funktionen.

3 Was ist Perilymphe? Wo befindet sie sich?

4 Wenn Sie den Kopf schütteln, sind Sie sich dieser Bewegung bewusst. Wie wird dieses Gefühl wahrgenommen?

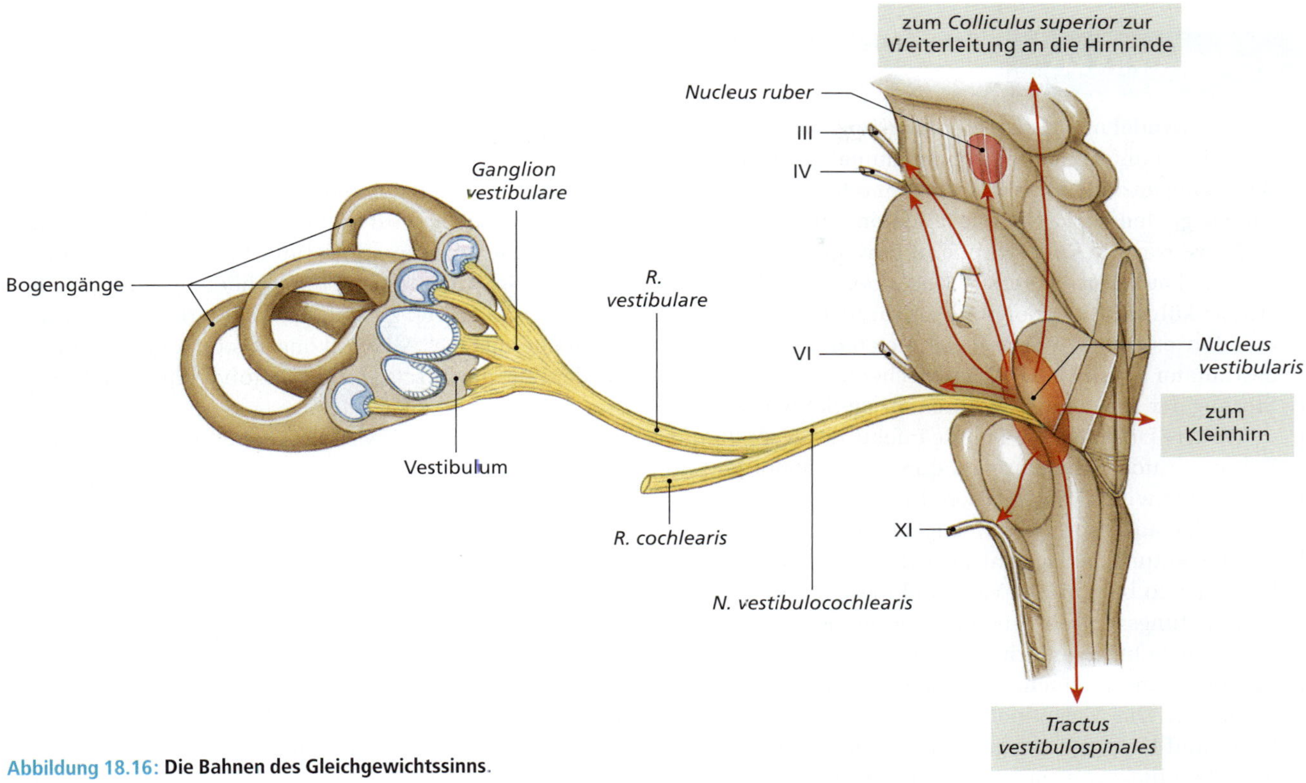

Abbildung 18.16: **Die Bahnen des Gleichgewichtssinns.**

Bahnen für den Gleichgewichtssinn Die Haarzellen im Vestibulum und in den Bogengängen werden von sensorischen Neuronen in den nahebei liegenden **vestibulären Ganglien** überwacht. Die sensorischen Fasern der einzelnen Ganglien bilden zusammen den **R. vestibularis** des *N. vestibulocochlearis* (VIII). Diese Fasern bilden Synapsen auf den Neuronen der vestibulären Kerne an der Grenze zwischen der Pons und der *Medulla oblongata*. Die beiden vestibulären Kerne haben folgende Funktionen:

- Sie vernetzen die sensorischen Reize zu Balance und Gleichgewicht von beiden Seiten des Kopfes.
- Sie leiten Informationen vom Vestibularapparat an das Kleinhirn weiter.
- Sie leiten Informationen vom Vestibularapparat an die Großhirnrinde weiter, sodass uns Lage und Bewegung bewusst werden.
- Sie senden Kommandos an motorische Kerne in Hirnstamm und Rückenmark.

Die reflektorischen motorischen Kommandos, die von den vestibulären Kernen ausgehen, werden an die motorischen Kerne der Hirnnerven geschickt, die mit Bewegungen von Auge, Kopf und Hals zu tun haben (III, IV, VI und XI). Weitere Anweisungen deszendieren im *Tractus vestibulospinalis* des Rückenmarks; sie sorgen für eine ergänzende Anpassung des Muskeltonus. Diese Bahnen sind in **Abbildung 18.16** dargestellt.

AUS DER PRAXIS

Nystagmus

Hat man das Gefühl von Bewegung (echt oder illusorisch), vermitteln die *Colliculi superiores* automatische Augenbewegungen. Dies dient dazu, den Blick trotz der Bewegung auf einen Punkt zu fixieren. Wenn Sie den Kopf rasch drehen, fixieren die Augen zunächst einen Punkt, dann den nächsten und den nächsten in einer Abfolge ruckartiger kleiner Bewegungen. Beim Erwachsenen treten diese Augenbewegungen in Ruhe nur bei extremem Seitwärtsblick oder nach Schädigung oder Stimulation von Hirnstamm oder Innenohr auf. Man nennt diese Augenbewegungen **Nystagmus**. Ärzte suchen nach einem möglichen Nystagmus, indem sie den Patienten bitten, mit dem Augen einem kleinen Licht durch das Gesichtsfeld zu folgen.

18.5.4 Das Gehör

Die Kochlea

Die knöcherne Kochlea windet sich um eine knöcherne Achse, den **Modiolus**. Meist hat die Kochlea zweieinhalb Windungen. Im Inneren des Modiolus befindet sich das **Ganglion spirale**, das die Zellkörper der sensorischen Neurone enthält, die die Rezeptoren des *Ductus cochlearis* überwachen. Im Schnittbild liegt der *Ductus cochlearis* (auch *Scala media* genannt) zwischen den beiden Kammern mit Perilymphe, der **Scala vestibuli** *(Ductus vestibularis)* und der **Scala tympani** *(Ductus tympanicus)*. Die

AUS DER PRAXIS

Schwindel, Reisekrankheit und Morbus Menière

Mit **Schwindel** meint man ein unangemessenes Bewegungsgefühl, meist als Drehschwindel. Es ist von der Benommenheit zu unterscheiden, einem taumeligen Gefühl der Unsicherheit. Schwindel wird verursacht durch abnorme Bedingungen oder Reize im Innenohr oder von Problemen an der sensorischen Bahn für den Gleichgewichtssinn. Er kann begleitend bei ZNS- oder anderen Infekten auftreten; manchen Menschen wird bei hohem Fieber schwindelig.

Alles, was die Endolymphe in Bewegung setzen kann, stimuliert die Rezeptoren und führt zu Schwindel. Ein Eisbeutel auf dem *Processus mastoideus* des *Os temporale* oder die Spülung des äußeren Gehörgangs mit kaltem Wasser kühlen die Endolymphe im äußeren Bereich der Bogengänge und führen zu einer temperaturbedingten Zirkulation; es kommt zu einem leichten temporären Schwindel. Ein übermäßiger Alkoholkonsum oder die Einnahme bestimmter Medikamente können ebenfalls durch Veränderung der Zusammensetzung der Endolymphe oder durch Störung der Haarzellen im Innenohr zu Schwindel führen.

Weitere Ursachen sind virale Infekte des *N. vestibularis* und Schädigungen des *Nucleus vestibularis* oder seiner Bahnen. Auch Schädigungen durch eine abnorme Endolympheproduktion, wie beim Morbus Menière, können akuten Schwindel hervorrufen. Die häufigste Ursache ist aber wahrscheinlich die Reisekrankheit.

Zu den ausgesprochen unangenehmen Symptomen der **Reisekrankheit** gehören Kopfschmerzen, Schweißausbrüche, Rötung des Gesichts, Übelkeit und Erbrechen sowie Stimmungsschwankungen. (Ein Wechsel von freudiger Erregung zu bodenloser Verzweiflung kann in Sekunden erfolgen.) Wahrscheinlich liegt es daran, dass zentrale Verarbeitungszentren, wie das *Tectum mesenecephali*, widersprüchliche Informationen von den Augen und dem Gleichgewichtsorgan erhalten. Warum dies aber zu Übelkeit, Erbrechen und den anderen Symptomen führt, ist nicht bekannt. In einem fahrenden Boot unter Deck zu sitzen oder im Auto zu lesen, sorgt für die nötigen Voraussetzungen: Die Augen melden, dass sich Ihre Position im Raum nicht verändert, aber die Bogengänge registrieren Dreh- und Kippbewegungen. Zur Linderung sehen seekranke Matrosen hinaus auf den Horizont, damit das Auge dieselben Bewegungen meldet wie das Innenohr. Warum manche Menschen fast immun gegen die Reisekrankheit erscheinen, andere jedoch kaum mit dem Auto oder dem Schiff reisen können, ist nicht bekannt.

Medikamente zur Vorbeugung sind Dimenhydrinat, Scopolamin und Promethazin. Sie scheinen die Aktivität an den *Nuclei vestibulares* abzudämpfen. Sedativa, wie Prochlorperazin, sind ebenfalls wirksam. Scopolamin kommt als Hautpflaster zur Anwendung (Scopoderm TTS®).

Beim **Morbus Menière** führt ein hoher Flüssigkeitsdruck im Innenohr zu einem Riss der Membranen und einer Vermischung von Endo- und Perilymphe. Dies verursacht eine starke Stimulation der Rezeptoren in Vestibulum und Bogengängen. Die Betroffenen sind aufgrund intensiven Drehschwindels kaum in der Lage, eine willkürliche Bewegung (wie z. B. Gehen) zu beginnen. Da die Rezeptoren der Kochlea mit gereizt werden, „hört" der Patient auch Ohrgeräusche (Tinnitus).

AUS DER PRAXIS

Hörminderung

Schallleitungsschwerhörigkeit besteht bei Erkrankungen im Mittelohr, die die normale Übertragung von Schallwellen vom Trommelfell auf das ovale Fenster beeinträchtigen. Die Verlegung des äußeren Gehörgangs mit Zerumen oder Wasser verursacht eine vorübergehende Hörminderung. Schwerwiegendere Beispiele für eine Schallleitungsschwerhörigkeit sind eine Vernarbung oder Perforation des Trommelfells, ein Paukenerguss oder eine Immobilisierung eines oder mehrerer Gehörknöchelchen.

Bei der **Schallempfindungsschwerhörigkeit** liegt das Problem in der Kochlea oder irgendwo entlang der Hörbahn. Die Vibrationen erreichen zwar das ovale Fenster, doch entweder reagieren die Rezeptoren nicht oder ihre Reaktion erreicht das Ziel im ZNS nicht. Es gibt Medikamente, die Rezeptoren zerstören; Infektionen können die Haarzellen oder den *N. cochlearis* schädigen. Haarzellen leiden auch unter hohen Dosen von Aminoglykosidantibiotika, wie Neomycin oder Gentamycin; diese potenzielle Nebenwirkung muss bei der Indikationsstellung mitberücksichtigt werden.

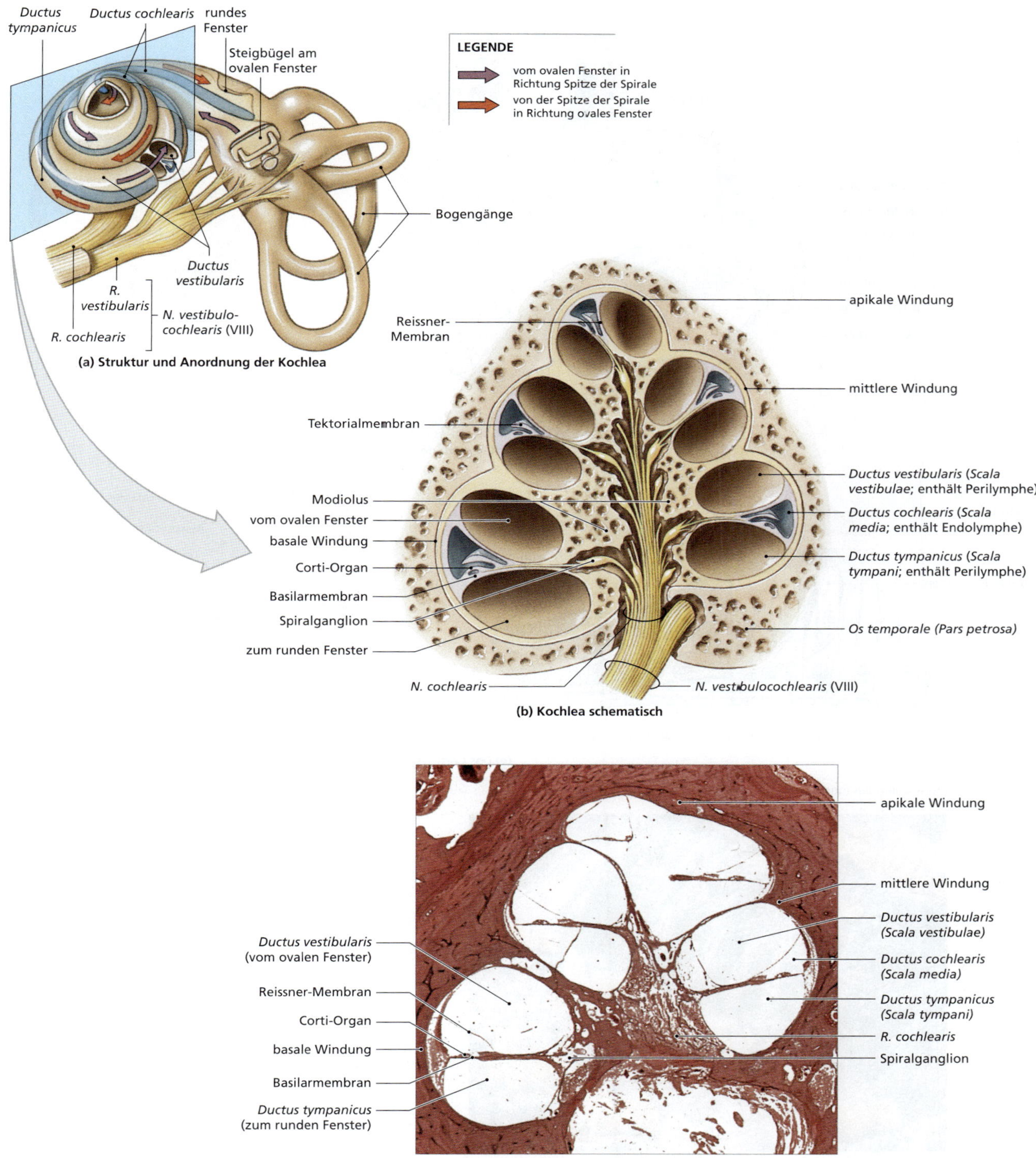

Abbildung 18.17: Die Kochlea und das Corti-Organ. (a) Struktur der Kochlea, ausschnittsweise eröffnet. (b) Struktur der Kochlea im Os temporale im Längsschnitt mit Darstellung der Scala vestibuli, des Ductus cochlearis und der Scala tympani. (c) Histologischer Schnitt durch die Kochlea mit Darstellung vieler Strukturen aus (b). (d) Dreidimensionales Schnittbild mit Details der kochleären Kammern, der Tektorialmembran und des Corti-Organs. (e) Schematische und histologische Schnitte durch den Rezeptor-Haarzell-Komplex des Corti-Organs (Lichtmikroskop, 2022-fach). (f) Kolorierte rasterelektronenmikroskopische Darstellung der Rezeptorfläche des Corti-Organs.

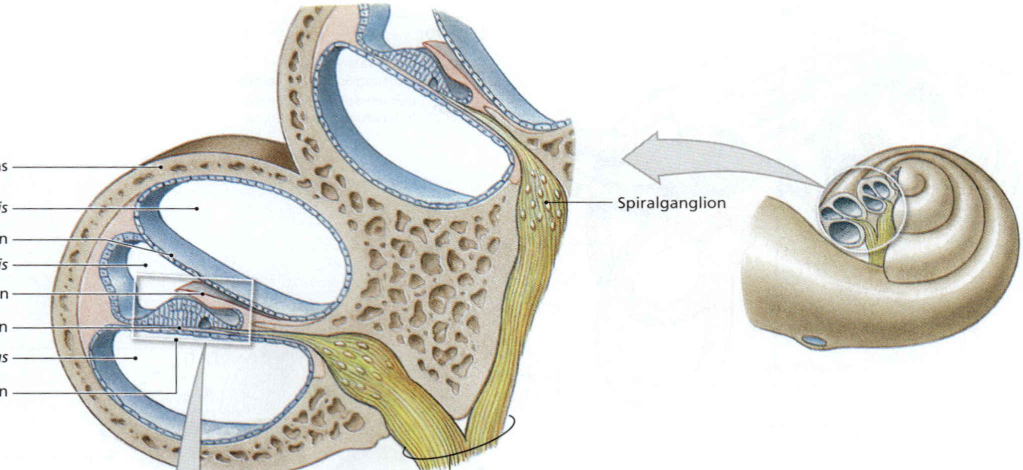

(d) Die Kammern der Kochlea

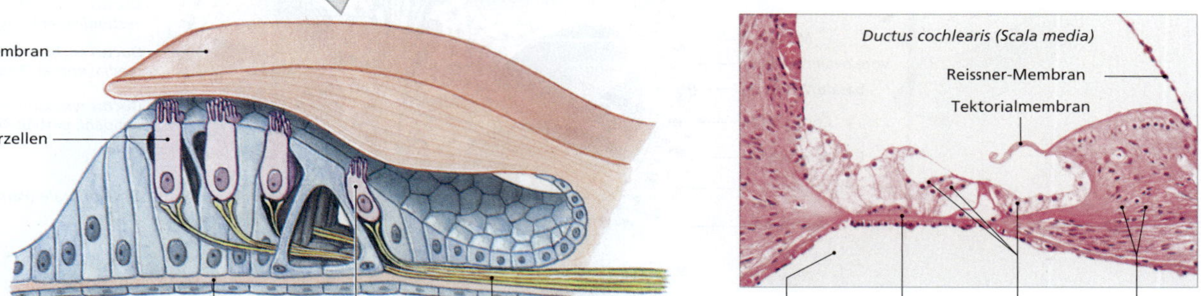

(e) Das Corti-Organ

(f) Die Rezeptoroberfläche des Corti-Organs (Rasterelektronenmikroskop, 1320-fach)

Abbildung 18.17: **(Fortsetzung) Die Kochlea und das Corti-Organ.** (a) Struktur der Kochlea, ausschnittsweise eröffnet. (b) Struktur der Kochlea im Os temporale im Längsschnitt mit Darstellung der Scala vestibuli, des Ductus cochlearis und der Scala tympani. (c) Histologischer Schnitt durch die Kochlea mit Darstellung vieler Strukturen aus (b). (d) Dreidimensionales Schnittbild mit Details der kochleären Kammern, der Tektorialmembran und des Corti-Organs. (e) Schematische und histologische Schnitte durch den Rezeptor-Haarzell-Komplex des Corti-Organs (Lichtmikroskop, 2022-fach). (f) Kolorierte rasterelektronenmikroskopische Darstellung der Rezeptorfläche des Corti-Organs.

beiden perilymphatischen Räume stehen an der Spitze der Hörschnecke miteinander in Verbindung. Das ovale Fenster befindet sich an der Basis der *Scala vestibuli*, das runde Fenster an der Basis der *Scala tympani*.

Die Haarzellen des *Ductus cochlearis* befinden sich im **Corti-Organ** (*Organon spirale*; **Abbildung 18.17**). Diese sensorische Struktur liegt der Basilarmembran auf, die den *Ductus cochlearis* von der *Scala tympani* trennt. Die Haarzellen sind längs in zwei Reihen angeordnet. Sie tragen keine Kinozilien; ihre Stereozilien stehen mit der darüberliegenden **Tektorialmembran** in Verbindung. Diese Membran ist fest mit der inneren Wand des *Ductus cochlearis* verwachsen. Bewegt sich ein Abschnitt der Basilarmembran auf und ab, kommt es auch zu einer Bewegung der Stereozilien.

Tonerkennung

Hören ist das Erkennen von Tönen, die aus Druckwellen in Luft oder Wasser bestehen. Schallwellen gelangen in den äußeren Gehörgang und an das Trommelfell, das den Schall auffängt. Es vibriert den Schallwellen entsprechend mit Frequenzen zwischen 20 und 20.000 Hz. (Dies gilt für Kinder; im Alter reduziert sich der wahrgenommene Frequenzbereich.) Wie bereits erwähnt, übertragen die Gehörknöchelchen diese Vibrationen in modifizierter Form auf das ovale Fenster.

Die Bewegung des Steigbügels am ovalen Fenster übt Druck auf die Perilymphe in der *Scala vestibuli* aus. Zu den Eigenschaften von Flüssigkeiten gehört, dass sie sich nicht komprimieren lassen; das merkt man, wenn man auf einem Wasserbett sitzt – drückt man an einer Stelle, hebt es sich an einer anderen. Da der Rest der Kochlea von Knochen umhüllt ist, kann der Druck nur am runden Fenster ausgeglichen werden. Drückt der Steigbügelfuß am ovalen Fenster nach innen, wölbt sich die Membran am runden Fenster nach außen.

Die Bewegung des Steigbügels produziert Druckwellen in der Perilymphe, die den *Ductus cochlearis* und die Corti-Organe bewegen und so die Haarzellen reizen. Der Ort der maximalen Stimulation hängt von der Frequenz der Schallwellen ab: Hochfrequente Töne reizen die Basilarmembran nahe am ovalen Fenster; je niederfrequenter ein Ton ist, desto weiter vom ovalen Fenster weg findet die Stimulation statt.

Das Ausmaß der Bewegung an einem Ort hängt von der Intensität der Schwingung am ovalen Fenster ab. Durch diese Beziehung ist es möglich, die Intensität (Lautstärke) eines Tones zu erkennen. Sehr laute Töne können durch Abbruch der Stereozilien von der Oberfläche der Haarzellen zu einer Hörminderung führen. Die reflexartige Kontraktion der *Mm. tensor tympani* und *stapedius* auf gefährlich laute Töne erfolgt zwar innerhalb von 0,1 ms, doch dies ist nicht immer schnell genug, um eine Schädigung und damit einen Hörverlust zu vermeiden. In Tabelle 18.2 sind die Schritte der Übersetzung von Schallwellen in eine Tonerkennung zusammengefasst.

18.5.5 Die Hörbahn

Die Stimulation der Haarzellen aktiviert die sensorischen Neurone, deren Zellkörper im *Ganglion spirale* liegen. Ihre afferenten Fasern bilden den **R. cochlearis** des *N. vestibulocochlearis* (VIII). Die Axone ziehen in die *Medulla oblongata* und bilden im **Nucleus cochlearis** derselben Seite Synapsen. Die Axone der Neurone zweiter Ordnung kreuzen dann auf die Gegenseite und aszendieren zum *Colliculus inferior* im Mittelhirn (**Abbildung 18.18**). In diesem Verarbeitungszentrum werden eine Reihe Reflexe auf akustische Reize koordiniert, einschließlich der reflektorischen Bewegungen der Skelettmuskeln von Kopf, Gesicht und Rumpf bei plötzlichen lauten Geräuschen.

AUFGABEN

1. Wie wäre die Wahrnehmung von Tönen beeinträchtigt, wenn sich die Membran, die das runde Fenster verschließt, bei erhöhtem perilymphatischem Druck nicht nach außen vorwölben könnte?
2. Wie beeinträchtigt ein Verlust von Stereozilien an den Haarzellen des Corti-Organs die Hörfähigkeit?
3. Erklären Sie den Unterschied zwischen dem *Ductus cochlearis* und der *Scala tympani*.
4. Welche Struktur stimuliert die Haarzellen im Corti-Organ?

1. Schallwellen gelangen an das Trommelfell.
2. Die Schwingungen des Trommelfells bewegen die Gehörknöchelchen.
3. Die Bewegung des Steigbügels am ovalen Fenster produziert Druckwellen in der Perilymphe des *Ductus cochlearis*.
4. Auf ihrem Weg zum runden Fenster bewegen die Druckwellen die Basilarmembran.
5. Eine Vibration an der Basilarmembran führt zu einer Vibration der Haarzellen gegen die Tektorialmembran, was die Haarzellen stimuliert und zu einer Freisetzung von Neurotransmittern führt.
6. Informationen über Ort und Intensität der Stimulation werden über den *R. cochlearis* des VIII. Hirnnervs an das ZNS weitergeleitet.

Tabelle 18.2: **Die Schritte der Tonwahrnehmung.**

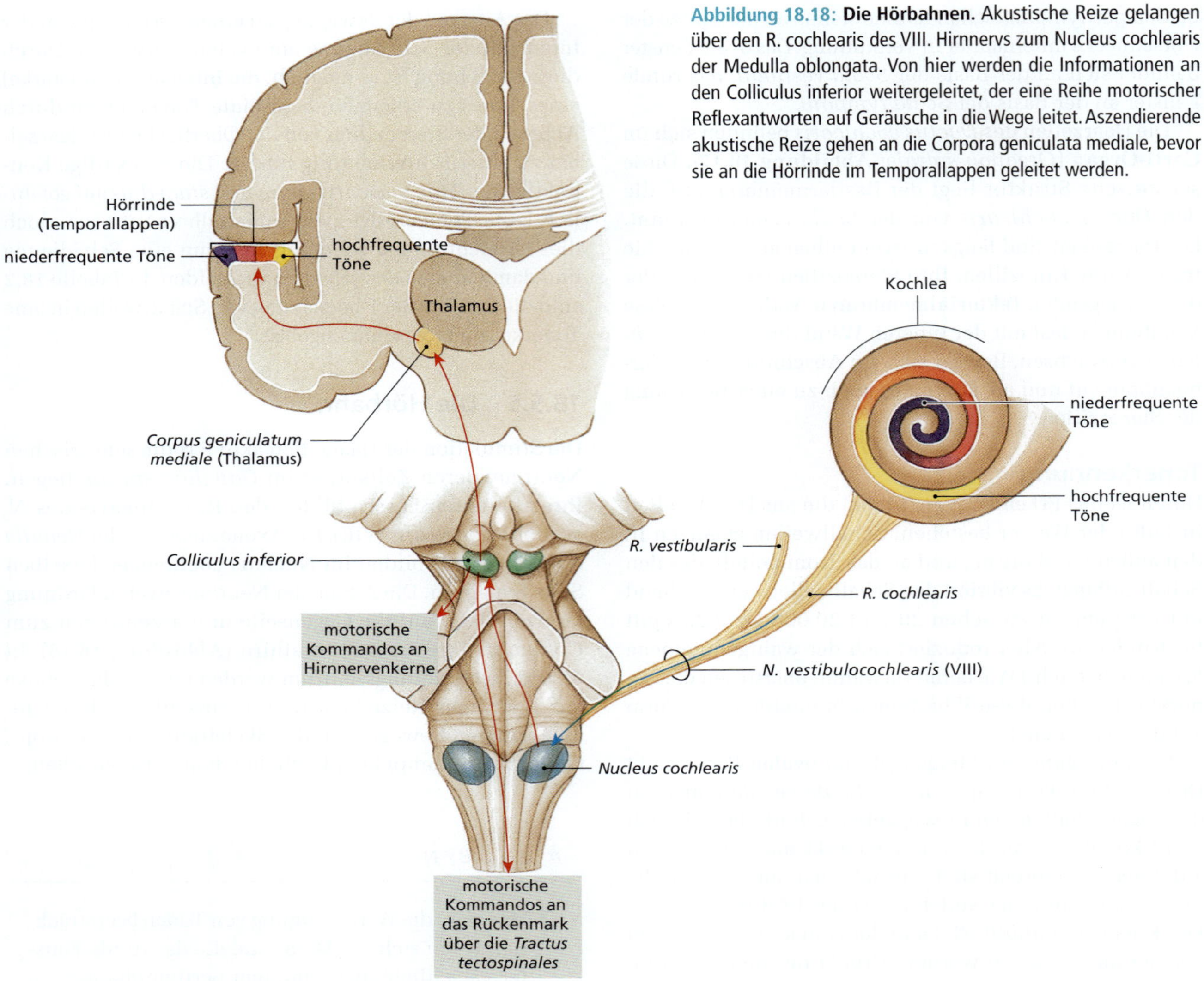

Abbildung 18.18: **Die Hörbahnen.** Akustische Reize gelangen über den R. cochlearis des VIII. Hirnnervs zum Nucleus cochlearis der Medulla oblongata. Von hier werden die Informationen an den Colliculus inferior weitergeleitet, der eine Reihe motorischer Reflexantworten auf Geräusche in die Wege leitet. Aszendierende akustische Reize gehen an die Corpora geniculata mediale, bevor sie an die Hörrinde im Temporallappen geleitet werden.

Bevor sie die Hirnrinde und damit unser Bewusstsein erreichen, bilden die aszendierenden, akustische Reize weiterleitenden Fasern Synapsen im Thalamus. Projektionsfasern übertragen die Informationen dann an die Hörrinde im Temporallappen. Die Hörrinde ist eigentlich eine Abbildung des Corti-Organs; hochfrequente Töne reizen einen Rindenabschnitt, niederfrequente einen anderen. Ist die Hörrinde beschädigt, reagiert der Betroffene auf Töne und hat auch akustische Reflexe, doch die Interpretation des Gehörten und die Erkennung von Mustern ist erschwert oder unmöglich. Eine Schädigung des benachbarten Assoziationsareals beeinträchtigt zwar nicht die Wahrnehmung von Tönen und Mustern, doch kann in diesem Fall die Bedeutung des Gehörten nicht erfasst werden.

18.6 Das Sehen

Der Mensch verlässt sich von allen seinen Sinnen am meisten auf das Sehen; die Sehrinde ist auch mehrmals so groß wie die Rindenareale der anderen speziellen Sinne. Unsere visuellen Rezeptoren sind in aufwendigen Strukturen untergebracht, den Augen, mit denen wir nicht nur Licht wahrnehmen, sondern auch detaillierte Bilder erstellen können. Wir beginnen unsere Untersuchung mit den Hilfsstrukturen des Auges, die für Schutz, Befeuchtung und Stütze sorgen. Die Oberflächenanatomie des Auges und der wichtigsten Hilfsstrukturen ist in **Abbildung 18.19** dargestellt.

18.6.1 Hilfsstrukturen am Auge

Zu den Hilfsstrukturen der Augen gehören die Augenlider, das Oberflächenepithel und die Strukturen, die mit Produktion, Sekretion und Entfernung von Tränenflüssigkeit beschäftigt sind.

Die Augenlider

Die Augenlider **(Palpebrae)** sind eine Fortsetzung der Haut. Sie arbeiten wie Scheibenwischer; die ständigen Blinzelbewegungen halten die Oberfläche feucht und befreien sie von Staub und Schmutz. Die Lider können sich auch zum Schutz des empfindlichen Auges fest schließen. Die

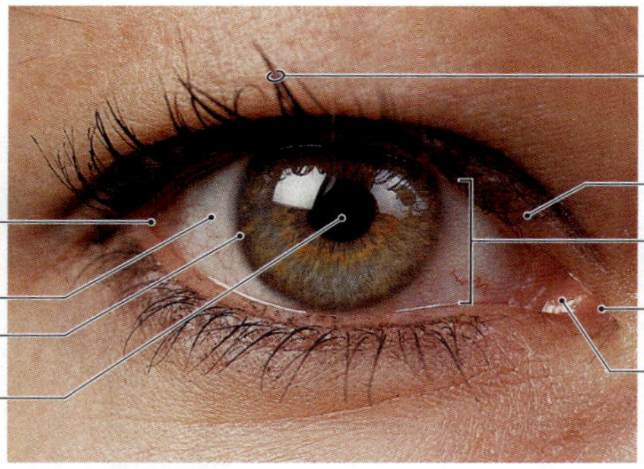

(a) Rechtes Auge, Hilfsstrukturen

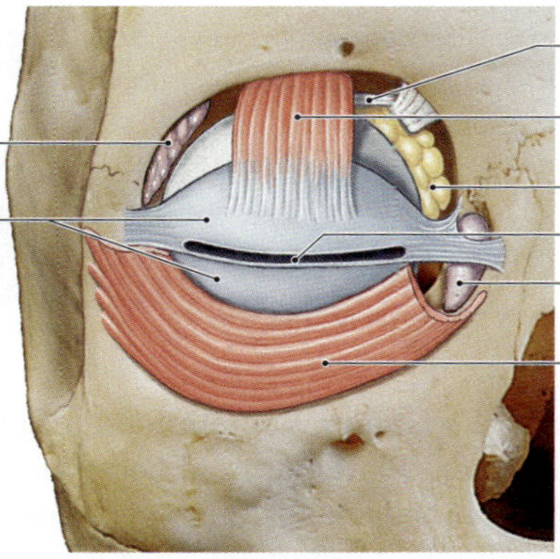

(b) Rechte Orbita, oberflächliche Präparation

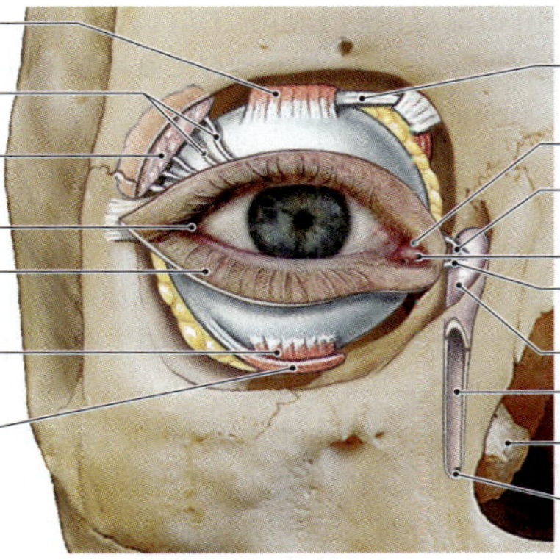

(c) Rechte Orbita, tiefe Präparation

Abbildung 18.19: **Hilfsstrukturen am Auge, Teil I.** (a) Oberflächenanatomie des rechten Auges und seiner Hilfsstrukturen. (b) Schematische Darstellung einer oberflächlichen Präparation der rechten Orbita. (c) Schematische Darstellung einer tieferen Präparation des rechten Auges mit Darstellung der Lage in der Orbita und der Lagebeziehungen zu den Hilfsstrukturen, besonders dem Tränenapparat.

AUS DER PRAXIS

Konjunktivitis

Eine Konjunktivitis (sog. Bindehautentzündung) ist die Folge einer Schädigung oder Reizung der Konjunktiva. Die sichtbare Rötung kommt von der Erweiterung der Blutgefäße unter dem Hornhautepithel. Der Begriff Konjunktivitis ist eher die Beschreibung eines Symptoms als die einer spezifischen Erkrankung. Eine Vielzahl verschiedener Pathogene, wie Bakterien, Viren oder Pilze, können sie verursachen; vorübergehende Formen entstehen durch allergische, chemische oder physikalische Reizungen, einschließlich so banaler Ereignisse wie längerem Weinen oder dem Schneiden einer Zwiebel.

Bei der chronischen Konjunktivitis (Trachom) befallen Bakterien oder Viren die Konjunktiven. Einige Formen sind hochinfektiös; in schweren Fällen kommt es zu Vernarbung der Kornea und einer Verschlechterung der Sehkraft. Am häufigsten ist das Bakterium *Chlamydia trachomatis* beteiligt, das besonders in Nordafrika, im Mittleren Osten und im Südwesten der USA verbreitet ist. Um eine Schädigung der Hornhaut und die Erblindung zu vermeiden, muss systemisch und lokal antibiotisch behandelt werden.

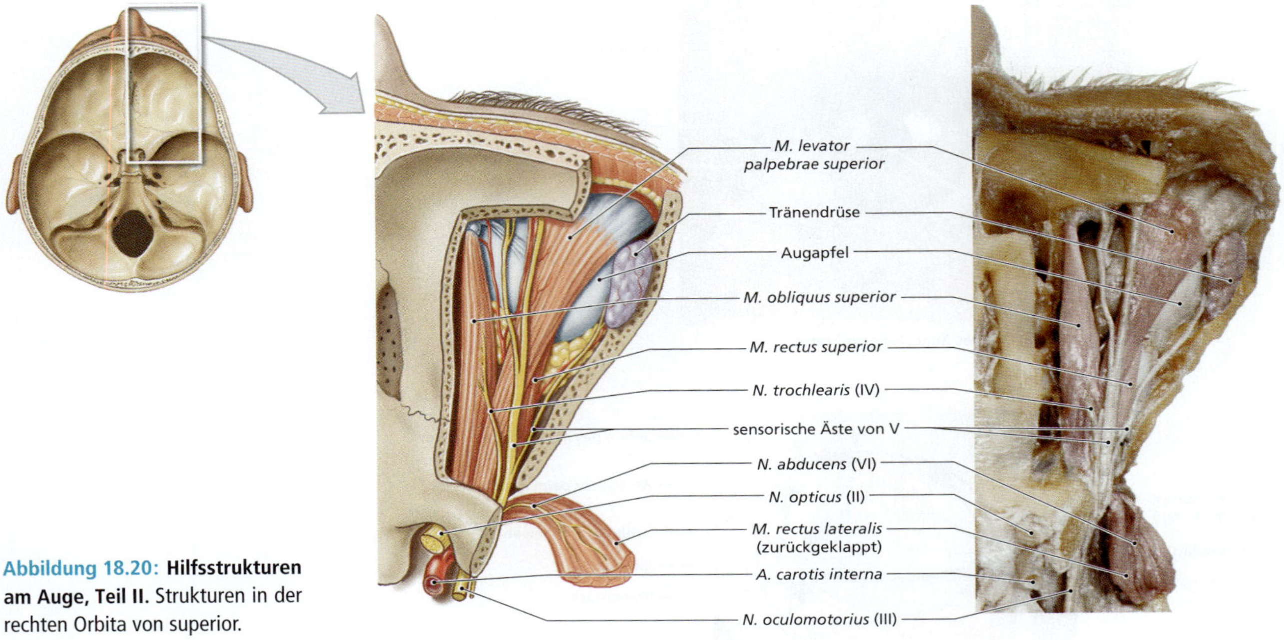

Abbildung 18.20: Hilfsstrukturen am Auge, Teil II. Strukturen in der rechten Orbita von superior.

freien Kanten der Ober- und Unterlider sind durch die Lidspalte voneinander getrennt, doch an den Lidkanten (**Canthus medialis** und **Canthus lateralis**) sind sie miteinander verbunden (siehe Abbildung 18.19). Die Wimpern an den Lidkanten sind sehr robuste Haare. Jede von ihnen wird von einem Haarwurzelplexus überwacht; die Bewegung eines Haares löst einen Lidschlussreflex aus. Diese Reaktion verhindert, dass Fremdkörper oder Insekten die Augenoberfläche erreichen.

An den Wimpern liegen große Talgdrüsen, die **Zeis-Drüsen**. Die **Meibom-Drüsen** an der inneren Lidkante produzieren ein lipidreiches Sekret, das ein Zusammenkleben der Lider verhindert. Am medialen Kanthus bilden Drüsen im **Tränenkarunkel** (siehe Abbildung 18.19a) die zähflüssigen Sekrete, die zu den krümeligen Ablagerungen beitragen, die sich gelegentlich nach einem längeren Schlaf dort finden. Diese verschiedenen Drüsen können sich bakteriell entzünden. Bei den Meibom-Drüsen kann es zu einem Chalazion oder Hagelkorn (griech.: chalazion = kleines Hagelkorn) kommen. Die Entzündung einer Talgdrüse am Lid, einer Meibom-Drüse oder einer der vielen Schweißdrüsen führt zu einer schmerzhaften lokalen Schwellung, dem **Gerstenkorn**.

Die sichtbare Fläche des Augenlids ist mit einer dünnen Schicht mehrschichtigen Plattenepithels bedeckt. Unterhalb der Subkutis liegt eine breite Bindegewebsplatte, die Tarsalplatte, die das Lid stützt und verstärkt (siehe Abbildung 18.19b). Die Muskelfasern der *Mm. orbicularis oculi* und *levator palpebrae superioris* (**Abbildung 18.20**; siehe auch Abbildung 18.19b) liegen zwischen der Tarsalplatte und der Haut. Diese Skelettmuskeln schließen die Augen *(M. orbicularis oculi)* bzw. heben das Oberlid *(M. levator palpebrae superioris)*.

Das Epithel, das die Innenfläche der Lider und das Auge bedeckt, heißt **Konjunktiva** (Bindehaut; **Abbildung 18.21**b und e). Es ist eine Schleimhaut, die mit spezialisiertem verhorntem Plattenepithel bedeckt ist. Die **Conjunctiva palpebrae** bedeckt die Innenfläche der Lider, die **Conjunctiva bulbi** die Vorderfläche des Auges. Die Oberfläche des Augapfels wird ständig mit Flüssigkeit gespült, damit sie feucht und sauber bleibt. Die verschiedenen akzessorischen Drüsen bilden gemeinsam mit Becherzellen im Epithel eine oberflächliche Gleitschicht, die Reibung zwischen den aufeinanderliegenden Konjunktiven und eine Austrocknung verhindert.

Über der durchsichtigen **Kornea** (Hornhaut) liegt statt des relativ dicken mehrschichtigen Epithels ein sehr dünnes und empfindliches Plattenepithel aus nur fünf bis sieben Zellschichten. An den Lidkanten findet sich ein robustes mehrschichtiges Plattenepithel, das dem der Außenhaut ähnelt. Die Oberfläche des Auges wird zwar nicht von spezialisierten Sinnesorganen überwacht, aber es gibt hier reichlich vielfältige sensible freie Nervenendigungen.

Der Tränenapparat

Ein konstanter Strom Tränenflüssigkeit hält die Konjunktiven feucht und sauber. Tränen verringern die Reibung, entfernen Schmutz, verhindern bakterielle Infektionen und versorgen einen Teil des Epithels mit Nährstoffen und Sauerstoff. Der Tränenapparat produziert, verteilt und entfernt Tränen. Er besteht jeweils aus 1. einer **Tränendrüse** *(Glandula lacrimalis)*, 2. den **oberen und unteren Tränenkanälen** *(Canaliculi lacrimales)*, 3. dem **Tränensack** *(Saccus lacrimalis)* und 4. dem **Tränen-Nasen-Gang** *(Ductus nasolacrimalis)* (siehe Abbildung 18.19b und c sowie 18.20).

Die Tasche, die sich an der Verbindungsstelle zwischen *Conjunctiva palpebrae* und *Conjunctiva bulbi* bildet, heißt **Fornix**. In den lateralen Anteil der oberen Fornix münden

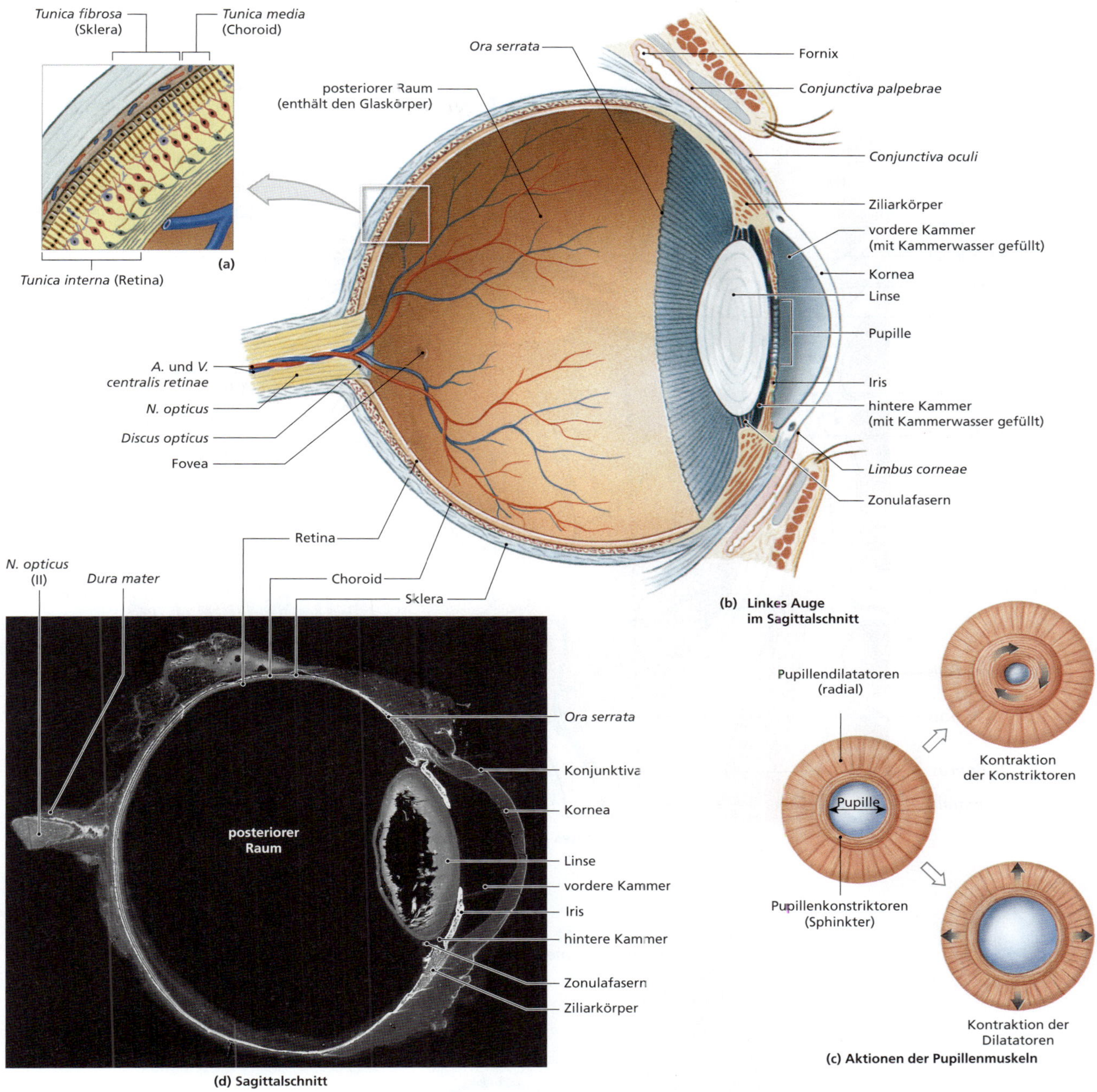

Abbildung 18.21: Schnittbild des Auges. (a) Die drei Schichten des Auges (Tunikae). (b) Schematische Darstellung der wichtigsten anatomischen Merkmale am linken Auge. (c) Die Wirkungen der Pupillenmuskeln und die Größenänderung der Pupille. (d) Das Auge im Sagittalschnitt. (e) Rechtes Auge im Horizontalschnitt. (f) Superiorer Abschnitt von rechtem Auge und rechter Orbita im Horizontalschnitt.

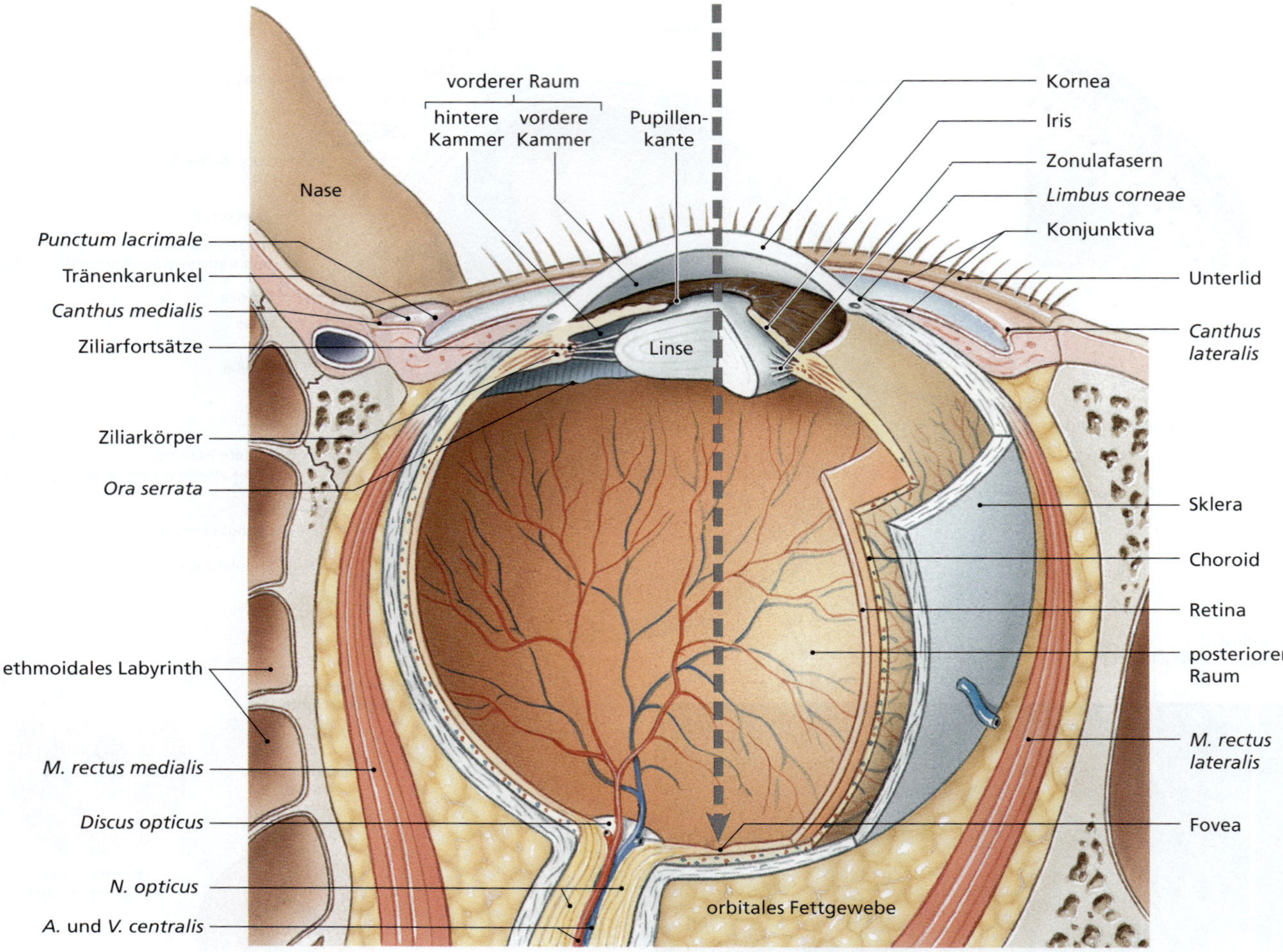

(e) Rechtes Auge im Horizontalschnitt

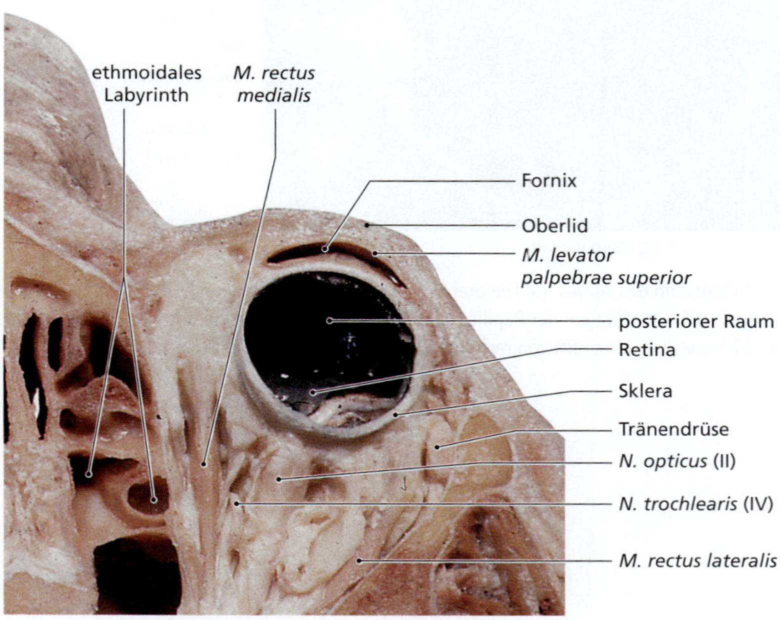

(f) Horizontalschnitt von superior

Abbildung 18.21: **(Fortsetzung) Schnittbild des Auges.** (a) Die drei Schichten des Auges (Tunikae). (b) Schematische Darstellung der wichtigsten anatomischen Merkmale am linken Auge. (c) Die Wirkungen der Pupillenmuskeln und die Größenänderung der Pupille. (d) Das Auge im Sagittalschnitt. (e) Rechtes Auge im Horizontalschnitt. (f) Superiorer Abschnitt von rechtem Auge und rechter Orbita im Horizontalschnitt.

zehn bis zwölf Ausführungsgänge der **Glandula lacrimalis** (Tränendrüse). Sie hat etwa die Form und Größe eines Mandelkerns (12–20 mm). Sie liegt in einer Vertiefung im *Os frontale* in der Orbita, superior und lateral des Augapfels (siehe Abbildung 18.20).

Normalerweise produzieren die Tränendrüsen die entscheidenden Anteile und den Großteil des Volumens der Tränenflüssigkeit, die die Konjunktiven benetzt. Ihr Sekret ist wässrig, leicht basisch und enthält das Enzym **Lysozym**, das Bakterien angreift.

Die Tränendrüsen bilden etwa 1 ml Tränenflüssigkeit am Tag. Auf der Augenoberfläche mischt sich das Sekret mit dem der akzessorischen Tränendrüsen und den öligen Sekreten der Meibom- und Zeis-Drüsen. Letztere verändern die Konsistenz, was die Befeuchtung erleichtert und die Verdunstung verlangsamt.

Das Augenblinzeln verteilt die Tränenflüssigkeit über die Augenfläche; sie sammelt sich medial im *Lacus lacrimalis*, dem „Tränensee". Zwei kleine Poren, die **Puncta lacrimales superior und inferior** (Singular: Punctum; Tränenpünktchen) drainieren ihn in die **Canaliculi lacrimales** (Tränenkanälchen), die in Furchen auf dem *Os lacrimale* verlaufen. Diese Durchgänge enden im **Saccus lacrimalis** (Tränensack), der die *Fossa lacrimalis* im *Os lacrimale* ausfüllt. Von hier aus zieht der **Ductus nasolacrimalis** (Tränen-Nasen-Gang) durch den *Canalis nasolacrimalis*, der vom *Os lacrimale* und von der Maxilla gebildet wird, und mündet in den *Meatus inferior* der gleichseitigen Nasenhöhle.

Ein Verschluss der Tränenpünktchen oder eine übermäßige Sekretion der Tränendrüsen kann zu beständig tränenden Augen führen. Häufiger ist die unzureichende Tränenproduktion, die trockene Augen verursacht. Die Anwendung von Augentropfen („künstliche Tränen") hilft meist; in schwereren Fällen kann ein chirurgischer Verschluss der Tränenpünktchen indiziert sein.

18.6.2 Das Auge

Der Augapfel *(Bulbus oculi)* ist etwas unregelmäßig kugelförmig und mit einem Durchmesser von etwa 24 mm etwas kleiner als ein Tischtennisball. Er wiegt etwa 8 g. Er teilt sich die Orbita mit den äußeren Augenmuskeln, den Tränendrüsen und den Hirnnerven, die das Auge und die sich anschließenden Abschnitte von Orbita und Gesicht versorgen (**Abbildung 18.21**f; siehe auch Abbildung 18.20 und 18.21e). **Orbitales Fett** polstert und isoliert.

Die Wand des Augapfels besteht aus drei getrennten Schichten (**Abbildung 18.21**a): 1. der *Tunica externa* oder *fibrosa bulbi*, 2. der *Tunica media* oder **Uvea** und 3. der *Tunica interna* oder **Retina**. Der Augapfel ist innen hohl; er ist in zwei Räume aufgeteilt. Der größere **posteriore Raum** ist mit dem gallertigen Glaskörper ausgefüllt. Der kleinere **vordere Raum** ist in zwei Kammern unterteilt, die vordere und die hintere Kammer. Die Form des Auges wird durch den Glaskörper im hinteren und durch das klare **Kammerwasser** im vorderen Raum aufrechterhalten.

Tunica fibrosa bulbi

Die *Tunica fibrosa*, die äußere Schicht des Augapfels, besteht aus der **Sklera** und der **Kornea** (**Abbildung 18.21**d; siehe auch Abbildung 18.21a, b und e). Sie dient 1. als mechanische Stütze und sorgt für Schutz, ist 2. die Ansatzfläche für die äußeren Augenmuskeln und enthält 3. Strukturen, die bei der Fokussierung eine Rolle spielen.

SKLERA Der Großteil des Augapfels ist mit Sklera bedeckt. Die Sklera, das „Augenweiß", besteht aus dichtem faserigem Bindegewebe, das sowohl elastische als auch kollagene Fasern enthält. Diese Schicht ist am hinteren Teil des Bulbus, in der Nähe der Austrittsstelle des *N. opticus*, am dicksten und über der vorderen Fläche am dünnsten. Die sechs äußeren Augenmuskeln setzen auf der Sklera an; die kollagenen Fasern ihrer Sehnen sind mit den Kollagenfasern der *Tunica externa* verwoben (siehe Abbildung 18.20).

Die Vorderfläche der Sklera enthält dünne Blutgefäße und Nerven, die hier auf dem Weg zu inneren Strukturen durch die Sklera ziehen. Das Netzwerk feiner Gefäße führt in der Regel nicht so viel Blut, um die Sklera sichtbar zu färben, doch bei genauerem Hinsehen ist es als rote Linien auf dem weißen Bindegewebe zu erkennen.

KORNEA Die transparente Hornhaut des Auges ist Teil der *Tunica fibrosa*; sie geht in die Sklera über. Die Oberfläche der Hornhaut ist mit einem zarten mehrschichtigen Plattenepithel bedeckt, das in die Bindehaut übergeht. Unterhalb dieses Epithels befindet sich eine dichte Matrix aus multiplen Schichten kollagener Fasern. Die Transparenz der Kornea beruht auf der präzisen Anordnung der kollagenen Fasern in diesen Schichten. Die innere Schicht der Kornea wird durch eine Lage einschichtigen Plattenepithels von der vorderen Kammer getrennt.

Die Kornea geht am *Limbus corneae* in die Sklera über. Die Kornea ist avaskulär, und es befinden sich auch keine

AUS DER PRAXIS **Hornhauttransplantation**

Die Hornhaut kann sich nur sehr eingeschränkt regenerieren, weshalb Verletzungen zur Vermeidung von schwerem Visusverlust umgehend behandelt werden müssen. Um die Sehfähigkeit nach einer Vernarbung wiederherzustellen, ist in der Regel eine Hornhauttransplantation erforderlich. Dies ist der häufigste Eingriff in der Transplantationsmedizin. Da die Kornea keine Blutgefäße enthält, ist keine Übereinstimmung der Blutgruppe erforderlich. Weiße Blutkörperchen, die das Transplantat abstoßen könnten, kommen also in diesem Bereich nicht vor. Die Hornhaut muss innerhalb von fünf Stunden nach dem Tode des Spenders entnommen werden.

Blutgefäße zwischen der Kornea und der darüberliegenden Konjunktiva. Daher müssen die oberflächlichen Epithelschichten über die Tränenflüssigkeit mit Nährstoffen und Sauerstoff versorgt werden; die innenliegenden Schichten werden vom Kammerwasser in der vorderen Kammer ernährt. Es gibt zahlreiche freie Nervenendigungen in der Kornea; sie ist der empfindlichste Teil des Auges. Das ist sinnvoll, da eine Beschädigung der Hornhaut zur Erblindung führt, auch wenn der Rest des Auges, einschließlich der Fotorezeptoren, normal funktioniert.

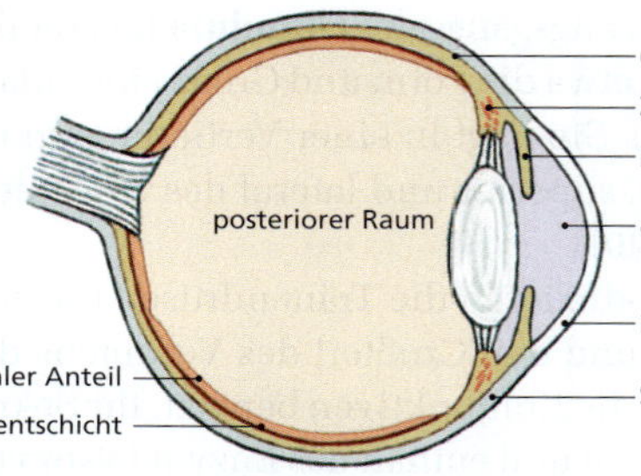

(a) Rechtes Auge im Horizontalschnitt

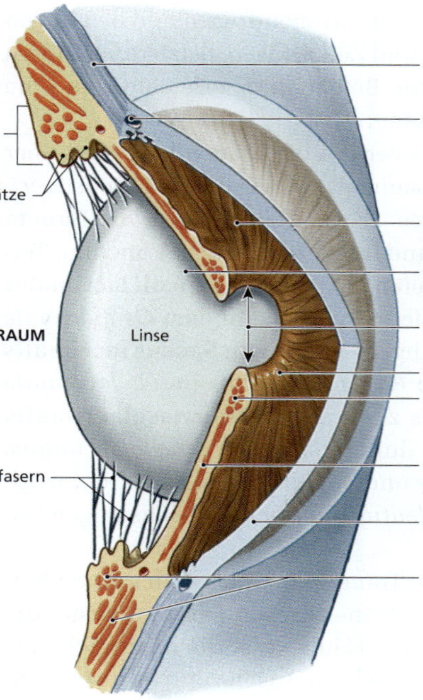

(b) Die Räume des Auges

Abbildung 18.22: Die Linse und die Räume des Auges. (a) Die Linse hängt zwischen dem hinteren Raum und der hinteren Kammer des vorderen Raumes. (b) Die Zonulafasern, die die Linse mit dem Ziliarkörper verbinden, halten sie in ihrer Position.

Tunica media bulbi (Uvea)

Die *Tunica media bulbi* (Uvea, Aderhaut) enthält zahlreiche Blut- und Lymphgefäße und die inneren Augenmuskeln. Zu den Funktionen dieser Schicht gehören 1. die Richtungsvorgabe für die Blut- und Lymphgefäße, die das Auge versorgen, 2. die Regulierung des Lichteinfalls in das Auge, 3. die Sekretion und Reabsorption des Kammerwassers, das im Auge zirkuliert, und 4. die Kontrolle der Linsenform, wichtig für die Fokussierung. Zur Uvea gehören die Iris, der Ziliarkörper und das Choroid (**Abbildung 18.22**; siehe auch Abbildung 18.21a, b, d und e).

Die Iris Die Iris ist durch die transparente Kornea hindurch sichtbar. Die Iris enthält Blutgefäße, Pigmentzellen und zwei Schichten glatter Muskulatur, die zu den inneren Augenmuskeln gehören. Die Kontraktion dieser Muskeln führt zu einer Größenveränderung der zentralen Öffnung der Iris, der **Pupille**. Eine Gruppe von glatten Muskeln liegt in konzentrischen Ringen um die Pupille herum (**Abbildung 18.21**c). Bei einer Kontraktion dieser **Mm. sphincter pupillae** verkleinert sich die Pupille. Eine zweite Gruppe verläuft radial von der Kante der Pupille nach außen. Die Kontraktion dieser *Mm. dilatores pupillae* bewirkt eine Vergrößerung der Pupille. Diese beiden antagonistischen Muskelgruppen werden vom autonomen Nervensystem gesteuert. Eine parasympathische Aktivierung führt zu einer Pupillenkonstriktion, die sympathische Aktivierung zu einer Pupillendilatation.

Der Korpus der Iris besteht aus Bindegewebe, dessen posteriore Fläche mit einem pigmenthaltigen Epithel bedeckt ist. Pigmentzellen können sich auch im Bindegewebe der Iris befinden sowie in dem Epithel, das ihre Vorderfläche bedeckt. Die Farbe der Iris wird durch die Dichte und die Verteilung der Pigmentzellen bestimmt. Wenn die Iris keine Pigmente enthält, geht das Licht durch sie hindurch und wird erst von der Innenfläche des Pigmentepithels reflektiert; die Augen erscheinen blau. Menschen mit grauen, braunen oder schwarzen Augen haben entsprechend mehr Pigmentzellen im Korpus und auf der Oberfläche der Iris.

Der Ziliarkörper In der Peripherie ist die Iris mit dem anterioren Anteil des Ziliarkörpers verwachsen. Der **Ziliarkörper** beginnt am Übergang von Kornea zu Sklera und reicht nach posterior an die **Ora serrata** (siehe Abbildung 18.21b, d und e sowie 18.22b). Er besteht hauptsächlich aus dem dicken, zirkulären **M. ciliaris**, der in das Augeninnere hineinragt. Das Epithel bildet zahlreiche Falten, die **Processus ciliares** (Ziliarfortsätze). An ihren Spitzen sind die **Zonulafasern** der Linse befestigt. Diese bindegewebigen Fasern halten die Linse hinter der Iris und mittig hinter der Pupille. So muss alles Licht, das durch die Pupille dringt, auf seinem Weg zu den Fotorezeptoren durch die Linse.

Das Choroid Sauerstoff und Nährstoffe erreichen die äußeren Anteile der Retina über ein ausgedehntes Kapillarnetzwerk im Choroid. Es enthält auch vereinzelte Melanozyten, die besonders an den Kanten des Choroids zur Sklera hin gehäuft vorkommen (siehe Abbildung 18.21a, b, d und e). Der innerste Anteil der Choroidea ist mit der äußersten Schicht der Retina verbunden.

Tunica interna bulbi (Retina)

Die *Tunica interna bulbi* oder **Retina** besteht aus zwei getrennten Schichten: einer äußeren **Pigmentschicht** und der inneren **neuronalen Retina**, die die visuellen Rezeptoren und die dazugehörigen Neurone enthält (**Abbildung 18.23**; siehe auch Abbildung 18.21). Die Pigmentschicht absorbiert das Licht hinter der Retina; es gibt wichtige biochemische

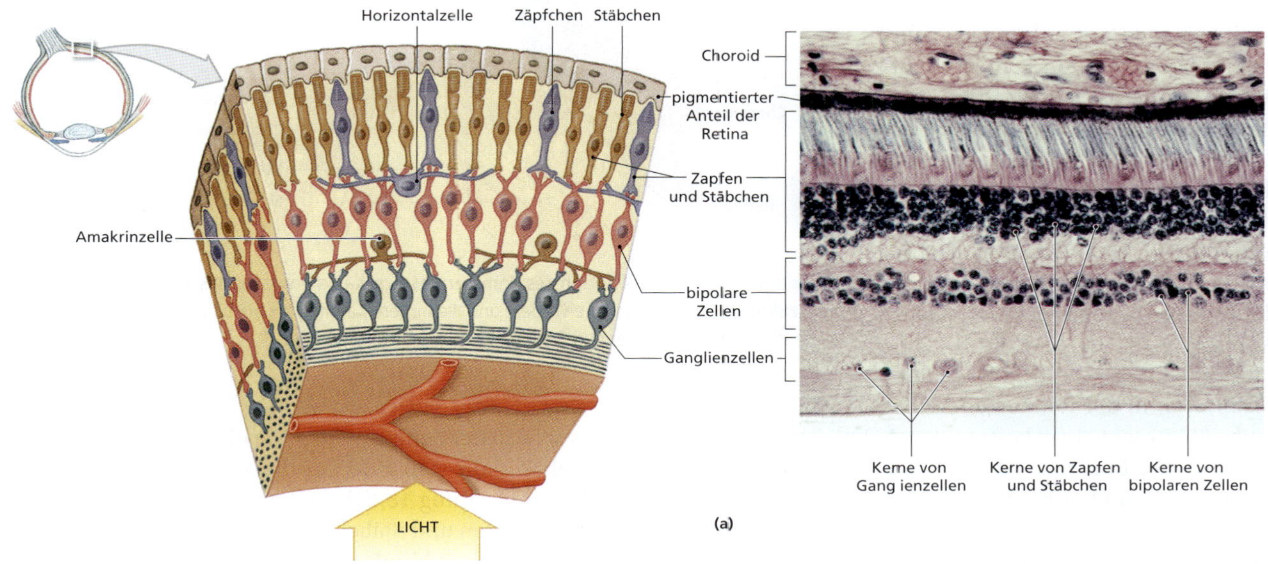

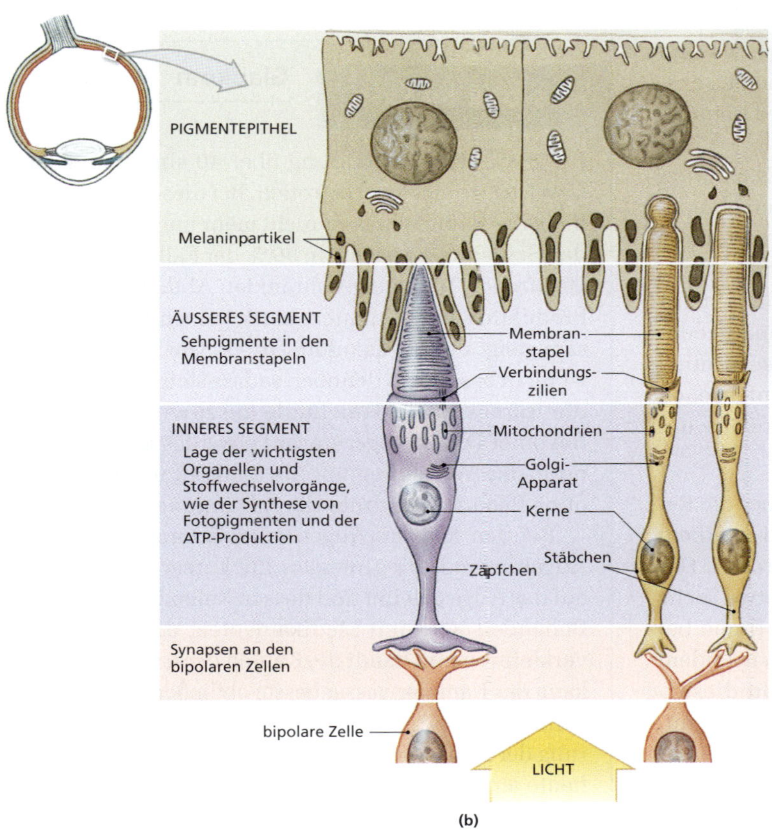

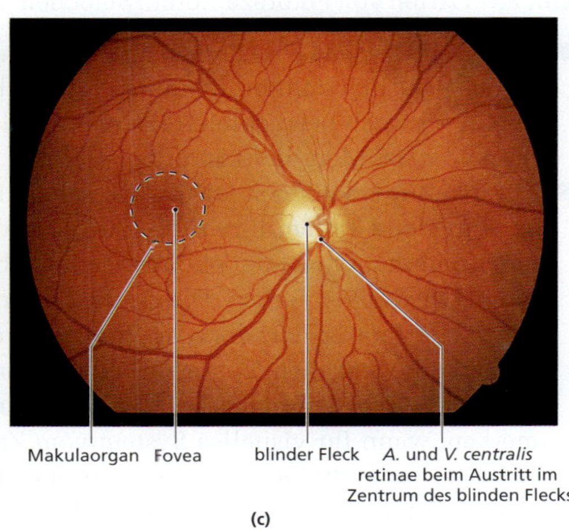

Abbildung 18.23: Der Aufbau der Retina. (a) Histologische Struktur der Retina. Beachten Sie, dass die Fotorezeptoren nahe am Choroid und nicht etwa zum Glaskörper hin liegen (Lichtmikroskop, 73-fach). (b) Schematische Darstellung der Feinstruktur von Stäbchen und Zapfen nach elektronenmikroskopischen Untersuchungen. (c) Foto durch die Pupille hindurch mit Darstellung der retinalen Blutgefäße, dem Ursprung des N. opticus und dem Discus opticus.

Interaktionen zwischen ihr und den Fotorezeptoren der Retina. Bestandteile der neuralen Retina sind 1. die Fotorezeptoren, die auf Licht reagieren, 2. Stützzellen und die Neurone, die die ersten Verarbeitungsschritte und die Integration visueller Reize durchführen, und 3. die Blutgefäße, die die Gewebe des posterioren Raumes versorgen.

Die neurale Retina und die Pigmentschicht liegen normalerweise sehr eng aneinander, sind aber nicht fest miteinander verbunden. Die Pigmentschicht setzt sich über den Ziliarkörper und die Iris hinaus fort; die neurale Retina reicht nach anterior nur bis an die *Ora serrata*. Sie bildet daher einen Becher, der die posterioren und lateralen Grenzen des hinteren Raumes definiert (siehe Abbildung 18.21b, d, e und f).

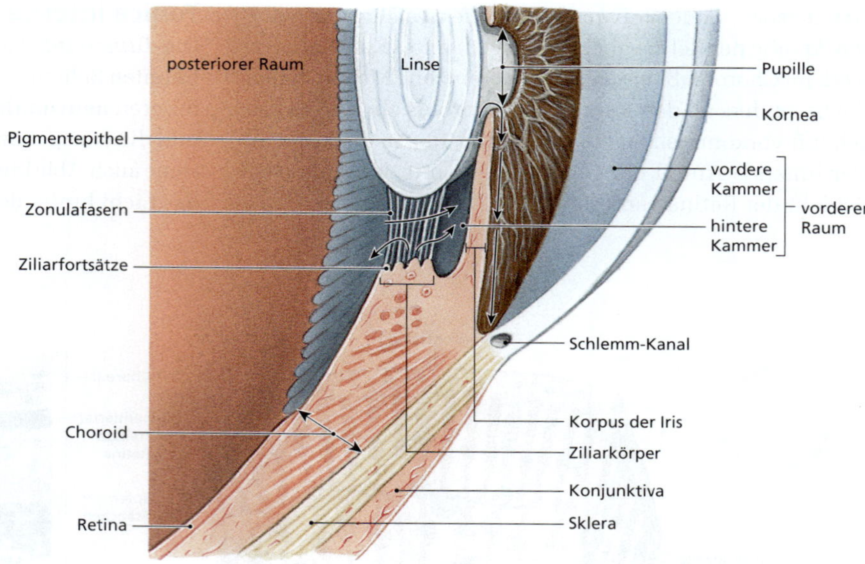

Abbildung 18.24: Die Zirkulation des Kammerwassers. Kammerwasser, das am Ziliarkörper sezerniert wird, zirkuliert sowohl durch die vordere und die hintere Kammer als auch durch den posterioren Raum (siehe Pfeile), bevor es über den Schlemm-Kanal reabsorbiert wird.

Es gibt etwa 130 Millionen **Fotorezeptoren** in der Retina; jeder von ihnen überwacht einen bestimmten Anteil der Retinafläche. Ein visueller Eindruck entsteht aus der Verarbeitung der Reize der gesamten Rezeptorfläche. Im Schnittbild sieht man, dass die Retina aus mehreren Zellschichten besteht (siehe Abbildung 18.23a und b). Die äußerste Schicht gleich an der Pigmentschicht enthält die visuellen Rezeptoren. Es gibt zwei Arten von Fotorezeptoren: Stäbchen und Zapfen:

- **Stäbchen** können keine Farben unterscheiden. Sie sind jedoch sehr lichtempfindlich und ermöglichen es uns, uns in schwach beleuchteten Räumen, in der Dämmerung oder bei Mondlicht zu orientieren.
- Mit den **Zapfen** können wir Farben sehen. Es gibt drei verschiedene Typen; ihre Stimulation in verschiedenen Kombinationen ermöglicht uns die Wahrnehmung unterschiedlicher Farben. Die Zapfen übermitteln klarere, schärfere Bilder, doch sie brauchen dazu mehr Licht als die Stäbchen. Wenn Sie beim Sonnenauf- oder -untergang draußen sitzen, werden Sie wahrscheinlich merken, wann Ihr visuelles System vom Zapfensehen (scharfe, bunte Bilder) zum Stäbchensehen (relativ unscharfe Bilder in Schwarz-Weiß) wechselt.

Zapfen und Stäbchen sind nicht gleichmäßig über die Retina verteilt. Etwa 125 Millionen Stäbchen sind in einem breiten Band um den Rand der Retina angeordnet. Der posteriore Abschnitt der Retina wird von den etwa sechs Millionen Zapfen dominiert. Die meisten von ihnen befinden sich dort, wo die Lichtstrahlen auftreffen, nachdem sie durch Hornhaut und Linse gefallen sind. In diesem Bereich, den man **Macula lutea** (sog. gelber Fleck) nennt, gibt es keine Stäbchen. Die größte Dichte von Zapfen findet sich in der Mitte der *Macula lutea* in der **Fovea centralis**. (lat.: fovea = die Grube, die Lücke) Die Fovea ist der Ort des schärfsten Sehens; wenn Sie einen Gegenstand direkt ansehen, fällt sein Bild auf diesen Abschnitt der Retina (siehe Abbildung 18.21b und e sowie 18.23c).

Die Zapfen und Stäbchen bilden Synapsen mit den etwa sechs Millionen **bipolaren Zellen** (siehe Abbildung 18.23a

AUS DER PRAXIS

Glaukom

Etwa 2 % der Bevölkerung über 40 sind vom Glaukom (sog. grüner Star) betroffen. Bei dieser Erkrankung fließt das Kammerwasser nicht mehr ungehindert über den Schlemm-Kanal ab. In 90 % der Fälle ist die Ursache unklar. Trotz eingeschränkten Abflusses läuft die Produktion von Kammerwasser jedoch weiter; langsam steigt der intraokuläre Druck. Die fibröse Sklera ist nicht besonders dehnbar, sodass sich der Druck auf die intraokulären Weichteile auszuwirken beginnt. Bei einer Drucksteigerung auf etwa das Doppelte des normalen Wertes beginnt die Sehkraft nachzulassen; ohne Behandlung droht die Erblindung.

Bei den meisten Augenuntersuchungen wird der Augeninnendruck gemessen. Ein kurzer Luftstoß wird auf das Auge geleitet und dessen Reflexion gemessen. Behandelt wird mit Medikamenten, die die Pupille verkleinern und damit die Kanten der Iris spannen; so kann das Kammerwasser besser abfließen. Chirurgisch kann die Wand der vorderen Kammer zur Verbesserung der Drainage perforiert werden; der Eingriff wird heute ambulant mit Laser durchgeführt.

AUS DER PRAXIS

Katarakt

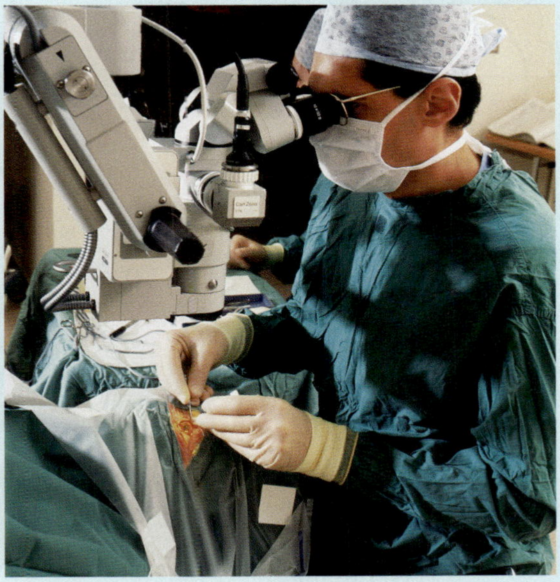

Damit die Linse transparent bleibt, muss eine bestimmte Kombination struktureller und biochemischer Charakteristika präzise eingehalten werden. Wenn sie aus dem Gleichgewicht geraten, verliert die Linse ihre Transparenz und verändert ihre Form; sie wird härter und flacher. Man nennt dies **Katarakt** oder **grauen Star**. Die Linse wirkt wie ein beschlagenes Fenster; das Bild, das die Retina erreicht, ist verzerrt und unscharf.

Eine Katarakt kann angeboren oder durch Medikamentennebenwirkungen, Verletzungen oder Bestrahlungen verursacht sein. Die häufigste Form ist jedoch die senile Katarakt, eine Alterserscheinung. Im Laufe der Zeit verliert die Linse ihre Elastizität; scharfes Sehen in der Nähe wird schwieriger (sog. Altersweitsichtigkeit). Die Katarakt entwickelt sich langsam und schmerzfrei. Die Eintrübung betrifft anfangs nur kleine Bereiche der Linse, sodass sie den Betroffenen selbst nicht auffällt.

Später wird die Linse langsam gelblich und sichtbar trübe; die Betroffenen brauchen hellere Leselampen, höhere Kontraste und größere Drucktypen. Gegenstände verschwimmen; die Sonne, Lampen oder die Scheinwerfer entgegenkommender Fahrzeuge führen zu einer verstärkten Blendung. Das Autofahren wird unangenehm und gefährlich. Eine Ermüdung der Augen und häufigeres Blinzeln treten auf; die Farben erscheinen blasser oder gar gelbstichig.

Wenn die Linse vollständig eingetrübt ist, ist man faktisch blind, auch wenn die Rezeptoren der Retina normal funktionieren. Moderne chirurgische Verfahren beinhalten die Entfernung der Linse, ganz oder nach Zertrümmerung mit hochfrequenten Schallwellen. Danach wird eine künstliche Linse eingesetzt und die Sehkraft anschließend mit einer Brille oder Kontaktlinsen optimiert.

und b). Die Stimulation von Zapfen und Stäbchen ändert die Rate der Freisetzung von Neurotransmittern, was wiederum die Aktivität der bipolaren Zellen beeinflusst. Die **Horizontalzellen** auf derselben Ebene bilden ein Netzwerk, das die Kommunikation zwischen den Rezeptoren und den bipolaren Zellen hemmen oder fördern kann. Bipolare Zellen ihrerseits bilden Synapsen auf den **Ganglienzellen** in der dem Glaskörper zugewandten Schicht. Die **Amakrinzellen** in dieser Schicht modulieren die Kommunikation zwischen den bipolaren und den Ganglienzellen. Die Ganglienzellen sind die einzigen Zellen der Retina, die Aktionspotenziale an das Gehirn senden.

Axone von etwa einer Million Ganglienzellen laufen im *Discus opticus* (Papille) zusammen, durchdringen die Wand des Auges und ziehen als *N. opticus* (II) in Richtung Dienzephalon (siehe Abbildung 18.21b und e). Die *A.* und die *V. centralis retinae*, die die Retina versorgen, ziehen durch die Mitte des *N. opticus* und tauchen in der Mitte der Papille im Augeninneren auf (siehe Abbildung 18.23c). Auf der Papille gibt es keine Fotorezeptoren oder andere retinale Strukturen. Da Lichtstrahlen, die hier auftreffen, daher nicht wahrgenommen werden, nennt man sie auch den „blinden Fleck". Ihnen fällt kein „leerer" Fleck in Ihrem Blickfeld auf, weil das Auge das Bild durch unwillkürliche Bewegungen ständig bewegt und das Gehirn die fehlende Information ergänzt.

Die Räume des Auges

Die Räume des Auges sind der **posteriore Raum**, die **hintere** und die **vordere Augenkammer**. Die beiden Letzteren sind mit Kammerwasser gefüllt.

Das **Kammerwasser** wird ständig gebildet, indem interstitielle Flüssigkeit zwischen den Epithelzellen der Ziliarfortsätze hindurch in die hintere Kammer gelangt (**Abbildung 18.24**). Die Epithelzellen scheinen seine Zusammensetzung zu überwachen; sie ähnelt der von Liquor. Das Kammerwasser zirkuliert; daher dient es außer als Abpolsterung auch als Transportmedium für Nähr- und Abfallstoffe.

Das Kammerwasser kehrt durch die vordere Kammer nahe der Iriskante in den Blutkreislauf zurück. Nach Diffusion durch das dortige Epithel gelangt es in den **Schlemm-Kanal**, der mit den Venen des Auges in Verbindung steht. Die **Linse** liegt hinter der Hornhaut; sie wird durch die Zonulafasern stabilisiert, die am Ziliarkörper des Choroids entspringen (siehe Abbildung 18.24). Die Linse und ihr Halteapparat bilden die anteriore Begrenzung des hinteren Raumes. Dieser Raum enthält den **Glaskörper**, eine

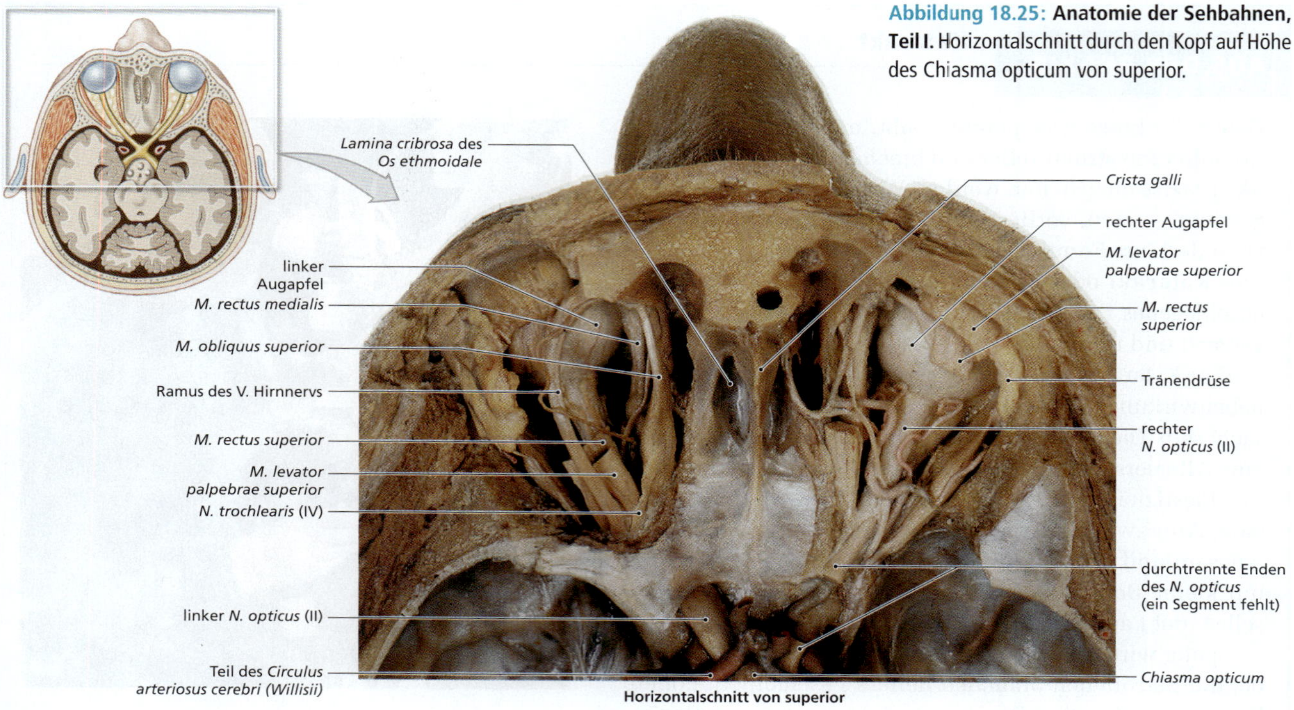

Abbildung 18.25: Anatomie der Sehbahnen, Teil I. Horizontalschnitt durch den Kopf auf Höhe des Chiasma opticum von superior.

> **AUFGABEN**
>
> **1** Welche Schicht im Auge wäre bei unzureichender Tränenproduktion zuerst betroffen?
>
> **2** Bei einem abnorm hohen Anstieg des Augeninnendrucks sind welche Strukturen des Auges beeinträchtigt und inwiefern?
>
> **3** Könnte ein Mensch, der ohne Zapfen in den Augen geboren wird, sehen? Erläutern Sie.
>
> **4** Im Präpariersaal fragt Ihr Kommilitone: „Was sind eigentlich Ziliarfortsätze und wozu dienen sie?" Was antworten Sie?

gallertige Masse. Er erhält die Form des Auges, stützt die Linse von hinten und stabilisiert die Retina, indem er sie gegen die Pigmentschicht drückt. Kammerwasser diffundiert leicht durch ihn und die Retina hindurch.

Die Linse

Die Hauptfunktion der Linse ist die Fokussierung der visuellen Eindrücke auf die Fotorezeptoren der Retina. Sie erreicht dies, indem sie ihre Form verändert. Sie besteht aus konzentrisch und sehr präzise angeordneten Schichten (siehe Abbildung 18.21b, de und e sowie 18.24). Die gesamte Linse ist von einer dichten Faserkapsel umgeben. Viele der Kapselfasern sind elastisch; wenn kein Druck von außen ausgeübt wird, kontrahieren sie, und die Linse rundet sich. An den Kanten der Linse sind die Kapselfasern mit den Zonulafasern verwoben.

In Ruhe überwiegt die Spannung der Zonulafasern diejenige der elastischen Kapsel; die Linse flacht sich ab. In dieser Position ist das Auge in die Weite fokussiert. Kontrahiert der *M. ciliaris*, bewegt sich der Ziliarkörper auf die Linse zu, wodurch die Spannung der Zonulafasern abnimmt, die Linse sich rundet und das Auge damit auf die Nähe fokussiert.

18.6.3 Die Sehbahn

Jeder Zapfen und jedes Stäbchen überwacht sein spezifisches Rezeptorfeld. Ein visueller Eindruck entsteht aus der Verarbeitung der Reize der gesamten Rezeptorfläche. Aufgrund der Interaktionen zwischen den verschiedenen Zelltypen findet ein signifikanter Anteil der Verarbeitung bereits vor der Weiterleitung in das Gehirn in der Retina statt.

Die beiden *Nn. optici*, von jedem Auge einer, erreichen das Dienzephalon am *Chiasma opticum* (**Abbildung 18.25**). An diesem Punkt kommt es zu einer teilweisen Kreuzung: Etwa die Hälfte der Fasern zieht weiter an das *Corpus geniculatum laterale* derselben Seite; die andere Hälfte kreuzt zum *Corpus geniculatum laterale* der Gegenseite (**Abbildung 18.26**). Visuelle Eindrücke von der linken Hälfte beider Retinae gelangen an das *Corpus geniculatum laterale* der linken Seite, die der beiden rechten Hälften an die rechte Seite. In den *Corpora geniculata lateralia* werden die Informationen verschaltet und sowohl an Reflexzentren im Hirnstamm als auch an die Hirnrinde

Abbildung 18.26: Anatomie der Sehbahnen, Teil II. (a) Gehirn von inferior nach Entfernung eines Großteils des Hirnstamms; außerdem fehlen Teile des Großhirns zwecks Darstellung des Tractus opticus. (b) Am Chiasma opticum kommt es zu einer teilweisen Kreuzung der Nervenfasern. So kommt es, dass jede Hemisphäre visuelle Eindrücke von der lateralen Hälfte der Retina derselben Seite und von der medialen Hälfte der Retina der Gegenseite erhält. Visuelle Assoziationsareale verarbeiten diese Signale zu einem zusammengesetzten Bild des gesamten Gesichtsfelds.

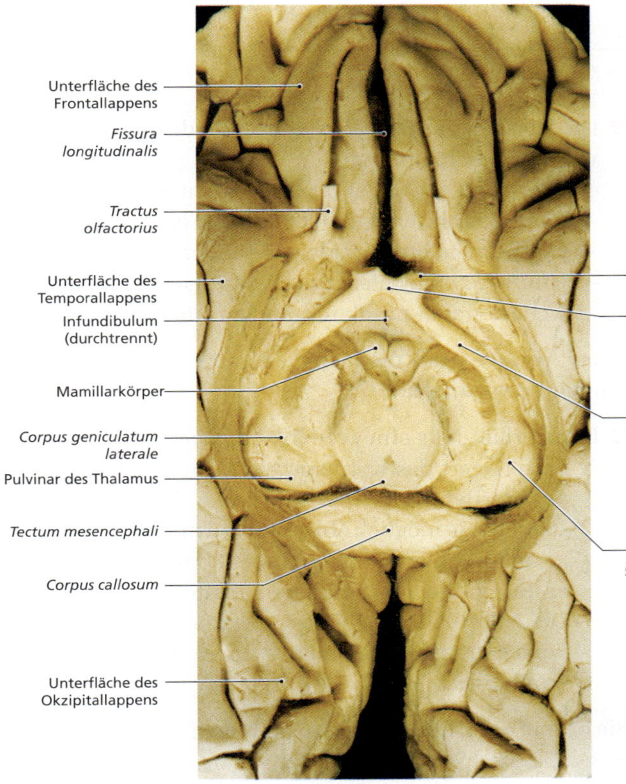

(a) Gehirn von inferior

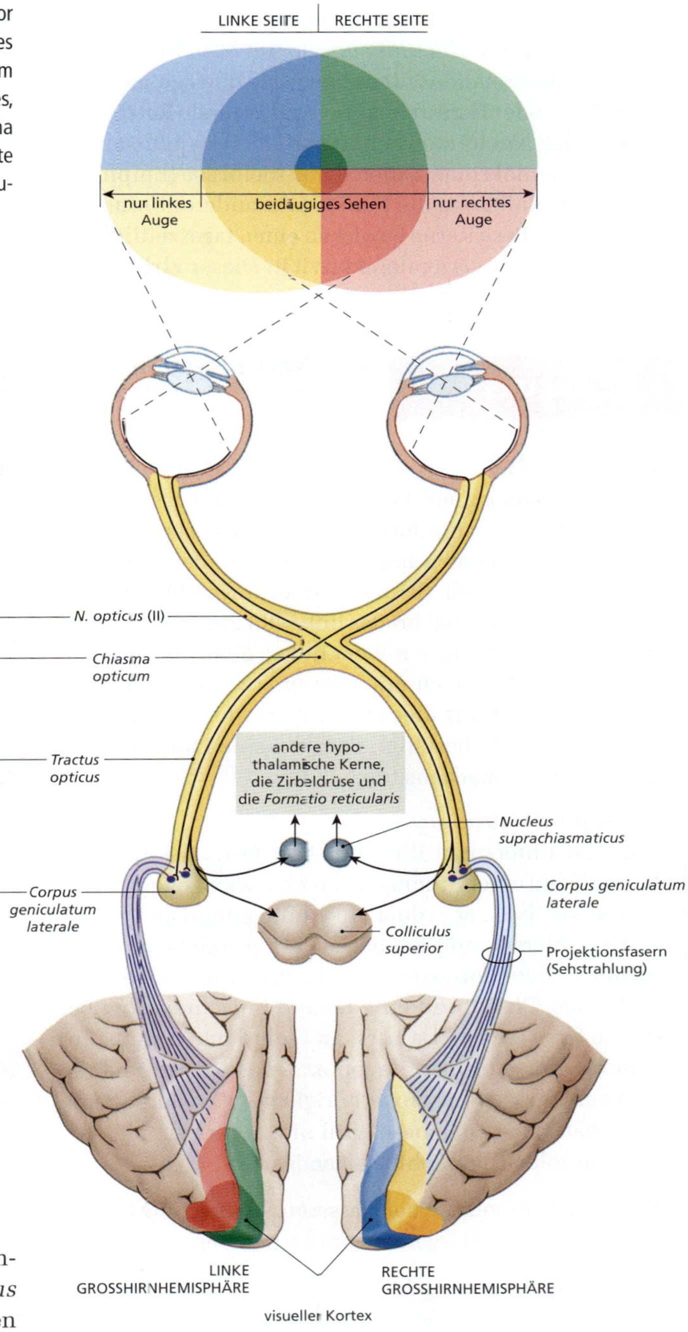

(b) Die Sehbahnen

weitergeleitet. Die Reflexe, die die Augenbewegungen kontrollieren, werden von Reizen ausgelöst, die am *Corpus geniculatum laterale* vorbeiziehen und Synapsen in den *Colliculi superiores* bilden.

Integration in der Hirnrinde

Ein visueller Eindruck entsteht durch die Vernetzung von Informationen, die im visuellen Kortex der Okzipitallappen des Großhirns ankommen. Der visuelle Kortex enthält eine sensorische Karte des gesamten Gesichtsfelds, wobei diese (ähnlich wie am primär-sensorischen Kortex) die Relationen der Retina nicht 1 : 1 abbildet.

Die Augen übermitteln außerdem leicht unterschiedliche Bilder, da 1. ihre Foveae 5 – 7 cm auseinander liegen und 2. Nase und Orbitakanten jeweils den Blick auf die Gegenseite einschränken. Die Assoziationsareale und die Integrationszentren vergleichen die beiden Perspektiven (siehe Abbildung 18.26) und ermöglichen dadurch das dreidimensionale Sehen. Die teilweise Kreuzung am *Chiasma opticum* sorgt dafür, dass am visuellen Kortex ein zusammengesetztes Bild des gesamten Gesichtsfelds ankommt.

Der Hirnstamm und die Verarbeitung visueller Reize

Viele Zentren im Gehirn erhalten visuelle Informationen, entweder über das *Corpus geniculatum laterale* oder über Kollateralen der *Tractus optici*. Kollateralen, die die *Corpora geniculata lateralia* umgehen, bilden Synapsen im

Colliculus superior oder im Hypothalamus (siehe Abbildung 18.26b). Der *Colliculus superior* im Mittelhirn erteilt motorische Kommandos für unbewusste Bewegungen von Augen, Kopf oder Hals in Reaktion auf visuelle Reize. Reize, die zu den **Nuclei suprachiasmatici** im Hypothalamus und zu den endokrinen Zellen der Zirbeldrüse (Epiphyse) gelangen, beeinflussen die Funktionen anderer Kerne des Hirnstamms. Diese Kerne bewirken einen tageszeitlich angepassten Verlauf viszeraler Aktivität. Dieser **zirkadiane Rhythmus** (lat.: circa = um, gegen; dies = der Tag) hat Einfluss auf die Stoffwechselaktivität, endokrine Funktionen, den Blutdruck, die Verdauungstätigkeit, den Schlaf-Wach-Rhythmus und andere physiologische Vorgänge.

Zusammenfassung Embryologie

Eine Zusammenfassung der Entwicklung des Nervensystems finden Sie in Kapitel 28 (Embryologie und Entwicklung des Menschen).

EXKURS

Das Nervensystem

Wie bitte???

Lars Brandenburg, ein 41-jähriger Maschinist, stellt sich wegen einer Hörminderung beim Betriebsarzt vor. Es habe vor drei Monaten angefangen; er habe den Eindruck, es werde schlimmer. Seiner Frau sei aufgefallen, dass er ihr im Gespräch vermehrt das linke Ohr zuwendet; außerdem könne er nur noch mit der linken Seite telefonieren. Er teilt dem Arzt auch mit, dass er etwas gangunsicher geworden sei, führt dies aber auf sein fortschreitendes Alter zurück. Er bestätigt, dass er seine Ohrenstopfen bei der Arbeit meistens trägt.

Die Erstuntersuchung

Der Arzt untersucht ihn und stellt fest, dass Lars die hohen Töne einer Stimmgabel rechts weniger gut wahrnimmt als links; er ordnet ein Audiogramm an.

Die Untersuchung am nächsten Tag ergibt eine signifikante Schwerhörigkeit für hohe und mittelhohe Töne an beiden Ohren und eine leichte Einschränkung bei den tieferen Tönen. Da Lars eine sehr laute Arbeitsumgebung hat, geht man davon aus, dass er eine häufig vorkommende Lärmschwerhörigkeit für hochfrequente Töne hat. Eine Anamnese wird nicht erhoben.
Der Audiologe empfiehlt Folgendes:

- Lars soll ab sofort einen besseren Gehörschutz tragen.
- Lars soll sich Hörgeräte anpassen lassen.

Zwei Monate später geht Lars erneut zum Betriebsarzt. Trotz des neuen Gehörschutzes hat sich sein Gehör weiter verschlechtert. Außerdem klagt er über ein Taubheitsgefühl im Gesicht und eine Ungeschicklichkeit der rechten Hand. Beim Gehen hat er häufig Probleme mit dem rechten Bein. Der Betriebsarzt überweist Lars an einen Neurologen.

Die weiteren Untersuchungen

Die Neurologin liest die Untersuchungsergebnisse des Betriebsarzts und des Audiologen und führt eigene Untersuchungen durch.

- Lars hat einen Nystagmus, der sich bei Blickwendung nach rechts deutlich verstärkt.
- Die Neurologin bittet Lars, die folgende einfache Bewegung durchzuführen:
  - Lars beugt den einen Ellenbogen um 90° und supiniert die Hand mit der Handfläche nach oben und parallel zum Boden; er legt die andere Hand darauf.
  - Nun wird er gebeten, die zweite Hand schnell abwechselnd zu pronieren und zu supinieren.

Diese Aufgabe prüft die Fähigkeit zu raschen, alternierenden Bewegungen.

- Dann erhält Lars eine weitere Aufgabe:
  - Er verlagert das Körpergewicht zum größten Teil auf ein Bein und tippt mit der anderen Seite so schnell wie möglich abwechselnd mit der Fußspitze und der Ferse auf den Boden. Dann wiederholt er die Übung mit der anderen Seite.
  - Die Neurologin stellt fest, dass er auf der einen Seite extrem ungeschickt ist und die Übung nicht durchführen kann.

Sie ordnet ein CT an, das keine pathologischen Befunde zeigt. Da die hintere Schädelgrube im CT nicht vollständig dargestellt werden kann, wird auch noch ein MRT angeordnet.

Überlegungen

Nach der Durchsicht der Ergebnisse wiederholen Sie den Stoff der Kapitel 11 bis 17 und überlegen, welche anatomischen Fakten Sie präsent haben müssen, um die Befunde von Lars zu verstehen.

- Welche Strukturen sind an der Wahrnehmung von Tönen beteiligt?
- Beschreiben Sie die Hörbahn für die Weiterleitung von Aktionspotenzialen vom Innenohr bis an die Hirnrinde.

Analyse und Interpretation

Dies sind die Antworten auf die Fragen, die oben gestellt wurden:

- Die Strukturen für die Wahrnehmung von Tönen sind das äußere Ohr, das Mittelohr und das Innenohr.
- Die Hörbahn ist auf Seite 8 beschrieben.

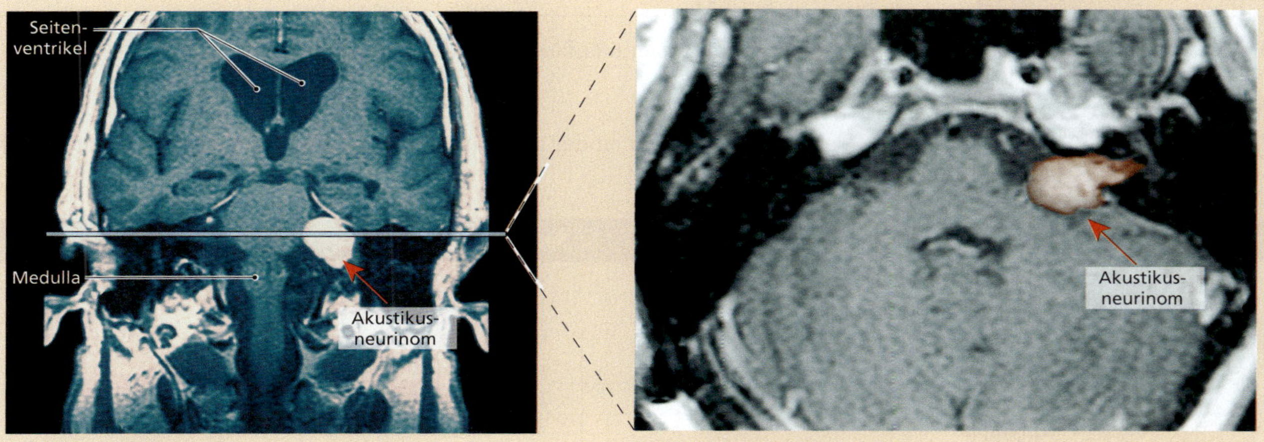

(a) MRT, Frontalebene

(b) MRT, Horizontalebene

Abbildung 18.27: Akustikusneurinom. (a) MRT im Horizontalschnitt mit Akustikusneurinom. (b) MRT im Frontalschnitt mit Akustikusneurinom.

Diagnose

Lars leidet an einem Tumor, einem Akustikusneurinom des VIII. Hirnnervs. Er komprimiert den Hirnstamm von lateral. Beispiele für diese Erkrankung sehen Sie in **Abbildung 18.27**.

Der VIII. Hirnnerv ist ein sensorischer Nerv für spezielle Sinne; er ist für Gleichgewicht und Balance *(R. vestibularis)* und das Hören *(R. cochlearis)* verantwortlich. Ein Tumor dieser Art unterbricht die Weiterleitung von Informationen von den kochleären und vestibulären Anteilen des Innenohrs an das Gehirn. Es kommt zu einer Hörminderung und einer Gleichgewichtsstörung; hiermit sind viele von Lars' Symptomen erklärt.

Ein Akustikusneurinom ist ein benigner (gutartiger) Tumor aus dem Endoneurium des VIII. Hirnnervs. Außer den Beeinträchtigungen von Gleichgewichts- und Hörsinn (oft auch mit Ohrgeräuschen [Tinnitus]) kommt in Lars' Fall auch noch die Kompression von Hirnstamm und Kleinhirn dazu, die dann ebenfalls nicht mehr richtig arbeiten. Obwohl der Tumor gutartig ist, kann er unbehandelt lebensbedrohlich sein, da er den intrakraniellen Druck im Bereich des Hirnstamms erhöht.

Begriffe Exkurs:

Audiologe: Fachmann für die Beurteilung und Behandlung von Personen mit Kommunikationsproblemen durch Schwerhörigkeit
Nystagmus: unwillkürliche rhythmische Bewegungen der Augäpfel
Sensibilitätsprüfung der Haut: Mit einem spitzen Gegenstand wird an verschiedenen Stellen die Empfindlichkeit der Haut auf Berührung und Schmerz getestet.

DEFINITIONEN

Audiogramm: grafische Darstellung der Ergebnisse eines Hörtests

Weber-Test: Test bei der Untersuchung auf Schallleitungsschwerhörigkeit, bei dem eine vibrierende Stimmgabel auf dem Kopf aufgesetzt wird

Katarakt (grauer Star): versteifte und eingetrübte Linse

Kochleaimplantat: Implantation von Elektroden in den *N. cochlearis* zur externen Stimulation eines Höreindrucks, wenn es kein funktionsfähiges Corti-Organ gibt

Schallleitungsschwerhörigkeit: Schwerhörigkeit aufgrund von Erkrankungen des Mittelohrs, die die Übertragung von Vibrationen des Trommelfells auf das ovale Fenster verhindern

Mastoiditis: Infektion und Entzündung der Zellulae im *Processus mastoideus*

Morbus Menière: Schwindelattacke durch Ruptur einer Membran im häutigen Labyrinth

Myringotomie: Drainage des Mittelohrs durch eine operativ geschaffene Öffnung im Trommelfell

Schallempfindungsschwerhörigkeit: Schwerhörigkeit aufgrund von Erkrankungen innerhalb der Kochlea oder im Verlauf der Hörbahn

Nystagmus: kurze ruckartige Augenbewegungen, die bei Schädigungen des Hirnstamms oder des Innenohrs vorkommen

Übertragener Schmerz: Schmerzreize von viszeralen Organen, die an anderen, weiter oberflächlich liegenden Arealen empfunden werden, die vom selben Spinalnerv versorgt werden

Skotom: fixierter, abnormer blinder Fleck

Schwindel: ein unangemessenes Gefühl von Bewegung

Zusammenfassung

Die Antworten auf die Fragen der Aufgaben und der Zusammenfassung finden Sie im Antwortteil.

Wiederholung von Fakten und Begriffen

Verbinden Sie die Begriffe der linken Spalte jeweils mit denen der rechten Spalte, die am besten passen; setzen Sie die Buchstaben in die Spalte vor die Zahlen.

	Spalte A			Spalte B
	1.	Überwachter Bereich	a.	Verlorene Transparenz
	2.	Physische Verformung	b.	Rezeptorfeld
	3.	Geruchssinn	c.	Wie Liquor
	4.	Geschmackssinn	d.	Mechanorezeptoren
	5.	Zeruminaldrüsen	e.	Bowman-Drüsen
	6.	Periplymphe	f.	*Ductus cochlearis*
	7.	Ampulle	g.	Vordere Kammer
	8.	Corti-Organ	h.	Geschmacksknospen
	9.	Kammerwasser	i.	Bogengang
	10.	Katarakt	j.	Äußerer Gehörgang

11 Den anterioren transparenten Teil der *Tunica fibrosa* bezeichnet man als
a. Kornea.
b. Sklera.
c. Iris.
d. Fovea.

12 Einen Rezeptor, der in den oberflächlichen Hautschichten besonders oft vorkommt und der auf Schmerzreize reagiert, nennt man
a. Propriozeptor.
b. Barorezeptor.
c. Nozizeptor.
d. Mechanorezeptor.

13 Rezeptoren für leichte Berührung und Druck übermitteln detaillierte Informationen zu
a. dem Ort des Reizes.
b. der Form des Reizes.
c. der Textur des Reizes.
d. Alle Angaben sind richtig.

14 Rezeptoren in Sakkulus und Utrikulus vermitteln Reize zu
a. Gleichgewicht und Balance.
b. Gehör.
c. Vibration.
d. Schwerkraft und linearer Beschleunigung.

15 Unterhalb der Subkutis haben die Augenlider eine stützende Struktur aus breiten bindegewebigen Platten. Man nennt sie
a. Palpebrae.
b. Tarsalplatten.
c. Chalazion.
d. medialer Kanthus.

16 Die *Tunica interna*
a. besteht aus drei getrennten Schichten.
b. enthält die Fotorezeptoren.
c. bildet die Iris.
d. Alle Angaben sind richtig.

17 Welche Bogengänge gibt es?
a. dorsaler und ventraler Bogengang
b. lateraler, medialer und mittlerer Bogengang
c. anteriorer, posteriorer und lateraler Bogengang
d. spiraliger, vertikaler und rückwärts gerichteter Bogengang

18 Mechanorezeptoren, die Druckschwankungen in Gefäßwänden und auch in Teilen des Verdauungs-, Fortpflanzungs- und Harntrakts wahrnehmen, sind die
a. Berührungsrezeptoren.
b. Barorezeptoren.
c. Propriozeptoren.
d. freien Nervenendigungen.

19 Die Muskelgruppen der Pupille werden vom autonomen Nervensystem gesteuert. Welche Reaktion der Pupillen bewirkt die parasympathische Aktivierung, welche die sympathische Aktivierung?
a. Dilatation; Konstriktion
b. Dilatation; Dilatation
c. Konstriktion; Dilatation
d. Konstriktion; Konstriktion

20 Akustische Informationen über die Region und die Intensität eines Reizes werden über den *R. cochlearis* welches Hirnnervs an das ZNS weitergeleitet?
a. IV
b. VI
c. VIII
d. X

Wiederholung von Lernzielen

1 Warum schmerzt eine schwere Verbrennung der Haut anfangs weniger als eine leichte Verbrennung?
a. Die Nozizeptoren der Haut sind mit verbrannt und können keine Schmerzreize an das ZNS mehr übermitteln.
b. Die schwere Verbrennung überwältigt die Nozizeptoren; sie adaptieren rasch, und Schmerz wird nicht mehr empfunden.
c. Bei einer leichten Verbrennung werden außer den Schmerzrezeptoren noch zahlreiche andere Rezeptortypen aktiviert.
d. Eine schwere Verbrennung liegt außerhalb des Sensibilitätsbereichs der meisten Schmerzrezeptoren.

2 Wie beeinflussen die *Mm. tensor tympani* und *stapedius* die Funktion des Ohres?
a. Sie haben keinen Einfluss auf das Gehör, spielen aber eine wichtige Rolle beim Gleichgewicht.
b. Sie erhöhen die Empfindlichkeit der Kochlea gegenüber Vibrationen durch die eingehenden Schallwellen.

c. Sie regulieren die Öffnung und den Verschluss der *Tuba auditiva*.
d. Sie dämpfen exzessiv laute Töne, die die empfindlichen Haarzellen schädigen könnten.

3 Beim Gedanken an köstliche Pralinen läuft einem das Wasser im Mund zusammen. Schärft diese physische Reaktion einen der Sinne Geschmack oder Geruch? Wenn ja, warum?
a. Nein, sie schärft weder den Geschmacks- noch den Geruchssinn.
b. Vermehrte Speichelbildung führt zu einem leichteren Gleiten des Essens durch den Mundraum; sie hat keinen Einfluss auf Geschmack oder Geruch.
c. Zusätzliche Feuchtigkeit erhöht die Löslichkeit von Molekülen, die so besser in die Geschmacksporen eindringen und die Geschmacksintensität erhöhen können; dies gilt analog für den Geruchssinn.
d. Nur der Geschmackssinn wird verbessert.

4 Was versteht man unter Rezeptorspezifität? Wie kommt sie zustande?

5 Was könnte die Freisetzung von Neurotransmittern durch eine Haarzelle in den synaptischen Spalt mit einem sensorischen Neuron steigern?

6 Welche Funktion haben die Haarzellen im Innenohr?

7 Welche funktionelle Bedeutung hat die sensorische Adaptation?

8 Welche Art Information über einen Reiz gibt die sensorische Kodierung?

9 Welche Konsequenz hätte eine Schädigung der Pacini-Körperchen im Arm?

10 In welchem Verhältnis stehen das knöcherne und das häutige Labyrinth zueinander?

Anwendung der Lerninhalte

1 Anna lässt sich Nasenpolypen entfernen. Nach der Operation stellt sie fest, dass ihr Geruchssinn nicht mehr so ausgeprägt ist wie vor dem Eingriff. Haben Sie eine Erklärung dafür?

2 Pascal ist zehn Monate alt; der Kinderarzt diagnostiziert beim ihm eine *Otitis media*. Was erzählt der Arzt der Mutter?

3 Aus welchen Gründen schwächt sich Ihr Geruchssinn bei einer Erkältung ab?

Eine Kurzzusammenfassung der wichtigsten Inhalte, sowie die Antworten zu den Fragen und weitere Arbeitsmaterialien finden sie auf unserer Companion Website unter: **www.pearson-studium.de/login**

Lernziele

1. Den grundlegenden Aufbau und die Funktionen des endokrinen Systems mit denen des Nervensystems vergleichen können.
2. Definieren können, was ein Hormon ist, die wichtigsten chemischen Hormonklassen beschreiben und erklären können, wie Hormone ihre Zielorgane kontrollieren.
3. Die strukturellen und funktionellen Beziehungen zwischen dem Hypothalamus und der Neurohypophyse erläutern können.
4. Die Struktur der Neurohypophyse und die Funktionen ihrer Hormone kennen.
5. Erklären können, wie der Hypothalamus die Adenohypophyse steuert.
6. Die Struktur der Adenohypophyse und die Funktionen ihrer Hormone kennen.
7. Die Produktion, Speicherung und Sekretion der Schilddrüsenhormone beschreiben können.
8. Den Aufbau der Nebenschilddrüse und die Funktion ihrer Hormone kennen.
9. Lage und Funktion des Thymus sowie die Funktion seiner Hormone beschreiben können.
10. Die Struktur der Nebennierenrinde kennen und die Hormone der einzelnen Regionen beschreiben können.
11. Namen und Funktionen der Hormone nennen können, die von den Nieren, dem Herz, dem Pankreas und anderen endokrinen Geweben des Verdauungstrakts gebildet werden.
12. Die Hormone aus den männlichen und weiblichen Gonaden aufzählen und die jeweilige Funktion benennen können.
13. Lage und Struktur der Zirbeldrüse (Epiphyse) kennen und die Funktion ihrer Hormone beschreiben können.
14. In den Grundzügen den Effekt des Alterns auf das endokrine System erläutern können.
15. Die Folgen abnormer Hormonproduktion kennen.

Das endokrine System

19

ÜBERBLICK

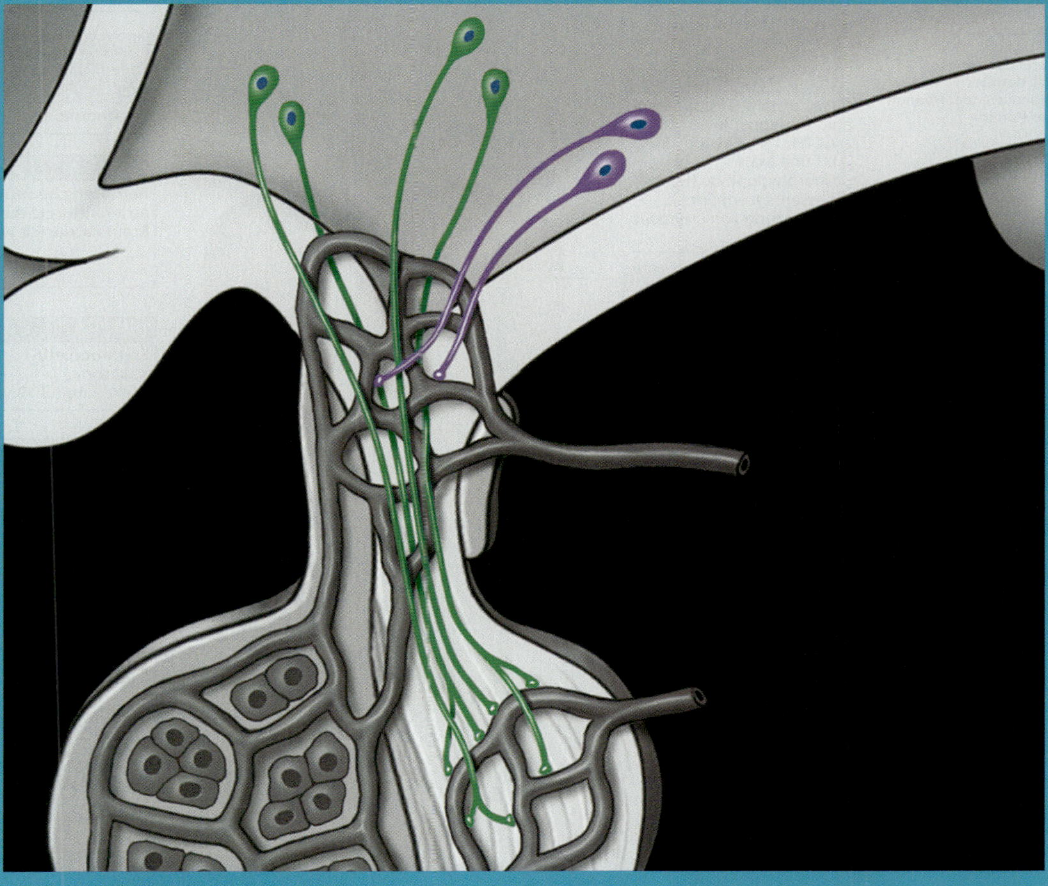

Zum Erhalt der Homöostase gehört auch die Koordination der Aktivitäten der Organe und Systeme des Körpers. Zellen sowohl des Nervensystems als auch des endokrinen Systems sind beständig zusammen damit beschäftigt, die physiologischen Aktivitäten des Körpers zu überwachen und den Gegebenheiten anzupassen. Die beiden Systeme arbeiten eng koordiniert; ihre Effekte ergänzen sich in der Regel. Im Allgemeinen vermittelt das Nervensystem kurzfristige (nur einige Sekunden anhaltende), aber dafür sehr spezifische Reaktionen auf Umweltreize. Im Gegensatz dazu geben endokrine Organe chemische Substanzen zur Verteilung im ganzen Körper in die Blutbahn ab. Diese Substanzen, die **Hormone**, beeinflussen die metabolische Aktivität vieler verschiedener Gewebe und Organe gleichzeitig. Die Wirkung setzt nicht unmittelbar ein, doch wenn sie kommt, hält sie oft tagelang an. Diese Art Reaktion macht das Hormonsystem besonders geeignet für die Steuerung fortlaufender Prozesse, wie Wachstum und Entwicklung.

Auf den ersten Blick kann man das Nervensystem und das endokrine System leicht voneinander unterscheiden. Wenn man aber genau hinsieht, findet man anatomische oder funktionelle Aspekte, bei denen eine klare Trennung schwierig wird. So handelt es sich beispielsweise beim Nebennierenmark um ein modifiziertes sympathisches Ganglion, dessen Neurone Adrenalin und Noradrenalin sezernieren. Das Nebennierenmark ist also ein endokrines Organ, das funktionell und entwicklungsgeschichtlich Teil des Nervensystems ist, wohingegen der Hypothalamus, der verschiedene Hormone produziert, anatomisch zum Gehirn gehört. Obwohl sich dieses Kapitel mit den Komponenten und Funktionen des endokrinen Systems beschäftigt, werden wir uns dennoch mit den Interaktionen zwischen dem endokrinen System und dem Nervensystem befassen müssen.

Überblick über das endokrine System 19.1

Zum endokrinen System gehören sämtliche endokrinen Zellen und Gewebe des Körpers (**Abbildung 19.1**).

Endokrine Zellen sind Drüsenzellen, die ihre Hormone direkt in das Interstitium, das Lymphsystem oder die Blutbahn sezernieren. Im Gegensatz dazu geben exokrine Drüsen ihre Sekrete auf Epithelflächen ab.

Hormone werden aufgrund ihrer chemischen Zusammensetzung in vier Gruppen eingeteilt:

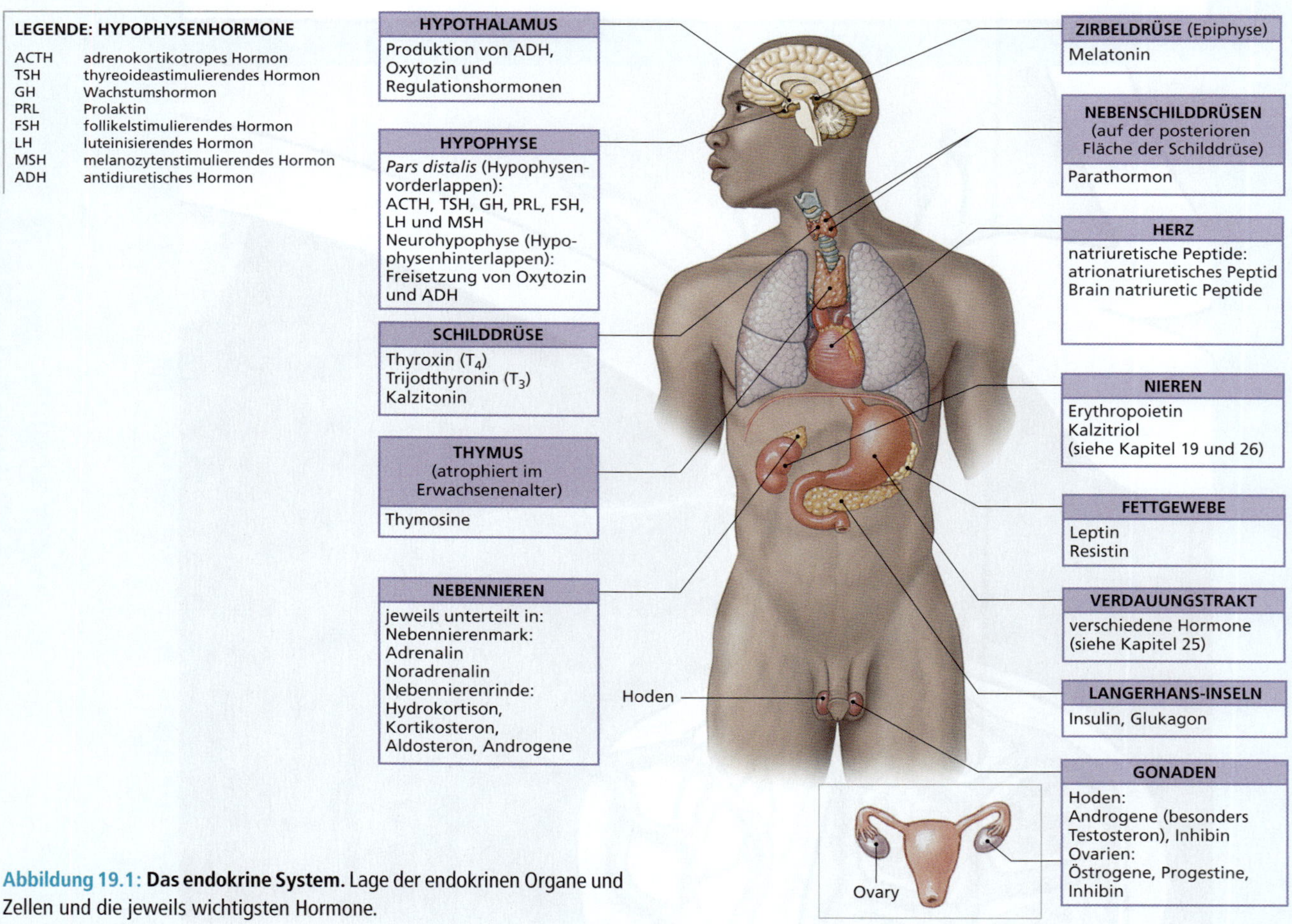

Abbildung 19.1: Das endokrine System. Lage der endokrinen Organe und Zellen und die jeweils wichtigsten Hormone.

- **Aminosäureabkömmlinge** sind relativ kleine Moleküle, die strukturell Aminosäuren ähneln. Beispiele sind zum einen Tyrosinderivate, wie die Schilddrüsenhormone, und die Katecholamine (Adrenalin und Noradrenalin) aus dem Nebennierenmark. Zum anderen sind die Tryptophanderivate, wie das **Melatonin** aus der Zirbeldrüse (Epiphyse), ebenfalls Aminosäureabkömmlinge.
- **Peptidhormone** sind Aminosäureketten. Dies ist die größte Hormongruppe; alle Hormone der Hypophyse sind Peptidhormone.
- **Steroidhormone** sind Cholesterinabkömmlinge; sie werden von den Fortpflanzungsorganen und den Nebennieren gebildet.
- **Eikosanoide** sind kleine Moleküle mit einem fünfgliedrigen Kohlenstoffring an einem Ende, die von den meisten Körperzellen gebildet werden. Sie koordinieren zelluläre Aktivitäten und beeinflussen enzymatische Reaktionen (wie etwa die Blutgerinnung) im Extrazellularraum.

Enzyme kontrollieren alle zellulären Aktivitäten und metabolischen Reaktionen. Hormone verändern **Art**, **Aktivität** und **Menge** der zytoplasmatischen Schlüsselenzyme. So beeinflussen Hormone die Stoffwechselaktivitäten ihrer Zielzellen in der Peripherie.

Endokrine Aktivitäten werden durch **endokrine Reflexe** gesteuert. Ausgelöst werden diese 1. durch **humorale Reize** (Veränderungen in der Zusammensetzung der extrazellulären Flüssigkeiten), 2. durch **hormonale Reize** (das Auftauchen oder Verschwinden eines bestimmten Hormons) oder 3. durch **neurale Reize** (Ausschüttung eines Neurotransmitters an einer neuroglandulären Synapse). In den meisten Fällen werden die endokrinen Reflexe durch irgendeine Form negativer Rückkopplung gesteuert. Bei der direkten negativen Rückkopplung reagiert die endokrine Zelle auf eine Störung der Homöostase (wie etwa die Veränderung der Konzentration einer Substanz in der extrazellulären Flüssigkeit) mit Abgabe ihres Hormons in die Blutbahn. Dieses stimuliert eine Zielzelle, deren Reaktion die Homöostase wiederherstellt und damit die Quelle des Reizes auf die endokrine Zelle beseitigt. In Kapitel 5 wurde als Beispiel hierfür das Parathormon genannt, das die Kalziumspiegel kontrolliert. Ist die Menge zirkulierenden Kalziums vermindert, wird Parathormon freigesetzt; die Reaktion der Zielzellen (der Osteoklasten) hebt den Spiegel wieder an. Mit steigendem Kalziumspiegel nimmt die Stimulation der Nebenschilddrüse und damit auch die Bildung ihres Hormons wieder ab.

Komplexere endokrine Reflexe erfordern einen oder mehrere Zwischenschritte und oft zwei oder mehr Hormone. Diese komplizierten Kettenreaktionen werden durch negative Rückkopplungsschleifen oder, seltener, auch durch positive Rückkopplung gesteuert. Komplexe negative Rückkopplungsschleifen sind die häufigsten Regulationsmechanismen. In diesen Fällen löst die Sekretion eines Hormons, wie beispielsweise des TSH (thyreoideasti-

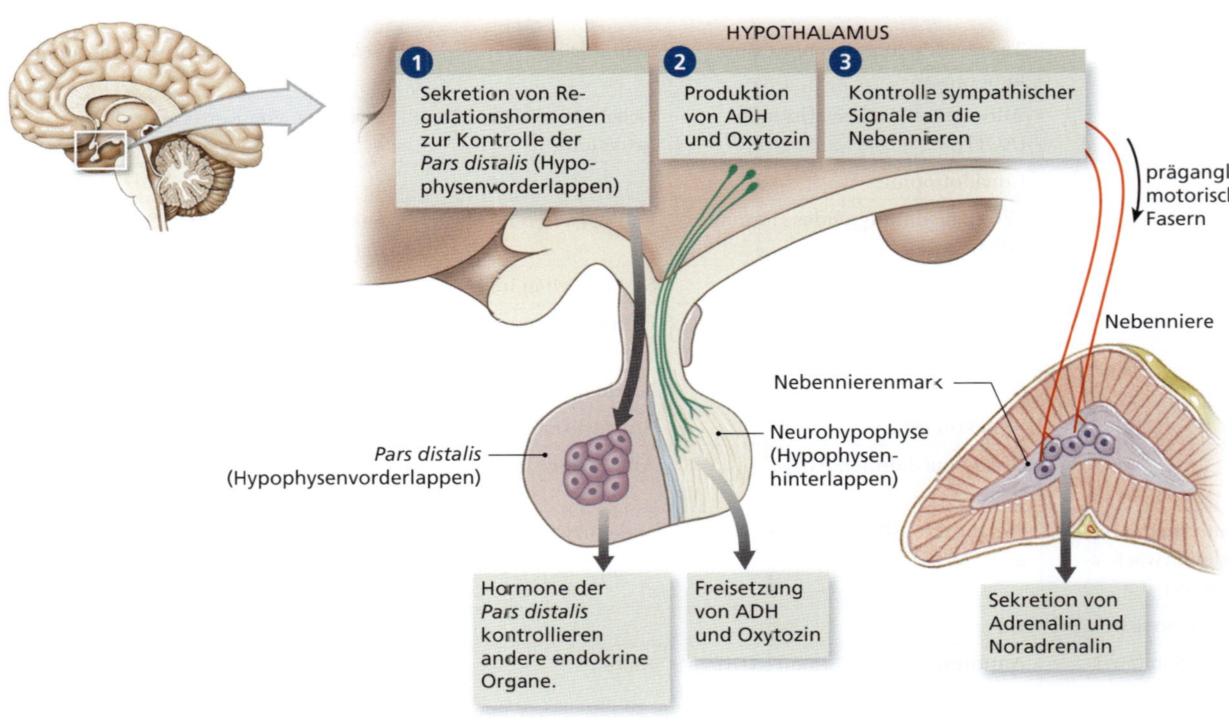

Abbildung 19.2: **Kontrolle endokriner Organe durch den Hypothalamus.** Ein Vergleich der drei Arten hypothalamischer Kontrolle: 1. Hypothalamische Neurone setzen Regulationshormone frei, die die sekretorischen Aktivitäten der Adenohypophyse (Hypophysenvorderlappen) steuern. 2. Hypothalamische Neurone sezernieren ADH und Oxytozin, Hormone, die an ihren peripheren Zielorganen spezifische Reaktionen auslösen. 3. Der Hypothalamus übt eine direkte neurale Kontrolle über die sekretorischen Aktivitäten des Nebennierenmarks aus.

mulierendes Hormon) aus der Adenohypophyse (Hypophysenvorderlappen), die Sekretion eines zweiten Hormons, wie etwa des Schilddrüsenhormons aus der Schilddrüse, aus. Das zweite Hormon hat meist verschiedene Funktionen; eine davon ist immer die Suppression der Freisetzung des ersten Hormons.

Hormonregulation durch positive Rückkopplung kommt nur dort vor, wo Eile geboten ist. In diesen Fällen stimuliert die Freisetzung eines Hormons eine Wirkung, die die Freisetzung weiter fördert. So führt beispielsweise die Sekretion von Oxytozin unter der Geburt zu Kontraktionen der glatten Muskulatur des Uterus, die wiederum die Freisetzung von mehr Oxytozin bewirken.

Der Hypothalamus und die Steuerung endokriner Aktivität 19.2

Koordinationszentren im Hypothalamus regulieren die Aktivitäten des Nervensystems und des endokrinen Systems über drei verschiedene Mechanismen (**Abbildung 19.2**):

1. Der Hypothalamus sezerniert **Regulationshormone**, die die Aktivitäten der Adenohypophyse (Hypophysenvorderlappen) steuern. Es gibt zweierlei Regulationshormone: 1. **Releasing-Hormone**, die die Produktion eines oder mehrerer Hormone in der Adenohypophyse stimulieren, und 2. **Release-inhibiting-Hormone**, die die Synthese und Freisetzung bestimmter Hypophysenhormone unterdrücken.
2. Der Hypothalamus wirkt als endokrines Organ, indem er an der Neurohypophyse (Hypophysenhinterlappen) **ADH** und **Oxytozin** in die Blutbahn sezerniert.
3. Der Hypothalamus enthält autonome Zentren, die direkte neurale Kontrolle über die endokrinen Zellen des Nebennierenmarks ausüben. Bei Aktivierung des Sympathikus geben diese die Hormone in die Blutbahn ab.

Die Hypophyse 19.3

Die Hypophyse wiegt etwa 6 g und ist damit die kompakteste Chemiefabrik des Körpers. Die kleine ovale Drüse von der Form und Größe einer kleinen Traube liegt unterhalb des Hypothalamus in der *Sella turcica*, einer Vertiefung im *Os sphenoidale*. Das **Infundibulum** reicht vom Hypothalamus nach inferior an die posteriore und superiore

Region/Bereich	Hormon (in der Literatur verwendete Abkürzungen in Klammern)	Zielorgan	Wirkung
Adenohypophyse (Vorderlappen)			
Pars distalis	Thyreoideastimulierendes Hormon (TSH)	Schilddrüse	Sekretion von Schilddrüsenhormon
	Adrenokortikotropes Hormon (ACTH)	Nebennierenrinde (*Zona fasciculata*)	Sekretion von Kortikosteroiden
	Gonadotropine:		
	Follikelstimulierendes Hormon (FH)	Follikelzellen im Ovar	Sekretion von Östrogen, Entwicklung der Follikel
		Sertoli-Zellen im Hoden	Stimulation der Spermienreifung
	Luteinisierendes Hormon (LH)	Follikelzellen im Ovar	Eisprung, Bildung des *Corpus luteum*, Sekretion von Progesteron
		Leydig-Zwischenzellen	Sekretion von Testosteron
	Prolaktin (PRL)	Brustdrüsen der Frau	Milchbildung
	Wachstumshormon (GH)	Alle Zellen	Wachstum, Proteinsynthese, Lipidmobilisation und -katabolismus
Pars intermedia (beim normalen Erwachsenen inaktiv)	Melanozytenstimulierendes Hormon (MSH)	Melanozyten	Verstärkung der Melatoninsynthese in der Epidermis
Neurohypophyse (Hinterlappen)			
Neurallappen (*Pars nervosa*)	Antidiuretisches Hormon (ADH oder Vasopressin)	Nieren	Reabsorption von Wasser, Erhöhung von Blutvolumen und -druck
	Oxytozin (OT)	Uterus und Brustdrüsen	Wehen, Milchejektion
		Ductus deferens und Prostata	Kontraktion des *Ductus deferens* und der Prostata; Ejektion der Sekrete

Tabelle 19.1: **Die Hormone der Hypophyse.**

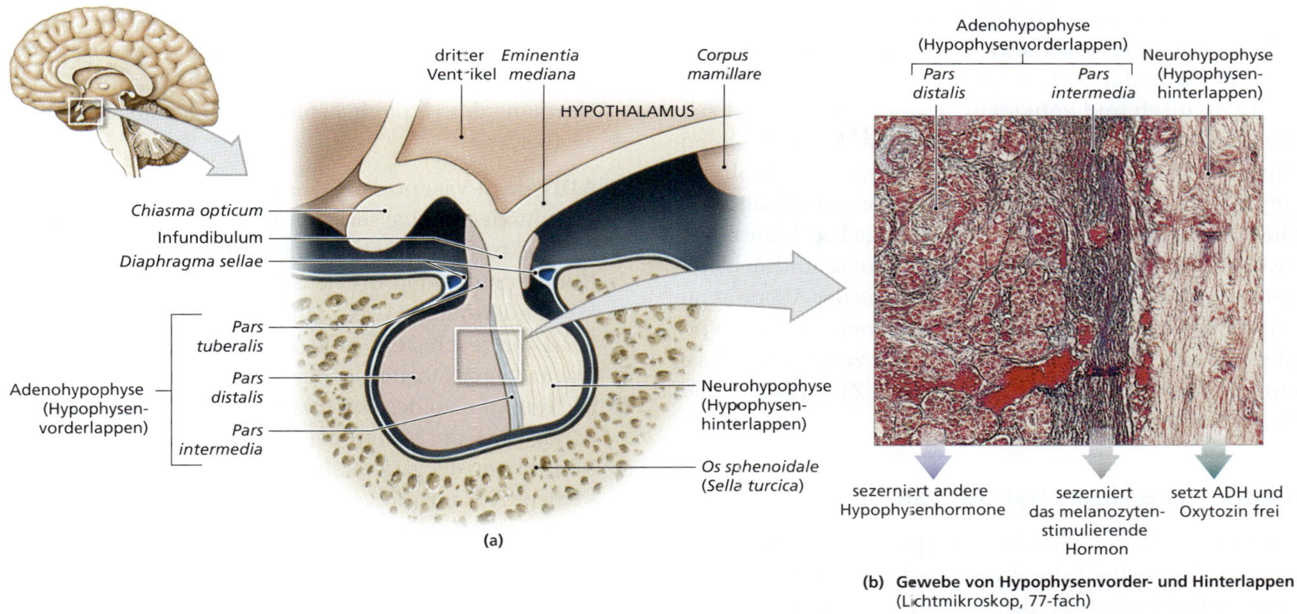

Abbildung 19.3: Makroanatomie und histologischer Aufbau der Hypophyse und ihrer Unterabschnitte. (a) Beziehung der Hypophyse zum Hypothalamus. (b) Histologischer Aufbau der Hypophyse mit Darstellung von Adenohypophyse (Hypophysenvorderlappen) und Neurohypophyse (Hypophysenhinterlappen).

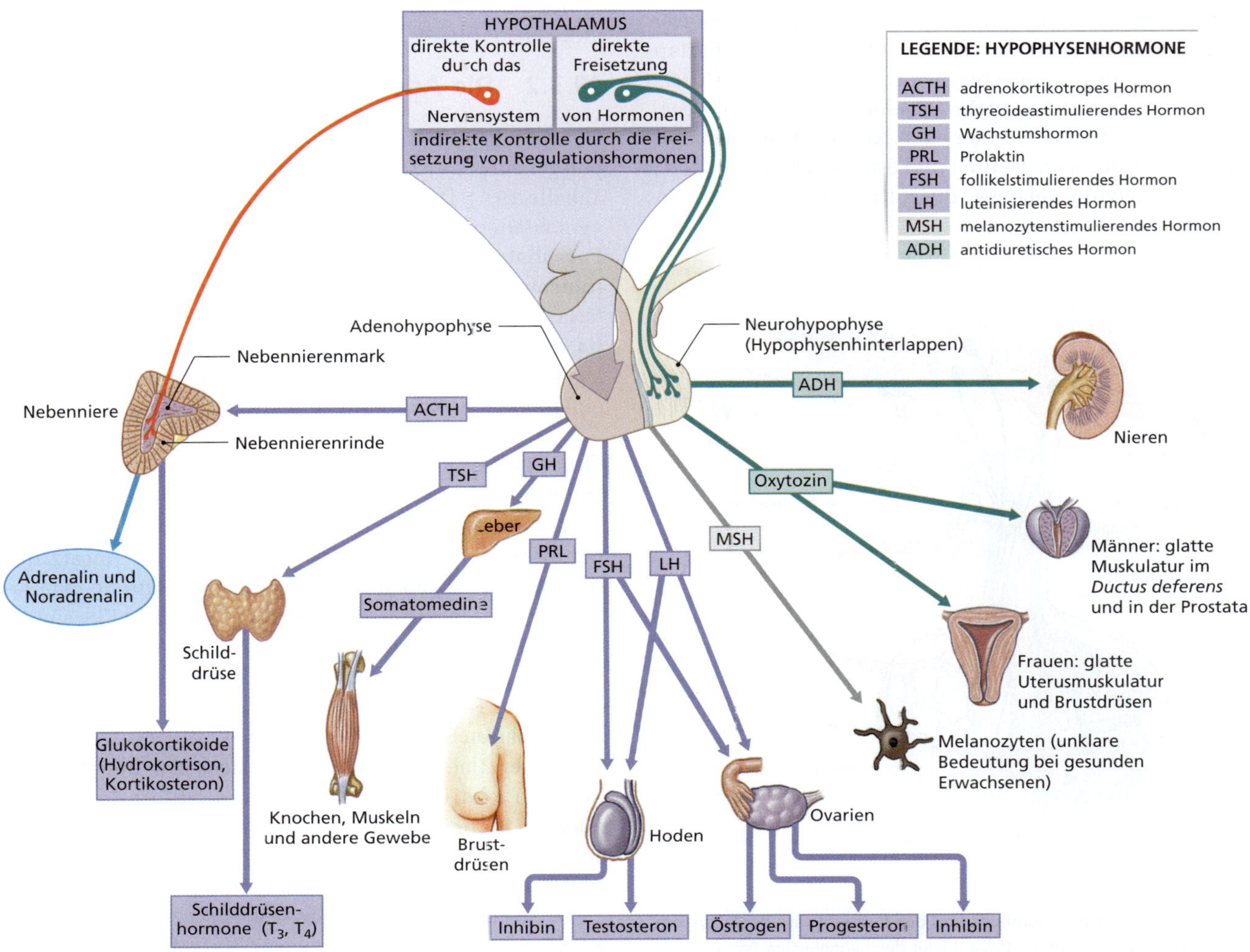

Abbildung 19.4: Hypophysenhormone und ihre Zielorgane. Dieses Schema zeigt die Kontrolle der Hypophyse durch den Hypothalamus, die gebildeten Hormone und die Reaktionen repräsentativer Zielorgane.

Fläche der Hypophyse (**Abbildung 19.3**). Das *Diaphragma sellae* umgibt den Stiel des Infundibulums und fixiert die Hypophyse in der *Sella turcica*.

Anatomisch und entwicklungsgeschichtlich lässt sich die Hypophyse in zwei Lappen einteilen: die Adenohypophyse (Hypophysenvorderlappen) und die Neurohypophyse (Hypophysenhinterlappen) (siehe Abbildung 19.3). Die Hypophyse produziert neun wichtige Peptidhormone, zwei im Neurallappen der Neurohypophyse und sieben in der *Pars distalis* und der *Pars intermedia* der Adenohypophyse. In Tabelle 19.1 sind Informationen zu den Hypophysenhormonen und ihren Zielorganen zusammengefasst; eine Zusammenstellung repräsentativer Zielorgane finden Sie in **Abbildung 19.4**.

19.3.1 Die Neurohypophyse

Die Neurohypophyse wird auch **Hypophysenhinterlappen** genannt. Sie enthält die Axone und Axonendstücke von etwa 50.000 hypothalamischen Neuronen, deren Zellkörper sich entweder im **Nucleus supraopticus** oder im **Nucleus paraventricularis** befinden (**Abbildung 19.5**; siehe auch Tabelle 19.1). Die Axone ziehen von diesen Kernen durch das Infundibulum; die Endstücke liegen im Neurallappen oder der *Pars nervosa* des Hypophysenhinterlappens. Die hypothalamischen Neurone bilden ADH *(Nuclei supraoptici)* und Oxytozin *(Nuclei paraventriculares)*. ADH und Oxytozin werden auch **Neurosekrete** genannt, da sie von Neuronen gebildet und freigesetzt werden. Nach ihrer Freisetzung gelangen diese Hormone in ein lokales

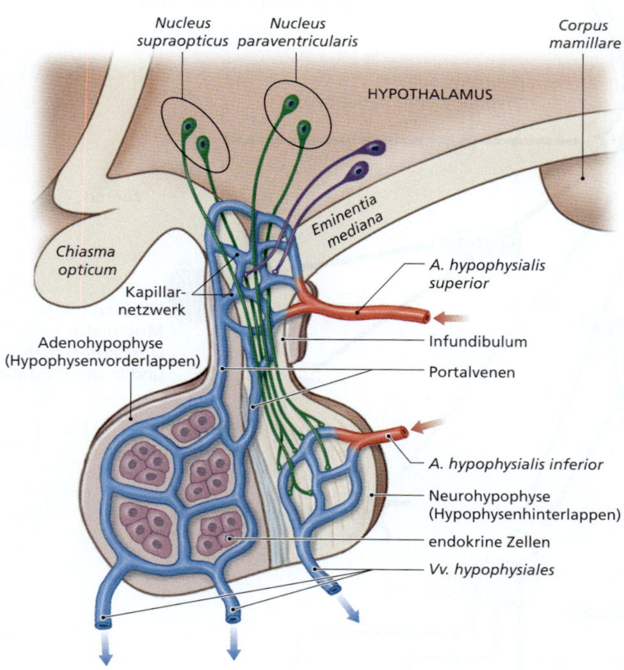

Abbildung 19.5: Die Hypophyse und das hypophysäre Portalsystem. Diese Anordnung von Blutgefäßen bildet das hypophysäre Portalsystem, über das die hypothalamischen Regulationshormone die Adenohypophyse kontrollieren.

Kapillarnetz, das von der **A. hypophysialis inferior** gespeist wird (siehe Abbildung 19.5). Von dort geht es weiter in die allgemeine Blutbahn.

Hormone des Hypophysenhinterlappens (siehe Abbildung 19.4):

- **ADH**, auch Vasopressin genannt, wird als Reaktion auf verschiedene Reize sezerniert, allen voran ein Anstieg der Elektrolytkonzentration im Blut und ein Abfall von Blutvolumen oder -druck. Seine Hauptfunktion ist die Verminderung der Wasserausscheidung an den Nieren. ADH verursacht auch eine periphere Vasokonstriktion, was zu einer Steigerung des Blutdrucks führt.
- Die Funktionen des **Oxytozins** (griech.: tokos = das Gebären) sind am besten bei Frauen bekannt, wo es die Kontraktion der glatten Muskelfasern im Uterus und des Myoepithels um die sekretorischen Zellen der Brustdrüsen verursacht. Die Stimulation der Uterusmuskulatur ist für einen normalen Geburtsverlauf unerlässlich. Nach der Geburt stimuliert das Saugen des Kindes an der Brust eine weitere Freisetzung von Oxytozin, das dann durch Kontraktion des Myoepithels zum Milchfluss führt. Beim Mann bewirkt Oxytozin eine Kontraktion der glatten Muskulatur der Prostata.

19.3.2 Die Adenohypophyse

Die Adenohypophyse wird auch **Hypophysenvorderlappen** genannt; sie enthält fünf verschiedene Zelltypen (siehe Tabelle 19.1). Der Hypophysenvorderlappen kann in drei verschiedene Regionen unterteilt werden: 1. eine große **Pars distalis**, die den Hauptanteil ausmacht, 2. eine **Pars intermedia**, die als schmales Band zum Hypophysenhinterlappen hin liegt, und 3. ein Fortsatz namens **Pars tuberalis**, der sich um den anliegenden Anteil des Infundibulums legt (siehe Abbildung 19.3). Die gesamte Hypophyse ist mit einem dichten Kapillarnetz reich durchblutet.

Das Portalsystem der Hypophyse

Die Produktion von Hormonen in der Adenohypophyse wird vom Hypothalamus über die Sekretion spezifischer regulierender Faktoren gesteuert. Nahe am Ansatz des Infundibulums geben hypothalamische Neurone regulierende Faktoren in die umgebende interstitielle Flüssigkeit ab. In diesem Bereich können die regulierenden Faktoren leicht in die Blutbahn gelangen, da die Kapillaren hier an Schweizer Käse erinnern, mit Öffnungen zwischen den benachbarten Epithelzellen. Solche Kapillaren nennt man **fenestriert** (lat.: fenestra = das Fenster); man findet sie nur dort, wo relativ große Moleküle in die Blutbahn hinein- oder aus ihr heraustreten. Dieser **primäre Kapillarplexus** auf dem Boden der *Pars tuberalis* wird von der **A. hypophysialis superior** gespeist (siehe Abbildung 19.5).

Bevor das Blut die Hypophyse verlässt, vereinen sich die Kapillaren zu einer Reihe größerer Blutgefäße, die sich um das Infundibulum herum an die Adenohypophyse hochwinden. Innerhalb dieses Lappens bilden diese Gefäße

AUS DER PRAXIS

Diabetes insipidus

Es gibt verschiedene Formen des Diabetes; allen ist die exzessive Urinbildung (Polyurie) gemeinsam. Obwohl es auch durch eine Verletzung der Nieren zu einem Diabetes kommen kann, sind die meisten Formen die Folge von Hormonstörungen. Die wichtigsten Formen sind der *Diabetes insipidus* (siehe unten) und der *Diabetes mellitus*, der später besprochen wird.

Wenn die Neurohypophyse (Hypophysenhinterlappen) keine ausreichenden Mengen von ADH sezerniert, kommt es zu einem **Diabetes insipidus**. Die Wasserrückresorption an den Nieren ist beeinträchtigt; es gehen exzessive Mengen von Wasser über den Urin verloren. Die Betroffenen haben daher ständig Durst, doch der Körper vermag die aufgenommene Flüssigkeit nicht zu halten. In leichten Fällen ist keine Behandlung nötig, solange die Aufnahme von Flüssigkeit und Elektrolyten mit den Verlusten Schritt halten kann. In schwereren Fällen können bis zu 10 l Flüssigkeit am Tag verloren gehen; ohne Behandlung kommt es zu einer lebensbedrohlichen Exsikkose (Austrocknung). Die Gabe eines synthetischen ADH, des Desmopressinazetats, als Nasenspray konzentriert den Urin und reduziert das Urinvolumen. Das Medikament diffundiert durch die Nasenschleimhaut in die Blutbahn und ist bei abendlicher Gabe auch bei *Enuresis nocturna* (Bettnässen) hilfreich.

einen **sekundären Kapillarplexus**, der sich zwischen den endokrinen Zellen verzweigt (siehe Abbildung 19.5). Dies ist ungewöhnlich; normalerweise führt eine Arterie Blut vom Herz in ein Kapillarnetz, und eine Vene führt es von dort wieder zurück. Die Blutgefäße zwischen dem Hypothalamus und dem Hypophysenvorderlappen führen dagegen Blut von einem Kapillarnetzwerk zum anderen. Blutgefäße, die zwei Kapillarnetzwerke miteinander verbinden, nennt man **Portalgefäße**; der gesamte Komplex ist demnach ein **Portalsystem**. Portalsysteme sind sehr effektiv für chemische Kommunikationswege, weil sie dafür sorgen, dass alles Blut, das in die Portalgefäße fließt, die Zielzellen erreicht, bevor es in die allgemeine Blutbahn zurückkehrt. Die Kommunikation verläuft jedoch ausschließlich in eine Richtung; Substanzen, die von Zellen weiter „flussabwärts“ freigesetzt werden, müssen erst eine komplette Runde durch das Herz-Kreislauf-System zurücklegen, bevor sie wieder zu den Kapillaren am Anfang des Portalsystems gelangen. Portalgefäße werden nach ihrem Zielorgan benannt; dieses Netzwerk heißt also **hypophysäres Portalsystem**.

Die Hormone der Adenohypophyse

Wir beschränken unsere Besprechung auf die sieben Hormone, deren Funktionen und Kontrollmechanismen hinreichend bekannt sind. Alle bis auf eines werden in der *Pars distalis* der Adenohypophyse gebildet; fünf von ihnen regulieren die Hormonproduktion anderer endokriner Organe. Sie werden mit der Endsilbe „–trop“ bezeichnet (griech.: tropein = drehen, wenden, richten). Der vordere Namensteil weist auf ihre Aktivität hin; Details finden Sie in Tabelle 19.1 und in Abbildung 19.4.

AUFGABEN

1. Welche Hirnregion kontrolliert die Hormonbildung in der Hypophyse?
2. Was ist eine Zielzelle? Welches Verhältnis besteht zwischen einem Hormon und seiner Zielzelle?
3. Benennen Sie die beiden Regionen der Hypophyse und beschreiben Sie, wie jeweils die Hormonfreisetzung gesteuert wird.

TSH Das TSH zielt auf die Schilddrüse und löst die Freisetzung von Schilddrüsenhormon aus. Die Zellen, die TSH sezernieren, bezeichnet man als **thyrotrop**.

ACTH Das adrenokortikotrope Hormon (ACTH) stimuliert die Freisetzung von Steroiden aus der Nebennierenrinde. ACTH zielt spezifisch auf glukokortikoidbildende Zellen, die den Glukosestoffwechsel beeinflussen. Die Zellen, die ACTH sezernieren, bezeichnet man als **kortikotrop**.

Follikelstimulierendes Hormon Das follikelstimulierende Hormon fördert die Reifung von Oozyten (weiblichen Eizellen) in den Ovarien geschlechtsreifer Frauen. Der Vorgang beginnt in den Follikeln; das follikelstimulierende Hormon regt auch die Sekretion von **Östrogenen** durch die Follikelzellen an. Östrogene, die zu den Steroiden gehören, sind weibliche Geschlechtshormone; das wichtigste Östrogen ist das Estradiol. Bei Männern unterstützt die Sekretion von follikelstimulierendem Hormon die Bildung von Spermien in den Hoden. Die Zellen, die das follikelstimulierende Hormon sezernieren, bezeichnet man als **gonadotrop**.

Luteinisierendes Hormon Das luteinisierende Hormon induziert bei Frauen den Eisprung und fördert die Sekretion von Progestinen durch die Ovarien. **Progestine** sind Steroidhormone, die den Körper auf eine mögliche Schwangerschaft vorbereiten; das wichtigste von ihnen ist das **Progesteron**. Bei Männern stimuliert das luteinisierende Hormon die Produktion männlicher Geschlechtshormone, der **Androgene** (griech.: andros [Genitiv] = des Mannes), durch die Leydig-Zwischenzellen in den Hoden. Das wichtigste Androgen ist das **Testosteron**. Da sie die Aktivitäten der männlichen und weiblichen Geschlechtsorgane steuern, werden das luteinisierende und das follikelstimulierende Hormon als Gonadotropine bezeichnet.

Die Zellen, die diese Hormone sezernieren, bezeichnet man als **gonadotrop**.

Prolaktin (lat.: lac = die Milch) Dieses Hormon stimuliert die Entwicklung der Milchdrüsen und die Milchbildung. Prolaktin hat den stärksten Effekt auf die Milchdrüsen, doch sie werden eigentlich durch die Interaktion verschiedener Hormone reguliert, wie Östrogen, Progesteron, Wachstumshormon, Glukokortikoide und Plazentahormone. Über die Funktion von Prolaktin beim Mann ist wenig bekannt. Die Zellen, die Prolaktin sezernieren, bezeichnet man als **laktotrop**.

Wachstumshormon Das Wachstumshormon, auch humanes Wachstumshormon oder Somatotropin genannt, regt Zellwachstum und Replikation durch Beschleunigung der Proteinsynthese an. Die Zellen, die das Wachstumshormon sezernieren, bezeichnet man als **somatotrop**. Obwohl fast

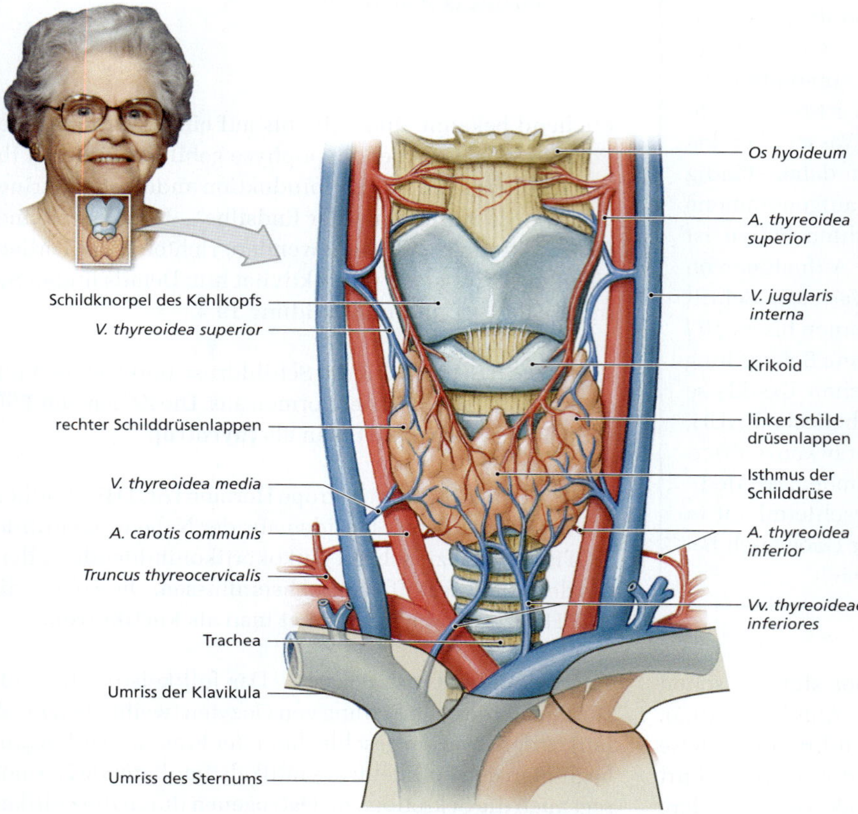

(a) Lage der Schilddrüse von anterior

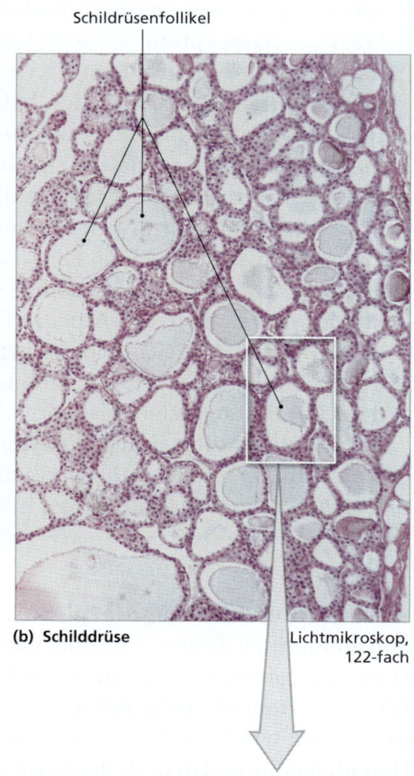

(b) Schilddrüse Lichtmikroskop, 122-fach

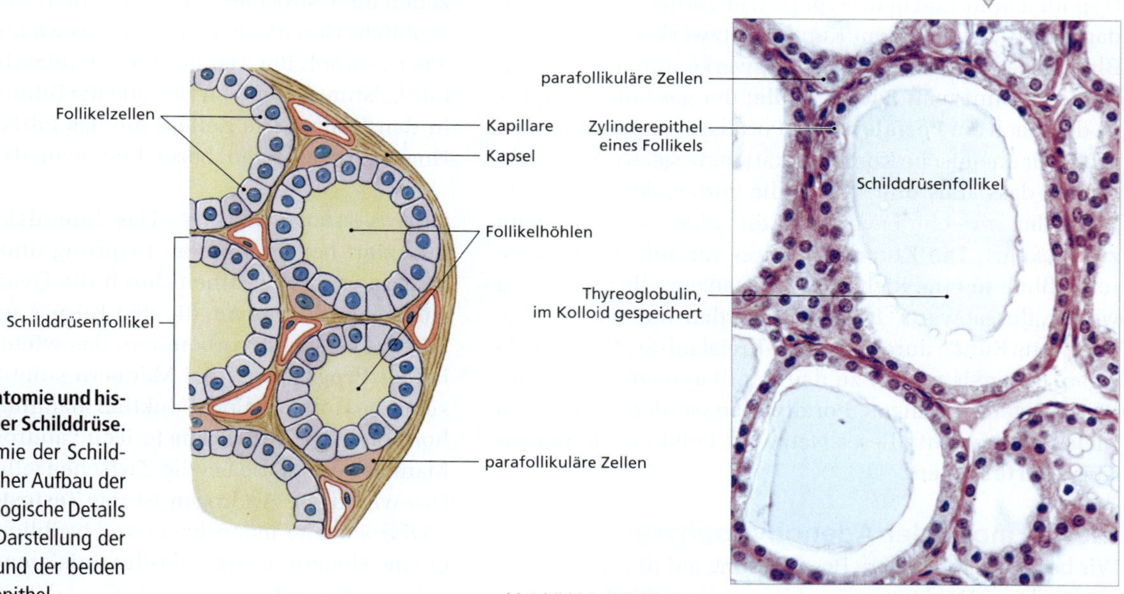

(c) Schilddrüsenfollikel Lichtmikroskop, 260-fach

Abbildung 19.6: Anatomie und histologischer Aufbau der Schilddrüse. (a) Lage und Anatomie der Schilddrüse. (b) Histologischer Aufbau der Schilddrüse. (c) Histologische Details der Schilddrüse mit Darstellung der Schilddrüsenfollikel und der beiden Zelltypen im Follikelepithel.

jedes Gewebe in einer Form auf das Wachstumshormon reagiert, wirkt es besonders stark auf die Entwicklung von Skelett und Muskulatur. Leberzellen reagieren auf das Wachstumshormon mit der Synthese und Sekretion von bestimmten Peptidhormonen, den Somatomedinen. Diese wiederum stimulieren Proteinsynthese und Zellwachstum in Skelettmuskelfasern, Knorpelzellen und anderen Zielzellen. Kinder, die zu wenig Wachstumshormon bilden, leiden an **hypophysärem Minderwuchs**, früher hypophysärer Zwergwuchs genannt. Bei den Betroffenen bleiben das Wachstum und die Reifung aus, die normalerweise vor und in der Pubertät stattfinden.

Melanozytenstimulierendes Hormon Dies ist das einzige Hormon, das von der *Pars intermedia* freigesetzt wird. Wie der Name schon sagt, stimuliert es die Melanozyten der Haut dazu, mehr Melatonin zu bilden und zu verteilen. Das melanozytenstimulierende Hormon wird von kortikotropen (oder auch ACTH-Zellen) nur während der Fetalentwicklung, in früher Kindheit, in der Schwangerschaft und bei einigen Erkrankungen gebildet.

19.4 Die Schilddrüse

Die Schilddrüse liegt vor der anterioren Fläche der Trachea (Luftröhre), gleich unterhalb des **Schildknorpels**, der die Vorderseite des Kehlkopfs dominiert (**Abbildung 19.6**). Wegen ihrer Lage kann die Schilddrüse gut mit den Fingern getastet werden; bei Erkrankungen kann sie sich sogar nach vorn wölben. Die Größe der Schilddüse variiert in Abhängigkeit von erblichen Faktoren, Umweltbedingungen und Ernährung; durchschnittlich wiegt sie etwa 34 g. Sie ist wegen der zahlreichen Blutgefäße von dunkelroter Farbe. Sie wird von zwei Arterien auf jeder Seite versorgt: 1. der *A. thyroidea superior*, einem Ast der *A. carotis externa*, und 2. der *A. thyroidea inferior*, einem Ast des *Truncus thyrocervicalis*. Die venöse Drainage der Drüse erfolgt über die *Vv. thyroideae superiores* und *mediae*, die in die *Vv. jugulares internae* übergehen, und über die *Vv. thyroideae inferiores*, die in die *Vv. brachiocephalicae* münden.

Die Schilddrüse hat etwa die Form eines Schmetterlings; sie besteht aus zwei **Lappen**. Der superiore Anteil jedes Lappens erstreckt sich über die laterale Fläche der Trachea hinaus zur Unterkante des Schildknorpels. Nach inferior reichen die Schilddrüsenlappen bis an den zweiten oder dritten Ringknorpel der Trachea heran. Die beiden Lappen sind durch den schmalen **Isthmus** miteinander verbunden. Eine dünne Kapsel fixiert die Schilddrüse an den Ringknorpeln; sie geht in das Bindegewebe über, das das Drüsengewebe in Segmente unterteilt und die Schilddrüsenfollikel umgibt.

19.4.1 Schilddrüsenfollikel und -hormone

Die Schilddrüsenfollikel bilden, speichern und sezernieren die Schilddrüsenhormone. Die einzelnen Follikel sind kugelförmig und in der Regel von einem einschichtigen kubischen Epithel aus Thyreozyten (auch Follikelzellen genannt) umgeben (siehe Abbildung 19.6). Der Epitheltyp ist von der Aktivität der Schilddrüse abhängig und reicht vom einfachen Plattenepithel der inaktiven Drüse bis hin zum einschichtigen Zylinderepithel der aktiven Drüse. Die Thyreozyten umgeben die **Follikelhöhle**, die das **Kolloid** enthält, eine zähflüssige Substanz, in der reichlich Proteine gelöst sind. Jeder Follikel ist von einem Kapillarnetzwerk umgeben, das Nährstoffe und Regulationshormone an die Follikel bringt und das fertige Sekret und Abfallstoffe abtransportiert.

In den Follikelzellen finden sich reichlich Mitochondrien und ein ausgedehntes raues ER. Daraus können Sie schließen, dass sie aktiv Protein bilden. Es handelt sich um das Protein **Thyreoglobulin**; sie sezernieren es in das Kolloid der Follikel. Thyreoglobulin enthält Tyrosinmoleküle. Einige dieser Aminosäuren werden durch das Anhängen von Jod in den Follikeln zu Schilddrüsenhormon umgewandelt. Die Thyreozyten transportieren das Jodidion (I^-) aktiv aus der interstitiellen Flüssigkeit in die Zelle. Es wird zu einer speziellen ionisierten Jodform (I^+) oxidiert und durch Enzyme an der Innenfläche der Follikelzellen an die Tyrosinmoleküle des Thyreglobulins gebunden. Auf diese Weise entstehen zwei verschiedene Schilddrüsenhormone, **T_4 (Thyroxin)** und **T_3 (Trijodthyronin)**, die an das Thyreoglobulin gebunden bleiben, solange sie sich im Follikel befinden. Die Schilddrüse ist das einzige endokrine Organ, das sein Hormon extrazellulär lagert.

Der wichtigste Kontrollmechanismus für die Freisetzung von Schilddrüsenhormonen ist die Konzentration von **TSH**, des thyreoideastimulierenden Hormons, im Blut (**Abbildung 19.7**). Unter dem Einfluss des **TRH**, des Thyreo-

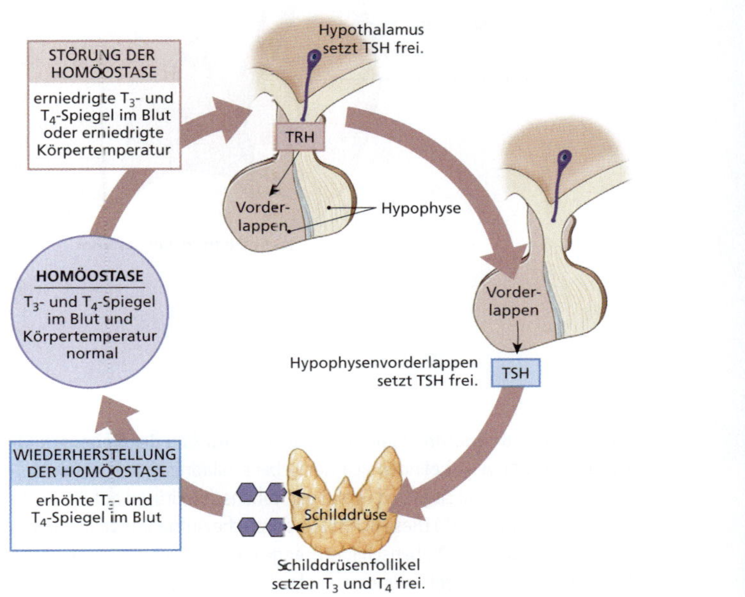

Abbildung 19.7: Die Steuerung der Sekretion von Schilddrüsenhormonen. Diese negative Rückkopplung ermöglicht die homöostatische Kontrolle der Freisetzung von Schilddrüsenhormonen. TRH = Thyrotropin-releasing-Hormon; TSH = thyreoideastimulierendes Hormon.

tropin-releasing-Hormons vom Hypothalamus sezerniert der Hypophysenvorderlappen das TSH. Die Thyreozyten reagieren, indem sie Thyreoglobulin durch Endozytose aus dem Follikel aufnehmen. Anschließend wird das Molekül enzymatisch zerlegt und damit T_4 und T_3 freigesetzt. Diese Hormone diffundieren dann aus der Zelle in die Blutbahn. T_4 macht etwa 90 % des sezernierten Schilddrüsenhormons aus. Die beiden Schilddrüsenhormone, deren Effekte sich ergänzen, beschleunigen Stoffwechsel und Sauerstoffverbrauch in fast allen Zellen des Körpers. Die Hormone sind in Tabelle 19.2 mit beschrieben.

19.4.2 Die parafollikulären Zellen der Schilddrüse

Im Zylinderepithel der Schilddrüsenfollikel verteilt befindet sich noch eine weitere Art endokriner Zellen. Obwohl sie der Basallamina aufliegen, reichen sie nicht an das Lumen der Follikel heran. Es sind dies die **parafollikulären Zellen** oder C-Zellen. Sie liegen einzeln oder in kleinen Grüppchen. Sie sind größer als die Zylinderepithelzellen der Follikel und lassen sich nicht so eindeutig anfärben (siehe Abbildung 19.6). Sie bilden das Hormon **Kalzitonin**. Es kontrolliert die Kalziumspiegel im Blut, besonders in der Kindheit, wo es das Knochenwachstum und die Ablagerung von Kalzium in den Knochen stimuliert, und in physiologischen Stresssituationen, wie Hunger oder einer Schwangerschaft. Kalzitonin senkt die Konzentration von Kalziumionen 1. durch Hemmung der Osteoklasten und 2. durch Stimulation der Kalziumausscheidung an den Nieren. Gegenspieler des Kalzitonins ist das **Parathormon**, das von den Nebenschilddrüsen gebildet wird.

Die Nebenschilddrüsen 19.5

An der posterioren Fläche der Schilddrüse befinden sich typischerweise vier erbsengroße, rotbraune **Nebenschilddrüsen** (**Abbildung 19.8**). Sie werden meist durch die Kapsel der Schilddrüse fixiert. Auch sie haben Kapseln, die in das Innere übergehen und kleine, unregelmäßige **Läppchen** bilden. Die beiden superioren Nebenschilddrüsen werden von den *Aa. thyroideae superiores* und die beiden inferioren Nebenschilddrüsen von den *Aa. thyroideae inferiores* versorgt (siehe Abbildung 19.6). Der venöse Abfluss entspricht dem der Schilddrüse. Alle vier Drüsen zusammen wiegen gerade einmal 1,6 g.

In den Nebenschilddrüsen gibt es zwei Zelltypen: Die **Hauptzellen** (siehe Abbildung 19.6) bilden das **Parathormon**; bei dem anderen Zelltyp, den **oxyphilen Zellen** und den **Transitionalzellen**, handelt es sich wahrscheinlich um inaktive oder unreife Hauptzellen. Wie die Thyreozyten der Schilddrüse überwachen die Hauptzellen der Nebenschilddrüse den Kalziumspiegel des Blutes. Wenn der Spiegel absinkt, sezernieren die Hauptzellen das Parathormon. Dies stimuliert die Osteoklasten und die Osteoblasten (obgleich die Wirkung auf die Osteoklasten überwiegt) und hemmt die Kalziumausscheidung an den Nieren. Es stimuliert auch

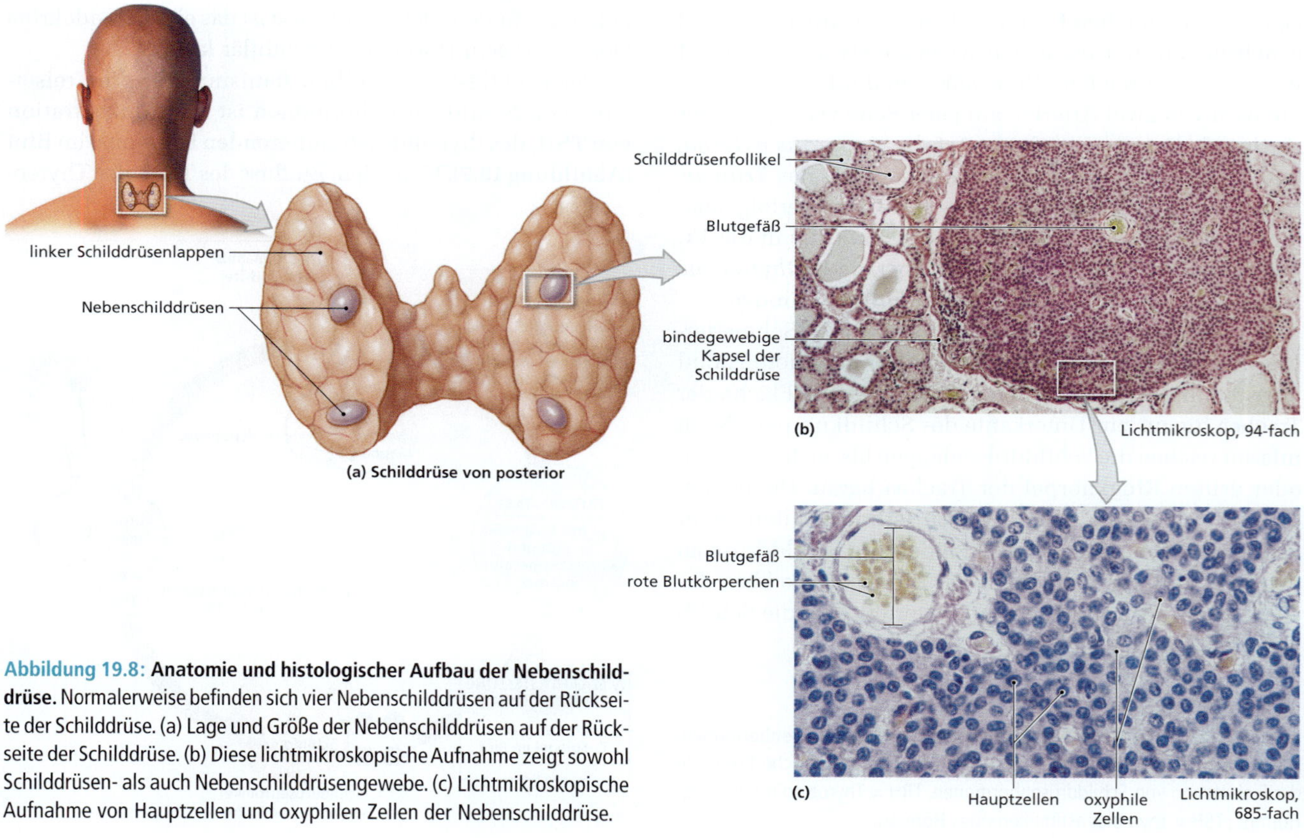

Abbildung 19.8: Anatomie und histologischer Aufbau der Nebenschilddrüse. Normalerweise befinden sich vier Nebenschilddrüsen auf der Rückseite der Schilddrüse. (a) Lage und Größe der Nebenschilddrüsen auf der Rückseite der Schilddrüse. (b) Diese lichtmikroskopische Aufnahme zeigt sowohl Schilddrüsen- als auch Nebenschilddrüsengewebe. (c) Lichtmikroskopische Aufnahme von Hauptzellen und oxyphilen Zellen der Nebenschilddrüse.

Drüse/Zellen	Hormone (in der Literatur verwendete Abkürzungen in Klammern)	Zielorgan	Wirkung
SCHILDDRÜSE			
Thyreozyten	Thyroxin (T_4) Trijodthyronin (T_3)	Fast alle Zellen	Steigerung von Energie- und Sauerstoffverbrauch, Wachstum und Entwicklung
Parafollikuläre Zellen	Kalzitonin (CT)	Knochen und Nieren	Senkt die Konzentration von Kalziumionen in Körperflüssigkeiten; Bedeutung im Organismus gesunder, nicht schwangerer Erwachsener nicht klar
NEBENSCHILDDRÜSE			
Hauptzellen	Parathormon (PTH)	Knochen und Nieren	Erhöht die Konzentration von Kalziumionen in Körperflüssigkeiten
THYMUS	„Thymosine" (siehe Kapitel 23)	Lymphozyten	Reifung und funktionelle Kompetenz des Immunsystems

Tabelle 19.2: **Die Hormone von Schilddrüse, Nebenschilddrüsen und Thymus.**

die Bildung von **Kalzitriol**, einem Hormon der Nieren, das die intestinale Resorption von Kalzium anregt. Die Parathormonspiegel bleiben so lange erhöht, bis der Kalziumwert wieder im Normbereich liegt.

Der Thymus 19.6

Der Thymus liegt im Bindegewebe im Thorax eingebettet, meist direkt unterhalb des Sternums (siehe Abbildung 19.1). Bei Neugeborenen und kleinen Kindern ist er relativ groß; er reicht oft vom Halsansatz bis an die Oberkante des Herzes. Obwohl die relative Größe abnimmt, wächst der Thymus langsam weiter; er erreicht seine maximale Größe (40 g) kurz vor der Pubertät. Ab da verkleinert er sich langsam; bei einem 50-Jährigen wiegt er weniger als 12 g. Der Thymus bildet eine Reihe von Hormonen, die für Entwicklung und Erhalt einer normalen Immunabwehr von Bedeutung sind (siehe Tabelle 19.2).

Der Name **Thymosin** wurde ursprünglich einem Thymusextrakt gegeben, der die Entwicklung und Reifung von Lymphozyten fördert und damit die Effektivität des Immunsystems steigert. Inzwischen ist klar geworden, dass Thymosin eine Mischung aus verschiedenen, sich ergänzenden Hormonen ist (Thymosin-1, Thymopoietin, Thymopentin, Thymulin, humoraler Thymusfaktor und IGF-1 [Insulin-like Growth Factor I]).

Es könnte sein, dass das langsame Nachlassen der Größe und der sekretorischen Aktivität des Thymus ältere Menschen krankheitsanfälliger macht. Der histologische Aufbau und die Funktionen der verschiedenen „Thymosine" werden in Kapitel 23 genauer besprochen.

Die Nebennieren 19.7

Die gelben, pyramidenförmigen Nebennieren sind mit einer **Kapsel** aus straffem faserigem Bindegewebe fest mit den Oberkanten der Nieren verbunden (**Abbildung 19.9**). Sie befinden sich jeweils in einem Winkel zwischen Niere, Zwerchfell und großen Arterien und Venen an der dorsalen Wand der Bauchhöhle. Sie liegen retroperitoneal, hinter dem Peritoneum. Wie die anderen endokrinen Drüsen sind auch die Nebennieren gut durchblutet. Zweige der *Aa. renales, phrenicae inferiores* und *suprarenales mediae* (direkt aus der Aorta) versorgen jeweils die Nebennieren; die *Vv. suprarenales* leiten das Blut wieder ab.

Eine typische Nebenniere wiegt etwa 7,5 g. Bei Männern ist sie im Allgemeinen etwas schwerer als bei Frauen, doch ihr Gewicht schwankt mit der Aktivitätslage. Strukturell und funktionell kann die Nebenniere in zwei Regionen geteilt werden. Beide bilden unterschiedliche Hormone, doch beide sind mit der Verarbeitung stressiger Situationen beschäftigt: die oberflächliche **Nebennierenrinde** und das innenliegende **Nebennierenmark** (siehe Abbildung 19.9).

19.7.1 Die Nebennierenrinde

Die gelbliche Farbe der Nebennieren kommt von dort gelagerten Lipiden, besonders Cholesterin und verschiedenen Fettsäuren. In der Rinde werden mehr als zwei Dutzend verschiedene Steroidhormone gebildet, die man zusammenfassend als **Adrenokortikoide** oder, einfacher, als **Kortikosteroide** bezeichnet. Diese Hormone sind lebenswichtig; wenn die Nebennieren zerstört sind oder entfernt werden, kann der Betroffene ohne die Gabe von Kortikosteroiden nicht überleben. Sie beeinflussen Stoffwechselvorgänge, indem sie Art und Ausmaß der Transkription von Genen in den Zielzellen bestimmen.
Unter der Kapsel liegen die drei Zonen der Rinde: 1. die äußere *Zona glomerulosa*, 2. die mittlere *Zona fasciculata* und 3. die innere *Zona reticularis* (siehe Abbildung 19.9).

Obwohl die drei Zonen jeweils unterschiedliche Steroidhormone synthetisieren (Tabelle 19.3), haben alle Rindenzellen ein ausgedehntes glattes ER für die Bildung lipidbasierter Steroide. Dies steht in deutlichem Kontrast zu dem ausgedehnten rauen ER, das für proteinbildende Drüsenzellen charakteristisch ist, wie etwa die im Hypophysenvorderlappen oder in der Schilddrüse.

Abbildung 19.9: **Anatomie und histologischer Aufbau der Nebennieren.** (a) Nieren und Nebennieren von anterior. Beachten Sie die Schnittebene für (b). (b) Schnittbild der Nebenniere mit Darstellung von Rinde und Mark. Beachten Sie die Lage des Ausschnitts für (c). (c) Histologie der Nebenniere mit Darstellung der wichtigsten Zonen.

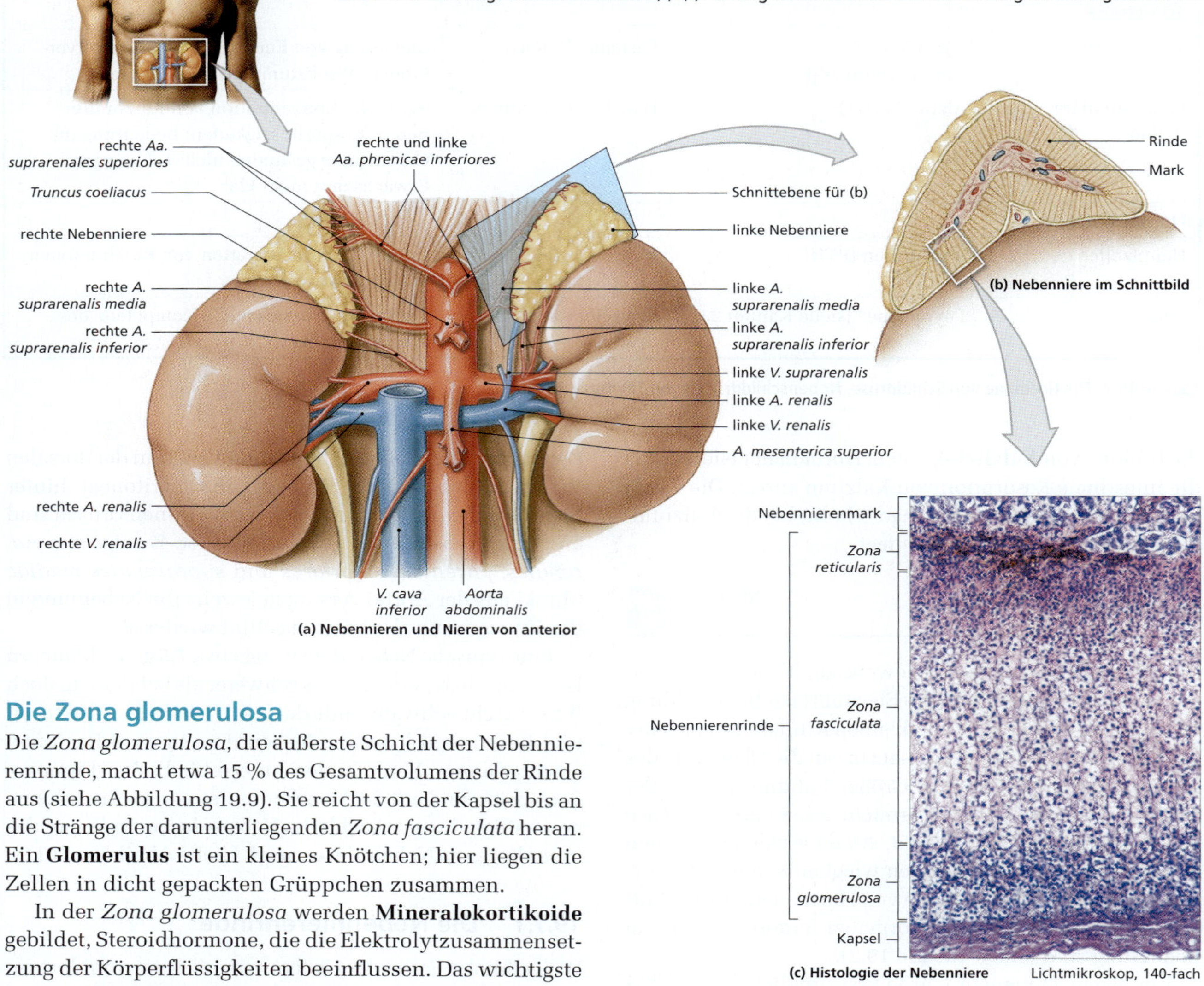

Die Zona glomerulosa

Die *Zona glomerulosa*, die äußerste Schicht der Nebennierenrinde, macht etwa 15 % des Gesamtvolumens der Rinde aus (siehe Abbildung 19.9). Sie reicht von der Kapsel bis an die Stränge der darunterliegenden *Zona fasciculata* heran. Ein **Glomerulus** ist ein kleines Knötchen; hier liegen die Zellen in dicht gepackten Grüppchen zusammen.

In der *Zona glomerulosa* werden **Mineralokortikoide** gebildet, Steroidhormone, die die Elektrolytzusammensetzung der Körperflüssigkeiten beeinflussen. Das wichtigste ist das **Aldosteron**; seine Zielorgane sind die Nierenzellen, die die Ionenzusammensetzung des Urins regulieren. Es bewirkt eine Retention von Natrium (Na^+) und Wasser und reduziert damit den Flüssigkeitsverlust über den Urin. Aldosteron verringert ebenfalls den Verlust von Natrium und Wasser an den Schweiß- und Speicheldrüsen sowie im Verdauungstrakt. Es fördert gleichzeitig die Ausscheidung von Kalium (K^+) im Urin und an den anderen Zielorganen. Auslöser einer Aldosteronsekretion ist die Stimulation der Nebennierenrinde durch einen Anstieg des Natriumspiegels oder den Abfall des Kaliumspiegels im Blut oder die Ausschüttung des Hormons **Angiotensin II** (griech.: aggeion = das [Blut-]Gefäß; lat.: tendere = spannen, ausdehnen).

Die Zona fasciculata

Die *Zona fasciculata* beginnt an der inneren Begrenzung der *Zona glomerulosa* und erstreckt sich in Richtung Nebennierenmark (siehe Abbildung 19.9). Sie macht etwa 78 % des Rindenvolumens aus. Die Zellen sind größer und enthalten mehr Lipide als die der *Zona glomerulosa*; die Fetttröpfchen geben dem Zytoplasma ein blasses, schaumiges Erscheinungsbild. Die Zellen der *Zona fasciculata* bilden Stränge, die wie die Strahlen der Sonne von der *Zona reticularis* nach außen ragen. Benachbarte Stränge sind jeweils durch abgeflachte fenestrierte Blutgefäße voneinander getrennt.

Die Steroidproduktion in der *Zona fasciculata* wird durch ACTH aus dem Hypophysenvorderlappen stimuliert. Die Steroide aus dieser Zone nennt man wegen ihres Einflusses auf den Glukosemetabolismus zusammenfassend Glukokortikoide. Die wichtigsten sind **Hydrokortison** und **Kortikosteron**; die Leber baut einen Teil des zirkulierenden Hydrokortisons zu **Kortison** um, einem weiteren aktiven Glukokortikoid. Diese Hormone beschleunigen die Glukoneogenese und die Glykogensynthese, besonders innerhalb der Leber. Außerdem drosseln Glukokortikoide das Immunsystem.

Die Zona reticularis

Die *Zona reticularis* bildet ein schmales Band zwischen der *Zona fasciculata* und der äußeren Begrenzung des Nebennierenmarks (siehe Abbildung 19.9). Da die Zellen der *Zona reticularis* viel kleiner sind als die des Nebennierenmarks, ist die Grenze relativ leicht zu erkennen. Insgesamt macht die *Zona reticularis* nur etwa 7 % des Gesamtzellvolumens der Nebennierenrinde aus. Die endokrinen Zellen der *Zona reticularis* bilden ein aufgefaltetes, verzweigtes Netzwerk mit reichlich Kapillaren. Hier werden normalerweise kleine Mengen von Geschlechtshormonen, die **Androgene**, sezerniert. Die Androgene der Nebennierenrinde stimulieren das Wachstum der Schambehaarung von Jungen und Mädchen vor der Pubertät. Bei erwachsenen Männern, deren Hoden Androgene in im Verhältnis dazu großer Menge produzieren, spielt es keine Rolle mehr. Bei Frauen steigert es die Muskelmasse, stimuliert die Blutbildung und steigert die Libido.

19.7.2 Das Nebennierenmark

Die Grenze zwischen Rinde und Mark der Nebenniere ist keine glatte Linie (siehe Abbildung 19.9); das Bindegewebe und die Blutgefäße sind vielfach eng miteinander verbunden. Das Nebennierenmark ist rotbraun, zum Teil aufgrund seiner guten Durchblutung. **Chromaffine Zellen (Phäochromozyten)** sind große, abgerundete Zellen im Mark, die Neuronen in sympathischen Ganglien ähneln. Sie werden von präganglionären sympathischen Fasern innerviert; eine sympathische Aktivierung über die *Nn. splanchnici* löst eine sekretorische Aktivität dieser modifizierten Ganglienzellen aus.

Das Nebennierenmark enthält zwei endokrine Zellpopulationen – die eine sezerniert Adrenalin, die andere Noradrenalin. Das Mark bildet etwa drei Mal so viel Adrenalin wie Noradrenalin. Die Sekretion stimuliert den Energieverbrauch in den Zellen und die Mobilisation von Energiereserven. Diese Kombination steigert Muskelkraft und Ausdauer (siehe Tabelle 19.3). 30 s nach einer Stimulation der Nebenniere sind die metabolischen Veränderungen auf ihrem Höhepunkt; sie dauern dann noch einige Minuten weiter an. Die Effekte einer Stimulation des Nebennierenmarks halten also viel länger an als die anderweitiger sympathischer Stimulation.

Die endokrinen Funktionen von Nieren und Herz 19.8

Die Nieren und das Herz bilden eine Reihe Hormone; die meisten sind an der Regulierung von Blutdruck und -volumen beteiligt. Die Nieren bilden das **Renin**, ein Enzym, das oft als Hormon bezeichnet wird, und zwei Hormone: **Erythropoietin**, ein Peptid, und **Kalzitriol**, ein Steroid. Sobald es sich in der Blutbahn befindet, wandelt Renin das **Angiotensinogen**, ein inaktives Protein aus der Leber, in **Angiotensin I** um. In den Kapillaren der Lungen wird diese Substanz zu **Angiotensin II** weiterverarbeitet, das Hormon, das die Sekretion von Aldosteron in der Nebennierenrinde stimuliert. **Erythropoietin** stimuliert die Bildung roter Blutkörperchen im Knochenmark. Dieses Hormon wird freigesetzt, wenn entweder der Blutdruck

AUFGABEN

1. Nach Entfernung der Schilddrüse treten die ersten Symptome des Hormonmangels erst nach etwa einer Woche auf. Warum?
2. Der Blutspiegel welches wichtigen Minerals würde bei Entfernung der Nebenschilddrüsen abfallen?
3. Wegen einer Erkrankung der Nebennieren ist bei Christoph die Natriumretention gestört. Welche Region der Nebenniere ist betroffen und welches Hormon fehlt?

Region/Zone	Hormone (in der Literatur verwendete Abkürzungen in Klammern)	Zielorgane	Wirkung
RINDE			
Zona glomerulosa	Mineralokortikoide (MC), vorwiegend Aldosteron	Nieren	Steigerung der renalen Natrium- und Wasserretention (besonders mit ADH) und der Kaliumausscheidung
Zona fasciculata	Glukokortikoide (GC): Hydrokortison, Kortikosteron; Hydrokortison, das in der Leber zu Kortison umgebaut wird	Fast alle Zellen	Freisetzung von Aminosäuren aus Skelettmuskeln und Lipiden aus dem Fettgewebe, Förderung der Glykogenbildung und der Glukoneogenese in der Leber, Förderung der (glukosesparenden) peripheren Fettverbrennung; entzündungshemmende Wirkung; immunsystemdrosselnde Wirkung
Zona reticularis	Androgene		Unklare Bedeutung unter normalen Umständen
MARK	Adrenalin, Noradrenalin	Fast alle Zellen	Steigerung von Herzaktivität, Blutdruck, Glykogenabbau und Blutglukose; Freisetzung von Lipiden aus dem Fettgewebe (siehe Kapitel 17)

Tabelle 19.3: **Die Nebennierenhormone.**

oder der Sauerstoffgehalt des Blutes in den Nieren abfällt. Erythropoietin stimuliert Bildung und Reifung der Erythrozyten und erhöht so das Blutvolumen und die Sauerstoffbindungskapazität.

Kalzitriol ist ein Steroidhormon, das die Nieren in Anwesenheit von Parathormon sezernieren. Für die Synthese von Kalzitriol ist ein verwandtes Steroid, das **Cholekalziferol** (Vitamin D_3), erforderlich, das entweder in der Haut synthetisiert oder mit der Nahrung aufgenommen wird. Es wird von der Leber aus der Blutbahn aufgenommen und in eine Vorstufe umgewandelt, die dann in den Nieren zu Kalzitriol umgewandelt wird. Mit dem Begriff Vitamin D bezeichnet man die ganze Gruppe dieser verwandten Steroide, einschließlich Kalzitriol, Cholekalziferol und verschiedener Zwischenstufen.

Die bekannteste Funktion des Kalzitriols ist die Stimulation der Kalzium- und Phosphatresorption im Verdauungstrakt. Parathormon stimuliert die Freisetzung von Kalzitriol und hat auf diesem Wege indirekten Einfluss auf die intestinale Kalziumresorption. Die Wirkungen des Kalzitriols auf das Skelettsystem und die Nieren sind nicht genau bekannt.

Herzmuskelzellen produzieren das **atrionatriuretische Peptid** und das **Brain natriuretic Peptide** bei erhöhtem Blutdruck oder -volumen. Beide Peptide supprimieren die Freisetzung von ADH und Aldosteron und stimulieren die Wasser- und Natriumausscheidung an den Nieren. So werden den Blutdruck und -volumen langsam gesenkt.

19.9 Das Pankreas und andere endokrine Gewebe des Verdauungstrakts

Das Pankreas, das Epithel des Verdauungstrakts und die Leber synthetisieren eine Reihe exokriner Sekrete, die für eine normale Verdauung unerlässlich sind. Obwohl die Geschwindigkeit der Verdauung durch das autonome

AUS DER PRAXIS

Diabetes mellitus

Der *Diabetes mellitus* (lat.: mellitus = honigsüß) ist durch Blutzuckerspiegel charakterisiert, die so hoch sind, dass sie die Reabsorptionskapazität der Nieren überfordern. Abnorm hohe Glukosespiegel nennt man **Hyperglykämie**. Glukose erscheint im Urin (Glukosurie); es wird exzessiv viel Urin gebildet (Polyurie).

Ein *Diabetes mellitus* kann durch genetische Störungen entstehen; einige der verantwortlichen Gene wurden identifiziert. Mutationen, die zu inadäquater Insulinproduktion, der Synthese abnormer Insulinmoleküle oder der Bildung defekter Rezeptorproteine führen, verursachen die gleichen Symptome. Unter diesen Umständen beschleunigt Adipositas (Fettleibigkeit) den Beginn und die Schwere der Erkrankung. *Diabetes mellitus* kann auch die Folge anderer Erkrankungen sein, wie Verletzungen, Immunerkrankungen oder Störungen des Hormonhaushalts. Es gibt zwei Haupttypen: Typ-I-Diabetes (insulinabhängig) und Typ-II-Diabetes. Der **Typ-I-Diabetes** wird mehr oder weniger erfolgreich mit Insulinspritzen oder einer Insulinpumpe behandelt. Beim **Typ-II-Diabetes** haben diätetische Maßnahmen den besten Erfolg.

Patienten mit *Diabetes mellitus* leiden häufig an chronischen Spätfolgen, wahrscheinlich, weil sich der Blutzuckerspiegel trotz Behandlung nicht dauerhaft stabilisieren lässt. Sie kommen zustande, weil sich die betroffenen Gewebe in einer dauerhaften Energiekrise befinden; sie verhalten sich wie bei einem Hungerzustand und bauen zur Energiegewinnung Fette und sogar Proteine ab, weil sie aus ihrer Umgebung keine Glukose aufnehmen können. Zu den häufigsten Spätfolgen des *Diabetes mellitus* gehören:

- Eine Proliferation von Kapillaren und Einblutungen an der Retina führen zu teilweiser oder kompletter Erblindung; man spricht von **diabetischer Retinopathie**.
- Die Linsen der Augen trüben ein; es kommt zu einer **Katarakt**.
- Kleine Blutungen und Entzündungen an den Nieren können zu Degeneration und schließlich zum Versagen der Nieren führen. Die **diabetische Nephropathie** ist die häufigste Ursache für die Niereninsuffizienz. Medikamente, die die Durchblutung der Nieren verbessern, können das Fortschreiten verlangsamen.
- Zahlreiche Störungen der Nervenfunktion, wie periphere Neuropathien und abnorme autonome Funktionen, fasst man unter dem Begriff **diabetische Neuropathie** zusammen. Ursache ist wahrscheinlich eine gestörte Durchblutung von Nervengewebe.
- Degenerative Veränderungen an den Herzkranzgefäßen führen zu **frühen Herzinfarkten**; das Risiko ist in jeder Altersgruppe etwa drei bis fünf Mal so hoch wie bei Nichtdiabetikern.
- Weitere Veränderungen im Gefäßsystem verursachen **Durchblutungsstörungen** an den distalen Extremitäten. Störungen am Fuß können z. B. ein Absterben des Gewebes, Ulzerationen, Infektionen und den Verlust von Zehen oder größerer Anteile des Fußes nach sich ziehen.

Nervensystem beeinflusst werden kann, stehen die meisten Abläufe der Verdauung unter direkter Kontrolle der einzelnen Organe selbst. Die einzelnen Verdauungsorgane kommunizieren über Hormone miteinander (siehe Kapitel 25). In diesem Abschnitt konzentrieren wir uns auf ein Verdauungsorgan, das Pankreas, das Hormone bildet, die Stoffwechselvorgänge im gesamten Organismus beeinflussen.

19.9.1 Das Pankreas

Das Pankreas **(Bauchspeicheldrüse)** ist eine gemischte exokrine und endokrine Drüse. Es befindet sich in der Bauchhöhle in der J-förmigen Schlaufe zwischen Magen und Dünndarm (**Abbildung 19.10**). Es ist ein schlankes, rosafarbenes Organ mit knotiger oder klumpiger Konsistenz.

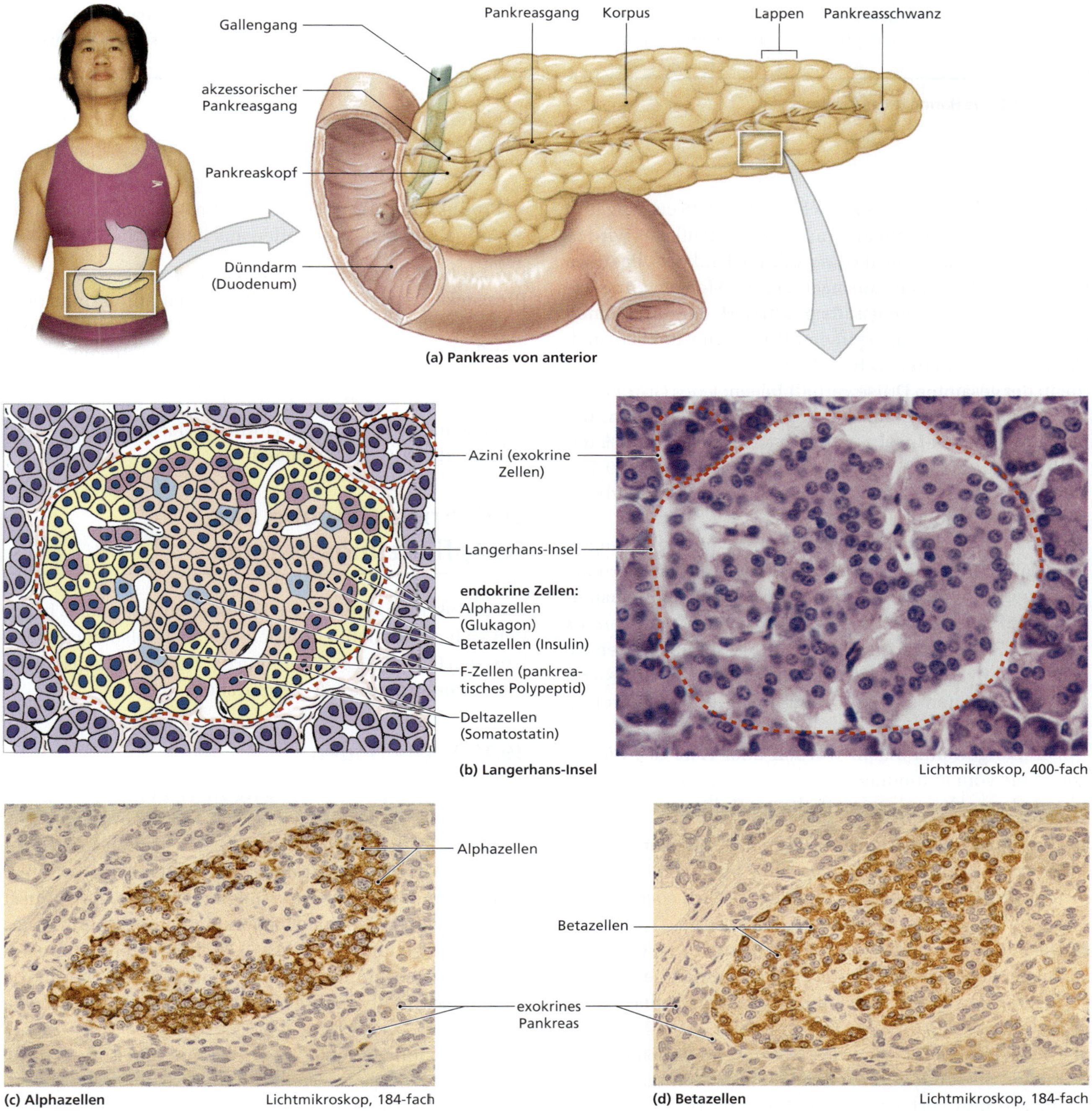

Abbildung 19.10: Anatomie und histologischer Aufbau des Pankreas. Dieses Organ, das hauptsächlich aus exokrinen Zellen besteht, enthält Zellgruppen aus endokrinen Zellen, die Langerhans-Inseln. (a) Makroanatomie des Pankreas. (b) Allgemeine Histologie der Langerhans-Inseln. (c, d) Mithilfe spezieller histologischer Färbetechniken kann zwischen Alphazellen (c) und den Betazellen (d) der Langerhans-Inseln unterschieden werden.

Strukturen/Zellen	Hormone	Primäre Zielorgane	Wirkungen
LANGERHANS-INSELN			
Alphazellen	Glukagon	Leber, Fettgewebe	Mobilisation von Fettreserven, Glukoneogenese und Glykogenabbau in der Leber; Hebung des Blutzuckerspiegels
Betazellen	Insulin	Alle Zellen außer Gehirn, Nieren, Epithelien des Verdauungstrakts und roten Blutkörperchen	Förderung der Glukoseaufnahme in die Zellen, Stimulation der Glykogenbildung und –speicherung und der Lipidspeicherung; Senkung des Blutzuckerspiegels
Deltazellen	Somatostatin	Alpha- und Betazellen, Epithelien des Verdauungstrakts	Hemmung der Sekretion von Insulin und Glukagon
F-Zellen	Pankreatisches Polypeptid	Gallenblase und Pankreas, wohl auch Verdauungstrakt	Hemmt Kontraktion der Gallenblase, steuert die Produktion einiger Pankreasenzyme, kontrolliert wohl auch die Resorption von Nährstoffen

Tabelle 19.4: **Die Hormone des Pankreas.**

Beim Erwachsenen ist es zwischen 20 und 25 cm lang und wiegt etwa 80 g. Die genaue Anatomie des Pankreas wird in Kapitel 25 beschrieben, da das exokrine Pankreas, das etwa 99 % seines Volumens ausmacht, große Mengen eines enzymhaltigen Verdauungssafts produziert, der durch einen breiten Ausführungsgang in den Verdauungstrakt gelangt. Das endokrine Pankreas besteht aus kleinen Zellgruppen, die in der gesamten Drüse verteilt liegen; jedes Grüppchen ist von exokrinen Zellen umgeben. Diese Gruppen, die man **Langerhans-Inseln** nennt, machen nur etwa 1 % der Zellpopulation des Pankreas aus (siehe Abbildung 19.10). Dennoch gibt es in einer normalen Bauchspeicheldrüse etwa zwei Millionen Inseln.

Wie andere endokrine Gewebe sind auch die Langerhans-Inseln mit einem dichten, fenestrierten Kapillarnetzwerk umgeben, das ihre Hormone in die Blutbahn transportiert. Das Pankreas wird von der *A. pancreaticoduodenalis* und den *Aa. pancreaticae* mit Blut versorgt. Das venöse Blut fließt in die *V. portae* der Leber. (Der Blutfluss von anderen Organen und zu ihnen hin wird in Kapitel 22 besprochen.)

Die Langerhans-Inseln werden über Äste des *Plexus coeliacus* vom autonomen Nervensystem innerviert.

Jede Langerhans-Insel enthält vier Zelltypen:

- Die **Alphazellen** bilden das Hormon **Glukagon**, das den Blutzucker anhebt, indem es den Abbau von Glykogen und die Freisetzung von Glukose in der Leber steigert (siehe Abbildung 19.10).
- Die **Betazellen** bilden das Hormon **Insulin**, das den Blutzucker senkt, indem es die Glukoseaufnahme und die Verwertung in den meisten Körperzellen fördert (siehe Abbildung 19.10).
- Die **Deltazellen** bilden das Hormon **Somatostatin**; es hemmt die Produktion und Sekretion von Glukagon und Insulin und verlangsamt die Nahrungsresorption und die Enzymsekretion im Verdauungstrakt.
- Die **F-Zellen** bilden das **pankreatische Polypeptid**. Es hemmt die Kontraktion der Gallenblase und reguliert die Produktion einiger Pankreasenzyme; es steuert wohl die Aufnahme von Nährstoffen aus dem Verdauungstrakt.

Die Alpha- und Betazellen des Pankreas überwachen den Blutzuckerspiegel; sie sind selbst keiner endokrinen oder neuralen Regulierung unterworfen. Da sie jedoch sehr empfindlich auf Blutzuckerschwankungen reagieren, beeinflusst jedes Hormon, das die Glukosekonzentration im Blut verändert, indirekt die Produktion von Insulin und Glukagon. Die wichtigsten Hormone des Pankreas sind in Tabelle 19.4 zusammengefasst.

19.10 Endokrine Gewebe des Fortpflanzungssystems

Die endokrinen Gewebe des Fortpflanzungssystems befinden sich ausschließlich in den Gonaden, also den Hoden bzw. den Ovarien. Die Anatomie der Fortpflanzungsorgane finden Sie in Kapitel 27 beschrieben.

19.10.1 Die Hoden

Beim Mann bilden die **Leydig-Zwischenzellen** in den Hoden Androgene. Das wichtigste Androgen ist das **Testosteron**. Dieses Hormon fördert die Bildung funktionsfähiger Spermien, erhält die Funktion der sekretorischen Drüsen im männlichen Fortpflanzungstrakt, beeinflusst die sekundären Geschlechtsmerkmale und stimuliert das Muskelwachstum (Tabelle 19.5). Während der Embryonalentwicklung beeinflusst die Bildung von Testosteron die anatomische Entwicklung der hypothalamischen Kerne im ZNS.

Die **Sertoli-Zellen**, die direkt mit der Entwicklung funktionstüchtiger Spermien zu tun haben, bilden ein zusätzlichen Hormon, das **Inhibin**. Eine Stimulation durch das follikelstimulierende Hormon führt zur Sekretion von Inhibin, das wiederum die Produktion des follikelstimulierenden Hormons im Hypophysenvorderlappen hemmt.

Struktur/Zellen	Hormone	Primäre Zielorgane	Wirkungen
Hoden			
Leydig-Zwischenzellen	Androgene	Fast alle Zellen	Spermienreifung, Proteinsynthese in Skelettmuskeln, beim Mann sekundäre Geschlechtsmerkmale und Verhaltensweisen
Sertoli-Zellen	Inhibin	Hypophysenvorderlappen	Hemmung der Sekretion des follikelstimulierenden Hormons
Ovarien			
Follikelzellen	Östrogene (besonders Östradiol)	Fast alle Zellen	Follikelreifung, bei der Frau sekundäre Geschlechtsmerkmale und Verhaltensweisen
	Inhibin	Hypophysenvorderlappen	Hemmung der Sekretion des follikelstimulierenden Hormons
Corpus luteum	Progestine (besonders Progesteron)	Uterus, Brustdrüsen	Vorbereitung der Implantation, Vorbereitung der Brustdrüsen auf die Sekretion
	Relaxin	Symphyse, Uterus, Brustdrüsen	Lockerung von Symphyse und Uterus (Zervix); Stimulation der Entwicklung von Milchdrüsen

Tabelle 19.5: **Die Hormone des Fortpflanzungssystems.**

Beim Erwachsenen hält das Zusammenspiel dieser beiden Hormone die Spermienproduktion im Normbereich.

19.10.2 Die Ovarien

In den Ovarien beginnen die Oozyten ihren Weg der Reifung zu weiblichen Gameten in spezialisierten Strukturen, den **Follikeln**. Der Reifungsvorgang wird durch das follikelstimulierende Hormon in Gang gesetzt. Die Follikelzellen um die Oozyten bilden Östrogene, besonders das **Estradiol**. Diese Steroidhormone fördern die Reifung der Oozyte und das Wachstum der Uterusschleimhaut (siehe Tabelle 19.5). Aktive Follikel sezernieren unter Stimulation des follikelstimulierenden Hormons Inhibin, das die Freisetzung von follikelstimulierendem Hormon über eine Rückkopplungsschleife hemmt, ähnlich wie oben beim Mann beschrieben. Nach dem Eisprung bildet sich aus den übrig gebliebenen Follikelzellen das **Corpus luteum**, das eine Mischung aus Östrogenen und Progestinen freisetzt, besonders das **Progesteron**. Progesteron beschleunigt die Bewegung des Oozyten im Eileiter und bereitet den Uterus auf die Ankunft des sich entwickelnden Embryos vor. Eine Zusammenstellung von Hormonen des Fortpflanzungstrakts finden Sie in Tabelle 19.5.

Die Zirbeldrüse (Epiphyse) 19.11

Die kleine, rote, zapfenförmige Zirbeldrüse (Epiphyse) (*Corpus pineale* oder **Epiphyse**; siehe Abbildung 19.1) ist Teil des Epithalamus. Sie enthält Neurone, Gliazellen und spezielle Drüsenzellen, die **Pinealozyten**. Pinealozyten sezernieren das Hormon Melatonin, das aus Molekülen des Neurotransmitters **Serotonin** synthetisiert wird. Melatonin verlangsamt die Reifung von Spermien, Oozyten und Fortpflanzungsorganen, indem es einen hypothalamischen Releasing-Faktor hemmt, der die Sekretion des follikelstimulierenden und des luteinisierenden Hormons stimuliert. Kollateralen der Sehbahn enden an der Zirbeldrüse (Epiphyse) und beeinflussen die Höhe der Melatoninsekretion. Die Melatoninproduktion steigt nachts und sinkt tagsüber ab. Dieser Zyklus ist für die Regulierung des **zirkadianen Rhythmus**, unseres Schlaf-Wach-Rhythmus, von Bedeutung. Melatonin ist außerdem ein starkes Antioxidans, das hilft, die Zellen des ZNS vor den Toxinen zu schützen, die durch aktive Neurone und Gliazellen entstehen.

Hormone und das Altern 19.12

Mit fortschreitendem Alter verändert sich die Funktion des endokrinen Systems relativ wenig. Die wichtigsten Ausnahmen sind 1. die Veränderung der Geschlechtshormonspiegel in der Pubertät und 2. der Abfall der Hormonspiegel in den Wechseljahren. Interessanterweise nimmt mit dem Alter die Empfindlichkeit der Zielorgane auf die Hormone ab. So reagieren die meisten Gewebe weniger gut, obwohl die Hormonspiegel unverändert hoch liegen.

Zusammenfassung Embryologie

Eine Zusammenfassung der Entwicklung des endokrinen Systems finden Sie in Kapitel 28 (Embryologie und Entwicklung des Menschen).

AUFGABEN

1. Wo befinden sich die Langerhans-Inseln? Benennen Sie die hier gebildeten Hormone.
2. Welche Funktion hat das Inhibin und wo wird es gebildet?
3. Die Konzentration welches Hormons bzw. welcher Hormone fällt mit dem Alter am deutlichsten ab?

AUS DER PRAXIS

Hormonstörungen

Hormonstörungen können verschiedene Ursachen haben, wie etwa Störungen der endokrinen Drüse selbst, der endokrinen oder neuralen Regulationsmechanismen oder der Zielorgane. Der Blutspiegel eines Hormons kann beispielsweise steigen, weil das Zielorgan weniger gut reagiert, sich ein Tumor in den Drüsenzellen entwickelt hat oder irgendetwas die normale Rückkopplung behindert. Bei der Bezeichnung von Hormonstörungen weist die Vorsilbe „Hyper-" auf eine Überproduktion, und „Hypo-" auf eine Unterproduktion des jeweiligen Hormons hin.

Die meisten Hormonstörungen beruhen auf Erkrankungen der Drüsen selbst. Typischerweise kommt es dadurch zu einer Unterfunktion; dies können die Ursachen sein:

- **Metabolische Faktoren**: Die Unterfunktion kann durch einen Mangel an einem wichtigen Substrat, das zur Synthese notwendig ist, verursacht werden. Die Hypothyreose kann etwa durch einen Jodmangel in der Nahrung oder durch Medikamente bedingt sein, die die Aufnahme und Verarbeitung von Jod in der Schilddrüse beeinträchtigen.
- **Physische Schädigung**: Jede Erkrankung, die die normale Durchblutung stört, oder ein physischer Schaden der endokrinen Zellen führt zu Inaktivität, entweder sofort oder nach einer anfänglichen Überproduktion. Bei schweren Schädigungen versagt das Organ dauerhaft. So kann eine passagere oder dauerhafte Hypothyreose von einer Infektion oder Entzündung der Schilddrüse kommen (Thyreoiditis), von einer Durchblutungsstörung oder von einer Bestrahlung bei bösartigem Tumor der Schilddrüse oder eines Organs in der Nähe. Die Schilddrüse kann auch durch eine Autoimmunerkrankung Schaden nehmen, bei der Antikörper gebildet werden, die die Follikelzellen angreifen und zerstören.
- **Angeborene Erkrankungen**: Ein Mensch ist dann nicht in der Lage, ausreichende Mengen eines Hormons zu bilden, wenn 1. die Drüse selbst zu klein ist, 2. die Enzyme in unwirksamer Form gebildet werden, 3. die Rezeptoren, die die Sekretion auslösen sollen, relativ unempfindlich sind oder 4. die Drüsenzellen keine Rezeptoren haben, über die sonst die Sekretion stimuliert wird.

Endokrine Störungen können auch bei abnormen Hormonrezeptoren an den Zielzellen vorkommen. In diesem Fall arbeiten die Drüse und die Regulationsmechanismen normal, aber die Zielzellen können nicht auf das

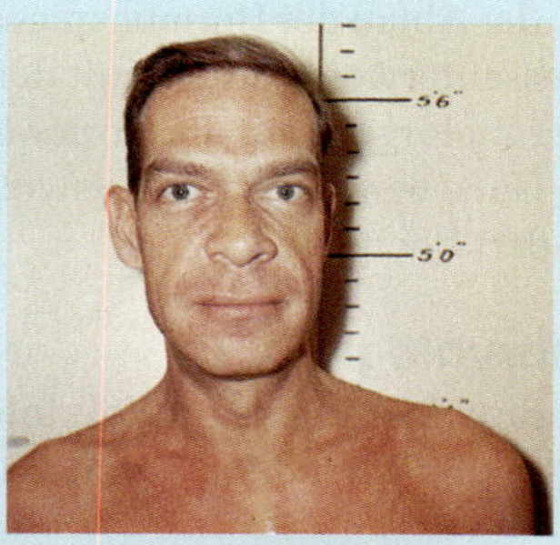

(a) Die **Akromegalie** entsteht durch eine Überproduktion von Wachstumshormon nach dem Epiphysenschluss. Die Form der Knochen verändert sich; der knorpelige Anteil des Skeletts vergrößert sich. Beachten Sie die vergröberten Gesichtszüge und den vergrößerten Unterkiefer.

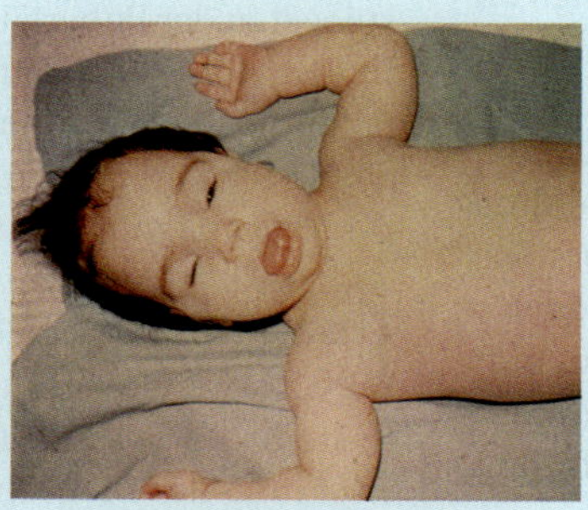

(b) Der **Kretinismus** ist die Folge von vorgeburtlichem Mangel an Schilddrüsenhormon.

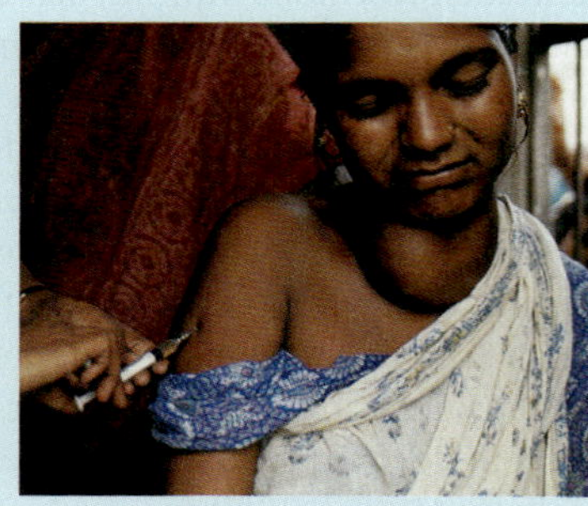

(c) Eine vergrößerte Schilddrüse, die **Struma**, ist meist mit einer Hypothyreose aufgrund von Jodmangel verbunden.

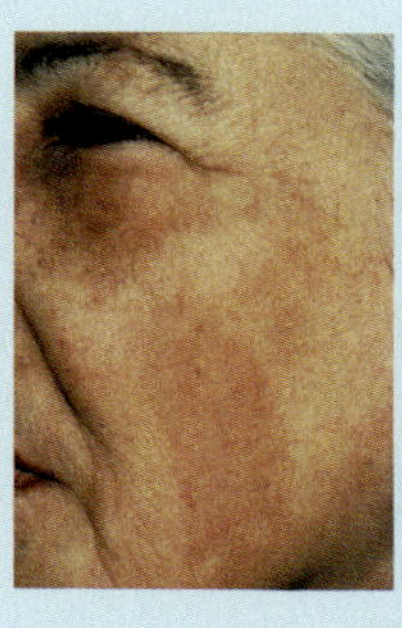

(d) **Morbus Addison** wird durch einen Mangel an Kortikosteroiden, besonders der Glukokortikoiden, verursacht. Die Pigmentverschiebungen kommen von einer Stimulation der Melanozyten durch ACTH, das dem melanozytenstimulierenden Hormon strukturell ähnelt.

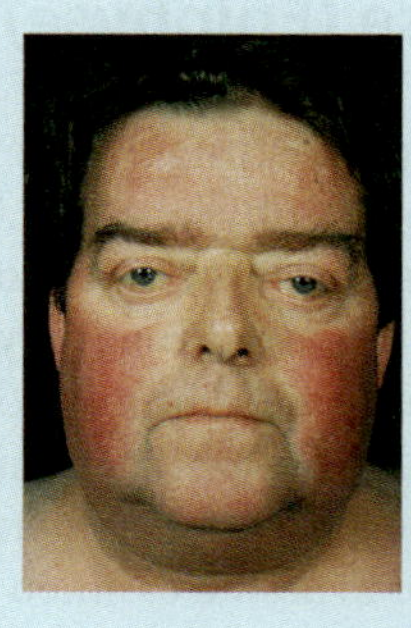

(e) **Morbus Cushing** ist das Ergebnis einer Hypersekretion von Glukokortikoiden. Lipidreserven werden mobilisiert und Fett wird im Gesicht und am Nacken abgelagert.

Abbildung 19.11: **Endokrine Störungen.** Repräsentative Beispiele der anatomischen Merkmale, die für spezifische endokrine Störungen charakteristisch sind.

zirkulierende Hormon reagieren. Das beste Beispiel für diese Art Störung ist der Typ-II-Diabetes, bei dem die peripheren Zellen nicht adäquat auf das Insulin reagieren.

Viele dieser Störungen führen zu sehr charakteristischen anatomischen Merkmalen, die man bei einer körperlichen Untersuchung erkennen kann (**Abbildung 19.11** und Tabelle 19.6).

Hormon (in der Literatur verwendete Abkürzungen in Klammern)	Mangelsyndrom	Hauptsymptome	Überproduktionssyndrom	Hauptsymptome
Wachstumshormon (GH)	Hypophysärer Minderwuchs bei Kindern	Minderwuchs, abnorme Fettverteilung, niedrige Blutzuckerspiegel Stunden nach einer Mahlzeit	Gigantismus (Kinder) Akromegalie (Erwachsene)	Exzessives Größenwachstum beim Kind, Vergrößerung von Gesicht und Händen beim Erwachsenen
Antidiuretisches Hormon (ADH)	*Diabetes insipidus*	Polyurie	Syndrom der inadäquaten ADH-Produktion	Höherer Wassergehalt des Körpers, Hyponatriämie
Thyroxin (T_3, T_4)	Myxödem, Kretinismus	Verlangsamte Stoffwechselvorgänge, niedrige Körpertemperatur, gestörte körperliche und geistige Entwicklung	Morbus Basedow	Beschleunigte Stoffwechselvorgänge, hohe Körpertemperatur, Tachykardie, Gewichtsverlust
Parathormon (PTH)	Hypoparathyreoidismus	Muskelschwäche, neurologische Störungen. Tetanie wegen niedriger Blutkalziumspiegel	Hyperparathyreoidismus	Neurologische, geistige und muskuläre Probleme aufgrund erhöhter Blutkalziumspiegel; schwache und brüchige Knochen
Insulin	*Diabetes mellitus*	Hohe Blutzuckerspiegel, gestörte Glukoseverwertung, Fettverbrennung zur Energiegewinnung, Glukosurie, Ketose	Überschießende Insulinproduktion oder zu hohe Gabe	Niedrige Blutzuckerspiegel bis hin zum *Coma diabeticum*
Mineralokortikoide (MC)	Hypoaldosteronismus	Polyurie, niedriges Blutvolumen	Aldosteronismus	Erhöhtes Körpergewicht wegen Wasserretention; Hypokaliämie
Glukokortikoide (GC)	Morbus Addison	Stressintoleranz, Störung der Energiemobilisation und der Kontrolle der Blutzuckerspiegel	Morbus Cushing	Exzessiver Abbau von Gewebeproteinen und der Fettreserven, gestörter Glukosestoffwechsel
Adrenalin (Adr), Noradrenalin (NAdr)	(nicht bekannt)		Phäochromozytom	Beschleunigte Stoffwechselvorgänge, Erhöhung von Körpertemperatur und Herzfrequenz und andere Symptome, wie die der übermäßigen autonomen Stimulation
Östrogene (bei Frauen)	Hypogonadismus	Sterilität, fehlende sekundäre Geschlechtsmerkmale	Androgenitales Syndrom	Maskulinisierung durch Überproduktion von Androgenen in der *Zona reticularis* der Nebennierenrinde
			Pubertas praecox	Frühzeitige Entwicklung von Follikeln und der Östrogenproduktion
	Klimakterium	Beendigung der Ovulation		
Androgene (bei Männern)	Hypogonadismus, Eunuchoidismus	Sterilität, fehlende sekundäre Geschlechtsmerkmale	Gynäkomastie	Brustvergrößerung durch abnorme Produktion von Östrogenen, manchmal durch Tumoren in der Nebennierenrinde oder im Verdauungstrakt
			Pubertas praecox	Frühzeitige Androgenbildung mit vorzeitigem Einsetzen pubertärer Veränderungen

Tabelle 19.6: **Klinische Auswirkungen endokriner Störungen.**

EXKURS

Das endokrine System

Warum komme ich nicht mehr mit?

Frauke ist eine 35-jährige Dozentin an einem College. Schon seit vielen Jahren läuft sie, zurzeit etwa 60 km pro Woche; als Studentin gehörte sie landesweit zu den besten Langstreckenläuferinnen. Sie läuft abends und am Wochenende mit ihren Kollegen und war immer stolz darauf, dass sie deutlich schneller laufen kann als die Männer im Kollegium. In den letzten sechs Monaten ist ihr jedoch aufgefallen, dass es ihr zunehmend schwer fällt, ihr gewohntes Tempo zu halten, auch für kurze Strecken von nur 5 km. Da sie außerdem häufig an Muskelkrämpfen, Gelenkschmerzen, grippeartigen Symptomen und ständiger Müdigkeit leidet, hält sie sich zunächst für eine „alte Läuferin", die mit den anderen einfach nicht mehr mitkommt. Erst als sie wegen einer Anämie und erhöhten Cholesterin- und Triglyzeridwerten von einer Blutspende ausgeschlossen wird, macht sie endlich einen Termin bei ihrer Hausärztin.

Erstuntersuchung

Die Hausärztin untersucht Frauke und erhebt die folgenden Befunde:

- Erkältungssymptome und Heiserkeit seit zwei bis drei Wochen
- häufig Verstopfung
- gelblicher Hautton, Skleren jedoch weiß
- kühle, raue, trockene und schuppige Haut
- aufgedunsenes Gesicht und periorbitale Ödeme
- verdickte und brüchige Fingernägel
- leichter, diffuser Haarausfall am Kopf und am äußeren Drittel der Augenbrauen
- Blutdruck 110/80 mmHg
- abgeschwächte tiefe Sehnenreflexe mit verzögerter Muskelrelaxation (Achillessehnenreflex)
- leicht vergrößerte Schilddrüse von gummiartiger Konsistenz, kein Druckschmerz.

Fraukes Ärztin bestimmt die folgenden Laborparameter:

- großes Blutbild
- Lipidprofil
- Urintest
- TSH-Spiegel
- fT_4-Spiegel

Nachuntersuchung

Frauke trifft sich eine Woche später wieder mit ihrer Ärztin zur Besprechung der Laborwerte:

- Das Blutbild zeigt eine Eisenmangelanämie.
- Das Lipidprofil zeigt ein erhöhtes Gesamtcholesterin, einen hohen LDL-Spiegel (Low-Densitiy-Lipoproteine) und hohe Triglyzeridwerte.
- Der TSH-Wert liegt bei 20 mU/l.
- Der fT_4-Wert liegt bei 0,6 ng/dl.

Überlegungen

Alle Systeme des Körpers können irgendwann Symptome aufweisen, die es dem Arzt ermöglichen, die einzelnen Hinweise zu einem Gesamtbild zusammenzufügen und eine Diagnose zu stellen.

Zur Interpretation der Befunde in diesem Fall sollten Sie Kapitel 19 wiederholen; die nachfolgenden Fragen dienen dabei als Leitfaden. Gehen Sie sie einzeln durch und schlagen Sie sie, falls nötig, noch einmal nach.

- Auf den ersten Blick scheinen Fraukes Symptome nicht viel miteinander zu tun zu haben. Was haben sie gemeinsam?
- Warum haben sich Fraukes Symptome so langsam entwickelt?
- Warum hat sie erhöhte Werte für Cholesterin, LDL und Triglyzeride?

Analyse und Interpretation

Die nachfolgenden Informationen beantworten die Fragen.

Viele Hormone haben vielfältige metabolische Effekte. Alle Symptome von Frauke haben mit ihrer allgemeinen Stoffwechselaktivität und der Höhe des Sauerstoffverbrauchs zu tun.

Die Follikel der Schilddrüse speichern T_4 und T_3. Die Freisetzung dieser Hormone lässt beim Fortschreiten der Erkrankung also nur langsam nach; daher die langsame Zunahme der Symptomatik.

Fraukes Fettprofil ist das Ergebnis einer verminderten Stoffwechselaktivität und einer verminderten Aufnahme von Lipiden in die peripheren Zellen. Viele Hormone beeinflussen mehrere Aspekte des Stoffwechsels.

Diagnose

Nach einer weiteren Blutuntersuchung (Schilddrüsenantikörper) und einem MRT (**Abbildung 19.12**) wird bei Frauke die Diagnose **Hashimoto-Thyreoiditis** gestellt. Bei dieser Erkrankung kommt es zu einer langsamen Zerstörung der Schilddrüsenzellen durch verschiedene zell- und antikörpervermittelte Immunreaktionen. Das Ergebnis dieser Autoimmunerkrankung ist eine unzureichende Produktion und Freisetzung von Schilddrüsenhormonen. Die Symptome entwickeln sich jedoch nur langsam, da noch etwas von dem vorher in den Follikeln gespeicherten Thyroxin durch die befallenen Follikelwände in die Blutbahn gelangt.

Die Hashimoto-Thyreoiditis ist die häufigste Ursache einer Hypothyreose nach dem sechsten Lebensjahr in den USA. Weltweit ist die häufigste Ursache der Jodmangel. In Gegenden mit ausreichender Jodversorgung ist die Hashimoto-Thyreoiditis die häufigste spontane Ursache einer Unterfunktion.

Fraukes Ärztin kann dank ihrer Kenntnisse über die einzelnen endokrinen Organe und deren Funktionen die Symptome der verschiedenen Hormonstörungen vorhersagen. So weisen Fraukes Symptome, so unterschiedlich sie zunächst zu sein schienen, alle auf eine Stoffwechselstörung hin. Schilddrüsenhormone beschleunigen im Allgemeinen Stoffwechselvorgänge und erhöhen die Körpertemperatur sowie die Atem- und Herzfrequenz. Ein gesteigerter Stoffwechsel, eine erhöhte Körpertemperatur, Gewichtsverlust, Nervosität, übermäßiges Schwitzen und ein beschleunigter oder unregelmäßiger Herzschlag sind Zeichen der Hyperthyreose. Umgekehrt kommt es bei der Hypothyreose zu einem verlangsamten Stoffwechsel, erniedrigter Körpertemperatur, Gewichtszunahme, Lethargie, trockener Haut und erniedrigter Herzfrequenz. Viele Symptome endokriner Störungen sind jedoch weniger eindeutig. So kann etwa eine Polyurie, die gesteigerte Urinproduktion, durch einen ADH-Mangel (*Diabetes insipidus*) oder die Glukosurie beim *Diabetes mellitus* verursacht sein; das Symptom des Hypertonus (hoher Blutdruck) kann das Ergebnis einer Reihe verschiedener kardiovaskulärer und endokriner Störungen sein. In diesen Fällen werden Laboruntersuchungen durchgeführt, mit denen man abnorme Hormonspiegel oder -metaboliten im Blut und im Urin nachweist. Mit weitergehenden Untersuchungen stellt man fest, ob die Ursache im endokrinen Organ selbst, im Regulationsmechanismus oder im Zielorgan liegt. Oft führt eine bestimmte Kombination auffälliger Werte zur Diagnose. Tabelle 19.6 gibt einen Überblick über die wichtigsten Hormonstörungen, in Tabelle 19.7 sind einige Untersuchungen zusammengestellt, die zur Diagnose endokriner Störungen wie bei Frauke durchgeführt werden.

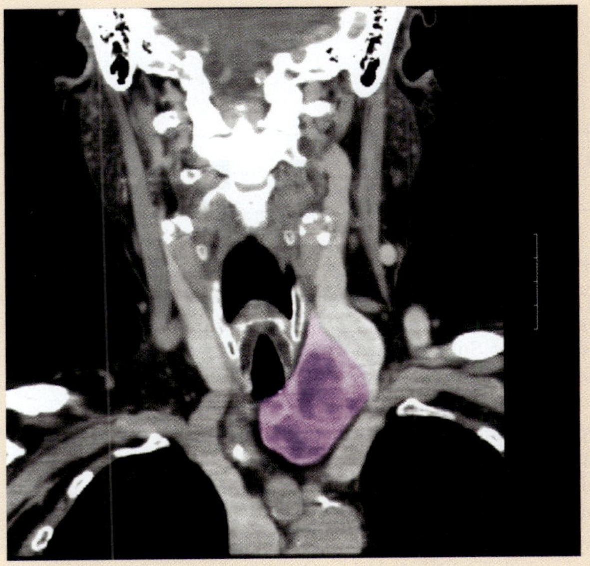

Abbildung 19.12: Fraukes MRT.

Begriffe Exkurs:

Anämie: jede Krankheit mit klinisch auffälliger Verminderung der roten Blutkörperchen oder der Hämoglobinkonzentration
Autoimmunerkrankung: Erkrankung, bei der das Lymphsystem Zellen und/oder Antikörper gegen eigenes Gewebe bildet
Cholesterin: häufigstes Steroid in tierischem Gewebe und in der Nahrung, besonders, wenn sie reich an tierischen Fetten ist
Großes Blutbild: vollständige Auszählung sämtlicher roter und weißer Blutkörperchen sowie der Blutplättchen in einer definierten Menge Blut
Tiefe Sehneneflexe: Muskelkontraktion als Reaktion auf eine Sehnenstreckung aufgrund der Stimulation der Propriozeptoren
Lipidprofil: Bestimmung von Konzentration und Eigenschaften der verschiedenen im Blut gelösten Lipide
Periorbitales Ödem: Ansammlung von übermäßig viel Gewebewasser im Interstitium der Haut um die Augen herum
Sklera: Abschnitt der äußeren faserigen Hülle des Augapfels, sog. Augenweiß
Triglyzeride: Glyzerol-Triester; wichtigstes Lipid im Körper

Untersuchung	Methode und Ergebnis	Typisches Einsatzgebiet
SCHILDDRÜSE		
Schilddrüsenszintigramm	Radionuklide akkumulieren in der Schilddrüse; die abgegebene Strahlung wird gemessen und bildlich dargestellt.	Bestimmt Größe, Form und Auffälligkeiten der Schilddrüse, macht Knoten und/oder Tumoren sichtbar, kann hyper- oder hypoaktive Bereiche und die Ursache von Schwellungen im Halsbereich erkennen
Ultraschalluntersuchung der Schilddrüse	Ultraschallwellen werden an inneren Organen reflektiert und bildlich dargestellt.	Erkennt Zysten oder Tumoren der Schilddrüse, vergrößerte Lymphknoten und Veränderungen von Form und Größe
Radiojodtest	Radioaktiv markiertes Jod wird von der Schilddrüse aufgenommen und gespeichert; der zeitliche Ablauf wird gemessen.	Bestimmt den Aktivitätsgrad der Schilddrüse, wird oft gleichzeitig mit einem Szintigramm durchgeführt
HYPOPHYSE		
Röntgen von Hand und Handgelenk	Standardaufnahmen der Epiphysen zur Bestimmung des „Knochenalters" anhand der zeitlichen Abfolge des Epiphysenschlusses	Vergleicht das Knochenalter des Kindes mit dem tatsächlichen Alter, Abweichungen über zwei Jahre weisen auf einen möglichen Mangel an Wachstumshormon hin.
Röntgen der *Sella turcica*	Standardaufnahmen der *Sella turcica*, in der die Hypophyse liegt	Bestimmt (Genauigkeit und Kostenaufwand zunehmend) die Größe der Hypophyse, entdeckt Tumoren
CT der Hypophyse	Standard-CT mit oder ohne Kontrastmittel	
MRT der Hypophyse	Standard-MRT	
NEBENSCHILDDRÜSE		
Ultraschalluntersuchung der Nebenschilddrüsen	Standardultraschall	Entdeckt strukturelle Normabweichungen, wie etwa eine Vergrößerung
NEBENNIEREN		
Ultraschalluntersuchung der Nebennieren	Standardultraschall	Entdeckt Normabweichungen bezüglich Form und Größe, kann Tumoren entdecken
CT der Nebennieren	Standard-CT	Entdeckt Normabweichungen bezüglich Form und Größe, kann Tumoren entdecken
Angiografie der Nebennieren	Injektion eines Röntgenkontrastmittels zur Beurteilung der Blutversorgung der Nebennieren	Entdeckt Tumoren und Hypoplasien

Tabelle 19.7: **Repräsentative Untersuchungsmethoden bei endokrinen Störungen.**

DEFINITIONEN

Diabetes insipidus: Krankheitsbild bei unzureichender ADH-Produktion im Hypophysenhinterlappen

Diabetes mellitus: Krankheitsbild mit Blutzuckerspiegeln, die so hoch sind, dass sie die Reabsorptionskapazität der Nieren überfordern

Exophthalmus: Hervortreten der Augäpfel, Symptom der Hyperthyreose

Struma: diffuse Vergrößerung der Schilddrüse

Typ-I-Diabetes, auch insulinabhängiger Diabetes mellitus genannt: Diabetesform, verursacht durch eine unzureichende Insulinproduktion durch die Betazellen der Langerhans-Inseln

Ketoazidose: Situation, in der große Mengen von Ketonkörpern im Blut zu einem gefährlich niedrigen pH-Wert führen

Myxödem: Symptom der schweren Hypothyreose mit Verdickung der Subkutis, trockener Haut, Haarausfall, niedriger Körpertemperatur, Muskelschwäche und verlangsamten Reflexen

Typ-II-Diabetes, auch nicht insulinabhängiger Diabetes mellitus genannt: Diabetesform mit normalem oder erhöhtem Insulinspiegel, bei der die peripheren Zellen nicht mehr normal reagieren

Thyreotoxische Krise: Phase der akuten Hyperthyreose mit extrem hohem Fieber, hoher Herzfrequenz und Fehlfunktionen verschiedener physiologischer Systeme

Zusammenfassung

Die Antworten auf die Fragen der Aufgaben und der Zusammenfassung finden Sie im Antwortteil.

Wiederholung von Fakten und Begriffen

Verbinden Sie die Begriffe der linken Spalte jeweils mit denen der rechten Spalte, die am besten passen; setzen Sie die Buchstaben in die Spalte vor die Zahlen.

	Spalte A			Spalte B
	1.	Zielzellen	a.	Unbekannte Funktion
	2.	Hypothalamus	b.	Stimuliert die Milchbildung
	3.	ADH	c.	Von Hormonen reguliert
	4.	Prolaktin	d.	Zirbeldrüse (Epiphyse)
	5.	Follikelstimulierendes Hormon	e.	Noradrenalinfreisetzung
	6.	Kolloid	f.	Verringert den Wasserverlust
	7.	Oxyphile Zelle	g.	Lymphozytenreifung
	8.	Thymosin	h.	Stimuliert die Östrogensekretion
	9.	Chromaffine Zellen	i.	Produziert Releasing-Hormon
	10.	Melatonin	j.	Zähflüssige Substanz mit gespeicherten Hormonen

11 Das Hormon, das die Schilddrüse als Zielorgan hat und die Freisetzung von Thyroxin auslöst, ist das
a. follikelstimulierende Hormon.
b. TSH.
c. ACTH.
d. luteinisierende Hormon.

12 Wenn ein Katecholamin oder ein Peptidhormon an einen Rezeptor auf der Zelloberfläche bindet,
a. bewegt sich der Rezeptorkomplex in die Zelle hinein.
b. depolarisiert das Plasmalemm.
c. erscheint ein Second Messenger im Zytoplasma.
d. wird das Hormon zum Zellkern transportiert, wo es die Aktivität der DNS verändert.

13 Zu den Blutgefäßen, die die Schilddrüse versorgen, gehören
a. die *A. thyroidea superior*.
b. die *A. thyroidea inferior*.
c. die *Vv. thyroideae superior, inferior* und *media*.
d. Alle genannten.

14 Wie beeinflusst das Altern das endokrine System?
a. Es wird im Verhältnis weniger beeinflusst als andere Systeme.
b. Die Hormonproduktion steigt, um die verminderte Reaktion der Rezeptoren auszugleichen.
c. Die endokrinen Funktionen des Fortpflanzungssystems sind am stärksten von Veränderungen betroffen.
d. Die größte Funktionseinbuße erleidet die Hormonproduktion der Schilddrüse.

15 Endokrine Organe werden kontrolliert durch
a. Hormone von anderen endokrinen Drüsen.
b. direkte neurale Stimulation.
c. Veränderungen in der Zusammensetzung der extrazellulären Flüssigkeit.
d. Alle genannten sind richtig.

16 Reduzierter Wasserverlust über den Urin durch eine Retention von Wasser und Natrium ist das Ergebnis der Aktivität von
a. ADH.
b. Kalzitonin.
c. Aldosteron.
d. Kortison.

17 Wenn der Blutzuckerspiegel fällt,
a. wird Insulin freigesetzt.
b. wird Glukagon freigesetzt.
c. beenden die peripheren Zellen die Glukoseaufnahme.
d. wird Aldosteron freigesetzt, um diese Zellen zu stimulieren.

18 Zu den Hormonen, die an den Nieren freigesetzt werden, gehören
a. Kalzitriol und Erythropoietin.
b. ADH und Aldosteron.
c. Adrenalin und Noradrenalin.
d. Hydrokortison und Kortison.

19 Das Element, das für die normale Schilddrüsenfunktion besonders wichtig ist, ist
a. Magnesium.
b. Kalium.
c. Jod.
d. Kalzium.

20 Die Struktur namens *Corpus luteum* sezerniert
a. Testosteron.
b. Progesteron.
c. Aldosteron.
d. Kortison.

Wiederholung von Lernzielen

1 Der Exophthalmus ist das Leitsymptom
a. des Morbus Cushing.
b. der Hyperthyreose.
c. des Hyperpituitarismus.
d. des Morbus Basedow.

2 An welcher Drüse könnte es liegen, wenn jemand zu wenige oder funktionsuntüchtige Lymphozyten hat?
a. Schilddrüse
b. Thymus
c. Hypophyse
d. Zirbeldrüse (Epiphyse)

3 Erläutern Sie die funktionellen Unterschiede zwischen dem endokrinen System und dem Nervensystem.

4 Hormone können aufgrund ihrer chemischen Struktur in vier verschiedene Gruppen eingeteilt werden. Welche sind das?

5 Beschreiben Sie die primären Zielorgane und die Wirkungen von Testosteron.

6 Welche Effekte hat das Schilddrüsenhormon auf die Gewebe des Körpers?

7 Warum ist eine ungestörte Funktion der Nebenschilddrüse für den Erhalt normaler Blutkalziumspiegel von Bedeutung?

8 Welche Bedeutung hat das Kapillarnetzwerk der Hypophyse?

Anwendung der Lerninhalte

1 Wie führt ein Tumor der Hypophyse zu einer übermäßigen Produktion von Wachstumshormon?

2 Endokrine Störungen führen fast nie zu nur einer Veränderung von Stoffwechselfunktionen. Welche beiden Hormonstörungen verursachen sowohl exzessiven Durst als auch exzessive Urinproduktion?

3 Die Hypothyreose (unzureichende Hormonproduktion durch die Schilddrüse) kann durch Störungen auf der Ebene des Hypothalamus und der Hypophyse oder durch eine Störung der Schilddrüse selbst verursacht sein. Erklären Sie, wie dies medizinisch möglich ist.

4 Wie regulieren die Hormone von Herz und Nieren Blutdruck und Blutvolumen?

Eine Kurzzusammenfassung der wichtigsten Inhalte, sowie die Antworten zu den Fragen und weitere Arbeitsmaterialien finden sie auf unserer Companion Website unter: **www.pearson-studium.de/login**

Lernziele

1. Die Funktionen des Blutes aufzählen und erläutern können.
2. Die Zusammensetzung von Blut und die physikalischen Charakteristika von Plasma kennen.
3. Merkmale und Funktionen der roten Blutkörperchen aufzählen können.
4. Erklären können, was die Blutgruppe eines Menschen bestimmt und wozu Blutgruppen von Bedeutung sind.
5. Die verschiedenen weißen Blutkörperchen anhand ihrer Struktur und Funktion in Kategorien einteilen und erläutern können, wie sie Infektionen bekämpfen.
6. Die Funktion der Thrombozyten kennen.
7. Die Differenzierung und den Lebenszyklus von Blutzellen erklären können.
8. Die Produktionsorte der Blutkomponenten und die Faktoren, die ihre Bildung regulieren, kennen.

Das Herz-Kreislauf-System

Das Blut

ÜBERBLICK

20

Der lebende Organismus ist beständig in chemischer Kommunikation mit der äußeren Umgebung. Nährstoffe werden über das Verdauungsepithel resorbiert, Gase diffundieren durch das zarte Epithel der Lungen und Abfallstoffe werden über Fäzes, Urin, Speichel, Galle, Schweiß und andere exokrine Sekrete entsorgt. Dieser chemische Austausch kann an vielen verschiedenen Orten und Organen des Körpers stattfinden, weil alle Regionen des Körpers durch das Herz-Kreislauf-System miteinander verbunden sind. Man kann es mit dem Kühlsystem eines Autos ver-

AUS DER PRAXIS

Transfusionen

Bei einer Transfusion werden jemandem, dessen Blutvolumen zu niedrig ist oder in dessen Blut irgendein Mangel besteht, Blutkomponenten verabreicht. Vollblut wird meist nach großen Flüssigkeitsverlusten verabreicht. Bei einer **Austauschtransfusion** wird der Großteil des Blutes entfernt und gleichzeitig neues Blut aus einer anderen Quelle infundiert. Dies kann bei akuten Vergiftungen oder dem hämolytischen Neugeborenenikterus notwendig werden.

Blut wird unter sterilen Bedingungen von sorgfältig ausgewählten Spendern gewonnen. Es wird auf Viren und Bakterien untersucht und im Zweifelsfall verworfen. Es wird mit Gerinnungshemmern versetzt und kühl gelagert; so hält es sich etwa dreieinhalb Wochen. Zur längeren Lagerung muss es fraktioniert werden. Die roten Blutkörperchen werden vom Plasma getrennt und nach einer speziellen Behandlung zum Schutz vor Frostschäden tiefgekühlt. Das Plasma wird gekühlt, gefroren oder gefriergetrocknet aufbewahrt. Mit dieser Methode kann man einen Vorrat seltener Blutgruppen für Notfälle anlegen.

Es gibt viele Anwendungen für fraktioniertes Blut. **Erythrozytenkonzentrate**, aus denen das meiste Plasma entfernt wurde, werden gern bei Anämie eingesetzt, bei der das Blutvolumen fast normal, die Sauerstofftransportkapazität jedoch herabgesetzt ist. Plasma wird bei massiven Flüssigkeitsverlusten verabreicht, wie etwa nach schweren Verbrennungen.

In den USA allein werden jährlich fast sechs Millionen Einheiten, das sind drei Millionen Liter Blut, transfundiert; oft überscheitet die Nachfrage noch das Angebot. Man ist sich jedoch zunehmend der Gefahr der Ansteckung mit Hepatitis B und HIV (Aids-Virus) über kontaminiertes Blut bewusst. Daher haben sich in den letzten Jahren bezüglich der Transfusion einige Änderungen ergeben. Im Allgemeinen wird weniger transfundiert; auch werden häufiger **autologe Transfusionen** durchgeführt. Hierbei wird einem Patienten (oder potenziellen Patienten) Blut entnommen, gelagert und später bei Bedarf, etwa nach einer Operation, wieder verabreicht. Neue Technologien ermöglichen die Wiederverwendung „verlorenen" Blutes. Es wird gesammelt und filtriert, die Thrombozyten werden entfernt und der Rest dem Patienten retransfundiert.

1. **Transport gelöster Gase**: Sauerstoff wird aus den Lungen in das periphere Gewebe gebracht und Kohlendioxid zurück zu den Lungen transportiert.
2. **Verteilung von Nährstoffen**, die vom Verdauungssystem aufgenommen oder aus den Speichern im Fettgewebe und der Leber freigesetzt werden.
3. **Transport von Stoffwechselendprodukten** von peripheren Geweben zu den Ausscheidungsorganen, besonders den Nieren.
4. **Transport von Enzymen und Hormonen** zu den spezifischen Zielgeweben.
5. **Stabilisation von pH-Wert und Elektrolytzusammensetzung interstitieller Flüssigkeiten**: Durch Resorption, Transport und Abgabe von Ionen gleicht das Blut im Fließen regionale Konzentrationsunterschiede aus. Mithilfe einer Auswahl von Puffern neutralisiert es die Säuren, die in verschiedenen Geweben entstehen, wie z. B. das Laktat in der Muskulatur.
6. **Prävention von Flüssigkeitsverlust** über verletzte Gefäße und andere Verletzungen. Durch die **Blutgerinnung** werden die Gefäßwände versiegelt und so Blutverluste vermieden, die den Blutdruck und die Herz-Kreislauf-Funktion ernsthaft beeinträchtigen könnten.
7. **Verteidigung gegen Toxine und Pathogene**: Das Blut transportiert die weißen Blutkörperchen, spezialisierte Zellen, die in peripheres Gewebe einwandern und dort Infektionen bekämpfen und Zelltrümmer beseitigen. Außerdem setzen sie Antikörper frei, spezielle Proteine, die gegen eindringende Organismen und Fremdkörper vorgehen. Das Blut befördert auch Toxine, die beispielsweise durch Infektionen entstehen, zur Inaktivierung oder Exkretion zu den Nieren oder zur Leber.
8. **Stabilisierung der Körpertemperatur** durch Resorption und Umverteilung von Wärme. Aktive Skelettmuskeln und andere Gewebe erzeugen Wärme, die der Blutfluss davonträgt. Wenn die Körpertemperatur zu hoch ist, steigt die Hautdurchblutung und somit der Wärmeverlust über die Haut. Liegt die Temperatur zu niedrig, wird das warme Blut zu den temperaturempfindlichen Organen umgeleitet. Diese Veränderungen der Durchblutung werden von den **Herz-Kreislauf-Zentren** in der *Medulla oblongata* gesteuert.

Tabelle 20.1: **Die Funktionen des Blutes.**

gleichen: Zur Grundausstattung gehören eine zirkulierende Flüssigkeit (das Blut), eine Pumpe (das Herz) und eine Reihe Verbindungsrohre (die Blutgefäße). In den drei Kapiteln zum Herz-Kreislauf-System werden diese Komponenten einzeln besprochen: das zirkulierende Blut in Kapitel 20, Struktur und Funktion des Herzes in Kapitel 21, und in Kapitel 22 geht es um das Gefäßnetz und die integrierten Funktionen des Herz-Kreislauf-Systems. Danach sind Sie auf Kapitel 23 vorbereitet, in dem das Lymphsystem besprochen wird, dessen Gefäße und Organe strukturell und funktionell eng mit dem Blutgefäßsystem verbunden sind.

Die Funktionen des Blutes 20.1

Blut ist ein spezialisiertes flüssiges Bindegewebe, das 1. Nährstoffe, Sauerstoff und Hormone zu jeder der etwa 75 Billionen Zellen des menschlichen Körpers trägt, 2. Stoffwechselendprodukte zur Entsorgung zu den Nieren bringt und 3. spezialisierte Zellen transportiert, die peripheres Gewebe vor Entzündungen und Infektionen verteidigen. Diese Leistungen des Blutes (Tabelle 20.1) sind absolut lebenswichtig; Körperzellen oder Regionen, die von der

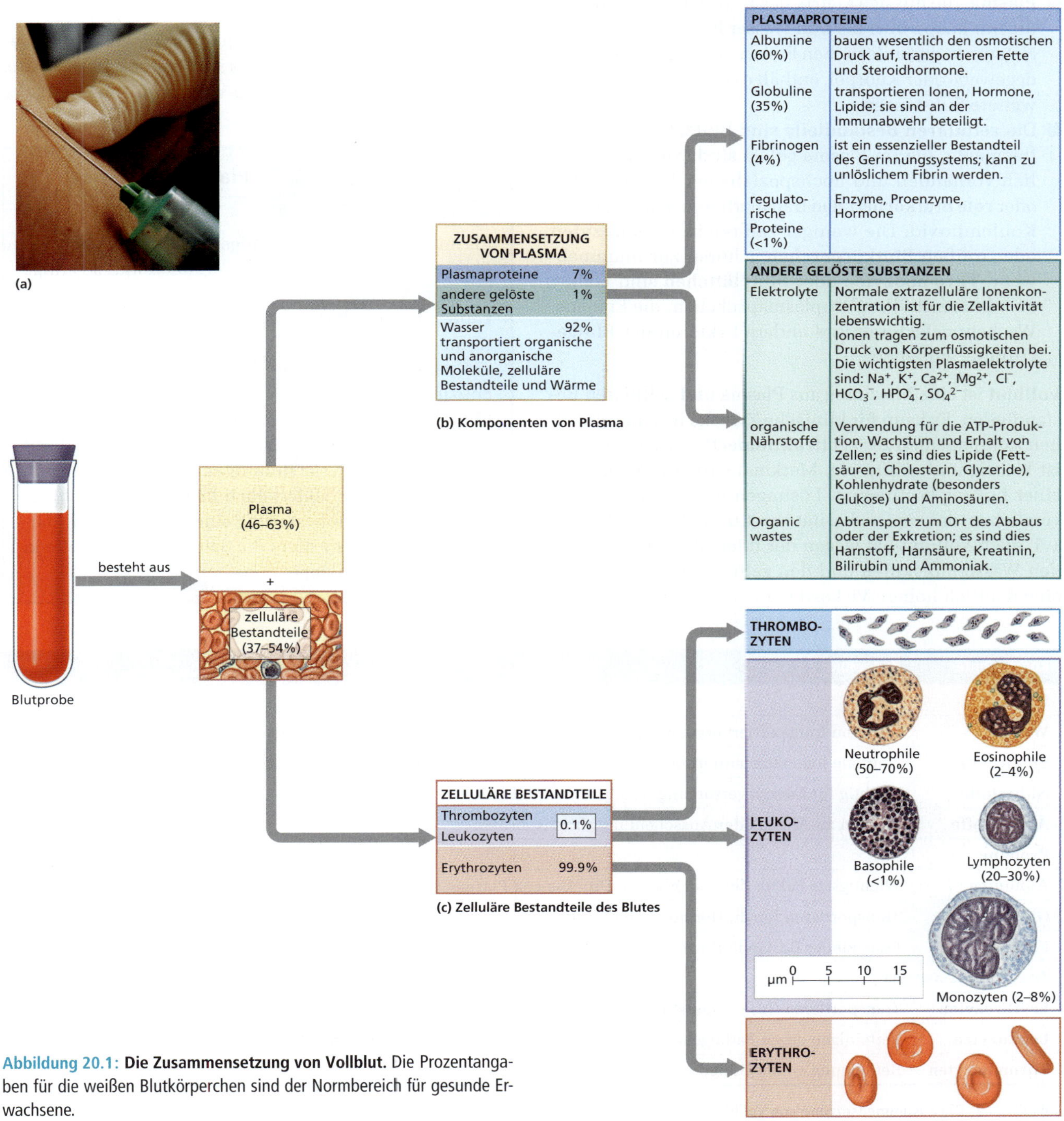

Abbildung 20.1: Die Zusammensetzung von Vollblut. Die Prozentangaben für die weißen Blutkörperchen sind der Normbereich für gesunde Erwachsene.

Blutversorgung abgeschnitten werden, können innerhalb von Minuten absterben.

Die Zusammensetzung des Blutes 20.2

Blut ist ein flüssiges Bindegewebe, das sich normalerweise nur innerhalb des Gefäßsystems befindet. Seine Zusammensetzung ist charakteristisch und einzigartig (**Abbildung 20.1** und Tabelle 20.2). Es besteht aus zwei Komponenten:

- **Plasma**, die flüssige Matrix des Blutes, hat eine Dichte, die nur knapp über der von Wasser liegt. Anstelle eines Netzwerks aus unlöslichen Fasern, wie in lockerem Bindegewebe oder Knorpel, enthält es gelöste Proteine und weitere Substanzen.
- Die **zellulären Bestandteile** sind Blutzellen und Zellfragmente, die im Plasma gelöst sind. Sie sind reichlich vorhanden und hochspezialisiert. **Erythrozyten** oder **rote Blutkörperchen** transportieren Sauerstoff und Kohlendioxid. Die weniger zahlreichen **Leukozyten** oder **weißen Blutkörperchen** gehören zur Immunabwehr. **Thrombozyten** oder **Blutplättchen** sind kleine, membranumhüllte Zytoplasmapäckchen, die Enzyme, Wachstumsfaktoren und andere Faktoren der **Blutgerinnung** enthalten.

Vollblut ist eine Mischung aus Plasma und zellulären Bestandteilen. Es kann für klinische Zwecke in seine einzelnen Komponenten zerlegt **(fraktioniert)** werden. Vollblut ist klebrig und zähflüssig, Merkmale, die die **Viskosität** einer Lösung bestimmen. Lösungen werden mit Wasser verglichen, das eine Viskosität von 1,0 hat. Plasma liegt bei 1,5, doch Vollblut hat wegen der Interaktionen zwischen den Wassermolekülen und den zellulären Bestandteilen eine deutlich höhere Viskosität von etwa 5,0.

Ein erwachsener Mann hat etwa 5–6 l Blut, eine Frau etwa 4–5 l. Blut ist alkalisch (pH 7,35–7,45); seine Temperatur liegt etwas über der Körperkerntemperatur (38 °C zu 37 °C). In der Klinik verwendet man die Begriffe **hypovolämisch**, **isovolämisch** und **hypervolämisch** zur Bezeichnung eines niedrigen, normalen bzw. überhöhten Blutvolumens. Erniedrigtes oder erhöhtes Blutvolumen können gefährlich sein. Eine Hypervolämie belastet z. B. das Herz (Hypertension, „hoher Blutdruck"), das das zusätzliche Volumen auch noch durch den Körper pumpen muss.

20.2.1 Plasma

Plasma macht etwa 55 % des Volumens von Vollblut aus; es besteht zu 92 % aus Wasser. Dies sind Durchschnittswerte; die genaue Zusammensetzung variiert mit dem Ort der

AUS DER PRAXIS

Plasmaexpander

Plasmaexpander sind Lösungen, mit denen man vorübergehend das Blutvolumen erhöhen und so einige Stunden bis zur Infusion von Vollblut überbrücken kann. Sie enthalten anstelle gelöster Proteine große Kohlenhydratmoleküle, die für die richtige Osmolarität sorgen. Obwohl die Kohlenhydrate nicht metabolisiert werden, werden sie im Laufe der Zeit durch Phagozytose aus der Blutbahn entfernt; das Blutvolumen nimmt wieder ab. Plasmaexpander lassen sich gut lagern; ihre sterile Herstellung schützt vor Problemen durch virale oder bakterielle Infektionen. Obwohl sie eine temporäre Verbesserung einer Hypovolämie darstellen, erhöhen sie nicht die Sauerstoffmenge, die in der Peripherie anlangt.

Komponente	Bedeutung
PLASMA	
Wasser	Löst und transportiert organische und anorganische Moleküle, verteilt Blutzellen und Körperwärme
Elektrolyte	Normale Ionenkonzentration in extrazellulärer Flüssigkeit für lebenswichtige zelluläre Aktivitäten unerlässlich
Nährstoffe	Wichtig für Energieversorgung, Wachstum und Erhalt von Zellen
Abfallstoffe	Werden zu Abbau oder Ausscheidung abtransportiert
Proteine	
Albumine	Wichtigster Faktor des osmotischen Druckes von Plasma; transportieren einige Lipide
Globuline	Transportieren Ionen, Hormone und Lipide
Fibrinogen	Essenzieller Bestandteil des Gerinnungssystems, kann zu unlöslichem Fibrin umgebaut werden
ZELLULÄRE BESTANDTEILE	
Erythrozyten	Transportieren Gase (Sauerstoff und Kohlendioxid)
Leukozyten	Verteidigen gegen Pathogene, entfernen Toxine, Abfallstoffe und beschädigte Zellen
Thrombozyten	Beteiligung an der Blutgerinnung

Tabelle 20.2: **Die Zusammensetzung von Vollblut.**

Blutabnahme und der jeweiligen Aktivität in der Region. Informationen zur Zusammensetzung von Plasma finden Sie in Abbildung 20.1 und in Tabelle 20.2.

Unterschiede zwischen Plasma und interstitieller Flüssigkeit

In vielerlei Hinsicht ähnelt Plasma der interstitiellen Flüssigkeit. Die Ionenkonzentrationen sind bei beiden gleich, unterscheiden sich jedoch deutlich von denen im Zytoplasma. Die Hauptunterschiede zwischen Plasma und interstitieller Flüssigkeit liegen in der Konzentration gelöster Gase und Proteine:

- **Sauerstoff- und Kohlendioxidkonzentration:** Die Konzentration von gelöstem Sauerstoff ist im Plasma höher als in der interstitiellen Flüssigkeit. Daher diffundiert der Sauerstoff aus der Blutbahn in peripheres Gewebe hinein. Die Kohlendioxidkonzentration wiederum ist in der interstitiellen Flüssigkeit höher, sodass es umgekehrt aus dem Gewebe heraus in die Blutbahn diffundiert.
- **Konzentration gelöster Proteine:** Plasma enthält große Mengen gelöster Proteine, die interstitielle Flüssigkeit jedoch nicht. Größe und Kugelform der meisten Plasmaproteine hindern sie daran, die Kapillarwände zu durchdringen, sodass sie in der Blutbahn verbleiben.

Plasmaproteine

Plasmaproteine machen etwa 7 % des Plasmas aus (siehe Abbildung 20.1). 100 ml menschlichen Plasmas enthalten etwa 6 – 7 g gelöstes Protein. Es gibt drei Hauptklassen von Plasmaproteinen: Albumine, Globuline und Fibrinogen.

- **Albumine** machen etwa 60 % der Plasmaproteine aus. Als häufigstes Protein haben sie den größten Einfluss auf den osmotischen Druck des Plasmas. Sie spielen auch eine wichtige Rolle beim Transport von Fettsäuren, Steroiden und anderen Substanzen. Albumine sind die kleinsten Plasmaproteine.
- **Globuline** stellen etwa 35 % der Plasmaproteine. Es gibt Immun- und Transportglobuline. **Immunglobuline**, auch **Antikörper** genannt, attackieren fremde Proteine und Pathogene. **Transportglobuline** binden kleine Ionen, Hormone oder andere Substanzen, die entweder selbst unlöslich sind oder in den Nieren aus dem Blut filtriert würden.
- **Fibrinogen** macht etwa 4 % des Plasmaproteins aus. Dieses Protein, das größte von allen, ist für die normale Blutgerinnung von entscheidender Bedeutung. Unter bestimmten Bedingungen formieren sich die Fibrinogenmoleküle zu langen, unlöslichen Fibrinsträngen, die das Grundgerüst eines Blutgerinnsels bilden (siehe Abbildung 20.7). Ohne gerinnungshemmende Maßnahmen kommt es in einer Blutprobe zu einer solchen Umwandlung von Fibrinogen zu **Fibrin**. Hierbei werden die Gerinnungsproteine aus dem Serum entfernt; es bleibt eine Flüssigkeit namens **Serum** zurück.

AUFGABEN

1. Welchen Einfluss hätte ein verlangsamter Blutfluss auf die Stabilität Ihrer Körpertemperatur?
2. Welchen Einfluss hat eine Hypovolämie auf den Blutdruck?
3. Warum hat Vollblut eine so hohe Viskosität?

Sowohl Albumine als auch Globuline können sich an Lipide, wie z. B. Triglyzeride, Fettsäuren oder Cholesterin, binden, die nicht wasserlöslich sind. Diese Verbindungen, die man **Lipoproteine** nennt, sind gut im Plasma löslich; so gelangen unlösliche Lipide in die Körperperipherie.

Die Leber synthetisiert und setzt mehr als 90 % aller Plasmaproteine frei. Da die Leber die Hauptquelle von Plasmaprotein ist, führen Erkrankungen der Leber zu Veränderungen der Zusammensetzung und Funktion des Blutes. Einige Leberkrankheiten verursachen etwa unstillbare Blutungen, da zu wenig Fibrinogen und andere Plasmaproteine gebildet werden, die für die Gerinnung nötig sind.

20.3 Zelluläre Bestandteile

Die beiden wichtigsten zellulären Bestandteile des Blutes sind die **Erythrozyten** und die **Leukozyten**. Es gibt zwei Arten von Leukozyten: **Granulozyten** (mit Granula) und **Agranulozyten** (ohne Granula). Außerdem enthält Blut noch weitere geformte Elemente, die **Thrombozyten (Blutplättchen)**, die mit der Gerinnung zu tun haben. Tabelle 20.3 fasst Informationen zu den zellulären Bestandteilen zusammen.

20.3.1 Erythrozyten

Erythrozyten machen knapp die Hälfte des gesamten Blutvolumens aus (siehe Tabelle 20.1). Der **Hämatokritwert** ist der prozentuale Anteil zellulärer Bestandteile am Gesamtblutvolumen. Beim gesunden erwachsenen Mann liegt er im Schnitt bei 45 (Normbereich: 40 – 54), bei erwachsenen Frauen bei 42 (Normbereich 37 – 47). Da in Vollblut auf einen Leukozyten etwa 1000 Erythrozyten kommen, entspricht der Hämatokritwert etwa dem Volumen der Erythrozyten (**PCV** [Packed Cell Volume, Erythrozytenvolumen bei dichter Packung, wie z. B. nach Zentrifugation]).

Die Menge der Erythrozyten im Blut eines normalen Menschen übersteigt das Vorstellungsvermögen. In 1 µl (= 1 mm^3) Vollblut eines Mannes befinden sich durchschnittlich 5,4 Millionen rote Blutkörperchen, in dem einer Frau etwa 4,8 Millionen. In einem einzigen Bluttropfen sind 260 Millionen Erythrozyten; ein Erwachsener hat durchschnittlich 25 Billionen ($2{,}3 \cdot 10^{13}$) im Blut.

Bestandteile	Menge pro µl[1]	Charakteristika	Funktionen	Anmerkungen
ERYTHROZYTEN	5,2 Millionen (Normwert: 4,4–6,0 Millionen)	Bikonkave Scheiben ohne Kern, Mitochondrien oder Ribosomen; rot gefärbt durch Hämoglobinmoleküle	Transportieren Sauerstoff von den Lungen in das Gewebe und Kohlendioxid zurück	Lebenserwartung von 120 Tagen; Aminosäuren und Eisen werden wiederverwertet; Bildung im Knochenmark
LEUKOZYTEN	7000 (Normwert: 6000–9000)			
Granulozyten				
Neutrophile	4150 (Normwert: 1800–7300) Differenzialblutbild: 57 %	Runde Zellen, Zellkern wie Perlenschnur; Zytoplasma mit großen blassen Einschlüssen	Phagozytose von Bakterien, nehmen Pathogene und Zelltrümmer im Gewebe auf	Überleben Minuten bis Tage (je nach Aktivität); Bildung im Knochenmark
Eosinophile	165 (Normwert: 0–700) Differenzialblutbild: 2,4 %	Runde Zellen; Kern meist zweilappig; Zytoplasma mit großen Granula, die sich leuchtend rot-orange anfärben	Attackieren alles, was mit Antikörpern markiert ist; wichtig bei der Abwehr von Parasiten; Entzündungshemmung	Bildung im Knochenmark
Basophile	44 (Normwert: 0–150) Differenzialblutbild: 0,6 %	Runde Zellen; Kern meist wegen dichter blau-violetter Granula im Zytoplasma nicht zu sehen	Wandern in beschädigtes Gewebe ein und setzen dort Histamin und andere chemische Substanzen frei	Helfen den Mastzellen im Gewebe bei Entzündungsreaktionen; Bildung im Knochenmark
Agranulozyten				
Monozyten	456 (Normwert: 200–950) Differenzialblutbild: 6,5 %	Sehr groß, nierenförmiger Kern, reichlich blasses Zytoplasma	Wandern als freie Makrophagen in das Gewebe, nehmen Pathogene und Zelltrümmer auf	Bildung vorwiegend im Knochenmark
Lymphozyten	2185 (Normwert: 1500–4000) Differenzialblutbild: 30 %	Etwas größer als Erythrozyten, runder Kern, sehr wenig Zytoplasma	Zellen des Lymphsystems, Verteidigung gegen spezifische Pathogene oder Toxine	T-Zellen greifen direkt an; B-Zellen bilden Plasmozyten, die Antikörper sezernieren; Bildung im Knochenmark und in Lymphgewebe
THROMBOZYTEN	350.000 (Normwert: 150.000–500.000)	Zytoplasmafragmente, enthalten Enzyme und Proenzyme; kein Zellkern	Hämostase: Verklumpen sich und haften an der Gefäßwand (Plättchenphase); aktivieren die Faktoren der Gerinnungskaskade	Bildung im Knochenmark durch Megakaryozyten

Tabelle 20.3: Die zellulären Bestandteile des Blutes im Überblick.

Die Struktur der Erythrozyten

Erythrozyten transportieren sowohl Sauerstoff als auch Kohlendioxid mit dem Blutstrom. Sie sind mit die am feinsten spezialisierten Zellen des Körpers; im Vergleich zur „typischen" Körperzelle werden die anatomischen Besonderheiten besonders deutlich. Die **Abbildung 20.2** zeigt die signifikanten Unterschiede licht- und elektronenmikroskopisch. Der einzelne Erythrozyt ist ein bikonkaves Scheibchen mit einer dünnen Zentralregion und einem dickeren Rand. Er ist im Schnitt 7,7 µm groß, an der dicksten Stelle etwa 2,85 µm dick, und flacht sich in der Mitte auf etwa 0,8 µm ab.

Die ungewöhnliche bikonkave Form macht die Erythrozyten stabil und gleichzeitig flexibel und gibt ihnen im Vergleich zur Größe eine relativ große Oberfläche. Über diese große Fläche kommt es zu einer schnellen Diffusion zwischen Zytoplasma und dem umgebenden Blutplasma. Während das Blut von den Kapillaren der Lungen bis zu den Kapillaren der peripheren Gewebe und wieder zurück fließt, werden Atemgase von den Erythrozyten aufgenommen und wieder abgegeben. Die Gesamtoberfläche aller Erythrozyten eines Erwachsenen beträgt etwa 3800 m^2, das 2000-Fache der Körperoberfläche.

1 Durchschnittswerte. Differenzialblutbild: Prozentsatz an zirkulierenden Leukozyten

Wegen ihrer bikonkaven Form können sich die Erythrozyten auch wie Münzen stapeln (Geldrollen- oder Rouleau-Bildung). Diese Geldrollen können sich bilden und wieder auflösen, ohne dass die Zelle davon beeinträchtigt wird. Eine Geldrolle passt daher durch Kapillaren hindurch, die kaum größer sind als der Durchmesser eines Erythrozyten (siehe Abbildung 20.2), während einzelne Zellen an die Wände stoßen, aneinander haften und die Durchgänge blockieren würden. Letztendlich verleiht ihr schmales Profil den Erythrozyten eine enorme Flexibilität; sie können sich leicht biegen und knicken und sich durch diese Formveränderung auch durch sehr enge, verformte oder komprimierte Kapillaren hindurchquetschen.

Lebenszyklus und Kreislauf der Erythrozyten

Während ihrer Differenzierung und Reifung verlieren die Erythrozyten die meisten ihrer Organellen; es verbleibt nur ein ausgedehntes Zytoskelett. Zirkulierende Erythrozyten haben daher weder Mitochondrien, ein ER, Ribosomen noch einen Zellkern. (Die Entstehung der Erythrozyten

AUS DER PRAXIS

Anämie und Polyzythämie

Von einer Anämie spricht man, wenn die Sauerstofftransportkapazität des Blutes reduziert ist; die Versorgung der peripheren Gewebe mit Sauerstoff ist eingeschränkt. Dies führt zu verschiedenen Symptomen, wie schneller Muskelermüdung, Schwäche, Lethargie und einem allgemeinen Mangel an Energie. Entweder ist der Hämatokritwert abnorm niedrig, oder die Erythrozyten tragen zu wenig Hämoglobin. Mithilfe von Blutuntersuchungen kann man anhand von Anzahl, Größe, Form und Hämoglobingehalt der Erythrozyten zwischen den verschiedenen Anämieformen unterscheiden.

Ein erhöhter Hämatokritwert bei normalem Blutvolumen ist eine **Polyzythämie**; es gibt mehrere verschiedene Arten. Die **Erythrozytose**, die isolierte Erhöhung der roten Blutkörperchen, wird später besprochen. Mit **Polyzythaemia vera** (echte Polyzythämie) meint man die mengenmäßige Steigerung aller Zellreihen im Blut. Viele oder sogar alle Zellen entwickeln sich aus einer abnormen hämatopoetischen Stammzelle. Der Hämatokritwert steigt bis auf Werte um 80–90; ab hier kommt es zu Sauerstoffmangel in der Peripherie, da die Erythrozyten die kleineren Blutgefäße verstopfen. Diese Erkrankung betrifft selten jüngere Menschen; meist sind die Betroffenen zwischen 60 und 80 Jahre alt. Es gibt verschiedene Behandlungsmethoden, jedoch ist keine Heilung möglich. Die Ursache der *Polyzythaemia vera* ist unbekannt, doch es gibt Hinweise auf einen Zusammenhang mit Strahlenexposition.

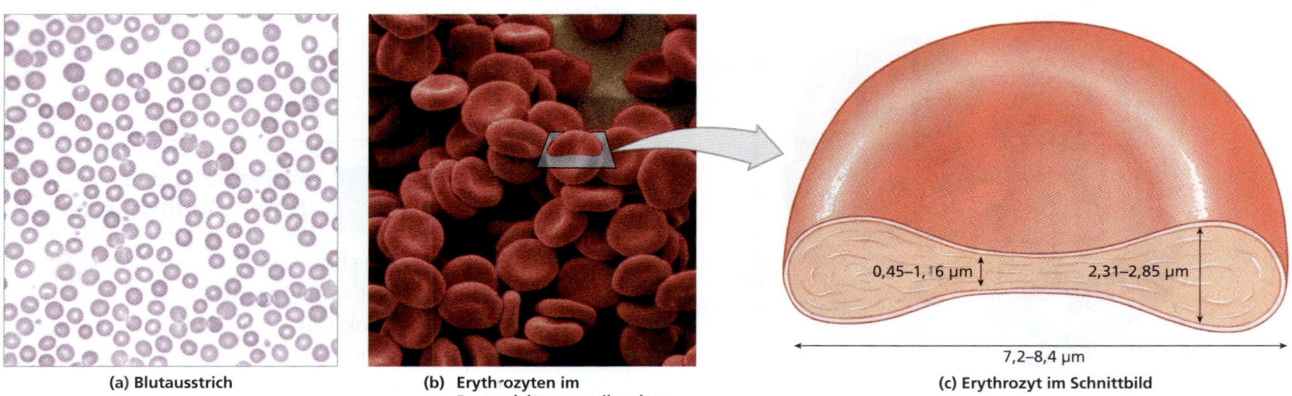

(a) Blutausstrich

(b) Erythrozyten im Rasterelektronenmikroskop

(c) Erythrozyt im Schnittbild

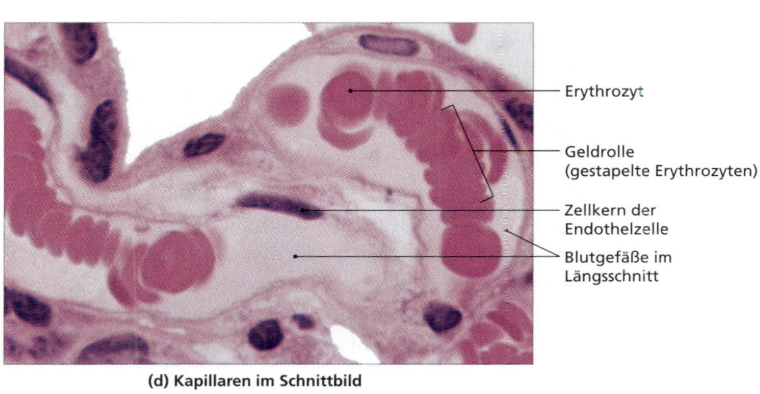

(d) Kapillaren im Schnittbild

Abbildung 20.2: **Histologie der Erythrozyten.** (a) Im Standardausstrich sehen die Erythrozyten zweidimensional aus, weil sie auf dem Objektträger flachgedrückt sind (Lichtmikroskop, 477-fach). (b) In der rasterelektronenmikroskopischen Aufnahme ist die dreidimensionale Struktur der roten Blutkörperchen gut zu erkennen (1838-fach). (c) Erythrozyt im Schnittbild. (d) Auf dem Weg durch relativ enge Kapillaren stapeln sich die Erythrozyten geldrollenartig (Rouleau-Bildung) (Lichtmikroskop, 1430-fach).

wird später besprochen.) Ohne Mitochondrien können diese Zellen Energie nur anaerob gewinnen; sie brauchen dazu Glukose aus dem sie umgebenden Plasma. Dieser Mechanismus stellt sicher, dass der aufgenommene Sauerstoff auch zu den peripheren Geweben transportiert und nicht von Mitochondrien zur eigenen Verwendung „zweckentfremdet" wird. Das Fehlen von Zellkern und Ribosomen bedeutet, dass keine Proteinsynthese stattfindet; ein Erythrozyt kann daher beschädigte Enzyme und strukturelle Proteine nicht ersetzen.

Dies ist problematisch, da ein Erythrozyt zahlreichen Belastungen ausgesetzt ist. Eine einzige Runde durch das Kreislaufsystem dauert meist keine 30 s. In dieser Zeit stapelt sich der Erythrozyt zu Rollen, verformt sich, quetscht sich durch die Kapillaren und rast mit den anderen für die nächste Runde wieder zum Herz zurück. Aufgrund dieser Belastungen und der fehlenden Reparaturmöglichkeiten hat ein typischer Erythrozyt eine Lebenserwartung von nur etwa 120 Tagen. Nachdem er etwa 1100 km in 120 Tagen zurückgelegt hat, reißt entweder das Plasmalemm ein oder die alternde Zelle wird von Phagozyten entdeckt und zerstört. Etwa 1 % aller zirkulierenden Erythrozyten wird täglich ersetzt; das bedeutet, dass dabei pro Sekunde etwa drei Millionen neue Erythrozyten in die Blutbahn gelangen!

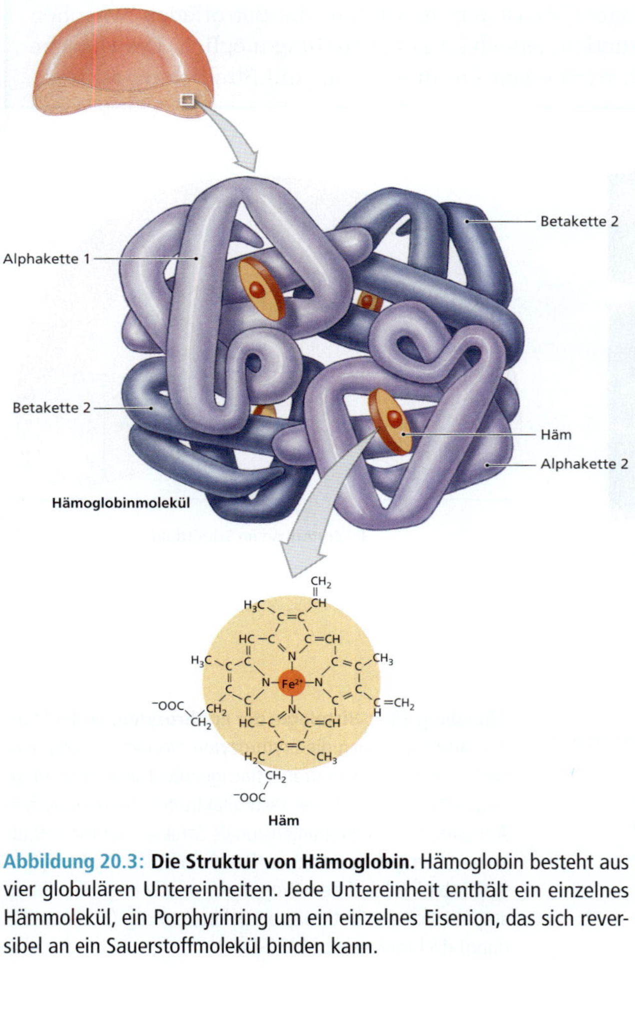

Abbildung 20.3: Die Struktur von Hämoglobin. Hämoglobin besteht aus vier globulären Untereinheiten. Jede Untereinheit enthält ein einzelnes Hämmolekül, ein Porphyrinring um ein einzelnes Eisenion, das sich reversibel an ein Sauerstoffmolekül binden kann.

Erythrozyten und Hämoglobin

Ein Erythrozyt verliert während seiner Entwicklung alle Organellen, die nicht direkt mit seiner Hauptfunktion, dem Transport von Sauerstoff und Kohlendioxid, zu tun haben. Ein reifer Erythrozyt besteht aus einem Plasmalemm um ein Zytoplasma, das zu 66 % aus Wasser und zu 33 % aus Proteinen besteht. 95 % der Proteine eines Erythrozyten sind Hämoglobinmoleküle. **Hämoglobin** bestimmt die Fähigkeit zum Sauerstoff- und Kohlendioxidtransport. Hämoglobin ist ein rotes Pigment; es gibt dem Blut seine charakteristische rote Farbe. Oxygeniertes Hämoglobin ist hellrot, desoxygeniertes Hämoglobin dunkelrot. Dies erklärt den Farbunterschied zwischen arteriellem (sauerstoffreichem) und venösem (sauerstoffarmem) Blut.

Hämoglobinmoleküle sind komplex geformt. Sie bestehen aus jeweils vier Polypeptiduntereinheiten: zwei **Alphaketten** und zwei **Betaketten**. Jede Untereinheit enthält ein Hämmolekül (**Abbildung 20.3**). An jedem **Häm** ist ein Eisenion so befestigt, dass es leicht mit einem Sauerstoffmolekül reagieren kann. Die Sauerstoff-Eisen-Bindung ist sehr schwach; sie kann sich leicht lösen, ohne dass Hämoglobin- oder Sauerstoffmolekül Schaden nehmen. In einem normalen Erythrozyten gibt es etwa 280 Millionen Hämoglobinmoleküle, und da jedes aus vier Hämuntereinheiten besteht, kann ein Erythrozyt theoretisch mehr als eine Milliarde Sauerstoffmoleküle tragen. Hämoglobin bindet auch etwa 23 % des im Blut transportierten Kohlendioxids. Es bindet sich eher an die Aminosäuren der Hämuntereinheiten, als dass es mit dem Sauerstoff um die Bindung an das Eisen konkurriert. Die Bindung eines Kohlendioxidmoleküls an eine Hämuntereinheit ist genauso leicht reversibel wie die des Sauerstoffs an das Häm.

AUS DER PRAXIS

Anhebung des Hämoglobinspiegels

Blut für Transfusionen steht nicht unbegrenzt zur Verfügung. Außerdem ist eine Transfusion nicht ohne Risiko. Bei der Entwicklung sichererer Alternativen versucht man, eine der Untereinheiten des Hämoglobins zu synthetisieren, die dann in der Blutbahn den Sauerstofftransport verbessern und das Gesamtblutvolumen erhöhen soll. Bei einer anderen Strategie werden Hämoglobinmoleküle aus den Erythrozyten entnommen und an inerte (selbst nicht reagierende) Trägermoleküle gebunden, die eine Exkretion an den Nieren verhindern. Ein weiterer Ansatz verwendet natürliche, aber nicht menschliche Quellen. Zurzeit befindet sich ein Blutersatz namens Hemopure im klinischen Prüfungsstadium, der aus gereinigtem Rinderhämoglobin besteht. Da das Hämoglobin aus der Zelle entfernt und ohne Plasma infundiert wird, sind keine Kreuzreaktionen zu befürchten.

Während die Erythrozyten durch die Kapillaren der Lungen zirkulieren, diffundiert Sauerstoff in das Zytoplasma und Kohlendioxid aus diesem heraus. Mit steigendem Plasmasauerstoffspiegel diffundiert der Sauerstoff in die Erythrozyten hinein und bindet sich an das Hämoglobin; bei fallendem Plasmakohlendioxidspiegel gibt das Hämoglobin Kohlendioxid frei, das in das Plasma diffundiert. In der Peripherie kehrt sich die Situation um, da aktive Zellen Sauerstoff verbrauchen und Kohlendioxid bilden. Hier geben die Erythrozyten Sauerstoff ab und resorbieren Kohlendioxid.

AUFGABEN

1. Wenn eine Frau einen Hämatokritwert von 42 hat, welchen Prozentsatz roter Blutkörperchen hat sie im Blut?
2. Wie unterstützt die Form der Erythrozyten den Blutfluss und die Sauerstoffdiffusion?
3. Erythrozyten haben weder Zellkerne noch Ribosomen. Welchen Einfluss hat dies auf ihre Lebensdauer?
4. Ein Mensch mit der Blutgruppe AB kann Blut von jedem Spender erhalten. Warum?

Blutgruppen

Die Blutgruppe eines Menschen wird durch die Anwesenheit oder das Fehlen spezifischer Komponenten im Plasmalemm der Erythrozyten bestimmt. Das typische Plasmalemm enthält eine Reihe **Oberflächenantigene** oder Agglutinogene, die dem Plasma ausgesetzt sind. Es handelt sich um Glykoproteine und -lipide, deren Merkmale genetisch festgelegt sind. Bisher hat man mindestens 50 verschiedene Oberflächenantigene auf roten Blutkörperchen entdeckt. Drei besonders wichtige hat man mit **A**, **B** und **D (Rh)** bezeichnet.

Die roten Blutkörperchen jedes Menschen haben eine charakteristische Kombination von Oberflächenantigenen. Blutgruppe A hat das Oberflächenantigen A, Blutgruppe B hat B, Blutgrupe AB hat beide und Blutgruppe 0 hat gar

AUS DER PRAXIS

Sichelzellenanämie

Die Sichelzellenanämie wird von einer Mutation verursacht, die zu einer Veränderung der Aminosäuresequenz der Betaketten im Hämoglobinmolekül führt. Ist im Blut ausreichend Sauerstoff vorhanden, scheinen die Hämoglobinmoleküle und die Erythrozyten, die sie tragen, normal. Wenn das schadhafte Hämoglobin jedoch eine bestimmte Menge seines Sauerstoffs abgegeben hat, kristallisieren benachbarte Hämoglobinmoleküle aus; die Zellen werden steif und krumm-gebogen. Wegen dieser „Sichelform" sind die Erythrozyten sehr empfindlich. Außerdem kann es dort, wo sich die Erythrozyten zusammengefaltet haben, um in einer engen Kapillare ihren Sauerstoff abzugeben, zu einer Sichelzellbildung kommen; die Zellen bleiben stecken. Das umliegende Gewebe leidet in der Folge an Sauerstoffmangel. Die Sichelzellenanämie ist vorwiegend auf dem afrikanischen und einwanderungsbedingt auf dem amerikanischen Kontinent verbreitet.

Eine Person mit einer Sichelzellenanämie hat zwei abnorme Gene, eines von jedem Elternteil. Wenn nur ein Gen verändert ist, ist die Person ein Überträger. Einer von zwölf Afrikanern oder Afroamerikanern ist Überträger. Die Krankheit kommt auch bei Personen aus Mittelmeerländern, dem Mittleren Osten und Ostindien vor.

Bei Überträgern ist das meiste Hämoglobin normal; die Erythrozyten arbeiten richtig. Doch die Anwesenheit abnormen Hämoglobins schützt diese Menschen in gewissem Maße vor dem Ausbruch der Malaria, einer Parasitose, die von Anopheles-Mücken übertragen wird. Wenn jemand von einer infizierten Mücke gestochen wird, gelangen die Parasiten in die Blutbahn. Sie dringen in die Erythrozyten ein und vermehren sich dort. Wenn es sich jedoch um einen Überträger der Sichelzellenanämie handelt, reagieren seine Erythrozyten mit Sichelzellenbildung auf die Invasion. Entweder zerstört die Sichelzellenbildung selbst den Parasiten oder die verformte Zelle erweckt die Aufmerksamkeit eines Phagozyten, der sie mitsamt Parasit aussortiert. Diese Menschen erkranken nicht so leicht an einer Malaria; Menschen ohne ein Überträgergen erkranken und sterben hingegen leichter.

Die Verstopfung der kleinen Kapillaren durch Sichelzellen ist schmerzhaft und schädigt auf Dauer die betroffenen Organe und Systeme. Außerdem sterben die blockierten Erythrozyten ab und lösen sich auf, was zu der charakteristischen hämolytischen Anämie führt. Ein gesunder Erythrozyt lebt 120 Tage; eine Sichelzelle ist bereits nach 10–20 Tagen verschwunden. Dieser schnelle Verlust schädigt die Milz und überfordert die Möglichkeiten der Neubildung. Transfusionen mit normalem Blut können vorübergehend zusätzliche Komplikationen verhindern, ebenso die Behandlung betroffener Kinder mit Antibiotika zur Verhinderung von Todesfällen durch Infektionen. Der Lebensmittelzusatz Buttersäure in Butter und anderen Lebensmitteln scheint die Synthese fetalen Hämoglobins zu fördern. In klinischen Versuchen hat sie sich bei der Behandlung von Sichelzellenanämie und anderen Erkrankungen mit abnormen Erythrozyten, wie der Betathalassämie, als wirksam erwiesen.

keine Oberflächenantigene. Die Durchschnittswerte für die Bevölkerung in Deutschland liegen bei Blutgruppe 0 bei 41 %, bei Blutgruppe A bei 43 %, bei Blutgruppe B bei 11 % und bei Blutgruppe AB bei 5 %.

Die Anwesenheit des D- oder Rh-Antigens (Rhesus-Faktor) wird durch den Zusatz **Rhesus-positiv** oder **Rhesus-negativ** gekennzeichnet. Im üblichen Sprachgebrauch wird der Begriff „Rhesus" oft weggelassen; man spricht von Blutgruppe „O-negativ" oder „A-positiv" usw.

Antikörper und Kreuzreaktionen

Sie wissen wahrscheinlich, dass Ihre Blutgruppe bestimmt werden muss, bevor Sie Blut spenden oder eine Transfusion erhalten können. Ihr Immunsystem ignoriert die Oberflächenantigene auf Ihren eigenen Erythrozyten. (Diese Fähigkeit, die eigenen Körperzellen als solche zu erkennen, wird in Kapitel 23 besprochen.) Ihr Plasma enthält jedoch Antikörper (Immunglobuline), die „fremde" Oberflächenantigene angreifen; man nennt sie Agglutinine. Das Blut von Personen mit den Blutgruppen A, B oder 0 enthält immer solche Antikörper (**Abbildung 20.4**). Wenn Sie z. B. die Blutgruppe A haben, enthält Ihr Plasma Anti-B-Antikörper, die Erythrozyten der Gruppe B angreifen (siehe Abbildung 20.4). Wenn Sie die Blutgruppe B haben, enthält Ihr Plasma Anti-A-Antikörper. Personen mit Blutgruppe 0 haben keine Oberflächenantigene der Gruppen A oder B; ihr Plasma enthält Anti-A- und Anti-B-Antikörper. Umgekehrt haben Personen mit der Blutgruppe AB beide Oberflächenantigene und weder Anti-A- noch Anti-B-Antikörper im Plasma.

Eine Person mit der Blutgruppe A wird auch dann Anti-B-Antikörper im Blut haben, wenn sie niemals mit Blut der Blutgruppe B in Berührung gekommen ist. Im Gegensatz dazu enthält das Plasma einer Rhesus-negativen Person nicht immer Anti-Rh-Antikörper. Sie sind nur dann vorhanden, wenn es vorher zu einer **Sensibilisierung** durch Rhesus-positive Erythrozyten gekommen ist. Dies kann unbeabsichtigt bei einer Transfusion geschehen oder während einer ansonsten unauffälligen Schwangerschaft einer Rhesus-negativen Mutter von einem Rhesus-positiven Vater.

Wenn ein Antikörper auf sein spezifisches Oberflächenantigen trifft, kommt es zu einer **Kreuzreaktion** (siehe Abbildung 20.4). Zunächst verklumpen die roten Blutkörperchen miteinander **(Agglutination)**; sie können auch

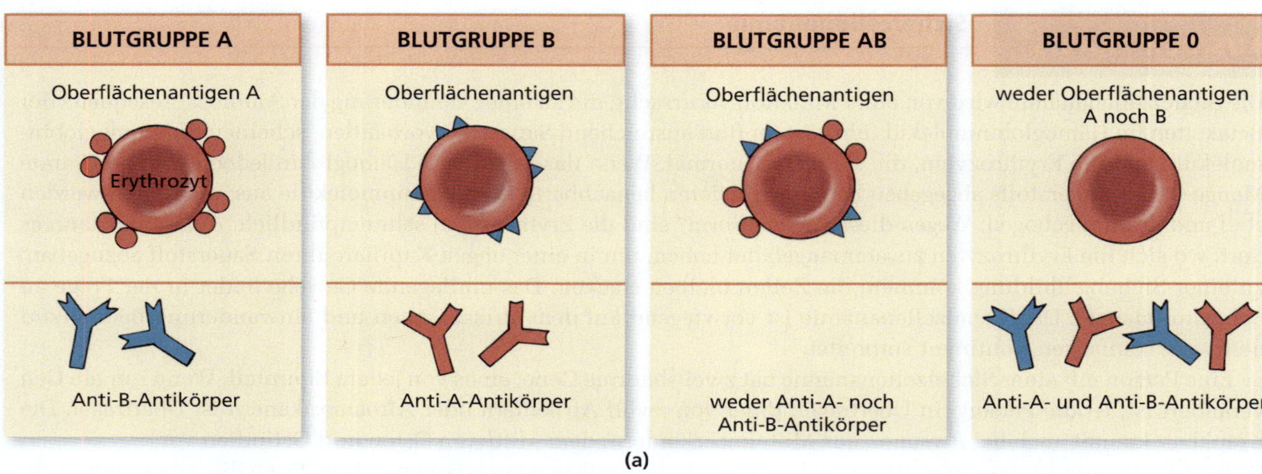

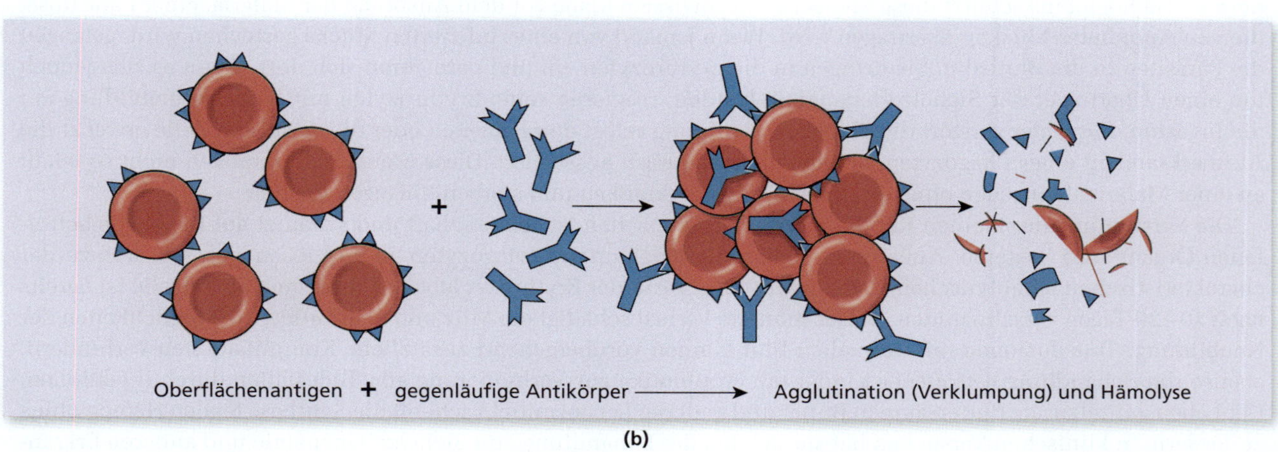

Abbildung 20.4: Blutgruppen. Die Blutgruppe hängt von der Anwesenheit bestimmter Oberflächenantigene der Erythrozyten ab. Das Plasma enthält Antikörper, die mit fremden Oberflächenantigenen reagieren.

hämolysieren oder platzen. Klumpen und Fragmente roter Blutkörperchen können die kleinen Blutgefäße in Nieren, Lungen, Herz oder Hirn verstopfen; die nicht durchbluteten Areale nehmen Schaden oder sterben ganz ab. Diese Reaktionen vermeidet man, indem man sich vorher vergewissert, dass Spender- und Empfängerblut **kompatibel** sind. Man wählt also einen Spender, dessen Blutzellen nicht mit dem Plasma des Empfängers kreuzreagieren.

20.3.2 Leukozyten

Leukozyten (weiße Blutkörperchen) sind überall im peripheren Gewebe verteilt. Zirkulierende Leukozyten stellen nur einen kleinen Prozentsatz dar; die meisten sind gewebeständig. Leukozyten verteidigen den Organismus gegen eindringende Pathogene und beseitigen Toxine, Abfallstoffe und abnorme oder beschädigte Zellen. Sie haben Kerne von charakteristischer Form und Größe (**Abbildung 20.5**). Leukozyten sind alle so groß wie Erythrozyten oder größer. Es gibt zwei Hauptklassen: 1. **Granulozyten** mit großen granulären Einschlüssen im Zytoplasma und 2. **Agranulozyten**, die keine lichtmikroskopisch sichtbaren Granula aufweisen. Abbildung 20.5 zeigt repräsentative Granulozyten und Agranulozyten.

Ein Mikroliter typischen Blutes enthält etwa 6000–9000 Leukozyten. Mit dem Begriff **Leukopenie** bezeichnet man einen Mangel an Leukozyten; bei Werten unter 2500 pro Mikroliter liegt meist eine schwerwiegende Erkrankung vor. Eine **Leukozytose** ist das Übermaß an Leukozyten; hier ist ab Werten über 30.000 pro Mikroliter von einem ernsten Problem auszugehen. Für ein Differenzialblutbild wird ein Blutausstrich gefärbt und im Mikroskop betrachtet; angegeben wird der Anteil der verschiedenen Zelltypen in 100 ausgezählten Leukozyten. Die Normwerte finden Sie in Tabelle 20.3. Die Endungen „**-penie**“ und „**-zytose**“ werden auch benutzt, um bei anderen Zelltypen einen Mangel oder ein Zuviel anzuzeigen; so sind bei einer Lymphopenie zu wenige und bei einer Lymphozytose zu viele Lymphozyten vorhanden.

Leukozyten haben eine kurze Lebensdauer von nur wenigen Tagen. Bei einer Verletzung oder der Invasion eines Areals durch Pathogene kann ein Leukozyt das Endothel der Kapillaren durchqueren, indem er sich zwischen den benachbarten Endothelzellen hindurchschiebt. Diesen Vorgang nennt man **Diapedese**. Mit dem Blutstrom gelangen die Leukozyten schnell an den Ort der Verletzung; sie werden von chemischen Botenstoffen angelockt, die sich bei Entzündungen oder Infektionen im umliegenden Gewebe bilden. Diese Anziehung durch die chemischen Reize, die **Chemotaxis**, führt sie zu den eindringenden Pathogenen, verletzten Geweben und anderen Leukozyten, die bereits vor Ort sind.

Granulozyten

Granulozyten unterteilt man aufgrund ihrer Färbeeigenschaften in **Neutrophile**, **Eosinophile** und **Basophile**. Neutrophile und Eosinophile sind wichtige Phagozyten der Immunabwehr.

NEUTROPHILE 50–70 % der zirkulierenden Leukozyten sind Neutrophile. Der Name kommt von den dicht gepackten blassen, neutral gefärbten Granula, die lysosomale Enzyme und Bakterizide (bakterientötende Substanzen) enthalten. Ein reifer Neutrophiler (siehe Abbildung 20.5) hat einen Durchmesser von 12–15 µm und ist damit fast doppelt so groß wie ein Erythrozyt. Er hat einen dichten, verdrehten Kern, der auch in Lappen unterteilt, wie Perlen auf einer Schnur, vorkommen kann. Von dieser Eigenschaft haben diesen Zellen auch ihren anderen Namen, **polymorphonukleäre Leukozyten** (griech.: polys = viel; morpho- = die Gestalt betreffend). Neutrophile sind sehr beweglich und treffen meist als erste der Leukozyten am Ort der Verletzung ein. Sie sind sehr aktiv als Phagozyten und hier auf die Bekämpfung und Verdauung von Bakterien spezialisiert. Sie haben meist eine kurze Lebensdauer von etwa zwölf Stunden. Nachdem sie aktiv Zelltrümmer oder Pathogene aufgenommen haben, sterben sie ab, doch ihre Zersetzung setzt chemische Substanzen frei, die weitere Neutrophile und andere antibiotisch wirksame Zellen anlocken.

EOSINOPHILE Eosinophile, auch **Azidophile** genannt, heißen so, weil sie sich mit **Eosin**, einem sauren roten Farbstoff, gut anfärben lassen. Sie sind etwa so groß wie Neutrophile und machen 2–4 % der zirkulierenden Leukozyten aus. Sie haben tiefrote Granula und einen zweigelappten Kern, woran sie leicht zu erkennen sind (siehe Abbildung 20.5). Eosinophile sind Phagozyten, die von Fremdkörpern angezogen werden, die mit Antikörpern markiert sind. Ihre Anzahl steigt dramatisch bei allergischen Reaktionen oder Infektionen durch Parasiten. Eosinophile werden auch von Verletzungen angelockt, wo sie Enzyme freisetzen, die die Entzündung hemmen und die Ausbreitung in umliegendes Gewebe verhindern.

BASOPHILE Basophile sind nach den vielen Granula benannt, die sich mit basischen Farbstoffen färben lassen. Diese Einschlüsse erscheinen in der Standardfärbung dunkelblau-violett (siehe Abbildung 20.5). Basophile sind relativ selten; sie machen nur etwa 1 % der Leukozyten aus. Sie wandern an den Ort einer Verletzung, durchdringen die Kapillarwände und sammeln sich im verletzten Gewebe an, wo sie ihre Granula in die interstitielle Flüssigkeit entleeren. Diese Granula enthalten Histamin, das die Blutgefäße weitstellt, und Heparin, das die Blutgerinnung hemmt. Die Freisetzung verstärkt die lokale Entzündungsreaktion durch Erhöhung der kapillaren und venösen Permeabilität. Basophile sezernieren auch Substanzen, die Mastzellen stimulieren und weitere Basophile und andere Leukozyten anlocken.[2]

2 Histamin und andere Substanzen finden sich auch in den Granula von Mastzellen, Bindegewebszellen, die in Kapitel 3 vorgestellt wurden. Mastzellen entleeren ihre Granula ebenfalls bei Verletzungen von Bindegewebe. Es handelt sich jedoch um zwei unterschiedliche Zellarten.

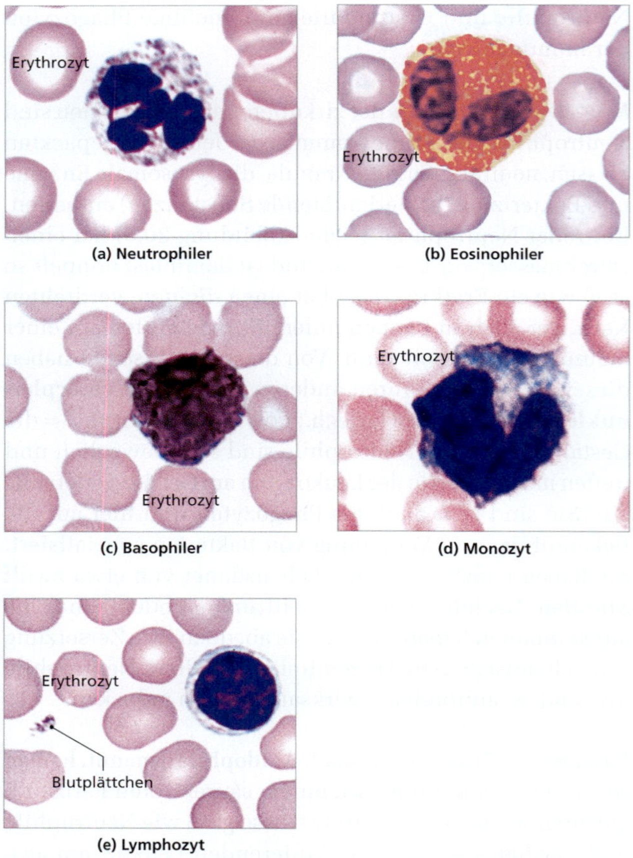

Abbildung 20.5: Histologie der Leukozyten. Histologischer Vergleich von Leukozyten im Blutausstrich. (a) Neutrophiler. (b) Eosinophiler. (c) Basophiler. (d) Monozyt. (e) Lymphozyt. In Bild (e) sind Thrombozyten als kleine Zellfragmente zwischen den Erythrozyten zu erkennen (Lichtmikroskop, 1000-fach).

Agranulozyten

Das zirkulierende Blut enthält zwei Typen agranulozytärer Leukozyten: **Monozyten** und **Lymphozyten**. Beide unterscheiden sich strukturell und funktionell.

MONOZYTEN Der größte Leukozyt ist der Monozyt mit einem Durchmesser von 16–20 µm; damit ist er zwei bis drei Mal so groß wie ein durchschnittlicher Erythrozyt. Monozyten machen 2–8 % der Leukozyten aus. Sie sind in vivo kugelförmig; im mikroskopischen Ausstrich flachgedrückt erscheinen sie noch größer. Sie sind anhand ihrer Größe und der Form ihres Kernes gut zu erkennen. Jede Zelle hat einen großen, nierenförmigen Kern (siehe Abbildung 20.5). Monozyten zirkulieren nur einige Tage, bevor sie in das periphere Gewebe eindringen. Außerhalb der Blutbahn nennt man sie **freie Makrophagen**, um sie von den **gebundenen Makrophagen** in vielen Bindegeweben zu unterscheiden. Freie Makrophagen sind hochmobile Phagozyten; meist treffen sie schon kurz nach den ersten Neutrophilen am Ort des Geschehens ein. Während der Phagozytose setzen die freien und die gebundenen Makrophagen Substanzen frei, die andere Monozyten und weitere Phagozyten anlocken und stimulieren. Aktive Monozyten locken auch Fibroblasten in die Region. Diese beginnen mit der Bildung eines dichten Netzwerks aus Kollagenfasern um die Verletzung herum. Dieses **Narbengewebe** umschließt irgendwann den gesamten verletzten Bereich. Monozyten sind eine Komponente des Monozyten-Makrophagen-Systems, das verwandte Zellen umfasst, wie die gebundenen Makrophagen, und weitere spezialisierte Zellen, wie die Mikroglia des ZNS, die Langerhans-Zellen der Haut, die Kupffer-Sternzellen der Leber und die Phagozyten in Milz und Lymphknoten.

LYMPHOZYTEN ypische Lymphozyten haben sehr wenig Zytoplasma; man sieht nur einen schmalen Saum um einen großen runden, violetten Kern (siehe Abbildung 20.5). Lymphozyten sind nur wenig größer als Erythrozyten und machen 20–30 % aller Leukozyten aus. Die Lymphozyten im Blut sind nur ein winziger Anteil der gesamten Lymphozytenpopulation, denn es handelt sich bei ihnen um die Hauptzellen des **Lymphsystems**, eines Netzwerks aus besonderen Gefäßen und Organen, das zwar mit dem Blutgefäßsystem verbunden ist, aber ein eigenes System bildet.

Lymphozyten sind für die spezifische Immunität verantwortlich, die Fähigkeit des Körpers, eine individuelle Verteidigung gegen eindringende Pathogene oder fremde Proteine aufzubauen. Lymphozyten haben bei solchen Bedrohungen drei mögliche Reaktionen:

- Eine Gruppe von Lymphozyten, die **T-Zellen**, wandern in peripheres Gewebe ein und greifen die Pathogene direkt an.
- Eine andere Gruppe, die **B-Zellen**, differenzieren sich zu Plasmozyten (Plasmazellen) weiter, die Antikörper sezernieren, die fremde Zellen und Proteine in abgelegenen Körperregionen angreifen. T- und B-Zellen können lichtmikroskopisch nicht auseinandergehalten werden.
- **NK-Zellen** (natürliche Killerzellen) stellen die dritte Gruppe; sie sind für die Vernichtung abnormer Gewebezellen verantwortlich und damit für die Verhinderung von Krebserkrankungen wichtig. (Das Lymphsystem und die Immunabwehr werden in Kapitel 23 beschrieben.)

20.3.3 Thrombozyten

Thrombozyten sind abgeflachte, membranumhüllte Päckchen. Sie haben einen runden Querschnitt; längs sind sie spindelförmig (siehe Abbildung 20.5). Ursprünglich hielt man sie für Zellen, die ihren Kern verloren haben, denn bei anderen, nicht säugenden Wirbeltieren übernehmen kleine, kernhaltige Zellen die Aufgaben der Thrombozyten. Alle diese Zellen werden Thrombozyten (griech.: thrombos = die geronnene Blutmasse) genannt, obwohl bei Säugetieren die Bezeichnung Blutplättchen passender ist, da es sich nicht um Zellen, sondern um membranumhüllte Enzympäckchen handelt.

Das normale rote Knochenmark enthält eine Reihe sehr ungewöhnlicher Zellen, die **Megakaryozyten**. Wie der Name schon sagt, handelt es sich um riesige Zellen (bis zu 160 µm groß) mit großen Kernen (**Abbildung 20.6**). Der Kern ist dicht, gelappt oder ringförmig, und das umgebende Zytoplasma enthält einen großen Golgi-Apparat und reichlich Ribosomen und Mitochondrien. Das Plasmalemm steht mit einem ausgedehnten Membrannetzwerk in Verbindung, das sich durch das periphere Zytoplasma zieht.

Während sie sich entwickeln und wachsen, bilden die Megakaryozyten strukturelle Proteine, Enzyme und eine Membran. Schließlich geben sie Zytoplasma in kleinen membranumschlossenen Päckchen von ihrer Oberfläche ab, die Blutplättchen, die in die Blutbahn gelangen. Ein reifer Megakaryozyt verliert auf diese Weise nach und nach sein gesamtes Plasma; bis der Kern schließlich von Phagozyten aufgenommen und zur Wiederverwertung zerlegt wird, hat er etwa 4000 Thrombozyten gebildet.

Thrombozyten werden beständig ersetzt; das einzelne Plättchen zirkuliert etwa zehn bis zwölf Tage, bevor es phagozytiert wird. 1 µl Blut enthält etwa 350.000 Thrombozyten. Etwa ein Drittel aller Plättchen befindet sich jeweils in der Milz und anderen vaskulären Organen und nicht im zirkulierenden Blut. Diese Reserve kann in Notfällen, wie etwa einer schweren Blutung, mobilisiert werden. Abnorm niedrige Thrombozytenzahlen (unter 80.000 pro Mikroliter) bezeichnet man als **Thrombopenie**; sie weisen auf einen übermäßigen Abbau oder eine unzureichende Neubildung von Thrombozyten hin. Zu den Symptomen gehören Blutungen im Verdauungstrakt, in der Haut und gelegentlich im ZNS. Bei einer **Thrombozytose** können über eine Million Thrombozyten im Plasma nachweisbar sein; oft handelt es sich um eine gesteigerte Produktion als Reaktion auf eine Infektion, eine Entzündung oder ein Karzinom.

Blutplättchen sind eine Komponente des **Gerinnungssystems**, zu dem auch Plasmaproteine und die Zellen und Gewebe des Kreislaufsystems gehören. Die **Blutgerinnung (Hämostase** (griech.: haima = das Blut) verhindert einen Blutverlust durch beschädigte Blutgefäße. Mit der Begrenzung des Verlusts wird gleichzeitig das Grundgerüst für die Reparatur des Gewebes geschaffen. In **Abbildung 20.7** ist ein Ausschnitt aus einem Thrombus dargestellt.

Die Blutgerinnung ist eine komplexe Kettenreaktion; Störungen einzelner Komponenten können den gesamten Ablauf gefährden. Außerdem können allgemeine Bedingungen, wie etwa ein Mangel an Kalziumionen oder Vitamin K, fast alle Schritte der Blutgerinnung beeinträchtigen. Thrombozyten haben die folgenden Funktionen:

- **Transport chemischer Substanzen an den Ort der Gerinnung:** Durch die Freisetzung von Enzymen und anderen Faktoren zum richtigen Zeitpunkt initiieren und kontrollieren die Thrombozyten den Ablauf der Gerinnung.
- **Bildung eines provisorischen Verschlusses der Gefäßwand:** Plättchen agglutinieren am Ort der Verletzung und bilden so einen Pfropf (eine Kruste), der den Blutverlust während der Gerinnungsvorgangs verlangsamt.
- **Aktive Kontraktion nach Bildung des Thrombus:** Thrombozyten enthalten Aktin- und Myosinfilamente,

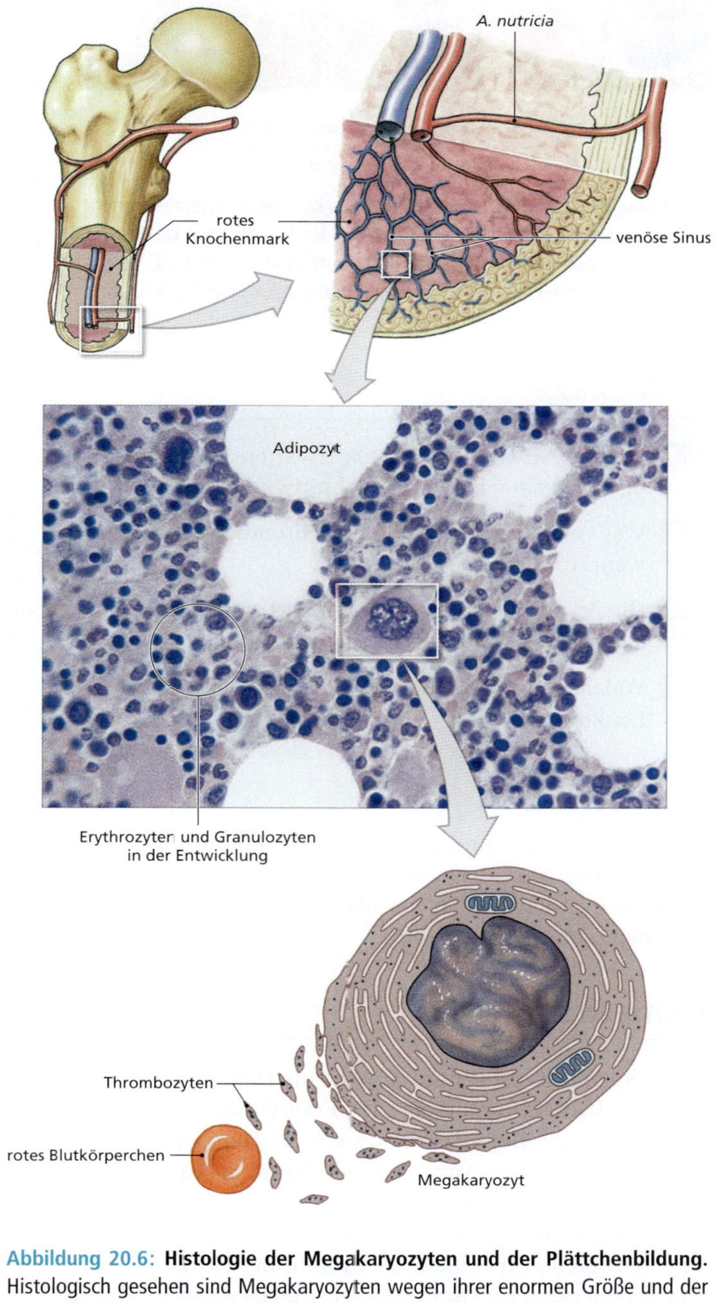

Abbildung 20.6: **Histologie der Megakaryozyten und der Plättchenbildung.** Histologisch gesehen sind Megakaryozyten wegen ihrer enormen Größe und der ungewöhnlichen Form ihrer Kerne im Knochenmark sehr auffällig. Sie schnüren beständig Zytoplasmapäckchen ab, die als Thrombozyten in die Blutbahn gelangen (Lichtmikroskop, 673-fach).

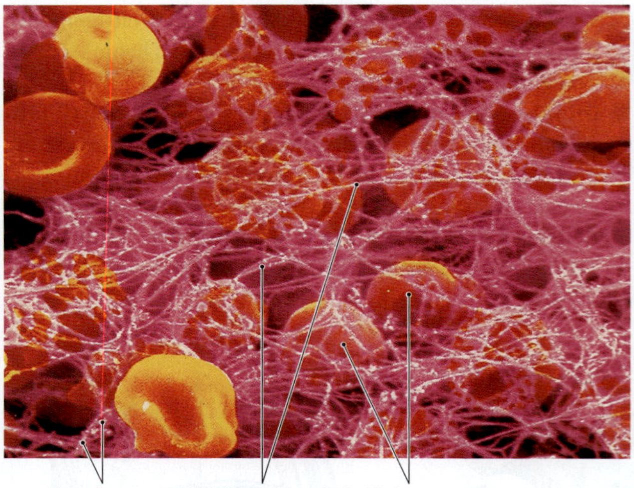

Abbildung 20.7: Struktur eines Thrombus. Kolorierte rasterelektronenmikroskopische Aufnahme mit Darstellung des Fasernetzwerks, das das Grundgerüst des Gerinnsels bildet. Rote Blutkörperchen vergrößern das Volumen und geben die Farbe (Rasterelektronenmikroskop, 4625-fach).

AUFGABEN

1. Welche Art von Leukozyten erwarten Sie am häufigsten in einer infizierten Schnittwunde zu finden?
2. Was versteht man unter einer Thrombozytose und wann tritt sie auf?
3. Die Anzahl welcher Leukozytenart steigt bei einer allergischen Reaktion dramatisch an?
4. Welche Funktion haben die Granula der basophilen Leukozyten?

die interagieren und zu einer Kontraktion führen. So verkleinert sich der neu entstandene Thrombus, und die Schnittkanten der verletzten Gefäßwand werden näher zueinander gezogen.

Hämatopoese 20.4

Der Vorgang der Blutbildung wird als Hämatopoese bezeichnet. In der dritten Woche der Embryonalentwicklung taucht das erste Blut im Gefäßsystem auf. Die Zellen teilen sich mehrfach; ihre Anzahl steigt. Mit dem Auftauchen anderer Organsysteme wandern einige der embryonalen Blutzellen aus dem Gefäßsystem in die Leber, die Milz, den Thymus und das Knochenmark (**Abbildung 20.8**). Dort differenzieren sie sich zu Stammzellen, die die verschiedenen Blutzelllinien bilden. Im Verlauf des Knochenwachstums nimmt die Bedeutung des Knochenmarks zu; beim Erwachsenen ist es der Hauptort der Blutbildung.

AUS DER PRAXIS

Hämophilie

Die Hämophilie (Bluterkrankheit) ist eine von vielen angeborenen Störungen mit unzureichender Bildung von Blutgerinnungsfaktoren. Die Inzidenz beträgt 1 in 10.000; zu 80–90 % sind Männer betroffen. Bei der Hämophilie A ist nur die Konzentration eines einzigen Gerinnungsfaktors vermindert; die Schwere der Symptome hängt vom Ausmaß dieses Mangels ab. In schweren Fällen führen die leichtesten mechanischen Belastungen zu schweren Blutungen; es kommt auch zu spontanen Gelenk- und Muskelblutungen.

Eine Linderung oder Beseitigung der Symptome kann durch die Transfusion von Gerinnungsfaktoren erreicht werden, doch müssen dazu zahlreiche Plasmaspenden vermischt werden, um an ausreichende Mengen von Gerinnungsfaktor zu kommen. Dieses „Pooling" ist sehr teuer und trägt ein erhöhtes Risiko einer Infektion mit hämatogenen Erkrankungen, wie Hepatitis oder Aids. Mithilfe gentechnischer Methoden kann der am häufigsten betroffene Faktor (Faktor VIII) synthetisiert werden. Noch ist das Angebot begrenzt, doch diese Methode erweist sich als sicherer.

Aus den Stammzellen, auch **pluripotente Stammzellen** oder **Hämozytoblasten** genannt, entstehen letztendlich alle Blutzellen, doch die Entwicklung verläuft in mehreren getrennten Schritten. Die pluripotenten Zellen entwickeln sich zu zwei multipotenten Stammzellen weiter, den **myeloiden Stammzellen** und den **lymphoiden Stammzellen**. Die myeloide Stammzelle teilt sich und bildet fünf verschiedene Stammzellen mit jeweils beschränkten Funktionen. Zwei dieser Stammzellen sind für die Bildung von Erythrozyten und Megakaryozyten verantwortlich; die anderen drei bilden die verschiedenen Leukozytenarten (siehe Abbildung 20.8). Die lymphoiden Stammzellen bilden zwei verschiedene Stammzellen mit ebenfalls eingeschränkter Potenz; die eine bildet letztendlich nur die Plasmazellen, die andere die T-Zellen.

AUFGABEN

1. Welches sind die beiden Hauptwirkungen von Erythropoeitin?
2. Welches ist die Funktion pluripotenter Stammzellen?
3. Welches Stadium der Erythrozytenreifung ist die Abstoßung des Kernes?
4. Welche Zelle sondert Zytoplasmapäckchen, die Thromobozyten, ab?

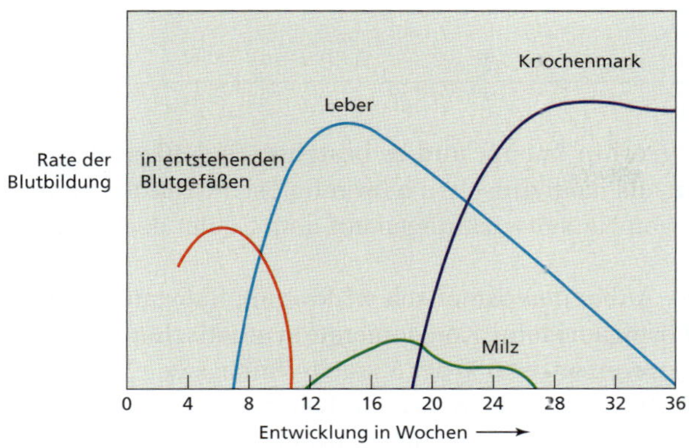

Abbildung 20.8: Ursprung und Differenzierung der zellulären Bestandteile des Blutes. Pluripotente Stammzellen bilden sowohl myeloide als auch lymphoide Stammzellen. Myeloide Stammzellen bilden Progenitorzellen, die sich teilen und die verschiedenen Blutzellreihen bilden. In dem Schema sind die Hauptbildungsorte während der embryonalen und fetalen Entwicklung dargestellt.

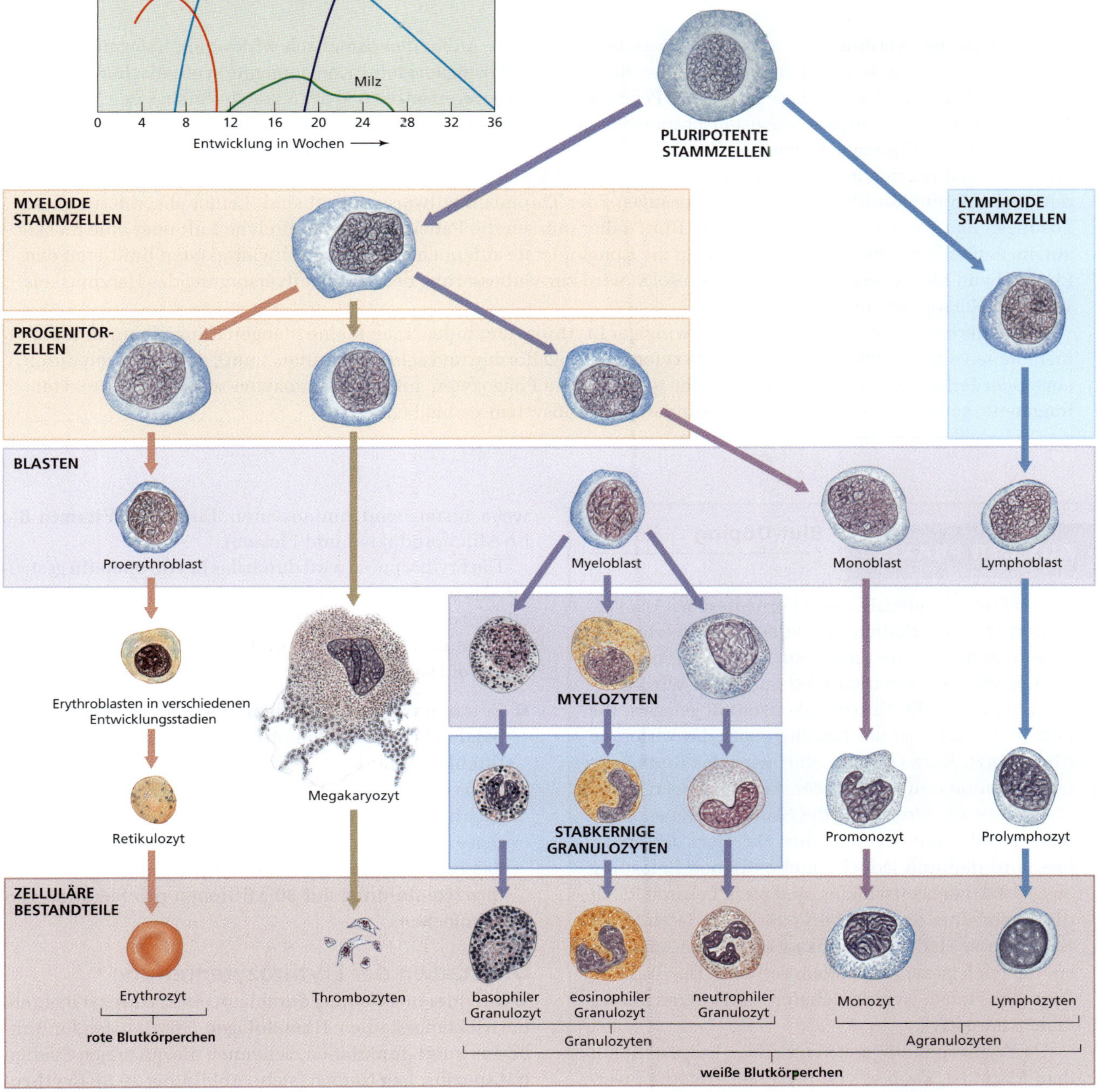

20.4.1 Erythropoese

Mit Erythropoese ist die Bildung der Erythrozyten gemeint (siehe Abbildung 20.8). Beim Erwachsenen ist das rote Knochenmark die primäre Bildungsstätte (siehe Abbildung 20.6). Rotes Mark findet sich in Teilen der Wirbel, im Sternum, in den Rippen, im Schädel, in den Skapulae, im Becken und in den proximalen Extremitätenknochen. Unter extremen Bedingungen kann das fettige **gelbe Knochenmark**, das sich in den übrigen Knochen befindet, in rotes Mark zurückverwandelt werden. Dies kann z. B. ein schwerer oder lang anhaltender Blutverlust sein; die Bildung von roten Blutkörperchen wird dadurch verstärkt. Für eine normale Erythropoese braucht das myeloide Ge-

AUS DER PRAXIS

Synthetisches Blut

Trotz Verbesserungen der Transfusionstechnologie ist Blut weiterhin knapp, und es bestehen Bedenken wegen der Sicherheit. Außerdem können oder wollen einige Patienten aus medizinischen oder religiösen Gründen keine Transfusionen erhalten. Daher herrscht großes Interesse an einigen Neuentwicklungen auf dem Gebiet der synthetischen Blutkomponenten.

Synthetisches Vollblut ist noch in der klinischen Testphase. Außer den osmotisch wirksamen Substanzen, die auch in Plasmaexpandern enthalten sind, finden sich in diesen Lösungen kleine Konglomerate synthetischer Kohlenhydrat- und Fluormoleküle. Diese Lösungen (**Perfluorkarbone**) tragen etwa 70 % der Sauerstoffmenge von Vollblut. Tiere konnten nach kompletten Austauschtransfusionen mit Perfluorkarbonlösungen am Leben gehalten werden.

Perfluorkarbonlösungen haben dieselben Vorteile anderer Plasmaexpander; zusätzlich transportieren sie Sauerstoff. Da keine Erythrozyten beteiligt sind, können die Perfluorkarbonlösungen Sauerstoff auch in Regionen transportieren, in denen die Kapillaren durch Ablagerungen oder Thromben teilweise verlegt sind. Leider absorbieren diese Lösungen den Sauerstoff nicht so gut wie Blut; daher müssen die Patienten sauerstoffreiche Luft über eine Maske atmen. Außerdem scheinen die Phagozyten die Konglomerate aufzunehmen. Diese Schwierigkeiten limitieren den Einsatz beim Menschen. Eine Lösung, Fluosol®, wird zur Verbesserung der Sauerstoffversorgung des Herzmuskels während Herzoperationen eingesetzt.

Ein anderer Ansatz ist die Herstellung winziger Erythrozyten, indem man kleine Mengen Hämoglobin in Lipidmembranen einschließt. Diese **Neohämatozyten** sind kugelförmig und sehr klein (unter 1 µm); sie passen gut durch enge oder teilweise verlegte Gefäße. Leider reagieren die Phagozyten auf Neohämatozyten wie auf Erythrozytenfragmente, sodass diese nur etwa fünf Stunden im Gefäßsystem verbleiben.

AUS DER PRAXIS

Blut-Doping

Blut-Doping in verschiedenen Formen ist bei Ausdauersportlern, wie Radfahrern, zunehmend verbreitet. Eine Methode ist die Entnahme von Vollblut in den letzten Wochen vor dem Wettkampf. Es wird fraktioniert und das Erythrozytenkonzentrat gelagert. Bis zum Wettkampf hat das Knochenmark das verlorene Blut ersetzt. Kurz vor dem Start wird das Erythrozytenkonzentrat reinfundiert; der Hämatokritwert steigt. Das Ziel ist die Steigerung der Sauerstofftransportkapazität und somit der Ausdauer. Das Herz des Sportlers wird dadurch jedoch einer extremen Belastung ausgesetzt. Langzeitschäden sind nicht bekannt, doch die Gefahr eines Schlaganfalls oder eines Herzinfarkts ist bei dieser Methode signifikant erhöht. Im Amateursportbereich ist sie seit Kurzem verboten. Das Training in großen Höhen ist eine sicherere und zurzeit akzeptable Alternative.

Da Erythropoietin jetzt synthetisch hergestellt auf dem Markt ist, kann es von Personen erworben werden, die diese Regeln umgehen möchten. Obwohl der Gebrauch dieses Medikaments kaum nachzuweisen ist, gehen die Benutzer dieselben Risiken wie beim Blut-Doping ein. In den letzten fünf bis zehn Jahren wurden 18 Todesfälle bei europäischen Radfahrern und mehrere Disqualifikationen bei den olympischen Winterspielen 2002 dem Blut-Doping, einem Erythropoietinmissbrauch oder beidem zugeschrieben.

webe ausreichend Aminosäuren, Eisen und **Vitamin B_{12}** (in Milchprodukten und Fleisch).

Die Erythropoese wird durch das **Erythropoietin** gesteuert, das bereits in Kapitel 19 vorgestellt wurde. Erythropoietin wird unter Hypoxie (bei niedrigem Sauerstoffangebot) gebildet und sezerniert, hauptsächlich in den Nieren. Es hat zwei Hauptwirkungen:

- Es stimuliert eine Beschleunigung der Zellteilungsrate bei den Erythroblasten und den Stammzellen, die Erythroblasten bilden.
- Es beschleunigt die Reifung der Erythrozyten, hauptsächlich durch Beschleunigung der Hämoglobinsynthese. Unter maximaler Erythropoietinstimulation kann das rote Knochenmark die Geschwindigkeit der Erythrozytenbildung auf 30 Millionen pro Sekunde verzehnfachen.

Die Stadien der Erythrozytenreifung

Während seiner Reifung durchläuft ein Erythrozyt mehrere Entwicklungsstadien. **Hämatologen**, Spezialisten für Blutbildung und -funktionen, benennen die einzelnen Stadien mit spezifischen Namen (siehe Abbildung 20.8). **Erythroblasten** sind sehr unreife rote Blutzellen, die aktiv Hämoglobin synthetisieren. Nachdem sie ihren Kern verloren haben, werden sie zu **Retikulozyten**, der letzten Stufe der Reifung. Retikulozyten gelangen in die Blutbahn und nehmen langsam die Gestalt reifer Erythrozyten an. Etwa 0,8 % der zirkulierenden Erythrozyten sind Retikulozyten. Eine Erhöhung der Retikulozytenkonzentration gibt wiederum Aufschluss über einen vermehrten Erythrozytenbedarf aufgrund einer Erkrankung.

20.4.2 Leukopoese

Die Stammzellen der weißen Zellreihen entstammen dem Knochenmark (siehe Abbildung 20.8). Granulozyten vollenden ihre Reifung im Knochenmark; Monozyten beginnen ihre Differenzierung im Knochenmark, gehen in den Blutkreislauf über und vollenden ihre Entwicklung als freie Makrophagen in peripherem Gewebe. Die Stammzellen für die Bildung der Lymphozyten (Lymphopoese) beginnen ihre Entwicklung ebenfalls im Knochenmark, doch viele von ihnen wandern in den Thymus. Knochenmark und Thymus werden als **primäre Lymphorgane** bezeichnet, da die verschiedenen undifferenzierten Stammzellen hier Tochterzellen bilden, die sich zu spezialisierten Lymphozyten weiterentwickeln. Unreife B-Zellen und NK-Zellen entstehen im Knochenmark, unreife T-Zellen im Thymus. Diese Zellen wandern anschließend in die **sekundären Lymphorgane**, wie Milz, Tonsillen oder Lymphknoten. Obwohl ihre Teilungsfähigkeit erhalten bleibt, bilden sie jetzt nur noch Zellen desselben Typs: T-Zellen ergeben nach einer Teilung immer nur T-Tochterzellen und nicht B- oder NK-Zellen. In Kapitel 23 wird die Lymphopoese ausführlicher erläutert.

Die Faktoren, die die Reifung der Lymphozyten regulieren, sind nicht genau bekannt; die Hormone des Thymus fördern jedoch während der Entwicklung die Differenzierung und den Erhalt von T-Zellpopulationen. Die Regulation anderer Leukozytenpopulationen erfolgt durch mehrere Hormone, die man kollektiv als **koloniestimulierende Faktoren** bezeichnet. Kommerziell erhältlicher koloniestimulierender Faktor wird zur Stimulation der Bildung weißer Blutkörperchen bei Patienten während einer Chemotherapie eingesetzt.

DEFINITIONEN

Anämie: Erkrankung mit Verminderung der Sauerstofftransportkapazität wegen eines geringen Hämatokritwerts oder zu wenig Hämoglobin im Blut

Aplastische Anämie: Anämie durch Insuffizienz des Knochenmarks mit niedrigem Hämatokritwert und niedrigen Retikulozytenzahlen

Knochenmarkstransplantation: Transfusion von Knochenmarkszellen, einschließlich der Stammzellen, die das Knochenmark nach Bestrahlungen, Chemotherapie oder bei aplastischer Anämie ersetzen

Embolie: Erkrankung, bei der ein zirkulierendes Gerinnsel ein Blutgefäß blockiert und das dahinterliegende Areal nicht mehr durchblutet wird

Hämolytische Anämie des Neugeborenen: Anämie bei Neugeborenen, oft durch eine Rhesus-Inkompatibilität bei Rhesus-negativer Mutter und Rhesus-positivem Kind verursacht

Hämophilie: eine von vielen angeborenen Störungen der Blutgerinnung mit unzureichender Bildung von Gerinnungsfaktoren

Hämorrhagische Anämie: Anämie durch schwere Blutung mit niedrigem Hämatokritwert und zu wenig Hämoglobin, aber normalen Erythrozytenkonzentrationen

Normochrom: Zustand, bei dem die Erythrozyten eine normale Menge Hämoglobin enthalten

Normozytär: Zustand, bei dem die Erythrozyten von normaler Größe sind

Normovolämisch: Zustand mit normalem Blutvolumen

Erythrozytenkonzentrat: rote Blutkörperchen allein (das meiste Plasma wurde entfernt)

Plaque: krankhafter Bereich der Gefäßwand, in dem sich größere Mengen an Lipiden sammeln

Polyzythämie: Erkrankung mit erhöhtem Hämatokritwert bei normalem Blutvolumen

Thrombus: Blutgerinnsel

Transfusion: Vorgang, bei dem jemandem, dessen Blutvolumen zu niedrig ist oder in dessen Blut irgendein Mangel besteht, Blutkomponenten verabreicht werden

Zusammenfassung

Die Antworten auf die Fragen der Aufgaben und der Zusammenfassung finden Sie im Antwortteil.

Wiederholung von Fakten und Begriffen

Verbinden Sie die Begriffe der linken Spalte jeweils mit denen der rechten Spalte, die am besten passen; setzen Sie die Buchstaben in die Spalte vor die Zahlen.

	Spalte A			Spalte B
	1.	Basophile	a.	Stammzelle aller Blutzellen
	2.	Embolie	b.	Niedriges Blutvolumen
	3.	Lymphozyt	c.	Granulozyt
	4.	Leukopoese	d.	Gerinnungsprotein
	5.	Hämostase	e.	Agranulozyt
	6.	Erythroblasten	f.	Bildung der weißen Blutkörperchen
	7.	Fibrinogen	g.	Vorgang zur Verhinderung von Blutverlust
	8.	Immunglobuline	h.	Blutgerinnsel in einem Gefäß
	9.	Pluripotente Stammzellen	i.	Antikörper
	10.	Hypovolämisch	j.	Unreife rote Blutzellen

11 Zu den Funktionen des Blutes gehört
- a. der Transport von Nähr- und Abfallstoffen.
- b. die Steuerung von pH-Wert und Elektrolytkonzentrationen.
- c. die Einschränkung des Flüssigkeitsverlusts.
- d. Alle Antworten sind richtig.

12 Die häufigsten zellulären Elemente des Blutes sind
- a. Blutplättchen.
- b. weiße Blutkörperchen.
- c. Proteine.
- d. rote Blutkörperchen.

13 Die häufigsten Proteine im Blut sind
- a. Globuline.
- b. Albumine.
- c. Fibrinogene.
- d. Lipoproteine.

14 Die beiden Hauptklassen der Leukozyten sind
- a. Erythrozyten und Thrombozyten.
- b. Granulozyten und Agranulozyten.
- c. Fibrinogen und Kollagenfasern.
- d. Makromoleküle und Kolloid.

15 Die Stammzellen der Leukopoese kommen aus
- a. der Leber.
- b. dem Thymus.
- c. der Milz.
- d. dem Knochenmark.

16 Alle Aussagen zu Erythrozyten sind zutreffend, außer:
- a. Erythrozyten sind bikonkave Scheiben.
- b. Erythrozyten haben keine Mitochondrien.
- c. Erythrozyten haben einen großen Kern.
- d. Erythrozyten können sich geldrollenartig zu sog. Rouleaux aufstapeln.

17 Die Hauptfunktion des Hämoglobins ist
- a. die Speicherung von Eisen.
- b. der Transport von Glukose.
- c. die Färbung der Erythrozyten.
- d. der Transport von Sauerstoff an die Peripherie.

18 Personen mit der Blutgruppe A haben
- a. Oberflächenantigen A auf ihren Erythrozyten.
- b. Oberflächenantigen B in ihrem Plasma.
- c. Anti-A-Antikörper im Plasma.
- d. Anti-O-Antikörper im Plasma.

19 Die weißen Blutkörperchen, deren Anzahl bei allergischen Reaktionen oder bei Infektionen mit Parasiten deutlich ansteigt, sind die
- a. Neutrophilen.
- b. Eosinophilen.
- c. Basophilen.
- d. Monozyten.

20 Thrombozyten sind
- a. große Zellen ohne Kern.
- b. kleine Zellen ohne Kern.
- c. Zellfragmente.
- d. kleine Zellen mit unregelmäßig geformtem Kern.

Wiederholung von Lernzielen

1 Worin unterscheidet sich die Reaktion auf Rhesus-positives oder Rhesus-negatives Blut von der auf die Blutgruppen A, B und 0?
- a. Es gibt keinen signifikanten Unterschied; diese Blutgruppen reagieren alle auf dieselbe Weise.
- b. Das Blut eines Rhesus-positiven Menschen enthält Rhesus-positive Agglutinogene, das Blut eines Rhesus-negativen Menschen enthält Rhesus-negative Agglutinogene.
- c. Das Blut eines Rhesus-negativen Menschen enthält nur dann Anti-Rhesus-Agglutinogene, wenn er vorher durch den Kontakt mit Rhesus-positiven Erythrozyten sensibilisiert worden ist.
- d. Die Reaktion ist umso heftiger, je weniger Blut mit dem anderen Rhesus-Faktor gegeben wird.

2 Wodurch kann die Hämostase gestört sein?
- a. Mangel an Kalziumionen
- b. Mangel an Kaliumionen
- c. Mangel an Hämoglobin
- d. Mangel an Natriumionen

3 Warum verbessert das Fehlen von Mitochondrien die Sauerstofftransportkapazität der Erythrozyten?
- a. Da Erythrozyten Gase passiv transportieren, wären Mitochondrien nutzlos und würden nur wertvollen Platz in den Zellen besetzen.

b. Mitochondrien benötigen sehr viel Energie; ein Erythrozyt ohne Mitochondrien hat daher mehr Energie zum Sauerstofftransport zur Verfügung.
c. Da Erythrozyten Gase passiv transportieren, wird kein ATP für aktive Transportvorgänge verwendet. Mitochondrien sind daher unnötig; die Energie, die sie verbrauchen würden, wird für den Sauerstofftransport verwendet.
d. Ohne Mitochondrien verbraucht der Erythrozyt den aufgenommenen Sauerstoff nicht für sich, sondern transportiert alles in die Peripherie.

4 Ein Eisenmangel führt zu
a. weniger Leukozyten.
b. weniger Monozyten.
c. einer Anämie.
d. einer Polyzythämie.

5 Womit bezeichnet man das Gesamtvolumen der roten Blutkörperchen?

6 Welche Funktion hat die Blutgerinnung?

7 Welches Schicksal haben die Megakaryozyten?

8 Nennen Sie einige sekundäre Lymphorgane.

9 Was sind Lipoproteine und welche Funktion haben sie im Blut?

10 Kann jemand mit der Blutgruppe 0 Blut der Blutgruppe AB erhalten? Warum oder warum nicht?

Anwendung der Lerninhalte

1 Warum trainieren Sportler einige Monate vor einem Wettkampf in Regionen, die höher liegen als der Austragungsort?

2 Die Mononukleose ist eine Erkrankung, bei der sich die Milz wegen erhöhter Mengen von Phagozyten und anderer Zellen vergrößert. Weitere Symptome sind Blässe, Müdigkeit und eine Schwäche bis hin zur Bettlägerigkeit. Wodurch könnten diese Symptome verursacht werden?

3 Etwa die Hälfte unseres Vitamin K wird von Bakterien im Dickdarm synthetisiert. Warum kommt es dann bei der Einnahme von Breitbandantibiotika (Medikamente, die Mikroorganismen abtöten) oft zu Nasenbluten?

Eine Kurzzusammenfassung der wichtigsten Inhalte, sowie die Antworten zu den Fragen und weitere Arbeitsmaterialien finden sie auf unserer Companion Website unter:
www.pearson-studium.de/login

Lernziele

1. Den grundlegenden Aufbau des Herz-Kreislauf-Systems und die Funktion des Herzes beschreiben können.
2. Den Aufbau der Anteile des Perikards beschreiben und die Funktionen erläutern können.
3. Epikard, Myokard und Endokard am Herz auffinden und beschreiben können.
4. Die wichtigen Unterschiede zwischen Herz- und Skelettmuskelgewebe kennen.
5. Struktur und Funktion des fibrösen Skeletts des Herzes erläutern können.
6. Die äußere Form des Herzes und seine Oberflächenmerkmale beschreiben können.
7. Die strukturellen und funktionellen Spezialisierungen der einzelnen Herzkammern kennen.
8. Die wichtigsten Arterien und Venen des pulmonalen und des systemischen Kreislaufs kennen, die mit dem Herz verbunden sind.
9. Den Weg des Blutes durch das Herz nachverfolgen können.
10. Struktur und Funktion der einzelnen Herzklappen beschreiben können.
11. Die Herzkranzgefäße finden und ihre Abzweigungen und Hauptäste benennen können.
12. Die Komponenten des Reizleitungssystems benennen und auffinden können.
13. Die Funktion des Reizleitungssystems erläutern können.
14. Die Abläufe bei einem Kontraktionszyklus erklären können.
15. Die kardialen Zentren und ihre Funktion bei der Regulierung des Herzes beschreiben können.

Das Herz-Kreislauf-System

Das Herz

21

ÜBERBLICK

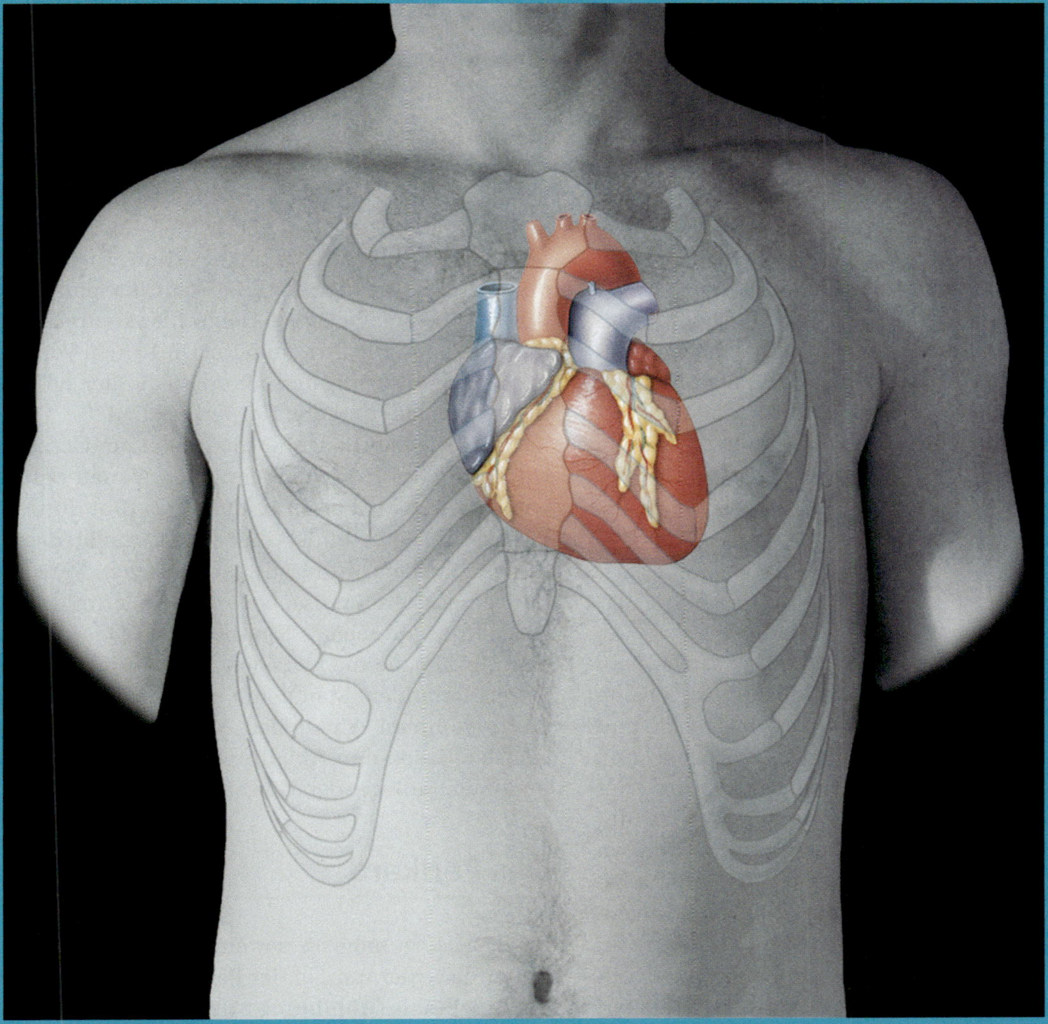

Jede lebende Zelle ist abhängig von der interstitiellen Flüssigkeit, die sie umgibt; sie ist die Quelle von Sauerstoff und Nährstoffen und dient der Entsorgung von Abfallstoffen. Die Spiegel von Gasen, Nährstoffen und Abfallprodukten werden durch einen beständigen Austausch zwischen der interstitiellen Flüssigkeit und dem zirkulierenden Blut konstant gehalten. Um die Homöostase aufrecht zu erhalten, muss das Blut in Bewegung bleiben. Wenn ein Gewebe nicht mehr durchblutet wird, erschöpfen sich seine Sauerstoff- und Nährstoffvorräte sehr schnell, Abfallstoffe können nicht mehr absorbiert werden und weder Hormone noch weiße Blutkörperchen erreichen ihr Ziel. Letztendlich sind alle Funktionen des Herz-Kreislauf-Systems also von der Funktionsfähigkeit des Herzes abhängig, da es das Blut durch den Körper bewegt. Dieses muskuläre Organ schlägt etwa 100.000 Mal am Tag; im Jahr pumpt es mehr als sechs Millionen Liter Blut.

Zur Demonstration der Pumpleistung des Herzes drehen Sie mal den Wasserhahn in der Küche ganz auf. Um dasselbe Volumen zu fördern, das das Herz in einem durchschnittlich langen Leben pumpt, müsste dieser Wasserhahn 45 Jahre lang aufgedreht bleiben. Ebenso erstaunlich ist, dass das Herz seine Pumpleistung zwischen 5 und 30 l pro Minute variieren kann. Die Herzleistung wird vom zentralen Nervensystem engmaschig überwacht und feinreguliert, um zu gewährleisten, dass die Konzentrationen von Gasen, Nährstoffen und Abfallstoffen in den peripheren Geweben im Normbereich bleiben, unabhängig davon, ob Sie gerade friedlich schlummern, ein Buch lesen oder eine lebhafte Runde Squash spielen.

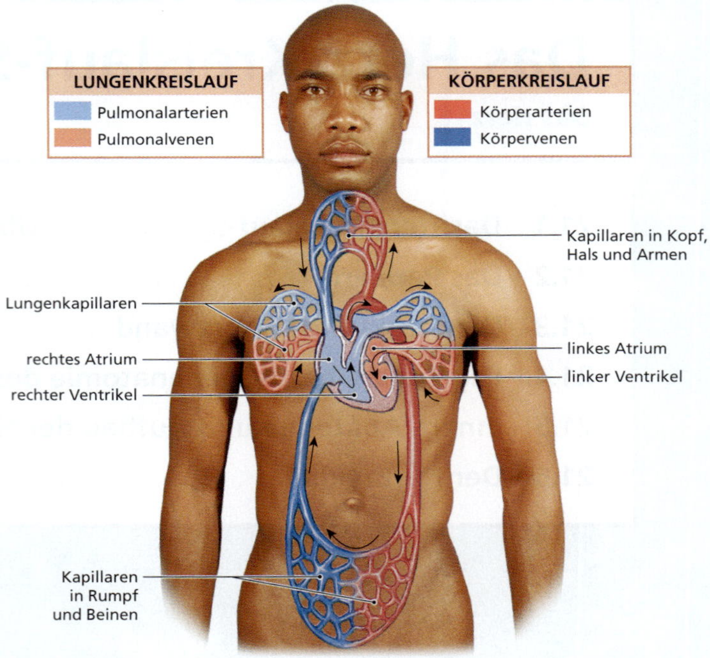

Abbildung 21.1: Vereinfachte Darstellung von Lungen- und Körperkreislauf. Blut wird vom Herz durch die beiden getrennten Kreisläufe gepumpt. Jeder Kreislauf beginnt und endet am Herz und enthält Arterien, Kapillaren und Venen. Die Pfeile zeigen die jeweilige Flussrichtung an.

Wir beginnen dieses Kapitel mit der Untersuchung der strukturellen Merkmale, die es dem Herz ermöglichen, trotz sehr unterschiedlicher Anforderungen so zuverlässig zu funktionieren. Danach besprechen wir die Regulationsmechanismen der Herztätigkeit zur Anpassung an die ständig wechselnden Umstände.

21.1 Das Herz-Kreislauf-System – ein Überblick

Trotz seiner beeindruckenden Leistung ist das Herz ein eher kleines Organ; es ist nur etwa so groß wie Ihre geballte Faust. Die vier muskulären Herzkammern, das rechte und das linke **Atrium** (lat.: atrium = die Vorhalle; **Vorhof**) und der rechte und der linke **Ventrikel** (lat.: ventriculus = der kleine Bauch; **Kammer**) arbeiten zusammen, um das Blut durch das Gefäßsystem zwischen Herz und peripheren Geweben zu pumpen. Das Gefäßsystem kann in zwei Kreisläufe unterteilt werden: Der **pulmonale Kreislauf (Lungenkreislauf)** bringt kohlendioxidreiches Blut vom Herz an die Gasaustauschflächen der Lungen und trägt sauerstoffreiches Blut zurück zum Herz. Der **systemische Kreislauf (Körperkreislauf)** trägt sauerstoffreiches Blut vom Herz an die übrigen Zellen des Körpers und führt mit Kohlendioxid beladenes Blut zurück. Das rechte Atrium nimmt das Blut vom Körperkreislauf auf; der rechte Ventrikel pumpt es in den Lungenkreislauf. Das linke Atrium erhält das Blut aus dem Lungenkreislauf; der linke Ventrikel pumpt es in den Körperkreislauf. Bei einem Herzschlag kontrahieren zuerst die Vorhöfe, dann die Kammern. Die beiden Ventrikel kontrahieren gleichzeitig und befördern die gleiche Blutmenge in den Lungen- und den Körperkreislauf.

Jeder Kreislauf beginnt und endet am Herz. **Arterien** transportieren Blut vom Herz weg; **Venen** befördern es wieder zurück (**Abbildung 21.1**). Das Blut durchläuft die beiden Kreisläufe hintereinander. Das heißt, dass es nach seiner Rückkehr durch die systemischen Venen erst die Lungen passieren muss, bevor es wieder in den systemischen Kreislauf gelangt. **Kapillaren** sind kleine, dünnwandige Gefäße, die die kleinsten Arterien mit den kleinsten Venen verbinden. Man nennt sie auch **Austauschgefäße**, da ihre dünnen Wände den Austausch von Nährstoffen, gelösten Gasen und Abfallprodukten zwischen dem Blut und dem umliegenden Gewebe erlauben.

21.2 Das Perikard

Das Herz liegt nahe an der anterioren Brustwand, gleich hinter dem Sternum, in der **Perikardhöhle**, einem Raum der Brusthöhle (**Abbildung 21.2**a). Die Perikardhöhle liegt

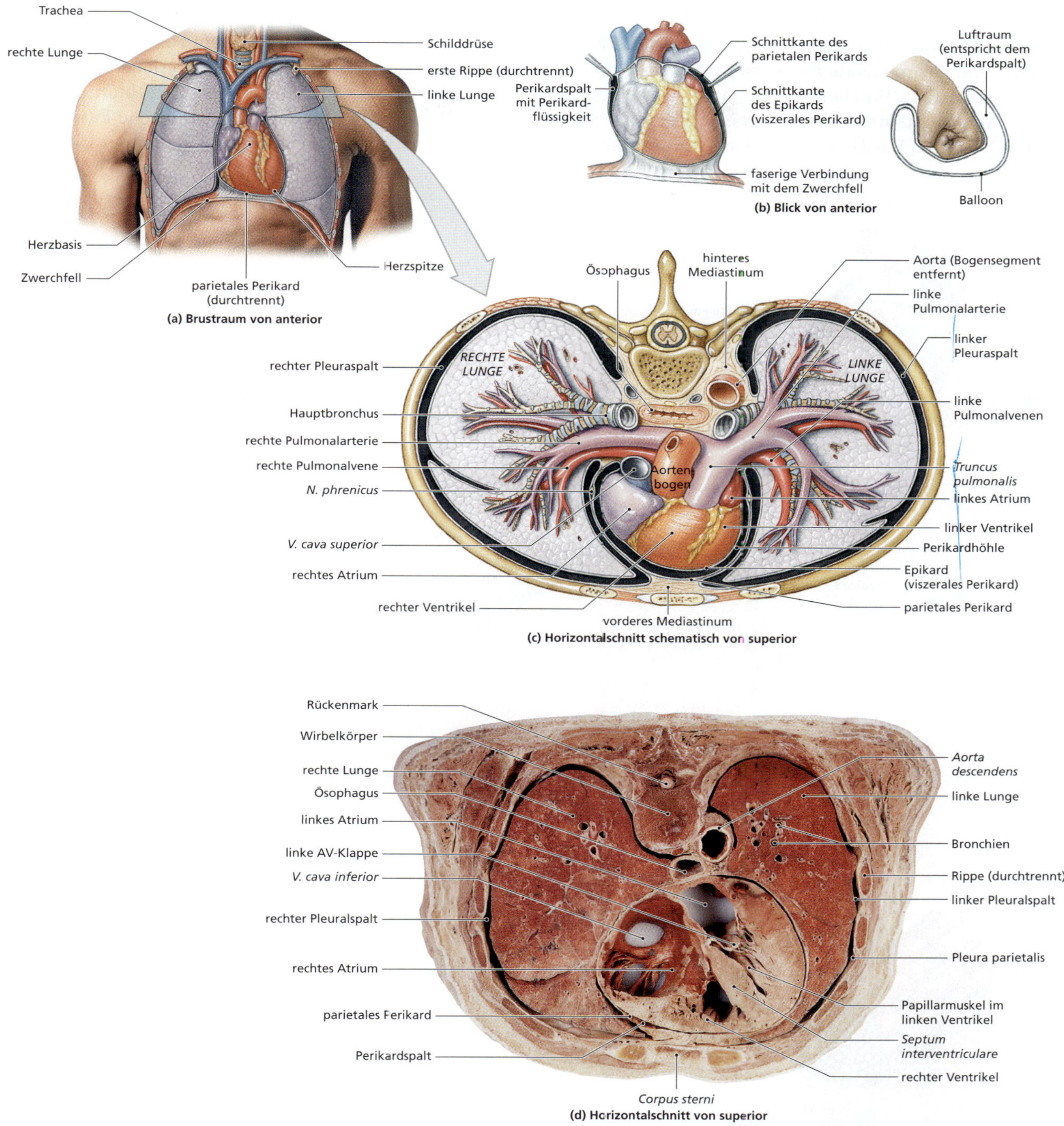

Abbildung 21.2: Die Lage des Herzes im Brustraum. Das Herz liegt im mittleren Mediastinum unmittelbar hinter dem Sternum. (a) Offene Brusthöhle von anterior mit Darstellung der Lagebeziehung von Herz, großen Gefäßen und Lungen. Die Schnittebene von (c) ist eingezeichnet. (b) Beziehung zwischen Herz und Perikardhöhle. Sie umgibt das Herz wie der Ballon die Faust (rechts). (c) Schematische Darstellung der Lage von Herz und anderen mediastinalen Organen. Das Herz wird zur besseren Darstellung der großen Gefäße nicht durchtrennt gezeigt. (d) Horizontalschnitt durch den Rumpf auf Höhe von Th8 von superior.

zwischen den Pleurahöhlen im Mediastinum, in dem sich außerdem noch der Thymus, der Ösophagus und die Trachea befinden. Die Lage des Herzes im Verhältnis zu den anderen Mediastinalorganen ist in Abbildung 21.2c und d dargestellt.

Das Perikard ist die seröse Membran, die die Perikardhöhle auskleidet. Um sich die räumliche Beziehung zwischen Herz und Perikardhöhle klar zu machen, stellen Sie sich vor, wie Sie die Faust in einen großen Ballon drücken (Abbildung 21.2b). Die Wand des Ballons entspricht dem

Perikard; Ihre Faust ist das Herz. Das Perikard ist in das **viszerale Perikard** (den Teil des Ballons, der Ihre Faust berührt) und das **parietale Perikard** (der übrige Teil des Ballons) unterteilt. Ihr Handgelenk an der Umschlagfalte des Ballons entspricht der **Herzbasis**; hier setzen die großen Gefäße an. Das Herz ist im Mediastinum befestigt.

Das lockere Bindegewebe des viszeralen Perikards, auch **Epikard** genannt, ist mit dem Herzmuskelgewebe verbunden. Die seröse Membran des parietalen Perikards wird durch eine Schicht aus dichtem geflechtartigem Bindegewebe verstärkt, die reichlich kollagene Fasern enthält; man nennt sie **fibröses Perikard**. An der Herzbasis

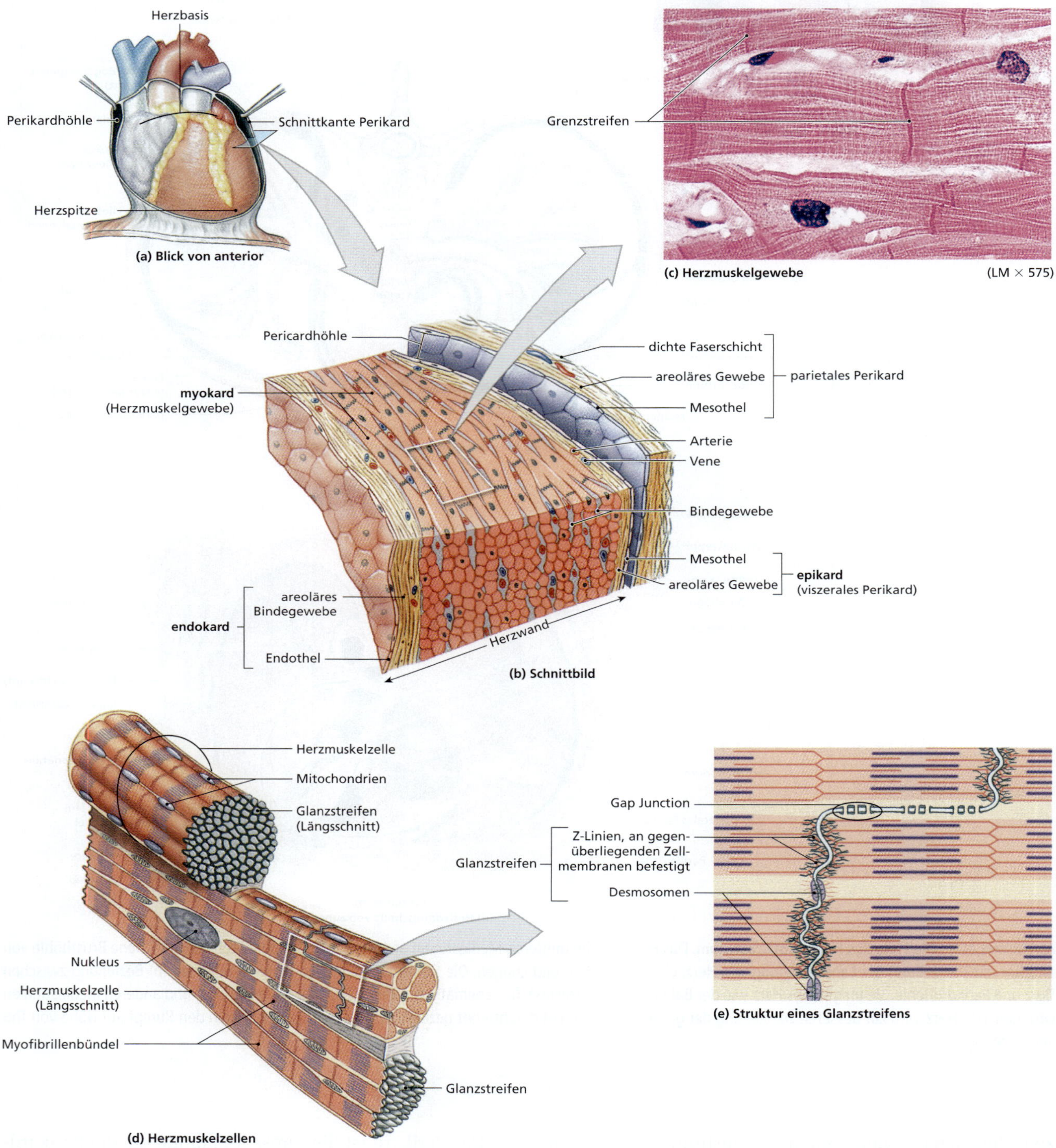

Abbildung 21.3: Histologischer Aufbau von Herzmuskelgewebe. (a) Herz von anterior mit wichtigen Merkmalen. (b) Schematische Darstellung eines Schnittbilds der Herzwand mit Epikard, Myokard und Endokard. (c, d) Histologische und schematische Darstellung von Herzmuskelgewebe. Zu den Charakteristika von Herzmuskelzellen gehören 1. die geringe Größe, 2. der einzelne, zentral liegende Kern, 3. Verzweigungen der Zellen und 4. die Glanzstreifen. (e) Struktur eines Glanzstreifens.

stabilisieren die Kollagenfasern des fibrösen Perikards die Position von Perikard, Herz und Gefäßen im Mediastinum. Der schmale Spalt zwischen den gegenüberliegenden viszeralen und parietalen Flächen ist der Perikardspalt. Er enthält normalerweise 10–20 ml Perikardflüssigkeit, die von den perikardialen Membranen sezerniert wird. Als Gleitmittel verhindert sie Reibung, wenn das Herz schlägt; die Kollagenfasern, die die Herzbasis im Mediastinum fixieren, limitieren die Bewegungen der großen Gefäße während einer Kontraktion.

21.3 Die Struktur der Herzwand

Ein Schnitt durch die Herzwand (**Abbildung 21.3**a und b) zeigt drei getrennte Schichten: 1. ein äußeres Epikard (viszerales Perikard), 2. in der Mitte das Myokard und 3. ein inneres Endokard.

- Das **Epikard** ist das viszerale Perikard; es bildet die Oberfläche des Herzes. Es ist eine seröse Membran, die aus einem Mesothel über einer Schicht areolären Bindegewebes besteht.
- Das **Myokard** setzt sich aus vielen miteinander verwobenen Schichten von Herzmuskelgewebe zusammen, dazu Bindegewebe, Blutgefäßen und Nerven. Das relativ dünne Myokard der Atrien hat Muskelschichten, die zwischen den Atrien wie eine Acht verlaufen. Das Myokard der Ventrikel ist wesentlich dicker; die Anordnung wechselt von Schicht zu Schicht. Oberflächliche Muskelschichten umhüllen beide Ventrikel; tiefe Muskelschichten verlaufen in Spiralen um und zwischen den Ventrikeln von der Herzbasis in Richtung der freien Spitze **(Apex)** des Herzes (Abbildung 21.3c; siehe auch Abbildung 21.3a und b).
- Die Innenflächen des Herzes sind einschließlich der Klappen mit einem einfachen Plattenepithel überzogen, dem **Endokard**. Es geht in das Endothel der angeschlossenen Blutgefäße über.

21.3.1 Das Herzmuskelgewebe

Die einzigartigen funktionellen Eigenschaften des Myokards beruhen auf den ungewöhnlichen histologischen Merkmalen von Herzmuskelgewebe. Es wurde bereits in Kapitel 3 vorgestellt und kurz mit anderen Muskelarten verglichen.

Die Herzmuskelzellen

Herzmuskelzellen oder **Kardiomyozyten** sind relativ klein: im Durchschnitt 10–20 µm breit und 50–100 µm lang. Ein typischer Kardiozyt hat einen einzelnen, mittigen Kern (Abbildung 21.3d; siehe auch Abbildung 21.3a–c).

Obwohl sie viel kleiner sind als Skelettmuskelzellen, ähneln ihnen die Herzmuskelzellen insofern, als sie organisierte Myofibrillen enthalten; die Anordnung der Sarkomere resultiert ebenfalls in einer Streifenbildung. In einigen wichtigen Punkten unterscheiden sie sich jedoch deutlich:

- Herzmuskelzellen sind für ihre Kontraktionen fast vollständig auf aerobe Energiegewinnung angewiesen. Daher enthält ihr Sarkoplasma Hunderte von Mitochondrien und große Myoglobinvorräte zur Speicherung von Sauerstoff. Energie wird in Form von Glykogen und Lipiden gespeichert.
- Die relativ kurzen T-Tubuli der Herzmuskelzellen bilden keine Triaden mit dem SR.
- Die Blutversorgung von Herzmuskelgewebe ist sogar noch ausgedehnter als die von Skelettmuskelgewebe.
- Herzmuskelzellen kontrahieren ohne Anweisungen durch das Nervensystem; ihre Kontraktionen werden später in diesem Kapitel besprochen.
- Herzmuskelzellen haben spezialisierte Zellverbindungen, die **Glanzstreifen** (*Disci intercalares*; Abbildung 21.3e; siehe auch Abbildung 21.3c und d).

Die Glanzstreifen

Herzmuskelzellen sind mit ihren Nachbarzellen jeweils über spezielle Verbindungen, die **Glanzstreifen (Discus intercalaris)**, miteinander verbunden (siehe Abbildung 21.3c–e). Glanzstreifen kommen nur in Herzmuskelgewebe vor; ihr gezacktes Aussehen kommt von der intensiven Verzahnung der gegenüberliegenden Membranabschnitte. An einem Glanzstreifen sind die Zellmembranen zweier Herzmuskelzellen durch Desmosome *(Maculae adhaerentes)* miteinander verbunden. Dies sorgt für eine feste Verbindung und die dreidimensionale Struktur des Gewebes. Im Glanzstreifen sind die Myofibrillen fest mit dem Sarkolemm verknüpft. Der Glanzstreifen verbindet die Myofibrillen zweier benachbarter Zellen also direkt miteinander, sodass sie mit maximaler Effizienz zusammenarbeiten.

Herzmuskelzellen sind auch über Gap Junctions (Nexus) miteinander verknüpft. Hier können Ionen und kleine Moleküle übertreten; es besteht also eine direkte elektrische Verbindung zwischen den Muskelzellen. So kann der Reiz für eine Kontraktion – das Aktionspotenzial – wie bei einem einzigen durchgehenden Sarkolemm von einer Zelle auf die nächste übergehen.

Da Herzmuskelzellen mechanisch, chemisch und elektrisch miteinander verbunden sind, funktionieren sie wie eine einzige riesige Muskelzelle. Die Kontraktion einer Zelle löst die Kontraktion weiterer Zellen aus und breitet sich über das ganze Myokard aus. Daher wird der Herzmuskel auch als **funktionelles Synzytium** (Synzytium = verschmolzener Zellverband) bezeichnet.

21.3.2 Das fibröse Skelett

Das Bindegewebe des Herzes enthält große Mengen kollagener und elastischer Fasern (siehe Abbildung 21.3b). Jede Herzmuskelzelle ist von einer festen, aber elastischen Hülle umgeben; benachbarte Zellen haben faserige Querverbindungen (Streben). Jede Muskelschicht hat eine fibröse Hülle; Faserplatten trennen die tiefen von den oberflächlichen Muskellagen. Sie gehen in das dichte fibroelastische Gewebe über, das 1. die Basen von *Truncus pulmonalis* und

Aorta und 2. die Herzklappen umgibt. Man nennt dieses ausgedehnte Fasernetzwerk das **fibröse Skelett** des Herzes. Das fibröse Skelett hat die folgenden Aufgaben:

- Stabilisierung der Position der Herzmuskelzellen und der Herzklappen
- mechanische Stütze von Herzmuskelzellen, Blutgefäßen und Nerven im Myokard
- Kraftübertragung bei Kontraktionen
- Verstärkung der Klappen und Schutz vor Überdehnung des Herzmuskels
- elastische Rückführung des Herzes in seine ursprüngliche Form nach einer Kontraktion
- physische Trennung der Muskelzellen der Vorhöfe von denen der Ventrikel (Diese Isolierung ist für die Koordination der Kontraktionen von Bedeutung [siehe unten].)

Lage und Oberflächenanatomie des Herzes 21.4

Obwohl in der Werbung und in Witzbildern das Herz oft in die Mitte der Brust gemalt wird, würde ein mediosagittaler Schnitt das Herz nicht halbieren. Dies liegt daran, dass das Herz 1. etwas links der Mittellinie liegt, 2. in einem Winkel zur Längsachse der Körpers liegt und 3. nach links rotiert ist.

1 **Das Herz liegt etwas links der Mittellinie:** Das Herz liegt im Mediastinum zwischen den Lungen. Da es weiter links liegt, ist die Einbuchtung an der medialen Fläche der linken Lunge deutlich tiefer als die an der rechten Lunge. Die **Basis** ist die breite superiore Fläche des Herzes, an der das Herz mit den großen Arterien und Venen des pulmonalen und des systemischen Kreislaufs verbunden ist. Sie umfasst sowohl die Ansätze der großen Gefäße als auch die superioren Flächen der Vorhöfe. In unserem Vergleich mit der Faust im Ballon entspricht sie dem Handgelenk (siehe Abbildung 21.2b). Die Basis sitzt hinter dem Sternum auf der Höhe des dritten Rippenknorpels; die Mitte weicht um etwa 1,2 cm nach links ab (**Abbildung 21.4**). Der **Apex** ist die inferiore abgerundete Spitze des Herzes, die nach schräg lateral weist. Das Herz eines Erwachsenen ist im Schnitt etwa 12,5 cm lang. Der Apex reicht bis an den fünften Interkostalraum, etwa 7,5 cm links der Mittellinie.

2 **Das Herz liegt in einem Winkel zur Längsachse des Körpers:** Die Herzbasis bildet die **superiore Begrenzung** (Kontur) des Herzes, der rechte Vorhof die **rechte Begrenzung**, der linke Ventrikel die **linke Begrenzung** und der rechte Ventrikel hauptsächlich die **inferiore Begrenzung** des Herzes.

AUFGABEN

1 Woran unterscheiden Sie die Gewebeprobe eines Herzmuskels von der eines Skelettmuskels?

2 Was ist der Perikardspalt?

3 Wie sind die Herzmuskelzellen mit ihren Nachbarn verbunden?

4 Warum bezeichnet man den Herzmuskel als funktionelles Synzytium?

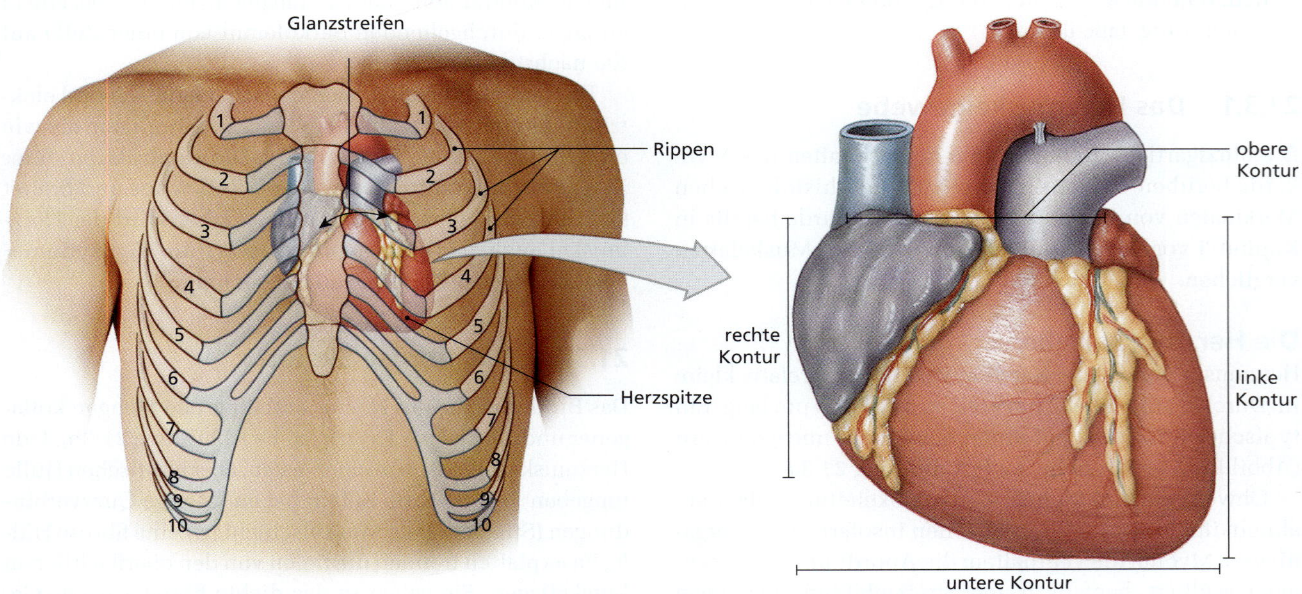

Abbildung 21.4: Lage und Orientierung des Herzes. Die Lage des Herzes im Mediastinum und die äußeren Konturen.

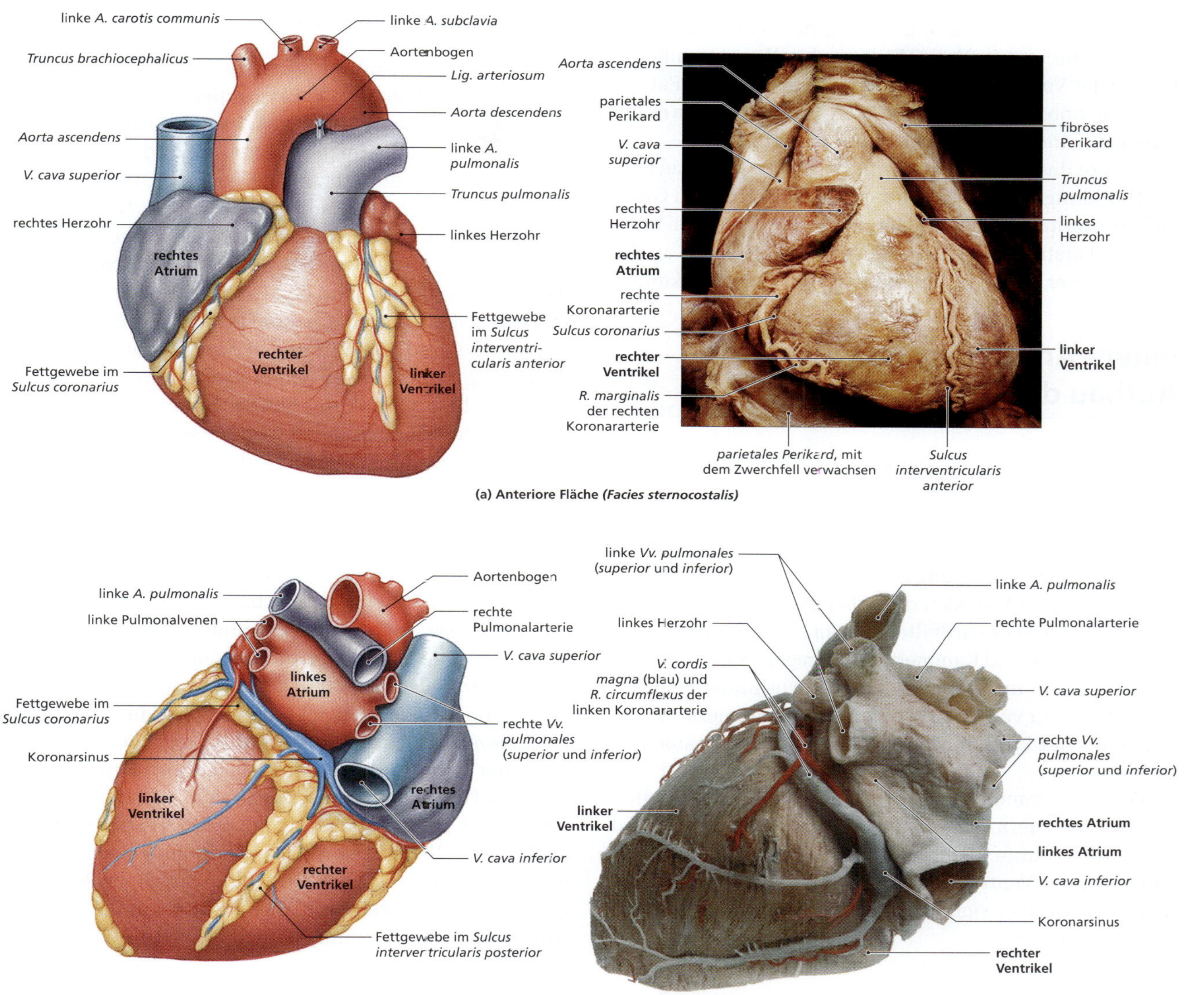

Abbildung 21.5: Die Oberflächenanatomie des Herzes. (a) Herz und große Gefäße von anterior. Für das Foto wurde der Perikardsack durchtrennt und zurückgeschlagen, um Herz und große Gefäße zu zeigen. (b) Herz und große Gefäße von posterior. Darstellung der Gefäße durch Injektion von gefärbtem Latex (siehe Abbildung 21.8).

3 **Das Herz liegt leicht nach links rotiert:** Aufgrund dieser Drehung wird die anteriore oder **Facies sternocostalis** des Herzes im Wesentlichen vom rechten Atrium und vom rechten Ventrikel gebildet (**Abbildung 21.5**). Die posteriore und die inferiore Wand des linken Ventrikels bilden den Großteil der schrägen posterioren Begrenzung **(Facies diaphragmatica)**, die von der Basis bis an die Spitze reicht.

Die vier Herzkammern im Inneren sind anhand von Furchen oder Sulki an der Außenfläche zu erkennen (siehe Abbildung 21.5). Ein flacher *Sulcus interatriale* trennt die beiden Vorhöfe, der tiefere **Sulcus coronarius** die Vorhöfe von den Kammern. Die Trennlinie zwischen den beiden Ventrikeln erkennt man am **Sulcus interventriculare anterior** bzw. **posterior**. Das Bindegewebe des Epikards enthält im Bereich der *Sulci coronarius* und *interventriculare* erhebliche Fettmengen, die man entfernen muss, um die Furchen sehen zu können. In diesen Sulki verlaufen auch die Arterien und Venen, die den Herzmuskel versorgen.

Vorhöfe und Kammern haben ganz unterschiedliche Funktionen. Die Vorhöfe nehmen das venöse Blut auf, das in die Kammern weitergeleitet werden muss; die Kammern müssen das Blut durch den Lungen- und den Körperkreislauf pumpen. Die funktionellen Unterschiede spiegeln sich natürlich auch in inneren und äußeren strukturellen Unterschieden wider. Betrachten Sie in Abbildung 21.5 die Unterscheidungsmerkmale von Atrien und Ventrikeln.

Der rechte Vorhof liegt anterior, inferior und rechts des linken Vorhofs. Der linke Vorhof reicht weiter nach posterior; er bildet den Großteil der posterioren Herzfläche oberhalb des *Sulcus coronarius*. Beide Vorhöfe haben relativ dünne muskuläre Wände und sind daher sehr dehnbar. Wenn sie nicht mit Blut gefüllt sind, fallen die äußeren Wände der Vorhöfe in sich zusammen und werfen Falten. Diesen dehnbaren Anteil nennt man das **Herzohr**, da es die frühen Anatomen an eine Ohrmuschel erinnerte.

Inferior des *Sulcus coronarius* liegen die Ventrikel (siehe Abbildung 21.5). Der rechte Ventrikel macht den Großteil der sternokostalen Fläche des Herzes aus. Der linke Ventrikel erstreckt sich vom *Sulcus coronarius* bis an die Herzspitze; er bildet die linke und die inferiore Herzkontur.

21.5 Innere Anatomie und Aufbau der Herzes

In **Abbildung 21.6** sind die innere Anatomie und der funktionelle Aufbau von Vorhöfen und Kammern dargestellt. Die Vorhöfe sind durch das *Septum interatriale* voneinander getrennt; ein *Septum interventriculare* trennt die Ventrikel (siehe Abbildung 21.6a und c). Jeder Vorhof steht jeweils mit dem Ventrikel derselben Seite in Verbindung. Klappen sind Endokardfalten, die in die Öffnungen zwischen Vorhöfen und Kammern hineinragen. Sie öffnen und schließen sich, um einen Rücklauf zu verhindern, sodass das Blut immer von den Vorhöfen in die Kammern strömt. (Struktur und Funktion der Klappen werden später vorgestellt.)

Vorhöfe sammeln das Blut aus dem Körper und leiten es in die Kammern. Die funktionellen Anforderungen sind für beide Vorhöfe gleich; sie sehen fast gleich aus. Die Aufgaben der Ventrikel unterscheiden sich jedoch deutlich; es gibt daher signifikante strukturelle Unterschiede zwischen beiden.

21.5.1 Das rechte Atrium

Der rechte Vorhof nimmt sauerstoffarmes Blut aus dem Körperkreislauf über die **V. cava superior** und die **V. cava inferior** auf (siehe Abbildung 21.5 sowie 21.6a und c). Die *V. cava superior*, die im posterioren superioren Anteil des rechten Vorhofs mündet, bringt venöses Blut von Kopf, Hals, Armen und Brustraum. Die *V. cava inferior*, die im posterioren inferioren Anteil des rechten Vorhofs mündet, bringt venöses Blut von den Geweben und Organen der Bauch-Becken-Höhle und den Beinen. Die Venen des Herzes selbst, die *Vv. cordis*, sammeln venöses Blut aus dem Herzmuskel und leiten es in den *Sinus coronarius* (siehe Abbildung 21.5b). Dieses Sammelgefäß mündet posterior in den rechten Vorhof, inferior der Mündung der *V. cava inferior*. (Die Herzkranzgefäße werden später beschrieben.)

Prominente Muskelleisten, die **Mm. pectinati** (lat.: pecten = der Kamm) ziehen sich an der Innenfläche des rechten Herzohrs und an der anschließenden anterioren Vorhofwand entlang. Die Vorhöfe sind durch das **Septum interatriale** voneinander getrennt. Von der fünften Woche der Embryonalentwicklung an bis zum Zeitpunkt der Geburt hat dieses Septum eine Öffnung, das **Foramen ovale** (siehe Zusammenfassung Embryologie, Kapitel 28). Durch dieses *Foramen ovale* kann das Blut in der Zeit, in der die Lungen noch in der Entwicklung und nicht funktionsfähig sind, vom rechten direkt in den linken Vorhof fließen. Nach der Geburt nehmen die Lungen ihre Funktion auf, und das **Foramen ovale** schließt sich. 48 Stunden nach der Geburt ist es vollständig zu. Beim Erwachsenen ist an dieser Stelle noch eine kleine Vertiefung nachweisbar, die **Fossa ovalis**. Gelegentlich schließt sich das *Foramen ovale* nicht; es **persistiert**. Dies führt dazu, dass zu viel Blut wiederholt im Lungenkreislauf zirkuliert, was die

AUS DER PRAXIS

Infektion und Entzündung des Herzes

Viele verschiedene Mikroorganismen können das Herzgewebe infizieren und zu schweren Störungen führen. **Karditis** ist der allgemeine Ausdruck für Herzentzündungen. Die klinischen Symptome hängen vom primären Infektionsort ab.

Erkrankungen des Endokards führen z. B. zu einer **Endokarditis**, einer Erkrankung mit Schädigung der *Chordae tendineae* und der Herzklappen mit einer Mortalität von 21–35 %. Die ernstesten Komplikationen der Endokarditis werden von Thromben verursacht, die sich auf den geschädigten Flächen bilden. Sie lösen sich und verursachen als Emboli (Gefäßpfropf) Schlaganfälle, Herzinfarkte oder Nierenversagen. Die Zerstörung der Herzklappen durch die Infektion führt zu Klappeninsuffizienz, Herzversagen und Tod.

Eine **Myokarditis**, eine Entzündung des Herzmuskels, kann durch Bakterien, Viren, Protozoen oder Pilze verursacht werden, die den Herzmuskel entweder direkt befallen oder Toxine bilden, die die Muskulatur schädigen. Das Sarkolemm der betroffenen Zellen wird überempfindlich; die Herzfrequenz kann dramatisch ansteigen. Im Laufe der Zeit treten abnorme Kontraktionen auf, und der Herzmuskel wird geschwächt; diese Probleme können lebensbedrohlich werden.

Bei einer Entzündung oder Infektion des Perikards kann sich Flüssigkeit um das Herz herum ansammeln (**Herzbeuteltamponade**), oder die Elastizität des Perikards kann eingeschränkt werden (**konstriktive Perikarditis**). In beiden Fällen ist die Ausdehnung des Herzes behindert und die Pumpleistung reduziert. Behandelt wird durch Drainage oder Fensterung des Perikards.

Effizienz der Durchblutung im Körperkreislauf verringert und den Druck im Lungenkreislauf erhöht. Dies kann zu einer Vergrößerung des Herzes, einer Flüssigkeitsansammlung in den Lungen und letztendlich zu Herzversagen führen. Das *Foramen ovale* kann aber auch physiologisch geschlossen sein, sodass es klinisch in der Regel keine Auffälligkeiten gibt.

21.5.2 Der rechte Ventrikel

Sauerstoffarmes Blut gelangt vom rechten Vorhof in die rechte Kammer durch eine breite Öffnung, die von drei faserigen Segeln begrenzt ist. Diese drei Segel bilden zusammen die **Trikuspidalklappe** (rechte AV-Klappe [atrioventrikuläre Klappe]; siehe Abbildung 21.6). Die freien

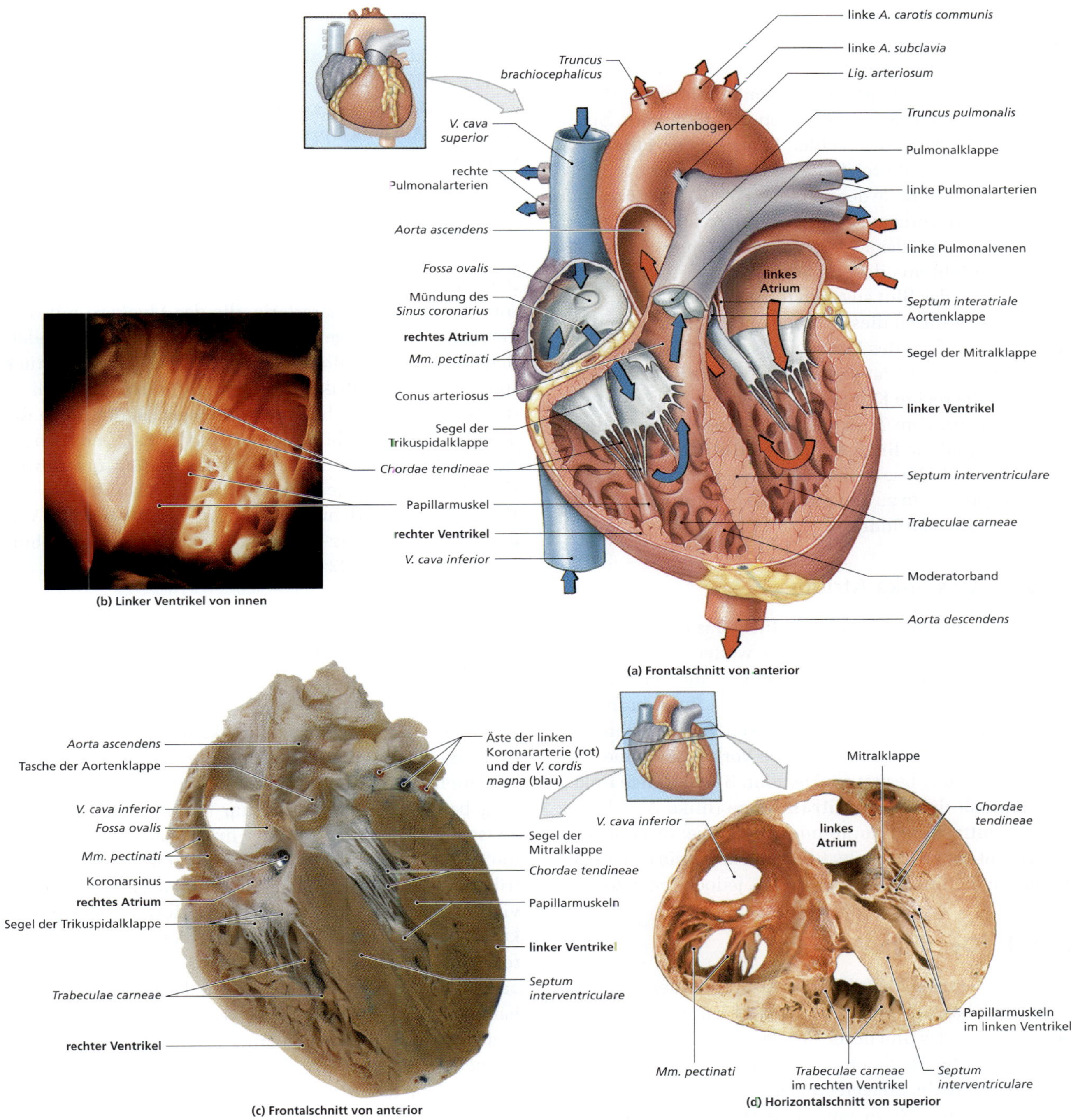

Abbildung 21.6: Schnittbilder des Herzes. (a) Schematischer Frontalschnitt durch das entspannte Herz mit Darstellung der wichtigsten Merkmale und der Richtung des Blutflusses durch Vorhöfe und Kammern (Pfeile). (b) Foto von Papillarmuskeln und Chordae tendineae an der Trikuspidalklappe. Die Aufnahme entstand in der rechten Kammer in Richtung einer Lichtquelle im rechten Vorhof. (c) Frontalschnitt durch das Herz mit Darstellung der inneren Strukturen und Klappen. In die Herzkranzgefäße wurde gefärbtes Latex injiziert: rotes Latex in die Arterien, blaues in die Venen. (d) Horizontalschnitt in Höhe von Th8.

Kanten der Klappensegel sind an Kollagenfaserbündeln befestigt, den *Chordae tendineae* („Sehnenbänder"). Sie gehen von den **Papillarmuskeln** aus, kegelförmigen muskulären Fortsätzen an der Innenwand des Ventrikels. Die *Chordae tendineae* begrenzen die Beweglichkeit der Klappensegel und verhindern einen Rückfluss von der rechten Kammer in den rechten Vorhof; der genaue Mechanismus wird später beschrieben.

An der Innenfläche der Ventrikel finden sich zahlreiche unregelmäßige muskuläre Falten, die **Trabeculae carneae** (**Trabekel**; lat.: caro = das Fleisch). Das **Moderatorband** *(Trabecula septomarginalis)* ist ein ventrikulärer Muskelstrang, der vom **Septum interventriculare**, der dicken muskulären Trennwand zwischen den Kammern, bis an die anteriore Wand des rechten Ventrikels und die Basen der Papillarmuskeln reicht.

Das superiore Ende des rechten Ventrikels verjüngt sich zu einer glattwandigen, kegelförmigen Ausbuchtung, dem **Conus arteriosus**, der an der **Pulmonalklappe** endet. Diese Klappe besteht aus drei dicken, halbmondförmigen Taschen. Wenn das Blut aus dem rechten Ventrikel gepumpt wird, läuft es durch diese Klappe in den **Truncus pulmonalis**, den Anfang des Lungenkreislaufs. Die Anordnung der Taschen dieser Klappe verhindert einen Rückstrom des Blutes in die rechte Kammer, wenn sie nach der Kontraktion erschlafft. Vom *Truncus pulmonalis* geht es weiter in die rechte und die linke **A. pulmonalis** (siehe Abbildung 21.5 und 21.6). Diese Gefäße verzweigen sich mehrfach in den Lungen bis hin zu den pulmonalen Kapillaren, wo der Gasaustausch stattfindet.

21.5.3 Das linke Atrium

Von den pulmonalen Kapillaren fließt das nun sauerstoffreiche Blut in schmale Venen, die weiter zusammenfließen, bis sie letztlich die vier Pulmonalvenen bilden, zwei von jeder Lunge. Die linken und rechten **Pulmonalvenen** münden im posterioren Teil des linken Vorhofs (siehe Abbildung 21.5 und 21.6a). Der linke Vorhof hat keine *Mm. pectinei*, doch er besitzt ein Herzohr. Blut aus dem linken Vorhof fließt durch die **Mitralklappe** (linke AV-Klappe; griech.: mitra = die Hauptbinde, die Haube; Bischofshut). Sie besteht aus zwei Segeln. Blut kann durch sie vom linken Vorhof in die linke Kammer fließen, jedoch nicht zurück.

21.5.4 Der linke Ventrikel

Der linke Ventrikel hat die stärkste Wand aller Herzkammern. Das besonders dicke Myokard kann genug Druck aufbauen, um das Blut durch den gesamten Körperkreislauf zu pumpen. Im Vergleich dazu muss der rechte Ventrikel das Blut nur in die Lungen und zurück bewegen, was einer Strecke von etwa 30 cm entspricht. Der innere Aufbau des linken Ventrikels gleicht dem des rechten Ventrikels (siehe Abbildung 21.6a, c und d). Die *Trabeculae carneae* sind jedoch prominenter, es gibt kein Moderatorband; und da die Mitralklappe nur zwei Taschen hat, gibt es auch nur zwei Papillarmuskeln.

Beim Verlassen des linken Ventrikels strömt das Blut durch die **Aortenklappe** in die **Aorta ascendens**. Die Anordnung der Segel gleicht der der Pulmonalklappe. Neben den einzelnen Segeln finden sich jeweils sackartige Erweiterungen an der Basis der *Aorta ascendens*. Sie werden als **Aortensinus** (*Sinus aortae* oder Valsalva-Sinus) bezeichnet und verhindern ein Anhaften der einzelnen Segel an der Aortenwand, wenn sich die Klappe öffnet. Die rechte und die linke Koronararterie, die das Myokard mit Blut versorgen, entspringen hier. Die Aortenklappe verhindert den Rückstrom des Blutes aus dem Körperkreislauf zurück in den linken Ventrikel. Von der *Aorta ascendens* fließt das Blut weiter durch den **Aortenbogen** in die **Aorta descendens** (siehe Abbildung 21.5 und 21.6a). Der *Truncus pulmonalis* ist über das *Lig. arteriosum (Lig. arteriosum Botalli)*, das Überbleibsel eines wichtigen embryonalen Blutgefäßes, mit dem Aortenbogen verbunden. Die Veränderungen im Herz-Kreislauf-System unter der Geburt werden in Kapitel 22 beschrieben.

AUFGABEN

1. Wie heißt die Furche, die die Vorhöfe von den Kammern trennt?
2. An welchen äußeren Merkmalen können Sie Vorhöfe von Kammern unterscheiden?

21.5.5 Strukturelle Unterschiede zwischen dem rechten und dem linken Ventrikel

Die anatomischen Unterschiede kann man am besten in dreidimensionalen Darstellungen oder Schnittbildern erkennen (siehe Abbildung 21.6a, c und d). Die Lungen umgeben die Perikardhöhle zum Teil; die Herzbasis liegt zwischen der rechten und der linken Lunge. Daher sind die Pulmonalgefäße relativ kurz und breit; der rechte Ventrikel muss unter normalen Umständen nicht besonders viel Kraft aufwenden, um das Blut durch den Lungenkreislauf zu pumpen. Die Wand des rechten Ventrikels ist relativ dünn; im Schnittbild sieht er aus wie eine kleine Tasche, die an der mächtigen Wand des linken Ventrikels hängt. Bei einer Kontraktion bewegt er sich auf den linken Ventrikel zu. Dies führt zu einer Kompression des Blutes im rechten Ventrikel, das dann durch die Pulmonalklappe in den *Truncus pulmonalis* gepumpt wird. So kann das Blut sehr effizient mit relativ niedrigem Druck durch den Lungenkreislauf bewegt werden. Ein höherer Druck wäre nicht nur unnötig, sondern wegen der Empfindlichkeit der pulmonalen Kapillaren sogar schädlich. Ein Druck, wie

AUS DER PRAXIS

Mitralklappenprolaps

Kleinere Formvarianten der Klappen sind relativ häufig. So haben etwa 10 % aller gesunden Erwachsenen zwischen 14 und 30 Jahren einen mehr oder weniger ausgeprägten **Mitralklappenprolaps**. Hierbei schließen die Segel der Mitralklappe nicht richtig. Dies kann durch abnorm lange (oder kurze) *Chordae tendineae* oder nicht richtig funktionierende Papillarmuskeln verursacht sein. Der gestörte Klappenschluss hat eine gewisse Regurgitation während der Systole zur Folge. Die Wellen und Verwirbelungen führen zu einem charakteristischen **Herzgeräusch**. Die meisten Betroffenen sind völlig symptomfrei; sie leben ein normales Leben, ohne sich einer Herzerkrankung bewusst zu sein. Ein Rücklauf geht jedoch mit einem erhöhten Risiko einer Klappeninfektion nach zahnärztlichen oder sonstigen medizinischen Eingriffen einher.

er in den systemischen Kapillaren herrscht, würde in der Lunge die Gefäße schädigen und zu einem Austritt von Flüssigkeit in das Gewebe führen.

Für den linken Ventrikel wäre ein solcher Pumpmechanismus ungeeignet, denn er muss den sechs- bis siebenfachen Druck aufbauen können, um das Blut durch den Körperkreislauf zu pumpen. Der linke Ventrikel hat eine extrem dicke Muskelwand und ist im Querschnitt rund. Bei einer Kontraktion geschehen zwei Dinge: Die Distanz zwischen Basis und Spitze verkürzt sich, und der Durchmesser der Kammer nimmt ab. Denken Sie an eine Tube Zahnpasta, die Sie ausdrücken und gleichzeitig von unter her aufrollen. So können große Kräfte aufgebaut werden, die die Aortenklappe aufdrücken und das Blut in die *Aorta ascendens* pumpen. Der linke Ventrikel wölbt sich bei seiner Kontraktion auch in den rechten Ventrikel vor und steigert damit dessen Effizienz. Menschen mit schweren Schädigungen des rechten Ventrikels können wegen dieser Unterstützung durch den linken Ventrikel überleben.

21.5.6 Struktur und Funktion der Herzklappen

Detaillierte Darstellungen von Struktur und Funktion der vier Herzklappen finden Sie in **Abbildung 21.7** (siehe auch Abbildung 21.6).

Struktur der Herzklappen

Die **AV-Klappen** (Segelklappen) liegen zwischen den Vorhöfen und den Kammern. Jede AV-Klappe hat vier Komponenten: 1. einen bindegewebigen Ring, der mit dem fibrösen Skelett des Herzes verbunden ist, 2. bindegewebige **Segel**, die die Öffnungen zwischen den Herzkammern verschließen, 3. *Chordae tendineae*, die die freien Kanten der Segel mit 4. den **Papillarmuskeln** der Herzwand verbinden.

Der Ausfluss aus den Ventrikeln wird von zwei **Taschenklappen** mit je drei halbmondförmigen Taschen reguliert. Die **Pulmonalklappe** befindet sich am Beginn des *Truncus pulmonalis* am rechten Ventrikel, die **Aortenklappe** am Ansatz der Aorta am linken Ventrikel.

Klappenfunktion während eines Herzzyklus

Die *Chordae tendineae* und die Papillarmuskeln spielen eine wichtige Rolle für die normale Funktion der AV-Klappen während des Herzzyklus. Während der Entspannungsphase des Ventrikels **(Diastole)** füllen sich die Ventrikel mit Blut, die Papillarmuskeln sind entspannt und die offenen AV-Klappen lassen das Blut ohne Widerstand von den Vorhöfen in die Kammern fließen. In dieser Zeit sind die Pulmonal- und die Aortenklappe geschlossen; da sie eine stabile Position haben und sich gegenseitig stützen, benötigen sie keine *Chordae tendineae*.

Zu Beginn der Kontraktionsphase **(Systole)** öffnet das ausströmende Blut die Taschenklappen, während Blut, das rückwärts in die Atrien läuft, die Segelklappen schließt. Die Spannung der Papillarmuskeln und der *Chordae tendineae* verhindert ein Weiterschwingen der Segel und damit eine Öffnung in Richtung der Vorhöfe. *Chordae tendineae* und Papillarmuskeln sind daher für die Verhinderung einer **Regurgitation** (eines Rückstroms) während der Systole von entscheidender Bedeutung.

Schwere Klappenanomalien beeinträchtigen die Herzfunktion; Zeitpunkt und Intensität der Herztöne können wertvolle diagnostische Hinweise geben. Ärzte verwenden ein Stethoskop, um normale und krankhafte Herztöne und -geräusche abzuhören. Klappengeräusche werden durch das Perikard, umliegendes Gewebe und die Brustwand gedämpft; das Stethoskop wird also nicht immer direkt über der untersuchten Klappe aufgesetzt.

21.5.7 Die Herzkranzgefäße

Das Herz arbeitet kontinuierlich; die Herzmuskelzellen sind auf zuverlässige Sauerstoff- und Nährstoffquellen angewiesen. Über den **Koronarkreislauf** wird das Muskelgewebe des Herzes mit Blut versorgt. Bei maximaler körperlicher Anstrengung steigt der Sauerstoffbedarf erheblich; die Durchblutung des Herzmuskels kann bis auf das Neunfache der Ruhewerte gesteigert werden.

Der Koronarkreislauf umfasst ein ausgedehntes Gefäßnetz. Die rechte und die linke **A. coronaria (Herzkranzarterie)** entspringen an der Basis der *Aorta ascendens* als erste Zweige dieses Gefäßes im Aortensinus. Nirgendwo im Körperkreislauf ist der Blutdruck höher; er gewährleistet den kontinuierlichen Blutfluss, den ein aktiver Herzmuskel benötigt.

Die rechte A. coronaria

Die **rechte A. coronaria** zweigt aus der *Aorta ascendens* ab, wendet sich nach rechts, läuft zwischen dem rechten Herzohr und dem *Truncus pulmonalis* hindurch und weiter im *Sulcus coronarius*. Obwohl es viele Variationen gibt, ver-

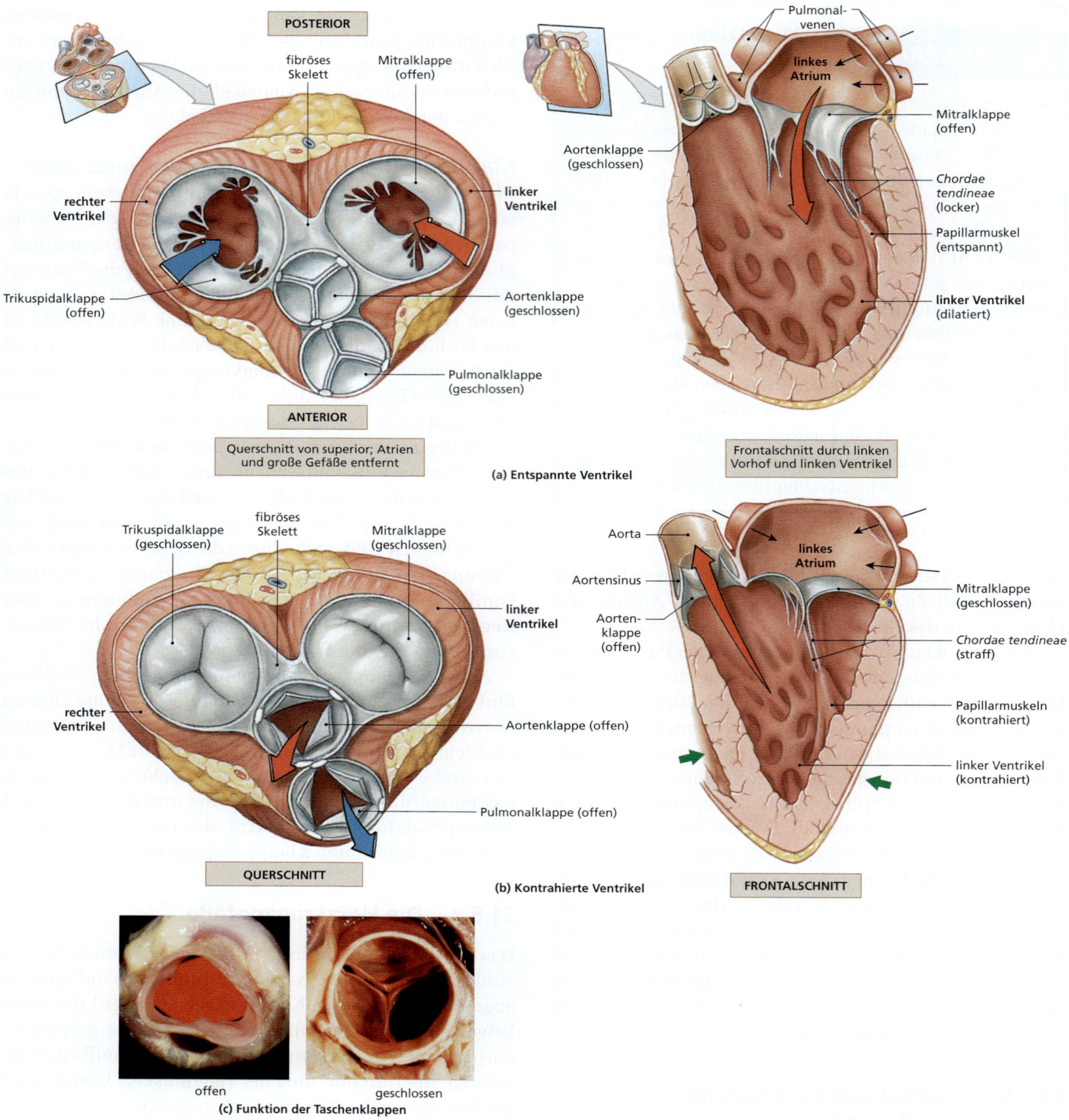

Abbildung 21.7: Die Herzklappen. Rote Pfeile (sauerstoffreich) und blaue Pfeile (sauerstoffarm) zeigen die Richtung des Blutstroms in die Ventrikel hinein oder aus ihnen heraus an, schwarze Pfeile den Blutstrom in die Atrien und grüne Pfeile die Richtung der Kontraktion. (a) Wenn die Ventrikel entspannt sind, sind die AV-Klappen offen und die Taschenklappen geschlossen. Die Chordae tendineae sind locker, die Papillarmuskeln entspannt. (b) Sind die Ventrikel kontrahiert, sind die AV-Klappen geschlossen und die Taschenklappen offen. Beachten Sie im frontalen Abschnitt die Befestigung der Mitralklappe an den Chordae tendineae und an den Papillarmuskeln. (c) Die Aortenklappe in geöffneter (links) und geschlossener Position (rechts). In geschlossenem Zustand stützen sich die Segel gegenseitig.

sorgt die rechte *A. coronaria* typischerweise 1. das rechte Atrium, 2. einen Teil des linken Atriums, 3. das *Septum interatriale*, 4. den gesamten rechten Ventrikel, 5. einen variablen Anteil des linken Ventrikels, 6. das posteroinferiore Drittel des *Septum interventriculare* und 7. Anteile des kardialen Reizleitungssystems. Die Hauptäste sind in **Abbildung 21.8** dargestellt.

1 **Atriale Zweige:** Auf ihrem Weg im Bogen über die anteriore Fläche des Herzes gibt die rechte *A. coronaria* atriale Äste ab, die das Myokard des rechten Vorhofs und einen Teil des linken Vorhofs versorgen.

2 **Ventrikuläre Äste:** Nahe der rechten Begrenzung des Herzes gibt die rechte *A. coronaria* meist den *R. marginalis dexter* ab, der über der Vorderfläche des rechten Ventrikels in Richtung Herzspitze läuft. Von dort zieht er weiter über die posteriore Herzfläche, wo er einen *R. interventricularis posterior* abgibt, der im *Sulcus interventricularis posterior* zur Herzspitze läuft. Dieser Ast versorgt das *Septum interventriculare* und angrenzende Anteile des Myokards.

3 **Äste an das Reizleitungssystem:** Ein kleiner Ast von der Basis der rechten *A. coronaria* durchdringt die Wand des Vorhofs und zieht an den Sinusknoten, den Schrittmacher des Herzes. In der Nähe des *R. interventricularis posterior* zieht ein anderer kleiner Ast an den AV-Knoten, einen weiteren Anteil des Reizleitungssystems. Diese Knoten und ihre Rolle bei der Regulierung des Herzschlags werden später besprochen.

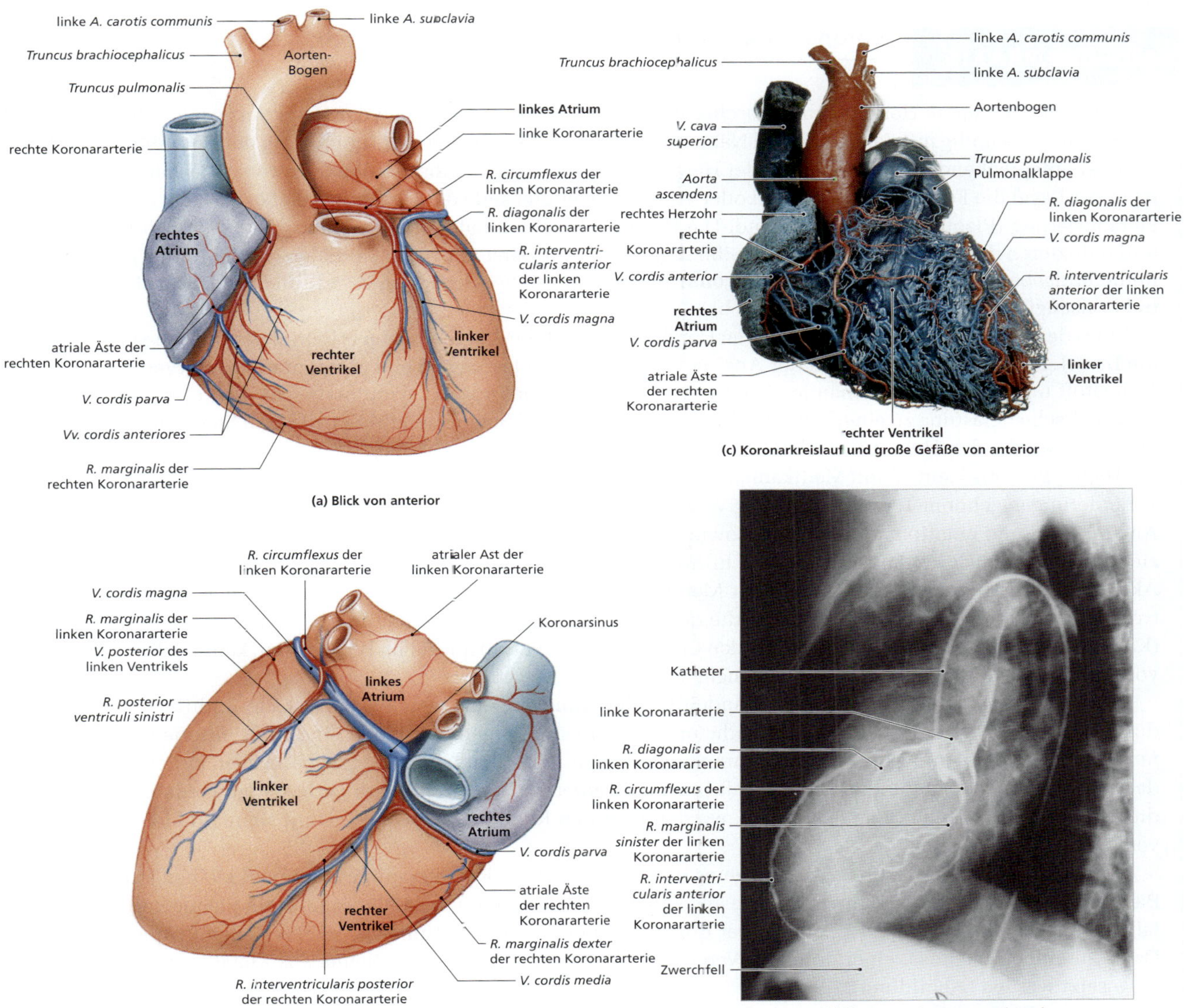

Abbildung 21.8: Der Koronarkreislauf. (a) Herzkranzgefäße, die die anteriore Fläche des Herzes versorgen. (b) Herzkranzgefäße, die die posteriore Fläche des Herzes versorgen. (c) Ausgusspräparat der Koronargefäße; hier wird das ganze Ausmaß der Durchblutung sichtbar (siehe Abbildung 21.5). (d) Koronarangiogramm von links lateral.

AUFGABEN

1. Was würde passieren, wenn es zwischen den Vorhöfen und den Kammern keine Klappen gäbe?
2. Welche drei großen Venen münden in den rechten Vorhof?
3. Vollziehen Sie den Weg des Blutes vom linken Ventrikel bis an das respiratorische Epithel der Lungen nach!
4. Was hindert eine AV-Klappe daran, in den Vorhof zurückzuschlagen?

Die linke A. coronaria

Die **linke A. coronaria** versorgt gewöhnlich 1. den Großteil des linken Ventrikels, 2. einen schmalen Streifen des rechten Ventrikels, 3. den Großteil des linken Atriums und 4. die anterioren zwei Drittel des *Septum interventriculare*. Bei ihrer Ankunft auf der anterioren Herzfläche gibt sie einen *R. circumflexus* und einen *R. interventricularis anterior (R. descendens sinister anterior)* ab (siehe Abbildung 21.8). Der **R. circumflexus** verläuft im *Sulcus coronarius* im Bogen nach links und gibt auf seinem Weg an die posteriore Fläche des Herzes einen oder mehrere diagonale Äste ab. Meist gibt er den *R. marginalis sinister* ab, und auf der posterioren Herzfläche bildet er den *R. ventricularis posterior sinister*. Die distalen Abschnitte des *R. circumflexus*

AUS DER PRAXIS

Koronare Herzkrankheit

Der Ausdruck koronare Herzkrankheit beschreibt degenerative Veränderungen der Herzkranzgefäße. Herzmuskelfasern müssen ständig mit Sauerstoff und Nährstoffen versorgt werden; jede Einschränkung der Durchblutung führt zu einer entsprechenden Verminderung der Herzleistung. Eine solche Einschränkung, koronare Ischämie genannt, ist in der Regel die Folge einer teilweisen oder vollständigen Blockade der Herzkranzgefäße. Ursache ist meist eine Fettablagerung (Plaque) in der Gefäßwand. Die Plaque oder ein anhaftender Thrombus verengen den Durchgang und reduzieren den Blutfluss oder stoppen ihn sogar ganz. Zur Darstellung der kardialen Durchblutung gibt es eine Reihe bildgebender Verfahren, wie die **Koronarangiografie** (siehe Abbildung 21.8d) und die DSA (digitale Subtraktionsangiografie; **Abbildung 21.9**a und b).

Eines der ersten Symptome der koronaren Herzkrankheit ist die **Angina pectoris** (lat.: angere = beengen, pectus = die Brust). Bei der häufigsten Form der Angina kommt es bei Belastung zu einer temporären Unterversorgung mit Sauerstoff und damit einer Ischämie. Auch wenn der Betroffene in Ruhe symptomfrei ist, kann jede körperliche oder seelische Belastung zu einem Druckgefühl, zu Brustenge und Schmerzen führen, die vom Sternum in die Arme, den Rücken oder den Hals ausstrahlen können.

Angina pectoris kann oft mit Medikamenten und einer Veränderung des Lebensstils behandelt werden. Zu diesen Veränderungen gehören 1. die Vermeidung von Aktivitäten, die die Anfälle auslösen, wie übermäßige körperliche Anstrengung und emotionale Belastung, sowie die Durchführung moderater sportlicher Übungen, 2. Nikotinverzicht und 3. weniger Fettkonsum. Zu den hilfreichen Medikamenten gehören Betablocker, die die sympathische Aktivierung hemmen, wie Propanolol oder Metoprolol, Vasodilatatoren, wie Nitroglyzerin oder ANP (atriales natriuretisches Peptid), oder Medikamente, die den Einstrom von Kalziumionen in die Herzmuskelzellen hemmen (Kalziumantagonisten). Medikamente, die den Cholesterin- und Lipidspiegel im Blut senken, können das Wachstum von Plaques verhindern oder sogar rückgängig machen.

Die Angina kann auch chirurgisch behandelt werden. Eine einzelne weiche Plaque kann mithilfe eines langen dünnen Katheters entfernt werden. Der Katheter, ein dünner Schlauch, wird über eine große Arterie (meist die *A. femoralis*) eingeführt und bis zu der Plaque vorgeschoben. Verschiedene chirurgische Instrumente können über den Katheter eingebracht und die Plaque mit Laser oder einer winzigen Art Rohrfräse beseitigt werden. Fragmente, die bei der Abtragung der Plaque anfallen, werden über den Katheter ausgespült, damit sie nicht kleinere Gefäße verstopfen.

Bei der **Ballonangioplastie** (griech.: aggeios = das Gefäß) ist die Katheterspitze mit einem kleinen aufblasbaren Ballon ausgerüstet. An der richtigen Stelle angelangt, wird der Ballon aufgeblasen und die Plaque gegen die Gefäßwand gedrückt (Abbildung 21.9c). Dieser Eingriff ist nur bei kleinen (unter 10 mm) weichen Plaques möglich. Da es zu einer Restenose, einer erneuten Verengung, kommen kann, können Stents aus Metall zum Offenhalten eingesetzt werden (Abbildung 21.9d).

Bei einer **Bypass-Operation** wird ein kleines Stück einer kleinen Arterie (meist der *A. thoracica interna*) oder einer peripheren Vene, wie einem Seitenast der *V. femoralis*, entnommen und zur Schaffung einer Umgehung des verengten Abschnitts einer Koronararterie verwendet. In einem einzigen Eingriff können auf diese Weise bis zu vier

Bypässe gelegt werden. Man spricht, je nach Anzahl der Umgehungen, von einfachem, zweifachem, dreifachem oder vierfachem Bypass. Der Eingriff wird nur in Fällen schwerer Angina empfohlen, bei denen andere Behandlungen nicht greifen.

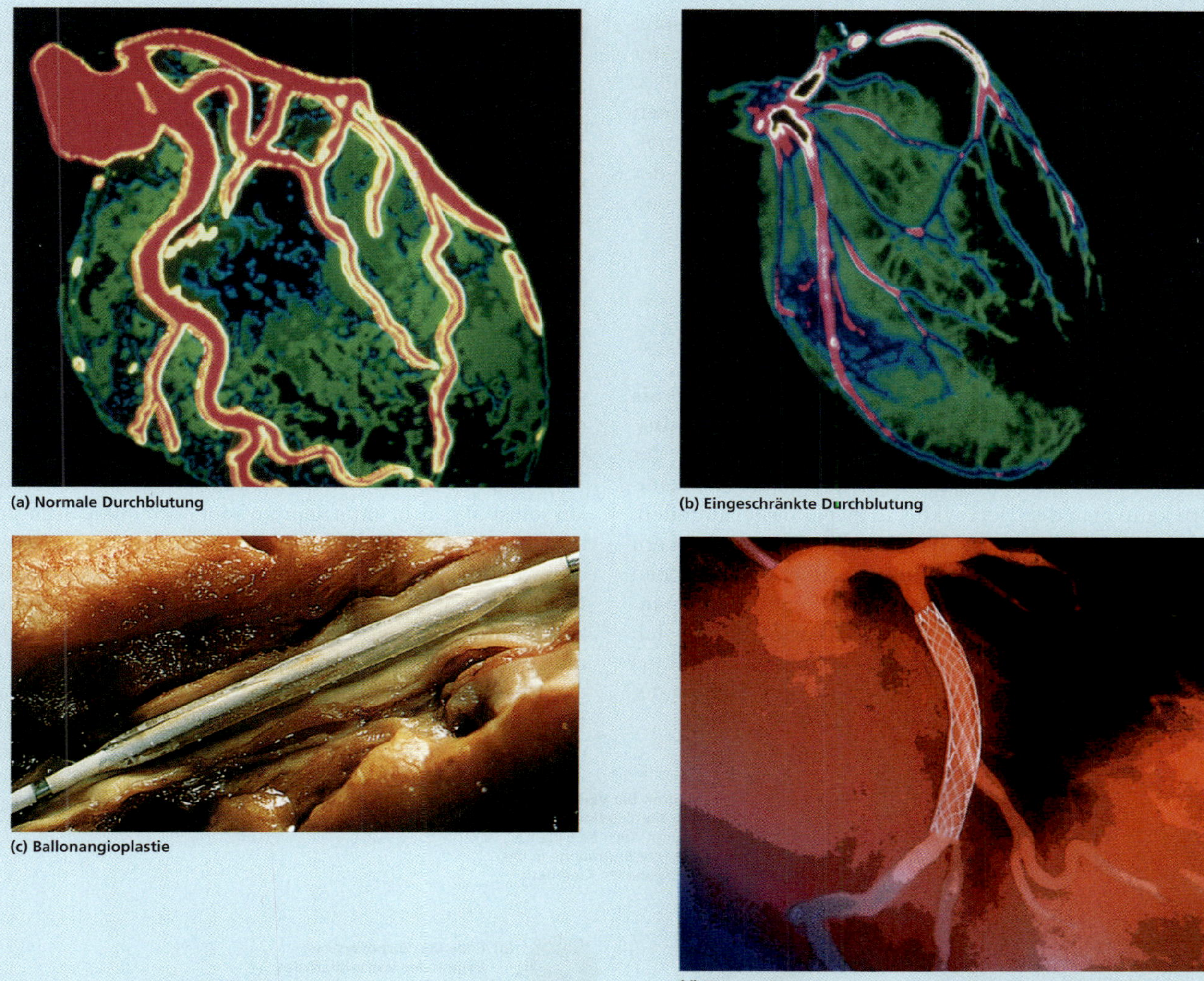

(a) Normale Durchblutung

(b) Eingeschränkte Durchblutung

(c) Ballonangioplastie

(d) Koronar-Stent

Abbildung 21.9: Der Koronarkreislauf und klinische Untersuchungstechniken. (a) Kolorierte DSA eines gesunden Herzes. Die Ventrikel sind gut durchblutet. Die Atrien sind nicht dargestellt. (b) Kolorierte DSA eines kranken Herzes; ein Großteil des Myokards ist nicht durchblutet. (c) Mit der Ballonangioplastie kann man manchmal Durchblutungsstörungen beseitigen. Der Katheter wird bis an die Engstelle in den Koronarien vorgeschoben; dann wird der Ballon an der Spitze gefüllt und die weiche Plaque gegen die Gefäßwand gedrückt. (d) Oft wird nach einer Ballonangioplastie ein Stent implantiert, um ein Rezidiv zu verhindern. Diese Aufnahme zeigt einen Stent im R. interventricularis anterior der linken Koronararterie.

verschmelzen oft mit den kleinen Ästen der rechten *A. coronaria*. Der viel größere **R. interventricularis anterior** verläuft im *Sulcus interventricularis anterior* über die Vorderfläche des Herzes. Diese Arterie versorgt das anteriore Ventrikelmyokard und die vorderen zwei Drittel des *Septum interventriculare*. Kleine Äste des *R. interventricularis anterior* aus der linken *A. coronaria* gehen in die des *R. interventricularis posterior* aus der rechten *A. coronaria* über. Solche Verbindungen zwischen Arterien nennt man **Anastomosen** (griech.: anastomein = eine Mündung/Schleuse, öffnen, eröffnen, erweitern). Wegen dieser Verbindungen der Arterien bleibt die Durchblutung relativ konstant, unabhängig von Druckschwankungen in den linken und rechten Koronararterien.

Die Herzvenen

Die **V. cordis magna** und die **V. cordis media** sammeln das Blut von kleineren Venen, die die Kapillaren des Myokards drainieren; sie führen das Blut in den **Koronarsinus**, eine große, dünnwandige Vene im posterioren Abschnitt des

Sulcus coronarius (siehe Abbildung 21.5b sowie 21.8a und b). Wie bereits erwähnt, mündet der Koronarsinus in das rechte Atrium inferior der Öffnung der *V. cava inferior*.

Herzvenen, die in die *V. cordis magna* oder den Koronarsinus münden, sind 1. die **V. ventriculi sinistri posterior**, die den Bereich drainiert, der vom *R. circumflexus* versorgt wird, 2. die **V. cordis media**, die den Bereich drainiert, der vom *R. interventricularis posterior* versorgt wird, und 3. die **V. cordis parva**, die Blut von den posterioren Flächen des rechten Vorhofs und der rechten Kammer aufnimmt. Die **V. ventriculi dextri anterior**, die die Vorderseite der rechten Kammer entsorgt, entleert das Blut direkt in den rechten Vorhof.

Der Herzzyklus 21.6

Der Zeitraum zwischen dem Anfang eines Herzschlags bis zum Anfang des nächsten nennt man einen Herzzyklus. Er umfasst also die alternierend auftretenden Phasen der Kontraktion und der Entspannung. Für jede der Herzkammern kann man den Herzzyklus in zwei Phasen aufteilen. Während der Kontraktion **(Systole)** pumpen die Kammern Blut entweder in eine andere Herzkammer oder in einen arteriellen Trunkus. Nach der Systole folgt die Entspannungsphase **(Diastole)**. Während der Diastole füllen sich die Kammern in Vorbereitung auf den nächsten Zyklus erneut mit Blut. Eine Zusammenfassung der Abfolge der Ereignisse finden Sie in **Abbildung 21.10**.

21.6.1 Die Koordination der Herzkontraktion

Die Aufgabe jeder Pumpe ist es, Druck aufzubauen und eine bestimmte Menge Flüssigkeit mit akzeptabler Geschwindigkeit in eine spezifische Richtung zu befördern. Das Herz arbeitet mit zyklisch abwechselnden Phasen der Kontraktion und der Entspannung; der Druck in den Kammern fällt und steigt periodisch. Die AV-Klappen und die Taschenklappen sorgen dafür, dass das Blut trotz der Druckschwankungen in die gewünschte Richtung fließt. Blut strömt nur so lange aus den Atrien heraus, wie die AV-Klappen geöffnet sind und der atriale Druck höher ist als der ventrikuläre Druck. Ebenso strömt das Blut nur so lange aus den Ventrikeln in die Arterien, wie die Taschenklappen offen stehen und der ventrikuläre Druck den Gefäßdruck übersteigt. Eine gute Herzfunktion ist daher auf die genaue Einhaltung der zeitlichen Abfolge von atrialer und ventrikulärer Kontraktion angewiesen. Ein aufwendiges Reizbildungs- und Reizleitungssystem leistet dies normalerweise.

Anders als der Skelettmuskel kontrahiert der Herzmuskel selbsttätig, d. h. ohne neurale oder hormonale Stimulation. Diese Fähigkeit, Impulse selbstständig zu generieren und weiterzuleiten, nennt man **Automatie**. (Die Automatie ist auch ein Merkmal glatter Muskelzellen; siehe Kapitel 25.) Neurale und hormonale Reize können den Herzrhythmus durchaus verändern, doch wenn man keine entsprechenden Maßnahmen ergreift, schlägt sogar ein Herz, das zur Transplantation entnommen wurde, selbsttätig weiter.

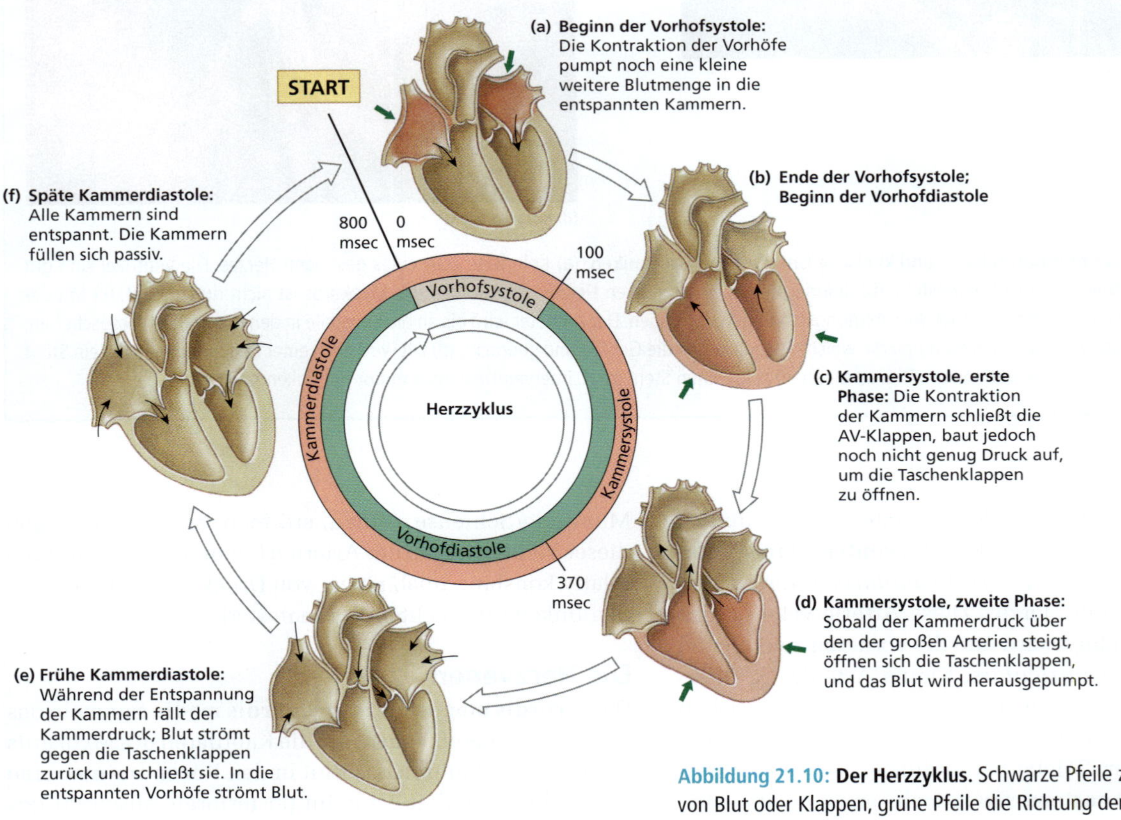

Abbildung 21.10: **Der Herzzyklus.** Schwarze Pfeile zeigen die Bewegung von Blut oder Klappen, grüne Pfeile die Richtung der Kontraktion.

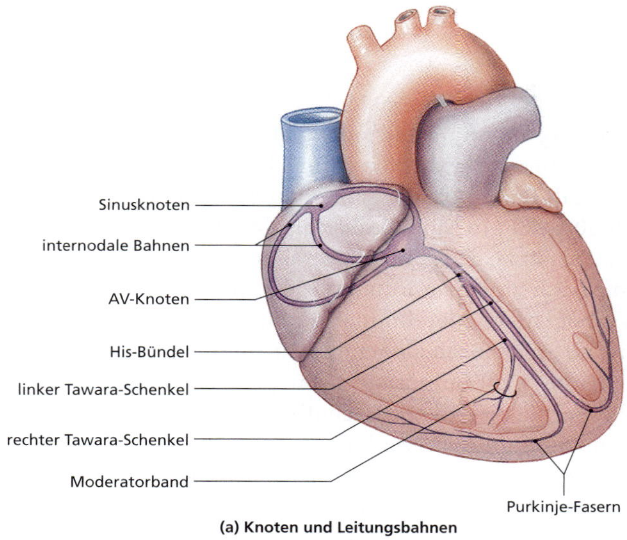

Abbildung 21.11: Das Reizleitungssystem des Herzes. (a) Der Kontraktionsreiz wird von den Schrittmacherzellen im Sinusknoten gegeben. Von dort zieht der Impuls auf drei verschiedenen Wegen durch die Vorhofwände an den AV-Knoten. Nach einer kurzen Verzögerung wird der Impuls in das His-Bündel, die Tawara-Schenkel, die Purkinje-Fasern und die Muskelzellen der Ventrikel weitergeleitet. (b) Der Weg des kontraktilen Reizes ist in den gezeigten fünf Schritten nachzuvollziehen.

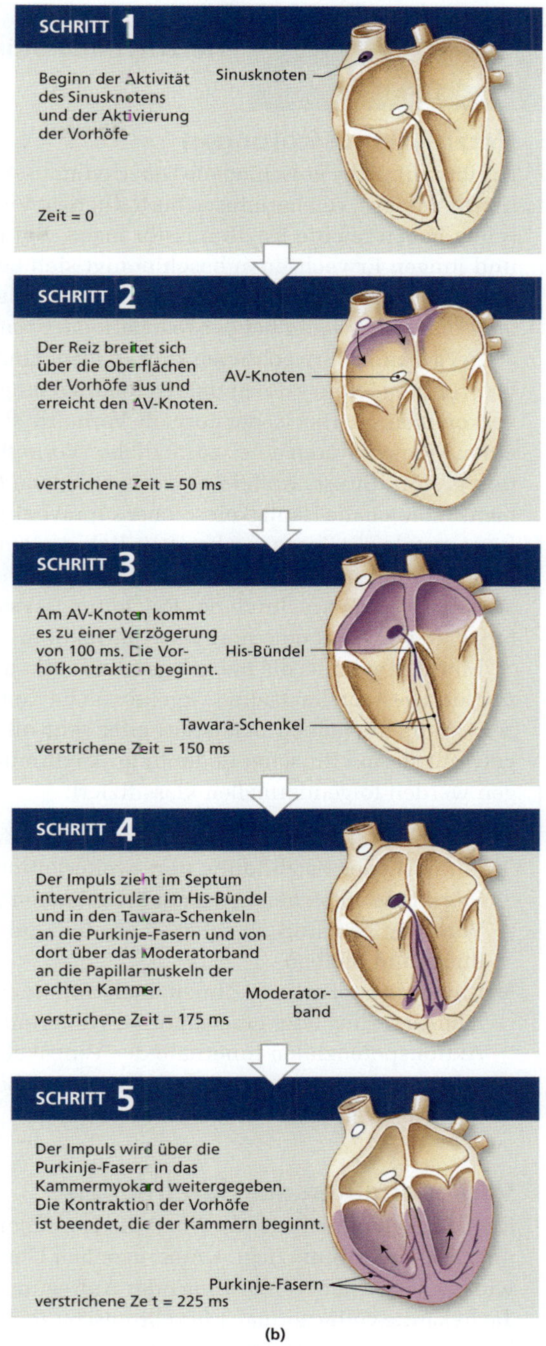

Jede Kontraktion folgt einem präzisen Ablauf: Erst kontrahieren die Vorhöfe, dann die Kammern. Wird diese Reihenfolge nicht eingehalten, ist der Blutfluss gestört. Wenn alle Kammern beispielsweise gleichzeitig kontrahieren, verhindert der Verschluss der AV-Klappen den Blutstrom von den Vorhöfen in die Kammern. Die Kontraktionen des Herzes werden durch das Reizleitungssystem koordiniert, Herzmuskelzellen, die sich nicht kontrahieren können. Es gibt zwei verschiedene Arten: die **Knotenzellen**, die die Herzfrequenz bestimmen, und die **Reizleitungsfasern**, die den Impuls an das Myokard weiterleiten (**Abbildung 21.11**).

21.6.2 Sinusknoten und AV-Knoten

Knotenzellen sind ungewöhnlich, weil sich ihre Zellmembranen bis an den Schwellenwert selbst depolarisieren können. Sie sind elektrisch aneinander, an die Reizleitungsfasern und an normale Herzmuskelzellen gekoppelt. Wenn also ein Aktionspotenzial an einer Schrittmacherzelle entsteht, breitet es sich über das Reizleitungssystem zu allen Muskelzellen aus, und es kommt zu einer Kontraktion. So bestimmen die Schrittmacher die Herzfrequenz.

Nicht alle Knotenzellen depolarisieren mit derselben Frequenz; die normale Frequenz wird von den Knotenzellen bestimmt, die den Schwellenwert als erste erreichen; ihr Impuls bringt alle anderen Knotenzellen ebenfalls an den Schwellenwert. Diese schnell depolarisierenden Zellen nennt man **Schrittmacherzellen**; man findet sie im **sinuatrialen Knoten (Sinusknoten)**, dem Schrittmacher des Herzes. Der Sinusknoten liegt in der posterioren Wand des rechten Atriums nahe der Mündung der *V. cava superior* (siehe Abbildung 21.11). Isolierte Schrittmacherzellen depolarisieren schnell und spontan; sie erzeugen 80–100 Aktionspotenziale in der Minute.

Jedes Mal, wenn der Sinusknoten einen Impuls erzeugt, kommt es zu einem Herzschlag, sodass die Ruhefrequenz theoretisch bei 80–100 liegt. Faktoren jedoch, die das Ruhepotenzial oder die Frequenz der Spontandepolarisationen im Sinusknoten verändern, verändern auch die Herzfrequenz. So wird die Aktivität der Knotenzellen bei-

AUS DER PRAXIS

Herzrhythmusstörungen, Herzschrittmacher und Myokardinfarkte

Herzrhythmusstörungen

Es gibt zahlreiche verschiedene Herzrhythmusstörungen (Arrhythmien), von harmlosen bis tödlichen. Viele Menschen haben leichte Rhythmusstörungen. Bei Kindern und jungen Erwachsenen beschleunigt sich beispielsweise der Puls bei der Inhalation (Einatmung) und verlangsamt sich wieder bei der Exhalation (Ausatmung).

Bei gesunden Erwachsenen können manchmal supraventrikuläre Extrasystolen unterschiedlich lang und oft vorkommen. Hierbei ist der normale Vorhofrhythmus für einen Moment durch eine „zusätzliche" Vorhofkontraktion gestört. Stress, Koffein und verschiedene Medikamente können die Häufigkeit solcher supraventrikulären Extrasystolen steigern, wahrscheinlich, indem sie die Permeabilität im Sinusknoten erhöhen. Der Puls wird auf normalem Wege durch das Reizleitungssystem weitergeleitet; es folgt eine normale Kontraktion.

Eine Arrhythmie, die nur gelegentlich vorkommt oder nur kurz besteht, hat kaum je irgendwelche Konsequenzen. Wenn sie jedoch persistiert oder sehr oft auftritt, gewinnt sie an klinischer Bedeutung. Rhythmusstörungen werden folgendermaßen klassifiziert:

- Es handelt sich um Veränderungen der Herzfrequenz mit normaler Reizbildung und -weiterleitung. Diese Störungen entstehen meist am Sinusknoten und den Vorhöfen; sie sind oft relativ harmlos und können unerkannt bleiben.
- Rhythmusstörungen können auch auf einen abnormen Ursprung oder eine abnorme Weiterleitung von Aktionspotenzialen innerhalb der Ventrikel zurückgehen. Diese Störungen sind gefährlich und potenziell lebensbedrohlich.

Veränderungen der Herzfrequenz

Eine **Tachykardie** liegt vor, wenn die Herzfrequenz bei über 100 pro Minute liegt. Unter manchen Umständen, wie bei körperlicher Belastung oder Aufregung, ist eine Tachykardie völlig normal. Eine chronische Tachykardie, besonders auch in Ruhe, weist jedoch auf eine abnorme Aktivität der kardialen Schrittmacher hin. Diese Art Arrhythmie erhöht die Arbeitsbelastung des Herzes. Bei sehr hohen Frequenzen sinkt die Herzleistung, da sich die Kammern in der kurzen Zeit zwischen zwei Kontraktionen nicht ausreichend mit Blut füllen können. Akute und chronische Tachykardien können mit Medikamenten behandelt werden, die die Permeabilität der Membranen der Schrittmacherzellen herabsetzen oder die Auswirkungen sympathischer Stimulation hemmen.

Bei der **paroxysmalen supraventrikulären Tachykardie** führen vorzeitige Vorhofkontraktionen zu deutlich erhöhter Aktivität. Die Kammern können noch mithalten; die Frequenz steigt in kürzester Zeit auf Werte um 180 pro Minute und mehr. Bei einem **Vorhofflattern** kontrahieren die Vorhöfe normal koordiniert, doch sehr schnell. Beim Vorhofflimmern ziehen die Impulse bis zu 500 Mal pro Minute über die Oberfläche der Vorhöfe. Anstatt zu geregelten Kontraktionen kommt es dann nur noch zu einem Flimmern der Vorhofwände. Beim Vorhofflattern oder -flimmern können die Kammern die hohen Frequenzen nicht mithalten und schlagen alleine langsamer, oft im normalen Frequenzbereich. Obwohl die Vorhöfe jetzt keine eigentliche Funktion mehr haben, kann diese Erkrankung weitgehend symptomfrei sein, besonders bei älteren Menschen mit ruhigem Lebensstil. Bei chronischem Vorhofflimmern können sich aber Thromben an den Innenwänden der Vorhöfe bilden. Abbrechende Fragmente können Emboli bilden; es besteht ein erhöhtes Schlaganfallrisiko. Daher nehmen die meisten Betroffenen Antikoagulanzien ein. Supraventrikuläre Extrasystolen, paroxysmale supraventrikuläre Tachykardie, Vorhofflattern und sogar das Vorhofflimmern gelten als nicht besonders gefährlich, solange sie nicht zu lange anhalten oder mit ernsthafteren Herzerkrankungen assoziiert sind, wie etwa koronarer Herzkrankheit oder Klappenstörungen.

Abnormer Ursprung oder Weiterleitung von Impulsen

Diese Erkrankungen führen zu einer Störung der Ventrikelfunktion, was einen direkten Einfluss auf die Auswurfleistung hat. Viele ventrikuläre Arrhythmien sind lebensbedrohlich. Da das Reizleitungssystem nur in eine Richtung funktioniert, von den Atrien zu den Ventrikeln, haben ventrikuläre Arrhythmien nichts mit der Vorhofaktivität zu tun. **Ventrikuläre Extrasystolen** treten auf, wenn eine Zelle der Purkinje-Fasern oder eine ventrikuläre Myokardzelle selbst bis an den Schwellenwert depolarisiert und eine verfrühte Kontraktion auslöst. Die hierfür verantwortliche Zelle wird als ektoper Schrittmacher bezeichnet. Die Häufigkeit von ventrikulären Extrasystolen steigt unter dem Einfluss von Adrenalin, anderer stimulierender Medikamente oder bei Ionenveränderungen, die die Zellmembranen der Herzmuskelzellen depolarisieren. Die abnorme Ventrikelkontraktion ist kräftig; danach kommt es jeweils zu einer kleinen Pause bis zum nächsten Schlag. Vereinzelte ventrikuläre Extrasystolen sind häufig und ungefährlich, doch wenn sie so oft auftreten, dass der Betroffene selbst es merkt, können sie beunruhigend sein.

Wahrscheinlich ist die Aktivität ektoper Schrittmacher, durch Umwelteinflüsse verstärkt, für Episoden ventrikulärer Tachykardie verantwortlich (definiert als vier oder mehr ventrikuläre Extrasystolen hintereinander ohne normale Schläge dazwischen). Man spricht auch von Kammertachykardie. Multiple ventrikuläre Extrasystolen und Kammertachykardien sind oft die Vorläufer der schwersten Arrhythmie, des **Kammerflimmerns**. Hierbei sind die Herzmuskelzellen übermäßig reizempfindlich; die Impulse ziehen von Zelle zu Zelle und kreisen immer weiter im Ventrikelmyokard. Es kann sich jedoch kein normaler Rhythmus etablieren, da sich die Herzmuskelzellen mit so hoher Geschwindigkeit gegenseitig stimulieren. Unbehandelt tritt der Tod nach wenigen Minuten ein; man spricht von **Herzstillstand**.

Herzschrittmacher

Die **Bradykardie** ist definiert als Herzfrequenz unter 50 pro Minute. Wie die Tachykardie ist auch die Bradykardie unter bestimmten Umständen, im Tiefschlaf etwa, normal. Doch eine chronische Bradykardie weist darauf hin, dass das Herz nicht in der Lage ist, bei Bedarf die Auswurfleistung zu erhöhen; wenn der Sauerstoffbedarf steigt, kann das Herz also nicht durch gesteigerte Aktivität darauf reagieren. Eine schwere Bradykardie äußert sich durch Schwäche, Müdigkeit, Ohnmacht und Verwirrung. Medikamente helfen nur selten, doch die Implantation eines Herzschrittmachers ist oft sehr effektiv. Dünne Drähte werden dazu an die Vorhöfe oder die Ventrikel oder beide gelegt; die Schrittmacherbatterie gibt die Impulse, die das Myokard stimulieren. Die Schrittmacher werden mitsamt der Batterie implantiert; alle sieben bis acht Jahre wird in einem erneuten Eingriff die Batterie gewechselt (**Abbildung 21.12**).

In den letzten 10–15 Jahren sind Herzschrittmacher technologisch bedeutend weiterentwickelt worden.

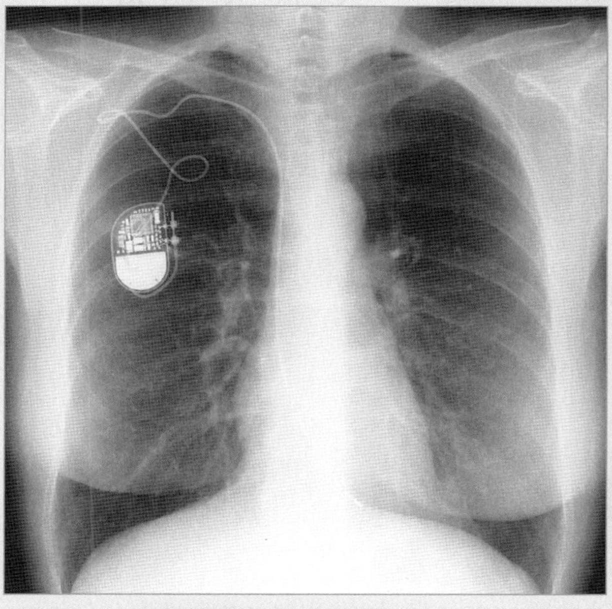

Abbildung 21.12: **Herzschrittmacher.**

Moderne Geräte verbessern die Lebensqualität der Betroffenen, da sie unter verschiedenen Umständen unterschiedliche Funktionen ausüben. Die neueren Geräte stimulieren Vorhöfe und Kammern separat und können die Frequenz bei Bedarf, wie etwa bei körperlicher Betätigung, selbsttätig anpassen. Andere überwachen die Herztätigkeit und reagieren erst bei Normabweichungen.

Eine besondere Art Schrittmacher wurden z. B. dem amerikanischen Vizepräsidenten Dick Cheney während seiner Amtszeit implantiert. Es handelt sich um einen implantierbaren Kardioverter-Defibrillator, genannt ICD. Ein ICD überwacht den Herzrhythmus des Trägers kontinuierlich. Bei einer Tachykardie versucht er, die Frequenz zu senken. Wenn die Rhythmusstörung persistiert, gibt er einen stärkeren elektrischen Impuls ab, um den Rhythmus wieder zu normalisieren. Der Betroffene nimmt die Schrittmacheraktivität zur Frequenzsenkung nicht wahr, doch wenn der stärkere Impuls abgegeben wird, spürt er einen kräftigen Ruck im Brustraum. Ein ICD wird zur Behandlung unmittelbar bedrohlicher Herzrhythmusstörungen, wie ventrikulärer Tachykardien und Kammerflimmern, eingesetzt, bei denen nicht auf einen Notarzt gewartet werden kann.

Ein externer Defibrillator hat zwei Elektroden, die auf die Brustwand aufgesetzt werden; ein kräftiger Stromstoß wird ausgelöst. Der elektrische Reiz depolarisiert das gesamte Myokard gleichzeitig. Mit etwas Glück erreicht der Sinusknoten anschließend als erster wieder den Schwellenwert. Mit einer Defibrillation soll also nicht nur das Kammerflimmern beendet werden, sondern der Ventrikel soll auch die Gelegenheit erhalten, wieder auf einen normalen Sinusimpuls zu reagieren.

Bei frühzeitiger Anwendung nach einem Herzstillstand können sehr gute Erfolge erzielt werden. Automatische externe Defibrillatoren sind leicht zu bedienende, tragbare Geräte, die lebensbedrohliche Herzrhythmusstörungen bei Bewusstlosen feststellen und entsprechend Stromstöße auslösen können. Sie stehen zunehmend in Flugzeugen, Flughäfen und anderen öffentlichen Räumen zur Verfügung.

Der Myokardinfarkt

Bei einem Myokardinfarkt **(Herzinfarkt)** ist der Koronarkreislauf blockiert; die Herzmuskelzellen gehen am Sauerstoffmangel zugrunde. Das betroffene Gewebe degeneriert und verliert seine Funktion; man spricht von einem Infarkt. Myokardinfarkte sind am häufigsten die Folge einer schweren koronaren Herzkrankheit. Die Folgen hängen von Ort und Art des Gefäßverschlusses ab. Wenn er in einer der großen Herzkranzgefäße liegt, ist der Schaden sehr ausgedehnt, und das Herz wird wahrscheinlich aufhören zu schlagen. Betrifft der Verschluss ein kleineres Gefäß, kann der Betroffene die unmittelbare Krise überleben; es gibt jedoch zahlreiche potenzielle Komplikationen, alle gleichermaßen unerfreulich. Während sich im beschädigten Bereich Narbengewebe bildet, kann es zu Herzrhythmus- und Herzleistungsstörungen kommen. Auch können sich weitere Gefäße einengen und z. B. eine *Angina pectoris* hervorrufen.

Myokardinfarkte kommen am häufigsten bei fixen Verengungen, wie bei der koronaren Herzkrankheit, vor. Wenn es zu einem Infarkt kommt, weil sich an einer Plaque ein wandständiger Thrombus bildet, spricht man von einer **Koronarthrombose**. Ein Blutgefäß, das durch Plaque-Bildung bereits verengt ist, kann sich auch aufgrund eines Gefäßspasmus plötzlich ganz verschließen. Der Betroffene verspürt einen intensiven Schmerz wie bei *Angina pectoris*, der jedoch auch in Ruhe anhält.

Etwa 25 % aller Infarktpatienten versterben, bevor medizinische Hilfe eintrifft; 65 % aller Todesfälle bei Patienten unter 50 Jahren treten innerhalb der ersten Stunde nach dem Infarkt auf. Behandlungsziele sind die Infarktbegrenzung und die Prävention von Komplikationen. Man verhindert unregelmäßige Kontraktionen, verbessert die Durchblutung mit Vasodilatatoren, verabreicht zusätzlichen Sauerstoff, verringert die Arbeitslast der Herzes und beseitigt, wenn möglich, die Ursache der Verstopfung. Antikoagulanzien können einer Thrombenbildung vorbeugen. Die Einnahme von Aspirin ist hilfreich, und Enzyme, die Thromben auflösen, können den Schaden mindern, wenn sie in den ersten sechs Stunden nach dem Infarkt gegeben werden können.

Jedes Jahr kommt es in Deutschland zu etwa 300.000 Herzinfarkten; die Hälfte der Opfer stirbt innerhalb des ersten Jahres danach. Es gibt eine Reihe von Risikofaktoren, wie Rauchen, hoher Blutdruck, hohe Cholesterinspiegel, *Diabetes mellitus* und Übergewicht. Auch eine angeborene Prädisposition erhöht das Risiko. Das Vorliegen von zwei Risikofaktoren steigert das Risiko um mehr als das Doppelte; die Eliminierung von so vielen Risikofaktoren wie möglich verbessert die Chancen, einen Infarkt zu vermeiden oder besser zu überleben. Eine Ernährungsumstellung mit weniger Cholesterin, körperliche Aktivität zur Gewichtsreduktion und die Behandlung eines hohen Blutdrucks sind relativ einfache Schritte in die richtige Richtung; der Nutzen ist groß.

Zur Untersuchung von Struktur und Leistung des Herzes steht eine Reihe von Untersuchungsmethoden zur Verfügung (**Abbildung 21.13**). Mit keiner einzelnen Methode kann man alle Aspekte abbilden, sodass sich die Wahl der Untersuchung nach der vermuteten Ursache richtet.

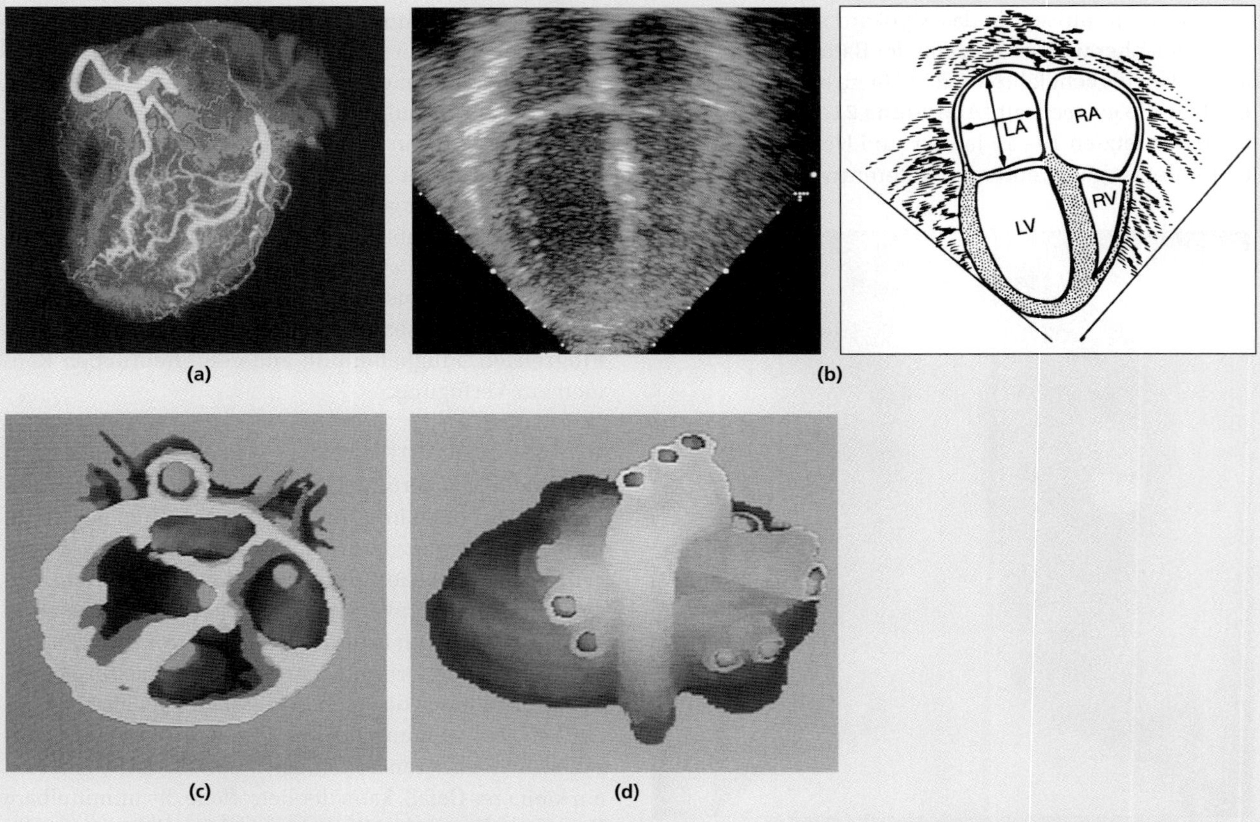

Abbildung 21.13: **Überwachung des Herzes.** (a) Koronarangiogramm. (b) Echokardiogramm mit Zeichnung als Interpretationshilfe. (c) Dreidimensionales CT eines schrägen Anschnitts und (d) eines Blickes von posterior-superior auf Herz und große Gefäße.

spielsweise vom autonomen Nervensystem beeinflusst: Wenn parasympathische Neurone Azetylcholin freisetzen, verlangsamt dies die Frequenz der Spontandepolarisationen und senkt die Herzfrequenz. Im Gegensatz dazu steigt die Frequenz der Spontandepolarisationen, wenn der Sympathikus Noradrenalin freisetzt; die Herzfrequenz steigt. Unter normalen Umständen reduziert die Aktivität des Parasympathikus die Knotenfrequenz von 80–100 pro Minute auf etwas ruhigere 70–80 pro Minute.

Störungen der Schrittmacherfunktion führen zu einer Reihe von klinisch bedeutsamen Erkrankungen. Von einer **Bradykardie** (griech.: bradys = langsam) spricht man, wenn die Herzfrequenz langsamer ist als normal; eine zu schnelle Frequenz bezeichnet man als **Tachykardie** (griech.: tachys = schnell). Beide Begriffe sind relativ; praktisch variieren die Werte, da man sie auf die Ruhefrequenz und die Erkrankung des einzelnen Patienten bezieht.

Das Reizleitungssystem des Herzes

Die Zellen des Sinusknotens sind elektrisch über Leitungsfasern in der Wand des Atriums mit den Zellen des größeren **AV-Knotens** verbunden (siehe Abbildung 21.11). Während das Signal über die internodalen Bahnen vom Sinusknoten an den AV-Knoten zieht, senden die Leitungsfasern den kontraktilen Reiz gleichzeitig auch an die Muskelzellen der beiden Vorhöfe. Das Aktionspotenzial breitet sich über direkten Zellkontakt über die Oberfläche der Vorhöfe aus. Da das fibröse Skelett die Vorhöfe elektrisch vom Myokard der Kammern isoliert, wirkt dieser Reiz nur auf die Vorhöfe.

Der AV-Knoten sitzt im Boden des rechten Vorhofs nahe der Mündung des Koronarsinus. Da die Knotenzellen hier anders geformt sind, verlangsamt sich das Signal auf dem Weg hindurch. Von hier zieht es zum **His-Bündel**. Dieses recht dicke Faserbündel teilt sich nach kurzem Verlauf am *Septum interventriculare* vorbei in einen **rechten** und einen **linken Schenkel (Tawara-Schenkel)** auf. Diese ziehen in Richtung Herzspitze und breiten sich von dort über die Innenflächen der Ventrikel aus. Ab hier bezeichnet man sie als **Purkinje-Fasern**; sie übertragen die Signale mit hoher Geschwindigkeit an die einzelnen kontraktilen Zellen des Ventrikelmyokards. Die Leitungsfasern des Moderatorbands leiten den Impuls zu den Papillarmuskeln, sodass die *Chordae tendineae* vor der Kontraktion der Ventrikel bereits gespannt sind.

AUFGABEN

1 Welchen Effekt hätte es auf die Herzfrequenz, wenn die Zellen des Sinusknotens nicht arbeiteten?

2 Wie verändert sich die Herzfrequenz, wenn am Herz Noradrenalin freigesetzt wird?

3 Wie koordinieren die Knotenzellen die Kontraktionen des Herzmuskels?

Der Reiz für die Kontraktion entsteht also im Sinusknoten und wird wegen der anatomischen Beziehungen zwischen kontraktilen Zellen, Knotenzellen und Leitungsfasern so verteilt, dass 1. die Vorhöfe gleichzeitig und vor den Kammern kontrahieren und 2. die Ventrikel gemeinsam in Form einer Welle kontrahieren, die von der Herzspitze zur Basis läuft. Dadurch wird das Blut in Richtung Herzbasis und hinaus in die *Trunci pulmonalis* und *aorticus* gepumpt.

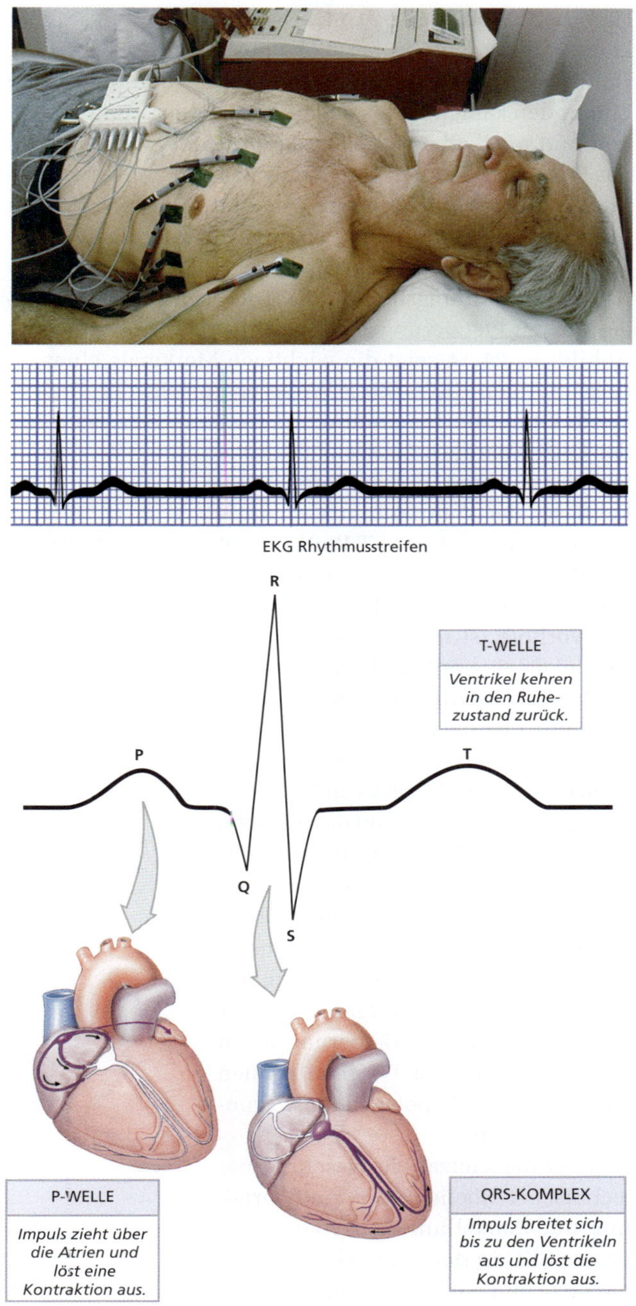

Abbildung 21.14: Das EKG. Ein EKG-Streifen ist ein Papierausdruck der elektrischen Herzaktivität, die über Hautelektroden abgeleitet wurde. Auf dem Bild ist die Position der Elektroden beim Standard-EKG zu sehen. Der vergrößerte Ausschnitt zeigt die wichtigsten Komponenten eines EKG.

21.6.3 Das Elektrokardiogramm (EKG)

Die elektrischen Ströme, die bei der Depolarisierung und der Repolarisierung des Herzes fließen, sind stark genug, um über Elektroden auf der Hautoberfläche abgeleitet werden zu können. Die Aufnahme dieser elektrischen Aktivitäten nennt man EKG (Elektrokardiogramm). In jedem Herzzyklus zieht eine Depolarisationswelle durch die Vorhöfe, erreicht den AV-Knoten, zieht durch das *Septum interventriculare* bis an die Herzspitze, wendet und endet nach dem Weg durch das Ventrikelmyokard wieder an der Herzbasis (**Abbildung 21.14**). Diese elektrische Aktivität kann von der Körperoberfläche aus überwacht werden. Durch Vergleich der Kurven von verschieden platzierten Elektroden kann man die Leistung einzelner Knoten, Bahnen und Muskelbereiche dokumentieren. Wenn ein Teil des Herzes geschädigt ist, wie etwa nach einem Myokardinfarkt, können Herzmuskelzellen dort keine elektrischen Impulse mehr weiterleiten, was man an abnormen Ableitungen erkennen kann.

Das Erscheinungsbild der EKG-Kurven variiert abhängig von der Platzierung der Elektroden (der **Ableitungen**). Abbildung 21.14 zeigt die wichtigen Merkmale eines repräsentativen EKG: Die **P-Welle** entspricht der Vorhofkontraktion. Bei der Kontraktion der Kammern erscheint der **QRS-Komplex**. Dieses elektrische Signal ist wegen der größeren Muskelmasse der Ventrikel im Verhältnis stärker. Die kleinere **T-Welle** zeigt die Repolarisation der Kammern an. Eine entsprechende Repolarisation der Vorhöfe ist nicht zu sehen, weil sie gleichzeitig mit der Depolarisation der Ventrikel stattfindet und vom QRS-Komplex überdeckt wird.

Bei der Analyse eines EKG betrachtet man Größe und Dauer von P-Wellen, von QRS-Komplexen und der **ST-Strecke** (zwischen QRS-Komplex und T-Welle). Sind die Signale kleiner als erwartet, kann dies für eine verminderte Muskelmasse sprechen; im Gegensatz dazu sind besonders hohe Ausschläge ein Hinweis auf eine Vergrößerung der Herzmuskelmasse. Veränderungen von Größe und Form der T-Wellen können auf ventrikuläre Repolarisationsstörungen hinweisen.

Trotz der Vielzahl fortgeschrittener technischer Möglichkeiten zur Beurteilung und Darstellung der Herzfunktion ist das EKG in der Mehrzahl der Fälle das erste und wichtigste diagnostische Werkzeug. Es ist zur Feststellung von Herzrhythmusstörungen besonders geeignet. Wenn eine Arrhythmie zu einer Reduktion der kardialen Pumpleistung führt, kommt es zu Komplikationen. Schwere Arrhythmien können auf Myokardschädigungen, Schädigungen der Schrittmacher oder der Leitungsbahnen oder andere Erkrankungen hinweisen.

21.6.4 Die autonome Kontrolle der Herzfrequenz

Die grundlegende Herzfrequenz bestimmen die Schrittmacherzellen im Sinusknoten, doch diese intrinsische Frequenz kann durch das autonome Nervensystem beeinflusst werden. Parasympathikus und Sympathikus innervieren das Herz über den *Plexus cardiacus*. (Anatomische Details wurden in Kapitel 17 vorgestellt.) Beide Anteile des autonomen Nervensystems versorgen Sinusknoten, AV-Knoten, Herzmuskelzellen in Atrien und Ventrikeln sowie die glatte Muskulatur in den Wänden der kardialen Blutgefäße (**Abbildung 21.15**).

Die Wirkungen von Noradrenalin und Azetylcholin auf die Knotenzellen wurden bereits beschrieben; zusammenfassend gilt:

- Die Freisetzung von Noradrenalin steigert Herzfrequenz und Kontraktionskraft durch die Stimulation der Betarezeptoren auf Knotenzellen und Herzmuskelzellen.

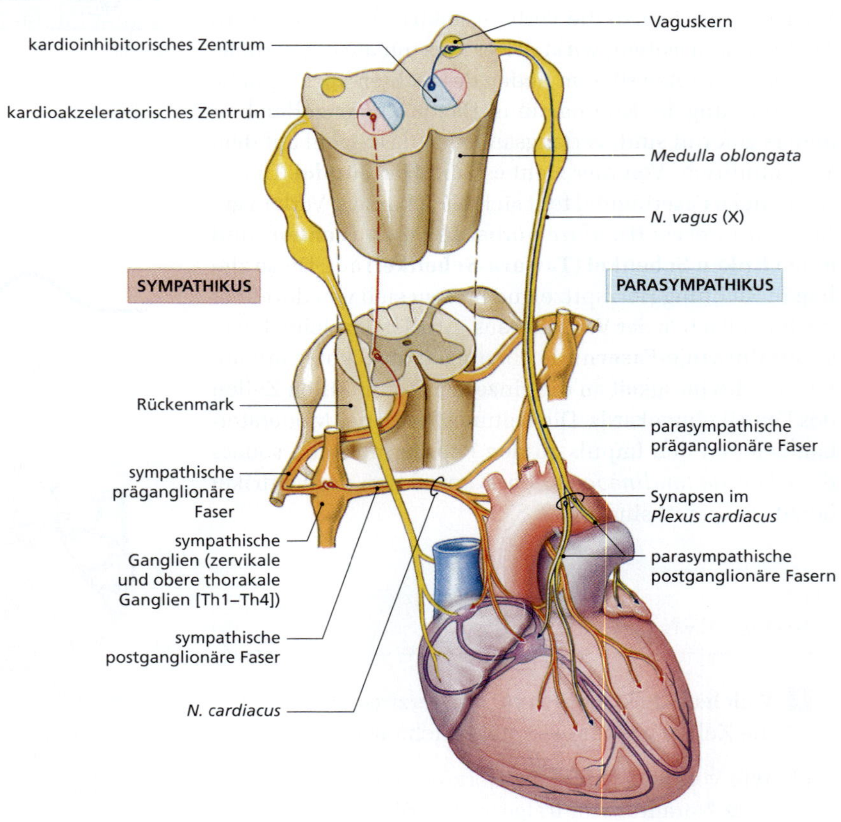

Abbildung 21.15: Die autonome Innervation des Herzes. Kardiale Zentren in der Medulla oblongata modifizieren Herzfrequenz und Leistung über den N. vagus (parasympathisch) und die Nn. cardiaci (sympathisch).

- Azetylcholin führt zu einer Reduktion von Herzfrequenz und Kontraktionskraft durch die Stimulation der muskarinergen Rezeptoren auf Knotenzellen und Herzmuskelzellen.

Die kardialen Zentren der *Medulla oblongata* enthalten die autonomen Zentren für die Steuerung des Herzes. Die Stimulation des **kardioakzeleratorischen Zentrums** aktiviert die dazu notwendigen sympathischen Neurone, das nahebei liegende **kardioinhibitorische Zentrum** die Aktivitäten der parasympathischen Neurone. Die kardialen Zentren ihrerseits werden von höheren Zentren kontrolliert, besonders der sympathischen und parasympathischen Zentrale im Hypothalamus. (Diese Zentren wurden in Kapitel 15 beschrieben.)

Informationen über den Zustand des Herz-Kreislauf-Systems gelangen in die kardialen Zentren über viszerosensorische Fasern, die die Barorezeptoren (überwachen den Blutdruck) und die Chemorezeptoren (überwachen die Konzentration gelöster Gase) kontrollieren. Diese Rezeptoren werden vom *N. hypoglossus* (IX) und vom *N. vagus* (X) innerviert. Anhand dieser Informationen passen die kardialen Zentren die Herzleistung an, damit die lebenswichtigen Organe, wie das Gehirn, angemessen durchblutet werden. Sie reagieren sehr schnell auf Blutdruckschwankungen und Veränderungen der Gaskonzentrationen. Wenn der Blutdruck etwa abfällt oder die Kohlendioxidkonzentration ansteigt, weist dies meist darauf hin, dass die Herzleistung gesteigert werden muss, um den Anforderungen der peripheren Gewebe gerecht zu werden. Die kardialen Zentren steigern daraufhin Herzfrequenz und Kontraktionskraft, indem sie das sympathische Nervensystem aktivieren.

AUFGABEN

1. Wenn der Druck im Ventrikel so hoch bliebe wie im Atrium, was würde aus dem Blutfluss werden?
2. Sympathikus und Parasympathikus des autonomen Nervensystems haben unterschiedliche Effekte auf die Knotenzellen im Herz. Welche sind dies?

DEFINITIONEN

Angina pectoris: Erkrankung, bei der Anstrengung oder Stress zu schweren Brustschmerzen führen können. Sie ist das Ergebnis einer temporären Durchblutungsstörung und Ischämie, wenn die Belastung auf das Herz steigt.

Bradykardie: abnorm niedrige Herzfrequenz

Herzrhythmusstörungen: abnorme kardiale Kontraktionsmuster

Herzbeuteltamponade: Erkrankung mit Reizung und Entzündung des Perikards, bei der sich Flüssigkeit im Perikardspalt sammelt und die Pumpleistung begrenzt

Kardiomyopathien: Gruppe von Erkrankungen, die durch eine progressive irreversible Degeneration des Myokards charakterisiert sind

Karditis: allgemeiner Ausdruck für Herzentzündung

Koronare Herzkrankheit: degenerative Veränderungen der Herzkranzgefäße

Koronarthrombose: Gefäßverschluss aufgrund eines Thrombus auf einer Plaque in einer Koronararterie

Herzinsuffizienz: Erkrankung mit Schwächung des Herzes sowie Sauerstoff- und Nährstoffmangel in der Peripherie

Herzgeräusch: Strömungsgeräusch durch Regurgitationen an abnormen Herzklappen

Mitralklappenprolaps: Erkrankung mit unzureichendem Schluss der Mitralklappe aufgrund abnorm langer oder kurzer *Chordae tendineae* oder einer Fehlfunktion der Papillarmuskeln

Myokardinfarkt: Durchblutungsstopp der Herzkranzgefäße. Die Herzmuskelzellen gehen am Sauerstoffmangel zugrunde; auch Herzinfarkt genannt.

Rheumatische Herzerkrankung: Erkrankung mit Verdickung und Versteifung der Herzklappen in halboffener Position mit Einschränkung der Pumpfunktion

Tachykardie: abnorm hohe Herzfrequenz

Klappenstenose: Erkrankung, bei der die Öffnung zwischen den Klappen kleiner ist als normal

Zusammenfassung

Die Antworten auf die Fragen der Aufgaben und der Zusammenfassung finden Sie im Antwortteil.

Wiederholung von Fakten und Begriffen

Verbinden Sie die Begriffe der linken Spalte jeweils mit denen der rechten Spalte, die am besten passen; setzen Sie die Buchstaben in die Spalte vor die Zahlen.

	Spalte A			Spalte B
	1.	Kardiomyozyten	a.	Vene an den linken Vorhof
	2.	Bradykardie	b.	Bedeckt die Außenfläche des Herzes
	3.	Diastole	c.	Versorgt den Herzmuskel mit Blut
	4.	Koronarkreislauf	d.	Kleidet die Innenfläche des Perikardsacks aus
	5.	Viszerales Perikard	e.	Verlangsamt den Herzschlag
	6.	Systole	f.	Herzmuskelzellen
	7.	Myokard	g.	Muskuläre Herzwand
	8.	Rechte Pulmonalvene	h.	Entspannungsphase im Herzzyklus
	9.	*V. cava superior*	i.	Vene an den rechten Vorhof
	10.	Parietales Perikard	j.	Kontraktionsphase im Herzzyklus

11 Das Herz liegt in der
a. Pleurahöhle.
b. Peritonealhöhle.
c. Bauch-Becken-Höhle.
d. Perikardhöhle.

12 Die AV-Klappe, die auf der Herzseite liegt, die das Blut von der *V. cava superior* erhält, heißt
a. Mitralklappe.
b. Bikuspidalklappe.
c. Trikuspidalklappe.
d. Aortenklappe.

13 Zu den Funktionen des fibrösen Perikards gehört
a. der Rücktransport des Blutes in die Vorhöfe.
b. das Pumpen des Blutes in den Kreislauf.
c. die Fixierung des Herzes an den umliegenden Strukturen.
d. die Durchblutung des Myokards.

14 Alle der folgenden Aussagen über die Glanzstreifen treffen zu, außer:
a. Sie verstärken die Tight Junctions zwischen den Zellen.
b. Sie bilden weiche Zellverbindungen zwischen dem Sarkolemm nebeneinanderliegender Zellen.
c. Sie fixieren die Myofibrillen der verzahnten Muskelfasern an der Membran.
d. An den Glanzstreifen sind die Herzmuskelzellen über Gap Junctions miteinander verbunden.

15 Das Herz wird innerviert durch
a. den Parasympathikus (ausschließlich).
b. den Sympathikus (ausschließlich).
c. Parasympathikus und Sympathikus.
d. die *Nn. splanchnici* (ausschließlich).

16 Die Schrittmacherzellen des Herzes liegen
a. im Sinusknoten.
b. in der Wand des linken Ventrikels.
c. in den Purkinje-Fasern.
d. im linken und rechten Ventrikel.

17 Die Muskelfasern der Vorhöfe sind physikalisch von denen der Ventrikel isoliert
a. durch das Epikard.
b. durch das fibröse Skelett des Herzes.
c. aber nicht elektrisch, da sie ja alle gleichzeitig kontrahieren.
d. durch die Herzkranzgefäße.

18 Die beiden Hauptäste der rechten Koronararterie sind
a. der *R. circumflexus* und der linke *R. marginalis*.
b. der *R. interventricularis anterior* und der linke *R. descendens anterior*.
c. der rechte *R. marginalis* und der *R. interventricularis posterior*.
d. die *Vv. cordis magna* und *media*.

19 Eine EKG Analyse ist nützlich bei der Feststellung und Differenzialdiagnose von
a. Hypertonie.
b. Herzrhythmusstörungen.
c. zerebrovaskulären Insulten.
d. allen genannten.

20 Die Mitralklappe befindet sich
a. in der Öffnung zur Aorta.
b. zwischen dem linken Atrium und dem linken Ventrikel.
c. zwischen dem rechten Atrium und dem rechten Ventrikel.
d. in der Öffnung zum *Truncus pulmonalis*.

Wiederholung von Lernzielen

1 Wie verändert sich der Herzschlag bei einer Schädigung des Sinusknotens?
a. Er wird, wenn auch deutlich langsamer, von den Fasern selbst generiert.
b. Das Herz bleibt stehen.
c. Der AV-Knoten übernimmt die Aufgabe, wenn auch etwas langsamer.
d. Das Herz schlägt schneller, aber nicht kräftiger.

2 Wenn sich die Papillarmuskeln nicht kontrahieren,
a. strömt kein Blut in die Vorhöfe.
b. pumpen die Ventrikel kein Blut.
c. schließen die AV-Klappen nicht richtig.
d. öffnen sich die Taschenklappen nicht.

3 Wenn die sympathische Innervation des Herzes ausfiele, welchen Einfluss hätte der verbleibende Anteil des autonomen Nervensystems auf die Herzfrequenz?
a. Sie würde steigen.

b. Sie würde sich nicht verändern.
c. Sie würde fallen.
d. Sie würde erst steigen und dann fallen.

4 Inwiefern ähnelt der Herzmuskel einem Skelettmuskel?

5 Warum haben Taschenklappen keine Muskelzügel wie die AV-Klappen?

6 Definieren Sie den Begriff Schrittmacherzelle und benennen Sie die Zellen, die im Herz als Schrittmacher fungieren, und ebenso die anderen Zellen, die das Potenzial dazu haben.

7 Welche Funktion hat die Perikardflüssigkeit?

8 Welche Herzkammer hat die dicksten Wände? Warum sind sie so dick?

9 Inwiefern sind Knotenzellen einzigartig? Welche Funktion haben sie?

10 Welchen Einfluss hat die Freisetzung von Noradrenalin auf die Herzfrequenz?

Anwendung der Lerninhalte

1 Rainer hat über dem linken Ventrikel ein lautes, gurgelndes, frühsystolisches Herzgeräusch. Was könnte die Ursache dafür sein?

2 Martin wird wegen Herzrhythmusstörungen in die Notaufnahme gebracht. Er entwickelt eine Tachykardie und verliert daraufhin das Bewusstsein. Seine Frau fragt Sie, warum. Was antworten Sie ihr?

3 Welche chemische Substanz wird am ehesten freigesetzt, wenn das Herzzentrum übermäßig viel Sauerstoff im Blut feststellt?

4 Welche Komplikationen muss man nach 10–20 Jahren befürchten, wenn bei einem Kind ein rheumatisches Fieber diagnostiziert wird?

Eine Kurzzusammenfassung der wichtigsten Inhalte, sowie die Antworten zu den Fragen und weitere Arbeitsmaterialien finden sie auf unserer Companion Website unter:
www.pearson-studium.de/login

Lernziele

1. Den allgemeinen anatomischen Aufbau von Blutgefäßen und ihre Beziehung zum Herz erklären können.
2. Die verschiedenen Blutgefäßtypen anhand ihrer histologischen Merkmale erkennen und beschreiben können.
3. Wissen, welchen Einfluss die histologische Struktur eines Gefäßes auf seine Funktion hat.
4. Struktur, Funktion und die Merkmale der Permeabilität von Kapillaren, Sinusoiden und Kapillarbetten erläutern können.
5. Struktur, Funktion und Aktion von Venenklappen beschreiben können.
6. Die Verteilung von Blut in Arterien, Venen und Kapillaren beschreiben und die Funktion des Blutreservoirs erklären können.
7. Die Gefäße des Lungenkreislaufs erkennen und beschreiben können.
8. Die Hauptgefäße des Körperkreislaufs und die jeweiligen Versorgungsgebiete beschreiben können.
9. Ein Flussdiagramm der Arterien in Kopf, Hals, Brustraum und Extremitäten erstellen können.
10. Die wichtigsten kardiovaskulären Veränderungen bei der Geburt und ihre funktionelle Bedeutung erklären können.
11. Den pränatalen Blutfluss mit dem eines Kleinkinds bzw. Erwachsenen vergleichen können.
12. Die altersabhängigen Veränderungen des Herz-Kreislauf-Systems beschreiben können.

Das Herz-Kreislauf-System

Blutgefäße und Kreislauf

ÜBERBLICK **22**

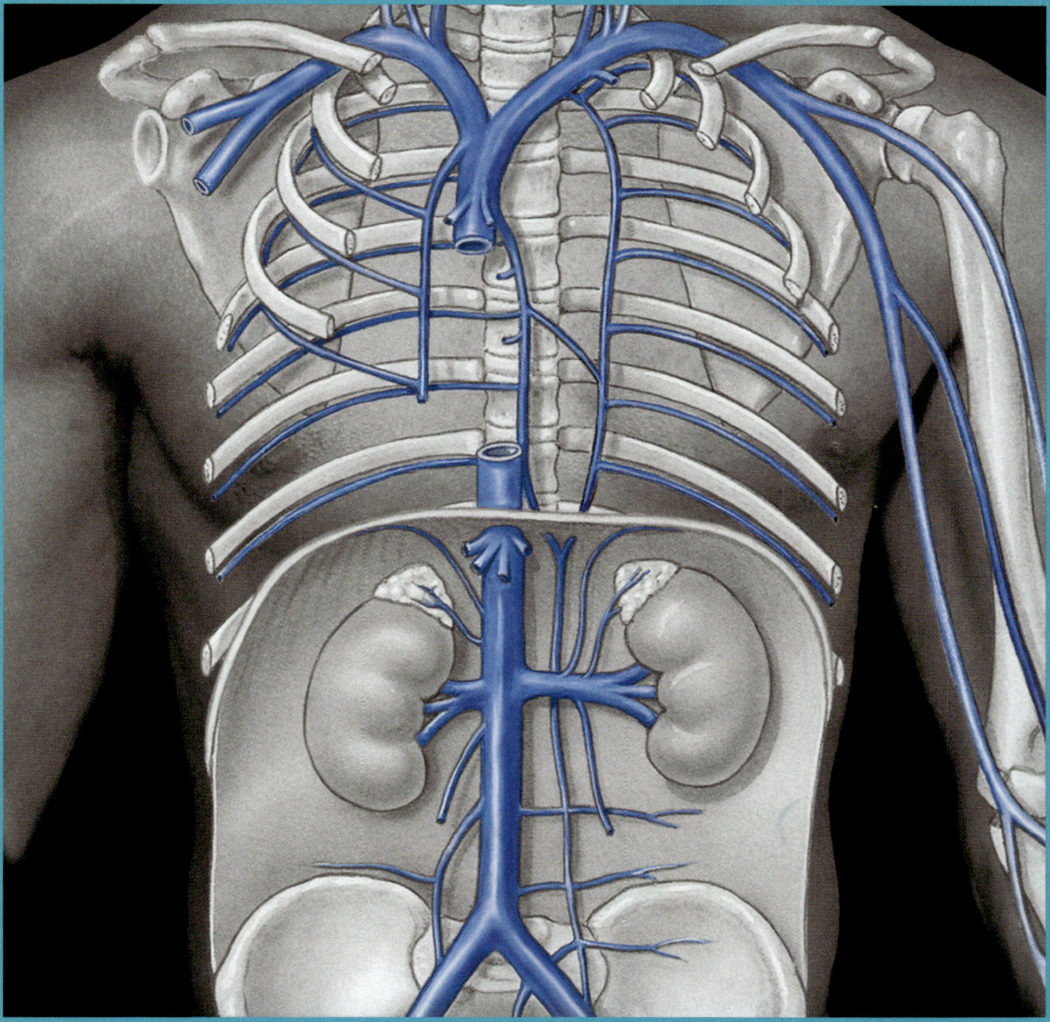

Das Herz-Kreislauf-System ist ein geschlossenes System, in dem Blut durch den Körper zirkuliert. Es gibt zwei Gruppen von Blutgefäßen: eine versorgt die Lungen **(Lungenkreislauf)** und die andere den Rest des Körpers **(Körperkreislauf)**. Vom Herz aus wird das Blut gleichzeitig in den *Truncus pulmonalis* und den *Truncus aorticus* gepumpt. Der relativ kleine Lungenkreislauf beginnt an der Pulmonalklappe und endet am Eingang zum linken Atrium. Pulmonalarterien, die vom *Truncus pulmonalis* ausgehen, führen Blut für den Gasaustausch in die Lungen. Der Körperkreislauf beginnt an der Aortenklappe und endet am Eingang zum rechten Atrium. Körperarterien zweigen von der Aorta ab und verteilen das Blut an alle anderen Organe zwecks Austauschs von Nährstoffen, Gasen und Abfallstoffen. Der *Truncus pulmonalis* und die Aorta haben jeweils einen Innendurchmesser von etwa 2,5 cm, bevor sie sich in zahlreiche kleinere Gefäße verzweigen.

Nach Eintritt in die einzelnen Organe kommt es zu einer weiteren Verzweigung; so entstehen mehrere hundert Millionen kleiner Arterien, die die etwa zehn Milliarden Kapillaren, die kaum dicker sind als ein einzelner Erythrozyt, mit Blut versorgen. Die Kapillaren bilden ausgedehnte Netzwerke; Schätzungen der Gesamtlänge aller Kapillaren des Körpers liegen zwischen 8.000 und 40.000 km. Mit anderen Worten: Aneinandergereiht reichen sie mindestens einmal quer durch die Vereinigten Staaten oder vielleicht sogar um den gesamten Globus. Der gesamte Austausch von Gasen und sonstigen Stoffen findet durch Kapillarwände statt; die Gewebezellen sind von der Kapillardiffusion zur Ver- und Entsorgung abhängig. Blut aus den Kapillaren fließt in ein Netzwerk kleiner Venen, die nach und nach zu großen Venen zusammenfließen, die letztendlich in eine der Pulmonalvenen (Lungenkreislauf) oder die *V. cava superior* oder *inferior* (Körperkreislauf) münden.

Wir beginnen unsere Besprechung mit dem histologischen und anatomischen Aufbau von Arterien, Kapillaren und Venen und beschreiben dann die großen Blutgefäße und -wege des Herz-Kreislauf-Systems.

Der histologische Aufbau von Blutgefäßen 22.1

Die Wände von Arterien und Venen sind dreischichtig und bestehen 1. aus der inneren Intima, 2. aus der Media und 3. aus der äußeren Adventitia. Betrachten Sie bei der weiteren Beschreibung **Abbildung 22.1**.

- Die **Intima** ist die innerste Schicht eines Blutgefäßes. Sie besteht aus einer Endothelschicht, die das Gefäß auskleidet, und einer darunterliegenden Schicht Bindegewebe mit unterschiedlich hohem Anteil an elastischen Fasern. Bei Arterien befindet sich im äußeren Anteil der Intima eine dicke Schicht elastischer Fasern, die *Membrana elastica interna*. In den größeren Arterien gibt es mehr Bindegewebe; die Intima ist dort dicker als in kleineren Arterien.
- In der Mitte liegt die **Media**. Sie besteht aus konzentrisch angeordneten Schichten glatten Muskelgewebes in einem Gerüst aus lockerem Bindegewebe. Die glatten Muskelfasern umringen das Gefäßlumen. Bei sympathischer Aktivierung kontrahieren sie und verkleinern den Gefäßdurchmesser; diesen Vorgang bezeichnet man als **Vasokonstriktion**. Die Entspannung der glatten Muskelfasern führt hingegen zu einer Erweiterung des Gefäßes, einer **Vasodilatation**. Diese glatten Muskelzellen kontrahieren und entspannen sich entweder in Reaktion auf einen lokalen Reiz oder unter Kontrolle des Sympathikus. Jede Veränderung im Gefäßdurchmesser hat auch Auswirkungen auf den Blutdruck und die Durchblutung des jeweiligen Gewebes. Die Media ist über Kollagenfasern mit der Intima und der Adventitia

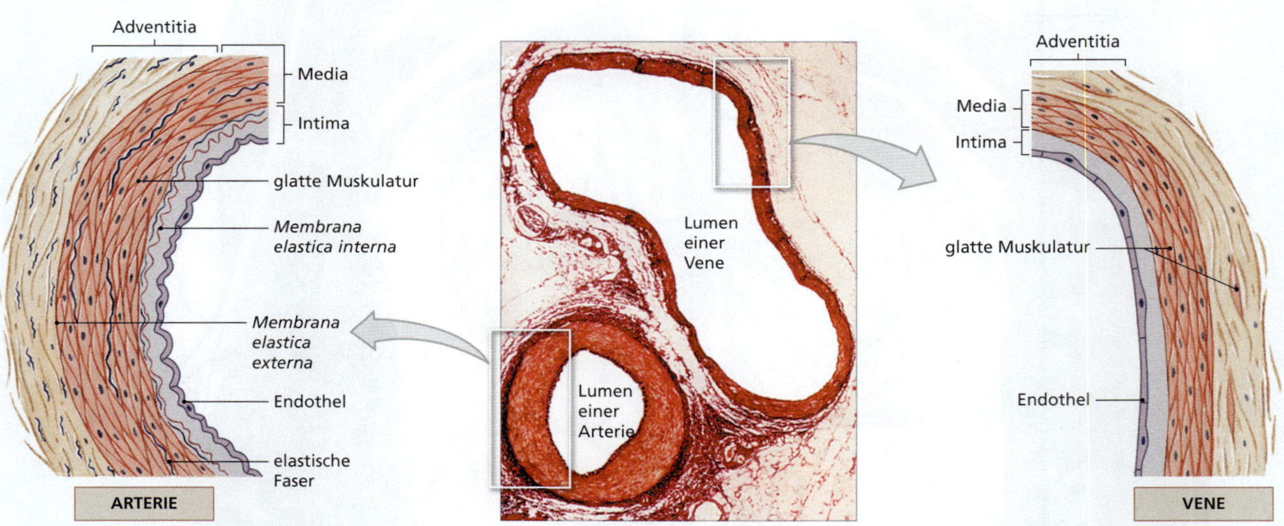

Abbildung 22.1: Histologischer Vergleich von Arterien und Venen. Lichtmikroskopische Aufnahme einer Arterie und einer Vene (60-fach).

verbunden. Arterien haben noch eine dünne Schicht elastischer Fasern zwischen der Media und der Adventitia, die **Membrana elastica externa**.

- Die außenliegende **Adventitia** bildet eine bindegewebige Hülle um das Gefäß. Sie ist sehr dick und besteht hauptsächlich aus Kollagenfasern mit einigen elastischen Fasern dazwischen. Die Fasern der Adventitia gehen in die Fasern der umliegenden Gewebe über, was der Befestigung und Stabilisierung dient. Bei Venen ist diese Schicht meist dicker als die Media.

Dieser mehrschichtige Aufbau verleiht Arterien und Venen eine erhebliche Stärke. Die Kombination muskulärer und elastischer Komponenten erlaubt eine kontrollierte Veränderung des Gefäßdurchmessers bei Veränderungen von Blutdruck oder Volumen. Die Wände sind jedoch zu dick für eine Diffusion vom Blutstrom in das umliegende Gewebe und sogar vom Blutstrom in die Wand des Gefäßes selbst. Daher enthalten die Wände großer Gefäße kleine Arterien und Venen, die die glatten Muskelfasern, Fibroblasten und Fibrozyten von Media und Adventitia versorgen. Man nennt sie **Vasa vasorum** („Gefäßgefäße").

22.1.1 Der Unterschied zwischen Arterien und Venen

Arterien, die ein bestimmtes Gebiet versorgen, und die Venen, die es drainieren, liegen typischerweise nebeneinander in einer dünnen Bindegewebshülle (siehe Abbildung 22.1). Im histologischen Schnitt können Arterien und Venen anhand folgender Merkmale auseinandergehalten werden:

- Im Allgemeinen sind beim Vergleich zweier nebeneinanderliegender Gefäße die Wände der Arterien dicker als die der Venen. Die Media der Arterien enthält mehr

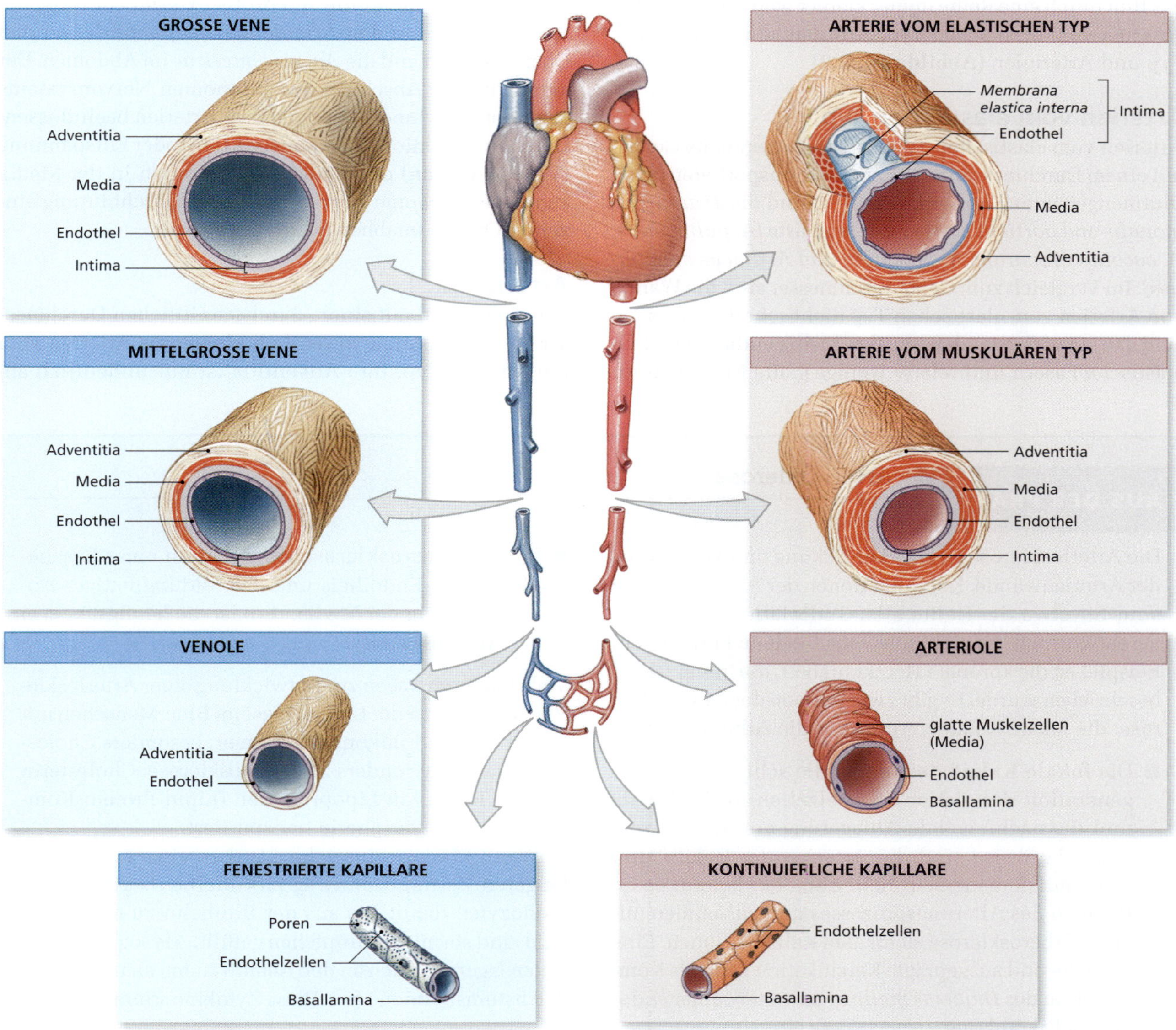

Abbildung 22.2: Die histologische Struktur von Blutgefäßen.

glatte Muskulatur und elastische Fasern als die der Venen. Diese kontraktilen und elastischen Komponenten halten dem Druck stand, den das Herz beim Pumpen aufbaut.

- Wenn sie nicht vom Blutdruck geweitet werden, kontrahieren die Wände der Arterien. Im Präparat oder im Querschnitt (siehe Abbildung 22.1) erscheinen sie daher kleiner als die dazugehörigen Venen. Da die Arterienwände relativ dick und stabil sind, bleibt ihre runde Form auch im Schnittbild erhalten. Angeschnittene Venen neigen dazu zu kollabieren; im Schnittbild sehen sie oft abgeflacht oder seltsam verzogen aus.
- Das Gefäßendothel kann nicht kontrahieren, sodass es bei einer Vasokonstriktion Falten wirft. Die Auskleidung von Venen weist keine Fältelung auf.

22.1.2 Arterien

Auf dem Weg vom Herz in die peripheren Kapillaren fließt das Blut durch eine Reihe immer kleiner werdender Gefäße: Arterien vom elastischen Typ, Arterien vom muskulären Typ und Arteriolen (**Abbildung 22.2**).

Arterien vom elastischen Typ

Arterien vom elastischen Typ sind große herznahe Gefäße mit einem Durchmesser bis 2,5 cm. Sie transportieren große Blutmengen vom Herz weg. Beispiele sind die *Trunci pulmonalis* und *aorticus* sowie ihre Hauptäste *(A. pulmonalis, A. carotis communis, A. subclavia und A. iliacae communes)*. Im Vergleich zum Gefäßdurchmesser sind die Wände von Arterien vom elastischen Typ nicht sehr dick, aber sie sind extrem widerstandsfähig. Ihre Media enthält reichlich elastische Fasern und relativ wenige glatte Muskelfasern (siehe Abbildung 22.2). Daher können sie den Druckschwankungen während des Herzzyklus gut standhalten. Während der ventrikulären Systole steigt der Druck rasch an, und die Gefäße werden gedehnt. Während der Diastole fällt der Druck im arteriellen System ab; die elastischen Fasern ziehen sich wieder auf ihre ursprüngliche Länge zusammen. Ihre Dehnung dämpft den plötzlichen Druckanstieg während der Systole ab (Windkesselfunktion); ihr Zusammenziehen verlangsamt den Druckabfall während der ventrikulären Diastole und befördert das Blut weiter in Richtung Kapillaren.

Arterien vom muskulären Typ

Arterien vom muskulären Typ transportieren das Blut in die Skelettmuskulatur und die inneren Organe. Sie haben typischerweise einen Durchmesser von etwa 0,4 cm. Arterien vom muskulären Typ haben eine dickere Media mit einem höheren Anteil an glatten Muskelfasern als die Arterien vom elastischen Typ (siehe Abbildung 22.1 und 22.2). Beispiele sind die *A. carotis externa* am Hals, die *Aa. brachiales* an den Armen, die *Aa. femorales* an den Oberschenkeln und die *Aa. mesentericae* im Abdomen. Der sympathische Abschnitt des autonomen Nervensystems kann den Durchmesser jeder dieser Arterien beeinflussen. Durch Konstriktion **(Vasokonstriktion)** oder Entspannung **(Vasodilatation)** der glatten Muskelzellen in der Media kann das autonome Nervensystem die Durchblutung einzelner Organe unabhängig kontrollieren.

Arteriolen

Arteriolen sind mit einem durchschnittlichen Durchmesser von etwa 30 µm wesentlich kleiner als Arterien vom muskulären Typ. Ihre Adventitia ist nur undeutlich ab-

AUS DER PRAXIS

Arteriosklerose

Die Arteriosklerose ist eine Verdickung und Versteifung der Arterienwände. Komplikationen der Arteriosklerose sind für etwa die Hälfte aller Todesfälle in den USA verantwortlich. Es gibt viele verschiedene Formen; ein Beispiel ist die koronare Herzkrankheit, die in Kapitel 21 beschrieben wurde. Es gibt zwei Formen der Arteriosklerose: die fokale Kalzifizierung und die Atherosklerose:

- Die **fokale Kalzifizierung** ist die schleichende Degeneration der glatten Muskelzellen in der Media und die nachfolgende Ablagerung von Kalksalzen. Typischerweise sind die Arterien der Gefäße und der Genitalorgane betroffen. Zum Teil kommt es im Rahmen des Alterungsprozesses und zusammen mit einer Atherosklerose zu fokalen Kalzifikationen. Eine schnelle und ausgeprägte Kalzifikation kann als Komplikation des *Diabetes mellitus* auftreten, einer endokrinen Erkrankung.
- Bei der **Atherosklerose** kommt es zu einer Beschädigung des Endothels und der Bildung fettiger Ablagerungen in der Media; dies ist die häufigste Form der Arteriosklerose.

Viele Faktoren tragen zur Entwicklung einer Arteriosklerose bei; einer ist der Lipidspiegel im Blut. Menschen mit hohen Plasmalipidkonzentrationen, besonders Cholesterin, neigen besonders zu Arteriosklerose. Cholesterin wird in Form von Lipoproteinen (Lipid-Protein-Komplexen) in die Peripherie transportiert.

Wenn cholesterinreiche Lipoproteine über einen längeren Zeitraum hinweg zirkulieren, beginnen die Monozyten damit, sie aus der Blutbahn zu entfernen. Bald sind sie mit Fetttröpfchen gefüllt. Als sog. Schaumzellen lagern sie sich an den Gefäßwänden an und setzen Wachstumshormone frei. Diese Zytokine stimulieren die

Teilung glatter Muskelzellen nahe der Intima; es kommt zu einer Verdickung der Gefäßwand.

Andere Monozyten wandern durch das Endothel ein. Die Monozyten, die glatten Muskelzellen und die Endothelzellen beginnen nun alle, Lipide zu phagozytieren. Das Ergebnis ist eine **Plaque**, eine Fettablagerung in der Intima, die in das Lumen hineinragt. Zu diesem Zeitpunkt ist die Plaque noch relativ einfach aufgebaut; es gibt Hinweise darauf, dass der Vorgang durch eine Ernährungsumstellung rückgängig gemacht werden kann.

Bleiben die Umstände jedoch gleich, schwellen die Endothelzellen durch das Fett an; das Endothel beginnt, Lücken aufzuweisen. Thrombozyten lagern sich an den freiliegenden Kollagenfasern an. Anlagerung und Aggregation führt zur Bildung eines lokalen Thrombus, der die Durchblutung noch weiter einschränkt. Die Plaque hat nun eine relativ komplexe Struktur. Das Wachstum kann gestoppt werden, doch die strukturellen Veränderungen sind im Allgemeinen irreversibel.

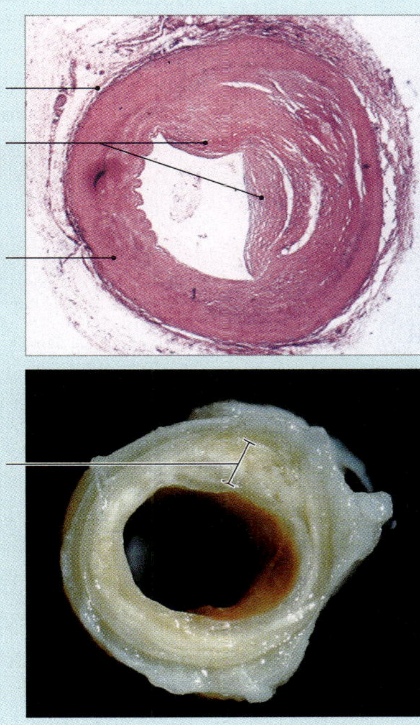

Abbildung 22.3: **Eine Plaque blockiert eine periphere Arterie.** Die fettige Ablagerung wölbt sich in das Lumen vor und schränkt die Durchblutung ein (Lichtmikroskop, 28-fach).

Abbildung 22.3 zeigt typische Plaques. Ältere Menschen, besonders Männer, neigen am ehesten zur Plaque-Bildung. Es gibt Hinweise darauf, dass Östrogene die Plaque-Bildung verlangsamen, was die niedrigere Inzidenz der koronaren Herzkrankheit, von Myokardinfarkten und von Schlaganfällen bei Frauen erklären könnte. Nach der Menopause, wenn die Östrogenbildung nachlässt, steigt das Risiko bei Frauen deutlich an.

Außer hohem Alter und dem männlichen Geschlecht sind hohe Cholesterinspiegel im Blut, hoher Blutdruck und das Rauchen wichtige Risikofaktoren. Etwa 20 % aller Männer im mittleren Alter haben alle drei Risikofaktoren; die Wahrscheinlichkeit, einen Herzinfarkt oder einen Herzstillstand zu erleiden, ist bei ihnen viermal so hoch wie bei anderen Männern in ihrer Altersgruppe. Obwohl Frauen weniger atherosklerotische Plaques entwickeln, sind ältere Raucherinnen mit erhöhten Cholesterinspiegeln und hohem Blutdruck eher gefährdet als andere Frauen. Faktoren, die die Entwicklung atherosklerotischer Plaques geschlechtsunabhängig fördern, sind *Diabetes mellitus*, Übergewicht und Stress. Es gibt auch Hinweise darauf, dass wenigstens einige Formen der Atherosklerose mit einer chronischen Infektion mit *Chlamydia pneumoniae* in Verbindung stehen könnten, einem Bakterium, das verschiedene Atemwegsinfekte und Pneumonien verursacht.

Zu den Behandlungsmöglichkeiten atherosklerotischer Plaques gehören **Katheterisierung**, **Ballonangioplastie** und **Stents**. Am sinnvollsten vermeidet man sie von vornherein durch Eliminierung oder Reduktion der Risikofaktoren:

- verminderter Konsum von Cholesterin und gesättigten Fettsäuren durch Vermeidung von fettem Fleisch (Rind, Lamm, Schwein), Eigelb und Sahne
- Nikotinverzicht
- Blutdruckkontrolle und im Bedarfsfalle Maßnahmen zur Senkung
- regelmäßige Kontrolle der Blutfettwerte und gegebenenfalls Behandlung
- Gewichtskontrolle
- regelmäßige körperliche Bewegung

grenzbar, und ihre Media besteht aus vereinzelten glatten Muskelfasern, die keine vollständige Schicht bilden (siehe Abbildung 22.2). Die kleineren Arterien vom muskulären Typ und die Arteriolen verändern ihren Durchmesser in Reaktion auf lokale Umstände oder sympathische oder endokrine Reize. Arteriolen kontrollieren den Blutfluss zwischen Arterien und Kapillaren.

Arterien vom elastischen und vom muskulären Typ gehen nahtlos ineinander über; die Merkmale verändern sich nach und nach. Die größten Arterien vom muskulären Typ enthalten noch reichlich elastische Fasern, während die kleinsten eher muskulösen Arteriolen ähneln.

22.1.3 Kapillaren

Kapillaren sind die kleinsten und zartesten Blutgefäße (siehe Abbildung 22.2). Funktionell sind sie wichtig, da sie die einzigen Blutgefäße sind, an denen ein Austausch zwischen

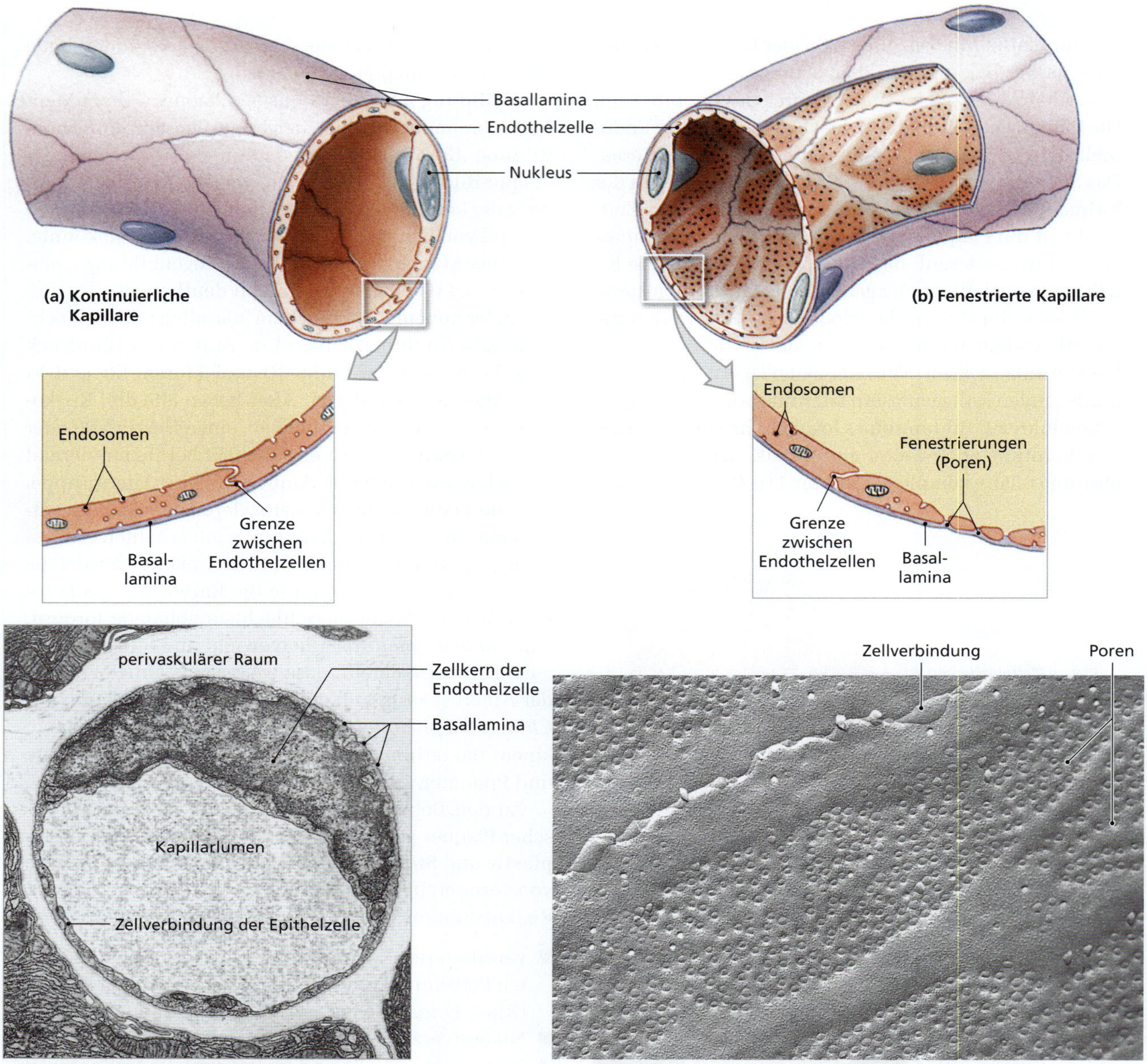

(c) Transmissionselektronemmikroskopische Aufnahme einer kontinuierlichen Kapillare

(d) Rasterelektronenmikroskopische Aufnahme einer fenestrierten Kapillare

Abbildung 22.4: Die Struktur der Kapillaren. (a) Diese Schemazeichnung einer kontinuierlichen Kapillare zeigt den Aufbau ihrer Wand. (b) Diese Schemazeichnung einer fenestrierten Kapillare zeigt die Struktur ihrer Wand. (c) Die transmissionselektronenmikroskopische Aufnahme gibt einen Querschnitt durch eine kontinuierliche Kapillare wieder. Eine einzige Endothelzelle umringt in diesem Gefäßabschnitt das Lumen vollständig. (d) Diese rasterelektronenmikrospkopische Aufnahme zeigt die Wand einer fenestrierten Kapillare. Die Poren sind Lücken im Endothel, die den Durchtritt großer Mengen Flüssigkeit und gelöster Substanzen ermöglichen (12.425-fach).

dem Blut und der interstitiellen Flüssigkeit möglich ist. Da die Wände relativ dünn sind, sind die Diffusionsstrecken kurz; der Austausch verläuft zügig. Außerdem fließt das Blut relativ langsam durch die Kapillaren, was genügend Zeit für die Diffusion oder den aktiven Transport von Material durch die Kapillarwände lässt. Einige Substanzen diffundieren durch das Kapillarendothel hindurch, andere dringen durch Lücken zwischen benachbarten Endothelzellen. Die Feinstruktur jeder Kapillare bestimmt ihre Fähigkeit zum beidseitigen Austausch von Substanzen zwischen dem Blut und der interstitiellen Flüssigkeit. Da Kapillaren über keine glatten Muskelzellen verfügen, können sie nicht auf vasoaktive Substanzen reagieren.

Eine typische Kapillare besteht aus einem Endothelschlauch, der außen von einer zarten Basallamina überzogen ist. Der durchschnittliche Innendurchmesser einer Kapillare misst nur 8 µm, kaum mehr, als ein einzelner Erythrozyt groß ist. **Kontinuierliche Kapillaren** finden sich fast überall im Körper. Ihre Endothelschicht ist vollständig; die einzelnen Zellen sind über Tight Junctions und Desmosomen miteinander verbunden (**Abbildung 22.4**a und b). **Fenestrierte Kapillaren** haben „Fenster" bzw. Poren in ihren Wänden aufgrund einer unvollständigen oder perforierten Endothelauskleidung (siehe Abbildung 22.4).

Einzelne Endothelzellen können das Lumen einer kontinuierlichen Kapillare ganz umfassen (**Abbildung 22.4**c). Die Wände fenestrierter Kapillaren sind weitaus besser permeabel; sie erinnern eher an Schweizer Käse (**Abbildung 22.4**d) und lassen durch ihre Poren Peptide und sogar kleine Proteine hindurch. Diese Art Kapillare ermöglicht einen sehr raschen Austausch von Flüssigkeiten und gelösten Substanzen. Bereits erwähnte Beispiele sind der *Plexus choroideus* im Gehirn und die Kapillaren in verschiedenen endokrinen Organen, wie Hypothalamus, Hypophyse, Zirbeldrüse (Epiphyse), Nebennieren und Schilddrüse. Fenestrierte Kapillaren finden sich auch an den Glomeruli der Nieren.

Sinusoide sind wie fenestrierte Kapillaren, außer dass sie größere Poren und eine dünnere Basallamina haben. (In einigen Organen, wie der Leber, haben sie überhaupt keine Basallamina.) Sinusoide sind abgeflacht und unregelmäßig; ihre Form folgt den inneren Konturen komplexer Organe. Sie ermöglichen einen extensiven Austausch von Flüssigkeiten und größeren gelösten Substanzen (einschließlich Proteinen) zwischen Blut und Interstitium. Das Blut bewegt sich relativ langsam durch die Sinusoide, sodass für Resorption und Sekretion durch die Wände viel Zeit bleibt. Man findet Sinusoide in der Leber, im Knochenmark und in den Nebennieren.

Für den Austausch von Material durch die Wände von Kapillaren und Sinusoiden sind vier grundsätzliche Mechanismen verantwortlich:

- Diffusion durch die Kapillarendothelzellen (Osmose von fettlöslichen Substanzen, Gasen und Wasser)
- Diffusion durch Lücken zwischen benachbarten Endothelzellen (Wasser und kleine gelöste Moleküle; an den Sinusoiden auch größere Moleküle)
- Diffusion durch die Poren in fenestrierten Kapillaren und Sinusoiden (Wasser und gelöste Substanzen)
- vesikulärer Transport durch die Endothelzellen (Endozytose zum Lumen hin, Exozytose zur Basallamina hin; Wasser und spezifische gebundene und ungebundene gelöste Substanzen)

Das Kapillarbett

Kapillaren funktionieren nicht als selbstständige Einheiten, sondern als Teile eines Netzwerks, **Kapillarbett** oder **Kapillarplexus** genannt (**Abbildung 22.5**). Eine einzelne Arteriole verzweigt sich meist zu Dutzenden von Kapillaren, die von mehreren Venolen drainiert werden. Der Eingang zu jeder Kapillare wird von glatten Muskelfasern kontrolliert, dem **präkapillären Sphinkter**. Seine Kontraktion verkleinert den Kapillardurchmesser und reduziert oder stoppt den Blutfluss. Eine Entspannung dilatiert die Öffnung; das Blut kann dann wieder schneller in die Kapillaren hineinfließen. Die präkapillären Sphinkter öffnen sich bei steigenden Kohlendioxidspiegeln, da diese einen erhöhten Bedarf des Gewebes an Sauerstoff und Nährstof-

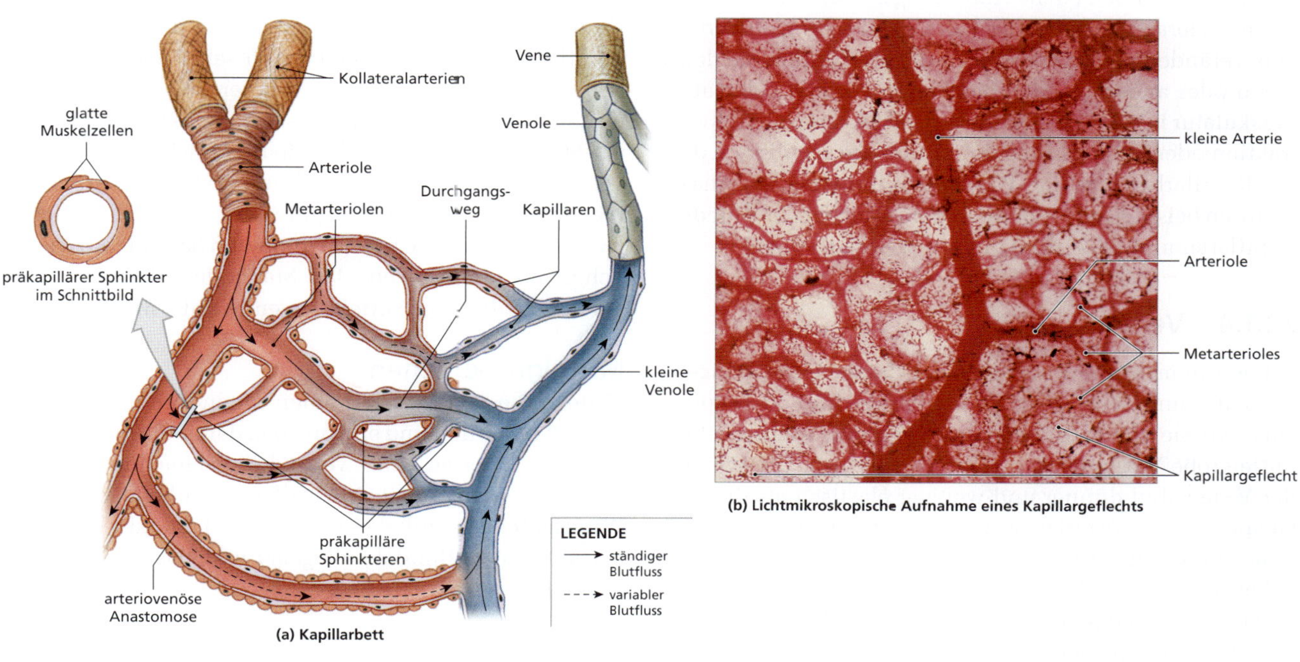

Abbildung 22.5: Aufbau eines Kapillarbetts. (a) Grundlegender Aufbau eines typischen Kapillarbetts. Die Durchblutung wechselt ständig in Reaktion auf Veränderungen des lokalen Sauerstoffbedarfs. (b) Kapillarbett in lebendem Gewebe.

fen anzeigen. Bei fallenden Kohlendioxidspiegeln oder bei sympathischer Stimulation schließen sich die Sphinkteren.

Ein Kapillarbett enthält mehrere direkte Verbindungen zwischen Arteriolen und Venolen. Das arterioläre Segment enthält glatte Muskelfasern, die den Durchmesser verändern können; man nennt diesen Bereich auch **Metarteriole** (siehe Abbildung 22.5a). Strukturell befinden sich Metarteriolen zwischen Arteriolen und Kapillaren. Der Rest des Verbindungswegs ähnelt typischen Kapillaren; man nennt ihn auch **Durchgangsweg**.

Normalerweise fließt das Blut mit konstanter Geschwindigkeit von den Arteriolen zu den Venolen, doch innerhalb der einzelnen Kapillaren kann die Geschwindigkeit sehr variieren. Die präkapillären Sphinkter kontrahieren und entspannen sich in rascher Folge, bis zu zwölfmal pro Minute. Daher pulsiert das Blut in den Kapillaren eher, anstatt gleichmäßig zu fließen. Letztendlich kommt das Blut auf dem einen Weg früher, auf einem anderen Weg etwas später an der Venole an. Diesen Vorgang, der auf Gewebsebene gesteuert wird, nennt man kapilläre **Autoregulation**

Es gibt auch Mechanismen, die Durchblutung eines gesamten Kapillarbetts oder Kapillargeflechts zu steuern. Die Kapillaren innerhalb eines Bereichs werden oft von mehr als einer Arterie versorgt. Die Arterien, Kollateralen genannt, verschmelzen zu **arteriellen Anastomosen** miteinander, anstatt sich in eine Reihe kleiner Arteriolen zu verzweigen. Man findet diese arteriellen Anastomosen im Gehirn, im Herz, im Magen und in anderen gut durchbluteten Organen und Körperregionen. Diese Anordnung garantiert eine zuverlässige Blutversorgung der Gewebe; wenn ein arterieller Zufluss blockiert ist, wird das Kapillarbett von der anderen Arterie versorgt. Arteriovenöse Anastomosen sind direkte Verbindungen zwischen Arteriolen und Venolen (siehe Abbildung 22.5a). Sie kommen oft in viszeralen Organen und an Gelenken vor, an denen eine Veränderung der Körperposition den Blutfluss in dem einen oder anderen Gefäß blockieren könnte. Die glatte Muskulatur in den Wänden dieser Gefäße kann durch Kontraktion oder Entspannung die Blutmenge regulieren, die das Kapillarbett erreicht. Wenn die arteriovenösen Anastomosen beispielsweise dilatiert sind, umgeht das Blut die Kapillaren und fließt direkt in das venöse System.

22.1.4 Venen

Venen sammeln das Blut von allen Organen und bringen es wieder zum Herz zurück. Dem Blutfluss folgend, besprechen wir sie von klein nach groß (von den Venolen über mittelgroße Venen bis hin zu großen Venen). Die Wände der Venen sind dünner und weniger elastisch als die der entsprechenden Arterien, weil der Blutdruck in ihnen niedriger ist als in Arterien. Von kleinsten Venolen abgesehen, haben Venen denselben dreischichtigen Wandaufbau wie Arterien; sie sind jedoch strukturell variabler. Der Wandaufbau einer Vene kann sich im Verlauf ändern.

Venen werden nach ihrer Größe klassifiziert; im Allgemeinen haben sie einen größeren Durchmesser als die jeweils dazugehörige Arterie. Anhand der Abbildungen 22.1 und 22.2 können Sie typische Arterien und Venen miteinander vergleichen.

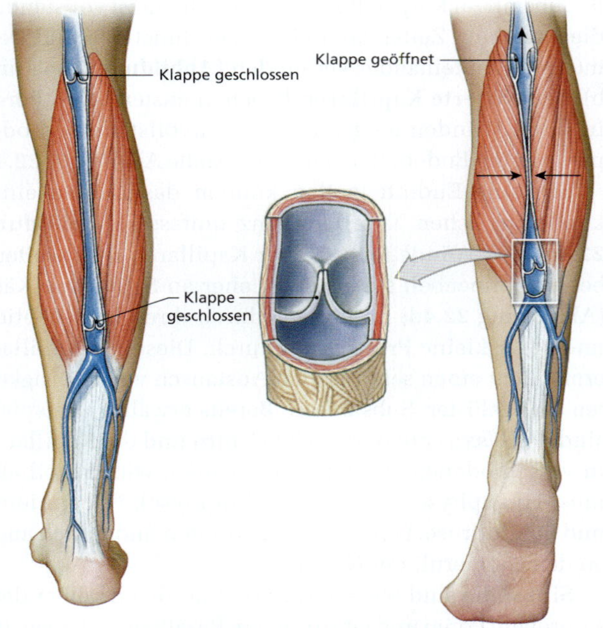

Abbildung 22.6: Die Funktion der Venenklappen. Klappen in den Wänden mittelgroßer Venen verhindern den Rückstrom von Blut. Die Kompression der Venen durch Kontraktion der benachbarten Skelettmuskeln baut einen Druck auf (Pfeile), der dabei hilft, den venösen Blutstrom in Gang zu halten. Veränderungen der Körperposition und die thorakoabdominale Pumpe helfen ebenfalls dabei.

Venolen

Venolen, die kleinsten Venen, sammeln das Blut aus den Kapillaren. Sie unterscheiden sich sehr bezüglich Größe und Charakter. Die kleinsten Venolen sehen eher wie geweitete Kapillaren aus; unter einem Gesamtdurchmesser von 50 µm haben sie gar keine Media. Eine Venole hat einen durchschnittlichen Innendurchmesser von etwa 20 µm. Die Wände von Venolen über 50 µm Außendurchmesser haben zwar eine Media, doch sie ist dünn und besteht im Wesentlichen aus Bindegewebe. Die Media der allergrößten Venolen enthält einige verteilt liegende glatte Muskelfasern.

Mittelgroße Venen

Mittelgroße Venen haben einen Innendurchmesser zwischen 2 und 9 mm und entsprechen damit in etwa den mittelgroßen Arterien. Diese Venen haben eine dünne Media, die relativ wenige glatte Muskelfasern enthält. Die dickste Wandschicht der mittelgroßen Venen ist die Adventitia, die längsgerichtete Bündel kollagener und elastischer Fasern aufweist.

Große Venen

Zu den großen Venen gehören die *Vv. cava inferior* und *superior* und ihre Zuflüsse aus der Bauch-Becken- und der Brusthöhle. Bei Venen sind die Wandschichten in den großen Venen am dicksten. Die schmale Media ist von einer dicken Adventitia umgeben, die aus elastischem und kollagenem Bindegewebe besteht.

Venenklappen

Der Blutdruck in den Venolen und mittelgroßen Venen ist zu niedrig, um der Schwerkraft entgegenwirken zu können. In den Extremitäten enthalten die Venen dieser Größe daher Klappen, die aus Intimafalten bestehen (**Abbildung 22.6**). Diese Klappen arbeiten wie Herzklappen: Sie verhindern den Rückstrom von Blut. Solange die Klappen richtig funktionieren, befördert jede Bewegung, die die Venen verschiebt oder komprimiert, Blut in Richtung Herz. Wenn Sie etwa stehen, muss das Blut aus dem Fuß auf dem Weg hoch zum Herz die Schwerkraft überwinden. Klappen unterteilen die Blutsäule und verteilen damit die Last auf

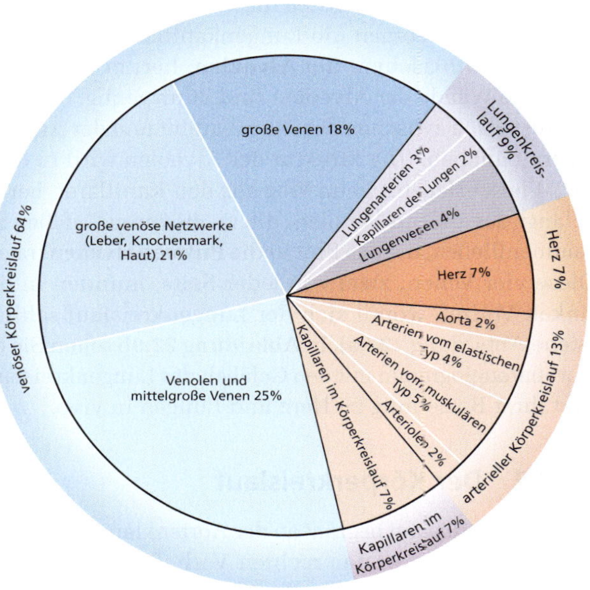

Abbildung 22.7: **Die Verteilung von Blut im Herz-Kreislauf-System.**

AUFGABEN

1. Die Untersuchung einer Gewebeprobe zeigt mehrere kleine dünnwandige Gefäße mit wenig glatter Muskulatur in der Media. Um welchen Gefäßtyp handelt es sich?
2. Warum haben Venen Klappen, Arterien jedoch nicht?
3. Um welchen Arterientyp handelt es sich bei der *A. femoralis*?
4. Kommt es in Arteriolen zu einem Gasaustausch zwischen dem Blut und dem umliegenden Gewebe?

einzelne Kompartimente. Jede Bewegung der umliegenden Skelettmuskulatur presst Blut in Richtung Herz. Diesen Mechanismus nennt man **Muskelpumpe**. Große Venen, wie die *V. cava*, haben keine Klappen, doch die Druckschwankungen im Thoraxraum unterstützen den Blutstrom in Herzrichtung. Dieser Mechanismus, die **thorakoabdominale Pumpe**, wird in Kapitel 24 genauer beschrieben.

Die Verteilung des Blutes

Das Gesamtblutvolumen ist unter Arterien, Venen und Kapillaren ungleich verteilt (**Abbildung 22.7**). Herz, Arterien und Kapillaren enthalten normalerweise etwa 30–35 % des Blutvolumens (das entspricht etwa 1,5 l), das venöse System enthält den Rest (65–70 %; ca 3,5 l).

Da ihre Wände dünner sind und weniger glatte Muskelfasern enthalten, sind Venen wesentlich dehnbarer als Arterien. Bei einer vergleichbaren Drucksteigerung dehnt sich eine Vene achtmal so weit wie eine Arterie derselben Größe. Wenn der Blutdruck steigt oder fällt, dehnen sich die elastischen Wände oder ziehen sich zusammen und verändern so das Blutvolumen im venösen System.

Im Falle einer schweren Blutung stimuliert das vasomotorische Zentrum der *Medulla oblongata* die sympathischen Nerven, die die glatten Muskelzellen in den Wänden mitteldicker Venen innervieren. Wenn diese glatten Muskeln kontrahieren, reduziert diese **Venokonstriktion** das Volumen im venösen System. Außerdem strömt Blut aus den venösen Netzwerken von Leber, Knochenmark und Haut in den allgemeinen Kreislauf. Durch diese Reduktion der Blutmenge im venösen System kann das Blutvolumen im arteriellen System auch im Falle erheblicher Verluste auf fast normaler Höhe gehalten werden. Das venöse System dient daher als **Blutreservoir**; die Leber hat hierbei die größte Bedeutung. Die Volumenänderung nennt man **venöse Reserve**; sie beträgt etwas über 1 l, das sind 21 % der Gesamtblutmenge.

Der Verlauf der Blutgefäße 22.2

Die Blutgefäße des Körpers können in den Lungen- und den Körperkreislauf aufgeteilt werden. Der Lungenkreislauf besteht aus Arterien und Venen, die das Blut die relativ kurze Distanz zwischen dem Herz und den Lungen hin und her transportieren. Die Arterien und Venen des Körperkreislaufs transportieren sauerstoffreiches Blut zwischen dem Herz und allen anderen Organen über eine wesentlich längere Stecke herum. Es gibt einige strukturelle und funktionelle Unterschiede zwischen den Gefäßen dieser beiden Kreisläufe. So ist beispielsweise der Blutdruck im Lungenkreislauf relativ niedrig; auch sind die Wände der Pulmonalarterien dünner als die der systemischen Arterien.

In **Abbildung 22.8** sind die wichtigsten Routen innerhalb des Lungen- und des Körperkreislaufs dargestellt. Aus den nachfolgenden Abbildungen werden drei bedeutende funktionelle Muster erkennbar:

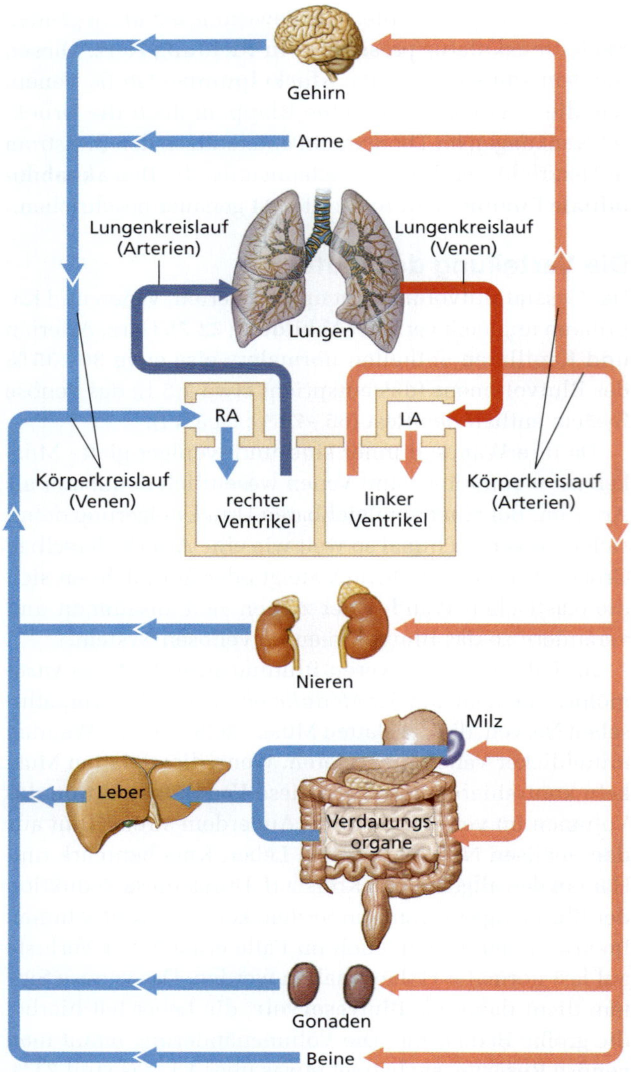

Abbildung 22.8: **Das Gefäßsystem – schematischer Überblick.**

- Die periphere Verteilung der Blutgefäße ist in der Regel links und rechts gleich, bis auf die der großen Gefäße in unmittelbarer Herznähe.
- Ein einzelnes Gefäß kann im Verlauf verschiedene Namen tragen, wenn es bestimmte anatomische Grenzen überquert; dies vereinfacht die akkurate Bezeichnung langer Gefäße, die bis weit in die Peripherie reichen.
- Arterien und Venen anastomosieren oft, um die Folgen eines temporären oder dauerhaften Gefäßverschlusses abzumildern.

22.2.1 Der Lungenkreislauf

Das Blut, das in den rechten Vorhof strömt, kommt gerade aus den Kapillarnetzwerken der peripheren Gewebe und des Myokards. Dort hat es Sauerstoff abgegeben und Kohlendioxid aufgenommen. Nun fließt es durch Vorhof und Kammer und in den *Truncus pulmonalis*, den Anfang des Lungenkreislaufs. Dieser Kreislauf enthält zu jeder Zeit etwa 9 % des gesamten Blutvolumens. Er beginnt an der Pulmonalklappe und endet an der Mündung in den linken Vorhof. Auf seinem Weg durch diesen Kreislauf (**Abbildung 22.9**a) wird das Blut mit Sauerstoff angereichert; Kohlendioxid wird abgegeben und das nun sauerstoffreiche Blut zur Verteilung in den Körper wieder an das Herz zurückgeführt. Im Vergleich zum Körperkreislauf ist der Lungenkreislauf relativ kurz; die Pulmonalklappe und die Lungen sind nur etwa 15 cm voneinander entfernt.

Die Arterien des Lungenkreislaufs führen im Gegensatz zu denen des Körperkreislaufs sauerstoffarmes Blut. Aus diesem Grunde werden sie in Schemazeichnungen meist blau dargestellt, wie die Venen des Körperkreislaufs. Während der *Truncus pulmonalis* im Bogen über die obere Begrenzung des Herzes zieht, teilt er sich in die linke und die rechte **A. pulmonalis**. Diese großen Arterien ziehen in die Lungen, wo sie sich mehrfach in zunehmend kleine Arterien teilen. Die kleinsten dieser Äste, die **pulmonalen Arteriolen**, versorgen die Lungenkapillaren, die um die kleinen Luftbläschen, die **Alveolen**, herum angeordnet sind. Die Wände der Alveolen sind dünn genug, um einen Gasaustausch zwischen dem Kapillarblut und der Atemluft zu ermöglichen. (Die Struktur der Alveolen wird in Kapitel 24 beschrieben.) Beim Weg aus den Kapillaren heraus gelangt das Blut in Venolen, die zu größeren Gefäßen zusammenfließen, die das Blut in die **Pulmonalvenen** tragen. Diese vier Venen, zwei von jeder Seite, münden in den linken Vorhof, womit sich der Lungenkreislauf schließt (siehe Abbildung 22.9a). In **Abbildung 22.9**b sehen Sie ein Koronarangiogramm mit den Gefäßen des Lungenkreislaufs und ihrer Beziehung zu Herz und Lungen in vivo.

22.2.2 Der Körperkreislauf

Der Körperkreislauf beginnt an der Aortenklappe und endet an der Mündung in den rechten Vorhof. Er versorgt alle Kapillaren, die der Lungenkreislauf nicht versorgt, und enthält etwa 84 % des Gesamtblutvolumens.

Körperarterien

Abbildung 22.10 ist ein Überblick über das arterielle System mit den wichtigsten Arterien; genauere Darstellungen finden Sie in den Abbildungen 22.11 bis 22.20 (siehe unten). Die Gefäße sind immer auf beiden Seiten vorhanden; Seitenbezeichnungen sind nur dort eingefügt, wo beide Gefäße dargestellt sind.

DIE AORTA ASCENDENS Die *Aorta ascendens* beginnt an der Aortenklappe des linken Ventrikels (siehe Abbildung 21.6a und 22.9). Gleich hinter der Klappe entspringen die linke und die rechte Koronararterie. Der weitere Verlauf dieser Gefäße wurde in Kapitel 21 bereits erläutert und in Abbildung 21.8 dargestellt.

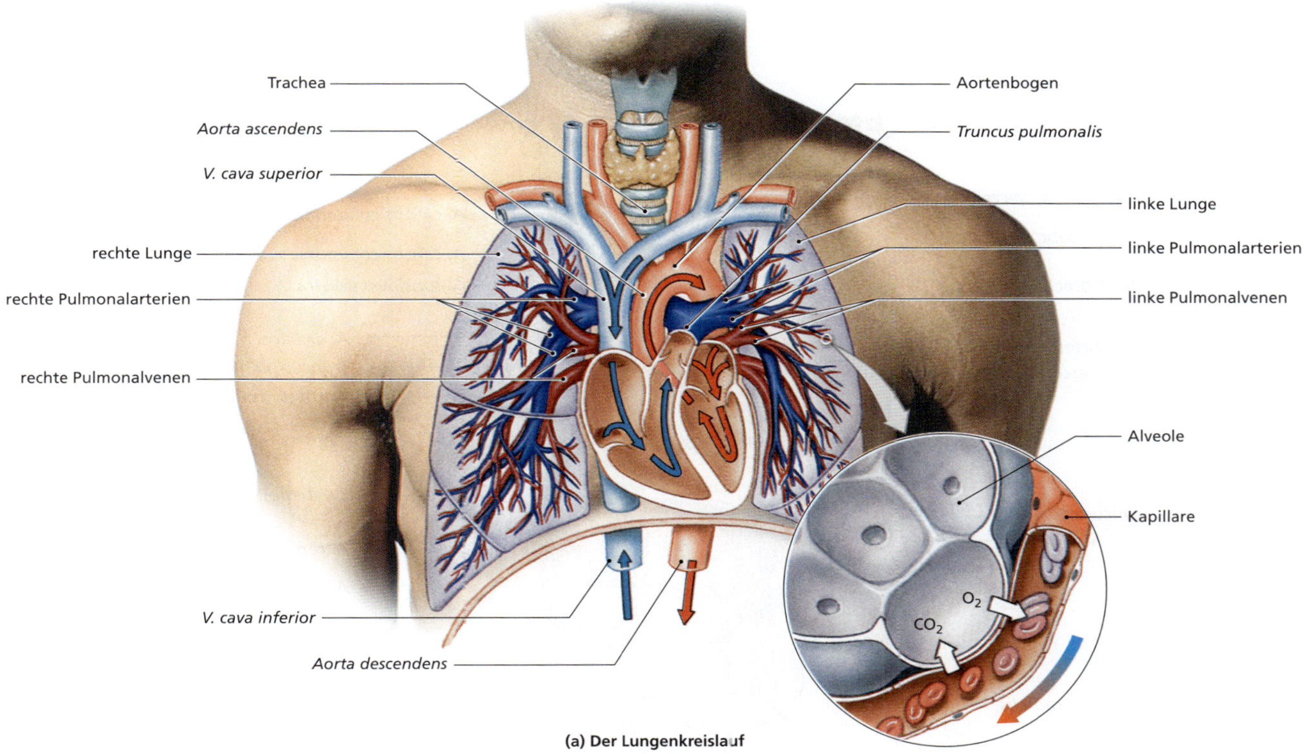

(a) Der Lungenkreislauf

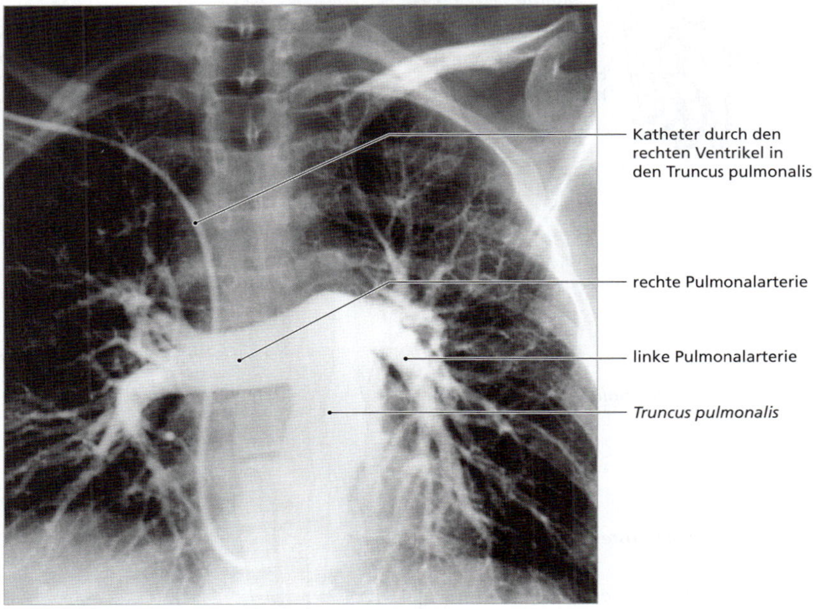

(b) Angiogramm

Abbildung 22.9: Der Lungenkreislauf. (a) Anatomie des Lungenkreislaufs. Blaue Pfeile stellen die Flussrichtung sauerstoffarmen Blutes dar, rote die des sauerstoffreichen Blutes. Der vergrößerte Ausschnitt zeigt die Lungenalveolen und den Weg der Diffusion von Gasen in den Blutstrom und aus ihm heraus durch die Wände der alveolären Kapillaren. (b) Koronarangiogramm mit Darstellung des Herzes, der Gefäße des Lungenkreislaufs, des Zwerchfells und der Lungen.

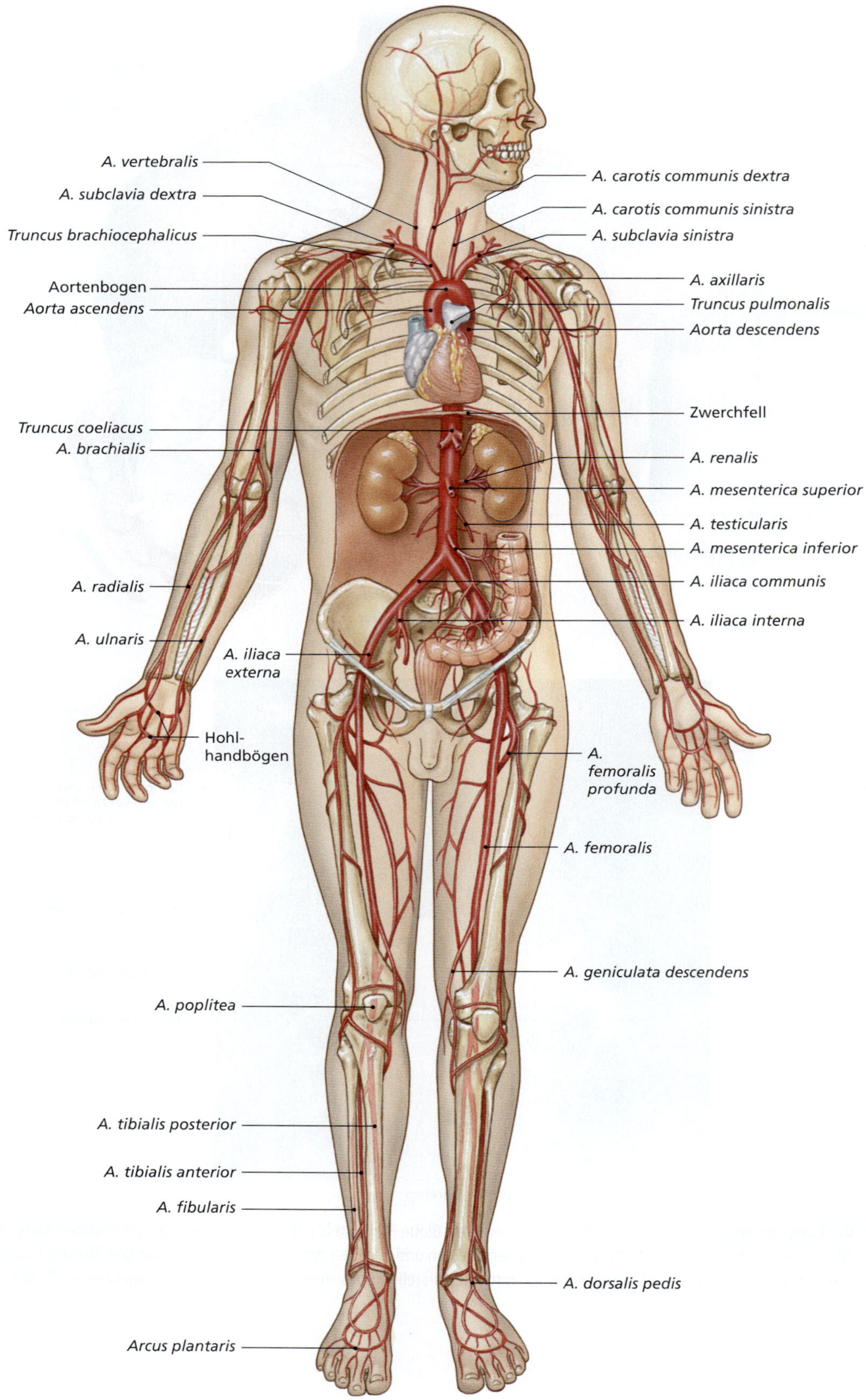

Abbildung 22.10: **Überblick über den arteriellen Körperkreislauf.**

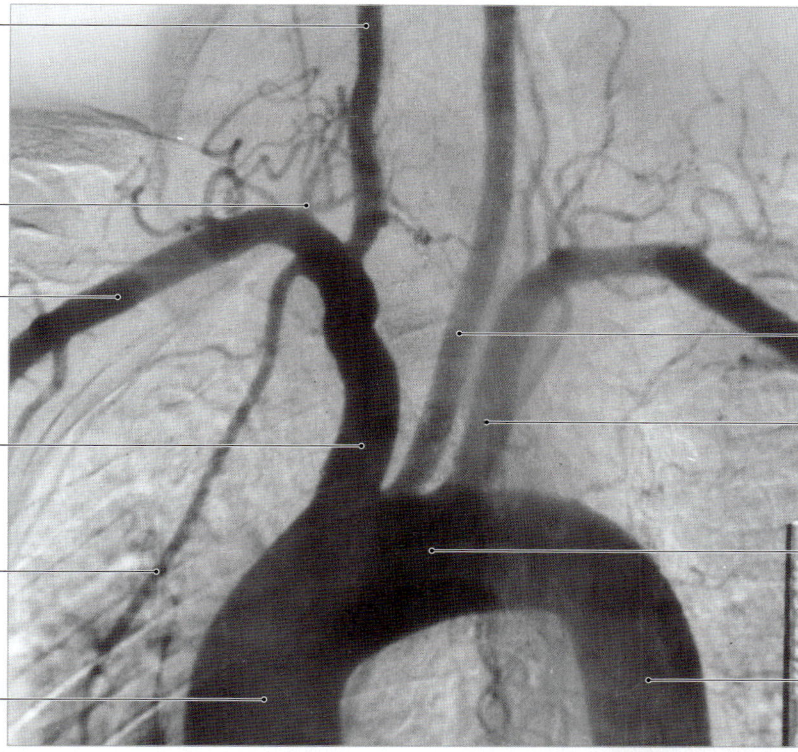

Abbildung 22.11: Angiogramm der Aorta. Dieses Angiogramm zeigt die Aorta ascendens, den Aortenbogen, die Aorta descendens, den Truncus brachiocephalicus (mit seinen Ästen, der A. subclavia dextra und der A. carotis communis dextra) sowie die linke A. subclavia und die linke A. carotis communis.

Der Aortenbogen Wie der Griff eines Gehstocks zieht der Aortenbogen über die superiore Fläche des Herzes und verbindet die *Aorta ascendens* mit der *Aorta descendens*. Aus dem Aortenbogen entspringen drei Arterien vom elastischen Typ (**Abbildung 22.11** und **Abbildung 22.12**; siehe auch Abbildung 22.10). Diese Gefäße, der **Truncus brachiocephalicus**, die **linke A. carotis communis** und die **linke A. subclavia**, versorgen Kopf, Hals, Schultern und Arme mit Blut. Der *Truncus brachiocephalicus* zieht für eine kurze Strecke aufwärts und teilt sich dann in die **rechte A. subclavia** und die **rechte A. carotis communis** auf. Es gibt nur einen *Truncus brachiocephalicus*; die linke *A. carotis communis* und die linke *A. subclavia* entspringen einzeln direkt aus dem Aortenbogen. Ihre weitere Verteilung ist jedoch spiegelbildlich seitengleich. Die wichtigsten Äste dieser Gefäße finden Sie in **Abbildung 22.13** (siehe auch Abbildung 22.12).

Aa. subclaviae Arme, Brustwand, Schultern, Rücken, Gehirn und Rückenmark werden von den *Aa. subclaviae* versorgt (siehe Abbildung 22.10 bis 22.12). Bevor die *A. subclavia* den Brustraum verlässt, gibt sie drei Hauptäste ab: 1. den **Truncus thyrocervicalis**, der Muskeln und anderes Gewebe in Hals, Schulter und oberem Rücken versorgt, 2. die **A. thoracica interna**, die das Perikard und die vordere Thoraxwand versorgt, und 3. die **A. vertebralis**, die Gehirn und Rückenmark versorgt.

Außerhalb des Brustraums heißt die *A. subclavia*, nachdem sie die Außenkante der ersten Rippe passiert hat, nun **A. axillaris**; sie versorgt die Muskulatur des Brustraums und der Axilla. Die *A. axillaris* zieht durch die Axilla in den Arm, wo sie die *Aa. circumflexae humeri* abgibt, die Strukturen um den Humeruskopf versorgen. Weiter distal (ab Unterrand des *M. pectoralis maior*) heißt sie nun **A. brachialis**; sie versorgt den Arm.

Aus der *A. brachialis* entspringt die **A. brachialis profunda**, die tieferliegende Strukturen an der Rückseite des Oberarms versorgt. Weiter distal gibt sie Blut an die *Aa. collaterales ulnares* ab, die zusammen mit den *Aa. ulnares recurrentes* die Ellenbogenregion versorgen. In der *Fossa cubitalis* teilt sich die *A. brachialis* in die **A. radialis**, die mit dem Radius, und die **A. ulnaris**, die mit der Ulna an das Handgelenk verläuft; sie versorgen den Unterarm. Am Handgelenk bilden sie Anastomosen, den **Arcus palmaris superficialis** und den **Arcus palmaris profundus**, die die Handfläche bzw. die **Aa. digitales** für die Finger versorgen.

Die A. carotis und die Blutversorgung des Gehirns Die *Aa. carotis communes* steigen in der Tiefe der Halsweichteile auf. Gewöhnlich kann man sie finden, indem man beider-

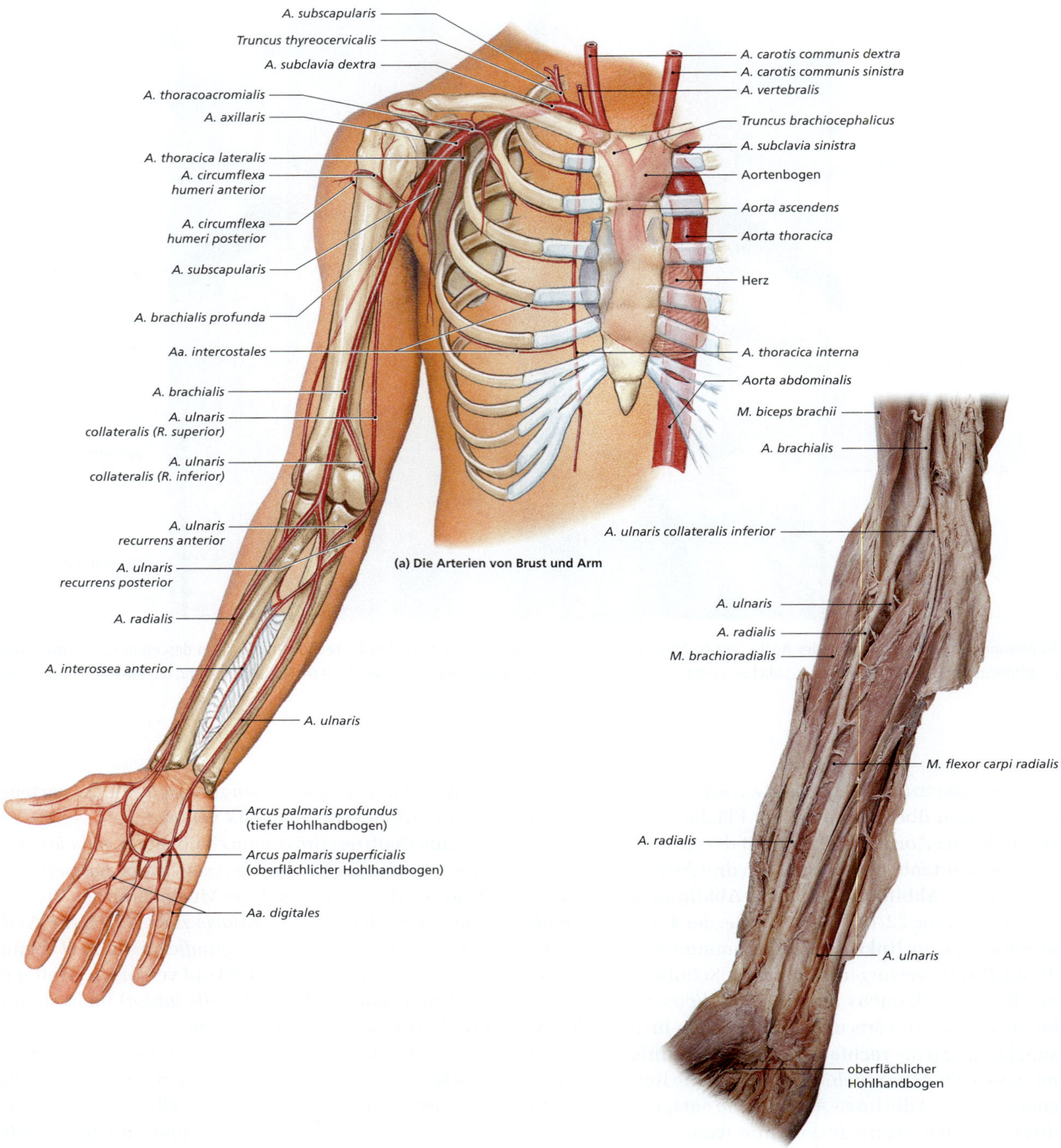

(a) Die Arterien von Brust und Arm

(b) Rechter Unterarm von anterior

Abbildung 22.12: Die Arterien von Brust und Arm. (a) Arterien aus dem Aortenbogen teilen sich in der Brust und im rechten Arm auf. (b) Rechter Unterarm von anterior, zur Darstellung der Arterien präpariert. (c) Rechte Axilla von anterior, zur Darstellung der Arterien und Nerven dieser Region präpariert. (d) Flussdiagramm der Versorgungsgebiete der Gefäße aus dem Aortenbogen. Dicke Pfeile zeigen Hauptwege an, dünne Pfeile die sekundären oder terminalen Wege.

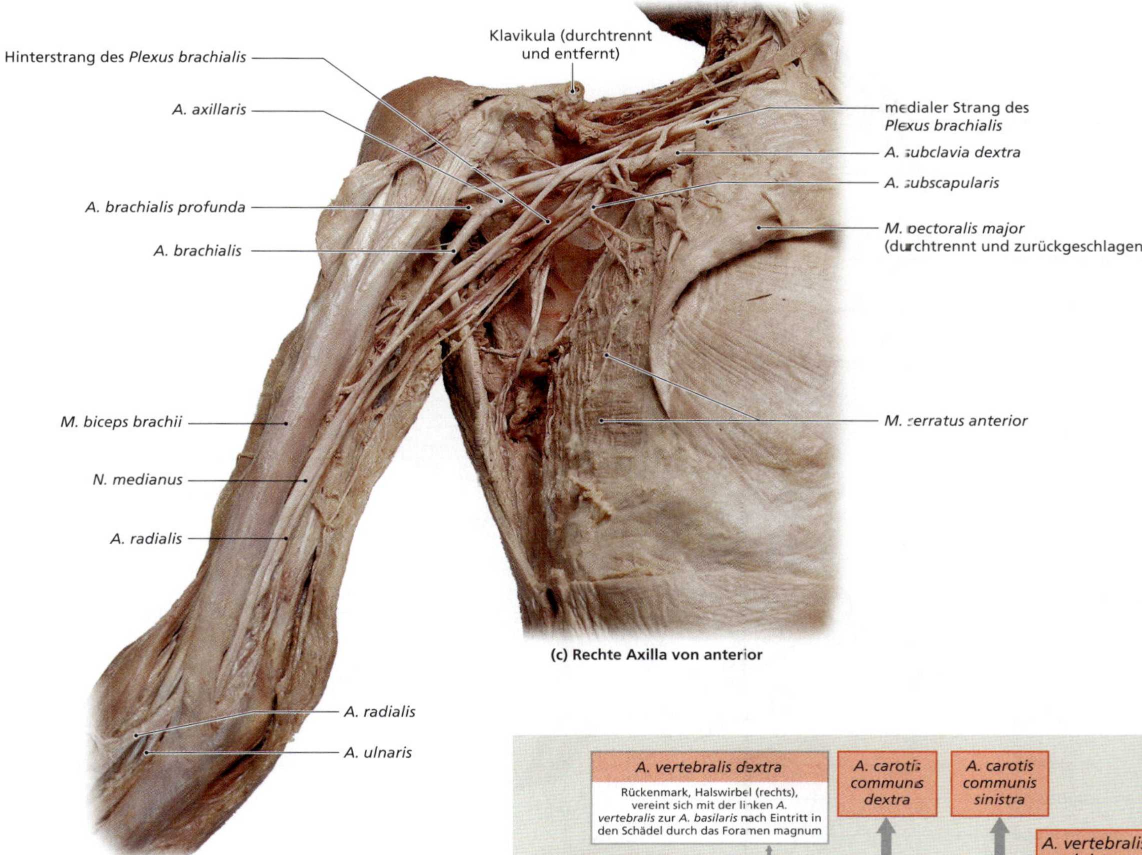

(c) Rechte Axilla von anterior

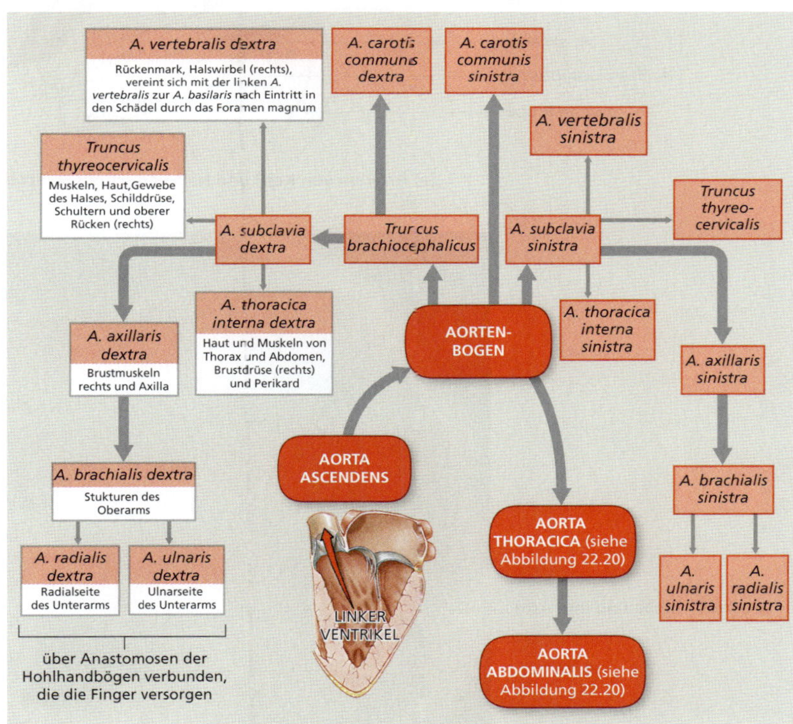

(d) Zusammenfassung der arteriellen Äste des Aortenbogens

Abbildung 22.12: (Fortsetzung) Die Arterien von Brust und Arm. (a) Arterien aus dem Aortenbogen teilen sich in der Brust und im rechten Arm auf. (b) Rechter Unterarm von anterior, zur Darstellung der Arterien präpariert. (c) Rechte Axilla von anterior, zur Darstellung der Arterien und Nerven dieser Region präpariert. (d) Flussdiagramm der Versorgungsgebiete der Gefäße aus dem Aortenbogen. Dicke Pfeile zeigen Hauptwege an, dünne Pfeile die sekundären oder terminalen Wege.

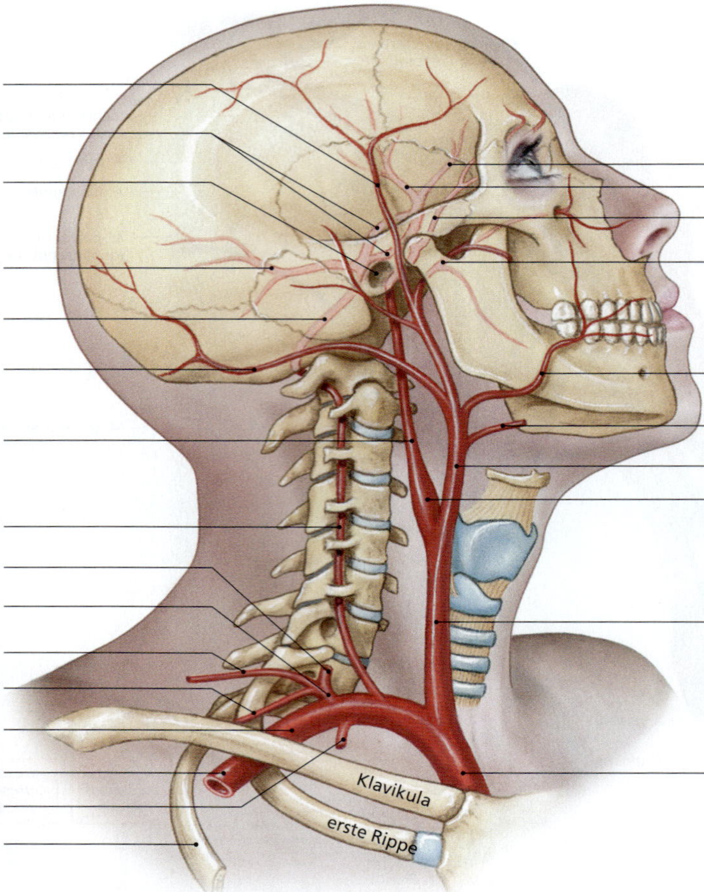

(a) Arterien von Kopf und Hals von schräg rechts lateral

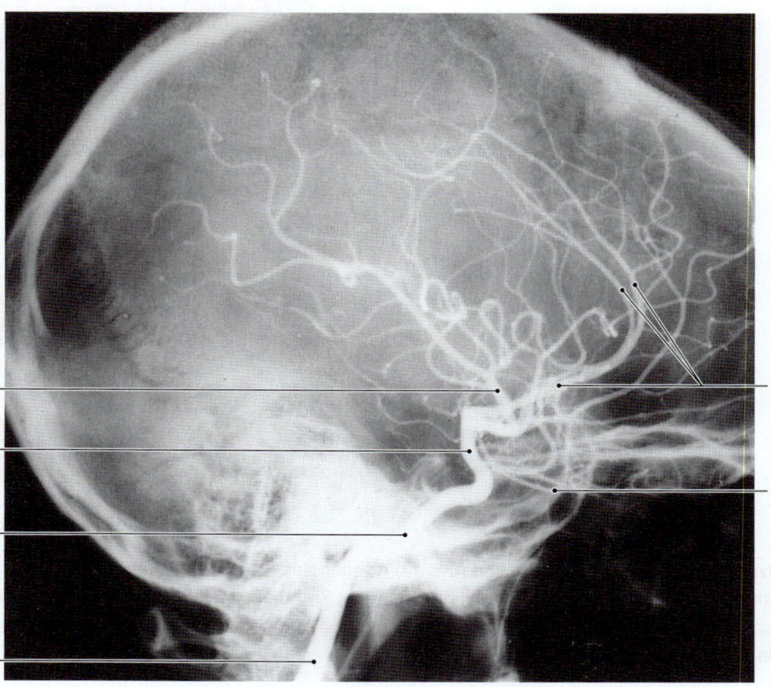

(b) Angiogramm von lateral

Abbildung 22.13: Die Arterien von Kopf und Hals. (a) Allgemeiner Verlauf der Arterien, die Hals und oberflächliche Strukturen des Halses versorgen, dargestellt von schräg rechts lateral. (b) Angiogramm der Aa. carotis internae und ihrer Äste im Schädelinneren.

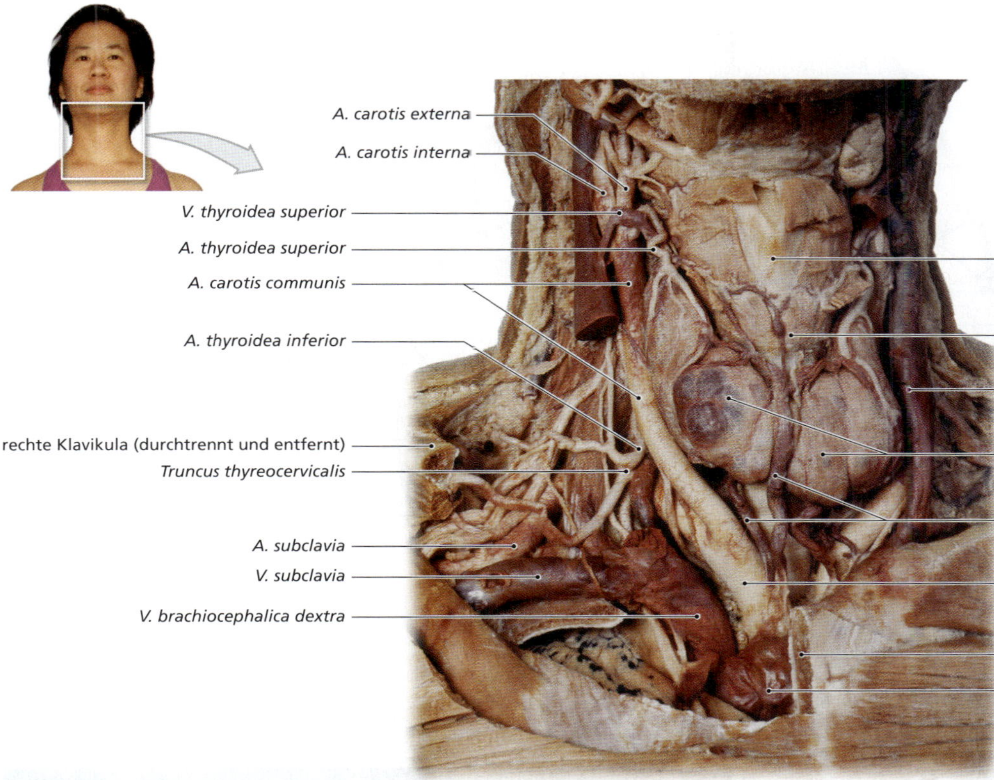

Abbildung 22.14: Die Hauptarterien des Halses. Das Präparat der vorderen Halsregion zeigt Lage und Erscheinungsbild der wichtigsten Arterien dieser Region. Ein Teil der rechten Klavikula, der ersten Rippe und des Manubrium sterni wurde entfernt, ebenso der inferiore Anteil der rechten V. jugularis interna.

seits der Trachea nach einem kräftigen Puls tastet. Auf der Höhe des Kehlkopfs teilen sie sich jeweils in eine **A. carotis externa** und eine **A. carotis interna**. Der **Sinus caroticus** an der Basis der *A. carotis interna* kann sich ein Stück die *A. carotis communis* entlang erstrecken (**Abbildung 22.14**; siehe auch Abbildung 22.13a). Er enthält Baro- und Chemorezeptoren für die Regulation des Kreislaufs. Die *A. carotis externa* versorgt Hals, Rachenraum, Ösophagus, Kehlkopf, Unterkiefer und Gesicht. Die *A. carotis interna* zieht durch den *Canalis caroticus* im *Os temporale* in die Schädelhöhle und versorgt das Gehirn. Beide *Aa. carotis internae* steigen bis auf Höhe der *Nn. optici* auf, wo sie sich jeweils in drei Äste aufteilen: 1. die **A. ophthalmica** für die Augen, 2. die **A. cerebri anterior** für Frontal- und Parietallappen des Gehirns und 3. die **A. cerebri media**, die das Mittelhirn und die lateralen Flächen der Großhirnhemisphären versorgt (**Abbildung 22.15**; siehe auch Abbildung 22.13).

Das Gehirn reagiert extrem sensibel auf Schwankungen seiner Durchblutung. Eine Unterbrechung der Blutzufuhr führt bereits nach einigen Sekunden zu einem Bewusstseinsverlust; nach 4 min können die Neuronen bereits dauerhaft geschädigt sein. Eine solche krisenhafte Situation ist sehr selten, da Blut sowohl über die *Aa. vertebrales* als auch über die *Aa. carotis internae* in das Gehirn gelangt. Die *Aa. vertebrales* entspringen aus den *Aa. subclaviae* und ziehen durch die *Foramina transversa* nach oben. Durch das *Foramen magnum* gelangen sie in den Schädel, wo sie an der Vorderfläche der *Medulla oblongata* zur unpaaren **A. basilaris** verschmelzen. Diese zieht an der ventralen Fläche der Pons weiter, wo sie sich vielfach verzweigt und sich schließlich in die beiden **Aa. cerebri posteriores** aufteilt. Von diesen zweigen die **Aa. communicantes posteriores** ab (siehe Abbildung 22.13a sowie 22.15a und b).

Die *Aa. carotis internae* speisen normalerweise die Arterien der anterioren Hirnhälfte; der Rest des Gehirns wird von den *Aa. vertebrales* versorgt. Dies kann sich jedoch leicht ändern, da die *Aa. carotis internae* und die *A. basilaris* in einer ringförmigen Anastomose, dem **Circulus arteriosus cerebri (Circulus arteriosus [Willisii])**, die das Infundibulum der Hypophyse umkreist, miteinander verbunden sind. Aufgrund dieser Anordnung kann das Gehirn von beiden oder nur einer seiner arteriellen Quellen versorgt werden, was die Gefahr einer ernsthaften Durchblutungsstörung vermindert.

Die Aorta descendens Der Aortenbogen geht in die *Aorta descendens* über. Das Zwerchfell trennt sie in eine **Aorta thoracica** und eine untere **Aorta abdominalis** (siehe Abbildung 22.10). Eine Zusammenfassung der Äste der *Aorta*

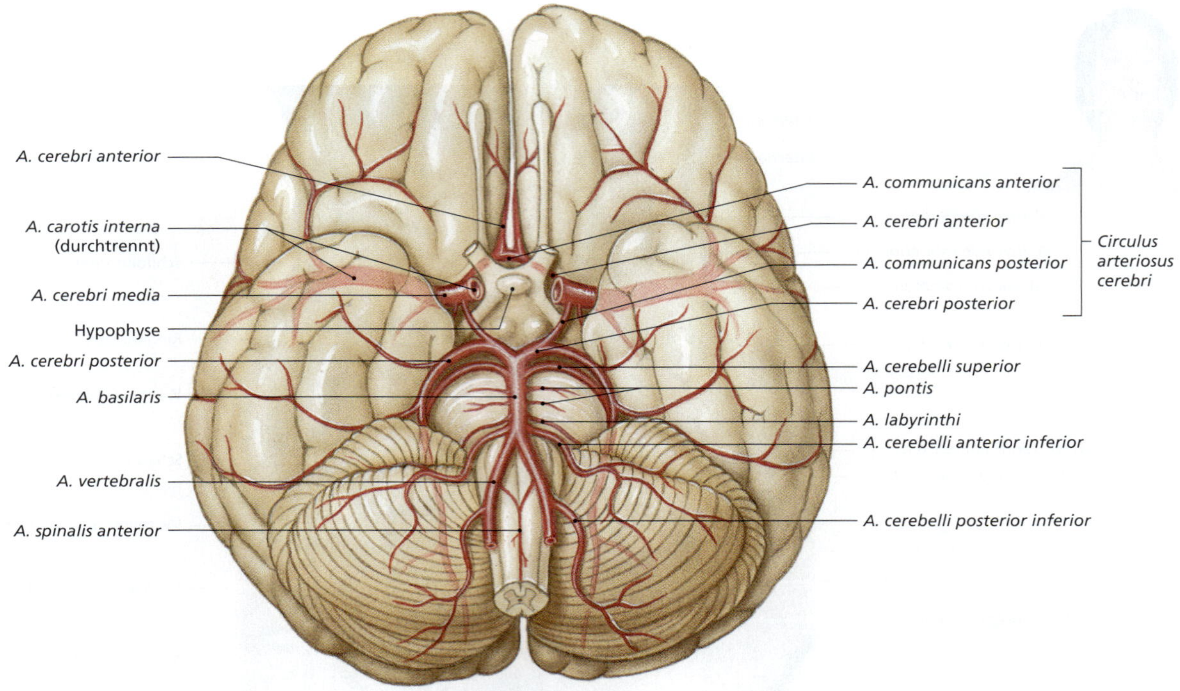

(a) Arterien des Gehirns von inferior

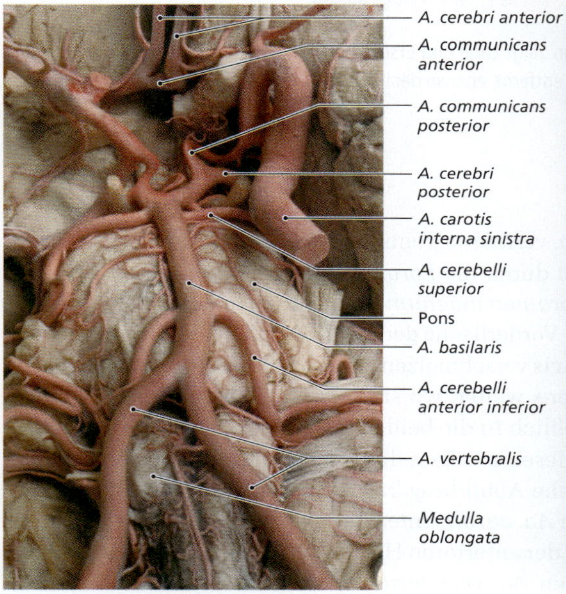

(b) Gefüllte Arterien zur Darstellung des *Circulus arteriosus cerebri (Willisii)*

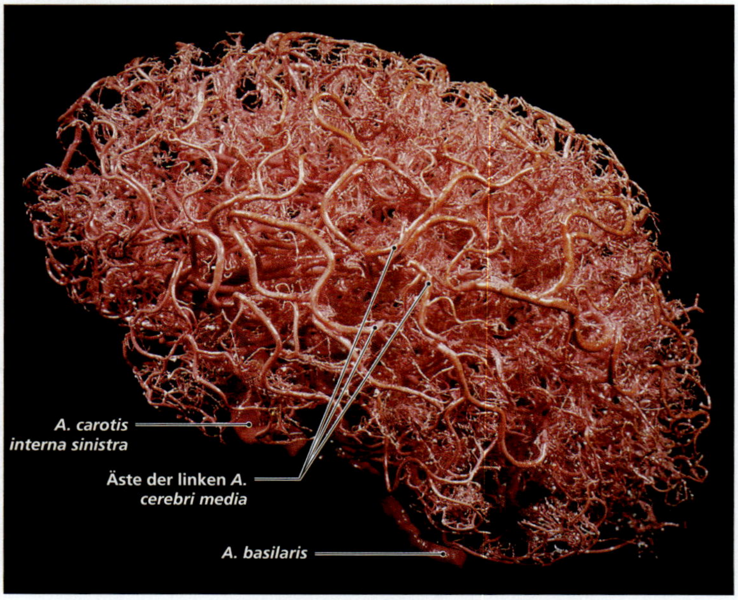

(c) Ausgusspräparat der *Aa. cerebri*, linke Hemisphäre

Abbildung 22.15: Die arterielle Versorgung des Gehirns. (a) Gehirn von inferior mit Darstellung der Gefäßverteilung. In Abbildung 22.22 (siehe unten) sehen Sie eine vergleichbare Darstellung der Venen auf der Unterfläche des Gehirns. (b) Die Arterien der Unterfläche des Gehirns; die Gefäße wurden mit rotem Latex gefüllt. (c) Ausgusspräparat der Hirnarterien von links (Nach Injektion der Gefäße mit Latex wurde das Hirngewebe im Säurebad herausgelöst.).

descendens finden Sie in Abbildung 22.20 (siehe unten), die der *Aorta thoracica* in **Abbildung 22.16**.

Die Aorta thoracica Die *Aorta thoracica* beginnt auf Höhe des fünften Brustwirbels und zieht auf Höhe von Th12 durch das Zwerchfell (siehe Abbildung 22.16). Sie zieht an der dorsalen Thoraxwand etwas links der Wirbelsäule durch das Mediastinum. Sie gibt Äste an die Thoraxorgane, die Muskulatur von Brustwand und Zwerchfell und den thorakalen Abschnitt des Rückenmarks ab. Man unterscheidet **viszerale** und **parietale Äste**. Die viszeralen Äste versorgen die Thoraxorgane: die *Aa. bronchiales* die Atemwege der Lungen, die *A. pericardiacophrenica* das Perikard, die *A. mediastinalis* weitere mediastinale

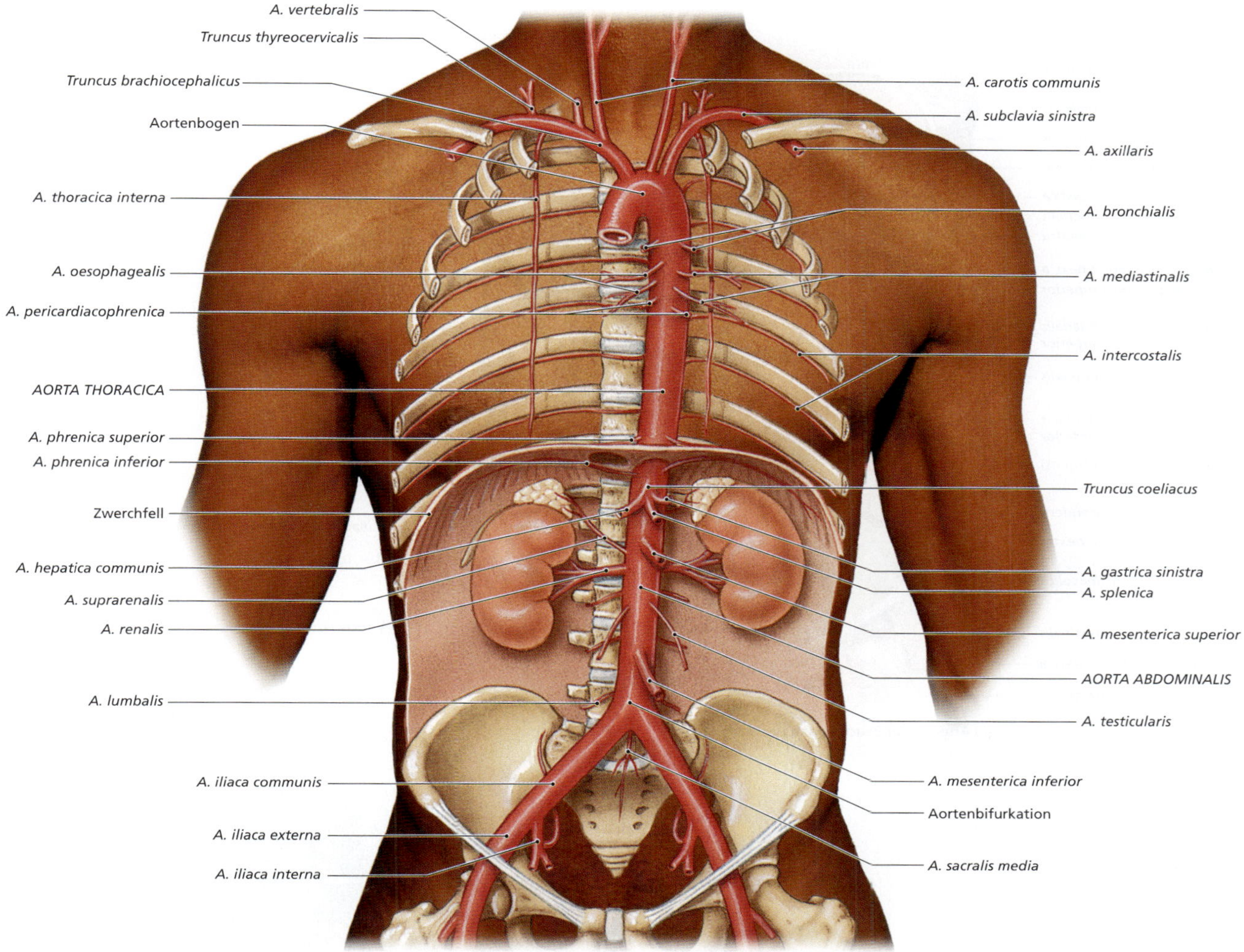

Abbildung 22.16: Die Hauptarterien des Rumpfes.

Strukturen und die *A. oesphagealis* die Speiseröhre. Die parietalen Äste versorgen die Thoraxwand: die *Aa. intercostales* die Brustmuskulatur und den Bereich um die Wirbelsäule und die *Aa. phrenicae superiores* die superiore Fläche des Zwerchfells, das Brust- und Bauchhöhle voneinander trennt.

DIE AORTA ABDOMINALIS Die *Aorta abdominalis* beginnt unmittelbar unterhalb des Zwerchfells (**Abbildung 22.17**; siehe auch Abbildung 22.16). Sie verläuft etwas links der Wirbelsäule abwärts, aber retroperitoneal; sie ist oft von einem Fettpolster umgeben. Auf Höhe von L4 teilt sie sich in die linke und die rechte **A. iliaca communis**, die die Strukturen des kleinen Beckens und der Beine versorgen. Diesen Abschnitt der Aorta bezeichnet man auch als **terminale Aorta** oder **Aortenbifurkation**.

Die *Aorta abdominalis* versorgt sämtliche Organe und Strukturen im Bauch-Becken-Raum mit Blut. Die Hauptäste zu den viszeralen Organen sind unpaar; sie entspringen an der anterioren Fläche der Aorta und ziehen durch die Mesenterien zu ihren Zielorganen. Die Arterien für die Rumpfwand, die Nieren und extraperitoneale Strukturen sind paarig; sie verlassen die Aorta seitlich. In Abbildung 22.16 sind die wichtigsten Arterien des Rumpfes dargestellt; die Organe sind entfernt.

Es gibt drei unpaare Arterien: 1. den *Truncus coeliacus*, 2. die *A. mesenterica superior* und 3. die *A. mesenterica inferior* (siehe Abbildung 22.16 und 22.17):

- Der **Truncus coeliacus** führt Blut zur Leber, zum Magen, zum Ösophagus, zur Gallenblase, zum Duodenum, zum Pankreas und zur Milz. Er zweigt sich in drei Äste auf:
  - die **A. gastrica sinistra**, die den Magen und den unteren Abschnitt des Ösophagus versorgt
  - die **A. splenica**, die die Milz versorgt und Äste an den Magen *(A. gastroepiploica sinistra)* und das Pankreas *(A. pancreatica)* abgibt
  - die **A. hepatica communis**, die Äste an die Leber *(A. hepatica propria)*, den Magen *(A. gastrica dextra)*, die Gallenblase *(A. cystica)* und die Duodenalregion *(A. gastroduodenalis, A. gastroepiploica dextra und Aa. pancreaticoduodenales superiores)* abgibt

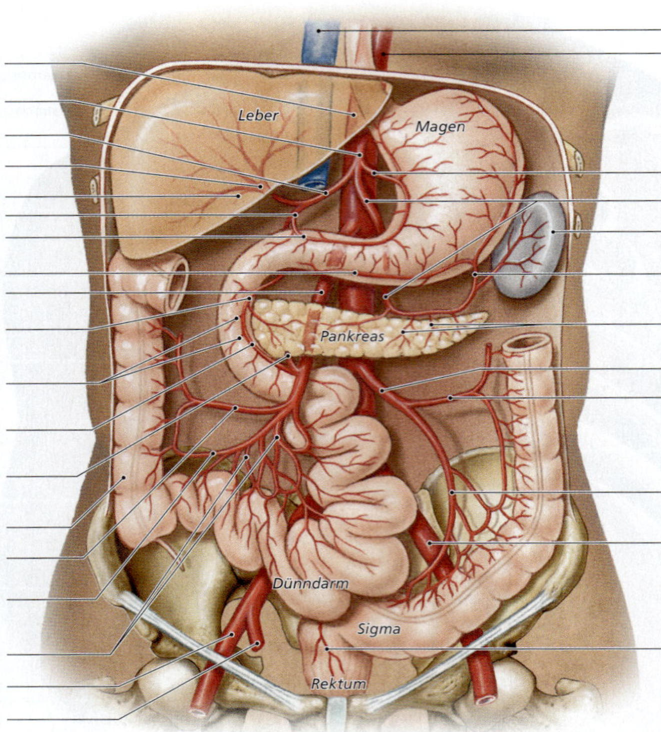

(a) Arterien der Bauchorgane von anterior

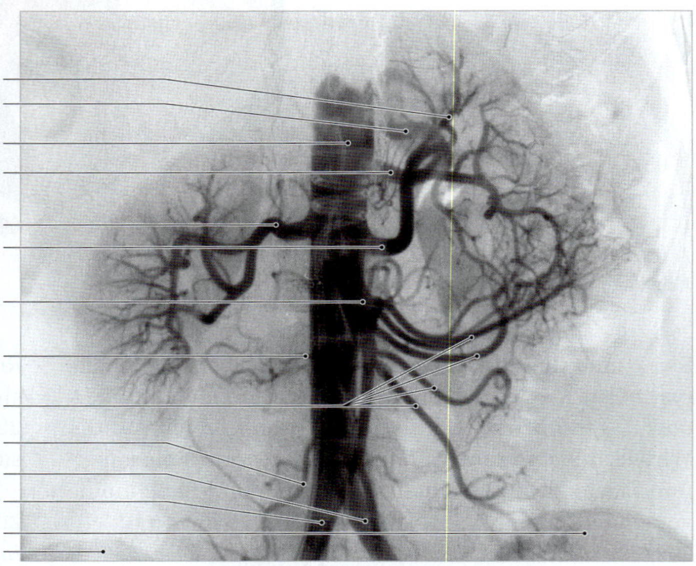

(b) Angiogramm der Aorta abdominalis

Abbildung 22.17: Die Arterien des Abdomens. (a) Hauptarterien für die Bauchorgane. (b) Angiogramm der Aorta abdominalis mit Darstellung der Gefäße zu den Bauchorganen und den Nieren im a.-p. Strahlengang.

- Die **A. mesenterica superior** entspringt etwa 2,5 cm unterhalb des *Truncus coeliacus*; sie versorgt Pankreas und Duodenum *(A. pancreaticoduodenalis inferior)*, Dünndarm *(Aa. intestinales)* und den Großteil des Dickdarms *(Aa. colica dextra und media, Aa. ileocolicae)*.
- Die **A. mesenterica inferior** entspringt etwa 5 cm oberhalb der Aortenbifurkation und führt Blut zum terminalen Abschnitt des Dickdarms *(A. colica sinistra, Aa. sigmoideae)* und zum Rektum *(Aa. rectales)*.

Es gibt fünf paarige Arterien: 1. die *A. phrenica inferior*, 2. die *A. suprarenalis*, 3. die *A. renalis*, 4. die *A. gonadalis* und 5. die *A. lumbalis*.

- Die **A. phrenica inferior** versorgt die Unterfläche des Zwerchfells und den inferioren Abschnitt des Ösophagus.
- Die **Aa. suprarenales** entspringen beiderseits der Aorta nahe beim Abgang der *A. mesenterica superior*. Sie

versorgen jeweils eine Nebenniere, die auf dem oberen Abschnitt der Niere aufsitzt.

- Die kurzen **Aa. renales** (ca. 7,5 cm) entspringen posterolateral von der *Aorta abdominalis*, etwa 2,5 cm unterhalb der *A. mesenterica superior*, und ziehen nach posterior an das Peritoneum. Die weiteren Verzweigungen besprechen wir in Kapitel 26.
- Die **Aa. testicularis und ovarica** verlassen die *Aorta abdominalis* zwischen der *A. mesenterica superior* und der *A. mesenterica inferior*. Beim Mann nennt man sie *Aa. testiculares*; es sind lange, dünne Gefäße, die Hoden und Skrotum versorgen. Bei der Frau heißen sie *Aa. ovaricae* und versorgen Ovarien, Eileiter und Uterus mit Blut. Der Verlauf der gonadalen Gefäße (Arterien und Venen) ist bei Männern und Frauen unterschiedlich; diese Unterschiede werden in Kapitel 27 beschrieben.
- Kleine **Aa. lumbales** entspringen an der posterioren Fläche der Aorta und versorgen die Wirbel, das Rückenmark und die Rumpfwand.

DIE ARTERIEN DES BECKENS UND DER BEINE Etwa auf Höhe von L4 teilt sich die terminale Aorta und bildet die beiden **Aa. iliacae communes** (Arterien vom muskulösen Typ) und die kleine **A. sacralis mediana**. Sie tragen Blut zum kleinen Becken und zu den Beinen (**Abbildung 22.18** und **Abbildung 22.19**; siehe auch Abbildung 22.16). Auf ihrem Weg an der Innenfläche des *Os ilium* entlang ziehen sie hinter dem Zäkum und dem Sigma abwärts und teilen sich auf Höhe des lumbosakralen Übergangs in jeweils eine **A. iliaca interna** und eine **A. iliaca externa**. Die *A. iliaca interna* zieht in das Becken und versorgt die Harnblase, die innere und äußere Wand des Beckens, die äußeren

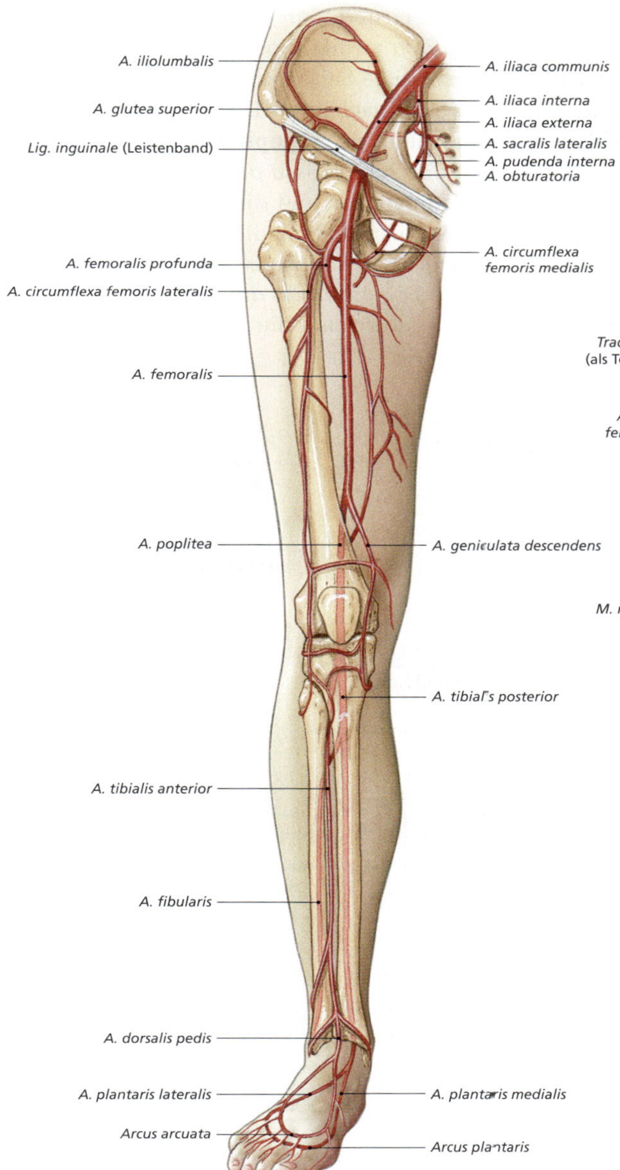

(a) Blick von anterior

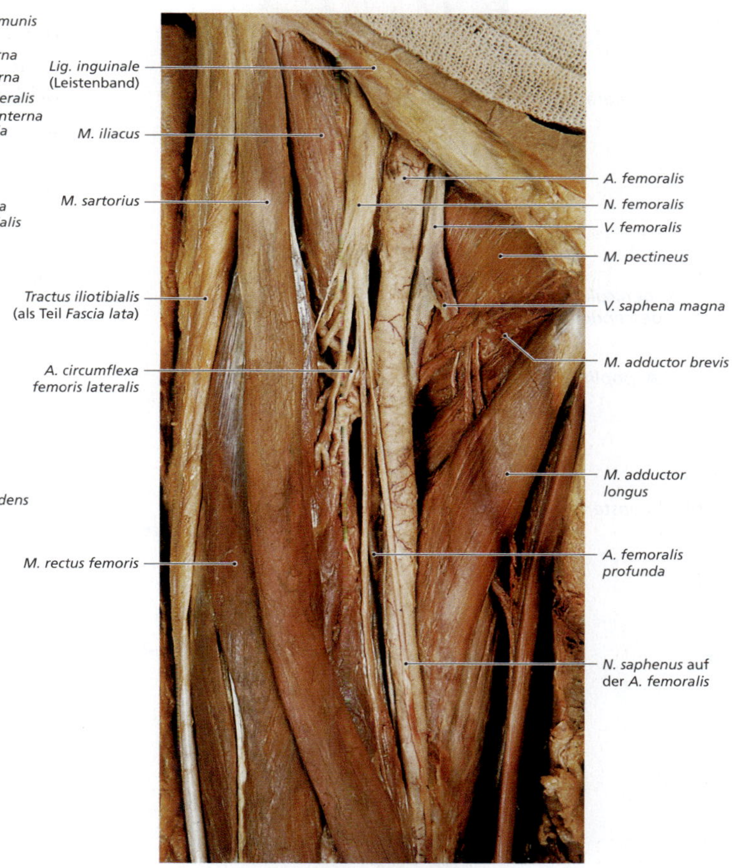

(b) Oberschenkelgefäße und Begleitstrukturen

Abbildung 22.18: Die Hauptarterien des Beines, Teil I. (a) Die Arterien des Beines von anterior. (b) Hauptarterien des rechten Oberschenkels.

Genitalien und die Innenseite des Oberschenkels. Die wichtigsten Äste sind die *A. glutealis superior*, die *A. pudenda interna*, die *A. obturatoria* und die *Aa. sacrales laterales*. Bei Frauen versorgen diese Gefäße außerdem noch Uterus und Vagina. Die deutlich dickere *A. iliaca externa* versorgt die Beine mit Blut.

Die Arterien des Beines Die *A. iliaca externa* überkreuzt den *M. iliopsoas* und zieht auf halber Strecke zwischen der *Spina iliaca superior anterior* und der Symphyse durch die Bauchwand. Sie taucht als **A. femoralis** auf der anteromedialen Fläche des Oberschenkels wieder auf. Etwa 5 cm weiter distal zweigt lateral die **A. femoralis profunda** ab (siehe Abbildung 22.18). Sie gibt die *Aa. circumflexae femoris lateralis* und *medialis* ab und versorgt Haut und tiefe Muskulatur der ventralen und lateralen Oberschenkelregion. Die *A. circumflexa femoris lateralis* ist beim Erwachsenen das wichtigste Gefäß für die Versorgung des Femurkopfs.

Die *A. femoralis* zieht weiter nach inferior-posterior an den Femur. In der *Fossa poplitea* zweigt die **A. geniculata descendens** ab, die die mediale Seite des Knies versorgt. Die *A. femoralis* zieht weiter; nach ihrem Durchtritt durch den *M. adductor magnus* heißt sie **A. poplitea** (siehe Abbildung 22.19). Sie zieht durch die *Fossa poplitea*, bevor sie sich in die **A. tibialis posterior** und die **A. tibialis anterior** teilt. Die *A. tibialis posterior* gibt die **A. fibularis** (oder *A. peronea*) ab und zieht an der posterioren Tibiafläche vorbei weiter abwärts. Die *A. tibialis anterior* zieht zwischen Tibia und Fibula hindurch auf die Vorderfläche der Tibia

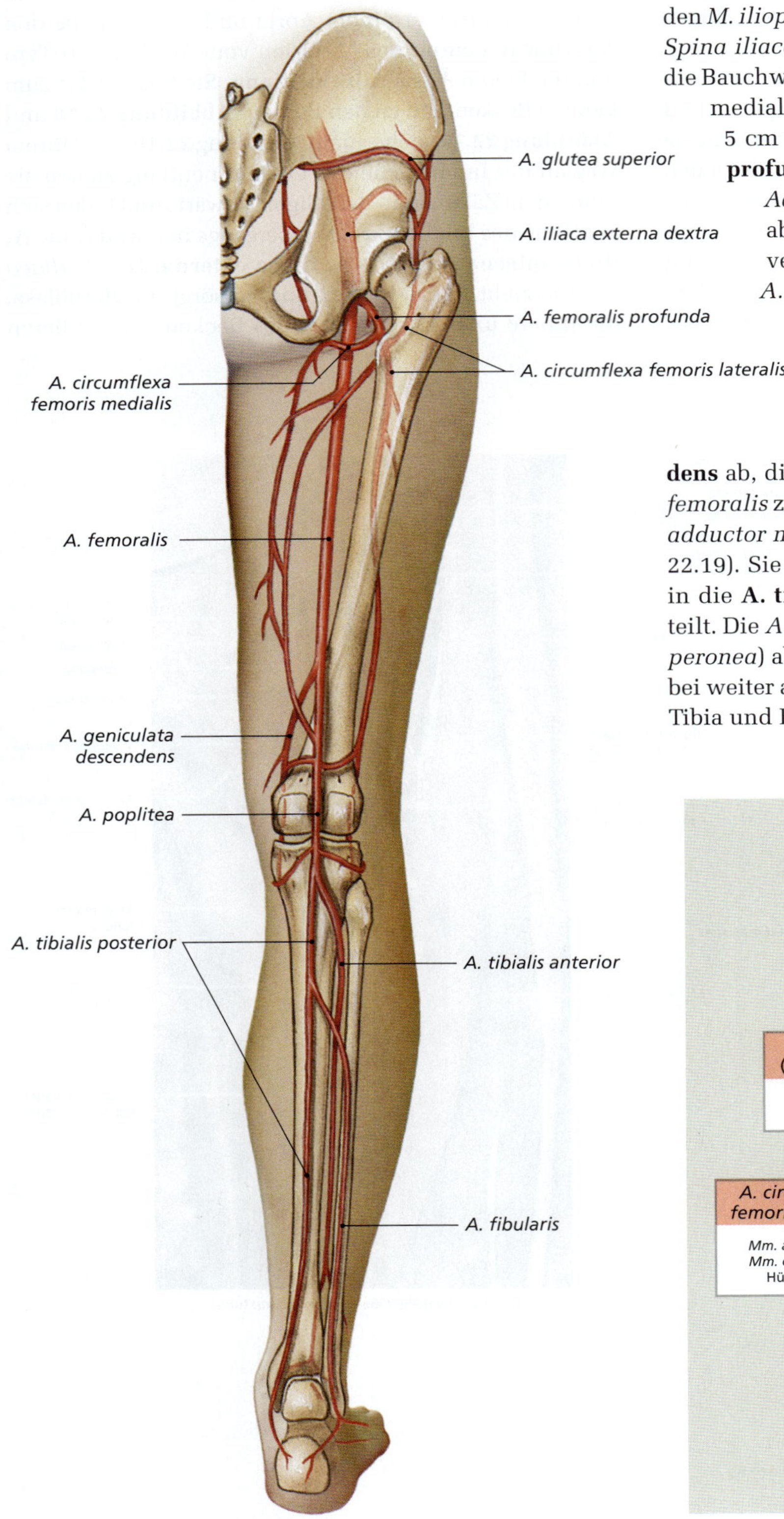

(a) Blick von posterior

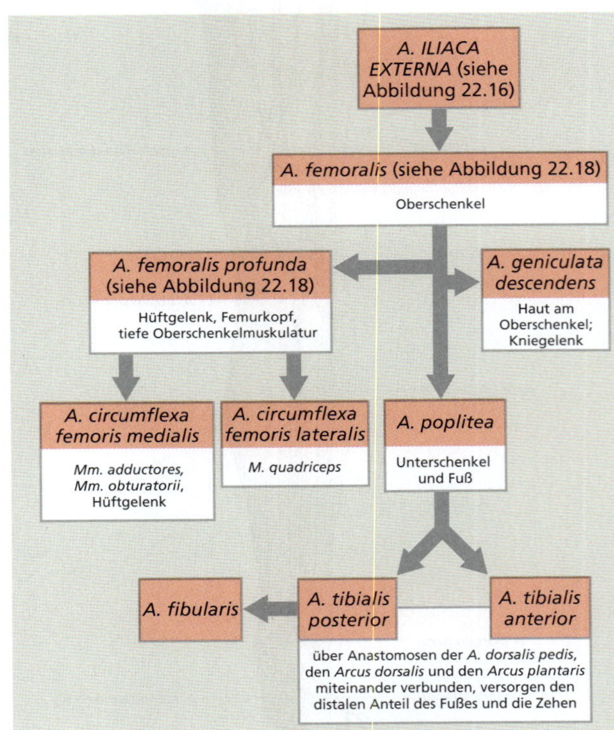

(b) Die Hauptarterien der unteren Extremität

Abbildung 22.19: Die Hauptarterien des Beines, Teil II. (a) Die Arterien des Beines von posterior. (b) Zusammenfassung der Hauptarterien des Beines.

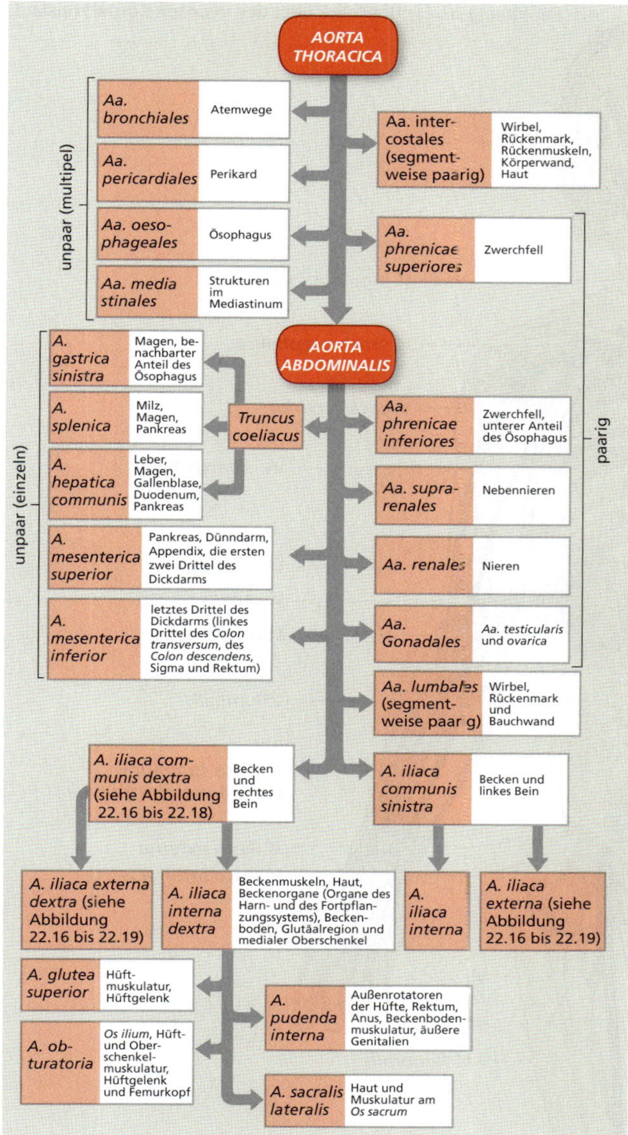

Abbildung 22.20: **Das arterielle System – eine Zusammenfassung.** Die Verteilung des Blutes von der Aorta aus.

und sorgt auf ihrem weiteren Weg zum Fuß herab für die Durchblutung von Haut und Muskeln an der Vorderseite des Unterschenkels.

Die Arterien des Fusses Die *A. tibialis anterior* heißt ab ihrer Ankunft am oberen Sprunggelenk **A. dorsalis pedis**. Sie verzweigt sich mehrfach und versorgt das obere Sprunggelenk und den dorsalen Abschnitt des Fußes (siehe Abbildung 22.18).

Die *A. tibialis posterior* teilt sich am oberen Sprunggelenk in die **Aa. plantares medialis und lateralis**, die die Plantarfläche des Fußes versorgen. Sie sind durch zwei Anastomosen mit der *A. dorsalis pedis* verbunden; somit ist die *A. arcuata* an den *Arcus plantaris* angeschlossen. Kleine Arterien, die von diesen Bögen entspringen, versorgen den distalen Fuß und die Zehen.

AUFGABEN

1. Welche Körperregionen werden von den *Aa. carotes* versorgt?
2. Welche Arterie befindet sich im Bizepsbereich des rechten Armes?
3. Wie heißt die *A. iliaca externa*, nachdem sie die Bauchhöhle verlassen hat?
4. Führt eine Beschädigung der *A. carotis interna* immer zu einem Hirnschaden? Warum oder warum nicht?

Bevor Sie nun weiterlesen, betrachten Sie **Abbildung 22.20**, in der die Anordnung der Äste der thorakalen, abdominalen und terminalen Aorta dargestellt ist.

Körpervenen

Venen sammeln das Blut aus den Geweben und Organen des Körpers über ein ausgedehntes venöses Netzwerk, das das Blut über die *Vv. cavae superior* und *inferior* (obere und untere Hohlvene) in das rechte Atrium befördert (**Abbildung 22.21**). Vergleicht man Abbildung 22.21 und Abbildung 22.10, stellt man fest, dass Arterien und Venen meist nebeneinander her laufen und die Namen in vielen Fällen vergleichbar sind. So verlaufen die *Aa. axillares* neben den *Vv. axillares*. Außerdem läuft neben den Gefäßen oft noch ein Nerv mit, der dasselbe Gebiet versorgt und denselben Namen trägt.

Ein bedeutsamer Unterschied zwischen dem arteriellen und dem venöses System betrifft den Verlauf der großen Venen an Hals und Extremitäten. Die Arterien dieser Regionen befinden sich nicht an der Körperoberfläche, sondern sie verlaufen tief im Schutze der Knochen und der umgebenden Weichteile Im Gegensatz dazu gibt es am Hals und an den Extremitäten zwei venöse Stromgebiete, ein oberflächliches und ein tiefes. Die oberflächlichen Venen sind so dicht an der Körperoberfläche, dass man sie gut sehen und für Blutentnahmen punktieren kann. Meist verwendet man dazu oberflächliche Armvenen im Bereich der Ellenbeuge.

Diese **duale Drainage** spielt eine wichtige Rolle bei der Regulierung der Körpertemperatur. Bei abnorm niedriger Temperatur wird die arterielle Durchblutung der Haut reduziert; die oberflächlichen Venen werden übergangen. Das Blut, das in die Extremitäten gelangt, verlässt es wieder über die tiefen Venen. Bei einer Überhitzung wird die Hautdurchblutung gesteigert; die oberflächlichen Venen sind dilatiert. Dies ist einer der Gründe, weswegen bei körperlicher Anstrengung oder in der Sauna, einer heißen Wanne oder einem Dampfbad die Venen an Armen und Beinen so deutlich sichtbar sind.

Der Verlauf der Venen ist variabler als der der Arterien. Arterien laufen meist direkt auf ihr Ziel zu, da sie während

Abbildung 22.21: Überblick über den venösen Körperkreislauf.

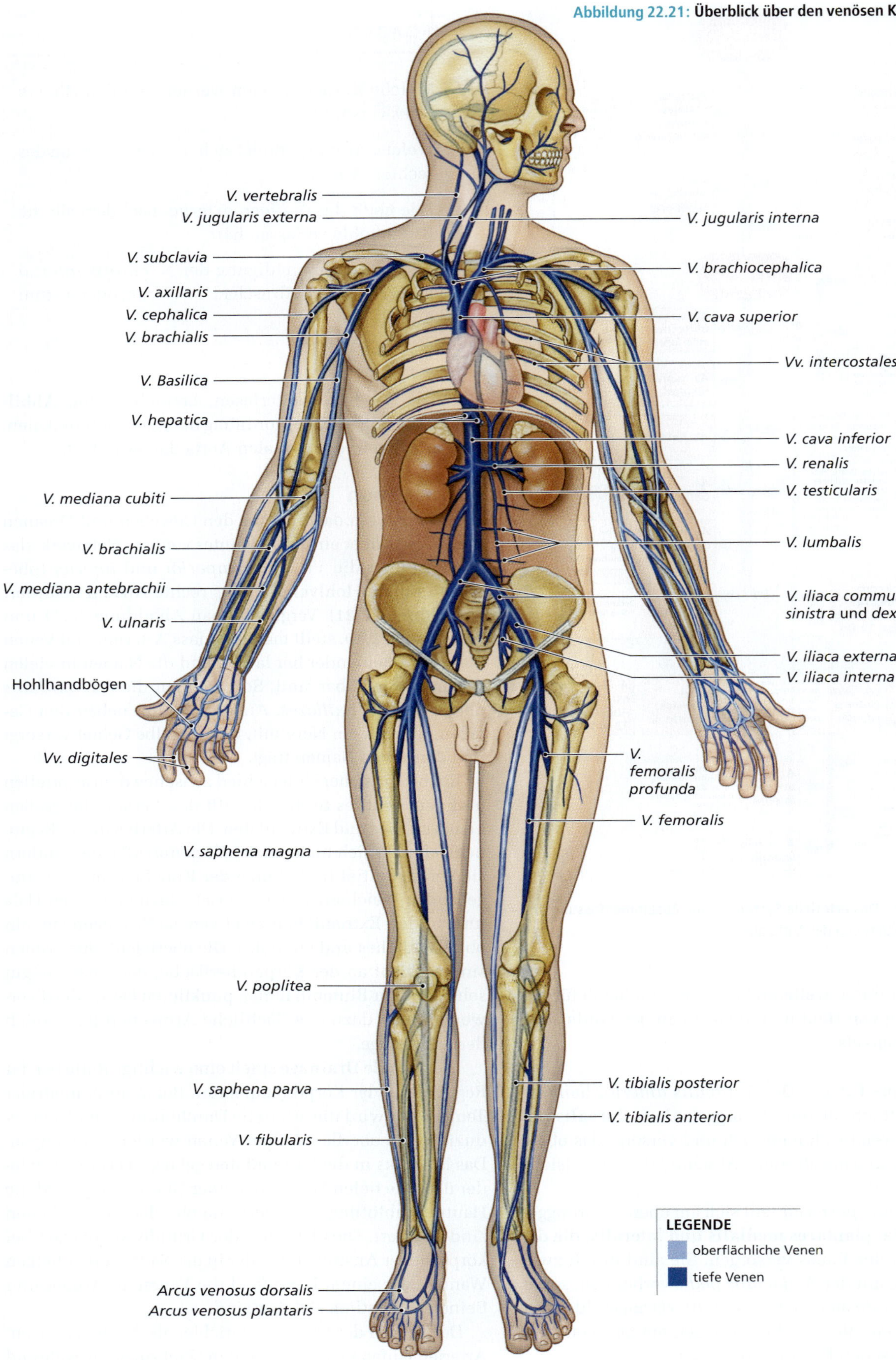

ihrer Entwicklung auf aktive Gewebe zuwachsen. Bis das Blut den venösen Abschnitt erreicht hat, ist der Druck niedrig; der genaue Verlauf hat keine besondere funktionelle Bedeutung. Bei der nachfolgenden Besprechung wird der häufigste Verlauf zugrunde gelegt.

V. CAVA SUPERIOR Alle Körpervenen bis auf die Koronarvenen, die direkt in den Koronarsinus drainieren, tragen das Blut entweder in die *V. cava superior* oder die *V. cava inferior*. Die *V. cava superior* nimmt Blut aus den Geweben und Organen von Kopf, Hals, Brust, Schultern und Armen auf (siehe Abbildung 22.21 und 22.24a [siehe unten]).

VENÖSER RÜCKLAUF AUS DEM SCHÄDEL Zahlreiche *Vv. cerebri superficiales* und *Vv. cerebri internae* drainieren die Großhirnhemisphären. Die **Vv. cerebri superficiales** entleeren sich in ein Netzwerk duraler Sinus, einschließlich der *Sinus sagittales superior* und *inferior*, der *Sinus petrosus*, des *Sinus occipitalis*, des linken und rechten *Sinus transversus* und des *Sinus rectus* (**Abbildung 22.22**). Der größte Sinus, der **Sinus sagittalis superior**, liegt innerhalb der *Falx cerebri*. Der Großteil der **Vv. cerebri internae** fließt innerhalb des Gehirns zur großen **V. cerebri magna** zusammen, die Blut von den Innenseiten der Großhirnhemisphären und vom *Plexus choroideus* sammelt und dem **Sinus rectus**

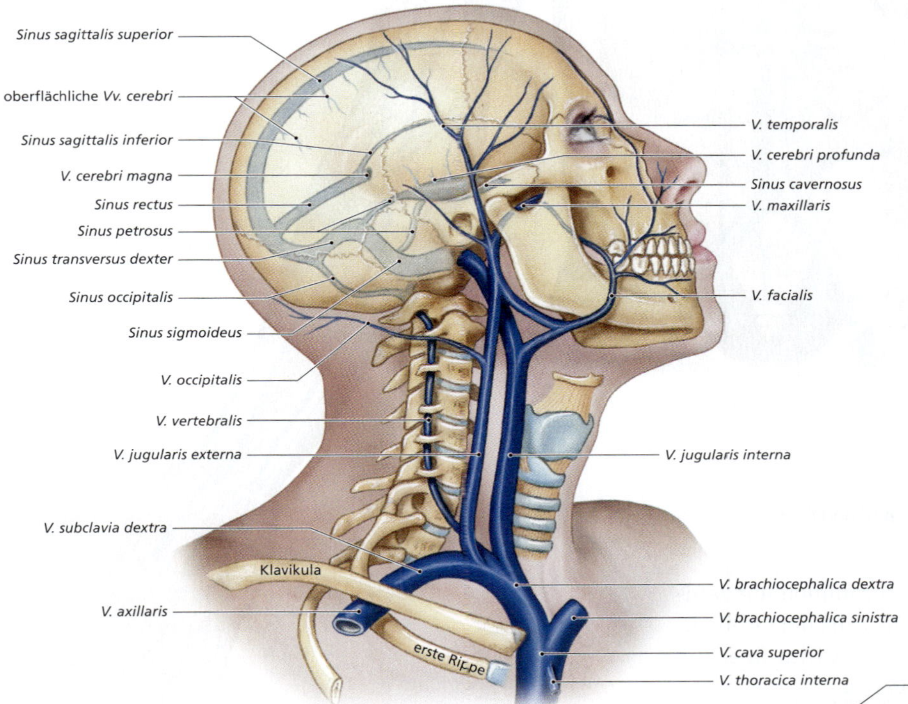

(a) Venen von Kopf und Hals von lateral

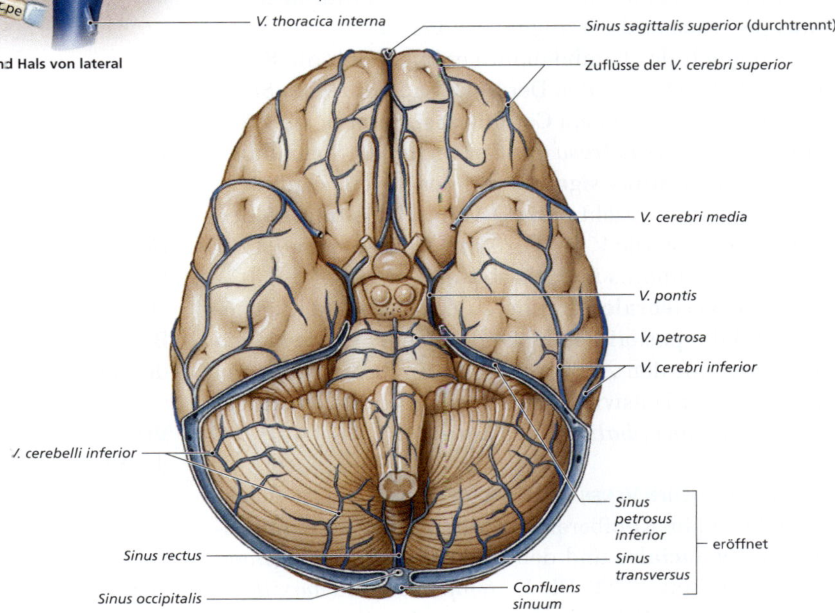

(b) Venöse Drainage des Gehirns von inferior

Abbildung 22.22: Die Hauptvenen von Kopf und Hals. (a) Darstellung der wichtigsten tiefen und oberflächlichen Venen von Kopf und Hals von schräg rechts lateral. (b) Gehirn von anterior mit Darstellung der wichtigsten Venen. Vergleichen Sie sie mit den wichtigsten Arterien in Abbildung 22.15a.

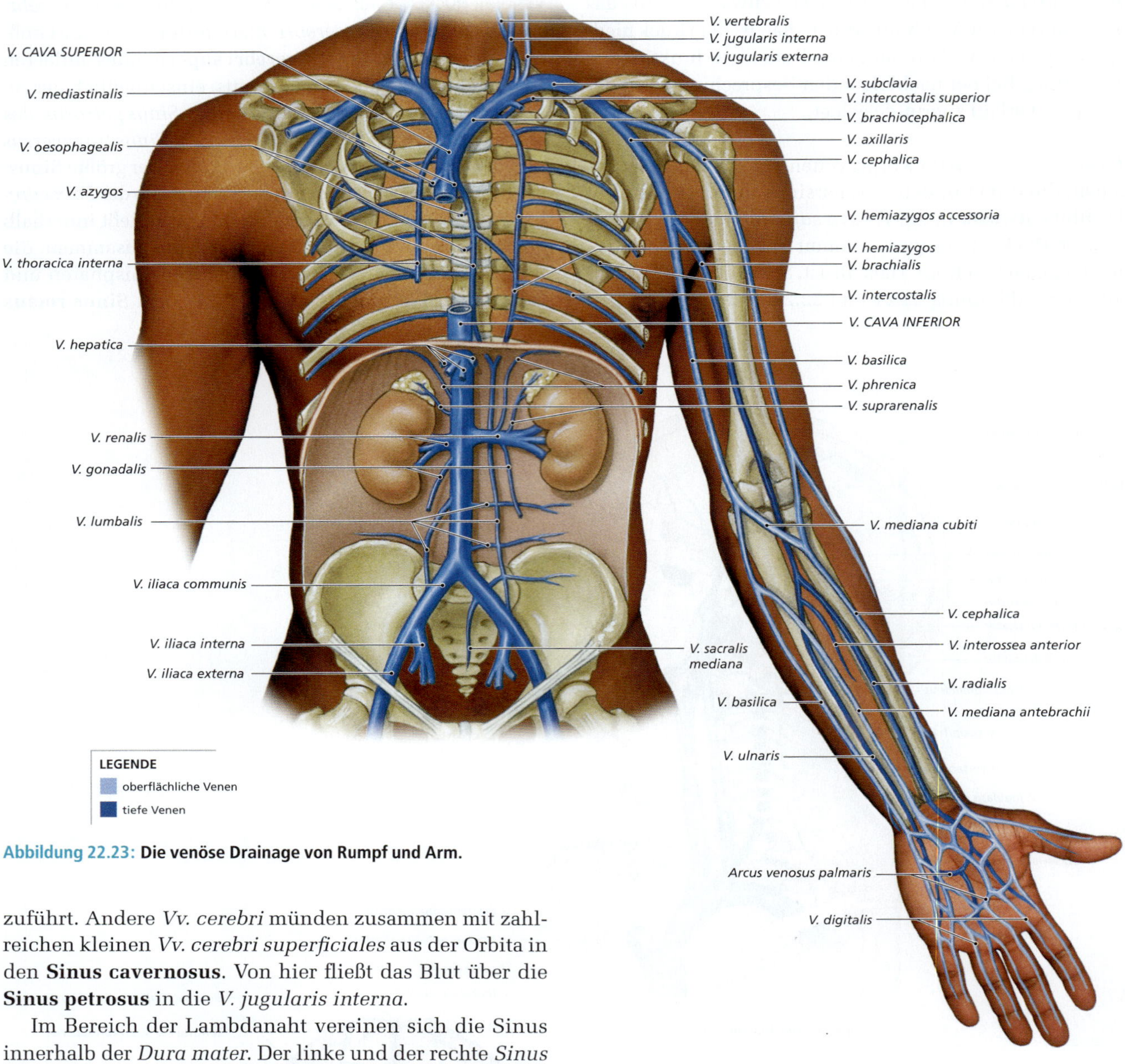

Abbildung 22.23: Die venöse Drainage von Rumpf und Arm.

zuführt. Andere *Vv. cerebri* münden zusammen mit zahlreichen kleinen *Vv. cerebri superficiales* aus der Orbita in den **Sinus cavernosus**. Von hier fließt das Blut über die **Sinus petrosus** in die *V. jugularis interna*.

Im Bereich der Lambdanaht vereinen sich die Sinus innerhalb der *Dura mater*. Der linke und der rechte *Sinus transversus* entstehen am **Confluens sinuum** in der Nähe der Basis der *Pars petrosa* des *Os temporale*. Sie münden jeder in einen **Sinus sigmoideus**, der jeweils durch ein *Foramen jugulare* zieht und als **V. jugularis interna** den Schädel verlässt. Die *V. jugularis interna* zieht parallel zur *A. carotis communis* im Hals abwärts.

Die **Vv. vertebrales** drainieren das zervikale Rückenmark und die posteriore Fläche des Schädels. Sie ziehen zusammen mit den *Aa. vertebrales* durch die *Foramina transversa* der Halswirbel abwärts und entleeren sich in die *Vv. brachiocephalicae* im Thorax.

Die oberflächlichen Venen von Kopf und Hals Die oberflächlichen Venen im Kopfbereich fließen zu den **Vv. temporales**, den **Vv. faciales** und den **Vv. maxillares** zusammen (siehe Abbildung 22.22). Die *Vv. temporalis* und *maxillaris* drainieren in die **V. jugularis externa**. Die *V. facialis* geht in die *V. jugularis interna* über; eine breite Anastomose zwischen den *Vv. jugularis externa* und *interna* am Kieferwinkel ermöglicht einen dualen venösen Abfluss aus Gesicht, Kopf und Schädel. Die *V. jugularis* zieht oberflächlich über dem *M. sternocleidomastoideus* abwärts. Hinter der Klavikula entleert sie sich in die *V. subclavia*. Beim Gesunden ist sie leicht tastbar; manchmal kann man den **Jugularvenenpuls** am Halsansatz sehen.

Venöser Rückfluss aus dem Arm Die **Vv. digitales** gehen in die **Vv. palmares superficiales und profundae** der Hand über, die miteinander zu Hohlhandbögen verbunden sind. Der **Arcus venosus superficialis** entleert sich in die **V. cephalica**, die auf der radialen Seite den Unterarm hoch zieht, in die **V. mediana antebrachii** und in die **V. basilica**, die auf der ulnaren Seite hoch zieht. Anterior am Ellenbogen verläuft oberflächlich die **V. cubitalis**, die die *Vv. cephalica* und *basilica* vereint. Eine venöse Blutabnahme erfolgt oft aus dieser Vene.

Vom Ellenbogen aus zieht die *V. basilica* an der medialen Fläche des *M. biceps brachii* entlang. Auf Höhe der Axilla fließen die *V. basilica* und die *V. brachialis* zur **V. axillaris** zusammen (**Abbildung 22.23**).

Die tiefen palmaren Venen drainieren in die *V. radialis* und die *V. ulnaris*. Oberhalb des Ellenbogens fließen diese Venen mit der *V. interossea* zusammen und bilden die **V. brachialis**, die parallel zur *A. brachialis* verläuft. Auf ihrem Weg zum Rumpf erhält sie noch einen Zufluss aus der *V. basilica*, bevor sie als *V. axillaris* durch die Axilla zieht.

Die Entstehung der V. cava superior Auf der Außenfläche der ersten Rippe fließen die *V. cepahalica* und die *V. axillaris* zusammen und bilden so die **V. subclavia**. Sie zieht über die erste Rippe hinweg und an der Klavikula entlang

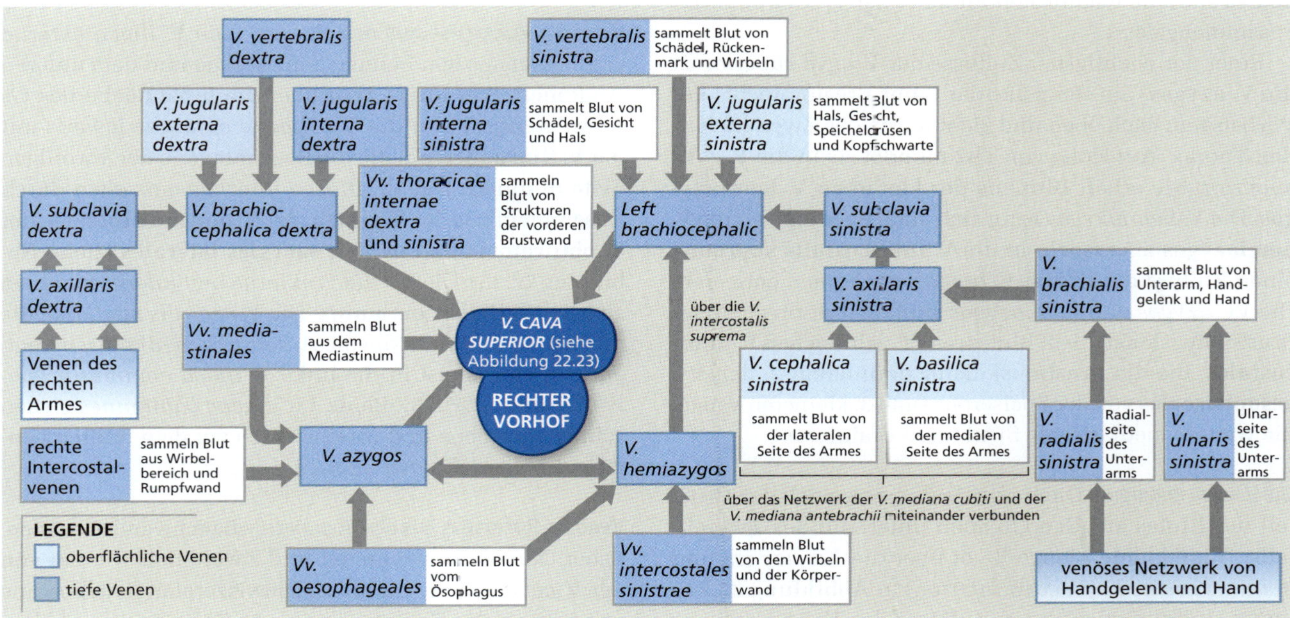

(a) Die Zuflüsse der *V. cava superior*

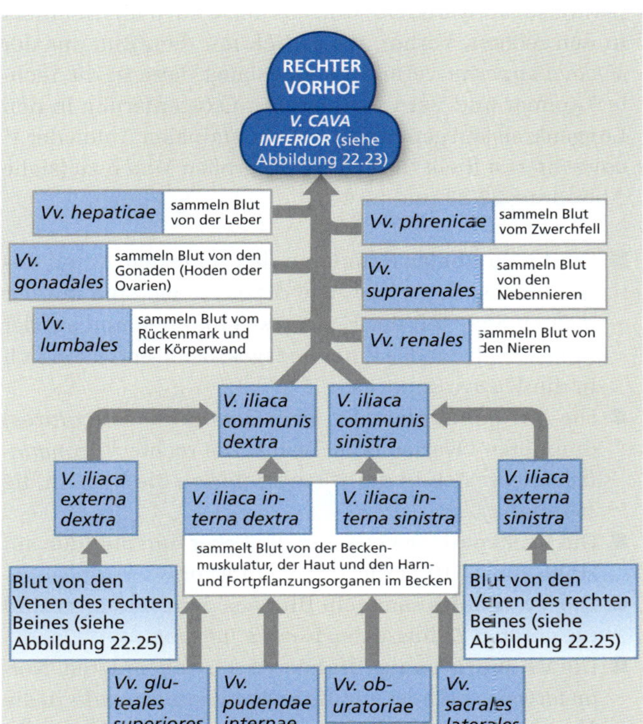

(b) Zuflüsse der *V. cava inferior*

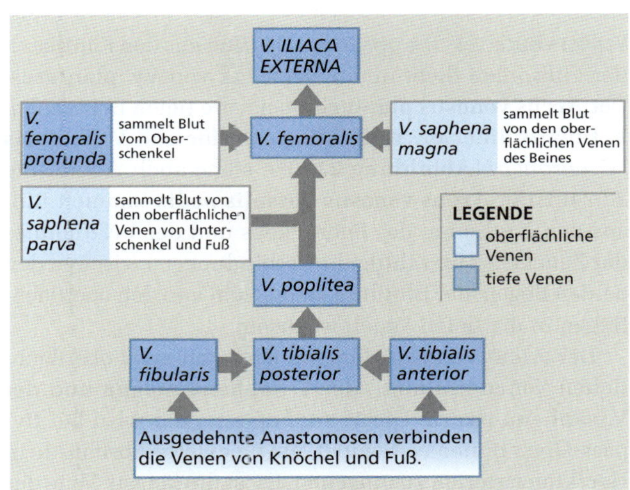

(c) Zusammenstellung der Venen der unteren Extremität

Abbildung 22.24: Das venöse System – eine Zusammenfassung als Flussdiagramm.

in den Brustraum. Dort fließt sie mit den *Vv. jugulares externa* und *interna* zusammen; es entsteht die **V. brachiocephalica** (auch *V. innominata*; siehe Abbildung 22.23). Die *V. brachiocephalica* erhält außerdem noch Blut aus der *V. vertebralis*, die den posterioren Abschnitt des Schädels und das Rückenmark drainiert. Auf Höhe der ersten beiden Rippen fließen die rechte und die linke *V. brachiocephalica* zur **V. cava superior** zusammen. Kurz vor dem Zusammenfluss entleert sich noch die **V. thoracica interna** in die linke *V. brachiocephalica*. In **Abbildung 22.24**a sind die wichtigsten Zuflüsse der *V. cava superior* zusammengefasst.

Einer der wichtigsten Zuflüsse der *V. cava superior* ist die **V. azygos**. Sie steigt aus der Lumbalregion rechts der Wirbelsäule nach oben und zieht durch das Zwerchfell in den Thorax. Auf Höhe von Th2 mündet sie in die *V. cava superior*. Sie erhält Blut aus der kleineren **V. hemiazygos**. Die *V. hemiazygos* kann sich auch über eine kleine **V. hemiazygos accessoria** in die **V. intercostalis suprema**, einen Zufluss der linken *V. brachiocephalica*, entleeren. Die *Vv. azygos* und *hemiazygos* sind die Hauptvenen des Brustraums. Ihnen fließt Blut zu aus 1. zahlreichen **V. intercostales**, die die Brustmuskulatur drainieren, 2. den **Vv. oesophageales** von der Speiseröhre und 3. kleineren Venen, die weitere mediastinale Strukturen drainieren.

Die V. cava inferior Die *V. cava inferior* sammelt den Großteil des Blutes aus den Organen unterhalb des Zwerchfells. (Eine kleine Menge fließt über die *Vv. azygos* und *hemiazygos* in die *V. cava inferior*.) In **Abbildung 22.24**b und c sind die wichtigsten Zuflüsse der *V. cava inferior* zusammengefasst.

Venöser Rückfluss aus dem Bein Das Blut aus den Kapillaren der Fußsohlen fließt in ein Netzwerk von **Vv. plantares**. Der **Arcus venosus plantaris** speist die tiefen Beinvenen: **V. tibialis anterior**, **V. tibialis posterior** und **V. fibularis** *(V. peronea)* (**Abbildung 22.25**a; siehe auch Abbildung 22.24c). Der **Arcus venosus dorsalis pedis** sammelt Blut aus den Kapillaren des Fußrückens und der *Vv. digitales* der Zehen. Es gibt zahlreiche Verbindungen zwischen den beiden Bögen; der Blutfluss kann leicht von den oberflächlichen in die tiefen Venen wechseln.

Der *Arcus venosus dorsalis* wird von zwei oberflächlichen Venen drainiert, der **V. saphena magna** und der **V. saphena parva**. Die *V. saphena magna* wird bei Bypass-Operationen verwendet, um blockierte Abschnitte in Herzkranzarterien zu umgehen. Es ist die längste Vene des Körpers; sie verläuft an der medialen Seite von Unter- und Oberschenkel aufwärts und mündet in die *V. femoralis* in der Nähe des Hüftgelenks. Die *V. saphena parva* steigt vom *Arcus venosus dorsalis* aus an der posterioren und lateralen Seite des Unterschenkels auf und mündet in der *Fossa poplitea* in die **V. poplitea**, die aus dem Zusammenfluss der *Vv. tibialis* und *fibularis* entsteht. Die *V. poplitea* kann in der *Fossa poplitea* neben dem *M. adductor magnus* gut getastet werden (**Abbildung 22.25**b). Nach Erreichen des Femurs heißt die *V. poplitea* nun **V. femoralis**; sie steigt neben der *A. femoralis* den Oberschenkel hinauf. Unmittelbar bevor sie die Bauchwand durchquert, erhält sie noch Zuflüsse: 1. die **V. saphena magna**, 2. die **V. femoralis profunda**, die Blut aus der Tiefe des Oberschenkels sammelt, und 3. die **V. circumflexa femoris**, die den Bereich um Femurhals und -kopf drainiert. Die so entstehende große Vene zieht durch die Bauchwand und taucht im Becken als **V. iliaca externa** auf.

Venöser Rückfluss aus dem Becken Die *V. iliaca externa* erhält Blut aus den Beinen, dem Becken und dem unteren Abdomen. Auf ihrem Weg über die Innenfläche des *Os ilium* veschmelzen die *Vv. iliacae externae* jeweils mit der **V. iliaca interna**, die die Beckenorgane der jeweiligen Seite drainiert. Die *Vv. iliacae internae* entstehen durch Zusammenfluss der **V. glutea**, der **V. pudenda interna**, der **V. obturatoria** und der **Vv. sacrales laterales** (siehe Abbildung 22.25). Die *Vv. iliaca externa* und *interna* vereinen sich zur **V. iliaca communis**. Die *V. sacralis mediana*, die die Region drainiert, die die *A. sacralis mediana* versorgt, entleert sich meist in die linke *V. iliaca communis* (siehe Abbildung 22.23). Beide *Vv. iliacae communes* ziehen schräg nach oben und vereinen sich vor dem fünften Lendenwirbel zur *V. cava inferior*.

Venöser Rückfluss aus dem Abdomen Bauchwand, Gonaden, Leber, Nieren, Nebennieren und Zwerchfell werden von der *V. cava inferior* drainiert. Die viszeralen Bauchorgane werden von der *V. portae* drainiert, die später besprochen wird. Die *V. cava inferior* zieht parallel zur Aorta retroperitoneal aufwärts. Das Blut aus der *V. cava inferior* fließt in den rechten Vorhof, wo es sich mit dem Blut aus der *V. cava superior* vermischt. Es gelangt dann in die rechte Kammer und wird von dort zur Oxygenierung in den Lungenkreislauf gepumpt. Dem abdominalen Anteil der *V. cava inferior* fließt Blut aus sechs großen Venen zu (siehe Abbildung 22.23 und 22.24):

- Die **Vv. lumbales** drainieren den lumbalen Anteil des Abdomens. Superiore Äste dieser Venen sind auf der rechten Seite mit der *V. azygos* verbunden und auf der linken Seite mit der *V. hemiazygos*; beide entleeren sich in die *V. cava superior*.
- Die **Vv. gonadales** (*Vv. ovaricae* bzw. *testiculares*) drainieren Ovarien oder Testes. Die rechte *V. gonadalis* entleert sich in die *V. cava inferior*, die linke in die *V. renalis*.
- Die **Vv. hepaticae** verlassen die Leber und münden auf Höhe von Th10 in die *V. cava inferior*.
- Die **Vv. renales** sammeln Blut aus den Nieren; es sind die größten Zuflüsse der *V. cava inferior*.
- Die **Vv. suprarenales** drainieren die Nebennieren. Normalerweise mündet nur die rechte *V. suprarenalis* in die *V. cava inferior*; die linke mündet in die linke *V. renalis*.

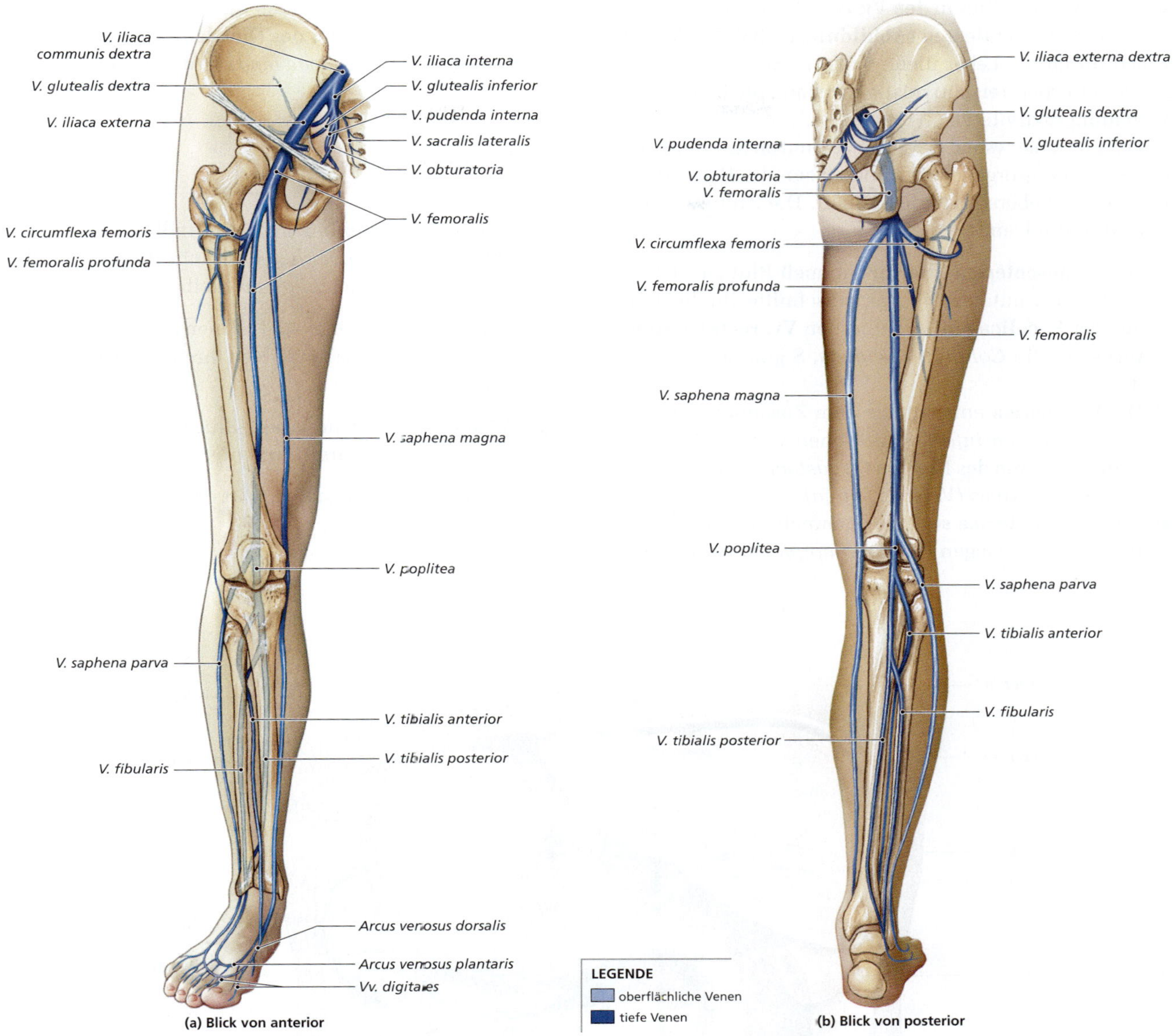

Abbildung 22.25: Die venöse Drainage des Beines. (a) Beinvenen von anterior. (b) Beinvenen von posterior.

- Die **Vv. phrenicae** drainieren das Zwerchfell. Nur die rechte *V. phrenica* mündet in die *V. cava inferior*; die linke mündet in die linke *V. renalis*.

Das hepatische Pfortadersystem Die Leber ist das einzige Verdauungsorgan, das über die *V. cava inferior* drainiert wird. Anstatt direkt in die *V. cava inferior* fließt das Blut aus den Kapillaren, das aus dem *Truncus coeliacus* und den *Aa. mesenterica superior* und *inferior* stammt, zunächst in die Venen des **hepatischen Pfortadersystems**. Aus Kapitel 19 erinnern Sie noch, dass ein Blutgefäß, das zwei Kapillarbetten miteinander verbindet, als **Portalgefäß** bezeichnet wird und das gesamte Netzwerk als **Portalsystem**. Im Portal- oder Pfortadersystem der Leber fließt das venöse Blut mit Nährstoffen aus dem Dünndarm, aus Teilen des Dickdarms, aus dem Magen und aus dem Pankreas direkt in die Leber zur Verarbeitung und Speicherung.

Das Blut im Pfortadersystem unterscheidet sich daher von dem in anderen systemischen Venen; so sind etwa die Glukose- und Aminosäurespiegel oft höher als in anderen Venen. Außerdem erhält die Leber gleichzeitig mit dem sauerstoffarmen und nährstoffreichen Blut aus dem Verdauungstrakt auch noch sauerstoffreiches und nährstoffarmes Blut über die *A. hepatica propria* aus dem systemischen Kreislauf. In Bezug auf Sauerstoff und Nährstoffe handelt es sich also um Mischblut.

Die Leber reguliert die Konzentration von Nährstoffen, wie Glukose und Aminosäuren, im zirkulierenden Blut. Im Rahmen der Verdauung resorbieren Magen und Darm große Mengen von Nährstoffen und verschiedene Abfallstoffe und sogar Toxine. Alle Substanzen werden zum Zwecke der Speicherung, der Verstoffwechselung oder der Exkretion über das Pfortadersystem zu den Leberzellen transportiert. Nach seinem Weg durch die Lebersinusoide sammelt sich das Blut in den *Vv. hepaticae*, die sich in die *V. cava inferior* entleeren (**Abbildung 22.26**). Da das Blut zuerst durch die Leber fließt, bleibt seine Zusammensetzung im Körperkreislauf relativ konstant, unabhängig von Verdauungsaktivitäten.

Das Pfortadersystem der Leber beginnt an den Kapillaren der Verdauungsorgane und endet, wenn die *V. portae* das Blut in die Lebersinusoide entleert. Die Zuflüsse zur *V. portae* sind folgende:

- Die **V. mesenterica inferior** sammelt Blut aus den Kapillaren der unteren Dickdarmabschnitte; ihr fließt Blut aus der **V. colica sinistra** und den **Vv. rectales superiores** zu, die *Colon descendens*, Sigma und Rektum drainieren.
- Die **V. splenica** entsteht aus dem Zusammenfluss von *V. mesenterica inferior* mit Venen von der Milz, der lateralen Kante des Magens *(V. gastoepiploica sinistra)* und des Pankreas *(V. pancreatica)*.
- Die **V. mesenterica superior** sammelt Blut von den Venen, die den Magen *(V. gastroepiploica dextra)*, den Dünndarm (*Vv. intestinales* und *pancreaticoduodenales*) und zwei Drittel des Dickdarms *(Vv. ileocolica, colica dextra und colicae mediae)* drainieren.

AUFGABEN

1. Inka erleidet bei einem Autounfall eine Ruptur ihres *Truncus coeliacus*. Welche Organe sind durch diese Verletzung unmittelbar betroffen?
2. Draußen sind es über 40 °C; Ihnen ist heiß. Welche Veränderungen haben sich an Ihren Venen ereignet und warum?
3. Welche Hauptvene erhält Blut von Kopf, Hals, Brust, Schultern und Armen?
4. Warum fließt Blut aus dem Verdauungstrakt zuerst in die Leber?

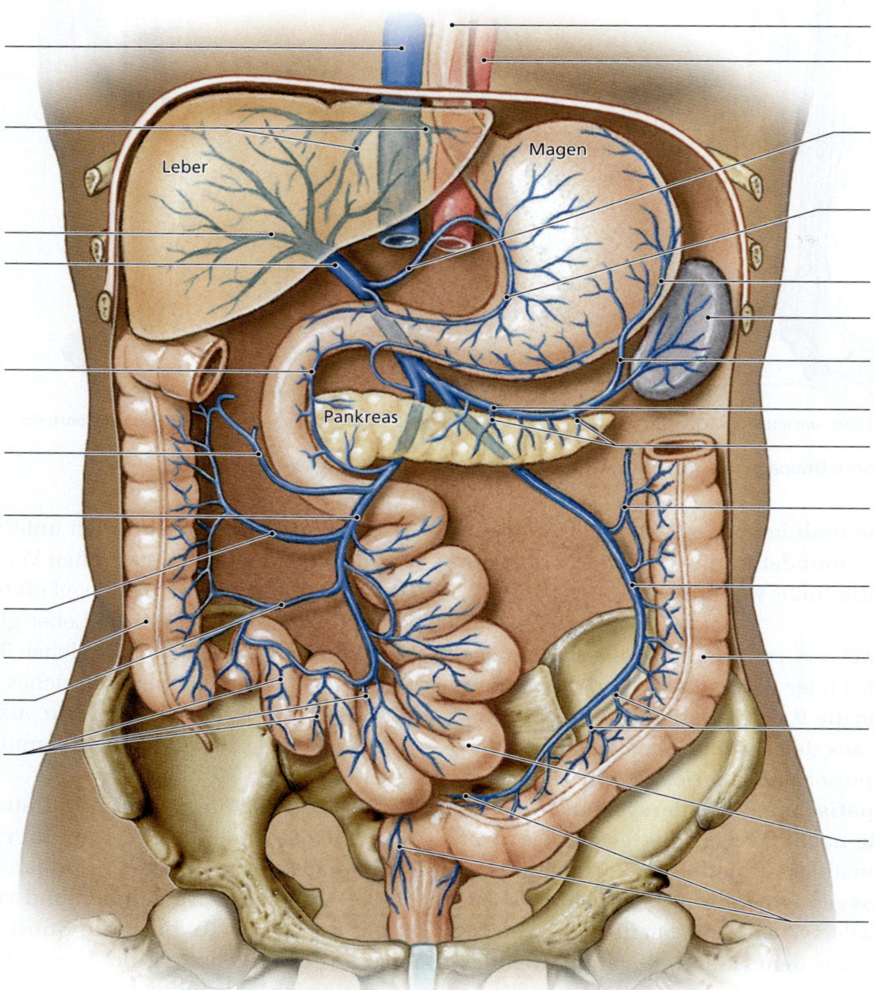

Abbildung 22.26: Das hepatische Pfortadersystem.

Die *V. portae* entsteht durch die Verschmelzung der *V. mesenterica superior* mit der *V. splenica*. Normalerweise führt von den beiden die *V. mesenterica* mehr Blut und die meisten Nährstoffe. Auf ihrem Weg zur Leber nimmt sie noch Blut von den **Vv. gastricae** auf, die die mediale Kante des Magens drainieren, von den **Vv. cysticae** von der Gallenblase und von der *V. pancreaticoduodenalis*, die das Pankreas drainiert.

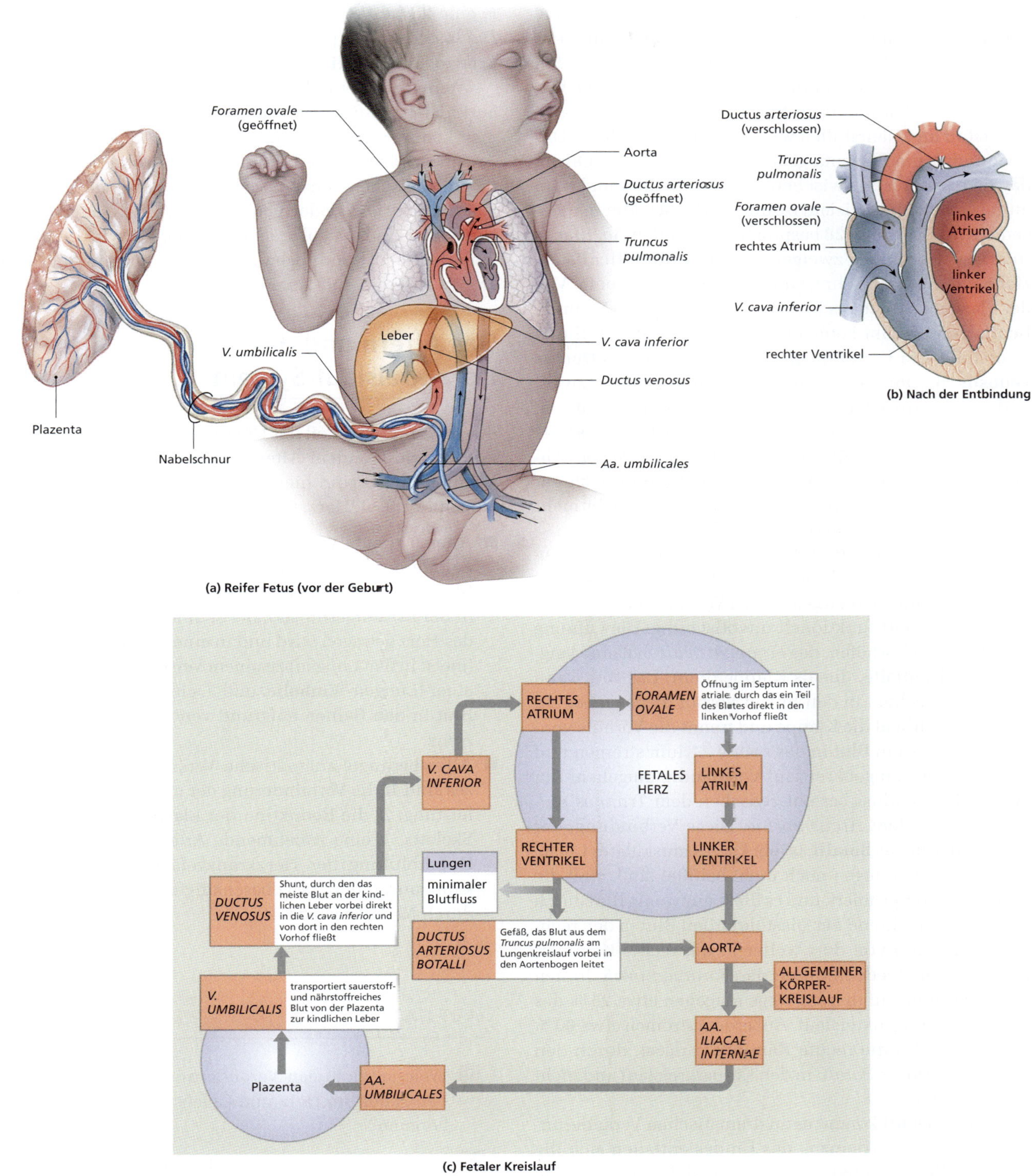

Abbildung 22.27: Veränderungen des fetalen Kreislaufs bei der Geburt. (a) Kreislauf bei einem Ungeborenen am Geburtstermin. Sauerstoffreiches Blut ist rot, sauerstoffarmes Blut blau und Mischblut violett dargestellt. (b) Blutfluss durch das Herz eines Neugeborenen. (c) Flussdiagramm für den Kreislauf eines Fetus und eines Neugeborenen.

Kardiovaskuläre Veränderungen bei der Geburt 22.3

Zwischen dem Herz-Kreislauf-System eines ungeborenen Kindes und dem eines Erwachsenen gibt es signifikante Unterschiede, die die unterschiedliche Versorgung mit Sauerstoff und Nährstoffen widerspiegeln. Die fetalen Lungen sind noch unbelüftet und funktionslos; der Verdauungstrakt hat nichts zu tun. Der Bedarf des Fetus an Sauerstoff und Nährstoffen wird ausschließlich durch Diffusion über die Plazenta gedeckt, ein komplexes Organ, das den Austausch zwischen dem kindlichen und dem mütterlichen Blutkreislauf reguliert. (Die Struktur der Plazenta wird in Kapitel 28 besprochen.) Aus den *Aa. iliacae internae* des Kindes zweigen je eine **A. umbilicalis** ab, ziehen in die Nabelschnur und speisen die Plazenta. Von der Plazenta strömt das Blut durch eine unpaare **V. umbilicalis** zurück zum Fetus und bringt ihm Sauerstoff und Nährstoffe. Die *V. umbilicalis* entleert sich in den **Ductus venosus**, der mit einem ausgedehnten Kapillarnetzwerk in der sich entwickelnden Leber in Verbindung steht. Der *Ductus venosus* sammelt das Blut von der Leber und der *V. umbilicalis* und führt es in die *V. cava inferior* (**Abbildung 22.27**a und c). Wenn die Nabelschnur nach der Geburt durchtrennt wird, werden die Gefäße nicht mehr durchblutet und degenerieren bald.

Obwohl das *Septum interatriale* und das *Septum interventriculare* schon früh in der Entwicklung entstehen, bleibt die Trennwand zwischen den Vorhöfen bis zum Zeitpunkt der Geburt funktionell unvollständig. Die Öffnung zwischen den Vorhöfen, das *Foramen ovale*, hat eine langgezogene Hautfalte, die als Klappe dient. Das Blut kann leicht vom rechten in den linken Vorhof fließen, aber ein Rückfluss schließt die Klappe und trennt die Vorhöfe voneinander. So kann Blut in das rechte Atrium strömen und dennoch den Lungenkreislauf vollständig umgehen. Ein zweiter Kurzschluss besteht zwischen dem *Truncus pulmonalis* und dem *Arcus aortae*. Diese Verbindung, der **Ductus arteriosus Botalli**, ist ein kurzes muskuläres Gefäß.

Solange die Lungen noch nicht belüftet sind, sind die Kapillaren komprimiert, und es fließt nur wenig Blut durch die Lungen. Während der Diastole strömt Blut in den rechten Vorhof und von dort weiter in die rechte Kammer; Einiges gelangt jedoch durch das *Foramen ovale* in den linken Vorhof. Auf diesem Wege umgehen etwa 25 % des Blutes den Lungenkreislauf. Außerdem strömen etwa 90 % des Blutes, das die rechte Kammer verlässt, durch den *Ductus arteriosus Botalli* in den Körperkreislauf und nicht in die Lungen.

Bei der Geburt kommt es zu dramatischen Veränderungen. Beim ersten Atemzug des Kindes entfalten sich die Lungen; die Pulmonalgefäße weiten sich ebenfalls. Die glatten Muskeln im *Ductus arteriosus* kontrahieren und trennen so den *Truncus pulmonalis* vom *Arcus aortae*. Blut beginnt durch den Lungenkreislauf zu strömen. Durch den steigenden Druck im linken Vorhof schließt sich die Klappe über dem *Foramen ovale* und vollendet den Umbau des Herzes. Diese Veränderungen sind in **Abbildung 22.27**b (siehe auch Abbildung 22.27a) schematisch dargestellt und zusammengefasst. Beim Erwachsenen befindet sich an der Stelle des früheren *Foramen ovale* am *Septum interatriale* eine flache Vertiefung, die *Fossa ovalis*. Die Reste des *Ductus arteriosus* persistieren als faseriges Band, das **Lig. arteriosum Botalli**.

Wenn diese Veränderungen bei oder kurz nach der Geburt nicht vollständig ablaufen, kann es später zu Problemen kommen. Das Ausmaß variiert in Abhängigkeit von Art und Größe der Verbindung. Die Behandlung besteht im chirurgischen Verschluss des *Foramen ovale* oder des *Ductus arteriosus* oder von beiden. Andere angeborene Herzfehler sind die Folge abnormer Herzentwicklung oder fehlerhafter Verbindungen zwischen dem Herz und den großen Arterien und Venen.

Das Altern und das Herz-Kreislauf-System 22.4

Die Leistungsfähigkeit des Herz-Kreislauf-Systems nimmt mit fortschreitendem Alter langsam ab. Die wichtigsten Veränderungen sind hier in der Reihenfolge der Kapitel aufgeführt: Blut, Herz, Gefäße.

- Altersbedingte Veränderungen im Blut sind 1. die Abnahme des Hämatokritwerts, 2. die Verengung oder Blockierung peripherer Venen durch einen **Thrombus** (fixiertes Blutgerinnsel), der sich loslösen kann, durch das Herz getragen wird und in einer peripheren Arterie (meist in den Lungen) zu einem Verschluss führen kann, einer (Lungen-)**Embolie**, und 3. eine Ansammlung von Blut in den Beinen aufgrund venöser Klappeninsuffizienz.
- Altersbedingte anatomische Veränderungen des Herzes sind 1. die Verminderung der maximalen Auswurfleistung, 2. die Reduktion der Elastizität des fibrösen Skeletts, 3. eine zunehmende Arteriosklerose, die die Durchblutung der Herzkranzgefäße beeinträchtigen kann, und 4. der Ersatz beschädigter Herzmuskelzellen durch Narbengewebe.

AUFGABEN

1. Welche wichtigen Veränderungen passieren bei der Geburt an Herz und Gefäßsystem des Neugeborenen?
2. Wodurch entstehen Krampfadern?
3. Warum ist die Abnahme der Elastizität der Blutgefäße im Alter gefährlich?

AUS DER PRAXIS

Angeborene Fehlbildungen im Herz-Kreislauf-System

Angeborene Fehlbildungen im Herz-Kreislauf-System, die so schlimm sind, dass sie die Homöostase bedrohen, sind relativ selten. Oft liegen eine Entwicklungsstörung des Herzes oder eine fehlerhafte Verbindung zwischen dem Herz und den großen Gefäßen zugrunde. In **Abbildung 22.28** sind mehrere Beispiele für angeborene Herzfehler zu sehen. Die meisten können chirurgisch korrigiert werden, doch in schweren Fällen können mehrere Eingriffe erforderlich sein, und die Lebenserwartung ist herabgesetzt.

- Der **unvollständige Verschluss** des *Forman ovale* oder des *Ductus arteriosus Botalli* (siehe Abbildung 22.28a) führt zu einer Rezirkulation von Blut im Lungenkreislauf. Der pulmonale Druck steigt; es kommt zu einem Lungenödem, einer Vergrößerung des Herzes und letztendlich zu Herzversagen.
- Zu den häufigsten Fehlbildungen gehören die **Ventrikelseptumdefekte** (siehe Abbildung 22.28b); etwa 0,12 % aller Neugeborenen sind betroffen. Die Öffnung zwischen den Kammern hat denselben Effekt wie die zwischen den Vorhöfen: Wenn das Herz schlägt, pumpt die kräftigere linke Kammer Blut in die rechte Kammer und damit in den Lungenkreislauf. Es kann zu pulmonalem Hochdruck, Lungenödem und Herzvergrößerung kommen.
- Die **Fallot-Tetralogie** (siehe Abbildung 22.28c) ist ein komplexes Missbildungssyndrom an Herz und Gefäßen, von dem 0,1 % aller Neugeborenen betroffen sind. Hierbei ist 1. der *Truncus pulmonalis* abnorm eng, es besteht 2 ein Ventrikelseptumddefekt, 3. entspringt die Aorta dort, wo normalerweise das *Septum interventriculare* endet, und 4. ist der rechte Ventrikel vergrößert. Aufgrund der gestörten Oxygenierung ist das zirkulierende Blut dunkelrot; die Haut nimmt eine bläuliche zyanotische Farbe an („Blue Babies").
- Bei einer **Transposition der großen Gefäße** (siehe Abbildung 22.28d) geht die Aorta vom rechten Ventrikel, der *Truncus pulmonalis* vom linken Ventrikel ab. Diese Missbildung betrifft 0,05 % aller Neugeborenen.
- Bei einem **atrioventrikulären Septumdefekt** (siehe Abbildung 22.28e) sind Vorhöfe und Kammern nicht vollständig voneinander getrennt. Die Folgen variieren stark, abhängig davon, wie groß der Defekt ist und inwieweit die AV-Klappen betroffen sind. Diese Missbildung betrifft am häufigsten Kinder, die mit einer Trisomie 21 (**Down-Syndrom**) geboren sind.

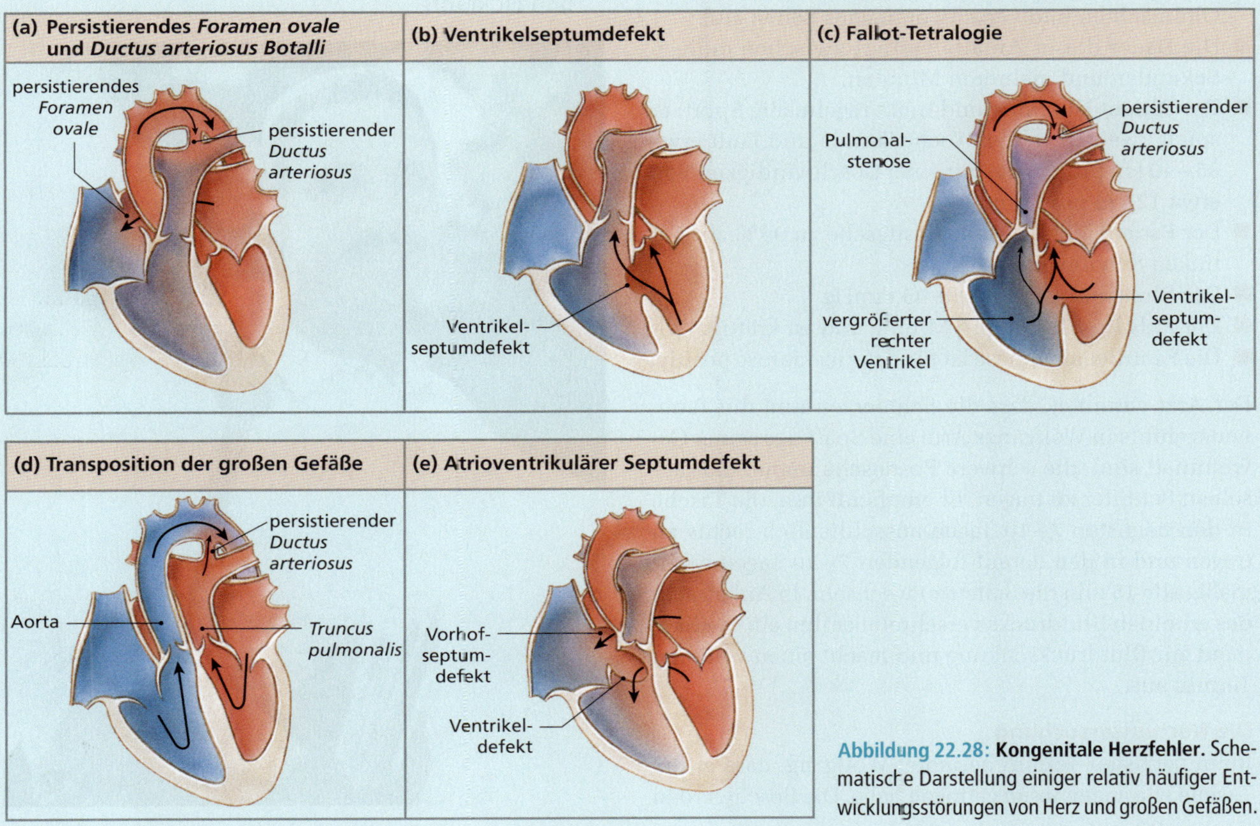

Abbildung 22.28: Kongenitale Herzfehler. Schematische Darstellung einiger relativ häufiger Entwicklungsstörungen von Herz und großen Gefäßen.

- Altersbedingte Veränderungen des Gefäßsystems beruhen oft auf einer Arteriosklerose. 1. können weniger elastische Gefäßwände einem plötzlichen Druckanstieg im Gefäßsystem nicht standhalten; es kann sich ein **Aneurysma** ausbilden und in der Folge zu einem Schlaganfall, einem Herzinfarkt oder einer massiven Blutung führen, abhängig von der Lokalisation. 2. lagern sich Kalziumsalze in geschwächten Gefäßwänden an und erhöhen das Risiko. 3. können sich an den atherosklerotischen Plaques Thromben bilden.

Zusammenfassung Embryologie

Eine Zusammenfassung der Entwicklung des Nervensystems finden Sie in Kapitel 28 (Embryologie und Entwicklung des Menschen).

EXKURS

Das Herz-Kreislauf-System

Briefträger mit Beschwerden

Wolfgang ist 59 Jahre alt und Briefträger in einer ländlichen Gegend. Er stellt sich zur Untersuchung bei seinem Hausarzt vor und berichtet, er habe seit zwei bis drei Jahren immer wieder kurze, aber unerwartete Schwindelanfälle. Außerdem leide er seit einiger Zeit gelegentlich an Schmerzen und einem Taubheitsgefühl im linken Arm. Körperliche Bewegung erhöhe sowohl die Intensität der Schmerzen als auch die Dauer des Taubheitsgefühls. Wolfgang gibt an, den Arzttermin auf Drängen seiner Frau ausgemacht zu haben.

Die Erstuntersuchung

Während der Untersuchung und des Gesprächs macht sich der Hausarzt die folgenden Notizen:

- Außer Schwindel treten noch Übelkeit, gelegentliche Ohnmachten und verschwommenes Sehen auf.
- Die Dauer dieser Anfälle variiert zwischen einigen Sekunden und mehreren Minuten.
- Der Patient ist kräftig und treibt regelmäßig Sport; er spielt zweimal in der Woche Tennis und läuft etwa 35–40 km pro Woche mit einer Geschwindigkeit von etwa 12 km pro Stunde.
- Der Patient gibt an, seine Posttasche zu 99 % auf der linken Schulter zu tragen.
- Der Blutdruck beträgt 180/95 mmHg.
- Der Puls liegt bei 55 pro Minute und ist kräftig.
- Die Familienanamnese ist für Arteriosklerose positiv.

Der Arzt vermutet, dass die Schmerzen und die Taubheitsgefühle in Wolfgangs Arm eine Spätfolge seiner Gewohnheit sind, die schwere Posttasche immer auf derselben Schulter zu tragen. Er empfiehlt ihm, die Tasche in den nächsten 7–10 Tagen ausschließlich rechts zu tragen und in den darauf folgenden 7–10 Tagen regelmäßig alle 15 min die Seiten zu wechseln. In Anbetracht des erhöhten Blutdrucks verschreibt er ihm ein Medikament zur Blutdrucksenkung und macht einen weiteren Termin aus.

Die Nachuntersuchung

Beim nächsten Termin berichtet Wolfgang, dass er die Tasche wie angewiesen getragen habe. Die Beschwerden sind jedoch nicht rückläufig, manchmal sogar schlimmer. Der Arzt hat heute Zeit für eine ausführlichere Untersuchung und macht die folgenden Feststellungen:

- Die Dauer der Anfälle nimmt zu; sie liegt jetzt bei durchschnittlich 4–6 min.
- Die Häufigkeit hat ebenfalls zugenommen, jetzt fast jeden zweiten Tag.
- Schmerzen und Taubheitsgefühle im linken Arm sind intensiver und treten häufiger auf.
- Körperliche Aktivität verstärkt die Symptome; Wolfgang war in der letzten Woche nicht imstande, Tennis zu spielen oder zu laufen.
- Der Blutdruck am rechten Arm beträgt 180/95 mmHg.
- Der Blutdruck am linken Arm beträgt 93/70 mmHg.
- Der Puls am rechten Handgelenk beträgt 55 pro Minute und ist kräftig.

- Der Puls am linken Handgelenk beträgt 55 pro Minute und ist eher schwach.
- Die Karotispulse sind symmetrisch und kräftig.
- In der linken *Fossa supraclavicularis* ist der Puls nur abgeschwächt hörbar und mit einem Systolikum.
- Bei dem Versuch, ein leichtes Gewicht mehrmals mit der linken Hand über den Kopf zu heben, klagt Wolfgang über Taubheit und Parästhesien im Arm; außerdem wird ihm schwindelig.
- Bei derselben Übung mit dem rechten Arm treten keinerlei Symptome auf.

Überlegungen

Ein Arzt muss die verschiedenen Hinweise zu einem Gesamtbild zusammenfügen, um die Diagnose stellen zu können. Die Symptome des Patienten und die Interpretation des Arztes sind beide Teil der Detektivarbeit. Um die Bedeutung der Informationen in diesem Fall interpretieren zu können, sollten Sie den Stoff der Kapitel 20 bis 23 wiederholen; die nachfolgenden Fragen helfen Ihnen dabei. Versuchen Sie, sie alle zu beantworten, und schlagen Sie nach, wenn Sie nicht sicher sind.

- Wolfgang leidet unter Schwindel, Übelkeit, gelegentlichen Ohnmachten und verschwommenem Sehen. Welches Körpersystem ist hierfür verantwortlich?
- Welche Gefäßversorgung hat das System, das für Wolfgangs Schwindel, die Übelkeit, die gelegentlichen Ohnmachten und das verschwommene Sehen verantwortlich ist?
- Dem Arzt fiel ein unterschiedlich kräftiger Puls an den Handgelenken auf. Gibt es Unterschiede im Verlauf der Blutgefäße, die das linke und das rechte Handgelenk versorgen? Wenn ja, welche? Wie passt der verminderte Puls in der linken *Fossa supraclavicularis* ins Bild?
- Wolfgangs Karotispulse sind symmetrisch kräftig. Welche Bedeutung hat dieser Befund?

Analyse und Interpretation

Die nachfolgenden Informationen beantworten die oben gestellten Fragen. Betrachten Sie beim Durcharbeiten noch einmal die entsprechenden Abbildungen.

- Schwindel, Übelkeit, gelegentliche Ohnmachten und verschwommenes Sehen weisen auf ein Problem im ZNS hin, besonders im Bereich von Innenohr und Auge.
- Das Gehirn wird durch die Äste der rechten und der linken *A. carotis interna* und die Äste der rechten und der linken *Aa. vertebrales* mit Blut versorgt. Die *A. vertebrales* sind Äste der *A. subclavia* (siehe Abbildung 22.13). Eine Minderdurchblutung in einem dieser großen Gefäße kann zu einem vorübergehenden Bewusstseinsverlust (Ohnmacht) führen.
- Der linke Arm wird von der linken *A. subclavia* versorgt, die direkt von der Aorta abzweigt (siehe Abbildung 22.12). Der rechte Arm wird über die rechte *A. subclavia* versorgt, einen Ast des *Truncus brachiocephalicus*. Die linke *A. subclavia* kann in der linken *Fossa supraclavicularis* palpiert werden; ein abgeschwächter Puls weist auf eine verminderte Durchblutung dieses Gefäßes hin.
- Der kräftige Puls an den *Aa. carotis communes* bedeutet, dass sich das Problem in einem Gefäßsegment befindet, das die *Aa. carotis* nicht betrifft (siehe Abbildung 22.12).

Diagnose

Wolfgang hat eine Erkrankung der linken *A. subclavia*, die man Vertebralisanzapfsyndrom oder „Subclavian-Steal-Syndrom" nennt. Hierbei ist das Lumen der linken *A. subclavia* verengt, sodass die Durchblutung des linken Armes und die der linken Gehirnhälfte beeinträchtigt sind. Wolfgang hatte über ein Taubheitsgefühl und Parästhesien im Arm geklagt, dazu über Schwindel nach Belastung des linken Armes. Wenn die Muskeln des linken Armes intensiv arbeiten, haben sie einen höheren Bedarf an Nährstoffen und Sauerstoff. Unter normalen Umständen würde diese Situation eine periphere Vasodilatation auslösen, die zu einer deutlichen Verstärkung des Blutstroms durch die *A. subclavia* führt. In Wolfgangs

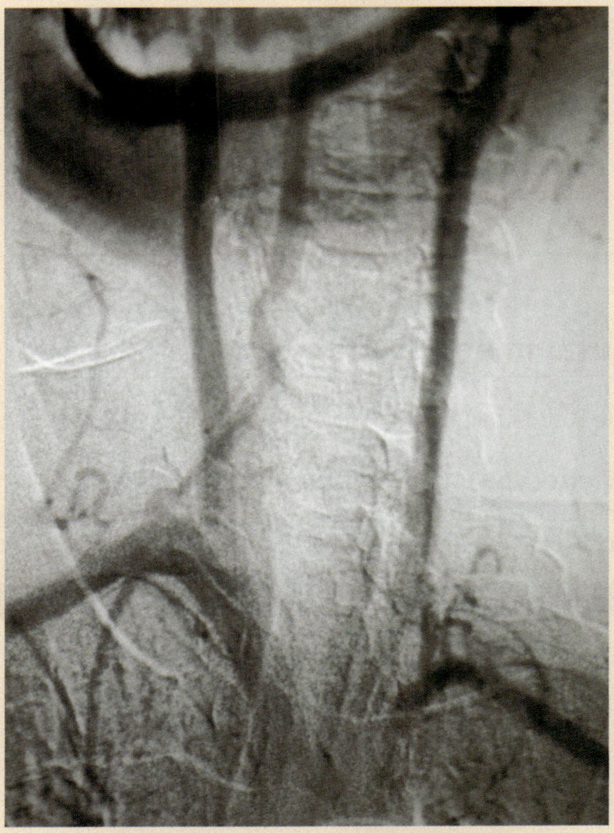

Abbildung 22.29: Röntgenaufnahme von Wolfgangs linker A. subclavia mit Darstellung der Verengung

Fall steigt die Durchblutung wegen der Verengung der *A. subclavia* nur sehr gering an. Dieser Anstieg reicht nicht aus, den Bedarf der aktiven Muskulatur und der Sinnesnerven des Armes zu decken. Daher kommt es zu einem Taubheitsgefühl und den Parästhesien. Von dem Blut, das noch in die *A. subclavia* gelangt, fließt ein größerer Anteil in den Arm; dafür gelangt weniger in die linke *A. vertebralis*, die proximal von der linken *A. subclavia* abzweigt. Es ist diese Minderdurchblutung im Gehirn, die den Schwindel verursacht. Die Durchblutung der *A. vertebralis* nimmt aus den folgenden Gründen deutlich ab:

- Wolfgangs Gefäßverengung liegt nahe am Ursprung der *A. subclavia*, proximal der Abzweigung der *A. vertebralis* (**Abbildung 22.29**).
- Der erhöhte kardiovaskuläre Bedarf im linken Arm während einer Belastung führt zu einer Vasodilatation der *A. subclavia* und ihrer distalen Äste. Wegen der Stenose verursacht die Dilatation einen Druckabfall in diesen Gefäßen, was eine Verringerung der Durchblutung oder sogar eine Strömungsumkehr in der *A. vertebralis* zur Folge hat.

Begriffe Exkurs:

Atherosklerose: Erkrankung mit unregelmäßig verteilten Fettablagerungen in der Intima großer und mittelgroßer Arterien. Die Ablagerungen verursachen eine Einengung des Lumens.
Bilateraler Karotispuls: der Puls an beiden *Aa. carotis* am Hals
Blutdruck: der Druck des Blutes im Körperkreislauf
Verminderter Puls: Abschwächung des Pulses in einem Blutgefäß
Fossa jugularis: Vertiefung über der Mitte der Klavikula, lateral des *M. sternocleidomastoideus*
Systolikum: jedes abnorme Geräusch, das während der Systole zu hören ist

DEFINITIONEN

Aneurysma: Aussackung einer geschwächten Wand eines Blutgefäßes, meist einer Arterie

Arteriosklerose: Verdickung und Versteifung der Arterienwände

Atherosklerose: Form der Arteriosklerose mit Veränderungen am Endothel und Plaque-Bildung

Hämorrhoiden: variköse Venen in den Wänden von Rektum und/oder Anus, oft im Rahmen einer Schwangerschaft oder durch häufiges Pressen bei Obstipationsneigung

Lungenembolie: akute Durchblutungsstörung bei Blockierung einer pulmonalen Arterie durch einen zirkulierenden Thrombus

Thrombus: festsitzendes Blutgerinnsel in einem Gefäß

Varikosis (Krampfadern): erweiterte und verformte Venen mit insuffizienten Klappen

Zusammenfassung

Die Antworten auf die Fragen der Aufgaben und der Zusammenfassung finden Sie im Antwortteil.

Wiederholung von Fakten und Begriffen

Verbinden Sie die Begriffe der linken Spalte jeweils mit denen der rechten Spalte, die am besten passen; setzen Sie die Buchstaben in die Spalte vor die Zahlen.

	Spalte A		Spalte B	
	1.	Arterien vom elastischen Typ	a.	Versorgen den Kopf mit Blut
	2.	Thrombus	b.	Mittelgroße bis kleine herzferne Arterien
	3.	Kollateralen	c.	Große herznahe Gefäße
	4.	*Vv. renales*	d.	Fixiertes Blutgerinnsel
	5.	*A. iliacae*	e.	Kapillarnetzwerk
	6.	Alveoli	f.	Arterien, die ein Kapillarnetzwerk speisen
	7.	*Aa. carotis*	g.	Versorgen die Arme mit Blut
	8.	*Aa. subclaviae*	h.	Kleine Luftbläschen
	9.	Kapillarplexus	i.	Versorgen die Beine mit Blut
	10.	Arterien vom muskulären Typ	j.	Sammelt Blut aus den Nieren

11 Im Vergleich zu Arterien
a. sind Venen elastischer.
b. haben Venen dünnere Wände.
c. haben Venen mehr glatte Muskelfasern in ihrer Media.
d. haben Venen ein gefälteltes Endothel.

12 Kapillaren mit einer durchgehend geschlossenen Endothelauskleidung nennt man
a. kontinuierliche Kapillaren.
b. fenestrierte Kapillaren.
c. sinusoidale Kapillaren.
d. Sinusoide.

13 Die einzigen Blutgefäße, über deren Wände ein Austausch zwischen dem Blut und der interstitiellen Flüssigkeit möglich ist, sind
a. Arterien.
b. Arteriolen.
c. Venen.
d. Kapillaren.

14 Der Blutfluss durch die Kapillaren wird gesteuert durch
a. arterielle Anastomosen.
b. den Zentralkanal.
c. die *Vasa vasorum*.
d. den präkapillären Sphinkter.

15 Blut vom Gehirn gelangt zum Herz zurück über die
a. *V. vertebralis*.
b. *V. jugularis interna*.
c. *V. jugularis externa*.
d. *V. azygos*.

16 Zu den Ästen des Aortenbogens gehört
a. die linke *A. subclavia*.
b. die rechte *A. subclavia*.
c. die rechte *A. axillaris*.
d. die rechte *A. carotis communis*.

17 Während sportlicher Betätigung
a. steigt das Herzschlagvolumen.
b. nimmt die kardiale Auswurfleistung ab.
c. nimmt der venöse Rückstrom ab.
d. kommt es im Bereich der aktiven Muskeln zu einer Vasokonstriktion.

18 Im Unterschenkel heißt die *A. femoralis*
a. *A. poplitea*.
b. *A. femoralis profunda*.
c. *A. tibialis*.
d. *A. iliaca*.

19 Durch den Zusammenfluss der *Vv. brachiocephalicae* entsteht die
a. *V. azygos*.
b. *V. cava superior*.
c. *V. cava inferior*.
d. *V. subclavia*.

20 Ältere Menschen haben meist
a. einen erhöhten Hämatokritwert.
b. steife, wenig elastische Arterien.
c. einen erhöhten venösen Rückfluss.
d. einen erniedrigten Blutdruck.

Wiederholung von Lernzielen

1 Ein Hauptunterschied zwischen dem arteriellen und dem venösen System ist:
a. Arterien liegen meist oberflächlicher als die Venen.
b. Die Extremitäten haben einen dualen venösen Rückfluss.
c. Venen sind meist weniger verzweigt als Arterien.
d. Venen weisen ein regelmäßigeres Verzweigungsmuster auf.

2 Fenestrierte Kapillaren würden Sie erwarten
a. im Pankreas.
b. in der Skelettmuskulatur.
c. im Herzmuskel.
d. in der Milz.

3 Warum sieht das Endothel einer konstringierten Arterie gefältelt aus?
a. Freiräume zwischen den Endothelzellen erlauben ein Durchhängen des Endothels bei der Konstriktion.
b. Die Dehnungsbereiche der Arterie sind bei Konstriktion des Gefäßes aufgefaltet.
c. Das Endothel kann sich nicht zusammenziehen, sodass es bei einer Konstriktion des Gefäßes Falten wirft.
d. Die *Vasa vasorum* konstringieren unregelmäßig.
e. Keine der Antworten ist korrekt.

4 Nennen Sie Beispiele für Arterien vom elastischen Typ.

5 Wo findet man Sinusoide?

6 Was ist eine arteriovenöse Anastomose?

7 Welche Funktion haben die Venenklappen in den Extremitäten?

8 Welche drei Arterien vom elastischen Typ entspringen am Aortenbogen?

9 Aus welchen Körperregionen erhält die *V. cava superior* Blut?

10 Welche Funktion hat das *Foramen ovale* im fetalen Herz?

Anwendung der Lerninhalte

1 Warum kann es gefährlich sein, im Bereich der oberen Nase und der Augenbrauen Pickel auszudrücken?

2 Christoph liebt heiße Wannenbäder und Whirlpools. Eines Tages beschließt er, die Temperatur auf den Höchstwert zu stellen. Nach einigen Minuten wird er ohnmächtig und wäre ertrunken, wenn nicht ein Beistehender ihn glücklicherweise gerettet hätte. Erklären Sie, was passiert ist.

3 Maikes Großvater leidet an einer Herzinsuffizienz. Bei einem Besuch fällt ihr auf, dass seine Füße und Knöchel geschwollen sind. Sie fragt Sie, warum. Wie lautet Ihre Antwort?

Eine Kurzzusammenfassung der wichtigsten Inhalte, sowie die Antworten zu den Fragen und weitere Arbeitsmaterialien finden sie auf unserer Companion Website unter: **www.pearson-studium.de/login**

Lernziele

1 Die Rolle des Lymphsystems bei der Immunabwehr des Körpers beschreiben können.

2 Die Hauptkomponenten des Lymphsystems benennen können.

3 Den Ursprung der Lymphe und ihre Beziehung zum Blut kennen.

4 Den Aufbau der Lymphgefäße mit dem der Venen vergleichen können.

5 Lage, Aufbau und Struktur der Lymphgefäße beschreiben können.

6 Den Weg der zirkulierenden Lymphe nachvollziehen können.

7 Die Bedeutung der Lymphozyten erläutern und beschreiben können, wo sie sich im Körper befinden.

8 Die Aktivierung von Lymphozyten erläutern können.

9 In den Grundzügen die Rolle der verschiedenen Komponenten des Lymphsystems bei der Immunreaktion erläutern können.

10 Die anatomische und funktionelle Beziehung zwischen dem Lymphsystem und dem Herz-Kreislauf-System beschreiben und die lymphatischen Strukturen ihren Funktionen bei der Abwehr zuordnen können.

11 Lage, Aufbau und Struktur der wichtigsten Lymphknoten beschreiben können.

12 Lage, Aufbau und Struktur des Thymus beschreiben können.

13 Lage, Aufbau und Struktur der Milz beschreiben können.

14 Die Veränderungen des Immunsystems im Rahmen des Alterungsprozesses erläutern können.

Das Lymphsystem

23

ÜBERBLICK

Die Welt geht nicht immer nett mit dem menschlichen Körper um. Zufällige Kollisionen und Interaktionen mit Gegenständen in unserer Umwelt führen zu Beulen, Schnitten und Verbrennungen. Die Auswirkungen einer Verletzung können durch bestimmte Viren, Bakterien und andere Mikroorganismen verschlimmert werden. Einige dieser Mikroorganismen leben normalerweise immer auf unserer Haut oder im Inneren unseres Körpers, aber sie können uns alle potenziell großen Schaden zufügen. Am Leben und gesund zu bleiben, erfordert eine massive konzertierte Anstrengung vieler verschiedener Organe und Gewebe. In diesem fortwährenden Kampf spielt das Lymphsystem die Hauptrolle.

In diesem Kapitel besprechen wir den anatomischen Aufbau des Lymphsystems und erläutern, wie dieses System mit den anderen Systemen und Geweben interagiert, um den Körper gegen Infektionen und Krankheiten zu verteidigen.

Das Lymphsystem – ein Überblick 23.1

Das Lymphsystem (lymphatisches System) hat mehrere Komponenten (**Abbildung 23.1**). Die **Lymphe** ist das flüssige Bindegewebe, das von diesem System transportiert und überwacht wird[1]. Die Bahnen, in denen Lymphe zirkuliert, nennt man Lymphgefäße, die Zellen darin Lymphozyten. Spezialisierte lymphatische Gewebe und Lymphorgane regulieren die Zusammensetzung der Lymphe und produzieren verschiedene Arten von Lymphozyten.

Lymphgefäße entspringen in peripherem Gewebe und transportieren Lymphe in das venöse System. Lymphe besteht 1. aus interstitieller Flüssigkeit, die dem Blutplasma ähnelt, außer dass die Proteinkonzentration niedriger ist, 2. aus Lymphozyten, den Zellen, die für die Immunabwehr verantwortlich sind, und 3. aus verschiedenen dendritischen Zellen, Langerhans-Zellen und Makrophagen. Lymphgefäße beginnen oft in lymphatischem Gewebe und in Lymphorganen, Strukturen, die Lymphozyten, Makrophagen und (in vielen Fällen) lymphoide Stammzellen in großen Mengen enthalten.

23.1.1 Die Funktionen des Lymphsystems

Die Hauptfunktionen des Lymphsystems sind:

- **Produktion, Erhalt und Verteilung von Lymphozyten:** Lymphozyten, die für eine normale Immunabwehr von entscheidender Bedeutung sind, werden in den lymphatischen Organen, wie Milz, Thymus und Knochenmark, gebildet und gelagert. Lymphatische Gewebe und Organe werden eingeteilt in primäre und sekundäre lymphatische Organe. **Primäre lymphatische Organe** enthalten Stammzellen, deren Tochterzellen sich zu B-, T- oder NK-Zellen differenzieren. Das Knochenmark und der Thymus des Erwachsenen sind primäre lymphatische Organe. Die meisten Immunreaktionen beginnen jedoch in den **sekundären lymphatischen Organen**, in denen sich unreife oder aktivierte Lymphozyten teilen, um weitere Lymphozyten derselben Art zu bilden. So können hier beispielsweise aktivierte B-Zellen die zusätzlichen B-Zellen bilden, die zur Abwehr einer Infektion erforderlich sind. Sekundäre lymphatische Organe befinden sich „in vorderster Front", dort, wo die eindringenden Bakterien zuerst ankommen. Beispiele sind die Lymphknoten und die Tonsillen.
- **Erhalt des normalen Blutvolumens und Eliminierung lokaler Schwankungen in der Zusammensetzung der interstitiellen Flüssigkeit:** Der Blutdruck am proximalen Ende einer systemischen Kapillare liegt bei etwa 35 mmHg. Dieser Druck befördert tendenziell Wasser und gelöste Substanzen aus dem Plasma heraus in die interstitielle Flüssigkeit (**Abbildung 23.2**). An den sys-

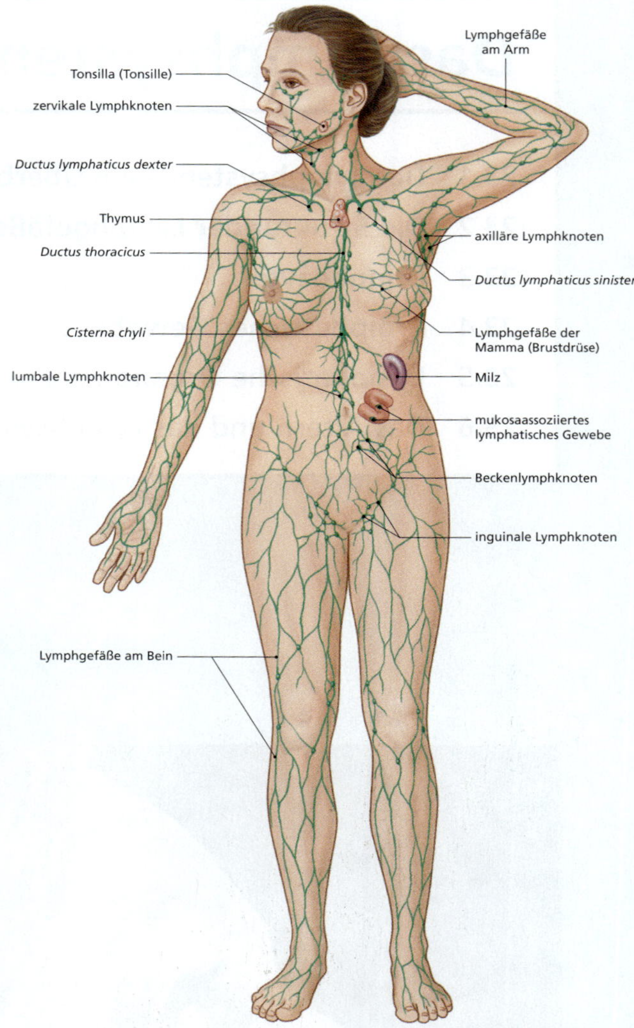

Abbildung 23.1: Das lymphatische System. Ein Überblick über die Anordnung von Lymphgefäßen, Lymphknoten und lymphatischen Organen.

1 Die Begriffe „lymphatisch" und „lymphoid" sind nach der Terminologia Anatomica synonym.

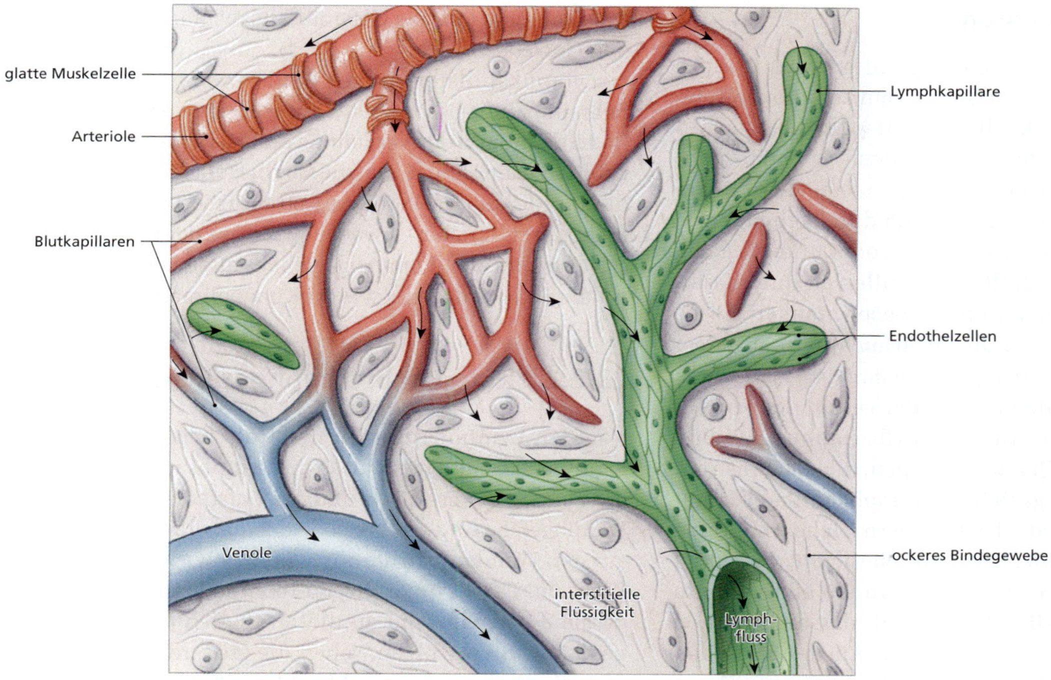

(a) Verbindungen zwischen Blutkapillaren, Gewebe und Lymphkapillaren

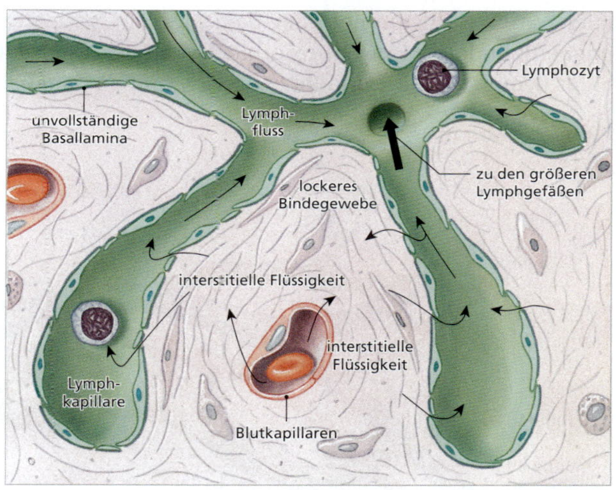

(b) Schnittbild

Abbildung 23.2: Lymphkapillaren. Lymphkapillaren sind blind beginnende Gefäße, die im peripheren Gewebe entspringen. (a) Dreidimensionale Darstellung der Lagebeziehung von Blut- und Lymphkapillaren. Pfeile markieren die Flussrichtungen von Blut, interstitieller Flüssigkeit und Lymphe. (b) Schnittbild durch einen Zusammenfluss von Lymphkapillaren.

temischen Kapillaren ist das Gesamtvolumen erheblich; etwa 3,6 l oder 72 % des Gesamtblutvolumens gelangen täglich auf diesem Wege in den interstitiellen Raum. Unter normalen Umständen bleibt diese Bewegung unbemerkt, da die Lymphgefäße dieselbe Menge interstitieller Flüssigkeit der Blutbahn wieder zuführen. So kommt es zu einer kontinuierlichen Bewegung von Flüssigkeit aus den Blutgefäßen heraus in das Gewebe und über die Lymphgefäße wieder zurück in die Blutbahn. Diese Zirkulation trägt zu einer Eliminierung regionaler Konzentrationsunterschiede in der interstitiellen Flüssigkeit bei. Da sich so viel Flüssigkeit jeden Tag durch die Lymphgefäße bewegt, kann die Verletzung eines großen Lymphgefäßes einen schnellen und potenziell bedrohlichen Abfall des Blutvolumens zur Folge haben.

- **Bildung einer alternativen Route für Hormone, Nährstoffe und Abfallstoffe:** Bestimmte Fette aus dem Verdauungstrakt gelangen eher durch die Lymphgefäße in die Blutbahn als durch Resorption durch Kapillarwände.

Die Struktur der Lymphgefäße 23.2

Die **Lymphgefäße**, auch Lymphbahnen genannt, leiten die Lymphe von den peripheren Organen in das venöse System. Wie bei den Blutgefäßen gibt es sie in verschiedenen Größen, von den schmalen **Lymphkapillaren** bis hin zu den großen Sammelgefäßen, den **Lymphgängen** *(Ductus lymphaticus)*.

23.2.1 Lymphkapillaren

Das lymphatische Gefäßsystem beginnt mit den Lymphkapillaren, die im peripheren Gewebe ein komplexes Netzwerk bilden. Die Lymphkapillaren unterscheiden sich in mehreren Aspekten von den Blutkapillaren: 1. sind Lymphkapillaren im Durchmesser weiter, 2. haben sie dünnere Wände, da ihre Endothelzellen keine durchgehende Basallamina haben, 3. sind sie eher flach oder unregelmäßig geformt, 4. sind sie über **Kollagenfibrillen** an ihrer Basalmembran im umliegenden Bindegewebe verankert (Diese Fibrillen erhalten die Durchgängigkeit auch bei steigendem Gewebedruck.) und 5. überlappen sich ihre Endothelzellen, anstatt fest Seite an Seite miteinander verbunden zu sein (siehe Abbildung 23.2). An diesen Überlappungsstellen wirken die Endothelzellen wie Klappen, die den Einstrom von interstitieller Flüssigkeit in die Lymphkapillaren erlauben, einen Rückstrom jedoch verhindern (siehe Abbildung 23.2b). Die Endothelzellen sind oft fenestriert; mit Poren in den Zellen und Lücken zwischen ihnen gibt es kaum etwas in der interstitiellen Flüssigkeit, das nicht seinen Weg in eine Lymphkapillare findet. Die Lücken zwischen den Endothelzellen sind so groß, dass die Lymphkapillaren nicht nur Flüssigkeiten und gelöste Substanzen, sondern auch Viren, Zelltrümmer oder Bakterien aus verletztem oder entzündetem Gewebe resorbieren können. Der Inhalt einer Lymphkapillare erlaubt chemisch und physikalisch Rückschlüsse auf den Gesundheitszustand des umliegenden Gewebes.

Lymphkapillaren sind im Bindegewebe unter Haut und Schleimhäuten besonders zahlreich, ebenso in der Mukosa und Submukosa des Verdauungstrakts. Prominente Lymphkapillaren am Dünndarm, die **Chylusgefäße**, transportieren die Lipide, die im Verdauungstrakt resorbiert werden. In nicht durchbluteten Geweben, wie etwa der Knorpelmatrix oder der Hornhaut am Auge, gibt es auch keine Lymphkapillaren, ebenso wenig wie im Knochenmark und im ZNS.

23.2.2 Klappen in Lymphgefäßen

Von den Lymphkapillaren fließt die Lymphe in größere Lymphgefäße und von dort in die Lymphsammelstämme in der Bauch-Becken-Höhle und der Brusthöhle. Die größeren Lymphgefäße sind mit Venen vergleichbar, sowohl in Bezug auf den Wandaufbau als auch auf das Vorhandensein von Klappen. Die Klappen liegen recht nah aneinander, und da sie die Gefäßwand an diesen Stellen jeweils sichtbar nach außen vorwölben, sehen die größeren Lymphgefäße aus wie Perlenschnüre (**Abbildung 23.3**). Der Druck im lymphatischen System ist sehr niedrig; der Druck der interstitiellen Flüssigkeit ist schon niedriger als der im venösen System. Die Klappen verhindern den Rückstrom von Lymphe in den Lymphgefäßen, besonders in den Extremitäten.

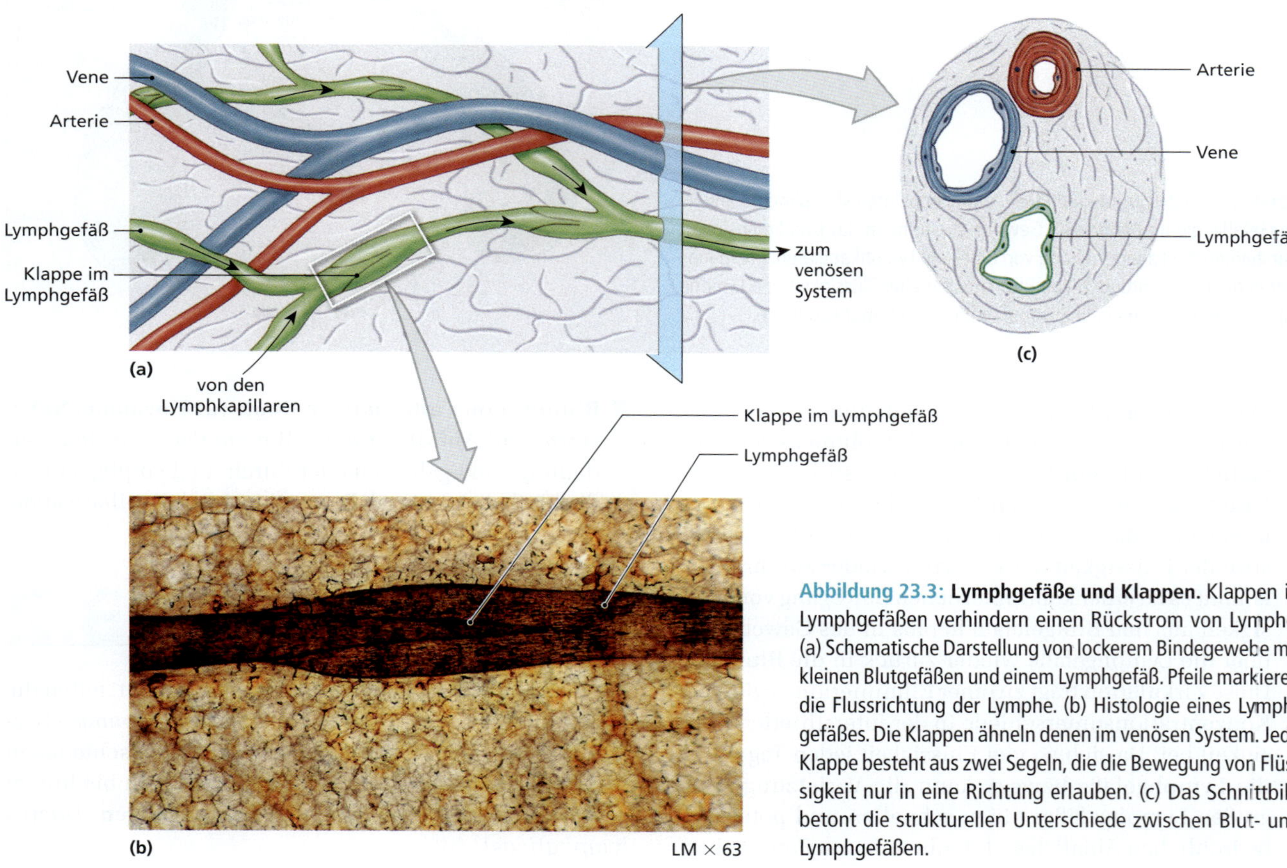

Abbildung 23.3: Lymphgefäße und Klappen. Klappen in Lymphgefäßen verhindern einen Rückstrom von Lymphe. (a) Schematische Darstellung von lockerem Bindegewebe mit kleinen Blutgefäßen und einem Lymphgefäß. Pfeile markieren die Flussrichtung der Lymphe. (b) Histologie eines Lymphgefäßes. Die Klappen ähneln denen im venösen System. Jede Klappe besteht aus zwei Segeln, die die Bewegung von Flüssigkeit nur in eine Richtung erlauben. (c) Das Schnittbild betont die strukturellen Unterschiede zwischen Blut- und Lymphgefäßen.

Die größeren Lymphgefäße weisen glatte Muskelzellen in ihren Wänden auf; rhythmische Kontraktionen befördern die Lymphe in die Lymphsammelstämme. Skelettmuskelkontraktionen und Atembewegungen sind ebenfalls an der Bewegung der Lymphe durch die Gefäße beteiligt. Kontraktionen der Skelettmuskulatur an den Armen und Beinen komprimieren die Lymphgefäße und pressen die Lymphe rumpfwärts; ein ähnlicher Mechanismus unterstützt auch den venösen Rückfluss. Bei jedem Atemzug fällt der Druck innerhalb des Brustraums ab; die Lymphe wird dadurch aus den Lymphgefäßen in die Lymphsammelstämme gesaugt.

Wird ein Lymphgefäß komprimiert oder blockiert oder sind seine Klappen beschädigt, kommt es im betroffenen Bereich zu einer Verlangsamung der Lymphdrainage oder gar zu einem Stopp. Wenn weiter Flüssigkeit aus den Kapillaren austritt, das Lymphsystem aber nicht mehr in der Lage ist, sie wieder zurückzuführen, steigen das Volumen der interstitiellen Flüssigkeit und der Druck langsam an. Die betroffenen Regionen schwellen an; man spricht von einem **Lymphödem**.

Lymphgefäße verlaufen typischerweise mit Blutgefäßen. Beachten Sie die Unterschiede bezüglich relativer Größe, allgemeinem Erscheinungsbild und Verzweigungsmuster, anhand derer Sie Lymphgefäße von Arterien und Venen unterscheiden können (siehe Abbildung 23.3a und c). Bei der Betrachtung lebenden Gewebes fallen die Farbunterschiede auf: Arterien sind rot, Venen dunkelrot und Lymphgefäße blass-golden.

23.2.3 Die großen Lymphsammelstämme

Zwei Netzwerke von Lymphgefäßen, die oberflächlichen und die tiefen Lymphgefäße, sammeln die Lymphe aus den Lymphkapillaren. **Oberflächliche Lymphgefäße** ziehen mit den oberflächlichen Venen und befinden sich in folgenden Regionen:

- in der Subkutis der Haut
- im lockeren Bindegewebe der Schleimhäute, die den Verdauungstrakt, die Atemwege und den Fortpflanzungstrakt auskleiden
- im lockeren Bindegewebe der serösen Membranen, die die Pleura-, die Perikard- und die Peritonealhöhle auskleiden

Die **tiefen Lymphgefäße** sind groß; sie begleiten die tiefliegenden Arterien und Venen. Sie sammeln Lymphe aus

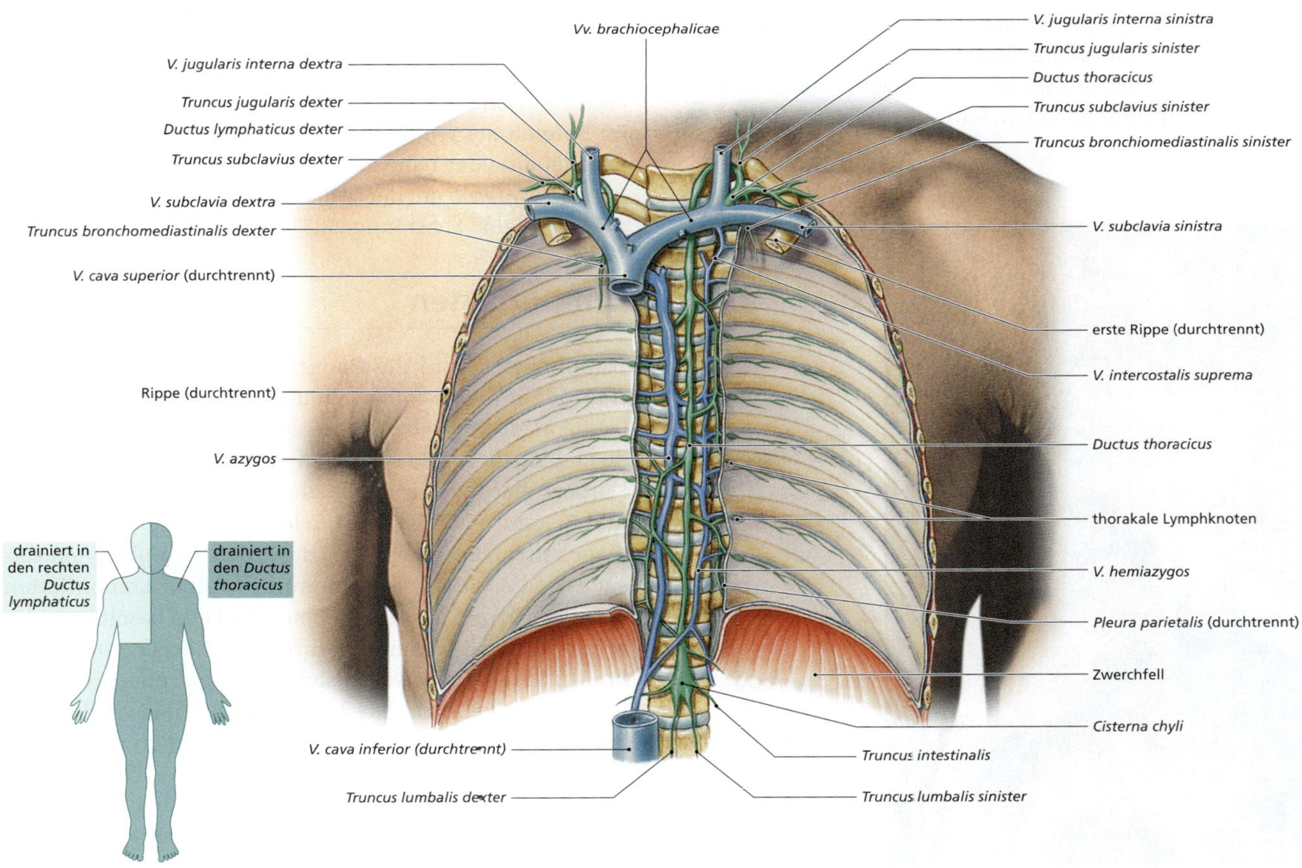

Abbildung 23.4: **Lymphsammelgefäße und Lymphdrainage.** Das System der Lymphgefäße, Lymphknoten und großen Sammelgefäße und ihre Beziehung zu den Vv. brachiocephalicae. Der Ductus thoracicus sammelt Lymphe aus dem Gewebe unterhalb des Zwerchfells und von der linken Körperhälfte oberhalb des Zwerchfells. Der Ductus lymphaticus dexter drainiert die rechte Körperhälfte oberhalb des Zwerchfells.

der Skelettmuskulatur und anderen Organen an Hals, Extremitäten und Rumpf sowie aus den viszeralen Organen der Brust- und der Bauch-Becken-Höhle.

Innerhalb des Rumpfes fließen die oberflächlichen und die tiefen Lymphgefäße zu großen Lymphsammelstämmen zusammen. Es sind dies 1. die *Trunci lumbales*, 2. die *Trunci intestinales*, 3. die *Trunci bronchomediastinales*, 4. die *Trunci subclaviae* und 5. die *Trunci jugulares* (**Abbildung 23.4**). Die Lymphsammelstämme ihrerseits vereinen sich zu zwei großen Sammelgefäßen, den **Ductus lymphatici**, die die Lymphe in das venöse System überleiten.

Der Ductus thoracicus

Der *Ductus thoracicus* sammelt Lymphe unterhalb des Zwerchfells von beiden Seiten des Körpers und oberhalb des Zwerchfells von der linken Körperhälfte. Er beginnt unterhalb des Zwerchfells auf Höhe des zweiten Lendenwirbels. Seine Basis ist eine sackartige Erweiterung, die **Cisterna chyli** (**Abbildung 23.5**; siehe auch Abbildung 23.4). In ihr sammelt sich Lymphe über den rechten und den linken *Truncus lumbalis* und die *Trunci intestinales* aus dem unteren Abdomen, dem Becken und den Beinen.

Der inferiore Abschnitt des *Ductus thoracicus* liegt vor der Wirbelsäule. Von seinem Ursprung vor dem zweiten Lendenwirbel aus zieht er mit der Aorta durch den *Hiatus aortae* im Zwerchfell und steigt an der linken Seite der Wirbelsäule bis auf Höhe der Klavikula auf. Nachdem er noch Lymphe aus dem linken *Truncus bronchomediastinalis*, dem linken *Truncus subclavius* und dem linken *Truncus jugularis* aufgenommen hat, entleert er sich in die linke *V. subclavia* nahe der Basis der *V. jugularis interna* (**Venenwinkel**; siehe Abbildung 23.4). Auf diesem Wege gelangt Lymphe von der linken Seite von Kopf, Hals und Thorax sowie von beiden Körperhälften unterhalb des Zwerchfells in das venöse System zurück.

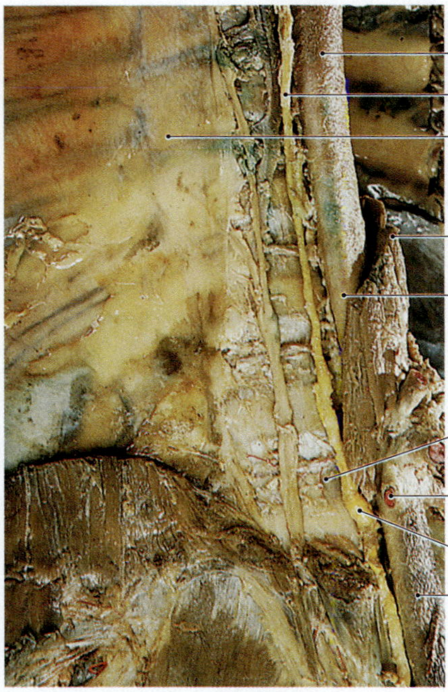

Abbildung 23.5: Die großen Lymphsammelstämme im Rumpf. Präparat mit Darstellung des Ductus thoracicus und Blutgefäßen der Region. Bauch- und Beckenorgane sind entfernt.

AUFGABEN

1. Was ist die Hauptfunktion des Lymphsystems?
2. Sie betrachten zwei über Kreuz verlaufende Kapillaren unter dem Mikroskop. Kapillare Nr. 1 ist größer als Kapillare Nr. 2 und hat eine dünnere Wand. Kapillare Nr. 2 ist rund, während Kapillare Nr. 1 unregelmäßig geformt ist. Bei welcher der beiden handelt es sich wahrscheinlich um eine Lymphkapillare?
3. Ist die Ruptur eines großen Lymphgefäßes lebensbedrohlich? Warum oder warum nicht?
4. Welche lymphatischen Strukturen enthalten Stammzellen?

Der Ductus lymphaticus dexter

Der relativ schmale *Ductus lymphaticus dexter* sammelt Lymphe von der rechten Körperhälfte oberhalb des Zwerchfells. Er erhält Lymphe von kleineren Lymphgefäßen, die im Bereich der rechten Klavikula zusammenfließen, und mündet am oder nahe am Zusammenfluss der rechten *V. jugularis interna* mit der rechten *V. subclavia* in das venöse System (siehe Abbildung 23.4).

Lymphozyten 23.3

Lymphozyten sind die Hauptzellen des Lymphsystems; sie sind für die spezifische Immunabwehr verantwortlich (siehe auch Kapitel 20). Sie reagieren 1. auf eindringende Organismen, wie Bakterien und Viren, 2. auf abnorme Körperzellen, wie virusinfizierte Zellen oder Tumorzellen, und 3. auf fremde Proteine, wie etwa die Toxine, die von manchen Bakterien freigesetzt werden. Lymphozyten versuchen, diese Bedrohungen mithilfe einer kombinierten chemischen und physikalischen Attacke zu beseitigen oder abzumildern. Sie wandern durch den Körper, zirkulieren im Blutkreislauf, bewegen sich durch peripheres Gewebe und durch das Lymphsystem wieder in das venöse System zurück. Die Zeit, die sie im Lymphsystem verbringen, variiert; ein Lymphozyt kann sich Stunden, Tage oder gar Jahre in einem Lymphknoten oder anderem lymphatischem Gewebe aufhalten. Im peripheren Gewebe begegnen sie eindringenden Pathogenen oder fremden Proteinen; im Lymphsystem treffen sie auf Pathogene oder Proteine in der Lymphe. Unabhängig von der Quelle reagieren sie mit der Einleitung einer Immunantwort.

23.3.1 Lymphozytenarten

Es gibt drei verschiedene Lymphozytenarten im Blut: **T-Zellen** (Ausdifferenzierung im **T**hymus), **B- Zellen** (Ausdifferenzierung im Knochenmark, engl.: „**B**one Marrow“) und **NK-Zellen** (**n**atürliche **K**illerzellen). Jede hat typische biochemische und funktionelle Charakteristika.

T-Zellen

Etwa 80 % der zirkulierenden Lymphozyten gehören zu den T-Zellen. Es gibt verschiedene Arten von T-Zellen:

- **Zytotoxische T-Zellen** greifen fremde Zellen und virusinfizierte Zellen an; oft ist hierfür direkter Kontakt erforderlich. Sie sind für die **zellvermittelte Immunität** verantwortlich.
- **T-Helferzellen und T-Suppressorzellen** helfen bei der Regulation und Koordination der Immunantwort; man nennt sie daher auch regulatorische T-Zellen. Sie kontrollieren sowohl die Aktivierung als auch die Aktivität der B-Zellen.
- **T-Gedächtniszellen** werden von den aktivierten T-Zellen gebildet, die Kontakt zu einem bestimmten Antigen hatten. Sie heißen Gedächtniszellen, weil sie „in Reserve“ bleiben; sie werden nur dann aktiviert, wenn dasselbe Antigen zu einem späteren Zeitpunkt wieder im Körper auftaucht.

Diese Aufstellung ist unvollständig; es gibt noch weitere spezialisierte T-Zelltypen im Körper.

B-Zellen

B-Zellen machen 10 – 15 % der zirkulierenden Lymphozyten aus. Wenn sie durch Kontakt mit einem Antigen stimuliert werden, können sie sich zu Plasmozyten weiterdifferenzieren. **Plasmozyten** (Plasmazellen) sind für die Produktion und Sekretion von **Antikörpern** verantwortlich. Diese löslichen Proteine reagieren mit spezifischen chemischen Zielproteinen, die man **Antigene** nennt. Antigene sind meist mit Pathogenen, Fragmenten oder Produkten von Pathogenen oder anderen fremden Substanzen assoziiert. Die meisten Antigene sind kurze Peptidketten oder kurze Aminosäuresequenzen innerhalb eines komplexen Proteins, aber auch einige Lipide, Polysaccharide und Nukleinsäuren können eine Antikörperbildung stimulieren. Wenn ein Antikörper an sein passendes Antigen bindet, löst dies eine Kettenreaktion aus, an deren Ende die Zerstörung, Neutralisierung oder Eliminierung des Antigens steht. Antikörper nennt man auch Immunglobuline. B-Zellen sind also für die **antikörpervermittelte Immunität** verantwortlich. Da sich Immunglobuline hauptsächlich in der Blutbahn bewegen, spricht man auch von humoraler („flüssiger“) Immunität. **B-Gedächtniszellen** werden von den aktivierten B-Zellen gebildet; ihre Aktivierung erfolgt nur nach Kontakt mit dem spezifischen Antigen, wenn dieses zu einem späteren Zeitpunkt erneut im Körper erscheint.

T-Helferzellen fördern die Differenzierung von Plasmazellen und beschleunigen die Bildung von Antikörpern. T-Suppressorzellen hemmen die Bildung von Plasmazellen und die Produktion von Antikörpern durch die vorhandenen Plasmazellen.

NK-Zellen

Die übrigen 5 – 10 % der zirkulierenden Lymphozyten sind NK-Zellen. Sie attackieren fremde Zellen, virusinfizierte Zellen und Tumorzellen, die in normalem Gewebe entstehen. Diese kontinuierliche Überwachung des peripheren Gewebes durch die NK-Zellen und aktivierte Makrophagen nennt man auch **immunologische Überwachung**.

23.3.2 Lymphozyten und die Immunabwehr

Das Ziel der Immunantwort ist die Zerstörung oder Inaktivierung von Pathogenen, abnormen Zellen und fremden Molekülen, wie Toxinen. Dies vollbringt der Körper auf zwei verschiedene Weisen:

- direkter Angriff durch aktivierte T-Zellen (zellvermittelte Immunität)
- Angriff durch zirkulierende Antikörper, die von Plasmazellen freigesetzt werden, die sich aus aktivierten B-Zellen entwickeln (antikörpervermittelte Immunität)

Abbildung 23.6 gibt einen Überblick über die Immunantworten auf Bakterien und Viren. Wenn ein Antigen auftaucht, ist der erste Schritt der Immunreaktion oft die Phagozytose des Antigens durch einen Makrophagen. Der Makrophage baut nun im Rahmen der sog. **Antigenpräsentation** einige Teile des Antigens in seine Zellmembran ein. Auf diese Weise „präsentiert“ er das Antigen den T-Zellen; diejenigen, die reagieren, tun dies ausschließlich auf dieses Antigen und kein anderes. Ihr Plasmalemm enthält Rezeptoren, die an dieses spezifische Antigen binden können. In diesem Fall kommt es zu einer Aktivierung der T-Zelle; sie beginnt, sich zu teilen. Einige Tochterzellen differenzieren sich zu zytotoxischen T-Zellen weiter, andere zu T-Helferzellen, die ihrerseits B-Zellen aktivieren. Einige werden T-Gedächtniszellen, die sich nur dann weiter differenzieren, wenn sie dem Antigen zu einem späteren Zeitpunkt erneut begegnen.

Ihr Immunsystem kann nicht im Voraus wissen, welchen Antigenen es ausgesetzt sein wird. Seine Strategie ist es, sich auf jedes mögliche Antigen vorzubereiten. Während der Entwicklung führt die Differenzierung der Zellen im Lymphsystem zu einer enormen Anzahl von Lymphozyten mit unterschiedlichen Antigensensibilitäten. Die Fähigkeit eines Lymphozyten, ein spezifisches Antigen zu erkennen, nennt man **Immunkompetenz**. Unter den Milliarden von Lymphozyten im menschlichen Körper gibt es Millionen unterschiedlicher Lymphozytenpopulationen. Jede Population besteht aus mehreren Tausend Zellen, die für die Erkennung eines spezifischen Antigens ausgerüstet sind. Wenn sich einer dieser Lymphozyten an ein Antigen bindet, wird er aktiviert, teilt sich und bildet mehr Lymphozyten,

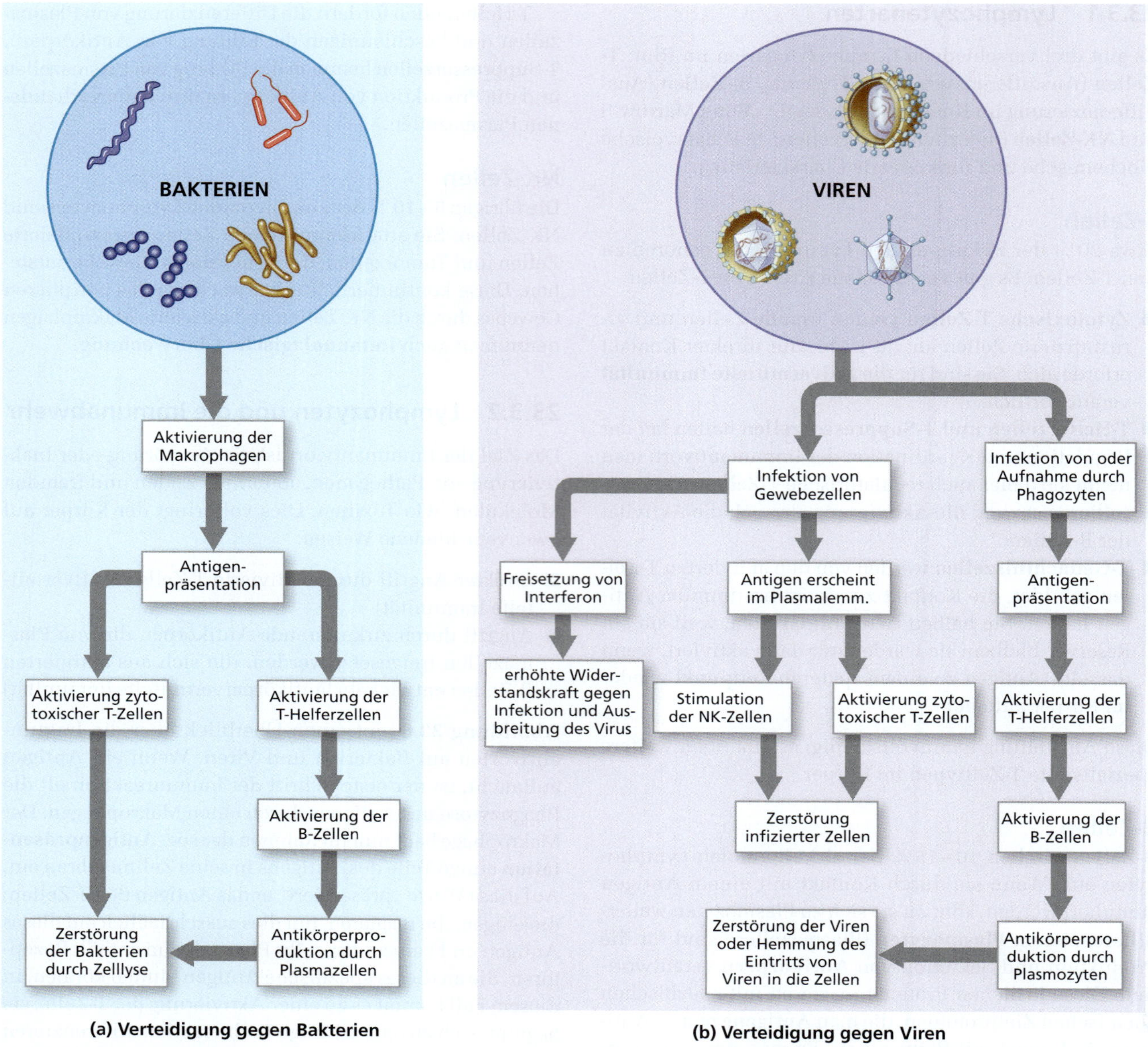

Abbildung 23.6: Lymphozyten und ihre Immunantworten. (a) Die Verteidigung gegen Bakterien wird meist durch aktive Makrophagen eingeleitet. (b) Die Verteidigung gegen Viren wird meist nach einer Infektion normaler Zellen eingeleitet. In beiden Fälle arbeiten B- und T-Zellen in einer koordinierten chemischen und mechanischen Attacke zusammen.

die auf dieses Antigen reagieren. Einige der Lymphozyten eliminieren die Antigene unmittelbar, andere (die Gedächtniszellen) stehen bereit für den Fall, dass das Antigen zu einem späteren Zeitpunkt wieder auftaucht. Dieser Mechanismus erlaubt eine sofortige Reaktion und bietet gleichzeitig die Möglichkeit, bei einem Wiederauftauchen des Antigens noch heftiger und schneller reagieren zu können.

23.3.3 Verteilung und Lebensdauer von Lymphozyten

Das Verhältnis von T- zu B-Zellen hängt von dem betrachteten Organ oder Gewebe ab. Im Thymus etwa kommen B-Zellen nur sehr selten vor; im Blut ist das Verhältnis von T- zu B-Zellen 8 : 1. In der Milz ist das Verhältnis ausgeglichen, während es im Knochenmark bei 1 : 3 liegt.

Die Lymphozyten in diesen Organen sind nur „zu Besuch". Sie bewegen sich kontinuierlich durch den Körper, durch ein Gewebe hindurch und dann wieder in ein Blut- oder Lymphgefäß für den Transport an einen anderen Ort. T-Zellen bewegen sich relativ schnell. Eine wandernde T-Zelle verbringt etwa 30 min im Blut und 15 – 20 Stunden in einem Lymphknoten. B-Zellen sind langsamer; typischerweise halten sie sich etwa 30 Stunden in einem Lymphknoten auf, bevor sie weiter wandern.

Im Allgemeinen haben Lymphozyten eine relativ lange Lebensdauer, weit länger als jede andere Blutzelle. Etwa 80 % leben mindestens vier Jahre, einige bis zu 20 Jahre

Abbildung 23.7: **Abstammung und Verteilung von Lymphozyten.** Pluripotente Stammzellen produzieren lymphoide Stammzellen mit zwei unterschiedlichen Bestimmungen. (a) Eine Gruppe verbleibt im Knochenmark, wo sie Tochterzellen bildet, die zu NK- und B-Zellen reifen, die in das periphere Gewebe wandern. (b) Die zweite Gruppe wandert in den Thymus; nachfolgende Teilungen ergeben Tochterzellen, die zu T-Zellen ausreifen. (c) Reife T-Zellen verlassen die Blutbahn und lassen sich vorübergehend in peripherem Gewebe nieder. Alle drei Lymphozytenarten zirkulieren im Blutgefäßsystem durch den Körper.

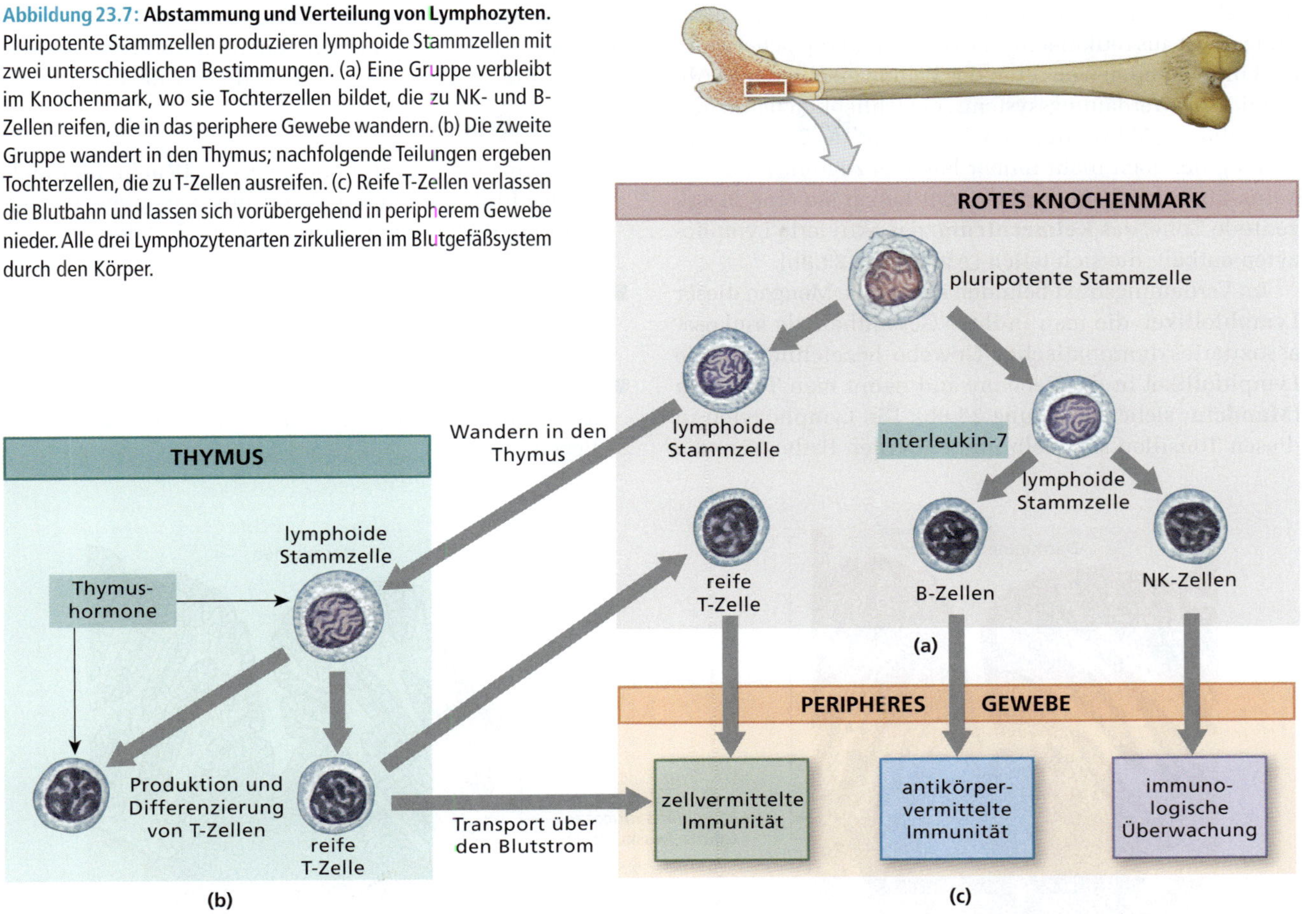

und länger. Im Laufe unseres Lebens wird eine normale Lymphozytenpopulation durch die **Lymphopoese** aufrechterhalten.

23.3.4 Lymphopoese: die Bildung der Lymphozyten

Die Lymphopoese findet im Knochenmark und im Thymus statt. **Abbildung 23.7** zeigt die Beziehungen zwischen Knochenmark, Thymus und peripherem lymphatischem Gewebe in Bezug auf Produktion, Reifung und Verteilung von Lymphozyten.

Pluripotente lymphoide Stammzellen im Knochenmark bilden lymphozytäre Stammzellen mit zwei unterschiedlichen Bestimmungen: Eine Gruppe verbleibt im Knochenmark. Diese Stammzellen teilen sich und bilden NK-Zellen und B-Zellen, die Immunkompetenz erlangen und in peripheres Gewebe wandern. Die NK-Zellen zirkulieren unablässig durch peripheres Gewebe, wohingegen die B-Zellen in Lymphknoten, der Milz und lymphatischem Gewebe sesshaft werden. Die zweite Gruppe von Stammzellen wandert in den Thymus. Unter dem Einfluss der Thymushormone (Thymosin-1, Thymopentin, Thymulin und anderen) teilen sie sich mehrfach; die Tochterzellen reifen zu T-Zellen heran. Anschließend wandern sie in die Milz, in andere lymphatische Organe und in das Knochenmark.

Während seiner Wanderung durch die peripheren Gewebe bleibt dem Lymphozyten seine Teilungsfähigkeit erhalten. Es entstehen Tochterzellen desselben Typs und mit derselben Antigensensibilität. Eine B-Zelle, die sich teilt, bildet immer nur B-Zellen, jedoch keine NK- oder T-Zellen. Diese Fähigkeit, die Anzahl eines bestimmten Lymphozytentyps selektiv erhöhen zu können, ist für den Erfolg einer Immunantwort sehr wichtig. Ist diese Fähigkeit beeinträchtigt, ist der Betroffene außerstande, eine effektive Verteidigung gegen Infektionen und Krankheiten aufzubauen. So beruht etwa die Krankheit Aids auf einer Infektion mit einem Virus, das selektiv T-Zellen zerstört. Personen mit Aids sterben viel eher an bakteriellen oder viralen Infektionen, die ein gesundes Immunsystem ohne Weiteres hätte bewältigen können.

23.4 Lymphatisches Gewebe

Lymphatisches Gewebe ist Bindegewebe, in dem Lymphozyten vorherrschen. In **diffusem lymphatischem Gewebe** sind die Lymphozyten locker im Bindegewebe der Schleimhäute der Atemwege und des Harntrakts gruppiert. **Lymph-**

follikel sind Ansammlungen von Lymphozyten in einem Stützgerüst aus retikulären Fasern. Sie sind typischerweise oval und befinden sich oft in der Wand verschiedener Abschnitte des Verdauungssystems, einschließlich Ileum und Gallenblase (**Abbildung 23.8**a). Sie sind im Schnitt etwa 1 mm groß, doch nicht immer leicht abzugrenzen, da sie keine fibröse Kapsel besitzen. Oft haben sie eine blasse zentrale Zone, das **Keimzentrum**, das aktivierte Lymphozyten enthält, die sich teilen (**Abbildung 23.8**b).

Im Verdauungstrakt befinden sich große Mengen dieser Lymphfollikel, die man in ihrer Gesamtheit als mukosaassoziiertes lymphatisches Gewebe bezeichnet. Große Lymphfollikel in der Rachenwand nennt man **Tonsillen** (**Mandeln**; siehe Abbildung 23.8b). Die Lymphozyten in diesen Tonsillen sammeln und entfernen Pathogene, die über die Atemluft oder die Nahrung in den Rachenraum gelangen. Meist hat man fünf Tonsillen und zwei Seitenstränge, die zusammen auch als Waldeyer-Rachenring bezeichnet werden:

- eine einzelne *Tonsilla pharyngealis* **(Rachenmandel)** in der hinteren oberen Wand des Nasopharynx, bei pathologischer Vergrößerung oft auch Adenoid oder „Polypen" genannt
- ein Paar **Gaumenmandeln** *(Tonsilla palatina)* am posterioren Ende der Mundhöhle am Übergang vom weichen Gaumen in den Rachenraum
- ein Paar **Zungenmandeln** *(Tonsilla lingualis)*, die von außen nicht sichtbar sind, da sie an der Zungenbasis liegen

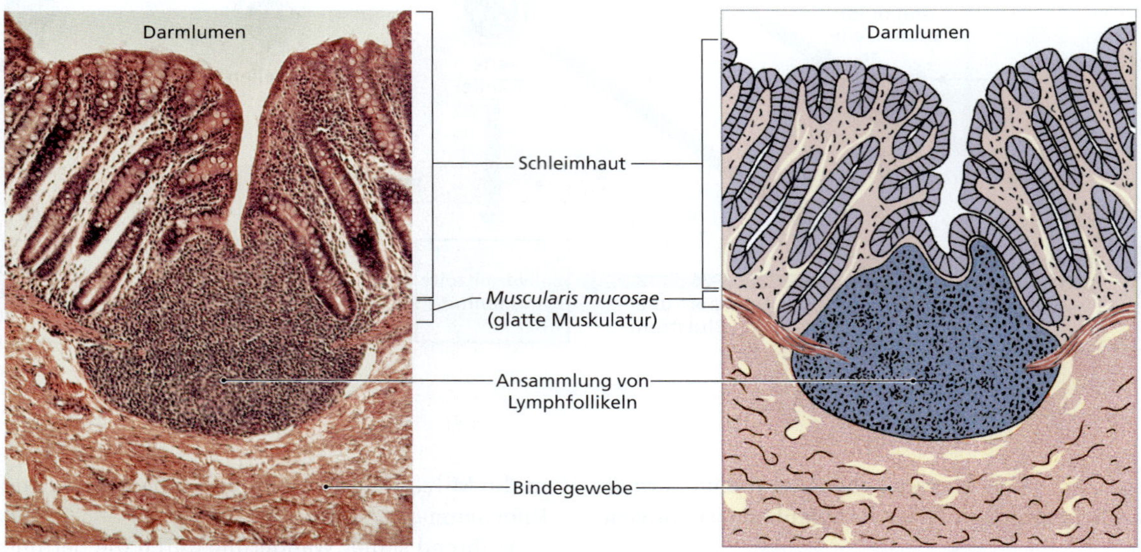

(a) Ansammlung von Lymphfollikeln (Verdauungstrakt)

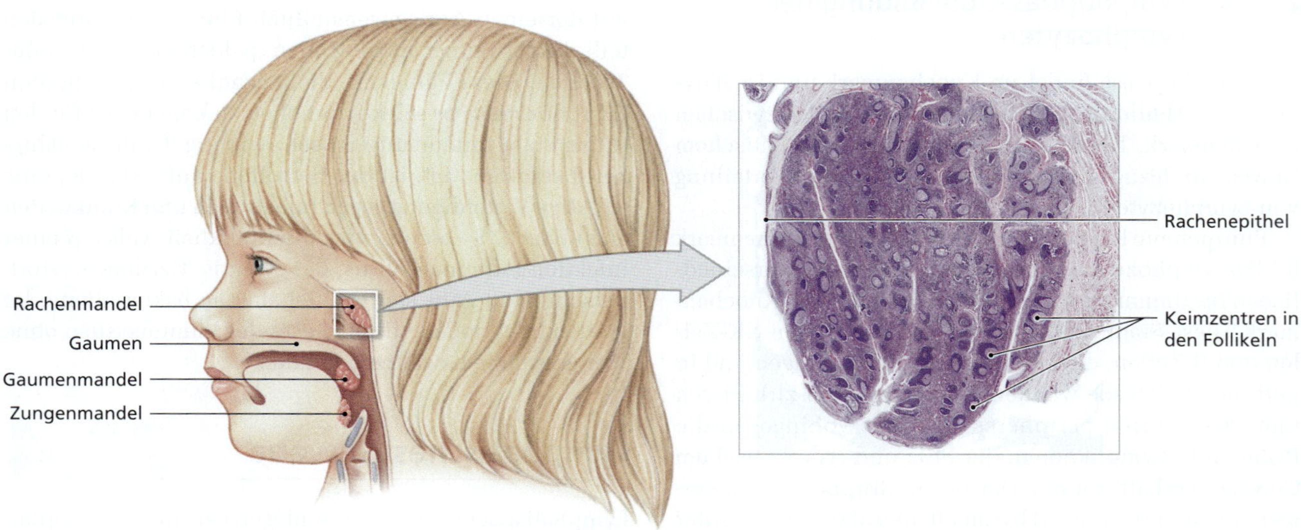

(b) Rachenmandel (Atemwege)

Abbildung 23.8: Die Histologie von lymphatischem Gewebe. (a) Histologie eines isolierten Lymphfollikels im Dickdarm. (b) Die Lage der Tonsillen und der histologische Aufbau einer einzelnen Tonsille.

AUS DER PRAXIS

Infizierte Lymphfollikel

Lymphfollikel können von einer Invasion von Pathogenen überwältigt werden. Das Ergebnis ist eine lokale Infektion mit regionaler Schwellung und Schmerzen. Die Tonsillen stehen bei der Verteidigung des Rachenraums gegen Infektionen an vorderster Front.

Eine Person mit einer **Tonsillitis** hat eine Mandelentzündung. Zu den Symptomen gehören Halsschmerzen, hohes Fieber und oft eine Leukozytose (abnorm hohe Leukozytenzahlen im Blut). Die betroffenen Tonsillen, meist die Gaumenmandeln, schwellen an und entzünden sich; manchmal vergrößern sie sich so stark, dass sie die Atemwege partiell verlegen. Dies erschwert die Atmung oder macht sie in schweren Fällen ganz unmöglich. Schreitet die Infektion fort, kann es zu einer **Abszessbildung** im tonsillären oder peritonsillären Gewebe kommen. Bakterien können über Lymphkapillaren und Lymphgefäße in die Blutbahn gelangen. Im frühen Stadium kann ein Antibiotikum die Infektion kontrollieren, doch einen Abszess behandelt man chirurgisch durch Drainage des Abszesses und Entfernung der Mandeln (Tonsillektomie). Vor der Einführung von Antibiotika empfahl man die Tonsillektomie häufig bei rezidivierenden Tonsillitiden. Es kommt tatsächlich zu einer Reduktion der Inzidenz und Schwere späterer Infektionen, doch muss man angesichts wirksamer Antibiotika für schwere Infekte nach den Nachteilen des Eingriffs fragen.

Zu einer **Appendizitis** („Blinddarmentzündung“) kommt es meist nach einer Arrosion des Epithels in der *Appendix vermiformis* (Wurmfortsatz). Die ursprüngliche Ulzeration kann verschiedene Ursachen haben; meist sind es Bakterien oder Viren. Natürlicherweise im Lumen vorhandene Darmbakterien können nun durch das Epithel in das darunterliegende Gewebe eindringen. Es kommt zu einer Entzündung; die Öffnung zwischen dem Lumen der Appendix und dem Dickdarm kann zuschwellen. Dies beschleunigt die Ansammlung von Schleim und Eiter. Nach einiger Zeit kann das geschwollene und entzündete Organ rupturieren (perforierte Appendix, „Blinddarmdurchbruch“). In diesem Falle gelangen Bakterien in den warmen, dunkeln und feuchten Peritonealraum, wodurch sich eine lebensbedrohliche Peritonitis entwickeln kann. Die effektivste therapeutische Maßnahme ist die Entfernung des Wurmfortsatzes, die **Appendektomie**.

AUFGABEN

1 Welche Lymphozytenart ist die häufigste?

2 Rainer infiziert sich mit einem Pathogen. Einige Monate später, als er wieder relativ gesund ist, ist er demselben Pathogen erneut ausgesetzt. Wird er definitiv wieder krank? Warum oder warum nicht?

3 Zirkulierende Lymphozyten haben weiterhin die Fähigkeit, sich zu teilen. Warum ist dies so wichtig?

4 Wie nennt man die Ansammlungen von Lymphfollikeln in der Dünndarmschleimhaut?

Ansammlungen von Lymphfollikeln in der Dünndarmmukosa nennt man **Peyer-Plaques** *(Folliculi lymphatici aggregati)*. Außerdem enthalten die Wände der Appendix, einer blind endenden Aussackung in der Nähe des ileozäkalen Übergangs, zahlreiche miteinander verschmolzene Lymphfollikel.

Die Lymphozyten in diesen Lymphfollikeln sind nicht immer in der Lage, die Bakterien oder Viren, die das Epithel des Verdauungstrakts durchdrungen haben, alle zu zerstören. So kann es zu Infektionen kommen; bekannt sind die **Tonsillitis** (Mandelentzündung) und die **Appendizitis** (Blinddarmentzündung).

23.5 Lymphatische Organe

Lymphatische Organe sind durch eine Kapsel aus fibrösem Bindegewebe vom umgebenden Gewebe abgetrennt. Zu ihnen gehören die **Lymphknoten**, der **Thymus** und die **Milz**.

23.5.1 Lymphknoten

Lymphknoten sind kleine, ovale lymphatische Organe, die durchschnittlich 1–25 mm groß sind. Die allgemeine Verteilung der Lymphknoten im Körper können Sie Abbildung 23.1 entnehmen. Jeder Lymphknoten hat eine Kapsel aus dichtem fibrösem Bindegewebe. Faserige Extensionen der Kapsel reichen ein Stück in das Innere des Knotens hinein; man nennt sie **Trabekel** (**Abbildung 23.9**).

Blutgefäße und Nerven setzen am **Hilus**, einer Einbuchtung, am Lymphknoten an (siehe Abbildung 23.9). Jeder Lymphknoten hat zwei Gruppen von Lymphgefäßen: **afferente und efferente Lymphbahnen**. Die afferenten Lymphbahnen, die Lymphe von der Peripherie in den Lymphknoten bringen, ziehen gegenüber dem Hilus in die Kapsel. Die Lymphe fließt dann langsam in einem Netzwerk aus Sinus (offene Durchgänge mit unvollständig ausgebildeten

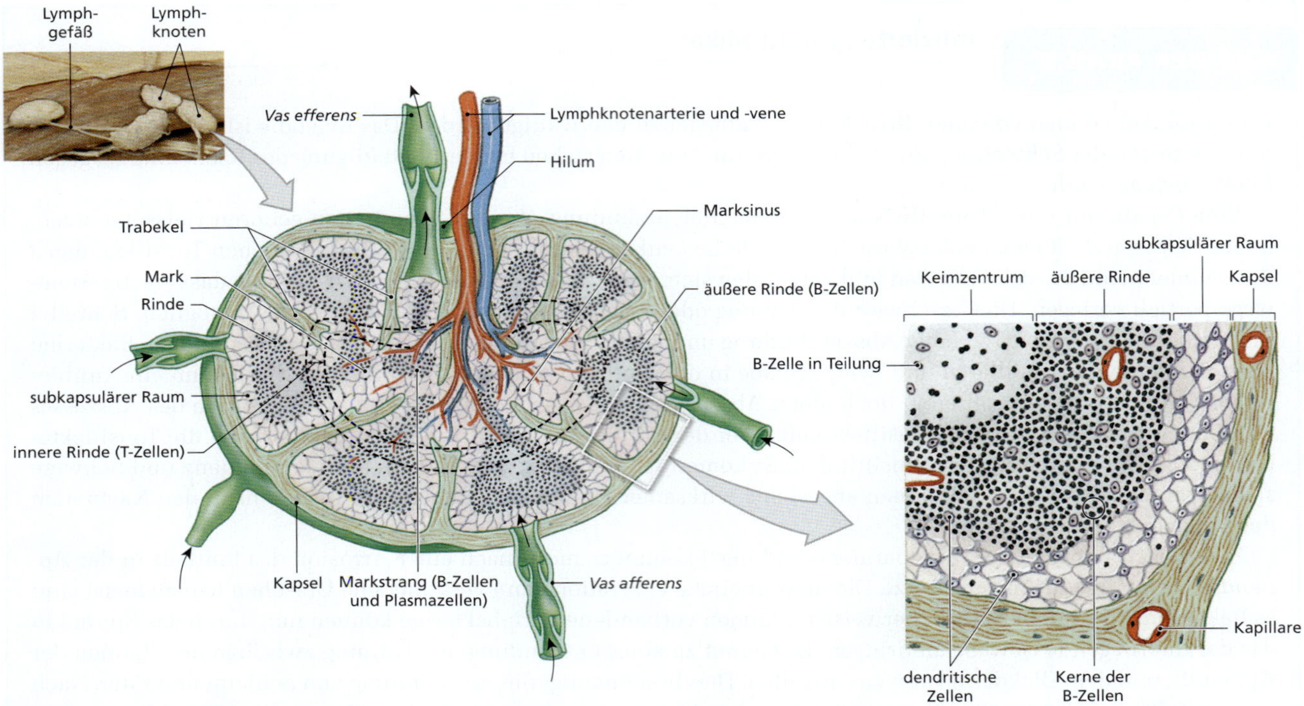

Abbildung 23.9: Aufbau eines Lymphknotens. Lymphknoten haben eine Kapsel aus dichtem fibrösem Bindegewebe. Lymph- und Blutgefäße ziehen durch die Kapsel hindurch in den Knoten hinein. Beachten Sie, dass es mehrere afferente Lymphgefäße gibt, aber nur ein Vas efferens.

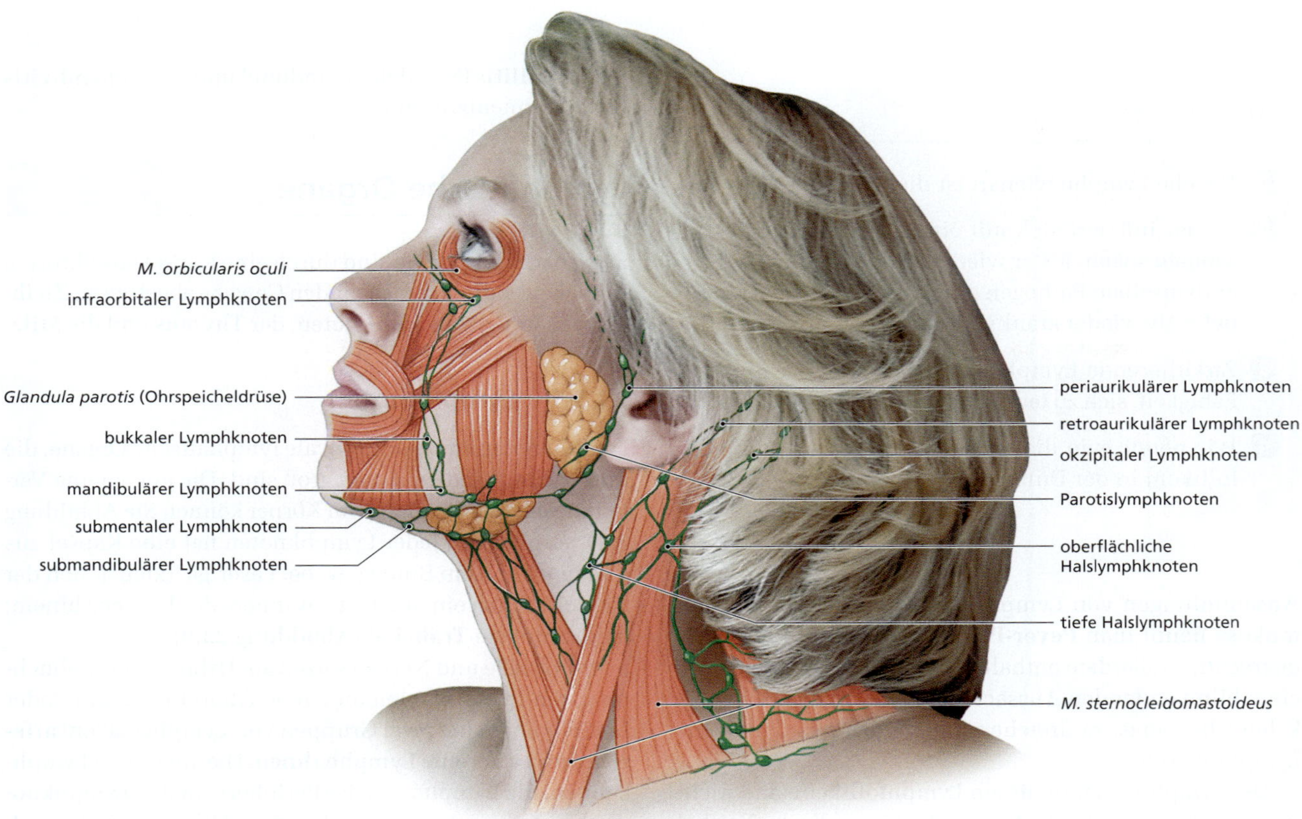

Abbildung 23.10: Lymphdrainage von Kopf und Hals. Lage der Lymphgefäße und -knoten, die Kopf und Hals drainieren.

Wänden) durch den Lymphknoten. Nach ihrer Ankunft im Lymphknoten gelangt die Lymphe zunächst in den subkapsulären Bereich, in dem sich ein Netzwerk verzweigter retikulärer Fasern, Makrophagen und dendritische Zellen befinden. **Dendritische Zellen** nehmen Antigene aus der Lymphe auf und präsentieren diese in ihren Zellmembranen. T-Zellen, die mit diesen gebundenen Antikörpern reagieren, werden aktiviert und leiten eine Immunantwort ein. Anschließend fließt die Lymphe durch die **äußere Rinde** des Knotens. Sie enthält Ansammlungen von B-Zellen mit Keimzentren ähnlich denen der Lymphfollikel.

Der Weg der Lymphe setzt sich nun durch die **innere Rinde (parakortikaler Bereich)** fort. Hier verlassen zirkulierende Lymphozyten die Blutbahn und gelangen durch die Wände der Blutgefäße in der inneren Rinde in den Lymphknoten. In der inneren Rinde befinden sich vorwiegend T-Zellen.

Nach dem Weg durch die Sinus der inneren Rinde kommt die Lymphe im **Mark (Medulla)** des Lymphknotens an. Das Mark enthält Makrophagen und B-Zellen, die in länglichen Strukturen angeordnet sind, den **Marksträngen**. Nachdem die Lymphe durch ein Sinusnetzwerk im Mark geflossen ist, gelangt sie am Hilus in die efferenten Lymphgefäße.

Lymphknoten wirken wie ein Filter am Wasserhahn: Sie filtrieren und reinigen die Lymphe, bevor sie das venöse System erreicht. Ein Lymphknoten entfernt mehr als 99 % der Antigene in der ankommenden Lymphe. Gebundene Makrophagen in den Wänden der Sinus phagozytieren Zelltrümmer oder Pathogene aus der vorbeiströmenden Lymphe. Die Antigene, die auf diese Weise entfernt wurden, werden von den Makrophagen verarbeitet und benachbarten T-Zellen präsentiert. Andere Antigene bleiben an der Zelloberfläche von dendritischen Zellen haften, wo sie ebenfalls T-Zellaktivität stimulieren.

Die größten Lymphknoten liegen dort, wo die peripheren Lymphgefäße in die Lymphsammelgefäße übergehen (siehe Abbildung 23.4), wie am Halsansatz (**Abbildung 23.10**), in den Axillae (**Abbildung 23.11**) und in den Leisten (**Abbildung 23.12** bis **Abbildung 23.14**). Man nennt sie auch Lymphdrüsen. Vergrößerte Lymphknoten sind meist ein Hinweis auf eine Entzündung oder eine Infektion peripherer Strukturen. Größere Ansammlungen

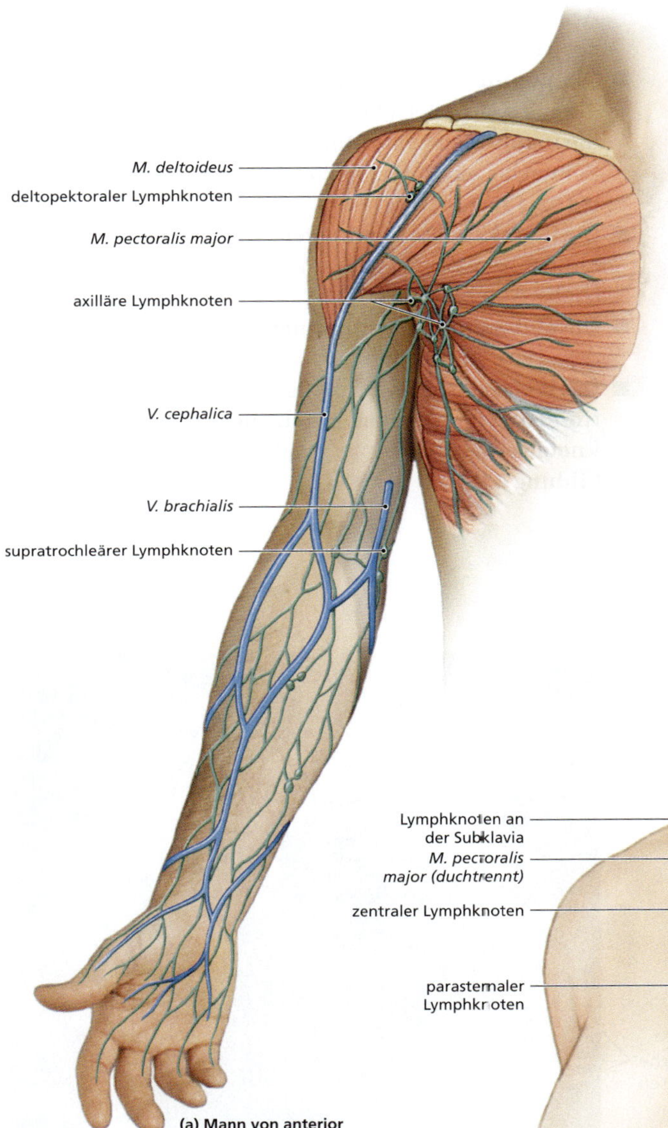

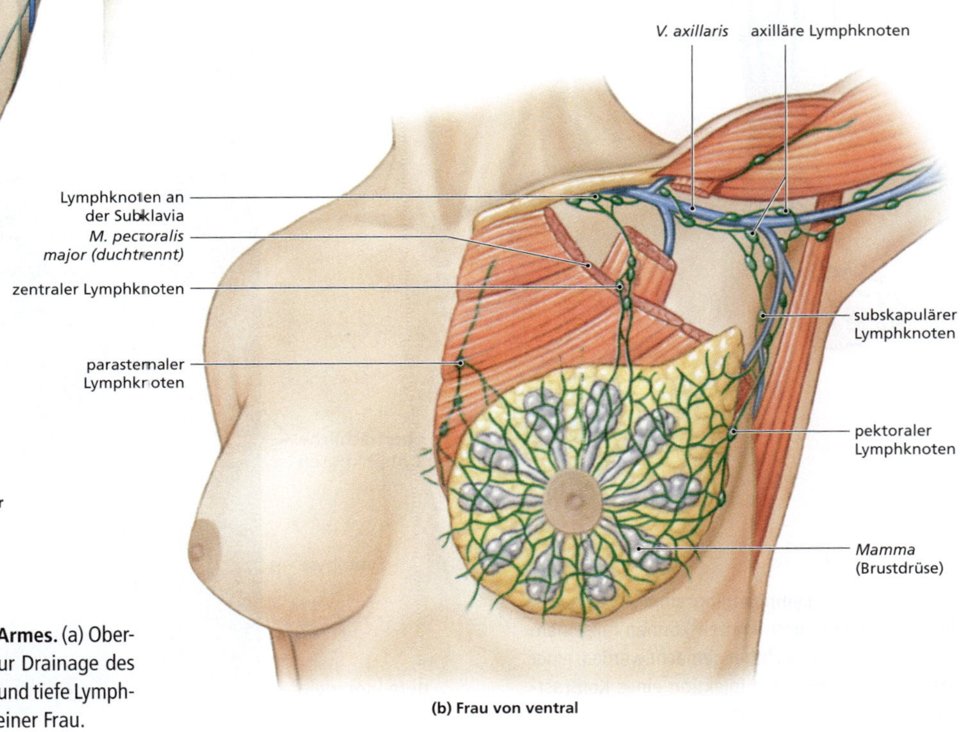

Abbildung 23.11: Lymphdrainage des Armes. (a) Oberflächliche Lymphgefäße und -knoten zur Drainage des Armes eines Mannes. (b) Oberflächliche und tiefe Lymphgefäße und -knoten an Arm und Brust einer Frau.

Abbildung 23.12: **Lymphdrainage des Beines.**

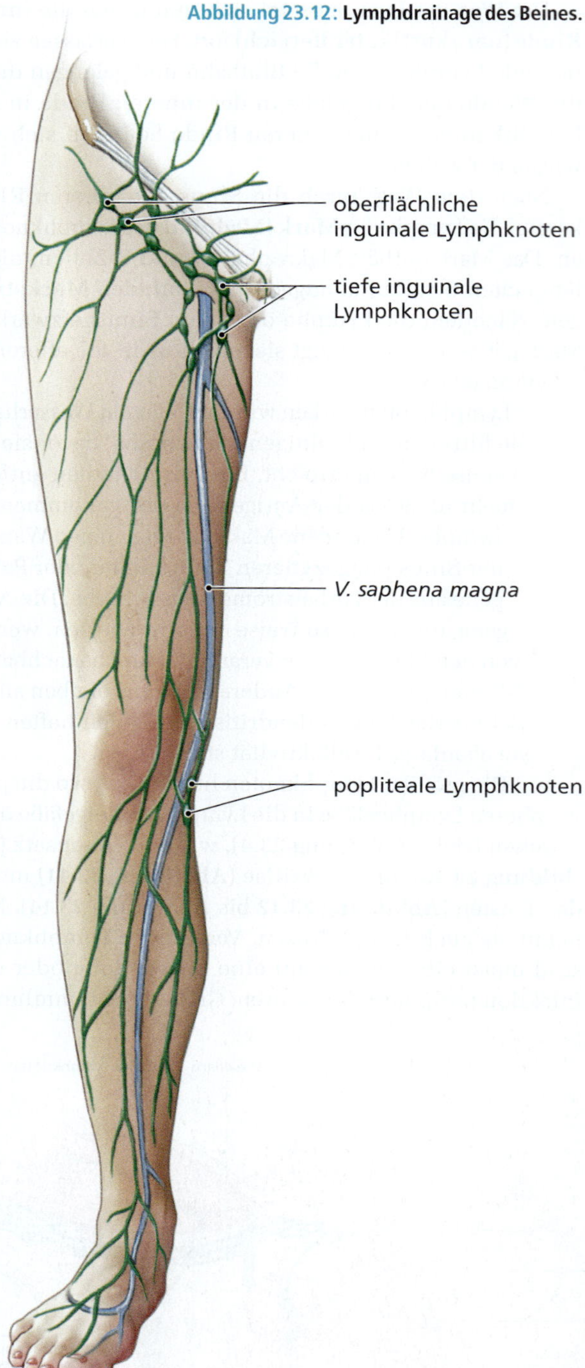

von Lymphknoten finden sich auch in den Mesenterien des Darmes, in der Nähe der Trachea und den tieferen Atemwegen sowie am *Ductus thoracicus*.

Lymphatisches Gewebe und Lymphknoten befinden sich dort, wo der Körper besonders anfällig für Verletzungen oder Invasionen ist. Wenn wir ein Haus vor Eindringlingen schützen wollen, überwachen wir alle Fenster und Türen und halten vielleicht noch einen großen Hund im Haus. Die Verteilung des lymphatischen Gewebes und der Lymphknoten folgt einer vergleichbaren Taktik.

- Die **zervikalen Lymphknoten** überwachen die Lymphe aus Kopf und Hals (siehe Abbildung 23.10).
- Die **axillären Lymphknoten** filtrieren Lymphe aus den Armen (siehe Abbildung 23.11a), bei Frauen außerdem noch die aus den Brustdrüsen (siehe Abbildung 23.11b).
- Die **poplitealen Lymphknoten** filtrieren die Lymphe, die aus dem Unterschenkel am Oberschenkel ankommt, die **inguinalen Lymphknoten** die Lymphe, die von den Beinen her am Rumpf ankommt (siehe Abbildung 23.12 bis 23.14).
- Die **thorakalen Lymphknoten** erhalten Lymphe von den Lungen, den Atemwegen und mediastinalen Strukturen (siehe Abbildung 23.4).
- Die **abdominalen Lymphknoten** filtrieren Lymphe aus dem Harn- und dem Fortpflanzungstrakt.
- Das lymphatische Gewebe der Peyer-Plaques, die **intestinalen Lymphknoten** und die **mesenterialen Lymphknoten** erhalten Lymphe aus dem Verdauungstrakt (**Abbildung 23.15**).

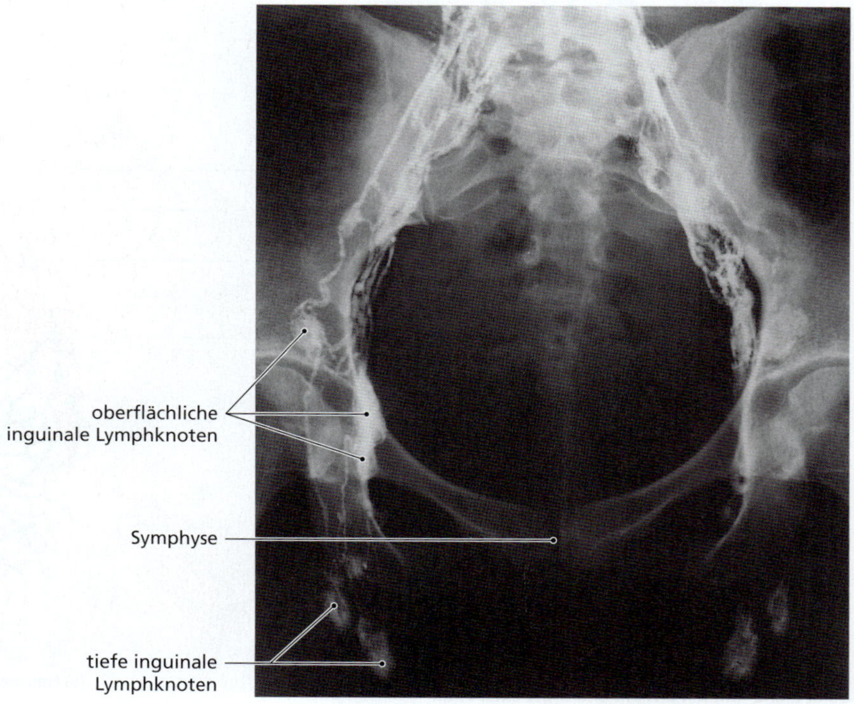

Abbildung 23.13: **Lymphangiogramm des Beckens.** Die Lymphgefäße und -knoten können mit einem Lymphangiogramm sichtbar gemacht werden, einer Röntgenaufnahme nach Injektion eines Kontrastmittels in das Lymphsystem.

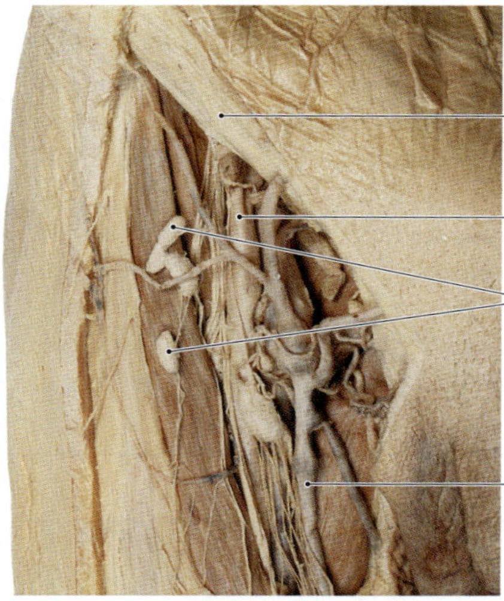

(a) Präparat der rechten oberen Leistengegend bei einem Mann

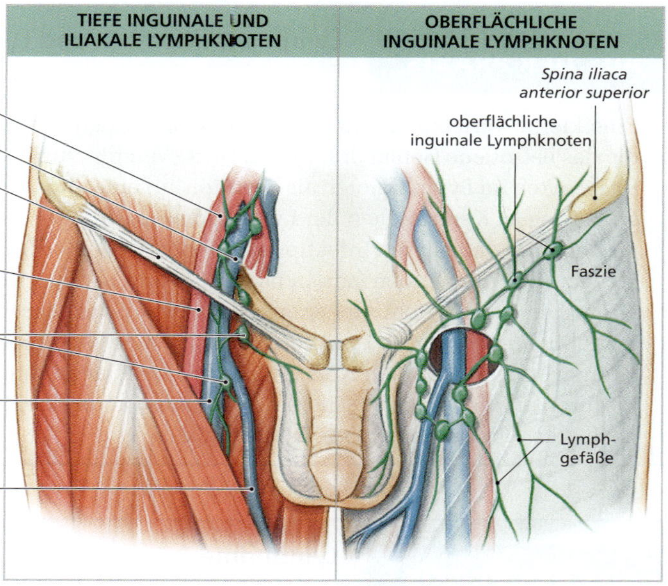

(b) Inguinale Lymphknoten und Gefäße

Abbildung 23.14: Die Lymphdrainage der Leiste. (a) Präparat der inguinalen Lymphgefäße und -knoten von anterior. (b) Darstellung der oberflächlichen und tiefen Leistenregion eines Mannes mit Lymphgefäßen und -knoten.

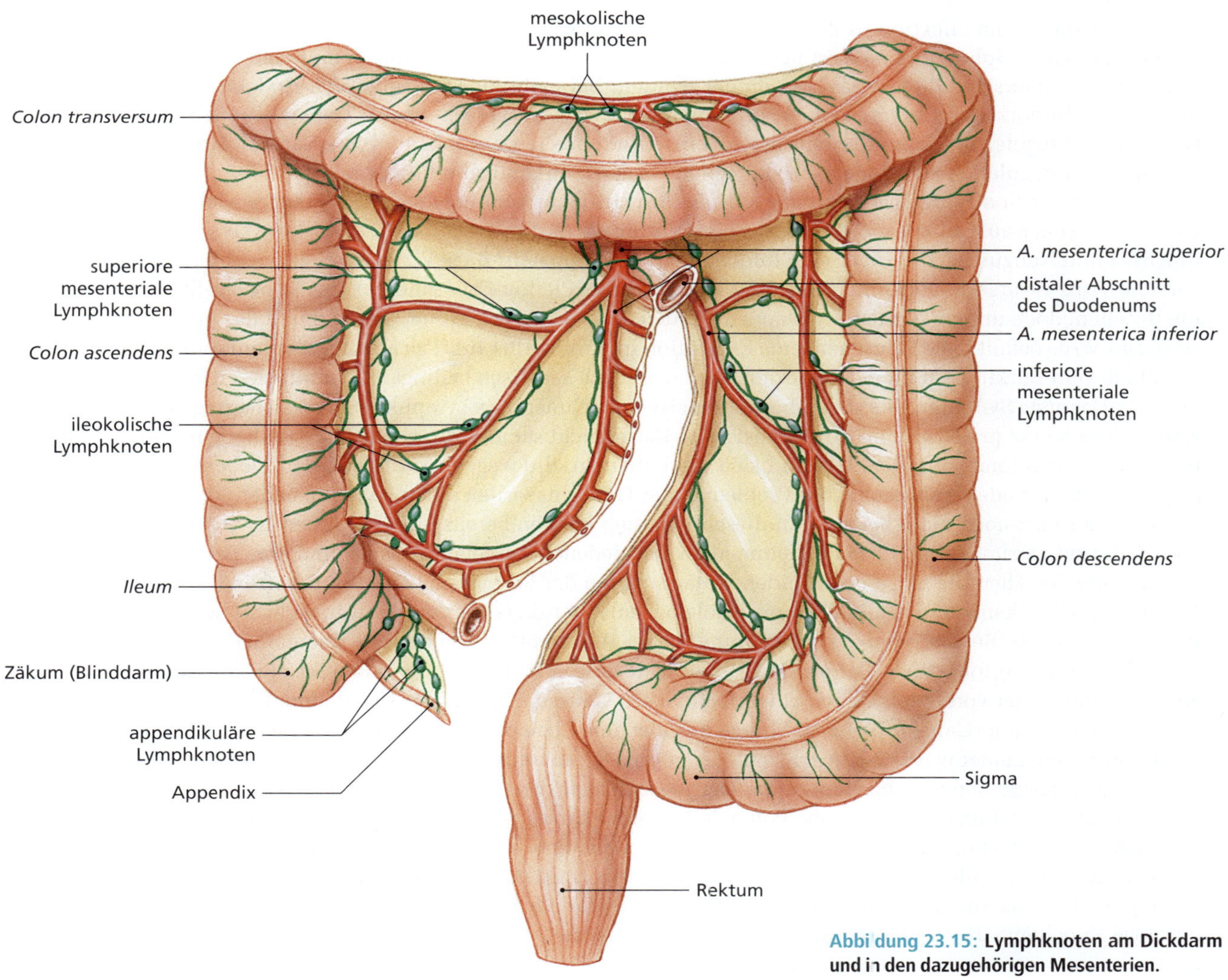

Abbildung 23.15: Lymphknoten am Dickdarm und in den dazugehörigen Mesenterien.

AUS DER PRAXIS

Lymphadenopathie und Lymphknotenmetastasen

Eine kleine Verletzung führt meist zu einer geringfügigen Vergrößerung der Lymphknoten an den Lymphgefäßen, die das betroffene Gebiet drainieren. Diese Vergrößerung beruht meist auf einer Vermehrung der Lymphozyten und Phagozyten im Lymphknoten als Reaktion auf eine kleine lokalisierte Infektion. Eine chronische oder exzessive Vergrößerung ist Kennzeichen der **Lymphadenopathie**; sie tritt auf bei Vernarbung der Lymphgefäße, bei bakteriellen, viralen oder parasitären Infektionen oder bei malignen Tumoren.

Lymphbahnen finden sich in fast allen Geweben des Körpers; die Lymphkapillaren haben dem Eindringen von bösartigen Zellen nicht viel entgegenzusetzen. Aus diesem Grunde metastasieren bösartige Tumoren oft über die Lymphbahnen, und die Lymphknoten sind die Wegstationen wandernder Krebszellen. Daher kann eine Untersuchung von Lymphknoten Aufschluss über die Ausbreitung von Tumorzellen geben; die Ergebnisse haben direkten Einfluss auf die Wahl der Therapie. Ein Beispiel ist die Klassifikation von Mammakarzinomen oder Lymphomen nach dem Ausmaß des Lymphknotenbefalls.

AUS DER PRAXIS

Lymphome

Lymphome sind bösartige Tumoren, die von Lymphozyten oder lymphozytären Stammzellen ausgehen. In Deutschland werden jährlich etwa 13.000 Lymphome diagnostiziert. Es gibt viele verschiedene Lymphome. Eines, das **Hodgkin-Lymphom**, macht etwa 15 % aller Fälle aus; es betrifft meist Patienten zwischen 15 und 35 und über 50 Jahren. Die Gründe für diese Häufigkeitsverteilung sind unbekannt. Auch die Ursache der Erkrankung ist nicht sicher; es könnte eine Infektion (wahrscheinlich durch ein Virus) zugrunde liegen.

Die anderen Lymphomformen fasst man unter dem Oberbegriff **Non-Hodgkin-Lymphome** zusammen, wobei es sich um sehr unterschiedliche Krankheitsbilder handelt. Bei mehr als 85 % aller Non-Hodgkin-Lymphome kann man in den Tumorzellen Chromosomenaberrationen nachweisen, typischerweise Translokationen, bei denen Abschnitte des Erbguts von einem Chromosom auf ein anderes übergegangen sind. Diese Verschiebung beeinträchtigt die normalen Regulationsmechanismen; die Zellen wachsen unkontrolliert (kanzerös).

Eine Form der Non-Hodgkin-Lymphome z. B., das **Burkitt-Lymphom**, entsteht nach einer Translokation von Genen von Chromosom 8 auf Chromosom 14; hierbei gibt es mindestens drei Variationen. Typischerweise betrifft es Knaben in Afrika und Neuguinea, die zuvor eine Infektion mit dem **Eppstein-Barr-Virus** durchgemacht haben. Dieses sehr variable Virus verursacht auch die infektiöse Mononukleose (Pfeiffer-Drüsenfieber). Das Eppstein-Barr-Virus befällt die B-Zellen, doch unter normalen Umständen werden die meisten infizierten Zellen durch das Immunsystem zerstört. Das Virus befällt viele Menschen; eine Exposition im Kindesalter führt zu anhaltender Immunität. Bei Kindern jedoch, die ein Burkitt-Lymphom entwickeln, liegt wohl eine genetisch bedingte Empfindlichkeit dem Virus gegenüber vor. Das erste Symptom jedes Lymphoms ist meist eine schmerzlose Lymphknotenvergrößerung; die betroffenen Knoten haben eine pralle, gummiartige Konsistenz. Da sie nicht schmerzen, wird die Erkrankung meist übersehen, bis weitere Symptome auftreten. Oft sind sich die Patienten, die wegen rezidivierenden Fiebers, Nachtschweiß, gastrointestinaler oder respiratorischer Probleme oder Gewichtsverlust einen Arzt aufsuchen, der Lymphknotenschwellung selbst noch nicht bewusst. In diesem Stadium können bereits eine Vergrößerung von Leber und Milz, eine Funktionsstörung des ZNS, eine Pneumonie, verschiedene Hautveränderungen und eine Anämie vorliegen.

Die Wahl der Therapie hängt entscheidend vom Stadium der Erkrankung ab. Wenn sie früh (im Stadium I oder II) entdeckt wird, kann eine lokale Therapie Erfolg haben. Allerdings werden nur wenige Lymphome (10–15 %) so früh diagnostiziert. Bei Lymphomen im Stadium III oder IV sind meist kombinierte Chemotherapien mit zwei oder mehr Substanzen erforderlich. Bei einem akuten, weit fortgeschrittenen Lymphom ist die **Transplantation von Knochenmark** oder von Stammzellen eine Möglichkeit. Wenn ein geeigneter Knochenmarkspender gefunden ist, erhält der Patient eine Ganzkörperbestrahlung und/oder eine Chemotherapie, die sämtliche Tumorzellen im Körper zerstören sollen. Leider werden dadurch auch die normalen Stammzellen im Knochenmark zerstört. Anschließend werden die gespendeten Stammzellen infundiert, die sich nach etwa zwei Wochen im Knochenmark ansiedeln und mit Bildung neuer Blutzellen beginnen. Potenzielle Komplikation der Stammzelltransplantation ist das Risiko von Blutungen und Infektionen in der Zeit, in der sich das gespendete Knochenmark im Körper etabliert. Bei Patienten im Stadium I oder II ohne Beteiligung des Knochenmarks kann man Knochenmark entnehmen und gefroren bis zu 10 Jahre lang lagern. Falls andere Therapien versagen oder der Patient später einen Rückfall erleidet, kann eine autologe Knochenmarkstransplantation durchgeführt werden.

23.5.2 Der Thymus

Der Thymus liegt hinter dem *Manubrium sterni* im superioren Mediastinum. Er hat eine knotige Konsistenz und ist rosafarben. Der Thymus ist (im Verhältnis zur Körpergröße) in den ersten beiden Lebensjahren am größten und erreicht während der Pubertät mit etwa 30–40 g seine maximale absolute Größe. Später im Leben schrumpft er langsam; ein Teil der funktionellen Zellen wird durch Bindegewebe ersetzt. Diesen physiologischen Vorgang nennt man **Involution**.

Die Thymuskapsel teilt den Thymus in zwei **Thymuslappen** (**Abbildung 23.16**a und b). Faserige Unterteilungen, die **Septen**, reichen von der Kapsel aus in das Innere und unterteilen die Lappen in **Läppchen** von etwa 2 mm Breite (**Abbildung 23.16**c; siehe auch Abbildung 23.16b). Jedes Läppchen besteht aus einem dichten äußeren **Kortex (Thymusrinde)** und einer etwas diffusen, blasseren zentralen **Medulla (Thymusmark)**. Die Rinde enthält lymphoide Stammzellen, die sich schnell teilen; die Tochterzellen differenzieren sich zu T-Zellen aus und wandern in das Thymusmark. Während dieser Reifung werden alle T-Zellen zerstört, die auf normale Gewebeantigene reagieren. Die übrigen T-Zellen gelangen letztendlich in eines der spezialisierten Blutgefäße der Region. Solange sie sich im Thymus befinden nehmen die T-Zellen nicht an der Immunantwort teil; sie werden erst mit Eintritt in die Blutbahn aktiv. Die Kapillaren im Thymus ähneln denen des ZNS insofern, als sie keinen freien Austausch zwischen der interstitiellen Flüssigkeit und dem Blutstrom erlauben. Diese **Blut-Thymus-Schranke** verhindert eine vorzeitige Stimulation der heranwachsenden T-Zellen durch zirkulierende Antigene.

Zwischen den Lymphozyten im Thymus liegen **Epithelzellen** verteilt. Sie sind für die Bildung der Thymushormone verantwortlich, die die Differenzierung funktionierender T-Zellen fördern. Im Thymusmark sind diese Zellen in konzentrischen Lagen zu den sog. **Hassall-Körperchen** (**Abbildung 23.16**d) angeordnet, deren Funktion nicht bekannt ist.

23.5.3 Die Milz

Die **Milz** ist das größte lymphatische Organ des Körpers. Sie ist etwa 12 cm lang und wiegt bis etwa 160 g. Sie liegt an der großen Magenkurvatur zwischen der neunten und der elften Rippe auf der linken Seite. Sie ist über ein breites

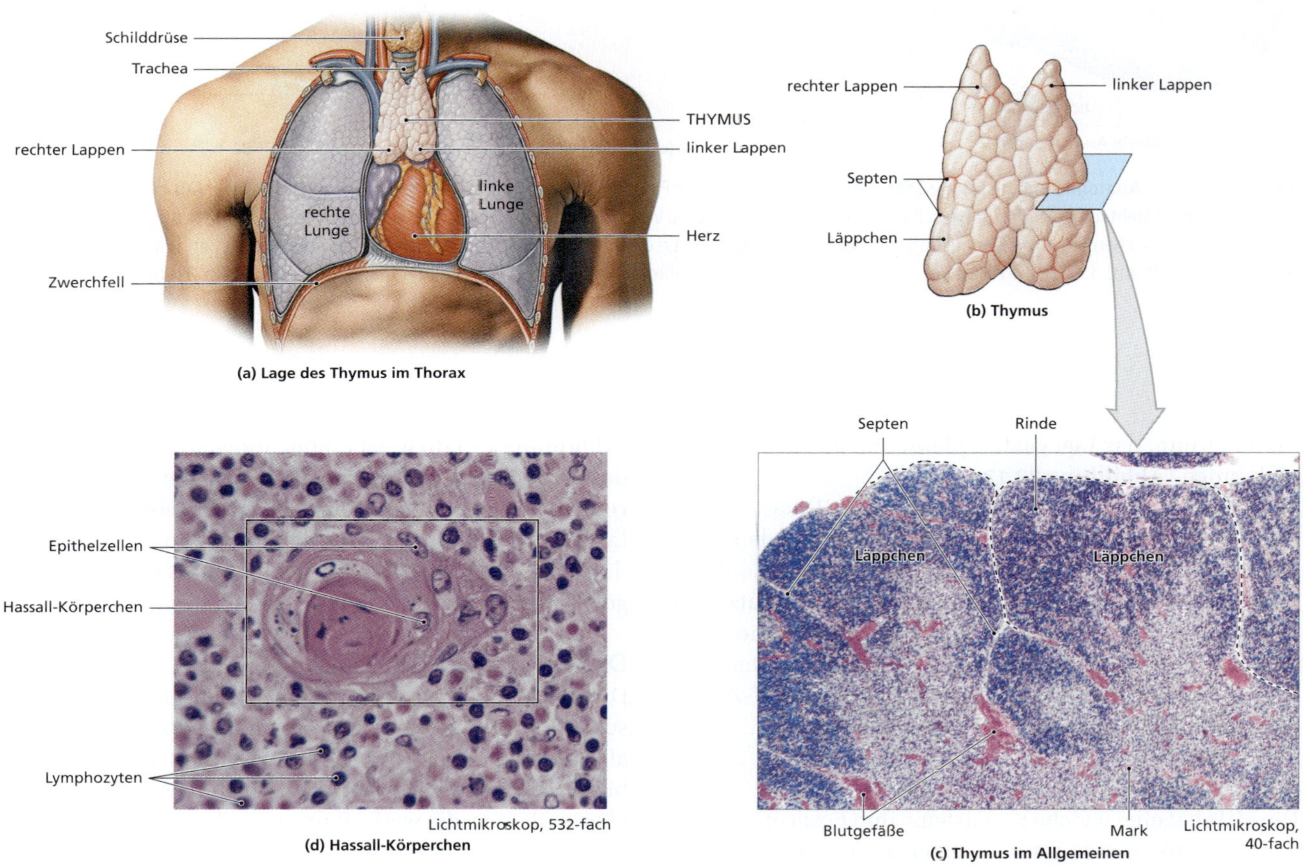

Abbildung 23.16: Anatomie und histologischer Aufbau des Thymus. (a) Die Lage der Thymus im Thorax. Beachten Sie die Beziehung zu den anderen Thoraxorganen. (b) Merkmale des Thymus. (c) Histologie des Thymus. Beachten Sie die faserigen Septen, die das Thymusgewebe in Läppchen unterteilen, die wie Lymphfollikel aussehen. Die gestrichelte Linie folgt den Kanten eines einzelnen Läppchens. (d) Histologie der ungewöhnlichen Struktur der Hassall-Körperchen. Die kleinen Zellen sind Lymphozyten in unterschiedlichen Entwicklungsstadien.

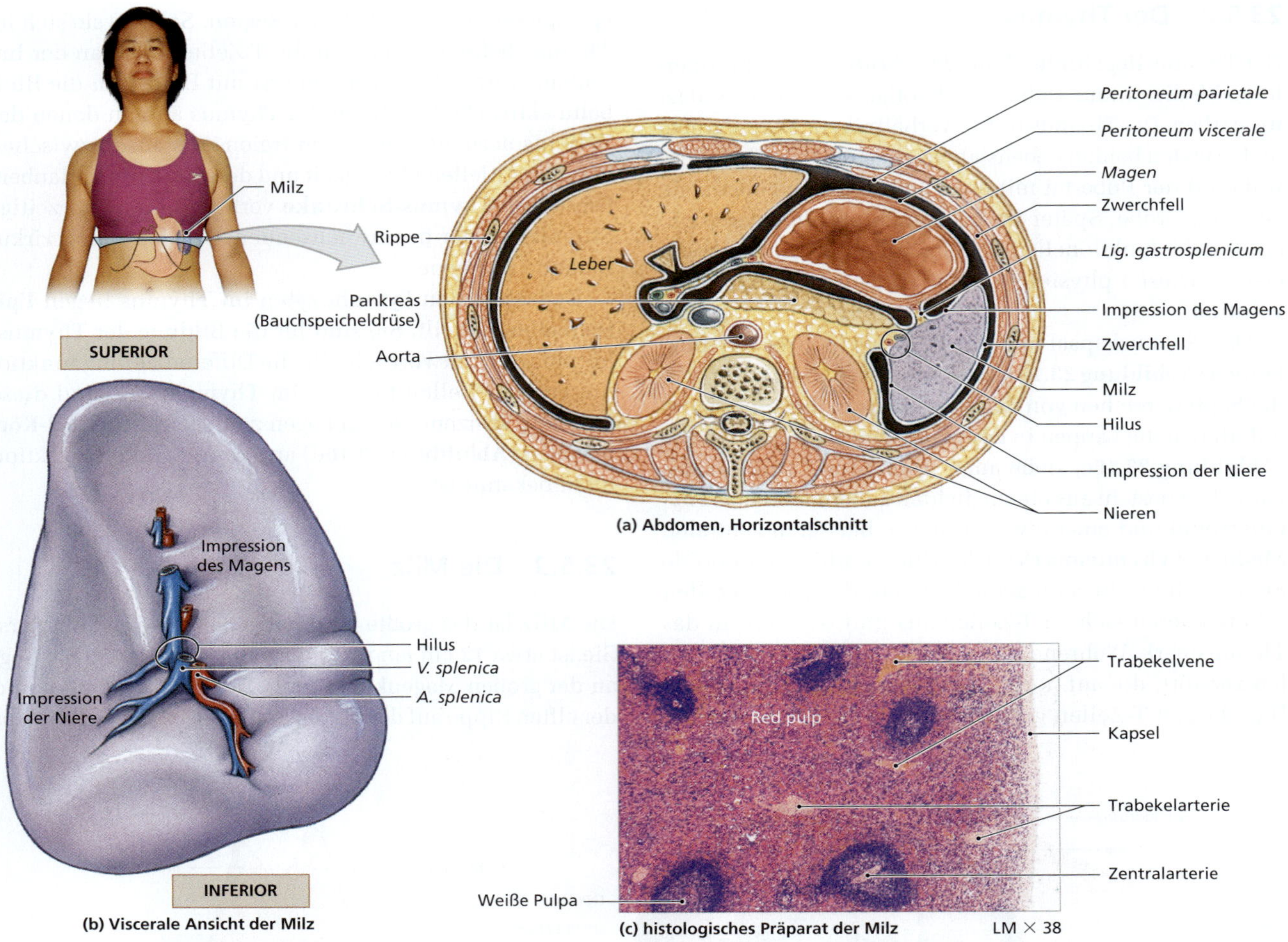

Abbildung 23.17: Anatomie und histologischer Aufbau der Milz. (a) Die Form der Milz folgt grob der der umliegenden Organe. Auf diesem Querschnitt durch den Rumpf sieht man die Milz in typischer Position in der Bauchhöhle von inferior. (b) Außenansicht der Facies visceralis mit wichtigen anatomischen Merkmalen. Vergleichen Sie diese Darstellung mit (a). (c) Histologisches Erscheinungsbild der Milz. In der weißen Pulpa herrschen Lymphozyten vor; sie sehen blau-violett aus, da sich die Kerne der Lymphozyten sehr dunkel anfärben. In der roten Pulpa findet man fast ausschließlich Erythrozyten.

Mesenterium, das **Lig. gastrosplenicum**, mit dem Magen verbunden (**Abbildung 23.17**a).

Makroskopisch hat die Milz wegen des Blutes, das sie enthält, eine dunkelrote Farbe. Die Milz tut mit dem Blut das, was die Lymphknoten mit der Lymphe tun. Zu ihren Funktionen gehören 1. die Entfernung abnormer Blutzellen und anderer Bestandteile durch Phagozytose, 2. die Speicherung von Eisen aus den abgebauten Erythrozyten und 3. die Initiierung der Immunantworten der B- und T-Zellen als Reaktion auf zirkulierende Antigene.

Die Flächen der Milz

Die Milz hat eine weiche Konsistenz; ihre Form entspricht der der Strukturen in ihrer Umgebung. Sie liegt zwischen dem Magen, der linken Niere und dem muskulären Anteil des Zwerchfells. Die **Facies diaphragmatica** (siehe Abbildung 23.17a) ist glatt und konvex; sie folgt der Form von Zwerchfell und Körperwand. Die **Facies visceralis** (**Abbildung 23.17**b) weist Einbuchtungen auf, die der Form des Magens **(Facies gastrica)** und der der Niere **(Facies renalis)** folgen. Die **A. lienalis**, die **V. lienalis** und die Lymphgefäße treten am **Hilus** in die Milz ein, einer Furche, die die Grenze zwischen der *Facies renalis* und der *Facies gastrica* markiert.

Die Histologie der Milz

Die Milz ist von einer Kapsel aus kollagenen und elastischen Fasern umgeben. Die Zellen darin bezeichnet man als das Milzparenchym (**Abbildung 23.17**c). Die **rote Pulpa** bildet Pulpastränge, die große Mengen roter Blutkörperchen enthalten; die **weiße Pulpa** enthält Lymphfollikel. Am Hilus verzweigt sich die *A. lienalis* in mehrere Arterien, die nach außen in Richtung der Kapsel ziehen. Diese Trabekelarterien verzweigen sich stark; ihre Arteriolen sind von weißer Pulpa umgeben. Von den Kapillaren gelangt das Blut in die venösen Sinus der roten Pulpa.

EXKURS

Das Lymphsystem

Ich habe das Gefühl zu ersticken! Was ist mit mir los?

Andrea ist eine 46-jährige zweifache Mutter aus Neustadt. Die Familie ist gern draußen unterwegs und unternimmt am Wochenende oft ausgiebige Wanderungen und Radtouren. In der letzten Zeit hat Andrea jedoch gelegentlich Schwierigkeiten, bei Bergwanderungen mit ihrer Familie mitzuhalten. Sie leidet auch unter vermehrter allgemeiner Müdigkeit und gelegentlichen Schmerzen in der Brust bei tiefer Inspiration, besonders beim Sport. Nachts hat sie Luftnot und sitzt oft aufrecht im Bett, um einige Male tief durchzuatmen, bevor sie wieder einschlafen kann. Bei der letzten jährlichen Routineuntersuchung erwähnt sie dies ihrem Arzt gegenüber, doch der kann weder beim Abhören von Herz und Lunge noch bei der Untersuchung von Puls, Blutdruck und Atmung einen pathologischen Befund erheben. Sie überlegen, eine Röntgenaufnahme der Lungen anzufertigen, doch da Andrea nicht raucht und keine Lungengeräusche zu hören sind, entscheiden sich Andrea und ihr Arzt, erst bei einer Zunahme der Symptome zu röntgen.

Ein paar Monate später holt sich Andrea eine Erkältung mit Schnupfen und Husten. Da bei ihr in diesen Fällen Hühnersuppe und etwas Ruhe in der Regel helfen, schont sie sich einfach etwas und wartet ab. An einem frühen Sonntagmorgen erwacht sie mit Brustschmerzen, Luftnot mit Erstickungsangst und einem Gefühl drohender Ohnmacht. Aufrechtes Sitzen hilft etwas. Andrea und ihr Mann warten, bis die Notfallpraxis um 8:00 Uhr morgens öffnet; sie ist an diesem Morgen die erste Patientin.

Eingangsuntersuchung

Der Arzt in der Notfallpraxis macht sich die folgenden Notizen:

- Blutdruck, LDL und HDL (High-Density-Lipoproteine) liegen, wie in den letzten fünf Jahren einschließlich der letzten Jahresuntersuchung, im Normbereich.
- Der Blutdruck liegt heute bei 112/76 mmHg.
- Ein EKG ergibt keine Hinweise auf eine Myokardischämie oder einen Infarkt.
- Die Familienanamnese für Herzerkrankungen oder Schlaganfall gibt keine Anhaltspunkte.
- Die Patientin klagt über allgemeine Müdigkeit, die in den letzten fünf Monaten zugenommen habe.
- Sie hat Schmerzen im Thoraxbereich, starke Luftnot und fühlt sich einer Ohnmacht nahe.

Der Arzt ordnet eine Röntgenaufnahme des Thorax im a.-p. Strahlengang an. Man sieht ein verbreitertes Mediastinum und eine Verschattung im vorderen Mediastinum (**Abbildung 23.18**). Andrea wird umgehend zu weiteren Untersuchungen in das Krankenhaus eingewiesen.

Weitere Untersuchungen

Der Arzt im Krankenhaus sichtet die mitgebrachten Unterlagen und ordnet ein MRT an, das die folgenden Befunde ergibt:

- Im vorderen Mediastinum liegt eine große Raumforderung.
- Diese scheint auf Andreas Herz und die Bifurkation der Trachea zu drücken.
- Die Raumforderung wird operativ entfernt.

Überlegungen

Zur Interpretation dieses Falles sollten Sie den Stoff von Kapitel 23 wiederholen; die nachfolgenden Fragen helfen Ihnen dabei. Denken Sie über jede nach und versuchen Sie, sie alle zu beantworten.

1. Wo liegt das Mediastinum?
2. Welche anatomischen Strukturen befinden sich im Mediastinum?
3. Andreas Symptome haben sich im Laufe des letzten Jahres verstärkt. Was hat diese Veränderungen bewirkt?

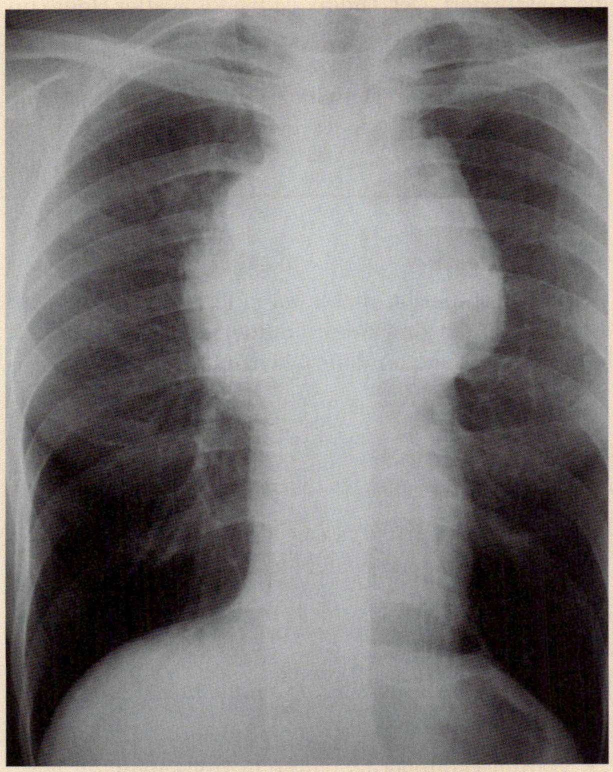

Abbildung 23.18: **Andreas Röntgenaufnahme.**

Analyse und Interpretation

Die nachfolgenden Informationen beantworten die oben gestellten Fragen. Schlagen Sie zur Wiederholung nach.

1. Das Mediastinum reicht von der oberen Thoraxapertur bis an das Zwerchfell herunter sowie anterior vom Sternum bis posterior an die Brustwirbelsäule.
2. Das Mediastinum enthält die Trachea, den Ösophagus, den Perikardsack, das Herz und seine großen Gefäße, den Thymus und thorakale Lymphknoten. Es dient auch als Durchgang für Strukturen wie den Ösophagus, den *Ductus thoracicus* und Bestandteile des Nervensystems.
3. Eine wachsende Raumforderung drückt auf verschiedene mediastinale Strukturen. Der Druck auf Trachea, Bronchien und Lungen verursacht bei Andrea die Kurzatmigkeit und die Luftnot, der Druck auf das Herz und die großen Gefäße das Gefühl der nahenden Ohnmacht.

Diagnose

Bei Andrea wird ein thorakales (mediastinales) Lymphom diagnostiziert. Solides tumoröses Wachstum von Lymphozyten kann auf einer benignen (gutartigen) Lymphadenopathie beruhen oder auf einem malignen Lymphom, einem bösartigen Tumor in einem oder mehreren Lymphknoten. Maligne Lymphome werden entweder als **Hodgkin-Lymphome** oder **Non-Hodgkin-Lymphome** klassifiziert. Der Thorax ist bei 85 % aller Hodgkin-Lymphome und bei 45 % aller Non-Hodgkin-Lymphome betroffen.

Der Begriff „Non-Hodgkin-Lymphom" umfasst eine Reihe von Tumoren. Sie werden oft nach der entarteten Zelle benannt, wie z. B. B- oder T-Zell-Lymphom. Im Jahre 2007 waren 4 % aller neu diagnostizierten malignen Tumoren Non-Hodgkin-Lymphome. Die Inzidenz steigt bei Patienten, die Immunsuppressiva einnehmen oder HIV-positiv sind. Aus unbekannten Gründen nimmt die Inzidenz bei Frauen in den letzten 20 Jahren zu. Verbesserungen von Chemo- und Strahlentherapie haben die Lebenserwartung aller Patienten mit Non-Hodgkin-Lymphom erhöht; die Fünfjahresüberlebensrate liegt mittlerweile bei 63 %.

Begriffe Exkurs:

B-Zell-Lymphom (B-Zell-Leukämie): bösartiger Tumor des Lymphgewebes aufgrund abnormen Wachstums und Teilung von B-Lymphozyten
EKG (Elektrokardiogramm): grafische Darstellung der Aktionspotenziale des Herzes durch Ableitung über Hautelektroden
HDL (High-Density-Lipoproteine): eine Art von Lipoproteinen im Blut, deren Hauptfunktion der Transport von Cholesterin zur Leber zur Exkretion als Galle ist
LDL (Low-Density-Lipoproteine): eine Art von Lipoproteinen im Blut, deren Hauptfunktion der Transport von Cholesterin zu anderen Organen außer der Leber ist
Leukämie: Krebsform mit fortschreitender Proliferation abnormer Leukozyten im Knochenmark und anderem hämatopoetischem Gewebe mit zunehmender Anzahl abnormer Leukozyten im Blut und in anderen Geweben
Lymphadenopathie: jede Erkrankung, die einen oder mehrere Lymphknoten betrifft
T-Zell-Lymphom (T-Zell-Leukämie): bösartiger Tumor des Lymphgewebes aufgrund abnormen Wachstums und Teilung von T-Lymphozyten

Die Zellpopulation in der roten Pulpa entspricht im Wesentlichen der des zirkulierenden Blutes; zusätzlich gibt es freie und gebundene Makrophagen. Das Grundgerüst der roten Pulpa besteht aus einem Netzwerk retikulärer Fasern. Das Blut strömt durch es hindurch und in große Sinusoide, die auch mit gebundenen Makrophagen ausgekleidet sind. Die Sinusoide entleeren sich in kleine Venen, die zu den **Trabekelvenen** zusammenfließen, die wiederum zum Hilus ziehen.

Dieser Kreislauf gibt den Phagozyten Gelegenheit, beschädigte oder infizierte Zellen im zirkulierenden Blut zu identifizieren und aufzunehmen. In der roten Pulpa sind Lymphozyten verteilt, und die Umgebung um die Lymphfollikel der weißen Pulpa enthält zahlreiche Makrophagen. So werden die Lymphozyten der Milz rasch auf Mikroorganismen oder abnorme Plasmakomponenten aufmerksam.

AUFGABEN

1. Warum ist es wichtig, dass die Lymphe zuerst auf B-Zellen und erst später auf T-Zellen trifft?
2. Was ist an der Lage der Lymphknoten so bedeutsam?
3. Warum gibt es an den Kapillaren im Thymus eine Blut-Thymus-Schranke?
4. Warum vergrößern sich die Lymphknoten oft bei Infektionen?

Zusammenfassung Embryologie

Eine Zusammenfassung der Entwicklung des Lymphsystems finden Sie in Kapitel 28 (Embryologie und Entwicklung des Menschen).

23.6 Das Altern und das Lymphsystem

Mit fortschreitendem Alter verliert das Lymphsystem an Effektivität. T-Zellen reagieren weniger empfindlich auf Antigene; daher werden bei einer Infektion auch weniger zytotoxische T-Zellen gebildet. Da die Anzahl der T-Helferzellen ebenfalls abgenommen hat, sind auch die B-Zellen weniger aktiv. Nach einer Antigenexposition steigen die Antikörperspiegel nicht mehr so schnell an. Insgesamt führt dies zu einer erhöhten Infektanfälligkeit gegenüber Bakterien und Viren. Aus diesem Grunde werden älteren Menschen Impfungen gegen akute virale Infekte, wie etwa die Virusgrippe (Influenza), sehr empfohlen. Die erhöhte Inzidenz bösartiger Tumoren bei älteren Menschen liegt an der verminderten Wachsamkeit des Lymphsystems; Tumorzellen werden nicht mehr so effektiv eliminiert.

DEFINITIONEN

Erworbenes Immundefizienzsyndrom (Acquired immune Deficiency Syndrome, Aids): Erkrankung durch Infektion mit dem HI-Virus mit Reduktion der T-Zellen und gestörter zellvermittelter Immunität

Allergie: unangemessene oder exzessive Immunantwort auf harmlose Antigene

Appendizitis: Entzündung des Wurmfortsatzes; oft muss eine Appendektomie durchgeführt werden.

Autoimmunerkrankung: Erkrankung, die dadurch entsteht, dass das Immunsystem fälschlicherweise normale Körperzellen und Gewebe angreift.

Immunmangelsyndrom: Erkrankung durch ein unzureichend ausgebildetes oder anders gestörtes Immunsystem

Lymphadenopathie: chronische oder übermäßige Lymphknotenvergrößerung

Lymphom: Bösartiger Tumor aus Lymphozyten oder lymphatischen Stammzellen; es gibt **Hodgkin-Lymphome** und **Non-Hodgkin-Lymphome**.

Schwerer kombinierter Immundefekt (SCID): angeborene Störung, bei der die Betroffenen durch einen Mangel an T- und B-Zellen weder eine zellvermittelte noch eine humorale Immunität aufbauen können

Splenektomie: chirurgische Entfernung der Milz, meist nach einer Ruptur

Splenomegalie: Vergrößerung der Milz, meist durch Infektionen, Entzündungen oder Krebs

Systemischer Lupus erythematodes (SLE): Erkrankung durch generalisiertes Versagen der Antigenerkennung

Tonsillektomie: Entfernung einer infizierten Tonsille bei Tonsillitis

Zusammenfassung

Die Antworten auf die Fragen der Aufgaben und der Zusammenfassung finden Sie im Antwortteil.

Wiederholung von Fakten und Begriffen

Verbinden Sie die Begriffe der linken Spalte jeweils mit denen der rechten Spalte, die am besten passen; setzen Sie die Buchstaben in die Spalte vor die Zahlen.

	Spalte A		Spalte B	
	1.	Plasmazellen	a.	Kleinste Lymphgefäße
	2.	Milz	b.	Verantwortlich für die zellvermittelte Immunität
	3.	Thymus	c.	Bilden Antikörper
	4.	Zytotoxische T-Zellen	d.	Unterstützen die immunologische Überwachung
	5.	Antikörper	e.	Enthält T-Zellen in der Entwicklung
	6.	NK-Zellen	f.	Immunglobuline
	7.	Lymphkapillaren	g.	Verantwortlich für die antikörpervermittelte Immunität
	8.	*Cisterna chyli*	h.	Bildung von Lymphozyten
	9.	Lymphopoese	i.	Sackartige Ausweitung des *Ductus thoracicus*
	10.	B-Zellen	j.	Größtes lymphatisches Organ im Körper

11 Das Lymphsystem besteht aus
a. Lymphgefäßen.
b. der Milz.
c. den Lymphknoten.
d. Allen genannten.

12 Im Vergleich zu Blutkapillaren haben Lymphkapillaren
a. eine Basallamina.
b. einen geringeren Durchmesser.
c. Wände mit glatter Epithelauskleidung.
d. sehr oft eine unregelmäßige Form.

13 Der Großteil der Lymphe kehrt zurück in das venöse System über
a. den *Ductus lymphaticus dexter.*
b. die *Cisterna chyli.*
c. die *V. portae hepatis.*
d. den *Ductus thoracicus.*

14 Manche als Lymphozyten bezeichnete Zellen
a. phagozytieren aktiv.
b. zerstören rote Blutkörperchen.
c. bilden Proteine, die man Antikörper nennt.
d. befinden sich hauptsächlich im roten Knochenmark.

15 Große Lymphfollikel in der Rachenwand sind
a. die Tonsillen.
b. Lymphknoten.
c. die Thymusdrüse.
d. die Hassall-Körperchen.

16 Bereiche der Milz, die Lymphozyten in großer Zahl enthalten, nennt man
a. weiße Pulpa.
b. rote Pulpa.
c. Adenoide.
d. Lymphknoten.

17 Die rote Pulpa der Milz enthält zahlreiche
a. Makrophagen.
b. Antikörper.
c. Neutrophile.
d. Lymphozyten.

18 Die Zellen, die für die Bildung zirkulierender Antikörper zuständig sind, sind die
a. NK-Zellen.
b. Plasmazellen.
c. T-Helferzellen.
d. zytotoxischen T-Zellen.

19 Die Markstränge eines Lymphknotens enthalten
a. zytotoxische T-Zellen.
b. T-Suppressorzellen.
c. NK-Zellen.
d. B-Zellen.

20 Lymphozyten, die fremde Zellen oder virusinfizierte eigene Zellen attackieren, sind die
a. B-Zellen.
b. T-Helferzellen.
c. zytotoxischen Zellen.
d. T-Suppressorzellen.

Wiederholung von Lernzielen

1 Wenn der Thymus das Hormon Thymosin nicht mehr produziert, erwartet man einen Abfall der
a. B-Lymphozyten.
b. T-Helferzellen.
c. zytotoxischen T-Zellen.
d. Neutrophilen.

2 Das HI-Virus, das die Immunschwäche Aids verursacht, attackiert selektiv die
a. T-Helferzellen.
b. Plasmazellen.
c. zytotoxischen T-Zellen.
d. T-Suppressorzellen.

3 Zu welcher Störung würde eine Blockierung der Antigenrezeptoren auf der Oberfläche der Lymphozyten führen?
a. Störung der Phagozytose des Antigens
b. Störung der Fähigkeit des Lymphozyten, Antikörper zu bilden
c. Störung der Antigenerkennung
d. Störung der Fähigkeit des Lymphozyten, ein Antigen zu präsentieren

4 Welche Funktion hat die Blut-Thymus-Schranke?

5 Welche Hauptarterie und Vene ziehen durch den Milzhilus?

6 Aus welchen Bereichen des Körpers sammelt der *Ductus thoracicus* Lymphe?

7 Welche Lymphozytenart ist die häufigste?

8 Was ist ein Lymphödem?

9 Was geschieht in sekundären lymphatischen Strukturen?

10 Wo befinden sich Ansammlungen von Lymphfollikeln, auch Peyer-Plaques genannt?

Anwendung der Lerninhalte

1 Christian hatte gerade Kontakt mit Masern, und da er sich nicht erinnern kann, ob er die Masern bereits hatte, überlegt er, ob er jetzt krank wird. Er fragt Sie, woran man schon vorab erkennen kann, ob er dem Virus bereits früher einmal ausgesetzt war oder ob er erkranken wird. Was sagen Sie ihm?

2 Marco hat eine Pollenallergie und hat von einem Medikament gelesen, das seine Symptome durch Unterdrückung der Immunantwort lindern kann. Glauben Sie, dass diese Behandlung Marco helfen würde? Erklären Sie.

3 Bei Paulas Großvater wird ein Bronchialkarzinom diagnostiziert. Sein Arzt lässt mehrere Lymphknotenbiopsien in Bereichen um die Lunge herum entnehmen. Paula versteht nicht, warum, wo sich der Tumor doch in der Lunge befindet. Was sagen Sie ihr?

Eine Kurzzusammenfassung der wichtigsten Inhalte, sowie die Antworten zu den Fragen und weitere Arbeitsmaterialien finden sie auf unserer Companion Website unter: **www.pearson-studium.de/login**

Lernziele

1. Die Hauptfunktionen des respiratorischen Systems beschreiben können.
2. Den strukturellen Aufbau des respiratorischen Systems und seine Hauptorgane kennen.
3. Zwischen den luftleitenden und den gasaustauschenden Abschnitten des respiratorischen Systems unterscheiden können.
4. Histologie und Funktion des respiratorischen Systems erläutern können.
5. Die funktionelle Anatomie der oberen Atemwege erläutern können.
6. Die funktionelle Anatomie des Kehlkopfs und seine Rolle bei der Atmung und der Tonerzeugung beschreiben können.
7. Die Makroanatomie der Trachea und ihre histologischen Besonderheiten kennen.
8. Die histologischen Besonderheiten der luftleitenden und der gasaustauschenden Abschnitte der tiefen Atemwege beschreiben können.
9. Die funktionelle Anatomie des Bronchialbaums und der bronchopulmonalen Segmente erklären können.
10. Struktur und Funktion der respiratorischen Membran beschreiben können.
11. Pleurahöhlen und Pleuramembran beschreiben können.
12. Die Atemmuskulatur erkennen und die Atembewegungen erläutern können.
13. Die Muskeln für die ruhige Atmung von denen für die forcierte Atmung unterscheiden können.
14. Wissen, wie muskuläre Aktivität zu einer Bewegung von Luft in die Alveolen hinein und wieder hinaus führt.
15. Die Veränderungen im respiratorischen System bei der Geburt kennen.
16. Die Atemzentren benennen können und ihre Interaktionen sowie die Funktion der Chemo- und Dehnungsrezeptoren bei der Atmung kennen.
17. Die Atemreflexe benennen können.
18. Die altersbedingten Veränderungen des respiratorischen Systems erläutern können.

Das respiratorische System

24

ÜBERBLICK

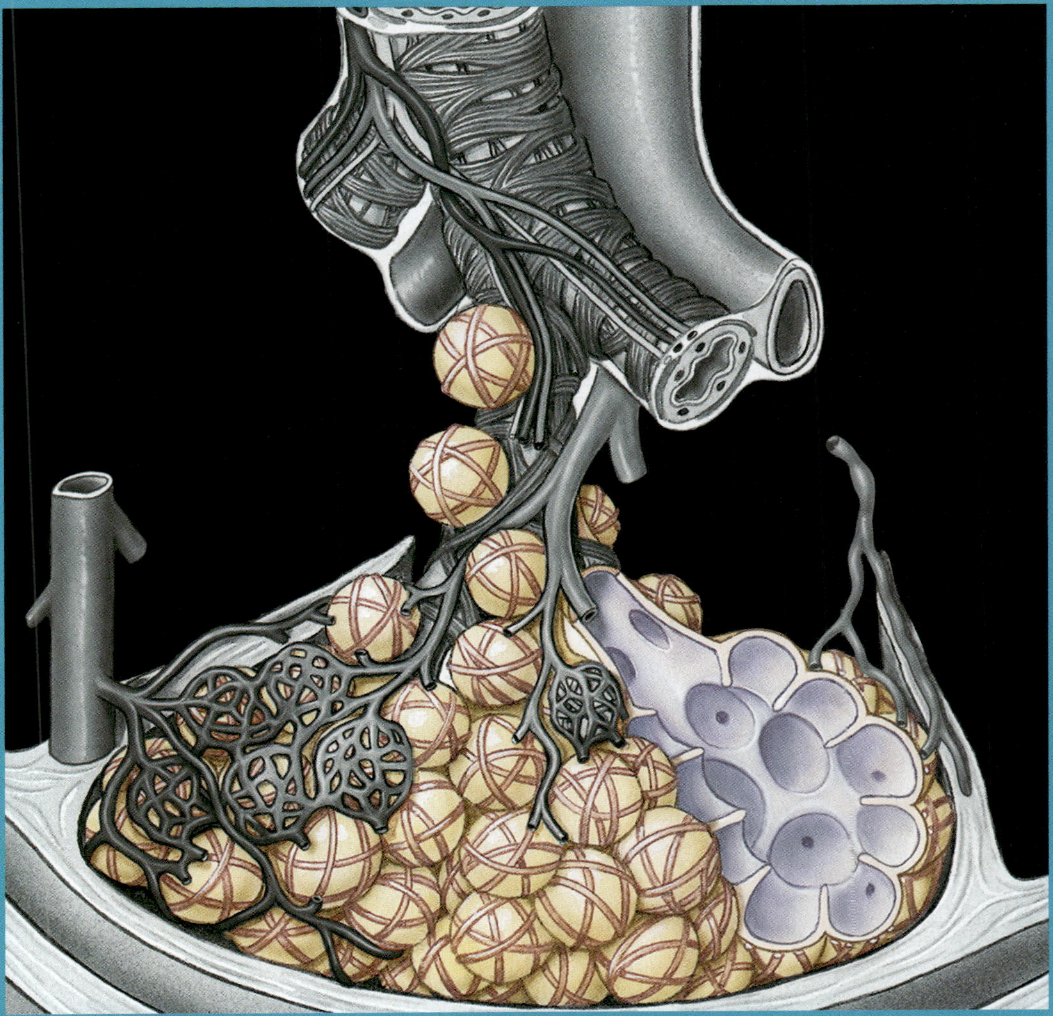

Zellen gewinnen ihre Energie hauptsächlich über den anaeroben Stoffwechsel, bei dem Sauerstoff verbraucht wird und Kohlendioxid entsteht. Um zu überleben, müssen Zellen einen Weg finden, an Sauerstoff zu gelangen und Kohlendioxid loszuwerden. Das Herz-Kreislauf-System ist die Verbindung zwischen der interstitiellen Flüssigkeit um die peripheren Zellen herum und den gasaustauschenden Flächen der Lungen. Das respiratorische System fördert den Austausch von Gasen zwischen der Luft und dem Blut. Auf seinem Weg durch den Körper trägt das Blut Sauerstoff von den Lungen in die Peripherie; außerdem nimmt es Kohlendioxid aus den peripheren Geweben auf und bringt es zur Elimination zu den Lungen.

Wir beginnen unsere Besprechung des respiratorischen Systems mit einer Beschreibung der Strukturen, die die Luft von der Außenwelt an die gasaustauschenden Flächen der Lungen leiten. Anschließend beschreiben wir die Atemmechanik und die neurale Kontrolle der Respiration.

24.1 Das respiratorische System – ein Überblick

Zum **respiratorischen System** gehören die Nase, die Nasenhöhle mit den Nasennebenhöhlen, der Larynx, die Trachea und die kleineren Atemwege bis zu den gasaus-

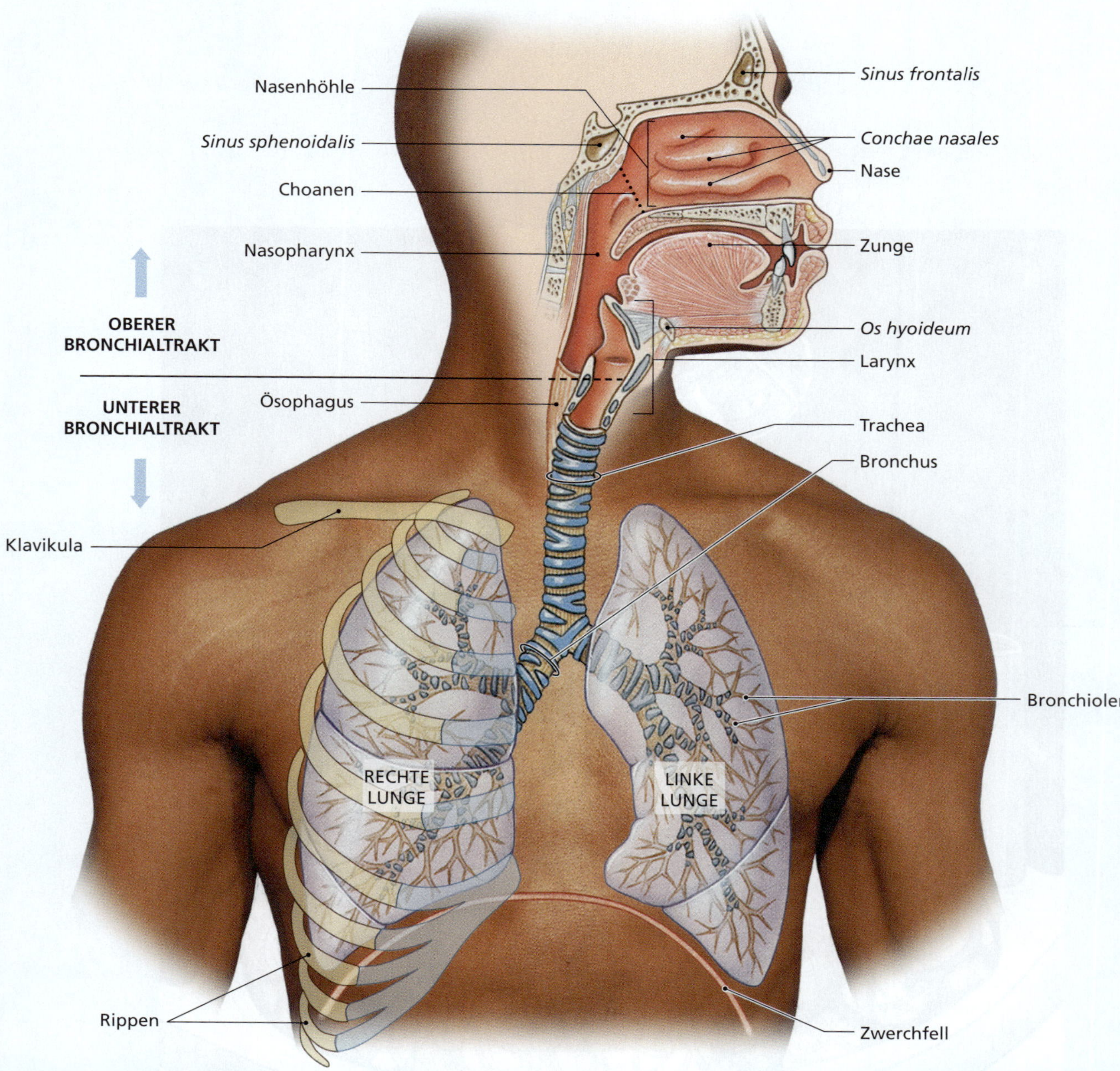

Abbildung 24.1: Die Strukturen des respiratorischen Systems.

tauschenden Flächen der Lungen. Diese Strukturen sind in **Abbildung 24.1** dargestellt. Das **Bronchialsystem** besteht aus den Atemwegen, die die Luft zu diesen Flächen und wieder hinaus leiten. Es kann in einen **luftleitenden** und einen **gasaustauschenden Anteil** unterteilt werden. Der luftleitende Anteil reicht vom Eingang in die Nasenhöhle bis zu den kleinsten **Bronchiolen** der Lungen. Zum gasaustauschenden Anteil gehören die *Bronchioli respiratorii* und die zarten Luftbläschen, die **Alveolen**, wo der Gasaustausch stattfindet. Zum respiratorischen System gehören das Bronchialsystem und die assoziierten Gewebe, Organe und Stützstrukturen. Das **obere Bronchialsystem** besteht aus Nase, Nasenhöhle, Nasennebenhöhlen und dem Pharynx. Diese Atemwege filtrieren, wärmen und befeuchten die Luft und schützen damit die empfindlicheren luftleitenden und gasaustauschenden Flächen des **unteren Bronchialsystems** vor Verunreinigungen, Pathogenen und extremen äußeren Bedingungen. Zum unteren Bronchialsystem gehören Larynx, Trachea, Bronchen und Lungen.

Die Filtrierung, Erwärmung und Befeuchtung der Einatemluft beginnt am Eingang zum oberen Bronchialsystem und setzt sich das ganze luftleitende System hindurch fort. Bis die Luft die Alveolen erreicht, sind fast alle Fremdkörper und Pathogene entfernt worden; Luftfeuchte und Temperatur liegen innerhalb eines akzeptablen Bereichs. Der Erfolg dieser Aufbereitung beruht hauptsächlich auf den Eigenschaften des respiratorischen Epithels, das später besprochen wird.

24.1.1 Die Funktionen des Bronchialsystems

Die Funktionen des Bronchialsystems sind:

- Bereitstellung einer großen Fläche für den Gasaustausch zwischen der Luft und dem zirkulierenden Blut
- Bewegung der Luft zu den Gasaustauschflächen und wieder hinaus
- Schutz der Innenflächen vor Austrocknung, Temperaturschwankungen und anderen Veränderungen in der Außenwelt
- Verteidigung des respiratorischen Systems und anderer Gewebe vor einer Invasion durch pathogene Mikroorganismen
- Die Produktion von Tönen für das Sprechen, das Singen und die nonverbale Kommunikation
- Unterstützung bei der Regulierung von Blutvolumen, Blutdruck und pH-Wert der Körperflüssigkeiten

Das respiratorische System kooperiert hierzu mit dem Herz-Kreislauf-System, dem Lymphsystem, bestimmten Skelettmuskeln und dem Nervensystem.

24.1.2 Das respiratorische Epithel

Das respiratorische Epithel ist ein mehrreihiges zylindrisches Flimmerepithel mit zahlreichen Becherzellen (**Abbildung 24.2**). Es kleidet das gesamte Bronchialsystem aus, bis auf den inferioren Abschnitt des Rachenraums, die kleinsten luftleitenden Atemwege und die Alveolen. Ein mehrschichtiges Plattenepithel kleidet den inferioren Abschnitt des Rachenraums aus und schützt ihn vor Abrieb und chemischen Substanzen. Durch diesen Abschnitt des Rachens wird sowohl Luft zum Kehlkopf als auch Nahrung zum Ösophagus transportiert.

Becherzellen im Epithel und Schleimdrüsen in der *Lamina propria* darunter bilden einen klebrigen Schleim, der die freien Oberflächen überzieht. In der Nasenhöhle bewegen die Zilien Verunreinigungen und Mikroorganismen, die daran haften bleiben, in Richtung Pharynx, wo sie heruntergeschluckt und den Säuren und Enzymen des Magens ausgesetzt werden. In den tiefen Atemwegen schlagen die Zilien ebenfalls in Richtung Pharynx; sie gehören zusammen mit dem Schleim zum sog. **mukoziliären Apparat**, der der Reinigung der Atemwege dient.

Die zarten Oberflächen des respiratorischen Systems können bei Kontamination der Atemluft mit Verunreinigungen oder Pathogenen ernsthaft Schaden nehmen. Die Luft wird jedoch durch das **Filtersystem der Atemwege**

AUS DER PRAXIS

Zystische Fibrose

Die zystische Fibrose (Mukoviszidose) ist die häufigste angeborene tödliche Erkrankung bei Weißen mit etwa einem Fall auf 3000 Geburten. In Deutschland werden jährlich etwa 300 Kinder damit geboren. Trotz moderner Therapien erreichen nur 34 % das Erwachsenenalter, weniger als 10 % das 30. Lebensjahr. Todesursache ist meist eine massive bakterielle Infektion mit Lungen- und Herzversagen.

Das zugrunde liegende Problem ist ein abnormes Membranprotein, das für den aktiven Transport von Chloridionen verantwortlich ist. In exokrinen Zellen, die wässrige Sekrete bilden, ist es reichlich vorhanden. Bei Menschen mit zystischer Fibrose können diese Zellen jedoch Wasser und Salze nicht effektiv transportieren; das gebildete Sekret ist zäh und klebrig. Betroffen sind die Schleimdrüsen der Atemwege, des Pankreas, des Verdauungstrakts und des Fortpflanzungstrakts sowie die Speicheldrüsen.

Die schwerwiegendsten Probleme treten dadurch auf, dass die Bronchen einen so festen Schleim nicht abtransportieren können. Der mukoziliäre Apparat setzt aus; die kleinen Atemwege sind mit Schleim verstopft. Die Verlegung reduziert den Durchmesser der Atemwege, und die Inaktivierung des Filtersystems der Lungen führt zu häufigen bakteriellen Infekten.

Das verantwortliche Gen konnte identifiziert und die Struktur des fehlerhaften Membranproteins ermittelt werden. Nun wird weiter geforscht, mit dem Ziel, durch Platzierung gesunder Gene die Erkrankung zu heilen.

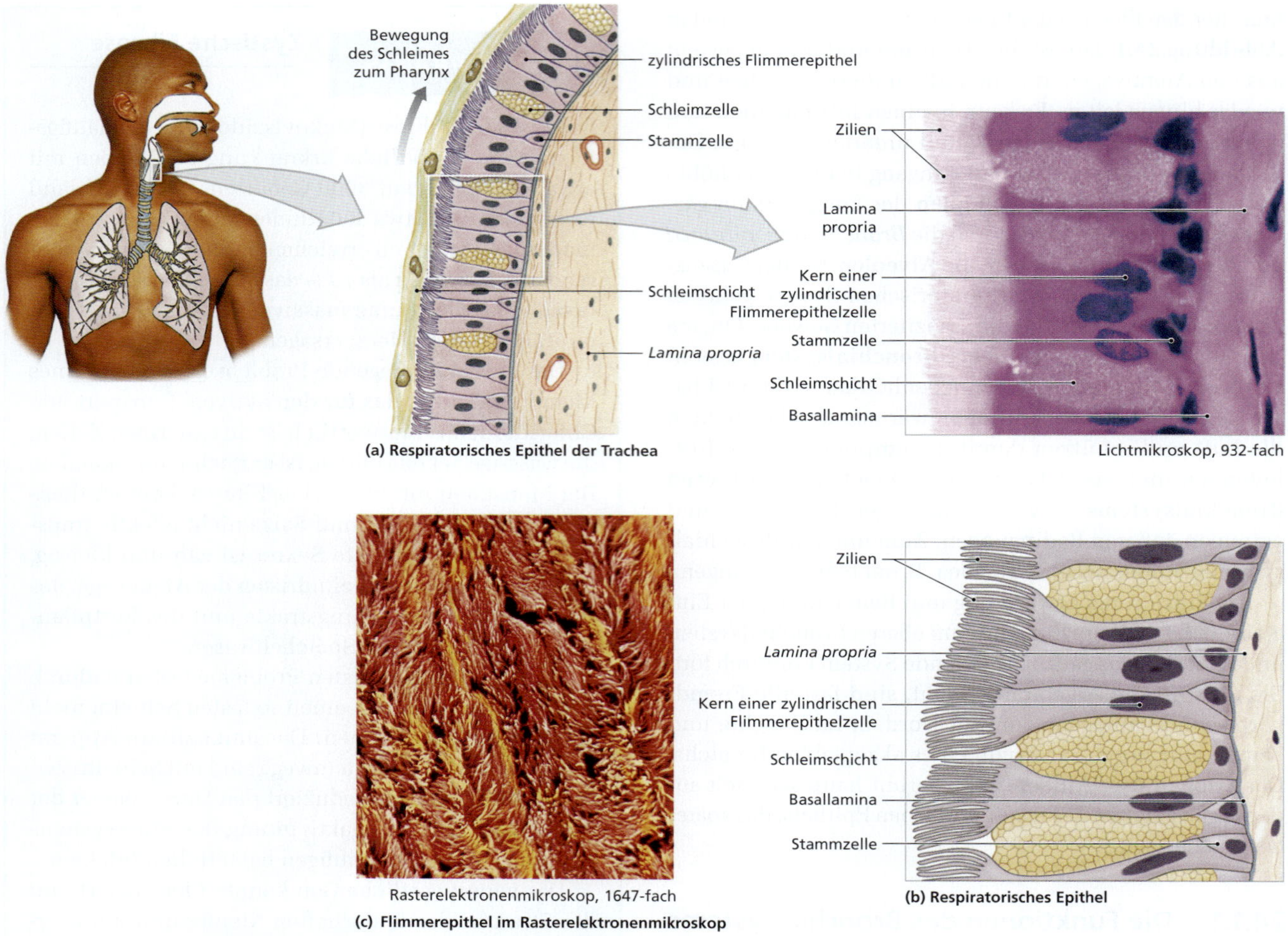

Abbildung 24.2: Die Histologie des respiratorischen Epithels. (a) Schematische und histologische Darstellung des respiratorischen Epithels. (b) Histologie des respiratorischen Epithels. (c) Oberfläche des Epithels im Rasterelektronenmikroskop. In dieser kolorierten Aufnahme bilden die Zilien eine dichte Schicht, die aussieht wie langfloriger Teppich. Die Bewegung dieser Zilien bewegt Schleim über das Epithel hinweg.

gereinigt. In der Nasenhöhle werden fast alle Partikel mit einer Größe über 10 µm aus der Atemluft entfernt. Größere Partikel werden von den Vibrissen (Nasenhaaren) abgefangen; kleinere verfangen sich in der Schleimschicht des Nasopharynx oder in den Sekreten im Rachenraum, bevor sie tiefer in die luftleitenden Wege geraten. Schädliche Dämpfe, größere Mengen von Schmutz und Staub, Allergene und Pathogene führen oft zu einem raschen Anstieg der Schleimbildung. (Der hinlänglich bekannte banale Schnupfen ist die Folge einer Invasion des respiratorischen Epithels durch eines von mehr als 200 verschiedenen Viren.)

Filtrierung, Erwärmung und Befeuchtung der Atemluft finden im gesamten luftleitenden Abschnitt des respiratorischen Systems statt, doch die größten Veränderungen ergeben sich in der Nasenhöhle. Eine reine Mundatmung umgeht den Großteil der Filtrierung, Erwärmung und Befeuchtung der Einatemluft. Beatmete Patienten erhalten Luft direkt in die Trachea, die zur Vermeidung einer Schädigung der Alveolen vorher filtriert und befeuchtet werden muss.

Das obere Bronchialsystem 24.2

24.2.1 Die Nase und die Nasenhöhle

Die Nase ist der wichtigste Durchgang für Luft in das respiratorische System. Die Knochen, Knorpel und Nebenhöhlen wurden in Kapitel 6 vorgestellt. Luft kommt normalerweise über die paarigen **äußeren Nasenlöcher** in die Nasenhöhle. Der Nasenvorhof, der Teil der Nase, der von weichem Gewebe umgeben ist (**Abbildung 24.3**d), wird von dünnen paarigen **Seitenknorpeln** und zwei **Flügelknorpeln** (Abbildung 24.3a) gestützt. Das Epithel des Nasenvorhofs hat borstige Haare, die quer durch den Vorhof verlaufen. Größere Partikel in der Luft, wie Sand, Sägemehl und sogar Insekten, bleiben in ihnen hängen und geraten nicht in die Nasenhöhle.

Das **Nasenseptum** trennt die Nasenhöhle in einen linken und einen rechten Anteil. Der knöcherne Anteil des Septums entsteht durch die Verschmelzung der *Lamina perpendicularis* des *Os ethmoidale* mit dem Vomer. Der anteriore Anteil besteht aus hyalinem Knorpel, der den **Nasenrücken** und die **Nasenspitze** formt.

Die Maxilla und die *Ossa nasalis, frontalis, ethmoidale* und *sphenoidale* bilden die lateralen und superioren Wände der Nasenhöhle. Der Schleim aus den **Nebenhöhlen** hält mit Unterstützung der Tränenflüssigkeit aus dem *Ductus nasolacrimalis* die Innenflächen der Nasenhöhle feucht und sauber. Im oberen Bereich, der *Regio olfactoria,* befindet sich Riechepithel 1. an der inferioren Fläche der *Lamina cribrosa*, 2. an der *Concha nasalis superior* des *Os ethmoidale* und 3. am superioren Abschnitt des Nasenseptums.

Die *Conchae nasales superiores, mediae* und *inferiores* ragen von den Seitenwänden der Nasenhöhle in Richtung Septum hervor. Um vom Nasenvorhof an die **Choanen** oder Choanae, die hinteren Ausgänge der Nasenhöhle, zu gelangen, strömt die Luft zwischen den benachbarten Konchen durch die **Meatus nasi superior, medius oder inferior**

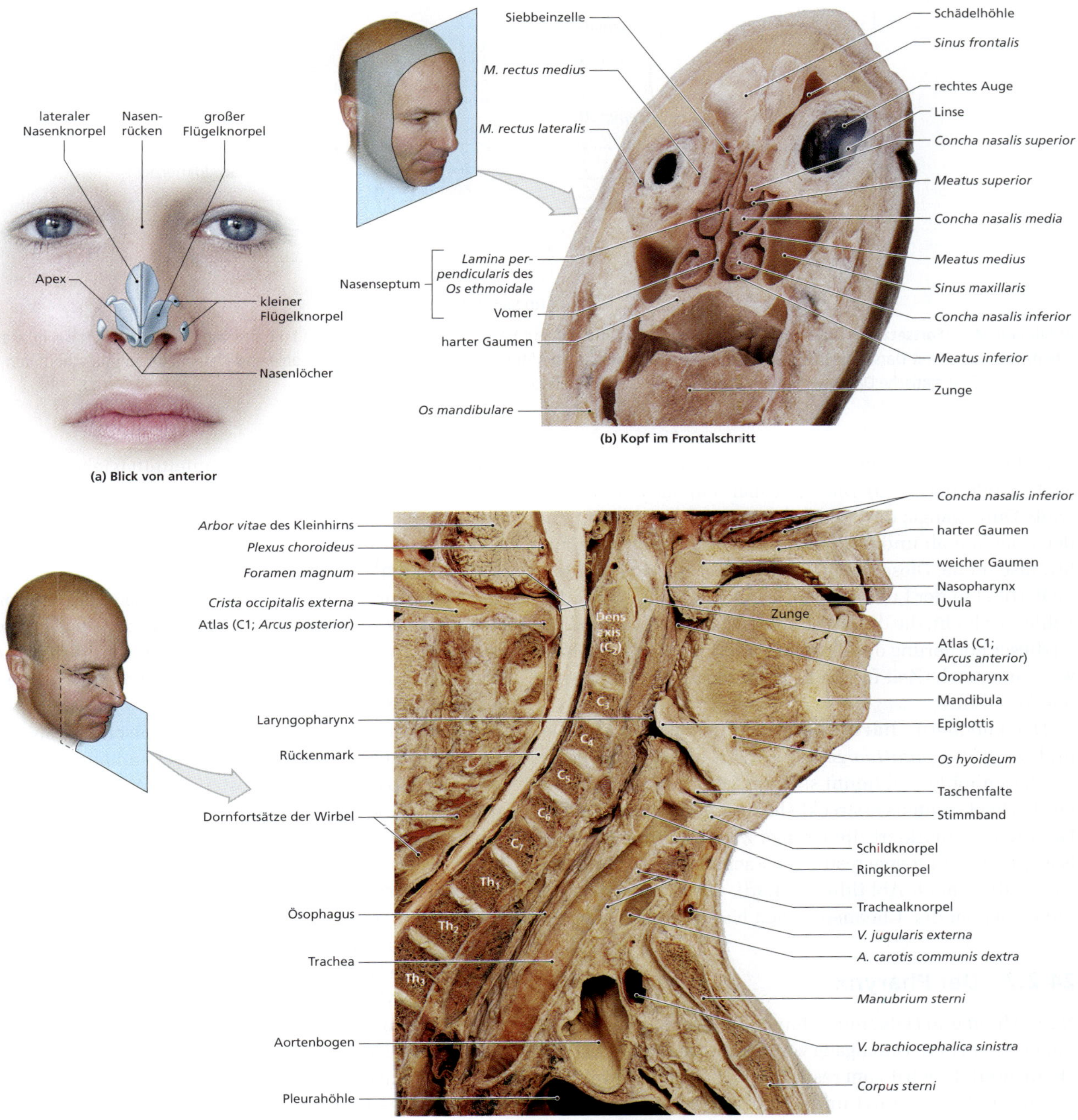

Abbildung 24.3: Die Strukturen der Atemwege an Kopf und Hals. (a) Die Nasenknorpel und die äußeren Merkmale der Nase. (b) Frontalschnitt des Kopfes mit Darstellung der Lage von Nasennebenhöhlen und Strukturen der Nase. (c) Nasenhöhle und Pharynx im Sagittalschnitt von Kopf und Hals. (d) Schematische Darstellung eines Sagittalschnitts zum Vergleich mit (c).

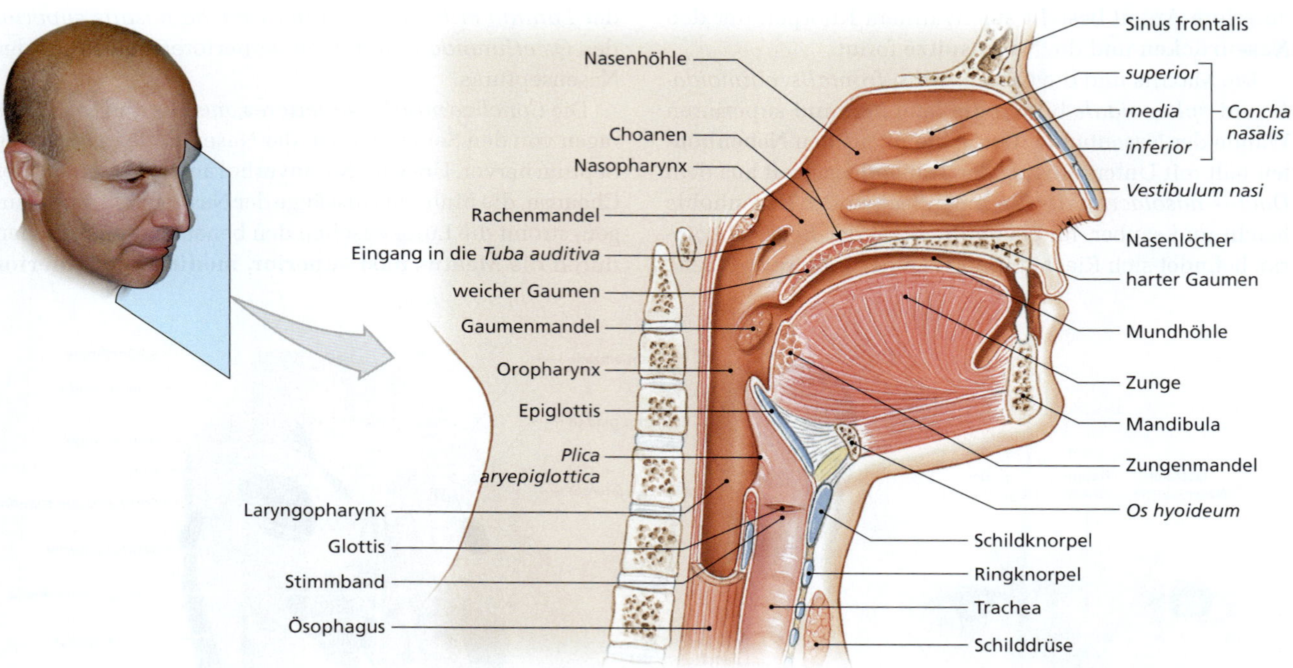

(d) Sagittalschnitt

Abbildung 24.3: **(Fortsetzung) Die Strukturen der Atemwege an Kopf und Hals.** (a) Die Nasenknorpel und die äußeren Merkmale der Nase. (b) Frontalschnitt des Kopfes mit Darstellung der Lage von Nasennebenhöhlen und Strukturen der Nase. (c) Nasenhöhle und Pharynx im Sagittalschnitt von Kopf und Hals. (d) Schematische Darstellung eines Sagittalschnitts zum Vergleich mit (c).

(lat.: meatus = der Gang, der Weg; Abbildung 24.3b; siehe auch Abbildung 24.3d). Dies sind eher schmale Furchen als weite Durchgänge; die Atemluft prallt von der Oberfläche der Konchen ab und wirbelt herum wie Wasser an einer Stromschnelle. Diese Turbulenzen haben einen Sinn: Kleine Partikel in der Luft kommen so eher in Kontakt mit der Schleimschicht, die die Nasenhöhle auskleidet. Zusätzlich zu dieser Förderung der Filtration verbleibt durch die Verwirbelung mehr Zeit für die Erwärmung und Befeuchtung der Atemluft.

Der knöcherne **harte Gaumen**, der von der Maxilla und den *Ossa palatina* gebildet wird, bildet den Boden der Nasenhöhle und trennt sie vom Mundraum. Posterior des harten Gaumens erstreckt sich der muskulöse **weiche Gaumen**; er markiert die Grenze zwischen dem oberen Nasopharynx und dem restlichen Rachenraum (Abbildung 24.3c; siehe auch Abbildung 24.3d). Die Nasenhöhle eröffnet sich an den Choanen in den Nasopharynx.

24.2.2 Der Pharynx

Nase, Mund und Hals sind miteinander über einen gemeinsamen Raum bzw. Durchgang verbunden, den **Pharynx(Rachenraum)**. Er wird vom respiratorischen sowie vom Verdauungssystem benutzt und erstreckt sich zwischen den Choanen der Nase und den Eingängen der Trachea und des Ösophagus. Die gekrümmten superioren und posterioren Wände sind eng mit dem Achsenskelett verbunden, doch die lateralen Wände sind recht flexibel und muskulös. Der Pharynx wird in drei Regionen unterteilt (siehe Abbildung 24.3c und d): den Nasopharynx, den Oropharynx und den Laryngopharynx.

Der Nasopharynx

Der Nasopharynx oder Epipharynx ist der superiore Anteil des Pharynx. Er ist über die Choanen mit dem posterioren Anteil der Nasenhöhlen verbunden und durch den weichen Gaumen von der Mundhöhle getrennt (siehe Abbildung 24.3c und d).

Der Nasopharynx ist mit einem typischen respiratorischen Epithel ausgekleidet. Die Rachenmandel *(Tonsilla pharyngealis)* liegt an der posterioren Wand des Nasopharynx; die *Tuba auditiva* öffnet sich an der lateralen Wand (siehe Abbildung 24.3d).

Der Oropharynx

Der Oropharynx (lat.: os, Genitiv: oris = der Mund) oder Mesopharynx reicht vom weichen Gaumen und der Zungenbasis bis auf Höhe des *Os hyoideum* herab. Der posteriore Anteil der Mundhöhle steht in direkter Verbindung mit dem Oropharynx, wie auch die inferioren und posterioren Anteile des Nasopharynx (siehe Abbildung 24.3c und d). An der Grenze zwischen Nasopharynx und Oropharynx wechselt das Epithel von einem mehrreihigen zylindrischen Flimmerepithel zu einem mehrschichtigen Plattenepithel, das dem der Mundhöhle gleicht.

Die posteriore Kante des weichen Gaumens hält die herunterbaumelnde **Uvula** und zwei paarige muskuläre

AUFGABEN

1. Warum belastet bei sehr kaltem Wetter eine reine Mundatmung das tiefe Bronchialsystem?
2. Was versteht man unter dem mukoziliären Apparat?
3. Welche Funktion haben die *Conchae nasales*? Welchen Einfluss hat dies auf das tiefe Bronchialsystem?

Rachenbögen. Auf jeder Seite liegt zwischen dem **Arcus palatoglossus** und dem **Arcus palatopharyngeus** eine Gaumenmandel (siehe Abbildung 24.5a; siehe unten). Eine gebogene Linie zwischen *Arcus palatoglossus* und Uvula bildet die Grenze des **Schlundes**, des Durchgangs von Mundhöhle zu Oropharynx.

Der Laryngopharynx

Der schmale Laryngopharynx oder Hypopharynx umfasst den Bereich zwischen dem *Os hyoideum* und dem Eingang in den Ösophagus (siehe Abbildung 24.3c und d). Er ist der unterste Teil des Rachens und wie der Oropharynx mit einem mehrschichtigen Plattenepithel ausgekleidet, das mechanischem Abrieb, chemischen Angriffen und der Invasion von Pathogenen widerstehen kann.

Das untere Bronchialsystem 24.3

24.3.1 Der Larynx

Inspirierte (eingeatmete) Luft verlässt den Rachenraum durch eine schmale Öffnung, die **Glottis** (siehe Abbildung 24.3d). Der **Larynx (Kehlkopf)** beginnt auf Höhe des vierten oder fünften Halswirbels und endet bei C7. Er

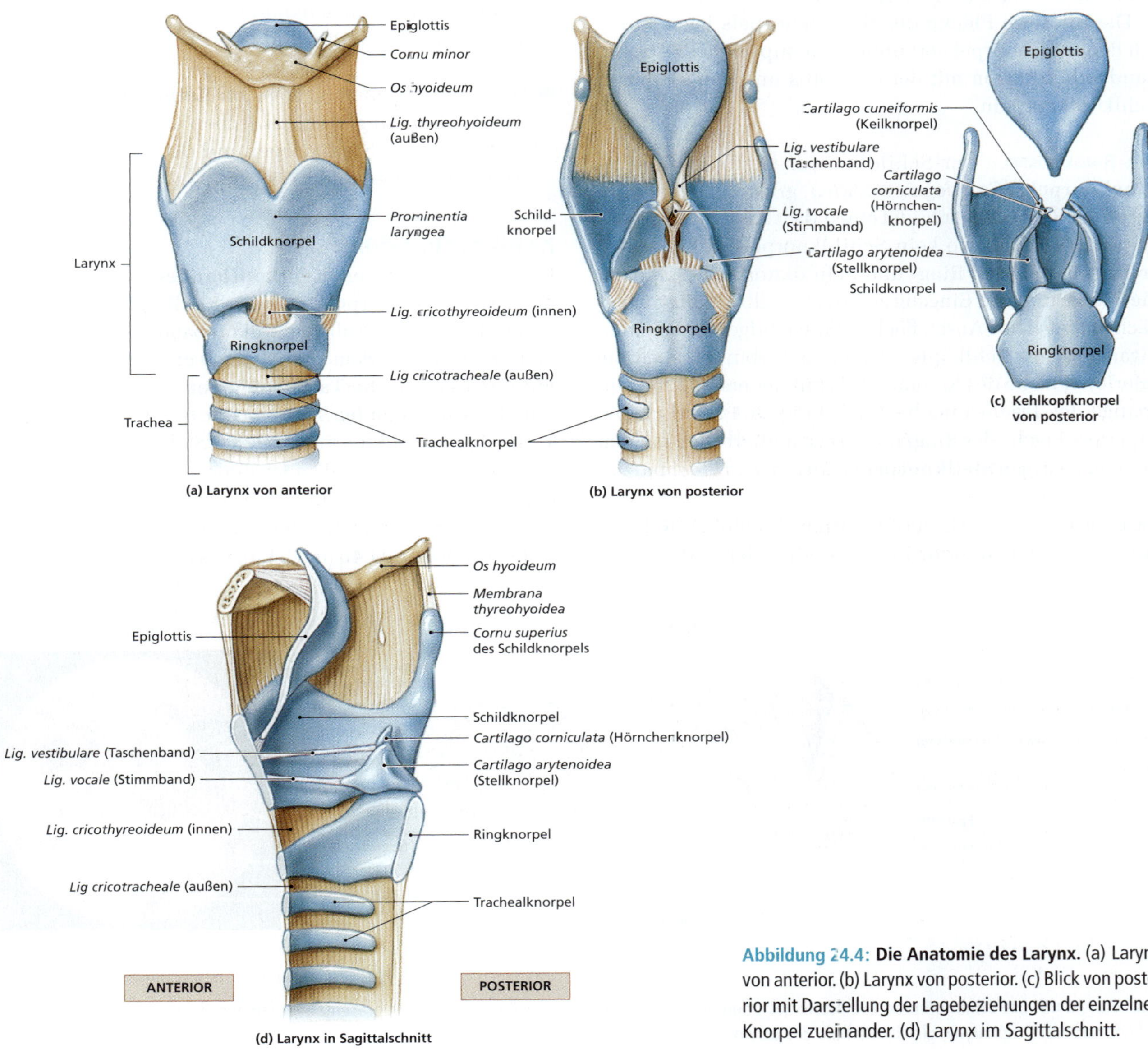

Abbildung 24.4: Die Anatomie des Larynx. (a) Larynx von anterior. (b) Larynx von posterior. (c) Blick von posterior mit Darstellung der Lagebeziehungen der einzelnen Knorpel zueinander. (d) Larynx im Sagittalschnitt.

ist ein knorpeliger Zylinder, dessen Wände von Bändern und/oder Skelettmuskeln stabilisiert werden.

Die Knorpel des Larynx

Drei große unpaare Knorpel bilden den Korpus des Kehlkopfs: der **Schildknorpel**, der **Ringknorpel** und die **Epiglottis** (**Abbildung 24.4**). Schild- und Ringknorpel bestehen aus hyalinem Knorpel; die Epiglottis ist aus elastischem Knorpel.

Der Schildknorpel Der größte Knorpel des Kehlkopfs ist der Schildknorpel *(Cartilago thyroidea)*. Er bildet den Großteil der anterioren und lateralen Wand (siehe Abbildung 24.4a und b). Im Sagittalschnitt sieht man, dass er posterior unvollständig ist. Die anteriore Fläche hat einen dicken Wulst, die **Prominentia laryngea**. Sie ist gut zu sehen und zu tasten; der Schildknorpel wird auch Adamsapfel genannt. Während der Embryonalentwicklung entsteht der Schildknorpel aus zwei Knorpelkernen, die in der Mitte zusammenwachsen und besagten Wulst bilden.

Die inferiore Fläche des Schildknorpels ist gelenkig mit dem Ringknorpel verbunden; die superiore Fläche hat Bandverbindungen mit der Epiglottis und den kleineren Kehlkopfknorpeln.

Der Ringknorpel Der Schildknorpel sitzt superior des **Ringknorpels** *(Cartilago cricoidea*; griech.: cricos = der Kreis, der Ring). Dieser bildet einen vollständigen Ring und ist posterior dort, wo kein Schildknorpel ist, besonders kräftig ausgebildet. Ring- und Schildknorpel beschützen die Glottis und den Eingang zur Trachea; ihre breiten Oberflächen dienen als Ansatzflächen für wichtige Muskeln und Ligamente des Kehlkopfs. Ligamente verbinden auch die inferiore Fläche des Ringknorpels mit der ersten Knorpelspange der Trachea (siehe Abbildung 24.4a und c). Die superiore Fläche des Ringknorpels artikuliert auch mit den kleinen paarigen **Stellknorpeln** *(Cartilago arytaenoidea)*.

Die Epiglottis Die schuhlöffelförmige Epiglottis **(Kehldeckel)** ragt nach superior in die Glottis (siehe Abbildung 24.3c und d sowie 24.4b, d und d). Sie wird vom Kehldeckelknorpel gestützt, der über Bänder mit der anterioren und superioren Kante des Schildknorpels und mit dem *Os hyoideum* verbunden ist. Beim Schlucken hebt sich der Kehlkopf, und die Epiglottis legt sich nach hinten über die Glottis, um ein Eindringen von Flüssigkeiten oder Nahrung in die tiefen Atemwege zu verhindern.

Paarige Kehlkopfknorpel Der Larynx enthält außerdem noch drei kleinere paarige Knorpel, die Stellknorpel *(Cartilago arytaenoidea)*, die Hörnchenknorpel *(Cartilago corniculata)* und die Keilknorpel *(Cartilago cuneiformis)*. Die Ersteren sind hyaline Knorpel, die Keilknorpel sind elastische Knorpel.

- Die paarigen **Stellknorpel** artikulieren mit der superioren Kante des verdickten Anteils des Ringknorpels (siehe Abbildung 24.4b–d).
- Die **Hörnchenknorpel** artikulieren mit den Stellknorpeln (**Abbildung 24.5**; siehe auch Abbildung 24.4c und d). Stell- und Hörnchenknorpel spielen bei Öffnung und Verschluss der Glottis und bei der Tonerzeugung eine Rolle.
- Die langgezogenen, gebogenen **Keilknorpel** liegen in der *Plica aryepiglottica* zwischen den jeweiligen Seitenflächen der Stellknorpel und der Epiglottis (siehe Abbildung 24.4c und 24.5).

Kehlkopfbänder

Eine Reihe **innerer Kehlkopfbänder** verbindet alle neun Kehlkopfknorpel zu einem Kehlkopf (siehe Abbildung 24.4a und b). Äußere Kehlkopfbänder verbinden den Schildknorpel mit dem *Os hyoideum* und den Ringknorpel mit der Trachea. Die **Taschenbänder** *(Ligg. vestibularia)* und die **Stimmbänder** *(Ligg. vocalia)* erstrecken sich zwischen dem Schildknorpel und den Stellknorpeln.

Taschen- und Stimmbänder sind von einer Falte Larynxepithel bedeckt, das in die Glottis hineinragt. Die Taschenbänder liegen in den **Taschenfalten** *(Plicae vestibulares*; siehe Abbildung 24.4b und 24.5). Die relativ unelastischen

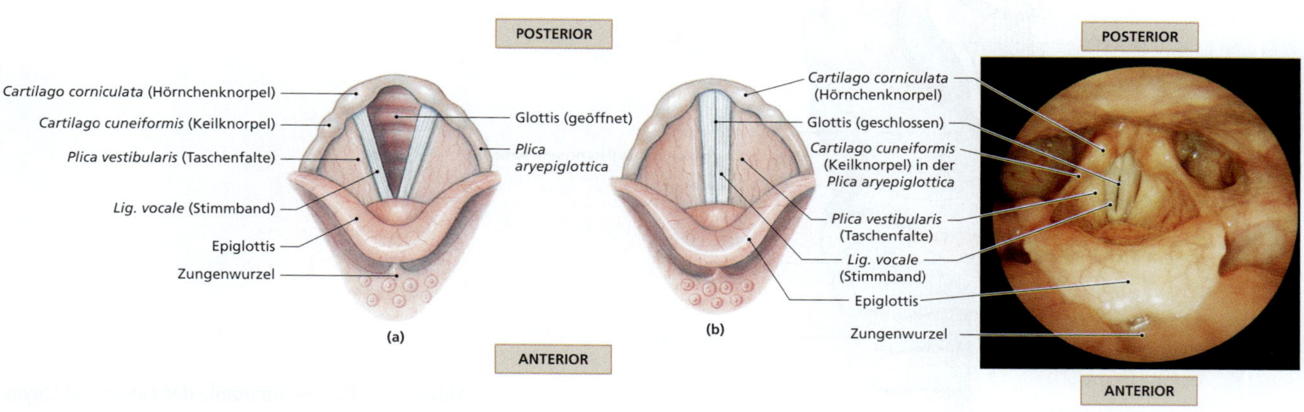

Abbildung 24.5: Die Stimmbänder. Die Glottis (a) offen und (b) geschlossen. Das Foto (c) ist ein repräsentativer laryngoskopischer Blick. Die Kamera befindet sich im Oropharynx, gleich oberhalb des Larynx.

Plikae verhindern ein Eindringen von Fremdkörpern in die Glottis und schützen die empfindlicheren **Stimmfalten** *(Plicae vocales)*.

Die Stimmfalten sind hochelastisch, da die Stimmbänder aus sagittal verlaufenden elastischen und kollagenen Fasern bestehen. Lateral von den Fasern liegt der *M. vocalis*, der für die Feineinstellung der Stimmfaltenschwingung verantwortlich ist. Die Stimmbänder sind für die Tonerzeugung verantwortlich **(echte Stimmbänder)**. Da die Taschenbänder nicht damit zu tun haben, nennt man sie auch **falsche Stimmbänder**.

Die Tonerzeugung Luft, die durch die Glottis strömt, bringt die Stimmbänder zum Vibrieren und erzeugt Schallwellen. Die Höhe des Tones hängt von Durchmesser, Länge und Spannung der Stimmbänder ab. Durchmesser und Länge stehen in direktem Zusammenhang mit der Größe des Kehlkopfs. Die Spannung wird durch die Kontraktion der Willkürmuskulatur kontrolliert, die die relativen Positionen von Schild- und Stellknorpel verändern kann. Nimmt der Abstand zu, straffen sich die Stimmbänder, und der Ton wird höher; nimmt der Abstand ab, lockern sich die Stimmbänder, und der Ton wird tiefer.

Kinder haben kurze, schmale Stimmbänder und hohe Stimmen. In der Pubertät vergrößert sich der Kehlkopf bei männlichen Jugendlichen deutlich mehr als bei weiblichen Jugendlichen. Die Stimmbänder eines erwachsenen Mannes sind dicker und länger; sie bilden tiefere Töne als die einer Frau.

Da seine Wände mitvibrieren, ist der gesamte Kehlkopf an der Tonerzeugung beteiligt; es entsteht ein zusammengesetzter Ton. In Rachen, Mundraum, Nasenhöhle und Nebenhöhlen kommt es zu einer Echobildung und einer Verstärkung des Tones. Den endgültigen Klang machen die willkürlichen Bewegungen von Zunge, Lippen und Wangen aus.

Die Larynxmuskulatur

Am Larynx gibt es zwei verschiedene Muskelgruppen, die inneren und die äußeren Kehlkopfmuskeln. Die **inneren Kehlkopfmuskeln** haben zwei Hauptfunktionen: Eine Gruppe reguliert die Spannung der Stimmbänder, die andere öffnet und schließt die Glottis. Die für die Stimmbänder setzen am Schild-, am Stell- sowie am Hörnchenknorpel an. Bei Öffnung und Verschluss der Glottis kommt es zu einer Drehbewegung der Stellknorpel, die die Stimmbänder auseinander oder zueinander bewegen.

Die **äußeren Kehlkopfmuskeln** positionieren und stabilisieren den Larynx; sie wurden in Kapitel 10 besprochen.

Beim Schluckvorgang arbeiten innere und äußere Kehlkopfmuskeln zusammen, um zu verhindern, dass Speisen und Getränke in die Glottis gelangen. Bevor Sie schlucken, zerdrücken und zerkauen Sie das Essen zu einer teigigen Masse, dem **Bolus**. Die äußeren Kehlkopfmuskeln heben den Larynx nun an, sodass sich die Epiglottis über den Eingang zur Glottis legt. Der Bolus gleitet jetzt über die Epiglottis hinweg, anstatt in den Larynx zu fallen (**Abbildung 24.6**). Während dieser Bewegung schließen die inneren Kehlkopfmuskeln die Glottis. Sollte Nahrung oder Flüssigkeit die Taschen- oder Stimmbänder berühren, wird ein Hustenreflex ausgelöst. Husten verhindert meist ein Eindringen von Material in die Glottis.

AUFGABEN

1. Welche Aufgaben hat der Schildknorpel?
2. Welche Funktion hat die Epiglottis?
3. Anna verkürzt den Abstand zwischen ihrem Schildknorpel und den Stellknorpeln durch eine Kontraktion willkürlicher Muskeln. Wie verändert sich die Höhe ihrer Stimme?
4. Welchen Einfluss hätte das Fehlen innerer Kehlkopfmuskeln auf den Schluckvorgang?

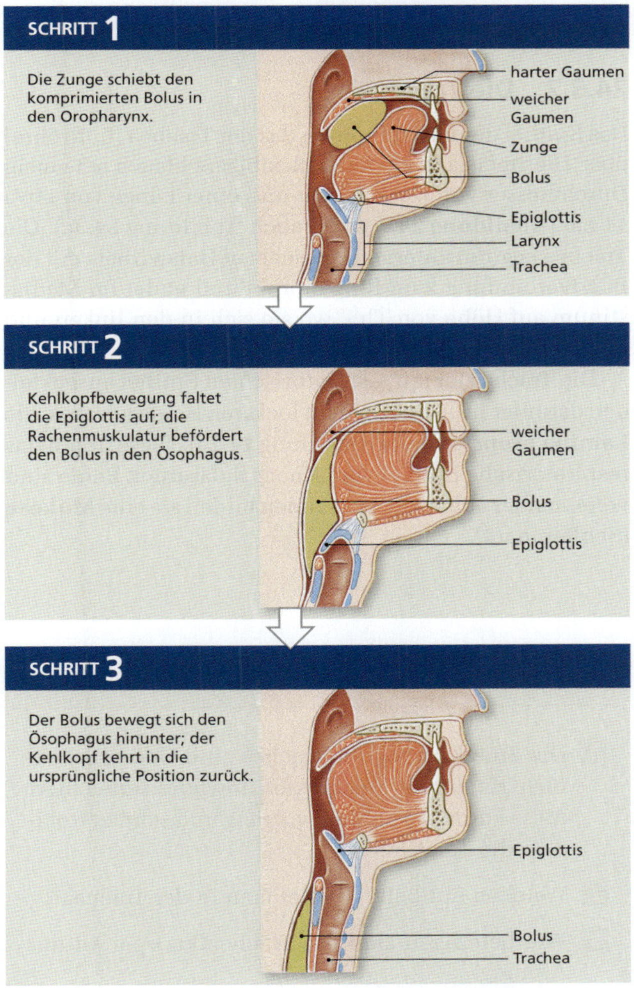

Abbildung 24.6: Die Bewegungen des Larynx beim Schluckvorgang. Beim Schlucken wird die Epiglottis durch die Anhebung des Larynx auf den Kehlkopfeingang gelegt und der Bolus in den Ösophagus geleitet.

AUS DER PRAXIS

Obstruktion der Atemwege

Fremdkörper, meist Nahrung, die in den Larynx oder die Trachea geraten, werden meist herausgehustet. Wenn der Betroffene noch atmen oder sprechen kann, sind die Atemwege frei; es sind keine Notmaßnahmen indiziert. Kann jemand jedoch weder sprechen noch atmen, besteht akute Lebensgefahr. Leider ist einigen Opfern diese Situation sehr peinlich; sie verkennen die Gefahr, und anstatt um Hilfe zu bitten, laufen sie in die nächste Toilette, wo sie unbemerkt versterben.

Beim **Heimlich-Handgriff (-Manöver)** übt ein Helfer Druck auf das Abdomen unterhalb des Zwerchfells aus. Das Zwerchfell wird dadurch kraftvoll nach oben verlagert; der entstehende Druck kann ausreichen, die Obstruktion zu beseitigen. Der Handgriff muss zur Vermeidung einer Verletzung innerer Organe korrekt ausgeführt werden. Organisationen, wie das Rote Kreuz, die Feuerwehr und andere, bieten regelmäßig Unterweisungen an. Bei Kindern unter einem Jahr sollte aufgrund der Risiken (Milz-, Leberriss) von einer Anwendung abgesehen werden.

Lässt sich das Hindernis nicht anders beseitigen, können qualifizierte Nothelfer eine **Koniotomie** durchführen. Hierbei wird in das *Lig. cricothyroideum* ein Schnitt gesetzt und ein Schlauch eingelegt. Dieser Schlauch umgeht das Hindernis und ermöglicht den Einstrom von Luft in den unteren Abschnitt des Kehlkopfs und nachfolgend in die Trachea.

Unter **Tracheotomie** versteht man einen chirurgischen Eingriff im Bereich der Luftröhre, der nicht unter Notfallbedingungen durchgeführt wird. Eine Tracheotomie ist indiziert 1. bei neurologischen Erkrankungen mit Störungen des Schluckreflexes, 2. nach Verletzung der Trachea oder 3. nach operativer Entfernung eines Anteils des Kehlkopfs wegen eines Kehlkopfkarzinoms.

24.3.2 Die Trachea

Das Epithel des Larynx geht in das der Trachea (Luftröhre) über. Die Trachea ist ein fester, flexibler Schlauch mit einem Durchmesser von etwa 2,5 cm und einer Länge von etwa 11 cm (**Abbildung 24.7**; siehe auch Abbildung 24.3c). Die Trachea beginnt anterior des sechsten Halswirbels mit der Bandverbindung zum Ringknorpel und endet im Mediastinum auf Höhe von Th5, wo sie sich in den linken und den rechten Hauptbronchus aufteilt.

Die Trachea ist mit respiratorischem Epithel ausgekleidet; darunter liegt eine Schicht lockeren Bindegewebes, die **Lamina propria** (siehe Abbildung 24.2a). Diese trennt das respiratorische Epithel vom Knorpel darunter. Beide sind voneinander abhängig; zusammen bilden sie eine **Mukosa** (Schleimhaut).

AUFGABEN

1. Die Stützknorpel der Trachea sind C-förmig und nicht ringförmig geschlossen. Inwiefern erleichtert diese Form den Schluckvorgang und schützt trotzdem die Trachea?
2. Welchen Epitheltyp findet man in der Trachea?
3. Wie beteiligen sich die Trachealknorpel an der Atmung?
4. Woran kann man den rechten vom linken Hauptbronchus unterscheiden?

Die Mukosa ist von einer dicken Bindegewebsschicht umgeben, der Submukosa. Sie enthält die Schleimdrüsen, die über eine Reihe von Ausführungsgängen mit dem Epithel in Verbindung stehen.

Über der Submukosa befinden sich an der Trachea 15–20 **Trachealknorpel** (siehe Abbildung 24.7). Sie sind jeweils durch elastische **Ringbänder** *(Ligg. anularia)* miteinander verbunden. Die Trachealknorpel versteifen die Trachealwand und schützen die Atemwege. Sie verhindern ebenfalls einen Kollaps oder eine Überdehnung, abhängig von den Druckverhältnissen im respiratorischen System.

Ein Trachealknorpel ist C-förmig. Der geschlossene Anteil schützt die anterioren und lateralen Flächen der Trachea. Die Öffnung weist nach posterior zum Ösophagus hin. Da die Knorpelspangen nicht rundum geschlossen sind, kann sich die posteriore Wand der Trachea während des Schluckvorgangs verformen und so den Durchgang auch größerer Speisemengen durch den Ösophagus ermöglichen.

Ein elastisches Ligament und ein glatter Muskelstrang, der **M. trachealis**, verbinden die Enden der Knorpelspangen miteinander (siehe Abbildung 24.7b). Die Kontraktion dieses Muskels verändert den Durchmesser der Trachea und damit den Atemwegswiderstand. Eine sympathische Aktivierung führt zu Entspannung dieses Muskels, zu einer Vergrößerung des Durchmessers der Trachea und damit zu erleichterter Atmung.

24.3.3 Die Hauptbronchen

Im Mediastinum verzweigt sich die Trachea in den **linken** und den **rechten Hauptbronchus**. Sie befinden sich noch außerhalb der Lungen und werden daher als **extrapulmonale Bronchen** bezeichnet. Eine innere Kante, die **Karina**,

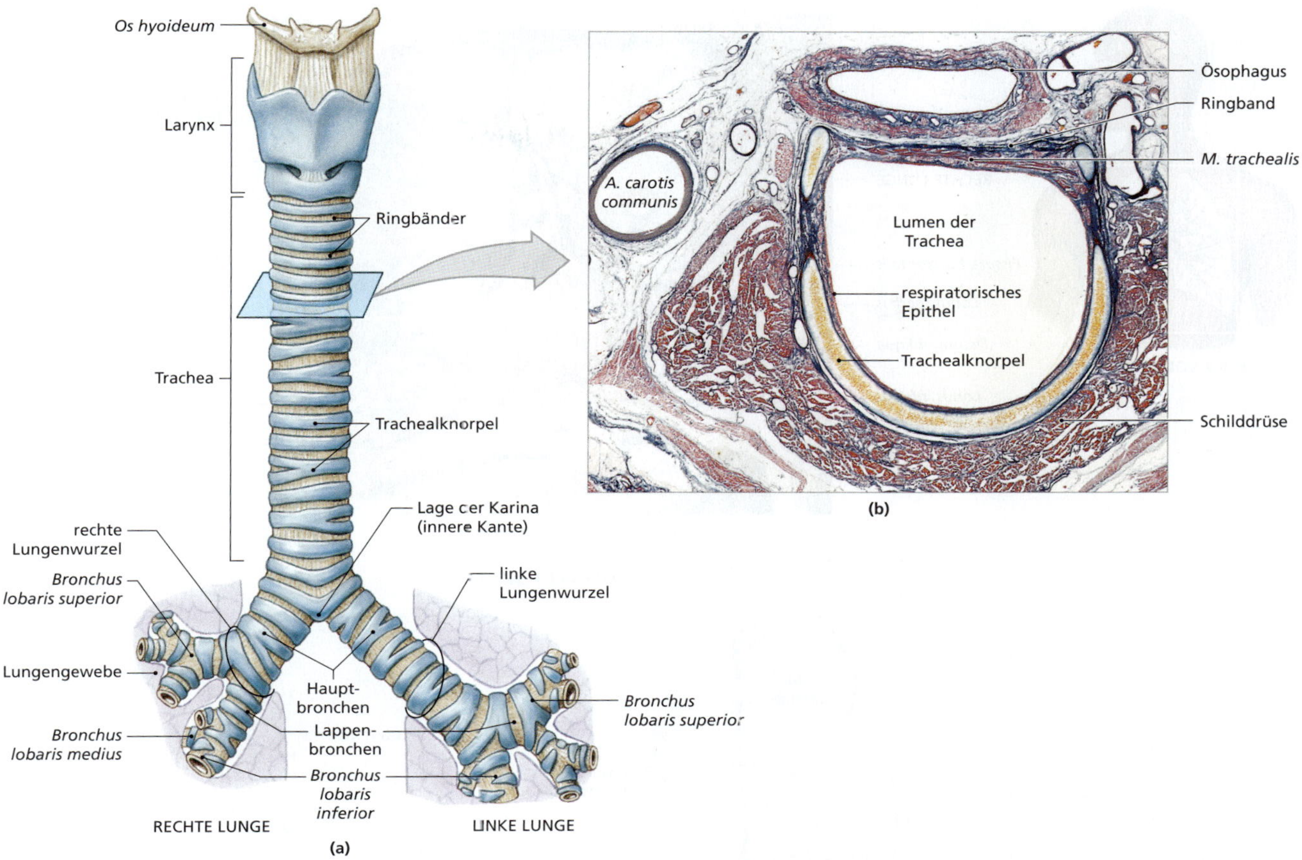

Abbildung 24.7: Anatomie von Trachea und Hauptbronchen. (a) Blick von anterior mit Darstellung der Schnittebene für (b). (b) Histologischer Querschnitt der Trachea mit Darstellung ihrer Beziehung zu umliegenden Strukturen.

liegt zwischen den Eingängen zu den Hauptbronchen (siehe Abbildung 24.7a). Der histologische Aufbau der Hauptbronchen gleicht dem der Trachea, mit C-förmigen Knorpelspangen. Der rechte Hauptbronchus versorgt die rechte Lunge, der linke die linke Lunge. Der rechte Hauptbronchus hat einen größeren Durchmesser als der linke; auch zieht er in einem steileren Winkel nach unten zur Lunge. Aus diesen Gründen landen Fremdkörper in der Trachea eher im rechten Hauptbronchus.

Die beiden Hauptbronchen ziehen bis zu einer Furche an der medialen Fläche der Lungen, bevor sie sich weiter verzweigen. An dieser Furche, dem **Hilus**, ziehen auch die Pulmonalgefäße und Nerven in die Lungen. Diese Ansammlung von Strukturen ist in einem Netzwerk aus dichtem Bindegewebe fest verankert. Man nennt das Ganze die **Lungenwurzel**; sie dient der Befestigung am Mediastinum und der Fixierung der Position von wichtigen Nerven sowie von Blut- und Lymphgefäßen. Die Lungenwurzeln liegen rechts vor Th5 und links vor Th6.

24.3.4 Die Lungen

Die rechte und die linke Lunge (**Abbildung 24.8**) liegen in der rechten bzw. der linken Pleurahöhle. Jede Lunge hat die Form eines stumpfen Kegels; die **Lungenspitze** (der Apex) weist nach superior. Die Lungenspitzen reichen an die Basis des Halses bis über die erste Rippe hinaus. Der konkave inferiore Teil, die **Basis**, liegt breit dem Zwerchfell auf.

Die Lungenlappen

Die Lungen sind durch tiefe Fissuren deutlich in **Lappen** unterteilt. Die **rechte Lunge** hat drei Lappen: **Lobus superior, medius und inferior**. Die *Fissura obliqua* trennt den mittleren vom unteren Lappen. Die *Fissura horizontalis* trennt den oberen vom mittleren Lappen. Die **linke Lunge** hat nur zwei Lappen, **Lobus superior und inferior**, die ebenfalls durch eine *Fissura obliqua* voneinander getrennt sind (siehe Abbildung 24.8). Die rechte Lunge ist breiter als die linke, da der Großteil des Herzens und der großen Gefäße in die linke Pleurahöhle hineinragt. Dafür ist die linke Lunge länger, da das Zwerchfell rechts wegen der Leber darunter höher steht.

Die Oberflächen der Lunge

Die gebogene anteriore Fläche der Lunge, die den inneren Konturen des Brustkorbs folgt, ist die **Facies costalis**. Die **Facies mediastinalis** enthält den Hilus und ist daher unregelmäßiger geformt (siehe Abbildung 24.8). Die mediastinalen Flächen beider Lungen weisen Furchen auf, die die Lage des Herzens und der großen Gefäße markieren. Von

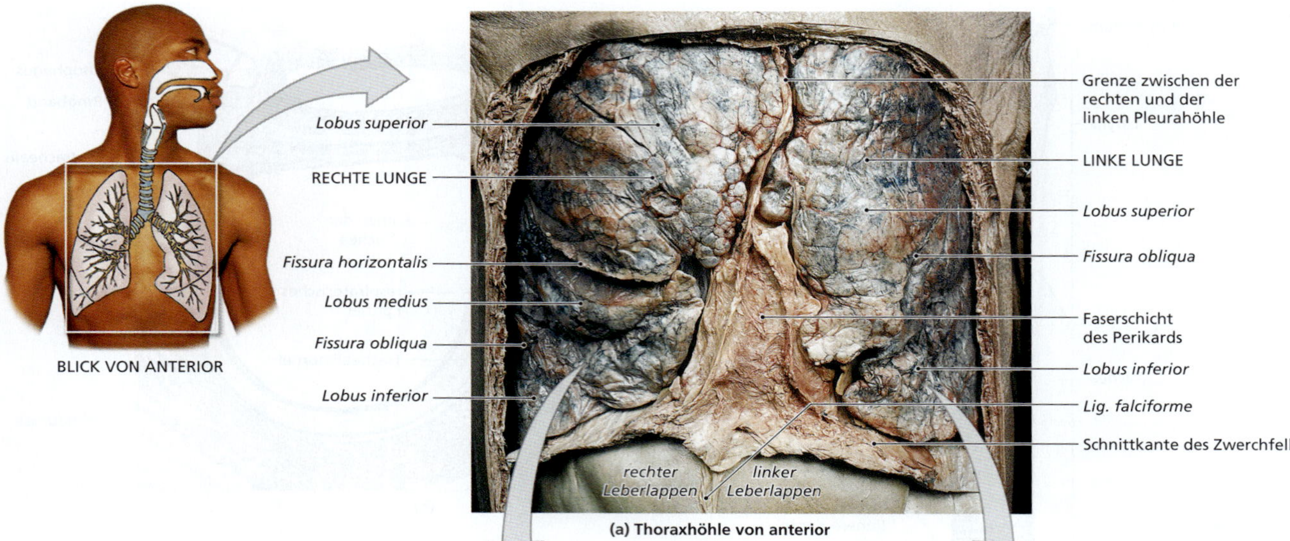

(a) Thoraxhöhle von anterior

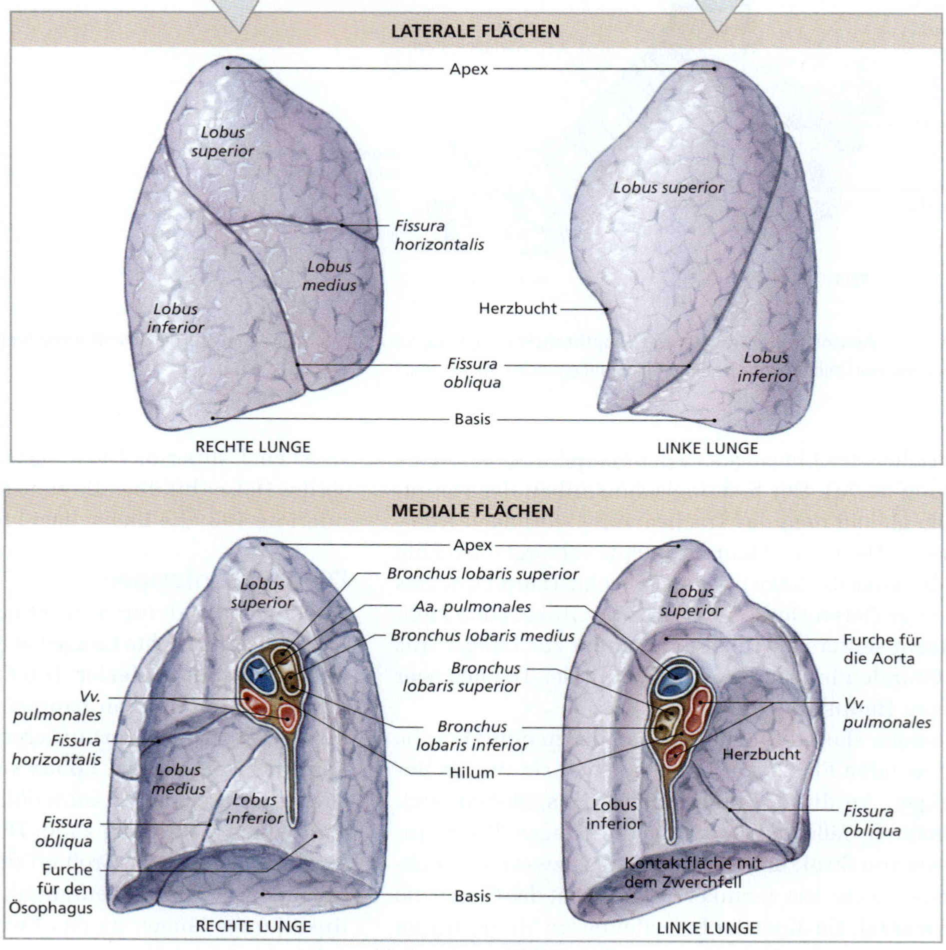

(b) Die rechte und die linke Lunge

Abbildung 24.8: Oberflächenanatomie der Lungen. (a) Eröffneter Thorax von anterior mit Darstellung der Lagebeziehungen von Lungen und Herz zueinander. (b) Schematische Darstellung der lateralen und medialen Flächen isolierter linker und rechter Lungen.

anterior gesehen bildet die mediastinale Fläche der rechten Lunge eine vertikale Linie. Die linke Lunge hingegen weist eine große konkave **Herzbucht** *(Impressio cardiaca)* auf, da das Herz links der Mittellinie liegt.

Das Bindegewebe der Lungenwurzeln reicht in das Lungengewebe, das **Parenchym**, hinein. Diese fibrösen Zwischenwände, die **Trabekel**, enthalten elastische Fasern, glatte Muskelfasern und Lymphgefäße. Sie verzweigen sich mehrfach und unterteilen die Lappen in zunehmend kleine Kompartimente. Die Äste der Atemwege, die pulmonalen Gefäße und die Nerven der Lungen folgen diesen Trabekeln auf ihrem Weg in die Peripherie. Die kleinsten Zwischenwände, die **Septen**, teilen die Lungen in Segmente auf, die jeweils von Arterien, Venen und Atemwegen versorgt werden. Das Bindegewebe der Septen geht in das der viszeralen Pleura über. Wir folgen nun der Verzweigung der Bronchen vom Hilus bis zu den Alveolen.

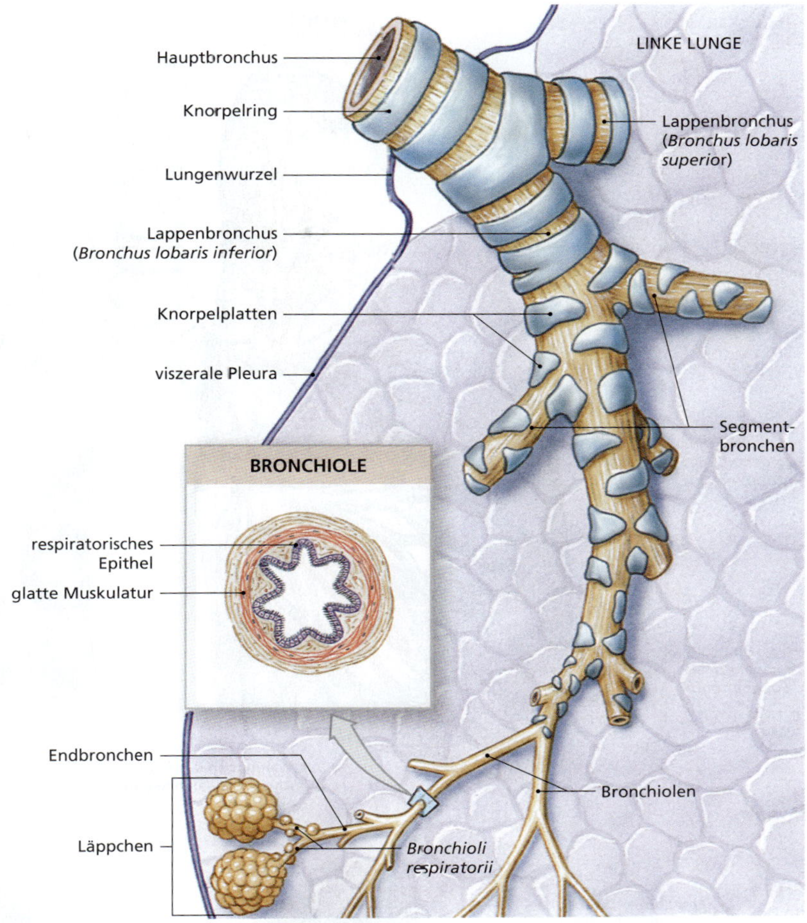

Abbildung 24.9: Bronchen und Bronchiolen. Für eine bessere Übersicht ist das Ausmaß der Verzweigung reduziert dargestellt; in vivo teilt sich ein Luftweg etwa 23 Mal, bis er die Ebene der Läppchen erreicht.

Die Bronchen

Die Hauptbronchen und ihre Äste bilden den **Bronchialbaum**. Da der linke und der rechte Hauptbronchus noch außerhalb der Lungen liegen, bezeichnet man sie als **extrapulmonale Bronchen**. Bei ihrem Eintritt in die Lungen verzweigen sie sich zu kleineren Durchgängen (**Abbildung 24.9** und Abbildung 24.10; siehe auch Abbildung 24.7), die man zusammenfassend **intrapulmonale Bronchen** nennt.

Jeder Hauptbronchus teilt sich in **Lappenbronchen** auf, die sich wiederum zu **Segmentbronchen** verzweigen. Die genaue Aufteilung unterscheidet sich bei beiden Lungen etwas; sie wird in Kürze besprochen. Jeder Segmentbronchus versorgt ein **bronchopulmonales Segment**, eine spezifische Lungenregion (siehe **Abbildung 24.10**a und b). In der rechten Lunge gibt es zehn Segmentbronchen (und zehn Segmente). Während ihrer Entwicklung hat die linke Lunge auch zehn Segmente, doch durch spätere Fusionen reduziert sich ihre Anzahl auf acht oder neun. Die Wände der Haupt-, Lappen- und Segmentbronchen enthalten im Verlauf immer weniger Knorpel. In den Wänden der Lappen- und Segmentbronchen findet man Knorpelplatten, die um das Lumen herum angeordnet sind; sie erfüllen denselben Zweck wie die Knorpelringe der Trachea und der Hauptbronchen.

Die Äste des rechten Hauptbronchus Die rechte Lunge hat drei Lappen; daher teilt sich der rechte Hauptbronchus auch in drei Lappenbronchen auf: den **Bronchus lobaris superior**, den **Bronchus lobaris medius** und den **Bronchus lobaris inferior**. Der mittlere und der untere Lappenbronchus zweigen unmittelbar nach Eintritt des rechten Hauptbronchus in die Lunge am Hilus ab (siehe Abbildung 24.7). Jeder Lappenbronchus versorgt einen Lungenlappen mit Luft (siehe Abbildung 24.10).

Die Äste des linken Hauptbronchus Die linke Lunge hat zwei Lappen; so teilt sich der linke Hauptbronchus auch in zwei Lappenbronchen, den **Bronchus lobaris superior** und den **Bronchus lobaris inferior** (siehe Abbildung 24.7, 24.9 und 24.10).

Die Äste der Lappenbronchen Die Lappenbronchen der Lungen teilen sich in die Segmentbronchen. In der rechten Lunge wird der obere Lappen von drei Segmentbronchen versorgt, der mittlere Lappen von zwei und der untere Lappen von fünf Segmentbronchen. Der obere Lappen der linken Lunge enthält meist vier Segmentbronchen, der untere hingegen fünf (siehe Abbildung 24.10a und d). Die Segmentbronchen versorgen die einzelnen bronchopulmonalen Segmente der Lungen mit Luft.

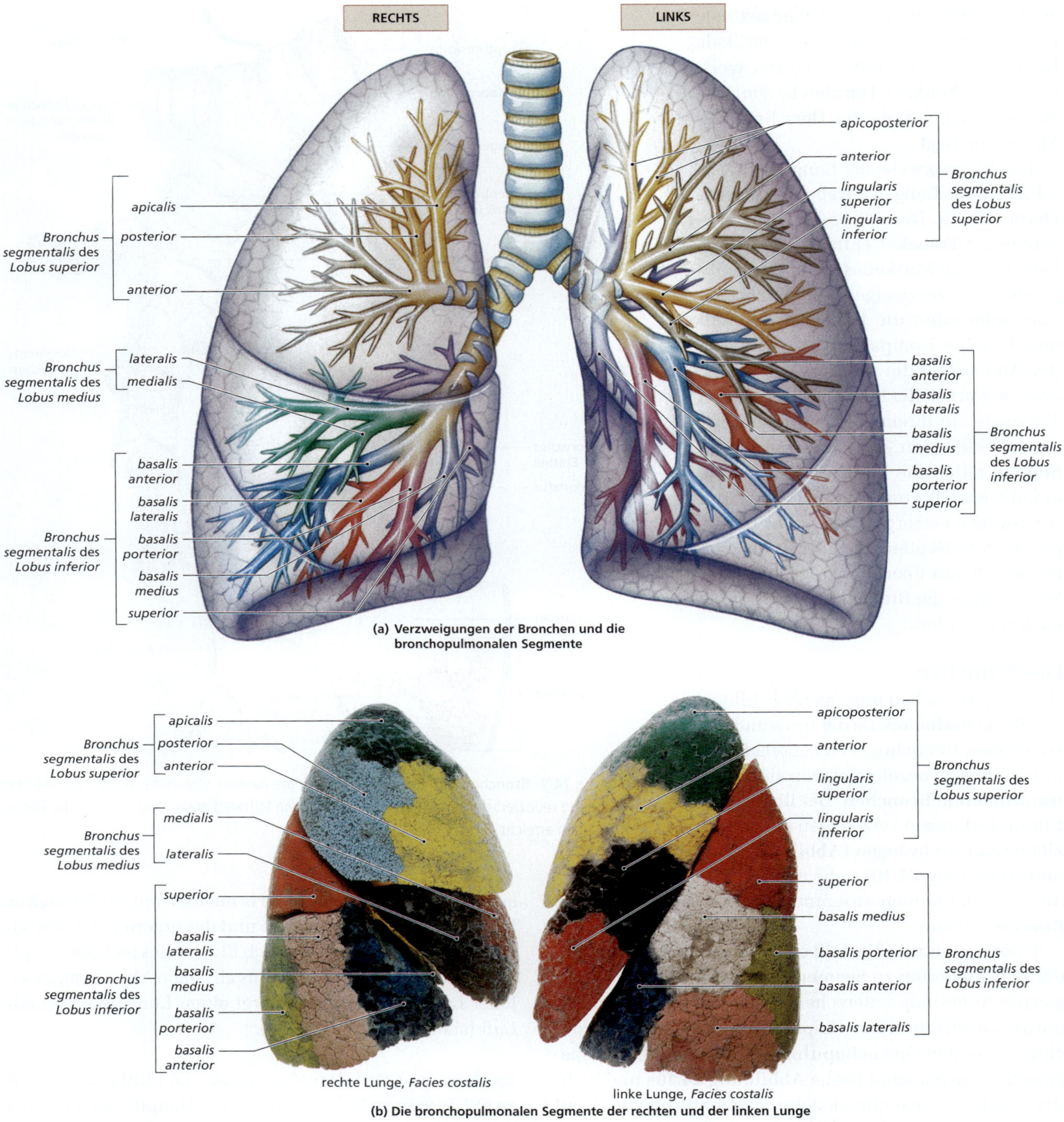

(a) Verzweigungen der Bronchen und die bronchopulmonalen Segmente

(b) Die bronchopulmonalen Segmente der rechten und der linken Lunge

Abbildung 24.10: Der Bronchialbaum und die Segmente der Lungen. (a) Makroanatomie der Lungen mit Darstellung des Bronchialbaums und seiner Verästelungen. (b) Isolierte rechte und linke Lunge; die einzelnen Segmente wurden farblich markiert. (c) Bronchiogramm des Bronchialbaums im a.-p. Strahlengang. (d) Ausgusspräparat des Bronchialbaums eines Erwachsenen. Die einzelnen Segmente sind jeweils unterschiedlich gefärbt.

DIE BRONCHOPULMONALEN SEGMENTE Die Lungenlappen sind in kleinere Abschnitte, die bronchopulmonalen Segmente, unterteilt. Jedes Segment besteht aus dem Lungengewebe, das zu jeweils einem Segmentbronchus gehört; es trägt entsprechend seinen Namen (siehe Abbildung 24.10a, b und d).

Die Bronchiolen

Die Segmentbronchen verzweigen sich mehrfach innerhalb des Segments; letztendlich entstehen so 6500 kleine **Bronchioli terminales (Endbronchiolen)** mit einem Innendurchmesser von 0,3–0,5 mm. Die Wände der Endbronchiolen, die keinen Stützknorpel mehr aufweisen, enthalten

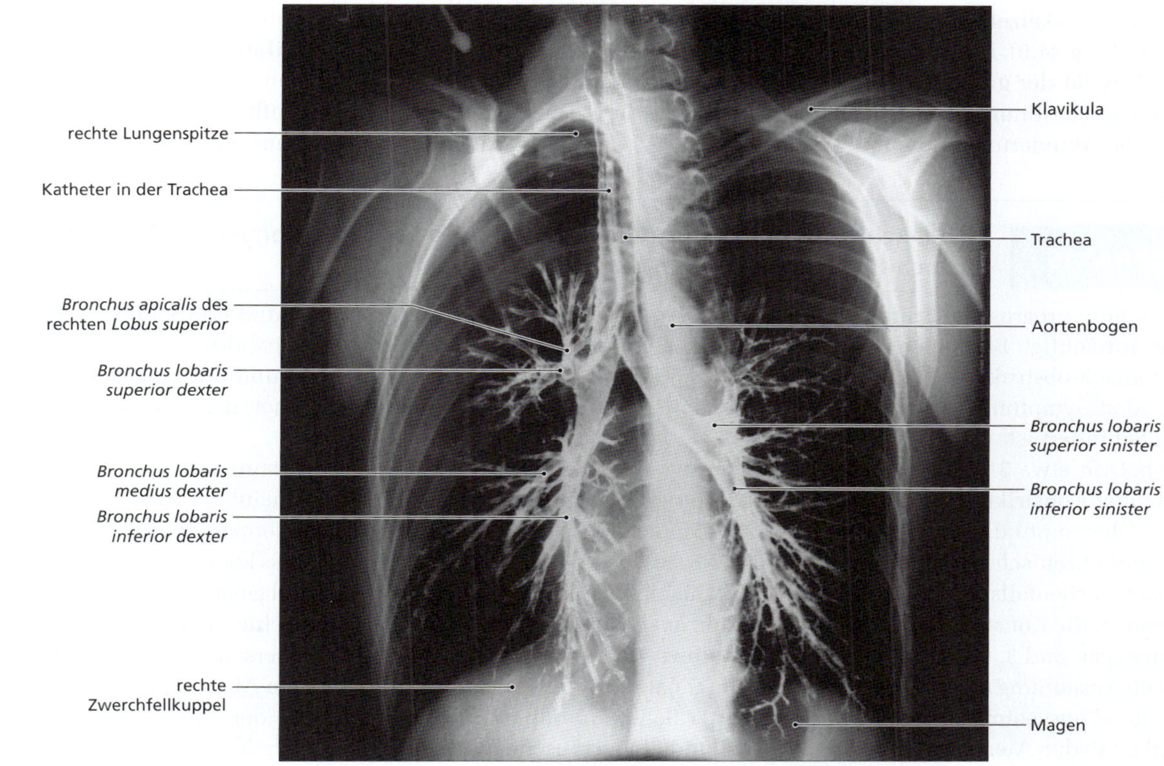

(c) Bronchogramm

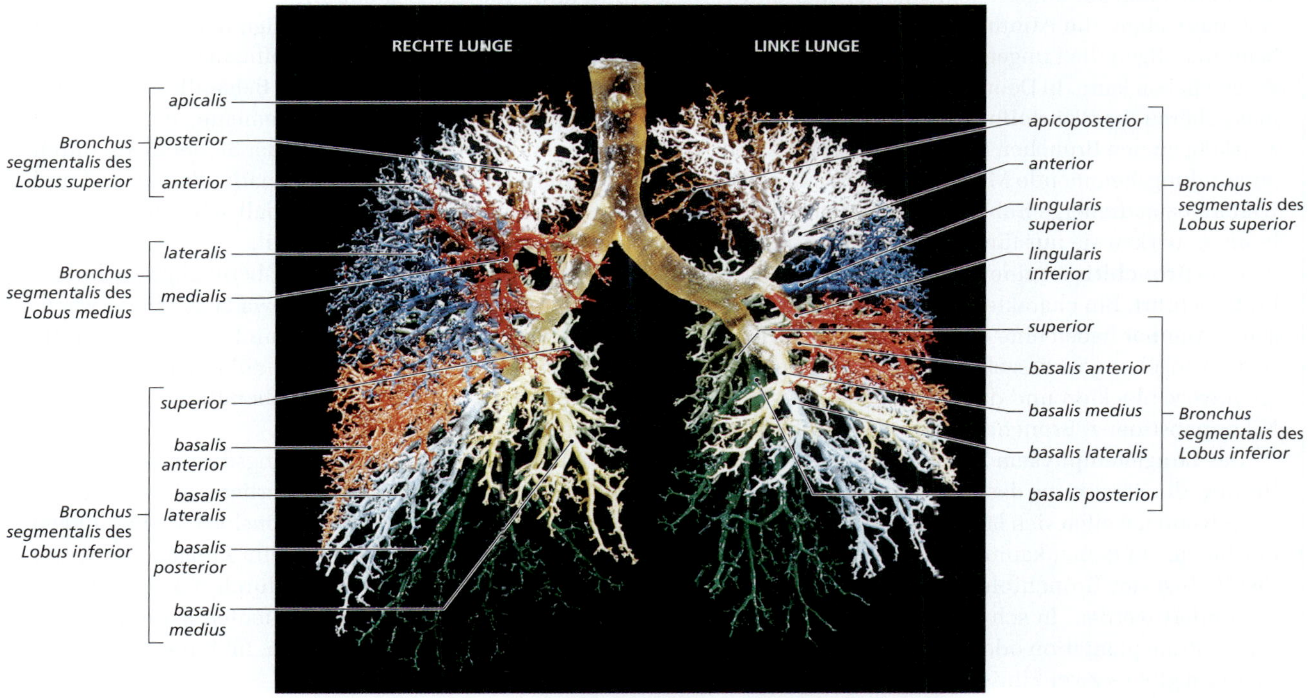

(d) Der Bronchialbaum

Abbildung 24.10: **(Fortsetzung) Der Bronchialbaum und die Segmente der Lungen.** (a) Makroanatomie der Lungen mit Darstellung des Bronchialbaums und seiner Verästelungen. (b) Isolierte rechte und linke Lunge; die einzelnen Segmente wurden farblich markiert. (c) Bronchiogramm des Bronchialbaums im a.-p. Strahlengang. (d) Ausgusspräparat des Bronchialbaums eines Erwachsenen. Die einzelnen Segmente sind jeweils unterschiedlich gefärbt.

überwiegend glatte Muskelzellen (**Abbildung 24.11**a und b; siehe auch Abbildung 24.9). Das autonome Nervensystem reguliert die Aktivität der glatten Muskelschicht in den Endbronchiolen und bestimmt also auch deren Durchmesser. Sympathische Aktivierung und eine Freisetzung von Adrenalin an den Nebennieren führt zu einer Weitstellung der Atemwege, einer **Bronchodilatation**. Parasympathische Stimulation bewirkt hingegen eine **Bronchokonstriktion**. Diese Veränderungen beeinflussen den Atemwegswiderstand zu oder von den gasaustauschenden Flächen.

AUS DER PRAXIS

COPD (chronisch-obstruktive Bronchitis und Lungenemphysem): Asthma, Bronchitis und Emphysem

Die COPD ist eine progressive Erkrankung der Atemwege, die den Luftstrom einschränkt und die Belüftung der Alveolen beeinträchtigt. Bei Patienten mit einer COPD können zwei verschiedene Krankheitsbilder auftreten. Die Begriffe chronisch-obstruktive Bronchitis und Lungenemphysem werden bei chronischen und nur langsam akut fortschreitenden Symptomen verwendet. Die Krankheitsbilder sind dadurch gekennzeichnet, dass vor allem die Ausatmung behindert ist.

Asthma betrifft etwa 5 % der deutschen Bevölkerung. Überempfindliche und reizbare Atemwege reagieren auf Stimuli mit einer Konstriktion, die man als Bronchospasmus bezeichnet. In vielen Fällen scheint der Auslöser eine unmittelbare Überempfindlichkeitsreaktion auf ein Allergen in der Atemluft zu sein. Medikamentenwirkungen, Luftverschmutzung, chronische Atemwegsinfekte, körperliche Anstrengung und emotionaler Stress können bei empfindlichen Menschen ebenfalls Asthmaanfälle auslösen. Zu den offensichtlichsten und potenziell gefährlichsten Symptomen gehören 1. die Konstriktion der glatten Muskeln am gesamten Bronchialbaum, 2. die Schleimhautschwellung in den Atemwegen und 3. die vermehrte Schleimbildung. Die Kombination aus allen dreien erschwert die Atmung erheblich. Die Ausatmung ist stärker betroffen als die Einatmung; oft kollabieren die verengten Atemwege, bevor die Luft ausreichend ausgeatmet wurde. Trotz vermehrter Schleimproduktion verlangsamt sich der Transport, sodass sich Flüssigkeit in den Atemwegen sammelt. Husten und Pfeifgeräusche treten auf. Die Bronchokonstriktion und die Schleimbildung treten innerhalb von Minuten als Reaktion auf die Freisetzung von Histamin und Prostaglandin aus den Mastzellen auf. Innerhalb der nächsten Stunden wandern Neutrophile und Eosinophile ein. Dadurch entzündet sich das Gebiet; die Atmung wird weiter erschwert und das respiratorische Epithel geschädigt. Schwere Attacken beeinträchtigen die Lungenfunktion erheblich; das periphere Gewebe gerät in einen Sauerstoffmangel, der tödliche Folgen haben kann. In Deutschland kommt es asthmabedingt zu 5000 Todesfällen im Jahr. Zur Behandlung des Asthmas gehören die Weitstellung der Atemwege durch die Gabe von **Bronchodilatatoren** (Medikamente, die die glatten Muskeln an den Bronchen entspannen) und die Reduktion der Entzündung und Schwellung der Schleimhaut durch entzündungshemmende Medikamente. Wichtige Bronchodilatatoren sind Theophyllin, Adrenalin, Salbutamol und weitere betaadrenerge Substanzen. Obgleich die stärksten Bronchodilatatoren in einem Notfall sehr nützlich sein können, wirken sie nur für kurze Zeit; der übermäßige Gebrauch vermindert ihre Wirksamkeit.

Eine **Bronchitis** ist eine Entzündung und Schwellung des Bronchialepithels, die zu einer übermäßigen Schleimbildung führt. Ein charakteristisches Symptom ist häufiger Husten mit reichlich Auswurf. Etwa 20 % aller erwachsenen Männer haben eine chronische Bronchitis, die meist durch das Rauchen, aber auch durch andere Reizstoffe in der Umgebung verursacht wird. Im Laufe der Zeit werden durch die gesteigerte Schleimproduktion die kleineren Atemwege blockiert und damit der Gasaustausch und die Lungenkapazität reduziert. Zur Behandlung gehören die Nikotinabstinenz, Bronchodilatatoren, Antibiotika und bei Bedarf Sauerstoff.

Das **Lungenemphysem** ist eine chronisch-progressive Erkrankung mit Ruhe- und Belastungsdyspnoe (Luftnot). Ihr liegt die Zerstörung des respiratorischen Epithels zugrunde; Bronchiolen und Alveolen verlieren ihre Funktion. Die Alveolen weiten sich langsam;, die Kapillaren degenerieren und hinterlassen große funktionslose Aushöhlungen der Lunge, an denen kaum noch oder gar kein Gasaustausch mehr möglich ist. Leider ist beim Lungenemphysem der Verlust der Bronchiolen und Alveolen irreversibel. Ein weiteres Fortschreiten kann durch Nikotinverzicht verhindert werden. In schweren Fällen hilft nur noch die Gabe von Sauerstoff. Einigen Patienten kann mit einer Lungentransplantation oder der Entfernung funktionslosen Lungengewebes geholfen werden. Im fortgeschrittenen Stadium gibt es zwei klinische Erscheinungsformen:

- Patienten mit einem Emphysem haben oft einen fast normalen Blutdruck. Ihre Atemhilfsmuskulatur arbeitet schwer; sie verbrauchen sehr viel Energie allein für die Atmung. Daher sind sie eher dünn. Da der Sauerstoffgehalt im Blut fast normal ist, hat ihre Haut eine rosa Farbe. Die Verbindung von erhöhter Atemarbeit und dem rosigen Hautton hat den Ausdruck **„Pink Puffer"** geprägt.
- Patienten mit einer chronischen Bronchitis haben oft eine Herzinsuffizienz mit begleitenden Ödemen. Der Sauerstoffgehalt des Blutes ist bei ihnen niedrig; die Haut kann einen bläulichen Ton annehmen. Diese Patienten bezeichnet man wegen der Verbindung von generalisierten Ödemen und bläulicher Hautfarbe als **„Blue Bloaters"**.

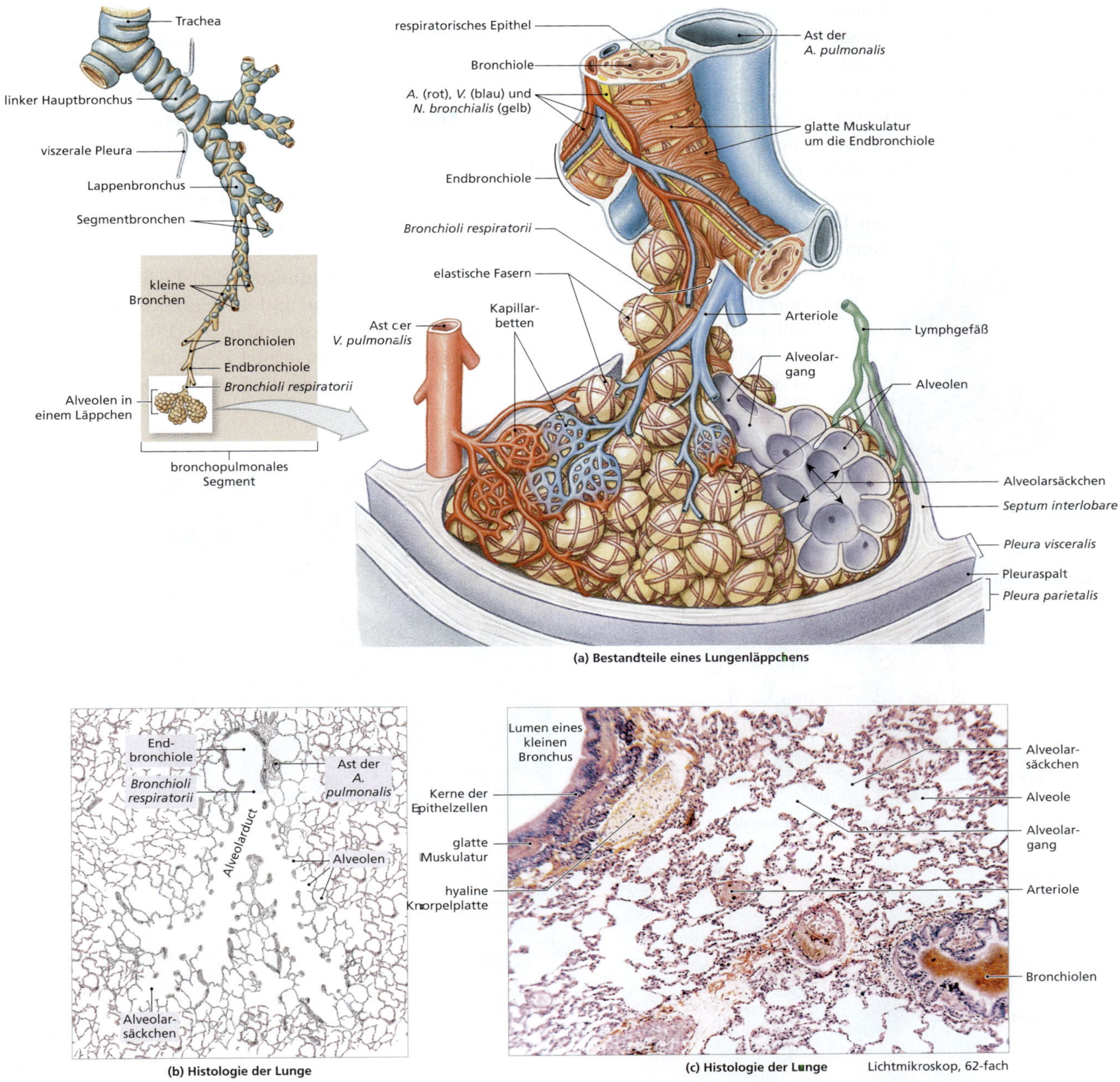

Abbildung 24.11: Bronchen und Bronchiolen. (a) Struktur eines Anteils eines Läppchens. (b, c) Histologische Schnittbilder der Lunge.

Die Konstriktion der glatten Muskulatur führt oft zu einer Fältelung des respiratorischen Epithels; eine exzessive Stimulation, wie beim Asthma, kann den Luftstrom durch die Endbronchiolen daher fast ganz blockieren.

Jede Endbronchiole versorgt ein Lungenläppchen mit Luft. Innerhalb des Läppchens verzweigt sich die Endbronchiole zu mehreren **Bronchioli respiratorii**. Dies sind die dünnsten und zartesten Äste des Bronchialsystems; durch sie gelangt die Luft an die gasaustauschenden Flächen. Filtrierung und Befeuchtung der Atemluft sind dann, wenn sie die Endbronchiolen verlässt, abgeschlossen. Die Epithelzellen der *Bronchioli respiratorii* und der kleineren Endbronchiolen sind kubisch. Es gibt kaum Zilien und weder Becherzellen noch tiefer liegende Schleimdrüsen.

Alveolargänge und Alveolen

Bronchioli respiratorii sind mit den einzelnen Alveolen und über die **Alveolargänge** mit Alveolengruppen verbunden. Diese Durchgänge enden an den **Sacculi alveolares**, kleinen Räumen, in die mehrere Alveolen münden (**Abbildung 24.12**a–c; siehe auch Abbildung 24.11). Jede Lunge enthält etwa 150 Millionen Alveolen, was der Lunge ein offenes, schwammartiges Erscheinungsbild gibt. An jeder Alveole befindet sich ein ausgedehntes Kapillarnetz (siehe

Abbildung 24.12c); die Kapillaren sind von elastischen Fasern umgeben. Diese sichern die relative Position der Alveolen und der *Bronchioli respiratorii*. Wenn sich die Fasern während der Exspiration zusammenziehen, verkleinern sich die Alveolen, was die Ausatmung unterstützt. Das Alveolarepithel besteht hauptsächlich aus einschichtigem Plattenepithel (siehe Abbildung 24.12c). Diese Hauptzellen des Epithels, auch **Pneumozyten Typ I** (kleine Alveolarzellen) genannt, sind meist dünn und zart. Zwischen ihnen liegen die **Pneumozyten Typ II** (große Alveolarzellen) verteilt. Sie bilden ein öliges Sekret, das eine Mischung aus Phospholipiden enthält. Dieses Sekret, **Surfactant** genannt, überzieht die Innenflächen der einzelnen Alveolen und verringert so die Oberflächenspannung der Flüssigkeit in den Alveolen. Ohne Surfactant würden die Alveolen kollabieren. Wandernde **Alveolarmakrophagen** (Staubzellen) überwachen das Epithel und phagozytieren alle Partikel, die durch die Verteidigungslinien des Bronchialsystems hindurch bis in die Alveolen geraten sind.

Dort, wo die Basallamina des Alveolarepithels mit der der anliegenden Kapillaren verschmolzen ist, kommt es zum Gasaustausch (Abbildung 24.12d). In diesen Bereichen liegen das respiratorische und das Herz-Kreislauf-System gerade einmal 0,1 µm auseinander. Die Diffusion durch die respiratorische Membran erfolgt zügig, da 1. der Abstand gering ist und die Gase 2. fettlöslich sind. Daher bilden die

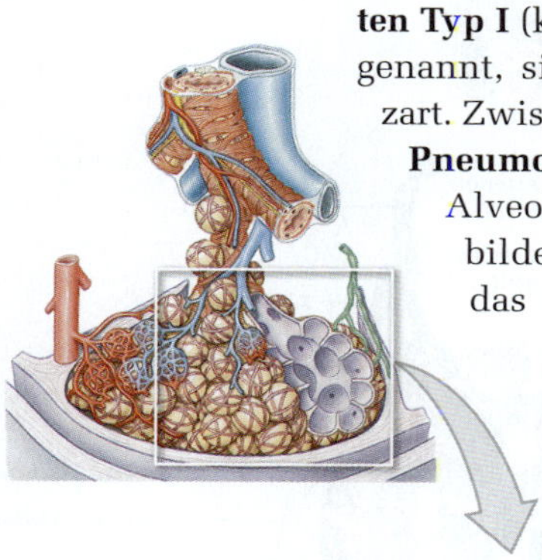

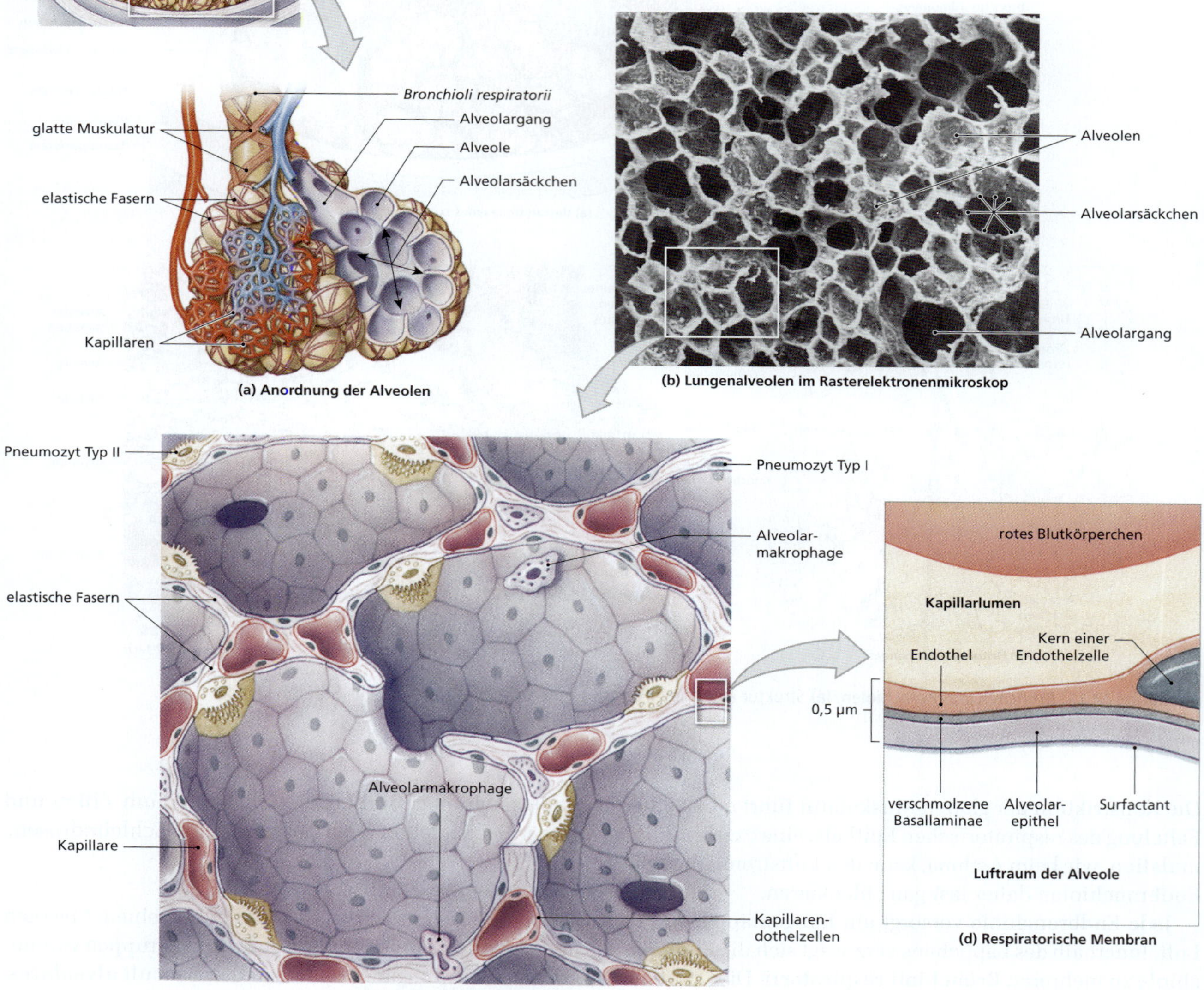

Abbildung 24.12: Der Aufbau der Alveolen. (a) Grundstruktur eines Läppchens, zur Darstellung des Arrangements von Alveolargängen und Alveolen aufgeschnitten. Jede Alveole ist von einem Kapillarnetzwerk umgeben, dieses wiederum von elastischen Fasern. (b) Rasterelektronenmikroskopische Aufnahme von Lungengewebe mit Darstellung des Erscheinungsbilds und der Anordnung der Alveolen. (c) Schematischer Querschnitt der Struktur von Alveolen und respiratorischer Membran. (d) Die respiratorische Membran.

AUFGABEN

1. Warum entwickeln Raucher auf Dauer den abgehackten Raucherhusten?
2. Bei einer chronischen Bronchitis kommt es zu übermäßiger Schleimbildung. Wie beeinträchtigt dies im Laufe der Zeit die Atmung?
3. Warum gibt es fast keine Zilien und weder Becherzellen noch Schleimdrüsen in den *Bronchioli respiratorii*?
4. Welche Funktion hat das Surfactant, das die Alveolarzellen bilden?

Membranen der Epithelien und Endothelien keine Barriere für die Bewegung von Sauerstoff und Kohlendioxid zwischen dem Blut und den alveolären Lufträumen.

Die Blutversorgung der Lungen

Die gasaustauschenden Flächen erhalten Blut von den Arterien des Lungenkreislaufs. Die Pulmonalarterien ziehen am Hilus in die Lungen hinein und verzweigen sich auf dem Weg zu den Läppchen mit den Bronchen. Jedes Läppchen hat eine Arteriole und eine Venole; außerdem umgibt ein Kapillarnetzwerk direkt unter dem respiratorischen Epithel jede einzelne Alveole. Außer dem Gasaustausch haben die Kapillaren an den Alveolen noch eine weitere Funktion: Sie sind die Hauptquelle für das **Angiotensin-converting Enzyme**, das zirkulierendes Angiotensin I in Angiotensin II umwandelt, ein Hormon, das an der Regulation von Blutdruck und -volumen beteiligt ist.

Blut von den Alveolarkapillaren fließt durch die pulmonalen Venolen und dann in die *Vv. pulmonales* in den linken Vorhof. Die luftleitenden Abschnitte des Bronchialsystems werden von den *Aa. carotis externae* (Nase und Larynx), dem *Truncus thyreocervicalis* (Äste der *Aa. subclaviae* zum inferioren Larynx und zur Trachea) und den *Aa. bronchiales* versorgt (siehe Abbildung 24.11a). Die Kapillaren, die von den *Aa. bronchiales* gespeist werden, versorgen die luftleitenden Abschnitte in den Lungen mit Sauerstoff und Nährstoffen. Das venöse Blut fließt unter Umgehung des restlichen Körperkreislaufs direkt in die Pulmonalvenen und verdünnt dabei das sauerstoffreiche Blut aus den Alveolen.

Die Pleurahöhlen und -membranen

Die Thoraxhöhle hat die Form eines breiten Kegels. Die Wände sind der Brustkorb, der Boden das Zwerchfell. Die beiden **Pleurahöhlen** sind durch das Mediastinum voneinander getrennt (**Abbildung 24.13**; siehe auch Abbildung 24.8a). Die Lungen liegen in jeweils einer der Pleurahöhlen, die mit einer serösen Membran, der **Pleura**, ausgekleidet sind. Die Pleura besteht aus zwei durchgehenden Schichten. Die **Pleura parietalis** bedeckt die Innenfläche der Thoraxwand sowie Zwerchfell und Mediastinum. Die

AUS DER PRAXIS

Das Bronchialkarzinom

25 % aller neu entdeckten Malignome sind Bronchialkarzinome; sie sind für 29 % aller Krebstodesfälle verantwortlich. Somit liegen sie in Deutschland an erster Stelle; sie töten mehr Menschen als Kolon-, Mamma- und Prostatakarzinome zusammen. Trotz Fortschritten in der Behandlung anderer Tumoren hat sich die Überlebensrate hier nicht signifikant verbessert.

Detaillierte statistische und experimentelle Untersuchungen haben ergeben, dass 85–90 % aller Bronchialkarzinome die direkte Folge des Zigarettenrauchens sind. Die Inzidenz bei Nichtrauchern liegt bei 3,4 pro 100.000. Bei Rauchern liegt sie zwischen 59,3 pro 100.000 (10–20 Zigaretten täglich) und 217,3 pro 100.000 (20–40 Zigaretten täglich). Vor 1970 waren hauptsächlich Männer mittleren Alters betroffen; seit aber die Zahl rauchender Frauen steigt, tut dies auch die Zahl derer, die an einem Bronchialkarzinom versterben.

Das Rauchen verändert die eingeatmete Luft; sie ist trockener und mit verschiedenen Karzinogenen und Partikeln verunreinigt. Diese Kombination überlastet die Verteidigungsmechanismen der Atemwege und schädigt das respiratorische Epithel im gesamten Bronchialsystem. Das Risiko, an einem Bronchialkarzinom zu erkranken, steigt mit der Gesamtzahl der gerauchten Zigaretten. Je mehr, desto höher die Gefahr, unabhängig davon, ob diese Zigaretten innerhalb von Wochen oder Jahren geraucht wurden. Bevor der Tumor entsteht, sind die histologischen Veränderungen noch reversibel; wenn die Karzinogene nicht mehr einwirken, bildet sich wieder normales Epithel. Gleichzeitig fällt das statistische Risiko wieder deutlich ab. Zehn Jahre nach der letzten Zigarette hat ein Exraucher ein nur noch um 10 % erhöhtes Risiko, an einem Bronchialkarzinom zu erkranken.

Angesichts der vielen toxischen Substanzen im Zigarettenrauch ist die Tatsache, dass das Rauchen Bronchialkarzinome erzeugt, nicht überraschend. Es ist jedoch unklar, warum so viel mehr Raucher kein Bronchialkarzinom entwickeln. Man vermutet, dass einige Raucher genetisch für bestimmte Formen des Bronchialkarzinoms prädisponiert sind.

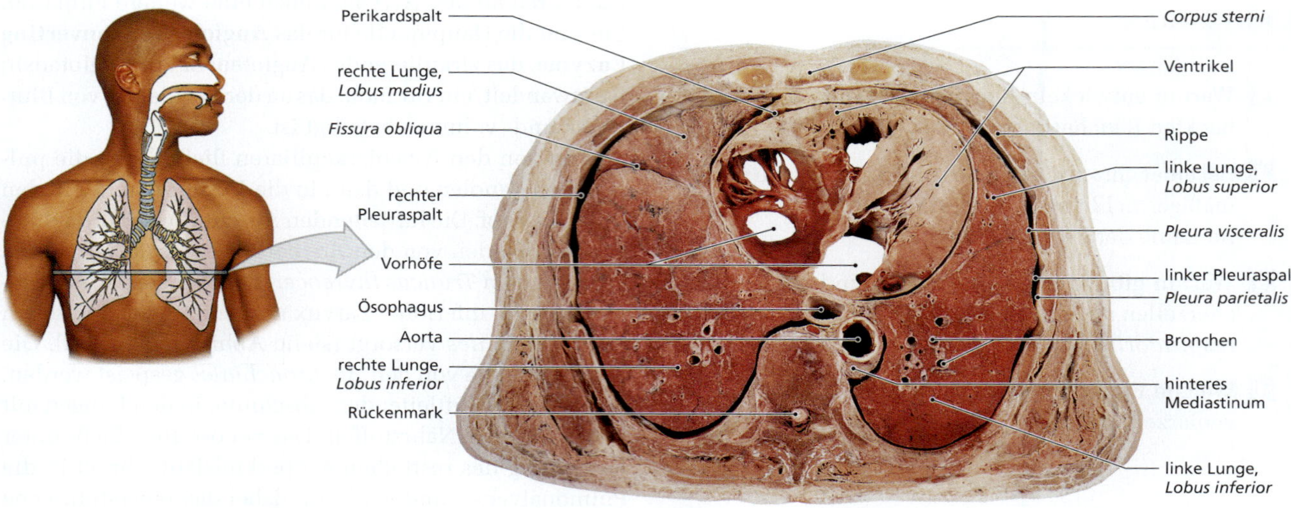

Abbildung 24.13: Anatomische Lagebeziehungen im Thorax. Die Anordnung der thorakalen Strukturen ist im Horizontalschnitt am besten zu erkennen. Dies ist der Blick von inferior auf einen Schnitt in Höhe von Th8.

Pleura visceralis bedeckt die Außenflächen der Lungen; sie reicht bis in die Fissuren zwischen den Lungenlappen in die Tiefe. Den Raum zwischen den beiden Pleurae nennt man Pleurahöhle. Es handelt sich dabei eher um einen potenziellen als um einen offenen Raum, denn gewöhnlich liegen die beiden Pleurae eng aufeinander. Sie sind von einer kleinen Menge **Pleuraflüssigkeit** bedeckt, die von beiden Membranen sezerniert wird. Dieser feuchte, glatte Überzug verhindert eine Reibung zwischen der *Pleura parietalis* und der *Pleura visceralis* bei der Atmung.

Eine **Pleuritis**, die Entzündung der Pleurae, kann entweder dazu führen, dass exzessive Mengen Pleuraflüssigkeit gebildet und sezerniert werden oder dass die entzündeten Pleurae miteinander verkleben und damit die relative Beweglichkeit beeinträchtigen. In beiden Fällen ist die Atmung erschwert und eine umgehende ärztliche Behandlung erforderlich.

Die Atemmuskulatur und die Ventilation 24.4

Die **Ventilation der Lungen**, also die **Atmung**, ist die mechanische Bewegung von Luft in den Bronchialbaum und wieder hinaus. Die Funktion der Atmung ist die Aufrechterhaltung der alveolären Ventilation, der Bewegung von Luft in die Alveolen hinein und wieder hinaus. Sie verhindert den Aufstau von Kohlendioxid in den Alveolen und sorgt für eine kontinuierliche Versorgung mit Sauerstoff, die mit der Resorption durch das Blut Schritt hält.

24.4.1 Die Atemmuskulatur

Die Skelettmuskeln, die an der Atmung beteiligt sind, wurden in den Kapiteln 10 und 11 vorgestellt. Die wichtigsten von ihnen sind das **Zwerchfell** und die **Mm. intercostales externi und interni**. Bei seiner Kontraktion spannt sich das Zwerchfell und flacht sich ab, was das Volumen der Thoraxhöhle vergrößert. Wenn sich das Zwerchfell entspannt, wölbt es sich wieder nach oben und verkleinert den Thorax. Vergrößert sich das Thoraxvolumen, wird Luft in die Lungen gesaugt; sie strömt heraus, wenn das Volumen wieder abnimmt. Die *Mm. intercostales externi* helfen bei der Inspiration, indem sie die Rippen anheben. Wenn die Rippen angehoben werden, bewegen sie sich nach anterior; der Durchmesser des Thorax in a.-p. Richtung nimmt also zu. Die *Mm. intercostales interni* ziehen die Rippen nach unten und reduzieren damit den Thoraxdurchmesser wieder. Damit tragen sie zur Exspiration bei. Diese Muskeln und ihre Aktionen sind in **Abbildung 24.14** dargestellt.

Die **Atemhilfsmuskulatur** wird dann aktiviert, wenn Tiefe und Frequenz der Atmung deutlich gesteigert werden müssen. Die *Mm. sternocleidomastoideus, serratus anterior, pectoralis minor* und *scaleni* helfen den *Mm. intercostales externi* dabei, die Rippen anzuheben und die Inspiration zu erleichtern. Die *Mm. transversus thoracis, obliquus* und *rectus abdominis* unterstützen die *Mm. intercostales interni* bei der Exspiration durch Kompression des Abdomens. Dadurch bewegt sich das Zwerchfell nach oben, und das Thoraxvolumen verkleinert sich weiter.

AUFGABEN

1. Warum kommt es bei einer Embolie in einem großen pulmonalen Gefäß zu einem Herzversagen?
2. Welche Funktion hat die Pleuraflüssigkeit?
3. Welche Blutgefäße versorgen die luftleitenden Anteile des Atemtrakts?

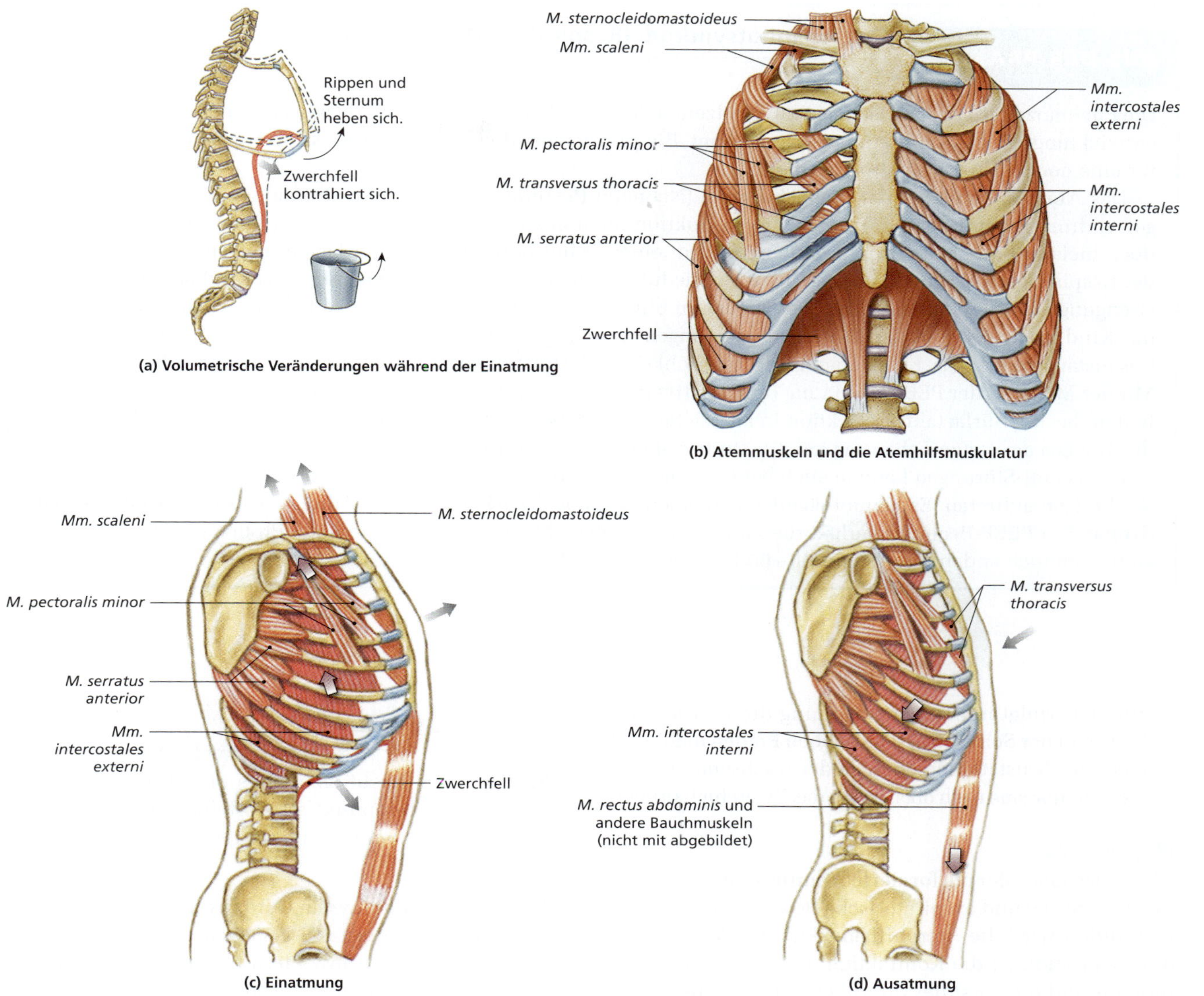

Abbildung 24.14: **Die Atemmuskulatur.** (a) Wenn die Rippen angehoben werden oder das Zwerchfell abgesenkt wird, vergrößert sich der Thoraxraum, und Luft strömt hinein. Die Bewegung der Rippen bei der Anhebung ähnelt der eines hochgeklappten Eimergriffs. (b) Blick von anterior in Ruhe ohne Atembewegung. (c) **Inspiration** mit Darstellung der Atemmuskulatur und der Atemhilfsmuskulatur, die die Rippen anheben und das Zwerchfell abflachen. (d) **Exspiration** mit Darstellung der Atemmuskulatur und der Atemhilfsmuskulatur, die die Rippen absenken und das Zwerchfell anheben.

24.4.2 Die Atembewegungen

Die Atemmuskulatur wird in verschiedenen Kombinationen benutzt, je nach der Menge Luft, die in die Lungen hinein- oder aus ihnen hinausbewegt werden muss. Atembewegungen teilt man in Eupnoe oder Hyperpnoe ein, abhängig davon, ob die Exspiration passiv oder aktiv verläuft.

Eupnoe

Bei der Eupnoe, der Ruheatmung, erfordert die Inspiration die Kontraktion von Muskeln; die Exspiration ist jedoch ein passiver Vorgang. Bei der Inspiration werden die elastischen Fasern der Lungen gedehnt. Außerdem werden die antagonistischen Skelettmuskeln und die elastischen Fasern im Bindegewebe der Körperwand gedehnt. Wenn die Atemmuskeln sich entspannen, ziehen sich diese elastischen Strukturen wieder zusammen und bringen Zwerchfell und/oder Brustkorb wieder in die Ausgangsposition zurück.

Bei der Eupnoe gibt es entweder die Bauchatmung (Zwerchfellatmung) oder die Brustatmung:

- Bei der **Bauchatmung**, der **tiefen Atmung**, sorgt das Zwerchfell für die notwendige Veränderung des Thoraxvolumens. Bei der Kontraktion des Zwerchfells wird Luft in die Lungen gesogen; bei seiner Entspannung kommt es zur Ausatmung.
- Bei der **Brustatmung**, der **flachen Atmung**, verändert sich das Thoraxvolumen nur durch die Formveränderung des Brustkorbs. Die Einatmung erfolgt durch Kontraktion der *Mm. intercostales externi*, die die Rippen anheben und damit den Brustkorb vergrößern. Die Aus-

AUS DER PRAXIS

Das Atemnotsyndrom (Respiratory Distress Syndrome)

Die Pneumozyten Typ II zwischen den Wandzellen der Alveolen beginnen am Ende des sechsten Monats der Fetalentwicklung mit der Produktion von Surfactant. Bis zum achten Monat hat die Produktion ein Niveau erreicht, das für eine normale Atemfunktion ausreicht.

Das **Atemnotsyndrom der Neugeborenen** (Neonatal Respiratory Distress Syndrome), auch Surfactant-Mangelsyndrom genannt, tritt auf, wenn die Produktion nicht ausreicht. Einige Formen des Syndroms sind erblich, doch meistens treten sie im Zusammenhang mit einer Frühgeburt auf. Ohne Surfactant neigen die Alveolen bei der Exspiration dazu zu kollabieren. Obwohl die luftleitenden Wege offenstehen, muss das Kind mit erhöhter Anstrengung einatmen, um die Alveolen wieder zu öffnen. Jeder Atemzug muss so kräftig sein wie der erste, sodass das Kind rasch erschöpft ist. Die Atembewegungen werden schwächer, die Alveolen öffnen sich nicht mehr, der Gasaustausch setzt aus. Eine Behandlungsmöglichkeit ist die Beatmung mit Druck, um die Alveolen offen zu halten. Mit der Methode der PEEP-Beatmung (mit positivem endexspiratorischem Druck) kann man die Kinder am Leben halten, bis die Surfactant-Produktion in ausreichendem Maße angelaufen ist. Die Gabe von Surfactant-Spray über die Trachea am ersten Lebenstag hat die Mortalität der Kinder von 100 % auf unter 10 % gesenkt.

Surfactant-Störungen können auch bei Erwachsenen nach schweren Infekten der Atemwege oder Verletzungen der Lungen auftreten. Es kommt ebenfalls zu einem Kollaps der Alveolen, dem **Adult Respiratory Distress Syndrome**. Die PEEP-Beatmung erhält die Patienten am Leben, bis das zugrunde liegende Problem behoben werden kann; dennoch enden mindestens 50–60 % der Fälle tödlich.

atmung erfolgt mit der Entspannung dieser Muskeln. Während der Schwangerschaft gehen Frauen mehr und mehr zur Brustatmung über, da der wachsende Uterus die Bauchorgane nach oben gegen das Zwerchfell drückt.

Hyperpnoe

Die Hyperpnoe oder die **forcierte Atmung** erfordert aktive inspiratorische und exspiratorische Bewegungen. Für die Inspiration wird die Atemhilfsmuskulatur aktiviert, für die Exspiration ist die Kontraktion der *Mm. transversus thoracis* und *intercostales interni* erforderlich. Bei maximaler Atmung, wie bei großer körperlicher Anstrengung, werden die Bauchmuskeln zur Exspiration miteingesetzt. Ihre Kontraktion komprimiert den Inhalt des Abdomens, schiebt ihn nach oben in Richtung Zwerchfell und reduziert damit weiter das Thoraxvolumen.

AUFGABEN

1. Christian bricht sich links eine Rippe, die die Thoraxhöhle punktiert. Welche Strukturen sind potenziell verletzt und was erwarten Sie für die Lunge?
2. Bei einem Emphysem werden die Alveolen durch große Lufträume und elastisches fibröses Bindegewebe ersetzt. Inwiefern beeinträchtigen diese Veränderungen die Lungenfunktion?
3. Fassen Sie die Veränderungen im respiratorischen und im Herz-Kreislauf-System zusammen, die sich bei einem neugeborenen Kind mit den ersten Atemzügen ereignen.

24.4.3 Veränderungen der Atmung bei der Geburt

Es gibt einige wichtige Unterschiede zwischen dem respiratorischen System eines Feten und dem des neugeborenen Kindes. Vor der Geburt ist der Gefäßwiderstand in den pulmonalen Arterien hoch, da die Pulmonalgefäße noch nicht geöffnet sind. Der Brustkorb ist komprimiert; Lungen und Atemwege enthalten nur eine geringe Menge Flüssigkeit und keine Luft. Nach seiner Geburt tut das Kind in einer wahrhaft heroischen Anstrengung mit einer kräftigen Kontraktion des Zwerchfells und der *Mm. intercostales externi* seinen ersten Atemzug. Die inspirierte Luft hat genug Druck, um die Flüssigkeit zu verdrängen und den gesamten Bronchialbaum sowie die meisten Alveolen zu belüften. Derselbe Unterdruck, der die Luft in die Lungen zieht, zieht auch Blut in den Lungenkreislauf; die Veränderungen im Blutstrom führen zum Verschluss des *Foramen ovale*, der fetalen interatrialen Verbindung, und des *Ductus arteriosus*, der fetalen Verbindung zwischen *Ductus pulmonalis* und der Aorta.

Die nachfolgende Ausatmung entleert die Lungen nicht mehr ganz, da der Brustkorb nicht mehr in seine vorherige komprimierte Form zurückkehrt. Knorpel und Bindegewebe halten die luftleitenden Wege offen; Surfactant in den Alveolen verhindert deren Kollaps. Weitere Atemzüge vollenden die Belüftung der Alveolen.

24.4.4 Die Atemzentren im Gehirn

Unter normalen Umständen hält die Transportleistung der Kapillaren mit dem Sauerstoffverbrauch und der Kohlendioxidbildung der Zellen Schritt. Wenn jedoch wegen des ständig wechselnden Sauerstoffbedarfs Anpassungen im respiratorischen und im Herz-Kreislauf-System erforderlich werden, müssen diese Systeme koordiniert werden. Die Regulationszentren zur Vernetzung der Reaktionen befinden sich in der Pons und in der *Medulla oblongata*.

Die **Atemzentren** sind drei Paar locker angeordnete Kerne in der *Formatio reticularis* der Pons und der *Medulla oblongata* (**Abbildung 24.15**). Sie regulieren die Aktivität der Atemmuskulatur durch Anpassung von Tiefe und Frequenz der Atmung.

Das **medulläre Atemzentrum** gibt den Grundrhythmus und die Atemtiefe vor. Es enthält dorsal das inspiratorische Zentrum und ventral das exspiratorische Zentrum. Das **inspiratorische Zentrum** kontrolliert die Motoneurone, die die *Mm. intercostales externi* und das Zwerchfell innervieren. Diese Gruppe von Neuronen ist bei jedem Atemzug aktiv, ob ruhig oder forciert. Die Neuronen des **exspiratorischen Zentrums** sind nur bei forcierter Exspiration aktiv. Sie innervieren die Atemhilfsmuskeln, die für eine aktive Exspiration oder die maximale Inspiration erforderlich sind.

Das **apneustische Zentrum** und das **pneumotaktische Zentrum** der Pons sind paarige Kerne, die die Signale der Rhythmuszentren anpassen, also die Atemfrequenz modifizieren. Sie verändern Atemfrequenz und -tiefe aufgrund sensorischer Reize oder eines Signals von einem übergeordneten Zentrum. Die Lage des medullären Atemzentrums, des apneustischen und des pneumotaktischen Zentrums sind zur Wiederholung in Abbildung 24.15 dargestellt.

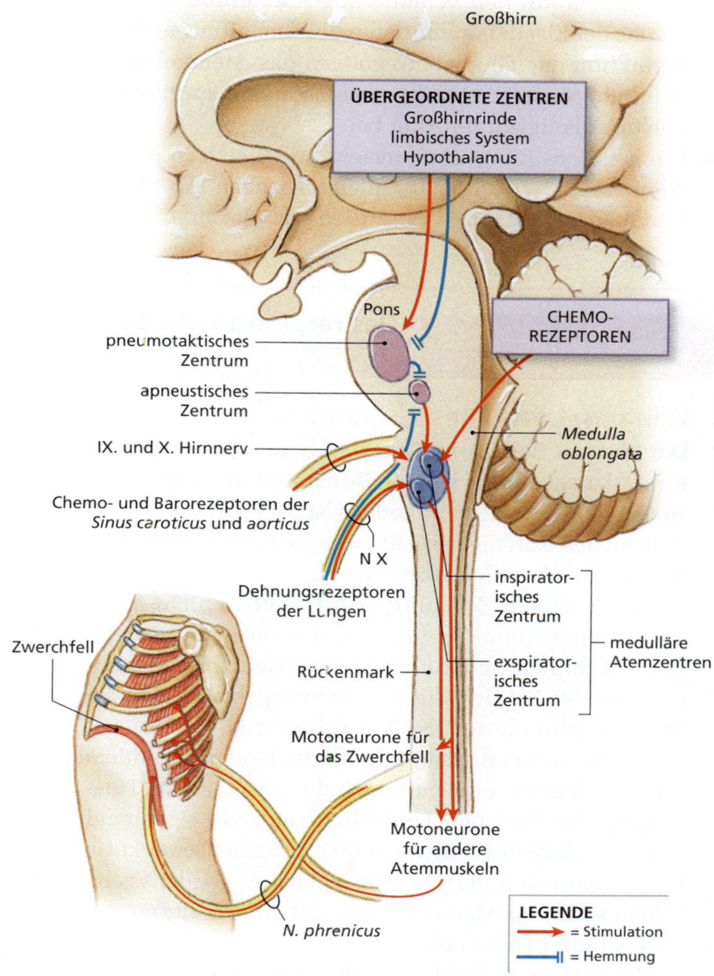

Abbildung 24.15: Atemzentren und Atemreflexe. Lage und Beziehung der wichtigsten Atemzentren und anderer Faktoren für die Reflexkontrolle. Die Bahnen für die willkürliche Kontrolle der Atemmuskulatur sind nicht dargestellt.

Die normale Atmung erfolgt automatisch ohne bewusste Kontrolle. An der Kontrolle der Atmung sind drei verschiedene Reflexe beteiligt: 1. **Mechanorezeptorreflexe**, die auf Veränderungen des Lungenvolumens oder des arteriellen Druckes reagieren, 2. **Chemorezeptorreflexe**, die auf Veränderungen des P_{CO_2}, des pH-Werts und des P_{O_2} in Blut und Liquor reagieren, und 3. **Schutzreflexe**, die durch Verletzungen oder Reizung der Atemwege ausgelöst werden.

Höhere Zentren beeinflussen die Atmung über das pneumotaktische Zentrum und direkt über die Atemmuskeln. Man findet diese höheren Zentren im Großhirn, besonders in der Rinde, und im Hypothalamus. Obwohl die Atemmuskeln über die Pyramidenbahnen bewusst gesteuert werden können, erhalten diese Muskeln ihre Kontraktionsreize meist über extrapyramidal-motorische Bahnen. Außerdem liegen die Atemzentren in der *Formatio reticularis*, mit der fast jeder sensorische und motorische Kern auf irgendeine Art verbunden ist. Daher beeinflussen emotionale Faktoren und autonome Aktivitäten oft Frequenz und Tiefe der Atmung.

Das Altern und das respiratorische System 24.5

Die Interaktion vieler Faktoren führt bei älteren Menschen zu einer Abnahme der Effizienz des respiratorischen Systems. Drei Aspekte sind von Bedeutung:

- Mit fortschreitendem Alter verliert das Gewebe im ganzen Körper seine Elastizität. Für die Lungen bedeutet dies eine Abnahme der Fähigkeit der Lungen, sich zu dehnen und zusammenzuziehen.
- Die Bewegungen des Brustkorbs sind durch arthrotische Veränderungen an den Rippengelenken und verminderte Beweglichkeit der Rippenknorpel eingeschränkt.

Zusammen mit den Veränderungen aufgrund der Abnahme der Elastizität limitieren die Versteifung und die Reduktion der Thoraxbewegungen das Atemvolumen deutlich. Sie tragen zu der nachlassenden sportlichen Leistungsfähigkeit im Alter bei.

- Ein gewisses Lungenemphysem findet sich in einem Alter von 50–70 Jahren bei allen Menschen. Ab 30 verliert man im Jahr durchschnittlich etwa 35 cm^2 Gasaustauschfläche. Es gibt hierbei jedoch, abhängig vom Zigarettenkonsum und der Exposition gegenüber anderen Reizstoffen, eine erhebliche Variation.

Zusammenfassung Embryologie

Eine Zusammenfassung der Entwicklung des respiratorischen Systems finden Sie in Kapitel 28 (Embryologie und Entwicklung des Menschen).

EXKURS

Das respiratorische System

Wie passt das alles zusammen?

Dorothee ist Besitzerin, Chefköchin und Barkeeper im Kupferkessel, einem kleinen Restaurant in Familienbesitz im ländlichen Rheinland. Es ist bei Familien beliebt und hat den Ruf, die beste Rheinische Kartoffelsuppe in Nordrhein-Westfalen zu servieren.

In der letzten Zeit fühlt sich Dorothee nicht mehr ganz auf der Höhe. Sie leidet an ständigen Schmerzen in der Schulter, im Arm und in der Hand. Ein chronischer Husten hat sie außerdem gezwungen, ihre tägliche 10-km-Laufrunde auf 5–6 km abzukürzen.

An diesem Donnerstag fällt ihr das Laufen besonders schwer. Es ist ein heißer und windiger Morgen; ihr Husten plagt sie. Nach dem Lauf fällt ihr auf, dass sie nur auf der einen Seite des Gesichts schwitzt. Später bemerkt sie beim Schminken, dass sie ihr rechtes Auge nicht ganz öffnen kann. Ihr Mann, dem sie davon erzählt, rät ihr, sich bei ihrer Hausärztin vorzustellen.

Der Termin ist am Montag. Die Ärztin macht sich wenig Sorgen wegen des Hustens, sondern konzentriert sich im Wesentlichen auf Dorothees andere Beschwerden.

Die Erstuntersuchung

Der Ärztin fällt Folgendes auf:

- Dorothee ist 35 Jahre alt und in ausgezeichneter körperlicher Verfassung.
- Der Blutdruck ist normal.
- Das kleine Blutbild ist unauffällig.
- Die Auskultation der Lungen ist unauffällig.
- Dorothee ist Nichtraucherin. Der Kupferkessel hat jedoch ein Raucherzimmer, das mit ihren Stammgästen stets voll besetzt ist.
- Dorothee bestätigt starke Schmerzen in der rechten Schulter; sie strahlen vom Schulterblatt in Richtung Axilla aus und von dort die Medialseite von Arm und Hand herunter.
- Bei der Untersuchung stellt die Ärztin eine gewisse Atrophie der Muskulatur der anterioren medialen Fläche des rechten Unterarms fest.
- Dorothee hat am Ringfinger und am Kleinfinger der rechten Hand eine herabgesetzte Berührungsempfindlichkeit.
- Der Ärztin fällt eine Miosis rechts auf.
- Der ziliospinale Reflex ist erloschen.
- Nachdem das Licht im Untersuchungszimmer gedimmt wurde, dilatiert die rechte Pupille langsamer als die linke.
- Die Haut auf der rechten Gesichtshälfte ist deutlich trockener als die auf der linken Seite.
- Die supraklavikulären Lymphknoten sind rechts vergrößert.

Nach einem Gespräch mit dem Radiologen macht die Ärztin für Dorothee einen Termin zum Röntgenthorax und MRT.

Die Nachuntersuchung

Der Befund des Radiologen zum MRT (**Abbildung 24.16**) lautet:

- Dorothee hat einen Tumor im Stadium IV im *Lobus superior* der rechten Lunge.
- Der Tumor scheint in die posteriore Thoraxwand eingewachsen zu sein.

Überlegungen

Zu verschiedenen Zeiten weist jedes System im Körper durch Symptome auf Erkrankungen hin; die Aufgabe des Arztes ist es, die verschiedenen Hinweise zu einem Gesamtbild zusammenzusetzen, das idealerweise zur

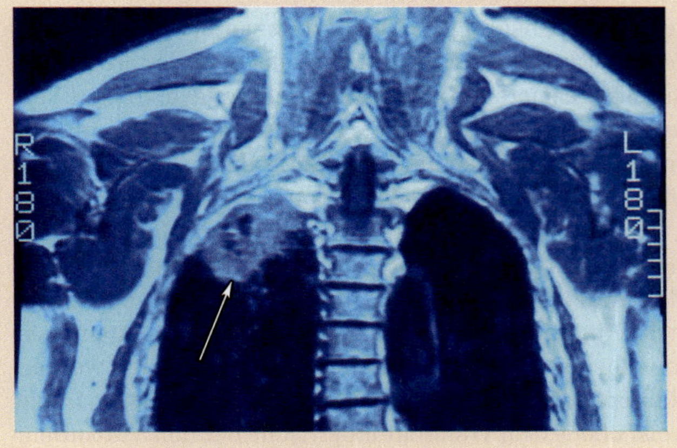

Abbildung 24.16: Dorothees MRT.

richtigen Diagnose führt. Die Symptome des Patienten und die Interpretation des Arztes sind beide Teil der Detektivarbeit.

Zur Interpretation dieses Falles sollten Sie den Stoff dieses und der Kapitel davor wiederholen; die nachfolgenden Fragen helfen Ihnen dabei. Denken Sie über jede nach und versuchen Sie, sie alle zu beantworten.

1. Welche Nerven versorgen die anteriore und die mediale Fläche des Unterarms?
2. Welcher Anteil des Nervensystems kontrolliert die Aktivität der Schweißdrüsen?
3. Auf einer Seite ihres Gesichts schwitzt Dorothee nicht. Welche Nerven versorgen die Schweißdrüsen ihres Gesichts?
4. Dorothees rechtes Auge dilatiert nicht vollständig. Welche Muskeln sind für die Pupillendilatation verantwortlich? Welche Nerven versorgen sie?

Analyse und Interpretation

Die nachfolgenden Informationen beantworten die oben gestellten Fragen. Betrachten Sie beim Durcharbeiten noch einmal die entsprechenden Abbildungen.

1. Der *N. ulnaris* innerviert den *M. flexor carpi ulnaris* und die ulnare Seite des *M. flexor digitorum profundus.*
2. Die Aktivität der Schweißdrüsen wird vom sympathischen Anteil des autonomen Nervensystems gesteuert.
3. Der Sympathikus innerviert die Schweißdrüsen des Gesichts; diese Fasern stammen aus Th1.
4. Der *M. dilatator pupillae* wird ebenfalls vom Sympathikus über einen Ast aus Th1 innerviert.

Diagnose

Bei Dorothee wird die Diagnose Horner-Syndrom (Kombination von **Miosis, Ptosis** und **Enophthalmus**) mit Beteiligung des *Truncus inferior* des *Plexus brachialis* bei Bronchialkarzinom gestellt. Sie hat einen Pancoast-Tumor in der rechten Lungenspitze. (Die Ärzte Horner und Pancoast waren die Erstbeschreiber dieser Symptome und der anatomischen Läsionen, die sie verursachen.) In den allermeisten Fällen handelt es sich um nicht kleinzellige Bronchialkarzinome; zu 95 % entstehen sie im *Lobus superior* der Lungen. Pancoast-Tumoren wachsen oft nach posterior an die hintere Thoraxwand, wo der Druck auf die peripheren Nerven deren Funktion stört.

Das *Ganglion cervicale superius* ist oft mitbetroffen, sodass es zu einem Horner-Syndrom kommt. Eine Schädigung der afferenten Schmerzfasern des *Truncus sympathicus* verursacht Schmerzen im Bereich von Skapula, Schulter und Axilla.

Oft ist die Funktion des *Plexus brachialis* (achter zervikaler und erster thorakaler Spinalnerv) ebenfalls beeinträchtigt. Der Druck auf den *Truncus inferior* führt zu einer Kompression der motorischen und sensorischen Anteile des *N. ulnaris*; die Folgen sind 1. Fehlfunktion und Atrophie des *M. flexor carpi ulnaris*, 2. Fehlfunktion und Atrophie der ulnaren Komponente des *M. flexor digitorum profundus*, 3. Fehlfunktion und Atrophie vieler kleiner Handmuskeln und 4. Verlust der Hautsensibilität an Ring- und Kleinfinger und den entsprechenden Bereichen der Hand.

Patienten mit dieser Form des Bronchialkarzinoms werden anfangs oft wegen der lokalen Muskel- und Gelenkbeschwerden behandelt, die ihnen mehr zu schaffen machen als die beginnenden Symptome an den Atemwegen. Frühe Fehldiagnosen sind etwa Bursitis oder Spondylarthrose. Bis zur Diagnose Bronchialkarzinom können Monate vergehen.

Begriffe Exkurs:

Bursitis: Schleimbeutelentzündung
Ziliospinaler Reflex: Pupillenerweiterung durch Kratzen der Nackenhaut
Enophthalmus : Zurücksinken des Bulbus in die Orbita
Miosis: konzentrische Pupillenverengung
Ptosis : enge Lidspalte
Spondylarthrose: Verschleiß zwischen benachbarten Wirbelgelenken

DEFINITIONEN

Asthma: Erkrankung mit überempfindlichen, reizbaren und entzündeten Atemwegen

Atelektase: teilweise oder vollständig kollabierte Lunge

Bronchitis: Entzündung des Bronchialepithels

(Herz-Lungen-)Wiederbelebung: Thoraxkompressionen und Beatmung zur Aufrechterhaltung von Kreislauf und Sauerstoffversorgung

Zystische Fibrose (Mukoviszidose): relativ häufige, lebensbedrohliche angeborene Erkrankung, bei der besonders zähes Sekret in den Lungen den Abtransport erschwert

Lungenemphysem: chronisch-progressive Erkrankung mit Kurzatmigkeit aufgrund einer Zerstörung des respiratorischen Epithels

Epistaxis: Nasenbluten durch Verletzung, Infektion, Allergie, Bluthochdruck oder aus anderen Gründen

Heimlich-Handgriff: Handgriff, bei dem durch Druck auf das Abdomen Fremdkörper aus Trachea oder Larynx entfernt werden können

Laryngitis: Infektion oder Entzündung des Larynx

Bronchialkarzinom: aggressiver maligner Tumor, von den Bronchen oder den Alveolen ausgehend

Pleuraerguss: krankhafte Ansammlung von Flüssigkeit im Pleuraspalt

Pneumonie: Infektion der Lungenläppchen mit Abnahme der Atemfunktion durch Flüssigkeitsansammlung in den Alveolen und/oder Schwellung und Konstriktion der *Bronchioli respiratorii*

Pneumothorax: Luft im Pleuraspalt

Lungenembolie: Verlegung einer Pulmonalarterie durch ein Gerinnsel, Fettgewebe oder eine Luftblase

Atemnotsyndrom (Respiratory Distress Syndrome): Erkrankung bei unzureichender Surfactant-Produktion; charakteristisch ist hierfür der Kollaps von Alveolen mit unzureichendem Gasaustausch.

Silikose, Asbestose, Anthrakose: Schwere Erkrankung durch die Inhalation von Staub und anderen Partikeln in Mengen, die das Verteidigungssystem der Lungen überfordern. Es kommt zu einer Vernarbung des Lungengewebes und einem Verlust von Lungenkapazität.

Pleurapunktion: Entnahme einer Probe von Pleuraflüssigkeit zu diagnostischen Zwecken

Koniotomie: Schnitt im Bereich des *Lig. cricothyroideum* unter Notfallbedingungen und Einlage eines Schlauches in den Kehlkopf, um einen Fremdkörper zu umgehen

Tracheostoma: Einlage eines Schlauches in die Trachea durch einen Schnitt in der anterioren Trachealwand, um einen Fremdkörper oder einen geschädigten Larynx zu umgehen

Tuberkulose: Infektion der Lungen mit *Mykobakterium tuberculosis.* Die Symptomatik ist variabel; meist treten Husten und Thoraxschmerz mit Fieber, Nachtschweiß, Müdigkeit und Gewichtsverlust auf.

Zusammenfassung

Die Antworten auf die Fragen der Aufgaben und der Zusammenfassung finden Sie im Antwortteil.

Wiederholung von Fakten und Begriffen

Verbinden Sie die Begriffe der linken Spalte jeweils mit denen der rechten Spalte, die am besten passen; setzen Sie die Buchstaben in die Spalte vor die Zahlen.

	Spalte A			Spalte B
	1.	Äußere Kehlkopfmuskulatur	a.	Superiorer Abschnitt des Pharynx
	2.	Segmentbronchen	b.	Nasenrücken
	3.	Nasopharynx	c.	Nase, Nasenhöhlen, Nasennebenhöhlen
	4.	Taschenfalten	d.	Luftröhre
	5.	Unteres Bronchialsystem	e.	Lappenbronchen
	6.	Trachea	f.	Umgibt und beschützt die Glottis
	7.	*Dorsum nasi*	g.	Larynx, Trachea, Bronchen, Lungen
	8.	Lappenbronchus	h.	Schützen die Stimmbänder
	9.	Oberes Bronchialsystem	i.	Positionieren und stabilisieren den Larynx
	10.	Larynx	j.	Segmentbronchen

11 Eingeatmete Luft wird filtriert, gewärmt und befeuchtet
- a. im oberen Bronchialsystem.
- b. im unteren Bronchialsystem.
- c. in den Lungen.
- d. in den Alveolen.

12 Surfactant
- a. beschützt die Oberflächen der Lungen.
- b. phagozytiert kleine Partikel.
- c. ersetzt den Schleim in den Alveolen.
- d. verhindert einen Kollaps der Alveolen.

13 Der Abschnitt des Pharynx, durch den sich sowohl Luft als auch Nahrung bewegen, ist
a. der Nasopharynx.
b. der Oropharynx.
c. das Vestibulum.
d. der Laryngopharynx.

14 Der Anteil der Nasenhöhle innerhalb der flexiblen Nasenwand ist
a. der Nasopharynx.
b. das Vestibulum.
c. der innere Raum.
d. die Glottis.

15 Welcher Aspekt der Kehlkopffunktion wäre bei einer Verletzung von Stell- und Hörnchenknorpel beeinträchtigt?
a. Die Luft könnte nicht einströmen.
b. Der Larynx könnte sich während des Schluckvorgangs nicht auf und ab bewegen, um die Passage eines Nahrungsbolus zu erleichtern.
c. Die Tonerzeugung wäre gestört.
d. Der Mensch würde wahrscheinlich ersticken.

16 Welche Funktion hat die Uvula?
a. Sie hat keine bekannte Funktion.
b. Sie fängt Nahrung auf, die nicht ausreichend gekaut wurde, und befördert sie zurück in die Mundhöhle.
c. Sie verhindert als Sperre zwischen Mundhöhle und Nasopharynx den verfrühten Übertritt von Material in den Rachenraum.
d. Es handelt sich wie bei den Tonsillen in der Umgebung um lymphatisches Gewebe.

17 Der Knorpel, der die Basis des Larynx bildet, ist
a. der Schildknorpel.
b. der Keilknorpel.
c. der Hörnchenknorpel.
d. der Ringknorpel.

18 Die Stimmbänder befinden sich
a. im Nasopharynx.
b. im Oropharynx.
c. im Larynx.
d. in der Trachea.

19 Die Trachea
a. ist mit einschichtigem Plattenepithel ausgekleidet.
b. ist mit C-förmigen Knorpeln verstärkt.
c. enthält keine Schleimdrüsen.
d. verändert ihren Durchmesser nicht.

20 Die Knorpelplatten in den Wänden der Lappen- und Segmentbronchen
a. haben eine komplett andere Funktion als die Knorpelspangen der Trachea.
b. stützen die Bronchen und halten die Atemwege offen.
c. sind ungewöhnlich für Knorpel, da sie stark durchblutet sind.
d. unterstützen direkt den Gasaustausch, indem sie wie Umlenkplatten den Luftstrom regulieren.

Wiederholung von Lernzielen

1 Das Epithel des Vestibulums
a. ist nicht an der Filtrierung beteiligt.
b. enthält zahlreiche kurze Zilien.
c. enthält Haare, die nur die kleinsten Partikel von der Nasenhöhle fernhalten.
d. enthält grobe Haare, die die Nasenöffnung vor großen Partikeln und Insekten schützen.

2 Warum haben Personen mit einer Erkältung so oft eine verstopfte Nase?
a. Das Nasenepithel reagiert auf Reize, wie die, die eine Erkältung verursachen, mit verstärkter Schleimbildung, um die Viren abzufangen.
b. Während der Erkältung ist es leichter, feuchte Luft zu atmen; die Anwesenheit der Erkältungsviren stimuliert die Schleimbildung, um die Luftfeuchtigkeit zu erhöhen.
c. Überschüssiger Speichel gerät beim Niesen durch die Choanen und füllt die Nasenhöhlen.
d. Die Ursache ist nicht bekannt.

3 Worin unterscheidet sich die tiefe von der flachen Brustatmung?
a. Bei der tiefen Atmung ändert sich das Thoraxvolumen, weil sich die Form des Brustkorbs verändert.
b. Die tiefe Atmung bewegt die Luft in den Bronchialbaum und wieder hinaus, was bei der flachen Atmung nicht der Fall ist.
c. Bei der tiefen Atmung kontrahiert das Zwerchfell, bei der flachen Atmung jedoch nicht.
d. Bei der tiefen Atmung werden sowohl die Inspiration als auch die Exspiration muskulär unterstützt.

4 Wie viele Lappen hat die rechte Lunge?

5 Was versteht man unter Bronchodilatation?

6 Welche Funktion haben die Alveolarmakrophagen?

7 Welche Funktion haben die Septen?

8 Welche Aufgabe haben die inneren Kehlkopfmuskeln?

9 Welche paarigen Kehlkopfknorpel öffnen und schließen die Glottis?

10 Zu welchem Teil des Pharynx gehört der Laryngopharynx?

Anwendung der Lerninhalte

1 Was ist Asthma? Welche anatomischen Grundlagen haben die Symptome?

2 Ein neugeborenes Kind wird tot am Straßenrand gefunden. Eine der vielen Fragen die die Polizei hat, ist die, ob das Kind tot oder lebendig geboren wurde. Nach einer Obduktion teilt ihr der Gerichtsmediziner mit, dass das Kind tot geboren wurde. Wie konnte er das feststellen?

Eine Kurzzusammenfassung der wichtigsten Inhalte, sowie die Antworten zu den Fragen und weitere Arbeitsmaterialien finden sie auf unserer Companion Website unter: **www.pearson-studium.de/login**

Lernziele

1. Die Funktionen des Verdauungssystems beschreiben können.
2. Die Verdauungsorgane und die Hilfsorgane auffinden und ihre Funktionen nennen können.
3. Den histologischen Aufbau und die allgemeinen Merkmale der vier Wandschichten des Verdauungstrakts erläutern können.
4. Erklären können, wie die Nahrung mithilfe der Kontraktionen glatter Muskeln durch den Verdauungstrakt bewegt wird.
5. Das Peritoneum sowie Lage und Funktion der Mesenterien beschreiben können.
6. Die Makro- und die Mikroanatomie von Zunge, Zähnen und Speicheldrüsen beschreiben und die jeweilige Funktion erläutern können.
7. In der Lage sein, Struktur und Funktion des Pharynx und den Schluckvorgang zu beschreiben.
8. Die Makro- und die Mikroanatomie sowie die Funktion des Ösophagus erläutern können.
9. Die Makro- und die Mikroanatomie des Magens sowie die Funktion und die Hormone, die seine Aktivitäten regulieren, beschreiben können.
10. Die Makro- und die Mikroanatomie des Dünndarms sowie die Funktion und die Hormone, die seine Aktivitäten regulieren, beschreiben können.
11. Die Makro- und die Mikroanatomie des Dickdarms sowie die Funktion und die Hormone, die seine Aktivitäten regulieren, beschreiben können.
12. Die Makro- und die Mikroanatomie der Leber sowie die Funktion und die Hormone, die ihre Aktivitäten regulieren, beschreiben können.
13. Die Makro- und die Mikroanatomie der Gallenblase sowie die Funktion und die Hormone, die ihre Aktivitäten regulieren, beschreiben können.
14. Die Makro- und die Mikroanatomie des Pankreas sowie die Funktion und die Hormone, die seine Aktivitäten regulieren, beschreiben können.
15. Die Veränderungen beschreiben können, die mit dem Alter am Verdauungstrakt vor sich gehen.

Das Verdauungssystem

25

ÜBERBLICK

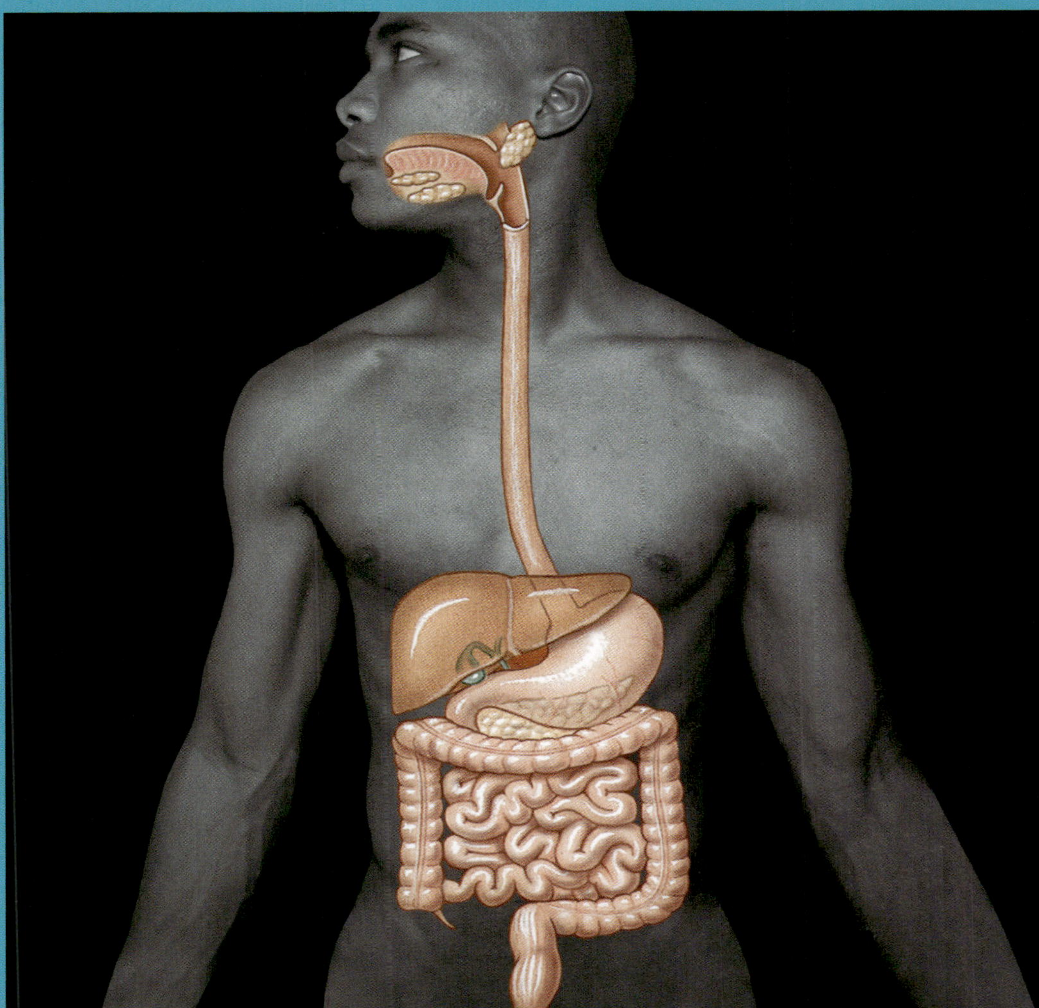

Die wenigsten von uns denken viel über ihr Verdauungssystem nach, solange es nicht zu irgendwelchen Störungen kommt. Dennoch verbringen wir täglich viele Stunden bewusst damit, es zu füllen und zu entleeren. Unsere Sprache hat viele Verweise auf das Verdauungssystem; wir richten uns nach unserem „Bauchgefühl", „schlucken Ärger herunter" oder müssen eine Entscheidung „aus dem hohlen Bauch" fällen. Wenn irgendetwas mit dem Verdauungssystem nicht stimmt, suchen die meisten Menschen sofort nach Abhilfe; im Fernsehen wird beständig für Zahnpasta und Mundspülungen, Nahrungsergänzungsmittel, Mittel gegen Sodbrennen (Antazida) und Abführmittel geworben.

Das Verdauungssystem besteht aus einem muskulären Schlauch, dem Verdauungstrakt, und verschiedenen Hilfsorganen. Mundhöhle, Pharynx, Ösophagus, Magen, Dünndarm und Dickdarm bilden den **Verdauungstrakt**. Die **Hilfsorgane** sind die Zähne, die Zunge und die diversen Drüsen, wie Speicheldrüsen, Leber und Pankreas, deren Sekret über die Ausführungsgänge in den Verdauungstrakt abgegeben wird. Die Nahrung gelangt in den Verdauungstrakt und bewegt sich durch ihn hindurch. Dabei helfen die Sekrete der Drüsen, die Wasser, Enzyme, Puffer und andere Bestandteile enthalten, dabei, die organischen und anorganischen Nährstoffe auf die Resorption durch das Epithel des Verdauungstrakts vorzubereiten. Verdauungstrakt und Hilfsorgane arbeiten an den folgenden Funktionen zusammen:

- **Nahrungsaufnahme:** Dies ist der Eintritt von Nahrung und Flüssigkeit über den Mund in den Verdauungstrakt.
- **Mechanische Verarbeitung:** Die meisten aufgenommenen festen Stoffe müssen vor dem Schlucken verarbeitet werden. Beispiele für die mechanische Verarbeitung vor der eigentlichen Nahrungsaufnahme sind das Zerdrücken mit der Zunge und das Zerreißen und Zerkleinern mit den Zähnen. Die Verwirbelung, und Durchmischung sowie die peristaltischen Bewegungen des Verdauungstrakts setzen diesen Vorgang nach dem Schlucken fort.
- **Verdauung:** Die Verdauung ist die chemische und enzymatische Zerlegung komplexer Zucker, Lipide und Proteine in kleine organische Moleküle, die vom Verdauungsepithel resorbiert werden können.
- **Sekretion:** Zur Verdauung sind aktiv sezernierte Säuren, Enzyme und Puffer vonnöten. Einige von ihnen bildet das Epithel des Verdauungstrakts selbst; die meisten kommen jedoch von den Hilfsorganen, wie dem Pankreas.
- **Resorption:** Resorption ist die Bewegung von organischen Molekülen, Elektrolyten, Vitaminen und Wasser durch das Verdauungsepithel und in die interstitielle Flüssigkeit des Verdauungstrakts.
- **Exkretion:** Abfallstoffe werden in den Verdauungstrakt abgegeben, hauptsächlich durch die Hilfsorgane (besonders die Leber).
- **Verdichtung:** Die Verdichtung ist die zunehmende Entwässerung unverdaulicher Substanzen und organischer Abfallstoffe vor der Elimination aus dem Körper. Das verdichtete Material nennt man **Fäzes**; **Defäkation** ist die Eliminierung der Fäzes aus dem Körper.

Die Auskleidung des Verdauungstrakts spielt auch eine Rolle beim Schutz der umliegenden Gewebe 1. vor der Korrosionswirkung der Säuren und Verdauungsenzyme, 2. vor mechanischen Belastungen, wie Abrieb, und 3. vor Pathogenen, die entweder mit der Nahrung heruntergeschluckt werden oder den Verdauungstrakt bewohnen.

Die Organe des Verdauungssystems führen also eine mechanische und chemische Verarbeitung der Nahrung durch, die über den Mund hineingelangt und durch den Verdauungstrakt hindurchbefördert wird. Sinn dieser Aktivitäten ist der Abbau der festen, chemisch komplexen Nahrungsbestandteile zu kleinen Molekülen, die vom Verdauungsepithel resorbiert und in das zirkulierende Blut aufgenommen werden können.

25.1 Das Verdauungssystem – ein Überblick

Die Hauptkomponenten des Verdauungssystems sind in **Abbildung 25.1** dargestellt. Obwohl sich die Funktionen einiger Organe überschneiden, hat doch jedes sein Spezialgebiet und charakteristische histologische Merkmale. Bevor wir diese Spezialisierungen und Unterscheidungsmerkmale vorstellen, besprechen wir die grundlegenden Gemeinsamkeiten aller Abschnitte des Verdauungstrakts.

25.2 Der histologische Aufbau des Verdauungstrakts

25.2.1 Die Wandschichten

Zu den Wandschichten des Verdauungstrakts gehören 1. die **Mukosa** *(Tunica mucosa)*, 2. die **Submukosa** *(Tela submucosa)*, 3. die **Muskularis** *(Tunica muscularis)* und 4. die **Serosa** *(Tunica serosa)*. Im Verlaufe des Verdauungstrakts gibt es Variationen dieses Aufbaus, abhängig von den spezifischen Funktionen der einzelnen Organe und Regionen. Schnittbilder und die schematische Darstellung einer repräsentativen Region des Verdauungstrakts finden Sie in **Abbildung 25.2**.

Die Mukosa (Tunica mucosa)

Die Innenauskleidung, die Mukosa, ist ein Beispiel für eine **Schleimhaut**. Schleimhäute, die in Kapitel 3 vorgestellt wurden, bestehen aus einer Schicht lockeren Bindegewebes unter einem Epithel, das von Drüsensekreten feucht gehalten wird. Das **Schleimhautepithel** ist, abhängig von der Lage und der Belastung, entweder ein- oder mehrschichtig. Mundhöhle und Ösophagus sind beispielsweise mit einem mehrschichtigen Plattenepithel ausgekleidet, das mechanischen Belastungen und Abrieb standhält. Magen, Dünndarm und der Großteil des Dickdarms weisen hingegen

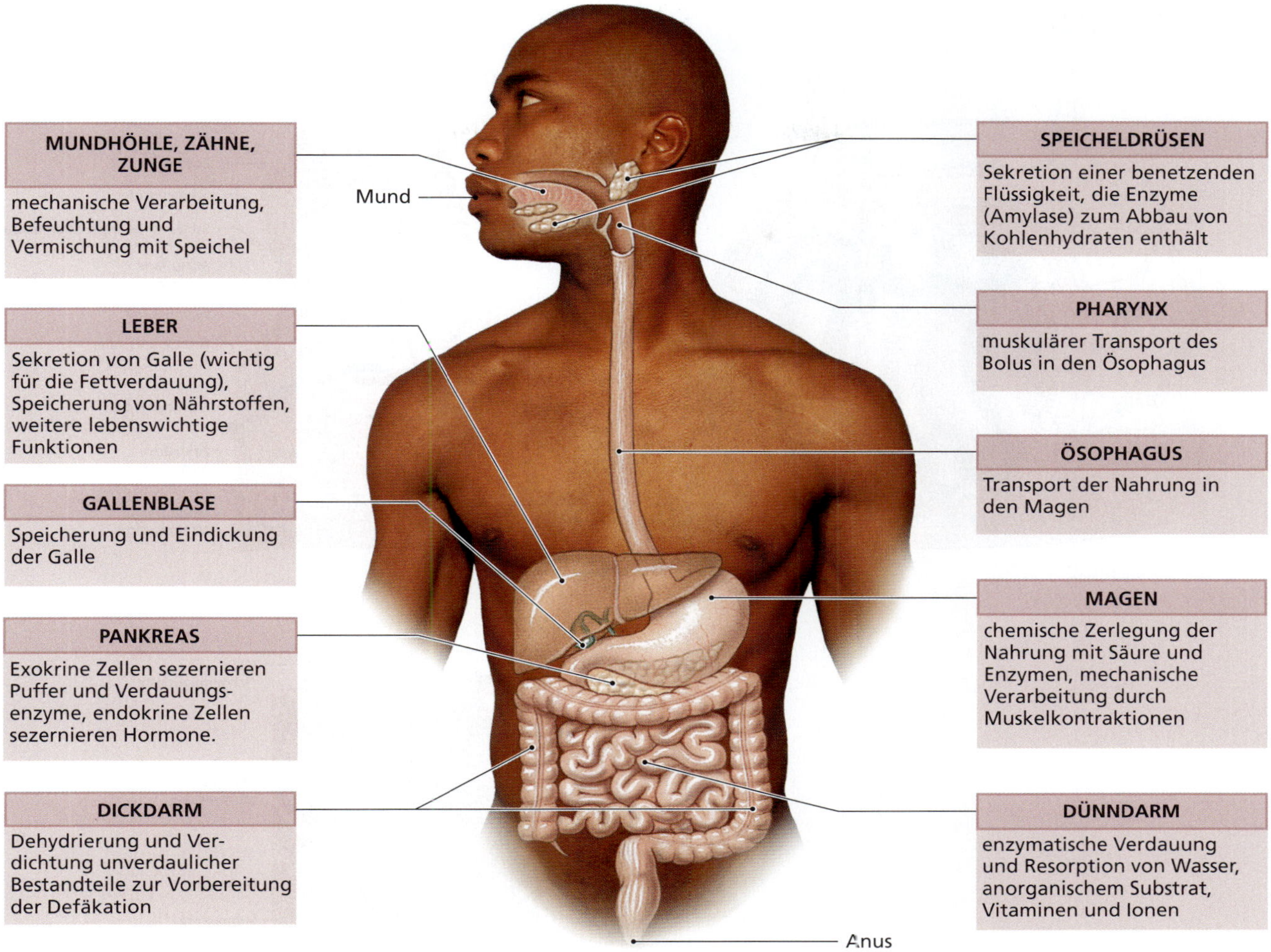

Abbildung 25.1: **Die Komponenten des Verdauungssystems.** In dieser Abbildung sehen Sie die wichtigsten Regionen und Hilfsorgane des Verdauungstrakts mit ihren Hauptfunktionen.

ein einfaches Zylinderepithel auf, das auf Sekretion und Resorption spezialisiert ist. Die Mukosa des Verdauungstrakts ist oft in Längs- oder Querfalten (Plikae; Singular: Plika) angeordnet (siehe Abbildung 25.2). Plikae vergrößern die Resorptionsfläche erheblich. In einigen Regionen bestehen die Plikae aus Mukosa und Submukosa; sie sind beständig vorhanden. In anderen Regionen sind sie nur temporär; sie verschwinden bei Füllung des Lumens und gestatten so die Dehnung nach einer großen Mahlzeit. Im Epithel münden die Ausführungsgänge, die die Sekrete der Drüsen führen, die entweder in der Mukosa und der Submukosa oder in den Hilfsorganen liegen.

Die darunterliegende Schicht lockeren Bindegewebes, die **Lamina propria**, enthält Blutgefäße, sensorische Nervenendigungen, Lymphgefäße, glatte Muskelfasern und verstreut lymphatisches Gewebe. Letzteres ist Bestandteil des mukosaassoziierten lymphatischen Gewebes, das in Kapitel 23 vorgestellt wurde. In den meisten Regionen des Verdauungstrakts besteht der äußere Anteil der Mukosa aus einer schmalen Schicht glatter Muskeln und elastischer Fasern. Man nennt sie **Muscularis mucosae**. Die glatten Muskelfasern darin sind konzentrisch in zwei dünnen Lagen angeordnet (siehe Abbildung 25.2a). Die innere Schicht umkreist das Lumen **(zirkuläre Schicht)**, die Fasern der äußeren Schicht folgen der Längsachse des Traktes **(longitudinale Schicht)**. Kontrapktionen dieser Schichten verändern die Form des Lumens und bewegen die Epithelfalten.

Die Submukosa (Tela submucosa)

Die Submukosa ist eine Schicht dichten geflechtartigen Bindegewebes, die die *Muscularis mucosae* umhüllt. Hier findet man große Blut- und Lymphgefäße, in einigen Regionen auch exokrine Drüsen, die puffernde Substanzen, wie Bikarbonat, Muzine und Enzyme, in das Lumen abgeben. In ihrem äußeren Bereich enthält die Submukosa ein Netzwerk aus Nervenfasern und verstreut liegenden Nervenzellkörpern. Dieser **submuköse Plexus (Meissner-Plexus)**

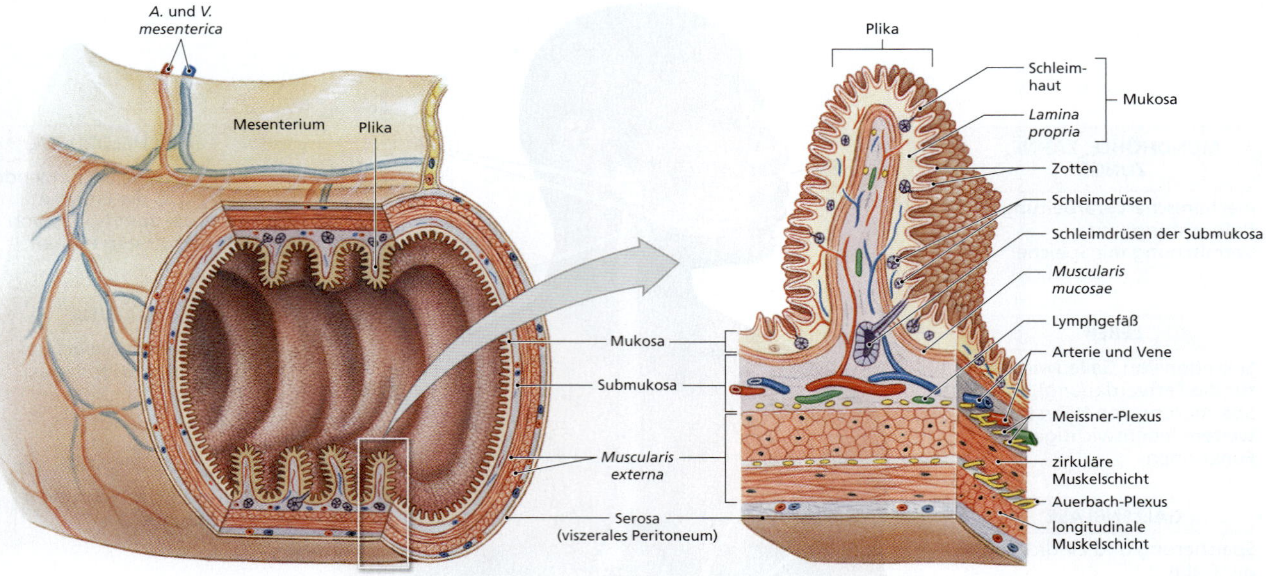

(a) Histologischer Aufbau des Verdauungstrakts

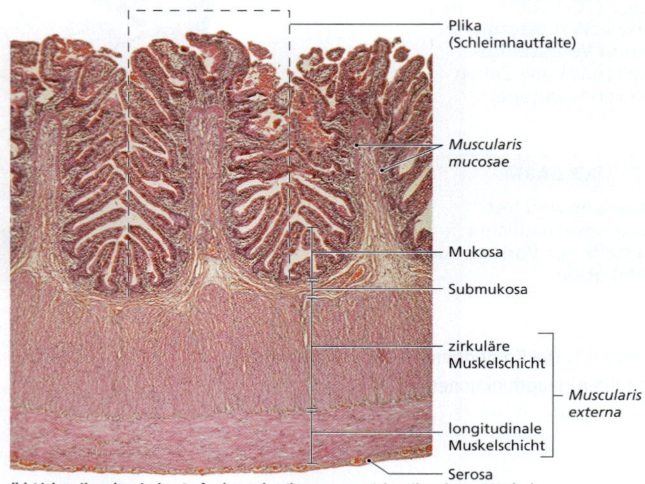

(b) Lichtmikroskopische Aufnahme des Ileums Lichtmikroskop, 160-fach

Abbildung 25.2: **Die histologische Struktur des Verdauungstrakts.** (a) Dreidimensionale Darstellung des allgemeinen Wandaufbaus im Verdauungstrakt. (b) Lichtmikroskopische Aufnahme des Ileums mit histologischen Merkmalen des Dünndarms.

innerviert die Mukosa; er enthält sensorische Neurone, parasympathische Ganglien und sympathische postganglionäre Fasern (siehe Abbildung 25.2a).

Die Muskularis (Tunica muscularis)

Die Muskularis, die die Submukosa umgibt, wird von glatten Muskelfasern dominiert. Diese sind sowohl in zirkulären (innen) als auch in longitudinalen Schichten (außen) angeordnet (siehe Abbildung 25.2). Diese Muskelschichten spielen eine entscheidende Rolle bei der mechanischen Verarbeitung und der Vorwärtsbewegung von Material durch den Verdauungstrakt. Diese Bewegungen werden hauptsächlich durch die Neurone des **myenterischen Plexus** (**Auerbach-Plexus**; griech.: mys = der Muskel, enteros = der Darm) koordiniert. Dieses Netzwerk aus parasympathischen Ganglien und sympathischen postganglionären Fasern liegt zwischen der zirkulären und der longitudinalen Muskelschicht. Die parasympathische Stimulation erhöht den Muskeltonus und stimuliert Kontraktionen, während eine sympathische Stimulation zu einer Hemmung der Muskelaktivität und einer Entspannung führt.

Außerdem bildet die Muskularis an bestimmten Orten im Verdauungstrakt Klappen, die Sphinkter, die das Material davon abhalten, sich zum falschen Zeitpunkt oder in die falsche Richtung zu bewegen. Diese Klappen, Verdickungen der zirkulären Muskelschicht, verengen das Lumen und beschränken so den Durchgang des Darminhalts.

Die Serosa (Tunica serosa)

In den meisten Regionen des Verdauungstrakts innerhalb der Peritonealhöhle ist die *Muscularis mucosae* mit einer serösen Membran, der Serosa, überzogen (siehe Abbildung 25.2). Die Muskularis des Mundes, des Pharynx, der meisten Anteile des Ösophagus und des Rektums hat jedoch keine Serosa; hier ist sie von einem dichten Geflecht aus kollagenen Fasern umgeben, das den Verdauungstrakt fest mit der Umgebung verbindet. Diese Faserhülle nennt man **Adventitia**.

25.2.2 Die Muskelschichten und die Bewegungen des Darminhalts

Der Verdauungstrakt enthält **viszerales glattes Muskelgewebe**. Die einzelne glatte Muskelzelle hat einen Durchmesser von 5–8 µm und in der Regel eine Länge, die zwischen 20 und 30 µm schwankt. Sie ist von Bindegewebe umgeben, doch die kollagenen Fasern bilden keine Sehnen oder Aponeurosen. Die kontraktilen Proteine dieser glatten Muskelzellen sind nicht in Sarkomeren angeordnet, sodass es sich um ungestreifte unwillkürliche Muskelfasern handelt. Obwohl sie nicht gestreift sind, sind ihre Kontraktionen ebenso kräftig wie die der Skelettmuskeln oder des Herzmuskels. Viele der Muskelzellen hier haben keine motorische Innervation. Sie sind in Lagen oder Schichten angeordnet; benachbarte Zellen sind elektrisch über Gap Junctions miteinander verbunden. Wenn eine viszerale glatte Muskelzelle kontrahiert, breitet sich die Erregung in Form einer Kontraktionswelle über das gesamte Gewebe aus. Der initiale Reiz kann die Aktivierung durch ein Motoneuron sein, das an eine der glatten Muskelzellen der Region angeschlossen ist. Es kann aber auch eine lokale Reaktion auf eine chemische Substanz, auf Hormoneoder auf die Konzentration von Sauerstoff bzw. Kohlendioxid sein oder ebenso auf physikalische Faktoren, wie etwa eine extreme Dehnung oder eine Reizung.

Da die kontraktilen Filamente der glatten Muskelzellen nicht streng angeordnet sind, passt sich eine gedehnte Muskelzelle rasch an die neuen Gegebenheiten an und erhält sich jederzeit ihre Kontraktionsfähigkeit. Die Fähigkeit, auch extreme Dehnungen zu tolerieren, nennt man **Plastizität**. Diese Eigenschaft ist dort besonders wichtig, wo es zu großen Volumenschwankungen kommt, wie etwa am Magen.

Glatte Muskelzellen im Verdauungstrakt kontrahieren in regelmäßigen Abständen, da es hier Schrittmacherzellen gibt. Sie liegen sowohl in der *Muscularis mucosae* als auch in der *Tunica muscularis*. Es handelt sich um spontan depolarisierende glatte Muskelzellen, die die Kontraktionen für zwei verschiedene Bewegungen auslösen: die **Peristaltik** und die **Segmentation**. Diese wellenförmigen Kontraktionen breiten sich über die gesamte Muskelschicht aus und fördern den Weitertransport und die Durchmischung des Darminhalts.

Peristaltik

Die Muskularis bewegt Material von einer Darmregion zur nächsten durch peristaltische Wellen. Peristaltik ist die Abfolge wellenförmiger Kontraktionen, die einen Bolus, eine kleine, ovale Portion Nahrung, den Verdauungstrakt entlang bewegt. Bei einer **peristaltischen Welle** kontrahieren sich die Muskeln hinter dem Bolus. Anschließend kontrahieren die longitudinalen Muskeln und verkürzen die folgenden Segmente. Die peristaltische Welle in den zirkulären Muskeln schiebt den Darminhalt nun in die gewünschte Richtung (**Abbildung 25.3**a).

Segmentation

In den meisten Regionen des Dünndarms und in einigen Regionen des Dickdarms kommt es zu Kontraktionen, die zu einer Segmentation führen (**Abbildung 25.3**b). Die Bewegungen kneten die Nahrung durch, zerkleinern sie und vermischen sie mit den Verdauungsenzymen. Hierbei kommt es nicht zu einer Gesamtbewegung des Darminhalts in eine bestimmte Richtung.

Segmentation und Peristaltik werden durch Schrittmacherzellen, Hormone, chemische Substanzen und physikalische Reize ausgelöst. Peristaltische Wellen können auch von den afferenten und efferenten Fasern der *Nn. glossopharyngeus, vagus* oder *pelvicus* initiiert werden. Lokale peristaltische Bewegungen, die auf wenige Zentimeter des Verdauungstrakts beschränkt sind, werden durch sensorische Rezeptoren in den Wänden des Verdauungstrakts ausgelöst. Diese afferenten Fasern bilden Synapsen im *Plexus myentericus*, um lokale **myenterische Reflexe** auslösen zu können, kurze Reflexe, an denen das ZNS nicht beteiligt ist. Der Begriff **enterisches Nervensystem** bezieht sich auf das neurale Netzwerk, das diese Reflexe koordiniert.

Im Allgemeinen kontrollieren die kurzen Reflexe die Aktivitäten eines Abschnitts. Hierzu gehören die Kontrolle der lokalen Peristaltik und die Auslösung der Sekretion durch die Verdauungsdrüsen. Viele Neurone sind beteiligt – das enterische Nervensystem hat etwa so viele Neurone und Neurotransmitter wie das Rückenmark.

Sensorische Informationen von den Rezeptoren im Verdauungstrakt werden auch an das ZNS weitergeleitet, wo sie lange Reflexe auslösen können. Lange Reflexe, an denen

AUS DER PRAXIS

Peritonitis

Die Entzündung der Peritonealhäute nennt man Peritonitis, eine schmerzhafte Erkrankung, die die normale Funktion der beteiligten Organe beeinträchtigt. Mechanische Verletzung, chemische Reizung oder bakterielle Invasion können zu einer schwerwiegenden oder gar tödlichen Peritonitis führen. Die bakterielle Peritonitis ist eine potenzielle Komplikation jedes chirurgischen Eingriffs mit Eröffnung der Peritonealhöhle oder bei Erkrankungen mit Perforation von Magen und Darm. Leber- und Nierenerkrankungen sowie ein Herzversagen können zu einer Erhöhung der Flüssigkeitsmenge im Peritonealspalt führen. Diese Ansammlung von Flüssigkeit wird als Aszites bezeichnet; sie führt zu der charakteristischen Bauchschwellung. Die Verdrängung der Organe durch die angestaute Flüssigkeit verursacht Symptome wie Sodbrennen, Verdauungsstörungen und tiefe Rückenschmerzen.

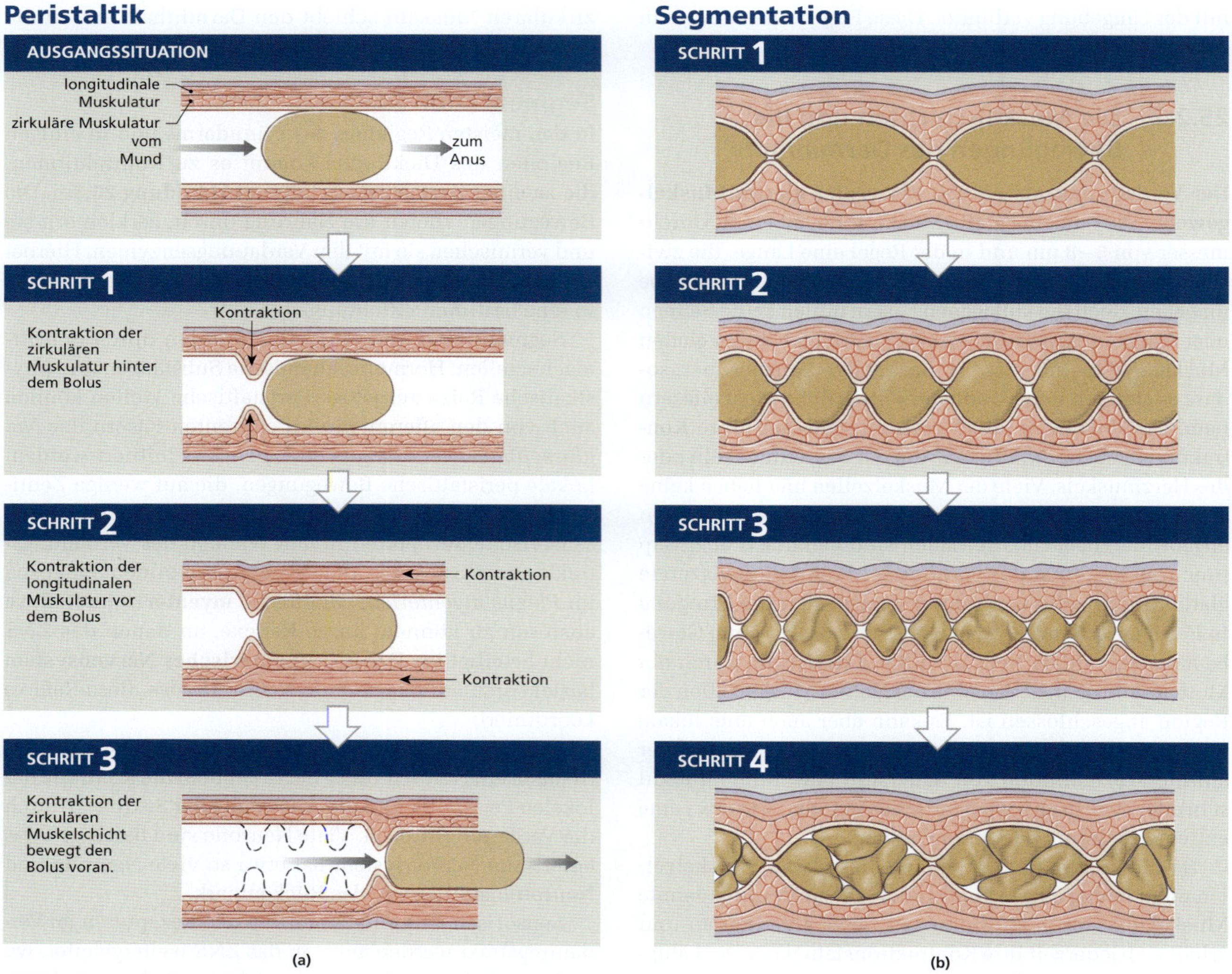

Abbildung 25.3: Peristaltik und Segmentation. (a) Die Peristaltik bewegt Material mithilfe koordinierter Kontraktionen der zirkulären und longitudinalen Muskulatur durch den Verdauungstrakt. (b) An der Segmentation sind im Wesentlichen die zirkulären Muskeln beteiligt. Es kommt zu einer Zerkleinerung und Durchmischung des Darminhalts, nicht jedoch zu einer Weiterbewegung.

Interneurone und Motoneurone des ZNS beteiligt sind, ermöglichen eine übergeordnete Kontrolle der Verdauungs- und Drüsenaktivitäten. Sie steuern den Darm entlanglaufende peristaltische Wellen, die den Darminhalt von einer Region des Verdauungstrakts zur nächsten befördern. An den langen Reflexen können motorische Fasern in den *Nn. glossopharyngeus, vagus* oder *pelvicus* beteiligt sein, die Synapsen im *Plexus myentericus* bilden.

25.2.3 Das Peritoneum

Lagebeziehungen und Funktionen des Peritoneums

Die Serosa **(viszerales Peritoneum)** geht in das **Peritoneum parietale** über, das die Innenwände der Körperwand auskleidet. Man sagt, dass die Organe der Bauchhöhle **im** Peritoneum liegen. Bauchorgane können jedoch die folgenden verschiedenen Lagebeziehungen zum Peritoneum haben:

- **Intraperitoneale Organe** liegen in der Peritonealhöhle, und zwar so, dass sie von allen Seiten mit viszeralem Peritoneum überzogen sind. Beispiele sind der Magen, die Leber und das Ileum.
- **Retroperitoneale Organe** sind nur an ihrer anterioren Fläche von Peritoneum bedeckt; das Organ selbst liegt außerhalb der Peritonealhöhle. Diese Organe entwickeln sich nicht aus dem embryonalen Darm. Beispiele sind die Nieren, die Ureteren und die *Aorta abdominalis.*
- **Sekundär-retroperitoneale Organe** sind Organe des Verdauungstrakts, die sich zunächst als intraperitoneale Organe bilden, aber später retroperitoneal zu liegen kommen. Diese Verschiebung ereignet sich während der Embryonalentwicklung, wenn ein Teil des dazugehörigen viszeralen Peritoneums mit dem gegenüberliegenden parietalen Peritoneum verschmilzt. Beispiele für sekundär-retroperitoneale Organe sind das Pankreas und der Großteil des Duodenums.

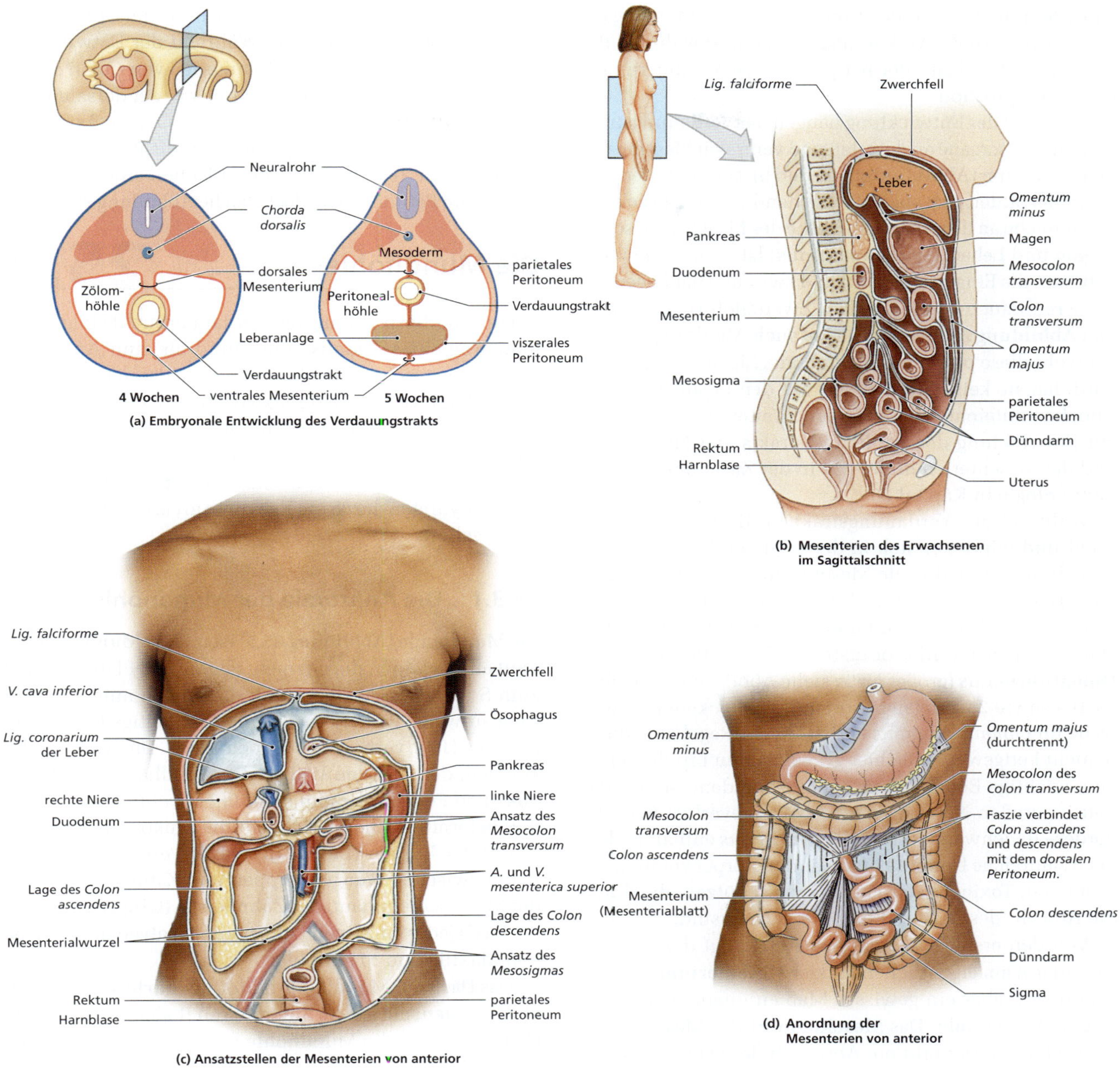

Abbildung 25.4: Die Mesenterien. (a) Schematische Darstellung der frühen embryonalen Darmentwicklung; der Verdauungstrakt wird von dorsalen und ventralen Mesenterien gestützt (links). In einem etwas späteren Stadium ist die Entwicklung der Leber im ventralen Mesenterium dargestellt. (Weitere Informationen siehe Zusammenfassung Embryologie in Kapitel 28) (b) Mesenterien der Bauch-Becker-Höhle schematisch im Sagittalschnitt. (c) Leere Peritonealhöhle mit Darstellung der Verbindung der Mesenterien und Organe mit der hinteren Wand. (d) Anordnung der Mesenterien beim Erwachsenen. Die Darstellung ist stark vereinfacht; der Dünndarm ist eigentlich um ein Vielfaches länger.

Das Peritoneum bildet ständig die wässrige Peritonealflüssigkeit, die die Oberflächen befeuchtet. Täglich werden etwa 7 l gebildet und wieder resorbiert, obwohl die Flüssigkeitsmenge im Peritonealspalt immer nur sehr gering ist. Unter ungewöhnlichen Umständen, wie etwa einer Lebererkrankung, einem Herzversagen oder bei Elektolytentgleisungen, kann das Volumen der Peritonealflüssigkeit deutlich zunehmen. Dies führt zu einer gefährlichen Reduktion des Blutvolumens und einer Verdrängung der viszeralen Organe.

Die Mesenterien

Innerhalb der Peritonealhöhle sind die meisten Regionen des Verdauungstrakts an serösen Membranen aufgehängt, in denen das parietale und das viszerale Peritoneum miteinander verbunden sind. Diese **Mesenterien** bestehen aus zwei verschmolzenen Schichten peritonealer Membran (siehe Abbildung 25.2a). Das lockere Bindegewebe zwischen den beiden mesothelialen Flächen bietet einen Zugangsweg zum Verdauungstrakt für die Blutgefäße, Nerven und Lymphgefäße. Die Mesenterien stabilisieren außerdem die relative Position der anhängenden Organe und verhindern die Verknotung des Darmes während der Verdauungstätigkeit oder bei plötzlichen Veränderungen der Körperposition.

Während der Entwicklung hängen der Verdauungstrakt und die Hilfsorgane an dorsalen und ventralen Mesenterien im Bauchraum (**Abbildung 25.4**a und b). Die ventralen Mesenterien bilden sich später weitgehend wieder zurück, bis auf Bereiche an der ventralen Fläche des Magens, zwischen Magen und Leber (**Omentum minus**; lat.: omentum = die Fetthaut, die Eingeweidehaut) und zwischen der Leber, der vorderen Bauchwand und dem Zwerchfell (*Lig. falciforme*; **Abbildung 25.4**c und d; siehe auch Abbildung 25.4b). (Obwohl diese peritoneale Membran „Ligament" genannt wird, hat sie keine Ähnlichkeit mit den Ligamenten, die Knochen miteinander verbinden.) Weitere Informationen zur Entwicklung des Verdauungstrakts, der Hilfsorgane und der Mesenterien finden Sie in der Zusammenfassung Embryologie in Kapitel 28.

Während der Verdauungstrakt in die Länge wächst, dreht und windet er sich in der relativen Enge der Peritonealhöhle. Das dorsale Mesenterium des Magens vergrößert sich deutlich und bildet eine Tasche, die sich zwischen der Körperwand und der anterioren Fläche des Dünndarms nach inferior erstreckt. Diese Tasche ist das **Omentum majus** (großes Netz; siehe Abbildung 25.4b und 25.10a sowie 25.11b [siehe unten]). Das lockere Bindegewebe im *Omentum majus* enthält in der Regel eine dicke Schicht Fettgewebe. Die hier gespeicherten Lipide stellen eine wichtige Energiereserve dar. Außerdem isoliert das Fett im großen Netz gegen einen Wärmeverlust über die vordere Bauchwand. Das *Omentum majus* enthält zudem noch zahlreiche Lymphknoten, die den Körper vor fremden Proteinen, Toxinen oder Pathogenen schützen, die durch die Abwehr des Darmes hindurch gelangt sind.

Von den ersten 25 cm abgesehen, hängt der gesamte Dünndarm am eigentlichen dicken **Mesenterium**, das ihn stabilisiert, aber ein gewisses Maß an unabhängiger Beweglichkeit erlaubt. Das **Mesokolon** ist das Mesenterium am Dickdarm. Der mittlere Abschnitt des Dickdarms, das *Colon transversum*, wird vom **Mesocolon transversum** gehalten. Das Sigma, das zu Rektum und Anus führt, hängt am **Mesocolon sigmoideum**. Während der Entwicklung verschmelzen die dorsalen Mesenterien von *Colon ascendens*, *Colon descendens* und Rektum mit der dorsalen Körperwand zur *Radix mesenterii*, die die Organe fixiert. Sie liegen nun sekundär-retroperitoneal; nur ihre anterioren Flächen und Teile der lateralen Flächen sind noch von viszeralem Peritoneum bedeckt (siehe Abbildung 25.4b–d).

AUFGABEN

1. Welches sind die Komponenten und die Funktionen der Mukosa des Verdauungstrakts?
2. Welche Funktionen haben die Mesenterien?
3. Worin liegt der funktionelle Unterschied zwischen der Peristaltik und der Segmentation?
4. Warum ist es von Bedeutung, dass die kontraktilen Filamente der glatten Muskelzellen nicht regelmäßig angeordnet sind?

Die Mundhöhle 25.3

Bei unserer Besprechung des Verdauungstrakts folgen wir dem Weg eines Bissens vom Mund bis zum Anus. Der Mund öffnet sich in die Mundhöhle, zu deren Funktionen 1. die **Analyse** des Materials vor dem Schlucken, 2. die **mechanische Verarbeitung** durch Zähne, Zunge und Gaumen, 3. die **Befeuchtung** durch Beimischung von Speichel und Drüsensekreten und 4. eine begrenzte **Verdauung** von Kohlenhydraten durch ein Enzym (Amylase) der Speicheldrüse gehört.

25.3.1 Die Anatomie der Mundhöhle

Die Mundhöhle (**Abbildung 25.5**) ist mit der **Mundschleimhaut** ausgekleidet, die ein mehrschichtiges Plattenepithel zum Schutz vor Abrieb durch die aufgenommene Nahrung aufweist. Anders als das mehrschichtige Plattenepithel der Haut verhornt es jedoch nicht. Die Mukosa der Wangen, der lateralen Wände der Mundhöhle, wird vom bukkalen Fettgewebe und den *Mm. buccinatores* gestützt und geformt. Nach anterior geht die Mukosa der Wangen in die der Lippen **(Labia)** über. Das Vestibulum ist der Raum zwischen Wangen, Lippen und Zähnen. Ein Wulst der Mundschleimhaut, das Zahnfleisch **(Gingiva)**, umgibt die Basis jedes einzelnen Zahnes auf der alveolären Fläche von Maxilla und Mandibula.

Das Dach der Mundhöhle bilden der **harte und der weiche Gaumen**; die Zunge nimmt ihren Boden ein. Der harte Gaumen trennt die Mundhöhle von der Nasenhöhle. Der weiche Gaumen trennt die Mundhöhle vom Nasopharynx und schließt diesen beim Schlucken ab. Die fingerförmige **Uvula**, die von der Mitte der Hinterkante des weichen Gaumens herabbaumelt, hilft, den vorzeitigen Übergang von Nahrung in den Pharynx zu verhindern. Unterhalb der Zunge erhält der Mundboden eine weitere Stütze durch den *M. mylohyoideus*. Der harte Gaumen wird vom *Processus palatinus* der Maxilla und vom *Os palatinum* gebildet; der weiche Gaumen liegt posterior davon. An der Hinterkante des weichen Gaumens hängen die Uvula und zwei Paar muskuläre **Rachenbögen**:

- Der *Arcus palatoglossus* erstreckt sich beiderseits zwischen dem weichen Gaumen und der Zungenbasis. Er besteht jeweils aus Schleimhaut und dem darunterliegenden *M. palatoglossus* sowie weiteren Strukturen.
- Der *Arcus palatopharyngeus* reicht vom weichen Gaumen bis zum seitlichen Pharynx. Er besteht jeweils aus

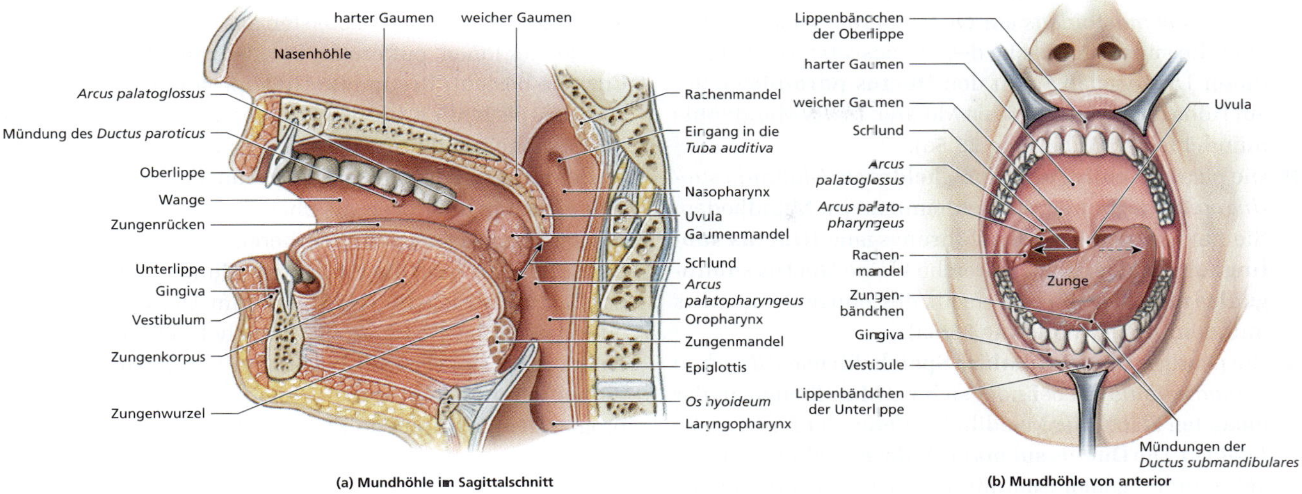

Abbildung 25.5: **Die Mundhöhle.** (a) Die Mundhöhle im Sagittalschnitt. (b) Die Mundhöhle von anterior durch den geöffneten Mund.

Schleimhaut und dem darunterliegenden *M. palatopharyngeus* sowie weiteren Strukturen.

Die Gaumenmandeln liegen jeweils zwischen dem *Arcus palatoglossus* und dem *Arcus palatopharyngeus*. Die Hinterkante des weichen Gaumens einschließlich der Uvula, die *Arcus palatopharyngei* und die Zungenbasis bilden den Rahmen für den Schlund **(Fauzes)**, den Eingang zum Oropharynx.

Die Zunge

Die Zunge (siehe Abbildung 25.5) bewegt die Nahrung im Mund und wird gelegentlich auch dazu benutzt, sie in den Mund hineinzuholen, wie etwa Eiscreme. Zu den Funktionen der Zunge gehören 1. die mechanische Verarbeitung der Nahrung durch Zerdrücken, Zerreiben und Verformen, 2. die Unterstützung des Kauens (Der Bissen wird zwischen die Zähne geschoben.) und zur Vorbereitung auf den Schluckvorgang, 3 die sensorische Analyse durch Berührungs-, Temperatur- und Geschmacksrezeptoren und 4. die Sekretion von Muzinen und Enzymen, die die Fett- und Kohlenhydratverdauung unterstützen.

Die Zunge hat einen anterioren **Korpus** (den oralen Anteil) und eine posteriore **Wurzel** (den pharyngealen Anteil). Die superiore Fläche, der Zungenrücken, hat zahlreiche feine Fortsätze, die **Papillen**. Das verdickte Epithel, das diese Papillen bedeckt, erhöht die Reibung, die die Bearbeitung des Bolus mit der Zunge erleichtert. An den Rändern vieler Papillen finden sich außerdem die Geschmacksknospen. Oberflächenmerkmale und histologische Details der Zunge finden Sie in Abbildung 18.7 dargestellt. Eine V-förmige Reihe von *Papillae vallatae* markiert die Grenze zwischen Korpus und Zungenwurzel, die sich im Pharynx befindet.

Das Epithel der Zunge wird ständig von den Sekreten kleiner Drüsen gespült, die bis in die *Lamina propria* reichen. Diese Sekrete enthalten Wasser, Muzine und das Enzym Zungenlipase. Dieses beginnt mit dem Abbau von Lipiden, besonders der Triglyzeride. Das Epithel auf der Unterseite der Zunge ist dünner und empfindlicher als das des Zungenrückens. An der unteren Mittellinie läuft eine dünne Schleimhautfalte, das **Frenulum** (**Zungenbändchen**; lat.: frenulum = kleiner Zügel, kleines Band); es verbindet den Zungenkorpus mit der Schleimhaut am Mundboden. Beiderseits des Zungenbändchens kann man die Mündungen der Ausführungsgänge der Speicheldrüsen sehen (**Abbildung 25.6**a; siehe auch Abbildung 25.5b).

Das Zungenbändchen verhindert allzu extreme Zungenbewegungen. Wenn es die Zunge jedoch zu sehr einschränkt, kann der Betroffene weder richtig essen noch sprechen. Das verkürzte Zungenbändchen **(Ankyloglossie)** kann chirurgisch behandelt werden.

In der Zunge befinden sich zwei verschiedene Muskelgruppen, die **inneren und die äußeren Zungenmuskeln**. Beide werden vom *N. hypoglossus* (XII) kontrolliert. Zu den äußeren Zungenmuskeln, die in Kapitel 10 vorgestellt wurden, gehören die *Mm. hyoglossus, styloglossus, genioglossus* und *palatoglossus*. Sie vollführen alle groben Zungenbewegungen. Die weniger kräftigen inneren Zungenmuskeln verändern die Form der Zunge und sind an präziseren Bewegungen, wie etwa beim Sprechen, beteiligt.

Die Speicheldrüsen

Drei Paar Speicheldrüsen geben ihr Sekret in die Mundhöhle ab (siehe Abbildung 25.6). Sie sind jeweils von einer fibrösen Kapsel umhüllt. Der Speichel, der von den einzelnen Drüsenzellen gebildet wird, fließt durch ein Netzwerk feiner Gänge in einen großen gemeinsamen Ausführungsgang. Dieser zieht durch die Kapsel hinaus und mündet an der Mundschleimhaut. Dieses sind die Speicheldrüsen:

- Die paarige **Ohrspeicheldrüse** *(Glandula parotis)* ist mit durchschnittlich etwa 20 g Gewicht die größte Speicheldrüse. Sie hat eine unregelmäßige Form. Sie reicht von der inferioren Fläche des *Arcus zygomaticus* bis zur anterioren Kante des *M. sternocleidomastoideus* und vom *Processus mastoideus* am *Os temporale* nach anterior über die superiore Fläche des *M. masseter*. Die Sekrete dieser Drüse gelangen in den **Ductus parotideus**, der auf Höhe der zweiten oberen Molaren in die Mundhöhle mündet (siehe Abbildung 25.5a).

- Die paarige **sublinguale Speicheldrüse** *(Glandula sublingualis)* liegt unter der Schleimhaut im Mundboden. Sie hat je einen Hauptausführungsgang **(Ductus sublingualis major)** und zahlreiche kleine **Ductus sublinguales minores**, die beiderseits des Zungenbändchens münden (siehe Abbildung 25.6a).
- Die paarige **submandibuläre Speicheldrüse** *(Glandula submandibularis)* befindet sich im Mundboden an der medialen Fläche der Mandibula inferior der *Linea mylohyoidea*. Die **Ductus submandibulares (Wharton-Gänge)** münden gemeinsam mit dem *Ductus sublingualis major* beiderseits des Zungenbändchens unmittelbar posterior der Zähne *(Caruncula sublingualis)* (siehe Abbildung 25.5b). Das histologische Erscheinungsbild der submandibulären Speicheldrüse ist in **Abbildung 25.6**b dargestellt.

Jede der Speicheldrüsen hat einen charakteristischen zellulären Aufbau und bildet Speichel mit leicht unterschiedlichen Eigenschaften. Die Parotis produziert ein dickflüssiges seröses Sekret, das die **Speichelamylase** enthält, ein Enzym, das den Abbau komplexer Kohlenhydrate einleitet. Der Speichel ist eine Mischung der Sekrete; etwa 70 % entstammen den submandibulären Drüsen, 25 % den Ohrspeicheldrüsen und 5 % den sublingualen Speicheldrüsen. Zusammen bilden sie etwa 1 – 1,5 l Speichel täglich, der zu 99,4 % aus Wasser und ansonsten aus einer Mischung verschiedener Ionen, puffernder Substanzen, Metabolite und Enzyme besteht. Bestimmte Glykoproteine, die **Muzine**, sind hauptsächlich für die schmierenden Eigenschaften des Speichels verantwortlich.

Beim Essen befeuchten große Mengen Speichel Mund und Nahrung und lösen die chemischen Substanzen, die die Geschmacksknospen stimulieren. Eine kontinuierliche Basissekretion spült die Flächen im Mund und kontrolliert das Bakterienwachstum im Mundraum. Die Verminderung oder das völlige Sistieren der Speichelsekretion führt zu einem explosionsartigen Wachstum von Bakterienkulturen; es kommt schnell zu rezidivierenden Infektionen und progressiver Erosion von Zähnen und Zahnfleisch.

Die Regulierung der Speicheldrüsen

Die Speichelsekretion wird vom autonomen Nervensystem gesteuert. Jede Speicheldrüse ist sympathisch und parasympathisch innerviert. Jeder Gegenstand, der in den Mund gelangt, kann einen Speichelreflex auslösen, indem er entweder die Rezeptoren stimuliert, die der *N. trigeminus* überwacht, oder die Geschmacksknospen, die von den Hirnnerven VII, IX oder X überwacht werden. Eine parasympathische Stimulation beschleunigt die Sekretion aller Speicheldrüsen; es werden große Mengen wässrigen Speichels gebildet. Im Gegensatz dazu führt eine sympathische Stimulation zur Bildung kleiner Mengen viskösen Speichels mit hohen Enzymkonzentrationen. Die geringe Speichelmenge macht einen trockenen Mund.

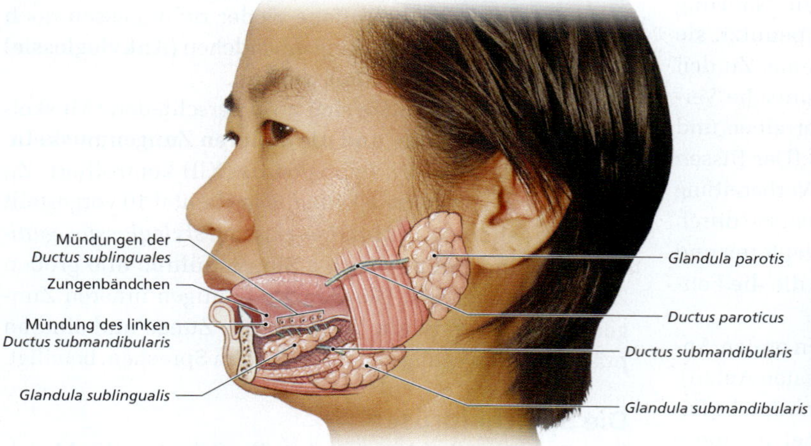

(a) Blick von lateral nach Entfernung von Corpus und *R. mandibulae*

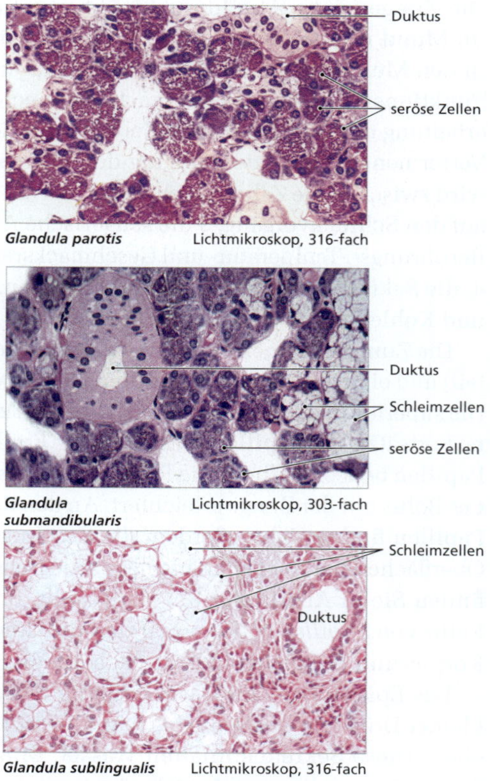

(b) Histologie der Speicheldrüsen

Abbildung 25.6: Die Speicheldrüsen. (a) Blick von lateral mit Darstellung der Lage der Speicheldrüsen und der Ausführungsgänge der linken Kopfseite. Ein Großteil des Kopfes und der linken Mandibula wurde entfernt. Für den Verlauf der Ausführungsgänge innerhalb der Mundhöhle siehe Abbildung 25.5. (b) Histologische Details der Glandulae parotis, sublingualis und submandibularis. Die Glandula parotis bildet einen stark enzymhaltigen Speichel; sie hat hauptsächlich seröse Drüsenzellen. Die Glandula submandibularis bildet Speichel mit Enzymen und Muzinen; sie enthält sowohl seröse als auch muköse Drüsenzellen. Die Glandula sublingualis bildet stark muzinhaltigen Speichel; hier dominieren die mukösen Drüsenzellen.

AUS DER PRAXIS

Mumps

Das Mumpsvirus befällt bevorzugt die Speicheldrüsen, meist die Ohrspeicheldrüsen, obwohl auch andere Organe betroffen sein können. Meist kommt es zwischen dem fünften und dem neunten Lebensjahr zur Ansteckung. Die erste Exposition stimuliert die Bildung von Antikörpern und führt meist zu lebenslanger Immunität; diese kann auch durch eine Impfung erreicht werden. Bei erwachsenen Männern kann das Mumpsvirus auch die Hoden befallen und zu Sterilität führen. Eine Beteiligung des Pankreas kann vorübergehend oder dauerhaft einen *Diabetes mellitus* zur Folge haben; in schweren Fällen können weitere Organe, sogar das ZNS, in Mitleidenschaft gezogen sein. Da ein effektiver Impfstoff zur Verfügung steht, war Mumps in Deutschland fast verschwunden. Eine wachsende Impfmüdigkeit führt jedoch derzeit wieder zu einem Anstieg der Erkrankungsfälle.

Die Zähne

Die Bewegungen der Zunge befördern die Nahrung auf die Kauflächen der Zähne, wo sie zerkaut werden. Hierbei werden zähes Bindegewebe und Pflanzenfasern zerkleinert und die Nahrung mit Speichel und Enzymen angereichert.

Abbildung 25.7a ist ein Sagittalschnitt durch den Zahn eines Erwachsenen. Zum Großteil besteht er aus einer mineralisierten Matrix, die der von Knochen ähnelt. Dieses Material, das **Dentin**, unterscheidet sich jedoch von Knochen insofern, als es keine lebenden Zellen enthält. Stattdessen ziehen von Zellen in der zentralen **Pulpahöhle** zytoplasmatische Fortsätze in das Dentin hinein. Die Pulpa ist schwammig und gut durchblutet. Ihre Blutgefäße und Nerven ziehen durch einen schmalen Tunnel, den **Wurzelkanal**, in den Zahn, der sich an der Basis des Zahnes, der **Zahnwurzel**, befindet. Durch seinen Eingang, das **Foramen apicale**, ziehen die **A. dentalis**, die **V. dentalis** und der **N. dentalis** in die Pulpahöhle hinein.

Die Zahnwurzel ist in einem knöchernen Sockel verankert, der **Alveole**. Kollagenfasern des **Lig. periodontale** ziehen vom Dentin der Wurzel an den Knochen der Alveole; sie bilden eine feste, gelenkige Verbindung, die **Gomphose**. Eine Schicht Zement bedeckt das Dentin an der Wurzel; sie dient dem Schutz und der festen Verankerung des *Lig. periodontale*. Histologisch ist der Zahnzement dem Knochen sehr ähnlich; er ist widerstandsfähiger als Dentin.

Der **Zahnhals** markiert die Grenze zwischen der Wurzel und der **Zahnkrone**. Die Krone ist der sichtbare Teil des Zahnes, der aus dem Zahnfleisch herausragt. Die Epithelzellen im **Sulcus gingivae (Zahnrinne)** sind fest mit dem Zahn oberhalb des Halses verbunden (Saumepithel), um einen Zugang von Bakterien zur *Lamina propria* des Zahnfleischs oder zum relativ weichen Wurzelzement zu verhindern. Ist diese Verbindung gestört, kann es zu einer bakteriellen Zahnfleischentzündung kommen **(Gingivitis)**.

Das Dentin der Krone ist mit einer Schicht **Zahnschmelz** bedeckt. Zahnschmelz besteht aus dicht gepackten Kalziumphosphatkristallen und ist die härteste aller biologischen Substanzen. Damit sich die Schmelzschicht vollständig und widerstandsfähig gegen Karies ausbildet, muss in der Kindheit eine ausreichende Zufuhr von Fluorid, Kalzium, Phosphat und Vitamin D gewährleistet sein.

Zahnarten Es gibt vier Zahnarten mit jeweils spezifischen Funktionen (**Abbildung 25.7**b und c):

- **Schneidezähne** (Inzisivi) sind spatelförmige Zähne im vorderen Mundbereich. Sie sind zum Zerschneiden und Abbeißen gedacht, wie etwa von einer Karotte.
- Die **Eckzähne** (Kanini) sind konisch geformt, mit einer scharfen Kante und einer Spitze. Sie sind zum Auf- und Abreißen geeignet. Eine zähe Selleriestange kann man z. B. mit den Schneidezähnen knicken, doch zum Abbeißen macht man sich dann die Scherkräfte der Eckzähne zunutze. Schneide- und Eckzähne haben je eine Wurzel.
- Die **Prämolaren** *(Dentes praemolares)* besitzen eine oder zwei Wurzeln. Sie haben abgeflachte Kronen mit einer oder zwei prominenten Höckern. Sie dienen zum Zerkleinern, Zerdrücken und Zermahlen.
- Die **Molaren** *(Dentes molares)* haben sehr große, abgeflachte Kronen und typischerweise drei oder mehr Wurzeln; auch sie sind zum Zerdrücken und Zermahlen gedacht.

Der Zahnwechsel Während der Entwicklung bilden sich zwei Zahnsätze. Die ersten Zähne, die erscheinen, sind die **Milchzähne**. Sie sind das temporäre Ergebnis der **ersten Dentition** (**Abbildung 25.7**d und e). In der Regel hat ein Kind 20 Milchzähne, fünf in jedem Quadranten. In den größeren Kiefer des Erwachsenen passen mehr als 20 bleibende Zähne; daher wachsen im Laufe der Zeit auf jeder Seite drei zusätzliche Molare. Sie verlängern die Zahnreihe nach posterior und erhöhen die Anzahl auf 32.

Auf jeder Seite in Ober- und Unterkiefer besteht das Milchgebiss aus zwei Schneidezähnen, einem Eckzahn

AUFGABEN

1. Mit welchem Epitheltyp ist die Mundhöhle ausgekleidet?
2. Welche Funktionen hat der Speichel?
3. Bei welchen Nährstoffen beginnt der Abbau bereits in der Mundhöhle?
4. Stellen Sie sich vor, Sie essen einen Apfel. Beschreiben Sie die Aktionen der beteiligten Zähne.

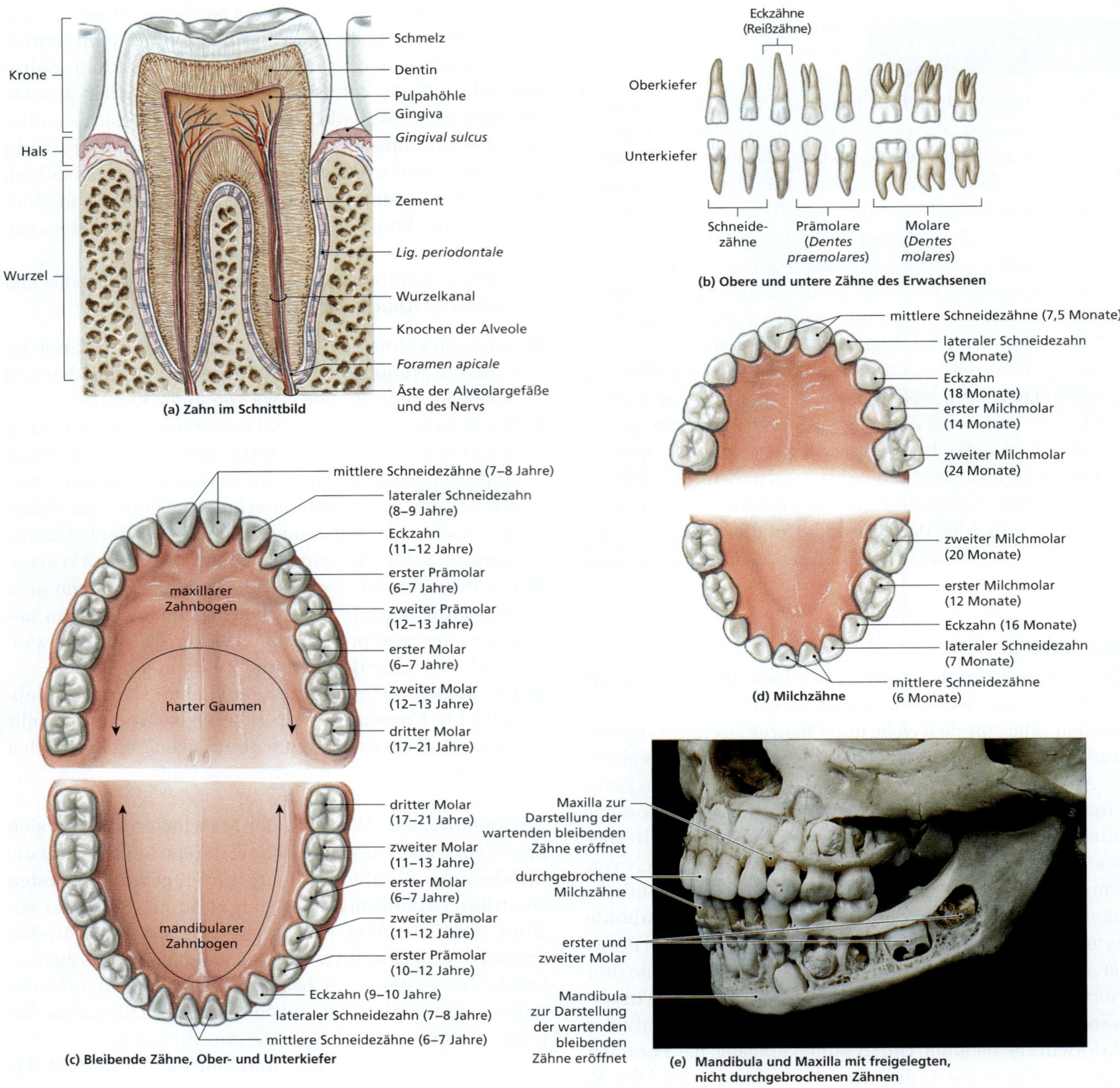

Abbildung 25.7: Die Zähne. Zähne zerkauen die Nahrung. (a) Schematischer Querschnitt durch den typischen Zahn eines Erwachsenen. (b) Die Zähne eines Erwachsenen. (c) Die normale Zahnstellung beim Erwachsenen. Das normale Alter beim Zahndurchbruch ist in Klammern angegeben. (d) Die Milchzähne; das Alter beim Zahndurchbruch ist in Klammern angegeben. (e) Schädel eines vierjährigen Kindes. Maxilla und Mandibula sind zur Darstellung der wartenden bleibenden Zähne eröffnet.

und zwei Milchmolaren. Sie werden nach und nach durch die bleibenden Zähne ersetzt.

In Abbildung 25.7c und d sind die Abfolge des Zahndurchbruchs und der ungefähre Zeitpunkt des Zahnwechsels angegeben. Hierbei erodieren die *Ligg. periodontalia* und die Wurzeln der Milchzähne, bis sie herausfallen oder beim **Durchbruch** (der **Eruption**) der bleibenden Zähne herausgeschoben werden. Die erwachsenen Prämolaren nehmen den Platz der Milchmolaren ein, und die Molaren verlängern mit dem Wachstum des Kiefers die Zahnreihe. Die dritten Molaren, die **Weisheitszähne**, kommen manchmal erst nach dem 21. Lebensjahr zum Vorschein, wenn überhaupt. Weisheitszähne entwickeln sich oft in ungünstiger Lage und können dann nicht richtig durchbrechen.

Richtungsbezeichnungen an den Zähnen Die obere und die untere Zahnreihe bilden je einen Zahnbogen. Für die relative Position innerhalb dieser Reihen gibt es besondere Richtungsbezeichnungen (siehe Abbildung 25.7b und c). Die Begriffe **labial** und **bukkal** beziehen sich auf die Außenfläche der Zahnreihe, zu den Lippen bzw. den Wangen hin. Mit **palatinal** (oben) und **lingual** (unten) ist die Innenfläche gemeint. Die Bezeichnungen **mesial** und **distal** betreffen die Flächen zwischen zwei nebeneinander liegenden Zähnen; die mesiale Fläche ist die, die vom letzten Molaren weg weist; die distale Fläche weist vom ersten Schneidezahn weg. So liegt etwa die mesiale Fläche der Eckzähne gegenüber der distalen Fläche der zweiten Schneidezähne. Die **Okklusionsfläche** (**Kaufläche**; lat.: occludere = verschließen) eines Zahnes weist zu seinem Gegenüber in der anderen Zahnreihe hin. Die Okklusionsflächen sind die, die das eigentliche Abbeißen, Zerreißen, Zerquetschen und Zermahlen durchführen.

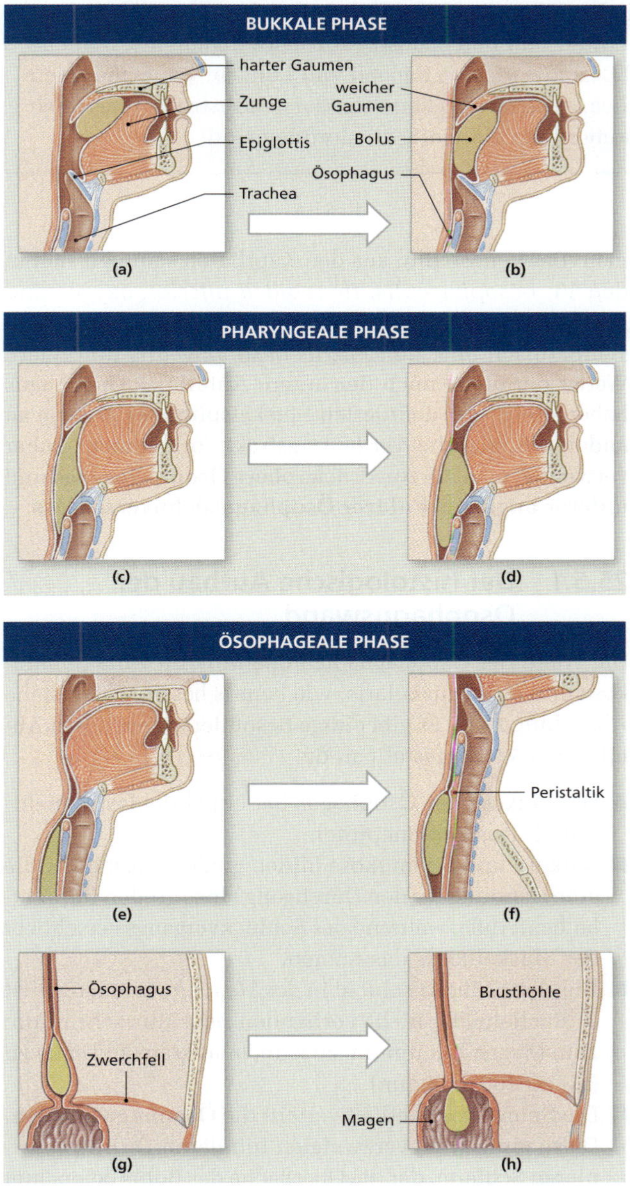

Abbildung 25.8: **Der Schluckvorgang.** Diese Abfolge, nach einer Serie von Röntgenbildern angefertigt, zeigt die Stadien des Schluckakts und die Bewegung der Nahrung vom Mundraum bis in den Magen. (a, b) Bukkale Phase. (c, d) Pharyngeale Phase. (e-h) Ösophageale Phase.

DER KAUVORGANG Die Kaumuskulatur schließt die Kiefer und schiebt oder kippt den Unterkiefer zur Seite. Beim Kauvorgang **(Mastikation)** wird die Nahrung zwischen dem Vestibulum und dem Rest der Mundhöhle hin und her bewegt, immer über die Okklusionsflächen hinweg. Dies kommt durch die Aktivität der Kaumuskulatur zustande, wäre jedoch ohne die Beteiligung der bukkalen, labialen und lingualen Muskulatur nicht möglich. Sobald eine ausreichende Konsistenz erreicht und die Nahrung mit Speichel angefeuchtet ist, formt die Zunge die Nahrung zu einem kleinen **Bolus**, der dann heruntergeschluckt werden kann.

Der Pharynx 25.4

25.4.1 Die Anatomie des Pharynx

Der Pharynx ist der gemeinsame Durchgang für Nahrung, Flüssigkeiten und Luft. Das Epithel sowie die Unterteilung in Nasopharynx, Oropharynx und Laryngopharynx wurden bereits in Kapitel 24 beschrieben und illustriert. Unterhalb der *Lamina propria* der Mukosa liegt eine dichte Schicht aus elastischen Fasern, die fest mit den darunterliegenden Skelettmuskeln verbunden ist. Die einzelnen Rachenmuskeln, die am Schluckvorgang beteiligt sind, sind im Folgenden nur kurz zusammengefasst; in Kapitel 10 wurden sie bereits ausführlich besprochen.

- Die *Mm. constrictores pharyngis (superior, medius* und *inferior)* schieben den Bolus in Richtung Ösophagus.
- Die *Mm. palatopharyngeus* und *stylopharyngeus* heben den Larynx an.
- Die *Mm. palatini* heben den weichen Gaumen und die benachbarten Regionen des Pharynx an.

Die Rachenmuskulatur kooperiert mit der Muskulatur von Mund und Ösophagus, um den Schluckvorgang in Gang zu setzen.

25.4.2 Der Schluckvorgang

Der Schluckvorgang ist ein komplexer Prozess, der willkürlich initiiert wird, dann aber unwillkürlich weiter abläuft. Er wird in die bukkale, die pharyngeale und die ösophageale Phase unterteilt. Die wichtigsten Aspekte jeder einzelnen Phase sind in **Abbildung 25.8** dargestellt.

- Die **bukkale Phase** beginnt mit dem Andrücken des Bolus gegen den harten Gaumen. Die darauf folgende Retraktion der Zunge befördert den Bolus in den Rachen und unterstützt die Anhebung des weichen Gaumens durch die Pharynxmuskulatur, was den Nasopharynx verschließt (siehe Abbildung 25.8a und b). Die bukkale Phase ist ausschließlich willkürlich. Sobald der Bolus jedoch in den Oropharynx gelangt, werden unwillkürliche Reflexe ausgelöst, die den Bolus in den Magen befördern.

AUS DER PRAXIS

Achalasie und Refluxösophagitis

Wenn die peristaltischen Wellen im Ösophagus zu schwach sind, bewegt sich ein herabgeschluckter Bolus zu langsam den Ösophagus hinunter und löst auch am Ösophagus-Magen-Übergang durch seine Ankunft keine Öffnung aus. Die Nahrung staut sich daraufhin im unteren Ösophagus wie Autos vor einer roten Ampel. Es kommt zu sehr unangenehmen sekundären peristaltischen Wellen. Diese Erkrankung nennt man **Achalasie**. Die erfolgreichste Behandlung besteht in einer Schwächung der Ösophagusverschlussstrukturen durch operative Spaltung oder die Dehnung mittels Ballonsonde, bis der angiomuskuläre Dehnverschluss teilweise einreißt und sich leichter öffnet.

Oft kommt es nach einer Mahlzeit zu einem kurzfristigen Rückfluss von Mageninhalt in den unteren Abschnitt der Speiseröhre, häufiger bei Stammfettsucht, Schwangerschaft und durch Flachlagerung nach dem Essen. Bei einem geschwächten oder permanent weit stehenden angiomuskulären Dehnverschluss entwickelt sich ein ein häufiger und länger anhaltender Reflux, der zu einer **Ösophagitis**führt, der Entzündung des Ösophagus durch Kontakt mit der Magensäure. Das Epithel des Ösophagus hat der Schädigung durch Säure und Enzyme wenig entgegenzusetzen; es kommt zu einer Entzündung und Erosion des Epithels und zu den erheblichen Beschwerden der **Refluxösophagitis**. Bei vielen Menschen hilft die Erhöhung des Kopfteils am Bett ebenso gut wie Medikamente. Manche Patienten mit einer Refluxösophagitis leiden an Husten und Beschwerden an Rachen und Lungen, wahrscheinlich durch hochlaufende Magensäure und Aspiration in die Trachea. Andererseits kann Husten den gastroösophagealen Reflux auch auslösen, sodass Ursache und Wirkung nicht immer ganz eindeutig zuzuordnen sind.

- Die **pharyngeale Phase** beginnt mit dem Kontakt des Bolus mit den Rachenbögen, der hinteren Rachenwand oder beidem (siehe Abbildung 25.8c und d). Durch die Anhebung des Larynx durch die *Mm. palatopharyngeus* und *stylopharyngeus* und die Absenkung der Epiglottis wird der Bolus an der verschlossenen Glottis vorbeigeleitet. In weniger als 1 s haben die *Mm. constrictores pharyngis* den Bolus in den Ösophagus bewegt. In dieser Zeit sind die Atemzentren gehemmt; die Atmung setzt aus.
- Die **ösophageale Phase** des Schluckvorgangs (siehe Abbildung 25.8e–g) beginnt mit der Öffnung der oberen Ösophagusenge. Nach dem Durchtritt bewegen peristaltische Wellen den Bolus nach unten. Der herannahende Bolus löst die Öffnung des schwächeren unteren angiomuskulären Ösophagusdehnverschlusses aus; der Bolus gelangt in den Magen (siehe Abbildung 25.8g und h).

Der Ösophagus 25.5

Der Ösophagus (siehe Abbildung 25.1) ist ein hohler muskulärer Schlauch, der Nahrung und Flüssigkeiten in den Magen transportiert. Hinter der Trachea gelegen (siehe Abbildung 25.8), zieht er an der dorsalen Wand des Mediastinums in die Thoraxhöhle und durch den **Hiatus oesophageus** in die Peritonealhöhle, wo er sich in den Magen öffnet. Der Ösophagus ist etwa 25 cm lang und hat einen Durchmesser von etwa 2 cm. Er beginnt auf Höhe des Ringknorpels vor C6 und endet auf der Höhe von Th7.

Der Ösophagus wird von den folgenden Blutgefäßen versorgt: 1. durch den *Truncus thyreocervicalis* und die *A. carotis externa* am Hals, 2. durch die *Aa. bronchialis* und *oesophagealis* im Mediastinum und 3. durch die *A. phrenica inferior* und die *A. gastrica sinistra* im Abdomen. Das venöse Blut aus den Kapillaren sammelt sich in den *Vv. oesophagealis, thyreoidea inferior, azygos* und *gastrica sinistra*. Der Ösophagus wird vom *N. vagus* und sympathisch über den *Plexus oesophagealis* innerviert. Weder der obere noch der untere Anteil des Ösophagus haben einen klar definierten Muskelsphinkter, wie sie an anderen Stellen im Verdauungstrakt vorkommen. Daher verwendet man die Ausdrücke **obere Ösophagusenge** und **unterer angiomuskulärer Ösophagusdehnverschluss**.

25.5.1 Der histologische Aufbau der Ösophaguswand

Die Wand des Ösophagus hat eine Mukosa, eine Submukosa und eine Muskularis, wie bereits beschrieben (siehe Abbildung 25.2). Es gibt einige Besonderheiten, die in **Abbildung 25.9** dargestellt sind:

- Die Mukosa des Ösophagus hat ein abriebfestes mehrschichtiges Plattenepithel.
- Mukosa und Submukosa bilden große Längsfalten, die eine Dehnung für den Durchgang eines großen Bolus erlauben. Außer während des Schluckvorgangs verschließt der Muskeltonus das Lumen.
- Die glatte Muskelschicht in der *Muscularis mucosae* ist in Rachennähe nicht vorhanden oder nur sehr dünn; zum Magen hin nimmt sie jedoch langsam an Dicke zu (bis zu 200–400 µm).
- Die Submukosa enthält verteilt die **Ösophagusdrüsen**. Diese einfachen, verzweigten tubulären Drüsen sezernieren Schleim, der die Oberfläche des Bolus befeuchtet und das Epithel beschützt.
- Die Muskularis hat innere zirkuläre und äußere longitudinale Muskelschichten. Im oberen Drittel des Ösophagus enthalten beide Schichten Skelettmuskelfasern;

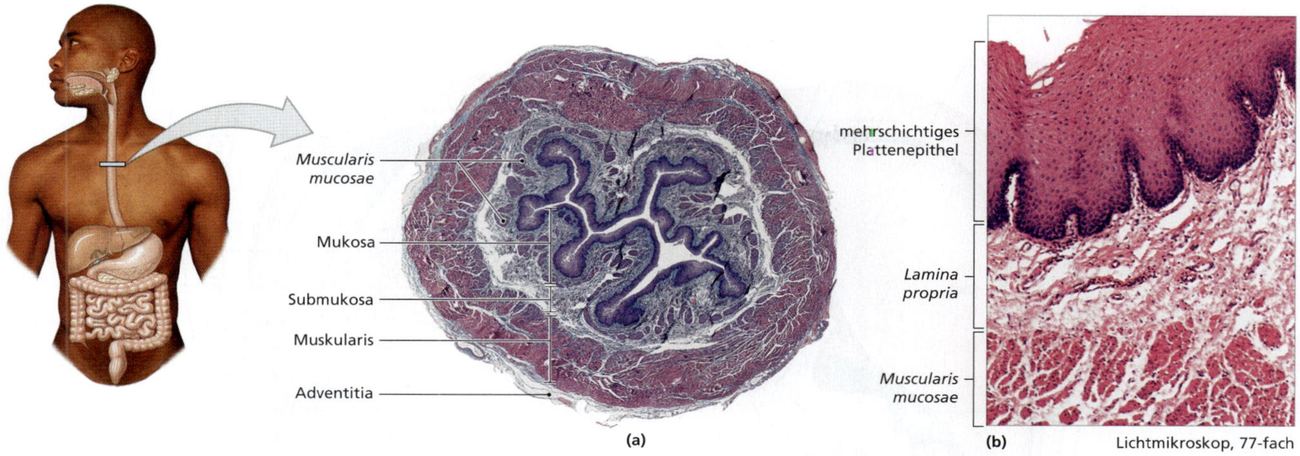

Abbildung 25.9: Die Histologie des Ösophagus. (a) Querschnitt durch den Ösophagus in schwacher Vergrößerung. (b) Die Mukosa des Ösophagus.

AUFGABEN

1. Wo befindet sich der Schlund?
2. Was geschieht, wenn sich der weiche Gaumen und der Larynx heben und die Glottis sich schließt?
3. Welches Stadium des Schluckvorgangs ist willkürlich kontrolliert?
4. Was passiert beim Sodbrennen im Ösophagus?

im mittleren Drittel sind sowohl Skelettmuskelfasern als auch glatte Muskelzellen vorhanden und im unteren Drittel nur noch glatte Muskelzellen. Die gesamte Muskulatur des Ösophagus wird durch viszerale Reflexe kontrolliert; man hat keine willkürliche Kontrolle über diese Kontraktionen.

- Es gibt nur im *Pars abdominalis* eine Serosa. Eine Bindegewebsschicht um die Muskularis befestigt den Ösophagus an der hinteren Thoraxwand; man nennt sie **Adventitia**. Die 1–2 cm des Ösophagus zwischen Zwerchfell und Magen liegen retroperitoneal; hier sind die anteriore und die linke laterale Fläche mit Peritoneum bedeckt.

Der Magen 25.6

Der Magen hat drei Hauptaufgaben: 1. die Speicherung der aufgenommenen Nahrung, 2. die mechanische Durchmengung des Mageninhalts und 3. die chemische Zersetzung mittels Säuren und Enzymen. Die Vermischung der aufgenommenen Nahrung mit den Säuren und Enzymen, die die Drüsen des Magens sezernieren, ergibt einen viskösen, sehr sauren Speisebrei, den man **Chymus** nennt.

25.6.1 Die Anatomie des Magens

Der Magen, der intraperitoneal liegt, hat die Form eines breiten J (**Abbildung 25.10** und **Abbildung 25.11**). Er liegt in der linken *Regio hypochondriaca*, der *Regio epigastrica* und in Abschnitten der *Regio umbilicalis* sowie der linken *Regio lateralis* (**Abbildung 25.12**). Form und Größe des Magens variieren stark zwischen einzelnen Personen und zwischen den Mahlzeiten.

Der J-förmige Magen hat eine kurze **kleine Kurvatur**, die die mediale Fläche des Organs bildet, und eine längere **große Kurvatur**, die laterale Fläche. Bei einem durchschnittlichen Magen ist die kleine Kurvatur etwa 10 cm lang, die große etwa 40 cm. Die **anterioren und posterioren Flächen** sind gleichmäßig gerundet. Typischerweise reicht der Magen von der Höhe von Th7 bis zu der von L3.

Der Magen ist in vier Regionen eingeteilt (siehe Abbildung 25.10 und 25.11):

- Der Ösophagus ist an der **Kardia** mit dem Magen verbunden, die wegen der Nähe zum Herz so heißt. Sie umfasst die ersten 3 cm des superioren medialen Abschnitts des Magens ab der Anschlussstelle von Ösophagus und Magen. Das Lumen des Ösophagus öffnet sich am **Mageneingang** in die Kardia.
- Die Magenregion superior des gastroösophagealen Übergangs ist der **Fundus**. Er liegt der inferioren und posterioren Fläche des Zwerchfells an.
- Der Bereich zwischen dem Fundus und dem Bogen des J ist der **Korpus** des Magens. Es ist der größte Magenbereich und fungiert als Mischgefäß für aufgenommene Nahrung und Magensäfte.
- Der **Pylorus** ist der Bogen des J. Er ist unterteilt in das **Antrum pylori**, das mit dem Magenkorpus verbunden ist, und den **Pyloruskanal**, der mit dem Duodenum verbunden ist, dem proximalen Anteil des Dünndarms. Bei der Durchmischung während der Verdauung verändert der Pylorus beständig seine Form. Ein muskulärer **Pylorussphinkter** reguliert den Übergang des Speisebreis in das Duodenum.

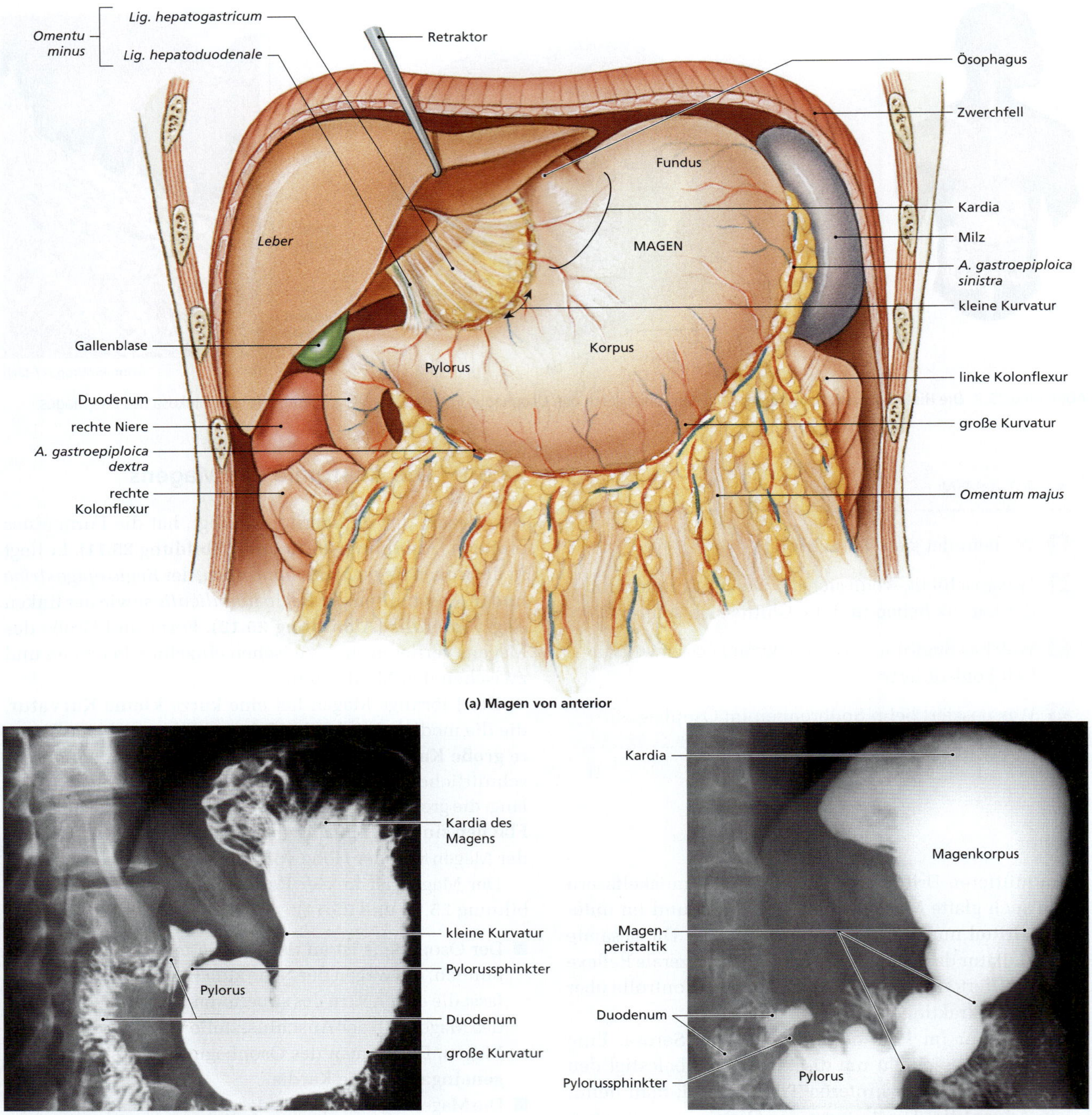

Abbildung 25.10: Der Magen und die Omenta. (a) Oberflächenanatomie des Magens mit Darstellung der Blutgefäße und der Lagebeziehungen zu Leber und Darm. (b) Röntgenaufnahme von Magen und Duodenum nach Einnahme von Röntgenkontrastmittel. (c) Röntgenaufnahme von Pylorusregion, Sphinkter pylori und Duodenum.

Das Volumen des Magens erhöht sich während einer Mahlzeit und verkleinert sich wieder, wenn der Chymus den Magen in Richtung Dünndarm verlässt. Im entspannten (leeren) Magen liegt die Mukosa in einer Reihe prominenter Längsfalten (siehe Abbildung 25.11a). Falten ermöglichen eine Dehnung des Magens; das Epithel, das sich nicht dehnen kann, flacht sich dabei ab. Bei ganz vollem Magen sind die Falten fast nicht mehr sichtbar.

Die Mesenterien des Magens

Das viszerale Peritoneum, das die Außenfläche des Magens bedeckt, geht in zwei prominente Mesenterien über. Das *Omentum majus* bildet eine große Tasche, die wie eine Schürze von der großen Magenkurvatur herabhängt. Es liegt hinter der anterioren Bauchwand und vor den Bauchorganen (siehe Abbildung 25.4 und 25.10a). Fettgewebe im *Omentum majus* passt sich der Form der anliegenden

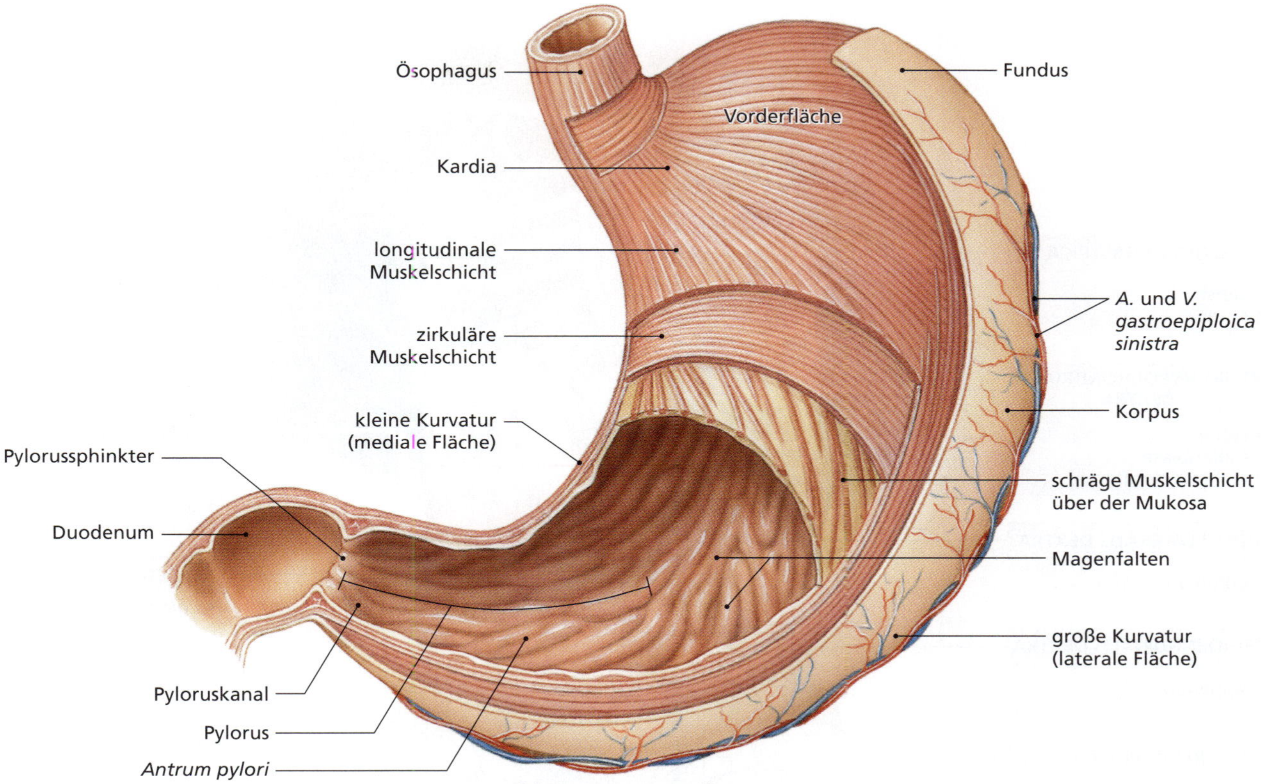

(a) Magen von anterior

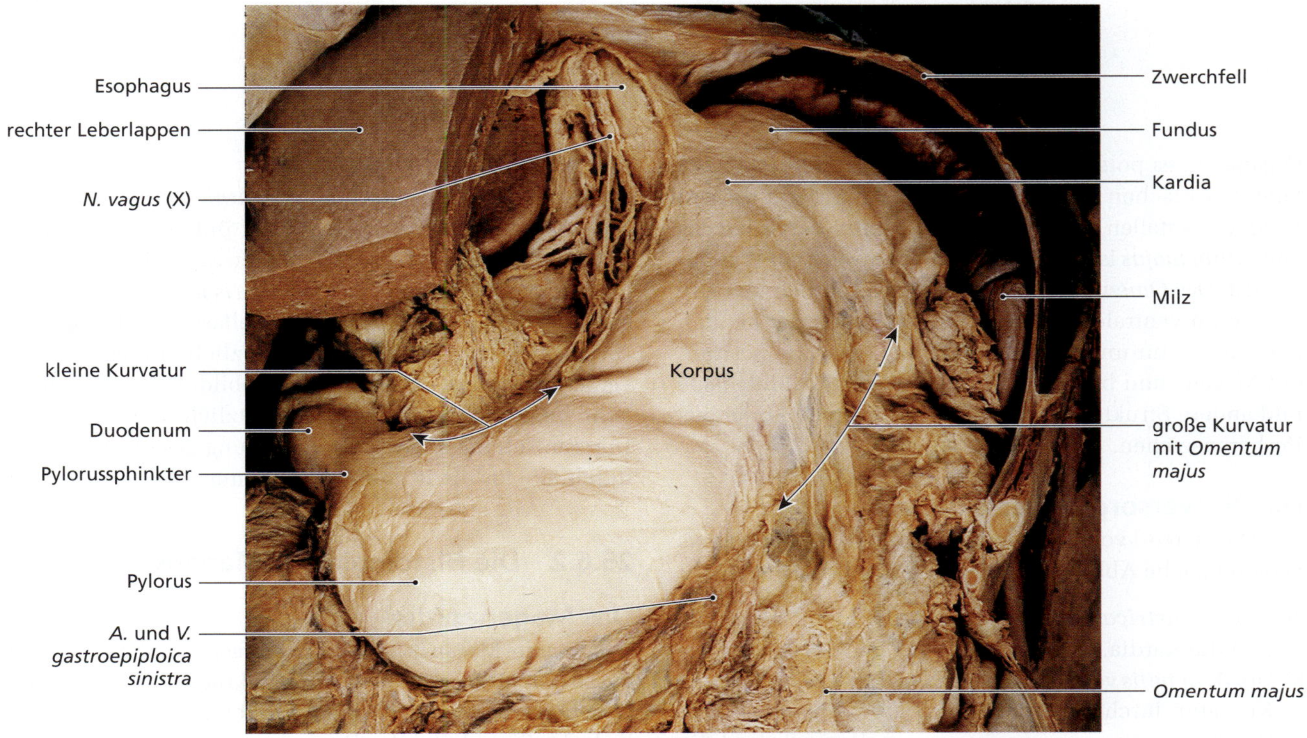

(b) Magen und benachbarte Organe von anterior

Abbildung 25.11: Die Makroanatomie des Magens. (a) Äußere und innere Anatomie des Magens. (b) Superiorer Anteil der Bauchhöhle von anterior nach Entfernung von linkem Leberlappen und Omentum minus. Beachten Sie Lage und Anordnung des Magens.

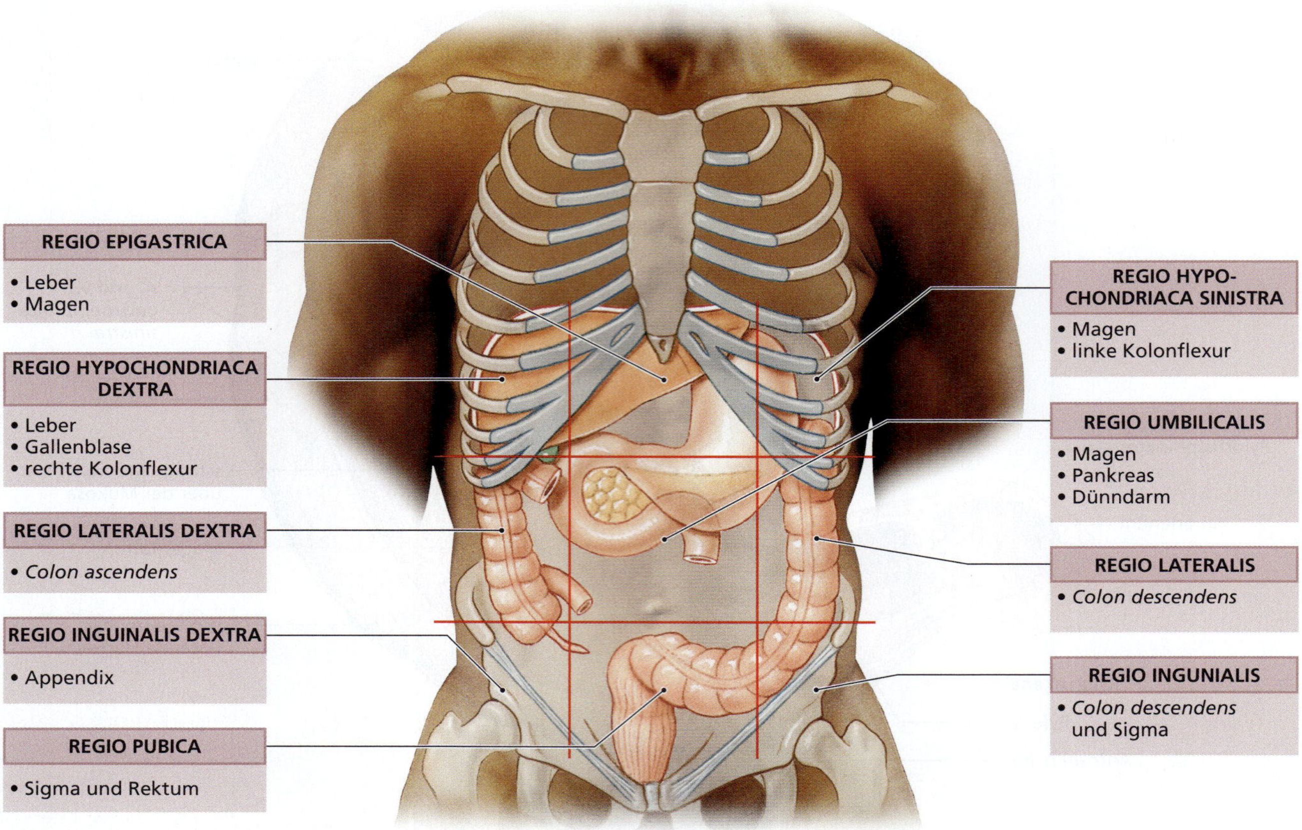

Abbildung 25.12: Regionen und Ebenen des Abdomens.

Organe an; es polstert und schützt die anteriore und die lateralen Flächen des Abdomens. Die Lipide in diesem Fettgewebe stellen eine bedeutende Energiereserve dar; das *Omentum majus* isoliert auch die Bauchwand vor Wärmeverlust. Das *Omentum minus* ist eine wesentlich kleinere Tasche im ventralen Mesenterium zwischen der kleinen Magenkurvatur und der Leber. Es stabilisiert die Position des Magens und bietet einen Zugangsweg für Blutgefäße und andere Strukturen, die in die Leber hinein- oder aus ihr herausziehen.

Die Blutversorgung des Magens

Der Magen wird von den drei Ästen des *Truncus coeliacus* versorgt (siehe Abbildung 22.17 und Abbildung 25.10a):

- Die *A. gastrica sinistra* versorgt die kleine Kurvatur und die Kardia.
- Die *A. lienalis* versorgt den Fundus direkt und die große Kurvatur durch die *A. gastroepiploica sinistra*.
- Die *A. hepatica communis* versorgt die große und die kleine Kurvatur des Pylorus über die *Aa. gastrica dextra*, *gastroepiploica dextra* und *gastroduodenalis dextra*. Die *Vv. gastrica* und *gastroepiploica* drainieren das Blut vom Magen in die *V. portae* (siehe Abbildung 22.26).

Die Muskulatur des Magens

Die *Muscularis mucosae* und die *Tunica muscularis* des Magens enthalten außer den sonst üblichen zirkulären und longitudinalen Muskelschichten zusätzliche Schichten glatter Muskulatur. Die *Muscularis mucosae* hat meist eine weitere äußere, zirkuläre Muskelfaserschicht. Dis *Muscularis externa* besitzt eine zusätzliche innere, schräg verlaufende Muskelschicht (siehe Abbildung 25.11a). Diese Schichten stärken den Magen zusätzlich und führen die Durchmischung und die Zerkleinerung des Mageninhalts durch, die für die Bildung des Chymus erforderlich sind.

25.6.2 Die Histologie des Magens

Das Magenepithel

Der gesamte Magen ist mit einem einfachen Zylinderepithel ausgekleidet. Das Epithel ist eine sekretorische Membran, die eine Schleimschicht bildet, welche den Magen innen bedeckt. Sie schützt das Epithel vor den Säuren und Enzymen im Mageninneren. Das Magenepithel weist flache Vertiefungen auf, die **Foveolae gastricae (Magengrübchen; Abbildung 25.13)**. Die Schleimzellen in der Tiefe dieser Grübchen teilen sich aktiv, um die weiter oberflächlich

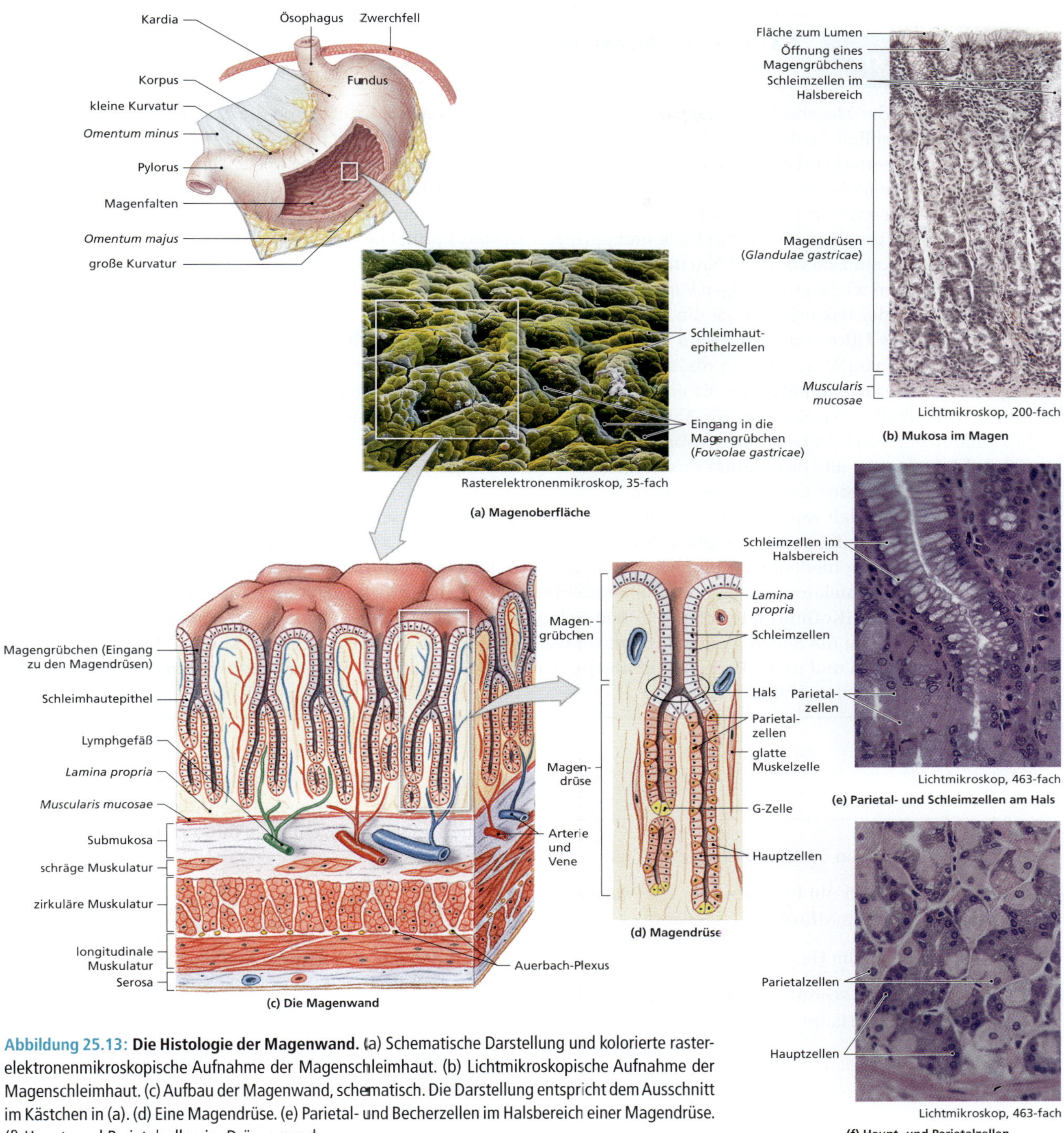

Abbildung 25.13: Die Histologie der Magenwand. (a) Schematische Darstellung und kolorierte rasterelektronenmikroskopische Aufnahme der Magenschleimhaut. (b) Lichtmikroskopische Aufnahme der Magenschleimhaut. (c) Aufbau der Magenwand, schematisch. Die Darstellung entspricht dem Ausschnitt im Kästchen in (a). (d) Eine Magendrüse. (e) Parietal- und Becherzellen im Halsbereich einer Magendrüse. (f) Haupt- und Parietalzellen im Drüsengrund.

liegenden Zellen zu ersetzen, die kontinuierlich in den Chymus abgegeben werden. Dieser ständige Ersatz von Epithelzellen ist ein weiterer Bestandteil der Verteidigung gegen den Mageninhalt. Falls Magensäure und Verdauungsenzyme durch die Schleimschicht dringen, werden beschädigte Epithelzellen umgehend ersetzt.

Die sekretorischen Zellen des Magens

In Fundus und Korpus münden mehrere Magendrüsen, die bis tief in die darunterliegende *Lamina propria* reichen, jeweils in ein Magengrübchen. Es handelt sich um verzweigt tubuläre Drüsen mit drei verschiedenen Arten sekretorischer Zellen: Parietalzellen, Hauptzellen und, dazwischen verteilt, enteroendokrine Zellen (siehe Abbildung 25.13). Parietal- und Hauptzellen bilden zusammen täglich etwa 1,5 l Magensaft.

Parietalzellen Zellen, die Intrinsic-Faktor und Salzsäure bilden, nennt man Parietalzellen. In den proximalen Anteilen der Magendrüsen kommen sie besonders häufig vor.

AUS DER PRAXIS

Gastritis und Magenulkus

Die Entzündung der Magenschleimhaut bezeichnet man als **Gastritis**. Sie kann durch die Einnahme von Medikamenten, einschließlich Aspirin, und Alkohol verursacht werden, aber auch durch starke seelische und körperliche Belastungen, bakterielle Infektionen oder die Einnahme stark saurer oder basischer Substanzen. Infektionen durch das Bakterium *Helicobacter pylori* sind ein wichtiger Faktor bei der Entstehung von Magenulzera.

Ein **Ulkus** („Geschwür") ist eine scharf begrenzte, lokalisierte Schleimhautläsion. Diese Bakterien können lange genug überleben, um in die Schleimschicht einzudringen, die das Epithel bedeckt. Sobald sie sich innerhalb dieser Schicht befinden, sind sie vor der Säure und den Enzymen geschützt. Im Laufe der Zeit beschädigt die Infektion das Epithel; die beiden wichtigsten Folgen sind 1. eine Erosion der *Lamina propria* durch den Magensaft und 2. Eintritt und Verbreitung der Bakterien durch die Magenwand und in die Blutbahn.

Ein **peptisches Ulkus** entsteht, wenn es der Säure und den Enzymen gelingt, die Verteidigungsmechanismen der Schleimhaut von Magen oder proximalem Dünndarm zu durchbrechen. Die Lage erkennt man am Namen: **Magenulkus** oder **Duodenalulkus**. Es entsteht bei exzessiv hoher Säureproduktion oder einer unzureichenden Bildung von alkalischem Schleim zur Abwehr. Man schätzt, dass etwa 50–80 % aller Magenulzera und 95 % aller Duodenalulzera durch *Helicobacter pylori* hervorgerufen werden.

Sobald die Magensäfte das Epithel zerstört haben, ist die *Lamina propria* der Verdauung schutzlos ausgeliefert. Dies führt zu stechenden Bauchschmerzen; oft kommt es zu Blutungen. Häufig können die Ulzera durch die Gabe von Antazida behandelt werden, die die Säuren neutralisieren und der Schleimhaut Zeit geben, sich zu regenerieren. Verschiedene Medikamente hemmen Produktion und Sekretion der Magensäure. Eine intensive zweiwöchige Behandlung mit verschiedenen Antibiotika kann *Helicobacter pylori* beseitigen und die meisten Ulzera heilen, doch es kann zu Reinfektionen kommen. Die Vermeidung säurehaltiger Getränke und Substanzen, die die Säureproduktion anregen (Koffein) oder ungeschützte Schleimzellen schädigen (Alkohol), ist ebenfalls hilfreich. In schweren Fällen kann die Schädigung jedoch zu schweren Blutungen führen; die Säuren können die Magenwand sogar ganz arrodieren und in die Peritonealhöhle dringen. Diese Erkrankung, das **perforierte Ulkus**, erfordert eine notfallchirurgische Behandlung.

AUFGABEN

1. Welche Funktionen hat das Omentum majus?
2. Wie schützen sich die Epithelzellen des Magens in einem so sauren Milieu?
3. Was sezernieren die Hauptzellen?
4. Welches Hormon stimuliert die Sekretion durch die Parietal- und Hauptzellen?

Intrinsic-Faktor ermöglicht die Resorption von Vitamin B_{12}, das für eine normale Erythropoese nötig ist, durch die Darmschleimhaut. Salzsäure senkt den pH-Wert des Magensafts, tötet Mikroorganismen ab, baut Zellwände und Bindegewebe in der Nahrung ab und aktiviert die Sekretion der Hauptzellen.

HAUPTZELLEN Hauptzellen findet man besonders reichlich im Fundus der Magendrüsen. Sie sezernieren **Pepsinogen**, das durch die Säure im Lumen zu **Pepsin**, einem aktiven proteolytischen (proteinverdauenden) Enzym, umgewandelt wird. Im Magen neugeborener Kinder werden außerdem noch **Chymosin** (Rennin) und **Magenlipase** sezerniert, Enzyme für die Milchverdauung. Chymosin (Rennin) ist eine Aspartat-Endopeptidase zur Spaltung von Milcheiweiß; die Magenlipase initiiert die Verdauung der Milchfette.

ENTEROENDOKRINE ZELLEN Zwischen den Parietal- und den Hauptzellen verteilt liegen die enteroendokrinen Zellen, die mindestens sieben verschiedene Substanzen produzieren. **G-Zellen** z. B. sind enteroendokrine Zellen, die besonders oft in den Magengrübchen der Pylorusregion vorkommen. Sie sezernieren das Hormon **Gastrin**. Gastrin, das bei Ankunft der Nahrung im Magen abgegeben wird, stimuliert die Aktivität von Haupt- und Parietalzellen. Außerdem fördert es die Aktivität der glatten Muskulatur in der Magenwand, was die Durchmischung und Zerkleinerung verbessert.

25.6.3 Die Regulation des Magens

Die Produktion von Säure und Enzymen durch die Magenschleimhaut wird direkt durch das ZNS und indirekt durch lokale Hormone reguliert. Das ZNS beeinflusst den Magen über den *N. vagus* (Parasympathikus) und Äste des *Plexus coeliacus* (Sympathikus). Der Anblick von oder der Gedanke an Nahrung löst eine motorische Aktivität des *N. vagus* aus. Postganglionäre parasympathische Fasern stimulieren Parietal-, Haupt- und Becherzellen des Magens; es kommt zu einer gesteigerten Sekretion von Magensäure, Enzymen und Schleim. Im Magen ankommende Nahrung stimuliert die Dehnungsrezeptoren der Magenwand und die Chemorezeptoren der Schleimhaut. Daraus resultieren reflektorische Kontraktionen der Muskelschichten der Magenwand und eine Freisetzung von Gastrin durch die enteroendokrinen Zellen. Sowohl Parietal- als auch Hauptzellen reagieren auf Gastrin mit einer Beschleunigung ihrer sekretorischen Aktivitäten. Parietalzellen sprechen besonders auf Gastrin an, sodass die Produktion von Säure stärker gesteigert wird als die der Enzyme.

Eine sympathische Aktivierung führt zu einer Hemmung der Aktivität des Magens. Außerdem setzt der Dünndarm dann zwei Hormone frei, die die Sekretion von Magensekreten hemmen. **Sekretin** und **Cholezystokinin** stimulieren beide die Sekretion durch Pankreas und Leber; die Hemmung der Sekretion im Magen ist ein sekundärer, aber sinnvoll ergänzender Effekt.

25.7 Der Dünndarm

Der Dünndarm spielt die Hauptrolle bei der Verdauung und Resorption von Nährstoffen. Er ist durchschnittlich 6 m lang (5,0–8,3 m); sein Durchmesser liegt zwischen 4 cm am Magen bis etwa 2,5 cm am Übergang zum Dickdarm. Er belegt alle Regionen des Bauchraums außer der linken *Regio hypochondriaca* und der *Regio epigastrica* (**Abbildung 25.14**; siehe auch Abbildung 25.12). 90 % der Resorption von Nährstoffen findet im Dünndarm statt, der Großteil des Restes im proximalen Dickdarm.

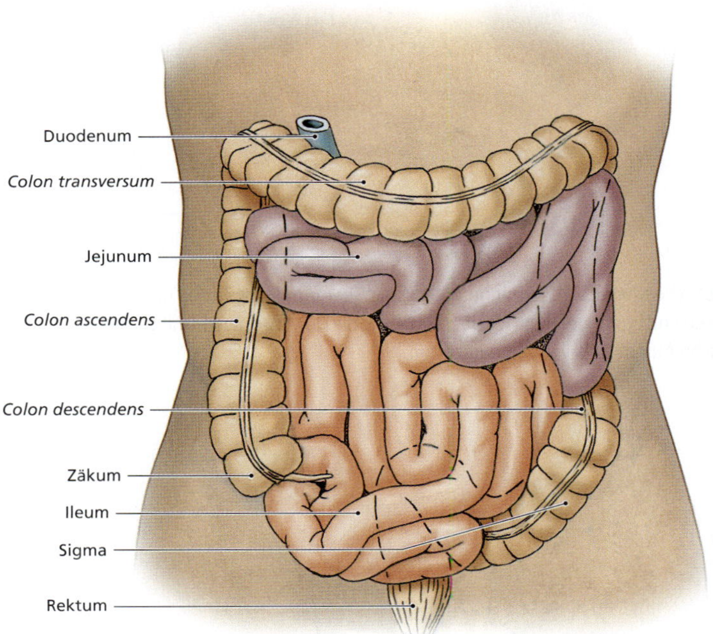

Abbildung 25.14: **Die Regionen des Dünndarms.** Die Farben zeigen die relative Größe und Lage von Duodenum, Jejunum und Ileum.

Der Dünndarm füllt den Großteil der Peritonealhöhle. Seine Lage wird durch die Mesenterien von der dorsalen Wand stabilisiert. Die Bewegungen des Dünndarms bei der Verdauung werden vom Magen, dem Dickdarm, der Bauchwand und dem Beckengürtel begrenzt. Die Abbildungen 25.10, 25.12 und 25.14 zeigen die Lage des Dünndarms im Verhältnis zu den anderen Abschnitten des Verdauungstrakts.

Die Innenwand des Darmes weist eine Reihe querverlaufender Falten auf, die **Plicae circulares (Kerckring-Falten**; **Abbildung 25.15**a und **Abbildung 25.16**b; siehe auch Abbildung 25.2a und b). Anders als die Falten im Magen sind die Kerckring-Falten ständig vorhanden; sie flachen sich bei vermehrter Füllung des Dünndarms nicht ab. Im gesamten Dünndarm finden sich etwa 800 Falten; sie vergrößern die Resorptionsfläche erheblich.

25.7.1 Die Regionen des Dünndarms

Der Dünndarm hat drei anatomische Abschnitte: das Duodenum, das Jejunum und das Ileum (siehe Abbildung 25.14).

Das Duodenum

Das Duodenum (siehe Abbildung 25.10b und c sowie 25.14) ist der kürzeste und weiteste Abschnitt des Dünndarms; es ist etwa 25 cm lang. Das Duodenum ist mit dem Pylorus am Magen verbunden; die Verbindungsstelle wird vom Pylorussphinkter kontrolliert. Von Anfang an hat es die Form eines C, das im Bogen um das Pankreas herum läuft. Die proximalen 2,5 cm liegen intraperitoneal, der Rest hingegen verläuft sekundär retroperitoneal zwischen L1 und L4 (siehe Abbildung 25.4b).

Das Duodenum ist ein Sammelort, in dem Chylus aus dem Magen und Verdauungsenzyme aus Leber und Pankreas zusammenkommen. Fast alle wichtigen Verdauungsenzyme kommen aus dem Pankreas in den Dünndarm.

Das Jejunum

Eine relativ scharfe Kurve, die *Flexura duodenojejunalis*, markiert die Grenze zwischen Duodenum und Jejunum. An diesem Übergang zieht der Dünndarm wieder in die Peritonealhöhle, liegt also wieder intraperitoneal und erhält ein eigenes Mesenterium. Das Jejunum ist etwa 2,5 m lang; hier findet der Großteil der chemischen Verdauung und der Nährstoffresorption statt.

Das Ileum

Das Ileum liegt ebenfalls intraperitoneal; es ist der letzte Abschnitt des Dünndarms und mit ca 3,5 m auch der längste. Es endet an einem Sphinkter, der Ileozäkalklappe, die den Durchfluss von Material in das Zäkum des Dickdarms reguliert. Die Ileozäkalklappe ragt in das Zäkum hinein. Sie ist auch ein Grund für die unterschiedliche Keimbesiedlungsdichte im Kolon bzw. Ileum.

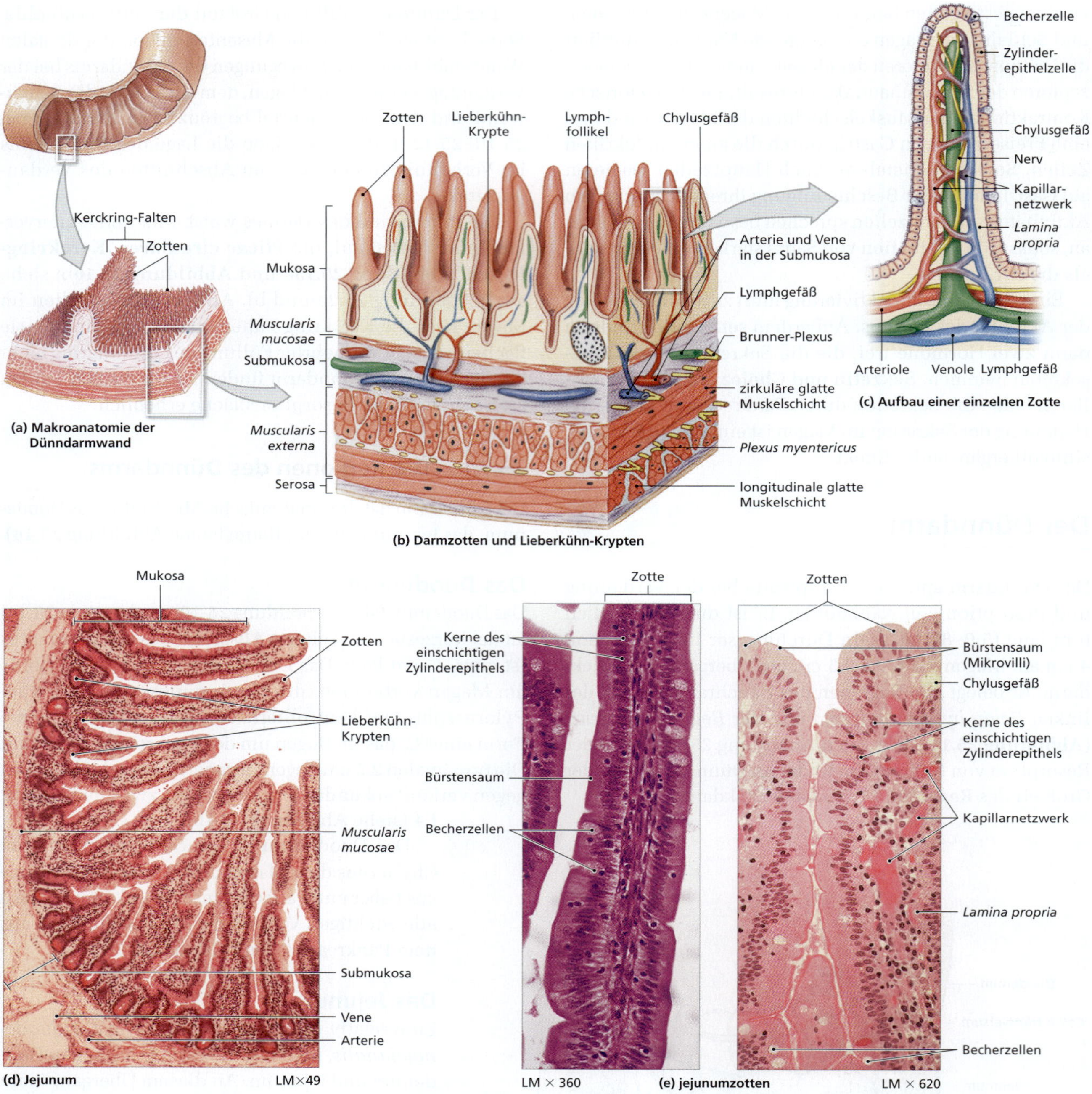

Abbildung 25.15: Die Histologie der Dünndarmwand. (a) Charakteristische Merkmale des Dünndarmepithels. (b) Aufbau der Zotten und der Lieberkühn-Krypten. (c) Schematische Darstellung einer einzelnen Zotte mit Kapillaren und Lymphgefäßen. (d) Überblick über die Dünndarmwand mit charakteristischen Zotten, Plikae, Submukosa und Muskelschichten. (e) Lichtmikroskopische Aufnahmen von Jejunumzotten.

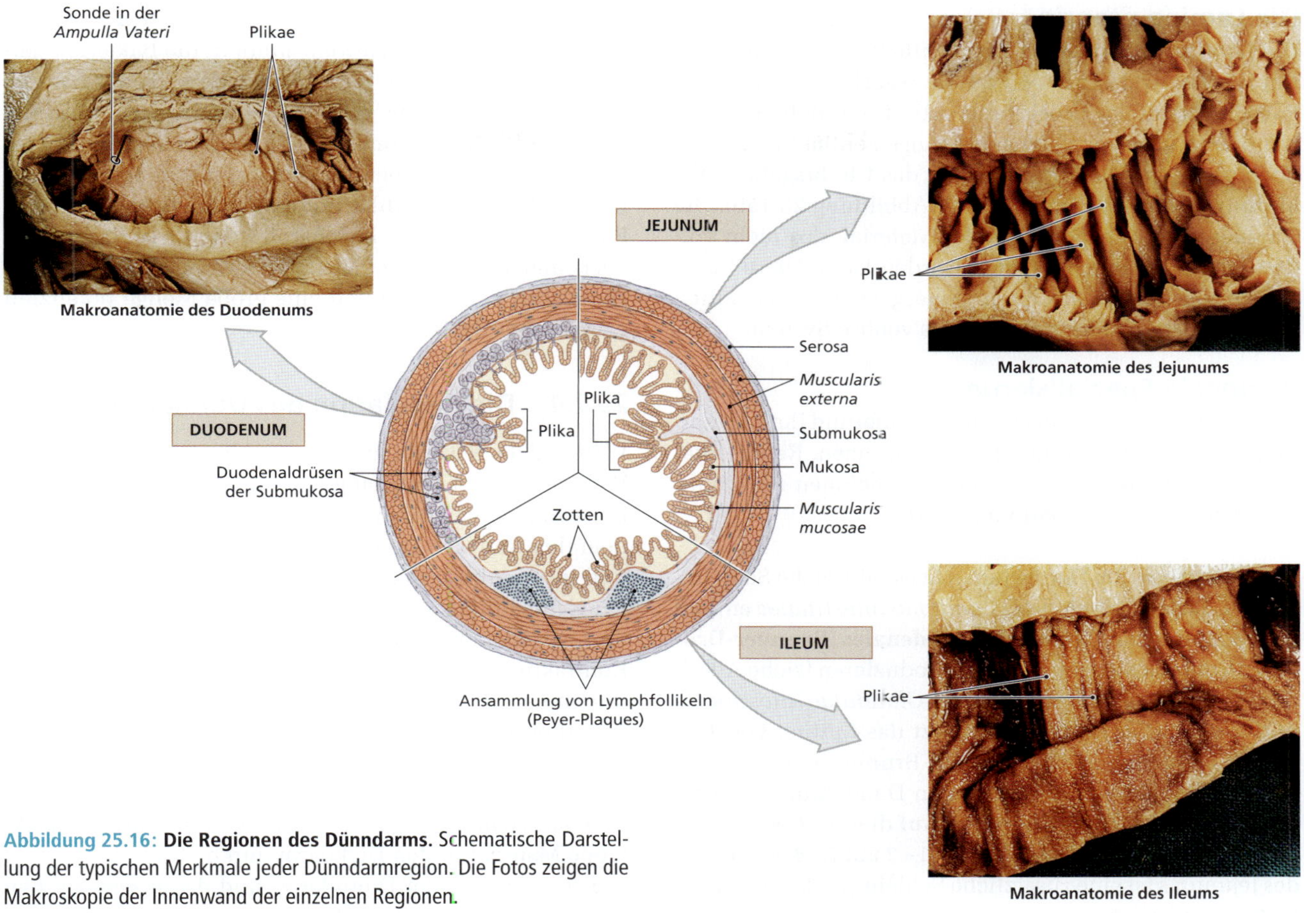

Abbildung 25.16: **Die Regionen des Dünndarms.** Schematische Darstellung der typischen Merkmale jeder Dünndarmregion. Die Fotos zeigen die Makroskopie der Innenwand der einzelnen Regionen.

25.7.2 Der Stützapparat des Dünndarms

Das Duodenum hat kein Mesenterium. Die proximalen 2,5 cm sind beweglich, doch der Rest liegt retroperitoneal und ist fest fixiert. Jejunum und Ileum hängen an einem ausgedehnten fächerförmigen Mesenterium (siehe Abbildung 25.4). Blutgefäße, Lymphgefäße und Nerven erreichen diese Dünndarmabschnitte durch das Bindegewebe dieses Mesenteriums. Die Blutgefäße sind die *Aa. intestinales*, Äste der *A. mesenterica superior* und die *V. mesenterica superior* (siehe Abbildung 22.17 und 22.26). Der *N. vagus* sorgt für parasympathische Innervation; sympathische Innervation erfolgt über postganglionäre Fasern aus dem *Ganglion mesentericum superior.*

25.7.3 Die Histologie des Dünndarms

Das Darmepithel

Die Schleimhaut des Dünndarms bildet zahlreiche fingerförmige Fortsätze, die Dünndarmzotten (*Villi intestinales*; siehe Abbildung 25.15 und 25.16), die in das Lumen hineinragen. Jede Zotte ist mit einschichtigem Zylinderepithel überzogen. Die apikalen Flächen dieser Epithelzellen sind mit Mikrovilli übersät; man spricht auch von einem „Bürstensaum". Wäre der Dünndarm ein einfaches Rohr mit glatten Innenwänden, hätte er eine Resorptionsfläche von etwa 0,33 m^2. Das Epithel liegt jedoch in Kerckring-Falten; jede Falte enthält einen Wald von Zotten, und jede Zotte ist von Epithelzellen bedeckt, deren freie Flächen Mikrovilli aufweisen. Durch diese Anordnung erhöht sich die Resorptionsfläche auf über 200 m^2.

Die Glandulae intestinales

Zwischen den Zellen des Zylinderepithels geben die Becherzellen Muzine auf die Epitheloberfläche ab. An der Basis der Zotten befinden sich jeweils die Eingänge zu den **Glandulae intestinales**, auch **Lieberkühn-Krypten** genannt. Diese Taschen reichen bis tief in die *Lamina propria* hinein (**Abbildung 25.15**b und d). An der Basis jeder Krypte werden durch Zellteilung beständig neue Generationen von Epithelzellen gebildet. Diese neuen Zellen bewegen sich langsam in Richtung Epitheloberfläche. Nach einigen Tagen haben sie die Spitze einer Zotte erreicht, wo sie in das Lumen hinein abgeschilfert werden. Durch diesen fortlaufenden Vorgang erneuert sich das Epithel, und intrazelluläre Enzyme werden dem Chymus hinzugefügt.

Die *Glandulae intestinales* enthalten außerdem enteroendokrine Zellen, die verschiedene Darmhormone, wie Cholezystokinin und Sekretin, und antibakteriell wirksame Enzyme bilden.

Die Lamina propria

Die *Lamina propria* jeder Zotte enthält ein ausgedehntes Kapillarnetzwerk, das Nährstoffe resorbiert und in den Portalkreislauf der Leber transportiert. Zusätzlich zu den Kapillaren und den Nervenendigungen enthält jede Zotte noch ein terminales Lymphgefäß, das **Chylusgefäß** (**Abbildung 25.15**c und e; siehe auch Abbildung 25.15b). Die Chylusgefäße transportieren das Material, das nicht von den Kapillaren aufgenommen werden kann. Diese Substanzen, wie etwa große Lipoproteine, gelangen letztendlich über den *Ductus thoracicus* in das venöse System.

Regionale Spezialisierungen

Die Regionen des Dünndarms haben aufgrund ihrer Hauptfunktionen histologische Spezialisierungen. Repräsentative Schnittbilder aus jeder der drei Regionen des Dünndarms sehen Sie in Abbildung 25.16.

Das Duodenum Im Duodenum gibt es zahlreiche Schleimdrüsen. Zusätzlich zu den *Glandulae intestinales* enthält die Submukosa die **Glandulae duodenales (Brunner-Drüsen)**, die große Mengen Schleim produzieren (siehe Abbildung 25.16). Der Schleim, den die *Glandulae intestinales* und *duodenales* bilden, beschützt das Epithel vor dem sauren Chymus aus dem Magen. Brunner-Drüsen kommen am häufigsten im proximalen Duodenum vor; zum Jejunum hin werden es weniger. Auf dieser Strecke steigt der pH-Wert des Darminhalts von 1–2 auf 7–8; ab Beginn des Jejunums ist eine zusätzliche Schleimproduktion nicht mehr erforderlich.

Puffernde Substanzen, wie Bikarbonat, und Enzyme aus dem Pankreas und Galle aus der Leber gelangen auf etwa halber Strecke in das Duodenum. In der Wand des Duodenums vereinen sich der *Ductus choledochus* von Leber und Gallenblase und der *Ductus pancreaticus* vom Pankreas in einer muskulären Kammer, der **Ampulla hepatopancreatica**. Diese Kammer öffnet sich an einer kleinen Erhebung, der **Papilla duodeni**, in das Duodenallumen oder, wenn ein akzessorischer *Ductus pancreaticus* vorhanden ist, an der *Papilla duodeni major* (siehe Abbildung 25.16 und 25.22b [siehe unten]).

Jejunum und Ileum In der proximalen Hälfte des Duodenums sind die Plikae und Zotten deutlich ausgeprägt (siehe Abbildung 25.15d und e sowie 25.16). Der Großteil der Nährstoffresorption findet hier statt. Zum Ileum hin werden die Plikae und Zotten kleiner und nehmen an Zahl und Größe bis an das Ende des Ileums kontinuierlich weiter ab. Diese Reduktion entspricht auch der Abnahme der Resorptionstätigkeit. Wenn der Darminhalt das terminale Ileum erreicht hat, ist die Nährstoffresorption zum Großteil abgeschlossen. Die Region zum Dickdarm hin hat überhaupt keine Falten mehr, und die wenigen Zotten sind breit und konisch geformt.

Bakterien, besonders *Escherichia coli*, sind natürliche Bewohner des Dickdarmlumens. Sie werden von der umliegenden Mukosa ernährt. Die Epithelbarrieren (Zellen, Schleim und Verdauungssäfte) und die darunterliegenden Zellen der Immunabwehr hindern die Bakterien daran, aus dem Dickdarm herauszuwandern. In der *Lamina propria* des Jejunums gibt es kleine, isolierte einzelne Lymphfollikel. Im Ileum nimmt ihre Zahl deutlich zu; sie verschmelzen zu großen Platten lymphatischen Gewebes (siehe Abbildung 25.16). Diese Ansammlungen, die **Peyer-Plaques**, können bis zu kirschgroß werden. Am zahlreichsten kommen sie im terminalen Ileum vor, am Übergang zum Dickdarm, der gewöhnlich eine große Menge potenziell gefährlicher Bakterien enthält.

25.7.4 Die Regulation des Dünndarms

Während der Resorption bewegen schwache peristaltische Wellen den Speisebrei langsam durch den Dünndarm. Die Bewegungen des Dünndarms werden hauptsächlich von neuralen Reflexen in den Nervenplexus der Submukosa und im Auerbach-Plexus gesteuert. Eine Stimulation des Parasympathikus senkt die Reizschwelle für diese Reflexe und beschleunigt Peristaltik und Segmentationen. Diese Kontraktionen und die Bewegungen, die den Darminhalt durchmischen, sind meist auf wenige Zentimeter um den stimulierten Bereich herum beschränkt. Wenn Nahrung in den Magen gelangt, kommt es zu koordinierten Darmbewegungen, die den Inhalt vom Duodenum weg in Richtung Dickdarm befördern. In diesen Phasen lässt die Ileozäkalklappe Material in den Dickdarm durch.

Die Sekretion der Dünndarm- und der akzessorischen Drüsen wird über hormonelle Reize und das ZNS gesteuert. Sämtliche Sekretionen des Dünndarms fasst man unter dem Namen **Verdauungssäfte** zusammen. Sekretorische Aktivität wird durch lokale Reflexe oder parasympathische (vagale) Stimulation ausgelöst. Die Stimulation durch den Sympathikus hemmt die Sekretion. Duodenale enteroendokrine Zellen produzieren Sekretin und Cholezystokinin, Hormone, die die sekretorischen Aktivitäten von Magen, Duodenum, Leber und Pankreas koordinieren.

AUFGABEN

1. Welche histologischen Merkmale des Dünndarms erleichtern die Verdauung und Resorption von Nährstoffen?
2. Welche Funktion haben die Plikae?
3. Welche Funktionen haben die Lieberkühn-Krypten?
4. Welcher Abschnitt des Dünndarms dient als „Sammelgefäß"?

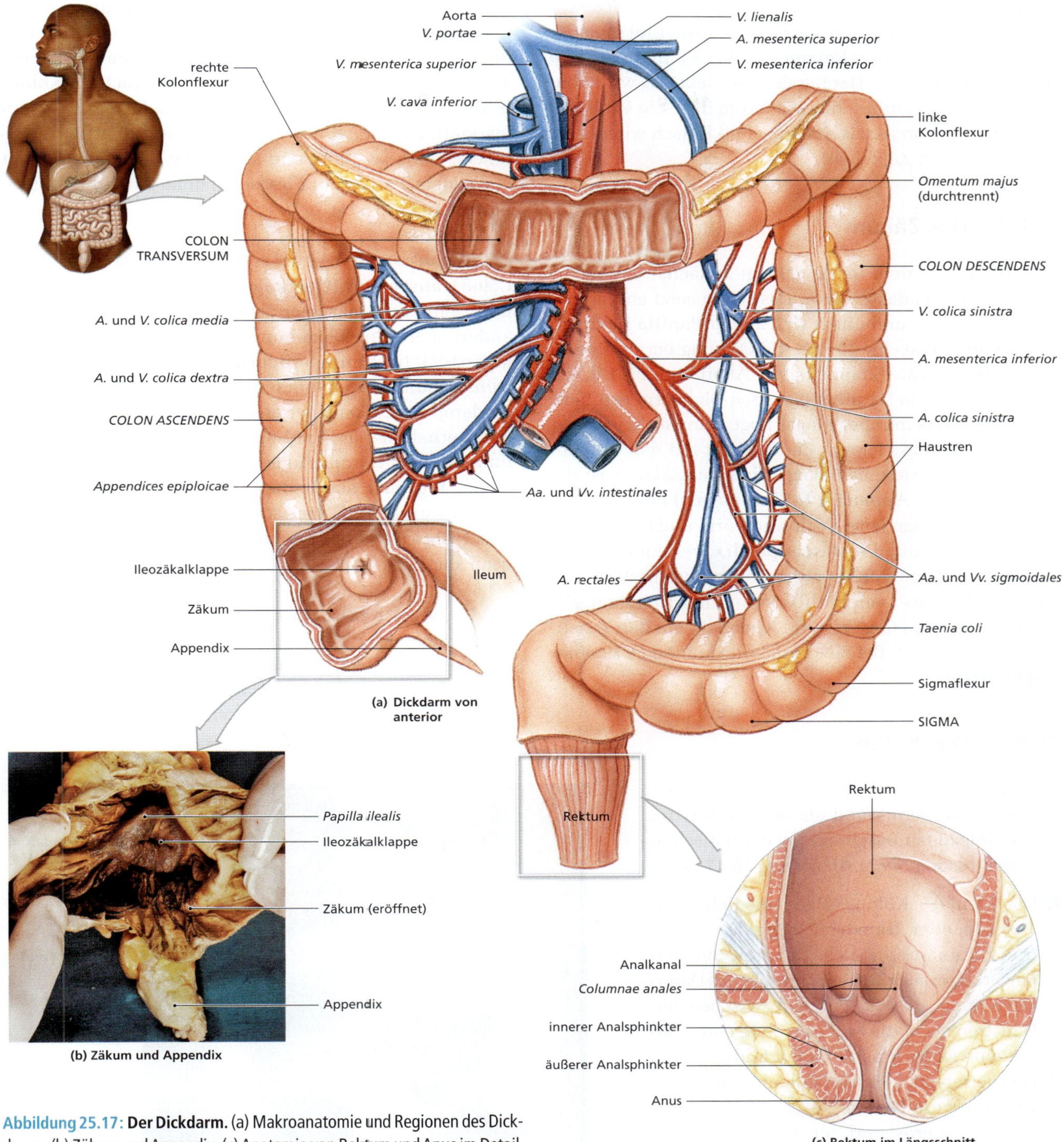

Abbildung 25.17: Der Dickdarm. (a) Makroanatomie und Regionen des Dickdarms. (b) Zäkum und Appendix. (c) Anatomie von Rektum und Anus im Detail.

25.8 Der Dickdarm

Der hufeisenförmige Dickdarm beginnt am Ende des Ileums und endet am Anus. Er liegt inferior des Magens und der Leber und umrahmt den Dünndarm fast vollständig (siehe Abbildung 25.1, 25.12 und 25.14).

Der Dickdarm ist etwa 1,5 m lang und etwa 7,5 cm weit. Er kann in drei Abschnitte unterteilt werden: 1. das Zäkum, den ersten Abschnitt des Dickdarms, der wie eine Tasche aussieht, 2. das Kolon, den größten Anteil, und 3. das Rektum, die letzten 15 cm des Dickdarms und des Verdauungstrakts (**Abbildung 25.17**).

Die Hauptfunktionen des Dickdarms sind 1. die Rückresorption von Wasser und Elektrolyten und die Verdichtung des Darminhalts zu den Fäzes, 2. die Resorption wichtiger Vitamine, die von Bakterien hergestellt werden, und 3. die Lagerung des Stuhles vor der Defäkation.

Der Dickdarm wird über Äste der *Aa.mesentericae superior* und *inferior* mit Blut versorgt. Venöses Blut sammelt sich mit Ausnahme des Rektums in den *Vv. mesentericae superior* und *inferior*. Der Bereich des Rektums wird über die *V. rectalis* drainiert, die wiederum über die *Vv. iliaca* und *cava* den Portalkreislauf umgeht (klinisch wichtig für den Einsatz von Zäpfchen).

25.8.1 Das Zäkum

Darminhalt aus dem Ileum gelangt zunächst in eine erweiterte Tasche, das **Zäkum**. Das Ileum setzt an der medialen Fläche an und öffnet sich an der **Papilla ilealis** in das Zäkum. Muskeln, die um die Öffnung herum liegen, bilden die Ileozäkalklappe (siehe Abbildung 25.17), die den Übergang von Darminhalt in den Dickdarm reguliert. Das Zäkum, das intraperitoneal liegt, sammelt und lagert das ankommende Material und beginnt mit der Verdichtung. An der posteromedialen Fläche des Zäkums ist die schlanke, hohle **Appendix („Blinddarm")** befestigt. Sie ist meist etwa 9 cm lang, doch sind Form und Größe recht variabel. Ein Band, die **Mesoappendix**, verbindet sie mit Ileum und Zäkum. Mukosa und Submukosa bestehen im Wesentlichen aus Lymphfollikeln; in ihrer Hauptaufgabe als lymphatisches Organ ist die Appendix mit den Tonsillen zu vergleichen. Bei einer Infektion kommt es zu einer **Appendizitis**.

25.8.2 Das Kolon

Das Kolon hat einen größeren Durchmesser, aber eine dünnere Wand als der Dünndarm. Bei der folgenden Beschreibung der typischen Merkmale sehen Sie in Abbildung 25.17 nach:

- Die Wand des Kolons bildet eine Reihe von Taschen oder **Haustren** (Singular: Haustrum), die eine erhebliche Dehnung und Verlängerung erlauben. Ein Schnitt in das Darmlumen zeigt, dass die Furchen zwischen den Haustren bis in die Mukosa reichen und damit eine Reihe innerer Falten bilden.
- Drei getrennte, längsverlaufende glatte Muskelbänder, die **Tänien** (Singular: Tänie) sind unter der Serosa auf der Außenfläche des Dickdarms sichtbar.
- Die Serosa des Kolons enthält zahlreiche tropfenförmige Fettsäckchen, die **Appendices epiploicae** (siehe Abbildung 25.17a).

Die Regionen des Kolons

Das Kolon ist in vier Regionen unterteilt: *Colon ascendens*, *Colon transversum*, *Colon descendens* und Sigma (siehe Abbildung 25.17a). Die Regionen sind auch deutlich in der Röntgenaufnahme (**Abbildung 25.18**) zu erkennen.

Colon ascendens Das *Colon ascendens* beginnt an der Oberkante des Zäkums und steigt an der rechten lateralen und posterioren Rumpfwand zur Unterfläche der Leber auf. Hier wendet sich das Kolon an der **rechten Kolonflexur** nach links, die den Beginn des *Colon transversum* markiert. Das *Colon ascendens* liegt sekundär retroperitoneal; seine lateralen und anterioren Flächen sind von viszeralem Peritoneum bedeckt (siehe Abbildung 25.4c und d sowie 25.17a).

Colon transversum An der rechten Kolonflexur macht das **Colon transversum (Querkolon)** einen Bogen nach anterior und zieht nach links quer über das Abdomen. Unterwegs ändert sich seine Beziehung zum Peritoneum. Das Anfangsstück liegt intraperitoneal; es hängt am *Mesocolon transversum* und ist durch das *Omentum majus* von der vorderen Bauchwand getrennt. Auf der linken Seite zieht es unterhalb der großen Magenkurvatur vorbei und liegt nun sekundär retroperitoneal.

Das **Lig. gastrocolicum** fixiert das Querkolon an der großen Kurvatur. In der Nähe der Milz macht das Kolon eine rechtwinkelige Kurve **(linke Kolonflexur)** und zieht nach kaudal.

Das Colon descendens Das *Colon descendens* zieht an der linken Seite des Abdomens nach inferior. Da es sekundär retroperitoneal liegt, ist es fest mit der hinteren Bauchwand verbunden. An der *Fossa iliaca* geht das *Colon descendens* in ein S-förmig gebogenes Segment über, das **Sigma**.

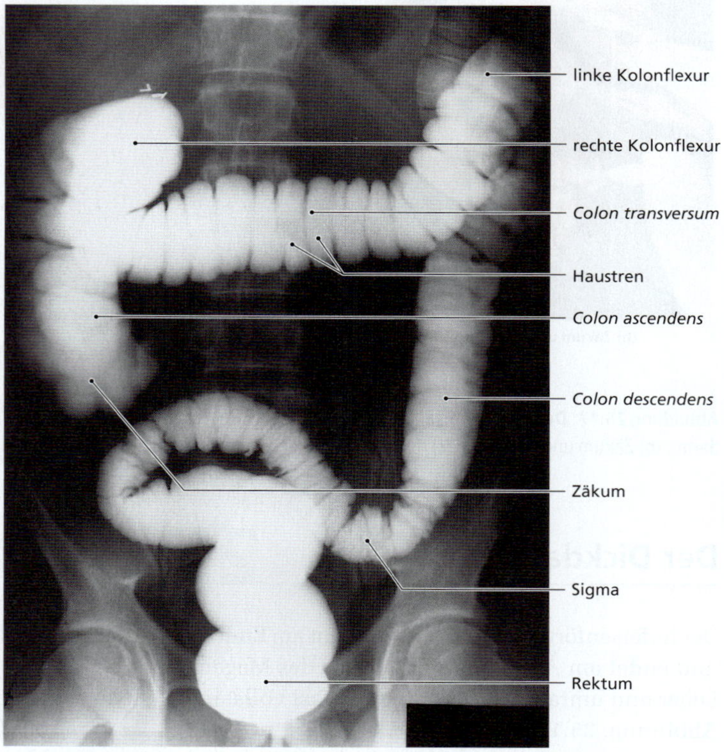

Abbildung 25.18: **Röntgenaufnahme des Dickdarms im a.-p. Strahlengang.**

Das Sigma Das Sigma (griechischer Buchstabe S) ist ein S-förmiger, nur etwa 15 cm langer Dickdarmabschnitt. Er beginnt an der **Sigmaflexur** und endet am Rektum (siehe Abbildung 25.17a). Es liegt intraperitoneal und wird auf seinem Bogen nach hinten an die Harnblase vom **Mesosigma** gehalten (siehe Abbildung 25.4).

25.8.3 Das Rektum

Das Sigma leitet die Fäzes in das Rektum weiter. Das Rektum ist ein sekundär retroperitoneal gelegenes Segment, das die letzten 15 cm des Verdauungstrakts darstellt (siehe Abbildung 25.12, 25.17a und c sowie 25.18). Es ist ein dehnbares Organ für die temporäre Lagerung der Fäzes; die Ankunft von Fäzes im Rektum löst den Stuhldrang aus.

Der letzte Teil des Rektums, der Analkanal, hat schmale Längsfalten, die **Columnae anales (Morgagni-Falten)**. An den distalen Enden der Falten kreuzen querverlaufende Falten, die die Grenze zwischen dem Zylinderepithel des proximalen Rektums und einem mehrschichtigen Plattenepithel ähnlich dem in der Mundhöhle markieren. Der Analkanal endet am **Anus**. Sehr nahe am Anus verhornt das Epithel und gleicht damit dem der Außenhaut.

Die Venen in der *Lamina propria* und der Submukosa des Analkanals weiten sich gelegentlich; es bilden sich **Hämorrhoiden**. Die zirkuläre Muskelschicht der *Muscularis mucosae* bildet in dieser Region den **inneren Analsphinkter**. Die glatten Muskelfasern des inneren Sphinkters unterliegen nicht der willentlichen Kontrolle. Der **äußere Analsphinkter** umgibt den distalen Anteil des Analkanals. Er besteht aus einem Skelettmuskelring und kann daher willkürlich kontrolliert werden.

25.8.4 Die Histologie des Dickdarms

Nachfolgend sind die histologischen Charakteristika aufgeführt, die den Dickdarm vom Dünndarm unterscheiden:

- Die Wand des Dickdarms ist relativ dünn. Obwohl der Durchmesser des Kolons etwa dreimal so groß ist wie der des Dünndarms, ist die Wand deutlich dünner.
- Der Dickdarm hat keine Zotten, die für den Dünndarm charakteristisch sind.
- Becherzellen sind hier wesentlich zahlreicher als im Dünndarm.
- Der Dickdarm hat typische Krypten (**Abbildung 25.19**), die wesentlich tiefer reichen als die des Dünndarms und im Wesentlichen Becherzellen enthalten. Die Sekretion erfolgt durch lokal ausgelöste Reize über die lokalen Nervenplexus; es wird reichlich Schleim gebildet, um bei der Verdichtung unverdaulicher Abfallstoffe die Befeuchtung zu gewährleisten.
- Große Lymphfollikel liegen verteilt in der *Lamina propria* und reichen bis in die Submukosa (siehe Abbildung 23.8a).
- Die *Muscularis externa* unterscheidet sich von der in anderen Darmabschnitten, da ihre longitudinale Schicht auf die Tänien reduziert ist. Die Kontraktionen für die Durchmischung und die Propulsion entsprechen jedoch denen im Dünndarm.

25.8.5 Die Regulation des Dickdarms

Der Darminhalt bewegt sich zwischen Zäkum und *Colon transversum* nur sehr langsam. Außer Peristaltik findet auch die **haustrale Durchmischung** statt, die Segmenta-

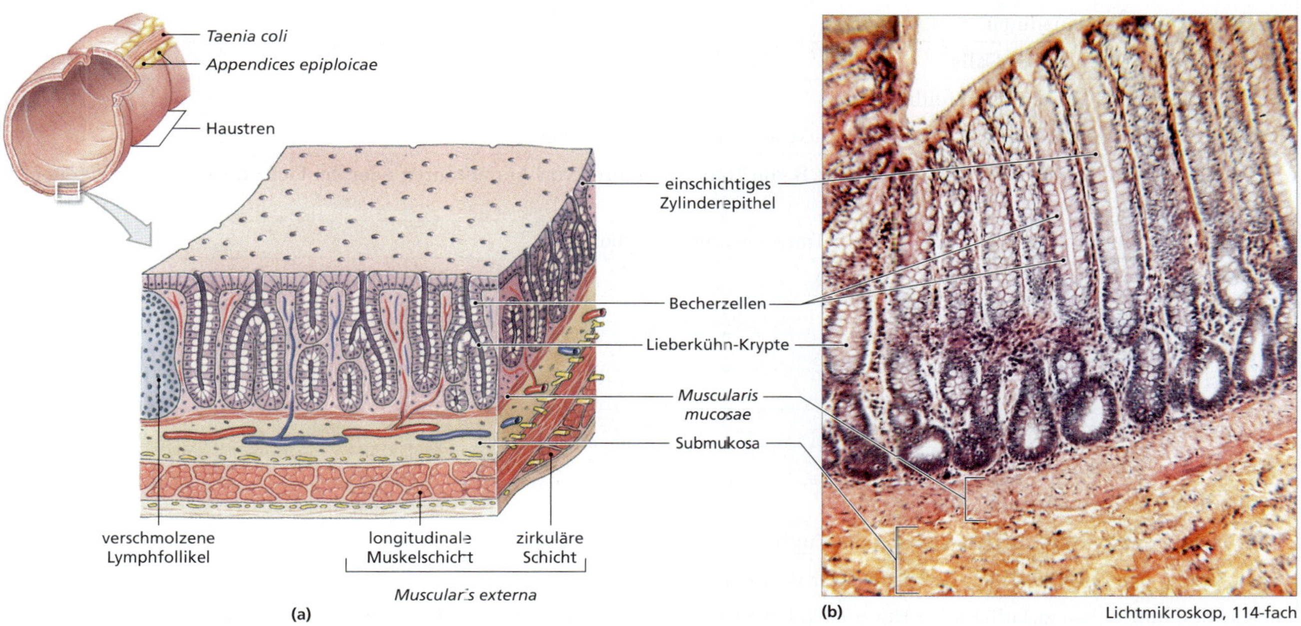

Abbildung 25.19: Der Wandaufbau am Dickdarm. (a) Dreidimensionale und koloskopische Ansicht der Kolonwand. (b) Histologie des Kolons mit Darstellung von Details der Mukosa und Submukosa.

tion des Dickdarms. Die lange Passagedauer ermöglicht die Umwandlung des Darminhalts in eine zähe Paste. Die Bewegung vom *Colon transversum* aus geschieht durch kraftvolle peristaltische Wellen, die **Massenbewegungen**, die einige Male am Tag stattfinden. Der auslösende Reiz hierzu ist die Dehnung von Magen und Duodenum; die Weiterleitung erfolgt über die intestinalen Nervenplexus. Die Kontraktionen befördern die Fäzes in das Rektum, wodurch uns ein Stuhldrang bewusst wird.

Das Rektum ist gewöhnlich leer, außer, wenn eine dieser kraftvollen Massenbewegungen Fäzes aus dem Sigma heraus in das Rektum schiebt. Die Dehnung der Rektumwand löst daraufhin den Stuhldrang aus. Sie führt auch über den Defäkationsreflex zu einer Entspannung des inneren Analsphinkters; die Fäzes gelangen in den Analkanal. Wenn dann der äußere Analsphinkter willentlich entspannt wird, kommt es zur Defäkation.

25.9 Die Hilfsorgane des Verdauungssystems

Bei den Hilfsorganen des Verdauungssystems handelt es sich um Drüsen: Speicheldrüsen, Leber, Gallenblase und Pankreas. Sie produzieren und speichern Enzyme und Puffer, die für eine normale Verdauung nötig sind. Außer ihrer Beteiligung an der Verdauung haben Speicheldrüsen, Leber und Pankreas noch exokrine Funktionen. Darüber hinaus üben Leber und Pankreas weitere lebenswichtige Funktionen aus.

25.9.1 Die Leber

Die Leber ist das größte viszerale Organ und eines der vielseitigsten Organe im Körper. Der Großteil ihrer Masse liegt in der rechten *Regio hypochondriaca* und der rechten *Regio epigastrica* (siehe Abbildung 25.12). Die Leber wiegt etwa 1,5 kg. Dieses große, feste, rot-braune Organ erbringt entscheidend wichtige Stoffwechsel- und Syntheseleistungen, die man in drei Kategorien einteilen kann: Stoffwechsel- und Blutbildkontrolle sowie Galleproduktion.

Funktionen der Leber

Stoffwechselkontrolle Die Leber ist die zentrale Kontrollstation für Stoffwechselvorgänge im Körper. Die Blutspiegel von Kohlenhydraten, Lipiden und Aminosäuren werden von der Leber aus reguliert. Das gesamte Blut von den Resorptionsflächen des Verdauungstrakts wird in das hepatische Portalsystem geleitet und fließt in die Leber. Diese Anordnung gibt den Leberzellen die Gelegenheit, resorbierte Nährstoffe oder Toxine aus dem Blut zu entfernen, bevor es über die Lebervenen den Körperkreislauf erreicht. Die Leberzellen (die **Hepatozyten**) überwachen die Blutspiegel der Metaboliten und passen sie bei Bedarf an. Übermäßig vorhandene Nährstoffe werden aufgenommen und gespeichert; ein Mangel an Nährstoffen wird durch die Mobilisation von Reserven oder entsprechende Syntheseleistungen ausgeglichen. Toxine und Stoffwechselendprodukte im Blutkreislauf werden ebenfalls zwecks Inaktivierung, Speicherung oder Exkretion entfernt. Schließlich werden noch fettlösliche Vitamine (A, D, E und K) resorbiert und in der Leber gespeichert.

Verdauung und Stoffwechsel
Synthese von Somatomedinen
Synthese und Sekretion von Galle
Speicherung von Glykogen und Lipidreserven
Aufrechterhaltung normaler Blutspiegel von Glukose, Aminosäuren und Fettsäuren
Synthese und Umbau von Nährstoffarten (wie z. B. die Transaminierung von Aminosäuren oder der Umbau von Kohlenhydraten zu Lipiden)
Synthese und Freisetzung von Cholesterin (an Transportproteine gebunden)
Inaktivierung von Toxinen
Speicherung von Eisenreserven
Speicherung fettlöslicher Vitamine
Weitere wichtige Funktionen
Synthese von Plasmaproteinen
Synthese von Gerinnungsfaktoren
Synthese des Prohormons Angiotensinogen
Phagozytose defekter Erythrozyten (durch die Kupffer-Zellen)
Speicherung von Blut (wichtiger Bestandteil der venösen Reserve)
Resorption und Abbau zirkulierender Hormone (einschließlich Insulin und Adrenalin) und Immunglobuline
Resorption und Inaktivierung fettlöslicher Medikamente

Tabelle 25.1: **Die Hauptfunktionen der Leber.**

Blutbildkontrolle Die Leber ist das größte Blutreservoir des Körpers; sie erhält etwa 25 % der Auswurfmenge des Herzes. Auf dem Weg des Blutes durch die Lebersinusoide entfernen Phagozyten in der Leber alte oder beschädigte Erythrozyten, Zelltrümmer und Pathogene aus dem Blutkreislauf und synthetisieren Plasmaproteine, die den osmotischen Druck des Blutes steuern, Nährstoffe transportieren und das Gerinnungs- und Komplementsystem aufbauen.

Synthese und Sekretion von Galle **Galle** wird von Leberzellen synthetisiert, in der Gallenblase gespeichert und in das Lumen des Duodenums abgegeben. Sie besteht zum größten Teil aus Wasser sowie aus einer kleinen Menge Ionen, **Bilirubin** (einem Pigment aus dem Hämoglobinstoffwechsel) und einer Reihe von Lipiden, den **Gallensalzen**. Das Wasser und die Ionen verdünnen und puffern die Magensäure im Chymus bei dessen Eintritt in den Dünndarm. Die Gallensalze verbinden sich mit den Lipiden im Chymus und ermöglichen es so den Enzymen, die Lipide zu Fettsäuren abzubauen, die resorbiert werden können. Bisher konnten der Leber über 200 verschiedene Funktionen zugeordnet werden; ein Teil ist in Tabelle 25.1 aufgelistet. Jede Erkrankung, die die Leber schwer schädigt, ist ernsthaft lebensbedrohlich. Die Leber kann sich nach einer Verletzung bedingt erholen, nicht jedoch ohne eine normale Durchblutung.

Die Anatomie der Leber

Die Leber ist das größte intraperitoneal gelegene Organ. Unter dem viszeralen Peritoneum befindet sich eine derbe, faserige Kapsel. Auf der anterioren Fläche markiert ein ventrales Mesenterium, das **Lig. falciforme**, die Grenze zwischen dem **linken und dem rechten Leberlappen** (**Abbildung 25.20**a–c). Die Verdickung an der inferioren

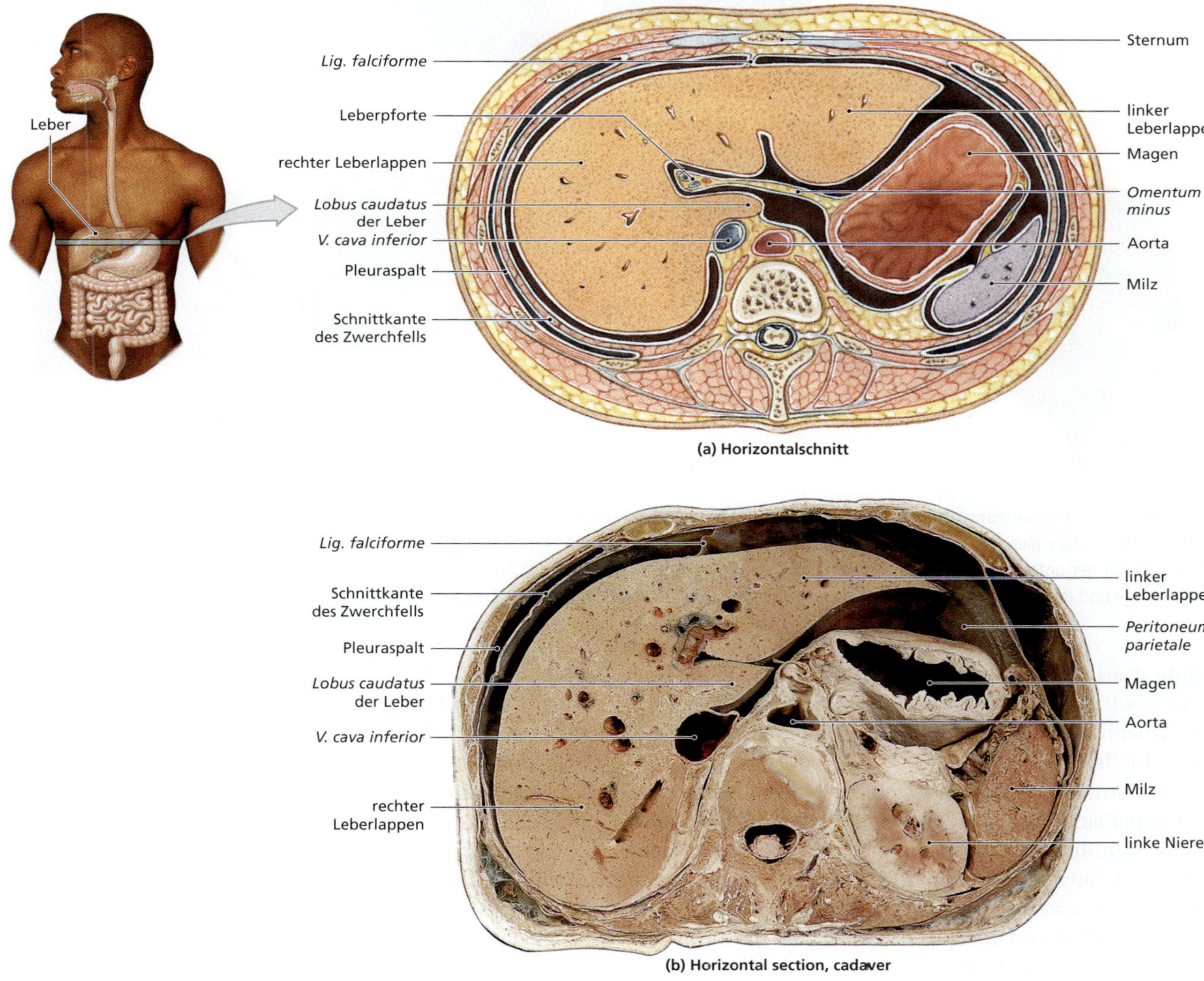

Abbildung 25.20: Die Anatomie der Leber. (a) Horizontalschnitt durch das obere Abdomen mit Darstellung der Lage der Leber im Vergleich zu den anderen viszeralen Organen. (b) Horizontalschnitt durch das obere Abdomen mit Darstellung der in (a) gezeichneten Strukturen. (c) Anatomische Merkmale auf der anterioren Fläche der Leber. (d) Die posteriore Fläche der Leber. (e) Ausgusspräparat der Leber mit Darstellung der Gallenblase, der Gallengänge und der dazugehörigen Blutgefäße von inferior und posterior. (f) Ungefähre Grenzen zwischen den Hauptsegmenten der Leber.

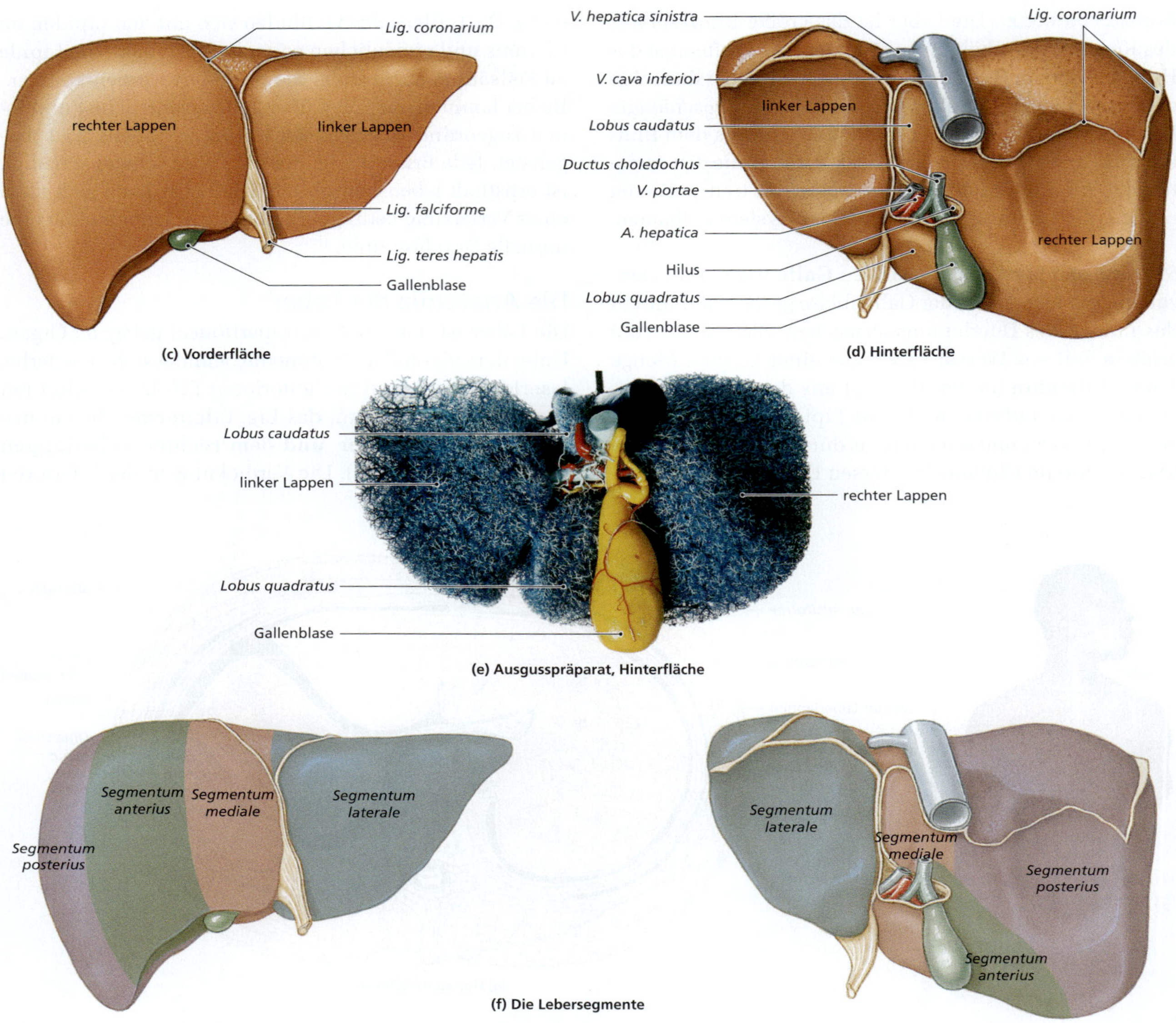

Abbildung 25.20: (Fortsetzung) Die Anatomie der Leber. (a) Horizontalschnitt durch das obere Abdomen mit Darstellung der Lage der Leber im Vergleich zu den anderen viszeralen Organen. (b) Horizontalschnitt durch das obere Abdomen mit Darstellung der in (a) gezeichneten Strukturen. (c) Anatomische Merkmale auf der anterioren Fläche der Leber. (d) Die posteriore Fläche der Leber. (e) Ausgusspräparat der Leber mit Darstellung der Gallenblase, der Gallengänge und der dazugehörigen Blutgefäße von inferior und posterior. (f) Ungefähre Grenzen zwischen den Hauptsegmenten der Leber.

Kante des *Lig. falciforme*, das **Lig. teres hepatis**, ist ein faseriges Band im Verlauf der degenerierten Nabelvene. Die Leber hängt am *Lig. coronarium* an der Unterseite des Zwerchfells.

Die Form der Leber passt sich der Umgebung an. Die anteriore Fläche folgt glatt-rund der vorderen Bauchwand (siehe Abbildung 25.20c). Auf der posterioren Fläche sieht man Vertiefungen durch den Magen, den Dünndarm, die rechte Niere und den Dickdarm (**Abbildung 25.20**d). Die superiore, anteriore und posteriore Fläche der Leber bezeichnet man wegen der Lage am Zwerchfell als *Facies diaphragmatica*. Die inferiore Fläche der Leber ist die *Facies visceralis*.

Die Leber wird nach der klassischen Nomenklatur in vier Lappen unterteilt (siehe Abbildung 25.20d). Die Vertiefung durch die *V. cava inferior* ist die Trennlinie zwischen dem rechten Leberlappen und dem **Lobus caudatus**. Inferior des *Lobus caudatus* liegt der **Lobus quadratus**, zwischen linkem Leberlappen und der Gallenblase.

Diese Nomenklatur beruht auf der Oberflächenanatomie der Leber, genügt aber modernen medizinischen, besonders chirurgischen, Ansprüchen nicht mehr. Daher wurde ein detaillierteres System zur Bezeichnung der Leberstruktur entwickelt. Die neue Terminologie ist komplex; sie unterteilt jedoch im Grunde die Leberlappen in Segmente, deren Grenzen von den Versorgungsgebieten der *A. hepatica*, der *V. portae* und den Lebergängen bestimmt werden. In **Abbildung 25.20**f sind die ungefähren Segmentgrenzen angedeutet; den exakten Verlauf kann man nur durch eine Präparation bestimmen.

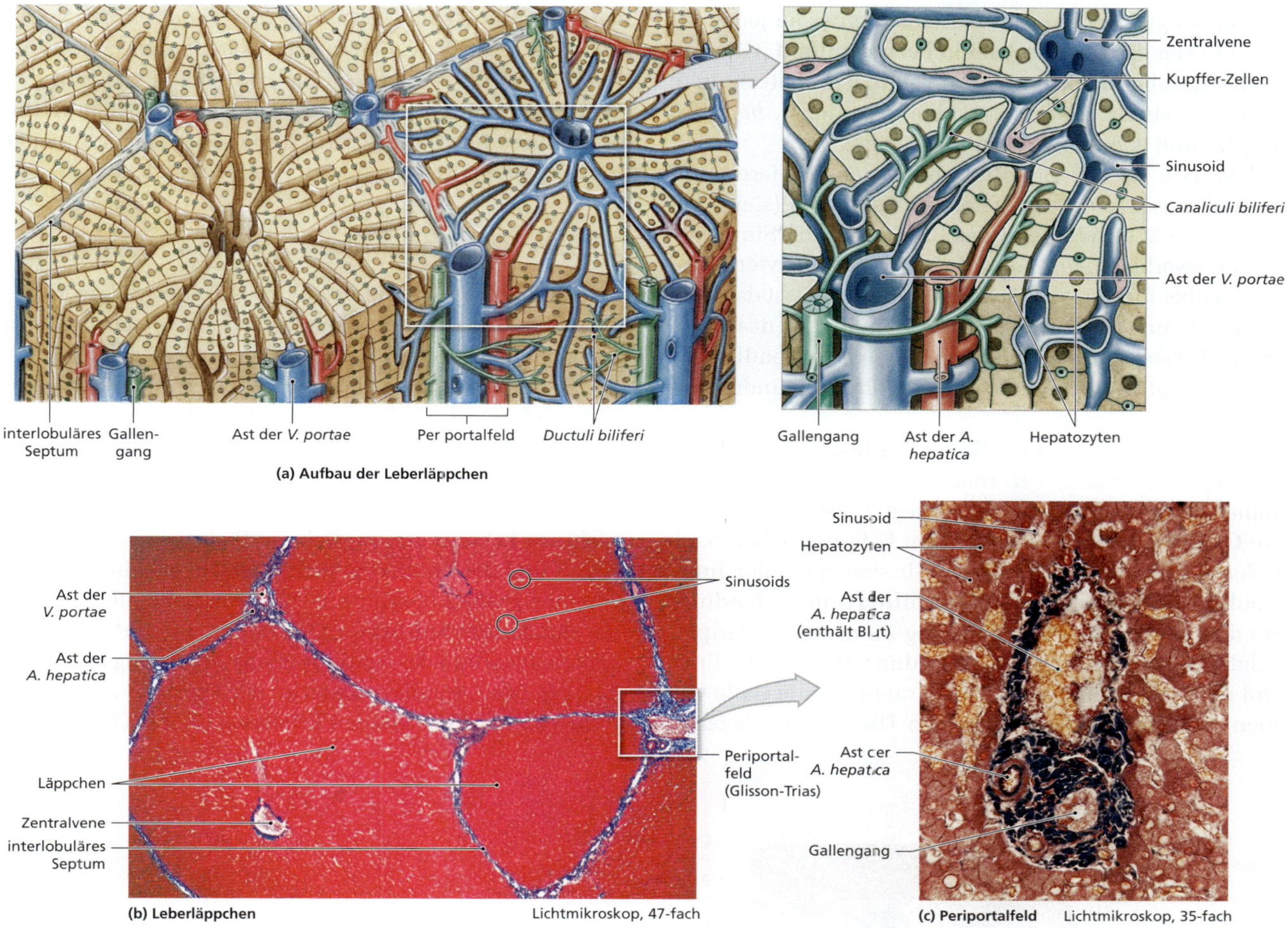

Abbildung 25.21: Die Histologie der Leber. (a) Schematische Darstellung der Struktur der Leberläppchen. (b) Lichtmikroskopische Aufnahme repräsentativer Leberläppchen von Säugetieren; beim Menschen gibt es keine bindegewebigen Trennwände zwischen den Läppchen, was die Abgrenzung im histologischen Schnitt erschwert. (c) Lichtmikroskopische Aufnahme mit Darstellung histologischer Details an einem Periportalfeld.

Die Blutversorgung der Leber Der Leberkreislauf wurde in Kapitel 22 bereits vorgestellt und in den Abbildungen 22.17 und 22.26 illustriert. Afferente Blutgefäße und andere Strukturen gelangen im Bindegewebe des *Omentum minus* zur Leber. Sie fließen an der **Leberpforte** zusammen. Zwei Blutgefäße versorgen die Leber, die **A. hepatica propria** und die **V. portae** (siehe Abbildung 25.17a und 25.20d). Unter normalen Umständen liefert die *A. hepatica propria* etwa ein Drittel der Blutmenge, die *V. portae* den Rest. Das Blut kehrt über die *Vv. hepaticae* und die *V. cava inferior* in den systemischen Kreislauf zurück. Die *A. hepatica* versorgt die Leber mit sauerstoffreichem Blut; die *V. portae* transportiert Nährstoffe und andere Substanzen aus dem Verdauungstrakt herbei.

Der histologische Aufbau der Leber

Jeder Leberlappen ist durch Bindegewebe in etwa 100.000 Leberläppppchen unterteilt; dies sind die kleinsten Funktionseinheiten der Leber. Histologie und Struktur eines typischen Leberläppchens sind in **Abbildung 25.21** dargestellt.

Die Leberläppchen Die **Hepatozyten** in einem Leberläppchen bilden eine Reihe unregelmäßiger Platten, die wie die Speichen eines Rades angeordnet sind (siehe Abbildung 25.21a und c). Diese Leberbälkchen sind nur eine Zelle dick; die freiliegenden Oberflächen der Hepatozyten sind mit kurzen Mikrovilli bedeckt. Die Sinusoide zwischen den Bälkchen drainieren in eine **Zentralvene** (siehe Abbildung 25.21b). Die fenestrierten Wände der Sinusoide enthalten große Öffnungen, die den Durchtritt von Substanzen aus dem Blutkreislauf heraus und in den Raum um die Hepatozyten herum erlauben. Außer den typischen Epithelzellen enthält die Auskleidung der Sinusoide noch eine große Menge **Kupffer-Zellen**, auch **Kupffer-Sternzellen** genannt. Diese Phagozyten sind Teil des Monozyten-Makrophagen-Systems; sie nehmen Pathogene, Zelltrümmer und beschädigte Blutzellen auf. Kupffer-Zellen nehmen auch Schwermetalle, wie Zinn oder Quecksilber, aus dem Verdauungstrakt auf und speichern sie.

Aus kleinen Ästen der *V. portae* und der *A. hepatica* fließt Blut in die Lebersinusoide. Ein typisches Läppchen ist im Querschnitt sechseckig (siehe Abbildung 25.21a und b). Es gibt sechs Periportalfelder, eines an jeder der sechs Ecken des Läppchens. Ein **Periportalfeld (Glisson-Dreieck**; siehe Abbildung 25.21c) enthält drei Strukturen: 1. einen Ast der *V. portae*, 2. einen Ast der *A. hepatica propria* und 3. einen kleinen Gallengang.

Die Äste der Arterien und Venen transportieren Blut in die Sinusoide der benachbarten Läppchen (siehe Abbildung 25.21a). Während das Blut durch die Sinusoide strömt, resorbieren und sezernieren die Hepatozyten Substanzen über ihre freien Flächen. Das Blut verlässt dann die Sinusoide und fließt weiter in die Zentralvene des Läppchens. Diese Zentralvenen vereinen sich letztendlich zu den *V. hepaticae*, die in die *V. cava inferior* münden.

Transport und Sekretion von Galle Galle wird in ein Netzwerk schmaler Kanäle sezerniert, das zwischen den Membranen benachbarter Leberzellen liegt. Diese engen Gänge, die **Canaliculi biliferi**, ziehen im Leberläppchen nach außen, weg von der Zentralvene. Sie stehen mit den interlobulären Gallengängen **(Ductus biliferi)** in Verbindung, die die Galle zu einem Gallengang im nächsten Periportalfeld transportieren (siehe Abbildung 25.21a). Der linke und der rechte **Ductus hepaticus** sammeln die Galle von allen Gallengängen der Leberlappen. Diese *Ductus hepatici* vereinigen sich zum *Ductus hepaticus communis*, der die Leber verlässt. Die Galle im *Ductus hepaticus communis* fließt entweder in den *Ductus choledochus*, der in das Duodenum führt, oder in den *Ductus cysticus*, der in die Gallenblase führt. Diese Strukturen sehen Sie gezeichnet und auf einem Röntgenbild in **Abbildung 25.22**.

25.9.2 Die Gallenblase

Die Gallenblase ist ein birnenförmiges muskuläres Hohlorgan, das die Galle vor seiner Exkretion in den Dünndarm speichert und konzentriert. Sie liegt in einer Vertiefung, oder Fossa, an der *Facies viszeralis* des rechten Leberlappens und, wie die Leber, intraperitoneal.

Die Gallenblase hat die folgenden Regionen: den **Fundus**, den **Korpus** und den **Hals** (siehe Abbildung 25.22a und c). Der **Ductus cysticus** zieht von der Gallenblase in Richtung Leberpforte, wo sich der *Ductus hepaticus communis* und der *Ductus cysticus* zum **Ductus choledochus** vereinen (siehe Abbildung 25.22a). Am Duodenum umgibt der muskuläre **Sphinkter Oddi** das Lumen des *Ductus choledochus* und der Ampulle (siehe Abbildung 25.16 und 25.22b). Die Ampulle mündet an der *Papilla duodeni (Papilla Vateri)*, einer kleinen Erhebung, in das Duodenum.

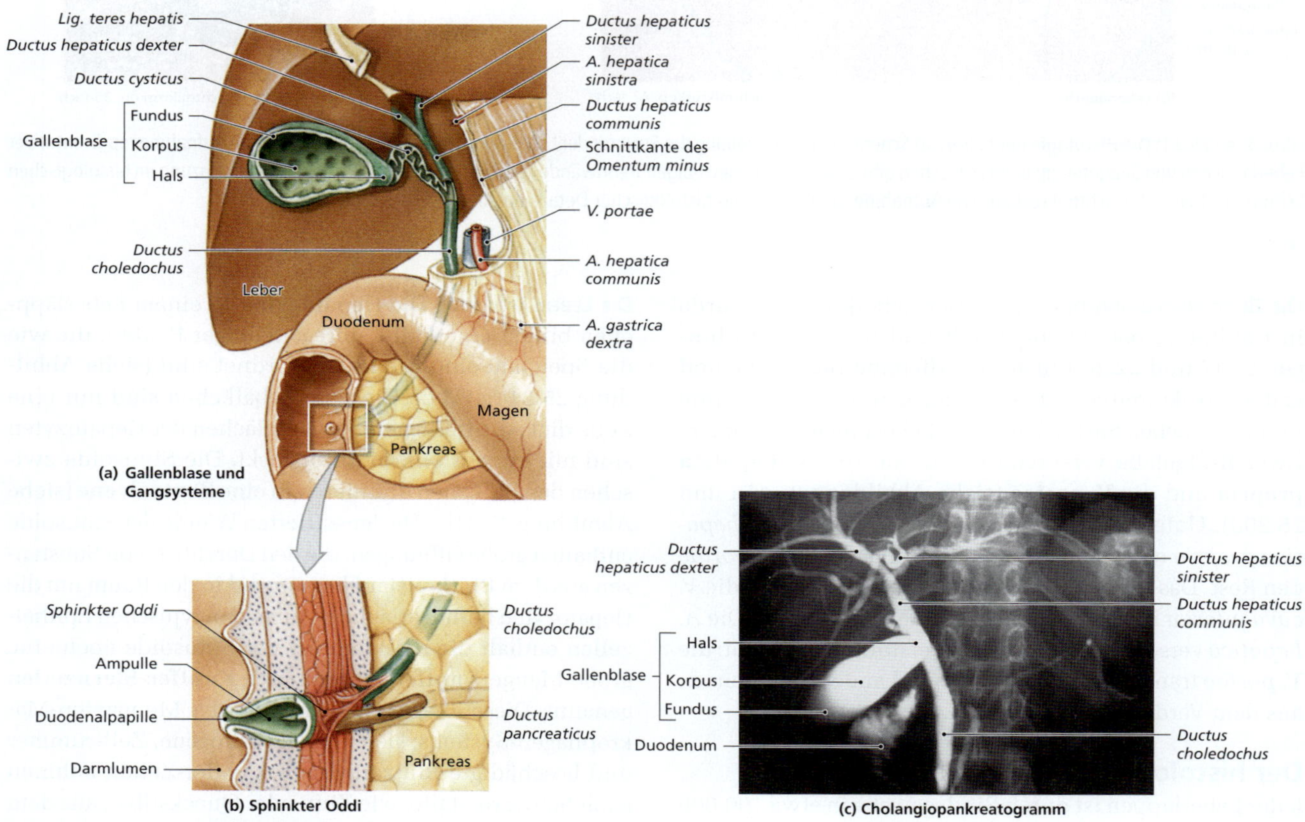

Abbildung 25.22: Gallenblase und -gänge. (a) Leber von inferior mit Darstellung der Gallenblase und der Gänge, die die Galle von der Leber in die Gallenblase und in das Duodenum transportieren. (b) Ein Teil des Omentum minus wurde zur besseren Darstellung von Ductus choledochus, Ductus hepaticus communis und Ductus cysticus entfernt. (c) Röntgenaufnahme (Cholangiopankreatogramm im a.-p. Strahlengang) von Gallenblase, Gallengängen und Pankreasgängen.

AUS DER PRAXIS

Störungen der Gallenspeicherung und der Sekretion

Wenn die Galle zu stark konzentriert wird, fallen Kristalle aus unlöslichen Mineralien und Salzen aus. Diese Ablagerungen nennt man **Gallensteine**. Lediglich Gallensteinträger zu sein **(Cholezystolithiasis)**, stellt nicht unbedingt ein Problem dar.

Wenn Gallensteine in den *Ductus choledochus* gelangen und den Durchgang versperren, kann es zu einer schmerzhaften **Cholezystitis** kommen. Die Gallenblase schwillt an und entzündet sich. Wenn sich die Blockade nicht von selbst löst, muss sie entfernt oder zerstört werden. Kleine Gallensteine können medikamentös aufgelöst werden. Eine Substanz, die gerade klinisch getestet wird, ist der Methyltertiärbutylether, der, in den Gallengang appliziert, Gallensteine in nur wenigen Stunden zu lösen vermag. Leider bilden sie sich oft rasch wieder. Da Gesundheitszustand und Verdauung unter dem Fehlen der Gallenblase nicht zu leiden scheinen, empfiehlt man auch symptomfreien Gallensteinträgern oft die Entfernung ihrer Gallenblase. Große Gallensteine werden häufig operativ entfernt und die Gallenblase zur Rezidivprophylaxe gleich mit. Der Eingriff kann auch laparoskopisch mit kleinen Schnitten durchgeführt werden.

Eine andere Therapiemöglichkeit bei Gallensteinen ist die Lagerung des Patienten in warmem Wasser auf einem weichen Kissen und die Zertrümmerung der Steine mit gebündelten Schallwellen. Das Gerät für diese Methode, die **Stoßwellenlithotripsie**, bezeichnet man als Lithotripter. Die daraus resultierenden Trümmer sind klein genug, um ohne Schwierigkeiten durch den *Ductus choledochus* zu passen

Die Kontraktion des Sphinkters verschließt den Durchgang und verhindert den Übertritt von Galle in den Dünndarm.

Die Gallenblase hat zwei Hauptfunktionen: die **Speicherung der Galle** und die **Modifikation der Galle**. Wenn der *Sphinkter Oddi* geschlossen ist, fließt die Galle zur Lagerung über den *Ductus cysticus* in die dehnbare Gallenblase. Bei maximaler Füllung enthält die Gallenblase 40–70 ml Galle. In der Gallenblase verändert sich die Zusammensetzung der Galle langsam. Wasser wird resorbiert, wodurch die Konzentration der Gallesalze und der anderen Komponenten steigt.

Zur Exkretion der Galle kommt es unter dem Einfluss des Hormons **Cholezystokinin**. Es wird am Duodenum in die Blutbahn abgegeben, wenn Chymus mit einer hohen Menge an Lipiden und teilweise verdauten Proteinen ankommt. Cholezystokinin entspannt den *Sphinkter Oddi* und kontrahiert die Gallenblase.

25.9.3 Das Pankreas

Die Anatomie des Pankreas

Das Pankreas liegt hinter dem Magen und erstreckt sich vom Duodenum aus nach lateral in Richtung Milz (**Abbildung 25.23**; siehe auch Abbildung 23.17a und 25.22a). Es ist ein längliches, grau-rosa gefärbtes Organ von etwa 15 cm Länge und einem Gewicht von ca. 80 g. Der breite Pankreaskopf liegt in dem Bogen, den das Duodenum nach Verlassen des Pylorus bildet. Der schlanke Korpus zieht quer zur Milz herüber; der Pankreasschwanz ist kurz und abgerundet. Das Pankreas liegt sekundär retroperitoneal und ist fest mit der posterioren Wand der Bauchhöhle verbunden.

Die Oberfläche ist buckelig und knotig; sie ist von einer dünnen, durchsichtigen Bindegewebskapsel überzogen. Die Pankreasläppchen, die Blutgefäße und die Ausführungsgänge sind durch die Kapsel und das Peritoneum darüber hindurch zu sehen.

Das Pankreas ist primär ein exokrines Organ, das Verdauungsenzyme und puffernde Substanzen, wie Bikarbonat, produziert, obwohl es auch endokrine Aufgaben hat, wie in Kapitel 19 besprochen. Der große *Ductus pancreaticus (Ductus Wirsungianus)* transportiert die Sekrete zum Duodenum. Ein kleinerer **akzessorischer Pankreasgang**, der *Ductus Santorini*, zweigt gelegentlich innerhalb des Pankreas vom *Ductus pancreaticus* ab und mündet an einer eigenen kleinen Papille, der *Papilla duodeni minor*, in das Duodenum (siehe Abbildung 25.23a). Sie liegt dann einige Zentimeter weiter proximal der *Papilla duodeni major*.

Das Pankreas wird von den *Aa. splenica*, *mesenterica superior* und *hepatica communis* mit Blut versorgt (siehe Abbildung 22.17 und 25.23a). Die **Aa. pancreaticae** und die **Aa. pancreaticoduodenales** sind große Äste dieser Gefäße. Das venöse Blut fließt über die *V. splenica* und weiter über die *V. portae* (siehe Abbildung 22.26). Die vom Pankreas gebildeten Hormone gelangen auf diese Weise direkt zum Hauptstoffwechselorgan Leber.

Die Histologie des Pankreas

Das Gewebe des Pankreas wird durch Bindegewebeplatten in einzelne Läppchen unterteilt (siehe Abbildung 25.23b und c). Innerhalb dieser bindegewebigen Septen verlaufen die Blutgefäße und die Zuflüsse der Duktus. Das Pankreas ist ein Beispiel für eine zusammengesetzte tubuloazinäre Drüse. In jedem Läppchen teilen sich die Duktus mehrfach, bevor sie in blinden Taschen, den Azini, enden. Jeder **Azinus** ist mit einschichtigem Zylinderepithel ausgekleidet. Zwischen den Azini liegen verteilt die Langerhans-Inseln, doch sie machen nur etwa 1 % der Zellzahl des Organs aus.

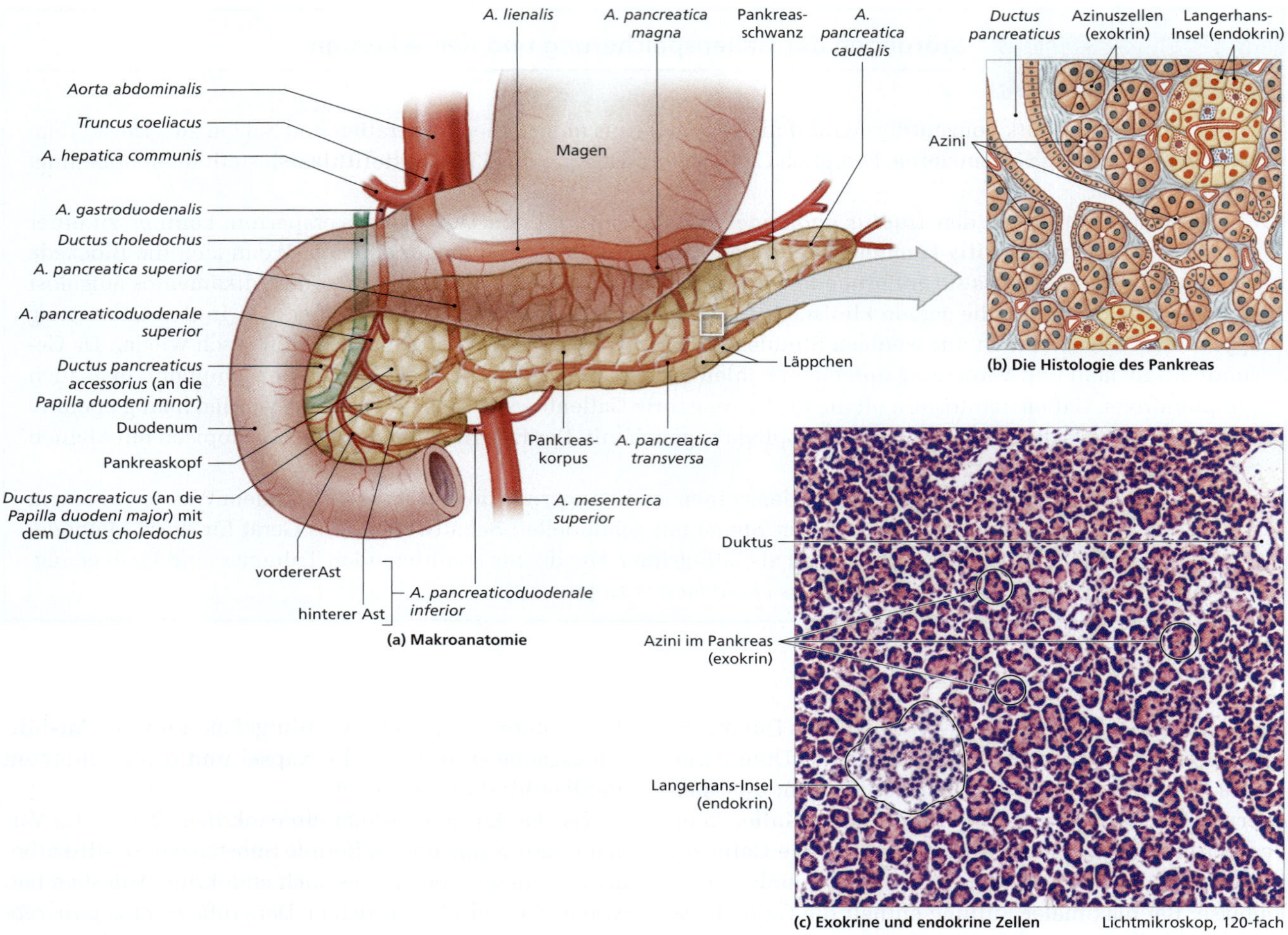

Abbildung 25.23: Das Pankreas. (a) Makroanatomie des Pankreas. Der Pankreaskopf schmiegt sich in den Bogen, den das Duodenum ab dem Magenpylorus macht. (b) Schematische Darstellung des histologischen Aufbaus mit exokrinen und endokrinen Regionen. (c) Histologie des Pankreas mit Darstellung exokriner und endokriner Zellen.

Die Azini im Pankreas sezernieren den **Pankreassaft**, eine Mischung aus Wasser, Ionen und pankreatischen Verdauungsenzymen, in das Duodenum. Die Enzyme verrichten den Großteil der Verdauungsarbeit im Dünndarm; sie zerlegen die aufgenommenen Substanzen in kleine, resorbierbare Moleküle. Die Pankreasgänge sezernieren Puffer (hauptsächlich Natriumbikarbonat) in einer wässrigen Lösung, die für die Neutralisierung der Säure im Chymus und die Stabilisierung des pH-Werts im Darminhalt von Bedeutung sind.

AUFGABEN

1 Bei der zystischen Fibrose kann der *Ductus pancreaticus* mit eingedicktem Sekret verstopft sein. Die Verdauung welcher Nährstoffgruppe(-n) ist dadurch gestört?

2 Welches sind die drei Hauptfunktionen der Leber?

3 Wozu führt die Kontraktion des *Sphinkter Oddi*?

4 Welche Funktionen hat das Pankreas?

Die Pankreasenzyme

Pankreasenzyme werden anhand ihrer Zielsubstanzen klassifiziert. **Lipasen** verdauen Lipide, **Glykosidasen**, wie die Pankreasamylase, verdauen Zucker und Stärke, **Nukleasen** zerlegen Nukleinsäuren und **proteolytische Enzyme** Proteine. Zu ihnen gehören **Proteinasen** und **Peptidasen**. Proteinasen bauen große Proteinkomplexe ab, Peptidasen hingegen zerlegen kleine Peptidketten in einzelne Aminosäuren.

Die Regulation der Pankreassekretion

Die Sekretion von Pankreassaft erfolgt im Wesentlichen aufgrund hormonell übertragener Signale vom Duodenum. Wenn saurer Chymus in den Dünndarm gelangt, wird Sekretin freigesetzt. Dieses Hormon stimuliert die Bildung eines wässrigen Pankreassafts mit Puffern, besonders Natriumbikarbonat. Ein anderes duodenales Hormon, das Cholezystokinin, stimuliert die Bildung und Sekretion von Pankreasenzymen.

Das Altern und das Verdauungssystem 25.10

Im Grunde genommen verändern sich Verdauung und Resorption im Alter nicht. Es gibt jedoch viele Veränderungen, die den altersbedingten Veränderungen anderer Systeme entsprechen, die bereits besprochen wurden.

- **Die Teilungsrate der epithelialen Stammzellen nimmt ab:** Das Verdauungsepithel reagiert empfindlicher auf Schädigungen durch Abrieb, Säuren oder Enzyme; es kommt eher zu peptischen Magenulzera. Epitheliale Stammzellen teilen sich im Alter weniger häufig, was die Reparaturvorgänge beeinträchtigt. In Mund, Ösophagus und Anus wird das Plattenepithel dünner und empfindlicher.
- **Der Tonus der glatten Muskulatur nimmt ab:** Die allgemeine Motilität verringert sich; die peristaltischen Kontraktionen werden schwächer. Dies führt zu einer Verlangsamung der Chymusbewegung und fördert eine Obstipation. Erschlaffte Wände der Haustren im Kolon führen zu einer Divertikulitis. Starkes Pressen bei festem Stuhlgang kann die weniger widerstandsfähigen Wände der Blutgefäße belasten und Hämorrhoiden hervorrufen. Eine Schwächung des Magensphinkters führt zu einem gastroösophagealen Reflux und häufigem Sodbrennen.
- **Die Effekte kumulativer Schädigungen werden sichtbar:** Ein vertrautes Beispiel ist der zunehmende Verlust von Zähnen durch Karies oder Zahnfleischentzündung. Die Kumulation von Schäden zeigt sich auch an inneren Organen. Toxine, wie Alkohol, Schwermetalle und andere schädliche Substanzen, die im Verdauungstrakt resorbiert werden, werden zwecks Verarbeitung in die Leber transportiert. Die Leberzellen sind gegen diese Substanzen nicht immun; eine chronische Belastung führt zu einer Zirrhose und anderen Lebererkrankungen.
- **Die Krebshäufigkeit nimmt zu:** Bösartige Tumoren sind in den Organen am häufigsten, in denen sich Stammzellen teilen, um die Epithelzellpopulation aufrechtzuerhalten. Die Häufigkeit von Kolon- und Magenkarzinomen nimmt im Alter zu; Karzinome in Mund und Rachen sind bei älteren Rauchern besonders häufig.
- **Veränderungen in anderen Systemen haben direkte und indirekte Auswirkungen auf das Verdauungssystem:** Die Verringerung der Knochenmasse und des Kalziumgehalts im Skelettsystem führt auch zu einer Erosion der Zahnalveolen und letztendlich zum Verlust der Zähne. Das Nachlassen der Empfindlichkeit von Geruchs- und Geschmackssinn kann Veränderungen der Ernährungsgewohnheiten auslösen, die den gesamten Organismus beeinträchtigen können.

Zusammenfassung Embryologie

Eine Zusammenfassung der Entwicklung des Verdauungssystems finden Sie in Kapitel 28 (Embryologie und Entwicklung des Menschen).

EXKURS Das Verdauungssystem

China war großartig, aber...

Lars ist Assistenzprofessor für Mikrobiologie an einer kleinen Universität in Nordrhein-Westfalen. Er interessiert sich seit Jahren für China und die speziell dort vorkommenden Infektionskrankheiten. Nun plant er, ein Freisemester in Peking zu verbringen und am Youan Hospital, einer Spezialklinik für endemische Infektiologie, zu hospitieren. Es ist Lars' erste Reise außerhalb Deutschlands, und er freut sich auf alles – bis auf das Essen. Er hat ein empfindliches Verdauungssystem und leidet seit zwei Monaten an chronisch-intermittierendem Durchfall. Außerdem führt fast jedes würzige Essen zu lang anhaltenden abdominellen Beschwerden. Vor seiner Abreise besuchen seine Freunde mit ihm verschiedene chinesische Restaurants der Umgebung, um Lars' Verdauungssystem an unterschiedliche und neue Geschmacksrichtungen zu „gewöhnen". Im Laufe der nächsten drei Wochen experimentiert Lars mit verschiedenen Gerichten. Es kommt jedoch jedes Mal zu Durchfällen und Bauchschmerzen, besonders schlimm nach scharf-würzigen Speisen aus der Region Sechuan. Er besorgt sich einen Vorrat Loperamid als Durchfallmedikament für die Reise.

In Peking ist Lars zunächst angenehm von der Verträglichkeit des Essens überrascht. Die Durchfälle verschlimmern sich nicht, solange er reichlich Reis, Nudeln und Hefebrot isst.

Nach drei Wochen fühlt er sich jedoch ungewöhnlich träge; sein Durchfall wird chronisch. Sein Mentor Dr. Xiaoyun Liu rät ihm, reichlich zu trinken, um einer Dehydrierung vorzubeugen, und sich im Krankenhaus untersuchen zu lassen.

Eingangsuntersuchung

Dr. Xiaoyun Liu führt eine vollständige körperliche Untersuchung durch und notiert sich die folgenden Befunde:

- Die Leukozytenzahl ist erhöht (13.000/µl).
- Die Thrombozytenzahl ist leicht erhöht (450.000/µl).
- Das mittlere korpuskuläre Volumen der Erythrozyten ist erniedrigt (75 fl [Femtoliter]).
- Die Körpertemperatur ist normal (37 °C).
- Der Bauch schmerzt im mittleren Bereich zwischen Xiphoid und dem Nabel, aber es besteht dort kein Druckschmerz.

Dr. Xiaoyun Liu befürchtet eine chronische Appendizitis oder ein Reizdarmsyndrom. Er führt mehrere Stuhluntersuchungen auf Bakterien und Parasiten sowie eine Untersuchung auf verstecktes Blut im Stuhl über drei Tage hinweg durch. Lars wird darüber informiert, dass, abhängig von den Ergebnissen, eine Röntgenaufnahme des Bauches und eine Darmspiegelung erforderlich werden könnten.

In den nächsten drei bis vier Tagen wird Lars‘ Durchfall fast chronisch; die Bauchschmerzen verschlimmern sich. Sein Allgemeinzustand verschlechtert sich. Er bringt seine Stuhlproben in die Klinik und unterzieht sich den vorgeschlagenen Untersuchungen sowie einer weiteren Blutabnahme.

Die Nachuntersuchung

Dem Arzt fällt Folgendes auf:

- Die Bauchschmerzen haben sich verstärkt, aber nicht verschoben.
- Die Körpertemperatur ist weiterhin normal.
- Die Stuhluntersuchung ergibt keinen Hinweis auf Bakterien oder Parasiten, doch die Untersuchung auf verstecktes Blut ist positiv.
- Die Blutwerte verschlechtern sich. Leukozyten- und Thrombozytenspiegel steigen, das mittlere korpuskuläre Volumen der Erythrozyten fällt und der Hämatokritwert ist niedrig (38 %).
- Die mittlere korpuskuläre Hämoglobinkonzentration ist erniedrigt (25 g/dl).
- Die Röntgenaufnahme des Abdomens zeigt eine segmentale Verdickung der Kolonwand mit einer inkompletten Obstruktion im *Colon transversum*. Bei der Koloskopie sieht man eine Entzündung der Darmschleimhaut (**Abbildung 25.24**).

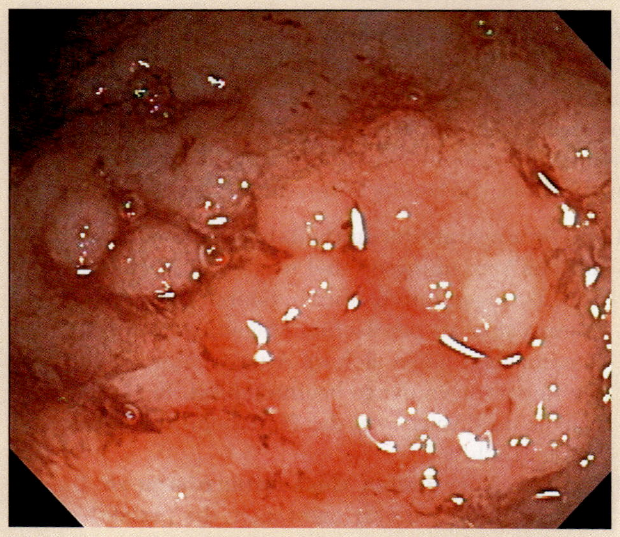

Abbildung 25.24: **Entzündung der Darmschleimhaut im Koloskop.**

Überlegungen

Zu verschiedenen Zeiten weist jedes System im Körper durch Symptome auf Erkrankungen hin; die Aufgabe des Arztes ist es, die verschiedenen Hinweise zu einem Gesamtbild zusammenzusetzen, das idealerweise zur richtigen Diagnose führt. Die Symptome des Patienten und die Interpretation des Arztes sind beide Teil der Detektivarbeit.

Zur Interpretation dieses Falles und zur Beantwortung der folgenden Fragen sollten Sie den Stoff von Kapitel 25 wiederholen.

1. Die Oberfläche des Bauches ist zur Erleichterung der Untersuchung in mehrere Abschnitte unterteilt. Welche Regionen befinden sich in der Mittellinie zwischen Xiphoid und Nabel?
2. Welche Strukturen des Verdauungssystems befinden sich in der Mittellinie zwischen Xiphoid und Nabel?
3. Der Arzt dachte ursprünglich bei Lars an eine beginnende Appendizitis. In welcher Region des Bauches befindet sich diese Struktur?

Analyse und Interpretation

Die nachfolgenden Informationen beantworten die oben gestellten Fragen. Schlagen Sie zur Wiederholung in Kapitel 25 nach.

1. Die Oberfläche des Bauches wird in neun Regionen unterteilt. In der Mittellinie zwischen Xiphoid und Nabel liegen die *Regio epigastrica* und die *Regio umbilicalis*.

2 In der *Regio epigastrica* und der *Regio umbilicalis* befinden sich die folgenden Organe: Leber, Ösophagus, Magen, Pankreas, Duodenum, Jejunum, Ileum und *Colon transversum*.

3 Die Appendix liegt in der rechten *Regio inguinalis*.

Diagnose

Anhand der Symptome und der Untersuchungsergebnisse wird bei Lars die Diagnose chronisch-entzündliche Darmerkrankung gestellt. Die Ursache der chronisch-entzündlichen Darmerkrankung ist nicht bekannt; man vermutet jedoch, dass es sich um eine Autoimmunerkrankung handelt, bei der sich das Immunsystem der Betroffenen gegen den eigenen Verdauungstrakt wendet. In Deutschland sind etwa 240.000 Menschen von einer chronisch-entzündlichen Darmerkrankung betroffen. International gesehen kommt die chronisch-entzündliche Darmerkrankung bei Menschen, die in Großstädten entwickelter Länder leben, häufiger vor als bei Bewohnern ländlicher Gegenden in Entwicklungsländern. Außerdem ist die Inzidenz in kühleren Klimazonen höher als in wärmeren Ländern. Die beiden Hauptformen sind die *Colitis ulcerosa* und der *Morbus Crohn*. Bei der *Colitis ulcerosa* bilden sich in einem oder mehreren Segmenten des Dickdarms Ulzera. Der *Morbus Crohn* betrifft typischerweise nur das distale Ileum. Bei Lars liegt ein *Morbus Crohn* vor.

Bei dieser Erkrankung verursacht das Lymphsystem eine Entzündung der *Lamina propria*, woraufhin die Makrophagen sämtliche Schichten der Darmwand von der Mukosa bis an die Serosa angreifen. Als Folge dieser chronischen Entzündung verdickt sich beim *Morbus Crohn* die Darmwand deutlich; das Lumen wird enger.

Zu den Allgemeinsymptomen gehören Fieber, Bauchschmerzen, Durchfall und chronische Müdigkeit sowie Gewichtsverlust. Die Dünndarmentzündung kann zu steten lokalisierten Schmerzen in der rechten *Regio inguinalis* führen. Bei einer Untersuchung bestehen hier ein Druckschmerz und eine Verdickung. Manche Patienten haben eine leichte Anämie, eine Leukozytose und eine erhöhte Blutsenkungsgeschwindigkeit.

Eine häufige Komplikation sind Darmverschlüsse an den Engstellen. Anfangs ist die durch Schwellung und Entzündung verursachte Verdickung noch reversibel. Später entwickelt sich jedoch eine Fibrose; die Durchfälle werden weniger, doch die Inzidenz von Verstopfung und Darmverschlüssen nimmt zu.

Begriffe Exkurs:

Anämie: Erkrankungen, bei denen die Anzahl der roten Blutkörperchen, der Hämatokritwert oder die Hämoglobinmenge im Blut vermindert sind

Autoimmunerkrankung: Erkrankung, bei der es bei den Betroffenen zu Immunreaktionen gegen eigenes Körpergewebe kommt. Das Lymphsystem greift diese Gewebe an; es kommt zu Gewebezerstörungen und Organversagen.

Chronische Erkrankung: langfristig anhaltende Erkrankung

Diarrhö (Durchfall): abnorm häufige Entleerung wässrigen Stuhles

Hämoccult: Stuhltest zum Nachweis versteckten „okkulten" Blutes im Stuhl

Loperamid: freiverkäufliches Medikament gegen Durchfall

Leukozytose: abnorm hohe Anzahl weißer Blutkörperchen im Blut

Blutsenkungsgeschwindigkeit: Geschwindigkeit, mit der sich die roten Blutkörperchen in einem Teströhrchen am Boden absetzen. Eine Erhöhung kommt oft bei einer Anämie oder einer Entzündung vor.

DEFINITIONEN

Achalasie: Blockade des unteren Ösophagus aufgrund von schwacher Peristaltik und von einer Fehlfunktion des unteren Ösophagussphinkters

Cholezystitis: schmerzhafte Erkrankung durch Obstruktion des *Ductus cysticus* oder des *Ductus hepaticus communis* durch Gallensteine

Cholelithiasis: Gallensteine in der Gallenblase

Zirrhose: Vernarbung der Leber nach Zerstörung der Hepatozyten durch Medikamente, Virusinfektionen, Durchblutungsstörungen und andere Ursachen

Kolitis: Reizung der Darmwand mit gestörter Darmfunktion

Kolostoma: Künstlicher Darmausgang in der Bauchwand; der distale Abschnitt der Dickdarms wird dadurch umgangen.

Obstipation (Verstopfung): Unregelmäßig wenig, trockener, harter Stuhlgang, meist weniger als dreimal in der Woche. Die Verstopfung tritt meist dann auf, wenn sich der Darminhalt so langsam durch den Darm bewegt, dass es zu einer übermäßigen Wasserrückresorption kommt. Unzureichender Ballaststoff- und Wassergehalt der Nahrung und zu wenig körperliche Bewegung sind häufige Ursachen einer Verstopfung.

Diarrhö (Durchfall): Häufiger wässriger Stuhlgang. Akuter Durchfall durch Bakterien, Viren oder Protozoen kann einige Tage anhalten.

Divertikulitis: Erkrankung mit Aussackungen (Divertikeln) der Mukosa, meist im Sigma

Enteritis: Dünndarmreizung, meist durch Toxine oder andere Substanzen; führt durch verstärkte Peristaltik zu Durchfall.

Ösophagitis: Entzündung des Ösophagus durch erodierende Magensäfte

Gastrektomie: operative Entfernung des Magens; Behandlungsmöglichkeit bei Magenkarzinom

Schlauchmagen und Magen-Bypass: Operationen zur Gewichtsreduktion durch Magenverkleinerung

Gastritis: Entzündung der Magenschleimhaut

Gastroenteritis: Erbrechen und Durchfall durch starken Reiz

Gastroskop: fiberoptisches Instrument zur Untersuchung des Magens

Reizdarmsyndrom: Verdauungsstörung mit Durchfall, Verstopfung oder einem Wechsel von beidem. Wenn die Obstipation im Vordergrund steht, spricht man auch von einer spastischen Kolitis.

Mumps: Virusinfekt, meist an der Ohrspeicheldrüse, oft bei Kindern zwischen fünf und neun Jahren

Pankreatitis: Entzündung des Pankreas wegen einer Obstruktion der Pankreasgänge, einer bakteriellen oder viralen Infektion oder als Reaktion auf Medikamente und Drogen

Peptisches Ulkus: lokalisierte Erosion der Duodenal- oder der Magenschleimhaut durch die Säuren und Enzyme im Chymus

Parodontose: fortscheitende Erkrankung aufgrund einer Erosion der Verbindungen zwischen den Zahnhälsen und der Gingiva

Peritonitis: schmerzhafte Entzündung der Peritonealmembran

Plaque: eine dichte Ablagerung von Speiseresten und bakteriellen Sekreten auf der Oberfläche der Zähne

Zusammenfassung

Die Antworten auf die Fragen der Aufgaben und der Zusammenfassung finden Sie im Antwortteil.

Wiederholung von Fakten und Begriffen

Verbinden Sie die Begriffe der linken Spalte jeweils mit denen der rechten Spalte, die am besten passen; setzen Sie die Buchstaben in die Spalte vor die Zahlen.

	Spalte 1		Spalte 2	
	1.	Segmentation	a.	Mesenterialblatt am Dünndarm
	2.	Mesenterium	b.	Bewegt Material durch den Verdauungstrakt
	3.	Eckzähne	c.	Durchmischt und zerlegt den Darminhalt
	4.	Serosa	d.	Reißzähne
	5.	Bukkale Fettpolster	e.	Mechanische/chemische Nahrungsverdauung
	6.	Mastikation	f.	Seröse Membran über der *Muscularis externa*
	7.	*Dentes praemolares*	g.	Kauen
	8.	Verdauungstrakt	h.	Prämolare
	9.	Mesokolon	i.	Mesenterium am Dickdarm
	10.	Peristaltik	j.	Formt die Wangen

11 Zur mechanischen Verarbeitung der Nahrung gehören alle bis auf eine der folgenden Aktionen:
a. Resorption
b. Zerquetschen der Nahrung mit der Zunge
c. Zerreißen oder Zerdrücken der Nahrung mit den Zähnen
d. Durchmischung der Nahrung durch den Magen

12 Mit Verdauung meint man
a. die zunehmende Dehydrierung der unverdaulichen Reste.
b. die Aufnahme von Nahrung in den Verdauungstrakt.
c. den chemischen Abbau von Nahrung.
d. die Resorption von Nährstoffen im Darm.

13 Der Verdauungstrakt ist zum größten Teil ausgekleidet mit
a. mehrreihigem zylindrischem Flimmerepithel.
b. kubischem Epithel.
c. mehrschichtigem Plattenepithel.
d. Einschichtigem Zylinderepithel.

14 Die doppelte Schicht Peritoneum, die einige der viszeralen Organe an ihrer Position fixiert, ist
a. die Serosa.
b. die Adventitia.
c. das Mesenterium.
d. die Fibrosa.

15 Die Aktivitäten des Verdauungssystems werden reguliert von
a. Hormonen.
b. parasympathischen Neuronen.
c. sympathischen Neuronen.
d. allen genannten.

16 Zwischen der zirkulären und der longitudinalen Muskelschicht der Muskularis liegt
a. die Mukosa.
b. die Submukosa.
c. die *Muscularis mucosae.*
d. der *Plexus myentericus.*

17 Das Mesenterium, das den Großteil des Dünndarms hält, heißt
a. Mesenterium.
b. Mesotransversum.
c. *Omentum minus.*
d. *Omentum majus.*

18 Der Durchgang zwischen Mundhöhle und Pharynx ist
a. die Uvula.
b. der Schlund.
c. der *Arcus palatoglossus.*
d. der *Arcus palatopharyngealis.*

19 Plikae und Darmzotten
a. vergrößern die Oberfläche der Schleimhaut im Dünndarm.
b. transportieren die Verdauungsprodukte, die nicht in die Kapillaren gelangen.
c. produzieren neue Zellen für die Mukosa des Dünndarms.
d. sezernieren Verdauungsenzyme.

20 Das ventrale Mesenterium
a. entwickelt sich zur wichtigsten Befestigung für Verdauungsorgane in der Bauchhöhle beim Erwachsenen.
b. enthält reichlich Drüsen, aber keine Blutgefäße.
c. enthält und bildet einen Durchgang für die *V. portae* und ihre Zuflüsse.
d. Keines der genannten trifft zu.

Wiederholung von Lernzielen

1 Welche der folgenden Aussagen trifft nicht auf den gesamten Dünndarm zu?
a. Er ist der Hauptort für die Verdauung und die Resorption von etwa 80 % der Nährstoffe.
b. Er ist im Schnitt etwa 6 m lang.
c. Er liegt retroperitoneal.
d. Er enthält eine Reihe von Querfalten, die *Plicae circulares.*

2 Die Funktion des Verdauungstrakts bei älteren Menschen
a. verändert sich parallel zu vergleichbaren altersbedingten Veränderungen in anderen Systemen.
b. ist von den Veränderungen in den anderen Systemen unabhängig.
c. kann durch eine Untersuchung der Leberfunktion bestimmt werden.
d. nimmt an Effizienz zu, nicht jedoch an Geschwindigkeit der Verdauung.

3 Wie würde die Beschädigung oder Entfernung von Teilen des Mesenteriums die normale Dünndarmfunktion beeinträchtigen?
a. Es käme zu einer Steigerung der Peristaltik.
b. Es käme zu einer gesteigerten Hormonproduktion.
c. Es käme zu Interferenzen der Blutversorgung und der Innervation.
d. Der Dünndarm wäre weniger beweglich.

4 Welche Funktion hat die Pankreaslipase?

5 Welche Funktion hat der *Sphinkter Oddi*?

6 Was macht die Gallenblase mit der Galle?

7 Welche Funktion haben die Kupffer-Zellen?

8 Welches ist die letzte Kolonregion vor dem Rektum?

9 Welche Funktion haben die Chylusgefäße im Dünndarm?

10 Wodurch wird die Freisetzung von Gastrin ausgelöst?

Anwendung der Lerninhalte

1 Ein Mordverdächtiger behauptet, vier Stunden vor dem Todeszeitpunkt mit dem späteren Opfer zusammen zu Abend gegessen zu haben. Der obduzierende Gerichtsmediziner bestätigt, dass der Angeklagte lügt, da das Opfer mindestens zehn Stunden lang nichts mehr gegessen hat. Woher weiß er das?

2 Welche sechs Sphinkter oder sphinkterartige Strukturen kontrollieren die Bewegung von Material von der Mundhöhle bis zum Anus durch den Verdauungstrakt? Welche lassen sich bewusst willkürlich kontrollieren und warum?

3 Aus welchen sechs histologischen Schichten ist, von innen nach außen, die Wand des Verdauungstrakts aufgebaut?

Eine Kurzzusammenfassung der wichtigsten Inhalte, sowie die Antworten zu den Fragen und weitere Arbeitsmaterialien finden sie auf unserer Companion Website unter: **www.pearson-studium.de/login**

Lernziele

1. Die Funktionen des Harnsystems und seine Beziehung zu anderen exkretorischen Organen kennen.
2. Die Komponenten des Harnsystems auffinden und beschreiben können.
3. Die Lage der Nieren, ihre äußeren Merkmale und ihre Beziehung zu den umliegenden Geweben und Organen erläutern können.
4. Struktur und Funktion der einzelnen makroanatomischen Merkmale der Nieren kennen.
5. Die Gefäße kennen, die die Nephrone mit Blut versorgen.
6. Die ungewöhnlichen Charakteristika und Eigenschaften der glomerulären Kapillaren beschreiben können.
7. Den Blutfluss durch und um ein Nephron nachvollziehen können.
8. Die Innervation der Nieren und ihren Einfluss auf die renale Funktion kennen.
9. Den histologischen Aufbau eines Nephrons und seiner einzelnen Segmente beschreiben können.
10. Lage, Makroanatomie und histologischen Aufbau von Ureteren, Harnblase und Urethra beschreiben können.
11. Den Miktionsreflex und seine Kontrolle erläutern können.
12. Den Effekt des Alterns auf den Harntrakt beschreiben können.

Das Harnsystem

ÜBERBLICK

26

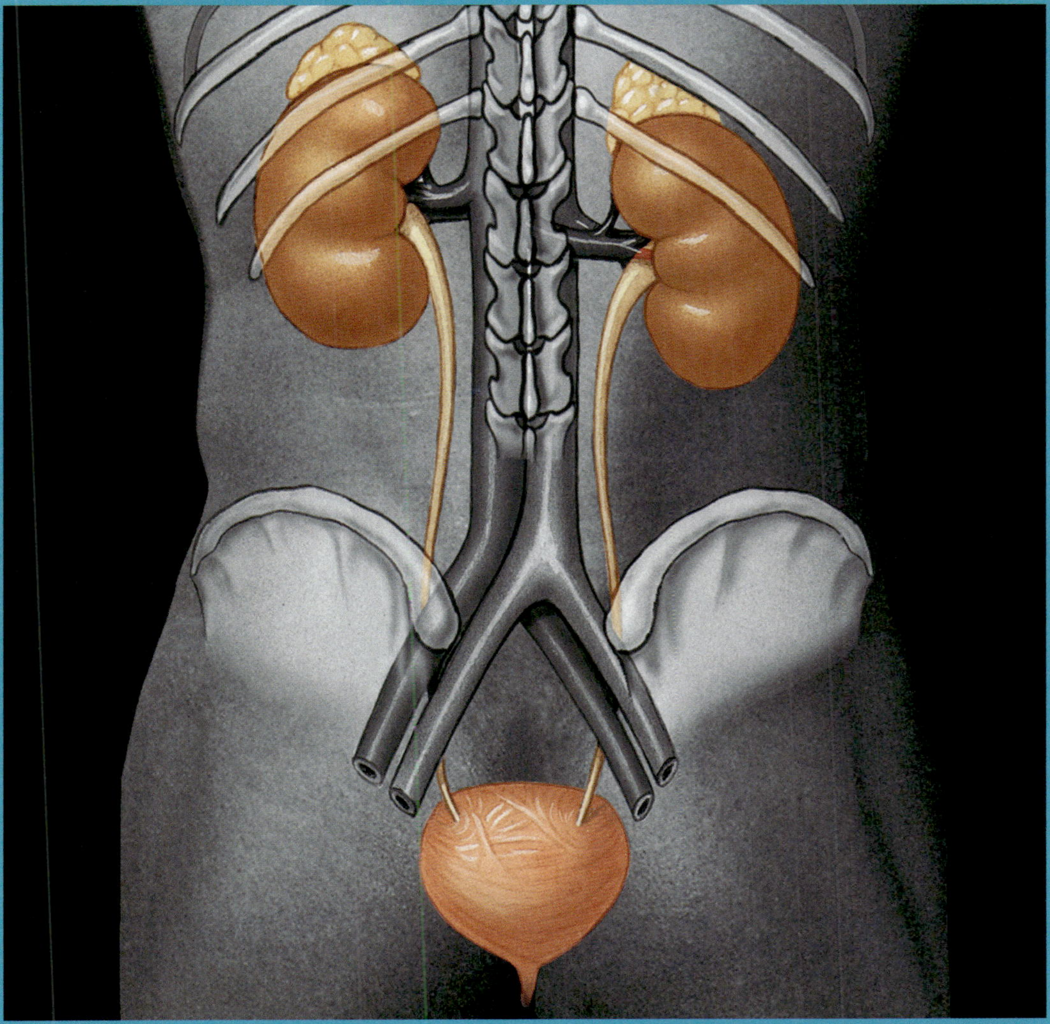

Die koordinierten Aktivitäten des Verdauungs-, des Herz-Kreislauf-, des Atmungs- und des Harnsystems verhindern die Ansammlung von Abfallstoffen im Körper. Der Verdauungstrakt resorbiert die Nährstoffe aus der Nahrung; die Leber stellt die Nährstoffkonzentration im zirkulierenden Blut ein. Das Herz-Kreislauf-System transportiert diese Nährstoffe zusammen mit dem Sauerstoff aus dem Atmungssystem zu den peripheren Geweben. Auf dem Weg zurück trägt das Blut Kohlenmonoxid und andere Stoffwechselprodukte der aktiven Zellen an den Ort der Exkretion. Kohlendioxid wird über die Lungen eliminiert. Der Großteil der organischen Abfallstoffe wird zusammen mit überschüssigem Wasser und Elektrolyten von den Nieren ausgeschieden, dem Schwerpunkt dieses Kapitels. Andere Systeme unterstützen die Nieren bei der Exkretion von Wasser und gelösten Substanzen. So enthält beispielsweise das Sekret der Schweißdrüsen Wasser und Elektrolyte; auch geben verschiedene Verdauungsorgane Abfallprodukte in das Darmlumen ab. Im Vergleich zu der Leistung der Nieren ist dieser Beitrag jedoch eher gering.

Das **Harnsystem** hat lebenswichtige exkretorische Funktionen und eliminiert organische Abfallstoffe, die von den Zellen des gesamten Körpers gebildet werden. Außerdem hat es noch eine Reihe anderer wichtiger Funktionen, die oft übersehen werden. Hierzu gehören:

- Regulierung der Plasmaspiegel von Natrium, Kalium, Chlorid, Kalzium und anderen Ionen durch Kontrolle der Ausscheidung
- Regulierung von Blutvolumen und -druck durch 1. Anpassung der ausgeschiedenen Wassermenge im Urin,

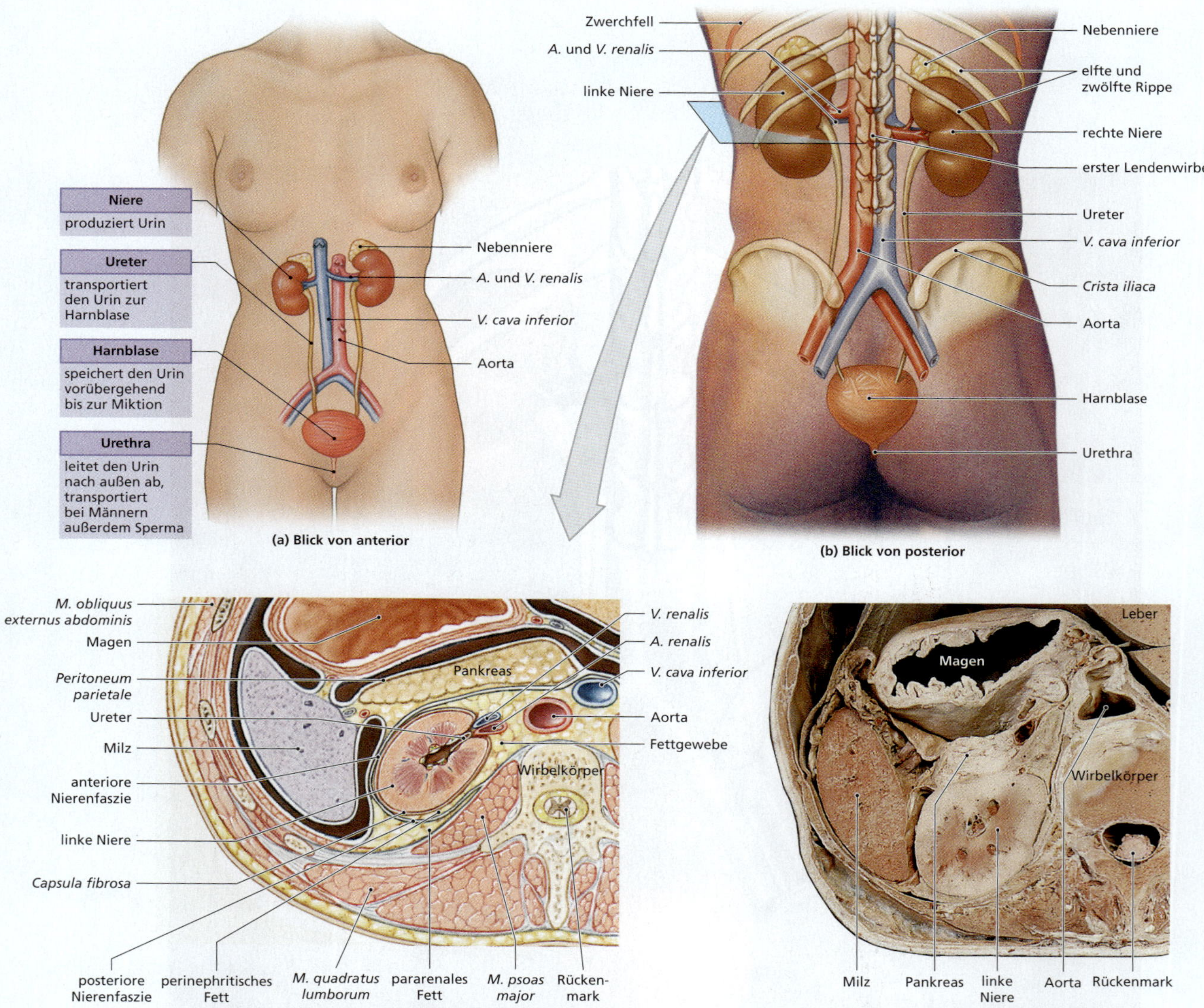

Abbildung 26.1: Einführung in das Harnsystem. (a) Die Komponenten des Harnsystems von anterior. (b) Rumpf von posterior mit Darstellung der Lage der Nieren und anderer Strukturen des Harnsystems. (c) Schematisches Schnittbild auf der in Teilabbildung (a) angezeigten Ebene. Für die Oberflächenanatomie siehe auch Abbildung 12.3.

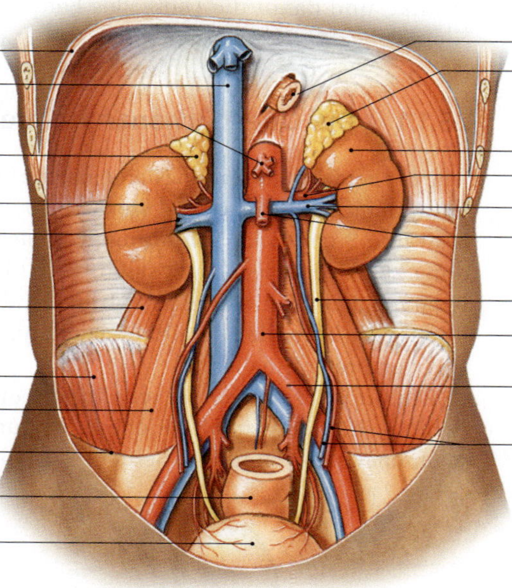

(a) Blick von anterior

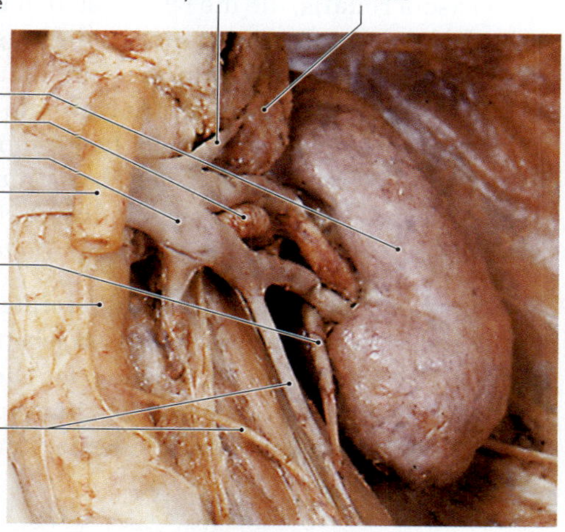

(b) Linke Niere von anterior

Abbildung 26.2: Das Harnsystem in situ. Schematische Darstellung der Bauch-Becken-Höhle von anterior mit Darstellung von Nieren, Nebennieren, Ureteren und Harnblase sowie der Blutversorgung der Nieren. (b) Linke Niere und benachbarte Strukturen von anterior.

2. die Freisetzung von Erythropoetin und 3. die Freisetzung von Renin

- Beitrag zur Stabilisierung des Blut-pH-Werts
- Erhalt wertvoller Nährstoffe durch Verhinderung ihrer Ausscheidung über den Urin
- Eliminierung organischer Abfallstoffe, besonders stickstoffhaltiger Substanzen, wie Harnstoff und Harnsäure, Toxine und Medikamente
- Synthese von Kalzitriol, einem Hormonderivat von Vitamin D_3, das die Resorption von Kalziumionen am Dünndarmepithel stimuliert
- Unterstützung der Leber bei der Entgiftung und in Hungerphasen Desaminierung von Aminosäuren, sodass andere Gewebe sie abbauen können

Alle Aktivitäten des Harnsystems werden sorgfältig kontrolliert, damit die Zusammensetzung der löslichen Substanzen und ihre Konzentration im Blut innerhalb der Normbereiche bleiben. Die Störung einer dieser Funktionen hat unmittelbare und potenziell lebensbedrohliche Folgen.

In diesem Kapitel geht es um den funktionellen Aufbau des Harnsystems; es werden die wichtigsten Regulationsmechanismen beschrieben, die die Urinproduktion und -konzentration steuern. Zum Harnsystem (**Abbildung 26.1**) gehören die Nieren, die Ureteren, die Harnblase und die Urethra. Die Exkretion wird von den paarigen **Nieren** durchgeführt. Diese Organe bilden den **Urin**, ein flüssiges Abfallprodukt, das Wasser, Ionen und kleine lösliche Substanzen enthält. Aus den Nieren fließt der Urin durch den Harntrakt, der aus den beiden **Ureteren** und der **Harnblase** besteht, in der der Urin vorübergehend gespeichert wird. Bei der Miktion befördert die Kontraktion der muskulären Harnblase den Urin durch die **Urethra** hinaus.

Die Nieren 26.1

Die Nieren liegen jeweils lateral der Wirbelsäule zwischen dem letzten Brust- und dem dritten Lendenwirbel (**Abbildung 26.2**a). Die Oberkante der rechten Niere steht oft etwas weiter inferior als die der linken Niere (siehe Abbildung 26.1 und 26.2).

In situ ist die anteriore Fläche der rechten Niere von der Leber, der rechten Kolonflexur und dem Duodenum bedeckt. Die anteriore Fläche der linken Niere liegt hinter der Milz, dem Magen, dem Pankreas, dem Jejunum und der linken Kolonflexur. Auf der superioren Fläche der Nieren sitzt jeweils eine Nebenniere (siehe Abbildung 26.1a und 26.2). Nieren, Nebennieren und Ureteren liegen retroperitoneal zwischen der Muskulatur der dorsalen Körperwand und dem *Peritoneum parietale* (siehe Abbildung 26.1c und 26.2).

Die Nieren werden in der Bauchhöhle 1. durch das aufliegende Peritoneum, 2. durch den Kontakt mit den benachbarten viszeralen Organen und 3. durch das umliegende Bindegewebe in ihrer Position fixiert. Jede Niere ist von drei konzentrischen Bindegewebsschichten umgeben, die sie jeweils schützen und stabilisieren:

- Eine Schicht aus Kollagenfasern umgibt die Außenfläche des gesamten Organs; man nennt sie **Capsula fibrosa**. Sie bestimmt die Form der Nieren und bietet mechanischen Schutz.
- Eine **perirenale Fettschicht** (lat.: ren = die Niere) umgibt die Nierenkapsel. Sie kann recht dick sein und verbirgt die Konturen des Organs.

- Von der innenliegenden *Capsula fibrosa* aus ziehen kollagene Fasern nach außen durch die Fettschicht an die **Fascia renalis**, die die Nieren an den umliegenden Strukturen verankert. Posterior ist die renale Faszie an der tiefen Faszie befestigt, die die Muskulatur der Bauchwand umgibt. Eine weitere **pararenale Fettschicht** (griech.: para = entlang, neben, bei) trennt die posterioren und lateralen Anteile der *Fascia renalis* von der Körperwand. Anterior ist sie mit dem Peritoneum und der anterioren *Fascia renalis* der Gegenseite verbunden.

Die Niere hängt also an kollagenen Fasern an der *Fascia renalis* und ist in ein weiches Fettkissen gebettet. Diese Anordnung verhindert eine Schädigung der Nierenfunktion durch die alltäglichen Stöße und Erschütterungen. Wenn die Stützfasern überdehnt werden oder der Körperfettgehalt absinkt, und damit die Dicke des Fettpolsters, sind die Nieren eher verletzungsgefährdet.

26.1.1 Die Oberflächenanatomie der Niere

Jede der beiden rot-braunen Nieren hat die typische Nierenform. Beim Erwachsenen ist sie etwa 10 cm lang, 5,5 cm breit und 3 cm dick (**Abbildung 26.3**; siehe auch Abbildung 26.2). Sie wiegt durchschnittlich 150 g. Eine deutliche mediale Einziehung, der **Hilus**, ist der Ort, an dem die *A. renalis* in die Niere hineinzieht und die *V. renalis* und der Ureter hinaus.

Die *Capsula fibrosa* hat eine innere und eine äußere Schicht. Im Längsschnitt (siehe Abbildung 26.3a) sieht man, dass sich die innere Schicht am Hilus nach innen

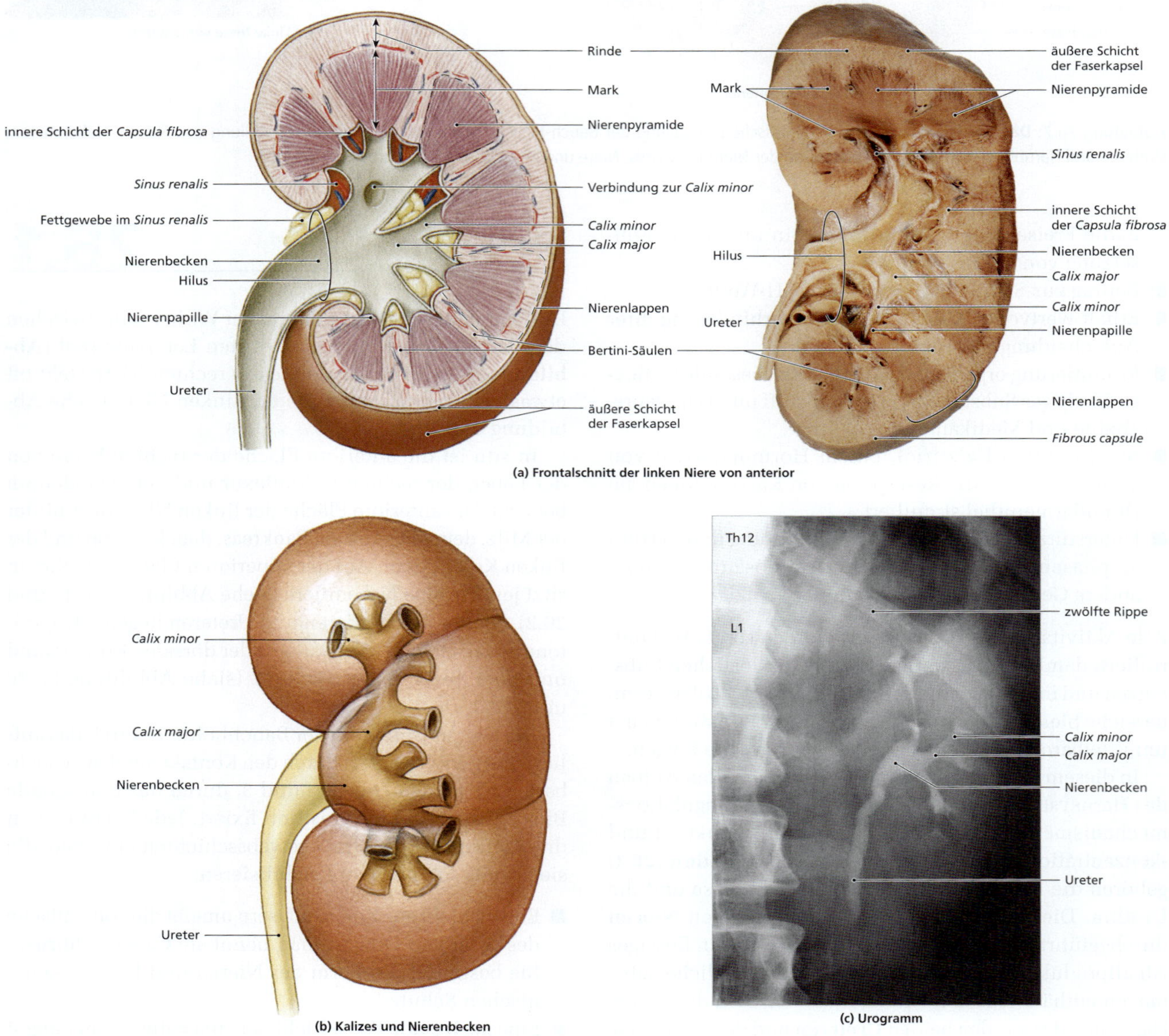

Abbildung 26.3: Die Struktur der Niere. (a) Linke Niere im Frontalschnitt mit Darstellung der wichtigsten Strukturen. Die Grenzen eines Nierenlappens und einer Markpyramide sind mit den gestrichelten Linien angedeutet. (b) Transparente Darstellung der Anordnung von Kelchsystem und Nierenbecken im Inneren der Niere. (c) Urogramm der linken Niere mit Darstellung von Kelchen, Nierenbecken und Ureter.

umfaltet und den *Sinus renalis*, einen internen Hohlraum der Niere, auskleidet. Renale Blutgefäße, Lymphgefäße, Nerven und der Ureter ziehen am Hilus in die Niere und verzweigen sich innerhalb des renalen Sinus. Die dicke äußere Schicht der Kapsel bedeckt auch noch den Hilus und stabilisiert so die Lage dieser Strukturen.

26.1.2 Schnittbildanatomie der Niere

Im Inneren jeder Niere findet man die Nierenrinde, das Nierenmark und den *Sinus renalis*. Die **Nierenrinde**, die körnig und rot-braun ist, bildet die äußere Schicht der Niere. Sie ist mit der *Capsula fibrosa* verbunden (siehe Abbildung 26.3a). Das **Nierenmark** liegt weiter innen und ist dunkler. Es besteht aus sechs bis 18 klar abgrenzbaren, konischen oder dreieckigen Strukturen, den Nierenpyramiden. Die Basis weist jeweils in Richtung Rinde; die Spitze, die Nierenpapille, wölbt sich in den *Sinus renalis* vor. Benachbarte Nierenpyramiden sind jeweils durch einen Streifen Rindengewebe, die **Bertini-Säulen** *(Columna renalis)*, voneinander getrennt. Sie haben eine rindentypische körnige Struktur. Ein **Nierenlappen** besteht aus einer Nierenpyramide, dem Rindenabschnitt darüber und den danebenliegenden Bertini-Säulen.

Die Urinproduktion findet in den Nierenlappen statt. Gänge innerhalb der einzelnen Papillen entleeren den Urin in einen becherförmigen Hohlraum, den **kleinen Nierenkelch** *(Calix renalis minor)*. Vier bis fünf kleine Nierenkelche vereinen sich dann zu einem **großen Nierenkelch** *(Calix renalis major)*; diese großen Nierenkelche gehen wiederum in einen großen trichterförmigen Hohlraum, das **Nierenbecken**, über. Das Nierenbecken, das den Großteil des *Sinus renalis* ausfüllt, ist am Nierenhilus mit dem Ureter verbunden.

Die Urinproduktion beginnt in mikroskopisch kleinen, tubulären Strukturen, den Nephronen, in der Rinde der Nierenlappen. Jede Niere hat etwa 1,25 Millionen **Nephrone** mit einer Gesamtlänge von etwa 145 km.

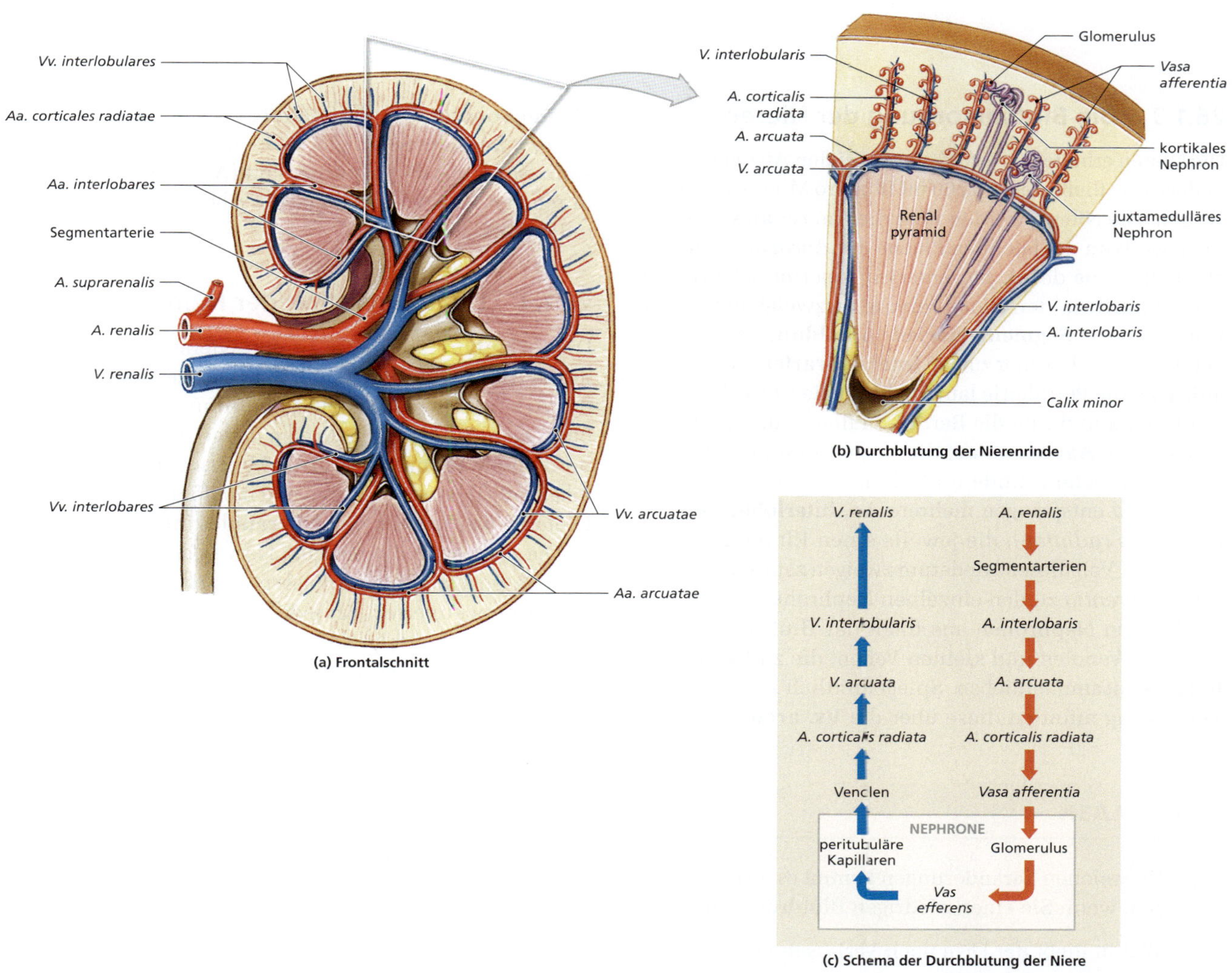

Abbildung 26.4: Die Blutversorgung der Nieren. (a) Schnittbild mit Darstellung großer Arterien und Venen (siehe auch Abbildung 26.3 und 26.8 [siehe unten]). (b) Kreislauf in der Rinde. (c) Flussdiagramm der Nierendurchblutung.

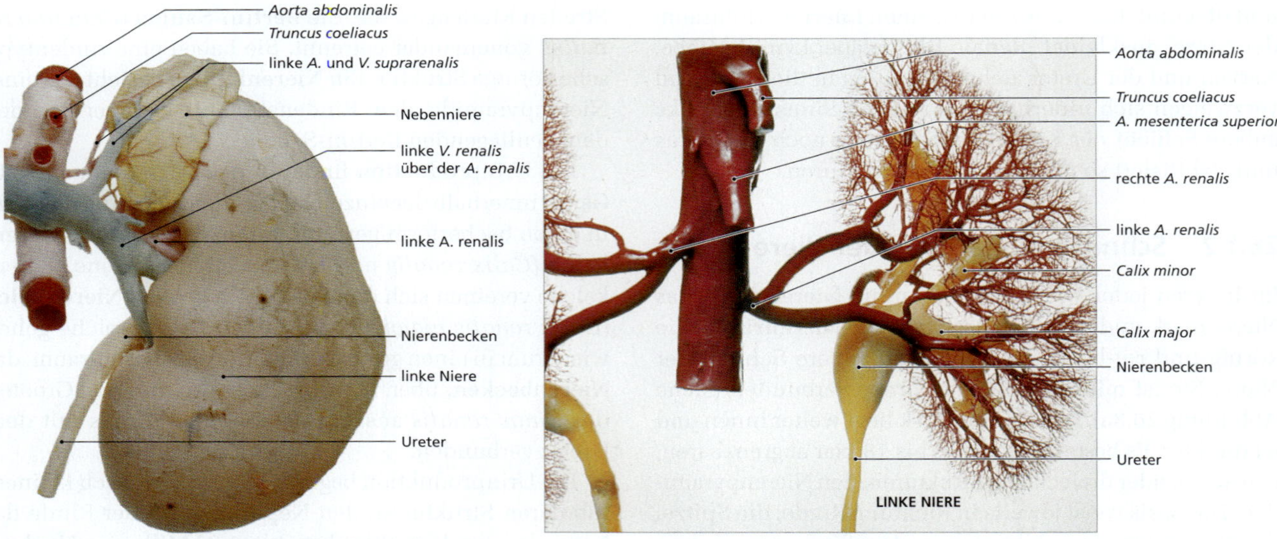

Abbildung 26.5: Gefäße und Durchblutung der Niere. (a) Linke Niere mit Darstellung der Blutgefäße (Injektion mit gefärbtem Latex). (b) Ausgusspräparat von Kreislauf und Leitungsbahnen der Nieren.

26.1.3 Die Blutversorgung der Nieren

Die Nieren erhalten 20 – 25 % des kardialen Auswurfs. Normalerweise fließen etwa 1200 ml Blut pro Minute durch die Nieren. Die Nieren werden über die **Aa. renales** versorgt, die jeweils an der lateralen Fläche der *Aorta abdominalis* etwa auf Höhe der *A. mesenterica superior* entspringen. Nach Eintritt in den *Sinus renalis* verzweigt sich die **A. renalis** in die **Segmentarterien** (**Abbildung 26.4**). Diese verzweigen sich weiter zu den **Interlobärarterien**, die nach außen an die Peripherie laufen, durch die *Capsula fibrosa* hindurch und durch die Bertini-Säulen in die Rinde. Sie speisen die **Aa. arcuatae**, die bogenförmig parallel zur Grenze zwischen Rinde und Mark verlaufen. Aus jeder *A. arcuata* entspringen mehrere **Aa. interlobulares** *(Aa. corticales radiatae)*, die jeweils einen Rindenabschnitt versorgen. Von diesen wiederum zweigen zahlreiche kleine *Vasa afferentia* zu den einzelnen Nephronen ab.

Von den Nephronen aus fließt das Blut in ein Netzwerk aus Venolen und kleinen Venen, die zu **Vv. interlobulares** zusammenfließen. Spiegelbildlich zur arteriellen Versorgung münden diese über die **Vv. arcuatae** in die *Vv. interlobares*. Die *Vv. interlobares* vereinen sich zur *V. renalis*; Segmentvenen gibt es nicht. Viele dieser Gefäße kann man in Ausgusspräparaten (**Abbildung 26.5**) und in renalen Angiogrammen (siehe Abbildung 26.9b [siehe unten]) erkennen.

AUFGABEN

1. Zu welchen Veränderungen kommt es an den Nieren, wenn Sie einen niedrigen Blutdruck haben?
2. Wohin fließt der Urin nach Verlassen der Nieren?
3. Welche Funktion hat Kalzitriol?

26.1.4 Die Innervation der Nieren

Die Produktion von Urin in den Nieren wird zum Teil durch **Autoregulation** über reflektorische Veränderungen der Arteriolenweite gesteuert; hierdurch werden Durchblutung und Filtrationsrate dem Bedarf angepasst. Sowohl hormonelle als auch neuronale Mechanismen können die lokalen Reaktionen ergänzen und modifizieren. Nieren und Ureteren werden von den **Nn. renales** innerviert.

Die meisten der beteiligten Nervenfasern sind sympathische postganglionäre Fasern aus dem *Ganglion mesentericum superior*. An jeder Niere zieht ein Nerv am Hilus hinein und folgt den *Aa. renales* auf ihrem Weg zu den einzelnen Nephronen. Zu den bekannten Funktionen sympathischer Innervation gehören 1. die Regulierung von renalem Blutfluss und -druck, 2. die Stimulation der Reninfreisetzung und 3. die direkte Stimulation der Natrium- und Wasserrückresorption.

26.1.5 Die Histologie der Niere

Das **Nephron**, die strukturelle und funktionelle Grundeinheit der Niere, kann nur unter dem Mikroskop betrachtet werden. In der Schemazeichnung in **Abbildung 26.6** ist das Nephron zur besseren Übersicht gestreckt und gekürzt dargestellt.

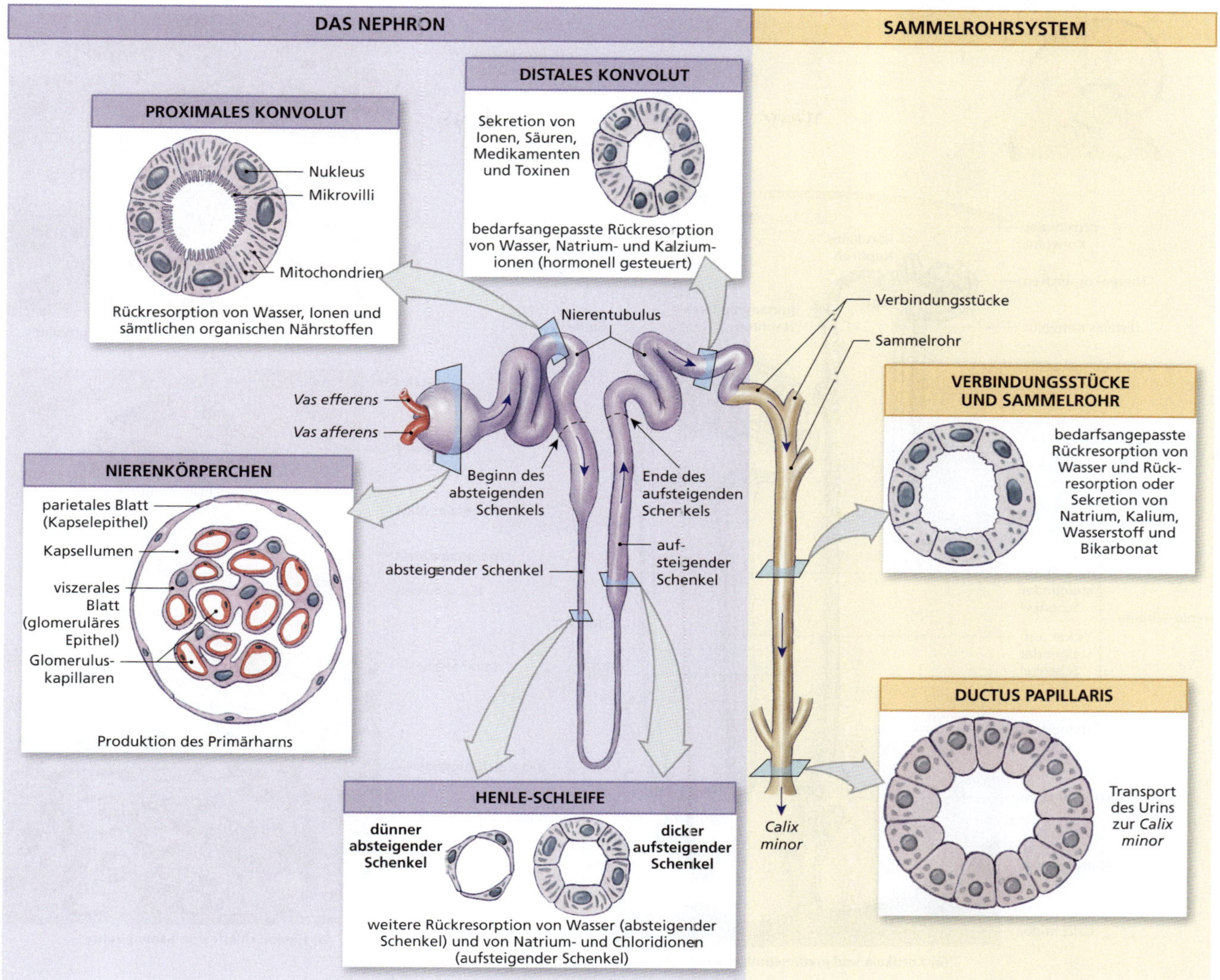

Abbildung 26.6: Ein typisches Nephron. Schematische Darstellung der histologischen Struktur und der Hauptfunktionen der einzelnen Segmente des Nephrons (violett) und des Sammelrohrs (beige).

Struktur und Funktion eines Nephrons – ein Überblick

Der **Nierentubulus**, ein langer Schlauch, beginnt am **Corpusculum renale (Nierenkörperchen, Malpighi-Körperchen)**. Das Nierenkörperchen ist etwa 0,1 mm groß und enthält ein kapillares Netzwerk, den **Glomerulus** (Plural: Glomeruli), der aus etwa 50 umeinander gewundenen Kapillaren besteht. Blut erreicht den Glomerulus über ein **Vas afferens** und verlässt es wieder über das **Vas efferens**. Diese Strukturen finden Sie in Abbildung 26.6 dargestellt. Die Filtration durch die Wände des Glomerulus ergibt eine proteinfreie Lösung, das **Glomerulusfiltrat (Primärharn)**. Sie fließt vom Glomerulus aus in ein langes Schlauchsystem, das in verschiedene Regionen mit jeweils unterschiedlichen strukturellen und funktionellen Eigenschaften aufgeteilt ist. Es sind dies 1. das **proximale Konvolut**, 2. die **Henle-Schleife** und 3. das **distale Konvolut**.

Jedes Nephron entleert sich in das **Sammelrohr**. Ein **Verbindungstubulus** bringt das Filtrat in das nächste Sammelrohr. Dieses verlässt die Rinde, zieht als **papilläres Sammelrohr** durch das Mark und entleert sich in das Kelchsystem.

Nephrone in verschiedenen Positionen unterscheiden sich strukturell etwas voneinander. 85 % sind **kortikale Nephrone**, die sich überwiegend in der äußeren Rindenschicht der Nieren befinden (**Abbildung 26.7**). In kortikalen Nephronen ist das Tubulussystem kürzer, und das *Vas efferens* transportiert Blut in ein Netzwerk **peritubulärer Kapillaren**, die die Tubuli umgeben. Die Kapillaren drainieren über kleine Venolen in die *Vv. interlobulares* (siehe Abbildung 26.4c). Die übrigen 15 %, die **juxtamedullären Nephrone** (lat. juxta = dicht daneben, nahe bei) liegen näher am Mark und haben lange Henle-Schleifen, die tief in die Nierenpyramiden hineinreichen (siehe Abbildung 26.7). Die kortikalen Nephrone übernehmen wegen

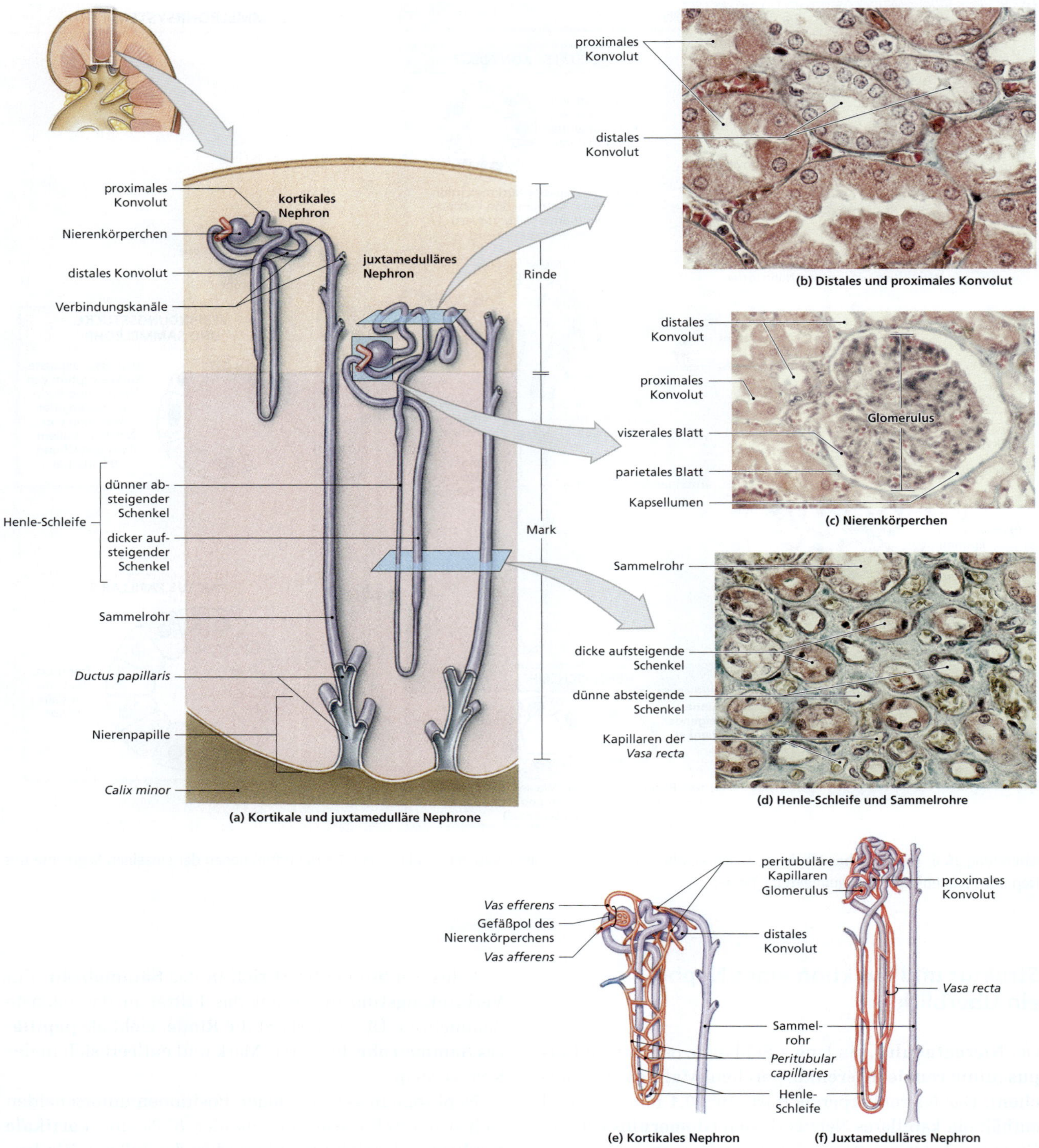

Abbildung 26.7: Die Histologie des Nephrons. (a) Anordnung der kortikalen und juxtamedullären Nephrone. (b) Proximale und distale Konvolute. (c) Das Nierenkörperchen. (d) Henle-Schleifen, Sammelrohre und Vasa recta. (d) Blutversorgung an einem juxtamedullären Nephron. Die Länge der Henle-Schleife ist nicht maßstabsgerecht.

ihrer Überzahl den Großteil der Rückresorptions- und Sekretionsleistung der Nieren. Die juxtamedullären Nephrone schaffen jedoch die Bedingungen für die Bildung eines konzentrierten Urins.

Der Urin, der im Nierenbecken ankommt, unterscheidet sich deutlich vom Primärharn, der an den Glomeruli entsteht. Der passive Vorgang der Filtration führt zu einer Bewegung von Substanzen durch eine Barriere ausschließlich wegen ihrer Größe. Ein Filter mit Poren, deren Größe organische Abfallstoffe durchlässt, kann jedoch Wasser, Ionen und andere organische Moleküle, wie Glukose, Fettsäuren oder Aminosäuren, nicht zurückhalten. Die restlichen distalen Abschnitte des Tubulus sind daher verantwortlich für folgende Vorgänge:

- die Rückresorption aller nützlichen organischen Substrate aus dem Filtrat
- die Rückresorption von mehr als 80 % des Wassers aus dem Filtrat
- die Sekretion von Abfallstoffen in das Filtrat, die nicht durch den Filter gelangt sind

Wir betrachten nun die einzelnen Abschnitte eines juxtamedullären Nephrons im Detail.

Das Nierenkörperchen

Ein Nierenkörperchen hat einen Durchmesser von etwa 150–250 µm. Zu ihm gehören 1. das Kapillarknäuel des Glomerulus und 2. das erweiterte initiale Segment des Nierentubulus, die Glomeruluskapsel (Bowman-Kapsel). Der Glomerulus wölbt sich in die Kapsel etwa so vor, wie sich das Herz in die Perikardhöhle vorwölbt. Die Außenwand der Kapsel ist mit einschichtigem parietalem Plattenepithel (**Kapselepithel**; parietales Blatt) bedeckt; dieses geht in das **viszerale Epithel** (Glomerulusepithel; viszerales Blatt) über, das das Kapillarknäuel überzieht. Dieses viszerale Epithel besteht aus großen Zellen mit komplexen Fortsätzen, die sich um die einzelnen Kapillaren herumwickeln; man nennt sie Podozyten (**Abbildung 26.8**). Das Kapsellumen trennt das parietale vom viszeralen Blatt. Die Verbindung zwischen beiden liegt am Gefäßpol des Nierenkörperchens. Hier sind die Kapillaren mit dem Blutkreislauf verbunden. Das Blut kommt hier über das *Vas afferens* hinein und fließt über das schmalere *Vas efferens* wieder ab. (Diese ungewöhnliche Anordnung wird später noch besprochen.)

Die Filtration findet statt, indem der Blutdruck Flüssigkeit und gelöste Substanzen aus den Kapillaren hinaus und in das Kapsellumen hinein drückt. Das daraus resultierende Filtrat enthält wie Blutplasma keine Proteine. Insgesamt muss das Filtrat drei mechanische Barrieren überwinden (siehe Abbildung 26.8d):

- **Das Kapillarendothel:** Die glomerulären Kapillaren sind fenestrierte Kapillaren; ihre Poren sind zwischen 60 und 100 nm (0,06 – 0,10 µm) weit. Diese Öffnungen sind für Blutzellen zu klein, aber sie können den Durchtritt von löslichen Substanzen, bis hin zu Plasmaproteinen, nicht verhindern.
- **Die Basallamina:** Die Basallamina um das Kapillarendothel ist mehrmals so dicht und so dick wie eine typische Basallamina. Diese dichte Schicht blockiert den Durchtritt größerer Plasmaproteine, lässt jedoch kleine Plasmaproteine, Nährstoffe und Ionen durch. Anders als in anderen Bereichen des Körpers umfasst eine Schicht Basallamina gelegentlich zwei oder mehr Kapillaren. In diesem Fall befinden sich Mesangiumzellen zwischen den benachbarten Kapillaren. Mesangiumzellen bieten 1. mechanischen Schutz für die Kapillaren, nehmen 2. organisches Material auf, das sonst die Basallamina verstopfen könnte, und regulieren 3. den Durchmesser der Glomeruluskapillaren.
- **Das Glomerularepithel:** Die Podozyten haben lange Zellfortsätze, die sich außen um die Basallamina wickeln. Diese zarten „Füßchen" (Sekundärfortsätze; siehe Abbildung 26.8d und e) sind durch die feinen Filtrationsschlitze zwischen ihnen getrennt (Podozytenschlitzmembran). Da diese Schlitze sehr schmal sind, besteht das Filtrat, das schließlich in die Kapsel gelangt, lediglich aus Wasser mit gelösten Ionen, kleinen organischen Molekülen und wenigen Plasmaproteinen, wenn überhaupt.

Das proximale Konvolut

Das proximale Konvolut ist der erste Abschnitt des Nierentubulus. Der Eingang liegt dem Gefäßpol fast genau gegenüber, am **Harnpol** des Nierenkörperchens (siehe Abbildung 26.8c). Seine Auskleidung besteht aus einem einschichtigen Zylinderepithel, dessen apikale Fläche mit Mikrovilli bedeckt ist, die die Rückresorptionsfläche vergrößern (siehe Abbildung 26.6 sowie 26.7a und b). Diese Zellen resorbieren aktiv organische Nährstoffe, Ionen und Plasmaproteine (falls vorhanden) aus dem durchfließenden Filtrat. Bei der Resorption dieser Stoffe ziehen osmotische Kräfte Wasser mit durch die Wand des proximalen Konvoluts und in das Interstitium, das hier **peritubuläre Flüssigkeit** heißt. Die Rückresorption ist die Hauptfunktion des proximalen Konvoluts. Hier werden fast alle organischen Nährstoffe und Plasmaproteine sowie etwa 60 % der Natrium- und Chloridionen und des Wassers rückresorbiert. Das proximale Konvolut resorbiert außerdem aktiv Kalium-, Kalzium-, Magnesium-, Phosphat- und Sulfationen sowie Bikarbonat.

Die Henle-Schleife

Das proximale Konvolut endet an einer scharfen Kurve, an der sich der Tubulus in Richtung Mark wendet. Hier beginnt die Henle-Schleife (siehe Abbildung 26.7a und d). Sie hat einen **absteigenden Schenkel** und einen **aufsteigenden Schenkel**. Der absteigende Schenkel zieht im Mark in Richtung Nierenbecken, der aufsteigende Schenkel wieder zurück in Richtung Rinde. Jeder Schenkel hat einen **dicken Anteil** und einen **dünnen Anteil** (siehe Abbildung 26.6

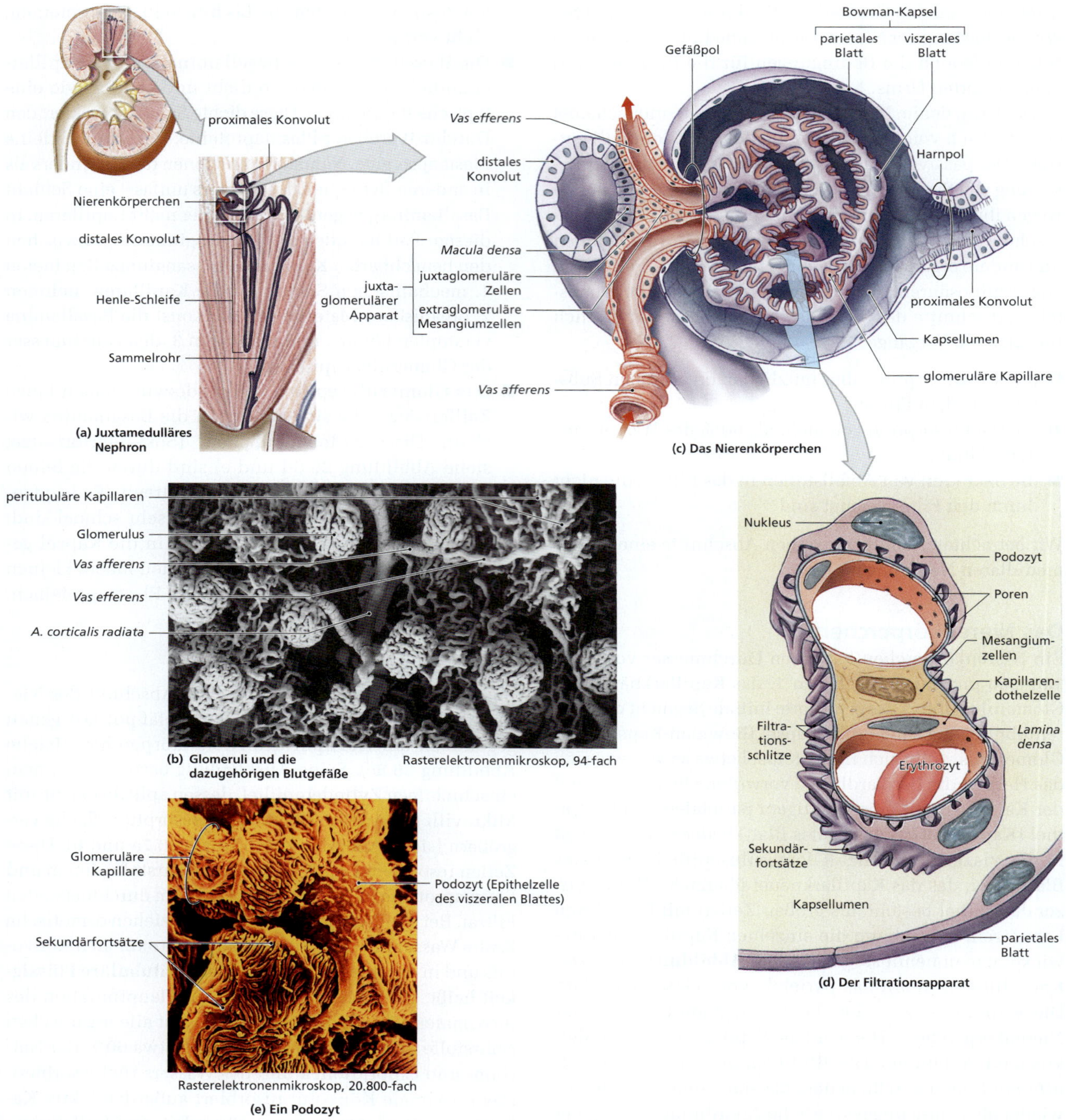

Abbildung 26.8: Das Nierenkörperchen. Gegenüberstellung von Schemazeichnungen und rasterelektronenmikroskopischen Aufnahmen. (a) Struktur und Lage eines juxtamedullären Nephrons. (b) Rasterelektronenmikroskopische Aufnahme mehrerer Nierenkörperchen zur Darstellung ihrer dreidimensionalen Struktur (Ó R.G. Kessel und R.H. Kardon, "Gewebe und Organe: Atlas und Lehrbuch der Rasterelektronenmikroskopie", W.H. Freeman & Co., 1979. Alle Rechte vorbehalten.). (c) Das Nierenkörperchen. Die Pfeile deuten die Richtung des Blutflusses an. (d) Schematische Darstellung des Filtersystems. (e) Kolorierte rasterelektronenmikroskopische Aufnahme der Oberfläche eines Glomerulus; Darstellung einzelner Podozyten und ihrer Primär- und Sekundärfortsätze.

AUS DER PRAXIS

Fortschritte in der Behandlung des Nierenversagens

Zur Filtrierung des Blutes und zum Erhalt der Homöostase ist eine einzelne gesunde Niere ausreichend. Es kommt daher erst bei Schädigung beider Nieren zu einem Nierenversagen. Die Behandlung einer chronischen Niereninsuffizienz besteht in der Begrenzung der Wasser- und Salzzufuhr und der Reduzierung von Proteinen in der Nahrung. Diese Kombination verringert die Belastung des Harnsystems, indem weniger Urin produziert werden muss und der Anfall großer Mengen stickstoffhaltiger Abfallstoffe vermieden wird.

Wenn Medikamente und Ernährungsumstellung allein die Zusammensetzung des Blutes nicht stabilisieren können, müssen drastischere Maßnahmen ergriffen werden. Bei der **Hämodialyse** kommt ein Dialysegerät zum Einsatz, das eine künstliche Membran enthält. In eine mittelgroße Arterie und Vene wird ein Silikonschlauch (der Shunt) implantiert. Meist nimmt man dazu den Unterarm, aber auch der Unterschenkel ist möglich. Während er an der Dialysemaschine angeschlossen ist, ruht der Patient; das Blut fließt derweil vom arteriellen Shunt durch die Maschine und über den venösen Shunt wieder zurück. In der Maschine passiert es eine selektiv permeable, künstliche Membran, deren Poren groß genug sind, kleine Ionen hindurchzulassen, aber klein genug, um den Durchtritt von Plasmaproteinen zu verhindern. Auf der anderen Seite der Membran fließt eine spezielle Dialyseflüssigkeit. Bei der Diffusion durch die Membran verändert sich die Zusammensetzung des Blutes. Kalium-, Phosphat- und Sulfationen sowie Harnstoff, Kreatinin und Harnsäure diffundieren in die Dialyseflüssigkeit hinein, Bikarbonat und Glukose umgekehrt ins Blut. Die Diffusion durch die Membran ersetzt die normale glomeruläre Filtration. Die Zusammensetzung der Dialyseflüssigkeit kann für jeden Patienten individuell verändert werden, um sicherzugehen, dass die wichtigen Metaboliten im Blut verbleiben.

Als Alternative zur Hämodialyse nutzt die **Peritonealdialyse** das Peritoneum als Dialysemembran. Die Dialyseflüssigkeit wird durch einen Katheter in das Peritoneum infundiert und in Abständen ausgetauscht, z. B. 2 l Flüssigkeit in einer Stunde; 15 min Infusion, 30 min Austausch, 15 min Ablassen. Diese Behandlung kann sowohl im Krankenhaus als auch zuhause durchgeführt werden. Bei der **kontinuierlichen ambulanten Peritonealdialyse** (CAPD) infundiert sich der Patient die 2 l Dialyseflüssigkeit selbst durch einen Katheter. Er geht dann seinen normalen Aktivitäten nach, bis die Lösung vier bis sechs Stunden später ausgetauscht wird.

Die beste Lebensqualität bietet wahrscheinlich die **Nierentransplantation**, von einem verstorbenen Spender oder einem Lebendspender. Die erkrankte Niere wird entfernt und ihre Blutversorgung an die Spenderniere angeschlossen. Ein arterielles Gefäßtransplantat von der *A. iliaca* oder der Aorta wird an das Transplantat angeschlossen, das im Becken oder im Unterbauch platziert wird. Die Erfolgsrate ist unterschiedlich; mittlerweile liegt sie bei 85–95 % für das erste Jahr. Die Verwendung einer Spenderniere von einem nahen Verwandten erhöht die Chancen auf eine Funktionszeit von über fünf Jahren deutlich. Gegen die Abstoßungsreaktion müssen Immunosuppressiva eingenommen werden, auch wenn diese Behandlung die Widerstandkraft gegen Infekte beeinträchtigt.

sowie 26.7a und d), wobei sich die Begriffe dick und dünn auf die Stärke des Wandepithels, nicht aber auf die Weite des Lumens beziehen.

Die dicken Anteile finden sich rindennah; tiefer im Mark ist der dünne Anteil mit einem dünnen Plattenepithel ausgekleidet. Der dicke aufsteigende Schenkel, der tief im Mark beginnt, enthält einen aktiven Transportmechanismus, der Natrium- und Chloridionen aus dem Primärharn pumpt. Daher enthält die interstitielle Flüssigkeit im Mark einen ungewöhnlich hohen Anteil dieser gelösten Substanzen. Die Konzentration gelöster Substanzen wird meist in Milliosmol (mosm) angegeben. An der Basis der Schleife am tiefsten Punkt im Nierenmark ist die Konzentration gelöster Substanzen fast viermal so hoch wie im Plasma (1200 mosm gegenüber 300 mosm). Die dünnen Anteile des aufsteigenden und des absteigenden Schenkels sind für Wasser frei permeabel, lassen aber Ionen und andere gelöste Substanzen kaum durch. Der hohe osmotische Druck um die Henle-Schleife herum führt zu einem Ausstrom von Wasser. Dieses Wasser wird über die schmalen Kapillaren der **Vasa recta** resorbiert, die die Flüssigkeit dem Blutkreislauf wieder zuführen.

Unter dem Strich werden an der Henle-Schleife etwa 25 % des Wassers aus dem Primärharn und ein noch höherer Prozentsatz der Natrium- und Chloridionen rückresorbiert. Das proximale Konvolut und die Henle-Schleifen zusammen resorbieren unter normalen Umständen alle organischen Nährstoffe, 85 % des Wassers und mehr als 90 % der Natrium- und Chloridionen. Das restliche Wasser, die restlichen Ionen und die organischen Abfallstoffe, die am Glomerulus herausgefiltert wurden, verbleiben im Lumen und gelangen nun in das distale Konvolut.

Das distale Konvolut

Der aufsteigende Schenkel der Henle-Schleife endet an einer scharfen Kurve, an der die Wand des Tubulus eng am Glomerulus und den dazugehörigen Blutgefäßen anliegt. An dieser Kurve beginnt das distale Konvolut. Der erste

Abschnitt zieht über den Gefäßpol des Nierenkörperchens hinweg zwischen *Vas afferens* und *Vas efferens* hindurch (siehe Abbildung 26.8a, c und d). Im Schnittbild (siehe Abbildung 26.6 sowie 26.7b und c) erkennt man, dass sich das distale vom proximalen Konvolut unterscheidet. 1. hat es einen kleineren Durchmesser, 2. haben die Epithelzellen keine Mikrovilli mehr und 3. sind die Grenzen zwischen den Epithelzellen deutlich sichtbar. Diese Merkmale reflektieren die wesentlichen funktionellen Unterschiede zwischen diesen beiden Abschnitten: Das proximale Konvolut dient hauptsächlich der Rückresorption, das distale Konvolut der Sekretion.

Das distale Konvolut hat die folgenden Aufgaben: 1. aktive Sekretion von Ionen, Säuren und anderen Substanzen, 2. die selektive Rückresorption von Natrium- und Kalziumionen aus dem Primärharn und 3. die selektive Rückresorption von Wasser zur weiteren Konzentration des Primärharns. Der Membrantransport von Natrium wird durch zirkulierendes **Aldosteron** aus den Nebennieren gesteuert.

Der juxtaglomeruläre Apparat

Die Epithelzellen im distalen Konvolut, die dem *Vas afferens* am Gefäßpol des Glomerulus unmittelbar anliegen, sind höher als die anderen Epithelzellen in diesem Abschnitt. Diese Region, die in Abbildung 26.8c genauer dargestellt ist, nennt man **Macula densa**. Diese Zellen überwachen die Elektrolytkonzentration (besonders die der Natrium- und Chloridionen) im Primärharn. Die Zellen der *Macula densa* sind eng mit ungewöhnlichen glatten Muskelzellen in der Wand des *Vas afferens* verbunden. Man nennt diese Muskelzellen **juxtaglomeruläre Zellen**. Zwischen dem Glomerulus, den *Vasa afferens* und *efferens* und dem distalen Konvolut liegen die **extraglomerulären Mesangiumzellen**. *Macula densa*, juxtaglomeruläre Zellen und extraglomeruläre Mesangiumzellen bilden zusammen den **juxtaglomerulären Apparat**, eine endokrine Struktur, die die beiden in Kapitel 19 bereits beschriebenen Hormone Renin und Erythropoetin sezerniert. Diese Hormone, die bei abfallendem Blutdruck, Blutfluss oder Sauerstoffgehalt freigesetzt werden, heben Blutvolumen, Hämoglobinspiegel und Blutdruck an und normalisieren die Filtrationsrate.

Das Sammelrohr

Das distale Konvolut, der letzte Abschnitt des Nephrons, mündet in das Sammelrohrsystem, das aus **Verbindungsstücken**, den eigentlichen **Sammelrohren** und den **Ductus papillares** besteht (siehe Abbildung 26.7a und d). Jedes Nephron ist über ein eigenes Verbindungsstück mit einem Sammelrohr in der Nähe verbunden (siehe Abbildung 26.7a, e und f). Die Sammelrohre drainieren zahlreiche Verbindungsstücke von kortikalen und juxtamedullären Nephronen. Mehrere Sammelrohre verbinden sich dann zu den *Ductus papillares*, die sich in eine *Calix minor* im Nierenbecken entleeren. Das Epithel des Sammelrohrsystems ist zunächst einschichtig kubisch in den Verbindungsstücken und später in den Sammelrohren und den *Ductus papillares* zylindrisch (siehe Abbildung 26.6).

Außer Flüssigkeit vom Nephron in das Nierenbecken zu transportieren, führt das Sammelrohrsystem noch letzte Feineinstellungen der Osmolarität und des Volumens durch. Die Regulationsmechanismen verändern die Permeabilität der Sammelrohre für Wasser. Dies ist wichtig, weil die Sammelrohre durch das Mark ziehen, wo sich durch die Aktivitäten der Henle-Schleifen eine sehr hohe Konzentration löslicher Substanzen im interstitiellen Raum aufgebaut hat. Bei niedriger Permeabilität würde der Großteil des Urins, der in die Sammelrohre gelangt, unverändert verdünnt im Nierenbecken ankommen. Eine gute Permeabilität hingegen fördert den Ausstrom von Wasser in das Mark, woraus eine geringe Menge konzentrierten Urins resultiert. ADH ist das Hormon, das für die Überwachung der Permeabilität der Sammelrohre verantwortlich ist. Je höher die ADH-Spiegel im Blut, desto mehr Wasser wird rückresorbiert und desto konzentrierter ist der Urin (jetzt Sekundärharn).

AUFGABEN

1. Verfolgen Sie den Weg eines Bluttropfens von der *A. renalis* zu einem Glomerulus und wieder zurück in die *V. renalis*.
2. Verfolgen Sie den Weg des Primärharns vom Glomerulus bis in die *Calix minor*.
3. Erläutern Sie, warum eine Filtration allein nicht zur Bildung von Urin ausreicht.
4. Welche Funktion hat die Henle-Schleife?

Strukturen für den Transport, die Speicherung und die Elimination von Urin 26.2

Die Modifikation des Primärharns und die Urinproduktion enden bei der Ankunft des Urins in der *Calix minor*. Die übrigen Komponenten des Harnsystems (die Ureteren, die Harnblase und die Urethra) kümmern sich um Transport, Speicherung und Elimination des Urins. Abbildung 26.11 (siehe unten) gibt einen Überblick über die relative Größe und die Lage dieser Organe.

Nierenkelche, Nierenbecken, Ureteren, Harnblase und proximaler Anteil der Urethra sind mit Übergangsepithel ausgekleidet, das Dehnung und Kontraktion toleriert, ohne Schaden zu nehmen.

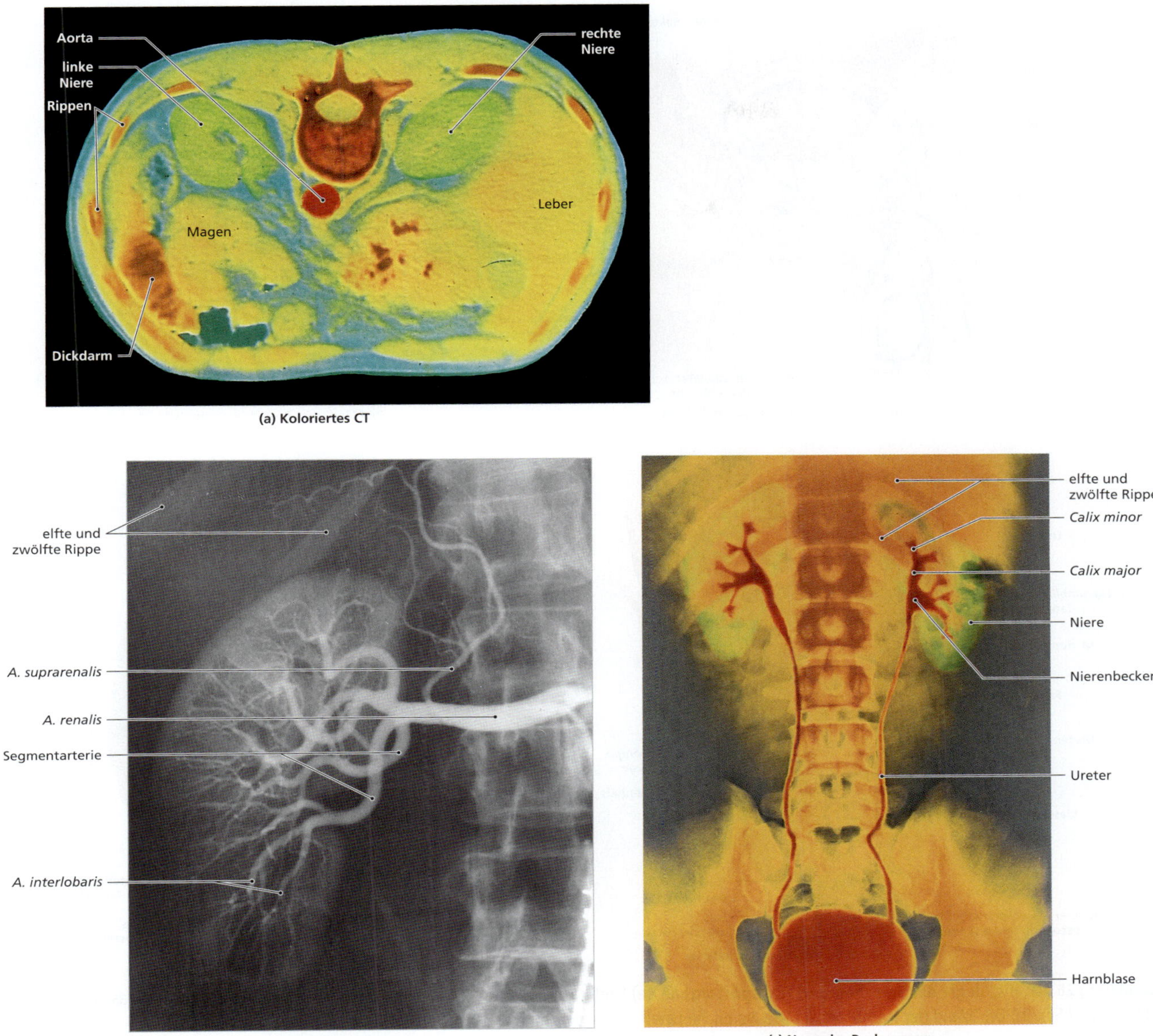

(a) Koloriertes CT

(b) Nierenangiogramm

(c) Normales Pyelogramm

Abbildung 26.9: **Organe für die Weiterleitung und Speicherung von Urin.** (a) Lage von Ureter, Harnblase und Urethra beim Mann. (b) Lage dieser Organe bei der Frau. (c) Anatomie der Harnblase des Mannes. (d) Harnblase des Mannes und Fortpflanzungsorgane von posterior.

26.2.1 Die Ureteren

Die Ureteren (Harnleiter) sind ein Paar muskuläre Schläuche, die von den Nieren aus etwa 30 cm nach inferior zur Harnblase ziehen (siehe Abbildung 26.1a und b). Sie beginnen jeweils als Fortsetzung des trichterförmigen Nierenbeckens durch den Hilus (**Abbildung 26.9**; siehe auch Abbildung 26.3). Auf dem Weg zur Harnblase ziehen sie inferior und medial über die *Mm. psoas major*. Sie liegen retroperitoneal und sind fest an der hinteren Bauchwand fixiert (siehe Abbildung 26.2). Der genaue Verlauf der Ureteren zur Harnblase ist wegen der Art, Größe und Lage der Fortpflanzungsorgane bei Männern und Frauen unterschiedlich (**Abbildung 26.10**a und b).

Die Ureteren ziehen durch die posteriore Blasenwand, ohne in die Peritonealhöhle zu gelangen. Ihr Durchgang durch die Wand verläuft schräg; die **Uretermündung** ist eher schlitzförmig als rund (**Abbildung 26.10**c). Dies hilft, bei der Kontraktion der Blase einen Rückstrom von Urin zu den Nieren zu verhindern.

Die Histologie der Ureteren

Die Wand der Ureteren besteht jeweils aus drei Schichten: 1. einer inneren Mukosa mit Übergangsepithel, 2. einer mittleren Muskelschicht mit einer von Bindegewebe durchsetzten, spiralförmig angeordneten Lage glatter Muskelzellen und 3. einer äußeren bindegewebigen Schicht (Adventitia), die in die Faserkapsel und das Peritoneum übergeht

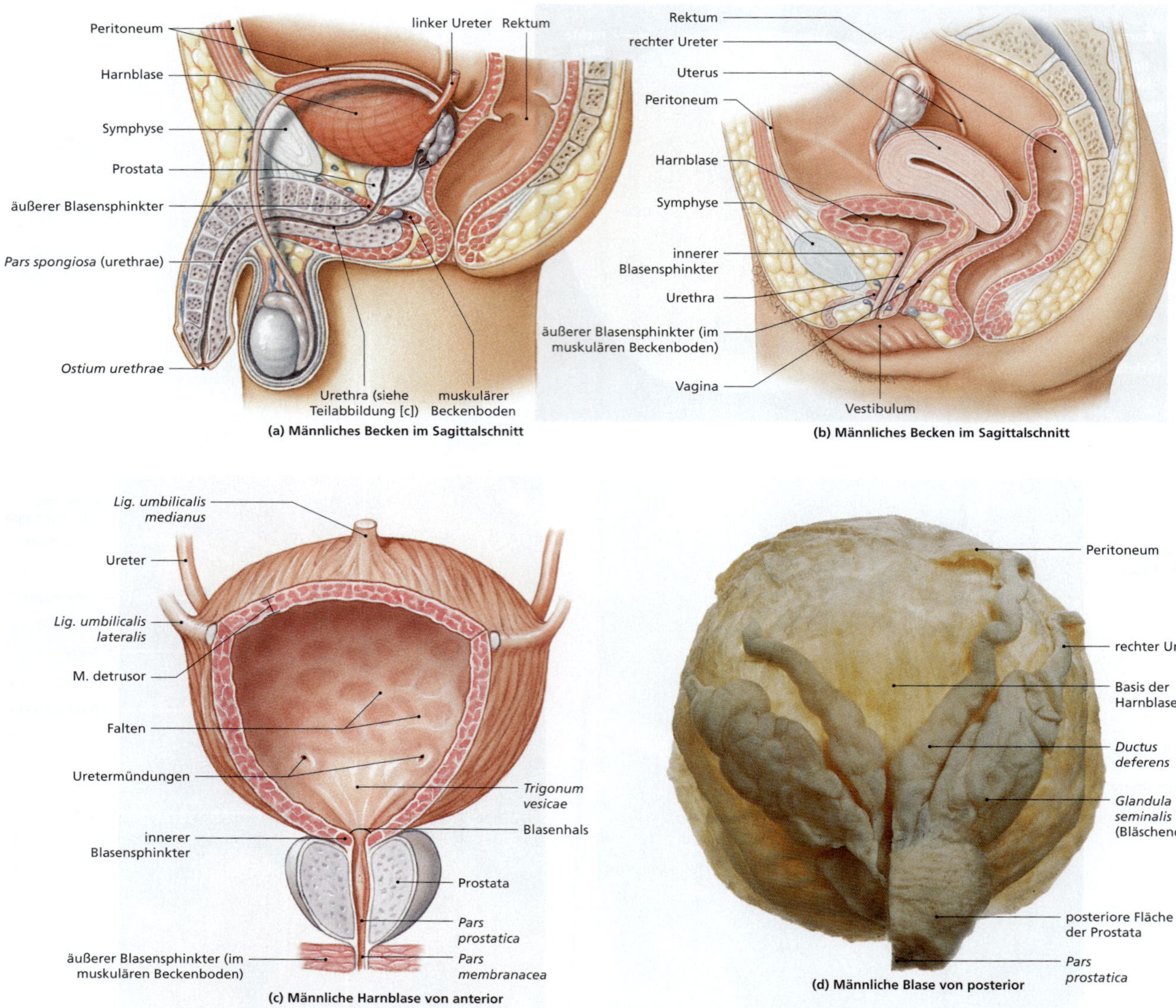

Abbildung 26.10: Histologie der Speicher- und Transportorgane. (a) Ureter im Querschnitt. Beachten Sie die dicke Muskelschicht um das Lumen (siehe Abbildung 3.5c). (b) Die Wand der Harnblase. (c) Die weibliche Urethra im Querschnitt.

(**Abbildung 26.11**a). An der Niere beginnend, werden etwa alle 30 s durch die Dehnungsrezeptoren der Ureterwand peristaltische Wellen ausgelöst. Sie „melken" den Sekundärharn aus dem Nierenbecken und durch die Ureteren in die Blase.

26.2.2 Die Harnblase

Die Harnblase ist ein muskuläres Hohlorgan, das als temporärer Urinspeicher dient. Beim Mann liegt die Basis der Harnblase zwischen Rektum und Symphyse, bei der Frau liegt sie unterhalb des Uterus und anterior der Vagina. Die Größe der Harnblase wechselt je nach Füllungszustand; eine volle Blase kann bis zu 1 l Urin aufnehmen.

Die Außenfläche der Blase ist mit einer Schicht Peritoneum bedeckt; mehrere Peritonealfalten helfen, die Position zu stabilisieren. Die **Plica umbilicalis mediana (Rest des Urachus [Urharngang])** reicht von der anterioren superioren Kante zum Nabel hin (siehe Abbildung 26.10b und c). Die **Plicae umbilicales mediales** ziehen an den Seiten der Blase entlang ebenfalls zum Nabel. Diese Plikae (Falten) enthalten die Überreste der beiden *Aa. umbilicales*, die während der Embryonalentwicklung die Plazenta mit Blut versorgt haben. Die **Plicae umbilicales laterales** werden durch die *Aa. epigastricae inferiores* mit ihren Begleitvenen gebildet. Die posteriore, die inferiore und die anteriore Fläche der Blase liegen außerhalb der Peritonealhöhle. In diesen Bereichen fixieren straffe Bänder die Blase an den Beckenknochen.

Im Schnittbild (siehe Abbildung 26.10c) sieht man, dass die Mukosa innen in Falten liegt, die bei zunehmender Füllung der Blase verstreichen. Der dreieckige Bereich zwischen den Uretermündungen und dem Eingang in die Uretha ist das **Trigonum vesicae**. Die Mukosa hat hier keine

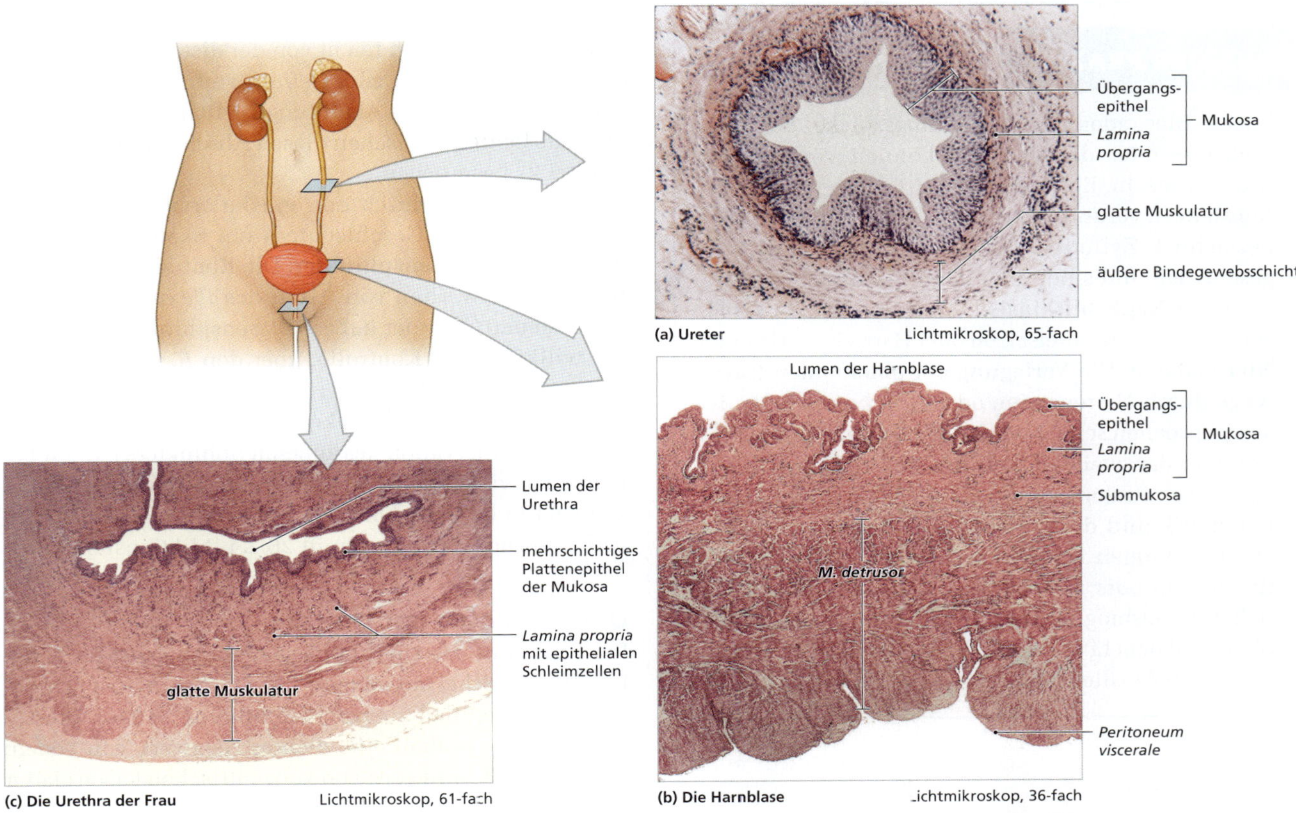

Abbildung 26.11: Darstellungen des Harnsystems. (a) Das CT zeigt die Lage der Nieren in einem Querschnitt von inferior. In solchen Aufnahmen kann man gut lokalisierte Veränderungen oder Tumoren erkennen. (b) Arteriogramm der rechten Niere. Hierzu wird Röntgenkontrastmittel injiziert, um die Gefäße sichtbar zu machen. (c) Diese kolorierte Röntgenaufnahme wurde nach Injektion eines harngängigen Kontrastmittels angefertigt. Man nennt die Aufnahme Pyelogramm und die Untersuchungstechnik intravenöse Pyelografie.

Falten und ist sehr dick. Das Trigonum dient als Trichter, der den Urin bei der Kontraktion der Blase in die Urethra leitet.

Der Eingang in die Urethra liegt an der Spitze des Trigonums, dem tiefsten Punkt der Blase. Die umliegende Region, der **Blasenhals**, enthält den muskulären **inneren Blasensphinkter** (siehe Abbildung 26.10b und c). Die glatte Muskultur dieses inneren Sphinkters erlaubt eine unwillkürliche Kontrolle des Urinabgangs. Die Harnblase wird von postganglionären Fasern der Ganglien im *Plexus hypogastricus* und von parasympathischen Fasern intramuraler Ganglien innerviert, die von Ästen der *Nn. pelvici* kontrolliert werden.

Die Histologie der Harnblase

Die Blasenwand besteht aus einer Mukosa mit Übergangsepithel, einer Submukosa und der *Tunica muscularis* (**Abbildung 26.11**b). Die *Tunica muscularis* hat drei Schichten: innere und äußere longitudinale Schichten glatter Muskulatur mit einer zirkulären Schicht dazwischen. Zusammen bilden sie den kräftigen **M. detrusor** der Harnblase. Seine Kontraktion komprimiert die Blase und befördert ihren Inhalt in die Urethra. Die Außenfläche der Harnblase ist mit einer Schicht Serosa bedeckt.

26.2.3 Die Urethra

Die Urethra reicht vom Blasenhals (siehe Abbildung 26.10c) bis nach außen. Die weibliche und die männliche Urethra haben eine unterschiedliche Länge und Funktion. Bei der Frau ist die Urethra kurz; es sind 3,5 cm von der Blase zum Vestibulum (siehe Abbildung 26.10b). Das **Ostium urethrae externum**, die Öffnung der Urethra nach außen, liegt nahe der anterioren Wand der Vagina.

Beim Mann reicht die Urethra vom Blasenhals bis an die Penisspitze; sie kann bis zu 18–20 cm lang sein. Man unterteilt sie in drei Abschnitte (siehe Abbildung 26.10a, c und d): 1. die *Pars prostatica*, 2. die *Pars membranacea* und 3. die *Pars spongiosa*.

Die **Pars prostatica** zieht mittig durch die Prostata (siehe Abbildung 26.10c). Die **Pars membranacea** ist das kurze Segment, das durch das *Diaphragma urogenitale*,

> **AUS DER PRAXIS** **Probleme mit der Harnleitung**
>
> Lokale Blockaden der Verbindungsstücke, der Sammelrohre oder der Ureteren können von kleinen Blutgerinnseln, Epithelzellen, Lipiden oder anderen Substanzen verursacht werden, die man als **Zylinder** bezeichnet. Zylinder werden oft mit dem Urin ausgeschieden und sind unter dem Mikroskop sichtbar. Bei einer **Nephrolithiasis** bilden sich aus Kalkablagerungen, Magnesiumsalzen oder Harnsäurekristallen **Nierensteine**. Die **Verlegung der ableitenden Harnwege** durch Nierensteine oder Druck von außen ist ausgesprochen schmerzhaft und stellt ein ernsthaftes Problem dar, weil sie die Filtration der betroffenen Nieren vermindert oder ganz unmöglich macht. Wenn Peristaltik und der Druck der Flüssigkeit sie nicht ausschwemmen können, müssen die Steine operativ entfernt oder zerstört werden. Eine konservative Behandlungsmöglichkeit ist die Zertrümmerung der Steine mit dem Lithotripter (Stoßwellentherapie), ähnlich wie bei Gallensteinen.

AUFGABEN

1. Die Verlegung eines Ureters durch einen Nierenstein unterbricht den Urinfluss zwischen welchen beiden Strukturen?
2. Erklären Sie, wie die Innenauskleidung der Blase die Dehnung ermöglicht.
3. Warum sind Frauen anfälliger für Harnwegsinfekte als Männer?
4. Wie wird die Harnblase in ihrer Position fixiert?

den muskulären Beckenboden, hindurchzieht. Die **Pars spongiosa** schließlich reicht von der distalen Begrenzung des Beckenbodens bis zum *Ostium urethrae externum* an der Penisspitze (siehe Abbildung 26.10a). Die funktionellen Unterschiede zwischen diesen Abschnitten werden in Kapitel 27 besprochen.

Auf dem Weg durch den muskulären Beckenboden bildet bei beiden Geschlechtern ein Skelettmuskelring den **äußeren Blasensphinkter**. Die Kontraktionen beider Sphinkteren werden von Ästen des *Plexus hypogastricus* gesteuert. Nur der äußere Blasensphinkter unterliegt der willkürlichen Kontrolle, über den *R. perinealis* des *N. pudendus*. Der Sphinkter hat einen hohen Ruhetonus und muss zur Miktion willkürlich entspannt werden. Die autonome Innervation des äußeren Sphinkters hat nur bei fehlender willkürlicher Kontrolle eine Bedeutung, wie bei kleinen Kindern oder bei Erwachsenen nach Rückenmarksverletzungen (siehe Abschnitt 26.2.4 [Miktionsreflex]).

Die Histologie der Urethra

Bei Frauen ist die Urethra blasennah zunächst noch mit Übergangsepithel ausgekleidet, das später in mehrschichtiges Plattenepithel übergeht (**Abbildung 26.11**c). Die *Lamina propria* enthält eine dichtes Netzwerk von Venen; der gesamte Komplex ist von konzentrischen Lagen glatter Muskulatur umhüllt.

Bei Männern ändert sich der histologische Wandaufbau im Verlauf. Vom Blasenhals aus geht das Epithel von Übergangsepithel über mehrreihiges oder mehrschichtiges Zylinderepithel in mehrschichtiges Plattenepithel am *Ostium urethrae externum* über. Die *Lamina propria* ist dick und elastisch; die Schleimhaut ist zu Längsfalten aufgeworfen. In den Furchen finden sich schleimproduzierende Zellen. Beim Mann gibt es auch epitheliale Schleimdrüsen, die bis in die *Lamina propria* reichen. Das Bindegewebe der *Lamina propria* fixiert die Urethra an den umliegenden Strukturen.

> **AUS DER PRAXIS** **Infektionen der ableitenden Harnwege**
>
> **Harnwegsinfekte** sind die Folge von Bakterien oder Pilzen, die die ableitenden Harnwege besiedeln. Am häufigsten ist das Darmbakterium *Escherichia coli* beteiligt; Frauen sind wegen der relativen Nähe des Ostiums zum Darmausgang besonders häufig betroffen. Auch können durch Geschlechtsverkehr Bakterien in die Urethra gelangen und, da die weibliche Urethra relativ kurz ist, auch in die Blase.
>
> Die Erkrankung kann asymptomatisch (ohne spürbare Krankheitszeichen) verlaufen, ist aber im Urintest durch den Nachweis von Bakterien und Blut erkennbar. Bei einer Entzündung der Wand der Urethra spricht man von einer **Urethritis**, bei der Entzündung der Blasenschleimhaut von einer **Zystitis** (Blasenentzündung). Viele Infekte betreffen beide Regionen. Das Wasserlassen schmerzt (Dysurie); die Blase wird druckempfindlich. Trotz der Beschwerden besteht ein sehr häufiger Harndrang. Harnwegsinfekte lassen sich gut antibiotisch behandeln, auch wenn es oft zu Rezidiven kommt.
>
> Unbehandelt können die Bakterien durch die Ureteren in das Nierenbecken hinein aufsteigen. Die daraus resultierende Nierenbeckenentzündung nennt man **Pyelitis**. Wenn Mark und Rinde der Nieren ebenfalls betroffen sind, spricht man von einer **Pyelonephritis**. Symptome sind hohes Fieber, starke Schmerzen auf der betroffenen Seite, Übelkeit, Durchfall und der Nachweis von Blut und Eiter im Urin.

26.2.4 Miktionsreflex und Miktion

Durch die peristaltischen Kontraktionen der Ureteren gelangt der Urin in die Harnblase. Der Vorgang des Wasserlassens, die Miktion, wird durch den **Miktionsreflex** koordiniert. Durch die Füllung der Blase werden Dehnungsrezeptoren in der Blasenwand stimuliert. Afferente Fasern in den *Nn. pelvici* leiten die so entstandenen Impulse an das sakrale Rückenmark weiter. Ihre Aktivität regt 1. die parasympathischen Motoneurone im sakralen Rückenmark an, stimuliert 2. eine Blasenkontraktion und stimuliert 3. Interneurone, die die Reize an die Hirnrinde weiterleiten. Dadurch wird uns der Harndrang bewusst. Er entsteht ab einer Füllung von etwa 200 ml. Zur willkürlichen Miktion sind die willkürliche Entspannung des äußeren Sphinkters sowie die unbewusste Bahnung des Miktionsreflexes erforderlich. Wenn sich der äußere Blasensphinkter entspannt, kommt es über einen Feedback-Mechanismus im autonomen Nervensystem ebenfalls zu einer Entspannung des inneren Sphinkters. Eine Anspannung der Bauch- und Atemmuskulatur erhöht den intraabdominalen Druck und komprimiert die Harnblase zusätzlich. Am Ende einer normalen Miktion enthält die Harnblase weniger als 10 ml Urin. Wenn eine willkürliche Entspannung des äußeren Sphinkters nicht möglich ist, kommt es bei voller Blase zu einer reflektorischen Entspannung beider Sphinkteren.

26.3 Das Altern und das Harnsystem

Im Allgemeinen treten im Alter vermehrt Probleme an den Nieren auf. Zu den altersbedingten Veränderungen am Harnsystem gehören:

- **Eine Abnahme der Anzahl funktionsfähiger Nephrone:** Die Gesamtzahl der Nephrone nimmt zwischen dem 25. und dem 85. Lebensjahr um 30–40 % ab.
- **Eine Verminderung der glomerulären Filtration:** Diese Verminderung kommt von der geringeren Anzahl der Glomeruli, von kumulativen Schädigungen des Filtrationsapparats und von einer Verschlechterung der renalen Durchblutung.
- **Verringerte ADH-Empfindlichkeit:** Im Alter reagieren die distalen Abschnitte des Nephrons und das gesamte Sammelrohr weniger empfindlich auf ADH. Bei eingeschränkter Wasser- und Natriumrückresorption muss häufiger Wasser gelassen werden; der Flüssigkeitsbedarf steigt.
- **Probleme mit dem Miktionsreflex:** Zu diesen Problemen tragen mehrere Faktoren bei:
  - Der Muskeltonus der Sphinkteren sinkt; das willkürliche Einhalten des Urins gelingt schlechter. Es kommt zu einer **Inkontinenz**, dem Harnträufeln.
  - Die Kontrolle über das Wasserlassen ist oft nach Schlaganfällen, bei *Morbus Alzheimer* oder anderen Erkrankungen des ZNS beeinträchtigt, die Hirnrinde oder Hypothalamus betreffen.
  - Bei Männern kann sich bei einer chronischen Entzündung der Prostata sekundär eine **Harnretention** (Harnverhalt) entwickeln. Hierbei komprimieren die Schwellung und die Verformung des Prostatagewebes die *Pars prostatica* der Urethra und verlangsamen den Harnfluss oder blockieren ihn gänzlich.

Zusammenfassung Embryologie

Eine Zusammenfassung der Entwicklung des Harnsystems finden Sie in Kapitel 28 (Embryologie und Entwicklung des Menschen).

EXKURS

Das Harnsystem

Warum ist sie so krank geworden und ich nicht?

Alexandra studiert an einer kleinen Universität im Saarland. Am „Geschwisterwochenende“ hat sie ihre siebenjährige Schwester Maike zu sich eingeladen. Zusammen schauen sie sich ein Tennisspiel an und gehen ins Kino. Am meisten freut sich Maike jedoch auf das Mittagessen bei „Die Sieben Quellen“. Es ist ein kleines Restaurant in Familienbesitz, und immer, wenn Maike mit den Eltern Alexandra zum Semester bringt oder am Ende abholt, besteht sie darauf, dort zu essen.

Zwei bis drei Stunden nach dem Essen wird es Alexandra und Maike übel; sie bekommen Durchfall. Im Laufe des Tages verschlechtert sich ihr Zustand, woraufhin Alexandra telefonisch bei den Eltern um Rat fragt. Da ihr Vater darauf besteht, fahren Alexandra und Maike gegen Mitternacht in die Ambulanz.

Die Erstuntersuchung

Der Notarzt untersucht Alexandra und Maike und macht sich die folgenden Notizen:

- Beide haben seit fünf bis sechs Stunden alle 15–30 min Durchfall.
- Alexandra hat 38 °C Fieber, Maike 38,5 °C.
- Beide haben Bauchkrämpfe.
- In den Stuhlproben kann Blut nachgewiesen werden.
- Im Blutbild haben beide Leukozytenzahlen über 10.000.

Von beiden werden Stuhlproben eingesandt.

Der Arzt vermutet eine Lebensmittelvergiftung. Beide Patientinnen erhalten eine Infusion zur Flüssigkeitssubstitution in der Ambulanz und Anweisungen zur Trinkmenge zuhause. Er erwartet die Ergebnisse der Stuhluntersuchung in den nächsten 48–72 Stunden. Er berät Alexandra und Maike zu hygienischer Lebensmittelzubereitung, einschließlich Salat und rohem Fleisch. Er erklärt, dass unsachgemäß zubereitetes Essen bakteriell besiedelt sein kann, was die Abwehrmaßnahmen des Gastrointestinaltrakts überfordern und zu einer Gastroenteritis führen kann.

Drei Tage später machen sich Maikes Eltern große Sorgen. Obwohl Alexandra am Telefon bestätigt, dass es ihr besser geht (kein Fieber mehr, nur noch wenig Durchfall), hat Maike, die mittlerweile wieder zuhause ist, weiterhin hohes Fieber (39 °C) und Durchfall. Außerdem hat sie zahlreiche rote Flecken auf der Haut und wirkt zunehmend lethargisch. Sie rufen Maikes Kinderarzt an, der sie umgehend in die Ambulanz einbestellt.

Die Nachuntersuchung

Bei der Untersuchung äußert der Arzt die Befürchtung, dass Maike eine seltene Komplikation der Lebensmittelvergiftung hat, die ohne sofortige Behandlung ins Nierenversagen führen kann. Er erhebt die folgenden Befunde:

- Maike hat 39,5 °C Fieber.
- Es zeigen sich ausgedehnte Petechien.
- Das Blutbild zeigt eine Anämie (Hb-Wert: 7 g/dl).
- Die Urinuntersuchung zeigt eine Proteinurie; es werden weiße und rote Blutkörperchen sowie Eythrozytenzylinder nachgewiesen.
- Die Werte für Harnstoff und Kreatinin sind erhöht.
- Beim Ultraschall der Nieren lassen sich keine Obstruktionen der ableitenden Harnwege nachweisen.

Überlegungen

Zu verschiedenen Zeiten weist jedes System im Körper durch Symptome auf Erkrankungen hin; die Aufgabe des Arztes ist es, die verschiedenen Hinweise zu einem Gesamtbild zusammenzusetzen, das idealerweise zur richtigen Diagnose führt. Die Symptome des Patienten und die Interpretation des Arztes sind beide Teil der Detektivarbeit.

Zur Interpretation dieses Falles sollten Sie den Stoff des Kapitels 26 wiederholen. Die Fragen helfen Ihnen dabei. Versuchen Sie, sie alle zu beantworten, und schlagen Sie nach, wenn Sie nicht sicher sind.

1. Das Nephron hat verschiedene Abschnitte, jeder mit anderen Funktionen im Rahmen der Harnbildung. Die Laboruntersuchungen weisen bei Maike verschiedene Substanzen im Urin nach, die bei einem Gesunden dort nicht zu finden sind. Findet man dieses Substanzen normalerweise im Blut? Wenn ja, wie gelangen sie dann in Maikes Urin?
2. Bei der Filtration müssen drei mechanische Barrieren überwunden werden. Welche sind dies und wie erfüllen sie ihre Aufgaben?
3. Im Kapitel 25 wurde die Histoanatomie der Hohlorgane des Verdauungssystems besprochen. Welche histologische Wandschicht im Dickdarm muss beschädigt sein, damit Blut in das Darmlumen gelangen kann?

Analyse und Interpretation

Die nachstehenden Informationen beantworten die Fragen. Zur Wiederholung schlagen Sie auf den angegebenen Seiten nach.

1. Das Nephron besteht aus dem Nierenkörperchen, dem proximalen Konvolut, der Henle-Schleife, dem distalen Konvolut und dem Sammelrohr. Das Nierenkörperchen filtriert das Blut; das Filtrat, der Primärharn, enthält metabolische Abfallstoffe und weitere organische Substanzen. Die Hauptaufgabe des proximalen Konvoluts ist die Rückresorption von organischen Nährstoffen, Ionen und eventuell vorhandenem Plasmaprotein. Die Henle-Schleife resorbiert Wasser, Natrium und Chlorid. Das distale Konvolut ist für die Sekretion von Ionen, Säuren und anderem Material von Bedeutung sowie für die Rückresorption von Natrium und Kalzium aus dem Primärharn. Der letzte Abschnitt des Nephrons, das Sammelrohr, transportiert den Harn vom Nephron in das Nierenbecken und sorgt für die Feineinstellung von osmotischem Druck und Volumen.
2. Das Filtersystem des Glomerulus besteht aus dem Kapillarendothel, der Basallamina und dem glomerulären Epithel. Das pathologische Auftreten von Plasmaproteinen und Blutzellen in Maikes Urin weist auf eine Schädigung einer oder mehrerer Schichten dieser Diffusionsbarriere hin.
3. Die Wand der Hohlorgane des Verdauungssystems hat die folgenden Schichten: Mukosa, Submukosa. *Muscularis externa* und Serosa. Die Innenauskleidung (Mukosa) besteht aus einem Epithel, das von Drüsensekreten feucht gehalten wird. Die darunterliegen-

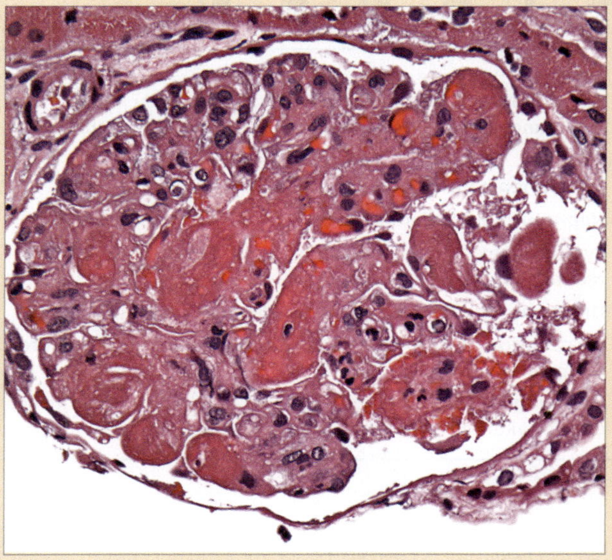

Abbildung 26.12: **Histologie eines Nierenglomerulus eines Patienten mit einer Erkrankung ähnlich der von Maike.**

de Schicht, die *Lamina propria*, enthält Blutgefäße, sensorische Nervenendigungen, Lymphgefäße, glatte Muskelfasern und vereinzelt Lymphfollikel. Wenn Blut in das Darmlumen gelangt, ist die Epithelschicht der Mukosa beschädigt.

Diagnose

Bei Maike wird die Diagnose hämolytisch-urämisches Syndrom gestellt, die häufigste Ursache des akuten Nierenversagens bei Kindern. Aus unbekannten Gründen liegt die Inzidenz bei Jugendlichen und Erwachsenen deutlich niedriger als bei Kindern zwischen zwei und sieben Jahren.

Man glaubt, dass ein hämolytisch-urämisches Syndrom auf einer Schädigung der Epithelzellen im Nierenkörperchen beruht (**Abbildung 26.12**), sodass Plasmaproteine, rote und weiße Blutkörperchen sowie Erythrozytenzylinder in den Sekundärharn gelangen können.

In Westeuropa und Nordamerika treten 70 % der Fälle von hämolytisch-urämischem Syndrom nach Infektion mit einer toxischen Unterart von *E. coli* auf, meist durch unsaubere Lebensmittel. Nach Aufnahme der Keime heften sich diese an der Darmwand an. Im Moment erforscht man den Grund für den gelegentlichen Übertritt der Bakterien vom Verdauungstrakt in den Glomerulus der Niere. Wenn sich die *E.-coli*-Bakterien an die Endothelzellen des Nierenkörperchens anheften, werden alle Komponenten des Filtersystems geschädigt, wahrscheinlich durch die bakteriellen Toxine, die das Gefäßendothel angreifen.

Für die erfolgreiche Therapie eines hämolytisch-urämischen Syndroms sind die folgenden Maßnahmen wichtig: 1. frühzeitige Diagnose, 2. Wiederherstellung des normalen Wasser- und Elektrolythaushalts, 3. Therapie der Anämie und 4. bei Bedarf Beobachtung und Behandlung eines eventuell auftretenden Bluthochdrucks. Antibiotika werden wegen Ineffektivität und der zusätzlichen Belastung der Nieren nicht empfohlen. Die meisten jungen Patienten erholen sich in den ersten ein bis drei Wochen nach Diagnosestellung. Einige genesen jedoch nicht vollständig; das akute Nierenversagen geht in ein chronisches Nierenversagen und Transplantationsbedürftigkeit über.

Begriffe Exkurs:

Harnstoffspiegel: Stickstoffmenge, die in Form von Uraten im Blut vorliegt
Kreatin: Abbauprodukt von Phosphokreatin
Durchfall (Diarrhö): abnorm häufiger wässriger Stuhl
Escherichia coli: normales Darmbakterium bei Menschen und anderen Säugetieren; Ursache von Lebensmittelvergiftungen und Durchfällen
Petechien (Singular: Petechie): winzige rote, hämorrhagische Flecken auf der Haut, die auf Druck nicht abblassen
Proteinurie: Anwesenheit von Proteinen im Urin
Eythrozytenzylinder: Unterschiedlich weit degenerierte Erythrozytenklümpchen, die sich in den Tubuli des Nephrons bilden; sie werden durch glomeruläre Blutungen und Beschädigungen verursacht und können im Urin nachgewiesen werden.

DEFINITIONEN

Autonome Blase: Erkrankung, bei der der Miktionsreflex erhalten bleibt, die willkürliche Kontrolle über den äußeren Blasensphinkter jedoch aufgrund einer ZNS-Erkrankung verloren gegangen ist. Der Betroffene kann also die reflektorische Blasenentleerung nicht verhindern.

Nierensteine: Konkremente aus Kalziumablagerungen, Magnesiumsalzen oder Uratkristallen

Zystitis: Entzündung der Innenwand der Harnblase, meist wegen einer Infektion

Dysurie: Schmerzen beim Wasserlassen

Hämodialyse: Mithilfe künstlicher Membranen werden die Zusammensetzung des Blutes reguliert und Abfallstoffe entfernt.

Inkontinenz: unwillkürlicher Harnabgang

Nephrolithiasis: Nierensteine

Pyelogramm: bildgebendes Verfahren; Röntgenbild der Nieren mit Kontrastmittel

Urethritis: Entzündung der Wand der Urethra

Obstruktion der ableitenden Harnwege: verursacht durch Steine oder anderes

Harnwegsinfekt: Entzündung der ableitenden Harnwege durch Bakterien oder Pilze

Zusammenfassung

Die Antworten auf die Fragen der Aufgaben und der Zusammenfassung finden Sie im Antwortteil.

Wiederholung von Fakten und Begriffen

Verbinden Sie die Begriffe der linken Spalte jeweils mit denen der rechten Spalte, die am besten passen; setzen Sie die Buchstaben in die Spalte vor die Zahlen.

Spalte A			Spalte B	
	1.	Miktion	a.	Muskel der Harnblase
	2.	*M. detrusor*	b.	Grundlegende Funktionseinheit der Niere
	3.	*Macula densa*	c.	Wasser lassen
	4.	Mark	d.	*Tunica fibrosa* der Niere
	5.	Hilus	e.	Nierensteine
	6.	Nephron	f.	Besteht aus sechs bis 18 Nierenpyramiden
	7.	Konkremente	g.	Dichte äußere Schicht der Niere
	8.	*Vasa recta*	h.	Eine Reihe von Kapillaren
	9.	*Capsula fibrosa*	i.	Position des juxtaglomerulären Apparats
	10.	*Fascia renalis*	j.	Ort des Ein- bzw. Austritts der *A.* und *V. renalis*

11 Die Nieren werden geschützt bzw. stabilisiert durch
- a. die *Capsula fibrosa* allein.
- b. das perinephritische Fett und die *Capsula fibrosa* allein.
- c. das perinephritische Fett allein.
- d. die *Capsula fibrosa*, das perinephritische Fett und die *Fascia renalis.*

12 Das Harnsystem erfüllt alle im Folgenden genannten Aufgaben bis auf
- a. die Sekretion überschüssiger Glukosemoleküle.
- b. die Regulierung des Blutvolumens.
- c. die Stabilisierung des pH-Werts.
- d. die Eliminierung organischer Abfallstoffe.

13 Der *Sinus renalis* ist
- a. die innerste Schicht des Nierengewebes.
- b. eine kegelförmige Struktur im Nierenmark.
- c. ein Hohlraum im Inneren des Hilus, der mit der Faserkapsel ausgekleidet ist.
- d. ein großer Ast des Nierenbeckens.

14 Welche Gefäße bilden den Plexus, der das proximale und das distale Konvolut versorgt?
- a. die Segmentarterien
- b. die peritubulären Kapillaren
- c. die *Aa. corticales radiatae*
- d. die *Aa. arcuatae*

15 Die Filtration findet statt
- a. im proximalen Konvolut.
- b. im Nierenkörperchen.
- c. im Sammelrohr.
- d. in der Henle-Schleife.

16 Die Fähigkeit, den Urin zu konzentrieren, beruht auf der Funktion
- a. des proximalen Konvoluts.
- b. des distalen Konvoluts.
- c. des Sammelrohrs.
- d. der Henle-Schleife.

17 Womit sind Ureteren und Harnblase ausgekleidet?
a. mit mehrschichtigem Plattenepithel
b. mit mehrreihigem Plattenepithel
c. mit einfachem kubischem Epithel
d. mit Übergangsepithel

18 Jede der folgenden Substanzen ist ein normaler Bestandteil des Urins bis auf
a. Wasserstoffionen.
b. Harnsäure.
c. große Proteine.
d. Salze.

19 Das Band, das von der anterioren superioren Kante der Harnblase bis an den Nabel reicht, ist das bzw. sind die
a. *Lig. teres.*
b. *Lig. quadratum.*
c. *Lig. umbilicale medianum.*
d. *Ligg. umbilicalia lateralia.*

20 Der Anteil des Nephrons, der in das Sammelrohr mündet, ist
a. die Henle-Schleife.
b. das proximale Konvolut.
c. das distale Konvolut.
d. der Glomerulus.

Wiederholung von Lernzielen

1 Welchen Sinn hat die schlitzförmige (und nicht runde) Öffnung der Ureteren in die Blase?
a. Sie können sich so zum Ein- und Herauslassen des Urins besser verformen.
b. Die Form verhindert einen Rückstrom von Urin in die Ureteren, wenn sich die Blase kontrahiert.
c. Die Öffnung ist zwischen den *Ligg. umbilicalia laterales* und *umbilicale medianum* eingeklemmt, da diese diesen Abschnitt der Ureteren stützen.
d. Sie hat keinen besonderen Sinn; die Form hat lediglich etwas mit der Position zu tun.

2 Zu den Problemen mit dem Miktionsreflex bei älteren Menschen gehören
a. ein erhöhter Sphinktertonus, der die Entleerung der Blase erschwert.
b. bei Männern der Harnverhalt bei vergrößerter Prostata.
c. eine gesteigerte Empfindlichkeit für ADH.
d. eine gesteigerte Natriumretention.

3 Inwiefern verändert sich die Nierenfunktion bei einem Menschen, der mehr als eine *A.* und *V. renalis* hat, dessen Hilus jedoch dasselbe Gesamtvolumen aufnimmt?
a. Diese Nieren können einen höheren Blutdruck tolerieren als die anderer Menschen.
b. Solange die Arterien und Venen normal funktionieren, tun dies auch die Nieren.
c. Diese Nieren sind stärker durchblutet.
d. Diese Nieren sind bezüglich der gebildeten Urinmenge flexibler.

4 Wo in einem Nephron liegt der Glomerulus?

5 Was ist am Glomerulusepithel so einzigartig?

6 Was sezerniert der juxtaglomeruläre Apparat?

7 Was ist das Trigonum der Harnblase?

8 Welcher Blasensphinkter unterliegt der willkürlichen Kontrolle?

9 Was ist die Hauptfunktion des proximalen Konvoluts?

10 Benennen Sie den Sinn der Rugae in der Harnblase.

Anwendung der Lerninhalte

1 Obwohl sich die neurale Kontrolle des äußeren Blasensphinkters nicht vor dem zweiten bis dritten Lebensjahr vollständig ausbildet, ist der innere Blasensphinkter schon bei der Geburt voll funktionsfähig. Warum ist eine verfrühte Erziehung zur Trockenheit oft nutzlos und für Eltern und Kind gleichermaßen frustrierend?

2 Jennifer war eine herausragende Marathonläuferin, bis sie ihren Sport wegen Nierenversagens aufgeben musste. Laboruntersuchungen während ihrer letzten beiden Rennen zeigten jeweils akute Nierenfunktionsstörungen. Wie kann das Langstreckenlaufen diese Erkrankung verursacht haben?

3 Warum hat eine Frau in der Schwangerschaft häufigeren Harndrang?

Eine Kurzzusammenfassung der wichtigsten Inhalte, sowie die Antworten zu den Fragen und weitere Arbeitsmaterialien finden sie auf unserer Companion Website unter:
www.pearson-studium.de/login

Lernziele

1. Die Funktionen des Fortpflanzungssystems beschreiben können.
2. Den allgemeinen Aufbau des männlichen und des weiblichen Fortpflanzungssystems beschreiben und Vergleiche anstellen können.
3. Lage, Makroanatomie und Funktionen der wichtigsten Strukturen des männlichen Fortpflanzungssystems beschreiben können.
4. Die histologischen Merkmale der Gonaden, Gänge und Hilfsdrüsen des männlichen Fortpflanzungssystems kennen.
5. Zwischen Spermatogenese und Spermiogenese unterscheiden und Speicherung und Transport von Spermien erläutern können.
6. Die Komponenten und die Eigenschaften von Sperma beschreiben können.
7. Die Unterschiede zwischen Erektion, Emission und Ejakulation kennen.
8. Lage, Makroanatomie und Funktionen der wichtigsten Strukturen des weiblichen Fortpflanzungssystems beschreiben können.
9. Die histologischen Merkmale der Gonaden, Gänge und Hilfsdrüsen des weiblichen Fortpflanzungssystems kennen.
10. Die Veränderungen am Endometrium im Verlauf des weiblichen Zyklus erläutern können.
11. Die Oogenese erklären und den Weg der Oozyten nach dem Eisprung nachvollziehen können.
12. Die ovariellen und uterinen Zyklen beschreiben können und die Hormone kennen, die die Regelkreise steuern und koordinieren.
13. Die Makro- und Mikroanatomie der Brustdrüsen kennen.
14. Die anatomischen und hormonellen Veränderungen im Verlauf einer Schwangerschaft erläutern können.
15. Die altersbedingten Veränderungen am Fortpflanzungssystem bei Männern und Frauen vergleichen können.

Das Fortpflanzungssystem

27

ÜBERBLICK

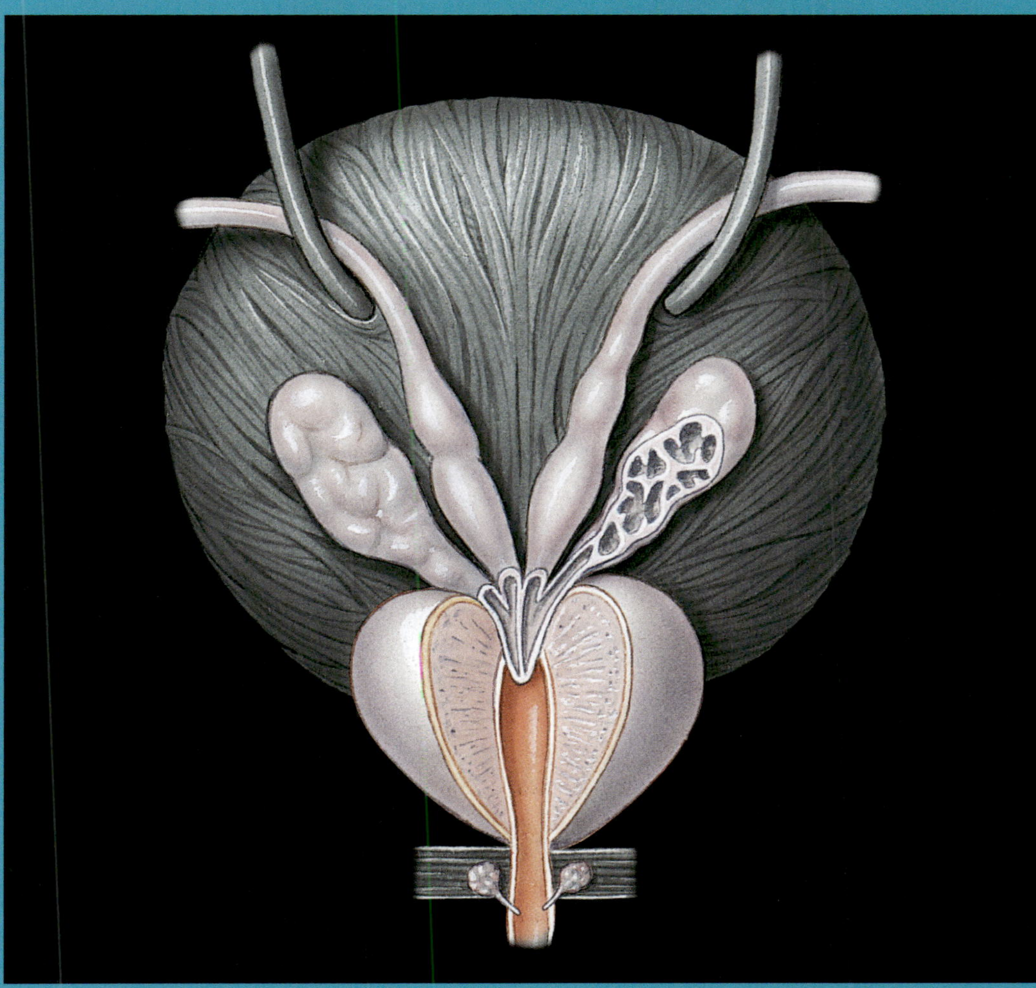

Der einzelne Mensch lebt nur einige Jahrzehnte, doch die menschliche Rasse als solche hat Dank der Aktivität des Fortpflanzungssystems seit Jahrmillionen überlebt. Das menschliche Fortpflanzungssystem produziert, speichert, nährt und transportiert funktionierende männliche und weibliche **Keimzellen** oder **Gameten**. Die Kombination des genetischen Materials aus dem **Spermium** des Vaters und der **Eizelle** der Mutter erfolgt kurz nach der Befruchtung (Empfängnis). Es entsteht eine **Zygote**, eine einzelne Zelle, aus der sich durch Wachstum, Entwicklung und wiederholte Teilungen in etwa neun Monaten ein Kind entwickelt, das als Teil der nächsten Generation wächst und heranreift. Das Fortpflanzungssystem produziert auch Sexualhormone, die Struktur und Funktion aller anderen Systeme beeinflussen.

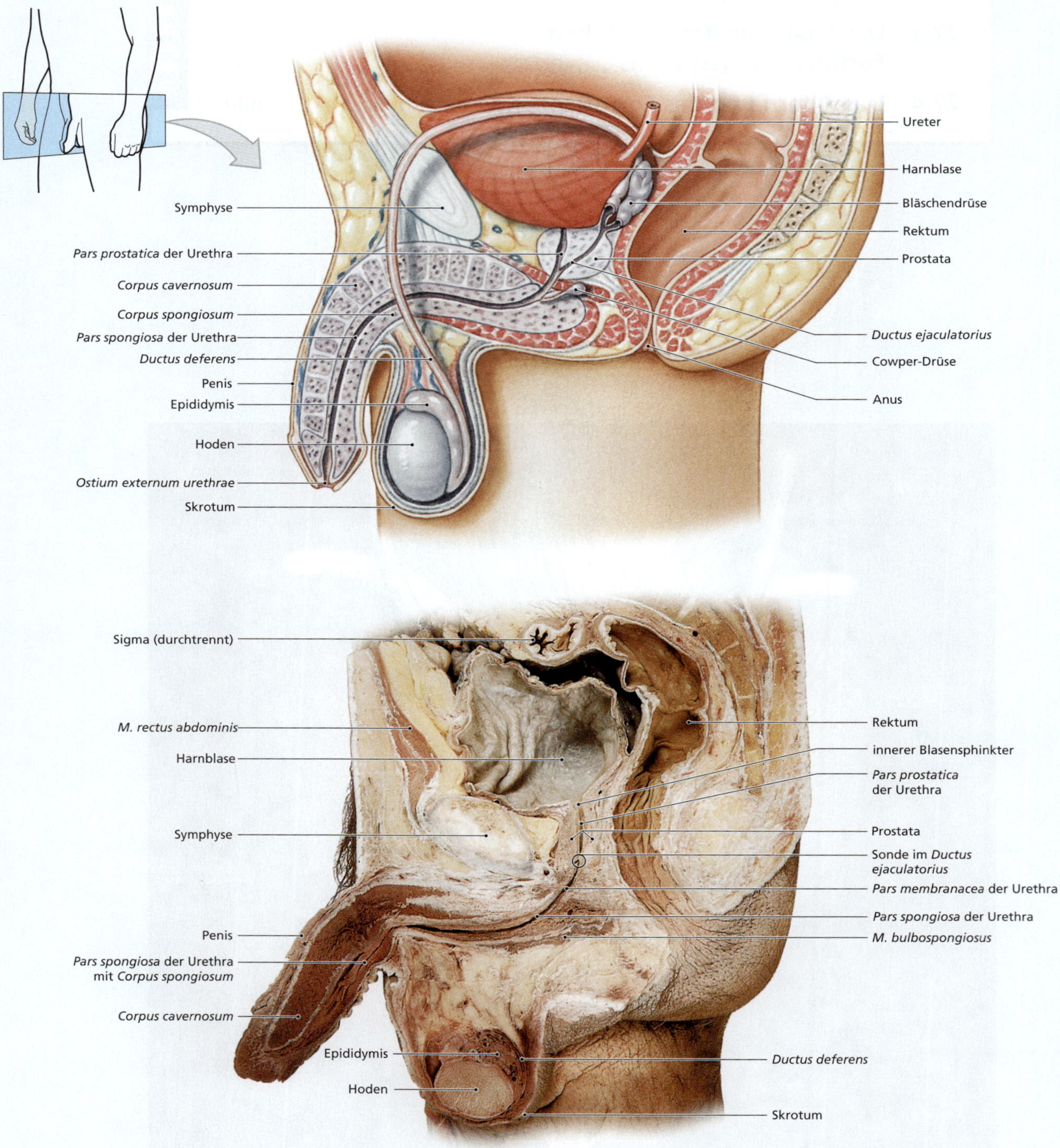

Abbildung 27.1: Das Fortpflanzungssystem des Mannes, Teil I. Das Fortpflanzungssystem des Mannes im Sagittalschnitt. Die Schemazeichnung zeigt mehrere intakte Organe der rechten Seite, anhand derer Sie die Strukturen des Präparats besser interpretieren können.

In diesem Kapitel werden die Strukturen und Mechanismen von Produktion und Erhalt der Gameten besprochen sowie die Entwicklung und Unterstützung des heranwachsenden Embryos und Feten bei der Frau. Kapitel 28, das letzte in diesem Buch, beschreibt die Embryonalentwicklung ab dem Zeitpunkt der Befruchtung.

27.1 Der Aufbau des Fortpflanzungssystems

Zum Fortpflanzungssystem gehören folgende Strukturen:

- Fortpflanzungsorgane, die **Gonaden**, die Gameten und Hormone produzieren
- ein Fortpflanzungstrakt aus Gangsystemen, die die Gameten aufnehmen, speichern und transportieren
- Hilfsdrüsen und Organe, die Flüssigkeiten in die Gänge des Fortpflanzungstrakts oder in andere Ausführungsgänge sezernieren
- perineale Strukturen, die mit dem Fortpflanzungssystem in Verbindung stehen (Sie werden kollektiv als äußere Genitalien bezeichnet.)

Die Fortpflanzungssysteme von Männern und Frauen unterscheiden sich funktionell recht deutlich. Beim erwachsenen Mann sezernieren die Gonaden, die **Hoden** (**Testes**; Singular: Testis), Sexualhormone, die **Androgene**, vornehmlich **Testosteron**, und produzieren etwa eine halbe Milliarde Spermien am Tag. Nach der Lagerung gelangen die reifen Spermien in ein langes Gangsystem, in dem die Sekrete der Hilfsdrüsen hinzugefügt werden die Mischung nennt man **Samen**. Während der **Ejakulation** verlässt der Samen den Körper.

Bei der erwachsenen Frau bilden die Gonaden, die **Ovarien**, typischerweise nur einen unreifen Gameten (Oozyte, Eizelle) im Monat. Die Eizelle wandert durch den kurzen **Eileiter** in den muskulären **Uterus**. Ein kurzer Durchgang, die **Vagina**, verbindet den Uterus mit der Außenwelt. Beim Geschlechtsverkehr gelangt der männliche Samen in die Vagina und von dort in den Uterus. Dort kann es bei einer Begegnung mit einer Eizelle zu einer Befruchtung kommen.

27.2 Die Anatomie des männlichen Fortpflanzungssystems

Die wichtigsten Strukturen finden Sie in **Abbildung 27.1**. Die Spermien (Spermatozoen) verlassen die Hoden und wandern vor dem Verlassen des Körpers durch ein Gangsystem, zu dem die Epididymis (Nebenhoden), der *Ductus deferens* (auch: *Vas deferens*), der *Ductus ejaculatorius* und die Urethra gehören. Hilfsorgane, besonders die Bläschendrüsen, die Prostata und die Cowper-Drüsen, geben ihre Sekrete in den *Ductus ejaculatorius* und die Urethra ab. Zu den äußeren Genitalien gehören das **Skrotum**, das die Hoden enthält, und der **Penis**, ein erektiles Organ, durch den der distale Abschnitt der Urethra zieht.

27.2.1 Die Hoden

Die Hoden haben jeweils die Form eines abgeflachten Eies; sie sind etwa 5 cm lang, 3 cm breit und 2,5 cm dick. Sie hängen im **Skrotum**, einer häutigen Tasche, die unter dem Perineum und anterior des Anus hängt. Beachten Sie Lage und relative Position der Hoden im Sagittalschnitt (siehe Abbildung 27.1) und im Frontalschnitt (siehe Abbildung 27.3 [siehe unten]).

Der Descensus testis

Im Verlauf der Entwicklung bilden sich die Hoden im Bauchraum neben den Nieren. Während der Fetus wächst, verändert sich die relative Lage dieser Organe; sie bewegen sich langsam nach inferior und anterior an die vordere Bauchwand. Das **Gubernaculum testis** ist ein Strang aus Bindegewebe und Muskelfasern zwischen dem inferioren Ende der Hoden und der posterioren Wand einer kleinen inferioren Ausbuchtung des Peritoneums. Während das Kind wächst, verlängert sich das Gubernakulum jedoch nicht und hält so die Hoden in Position (**Abbildung 27.2**). Im siebten Monat der Entwicklung kommt es 1. zu einem zügigen Wachstum, und 2. stimulieren zirkulierende Hormone eine Kontraktion des Gubernakulums. Im Laufe der Zeit verändert sich die relative Lage weiter; die Hoden bewegen sich mitsamt ihrer peritonealen Ausbuchtung durch die Bauchwandmuskulatur. Diesen Vorgang bezeichnet man als den **Descensus testis**.

Auf dem Weg durch die Bauchwand nimmt der Hoden jeweils einen *Ductus deferens* sowie die testikulären Gefäße, Nerven und Lymphgefäße mit. Nach abgeschlossenem Deszensus verbleiben die Strukturen als Bündel im **Samenstrang** zusammen.

Die Samenstränge

Die Samenstränge bestehen aus Faszienschichten, straffem Bindegewebe und Muskelgewebe; diese Strukturen umhüllen die Blutgefäße, Nerven und Lymphgefäße, die die Hoden versorgen. Die Samenstränge beginnen jeweils am inneren Leistenring, ziehen durch den Leistenkanal, treten am äußeren Leistenring wieder aus und innerhalb des Skrotums an die Hoden (**Abbildung 27.3**). Die Samenstränge entstehen während des *Descensus testis*. Sie enthalten jeweils den *Ductus deferens*, die **A. testicularis**, den **Plexus pampiniformis** (lat.: pampinus = die Weinranke; forma = die Form, die Gestalt) der **V. testicularis** sowie den **N. ilioinguinalis** und den *R. genitalis* des **N. genitofemoralis** aus dem *Plexus lumbalis*.

Die engen Kanäle, die die Skrotalhöhlen mit der Peritonealhöhle verbinden, nennt man die **Leistenkanäle**. In der Regel sind sie verschlossen, aber wegen des durchziehenden Samenstrangs bleiben sie lebenslang ein Schwachpunkt in der Bauchwand. Daher kommt es bei Männern

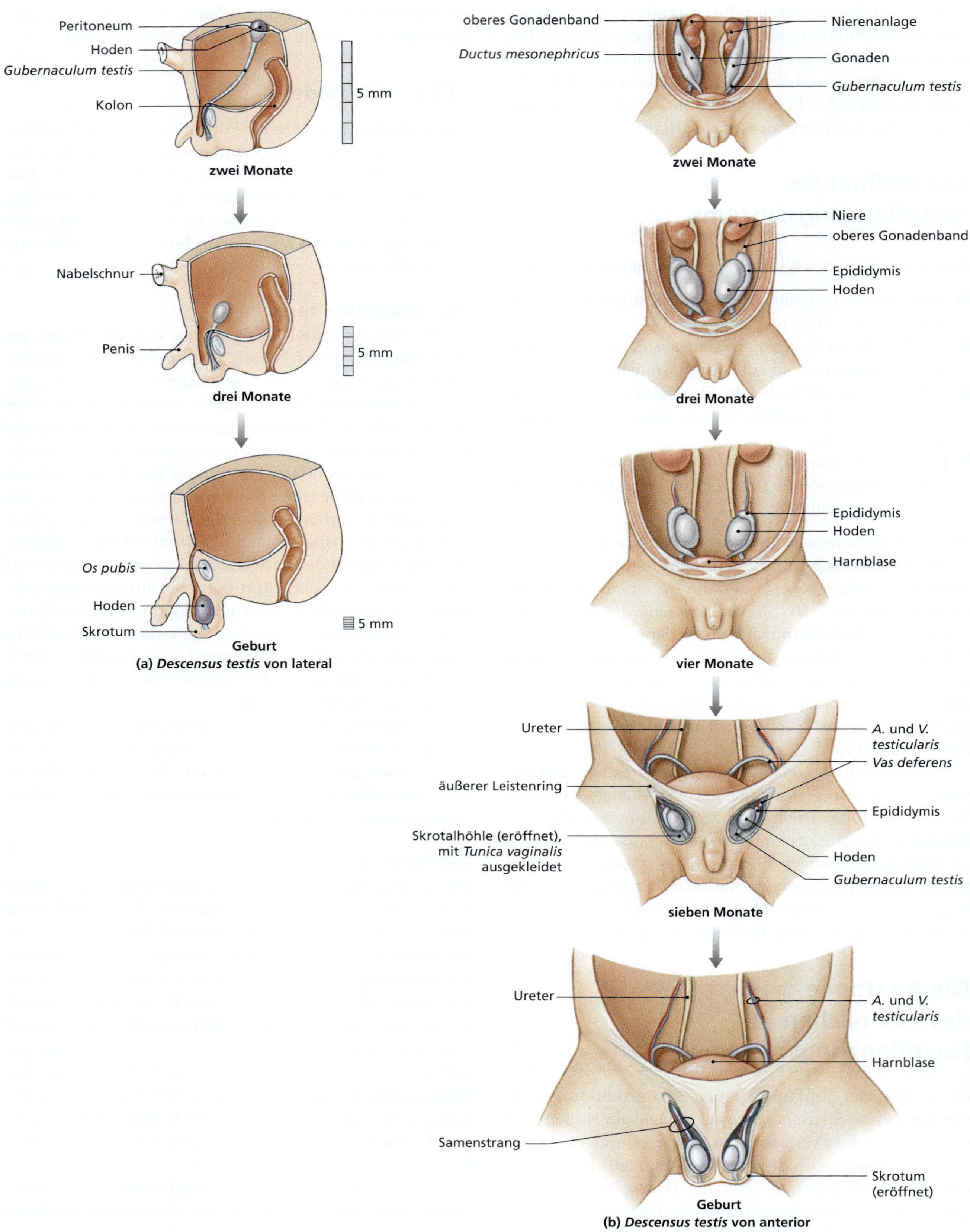

Abbildung 27.2: Descensus testis. (a) Schematische Darstellung in Schnittbildern. Beachten Sie den Größenmaßstab jeweils rechts neben dem Bild. (b) Abdomen von anterior in verschiedenen Stadien des Descensus testis.

besonders häufig zu Leistenhernien (siehe Kapitel 10). Bei Frauen sind die Leistenkanäle sehr eng; sie enthalten lediglich die *Nn. ilioinguinales* und die *Ligg. teres uteri*. Die Bauchwand ist fast vollständig geschlossen; Frauen erleiden daher nur sehr selten Leistenhernien.

Das Skrotum und die Lage der Hoden

Das Skrotum ist innen in zwei Kammern unterteilt. Die Zweiteilung ist von außen an einer erhabenen Verdickung der Haut zu erkennen, einer Fortsetzung der *Raphe perinealis*, die in der Mitte des Perineums vom Anus über das Skrotum hinweg an die anteriore Fläche des Penis zieht (**Abbildung 27.4**; siehe auch Abbildung 27.3). Jeder Hoden hat seine eigene Höhle. Ein schmaler Raum trennt die Innenfläche des Skrotums von den Außenflächen der Hoden. Die **Tunica vaginalis** ist eine seröse Membran, die die Außenflächen der Hoden überzieht und das Skrotum innen auskleidet. Sie verhindert eine Reibung zwischen den gegenüberliegenden Flächen.

Das Skrotum besteht aus einer dünnen Hautschicht und der darunterliegenden oberflächlichen Faszie. In der Dermis des Skrotums befindet sich eine Muskelschicht, die *Tunica dartos*. Ihre tonische Kontraktion verursacht die typische Kräuselung der Skrotalhaut und unterstützt die Elevation der Hoden. Eine weitere Muskelschicht, der **M. cremaster**, liegt unterhalb der Dermis. Seine Kontraktion, die über den **Kremasterreflex** ausgelöst wird, spannt das Skrotum und zieht die Hoden näher an den Körper heran. Hierzu kommt es bei sexueller Erregung und als Reaktion auf Temperaturveränderungen. Für eine normale Entwicklung der Spermien muss die Temperatur in den Hoden etwa 1,1 °C unter der Körpertemperatur liegen. Der *M. cremaster* bewegt die Hoden an den Körper heran oder von ihm weg, um die optimale Temperatur einzustellen. Steigen die Umgebungs- oder die Körpertemperatur, entspannt sich der *M. cremaster*, und die Hoden bewegen sich vom Körper weg. Eine Abkühlung des Skrotums, wie etwa beim Sprung in ein Schwimmbecken mit kaltem Wasser, löst den Kremasterreflex aus – die Hoden werden an den Körper herangezogen, um eine Abkühlung der Hoden zu verhindern.

Das Skrotum ist ausgiebig mit sensorischen und motorischen Nerven aus dem *Plexus hypogastricus* und Ästen der *Nn. ilioinguinalis, genitofemoralis* und *pudendus* versorgt. Für die Durchblutung sorgen die *Aa. pudendae internae* (aus den *Aa. iliacae internae*), die *Aa. pudendae externae* (aus den *Aa. femorales*) und die *A. cremasterica* aus der **A. epigastrica inferior** (aus den *Aa. iliacae externae*). Namen und Versorgungsgebiete der Venen entsprechen denen der Arterien.

Die Struktur der Hoden

Die **Tunica albuginea** ist eine Hülle aus straffem Bindegewebe, die die Hoden umgibt und ihrerseits von der *Tunica vaginalis* bedeckt ist. Die Faserkapsel enthält reichlich kollagene Fasern, die in die Fasern übergehen, die die benachbarten Nebenhoden überziehen. Die kollagenen Fasern ziehen auch als faserige **Septen** in das Innere der Hoden (siehe Abbildung 27.4). Diese Septen laufen zum Mediastinum der Hoden hin zusammen. Das Mediastinum stützt

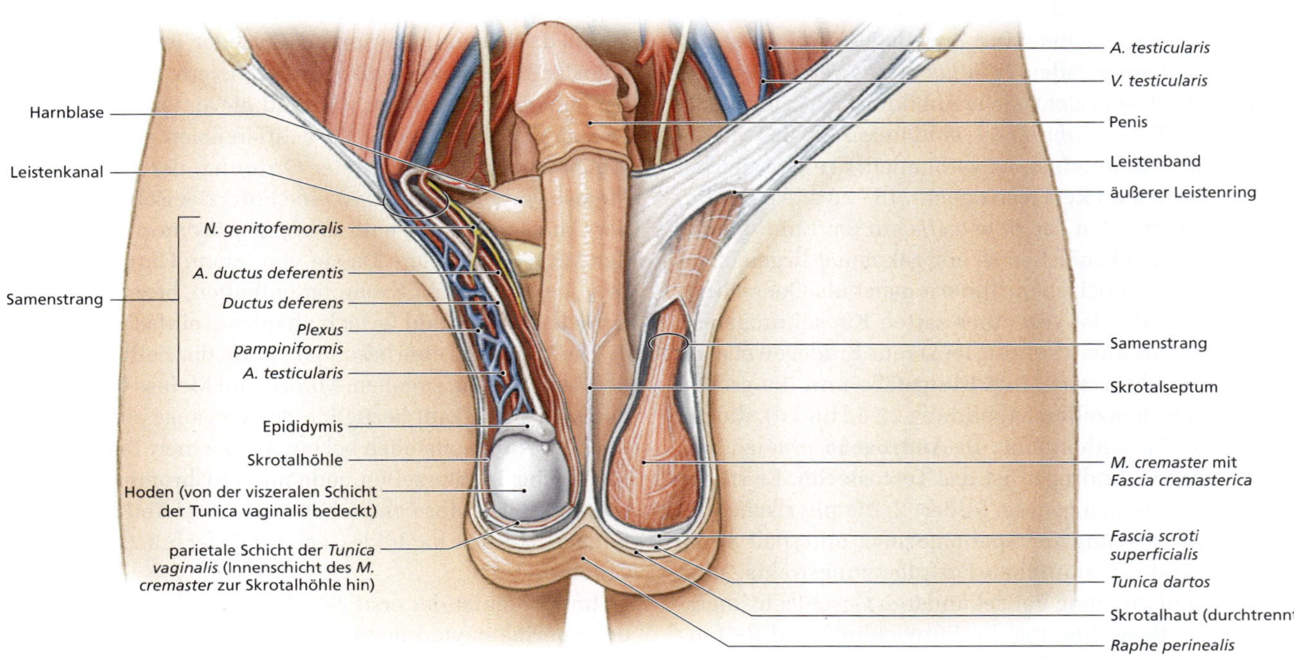

Abbildung 27.3: **Das Fortpflanzungssystem des Mannes, Teil II.** Schematische Darstellung von Gonaden, äußeren Genitalien und dazugehörigen Strukturen beim Mann von anterior.

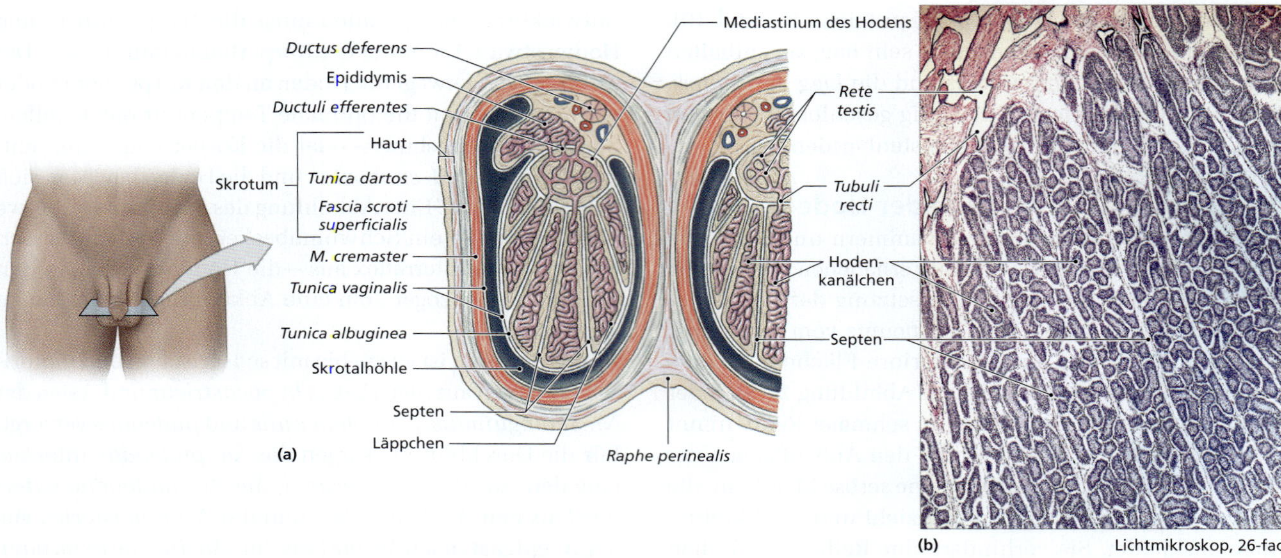

Abbildung 27.4: Die Struktur der Hoden. (a) Schemazeichnung im Horizontalschnitt mit Darstellung der anatomischen Lagebeziehungen innerhalb der Skrotalhöhle. Das Bindegewebe um die Hodenkanälchen und das Rete testis ist nicht dargestellt. (b) Allgemeiner histologischer Überblick; Darstellung der Septa zwischen den Hodenkanälchen (Lichtmikroskop, 26-fach).

die Blut- und Lymphgefäße, die die Hoden versorgen, und die Duktus, die die Spermien sammeln und in die Epididymis transportieren.

Die Histologie der Hoden

Die Septa unterteilen die Hoden in Läppchen. Etwa 800 dünne, dicht geknäuelt liegende Hodenkanälchen *(Tubuli seminiferi)* liegen in den Läppchen verteilt (siehe Abbildung 27.4). Jedes Kanälchen ist etwa 80 cm lang; ein typischer Hoden hat also ca. 640 m Hodenkanälchen, in denen die Spermaproduktion stattfindet.

Die Hodenkanälchen sind jeweils U-förmig und mit einem einzelnen geraden *Tubulus rectus* verbunden, der in das Mediastinum zieht (siehe Abbildung 27.4a und 27.7a [siehe unten]). Die *Tubuli recti* sind innerhalb des Mediastinums vielfach miteinander verbunden; so ergibt sich ein Netzwerk, das man **Rete testis** nennt. 15–20 dicke *Ductuli efferentes* verbinden das *Rete testis* mit der Epididymis.

Da die Hodenkanälchen so eng geknäuelt liegen, sieht man sie in histologischen Bildern meist als Querschnitte. Jeder Tubulus ist von einer zarten Kapsel umgeben; die Zwischenräume sind mit lockerem Bindegewebe gefüllt. Darin gibt es reichlich Blutgefäße und die großen **Leydig-Zwischenzellen** (Abbildung 27.5c und d), die die männlichen Sexualhormone, die **Androgene**, produzieren. Das wichtigste Androgen ist das **Testosteron**. Es stimuliert 1. die Spermatogenese, fördert 2. die physische und funktionelle Reifung der Spermatozoen, unterhält 3. die Hilfsorgane des männlichen Fortpflanzungstrakts, sorgt 4. für die Entwicklung der sekundären Geschlechtsmerkmale durch Beeinflussung der Entwicklung und Reifung von Strukturen außerhalb des Fortpflanzungssystems, wie die Verteilung der Gesichtsbehaarung, des Fettgewebes, der Muskelmasse und der Körpergröße, stimuliert 5. Wachstum und Stoffwechsel im gesamten Organismus und beeinflusst 6. die Hirnentwicklung durch die Stimulation sexuellen Verhaltens und Dranges.

Spermatogenese und Meiose

Spermien (auch Spermatozoen genannt) entstehen durch die **Spermatogenese**. Die Spermatogenese beginnt an der äußersten Zellschicht der Hodenkanälchen. Während der Embryonalentwicklung bilden sich Stammzellen, die Spermatogonien, die bis zum Eintritt der Pubertät ruhen. Ab Beginn der sexuellen Reife teilen sie sich in den fruchtbaren Jahren des Lebens fortwährend. Bei jeder Teilung verbleibt eine der Tochterzellen als undifferenzierte Stammzelle in der äußeren Zellschicht, während die andere in Richtung Lumen geschoben wird. Diese differenziert sich später zu einem Spermatozyten erster Ordnung, der sich auf die **Meiose** vorbereitet. Dies ist eine Form der Zellteilung, bei der Gameten mit nur halb so vielen Chromosomen wie in der Mitose entstehen. Da sie von einem Chromosomenpaar jeweils nur ein Exemplar enthalten, bezeichnet man Gameten als **haploid** (griech.: haplos = einfach).

Die Meiose ist eine besondere Form der Zellteilung, aus der Gameten hervorgehen. Mitose und Meiose unterscheiden sich signifikant bezüglich der Vorgänge am Zellkern. Bei der Mitose entstehen bei einer einzelnen Teilung zwei identische Tochterzellen, jede mit 23 Chromosomenpaaren. Bei der Meiose entstehen nach zwei Teilungen vier unterschiedliche haploide Gameten, jeder mit 23 einzelnen Chromosomen.

Im Hoden ist der erste Schritt der Meiose die Teilung der Spermatozyten erster Ordnung in je zwei **Spermatozyten zweiter Ordnung**. Diese teilen sich weiter in je zwei **Spermatiden**. So entstehen aus jedem Spermatozyten erster Ordnung vier Spermatiden (**Abbildung 27.5**a und b). Spermatogonien, Spermatozyten in der Meiose und Spermatiden sind in Abbildung 27.5c und d dargestellt.

Die Spermatogenese wird direkt durch Testosteron und indirekt durch das follikelstimulierende Hormon stimuliert, wie gleich erläutert wird. Testosteron wird als Reaktion auf das luteinisierende Hormon von den Leydig-Zwischenzellen produziert.

Die Spermiogenese

Jeder Spermatide reift zu einem einzigen **Spermatozoon** (oder Spermium) heran; diesen Vorgang bezeichnet man als **Spermiogenese** (siehe Abbildung 27.5b–d). Während der Spermiogenese liegen die Spermatiden in Einstülpungen großer Sertoli-Zellen. Diese sind an der Basallamina der tubulären Kapsel verankert und ragen in das Lumen vor. Im Laufe der Spermiogenese nimmt der Spermatide langsam das Aussehen eines reifen Spermiums an. Bei der **Spermiation** löst sich das Spermatozoon von der Sertoli-Zelle und geht in das Lumen des Tubulus über, womit die Spermiogenese abgeschlossen ist. Der gesamte Vorgang, von der ersten Teilung der Spermatogonien bis zur Spermiation, dauert etwa neun Wochen.

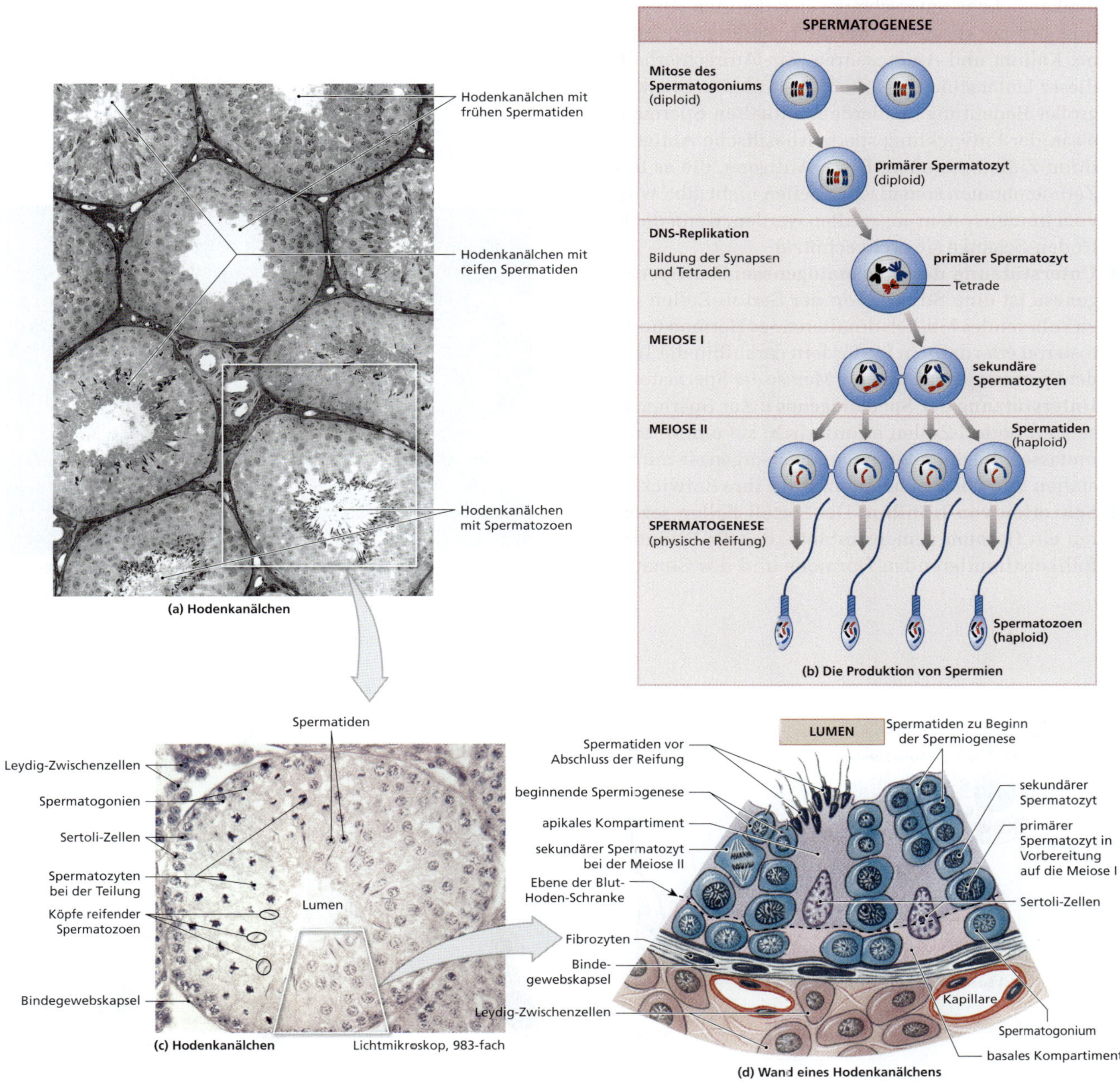

Abbildung 27.5: Die Histologie der Hodenkanälchen. (a) Hodenkanälchen im Querschnitt. (b) Die Meiose in den Hoden; dargestellt ist das Schicksal dreier repräsentativer Chromosomen. (c) Spermatogenese in einem Segment eines Hodenkanälchens. (d) Die Blut-Hoden-Schranke und die Wandstruktur eines Hodenkanälchens.

Die Sertoli-Zellen

Sertoli-Zellen haben fünf wichtige Funktionen:

- **Erhalt der Blut-Hoden-Schranke:** Die Hodenkanälchen sind durch die Blut-Hoden-Schranke vom Blutkreislauf isoliert, vergleichbar mit der Blut-Hirn-Schranke (siehe Abbildung 27.5c und d). Tight Junctions zwischen den Ausläufern der Sertoli-Zellen isolieren das Lumen der Hodenkanälchen von der interstitiellen Flüssigkeit. Der Transport von Material durch die Sertoli-Zellen hindurch wird engmaschig kontrolliert, sodass die Umgebung der Spermatozyten und Spermatiden gleichbleibend ist. Die Flüssigkeit im Lumen eines Hodenkanälchens unterscheidet sich deutlich von der im Interstitium; sie enthält reichlich Androgene, Östrogene, Kalium und Aminosäuren. Zur Aufrechterhaltung dieser Unterschiede ist die Blut-Hoden-Schranke von großer Bedeutung. Außerdem enthalten Spermatozoen in der Entwicklung spermaspezifische Antigene in ihren Zellmembranen. Diese Antigene, die es in den Zellmembranen somatischer Zellen nicht gibt, würden vom Immunsystem angegriffen werden, wenn die Blut-Hoden-Schanke sie nicht schützte.
- **Unterstützung der Spermatogenese:** Zur Spermatogenese ist eine Stimulation der Sertoli-Zellen durch zirkulierendes follikelstimulierendes Hormon und Testosteron erforderlich. Sie fördern daraufhin die Teilung der Spermatogonien und die Meiose der Spermatozyten.
- **Unterstützung der Spermiogenese:** Zur Spermiogenese sind Sertoli-Zellen erforderlich; sie umhüllen und umfassen die Spermatiden und versorgen sie mit Nährstoffen und chemischen Reizen für ihre Entwicklung.
- **Sekretion von Inhibin:** Die Sertoli-Zellen sezernieren ein Hormon namens Inhibin, das die Bildung des follikelstimulierenden Hormons und des Gonadotropin-releasing-Hormons an der Hypophyse hemmt. Je schneller die Spermienproduktion, desto höher ist auch die Inhibinsekretion.
- **Sekretion von sexualhormonbindendem Globulin:** Das sexualhormonbindende Globulin bindet Androgene, besonders das Testosteron in der Flüssigkeit im Lumen der Hodenkanälchen. Es hebt die Androgenkonzentration in den Kanälchen und stimuliert die Spermiogenese.

27.2.2 Die Spermatozoen

Ein Spermatozoon hat drei Regionen: den Kopf, das Mittelstück und den Schwanz (**Abbildung 27.6**).

- Der **Kopf** ist abgeflacht oval und dicht mit Chromosomen gefüllt. An der Spitze sitzt das **Akrosom**, ein kappenartig aufsitzendes, membrangebundenes Kompartiment, das Enzyme zur Vorbereitung der Befruchtung enthält.
- Ein kurzer **Hals** verbindet den Kopf mit dem **Mittelstück**. Der Hals enthält beide Zentriolen des ursprüng-

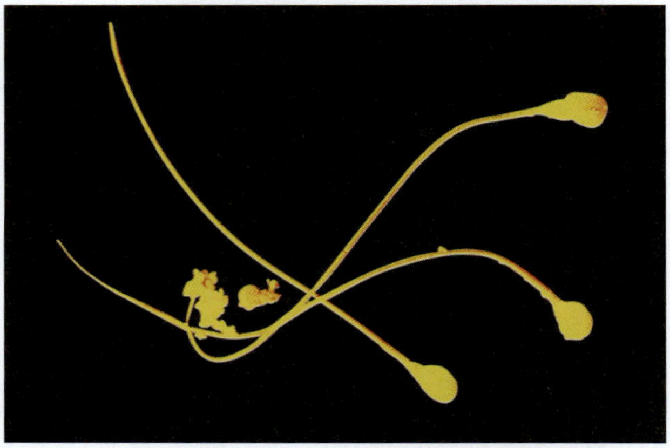

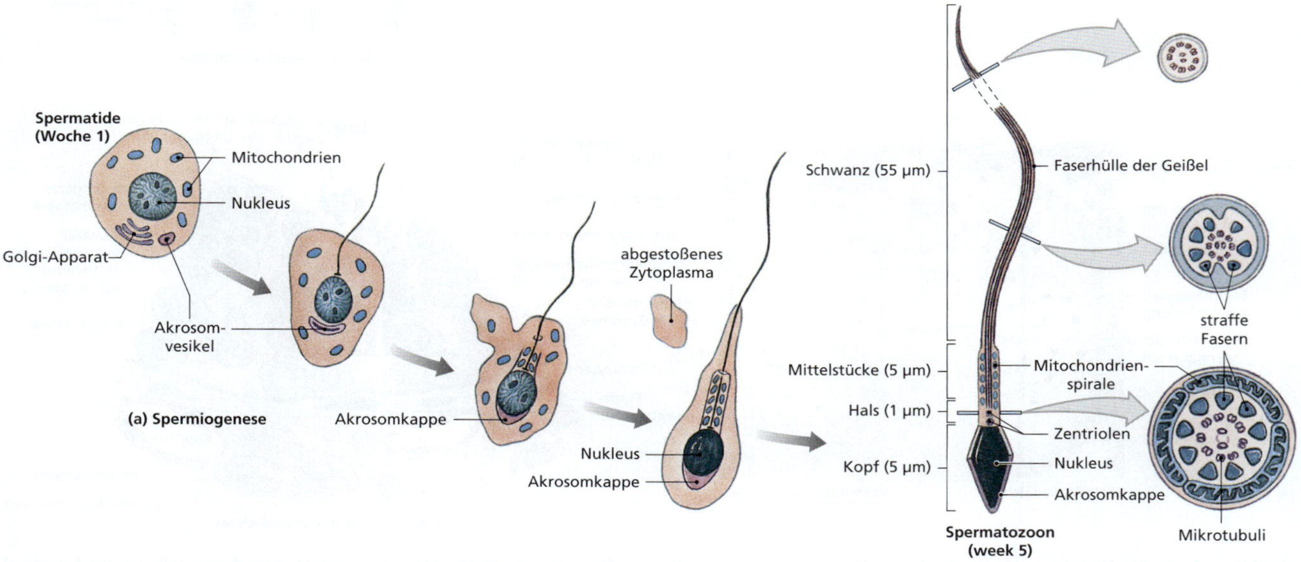

Abbildung 27.6: **Spermiogenese und die Histologie des Spermatozoons.** (a) Differenzierung eines Spermatiden in ein Spermatozoon. (b) Die Histologie menschlicher Spermatozoen.

AUS DER PRAXIS

Hodenkarziom

Hodenkarzinome sind relativ selten; etwa 8250 neue Fälle werden jährlich in den USA diagnostiziert. Es ist jedoch die häufigste Krebsform junger Männer zwischen 15 und 34 Jahren. In neun von zehn Fällen liegen abnorme Spermatogonien oder Spermatozyten vor. Behandelt wird durch Orchiektomie und Chemotherapie. Der Radrennfahrer Lance Armstrong gewann nach der erfolgreichen Behandlung eines in Gehirn und Lungen metastasierten Hodenkarzinoms die Tour de France siebenmal hintereinander.

AUFGABEN

1. Welche Strukturen bilden den Samenstrang?
2. Warum sind Leistenhernien bei Männern relativ häufig?
3. Inwiefern ist die Lage der Hoden (außerhalb der Peritonealhöhle) für die Bildung lebensfähiger Spermien von Bedeutung?
4. Welche Funktion hat die Blut-Hoden-Schanke?

lichen Spermatiden. Die Mikrotubuli der distalen Zentriole gehen in die des Mittelstücks und des Schwanzes über. Spiralförmig um die Mikrotubuli herum angeordnete Mitochondrien stellen die Energie für die Bewegung des Schwanzes zur Verfügung.

- Der **Schwanz** ist das einzige Beispiel für eine Geißel (Flagelle) im menschlichen Körper. Mithilfe einer **Geißel** kann sich eine Zelle fortbewegen. Im Gegensatz zu Zilien, die gleichmäßige, vorhersehbare Wellenbewegungen durchführen, hat die Geißel des Spermiums einen komplexen, schraubenden Bewegungsablauf. Die Mikrotubuli im Schwanz haben eine Hülle aus straffem Bindegewebe.

Im Gegensatz zu anderen, weniger spezialisierten Zellen hat ein reifes Spermatozoon weder ein ER noch einen Golgi-Apparat, Lysosomen, Peroxisomen, Einschlüsse oder sonstige intrazelluläre Strukturen. Da sie weder Glykogen noch andere Energiereserven hat, muss die Zelle ihre Nährstoffe (hauptsächlich Fruktose) aus ihrer Umgebung resorbieren.

27.2.3 Der Fortpflanzungstrakt des Mannes

Die Hoden produzieren Spermatozoen, die zwar physisch reif sind, aber keine erfolgreiche Befruchtung durchführen können, da sie sich noch nicht bewegen. Die anderen Abschnitte des männlichen Fortpflanzungstrakts beschäftigen sich mit der funktionellen Reifung, der Ernährung, der Speicherung und dem Transport der Spermatozoen.

Die Epididymis

Später in ihrer Entwicklung lösen sich die Spermatozoen von den Sertoli-Zellen und bewegen sich frei im Lumen der Hodenkanälchen. Obwohl sie schon die meisten Merkmale reifer Spermatozoen aufweisen, sind sie noch funktionell unreif, unfähig, sich koordiniert fortzubewegen und damit zu befruchten. Mit der durchströmenden Flüssigkeit geraten sie durch den geraden Anteil der Hodenkanälchen und das *Rete testis* **Abbildung 27.7a**) in die Epididymis, die Nebenhoden. Das Lumen der Epididymis ist mit charakteristischem einreihigem Zylinderepithel mit langen Stereozilien ausgekleidet (Abbildung 27.7b und c).

Die Epididymis liegt an der posterioren Kante des Hodens (siehe Abbildung 27.1, 27.3, 27.4 und 27.7a). Sie hat eine feste Konsistenz und kann durch das Skrotum hindurch getastet werden. Sie besteht aus einem fast 7 m langen Schlauch, der zur Platzersparnis eng geknäuelt liegt. Der Nebenhoden hat einen Kopf, einen Korpus und einen Schwanz.

- Der superior liegende **Kopf** nimmt die Spermatozoen über die *Ductuli efferentes* aus dem Mediastinum des Hodens auf.
- Der **Korpus** beginnt distal des letzten *Ductulus efferens* und erstreckt sich an der Hinterkante des Hodens entlang nach inferior.
- Zum inferioren Ende des Hodens hin nimmt die Zahl der Windungen ab; hier beginnt der **Schwanz**. Er wechselt die Richtung; auf seinem Weg nach oben verändert sich das Tubulusepithel Die Stereozilien verschwinden; das Epithel lässt sich nicht mehr von dem des angeschlossenen *Ductus deferens* unterscheiden. Der Schwanz ist der wichtigste Speicherort der Spermien.

Die Epididymis hat drei wichtige Funktionen:

- **Sie überwacht und korrigiert die Zusammensetzung der Flüssigkeit, die in den Hodenkanälchen gebildet wird:** Das mehrreihige Zylinderepithel des Nebenhodens hat Stereozilien, die die Resorptions- und Sekretionsfläche vergrößern (siehe Abbildung 27.7b und c).
- **Sie dient der Wiederverwertung beschädigter Spermatozoen:** Zelltrümmer und beschädigte Spermatozoen werden resorbiert; die Produkte der enzymatischen Zerlegung werden in die umgebende interstitielle Flüssigkeit abgegeben und so dem Kreislauf der Epididymis wieder zugeführt.
- **Sie speichert die Spermatozoen und fördert ihre funktionelle Reifung:** Ein Spermatozoon benötigt für seinen Weg durch den Nebenhoden etwa zwei Wochen; in dieser Zeit vollendet es in geschützter Umgebung seine funktionelle Reifung. Obwohl die Spermatozoen, die die Epididymis verlassen, reif sind, sind sie noch immer unbeweglich. Um aktiv, mobil und voll funktional zu wer-

den, müssen sie die **Kapazitation** durchlaufen. Dieser Vorgang besteht normalerweise aus zwei Schritten: Die Spermatozoen erhalten im ersten Schritt ihre Beweglichkeit durch Zufügung der Sekrete der *Vesicula seminalis* (Bläschendrüse). Sie erhalten im zweiten Schritt ihre volle Befruchtungsfähigkeit erst im weiblichen Fortpflanzungstrakt, wenn die dortigen Bedingungen die Permeabilität ihres Plasmalemms verändern. Solange sie sich noch im männlichen Fortpflanzungstrakt befinden, verhindert ein Sekret aus dem Nebenhoden die vorzeitige Kapazitation.

Der Transport durch die Epididymis erfolgt durch die Strömung der Flüssigkeit und durch Kontraktionen der glatten Muskulatur. Nach Verlassen des Nebenhodenschwanzes gelangen die Spermatozoen in den *Ductus deferens*.

Der Ductus deferens

Der *Ductus deferens*, auch *Vas deferens* genannt, ist 40–45 cm lang. Er beginnt am Ende des Nebenhodenschwanzes (siehe Abbildung 27.7a) und zieht als Teil des Samenstrangs (siehe Abbildung 27.3) aufwärts durch den Leistenkanal in die Bauchhöhle. Dort zieht er nach posterior und im Bogen an der lateralen Fläche der Harnblase entlang nach inferior in Richtung der posterioren superioren Kante der Prostata (siehe Abbildung 27.1). Kurz vor Erreichen der Prostata erweitert er sich zur **Ampulle** (**Abbildung 27.8**a).

Die Wand des *Ductus deferens* hat eine dicke Schicht glatter Muskulatur (Abbildung 27.8b), deren peristaltische Kontraktionen Spermatozoen und Flüssigkeit durch den Duktus bewegen. Dieser ist innen mit Zylinderepithel mit Stereozilien ausgekleidet. Der *Ductus deferens* transportiert die Spermatozoen nicht nur, er kann sie auch mehrere Monate lang lagern. In dieser Zeit befinden sich die Spermatozoen in einem Ruhezustand mit reduzierten Stoffwechselvorgängen.

Der Übergang der Ampullen in die Basis der Bläschendrüsen markiert den Beginn des **Ductus ejaculatorius**. Dieser relativ kurze Gang (2 cm) durchdringt die muskuläre Wand der Prostata und entleert sich in die Urethra (siehe

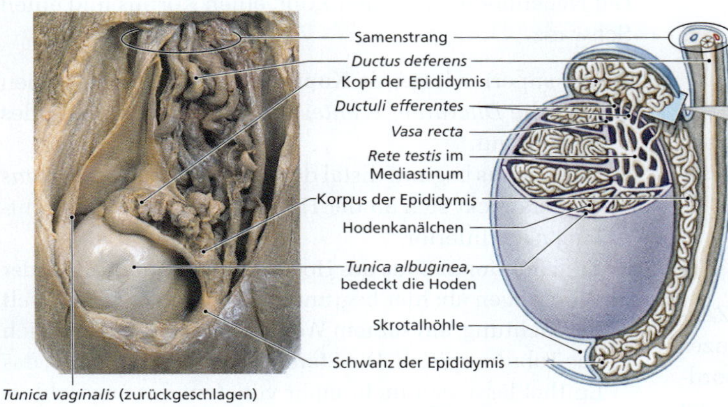

(a) Hoden und Epididymis

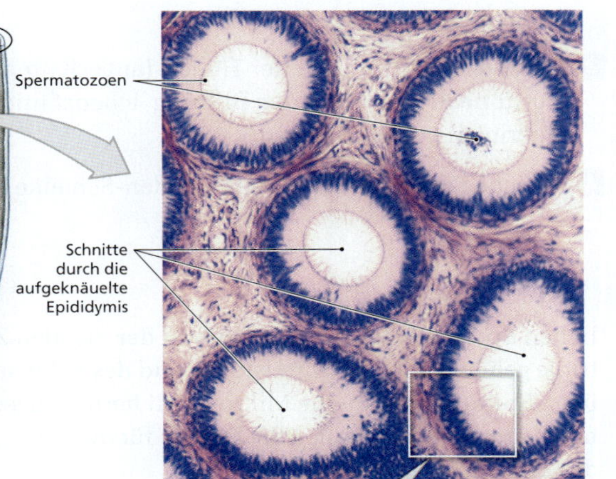

(b) Epididymis — Rasterelektronenmikroskop, 49-fach

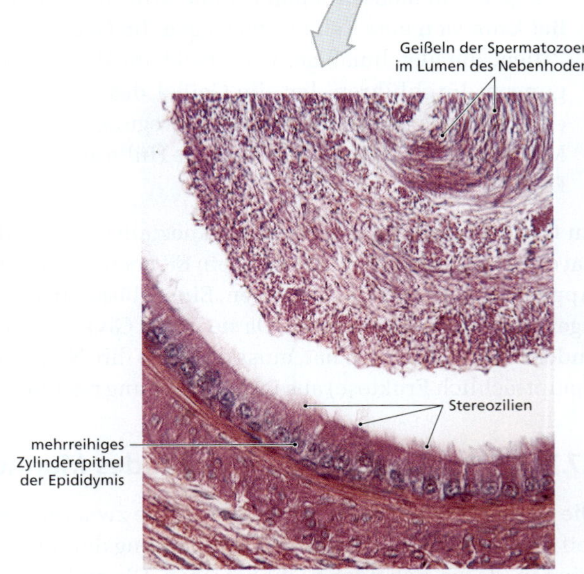

(c) Epididymis — Rasterelektronenmikroskop, 304-fach

Abbildung 27.7: Die Epididymis. (a) Hoden und Nebenhoden als Präparat (links); Schemazeichnung von Hoden und Nebenhoden mit Darstellung der Schnittebene von Teilabbildung (b) (rechts). (b) Histologischer Aufbau der Hodenkanälchen im Kopfbereich mit umgebendem Bindegewebe. (c) Lichtmikroskopische Aufnahme mit Darstellung charakteristischer Merkmale des Epithels, besonders der langen Stereozilien.

Abbildung 27.1) in der Nähe der Mündung des *Ductus ejaculatorius* der Gegenseite.

Die Urethra

Die Urethra des Mannes reicht etwa 15–20 cm von der Harnblase bis an die Penisspitze. Sie hat eine *Pars prostatica*, eine *Pars membranacea* und eine *Pars spongiosa* (Abbildung 27.9; siehe auch Abbildung 27.1). Diese Unterteilungen wurden in Kapitel 26 besprochen. Die Urethra des Mannes ist ein Durchgang, der sowohl vom Harn- als auch vom Fortpflanzungssystem verwendet wird.

27.2.4 Die Hilfsdrüsen

Die Flüssigkeiten aus den Hodenkanälchen und den Nebenhoden machen nur etwa 5 % des Gesamtvolumens des Spermas aus. Sperma ist eine Mischung aus den Sekreten vieler verschiedener Drüsen, jedes mit unterschiedlichen biochemischen Charakteristika. Zu diesen Drüsen gehören die Bläschendrüsen, die Prostata und die *Glandulae bulbourethrales* (Cowper-Drüsen) (siehe Abbildung 27.1 und 27.8a). Zu den Hauptfunktionen dieser Drüsen gehören 1. die Aktivierung der Spermatozoen, 2. die Bereitstellung der Nährstoffe, die die Spermatozoen zur Bewegung be-

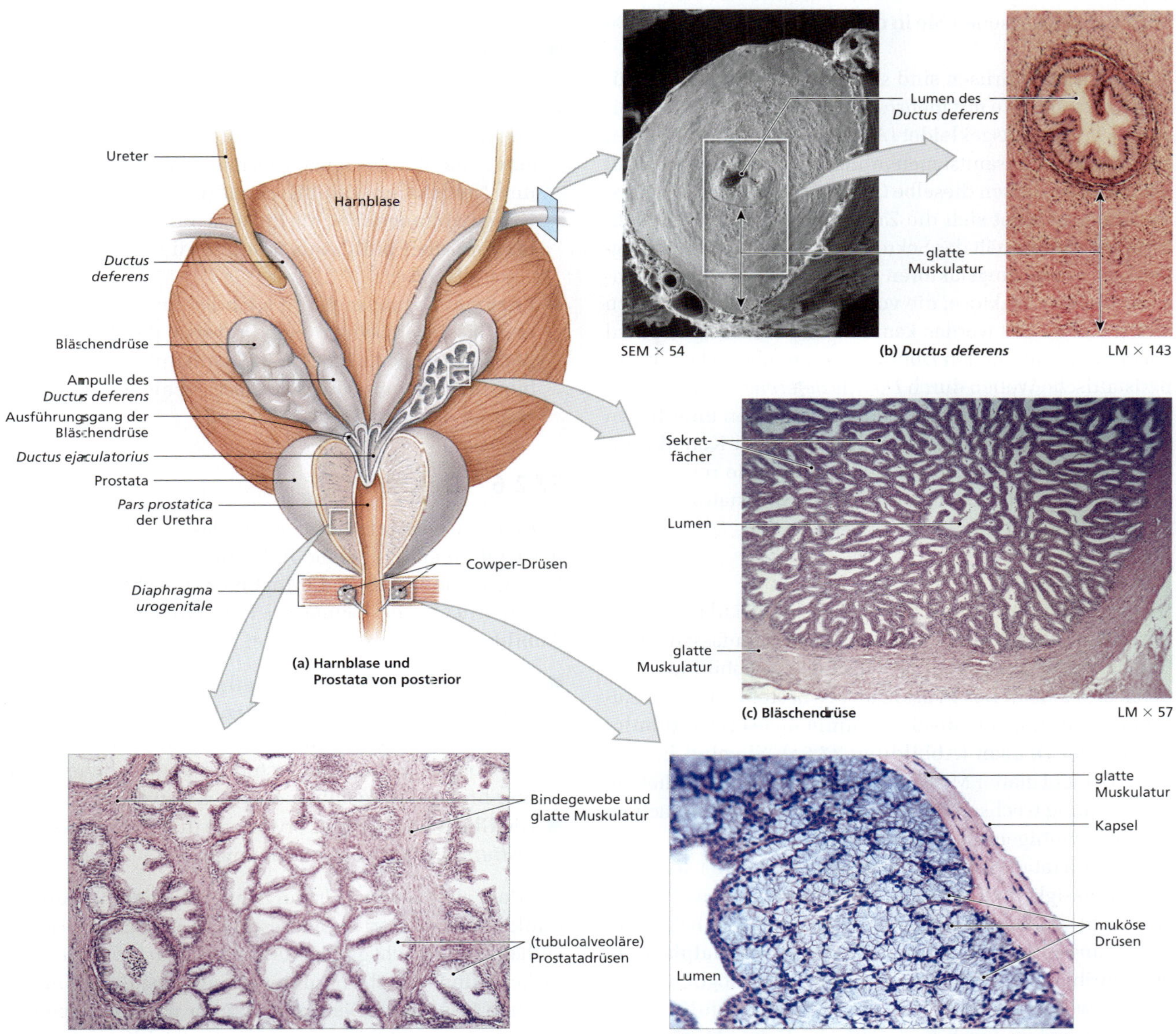

Abbildung 27.3: Der Ductus deferens und die Hilfsdrüsen. (a) Harnblase und Prostata von posterior mit Darstellung der Abschnitte des Ductus deferens und ihrer Lagebeziehung zu anderen Strukturen. (b) Licht- und rasterelektronenmikroskopische Aufnahmen zur Darstellung der dicken Muskelschicht des Ductus deferens (© R.G. Kessel und R.H. Kardon, "Gewebe und Organe: Atlas und Lehrbuch der Rasterelektronenmikroskopie", W.H. Freeman & Co., 1979. Alle Rechte vorbehalten.). (c) Histologie der Bläschendrüsen. Beachten Sie die ausgedehnte Sekretionsfläche; diese Organe bilden den Großteil des Spermavolumens. (d) Histologie der Cowper-Drüsen, die ein dickflüssiges Sekret in die Urethra abgeben. (e) Histologisches Detail der Prostata. Das Gewebe zwischen den einzelnen Drüsenabschnitten besteht zum Großteil aus glatter Muskulatur, deren Kontraktionen das Sekret in den Ductus ejaculatorius und die Urethra befördern.

nötigen, und 3. die Produktion von Puffern, die die Säuren in Vagina und Urethra neutralisieren.

Die Bläschendrüsen

Der *Ductus deferens* endet am Zusammenfluss der Ampulla mit dem Ausführungsgang der Bläschendrüse. Die **Bläschendrüsen** liegen in Bindegewebe eingebettet beiderseits der Mittellinie zwischen der Hinterwand der Harnblase und der Vorderwand des Rektums. Sie sind schlauchförmig und jeweils ca. 15 cm lang. Die Tubuli haben viele kurze Seitenäste; die gesamte Drüse ist geknäuelt und zu einer kompakten Drüse zusammengefaltet, die nach unten spitz zuläuft und insgesamt 5 cm x 2,5 cm misst. Die Lage der Bläschendrüsen sehen Sie in den Abbildungen 27.1, 27.8a und 27.9a.

Die Bläschendrüsen sind sekretorisch sehr aktive Drüsen; innen sind sie mit mehrreihigem Zylinder- oder kubischem Epithel ausgekleidet (Abbildung 27.8c). Sie bilden etwa 60 % des Gesamtsamenvolumens. Obwohl das Sekret der Bläschendrüsen dieselbe Osmolalität hat wie Blutplasma, unterscheidet sich die Zusammensetzung erheblich. Insbesondere enthält das Sekret der Bläschendrüse Prostaglandine, Gerinnungsfaktoren und eine relativ hohe Konzentration an Fruktose, die von den Spermatozoen gut zu ATP metabolisiert werden kann. Die Samenflüssigkeit wird bei der Emission in den *Ductus deferens* abgegeben, wenn peristaltische Wellen durch *Ductus deferens*, Bläschendrüsen und Prostata ziehen. Diese Kontraktionen unterliegen der Kontrolle durch den Sympathikus. Bei Kontakt mit dem Sekret der Bläschendrüse beginnen die reifen, aber bis dahin noch bewegungsunfähigen Spermatozoen, mit ihren Geißeln zu schlagen.

Die Prostata

Die Prostata ist ein kleines, rundliches, muskuläres Organ mit einem Durchmesser von etwa 4 cm. Sie umfasst die Urethra bei deren Austritt aus der Blase (siehe Abbildung 27.1, 27.8a und 27.9a). Das Drüsengewebe besteht aus einer Zusammenballung von 30–50 **zusammengesetzten tubuloalveolären Drüsen** (Abbildung 27.8e). Sie sind in eine dicke Schicht glatter Muskeln eingewickelt. Die epitheliale Auskleidung wechselt üblicherweise zwischen einfachem und mehrreihigem Zylinderepithel.

Die Prostata bildet das **Prostatasekret**, eine schwach saure Flüssigkeit, die etwa 20–30 % des Spermavolumens ausmacht. Außer einigen anderen Stoffen mit unbekannter Bedeutung enthält das Prostatasekret das **Seminalplasmin**, eine antibiotisch wirksame Substanz, die möglicherweise Harnwegsinfekte beim Mann verhindern hilft. Diese Sekrete werden durch peristaltische Kontraktionen der Muskelwand in die *Pars prostatica* der Urethra befördert.

Die Cowper-Drüsen

Die paarigen Cowper-Drüsen **(Glandulae bulbourethrales)** liegen an der Peniswurzel unter der Faszie des muskulären Beckenbodens (siehe Abbildung 27.1, 27.8a und 27.9a). Sie sind rund, mit einem Durchmesser von etwa 1 cm. Die Ausführungsgänge verlaufen jeweils für 3–4 cm parallel zur *Pars spongiosa* der Urethra, bevor sie in sie münden. Drüsen und Ausführungsgänge sind mit einfachem Zylinderepithel ausgekleidet. Es handelt sich um zusammengesetzte tubuloalveoläre Drüsen (Abbildung 27.8d), die ein zähflüssiges, klebriges alkalisches Sekret absondern. Es neutralisiert eventuell noch in der Urethra vorhandene Harnsäuren und benetzt die *Glans penis.*

27.2.5 Das Sperma

Ein typisches **Ejakulat** besteht aus 2–5 ml Sperma. Es enthält:

- **Spermatozoen:** Normal sind 20–100 Millionen Spermatozoen pro Milliliter Sperma.
- **Samenflüssigkeit:** Diese flüssige Komponente des Spermas ist eine Mischung verschiedener Drüsensekrete mit einer charakteristischen Zusammensetzung von Ionen und Nährstoffen. Die Bläschendrüsen tragen 60 % des Gesamtvolumens bei, die Prostata 30 %, die Sertoli-Zellen und die Epididymis 5 % und die Cowper-Drüsen ebenfalls 5 %.
- **Enzyme:** Es gibt mehrere wichtige Enzyme in der Samenflüssigkeit, wie 1. eine Protease, die den Schleim der Vagina lösen hilft, und 2. Seminalplasmin, ein antibiotisch wirksames Enzym, das verschiedene Bakterien angreift, so auch *Escherichia coli.*

27.2.6 Der Penis

Der Penis ist ein tubuläres Organ, das den distalen Anteil der Urethra enthält (siehe Abbildung 27.1). Es leitet den Urin nach außen ab und bringt beim Geschlechtsverkehr das Sperma in die Vagina der Frau ein. Der Penis (siehe **Abbildung 27.9**a und c) hat drei Regionen:

- Die **Peniswurzel** ist der Anteil, mit dem der Penis am *R. ischii* fixiert ist. Der Befestigungspunkt liegt im *Trigonum urogenitale* unmittelbar inferior der Symphyse.
- Der **Korpus (Schaft)** ist der tubuläre bewegliche Anteil; hier findet sich reichlich erektiles Gewebe.
- Die **Glans penis** ist das erweiterte distale Ende, das das *Ostium urethrae externum* umgibt.

Die Haut auf dem Penis ist im Allgemeinen unbehaart und dunkler pigmentiert als am restlichen Körper. Die Dermis enthält eine Schicht glatter Muskulatur *(Tunica dartos)*; das lockere Bindegewebe darunter erlaubt eine Bewegung der dünnen Haut ohne Deformierung der darunterliegenden Strukturen. Die Subkutis enthält oberflächliche Arterien, Venen und Lymphgänge, aber relativ wenige Fettzellen.

Eine Hautfalte, das **Präputium (Vorhaut)**, umgibt die Penisspitze. Es setzt am relativ dünnen Penishals an und zieht über die Glans, die das *Ostium urethrae* umgibt. An den sich gegenüberliegenden Flächen gibt es keine Haarfollikel, aber Vorhautdrüsen in der Haut des Halses und der Innenfläche des Präputiums sezernieren ein wachsartiges Sekret, das **Smegma**. Es kann allerdings auch ein guter Nährboden für Bakterien sein; besonders bei unzureichender Hygiene kommt es leicht zu Infektionen und Entzündungen. Eine Möglichkeit, Probleme dieser Art zu vermeiden, ist die **Zirkumzision** (Beschneidung), die chirurgische Entfernung des Präputiums. Unterhalb des lockeren Bindegewebes unter der Dermis liegt ein Netzwerk aus elastischen Fasern, das die inneren Strukturen des Penis umgibt. Der Penisschaft besteht zum Großteil aus drei parallelen Zylindern aus erektilem Gewebe (siehe Abbildung 27.9). Erektiles Gewebe ist ein dreidimensionales Gefäßnetzwerk; die Gefäße sind nur unvollständig durch elastisches Bindegewebe und glatte Muskelfasern voneinander getrennt. In Ruhe sind die Arterien konstringiert und die Muskulatur gespannt, wodurch der Blutfluss in das erektile Gewebe gehemmt wird. Parasympathische Stimulation entspannt die glatte Muskulatur der Gefäßwände. Daraufhin dilatieren 1. die Gefäße, erhöht sich 2. der Blutfluss, füllt sich 3. das Gefäßnetz mit Blut, und es kommt 4. zu einer **Erektion** des Penis. Der schlaffe (nicht erigierte) Penis hängt vor dem Skrotum unterhalb der Symphyse, doch bei der Erektion versteift er sich und richtet sich auf.

An der Vorderfläche des erschlafften Penis sind die beiden zylindrischen **Corpora cavernosa** durch ein dünnes Septum voneinander getrennt und von einer Hülle aus kollagenen Fasern umgeben. An ihrer Basis teilen sie sich jeweils und bilden die **Crura penis** (Singular: crus; lat.: crus = der Unterschenkel, das Bein). Sie sind jeweils

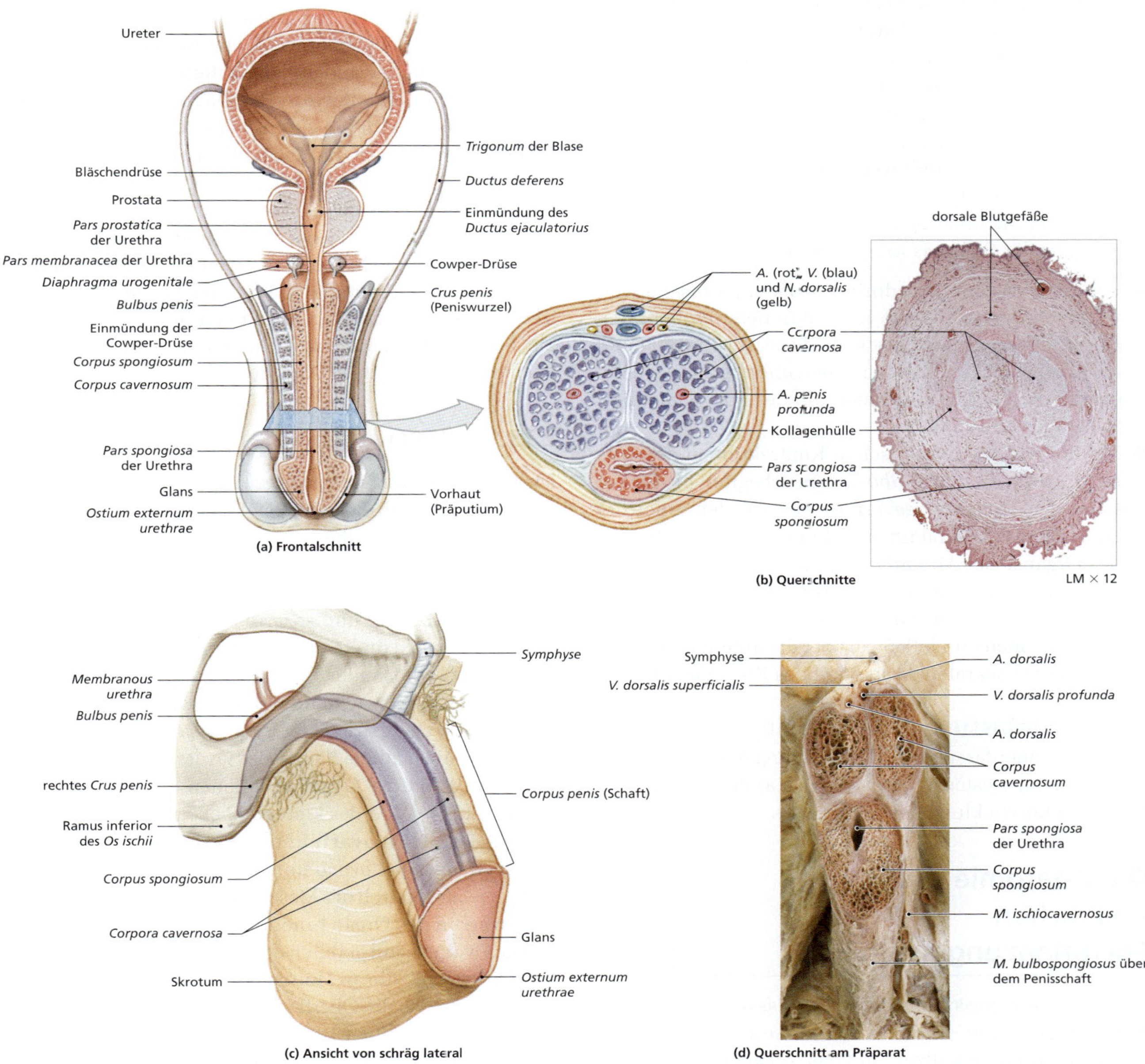

Abbildung 27.9: Der Penis. (a) Die Strukturen des Penis im Frontalschnitt. (b) Querschnitt mit Darstellung der Lagebeziehungen der Urethra und der drei Schwellkörper. (c) Penis von schräg lateral; Darstellung der Anordnung der Schwellkörper. (d) Penisschaft im Querschnitt.

AUFGABEN

1. Welches sind die beiden Schritte der Kapazitation und wo finden sie statt?
2. Verfolgen Sie den Weg eines Spermiums ab seiner Ablösung von der Sertoli-Zelle bis zu seiner Freisetzung aus dem Körper.

mit straffen bindegewebigen Bändern an den Rami des *Os ischium* befestigt. Die *Corpora cavernosa* reichen nach distal bis an die *Glans penis*; sie enthalten jeweils ein **A. penis profunda** (siehe Abbildung 27.9a–c).

Das **Corpus spongiosum** umgibt die *Pars spongiosa* der Urethra. Dieses erektile Gewebe reicht von der oberflächlichen Faszie des muskulären Beckenbodens bis an die Penisspitze, wo es sich zur Glans erweitert. Die Hülle um das *Corpus spongiosum* enthält mehr elastische Fasern als die der *Corpora cavernosa*. Im erektilen Gewebe verläuft ein Paar Arterien. Der **Bulbus penis** ist der distale verdickte Anteil des *Corpus spongiosum*.

Nachdem die Erektion zustande gekommen ist, erfolgt die Abgabe des Spermas in zwei Schritten:

- Bei der **Emission** koordiniert das sympathische Nervensystem peristaltische Kontraktionen, die über den *Ductus deferens*, die Bläschendrüsen, die Prostata und die Cowper-Drüsen hinwegziehen und die flüssigen Bestandteile des Spermas innerhalb des Fortpflanzungstrakts durchmischen.
- Mit kraftvollen rhythmischen Kontraktionen der *Mm. ischiocavernosi* und *bulbospongiosi* beginnt die **Ejakulation**. Die *Mm. ischiocavernosi* setzen an den Seiten des Penis an; ihre Kontraktionen führen zu einer Versteifung des Organs. Der *M. bulbospongiosus* windet sich um die Basis; seine Kontraktionen befördern das Sperma in Richtung *Ostium urethrae*. Kontrolliert werden diese Kontraktionen durch Reflexe über die unteren lumbalen und oberen sakralen Abschnitte des Rückenmarks.

Zusammenfassung Embryologie

Eine Zusammenfassung der Entwicklung des männlichen Fortpflanzungssystems finden Sie in Kapitel 28 (Embryologie und Entwicklung des Menschen).

27.3 Die Anatomie des weiblichen Fortpflanzungssystems

Das Fortpflanzungssystem der Frau muss lebensfähige Gameten produzieren, einen Embryo bei seiner Entwicklung schützen und unterstützen und das Neugeborene nähren. Die wichtigsten Strukturen des weiblichen Fortpflanzungssystems finden Sie in **Abbildung 27.10**. Die weiblichen Gameten verlassen die **Ovarien (Eierstöcke)**, bewegen sich durch die **Eileiter** (*Tuba uterina*, Salpinx), wo eine Befruchtung stattfinden kann, und erreichen schließlich den **Uterus(Gebärmutter)**. Der Uterus öffnet sich in die **Vagina**, deren äußere Öffnung von den weiblichen äußeren Genitalien umgeben ist. Wie beim Mann gibt eine Reihe Hilfsdrüsen ihre Sekrete in den Fortpflanzungstrakt ab.

Ovarien, Eileiter und Uterus sind von einem breiten Band, dem **Lig. latum uteri** (**Abbildung 27.11**; siehe auch Abbildung 27.15 [siehe unten]) umschlossen. Die Eileiter liegen an der superioren Kante dieses Ligaments und öffnen sich lateral der Ovarien in die Peritonealhöhle. Die freie Kante des *Lig. latum*, an der sie befestigt sind, nennt man **Mesosalpinx**. Eine verdickte Falte des Ligaments, das **Mesovarium**, stabilisiert die Ovarien in ihrer Position.

Das *Lig. latum* ist seitlich und am Boden des Beckens befestigt, wo es in das *Peritoneum parietale* übergeht; es teilt somit den Beckenraum auf. Die Tasche zwischen der posterioren Uteruswand und der anterioren Darmwand ist die **Excavatio rectouterina (Douglas-Raum)**, die Tasche zwischen der anterioren Uteruswand und der posterioren Wand der Harnblase die **Excavatio vesicouterina** (siehe Abbildung 27.10 und 27.11c). Diese Aufteilung ist im Sagittalschnitt am besten zu erkennen.

An der Stabilisierung des Uterus und der anderen Fortpflanzungsorgane sind mehrere weitere Bänder beteiligt. Sie ziehen im mesenterialen Blatt des *Lig. latum* an Ovarien oder Uterus. Das *Lig. latum* verhindert Bewegungen zur Seite und Rotationen; die anderen Bänder (genauere Beschreibungen folgen) Auf- und Abwärtsbewegungen.

27.3.1 Die Ovarien

Die Ovarien sind kleine paarige Organe nahe der lateralen Wand des kleinen Beckens (siehe Abbildung 27.10 und 27.11 sowie 27.15 [siehe unten]). Sie haben die Form eines abgeplatteten Ovals, sind etwa 5 cm lang, 2,5 cm breit und 8 mm dick; sie wiegen jeweils etwa 6–8 g. Diese Organe bilden die Eizellen und sezernieren Hormone. Die Lage der Ovarien wird durch das Mesovarium stabilisiert sowie durch zwei Haltebänder, das **Lig. ovarii proprium** und das **Lig. suspensorium ovarii**. Ersteres zieht beiderseits von der lateralen Uteruswand nach der Ansatzstelle der Eileiter jeweils an die mediale Fläche des Ovars, Letzteres von der lateralen Wand des Ovars am offenen Ende des Eileiters vorbei an die Wand des kleinen Beckens. Die wichtigsten Blutgefäße, die **A. ovarii** und die **V. ovarii**, verlaufen im *Lig. suspensorium ovarii* und zusammen mit Nerven und Lymphgefäßen durch das Mesovarium und ziehen am Hilus des Ovars in das Organ hinein (siehe Abbildung 27.11).

Die Ovarien sind gelblich oder rosa und haben eine knotige Oberfläche, die an Hüttenkäse erinnert. Das viszerale Peritoneum, das die Oberfläche der Ovarien überzieht, ist eine einfache Schicht kubischen Epithels, die man **Müller-Epithel** nennt. Es liegt auf einer Schicht aus straffem Bindegewebe, der **Tunica albuginea**. Das Innere des Ovars hat eine oberflächliche Rinde und ein tieferliegendes Mark

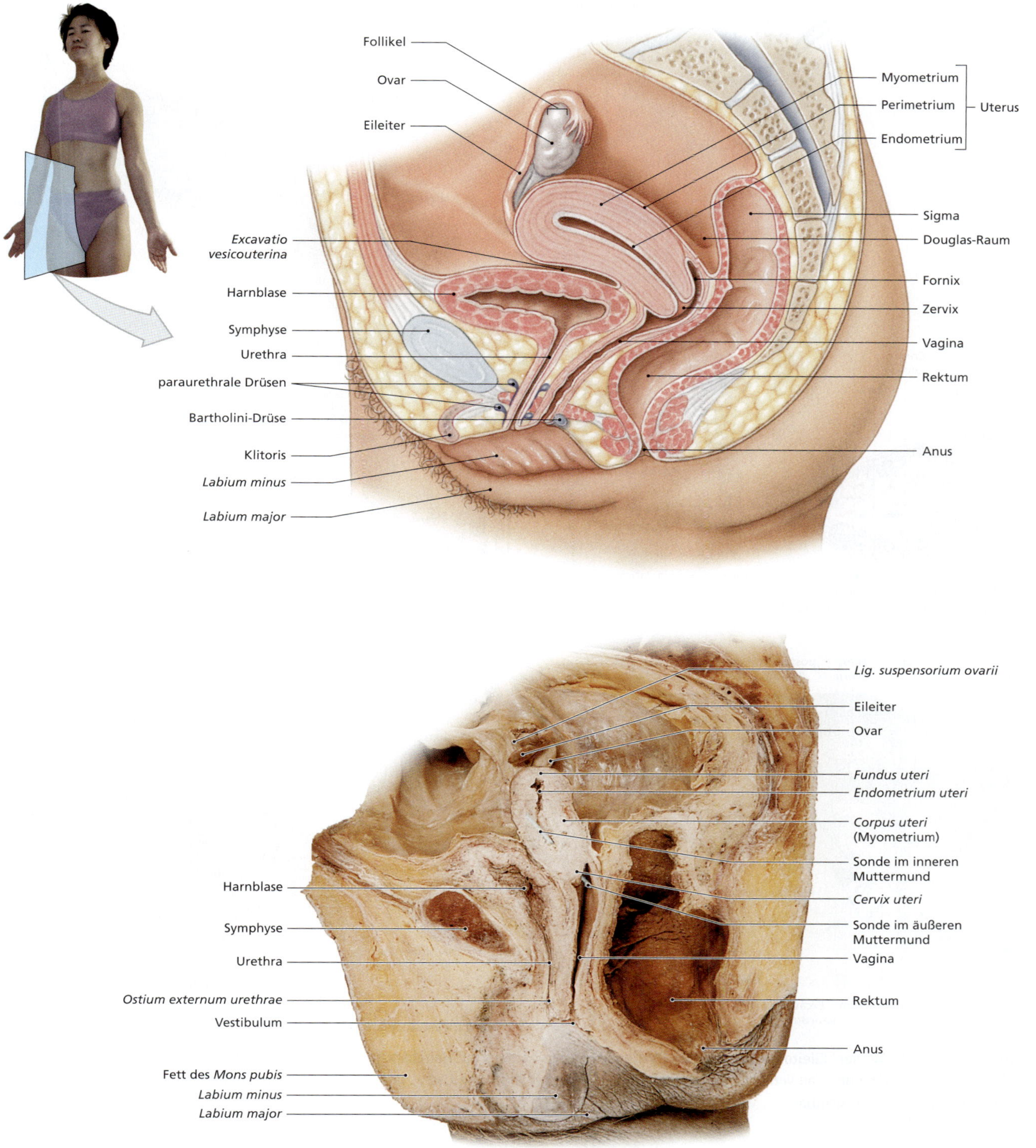

Abbildung 27.10: **Das weibliche Fortpflanzungssystem.** Becken und Beckenboden der Frau im Sagittalschnitt.

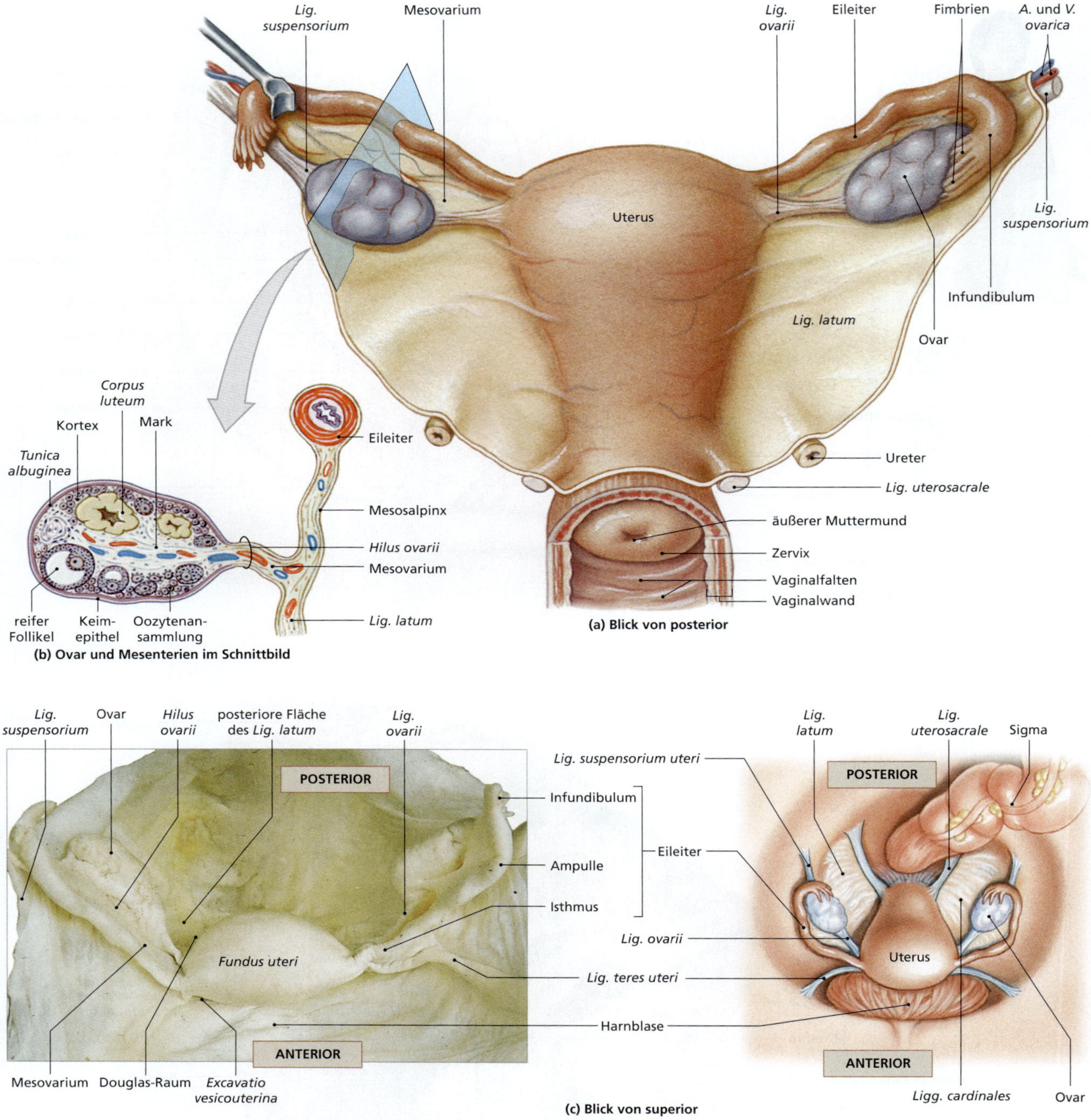

Abbildung 27.11: Ovarien, Eileiter und Uterus. (a) Ovarien, Eileiter und Uterus mit Haltebändern von posterior. (b) Ovarien mit Mesenterien im Schnittbild. (c) Kleines Becken der Frau von superior mit Darstellung der Haltebänder von Uterus und Ovarien. Auf dem Foto ist die Harnblase von Peritoneum bedeckt und daher nicht sichtbar.

AUS DER PRAXIS

Ovarialkarzinom

Das Ovarialkarzinom ist der dritthäufigste maligne Tumor des weiblichen Fortpflanzungstrakts. Es hat die höchste Mortalität, da es nur selten im Frühstadium diagnostiziert wird. Eine Frau hat eine Chance von 1:70, im Laufe ihres Lebens an einem Ovarialkarzinom zu erkranken. Bei Frauen sind etwa 6 % aller malignen Tumoren Ovarialkarzinome; diese liegen an vierter Stelle der karzinombedingten Todesfälle für Frauen. Die Prognose bei Tumoren, die sich aus dem Gewebe der Ovarien selbst oder aus abnormen Oozyten entwickeln, ist relativ gut; sie sprechen auf eine Kombination von Chemotherapie, Bestrahlung und Operation gut an. 85 % der Tumoren entwickeln sich jedoch aus Epithelzellen; in diesen Fällen kann nur bei etwa einem Drittel der Betroffenen eine dauerhafte Remission erreicht werden. Eine frühzeitige Diagnose verbessert die Chancen auf eine erfolgreiche Therapie deutlich, doch es gibt bisher keine effektive standardisierte Früherkennung.

Im frühen Stadium werden das betroffene Ovar und der dazugehörige Eileiter operativ entfernt (Salpingooophorektomie); in fortgeschrittenem Stadium werden eine bilaterale Salpingooophorektomie und eine Hysterektomie (Entfernung der Gebärmutter) durchgeführt. Da durch die aggressive Chemotherapie die Stammzellen im Knochenmark zerstört werden, kann auch eine Knochenmarkstransplantation erforderlich werden. Manche Chemotherapeutika werden in die Peritonealhöhle eingebracht, wo man höhere Dosen ohne systemische Nebenwirkungen geben kann (intraperitoneale Chemotherapie).

(siehe Abbildung 27.11b). Die Bildung der Gameten findet in der Rinde statt.

Der ovarielle Zyklus und die Oogenese

Die Produktion der Eizellen, die **Oogenese**, beginnt vor der Geburt, ruht bis zur Pubertät und endet in der **Menopause**. Ab der Pubertät geschieht dies meist monatlich als Teil des **ovariellen Zyklus**. Die Entwicklung eines Gameten erfolgt in den **Follikeln**. Anders als beim Mann vollenden die Stammzellen, die **Oogonien**, ihre mitotischen Teilungen bereits vor der Geburt. Zum Zeitpunkt der Geburt sind etwa zwei Millionen **primäre Eizellen** vorhanden; die Zahl verringert sich bis zum Eintritt der Pubertät durch Degeneration auf etwa 400.000. Dieser Vorgang, die **Follikelatresie**, führt zu atretischen Follikeln. Die übrigen Oozyten befinden sich in einem Zellhaufen, dem **Eihügel**, im äußeren Rindenbereich. Jede Oozyte ist von einer Schicht einfachen Plattenepithels, den Follikelzellen, umgeben. Zusammen bezeichnet man sie als **Primordialfollikel**.

In der Pubertät lösen die steigenden Spiegel des follikelstimulierenden Hormons den Beginn der ovariellen Zyklen aus; ab da werden monatlich einige der Primordialfollikel zu weiterer Entwicklung stimuliert. Die wichtigsten Schritte dieses Zyklus sind in **Abbildung 27.12** dargestellt.

Schritt 1: Die Bildung der Primärfollikel Der ovarielle Zyklus beginnt mit der Entwicklung der Primordialfollikel zu **Primärfollikeln**. Hierbei vergrößern sich die Follikelzellen und teilen sich wiederholt, sodass sich mehrere Lagen von Follikelzellen um die Oozyte bilden. Während sich die Wand des Follikels so weiter verdickt, öffnet sich ein Spalt zwischen der innersten Lage der Follikelzellen und der Oozyte. Diese Region aus ineinandergreifenden Mikrovilli der Follikelzellen und der Oozyte nennt man **Zona pellucida**. Die Follikelzellen, die die Oozyte während ihrer Entwicklung mit Nährstoffen versorgen, heißen **Granulosazellen**.

Die Entwicklung von Primordialfollikeln zu Primärfollikeln und die weitere Reifung der Follikel geschehen unter dem Einfluss des follikelstimulierenden Hormons. Während sich die Follikelzellen vergrößern und vermehren, bilden benachbarte Zellen aus dem Stroma des Ovars eine Schicht aus **Thekazellen** um den Follikel. Theka- und Granulosazellen produzieren gemeinsam Steroidhormone, die Östrogene. Vor dem Eisprung ist das wichtigste von ihnen das Hormon **Estradiol**. Östrogene haben mehrere wichtige Funktionen: Sie stimulieren 1. das Wachstum von Knochen und Muskeln, sie sind 2. für den Erhalt der sekundären weiblichen Geschlechtsmerkmale verantwortlich, sie beeinflussen 3. die Aktivität des ZNS, besonders sexuelles Verhalten und Drang, erhalten 4. die Funktion der Drüsen und Organe des Fortpflanzungssystems und steuern 5. Regeneration und Wachstum der Uterusschleimhaut.

Schritt 2: Die Bildung der Sekundärfollikel Obwohl sich zahlreiche Primordialfollikel zu Primärfollikeln entwickeln, werden aus diesen nur wenige Sekundärfollikel. Die Transformation beginnt mit der Verdickung der Follikelwand und der Sekretion von **Follikelflüssigkeit** durch die innenliegenden Follikelzellen. Dieser *Liquor folliculi* sammelt sich zunächst in kleinen Taschen und trennt schließlich die inneren von den äußeren Follikelzellschichten. Den Gesamtkomplex nennt man **Sekundärfollikel**. Obwohl die Oozyte selbst nur langsam weiterwächst, vergrößert sich der Follikel als Ganzes deutlich durch die Ansammlung von Follikelflüssigkeit.

Schritt 3: Die Bildung der Tertiärfollikel Acht bis zehn Tage nach Beginn des Zyklus enthalten die Ovarien in der Regel nur einen einzigen Sekundärfollikel, der sich weiter-

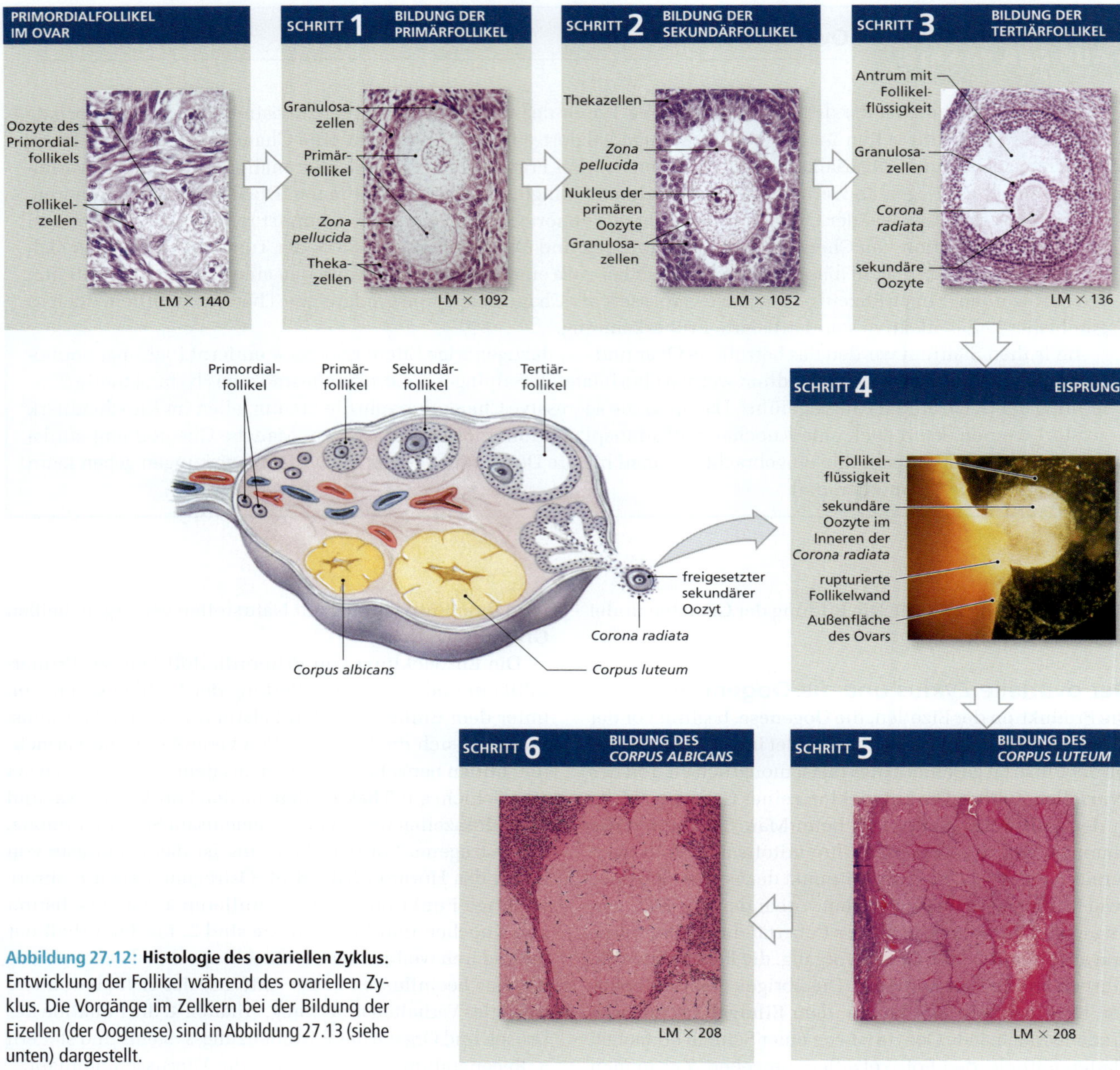

Abbildung 27.12: Histologie des ovariellen Zyklus. Entwicklung der Follikel während des ovariellen Zyklus. Die Vorgänge im Zellkern bei der Bildung der Eizellen (der Oogenese) sind in Abbildung 27.13 (siehe unten) dargestellt.

entwickeln kann. Bis zum zehnten bis 14. Tag hat er sich zu einem **Tertiärfollikel (Graaf-Follikel)** weiterentwickelt und hat jetzt einen Durchmesser von etwa 15 mm. Er nimmt die gesamte Rinde ein und dehnt die Wand des Ovars; eine Vorwölbung auf der Oberfläche ist deutlich zu erkennen. Die Oozyte ragt in die zentrale Kammer, das **Antrum**, vor und ist von Granulosazellen umgeben.

Bis jetzt verblieb die Oozyte in der Prophase der ersten meiotischen Teilung, doch nun wird diese vollendet. Die Vorgänge im Zellkern entsprechen denen bei der Spermatogenese; das Zytoplasma wird jedoch nicht gleichmäßig verteilt (**Abbildung 27.13**). Anstelle zweier sekundärer Oozyten entstehen durch die erste meiotische Teilung eine **sekundäre Oozyte** und ein kleines funktionsloses **Polkörperchen**. Die sekundäre Oozyte geht nun in die Metaphase einer zweiten meiotischen Teilung über, die nur im Falle einer Befruchtung vollendet wird. Daraus entstehen eine Eizelle und ein weiteres Polkörperchen. Bei der Oogenese entwickeln sich also anstelle von vier gleich großen Gameten eine einzelne Oozyte mit dem Großteil des Zytoplasmas der primären Oozyte und die Polkörperchen, die lediglich die überzähligen Chromosomen aufnehmen.

Schritt 4: Die Ovulation Wenn der Zeitpunkt der **Ovulation** (des Eisprungs) naht, lösen sich die sekundäre Oozyte und die umgebenden Follikelzellen von der Follikelwand und liegen frei im Antrum. Im Idealfall findet dieses Ereignis am 14. Tag des 28-tägigen Zyklus statt. Die Follikelzellen um die Oozyte nennt man nun **Corona radiata**. Es kommt jetzt zu einer Ruptur der gedehnten Follikelwand; der Inhalt mitsamt Oozyte gelangt in die Peritonealhöhle. Die klebrige Follikelflüssigkeit hält die *Corona radiata* in der Regel an der Oberfläche des Ovars fest. Entweder durch direkten Kontakt mit dem Eingang zum Eileiter oder durch den Flüssigkeitsstrom bewegt sich die Oozyte in den Eileiter hinein.

Der Eisprung wird durch einen plötzlichen Anstieg des luteinisierenden Hormons ausgelöst, der zu einer Schwächung der Follikelwand führt. Dieser Anstieg erfolgt zeitgleich mit und wird ausgelöst durch besonders hohe Östrogenspiegel bei der Reifung des Tertiärfollikels. Die **follikuläre Phase** des Zyklus ist die Periode zwischen Zyklusbeginn und Abschluss des Eisprungs; sie dauert zwischen sieben und 21 Tagen.

Schritt 5: Die Bildung des Corpus luteum Der leere Follikel fällt zunächst in sich zusammen; aus den rupturierten Gefäßen blutet es in das Lumen ein. Die übrig gebliebenen Follikelzellen dringen in diesen Bereich vor, vermehren sich und bilden unter dem Einfluss des luteinisierenden Hormons ein temporäres endokrines Organ, das **Corpus luteum** (lat.: luteus = gelb).

Die Lipide im *Corpus luteum* werden zur Synthese von Steroidhormonen, den **Progestinen**, benötigt; das wichtigste ist das **Progesteron**. Obwohl das *Corpus luteum* auch geringe Mengen an Östrogen sezerniert, ist Progesteron das wichtigste Hormon der postovulatorischen Phase. Seine Hauptfunktion ist die weitere Vorbereitung des Uterus auf eine Schwangerschaft.

Schritt 6: Bildung des Corpus albicans Wenn es nicht zu einer Schwangerschaft kommt, beginnt das *Corpus luteum* etwa zwölf Tage nach dem Eisprung zu degenerieren. Die Progesteron- und Östrogenspiegel fallen daraufhin deutlich ab. In das nun funktionslose *Corpus luteum* wandern Fibroblasten ein; es bildet sich ein blasses Knötchen Narbengewebe, das **Corpus albicans**. Diese Auflösung (Involution) markiert das Ende des ovariellen Zyklus. Die **Lutealphase** des Zyklus beginnt mit dem Eisprung und endet mit der Involution des *Corpus luteum*; sie dauert meist 14 Tage. Da die Dauer der Follikelphase so variabel ist, dauert der gesamte Zyklus zwischen 21 und 35 Tagen.

Der nächste Zyklus beginnt unmittelbar im Anschluss, da der Abfall der Progesteron- und Östrogenspiegel am Ende des Zyklus die Bildung von **Gonadotropin-releasing-Hormon** im Hypothalamus stimuliert. Dieses Hormon löst die Produktion des follikelstimulierenden und des luteinisierenden Hormons im Hypophysenvorderlappen aus; der Anstieg dieser Hormone stimuliert eine neuerliche Follikelreifung.

Die hormonellen Veränderungen innerhalb des Zyklus beeinflussen ihrerseits auch die Aktivitäten anderer Gewebe und Organe des Fortpflanzungstrakts. Im Uterus sind die hormonellen Veränderungen für den uterinen Zyklus verantwortlich, der später besprochen wird.

Das Altern und die Oogenese

Obwohl sich viele Primordialfollikel zu Primärfollikeln weiterentwickeln und einige auch weiter zu Sekundärfollikeln, wird beim Eisprung meist nur eine einzelne sekundäre Oozyte in die Bauchhöhle freigesetzt. Der Rest degeneriert. Zu Beginn der Pubertät enthält jedes Ovar etwa 200.000 Primordialfollikel. 40 Jahre später sind kaum noch welche übrig, wenn überhaupt, auch wenn in der Zeit dazwischen nur etwa 500 gereift sind.

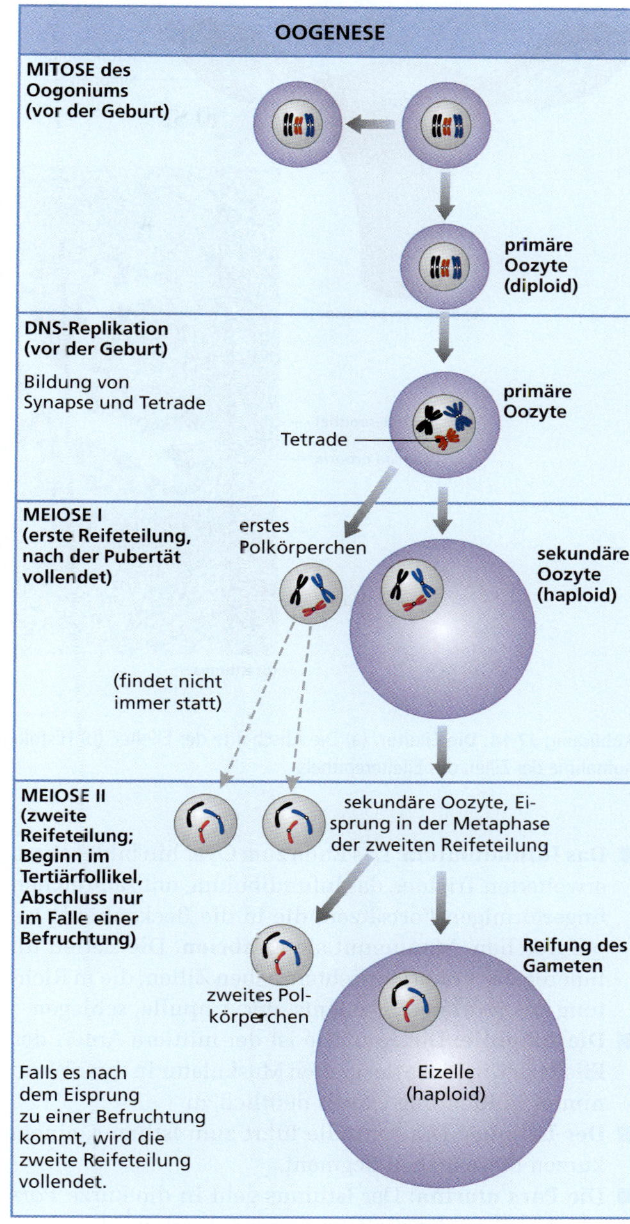

Abbildung 27.13: Meiose und Entstehung der Eizelle.

27.3.2 Die Eileiter

Jeder Eileiter *(Tuba uterina)* ist ein muskulärer Schlauch von etwa 13 cm Länge (**Abbildung 27.14** und Abbildung 27.15; siehe auch Abbildung 27.10 und 27.11). Er ist in vier Regionen aufgeteilt:

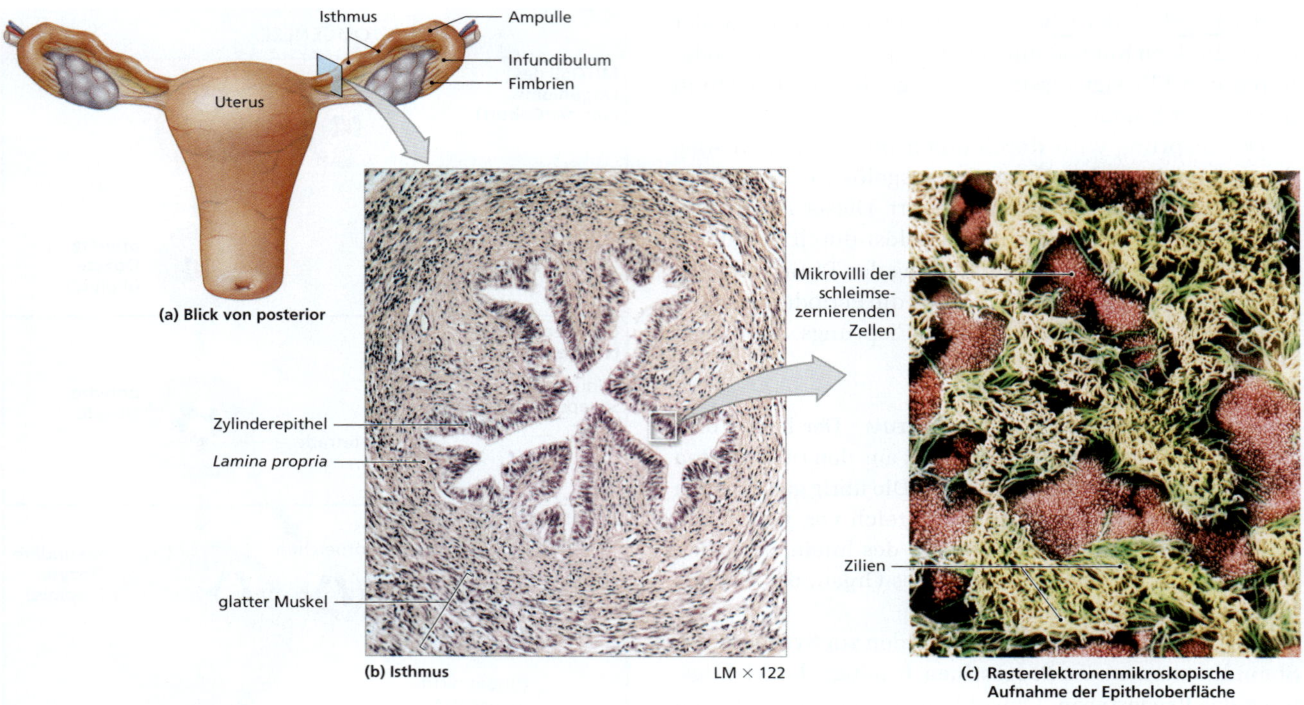

Abbildung 27.14: **Die Eileiter.** (a) Die Abschnitte der Eileiter. (b) Histologie des Isthmus im Querschnitt. (c) Kolorierte rasterelektronenmikroskopische Aufnahme der Zilien des Eileiterepithels.

- **Das Infundibulum:** Das Ende zum Ovar hin bildet einen erweiterten Trichter, das Infundibulum, mit zahlreichen fingerförmigen Fortsätzen, die in die Beckenhöhle hineinreichen. Man nennt sie **Fimbrien**. Die Zellen im Inneren des Fimbrientrichters haben Zilien, die in Richtung des mittleren Segments, der Ampulle, schlagen.
- **Die Ampulle:** Die Ampulle ist der mittlere Anteil des Eileiters. Die Dicke der glatten Muskulatur in ihrer Wand nimmt in Richtung Uterus deutlich zu.
- **Der Isthmus:** Die Ampulle führt zum Isthmus, einem kurzen uterusnahen Segment.
- **Die Pars uterina:** Der Isthmus geht in die kurze *Pars uterina* über, die die Uteruswand durchquert und im Uterus mündet.

Die Histologie der Eileiter

Das Epithel, das die Eileiter auskleidet, ist ein einschichtiges Zylinderepithel mit oder ohne Kinozilien (siehe Abbildung 27.14c). Die Mukosa ist von konzentrischen Lagen glatter Muskulatur umgeben (siehe Abbildung 27.14b). Am Transport von Material durch den Eileiter sind sowohl Zilienbewegungen als auch peristaltische Kontraktionen der Eileiterwand beteiligt. Einige Stunden vor dem Eisprung setzen sympathische und parasympathische Nerven aus dem *Plexus hypogastricus* dieses Bewegungsmuster in Gang. Der Eileiter transportiert die sekundäre Oozyte während dessen endgültiger Reifung und Befruchtung, ein Weg, der vom Infundibulum bis in den Uterus hinein normalerweise etwa drei bis vier Tage dauert. Wenn es zu einer Befruchtung kommen soll, muss sie in den ersten zwölf bis 24 Stunden dieses Weges stattfinden, üblicherweise in der Ampulle.

Außer der Transportfunktion bietet der Eileiter noch eine nährstoffreiche Umgebung mit Lipiden und Glykogen. Diese Mischung versorgt sowohl die Spermatozoen als auch einen sich entwickelnden Präembryo mit Nährstoffen. Unbefruchtete Oozyten degenerieren im terminalen Abschnitt des Eileiters oder im Uterus.

AUFGABEN

1. Welche Funktionen haben die Follikelzellen?
2. Wie verursacht eine Vernarbung der Eileiter eine Unfruchtbarkeit?

27.3.3 Der Uterus

Der Uterus bietet dem heranwachsenden Embryo (erste bis achte Woche) bzw. Feten (ab der neunten Woche) mechanischen Schutz, Nährstoffe und eine Abfallentsorgung. Außerdem helfen die Kontraktionen der Wandmuskulatur bei der Geburt. Die Lage des Uterus im kleinen Becken im Verhältnis zu den anderen Organen können Sie in den Abbildungen 27.10, 27.11 und 27.15 erkennen.

Der Uterus ist ein kleines birnenförmiges Organ von etwa 7,5 cm Länge und einem maximalen Durchmesser von

AUS DER PRAXIS

Uteruskarzinome

Etwa 40 von 100.000 Frauen sind von Uteruskarzinomen betroffen. Im Jahre 2002 wurden in Deutschland ca. 17.000 neue Fälle diagnostiziert; ca. 2000 Frauen starben daran. Es gibt zwei Arten: das Endometriumkarzinom und das Zervixkarzinom.

Vom **Endometriumkarzinom**, einem invasiv wachsenden Tumor, der vom Endometrium ausgeht, sind meist Frauen zwischen 50 und 70 Jahren betroffen. Eine Behandlung mit Östrogenen gegen Osteoporose nach den Wechseljahren erhöht das Risiko um das Zwei- bis Zehnfache. Die zusätzliche Gabe von Progesteron scheint dieses Risiko wieder zu senken. Es gibt keine sichere Methode der Früherkennung. Das häufigste Symptom sind unregelmäßige Blutungen; die Diagnose wird daraufhin anhand von Endometriumbiopsien gestellt. Therapeutisch erfolgt im Frühstadium eine Hysterektomie, eventuell mit einer nachfolgenden lokalen Bestrahlung. In weiter fortgeschrittenen Fällen kann eine intensivere Strahlentherapie erforderlich werden. Chemotherapien haben sich nicht als erfolgversprechend erwiesen; nur 30–40 % aller Patienten profitieren davon.

Das **Zervixkarzinom** ist der häufigste bösartige Tumor des Fortpflanzungssystems bei Frauen zwischen 15 und 34 Jahren. Der wichtigste Risikofaktor sind zahlreiche Sexualpartner. Das Karzinom entwickelt sich nach einer Infektion mit einer der verschiedenen Varianten des humanen Papillomvirus (HPV-16 und -18), die durch Geschlechtsverkehr übertragen wird. Bei den meisten Frauen treten Symptome erst spät auf; dann kann es zu vaginalen Blutungen, besonders nach dem Geschlechtsverkehr, Beckenschmerzen und vaginalem Ausfluss kommen. Zur Behandlung fortgeschrittener Tumoren gehören Bestrahlungen, eine partielle oder vollständige **Hysterektomie**, eine Lymphknotenresektion und Chemotherapie.

Mittlerweile gibt es einen Impfstoff gegen die relevanten HPV-Stämme (HPV-16 und -18). Die flächendeckende Impfung von Mädchen im Alter von zwölf bis 17 Jahren und die Früherkennung sind der Schlüssel zur Senkung der Mortalität des Zervixkarzinoms. Das Zervixepithel schilfert normalerweise oberflächlich Zellen ab; bei einem Zervixabstrich werden diese auf abnorme oder maligne Zellen untersucht. Ab dem 20. Lebensjahr jährlich bis zum 65. Lebensjahr wird ein Abstrich empfohlen. Ein lokalisiertes, nicht invasives Zervixkarzinom wird durch operative Entfernung des betroffenen Areals behandelt.

5 cm; er wiegt etwa 30–40 g. In normaler Position ist er nahe der Basis nach vorn geknickt; man spricht von einer Anteflexion. Der *Corpus uteri* liegt so über der superioren und posterioren Fläche der Harnblase (siehe Abbildung 27.10). Wenn der Uterus stattdessen nach hinten in Richtung *Os sacrum* geknickt ist, heißt die Lage Retroflexion. Sie liegt bei etwa 20 % aller erwachsenen Frauen vor und hat keine klinische Bedeutung.

Die Haltebänder des Uterus

Zusätzlich zum Mesothel *(Lig. latum)* stabilisieren drei Paare von Haltebändern die Position des Uterus und schränken seine Beweglichkeit ein (siehe Abbildung 27.11 und 27.15a). Die **Ligg. sacrouterina** reichen jeweils von der Seitenfläche des Uterus bis zur anterioren Fläche des *Os sacrum*; sie verhindern eine Bewegung des *Corpus uteri* nach inferior anterior. Die **Ligg. teres uteri** entspringen an den lateralen Kanten des Uterus unmittelbar unterhalb der Mündung der Eileiter. Sie ziehen nach anterior durch den Leistenkanal und enden im Bindegewebe der äußeren Genitalien. Diese Bänder verhindern im Wesentlichen eine Bewegung des Uterus nach posterior. Die **Ligg. cardinalia** reichen von der Basis des Uterus und der Vagina an die lateralen Wände des kleinen Beckens. Sie verhindern eine Bewegung des Uterus nach inferior; weiteren Halt bieten die Skelettmuskulatur und die Faszie des Beckenbodens.

Die innere Anatomie des Uterus

Der **Corpus uteri** ist der größte Abschnitt des Uterus (siehe Abbildung 27.15a). Der **Fundus** ist der abgerundete Teil des Uterus oberhalb der Ansatzstellen der Eileiter. Der Korpus endet an einer Engstelle, die man *Isthmus uteri* nennt. Die **Zervix** ist der inferiore Anteil, der vom Isthmus bis zur Vagina reicht.

Die tubuläre Zervix ragt etwa 1,25 cm in die Vagina hinein. Hier bildet das distale Ende eine abgerundete Fläche um den **äußeren Muttermund**, die Öffnung des Uterus nach außen. Er führt nach innen in den **Zervikalkanal**, einen enggestellten Durchgang, der sich am **inneren Muttermund** in das **Cavum uteri (Gebärmutterhöhle)** öffnet (siehe **Abbildung 27.15**). Der Schleimpfropf, der den Zervikalkanal ausfüllt und den äußeren Muttermund bedeckt, hindert den Aufstieg von Bakterien aus der Vagina in den Zervikalkanal. Zum Zeitpunkt der Ovulation hin verflüssigt sich der Schleim. Wenn dies nicht erfolgt, verhindert der zähe Schleim das Eindringen der Spermien in den Uterus, was die Wahrscheinlichkeit einer erfolgreichen Befruchtung reduziert. Aus diesem Grunde können Medikamente, die die Viskosität des Zervikalschleims herabsetzen, bei Fertilitätsstörungen helfen.

Der Uterus wird durch Äste der *Aa.* und *Vv. uterinae* und *ovaricae* versorgt; außerdem gibt es reichlich Lymphgefäße. Der Uterus wird durch autonome Fasern aus dem *Plexus*

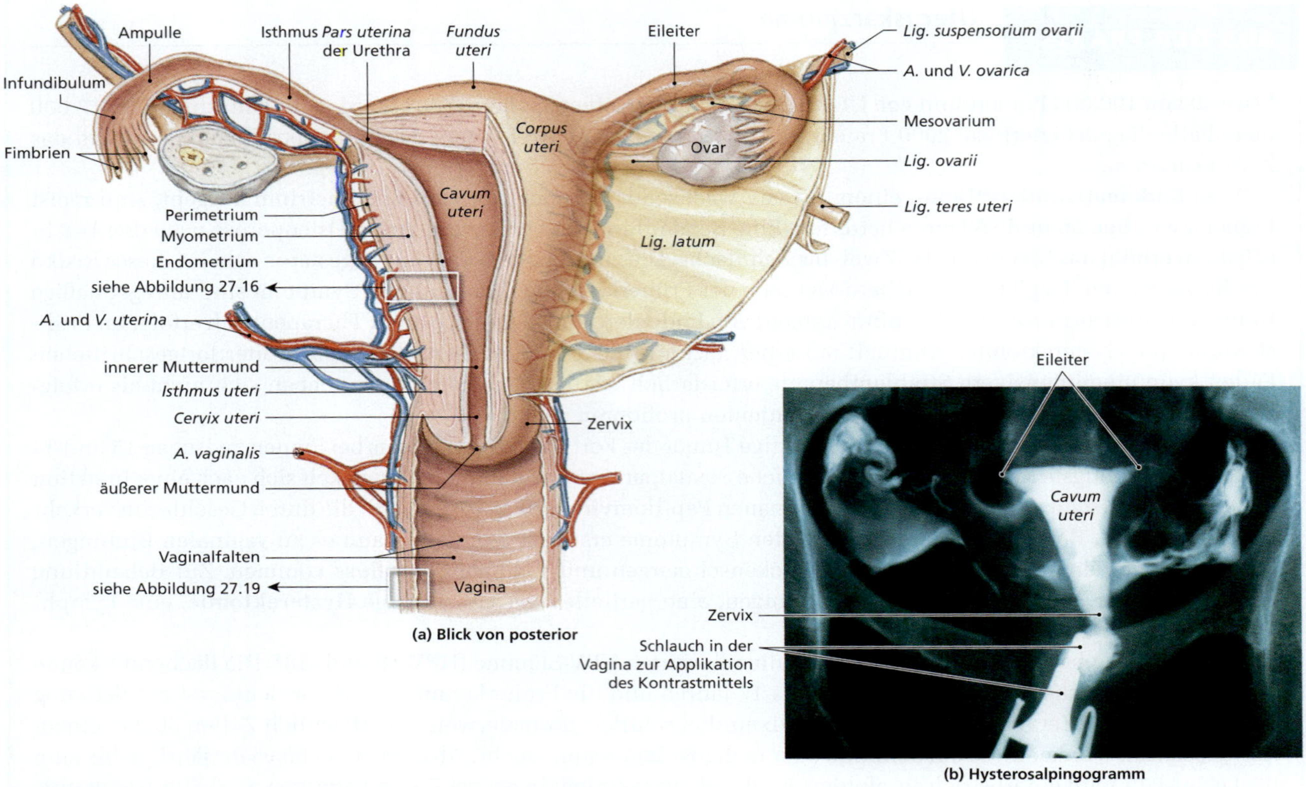

Abbildung 27.15: **Der Uterus.** (a) Uterus und Haltebänder im kleinen Becken von posterior. (b) Cavum uteri und Lumen im Hysterosalpingogramm.

hypogastricus (Sympathikus) und den sakralen Segmenten S3 und S4 (Parasympathikus) versorgt. Sensorische Afferenzen aus dem Uterus ziehen in den dorsalen Wurzeln der Spinalnerven Th11 und Th12 in das Rückenmark.

Die Uteruswand

Die Größe des Uterus ist ausgesprochen variabel. Bei erwachsenen Frauen im fortpflanzungsfähigen Alter ohne Kinder ist die Wand etwa 1,5 cm dick. Sie hat ein äußeres muskulöses **Myometrium** (griech.: metra = die Gebärmutter) und ein inneres drüsiges **Endometrium**, die Mukosa. Der Fundus sowie die anteriore und die posteriore Außenfläche sind mit einer serösen Membran überzogen, die in das Peritoneum übergeht (**Abbildung 27.16**; siehe auch Abbildung 27.15a). Das Endometrium macht etwa 10 % der Gesamtmasse des Uterus aus. Eine große Anzahl von Uterusdrüsen mündet an der Oberfläche des Endometriums. Sie reichen tief in die *Lamina propria* fast bis an das Myometrium heran. Unter Östrogeneinfluss verändern sich Uterusdrüsen, Blutgefäße und Endothel im Verlaufe eines monatlichen Zyklus. Die Drüsen und Gefäße des Endometriums erfüllen auch die physiologischen Bedürfnisse eines heranwachsenden Feten.

Das Myometrium ist der dickste Wandabschnitt am Uterus; es macht etwa 90 % der Gesamtmasse aus. Die glatte Muskulatur darin ist in longitudinalen, zirkulären und schrägen Muskelschichten angeordnet. Diese Schichten bringen den größten Teil der Kraft auf, die erforderlich ist, ein Kind unter der Geburt aus dem Uterus heraus in die Vagina zu befördern.

Die Blutversorgung des Uterus

Der Uterus wird über Äste der **Aa. uterinae** (siehe Abbildung 27.15a) mit Blut versorgt, die aus Ästen der *Aa.iliacae internae* entspringen, und über die **Aa. ovaricae**, die unterhalb der *Aa. renales* aus der *Aorta abdominalis* entspringen. Zwischen diesen Gefäßen gibt es zahlreiche Verbindungen, um die Blutversorgung auch bei den Veränderungen von Form und Lage während einer Schwangerschaft zu sichern.

Die Histologie des Uterus

Das Endometrium hat eine innere funktionelle Schicht, die dem *Cavum uteri* am nächsten liegt, und eine äußere basale Schicht am Myometrium. Die funktionelle Schicht enthält die meisten Uterusdrüsen und macht den Großteil des Endometriums aus. Die Basalschicht verbindet das Endometrium mit dem Myometrium und enthält die terminalen Äste der Uterusdrüsen (siehe Abbildung 27.16a).

Innerhalb des Myometriums bilden Äste der *Aa. uterinae* die *Aa. arcuatae*, die das Endometrium umgeben. *Aa. radiales* zweigen von diesen ab und speisen sowohl die *Vasa recta*, die die Basalschicht des Endometriums versorgen, als auch die Spiralarterien, die die funktionelle Schicht versorgen (siehe Abbildung 27.16b).

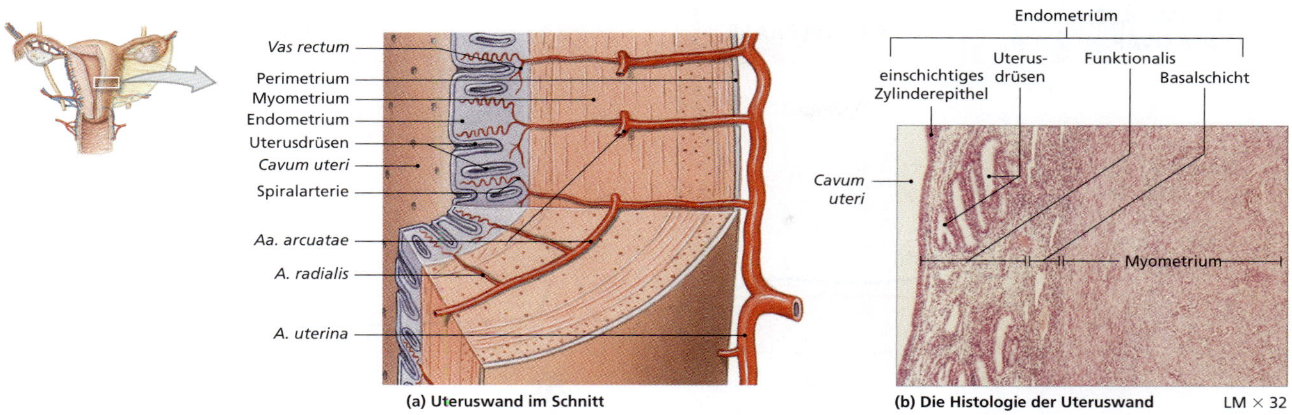

Abbildung 27.16: Die Uteruswand. (a) Uteruswand im schematischen Schnittbild mit Darstellung der Schichten des Endometriums und der arteriellen Blutversorgung. (b) Grundlegende Histologie des Endometriums.

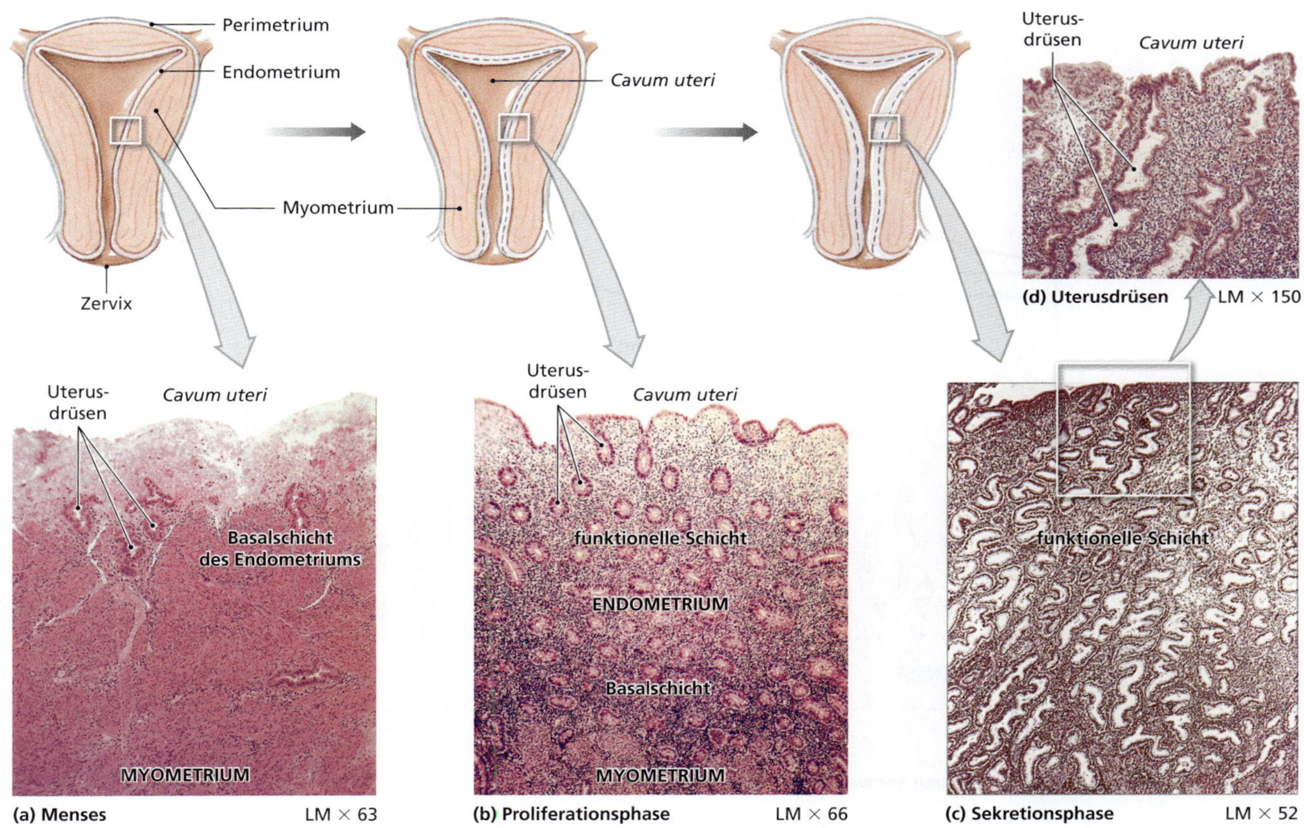

Abbildung 27.17: Histologische Veränderungen im uterinen Zyklus. (a) Menses. (b) Proliferative Phase. (c) Sekretorische Phase. Die funktionelle Schicht ist mittlerweile so dick, dass sie in derselben Vergrößerung wie in (a) und (b) nicht mehr auf das Bild passen würde. (d) Uterusdrüsen im Detail.

Die Struktur der Basalschicht bleibt im Wesentlichen gleich, die der funktionellen Schicht unterliegt jedoch unter dem Einfluss der Sexualhormone zyklischen Veränderungen mit charakteristischen histologischen Bildern.

Der uterine Zyklus

Der uterine oder Menstruationszyklus ist im Schnitt 28 Tage lang, kann aber auch zwischen 21 und 35 Tagen lang sein. Die drei Phasen sind 1. die Menses, 2. die proliferative Phase und 3. die sekretorische Phase. Das histologische Erscheinungsbild des Endometriums in den einzelnen Phasen ist in **Abbildung 27.17** dargestellt. Der Ablauf der Phasen erfolgt als Reaktion auf die Hormone, die die Vorgänge in den Ovarien steuern (**Abbildung 27.18**).

Die Menses Der Menstruationszyklus beginnt mit der Menses (Desquamation), der vollständigen Zerstörung der funktionellen Schicht des Endometriums. Die Arterien beginnen

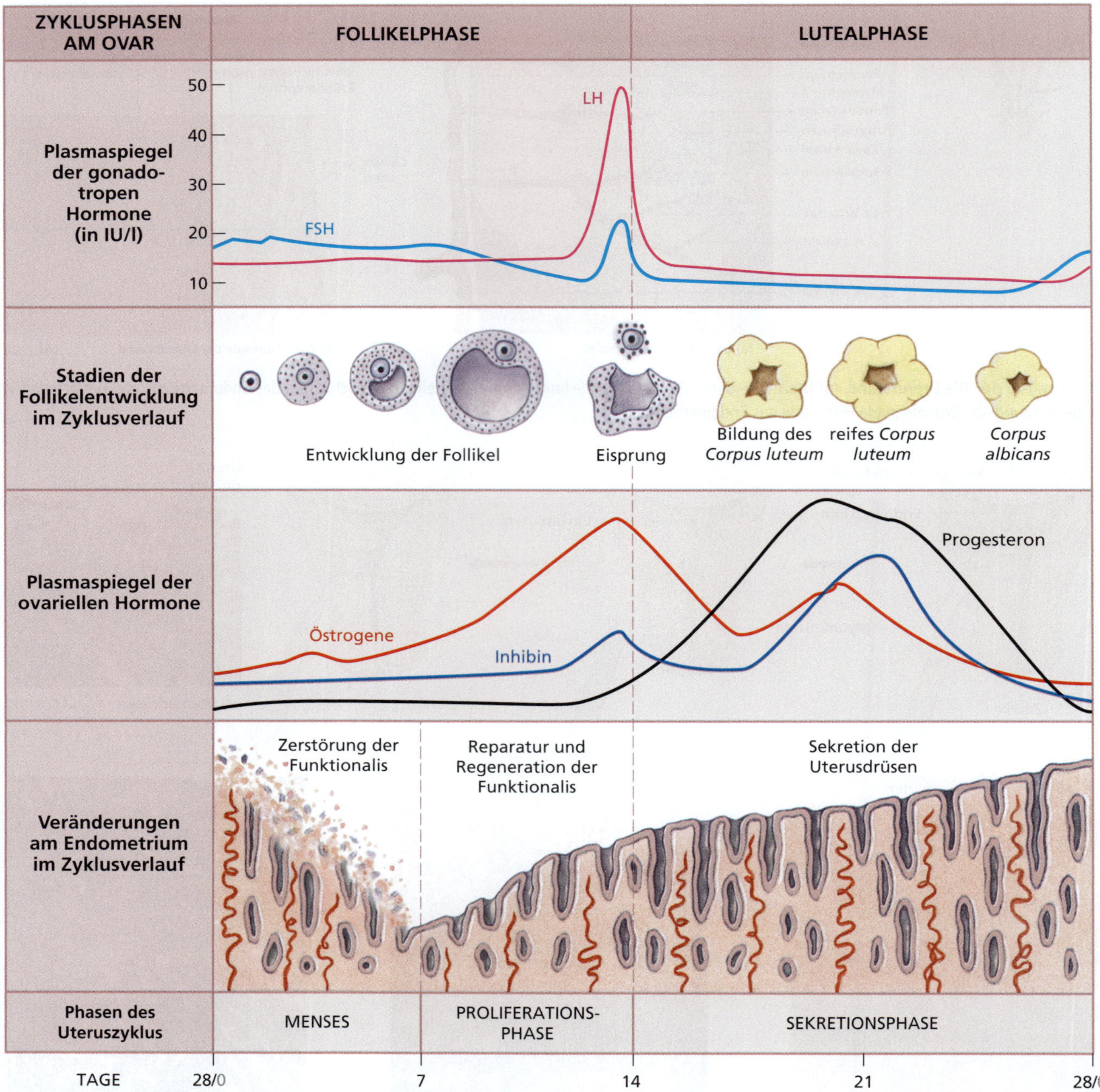

Abbildung 27.18: Die hormonelle Steuerung der weiblichen Fortpflanzung.

sich zu konstringieren, die Durchblutung der Region nimmt ab und die Drüsen und Gewebe der funktionellen Schicht (Funktionalis) sterben ab. Die geschwächten Gefäßwände rupturieren schließlich; es kommt zu Einblutungen in das Bindegewebe. Blutzellen und degenerierendes Gewebe lösen sich von der Uteruswand und gelangen durch den äußeren Muttermund in die Vagina. Diese Abstoßung von Gewebe, die sich bis zur vollständigen Ablösung des Endometriums (siehe Abbildung 27.17a) fortsetzt, nennt man **Menstruation**. Sie hält zwischen einem und sieben Tagen an; der Blutverlust liegt zwischen 35 und 50 ml. Schmerzen bei der Menstruation, die **Dysmenorrhö**, können entweder durch eine Entzündung des Uterus mit Kontraktionen oder Erkrankungen nahebei liegender Strukturen im kleinen Becken verursacht sein.

Die Menstruation erfolgt, wenn die Konzentrationen von Progestin und Östrogen am Ende des ovariellen Zyklus abfallen. Sie endet erst, wenn sich die nächste Gruppe von Follikeln so weit entwickelt hat, dass die Östrogenspiegel wieder ansteigen (siehe Abbildung 27.18).

Die proliferative Phase Die Basalschicht, einschließlich der basalen Anteile der Uterusdrüsen, übersteht die Menstruation, weil ihre Blutversorgung intakt bleibt. In den Tagen nach Beendigung der Menses vermehren sich die Epithelzellen der Drüsen unter Östrogeneinfluss und breiten sich über die Oberfläche aus. So wird die Integrität des Uterusepithels wiederhergestellt (siehe Abbildung 27.17b). Weiteres Wachstum und Gefäßeinsprossung vollenden die neue funktionelle Schicht. Diese Zeit der Neustrukturierung nennt man proliferative Phase. Zur gleichen Zeit vergrößern sich in den Ovarien die Primär- und Sekundärfollikel. Die proliferative Phase wird durch die Östrogene ausgelöst und erhalten, die die Follikel sezernieren (siehe Abbildung 27.18).

Zum Zeitpunkt des Eisprungs ist die funktionelle Schicht mehrere Millimeter dick; prominente Schleimdrüsen reichen bis an die Grenze zur Basalschicht. Die Drüsen bilden zu dieser Zeit ein glykogenhaltiges Sekret. Die gesamte Schicht ist sehr gut durchblutet; von großen Gefäßen in der Basalschicht winden sich kleinere Arterien in Richtung der Innenfläche.

Die sekretorische Phase Während der sekretorischen Phase des Uterus vergrößern sich die Drüsen des Endometriums und verstärken ihre Produktion; die Arterien verlängern sich und winden sich spiralförmig durch das Gewebe der funktionellen Schicht (siehe Abbildung 27.17c). Diese Aktivität wird gemeinsam von Progestin und Östrogenen aus dem *Corpus luteum* (siehe Abbildung 27.18) ausgelöst. Diese Phase beginnt mit der Ovulation und hält so lange an, wie das *Corpus luteum* funktionsfähig ist.

Der Höhepunkt der sekretorischen Aktivität ist am zwölften Tag erreicht. In den nächsten ein oder zwei Tagen nimmt sie wieder ab; der uterine Zyklus endet, wenn das *Corpus luteum* keine stimulierenden Hormone mehr bildet. Die sekretorische Phase dauert in der Regel 14 Tage; daher kann man den Tag des Eisprungs rückwirkend vom ersten Tag der Menses an bestimmen.

Menarche und Menopause Die uterinen Zyklen beginnen mit der Menarche, dem ersten Zyklus in der Pubertät, meist mit elf oder zwölf Jahren. Sie setzen sich fort bis etwa zum 45. bis 55. Lebensjahr, wenn die Menopause, der letzte Zyklus, eintritt. In den Jahrzehnten dazwischen wird die Regelmäßigkeit der Zyklen nur durch ungewöhnliche Zustände, wie Krankheiten, Stress, Hungerperioden oder Schwangerschaften, unterbrochen. In den ersten beiden Jahren nach der Menarche und vor der Menopause kommt es typischerweise zu Zyklusunregelmäßigkeiten.

27.3.4 Die Vagina

Die Vagina ist ein elastischer muskulärer Schlauch zwischen der *Zervix uteri* und dem Vestibulum, einem Bereich innerhalb der äußeren Genitalien (siehe Abbildung 27.10 und 27.11a). Sie ist durchschnittlich 7,5–9 cm lang; wegen ihrer starken Dehnbarkeit sind Länge und Weite sehr variabel.

Am proximalen Ende der Vagina ragt die Zervix in den Vaginalkanal hinein. Die flache Vertiefung um die Zervix herum nennt man Fornix. Die Vagina und das Rektum liegen eng aneinander und verlaufen parallel. Anterior zieht die Urethra auf ihrem Weg von der Harnblase zu ihrer Mündung im Vestibulum über die superiore Wand der Vagina. Die Vagina wird über die *Rr. vaginales* der *Aa.* und *Vv. iliacae* und *uterinae* verorgt; die Innervation erfolgt aus dem *Plexus hypogastricus*, den Sakralnerven S2–S4 und Ästen des *N. pudendus*.

Die Vagina hat drei Funktionen:

- Sie dient als Durchgang zur Eliminierung des Menstrualbluts.
- Sie nimmt beim Geschlechtsverkehr den Penis auf und speichert die Spermatozoen vor deren Eintritt in den Uterus.
- Unter der Geburt bildet sie den untersten Abschnitt des Geburtskanals.

Die Histologie der Vagina

Im Schnittbild ist das Lumen der Vagina konstringiert und grob H-förmig. Die Wand enthält ein Gefäßnetz und mehrere Schichten glatter Muskulatur (**Abbildung 27.19**; siehe auch Abbildung 27.15a); die Auskleidung wird von den Sekreten der Zervixdrüsen und dem Durchtritt von Wasser durch das permeable Epithel feucht gehalten. Vagina und Vestibulum sind durch eine elastische Epithelfalte, das **Hymen**, voneinander getrennt, die den Eingang zur Vagina teilweise oder ganz versperrt. Zwei *Mm. bulbospongiosi* ziehen jeweils seitlich an der Öffnung der Vagina vorbei; ihre Kontraktionen verschließen den Eingang. Diese Muskeln bedecken die *Bulbi vestibulares*, erektiles Gewebe zu

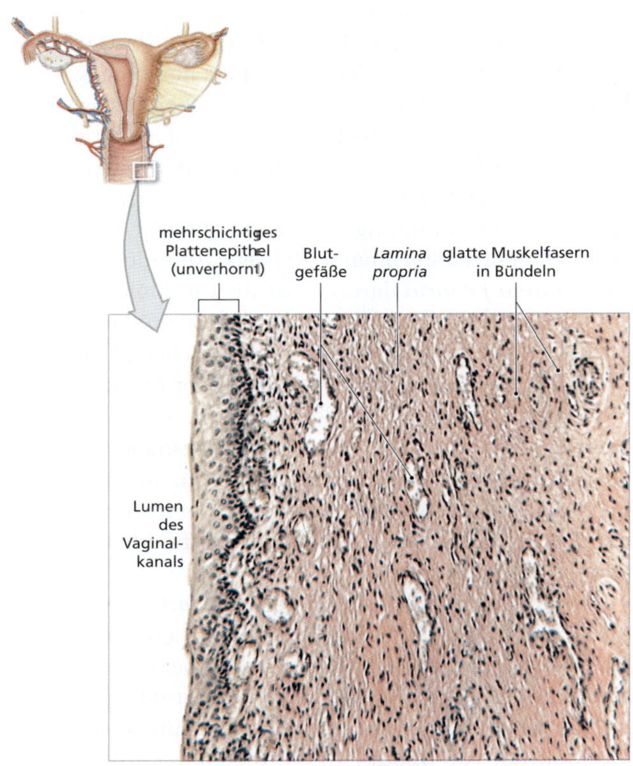

Abbildung 27.19: Die Histologie der Vaginalwand.

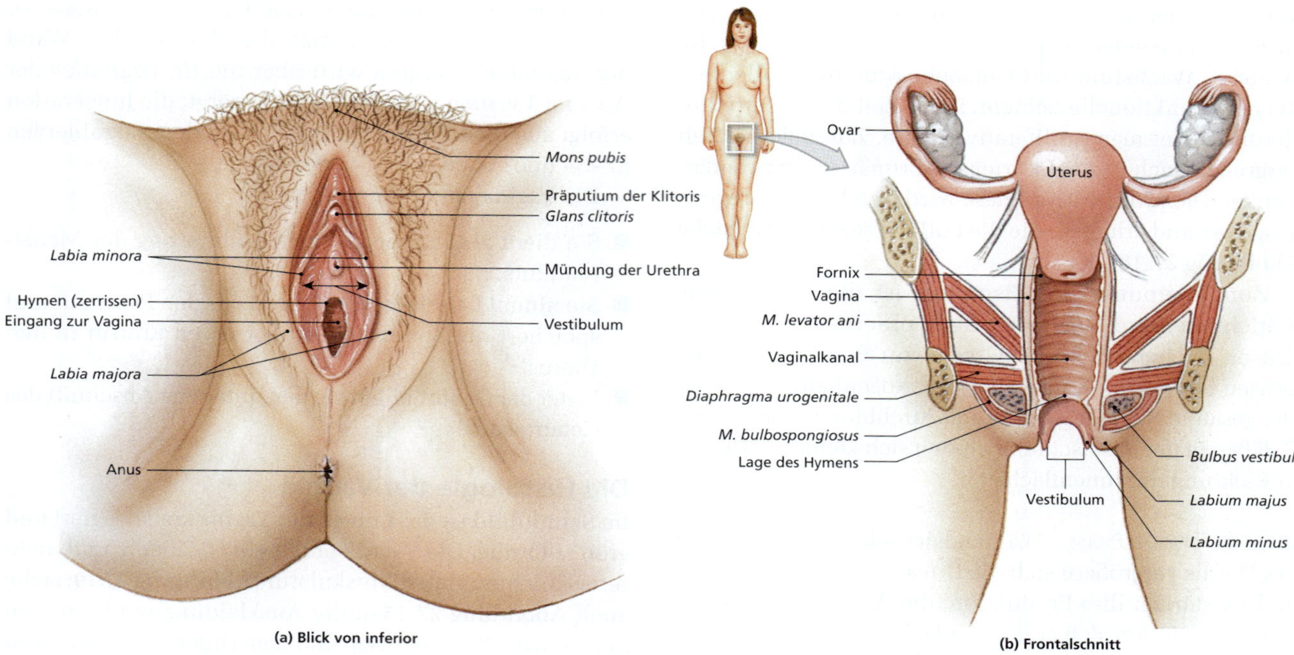

Abbildung 27.20: Die äußeren Genitalien der Frau. (a) Weibliches Perineum von inferior. (b) Schematischer Frontalschnitt mit Darstellung der relativen Lage der inneren und äußeren Strukturen des Fortpflanzungstrakts.

beiden Seiten des Eingangs zur Vagina (**Abbildung 27.20**b). Während der Entwicklung bilden sich die *Bulbi vestibulares* aus demselben embryonalen Gewebe wie das *Corpus spongiosum* des Mannes (siehe Zusammenfassung Embryologie in Kapitel 28). Die *Bulbi vestibulares* und die *Corpora spongiosa* bezeichnet man als homolog (griech.: homologos = übereinstimmend, entsprechend), da sie sich in Struktur und Ursprung gleichen; homologe Strukturen können jedoch ganz unterschiedliche Funktionen haben.

Das Lumen der Vagina ist mit mehrschichtigem Plattenepithel (siehe Abbildung 27.19) ausgekleidet, das in ungedehntem Zustand Falten wirft (siehe Abbildung 27.15a). Die *Lamina propria* darunter ist dick und elastisch; sie enthält kleine Blutgefäße, Nerven und Lymphknoten. Die Mukosa der Vagina ist von einer elastischen *Muscularis mucosae* umgeben, mit Schichten glatter Muskulatur in zirkulären und longitudinalen Bündeln, die in das Myometrium des Uterus übergehen. Der uterusnahe Abschnitt der Vagina ist von einer Serosa überzogen, die in das Peritoneum des kleinen Beckens übergeht; der restliche Anteil der Vagina ist von einer **Adventitia** aus faserigem Bindegewebe überzogen.

Die Vagina enthält eine normale Bakterienpopulation, die sich von den Nährstoffen im Zervikalschleim ernährt. Die metabolischen Aktivitäten dieser Bakterien produzieren ein saures Milieu, das das Wachstum zahlreicher pathologischer Keime unterdrückt. Die Säure hemmt auch die Motilität von Spermien, weswegen die Puffer in der Samenflüssigkeit für eine erfolgreiche Befruchtung vonnöten sind.

27.3.5 Die äußeren Genitalien

Die Region der weiblichen äußeren Genitalien nennt man Vulva (Abbildung 27.20a). Die Vagina öffnet sich in das Vestibulum, einen zentralen Raum, der von den *Labia minora* (Singular: *Labium minus*), den kleinen Schamlippen, umgeben ist. Diese sind von glatter, haarloser Haut bedeckt. Unmittelbar anterior der Vagina mündet die Urethra im Vestibulum. Die paraurethralen Drüsen geben ihr Sekret nahe des *Ostium uretrae externum* in die Urethra ab. Anterior des Ostiums ragt die Klitoris in das Vestibulum. Innen enthält die Klitoris erektiles Gewebe, das den *Corpora cavernosa* des Mannes homolog ist (siehe Zusammenfassung Embryologie in Kapitel 28). Bei sexueller Erregung füllt sich die Klitoris mit Blut. Obenauf sitzt eine kleine erektile Glans; Ausläufer der *Labia minora* umgeben den Korpus der Klitoris und bilden das Präputium, dieVorhaut.

Eine variable Anzahl kleiner **Glandulae vestibulares minores** geben ihre Sekrete auf die freiliegenden Oberflächen des Vestibulums ab und halten sie feucht. Bei Erregung geben die Bartholini-Drüsen über ihre Ausführungsgänge an den posterolateralen Kanten der Vaginalöffnung ihr Sekret in das Vestibulum ab (siehe Abbildung 27.10a). Diese Drüsen entsprechen den Cowper-Drüsen des Mannes.

Die äußere Begrenzung der Vulva markieren der *Mons pubis* und die *Labia majora*. Die Vorwölbung des **Mons pubis** wird durch Fettgewebe unter der Haut vor der Symphyse verursacht. Fettgewebe befindet sich auch in den fleischigen **Labia majora** (Singular: *Labium major*), den großen Schamlippen, die dem Skrotum homolog sind. Die

Labia majora umgeben die *Labia minora* und das Vestibulum und bedecken sie zum Teil. Die Außenflächen der *Labia majora* sind von denselben groben Haaren bedeckt wie der *Mons pubis*; die Innenflächen sind jedoch relativ haarlos. Talgdrüsen und vereinzelte sog. apokrine Schweißdrüsen benetzen die Innenflächen der *Labia majora* und verringern die Reibung.

Zusammenfassung Embryologie

Eine Zusammenfassung der Entwicklung des weiblichen Fortpflanzungssystems finden Sie in Kapitel 28 (Embryologie und Entwicklung des Menschen).

27.3.6 Die Brustdrüsen

Bei seiner Geburt kann sich ein Neugeborenes noch nicht selbst versorgen; mehrere wichtige Körpersysteme haben ihre Entwicklung noch nicht abgeschlossen. Am Anfang seiner Eingewöhnung in ein unabhängiges Leben erhält das Kind Nahrung aus der Milch der mütterlichen **Brustdrüsen**. Die Milchproduktion **(Laktation)** findet in den Milchdrüsen der Brüste statt, spezialisierten Hilfsorganen des weiblichen Fortpflanzungstrakts.

Die Brustdrüsen liegen beiderseits auf dem Thorax in der Subkutis des pektoralen Fettpolsters unter der Haut (**Abbildung 27.21**a und b). An jeder Brust befindet sich eine kleine kegelförmige Vorwölbung, die **Mamille**, wo die Ausführungsgänge der darunterliegenden Brustdrüsen münden. Der braun-rötliche Bereich um die Mamille herum wird als **Areole** bezeichnet. Große Talgdrüsen in der Dermis geben den Areolen eine körnige Struktur.

Das Drüsengewebe der Brust besteht aus einer Reihe einzelner Lappen mit jeweils mehreren sekretorischen Läppchen (siehe Abbildung 27.21a). Die Gänge der Läppchen vereinen sich zu einem Milchgang pro Lappen (Abbildung 27.21c und d; siehe auch Abbildung 27.21a). Nahe

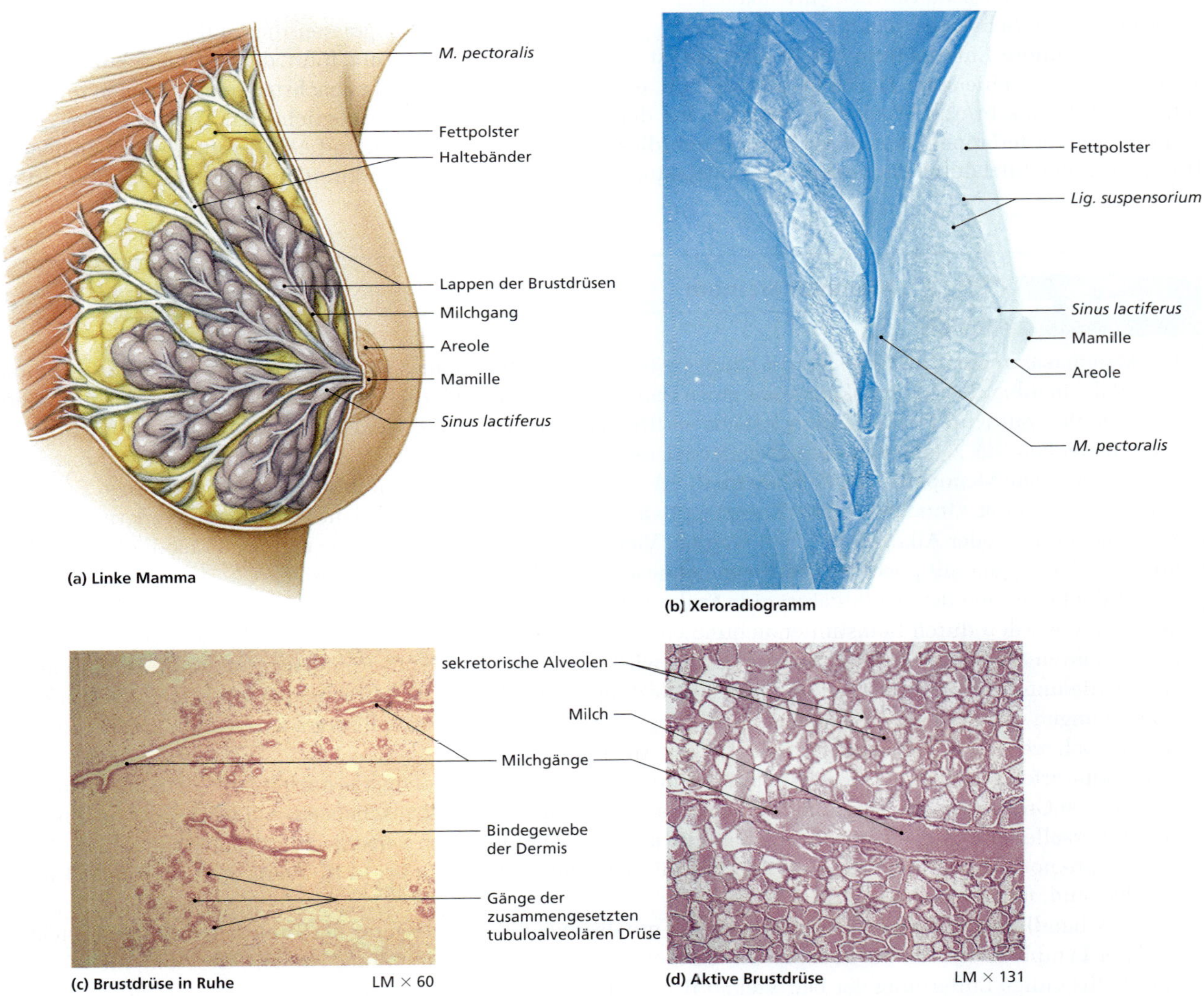

Abbildung 27.21: Die Brustdrüsen. (a) Makroanatomie der Brust. (b) Xeromammogramm (spezielle Röntgentechnik zur Darstellung des Brustgewebes) im mediolateralen Strahlengang. (c, d) Histologischer Vergleich zwischen ruhenden und aktiven Brustdrüsen.

der Mamille erweitern sich diese Gänge zu den **Sinus lactiferi**. Etwa 15–20 solcher Sinus öffnen sich auf die Oberfläche der Mamille. Straffes Bindegewebe umgibt die Gänge und unterteilt das Gewebe in Lappen und Läppchen. Diese Bindegewebsstränge, die **Haltebänder der Brust** *(Ligg. suspensoria mammae)*, entspringen an der Dermis der darüberliegenden Haut. Eine Schicht lockeren Bindegewebes trennt den gesamten Komplex von den *Mm. pectorales* darunter. Äste der *Aa. thoracicae internae* versorgen die Brustdrüsen mit Blut. Der Lymphabfluss der Brustdrüsen ist in Kapitel 23 beschrieben.

Die Entwicklung der Brustdrüsen während der Schwangerschaft

In Abbildung 27.21c und d ist der histologische Aufbau aktiver und inaktiver Brustdrüsen einander gegenübergestellt. Die ruhende Brustdrüse besteht im Wesentlichen aus Gangsystemen und nicht aus aktiven Drüsenzellen. Die Brustgröße einer nicht schwangeren Frau wird vom Fettgewebe bestimmt, nicht von der Menge an Drüsengewebe. Das sekretorische Gewebe entwickelt sich nicht vor Eintritt einer Schwangerschaft.

Für die weitere Entwicklung der Brustdrüse ist die Kombination verschiedener Hormone erforderlich, einschließlich Prolaktin und Wachstumshormon aus dem Hypophysenvorderlappen. Auf Stimulation durch diese Hormone, unterstützt durch das humane Plazentalaktogen aus der Plazenta, beginnen die Drüsengänge mit mitotischen Teilungen; die Drüsenzellen treten auf. Am Ende des sechsten Schwangerschaftsmonats sind die Brustdrüsen voll entwickelt; sie beginnen mit der Produktion von Sekreten, die im Gangsystem gespeichert werden. Wenn das Kind an der Mamille saugt, wird Milch abgegeben. Dieser Reiz bewirkt die Freisetzung von Oxytozin aus dem Hypophysenhinterlappen. Es löst die Kontraktion der glatten Muskelzellen in den Wänden der Milchgänge und Sinus aus; die Milch wird abgegeben.

27.3.7 Die Schwangerschaft und das weibliche Fortpflanzungssystem

Findet eine Befruchtung statt, unterläuft die Zygote, das befruchtete Ei, eine Reihe von Zellteilungen und bildet eine hohle Zellkugel, die **Blastozyste**. Nach seiner Ankunft im *Cavum uteri* ernährt sie sich anfangs von den Sekreten der Uterusdrüsen. Nach einigen Tagen hat sie Kontakt mit der Uteruswand, erodiert das Epithel und nistet sich im Endometrium ein. Dieser Vorgang, die **Implantation**, initiiert eine Kette von Ereignissen, die zur Bildung eines speziellen Organs, der **Plazenta**, führt, die die Entwicklung von Embryo und Fetus in den nächsten neun Monaten unterstützt.

Die Plazenta ermöglicht den Transport von gelösten Gasen, Nährstoffen und Abfallstoffen zwischen dem mütterlichen und dem kindlichen Blutkreislauf. Sie ist auch

AUS DER PRAXIS

Mammakarzinom

Das Mammakarzinom (Brustkrebs) ist die häufigste Todesursache für Frauen zwischen 40 und 59 Jahren. Ab 50 Jahren nimmt die Inzidenz des Mammakarzinoms zu; in Deutschland werden jährlich etwa 57.000 neue Fälle diagnostiziert. Jede neunte Frau wird im Laufe ihres Lebens an Brustkrebs erkranken. Bedeutende Risikofaktoren sind 1. Brustkrebs in der Familie, 2. eine Schwangerschaft nach dem 30. Lebensjahr, 3. eine frühe Menarche (erste Menstruation) und 4. eine späte Menopause (letzte Menstruation). Trotz vieler Studien konnten keine Zusammenhänge zwischen Brustkrebs und der Einnahme oraler Kontrazeptiva, einer Östrogentherapie, dem Stillen von Kindern oder dem Konsum von Fett oder Alkohol gesichert werden. Viele Faktoren sind beteiligt; die meisten Frauen erkranken nie, doch bei denjenigen mit positiver Familienanamnese ist die Wahrscheinlichkeit größer.

Für die Reduktion der Mortalität ist eine Früherkennung von entscheidender Bedeutung. Die meisten Mammakarzinome werden durch Selbstuntersuchung entdeckt, doch klinische Screening-Verfahren haben sich in den letzten Jahren verbessert. Bei der **Mammografie** wird das Brustgewebe mit Röntgenstrahlen untersucht; da nur Weichteile untersucht werden, ist die Strahlenbelastung gering. Dieses Verfahren ergibt den besten Eindruck von Erkrankungen des Brustgewebes (siehe Abbildung 27.21b). Auch Ultraschalluntersuchungen können Hinweise geben, doch weniger detailliert als standardisierte Mammografien.

Für eine erfolgreiche Therapie muss das Karzinom entdeckt werden, solange es noch relativ klein und lokalisiert ist. Ab einer Größe von 2 cm Durchmesser verschlechtern sich die Überlebenschancen. Auch bei einer Ausbreitung der Tumorzellen durch das Lymphsystem auf die axillären Lymphknoten verschlechtert sich die Prognose. Wenn die Lymphknoten nicht befallen sind, liegt die Fünfjahresüberlebensrate bei 82 %; wenn vier oder mehr Knoten befallen sind, fällt sie jedoch auf 21 %.

Die Behandlung des Mammakarzinoms beginnt mit der operativen Entfernung der Tumoren und einer Entnahme axillärer Lymphknoten. Da die Krebszellen meist schon vor der Diagnosestellung streuen, ist häufig die teilweise oder vollständige Entfernung der betroffenen Brust erforderlich. Hinzu kommen Chemotherapie, Bestrahlungen und Hormonbehandlungen.

ein endokrines Organ, das Hormone bildet. Kurz nach der Implantation taucht im mütterlichen Blut das Hormon humanes Choriongonadotropin auf. Der Nachweis von humanem Choriongonadotropin in Blut und Urin ist daher ein zuverlässiger Schwangerschaftstest. Funktionell ähnelt das humane Choriongonadotropin dem luteinisierenden Hormon, da das *Corpus luteum* in Anwesenheit von humanem Choriongonadotropin nicht degeneriert. Wenn es dies täte, wäre dies das Ende der Schwangerschaft, da sich die funktionelle Schicht des Endometriums auflösen würde.

Unter Einfluss von humanem Choriongonadotropin persistiert das *Corpus luteum* für etwa drei Monate. Seine Degeneration löst nun keine Menstruationsblutung aus, da die Plazenta mittlerweile sowohl Östrogen als auch Progesteron aktiv selbst sezerniert. In den weiteren Monaten bildet die Plazenta noch zwei weitere Hormone: **Relaxin**, das die Beweglichkeit des Beckens erhöht und unter der Geburt die Zervix dilatiert, sowie das **humane Plazentalaktogen**, das die Brustdrüsen auf die Milchproduktion vorbereitet.

AUFGABEN

1. Was geschieht während der proliferativen Phase des Uterus an den Ovarien?
2. Wodurch ist der Beginn der sekretorischen Phase gekennzeichnet?
3. Stört die Verlegung eines einzelnen Milchgangs den Transport von Milch zur Mamille? Erklären Sie.
4. Welche Hormone stimulieren die Laktation?

27.4 Das Altern und das Fortpflanzungssystem

Das Altern beeinträchtigt das Fortpflanzungssystem von Männern und Frauen gleichermaßen. Die auffälligsten Umstellungen geschehen bei der Frau mit der Menopause, während die Veränderungen beim Mann eher graduell über einen längeren Zeitraum hinweg stattfinden.

27.4.1 Menopause

Die Menopause wird meist als Ende von Eisprung und Menstruation definiert. Meist findet sie zwischen dem 45. und dem 55. Lebensjahr statt, doch schon in den Jahren davor nimmt die Regelmäßigkeit der Zyklen langsam ab. Vor dem 40. Lebensjahr spricht man von einer **vorzeitigen Menopause**; Ursache ist meist ein Mangel an Primordialfollikeln. In der Menopause steigen die Spiegel von Gonadotropin-releasing-, follikelstimulierendem und luteinisierendem Hormon schnell und anhaltend an, während die Spiegel von Östrogen und Progesteron im Blut abnehmen. Die fallenden Östrogenspiegel führen 1. zu einer Verkleinerung des Uterus, 2. zu einer Verkleinerung der Brüste, 3. zu einer Verdünnung der Wände von Urethra und Vagina und 4. zu einer Schwächung des stützenden Bindegewebes von Ovarien, Uterus und Vagina. Es gibt auch einen Zusammenhang zwischen niedrigeren Östrogenspiegeln und der Entstehung von Osteoporose und einer Reihe kardiovaskulärer und neuraler Effekte, einschließlich Hitzewallungen, Unruhe und Depressionen.

27.4.2 Das Klimakterium des Mannes

Die Veränderungen im Fortpflanzungstrakt des Mannes verlaufen graduell über eine Phase hinweg, die man als das **männliche Klimakterium** bezeichnet. Zwischen dem 50. und dem 60. Lebensjahr fällt der Testosteronspiegel, während die Spiegel des follikelstimulierenden und des luteinisierenden Hormons ansteigen. Obwohl die Spermaproduktion weiterläuft (Männer können auch noch im Alter über 80 ein Kind zeugen.), nimmt die sexuelle Aktivität im Alter langsam ab. Dies steht in Zusammenhang mit den abnehmenden Testosteronspiegeln. Einige Ärzte empfehlen daher zur Steigerung der Libido (sexuellem Drang) bei Männern und Frauen die Einnahme von Testosteronen.

EXKURS

Das Fortpflanzungssystem

Ist das in meinem Alter normal?

Frau Becker, eine 88-jährige Witwe mit zwei Kindern, erscheint an einem späten Sonntagnachmittag in der Ambulanz, da sie zurzeit keinen festen Hausarzt hat. Dem diensthabenden Arzt schildert sie die folgenden Beschwerden:

- Sie verspürt einen verstärkten Harndrang und hat „leichte" Probleme mit unkontrolliertem Einnässen.
- Das Wasserlassen schmerzt.
- Sie hat chronische Rückenschmerzen, die auf freiverkäufliche Schmerzmittel nicht ansprechen.
- Sie hatte vor längerer Zeit eine radikale Mastektomie.
- Frau Becker hat auch einen leichten Bluthochdruck, der mit Medikamenten eingestellt ist.

Da sie den Arzt nicht kennt und sich geniert, lehnt sie eine gynäkologische Untersuchung ab.

Die Erstuntersuchung

Der Arzt macht sich die folgenden Notizen:

- Der Blutdruck liegt mit Medikamenten bei 145/92 mmHg.
- In der Urinprobe sind im Schnelltest weiße Blutkörperchen nachweisbar.
- Die Patientin klagt über leichte „Rückenschmerzen" im Bereich der elften Rippe und tiefer links sowie im Bereich der zwölften Rippe und tiefer rechts.

Der Arzt klärt Frau Becker darüber auf, dass Probleme mit dem Blasenschließmuskel im Alter nicht ungewöhnlich sind, ebenso Harnwegsinfekte. Er teilt ihr mit, dass sie einen Harnwegsinfekt hat, verschreibt ihr ein Antibiotikum, und rät ihr, sich einen neuen Hausarzt zu suchen und eine gynäkologische Untersuchung durchführen zu lassen.

Zwei Wochen später treten die Schmerzen erneut auf. Außerdem haben sich Frau Beckers Symptome weiter verschlimmert und etwas verändert. Ihre Schwiegertochter macht für sie einen Termin bei ihrem eigenen Frauenarzt.

Die Nachuntersuchung

Frau Becker berichtet dem Gynäkologen von denselben Beschwerden wie dem Ambulanzarzt und erwähnt außerdem Folgendes:

- Sie kann beim Husten, Niesen oder dem Tragen von nur leichten Einkaufstüten ein Einnässen nicht verhindern. Dieses Problem ist vor einigen Monaten aufgetreten und hat sich in den letzten Wochen verschlimmert. Der Gynäkologe notiert das Stichwort „Stressinkontinenz".
- Sie verspürt bis zu zehnmal am Tag und bis zu fünfmal in der Nacht Harndrang. Auch dieses Problem besteht seit Monaten und hat sich in der letzten Zeit verschlimmert.
- Sie leidet an Verstopfung.
- Ihre Rückenschmerzen werden zum Abend hin schlimmer.
- Sie hat das Gefühl, dass im Stehen „etwas die Vagina herabkommt"; auch dies verschlimmert sich zum Abend hin.
- Auf Nachfragen des Gynäkologen berichtet sie, dass die Stressinkontinenz und die zunehmende Häufigkeit des Harndrangs nachlassen, wenn sich das Gefühl, das „etwas die Vagina herabkommt", verstärkt.

Der Gynäkologe führt eine vaginale Untersuchung durch und erhebt Befunde, die ihm weiterhelfen.

Überlegungen

Zu verschiedenen Zeiten weist jedes System im Körper durch Symptome auf Erkrankungen hin; die Aufgabe des Arztes ist es, die verschiedenen Hinweise zu einem Gesamtbild zusammenzusetzen, das idealerweise zur richtigen Diagnose führt. Die Symptome des Patienten und die Interpretation des Arztes sind beide Teil der Detektivarbeit.

Zur Interpretation dieses Falles sollten Sie den Stoff der Kapitel zum Harntrakt und zum Fortpflanzungssystem wiederholen. Die Fragen helfen Ihnen dabei; gehen Sie sie einzeln durch und schlagen Sie, wenn Sie sich nicht ganz sicher sind, in den Kapiteln 26 und 27 nach.

1. Welche anatomischen Strukturen könnten Frau Beckers Schmerzen verursachen?
2. Welche spezifischen pathologischen oder altersbedingten Veränderungen an anatomischen Strukturen könnten Frau Beckers Schmerzen verschlimmern?
3. Erläutern Sie, inwiefern Frau Beckers Verstopfung mit den anderen Symptomen zusammenhängt.

Analyse und Interpretation

Die folgenden Informationen beantworten die Fragen; schlagen Sie zur Wiederholung in den Kapiteln 26 und 27 nach.

1. Frau Becker leidet an übertragenen Schmerzen von den Nieren, möglicherweise wegen des Harnwegsinfekts.
2. Das Alter der Patientin gibt einen wichtigen Hinweis. Inkontinenz ist ein häufiges altersbedingtes Problem des Harntrakts. Oft wird es durch altersbedingte Funktionsstörungen verursacht, die eine

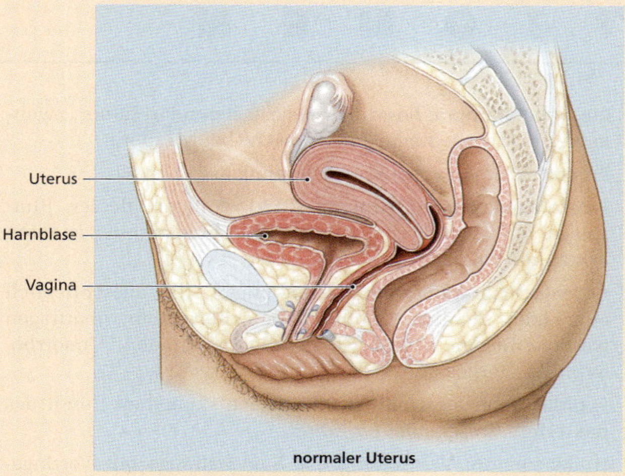

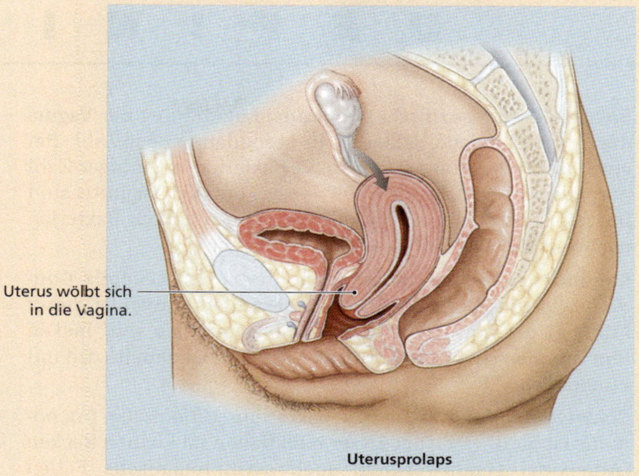

Abbildung 27.22: Uterovaginaler Prolaps.

adäquate Kontrolle des Miktionsreflexes durch das ZNS verhindern. Es gibt verschiedene bindegewebige Strukturen, die Harnblase und Uterus der Frau stützen. Diese können durch verschiedene Faktoren, wie mehrfache vaginale Geburten und die Menopause mit der dazugehörigen verminderten Freisetzung von Gonadotropin-releasing-, follikelstimulierendem und luteinisierendem Hormon, geschwächt werden.

- Bei einem Riss des *Lig. cardinale* kann die superiore Fläche von Uterus und Vagina nicht mehr oberhalb des Beckenbodens gehalten werden.
- Das *Lig. posterior* (*Plica rectovaginalis*) besteht aus Peritoneum, das von der posterioren vaginalen Fornix aus umschlägt und an das anteriore Rektum weiterzieht; dabei entsteht eine tiefe Tasche, der Douglas-Raum. Er liegt zwischen der posterioren Wand des Uterus und der anterioren Wand des Rektums. Bei einem Riss dieses Ligaments kann der Uterus in den Douglas-Raum hinein absacken.
- Die Menopause schwächt auch die *Ligg. cervicales, sacrouterinae* und *pubocervicales*. Die *Ligg. cervicales* geben dem Uterus wichtigen mechanischen Halt. *Die Ligg. sacrouterinae* stützen den Uterus, indem sie von der Zervix und dem *Corpus uteri* nach posterior seitlich am Rektum vorbei an das *Os sacrum* ziehen. Die *Ligg. pubocervicales* ziehen von der anterioren Fläche von Uterus und oberer Vagina nach anterior um die Urethra herum und setzen an den posterioren Flächen der *Ossa pubis* an. Eine Schwächung aller oder eines dieser Bänder erlaubt dem Uterus eine Bewegung nach inferior.

3 Wenn der Uterus in das kleine Becken verfällt, kann er den Eingang zum Rektum teilweise blockieren. Eine Geburt kann die anteriore Muskelschicht der Rektumwand überdehnen und schädigen, was zu einer weniger kraftvollen Defäkation führt. Beide Faktoren zusammen haben eine Verlangsamung der Darmpassage mit mehr Zeit für die Wasserresorption zur Folge. Das Ergebnis ist eine Verstopfung. Retinierte Fäzes können gegen eine gefüllte Blase drücken, den Urinabfluss verlangsamen und die Restharnbildung fördern sowie Harnwegsinfekte begünstigen. So kann ein Teufelskreis entstehen, bei dem sich ein erschlaffter Beckenboden, ein Uterusprolaps, Verstopfung und Harninkontinenz gegenseitig bedingen.

Diagnose

Frau Becker hat einen Uterusprolaps (**Abbildung 27.22**) mit teilweisem Vorfall von Uterus und/oder Anteilen von Blase, Urethra und terminalem Rektum durch den Beckenboden und die muskuläre Wand der Vagina. Fortgeschrittenes Alter, Menopause und die Geburt von zwei oder mehr Kindern erhöhen das Risiko für diese Erkrankung.

Begriffe Exkurs:

Verstopfung: unvollständige oder seltene Darmentleerungen
Bluthochdruck: Blutdruckwerte dauerhaft über 120/80 mmHg (Früher sprach man bei Werten zwischen 120/80 und 140/90 von grenzwertig erhöhtem Blutdruck.)
Freiverkäufliche Medikamente: Medikamente, die ohne ärztliches Rezept erhältlich sind
Radikale Mastektomie: operative Entfernung der gesamten Brust einschließlich Mamille, Areole, Haut und *M. pectoralis* sowie des Lymphgewebes der Brustwand und der Axilla
Stressinkontinenz: Unfähigkeit, den Blasensphinkter bei plötzlichen Muskelbewegungen geschlossen zu halten, wie etwa beim Niesen oder bei Kompression des Abdomens beim Anheben schwerer Lasten. Es kommt zu unwillkürlichem Harnabgang.

DEFINITIONEN

Bakterielle (unspezifische) Vaginitis: Entzündung der Vagina durch verschiedene Bakterien in besonders großer Zahl. Bei etwa 30 % aller Frauen sind diese Bakterien in geringer Zahl normalerweise vorhanden. Bei dieser Form der Vaginitis sind im vaginalen Ausfluss Epithelzellen und reichlich Bakterien nachweisbar. Antibiotika wirken hierbei gut.

Kandidiasis: Vaginale Entzündung durch den Hefepilz *Candida albicans*. Bei 30–80 % aller gesunden Frauen ist dieser Pilz Teil der normalen Vaginalflora. Symptome sind Jucken und Brennen sowie ein körniger Ausfluss; behandelt wird mit Fungiziden.

Chlamydieninfektionen: Das Bakterium *Chlamydia trachomatis* ist für die meisten dieser Infektionen im kleinen Becken (Adnexitis) verantwortlich; auch asymptomatische Fällen können über eine Verklebung der Eileiter zu einer Unfruchtbarkeit führen.

Kryptorchismus: unvollständiger *Descensus testis* zum Zeitpunkt der Geburt

Endometriumpolyp: gutartiger Tumor der Epithelschicht des Uterus

Endometriose: Wachstum von Endometriumgewebe außerhalb des Uterus

Gonorrhö: Geschlechtskrankheit des Fortpflanzungstrakts

Leiomyome/Fibrome: gutartige Tumoren des Myometriums; die häufigsten Tumoren des Fortpflanzungstrakts bei Frauen

Orchiektomie: operative Entfernung eines Hodens

Adnexitis: Entzündung der Eileiter

Prostatakarzinom: bösartiger metastasierender Tumor; zweithäufigste krebsbedingte Todesursache bei Männern

Prostatektomie: operative Entfernung der Prostata

Prostataspezifisches Antigen (PSA): Antigen, dessen Blutspiegel bei Menschen mit Prostatakarzinomen oder anderen Erkrankungen der Prostata erhöht ist

Geschlechtskrankheiten: Erkrankungen, die ausschließlich oder hauptsächlich durch Geschlechtsverkehr übertragen werden; Beispiele sind Chlamydieninfektionen, Gonorrhö, Syphilis, Herpes und Aids.

Syphilis: lebensbedrohliche Geschlechtskrankheit durch das Bakterium *Treponema pallidum*

Hodentorsion: Verdrehung des Samenstrangs mit Verringerung der Durchblutung der Hoden durch Drehung der Hoden innerhalb des Skrotums

Toxisches Schocksyndrom (TSS): Schwere Staphylokokkeninfektion der Vagina mit hohem Fieber, Halsschmerzen, Erbrechen, Durchfall und generalisiertem Ekzem; es kann zu Schockzuständen, Atemnot und Nieren- oder Leberversagen kommen. Mit einer Mortalität von 10–15 % ist es eine schwere Erkrankung.

Trichomoniasis: Geschlechtskrankheit durch den Parasiten *Trichomonas vaginalis*

Vaginitis: Entzündung des Vaginalkanals durch Bakterien oder Pilze

Vasektomie: operative Entfernung eines Abschnitts des *Ductus deferens*, wodurch es den Spermatogonien unmöglich wird, die distalen Abschnitte des Fortpflanzungstrakts zu erreichen

Zusammenfassung

Die Antworten auf die Fragen der Aufgaben und der Zusammenfassung finden Sie im Antwortteil.

Wiederholung von Fakten und Begriffen

Verbinden Sie die Begriffe der linken Spalte jeweils mit denen der rechten Spalte, die am besten passen; setzen Sie die Buchstaben in die Spalte vor die Zahlen.

	Spalte A			Spalte B
	1.	Leydig-Zwischenzellen	a.	Verbindung zwischen der Skrotalhöle und dem Peritoneum
	2.	Leistenkanäle	b.	Stammzellen, die Spermatozoen bilden
	3.	Brustdrüsen	c.	Kompartiment des Skrotums, das einen Hoden enthält
	4.	Endometrium	d.	Ort der Laktation
	5.	*Tunica dartos*	e.	Geißel
	6.	Skrotalhöhle	f.	Innere Schicht der Uteruswand
	7.	Spermatogonien	g.	Vergrößerter Abschnitt einer uterinen Drüse
	8.	Estradiol	h.	Wichtiges Östrogenhormon
	9.	Ampulle	i.	Für die Bildung von Androgenen verantwortlich
	10.	Schwanz eines Spermatozoons	j.	Glatte Muskelschicht in der Dermis des Skrotums

11 Zum Fortpflanzungssystem gehören
a. Gonaden und äußere Genitalien.
b. Gänge, die die Gameten aufnehmen und transportieren.
c. Hilfsorgane und Drüsen, die Sekrete abgeben.
d. alle genannten.

12 Zu den Hilfsdrüsen des männlichen Fortpflanzungssystems gehören alle der genannten außer
a. den Bläschendrüsen.
b. dem Skrotum.
c. den Cowper-Drüsen.
d. der Prostata.

13 Die Produktion von Spermien findet statt
a. im *Ductus deferens*.
b. in den Hodenkanälchen.
c. in der Epididymis.
d. in den Bläschendrüsen.

14 Die Struktur, die die Spermien von der Epididymis in die Urethra transportiert, ist
a. der *Ductus deferens*.
b. die Epididymis.
c. die Bläschendrüse.
d. der *Ductus ejaculatorius*.

15 Das Mediastinum des Hodens
a. liegt ventral.
b. stützt die Blut- und Lymphgefäße, die den Hoden versorgen.
c. trennt den linken vom rechten Hoden.
d. bildet einen Teil der äußeren Hodenkapsel.

16 Die Struktur, die das Ei in den Uterus transportiert, ist
a. das *Lig. uterosacrale*.
b. die Vagina.
c. der Eileiter.
d. das Infundibulum.

17 Welches der folgenden Ligamente ist kein Halteband des Uterus?
a. *Lig. suspensorium*
b. *Lig. cardinale*
c. *Lig. teres uteri*
d. *Lig. latum*

18 Während der proliferativen Phase des Menstruationszyklus
a. kommt es zum Eisprung.
b. bildet sich im Uterus eine neue funktionelle Schicht.
c. entstehen im Endometrium sekretorische Drüsen und Blutgefäße.
d. wird die alte funktionelle Schicht abgestoßen.

19 Die Vagina ist
a. ein zentraler Raum, der von den *Labia minora* umgeben ist.
b. die innere Auskleidung des Uterus.
c. der inferiore Anteil des Uterus.
d. ein muskulärer Schlauch zwischen dem Uterus und den äußeren Genitalien.

20 Die Struktur des weiblichen Fortpflanzungstrakts, der dem Skrotum des Mannes homolog ist,
a. ist die Vagina.
b. ist die Zervix.
c. sind die *Labia majora*.
d. sind die Eileiter.

Wiederholung von Lernzielen

1 Inwiefern ändert sich die Funktion des Penis bei eingeschränkter Durchblutung der *Corpora cavernosa*?
a. Der erigierte Penis erschlafft nicht mehr.
b. Es kommt nicht zu einer Erektion.
c. Es kommt zu einer Erektion, nicht jedoch zu einer Ejakulation.
d. Die Urethra wird blockiert.

2 Wie beeinflusst ein ausbleibender *Descensus testis* die Funktion des männlichen Fortpflanzungstrakts?
a. Die Blutversorgung der Hoden ist beeinträchtigt.
b. Der Samenstrang bewegt sich durch den Leistenkanal.
c. In der Bauchhöhle werden übermäßig viele männliche Sexualhormone sezerniert.
d. Es werden keine lebensfähigen Spermien produziert.

3 In einigen Fällen wird ein Mammakarzinom durch eine Einziehung der Haut über dem betroffenen Bereich entdeckt. Welche Strukturen der Brust sind für dieses Phänomen verantwortlich?
a. der Tumor, da er eine Kontraktion glatter Muskeln in der Haut auslöst
b. Es sind keine Strukturen der Brust beteiligt, nur die *Mm. pectoralis major* und *minor*.
c. die Lymphknoten der Brust, die der Tumor zur Kontraktion bringt
d. die *Ligg. suspensorii* der Brust, die mit dem Tumor verbunden sind

4 Welche Region des Spermatozoons enthält die Chromosomen?

5 Welche Funktion hat das Akrosom?

6 Wo wird Seminalplasmin produziert und wozu dient es?

7 Wie unterstützt die Follikelflüssigkeit die Entwicklung eines Follikels?

8 Welche Schicht des Endometriums geht bei der Menstruation verloren?

9 Welches Hormon lässt sich kurz nach der Implantation nachweisen?

10 Wann beginnt normalerweise der *Descensus testis*?

Anwendung der Lerninhalte

1 Christoph erleidet bei einem Autounfall eine Rückenmarksverletzung auf der Höhe von L3. Nachdem er sich erholt hat, überlegt er, ob er noch eine Erektion haben kann. Was erzählen Sie ihm?

2 Bei einer Endometriose wachsen Endometriumzellen in einem Eileiter oder in der Peritonealhöhle. Ein Hauptsymptom der Endometriose sind periodisch wiederkehrende Schmerzen. Warum ist das so?

3 Frauen erleiden viel häufiger eine Peritonitis oder einen Harnwegsinfekt aufgrund sexueller Aktivitäten als Männer. Erklären Sie dies anhand der unterschiedlichen Anatomie.

Eine Kurzzusammenfassung der wichtigsten Inhalte, sowie die Antworten zu den Fragen und weitere Arbeitsmaterialien finden sie auf unserer Companion Website unter: **www.pearson-studium.de/login**

Lernziele

1. Die Bedingungen für eine erfolgreiche Befruchtung kennen.
2. Den Vorgang der Befruchtung beschreiben können.
3. Die Stadien der Fetal- und Embryonalentwicklung kennen.
4. Die Furchungsteilungen erläutern und beschreiben können, wo sie stattfinden.
5. Zwischen den präembryonalen, embryonalen und fetalen Entwicklungsschritten unterscheiden können.
6. Den Vorgang der Implantation beschreiben können.
7. Die Ereignisse im ersten Trimenon beschreiben und erklären können, warum sie für das Überleben des Embryos entscheidend sind.
8. Den Vorgang der Plazentation erläutern und seine Bedeutung erklären können.
9. Die Embryogenese zusammenfassend darstellen können.
10. Die Ereignisse im zweiten und dritten Trimenon beschreiben können.
11. Die Stadien der Geburt erläutern können und die Ereignisse unmittelbar davor und danach kennen.
12. Die anatomischen Veränderungen beschreiben können, die sich beim Übergang vom Fetus zum Neugeborenen ereignen.

Embryologie und Entwicklung des Menschen

28

ÜBERBLICK

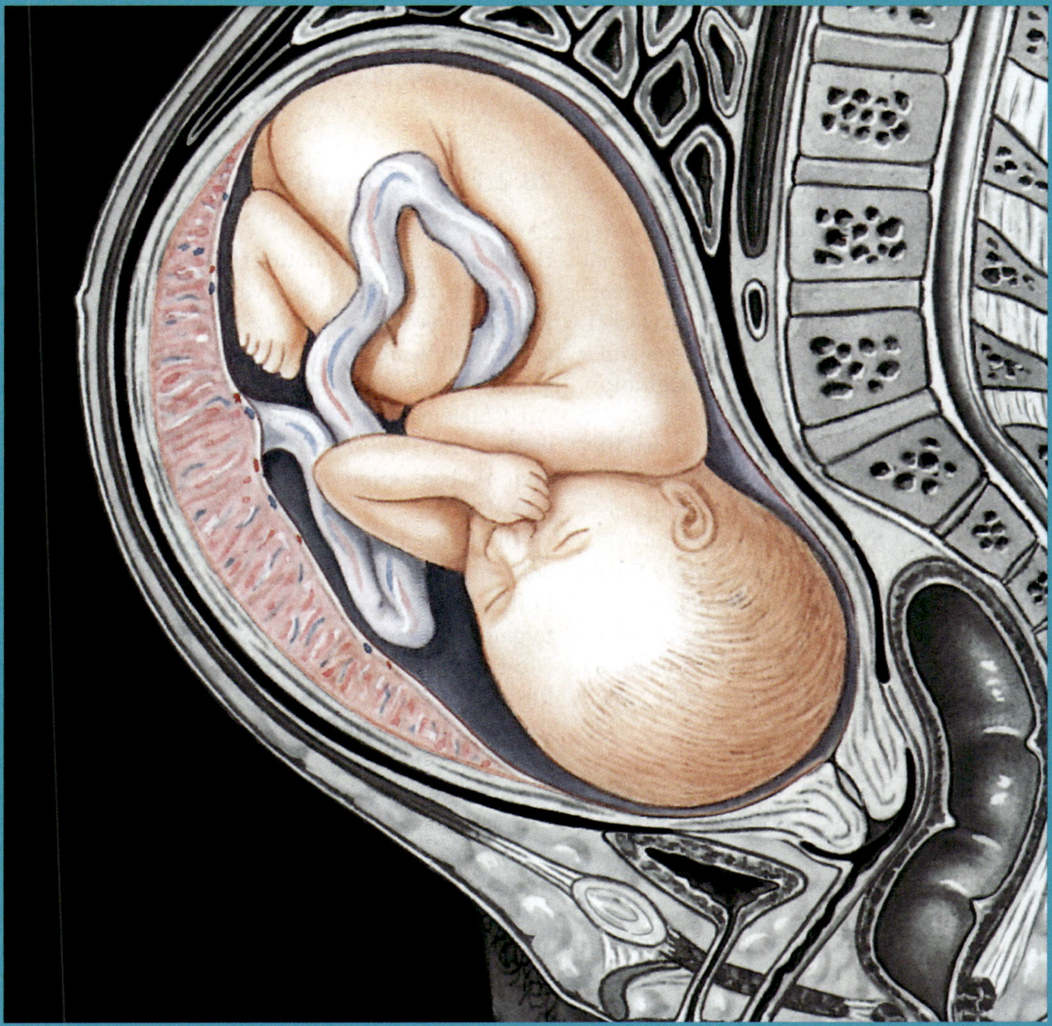

Entwicklung ist die graduelle Modifikation anatomischer Strukturen zwischen der Befruchtung und der Reife. Die Veränderungen sind wirklich beeindruckend – was als einzelne Zelle beginnt, die kaum größer ist als der Punkt am Ende dieses Satzes, endet mit einem menschlichen Körper, der aus Milliarden von Zellen besteht, die in Geweben, Organen und Organsystemen organisiert sind. Die Entstehung spezialisierter Zelltypen während der Entwicklung, die **Differenzierung**, wird durch selektive Veränderungen der genetischen Aktivität veranlasst. Grundlegende Kenntnisse der menschlichen Entwicklung ermöglichen ein besseres Verständnis anatomischer Strukturen. Dieses Kapitel behandelt diese Entwicklungsschritte; außerdem illustriert eine Zusammenfassung die Vorgänge in den einzelnen Körpersystemen.

Die Entwicklung – ein Überblick 28.1

Zu der Entwicklung eines Lebewesens gehören 1. die Teilung und Differenzierung von Zellen, die zur Bildung unterschiedlicher Zelltypen führten, und 2. die Organisation dieser Zelltypen zur Bildung oder Veränderung anatomischer Strukturen. Das Ergebnis dieser Entwicklung ist ein reifes, fortpflanzungsfähiges Individuum. Der Vorgang verläuft kontinuierlich ab der **Befruchtung** (oder **Empfängnis**) und kann anhand spezifischer anatomischer Veränderungen in einzelne Schritte unterteilt werden. Das zentrale Thema dieses Kapitels ist die **pränatale Entwicklung** von der Befruchtung bis zur Geburt. Mit **Embryologie** wird die Untersuchung der Entwicklungsschritte in dieser Phase bezeichnet. Die **postpartale Entwicklung** beginnt mit der Geburt und endet mit der körperlichen Reife. Wir werden die **Neugeborenenphase** unmittelbar nach der Geburt kurz beleuchten, doch die anderen Aspekte der Entwicklung im Kindes- und Jugendalter sind bereits in früheren Kapiteln zu den einzelnen Organsystemen besprochen worden.

Die pränatale Entwicklung kann in Stadien unterteilt werden. Die **präembryonale Entwicklung** beginnt mit der Befruchtung und umfasst die Phasen der Furchungsteilungen und der Implantation (die Einnistung im Uterus).

Nach der präembryonalen folgt die **embryonale Entwicklung**, die von der Implantation am neunten oder zehnten Tag nach der Befruchtung bis zum Ende der achten Woche andauert. Die **fetale Entwicklung** umfasst die Zeit von der neunten Woche bis zur Geburt. Wir werden nun die einzelnen Phasen genauer betrachten.

Die Befruchtung 28.2

Die Befruchtung ist die Verschmelzung zweier haploider Gameten zu einer diploiden Zygote mit normaler somatischer Chromosomenzahl (46). Die funktionelle Rolle und die Beiträge von Spermatozoon und Eizelle sind sehr unterschiedlich. Während das Spermatozoon lediglich die väterlichen Chromosomen an den Ort der Befruchtung transportiert, muss die Eizelle die gesamte Ernährung und die genetische Programmierung für fast die ganze erste Entwicklungswoche nach der Befruchtung übernehmen. Daher ist sie deutlich größer als das Spermium (**Abbildung 28.1**a). Normalerweise findet die Befruchtung in der Ampulle des Eileiters statt, meist am ersten Tag nach dem Eisprung. In dieser Zeit hat die sekundäre Oozyte nur einige Zentimeter zurückgelegt, während die Spermatozoen die Strecke von der Vagina bis in die Ampulle bewältigen müssen. Bei ihrer Ankunft in der Vagina sind die Spermien zwar schon beweglich, aber erst nach der Kapazitation im weiblichen Fortpflanzungstrakt können sie ein Ei befruchten.

Kontraktionen der Uterusmuskulatur und Zilienbewegungen in den Eileitern unterstützen die Spermatozoen auf ihrem Weg von der Vagina bis an den Ort der Befruchtung, der 30 min bis zwei Stunden dauern kann. Auch mit dieser Unterstützung und einem Nahrungsangebot unterwegs ist diese Strecke nicht leicht zu überwinden. Von den 200 Millionen Spermatozoen, die pro Ejakulat durchschnittlich in die Vagina gelangen, erreichen nur etwa 10.000 die Eileiter und weniger als 100 letztendlich die Ampulle. Ein Mann mit weniger als 20 Millionen Spermien pro Milliliter ist funktionell unfruchtbar, da zu wenige Spermien überleben, um die Eizelle zu erreichen. Wegen des besonderen Zustands der Eizelle zum Zeitpunkt des Eisprungs sind ein oder zwei Spermatozoen für eine Befruchtung nicht ausreichend.

28.2.1 Die Oozyte zum Zeitpunkt des Eisprungs

Der Eisprung (die Ovulation) findet vor Abschluss der Reifung der Eizelle statt; beim Verlassen des Follikels befindet sich die sekundäre Oozyte in der Metaphase der zweiten Reifeteilung (Meiose II). Die Stoffwechselaktivitäten sind weitgehend unterbrochen; die Eizelle treibt in einer Art Ruhezustand in Erwartung einer Stimulation für die weitere Entwicklung. Wenn es nicht zu einer Befruchtung kommt, degeneriert die Eizelle, ohne die Meiose vollendet zu haben.

Die Befruchtung wird dadurch erschwert, dass die Eizelle beim Verlassen des Ovars noch von einer Schicht Follikelzellen umgeben ist, der *Corona radiata*. Die nachfolgenden Ereignisse sind in **Abbildung 28.1**b dargestellt. Die *Corona radiata* beschützt die sekundäre Oozyte auf ihrem Weg durch die rupturierte Follikelwand in das Infundibulum des Eileiters. Obwohl zur Befruchtung eigentlich nur der Kontakt eines einzigen Spermatozoons mit der Membran der Oozyte vonnöten ist, muss dieses Spermatozoon zunächst die *Corona radiata* überwinden. Seine Akrosomkappe enthält **Hyaluronidase**, ein Enzym, das den interzellulären Zement zwischen benachbarten Follikelzellen auflösen kann. Dutzende von Spermatozoen müssen zur Überwindung der *Corona radiata* ihre Hyaluronidase abgeben. Unabhängig davon, wie vielen Spermien dann ein Eindringen gelingt, befruchtet nur ein einziges die Eizelle und aktiviert sie. Wenn dieses Spermium die *Zona pellucida* durchdrungen hat und mit der Eizelle in direkten Kontakt kommt, verschmelzen ihre Zellmembranen, und das Spermium gelangt in das **Ooplasma**, das Zytoplasma der Eizelle. Diese Verschmelzung der Membranen bewirkt eine Stimulation der Oozyte, besonders ihrer metabolischen Aktivität. Sie steigt plötzlich stark an; unmittelbare Veränderungen am Plasmalemm verhindern daraufhin das Eindringen weiterer Spermien. (Wenn es dennoch mehreren Spermien gelingen sollte, gleichzeitig in die Eizelle einzudringen [**Polyspermie**], kann eine normale Entwicklung nicht stattfinden.) Die deutlichste Veränderung in der Oozyte ist die Vollendung der Meiose.

(a)

28.2.2 Die Entstehung der Vorkerne und die Amphimixis (Verschmelzung der Keimzellen)

Nach Aktivierung der Oozyte und Vollendung der Meiose sortiert sich das in der Eizelle verbliebene genetische Material zum **weiblichen Vorkern** (siehe Abbildung 28.1b). Währenddessen vergrößert sich der Kern des Spermatozoons; es entsteht der **männliche Vorkern**. Er bewegt sich dann zur Mitte der Zelle hin; die beiden Vorkerne verschmelzen nun miteinander. Diesen Vorgang bezeichnet man als **Amphimixis**. Mit dieser Entstehung einer **Zygote** mit dem normalen 46-teiligen Chromosomensatz ist die Befruchtung vollendet. Die Zygote beginnt nun, sich auf die Teilungen vorzubereiten; letztendlich entstehen daraus Milliarden spezialisierter Zellen.

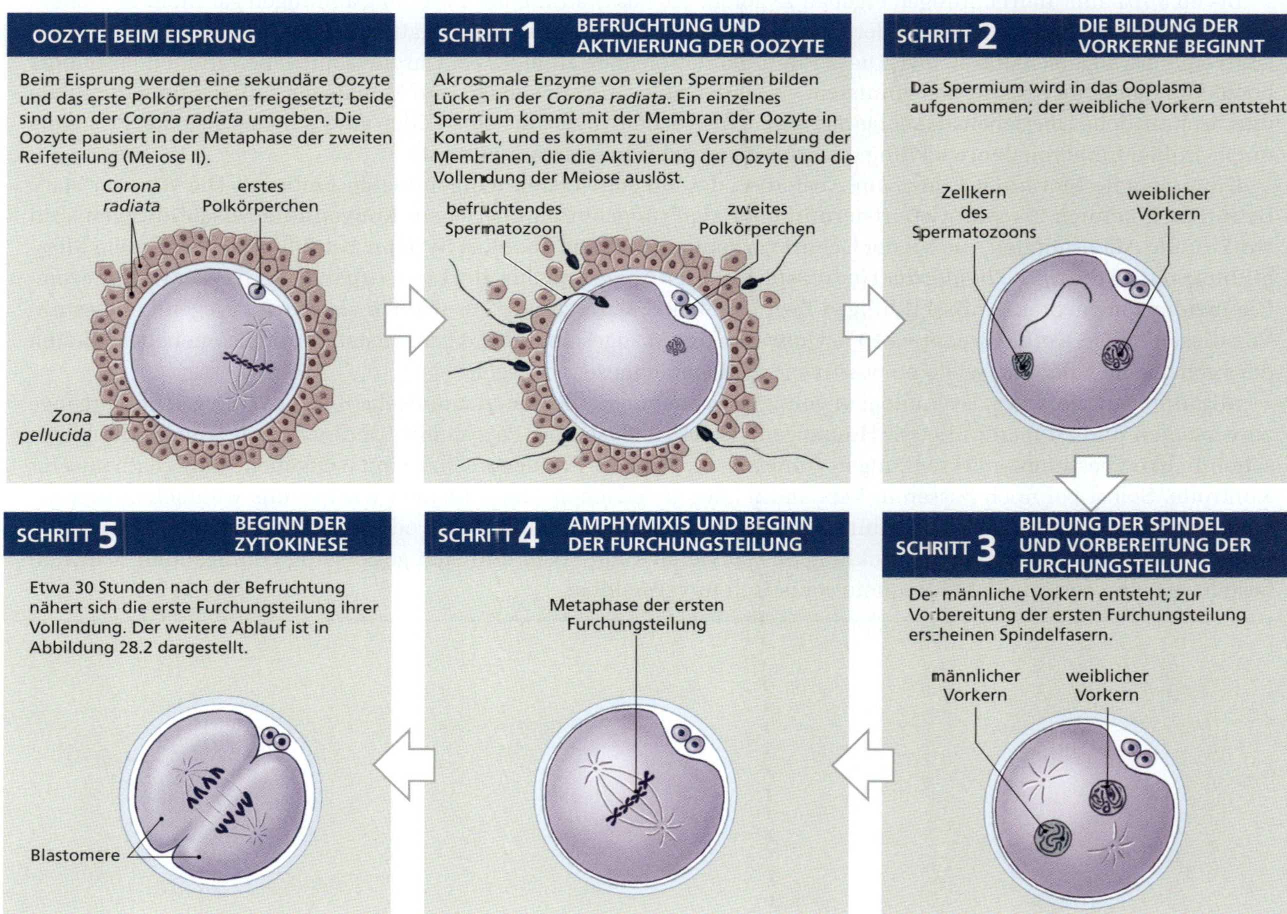

(b)

Abbildung 28.1: Befruchtung und Vorbereitung auf die Zellteilung. (a) Sekundäre Oozyte, von Spermatozoen umringt. (b) Ereignisse bei und unmittelbar nach der Befruchtung.

AUS DER PRAXIS

Komplexität und Perfektion

Dass werdende Eltern ganz selbstverständlich eine angenehme Schwangerschaft und ein perfektes Kind erwarten, spiegelt eine tiefsitzende Fehleinschätzung der Natur der Embryonalentwicklung wider. Sie führt zu dem Irrglauben, dass schwerwiegende Fehlentwicklungen immer eine Ursache haben. Beschuldigt werden Gewohnheiten der Mutter (wie Rauchen, Alkoholkonsum oder schlechte Ernährung), Toxine, Medikamente oder andere störende Umweltfaktoren. Tatsache ist jedoch, dass es auch dann, wenn man alle Schwangeren die gesamte Schwangerschaft über in Watte packen und ins Bett legen würde, dennoch weiterhin regelmäßig zu Störungen der Entwicklung käme.

Spontanmutationen sind das Ergebnis zufälliger Replikationsfehler; sie kommen relativ häufig vor. Mindestens 10 % aller Befruchtungen führen zu Zygoten mit abnormen Chromosomen. Da die meisten Spontanmutationen keine sichtbaren Folgen haben, ist ihre eigentliche Anzahl wahrscheinlich deutlich höher. Die meisten betroffenen Zygoten sterben vor Vollendung ihrer Entwicklung; nur 0,5 % aller Kinder kommen mit Chromosomenaberrationen zur Welt, die auf Spontanmutationen beruhen.

Aufgrund der Natur der Regulationsmechanismen folgt die pränatale Entwicklung nicht präzise vorbestimmten Wegen. Der Verlauf von Blutgefäßen und Nerven ist beispielsweise sehr variabel; es ist nicht wichtig, wie Blut oder Nervenimpulse ans Ziel gelangen, Hauptsache, sie kommen ans Ziel. Wenn die Variationen jedoch außerhalb eines akzeptablen Bereichs liegen, kann der Embryo oder Fetus seine Entwicklung nicht fortsetzen. Sehr kleine Veränderungen der Herzstruktur können beispielsweise zum Tod des Feten führen, während große Variationen beim Verlauf der Venen verbreitet und relativ harmlos sind. Fast jeder kann in gewissem Ausmaß als abnorm bezeichnet werden, da niemandes Merkmale alle im statistischen Durchschnitt liegen. Etwa 20 % Ihrer Gene unterscheiden sich leicht von denen der Bevölkerungsmehrheit; kleine Fehlbildungen, wie akzessorische Mamillen oder Leberflecken, sind recht häufig.

Bis zu 50 % aller Befruchtungen ergeben Zygoten, die das Stadium der Furchungsteilungen gar nicht erreichen. Diese Zygoten sterben im Eileiter oder Uterus ab; da es nicht zu einer Implantation kommt, gibt es auch keine objektiven Schwangerschaftszeichen. Diese Präimplantationsmortalität ist bei Chromosomenaberrationen besonders hoch. Von den Embryos, die sich einnisten, vollenden etwa 20 % die ersten fünf Monate der Entwicklung nicht; die durchschnittliche Überlebensdauer beträgt hier acht Wochen. In den meisten Fällen sind schwerwiegende Probleme in der frühen Embryonalentwicklung oder der Plazentabildung verantwortlich.

Die pränatale Mortalität führt zum Absterben der am schwersten fehlgebildeten Embryos. Die weniger stark Betroffenen können bis zum Geburtstermin oder als Frühgeburten überleben. **Kongenitale Missbildungen** sind strukturelle Abnormitäten, die bei der Geburt vorhanden sind und wichtige Systeme betreffen. Die häufigsten Missbildungen sind die *Spina bifida*, der Hydrozephalus, der Anenzephalus, die Lippenspalte und das Down-Syndrom. Die Inzidenz angeborener Missbildungen liegt bei etwa 6 %, doch nur 2 % werden als schwerwiegend eingestuft. Von diesen Fällen werden nur etwa 10 % Umweltfaktoren zugeschrieben, da ansonsten Chromosomenaberrationen oder genetische Faktoren, wie eine positive Familienanamnese, vorliegen.

Mithilfe medizinischer Technologien gelingt es zunehmend besser, anatomische und physiologische Vorgänge zu verstehen und zu manipulieren. Humangenetische Analysen bei Paaren mit Kinderwunsch können die Wahrscheinlichkeit bestimmter Erkrankungen vorhersagen, doch die Probleme selbst sind weitgehend außerhalb unserer Kontrolle. Selbst bei noch besserem Verständnis der genetischen Mechanismen wird es uns wahrscheinlich nie gelingen, jeden Aspekt der Entwicklung zu kontrollieren und Spontanaborte oder kongenitale Missbildungen zu verhindern. Da die pränatale Entwicklung aus so vielen komplexen und sich gegenseitig bedingenden Schritten besteht, ist eine bestimmte Fehlerquote statistisch unvermeidbar.

Die pränatale Entwicklung 28.3

Die Zeit der pränatalen Entwicklung nennt man auch **Gestation**. Der Einfachheit halber wird sie in drei Trimena aufgeteilt, die jeweils drei Monate lang sind:

- Das **erste Trimenon** ist die Phase der Embryonal- und der frühen fetalen Entwicklung. In dieser Zeit erscheinen die Anlagen sämtlicher wichtiger Organsysteme.
- Im **zweiten Trimenon** vollenden die Organe und Organsysteme den Großteil ihrer Entwicklung. Die Körperproportionen verändern sich; am Ende dieser Phase sieht der Fetus erkennbar menschlich aus.
- Das **dritte Trimenon** ist durch rasches Wachstum des Kindes gekennzeichnet. Zu Beginn dieser Phase sind die meisten wichtigen Organsysteme voll funktionsfähig: Ein Kind, das ein oder gar zwei Monate vor dem Termin geboren wird, hat realistische Überlebenschancen.

28.3.1 Das erste Trimenon

Am Ende des ersten Trimenons (zwölfte Woche der Embryonalentwicklung) ist der Fetus knapp 75 mm lang und wiegt etwa 14 g. Die Abläufe in dieser Phase sind komplex; das erste Trimenon ist die gefährlichste Periode pränatalen Lebens. Nur etwa 40 % aller Befruchtungen ergeben einen Embryo, der diese Zeit übersteht. Aus diesem Grunde sind Schwangere gehalten, im ersten Trimenon bestimmte Medikamente und andere Störfaktoren zu vermeiden, in der Hoffnung, Fehlentwicklungen vorzubeugen.

Im ersten Trimenon laufen viele wichtige und komplexe Entwicklungsschritte ab; in der Zusammenfassung Embryologie in Kapitel 3 wurden zwei wichtige, aufeinander folgende Entwicklungsschritte des ersten Trimenons vorgestellt: 1. die Entstehung von Geweben und 2. die Entwicklung von Epithel und der Ursprung von Bindegewebe. Jeder Entwicklungsschritt hat charakteristische Eigenheiten; eine kurze Wiederholung ist zu diesem Zeitpunkt angebracht.

Wir konzentrieren uns nun auf vier allgemeine Abläufe: die Furchungsteilungen, die Implantation, die Plazentation und die Embryogenese.

- Die **Furchungsteilungen** sind eine Reihe von Zellteilungen, die unmittelbar nach der Befruchtung beginnen und mit dem ersten Kontakt mit der Uteruswand enden. In dieser Phase wandelt sich die Zygote in einen **Präembryo**, der sich zu einem vielzelligen Komplex, der **Blastozyste**, weiterentwickelt. (Furchungsteilungen und die Bildung der Blastozyste wurden in der Zusammenfassung Embryologie in Kapitel 3 vorgestellt.)
- Die **Implantation** beginnt mit der Anheftung der Blastozyste am Endometrium und setzt sich mit ihrer Einnistung in die Uteruswand fort. Während der Implantation werden weitere Abläufe in Gang gesetzt, die die Rahmenbedingungen für die Bildung lebenswichtiger embryonaler Strukturen setzen.

AUFGABEN

1. Können Spermien, die in der Vagina ankommen, unmittelbar eine Befruchtung vollziehen? Erklären Sie.
2. Warum muss für eine erfolgreiche Befruchtung eine große Anzahl von Spermien die sekundäre Oozyte erreichen?
3. Was passiert mit der Oozyte in dem Moment, in dem das Spermium in das Ooplasma eindringt?
4. Welche Entwicklungsschritte charakterisieren das erste Trimenon?

- Die **Plazentation** beginnt mit der Bildung von Blutgefäßen um die Kanten der Blastozyste herum. Dies ist der erste Schritt der Entwicklung der **Plazenta**. Die Plazenta verbindet mütterliche und kindliche Systeme; sie stellt Atemgase und Nährstoffe zur Verfügung, die für die weitere pränatale Entwicklung von entscheidender Bedeutung sind.
- Die **Embryogenese** ist die Bildung eines lebensfähigen Embryos; hierbei entstehen seine Körperform und die inneren Organe.

Furchungsteilungen und Bildung der Blastozyste

Die Furchungsteilungen (**Abbildung 28.2**) teilen das Zytoplasma der Zygote in kleine Zellen auf, die **Blastomere**. Die erste Furchungsteilung führt zu einem Präembryo, der aus zwei identischen Blastomeren besteht. Dieser Vorgang ist etwa 30 Stunden nach der Befruchtung abgeschlossen; weitere Teilungen folgen etwa alle zehn bis zwölf Stunden. Anfangs durchlaufen alle Blastomere ihre Mitosen gleichzeitig; später lässt sich der zeitliche Ablauf nicht mehr gut vorhersagen.

In diesem Stadium ist der Präembryo ein solider Zellhaufen, der wegen seiner Ähnlichkeit mit einer kleinen Maulbeere **Morula** genannt wird (lat.: morum = die Maulbeere). Nach fünf Tagen bilden die Blastomere einen hohlen Ball, die **Blastozyste**; der innere Hohlraum wird **Blastozele** genannt. In diesem Stadium sind erste Unterschiede zwischen den Zellen der Blastozyste erkennbar. Die äußere Zellschicht, die die Blastozele von der Umgebung trennt, nennt man **Trophoblast**. Der Name weist schon auf die Funktion hin (griech.: troph = die Ernährung, die Nahrung). Diese Zellen werden für die Ernährung des Embryos verantwortlich sein. Es sind die einzigen Zellen des Präembryos, die mit der Uteruswand in Kontakt stehen. Eine zweite Gruppe von Zellen liegt an einer Seite der Blastozyste zusammengeballt, der Embryoblast. Er liegt zur Blastozele hin frei, ist aber durch den Trophoblasten von der Umgebung isoliert. Es handelt sich um die Stammzellen, die später alle Zellen und Zelltypen des Körpers bilden.

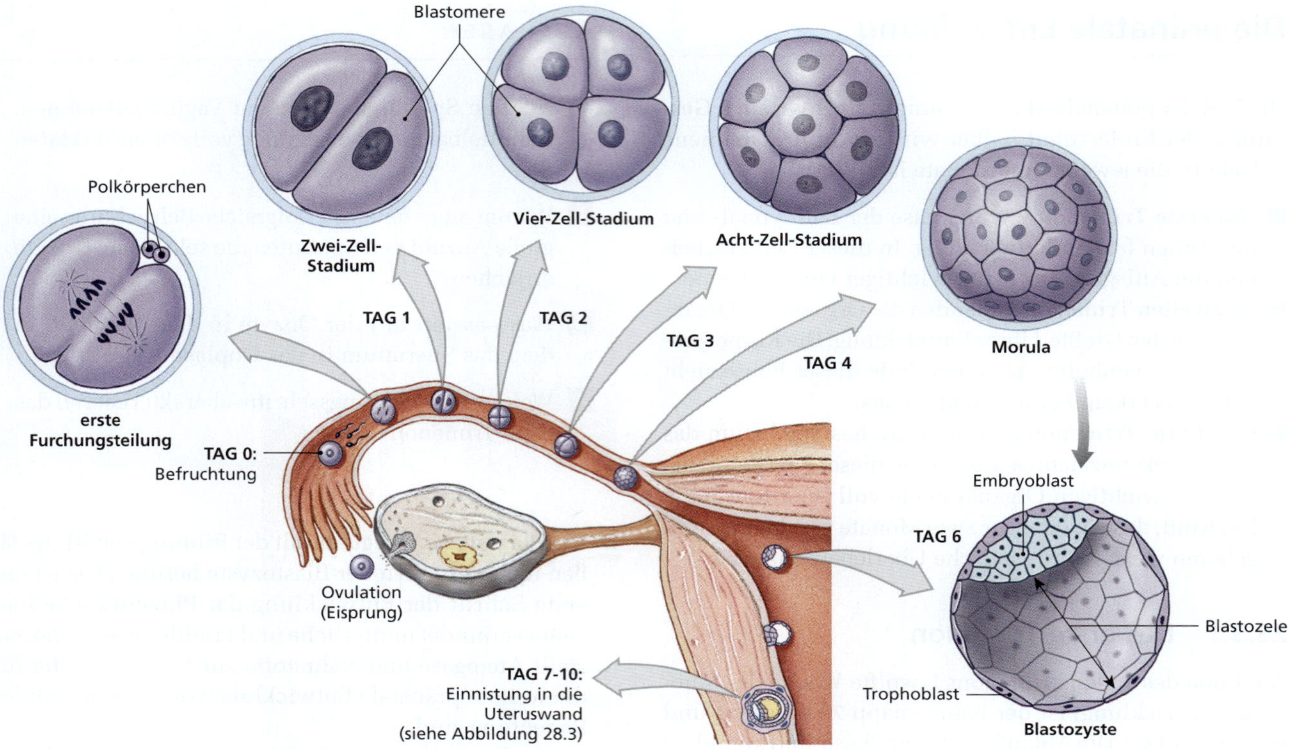

Abbildung 28.2: Furchungsteilungen und Bildung der Blastozyste.

AUS DER PRAXIS

Teratogene und Entwicklungsstörungen

Teratogene sind Substanzen, die die normale fetale Entwicklung beeinträchtigen, indem sie Zellen beschädigen, ihre Chromosomenstruktur verändern oder die normalen Induktionen stören. Pestizide, Herbizide, rezeptpflichtige Medikamente, einschließlich bestimmter Antibiotika, Benzodiazepine, Sedativa, Steroide, Vitamin-A-Derivate, Diuretika, Anästhetika und Analgetika können teratogene Effekte haben. Schwangere sollten diese Medikamente, die entsprechend gekennzeichnet sind, nicht ohne Rücksprache mit dem Arzt einnehmen. Die meisten „pflanzlichen" Präparate sind nicht entsprechend getestet; ihre chemische Zusammensetzung kann stark schwanken. Da die Auswirkungen auf das Ungeborene nicht bekannt sind, sollten sie nicht als sicher angesehen werden.

Das **fetale Alkoholsyndrom** tritt auf, wenn mütterlicher Alkoholkonsum Entwicklungsstörungen beim Fetus hervorruft, wie etwa Skelettfehlbildungen, kardiovaskuläre Defekte und neurologische Störungen. Die fetale Mortalität liegt bei bis zu 17 %; die überlebenden Kinder leiden später an Entwicklungsstörungen. In den schlimmsten Fällen haben die Mütter mindestens 200 ml hochprozentige Getränke oder zehn Flaschen Bier oder alternativ zwei Flaschen Wein täglich getrunken. Da das Ausmaß der Schädigungen beim Kind in direktem Zusammenhang zur aufgenommenen Alkoholmenge steht, gibt es eigentlich keine Höchstalkoholmenge, die als sicher angesehen werden kann. Das fetale Alkoholsyndrom ist die häufigste Ursache für geistige Retardierung bei Kindern in Deutschland; jährlich sind etwa 4000 Kinder betroffen.

Das **Rauchen** stellt einen weiteren wichtigen Risikofaktor für das Kind dar. Außer der Zufuhr potenziell schädlicher Substanzen, wie Nikotin, verringert das Rauchen den P_{O_2} des mütterlichen Blutes und somit die Sauerstoffmenge, die an der Plazenta ankommt. Der Fetus einer Raucherin wächst nicht so schnell wie der einer Nichtraucherin; das Rauchen erhöht auch das Risiko eines Spontanaborts, einer Frühgeburt und des fetalen Todes. Nach der Geburt ist die Kindessterblichkeit höher; auch kann es später zu Entwicklungsstörungen kommen.

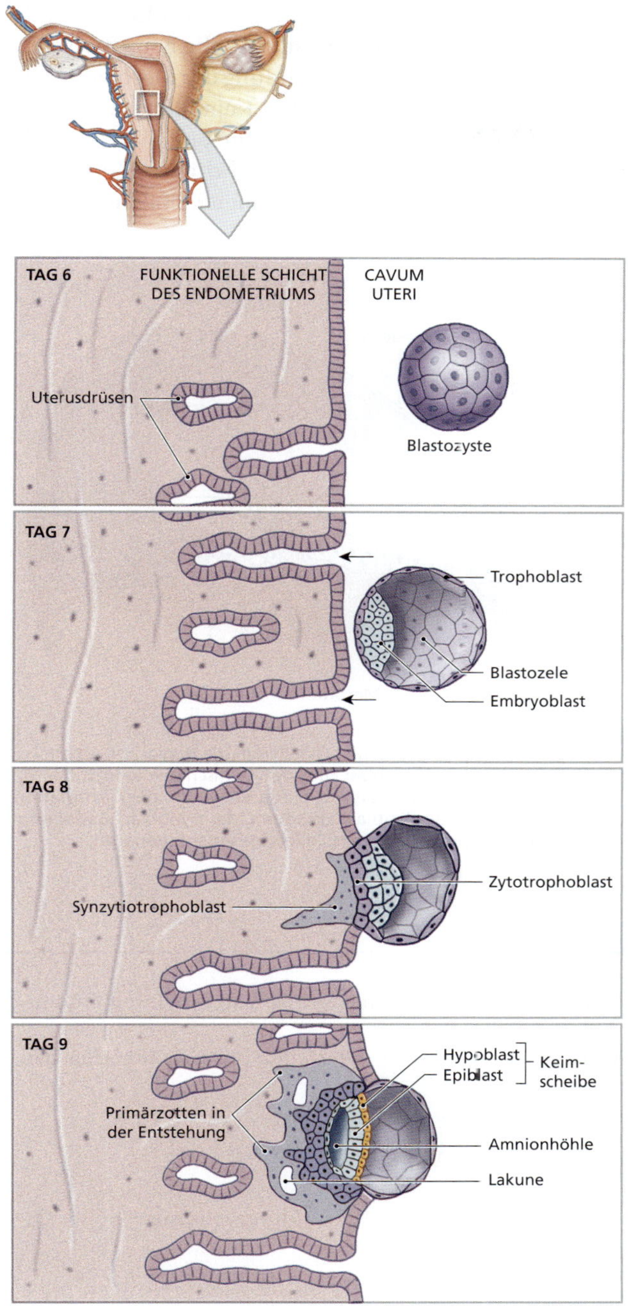

Abbildung 28.3: **Stadien der Implantation.**

Die Implantation

Zum Zeitpunkt der Befruchtung ist die Zygote noch vier Tagesreisen vom Uterus entfernt. Im Uterus erscheint sie dann als Morula; in den nächsten beiden Tagen bildet sich die Blastozyste. In dieser Zeit resorbieren die Zellen ihre Nahrung aus der Flüssigkeit im *Cavum uteri*. Diese glykogenreiche Flüssigkeit wird von den Uterusdrüsen im Endometrium gebildet. Wenn sie fertig ausgebildet ist, nimmt die Blastozyste Kontakt mit der Uteruswand auf, meist im *Fundus* oder *Corpus uteri*, und nistet sich ein. Die Stadien der Implantation sind in **Abbildung 28.3** dargestellt.

Die Implantation beginnt, wenn die Fläche über dem Embryoblasten im Inneren die Innenfläche des Uterus berührt und sich anheftet (siehe Tag 7, Abbildung 28.3). Am Kontaktpunkt teilen sich die Trophoblastzellen jetzt zügig, sodass der Trophoblast mehrere Schichten dick wird. Zum Endometrium hin verschwinden als nächstes die Zellmembranen, die die Trophoblastzellen voneinander getrennt haben; es entsteht eine durchgehende Schicht aus Zytoplasma mit multiplen Zellkernen (Tag 8). Diese äußerste Schicht, der **Synzytiotrophoblast**, arrodiert sich einen Weg durch das Epithel des Endometriums, indem sie das Enzym **Hyaluronidase** sezerniert. Dieses Enzym baut den interzellulären Zement zwischen benachbarten Epithelzellen ab, ganz so wie die Hyaluronidase, mit deren Hilfe sich die Spermatozoen einen Weg zwischen die Zellen der *Corona radiata* bahnen. Zunächst führt diese Erosion zu einer Lücke im Epithelüberzug, doch Migration und Teilungen benachbarter Epithelzellen schließen sie bald wieder. Nach Abschluss der Reparaturarbeiten hat die Blastozyste den Kontakt zum *Cavum uteri* verloren; alle weiteren Entwicklungsschritte finden im Inneren der funktionellen Schicht statt.

Im weiteren Verlauf vergrößert sich der Synzytiotrophoblast und dehnt sich in das umliegende Endometrium aus (Tag 9). Dieser Vorgang führt zu einer Zerstörung und einem enzymatischen Abbau von Uterusdrüsen. Die freigesetzten Nährstoffe werden vom Synzytiotrophoblasten resorbiert und durch Diffusion durch den darunterliegenden **Zytotrophoblasten** hindurch zum Embryoblasten weitergeleitet. Diese Nährstoffe sind die Energiequelle in der frühen Embryonalphase. Um die Kapillaren wachsen Ausläufer des Trophoblasten herum; bei der Zerstörung der Blutgefäße sickert langsam mütterliches Blut in Kanäle im Trophoblasten, die Lakunen. Fingerartige Primärzotten ragen vom Trophoblasten weg in das Endometrium; jede Zotte besteht aus einem Fortsatz des Synzytiotrophoblasten mit einem Kern aus Zytotrophoblastmaterial. In den nächsten Tagen arrodiert der Trophoblast größere Arterien und Venen des Endometriums; der Blutfluss in die Lakunen nimmt zu.

Die Bildung der Keimscheibe Im frühen Blastozystenstadium hat der Embryoblast keine erkennbare innere Struktur. Zum Zeitpunkt der Implantation hat er jedoch begonnen, sich vom Trophoblasten zu lösen. Die Trennung nimmt langsam zu; es entsteht ein flüssigkeitsgefüllter Hohlraum, die **Amnionhöhle**. Sie ist in Abbildung 28.3 (Tag 9) zu sehen, weitere Details der Tage 10–12 in **Abbildung 28.4**. In diesem Stadium hat der Embryoblast eine ovale Scheibe ausgebildet, die zwei Zellschichten dick ist. Dieses Oval, die **Keimscheibe**, besteht zunächst aus zwei Epithelschichten: dem **Epiblast**, der zur Amnionhöhle hinzeigt, und dem **Hypoblast**, der mit der Flüssigkeit der Blastozele in Verbindung steht.

Die Gastrulation und die Bildung der Keimblätter Nach einigen Tagen beginnt sich bei der **Gastrulation** eine dritte Schicht zu bilden (siehe Tag 12, Abbildung 28.4). Hierbei bewegen sich Zellen aus spezifischen Bereichen des Epiblasts in Richtung der Mitte der Keimscheibe an eine Linie, die **Primitivrinne**. Sobald sie dort angekommen sind, verlassen die wandernden Zellen die Oberfläche und schieben sich zwischen Epiblast und Hypoblast. Durch diese Zellbewegung entstehen drei verschiedene Keimblätter mit sehr unterschiedlichem Schicksal. Mit Einsetzen der Gastrulation nennt man die Schicht, die mit der Amnionhöhle in Verbindung bleibt, **Ektoderm**; der Hypoblast wird zum **Endoderm**, und die neue Zwischenschicht heißt **Mesoderm**. Die Bildung des Mesoderms und die weitere Entwicklung der drei Keimblätter wurden in der Zusammenfassung Embryologie in Kapitel 3 vorgestellt. In Tabelle 28.1 finden Sie eine ausführlichere Zusammenstellung der Beiträge, die die einzelnen Keimblätter zu den Organsystemen leisten.

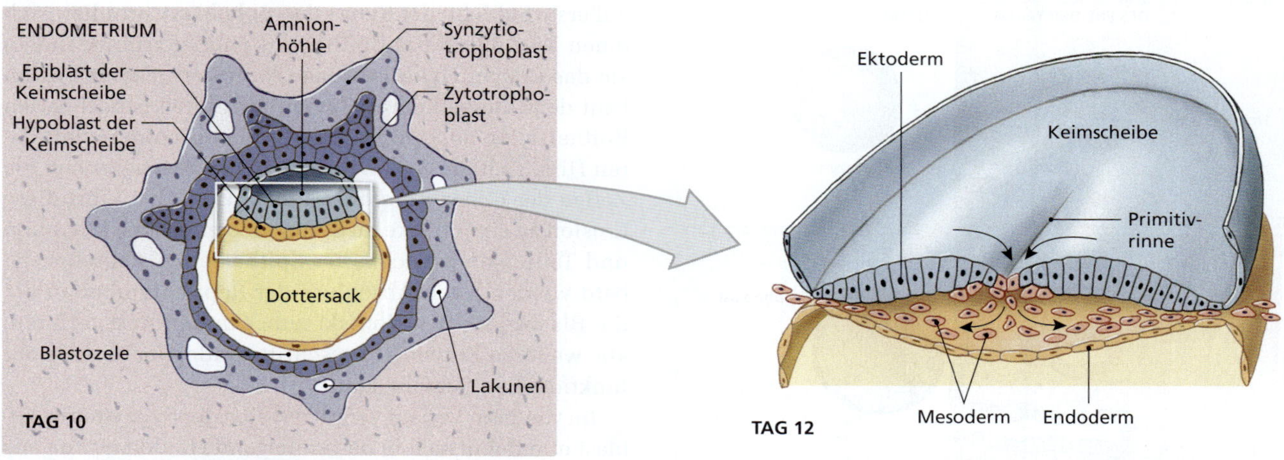

Die Keimscheibe beginnt zweischichtig: Der **Epiblast** weist zur Amnionhöhle hin, der **Hypoblast** zur Blastozele. Die Migration von Epiblastzellen um die Amnionhöhle herum ist der erste Schritt zur Entstehung des Amnions. Eine Migration der Hypoblastzellen ergibt einen Sack, der unter der Keimscheibe hängt; dies ist der erste Schritt zur Entstehung des Dottersacks.

Die Migration von Epiblastzellen in die Region zwischen Epiblast und Hypoblast fügt der Keimscheibe eine dritte Schicht hinzu. Von Beginn dieses Vorgangs, der Gastrulation, an werden der Epiblast **Ektoderm**, der Hypoblast **Endoderm** und die einwandernden Zellen **Mesoderm** genannt.

Abbildung 28.4: Aufbau der Keimscheibe und Gastrulation.

BEITRÄGE DES EKTODERMS

Das Integument: Epidermis, Haarfollikel und Haare, Nägel, und Drüsen der Haut (sog. apokrine und merokrine Schweißdrüsen, Brustdrüsen und Talgdrüsen)
Das Skelettsystem: Pharynxknorpel und ihre Abkömmlinge beim Erwachsenen (Teil des *Os sphenoidale*, die Gehörknöchelchen, die *Processus styloidei* des *Os temporale*, Alae und Oberkante des *Os hyoideum*)[1]
Das Nervensystem: alles Nervengewebe, einschließlich Gehirn und Rückenmark
Das endokrine System: Hypophyse und Nebennierenmark
Das respiratorische System: Schleimhaut der Nase
Das Verdauungssystem: Schleimhaut von Mund und Anus, Speicheldrüsen

BEITRÄGE DES MESODERMS

Das Integument: Dermis, außer epidermalen Abkömmlingen
Das Muskelsystem: alle Komponenten
Das endokrine System: Nebennierenrinde und endokrines Gewebe an Herz, Nieren und Gonaden
Das kardiovaskuläre System: alle Komponenten, einschließlich Knochenmark
Das Lymphsystem: alle Komponenten
Das Harnsystem: Nieren, einschließlich der Nephrone und der initialen Abschnitte der Sammelrohre
Das Fortpflanzungssystem: Gonaden und benachbarte Anteile der Gangsysteme
Sonstiges: Auskleidung der Körperhöhlen (thorakal, perikardial, peritoneal) und das Bindegewebe in allen Systemen

BEITRÄGE DES ENDODERMS

Das endokrine System: Thymus, Schilddrüse und Pankreas
Das respiratorische System: respiratorisches Epithel (außer Nasenschleimhaut) und dazugehörige Schleimdrüsen
Das Verdauungssystem: Schleimhaut (außer Mund und Anus), exokrine Drüsen (außer Speicheldrüsen), Leber und Pankreas
Das Harnsystem: Harnblase und distale Abschnitte der Sammelrohre
Das Fortpflanzungssystem: distale Abschnitte der Gangsysteme, Stammzellen der Gameten

Tabelle 28.1: Das Schicksal der primären Keimblätter.

1 Die Neuralleiste entwickelt sich aus dem Ektoderm und trägt zur Bildung des Schädels und der Abkömmlinge der embryonalen Kiemenbögen bei.

(a) Zweite Woche

Die Migration von Mesoderm um die Innenfläche des Trophoblasten herum bildet das Chorion und die Migration um die Außenfläche der Amnionhöhle herum, zwischen den ektodermalen Zellen und dem Trophoblasten, das Amnion. Die mesodermale Migration um die endodermale Tasche bildet den Dottersack.

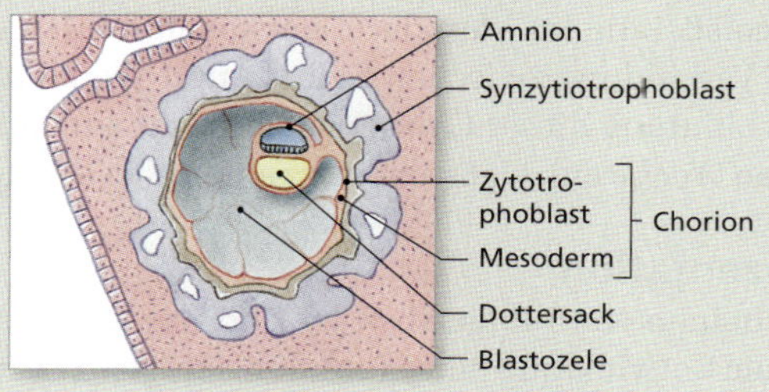

(b) Dritte Woche

Die dreiblättrige Keimscheibe wölbt sich an der Kopffalte in die Amnionhöhle vor. Die Allantois, ein endodermaler Ausläufer, der mit Mesoderm umgeben ist, erstreckt sich in Richtung Trophoblast.

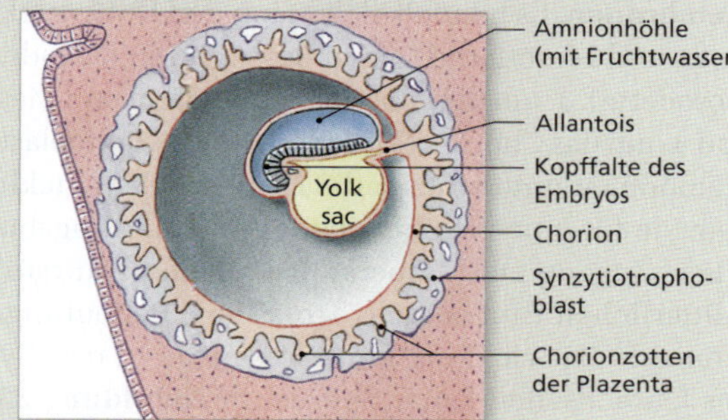

(c) Vierte Woche

Der Embryo hat nun eine Kopf- und eine Schwanzfalte. Konstriktion der Verbindungen zwischen dem Embryo und dem umgebenden Trophoblasten verschmälert den Dottergang und den Haftstiel.

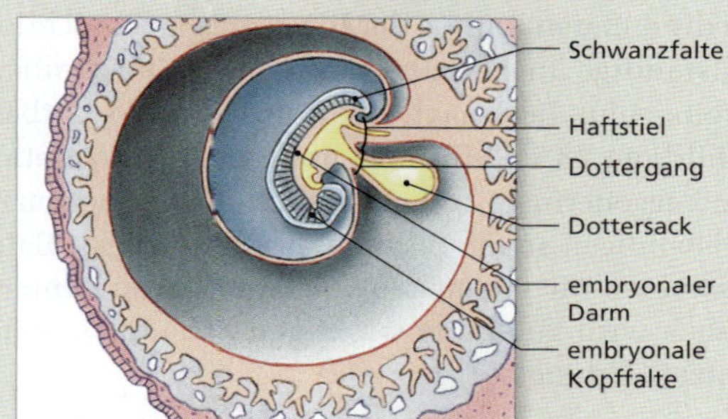

(d) Fünfte Woche

Der sich entwickelnde Embryo und die extraembryonalen Membranen wölben sich in das *Cavum uteri* vor. Der Trophoblast, der nach außen in den Uterus hineinweist, bleibt von Endometrium bedeckt, nimmt jedoch nicht mehr an der Nährstoffresorption und der Versorgung des Embryos teil. Der Embryo bewegt sich von der Plazenta weg; Haftstiel und Dottergang verschmelzen zum Nabelstrang.

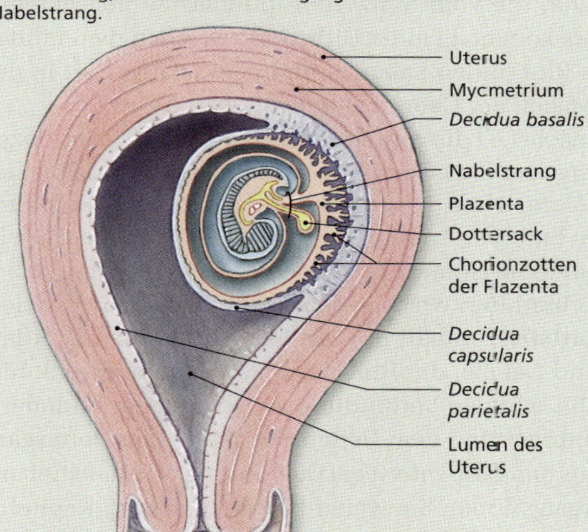

(e) Zehnte Woche

Das Amnion hat sich deutlich vergrößert und füllt das *Cavum uteri*. Der Fetus ist über eine längere Nabelschnur mit der Plazenta verbunden, die einen Teil der Allantois, Blutgefäße und die Überreste des Dottergangs enthält.

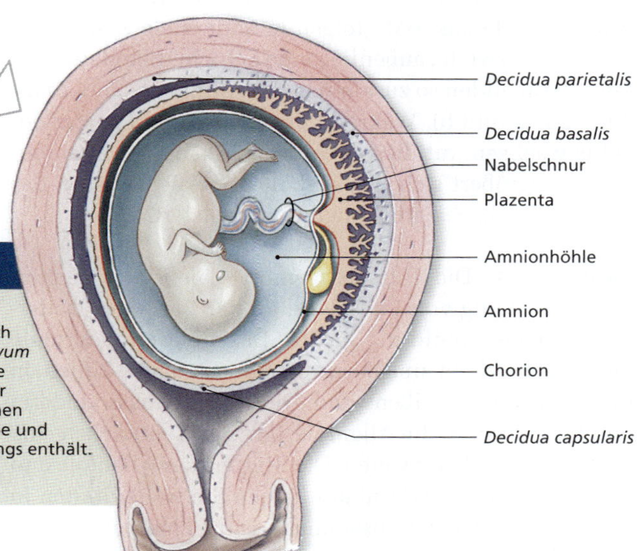

Abbildung 28.5: Die embryonalen Eihäute und die Entstehung der Plazenta.

Die Bildung der extraembryonalen Eihäute Außer Körperstrukturen bilden die Keimblätter auch noch vier weitere Strukturen, die außerhalb des embryonalen Körpers liegen. Man nennt sie zusammenfassend die **extraembryonalen Membranen**. Es handelt sich 1. um den Dottersack (Endoderm und Mesoderm), 2. um das Amnion (Ektoderm und Mesoderm), 3. um die Allantois (Endoderm und Mesoderm) und 4. um das Chorion (Mesoderm und Trophoblast). Diese Membranen unterstützen die Embryonalentwicklung, indem sie für eine gleichbleibende, stabile Umgebung und einen Zugang zum Sauerstoff und den Nährstoffen im mütterlichen Blut sorgen. Trotz ihrer Bedeutung für die pränatale Entwicklung hinterlassen sie in den Systemen des Erwachsenen kaum Spuren. In **Abbildung 28.5** sind die repräsentativen Entwicklungsstadien der extraembryonalen Membranen dargestellt.

Der Dottersack Die erste extraembryonale Membran, die erscheint, ist der Dottersack (siehe Abbildung 28.4 und 28.5). Zunächst breiten sich wandernde Hypoblastzellen um die äußeren Kanten der Blastozele aus und bilden eine vollständige Tasche unterhalb der Keimscheibe. Sie ist bereits zehn Tage nach der Befruchtung sichtbar (siehe Abbildung 28.4). Mit fortschreitender Gastrulation wandern mesodermale Zellen um diese Tasche herum und vervollständigen so die Bildung des Dottersacks. Bald schon erscheinen die ersten Blutgefäße im Mesoderm; der Dottersack wird zu einem wichtigen Schauplatz der frühen Blutzellbildung.

Das Amnion Die ektodermale Schicht vergrößert sich ebenfalls; die Zellen breiten sich über die Innenseite der Amnionhöhle aus. Bald folgen mesodermale Zellen und bilden eine zweite, außenliegende Schicht. Ektoderm und Mesoderm bilden so zusammen das Amnion (siehe Abbildung 28.5a und b). Während der Embryo und später der Fetus wachsen, tut dies auch diese Eihaut; die Amnionhöhle vergrößert sich. Sie enthält das Fruchtwasser, das den Embryo bzw. Fetus umgibt und polstert.

Die Allantois Die dritte extraembryonale Eihaut beginnt als Aussackung von Endoderm an der Basis des Dottersacks (siehe Abbildung 28.5b). Das freie endodermale Ende wächst dann, umgeben von mesodermalen Zellen, in Richtung Keimscheibenwand. Dieser Sack aus Endoderm und Mesoderm ist die Allantois; ihre Basis entwickelt sich später zur Harnblase weiter. Die Bildung der Allantois und ihre Beziehung zur Harnblase finden Sie weiter hinten in diesem Kapitel in der Zusammenfassung Embryologie (Die Entwicklung des Harnsystems) dargestellt.

Das Chorion Das Mesoderm der Allantois wächst nun weiter, bis es den Trophoblasten von innen ganz überzieht; es entsteht also eine mesodermale Schicht unter dem Trophoblasten. Mesoderm und Trophoblast zusammen bilden das **Chorion** (siehe Abbildung 28.5a und b).

Kurz nach der Einnistung können die Nährstoffe, die der Trophoblast resorbiert, die Keimscheibe durch Diffusion noch leicht erreichen. Doch mit Vergrößerung des Embryo-Trophoblast-Komplexes werden die Abstände zu groß; die Anforderungen des Embryos können durch Diffusion allein nicht mehr erfüllt werden. Das Chorion löst dieses Problem; die Blutgefäße, die im Mesoderm entstehen, bilden eine schnelle Verbindung zwischen Embryo und Trophoblast. Die Durchblutung dieser Choriongefäße setzt am Anfang der dritten Woche ein, wenn das Herz anfängt zu schlagen.

Die Plazentation

Das Erscheinen von Blutgefäßen im Chorion ist der erste Schritt zur Entwicklung einer funktionsfähigen Plazenta. In der dritten Woche der Entwicklung (siehe Abbildung 28.5b) füllt das Mesoderm alle Trophoblastzotten aus; es entstehen die Chorionzotten, die mit dem mütterlichen Gewebe in Verbindung stehen. Durch Vergrößerung und Verzweigung dieser Zotten entsteht ein ausgedehntes Netzwerk im Endometrium. Mütterliche Blutgefäße werden weiter arrodiert; langsam sickert mütterliches Blut in die Lakunen, die vom Synzytiotrophoblasten ausgekleidet sind. Es kommt zu einer Diffusion zwischen dem mütterlichen Blut in den Lakunen und dem fetalen Blut in den Blutgefäßen der Chorionzotten.

Zunächst ist die gesamte Keimscheibe von Chorionzotten umgeben. Das Chorion wächst weiter und dehnt sich im Endometrium wie ein Ballon aus, bis in der vierten Woche Embryo, Amnion und Dottersack in einer flüssigkeitsgefüllten Höhle schwimmen (siehe Abbildung 28.5c). Die Verbindung zwischen dem Embryo und dem Chorion, der **Haftstiel**, enthält die distalen Abschnitte der Allantois und Gefäße, die Blut zur Plazenta und zurück führen. Die schmale Verbindung zwischen dem Endoderm des Embryos und dem Dottersack nennt man **Dottergang** *(Ductus omphaloentericus)* Die Bildung von Haftstiel und Dottergang finden Sie weiter hinten in diesem Kapitel in der Zusammenfassung Embryologie (Die Entwicklung des Verdauungssystems) dargestellt.

Die Plazenta vergrößert sich nicht unbegrenzt. Während sich eine deutliche Vorwölbung des Endometriums herausbildet, zeigen sich regionale Unterschiede im Aufbau. Der relativ dünne Anteil des Endometriums, der den Embryo bedeckt und vom *Cavum uteri* trennt, heißt **Decidua capsularis** (lat.: deciduus = abfallend). Diese Schicht beteiligt sich nicht mehr am Austausch von Nährstoffen; in dieser Gegend bilden sich die Chorionzotten wieder zurück (siehe Abbildung 28.5d). Die Plazentafunktionen konzentrieren sich nun auf den scheibenförmigen Anteil tief im Endometrium, die **Decidua basalis**. Den Rest des Endometriums, der keinen Kontakt zum Chorion hat, nennt man **Decidua parietalis**. Gegen Ende des ersten Trimenons bewegt sich der Fetus von der Plazenta weg (siehe Abbildung 28.5d und e). Er bleibt über die **Nabelschnur** *(Chorda umbilicalis)*, die Allantois, Blutgefäße der Plazenta und den Dottergang enthält, mit ihr verbunden.

Der Fetus ist in seiner Entwicklung für Ernährung, Atmung und Abfallentsorgung vollkommen von den mütterlichen Organsystemen abhängig. Diese Funktionen müssen zusätzlich zu den eigenen Körperfunktionen durchgeführt werden; die Mutter muss also ausreichende Mengen von Sauerstoff, Nahrung und Vitaminen für sich selbst und den Fetus zu sich nehmen sowie sämtliche Abfallstoffe entsorgen. In den ersten Wochen der Schwangerschaft stellt dies noch keine besondere Belastung dar, wohl aber mit dem Wachstum des Feten in den späteren Wochen. Die Mutter muss praktisch für zwei atmen, essen und eliminieren.

In **Abbildung 28.6**a ist die Durchblutung an der Plazenta am Ende des ersten Trimenons dargestellt. Blut fließt über die paarigen **Aa. umbilicales** vom Feten zur Plazenta und

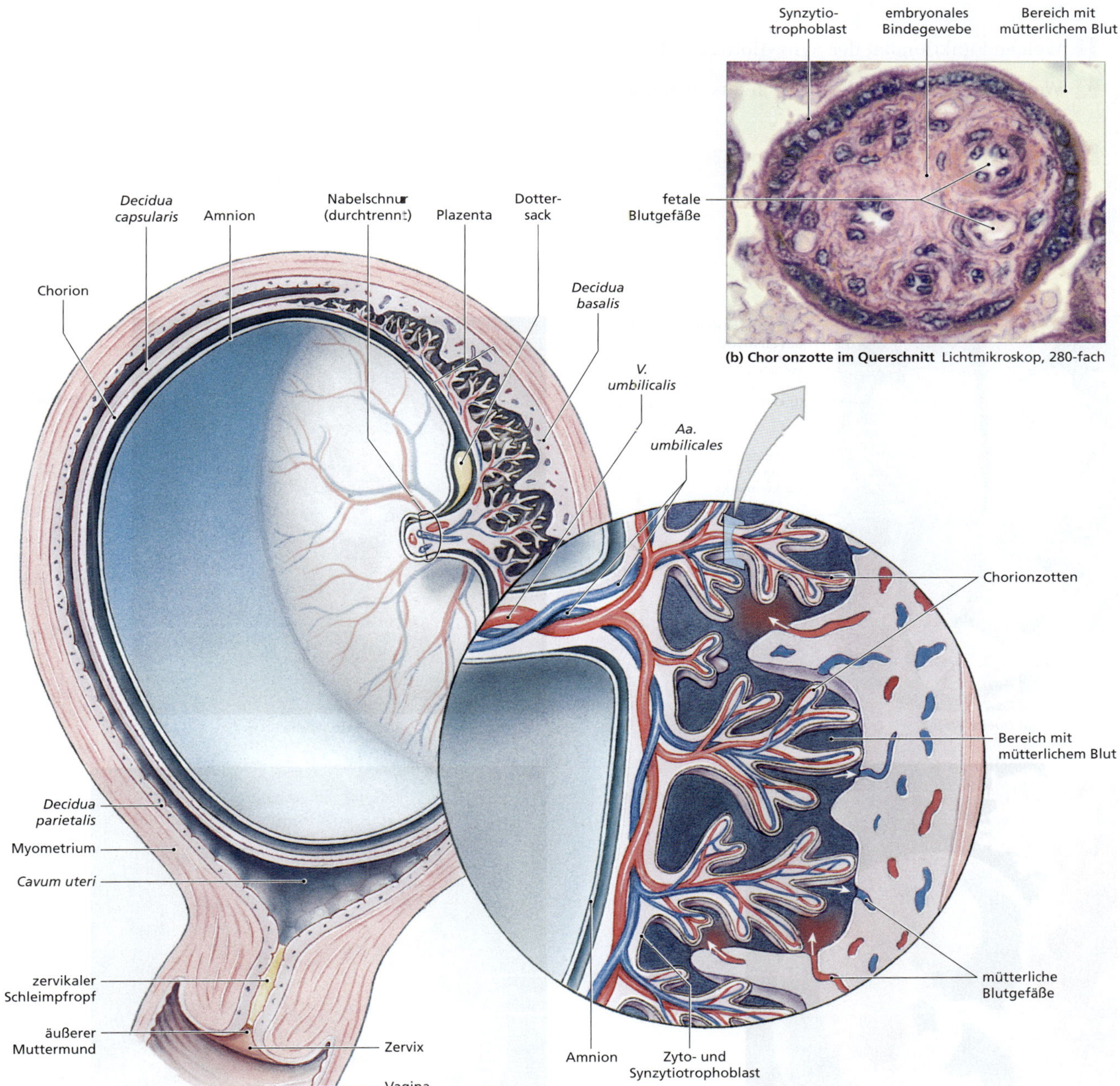

(b) Chorionzotte im Querschnitt Lichtmikroskop, 280-fach

(a) Aufbau der Plazenta, schematische Darstellung

Abbildung 28.6: Dreidimensionale Darstellung der Plazenta. (a) Zur Verbesserung der Übersichtlichkeit ist der Uterus nach Entfernung des Embryos und mit durchtrennter Nabelschnur dargestellt. Blut fließt durch rupturierte mütterliche Arterien in die Plazenta und umspült die Chorionzotten, die fetale Blutgefäße enthalten. Das fetale Blut kommt über die beiden Aa. umbilicales an und fließt durch die V. umbilicalis zurück. Das mütterliche Blut gelangt durch rupturierte Wände kleiner Venen in ihren Kreislauf zurück. Der mütterliche Blutfluss ist mit Pfeilen dargestellt; beachten Sie, dass es nie zu einer eigentlichen Vermischung von fetalem und mütterlichem Blut kommt. (b) Histologie einer Chorionzotte im Querschnitt mit Darstellung des Synzytiotrophoblasten in Kontakt mit dem mütterlichen Blut.

über die einzelne **V. umbilicalis** zurück. Die Chorionzotten (**Abbildung 28.6**b) bieten die Fläche für den aktiven und passiven Austausch zwischen dem kindlichen und dem mütterlichen Blutkreislauf. Wie in Kapitel 27 bereits erwähnt, synthetisiert die Plazenta außerdem wichtige Hormone, die sowohl fetale als auch mütterliche Gewebe beeinflussen.

Die Produktion von humanem Choriongonadotropin beginnt bereits Tage nach der Implantation; es stimuliert das *Corpus luteum*, damit es im Anfangsstadium der Schwangerschaft weiter Progesteron synthetisiert. Im zweiten und dritten Trimenon bildet die Plazenta außerdem Progesteron, Östrogene, humanes Plazentalaktogen und Relaxin. Diese Hormone werden durch den Trophoblasten synthetisiert und freigesetzt.

AUFGABEN

1 Was wird aus dem Embryoblasten im Trophoblasten?

2 Welche Funktion hat der Synzytiotrophoblast?

3 Welche Systeme entwickeln sich aus dem Mesoderm?

4 Welche Funktionen hat die Plazenta?

Die Embryogenese

Kurz nach Beginn der Gastrulation bildet sich durch Auffaltung und differenzierendes Wachstum auf der Keimscheibe

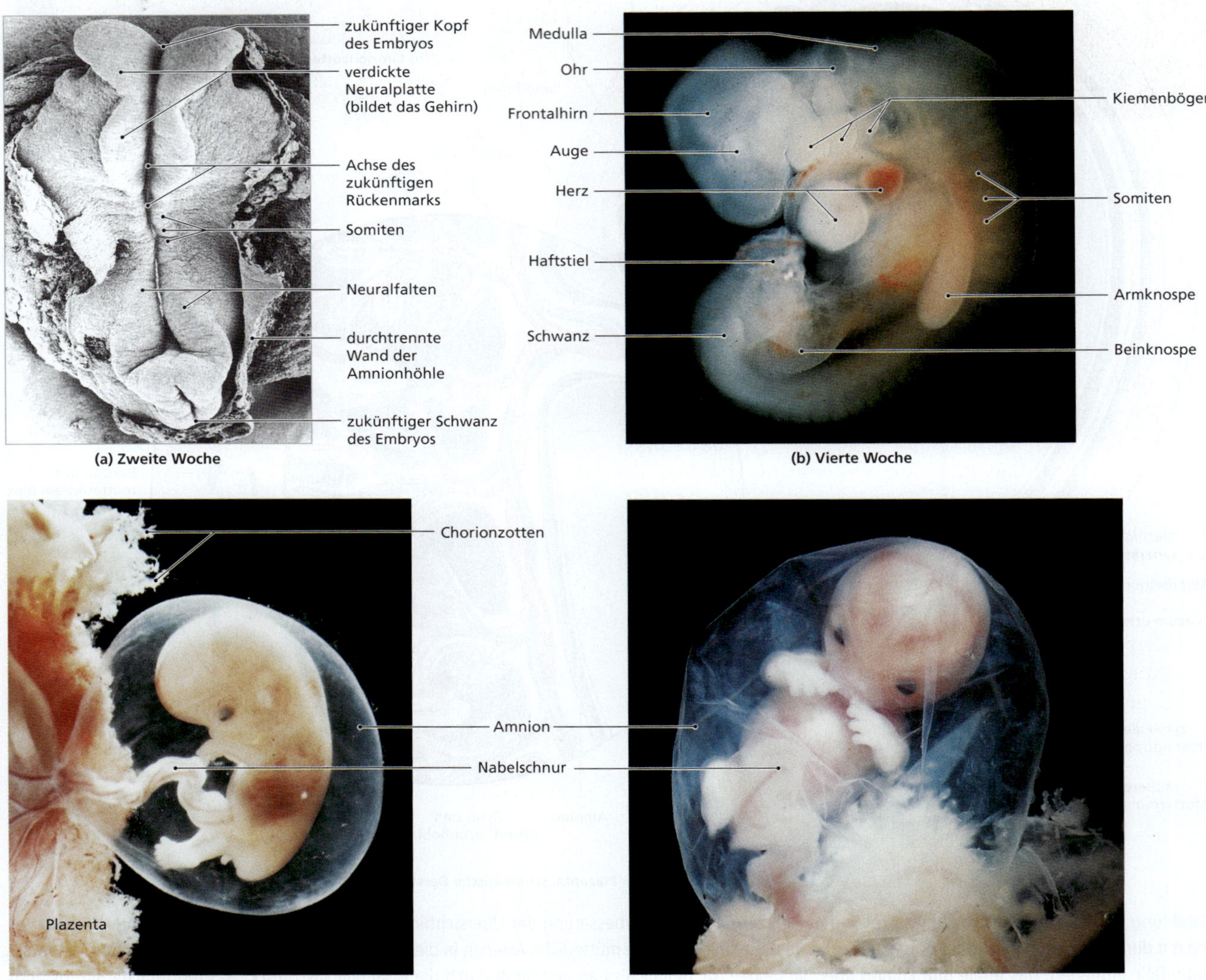

Abbildung 28.7: Das erste Trimenon. (a) Rasterelektronenmikroskopische Aufnahme der superioren Fläche eines zwei Wochen alten Embryos; gerade findet die Neurulation (Bildung des Neuralrohrs) statt. (b-d) Endoskopische Ansichten der menschlichen Entwicklung im ersten Trimenon.

(a) Vier Monate alter Fetus im Endoskop

(b) Sechs Monate alter Fetus im Ultraschall

Abbildung 28.8: **Das zweite und dritte Trimenon.** (a) Vier Monate alter Fetus im Endoskop. (b) Kopf eines sechs Monate alten Fetus im Ultraschall.

eine Vorwölbung in die Amnionhöhle hinein (siehe Abbildung 28.5b). Man nennt sie **Kopffalte**; eine vergleichbare Bewegung führt zur Bildung der **Schwanzfalte** (siehe Abbildung 28.5c). Der Embryo ist nun sowohl physisch als auch entwicklungsphysiologisch vom übrigen Keimblatt und den extraembryonalen Membranen getrennt. Die endgültige Ausrichtung ist nun erkennbar, einschließlich der ventralen und dorsalen Fläche sowie der linken und rechten Seite. Viele dieser Veränderungen von Proportion und Erscheinungsbild, die zwischen der vierten Woche und dem Ende des ersten Trimenons stattfinden, sind in **Abbildung 28.7** dargestellt.

Das erste Trimenon ist für die Entwicklung von entscheidender Bedeutung, da hier die Basis für die Organbildung gelegt wird, die **Organogenese**. Die wichtigsten Meilensteine der Organogenese in den einzelnen Organsystemen sind in Tabelle 28.2 zusammengefasst.

28.3.2 Das zweite und das dritte Trimenon

Zum Ende des ersten Trimenons (siehe Abbildung 28.7d) haben sich die Anlagen sämtlicher wichtiger Organsysteme gebildet. Im Verlauf der nächsten drei Monate vollenden sie ihre funktionelle Entwicklung; am Ende des zweiten Trimenons wiegt der Fetus etwa 640 g. Im zweiten Trimenon wächst der Fetus in seiner Amnionhülle schneller als die Plazenta. Schon bald verschmilzt die äußere mesodermale Schicht des Amnions mit der Innenauskleidung des Chorions. In **Abbildung 28.8** sehen Sie einen vier Monate alten Fetus mit dem Endoskop und einen sechs Monate alten Fetus im Ultraschall.

Im dritten Trimenon nehmen alle fetalen Organsysteme ihre Funktion auf. Die Wachstumsrate nimmt relativ ab, aber in absoluten Zahlen findet jetzt das stärkste Größenwachstum statt. Der Fetus legt im dritten Trimenon etwa 2600 g zu und erreicht damit ein Endgewicht von etwa 3200 g. Wichtige Schritte der Organentwicklung sind genauer in der Zusammenfassung Embryologie am Ende dieses Kapitels sowie in Tabelle 28.2 dargestellt.

Am Ende der Schwangerschaft hat sich der Uterus enorm vergrößert. Statt 7,5 cm ist er nun 30 cm lang und enthält etwa 5 l Flüssigkeit. Der Uterus und sein Inhalt wiegen zusammen etwa 10 kg. Diese bemerkenswerte Ausdehnung kommt durch die Vergrößerung und Verlängerung der bestehenden glatten Muskelzellen zustande. In **Abbildung 28.9** sind die Lage von Uterus, Fetus und Plazenta von der 16. Woche an bis zum Geburtstermin nach neun Monaten dargestellt. In den letzten Wochen werden viele der Bauchorgane von Uterus und Fetus aus ihren eigentlichen Positionen verdrängt (siehe Abbildung 28.9c).

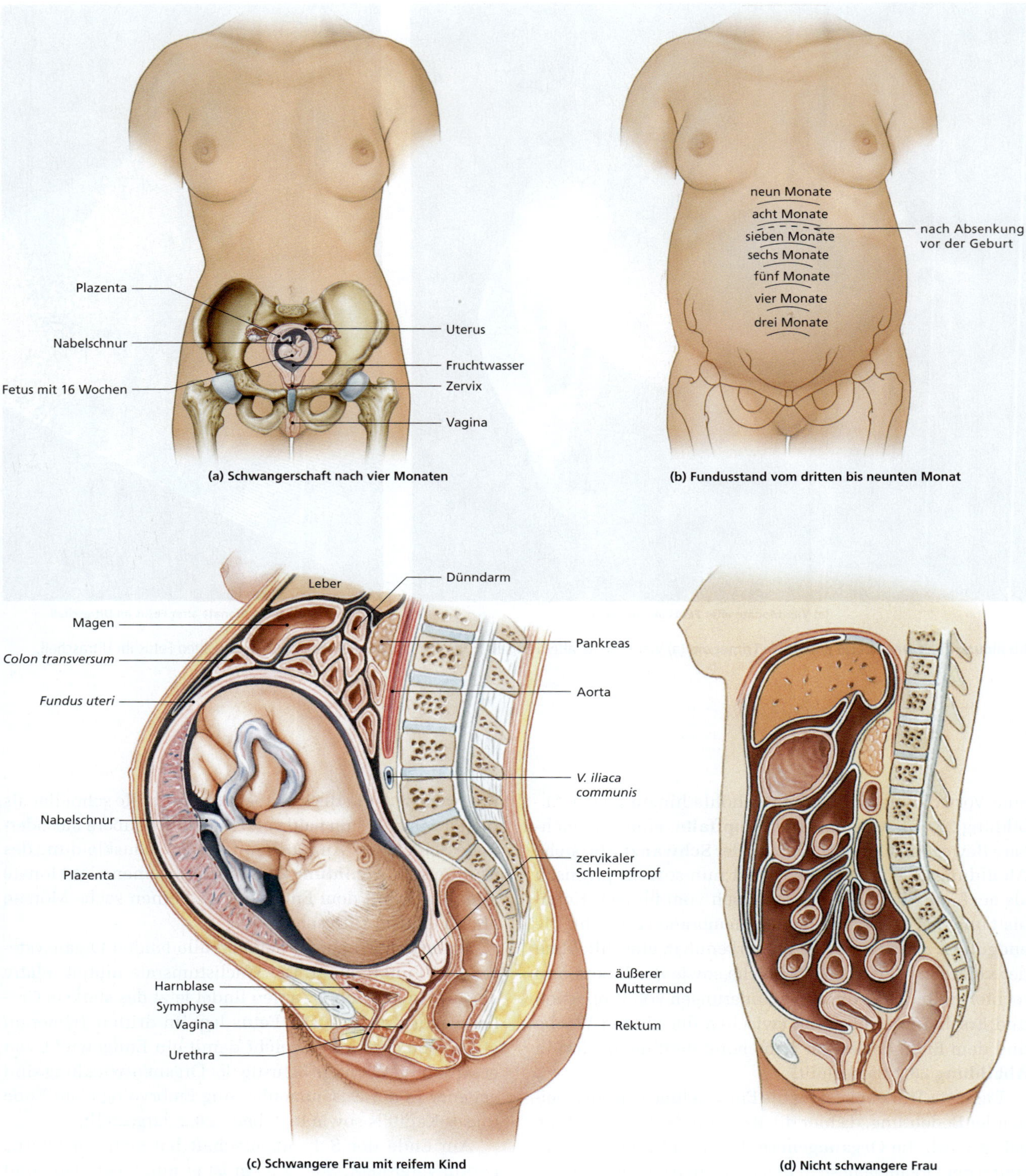

Abbildung 28.9: Das Wachstum von Uterus und Fetus. (a) Schwangerschaft nach dem vierten Monat (16. Woche) mit Darstellung der Lage von Uterus, Fetus und Plazenta. (b) Veränderungen der Uterusgröße im zweiten und dritten Trimenon. (c) Schwangerschaft am Geburtstermin. Beachten Sie die Lage von Uterus und Fetus und die Verlagerung der Bauchorgane im Vergleich zu Teilabbildung (d). (d) Lage und Ausrichtung der Bauchorgane im nicht schwangeren Zustand.

Entwicklungsalter in Monaten	Größe und Gewicht	Das Integument	Das Skelettsystem	Das Muskelsystem
		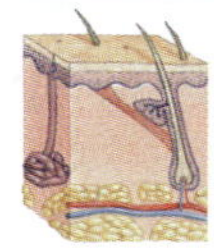	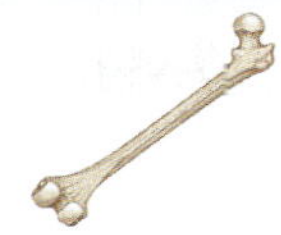	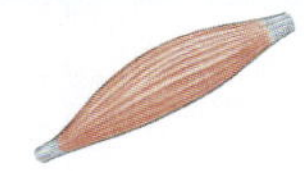
1	5 mm 0,02 g		(B) Bildung der Somiten	(B) Bildung der Somiten
2	28 mm 2,7 g	(B) Bildung von Nagelbetten, Haarfollikeln und Schweißdrüsen	(B) Bildung von axialem und Extremitätenknorpel	(C) Anlage der axialen Muskulatur
3	78 mm 26 g	(B) Erscheinen der Epidermis	(B) Ausweitung der Ossifikationszentren	(C) Anlage der Extremitätenmuskulatur
4	133 mm 150 g	(B) Bildung von Haaren und Schweißdrüsen (V) Schweißdrüsen	(B) Gelenke (V) Organisation von Gesicht und Gaumen	Der Fetus beginnt, sich zu bewegen
5	185 mm 460 g	(B) Bildung von Keratin und Nägeln		
6	230 mm 823 g			(C) Perineale Muskulatur
7	270 mm 1492 g	(B) Keratinisierung, Nagel- und Haarbildung		
8	310 mm 2274 g		(B) Bildung von Epiphysenknorpel	
9	346 mm 2912 g			
Postpartale Entwicklung		Das Haar verändert Konsistenz und Verteilung.	Bildung und Wachstum von Epiphysenknorpel setzen sich fort.	Muskelmasse und die Kontrolle nehmen zu.
Zusammenfassungen Embryologie nach System		Die Entwicklung des Integuments	Die Entwicklung des Schädels Die Entwicklung der Wirbelsäule Die Entwicklung des Extremitätenskeletts	Die Entwicklung des Muskelsystems

Hinweise: (B) Beginn der Bildung; (V) Vollendete Bildung

Tabelle 28.2: **Überblick über die pränatale Entwicklung.**

Entwicklungsalter in Monaten	Das Nervensystem	Die Sinnesorgane	Das endokrine System	Das Herz-Kreislauf- und das Lymphsystem
	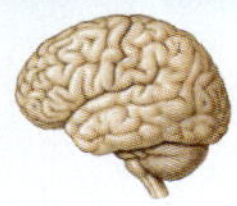	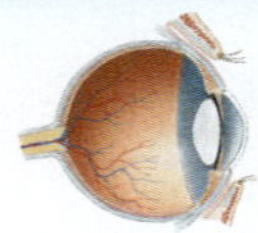	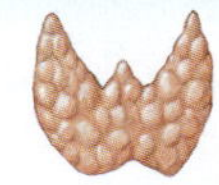	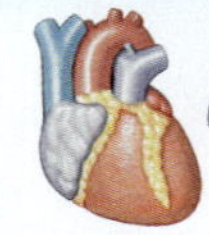 
1	(B) Bildung des Neuralrohrs	(B) Bildung von Augen und Ohren		(B) Herzschlag
2	(B) Organisation von ZNS und PNS; Hirnwachstum	(B) Bildung von Geschmacksknospen und Riechepithel	(B) Bildung von Thymus, Schilddrüse, Hypophyse und Nebennieren	(V) Grundlegende Struktur von Herz, großen Gefäßen, Lymphknoten und -wegen (B) Blutbildung in der Leber
3	(V) Struktur von Gehirn und Rückenmark		(V) Thymus, Schilddrüse	(B) Tonsillen, Blutbildung im Knochenmark
4	(B) Zügige Vergrößerung des Gehirns	(V) Grundlegende Struktur von Augen und Ohren (B) Bildung peripherer Rezeptoren		(B) Migration von Lymphozyten in die Lymphorgane, Blutbildung in der Milz
5	(B) Myelinisierung des Rückenmarks			(V) Tonsillen
6	(B) Bildung von Trakten im ZNS (V) Schichtung der Rinde		(V) Nebennieren	(V) Milz, Leber, Knochenmark
7		(V) Augenlider offen, Retina ist lichtempfindlich.	(V) Hypophyse	
8		(V) Geschmacksrezeptoren funktionieren.		
9				
Postpartal	Myelinisierung, Schichtung und Traktbildung im ZNS gehen weiter.			Kardiovaskuläre Veränderungen bei der Geburt; das Lymphsystem nimmt langsam seine volle Funktion auf.
Zusammenfassung	Einführung in die Entwicklung des Nervensystems Die Entwicklung von Rückenmark und Spinalnerven Die Entwicklung von Gehirn und Hirnnerven	Die Entwicklung der Sinnesorgane	Die Entwicklung des endokrinen Systems	Die Entwicklung des Herzes Die Entwicklung des Herz-Kreislauf-Systems Die Entwicklung des Lymphsystems

Hinweise: (B) Beginn der Bildung; (V) Vollendete Bildung

Tabelle 28.2: **(Fortsetzung) Überblick über die pränatale Entwicklung.**

Entwicklungsalter in Monaten	Das respiratorische System	Das Verdauungssystem	Das Harnsystem	Das Fortpflanzungssystem
	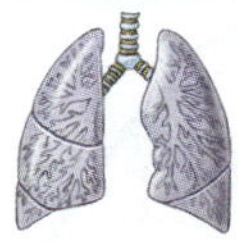	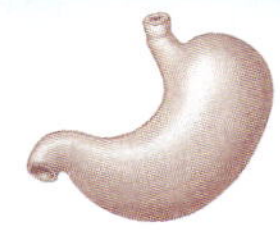		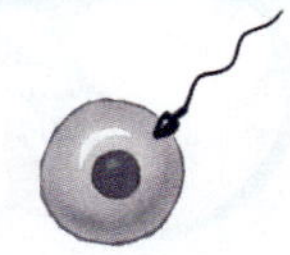
1	(B) Bildung von Trachea und Lungen	(B) Bildung von Verdauungstrakt, Leber und Pankreas (V) Dottersack	(V) Allantois	
2	(B) Ausgedehnte Verzweigung der Bronchen in das Mediastinum	(B) Bildung der Darmabschnitte, Zotten und Speicheldrüsen	(B) Bildung der Nieren (erwachsene Form)	(B) Bildung der Brustdrüsen
3		(V) Gallenblase. Pankreas		(B) Bildung von definitiven Gonaden, Gängen und Genitalien
4			(B) Degeneration der embryonalen Nieren	
5	(V) Nasenlöcher offen	(V) Unterteilung des Darmes in Abschnitte		
6	(B) Bildung der Alveolen	(V) Organisation von Epithelien und Drüsen		
7		(V) *Plicae intestinales*		(B) *Descensus testis*
8	Vollständige Verzweigung der Bronchien und Bildung der Alveolen		Vollständige Bildung der Nephrone zum Zeitpunkt der Geburt	*Descensus testis* zur Geburt oder kurz danach vollendet
9				
Postpartal				
Zusammenfassung	Die Entwicklung des respiratorischen Systems	Die Entwicklung des Verdauungssystems	Die Entwicklung des Harnsystems	Die Entwicklung des Fortpflanzungssystems

Hinweise: (B) Beginn der Bildung; (V) Vollendete Bildung

Tabelle 28.2: **(Fortsetzung) Überblick über die pränatale Entwicklung.**

28.4 Wehentätigkeit und Entbindung

Das Ziel der Wehentätigkeit ist die Austreibung des Feten, die Geburt. Wehen, Muskelkontraktionen im Myometrium, werden durch eine Kombination aus erhöhtem Oxytozinspiegel und einer verstärkten Empfindlichkeit des Uterus auf Oxytozin ausgelöst. Echte Wehen beginnen am *Fundus uteri* und ziehen in einer Welle in Richtung Zervix, im Gegensatz zu den gelegentlichen ungeregelten Braxton-Hicks-Kontraktionen während der Schwangerschaft. Echte Wehen kommen kräftig und in regelmäßigen Abständen. Zur Geburt hin werden sie kräftiger und schneller; sie verändern die Lage des Fetus und bewegen ihn auf den Zervixkanal zu.

28.4.1 Die Stadien der Geburt

Eine normale Geburt läuft in drei Phasen ab (**Abbildung 28.10**): die Eröffnungsphase, die Austreibungsphase und die Nachgeburtsphase.

Die Eröffnungsphase

Die Eröffnungsphase (siehe Abbildung 28.10a) beginnt mit dem Einsetzen effektiver Wehen; die Zervix dilatiert, und der Fetus bewegt sich den Zervikalkanal herab. Diese Phase dauert meist acht oder mehr Stunden; die Wehen treten jedoch in Abständen von 10–30 min auf. Gegen Ende dieser Periode rupturiert meist die Amnionhülle; man sagt: „Die Fruchtblase ist geplatzt.‘.

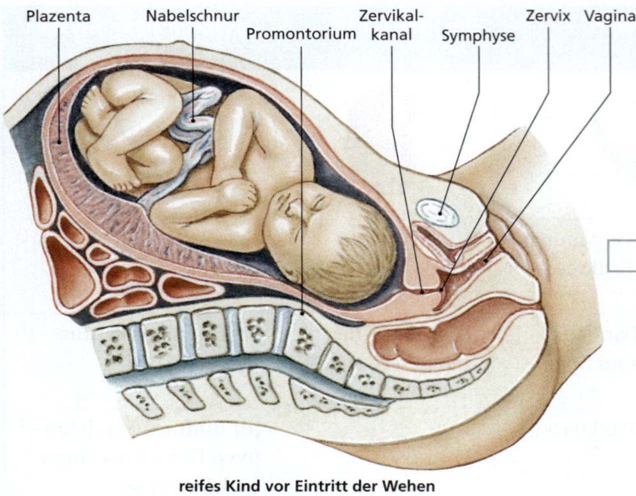

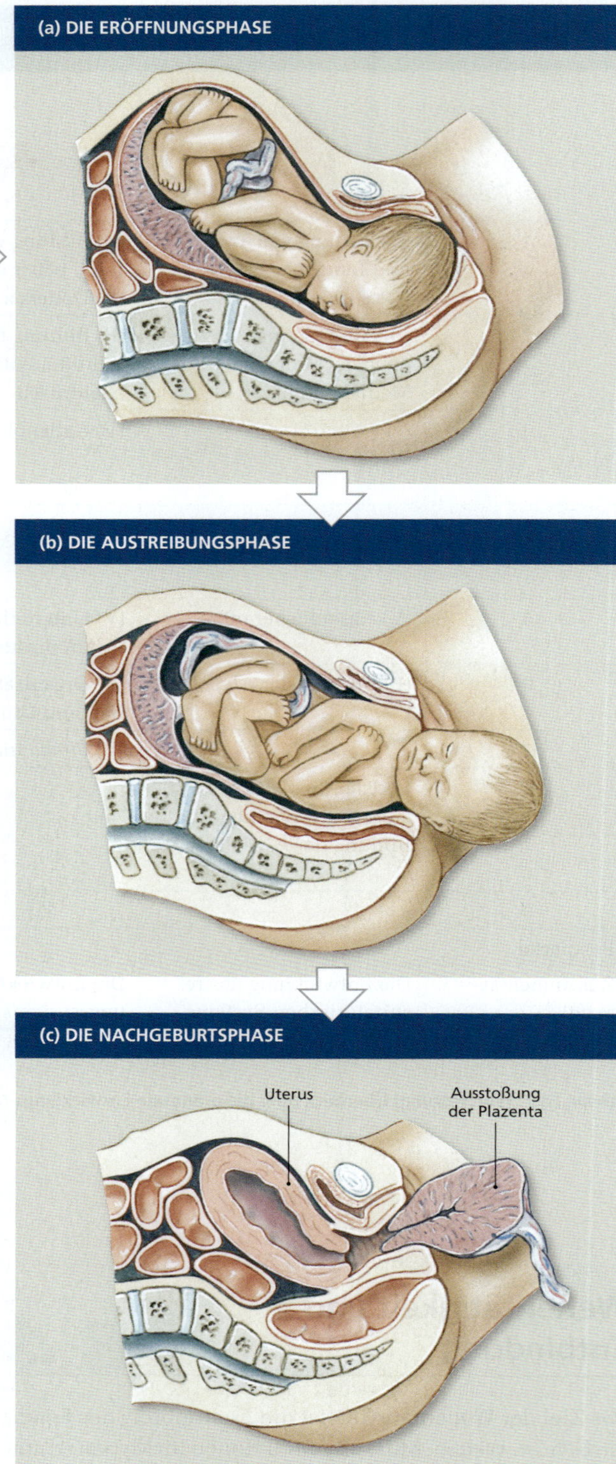

Abbildung 28.10: Die Phasen der Geburt.

Die Austreibungsphase

Die Austreibungsphase (siehe Abbildung 28.10b) beginnt bei vollständiger Eröffnung des äußeren Muttermunds durch Druck des nahenden Fetus. Der Vorgang setzt sich fort, bis sich das Kind ganz durch die Vagina hindurchbewegt hat; meist geschieht dies innerhalb von zwei Stunden. Die Ankunft des Feten in der Außenwelt markiert seine **Geburt**.

Wenn der Vaginalkanal für das Kind zu eng ist und die akute Gefahr eines Dammrisses besteht, wird der Durchgang vorübergehend durch einen Dammschnitt durch den Beckenboden erweitert. Nach der Geburt erfolgt dann die Naht dieser **Episiotomie**, was wesentlich leichter ist als die Naht einer stärker blutenden Gewebsschädigung durch einen unkontrollierten Dammriss.

Entscheidend für den Geburtsverlauf ist das relative Verhältnis der Größe des kindlichen Schädels zu der des mütterlichen Beckens. Wenn die Geburt nur langsam vorangeht oder es während der Eröffnungs- oder Austreibungsphase zu Komplikationen kommt, kann eine **Sectio** durchgeführt werden **(Kaiserschnitt)**. Hierbei wird durch einen Schnitt in der Bauchwand der Uterus gerade weit genug eröffnet, um den Kopf des Kindes hindurchzulassen. In Deutschland liegt die Kaiserschnittrate bei ca. 30 %; man bemüht sich, sowohl diese Quote als auch die der Episiotomien zu senken.

Die Nachgeburtsphase

Während der Nachgeburtsphase (siehe Abbildung 28.10c) baut sich in der Wand des teilweise entleerten Uterus Muskelspannung auf; das Organ verkleinert sich langsam. Die uterine Kontraktion löst die Verbindung zwischen Endometrium und Plazenta. Innerhalb einer Stunde nach der Geburt des Kindes endet der Geburtsverlauf mit der Ausstoßung der Plazenta, der **Nachgeburt**. Bei der Ablösung der Plazenta kommt es zu einem Blutverlust von bis zu 500–600 ml, der jedoch wegen der Zunahme des mütterlichen Blutvolumens während der Schwangerschaft toleriert werden kann.

28.4.2 Vorzeitige Wehen

Vorzeitige Wehen sind echte Wehen, die auftreten, bevor das Kind seine normale Entwicklung abgeschlossen hat. Die Überlebenschancen des Neugeborenen stehen in direktem Zusammenhang mit seinem Geburtsgewicht. Selbst mit intensiver Behandlung können Kinder mit einem Geburtsgewicht unter 400 g kaum überleben, da das respiratorische, das kardiovaskuläre und das Harnsystem ohne die Hilfe des mütterlichen Organismus nicht ausreichend funktionieren. Daher wird die Grenze zwischen einer **Fehlgeburt** und einer **Frühgeburt** in der Regel bei 500 g gezogen, dem durchschnittlichen Gewicht an Ende des zweiten Trimenons.

Kinder, die vor dem vollendeten siebten Schwangerschaftsmonat geboren werden (Gewicht unter 1000 g), haben eine Überlebenschance von 50 %; viele der Überlebenden leiden an schweren Entwicklungsstörungen. Bei **Frühgeborenen** über 1000 g sind die Chancen ausreichend bis sehr gut, abhängig von den individuellen Umständen.

Die Neugeborenenperiode 28.5

Die Entwicklung eines Kindes endet nicht mit der Geburt; ein Neugeborenes weist nur wenige der anatomischen, funktionellen und physiologischen Merkmale eines Erwachsenen auf. Die Neugeborenenperiode umfasst den ersten Monat nach der Geburt. Beim Übergang vom Fetus zum **Neugeborenen** macht das Kind eine Reihe physiologischer und anatomischer Veränderungen durch. Vor der Geburt erfolgte der Austausch von gelösten Gasen, Nährstoffen, Abfallprodukten, Hormonen und Immunglobulinen über die Plazenta. Mit der Geburt muss das Kind nun selbstständig Atmung, Verdauung und Exkretion mit seinen eigenen Organen übernehmen. Dieser Übergang kann wie folgt zusammengefasst werden:

- Die Lungen sind bei der Geburt kollabiert und mit Flüssigkeit gefüllt; der erste Atemzug erfordert eine große Anstrengung.
- Mit der Ausdehnung der Lungen stellt sich durch die Veränderungen von Blutdruck und Flussraten der Kreislauf um. Der *Ductus arteriosus Botalli* schließt sich und trennt den *Truncus pulmonalis* vom *Truncus arteriosus*; der Verschluss des *Foramen ovale* trennt die Vorhöfe, womit der Lungenkreislauf vollständig vom Körperkreislauf isoliert ist. Diese Veränderungen wurden in den Kapiteln 21 und 22 dargestellt.
- Ein Neugeborenes hat eine Herzfrequenz von 120–140/min und eine Atemfrequenz von 30/min, normal für ihn, wenngleich deutlich höher als bei Erwachsenen.
- Vor der Geburt ist das Verdauungssystem relativ inaktiv, obwohl sich eine Mischung aus Galle, Schleim und Epithelzellen darin ansammelt. Dieses **Mekonium (Kindspech)** wird in den ersten Lebenstagen ausgeschieden; in dieser Zeit beginnt das Kind auch zu trinken.

AUFGABEN

1. Welche Veränderungen macht der Embryo im zweiten Trimenon durch?
2. Welche Phase der Geburt ist in der Regel die längste?
3. Warum braucht ein Neugeborenes relativ viel mehr Flüssigkeit als ein Erwachsener?
4. Was löst die Ausstoßung der Plazenta aus?

AUS DER PRAXIS

Zangenentbindung und Steißgeburt

In den meisten Fällen hat sich das Kind zum Ende der Schwangerschaft hin gedreht, um den Geburtskanal mit dem Kopf voran zu passieren, mit dem Gesicht zum *Os sacrum* der Mutter hin. 6 % der Kinder drehen sich mit dem Gesicht zum *Os pubis* hin. Sie können etwas langsamer, aber normal entbunden werden; die Risiken für Mutter und Kind können gegebenenfalls durch eine **Zangenentbindung** reduziert werden. Die beiden Blätter der Zange werden einzeln positioniert und anschließend verbunden. Der Zug wird wehensynchron ausgeübt, sodass der Druck auf den Kopf dem der Wehen ähnelt.

Bei 3–4 % aller Entbindungen treten Gesäß oder Beine des Kindes zuerst in den Geburtskanal ein; man spricht von einer **Steißgeburt**. Hierbei ist die Gefahr für die Kinder erhöht, weil sich die Nabelschnur einklemmen kann und die Durchblutung der Plazenta eingeschränkt ist. Da der Kopf normalerweise der breiteste Teil des Kindes ist, kann es sein, dass sich die Zervix nur für den Durchgang von Beinen und Körper ausreichend weitet, nicht jedoch für den Kopf. Die Einklemmung des kindlichen Kopfes führt zur Kompression der Nabelschnur sowie zu einer Verlängerung der Geburt und setzt das Kind einer erheblichen Belastung und potenziellen Schädigungen aus. Wenn das Kind nicht manuell gedreht werden kann, wird meist ein Kaiserschnitt durchgeführt.

- Wenn sich Abfallprodukte im Blut sammeln, werden sie an den Nieren mit dem Urin ausgefiltert. Die glomeruläre Filtrationsrate ist bei einem Neugeborenen normal, doch der Urin kann noch nicht nennenswert konzentriert werden. Daher sind die Wasserverluste über den Urin erheblich und der Flüssigkeitsbedarf des Neugeborenen entsprechend deutlich höher als der des Erwachsenen.
- Das Neugeborene kann seine Körpertemperatur kaum selbst halten, besonders in den ersten Tagen nach der Geburt. Bei weiterem Wachstum und Zunahme der Dicke der isolierenden subkutanen Fettschicht steigt auch die Stoffwechselaktivität. Täglich oder gar stündlich schwankende Körpertemperaturen sind noch bis in die Kindheit hinein normal.

Im nächsten Abschnitt dieses Kapitels sind die wichtigsten Aspekte der Embryonalentwicklung der einzelnen Organsysteme zusammengefasst. Tabelle 28.2 bietet einen Überblick über die wichtigsten Meilensteine der Entwicklung in den jeweiligen Trimena.

AUS DER PRAXIS

Die Beurteilung des Neugeborenen

Nach der Geburt wird das Neugeborene genau untersucht. Hierbei wird das Kind auf anatomische oder physiologische Abweichungen untersucht; außerdem hilft die Untersuchung, die postnatale Entwicklung abzuschätzen. Außer allgemeinem Escheinungsbild, Herz- und Atemfrequenz sowie Gewicht werden auch Körperlänge und Kopfumfang vermerkt. Neugeborene werden außerdem auf angeborene Stoffwechselerkrankungen und Endokrinopathien, wie beispielsweise die Phenylketonurie oder die Hypothyreose, untersucht.

Der **Apgar-Wert** beinhaltet die Beurteilung der Herzfrequenz, der Atemfrequenz, des Muskeltonus, der Reaktion auf Reize sowie der Hautfarbe jeweils 1 und 5 min nach der Geburt. In jeder Kategorie erhält das Kind Punkte von 0 (schlecht) bis 2 (sehr gut), die zusammengezählt werden. Der Apgar-Score (0–10 Punkte) eignet sich zur präzisen Vorhersage der Überlebenschancen und der Wahrscheinlichkeit neurologischer Schäden. Neugeborene mit einer infantilen Zerebralparese haben beispielsweise sehr niedrige Apgar-Werte.

Zusammenfassung Embryologie

Die Entwicklung des Integuments

1 MONATE

Zum Anfang des zweiten Monats ist das oberflächliche Ektoderm ein einschichtiges Epithel über locker strukturiertem Mesenchym.

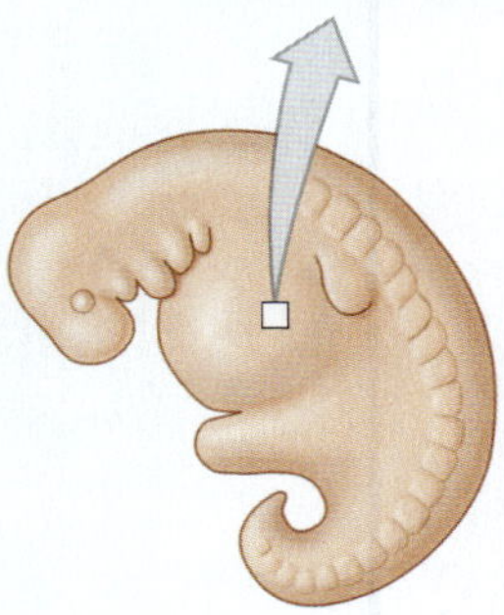

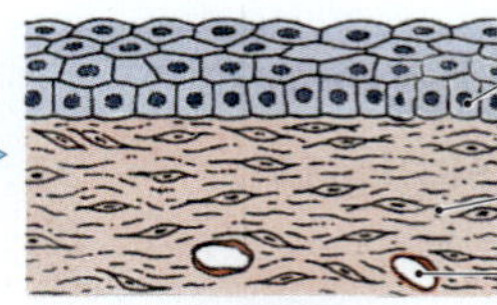

3 MONATE

In den nächsten Wochen wird das Epithel durch mehrfache Teilungen der Basalzellen mehrschichtig. Das darunterliegende Mesenchym differenziert sich zu embryonalem Bindegewebe mit Blutgefäßen, die Nährstoffe in die Region bringen.

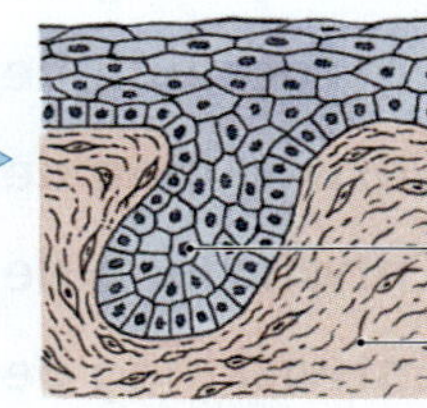

4 MONATE

Im dritten und vierten Monat teilen sich kleine Epithelabschnitte besonders häufig und bilden Zellstränge, die in die Dermis herabwachsen, die **Epithelzapfen**. Bei ihrem weiteren Wachstum in die Tiefe werden sie von Mesodermzellen umgeben. Aus ihnen entstehen Haarfollikel, Talgdrüsen und Schweißdrüsen.

HAUT

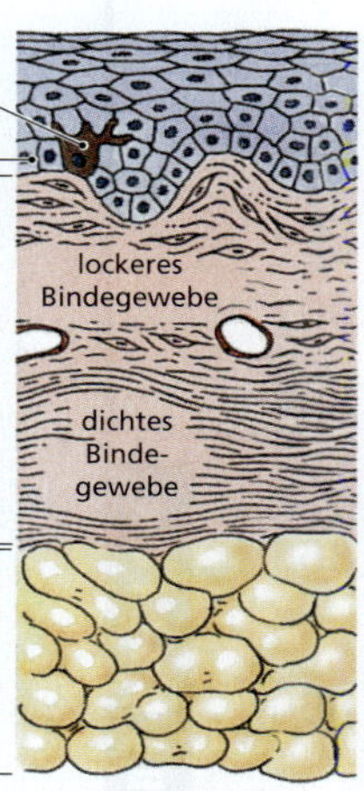

4 MONATE

Durch fortgesetzte Teilungen der Basalzellen wird die Epithelschicht dicker, und die *Lamina basalis* wirft unregelmäßige Falten. Pigmentzellen, die **Melanozyten**, wandern ein und drängen sich zwischen die Basalzellen. Das Epithel ähnelt nun der **Epidermis** des Erwachsenen.

Das embryonale Bindegewebe differenziert sich zur **Dermis**. Fibroblasten und andere Bindegewebszellen bilden sich aus Mesenchymzellen oder wandern ein. Die Dichte der Fasern nimmt zu. In den Erhebungen liegt lockeres Bindegewebe, doch in den tieferen, weniger gut durchbluteten Bereichen herrschen dichte, geflechtartige Kollagenfasernetzwerke vor. Unterhalb der Dermis entwickelt sich das embryonale Bindegewebe zur **Subkutis**, einer Schicht lockeren Bindegewebes.

NÄGEL

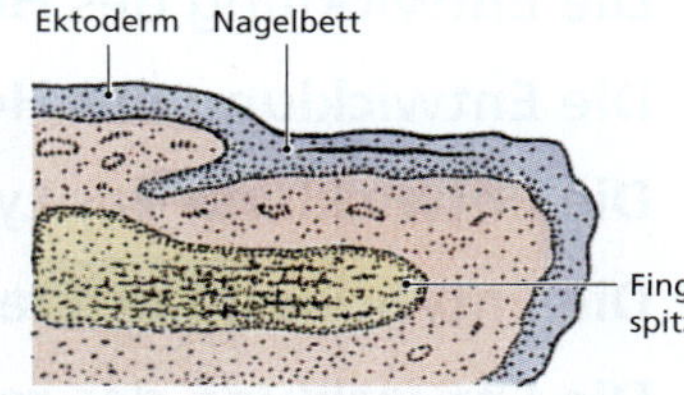

4 MONATE

Die Nägel beginnen als Verdickungen der Epidermis in der Nähe der Finger- und Zehenspitzen, die sich in die Dermis absenken und von der übrigen Epidermis abgrenzen. Anfangs sind noch alle Basalzellen des **Nagelbetts** an der Nagelbildung beteiligt.

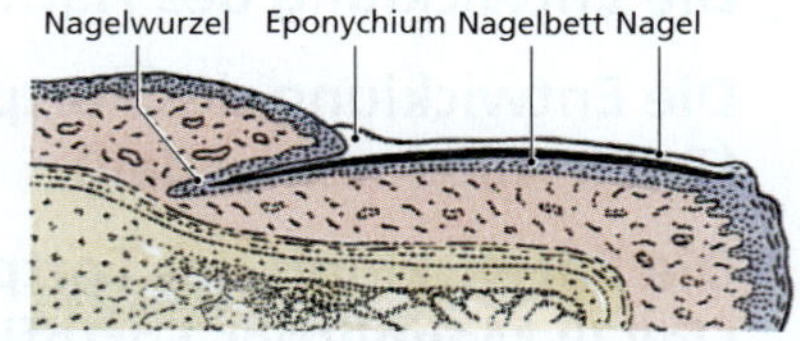

GEBURT

Bei der Geburt beschränkt sich die Nagelproduktion auf die Nagelwurzel.

HAARFOLLIKEL

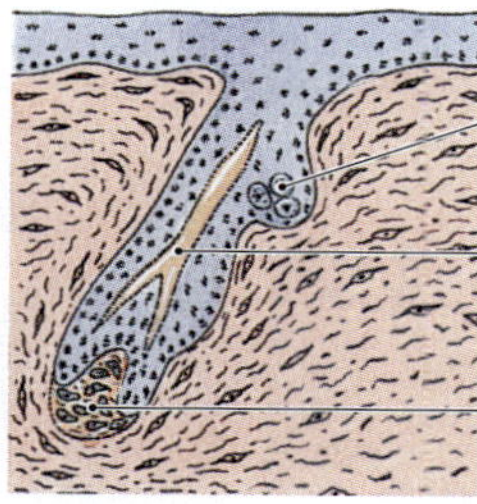

5 MONATE

Ein Haarfollikel entsteht, wenn ein Epithelzapfen eine **Papille**, eine kleine Ansammlung von Bindegewebe, umschließt. Das Haarwachstum erfolgt in dem Epithel über der Papille. Ein Ausläufer des Epithelzapfens bildet eine **Talgdrüse**.

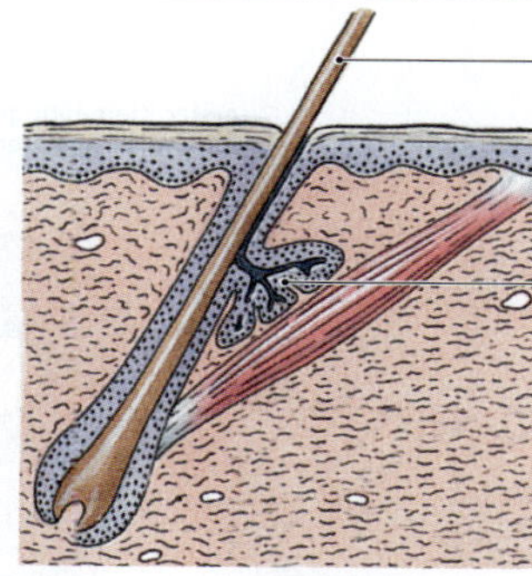

GEBURT

Bei der Geburt ragt das Haar aus dem Follikel heraus; die Sekrete der Talgdrüse benetzen den Haarschaft.

EXOKRINE DRÜSEN

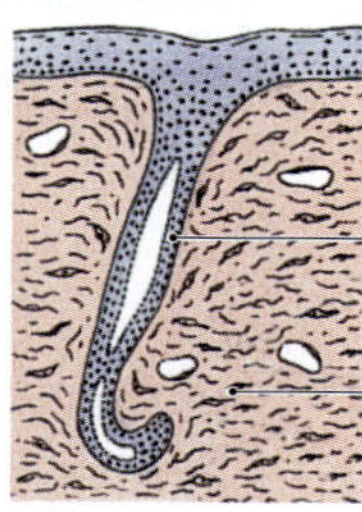

5 MONATE

Eine Schweißdrüse entsteht, indem sich ein Epithelzapfen verlängert, aufwickelt und aushöhlt.

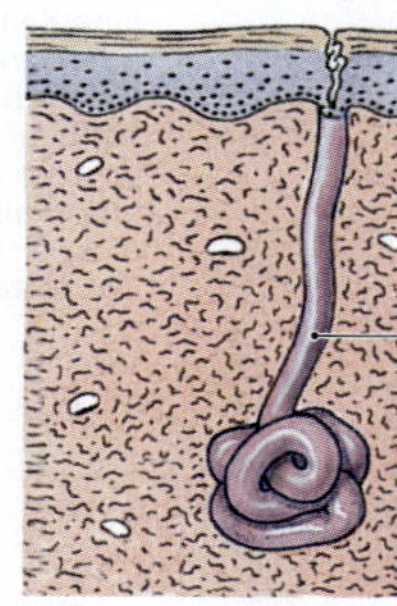

GEBURT

Bei der Geburt leiten die Ausführungsgänge der Schweißdrüsen das Sekret an die Hautoberfläche.

BRUSTDRÜSEN

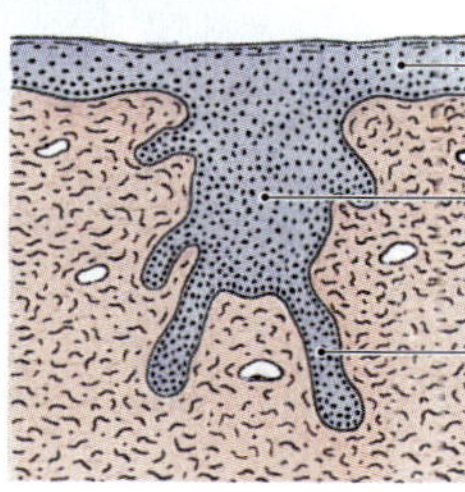

5 MONATE

Die Entwicklung der Brustdrüsen verläuft ähnlich, jedoch sind die Epithelverdickungen viel breiter und intensiv verzweigt.

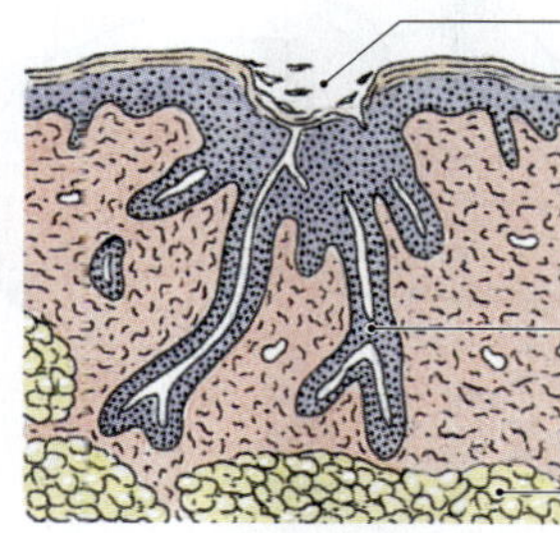

GEBURT

Bei der Geburt haben die Brustdrüsen ihre Entwicklung noch nicht abgeschlossen. Bei Frauen kommt es in der Pubertät zu einer weiteren Verfeinerung des Gang- und Drüsensystems, doch gelangt die Brustdrüse erst am Ende einer Schwangerschaft zu funktioneller Reife.

Die Entwicklung des Schädels

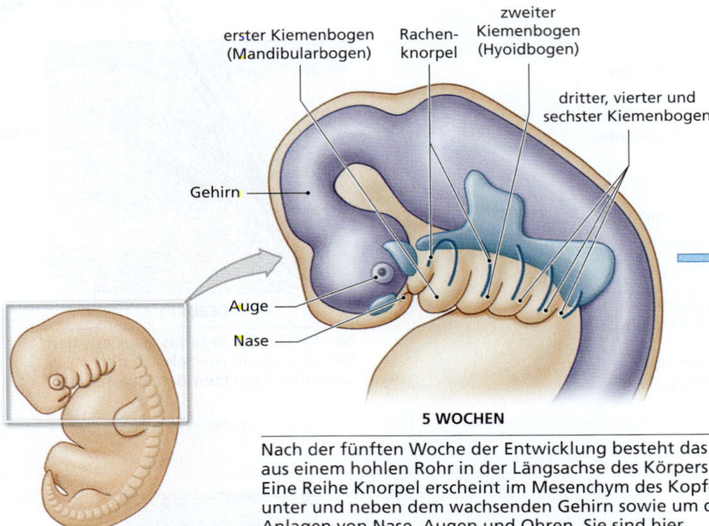

5 WOCHEN ALTER EMBRYO

5 WOCHEN

Nach der fünften Woche der Entwicklung besteht das ZNS aus einem hohlen Rohr in der Längsachse des Körpers. Eine Reihe Knorpel erscheint im Mesenchym des Kopfes unter und neben dem wachsenden Gehirn sowie um die Anlagen von Nase, Augen und Ohren. Sie sind hier hellblau abgebildet. In der Rachenwand entstehen fünf weitere Knorpelpaare (hier dunkelblau). Sie liegen innerhalb der **Kiemenbögen**. (Bei Fischen entwickeln diese sich zu Kiemenknorpeln weiter, daher der Name.) Der erste Bogen, der **Mandibularbogen**, ist der größte.

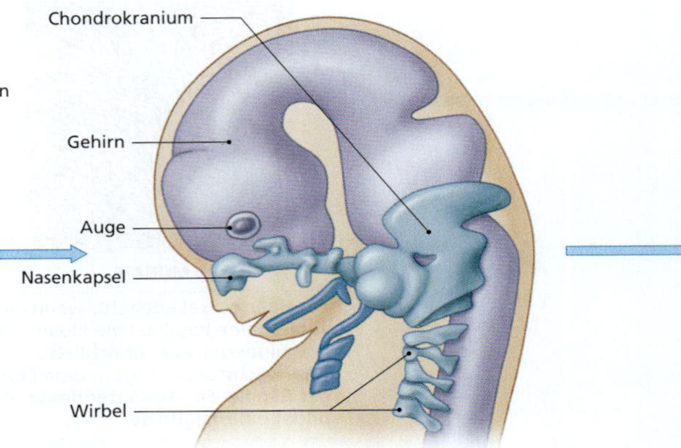

8 WOCHEN

Die Knorpel am Gehirn wachsen und verschmelzen; es entsteht ein knorpeliges **Chondrokranium**, das das Gehirn und die Sinnesorgane umschließt. In der achten Woche sind die Seitenwände und die Basis unvollständig; es gibt noch kein Dach.

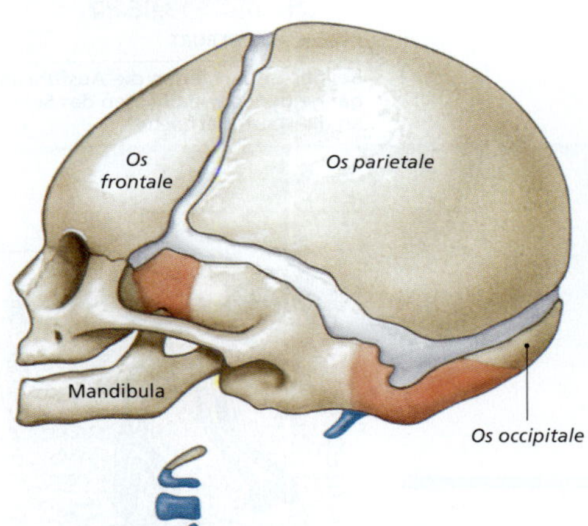

GEBURT

Vergleichen Sie den Schädel zum Zeitpunkt der Geburt mit der Situation in der zwölften Woche. Es ist zu ausgedehnten Verschmelzungen gekommen, doch das Schädeldach ist weiterhin unvollständig geschlossen (weitere Details siehe Abbildung 6.18).

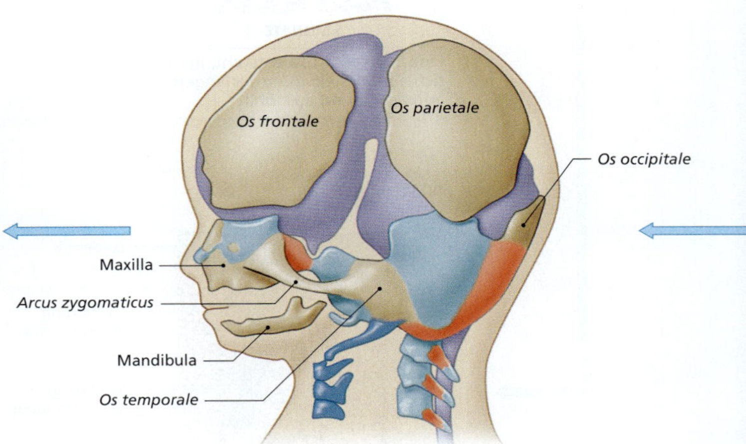

12 WOCHEN

Nach zwölf Wochen ist die Ossifikation an Schädel und Gesicht gut fortgeschritten (siehe Abbildung 5.6).

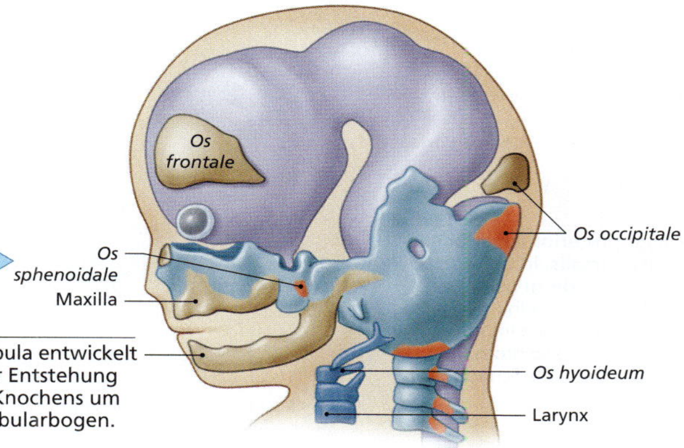

Die Mandibula entwickelt sich bei der Entstehung desmalen Knochens um den Mandibularbogen.

9 WOCHEN

In der neunten Woche tauchen zahlreiche enchondrale Ossifikationszentren im Chondrokranium auf; sie sind hier rot dargestellt. Langsam bilden sich die *Ossa frontalis* und *parietalis* des Schädeldachs durch desmale Ossifikation in der Dermis. Bei der Vergrößerung und Ausbreitung dieser Zentren (beige) kommt es zu zahlreichen Fusionen.

Der dorsale Anteil des Mandibularbogens verschmilzt mit dem Chondrokranium. Die fusionierten Knorpel ossifizieren jedoch nicht; stattdessen beginnen Osteoblasten, sie mit dermalem Knochen zu umhüllen. Diese Hülle verschmilzt auf beiden Seiten mit einem Knochen, der sich am Eingang zur Nasenhöhle bildet; so entstehen die Maxillae. Ossifikationszentren im Munddach breiten sich zur Bildung der *Processus palatini* aus und verschmelzen später mit den Maxillae.

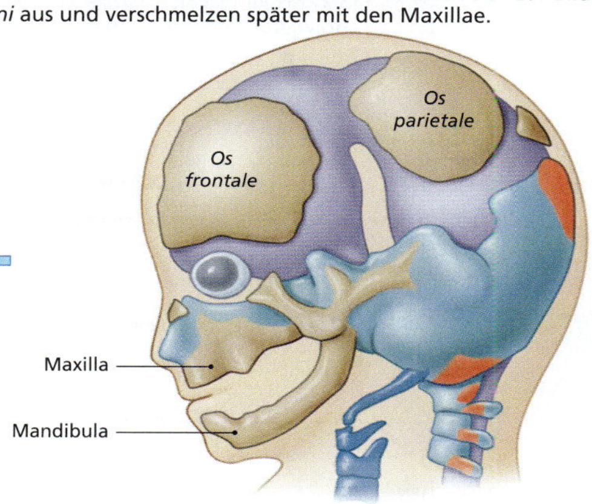

10 WOCHEN

Der zweite Kiemenbogen, der **Hyoidbogen**, bildet sich in der Nähe der *Ossa temporalia*. Die *Processus styloidei* entstehen durch Verschmelzung der oberen Spitzen des Hyoidbogens mit den *Ossa temporalia*. Der ventrale Anteil des Hyoidbogens verknöchert zum *Os hyoideum*. Der dritte Kiemenbogen verschmilzt mit ihm, und der vierte und der sechste Bogen bilden Kehlkopfknorpel.

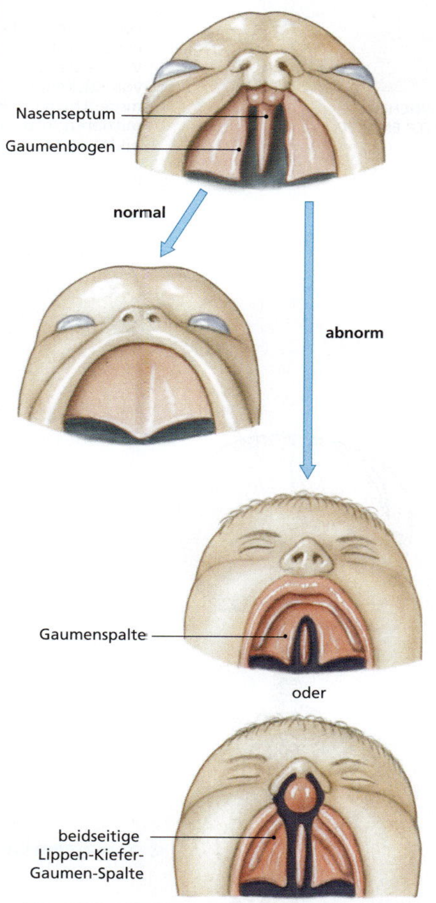

Wenn sich die Haut darüber nicht normal schließt, bleibt eine **Lippenspalte**, wie bei etwa einer von 1000 Geburten. Eine Spaltbildung, die bis an die Orbitae und den Gaumen reicht, nennt man **Lippen-Kiefer-Gaumen-Spalte**; sie kommt etwa halb so häufig vor wie die Lippenspalte. Beide Fehlbildungen können operativ korrigiert werden.

Die Entwicklung der Wirbelsäule

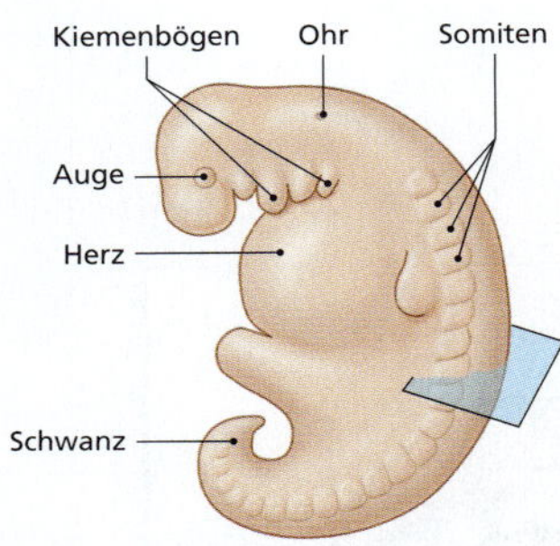

4 WOCHEN ALTER EMBRYO

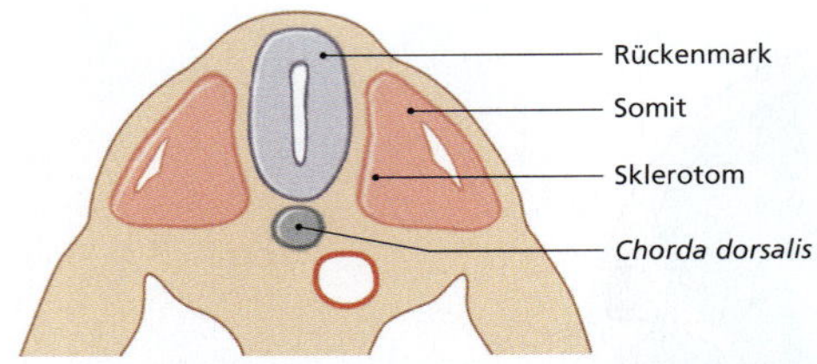

Das entstehende Rückenmark liegt posterior einer längsverlaufenden Struktur, der **Chorda dorsalis**. In der vierten Woche der Entwicklung bildet das Mesoderm beiderseits von Rückenmark und *Chorda dorsalis* eine Reihe mesenchymaler Blöcke, die Somiten. Mesenchym im mittleren Abschnitt jedes Somiten, dem **Sklerotom**, bildet später die Wirbelsäule und Anteile der Schädelbasis.

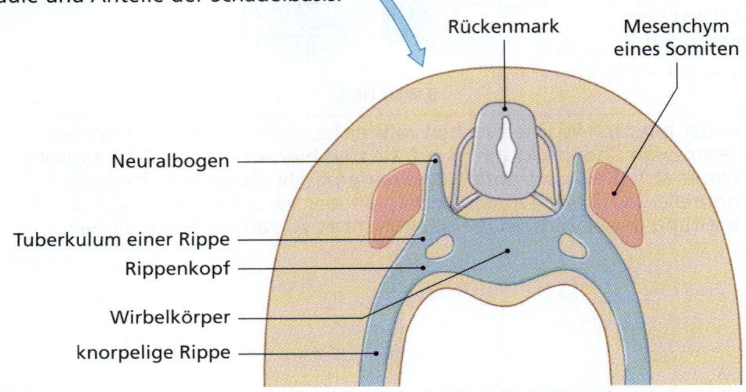

8 WOCHEN

Die Knorpel der Wirbelsäule wachsen um das Rückenmark herum; sie bilden Modelle der späteren Wirbel. In den zervikalen, thorakalen und lumbalen Regionen bilden sich zwischen benachbarten Knorpelblöcken Gelenke aus; in den *Ossa sacrum* und *coccygeum* verschmelzen die Blöcke.

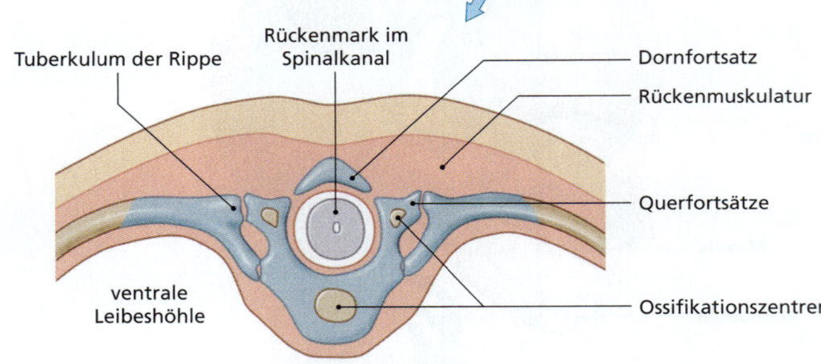

12 WOCHEN

Etwa zu der Zeit, in der sich die Rippen von den Wirbeln trennen, beginnt die Ossifikation, die nur bei den kürzesten Rippen vollständig abläuft. Bei den anderen bilden die distalen Abschnitte den bleibenden Rippenknorpel. Im Sternum erscheinen mehrere Ossifikationszentren, die jedoch nach und nach miteinander verschmelzen.

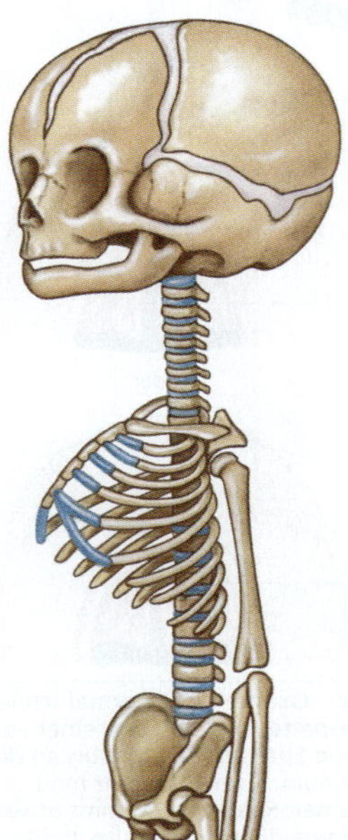

GEBURT

Bei der Geburt sind Wirbel und Rippen verknöchert, doch viele Abschnitte sind noch knorpelig, wie etwa die ventralen Anteile der Rippen. Sie werden noch jahrelang weiterwachsen; an den Wirbeln vergrößern sich die Basen der Wirbelbögen bis zum dritten bis sechsten Lebensjahr; Dornfortsätze und Wirbelkörper wachsen bis zum 18.–25. Lebensjahr.

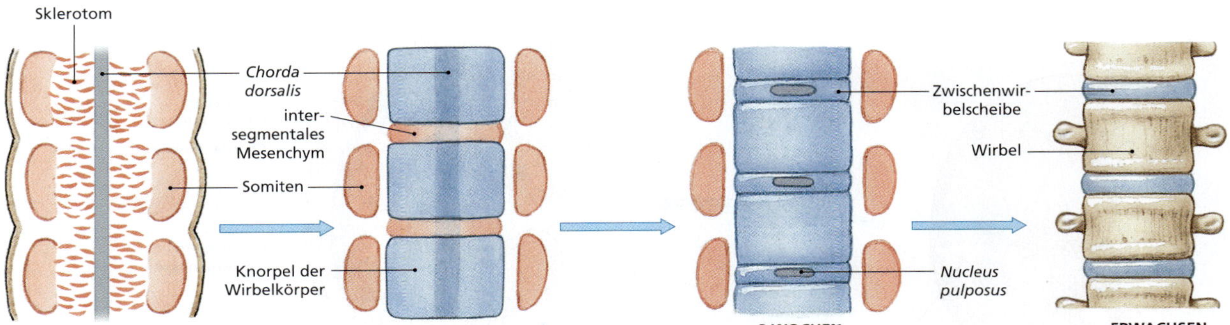

4 WOCHEN

Zellen aus den Sklerotomen wandern von den Somiten weg und sammeln sich um die *Chorda dorsalis*.

5 WOCHEN

Die wandernden Zellen differenzieren sich zu Chondroblasten und bilden eine Reihe knorpeliger Blöcke, die die *Chorda dorsalis* umfassen. Diese Knorpel, aus denen später die Wirbelkörper entstehen, sind durch Mesenchymherde voneinander getrennt.

8 WOCHEN **ERWACHSEN**

Durch Ausdehnung der Wirbelkörper verschwindet die *Chorda dorsalis* größtenteils, doch zwischen den Wirbeln bleibt sie als *Nucleus pulposus* in den Zwischenwirbelscheiben erhalten. Später differenzieren sich die umgebenden Mesenchymzellen zu Chondroblasten und bilden den Faserknorpel des *Anulus fibrosus*.

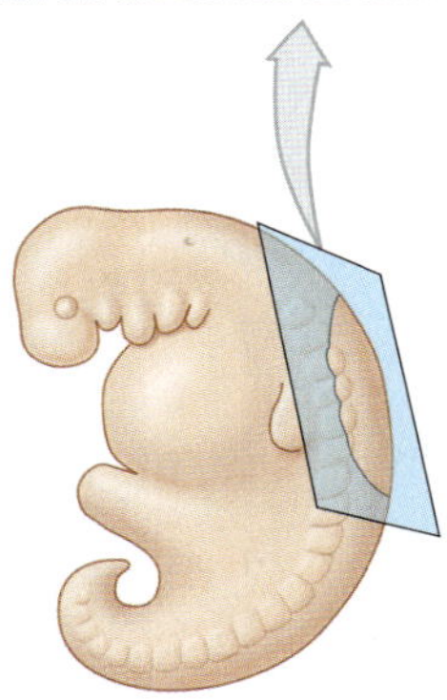

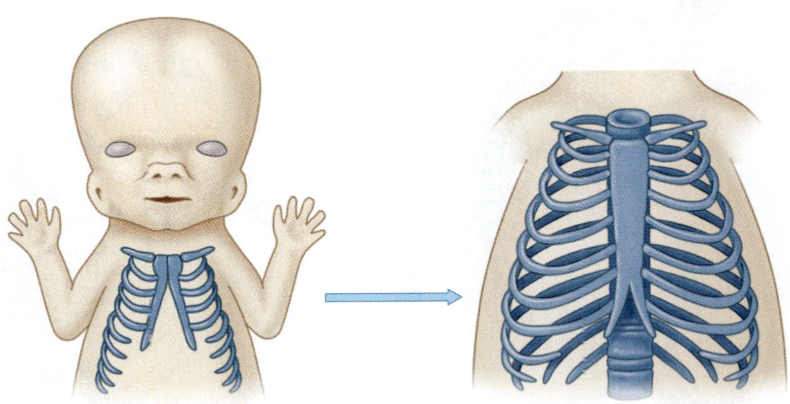

8 WOCHEN **9 WOCHEN**

Rippenknorpel wachsen von den Querfortsätzen der Wirbelkörper weg. Anfangs sind sie noch verbunden, nach der achten Wochen haben sich die Rippen jedoch von den Wirbeln getrennt. Rippen bilden sich an allen Wirbeln, doch in den zervikalen, lumbalen, sakralen und kokzygealen Abschnitten bleiben sie klein und verschmelzen später mit den wachsenden Wirbelkörpern. Die Rippen der thorakalen Wirbel wachsen weiter, der Rundung der Körperwand folgend. An der ventralen Mittellinie verschmelzen sie mit dem Knorpel des Brustbeins.

Die Entwicklung des Extremitätenskeletts

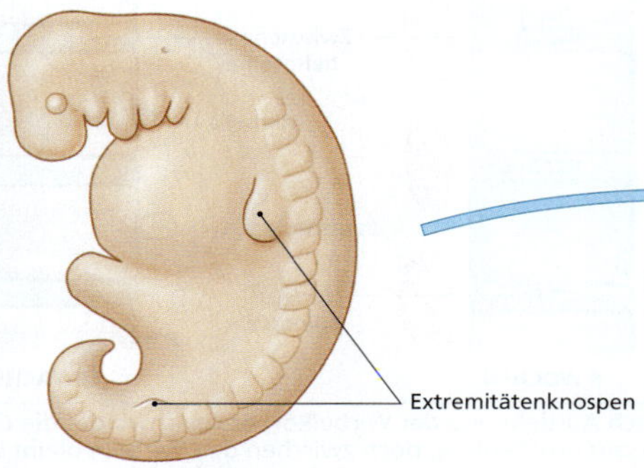

4 WOCHEN

In der vierten Woche der Entwicklung erscheinen an den Flanken des Embryos Wülste, die von knapp unterhalb der Kehle bis kurz vor den Anus reichen. Sie entstehen durch Ansammlung von mesodermalen Zellen unter dem Ektoderm. Langsam sammelt sich das Mesoderm an den Enden des Wulstes; es entstehen jeweils zwei Extremitätenknospen.

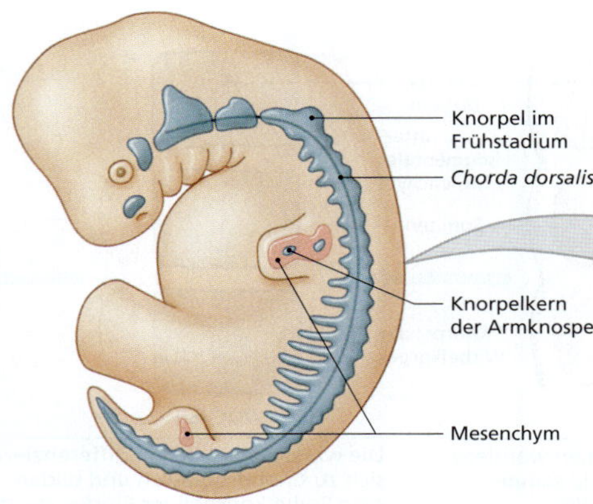

5 WOCHEN

Nach der fünften Woche haben die Armknospen einen Knorpelkern; im Mesenchym des Rumpfes bildet sich der Knorpel der Skapula.

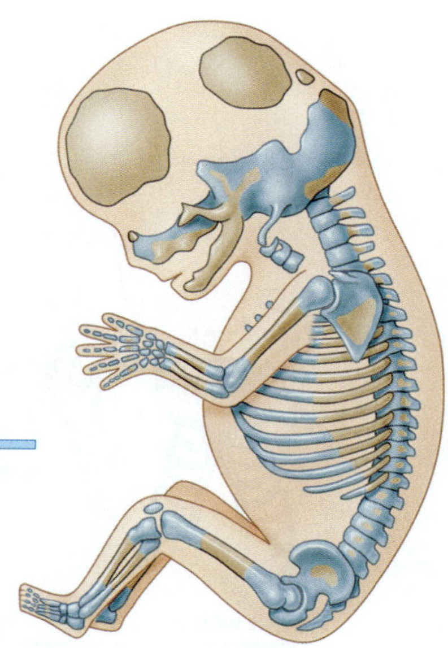

10 WOCHEN

Ossifikation des embryonalen Skeletts nach etwa zehn Wochen der Entwicklung. Die Schäfte der Extremitätenknochen verknöchern zügig, doch die distalen Knochen von Hand- und Fußgelenk bleiben knorpelig.

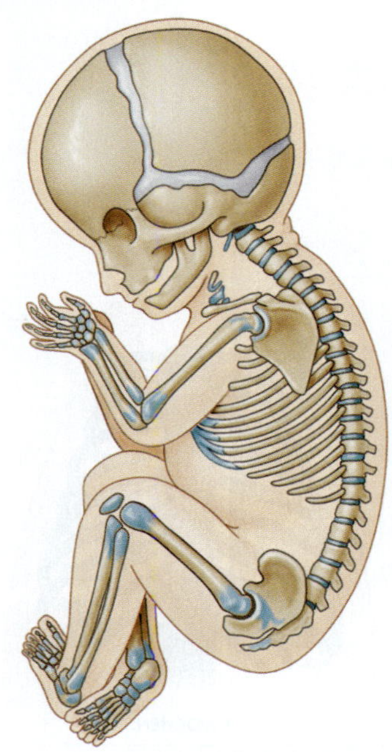

GEBURT

Das Skelett eines Neugeborenen. Beachten Sie die ausgedehnten Knorpelzonen (blau) in Humeruskopf, Handgelenk, Mittelhand und Hüften. Beachten Sie auch die Entwicklung des Achsenskeletts, wie in den beiden vorausgehenden Zusammenfassungen dargestellt.

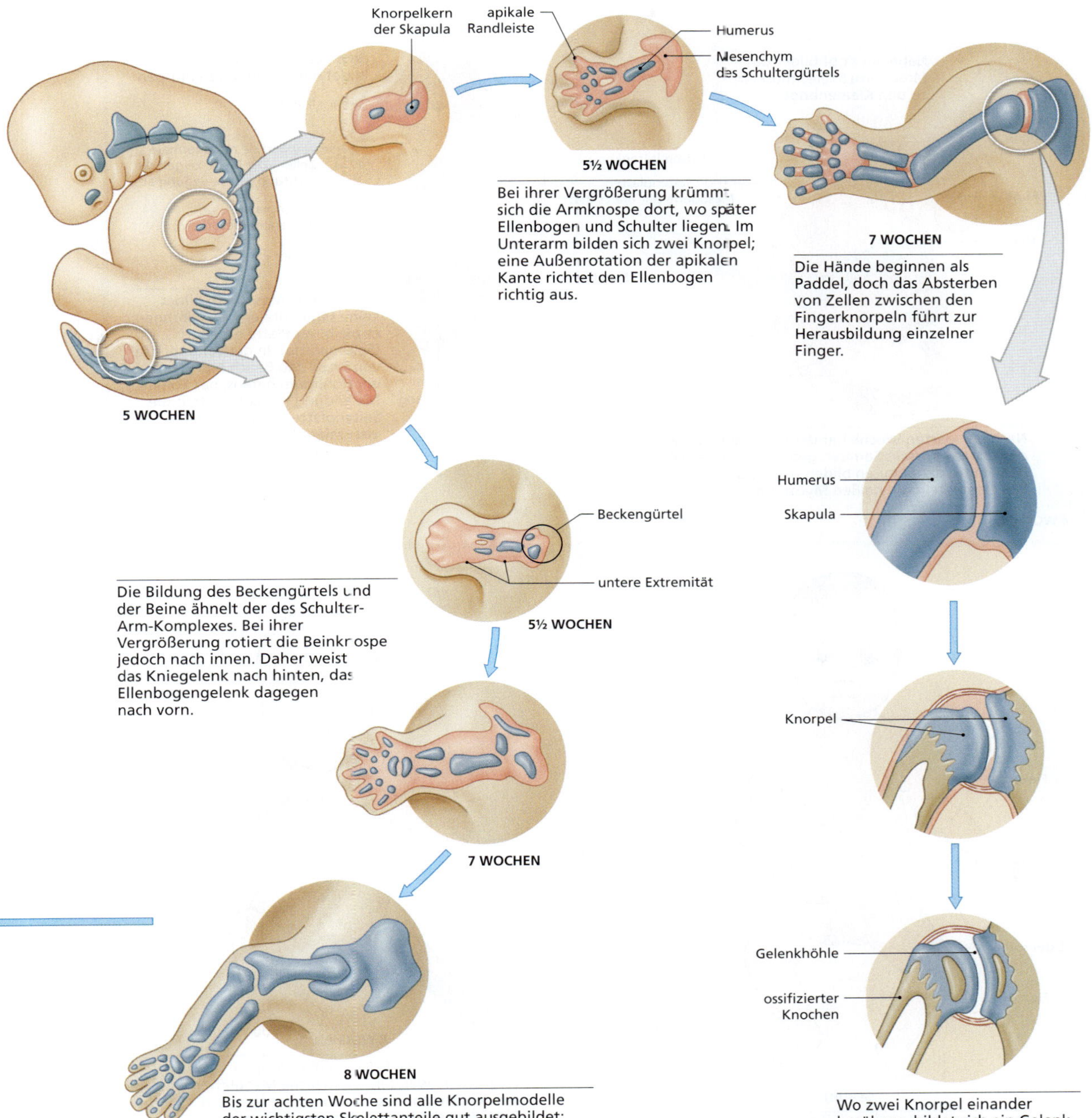

Bei ihrer Vergrößerung krümmt sich die Armknospe dort, wo später Ellenbogen und Schulter liegen. Im Unterarm bilden sich zwei Knorpel; eine Außenrotation der apikalen Kante richtet den Ellenbogen richtig aus.

Die Hände beginnen als Paddel, doch das Absterben von Zellen zwischen den Fingerknorpeln führt zur Herausbildung einzelner Finger.

Die Bildung des Beckengürtels und der Beine ähnelt der des Schulter-Arm-Komplexes. Bei ihrer Vergrößerung rotiert die Beinknospe jedoch nach innen. Daher weist das Kniegelenk nach hinten, das Ellenbogengelenk dagegen nach vorn.

Bis zur achten Woche sind alle Knorpelmodelle der wichtigsten Skelettanteile gut ausgebildet; in den zukünftigen Extremitätenknochen beginnt die enchondrale Ossifikation. Im Hüftknochen entstehen drei getrennte Zentren, die sich langsam vergrößern.

Wo zwei Knorpel einander berühren, bildet sich ein Gelenk. Die Oberflächen innerhalb der Gelenkhöhlen bleiben knorpelig; der Rest des Knochens ossifiziert.

Die Entwicklung der Muskulatur

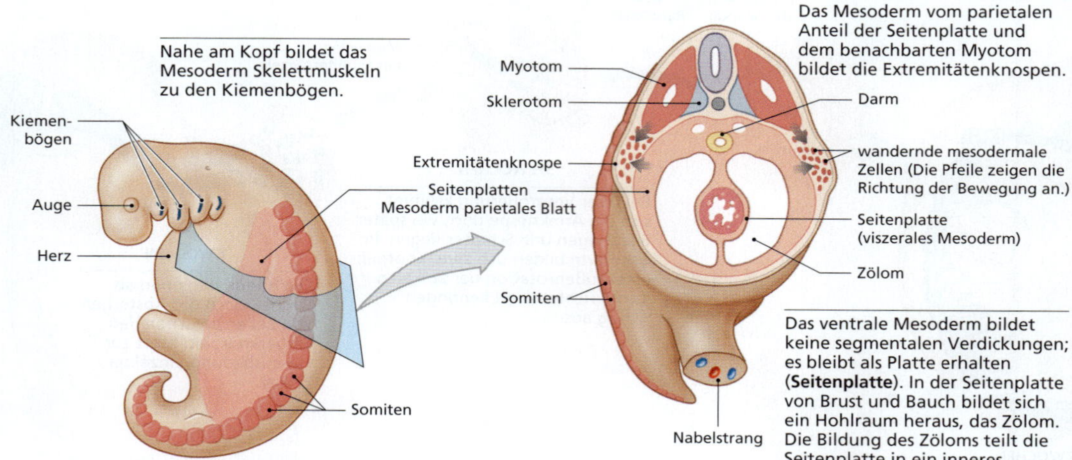

Nahe am Kopf bildet das Mesoderm Skelettmuskeln zu den Kiemenbögen.

Das Mesoderm vom parietalen Anteil der Seitenplatte und dem benachbarten Myotom bildet die Extremitätenknospen.

Das ventrale Mesoderm bildet keine segmentalen Verdickungen; es bleibt als Platte erhalten (**Seitenplatte**). In der Seitenplatte von Brust und Bauch bildet sich ein Hohlraum heraus, das Zölom. Die Bildung des Zöloms teilt die Seitenplatte in ein inneres **viszerales Mesoderm** und ein äußeres **parietales Mesoderm**.

Nach der vierten Woche hat das Mesoderm beiderseits der *Chorda dorsalis* Somiten gebildet. Die medialen Abschnitte der Somiten bilden jeweils die Skelettmuskeln; sie heißen **Myotome**.

4 WOCHEN

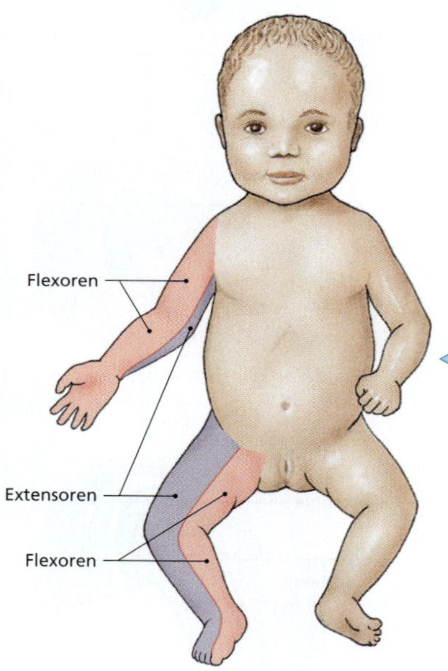

GEBURT

Eine Rotation der Arm- und Beinknospen führt zu einer Lageveränderung dieser Anteile im Verhältnis zur Körperachse.

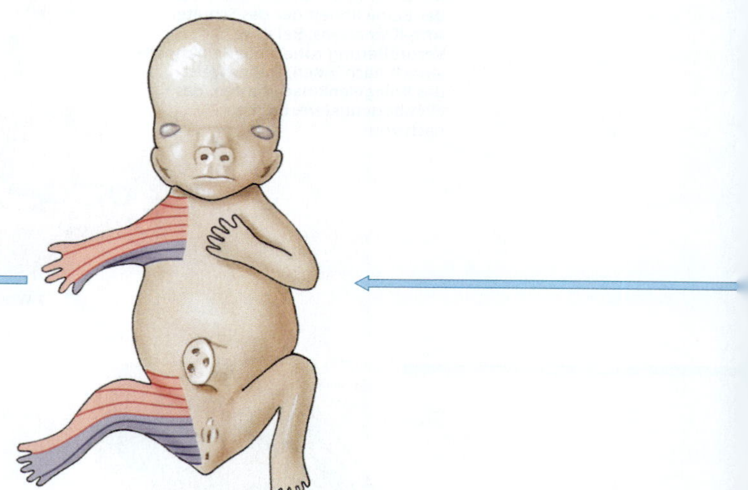

8 WOCHEN

Während sich die Extremitätenknospen vergrößern, wandern zusätzliche Myoblasten aus den Myotomsegmenten in der Nähe ein. Die Linien deuten die Grenzen zwischen den Myotomen an, die Myoblasten zu der jeweiligen Extremität beitragen.

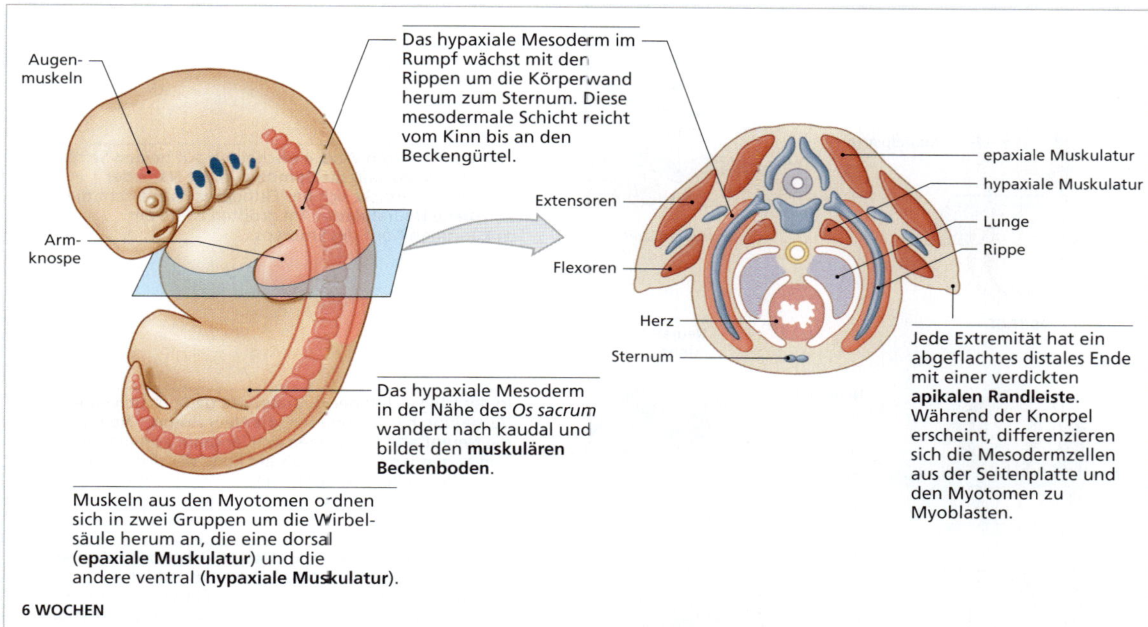
Augen-
muskeln
Arm-
knospe
Das hypaxiale Mesoderm im Rumpf wächst mit den Rippen um die Körperwand herum zum Sternum. Diese mesodermale Schicht reicht vom Kinn bis an den Beckengürtel.
Extensoren
Flexoren
Herz
Sternum
epaxiale Muskulatur
hypaxiale Muskulatur
Lunge
Rippe
Jede Extremität hat ein abgeflachtes distales Ende mit einer verdickten **apikalen Randleiste**. Während der Knorpel erscheint, differenzieren sich die Mesodermzellen aus der Seitenplatte und den Myotomen zu Myoblasten.
Das hypaxiale Mesoderm in der Nähe des *Os sacrum* wandert nach kaudal und bildet den **muskulären Beckenboden**.
Muskeln aus den Myotomen ordnen sich in zwei Gruppen um die Wirbelsäule herum an, die eine dorsal (**epaxiale Muskulatur**) und die andere ventral (**hypaxiale Muskulatur**).
6 WOCHEN

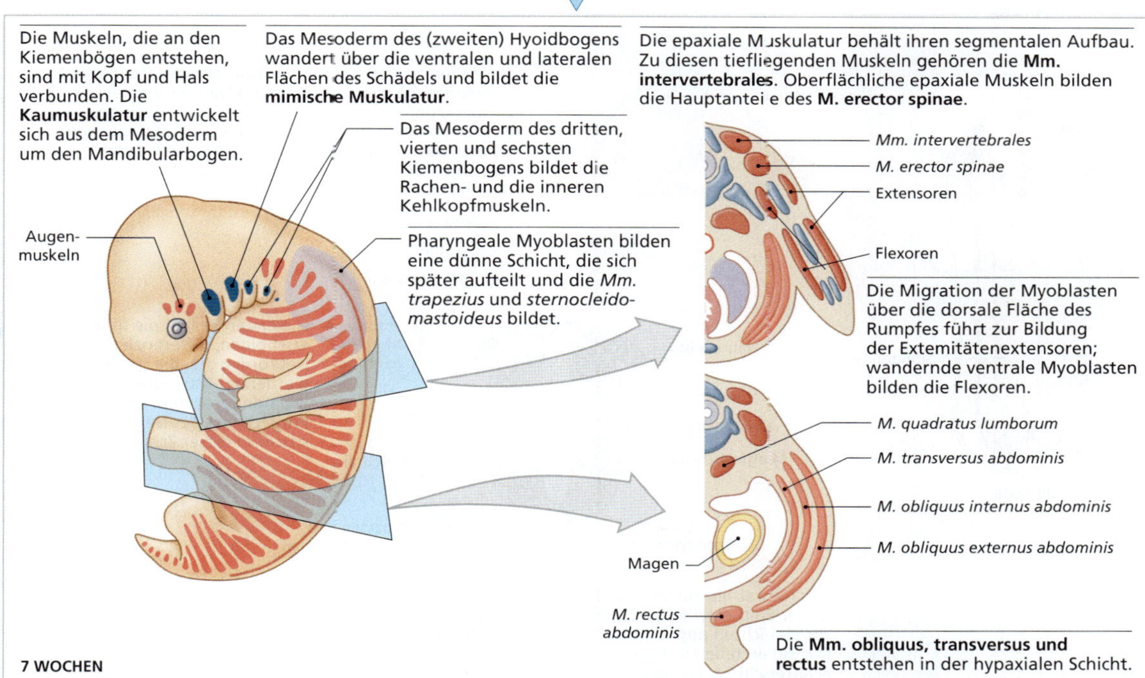
Die Muskeln, die an den Kiemenbögen entstehen, sind mit Kopf und Hals verbunden. Die **Kaumuskulatur** entwickelt sich aus dem Mesoderm um den Mandibularbogen.
Das Mesoderm des (zweiten) Hyoidbogens wandert über die ventralen und lateralen Flächen des Schädels und bildet die **mimische Muskulatur**.
Die epaxiale Muskulatur behält ihren segmentalen Aufbau. Zu diesen tiefliegenden Muskeln gehören die **Mm. intervertebrales**. Oberflächliche epaxiale Muskeln bilden die Hauptanteile des **M. erector spinae**.
Das Mesoderm des dritten, vierten und sechsten Kiemenbogens bildet die Rachen- und die inneren Kehlkopfmuskeln.
Augen-
muskeln
Pharyngeale Myoblasten bilden eine dünne Schicht, die sich später aufteilt und die *Mm. trapezius* und *sternocleidomastoideus* bildet.
Mm. intervertebrales
M. erector spinae
Extensoren
Flexoren
Die Migration der Myoblasten über die dorsale Fläche des Rumpfes führt zur Bildung der Extemitätenextensoren; wandernde ventrale Myoblasten bilden die Flexoren.
M. quadratus lumborum
M. transversus abdominis
M. obliquus internus abdominis
M. obliquus externus abdominis
Magen
M. rectus abdominis
Die **Mm. obliquus, transversus und rectus** entstehen in der hypaxialen Schicht.
7 WOCHEN

Die Entwicklung des Nervensystems

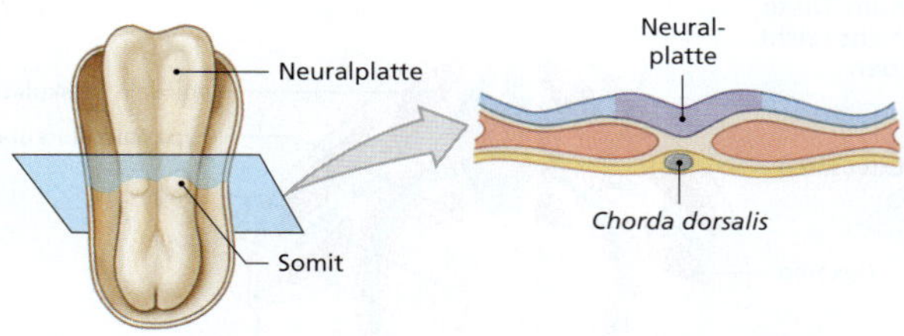

20 TAGE

Nach der zweiten Woche erscheinen auf beiden Seiten der *Chorda dorsalis* die **Somiten**. In der Nähe der Mittellinie verdickt sich das Ektoderm; es entsteht die erhabene **Neuralplatte**. Am größten ist sie am zukünftigen Kopf des Embryos.

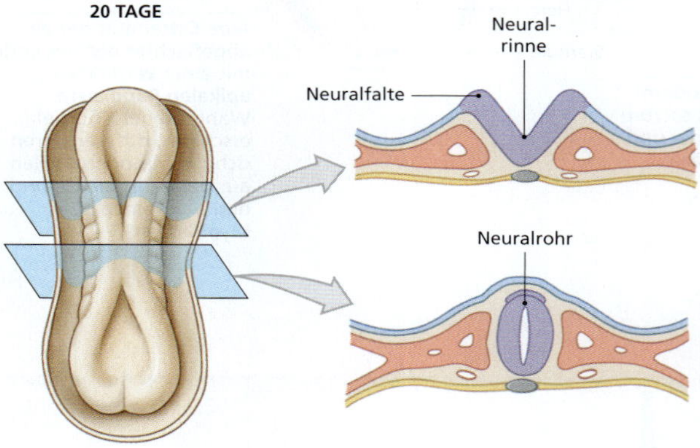

21 TAGE

In der Längsachse der Neuralplatte beginnt sich eine Vertiefung herauszubilden, die **Neuralrinne**. Die Kanten, die **Neuralfalten**, bewegen sich langsam aufeinander zu und begegnen sich erstmals am Ende der dritten Woche im mittleren Bereich der Rinne.

Wo sich die Neuralfalten treffen, verschmelzen sie und bilden das zylindrische **Neuralrohr**, das bald die Verbindung zum darüberliegenden Ektoderm verliert. Dieser Vorgang der Neuralrohrbildung, die **Neurulation**, ist in weniger als einer Woche abgeschlossen. Die Entstehung des Achsenskeletts und der Muskulatur um das wachsende Neuralrohr wurde bereits auf den Seiten beschrieben.

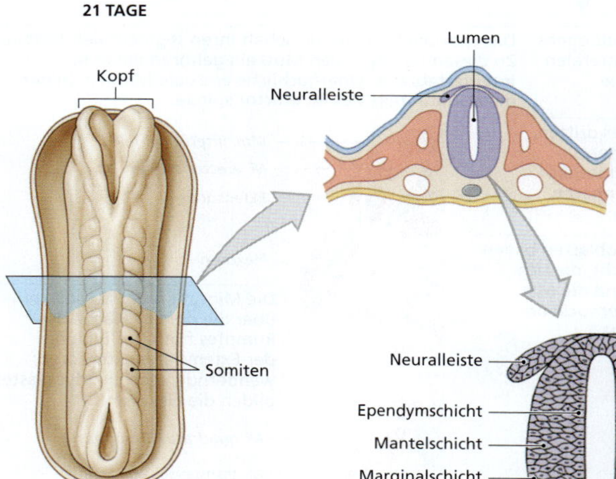

23 TAGE

Die Zellen an den Kanten der **Neuralfalten** (Neuralleisten) nehmen nicht an der Bildung des Neuralrohrs teil; sie bleiben zunächst zwischen der dorsalen Fläche des Neuralrohrs und dem Ektoderm liegen. Später wandern sie aus. Das Neuralrohr wird zum ZNS. Axone von Neuronen des Neuralrohrs und von den Neuralleistenzellen bilden zusammen das PNS.

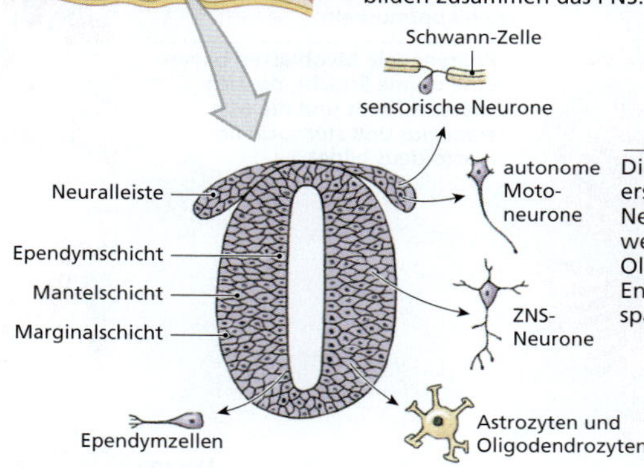

Die ersten Zellen, die in der Mantelzone erscheinen, differenzieren sich zu Neuronen; die, die später auftauchen, werden zu Astrozyten und Oligodendrozyten. Die weitere Entwicklung des Nervensystems folgt später in dieser Zusammenfassung.

Das Neuralrohr nimmt mit den wiederholten mitotischen Teilungen seiner Epithelzellen an Dicke zu; zum Ende der fünften Woche sind drei Schichten abgrenzbar. Die **Ependymschicht** umgibt das Lumen. Die Zellen teilen sich weiter; die Tochterzellen bilden die umgebende **Mantelschicht**. Die Axone der entstehenden Neurone schließlich machen die **Marginalschicht** aus.

Die Entwicklung des Rückenmarks (Teil I)

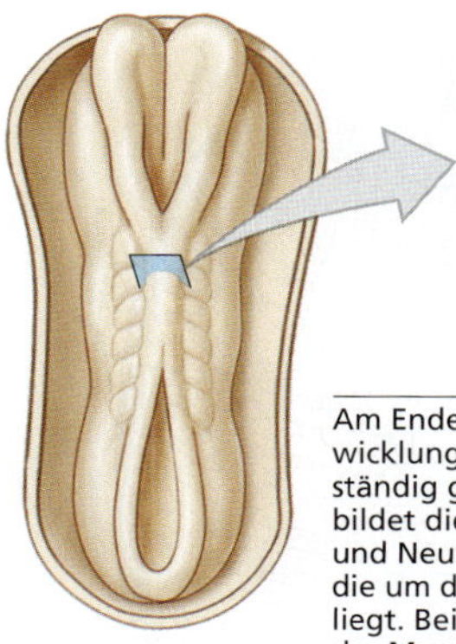

22 TAGE

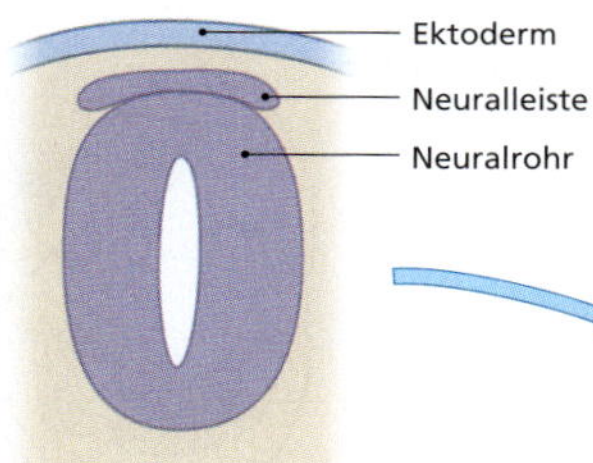

Am Ende der fünften Woche der Entwicklung ist das **Neuralrohr** fast vollständig geschlossen. Im Rückenmark bildet die Mantelschicht, die die Neurone und Neuroglia enthält, die graue Substanz, die um das Lumen des Neuralrohrs herum liegt. Bei der Entwicklung der Neurone in der Mantelschicht wachsen ihre Axone in Richtung ihrer peripheren oder zentralen Ziele. Die Axone verlassen die Mantelschicht und ziehen in der peripheren **Marginalschicht** zu ihren Zielsynapsen.

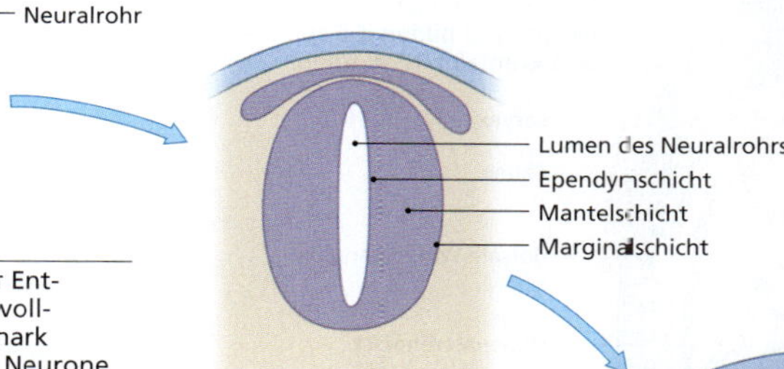

23 TAGE

Schließlich finden sich die wachsenden Axone in der Marginalschicht zu Bündeln oder Trakten zusammen, die sich später zu den Säulen entwickeln, die die weiße Substanz des Rückenmarks ausmachen.

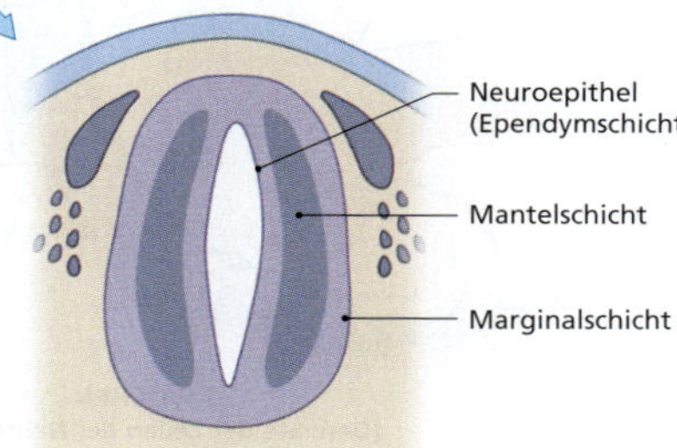

28 TAGE

Bis zu diesem Zeitpunkt sind Zellen der **Neuralleiste** an beide Seiten des Rückenmarks gewandert und haben dort die dorsalen Wurzelganglien gebildet; dort werden sie zu sensorischen Neuronen und Gliazellen (Schwann- und Satellitenzellen). Ausläufer dieser sensorischen Neurone wachsen über die dorsalen Wurzeln in die Peripherie, zu Rezeptoren und in das ZNS.

In jedem Segment bilden die Axone der heranwachsenden Motoneurone ein Paar ventraler Wurzeln, die vom Rückenmark weg wachsen.

Distal der dorsalen Wurzelganglien sind die motorischen Efferenzen der ventralen Wurzel und die sensorischen Afferenzen der dorsalen Wurzel jeweils zu einem einzelnen Spinalnerv zusammengefasst. In weiten Teilen des Rückenmarks sind diese peripheren Äste gleich aufgebaut; nach diesem Muster richtet sich auch die Verteilung der Dermatome.

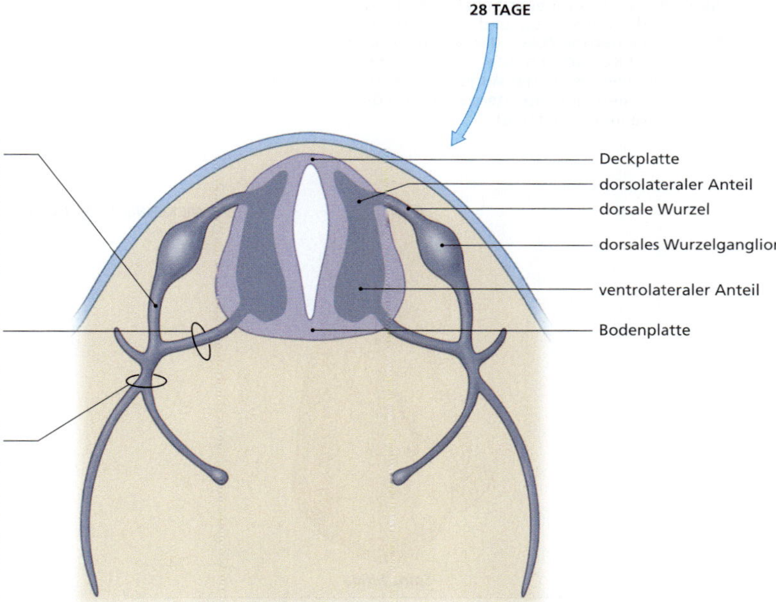

7 WOCHEN

Durch die Vergrößerung der Mantelschicht wird das Lumen von den Seiten her komprimiert und relativ schmal. Die relativ dünne **Deckplatte** und die **Bodenplatte** vergrößern sich nicht wesentlich, doch die **dorsolateralen** und **ventrolateralen Anteile** wachsen zügig. Die Neurone im dorsolateralen Anteil empfangen sensorische Reize und leiten sie weiter, während sich die Neurone der ventrolateralen Anteile zu Motoneuronen weiterentwickeln.

Die Entwicklung des Rückenmarks (Teil II)

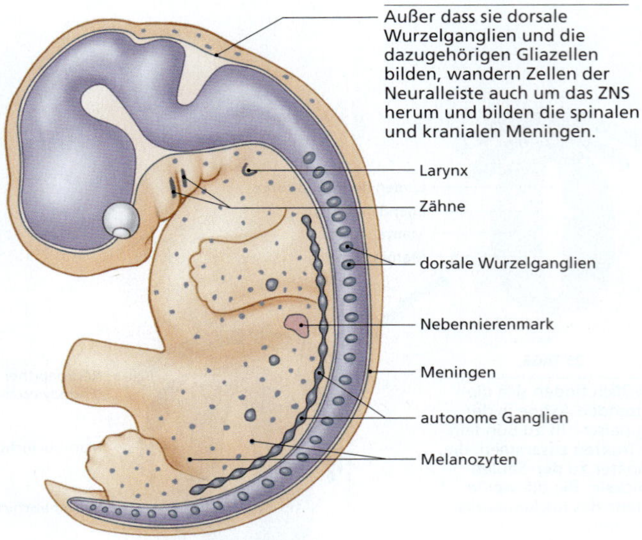

7 WOCHEN
(Derivate der Zellen der Neuralleiste)

Die Zellen der Neuralleiste ballen sich zu autonomen Ganglien in der Nähe der Wirbelsäule und in peripheren Organen zusammen. Weitere wandernde Zellen der Neuralleiste sind an der Bildung von Zähnen und Kehlkopfknorpel, von Hautmelanozyten, des Schädels, des Bindegewebes um das Auge, der inneren Augenmuskeln, der Schwann-Zellen, der Satellitenzellen und des Nebennierenmarks beteiligt.

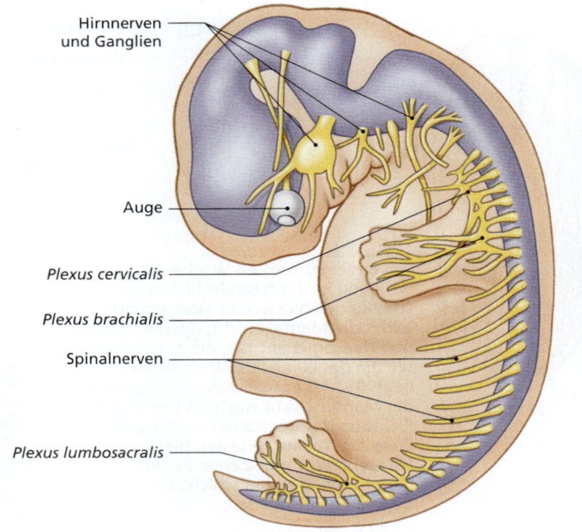

7 WOCHEN
(Die Entwicklung der peripheren Nerven)

Jede Extremität wird von mehreren Spinalnerven innerviert. Wenn embryonale Muskelzellen von ihrem Myotom weg wachsen, wachsen die Nervenzellen gleich mit. Wenn ein großer Muskel beim Erwachsenen aus mehreren Myotomen abstammt, sind die ursprünglichen Grenzen oft durch Bindegewebe markiert, und zur Innervation gehört immer mehr als ein Spinalnerv.

ENTWICKLUNGSSTÖRUNGEN

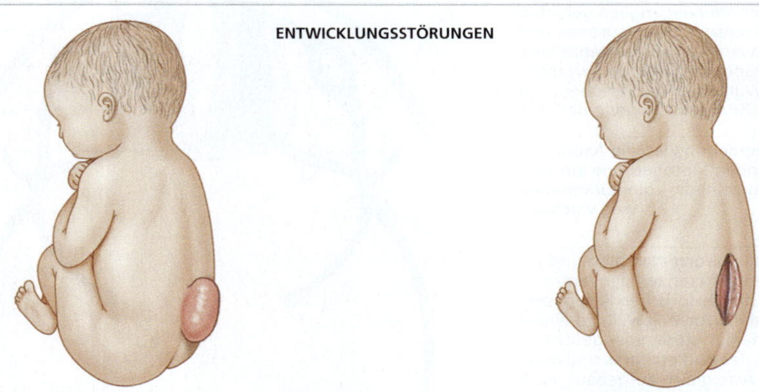

Spina bifida

Eine *Spina bifida* liegt vor, wenn sich die Bogenplatten der Wirbelbögen aufgrund einer abnormen Entwicklung des Neuralrohrs nicht schließen. Die Meningen wölben sich nach außen unter die Haut. Das Ausmaß der Fehlbildung bestimmt den Schweregrad des Defekts. In leichten Fällen wird die Erkrankung übersehen; in schweren Fällen ist der Großteil der Wirbelsäule betroffen.

Neuralrohrdefekt

Ein Neuralrohrdefekt tritt nach einer Entwicklungsstörung des Rückenmarks auf. Anstatt ein hohles Rohr zu bilden, entwickelt sich ein Teil des Rückenmarks zu einer flachen Platte. Oft besteht gleichzeitig eine *Spina bifida*. Neuralrohrdefekte treten bei etwa einem von 1000 Kindern auf; mit pränataler Diagnostik können 80–85% aller Fälle vor der Geburt erkannt werden.

Die Entwicklung des Gehirns (Teil I)

Bevor Sie weiterlesen, sollten Sie noch einmal kurz die Zusammenfassungen zur Entwicklung von Schädel, Wirbelsäule und Rückenmark wiederholen.

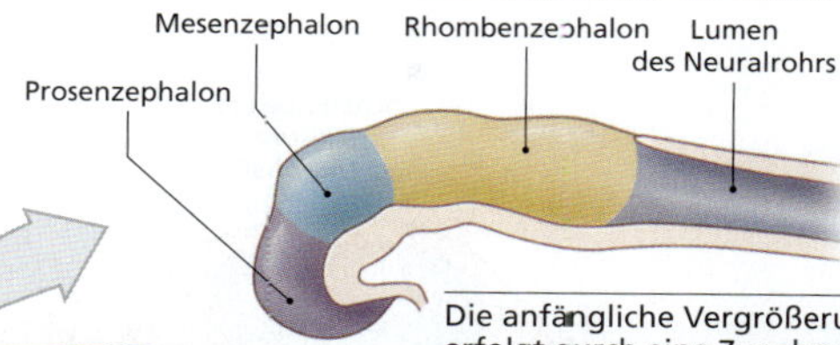

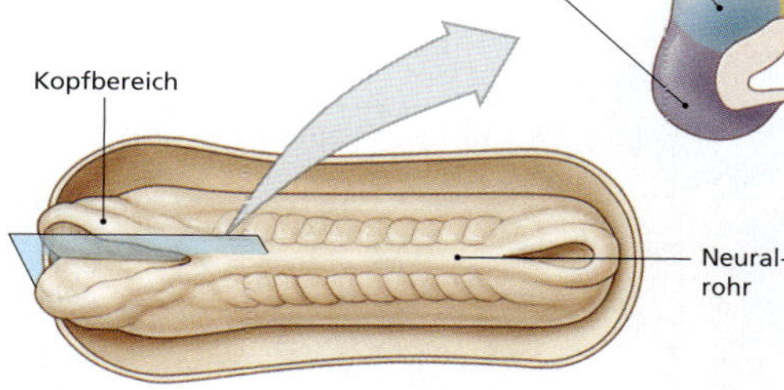

Die anfängliche Vergrößerung des Gehirns erfolgt durch eine Zunahme des Lumens im Neuralrohr, wodurch drei **Hirnbläschen** entstehen: 1. das **Prosenzephalon** oder Vorderhirn, 2. das **Mesenzephalon** oder Mittelhirn und 3. das **Rhombenzephalon** oder Rautenhirn. Prosenzephalon und Rhombenzephalon teilen sich im Laufe der späteren Entwicklung noch weiter auf.

Der Kopfbereich beginnt sich bereits vor dem vollständigen Verschluss des Neuralrohrs zu vergrößern. Zu den Hauptunterschieden in der Entwicklung zwischen Gehirn und Rückenmark gehören 1. der frühe Abbau der Aufteilung in Mantelschicht (graue Substanz) und Marginalschicht (weiße Substanz), 2. das Auftauchen der Rindenareale, 3. differenziertes Wachstum zwischen und innerhalb spezifischer Regionen, 4. das Auftreten charakteristischer Knicke und Falten und 5. der Verlust einer erkennbaren segmentalen Organisation.

23 TAGE

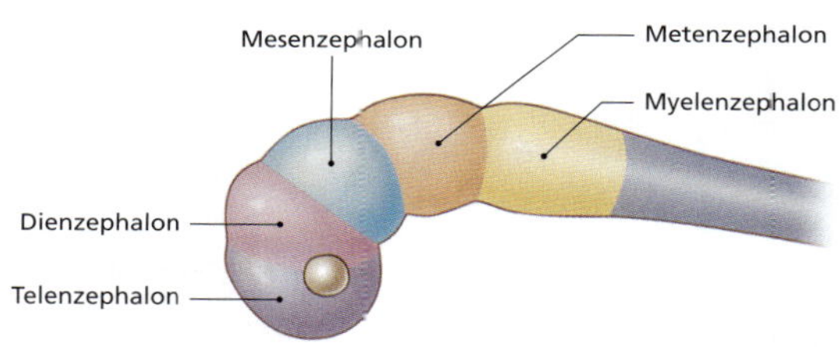

Das Rhombenzephalon teilt sich zunächst in das **Metenzephalon** und das **Myelenzephalon**.

Das Prosenzephalon bildet das **Telenzephalon** und das **Dienzephalon**. Das Telenzephalon beginnt als ein Paar Verdickungen an der rostralen Kante des Prosenzephalons.

4 WOCHEN

Die Hirnnerven entstehen als sensorische Ganglien und verbinden periphere Rezeptoren mit dem Gehirn; die motorischen Fasern wachsen aus den sich entwickelnden Hirnnervenkernen heraus. Die Neurone der speziellen Sinnesorgane der Hirnnerven I, II und VIII entstehen im Zusammenspiel mit den Sinnesorganen. Die somatomotorischen Nerven III, IV und VI wachsen zu den Augenmuskeln; die gemischten Nerven (V, VII, IX und X) innervieren die **Kiemenbögen**.

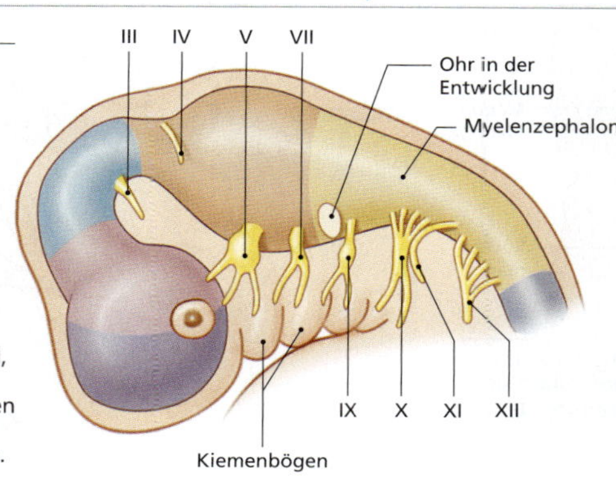

Die Weiterentwicklung des **Mesenzephalons** führt zur Entstehung einer kleinen Menge von Nervengewebe.

Mit weiterem Wachstum und Differenzierung und der Veränderung von Lage und Ausrichtung des Embryos erscheint eine Reihe von Kurven (**Flexuren**) entlang der Achse des Gehirns.

5 WOCHEN

Die Entwicklung des Gehirns (Teil II)

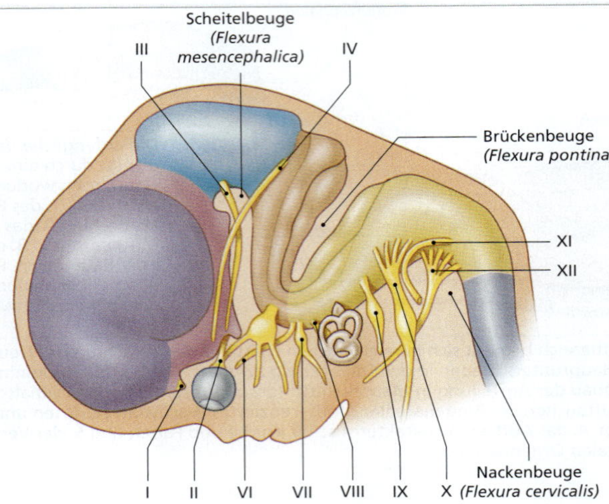

Die Deckplatten von Dienzephalon und Myelenzephalon entwickeln sich nicht weiter; es bleibt nur eine dünne Ependymschicht in Kontakt mit den wachsenden Meningen. Die Blutgefäße, die in diese Regionen einwachsen, bilden den **Plexus choroideus**.

Mit weiterem Wachstum und dem Erscheinen der Brückenbeuge *(Flexura pontina)* nimmt die Dichte des Gehirns zu. Die wachsenden Großhirnhemisphären dominieren nun die superiore und die lateralen Flächen des Gehirns. Wandernde Neuroblasten bilden die Großhirnrinde; die darunterliegende graue Substanz entwickelt sich zu den basalen Kernen.

8 WOCHEN

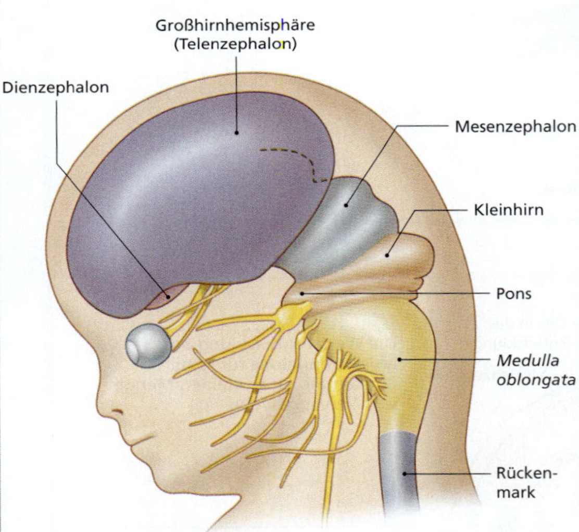

Nach elf Wochen haben die wachsenden Hemisphären das Dienzephalon überwachsen. Am Metenzephalon bildet sich durch Rindenbildung und Ausdehnung das Kleinhirn, das über den Kernen und Trakten der Pons liegt.

11 WOCHEN

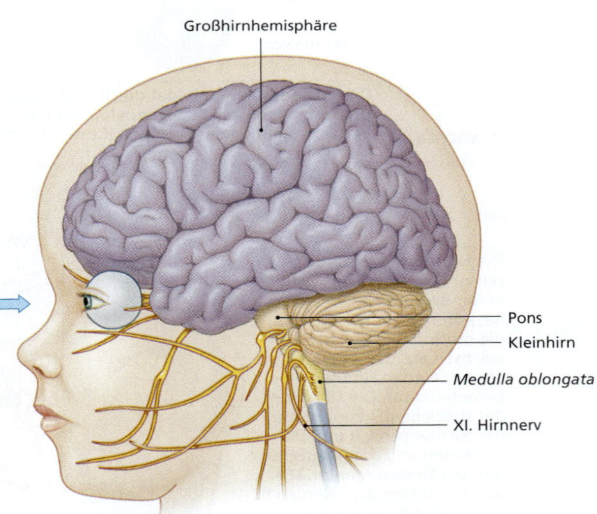

KIND

Die Entwicklung der speziellen Sinnesorgane (Teil I)

Alle speziellen Sinnesorgane entstehen durch die Interaktion von Epithelien und dem sich entwickelnden Nervensystem des Embryos.

SEHEN

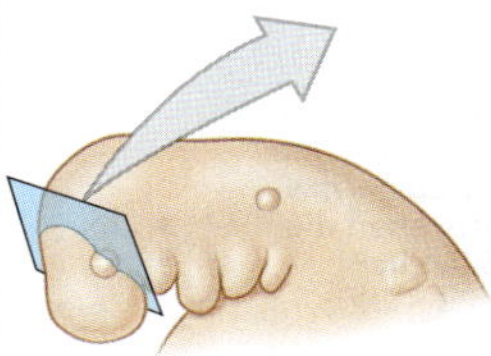

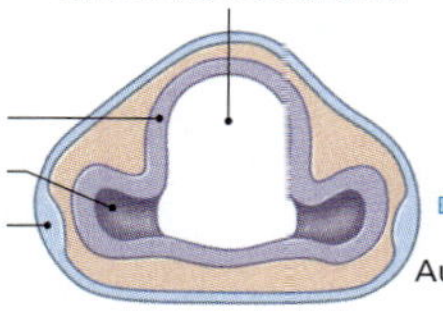

4 WOCHEN

Das erste Anzeichen des optischen Systems ist das Auftauchen paariger Vorwölbungen, der **Augenbläschen**, in den Seitenwänden des Prosenzephalons, die hantelförmig abstehen und deren innerer Hohlraum in das Lumen des Neuralrohrs übergeht.

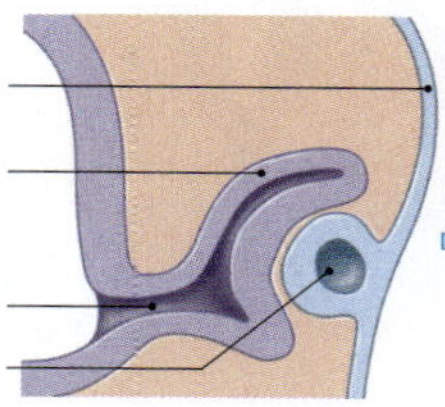

Die Vorwölbungen stülpen sich nun zu den **Augenbechern** ein, die über die **Augenbecherstiele** mit dem Dienzephalon verbunden bleiben. Die Epidermis darüber bildet daraufhin eine **Linsenplakode**, die sich verdickt und aushöhlt. Aus diesem **Linsenbläschen** entsteht die Linse.

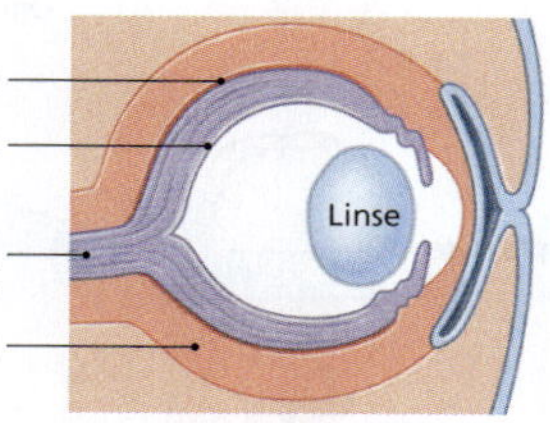

Mesoderm, das sich um diesen Komplex herum ansammelt, bildet Choroidea und Sklera. Die vordere und die hintere Augenkammer entstehen als Hohlräume innerhalb dieses Mesoderms.

GERUCHSSINN

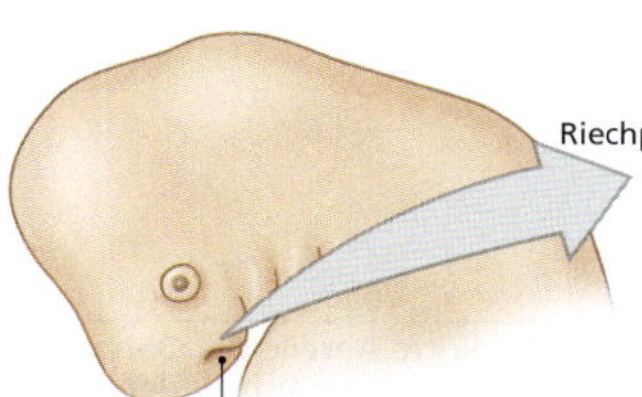

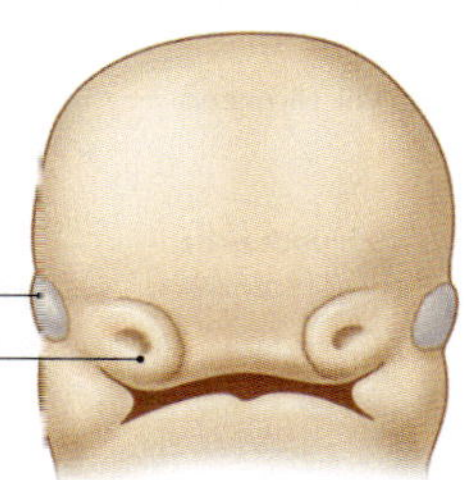

5 WOCHEN

Die Entwicklung der Geruchsrezeptoren beginnt im Laufe der fünften Woche mit dem Auftauchen zweier Verdickungen an der Vorderseite des Prosenzephalons; man nennt sie **Riechplakoden**.

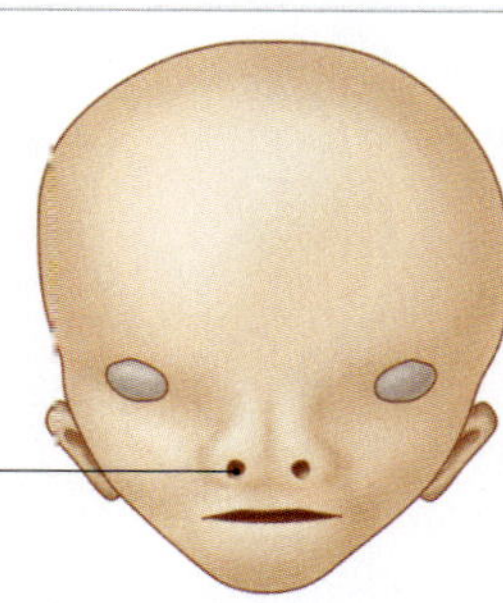

10 WOCHEN

Im Laufe der Zeit werden die Riechplakoden von den Strukturen des Gesichts umhüllt und beschützt. (Die Entwicklung des Gesichts sehen Sie in der Zusammenfassung Entwicklung des Schädels.)

GESCHMACKSSINN

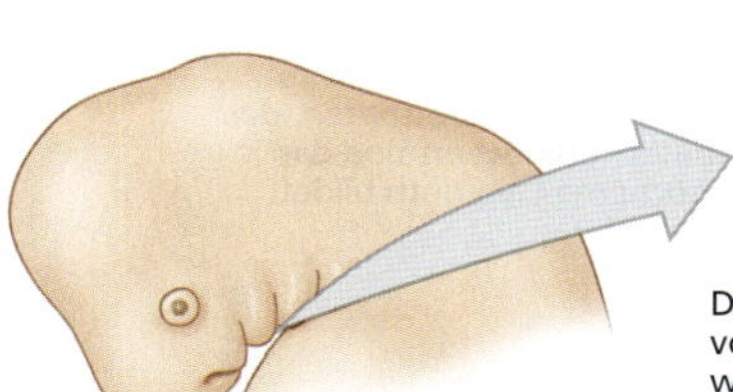

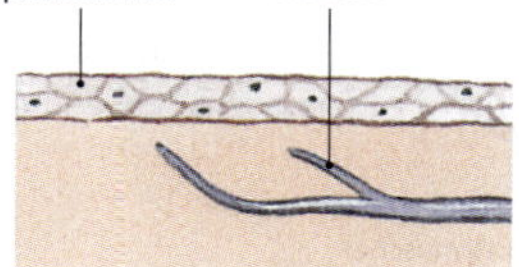

Die Geschmacksrezeptoren sind von allen speziellen Sinnen am wenigsten spezialisiert. Geschmacksknospen bilden sich, indem sensorische Fasern in Mund und Rachenraum einwachsen.

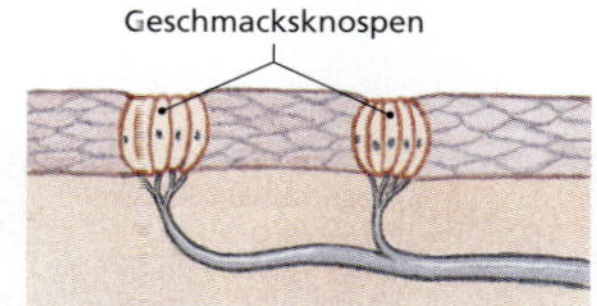

Wenn die Nervenendigungen mit dem Epithel in Kontakt kommen, differenzieren sich die Epithelzellen zu Geschmacksknospen weiter. Werden die Nervenzellen durchtrennt, degenerieren die Geschmacksknospen; wird der Nerv bewegt, stimuliert er die Bildung von Geschmacksknospen in seiner neuen Position.

Die Entwicklung der speziellen Sinnesorgane (Teil II)

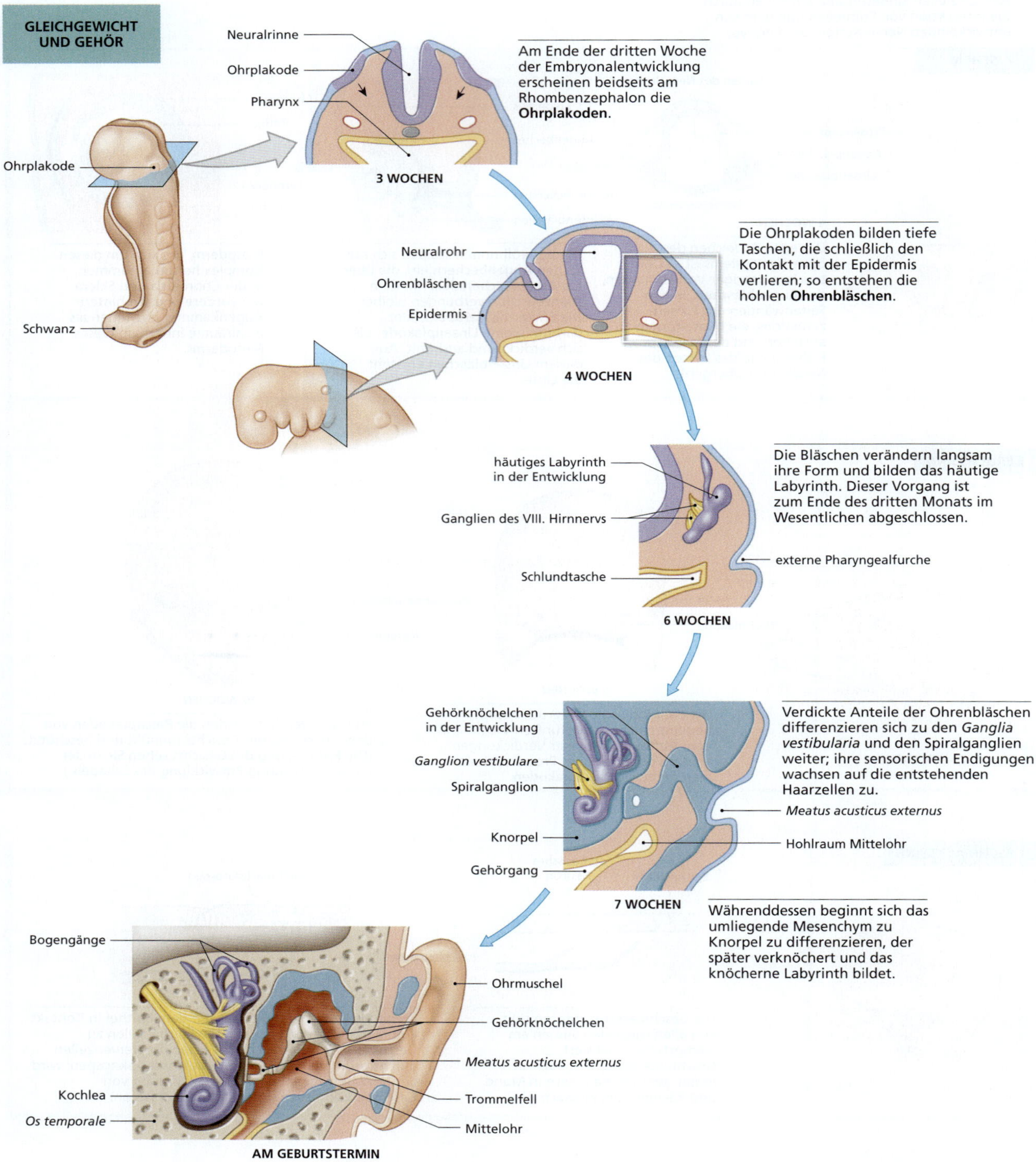

Die Entwicklung des endokrinen Systems (Teil I)

Wie in Kapitel 3 angeführt, entwickeln sich alle sekretorischen Drüsen, exokrin oder endokrin, aus Epithelien. Die endokrinen Organe entwickeln sich aus Epithel, das 1. die Außenfläche des Embryos bedeckt, 2. den Verdauungstrakt auskleidet und 3. die Zölomhöhle auskleidet.

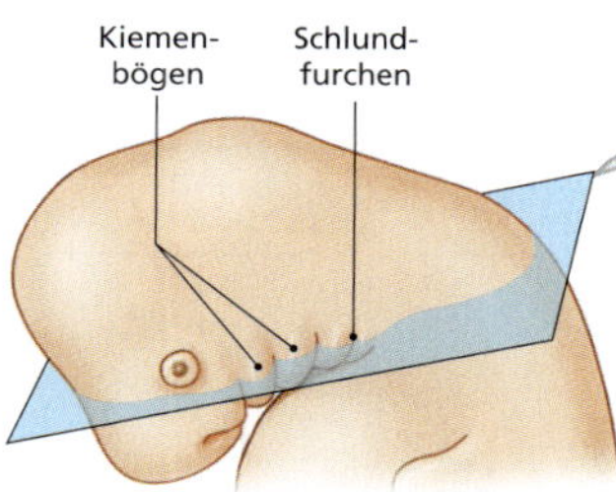

5 WOCHEN

Die Pharynxregion des Embryos spielt für die Entwicklung der endokrinen Organe eine besonders wichtige Rolle. Nach vier bis fünf Wochen sind die **Kiemenbögen** gut ausgebildet. Menschliche Embryos bilden fünf oder sechs von ihnen; nicht alle sind von außen sichtbar. (Der fünfte Kiemenbogen bildet sich manchmal gar nicht oder degeneriert fast sofort wieder.) Die fünf wichtigsten Bögen (I–IV und VI) sind durch die **Schlundfurchen** voneinander getrennt, tiefe ektodermale Einziehungen.

NEBENSCHILDDRÜSEN UND THYMUS

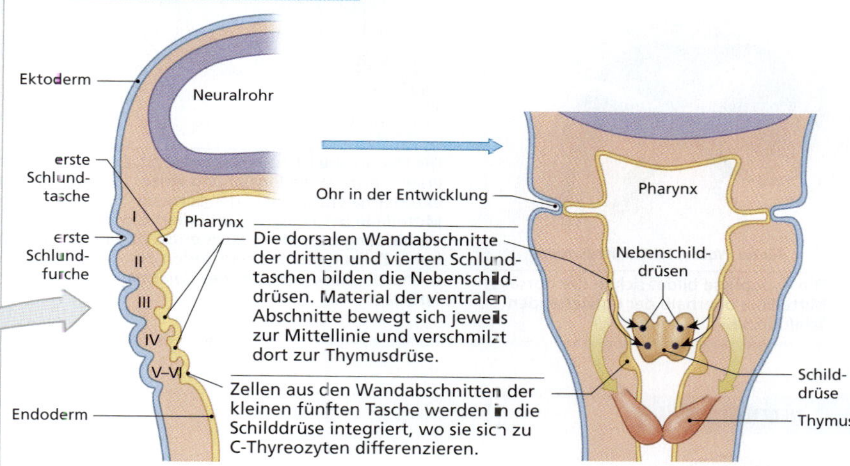

Die dorsalen Wandabschnitte der dritten und vierten Schlundtaschen bilden die Nebenschilddrüsen. Material der ventralen Abschnitte bewegt sich jeweils zur Mittellinie und verschmilzt dort zur Thymusdrüse.

Zellen aus den Wandabschnitten der kleinen fünften Tasche werden in die Schilddrüse integriert, wo sie sich zu C-Thyreozyten differenzieren.

Im Schnittbild weisen die fünf **Schlundtaschen** nach außen in Richtung der Schlundfurchen. Die erste Tasche liegt kaudal des (ersten) Mandibularbogens. Die fünfte und die sechste Schlundtasche sind klein und gehen ineinander über. Das Endoderm, das das dritte, vierte und fünfte Paar Schlundtaschen auskleidet, bildet Verdickungen, die unter das endodermale Epithel wandern.

SCHILDDRÜSE

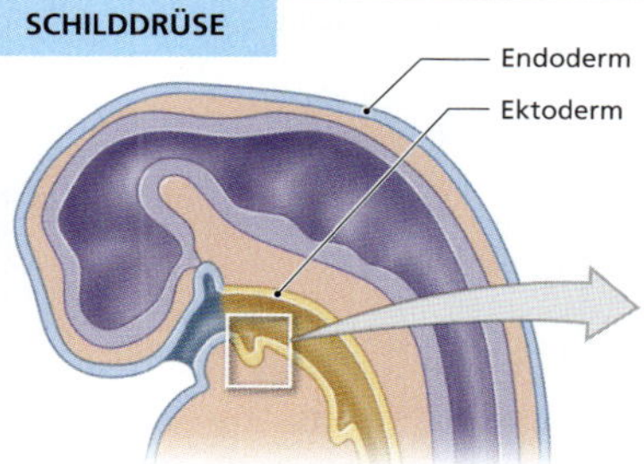

fünfte Woche, Mittsagittalschnitt

Die Grenze zwischen Ektoderm und Endoderm liegt an einer Linie, die die *Papillae circumvallatae* der Zunge bilden (siehe Abbildung 18.7). Diese Linie entspricht etwa der Mitte des Mandibularbogens. Hier bildet sich in der ventralen Mittellinie die Schilddrüse.

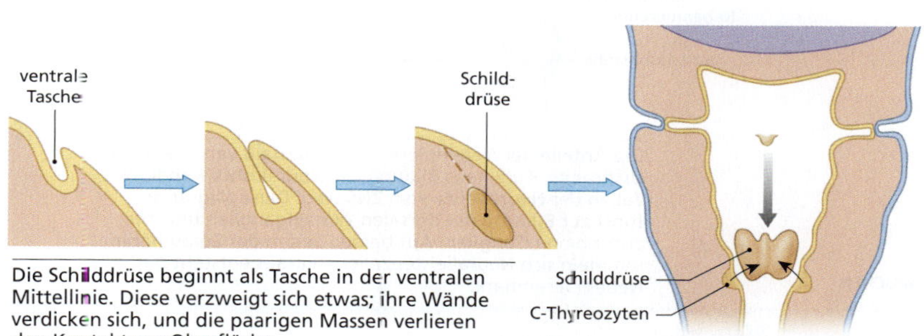

Die Schilddrüse beginnt als Tasche in der ventralen Mittellinie. Diese verzweigt sich etwas; ihre Wände verdicken sich, und die paarigen Massen verlieren den Kontakt zur Oberfläche.

Während der Embryo wächst und seine Gestalt verändert, bewegt sich die Schilddrüse nach kaudal in die Nähe des Schildknorpels am Larynx. Auf dem Weg dorthin nimmt sie die C-Thyreozyten aus den Wänden der fünften Schlundtasche in sich auf.

Die Entwicklung des endokrinen Systems (Teil II)

HYPOPHYSE

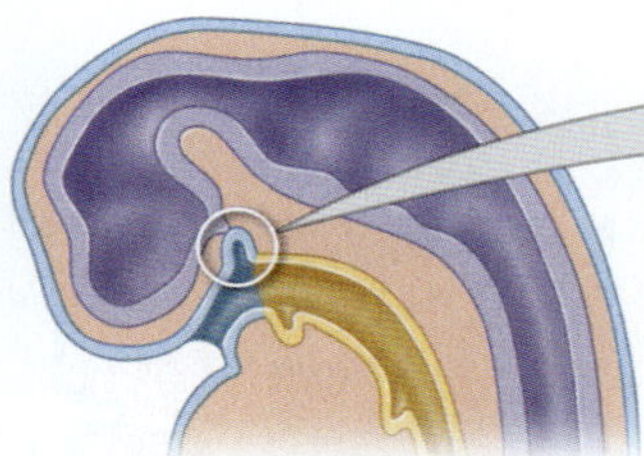

fünfte Woche, Mittsagittalschnitt

Die Hypophyse bildet sich in der dorsalen Mittellinie oberhalb der entstehenden Schilddrüse.

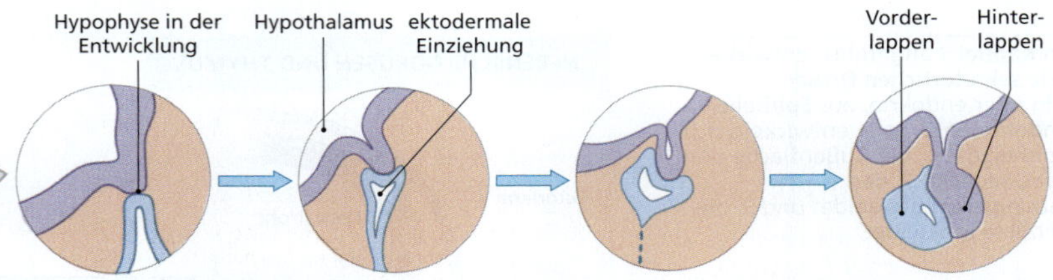

Die Hypophyse ist zusammengesetzt. Der erste Schritt ist die Einziehung einer ektodermalen Tasche in der dorsalen Mittellinie des Pharynx. Sie verliert die Verbindung zum Pharynx; es entsteht eine hohle Zellkugel unter dem Boden des Dienzephalons, posterior des *Chiasma opticum*.

Im Rahmen weiterer Zellteilungen verschwindet langsam die zentrale Aushöhlung; hieraus entsteht der Hypophysenvorderlappen (Adenohypophyse). Der Hypophysenhinterlappen (Neurohypophyse) beginnt als Vertiefung im Boden des Hypothalamus, die auf den Hypophysenvorderlappen zuwächst.

NEBENNIEREN

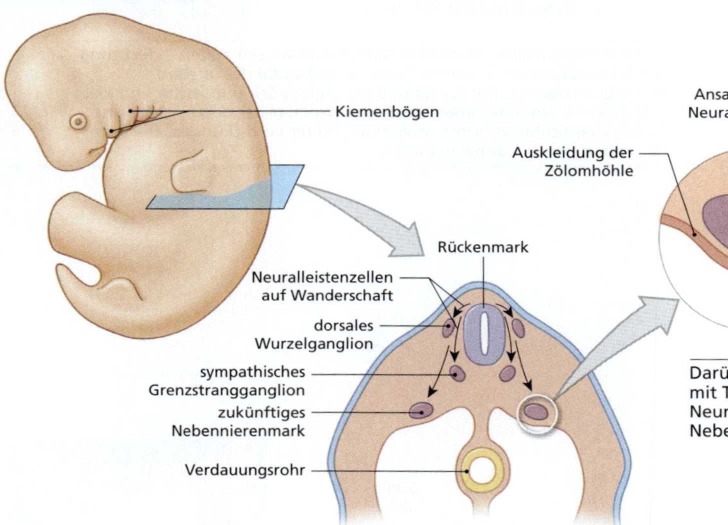

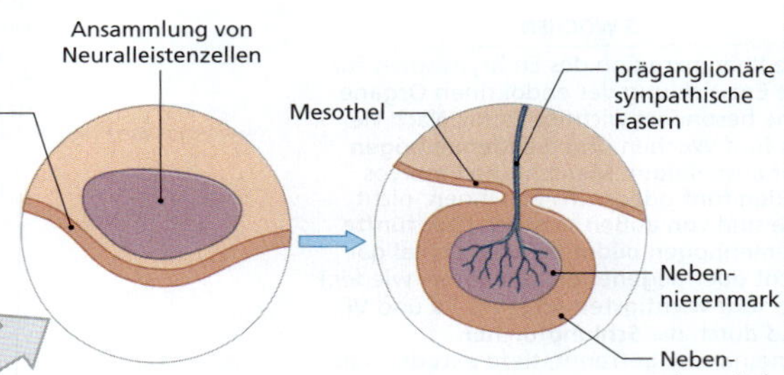

Darüberliegende Epithelzellen reagieren darauf mit Teilung; die Tochterzellen umgeben die Neuralleistenzellen und bilden eine dicke Nebennierenrinde.

Die Anteile der Nebennieren sind ebenfalls verschiedenen Ursprungs. Kurz nach Bildung des Neuralrohrs wandern Zellen der Neuralleiste vom ZNS weg. Diese Migration führt zur Bildung der dorsalen Wurzelganglien und der autonomen Ganglien. Auf beiden Seiten der Zölomhöhle sammeln sich Neuralleistenzellen; hieraus entsteht das Nebennierenmark.

5 WOCHEN

Zusätzliche Informationen zur Entwicklung endokriner Organe finden Sie in den nachfolgenden Zusammenfassungen zur Entwicklung des Lymphsystems, des Verdauungssystems, des Harnsystems und des Fortpflanzungssystems.

Die Entwicklung des Herzes

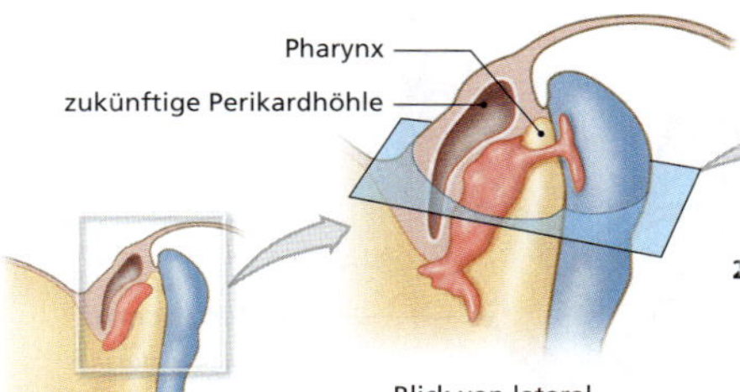

Blick von lateral

Während der zweiten Woche der Entwicklung besteht das Herz aus zwei dünnwandigen muskulären Schläuchen unter der Bodenplatte des Pharynx.

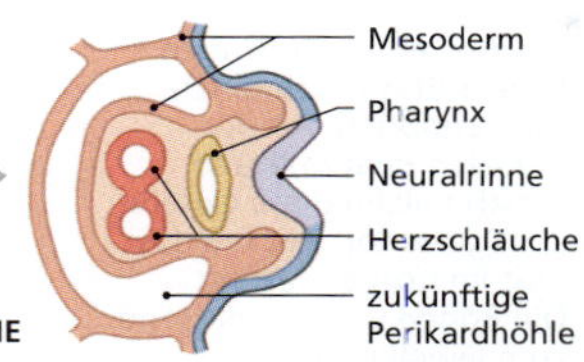

2. WOCHE

Das Mesoderm der Seitenplatte hat sich in diesem Bereich bereits in ein parietales und ein viszerales Blatt geteilt; dazwischen wird die Perikardhöhle entstehen.

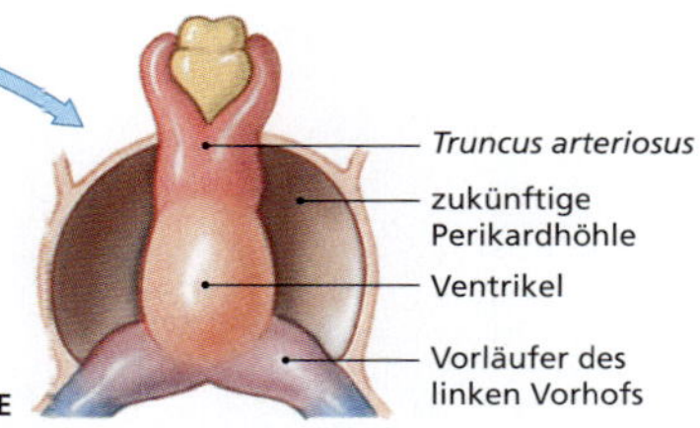

3. WOCHE

Blick von ventral

In der dritten Woche pumpt das Herz bereits und verteilt Blut. Die Herzschläuche sind miteinander verschmolzen; so ist ein Herz mit einer einzelnen zentralen Kammer entstanden. Zwei große Venen bringen Blut zum Herz, und eine einzelne große Arterie, der **Truncus arteriosus**, trägt es in den Blutkreislauf.

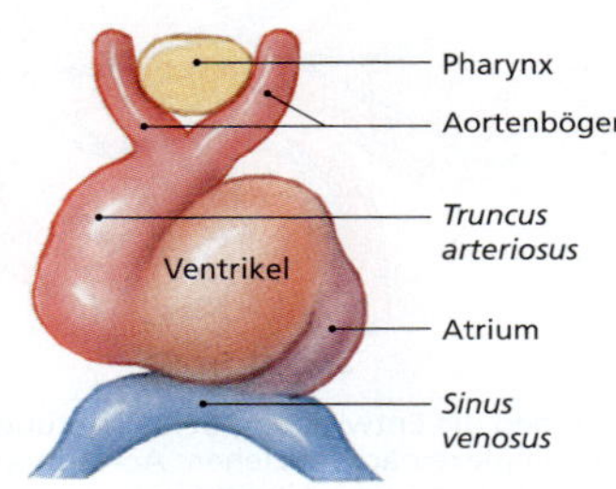

4. WOCHE

Mit weiterem Wachstum des Embryos verlängert sich das Herz. Es faltet sich zu einer S-förmigen Gestalt auf, die sich immer deutlicher ausprägt. Die atrialen und ventrikulären Regionen beginnen, sich bezüglich ihrer Wanddicke zu unterscheiden.

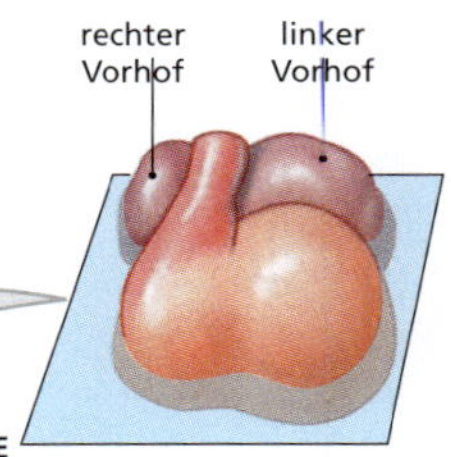

5. WOCHE

In der fünften Woche beginnen die interatrialen und interventrikulären Septen, das Innere des Herzes zu unterteilen.

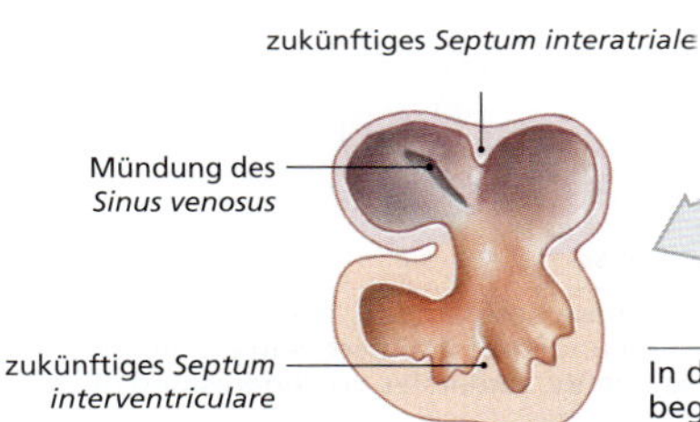

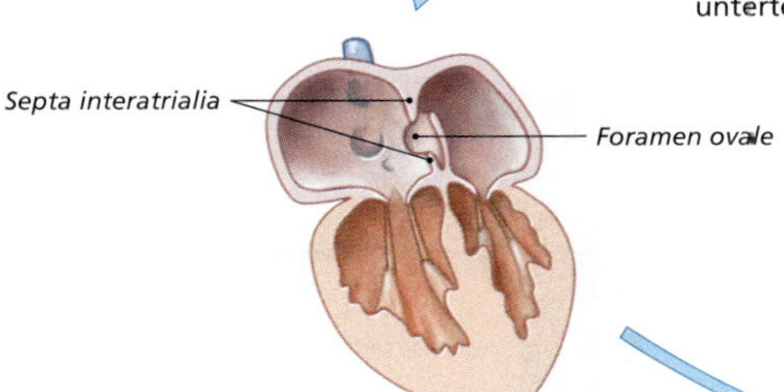

Es bilden sich zwei *Septa interatrialia*, die sich überlappen. Eine Lücke zwischen ihnen, das **Foramen ovale**, erlaubt den Blutfluss vom rechten in den linken Vorhof. Ein Rückstrom wird durch eine Klappe verhindert, die wie ein Ventil wirkt. Bis zur Geburt fließt das Blut über diese Abkürzung am Lungenkreislauf vorbei.

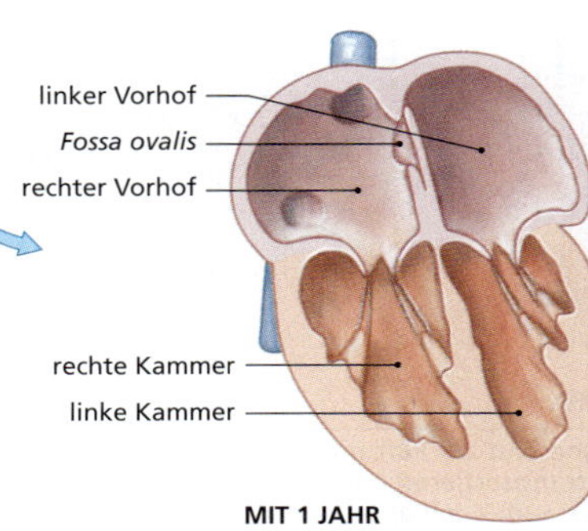

MIT 1 JAHR

Bei der Geburt schließt sich das *Foramen ovale*; damit ist der Lungenkreislauf vom Körperkreislauf getrennt. Eine flache Vertiefung, die *Fossa ovalis*, bleibt bis in das Erwachsenenalter hinein am Ort des früheren *Foramen ovale* erhalten. (Weitere Veränderungen am Herz-Kreislauf-System bei der Geburt sind in den Abbildungen 18.7 und 22.8 dargestellt.)

Die Entwicklung des Herz-Kreislauf-Systems

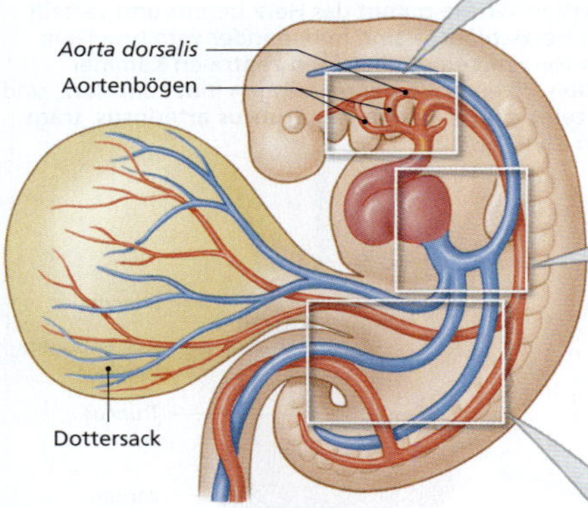

4 WOCHEN

Wir werden die Entwicklung der drei großen Gefäßkomplexe nachvollziehen: Aortenbogen, *V. cava* und *V. portae* mit *V. umbilicalis*. (Arterien sind rot und Venen blau dargestellt, unabhängig vom Sauerstoffgehalt des Blutes, das sie tragen.)

DIE AORTENBÖGEN

Die Aortenbögen tragen jeweils Blut durch einen Kiemenbogen. An der dorsalen Pharynxwand verschmelzen diese Gefäße zur Aorta dorsalis, die das Blut im Körper verteilt. Die Bögen werden passend zum jeweiligen Kiemenbogen mit I–VI durchnummeriert.

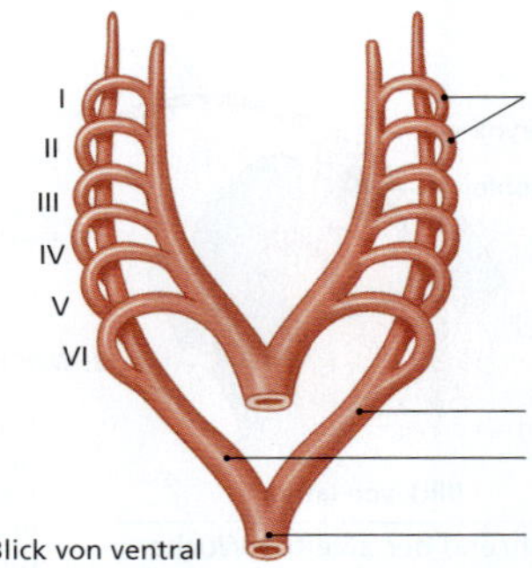

DIE V. CAVA

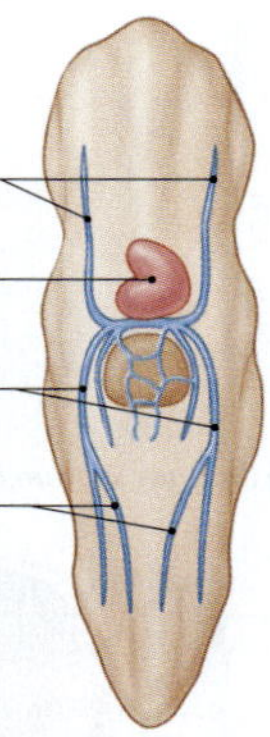

Der frühe venöse Kreislauf, der die Gewebe von Körperwand, Extremitäten und Kopf drainiert, enthält die **Vv. cardinales anteriores**, die **Vv. cardinales posteriores** und die **V. subcardinales**.

DIE V. PORTAE UND DIE V. UMBILICALIS

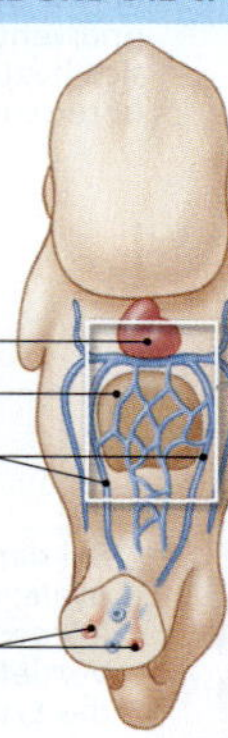

4 WOCHEN

Paarige *Aa. umbilicales* bringen Blut zur Plazenta. Am Ende der vierten Woche transportieren paarige *Vv. umbilicales* das Blut zurück zum Kapillarnetzwerk der Leber. Die Venen, die das Verdauungssystem entlang verlaufen, haben zahlreiche Verbindungen untereinander.

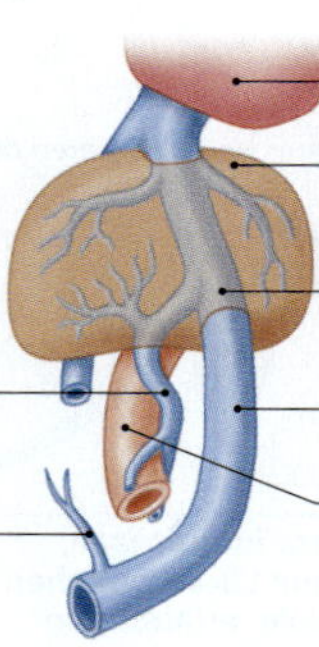

12 WOCHEN

Bis zur zwölften Woche hat sich die rechte *V. umbilicalis* aufgelöst; das Blut aus der Plazenta fließt nur noch durch eine *V. umbilicalis*. Über den *Ductus venosus Arantii* fließt ein gewisser Anteil des Blutes an der Leber vorbei. Die Venen aus dem Verdauungstrakt sind miteinander zur *V. portae* verschmolzen.

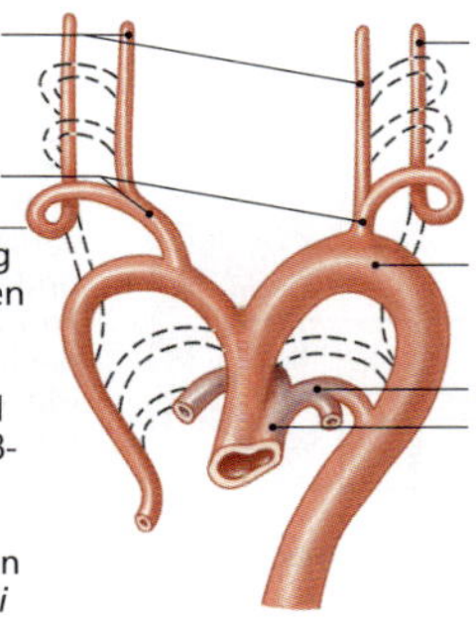

Im Laufe der weiteren Entwicklung lösen sich einige dieser Gefäßbögen wieder auf. Der *Ductus arteriosus Botalli* stellt einen externen Kurzschluss zwischen dem Lungen- und dem Körperkreislauf dar. Der Großteil des Blutes, das in den rechten Vorhof fließt, gelangt nicht in die Lungen, sondern strömt stattdessen durch den *Ductus arteriosus Botalli* oder das *Foramen ovale*.

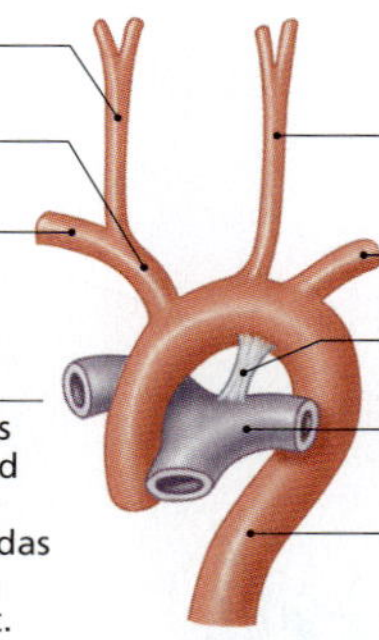

Die linke Hälfte des vierten Bogens wird schließlich zum Aortenbogen, der das Blut vom linken Ventrikel wegträgt.

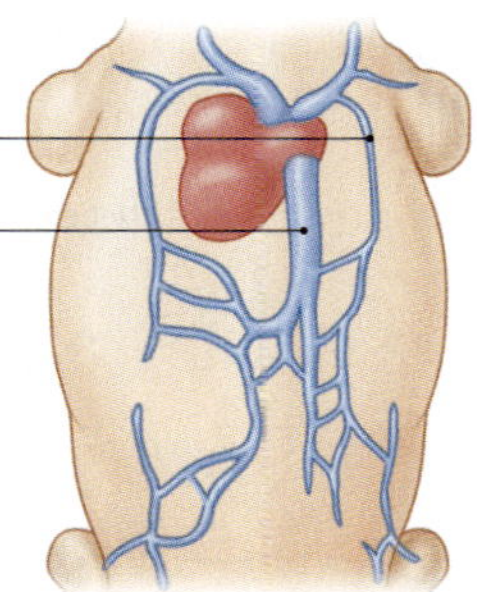

Zwischen den Venen bilden sich Verbindungen aus; durch Fusionen und Auflösungen entstehen direktere und dickere Zuflüsse zum rechten Vorhof.

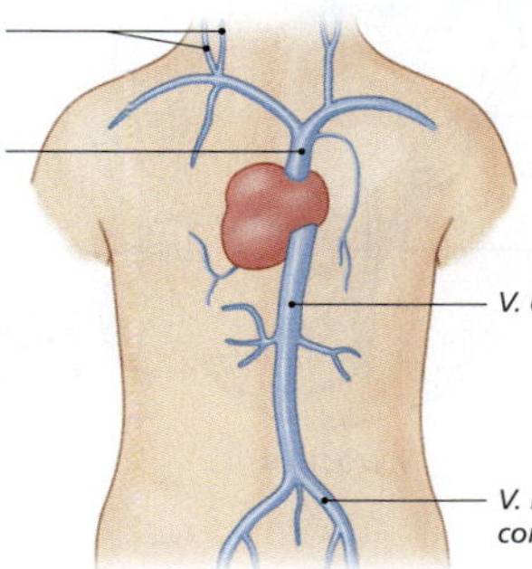

Dieser Vorgang setzt sich fort, bis letztlich die *Vv. cavae superior* und *inferior* entstanden sind.

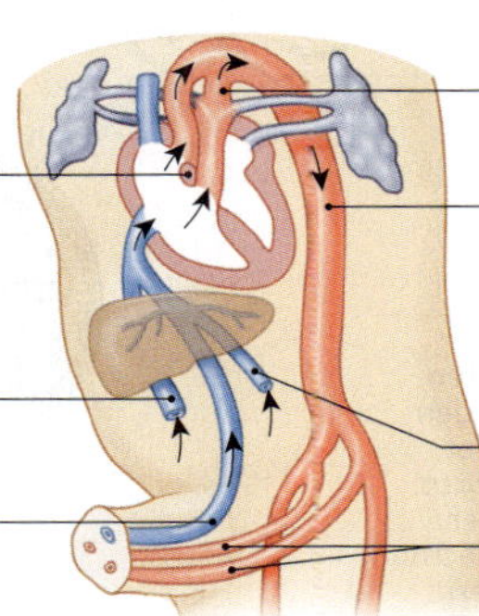

ZUM ZEITPUNKT DER GEBURT

Kurz vor der Geburt fließt das Blut aus der Plazenta durch die Leber in den Ductus venosus und von dort in die *V. cava inferior*. Der Großteil des Blutes, das die *Vv. cavae* bringen, umgeht die Lungen, indem es durch das *Foramen ovale* und den *Ductus arteriosus* fließt.

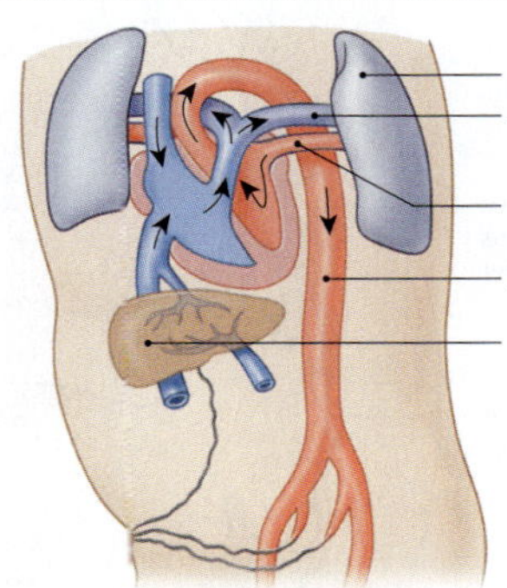

NEUGEBORENES

Mit dem ersten Atemzug nach der Geburt dehnt sich der Thorax, und der Druck in den Pleurahöhlen fällt ab. Die Pulmonalgefäße füllen sich; der Blutfluss zu den Lungen nimmt zu. Im rechten Vorhof fällt der Druck; der im linken Vorhof nun höhere Druck schließt die Kappe über dem *Foramen ovale*. Glatte Muskeln kontrahieren den *Ductus arteriosus*, der sich schließlich in das **Lig. arteriosum Botalli**, einen faserigen Strang, umwandelt.

Die Entwicklung des Lymphsystems

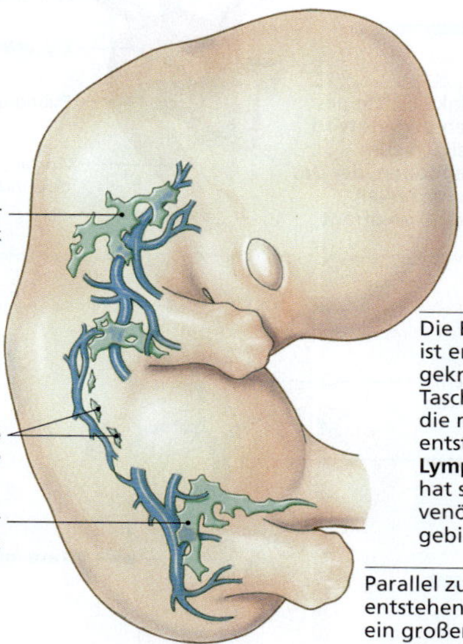

Die Entwicklung der Lymphgefäße ist eng an die der Blutgefäße geknüpft. Durch die Fusion kleiner Taschen im Mesoderm des Halses, die mit Endothel ausgekleidet sind, entstehen die paarigen **jugularen Lymphsäcke**. Bis zur siebten Woche hat sich zwischen ihnen und dem venösen System eine Verbindung gebildet.

Parallel zu den Venen im Rumpf entstehen **primordiale Lymphsäcke**; ein großer **medianer Lymphsack** markiert die spätere Lage der *Cisterna chyli*.

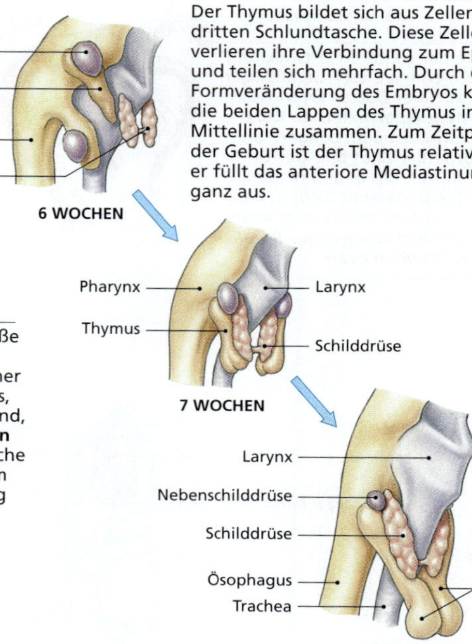

Der Thymus bildet sich aus Zellen der dritten Schlundtasche. Diese Zellen verlieren ihre Verbindung zum Epithel und teilen sich mehrfach. Durch die Formveränderung des Embryos kommen die beiden Lappen des Thymus in der Mittellinie zusammen. Zum Zeitpunkt der Geburt ist der Thymus relativ groß; er füllt das anteriore Mediastinum fast ganz aus.

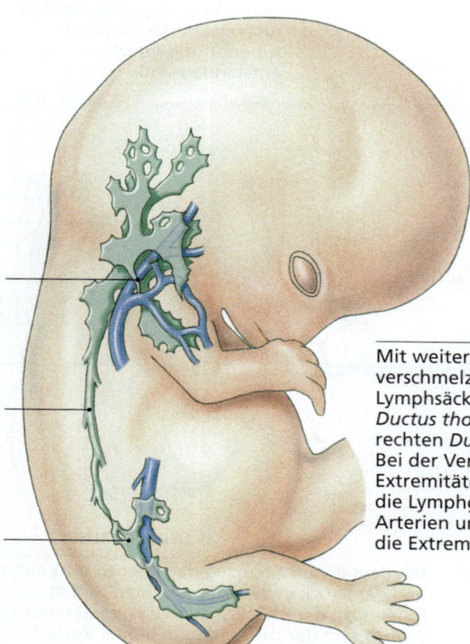

Mit weiterem Wachstum verschmelzen die isolierten Lymphsäcke und bilden den *Ductus thoracicus* und den rechten *Ductus lymphaticus*. Bei der Vergrößerung der Extremitätenknospen wachsen die Lymphgefäße mit den Arterien und Venen mit in die Extremitäten hinein.

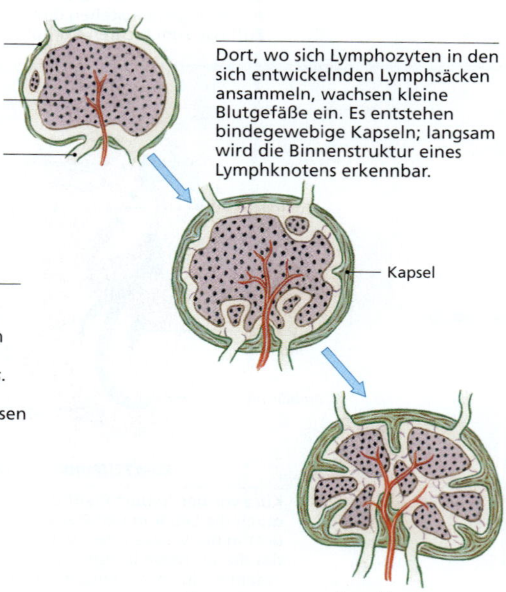

Dort, wo sich Lymphozyten in den sich entwickelnden Lymphsäcken ansammeln, wachsen kleine Blutgefäße ein. Es entstehen bindegewebige Kapseln; langsam wird die Binnenstruktur eines Lymphknotens erkennbar.

Die Entwicklung des respiratorischen Systems (Teil I)

DIE LUNGEN

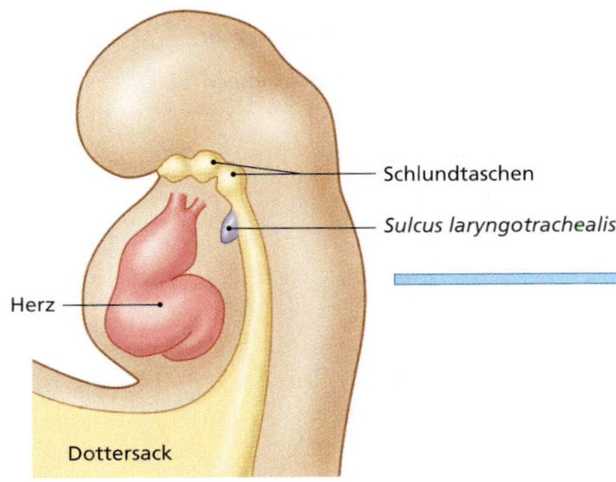

3 WOCHEN

Nach etwa dreieinhalb Wochen der Entwicklung erscheint in der Mitte der Bodenplatte des Pharynx eine flache Rinne, der **Sulcus laryngotrachealis**. Diese Furche, die auf der Höhe des untersten Kiemenbogens liegt, vertieft sich zunehmend.

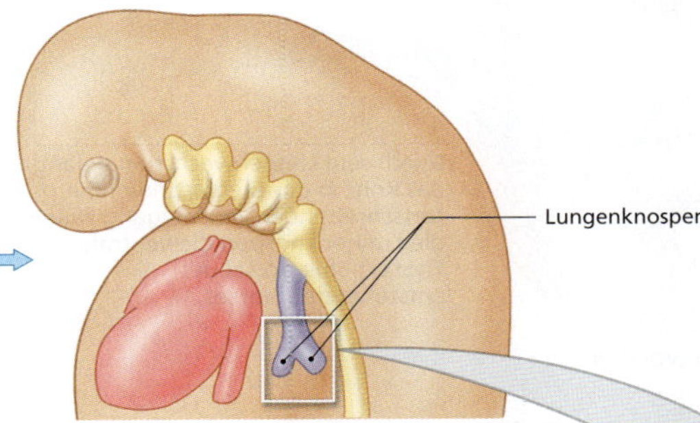

4 WOCHEN

Bis zur vierten Woche hat sich die Furche zu einem blind endenden Sack vertieft, der sich vor dem Ösophagus nach kaudal erstreckt. An seiner Spitze verzweigt sich der Sack zu den beiden **Lungenknospen**.

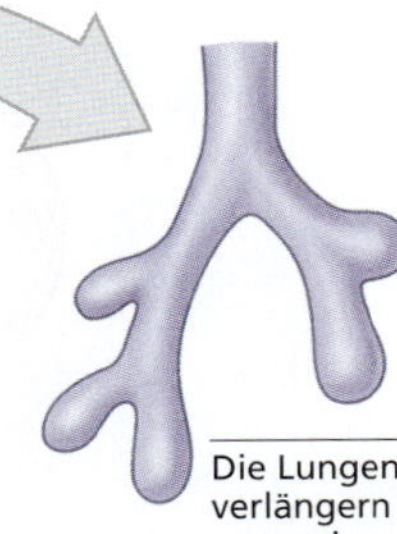

Die Lungenknospen verlängern sich und verzweigen sich mehrfach.

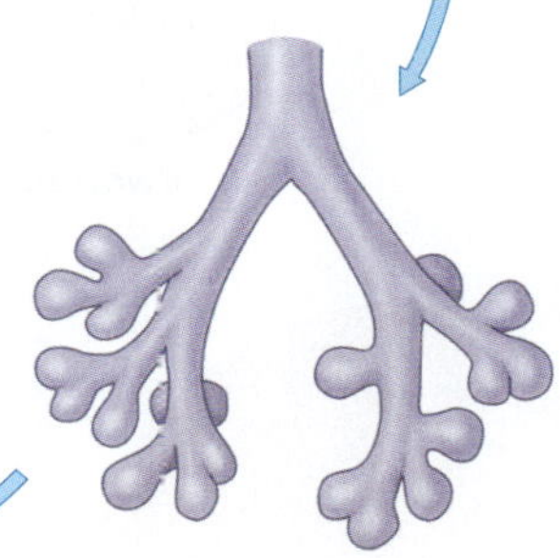

3 MONATE

Bis zum Ende des sechsten Monats der Fetalentwicklung sind etwa eine Million terminale Verzweigungen entstanden; die luftleitenden Atemwege sind bis auf die Ebene der Bronchiolen vollendet.

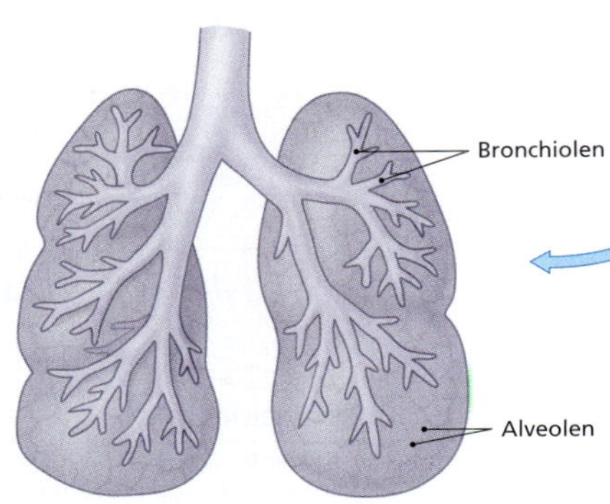

In den nächsten drei Monaten wachsen an jedem Bronchiolus mehrere Hundert Alveolen. Dieser Vorgang setzt sich auch nach der Geburt unterschiedlich lang fort.

Die Entwicklung des respiratorischen Systems (Teil II)

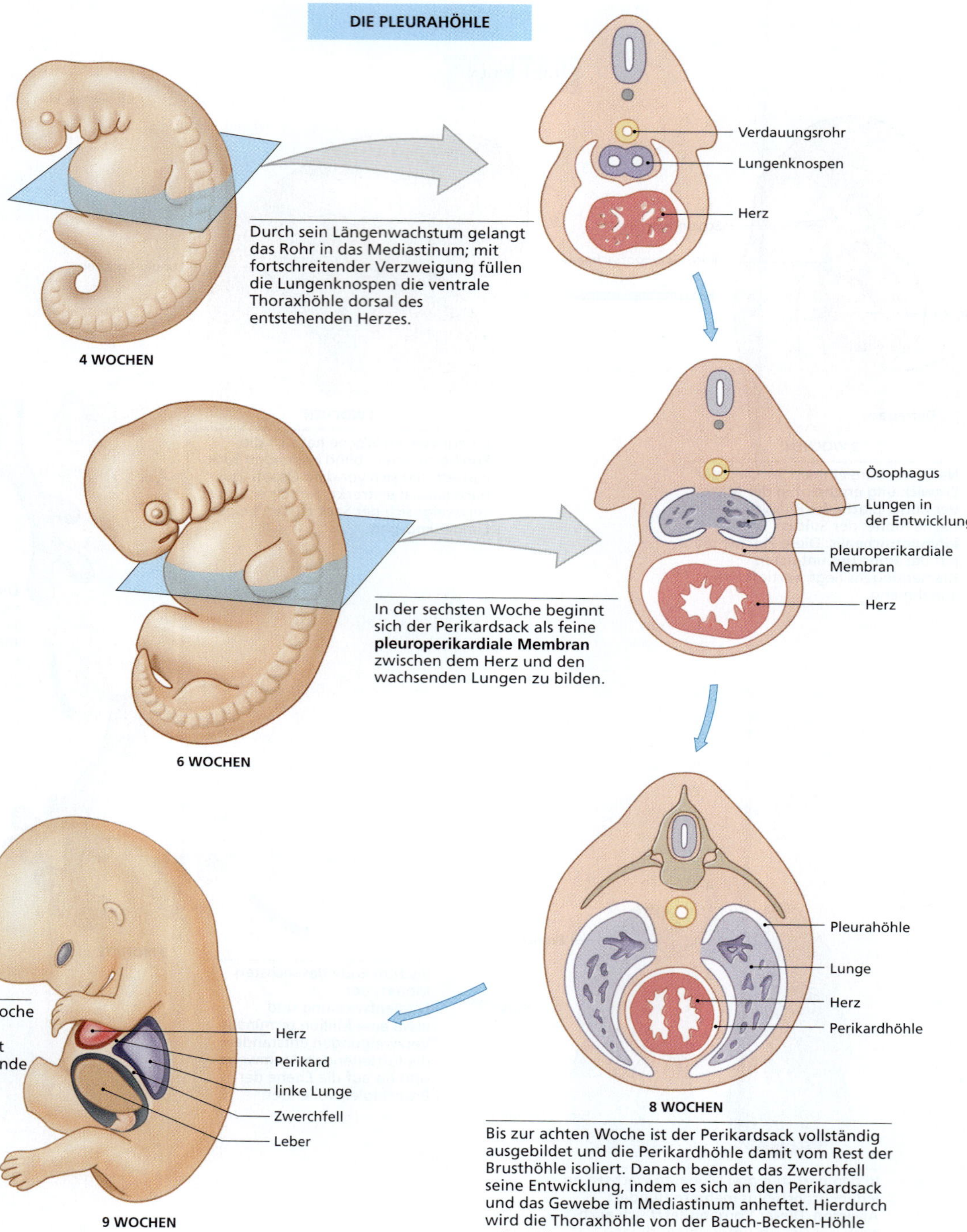

Durch sein Längenwachstum gelangt das Rohr in das Mediastinum; mit fortschreitender Verzweigung füllen die Lungenknospen die ventrale Thoraxhöhle dorsal des entstehenden Herzes.

In der sechsten Woche beginnt sich der Perikardsack als feine **pleuroperikardiale Membran** zwischen dem Herz und den wachsenden Lungen zu bilden.

Bis zur achten Woche ist der Perikardsack vollständig ausgebildet und die Perikardhöhle damit vom Rest der Brusthöhle isoliert. Danach beendet das Zwerchfell seine Entwicklung, indem es sich an den Perikardsack und das Gewebe im Mediastinum anheftet. Hierdurch wird die Thoraxhöhle von der Bauch-Becken-Höhle getrennt.

Bis zur neunten Woche ist das Zwerchfell vollendet; es bildet eine quer verlaufende Platte oberhalb der Leber.

Die Entwicklung des Verdauungssystems (Teil I)

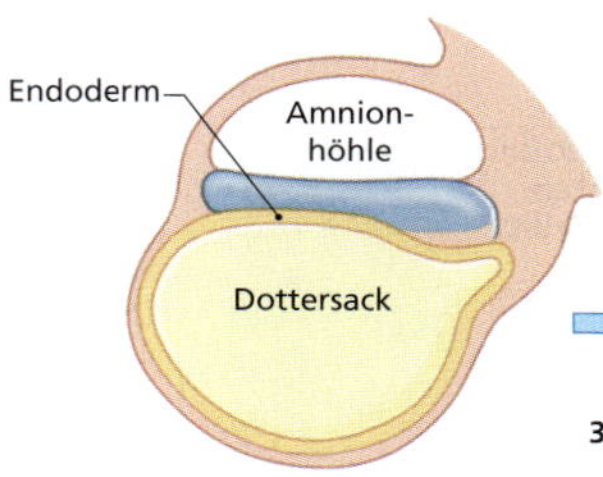

Bis zur dritten Woche sind endodermale Zellen um die Innenfläche der **Blastozyste** herumgewachsen; so ist der **Dottersack** entstanden.

3 WOCHEN

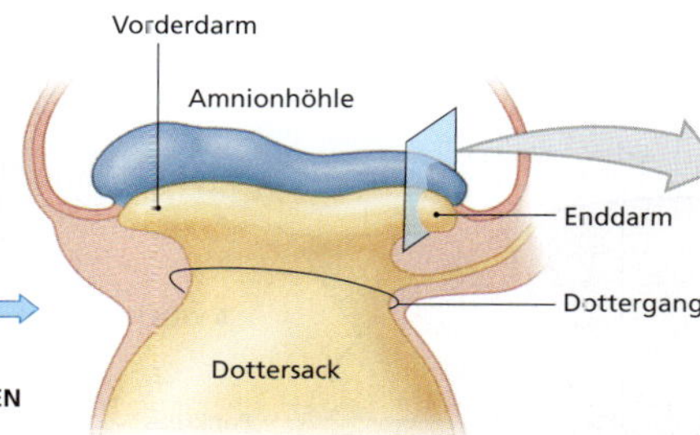

Bei der Entstehung des Embryos auf der Keimscheibe bilden sich zwei Endodermtaschen, der **Vorderdarm** und der **Enddarm**. Über den Dottergang besteht zwischen beiden und dem Dottersack eine breite Verbindung.

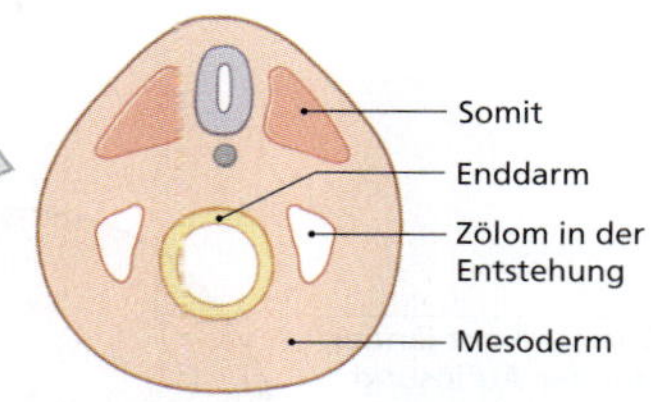

Im Schnittbild sieht man, dass der embryonale Darm ein einfacher endodermaler Schlauch ist, der von Mesoderm umgeben ist. Aus Hohlräumen, die im Inneren dieses Mesoderms entstehen, bildet sich das **Zölom** (ventrale Leibeshöhle).

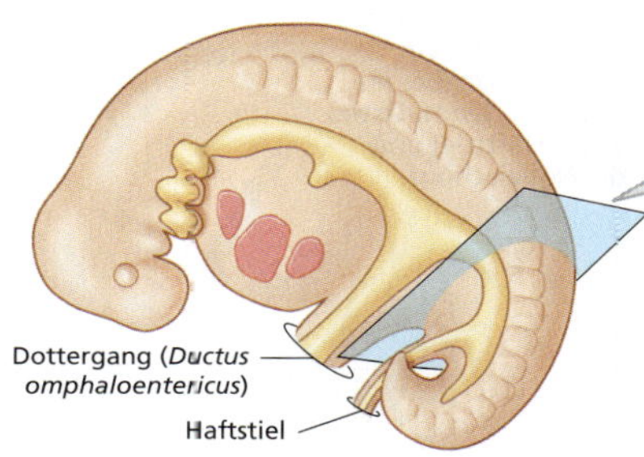

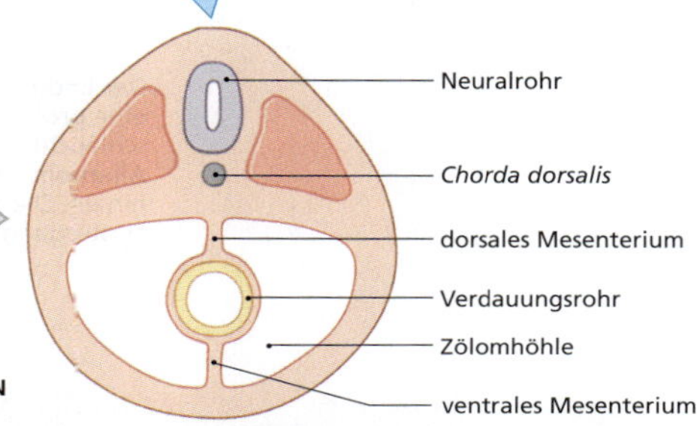

4 WOCHEN

Das Verdauungsrohr bleibt am **dorsalen Mesenterium** und am **ventralen Mesenterium** aufgehängt. Das ventrale Mesenterium bildet sich fast überall zurück, nur nicht dort, wo große Gefäße oder viszerale Organe in es hineingewachsen sind. Am Verlauf der *Aa. umbilicales* und am Ursprung von *V. umbilicalis* und Leber bleibt es erhalten.

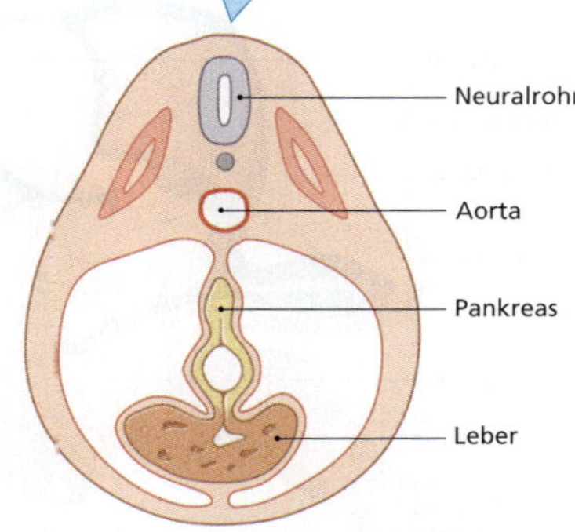

Pankreas und Leber entstehen als Epitheltaschen, die vom Verdauungstrakt weg und in das dorsale bzw. das ventrale Mesenterium hinein wachsen.

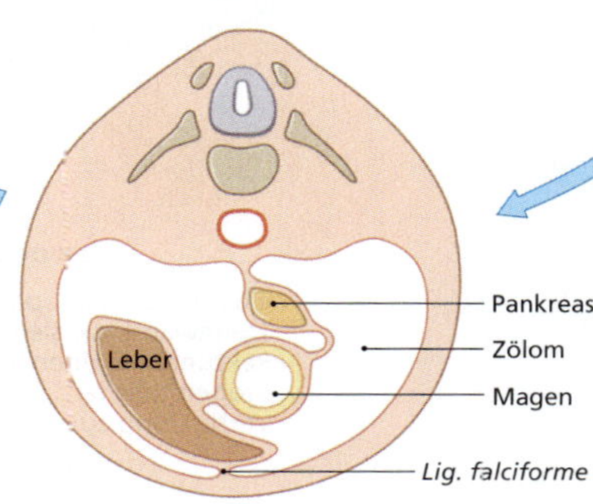

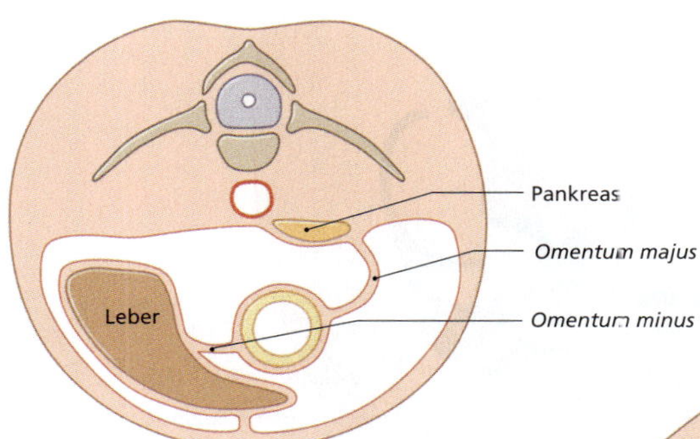

Während der Embryo wächst, rotieren Magen und Leber nach rechts, wobei zwei Taschen entstehen. Die Mesenterien, die diese Taschen bilden, nennt man das *Omentum majus* und das *Omentum minus*.

Die Entwicklung des Verdauungssystems (Teil II)

Der Darm wächst länger, und mit der Auflösung des ventralen Mesenteriums schieben sich die Darmschlingen nach außen in die Nabelschnur. Die weitere Verlängerung und die Aufwicklung finden außerhalb des Embryos statt.

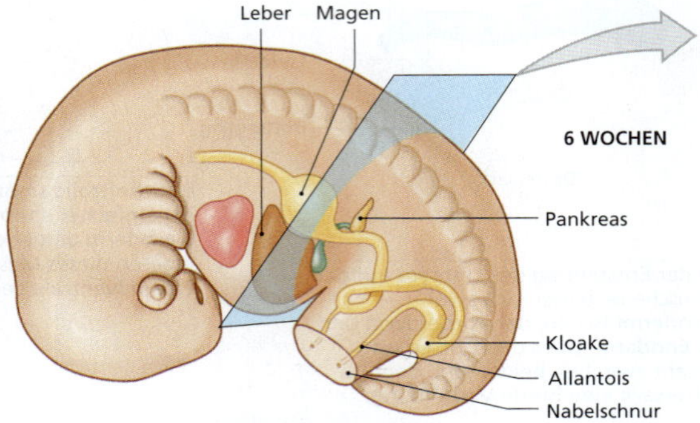

Siehe Schnittbild in der vierten Woche in Teil I.

6 WOCHEN

Der Enddarm reicht bis in den Schwanz, wo er eine große Kammer bildet, die **Kloake**. Ein schlauchförmiger Ausläufer dieser Kloake, die **Allantois**, ragt vom Körper weg in den **Haftstiel** hinein. Die Verschmelzung von Haftstiel und Dottergang bildet später die **Nabelschnur**.

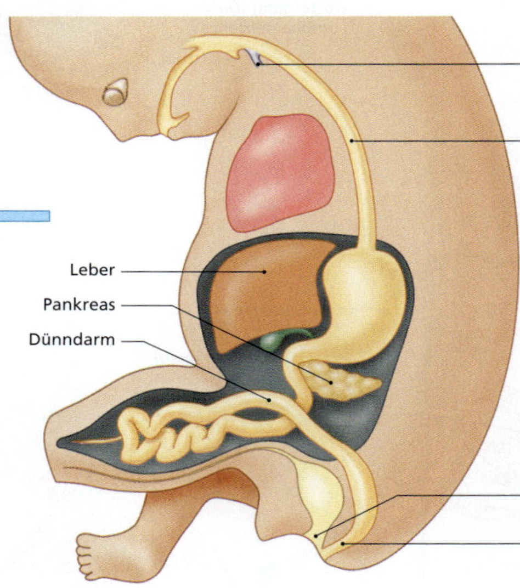

8 WOCHEN

Quer durch die Kloake bildet sich eine Trennwand, die sie in ein posteriores Rektum und einen anterioren **Sinus urogenitalis** teilt, der sich eine Verbindung zur Allantois erhält.

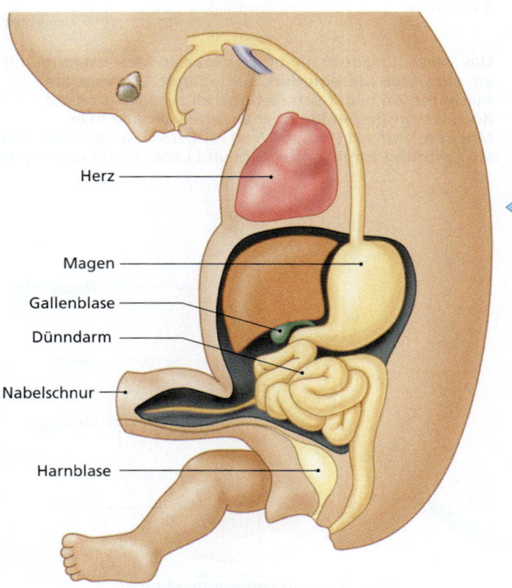

10 WOCHEN

Bis zur zehnten Woche haben sich die Darmschlingen wieder in die Zölomhöhle zurückverlagert, obwohl sie weiterhin in die Länge wachsen.

Die Entwicklung des Harnsystems (Teil I)

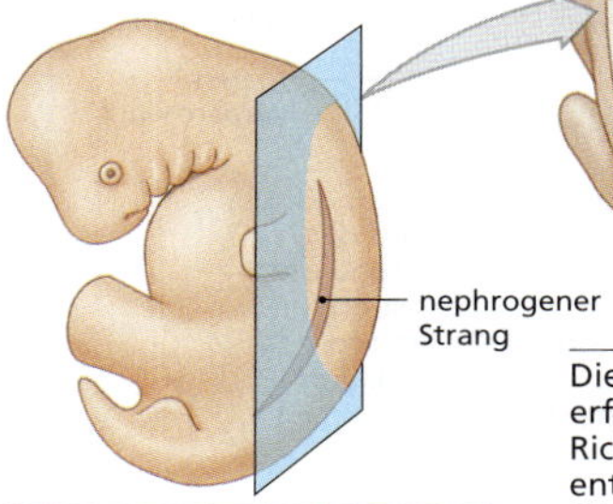

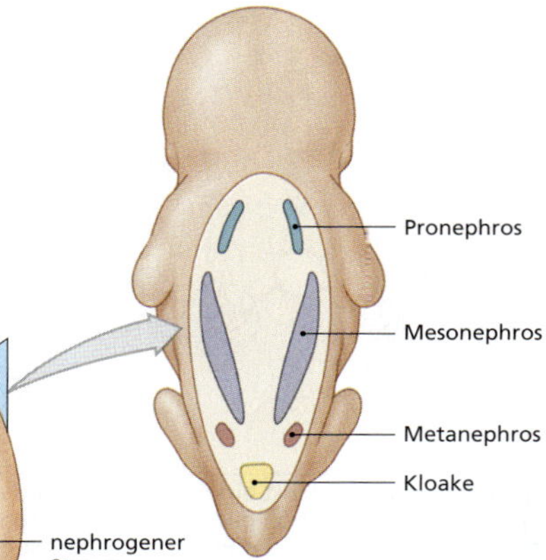

Die Nieren entwickeln sich in verschiedenen Stadien an der Achse des **nephrogenen Stranges**, einer Verdickung unter der dorsolateralen Wand der Zölomhöhle.

Die Entwicklung der Nieren erfolgt in kraniokaudaler Richtung an diesem Strang entlang, zunächst mit der Bildung des **Pronephros**, dann mit der des **Mesonephros** und schließlich mit der Entwicklung des **Metanephros**.

Der Pronephros besteht aus einer Reihe von Schläuchen (meist sieben Paar), die im **Nephrotom** auftauchen, dem schmalen Mesodermstreifen zwischen den Somiten und den Seitenplatten.

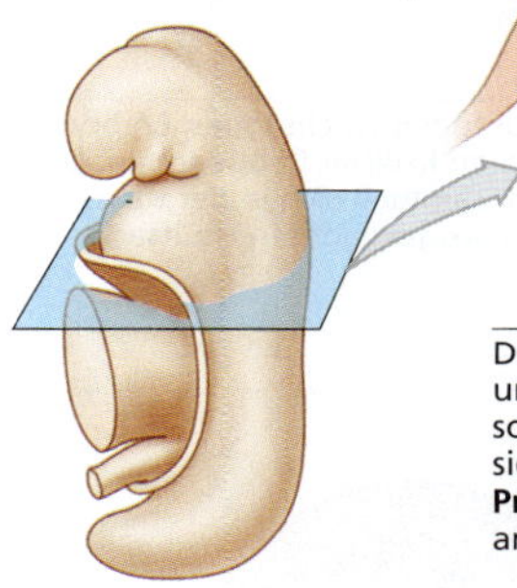

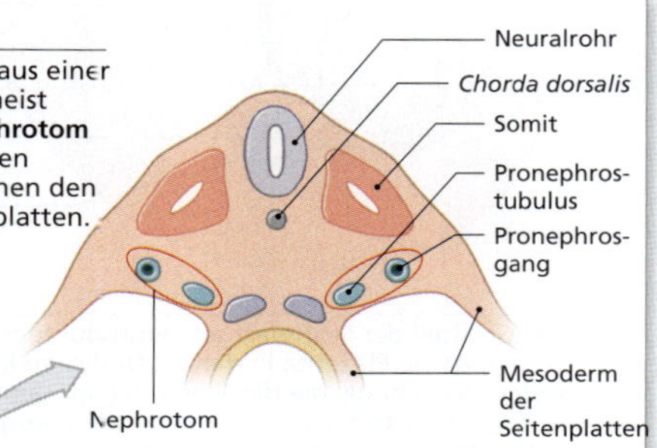

Die Pronephrostubuli sind sehr schmal und funktionslos; sie degenerieren fast sofort wieder. Der einzige Beitrag, den sie leisten, ist die Bildung der beiden **Pronephrosgänge**, die nach kaudal bis an die **Kloake** heran wachsen.

3½ WOCHEN

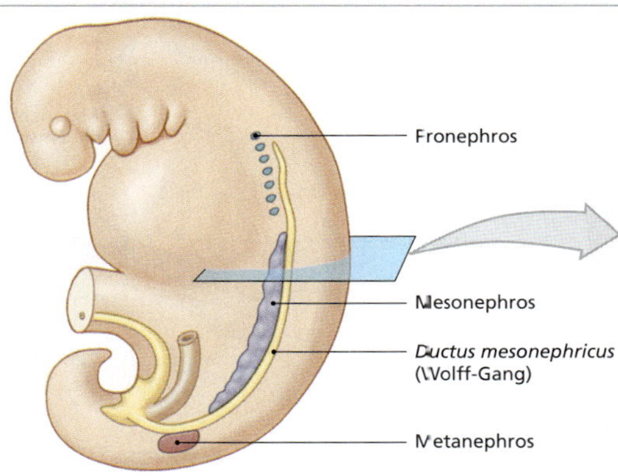

Das nephrotomale Mesoderm des Metanephros bildet eine dichte Masse ohne die geringste segmentale Aufteilung. Hieraus bildet sich später die funktionale Niere des Erwachsenen.

4 WOCHEN

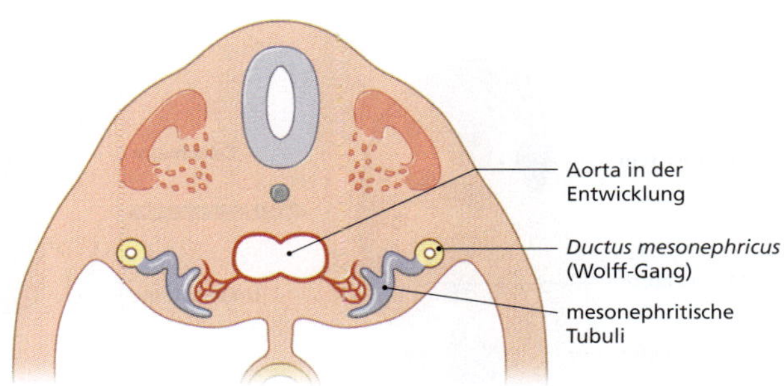

Am Ende der vierten Woche entwickelt sich das Mesoderm im mittleren Abschnitt des nephrogenen Stranges zum Mesonephros. In diesen Abschnitten entstehen beiderseits der Mittellinie etwa 70 Tubuli. Diese wachsen auf den danebenliegenden Pronephrosgang zu und verschmelzen mit ihm. Ab jetzt heißt dieser Gang *Ductus mesonephricus* (Wolff-Gang).

Die Entwicklung des Harnsystems (Teil II)

In der Wand des *Ductus mesonephricus* bildet sich eine **Ureterknospe** (metanephritisches Divertikel). Diese blind endende Aussackung wächst in die Länge und verzweigt sich innerhalb des Metanephros. Die im Metanephros entstehenden Tubuli verbinden sich dann mit den terminalen Ästen der Ureterknospe.

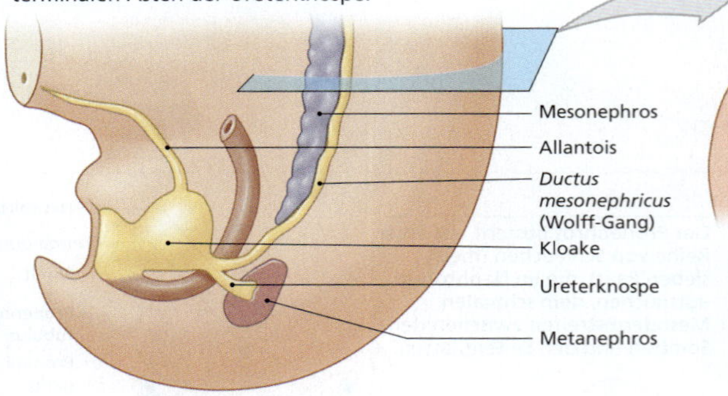

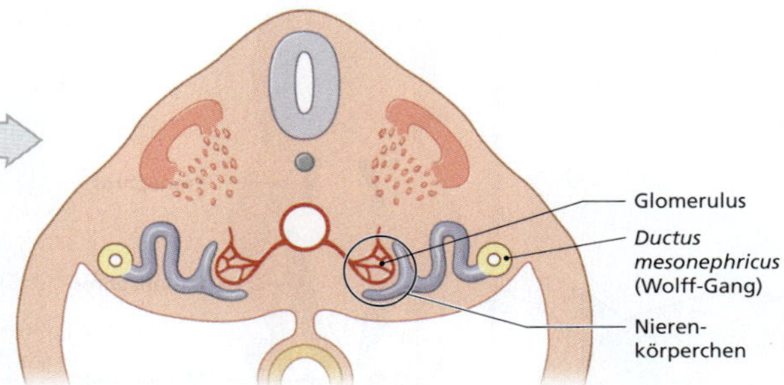

In jedem Segment wächst ein Ast der Aorta auf das Nephrotom zu; die Tubuli bilden große Nephrone mit riesigen Glomeruli. Wie der Pronephros persistiert auch der Mesonephros nicht; während die letzten Segmente des Mesonephros noch entstehen, bilden sich die ersten bereits wieder zurück.

Der Großteil der Stoffwechselendprodukte des wachsenden Embryos wird über die Plazenta in den mütterlichen Kreislauf abgegeben. Die kleine Urinmenge, die die Nieren bildet, sammelt sich in der Kloake und der **Allantois**, einem mit Endoderm ausgekleideten Hautsack, der in die Nabelschnur hineinreicht.

6 WOCHEN

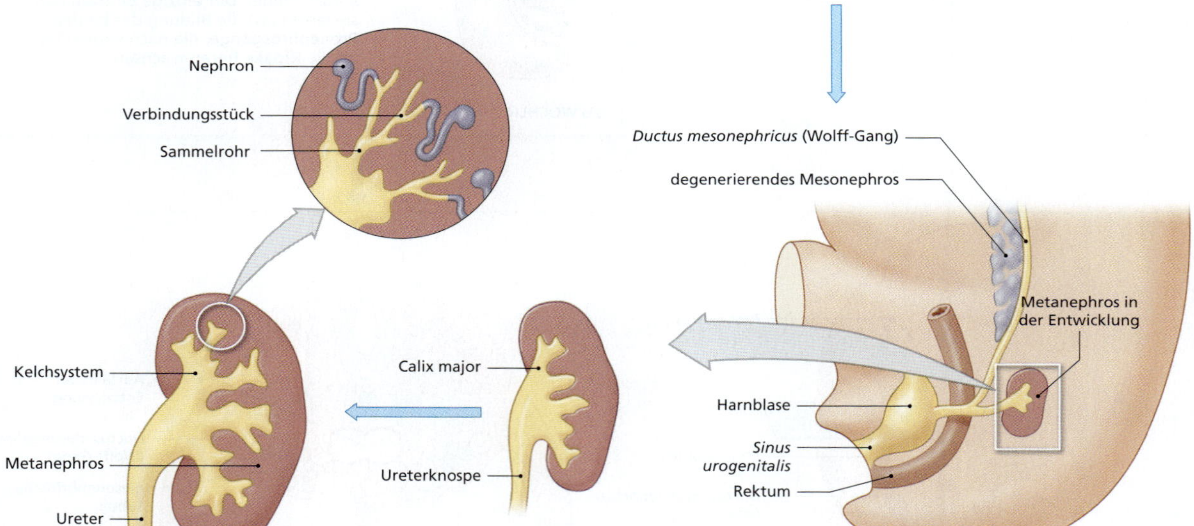

12 WOCHEN

Im dritten Monat der Entwicklung beginnen die Nieren, ein Filtrat zu bilden. Es enthält keine Abfallprodukte, da diese über die Plazenta und die mütterlichen Nieren entsorgt werden. Das sterile Filtrat mischt sich mit dem Fruchtwasser, wird vom Fetus geschluckt und über die Innenhaut des Verdauungstrakts wieder resorbiert.

Die Ureterknospe verzweigt sich innerhalb des Metanephros und bildet so Kelche und das Sammelrohrsystem. Die Nephrone, die sich im Mesoderm des Metanephros bilden, gewinnen Anschluss an die Sammelrohre.

8 WOCHEN

Am Ende des zweiten Monats der Entwicklung ist die Kloake in ein dorsales Rektum und einen ventral liegenden **Sinus urogenitalis** aufgeteilt. Der proximale Anteil der Allantois bleibt als **Harnblase** erhalten, und die Verbindung zwischen der Blase und einer Öffnung an der Körperoberfläche wird zur **Urethra**.

Die Entwicklung des Fortpflanzungssystems (Teil I: Allgemeiner Teil)

SEXUELL INDIFFERENTES STADIUM (3.–6. WOCHE)

DIE ENTWICKLUNG DER GONADEN

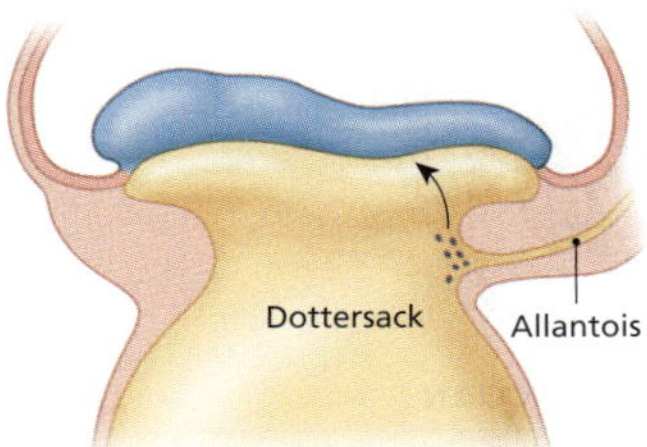

3 WEEKS

In der dritten Woche wandern Endodermzellen von der Wand des Dottersacks in der Nähe der Allantois zur dorsalen Wand der Bauchhöhle. Diese Urkeimzellen gelangen in die Gonadenleisten, die parallel zum Mesonephros verlaufen.

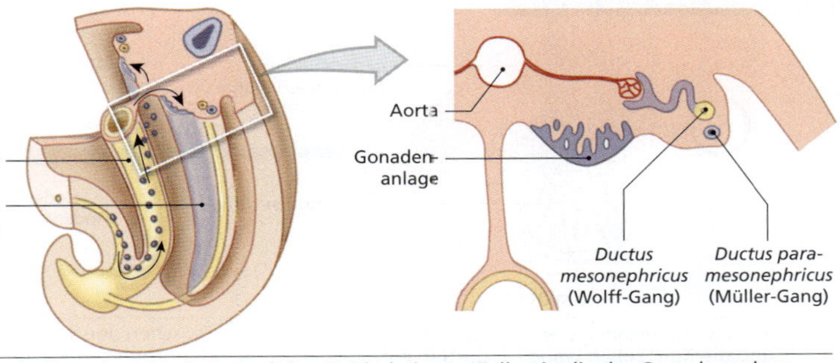

Jede Gonadenleiste hat ein dickes Epithel, dessen Zellen in die der Gonadenanlage übergehen, einen Zellstrang, der in die Mitte (das Mark) der Leiste reicht. Anterior des *Ductus mesonephricus* bildet sich ein Gang, der keine Verbindung zu den Nieren hat. Dies ist der **Ductus paramesonephricus (Müller-Gang)**; er erstreckt sich neben der Gonadenleiste bis hinab an die Kloake. In diesem indifferenten Stadium sind männliche nicht von weiblichen Embryos zu unterscheiden.

ENTWICKLUNG DER GÄNGE UND DER HILFSORGANE

In diesem Stadium haben Embryos beider Geschlechter Wolff- und Müller-Gänge. Wenn er nicht Androgenen ausgesetzt wird, entwickelt sich der Embryo unabhängig von seinem genetischen Geschlecht weiblich. Bei einem normalen männlichen Embryo beginnen die Zellen im Mark der Gonadenanlage nach Ende der sechsten Woche mit der Bildung von Testosteron. Es löst die Veränderungen am Gangsystem und an den äußeren Genitalien aus, die auf der nächsten Seite beschrieben sind.

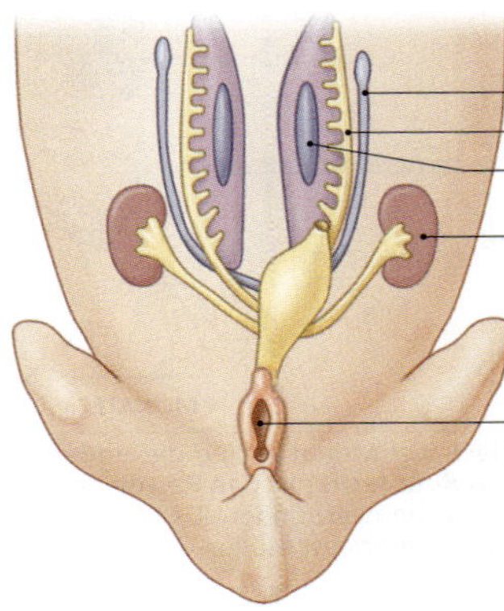

ENTWICKLUNG DER ÄUßEREN GENITALIEN

4 WOCHEN

Nach vier Wochen finden sich mesenchymale Verdickungen, die **Kloakenfalten**, die sich um die **Kloakenmembran** herum bilden. (Die Kloake hat keinen Ausgang.) Der **Genitalhöcker** bildet die *Glans penis* bei Männern und die Klitoris bei Frauen.

6 WOCHEN

Zwei Wochen später hat sich die Kloake unterteilt; jetzt ist die Kloakenmembran in eine posteriore Analmembran, die von den **Analfalten** umgeben ist, und in eine anteriore **Urogenitalmembran**, die von den Urethralfalten umgeben ist, geteilt. Beiderseits der **Urethralfalten** bilden sich prominente **Genitalwülste**.

Die Entwicklung des Fortpflanzungssystems (Teil II: Männliches Fortpflanzungssystem)

ENTWICKLUNG DES MÄNNLICHEN REPRODUKTIONSSYSTEM

DIE ENTWICKLUNG DER HODEN

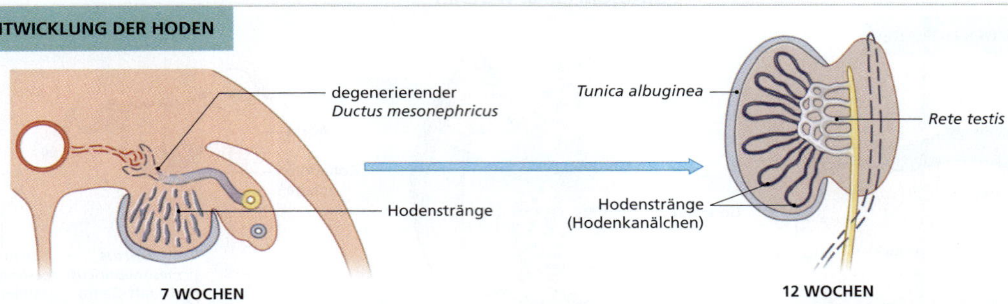

Beim Mann proliferieren die Gonadenanlagen, und die Keimzellen wandern dorthin ein. Aus den Hodensträngen werden die Hodenkanälchen.

Zwischen den sich krümmenden Hodensträngen und den danebenliegenden Nephronen im Mesonephros bilden sich Verbindungen aus. Obwohl diese Nephrone später wieder degenerieren, bleiben die Hodenkanälchen mit dem *Ductus mesonephricus* verbunden.

DIE ENTWICKLUNG DER GÄNGE UND HILFSORGANE BEIM MANN

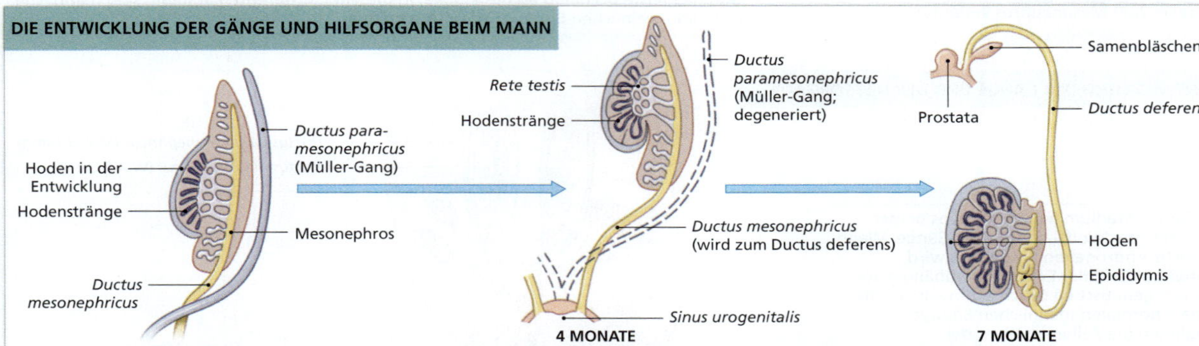

Hoden und Gänge der linken Seite im Frontalschnitt. Beachten Sie Lage und Ausrichtung des Mesonephros im Verhältnis zu den entstehenden Hoden.

Nach vier Monaten sind die Hodenstränge über das *Rete testis* mit den Resten der Urnierenkanälchen verbunden. Der *Ductus paramesonephricus* (Müller-Gang) ist degeneriert.

Endgültiger Aufbau nach Deszensus der Hoden in das Skrotum (siehe Abbildung 27.2). Beachten Sie die Beziehungen zwischen den endgültigen Geschlechtsorganen und den embryonalen Strukturen.

DIE ENTWICKLUNG DER MÄNNLICHEN ÄUßEREN GENITALIEN

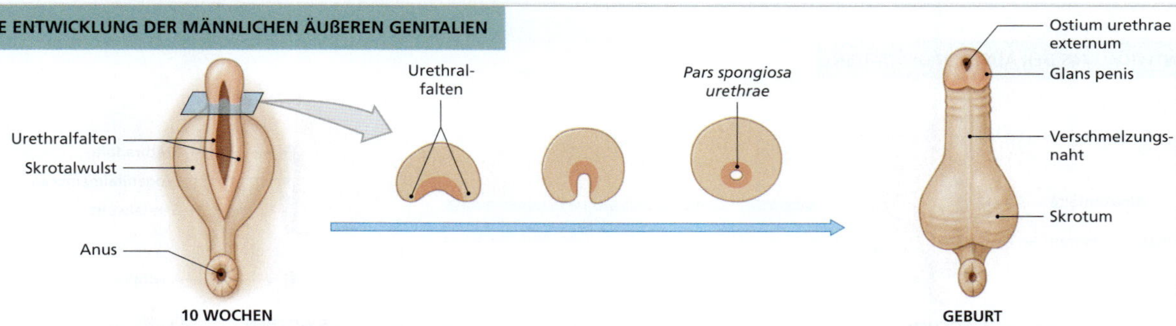

Nach der zehnten Woche hat sich der **Genitalhöcker** vergrößert; die Kanten der Urethralfalten wachsen aufeinander zu und bilden so die *Pars spongiosa urethrae* (siehe Schnittbilder). Aus den Genitalwülsten haben sich paarige **Skrotalwülste** entwickelt.

Beim männlichen Neugeborenen ist die Nahtlinie zwischen den Urethralfalten recht deutlich sichtbar.

Die Entwicklung des Fortpflanzungssystems (Teil III: Weibliches Fortpflanzungssystem)

ENTWICKLUNG DES WEIBLICHEN REPRODUKTIONSSYSTEM

DIE ENTWICKLUNG DER OVARIEN

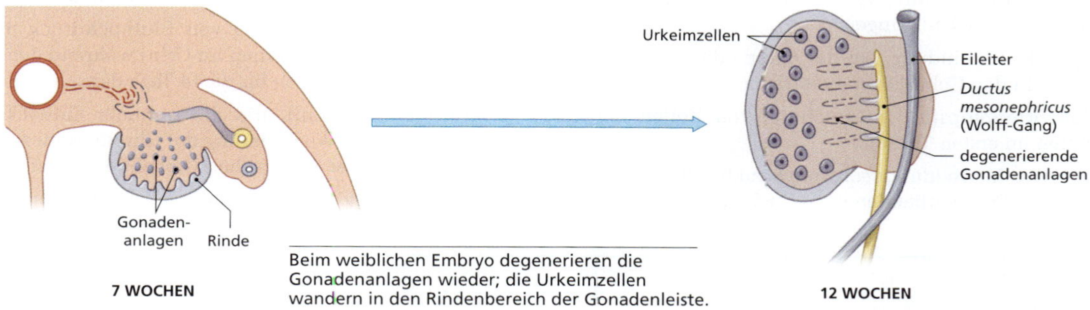

Beim weiblichen Embryo degenerieren die Gonadenanlagen wieder; die Urkeimzellen wandern in den Rindenbereich der Gonadenleiste.

DIE ENTWICKLUNG DER GÄNGE UND HILFSORGANE BEI DER FRAU

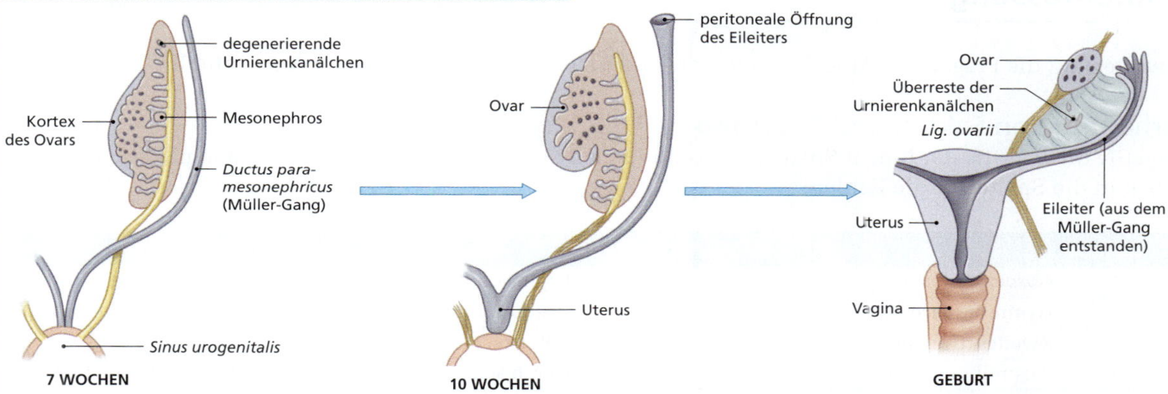

Die Urnierenkanälchen und der *Ductus mesonephricus* (Wolff-Gang) degenerieren; am *Ductus paramesonephricus* (Müller-Gang) bildet sich eine breite Öffnung in die Peritonealhöhle. Beachten Sie die Verschmelzung der Duktus und die Trennung der gemeinsamen Kammer, die später den Uterus bildet, vom *Sinus urogenitalis.*

VERGLEICH VON MÄNNLICHEN UND WEIBLICHEN ÄUßEREN GENITALIEN

Männlich	Weiblich
Penis	Klitoris
Corpora cavernosa	Erektiles Gewebe
Corpus spongiosum	*Bulbus vestibularis*
Proximaler Penisschaft	*Labia minora*
Pars spongiosa urethrae	Vestibulum
Cowper-Drüsen	Bartholini-Drüsen
Skrotum	*Labia majora*

DIE ENTWICKLUNG DER WEIBLICHEN ÄUßEREN GENITALIEN

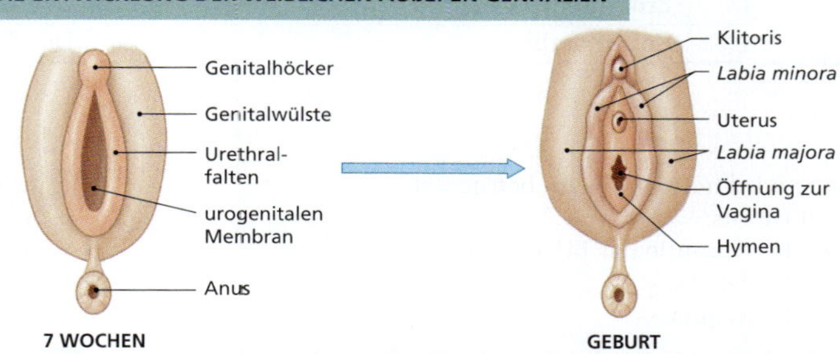

Beim weiblichen Embryo verschmelzen die Urethralfalten nicht; sie werden zu den *Labia minora*. Die Genitalwülste bilden die *Labia majora*. Der Genitalhöcker wird zur Klitoris. Das Hymen ist ein Rest der urogenitalen Membran.

DEFINITIONEN

Abruptio placentae: Einriss der Plazenta nach dem fünften Monat

Amniozentese: Untersuchung fetaler Zellen in einer Fruchtwasserprobe

Apgar-Wert: Methode zur Beurteilung Neugeborener; sie dient der Abschätzung von Entwicklungsstörungen und neurologischen Schädigungen.

Steißgeburt: Entbindung, bei der Beine oder Gesäß des Kindes zuerst in den Geburtskanal eintreten

Chorionzottenbiopsie: Untersuchung von Zellen der Chorionzotten im ersten Trimenon

Angeborene Missbildung: schwere strukturelle Fehlbildung, die bei der Geburt vorhanden ist und wichtige Systeme betrifft

Extrauteringravidität: Schwangerschaft, bei der die Einnistung außerhalb des Uterus stattfindet

Fetales Alkoholsyndrom: Erkrankung Neugeborener durch Alkoholkonsum der Mutter mit Entwicklungsstörungen an Skelett-, Nerven- und/oder Herz-Kreislauf-System

Placenta praevia: Implantation an oder nahe der Zervix

Präeklampsie: Entstehung von Bluthochdruck mit Ödemen und Proteinurie (Proteinen im Urin) während der Schwangerschaft oder sehr selten bis zu 14 Tage danach

Teratogene: Stimuli, die die normale Entwicklung durch Zellschädigung, Veränderung der Chromosomenstruktur oder Veränderung der chemischen Umgebung des Embryos stören

Placenta praevia totalis: Sonderfall der *Placenta praevia*, bei der die Plazenta den inneren Muttermund ganz überzieht

Zusammenfassung

Die Antworten auf die Fragen der Aufgaben und der Zusammenfassung finden Sie im Antwortteil.

Wiederholung von Fakten und Begriffen

Verbinden Sie die Begriffe der linken Spalte jeweils mit denen der rechten Spalte, die am besten passen; setzen Sie die Buchstaben in die Spalte vor die Zahlen.

	Spalte A			Spalte B
	1.	*Corona radiata*	a.	Beginnt mit dem Einsetzen echter Wehen
	2.	Hyaluronidase	b.	Beginnt mit vollständiger Eröffnung des Muttermunds
	3.	Zweites Trimenon	c.	Geburt
	4.	Austreibungsphase	d.	Durch schnelles Wachstum des Feten gekennzeichnet
	5.	Ooplasma	e.	Schnitt durch die perineale Muskulatur
	6.	Drittes Trimenon	f.	Schicht aus Follikelzellen um die Oozyte
	7.	Erstes Trimenon	g.	Enzym in der Akrosomkappe
	8.	Entbindung	h.	Zytoplasma der Eizelle
	9.	Eröffnungsphase	i.	Zeit der embryonalen bzw. frühen fetalen Entwicklung
	10.	Episiotomie	j.	Durch die Fortsetzung der Organentwicklung gekennzeichnet

11 Das Ei wird normalerweise befruchtet
a. im Uterus.
b. in der Ampulle des Eileiters.
c. in der Zervix.
d. in der Vagina.

12 Bei der Amphimixis
a. durchlaufen die Spermien die Kapazitation.
b. beendet die Eizelle die zweite Reifungsteilung (Meiose II).
c. verschmelzen der männliche und der weibliche Vorkern.
d. kommt es zur Meiose.

13 Im ersten Trimenon der Entwicklung
a. beginnen die fetalen Lungen, Luft zu verarbeiten.
b. erscheinen die Anlagen sämtlicher wichtiger Organsysteme.
c. vollenden die Organe und Organsysteme ihre Entwicklung.
d. wächst der Fetus am schnellsten.

14 Den Vorgang der Zellteilung nach der Befruchtung nennt man
a. Furchungsteilung.
b. Implantation.
c. Plazentation.
d. Embryogenese.

15 Eine Blastozyste ist
a. eine extraembryonale Eihaut, die Blutgefäße bildet.
b. eine solide Zellkugel.
c. eine hohle Zellkugel.
d. ein Abschnitt der Plazenta.

16 Im zweiten Trimenon ermöglicht ein bedeutendes Ereignis der Mutter wahrzunehmen, dass sie neues Leben in sich trägt:
a. Das Gehirn des Feten wächst zügig.
b. Der Fetus beginnt, sich im Uterus zu bewegen.
c. Die Grundstrukturen von Ohren und Augen bilden sich.
d. Zwischen den Knochen erscheinen die Gelenke.

17 Das Hormon, das die Grundlage für einen Schwangerschaftstest ist, ist das
a. luteinisierende Hormon.
b. Progesteron.
c. humane Choriongonadotropin.
d. humane Plazentalaktogen.

18 Wie wird das erste Stadium der Geburt genannt?
a. Eröffnungsphase
b. Austreibungsphase
c. Nachgeburtsphase
d. Dezidualphase

19 Die extraembryonale Membran, aus der sich die Harnblase bildet, ist
a. der Dottersack.
b. die Allantois.
c. das Amnion.
d. das Chorion.

20 Bei der Einnistung
a. arbeitet sich der Synzytiotrophoblast in das Endometrium hinein.
b. beginnt sich der Embryoblast in der Plazenta zu bilden.
c. werden die mütterlichen Blutgefäße im Endometrium von der Blastozyste abgetrennt.
d. wandelt sich der gesamte Trophoblast in ein Synzytium um.

Wiederholung von Lernzielen

1 Was wäre das Schicksal eines Embryos, wenn sich das Chorion nicht richtig ausbilden würde?
a. Es würden sich zu wenige Blutzellen bilden; das Kind bräuchte nach der Entbindung eine Bluttransfusion.
b. Es gäbe keine besonderen Auswirkungen; die Allantois würde die Funktion übernehmen.
c. Es gäbe keine schützende Flüssigkeitshülle um das Kind, das sich daher im Uterus verletzen würde.
d. Der Embryo erhielte weder Nährstoffe noch Sauerstoff in ausreichenden Mengen; es käme zu einem Spontanabort.

2 Welchen Effekt hätte eine direkte Verbindung zwischen dem Blut in den Chorionzotten und dem in der *Decidua basalis* der Plazenta?
a. Keinen besonderen; dies ist der Normalzustand.
b. Eine mögliche Inkompatibilitätsreaktion würde das Kind schädigen oder töten.
c. Das fetale Wachstum wäre verlangsamt.
d. Der Fetus wüchse schneller als normal.

3 Unter welchen Umständen finden Sie zwei Feten, die sich ein Chorion und eine Plazenta teilen, aber getrennte Amnionhöhlen haben?
a. Es sind zweieiige Zwillinge.
b. Sie haben schwere Entwicklungsstörungen.
c. Es sind eineiige Zwillinge.
d. Sie sind genetisch unterschiedlich.

4 Was sind Furchungsteilungen und in welchem Trimenon finden sie statt?

5 Was ist die Primitivrinne?

6 Beschreiben Sie die Wirkungen des humanen Choriongonadotropins. Wo und wann wird es gebildet?

7 Was geschieht bei der Amphimixis?

8 Welche extraembryonale Membran ist wichtig für die Blutzellbildung?

9 Beschreiben Sie den Vorgang der Organogenese.

10 Warum gilt das erste Trimenon als besonders kritisch?

Anwendung der Lerninhalte

1 Lars und Alexandra versuchen seit zwei Jahren, Eltern zu werden. Ein Besuch beim Arzt ergibt, dass bei Lars eine Oligospermie (zu geringe Anzahl von Spermien) vorliegt. Er vertraut Ihnen an, dass er nicht ganz versteht, warum das seine Fruchtbarkeit einschränkt, da er sich aus dem Biologieunterricht in der Schule daran erinnert, dass zur Befruchtung nur ein einziges Spermium nötig ist. Was sagen Sie ihm?

2 Das Rötelnvirus ist seit Jahrzehnten als starkes Teratogen bekannt. In welchem Trimenon der Schwangerschaft ist eine Ansteckung der Mutter besonders gefährlich? Warum?

Anhang

ÜBERBLICK

Gewichts- und Maßeinheiten

Akkurate Beschreibungen von Strukturen wären ohne präzise Messungen nicht möglich. Maße, wie **Länge** und **Breite**, werden in standardisierten metrischen Einheiten angegeben und dazu verwendet, das **Volumen** eines Gegenstands zu berechnen, also den Raum, den er füllt. Die **Masse** ist eine weitere wichtige physikalische Eigenschaft. Die Masse eines Gegenstands wird von seiner Gewichtskraft bestimmt; auf der Erde bestimmt die Masse eines Gegenstands sein Gewicht.

Physikalische Eigenschaft	Maßeinheit	Umrechungsfaktoren
Länge	Nanometer (nm)	1 nm = 0,000000001 m (= 10^{-9} m)
	Mikrometer (µm)	1 µm = 0,000001 m (= 10^{-6} m)
	Millimeter (mm)	1 mm = 0,001 m (= 10^{-3} m)
	Zentimeter (cm)	1 cm = 0,01 m (= 10^{-2} m)
	Dezimeter (dm)	1 dm = 0,1 m (= 10^{-1} m)
	Meter (m)	Standardeinheit
	Dekameter (dam)	1 dam = 10 m
	Hektometer (hm)	1 hm = 100 m
	Kilometer (km)	1 km = 1000 m
Volumen	Mikroliter (µl)	1 µl = 0,000001 l (= 10^{-6} l) = 1 Kubikmillimeter (1 mm^3)
	Milliliter (ml)	1 ml = 0,001 l (= 10^{-3} l) = 1 Kubikzentimeter (1 cm^3)
	Zentiliter (cl)	1 cl = 0,01 l (= 10^{-2} l)
	Deziliter (dl)	1 dl = 0,1 l (= 10^{-1} l)
	Liter (l)	Standardeinheit
Masse	Pikogramm (pg)	1 pg = 0,000000000001 g (= 10^{-12} g)
	Nanogramm (ng)	1 ng = 0,000000001 g (= 10^{-9} g)
	Mikrogramm (µg)	1 µg = 0,000001 g (= 10^{-6} g)
	Milligramm (mg)	1 mg = 0,001 g (= 10^{-3} g)
	Zentigramm (cg)	1 cg = 0,1 g (= 10^{-2} g)
	Dezigramm (dg)	1 dg = 0,1 g (= 10^{-1} g)
	Gramm (g)	Standardeinheit
	Dekagramm (dag)	1 dag = 10 g
	Hektogramm (hg)	1 hg = 100 g
	Kilogramm (kg)	1 kg = 1000 g
	Metrische Tonne (t)	1 t = 1000 kg

Temperatur	Grad Celsius
Gefrierpunkt von Wasser	0 °C
Normale Körpertemperatur	36,8 °C
Siedepunkt von reinem Wasser	100 °C

Fremdsprachliche Wurzeln, Präfixe, Suffixe und Zusammensetzungen

Viele der Wörter, die wir im Alltag gebrauchen, haben ihre Wurzeln in anderen Sprachen, besonders im Lateinischen oder Griechischen. In dieser Liste sind einige der fremdsprachlichen Wortstämme, Präfixe, Suffixe und Zusammensetzungen aufgeführt, die Sie in vielen der biologischen und anatomischen Begriffe in diesem Buch finden.

a-, *a-*, ohne (verneinende Vorsilbe): avaskulär
ab-, *ab*, weg-, ab-, ent-: Abduktion
Ad-, *ad-*, zu-, hinzu-, an-: Adduktion
Aden-, **adeno-**, *adenos*, die Drüse: Adenoid
Af-, *ad*, auf etwas zu: afferent
-al, *-al*, mit Bezug auf: brachial
-algie, *algos*, der Schmerz: Neuralgie
Ana-, *ana-*, auf… hinauf, auseinander, voneinander: Anaphase
Andro-, *andros*, männlich: Androgen
Angio-, *angeion*, das Gefäß: Angiogramm
Anti-, *ant-*, gegen: Antibiotikum
Apo-, *apo*, von… weg: apokrin
Arachno-, *arachn*, die Spinne: Arachnoidea
Arthro-, *arthros*, das Gelenk: Arthroskopie
-ase, Zustand: Homöostase
Astro-, *astron*, der Stern: Astrozyt
Atel-, *ateles*, unvollkommen: Atelektase
Baro-, *baros*, die Schwere, das Gewicht: Barorezeptor
Bi-, *bi-*, zwei: Bizeps
Blast-, **-blast**, *blastos*, der Vorläufer
Brachi-, *brachium*, der Arm: *A. brachiocephalica*
Brady-, *bradys*, langsam: Bradykardie
Bronch-, *bronchus*, der Luftweg: bronchial
Kardi-, **kardio-**, **-kardial**, *kardia*, das Herz: kardial
-centese, *xentein*, stechen: Thorakozentese
Zerebro-, *cerebrum*, das Gehirn: zerebral
Chole-, *cholos*, Galle: Cholezystitis
Chondro-, *chondros*, das kleine Körnchen, der Knorpel: Chondrozyt
Chrom-, **chromo-**, *chroma*, die Farbe: Chromatin
Zirkum-, *circa*, um… herum: Zirkumduktion
-klast, *klan*, zerbrechen: Osteoklast
Zöl-, **-zöl**, *coiloma*, die Höhle: Zölom
Kontra-, *contra*, gegen: kontralateral
kranio-, *cranium*, der Schädel: kraniosakral
cribr-, *cribrum*, das Sieb: cribrosum
-krin, *krinein*, scheiden, ausscheiden: endokrin
Zyst-, **-cyste**, *xystis*, die Harnblase, der Beutel: Blastozyste
Desmo-, *desmos*, das Band: Desmosom
di-, *dis*, zweimal: Disaccharid
dia-, *dia*, durch… hindurch: Diagnose
diure-, *diourein*, Wasser lassen: Diurese
dys-, *dys-*, un-, miss-: Dysmenorrhö
-ektase, *ektasis*, die Ausdehnung: Atelektase
Ekto-, *ektos*, außerhalb, nach außen: Ektoderm
Ef-, *ex*, weg von: efferent
Emmetro-, *emmetros*, im richtigen Maß: Emmetropie
Enzephalo-, *enkephalos*, das Gehirn: Enzephalitis
End-, **endo-**, *endon*, innen, innerhalb: Endometrium
Entero-, *enteros*, der Darm: Enteritis
Epi-, *epi*, auf: Epimysium
Erythema-, *erythema*, die Röte: Erythem
Erythro-, *erythros*, rot: Erythrozyt
Ex-, *ex*, aus… heraus, von… weg: Exozytose
Ferr-, *ferrum*, Eisen: Transferrin
-gen, **-genetisch**, *generare*, erzeugen, hervorbringen: mutagen
Genicula-, *geniculum*, das kleine Knie: *Corpus geniculatum*
Genio-, *geneion*, das Kinn: *M. geniohyoideum*
Glosso-, **-glossus**, *glossa*, die Zunge: *N. hypoglossus*
Glyko, *glycos*, süß: Glykogen
-gramm, *gramma*, das Geschriebene, die Aufzeichnung: Myogramm
-graf, **-grafie**, *graphein*, schreiben: Elektroenzephalografie
gynä-, **-gyn**, *gynaikos*, die Frau: Gynäkologe
häm-, **hämato-**, *haima*, das Blut: Hamätopoese
hemi-, *hemi-*, halb: Hemisphäre
hepato-, *hepar*, die Leber: Hepatozyt
hetero-, *heteros*, anders: heterosexuell
histo-, *istos*, das Gewebe: Histologie
holo-, *holos*, ganz: holokrin
homöo-, *homoios*, gleich: Homöostase
hyal-, **hyalo-**, *hyalos*, Glas: hyalin
hydro-, *hydros*, das Wasser: Hydrolyse
hyo-, *hyoideus*, Y-förmig: *Os hyoideum*
hyper-, *hyper*, über, darüber: Hyperpolarisation
ili-, **ilio-**, *ilis*, der Unterleib, die Weiche: *Os ilium*
infra-, *infra*, unterhalb, darunter: infraorbital
inter-, *inter*, zwischen: interventrikulär
intra-, *intra*, innerhalb von: intrakapsulär
ipsi-, ipse, selbst: ipsilateral
iso-, *isos*, ähnlich, gleich: isoton
-itis, *–itis*, die Entzündung: Dermatitis
Karyo-, *karyon*, die Nuss, der Fruchtkern: Megakaryozyt
Kerato-, *keratos*, das Horn: Keratin
Kino-, **-kinin**, *kinein*, bewegen: Bradykinin
Lakt-, **lakto-**, **-laktin**, *lac*, die Milch: Prolaktin
-lemm, *lemma*, die Hülle: Plasmalemm
Leuko-, *leukos*, weiß: Leukozyt
Liga-, *ligare*, verbinden: Ligase
Lip-, **lipo-**, *lipos*, das Fett: Lipid
Lyso-, **lyse**, **-lysieren**, *lysein*, lösen, auflösen: Hydrolyse
Mal-, *mal*, abnorm, schlecht: Malabsorption
Mamilla-, *mamilla*, die Brustwarze: Mamille
Mast-, **masto-**, *mastos*, die Brust: Mastoid
Mega-, *megalo-*, groß: Megakaryozyt
Mero-, *meros*, der Teil: merokrin
Meta-, *meta*, nach: Metaphase
Mono-, *monos*, allein, einzeln: Monozyt
Morpho-, *morphe*, die Form, die Gestalt: Morphologie
-mural, *murus*, die Wand, die Mauer: intramural
Myelo-, *myelos*, das Mark: Myeloblast
Myo-, *myos*, der Muskel: Myofilament
Natri-, Natrium: natriuretisch
Neur-, **neuro-**, *neuron*, der Nerv: neuromuskulär
Oculo-, *oculus*, das Auge: *N. oculomotorius*
Oligo-, *oligos*, wenig, gering: Oligopeptide
-ologie, *logos*, die Lehre: Physiologie
-om, *-oma*, die Schwellung: Karzinom
Onko-, *onkos*, der Tumor, die Schwellung: Onkologie
-opie, *opticus*, das Auge betreffend: optisch
-ose, *-ose*, der Zustand, die Erkrankung: Neurose
Osteon, **osteo-**, *osteon*, der Knochen: Osteozyt
Oto-, *otos*, das Ohr: Otokonie
Para-, *para*, entlang, neben, bei: Paraplegie
Patho-, **path-**, *-pathie*, pathos, das Leid, der Schmerz: Pathologie
-pädie, *paidos*, das Kind: Pädiatrie
Peri-, *peri*, um… herum: Perineum
-phasie, *phasis*, die Sprache, das Sprechen: Aphasie
-phil, **-philie**, *philos*, lieb: hydrophil
-phob, **-phobie**, *phobos*, die Angst, die Furcht: hydrophob
-phylaxis, *phylaxein*, Wache halten: Prophylaxe

Physio-, *physein*, erschaffen: Physiologie
-plasie, *plasein*, bilden, formen: Dysplasie
Platy-, *platys*, platt, breit: Platysma
-plegie, *plege*, der Schlag, der Stoß: Paraplegie
-plexie, *plessein*, schlagen, der Apoplex
Podo-, *podos*, der Fuß: Podozyt
-poese, *poiein*, machen, verfertigen: Hämopoese
Poly-, *polys*, viel: Polysaccharide
Presby-, *presbys*, alt: Presbyopie
Pro-, *pro*, vor, vorher: Prophase
Pterygo-, *pterygos*, der Flügel: pterygoid
Pulp-, *pulpa*, das Fleisch: Pulpitis
Retro-, *retro*, zurück, rückwärts: retroperitoneal
-rrhö, *rroia*, der Fluss, der Durchfluss: Amenorrhö
Sarko-, *sarkos*, das Fleisch: Sarkomer
Skler-, **sklero-**, *skleros*, trocken, spröde, hart: Sklera
Semi-, *semis*, halb: *M. semitendinosus*
-septisch, *septikos*, Fäulnis bewirkend, eitrig: Antiseptikum
-se, Zustand, Erkrankung: Metastase
Som-, **-som**, *soma*, der Körper: somatisch
Spino-, *spina*, die Wirbelsäule: spinodeltoideus
-stoma, *stoma*, der Mund, die Öffnung: Kolostoma
Stylo-, *stylus*, die Säule, der Stab: styloid
Sub-, *sub*, unter: subkutan
Syn-, *syn-*, zusammen mit: Synthese
Tachy-, *tachys*, schnell: Tachykardie
Telo-, *telos*, das Ende: Telophase
Therm-, **thermo-**, *thermos*, warm, heiß: Thermoregulation
-tomie, *temnein*, schneiden: Appendektomie
Trans-, *trans*, hindurch: Transsudat
-trop, **-tropin**, *trepein*, auf etwas einwirken: Adrenokortikotropin
Tropho-, *trophein*, (sich) nähren: Trophoblast
Tropo-, *trepein*, drehen, wenden, richten: Troponin
Uro-, **-urie**, *ouron*, der Urin, der Harn: Glukosurie

Gebräuchliche Eponyme

Eponym	Alternative Bezeichnung	Namensgeber
Organisation auf Zellebene (Kapitel 2)		
Golgi-Apparat		Camillo Golgi (1844–1926), italienischer Histologe, Nobelpreis 1906
Krebs-Zyklus	Zitrat- oder Zitronensäurezyklus	Hans Adolph Krebs (1900–1981), britischer Biochemiker, Nobelpreis 1953
Das Skelettsystem (Kapitel 5 bis 8)		
Colles-Fraktur		Abraham Colles (1773–1843), irischer Chirurg
Havers-Kanal	Zentralkanal	Clopton Havers (1650–1702), englischer Anatom und Mikroskopiker
Havers-System	Osteon	Clopton Havers (1650–1702), englischer Anatom und Mikroskopiker
Pott-Fraktur		Percivall Pott (1714–1788), englischer Chirurg
Sharpey-Fasern	*Fibra perforans*	William Sharpey (1802–1880), schottischer Histologe und Physiologe
Volkmann-Kanäle	*Canales perforantes*	Alfred Wilhelm Volkmann (1800–1877), deutscher Chirurg
Worm-Knochen	Nahtknochen	Olaf Worm (1588–1654), dänischer Anatom
Das Muskelsystem (Kapitel 9 bis 11)		
Achillessehne	*Tendo calcaneus*	Achilles, Held der griechischen Mythologie
Cori-Zyklus		Carl Ferdinand Cori (1896–1984) und Gerty Theresa Cori (1896–1957), amerikanische Biochemiker, gemeinsamer Nobelpreis 1947
Das Nervensystem (Kapitel 13 bis 17)		
Broca-Zentrum	Sprachzentrum	Pierre Paul Broca (1824–1880), französischer Chirurg
Foramen Luschkae	*Foramen laterale*	Hubert von Luschka (1820–1875), deutscher Anatom
Foramen Magendii	*Foramen medianum*	François Magendie (1783–1855), französischer Physiologe
Foramen Munroi	*Foramen interventriculare*	John Cummings Munro (1858–1910), amerikanischer Chirurg
Nissl-Schollen	Chromatophile Substanz	Franz Nissl (1860–1919), deutscher Neurologe
Purkinje-Zellen		Johannes E. Purkinje (1787–1869), tschechischer Physiologe
Ranvier-Schnürringe	Lücken zwischen Myelinscheiden	Louis Antoine Ranvier (1835–1922), französischer Physiologe
Reil-Insel	Insula	Johann Christian Reil (1759–1813), deutscher Anatom
Rolando-Fissur	*Sulcus centralis*	Luigi Rolando (1773–1831), italienischer Anatom
Schwann-Zellen		Theodor Schwann (1810–1882), deutscher Anatom
Aquaeductus Sylvii	*Aquaeductus mesencephali*	Jacobus Sylvius (Jacques Dubois) (1478–1555), französischer Anatom
Fissura Sylvii	*Sulcus lateralis*	Franziscus Sylvius (Franz de le Boë) (1614–1672), niederländischer Anatom
Pons varolii	Pons	Costanzo Varoli (1543–1775), italienischer Anatom

Sinnesorgane (Kapitel 18)		
Corti-Organ		Alfonso Corti (1822–1888), italienischer Anatom
Eustachi-Röhre	*Tuba auditiva*	Bartolomeo Eustachio (1520–1574), italienischer Anatom
Golgi-Sehnenorgan	Sehnenorgan	Camillo Golgi (1844–1926), italienischer Histologe, Nobelpreis 1906
Hertz (Hz)		Heinrich Hertz (1857–1894), deutscher Physiker
Meibom-Drüsen		Heinrich Meibom (1638–1700), deutscher Anatom
Meissner-Körperchen	–	Georg Meissner (1829–1905), deutscher Physiologe
Merkel-Scheiben	–	Friedrich Siegismund Merkel (1845–1919), deutscher Anatom
Vater-Pacini-Körperchen	–	Abraham Vater (1648–1751), deutscher Anatom Filippo Pacini (1812–1883), italienischer Anatom
Ruffini-Körperchen	–	Angelo Ruffini (1864–1929), italienischer Anatom
Schlemm-Kanal	*Sinus venosus sclerae*	Friedrich S. Schlemm (1795–1858), deutscher Anatom
Zeis-Drüsen		Eduard Zeis (1807–1868), deutscher Ophthalmologe
Das endokrine System (Kapitel 19)		
Langerhans-Inseln	Inselzellen	Paul Langerhans (1847–1888), deutscher Pathologe
Leydig-Zwischenzellen	–	Franz von Leydig (1821–1908), deutscher Anatom
Das Herz-Kreislauf-System (Kapitel 20 bis 22)		
His-Bündel		Wilhelm His (1863–1934), Schweizer Anatom
Tawara-Schenkel		Sunao Tawara (1873–1952), japanischer Pathologe
Purkinje-Fasern		Johannes E. Purkinje (1787–1869), tschechischer Physiologe
Frank-Starling-Gesetz		Otto Frank (1865–1944), deutscher Physiologe Ernest Henry Starling (1866–1927), englischer Physiologe
Circulus arteriosus Willisii	*Circulus arteriosus*	Thomas Willis (1621–1675), englischer Arzt
Das Lymphsystem (Kapitel 23)		
Hassall-Körperchen	Thymuskörperchen	Arthur Hill Hassall (1817–1894), englischer Arzt
Kupffer-Zellen	Sternzellen	Karl Wilhelm Kupffer (1829–1902), deutscher Anatom
Langerhans-Zellen		Paul Langerhans (1847–1888), deutscher Pathologe
Peyer-Plaques	Ansammlungen von Lymphfollikeln	Johann Conrad Peyer (1653–1712), Schweizer Anatom
Das respiratorische System (Kapitel 24)		
Adamsapfel	*Prominentia laryngea*	Biblischer Bezug
Bohr-Effekt		Christian Bohr (1855–1911), dänischer Physiologe
Boyle-Mariotte-Gesetz		Robert Boyle (1621–1691), englischer Physiker Edme Mariotte (1620–1684), französischer Physiker
Gay-Lussac-Gesetz		Joseph Louis Gay-Lussac (1778–1850), französischer Physiker
Dalton-Gesetze		John Dalton (1766–1844), englischer Physiker
Henry-Gesetz		William Henry (1775–1837), englischer Chemiker
Hering-Breuer-Reflex		Josef Breuer (1842–1925), österreichischer Physiologe Ewald Hering (1834–1918), deutscher Physiologe

Das Verdauungssystem (Kapitel 25)		
Auerbach-Plexus	*Plexus myentericus*	Leopold Auerbach (1827–1897), deutscher Anatom
Brunner-Drüsen	Submuköse Duodenaldrüsen	Johann Conrad Brunner (1653–1727), Schweizer Anatom
Kupffer-Zellen	Sternzellen	Karl Wilhelm Kupffer (1829–1902), deutscher Anatom
Lieberkühn-Krypten	Darmkrypten (Darmdrüsen)	Johann Nathaniel Lieberkühn (1711–1756), deutscher Anatom
Meissner-Plexus	*Plexus submucosus*	Georg Meissner (1829–1905), deutscher Physiologe
Sphinkter Oddi	Hepatopankreatischer Sphinkter	Ruggero Oddi (1864–1913), italienischer Arzt
Peyer-Plaques	Ansammlungen von Lymphfollikeln	Johann Conrad Peyer (1653–1712), Schweizer Anatom
Ductus Santorini	*Ductus pancreaticus accessorius*	Giovanni Domenico Santorini (1681–1737), italienischer Anatom
Stensen-Gang	*Ductus parotis*	Niels Stensen (1638–1686), dänischer Arzt
Ampulla Vateri	*Ampulla hepatopancreatica*	Abaham Vater (1684–1751), deutscher Anatom
Wharton-Gang	*Ductus submandibularis*	Thomas Wharton (1614–1673), englischer Arzt
Foramen Winslowi	*Foramen epiploicum*	Jacques-Benigne Winslow (1669–1760), dänischer Anatom
Ductus Wirsungi	*Ductus pancreaticus*	Johann Georg Wirsung (1600–1643), deutscher Arzt
Das Harnsystem (Kapitel 26)		
Bowman-Kapsel	Glomerulumkapsel	Sir William Bowman (1816–1892), englischer Arzt
Henle-Schleife	–	Friedrich Gustav Jacob Henle (1809–1885), deutscher Histologe
Littré-Drüsen	Urethraldrüsen	Alexis Littré (1658–1726), französischer Chirurg
Das Fortpflanzungssystem (Kapitel 27 und 28)		
Bartholini-Drüsen	*Glandula vestibularis major*	Casper Bartholin (1655–1738), dänischer Anatom
Cowper-Drüsen	*Glandula bulbourethralis*	William Cowper (1666–1709), englischer Chirurg
Tuba uterina (Fallopii)	Eileiter, *Tuba uterina*	Gabriele Falloppio (1523–1562), italienischer Anatom
Graaf-Follikel	Tertiärfollikel	Reinier de Graaf (1641–1673), niederländischer Arzt
Leydig-Zwischenzellen	–	Franz von Leydig (1821–1908), deutscher Anatom
Sertoli-Zellen	–	Enrico Sertoli (1842–1910), italienischer Histologe

Bildnachweis

Visible Human Schnittbilder mit freundlicher Genehmigung der Medizin Bibliothek und des *Visible Human Project*.

Kapitel 1: 1.7 The New Yorker Collection 1990 Ed Fisher from cartoonbank.com. All Rights Reserved; 1.9 Custom Medical Stock Photo, Inc.; 1.13d Ralph T. Hutchings; 1.15al Omikron/Photo Researchers, Inc.; 1.15ar AGFA/Photo Researchers, Inc.; 1.15bl Photo Researchers, Inc.; 1.15br Custom Medical Stock Photo, Inc.; 1.16b Frederic H.Martini, Inc.; 1.16c CNSI/Photo Researchers, Inc.; 1.16d Frederic H.Martini, Inc.; 1.17a Philips Medical Systems; 1.17b Alexander Tsiaras/Photo Researchers, Inc.
Kapitel 2: 2.1a Todd Derksen; 2.1b David M. Phillips/Visuals Unlimited; 2.1c Todd Derksen; 2.7a M. Sahliwa/Visuals Unlimited; 2.9b Fawcett, Hirikawa, Heuser/Photo Researchers, Inc.; 2.9c M. Sahliwa/Visuals Unlimited; 2.10a Fawcett, de Harven, Kalnins/Photo Researchers, Inc.; 2.11a Frederic H.Martini, Inc.; 2.12 CNRI/Photo Researchers, Inc.; 2.13a Don W. Fawcett, M.D., Harvard Medical School; 2.13b Biophoto Associates/Photo Researchers, Inc.; 2.15r Bollender & Don W. Fawcett/Visuals Unlimited; 2.16 Biophoto Associates/Photo Researchers, Inc.; 2.17b Dr. Birgit H. Satir; 2.22a,b Ed Reschke/Peter Arnold, Inc.; 2.22c James Solliday/Biological Photo Service; 2.22d,e,f Ed Reschke/Peter Arnold, Inc.; 2.22g Centers for Disease Control and Prevention (CDC)
Kapitel 3: 3.2b P.Motta/Custom Medical Stock Photo; 3.3c C. P. Leblond and A. Rambourg,McGill University; 3.4a Ward's Natural Science Establishment, Inc.; 3.4b Frederic H.Martini, Inc.; 3.5a Pearson Benjamin Cummings; 3.5b Gregory N. Fuller, M. D. Anderson Cancer Center, Houston, TX; 3.6a Frederic H.Martini, Inc.; 3.6b Gregory N. Fuller, M. D. Anderson Cancer Center, Houston, TX; 3.7a,b Frederic H.Martini, Inc.; 3.8a S. Elem/Visuals Unlimited; 3.8b Frederic H.Martini, Inc.; 3.10 Carolina Biological Supply Company/Phototake; 3.12b Ward's Natural Science Establishment, Inc.; 3.13a,b Project Masters, Inc./The Bergman Collection; 3.14a Biophoto Associates/Photo Researchers, Inc.; 3.14b Frederic H.Martini, Inc.; 3.14c Ward's Natural Science Establishment, Inc.; 3.15a John D. Cunningham/Visuals Unlimited; 3.15b Bruce Iverson/Visuals Unlimited; 3.15c Frederic H.Martini, Inc.; 3.17a Frederic H.Martini, Inc.; 3.18a Robert Brons/Biological Photo Service; 3.18b Photo Researchers, Inc.; 3.18c Ed Reschke/Peter Arnold, Inc.; 3.19 Frederic H.Martini, Inc.; 3.22a G.W.Willis, MD/Visuals Unlimited; 3.22b Phototake NYC; 3.22c Pearson Benjamin Cummings; 3.23b Pearson Benjamin Cummings
Kapitel 4: 4.3 John D. Cunningham/Visuals Unlimited; 4.4b,c Frederic H.Martini, Inc.; 4.5 R. G. Kessel and R. H. Kardon/Visuals Unlimited; 4.6 Pearson Benjamin Cummings; 4.7a R. G. Kessel and R. H. Kardon/Visuals Unlimited; 4.7b David Scharf Photography; 4.7c P.Motta/SPL/Photo Researchers, Inc.; 4.9b Manfred Kage/Peter Arnold, Inc.; 4.10b John D. Cunningham/Visuals Unlimited; 4.13, 4.14a,b Frederic H.Martini, Inc.; 4.16 PhotoDisc/Getty Images; 4.Box01 Joe McNally/Getty Images; 4.17 Custom Medical Stock Photo
Kapitel 5: 5.1b R. G. Kessel and R. H. Kardon/Visuals Unlimited; 5.1c,d Pearson Benjamin Cummings; 5.2d, 5.3a,b,c Ralph T. Hutchings; 5.4c, 5.5 Frederic H.Martini, Inc.; 5.6a,b Ralph T. Hutchings; 5.7b Pearson Benjamin Cummings; 5.8a,b Project Masters, Inc./The Bergman Collection; 5.12a,b P.Motta/SPL/Photo Researchers, Inc.; 5.Box01, 5.Box02 Southern Illinois University/Visuals Unlimited; 5.Box03 Frederic H.Martini, Inc.; 5.Box04 Southern Illinois University/Peter Arnold, Inc.; 5.Box05 Custom Medical Stock Photo, Inc.; 5.Box06 Scott Camazine/Photo Researchers, Inc.; 5.Box07 Frederic H.Martini, Inc.; 5.Box08 Southern Illinois University/Visuals Unlimited; 5.Box09 Project Master, Inc./The Bergman Collection
Kapitel 6: 6.1b, 6.3a,b,c,d,e, 6.4, 6.5, 6.6a,b,c, 6.7a,b,c, 6.8a,c,d Ralph T. Hutchings; 6.8b Michael J. Timmons; 6.9a, 6.10a,c, 6.11b, 6.12a, 6.13b,c, 6.14a,b, 6.15, 6.16a,c, 6.17b Ralph T. Hutchings; 6.18c Michael J. Timmons; 6.18d, 6.19b Ralph T. Hutchings; 6.19c Siemens Medical Systems, Inc.; 6.20a Science Photo Library/Custom Medical Stock Photos, Inc.; 6.20b National Medical Slide/Custom Medical Stock Photos, Inc.; 6.20c Princess Margaret Rose Orthopaedic Hospital, Edinburgh, Scotland/Science Photo Library/Photo Researchers, Inc.; 6.22a,b,c,d, 6.23a,b,c,d,e, 6.24a,b,c,d, 6.25a,b, 6.26a,b,c, 6.27a,b,c,d Ralph T. Hutchings
Kapitel 7: 7.1a,b, 7.2a Ralph T. Hutchings; 7.2b Bates/Custom Medical Stock Photo, Inc.; 7.3a,b, 7.4a, 7.5d,e,f, 7.6a,b,c,d, 7.7a,b,c,d,e,f, 7.8.a,b,c, 7.9a Ralph T. Hutchings; 7.9b Custom Medical Stock Photo, Inc.; 7.10a,b, 7.11a,b, 7.14a,b,c,d,e,f, 7.15a,b, 7.16a,b,c,d, 7.17b, 7.18a,b Ralph T. Hutchings
Kapitel 8: 8.3au,bu,cl,cr,d, 8.4m, 8.5a,b,c,d,e,fl,fr, 8.9, 8.10, 8.11d, 8.12b,e Ralph T. Hutchings; 8.14d Patrick M. Timmons; 8.16c Ralph T. Hutchings; 8.17d Frederic H.Martini, Inc.; 8.18b,c Ralph T. Hutchings; 8.19 SIU Biomed Comm/Custom Medical Stock Photo, Inc.; 8.20a Ralph T. Hutchings; 8.20b Eugene C.Wasson, III and staff of Maui Radiology Consultants, Maui Memorial Hospital; 8.21b,e Ralph T. Hutchings; 8.22a,b Marko Krpan; 8.Box03 AP Photos
Kapitel 9: 9.2a Fred Hossler/Visuals Unlimited; 9.2b Don W. Fawcett/Photo Researchers, Inc.; 9.3b Ward's Natural Science Establishment, Inc.; 9.4b Don W. Fawcett/Photo Researchers, Inc.; 9.7 J.J. Head/Carolina Biological Supply Company/Phototake NYC; 9.13a Comack, D. (ed): HAM'S HISTOLOGY, 9th ed. Philadelphia: J. B. Lippincott, 1987. By Permission.; 9.13bo,bu Frederic H.Martini, Inc.
Kapitel 10: 10.4 Ralph T. Hutchings; 10.11a Mentor Networks Inc.; 10.11b Ralph T. Hutchings; 10.13c Mentor Networks Inc.; 10.13d, 10.14c Ralph T. Hutchings
Kapitel 11: 11.8d Ralph T. Hutchings; 11.9a Mentor Networks Inc.; 11.9d, 11.11f,g, 11.13b,c Ralph T. Hutchings; 11.15a Custom Medical Stock Photo, Inc.; 11.15c,d, 11.17c Ralph T. Hutchings; 11.17d Mentor Networks Inc.; 11.18b, 11.19c, 11.20c, 11.21ar Ralph T. Hutchings; 11.25a Image Source Limited/Phototake; 11.25b Zimmer, Inc.
Kapitel 12: 12.1a Mentor Networks Inc.; 12.6a Custom Medical Stock Photo, Inc.; 12.6c, 12.7a Mentor Networks Inc.; 12.8, 12.9, 12.10, 12.11, 12.12, 12.13, 12.14 National Library of Medicine,Visual Human Project
Kapitel 13: 13.6a Frederic H.Martini, Inc.; 13.6b R. G. Kessel and R. H. Kardon/Visuals Unlimited; 13.7 John D. Cunningham/Visuals Unlimited; 13.8a Biophoto Associates/Photo Researchers, Inc.; 13.8b Photo Researchers, Inc.; 13.9a Pearson Benjamin Cummings; 13.13a David Scott/Phototake NYC
Kapitel 14: 14.1b,c, 14.2a Ralph T. Hutchings; 14.3 Patrick M. Timmons; 14.4a Ralph T. Hutchings; 14.4b Hinerfeld/Custom Medical Stock Photo, Inc.; 14.5a Michael J. Timmons; 14.6b R. G. Kessel and R. H. Kardon/Visuals Unlimited; 14.11b,c Mentor Networks Inc.; 14.12 Ralph T. Hutchings; 14.14a,b Ralph T. Hutchings
Kapitel 15: 15.2b, 15.3c, 15.4a Ralph T. Hutchings; 15.7 SIU/Visuals Unlimited; 15.8a,b,c, 15.9a Ralph T. Hutchings; 15.11c Pat Lynch/Photo Researchers, Inc.; 15.11e Michael J. Timmons; 15.14a, 15.15a,b, 15.16b,d Ralph T. Hutchings; 15.17a Daniel P. Perl, Mount Sinai School of Medicine; 15.17b, 15.19a,b Ralph T. Hutchings; 15.19bo Ward's Natural Science Establishment, Inc.; 15.21a,c Ralph T. Hutchings
Kapitel 17: 17.5b Ward's Natural Science Establishment, Inc.
Kapitel 18: 18.3d,f, 18.5 Frederic H.Martini, Inc.; 18.7co Pearson Benjamin Cummings; 18.7cu G.W.Willis/Visuals Unlimited; 18.10c Ralph T. Hutchings; 18.10d, 18.15b Lennart Nilsson/Albert Bonniers Forlag AB; 18.17c Michael J. Timmons; 18.17e Ward's Natural Science Establishment, Inc.; 18.17f P.Motta/SPL/Photo Researchers, Inc.; 18.19a, 18.20 Ralph T. Hutchings; 18.21d Michael J. Timmons; 18.21f Ralph T. Hutchings; 18.23a Ed Reschke/Peter Arnold, Inc.; 18.23c Custom Medical Stock Photo, Inc.; 18.25,

18.26a Ralph T. Hutchings; 18.27a,b ISM/Phototake; 18.Box01 Geoff Thompkins/Science Photo Library/Photo Researchers Inc.
Kapitel 19: 19.3b Manfred Kage/Peter Arnold, Inc.; 19.6b,c, 19.8b,c Frederic H.Martini, Inc.; 19.9c, 19.10b Ward's Natural Science Establishment, Inc.; 19.10c,d Michael S. Ballo, Duke University Medical Center; 19.11a,b Project Masters, Inc./The Bergman Collection; 19.11c John Paul Kay/Peter Arnold, Inc.; 19.11d Custom Medical Stock Photo, Inc.; 19.11e Biophoto Associates/Photo Researchers, Inc.; S. 576 fotolia; 19.12 Neil Borden/Photo Researchers, Inc.
Kapitel 20: 20.1a Martin M. Rotker; 20.2a David Scharf/Peter Arnold, Inc.; 20.2b Dennis Kunkel/CNRI/Phototake NYC; 20.2d, 20.5a,b,c,d,e Ed Reschke/Peter Arnold, Inc.; 20.6 Frederic H.Martini, Inc.; 20.7 Custom Medical Stock Photo, Inc.
Kapitel 21: 21.2d Ralph T. Hutchings; 21.3c Ed Reschke/Peter Arnold, Inc.; 21.5a,b Ralph T. Hutchings; 21.6b Lennart Nilsson/Albert Bonniers Forlag AB; 21.6c,d Ralph T. Hutchings; 21.7cl Science Photo Library/Photo Researchers, Inc.; 21.7cr Biophoto Associates/Photo Researchers, Inc.; 21.8c Ralph T. Hutchings; 21.8d Frederic H.Martini, Inc.; 21.9a,b Howard Sochurek/Medichrome/The Stock Shop, Inc.; 21.9c Peter Arnold, Inc.; 21.9d ISM/Phototake; 21.12 Jim Wehtje/Getty Images, Inc.-Photodisc; 21.13a Science Photo Library/Photo Researchers, Inc.; 21.13b Darryl Torckler/Getty Images Inc./Stone Allstock; 21.13c,d Philips Medical Systems; 21.14 Larry Mulvehill/Photo Researchers, Inc.
Kapitel 22: 22.1 Biophoto Associates/Photo Researchers, Inc.; 22.3o William Ober/Visuals Unlimited; 22.3u B & B Photos/Custom Medical Stock Photo, Inc.; 22.4c,d BAILEY'S TEXTBOOK OF MICROSCOPIC ANATOMY by Kelly, Wood, & Enders. Copyright 1984, Williams & Wilkins.; 22.5b Biophoto Associates/Photo Researchers, Inc.; 22.11 E. L. Lansdown/University of Toronto; 22.12b,c, 22.14, 22.15b,c Ralph T. Hutchings; 22.17b Frederic H.Martini, Inc.; 22.18b Ralph T. Hutchings; 22.29 Custom Medical Stock Photo
Kapitel 23: 23.3b Frederic H.Martini, Inc.; 23.5 Ralph T. Hutchings; 23.8a David M. Phillips/Visuals Unlimited; 23.8b Biophoto Associates/Photo Researchers, Inc.; 23.9 Ralph T. Hutchings; 23.13 Frederic H.Martini, Inc.; 23.14a Ralph T. Hutchings; 23.16c,d, 23.17c Frederic H.Martini, Inc.
Kapitel 24: 24.2a Frederic H.Martini, Inc.; 24.2c Photo Researchers, Inc.; 24.3b,c Ralph T. Hutchings; 24.5c Phototake NYC; 24.7b John D. Cunningham/Visuals Unlimited; 24.8a, 24.10b,c,d Ralph T. Hutchings; 24.11c Ward's Natural Science Establishment, Inc.; 24.12b Don W. Fawcett.Micrograph by P. Gehr; 24.13 Ralph T. Hutchings; 24.16 James Cavallini/Photo Researchers
Kapitel 25: 25.2 G.W.Willis/Visuals Unlimited; 25.6.bo,bm,bu Frederic H.Martini, Inc.; 25.7e Ralph T. Hutchings; 25.9a Alfred Pasieka/Peter Arnold, Inc.; 25.9b Astrid and Hanns-Frieder Michler/SPL/Photo Researchers, Inc.; 25.10b NetAnatomy.com; 25.10c ISM/PhototakeUSA; 25.11b Ralph T. Hutchings; 25.13a P.Motta/SPL/Photo Researchers, Inc.; 25.13b John D. Cunningham/Visuals Unlimited; 25.13e,f Frederic H.Martini, Inc.; 25.15d John D. Cunningham/Visuals Unlimited; 25.15el Michael J. Timmons; 25.15er G.W.Willis/Visuals Unlimited; 25.16, 25.17b Ralph T. Hutchings; 25.18 Custom Medical Stock Photo, Inc.; 25.19b Ward's Natural Science Establishment, Inc.; 25.20b,e Ralph T. Hutchings; 25.21b Ward's Natural Science Establishment, Inc.; 25.21c Michael J. Timmons; 25.22c, 25.23 Frederic H.Martini, Inc.; 25.24 David Musher/Photo Researcher; 25.Box01 Bob Tallitsch
Kapitel 26: 26.1d, 26.2, 26.3a Ralph T. Hutchings; 26.3c Mentor Networks Inc.; 26.5a,b Ralph T. Hutchings; 26.7b,c,d Pearson Benjamin Cummings; 26.8b R. G. Kessel and R. H. Kardon/Visuals Unlimited; 26.8e David M. Phillips/Visuals Unlimited; 26.9a Photo Researchers, Inc.; 26.9b E. L. Lansdown; 26.9c Photo Researchers, Inc.; 26.10d Ralph T. Hutchings; 26.11a Ward's Natural Science Establishment, Inc.; 26.11b,c Frederic H.Martini, Inc.; 26.12 Courtesy of Samih Nasr, M.D., Columbia University Medical Center, New York; 26.Box01 Bob Tallitsch
Kapitel 27: 27.1 Ralph T. Hutchings; 27.4b Frederic H.Martini, Inc.; 27.5a Don W. Fawcett, Harvard Medical School; 27.5c Ward's Natural Science Establishment, Inc.; 27.6b David M. Phillips/Visuals Unlimited; 27.7a Ralph T. Hutchings; 27.7b,c Frederic H.Martini, Inc.; 27.8bo Ward's Natural Science Establishment, Inc.; 27.8bm R. G. Kessel and R. H. Kardon/Visuals Unlimited; 27.8c,d,e Frederic H.Martini, Inc.; 27.9b Ward's Natural Science Establishment, Inc.; 27.9d, 27.10, 27.11c Ralph T. Hutchings; 27.12a,b,c,d Frederic H.Martini, Inc.; 27.12e C. Edelmann/La Villete/Photo Researchers, Inc.; 27.12f,g G.W.Willis/Visuals Unlimited; 27.14b Frederic H.Martini, Inc.; 27.14c Custom Medical Stock Photo, Inc.; 27.15b CNRI/SPL/Photo Researchers, Inc.; 27.16 Ward's Natural Science Establishment, Inc.; 27.17a,b Frederic H.Martini, Inc.; 27.17c Michael J. Timmons; 27.17d Frederic H.Martini, Inc.; 27.19 Michael J. Timmons; 27.21b Ralph T. Hutchings; 27.21c Fred E. Hossler/Visuals Unlimited; 27.21d Frederic H.Martini, Inc.
Kapitel 28: 28.1a Francis Leroy/Photo Researchers, Inc.; 28.6b Frederic H.Martini, Inc.; 28.7a Arnold Tamarin; 28.7b,c,d, 28.8a Lennart Nilsson/Albert Bonniers Forlag AB; 28.8b Photo Researchers, Inc.

Index

A

B

C

D

E

F

I

J

K

L

M

N

O

Q

R

S

T

U

V

W

X

Z